The Princeton Companion to Applied Mathematics
프린스턴 응용수학 안내서

The Princeton Companion to Applied Mathematics 1

1판 1쇄 인쇄 2018년 5월 31일
1판 1쇄 발행 2018년 6월 15일

엮은이 니콜라스 하이엄, 마크 데니스, 폴 글렌디닝, 폴 마틴, 파딜 산토사, 재러드 태너
옮긴이 정경훈, 박민재, 김영득, 김우찬, 김재웅, 남계숙, 마대건, 박정필, 이영민, 최형규
펴낸이 황승기
마케팅 송선경
자문위원 신현용(한국교원대 수학과 교수)
편집 및 디자인 박지혜, 김병수, 서규범
표지 디자인 김병수

펴낸곳 도서출판 승산
등록날짜 1998년 4월 2일
주소 서울시 강남구 테헤란로34길 17 혜성빌딩 402호
대표전화 02-568-6111
팩시밀리 02-568-6118
전자우편 books@seungsan.com

값 70,000원

ISBN 978-89-6139-069-9 94410
ISBN 978-89-6139-068-2 94410(전 2권)

이 도서의 국립중앙도서관 출판예정도서목록(CIP)은
서지정보유통지원시스템 홈페이지(http://seoji.nl.go.kr)와
국가자료공동목록시스템(http://www.nl.go.kr/kolisnet)에서 이용하실 수 있습니다.
(CIP제어번호: CIP2018013625)

THE PRINCETON COMPANION TO Applied Mathematics

프린스턴 응용수학 안내서

니콜라스 하이엄 외 엮음
정경훈, 박민재 외 8명 옮김

승산

목차

PART IV 응용수학의 영역 299 Areas of Applied Mathematics

서문

1 이 책에 관하여

『프린스턴 응용수학 안내서(*The Princeton Companion to Applied Mathematics, PCAM*)』는 응용수학이 무엇에 관한 것이며 왜 중요한지 그리고 다른 분야와의 관련성과 현재 연구되는 주요 분야 가운데 일부를 묘사한다. 또한 응용수학자가 무엇을 할 수 있는지 설명하며, 여기에는 주제 그 자체를 연구하는 것뿐만 아니라 수학에 관한 글쓰기, 가르치는 것, 정책 입안자에게 영향을 주는 것 등이 포함된다.

안내서는 주제를 철저히 상술하지 않는다는 점에서 백과사전과 다르고, 모든 관련된 방법과 기술을 다루지 않는다는 점에서 편람과 다르다. 대신, 그 목적은 현대응용수학의 즐거움을 전달하면서도 그것의 역사와 훌륭한 도전의 진가를 알려 주는 폭넓지만 선별된 범위를 제공하는 것이다. 편집자들은 흥미를 쉽게 잃지 않을 주제에 초점을 맞추었으며, 그 주제들은 앞으로 수년이 흘러도 응용수학의 화두로서 논의될 것이다.

수학에 관한 정보의 온라인 출처들이 여느 때보다 더 광범위하게 증가하고 있는 상황에서, 혹자는 인쇄된 책의 역할에 의문을 가질지도 모른다. 분명히, 구글(Google) 검색을 사용한다면 위키피디아(Wikipedia)에서 이 책의 거의 모든 주제를 검색하고 연관된 자료를 찾을 수 있을 것이다. 이 책이 차별화되는 점은 주제를 일관성 있게 다루는, 스스로 완전하고 구조화된 참고서라는 것이다. 넓은 관심사와 경험을 가진 응용수학자들로 구성된 편집위원회가 내용을 감독했고 대표적인 전문가들이 글을 썼으며, 전체 책은 엄격하게 편집하고 교열한 뒤 완전하게 각 부분을 상호 참조하여 색인을 구성하였다.

저자와 편집자는 각 글에서 주제의 동기나 그 이면의 개념 및 기본 아이디어를 전달하고자 무던히 노력하면서도 불필요한 세부 내용을 기술하는 것은 피했다. 이 책이 표준적인 내용과 함께 더 특이하고, 기발하고, 예상치 못한 주제도 포함하는, 친근하며 영감을 주는 참고서로 읽혔으면 하는 바람이다.

2 다루는 범위

이 책의 **응용수학이란 무엇인가?**[I.1], 그리고 역사적인 관점으로는 **응용수학의 역사**[I.6]에서 논의된 것처럼, 응용수학을 정확하게 정의하는 것은 어렵다. 응용수학을 폭넓은 의미로 다루며 모든 측면을 동일한 깊이로 훑을 수는 없다. 이 책은 수리물리학의 일부분을 다루지만 현대 기본 이론을 완전하게 상술하지는 않는다. 통계학과 확률론은 명시적으로 포함되지는 않았지만, 몇 개의 글은 이 주제들로부터 온 아이디어를 사용하며 특히 급성장하는 **불확실성 정량화**[II.34] 분야는 응용수학과 통계학의 수많은 아이디어를 하나로 모은다. 응용수학은 점차 많은 알고리즘과 계산을 활용하여, 컴퓨터과학과의 경계에서 몇 가지 측면을 포괄하게 되었다. 또한 이산수학과 조합수학의 일부분도 다룬다.

3 이 책의 대상인 독자

이 책의 대상 독자는 학부 수준이나 그 이상의 수학자 및 학생, 연구자, 수학을 사용하는 다른 분야의 전문가 그리고 수학에 흥미가 있는 일반 독자이다. 또한 일부 글은 대학교 이전 수준의 수학을 공부하는 학생도 이해할 수 있다.

예비 연구생들은 그들이 연구하게 될지 모르는 응용수학의 다양한 분야에 대한 어떤 아이디어를 얻기 위해 이 책을 사용할 수도 있다. 자신의 전공 바깥 분야의 세미나에 정기적으로 참석하는 연구자들은 이 책이 그런 분야 일부를 친절히 소개해 주어, 세미나 전이나 후에 읽기 좋다는 것을 알게 될 것이다.

원고의 부탁과 편집 과정에서 편집자들은 현실적인 범위에서 가장 낮은 수준으로 논의를 유지하여 접근성을 최대화하는 것을 목표로 삼았다. 책의 내용을 독자가 얼마만큼 이해하는 게 바람직한가 묻는 것은 좋은 질문이다. 당연히 '이해'는 정확하게 정의되지 않는 개념이다. 논증을 따라 읽고 그것이 그럴싸하다고 생각하거나 심지어 납득하게 되는 것과 빈 종이에 그것을 재현하는 것은, 모든 학부생이 시험 시간에 깨닫는 것처럼 전혀 별개의 것이다. 다루는 주제가 아주 폭넓다는 것은 흔치 않게 광범위한 지식을 지닌 독자여야 모든 것을 이해할 수 있다는 의미이긴 하지만, 학부 수준 이상의 모든 독자는 분명 책의 상당한 부분을 이해할 수 있을 것이다.

4 이 책의 구성

이 책은 8부로 구성되어 있고, 그것은 응용수학을 각기 다른 방식으로 가로지르도록 고안되었다.

I부 '응용수학 소개'는 응용수학이 무엇인지 논의하는 것으로 시작하여 일상 생활에서 응용수학이 쓰이는 예를 보여 준다. 그 다음 **응용수학의 언어**[I.2]는 책의 다른 부분에서 자주 등장할 기본 정의, 표기법, 개념을 설명하며, 본질적으로는 학부 수학의 몇 가지 핵심 부분을 간단히 요약한다. 이 글은 완전한 개론을 의도한 것은 아니며, 뒤에 나올 많은 글이 그 안에서 도입 내용을 제공할 것이다. **문제 해결 방법**[I.3]은 응용수학에서 사용되는 일반적인 해결 기법을 설명한다. **알고리즘**[I.4]은 알고리즘의 개념을 설명하며, 몇몇 중요한 예시를 들고 복잡도 문제를 논의한다. 이 글이 I부에 존재한다는 것은 응용수학의 모든 분야에서 점차 늘어나는 알고리즘의 중요성을 반영한다. **응용수학 연구의 목표**[I.5]는 응용수학 연구가 해결하는 질문과 문제의 종류를 설명하고 연구 수행의 전략적 측면을 논의한다. 마지막으로, **응용수학의 역사**[I.6]는 고대에서 20세기 후반에 이르는 응용수학의 역사를 설명한다.

II부 '개념'은 특정 개념과 그것의 중요성을 설명하는 짧은 글들로 이루어진다. 주로 서로 다른 모형과 분야를 가로지르며 책의 다른 부분과의 연관성을 제시한다. II부는 포괄적인 것을 의도하지 않았고 여기에서 다루지 않은 많은 개념은 뒤에 나오는 글에서 잘 설명된다(색인을 통해서도 찾아볼 수 있다).

III부 '응용수학의 방정식, 법칙, 함수'는 각 항목의 중요한 예시들을 다룬다. 중요성, 이해 가능성, 흥미를 모두 고려해 포함할 내용을 선택했다. III부에 포함되지 않은 많은 방정식, 법칙, 함수는 다른 글에서 다루었다.

IV부 '응용수학의 분야'는 연구 분야별로 주제를 요약하고 그것이 어떻게 구성되는지 긴 글을 덧붙여 설명한다. IV부의 목적은 응용수학 연구의 너비, 깊이, 다양성을 전달하는 것이다. 다루는 범위가 완전하지는 않지만 글 제목만 봐서는 다른 분야라고 생각되는 글에도 보충적인 내용이 존재할 수 있다. 예를 들어, 지구과학에 관한 글은 없지만 **지구 시스템 동역학**[IV.30], **역문제**[IV.15], **그린의 정리를 이용한 지구 영상화**[VII.16]는 모두 이 분야의 특정 측면을 다룬다. 또한 수치해석학에 관한 글 역시 IV부에 없지만, 이 분야는 **근사 이론**[IV.9], **수치 선형 대수학과 행렬해석**[IV.10], **연속 최적화(비선형 및 선형 계획법)**[IV.11], **상미분방정식의 수치해법**[IV.12], **편미분방정식의 수치해법**[IV.13]으로 소개된다.

V부 '모델링'은 수학적 모형들을 선별하고 그들 모형이 어떻게 유도되고 어떻게 풀리는지 설명한다.

VI부 '예제 문제'는 여러 가지 흥미로운 응용수학 문제를 살펴보는 짧은 글을 포함한다.

VII부 '응용 분야'는 응용수학과 다른 분야 사이의 관련성을 다루는 글로 구성되며, 집적회로(칩) 설계, 의학 영상화, 공항의 수하물 검색 등 아주 다양한 주제를 포함한다.

VIII부 '마지막 관점'은 수학을 읽고, 쓰고, 조판하기, 응용수학 가르치기, 수학자로서 정부에 영향 주기 등 더 넓은 측면에 관한 에세이들을 포함한다.

같은 부 안에 실린 글의 길이는 다양하다. 이는 다루는 주제의 중요성을 암시하는 것으로 받아들여져서는 안 되는데, 왜냐하면 글의 길이는 각 글에 할당된 페이지 수와 더불어 저자가 페이지 제한에 대처한 방식으로 인한 것이기 때문이다.

II부와 III부는 알파벳 순서로 글이 실려있다. IV부에서는 서로 관련된 글을 한 곳에 모으고, 먼저 읽는 게 자연스러운 글이 있다면 그 글을 이전에 놓으려고 노력했다. 그렇지만 순서는 다소 임의적이며 독자는 어떤 순서로든 편하게 읽으면 된다. V~VIII부는 대략적으로 주제에 따라 배열되었다.

편집자들은 삽화와 도표를 장려하기 위해 노력했다. 복사 비용으로 인해 컬러는 꼭 필요한 곳에만 사용했고 이를 삽화 페이지에 수록해두었다.

주의 깊은 구성에도 불구하고, 편집자들은 독자 다수가 책을 휙 넘겨 흥미로운 무언가를 찾아 읽기 시작하고, 상호 참조를 따라 책 속을 예측할 수 없는 방식으로 돌아다니리라 생각한다. 물론, 목차나 색인을 통해 찾은 페이지부터 시작하는 것도 완벽하게 합리적이다. 독서 요령이 무엇이든 간에 우리는 이 책이 한번 집어 들면 내려놓기 힘든 책이 되길 희망한다!

5 『프린스턴 수학 안내서』와의 관계

이 책은 현대 순수수학에 주안을 둔 책으로서 가워스(Gowers), 배로우-그린(Barrow-Green), 리더(Leeder)가 편집한, 매우 성공적이었던 『프린스턴

표 1 이 책에서 주제가 중복되지 않는 『프린스턴 수학 안내서』의 글들.

제목	PCM에서 등장하는 부분
수학과 화학	VII.1
수리생물학	VII.2
웨이블릿과 응용	VII.3
네트워크 교통량의 수학	VII.4
수학과 암호학	VII.7
수리통계학	VII.10
수학과 의학통계학	VII.11
수학과 음악	VII.13

수학 안내서(*The Princeton Companion to Mathematics, PCM*)』(2008)의 뒤를 잇는다. 우리는 PCM을 바탕으로 하여 그것과의 중복을 피하려 했다. 그러므로 우리는 PCM의 I부와 II부에서 상술한 기본 수학 개념 상당수를 다루지 않고, 오히려 독자가 그것에 익숙하다고 가정했다.

PCM에 이미 수록된 일부 핵심적인 개념이 이 책에도 포함되었지만 상당히 다른 관점에서 그들에 접근했고, 보통 응용과 계산 측면을 더 논의한다.

표 1에 나열된 PCM의 일부 내용은 여기에서 또 다루어도 될 만큼 중요하나, 편집자들 재량으로 이 주제에 대한 글을 새로운 저자에게 부탁하지 않기로 결정했다.

6 이 책을 사용하는 법

저자들은 가능한 한 그 자체로 완전한 글을 만들고 특수한 표기법과 전문용어를 정의하도록 부탁받았다. **응용수학의 언어**[I.2]의 배경지식은 이후 많은 글에서 바탕이 되므로, 독자는 그 내용에 익숙해져야 한다. 만약 표기법이 확실하지 않다면 I.2의 표 3을 참고하거나, 정의에 대해서는 그것이 색인에 있는지 찾아보라. 편집자들은 전문적인 색인 생성기의 도움을 받아 완전하고 쓸모 있는 색인을 만들기 위해 아주 열심히 노력했으므로, 색인이 표기법이나 정의를 보다 명확하게 설명할 책의 위치로 당신을 이끌 것이다.

광범위한 상호참조는 글들 사이의 연결을 제공한다. "이 벡터는 **고속 푸리에 변환**[II.10]으로 계산될 수 있다" 같은 표현은 II부의 10번 글이 고속 푸리에 변환에 관한 정보를 더 포함한다는 것을 나타낸다.

연구 문헌에서는 참고 문헌 목록의 항목에서 인용하여 진술을 뒷받침하는 것이 보통이다. 이 책에서는 글에 인용을 포함하지 않는 형식을 선택했다. 글은 그 분야에서 일반적으로 받아들여지는 핵심 지식을 보여 주며, 인용을 생략하면 독자가 계속해서 매 페이지마다 참고 문헌의 목록을 참조할 필요가 없기 때문에 더 매끄러운 독서가 가능하다. 많은 저자가 이런 형식에 적응하는 데 꽤 어려움을 겪었는데, 그들은 LaTeX 문서 전체에 `\cite` 명령어를 후하게 흩뿌리는 것에 너무 익숙했기 때문이다! 대부분의 글은 '더 읽을거리' 절이 붙어 있는데, 이는 그 주제에 입문할 수 있는 소수의 출처를 제공한다.

7 안내서 프로젝트

나는 2009년에 이 프로젝트를 이끌도록 부탁받았다. 편집위원회가 구성되어 책의 형식과 그 내용의 윤곽이 맨체스터에서 열린 위원회 회의에서 합의되었고, 2011년부터 저자들에게 원고를 청탁하기 시작했다. 우리의 목표는 각 분야의 선도자이면서 훌륭한 저술 능력을 지닌 저자들을 섭외하는 것이었다. 높은 수락 비율은 우리를 아주 기쁘게 했다.

루트비히 볼츠만(Ludwig Boltzmann)은 펠릭스 클라인(Felix Klein), 빌헬름 메이어(Wilhelm Meyer), 그 외 다른 이들과 함께 편집한 6권짜리 『수리과학의 백과사전(*Encyclopedia of Mathematical Sciences*)』(1898-1933)에 공헌했다. 1905년에 그는 저자와 일하는 과정에 관한 글을 썼다.

> 먼저 그가 기고를 약속하도록 설득해야만 한다. 그리고 나서 일반적인 틀에 맞는 글을 쓰도록 모든 방법을 동원해 지시하고 강요해야만 한다. 마지막으로, 시간 안에 그가 약속을 지키도록 재촉해야만 한다.

백 년이 지난 지금도 이런 설명은 여전히 유효하고, 이 같은 책의 잉태에 시간이 걸리는 한 가지 이유도 저자들과 계약하고 글을 모으는 데 오랜 시간이 걸린다는 점이다. 가끔 우리는 특정 주제에 관한 글을 전달할 의지와 능력을 지닌 저자를 찾기 어려웠고, 그래서 포함시키고 싶었던 주제 몇 개는 생략되어야 했다.

165명의 저자들 중 최소 두 명이 그들의 글을 준비하는 동안 아이를 가졌다. 슬프게도, 저자 데이비드 브룸헤드(David Broomhead)는 완성된 프로젝트를 보지 못하고 세상을 떠났다.

프로젝트가 잘 진행된 것은 런던 T&T 프로덕션(T&T Productions Ltd)의 샘 클라크(Sam Clark)가 매우 전문적으로 언제나 활기차게 지원해준 덕이다. 샘은 프로젝트 관리자, 교열 편집자, 조판자로 일했으며 편집자들과 기고자들의 작업 과정을 가능한 무난하고 고통스럽지 않게 만들어 주었다. 샘은 『프린스턴 수학 안내서』에서도 같은 역할을 했으며 그 프로젝트를 통해 그가 얻은 경험은 매우 귀중했다.

8 감사의 말

편집위원회 구성원들의 프로젝트에 관한 조언과 작업, 그리고 맨체스터, 미니애폴리스, 런던에서 열린 세 번의 편집위원회 회의 참석에 감사를 표한다.

편집위원회 이외에 수많은 사람이 내 글의 초안, 특히 I부에 관한 프로젝트의 다양한 단계에서 나에게 값진 조언을 주었다. 나는 특별히 도우그 아놀드(Doug Arnold), 데스 하이엄(Des Higham), 데이비드 넬슨(David Nelson), 닉 트레페덴(Nick Trefethen), 그리고 맨체스터 대학 동료인 마리 아프라하미안(Mary Aprahamian), 에드빈 데드먼(Edvin Deadman), 스테판 귀텔(Stefan Güttel), 스벤 해멀링(Sven Hammarling), 올리버 젠슨(Oliver Jensen), 라마세스한 칸난(Ramaseshan Kannan), 리징 린(Lijing Lin), 마틴 라츠(Martin Lotz), 제니퍼 페스타나(Jennifer Pestana), 샘 렐튼(Sam Relton), 베드란 셰고(Vedran Šego), 나타샤 스트라비치(Nataša Strabić), 리오 타슬라먼(Leo Taslaman), 프랑수아 티쇠르(Françoise Tisseur)에게 감사하다.

샘 클라크와 일하는 것은 기쁨이었고, 서로 주고받은 3000개가 넘는 이메일은 우리의 긴밀했던 협력을 잘 보여 준다. 나는 샘이 교열 단계에서 저자들의 글을 능숙하게 개선할 뿐만 아니라 저자가 제공한 다양한 상태의 그림을 일관된 서식의 고품질 그림으로 바꾸는 능력을 보며 계속해서 감탄했다.

이 프로젝트를 위한 프린스턴대학교 출판사의 원래 편집자는『프린스턴 수학 안내서』에서도 작업한 앤 사바레즈(Anne Savarese)였다. 앤의 경험과 조언은 이 책의 계획을 세우는 데 매우 귀중했고, 그녀는 능력과 참을성을 발휘해 프로젝트를 마지막 단계까지 인도했다. 비키 컨(Vickie Kearn)은 앤이 출판사의 다른 편집 부서로 이동하게 되면서 프로젝트의 마지막 8개월동안 앤의 업무를 인계받았다. 비키는 수학 출판의 세계에 대한 폭넓은 이해를 가졌으며, 산업응용수학회(Society for Industrial and Applied Mathematics, SIAM)의 편집자였던 그녀가 내 첫 책을 출판한 1990년대 초부터 내가 그녀를 알고 있던 것은 매끄러운 전환에 도움이 되었다.

또한 출판사에서 제작을 감독한 테리 오프리(Terri O'Prey)와 색인 담당 줄리 쇼번(Julie Shawvan)에게 감사한다.

마지막으로, 나의 부인 프랑수아 티쇠르 그리고 아들 프레디(Freddie)와 토마스(Thomas)가 불평 없이 나의 수많은 오후와 주말을 이 책의 작업에 쓸 수 있도록 도와준 것에 감사한다.

니콜라스 하이엄(Nicholas J. Higham)

박민재 옮김

저자 및 편집자

David Acheson, *Emeritus Fellow, Jesus College, University of Oxford*
INVERTED PENDULUMS[VI.4], TEACHING APPLIED MATHEMATICS[VIII.7]

Miguel A. Alonso, *Associate Professor, The Institute of Optics at the University of Rochester*
MODERN OPTICS[V.14]

Douglas N. Arnold, *McKnight Presidential Professor of Mathematics, University of Minnesota*
THE FLIGHT OF A GOLF BALL[VI.6]

Karl Johan Åström, *Emeritus Professor, Department of Automatic Control, Lund Institute of Technology/ University of Lund*
CONTROL THEORY[IV.34]

David H. Bailey, *Lawrence Berkeley National Laboratory (retired); Research Fellow, University of California, Davis*
EXPERIMENTAL APPLIED MATHEMATICS[VIII.6]

June Barrow-Green, *Senior Lecturer in the History of Mathematics, The Open University*
THE HISTORY OF APPLIED MATHEMATICS[I.6]

Peter Benner, *Director, Max Planck Institute for Dynamics of Complex Technical Systems*
MODEL REDUCTION[II.26]

Andrew J. Bernoff, *Kenneth and Diana Jonsson Professor of Mathematics, Harvey Mudd College*
THE THIN-FILM EQUATION[III.29]

Michael V. Berry, *Melville Wills Professor of Physics (Emeritus), University of Bristol*
DIVERGENT SERIES: TAMING THE TAILS[V.8]

Michael W. Berry, *Professor, Department of Electrical Engineering and Computer Science, University of Tennessee*
TEXT MINING[VII.24]

Brett Borden, *Professor of Physics, The Naval Postgraduate School, Monterey, California*
RADAR IMAGING[VII.17]

Jeffrey T. Borggaard, *Professor of Mathematics, Virginia Tech*
OPTIMAL SENSOR LOCATION IN THE CONTROL OF ENERGY-EFFICIENT BUILDINGS[VI.13]

Jonathan M. Borwein, *Laureate Professor, School of Mathematical and Physical Sciences, University of Newcastle, Australia*
EXPERIMENTAL APPLIED MATHEMATICS[VIII.6]

Fred Brauer, *Professor Emeritus of Mathematics, University of Wisconsin-Madison*
THE SPREAD OF INFECTIOUS DISEASES[V.16]

Thomas J. Brennan, *Professor of Law, Harvard Law School*
PORTFOLIO THEORY[V.10]

David S. Broomhead, *Professor of Applied Mathematics, The University of Manchester (deceased)*
APPLICATIONS OF MAX-PLUS ALGEBRA[VII.4]

Kurt Bryan, *Professor of Mathematics, Rose–Hulam Institute of Technology*
CLOAKING[VI.1]

Dorothy Buck, *Reader in BioMathematics, Imperial College London*
KNOTTING AND LINKING OF MACROMOLECULES[VI.8]

Chris Budd, *Professor of Applied Mathematics, University of Bath; Professor of Mathematics, Royal Institution of Great Britain*
SLIPPING, SLIDING, RATTLING, AND IMPACT: NONSMOOTH DYNAMICS AND ITS APPLICATIONS[VI.15]

John A. Burns, *Hatcher Professor of Mathematics and Technical Director for the Interdisciplinary Center for Applied Mathematics, Virginia Tech*
OPTIMAL SENSOR LOCATION IN THE CONTROL OF ENERGY-EFFICIENT BUILDINGS[VI.13]

Daniela Calvetti, *The James Wood Williamson Professor, Department of Mathematics, Applied Mathematics and*

Statistics, Case Western Reserve University
DIMENSIONAL ANALYSIS AND SCALING[II.9]

Eric Cancès, *Professor of Analysis, Ecole des Ponts and INRIA*
ELECTRONIC STRUCTURE CALCULATIONS (SOLID STATE PHYSICS)[VII.14]

René Carmona, *Paul M. Wythes '55 Professor of Engineering and Finance, Bendheim Center for Finance, ORFE, Princeton University*
FINANCIAL MATHEMATICS[V.9]

C. J. Chapman, *Professor of Applied Mathematics, University of Keele*
SHOCK WAVES[V.20], AIRCRAFT NOISE[VII.1]

S. Jonathan Chapman, *Professor of Mathematics and Its Applications, University of Oxford*
THE GINZBURG–LANDAU EQUATION[III.14]

Gui–Qiang G. Chen, *Statutory Professor in the Analysis of Partial Differential Equations and Professorial Fellow of Keble College, University of Oxford*
THE TRICOMI EQUATION[III.30]

Margaret Cheney, *Professor of Mathematics and Albert C. Yates Endowment Chair, Colorado State University*
RADAR IMAGING[VII.17]

Peter A. Clarkson, *Professor of Mathematics, University of Kent*
THE PAINLEVÉ EQUATIONS[III.24]

Eugene M. Cliff, *Professor Emeritus, Interdisciplinary Center for Applied Mathematics, Virginia Tech*
OPTIMAL SENSOR LOCATION IN THE CONTROL OF ENERGY–EFFICIENT BUILDINGS[VI.13]

Paul G. Constantine, *Ben L. Fryrear Assistant Professor of Applied Mathematics and Statistics, Colorado School of Mines*
RANKING WEB PAGES[VI.9]

William Cook, *Professor of Combinatorics and Optimization, University of Waterloo*
THE TRAVELING SALESMAN PROBLEM[VI.18]

Robert M. Corless, *Distinguished University Professor, Department of Applied Mathematics, The University of Western Ontario*
THE LAMBERT *W* FUNCTION[III.17]

Darren Crowdy, *Professor of Applied Mathematics, Imperial College London*
CONFORMAL MAPPING[II.5]

James M. Crowley, *Executive Director, Society for Industrial and Applied Mathematics*
MATHEMATICS AND POLICY[VIII.9]

Annie Cuyt, *Professor, Department of Mathematics & Computer Science, University of Antwerp*
APPROXIMATION THEORY[IV.9]

E. Brian Davies, *Emeritus Professor of Mathematics, King's College London*
SPECTRAL THEORY[IV.8]

Timothy A. Davis, *Professor, Department of Computer Science and Engineering, Texas A&M University*
GRAPH THEORY[II.16], SEARCHING A GRAPH[VI.10]

Florent de Dinechin, *Professor of Applied Sciences, INSA–Lyon*
EVALUATING ELEMENTARY FUNCTIONS[VI.11]

Mark R. Dennis, *Professor of Theoretical Physics, University of Bristol*
INVARIANTS AND CONSERVATION LAWS[II.21], TENSORS AND MANIFOLDS[II.33], THE DIRAC EQUATION[III.9], MAXWELL'S EQUATIONS[III.22], SCHRÖDINGER'S EQUATION[III.26]

Jack Dongarra, *Professor, University of Tennessee; Professor, Oak Ridge National Laboratory; Professor, The University of Manchester*
HIGH–PERFORMANCE COMPUTING[VII.12]

David L. Donoho, *Anne T. and Robert M. Bass Professor in the Humanities and Sciences, Stanford University*
REPRODUCIBLE RESEARCH IN THE MATHEMATICAL SCIENCES[VIII.5]

Ivar Ekeland, *Professor Emeritus, CEREMADE and Institut de Finance, Université Paris–Dauphine*
MATHEMATICAL ECONOMICS[VII.20]

Yonina C. Eldar, *Professor of Electrical Engineering, Technion–Israel Institute of Technology, Haifa*
COMPRESSED SENSING[VII.10]

George F. R. Ellis, *Professor Emeritus, Mathematics Department, University of Cape Town*
GENERAL RELATIVITY AND COSMOLOGY[IV.40]

Charles L. Epstein, *Thomas A. Scott Professor of Mathematics, University of Pennsylvania*
MEDICAL IMAGING[VII.9]

Bard Ermentrout, *Distinguished University Professor of Computational Biology and Professor of Mathematics, University of Pittsburgh*

MATHEMATICAL NEUROSCIENCE[VII.21]

Maria Esteban, *Director of Research, CNRS*
MATHEMATICS AND POLICY[VIII.9]

Lawrence C. Evans, *Professor, Department of Mathematics, University of California, Berkeley*
PARTIAL DIFFERENTIAL EQUATIONS[IV.3]

Hans G. Feichtinger, *Faculty of Mathematics, University of Vienna*
FUNCTION SPACES[II.15]

Martin Feinberg, *Morrow Professor of Chemical & Biomolecular Engineering and Professor of Mathematics, The Ohio State University*
CHEMICAL REACTIONS[V.7]

Alistair D. Fitt, *Vice–Chancellor, Oxford Brookes University*
MATHEMATICS AND POLICY[VIII.9]

Irene Fonseca, *Mellon College of Science University Professor of Mathematics and Director of Center for Nonlinear Analysis, Carnegie Mellon University*
CALCULUS OF VARIATIONS[IV.6]

L. B. Freund, *Adjunct Professor, Department of Materials Science and Engineering, University of Illinois at Urbana–Champaign*
MECHANICS OF SOLIDS[IV.32]

David F. Gleich, *Assistant Professor of Computer Science, Purdue University*
RANKING WEB PAGES[VI.9]

Paul Glendinning, *Professor of Applied Mathematics, The University of Manchester*
CHAOS AND ERGODICITY[II.3], COMPLEX SYSTEMS[II.4], HYBRID SYSTEMS[II.18], THE EULER–LAGRANGE EQUATIONS[III.12], THE LOGISTIC EQUATION[III.19], THE LORENZ EQUATIONS[III.20], BIFURCATION THEORY[IV.21]

Joe D. Goddard, *Professor of Applied Mechanics and Engineering Science, University of California, San Diego*
GRANULAR FLOWS[V.13]

Kenneth M. Golden, *Professor of Mathematics/Adjunct Professor of Bioengineering, University of Utah*
THE MATHEMATICS OF SEA ICE[V.17]

Timothy Gowers, *Royal Society Research Professor, Department of Pure Mathematics and Mathematical Statistics, University of Cambridge*
MATHEMATICAL WRITING[VIII.1]

Thomas A. Grandine, *Senior Technical Fellow, The Boeing Company*
A HYBRID SYMBOLIC–NUMERIC APPROACH TO GEOMETRY PROCESSING AND MODELING[VII.2]

Andreas Griewank, *Professor of Mathematics, Humboldt University of Berlin*
AUTOMATIC DIFFERENTIATION[VI.7]

David Griffiths, *Emeritus Professor of Physics, Reed College*
QUANTUM MECHANICS[IV.23]

Peter Grindrod, *Professor of Mathematics, University of Oxford*
EVOLVING SOCIAL NETWORKS, ATTITUDES, AND BELIEFS–AND COUNTERTERRORISM[VII.5]

Julio C. Gutiérrez–Vega, *Director of the Optics Center, Technológico de Monterrey*
MATHIEU FUNCTIONS[III.21]

Ernst Hairer, *Honorary Professor of Mathematics, University of Geneva*
NUMERICAL SOLUTION OF ORDINARY DIFFERENTIAL EQUATIONS[IV.12]

Ian Hawke, *Associate Professor, Mathematical Sciences, University of Southampton*
NUMERICAL RELATIVITY[V.15]

Stephan Held, *Professor, Research Institute for Discrete Mathematics, Bonn University*
CHIP DESIGN[VII.6]

Didier Henrion, *Professor, LAAS–CNRS, University of Toulouse; Professor, Faculty of Electrical Engineering, Czech Technical University in Prague*
CONVEXITY[II.8]

Willy A. Hereman, *Professor of Applied Mathematics, Colorado School of Mines*
THE KORTEWEG–DE VRIES EQUATION[III.16]

Desmond J. Higham, *1966 Professor of Numerical Analysis, University of Strathclyde*
BAYESIAN INFERENCE IN APPLIED MATHEMATICS[V.11]

Nicholas J. Higham, *Richardson Professor of Applied Mathematics, The University of Manchester*
WHAT IS APPLIED MATHEMATICS?[I.1], THE LANGUAGE OF APPLIED MATHEMATICS[I.2], METHODS OF SOLUTION[I.3], ALGORITHMS[I.4], GOALS OF APPLIED MATHEMATICAL RESEARCH[I.5], CONTROL[II.7], FINITE DIFFERENCES[II.11], THE FINITE–

ELEMENT METHOD[II.12], FLOATING-POINT ARITHMETIC[II.13], FUNCTIONS OF MATRICES[II.14], INTEGRAL TRANSFORMS AND CONVOLUTION[II.19], THE JORDAN CANONICAL FORM[II.22], ORTHOGONAL POLYNOMIALS[II.29], THE SINGULAR VALUE DECOMPOSITION[II.32], VARIATIONAL PRINCIPLE[II.35], THE BLACK–SCHOLES EQUATION[III.3], THE SYLVESTER AND LYAPUNOV EQUATIONS[III.28], NUMERICAL LINEAR ALGEBRA AND MATRIX ANALYSIS[IV.10], COLOR SPACES AND DIGITAL IMAGING[VII.7], PROGRAMMING LANGUAGES: AN APPLIED MATHEMATICS VIEW[VII.11], HOW TO READ AND UNDERSTAND A PAPER[VIII.2], WORKFLOW[VIII.4]

Theodore P. Hill, *Professor Emeritus of Mathematics, Georgia Institute of Technology*
BENFORD'S LAW[III.1]

Philip Holmes, *Eugene Higgins Professor of Mechanical and Aerospace Engineering and Professor of Applied and Computational Mathematics, Princeton University*
DYNAMICAL SYSTEMS[IV.20]

Stefan Hougardy, *Professor of Mathematics, University of Bonn*
CHIP DESIGN[VII.6]

Christopher J. Howls, *Professor of Mathematics, University of Southampton*
DIVERGENT SERIES: TAMING THE TAILS[V.8]

Yifan Hu, *Principal Research Scientist, Yahoo Labs*
GRAPH THEORY[II.16]

David W. Hughes, *Professor of Applied Mathematics, University of Leeds*
MAGNETOHYDRODYNAMICS[IV.29]

Julian C. R. Hunt, *Emeritus Professor of Climate Modelling and Honorary Professor of Mathematics, University College London*
TURBULENCE[V.21]

Stefan Hutzler, *Associate Professor, School of Physics, Trinity College Dublin*
FOAMS[VI.3]

Richard D. James, *Professor, Department of Aerospace Engineering and Mechanics, University of Minnesota*
CONTINUUM MECHANICS[IV.26]

David J. Jeffrey, *Professor, Department of Applied Mathematics, The University of Western Ontario*
THE LAMBERT *W* FUNCTION[III.17]

Oliver E. Jensen, *Sir Horace Lamb Professor, School of Mathematics, The University of Manchester*
MATHEMATICAL BIOMECHANICS[V.4]

Chris R. Johnson, *Director, Scientific Computing and Imaging Institute; Distinguished Professor, School of Computing, University of Utah*
VISUALIZATION[VII.13]

Chandrika Kamath, *Member of Technical Staff, Lawrence Livermore National Laboratory*
DATA MINING AND ANALYSIS[IV.17]

Randall D. Kamien, *Vicki and William Abrams Professor in the Natural Sciences, University of Pennsylvania*
SOFT MATTER[IV.33]

Jonathan Peter Keating, *Henry Overton Wills Professor of Mathematics, University of Bristol*
RANDOM-MATRIX THEORY[IV.24]

David E. Keyes, *Professor of Applied Mathematics and Computational Science and Director, Extreme Computing Research Center, King Abdullah University of Science and Technology; Professor of Applied Mathematics and Applied Physics, Columbia University*
COMPUTATIONAL SCIENCE[IV.16]

Barbara Lee Keyfitz, *Dr. Charles Saltzer Professor of Mathematics, The Ohio State University*
CONSERVATION LAWS[II.6], SHOCKS[II.30]

David Krakauer, *President and Professor, Santa Fe Institute*
THE MATHEMATICS OF ADAPTATION (OR THE TEN AVATARS OF VISHNU)[V.1]

Rainer Kress, *Professor Emeritus, Institut für Numerische und Angewandte Mathematik, University of Göttingen*
INTEGRAL EQUATIONS[IV.4]

Alan J. Laub, *Professor, Department of Electrical Engineering/Mathematics, University of California, Los Angeles*
THE RICCATI EQUATION[III.25]

Anita T. Layton, *Robert R. and Katherine B. Penn Associate Professor, Department of Mathematics, Duke University*
MATHEMATICAL PHYSIOLOGY[V.5]

Tanya Leise, *Associate Professor of Mathematics, Amherst College*
CLOAKING[VI.1]

Giovanni Leoni, *Professor, Department of Mathematical*

Sciences, Carnegie Mellon University
CALCULUS OF VARIATIONS[IV.6]

Randall J. LeVeque, *Professor, Department of Applied Mathematics, University of Washington*
TSUNAMI MODELING[V.19]

Rachel Levy, *Associate Professor of Mathematics, Harvey Mudd College*
TEACHING APPLIED MATHEMATICS[VIII.7]

W. R. B. Lionheart, *Professor of Applied Mathematics, The University of Manchester*
AIRPORT BAGGAGE SCREENING WITH X-RAY TOMOGRAPHY[VII.19]

Andrew W. Lo, *Charles E. and Susan T. Harris Professor, Massachusetts Institute of Technology*
PORTFOLIO THEORY[V.10]

Christian Lubich, *Professor, Mathematisches Institut, Universität Tübingen*
NUMERICAL SOLUTION OF ORDINARY DIFFERENTIAL EQUATIONS[IV.12]

Peter Lynch, *Emeritus Professor, School of Mathematical Sciences, University College, Dublin*
NUMERICAL WEATHER PREDICTION[V.18]

Malcolm A. H. MacCallum, *Emeritus Professor of Applied Mathematics, Queen Mary University of London*
EINSTEIN'S FIELD EQUATIONS[III.10]

Dian I. Martin, *CEO, Senior Consultant, Small Bear Technologies, Inc.*
TEXT MINING[VII.24]

P. A. Martin, *Professor of Applied Mathematics, Colorado School of Mines*
ASYMPTOTICS[II.1], BOUNDARY LAYER[II.2], INTEGRAL TRANSFORMS AND CONVOLUTION[II.19], SINGULARITIES[II.31], WAVE PHENOMENA[II.36], BESSEL FUNCTIONS[III.2], THE BURGERS EQUATION[III.4], THE CAUCHY-RIEMANN EQUATIONS[III.6], THE DIFFUSION EQUATION[III.8], THE EULER EQUATIONS[III.11], THE GAMMA FUNCTION[III.13], HOOKE'S LAW[III.15], LAPLACE'S EQUATION[III.18], THE SHALLOW-WATER EQUATIONS[III.27], THE WAVE EQUATION[III.31], COMPLEX ANALYSIS[IV.1]

Youssef Marzouk, *Associate Professor, Department of Aeronautics and Astronautics and Center for Computational Engineering, Massachusetts Institute of Technology*
UNCERTAINTY QUANTIFICATION[II.34]

Moshe Matalon, *Caterpillar Distinguished Professor, Mechanical Science and Engineering, University of Illinois at Urbana-Champaign*
FLAME PROPAGATION[VII.15]

Sean McKee, *Research Professor of Mathematics and Statistics, University of Strathclyde, Glasgow*
MODELING A PREGNANCY TESTING KIT[VII.18]

Ross C. McPhedran, *Emeritus Professor in Physics, CUDOS, University of Sydney*
EFFECTIVE MEDIUM THEORIES[IV.31]

John G. McWhirter, *Distinguished Research Professor, School of Engineering, Cardiff University*
SIGNAL PROCESSING[IV.35]

Beatrice Meini, *Professor of Numerical Analysis, University of Pisa*
MARKOV CHAINS[II.25]

James D. Meiss, *Professor, Department of Applied Mathematics, University of Colorado at Boulder*
ordinary differential equations[IV.2]

Heather Mendick, *Reader in Education, Brunel University*
MEDIATED MATHEMATICS: REPRESENTATIONS OF MATHEMATICS IN POPULAR CULTURE AND WHY THESE MATTER[VIII.8]

Peter D. Miller, *Professor of Mathematics, The University of Michigan, Ann Arbor*
PERTURBATION THEORY AND ASYMPTOTICS[IV.5]

H. K. Moffatt, *Emeritus Professor of Mathematical Physics, University of Cambridge*
THE NAVIER-STOKES EQUATIONS[III.23], FLUID DYNAMICS[IV.28]

Esteban Moro, *Associate Professor, Department of Mathematics, Universidad Carlos III de Madrid*
NETWORK ANALYSIS[IV.18]

Clément Mouhot, *Professor of Mathematical Sciences, University of Cambridge*
KINETIC THEORY[IV.25]

Jean-Michel Muller, *Directeur de Recherche, CNRS*
EVALUATING ELEMENTARY FUNCTIONS[VI.11]

Tri-Dung Nguyen, *Associate Professor in Operational Research and Management Sciences, University of Southampton*

PORTFOLIO THEORY[V.10]

Qing Nie, *Professor, Department of Mathematics, Center for Mathematical and Computational Biology, Center for Complex Biological Systems, University of California, Irvine*
SYSTEMS BIOLOGY[VII.22]

Harald Niederreiter, *Senior Scientist, RICAM, Austrian Academy of Sciences, Linz*
RANDOM NUMBER GENERATION[VI.12]

Amy Novick-Cohen, *Professor, Department of Mathematics, Technion-Israel Institute of Technology, Haifa*
THE CAHN-HILLIARD EQUATION[III.5]

Bernt Øksendal, *Professor, Department of Mathematics, University of Oslo*
APPLICATIONS OF STOCHASTIC ANALYSIS[IV.14]

Alexander V. Panfilov, *Professor, Department of Physics and Astronomy, Gent University*
CARDIAC MODELING[V.6]

Nicola Parolini, *Associate Professor of Numerical Analysis, Dipartimento di Matematica, MOX Politecnico di Milano*
SPORT[V.2]

Kristin Potter, *Scientific Software Consultant, University of Oregon*
VISUALIZATION[VII.13]

Andrea Prosperetti, *C. A. Miller Jr. Professor of Mechanical Engineering, Johns Hopkins University; G. Berkhoff Professor of Applied Physics, University of Twente*
BUBBLES[VI.2]

Ian Proudler, *Professor of Signal Processing, Loughborough University*
SIGNAL PROCESSING[IV.35]

Alfio Quarteroni, *Professor and Director, Chair of Modelling and Scientific Computing, Ecole Polytechnique Fédérale de Lausanne*
SPORT[V.2]

Anders Rantzer, *Professor, Automatic Control, LTH Lund University*
CONTROL THEORY[IV.34]

Marcos Raydan, *Professor, Departamento de Cómputo Científicoy Estadística, Universidad Simón Bolívar*
NONLINEAR EQUATIONS AND NEWTON'S METHOD[II.28]

Daniel N. Rockmore, *William H. Neukom 1964 Professor of Computational Science, Dartmouth College*
THE FAST FOURIER TRANSFORM[II.10], THE MATHEMATICS OF ADAPTATION (OR THE TEN AVATARS OF VISHNU)[V.1]

Donald G. Saari, *Distinguished Professor and Director, Institute for Mathematical Behavioral Sciences, University of California, Irvine*
FROM THE N-BODY PROBLEM TO ASTRONOMY AND DARK MATTER[VI.16], VOTING SYSTEMS[VII.25]

Fadil Santosa, *Professor, School of Mathematics, University of Minnesota; Director, Institute for Mathematics and its Applications*
HOMOGENIZATION[II.17], THE LEVEL SET METHOD[II.24], MULTISCALE MODELING[II.27], INVERSE PROBLEMS[IV.15]

Guillermo Sapiro, *Edmund T. Pratt, Jr. School Professor of Electrical and Computer Engineering, Duke University*
MATHEMATICAL IMAGE PROCESSING[VII.8]

Arnd Scheel, *Professor, School of Mathematics, University of Minnesota*
PATTERN FORMATION[IV.27]

Emily Shuckburgh, *Head of Open Oceans, British Antarctic Survey*
EARTH SYSTEM DYNAMICS[IV.30]

Reinhard Siegmund-Schultze, *Faculty of Engineering and Science, University of Agder*
THE HISTORY OF APPLIED MATHEMATICS[I.6]

Valeria Simoncini, *Professor of Numerical Analysis, Alma Mater Studiorum Università di Bologna*
KRYLOV SUBSPACES[II.23]

Ronnie Sircar, *Professor, Operations Research & Financial Engineering Department, Princeton University*
FINANCIAL MATHEMATICS[V.9]

Malcolm C. Smith, *Professor, Department of Engineering, University of Cambridge*
INERTERS[V.3]

Roel Snieder, *W. M. Keck Distinguished Professor of Basic Exploration Science, Colorado School of Mines*
IMAGING THE EARTH USING GREEN'S THEOREM[VII.16]

Erkki Somersalo, *Professor, Department of Mathematics, Applied Mathematics and Statistics, Case Western Reserve University*
DIMENSIONAL ANALYSIS AND SCALING[II.9]

Frank Sottile, *Professor of Mathematics, Texas A&M University*
ALGEBRAIC GEOMETRY[IV.39]

Ian Stewart, *Emeritus Professor of Mathematics, University of Warwick*
SYMMETRY IN APPLIED MATHEMATICS[IV.22], HOW TO WRITE A GENERAL INTEREST MATHEMATICS BOOK[VIII.3]

Victoria Stodden, *Associate Professor, Graduate School of Library and Information Science, University of Illinois at Urbana–Champaign*
REPRODUCIBLE RESEARCH IN THE MATHEMATICAL SCIENCES[VIII.5]

Gilbert Strang, *Professor of Mathematics, Massachusetts Institute of Technology*
A SYMMETRIC FRAMEWORK WITH MANY APPLICATIONS[V.12], TEACHING APPLIED MATHEMATICS[VIII.7]

Agnès Sulem, *Researcher, INRIA Paris–Rocquencourt*
APPLICATIONS OF STOCHASTIC ANALYSIS[IV.14]

Endre Süli, *Professor of Numerical Analysis, University of Oxford*
NUMERICAL SOLUTION OF PARTIAL DIFFERENTIAL EQUATIONS[IV.13]

William W. Symes, *Noah G. Harding Professor in Computational and Applied Mathematics and Professor of Earth Science, Rice University*
INVERSE PROBLEMS[IV.15]

Nico M. Temme, *Emeritus Researcher, Centrum Wiskunde & Informatica, Amsterdam*
SPECIAL FUNCTIONS[IV.7]

David Tong, *Professor of Theoretical Physics, University of Cambridge*
CLASSICAL MECHANICS[IV.19]

Warwick Tucker, *Professor of Mathematics, Uppsala University*
INTERVAL ANALYSIS[II.20], COMPUTER–AIDED PROOFS VIA INTERVAL ANALYSIS[VII.3]

Peter R. Turner, *Dean of Arts and Sciences and Professor of Mathematics, Clarkson University*
TEACHING APPLIED MATHEMATICS[VIII.7]

P. J. Upton, *Lecturer, Department of Mathematics and Statistics, The Open University*
THE DELTA FUNCTION AND GENERALIZED FUNCTIONS[III.7]

P. van den Driessche, *Professor Emeritus of Mathematics and Statistics, University of Victoria*
THE SPREAD OF INFECTIOUS DISEASES[V.16]

Sergio Verdú, *Eugene Higgins Professor of Electrical Engineering, Princeton University*
INFORMATION THEORY[IV.36]

Cédric Villani, *Professor of Mathematics, University Claude Bernard Lyon I; Director, Institut Henri Poincaré (CNRS/UPMC)*
KINETIC THEORY[IV.25]

Jens Vygen, *Professor, Research Institute for Discrete Mathematics, University of Bonn*
COMBINATORIAL OPTIMIZATION[IV.38], CHIP DESIGN[VII.6]

Charles W. Wampler, *Technical Fellow, General Motors Global Research and Development*
ROBOTICS[VI.14]

Z. Jane Wang, *Professor, Department of Physics, Cornell University*
INSECT FLIGHT[VI.5]

Denis Weaire, *Emeritus Professor, School of Physics, Trinity College Dublin*
FOAMS[VI.3]

Karen Willcox, *Professor of Aeronautics and Astronautics, Massachusetts Institute of Technology*
UNCERTAINTY QUANTIFICATION[II.34]

Walter Willinger, *Chief Scientist, NIKSUN, Inc.*
COMMUNICATION NETWORKS[VII.23]

Peter Winkler, *William Morrill Professor of Mathematics and Computer Science, Dartmouth College*
APPLIED COMBINATORICS AND GRAPH THEORY[IV.37]

Stephen J. Wright, *Professor, Department of Computer Sciences, University of Wisconsin–Madison*
CONTINUOUS OPTIMIZATION (NONLINEAR AND LINEAR PROGRAMMING)[IV.11]

Lexing Ying, *Professor of Mathematics, Stanford University*
THE N–BODY PROBLEM AND THE FAST MULTIPOLE METHOD[VI.17]

Ya–xiang Yuan, *Professor, Institute of Computational Mathematics and Scientific/Engineering Computing, Chinese Academy of Sciences*
MATHEMATICS AND POLICY[VIII.9]

번역자

정경훈 서울대학교 수학과를 졸업하고, 동 대학원에서 박사학위를 받았다. 현재 서울대학교 기초교육원 강의교수로 재직 중이다. 옮긴 책으로는『넘버스: 수학으로 범죄 해결하기』,『프린스턴 수학 안내서 1, 2』(공역),『수학적으로 생각하는 법』,『기하학과 상상력』,『제타 함수의 비밀』 등이 있고, 저서로는『한번 읽고 평생 써먹는 수학 상식 이야기』,『오늘의 과학』(공저)이 있다.

박민재 KAIST 수리과학과를 졸업하고, 현재 미국 매사추세츠공과대학교 수학과에 박사과정으로 재학 중이다.『프린스턴 수학 안내서』 편집에 참여했다.

김영득 서울대학교 수학과를 졸업하고, 동 대학원에서 석사학위를 받았다. 미국 뉴욕주립대학교에서 박사학위를 받고, 서울대학교에서 박사 후 과정을 밟았다. 현재 서울대학교 기초교육원 강의교수로 재직 중이다.

김우찬 서울대학교 자연과학부를 졸업하고, 수리과학부 대학원에서 박사학위를 받았다. 현재 서울대학교 기초교육원 강의부교수로 재직 중이다.

김재웅 서울대학교 수학과를 졸업하고, 동 대학원에서 박사학위를 받았다. 미국 캔자스주립대학 방문연구원과 서울대학교 기초교육원 강의교수를 거쳐 현재 육군사관학교 수학과에서 조교수로 재직 중이다.

남계숙 고려대학교 대학원 수학과에서 박사학위를 받고 미국 밴더빌트대학교에서 박사 후 과정을 밟았다. 이후 고려대학교 수학과에서 강의를 하다가 2010년~2013년 2월까지 서울대학교 수학과에서 BK연구교수를 역임했고 현재 서울대학교 기초교육원 강의교수로 재직 중이다.

마대건 서울대학교 기계공학과를 졸업하고, 서울대학교 수리과학부 대학원에서 박사학위를 받았다. 암호학을 전공하였으며 현재 서울대학교 기초교육원 강의교수로 재직 중이다.

박정필 강원대학교 수학교육과를 졸업하고, 서울대학교 수리과학부에서 박사학위를 받았다. 수리과학연구소, KAIST, 성균관대학교에서 박사 후 과정을 밟았다. 현재 서울대학교 기초교육원 강의교수로 재직 중이다.

이영민 서울대학교 수리과학부를 졸업하고 동 대학원에서 정수론(이차형식에 대한 연구)으로 박사학위를 받았다. 현재 서울대학교 기초교육원에서 강의교수로 재직 중이다.

최형규 서울대학교 수학과를 졸업하고 동 대학원에서 쌍곡기하를 공부하고 박사학위를 받았다. 현재는 서울대학교 기초교육원에서 강의교수로 재직 중이다.

PART I 응용수학 소개

Introduction to Applied Mathematics

옮긴이_박민재

I.1 응용수학이란 무엇인가?

니콜라스 하이엄 *Nicholas J. Higham*

1 큰 그림

응용수학은 다른 많은 분야와 상호작용하는 거대한 분야이다. 20세기 초반 미국 최초의 응용수학 시설 두 곳을 설립한 윌리엄 프레이저(William Prager, 브라운 대학교)와 리하르트 쿠랑(Richard Courant, 뉴욕 대학교)이 인식했듯, 응용수학을 정의하려는 시도는 많은 문제를 야기한다. 그들은 이렇게 설명했다.

> 응용수학을 정확하게 정의하기란 불가능에 가깝다. 응용수학은 다루는 주제에 따라 정의될 수 없는데, 이론과 응용의 경계는 매우 주관적이고 시대에 따라 변하기 때문이다. 그렇다고 동기나 목적에 따라 정의될 수도 없다. 수학적 문제 그 자체를 위해 공부하는 것이 순수수학의 독점적인 특권은 아니기 때문이다. 아마도 이 글의 체계 안에서 내가 할 수 있는 최선은, 응용수학을 과학 및 기술과 순수수학을 연결해주는 다리라고 묘사하는 것이다.
>
> 프레이저(1972)

> 응용수학은 정의 가능한 과학 분야라기보다는 인간의 한 사고방식이다. 응용과학자의 사고방식은 경험적 관찰로 검정할 수 있는 명확한 답을 찾으려 한다. 대개 이론적으로 어마어마하게 어려운 문제들을 해결하기 위해, 그들은 기꺼이 엄밀한 수학적 완전함과 타협해야만 하고, 이론적 추론을 수치해석적 결과나 그럴듯한 생각 등으로 보충해야만 한다.
>
> 쿠랑(1965)

개럿 버코프(Garrett Birkhoff)는 1977년에 수학자이자 물리학자인 레일리 경(Lord Rayleigh, John William Strutt, 1842–1919)의 말을 인용하며 다음과 같은 관점을 제시했다.

> 본질적으로, 수학은 그것이 '수학적 어려움을 추구하지도, 그렇다고 피하지도 않는' 현실 세계의 문제를 푸는 데 사용될 때 '응용'된다. (레일리)

응용수학이 무엇인지 정의하기보다, 그것의 연구 방식을 묘사할 수도 있다. 1989년 락스 페테르(Peter Lax)는 이에 대해 다음과 같이 말했다.

> 순수수학의 근본인, 정확하게 서술된 정리를 엄밀하게 증명하는 것은 응용수학 연구의 일부이다. 그러나 가장 중요한 부분에서 응용수학자는 다른 무기에 의존해야 한다. 그것은 특수해, 점근적 설명, 단순화된 방정식, 실험실과 컴퓨터 안에서의 실험이다.

여기서 우리는 응용수학을 한마디로 정의하기보다는, 어떤 문제를 풀기 위해 구성된 응용수학의 주제를 여러 각도에서 묘사하려 한다. 주요 절차는 그림 1에 나와 있다. 각각의 단계를 차례로 훑어보기로 하자.

문제 모형화. 모형화(modeling)는 물리적 문제를 이해하고, 그 문제의 본질적 요소를 포착하는 방정식(미분, 차분, 적분, 대수)을 만들어서 그것의 양상을 정량적, 정성적으로 이해하는 것이다. 여기서 '물리적 문제'란 실의 진동, 감염성 질병의 전파, 사회 네

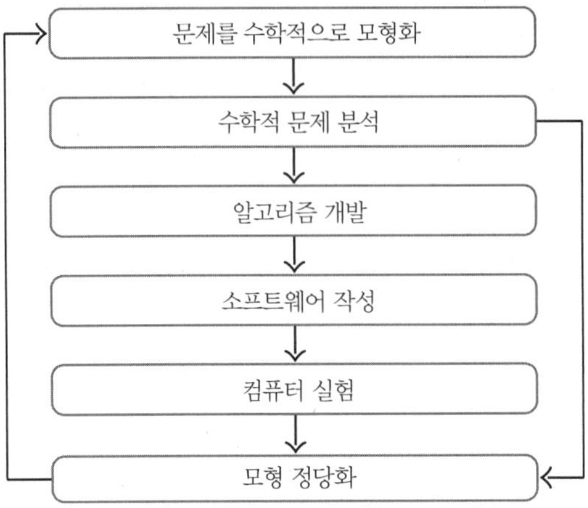

그림 1 응용수학에서 문제를 푸는 주요 절차.

트워크에 참여하는 사람들의 영향력 따위를 지칭한다. 모형화는 필연적으로 완벽하지 않으며, 가정을 단순화해야 한다. 모형은 탐구하는 계의 속성을 충분히 유지하여 가장 중요한 양상을 재현해야 하지만, 동시에 분석하기에 너무 어려울 만큼 많은 정보를 지녀서도 안 된다. 서로 다른 종류의 모형(연속적, 이산적, 확률적)이 있을 수 있고, 모든 응용수학자가 모형화 단계를 거치는 것은 아니며, 사실 대부분은 바로 다음 단계부터 참여한다.

수학적 문제 분석. 이제 이전 단계에서 공식화된 방정식을 분석하고, 이상적인 경우에는 그 방정식을 풀게 된다. 현실에서는 보통 깔끔하게 표현되거나 쉽게 계산 가능한 해를 얻을 수 없고 따라서 근사를 하게 된다. 예를 들면 미분방정식을 이산화하거나 제한된 문제를 고려함으로써 말이다. 방정식이나 제한된 문제를 분석하는 데 필요한 방법이 애초에 존재하지 않을 수 있으므로, 이 단계에 적절한 새로운 기교를 개발하는 것도 포함될 수 있다. 만약 해석적이거나 섭동적인 방법이 사용되었다면, 전체 절차는 여기에서 모형 정당화 단계로 바로 뛰어넘어 가게 된다.

알고리즘 개발. 이미 존재하는 알고리즘으로 아무런 창의력도 필요 없이 기계적 절차에 따라 축소된 문제가 풀릴 수도 있다. 하지만 적당한 알고리즘이 존재하더라도 그것이 충분히 빠르지 않거나 부정확할 수 있고, 이용할 수 있는 구조를 포함하여 문제의 특성을 사용하지 않거나, 알고리즘이 돌아가는 컴퓨터의 아키텍처를 온전히 사용하지 않을 수 있다. 이에 따라 보통 새롭거나 개선된 알고리즘을 개발할 필요가 생긴다.

소프트웨어 작성. 알고리즘을 어떤 컴퓨터에서 사용하려면 그것을 소프트웨어로 구현할 필요가 있다. 신뢰할 수 있으면서 효율적인 소프트웨어를 작성하기는 쉽지 않고, 사용하려는 컴퓨터 환경에 따라 작업이 특수해질 수 있다. 필요한 소프트웨어가 이미 패키지나 프로그램 라이브러리로 있을 수도 있다. 그렇지 않다면, 원칙적으로는 소프트웨어를 개발하고 높은 수준으로 문서화하여 다른 사람이 쓸 수 있도록 해야 한다. 많은 경우 이 소프트웨어 단계에서 단순히 짧은 프로그램이나 스크립트, 필요한 계산과 결과를 요약하는(아마도 도식화하여) 문서 모음을 작성하게 된다.

컴퓨터 실험. 이제 풀어야 할 문제들에 소프트웨어를 작동하여 해를 구한다. 계산에는 수치나 기호, 혹은 둘 다 섞여 있을 수 있다.

모형 정당화. 마지막 단계는 실험에서 얻은 (혹은 이전 세 단계가 필요 없었다면 분석에서 얻은) 결과를 놓고 그것을 분석하여(이 작업은 단순하지 않을 수 있다), 그것이 원래 계의 행동에서 관찰된 것과 일치하는지 보는 것이다. 만약 둘이 충분히 합치되지 않는다면, 모형을 수정하여 앞의 단계들을 반복할 수 있다. 분석하는 계가 아직 만들어지지 않았다면(예를 들어, 다리나 빌딩처럼) 정당화 단계를 거치는 것이 불가능할 수 있다.

이것들 외에도 몇몇 문제에서 중요하게 다루는 작업으로, 모형의 매개변수를 조정하는 것, 이러한 매개변수들 속 불확실성을 정량화하는 것, 문제의 해가 가진 불확실성에 의한 효과를 분석하는 것 등이 있다. 이 단계들은 불확실성 정량화[II. 34]라는 표제어로 분류된다.

모든 단계가 성공적으로 완료되면, 예측하거나 경쟁 가설을 비교하는 일에 수학적 모형을 사용할 수 있다. 수학적 모형은 물리적 문제를 단순화한 형태이지만, 그것의 핵심 목표는 수학적 분석을 통해 새로운 통찰력을 주는 것이다.

한 응용수학자는 그저 일부 단계만 연구할 가능성이 매우 높다. 사실 비교적 단순한 문제들을 제외하고, 한 사람이 모형화부터 컴퓨터 해와 정당화까지의 모든 절차를 다룰 능력이 있는 경우는 드물다.

다른 분야의 과학자를 통해 새로운 문제가 알려지는 경우도 있다. 그 안에서 수학적 문제가 무엇이며 그것이 결국 언제 풀리는지 이해하고, 발견한 것을 관련된 분야의 언어로 다시 번역하는 일에는 상당한 노력이 필요할 수 있다. 그러므로 응용수학자에게 수학 바깥 영역의 사람과 이야기할 수 있는 것은 귀중한 능력이다.

모든 응용수학이 모형화를 통해 이루어진다는 인상을 주는 것은 옳지 않다. 응용수학자는 종종 수학적 문제 그 자체에 흥미를 느끼기 때문에(위에서 인용한 프레이저의 말을 보라) 문제를 풀고자 한다. 그것을 나중에 적절하게 응용할 수 있을 거라는 희망이나 기대를 하고 말이다. 실제로 몇몇 응용수학자는 그들의 모든 직업 활동을 이러한 방식으로 한다. 수학적 결과 중에는 현실에서 중요한 응용의 기반을 제공하고 있지만 그렇게 응용되리라고는 생각지도 못하고 발전한 예가 무수히 많다(3.1절과 3.2절이 그러한 예이다).

20세기 전에는 천문학과 역학이 응용수학을 주도했다. 20세기에는 물리학이 수학을 이끌었고, 1950년대부터는 생물학, 화학, 경제학, 공학, 의학과 같은 다른 분야도 도전적인 수학 문제 상당수를 제공하고 있다. 거대하지만 여전히 팽창하고 있는 데이터의 홍수로 범람한 오늘날 디지털 사회에서, 정보(수많은 모습으로 등장하는)가 21세기 응용수학에 점차 큰 영향을 끼치리라 예상한다.

응용수학의 정의와 역사, 그리고 '응용수학'이라는 용어의 발전에 대해 더 알고 싶다면 응용수학의 역사[I.6]를 보라.

2 응용수학과 순수수학

많은 저자들은 '응용수학과 순수수학을 어떻게 비교할 것인가'란 질문을 제기하고 논의하였으며,가끔은 논란의 여지도 있었다. 여기에 몇 가지 대표적인 내용을 모았다.

폴 할모스(Paul Halmos)는 1981년 「응용수학은 나쁜 수학이다(*Applied mathematics is bad mathematics*)」라는 자극적인 제목의 논문을 썼다. 그러나 할모스가 말한 것 중 다수는 많은 응용수학자가 부정하지 않을 만한 것이다. 예를 들면 다음과 같다.

> 순수수학이 현실적으로 쓸모 있을 수도 있고 응용수학이 예술적으로 우아할 수도 있다. (…) 순수수학이 쓸모 있을 수 있는 것처럼, 응용수학은 가끔 아름답게 쓸모없을 수 있다. (…) 응용수학은 지적인 연구분야이며, 산업 기술의 일부가 아니다. (…) 누구나 인정하듯 응용수학에는 순수수학이 필요하다. 그러나 반대로, 아집에 틀어박히거나, 도태되거나, 무의미해지거나, 사라지지 않으려면 순수수학에도 역시 응용수학만이 제공할 수 있는 활기와 더불어 현실과의 접촉이 있어야 한다.

하디(G. H. Hardy)의 책 『어느 수학자의 변명(*A Mathematician's Apology*)』(1940)은 수학이 그 자체의 가치와 아름다움을 추구하는 학문임을 변호하는 글로 잘 알려져 있다. 그렇기에 이 책은 응용수학에 대한 몇몇 비판을 담고 있다.

> 그런데 통상적으로 응용수학자라는 직업은 조금 딱한 면이 있지 않은가? 그가 유용한 사람이 되고 싶다면 단조로운 방식으로 일해야만 하고, 심지어 정상에 오르고 싶을지라도 자신의 공상을 최대한으로 발휘하지 못한다. '상상의' 우주는 이 멍청하게 구성된 '진짜' 우주보다 더 아름답다. 응용수학의 공상이 빚은 최고급 산물들의 대부분은 만들어지자마자 버려지는데, 그들이 현실을 잘 설명하지 못한다는 무자비하면서도 충분한 이유 때문이다.

할모스와 하디는 순수수학자였다. 응용수학자인 린(C. C. Lin)과 세겔(L. A. Segel)은 1974년 그들의 고전적인 책 『자연과학의 결정론적 문제에 응용되는 수학(*Mathematics Applied to Deterministic Problems in the Natural Sciences*)』의 서론에서 몇 가지 통찰을 제시한다.

> 순수수학과 응용수학에서 동기와 목표의 차이, 그리고 그에 따른 주안점과 태도의 차이는 온전히 인식되어야 한다. 순수수학에서는 보통 한 이론의 옳음을 판단하도록 허용된 유일한 도구가 논리뿐인 추상적인 개념을 다룬다. 응용수학에서는 실험적 검증이 필수적이며 그것은 강력한 판단 기준이 된다. 그러나 (…) 어떤 경우에는(예를 들어, 천체역학) 현실적인 목적으로도 가치 있는 엄밀한 정리가 증명될 수도 있다. 한편, 새로운 수학적 아이디어와 새로운 수학적 이론이 응용수학자나 이론과학자에 의해 시작된 경우도 많다.

그들은 또한 다음과 같은 의견을 제시했다.

> 많은 이류 순수수학은 응용수학의 화려함 밑에 감춰져 있다(그리고 그 반대이기도 하다). 언제나처럼, 양질이 보장되려면 지식과 취향이 필요하다.

> 응용수학 대 순수수학의 논의가 항상 너무 진지

하게 받아들여지는 것은 아니다. 챈들러 데이비스(Chandler Davis)는 응용수학자 조셉 켈러(Joseph Keller)를 인용하며 '순수수학은 응용수학의 세부분야이다!'라고 말했다.

이 논의는 또한 수학의 특정한 부류가 순수와 응용의 스펙트럼에서 어디쯤 위치하는지에 초점을 맞출 수도 있다. 클리퍼드 트러스델(Clifford Truesdell)은 1952년에 《합리역학 및 해석학 저널(*Journal of Rational Mechanics and Analysis*)》(추후 《합리역학 및 해석학 아카이브(*Archive for Rational Mechanics and Analysis*)》로 바뀌었다)을 공동 창설했는데, 1988년에 이에 대해 흥미로운 이야기를 했다. 그가 설명하기를,

> 그 당시 연속체역학(continuum mechanics)의 토대에 관한 논문들을 수학 저널은 응용이라고 게재를 거절했고, '응용'수학 저널에서는 물리학이나 순수수학이라고, 물리학 저널은 수학이라고, 또 이 모든 저널들은 너무 길고 인쇄하기에 터무니없이 비싸며 아무도 관심을 가지지 않는다고 게재를 거절했다.

3 일상 속 응용수학

이제 일상에서 볼 수 있는 응용수학의 세 가지 예를 들 것이다. 그 예들은 여러 전문용어를 사용하지 않고도 설명할 수 있고 서로 다른 특징을 지니기 때문에 예시로서 선정되었다. 설명에 사용한 용어 중 일부는 **응용수학의 언어**[I.2]에 설명되어 있다.

3.1 웹 페이지 찾기

월드와이드웹(World Wide Web)의 초창기인 1990년대 초중반, 검색엔진은 사용자의 검색어와 일치하는 웹 페이지를 찾고, 페이지에서 검색어가 몇 번이나 나타나는지 같은 단순한 기준으로 그 결과를 정렬하였다. 하지만 웹이 점차 커지고 불법 광고자들이 검색 결과에 어떻게 영향을 미칠 수 있는지 알게 되면서 이런 방식은 만족스럽지 않게 되었다. 1990년대 후반부터는 웹 페이지 간 연결을 분석하는 더 정교한 기준이 개발되었다. 그중 하나는 구글의 **페이지랭크 알고리즘**[VI.9]이다. 또 다른 하나는 클라인버그(Kleinberg)의 하이퍼링크-유도 주제 검색(hyperlink-induced topic search, HITS) 알고리즘이다.

HITS 알고리즘은 허브와 공인을 판별하는 아이디어에 기반을 둔다. **공인**(authority)은 자신을 향하는 많은 링크가 있으며, 그것과 연결된 페이지들이 많은 공인을 가리키는 웹 페이지이다. 예를 들어, 《뉴욕 타임스(*New York Times*)》 홈페이지나 유명한 주제에 관한 위키피디아 글은 공인이 될 수 있다. **허브**(hub)는 많은 공인을 가리키는 웹 페이지이다. 특정 프로그래밍 언어에 관한 유용한 링크들을 모아 놓았지만, 그 자신은 별 내용을 담고 있지 않은 페이지를 한 예로 들 수 있다. 공인은 검색어와 일치하는 페이지 중 순위를 더 높게 매기고 싶은 페이지이다. 하지만 허브와 공인의 정의는 서로에게 의존하기 때문에 순환적이다.

이 순환성을 해소하기 위해, 각 페이지 i마다 공인 가중치 x_i, 허브 가중치 y_i로 음수가 아닌 가중치를 줄 것이다. 예를 들어, 분석하려는 페이지가 n개 있다고 하자(현실적으로 검색어와 일치하는 전체 페

이지 수보다 매우 작은 수이다). $n \times n$ 행렬 $A = (a_{ij})$를 정의하는데, 페이지 i에서 페이지 j로 하이퍼링크가 있다면 $a_{ij} = 1$이고 그렇지 않다면 $a_{ij} = 0$이다. $i = 1, 2, \cdots, n$에 대해 처음엔 그냥 $x_i^{(0)} = 1, y_i^{(0)} = 1$이라고 두자. 페이지 i에 대한 공인 가중치 x_i를 이 페이지를 가리키는 허브들의 가중치 합으로 갱신하는 것은 그럴듯하다. 마찬가지로, 페이지 i에 대한 허브 가중치 y_i를 이 페이지가 가리키는 공인들의 가중치 합으로 갱신할 수 있다. 수식으로는 이런 갱신을 $x_i^{(1)} = \sum_{a_{ji} \neq 0} y_j^{(0)}$과 $y_i^{(1)} = \sum_{a_{ji} \neq 0} x_j^{(1)}$으로 쓸 수 있다. 이때 마지막 수식에서 우변에 갱신된 공인 가중치를 사용한다는 것을 주의해야 한다. 또한 두 식은 각각 a_{ji}나 a_{ij}가 0이 아닌 j에 대한 합이다. 이 과정은 다음과 같이 반복될 수 있다.

$$\left.\begin{aligned} x_i^{(k+1)} &= \sum_{a_{ji} \neq 0} y_j^{(1)} \\ y_i^{(k+1)} &= \sum_{a_{ij} \neq 0} x_j^{(k+1)} \end{aligned}\right\} \quad k = 0, 1, 2, \cdots$$

허브와 공인의 순환적 정의는 반복으로 바뀌었다. 이 반복은 행렬-벡터 형식으로 다시 씀으로써 가장 잘 분석할 수 있다. n-벡터들

$$x_k = [x_1^{(k)}, x_2^{(k)}, \cdots, x_n^{(k)}]^{\mathrm{T}},$$
$$y_k = [y_1^{(k)}, y_2^{(k)}, \cdots, y_n^{(k)}]^{\mathrm{T}}$$

를 정의하고 A의 각 원소는 0 또는 1임을 상기하면, 반복을 다음과 같이 다시 쓸 수 있다.

$$\left.\begin{aligned} x_{k+1} &= A^{\mathrm{T}} y_k \\ y_{k+1} &= A x_{k+1} \end{aligned}\right\} \quad k = 0, 1, 2, \cdots$$

여기서 $A^{\mathrm{T}} = (a_{ji})$는 A의 전치(transpose)이다. 두 식을 하나로 합치면 $x_{k+1} = A^{\mathrm{T}} y_k = A^{\mathrm{T}}(Ax_k) = (A^{\mathrm{T}}A)x_k$를 얻는다. 따라서 x_k는 행렬 $A^{\mathrm{T}}A$를 반복하여 곱함으로써 생성된다. $A^{\mathrm{T}}A$의 각 원소는 0이거나 양의 정수이므로 $(A^{\mathrm{T}}A)$의 거듭제곱은 보통 제한 없이 증가한다. 그래서 실제로는 벡터 x_k와 y_k를 정규화하여 가장 큰 원소가 1이 되게 해야 한다. 이것은 원소의 값이 지나치게 커지는 것을 방지하면서도, 원소들의 상대적인 크기에는 영향을 주지 않기 때문에 아무런 문제가 없다. 반복은 이제

$$x_{k+1} = c_k^{-1} A^{\mathrm{T}} A x_k$$

와 같이 표현되고, 여기서 c_k는 $A^{\mathrm{T}}Ax_k$의 가장 큰 원소이다. 만약 벡터들의 나열 x_k와 c_k가 각각 x_*와 c_*로 수렴한다면, $A^{\mathrm{T}}Ax_* = c_* x_*$이다. 이 식은 x_*가 고윳값(eigenvalue) c_*에 대응하는 $A^{\mathrm{T}}A$의 고유벡터(eigenvector)임을 말해 준다. 비슷한 논리로, 만약 정규화된 벡터 y_k가 수렴한다면 그 수렴값은 반드시 AA^{T}의 고유벡터이어야 한다.

행렬의 곱을 반복하는 이 과정은 **거듭제곱법**[IV.10 §5.5]으로 알려져 있다. **페론-프로베니우스 정리**[IV.10 §11.1]를 사용하면, $A^{\mathrm{T}}A$가 기약(irreducible)이라 불리는 성질을 가질 때, 다음을 보일 수 있다. 이 행렬은 절댓값이 가장 큰 유일한 고윳값을 가지며, 그 고윳값은 양의 실수이고, 연관된 고유벡터 x의 성분들이 모두 양수이다. 그리고 멱 방법에 대한 수렴성 이론은 x_k가 x의 배수로 수렴한다는 것을 보여 준다. 결국, HITS를 위한 벡터 x_*과 y_*은 각각 $A^{\mathrm{T}}A$와 AA^{T}의 가장 큰 고윳값에 대응하는 고유벡터이다. 혹은 이 벡터들을 차례로 A의 가장 큰 특잇값(singular value)에 대응하는 우, 좌 **특이벡터**[II.32]로 해석할 수도 있다.

이 알고리즘을 설명하는 단순한 예제를 하나 살펴보자. 그림 2에서 **유향그래프**[II.16] 표현으로 나와

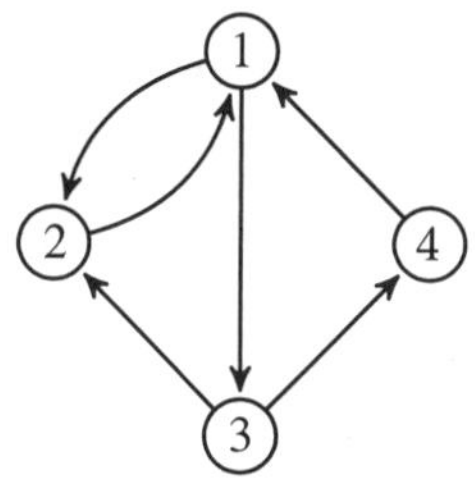

그림 2 4개의 웹 페이지와 그들의 연결을 나타내는 그래프.

있는 웹 페이지 4개의 네트워크를 고려하자. 대응하는 행렬은

$$A = \begin{bmatrix} 0 & 1 & 1 & 0 \\ 1 & 0 & 0 & 0 \\ 0 & 1 & 0 & 1 \\ 0 & 0 & 0 & 0 \end{bmatrix}$$

이다. HITS 알고리즘은

$$x = \begin{bmatrix} 0 \\ 1 \\ 0.5 \\ 0.5 \end{bmatrix}, \quad y = \begin{bmatrix} 1 \\ 0 \\ 1 \\ 0 \end{bmatrix}$$

을 만들어 낸다. 이는 페이지 2가 가장 높은 순위의 공인이며 페이지 1과 3은 공동으로 가장 높은 순위의 허브라는 것을 말해 주는데, 이는 직관적으로도 타당하다.

이 웹 검색 예제는 그림 1의 절차를 설명한다. 첫 단계인 모형화에서 허브와 공인이라는 개념을 만든다. 가중치에 대한 반복을 만드는 것은 분석 단계이자 이 문제에 한해 세 번째 단계인 알고리즘 개발에도 포함되는데, 반복은 허브와 공인을 계산하는 실제 방법이기 때문이다. 그러나 이러한 목적을 위해 다른 알고리즘을 사용할 수도 있으므로, 세 번째 단계에서 더 많은 것을 할 수도 있다. 반복을 소프트웨어로 구현하는 것은(네 번째 단계) 만약 행렬 A가 주어져 있다고 가정한다면 간단하다. 다섯 번째 단계에서의 컴퓨터 실험은 특정한 웹 검색에서 나온 실제 데이터를 사용해야 한다. 아마도 가장 어려운 단계는 마지막 단계인 모형 정당화일 것이다. 그 이유는 계산된 공인에 기반한 순위가 얼마나 좋은지 측정할 수 있는 자연스러운 양이 없기 때문이다. 이 평가에는 인간의 판단이 필요하다.

마지막으로 언급할 것은 **그래프 이론**[II.16]을 이용하면 HITS 알고리즘에 대한 더 깊은 고찰을 할 수 있다는 것이다. 일반적으로 어떤 문제를 분석하는 데는 여러 방법이 있을 수 있고, 그것을 완전히 이해하기 위해서는 하나 이상의 기법을 사용해야만 할 수도 있다.

3.2 디지털 영상처리

색조를 제거하거나, 독창적으로 채도나 명도를 조절하거나, 인물 사진에서 대상의 얼굴 주름을 고르게 하는 등의 방식으로 디지털 사진을 시각적으로 더 보기 좋게 만드는 과정을 사진 보정(image retouching)이라고 한다. 필름 카메라 시절 사진 보정은 비싼 하드웨어와 소프트웨어를 사용하는 스캔 사진 전문가가 하였다. 하지만 디지털 카메라의 출현 이래 누구나, 심지어 적당한 앱만 있다면 스마트폰으로도 보정을 할 수 있게 되었다. 특별히 '복제(cloning)'라고 불리는 작업을 살펴보자. 복제란 영상의 한 영역을 다른 영역으로 복사하는 작업이며, 보통 사진의 결함이나 원치 않는 요소를 제거할 때 쓰인다. 그 예로는 카메라 센서에 먼지가 낀 부분, 풍경 사진 속 쓰레기, 사진 가장자리를 침범한 누군가의 팔다리 같은 것들이 있다.

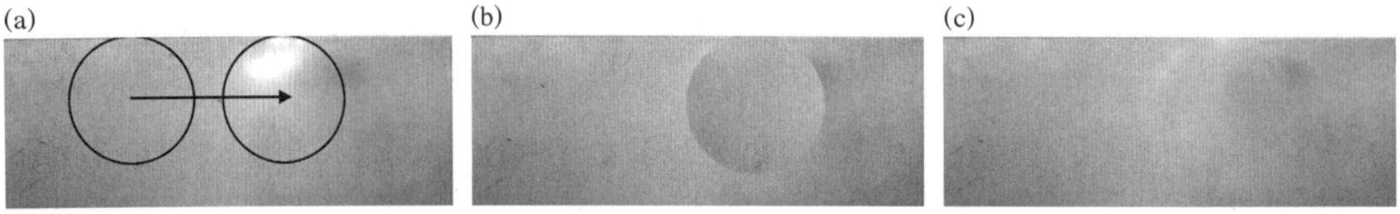

그림 3 반사로 인해 생긴 금속 표지판의 밝은 부분을 확대한 사진. (a)출처와 목표 영역을 표시한 원본 사진. (b)출처를 목표에 단순 복사한 결과. (c)같은 목표 영역에 포토샵 힐링 브러시를 한 번 적용한 결과. 실제 상황에서는 서로 겹치는 더 작은 목표 영역들에 힐링 브러시를 반복 적용한다.

최신 소프트웨어의 복제 도구는 목표 영역으로 복사되는 사진 조각을 섞기 위해 정교한 수학을 사용한다. 사진을 2변수에 대한 함수 f로 나타내자. 여기서 $f(x, y)$는 점 (x, y)에 대응하는 RGB(빨강, 초록, 파랑) 삼중쌍을 나타낸다. 현실에서 사진은 점들의 이산적인 격자이며 RGB 값은 정수이다. 우리의 목적은 열린 목표 영역(open target region) Ω를, 같은 모양과 크기를 갖지만 사진의 다른 위치에 있는 출처 영역(source region)으로 대체하는 것이며, 따라서 $(\delta x, \delta y)$라는 평행이동과 대응한다. 만약 출처 영역을 목표 영역으로 단순하게 복사한다면 그 결과는 시각적으로 별로 그럴싸하지 않을 것이다. 그 방식은 질감을 보존하지 않으며 또한 경계 $\partial\Omega$ 근방에서 잘 들어맞지 않기 때문이다(그림 3을 보라). 이런 문제들을 완화하기 위해 Ω 안의 f를 다음 편미분방정식(partial differential equation, PDE)으로 정의되는 함수 g로 대체할 수 있다.

$$\begin{aligned} \Delta g(x, y) &= \Delta f(x + \delta x, y + \delta y), \quad (x, y) \in \Omega, \\ g(x, y) &= f(x, y), \quad (x, y) \in \partial\Omega \end{aligned}$$

여기서 $\Delta = \partial^2/\partial x^2 + \partial^2/\partial y^2$은 **라플라스 연산자**[III.18]이다. 위 식은 목표 영역의 경계에서는 g와 f가 같도록 하며, 목표 영역의 내부에서는 g의 라플라시언(Laplacian)이 출처 영역에서 f의 라플라시언과 일치하도록 한다. 이는 디리클레 경계조건(Dirichlet boundary condition)을 가진 푸아송 방정식(Poisson equation)이다. 라플라스 연산자는 평형 상태에서의 확산 효과와 연관되기 때문에, 사진의 픽셀값이 확산하여 시각적으로 더 그럴듯해 보일 수 있다. 다른 식으로는 $\int_\Omega \|\nabla g - \nabla f\|^2 \, \mathrm{d}\Omega$라는 값을 최소화함으로써, 특정한 의미에서 최적의 부드러움을 갖는 해를 나타낸다고 생각할 수도 있다. 여기서 $\nabla = [\partial/\partial x \ \partial/\partial y]^T$는 기울기 연산자(gradient operator)이고 $\|\cdot\|$는 L_2-**노름**[I.2 §19.3]이다. 실전에서는 **수치해석적 방법**[IV.13]을 사용하여 이 PDE를 풀게 된다.

1990년에 초판이 발매되었던, 디지털 사진 보정 소프트웨어 어도비 포토샵(Adobe Photoshop)은 2002년에 힐링 브러시(healing brush)라 불리는 새로운 기능을 소개했다. 이것은 방금 요약한 것에서 방정식만 바꾸어 쌍조화방정식(biharmonic equation) $\Delta^2 g(x, y) = \Delta^2 f(x + \delta x, y + \delta y)$를 푸는 정교한 복제를 통해 이루어진다. 여기서 $\Delta^2 = \partial^4/\partial x^4 + 2\partial^4/(\partial x^2 \partial y^2) + \partial^4/\partial y^4$인데, 이를 통해 경계에서의 미분값이 더 잘 맞아떨어진다는 것이 알려졌고, 따라서 출처가 목표를 포함한 영역에 더 잘 섞인다. 이 경우 해는 $\int_\Omega (\Delta g - \Delta f)^2 \mathrm{d}\Omega$를 최소화하게 된다. 그림 3을 보라.

2차원 데이터의 틈을 메우기 위해 푸아송 방정식

이나 쌍조화방정식을 사용하는 아이디어는 다른 응용 분야에서도 등장하는데, 가령 일찍이 1950년대 지구물리학적 데이터를 지도화하고 윤곽을 그리는 데 사용하기 위해 제안되었다.

이와 관련하여, 사진에서 복제가 이루어졌을 때 그것을 어떻게 감지해내는가 하는 문제가 있다. 이는 미디어에 사용하거나, 법정에 증거로 제출된 영상의 정직성을 확인하거나, 사진 보정이 허용되지 않는 사진 대회에서 작품들의 출품 자격을 확인하기 위해 응용될 수 있다. 복제를 하는 방법이 그것을 감지하는 데도 사용될 수 있다. 예를 들어, 사진이 복제되었다면 목표와 출처 영역의 값이 다르더라도 라플라시언이나 쌍조화 연산자가 같은 값을 갖기 때문에 이 성질을 이용해 복제된 다른 영역을 체계적으로 찾아낼 수 있다. 만약 사진이 복제된 후에 통상적으로 사용하는 JPEG **압축**[VII.7 §5]으로 압축되었다면 문제가 한층 복잡해진다. 압축되지 않은 사진에 잡음(noise)이 포함되어 앞의 미분값들이 더는 정확하게 일치하지 않기 때문이다. 잡음 처리는 응용수학의 공통적인 요구사항이다.

3.3 컴퓨터 연산

현대의 삶에서 우리는 금융 주가지수, 항공기 비행경로, 공공요금의 계산 등 다양한 범위의 일에서 산술 계산을 수행할 때 컴퓨터에 의존한다. 사람들은 이런 계산이 당연하게 '옳은 결과'를 내줄 것이라고 생각하지만 항상 그렇지는 않으며, 부정확한 결과가 비참한 결과를 초래했던 악명 높은 사례들이 있다. 응용수학자와 컴퓨터 과학자는 오늘날의 컴퓨터 계산을 이전보다 더욱 신뢰할 수 있도록 보장해야 할 책임을 지니고 있다.

아마도 지난 50년간 컴퓨터 연산에서 가장 중요한 진보는 2진 **부동소수점 연산**[II.13]에 대한 1985 IEEE 표준의 발전이었다. 이 기준이 발전하기 전에, 서로 다른 컴퓨터는 다양한 품질을 가진 서로 다른 부동소수점 연산의 구현을 사용했다. 예를 들자면, 1980년대의 몇몇 컴퓨터에서

```
만약 x ≠ y이면
    f = f / (x − y)
종료
```

와 같은 검정은 0으로 나눔(division by zero)으로 인해 실패했는데, x가 y와 다르더라도 그 차이 $x-y$가 0으로 계산되었기 때문이다. 이러한 실패는 IEEE를 충족하는 연산에서는 발생하지 않는다.

IEEE 표준에 놀라운 특징이 더 있다. 예컨대 이 표준은 ∞를 나타내는 특별한 수 inf를 포함하고 자연스러운 관계들을 만족한다. 즉, $1/0$은 inf로 계산되고, $1/\text{inf}$은 0으로 계산되며, $1+\text{inf}$와 $\text{inf}+\text{inf}$는 inf로 계산된다. 만약 어떤 프로그램이 수를 0으로 나누게 되면, 프로그램이 종료되는 것이 아니라 이를 시험해 보거나 적절한 행동을 취할 수 있다. 가령, 만약 함수

$$f(x)=\frac{1}{1+\frac{1}{1-x}}$$

을 $x=1$로 계산한다면, IEEE 연산은 정확하게 $f(1)=1/(1+\infty)=0$을 산출한다. 1997년에 미사일 발사 순양함인 USS 요크타운에서, 한 선원이 데이터베이스에 0을 입력하여 0으로 나누는 것이 프로그

램 충돌을 일으켰고, 배는 2시간 45분 동안 마비되었다(지휘관에 따르면 '물 속에서 죽어버렸다'). 이는 inf와 같은 IEEE 표준의 특징이 온전히 활용되었다면 피할 수 있는 사고였다.

IEEE 표준의 발전은 수년이 걸렸고, 다양한 선택에 대해 다량의 수학적 분석을 요구했다. 다른 컴퓨터 간 프로그램 이식이 수월해진 것이나, 알고리즘이 부동소수점 연산 안에서 구현될 때 어떻게 행동할지 수학자들이 더 잘 이해할 수 있게 된 것은, 이 표준이 가져온 혜택 중 일부에 지나지 않는다.

IEEE 배정밀도(double-precision) 연산에서, 수는 약 16개의 유효숫자를 가진 십진수와 동등한 정밀도까지 표현된다. 현실의 많은 상황에서 결과는 더 적은 숫자를 가져야 하고 최종 결과는 반드시 반올림(round)되어야 한다. 한 예로, 유로에서 달러로 환전한 결과인 $110.89613는 온전한 센트가 되는 가장 가까운 금액인 $110.90로 반올림되어야 할 것이다. 고객의 계좌로 달러를 지급하는 은행은 아마 $110.89로 버림을 하고 잔액을 남기는 것을 선호할 것이다. 그렇지만 1997년에 유로가 만들어졌을 때 이를 처리하는 규칙을 정하는 것은 그리 단순한 일이 아니었다. 회원국의 15개 화폐와 유로를 어떻게 환전할지 정확하게 상술하는 데 29쪽의 문서가 필요했다. 그 성명에는 각 개별적인 환율이 몇 개의 유효숫자를 가져야 하는지(선택된 것은 6개의 숫자였다), 자릿수를 어떻게 처리할 것인지(가장 가까운 6자리 수로 반올림한다), 두 수가 동시에 가까울 경우 어떻게 처리할지(무조건 올림한다) 등이 포함되었다.

자릿수 처리는 명백한 상황에서도 종종 부정확하게 수행된다. 1982년에 밴쿠버 증권 거래소는 1000을 초깃값으로 갖는 주가지수를 하나 만들었다. 거래가 분명히 잘 이루어지고 있었음에도, 그 지수는 22개월 후 520대의 최저치를 기록했다. 그것은 소수점 아래 셋째 자리까지 기록되었고, 지수를 계산하는 컴퓨터 프로그램이 항상 내림하여 언제나 주가지수를 과소평가하고 있었음이 발견됐다. 계산을 다시 해보니(추정컨대 반올림으로) 주가지수는 거의 두 배가 되었다.

2006년에 운동선수 저스틴 개틀린(Justin Gatlin)은 100m 달리기에서 9.76초의 세계 신기록을 세웠다. 경주 후 거의 일주일 뒤에 시간은 9.77초로 변경되었고, 그것은 그저 아사파 포웰(Asafa Powell)이 세웠던 기존 기록일 뿐이었다. 결과가 바뀐 이유는 그의 기록인 9.766이 국제육상경기연맹의 규정대로 가장 가까운 100분의 1초로 올림이 된 것이 아니라 잘못 내림이 되어서이다.

4 응용수학자는 무엇을 하는가?

응용수학자는 학계에서, 산업계에서, 혹은 정부 연구 실험실에서 일할 수 있다. 그들의 일은 연구, 교육, (특히 원로 수학자인 경우) 팀을 관리하는 등의 행정적인 업무를 포함한다. 펜과 종이를 들고 앉아 종이에 공식을 끄적이고, 방정식을 풀거나 정리를 증명하려고 노력하는 전통적인 의미의 수학을 하는 시간은 보통 그들이 쓰는 시간의 일부일 뿐이다. 연구라는 넓은 범주에서 논문, 책, 연구비 제안서, 보고서, 강의 자료, 발표 내용을 작성하거나, 세미나, 학회, 워크숍에 참석하거나, 연구 문헌에서 논문을 읽거나, 저널에 투고한 논문이나 재단에 접수된 연구비 제안서를 심사하거나, 박사과정 학생들이 쓴 논문 초안이나 박사 논문에 의견을 주는 것에 많은 시간을 쓴다.

수학은 고독한 일이 될 수 있다. 누군가는 그의 동료들과는 다른 문제를 연구하거나, 자신의 직장에서 유일한 수학자일 수도 있다. 몇몇 응용수학자는 혼자 연구하는 것을 선호하긴 하지만, 다수는 다른 이들과 공동 연구를 하며, 이는 보통 서로 멀리 떨어진 나라에서 이루어진다. 공동 연구는 자주 학회에서 이루어진 논의에서 시작되며, 이메일을 통한 소통이 쉬워진 덕분에 가끔은 한 번도 만난 적 없는 사람들끼리 논문을 공동으로 저술하기도 한다.

응용수학협회는 네트워크를 형성하거나 전문성을 개발하는 기회일 뿐 아니라, 정체성과 연결성을 제공하는 중요한 근원이다. 그들은 대부분 특정 국가나 지역에 초점을 두지만, 필라델피아에 거점을 둔 산업응용수학회(Society for Industrial and Applied Mathematics, SIAM)는 예외적이다. SIAM은 세계에서 가장 큰 응용수학 단체이며 회원의 삼 분의 일이 미국 밖에서 거주할 만큼 넓은 국제 시야를 가지고 있다. 어떤 수학자의 활동은 빈번히 그가 속한 단체와 연결된다. 예를 들어,협회의 저널을 출판 혹은 편집하거나, 그들이 주관하는 학회에 참석하거나, 잡지나 회보를 통해 뉴스를 주시하는 과정 등이 있다. 대부분 협회는 학생들에게 매우 할인된(혹은 무료) 회비 혜택을 제공한다.

응용수학자는 여러 분야가 섞인 팀의 일원일 수 있다. 그들의 문제 해결, 논리적인 사고, 모형화, 프로그래밍 능력은 수학 외 분야, 예컨대 의료 영상처리, 일기예보, 금융 공학 등에서 인기가 많다.

일의 세계에서 응용수학은 '분석', '모형화' 혹은 단순히 일반적인 '연구'로 불리기 때문에 눈에 띄지 않을지도 모른다. 그러나 직함이 무엇이든 간에, 응용수학은 오늘날 지식 기반의 경제사회에서 중대한 역할을 한다.

5 응용수학은 어떤 영향을 미치는가?

응용수학의 영향력은 이 책의 많은 곳에서 볼 수 있으며, 이 절에서는 수학 그 자체보다는 바깥에 준 영향에 집중하여 간략하게만 살펴볼 것이다.

응용수학은 우리 행성의 다양한 측면을 이해하고 예측 가능한 모형을 만들 수 있는 도구와 알고리즘을 제공하는데, 날씨[V.18](최근 십여 년간 일기예보의 정확도는 엄청나게 향상되었다), 대기와 해양[IV.30], 쓰나미[V.19], 해빙[V.17]이 이에 포함된다. 많은 경우 이 모형들은 정책 담당자들에게 정보를 제공한다.

대부분의 사람은 최소한 두 개의 수학적 알고리즘을 거의 매일 사용한다. 고속 푸리에 변환[II.10]은 스마트폰과 같이 신호처리(signal processing)를 수반하는 기계 어디에서나 찾을 수 있다. 카메라로 찍거나 컴퓨터 화면으로 보는 사진들은 보통 JPEG 압축[VII.7 §5]을 통해 저장된다.

공항 수하물 검색[VII.19]에서부터 인체 검색[VII.9]에 이르기까지, 단층 X선 사진기는 빠르고 정확한 역문제[IV.15]의 해에 의존하는데, 역문제란 어떤 계의 내부에 대한 정보를 그 계의 외부에서 취해진(잡음 섞인) 측정으로부터 복원해야 할 필요가 있는 문제를 말한다.

투자는 그것이 개인의 옵션이건 자산의 모임(포트폴리오)이건 언제나 수학적 모형에 기초하여 이루어진다. **금융 수학**[V.9]과 **포트폴리오 이론**[V.10]을 보라.

수학적 모형을 영리하게 사용하면, **요트 경주**[V.2], **수영**[V.2], **포뮬러 원 경주**[V.3]와 같이 작은 개선이 성공과 실패를 판가름하는 스포츠에서 유리한 경쟁력을 갖출 수 있다.

표 1 그리스어 자모음. 그리스어 대문자는 그것이 라틴 문자와 동일할 경우 생략되었다.

α	alpha	ν	nu
β	beta	ξ, Ξ	xi
γ, Γ	gamma	o	omicron
δ, Δ	delta	π, ϖ, Π	pi
ϵ, ε	epsilon	ρ, ϱ	rho
ζ	zeta	$\sigma, \varsigma, \Sigma$	sigma
η	eta	τ	tau
$\theta, \vartheta, \Theta$	theta	υ, Υ	upsilon
ι	iota	ϕ, φ, Φ	phi
κ	kappa	χ	chi
λ, Λ	lambda	ψ, Ψ	psi
μ	mu	ω, Ω	omega

표 2 다른 표기법.

$\Rightarrow$	Implies	$\exists$	There exists
$\Leftarrow$	Implies by	$\nexists$	There does not exist
$\Leftrightarrow$	If and only if	$\forall$	For all

I.2 응용수학의 언어

니콜라스 하이엄 *Nicholas J. Higham*

이 글은 응용수학의 표기법, 용어, 기본 결과와 개념에 관한 배경지식을 제공한다. 따라서 이 글은 뒤에 나올 글들 중 상당수가 상호 인용하게 될 기초 역할을 한다.

이 절에서 다루는 주제는 공간의 제약 때문에 응용수학의 많은 분야에서 공통적인 것들만으로 한정되었다. 이후 다수의 글이 특정 주제에 대한 언어를 사려 깊게 소개할 것이다.

1 표기법

표 1은 수학 변수들을 표기하는 데 폭 넓게 사용되는 그리스어 자모음을 나열한 것이다. δ와 ε은 거의 언제나 작은 양을 나타내는 데 사용되며 π는 $\pi = 3.14159\cdots$뿐 아니라 변수로도 사용된다는 것에 유의하라.

수학은 공통적으로 나타나는 개념을 나타내는 풍부한 표기법을 갖고 있다. 그러나 표기법 사용은 축복이자 저주이다. 표기법을 조심스럽게 사용한다면, 수학적 논증을 더 읽기 쉽고 이해하기 쉽게 만들 수 있다. 그러나 남용했을 때는 정반대의 효과를 낼 수 있으며, 많은 경우 기호보다 단어로 진술하는 것이 낫다(**수학 글쓰기**[VIII.1]를 보라). 표 2는 강의와 같은 비격식적인 상황에서 흔히 쓰이며 이 책에서 자주 접하게 될 몇 가지 표기법을 보여 준다. 표 3은 이 책 전체에서 사용되는 기본적인 표기법을 요약했다.

2 복소수

응용수학 대부분은 복소수 집합 $\mathbb{C}$나 실수 집합 $\mathbb{R}$ 위에서 이루어진다. 복소수 $z = x + \mathrm{i}y$는 $\mathbb{R}$에 속하는 실수부분 $x = \mathrm{Re}\,z$와 허수부분 $y = \mathrm{Im}\,z$를 가지

표 3 이 책에서 자주 사용되는 표기법.

표기법	**의미**	**예시**
$\mathbb{R}$, $\mathbb{C}$	실수, 복소수	
$\mathbb{R}^n$, $\mathbb{R}^{m\times n}$	실 n−벡터와 $m\times n$ 행렬, $\mathbb{C}n$과 $\mathbb{C}_{m\times n}$도 비슷	
$\mathrm{Re}\,z$, $\mathrm{Im}\,z$	복소수 z의 실수부분과 허수부분	
$\mathbb{Z}$, $\mathbb{N}$	정수 $\{0, \pm1, \pm2, \cdots\}$과 양의 정수 $\{1, 2, \cdots\}$	
$i=1, 2, \cdots, n$	정수 변수 i가 차례로 1, 2, 3과 같이 n까지 값을 취한다, $1\le i\le n$ 또는 $i=1:n$으로도 씀	
$\approx$	근사적으로 동등, $\simeq$로도 씀	$\pi\approx 3.14$
$\in$	속한다	$x\in\mathbb{R}$, $n\in\mathbb{Z}$
$\equiv$	항등적으로 같은, $f\equiv 0$은 f가 영함수, 즉 f가 인자 일부 값에서뿐만 아니라 전체 값에 대해 항상 0이라는 뜻	
$n!$	팩토리얼, $n!=n(n-1)\cdots 1$	
$\rightarrow$	경향이 있다, 수렴하다	$n\rightarrow\infty$
Σ	합	$\Sigma_{a=1}^{b}x_i=x_1+x_2+x_3$
Π	곱	$\Pi_{a=1}^{b}x_i=x_1x_2x_3$
$\ll$, $\gg$	매우 작다, 매우 크다	$n\gg 1$, $0\le\varepsilon\ll 1$
δ_{ij}	크로네커 델타(Kronecker delta), $i=j$인 경우 $\delta_{ij}=1$이고 $i\neq j$인 경우 $\delta_{ij}=0$	
$[a, b]$, (a, b), $[a, b)$	닫힌 구간 $\{x:a\le x\le b\}$, 열린 구간 $\{x:a<x<b\}$, 반닫힌 혹은 반열린 구간 $\{x:a\le x<b\}$	
$f:P\rightarrow Q$	집합 P를 Q로 보내는 함수 f, 즉 $x\in P$이면 $f(x)\in Q$	
$f', f'', f''', f^{(k)}$	함수 f의 첫 번째, 두 번째, 세 번째, k 번째 도함수	
$\dot{f}, \ddot{f}$	함수 f의 첫 번째, 두 번째 도함수	
$C[a, b]$	$[a, b]$ 위의 실숫값 연속함수들	$f\in C[a, b]$
$C^k[a, b]$	연속인 $0, 1, \cdots, k$계도함수를 갖는 $[a, b]$ 위의 실숫값 함수들	$f\in C^2[a, b]$
$L^2[a, b]$	르베그 적분(Lebesgue integral) $\int_a^b f(x)^2dx$가 존재하는 함수들 $f:\mathbb{R}\rightarrow\mathbb{R}$	
$f\circ g$	함수의 합성: $(f\circ g)(x)=f(g(x))$	$e^{x^2}=e^x\circ x^2$
:=, =:	변수나 함수의 정의, 수학적 등호와 구분하기 위해 사용	$y'=1+y^4=:f(y)$

며, 허수단위(imaginary unit) i는 $\sqrt{-1}$을 나타낸다. 예를 들어, 종종 전기공학이나 프로그래밍 언어 파이썬[VII.11]에서는 허수단위를 j로 쓴다.

우리는 복소수를 **복소평면**(complex plane) 위에 기하학적으로 표현할 수 있는데, 이 위에서 복소수 $a+ib$는 좌표 (a, b)를 갖는 점으로 표현된다(그림 1을 보라). 이렇게 대응하는 그림은 **아르강 다이어그램**(Argand diagram)이라 불린다. **우반평면**(right half−plane) $\{z\colon \mathrm{Re}\,z\ge 0\}$과 **좌반평면**(left half−plane) $\{z\colon \mathrm{Re}\,z\le 0\}$은 중요한 역할을 한다. 만약 우리가 이 집합들에서 순허수($\mathrm{Im}\,z=0$)를 제외하면 **열린 반평면**(open half−plane)들을 얻게 된다. 오일러의 공식 $e^{i\theta}=\cos\theta+i\sin\theta$는 중요한 원리이다.

복소수의 **극형식**(polar form)은 $z=re^{i\theta}$이며, 여기서 $r\ge 0$이고 **편각**(argument) $\arg z=\theta$는 실수이며 θ는 $[0, 2\pi)$나 $(-\pi, \pi]$와 같이 길이 2π인 아무런 구간에나 제한될 수 있다. $z=x+iy$의 **켤레복소수**(complex conjugate)는 $\bar{z}=x+iy$이며 종종 z^*으로도 쓰인다. **절댓값**(modulus, absolute value)은 $|z|=(\bar{z}z)^{1/2}=(x^2+y^2)^{1/2}=r$이다.

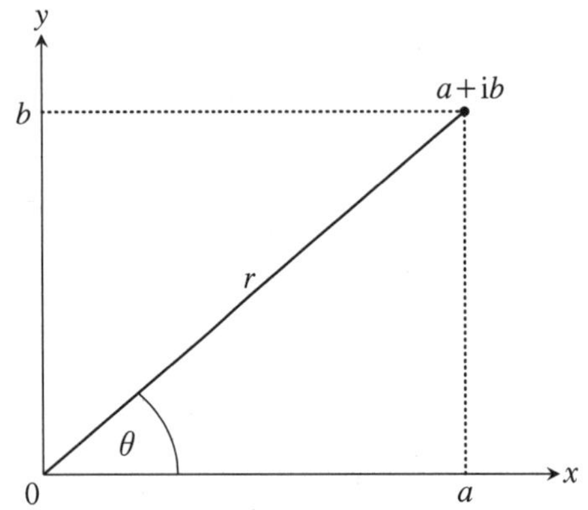

그림 1 복소평면과 $z = a + \mathrm{i}b = r\mathrm{e}^{\mathrm{i}\theta}$.

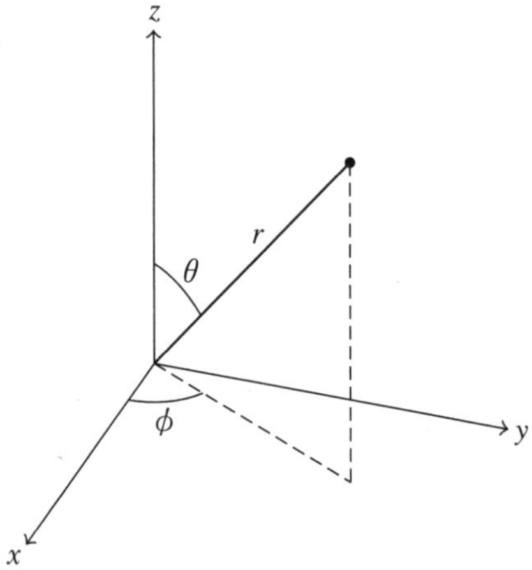

그림 2 구면좌표.

복소수 연산은 다음과 같은 규칙에 따라 실수 연산의 형태로 정의된다. $z_1 = x_1 + \mathrm{i}y_1$과 $z_2 = x_2 + \mathrm{i}y_2$에 대해

$$\begin{aligned} z_1 \pm z_2 &= x_1 \pm x_2 + \mathrm{i}(y_1 \pm y_2), \\ z_1 z_2 &= x_1 x_2 + \mathrm{i}(x_1 y_2 + x_2 y_1), \\ \frac{z_1}{z_2} &= \frac{x_1 x_2 + y_1 y_2}{x_2^2 + y_2^2} + \mathrm{i}\frac{x_2 y_1 - x_1 y_2}{x_2^2 + y_2^2} \end{aligned}$$

극형식에서 곱셈과 나눗셈은 더 간단하게 표기될 수 있다. 만약 $z_1 = r_1\mathrm{e}^{\mathrm{i}\theta_1}$이고 $z_2 = r_2\mathrm{e}^{\mathrm{i}\theta_2}$이라면 $z_1z_2 = r_1r_2\mathrm{e}^{\mathrm{i}(\theta_1+\theta_2)}$이고 $z_1/z_2 = r_1/r_2\mathrm{e}^{\mathrm{i}(\theta_1-\theta_2)}$이다.

3 좌표계

우리는 2차원 위의 점은 x와 y좌표를, 3차원 위의 점은 x, y, z좌표를 사용하여 표시하는 것에 익숙하다. 우리는 이들을 **데카르트 좌표**(Cartesian coordinate)라 부른다. 또한 이전 절에서 묘사한대로 2차원에서는 (x, y)를 $x + \mathrm{i}y$와 동일시하여 **극좌표**(polar coordinate)를 사용할 수도 있다. 그림 2에 그려진 **구면좌표**(spherical coordinate)는 극좌표를 3차원으로 확장한 것이다. 여기서 (x, y, z)는 (r, θ, ϕ)로 표현될 수 있는데,

$$x = r\sin\theta\cos\phi, \quad y = r\sin\theta\sin\phi, \quad z = r\cos\theta$$

이고, 반지름 r은 음이 아니며 각 θ와 ϕ는 $0 \le \theta \le \pi$와 $0 \le \phi < 2\pi$ 범위 안에 있다.

원통좌표(cylindrical coordinate)는 또 다른 3차원 좌표계를 제공한다. 이 좌표계는 xy평면에서 극좌표를 사용하고 z는 그대로 둔다. 따라서 (x, y, z)는 (r, θ, z)로 표현된다.

4 함수

함수 f는 각각의 x의 값에 유일한 값 $f(x)$를 할당하는 규칙이다. 이를 '입력 x'를 취해 '출력 $y = f(x)$'를 생성하는 블랙박스로 생각할 수 있다. 함수는 종종 사상(mapping)으로도 불린다. $y = f(x)$라 쓴다면 y

는 **종속변수**(dependent variable)이고, x는 **독립변수**(independent variable)인데 f의 **인수**(argument)로도 불린다.

일부 함수는 주어진 x에 대해 $f(x)$가 유일한 값을 가지지 않을 수도 있으며, 그런 **다가함수**(multivalued function)는 어떤 제한이 붙기 전에는 진짜 함수가 아니다. 예를 들어, 일반적으로 방정식 $e^y = x$의 어떤 해를 나타내는 $y = \log x$를 생각해 보자. $k \in \mathbb{Z}$에 대해 $y = y_0 + 2\pi ik$로 쓰이는 무한히 많은 해가 있는데, 여기서 y_0은 **주로그함수**(principal logartithm)로, 그것의 실수부가 $(-\pi, \pi]$에 놓이는 로그함수로 정의된다. 실전에서 자주 필요하며 소프트웨어에서 보통 계산되는 것은 주로그함수이다. 복소변수의 다가함수는 **리만 곡면**[IV.1 §2]과 **가지자름**[IV.1 §2]을 통해 우아하게 다룰 수 있다.

함수가 **선형**(linear)이라는 것은 독립변수가 오직 1차 거듭제곱까지만 나타나는 것을 말한다. 따라서 상수 a, b에 대한 함수 $f(x) = ax + b$는 선형이다. 볼록최적화(convex optimization)와 같은 일부 맥락에서 $ax + b$는 **아핀 함수**(affine function)라 불리며, 선형이라는 용어는 모든 t에 대해 $f(tx) = tf(x)$가 성립하는 $f(x) = ax$를 위한 것이다.

함수 f가 **홀**(odd)이라는 것은 모든 x에 대해 $f(x) = -f(-x)$인 것이며 **짝**(even)인 것은 모든 x에 대해 $f(x) = f(-x)$인 것이다. 예컨대 사인함수는 홀인 반면, x^2과 $|x|$는 짝이다.

함수 f와 그것의 특정한 x에서의 값 $f(x)$는 다르다는 것을 인지하고 있어야 한다. 가끔 이 차이는 모호해진다. 예를 들어, 독립변수로 사용되는 기호를 강조하기 위해 '함수 $f(u, v)$'와 같이 쓸 수 있다.

독립변수가 1개보다 많은 함수는 **다변량함수**(multivariate function)라 불린다. 표기를 쉽게 하기 위해 독립변수를 하나의 벡터로 모을 수도 있다. 예를 들어, 다변량함수 $f(u, v) = \cos u \sin v$는 $x = [x_1,\ x_2]^T$에 대해 $f(x) = \cos x_1 \sin x_2$로 쓰일 수 있다.

5 극한과 연속성

함수의 인자가 특정한 값으로 접근하는 극한에서 함수가 수렴한다는 개념은 직관적으로 당연해 보일 수 있다. 예를 들어, '→'가 다가가거나 수렴한다는 것을 의미할 때, $x \to 2$이면 $x^2 \to 4$라는 진술은 x^2의 그래프를 고려하면 알 수 있듯이 명백하게 참이다. 하지만 수많은 정의가 수렴성을 기반으로 만들어졌기 때문에 수렴의 개념을 엄밀히 할 필요가 있다.

f를 실변수를 갖는 실함수라고 하자. $x \to a$일 때 $f(x) \to \ell$이라고 말하고 $\lim_{x\to a} f(x) = \ell$이라고 쓰는 것은, 모든 $\varepsilon > 0$에 대해 어떤 $\delta > 0$이 존재하여 $0 < |x - a| < \delta$가 $|f(x) \to \ell| < \varepsilon$을 함의하는 것이다. 다른 말로 표현하면, x를 a에 충분히 가깝게 선택함으로써 $f(x)$를 ℓ에 원하는 정도로 가까이 만들 수 있다. 특수한 경우에 이 정의가 성립함을 보이는 것은 결국 δ를 ε에 대한 함수로서 결정하는 것으로 귀결된다.

이 정의는 ℓ이 유한하다는 의미를 내포하고 있다. $x \to a$일 때 $f(x) \to \infty$인 것은 모든 $\rho > 0$에 대해 어떤 $\delta > 0$이 존재하여 $0 < |x - a| < \delta$가 $f(x) > \rho$를 함의하는 것이다.

실제로, 수학자들이 이 정의에 따라 적절한 $\delta = \delta(\varepsilon)$을 제시하여 극한의 존재성을 증명하는 경우는 드물다. 예를 들어, $x \to \pi/2$이면 $\tan x \to \infty$라는 것은 $\sin x \to 1$이고 $\cos x \to 0$이기 때문이라고 주장할 수 있다. 그러나 극한을 모르는 함수를 통해 f가 간접적으로 정의되어 있는 경우에는 위 정의가 사용될 것이다.

x가 오른쪽이나 왼쪽에서 극한값에 접근하는 한쪽극한(one-sided limit)을 정의할 수도 있다. 우극한 $\lim_{x \to a^+} f(x) = \ell$에 대해, 극한의 정의는 $0 < |x - a| < \delta$가 $a < x < a + \delta$로 대체되어 수정되고, 좌극한 $\lim_{x \to a^-} f(x)$는 비슷하게 정의된다. 표준극한이 존재하는 것과 좌우극한이 존재하며 같은 것은 서로 동치이다.

함수 f가 $x = a$에서 **연속**(continuous)인 것은 $f(a)$가 존재하며 $\lim_{x \to a} f(x) = f(a)$인 것이다.

극한과 연속의 정의는 복소변수함수에도 동일하게 잘 적용된다. 이때, 조건 $|x - a| < \delta$는 x를 실직선 위의 열린 구간이 아니라, 복소평면 위에서 반경이 δ보다 작은 원판 위에 위치시킨다.

함수 f가 $[a, b]$ 위에서 연속인 것은 함수가 그 구간 안의 모든 점에서 연속인 것이다. 연속성의 더 제한된 형태는 **립시츠 연속성**(Lipschitz continuity)이다. 함수 f가 $[a, b]$ 위에서 립시츠 연속인 것은

$$\text{모든 } x, y \in [a, b]\text{에 대해}$$
$$|f(x) - f(y)| \leq L|x - y|$$

가 **립시츠 상수**라 불리는 어떤 상수 L에 대해 성립하는 것이다. 순수하게 질적인 보통의 연속성 정의와 대조적으로 양적인 이 정의는 응용수학의 많은 환경에서 유용하다. 그러나 어떤 함수는 립시츠 연속이 아니면서 연속일 수 있는데, $[0, 1]$ 위에서 $f(x) = x^{1/2}$이 이를 뒷받침한다.

$\{a_n\}$으로 쓰이는 실수나 복소수의 **수열**(sequence) $a_1, a_2, a_3, \cdots$이 극한 c를 갖는 것은, 모든 $\varepsilon > 0$에 대해 양의 정수 N이 존재하여, 모든 $n \geq N$에 대해 $|a_n - c| < \varepsilon$인 것이다. 이를 $c = \lim_{n \to \infty} a_n$이라 쓴다. **무한급수**(infinite series) $\sum_{i=1}^{\infty} a_i$가 수렴하는 것은 **부분합**(partial sum) $\sum_{i=1}^{n} a_i$의 수열이 수렴하는 것이다.

6 범위

다응용수학에서는 보통 관심 있는 양의 범위(bound)를 유도하고자 한다. 예를 들어, 주어진 구간 위 모든 x에 대해 $f(x) \leq u$를 만족하는 상수 u를 찾고 싶을 수 있다. 만약 그러한 u가 존재한다면, 그것을 **상계**(upper bound)라 부른다. 비슷하게 **하계**(lower bound)는 주어진 구간 위 모든 x에 대해 $f(x) \geq \ell$을 만족하는 상수 ℓ이다. 그중 특히 흥미로운 것은 **상한**(supremum)이나 sup으로도 불리는 **최소 상계**(least upper bound)이다. 상한 1을 가지는 구간 $[0, \infty)$ 위의 함수 $f(x) = x/(1 + x)$가 보여 주듯, 상한은 실제 함숫값으로서 취해지지 않을 수도 있다. **하한**(infimum) 또는 inf는 가능한 하계 중 최대값이다.

상계(혹은 하계)를 갖는 함수를 **위로 유계**(bounded above), 혹은 **아래로 유계**(bounded below)라 한다. 만약 함수가 위와 아래로 모두 유계라면 그 함수를 **유계**(bounded)라 한다. 단, 상계나 하계가 없는 함수는 **유계가 아니다**(unbounded).

다변수의 함수이거나 **함수공간**[II.15]에서 정의될지도 모르는 특정한 함수가 유계인지 아닌지 결정

하는 것은 자명하지 않을 수 있고, 그것은 대개 어떤 과정의 수렴성을 증명하거나 근사의 질을 결정하는 데 있어 핵심적인 단계이다.

물리적인 고찰이 종종 함수가 유계임을 함축하기도 한다. 예를 들어, 에너지를 나타내는 함수는 반드시 음이 아니어야 한다.

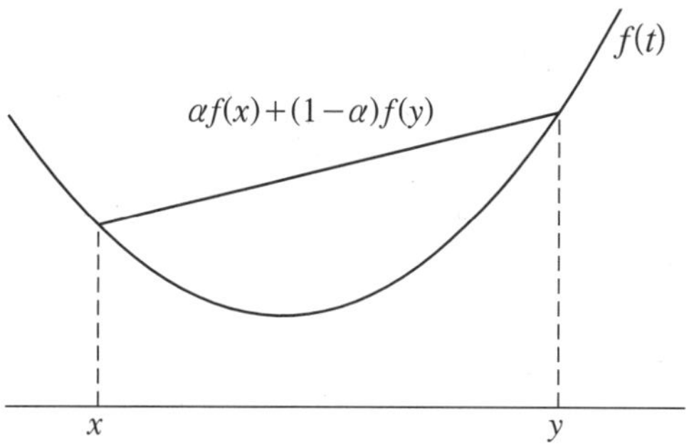

그림 3 부등식 (1)이 묘사된 한 볼록함수.

7 집합과 볼록성

수응용수학에서는 $\mathbb{R}$이나 $\mathbb{C}$ 안 세 가지 유형의 집합이 흔하게 사용된다.

열린 집합(open set)은 집합에 속하는 모든 점 주변마다 그 집합에 완전히 포함되는 열린 원판이 존재하는 집합이다. $\mathbb{R}$이나 $\mathbb{C}$ 안의 한 점 a 주변의 **열린 원판**(open disk, 혹은 **열린 공**(open ball))은 어떤 정해진 $\varepsilon > 0$에 대해 $|z-a| < \varepsilon$을 만족하는 모든 점 z의 집합이다. 예컨대 $\{z \in \mathbb{C} : |z| < 1\}$은 열린 원판이다. $\mathbb{R}$에서 열린 원판은 열린 구간$(a-\varepsilon, a+\varepsilon)$으로 환원된다. **닫힌 집합**(closed set)은 여집합(complement)이 열린 집합인 집합이다. 다시 말해, 그것은 어떤 열린 집합에 속하지 않는 점을 모두 모은 것이다. 예를 들어 $\{z \in \mathbb{C} : |z| \leq 1\}$은 닫힌 원판인데, 이는 열린 집합 $\{z \in \mathbb{C} : |z| > 1\}$의 여집합이다.

유계집합(bounded set)은 어떤 상수 M이 존재하여 집합 안의 모든 x에 대해 $|x| \leq M$이 성립하는 집합이다. 집합이 **콤팩트**(compact)라는 것은 그것이 닫혀 있고 유계라는 것이다.

볼록집합(convex set)은 집합 안의 임의의 두 점 x, y를 이은 선분이 그 집합 안에 포함되는, 다시 말해 모든 $\alpha \in [0, 1]$에 대해 $\alpha x + (1-\alpha)y$가 그 집합 안에 포함되는 집합이다. **볼록함수**(convex function)는 이와 연관된 개념이다. 실숫값함수 f가 어떤 볼록집합 S 위에서 **볼록**(convex)이라는 것은

$$f(\alpha x + (1-\alpha)y) \leq \alpha f(x) + (1-\alpha)f(y) \quad (1)$$

가 모든 x, $y \in S$와 $\alpha \in [0, 1]$에 대해 성립한다는 것이다. 이 부등식은 x와 y로 결정되는 구간 위에서 함수 f는 $f(x)$와 $f(y)$를 잇는 선분 밑에 위치한다는 것을 말해 준다(그림 3을 보라). 볼록함수의 한 예는 실직선 위 $f(x) = x^2$이다. **오목함수**(concave function)는 (1)의 부등식을 반대로 만족하는 함수이다.

8 크기 표기법

$x \approx y$는 x가 y와 근사적으로 같다는 것을 의미한다. 근사의 정확도는 맥락이나 y가 쓰인 방식에서 유추할 수 있다. 예를 들어, $\pi \approx 3.14$라는 진술은 근사가 소수점 둘째 자리까지 정확하다는 것을 암시한다.

큰-오(big-oh)와 작은-오(little-oh) 표기법, $O(\cdot)$와 $o(\cdot)$는 두 함수의 상대적인 행동에 대한 정보를 나타내기 위해 사용된다.

(i) $z \to \infty$일 때(또는 $z \to 0$일 때) $f(z) = O(g(z))$인 것은 어떤 상수 c와 충분히 큰 $|z|$에 대해(또는 충분히 작은 $|z|$에 대해) $|f(z)| \le c|g(z)|$가 성립한다는 것,

(ii) $z \to \infty$일 때(또는 $z \to 0$일 때) $f(z) = o(g(z))$인 것은 $z \to \infty$일 때(또는 $z \to 0$일 때) $f(z)/g(z) \to 0$인 것

을 의미한다. 두 경우에서, g는 보통 우리가 잘 알고 있는 함수이며 f는 그 행동을 이해하고자 하는 함수이다.

몇 가지 예를 보면, $z \to \infty$일 때 $z^3 + z^2 + z + 1 = O(z^3)$이고 $z \to 0$일 때 $z^3 + z^2 + z = O(z)$이며, $z \to \infty$일 때 $z = o(\mathrm{e}^z)$이다.

큰-오 표기법은 문제의 크기에 대한 함수로 측정되는 알고리즘의 비용을 비교할 때 자주 사용된다. 예를 들어, 두 개의 $n \times n$행렬을 통상적인 공식으로 곱할 때 $n^3 + q(n)$개의 덧셈과 n^3개의 곱셈이 필요하며, 여기서 q는 2차함수이다. 이를 행렬 곱셈에서는 $2n^3 + O(n^2)$, 혹은 단순하게 $O(n^3)$의 연산이 소요된다고 말한다.

$f(z) \sim g(z)$(말로는 '$f(z)$가 $g(z)$를 맴돈다(twiddle)')는 z가 어떤 양 z_0에 다가갈 때 $f(z)/g(z)$가 1로 다가간다는 것을 의미한다(가끔은 비가 단지 0이 아닌 유한한 극한으로 다가갈 때를 말하기도 한다). 예컨대 $z \to 0$일 때 $\sin z \sim z$ $n \to \infty$일 때 $\sum_{i=1}^{n} i^2 \sim n^2/3$, $n \to \infty$일 때 $n! \sim \sqrt{2\pi n}(n/\mathrm{e})^n$이며, 스털링의 근사(Stirling's approximation)로 불리는 마지막 근사는 심지어 n이 작을 때도 좋은 근사이다.

9 미적분학

어떤 양의 변화율(rate of change)은 아주 기본적인 개념이다. 움직이는 물체의 주어진 점으로부터 거리의 변화율은 그것의 속도이고, 속도의 변화율은 가속도이다. 경제학에서 인플레이션(inflation)은 물가지수(price index)의 변화율을 말한다. 함수의 변화율은 그것의 도함수이다. f를 실변수의 실함수라고 하자. 직관적으로 x에서 f의 변화율은 x에 조그마한 변화를 만들고, 그에 대응하는 f에 대한 변화와의 비를 취해서 얻을 수 있다. 즉, 작은 ε에 대해 $(f(x+\varepsilon) - f(x))/\varepsilon$처럼 말이다. 유일한 양을 얻기 위해 극한 $\varepsilon \to 0$을 취하면 도함수

$$\frac{\mathrm{d}f}{\mathrm{d}x} = f'(x) = \lim_{\varepsilon \to 0} \frac{f(x+\varepsilon) - f(x)}{\varepsilon}$$

를 얻는다. 도함수는 존재할 수도 있고, 존재하지 않을 수도 있다. 예를 들어 절댓값함수 $f(x) = |x|$는 원점에서 미분이 불가능한데, 그 이유는 좌극한과 우극한이 다르기 때문이다. 곧 $\lim_{\varepsilon \to 0^-}(f(x+\varepsilon) - f(x))/\varepsilon = -1$이고 $\lim_{\varepsilon \to 0^+}(f(x+\varepsilon) - f(x))/\varepsilon = 1$이다(그림 4를 보라). 고계도함수는 이 정의를 반복적으로 적용해서 정의된다. 따라서 $f''(x)$는 $f'(x)$의 도함수이다.

도함수는 그래프로 해석하면 곡선 $y = f(x)$에 대한 접선의 기울기이다(그림 5를 보라).

도함수를 정의하는 또 다른 방식은

$$f(x+\varepsilon) - f(x) - f'(x)\varepsilon = o(\varepsilon)$$

과 같이 적는 것이다. 이 정의는 **함수공간[II.15]**으로 자연스럽게 일반화할 수 있는 장점이 있으며, 이는 **프레셰 도함수(Fréchet derivative)**를 정의한다.

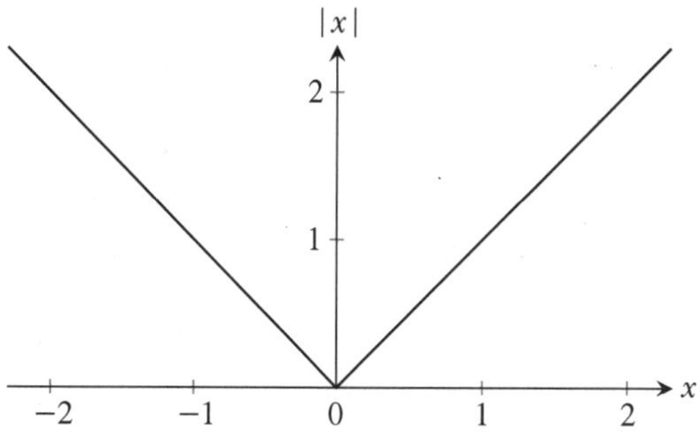

그림 4 절댓값함수 $|a|$.

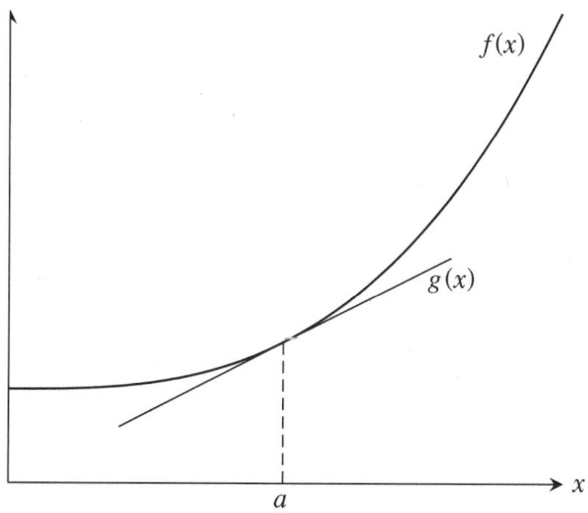

그림 5 함수 $f(x)$와 $x=a$에서 f의 접선 g. 접선의 공식은 $g(x)=f(a)(x-a)+f(a)$.

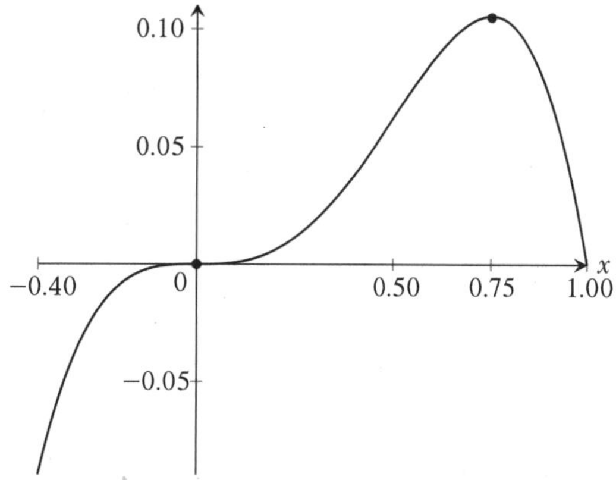

그림 6 $x=0$에서의 안장점과 $x=3/4$에서의 최대점을 가지는 함수 $f(x)=x^3-x^4$.

0인 도함수는 함수의 정상점(stationary point)을 식별하며, 정상점의 유형은 2계나 그 이상의 고계도함수를 통해 최대, 최소, 안장점(saddle point, 변곡점(point of inflection)으로도 불리는)으로 결정된다. 이는 관심 있는 점 a에 대한 **테일러 급수**(Taylor series)

$$f(x)=f(a)+f'(a)(x-a)+f''(a)\frac{(x-a)^2}{2!}+f'''(a)\frac{(x-a)^3}{3!}+\cdots$$

의 도움으로 보여질 수 있다. 만약 $f'(a)=0$이고 $f''(a)\neq 0$이면 a와 충분히 가까운 x에 대해 $f(x)\approx f(a)+f''(a)(x-a)^2/2$이며, 따라서 a는 $f''(a)<0$이면 최대점이고 $f''(a)>0$이면 최솟값이다. 만약 $f'(a)=f''(a)=0$이면 그 정상점의 성질을 결정하기 위해서 고계도함수를 살펴볼 필요가 있다. 특히, $f'''(a)\neq 0$이면 a는 안장점이다(그림 6을 보라).

테일러 급수를 절단해서 생기는 오차는 **나머지 항이 있는 테일러 급수**로 포착할 수 있다.

$$f(x)=\sum_{k=0}^{n}f^{(k)}(a)\frac{(x-a)^k}{k!}+f^{(n+1)}(\xi)\frac{(x-a)^{n+1}}{(n+1)}$$

여기서 ξ는 끝점이 a와 x인 구간 위 미지의 점이다. $n=0$일 때 이것은 $f(x)-f(a)=f'(\xi)(x-a)$로 환원되며, 이는 바로 **평균값정리**(mean-value theorem)이다.

위 결과들의 엄밀한 서술은 연관된 함수의 매끈함과 연관된 가정을 포함해야 하는데, 즉 얼마나 많은 도함수가 존재하는지 가정해야 한다. 예를 들어,

나머지 항이 있는 테일러 급수는 x와 a를 포함하는 구간 위에서 f가 $(n+1)$번 연속적으로 미분가능할 때 타당하다. 응용수학에서는 대개 어떤 차수까지 연속적인 도함수가 존재함을 가정한다고 나타낼 때 '매끈한 함수 f에 대해'라고 쓰는 어지러움을 피한다. 그런 서술에 내재된 것은 어떤 알려진 f에 대한 최소한의 가정이거나, 아니면 모든 차수의 연속적인 도함수가 존재한다는 것이 충분하다거나, 또는 필요하다면 보통 덜 제한적인 조건을 유도할 수 있다는 인식일 수 있다. 가끔은 결과를 유도하거나 사용할 때 매끈함이라는 조건을 확인하는 것이 불가능하더라도 계속 진행해 나간다(29페이지 쿠랑의 인용에서 언급되었듯 '타협하면서'). 엄밀하지 않은 방식으로 얻어진 답이 타당하다는 것을 다른 방법으로 검증할 수도 있다.

2변수 함수 $f(x, y)$에서, 각각의 변수에 대한 편미분은 한 변수를 상수로 두고 다른 변수를 변화시킴으로써 정의된다.

$$\frac{\partial f}{\partial x} = \lim_{\varepsilon \to 0} \frac{f(x+\varepsilon, y) - f(x, y)}{\varepsilon},$$
$$\frac{\partial f}{\partial y} = \lim_{\varepsilon \to 0} \frac{f(x, y+\varepsilon) - f(x, y)}{\varepsilon}$$

고계도함수는 재귀적으로 정의된다. 예를 들어

$$\frac{\partial^2 f}{\partial x^2} = \lim_{\varepsilon \to 0} \frac{\frac{\partial f}{\partial x}(x+\varepsilon, y) - \frac{\partial f}{\partial x}(x, y)}{\varepsilon},$$
$$\frac{\partial^2 f}{\partial x \partial y} = \lim_{\varepsilon \to 0} \frac{\frac{\partial f}{\partial x}(x, y+\varepsilon) - \frac{\partial f}{\partial x}(x, y)}{\varepsilon},$$
$$\frac{\partial^2 f}{\partial y \partial x} = \lim_{\varepsilon \to 0} \frac{\frac{\partial f}{\partial y}(x+\varepsilon, y) - \frac{\partial f}{\partial y}(x, y)}{\varepsilon}$$

이다. 일반적으로 $f_x = \partial f/\partial x$, $f_{xy} = \partial^2 f/(\partial x \partial y)$, $f_{yy} = \partial^2 f/\partial y^2$ 등으로 줄여 쓴다. 혼합된 2계편미분들은 그것이 연속이기만 하면 서로 같은데, 즉 $f_{xy} = f_{yx}$이다.

n변수 함수 $F: \mathbb{R}^n \to \mathbb{R}$에 대한 테일러 급수는 $x, a \in \mathbb{R}^n$일 때

$$F(x) = F(a) + \nabla F(a)^{\mathrm{T}}(x-a) + \tfrac{1}{2}(x-a)^{\mathrm{T}} \nabla^2 F(a)(x-a) + \cdots$$

의 형태를 취한다. 여기서 $\nabla F(x) = (\partial F/\partial x_j) \in \mathbb{R}^n$은 **그래디언트 벡터**(gradient vector)이며 x_j가 벡터 x의 j번째 성분을 나타낼 때 $\nabla F(x) = (\partial^2 F/\partial x_i \partial x_j) \in \mathbb{R}^{n \times n}$은 대칭적인 **헤세 행렬**(Hessian matrix)이다. 기호 ∇는 나블라(nabla)라고 불린다. F의 정상점은 그래디언트가 0인 점이며, 그것의 성질(최대, 최소, 안장점)은 헤세 행렬의 고윳값들로 결정된다(**연속 최적화**[IV.11 §2]를 보라).

이제 단일(실)변수함수로 돌아가자. $f(x)$의 **부정적분**(indefinite integral)은 $\int f(x)\mathrm{d}x$이며, 반면 범위 a와 b 사이에서 적분하는 것은 **정적분**(definite integral) $\int_a^b f(x)\mathrm{d}x$를 만든다. 정적분은 a와 b 사이에서 곡선 $f(x)$의 넓이로도 해석될 수 있다. 미분의 역연산은 적분인데 이는 **미적분학의 기본 정리**(fundamental theorem of calculus)로 보여지며, 만약 f가 $[a, b]$에서 연속이면 함수 $g(x) = \int_a^x f(t)\mathrm{d}t$는 (a, b)에서 미분가능이고 $g'(x) = f(x)$라고 서술된다. 미적분학의 기본 정리를 변수가 1개보다 많은 함수로 확장한 것은 24절에서 찾을 수 있다.

2개 이상의 변수를 가진 함수에 대해 다른 종류의 적분도 있다. 변수가 x와 y로 2개일 때, 함수를 xy 평면 안의 영역 위에서 적분하거나(이중적분) 또는

평면 안 곡선을 따라 적분할 수 있다(선적분). 변수가 x, y, z로 3개인 함수에 대해서는 더욱 많은 가능성이 있다. 이를 부피 위에서 적분하거나(삼중적분) 또는 xyz공간 내 곡면 위나 곡선을 따라 적분할 수 있다. 변수의 개수가 많아짐에 따라 서로 다른 적분의 종류도 늘어난다. 다차원 미적분학은 이 다른 적분들이 어떻게 계산되고, 사용되고, 연관될 수 있는지 보여 준다. 변수의 개수는 아주 많을 수도 있으며 (가령, 수학적 금융에서) **차원의 저주**[I.3 §2]는 수치 계산에서 주된 어려움을 낳는다. 차원이 1보다 클 때의 수치적분은 활발한 연구 분야이며, 몬테카를로 방법(Monte Carlo method)과 준-몬테카를로 방법(qausi-Monte Carlo method)은 사용되고 있는 여러 방법 중 하나이다.

곱셈 규칙(product rule)은 두 함수의 곱에 대한 도함수를 구하는 공식이다.

$$\frac{\mathrm{d}}{\mathrm{d}x}f(x)g(x) = f'(x)g(x) + f(x)g'(x)$$

이 등식을 적분하면 **부분적분**(integration by parts)의 규칙

$$\int f(x)g'(x)\,\mathrm{d}x = f(x)g(x) - \int f'(x)g(x)\,\mathrm{d}x$$

을 얻는다.

많은 문제에서 함수들은 합성되는데, 즉 하나의 함수는 다른 함수의 인자가 된다. $f(x) = g(h(x))$라는 예를 생각해 보자. 우리는 f의 도함수를 g와 h의 도함수를 통해 결정할 수 있기를 바란다. **연쇄 법칙**(chain rule)은 필요한 공식, $f'(x) = h'(x)g'(h(x))$를 제공한다. 만약 f가 u의 함수이고 u는 또한 x의 함수일 때, 이와 동치인 서술은

$$\frac{\mathrm{d}f}{\mathrm{d}x} = \frac{\mathrm{d}f}{\mathrm{d}u}\frac{\mathrm{d}u}{\mathrm{d}x}$$

이다. 예를 들어 $f(x) = \sin x^2$이면, $f(x) = \sin u$와 $u = x^2$으로 두어 $\mathrm{d}f/\mathrm{d}x = 2x\cos x^2$을 얻는다.

10 상미분방정식

미분방정식은 미지함수의 하나 혹은 그 이상의 도함수를 포함하는 방정식이다. 그것은 함수, 함수의 변화율과 (어쩌면) 더 높은 차수의 변화율 사이의 관계식을 제공한다. 독립변수는 보통 공간좌표 (x)나 시간 (t)를 나타낸다. 미분방정식에는 **경계조건**(boundary condition)이나 **초기조건**(initial condition)으로 불리는 함수에 관한 추가적인 정보가 수반될 수 있는데, 이는 유일한 해를 결정할 수 있게 해 준다. 미분방정식의 해란 독립변수의 모든 값(어쩌면 어떤 영역 안의)에 대해 방정식을 만족하며 동시에 요구되는 경계조건이나 초기조건을 만족하는 함수를 말한다. 미분방정식은 가령 운동법칙, 보존법칙, 화학반응물의 농도 등을 나타낼 수 있다.

상미분방정식(ordinary differential equation, ODE)은 오직 하나의 독립변수를 포함한다. 자명하지 않은 ODE 중 가장 단순한 것은 $\mathrm{d}y/\mathrm{d}t = ay$이며, 여기서 $y = y(t)$는 t에 대한 함수이다. 이 방정식은 y에 관해 선형이며 1계(first order)인데, 오직 y의 첫 번째 도함수만이 나타나기 때문이다. 일반해는 임의의 상수 c에 대해 $y(t) = ce^{at}$이다. c를 결정하기 위해서는 y의 어떤 값이 제공되어야만 한다. 예컨대 $y(0) = y_0$이라면 $c = y_0$이다.

일반적인 1계 ODE는 어떤 2변수 함수 f에 대해

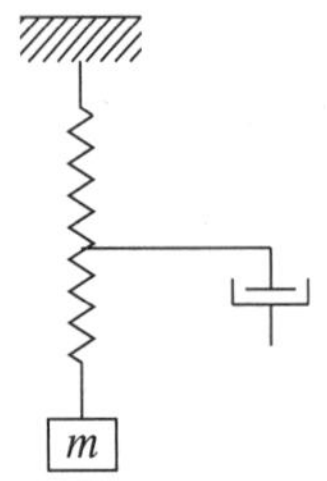

그림 7 완충이 있는 용수철 계.

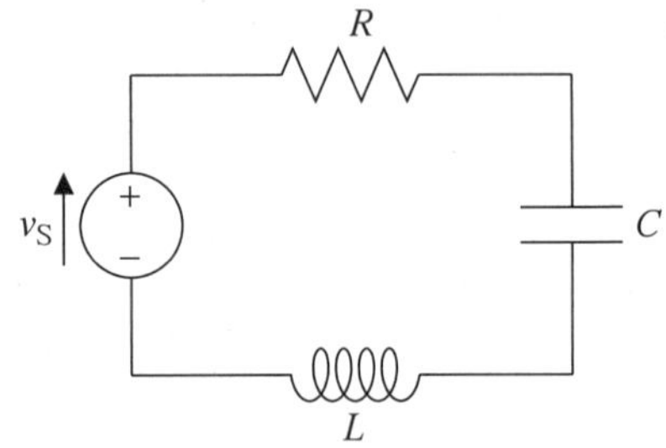

그림 8 단순한 RLC 전기회로.

$y' = f(t, y)$의 형태를 갖는다. 초깃값 문제(initial-value problem)는 초기조건을 제공하며 나중 시간에서의 y에 대해 묻는다.

$$y' = f(t, y), \quad a \le t \le b, \quad y(a) = y_a$$

구체적인 예시로서 리카티 방정식(Riccati equation)

$$y' = t^2 + y^2, \quad 0 \le t \le 1, \quad y(0) = 0$$

이 있는데, y^2이 나타나기 때문에 이는 비선형이다.

y''가 연계되는 2계 ODE 초깃값 문제의 한 예로, 과 같이 수직인 용수철과 완충기에 달려 있는 질량 m을 생각해 보자. $y = y(t)$를 t시간이 지난 후 용수철이 원래 길이에서 얼마나 늘어났는지 나타낸다고 하자. 뉴턴의 제2법칙(힘은 질량 곱하기 가속도)과 훅의 법칙[III.15]을 사용하여 힘의 균형을 따져보면

$$my'' = mg - ky - cy'$$

를 얻고, 여기서 k는 용수철 상수(spring constant), c는 완충 상수(damping constant), g는 중력 상수이다. $y(0)$과 $y'(0)$이 미리 정해진다면 이는 초깃값 문제가 된다. 더 일반적으로, 용수철은 외력 $f(t)$를 받을 수도 있으며 그때의 운동방정식은

$$my'' + cy' + ky = mg + f(t)$$

가 된다.

2계 ODE는 전기 네트워크에서도 역시 등장한다. 그림 8에 표시된 바와 같이 유도 L을 갖는 유도기(inductor), 저항 R을 갖는 저항(resistor), 용량 C를 갖는 축전기(capacitor), 입력 전압 v_S로 이루어진 단순한 RLC 회로에서 전류의 흐름 $I(t)$를 생각해 보자. 키르히호프 전압 법칙(Kirchhoff voltage law)은 회로를 돌 때 전압강하의 합이 입력 전압 v_S와 같음을 말해 준다. 저항, 유도기, 축전기에서의 전압강하는 차례로 RI, $L\mathrm{d}I/\mathrm{d}t$, Q/C이고 여기서 $Q(t)$는 축전기의 전하인데, 따라서

$$L\frac{\mathrm{d}I}{\mathrm{d}t} + RI + \frac{Q}{C} = v_S(t)$$

를 얻는다. $I = \mathrm{d}Q/\mathrm{d}t$이므로 이 방정식은 다음 2계 ODE

$$L\frac{\mathrm{d}^2Q}{\mathrm{d}t^2} + R\frac{\mathrm{d}Q}{\mathrm{d}t} + \frac{1}{C}Q = v_S(t)$$

로 다시 쓰일 수 있다.

미지함수 y는 1개보다 많은 성분을 가질 수 있는데, 로트카(Lotka)와 볼테라(Volterra)가 1920년대에

유도한 포식자-피식자 모형(predator-prey model)이 한 예이다. 토끼(피식자)와 여우(포식자)의 집단에서 $r(t)$를 시간 t에서 토끼의 수, $f(t)$를 시간 t에서 여우의 수라고 하자. 모형은

$$\frac{\mathrm{d}r}{\mathrm{d}t} = r - \alpha rf, \quad r(0) = r_0,$$
$$\frac{\mathrm{d}f}{\mathrm{d}t} = -f + \alpha rf, \quad f(0) = f_0$$

으로 표현된다. rf 항은 여우와 토끼 사이의 상호작용(토끼를 잡아먹는 여우)을 나타내고 매개변수 $\alpha \geq 0$은 상호작용의 정도를 제어한다. $\alpha = 0$이면 상호작용은 존재하지 않고 해는 $r(t) = r_0\mathrm{e}^t$, $f(t) = f_0\mathrm{e}^{-t}$이다. 여우는 기아로 굶어 죽고 토끼는 방해도 받지 않고 계속 번식한다. 이 모형의 목적은 다양한 매개변수 α와 초기 개체수 r_0, r_f에 대해 해의 양상을 탐구하는 것이다.

위에서 묘사한 대로라면, 포식자-피식자 모형은 r과 f가 정의상 정수이지만 미분방정식의 해는 실숫값이라는 명백한 모순을 갖는다. 이를 피하는 방법은 r과 f가 충분히 커서 그것을 연속변수로 표현하는 데서 오는 오차가 작다고 가정하는 것이다.

경곗값 문제(boundary-value problem)는 독립변수의 하나보다 많은 값에서 함수를 고정하는데, 이를테면 2점 경곗값 문제

$$y'' = f(t, y, y'), \quad a \leq t \leq b,$$
$$y(a) = y_a, \quad y(b) = y_b$$

가 있다. 한 예는 토머스-페르미 방정식(Thomas-Fermi equation)

$$y'' = t^{-1/2}y^{3/2}, \quad y(0) = 1, \quad y(\infty) = 0$$

인데, 이는 큰 원자수를 가진 원자의 전하밀도를 반고전적인 방식으로 설명할 때 등장한다. 또 다른 3계 예시로, **블라시우스 방정식**[IV.28 §7.2]

$$2y''' + yy'' = 0, \quad y(0) = y'(0) = 0, \quad y'(\infty) = 1$$

은 유체 흐름의 경계층을 묘사한다.

ODE 경곗값 문제의 특별한 유형은 **스튀름-리우빌 문제**(Sturm-Liouville problem)

$$-(p(x)y'(x))' + q(x)y(x) = \lambda r(x)y(x),$$
$$x \in [a, b], \quad y(a) = y(b) = 0$$

이다. 이것은 **고윳값 문제**(eigenvalue problem)인데, 경곗값 문제가 항등적으로 0이 아닌 해를 갖도록 하는 매개변수 λ의 값을 결정하는 것이 목표이다.

11 편미분방정식

중요한 여러 물리적 과정은 편미분방정식(partial differential equation, PDE)이나, 한 개보다 많은 독립변수를 포함하는 미분방정식으로 모형화된다. 여기서 몇 가지 핵심적인 방정식과 기본 개념을 요약한다. 방정식들은 미지함수 u가 2개의 공간차원을 가져 $u = u(x, y)$이거나, 단일공간차원과 단일시간차원을 가져 $u = u(x, t)$인 경우에 대한 형태로 적을 것이다. 가능하다면 방정식은 매개변수가 없는 형태로 주어지는데, **무차원화**[II.9]의 과정을 거쳐 얻는 형태이다. 줄임 표기 $u_t = \partial u/\partial t$, $u_{xx} = \partial^2 u/\partial x^2$ 등을 상기하도록 하자.

라플라스 방정식[III.18]은

$$u_{xx} + u_{yy} = 0$$

이다. 방정식의 좌변은 u의 **라플라시언(Laplacian)**이며 Δu로 쓴다. 이 방정식은 정전기학에서 등장하며, 예를 들어 그때 u는 퍼텐셜 함수이다. 주어진 함수 $f(x, y)$에 대한 방정식 $\Delta u = f$는 **푸아송 방정식**(Poisson's equation)이라 부른다.

유일한 해를 갖는 문제를 정의하기 위해서는 해에 관한 조건들을 PDE에 추가할 필요가 있다. 정적인 문제에서는 경계조건, 시간-의존(time-dependent) 문제에서는 초기조건 등이 필요하다. 앞의 종류에 해당하는, 닫힌 영역의 경계 안에서 u를 결정하는 문제에 주어지는 경계조건에는 주요한 유형 3가지가 있다.

- **디리클레 조건**(Dirichlet condition), 함수 u가 경계 위에서 정해져 있는 경우.
- **노이만 조건**(Neumann condition), 그래디언트

  $$\nabla u = [\partial u/\partial x, \partial u/\partial y]^{\mathrm{T}}$$

  와 경계에 대한 법선의 내적(19.1절을 보라)이 정해져 있는 경우.
- **코시 조건**(Cauchhy condition), 디리클레와 노이만 조건이 결합된 경우.

운동방정식을 나타내는 시간 의존 문제는 발전 문제(evolution problem)로 알려져 있으며, 이 경우 보통 $t = 0$으로 취하는 시작 시간에서의 초기조건이 필요하며 초기조건의 개수는 PDE에서 가장 높은 차수의 시간미분에 의존한다.

파동방정식[III.31]은

$$u_{tt} = u_{xx}$$

이다. 이는 가령 진동하는 실처럼 선형적이고 흩어지지 않는, 파동함수 u로 표현되는 파동의 전파를 묘사한다. u를 결정하기 위해서는, 예를 들어 $u(x, 0)$과 $u_t(x, 0)$를 지정하는 것처럼 두 개의 초기조건이 필요하다.

열방정식[III.8](**확산방정식**)은

$$u_t = u_{xx} \tag{2}$$

이며, 고체 안에서 열의 확산이나 집단 안에서 질병의 전파를 묘사한다. $t = 0$에서 u를 지정하는 초기조건이 일반적이다. 항 $f(x, t, u)$가 (2)의 우변에 추가되면 방정식은 **반응-확산방정식**(reaction-diffusion equation)이 된다.

이류-확산방정식(advection-diffusion equation)은

$$u_t + vu_x = u_{xx}$$

이며 v는 x와 t의 함수로 주어진다. 역시, u는 보통 $t = 0$에서 지정된다. $v = 0$일 때 이것은 그저 열방정식이다. 이 PDE는 대기 안 오염 물질과 같은 양의 대류(convection, 또는 수송)를 모형화한다.

일반적인 선형 2계 PDE

$$au_{xx} + 2bu_{xt} + cu_{tt} = f(x, t, u, u_x, u_t) \tag{3}$$

는 2계도함수의 (상수인) 계수에 따라 다른 유형으로 분류된다. 대칭행렬 $\left[\begin{smallmatrix} a & b \\ c & d \end{smallmatrix}\right]$의 행렬식을 $d = ac - b^2$이라 하자.

- $d > 0$이면 PDE는 **타원형**(elliptic)이다. 라플라스 방정식이 특수한 경우인 이 PDE는 평형이나 안정상태 과정(steady-state process)과 연관

된다.

- $d = 0$이면 PDE는 **포물형**(parabolic)이다. 이는 확산 과정을 지배하는 발전 문제이다. 열방정식이 한 예이다.
- $d < 0$이면 PDE는 **쌍곡형**(hyperbolic)이다. 이는 파동 전파를 지배하는 발전 문제이다. 파동방정식이 한 예이다.

일부 타원형 PDE와 포물형 PDE에서는 **최대 원리**(maximum principle)가 성립하는데, 해는 반드시 그것이 정의되는 영역의 경계에서 최댓값을 취해야 한다.

a, b, c는 (3)에서 상수로 취해졌지만 그것은 또한 x와 t의 함수로도 정해질 수 있고, 그 경우 x와 t가 영역에서 변함에 따라 PDE의 성질이 변할 수 있다. 예를 들어, 트리코미 방정식[III.30]

$$u_{xx} + xu_{yy} = 0$$

은 $x < 0$일 때 쌍곡형, $x > 0$일 때 타원형, $x = 0$일 때 포물형이다.

지금까지 언급된 PDE는 모두 선형이다. 미지함수가 비선형적으로 나타나는 비선형 PDE는 실용적으로 아주 중요하다. 그 예로 코르테베흐-더프리스 방정식[III.16]

$$u_t + uu_x + u_{xxx} = 0,$$

칸-힐리어드 방정식[III.5]

$$u_t = \Delta(-u + u^3 + \varepsilon^2 \Delta u)$$

그리고 패턴 형성[IV.27]과 집단 안에서 유전자의 전파를 묘사하는 **피셔의 방정식**(Fisher's equation)

$$u_t = u_{xx} + u(1 - u)$$

등이 있다.

PDE는 고윳값 문제의 형태로 나타날 수도 있다. 유명한 예시는 영역(membrane) Ω 위에서 정의된 라플라스 방정식에 대응하는 고윳값 문제

$$\Delta u + \lambda u = 0$$

이며, u가 Ω의 경계 위에서 0이 된다는 경계조건이 부여된다. 0이 아닌 해 u는 **고유함수**(eigenfunction)라 불리며 λ는 그에 대응하는 **고윳값**이다. 1966년 「북의 모양을 들을 수 있을까?(*Can one hear the shape of a drum?*)」라는 제목의 논문에서 마크 카츠(Mark Kac)는 모든 고윳값이 주어졌을 때 Ω를 결정할 수 있는지 물었다. 다른 말로 하면, 북을 진동하게 하는 주파수들이 그 모양을 유일하게 결정하는지 물은 것이다. 그 답은 고든(Gordon), 웹(Webb), 월퍼트(Wolpert)의 1992년 논문에서 일반적으로 아니라는 것이 밝혀졌다.

더 높은 차수의 PDE 역시 등장한다. 예를 들어, 표면장력과 연관된 유체역학 문제는 일반적으로 공간에 대한 4계도함수를 포함하는, 공간과 시간에 대한 PDE로 모형화된다. 이는 다음 형태를 갖는 막대에 대한 **오일러-베르누이 방정식**(Euler-Bernoulli equation)

$$\rho A \frac{\partial^2 u}{\partial t^2} + EI \frac{\partial^4 u}{\partial x^4} = f(x, t)$$

도 마찬가지인데, 여기서 $u(x, t)$는 시간 t와 막대를 따라 잰 거리 x에 대한 수직 변위, ρ는 막대의 밀도,

A는 단면적, E는 영의 계수(Young's modulus), I는 2차 관성모멘트, $f(x, t)$는 적용되는 힘이다.

12 다른 유형의 미분방정식

지연미분방정식(delay differential equation)은 시간 t에서 미지함수 y의 도함수가 y나 그것의 도함수의 과거 값에 의존하는 미분방정식이다. 예를 들어, $y'(t) = Ay(t-1)$은 익숙한 $y'(t) = Ay(t)$와 유사한 지연미분방정식이다. $y(t) = e^{wt}$ 형태의 해를 찾아보면 방정식 $we^{w} = A$를 얻는데, 이것의 해는 **람베르트** W **함수**[III.17]로 표현된다.

적분방정식[IV.4]은 적분 안에 미지함수를 포함한다. 그 예로 **프레드홀름 방정식**(Fredholm equation)이 있는데 이는 주어진 K와 g에 대해

$$\int_0^1 K(x, y)f(y)\,\mathrm{d}y = g(x)$$

를 만족하는 f를 찾아야 하거나, 또는 λ가 고윳값이고 f는 역시 미지함수일 때

$$\lambda\int_0^1 K(x, y)f(y)\,\mathrm{d}y + g(x) = f(x)$$

를 푸는 둘 중 하나의 형태를 갖는다. 이 두 유형의 방정식은 차례로 행렬선형연립식 $Kf = g$와 고윳값 문제 $(I - \lambda K)f = g$의 유사물이다. **적분미분방정식**(integro-differential equation)은 미분과 적분 둘 다와 연관된다(예를 들어, **임신 진단 키트의 모형화**[VII.18 §2]를 보라).

분수차수 미분방정식(fractional differential equation)은 분수차수 미분을 포함한다. 예를 들어, $(\mathrm{d}/\mathrm{d}x)^{1/2}$은 함수에 $(\mathrm{d}/\mathrm{d}x)^{1/2}$을 두 번 적용하면 그것을 미분한 것(즉, $\mathrm{d}/\mathrm{d}x$를 적용한 것)과 동일한 연산자로 정의된다.

미분대수방정식(differential-algebraic equation, DAE)은 미분방정식과 대수방정식을 모두 포함하는 연립방정식이다. 예를 들어, DAE

$$\begin{aligned} x'' &= -2\lambda x, \\ y'' &= -2\lambda y - g, \\ x^2 + y^2 &= L^2 \end{aligned}$$

은 길이 L인 진자의 끝에 달린 무한소 공의 좌표를 묘사하는데, 여기서 g는 중력 상수이고 λ는 막대의 장력이다. DAE는 보통 특이적(singular) 행렬 M에 대해 $My' = f(t, y)$ 형태에서 등장한다.

13 점화관계식

점화관계식(recurrence relation)은 미분방정식에 대한 이산적 형태의 짝이다. 그것은 수열 $x_0, x_1, x_2, \cdots$을 차례로 정의하는데, x_n을 수열의 이전 항들을 통해 지정한다. 이러한 방정식은 **차분방정식**(difference equation)으로도 불리는데, 미분방정식에서 미분을 **유한차분**[II.11]으로 대체하여 얻어지기 때문이다.

피보나치 수(Fibonacci number)를 정의하는 3항 점화식은 하나의 유명한 점화식이다.

$$f_n = f_{n-1} + f_{n-2}, \quad n \geq 2, \quad f_0 = f_1 = 1$$

이 점화식은 $\phi = (1 + \sqrt{5})/2$가 **황금비**(golden ratio)일 때, 명시적 해 $f_n = (\phi^n - (-\phi)^{-n})/\sqrt{5}$을 갖는다. 2항 점화식의 한 예로는 $f(0) = 1$일 때 $f(n) - nf(n-1)$이 있는데, 이는 팩토리얼 함수 $f(n) = n!$을 정의한다. 지금까지의 예시는 모두 선형점화식이지만, **로지스틱 점화식**[III.19] $x_{n+1} = \mu x_n(1 - x_n)$과 같

은 일부 점화식에서는 이전 항들이 비선형적으로 나타난다.

점화식의 항들을 차례로 계산할 수 있기는 하지만, 점화식의 일반해에 대한 명시적인 공식이 필요할 경우가 보통이다. 점화관계식은 미분방정식의 이론과 유사한 이론을 갖는데, 그것을 50년 전처럼 수업이나 교과서에서 자주 접하기는 힘들다.

점화식의 원소들은 수뿐만 아니라 함수가 될 수도 있다. 아래첨자가 붙는 대부분의 초월함수는 점화식을 만족한다. 예를 들어, n차 **베셀 함수**[III.2] $J_n(x)$는 3항 점화식

$$J_{n+1}(x) = \frac{2n}{x} J_n(x) - J_{n-1}(x)$$

를 만족한다. 3항 관계식의 중요한 원천은 **직교다항식**[II.29]이다.

14 다항식

다항식(polynomial)은 가장 단순하고 가장 익숙한 함수의 종류이며, 응용수학에서 널리 사용된다. n차 다항식

$$p_n(x) = a_0 + a_1 x + \cdots + a_n x^n$$

은 그것의 $n+1$개 계수 $a_0, \cdots, a_n \in \mathbb{C}$로 결정된다 ($a_n \neq 0$일 때). 두 다항식의 덧셈은 대응하는 계수를 더함으로써 이루어진다. 따라서 $q_n(x) = b_0 + b_1 x + \cdots b_n x^n$이면

$$p_n(x) + q_n(x) = a_0 + b_0 + (a_1 + b_1)x + \cdots + (a_n + b_n)x^n$$

이다. 곱셈은 곱을 항별로 전개하고 같은 차수의 x끼리 모여 이루어진다.

$$p_n(x) q_n(x) = a_0 b_0 + (a_0 b_1 + a_1 b_0)x + \cdots + (a_0 b_n + a_1 b_{n-1} + \cdots a_n b_0)x^n$$

x^n의 계수 $\sum_{i=0}^{n} a_i b_{n-i}$는 벡터 $a = [a_0, a_1, \cdots, a_n]^T$와 $b = [b_0, b_1, \cdots, b_n]^T$의 **합성곱**(convolution)이다. 다항식의 나눗셈 역시 가능하다. $m \leq n$일 때, p_n을 q_m으로 나누는 것은

$$p_n(x) = q_m(x) g(x) + r(x) \tag{4}$$

의 결과를 주며, 여기서 다항식 g는 몫이고 다항식 r은 나머지로서, r의 차수는 q_m의 차수보다 작다.

대수학의 기본 정리(fundamental theorem of algebra)는 n차다항식 p_n이 $\mathbb{C}$에서 근(root)을 가짐을 말해 준다. 즉, 어떤 $z_1 \in \mathbb{C}$가 존재하여 $p_n(z_1) = 0$이다. 만약 (4)에서 $q_m(x) = x - z_1$로 취한다면 $p_n(x) = (x - z_1) g(x) + r(x)$를 얻고, $\deg r < 1$이므로 r은 상수이다. 그러나 $x = z_1$로 두면 $0 = p_n(z_1) = r$임을 알 수 있고, 따라서 $p_n(x) = (x - z_1)g(x)$이며 g는 당연히 차수 $n-1$을 갖는다. 이 논증을 g에 대해 귀납적으로 반복하면 결국 인수분해 $p_n(x) = a_n(x - z_1)(x - z_2)\cdots(x - z_n)$을 얻고, 이는 p_n이 $\mathbb{C}$에서 n개의 근(서로 다를 필요는 없는)을 갖는다는 것을 보여준다. p_n의 계수들이 실수여도 근들이 실수라는 보장은 없고, 사실 다항식 $x^2 + 1$처럼 실근이 아예 없을 수도 있다. 하지만 실수가 아닌 근들은 반드시 $x_j \pm i y_j$와 같이 복소켤레쌍에서 나타나야 한다.

다항식이 연관된 3가지 기본 문제는 다음과 같다.

계산: 다항식이 주어졌을 때(계수들을 통해 지정된), 주어진 점에서의 값을 찾아라. 이를 행하는 표준적인 방식은 호너의 방법[I.4 §6]이다.

보간: $n+1$개의 서로 다른 점에서 n차다항식의 값들이 주어졌을 때, 그것의 계수들을 찾아라. 이는 다양한 보간법[I.3 §3.1]을 통해 이루어질 수 있다.

근 찾기: 다항식과 그것을 계산할 수 있는 능력이 주어졌을 때, 그것의 근들을 찾아라. 이는 다항식에 특화된 방법이나 일반 목적의 비선형방정식 풀이법을 특수화한 것을 포함해, 방대한 문헌을 가진 고전적인 문제이다.

15 유리함수

유리함수(rational function)는 두 다항식의 비이다.

$$r_{mn}(x) = \frac{p_m(x)}{q_n(x)} = \frac{\sum_{i=0}^{m} a_i x^i}{\sum_{i=0}^{n} b_i x^i}, \quad a_m, b_n \neq 0$$

유리함수는 다른 함수를 근사하는 매개로서 다항식보다 더 다재다능하다. x가 커질수록 차수 1 이상의 다항식은 반드시 무한대로 발산한다. 이와 대조적으로, 분자와 분모의 차수가 같은 유리함수 r_{mm}은 $x \to \infty$일 때 a_m/b_m에 점근적이며, 반면 $m < n$이라면 $r_{mn}(x)$는 $x \to \infty$일 때 0으로 수렴한다.게다가 유리함수는 그것이 무한대가 되는 어떤 유한한 극점(pole)을 가진다(분모다항식 q_n의 근).

유리함수를 다항식의 비로 표현하는 것은 몇 가지 가능성 중 하나일 뿐이다. 가령 r_{mn}을 부분분수(partial fraction) 형태로 쓸 수도 있다. 만약 $m < n$이고 q_n이 서로 다른 근들 $x_1, \cdots, x_n$을 갖는다면, 어떤 $c_1, \cdots, c_n$에 대해

$$r_{mn}(x) = \sum_{i=1}^{n} \frac{c_i}{x - x_i} \qquad (5)$$

이다. 유리함수를 부분분수 형태로 쓰는 이유 중 하나는 그것을 적분하기 위해서인데, (5)는 곧바로 적분할 수 있기 때문이다. $\int r_{mn}(x)\mathrm{d}x = \sum_{i=1}^{n} c_i \log|x - x_i| + C$이며 여기서 C는 상수이다.

유리함수의 중요한 종류 중 하나는 주어진 함수 f에 대한 파데 근사자(Padé approximant)이며, 가능한 한 가장 큰 k에 대해 $r_{mn}(x) - f(x) = O(x^k)$이라는 성질로 정의된다. r_{mn}은 $m+n+1$의 자유도를 가지므로(하나는 나눗셈 때문에 사라진다) 일반적으로 $k = m+n+1$이지만, k는 이 값보다 작을 수도 클 수도 있다(근사 이론[IV.9 §2.4]을 보라). $m = 0$이면 파데 근사자는 절단된 테일러 급수(Talyor series)로 환원된다.

16 특수함수

응용수학자는 다항식과 유리함수가 아닌 함수들도 수없이 사용하는데, 궁극적으로는 그러한 함수에 대한 다항식이나 유리함수 근사를 사용한다. 함수의 거대한 종류 중 하나는 초등함수(elementary function)이다. 이 함수는 다항식, 유리함수, 지수함수, 로그함수 그리고 이들로부터 덧셈, 뺄셈, 곱셈, 나눗셈, 합성, 제곱근을 취해 얻을 수 있는 모든 함수를 말한다. 또 다른 중요한 종류는 대수적(algebraic)이지 않은 함수인 초월함수(transcendental fucnction)인데, 즉 x와 y에 대한 정수계수 다항식 $p(x, y)$에 대해 방정식 $p(x, f(x)) = 0$의 해가 되지 않는 $f(x)$이다.

초월함수의 예로는 지수함수, 로그함수, 삼각함수, 쌍곡함수 등이 있다.

문제를 풀 때는 **닫힌 형식**(closed form)으로 해를 얻을 수 있는지에 대해 이야기한다. 이는 해가 초등함수 혹은 상당한 참고 문헌이나 계산하기 좋은 알고리즘이 존재하여 '잘 알려진' 함수로 표현되는지를 의미하는 비형식적인 개념이다.

특수함수[IV.7]는 잘 알려진 함수의 다양한 예시를 제공한다. 그것은 물리학, 정수론, 확률과 통계 등 다양한 분야에서 등장하는데, 대개 2계 ODE의 해나 초등함수의 적분으로서 얻어진다. 하나의 일반적인 예는 **초기하함수**[IV.7 §5]

$$F(a, b; c; x) = 1 + \frac{ab}{c}x + \frac{a(a+1)b(b+1)}{2!c(c+1)}x^2 + \cdots = \sum_{i=0}^{\infty} \frac{(a)_i(b)_i}{i!(c)_i}x^i$$

이다. 여기서 $a, b, c \in \mathbb{R}$이고 c는 0이나 음의 정수가 아니며, $i \geq 1$일 때 $(a)_i \equiv a(a+1)\cdots(a+i-1)$인데 $(a)_0 = 1$이다. 초기하함수는 2계미분방정식

$$x(1-x)w''(x) + (c-(a+b+1)x)w'(x) - abw(x) = 0$$

의 해이다. 초기하함수에는 특수하고 흥미로운 경우가 많이 있는데, 가령 $F(a, b; b; x) = (1-x)^{-a}$이고 $F(1, 1; 2; x) = -x^{-1}\log(1-x)$이다.

다음은 다른 특수함수들이다.

- **오차함수**(error function)

$$\mathrm{erf}(x) = \frac{2}{\sqrt{\pi}}\int_0^x \mathrm{e}^{-t^2}\mathrm{d}t$$

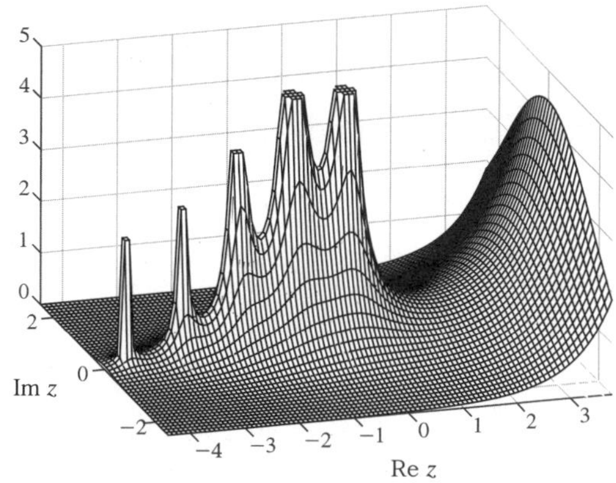

그림 9 복소평면 위 감마 함수. 곡면의 높이는 $|\Gamma(z)|$이다. 함수는 음의 정수에서 극점을 갖는다. 이 그래프에서 무한한 봉우리는 서로 다른 높이에서 절단되었다.

이는 확률과 통계에서 표준정규분포(standard normal distribution)와 긴밀히 연결된다.

- **감마 함수**[III.13]

$$\Gamma(z) = \int_0^{\infty} \mathrm{e}^{-t}t^{z-1}\mathrm{d}t$$

이는 양의 정수 n에 대해 $\Gamma(n) = (n-1)!$을 만족하기 때문에 팩토리얼 함수를 일반화한다. 인자 z는 복소수임에 주의하자. 그림 9는 1909년 처음 출판된 오이겐 얀케(Eugene Jahnke)와 프리츠 엠데(Fritz Emde)의 책 『공식과 곡선이 있는 함수들의 표(*Tables of Functions with Formulas and Curves*)』에서 손으로 그린 복소평면 위 감마 함수의 고전적 그래프를 컴퓨터로 그린 것이다.

- **베셀 함수**[III.2], **람베르트 W 함수**[III.17], **타원 함수**(elliptic function), **리만 제타 함수**[IV.7 §4].

특수함수들의 모임은 유용한 함수를 식별하고, 그것에 이름을 붙이고, 성질을 연구하고, 그것을 계

산하는 알고리즘과 소프트웨어를 개발하여 확장할 수 있다. 위에 언급된 예시들 중 가장 최근의 것은 람베르트 W 함수로, 1990년대가 되어서야 그 중요성이 인식되고 이름이 붙었다.

17 멱급수

멱급수(power series)는

$$a_0 + a_1 z + a_2 z^2 + a_3 z^3 + \cdots$$

형태의 무한한 전개이며, 여기서 z는 복소변수이고 복소수 a_i는 상수이다. **복소 해석학**[IV.1 §5]의 결과는 그러한 **수렴 반경**(radius of convergence) R을 가진다는 것을 말해 주는데, 급수가 $|z| < R$이면 수렴하고 $|z| > R$이면 발산하고, $|z| = R$이면 수렴할 수도 있고 발산할 수도 있다. 예를 들어 멱급수 $1 + z + z^2 + \cdots$는 $|z| < 1$일 때 수렴하며, 이 원판 안에서는 함수 $f(z) = (1 - z)^{-1}$과 일치한다. 더 일반적으로, 멱급수 전개는 $a_0 + a_1(z - z_0) + a_2(z - z_0)^2 + a_3(z - z_0)^3 + \cdots$처럼 임의의 점 z_0에 대해 취해질 수 있다.

일부 함수는 $R = \infty$, 즉 수렴 반경이 무한대인 멱급수를 갖는다. 아마 가장 중요한 예는 지수함수

$$e^z = 1 + z + \frac{z^2}{2!} + \frac{z^3}{3!} + \cdots$$

일 것이다.

함수 f가 멱급수 전개 $f(z) = a + 0 + a_1 z + a_2 z^2 + a_3 z^3 + \cdots$을 갖는다고 가정하자. 그러면 $f(0) = a_0$이고 미분을 통해 $f'(z) = a_1 + 2a_2 z + 3a_3 z^2 + \cdots$을 얻으며, 따라서 $z = 0$을 취하면 $a_1 = f'(0)$이다. 여기서 방금 한 것은 무한급수를 항별로 미분한 것인데, 이를 일반적으로 정당화하기에는 의심스럽지만 무한급수는 수렴반경 안에서 언제나 항별로 미분할 수 있으므로 이 경우에 한해서는 타당하다. 이 방식을 계속 적용하면 원점에서 계산된 f의 도함수로 모든 a_k를 찾을 수 있고, 전개는 테일러 급수전개

$$f(z) = f(0) + f'(0)z + f''(0)\frac{z^2}{2!} + f'''(0)\frac{z^3}{3!} + \cdots$$

으로 쓰일 수 있다.

18 행렬과 벡터

행렬은 실수나 복소수의 $m \times n$('m 곱하기 n'으로 읽히는) 배열이며,

$$A = (a_{ij}) = \begin{bmatrix} a_{11} & a_{12} & \cdots & a_{1n} \\ a_{21} & a_{22} & \cdots & a_{2n} \\ \vdots & \vdots & \ddots & \vdots \\ a_{m1} & a_{m2} & \cdots & a_{mn} \end{bmatrix}$$

으로 쓰인다. 행 i와 열 j의 교차점에 있는 원소가 a_{ij}이다. 행렬은 $m = n$이면 **정사각**(square)이고, 그렇지 않다면 **직사각**(rectangular)이다. 벡터는 하나의 행이나 하나의 열로만 이루어진 행렬이다. $m \times 1$ 행렬은 열벡터이고 $1 \times n$ 행렬은 행벡터이다. 수는 보통 벡터나 행렬과 구분하기 위해 **스칼라**(scalar)로 불린다.

실수 위의 $m \times n$ 행렬들의 집합과 $n \times 1$ 벡터들의 집합은 차례로 $\mathbb{R}^{m \times n}$과 $\mathbb{R}^n$으로 표기되며, $\mathbb{C}$에 대해서도 유사하다.

행렬을 표기할 때, 행렬에는 대문자, 벡터에는 소문자를 활용하고 행렬 원소에는 아래첨자를 활용하는 표기법은 응용수학에서 흔하지만 항상 쓰이는 것은 아니다. 비슷하게, 행렬이나 벡터는 종종 굵은

글씨로 쓰인다.

행렬과 단순한 수들의 배열을 구분하는 것은 행렬에 정의되는 대수적 연산이다. 같은 차원의 두 행렬 A, B에 대해 덧셈은 원소별로 정의된다. 곧 $C = A + B$는 모든 i와 j에 대해 $c_{ij} = a_{ij} + b_{ij}$를 의미한다. 스칼라에 의한 곱셈은 자연스럽게 정의되며, 따라서 $C = \alpha A$는 모든 i와 j에 대해 $c_{ij} = \alpha a_{ij}$를 의미한다. 그러나 행렬 곱셈은 원소별로 정의되지 않는다. 만약 A가 $m \times r$ 행렬이고 B가 $r \times n$ 행렬이라면 그들의 곱 $C = AB$는 $m \times n$이며

$$c_{ij} = \sum_{k=1}^{r} a_{ik} b_{kj}$$

으로 정의된다. 이 공식은 다음과 같이 얻을 수 있다. b^j이 B의 j번째 열일 때, $B = [b^1, b^2, \cdots, b^n]$이라 쓰자. 이는 B를 그것의 열들로 **분할**(partitioning)한 것이다. 그러면 $AB = A[b^1, b^2, \cdots, b^n]$인데, 여기서 각각의 Ab^j은 행렬-벡터 곱이다. 이때 $r \times 1$ 벡터 x에 대한 행렬-벡터 곱 Ax는

$$Ax = [a^1, a^2, \cdots, a^r] \begin{bmatrix} x_1 \\ x_2 \\ \vdots \\ x_r \end{bmatrix} = x_1 a^1 + x_2 a^2 + \cdots + x_r a^r$$

로 정의되며, 따라서 Ax는 A의 열들에 대한 **선형결합**(linear combination)이다.

행렬 곱셈은 가환적(commutative)이지 않다. 일반적으로 $AB \neq BA$인데, 이는 2×2 행렬에서 쉽게 확인할 수 있다. 어떤 맥락에서는 **교환자**(commutator, 또는 **리 괄호**(Lie bracket)) $[A, B] = AB - BA$가 중요한 역할을 하기도 한다.

선형연립식 $Ax = b$는 벡터 b를 A의 열들에 대한 선형결합으로 표현한다. 만약 A가 정사각행렬이고 차원 n을 갖는다면, 연립식은 x의 n 개 성분에 대한 n 개의 선형방정식을 제공한다. 이 연립식은 A가 비특이적(nonsingular)이면, 즉 A의 역(inverse)이 존재하면 유일한 해를 갖는다. 정사각행렬 A의 역은 $AA^{-1} = A^{-1}A = I$를 만족하는 행렬 A^{-1}이며, 여기서 **단위행렬**(identity matrix) I는 모든 대각원소가 1이고 나머지 원소는 모두 0이다. 표 3에서 정의된 **크로네커 델타**(Kronecker delta) δ_{ij}에 대해 $I = (\delta_{ij})$라 쓸 수도 있다. 역이 존재한다면 그것은 유일하다. 만약 A가 비특이적이면 $x = A^{-1}b$는 $Ax = b$의 해이다. 이 공식은 수학적으로는 유용할지 몰라도, 실전에서 A의 역을 구한 뒤 우변에 역을 곱함으로써 연립식을 풀 일은 절대 없을 것이다. 대신, 몇 가지 형태의 추축(pivot)과 함께 **가우스 소거법**[IV.10 §2]을 사용한다.

전치(transposition)는 열과 행을 서로 바꾸어 $m \times n$ 행렬을 $n \times m$ 행렬로 만들며, 즉 $C = A^{\mathrm{T}} \Leftrightarrow$모든 i와 j에 대해 $c_{ij} = a_{ji}$이다. **켤레전치**(conjugate transposition)는 추가로 원소들을 켤레화하며, 즉 $C = A^* \Leftrightarrow$ 모든 i와 j에 대해 $c_{ij} = \overline{a_{ji}}$이다. 곱의 켤레전치는 유용한 역순서 법칙 $(AB)^* = B^*A^*$을 만족한다.

행렬은 이론과 계산 모두에서 활용할 수 있는 다양한 다른 구조를 가질 수 있다. 행렬 $A \in \mathbb{R}^{n \times n}$이 **위삼각**(upper triangular)인 것은 모든 $i > j$에 대해 $a_{ij} = 0$인 것이고, **아래삼각**(lower triangular)인 것은 A^{T}이 위삼각인 것이며, **대각**(diagonal)인 것은 $i \neq j$이면 $a_{ij} = 0$인 것이다. $n = 3$일 때 그런 행렬들은 차례로

$$\begin{bmatrix} \times & \times & \times \\ 0 & \times & \times \\ 0 & 0 & \times \end{bmatrix}, \quad \begin{bmatrix} \times & 0 & 0 \\ \times & \times & 0 \\ \times & \times & \times \end{bmatrix}, \quad \begin{bmatrix} d_1 & 0 & 0 \\ 0 & d_2 & 0 \\ 0 & 0 & d_3 \end{bmatrix}$$

같은 형태를 취하는데, 여기서 ×는 0이 아닐 수도 있는 원소를 나타낸다. 세 번째 행렬은 diag(d_1, d_2, d_3)으로 줄여서 표기된다. $A \in \mathbb{R}^{n\times n}$이 **대칭**(symmetric)인 것은 $A^{\mathrm{T}} = A$인 것이며, $A \in \mathbb{C}^{n\times n}$이 **에르미트**(Hermitian)인 것은 $A^* = A$인 것이다. 추가적으로 2차형식 $x^{\mathrm{T}}Ax$(또는 x^*Ax)가 0이 아닌 $\mathbb{R}^n$(또는 $\mathbb{C}^n$)의 벡터에 대해 항상 양이라면 A는 **양의 정부호**(positive-definite)이다. **자기수반**(self-adjoint)이라는 용어는 종종 대칭이나 에르미트 대신 사용된다. 직교성 역시 기본적인 개념이다. $A \in \mathbb{R}^{n\times n}$이 **직교**(orthogonal)인 것은 $A^{\mathrm{T}}A = I$인 것이고, $A \in \mathbb{C}^{n\times n}$이 **유니타리**(unitary)인 것은 $A^*A = I$인 것이다. 이 성질들은 A의 역이 그것의 (켤레) 전치라는 의미인데, 곱셈에 대해 각이나 노름이 보존되는 등 유니타리 행렬의 더 깊은 성질은 그것을 매우 중요하게 만들어 준다.

구조는 원소의 규칙성에 대응할 수도 있다. **퇴플리츠 행렬**(Toeplitz matrix)은 상수인 대각원소들을 갖고, $i = -(n-1), \cdots, n-1$에 대한 $2n-1$개의 매개변수 a_i로부터 만들어진다. 이를테면 5×5 퇴플리츠 행렬은

$$\begin{bmatrix} a_0 & a_1 & a_2 & a_3 & a_4 \\ a_{-1} & a_0 & a_1 & a_2 & a_3 \\ a_{-2} & a_{-1} & a_0 & a_1 & a_2 \\ a_{-3} & a_{-2} & a_{-1} & a_0 & a_1 \\ a_{-4} & a_{-3} & a_{-2} & a_{-1} & a_0 \end{bmatrix}$$

의 형태를 갖는다. 퇴플리츠 행렬은 신호처리[IV.35]에서 등장한다. **순환행렬**(circulant matrix)은 퇴플리츠 행렬의 특수한 형태로, 각 열은 바로 위 열의 순환치환(한 원소씩 오른쪽으로)이다. 순환행렬은 여러 특별한 성질을 가지는데, 예를 들어 그것의 역과 고윳값에 대한 명시적인 공식이 존재한다.

해밀턴 행렬(Hamiltonian matrix)은 $2n\times 2n$ 행렬로서 다음 블록 형태

$$\begin{bmatrix} A & F \\ G & -A^* \end{bmatrix}$$

를 갖는데, 여기서 A, F, G는 $n\times n$ 행렬이고 F와 G는 에르미트이다. 해밀턴 행렬은 제어 이론[III.25]에서 중요한 역할을 한다.

$n\times n$ 행렬 A의 **행렬식**(determinant)은 귀납적으로 어떠한 $i \in \{1, 2, \cdots, n\}$에 대해서도

$$\det(A) = \sum_{j=1}^{n} (-1)^{i+j} a_{ij} \det(A_{ij})$$

와 같이 정의될 수 있는 스칼라이며, 이때 A_{ij}는 A에서 행 i와 열 j를 제거함으로써 얻어지는 $(n-1)\times(n-1)$행렬을 나타내고 스칼라 a에 대해서는 $\det(a) = a$이다. 이 공식은 소행렬식을 이용한 전개(expansion by minors)라고 불리는데, 왜냐하면 $\det(A_{kj})$는 A의 **소행렬식**(minor)이기 때문이다. 행렬식은 종종 수직 막대기로 $|A|$와 같이 쓰이기도 한다. 행렬식은 역사적으로 행렬보다 먼저 나타났지만, 응용수학에서는 오직 사소한 역할만을 맡는다.

$(-1)^{i+j}$ 항을 제거함으로써 행렬식의 정의를 변형해 얻는 양은 **불변식**(permanent)으로서, A의 각 행과 각 열에서 정확히 하나만을 취해 얻을 수 있는 n개의 원소들의 곱을 모두 더한 것이다. 불변식은 조합론과 양자역학에서 등장한다.

19 벡터공간과 노름

벡터공간(vector space)은 원소들의 선형결합이 취해질 수 있으며 그 결과가 벡터공간에 여전히 남아 있는 수학적 구조이다. 벡터공간 V는 덧셈이라고 쓰는 이항연산을 가지는데, 그것은 결합적(associative), 가환적(commutative)이며 항등원(0으로 쓰이는 '영벡터')과 덧셈의 역원을 갖는다. 다른 말로 표현하면, 모든 $a, b, c \in V$에 대해 $(a+b)+c = a+(b+c)$, $a+b=b+a$, $a+0=a$가 성립하며 $a+d=0$이 되는 d가 존재한다. 또한 기저에 스칼라 집합 $\mathbb{R}$이나 $\mathbb{C}$가 존재하여, V는 스칼라 곱셈에 대해 닫혀 있다. 추가로, 모든 $x, y \in V$와 스칼라 α, β에 대해 $\alpha(x+y) = \alpha x + \alpha y$, $(\alpha+\beta)x = \alpha x + \beta x$, $\alpha(\beta x) = (\alpha\beta)x$가 성립한다.

벡터공간은 여러 가지 형태를 취할 수 있다. 예를 들어, 구간 $[a, b]$ 위 실숫값 함수들의 집합은 $\mathbb{R}$ 위의 벡터공간이며, 복소계수를 갖는 차수 n 이하 다항식들의 집합은 $\mathbb{C}$ 위의 벡터공간이다. 가장 중요한 것은 실수나 복소성분을 갖는 n-벡터들의 집합으로서, 차례로 $\mathbb{R}$과 $\mathbb{C}$ 위의 벡터공간이 된다.

중요한 개념 중 하나는 선형독립성(linear independence)이다. V 안의 벡터들 $v_1, v_2, \cdots, v_n$이 **선형적으로 독립**이라는 것은 그들의 자명하지 않은 선형결합은 절대 0이 아니라는 것이며, 즉 등식 $\alpha_1 v_1 + \alpha_2 v_2 + \cdots + \alpha_n v_n = 0$이 성립하려면 모든 스칼라 α_i가 0이어야 한다. 어떤 벡터들의 모임이 선형적으로 독립이 아니면 그것은 **선형적으로 종속**(linearly dependent)이다.

V의 벡터들 $v_1, v_2, \cdots, v_n$이 주어졌다면 그들의 생성(span)을 만들 수 있는데, 이는 벡터들의 가능한 모든 선형결합의 집합이다. V를 생성하는 선형적으로 독립인 벡터들의 모임은 V의 **기저**(basis)이며, V의 모든 벡터는 기저벡터들의 선형결합으로 유일하게 쓰일 수 있다.

V에 대한 기저 안 벡터들의 개수는 V의 **차원**(dimension)이며 $\dim V$로 쓰는데, 이는 유한할 수도 있으며 무한할 수도 있다. 위에서 언급한 함수들의 벡터공간은 무한차원인 반면, 차수가 최대 n인 다항식들의 벡터공간은 $1, x, x^2, \cdots, x^n$이나 아니면 차수가 $0, 1, 2, \cdots, n$인 어느 다항식이든 기저로 가지므로 차원 $n+1$을 갖는다.

벡터공간 V의 **부분공간**(subspace)이란 동일한 덧셈과 스칼라 V곱셈의 연산에 대해 그 자체도 벡터공간이 되는 V의 부분집합이다.

19.1 내적

일부 벡터공간에는 **내적**(inner product)이 주어질 수도 있다. 내적은 인자 2개에 대한 함수 $\langle x, y\rangle$로, 모든 $x, y, z \in V$와 스칼라 α에 대해 다음 조건 (i)$\langle x, x\rangle \geq 0$이며 $\langle x, x\rangle = 0$인 것과 $x = 0$은 동치, (ii)$\langle x+y, z\rangle = \langle x, z\rangle + \langle y, z\rangle$, (iii)$\langle \alpha x, y\rangle = \alpha\langle x, y\rangle$, (iv)$\langle x, y\rangle = \overline{\langle y, x\rangle}$를 만족한다. $\mathbb{R}^n$ 위의 통상적인 (유클리드(Euclidean)) 내적은 $\langle x, y\rangle = x^T y$이고, $\mathbb{C}^n$에서는 반드시 켤레전치가 사용되어 $\langle x, y\rangle = x^* y$이어야 한다. $[a, b]$ 위 실숫값 연속함수들의 벡터공간 $C[a, b]$에서의 내적은

$$\langle f, g\rangle = \int_a^b w(x) f(x) g(x)\, \mathrm{d}x \qquad (6)$$

이며, 여기서 $w(x)$는 어떤 주어진 양의 가중함수이다. 한편 고정된 점 $x_i \in [a, b]$와 실숫값함수들 f에

대해 $[f(x_1), f(x_2), \cdots, f(x_n)]^T$ 형태를 갖는 n-벡터들의 벡터공간에서의 내적은

$$\langle f, g \rangle = \sum_{i=1}^{n} w_i f(x_i) g(x_i) \tag{7}$$

이며, 여기서 w_i는 양의 가중치이다. (7)에서 $\langle f, f\rangle = 0$이라는 것은 모든 i에 대해 $f(x_i) = 0$을 의미하는 것이지, $f \equiv 0$임을 말해 주지 않으므로, 그것이 실숫값 연속함수들의 공간에서는 내적이 아니라는 것에 주의하자.

유클리드 내적이 주어진 벡터공간 $\mathbb{R}^n$은 **n차원 유클리드 공간**으로 불린다.

19.2 직교성

내적공간의 두 벡터 u, v가 **직교**(orthogonal)한다는 것은 $\langle u, v\rangle = 0$이라는 말이다. $\mathbb{R}^n$과 $\mathbb{C}^n$은 차례로 $u^T v = 0$과 $u^* v = 0$이므로 그저 통상적인 직교성을 의미한다. 벡터들의 집합 $\{u_i\}$가 **정규직교집합**(orthonormal set)을 형성한다는 것은 모든 i와 j에 대해 $\langle u_i, u_j\rangle = \delta_{ij}$인 것이다.

내적 (6)이나 (7)이 주어진 내적공간에 대해 유용한 직교함수의 예로 **직교다항식**[II.29]이 있는데, 그것은 어떤 3항 점화식을 만족한다는 중요한 성질을 갖는다. 예를 들어, **체비쇼프 다항식**(Chebyshyov polynomial) T_k는 $T_0(x) = 1$, $T_1(x) = x$ 그리고

$$T_{k+1}(x) = 2xT_k(x) - T_{k-1}(x), \quad k \geq 1 \tag{8}$$

을 만족하며, $[-1, 1]$ 위에서 가중함수 $(1 - x^2)^{-1/2}$에 대해 서로 직교한다.

$$\int_{-1}^{1} \frac{T_i(x) T_j(x)}{(1 - x^2)^{1/2}} dx = 0, \quad i \neq j$$

자주 등장하는 또 다른 직교다항식의 종류는 **르장드르 다항식**(Legendre polynomial) P_k이다. 이것은 $[-1, 1]$ 위에서 가중함수 $w(x) \equiv 1$에 대해 서로 직교하며, $P_i(1) = 1$이 되도록 정규화되었을 때 $P_0(x) = 1$, $P_1(x) = x$이고 점화식

$$P_{k+1}(x) = \frac{2k+1}{k+1} x P_k(x) - \frac{1}{k+1} P_{k-1}(x) \tag{9}$$

를 만족한다.

그림 10은 $[-1, 1]$ 위에서 몇몇 체비쇼프 다항식과 르장드르 다항식의 그래프를 그린 것이다. 두 다항식 모두 홀수 차수일 때는 홀함수이고 짝수 차수일 때는 짝함수이다. 체비쇼프 다항식의 값은 -1과 1 사이에서 진동하는데, 이는 $\theta = \cos^{-1} x$일 때 $T_k(x) = \cos(k\theta)$라는 사실로부터 설명될 수 있다.

파데 근사(Padé approximation), 스펙트럼 이론(spectral theory), 행렬고윳값 문제와 같이, 아름다운 이론이 직교다항식과 그들 사이의 관계를 아우른다.

만약 $\phi_1, \phi_2, \cdots$이 직교계, 즉 $i \neq j$일 때 $\langle \phi_i, \phi_j\rangle = 0$이라면 ϕ_i들은 반드시 선형적으로 독립이다. 게다가, 전개

$$f(x) = \sum_{i=1}^{\infty} a_i \phi_i(x) \tag{10}$$

에서 a_i에 대한 명시적인 공식이 존재한다. 이를 결정하기 위해 이 등식에 ϕ_j로 내적을 취하고 직교성을 이용하면,

$$\langle f, \phi_j \rangle = \sum_{i=1}^{\infty} a_i \langle \phi_i, \phi_j \rangle = a_j \langle \phi_j, \phi_j \rangle$$

이므로 $a_j = \langle f, \phi_j\rangle / \langle \phi_j, \phi_j\rangle$이다.

다항식이 아닌 함수들의 직교계에 대한 중요한

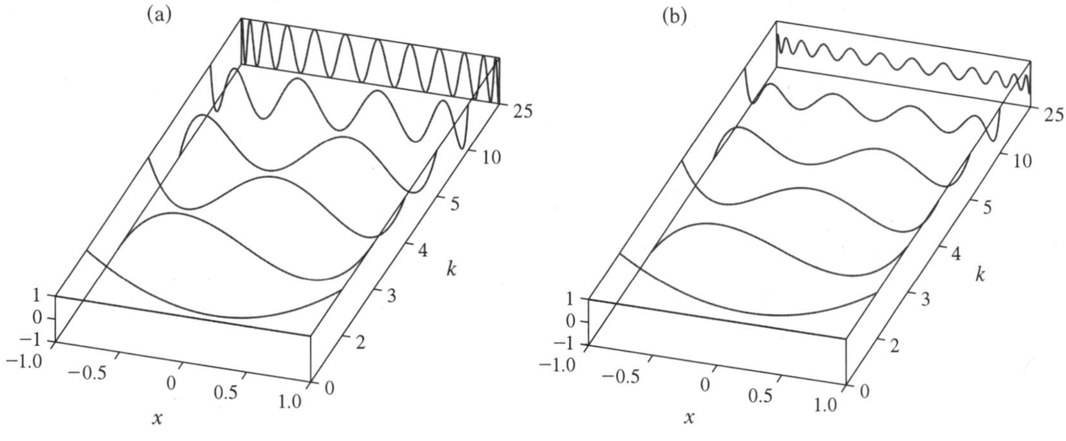

그림 10 [−1, 1]에서 선택된 몇 개의 (a)체비쇼프 다항식 $T_k(x)$와 (b)르장드르 다항식 $P_k(x)$.

예시로 1, $\cos x$, $\sin x$, $\cos(2x)$, $\sin(2x)$, $\cos(3x)$, $\cdots$이 있으며, 이들은 $[-\pi, \pi]$ 위에서 가중함수 $w(x) \equiv 1$에 대해 서로 직교하며, 이 기저에 대해 (10)은 **푸리에 급수 전개**(Fourier series expansion)이다.

19.3 노름

벡터공간 V의 한 원소를 부분공간 S의 가장 가까운 원소로 근사하는 작업은 흔하게 이루어진다. '가장 가깝다'는 것을 정의하기 위해서는 벡터의 크기를 측정하는 방식이 필요하다. **노름**(norm)은 그러한 측도를 제공한다.

노름은 V에서 음 아닌 실수로 가는 사상 $\|\cdot\|$인데 정확히 $x = 0$일 때에만 $\|x\| = 0$이고, 모든 스칼라 α와 $x \in V$에 대해 $\|\alpha x\| = |\alpha|\|x\|$이며, 모든 $x, y \in V$에 대해 **삼각부등식**(triangle inequality) $\|x + y\| \le \|x\| + \|y\|$가 성립한다. 한 공간에 많은 노름이 존재할 수도 있지만, 유한차원 벡터공간에서는 임의의 두 노름 $\|\cdot\|$과 $\|\cdot\|'$에 대해 양의 상수 c_1과 c_2가 존재하여 모든 $x \in V$에 대해 $c_1\|x\|' \le \|x\| \le c_2\|x\|'$이 성립한다는 점에서 그들은 모두 **동등**(equivalent)하다.

$C[a,b]$ 위의 노름의 한 예는

$$\| f \|_\infty = \max_{x \in [a,b]} |f(x)| \tag{11}$$

이며 L_∞-노름, 상한노름(supremum norm), 최댓값 노름(maximum norm), 고른노름(uniform norm)으로 알려져 있다. $p \in [1, \infty)$에 대해

$$\| f \|_p = \left(\int_a^b |f(x)|^p \mathrm{d}x \right)^{1/p}$$

은 이 (르베그(Lebesgue)) 적분이 유한한 함수들의 공간 $L^p[a, b]$에 대한 L_p-노름이다. 특수한 경우인 L_2-노름과 L_1-노름은 매우 중요하다.

내적공간에서 자연스러운 노름은 $\|x\| = \langle x, x \rangle^{1/2}$이며, 사실상 L_2-노름은 단위 가중함수에 대한 내적 (6)에 대응한다. 이 노름과 연관된 가장 유용한 부등식은 모든 $x, y \in V$에 대한 **코시-슈바르츠 부등식**(Cauchy-Schwarz inequality)

$$|\langle x, y \rangle|^2 \le \langle x, x \rangle \langle y, y \rangle = \|x\|^2 \|y\|^2$$

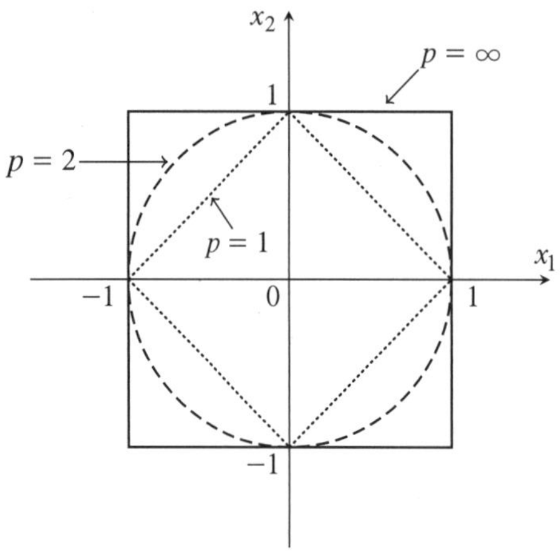

그림 11 $\mathbb{R}^2$ 위에서 1-, 2-, ∞-노름에 대한 단위공의 경계.

이다. 이 부등식은 두 벡터 x와 y 사이의 각 θ를 $\cos\theta = \langle x, y\rangle|/(\|x\|\|y\|) \in [-1, 1]$로 정의할 수 있음을 보여 준다. 이를테면 직교성은 각 $\theta = \pm\pi/2$에 대응한다.

몇 가지 서로 다른 노름이 벡터공간 $\mathbb{R}^n$과 $\mathbb{C}^n$ 위에서 흔히 사용된다. 벡터 p-노름은 실수 p에 대해

$$\|x\|_p = \left(\sum_{i=1}^{n}|x_i|^p\right)^{1/p}, \quad 1 \le p < \infty$$

로 정의된다. 이는 중요한 노름들

$$\|x\|_1 = \sum_{i=1}^{n}|x_i|,$$
$$\|x\|_2 = \left(\sum_{i=1}^{n}|x_i|^2\right)^{1/2} = (x^*x)^{1/2},$$
$$\|x\|_\infty = \max_{1 \le i \le n}|x_i|$$

를 특수한 경우로 포함한다. 2-노름은 유클리드 길이이다. 1-노름은 종종 '맨하탄'이나 '택시' 노름이라고 불리는데, $x, y \in \mathbb{R}^2$이 맨하탄(거리들이 직사각형 격자로 되어 있는) 안의 두 위치 좌표를 나타낸다면, $\|x - y\|_1$은 x에서 y까지 택시로 가는 거리를 측정하기 때문이다. 그림 11은 나중 3개의 p-노름에 대한 단위공 $\{x \in \mathbb{R}^n : \|x\| = 1\}$의 경계를 보여준다. 매우 다른 모양의 단위공들은 적절한 노름의 선택이 문제에 의존한다는 것을 암시하는데, 예컨대 데이터 맞추기[IV.9 §3.2]의 경우가 그러하다.

노름과 관련된 개념 중 **거리공간**(metric space)이라 불리는 집합 M 위에서 정의되는 **계량**(metric)이 있다. M 위의 계량은 음 아닌 함수 d로서 모든 $x, y, z \in M$에 대해 $d(x, y) = d(y, x)$(대칭성), $d(x, z) \le d(x, y) + (y, z)$(**삼각부등식**)이고, 정확히 $x = y$일 때만 $d(x, y) = 0$이라는 조건을 만족한다. 양의 실수들의 집합 위에서 정의된 계량의 한 예는 $d(x, y) = |\log(x/y)|$이다. 노름벡터공간에 대해서 함수 $d(x, y) = \|x - y\|$는 언제나 계량이 되고, 따라서 노름벡터공간은 언제나 거리공간이다.

19.4 수렴성

노름벡터공간 V에 속하는 점들의 나열 $x_1, x_2, \cdots$이 극한 $x_* \in V$로 **수렴한다**(converge)는 것은 $\lim_{i\to\infty} x_i = x_*$(또는 $i \to \infty$일 때 $x_i \to x_*$)이라고 쓰며, 모든 $\varepsilon > 0$에 대해 어떤 양의 정수 N이 존재하여 모든 $i \ge N$에 대해 $\|x_* - x_i\| < \varepsilon$인 것이다.

코시 수열(Cauchy sequence)은 모든 $\varepsilon > 0$에 대해 어떤 양의 정수 N이 존재하여, 모든 $i, j \ge N$에 대해 $\|x_i - x_j\| < \varepsilon$인 것을 말한다. 수렴하는 수열은 코시 수열이지만, 그것의 역은 공간 V에 따라 참일 수도 아닐 수도 있다.

노름벡터공간이 **완비**(complete)라는 것은 V 안의 모든 코시 수열이 V 안에서 극한을 갖는 것이다. 완비노름벡터공간은 **바나흐 공간**(Banach space)이라

불린다. 따라서 바나흐 공간에서는 극한을 알지 못하는 어떤 수열의 수렴성을, 그것이 코시 수열임을 보임으로써 증명할 수 있다.

완비내적공간은 **힐베르트 공간**(Hilbert space)으로 불린다. 힐베르트 공간의 표준적인 예로는 유클리드 내적이 주어진 공간 $\mathbb{R}^n$과 $\mathbb{C}^n$이 있다.

20 작용소

작용소(operator)는 한 벡터공간 U에서 다른 벡터공간 V(어쩌면 같을 수도 있는)로 가는 사상이다. **선형작용소**(linear operator, 또는 **선형변환**(linear transformation)) A는 모든 스칼라 α_1, α_2와 벡터 $x_1, x_2 \in U$에 대해 $\mathrm{A}(\alpha_1 x_1 + \alpha_2 x_2) = \alpha_1 \mathrm{A} x_1 + \alpha_2 \mathrm{A} x_2$가 성립하는 작용소이다. 예를 들어 미분연산자는 차수가 최대 n인 다항식들의 벡터공간을 차수가 최대 $n-1$인 다항식들의 벡터공간으로 보내는 선형작용소이다.

U에서 V로 가는 선형작용소 A의 크기를 재는 자연스러운 측도는 **유도노름**(induced norm, 작용소노름(operator norm)이나 종속노름(subordinate norm)으로도 불리는)

$$\|A\| = \max\left\{\frac{\|Ax\|}{\|x\|} : x \in U,\ x \neq 0\right\}$$

이며, 여기서 우변의 $\|\cdot\|$은 U 위의 노름(분모에서)과 V 위의 노름(분자에서) 모두를 나타낸다. 이 절의 남은 부분에서는 단순함을 위해 $U = V$라 가정하겠다. 만약 $\|A\|$가 유한하다면 A는 **유계**(bounded)선형작용소이다. 유한차원 벡터공간에서는 모든 선형작용소가 유계이다.

작용소노름의 정의는 $\|Ax\| \leq \|A\|\|x\|$(곧바로)와 $\|AB\| \leq \|A\|\|B\|$(이전 부등식을 이용해)를 이끌어 내고, 이들 모두 없어서는 안 될 부등식이다.

작용소 A는 U의 벡터를 U의 다른 벡터로 보내며, 그것의 노름은 $\|A\|$가 변한 만큼 변할 수 있을 것이다. **고유벡터**(eigenvector)라 불리는 어떤 벡터에 대해서는, 오직 노름만 변하고 방향은 그대로일 수 있다. 0이 아닌 벡터 v가 **고윳값**(eigenvalue) λ에 대해 고유벡터라는 것은 $Av = \lambda v$라는 것이다. 고윳값과 고유벡터는 응용수학의 많은 분야에서 중요한 역할을 하며 이 책의 많은 부분에서 등장한다. 예를 들어, **스펙트럼 이론**[IV.8]은 적절한 함수공간 위 선형작용소의 고윳값과 고유벡터에 관한 것이다. 형용사 **스펙트럴**(spectral)은 작용소의 고윳값들을 포함하는 집합인 **스펙트럼**(spectrum)에서 기인했다.

관계 $Av = \lambda v$에 노름을 취하고 $\|v\| \neq 0$임을 이용하면 $|\lambda| \leq \|A\|$를 얻는다. 따라서 작용소 A의 모든 고윳값은 원점에 중심을 둔 반경 $\|A\|$인 원판 안에 놓인다. 이는 국소화(localization) 결과의 한 예이다.

벡터공간 U를 자기 자신으로 보내는 작용소 A의 **불변부분공간**(invariant subspace)은 U의 부분공간 X로서 AX가 X의 부분집합, 곧 $x \in X$가 $Ax \in X$를 함의한다. 고유벡터는 1차원 부분공간의 특수한 경우이다.

$n \times n$행렬에 대한 고윳값방정식 $Av = \lambda v$는 $A - \lambda I$가 특이행렬(singular matrix)임을 말해 주고, 이는 조건 $p(\lambda) = \det(\lambda I - A) = 0$과 동치이다. 다항식 p는 A의 **특성다항식**(characteristic polynomial)이고 차수 n을 가진 특성다항식은 대수학의 기본 정리(14절)에 의해 복소평면 위에서 n개의 근을 가지는데,

그것이 A의 고윳값이다. 고윳값과 연관된 n개의 선형독립인 고유벡터가 존재하는지의 여부는 A에 달려 있으며 **조르당 표준형**[II.22]을 통해 우아하게 대답할 수 있다. 실대칭행렬과 복소 에르미트 행렬의 고윳값은 모두 실수이며, 정규직교가 되도록 취할 수 있는 n개의 선형독립인 고유벡터 모임이 존재한다. 게다가 A가 양의 정부호라면 고윳값은 모두 양수이다.

$\mathbb{C}^{m\times n}$ 위의 행렬에 대해, 1, 2, ∞ 벡터노름에 대응하는 작용소 행렬노름은 명시적인 공식

$$\|A\|_1 = \max_{1\le j\le n} \sum_{i=1}^{m} |a_{ij}|, \qquad \text{'최대 열 합'},$$

$$\|A\|_\infty = \max_{1\le j\le m} \sum_{j=1}^{n} |a_{ij}|, \qquad \text{'최대 행 합'},$$

$$\|A\|_2 = (\rho(A^*A))^{1/2}, \qquad \text{스펙트럼노름 (spectral norm)}$$

으로 주어지며, 여기서

$$\rho(B) = \max\{|\lambda| : \lambda\text{는 } B\text{의 고윳값방정식이다.}\}$$

는 **스펙트럼반경**(spectral radius)이다.

또 다른 유용한 공식은 $\|A\|_2 = \sigma_{\max}(A)$인데, 이때 $\sigma_{\max}(A)$는 A의 가장 큰 **특잇값**[II.32]이다. 흔히 사용되는 추가적인 행렬노름은 프로베니우스 노름(Frobenius norm)

$$\|A\|_F = \left(\sum_{i=1}^{m}\sum_{j=1}^{n}|a_{ij}|^2\right)^{1/2} = (\text{trace}(A^*A))^{1/2}$$

인데, 여기서 정사각행렬의 **대각합**(trace)은 대각원소들의 합이다. $\|A\|_F$는 단지 A의 열들을 하나의 긴 벡터로 이어 붙여 만든 벡터의 2-노름에 불과하다는 것에 주목하자. 프로베니우스 노름은 A를 단위행렬로 취하면 알 수 있듯이, 어떠한 벡터노름으로부터도 유도되지 않는다.

21 선형대수학

행렬 $A\in\mathbb{C}^{m\times n}$과 연관된 4개의 중요한 부분공간이 있는데, 바로 A와 A^*의 **범위**(range)와 영공간(null-space)이다. 그중 둘은 $\mathbb{C}^m$ 안에, 나머지 둘은 $\mathbb{C}^n$ 안에 있다. A의 범위는 열의 모든 선형결합들의 집합으로서 $\text{range}(A) = \{Ax: x\in\mathbb{C}^n\}$이다. A의 **영공간**은 A에 의해 소멸(annihilate)되는 벡터들의 집합으로서 $\text{null}(A) = \{x\in\mathbb{C}^n: Ax = 0\}$이다.

선형대수학의 가장 중요한 두 개의 법칙은

$$\dim \text{range}(A) = \dim \text{range}(A^*),$$
$$\dim \text{range}(A) + \dim \text{null}(A) = n$$

인데, 여기서 dim은 차원을 나타낸다. 이 등식은 다양한 방식으로 증명될 수 있으며, 그중 한 가지 방식은 **특잇값분해**[II.32]를 이용하는 것이다.

$x\in\text{null}(A)$라 가정하자. 그러면 x는 A의 모든 행과 직교하며 따라서 A의 행들에 의해 생성되는 부분공간과 직교한다. A의 행은 A^*의 복소 켤레 열이므로 $\text{null}(A)$는 $\text{range}(A^*)$과 직교하며, 여기서 두 부분공간이 직교한다는 것은 한 부분공간의 모든 벡터가 다른 부분공간의 모든 벡터와 직교한다는 의미이다. 실제로는 $\text{null}(A)$와 $\text{range}(A^*)$이 함께 $\mathbb{C}^n$을 생성한다는 것을 보일 수 있고, 이는 $\dim\text{range}(A^*) + \dim\text{null}(A) = n$임을 의미하는데, 앞의 두 법칙을 결합해도 얻을 수 있는 결과이다.

A의 **계수**(rank)는 A의 선형독립인 행들이나 열들의 최대 개수이다. 계수는 선형방정식 문제에서 중요한 역할을 한다. 예를 들어, 선형연립식 $Ax = b$가 해를 갖는 것과 A와 첨가행렬(augmented matrix) $[A\ b]$가 같은 계수를 갖는 것은 동치이다.

프레드홀름 양자택일(Fredholm alternative)은 방정식 $Ax = b$가 해를 갖는 것과 $A^*v = 0$을 만족하는 모든 v에 대해 $b^*v = 0$이 성립하는 것은 서로 필요충분조건임을 말해 준다. 이는 **적분방정식**[IV.4 §3]에서 등장하는 더 일반적인 형태를 가진 양자택일의 특수한 경우이다. '필요조건'임은 보이기 쉬운데, 만약 $A^*v = 0$이고 $Ax = b$라면 $b^*v = (v^*b)^* = (v^*Ax)^* = ((A^*v)^*x)^* = 0$이기 때문이다. 그렇다면 '충분조건'임을 보이기 위해, $A^*v = 0$인 모든 벡터 v에 대해 $b^*v = 0$이라고 가정하자. 앞의 등식은 $v \in \text{null}(A^*)$임을 뜻하므로, 바로 직전에 살펴본 바에 따르면 v는 $\text{range}(A)$와 직교한다. 따라서 $\text{range}(A)$에 직교하는 모든 벡터는 b에도 직교하고, 그것은 b가 $\text{range}(A)$에 속하며 $Ax = b$가 해를 가진다는 것을 의미한다.

22 조건수

어떤 문제의 조건수(condition number)는 데이터의 섭동에 대한 해의 민감성을 측정한다. 어떤 문제에는 유일한 해가 존재하지 않으며 그 문제는 무한히 민감하다고 간주할 수 있다. 그러한 문제는 **타당하지 않은 문제**[I.5 §1.2]에 속한다. 벡터공간을 자기자신으로 보내며 $f(x)$가 x의 근방에서 정의되는 함수 f를 생각하자. x에서 f에 대한 (상대적) 조건수는

$$\text{cond}(f, x) = \lim_{\varepsilon \to 0} \sup_{\|\delta x\| \le \varepsilon \|x\|} \frac{\|f(x + \delta x) - f(x)\|}{\varepsilon \|f(x)\|}$$

로 정의된다. 조건수 cond는 데이터의 작은 변화가 함숫값에서 최대로 얼마나 증폭되는지 측정하는데, 두 변화는 모두 상대적으로 측정된다. 이 정의는

$$\frac{\|f(x + \delta x) - f(x)\|}{\|f(x)\|} \le \text{cond}(f, x) \frac{\|\delta x\|}{\|x\|} + o(\|\delta x\|) \tag{12}$$

를 함의하며, 따라서 작은 섭동 δx에 대해 근사치가 가지는 섭동의 범위를 제공한다. 현실에서 범위 속 δx는 물리 실험에서 나오는 필연적인 데이터의 오차이거나 데이터가 컴퓨터에 저장될 때 생기는 반올림 오차를 나타낼 수 있다.

어떤 문제가 **나쁜 조건**(ill-conditioned)이라는 것은 조건수가 크다는 것이고, **좋은 조건**(well-conditioned)이라는 것은 조건수가 작다는 것인데, 여기서 '크다'와 '작다'의 의미는 맥락에 따라 달라진다.

대다수 문제에서는 조건수에 대한 명시적 표현을 얻을 수 있다. 연속적으로 미분가능한 함수 $f: \mathbb{R} \to \mathbb{R}$에 대해 $\text{cond}(f, x) = |xf'(x)/f(x)|$이다. 행렬의 역을 취하는 문제 $f(-A) = A^{-1}$에서 조건수는 임의의 행렬노름에 대해 $\kappa(A) = \|A\|\|A^{-1}\|$인 것으로 알려졌다. 이는 **역을 취하는 것에 대한 A의 조건수**라 불린다. 데이터로 행렬 A와 벡터 b가 주어진 선형연립식 $Ax = b$에 대해 조건수는 본질적으로 역시 $\kappa(A)$이다.

조건수의 한 역할은 어떤 방정식에 대한 근사해의 잔차(residual)와 그 근사의 오차를 연결시켜 주는 것이다. 이는 비특이적 선형연립식 $Ax = b$를 보면 가장 쉽게 알 수 있다. 모든 근사해 $\hat{x}$에 대해 잔차는 $r = b - A\hat{x} = A(x - \hat{x})$를 만족하며, 따라서 오차

는 잔차와 $x - \hat{x} = A^{-1}r$로 연관되며 상계 $\|x - \hat{x}\| \le \kappa(A)\|r\|/\|A\|$를 유도한다.

23 안정성

'안정성(stability)'이라는 용어는 응용수학에서 맥락에 따라 서로 다른 의미로 폭넓게 사용된다. 일반적인 의미는 과정의 초기 단계에 발생한 오차가 과정이 진행되면서 증가하지 않는(또는 최소한 유계인) 것이다. 여기서 '과정'이라는 것은 반복, 재귀, 시간 종속 미분방정식의 변화 등을 의미할 수 있다. 안정성은 보통 필수적인 속성이며, 과정이 안정적이냐 아니냐를 분석하기 위해 많은 노력이 투입된다. 안정성에 관한 논의는 이 책 전체에 걸쳐 찾을 수 있다.

여기서는 스칼라 x와 y에 대한 함수 $y = f(x)$를 부동소수점 연산을 통해 어떤 주어진 알고리즘으로 계산하는 맥락에서, **수치적 안정성**에 초점을 맞추겠다. 만약 $\hat{y}$가 y의 근사라면 그것의 질을 '오차'라고 부르는 **전향오차**(forward error) $\hat{y} - y$로 측정할 수 있다. 전향오차는 보통 알려지지 않으며 추정하기 어려울 수 있다. 하나의 대안으로서 데이터 x를 섭동하여 $\hat{y}$가 섭동된 문제의 정확한 해가 되도록 할 수 있는지 물을 수 있다. 다시 말해, $\hat{y} = f(x + \delta x)$인 δx를 찾을 수 있는가? 일반적으로 그런 δx는 많이 있을 수 있다. $|\delta x|$의 가능한 가장 작은 값은 **후향오차**(backward error)라고 부른다. 만약 후향오차가 기저에 있는 연산의 정확성에 비해 상대적으로 충분히 작다면, 그 알고리즘은 **후향안정적**(backward stable)이라고 말한다.

전향오차보다 후향오차를 분석하는 것이 훨씬 쉬울 수 있다. 후향오차 분석은 기저의 오차가 반올림 오차인 **수치적 선형대수학**[IV.10 §8]에서 기원하지만, 상미분방정식의 수치적 해를 포함해 다른 다양한 맥락에서도 사용할 수 있다. 일단 후향오차가 알려진다면, 상대적 조건수의 추정이 가능하다는 가정하에 부등식 (12)를 사용해 전향오차를 제한할 수 있다.

24 벡터미적분학

n이 무한대일 수도 있는 n차원 벡터공간은 대부분의 응용수학을 위한 적절한 환경이지만, 우리가 사는 세상은 3차원이므로 역학과 같은 많은 상황에서는 단지 3개의 좌표만 있어도 충분하다. $\boldsymbol{i}, \boldsymbol{j}, \boldsymbol{k}$가 차례로 x, y, z축을 따르는 단위벡터를 나타낸다고 하자. 이 표기법이 암시하듯 이 소절에서는 벡터를 나타내기 위해 굵은 글씨를 사용할 것이다. 그러면 $\mathbb{R}^3$ 안의 벡터 $\boldsymbol{x}$는 $\boldsymbol{x} = x_1\boldsymbol{i} + x_2\boldsymbol{j} + x_3\boldsymbol{k}$로 표현될 수 있다. 두 벡터 $\boldsymbol{x}$와 $\boldsymbol{y}$의 **스칼라곱**(scalar product) 또는 내적(dot product)은 $\boldsymbol{x} \cdot \boldsymbol{y} = x_1y_1 + x_2y_2 + x_3y_3$이며, $\mathbb{R}^n$ 안 유클리드 벡터 내적의 특수한 경우이다. **외적**(cross product) 또는 **벡터곱**(vector product)은 n차원 유사를 가지지 않는다. 그것은 벡터

$$\boldsymbol{x} \times \boldsymbol{y} = \begin{vmatrix} \boldsymbol{i} & \boldsymbol{j} & \boldsymbol{k} \\ x_1 & x_2 & x_3 \\ y_1 & y_2 & y_3 \end{vmatrix}$$

$$= (x_2y_3 - x_3y_2)\boldsymbol{i} + (x_3y_1 - x_1y_3)\boldsymbol{j} + (x_1y_2 - x_2y_1)\boldsymbol{k}$$

이며 $\boldsymbol{x}$와 $\boldsymbol{y}$가 놓이는 평면과 수직이다. $x \times y = -y \times$

x임에 주목하자. 세 벡터 $\boldsymbol{x}, \boldsymbol{y}, \boldsymbol{z}$에 대한 벡터삼중곱(vector triple product)은 벡터 $\boldsymbol{x}\times(\boldsymbol{y}\times\boldsymbol{z})$로서

$$\boldsymbol{x} \times (\boldsymbol{y} \times \boldsymbol{z}) = (\boldsymbol{x} \cdot \boldsymbol{z})\boldsymbol{y} - (\boldsymbol{x} \cdot \boldsymbol{y})\boldsymbol{z}$$

와 같이 나타낼 수 있다.

f가 3변수에 대한 스칼라 함수라면 그것의 기울기(gradient)는

$$\nabla f = \frac{\partial f}{\partial x}\boldsymbol{i} + \frac{\partial f}{\partial y}\boldsymbol{j} + \frac{\partial f}{\partial z}\boldsymbol{k}$$

이다. 여기서

$$\nabla = \frac{\partial}{\partial x}\boldsymbol{i} + \frac{\partial}{\partial y}\boldsymbol{j} + \frac{\partial}{\partial z}\boldsymbol{k}$$

를 연산자로 생각할 수 있고, 기울기 연산자라 부른다. 두 벡터 ∇와 ∇f의 내적을 취할 수도 있는데 그러면

$$\nabla \cdot \nabla f = \frac{\partial^2 f}{\partial x^2} + \frac{\partial^2 f}{\partial y^2} + \frac{\partial^2 f}{\partial z^2}$$

이다. 이 '델 제곱' 연산자는 라플라시언(Laplacian)이라 불리며, $\Delta = \nabla^2 \equiv \nabla \cdot \nabla$이다.

이제 $\boldsymbol{F} = F_1\boldsymbol{i} + F_2\boldsymbol{j} + F_3\boldsymbol{k}$를 $\mathbb{R}^3$에서 $\mathbb{R}^3$으로 가는 벡터함수라 하자. $\boldsymbol{F}$의 발산(divergence)은 ∇와 $\boldsymbol{F}$의 내적

$$\text{div}\ \boldsymbol{F} = \nabla \cdot \boldsymbol{F} = \frac{\partial F_1}{\partial x} + \frac{\partial F_2}{\partial y} + \frac{\partial F_3}{\partial z}$$

이다. 흔히 마주치는 벡터함수에 대한 또 다른 연산자는 회전(curl)이며, $\text{curl}\, \boldsymbol{F} = \nabla \times \boldsymbol{F}$이다.

발산 정리(divergence theorem)에 따르면, 만약 벡터장 V가 바깥 방향을 가리키는 단위법선 $\boldsymbol{n}$ 에 의해 방향이 주어진 매끈한 곡면 S로 둘러싸여 있고, F가 연속적으로 미분가능한 V 위의 벡터장이라면

$$\iiint_V \text{div}\ \boldsymbol{F}\ \text{d}v = \iint_S \boldsymbol{F} \cdot \boldsymbol{n}\ \text{d}s$$

가 성립한다. 다른 말로, $\boldsymbol{F}$의 발산을 V 위에서 삼중적분한 것은 법선성분 $\boldsymbol{F}\cdot\boldsymbol{n}$의 곡면적분과 동일하다.

또 다른 중요한 정리는 스토크스의 정리(Stokes's theorem)이다. 이 정리는 매끈한 단순 폐곡선 C로 둘러싸여 있으면서, 바깥방향을 가리키는 단위법선 $\boldsymbol{n}$으로 방향이 주어진 매끈한 곡면 S에 대해 만약 F가 연속적으로 미분가능한 S 위의 벡터장이라면

$$\iint_S (\nabla \times \boldsymbol{F}) \cdot \boldsymbol{n}\ \text{d}s = \int_C \boldsymbol{F} \cdot \boldsymbol{t}\ \text{d}s$$

가 성립한다는 것을 말하며, 여기서 $\boldsymbol{t} = \boldsymbol{t}(x, y, z)$는 곡선 C에 접하는 단위벡터이다. 스토크스의 정리는 $\boldsymbol{F}$의 회전의 법선성분을 곡면 S 위에서 적분한 것이 $\boldsymbol{F}$의 접선성분을 곡면의 경계 C를 따라 적분한 것과 동일하다는 것을 말해 준다.

I.3 문제 해결 방법

니콜라스 하이엄 *Nicholas J. Higham*

응용수학의 문제는 많은 모양과 형태로 나타나며, 그것을 풀기 위해 광범위한 방법과 기법이 사용된다. 이 글에서는 서로 다른 다양한 해결 방식에 내재하는 몇 가지 핵심적인 아이디어를 정리한다.

1 문제 특정화

문제 해결 방법의 선택을 논하기 전에, 문제에 대한

가정을 명확하게 할 필요가 있다. 예를 들어, 문제가 함수(미분방정식의 우변일 수 있는)로 정의된다면, 그 함수의 매끈함, 곧 연속적인 도함수의 개수는 어떻게 되는가? 문제가 $n \times n$ 행렬 A의 고윳값을 찾는 것이라면, A의 원소는 명시적으로 저장되어 사용할 수 있는가, 아니면 A는 오직 벡터 x를 입력으로 취해 곱 Ax를 반환하는 '블랙박스' 형태로 주어질 것인가?

n변수 스칼라 함수 f의 최솟값이나 최댓값을 찾는 문제는 가능한 상황의 광범위함을 보여 주는 좋은 예이다. 한 극단에서는 f가 모든 차수의 도함수를 가지며, f 자체와 그것의 1계, 2계도함수의 값을 모든 점에서 계산할 수 있다(대부분의 방법은 2계보다 높은 도함수를 사용하지 않는다). 다른 극단에서 f는 불연속적이고 오직 함숫값만을 계산할 수 있을지 모른다. 심지어 f의 값을 계산하는 것은 불가능하고, 단지 주어진 x와 y에 대해 $f(x) < f(y)$인지 그 반대인지 확인하는 것만 가능할지도 모른다. 이는 검안사가 환자에게 처방을 내리는 상황과 꼭 들어맞는다. 검안사는 환자에게 렌즈들의 쌍을 비교하여 더 나은 시력을 주는 것이 무엇인지 말해달라고 한다. 렌즈들을 적당히 선택한다면 검안사는 몇 분 안에 곧장 처방을 내릴 수 있다. 이처럼 **비미분 최적화**[IV.11 §4.3]는 단지 함숫값만을 이용하고 상당수는 오직 그 값들의 비교에만 기초한다.

또 다른 기본적인 질문은 과연 해가 무엇을 의미하냐는 것이다. 즉, 해가 하나의 함수라면, 그것을 어떤 기저 함수들의 무한급수나 적분으로 표현한 것 또는 유한한 격자점들에서 함수의 값이 주어진 것을 해로서 인정할 것인가? 만약 부정확한 표현이 허용된다면, 그것은 얼마나 정확해야 하며 어떻게 오차를 측정하는 것이 적절한가?

2 차원축소

많은 상황에서 공통적인 흐름은 문제를 더 작은 차원의 문제로 근사시키고 작은 문제의 해를 이용하여 원래 문제의 해를 근사하는 것이다. 큰 문제는 풀기에 계산량이 너무 많아서 이런 흐름이 있지만, 이때 당연히 작은 문제를 적은 계산 비용으로 만들 수 있어야 쓸모가 있다. 일부 상황에서는 아마 어떤 매개변수를 바꾸면서 작은 문제를 반복적으로 풀어야 하고, 따라서 그것을 만드는 데 드는 계산 비용이 청산된다.

이처럼 일반적인 방식의 예시로는 웹 페이지에 표시되는 사진이 있다. 현대 디지털 카메라는(심지어 스마트폰도) 5 메가픽셀(백만 화소) 이상의 사진을 만든다. 그러나 2560×1440픽셀의 해상도를 가진 27인치 모니터조차도 오직 3.7 메가픽셀밖에 표시하지 못한다. 웹 페이지에 있는 대부분의 사진은 페이지 안에서 더 작은 크기로 표시되기 때문에, 원본 크기로 사진을 다루는 것은 저장 공간과 대역의 엄청난 낭비이다. 그러므로 사진은 사용처에 따라 적절히 작은 차원으로 (가령 뉴스 사이트에서 사진의 한 변은 최대 400 픽셀로) 축소된다. 여기서 차원축소는 상대적으로 수월하며 오차는 큰 문제가 아니다.

그러나 보통 사진은 그 자체로도 중요하므로 사진의 원래 차원을 유지하고 품질 저하를 최소로 하면서도 필요한 저장 용량을 줄이고자 한다. 이것이

차원축소의 더 전형적인 상황이다. 차원축소가 가능한 이유는 대다수 사진이 높은 수준의 중복성을 포함하기 때문이다. **특잇값분해**[II.32](SVD)는 적어도 일부 사진에 대해서는 적은 수의 벡터들로 사진의 중요한 정보를 포착할 수 있는 방법을 제공한다. 일반적으로 더 효과적인 축소는 **JPEG 압축**[VII.7 §5]으로 만들어지는데, 그것은 두 개의 연속적인 기저 변환을 통해 버릴 수 있는 정보를 식별한다.

동역학계는 많은 매개변수를 가질 수 있지만, 관심 있는 양상은 저차원 부분공간 안에서만 일어날 수 있다. 그런 경우 그 부분공간을 식별하고 그 안에서 작업함으로써 계산과 저장 공간을 줄일 수 있다. 동역학계에서는 일반적으로 차원축소를 **모형축소**[II.26]라고 한다. 모형축소는 최근 30년간 집중적인 연구 분야였으며 그 응용은 아주 거대한 척도의 집적회로 설계에서부터 대기 모형화의 데이터 동화(data assimilation)까지 이른다.

차원축소는 거대한 데이터 집합을 기저변환을 통해 저차원 공간으로 변환함으로써 원래 데이터의 행동을 포착하고자 하는 **데이터 분석**[IV.17 §4]의 근본이다. 주성분 분석과 SVD의 응용은 고전적인 기법이다. **랴푸노프 방정식**[III.28]과 같은 선형행렬방정식의 맥락에서, 해의 지배적인 불변부분공간에 대한 근사는(즉, 어떤 k에 대해 크기가 가장 큰 k 개의 고윳값에 대응하는 불변부분공간) 전체 해에 대한 유용한 근사가 될 수 있으며, 그러한 근사는 보통 적은 계산량으로도 계산될 수 있다.

차원축소의 과정에서 자주 사용되는 용어는 **차원의 저주**(curse of dimensionality)인데, 이는 대다수 문제가 고차원이 될수록 훨씬 어려워진다는 사실을 말한다. 더 비형식적으로 표현하자면, 2차원이나 3차원에서 얻은 직관이 항상 고차원으로 옮겨지지는 않는다는 것이다. 2-노름(norm)(유클리드 노름) r을 갖는 모든 n-벡터를 모은, $\mathbb{R}^n$ 안의 반경 r인 n-구면 또는 초구면(hypersphere)은 단순한 실례를 제공한다. 초구면은 부피

$$S_n = \frac{\pi^{n/2} r^n}{\Gamma(n/2+1)}$$

을 갖는데, 여기서 Γ는 **감마 함수**[III.13]이다. $\Gamma(x) \sim \sqrt{2\pi/x}\,(x/\mathrm{e})^x$이므로(**스털링의 근사**[IV.7 §3]), 놀랍게도 임의의 고정된 r에 대해 n이 ∞로 갈 때, S_n은 0으로 접근한다는 것을 알 수 있다. 비교의 대상으로서 변들의 길이가 $2r$인 n-입방체 또는 초입방체(hypercube)를 생각하자. 그것의 부피는

$$H_n = (2r)^n$$

이고 따라서 $n \to \infty$일 때 $Sn/Hn \to 0$이다. 다른 말로 표현하면 초입방체 체적의 대부분은 그것이 감싸는 초구면의 바깥에 위치하며, 즉 '구석에' 몰려있다. $n = 2$일 때, 비 $S_2/H_2 = 0.785$(**응용수학의 언어**[I.2 §19.3]의 그림 11을 보라)는 이미 1보다 상당히 작다. 수열 Sn/Hn은 0.524, 0.308, 0.164, 0.081, ⋯으로 계속된다. 원점에 중심을 둔 초입방체의 구석은 좌표 $[\pm1,\ \pm1, \cdots,\ \pm1]^{\mathrm{T}}$을 가지며 따라서 원점까지의 거리는 $\sqrt{n}$이다. 반면 단위 초구면 위의 점에서 원점까지의 거리는 1이므로, 뒤의 거리 나누기 앞의 거리는 $n \to \infty$일 때 0으로 접근한다는 것을 깨달으면 이런 양상은 그리 놀랍지만도 않다. 차원성의 재앙이라는 용어는 1961년 리처드 벨만(Richard Bellman)이 고정된 간격을 갖는 격자에서 n변수 함수의

값을 추출하려면 필요한 점의 개수는 n에 대해 지수적으로 증가하는 사실을 언급하며 도입했다.

3 함수의 근사

공식이 직접적이거나 간접적으로 주어져 있는, 가령 대수방정식이나 미분방정식의 해가 되는 스칼라 함수 f를 근사하는 문제를 생각해 보자. 문제를 어떻게 풀 것인가는 함수에 대해 무엇을 알고 있으며 해에 어떤 것을 요구하는지에 따라 달라진다. 방법을 선택하기 전에 대답이 선행되어야 하는 몇 가지 질문들을 아래 요약했다.

- 멱급수(power series), 다항식, 유리함수, 푸리에 급수(Fourier series), … 중 어떤 형태의 근사를 원하는가?
- 특정한 영역에서 원하는 정확도를 가진 근사를 원하는가? 그렇다면 오차를 어떻게 측정해야만 하는가?
- 근사가 볼록성, 단조성, 음이 아닌 것 같은 특정한 정성적 성질을 갖길 원하는가?

이 절에서는 위에 있는 모든 질문을 건드리며 근사의 서로 다른 유형의 몇 가지 예시를 논할 것이다. 다음 3개의 소절에서 f는 실수라 가정할 것이며(그 인자가 x로 쓰이는), 4번째 소절에서는 복소수일 수 있다(따라서 그 인자는 z로 쓰인다). 우선 다항식에 기초한 근사를 고려하자.

3.1 다항식

아마도 가장 단순한 근사함수의 종류는 다항식 $p_n(x) = a_0 + a_1X + \cdots + a_nX^n$일 것이다. 다항식은 덧셈, 곱셈, 미분, 적분하기 쉬우며, 표준적인 알고리즘으로 그것의 근을 찾을 수 있다. 다항식 사용의 정당성은 1885년 바이어슈트라스의 정리(Weierstrass's theorem)를 통해 입증됐다. 그것은 모든 $f \in C[a, b]$와 모든 $\varepsilon > 0$에 대해 어떤 다항식 $p_n(x)$가 존재하여 $\|f - p_n\|_\infty < \varepsilon$이라고 서술되며 여기서 노름은 $\|f\|_\infty = \max_{x\in[a, b]} |f(x)|$로 정의되는 L_∞-노름[I.2 §19.3]이다. 바이어슈트라스의 정리는 최댓값 노름에 대한 원하는 정확도의 근사를 다항식으로 얻을 수 있다는 것을 보장해 주기는 하지만, 매우 높을 수도 있는 차수 n의 범위를 지정해 주지는 않는다. 여기에 다항식 근사를 구성하는 몇 가지 방식이 있다.

절단된 테일러 급수. 만약 f가 충분히 매끈하여 테일러 급수전개(Taylor series expansion)를 가지고 그것의 도함수들이 계산될 수 있다면, 다항식 근사는 단순히 테일러 전개를 절단하여 얻을 수 있다. 나머지 항이 있는 테일러 급수는 $f(x) = p_n(x) + E_n(x)$로 쓰일 수 있음을 말해 주는데, 여기서 $p_n(x) = f(0) + f'(0)x + \cdots + f^{(n)}(0)x^n/n!$는 n차다항식이고, 나머지 항은 0과 x를 끝점으로 하는 구간 위의 어떤 ξ에 대해 $E_n(x) = f^{(n+1)}(\xi)x^{n+1}/(n+1)!$의 형태를 가진다. 근사 $f(x) \approx p_n(x)$가 적용될 수 있는 n의 값과 x의 범위는 f와 원하는 정확도에 따라 달라진다. 그림 1은 사인함수의 1차, 3차, 5차 테일러 근사를 보여 준다.

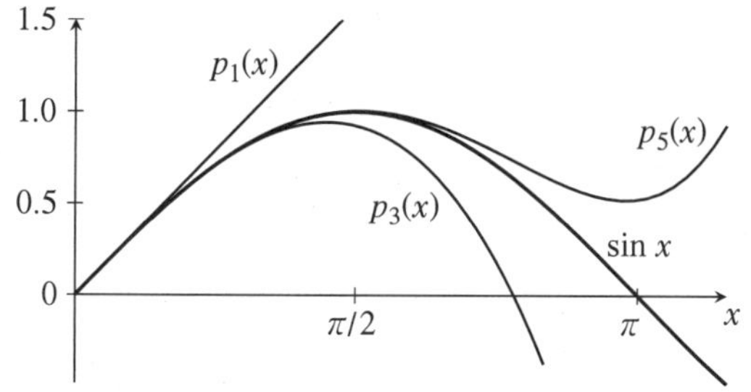

그림 1 $\sin x$와 그것의 테일러 근사 $p_1(x)=x$, $p_3(x)=x-x^3/3!$, $p_5(x)=x-x^3/3!+x^5/3!$.

보간. $p_n(x)$가 $f(x)$와 특별히 지정된 점들 $x_i \in [a, b]$에서 일치해야만 할 수도 있다. p_n은 $n+1$개의 계수를 포함하고 각 조건 $p_n(x_i)=f(x_i)$는 하나의 방정식 역할을 하므로, p_n을 특정하기 위해서는 $n+1$개의 점이 필요하다. 보간점들 $\{x_i\}_{i=0}^{n}$이 서로 다르기만 하면 $n+1$개의 미지수를 갖는 $n+1$개의 보간방정식이 유일한 해를 갖는다는 것을 증명할 수 있으며, 이 경우 유일한 **보간다항식**이 존재한다. p_n을 표현하기 위한 다양한 방식들이 있다(가령 라그랑주 형태(Lagrange form), 무게중심 형태(barycentric form), 분할차분 형태(divided difference form)). 오차에 대한 명시적인 공식을 구할 수 있는데, 만약 f가 $[a, b]$ 위에서 $n+1$개의 연속인 도함수를 갖는다면 모든 $x \in [a, b]$에 대해

$$f(x)-p_n(x)=\frac{f^{(n+1)}(\xi_x)}{(n+1)!}\prod_{i=0}^{n}(x-x_i)$$

이 성립한다. 여기서 ξ_x는 $x_0, x_1, \cdots, x_n$으로 결정되는 구간 안 어떤 미지의 점이다. 이 오차 공식을 통해 x_i를 어떻게 결정해야 하는지에 대한 통찰을 얻을 수 있다. 동일한 간격으로 떨어진 점들은 좋지 않은 반면, 차수 $n+1$이나 n에 대해 차례로 **체비쇼프 다항식**의 해들이나 극점들[IV.9 §2.2]을 $[a, b]$로 척도변환하여 얻어지는 점들이 좋다는 것이 알려져 있다.

최소 제곱 근사. 최소 제곱 근사(least-square approximation)에서는 차수 n을 고정한 뒤, 고려하는 구간 $[a, b]$에 대한 L_2-노름

$$\left(\int_a^b |f(x)-p_n(x)|^2 \mathrm{d}x\right)^{1/2}$$

을 최소화하는 다항식 p_n을 선택한다. 이 오차를 최소화하는 유일한 p_n이 존재하며 그것의 계수들은 **정규방정식**(normal equation)이라 불리는 선형연립방정식을 만족한다고 알려져 있다. 정규방정식은 p_n이 **단항식 기저**(monomial basis) $\{1, x, x^2, \cdots\}$으로 표현되어 있을 때 나쁜 조건(ill-conditioned)인 경향이 있으므로, 이런 상황에서는 $[a, b]$ 위의 **직교다항식**[II.29] ϕ_i에 대해 $p_n=\sum_{i=0}^{n} a_i\phi_i(x)$로 쓰는 것이 보통이다. 이 경우 정규방정식은 대각이며 최적인 계수는 명시적으로 $a_i=\int_a^b \phi_i(x)f(x)\mathrm{d}x/\int_a^b \phi_i(x)^2\mathrm{d}x$로 표현된다.

L_∞ 근사. L_2-노름을 사용하는 대신 L_∞-노름을 사용하여 $\|f-p_n\|_\infty$를 최소화할 수 있다. 가장 좋은 L_∞ 근사는 항상 존재하며 유일한데, **고른 진동**(equi-oscillation)을 통해 그 해를 특징짓는 아름다운 이론이 있으며, 이때 오차는 특정한 몇 개의 점에서 부호를 번갈아가며 최대의 크기를 갖는다. 가장 좋은 L_∞근사를 계산할 수 있는 레메즈 알고리즘(Remez algorithm)이존재한다. 이것은 **초등함수 계산**[VI.11]에서 쓰인다.

그림 2는 $[-1, 1]$ 위에서 e^x을 근사하는 세 개의 10

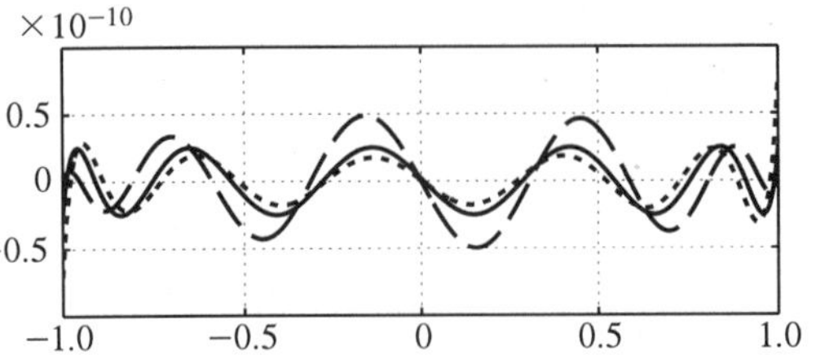

그림 2 위에서 e^x을 근사하는 다항식의 오차: 실선은 L_∞ 근사, 파선은 체비쇼프 보간자, 점선은 최소 제곱(L_2 근사).

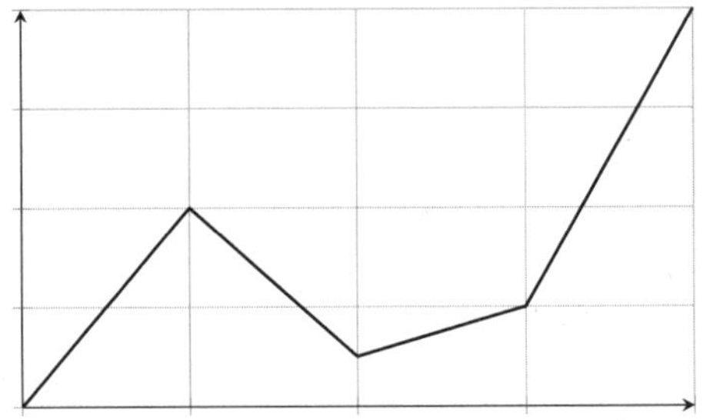

그림 3 조각별 선형함수(스플라인).

차다항식, 최소 제곱 근사, L_∞ 근사, 체비쇼프 점들 $\cos(j\pi/n)$, $j = 0:n$에 기반을 둔 다항보간자에 대해 절대오차 $|f - p_n(x)|$를 그린 것이다. L_∞ 근사는 다른 두 근사보다 확실하게 작은 최대오차와 고르게 진동하는 오차를 가지며, 체비쇼프 보간자의 오차는 끝점들을 포함해 그것이 보간하는 11개의 점에서 0이 된다는 것에 주목하자. 또한 체비쇼프 보간자가 L_∞ 근사보다 매우 나쁘지는 않다는 것도 명백한데, 이는 일반적인 사실이다.

3.2 조각별 다항식

고차다항식은 꿈틀꿈틀 움직이는 경향을 갖는다. 100차다항식 p에 대해 $y = p(x)$의 그래프를 그리면 그 그래프는 p의 서로 다른 실근인 최대 100개의 점에서 x축과 교차할 수 있다. 이로 인해 고차다항식은 근사함수로서 만족스럽지 않을 수 있다. 고차다항식 하나를 사용하는 대신 저차다항식 여러 개를 사용하는 것이 더 나은 경우도 있다. 이는 고려하는 구간을 여러 조각으로 나눈 뒤, 각 조각에서 다른 저차다항식을 사용하고, 그것들이 서로 매끈하게 연결되어 완전한 근사함수를 구성하도록 함으로써 이루어질 수 있다. 그러한 **조각별 다항식**(piecewise polynomial)은 고차다항식에서 일어날 수 있는 진동을 피하면서 높은 근사 능력을 가진 함수를 만들 수 있다.

조각별 다항식의 자명한 예는 $x \le 0$일 때 $-x$이고, $x \ge 0$일 때 x인 절댓값함수 $|x|$이다(**응용수학의 언어**[I.2]의 그림 4를 보라). 더 일반적으로, n개의 부분구간 $[x_0, x_1]$, $[x_1, x_2]$, $\cdots$, $[x_{n-1}, x]$의 합집합인 구간 $[a, b] = :[x_0, x_n]$ 위의 조각별 다항식 g는 $x \in [x_i, x_{i+1}]$과 다항식 p_i에 대해 $g(x) = p_i(x)$라는 성질로 정의된다. 따라서 각 구간에서 g는 다항식이지만, 개별적인 다항식은 일반적으로 서로 다를 수 있고 어쩌면 다른 차수를 가질 수도 있다. 그러한 함수는 일반적으로 불연속적이지만 $p_{i-1}(x_i) = p_i(x_i)$, $i = 1:n-1$이라는 조건을 부과하여 연속성을 보장할 것이다.

조각별 다항식의 중요한 예로 **스플라인**(spline)이 있는데, 각 개별적 다항식이 차수 k 이하를 갖고 g가 각 구간에서 $k-1$개의 연속적인 도함수를 갖는 조각별 다항식 g를 말한다. 따라서 스플라인은 가능한 최대의 매끈함을 갖는다. 가장 흔하게 사용되는 스플라인은 선형스플라인과 3차스플라인이며, **유한요소법**[II.12]에서 중요하게 응용된다. 그림 3은 선

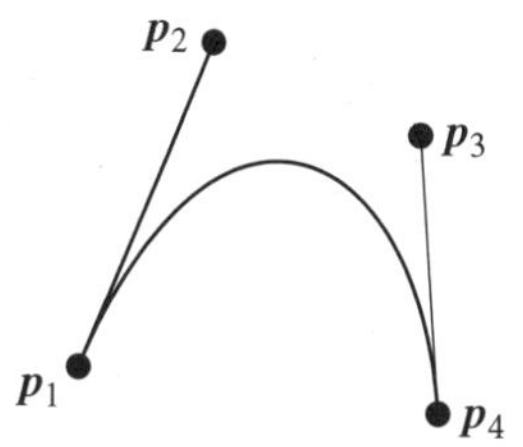

그림 4 4개의 제어점 p_1, p_2, p_3, p_4에 대한 3차원 베지에 곡선.

형스플라인의 한 예를 보여 준다. 스플라인은 데이터에 맞는 그래프를 그릴 때 보통 사용되는데, '점들을 잇는' 방식을 제공하며 예컨대 선형스플라인에서는 직선으로 잇는다.

컴퓨터 보조 디자인에서 조각별 다항식의 개별 다항식은 보통 **베지에 곡선**(Bézier curve)으로 만들어지는데, 이는 구간 $[a, b]$ 위에서

$$B_n(x) = \sum_{i=0}^{n} \binom{n}{i} \frac{(b-x)^{n-i}(x-a)^i}{(b-a)^n} \boldsymbol{p}_i$$

의 형태를 가진다. $\boldsymbol{p}_i$는 평면 안의 제어점이며 사용자가 원하는 곡선 형태를 얻기 위해 그래픽 인터페이스를 통해 선택한다. 그림 4는 3차원 베지에 곡선을 하나 보여 준다. $\boldsymbol{p}_i$에 곱해진 다항식은 **번스타인 다항식**(Bernstein polynomial)으로 불리는데, 원래 1912년에 번스타인이 바이어슈트라스의 정리를 구성적으로 증명하기 위해 도입했다. 복잡한 모양을 사용하기 쉽게 만들고 다루기 위한 디자인 도구로서 베지에 곡선을 사용하기 시작한 것은 1960년대 시트로엥(Citroën)과 르노(Renault) 자동차 회사였다. 오늘날 3차원 베지에 곡선은 폰트 디자인, 어도비 포토샵(Adobe Photoshop) 같은 사진 보정 프로그램, 이동 가능 문서 형식(Portable Document Format, PDF)을 위한 ISO 표준 등에서 폭넓게 사용된다.

3.3 웨이블릿

푸리에 해석학[I.2 §19.2]은 어떤 함수를 서로 다른 진동수를 갖는 삼각함수들(사인과 코사인)의 선형결합으로 분해한다. 따라서 이것은 주기함수를 다루는 자연스러운 방식이다. 1980년대에 처음 개발된 웨이블릿 해석학(wavelet analysis)은 비주기적 함수를 다루기 위해 고안 되었으며, 그것을 위해 거칠고 국소화된 기저함수를 사용한다. 웨이블릿 기저는 푸리에 기저처럼 진동수를 변화시키기보다, 평행이동($f(x) \to f(x-1)$)과 확대변환($f(x) \to f(2x)$)을 통해 만들어진다. 콤팩트 지지(compact support)를 갖는(즉, 유계인 구간 밖에서 0인) 모웨이블릿(mother wavelet) $\Psi(x)$가 주어졌을 때, 평행이동과 확대변환은 정수 n과 k에 대해 $\Psi(2^n x - k)$를 생성한다. 이는 다양한 해상도를 이끄는데, 이런 맥락에서 **다해상도 분석**(multiresolution analysis)이라는 용어가 사용된다. 더 큰 n은 더 섬세한 해상도에 대응하고, 지지는 k가 변함에 따라 움직인다.

웨이블릿 기저함수의 국소적 성질은 많은 함수와 데이터의 웨이블릿 표현을 상대적으로 성기게 하며, 그것은 웨이블릿을 데이터 압축, 이미지의 특징 검출(경계선이나 다른 불연속성 같은), 잡음 제거에 특히 유용하게 한다. 이는 웨이블릿이 성공적이었던 이유 중 일부분이며 (예를 들어) 영상처리에서는 JPEG2000 **표준**[VII.7 §5]에 사용된다.

3.4 급수해

이제 함수의 명시적인 급수 표현을 구하는 과정으로 넘어가자. 한 예로 다음을 만족하는 에어리 함수(Airy function) $w(z)$를 고려하자.

$$w'' - zw = 0$$

$a_0 = w(0)$과 $a_1 = w'(0)$이 고정되었다고 간주하고 해 $w(z)\sum_{k=0}^{\infty} a_k z^k$을 살펴볼 수 있다. 단순함을 위해 $a_0 = 1$이고 $a_1 = 0$이라 놓을 것이다. 미분을 두 번 하면 $w''(z)\sum_{k=2}^{\infty} k(k-1)a_k z^{k-2}$이 된다. 미분방정식을 w와 w''의 멱급수로 대체하면 $\sum_{k=2}^{\infty}(k-1)a_k z^{k-2} - \sum_{k=0}^{\infty} a_k z^{k+1} = 0$을 얻는다. 이 방정식은 모든 z에 대해 성립해야 하므로 양변의 $z^0, z^1, z^2, \cdots$에 대한 계수를 동일하게 맞출 수 있고 이로부터 a_k에 관한 점화관계식을 제공하는 방정식들의 나열을 얻을 수 있는데, 구체적으로는 $a_2 = 0$과 함께 $(k+1)(k+2)a_{k+2} = a_{k-1}$이 성립해야 한다. 이로부터

$$w(z) = 1 + \frac{z^3}{6} + \frac{z^6}{180} + \frac{z^9}{12960} + \cdots$$

을 얻는다. 항의 첨수가 무한대로 감에 따라 0이 아닌 연속한 두 항에 대한 비의 크기는 0으로 접근하는데, 이는 모든 z에 대해 급수가 수렴한다는 것을 보장한다. 멱급수는 수렴반경 내에서 항별로 미분될 수 있으므로, 이 급수가 실제로 에어리 방정식을 만족한다는 결론을 얻는다.

급수전개를 구성하는 것이 언제나 수렴하는 급수를 이끌어 내지는 않는다. 지수 적분

$$E_1(z) = \int_z^{\infty} \frac{e^{-t}}{t} dt$$

을 생각하자. 부분적분을 반복하면

$$E_1(z) = \frac{e^{-z}}{z} - \int_z^{\infty} \frac{e^{-t}}{t^2} dt$$
$$= \frac{e^{-z}}{z} - \frac{e^{-z}}{z^2} + 2\int_z^{\infty} \frac{e^{-t}}{t^3} dt$$
$$= \frac{e^{-z}}{z}\left(1 - \frac{1}{z} + \frac{2!}{z^2} + \cdots + (-1)^{k-1}\frac{(k-1)!}{z^{k-1}}\right) + R_k$$

를 얻는다. 나머지 항 $R_k = (-1)^k k! \int_z^{\infty}(e^{-t}/t^{k+1})dt)$는 고정된 z에 대해 $k \to \infty$일 때 0으로 접근하지 않는데, 따라서 이 급수는 수렴하지 않는다. 그럼에도 $|R_k|$는 그것이 증가하기 전에는 k에 따라 감소하며, 적당한 k의 값을 선택함으로써 $E_1(z)$의 그럴듯한 근사를 얻을 수 있다. 예를 들어 $z = 10$이고 나머지 항은 $k = 11$일 때, 증가하기 시작하며, $k = 10$을 취하면 근사 $E_1(10) \approx 4.156 \times 10^{-6}$을 얻는다. 이것은 $E_1(10) = 4.157 \times 10^{-6}$과 비교할 수 있으며 두 결과는 모두 유효숫자 4개로 반올림되었다. 위 급수는 **점근적 급수**(asymptotic series)의 한 예이다. 일반적으로 급수 $\sum_{k=0}^{\infty} a_k z^{-k}$일 때 f의 **점근적 전개**(asymptotic expansion)라는 것은 모든 n에 대해

$$\lim_{z\to\infty} z^n\left(f(z) - \sum_{k=0}^{n} a_k z^{-k}\right) = 0$$

이라는 것이며 $f(z) \sim \sum_{k=0}^{\infty} a_k z^{-k}$이라 쓰는데, 여기서 기호 '~'은 '점근적이다'라고 읽는다. 이 조건은 또한

$$f(z) = \sum_{k=0}^{n-1} a_k z^{-k} + O(z^{-n})$$

으로도 쓰일 수 있다. E_1에 대한 급수에 관해서는

$$|z^k R_k| = |z|^k k! \left|\int_z^{\infty} \frac{e^{-t}}{t^{k+1}} dt\right|$$
$$\le \frac{k!}{|z|}\left|\int_z^{\infty} e^{-t} dt\right| = \frac{k!}{|z|}|e^{-z}|$$

을 얻고, $\arg z \in (-\pi/2, \pi/2)$이면 $|z| \to \infty$일 때 마지막 상계는 0으로 접근하며, 따라서 급수는 z에 관

한 이 제약조건하에 점근적이다.

적절한 개수의 항을 더함으로써 점근급수는 충분히 큰 $|z|$에 대해 특정한 정확도까지의 근사를 제공하지만 어떤 점 이상으로는 정확성이 더 나빠질 수 있다.

작은 매개변수 ε에 대해 2차식 $q_\varepsilon = x^2 - x + \varepsilon = 0$이 주어졌으며, ε에 대한 함수로서 x의 급수전개를 얻고 싶다고 가정하자. 이는 $x(\varepsilon) = \sum_{k=0}^{\infty} a_k \varepsilon^k$을 등식에 치환하고 ε의 각 거듭제곱에 대한 계수를 0으로 둠으로써 이루어질 수 있다. 이것은 $a_1, a_2, \cdots$을 a_0으로 나타낼 수 있는 연립방정식을 만든다. $\varepsilon = 0$일 때 $q_\varepsilon(x) = 0$의 두 해는 0과 1이므로 $a_0 = 0$, 1로 취할 수 있고 급수

$$x(\varepsilon) = \begin{cases} \varepsilon + \varepsilon^2 + 2\varepsilon^3 + \cdots, & a_0 = 0 \\ 1 - \varepsilon - \varepsilon^2 - 2\varepsilon^3 + \cdots, & a_0 = 1 \end{cases} \tag{1}$$

을 얻는데, 이는 작은 ε에 대해 $q_0(x)$의 근 0과 1이 어떻게 행동하는지 설명한다. 이제 선행 항이 작은 2차식 $\tilde{q}_\varepsilon(x) = \varepsilon x^2 - x + 1 = 0$이 주어졌다고 가정하자. $x(\varepsilon)$의 전개를 찾는 과정을 반복하면, $x(\varepsilon) = 1 + \varepsilon + 2\varepsilon^2 + 5\varepsilon^3 + \cdots$를 얻고 이는 $\tilde{q}_0(x)$의 해 1의 행동을 묘사한다. 그러나 $\tilde{q}$는 2차식이므로 2개의 근을 갖는다. 다른 하나의 근에는 어떤 일이 일어났는가? $\varepsilon = 0$에서 $\varepsilon \neq 0$이 될 때는 차수의 변화가 있고 이것은 **특이적 섭동 이론**[IV.5 §3.2]을 필요로 한다. 이 단순한 예에서는 변환 $y = 1/x$을 사용하여 $\tilde{q}_\varepsilon(x) = q_\varepsilon(y)/y^2$로 쓸 수 있고, 즉 $x(\varepsilon)$에 대한 전개는 (1)에 역수를 취해 얻을 수 있다. 실제로 (1)의 두 번째 표현에 역수를 취하고 멱급수로 전개하면 직전에 유도한 전개를 다시 얻게 된다.

4 기호해

해의 유용한 표현은 종종 컴퓨터 기호 연산 패키지(computer symbolic manipulation package)를 통해 얻을 수 있다. 예를 들어, 그러한 패키지는 직접 계산하여 얻기에 너무 지루한 부정적분의 닫힌 형태를 결정하거나 급수전개를 찾는 데 매우 좋을 수 있다. 여기서는 각각 다른 패키지를 사용하는 4개의 예를 들 것이다.

매트랩 기호 수학 도구상자(MATLAB Symbolic Math Toolbox)는 $\tan(\sin x) - \sin(\tan x)$의 테일러 급수(Taylor series)에서 $x^1, x^2, \cdots x^6$항이 0이 된다는 것을 보여 준다.

```
>> syms x
>> taylor(tan(sin(x)) - sin(tan(x)),...
         'order', 8)  % Terms up to x^7
ans =
x^7/30
```

파이썬(Python)의 심파이(SymPy) 패키지는 정적분의 간결한 형태를 제공한다(여기서, 역슬래시 \는 이어지는 줄이 따라온다는 것을 나타낸다).

```
>>> from sympy import *
>>> x = symbol('x')
>>> integrate((sin(x) + cos(x) +1) / \
... (sin(x) + cos(x) + 1 + sin(x)*cos(x))
2*log(tan(x/2) + 1)
```

메이플(Maple)은 정적분의 명시적 형태를 찾는다.

```
> int(x^2/sin(x)^2, x = 0 .. Pi/2)
Pi*ln(2)
```

매스매티카(Mathematica)는 1계 PDE 초깃값 문제 $u_t + 9u_x = u^2, u(x, 0) = \sin x$를 푸는데, 그 입력은

```
DSolve[{D[u[x, t], t] + 9 D[u[x, t], x]
      == u[x, t]^2,
      u[x, 0] == Sin[x]}, u[x, t], {x, t}]
```

이고 출력

```
{{u[x, t]->-1/(t+Csc[9t-x])}}
```

를 내놓는데, 여기서 Csc는 코시컨트 $\csc x = 1/\sin x$를 나타낸다.

이러한 결과들을 절대 액면 그대로 받아들여서는 안 되고 언제나 어떤 종류의 검사를 실행해야 한다. 예를 들어, 구해진 해를 방정식에 대입하거나 기호 해를 수치적으로 계산된 것과 비교해야 한다.

5 제1원리로부터 시작하기

많은 수학 문제는 제1원리(first principle)*로부터, 또는 경험적 방법(heuristic)의 사용과 함께 성공적으로 공략될 수 있으며, 응용수학자는 일반적인 이론에 의지하기보다 보통 이런 접근 방식을 취한다. 사실 미해결 연구 문제에는 다른 길이 없을 지도 모른다. 더 쉬운 문제에서는 이런 접근이 유용한 통찰과 경험을 제공할 수 있다. 논의되는 기법은

- 경험 혹은 직관이나 단순히 지식에 따른 추측을 통해 나올 수 있는 특수한 형태의 해를 찾고, 그 다음 그런 형태의 해가 존재한다는 것을 보이고
- 해의 일반적인 형태가 무엇이어야만 하는지 추론한 뒤 해를 결정하는 것을 포함한다.

학부생에게 가르치는 표준적인 예는 미지함수 $y = y(t)$에 대해 2계 상미분방정식(ODE)

$$y'' + ay' + by = 0 \tag{2}$$

의 일반해를 찾는 것이다. 시작점은 $y(t) = e^{\lambda t}$ 형태의 해를 살펴보는 것이다. 예상되는 이 해를 방정식에 대입하면 $(\lambda^2 + a\lambda + b)e^{\lambda t} = 0$을 얻고, 이는 $\lambda^2 + a\lambda + b = 0$임을 의미한다. 만약 이 2차식이 서로 다른 근 λ_1과 λ_2를 갖는다면, 미분방정식의 선형독립인 두 개의 해 $e^{\lambda_1 t}$와 $e^{\lambda_2 t}$가 결정된다. 모든 경우에 대해 일반해는 이 시작점으로부터 나올 수 있다.

직관이나 경험에 의한 추측은 **안자츠**(ansatz)라 불린다. (2)에서 가정한 해의 형태 $y(t) = e^{\lambda t}$는 안자츠이다. 차분방정식(difference equation) $y_n + ay_{n-1} + by_n = 0$에 대응하는 안자츠는 $y_n = \lambda^n$이며 이를 통해 다시 2차식 $\lambda^2 + a\lambda + b = 0$을 얻고, 이런 방향으로 탐구를 계속하면 차분방정식의 이론에 도달하게 된다.

* 철학에서 일반적으로 제1원리란 다른 가정에서 유도될 수 없는 기초적이고 근원적인 가정을 의미한다. 수학에서는 보통 공리(axiom)라는 용어로 대체된다. 그러나 이 글에서는 선험적(a priori) 또는 가설적 추측이라는 의미로 쓰였다.—옮긴이

제1원리로부터 시작하는 것의 한 예는 방데르몽드 행렬식(Vandermonde determinant)

$$D(x_1, x_2, x_2) = \det\left(\begin{bmatrix} 1 & 1 & 1 \\ x_1 & x_2 & x_3 \\ x_1^2 & x_2^2 & x_3^2 \end{bmatrix}\right)$$

에 대한 공식을 결정하는 것이다. 힘들게 행렬식을 전개하는 대신, 이 값은 각 행에서 하나씩만을 취해 곱한 것들의 합이므로 그 결과는 반드시 $\Sigma x_1^i x_2^j x_3^k$ 형태의 다변량 다항식이어야 함을 관찰할 수 있다. 여기서 i, j, k는 합해서 3이 되는 서로 다른 음이 아닌 정수이다. 만약 $x_1 = x_2$라면 첫 두 열은 선형종속이고 행렬식은 0이 된다. 즉, $x_1 - x_2$는 행렬식의 인자가 된다. 이런 식의 논증을 계속하면 $(x_1 - x_2)(x_2 - x_3)(x_3 - x_1)$은 반드시 행렬식의 인자여야 한다. 이 곱은 차수 3을 가지므로, 어떤 상수 c에 대해 $D(x_1, x_2, x_3) = c(x_1 - x_2)(x_2 - x_3)(x_3 - x_1)$이 성립해야만 하고, 이 등식의 양변에서 $x_2 x_3^2$항을 고려하면 $c = 1$임이 분명하다. 동일한 논증은 손쉽게 $n \times n$ 방데르몽드 행렬식으로 확장될 수 있다. 이런 유형의 추론이 가지는 이점은 바로 융통성이다. 행렬의 첫 번째 행이 $[x_1^3 x_2^3 x_3^3]$으로 대체되더라도 같은 형태의 논증이 사용될 수 있다.

6 반복

어떤 주어진 a, b, c에 대해 3개의 미지수를 포함하는 3개의 방정식

$$\begin{aligned} 4x \; - y \qquad &= a, \\ -x + 4y \; - z &= b, \\ -y + 4z &= c \end{aligned}$$

를 풀고 싶다고 가정하자. 대각선의 계수들(4들)은 각 행에서 가장 큰 계수이므로, $x \approx a/4, y \approx b/4, z \approx c/4$가 그럴듯한 근사라고 예상하는 것은 타당하다. 이는 방정식을

$$\begin{aligned} x &= \frac{a}{4} + \frac{y}{4}, \\ y &= \frac{b}{4} + \frac{x+z}{4}, \\ z &= \frac{c}{4} + \frac{y}{4} \end{aligned} \tag{3}$$

로 다시 쓴 뒤 우변에서 $x = y = z = 0$으로 두는 것과 대응함에 주목하자. 이 근사를 향상시키고 싶다면, (3)의 우변에 앞의 근사를 대입한 뒤 좌변에서 새로운 값들을 판독해 볼 수 있다. 이 과정을 되풀이하면 $x_0 = y_0 = z_0 = 0$과 함께 반복

$$\left.\begin{aligned} x_{k+1} &= \frac{a}{4} + \frac{y_k}{4} \\ y_{k+1} &= \frac{b}{4} + \frac{x_k + z_k}{4} \\ z_{k+1} &= \frac{c}{4} + \frac{y_k}{4} \end{aligned}\right\} \quad k = 1, 2, \cdots$$

을 얻는다. 이 표기법은 주어진 공식에 의해 무한수열 $\{x_k\}, \{y_k\}, \{z_k\}$를 정의한다는 것을 의미한다.

이 반복이 수렴한다면, 즉 $\lim_{k\to\infty} x_k$, $\lim_{k\to\infty} y_k$, $\lim_{k\to\infty} z_k$가 모두 존재한다면 극한들은 반드시 원래 연립식과 동치인 (3)을 만족해야 하고, 따라서 가능한 극한들은 오직 원하는 해의 성분들뿐이다. 이 반복은 **야코비 반복**(Jacobi iteration)이라고 불린다. 이것은 A의 대각원소들이 0이 아닌 경우 임의의 선형연립방정식 $Ax = b$에 대해 유사한 방식으로 정의될 수 있다. 만약 **행을 따라 엄격하게 대각적으로 지배적**[IV.10 §1]이라는 의미에서 행렬 A가 커다란 대각원소를 갖는다면 수렴성은 증명될 수 있다.

야코비 반복은 비선형연립방정식을 푸는 **고정점 반복**(fixed-point iteration, 또는 함수적 반복(functional iteration))으로 알려진 강력한 기법의 특수한 경우이다. $f:\mathbb{R}\to\mathbb{R}$일 때 방정식 $x = f(x)$를 생각하자. 어떠한 스칼라 비선형방정식도 이런 형태로 쓸 수 있다. 어떤 선택 $x_0 \in \mathbb{R}$과 함께 반복 $x_{k+1} = f(x_k)$를 구성할 수 있다. 이 반복은 수렴할 수도 아닐 수도 있는데, $|x_0|<1$일 때 0으로 수렴하고 $|x_0|>1$일 때 발산하는 $f(x) = x^2$의 경우를 생각해 보면 된다. 하지만 만약 그것이 $\hat{x}$로 수렴한다면, $\hat{x}$는 반드시 방정식의 해여야 한다. 왜냐하면 반복에서 극한을 취하면 $\hat{x} = f(\hat{x})$를 얻기 때문이다.

고정점 반복의 수렴성을 분석하기 위해서 x_*를 해라고 두면, 평균값정리(mean-value theorem)에 따라 x_*와 x_k 사이에 놓이는 어떤 θ_k에 대해 $x_* - x_{k+1} = f(x_*) - f(x_k) = f'(\theta_k)(x_* - x_k)$가 성립한다. 따라서 $|f'(\theta_k)| < 1$이라면 $|x_* - x_{k+1}| < |x_* - x_k|$이다. 이 관찰은 $|f'(x)|$가 1보다 작은 x_*의 근방에 x_0이 놓인다면 x_k가 x_*로 수렴한다는 증명이 될 수 있다.

비선형방정식을 풀기 위해 가장 폭넓게 사용되는 반복법은 **뉴턴의 방법**[II.28]과 그것의 변형들이다. $f(x) = 0$에 대한 뉴턴의 방법은

$$x_{n+1} = x_n - \frac{f(x_n)}{f'(x_n)}$$

이며, 여기서 x_0은 주어진다. 이 방법을 적용하기 위해서는 도함수 $f'(x)$를 계산할 수 있어야만 한다. 뉴턴의 방법은 계산하려는 근과 충분히 가까이에서 시작하지 않으면 그로부터 멀어져 헤매는 경향이 있다. 그러므로 보통의 경우에는 다른 방법으로 계산할 수 있는 좋은 근사와 함께 이 방법을 시작하거나, 아니면 뉴턴의 방법을 어떤 식으로 수정해서 수렴성을 촉진한다.

반복의 다른 종류들을 비교할 때 수렴속도(rate of convergence)는 중요한 개념이다. $\{x_k\}$를 x_*로 수렴하는 스칼라들의 수열이라 하고 x_n의 오차를 $e_n = x_* - x_n$으로 표기하자. 만약 상수 C에 대해

$$\lim_{n\to\infty} \frac{|e_{n+1}|}{|e_n|^p} = C \neq 0$$

이면 이 수열은 **속도**(rate) p(또는 **차수**(order) p)로 수렴한다고 말한다. 이 정의는 절댓값을 벡터노름으로 대체함으로써 벡터로 일반화될 수 있다. 고정점 반복은 일반적으로 $p = 1$인 **선형수렴성**을 갖는다. 뉴턴의 방법은 $f'(x_*) \neq 0$인 단순근(simple root)에 대해 (국소적인) **2차수렴성**($p = 2$)을 갖는다. 2차수렴성은 각 단계에서 올바른 유효숫자를 약 두 배로 늘리므로 매우 바람직한 반면, 선형수렴성은 각 단계에서 오차를 그저 정해진 비율만큼 감소시킨다. 원하는 만큼 높은 차수의 반복을 유도할 수도 있다(가령 몇 개의 뉴턴 단계를 하나로 결합함으로써).

고정점 반복은 수뿐만 아니라 함수의 반복에도 사용될 수 있다. ODE 초깃값 문제

$$y'(x) = f(x, y) \qquad y(0) = y_0$$

을 생각해 보자. 이를 0부터 x까지 적분하는 것은 동치인 문제

$$y(x) = y_0 + \int_0^x f(x, y(x))\,\mathrm{d}x$$

를 이끈다. 이런 유형의 방정식은 **적분방정식**[IV.4]으로 알려져 있는데 그 이유는 미지함수가 적분 안에서 등장하기 때문이다. 고정점 반복의 아이디어

를 적용하여 y를 ϕ_0으로 추측하고, 적분방정식의 우변에 대입한 뒤 그 결과를 ϕ_1이라 하자. 이 과정을 반복해

$$\phi_{k+1}(x) = y_0 + \int_0^x f(x, \phi_k(x))\,\mathrm{d}x, \quad k \geq 1$$

로 정의되는 함수열을 만들 수 있다. 일반적으로 ϕ_k 중 어느 것도 미분방정식을 만족하지는 않을 테지만, 함수열의 극한은 해가 될 것이라 희망할 수 있다. 이 아이디어를 초기 추측 $\phi_0(x) = 0$과 함께 문제

$$y' = 2x(1+y), \qquad y(0) = 0$$

에 시도해 보자. 그러면 $\phi_1(x) = \int_0^x 2x\mathrm{d}x = x^2$이고 $\phi_2(x) = \int_0^x 2x(1+x^2)\mathrm{d}x = x^2 + x^4/2$이다. 이런 방식으로 계속하면 $\phi_k(x) = x^2 + x^4/2! + x^6/3! + \cdots + x^{2k}/k!$을 얻는다. $k \to \infty$이면 극한이 존재하며 $\mathrm{e}^{x^2} - 1$인데, 이것은 바로 원하던 해이다.

방금 수행한 과정을 **피카르 반복**(Picard iteration), 또는 **순차근사**(successive approximation) 방법이라고 한다. 당연히 대부분의 경우에는 적분을 닫힌 형태로 계산하는 것이 불가능할 것이기 때문에 반복은 해를 계산하는 실용적인 방법은 아니다. 그러나 피카르 반복은 ODE 해의 존재성과 유일성에 관한 표준적인 결과를 증명하는 바탕이 된다. 그 결과는 만약 $f(x, y)$가 $x \in [a, b]$에 대해 연속이고 모든 y에 대해 **립시츠 조건**(Lipschitz condition)

$$|f(x,u) - f(x,v)| \leq L|u - v|$$
$$\forall x \in [a,b], \ \forall u, v$$

이 립시츠 상수 L과 함께 만족된다면, 모든 y_0에 대해 $[a, b]$ 위에서 정의된 연속적으로 미분 가능한 함수 $y(x)$가 유일하게 존재하여 $y' = f(x, y)$와 $y(a) = y_0$을 만족한다는 것을 말해 준다.

7 다른 문제로 변형

어떤 문제를 풀 수 없을 때는 그것을 공략하기에 더 익숙한 형태의 문제로 변형하는 것이 유용할 수 있다. 이 절에서는 그러한 변형의 몇 가지 예를 들 것이다.

먼저 어떤 문제의 해라는 것이 무엇을 의미하는지 항상 자명하지는 않다는 것에 주의해야 한다. ODE 문제

$$\frac{\mathrm{d}y}{\mathrm{d}x} = 1 - 2xy, \qquad y(0) = 0$$

을 생각해 보자. 해 y는

$$y(x) = \mathrm{e}^{-x^2}\int_0^x \mathrm{e}^{t^2}\mathrm{d}t$$

로 쓰일 수 있으며 이는 **도슨 적분**(Dawson's integral) 또는 **도슨 함수**(Dawson's function)라 불린다. y를 어떻게 표현하는 것이 나은가? 만약 고계도함수 $\mathrm{d}^k y/\mathrm{d}x^k$을 얻고 싶다면 미분방정식이 더 편리하다. 주어진 x에서 $y(x)$를 계산하고 싶다면 수치적 방법은 어느 표현에나 적용될 수 있다. 그러므로 두 표현은 나름대로의 사용처를 가지고 있다.

7.1 결합 풀기

그것이 어떤 유형이든, 방정식을 풀 때 특별히 선호되는 상황은 첫 번째 방정식이 오직 미지수 하나와 연관되어 있고 각 순차적인 방정식에서는 오직 하나의 미지수만이 새로 등장하는 것이다. 그러면 방정식을 처음부터 마지막까지 풀 수 있다. 가장 단순

한 예는 삼각 선형연립방정식이며, 가령

$$\begin{aligned} a_{11}x_1 \qquad\qquad\qquad &= b_1, \\ a_{21}x_1 + a_{22}x_2 \qquad &= b_2, \\ a_{31}x_1 + a_{32}x_2 + a_{33}x_3 &= b_3 \end{aligned}$$

은 첫 번째 방정식으로부터 x_1을, 두 번째에서 x_2를, 마지막으로 세 번째에서 x_3을 찾음으로써 풀 수 있다. 이 과정을 **대입**(substitution)이라 부른다.

대부분의 선형방정식 문제는 이런 삼각 구조를 가지지 않지만, **가우스 소거**[IV.10 §2]의 과정은 어떠한 선형연립식도 삼각 형태로 변형한다.

더 일반적으로는 n개의 미지수에 대한 n개의 비선형방정식이 있을 수 있고, 그것을 푸는 자연스러운 방법은 유사한 삼각 형태로 다루고자 하는 것이다. 컴퓨터 대수에서 다항방정식에 대해 이를 수행하는 방식은 **그뢰브너 기저**[IV.39 §2.1]를 계산하는 부흐베르거의 알고리즘(Buchberger's algorithm)이 제공한다.

삼각 문제는 부분적으로 결합이 풀려 있다. 완전히 결합이 풀린 연립식에서는 각 방정식이 오직 하나의 미지수만을 포함한다. $n\times n$ 계수행렬 A에 대한 ODE의 선형연립식 $y' = Ay$는 A가 대각화 가능하면 결합을 풀 수 있다. 실제로, 비특이적인(nonsingular) X와 $D = \mathrm{diag}(\lambda_i)$에 대해 $A = XDX^{-1}$이라면 변환 $z = X^{-1}y$에 의해 $z' = Dz$를 얻고, 이는 결합이 풀린 n개의 스칼라 방정식 $z_i' = \lambda_i z_i$, $i = 1{:}n$을 나타낸다. 벡터 y의 행동은 이제 n개의 독립적인 스칼라 z_i의 행동을 살핌으로써 이해할 수 있다.

7.2 다항식 근과 행렬고윳값

$a_n \neq 0$인 다항식 $p_n(x) = a_nx^n + a_{n-1}x^{n-1} + \cdots + a_0$의 근(root, 해(zero)), 즉 $p_n(x) = 0$이 되는 x의 값을 찾는 문제를 생각해 보자. $n \geq 5$이면 근에 대한 명시적인 공식이 없다는 것은 갈루아 이론(Galois theory)을 통해 알려져 있다. 다항식 근을 계산할 때 많은 방법을 사용할 수 있지만, 모든 방법이 n개의 근 전부를 신뢰성 있게 계산할 수 있는 것은 아니며 소프트웨어를 쉽게 사용하지 못할 수도 있다.

$n\times n$ 행렬

$$C = \begin{bmatrix} -a_{n-1}/a_n & -a_{n-2}/a_n & \cdots & \cdots & -a_0/a_n \\ 1 & 0 & \cdots & \cdots & 0 \\ 0 & 1 & \ddots & & 0 \\ \vdots & & \ddots & 0 & \vdots \\ 0 & \cdots & \cdots & 1 & 0 \end{bmatrix}$$

을 생각하고 λ를 p_n의 한 근이라 하자. $y = [\lambda^{n-1}\lambda^{n-2} \cdots 1]^{\mathrm{T}}$으로 정의되는 벡터에 대해 $Cy = \lambda y$를 얻고, 따라서 λ는 고유벡터(eigenvector) y에 대한 C의 고윳값(eigenvalue)이다. 사실 p의 근들의 집합은 C의 고윳값들의 집합이고, 그러므로 다항식 근 문제는 고윳값 문제로 변형되었다. 물론 특별한 구조를 갖는 것이긴 하지만 말이다. 행렬 C는 **동반행렬**(companion matrix)이라 불린다. 당연히 반대 방향으로도 갈 수 있다. C의 고윳값을 찾기 위해 $\det(C-\lambda I) = 0$의 해를 찾을 수 있고, 이 행렬식은 정확하게 $(-1)^n p_n(\lambda)/a_n$이다.

고유벡터 문제 $Ax = \lambda x$는 비선형연립방정식 $F(v) = 0$으로 변형될 수 있는데, 이때

$$F(v) = \begin{bmatrix} (A-\lambda I)x \\ e_s^{\mathrm{T}}x - 1 \end{bmatrix}, \qquad v = \begin{bmatrix} x \\ \lambda \end{bmatrix}$$

이다. F의 마지막 성분은 고유벡터를 정규화하는 역할을 하고, 여기서 s는 어떤 고정된 정수를, e_s는

단위행렬의 s번째 열을 나타낸다. $F(v) = 0$을 풂으로써 A의 고윳값과 대응하는 고유벡터 모두를 얻을 수 있다.

7.3 달갑지 않은 변형

어떤 문제를 겉보기에 더 단순한 문제로 변형하는 것이 언제나 좋은 생각은 아니다. 스칼라 비선형방정식 $F(x) = 0$을 푸는 문제는 함수 $g(x) = f(x)^2$을 최소화하는 문제로 변형될 수 있다. 후자의 문제는 $f(x) = 0$일 때 전역적인 최솟값을 가지므로 이 변형은 매력적으로 보일 수 있다. 하지만 여기에는 함정이 있다. $g'(x) = 2f'(x)f(x)$이므로 g의 도함수는 $f'(x) = 0$이기만 해도 0이고, 이는 g를 최소화하는 방법이 f의 해가 아닌 g의 정상점(stationary point)으로 수렴할지도 모른다는 것을 의미한다.

다른 예로서 공학과 물리학에서 등장하는, $n \times n$ 행렬들 A와 B에 대한 일반화된 고유 문제 $Ax = \lambda Bx$를 생각해 보자. 이를 표준 고유 문제 $B^{-1}Ax = \lambda x$로 변형한 다음 표준적인 이론과 알고리즘을 적용하고자 하는 것은 자연스럽다. 그러나 만약 B가 특이적이면 이 변환이 불가능할 수 있고, B가 비특이적이더라도 나쁜 조건[I.2 §22]이라면 이 변환을 부동소수점 연산에서 권할 수는 없는데, 그 이유는 수치적으로 불안정할 것이기 때문이다. B가 희소[IV.10 §6]하다면(많은 0을 갖는다면) $B^{-1}A$는 A나 B보다 0이 아닌 원소를 더 많이 가질 수 있다는 것은 추가적인 단점이다.

7.4 고계미분방정식

미분방정식의 풀이 방법은 고계보다 1계방정식에 대해 더 광범위하게 발전되었는데, 여기서 계수는 방정식에서 가장 높은 도함수를 의미한다. 다행히도 고계방정식은 언제나 1계로 변형될 수 있다. $y, y', \cdots, y^{(q-1)}$이 $t = t_0$에서 주어진 q계 ODE

$$y^{(q)} = f(t, y, y', \cdots, y^{(q-1)})$$

을 생각해 보자. 새로운 변수들

$$z_1 = y, \quad z_2 = y', \quad \cdots, \quad z_q = y^{(q-1)}$$

을 정의하자. 그러면 $z_1, z_2, \cdots, z_q$가 $t = t_0$에서 주어진 1계연립방정식

$$\begin{aligned} z_1' &= z_2, \\ z_2' &= z_3, \\ &\vdots \\ z_{q-1}' &= z_q, \\ z_q' &= f(t, z_1, z_2, \cdots, z_q) \end{aligned}$$

를 얻는다. 이 연립식을 벡터 형태

$$z' = f(t, z), \qquad z = [z_1, z_2, \cdots, z_q]^{\mathrm{T}} \tag{4}$$

으로도 쓸 수 있다. 따라서 높은 계수를 높은 차원으로 교환했다. 다행히 스칼라 1계 ODE에 대해 개발된 이론과 수치적 방법들은 대개 벡터 ODE로 손쉽게 옮겨질 수 있다. 여기서 더 나아가 (4)로부터 명시적인 시간 종속성을 제거해 연립식을 자율 형태(autonomous form)로 쓸 수 있다. $w = [t, z^{\mathrm{T}}]^{\mathrm{T}}$에 대해

$$w' = \begin{bmatrix} 1 \\ f(z) \end{bmatrix} = \begin{bmatrix} 1 \\ f(w_2, \cdots, w_n) \end{bmatrix} =: g(w)$$

를 얻는다.

7.5 연속

'$f(x) = 0$을 푸는' 어려운 문제와, 또 다른 '$g(x) = 0$

을 푸는' 간단한 문제가 주어졌다고 가정하자. 그리고 '$h(x, t) = tf(x) + (1-t)g(x) = 0$을 푸는' 매개화된 문제를 고려하자. 우리는 $t = 0$에서의 해를 알며, $t = 1$에서의 해를 찾길 원한다. **연속**(continuation, **호모토피**(homotopy) 또는 탄성에서 **점증하중**(incremental loading)으로도 불리는)의 아이디어는 0에서 1까지의 구간을 몇 가지 단계 $0 < t_1 < t_2 < \cdots < t_n = 1$로 건너가는 것이다. k번째 단계에서는 $h(x, t_k) = 0$을 풀기 위한 반복의 시작점으로 문제 $h(x, t_{k-1}) = 0$의 해 x_{k-1}을 이용한다. 그러므로 자명한 문제에서 점차적으로 원래 문제를 푸는 것으로 접근하는 것이다. 연속이 모든 경우에 대해 잘 적용되리라 예상할 수는 없다. 이 방법은 f가 이미 매개변수에 의존하고 문제가 그 매개변수의 특정한 값에 대해 더 단순할 때 특히 잘 들어맞는다.

연속은 아주 일반적인 기법이며 **분기 이론**[IV.21]과 밀접하게 연관된다. 연속의 특수한 경우는 **수축**[V.10 §2.2]의 아이디어인데, 주어진 대상을 다른 것과 볼록결합하여 더 바람직한 성질을 갖도록 하는 것이다.

8 선형화

수학의 거대한 부분은 관심 있는 변수에 대한 선형적인 문제와 관련이 있는데, 가령 n개의 미지수에 대한 n개의 선형방정식으로 이루어진 계 $Ax = b$나 ODE 계 $dy/dt = A(t)y$가 이에 해당한다. 선형 문제에 대해서는 보통 해의 존재성을 분석하고, 해의 명시적 공식을 얻고, 선형성을 활용한 실용적인 해결 방법을 유도하는 것이 어렵지 않다. 불행히도 현실에서 많은 과정은 본질적으로 비선형이다. 이는 무엇보다, 해가 존재하는지 전혀 존재하지 않는지, 존재한다면 그것이 유일한지 결정하기 쉽지 않다는 의미이다. 그리고, 해를 찾는 것이 일반적으로 어렵다. 비선형 문제를 푸는 일반적인 기법은 그것을 선형인 것으로 변환함으로써 우리가 풀지 못하는 문제를 풀 수 있는 문제로 변형하는 것이다. 변환이 정확하게 이루어질 수 있는 경우는 드물기 때문에 보통은 비선형 문제를 선형으로 **근사**시켜, 즉 **선형화**(linearization) 과정을 거친 뒤 특정한 종류의 반복이나 정제 과정을 거치게 된다.

선형근사의 개념을 설명하기 위해 이차방정식

$$x^2 - 10x + 1 = 0 \tag{5}$$

을 생각해 보자. 선형항의 계수인 10이 2차 항의 계수 1과 비교해 크기 때문에, (5)를 작은 2차 섭동이 있는 선형방정식

$$x = \frac{1}{10} + \frac{x^2}{10} \tag{6}$$

으로 생각할 수 있다. 실제로 선형 부분을 풀면 $x = 1/10$을 얻고, 이를 (5)의 좌변에 대입하면 잔차는 단지 1/100밖에 남지 않는다. 그러므로 $x \approx 1/10$이라 말하는 것은 하나의 해에 대해 그럴듯한 근사이다 (사실 작은 해에 대한 근사인데, 두 해의 곱은 1이어야 하기 때문이다). 이 근사는 (6)의 우변에 $x = 0$을 넣어 얻어진 것임에 주목하자. 더 나은 근사를 얻기 위해 우변에 $x = 1/10$을 넣을 수 있다. 이 과정을 되풀이하면 고정점 반복

$$x_{k+1} = \frac{1 + x_k^2}{10}, \qquad x_0 = 0$$

을 얻고, 이는 0, 0.10, 0.101, …을 생성한다. 10번의 반복 이후에 $x_{10} = 0.101020514433644$를 얻는데 이는 나타낸 15개의 유효숫자까지 정확하다. 당연히 이 해는 이차방정식의 공식을 이용해 $x = 5 - \sqrt{24}$와 같이 얻을 수도 있지만, 선형화 방식은 즉각적인 근사를 주고 통찰력을 제공한다. 근에 대한 명시적인 공식이 없는 방정식 $x^7 - 10x + 1 = 0$의 경우, 1/10은 가장 작은 해에 대해 한층 더 나은 근사가 되며 위와 유사한 반복은 더욱더 빠르게 수렴한다.

선형화는 6절에서 논의한 **뉴턴의 방법**[II.28]의 바탕에 있는 핵심적인 개념이다. $f : \mathbb{R}^n \to \mathbb{R}^n$에 대해 비선형연립식 $f(x) = 0$을 풀고 싶다고 가정하고, x를 해 x_*의 근사라고 하자. $x_* = x + h$라 쓰면, 충분히 매끈한 f에 대해 $0 = f(x_*) = f(x) + J(x)h + O(\|h\|^2)$을 얻는데, 여기서 $J(x) = (\partial f_i / \partial x_j) \in \mathbb{R}^{n \times n}$은 야코비 행렬(Jacobian matrix)이고 큰-오(big-oh) 항은 다차원 테일러 급수(Taylor series)에서 나오는 2차 이상의 항을 포함한다. 뉴턴의 방법은 f를 급수의 선형 부분으로 근사하며 따라서 새로운 근사 $x + h$를 생성하기 위해 선형연립식 $J(x)h = -f(x)$를 푼다. 이 과정은 반복되어 $x_{k+1} = x_k - J(x_k)^{-1} f(x_k)$를 이끈다. 언제 뉴턴 방법의 선형근사가 해로의 수렴성을 보장할 만큼 충분히 좋은지 보장해 주는 정리들이 존재한다. 사실 뉴턴-칸토로비치 정리(Newton-Kantorovich theorem)는 특정한 조건들하에 해의 존재성을 증명하기 위해서 뉴턴의 방법 자체를 사용하기도 한다.

$f : \mathbb{R}^n \to \mathbb{R}^n$일 때, ODE의 비선형자율계 $y'(t) = f(y)$의 평형점(equilibrium point, 또는 임계점(critical point))은 $f(y_0) = 0$인 벡터 y_0이다. 선형 안정성 분석은 평형점으로부터 벗어나는 작은 섭동의 효과를 결정한다. $h(0) = h_0$이 작을 때 $y(t) = y_0 + h(t)$라 하자. $t \to \infty$일 때 $h(t)$의 행동을 결정하고자 한다. y_0에서 f에 대한 선형근사는 $h'(t) = y'(t) = f(y_0) + J(y_0)h = J(y_0)h$를 이끈다. 이 1계연립식의 해는 $h(t) = e^{J(y_0)t} h_0$이고, 즉 h의 행동은 **행렬 지수함수**[II.14] $e^{J(y_0)t}$의 행동에 의존한다. 특히, $t \to \infty$일 때 $h(t)$가 증가하느냐 감소하느냐는 $J(y_0)$에 대한 고윳값의 실수부분에 의존한다. y가 2개의 성분을 갖는 경우($n = 2$), 일어날 수 있는 서로 다른 정성적인 행동을 자세히 분류하고 그래프로 그리는 것(상평면 묘사(phase-plane portrait)라 불리는)이 가능하다. ODE의 안정성에 관하여 더 자세한 것은 **상미분방정식**[IV.2 §8, §9]을 보라.

아무런 근사 없이 정확히 선형화될 수 있는 비선형 문제의 예로는 **2차 고윳값 문제**[IV.10 §5.8]가 있다.

선형화의 다른 많은 용례는 이 책 전체에서 찾을 수 있다.

9 점화관계식

답이 매개변수에 의존하는 수이거나 함수인 문제를 푸는 유용한 전략은 점화식을 유도해 보는 것이다. 예를 들어, 적분

$$x_n = \int_0^1 \frac{t^n}{t+5} \mathrm{d}t$$

를 생각해 보자. x_n이 점화식 $x_n + 5x_{n-1} = 1/n$과 $x_0 = \log(6/5)$을 만족한다는 것은 쉽게 확인할 수 있으므로, x_n의 값은 이 점화식으로부터 곧바로 생성

될 수 있다. 하지만 점화식을 수치적으로 계산할 때는 가능한 불안정성에 대해 항상 주의할 필요가 있다. IEEE 배정밀도(double-precision) 연산에서 점화식을 계산하면(약 16개의 십진유효숫자에 대응하는) $\hat{x}_{21} = -0.0159\cdots$를 얻는데, 여기서 꺾쇠 기호는 계산된 결과임을 나타낸다. 그러나 모든 n에 대해

$$\frac{1}{6(n+1)} = \int_0^1 \frac{t^n}{6}\mathrm{d}t < x_n < \int_0^1 \frac{t^n}{5}\mathrm{d}t = \frac{1}{5(n+1)}$$

이므로 결과는 분명히 부호조차 맞지 않다. 이 부정확함의 원인을 살펴보기 위해, 유일한 오차 ε이 x_0을 계산할 때만 나타나는 가장 이상적인 경우를 고려하자. 그 오차는 x_1을 계산할 때 -5배 늘어나며 점화식의 각 단계마다 추가적인 인자 -5가 곱해진다. 전체적으로 $(-5)^n\varepsilon$의 오차가 x_n에 영향을 줄 것이다. 이는 **수치적 불안정성**(numerical instability)의 한 예이고 점화식은 그런 불안정성을 갖기 쉽다. 만약 점화식을 거꾸로 이용하면 더 정확한 결과를 얻을 수도 있는데, 오차는 각 단계에서 -5로 나누어지므로 결국 사라져 버린다. 위의 부등식에서 큰 n에 대해 $x_n \approx 1/(5(n+1))$임을 알 수 있다. 단순하게 $x_{20} = 1/105$이라 두자. 그러면 $x_{n-1} = (1/n - x_n)/5$ 형태의 후행점화식을 사용해 x_0을 10^{-16} 수준의 상대오차를 가지고 계산할 수 있다. 비슷한 이유로 베셀 함수(Bessel function)에 대한 **응용수학의 언어**[I.2 §13]에서의 점화관계식 역시 $x < n$에 대해 거꾸로 사용된다.

10 라그랑주 곱셈자

응용수학은 최적화 문제로 가득한데, 이는 현실의 많은 상황에서 바람직한 특성(가령 이익이나 구조의 강도)을 최대화하거나 작으면 좋은 것(비용이나 에너지 등)을 최소화하고자 하기 때문이다. 제약 조건이 변수들을 제한하거나 상충하는 요구 조건들의 균형 맞추기를 돕는 경우가 그렇지 않은 경우보다 자주 있다. 예를 들어 카메라의 삼각대를 설계할 때는 카메라를 특정한 최대 하중까지 지지할 수 있도록 삼각대에 작용하는 하중을 최소화하기를 원하며, 이때 제약조건은 삼각대의 최대 높이의 하한일 수 있다.

미적분학은 함수의 최대와 최소를 특징짓고 찾을 수 있게 해 준다. 그러나 제약 조건의 존재하에 표준적인 결과들은 그리 도움이 되지 않을 수 있다. 3개의 변수에 대한 다음의 문제를 생각해 보자.

$$\begin{aligned} &c(x_1, x_2, x_3) = 0 \text{ 조건하} \\ &f(x_1, x_2, x_3) \text{ 최소화} \end{aligned} \qquad (7)$$

여기서 목적함수 f와 제약함수 c는 스칼라이다. 우리는 제약 없는 문제 $\min f(x_1, x_2, x_3)$을 최소화하는 값은 그래디언트 0을 갖는다는 것을 안다. 다시 말해, $\nabla f(x) = [\partial f/\partial x_1, \partial f/\partial x_2, \partial f/\partial x_3]^{\mathrm{T}}$은 반드시 영벡터여야 한다. 그렇다면 제약 조건 $c(x_1, x_2, x_3) = 0$을 어떻게 고려해야 할까? $x_* \in \mathbb{R}^3$을 **가능점**(feasible point), 즉 제약 조건 $c(x_*) = 0$을 만족하는 점이라고 하자. $z(0) = x_*$이고 제약 조건을 유지시키는, 즉 충분히 작은 모든 t에 대해 $c(z(t)) = 0$을 만족하는 매끈한 곡선 $z(t)$를 생각하자. 앞의 등식을 미분하고 연쇄 규칙(chain rule)을 이용하면 $(\mathrm{d}z(t)/\mathrm{d}t)^{\mathrm{T}} \nabla c(z(t)) = 0$을 얻는다. $t = 0$으로 두고 $p_* = \mathrm{d}z/\mathrm{d}t|_{t=0}$을 대입하면

$$p_*^{\mathrm{T}}\ \nabla c(x_*) = 0 \tag{8}$$

을 얻는다.

x_*이 최적점이기 위해서는 z를 따르는 f의 변화율이 x_*에서 반드시 0이어야 하고, 다시 연쇄 규칙을 사용하면

$$\begin{aligned} 0 &= \frac{\mathrm{d}}{\mathrm{d}t}f(z(t))\bigg|_{t=0} = \sum_{i=1}^{3}\frac{\partial f}{\partial z_i}\frac{\mathrm{d}z_1}{\mathrm{d}t}\bigg|_{t=0} \\ &= \nabla f(x_*)^{\mathrm{T}} p_* \end{aligned} \tag{9}$$

이다. 이제 $\nabla c(x_*) \neq 0$이라 가정하는데, 이는 **제약 정성화**(constraint qualification)라 불린다. 이 가정은 (8)을 만족하는 모든 벡터 p_*가 $t = 0$에서 어떤 곡선 $z(t)$에 접한다는 것을 보장해 준다. 그러면 (8)과 (9)는 모든 p_*에 대해 성립하므로 어떤 스칼라 λ_*에 대해

$$\nabla f(x_*) = \lambda_* \nabla c(x_*) \tag{10}$$

이다. 이 스칼라 λ_*은 **라그랑주 곱셈자**(Lagrange multiplier)라 불린다. 제약방정식 $c(x) = 0$은 (10)과 함께 4개의 미지수 x_1, x_2, x_3, λ에 대한 4개의 방정식을 구성한다. 결국 우리는 원래의 제약이 있는 최소화 문제를 비선형연립방정식으로 환원시켰다. 나중의 연립방정식은 비록 비선형이라는 점에서 반드시 쉬운 문제는 아니지만, 우리가 알고 있는 방법으로 어떻게든 풀 수 있다.

이 발견을 표현하는 다른 방식은 **라그랑주 함수**(Lagrangian function) $L(x, \lambda) = f(x) - \lambda c(x)$를 이용하는 것이다. $\nabla_x L(x, \lambda) = \nabla f(x) - \lambda \nabla c(x)$이므로 라그랑주 곱셈자 조건 (10)은 해 x_*이 $\lambda = \lambda_*$일 때, x에 대한 L의 정상점(stationary point)임을 말해 준다. 게다가 $\nabla_\lambda L(x, \lambda) = -c(x)$이므로 λ에 대한 L의 정상성은 제약 조건 $c(x) = 0$을 표현한다.

위의 전개 과정은 변수 3개와 제약 조건 1개인 문제로 설명한 것이지만, 이는 손쉽게 변수 n개와 제약조건 m개로 일반화할 수 있으며 λ는 라그랑주 곱셈자들의 m-벡터가 된다.

라그랑주 곱셈자가 다음 문제를 해결하는 데 어떻게 도움을 주는지 살펴보자.

$$\frac{x^2}{a^2} + \frac{y^2}{b^2} + \frac{z^2}{c^2} = 1 \text{ 조건하 } 8xyz \text{ 최대화}$$

이는 정해진 타원체의 내부에 들어맞는 직육면체 부피의 최댓값을 정의한다. 원래 문제 (7)은 최소화 문제였지만 (10)을 유도하는 과정에서 최소화에 한정된 것은 아무것도 없었고, 사실 그 방정식은 모든 정상점에 대해 만족되어야 하기 때문에 여기에서도 그것을 사용할 수 있다. $\tilde{x} = x/a$, $\tilde{y} = y/b$, $\tilde{z} = z/c$라 두면 문제는

$$\tilde{x}^2 + \tilde{y}^2 + \tilde{z}^2 = 1 \text{ 조건하 } 8abc\tilde{x}\tilde{y}\tilde{z} \text{ 최대화}$$

로 단순화된다. 라그랑주 곱셈자 조건은

$$8abc\begin{bmatrix}\tilde{y}\tilde{z}\\ \tilde{x}\tilde{z}\\ \tilde{x}\tilde{y}\end{bmatrix} = \lambda\begin{bmatrix}2\tilde{x}\\ 2\tilde{y}\\ 2\tilde{z}\end{bmatrix}$$

이다. 이 방정식이 $\tilde{x} = \tilde{y} = \tilde{z} = 1/\sqrt{3}$(그리고 $\lambda_* = 4abc/\sqrt{3}$)을 유도하며 이에 대응하는 부피는 $8abc/(3\sqrt{3})$임을 보이는 것은 어렵지 않다. 직관적으로 이것이 최댓값임은 분명하기는 하지만, 일반적으로 최적임을 확인하기 위해서는 2계도함수를 점검하는 추가적인 분석이 필요하다.

라그랑주 곱셈자와 라그랑주 함수는 응용수학의 다양한 환경에서 광범위하게 사용되며, 거기에는 **변분법**[IV.6]과 **선형 및 비선형 최적화**[IV.11]가 포함된다. 라그랑주 곱셈자가 중요한 이유 중 하나는 그것이 제약 조건의 섭동에 대한 최적값의 민감도를 정량화한다는 것이다. 이를 앞의 문제에서도 확인할 수 있다. 제약조건을 $x^2/a^2 + y^2/b^2 + z^2/c^2 = 1 + \varepsilon$으로 섭동하면 해가 $V(\varepsilon) = 8abc((1 + \varepsilon)/3)^{1/2}$임을 쉽게 확인할 수 있고, 따라서 $V'(0) = 4abc/\sqrt{3} = \lambda_*$이다.

11 요령과 기법

이 글에서 설명한 일반적인 아이디어 및 원리와 더불어, 응용수학은 언제든 사용할 수 있는 자신만의 요령과 기법 뭉치를 가지고 있으며, 그중 경험이 유용할지 모른다고 판단하는 것을 꺼내 사용한다. 일부는 아주 특수한 문제에만 적용될 것이다. 그리고 다른 일부는 엄밀하지 않을 수 있지만 유용한 통찰력을 줄 수 있다. 포여 죄르지(George Pólya)의 말을 인용하면 '요령이 3번 사용되면 표준적인 기법이 된다.' 여기서는 서로 다른 여러 상황에서 유용한 것으로 입증된 요령과 기법 몇 가지를 각 경우에 대한 단순한 예시와 함께 들 것이다.

대칭성을 이용하라. 어떤 문제가 특정한 대칭성을 가지고 있다면 보통 그것이 해까지 이어져야 한다고 논증할 수 있다. 예를 들어, 이전 절의 마지막에서 논의한 최대화 문제는 $\tilde{x}, \tilde{y}, \tilde{z}$에 대해 대칭적이므로, 해에서 반드시 $\tilde{x} = \tilde{y} = \tilde{z}$여야 함을 논증할 수 있다.

항을 더하거나 빼라 혹은 항으로 곱하거나 나누어라. 가장 단순한 예로, 만약 A와 B가 $n \times n$ 행렬이고 A가 비특이적(nonsingular)이면 $AB = AB \cdot AA^{-1} = A(BA)A^{-1}$이므로, AB와 BA는 닮음 관계에 있다. 따라서 AB와 BA는 같은 고윳값을 갖는다. $\hat{x}$가 x의 근사이며 오차가 직접적으로 추정될 수 없는 것은 흔한 상황이지만, 어쩌면 x와 $\hat{x}$와의 관계를 알고 있는 또 다른 근사 $\tilde{x}$를 찾을 수 있다. 그러면 $x - \hat{x} = (x - \tilde{x}) + (\tilde{x} - \hat{x})$로 적음으로써, 삼각부등식을 이용하여 범위 $\|x - \hat{x}\| \le \|x - \tilde{x}\| + \|\tilde{x} - \hat{x}\|$를 얻는다. 예를 들어, x는 PDE의 해, $\tilde{x}$는 PDE를 이산화한 것의 해, $\hat{x}$는 그 이산화된 문제의 근사해일 수 있다.

특수한 경우를 고려하라. 통찰력은 보통 특수한 경우, 예컨대 일반적인 함수 자리에 다항식을 놓거나, 완전한 행렬 대신 대각행렬을 놓거나, n차원 문제에서 $n = 2$나 3으로 둠으로써 얻을 수 있다.

문제를 변환하라. 문제가 가장 좋은 방식으로 서술되어 있는지 살펴보는 것은 언제나 그럴 만한 가치가 있다. 한 단순한 예로서, $1/f(x) = a$ 형태로 주어진 방정식의 해를 찾아야 한다고 가정하자. 만약 f가 거의 선형함수라면 이 문제는 $f(x) = 1/a$로 쓰이는 것이 더 좋으며, 수치적 해를 계산할 때 뉴턴의 방법이 아주 잘 적용될 수 있을 것이다.

모순으로 증명하라. 어떤 결과를 증명하는 한 고전적인 기법은 그 결과가 거짓이라 가정한 다음 모순을 보이는 것이다. 가끔 이 방식은 어떤 방정식이 해를 가지지 않는다는 것을 증명할 때 사용될 수 있다. 예를 들어, $n\times n$ 행렬에 대한 특정한 실베스터 방정식 [III.28] $AX - XA = I$가 해를 갖는다면, $0 = \mathrm{trace}(AX) - \mathrm{trace}(XA) = \mathrm{trace}(AX - XA) = \mathrm{trace}(I) = n$이므로 모순이다. 결국 이 방정식은 해를 갖지 않는다는 결론을 얻을 수 있다.

복소평면으로 들어가라. 실직선에서 주어진 문제를 복소평면으로 보냄으로써 풀 수 있는 경우도 종종 있다. 이 전략은 보통 코시 적분공식 또는 유수 정리 [IV.1 §15]를 이용하여 실수 적분을 계산할 때 사용된다. 또 다른 예시로 f를 실수 인자에 대해 실숫값을 갖는 해석함수라고 하자. 그러면 실수 x에 대해

$$f'(x) \approx \frac{\mathrm{Im}\ f(x+ih)}{h}$$

이며, 여기서 i는 허수단위이고 h는 작은 실수 매개변수이다. 이 복소계단근사(complex step approximation)는 오차 $O(h^2)$을 갖는다. 여기 매트랩(MATLAB)에서 행한 $f(x) = \cos x$에 대한 예시가 있다.

```
>> x = pi/6; h = 1e-8;
>> fdach_cs = imag( cos(x + i*h) )/h;
>> error = fdash_cs - (-sin(x))
error =
  -5.5511e-17
```

마지막으로 부분적분, 코시-슈바르츠 부등식(Cauchy-Schwarz inequality)의 사용, 2중적분이나 2중합에서 적분이나 합의 순서 바꾸기 등 기초 수업에서 배우는, 언제나 유용하게 사용이 가능한 여러 기본 기법이 있다.

I.4 알고리즘

니콜라스 하이엄 *Nicholas J. Higham*

알고리즘(algorithm)은 특정한 작업을 유한한 횟수의 단계 안에 달성하는 과정이다.

'알고리즘'이나 '방법'이라는 용어는 보통 서로 다른 것으로 대체될 수 있으며, 그 둘을 구분하는 기준은 명확하게 합의된 것이 없다. 하지만 많은 저자는 '방법'을 아주 일반적으로 사용하고, '알고리즘'은 모든 단계가 정확하게 정의된 과정을 위해 남겨 둔다. 예를 들어 뉴턴의 방법(Newton's method)은 n개의 변수에 대한 n개의 비선형연립방정식 $F(x) = 0$을 풀며, J가 F의 $n\times n$ 야코비 행렬(Jacobian matrix)일 때 반복 $x_{k+1} = x_k - J(x_k)^{-1}F(x_k)$를 이용한다. 뉴턴의 방법을 구현한 알고리즘은 교정하는 항 $J(x_k)^{-1}F(x_k)$를 어떻게 계산하고(가령 부분적인 추축연산(pivoting)이 있는 가우스 소거법을 통해), 만약 $J(x_k)$가 특이적(singular)이면 어떻게 하며, 반복을 언제 종료해야 하는지를(가령 $\|F(x_k)\|$가 어떤 수렴 허용도보다 작아질 때) 정의해야만 한다.

알고리즘의 개발은 응용수학에서 언제나 중요한 활동이었다. 이는 조지 포사이스(George Forsythe)의 말에서 잘 드러난다.

> 유용한 알고리즘은 지식에 대한 중대한 기여이다. 알고리즘의 출판은 학문의 중요한 부분을 이룬다.

이 주장은 1960년대 알고리즘의 컴퓨터 구현을 출판하고 공유하는 것이 가능하도록 하기 위해 프로그래밍 언어[VII.11]의 표준이 등장하던 무렵에 나

온 것이다.

1 합

컴퓨터에서 n개 수의 합 $x_1 + x_2 + \cdots + x_n$을 구성하는 문제부터 살펴보자. 이 문제는 언뜻 보기에 단순한데, 부분적으로는 문제 서술 자체가 알고리즘을 연상시키기 때문이다. 그러나 수들은 아무 순서로나 더해질 수 있으며 괄호를 다양한 방법으로 삽입해 전체 합을 더 작은 합들로 쪼갤 수도 있다. 따라서 합을 계산하는 많은 방법이 있고, 그들 중 하나를 의미 없이 선택하면 더 나은 대안을 놓칠 수 있다. 합의 과정을 생각해 보면 반복적으로 집합의 두 수를 더하고 그 합을 다시 집합으로 넣는다는 개념을 이끌어 낼 수 있다. 이 과정은 다음 알고리즘으로 엄밀하게 표현될 수 있다.

알고리즘 1. 주어진 수들 $x_1, \cdots, x_n$에 대해 이 알고리즘은 $S_n = \sum_{i=1}^{n} x_i$를 계산한다.

```
1 X = {x_1, ⋯, x_n}이라 하자.
2 while* X가 1개보다 많은 원소를 포함하면
3         X에서 두 수 y와 z를 제거하고
4         그들의 합 y + z를 X에 다시 넣는다.
5 end
6 X에 남아 있는 원소를 S_n에 할당한다.
```

* while과 end는 반복 구문(루프(loop))을 나타내는 것으로 while에 해당하는 조건이 만족된다면 end 전까지의 실행 구문을 실행하고 다시 while 직전으로 돌아간다. while의 조건이 만족되지 않으면 end 이후의 줄로 넘어간다.—옮긴이

이 알고리즘은 의사코드(pseudocode)로 쓰였는데, 이는 프로그래밍 언어와 유사한 비형식적인 구문을 모두 지칭한다. 의사코드의 목적은 알고리즘을 간결하게 하고, 어느 특정한 프로그래밍 언어의 사소한 규칙에 신경 쓰지 않고도 읽을 수 있도록 구체화하는 것이다.

줄 3이 실행된 뒤 X의 원소 개수가 하나 감소한다는 것은 분명하다. 따라서 이 알고리즘은 while 루프가 정확히 $n-1$번 반복된 후 종료되며, 그때까지 덧셈은 $n-1$번 수행된다.

분명히 줄 3에서 x와 y를 선택하는 다른 방식은 다른 합 알고리즘을 이끌어 낼 것이다. 가장 자명한 선택은 y를 이전 단계에서 계산된 합으로, z는 가장 작은 첨수를 가진 원소로 취하는 것이다(그리고 첫 단계에서는 $y = x_1$과 $z = x_2$로). 그 결과는 **재귀적 합**(recursive summation)으로 불리며 다음과 같이 표현될 수 있다.

```
s = x_1
for i = 2:n    % i는 2부터 n까지 한 단계에 1씩 올라간다.
    s = s + x_i
end
S_n = s
```

이 의사코드에서 % 기호부터 그 줄의 끝에 나오는 것은 모두 주석이다.

이와 다른 하나의 대안은 원소들을 쌍으로 더한 다음, 그 합들을 쌍으로 더하고, 계속 이런 방식을 반복하는 것이다. $n = 8$인 경우 이는 공식

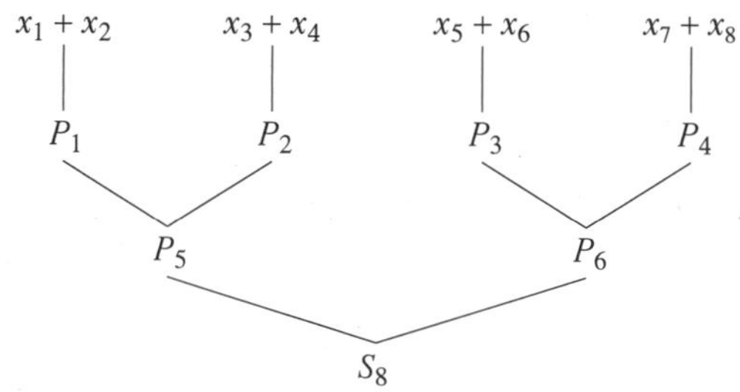

그림 1 P_i가 부분합일 때 쌍별합에 대한 2진수형도(binary tree).

$$S_8 = [(x_1 + x_2) + (x_3 + x_4)] + [(x_5 + x_6) + (x_7 + x_8)]$$

에 대응한다. 이 합 알고리즘은 그림 1에 묘사된 것처럼 **2진수형도**[II.16]를 형성한다. 쌍별합의 매력적인 특징은 병렬 컴퓨터가 수형도 각 수준에 있는 합들을 병렬적으로 수행할 수 있으며, 따라서 계산 시간은 n이 아니라 $\log_2 n$에 비례한다는 것이다.

삽입 알고리즘(insertion algorithm)이라 불리는 세 번째 합 알고리즘은 각 단계에서 절댓값이 가장 작은 수들로 합인자 y와 z를 취한다.

이렇게 여러 알고리즘을 알고리즘 1의 특수한 경우로 고려하는 한 가지 이유는 부동소수점 연산(floating-point arithmetic)에서 반올림오차(rounding error)의 효과에 대한 일반적인 분석을 할 수 있기 때문이다. 알고리즘 1에서 i번째 실행을 $P_i = y_i + z_i$라 표현하자. 부동소수점 연산의 표준 모형은(**부동소수점 연산**[II.13]의 등식 (2)) 계산된 $\hat{P}_i$가

$$\hat{P}_i = \frac{y_i + z_i}{1 + \delta_i}, \qquad |\delta_i| \le u, \ \ i = 1{:}n-1$$

을 만족한다는 것을 말해 주는데, 여기서 u는 단위 반올림(unit roundoff)이다. (이 모형은 사실 우리가 $1 + \delta_i$를 곱해야 한다고 말해 주지만, $1 + \delta_i$로 나누는 것도 똑같이 타당하다는 것을 보일 수 있으며 여기서는 나누는 것이 더 편하다.) 그러므로 $\hat{P}_i$를 만들 때 나타나는 오차, 즉 $y_i + z_i - \hat{P}_i$는 $\delta_i \hat{P}_i$이다. 이 각각의 개별적인 오차를 더하면 총 오차

$$E_n := S_n - \hat{S}_n = \sum_{i=1}^{n-1} \delta_i \hat{P}_i$$

를 얻고, 이는

$$|E_n| \le u \sum_{i=1}^{n-1} |\hat{P}_i|$$

과 같은 범위를 갖는다. 이 범위는 합의 정확도를 최대화하려면 중간 부분합의 크기를 최소화하는 것이 도움이 되리라는 통찰을 제공한다. 삽입 알고리즘은 그것을 행하는 경험적인 방법으로 볼 수 있다.

x_i가 모두 음이 아니고 재귀적 합을 사용할 때 $P_i = \sum_{j=1}^{i+1} x_j$이므로, $|E_n|$의 범위는 x_i가 증가하는 순서로 배열되어 있을 때 최소화된다. 게다가 $P_i \le S_n$이므로 그 범위는 **모든** 순서에 대해 $|E_n| \le (n-1)uS_n + O(u^2)$임을 함의하는데, 이는 nu 수준의 상대오차를 보장한다.

이 합 예시는 계산 문제를 멀리서 조망하는 것이 이로울 수 있다는 것을 보여 주며, 그것이 놓치고 있는 알고리즘의 가능성을 밝히고 광범위한 문제에 적용되는 단일 분석을 개발하는 것을 도울 수 있다. 당연히 알고리즘 1이 모든 가능성을 포함하지는 못한다. $S_n = \log \prod_{i=1}^{n} e^{x_i}$는 합을 계산하는 또 다른 방식이다. 이 공식을 추천할 일은 거의 없기는 하지만, 이는 x_i의 로그-유클리드 평균(log-Euclidean mean)인 표현 $\exp(n^{-1} \log) \sum_{i=1}^{n} x_i$와 크게 다르지 않으며, x_i가 구조를 가진 행렬이나 작용소일 때 응용될 수 있다.

2 이분법

합 문제는 알고리즘 1의 타당성이나 계산 비용을 따지는데 큰 어려움이 없다는 점에서 예외적이다. 약간 더 까다로운 알고리즘은 연속함수 $f(x)$의 해를 찾는 이분법(bisection) 알고리즘이다. 이분법 알고리즘에는 $f(a)f(b)<0$인 구간 $[a, b]$를 입력한다. 중간값정리(intermediate-value theorem)는 이 구간에서 반드시 f의 해가 있어야 함을 말해 준다. 이분법 알고리즘은 반복적으로 구간을 반으로 나눠 그중 끝 점들에서 f가 서로 다른 부호를 갖는 절반, 즉 해가 존재한다고 확신할 수 있는 구간을 남긴다. 알고리즘을 유한하게 만들기 위해서는 중단 기준이 필요하다. 아래 알고리즘은 구간의 길이가 주어진 허용도 tol보다 작아지는 순간 종료된다.

알고리즘 2(이분법 알고리즘). 이 알고리즘은 $f(a)f(b)<0$인 구간 $[a, b]$와 오차 허용도 tol이 주어졌을 때 연속함수 $f(x)$의 해를 찾는다.

```
1 while b − a > tol
2     c = (a + b)/2
3     if* f(c) = 0, 종료, end
4     if f(a)f(b) < 0이면
5         a = c
6     else
7         b = c
8     end
9 end
10 x = (a+b)/2
```

* if, else, end는 조건문으로서 if 뒤의 조건이 성립하면 종속되는 실행 구문을 실행하고, 조건이 성립하지 않으면 else에 종속되는 실행 구문을 실행한다. else가 따로 없다면 조건이 성립하지 않을 때 아무것도 실행하지 않는다. end는 조건문이 끝난다는 것을 나타낸다.―옮긴이

알고리즘의 타당성을 보이기 위해 우선 while 루프가 끝날 때 $f(a)f(b)<0$은 여전히 성립한다는 것에 주목하자. 다른 말로, 이 부등식은 루프에 대해 불변이다. 따라서 길이가 이전 구간의 절반이며 모두 해를 포함하는 구간들의 나열을 얻는다. 이는 우리가 k번째 단계 이후에 해를 포함하는 길이 $(b-a)/2^k$의 구간을 얻는다는 것을 의미한다. 그러므로 이 알고리즘은 $\lceil \log_2((|b-a|)/\mathrm{tol}) \rceil$ 단계 이후에 종료된다. 여기서 우리는 x 이상의 가장 작은 정수인 **천장함수**(ceiling function) $\lceil x \rceil$를 사용했다. 다음 절에서는 x 이하의 가장 큰 정수인 **바닥함수**(floor function) $\lfloor x \rfloor$가 필요할 것이다.

알고리즘은 길이가 최대 tol인 마지막 구간의 중점을 근사된 해로 반환한다. 해는 이 구간 안에 위치하므로 절대오차는 최대 tol/2이다.

알고리즘 2를 실전에서 더 신뢰성 있고 효율적이게 만들기 위해서는 많은 정제가 필요하다. 우선 $f(c)$와 $f(b)$가 반대되는 부호를 가지는지 확인하기 위해 그들을 곱해서는 안 되는데, 왜냐하면 부동소수점 연산에서 곱은 오버플로(overflow)나 언더플로(underflow)될 수 있기 때문이다. 대신 부호는 직접적으로 비교해야 한다. 둘째로 $f(c)$를 줄 3과 4에서 두 번 계산해서는 안 되며, 한 번 계산하고 그 값을 재사용하는 것이 낫다. 마지막으로 수렴성 확인은 절대적이므로 척도에 의존한다. 더 나은 대안은 $|b-a| > \mathrm{tol}\,(|a|+|b|)$이며 이는 척도변환

$a \leftarrow \theta a$, $b \leftarrow \theta b$에 영향을 받지 않는다.

이분법은 널리 응용할 수 있는 기법이다. 예를 들어, 이것은 순서를 매긴 목록에서 주어진 원소가 목록에 포함되어 있는지 찾을 때 사용할 수 있다. 여기서의 이분법은 흔히 2진검색(binary search) 이라고 부른다. 이것은 또한 디버깅에도 사용할 수 있다. 만약 이 글의 LaTeX 소스 컴파일이 실패하고 오류를 찾아내지 못한다면, 나는 `\end{document}` 명령어를 파일 중간으로 옮긴 뒤 다시 시도할 것이다. 이를 통해 파일의 앞과 뒤 중 어디에 오류가 있는지 알 수 있고, 이 과정을 반복해 오류의 범위를 좁힐 수 있다.

3 분할정복

분할정복(divide and conquer) 원리는 문제를 두 개의 (또는 더 많은) 동일한 크기를 가진 부분 문제로 분할하고 각 부분 문제를 재귀적으로 푸는 것이다.

분할정복이 어떻게 활용될 수 있는지에 대한 한 예는 어떤 수의 커다란 정수 거듭제곱을 계산하는 것이다. x^n을 계산하는 기본적인 방식은 $n-1$번의 곱셈을 하는 것이다. 그러나 예를 들어 x^{13}은 x^8x^4x으로 쓰일 수 있으며, 차례로 x^2, $x^4 = (x^2)^2$, $x^8 = (x^4)^2$을 구해 곱셈을 12번까지 하지 않고 5번만으로 계산할 수 있다. 2진법으로 $13 = (1101)_2$이며, 일반적으로 n의 2진법 표현은 x_n의 계산을 x^{2^k} 항들의 곱으로 분할할 수 있는지를 말해 준다는 것에 주목하자. 하지만 계산을 분할정복으로 표현한다면 n의 2진법 표현을 계산할 필요가 없다. 아이디어는 n이 짝수라면 $x^n = (x^{n/2})^2$, n이 홀수라면 $x^n = x\,(x^{\lfloor n/2 \rfloor})^2$으로 쓰는 것이다. 어느 경우에나 문제의 크기는 절반으로 줄어든다. 이에 의한 알고리즘은 재귀적 형태로, 즉 자기 자신을 호출하는 알고리즘으로 가장 우아하게 표현될 수 있다.

알고리즘 3. 이 알고리즘은 양의 정수 n에 대해 x^n을 계산한다.

```
함수 y = 거듭제곱(x, n)
if n = 1, y = x, 반환
if n이 홀수
  y = x 거듭제곱(x, (n − 1)/2)^2    % 재귀적 호출
else
  y = 거듭제곱(x, n/2)^2            % 재귀적 호출
end
```

알고리즘 3에서 필요한 곱셈 횟수는 $\lfloor 2 \log_2 n \rfloor$을 상계로 갖는다.

분할정복이 어떻게 사용될 수 있는지에 대한 또 다른 예시는 비특이적(nonsingular) 위삼각행렬 $T \in \mathbb{C}^{n \times n}$의 역행렬을 계산하는 것이다. T를 분할된 형태로

$$T = \begin{bmatrix} T_{11} & T_{12} \\ 0 & T_{22} \end{bmatrix} \qquad (1)$$

과 같이 쓰는데, 여기서 T_{11}은 차원 $\lceil n/2 \rceil$을 가진다. 그러면

$$T^{-1} = \begin{bmatrix} T_{11}^{-1} & -T_{11}^{-1} T_{12} T_{22}^{-1} \\ 0 & T_{22}^{-1} \end{bmatrix}$$

이 성립함을 쉽게 확인할 수 있다. 이 공식은 문제를

더 작은 행렬, 곧 대각 블록들 T_{11}과 T_{22}의 역행렬 계산으로 환원시키고, 이들의 역행렬도 똑같은 방식으로 표현할 수 있다. 이 과정은 스칼라가 나와 역을 구하는 것이 자명할 때까지 반복할 수 있다.

알고리즘 4. 이 알고리즘은 비특이적 위삼각행렬 T의 역행렬을 분할정복으로 계산한다.

```
함수 U = 역행렬(T)
n = T의 차원
if n = 1이면, u_11 = t_11^{-1}, 반환
T를 (1)에 따라 분할하고, 여기에서 T_11은 차원
  ⌈n/2⌉을 가짐.
U_11 = 역행렬(T_11)   % 재귀적 호출
U_22 = 역행렬(T_22)   % 재귀적 호출
U_12 = −U_11 T_12 U_22
```

이제 플롭(flop)의 단위로 이 알고리즘의 계산 비용을 따져 보는데, 여기서 하나의 플롭은 곱셈, 덧셈, 뺄셈, 나눗셈 중 하나이다. $n \times n$ 행렬에 대해 역행렬을 호출하는 비용을 c_n이라 나타내고 단순함을 위해 $n = 2^k$이라 가정하자. 그러면 $c_n = 2c_{n/2} + 2(n/2)^3$이며 두 번째 항은 차원 $n/2$인 행렬들의 삼각-완전-삼각행렬 곱 $U_{11}T_{12}U_{22}$를 구하는 비용이다. 이 점화식을 풀면 $c_n = n^3/3 + O(n^2)$을 얻으며, 이는 $TX = I$를 치환으로 풀어 역행렬을 구하는 표준적인 기법의 비용과 동일하다.

이 예시들이 보여 주듯, 재귀는 알고리즘을 표현하는 강력한 방법이다. 그러나 그것이 언제나 옳은 도구인 것은 아니다. 이를 설명하기 위해 $f_0 = f_1 = 1$이고 $n \geq 2$에 대해 점화식 $f_n = f_{n-1} + f_{n-2}$를 만족하는 피보나치 수(Fibonacci number) 1, 1, 2, 3, 5, ⋯을 생각해 보자. f_i의 계산을 루프로 표현하는 자명한 방식은 다음과 같다.

```
f_0 = 1, f_1 = 1
for i = 2:n
    f_i = f_{i−1} + f_{i−2}
end
```

만약 오직 f_n만이 필요하다면 재귀함수가 대안이 될 수 있다.

```
함수 f = 피보나치(n)
if n ≤ 1
    f = 1
else
    f = 피보나치(n − 1) + 피보나치(n − 2)
end
```

이 재귀의 문제점은 이전 알고리즘처럼 피보나치$(n-1)$을 피보나치$(n-2)$와 하나의 덧셈에서 얻는 대신 피보나치$(n-1)$과 피보나치$(n-2)$를 독립적으로 계산한다는 것이다. 사실 피보나치(n)의 계산은 $f_n \approx 1.6^n$개의 연산을 요구한다. 따라서 재귀적 알고리즘은 지수적인 비용이 드는 반면, 첫 번째 알고리즘은 선형적인 비용이 든다. f_n은 오직 로그적인 비용으로도 계산할 수 있다. 그 발상은

$$\begin{bmatrix} f_n \\ f_{n-1} \end{bmatrix} = \begin{bmatrix} 1 & 1 \\ 1 & 0 \end{bmatrix} \begin{bmatrix} f_{n-1} \\ f_{n-2} \end{bmatrix} = \begin{bmatrix} 1 & 1 \\ 1 & 0 \end{bmatrix}^2 \begin{bmatrix} f_{n-2} \\ f_{n-3} \end{bmatrix}$$
$$= \cdots = \begin{bmatrix} 1 & 1 \\ 1 & 0 \end{bmatrix}^{n-1} \begin{bmatrix} f_1 \\ f_0 \end{bmatrix}$$

과 같이 적는 것에서 나온다. 행렬 $[\begin{smallmatrix} 1 & 1 \\ 1 & 0 \end{smallmatrix}]^{n-1}$은 알고리즘 3을 행렬에 유사하게 사용하여 $O(\log_2 n)$번의 연산으로 계산할 수 있다.

분할정복 알고리즘은 어떤 문제를 둘보다 많은 부분 문제로 분할할 수도 있다. 한 예는 두 n자리 정수 x와 y를 곱할 때 사용하는 카라추바 알고리즘(Karatsuba algorithm)이다. n이 2의 거듭제곱이라 가정하고 x_1, x_2, y_1, y_2가 $n/2$자리 정수일 때 $x = x_1 10^{n/2} + x^2, y = y_1 10^{n/2} + y_2$라 쓰자. 그러면

$$xy = x_1 y_1 10^n + (x_1 y_1 + x_2 y_1) 10^{n/2} + x_2 y_2$$

이다. xy를 계산하는 것은 3개의 절반 크기 수들의 곱으로 환원되었는데, $x_1 y_2 + x_2 y_1 = (x_1 + x_2)(y_1 + y_2) - x_1 y_1 - x_2 y_2$이기 때문이다. 이 과정은 재귀적으로 적용될 수 있다. 이 알고리즘을 통해 두 n자리 정수의 곱을 구할 때 필요한 연산의 개수(한 자리 숫자에 대한)를 C_n이라 하면 $C_n = 3C_{n/2} + kn$이고 $C_1 = 1$인데, 여기서 kn은 덧셈의 비용이다. 그러면

$$\begin{aligned} C_n &= 3(3C_{n/4} + kn/2) + kn \\ &= 3(3(3C_{n/8} + kn/4) + kn/2) + kn \\ &= kn(1 + 3/2 + (3/2)^2 + \cdots + (3/2)^{\log_2 n}) \\ &\approx 3kn^{\log_2 3} \approx 3kn^{1.58} \end{aligned}$$

이고 여기서 근사는 n이 2의 거듭제곱이라는 가정으로부터 얻어졌다. 이 비용은 학교에서 배운 xy를 구하는 통상적인 긴 곱셈(long multiplication) 방법의 비용인 $O(n^2)$보다 점근적으로 더 작다.

4 계산 복잡도

알고리즘의 계산 비용은 보통 필요한 연산의 총 개수로 정의되지만, 각 연산에서 필요한 시간에 관한 어떤 가정하에 알고리즘의 실행 시간으로도 정의될 수 있다. 비용은 대개 문제 크기 n에 대한 함수이며, n에 따른 증가에 특히 관심이 있으므로 보통 저차항을 무시하고 고차항으로 근사된다.

지금까지 다룬 알고리즘은 모두 그 계산 비용을 손쉽게 구할 수 있으며 궁극적으로 데이터에 의존하지 않는다는 성질을 가지고 있다. 많은 알고리즘에서 비용은 데이터에 따라 크게 변화할 수 있다. 예를 들어, 수들의 목록을 정렬하는 알고리즘은 아마 목록이 거의 정렬되어 있을 때 더 빨리 실행될 것이다. 이 경우에는 모든 상황에 적용될 수 있는 범위(최악의 경우(worst-case)에 대한 범위), 그 가운데 되도록 특정 데이터 집합에 의해 얻을 수 있는 범위를 찾는 것이 바람직하다. 또한 데이터 분포에 관한 어떤 가정하에 비용을 추정하는 것이 유용할 수도 있다. **평균적인 경우 분석**(average-case analysis)에서는 데이터에 대한 어떤 확률분포가 가정되며 기대되는 비용이 결정된다. 2000년부터 발전된 **다듬어진 분석**(smoothed analysis)은, 최악의 경우에서 입력을 조금 섭동시켰을 때 알고리즘의 기대 성능을 측정하는 평균적인 분석과, 최악의 경우 분석 둘 사이의 값을 계산한다. 문제의 차원 n에 대해 최악의 경우 비용이 지수적인 반면, 다듬어진 비용은 n에 대한 다항식이라고 알려진 많은 알고리즘이 있으며,

유명한 예는 선형계획법에서의 **단체법**[IV.11 §3.1]이다.

서로 다른 알고리즘이 큰 폭의 비용 차이를 보일 수 있는 문제의 좋은 예시는 A가 $n \times n$ 행렬일 때 선형연립식 $Ax = b$의 해법이다. 크라메르의 규칙(Cramer's rule)은 $x_i = \det(A_i(b))/\det(A)$임을 서술하는데, 여기서 $A_i(b)$는 A에서 i번째 열이 b로 대체된 것을 나타낸다. 만약 이 행렬식을 **소행렬식으로 전개**[I.2 §18]하는 일반적인 교과서 공식대로 계산한다면 x를 계산하는 비용은 약 $(n+1)!$ 연산이며, n이 아주 작지 않은 이상 이 방법은 쓸모 없게 된다. 대조적으로, 가우스 소거법(Gaussian elimination)은 이 연립식을 $2n^3/3 + O(n^2)$ 연산 안에 풀며, 연산의 증가는 n에 관해서 그저 다항식일 뿐이다. 하지만 가우스 소거법은 결코 최적의 복잡도를 가지지 않으며, 그 이유는 앞으로 설명하겠다.

역행렬 계산의 복잡도는 행렬 곱셈의 복잡도와 같다는 것을 증명할 수 있으며, 따라서 $n \times n$ 행렬 A와 B에 대해 행렬 곱셈 문제 $C = AB$를 고려하는 것으로도 충분하다. 행렬 곱셈에 대한 일반적인 공식은 C를 $2n^3$ 연산 안에 계산한다. 폴커 슈트라센(Volker Strassen)은 1969년 논문에서 $n = 2$일 때 다음 공식들로 곱을 계산할 수 있음을 보였다.

$$
\begin{aligned}
p_1 &= (a_{11}+a_{22})(b_{11}+b_{22}),\\
p_2 &= (a_{21}+a_{22})b_{11}, \quad p_3 = a_{11}(b_{12}-b_{22}),\\
p_4 &= a_{22}(b_{21}-b_{11}), \quad p_5 = (a_{11}+a_{12})b_{22},\\
p_6 &= (a_{21}-a_{11})(b_{11}+b_{12}),\\
p_7 &= (a_{12}-a_{22})(b_{21}+b_{22}),\\
C &= \begin{bmatrix} p_1+p_4-p_5+p_7 & p_3+p_5 \\ p_2+p_4 & p_1+p_3-p_2+p_6 \end{bmatrix}
\end{aligned}
$$

이 계산은 일반적인 공식에서 필요한 8번의 곱셈과 8번의 덧셈 대신, 7번의 곱셈과 18번의 덧셈을 요구한다. 언뜻 보기에 이것은 개선된 것처럼 보이지 않는다. 그러나 이 공식들은 가환성(commutativity)에 의존하지 않기 때문에 a_{ij}와 b_{ij}가 행렬일 때도 유효하고, 큰 차원인 경우 한 번의 곱셈을 줄이는 것이 추가적인 10번의 덧셈보다 훨씬 더 이득이다. n이 2의 거듭제곱이라 가정하면 A와 B를 크기 $n/2$의 블록 4개로 분할할 수 있고, 그 다음 슈트라센의 공식을 절반 크기의 행렬곱들에 재귀적으로 적용한다. 그 결과로 나오는 알고리즘은 $O(n^{\log_2 7}) = O(n^{2.81})$ 연산을 요구한다. 슈트라센의 연구는 한층 더 낮은 복잡도의 행렬 곱셈 알고리즘을 찾는 것에 관심을 불러 일으켰다. 데이터에는 $O(n^2)$ 원소가 있으므로 각각이 최소 한 번의 연산에는 관여해야 하고, n의 지수는 반드시 최소 2는 되어야 한다. 상계에 대한 현재 세계기록의 지수는 2.3728639로서 2014년에 프랑수아 르 갈(François Le Gall)이 증명했다. 그러나 슈트라센의 알고리즘보다 작은 지수를 갖는 모든 현존하는 알고리즘은 지나치게 복잡하여 실용적으로 흥미롭지는 않다.

여러 해 동안 매우 중요한 알고리즘 발전을 겪은 분야는 편미분방정식(PDE)의 이산화에서 등장하는 선형연립식의 해법이다. 미지함수가 경계에서 지정된 정사각형 위의 **푸아송 방정식**[III.18]을 생각해 보자. 이를 $n \times n$ 격자 위에 중심차분(centered difference)으로 이산화하면 $n = N^2$개의 미지수에 대한 n개의 연립방정식을 얻을 수 있으며, 계수행렬(coefficient matrix)은 띠 형태(banded)이고, 대칭적인 양의 정부호(positive-definite)이며 $O(n)$개의 0이 아닌 원소를 포함한다. 표 1은 다양한 방법에 대해

표 1 2차원 푸아송 방정식을 이산화하여 얻어지는 $n \times n$ 선형 연립식을 푸는 비용.

연도	방법	비용	유형
1948	띠 형태 숄레스키 (banded Cholesky)	n^2	직접적
1948	야코비(Jacobi), 가우스–자이델(Gauss–Seidel)	n^2	반복적
1950	SOR(최적 매개변수)	$n^{3/2}$	반복적
1952	켤레 그래디언트 (conjugate gradient)	$n^{3/2}$	반복적
1965	고속 푸리에 변환 (fast Fourier transform)	$n \log n$	직접적
1965	블록 순환 축소 (block cyclic reduction)	$n \log n$	직접적
1977	다중격자 (multigrid)	n	반복적

연산 횟수의 지배적인 항을 (곱해지는 상수는 무시하고) 보여 주며, 일부는 **수치 선형대수와 행렬해석**[IV.10]에서 설명된다. 반복적인 알고리즘에 대해서는 오차가 10^{-6} 수준일 때 반복이 종료된다고 가정했다. 연도는 처음으로 출판된 해이거나, 혹은 처음 두 방법에 대해서는 첫 프로그램 저장식 컴퓨터가 사용되었던 해이다. 해 벡터에는 n개의 원소가 있고 최소한 하나의 연산이 각 원소를 계산해야만 하므로 비용에 관한 하한은 $O(n)$인데, 이것이 다중격자 방법(multigrid method)으로 달성되었다. 표에 나타난 알고리즘의 속도 증가는 같은 시기 동안 컴퓨터 하드웨어의 속도 증가 정도와 유사하다.

4.1 복잡도 종류

지금까지 논의한 알고리즘의 비용은 모두 문제의 차원 n에 대한 다항식으로 제한되었다. 일부 문제에 대해서는 다항식 복잡도를 갖는 알고리즘의 존재성 여부가 불투명하다. 이 질문을 분석할 때 수학자들과 컴퓨터과학자들은 단순히 다항식 실행 시간을 가지는 알고리즘이 존재하냐 아니냐 이상으로 자세하게 구별하는 문제 분류를 사용한다. 이 분류는 결정 문제, 즉 예 또는 아니오만 답으로 갖는 문제에 관해 사용된다. 문제 종류 P는 문제의 차원에 대해 다항식 시간 안에 풀리는 문제들로 구성된다. 종류 NP는 예라는 답이 다항식 시간 안에 검증될 수 있는 문제들로 구성된다. NP 문제의 한 예시는 그림 조각 퍼즐이다. 어떤 해법이 퍼즐을 올바르게 조립했는지 확인하는 것은 쉽지만, 처음부터 퍼즐을 푸는 것은 훨씬 더 어렵다.

어떤 문제가 NP-완전(NP-complete)이라는 것은 그것이 NP이며 모든 다른 NP 문제를 다항식 시간 안에 그 문제로 환원할 수 있다는 것이다. 따라서 만약 하나의 NP-완전 문제에 대해 다항 시간 알고리즘이 존재하면 모든 NP 문제들을 다항식 시간 안에 풀 수 있다. 불 만족가능성(Boolean satisfiability), 그래프 채색(graph coloring), 문서에서 최적의 페이지 나눔, 배틀십(Battleship) 게임이나 퍼즐 등 많은 NP-완전 문제들이 있다.

어떤 문제(반드시 결정 문제일 필요는 없는)가 NP-난해(NP-hard)라는 것은 그것이 최소한 어떤 NP 문제만큼은 어렵다는 것인데, 이는 그 문제로 다항식 시간 안에 환원될 수 있는 NP-완전 문제가 존재한다는 의미이다. NP-난해 문제의 예로는 **외판원 문제**[VI.18], **희소 근사**[VII.10], 비볼록(non-convex) **2차계획법**[IV.11 §1.3]이 있다. 그림 2는 종류 간 관계를 보여 준다.

행렬의 행렬식(determinant)과 불변식(permanent)은 계산복잡도의 미묘함을 보여 주는 훌륭한 예시이다. $n \times n$ 행렬 A의 불변식은

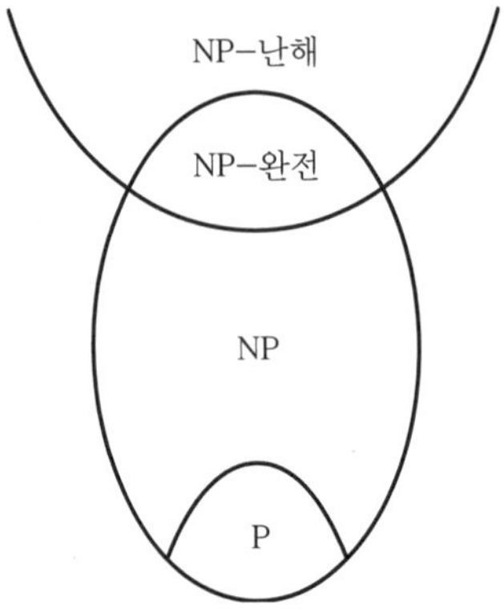

그림 2 복잡도 종류. 종류 P와 NP가 동일한지 여부는 알려지지 않았다.

$$\operatorname{perm}(A) = \sum_{\sigma} \prod_{i=1}^{n} a_{i,\sigma_i}$$

이며, 여기서 벡터 σ가 갖는 범위는 정수들의 집합 $\{1, 2, \cdots, n\}$에 대한 모든 치환(permutation)이다. 판별식은 비슷한 표현을 가지며 오직 곱해지는 항에 치환의 부호(± 1)가 곱해진다는 점이 다르다. 그러나 행렬식은 가우스 소거법(Gaussian elimination)을 통해 $O(n^3)$ 연산 안에 계산될 수 있는 반면, 불변식을 계산하는 다항식 알고리즘은 이제껏 발견되지 않았다. 1979년에 레슬리 발리언트(Leslie Valiant)는 불변식을 계산하는 문제가, NP를 확장한 #P라고 불리는 셈 문제들의 복잡도에 대해 완전이라는 것을 보임으로써 이러한 차이에 대한 통찰을 제시했다.

컴퓨터과학에서 가장 유명한 미해결 문제는 'P와 NP가 같은가?'이다. 이는 1971년에 스티븐 쿡(Stephen Cook)이 제안했고, 각각의 풀이에 백만 달러의 상금이 걸려 있는 클레이 재단 밀레니엄 문제(Clay Institute Millennium Problem) 7개 중 하나이다. 간단히 말하면, 이 질문은 '풀기 쉬운' 문제가 '확인하기 쉬운' 문제와 동일한지 묻는 것이다. 이때 $P \subseteq NP$임은 알려져 있기 때문에 이 포함관계가 엄격한지 아닌지가 문제이다.

5 속도와 정확도 사이의 타협

부동소수점 연산에서 실행되는 알고리즘을 설계할 때는 속도의 증가가 정확도의 감소를 수반하는 경우가 자주 일어난다. 고전적인 예는 n개의 수 $x_1, \cdots, x_n$의 **표본분산**(sample variance)을 계산하는 것인데, 이는

$$s_n^2 = \frac{1}{n-1} \sum_{i=1}^{n} (x_i - \bar{x})^2 \tag{2}$$

으로 정의되며, 여기서 표본평균(sample mean)은

$$\bar{x} = \frac{1}{n} \sum_{i=1}^{n} x_i$$

이다. 이 공식을 이용해 s_n^2을 계산하려면 데이터를 두 번 훑어야 하는데, 한 번은 $\bar{x}$를 계산할 때이고 다른 한 번은 제곱들의 합을 더할 때이다. 데이터 집합이 거대하거나 데이터가 생성되는 와중에 표본분산을 계산할 때는 두 번 훑는 계산이 바람직하지 않다. 통계학 교과서에서 찾을 수 있는(그리고 수년간 많은 휴대용 계산기와 스프레드시트에 구현된) 대안적인 공식은 거의 비슷한 수의 연산을 사용하지만 이것은 데이터를 오직 한 번만 훑는다.

$$s_n^2 = \frac{1}{n-1} \left(\sum_{i=1}^{n} x_i^2 - \frac{1}{n} \left(\sum_{i=1}^{n} x_i \right)^2 \right) \tag{3}$$

하지만 이 공식은 부동소수점 연산에서 좋지 않은 결과를 보인다. 예컨대 $n = 3$이고 $x_1 = 10000$, $x_2 = 10001$, $x_3 = 10002$라면, IEEE 단정밀도(single-precision) 연산(단위반올림 $u \approx 6 \times 10^{-8}$일 때)에서 표

본분산은 두 번 훑는 공식에서는 1.0(상대오차(relative error) 0)으로 계산되지만, 한 번 훑는 공식에서는 0.0(상대오차 1)으로 계산된다. 한 번 훑는 공식의 초라한 정확도는 (3)에 있는 대량의 **뺄셈에 의한 소거**[II.13]에서 기인한다. 원래 공식 (2)는 언제나 오차 $O(nu)$로 결과를 계산한다. 한 번 훑는 공식의 속도와 두 번 훑는 공식의 정확도를 결합하는 방법은 없을까? 그런 방법이 있다. 점화식

$$\begin{aligned} M_1 &= x_1, \quad Q_1 = 0 \\ M_k &= M_{k-1} + \frac{x_k - M_{k-1}}{k} \\ Q_k &= Q_{k-1} + \frac{(k-1)(x_k - M_{k-1})^2}{k} \end{aligned} \Bigg\} \quad k = 2{:}n$$

은 Q_n을 계산하며, 이로써 계산되는 $s_n^2 = Q_n/(n-1)$은 부동소수점 연산에서 정확한 결과이다.

6 알고리즘의 선택

수치해석학과 계산과학의 많은 연구는 주어진 문제를 푸는 가장 좋은 알고리즘을 찾는 것과 관련이 있으며, PDE를 풀거나 행렬의 고윳값을 찾는 문제와 같이 고전적인 문제는 끊임없는 개선과 함께 다양한 가능성을 가진다. 그러나 상당히 기초적인 어떤 문제에 대해서조차 여러 가지 가능한 알고리즘이 있으며 그들 중 일부는 전혀 당연하지 않다.

첫 번째 예시는 다항식 $p(x) = a_0 + a_1x + \cdots + a_nx^n$ 값의 계산이다. 이 다항식을 계산하는 가장 당연한 방식은 직접적으로 x의 거듭제곱들을 구하는 것이다.

```
p = a_0 + a_1 x, w = x
for i = 2:n
    w = wx
    p = p + a_i w
end
```

이 알고리즘은 $2n$번의 곱셈과 n번의 덧셈을 필요로 한다(연산 횟수를 셀 때 상수항은 무시했다).

다른 대안은 **호너의 방법**(Horner's method, 포개진 곱셈)이다. 이는 다항식을 포개진 형식으로 씀으로써 유도된다.

$$p(x) = (\cdots((a_nx + a_{n-1})x + a_{n-2})x + \cdots + a_1)x + a_0$$

호너의 방법은 다음과 같다.

```
p = a_n
for i = n − 1: −1: 0    % i는 각 단계마다 −1씩 줄어든다
    p = px + a_i
end
```

호너의 방법은 n번의 곱셈과 n번의 덧셈을 필요로 하기 때문에 첫 번째 방법보다 계산량이 상당히 덜하다.

하지만 호너의 방법조차 최적은 아니다. 예를 들어 $p(x) = x^8$에 대해 그것은 8번의 곱셈을 요구하지만, 3절의 알고리즘 3을 이용하면 이 다항식을 단지 3번의 곱셈으로 계산할 수 있다. 더 나아가, 차수가 $n > 4$인 일반적인 다항식에 대해 호너의 규칙이 요구하는 총 $2n$번의 덧셈과 곱셈보다 적은 연산을 요구하는 계산 방식이 존재한다. 주의할 점은 한 번 계

산하면 차후 모든 다항식 계산에 재사용할 수 있는 어떤 계수들을 미리 계산해야 하며, 이 연산 횟수에는 그런 계산이 포함되지 않았다는 것이다. 마지막 예시는 다항식을 계산하는 방식의 최적 여부를 조사할 때 정확하게 무엇이 연산 횟수에 포함되는지가 중요함을 강조한다.

두 번째 예시는 연분수(continued fraction)

$$r_n(x) = b_0 + \cfrac{a_1 x}{b_1 + \cfrac{a_2 x}{b_2 + \cfrac{a_3 x}{b_3 + \cdots + \cfrac{a_{n-1} x}{b_{n-1} + \cfrac{a_n x}{b_n}}}}} \tag{4}$$

와 관련된다. 이 연분수는 유리함수 $r_n(x) = p_n(x)/q_n(x)$로도 표현될 수 있는데, 여기서 p_n과 q_n은 차례로 차수 $\lceil n/2 \rceil$과 $\lfloor n/2 \rfloor$을 갖는 다항식이다. 이러한 연분수는 파데 근사자[IV.9 §2.4]로 초월함수를 근사할 때 등장한다.

아마 연분수를 계산하는 가장 당연한 방식은 상향식 과정일 것이다.

알고리즘 5(연분수, 상향식). 이 알고리즘은 연분수 (4)를 상향식으로 계산한다.

```
y_n = (a_n / b_n)x
for j = n − 1 : −1 : 1
    y_j = a_j x / (b_j + y_{j+1})
end
r_n = b_0 + y_1
```

비용. 연산의 총 횟수는 $n(D + M + A)$이며, 여기서 A, D, M은 차례로 덧셈, 나눗셈, 곱셈을 나타낸다.

상향식 계산은 n의 값을 사전에 알아야만 하며, 수열 $r_1(x), r_2(x), \cdots$을 계산하기에는 적합하지 않은데, 그 이유는 매번 처음부터 새로 시작해야 하기 때문이다. 따라서 이 경우엔 하향식 계산이 더 낫다. 다음 점화식은 1655년 존 월리스(John Wallis)로부터 유래했다.

알고리즘 6(연분수, 하향식). 이 알고리즘은 연분수 (4)를 하향식으로 계산한다.

```
p_{−1} = 1, q_{−1} = 0, p_0 = b_0, q_0 = 1
for j = 1 : n
    p_j = b_j p_{j−1} + a_j x p_{j−2}
    q_j = b_j q_{j−1} + a_j x q_{j−2}
end
r_n = p_n q_n^{−1}
```

비용. $5nM + 2nA + D$.

알고리즘 6이 실제로 $r_m(x)$를 계산한다는 것은 당연하지 않지만 귀납적으로 증명될 수 있다. 하향식 계산은 상향식 계산보다 눈에 띄게 더 계산 비용이 비싸다는 것에 주의하자.

하지만 이들이 유일한 가능성은 아니다. 예컨대 $n = 2m$이면 r_n은 부분분수 형태 $r_n(x) = \sum_{j=1}^{m} \alpha_j x/(x - \beta_j)$로 쓰일 수 있으며, 여기서 β_j는 (모두 다른 것으로 가정되는) q_n의 근이고 $m(2M + A + D)$의 비용으로 계산할 수 있다.

실전에서는 계산의 반올림 오차 효과를 고려할 필요가 있고, 이는 일반적으로 특정한 계수 a_i와 b_i 그리고 관심 있는 x의 범위에 따라 달라진다.

어떤 문제를 푸는 데 몇 가지 알고리즘이 존재한다면 **합성알고리즘**(polyalgorithm), 즉 여러 알고리즘의 집합 및 그것들을 선택하는 규칙이 필요할 수도 있다. 합성알고리즘의 좋은 예시는 매트랩(MATLAB) 역슬래시 연산자이며 그것은 선형연립식 $Ax = b$를 기호 $A\backslash b$를 사용해 계산할 수 있게 해준다. 행렬 A는 정사각이거나 직사각일 수 있고, 대각이나 삼각이거나 완전하거나 희소(sparse)할 수 있으며, 대칭이거나 대칭 양의 정부호(positive-definite)거나 완전히 일반적일 수 있다. 역슬래시 연산자의 바탕은 이들 중 어느 성질이 성립하는지 식별하고 적절한 행렬분해와 응용할 해결 과정을 선택하는 알고리즘이다.

7 무작위적 알고리즘

이 글에서 지금껏 설명한 모든 다항식은 결정론적(deterministic)이다. 그들이 같은 데이터에서 반복적으로 실행되면 매번 똑같은 결과를 생성할 것이다. 일부 알고리즘은 무작위적인 선택을 하기 때문에 일반적으로 실행할 때마다 매번 다른 결과를 생성한다. 예를 들어 x_i가 [0, 1]에서 고르게 분포된 독립 난수일 때

$$\int_0^1 f(x)\,\mathrm{d}x \approx \frac{1}{n}\sum_{i=1}^{n} f(x_i)$$

라는 근사를 사용할 수 있다. 이 근사에서 오차의 표준편차(standard deviation)는 $n^{-1/2}$ 수준이다. 이것은 **몬테카를로 알고리즘**(Monte Carlo algorithm)의 한 예이고, 그런 알고리즘은 결정된 실행 시간을 가지며 특정한 확률로 옳은 (또는 주어진 정확도를 가진) 출력을 생성한다. 당연히 1차원 적분을 추정하는 데는 훨씬 더 효과적인 방식들이 있지만, 몬테카를로 알고리즘은 복잡한 영역 위 다차원 적분에서 유용하다.

라스베가스 알고리즘(Las Vegas algorithm)은 언제나 옳은 결과를 생성하지만 실행 시간은 결정되지 않는다. 고전적인 예로는 수들의 목록을 정렬하는 빠른 정렬(quicksort) 알고리즘이 있으며, 이는 분할 원소를 무작위적으로 선택하기 때문에 평균적인 경우가 최악의 경우보다 훨씬 빠르다(n개의 수에 대해 실행 시간은 $O(n \log n)$ 대 $O(n^2)$). 무작위적 알고리즘은 결정론적 대안보다 훨씬 더 단순할 수 있고, 현대 컴퓨터의 아키텍처를 더 잘 활용할 수도 있으며, 거대한 데이터 집합에 더 적합할지도 모른다. 무작위적 알고리즘은 광범위하게 존재하며 그들은 수학, 컴퓨터과학, 통계학 그리고 다른 분야에서도 연구되고 있다.

활발한 연구 분야 가운데 하나는 수치적 선형대수 문제들에 대한 무작위적 알고리즘이며, 이것은 무작위 표본추출과 무작위 사영에 기반을 둔다. 예를 들어 어떤 행렬이 주어졌을 때 저계(low-rank) 근사를 계산하는 빠른 알고리즘이 존재한다. 일반적인 흐름은 무작위 표본추출을 통해 행렬의 대부분 작용을 포착하는 부분공간을 식별하고, 그 행렬을 이 부분공간으로 압축한 다음, 축소된 행렬에서 저계 분해를 계산하는 것이다.

이 책에서 언급된 무작위적 알고리즘의 예로는

표 2 이 책에서 언급된 일부 알고리즘.

알고리즘	참조	초기 핵심 인물
가우스 소거법	IV.10 §2	고대 중국(대략 서기 1년), 가우스(1809) 그리고 1940년대 다양한 저자에 의해 LU 분해로 서술됨
뉴턴의 방법	II.28	뉴턴(1669), 랩슨(Raphson, 1690)
고속 푸리에 변환	II.10	가우스(1805), 쿨리(Cooley)와 터키(Tukey)(1965)
숄레스키 분해	IV.10 §2	숄레스키(1910)
레메즈 알고리즘(Remez algorithm)	IV.9 §3.5, VI.11 §2	레메즈(1934)
단체법(선형계획법)	IV.11 §3.1	댄치그(Dantzig, 1947)
켤레 기울기와 란초스 방법(Lanczos method)	IV.10 §9	헤스테네스(Hestenes)와 스티펠(Stiefel)(1952), 란초스(1952)
포드-풀커슨 알고리즘(Ford-Fulkerson algorithm)	IV.37 §7	포드와 풀커슨(1956)
k-평균 알고리즘(*k*-means algorithm)	IV.17 §5.3	로이드(Lloyd, 1957), 스테인하우스(Steinhaus, 1957)
QR 분해	IV.10 §2	기븐스(Givens, 1958), 하우스홀더(Householder, 1958)
데이크스트라*의 알고리즘(Dijkstra's algorithm)	VI.10	데이크스트라(1959)
준-뉴턴 방법(quasi-Newton method)	IV.11 §4.2	데이비든(Davidon, 1959), 브로이든(Broyden), 플레쳐(Fletcher), 골드팝(Goldfarb), 포웰(Powell), 샤노(Shanno)(1960년대 초)
QR 알고리즘	IV.10 §5.5	프랜시스(Francis, 1961), 쿠블라노프스카야(Kublanovskaya, 1962)
QZ 알고리즘	IV.10 §5.8	몰러(Moler)와 스튜어트(Stewart)(1973)
특잇값분해(singular value decomposition)	II.32	골럽(Golub)과 카한(Kahan)(1965), 골럽과 라인슈(Reinsch)(1970)
슈트라센의 방법(Strassen's method)	I.4 §4	슈트라센(1968)
다중격자(multigrid)	IV.10 §9, IV.13 §3, IV.16	페도렌코(Fedorenko, 1964), 브랜트(Brandt, 1973), 하크부슈(Hackbusch, 1977)
내부점 방법	IV.11 §3.2	카마카(Karmarkar, 1984)
일반화된 최소 잔차 방법	IV.10 §9	사드(Saad)와 슐츠(Schulz)(1986)
고속 다중극 방법(fast multipole method)	VI.17	그린가드(Greengard)와 로클린(Rokhlin)(1987)
JPEG	VII.7 §5, VII.8	통합 사진 전문가 단체(Joint Photographic Experts Group)의 구성원들(1992)
페이지랭크(PageRank)	VI.9	브린(Brin)과 페이지(Page)(1998)
HITS	I.1	클라인버그(Kleinberg, 1999)

무작위 검색자(random surfer)를 사용하는 구글 페이지랭크 알고리즘[VI.9], 집단화(clustering)를 위한 *k*-평균 알고리즘[IV.17 §5.3], 마르코프 연쇄와 몬테 카를로 알고리즘[V.11 §3]이 있다.

* 일반적으로는 다익스트라로 표기되지만 네덜란드어 발음과 표기법에 따르면 데이크스트라가 옳다.—옮긴이

8 응용수학의 몇몇 주요 알고리즘

표 2는 이 책에서 언급된 알고리즘 중 선별하여 작성한 목록이다. 특정한 알고리즘이 되기 위해서 훨씬 많은 정보가 필요한 선조건(preconditioning)이나 유한요소법(finite-element method) 같은 아주 일반적인 방법은 생략되었다. 표는 응용수학에서 중요한 알고리즘을 오래된 것에서 비교적 최근 것까지

광범위하게 나타낸다.

일부 알고리즘의 주목할 만한 특징은 그것이 반복적 알고리즘이라는 것이며, 직접적으로 풀리는, 곧 유한한 수의 연산으로 풀리는 문제를 풀기 위해서 이론적으로 무한한 수의 단계가 필요하다. 켤레기울기(conjugate gradient)와 다중격자(multigrid) 방법은 선형연립방정식을 풀기 위한 반복법이고, 적합한 구조를 가진 연립식에 대해서는 직접적인 방법인 가우스 소거법보다 주어진 정확도 수준에 훨씬 빨리 도달할 수 있다. 유사하게 내부점 방법(interior point method)은 선형계획법을 위한 반복법이며, 직접적인 방법인 단체법(simplex method)과 견줄 만하다.

더 읽을거리

알고리즘과 그것의 분석에 관한 고전적인 참고 서적은 도널드 크누스(Donald Knuth)의 『컴퓨터 프로그래밍의 기술(*The Art of Computer Programming*)』이다. 1권은 1968년에 등장했으며 지속적으로 발전하고 있다. 현재는 『기초 알고리즘(*Fundamental Algorithms*)』(1권), 『반수치적 알고리즘(*Seminumerical Algorithms*)』(2권), 『정렬과 탐색(*Sorting and Searching*)』(3권), 조합적 알고리즘(*Combinatorial Algorithms*)』(4권)으로 구성되며, 모두 에디슨-웨슬리(레딩, MA)에서 출판되었다.

Bentley, J. L. 1986. *Programming Pearls.* Reading, MA: Addison-Wesley.

Brassard, G., and P. Bratley. 1996. *Fundamentals of Algorithmics*. Englewood Cliffs, NJ: Prentice-Hall.

Cormen, T. H., C. E. Leiserson, R. L. Rivest, and C. Stein. 2009. *Introduction to Algorithms*, 3rd edn. Cambridge, MA: MIT Press.

Higham, N. J. 2002. *Accuracy and Stability of Numerical Algorithms*, 2nd edn. Philadelphia, PA: SIAM.

I.5 응용수학 연구의 목표

니콜라스 하이엄 *Nicholas J. Higham*

현존하는 수학 지식의 거대한 부분은 정리, 방법, 알고리즘으로 요약되어 있고, 그중 일부는 수 세기 전부터 알려져 있었다. 그러나 응용수학이 단지 현존하는 수학적 아이디어를 실용적 문제에 적용하는 것만은 아니다. 보통 기존의 것을 바탕으로 새로운 결과가 지속적으로 개발된다. 응용수학자는 언제나 혁신적이며, 새로운 문제나 수정된 문제의 꾸준한 출현은 그들의 연구에 방향과 동기를 제공한다.

이 글에서는 방정식을 푸는 오래된 문제, 구조를 활용하는 더 현대적인 주제, 모형화와 예측이라는 현실적으로 중요한 작업의 관점에서 응용수학의 연구목표 일부를 설명한다. 또한 연구 이면의 전략에 대해서도 논의한다.

1 방정식 풀기

응용수학 연구 논문은 방정식을 분석하거나 푸는 것이 많은 비율을 차지한다. 방정식은 1개나 그 이

상의 변수에 대한 선형 혹은 비선형방정식처럼 대수적일 수 있다. 그것은 상미분방정식(ODE)이거나 편미분방정식(PDE)일 수도, 적분방정식 혹은 미분대수방정식일 수도 있다.

광범위한 방정식은 모형화되는 계의 행동을 포착하기 위해 시도할 수 있는 수많은 방식을 반영한다. 방정식이 무엇이든, 응용수학자는 몇 가지 질문의 답에 흥미를 가진다.

1.1 방정식이 해를 가지는가?

우리의 관심은 유일한 해가 존재하는지, 만약 하나보다 많은 해가 존재한다면 그들은 몇 개이고 어떻게 특징지을 것인지에 있다. 해의 존재성은 당연하지 않을 수도 있으며, 어떤 수학자가 방정식을 풀었는데 나중에야 그것의 해가 존재하지 않는다는 것이 증명되었다는 이야기도 종종 들린다. 그런 상황은 당혹스럽게 들릴 수도 있다. 해라고 생각한 것이 실제로 해라는 것을 확인하는 것이 쉽지 않다니? 불행히도 방정식을 만족한다는 것을 확인하는 일은 쉽지 않을 수 있으며, 특히 함수공간을 다루고 있을 때는 더욱 그렇다. 게다가 문제의 특수화는 해가 어떤 성질, 가령 특정 개수의 도함수를 갖도록 요구할 수 있으며, 해라고 생각한 것이 방정식은 만족하지만 요구된 성질 중 일부를 가지지 않을 수 있다. 따라서 정확히 주어진 형태대로 문제를 분석하는 대신, 방정식이 유일한 해를 갖기 위해서 반드시 가져야 하는 추가적인 성질이 무엇인지 탐구하는 것이 더 나을 수 있다.

1.2 방정식이 타당한가?

어떤 문제가 **타당하다**(well-posed)는 것은 그것이 유일한 해를 가지며 그 해가 문제를 정의하는 데이터에 따라 연속적으로 변한다는 것이다. 그렇지 않은 문제는 **타당하지 않다**(ill-posed). 타당하지 않은 문제에서는 임의의 작은 데이터 섭동이 해에서 임의로 큰 변화를 일으킬 수 있고, 이는 분명히 만족스럽지 않은 상황이다.

타당한 문제의 한 예는 다리가 3개인 탁자의 각 다리가 지탱하는 무게를 계산하는 것이다. 탁자와 그것의 다리가 완벽하게 대칭적이고 땅이 평평하다고 가정하면, 각 다리가 전체 무게의 3분의 1씩 분담한다는 것이 답이다. 다리가 4개인 탁자의 각 다리는 전체 무게의 4분의 1씩 지탱하지만, 만약 한 다리가 아주 미세한 양만큼 짧아진다면 그것은 지면에서 떨어질 것이고 다른 3개의 다리가 탁자의 무게를 지탱할 것이다(우리 중 상당수가 식당에서 경험했던 현상이다). 그러므로 다리가 4개인 탁자일 때는 문제가 타당하지 않다.

유한차원 문제에서 해의 유일성은 타당성을 함의한다. 예를 들어 n개의 미지수에 대한 n개 방정식의 선형연립식 $Ax = b$는 계수행렬 A가 비특이적(nonsingular)일 때 타당하다. 하지만, A가 거의 특이적이라면 A의 작은 섭동이 해에 무한하지는 않지만 거대한 변화를 유발할 수 있다. **조건수**[I.2 §22] $\kappa(A) = \|A\|\|A^{-1}\|$은 상대적 변화를 제한한다. 그러나 무한차원 문제에서는 유일한 해의 존재성이 문제가 타당함을 함의하지 않는다. **적분방정식**[IV.4 §6]에 관한 글에서 그 예들을 찾을 수 있다.

타당성의 개념은 20세기 초에 자크 아다마르

(Jacques Hadamard)가 도입했다. 그는 물리적으로 의미 있는 문제는 타당해야만 한다고 믿었다. 오늘날에는 많은 문제가 타당하지 않은 것으로 인지되며 일상적으로 그것들이 타당하도록 재서술하여 푸는데, 이는 보통 **정규화**[IV.15 §2.6]를 통해 이루어진다(**적분방정식**[IV.4 §7]도 보라).

타당하지 않은 문제의 중요한 원천은 **역문제**[IV.15]이다. 조정될 수 있는 물리적 변수가 입력 변수이며, 실험의 결과가 출력 변수인 수학적 모형을 생각하자. **전향 문제**(forward problem)는 주어진 입력으로부터 출력을 예측하는 것이다. **역문제**(inverse problem)는 주어진 출력을 가질 수 있는 입력에 대해 추론하는 것이다. 현실적으로 출력의 측정은 잡음의 영향을 받을 수 있고 모형이 완벽하지 않을 수도 있기 때문에, 예측과 추론의 불확정성을 추정하기 위해서는 **불확실성 정량화**[II.34]가 수행되어야 한다.

1.3 해가 가지는 정성적인 성질은 무엇인가?

해 자체보다는 해의 행동이 더 흥미로운 경우도 있다. 가령 해 $f(t)$가 $t \to \infty$일 때 소멸하는지, t에 대해 단조인지, 아니면 진동하는지, 그렇다면 진동수는 변하지 않는지 혹은 시간에 따라 변하는지가 관심사일 수 있다. 만약 문제가 매개변수에 의존한다면, 이 질문들의 답을 특정 범위의 매개변수 값에 대해 찾는 것도 가능하다.

1.4 반복이 수렴하는가?

문제 해결 방법[I.3]에서 보았듯이 해는 보통 반복적인 과정을 통해 계산되며, 따라서 그런 과정을 이해할 필요가 있다. 이때 수렴성의 다양한 측면이 관심사가 될 수 있다.

- 반복은 언제나 정의되는가 아니면 와해될 수 있는가(가령 0으로 나누는 것에 의해)?
- 어떤 시작값에 대해, 어떤 종류의 문제에 대해 반복이 수렴하는가?
- 반복이 어디로 수렴하며 시작값에 어떻게 의존하는가(조금이라도 의존한다면)?
- 반복이 얼마나 빠르게 수렴하는가?
- 오차(초기 데이터의 오차 혹은 반복 중에 나타나는 반올림오차)는 어떻게 증폭되는가? 특히, 그것이 유계인가?

이런 사안들 중 일부를 묘사하기 위해, 양의 정수 p와 $a \in \mathbb{C}$에 대해 a의 p제곱근을 계산하는 뉴턴의 방법인 반복

$$x_{k+1} = \frac{1}{p}[(p-1)x_k + x_k^{1-p}a] \tag{1}$$

를 생각하자. 우리는 어떤 a와 어떤 시작값 x_0에 대해 이 반복이 수렴하는지, 만약 한다면 어떤 제곱근으로 수렴하는지 알고 싶다. θ가 a의 p제곱근일 때 $y_k = \theta^{-1}x_k$로 정의하면 분석이 단순화되는데, 그 이유는 원래의 반복이 p번째 단위근(pth root of unity)을 계산하는 뉴턴의 방법

$$y_{k+1} = \frac{1}{p}[(p-1)y_k + y_k^{1-p}], \quad y_0 = \theta^{-1}x_0 \tag{2}$$

으로 다시 쓰일 수 있기 때문이다. 원래의 매개변수인 a와 x_0은 시작값 y_0으로 결합된다.

그림 1은 $p = 2, 3, 5$에 대해 이 반복의 수렴성을

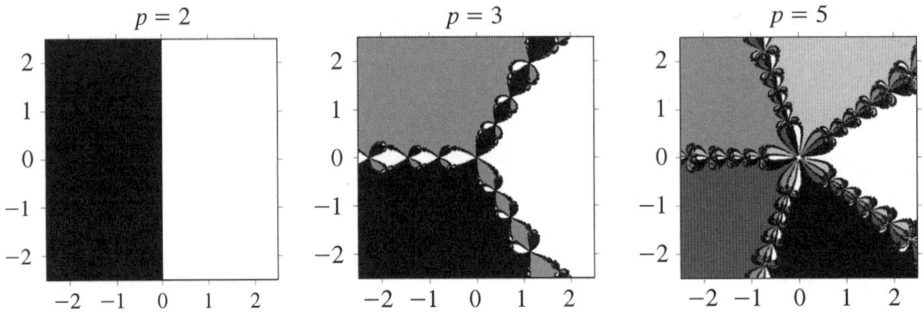

그림 1 단위원의 p제곱근에 대한 뉴턴 반복. 영역의 각 점 y_0은 반복이 어느 제곱근에 수렴하느냐에 따라 색칠되었고, 하얀색은 주 제곱근 1을 나타낸다.

묘사한다. 그림은 y_0이 $\mathrm{Re}\, y_0, \mathrm{Im}\, y_0 \in [-2.5, 2.5]$인 400×400 격자를 범위로 가질 때 (2)의 y_k가 어디로 수렴하는지 나타내는데, 각 제곱근은 하얀색(주 제곱근 1)부터 검은색까지 서로 다른 명암으로 표현된다. 수렴성은 50번의 반복 후 반복자가 어떤 제곱근으로부터 상대적인 거리가 10^{-13} 이내인지 여부로 판별되었다. 수렴성이 관찰되지 않는 상대적으로 적은 수의 점들은 하얀색으로 그려졌다. $p = 2$일 때 그림은 열린 우반평면에서 시작하면 반복이 1로 수렴하고 열린 좌반평면에서 시작하면 -1로 수렴한다는 것을 암시하며, 이것이 실제로도 참이라는 것을 증명할 수 있다. 하지만 $p = 3, 5$일 때는 수렴하는 영역이 더 복잡한 구조를 가지고 있으며 꽃잎 모양의 경계를 가진 구역을 포함한다.

$p \geq 3$일 때 수렴의 복잡성은 1879년 아서 케일리(Arthur Cayley)가 처음 알아차렸다. 모든 시작값에 대해 수렴성을 분석하려면 유리사상(rational map)의 줄리아 집합(Julia set)에 관한 이론이 필요하다. 하지만 실용적인 목적에서 계산하고자 하는 것은 보통 주 제곱근이며, 그러므로 실용적인 관점에서 그림으로부터 이끌어 낼 수 있는 중요한 암시는 $p = 3, 5$일 때 y_0이 양의 실수축에 충분히 가까우면 뉴턴의 방법이 1에 수렴한다는 것이고, 이것이 실제로 참임을 증명할 수 있다.

이 예시로부터 수렴성 분석은 정확히 어떤 질문을 던지느냐에 매우 크게 의존한다는 것을 알 수 있다. 반복 (1)은 자연스러운 방식으로 행렬과 작용소로 일반화될 수 있고, 그때 스칼라인 경우에 대한 수렴성 결과가 활용될 수 있다.

2 구조 보존

많은 수학적 문제는 특정한 종류의 구조를 가진다. 명시적인 구조를 가진 예시는 $n\times n$ 행렬 A가 **퇴플리츠 행렬**[I.2 §18]일 때의 선형연립식 $Ax = b$이다. 이 연립식은 A와 b에 $n^2 + n$개의 수를 가지지만 오직 $3n - 1$개만이 독립적인 매개변수이다. 다른 한편, 벡터 ODE $y' = f(t, y)$에서 어떤 벡터 v가 존재해 모든 t와 y에 대해 $v^{\mathrm{T}}f(t, y) = 0$이라면, $(\mathrm{d}/\mathrm{d}t)v^{\mathrm{T}}y(t) = v^{\mathrm{T}}f(t, y) = 0$이므로 $v^{\mathrm{T}}y(t)$는 모든 t에 대해 상수이

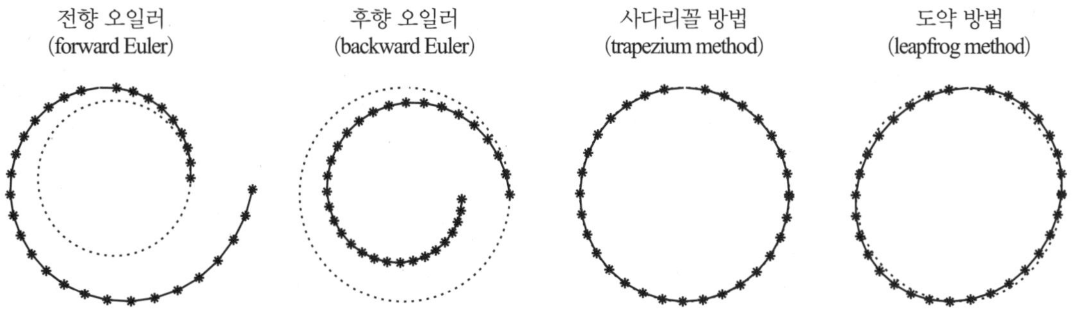

그림 2 구간 크기 $h = 2\pi/32$에 대해 서로 다른 4개의 수치적 적분기(integrator)로 계산된 단위원의 근사. 점선은 단위원을, 별표는 수치적 근사를 나타낸다.

다. 이 보존이나 불변성은 퇴플리츠 연립식보다 내재적이기는 하지만 역시 구조의 한 형태이다.

비선형 보존성의 한 예는 ODE 연립식

$$u'(t) = v(t),$$
$$v'(t) = -u(t)$$

로 주어진다. 이 연립식에 대해

$$\frac{\mathrm{d}}{\mathrm{d}t}(u^2 + v^2) = 2(u'u + v'v) = 2(vu - uv) = 0$$

이므로 2차 불변량이 존재한다. 특별히, $u(0) = 1$과 $v(0) = 0$인 초깃값에 대해 해는 $u(t) = \cos t$와 $v(t) = -\sin t$이며, 이는 uv평면 위 원점에 중심을 둔 단위원 위에 놓인다. 만약 위 연립식을 수치적 방법으로 푼다면, 수치적 해 역시 원 위에 놓이는 것이 좋을 것이다. 사실, 상대적으로 계산량이 많은 사인과 코사인의 계산을 피하면서 원을 그리는 방법으로 이 미분방정식을 사용하는 것도 가능하다. 앞의 ODE 연립식에 적용될 수 있는 다음 4개의 표준적인 수치적 방법을 고려해 보자. 여기서 $u_k \approx u(kh)$이고 $v_k \approx v(kh)$인데, h는 주어진 구간 크기이며 $u_0 = 1$이고 $v_0 = 0$이다.

전향 오일러 $\begin{cases} u_{k+1} = u_k + hv_k, \\ v_{k+1} = v_k - hu_k, \end{cases}$

후향 오일러 $\begin{cases} u_{k+1} = u_k + hv_{k+1}, \\ v_{k+1} = v_k - hu_{k+1}, \end{cases}$

사다리꼴 방법 $\begin{cases} u_{k+1} = u_k + h(v_k + v_{k+1})/2, \\ v_{k+1} = v_k - h(u_k + u_{k+1})/2, \end{cases}$

도약 방법 $\begin{cases} u_{k+1} = u_k + hv_k, \\ v_{k+1} = v_k - hu_{k+1} \end{cases}$

그림 2는 길이 $h = 2\pi/32$의 32구간으로 계산된 수치적 해들을 나타낸다. 전향 오일러 해는 바깥으로 나선을 도는 반면, 후향 오일러 해는 안쪽으로 나선을 돈다는 것을 볼 수 있다. 사다리꼴 방법 해는 단위원에 잘 머무른다. 도약 방법 해는 타원의 자취를 이룬다. 이 양상은 각 방법을 다음 형태

$$z_{k+1} = Gz_k, \qquad z_k = \begin{bmatrix} u_k \\ v_k \end{bmatrix}$$

로 적으면 쉽게 설명할 수 있는데, 가령 오일러 방법에 대해 $G = \left[\begin{smallmatrix} 1 & h \\ -h & 1 \end{smallmatrix}\right]$인 식이다. 그러면 수열 z_k의 행동

은 행렬 G의 고윳값에 의존한다. G의 스펙트럼 반경은 전향 오일러에서는 1보다 크고 후향 오일러에서는 1보다 작음을 알 수 있고, 이는 나선형을 설명한다. 사다리꼴 규칙에서 G는 직교행렬이기 때문에 $\|z_{k+1}\|_2 = \|z_k\|_2$이고 사다리꼴 해는 정확히 단위원 위에 머무른다. 도약 방법에서 G의 행렬식이 1이라는 것은 넓이가 보존됨을 의미하지만, G는 직교가 아니므로 도약 해는 원으로부터 조금 벗어난다.

기하학적 적분[IV.12 §5]의 주제는 더 일반적으로 계의 불변량을 보존하면서도 통상적인 의미로 좋은 정확도를 제공하는 비선형 초깃값 ODE와 PDE를 적분하는 방법과 관련된다. 특히 여기에는 해밀턴 계(Hamiltonian system)에 대한 **심플렉틱 적분기**[IV.12 §1.3]가 포함된다.

3 모형화와 예측

응용수학이란 무엇인가?[I.1 §1]에서 설명했듯 모형화는 물리적 문제를 푸는 첫걸음이다. 모형은 필연적으로 단순화된 것인데 모든 정보를 포함하는 것은 실용적이지 않기 때문이다. 그러나 단순한 방법은 여전히 물리적 법칙의 폭넓은 중요성을 탐구하는 유용한 도구이다. 게다가 모형은 더 복잡할수록 더 많은 매개변수를 가지고(모두가 추정되어야 하는) 분석하기 더 어려워진다.

박스(Box)와 드레이퍼(Draper)는 1987년 그들의 책『경험적 모형 만들기와 응답표면(*Empirical Model-Building and Response Surfaces*)』에서 다음처럼 말했다.

> 모든 모형은 옳지 않다는 것을 기억하라. 현실적인 물음은 그것이 얼마나 옳지 않을 때 유용하지 않게 되는가이다.

도로 지도는 이 주장을 뒷받침한다. 그것은 언제나 현실의 단순화된 표현인데, 3차원 세계를 2차원에 표현하고 구불거리는 도로를 직선으로 나타내기 때문이다. 그러나 도로 지도는 매우 유용하다. 게다가 하나의 '옳은' 지도란 존재하지 않으며 해상도와 목적에 따라 상당히 많은 가능성이 있다. 또 다른 예는 π의 근사이다. 근사 $\pi \approx 3.14$는 그것이 정확하지 않다는 점에서 옳지 않은 π의 모형이지만, 수많은 목적을 위해 충분히 좋은 근사이다.

모형화 과정의 예시를 드는 것은 어려운데, 보통 문제 영역의 지식이 필요하며 유도 과정이 지루할 수 있기 때문이다. 우리는 설명을 위해 **로지스틱 방정식**(logistic equation)

$$\frac{\mathrm{d}N}{\mathrm{d}t} = rN\left(1 - \frac{N}{K}\right)$$

에 바탕을 둔 개체군 증가의 아주 단순한 모형을 사용할 것이다. 여기서 $N(t)$는 시간 t에서 집단의 개체수를 나타내는 연속적인 변수이고, $r > 0$은 개체수의 증가율, $K > 0$은 환경수용력이다. $K = \infty$일 때 이 모형은 개체수의 변화율 $\mathrm{d}N/\mathrm{d}t$이 rN임을 말한다. 즉, 그것은 개체군의 크기에 상수 r로 비례하는데, 따라서 개체수는 지수적으로 증가한다. K가 유한할 때 모형은 이 증가율을 차항 rN^2/K만큼 줄이며, 이는 개체수 증가에 따른 식량 경쟁의 효과가 증가하는 것을 나타낸다고 해석할 수 있다. 로지스틱 방정식은 $N(t)$에 관해 정확하게 풀 수 있다(**상미분방정식**

[IV.2 §2]을 보라). 연구실의 실험은 이 모형이 박테리아를 먹는 단세포동물의 증가를 그럴듯하게 잘 예측한다는 것을 보여 준다. 하지만 일부 생물에 대해 기본적인 로지스틱 방정식은 그다지 좋은 모형이 아닌데, 왜냐하면 그것은 개체군 크기가 변화에 즉각적으로 반응한다고 가정하며 따라서 임신 기간, 유아가 성체에 도달하는 시간, 기타 다른 지연을 고려하지 않는다. 따라서 더 현실적인 모형은

$$\frac{\mathrm{d}N(t)}{\mathrm{d}t} = rN(t)\left(1 - \frac{N(t-\tau)}{K}\right)$$

가 될 것이며, 여기서 $\tau > 0$은 지연 매개변수이다. 시간 t에서 2차항 부분은 이제 더 이른 시간 $t - \tau$에서 계산된다. 이 지연 미분방정식은 진동하는 해를 가지며 북극 나그네쥐의 개체수를 잘 모형화한다는 것이 밝혀졌다. **포식자-피식자 모형**[I.2 §10]과 대조적으로, 지연 로지스틱 모형은 포식자로서 작용하는 두 번째 종을 요구하지 않고도 개체수에 진동을 만들 수 있다는 것에 주의하자. 이런 로지스틱 모형들 중 어느 것도 절대 완벽하지는 않지만, 적절히 맞춰진 매개변수와 함께 그들은 실제 개체수의 유용한 근사를 제공할 수 있고 미래의 양상을 예측하는 데 사용될 수 있다.

3.1 오차

수많은 연구는 모형화 과정의 다양한 단계에서 등장하는 오차를 이해하는 것에만 전념한다. 그것들은 다음과 같이 넓게 범주화될 수 있다.

수학 모형의 오차. 모형을 세우는 것은 오차를 일으키는데, 모형은 절대 정확할 수 없기 때문이다. 이것은 추정하기 가장 힘든 오차이다.

근사 오차. 이 오차는 무한차원 방정식이 유한차원 연립식으로 대체되거나(즉, 연속적인 문제가 이산적인 것으로 대체되는 이산화(discretization)의 과정), 방정식에 대한 더 단순한 근사를 전개할 때(가령 **모형축소**[II.26]를 통해) 등장한다. 이 오차는 하나의 근사공간을 다른 것으로 대체할 때의(가령 연속함수를 다항식으로 대체하는 것) 오차, **유한차분**[II.11] 근사의 오차, 절단된 멱급수나 다른 전개의 오차를 포함한다.

반올림오차. 일단 문제가 컴퓨터 프로그램에서 구현된 알고리즘으로 풀릴 수 있는 형태로 바뀌면, 유한한 정확도의 연산으로 계산할 때 나타나는 반올림 오차를 결정할 필요가 있다.

추정되어야만 하는 모형의 모든 매개변수를 포함해, 모형 데이터에 대한 불확정성의 효과를 살피는 것이 오차의 분석에 포함될 수 있다. 이는 **불확실성 정량화**[II.34]의 기법을 사용해 통계적인 방식으로 접근할 수 있다. 사실 모형이 불완전하게 알려진 데이터를 가지면, 사라진 데이터를 추정하는 데 이미 확률적 기법이 사용되었을 수도 있다. 모형에서 해의 민감성도 **조건수**[I.2 §22]를 통해 최악의 경우에 대한 오차 범위를 얻음으로써 분석할 수 있다.

3.2 다중 물리와 다중 규모 모형화

과학자들은 점차 (a)계가 각각이 독립적인 물리학적 원리에 의해 지배되는 다중 요소를 가지거나, (b)

관련되는 과정이 폭넓게 다른 시간과 공간 규모에서 이루어지거나, 혹은 이 두 가지 특징을 모두 가진 문제를 공략하고 있다. 이를 차례로 **다중 물리**(multi-physics)와 **다중 규모**(multiscale) 문제라고 부른다. 둘 다에 해당하는 예로서 **우주 기상**이 어떻게 지구에 영향을 주는지, 특히 태양풍(태양이 방출하는 대전된 입자의 흐름)과 지구 자기장의 상호작용을 모형화하는 문제가 있다. 서로 다른 물리학적 모형이 대전된 입자로 구성된 플라스마의 통계학적 분포 및 전기장과 자기장의 변화를 설명하고, 그것들은 결합된 비선형 PDE 연립식을 형성한다. 길이 규모는 수백만 킬로미터부터(지구와 태양 사이 거리) 수백 미터에 이를 수 있고, 시간 규모는 수 시간부터 10^{-5}초까지 내려갈 수 있다. 이런 문제가 모형화와 모형에 대한 해의 계산 모두를 어렵게 만든다. 계산은 **고성능 컴퓨터**[VII.12]를 필요로 하고, 우주 일기예보자와 같은 사용자가 그것을 탐구하고 해석할 수 있는 방식으로 생성된 방대한 양의 데이터를 보여 주는 특수한 작업이 요구된다. 이 절의 문제와 관련해 더 자세한 것은 **계산과학**[IV.16]과 **시각화**[VII.13]에서 찾을 수 있다.

3.3 계산 실험

문제 해결 중 계산 실험을 하는 단계는 가장 쉬운 것처럼 보일 수 있지만, 그것은 사실 몇 가지 이유 때문에 가장 힘들고 가장 많은 시간을 소요할 수 있다. 예를 들어, 어떤 실험을 수행해야 하는지 선택하기 어려울 수 있고, 유용하거나 만족스러운 결과를 얻기 전까지 실험을 수없이 다듬을 필요가 있을지도 모른다. 계산은 심지어 고성능 컴퓨터에서 실행되더라도 긴 실행 시간을 가질 수 있다.

재현 가능 연구[VIII.5]의 현대적인 기준을 따르면 많은 곤란을 피할 수 있다. 이 연구는 프로그램, 데이터, 결과가 기록되고 문서화되도록 요구함으로써 독립적인 연구자에 의해 재현될 수 있는 결과가 나오도록 하고, 또한 동일한 저자에 의해 재현될 수 있는 것도 그만큼이나 중요하다.

3.4 정당화

정당화(validation)의 단계는 '우리가 옳은 방정식을 풀었는가?'라는 질문을 던지는 것과 연관된다. 이를 모형의 방정식들이 올바르게 풀렸는지 묻는 **검증**(verification)과 혼동해서는 안 된다. 검증은 순수하게 수학적인 질문인 반면, 정당화는 근본적인 물리학적 문제와 긴밀하게 연관된다. 모형으로부터 얻은 결과를 정당화하는 고전적인 방식은 그것을 실험 결과와 비교하는 것이다. 하지만 아직 설계 단계에 있는 기기나 구조의 모형화나 실험이 불가능할 수도 있기 때문에(가령 지구의 날씨) 그런 방식이 언제나 가능한 것은 아니다.

정당화는 그렇다 혹은 아니다라는 답을 내는 대신 모형이 실제 행동을 잘 예측할 수 있는 매개변수의 범위를 지정할 수도 있다.

그림 1이 반복된 단계처럼, 정당화는 모형을 반복적으로 다듬는 정제의 첫 단계일 수도 있는데 여기서는 첫 단계를 여러 번 수행할 때마다 현재 모형이 조정된다. 정제가 이루어질 수 있다고 가정하면, 가장 단순하면서 정제가 가능한 모형으로부터 시작해 최소한의 복잡성을 가진 유효한 모형을 점차 구성해 나가는 것에 대해 많은 이야기를 할 수 있다.

4 연구와 출판 전략

응용수학의 연구 문헌을 분석해 보면 연구를 위한 전략 목록을 구성하는 일부 공통적인 특징이 발견된다.

(i) 미해결 문제를 풀거나 이전 문헌에서 서술된 추측의 참이나 거짓을 증명하라.
(ii) 실전에 등장하면서 이전에 효과적으로 풀리지 않은 문제를 풀기 위한 방법을 고안하라. 현존하는 기법이 실용적이지 않은 아주 큰 차원의 문제는 좋은 사냥터이다.
(iii) 수렴성이 아직 완전히 이론화하지 않은 방법의 수렴성을 증명하라.
(iv) 이전에 알려지지 않은 몇몇 현상을 발견하고 설명하라.
(v) 결과나 알고리즘을 더 넓은 종류의 문제로 확장하고, 그럼으로써 새로운 통찰을 얻어라.
(vi) 현존하는 결과나 알고리즘을 새로운 통찰을 주는 방식으로 새롭게 유도하라.
(vii) 문제의 비용이나 오차에 대한 새로운 측도를 개발한 뒤, 그 기준에 대해 현존하는 알고리즘보다 더 나은 새 알고리즘을 유도하라. 예를 들어 알고리즘이 병렬 컴퓨터에 구현된다면 초등적인 연산 횟수로 계산 비용을 측정하는 전통적인 방식 대신, 데이터 이동의 비용 역시 포함하라.
(viii) 현존하는 방법에서 숨겨진 가정을 찾고 그것을 제거하라. 예를 들어 두 개의 2×2 행렬을 곱할 때 8번의 곱셈이 필요하다는 것은 자명해 보이지만, 슈트라센(Strassen)은 오직 7번의 곱셈이 필요하다는 것을 보였고(관련된 공식은 [I.4 §4]를 보라) 따라서 행렬 곱셈을 위한 점근적으로 빠른 방법을 유도했다.
(ix) 선호되지 않던 방법이 새로운 연구 결과, 문제 요구 사항, 하드웨어 발전을 다시 활용하면 경쟁력이 있음을 보임으로써 그것을 부활시켜라.
(x) 복잡한 물리적 과정에서 새로운 통찰을 얻을 수 있는 수학적 모형을 사용하라.
(xi) 해당 분야에서 새로운 과정이나 표준 등을 이끌 수 있는 물리적 현상에 관해 정량적인 예측을 할 수 있는 수학적 모형을 사용하라. 여기서는 다른 분야의 연구자들과 연구하는 것이 필수적일 수 있다.

오늘날 연구 결과를 출판하는 것은 그 어느 때보다 더 중요해졌다. 연구를 지원해 주는 곳은 연구가 성공적이었으며 그들이 연구를 보급하는 것을 도왔다는 증거로서 출판물을 보길 기대한다. 연구자와 연구소의 평가는 점점 논문이 받은 인용 횟수나 그것이 출판된 저널 순위와 같이 출판물과 관련된 측정 기준에 의존한다. 그러므로 다작으로 출판하는 것(가장 극단적인 경우, 연구를 '출판 가능한 가장 작은 단위'로 쪼갬)과 개수는 적지만 더 길고 사려 깊은 논문을 출판하는 것 사이에 갈등이 존재한다.

일반적으로 심사된 논문을 출판하는 전통적인 저널과 학회 기록물에 더해, 오늘날에는 연구소의 전자 논문 서버, 국제적인 아카이브(arXiv) 전자 논문 서비스, 개인적인 웹 페이지 등 심사되지 않은 원고를 볼 수 있는 곳이 많다. 블로그는 연구를 출판하는 또 다른 장소이며, 보통 일반적인 논문보다는 더 읽기 쉬운 방식으로 표현된 짧은 글의 형태를 취한다. 저널이 아닌 곳은 즉각적인 출판을 가능케 하지만 다양한 정도의 가시성과 지속성을 가진다.

저널과 책에 인쇄본으로만, 인쇄본과 전자본 모두로, 순수하게 전자본으로만 출판하는 것 사이의 균형은 과거 십여 년 혹은 그보다 오래전부터 변화하고 있고, 스마트폰이나 태블릿같이 손에 쥘 수 있는 기기의 출현은 발전을 가속시키고 있다. 비슷할 정도로 파급력이 있는 것은 오픈액세스(open-access) 출판을 향한 운동이다. 전통적으로 수학저널의 출판사는 저자가 논문을 출판할 때 비용을 청구하지 않고 기관이 저널을 구독할 때 비용을 청구했다. 최근 수 년 사이, 저자가 논문을 출판할 때 돈을 내면 논문이 모두에게 무료로 공개되는 새로운 구조가 도입되었다.

연구를 출판할 곳은 언제나 존재할 것이라 확신할 수 있지만, 미래에 그 장소가 취하는 형태가 어떻게 변화할지 예측하는 것은 힘들다.

I.6 응용수학의 역사

준 배로우-그린, 라인하르트 지그문트-슐츠
June Barrow-Green and Reinhard Siegmund-Schultze

그리고 혼합수학(Mixt Mathematikes)에 대해서 나는 오직 이런 예측밖에 할 수 없는데, 자연이 더욱더 밝혀짐에 따라 그것의 종류가 더 많이 나타나지 않기란 힘들 것이다.

프란시스 베이컨(Francis Bacon):
『학문의 발달과 진보(*Of the Proficience and Advancement of Learning*)』(1605)

1 서론

응용수학이란 무엇인가? 이것은 단순한 답이 없는 어려운 질문이다. 특히 제2차 세계대전 이후부터 과학의 안팎에서 거대하게 늘어난 수학의 응용은 이 문제를 더욱더 골치 아프게 만들었는데, 다른 분야와의 늘어나는 중첩과 응용되는 방법은 여기에 어려움을 더했고, 철학의 경계에 있는 문제들을 새로이 만들어 냈다.

수학의 거의 모든 부분은 잠재적으로 응용이 가능하다는 것을 기정사실로 하면, '응용수학'이라는 용어를 사회적 차별성이나 태도의 문제로서 주로 생각하는 수학자와 역사학자들이 있다. 수학자이자 중력 물리학자인 윌리엄 보너(William Bonnor)는 그런 사람 중 하나였고, '응용수학의 미래'에 관한 1962년의 강의에서 다음과 같이 말했다.

> 내가 이해하고 싶은 방식으로는, 응용수학이란 물리적이건 아니건 모든 주제에 대한 수학의 응용을 의미한다. 단, 수학은 흥미로워야 하고 결과는 자명하지 않아야 한다는 단서와 함께 말이다. 이런 관점에서 응용수학자란 그런 응용을 할 수 있도록 훈련된 사람이며, 언제나 결실 있는 응용이 가능할 것 같은 상황을 찾을 준비가 되어 있는 사람이다. 그런 면에서, 응용수학자는 **되다만**(manqué) 물리학자가 아니다. 따라서

나는 응용수학을 지식체계라기보다는 어떤 활동, 혹은 마음의 태도로서 바라본다.

모두가 보너에게 동의하지는 않을 것이다. 일부는 더 방법론적 접근을 취하며 응용수학을 '수학적 모형화'와 거의 동일시할 것이다. 다른 이들은 더 구체적이고 수학적인 마음을 가지고 있으며, 본질적으로 다른 것보다 다소 더 응용 가능한 수학의 일부가 있다고 주장한다. 우리는 보너의 정의가 호소력 있다고 보는데, 왜냐하면 그것은 수학적 연구 과정의 사회적 차원을 강조했고 응용수학의 개념에 대한 역사적 이해를 가능케 하기 때문이다.

'태도'가 중요하긴 하지만, 설령 질문 속 수학의 일부가 아직 완전히 논리적으로 정립되지 않았더라도 일반적인 진술(정리)을 목표로 하거나 사용한다는 의미에서, 응용수학은 어떤 정의로도 '진정한' 수학이어야만 한다. 사실, 수학의 응용 가능성은 그것의 '일반성(generality)'에 주로 바탕을 두며, 응용분야와의 관계에서 그것은 보통 '추상성(abstractness)'으로 나타난다. 이는 자릿수 수체계의 사용과 같은 비교적 초등적인 응용에도 적용된다.

수학은 심지어 초등적이지 않은 수준에서도 근사를 위한 알고리즘이나 기하학적 구성 같은 특정한 수단이나 성질들 덕에 응용이 가능했으며, 수학 자체 안에서도 응용은 언제나 존재했고 자연스럽거나 의도적인 응용을 이끌어 냈다. 한편, 세계적인 수학자인 존 폰 노이만(John von Neumann)이 1947년에 관찰한 대로, 순수수학에서는 많은 문제와 방법이 미학적인 이유로 선택되지만, 응용수학에서 고려하는 문제는 그 시대에 다급할수록 우선적이며, 방법의 선택은 대개 질문의 목표에 종속되어야 한다. 하지만 (보통 강한 정치경제적 의미를 가졌으며 여전히 그런 의미를 가진) 태도와 가치는 수학의 정확히 어떤 부분이 강조되고 발전되어야 하는지 결정하는 데 주된 역할을 해 왔다. 태도는 교육을 통해 장려되어야 하므로 이는 교육과 훈련에 커다란 책임감을 부여하며, 그 영역에서의 발전을 응용수학의 역사에 대한 중요한 주제로 만들어 준다.

당연히 최근의 현대적인 여러 응용은 미분방정식, 위상수학, 이산수학의 더 오래된 수학적 아이디어 그리고 정립된 표기법과 기호체계(행렬, 사원수(quaternion), 라플라스 변환(Laplace transform) 등)에 의존한다. 그리고 20세기의 전환기에 **적분방정식** [IV.4], 측도론(measure theory), 벡터와 텐서해석학 등에서의 중요하고 새로운 발전이 그런 아이디어에 추가되었다.

그러나 20세기 세 가지 주요한 과학 기술적 혁신이 응용수학의 개념을 변화시키고 동시에 확대시켰다. 그것은 대략적인 시간 순서로, 일반적이고 현대적인 의미에서의 수학적 **모형화**(modeling), **확률**(stochastics, 현대적 확률과 통계), **디지털 컴퓨터**이다. 세 가지 혁신은 그들 사이의 상호작용을 통해 응용수학을 재구성했다. 그것은 제2차 세계대전 이후에 주로 정립되었고, 그제서야 이전까지는 대개 '문제 서술과 계산'과 같은 덜 명료한 단어로 표현되던 활동에 대해 '수학적 모형화'라는 용어가 더 자주 사용되기 시작했다. 기본적으로 방법론으로 인식되었던 그 혁신에 더해, 전기공학, 경제학, 생물학, 기상학 등 몇몇 완전히 새로운 응용분야가 20세기에 탄생했다.

1914년에는 현대 응용수학의 선구자 중 하나인 카를 룽게(Carl Runge)조차 여전히 '그것을 경험과학에 적용할 때 여전히 순수수학으로 남아 있기 때문에 '응용수학'이라는 이름이 적절하게 선택된 것인지' 의심했지만, 위에서 나열된 세 가지 주요한 혁신은 수학, 그중에서도 특히 응용수학의 개념을 급격하게 변화시키고 확장했다. 그 혁신들 덕분에 수학과 공학의 경계에서 인공두뇌학, 제어 이론, 컴퓨터과학, 최적화 같은 현대적인 분야들이 모두 1940년대와 1950년대에 미국(위너(Wiener), 섀넌(Shannon), 댄치그(Dantzig))과 소련(안드로노프(Andronov), 콜모고로프(Kolmogorov), 폰트랴긴(Pontryagin), 칸토로비치(Kantorovich))에서 독립적으로 탄생할 수 있었고, 다소 적은 규모로 영국(튜링(Turing), 사우스웰(Southwell), 윌킨슨(Wilkinson)), 프랑스(쿠피냘(Couffignal)), 그 외 국가에서 탄생할 수 있었다. 혁신들은 또한 세기의 전환기에 유래했던 전기공학이나 공기역학 같은 '융합 분야'를 점차 변화시켰다. 공기역학의 경우, 제2차 세계대전 이후에 난류[V.21]를 통계적으로 설명하려는 시도가 갈수록 많아졌을 뿐 아니라, 계산 유체역학[IV.28]이 선호되어 공형사상[II.5]은 점차 그 중요성을 잃어버렸다. 경영과학(operations research) 내에서는 다양한 접근과 기법 (선형계획법, 최적화 방법, 통계적 품질 제어, 재고 제어, 대기열 분석, 네트워크 흐름 분석)과 함께 수학적 개념, 특히 수학적 모형이 전통적인 산업공학에서보다 더 강력한 발판을 얻었다.

주제에 대한 순수와 응용의 측면을 스스럼없이 결합하고, 다른 다양한 과학과 (물리학과 생물학) 공학의 분야를 밀접하게 연결시킨 한 가지 전형적인 현대 수학의 분야는 동역학계[IV.20] 이론이다. 푸앵카레(Poincaré), 랴푸노프(Lyapunov), 버코프(Birkhoff)의 최초 연구 이후 그 이론은 1960년대까지 망각 속에 가라앉았다. 이는 유행(부르바키(Bourbaki)의 수학을 향한 경향), 소산계(dissipative system)와 연관된 응용의 새로운 요구, 서부에서 부분적으로밖에 드러나지 않았던 러시아 학파를 통해 설명될 수 있다. 현대 계산장치의 등장과 함께 이런 분야의 판도는 극적으로 바뀌었다. 수학자들은 계산과 도식화할 수 있는 힘을 얻었고, 프랙탈과 같은 새로운 대상의 시각화가 가능해졌으며, 제어 이론[IV.34]이나 기상학과 같은 분야에서 정성적 응용뿐 아니라 정량적 응용이 급증하기 시작했다. 수학과 응용에 관한 철학적 논의 역시 이 분야로부터 풍부해졌으며, 대중은 혼돈[II.3], 급변(catastrophe), 자기조직화(self-organization) 따위의 표어와 맞닥뜨렸다. 하지만 다양한 문제들의 흐름이 수렴하고 그 주제의 현대적인 구체화를 이끈 과정은 복잡하다.

> 예를 들어, 1930년대 수학자 버코프(하버드 교수), '라디오의 대원로' 판 데르 폴(van der Pol, 필립스 연구소(Phillips Research Lab)), 소련 고르키의 '물리 [공학] 수학자' 안드로노프가 이끈 사회적 모임들이 가졌던 공통점이 무엇일 수 있는가? 1950년대 콜모고로프 학파와 레프셰츠(Lefschetz) 학파가 가졌던 공통점은 무엇인가? 이 역사에서 문제[들]을 야기하는 것은 다름 아니라 사회와 인식론적 지평의 이런 다양한 특징이다.
>
> 오뱅(Aubin)과 더핸(Dahan)(2002)

세 가지 혁신이 행했던 역할은 오늘날에도 크게 줄어들지 않고 계속되며, 그것은 예를 들어 산업수학에 관한 미국 산업응용수학회(Society for Industrial and Applied Mathematics, SIAM)의 2012년 기록으로 증명된다.

> 회사와 산업에 고용되는 모든 수학적 과학자 중 거의 절반이 통계학자이다. 두 번째로 큰 집단은 응용수학을 전공한 이들이다. 1996년 설문조사와 비교했을 때, '모형화와 모의실험'이 그들 직장에서 중요한 학문적 전공 분야라 대답한 졸업생은 더 줄어든 반면 '통계'라 답한 사람은 늘어났다. 프로그래밍과 컴퓨터 능력은 직장을 새로 얻을 때 여전히 가장 중요한 기술적 능력이다.

SIAM 기록에서 통계와 응용수학을 구별한 것은, 가령 대학들이 분리된 통계학과를 가진 것처럼 관습이나 제도적 경계에서 일부 기인했다. 전체 책과 이 글에서도 그런 구분을 어느 정도 따르긴 하지만, 응용에서 확률과 통계의 중대한 역할에는 의심의 여지가 없다. 예를 들어, 몬테카를로 방법(Monte Carlo method)에 대해 생각해 볼 수 있다. 이것은 1940년대 로스 앨러모스에서 스타니스와프 울람(Stanislaw Ulam)과 폰 노이만에 의해 만들어졌고, 니콜라스 메트로폴리스(Nicholas Metropolis)에 의해 계속 발전했다. 이 방법은 현재 수치적분, 최적화, 역문제를 포함한 서로 다른 광범위한 배경에서 사용된다. 그뿐만 아니라 생물학과 물리학적 응용에서 확률과 모형화를 결합한 것은 예컨대 칼 피어슨(Karl Pearson)의 상관계수(correlation coefficient)나 베르너 하이젠베르크(Werner Heisenberg)의 불확실성 원리(uncertainty principle)에서 알 수 있듯이, 과학이 확고한 인과관계를 포기하게끔 하는 데 기여했다. 그러나 1960년대 말에 이르러 특히 복잡한('혼돈적(chaotic)') 동역학계 연구와 관련해, 무질서의 본질을 이해하도록 도와주는 확률의 한계는 명백해졌다. 그럼에도 일기예보를 위한 확률 모형을 포함해, 응용과 관련된 거대한 이론의 개발에서 확률은 여전히 중요한 역할을 하고 있다.

1.1 더 많은 주제와 몇 가지 한계

확률을 한편에 치워 놓는 것은 이 글의 몇 가지 한계 중 하나이며, 그 한계는 공간과 시간의 부족은 물론 더 일반적인 방법론을 고려한 결과이다. 또 다른 한계는 SIAM의 이름 자체에서도 드러나듯 응용수학과 분리하고 있는 산업수학과 관련되는데, 이 둘 사이에 특히 응용에 대한 태도의 훈련과 발전에 있어 명백한 연관성이 있음에도 그러하다. 산업수학은 순전히 산업적 요구에서 유래한 20세기 초의 배경을 넘어서기 위해 변하고 있으며, 무엇보다 확장되고 있다는 것을 이해한다면 이 연관성은 더욱더 뚜렷해진다. 오늘날 산업수학은 정립된 하나의 하위 분야이며, 산업의 직접적이고 즉각적인 관심사를 모형화하는 것으로 대강 설명되는데, 일부는 산업적 환경에서, 일부는 학문적 환경에서 수행된다.

수치적이거나 기하학적인 모든 도구와 그것에 내재된 수학 원리들을 아우르는 수학적 도구의 역사는 우리가 거의 완전히 빼버린 또 다른 주제이다. 이런 측면에서 우리가 가장 깊이 다루는 것은 기껏해야 수학계산표 프로젝트(mathematical tables project)

의 역사에 대한 일부 논의 정도이다. 응용수학의 발전(과 재원)에 중요한 격려가 되었고 앞으로도 계속 자극이 될, 현대 컴퓨터계산과 소프트웨어 발전(코타다(Cortada)의 훌륭한 참고 문헌에서 다루어진)의 기술적 기반 역시 여기서 다루는 한계에 해당한다. 2000년에 미국《계산응용수학저널(*Journal of Computational and Applied Mathematics*)》은 계산 능력의 증가 중 절반은 개선된 알고리즘 덕분이며 남은 절반은 계산 하드웨어 속도의 증가 덕분이라고 추정했다. 계산 기술은 급격하게 발전하고 있으며, 기업들은 고성능 계산[VII.12]을 더욱더 공격적으로 사용하고 있다.

이 글에서 수학이 응용되는 분야들, 이를테면 (순수)수학, 과학, 공학, 경제와 금융, 산업, 군사 중 무엇이든 그 자체에 대한 자세한 논의는 수많은 이유로 부재하는데, 현실적이고 방법론적인 이유와 더불어 특히 그 분야들이 가진 특수한 조건의 거대한 다양성 때문이다.

특히 군사에서 수학의 역할에 영향을 주었는데, 우리는 그에 대해 여기저기서 조금 언급만 하고 체계적으로 논의하지는 않을 것이다. 제1차 세계대전 중의 수학에 관한 문헌에는 여전히 상당한 누락이 있는 반면(일부는 전쟁 100주년을 맞아 정리한 출판물에서 채워지긴 했지만), 제2차 세계대전의 수학에 대해서는 구할 수 있는 서적이 더 많다. 그 이유로 해당 수학 분야의 역할이 커지고 있다는 사실을 무시할 수는 없다. (이 글에서 다루는 것 이상을 보기 위한 좋은 시작점으로서 부스-바븐벡(Booß-Bavnbek)과 회럽(Høyrup)의 책(2003)을 추천한다.)

여기에서 미처 폭 넓게 다루지 못한 또 다른 주제는 수학 응용에 관한 철학적 고찰의 역사이다. 이는 특히 '수학적 모형화'라는 개념을 문제 서술의 의미로서 취할 때 그러하다.『옥스퍼드 백과사전(*Oxford Encyclopedic Dictionary*)』(1996)에 따르면 수학적 모형의 새로운 개념은 1901년에 통계적인 맥락에서 처음 사용되었다. 거의 비슷한 시기에, 프랑스의 물리학자이자 철학자인 피에르 뒤앙(Pierre Duhem)은 영국 물리학자들이 여전히 '모형(model)'이라는 용어를 오직 재료, 역학, 시각화 가능한 모형에서의 구시대적인 좁은 의미로만 쓴다고 비난했다. 뒤앙은 이론과 어떤 다른 진술들의 집합 사이의 관계를 표현할 때 '유사(analogy)'라는 단어를 선호했다. 특히 1980년대부터 '수학적 모형화'가 현저히 증가하며, 다양한 문헌에서 대개 철학적 취향과 함께 수학의 특수성을 하나의 언어로서, 추상적인 통일체계로서, 다양한 과학-사회적 응용 영역에 대한 개념과 원리의 원천으로서 논의했다. 또 다른(관계가 없는 것은 아니지만) 응용수학 철학에서의 발전은 수학 전반에 걸쳐 알고리즘 측면의 중요성이 늘어난다는 것을 고찰한다. 1980년대 계산과학이 떠오르면서, 필립 키처(Philip Kitcher)와 토마스 티모츠코(Thomas Tymosczko) 같은 몇몇 '독단적인' 수리철학자들이 등장한 것은 전혀 우연이 아니다. 그들은 단순한 응용 이상의 것을 의미하는 '수학적 실용(mathematical practice)'의 개념을 도입했다. 독단적 전통의 한 가지 특징은 수리 논리를 수리철학의 규범으로 삼고자 하는 열망, 20세기 수리철학의 대부분을 지배했던 그 열망에 대항했다는 것이다. 그러한 변화는 수학자들(가령 필립 데이비스(Philip Davis)와 르벤 허시(Reuben Hersh))과 철학자들(임레 라카토스(Imre Lakatos)와 데이비드 코필드(David Corfield)를 포함한) 모두로부터 영감을 얻었는데, 그들은 수학자의 실제 연구 과정, 혹은 그들이 종종 '진짜 수학'이라 불렀던 것에 주로 흥미를 가졌다. 한편, 수학적 실용에 대한 철학적 논의는 전문화되고 근본주의적 전통과 다시 연결되었다. 그것은 예컨대 '왜 수학은 응용 가능한가?'나 '수학의 증가는 합리적인가?' 같은 '큰 질문'의 시기상조인 논의를 보통 피했으며, 대신 시각화, 설명, 방법의 순수성, 수학에서 컴퓨터과학 사용의 철학적 측면 등 포괄적 의미에서 수학적 실용의 주제로 그 노력을 제한했다. 수학적 실용의 철학에 관한 더욱 최근 발전을 요약한 것은 만코수(Mancosu)의 책(2008) 서론에서 찾을 수 있다.

불행히도 이 글은 인물 전기의 자세한 내용에 아주 적은 공간만을 할애했으며, 따라서 아르키메데스(Archimedes), 프톨레마이오스(Ptolemy), 뉴턴(Newton), 오일러(Euler), 라플라스(Laplace), 가우스(Gauss) 같은 응용수학의 훌륭한 역사적 영웅들에게 경의를 표할 수 없다. 또한 순수수학이 응용수학으로 전환되는 과정을 적을 공간도 없는데, 이 과정은 개인의 모든 발자취가 수학 세계의 발전과 함께 했던 알렉산드르 오스트롭스키(Alexander Ostrowski), 존 폰 노이만(John von Neumann), 솔로몬 레프셰츠(Solomon Lefschetz), 랄프 파울러(Ralph Fowler), 개릿 버코프(Garrett Birkhoff), 데이빗 멈퍼드(David Mumford) 같은 이들에 의해 이루어졌다. 어떤 경우에도 어떤 방식으로 전기를 넣든, 그것이 가장 좁은 의미에서의 수학자들로만 한정될 수는 없다. 1941년 《미국월간수학(*American Mathematical Monthly*)》의 산업수학에 관한 영향력 있는 보고서에서 손튼 프라이(Thornton Fry)는 '수학의 편재성과 수학자 수의 적음을 대조'하여 언급했다. 사실 역사적으로, 공학자였던 테오도르 폰 카르만(Theodore von Kármán), 리하르트 폰 미제스(Richard von Mises), 루트비히 프란틀(Ludwig Prandtl), 올리버 헤비사이드(Oliver Heaviside), 물리학자였던 월터 리츠(Walter Ritz), 알렉산드르 안드로노프(Aleksandr Andronov), 코넬리우스 란초스(Cornelius Lanczos), 베르너 롬베르크(Werner Romberg), 산업수학자였던 발타사르 판 데르 폴(Balthasar van der Pol) 등은 어떤 기준으로도 따져도 응용수학에서 막대한 역할을 했다. 추가로, 가스파르 몽주(Gaspard Monge), 펠릭스 클라인(Felix Klein), 마우로 피코네(Mauro Picone), 블라디미르 스테클로프(Vladimir Steklov), 버니바 부시(Vannevar Bush), 존 폰 노이만(John von Neumann) 같은 응용수학의 몇몇 선구자들은 정치적 관계를 적극적으로 이용했다. 따라서 비과학자들, 특히 정치가들의 활동은 응용수학의 발전에 부분적인 역할을 했다. 응용수학의 전체 역사에 대해서는 수학자, 물리학자, 공학자, 군인, 경영자, 정치인, 수학을 달리 응용하는 사람들이 가진 관심사의 구체적인 상호작용이 분석되어야 하는데, 그러한 작업은 이 글의 범위를 한참 벗어나는 것이다.

일반적으로 개별적 개념과 응용수학의 방법에 대한 역사적 유래는, 대개 수 세기에 걸친 역사를 가지고 있으며 여기에서 그 흔적을 좇지는 않는다. 이 책의 글들은 보통 주제와 관련된 상세한 역사적 정보를 포함한다. 그러므로 이 글은 전반적으로 더 넓은 방법론적 경향성과 19세기 초부터 응용수학에서 일어난 제도적 발전에 초점을 맞춘다.

1.2 시대화

응용의 관점에서 수학의 역사는 대략적으로 5개의 주요한 시대로 나눌 수 있는데, 각각은 응용수학의 질적으로 다른 수준들을 보여 주며, 그중 처음 두 시대는 응용수학의 선사시대에 속한다고 간주할 수 있다.

(1) 대략 기원전 4000년 - 서기 1400년. 수학적 사고의 등장과 함께 이론수학이 자연스러운 응용과 함께 정립.

(2) 대략 1400년 - 1800년. 17세기 과학혁명을 중심으로 한 '혼합수학'의 시대이며 추가로 18세기(오일러에 의해 주도된) '합리적 역학(rational mechanics)'을 포함.

(3) 1800년 - 1890년. 산업혁명부터 주로 2차 산업(혹은 과학기술)혁명으로 불리는 것이 시작되기까지의 응용수학. '응용수학'의 용어와 개념이 점차적으로 정립. 프랑스와 영국이 응용수학을 주도했고, 독일은 순수수학에 더 초점을 맞춤.

(4) 1890년 - 1945년. 이른바 응용이 부활한 시기이며 수학이 점차 국제화됨. 새로운 응용 분야(전기통신, 항공, 경제학, 생물학, 심리학)의 출현과 함께 특히 수학적 모형화 및 통계와 관련된 새로운 방법의 개발.

(5) 1945년 - 2000년. 필연적으로 산업수학 및 고속 디지털 계산과 연결되며 새로운 수학 초강대국인 미국과 소련이 이끌었던, 제2차 세계대전 이후 현대의 국제화된 응용수학.

응용수학의 추가적인 세부 시대를 틀림없이 적어도 2개 더 뽑을 수 있을 것이다. 오일러의 '합리적 역학'과 함께한 18세기, 그리고 1980년대부터 출현한 컴퓨터과학과 함께 수반된 현 시대의 기술혁명으로 말이다. 하지만 이들 세부 시대 중 아래에서 상당히 더 자세하게 설명될 첫 번째에서는, 수학이 제도적으로나 그것의 목표와 가치에 있어서나 아직 하나의 분야로서 완전히 정립되지 않았고, 그래서 순수와 응용적 측면을 구별하는 것이 수월하지 않다. 2개의 세부 시대 중 두 번째의 경우, 우리는 현 시대의 기술혁명은 워낙 최근이라 적절한 역사적 설명으로부터 벗어나 있다고 믿는다. 게다가 제2차 세계대전은 특히 제도화(저널, 연구소, 전문화), 물질적 기반(정부 재정 지원, 컴퓨터, 산업), 그리고 이에 못지 않은 미국을 향한 수학자들의 엄청난 이민을 통해 수학 전반에 강한 반향을 일으켰고, 이는 순수수학과 응용수학 모두에 대한 전 세계적인 발전의 분수령으로 간주할 수 있다. 그러나 제임스 프라우엔탈(James C. Frauenthal)이 1980년에 그가 컴퓨터의 발명이 가져온 응용수학의 '혁명적인' 변화를 어떻게 생각하는지 적었던 《SIAM 뉴스(*SIAM News*)》의 사설에서 했던 극적인 예상, 곧 2025년까지 '오늘날 우리가 알고 있는 순수수학을 연구하는 시설 중 오직 일부만 남아 있을 것이다'는 시기상조인 것처럼 보인다.

2 산업혁명 이전의 수학

기원전 4000년 무렵 수학적 사고가 등장한 이래, 메소포타미아, 이집트, 고대 그리스 문명과 이슬람 아랍 세계를 포함한 고대로부터 르네상스(대략 서기 1400년)의 시작에 이르기까지, 응용은 다양한 사회, 기술, 철학, 종교적 필요성의 결과로서 나타났다. 기원전 500년 무렵 그리스식 수학 증명이 나타나기 훨씬 전에도, 회계, 농업 측량, 필사 학교에서의 교육, 종교의식, (다소 나중에) 천문학을 포함한 수학의 응용 분야가 다양한 문화에서 존재했다. 실용적 연산, 기초 기하학, 초등 조합론, 근사(가령 π), 이차 방정식 풀이는 당시 사용되었던 방법 중 일부이다. 측정 막대기, 컴퍼스, 눈금자, 매듭지은 밧줄, 셈 막대기, 주판 등 간단한 측정 도구와 계산장치를 포함한 도구도 사용되었다.

6개의 고전과학인 기하학, 산술, 천문학, 음악, 정역학, 광학은 고대 그리스 시대부터 존재했으며 수학적 이론에 기초했는데, 당시 그리스 단어 '매스마타(mathemata)'는 가르치고 배울 수 있는 모든 것을 폭넓게 지칭했다. 첫 4개의 고전과학은 피타고라스-플라톤 전통에 따라 4개 학과로 이루어졌다. 따라서 음의 조화(응용산술), 천문학(응용기하학)의 이론은 역사적으로 가장 오래된 응용수학의 두 분과로 간주할 수 있다. 고대 그리스에는 아르키메데스(정역학, 유체 정역학, 역학)와 프톨레마이오스(천문학, 광학, 지질학)라는 걸출한 2명의 응용수학자가 있었다. 중세 시대 초기부터 콤푸투스(Computus, 계산의 라틴어), 즉 부활절 날짜를 처음에는 율리우스력으로 나중에는 그레고리력으로 계산하는 것이 유럽에서 가장 중요한 계산으로 인식되었다. 중세 시대, 그중에서도 특히 17세기부터는 이슬람과 인도 수학자들에 의해 대수적 계산법과 삼각법이 발전했고, 더 넓은 응용의 기반과 상당한 이론적 발전을 이루면서 유럽 수학에 중대한 결과를 가져왔다. 특히 주목할 것은 피사의 레오나르도(Leonardo of Pisa, 피보나치(Fibonacci))가 쓴 『신반서(*Liber Abaci*)』(1202)인데, 그 시기 수학의 가장 폭 넓고 중요한 응용 중 하나인 십진 자릿수 체계가 유럽에 점차적으로 도입될 것임을 예고했다. 중국의 수학은 그 당시 다른 문화로부터 더욱 고립된 채로 남았는데, 기독교적 스콜라주의 내부에서의 몇몇 발전과 함께 역사적인 탐구가 추가로 필요한 주제이다. 초기의 응용은 상대적 소수이고 주제에 제한이 있기는 하지만, 이론수학의 단순히 부산물이 아닌 이론수학의 등장을 위한 더 의미 있고 역사적으로 중요한 뿌리로 간주한다.

15세기 초기부터 18세기 말까지, 수학의 응용은 십진법의 보급, 기호 대수학의 등장, 투시 이론, 함수적 사고(데카르트의 좌표계), 미적분학, 자연철학(물리학)에 성공적으로 바탕을 두었다. 16세기 독일의 아담 리에스(Adam Ries) 같은 전문적인 '계산의 달인'에 의한, 십진법을 포함하는 실용적 산수의 교육은 수 세기 동안 안건으로 남아 있었다. 한편, 독일의 공학자인 시몬 스테빈(Simon Stevin)의 1585년 책에서 십진 소수에 관한 체계적인 논의가 처음으로 등장했다

이 기간 동안 사회의 새로운 요구와 연관되어, 건축학, 탄도학, 항해학, 동역학, 수력학을 비롯해 수학과 공학의 요소들을 결합한 다양한 융합 분야가 등장했다. 그들은 적어도 부분적으로는 중세 시대

에서 기원한 것으로 추정된다. 예를 들어, 14세기 스콜라 해석의 일부 결과로서 국소적인 운동의 주제는 일반적인 질적 변화에 대한 전통적인 철학적 문제로부터 분리되었고, 따라서 그 자체가 독립된 연구 주제가 되었다.

다양한 융합 학문을 두루뭉술하게 표현한 '혼합수학(mixed mathematics)'이라는 용어는 이탈리아 사람인 마르실리노 피치노(Marsilio Ficino)가 15세기 플라톤의『국가(*Republic*)』에 주석을 달며 도입한 것으로 보인다. 영국에서는 이 용어가 1605년에 프란시스 베이컨에 의해 처음 쓰였다. 존 디(John Dee)는 유클리드『원론(*Elements*)』(1570)의 첫 영어 번역인 그의『수학 서문(*Mathematicall Præface*)』에서 '평면도(groundplat)' 혹은 '과학과 예술의 수학(sciences and artes mathematicall)'의 계획을 세웠는데, 여기에는 천문학과 점성술이 포함된다. 원래 그리스 단어의 넓은 의미 때문에, 라틴어 이름 '매스마티쿠스(mathematicus)'는 그런 융합 분야 중 하나라도 속하는 거의 모든 유럽의 현역 종사자나 숙련공에게 사용되었다. 1716년이 되어서야, 철학자 크리스티안 볼프(Christian Wolff, 라이프니츠의 지지자)는 그의 영향력 있는 저서『수학 사전(*Mathematisches Lexicon*)』에서 '매스마티쿠스'의 모호한 사용을 개탄했는데, 그는 그것이 수학의 역할을 감소시켰다고 생각했기 때문이었다.

혼합수학을 넘어서서, 심지어 부분적으로는 고전과학의 수학적 정신에 반하기까지 하는(혼합수학의 미래에 관한 베이컨의 인식은, 인용구에도 표현되었듯이 순수수학에 대한 어떤 불신과 함께한다) 새로운 베이컨 과학의 등장(자기학, 전기학, 화학 등)은 체계적인 실험 방법들이 탄생했다는 신호였다. 그것들은 갈릴레이, 데카르트, 하위헌스(Huygens), 뉴턴, 그리고 다른 과학혁명의 선구자들 손에 의해 혼합수학과의 공생에 이르렀다. 그들의 연구를 이끌었던 것은 수학과 역학적 정확성 사이에는 근본적인 연결성이 있다는 생각이었다. 하지만 수학의 전통과 베이컨 과학 사이는 19세기 이전까지 어떤 뚜렷한 것으로 분리되어 있었다.

그림 1 프란시스 베이컨이 위대한 미래를 예측했던 '혼합수학'을 언급하고 있는,『*l'Encyclopédie*』(1769)의 제2권의 부록에서 등장한 달랑베르(J. le R. d'Alembert)의 〈Système des Connoissances Humaines〉를 그림으로 표현한 것의 일부.

영어권에서 '수학의 응용'에 대해 이야기하는 것은 최소 17세기부터 흔한 일이었지만(예를 들어 아이작 배로우(Isaac Barrow)와 다른 이들의 논문에서), '혼합수학'의 후계자로서 '응용수학('응용'을 형용사로서)'이라는 용어를 도입한 것은 명백하게 18세기 이후였다. 그 이름은 볼프의 1716년 사전에서 'angebrachte Mathematik('angebracht'는 대략적으로 '부착된'이라는 의미가 약간 있는 '응용된'이라는 뜻을 가짐)'라는 독일어로 처음 나타난 것으로 보

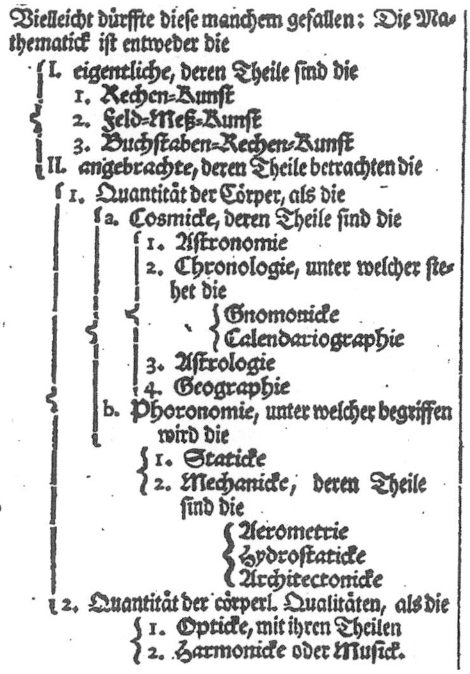

Vielleicht dürffte diese manchem gefallen: Die Mathematick ist entweder die
I. eigentliche, deren Theile sind die
1. Rechen-Kunst
2. Feld-Meß-Kunst
3. Buchstaben-Rechen-Kunst
II. angebrachte, deren Theile betrachten die
1. Quantität der Cörper, als die
a. Cosmicke, deren Theile sind die
1. Astronomie
2. Chronologie, unter welcher stehet die
Gnomonicke
Calendariographie
3. Astrologie
4. Geographie
b. Phoronomie, unter welcher begriffen wird die
1. Staticke
2. Mechanicke, deren Theile sind die
Aerometrie
Hydrostaticke
Architectonicke
2. Quantität der cörperl. Qualitäten, als die
1. Opticke, mit ihren Theilen
2. Harmonicke oder Musick.

그림 2 체들러(J. H. Zedler), 『*Universallexicon*』(1731-1754).

Anfangsgründe
der
angewandten
Mathematik
abgefaßt
von
Abraham Gotthelf Kästner
Der Math. und Naturl. Prof. der Kön. Ges. der Wiss. zu Göttingen; der Kön. Schwed. und Preuss. Akad. der Wiss. der Erfurtischen Churf. Ges. nützl. Wiss. des Bononischen Instituts; der Perusinischen Academiae Augustae, der Jenaischen latein. und teutschen und der Leipziger deutschen Gesellschaft, und Ges. der freyen Künste Mitgliede.
Der mathematischen Anfangsgründe
zweyter Theil.
Göttingen
In Verlag der Wittwe Vandenhoek
1759.

그림 3 케스트너(A. G. Kästner), 『*Anfangsgründe der Angewandten Mathematik*』(1759).

인다. 이 표현은 2년 뒤에 요한 프리드리히 바이들러(Johann Friedrich Weidler)의 교과서 『*Institutiones mathematicae*』(1718)에서 라틴어 'Mathesis applicata quam nonnulli mixta appellant'로 나타났다. 요한 하인리히 체들러(Johann Heinrich Zedler)는 그의 저서 『*Universallexicon*』(1731-1754)에서 볼프를 따라 'angebrachte Mathematik(그림 2)'의 일부를 자세히 분류했다.

'응용수학'은 1759년에 최초로 책의 표제지에서 등장했는데, 아브라함 고텔프 케스트너(Abraham Gotthelf Kästner)의 수학교과서 『*Mathematische Anfangsgründe*』(수학원론)의 제2권에서 쓰인 'Angewandte Mathematik'이 그것이다(그림 3). 독일의 철학자 칸트(Kant)는 1763/64년 그의 『*Berlin Preisschrift*』에서 '응용수학'이라는 용어를 사용했다. 나중의 것은 1798년에 영어로 번역되었고, 『옥스퍼드 영어사전(*Oxford English Dictionary*)』에 따르면 응용수학이 처음으로 영어에 등장한 곳은 바로 그 번역이었다. 한편 프랑스에서는 '혼합수학(mathématiques mixtes)'이 여전히 사용되었는데, 유명한 디드로(Diderot)와 달랑베르(d'Alembert)의 『*Encyclopédie*』(1750, 그림 1)나 심지어 몽투클라(J. E. Montucla)의 『*Histoire des Mathématiques*』(1798-1802) 제2판에서도 찾을 수 있다.

18세기 계몽의 시대가 응용수학의 역사에서 특별한 위치를 차지한다는 것에 의심의 여지가 없다. 특히 이 시기는 미적분학의 발명(뉴턴, 라이프니츠)에 기초한 이른바 합리적 역학을 통해 17세기의 자연철학과 19, 20세기의 수리공학 및 물리학을 연결하는 다리 역할을 했다. 이 시기는 6명의 인물이 주도했다. 그들은 유명한 스위스 베르누이(Bernoulli) 가문의 3인(형 야코프(Jakob, 제임스(James))와 요한(Johann, 존(John)), 그리고 요한의 아들 다니엘(Daniel)), 알렉시-클로드 클레로(Alexis-Claude Clairaut), 장 달랑베르(Jean d'Alembert), 틀림없이 그 누구보다 다작을 했던 레온하르트 오일러(Leonhard Euler)이다. 당시 응용수학의 지배적인 역할은 아마도 유명한 과학 아카데미들, 그중 특히 파리 아카데미가 주최한 논문상의 주제로 가장 설득력 있게 설명할 수 있을 것이다. 파리에서 정해진 주제들로는 돛대의 최적화된 배치(1727), 달의 움직임(1764/68), 목성 위성들의 움직임(1766), 3체 문제(three-body problem, 1770/72), 달의 경년 변동(secular perturbation, 1774), 혜성 궤도의 변동(1776/78/80), 팔라스(Pallas) 궤도의 변동(19세기가 시작할 때), 열전도의 문제(1810/12), 액체에서 음파의 전달(1816) 등이 있다. 오직 가끔씩, 그것도 대부분 후세기에야 순수수학의 문제가 경연에서 제시되었는데, 그 질문으로는 다면체 이론(1810)과 페르마 문제(Fermat problem, 1816)가 있다. 파리상을 12번 수상했던 오일러 역시도 1847년이 되어서야 처음 출판된 그의 1741년 수필 '고등 수학의 유용성에 관하여(On the utility of higher mathematics)'를 쓰며 계몽 시대의 실용적 분위기를 지지했다. 골드스타인(Goldstine, 수치해석학의 선구자이자 역사가)에 따르면,

> 오일러는 현대 수치해석학의 사실상 모든 주제에서 아무리 못해도 기초는 닦아 놓았다. 그 연구에는 미분방정식의 수치적 적분을 위한 기본 개념도 포함된다. 게다가 달에 관한 그의 이론이 발전하여 달의 위치를 정확히 계산할 수 있게 되었는데, 이로써 대영제국의 항해력(Nautical Almanac)이 가능하게 되었다.
>
> 골드스타인(1977)

오일러의 영향력을 보여 주는 전형적 예시는 1894년과 1895년 《*Mathematische Annalen*》에 등장했던, 미분방정식의 수치적 해에 관한 카를 룽게의 처음 2개의 논문이다. 두 번째 논문은 다항사슬을 통한 근사의 최초 예시를 찾을 수 있는 오일러의 『*Introductio in Analysin Infinitorum*』(1748)과 직접적으로 관련된다. 오일러의 800개가 넘는 출판물에서 3분의 2는 다양한 정도로 추상화된 역학에 속한다. 저명하고 논쟁적인, 연속체역학의 연구자이자 역사가인 클리퍼드 트러스델(Clifford Truesdell)은 오일러, 달랑베르, 베르누이 가문이 뉴턴 역학에 불러온 혁신들을 모형화와 수학적 방법 둘 모두의 측면에서 추적하고 설명했는데, 그 설명은 경험에 의존하였으며, 체계적인 실험을 통하지는 않았다. 철학적인 이성의 시대를 분명히 암시하며, 그는 그런 혁신들을 '합리적 역학'이라 불렀다. 당시에 이 용어는 가끔 더 넓은 의미로 사용되었지만 트러스델에게는 더 한정적으로 수학적 역학만을 의미했다(트러스델, 1960). 뉴턴이 그의 『프린키피아(*Principia*)』(1687) 서문에서 사용했던 용어인 합리적 역학은 이미 그리스 고대부터 알려져 있던 역학의 두 전통 중 하나인데, 즉 '입증을 통해 정확하게 나아가는' 것이다(다른 하나는 실용적 역학이다). 뉴턴에게 이런 의미의 합리적 역학은 자연과학의 핵심이었다. 트

러스델은 오일러나 그와 비슷한 정신을 가진 수학자들이 단순히 체계적으로 뉴턴과 라이프니츠의 새로운 미적분학을 사용했기 때문에 이론역학 그 자체에 실질적으로 기여한 바가 전혀 없다는 관점(예를 들어, 실증철학자 에른스트 마흐(Ernst Mach)에 의해 제안된)에 반대했다. 오늘날의 역사가들은 보통 수학(예컨대 라이프니츠 미적분학에서 특정한 기하학적 요소를 제거한 것)과 물리학(예컨대 힘과 운동의 관계를 자세하게 탐구하는 것)의 개념적 발전이 모두 오일러의 연구에서 이루어졌음을 강조한다. 1960년에 트러스델이 오일러의 합리적 역학은 응용수학이 아니라고 단언한 것은, 아마도 그것의 즉각적인 유용성의 결여와 함께 '수리물리학자'로서 오일러의 역할 때문일 것이다.

수학의 새로운 분야 가운데에는, 예를 들어 1740년대 후기에 진동하는 실을 분석하며 오일러와 달랑베르에 의해 성공적으로 응용된 편미분방정식(최초의 예시는 1734년 오일러의 연구에서 나타난다)이 있다. 오일러는 1744년 그의 『*Methodus inveniendi*』에서 베르누이 형제들의 연구 중 **최속강하선 문제**[IV.6 §1]를 푸는 전통으로 다시 돌아갔다. 그는 나중에 조제프 루이 라그랑주(Joseph Louis Lagrange)와 다른 이들에 의해 발전된 변분법의 표준을 세웠다. 부분적으로 달랑베르에게 영향을 받았고 다니엘 베르누이의 1738년 『*Hydrodynamica*』를 확장한, 점성에 대한 용어가 아직 없던 유체역학에서의 오일러 방정식(1755)은 특히 그것의 비선형성 때문에 다음 세대의 수학자들에게 도전으로 남았다. 오일러는 그 이전의 달랑베르와 마찬가지로, 그의 유체역학 방정식으로부터 실제 실험과의 비교에 적합한 단 하나의 새로운 결과도 만들어 낼 수 없었다.

우리의 의견으로(트러스델로부터 조금 벗어나서) 합리적 역학은, 나중에서야 평가하는 것이지만, 현대적 의미에서 응용수학의 거의 모든 특성을 다룬다. 그러나 이미 지배적이었던 당시의 실용적 환경에서 그것은 수학의 최정점이었다. 달랑베르가 때때로 몇 번 언급하기는 했지만, 합리적 역학은 그 후 거의 혼합수학으로 생각되지 않았다. 그 시대에 혼합수학이라는 용어는 수학적인 깊이가 덜한 공학역학(베르나르 포레스트 드 벨리도르(Bernard Forest de Bélidor)와 샤를-오귀스탱 드 쿨롱(Charles-Augustin de Coulomb) 등)이나 응용의 다른 분야에 더 자주 사용되었다.

18세기 말에 이르러, 특히 1788년에 처음 등장한 『*Méchanique Analitique*』의 저자이자 베를린의 오일러 후계자인 라그랑주에 의해 만들어진 추가적인 수학체계는 수학 및 가능한 응용이라는 측면에서 합리적 역학의 범위를 상당히 축소시켰다(여전히 연속체 역학을 포함하긴 했지만). 1770년대 후반부터 천체, 지구역학, 확률론을 개척한 비범한 인물인, 파리의 피에르-시몽 라플라스(Pierre-Simon Laplace)는 프랑스의 중요한 응용수학 대부분, 예컨대 다음 세기에 이루어진 푸아송(Poisson), 푸리에(Fourier), 코시(Cauchy) 등의 연구의 시초였다. 우리는 라플라스(생성함수, 차분방정식)와 동시대의 위대하고 더 젊었던 괴팅겐의 카를 프리드리히 가우스(Carl Friedrich Gauss, 수치적분, 소거법, 최소 제곱법)에게 현대 수치해석학 대부분의 토대를 빚지고 있다. 그들 연구의 일부는 중복되며 (보간법) 일부는 앙드리엥-마리 르장드르(Adrien-Marie Legendre, 최소 제곱법)에 의해 보완되었는데, 그런 세부적인 내용은 골드스타인의『수치해석학의 역사(*A History of Numerical Analysis*)』에서 살펴볼 수 있다.

3 19세기의 응용수학

산업혁명과 계속된 국가 건설의 시기인 1800년쯤에, 정부의 자금 지원과 정치 사상적 뒷받침(프랑스의 혁명, 독일의 신인문주의)은 (주로 교육과 저널을 통해) 하나의 학문 분야로서 수학에 대한 새로운 인식의 수준을 이끌었다. 이전의 오래된 순수/혼합 수학의 분기는 프랑스와 독일에서(영국에서는 아직 아니었지만) 순수/응용으로 대체되었다. 1800년 이전에는 오직 합리적 역학과 함께 응용수학만이 후원자의 지원을 받았다면, 1800년쯤에는 이제 수학 전부가 지원과 관심을 받기 시작했다는 것이 주요한 차이점이었다. 그리고 다소 역설적이게, 역사적 배경으로서 산업혁명의 일반적인 중요성에도 불구하고 처음에 더욱더 체계적인 국가의 지원을 받은 것은 순수수학이었다. 사실 19세기의 대부분 동안 수학은 공학이나 산업적 환경에서 강하게 나타나지 않았다.

1794년 파리에서 에콜 폴리테크니크(École Polytechnique, EP)가 설립된 것은 우리의 세 번째 시대가 시작되는 좋은 기준점이다. 군사와 건설공학자를 훈련시키는 곳인 EP는 기술 교육의 체계 안에서 선도적이며 '가장 수학적인' 기관이 되었다. 그 체계에는 École des Mines이나 École Nationale des Ponts et Chaussées 같이 EP의 학생들이 진학하는 몇 가지 '응용 학교'도 포함된다. EP는 19세기 내내 특히 독일어권의 많은 기술대학이 모방하는 사례가 되었다. EP의 초창기 역사에서 가장 영향력 있는 수학자는 가스파르 몽주(Gaspard Monge)였고 그의 아이디어에 따라 수학은 EP 교육과정의 한 기초가 되었다. 한 세기 넘게 '공학의 언어'가 되었던 화법기하학(descriptive geometry)에 관한 1795년 강의의 서문에서 몽주는 다음과 같이 적었다.

> 외국 산업에 대한 프랑스 국가의 의존성을 줄이기 위해서는 공공 교육이 엄밀함을 요구하는 과목을 향하도록 해야 한다.

산업 생산에서 높은 수준의 수학을 사용하고자 했던 몽주의 열망은 화법기하학의 사용을 빼고는 그 시대에 거의 채워지지 않은 채 남아 있었다. 하지만 산업과 교육 체계의 발전은 과학(가장 중요하게는 학술적 물리학)과 공학에서의 엄밀함과 정확성의 기준에 대해 더 강한 관심을 이끌었고, 20세기 초반 그런 응용분야에서 더 많이 사용될 수학에 대한 기반을 준비했다. 사실, 더욱 정교한 응용수학의 새로운 단계가 시작되기 전에 우선 수학적 분석의 발전에 대한 논리적 통합과 더 이론적인 단계가 필요했었다고 말할 수 있다.

'응용수학'의 개념이 제도 안에서 명시적으로 인정되기 시작했다는 사실은 저널의 이름을 살펴보면 알 수 있다. 여기에서도, 독일어가 프랑스어보다 빨랐다. 《*Leipziger Magazin für reine und angewandte Mathematik*》(1786-1789)와 《*Archiv für reine und angewandte Mathematik*》(1795-1799)

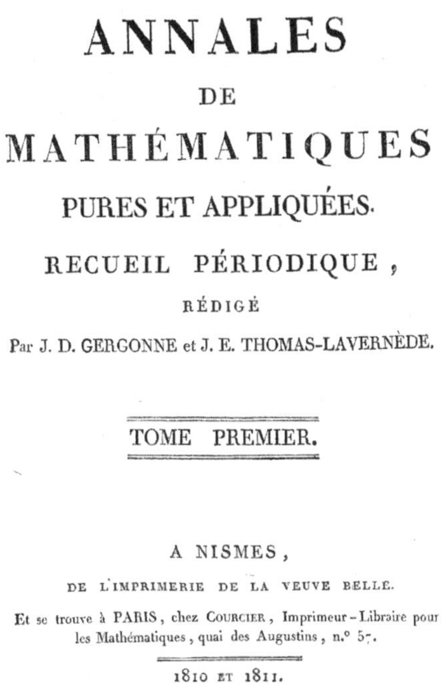

ANNALES
DE
MATHÉMATIQUES
PURES ET APPLIQUÉES.
RECUEIL PÉRIODIQUE,
RÉDIGÉ
Par J. D. GERGONNE et J. E. THOMAS-LAVERNÈDE.

TOME PREMIER.

A NISMES,
DE L'IMPRIMERIE DE LA VEUVE BELLE.
Et se trouve à PARIS, chez COURCIER, Imprimeur-Libraire pour les Mathématiques, quai des Augustins, n.° 57.
1810 ET 1811.

그림 4 제르곤(Gergonne)의 《*Annales de Mathématiques Pures et Appliquées*》(1810-1811).

는 영향력 있는 조합론자인 카를 프리드리히 힌덴부르크(Carl Friedrich Hindenburg)가 공동 창설했던 2개의 단명한 저널이다. 조제프 디아즈 제르곤(Joseph Diaz Gergonne)이 1810년에 창설한 《*Annales de Mathématiques Pures et Appliquées*》는 다소 긴 경력을 갖는다(그림 4). 이 저널은 1832년까지밖에 살아남지 못한 반면, 독일 《*Journal für die reine und angewandte Mathematik*》(1826년 창설자 아우구스트 레오폴트 크렐레(August Leopold Crelle)의 서문에 따르면 제르곤의 저널을 상당 부분 모방했던)는 오늘날까지 여전히 남아 있다. 1836년 조제프 리우빌(Joseph Liouville)이 창설한 프랑스 《*Journal de Mathématiques Pures et Appliquées*》나 1858년 이탈리아의 프란체스코 브리오스키(Francesco Brioschi)와 바르나바 토르톨리니(Barnaba Tortolini)에 의해 《*Annali di Scienze Matematiche e Fisiche*》의 뒤이은 후속으로 시작된 이탈리아 《*Annali di Matematica Pura ed Applicata*》도 마찬가지이다. 한편, 제임스 조지프 실베스터(James Joseph Sylvester)의 《*Quarterly Journal of Pure and Applied Mathematics*》는 1855년에 창설되어 1927년까지밖에 살아남지 못했다.

19세기 저널의 이름들에 '응용수학'이 포함되었다는 것이 반드시 저널 자체나 수학 문화 전반에서 응용 주제가 강하게 나타난다고 말하는 것은 아니다. 그렇지만 그런 저널이 응용 주제들에 관한 논문의 유일한 출구인 것 또한 아니다. 예컨대 《왕립학회 철학 회보(*Philosophical Transactions of the Royal Society*)》 같은 국가적인 학회와 연관된 저널은 응용 주제에 관한 논문을 실었고, 동시에 《철학 잡지(*Philosophical Magazine*)》(1798년에 시작된)는 19세기를 주도한 몇몇 영국 응용수학자에 의해 선택된 저널이었다.

이 시기는 또한 대학에서 응용에 명시적으로 자리를 할애한 때이기도 하다. 덴마크의 지배로부터 해방되고 막 헌법이 도입된 노르웨이의 크리스티아니아에 새로이 설립된 대학에서, 크리스토페르 한스텐(Christopher Hansteen)의 '응용수학 조교수(Lector i den anvendte Mathematik)'로서의 직책은 '노르웨이를 위한 응용수학의 넓은 범위와 중요성'에 따른 것임이 1814년 5월에 분명히 설명되었다. 한스텐은 1815년에 'Professor Matheseos applicatae'로 승진했다.

오일러의 합리적 역학, 특히 연속체역학에서의 일부 주제와 통찰을 무시하면서, 19세기 내내 역학의 수학화는 대부분 라그랑주 해석역학의 전통 안에서 계속되었는데, 윌리엄 로언 해밀턴(William Rowan Hamilton)이나 카를 야코비(Carl Jacobi) 같은 수학자들과 물리학자들 사이의 분업도 함께 일어났다. EP는 여전히 교육과정에서 해석역학을 더 선호하기는 했지만, 1820년대부터, 그곳을 비롯해 더 실용 쪽으로 치우쳐진 프랑스 공학 학교('écoles d'application') 교수들 사이에서 공학의 특수한 요구를 위한 역학, 즉 오늘날 기술역학이라 불리는 분야를 발전시키기 위한 노력이 있었다. 그것은 가령 1730년대부터 1750년대까지 수력학에 관한 드 벨리도르의 연구와 1780년대 이후 역학과 전자기학에 관한 드 쿨롱의 연구와 같은 혼합수학의 전통에 강하게 의존했다. 클로드 나비에(Claude Navier), 장 빅토르 퐁슬레(Jean Victor Poncelet), 가스파르 귀스타브 드 코리올리(Gaspard Gustave de Coriolis)는 그것의 첫 열성적인 지지자였다.

1820년쯤에 퐁슬레는 독자적으로 그의 사영기하(projective geometry)를 발전시켰으며 그것은 몇몇 대륙 기술대학에서 수학적으로 상당히 수준 높은 공학교육의 일부가 되었다. 이는 세기 중반에 독일-스위스인 카를 쿨만(Carl Culmann)에 의해 정립된 도해정역학(graphical statics) 같은 방법을 이끌었고 결정학과 건설공학에서 응용되었는데, 1889년 에펠탑의 건설은 후자에 대한 예가 된다. 또한 오일러의 유체역학과 어쩌면 나비에의 공학에서의 연구에 영향을 받아, 1820년대 오귀스탱-루이 코시(Augustin-Louis Cauchy)는 처음으로 내부 변형력의 일반적인 정의에 대한 탄성력 이론의 기초를 쌓았다. 같은 시기 해석학에 엄밀함을 도입한 공로로도 알려진 코시의 연구는 19세기 초 순수와 응용수학 모두에서 프랑스가 우세했음을 역설하는데, 괴팅겐에서 이루어진 가우스의 독특한 연구만이 유일하게 주목할 만한 예외이다.

19세기 동안 영국에서 이뤄진 순수수학과 응용수학의 모든 발전은 유럽 대륙과는 상당한 차이를 보였다. 오래가지 않았던, 케임브리지에서 찰스 배비지(Charles Babbage) 등이 창설한 해석학회(Analytical Soceity, 1812-1819)의 목표 중 하나는 뉴턴 미적분학보다 라이프니츠 미적분학을 사용하도록 장려하는 것, 혹은 배비지의 말에 따르면 '대학의 점-시대*에 반대하여 순수한 D-주의 원리'를 장려하는 것이었다. 해석학회의 구성원들은 프랑스에서 달성된 해석학의 새로운 엄밀성, 그중에서도 라그랑주의 연구에 감명받았고, 케임브리지 수학에서 교육과 연구의 변화를 촉구했는데, 특히 거의 『유클리드의 원론』을 포함해 전통적인 혼합수학 및 물리수학에 기반을 뒀던 케임브리지 수학과 학부(Cambridge Mathematical Tripos)의 시험을 바꾸고자 했다. 그렇지만 오히려 이런 면에서 프랑스의 영향은 영국 수학이 응용으로부터 멀어지고 점차 순수화되는 결과를 이끌었다.

배비지는 18세기 말에 프랑스의 가스파르 드 프로니(Gaspard de Prony)가 주도한 수학계산표 프로젝트에 감명받았다. 배비지는 그 이전의 몽주와 같은 맥락에서 산업 시대에 늘어나는 국가 간 경쟁을

* 라이프니츠 미적분학에서는 미분을 D로 표기한 반면, 뉴턴 미적분학에서는 미분을 점으로 표기한 것을 대조한 것이다. 한편 원문의 점-시대(dot-age)라는 단어는, 그것이 원래 노망이나 맹목적인 애정(dotage)의 뜻을 가진다는 것을 이용한 배비지의 언어유희이다.—옮긴이

주시했고, 계산 기법의 발전이 필요하다는 것을 강조했다. 그는『기계와 장치의 경제에 관하여(*On the Economy of Machinery and Manufactures*)』(1832) 에서 이렇게 적었다.

> 우리 과정의 각 단계에서 점점 더 필요하고, 궁극적으로는 삶의 기술에 대한 과학의 응용 전부를 지배하는 것은 바로 계산의 과학이다.

산업혁명이 수학에 준 또 다른(적어도 간접적인) 영향은 제임스 와트(James Watt)의 증기기관, 그 중에서도 '속도 조절기'에 관한 러시아인 파프누티 리보비치 체비쇼프(Pafnuty Lvovich Chebyshyov)의 연구이며, 그것은 제어 이론에서 피드백의 개념과 현대의 서보메커니즘(servomechanism)에 관한 이론을 자극한 것으로 입증되었다. 링크의 기술역학에 관한 체비쇼프의 관심사는 1850년대 수학적 근사이론과 관련 있는 그의 연구에 한 자극제가 되기도 했다. 게다가 그는 퐁슬레의 기술역학에도 감명받았다. 결과적으로 러시아 수학 전반에 걸친 체비쇼프의 커다란 영향력 덕분에 응용수학은 남은 19세기의 반 동안 유럽의 다른 지역, 특히 독일보다 러시아에서 주류 수학의 대부분으로 남아 있었다.

19세기 중반에 프랑스 공학 학교들, 특히 EP는 수학에서 그들의 우월한 위치를 잃었는데, 프랑스의 느린 산업 발전 및 교육 체계의 지나친 집중화와 엘리트주의 때문이었다. 특별히 공학과학의 수학화라는 측면에서 프라하, 비엔나, 카를스루에, 취리히의 독일어권 기술대학들('테크니쉐 호흐슐레(Technische Hochschule)')이 그 선두를 빼앗았다. 이는 그들이 고려하는 실제 수학적 내용보다 훨씬 더 일반적인 수학의 공리주의 정신을 모방했다는 점에서 사실이었다. 페르디난트 레텐바허(Ferdinand Redtenbacher, 그의 해석적 기계 이론(1852)에서)와 프란츠 뢸로(Franz Reuleaux, 그의 운동학(1875)에서)는 '발명을 설계하고 연역적으로 만드는 것'에 초점을 맞췄다. 그렇게 테크니쉐 호흐슐레의 대표적인 공학자들은 미래에 가질 수학의 중요한 역할을 납득했고, 고전적인 대학에서 학술적으로 훈련된 수학자들의 채용을 지지했다. 이런 식으로 리하르트 데데킨트(Richard Dedekind), 알프레트 클렙슈(Alfred Clebsch), 나중에는 펠릭스 클라인(Felix Klein)과 같은 순수수학자들이 테크니쉐 호흐슐레에서 공학자의 교육을 책임지는 직책을 맡게 되었다.

이와 동시에 19세기 중반부터는, 공학과가 없는 주요 독일 대학에서의 수학이 실용적 응용과 멀어지면서 점차적으로 순수과학으로 발전했다. 정치적으로 현대화되지 않은 환경에서 '신인문주의'의 이념이 지지한 이 분야의 교육적 목표(그리고 그것의 사회에서의 당위성)는 고등학교 선생님들을 훈련하는 것이었고, 그들은 연구 중에 주로 최근 (순수) 수학 연구의 첨단을 접했다. 그 결과 테크니쉐 호흐슐레에 고용된 전통적인 대학 출신의 교수들은 공학자를 훈련시킬 만큼 잘 준비되지 않았다. 장기적으로, 대학교의 수학자를 채용하는 전략은 엉뚱한 결과를 낳았고, 기술학교의 사회적 위치에 관한 일반적인 논쟁과 함께 1890년대 독일에서 공학자들이 이른바 반수학 운동을 일으키게 되었다.

영국과 아일랜드의 응용수학은 수리물리의 관

점에서 조지 그린(George Green), 조지 스토크스(George Stokes), 윌리엄 로언 해밀턴(William Rowan Hamilton), 제임스 클러크 맥스웰(James Clerk Maxwell), 윌리엄 톰슨(William Thomson)(켈빈 경(Lord Kelvin)), 레일리 경(Lord Rayleigh), 윌리엄 랭킨(William Rankine), 올리버 헤비사이드(Oliver Heaviside), 칼 피어슨(Karl Pearson) 등의 연구와 함께 19세기 내내 강세였다. 한편 1850년대 제임스 조지프 실베스터(James Joseph Sylvester)와 아서 케일리(Arthur Cayley)의 연구에서 현대 행렬 이론의 기초가 놓였다. 그러나 19세기 후반까지 영국에는 체계적이거나 국가에서 지원하는 기술 및 공학 교육 체계가 없었다. 이런 면에서, 존 페리(나중에 언급될 것이다)와 같은 공학자들은 점차 학교나 전통적인 대학이 가르치는 것들, 특히 그 안에 포함된 수학에 의구심을 품었다. 영국에서 '혼합수학'이라는 용어는 세기 말까지 종종 '응용수학'과 동의어로 사용되었는데, 유명한 예는 1890년에 리처드 워커(Richard Walker, 당시 런던수학회(London Mathematical Society)의 회장)가 레일리 경에게 학회의 드 모르간 메달(De Morgan Medal)을 수여할 때의 축사에서 찾을 수 있다.

또한 수학의 응용은 영국과학진흥협회(British Association for the Advancement of Science)의 활동 가운데서도 중요한 역할을 했는데, 협회는 1871년에 수치계산표의 목록을 작성하고 그것을 계산하기 위한 수학계산표위원회(Mathematical Tables Committee)를 구성했다. 위원회는 1948년 왕립학회(Royal Society)로 그 역할이 넘어가기 전까지 다양한 수준으로 활동했다. 첫 위원회는 케일리(Cayley), 헨리 스미스(Henry Smith), 스토크스(Stokes), 톰슨(Thomson)으로 구성되었고, 이 프로젝트는 순수수학자와 응용수학자들 사이에서 이루어진 가장 중요한 공동사업으로서 모든 기호에 맞게 제공했고, 그 결과는 인수분해표와 베셀 함수의 계산표 외 다른 것들을 포함한다. 프로젝트 서기였던 글레이셔(J. W. L. Glaisher)가 1873년에 적었듯 '수치계산표의 가장 값진 의미 중 하나는 그것이 수학과 물리학을 연결했고, 수학의 확장이 실용적으로 열매를 맺어 물리학의 발전을 도왔다는 것이다.' 이 프로젝트는 결국 1965년에 해산했으며, 순수나 응용을 가리지 않고 몇몇 위대한 영국 수학자들이 그 작업에 활발히 참여했다.

전기공학이 떠오르면서 1890년쯤에 더 정교한 수학(연산자미적분학(operational calculus), 복소수, 벡터)이 영국의 헤비사이드(Heaviside)와 독일 이민자인 미국의 찰스 스타인메츠(Charles P. Steinmetz)의 연구를 통해 마침내 산업으로 파고들었다. 반면 기계공학, 예컨대 터빈의 제작에서는 20세기가 되어서까지 고등수학이 필요하지 않았다.

응용수학이 마침내 수리물리학 및 역학과의 거의 독점적인 유대를 잃기 시작한 것 또한 19세기 말이 지나고 나서였다. 20세기에는 응용의 새로운 분야, 통계학과 같은 새로운 방법, 보험과 산업 수학자들 같은 새로운 전문직이 주된 관심사였다.

이 변화는 영국인 응용수학자 칼 피어슨의 예를 통해 훌륭하게 포착된다. 당시에는 탄성에 관한 연구로 주로 알려졌던 피어슨은 자신의 철학 책『과학의 문법(*Grammar of Science*)』(1892)에서, '응용수학의 주제는 … 이상적이고 초등적인 운동의 도움을 받아 인위적인 현상을 분석하는 과정'이라 정의했다. 피어슨이 이미 생물통계학(biometrics)에서 연구를 하고 있던 시기인 1901년에 그 주제는 그가 프랜시스 골턴(Francis Galton)과 함께 저널 《생물통계(*Biometrika*)》를 창설하게 만들었다. 따라서 그가 수학의 응용범위를 사실상 생물학적(즉, 자연적) 현상에 대한 통계적 분석으로까지 확장했음에도, 피어슨은 분명히 자신이 하던 것이 응용수학이라 생각하지 않았다.

4 '응용의 부활'과 제2차 세계대전까지의 새로운 발전

1890년대부터, 괴팅겐 대학교의 (순수)수학자 펠릭스 클라인(Felix Klein)은 기술대학의 공학교수들과 독일 대학의 수학자들이 가진 수많은 관심사를 모두 고려하는 것이 중요하다는 점을 이해했다. 다른 직종(교직과 공학)이 다른 교육을 필요로 했던 것 외에도, 산업수학의 점진적인 등장 또한 고려되어야만 했다. 클라인은 고등학교 수준의 교육을 포함한 개혁의 필요성을 인지했고, 괴팅겐을 수학과 정밀 과학의 중심지로 발전시켰다(그림 5). 1904년 응용수학과 응용역학에 교직이 마련되었고, 그 자리에 카를 룽게(Carl Runge)와 루트비히 프란틀(Ludwig Prandtl)이 처음으로 임명되었다. 한편 1901년부터 편집자인 룽게의 주도 아래 오직 응용수학만을 위한 저널로서 《*Zeitschrift für Mathematik und Physik*》의 탈바꿈이 시작되었다. 독일에서의 이런 사건들은 이전 시대의 것들과 대조적으로 '응용의 부활(Wiederhervorkommen der Anwendungen)'에 대해 이야기하도록 만들었다.

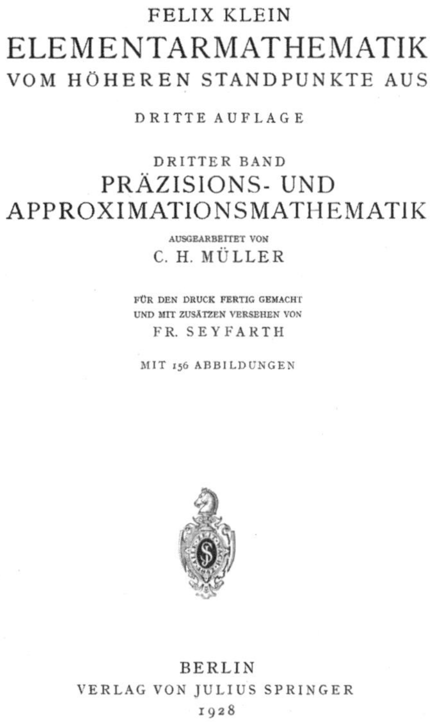
FELIX KLEIN
ELEMENTARMATHEMATIK
VOM HÖHEREN STANDPUNKTE AUS
DRITTE AUFLAGE
DRITTER BAND
PRÄZISIONS- UND APPROXIMATIONSMATHEMATIK
AUSGEARBEITET VON
C. H. MÜLLER
FÜR DEN DRUCK FERTIG GEMACHT
UND MIT ZUSÄTZEN VERSEHEN VON
FR. SEYFARTH
MIT 156 ABBILDUNGEN
BERLIN
VERLAG VON JULIUS SPRINGER
1928

그림 5 클라인(F. Klein), 『*Präzisions- und Approximationsmathematik*』(1928). 엄밀함의 수학과 근사의 수학을 분화시키고자 노력했던 클라인의 1901년 괴팅겐 강의의 사후 출판물.

1898년부터 몇십 년 동안 클라인과 더불어 뮌헨의 발터 폰 딕(Wlather von Dyck) 및 아르놀트 조머펠트(Arnold Sommerfeld) 그리고 다른 이들이, 여러 권으로 된 유명한 독일어 책『응용을 포함한 수리과학의 백과사전(*Encyclopedia of the Mathematical Sciences including Their Applications*)』을 편집했다. 그 책의 글은 모두 독일어로 쓰였지만 저자에는 폴 팽르베(Paul Painlevé)와 에드먼드 테일러 휘터커(Edmund Taylor Whittaker) 같은 프랑스인과 영국인도 포함되며, 오늘날에도 여전히 참고할 가치가 있는 값진 역사적 문헌을 포함한다. 제목으로 강조된 백과사전 계획에서의 '응용'이란 역학, 전기,

광학, 측지학과 같은 응용 분야를 의미했다. 그 글들은 IV-VI권에 포함되었는데, 그 각각도 몇 개의 방대한 책들로 나뉘었다. 거기에는 폰 미제스(von Mises)와 폰 카르만(von Kármán)이 쓴 것을 포함해 기계공학에 관한 글도 있었다. 하지만 오늘날 응용수학의 핵심 교과목으로 분류되는 주제, 예컨대 수치적 계산(루돌프 멤케(Rudolph Mehmke)), 차분방정식(드미트리 셀리바노프(Dmitri Seliwanoff)), 보간과 오차상쇄(둘 다 율리우스 바우싱거(Julius Bauschinger))는 순수수학(산술, 대수, 확률)을 다루는 I권에서 부록으로 나타난다. '근의 분리와 근사'(1899)에 관한 룽게의 기고는 '대수' 아래에 포함되었다.

클라인은 또한 수학 선생님들을 위해 수치적 방법, 측지학, 통계, 천문학에 중점을 둔 응용수학 국가시험을 도입하는 데 성공했다. 추가로, 그는 '함수적 사고'와 '직관'의 개념을 중심으로 설계한 고등학교 수학의 교육 개혁을 격려했는데, 그것으로 그때까지 만연한 지나치게 논리적이고 산술적인 수학교육의 경향을 상쇄하고자 했다. 클라인과 그의 지지자들은 교육과 연구의 국제적인 발전에 대해 고민하자고 주장했는데, 예를 들어 수학교육에 관해 비교할 수 있는 국제적인 보고서 연속 간행을 추진했다. 그런 보고서들은 오늘날 국제수학교육위원회(International Commission on Mathematical Instruction, ICMI)의 탄생을 이끌었다. 백과사전은 또한 국제적인 측면이 더욱 중요해졌다는 증거가 되었다. 폰 딕은 그의 1904년 '소개 보고서'에서 응용수학의 프로젝트를 위해 외국인 저자를 확보하는 것이 중요함을 강조했다. 추후 상당히 확장된 책 속에서 백과사전의 프랑스어 번역이 시작되었지만, 그 프로젝트는 제1차 세계대전의 발발로 인해 완성되지 못하였다.

1900년쯤에는 수학교육의 문제점에 반응하여 독일과 비슷한 개혁 운동이 산업화된 거의 모든 국가에서 일어났다. 영국에선 공학자 존 페리(John Perry)가 1890년대에 공학교육의 개혁을 시작했고, 이 개혁은 시대에 뒤진 케임브리지 수학과 학부(Cambridge Mathematical Tripos) 시험 및 유클리드에 대한 전통적인 의존성에 대해 계속되던 비판적인 토론에 힘을 실어주었다. '페리 운동'은 독일과 미국에 알려졌다. 1903년 사이언스의 몇 장에서, 순수수학자에 아주 가까운 현대 미국 수학의 창립자인 일라이어킴 헤이스팅스 무어(Eliakim Hastings Moore)는 자신이 '페리에 동의'한다고 선언했고 '수학과 물리학 교육의 실험실 방법(laboratory method)'을 제안했다. 거의 비슷한 시기에(1905) 유사한 개념인 'de créer de vrais laboratoires de Mathématiques'가 프랑스에서 에밀 보렐(Émile Borel)에 의해 제안되었다. 에든버러에서 휘터커(Whittaker)는 1913년 '수학연구실(Mathematical Laboratory)'을 설립했는데, 나중에 그가 수학연구실에서 했던 강의를 바탕으로 조지 로빈슨(George Robinson)과 함께 『영향력 있는 관측의 계산법: 수치수학에 관한 논문(*The Calculus of Observations: A Treatise on Numerical Mathematics*)』(1924)을 출판했다. 독일에서는 수학의 실험실 연구를 설명하기 위해 'Mathematisches Praktikum'라는 용어가 가장 자주 사용되었다. 이러한 노력들의 공통점은 단순히 이론적인 수학적 지식을 확장하여, 학생들의 실용적인 계산과 그리기 능력을 증진시키는

데 목표가 있었다는 점이다.

독일의 백과사전 및 휘터커와 로빈슨의 관측의 계산법과 함께, 수치적이고 기하학적인 방법 모두에서 응용수학의 몇몇 영향력 있는 교과서가 미래의 발전을 위한 토대를 마련하며, 19세기 말부터 새로운 세기의 첫 수십 년 동안 다양한 나라에서 등장했다. 호레이스 램(Horace Lamb)의 『수력학(*Hydrodynamics*)』(1895)은 그의 케임브리지 강의를 바탕으로 엮은 1879년 교과서의 확장판이고, 오거스터스 러브(Augustus Love)의 『탄성(*Elasticity*)』(1892)은 영국 수학자들에게 중요한 책이 되었는데, 이 둘 모두 여러 판이 출판되었다. 프랑스에서는 모리스 도카뉴(Maurice d'Ocagne)가 『*Traité de Nomographie*』(1899)를 출판했는데 이는 처음에 건설공학(특히 열차 선로와 다리의 건설)을 위해 발전했지만 제1차 세계대전 이후 탄도학의 연구에서도 사용되었다. 카를 룽게가 뉴욕 컬럼비아 대학에서 했던 강의(1909/10)는 미국에서 1912년에 『도해법(*Graphical Methods*)』으로 출판되었으며 1914년에 독일어로 번역되었다. 스프링거(Springer) 출판사의『*Grundlehren der mathematischen Wissenschaften*』 시리즈 일부로서 룽게가 헤르만 쾨니히(Hermann König)와 같이 쓴 책『*Vorlesungen über numerisches Rechnen*』(1924)은 고전이 되었다. 같은 해에 동일한 시리즈로 출판된 덴마크의 닐스 에릭 뇌르룬트(Niels Erik Nörlund)의『*Differenzenrechnung*』은 '차분방정식의 새로운 측면에 관한 표준적인 논문'이 되었다. 이는 앨버트 베넷(Albert Bennett), 윌리엄 밀른(William Milne), 해리 베이트먼(Harry Bateman)이 작성하였고 값진 문헌을 많이 포함한, 미분방정식의 수치적분(Numerical Integration of Differential Equations)에 관한 미국 국립연구회의(American National Research Council)의 보고서(1933)에 적혀 있다. 역시 독일 스프링거에서 출판된 사이러스 콜튼 맥더피(Cyrus Colton MacDuffee)가 쓴 『행렬이론(*The Theory of Matrices*)』(1933)의 목적은, 그것의 서문에 따르면 '이 이론의 어떤 부분들을 통일하기 위함'인데, 통일이 필요한 이유는 '행렬의 많은 기본 성질들은 처음에 특정 응용의 표기법에서 발견되었기 때문'이다. 칸토로비치(L. V. Kantorovich)와 크릴로프(V. I. Krylov)의 『고차해석학의 근사법(*Approximate Methods of Higher Analysis*)』(1941)과 같은 영향력 있는 일부 러시아 교과서는 한참 후에나 번역을 통해 서양에 알려지게 되었다.

분명히 수학자들보다는 화학자들과 물리학자들의 전쟁이었지만, 제1차 세계대전은 모든 면에서 수학자들과 연관되어 있다. 그러나 정치인들이 전쟁에서 역할을 할 수 있는 수학의 구체적인 도움을 알아차리기까지는 시간이 걸렸다. 프랑스는 전선에서 가장 유망한 어린 수학자들을 보호하는 데 거의 노력하지 않았으며, 전쟁의 발발과 함께 에콜 노르말 쉬페리외르(École Normale Supérieure)에서 공부하던 과학 부대의 절반 정도는 죽임을 당했다. 하지만 보렐(Borel)과 같은 대표적인 수학자들은 점차 과학적인 조언자로서 전쟁에 관여하기 시작했으며, 한편 탄도학은 가브레 성능시험장에서 프로스페르 샤르보니에(Prosper Charbonnier)의 주도하에 도해적 그리고 수치적 방법을 사용하여 발전했다. 영국에서는 랄프 파울러(Ralph Fowler), 에드워드 밀른(Edward Milne), 허버트 리치먼드(Herbert

Richmond)가 대공 사격의 수학을 연구했고 한편 리틀우드(J. E. Littlewood)는 그의 재능을 더 일반적인 탄도학에 응용했고 칼 피어슨(Karl Pearson)은 수리생물에서 그의 통계적 연구를 중단하고 필요한 사거리표를 만드는 것을 감독했다. 이탈리아에서는 마우로 피코네(Mauro Picone)가 포병장교로서 탄도학을 연구했던 경험이 나중에 그의 주도하에 설립된 연구소의 형성에 영향을 주었다(아래를 보라). 그러는 동안, 독일에서 일어난 중요한 사건은 주로 군대에서 재정적 지원을 받은 1917년 괴팅겐의 Aerodynamische Versuchsanstalt('공기역학 성능 시험장') 설립이었다. 이 성능 시험장은 루트비히 프란틀(Ludwig Prandtl)이 리더십을 발휘해 1925년에 설립한 더 이론적인 유체역학 연구소와 함께 세계에서 가장 고등적인 공기역학 연구 시설이 되었다. 미국의 체계적인 탄도학 연구는 천체역학자인 포레스트 레이 몰튼(Forest Ray Moulton)이 워싱턴에서, 그리고 기하학자 오스왈드 베블렌(Oswald Veblen)이 메릴랜드의 새롭게 건설된 애버딘 성능 시험장에서 수행했다. 이런 배경에서 몰튼은 탄도 계산에 유한 차분법을 도입했고 애버딘의 길버트 블리스(Gilbert Bliss)는 변분법을 도입했는데, 이는 1927년 블리스에 의해 '오늘날 탐구된 수학 영역보다 더 먼 경계에 있는' 것이라고까지 설명되었다. NASA의 전신인 새로운 미국 국가항공자문위원회(National Advisory Committee for Aeronautics)는 1917년부터 버지니아에 랭글리 실험실이 있었는데, 특히 1920년대에 프란틀의 학생이었던 막스 뭉크(Max Munk)가 실험실의 공학자들에게 공기역학의 수학을 설명하고 가변밀도 풍동을 건설하며 영향을 미쳤다.

그렇지만 응용수학에 있어 전쟁 자체보다 더 중요했던 것은 그 결과였다.

전쟁은 단순히 기술적인 발명에서 더 나아가, 산업과 군사 응용에서 기초 과학(수학을 포함하여)의 중요성을 점차 인식하도록 만들었다. 독일, 이탈리아, 러시아의 경우처럼 가까운 정치적 통제 아래에 있으며 정부로부터 주요 재정을 지원받은 과학 체계는 응용수학의 중요성을 빠르게 인식하고 대처할 수 있는 가능성을 가졌다. 그러나 상대적으로 발전이 느렸던 프랑스의 경우를 보면 알 수 있듯이, 그런 관계가 무언가를 보장해 주는 것은 당연히 아니다. 미국에서는 전쟁 중 산업적 대량 생산의 새로운 형태로서 과학적 경영(테일러주의(Taylorism))이 포함되었다. 월등한 물적 자원의 힘, 특히 전기산업과 계산기기의 발전(IBM은 1925년에 설립되었다)은 응용수학에서 향후 미국의 역할을 암시한 것이었다. 그럼에도 불구하고 제2차 세계대전 이전에 대부분 사적이지만 산업적이지는 않았던, 미국 대학 체계의 후원은 미국에 학술적 응용수학이 등장한 뒤 둔화되었다.

베를린 대학교에서 응용수학을 위한 연구소의 설립(1920년에 폰 미제스(von Mises)의 주도 아래)은 부분적으로 이러한 전쟁의 배경과 국제적 경쟁을 고려하여 설명될 수 있다. 1921년부터 폰 미제스는 《*Zeitschrift für angewandte Mathematik und Mechanik*(ZAMM)》을 편집했는데, 그것은 기존의 《*Zeitschrift für Mathematik und Physik*》와는 달리 분명히 공학적인 내용이었다. 그가 새로운 저널을 시작할 때 기고한 표제 논문「응용수학의 작업과 목표에 관하여」에서, 폰 미제스는 응용수학에 대한 자신의 정의를 싣고 아래와 같이 추가했다.

> 당연히 우리는 현 시점의 기준, 특히 과학적인 사고방식을 가진 공학자의 관점을 취할 것이다.

ZAMM의 창간은 1933년에 시작했으며 제목 《*Prikladnaya Matematika i Mekhanika*》에서 응용을 명백하게(그리고 유일하게) 언급한 첫 번째 러시아 저널보다 상당히 앞선 것이었다. 오늘날 이것은 보통 영어로 '응용수학역학저널(Journal of Applied Mathematics and Mechanics)'로 번역된다. 제목에 '응용수학'이 들어간 최초의 미국 저널은 1943년부터 브라운 대학교에서 편집한 《응용수학계간지(*Quarterly of Applied Mathematics*)》이며, 폰 미제스의 ZAMM을 부분적으로 모방했다. 하지만 편집자는 '역학'을 제목에서 빼면서, 독일의 선례로부터 자율성을 강조하고 분야가 가진 새로운 수준의 독립성을 표현하고자 했다.

전쟁 이후 늘어난 경제적인 경쟁에도 불구하고, 아니면 오히려 그것 때문에 국제화는 응용수학에서조차 전쟁 이전 펠릭스 클라인이 진척시킨 풍조에 머물러 있었다. 실제로 괴팅겐과 긴밀하게 연결되어 있던 응용수학자이자 유체역학 공학자인 폰 카르만은 1924년에 응용역학 국제학회를 시작했는데(1922년 인스브루크에서 수력학과 공기역학에 관한 학회를 성공적으로 개최한 뒤), 그 이유는 그가 국가적인 수준에서 필요한 토론이 충분히 이루어지지 않는다고 느꼈으며 전쟁 이후 각국의 정책이 소통을 위협했기 때문이었다. 그는 헝가리 태생으로서, 민족주의적 감정이 강했던 폰 미제스나 다른 이들보다 국제 협력을 복원하는 것에 덜 회의적이었다. 폰 카르만이 희망했던 것처럼 회의는 유럽 전역에서 참가자들을 매료시켰고, 1930년에 스톡홀름에서 회의가 열렸을 때는 미국에서도 화려한 대표단이 있었다. 그러나 러시아 참여에 관한 이야기는 썩 좋지 않다. 정치가 이를 방해했고, 러시아 수학자들은 거의 모습을 드러내지 않았다.

응용수학은 국제화에서 특히 어려움을 보였는데, 국가의 개성적인 특징을 지닌 응용수학의 공학적 배경을 무시할 수 없기 때문이다. 이는 1900년쯤에 벡터미적분학의 용어를 통일하기 위한 국제적 노력에서 분명히 알 수 있다. 1935년이 되어서까지, 로마에서 열린 '항공에서의 높은 속도'에 관한 볼타(Volta) 회의에서 탄도학과 유체역학의 용어는 국제적으로 표준화된 것과는 거리가 먼 것으로 간주되었다.

프랑스의 입장에서, 보렐이 계획하고 미국 록펠러(Rockefeller)의 돈을 지원받은 앙리 푸앵카레 연구소(Institut Henri Poincaré)의 설립(1926)은 분명한 국제화의 상징이었다. 연구소는 응용수학의 발전에 있어 그 설립자가 '보렐 수학(Borelian mathematics)'의 넓은 견해(주로 수리물리학과 확률의 이론에 기반을 두어 순수수학과 응용 사이의 연결을 강조하는)와 함께 예상하고 바라던 만큼 중요한 역할을 하지는 못했지만, 확실히 전후 프랑스 응용수학 발전의 밑거름이 되었다.

이탈리아와 소련 등 다른 유럽 국가에서는 응용연구를 촉진시키기 위한 새로운 노력이 1920년대에 시작되었고, 부분적으로 전쟁 중의 경험과 정치적 변혁으로부터 기인했다.

레닌(Lenin)으로부터 지원받아 블라디미르 스테클로프(Vladimir Steklov, 알렉산드르 랴푸노프(Aleksandr Lyapunov)의 제자)가 1921년에 설립한 소련과학대학(Soviet Academy of Sciences)의 물리수학연구소(Institute of Physics and Mathematics)는 소련이 응용수학 발전에서 더 나아가는 데 핵심적이었다. 연구소의 역사에 대해선 아직도 작성된 바가 없다. 산업과 군사면에서 응용수학을 고려했을 때 , 무솔리니(Mussolini) 치하 이탈리아에서 발생한 중심적인 사건은 1927-1931년 마우로 피코네(Mauro Picone) 주도하에 나폴리에서, 추후 로마에서 탄생한 이탈리아 연구위원회(Research Council)의 국립계산응용연구소(National Institute for the Application of the Calculus) 설립이다.

대조적으로 영국은 새로운 수학연구소를 만들지 않았다. 심지어 전쟁 직후 케임브리지에서 나와 옥스퍼드로 옮긴 하디(G. H. Hardy)조차 새로운 대학교를 짓는 것을 설득할 수 없었다. 그럼에도 전쟁은 응용수학에 실제적인 유산을 남겼다. 임페리얼 칼리지는 항공학과에 지원하는 상당한 보조금을 받았고, 케임브리지는 항공역학에 새로운 교직을 마련했다. 전쟁 후 늘어난 재정 지원 덕분에 왕립항공연구소(Royal Aircraft Establishment)와 국립물리연구소(National Physical Laboratory) 등의 시설은 전시 직원들의 수를 유지할 수 있었으며, 그들 중 몇몇은 수학자였다. 주목할 만한 인물로는 왕립항공연구소에서 공기역학의 경력을 쌓은 허먼 글라워트(Hermann Glauert)와 국립물리연구소에서 날개의 펄럭임을 연구한 로버트 프레이저(Robert Frazer)가 있다. 1930년대에 프레이저와 그의 동료 던컨(W. J. Duncan)과 콜러(A. R. Collar)는 '응용수학에 처음으로 행렬을 사용'했다. 더 나아가, 전쟁 때문에 함께 했던 이론가와 실무자는 그 후에도 같이 일했다. 때로는 케임브리지 수학자 아서 베리(Arthur Berry)와 항공 공학자 레너드 베어스토(Leonard Bairstow)의 경우처럼, 전쟁의 끝은 그저 같은 장소에서 일하는 것이 끝났다는 것이지 협업의 끝을 의미하는 것은 아니었다.

두 세계대전 사이의 시기에 어떤 국가의 산업화 정도는 틀림없이 그 국가의 응용수학 지원을 결정하는 요인이었다. 이는 산업화된 체코슬로바키아에서 응용수학의 탄탄한 발전과 덜 산업화된 폴란드에서 순수수학의 강한 전통을 비교하는 것으로 잘 예증된다.

확실히 전쟁 이후, 새로운 직업과 산업의 발전 요구에 대응하는 공학수학과 보험수학이 응용수학의 정통적인 일부가 되었다는 것은 점점 당연시됐다. 그것들은 응용수학의 가장 유망한 분야였을 뿐 아니라, 경제적인 보상도 가장 많았다. 베를린 폰 미제스의 연구소와 괴팅겐의 프란틀의 연구소에서 훈련을 받은 학생들은 산업계는 물론 다양한 공기역학 실험실과 성능 실험장에서 직장을 구했다. 폰 미제스 그 자신도 정부 과제를 수행하고 산업계의 조언자로서도 활동했다. 지멘스(Siemens, 독일), AEG(독일), 자이스(Zeiss, 독일), 제너럴 일렉트릭 컴퍼니(General Electric Company, 영국), 필립스(Philips, 네덜란드), 제너럴 일렉트릭(General Electric, 미국)과 벨 연구소(Bell Laboratories, 미국)(밀먼(Millman, 1984)의 산업연구소들은(주로 전기공학이 관련되었지만, 예를 들어 광학과 항공산업도 역시 다루어졌다) 훈련된 수학자에 대한 수요를 만들었다. 1920년에 전파(radio wave)의 전달에 관한 연구와 그것을 생성하기 위한 전자기기는 네덜란드의 판 데르 폴(van der Pol)이 오늘날 비선형 피드백 발진기(nonlinear feedback oscillator)의 원형으로 간주되는 방정식을 이끌어내도록 만들었다. **판 데르 폴의 방정식**[IV.2 §10]과 그의 모형화 방식은 현대 응용수학의 모범으로 계속해서 인용되었다. 판 데르 폴의 공헌은, 극한 주기(limit cycle)에 관한 앙리 푸앵카레(Henri Poincaré)의 이론적 연구와 함께 비선형 역학에 관한 러시아의 연구에 큰 영향을 미쳤다. 그것의 수학적 깊이는 심지어 프랑스 수학자들의 부르바키 모임의 주요 구성원이었던 앙드레 베유(André Weil)의 인정(비록 어느 정도 마지못한 인정이었지만)까지 얻었는데, 그는 1950년에 이를 '현대 물리학이 수학에 제시한 몇 없는 흥미로운 문제 중 하나'라 불렀다. 1922년부터 아인트호벤의 필립스 연구소에서 일했던 판 데르 폴은 또한 전기공학에서 헤비사이드 연산자미적분학(Heaviside operational calculus)을 정당화하는 데 기여했다. 1929년 근처에 판 데르 폴은, 그 이전 1926년에 영향력 있는 책『전기회로 이론과 연산자미적분학(*Electric Circuit Theory and the Operational Calculus*)』을 저술한 벨 연구소의 영국인 수학자 토마스 브롬위치(Thomas Bromwich)와 미국인 공학자 존 카슨(John Carson)이 개발한 것과 비슷한 적분변환 방법을 사용했다. 시간이 지난 후에, 독일의 구스타프 도이치(Gustav Doetsch)는 호평을 받은 그의 책『*Theorie und Anwendung der Laplace-Transformation*』(1937)의 라플라스 변환(Laplace transform) 이론에 기초해 헤비사이드의 미적분학을 더욱 체계적으로 정당화했다. 또 다른 유명한 책『제조 품질의 경제적 제어(*Economic Control of Quality of Manufactured Product*)』(1931)를 통해, 벨 연구소에서 카슨의 동료였던 물리학자 월터 슈와트(Walter Shewart)는 이른바 제어 도표(control chart)를 사용하여 산업 품질 제어를 위한 통계학을 처음으로 장려했다.

그러나 유럽과 미국 모두에서 응용 및 산업수학의 이러한 발전은 그들의 국가 학문 연구소 바깥에서 일어났는데, 폰 미제스가 주도했던 것처럼 새로운 연구소에서 응용수학의 체계적인 학문 훈련이 시작되었음에도 말이다. 학문적으로 훈련된 수많은 수학자와 물리학자는 상대성이론과 양자이론의 환상적이고 혁명적인 아이디어에 감명받았지만, 고전역학에 의존하던 공학에서는 대개 그러한 새로운 응용의 중요성을 인식하기까지 오랜 시간이 걸렸다.

미국에서는 이런 학문적 과학자들의 무관심이 널리 퍼져 있었다. 모두가 인정하는 미국 수학의 선도자 조지 버코프(George Birkhoff)는 그가 1938년 미국수학회(American Mathematical Society) 50주년 기념 행사에서 다음과 같이 연설했을 때 그런 상황을 인식하고 있었다.

> 응용수학의 분야는 그것이 자연 그 자체가 인정한 방향으로 수학적 노력이 향하고 있는 한 언제나 최우선으로 남아 있을 것이다.
>
> 불행히도, 지난 50년 동안 미국 수학자들은 모든 것 중 가장 확실하게 정당화된 이 분야를 외면하고 있다.

예외도 있었는데, 매사추세츠 공과대학교의 노버

트 위너(Norbert Wiener)는 수학과에 적을 두고 있었지만 버니바 부시(Vannevar Bush, 아날로그 컴퓨터인 '미분 해석기(differential analyzer)'의 발명가)가 운영하던 전기공학과뿐 아니라 벨 연구소와도 교류했으며, 또한 유럽 출신 수학자들 다수의 개인적인 노력도 있었다. 후자에 해당하는 가장 성공적이었던 인물 중 하나는 패서디나 칼텍의 항공연구 및 수리물리학의 교수였던 해리 베이트먼(Harry Bateman)인데 그는 1930년대와 1940년대 특수함수의 대가가 되었고, 일찍이(1910년에 영국으로부터 이주하기 직전부터) 라플라스 변환과 미분방정식에 대한 응용을 논했던 사람이었다. 하지만 미국 학계는 응용수학을 인정하는 데 뒤늦었고, 이는 앞서 언급된 미분방정식의 수치적분(Numerical Integration of Differential Equations, 1933)에 관한 보고서에서 저자들이 '대표하는 연구소 중 어느 곳에서도 수업을 경감해 주는 특별한 보조 없이' 이 보고서가 작성되었다고 쓴 것을 보아도 알 수 있다. 수리물리학자인 워렌 위버(Warren Weaver, 나중에 제2차 세계대전에서 미국 전시 행정 아래 응용수학위원회(Applied Mathematics Panel)를 이끌었던 인물)는 1930년이 되어서까지 '(응용수학을 위해 계획된 저널에서의) 토론이 수학과 공학 사이의 분야에 주안점을 두는 것'에 놀랐다. 1920년대부터 1930년대까지 록펠러의 돈은 주로 순수학문적 수학과 물리학연구를 지원하도록 조정되었고, 응용연구는 산업의 손에 맡겨두었다. 리하르트 쿠랑(Richard Courant, 괴팅겐의 응용수학 지지자)은 그가 지도한 빌헬름 카우어(Wilhelm Cauer)와 알빈 발터(Alwin Walther) 같은 응용 지망생을 지원하는 록펠러 연구비를 타기 위해 영리한 협상을 해야만 했다.

1920년대와 1930년대는 또한 수학적 모형화가 전면에 나타난 시기였지만 '수학적 모형화'라는 용어는 제2차 세계대전 이전에는 거의 쓰이지 않았다. 1993년《사이언스 인 컨텍스트(*Science in Context*)》에 기고한 생물수학의 등장에 관한 글을 통해, 저자 조르조 이스라엘(Giorgio Israel)은 물리학이 아닌 과학에서 나날이 늘어 가는 수학적 모형화의 역할을 강조했다.

수학적 모형화와 응용수학의 새로운 경향에서 또 다른 중요한 특징은 물리학이 아닌 과학을 수학화하고자 한다는 것이다. 사실 1920년대는 이런 분야의 새로운 연구에 이례적으로 집중했고, 그것은 어느 정도 모형화 접근방식을 반영하는 관점에서 발전했다. 그래서 1928년부터 시작해 멩거(K. Menger), 폰 노이만(J. Von Neumann), 모르겐슈테른(O. Morgenstern), 발트(A. Wald)의 연구 속 경제학에서(미시경제학과 게임이론 모두의 맥락에서) 수학의 체계적인 사용을 찾을 수 있는 것이다. 유행병 전파의 기본적인 수학 모형은(말라리아에 관한 로스(R. Ross)의 연구를 따르는) 1927년 커맥(W. O. Kermack)과 맥켄드릭(A. G. McKendrick)에 의해 출판되었다. 집단유전학의 수학적 이론에 관한 첫 번째 논문은 20세기 초 라이트(S. Wright), 피셔(R. A. Fisher), 홀데인(J. B. S. Haldane)에 의해 나타났다. 개체수 동역학과 생존을 위한 수학이론에 대한 볼테라(Volterra)와 로트카(Lotka)의 첫 공헌은 1925년과 1926년에 출판되었다. 그리고 많은 독립된 결과(판 데르 폴의 모형 등) 또한 그때쯤에 나타났다.

게다가 20세기에는 수학자들이 물리학으로부터 영감을 덜 받는 대신, 공학을 포함한 다른 과학으로부터 온 덜 엄밀하거나 덜 완전한 모형에 의존하는 확실한 경향이 있었다. 1977년에 조지 버코프의 아들 개릿 버코프(Garrett Birkhoff)는 이렇게 썼다.

> 공학자와 물리학자는 아주 다른 목적으로 수학적 모형을 만들고 수용한다. 물리학자는 보편적인 법칙('자연 철학'의)을 찾고자 하며 그들의 모형이 정확하고, 보편적으로 타당하고, 철학적으로 일관되기를 바란다. 공학자의 복잡한 인공물은 보통 제한된 범위의 운용 조건에서 설계되며, 그들은 모형이 그러한 조건 아래에서 타당하게 현실적이기만 하면 만족한다. 한편 그런 인공물이 살균 처리된 실험실에서 운용되는 것은 아니므로, 인공물은 많은 변수의 변화에 대해 '확고(robust)'해야만 한다. 이는 공학적 모형을 다소 명확하지 않으면서도 변화무쌍하게 만들곤 한다. 유체역학에서 프란틀의 '혼합길이(mixing length)' 이론과 폰 카르만의 '와열(vortex street)' 이론은 좋은 예시이다. 기상학자의 '제트 기류(jet stream)'와 '전선(front)'은 또 다른 예이다.

추상대수학에서 수력학으로 전향한 위 글의 저자는 경제학에서의 수학적 모형에 대한 거부를 설명했고, 그것이 부르바키의 '전통적인 순수수학 체계'에 잘 맞아 떨어지지 않는다는 사실을 지적했다. 후자의 것은 일부 측면에서 응용에 해로우며 (1960년대의 '새로운 수학(New Math)' 이후) 교육학적으로 피해가 막대하다고 자주 설명된다. 하지만 위에 인용된 이스라엘의 논문에서 자세하게 설명되었듯 부르바키와 모형화의 새로운 관습이 필연적으로 반대되는 것은 아니었다. 일부 수학자는 수학에 대한 부르바키의 개념을 '가능한 현실의 추상적인 체계'로서, 주로 선형화 방법에 의존해 왔던 고전적인 환원주의 역학적 접근으로부터 수학을 해방시켜 줄 옳은 방식이라 여겼다. 심지어 우드거(J. H. Woodger)의 생물학의 공리적 방법(The Axiomatic Method in Biology, 1937)이 보여 주듯 논리학자들이 '계획된 인공 언어'를 과학에 도입하려는 시도도 있었다. 그러나 그런 노력은 제한된 성공을 거두었던 것으로 보인다. 필연적으로 단순화되어야 했던 생물학적 과정의 모형을 폐기하고 현대 수리생물학처럼 세포 자동자(cellular automata)의 탐구, 막 계산(membrane computing), 생태계 모의실험, 그 외 비슷한 작업이 수행되기 이전에, 1980년대 컴퓨터의 발전이라는 또 다른 단계가 필요했다.

1920년대와 1930년대 다양한 응용분야에서 추가적인 결과가 많이 생겼다. 잘 알려진 예로는 1930년대 앨런 튜링(Alan Turing)의 알고리즘과 계산가능성(computability) 이론에 관한 연구, 그리고 수십 년 동안 서양 학자들의 주목 밖에 있었던 러시아 레오니트 칸토로비치(Leonid Kantorovich)의 경제학적 배경 속 선형계획법(linear programming, 1939)에 관한 연구가 있다.

당시는 또한 1940년대 후반부터 수치해석학이라 불리게 될 것을 위한 몇몇 기반이 마련되는 시기이기도 했다. 셋 모두 결국 미국으로 이민을 갔던, 쿠랑과 그의 학생들 쿠르트 프리드리히스(Kurt Friedrichs) 및 한스 레비(Hans Lewy)는 1928년 《*Mathematische Annalen*》에 「수리물리학의 편차분방정식에 관하여」를 게재했다. 1967년이 되어서야 그 논문은 '수치해석학의 발전을 가장 예언적으로 촉진시켰던 … 전자 디지털 컴퓨터의 등장 이전에 … 제시된 발상은 여전히 널리 퍼져 있다'는 이유에서 《IBM 연구개발저널(*IBM Journal of Research and Development*)》에 번역되었다. 수치해석학의 역사에서 이 논문은 특별한 중요성을 지니는데, 왜냐하면 그것이 수치적 안정성의 개념에 대한 기원을 포함하고 편미분방정식의 타당성(well-posedness) 문제와 연관되기 때문이다(아다마르(Hadamard)가 1902년에 제안했듯이).

5 제2차 세계대전 도중과 이후의 응용수학

제2차 세계대전은, 제1차 세계대전과 마찬가지로 수학자들의 전쟁은 아니었다. 실제로, 1942년 초에 하버드 총장이었던 화학자 제임스 코넌트(James Conant)는 '이전의 것은 화학의 전쟁이었지만 이번 것은 물리학의 전쟁이다'라고 말했다. 이는 당연히 분쟁 내내 사용된 탄도학, 경영과학, 통계학, 암호학에 의해 드러나듯이, 제2차 세계대전에서 늘어난 수학의 역할을 부분적으로 반영한 것이었다. 사실, 미국국립과학원(American National Academy of Sciences)의 회장이었던 물리학자 프랭크 주잇(Frank B. Jewett)은 코넌트의 말에 다음과 같이 응수했다. '이는 아마 물리학의 전쟁일지도 모르지만 물리학자들은 이것을 수학의 전쟁이라 말할 것이다.' 하지만 당시 계속 남아 있던 전통 때문에, 수학은 전쟁 준비나 전쟁과 관련된 연구 모두에서 다른 과학처럼 높은 우선순위가 부여되지 않았다. 1940년대 초 미국, 독일, 그 외 다른 국가의 주요한 연구 기관에서 수학은 여전히 다른 분야, 예컨대 공학이나 물리학에 종속되어 있었다. 이에 더해 수학자들 자체도, 가령 산업의 전문가와 같이 전쟁 때문에 요구될지 모르는 새롭고 넓은 사회적 역할을 맡을 준비가 되지 않았다. 많은 순수수학자는 전쟁 도중과 이후 그들 분야의 미래를 생각할 때면, 너무 실용적인 관점으로 수학이 괴롭힘을 당하지 않을까 걱정했다. 이는 영국 수학자 하디(G. H. Hardy)가 1940년에 쓴 유명한 수필『어느 수학자의 변명(*A Mathematician's Apology*)』에서 잘 드러난다.

그러나 하디의 수필이 쓰이고 오래 지나지 않아, 또 다른 케임브리지 수학자 앨런 튜링(Alan Turing)은 전쟁에서 논리학, 정수론, 베이즈 통계학(Bayesian statistics)이 혼합된 정교한 수학의 가능성을 보여주었는데, 블레츨리 파크에서 그와 협력자들이 독일 에니그마(Enigma) 기계의 암호를 해독한 것이다.

독일에서는 산업과 행정직을 위해 고안된 Diplommathematiker(수학 학위 졸업장)가 1942년에 공식적으로 도입되었고, 수학자에게 교사로서의 직업이 갖던 독점은 사라지기 시작했다.

1941년 12월 미국의 제2차 세계대전 참전은 수학자들이 산업, 군사, 정부에서 함께 일하는 방식을 뿌리 깊게 변화시켰다. 미국의 산업수학과 (학문적) 응용수학의 상태에 관한 귀중한 회고록들은《미국월간수학(*American Mathematical Monthly*)》에 차례로 손튼 프라이(Thornton Fry, 1941)와 롤랜드 리처드슨(Roland Richardson, 1943)에 의해 출판되었다. 통신수학의 가장 화려한 발전은 1940년대에 벨 연구소(Bell Laboratory)에서 클로드 섀넌(Claude

Shannon)의 정보 이론(information theory)에 대한 수식화와 함께 일어났다.

미국 이민자였던 폰 카르만(von Kármán), 예르지 네이만(Jerzy Neyman), 폰 노이만(von Neumann), 쿠랑(Courant) 등은 유럽에서의 경험을 바탕으로 수학자와 수학의 사용자 간 새로운 종류의 협업에 상당히 기여했다. 수학 전시 노동은 수장인 워렌 위버(Warren Weaver)를 비롯해 주요 직위에 미국인들이 포진한 응용수학위원회(Applied Mathematics Panel)에 의해 조직되었으며, 응용수학자들은 본래 더 순수한 관점을 가진 수학자들과 협력했는데, 미국 태생(오스왈드 베블렌(Oswald Veblen), 마스턴 모스(Marston Morse))과 이민자(폰 노이만) 모두 있었다. 이민자들은 정치 행정적 경험뿐 아니라 공학수학, 고전해석학, 이산수학에서 유럽의 연구 전통을 그들의 새로운 환경에 정착시켰다. 이론 계산에서의 폰 노이만의 것과 같은 아이디어는 전쟁 중 사실상 무제한인 공공자금(로스 앨러모스 등)의 지원을 받아 미국의 산업 기반(벨 연구소 등) 속에서 점차 성숙하고 구체화될 수 있었다. 전쟁이 여전히 진행 중이던 1945년 3월 폰 노이만은 베블렌에게 '수력학에 변분법을 사용'하는 것에 관한 유명한 쪽지를 보냈다. 폰 노이만은 '리츠 방법(Ritz's method)의 미덕'을 추천했고 전쟁 이전, 심지어 전쟁 중일 때조차 유체역학 및 그와 연관된 분야에서 나타나는 비선형 방정식을 체계적으로 공략하는 데 수학연구가 충분히 집중되지 않았다는 것을 안타깝게 여겼다. 같은 쪽지에서 폰 노이만은 '고성능 계산기기를 더 많이 사용할 수 있게 된 점'을 지적했는데, 이는 물론 그가 상당히 기여했던 발전이었다. SIAM '수치해석학과 계산과학의 역사' 웹 페이지의 서론에서 언급되었듯이,

> 현대 수치해석학은 확실히 존 폰 노이만과 헤르만 골드스타인(Herman Goldstine)의 1947년 논문 「고차원 역행렬의 수치적 계산(《미국수학회지(*Bulletin of the AMS*)》, 1947년 11월호)」에서 시작되었다고 말할 수 있다. 그것은 반올림오차를 연구한 첫 번째 논문이었으며 오늘날 계산과학이라 불리는 것에 대한 논의를 포함한다.

폰 노이만과 골드스타인의 결과는 곧 테딩턴 국립물리학연구소(National Physical Laboratory)의 영국 수학자들(앨런 튜링뿐만 아니라 레슬리 폭스(Leslie Fox)와 제임스 윌킨슨(James Wilkinson))에 의해 보완되고 비판적으로 논의되었다.

전쟁 이후에도, 수학에 대해 늘어난 미국 연방의 지원 수준은 유지되었다. 이는 부분적으로 냉전의 시작으로 인한 것이었지만 그럼에도 더 이상 응용에만 한정된 것은 아니었다. 대부분의 지원은 국방부(가령 해군연구국(Office of Naval Research)에서)와 1950년에 새로이 설립된 미국 국립과학재단(National Science Foundation, NSF)을 통해 이루어졌다. NSF는 미국 전쟁연구 기관인 과학연구 및 개발부서를 이끌었던 전기공학자 버니바 부시(Vannevar Bush)에 의해 시작되었다. 그러므로 전쟁 이전 순수수학자들이 품었던 과대한 실용주의에 대한 걱정은 근거가 없는 것으로 밝혀졌다.

단체법[IV.11 §3.1]의 창시자인 조지 댄치그(George Dantzig)가 관찰했듯, 1947년과 1950년 사이에 쏟아

진 선형계획법 논문들은 그 분야의 응용을 가능케 한 첫 번째 디지털 컴퓨터의 탄생과 시기를 같이했다. 최소 1950년대부터 댄치그, 윌리엄 카루시(William Karush), 해롤드 쿤(Harold Kuhn), 앨버트 터커(Albert Tucker)에 의한 최적화의 초기 결과들과 함께 병참, 창고 보관, 시설 위치에 대한 수학적 접근이 수행되었고, 미국 공군과 해군연구국에서 열광적으로 받아들여졌다. 이들 최적화 기법은 오늘날에도 여전히 산업과 깊게 관련된다.

미공군이 후원하고 새로운 저널 《순수응용수학논문집(*Communications on Pure and Applied Mathematics*)》에 실렸던 1950년 전자기파 심포지엄(Symposium on Electromagnetic Waves)의 논문들은 그 분야의 전쟁 중 역할을 요약했다. 당시 뉴욕 대학교에 있던 리하르트 쿠랑은 '수많은 새로운 문제가 공학자들에 의해 제시된' 고전 전자기학에 대한 새로운 접근의 중요성을 지적했다. 이는 이미 전쟁 이전에도 분명했지만, 수학 응용의 주된 원천으로서 학문적 수리물리학이 지녔던 우위가 약해지기 시작했다는 느낌을 강화시켰다. 모순적이게도 추후 **유한요소법**[II.12](이 이름은 1960년에 클로(R. W. Clough)가 지었다)의 시작점 중 하나로 간주될, 평형과 진동 문제의 해결을 위해 쓴 변분법에 관한 1943년 쿠랑의 논문은 수년간 알려지지 않은 채 남아 있었는데, 그 이유는 쿠랑은 공학자가 아니었어서 그 개념을 이산적인 요소와 연결시키지 않았기 때문이다. 이런 뒤늦은 도약의 또 다른 이유로는 편미분방정식 이론의 근사를 위한 변분법의 발전을 들 수 있는데, 그것은 궁극적으로 1960년대 유한요소법에 필수적임이 밝혀졌다(내시(Nash)의 책(1990)에서 오든(J. T. Oden)에 관한 장을 보라).

전쟁 이후 순수와 응용 모두에서 수학연구를 위한 새로운 연구소가 만들어졌다. 그들 중 뉴욕 대학교의 리하르트 쿠랑이 주도한 연구소가 가장 적극적으로 발전했다. 1954년에 정부 보고서에 따르면 쿠랑 연구소에는

> 절반 정도가 물리학이나 공학의 배경을 가진 400명 이상의 수학과 대학원생들이 등록되어 있다 … 브라운 대학교에서 보고된 그 다음으로 큰 수는 아예 자릿수가 다르다! 이는 대략적인 추정으로 국가가 한 해에 배출하는 대학원 교육을 받은 응용수학자의 3분의 1이 뉴욕 대학교 하나에서 나온다는 의미이다.

이 수치는 1953년 뉴욕 컬럼비아 대학교에서 주최한 학회와 관련하여 헤르만 바일(Hermann Weyl)의 아들 요아힘 바일(F. Joachim Weyl)이 준비했던 설문 조사에 바탕을 둔 것이며, NSF와의 계약으로 미국수학회(American Mathematical Society)와 국가연구위원회(National Research Council)가 후원한 응용수학의 교육 및 연구 조사의 일환이었다. 학회 기록물과 보고서는 모두 응용수학자의 교육(나라 간 비교를 포함하며 특히 산업을 위한)뿐만이 아니라 늘어나는 전자 계산의 사용에 관한 논의를 포함하고 있다. 요약본은 1954년 《미국수학회지(*Bulletin of the American Mathematical Society*)》에 게재되었다.

1947년과 1954년 사이 미국 국립표준국(National Bureau of Standards)이 후원했던 로스앤젤레스 캘리포니아 대학교의 수치해석연구소는 수치해석

학과 컴퓨터 운용에 필요한 대학교 직원을 훈련하는 특수한 역할을 수행했다. 이 연구소는 매카시즘(McCarthyism)의 희생양으로서 1954년에 문을 닫았다.

리처드슨(Richardson)이 1941년과 그 이후 주최한 브라운 대학교의 응용역학 여름학교는 이민자들의 역할에 크게 의존했다. 이는 1943년에 시작한 첫 미국 응용수학 저널 《응용수학계간지(*Quarterly of Applied Mathematics*)》, 그리고 같은 해에 레이먼드 아치볼드(Raymond Archibald) 아래에서 시작한 또 다른 브라운의 저널 《수학계산표와 기타 계산 보조 도구(*Mathematical Tables and Other Aids to Computation*)》에 대해서도 부분적으로 사실이다.

20세기 초 여러 나라(영국, 독일, 미국)에 뿌리를 두었던 수학계산표와 특수함수에 관한 다양한 프로젝트는 전쟁으로부터 탄력을 받았다. 칼텍에서 아서 에르데이(Arthur Erdélyi)는 해군연구국의 재정적 지원으로, 1946년에 사망한 해리 베이트먼(Harry Bateman)으로부터 수집한 자료를 조사하고 출판하는 베이트먼 원고 프로젝트(Bateman Manuscript Project)를 감독했는데, 이는 3권짜리 책 『고등초월함수(*Higher Transcendental Functions*)』(1953-1955)를 이끌었다.

1938년 뉴욕 공공사업진흥국(Works Progress Administration)에 의해 시작되었고 거트루드 블랜치(Gertrude Blanch)가 기술 고문을 맡았던 수학계산표 프로젝트(Mathematical Tables Project)는 전쟁 이후 해산되었지만, 그 구성원 중 상당수가 1947년에 워싱턴으로 옮겨 가서 국립표준국의 새로운 국가응용수학연구소(National Applied Mathematics

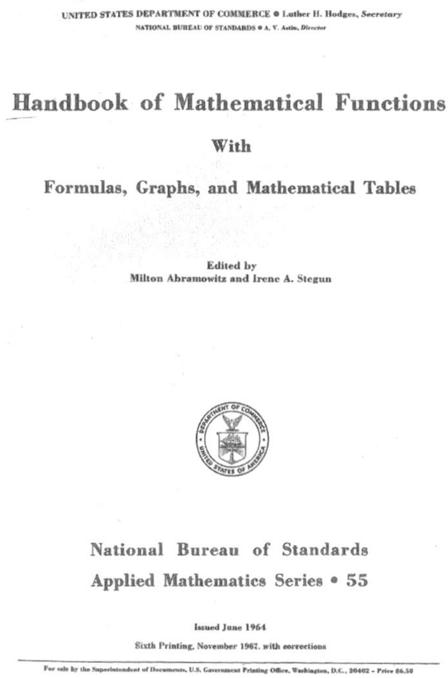
UNITED STATES DEPARTMENT OF COMMERCE • Luther H. Hodges, *Secretary*
NATIONAL BUREAU OF STANDARDS • A. V. Astin, *Director*

Handbook of Mathematical Functions

With

Formulas, Graphs, and Mathematical Tables

Edited by
Milton Abramowitz and Irene A. Stegun

National Bureau of Standards
Applied Mathematics Series • 55

Issued June 1964
Sixth Printing, November 1967, with corrections

For sale by the Superintendent of Documents, U.S. Government Printing Office, Washington, D.C., 20402 - Price $6.50

그림 6 아브라모위츠(M. Abramowitz)와 스테건(I. A. Stegun) 편집, 『수학함수 안내서(*Handbook of Mathematical Functions*)』(1964).

Laboratories)의 일원이 되었다. 후자에서 열린 1952년 학회를 통해 역사상 가장 많이 팔린 응용수학 책이 나왔는데, 블랜치 밑에서 일했던 밀턴 아브라모위츠(Milton Abramowitz)와 아이린 스테건(Irene Stegun)이 쓴 『공식, 그래프, 수학계산표가 있는 수학함수 안내서(*Handbook of Mathematical Functions with Formulas, Graphs and Mathematical Tables*)』(1964)가 바로 그 책이다(그림 6). 한편, 블랜치는 워싱턴으로 가기보다 로스앤젤레스 캘리포니아 대학교 수치해석연구소의 직위를 맡아 그것이 1954년에 문을 닫을 때까지 존 토드(John Todd) 및 올가 타우스키(Olga Taussky)와 함께 연구를 했다. 보기 드문 응용수학에 기여한 여성 순수수학자로서 타우스키는 전쟁 동안 국가물리학연구소(National Physics

Laboratory) 프레이저(Frazer)의 그룹에서 초음속 비행기의 펄럭임 문제를 연구했고, 행렬이론 발전에서 중요한 인물이었다. 타우스키는 일부 수학 분과에서 가진 응용수학에 대한 어떤 적의를 알아차리고 1988년에 이렇게 말했다.

> 사람들이 행렬을 깔본다면 그들에게 프로베니우스(Frobenius), 슈어(Schur), 지겔(C. L. Siegel), 오스트롭스키(Ostrowski), 모츠킨(Motzkin), 카츠(Kac) 등 그 주제에 중요한 공헌을 했던 위대한 수학자를 상기시켜라. 나는 행렬이론의 횃불을 들고 있다는 것이 자랑스러우며, 이 횃불을 넘겨줄 수많은 이들이 있다는 것이 행복하다.

컴퓨터 발전은 응용수학에서 계산표를 만드는 측면의 특징을 급격히 변화시켰다. 그 결과 아치볼드의 저널은 원래 형태로는 수명이 상당히 짧았고, '저널의 넓어진 시야를 반영하기 위해' 1960년《계산수학(*Mathematics of Computation*)》으로 개명했는데, 편집자 해리 폴라첵(Harry Polachek)이 설명했듯 '수치해석학과 계산만을 위한 출판물에 대한 미국에서의 수요를 만족하기 위해 확장되었다.' 1945년 10월 더글러스 항공기 회사(Douglas Aircraft Company) 아래 설립된 연구개발연구소(Research and Development Corporation, RAND) 등 회사와 정부 연구소, 그리고 계산기기협회(Association for Computing Machinery, 1947), 미국경영과학회(Operations Research Society of America, 1952), 산업응용수학회(Society for Industrial and Applied Mathematics, 1952), 경영과학연구소(Institute of Management Sciences, 1953) 등 전문 기관은 모두 응용수학의 넓어진 사회적 기반을 실증해 준다.

컴퓨터의 기술적 발전과 소프트웨어는 수학적 알고리즘 발전에서 세분되었는데, 특히 속도와 신뢰성 측면으로 나뉘었다. 카를 룽게(Carl Runge)가 1910년쯤에 상미분방정식을 다룰 때는 체계적인 오차추정이 필요하지 않았다. 상미분방정식의 수치적 해결을 위한 19세기 중반 존 코치 애덤스(John Couch Adams)의 다중단계법(multistep method)이 1926년에 미국의 밀른(W. E. Milne)에 의해 더 실용적인 형태로 바뀐 이래('밀른 장치(Milne device)'), 그것이 오차추정 측면에서 분석된 것은 제2차 세계대전 이후였다. 하지만 전쟁 후 컴퓨터 속도의 증가는 수치적 안정성에 관한 더 큰 관심과 밀른의 것과 같은 방법의 폐기를 불러왔다. 유럽인들은 이러한 이론적 발전에도 역시 깊이 연관되어 있었다. 예를 들어, 1930년대 영국인 리처드 사우스웰(Richard Southwell)은 탄성 이론의 편미분방정식에 대한 수치해와 연결되는 반복법, 이른바 완화법(relaxation method)을 개발했다. 개럿 버코프(Garrett Birkhoff)가 그의 박사과정 학생 데이빗 영(David M. Young)에게 '완화를 자동화'하는 과제를 부여했고 영이 1950년 그의 학위논문에서 순차적인 과잉 완화를 도입했다는 이야기가 전해진다(내시(Nash)의 책(1990)에서 영에 관한 장을 보라). 영의 깊은 분석은 몇몇 중요한 경우에 완화 매개변수를 어떻게 자동적으로 선택할 것인지를 보여 주며 따라서 디지털 컴퓨터에서 프로그래밍되기에 적합한 방법을 제공한다. 이는 손으로 계산하도록 고안된 사우스웰의 방법에서 중요한 진전이었다. 사다리꼴 규칙의 정확도를 개선하기 위한 노르웨이-독일인 베르너 롬베르크(Werner Romberg)의 소거 접근(elimination approach, 1955)은 리처드슨 보외법(Richardson extrapolation)에 의존하는데, 이 기법은 세기 초 영국의 루이스 프라이 리처드슨(Lewis Fry Richardson)에 의해 개발되었다. 리처드슨은 1910년에 편미분방정식의 수치해를 구하기 위한 유한차분법을 도입했고 보외법은 그 일부일 뿐이었다. 그리고 그는 수학을, 특히 유한차분법을 **기상 예측**[V.18]에 처음으로 도입한 사람이었다. 그의 책 『수치과정을 통한 기상 예측(*Weather Prediction by Numerical Process*)』(1922)은 새로운 서문과 함께 2007년에 케임브리지 대학교 출판사(Cambridge University Press)에서 재출판되었다. 리처드슨-롬베르크 과정은 1960년대에 독일의 프리드리히 바우어(Friedrich L. Bauer)와 스위스의 에두아르트 슈티펠(Eduard L. Stiefel)이 그것을 엄밀한 오차분석의 주제로 삼으며 널리 알려졌다. 1956년에 스웨덴의 예르문드 달퀴스트(Germund Dahlquist)는 그의 수치적 불안정성 이론 내에서 닉 트레페덴(Nick Trefethen)이 (The Princeton Companion to Mathematics에서) '수치해석학의 기본 정리: 일관성 + 안정성 = 수렴성'이라 부른 것을 도입했다. 가우스 소거법 등의 선형대수학 알고리즘에서 반올림오차의 효과를 이해하는 주요한 단계는 영국인 제임스 윌킨슨(James Wilkinson)이 주도한 **후향오차분석**[I.2 §23]의 발전이었고, 이는 윌킨슨의 영향력 있는 1963년과 1965년 연구 논문에 설명되어 있다. 기존에 있던 이론의 실용성을 깨닫는 데 컴퓨터 발전의 역할이 가장 중요했다는 것은 1965년에 쿨리(Cooley)와 터키(Tukey)에 의해 유명해진 **고속 푸리에 변환**[II.10](FFT)의 역사에서도 분명히 드러난다. FFT는 원래 가우스에 의해 발견되었지만 디지털 컴퓨터의 출현 이전에 효율적으로 응용될 수 없었다.

위에 언급된 많은 유럽 수학자는 그들 경력 중 일부를 미국에서 보냈다. 이런 '두뇌 유출(Brain Drain)'은 점차 정치적 이유로 인한 유럽에서의 도피로 대체되었는데, 1953년 네덜란드 수학자 판 베인하르덴(A. van Wijngaarden)이 컬럼비아 대학교 심포지엄에 참여했을 때 알고 있었듯이 말이다.

> 우리를 계속 걱정시키는 것 중 하나는 최고인 사람들 상당수가 유럽 과학 인재의 거대한 하수구인 미국으로 빠져나간다는 것이다.

하지만 두뇌 유출을 따르지 않았으며(혹은 못했으며) 미국인과 동일한 수준의 연구를 했던 유럽 수학자도 상당수 있었고, 그중 많은 이들이 러시아인이었다. 그럼에도, 특히 계산 시설과 소프트웨어 발전에 있어 우월한 기술 산업적 기반이 미국에 존재했다는 것에는 의심의 여지가 없다. 이런 우월성은 종종 앨런 튜링(Alan Turing)을 포함한 이들의 적의와 맞닥뜨렸지만, 에르쇼프(A. P. Ershov)와 슈라-부라(M. R. Shura-Bura)(메트로폴리스(Metropolis) 외, 1980) 같은 러시아인들, 그리고 프랑스의 인공두뇌학 선구자 루이 쿠피냘(Louis Couffignal)과 수치해석자 자크-루이 리옹(Jacques-Louis Lions) 같은 서부 유럽의 응용수학자들은 이런 상황을 인정했다. 이런 이유로 인해 자크-루이 리옹은 러시아 응용수학자들과 긴밀히 협조했으며, 그는 종종 최신 기술을 사용할 수 없다는 점이 공동 연구의 이론적 깊이를 증가시켰다고 느꼈다.

1930년대부터 러시아 수학자들은 오직 러시아어로만 출판하기 시작했으며 더 이상 프랑스어나 독일어로도 출판하지 않았다. 전쟁 이후에도 계속된 이런 관행은 미국수학회가 해군연구국의 재정 지원을 받아 1947년에 러시아어 번역 프로젝트를 시작하게끔 만들었다. SIAM도 1956년에 NSF로부터 지원받아 그 선례를 따랐다. 1957년 '스푸트니크 충격(Sputnik crisis)'은 미국 수학자들이 소련에서 행해진 연구를 더욱더 긴밀히 살펴보게 된 원인이었다. 이 사건은 러시아 태생 미국인 위상수학자 솔로몬 레프셰츠(Solomon Lefschetz)가 은퇴 생활을 그만두도록 만들었고, 그는 마틴 항공기 회사(Martin Aircraft Company)를 설득해 수학연구센터를 세우고 비선형미분방정식을 연구하는 거대한 그룹을 이끌었다. 전쟁 후 20년 동안 미국의 상대적으로 유리한 물질적 조건에도 불구하고 응용수학은 순수수학과 비교해 그 명성 일부를 잃었다. 돌이켜 보면, 이 시기는 당연히 방법을 통합하고 앞으로 도래할 더 강력한 계산 기술과 더 깊은 이론적 기반을 기다리던 때로 볼 수 있다.

예를 들어, 1960년대 초 미국 중등교육에서 알려져 있던 분명한 결점을 바로잡고자 교육을 개혁하려는 운동('새로운 수학(New Math)')의 일부가 응용수학을 발전시키고자 하는 노력을 방해했다고 볼 수 있다. 이 운동은 부르바키(Bourbaki)의 '가장 순수한' 이상으로부터 강하게 영향을 받았으며 세계적으로 뻗어 나갔는데, 응용을 향한 학생들의 사고방식 발전을 위축해 퇴화시켰다. 1961년 워싱턴 DC에서 SIAM이 주최한 응용수학의 연구와 교육에 관한 심포지엄에서, 위원장은 다음과 같이 여겼다.

> 응용수학은 마치 의붓자식 같다. 나는 심지어 낙오된 자식이라 말할 것인데, 수학자, 물리학자, 공학자는 똑같은 무관심으로 그것의 산물을 바라본다.
>
> SIAM 리뷰(SIAM Review, 1961)

같은 해 1월 24일, 《뉴욕 타임스(*New York Times*)》는 '러시아는 응용연구를 지나치게 강조했기 때문에 수학에서의 전통적인 주도권을 잃을 것이다'라는 제목의 칼럼을 실었고, 이는 MIT의 응용수학자 하비 그린스펀(Harvey Greenspan)이 《미국월간수학(*American Mathematical Monthly*)》에 비판적인 답변을 싣도록 만들었는데, 칼럼과 대조적이었다.

> 러시아가 이 분야를 더욱 강조한다는 것은 우리 측면에서 무언가를 정말로 심각하게 고민해야 할 이유이다 … 현재 체계는 충분한 수의 응용수학자들을 배출하지 않으며 이를 구제할 조치가 하루빨리 취해져야 한다. 응용수학의 원로 교수진 대다수는 유럽 교육의 산물이다.

하지만 미국 응용수학의 진짜 도약은 1970년대와 1980년대 컴퓨터기술 및 컴퓨터과학이 떠오르고, 동시에 부르바키의 이상이 추락하며 이루어졌다. '미국 수학 새롭게 하기'에 관한 이른바 1984년 데이비스 보고서(Davis Report)의 등장은 중요한 사건이었는데, 이는 수학연구에서 연방 투자를 거의 두 배로 만들었고 특별한 계산수학 계획을 포함했다. 1941년에 부모님과 함께 미국에 이주해 뉴욕 대학교에서 공부했고 '편미분방정식 및 해의 계산의 이론과 응용에 대한 그의 획기적인 기여'로 2005년 아벨 수학상(Abel Prize in Mathematics)을 수상한, 헝가리 태생 럭스 페테르(Peter Lax)는 1989년 SIAM 리뷰에 기고했고 널리 알려진 '미국에서 응용수학의 전성'에 관한 논문에서 응용수학이 새로운 차원으로 받아들여졌음을 알렸다.

> 그리 멀지 않은 과거에 '응용수학은 나쁜 수학이다'라거나 '가장 훌륭한 응용수학은 순수수학이다'라고 주장한 수학자는 어느 정도의 동의와 박수를 기대할 수 있었지만, 오늘날 그런 말을 하는 사람은 무지한 것으로 간주될 것이다.

현직 수학자들이 쓴 글이 메트로폴리스(Metropolis) 외의 책(1980)과 내시(Nash)의 책(1990)으로 출판된 것, 그리고 《계산응용수학저널(*Journal of Computational and Applied Mathematics*)》(2000)이 시작했고 브레진스키(Brezinski)와 바위타크(Wuytack)의 책(2001)으로 재출판된 방대한 7권짜리 역사 프로젝트는 수학 내에서 응용수학의 커져 가는 자신감을 더 폭넓게 보여 준다. 2000년 《과학공학계산(*Computing in Science and Engineering*)》의 「10대 알고리즘」(그중 6개는 [I.4, 표 2]에 포함되어 있는) 출판과 같은 일부 노력은 논란을 야기하기도 했다. 이들을 비롯한 다른 출판물에서 응용수학 전문가 다수는 그들 방법의 엄밀함과 신뢰성에 관한 문제를 인지하고 있음을 밝혔는데, 이는 순수수학과 응용수학 사이의 연결이 존재하며 이 분야를 계속 자극한다는 것을 보여 준다. 하지만 수학에 대해 표준화된 철학적 접근, 즉 응용을 고려하지 않고 여느 때보다 늘어난 수학적 실용의 범위를 정당하게 다루지 않으며, 반복적으로 형식주의, 논리주의, 직관주의를 맴도는 것은 더 이상 수학자나 대중을 만족시키지 않았다.

모태 분야인 순수수학을 향한 여전한 충심은 종종 응용수학자 측이 지나치게 조심하며 반성하도록 만들었다. 트레페덴(Trefethen)은 반올림오차와 수치안정성 문제를 배경으로 한 훌륭한 예시를 제시했다(이 책『프린스턴 응용수학 안내서』에서).

> 폰 노이만(von Neumann), 윌킨슨(Wilkinson), 포사이스(Forsythe), 헨리치(Henrici)를 포함한 일부 사람들은 기계 연산에 대한 무분별한 의존의 위험성을 알리는 데 큰 애를 썼다. 이러한 위험은 무척 현실적이지만 그 경고가 과할 정도로 너무 성공적으로 전달되었고, 이는 수치해석학의 주된 역할이 반올림오차에 대처하는 것이라는 현재의 널리 퍼진 인상을 심어 주었다. 사실 수치해석학의 주된 역할은 빠르게 수렴하는 알고리즘을 만드는 것이다. 반올림오차 분석은 보통 논의의 일부가 되기는 하지만, 그것이 핵심적인 문제가 되는 경우는 드물다. 만약 반올림 오차가 없어지더라도 수치해석학의 90%는 남아 있을 것이다.

그러나 오직 이런 방법론적 걱정만이 응용수학을 저지한 것은 아니었다. 예를 들어, 럭스(1989)는 교육의 고집스러운 문제와 고전해석학의 훈련을 유지해야 할 필요성을 언급했다.

절대적으로 개혁이 필요한 학부 교육과정, 특히 가장 곪은 곳인 미적분학에서 응용적 관점은 필수적으로 대체되어야 한다. 이론수학자들이 학부 교과목에 대한 책임을 포기한 이후로 미적분학 교육은 여느 때보다 침체를 겪고 있다.

응용수학자의 교육과 훈련은 핵심적인 문제로 남아 있고, 심지어 현 상황이 1953년 컬럼비아 대학교 학회 이후 눈에 띄게 달라졌는지조차 분명하지 않다. FFT 알고리즘의 개발과 상자 그림(box plot)으로 가장 잘 알려져 있는, 응용수학자이자 통계학자인 윌더 터키(John Wilder Tukey)는 당시 오늘날 모형화로 불리는 것을 언급하며 아래와 같이 선언했다.

수식화가 응용수학의 가장 중요한 부분임에도, 아무도 수식화의 이론에 관한 연구를 시작하지 않았다. 만약 그런 게 있다면, 우리는 아마 응용수학을 가르칠 수 있을 것이다.

1998년 NSF에서 나온 보고서는 다음과 같이 서술한다.

수학에서의 직업은 미국 학생들에게 덜 매력적인 것이 되어 가고 있다. … 몇 가지 요인이 이런 변화에 기여한다. (i)학생들은 직업 시장이 이미 포화한(매년 1,100명 이상의 새로운 박사들이 대략 600개의 학계 종신 교수직 모집에서 경쟁한다) 대학교 교수직이 얻을 수 있는 유일한 직업이라고 잘못 믿고 있다. (ii)수리과학의 학문적 훈련은 편협하고 학계 바깥에서의 직업을 위한 학생들의 준비를 형편없이 방치하는 경향이 있다. (iii)학생이나 교직원 누구도 수리과학에서 훈련된 이들이 학계 바깥에서 가질 수 있는 직업의 종류를 알지 못한다.

동일한 보고서는 유럽과 (이제) 아시아, 남미 그리고 다른 곳에서 온 이민자들에 대한 미국 순수 및 응용수학의 의존성이 사라지지 않았음을 강조한다.

미국은 수리과학에서 가장 강한 국가 집단이지만, 그 힘은 다소 취약하다. 오직 미국에서 자란 전문가만을 고려하면 미국은 서부 유럽보다 약할 것이다. 본토에서 태어난 미국인들의 수리과학에 대한 관심은 꾸준하게 감소하고 있다. 가장 유능한 미국 수학자들 다수는 미국 밖에서 교육받았으며 심지어는 미국에서 태어나지 않았다. 그들 중 아주 많은 수는 구소련이 붕괴하면서 이주해 왔다. (연구 재정 지원이 사라지고 뛰어난 대부분의 수학자들이 이주했기 때문에 수학에서 러시아의 힘은 매우 약해졌다.) 서부 유럽은 수학에서 거의 미국만큼 강하며, 중요한 분야들을 이끌고 있다. 이 역시 망명한 소련 수리과학자들의 존재로부터 혜택을 받은 것이다.

피에르-루이 리옹(Pierre-Louis Lions, 자크-루이 리옹(Jacques-Louis Lions)의 아들, 1994), 장-크리스토프 요코즈(Jean-Christophe Yoccoz, 1994), 스타니슬라프 스미르노프(Stanislav Smirnov, 2010), 세드릭 빌라니(Cédric Villani, 2010)의 필즈 메달(Fields Medal) 수상은 늘어나는 유럽 응용수학의 힘과 수학 내에서 이 분야의 변화된 위상을 실증해준다. 비슷하게 노르웨이 과학문학원(Norwegian

Academy of Science and Letters)이 럭스 페테르(Peter Lax, 2005), 스리니바사 바라단(Srinivasa Varadhan, 2007), 세메레디 엔드레(Endre Szemerédi, 2012)의 주된 응용 주제에 대해 아벨상(Abel Prize)을 시상한 것은 이런 변화를 한층 더 암시한다. 여기에 더해, 기술 발전과의 연결성을 더욱 강조하며 특별히 응용에만 주어지는 명망 있는 상들이 최근 십여 년간 제정되었다. ACM의 A. M. 튜링상(A. M. Turing Award, 1966년에 시작), IMU의 롤프 네반리나상(Rolf Nevanlinna Prize, 1981), DMV와 IMU의 칼 프리드리히 가우스상(Carl Friedrich Gauss Prize, 2006)과 같이 그러한 상들에 뛰어난 이론 능력을 가진 수학자들의 이름이 붙었다는 사실은 수학에서 순수와 응용 측면의 통합을 강조한다.

한편 학문-산업 간 관계, 그리고 이와 관련하여 응용수학자의 전문적 인상에는 문제가 남아 있는데, 이는 SIAM에서 출판된 '산업수학'에 관한 2개의 가장 최근 보고서(1996년과 2012년)에 설명되어 있다. 2012년 보고서는 이 상황을 아래와 같이 요약한다.

> 산업수학은 이중으로 보이지 않는 신기한 분야이다. 그것은 학문의 세계에서 보이지 않는데, 산업 문제의 연구에 활발하게 참여하는 학계 수학자가 너무 적기 때문이다. 산업수학의 연구는 표준적인 연구 저널에 이르지 못할 수도 있는데, 보통 연구를 수행하는 회사가 그러길 원치 않기 때문이다. (일부 회사는 출판을 장려하고 다른 회사는 그렇지 않다. 이처럼 정책은 폭넓게 다양하다.) 그리고 산업에 종사하는 대학원생들의 지도 교수는 학계에 남아 있는 학생들의 진로를 좇는 것처럼 그들을 긴밀히 추적하지 않는다.

하지만 이 글에서 언급된 학문적 응용수학에 대한 대부분의 문제(연구 재정 지원, 수학교육에서 응용의 부재, 문화권 사이 이동의 필요성)는 순수와 응용수학 모두와 동일하게 관련된다. 순수하게 인식적이고 이론적인 수준에서 수학의 두 측면 간 차이는 모든 흥미롭고 중요한 역사-사회적 차원에 대해 거의 존재하지 않으며, 앞서 인용한 1998년 NSF 보고서가 강조하는 바와 같다.

> 오늘날 모든 수학은 응용되고 있고, 따라서 응용수학이라는 용어는 분야를 구분하는 하나의 다른 기준이라고 보아야 한다.

더 읽을거리

Aspray, W. 1990. *John von Neumann and the Origins of Modern Computing*. Cambridge, MA: MIT Press.

Aubin, D., and A. Dahan Dalmedico. 2002. Writing the history of dynamical systems and chaos: longue durée and revolution, disciplines and cultures. *Historia Mathematica* 29:273-339.

Babuška, I. 1994. Courant element: before and after. In *Finite Element Methods: Fifty Years of the Courant Element*, edited by M. Křížek, P. Neittaanmäki, and R. Stenberg, pp. 37-51. New York: Marcel Dekker.

Bennett, S.1979/1993. *A History of Control Engineering: Volume 1, 1800-1930; Volume 2, 1930-1950*. London: Peter Peregrinus.

Birkhoff, G. 1977. Applied mathematics and its future. In *Science and Technology in America: An Assessment*, edited by R. M. Thomson, pp. 82-103. Gaithersburg, MD: National Bureau of Standards.

Booß-Bavnbek, B., and J. Høyrup, eds. 2003. *Mathematics and War*. Basel: Birkhäuser.

Brezinski, C., and L. Wuytack, eds. 2001. *Numerical Analysis: Historical Developments in the 20th Century*. Amsterdam: Elsevier.

Campbell-Kelly, M., M. Croarken, R. Flood, and E. Robson, eds. 2003. *The History of Mathematical Tables: From Sumer to Spreadsheets*. Oxford: Oxford University Press.

Chabert, J.-L. 1999. *A History of Algorithms: From the Pebble to the Microchip*. Berlin: Springer.

Cortada, J. W. 1990/1996. *A Bibliographic Guide to the History of Computing, Computers, and the Information Processing Industry*, two volumes. New York: Greenwood Press. (Available online at www.cbi.umn.edu/.)

Darrigol, O. 2005. *Worlds of Flow: A History of Hydrodynamics from the Bernoullis to Prandtl*. Oxford: Oxford University Press.

Goldstine, H. H. 1977. *A History of Numerical Analysis from the 16th through the 19th Century*. New York: Springer.

Grattan-Guinness, I., ed. 1994. *Companion Encyclopedia of the History and Philosophy of the Mathematical Sciences*, two volumes. London: Routledge.

Grötschel, M., ed. 2012. Optimization Stories (21st International Symposium on Mathematical Programming, Berlin, August 19-24, 2012). *Documenta Mathematica*(extra volume).

Lax, P. 1989. The flowering of applied mathematics in America. *SIAM Review* 31:533-41.

Lenstra, J. K., A. Rinnooy Kan, and A. Schrijver, eds. 1991. *History of Mathematical Programming: A Collection of Personal Reminiscences*. Amsterdam: North-Holland.

Lucertini, M., A. Millán Gasca, and F. Nicolò, eds. 2004. *Technological Concepts and Mathematical Methods in the Evolution of Modern Engineering Systems: Controlling, Managing, Organizing*. Basel: Birkhäuser.

Mancosu, P., ed. 2008. *The Philosophy of Mathematical Practice*. Oxford: Oxford University Press.

PART II 개념

Concepts

옮긴이_박민재

II.1 점근식

마틴 *P. A. Martin*

함수 $y = f(x)$의 그래프를 그릴 때 우리는 그래프가 접근하는 (보통 $x \to \pm\infty$인 경우) 선을 발견하거나 찾고자 할 수 있다. 예를 들어 $y = x^2/(x^2+1)$의 그래프는 $x \to \infty$이면 (그리고 $x \to -\infty$일 때) 직선 $y = 1$에 접근한다. 이런 선을 **점근선**(asymptote)이라 부른다. 점근선은 꼭 수평이거나 직선일 필요는 없으며, 함수는 어떤 유한한 x_0에 대해 $x \to x_0$이면서 점근선으로 접근할 수도 있다. 예를 들어 $y = x^4/(x^2+1)$은 $x \to \pm\infty$이면 포물선 $y = x^2$으로 접근하고, $y = \log x$는 양의 값을 따라 $x \to 0$이면 수직선 $x = 0$으로 접근한다. 또 다른 예로서 $\sinh x = \frac{1}{2}(e^x + e^{-x})$은 $x \to \infty$이면 $\frac{1}{2}e^x$으로 접근한다. 이때 $\sinh x$는 x에 대해 지수적으로 증가한다고 말한다.

위에서 예시를 든 정성적 개념은 훨씬 더 정량적으로 만들어질 수 있다. 우리가 '$y = f(x)$는 $x \to \infty$이면 $y = g(x)$로 접근한다'와 같은 말을 할 때 중요한 것은, 그것이 쓸모 있기 위해 $g(x)$는 $f(x)$보다 단순해야 한다는 것이며 '더 단순하다'는 것은 문맥에 의존한다. 이는 익숙한 개념이다. 가령 매끄러운 곡선은 그 위에서 선택된 점을 지나는 접선으로 근사될 수 있다.

$\lim_{x \to x_0}[f(x)/g(x)] = 1$인 경우, $x \to x_0$이면 $f(x) \sim g(x)$라 쓰고, $g(x)$는 $f(x)$에 대한 $x \to x_0$일 때의 **점근적 근사**(asymptotic approximation)라 말한다. 예를 들어 $x \to 0$이면 $\sinh x \sim x$이고, $x \to \infty$이면 $\tanh x \sim 1$이다. 이런 종류의 한 유명한 점근적 근사는 1730년에 발견된 스털링의 공식(Stirling's formula), $n \to \infty$이면 $n! \sim (2\pi n)^{1/2}(n/e)^n$이다.

우리의 정의에 따르면, $x \to 0$일 때 $e^x \sim 1$, $e^x \sim 1 + x$, $e^x \sim 1 + 2x$이다. 한편 모든 x에 대해 수렴하는, $e^x = 1 + x + \frac{1}{2}x^2 + \cdots$이라는 매클로린 전개(Maclaurin expansion)가 있다. 이 무한급수를 잘라내면 $x = 0$ 근방에서 e^x에 대한 좋은 근사를 얻고, 급수의 더 많은 항을 취할수록 그 근사는 개선된다. 이는 우리가 $1 + 2x$가 아니라 $1 + x$를 선택해야 하며, '$\sim$'의 정의가 너무 허술하다는 것을 암시한다. 우리는 점근적 근사가 실제 근사가 되길 원하며, 가능하다면 더 많은 항을 취함으로써 그들을 향상시킬 수 있다. 이를 염두에 두고, $x \to x_0$이면 $\phi_{n+1}(x)/\phi_n(x) \to 0$인 성질을 갖는 함수열 $\phi_n(x)$, $n = 0, 1, 2, \cdots$를 생각하자. 표준적인 예시는 $x \to 0$일 때 $\phi_n(x) = x^n$과 $x \to \infty$일 때 $\phi_n(x) = x^{-n}$이다. 어떤 계수 a_n에 대해 $R_N(x) = \sum_{n=0}^{N} a_n\phi_n$이라 하자. 각 $N = 0, 1, 2, \cdots$에 대해

$$x \to x_0\text{이면 } [f(x) - R_N(x)]/\phi_N(x) \to 0 \quad (1)$$

인 경우

$$x \to x_0\text{이면 } f(x) \sim \sum_{n=0}^{\infty} a_n\phi_n(x)$$

이라 적고, 이 급수를 $f(x)$에 대한 $x \to x_0$일 때의 **점근적 전개**(asymptotic expansion)라고 말한다. 다른 말로 표현하면 '오차' $f - R_N$은 근사가 생략한 첫 번째 항, 즉 $n = N + 1$인 항과 비슷한 크기이다. 이 정의에서 무한급수가 수렴할 필요는 없다는 것에 주목하라(따라서 $R_N(x)$는 고정된 x에 대해 $N \to \infty$일 때의 극한을 갖지 않을 수도 있다). 대신 각 고정된 N에 대해 $x \to x_0$일 때의 오차에 관한 조건, 이른바 (1)

이 필요하다.

점근적 근사는 수렴할 수도 있다. 예컨대 $x \to 0$이면 $e^x \sim 1 + x + \frac{1}{2}x^2 + \cdots$이다. 하지만 흥미로우며 유용한 많은 점근적 전개는 발산한다. 한 예로, **여오차함수**(complementary error function)는 $x \to \infty$일 때

$$\operatorname{erfc}(x) = \frac{2}{\sqrt{\pi}}\int_x^{\infty} e^{-t^2}dt \sim \frac{e^{-x^2}}{x\sqrt{\pi}}\left[1 + \sum_{n=1}^{\infty}(-1)^n \frac{1 \cdot 3 \cdots (2n-1)}{(2x^2)^n}\right]$$

이며, 급수는 함수를 정의하는 적분을 반복하여 부분적분 함으로써 얻어진다. 이 급수는 발산하지만 항 몇 개를 취하면 erfc$x$의 좋은 근사가 되는데, x가 커질수록 근사는 더 향상된다.

점근적 전개를 얻기 위한 많은 기법들이 고안되었다. 일부는 적분을 통해 정의되는 함수 (erfc$x$ 같은)에 대해, 다른 것들은 미분방정식을 푸는 함수들에 대해 만들어졌다. 점근적 방법은 알고리즘의 복잡도를 추정하거나, 거대한 조합적 구조와 복잡한 네트워크의 성질을 예측하는 데 사용할 수도 있다.

많은 흥미로운 경우, 추정할 함수는 매개변수들에 의존한다. 그들의 존재는 득이 될 수도, 상황을 복잡하게 만들 수도 있다. x와 매개변수 λ가 둘 다 큰 $f(x, \lambda)$에 흥미가 있다고 생각해 보자. 표준적인 방법을 사용해 우리는 고정된 λ에 대해 $x \to \infty$이면 $f(x, \lambda) \sim g(x, \lambda)$, 고정된 x에 대해 $\lambda \to \infty$이면 $f(x, \lambda) \sim h(x, \lambda)$라는 것을 보일 수 있을지 모른다. 그렇다면 자연스러운 질문이 떠오른다. 큰 λ에 대한 $g(x, \lambda)$의 추정과 큰 x에 대한 $h(x, \lambda)$의 추정은 같을 것인가? 이런 부류의 더 단순한 질문은 극한의 교환성(commutativity)을 탐구할 때 등장한다.

$$L_1 = \lim_{x \to \infty} \lim_{y \to \infty} F(x, y),$$
$$L_2 = \lim_{y \to \infty} \lim_{x \to \infty} F(x, y)$$

가 주어져 있을 때, 언제 $L_1 = L_2$가 되는가? 우리의 상황에서, 예를 들어 $f(x, \lambda) = (x + \lambda)/(x + 2\lambda)$이면 $x \to \infty$일 때 $f \sim 1$이지만 $\lambda \to \infty$일 때 $f \sim \frac{1}{2}$이고, 따라서 표준적인 점근 근사는 변수가 둘 이상이 되면 실패할 수도 있다. 이런 경우에는 **고른 점근적 전개**(uniform asymptotic expansion)가 필요하다. 이것은 필연적으로 더 복잡하지만, 종종 특정한 물리적 현상을 온전하게 이해하기 위해서 필요하다. 한 예로, 평평한 화면 위 나타나는 빛나는 구의 그림자를 고려하자. 그것은 어두운 원판이다. 그러나 면밀히 살펴보면 그림자의 경계는 깔끔하지 않을 것이다. 원판의 경계를 건너면서 상은 매우 급격하지만 매끄럽게 변할 것이다. 표준적인 점근 기법은 빛이 비추는 영역과 그림자 영역 안에서 각각 어떤 일이 일어나는지 설명해 주지만(빛의 파장은 구의 반경에 비해 매우 작기 때문에, 그런 작은 비가 점근 근사를 만드는 데 사용될 수 있다), 둘 사이의 전환을 설명하기 위해서는 고른 점근 근사가 필요하다.

더 많은 점근적 방법에 대해서는 **섭동이론과 점근적 분석**[IV.5], **특수함수**[IV.7], **발산하는 급수: 꼬리 길들이기**[V.8]에 관한 글을 보라. 또 다른 좋은 출처는 올버(F. W. J. Olver), 로지어(D. W. Lozier), 부아베르(R. F. Boisvert), 클라크(C. W. Clark)가 편집한 『*NIST Handbook of Mathematical Functions*』(Cambridge University Press, Cambridge, 2010)의 2장이다(이 책의 파일은 http://dlmf.nist.gov에서 받을 수 있다).

II.2 경계층

경계층(boundary layer)이라는 수학적 개념은 유체역학[IV.28]에서 등장하는 한 물리학적 문제를 분석하면서 나타났다. 그 문제는 강체(rigid body)를 지나는 점성유체(viscous fluid)의 흐름이다. 물체가 지름 L을 가지며, 물체에서 멀리 떨어진 유동의 속도가 U라고 가정하자. 유동의 레이놀즈 수(Reynolds number)는 $Re = UL/\nu$인데, 여기서 ν는 역학적 점성계수(dynamic viscosity coefficient)이다. 유체가 아주 점성적이지는 않아서 ($Re \gg 1$이라는 의미), 비점성 유체를 지배하는 방정식인 오일러 방정식[III.11]을 풂으로써 유동을 잘 근사할 수 있다고 가정하자. 이는 물체 표면 근처에서는 좋은 근사가 아니다. 그곳에서는 점성효과가 중요하며, 따라서 반드시 나비에-스토크스 방정식[III.23]이 사용되어야 한다. 그럼에도 $Re \gg 1$이라는 사실을 이용하여 좋은 근사를 만들어 낼 수 있다. 이는 얇은 점성 경계층을 통해 이루어진다. 경계층 안과 그 바깥 영역에서 각각 구해진 두 개의 해는, 그 둘이 모두 유효한 것으로 가정되는 영역에서 맞추어지고, 그럼으로써 유체 전체에서 좋은 근사를 얻을 수 있다. 1904년에 루트비히 프란틀(Ludwig Prandtl)이 처음 이 모든 체계를 설명하고 사용하였다.

두 개의 해를 연결하는 아이디어는, 큰 (혹은 작은) 무차원(dimensionless) 매개변수가 알려져 활용되는 광범위한 점근적 기법의 일부를 이룬다. 영역은 둘보다 많을 수 있고 큰 매개변수는 하나보다 많을 수 있다. 해를 서로 맞추는 정교한 방법들이 개발되었고, 유체역학에서 등장한 문제뿐 아니라 많은 복잡한 문제에 적용되고 있다. 섭동이론과 점근적 분석[IV.5]에 관한 글을 보라.

II.3 혼돈과 에르고딕 성질

폴 글렌디닝 *Paul Glendinning*

혼돈(chaos)이라는 용어는 아주 엄밀하거나 혹은 덜 엄밀한 방식으로, 비주기적이고 예측 불가능한 결정론적 동역학을 설명하는 데 사용된다. 그런 맥락에서 이 단어가 처음으로 사용된 곳은 리와 요크의 1975년 '주기 3은 혼돈을 수반한다(Period three implies chaos)'라는 제목의 논문이다. 리와 요크는 이 용어를 너무 편협하게 정의하지 않도록 조심했으며, 그들의 수학적 결과는 해의 명확하게 정의된 성질들을 이용해 혼돈을 설명했다. 이 주제를 다룬 초기의 교과서(1989년에 출판된)에서 디바니(Devaney)는 $x_{n+1} = T(x_n)$, $x_n \in X$로 주어진, 거리공간(metric space) X 위의 이산 사상(discrete map) T에 대해 혼돈을 정의했다. 디바니의 정의는

(i) 주기 궤도(periodic orbit)들은 X에서 조밀(dense)하고,

(ii) 동역학이 추이적이고(transitive, 즉 X의 두 점 $x, y \in X$에 대해, x와 임의로 가까운 X의 한 점을 찾아 그것의 궤도가 y를 임의로 가깝게 지나가도록 할 수 있다),

(iii) 계가 X에서 초기조건에 민감한 의존성(sensitive dependence on initial, SDIC)을 가지면, $T:X \to X$는 X 위에서 혼돈적이라는 것이다.

SDIC가 의미하는 바는 다음을 만족하는 어떤 정확도 $\varepsilon > 0$이 존재한다는 것이다. 모든 $x \in X$와 $\delta > 0$에 대해, x와 거리 δ 이내인 어떤 $y \in X$와 시간 n이 존재하여, x와 y에서 시작한 해는 시간 n 이후에 거리가 최소 ε만큼 떨어지게 된다. SDIC는 보통 예측 가능성의 손실 또는 초기조건 정보의 손실을 함축하는 것으로 설명된다. 실은 이 문장 자체가 의미하는 바보다는 조금 더 복잡하지만 말이다. 디바니의 정의는 학부생 수준에서 혼돈에 관한 그럴듯한 시험문제를 내기 위한 용도로 만들어졌고, 1992년에 두 연구자 모임이 (적절한 계에 대해) 처음 두 조건이 세 번째 조건을 함의한다는 것을 보임으로써, 그것이 이상적인 정의가 아님을 보여 주었다!

또 다른 흔히 사용되는 혼돈의 정의는 랴푸노프 지수(Lyapunov exponent)의 아이디어를 이용한다. 그것은 해의 점근적 국소 확대 성질을 잰다. (x_n)이 1차원 사상 $x_{n+1} = T(x_n)$의 한 궤도이고 T가 미분가능하다면, x_0의 랴푸노프 지수는 다음 극한이 존재한다는 가정하에

$$\lambda(x_0) - \lim_{n \to \infty} \frac{1}{n} \sum_{k=0}^{n-1} \log|T'(x_k)|$$

로 정의된다. 동역학은 그것이 '단순'하지 않다면(가령 주기점들의 합집합) 혼돈적이라 간주되고, 전형적인 점은 양의 랴푸노프 지수를 갖는다.

정의와 관련된 문제점들에도 불구하고, 혼돈의 개념은 응용수학자들이 복잡한 시간적 양상을 가진 계를 모형화할 때 하게 되는 선택을 급격하게 변화시켰다. 특히, 혼돈이론은 겉보기에 무작위적으로 보이는 행동이 결정론적인 기원을 가질 수 있다는 것을 보여 준다(**동역학계**[IV.20]와 **로렌즈 방정식**[III.20]도 보라).

궤도에 따른 어떤 양의 시간평균과 기댓값(expected value)을 연결해 주는 **에르고딕 이론**(ergodic theory)을 사용하여, 확률론에도 유사한 개념이 만들어졌고 수학적 엄밀성을 갖게 되었다. 기댓값은 공간적 적분이며 따라서 초기조건에 의존하지 않는다.

에르고딕 성질의 정의는 두 가지 개념을 사용하는데, 불변집합(invariant set)과 불변측도(invariant measure)이다. 사상 T의 **불변집합** X는 $X = T^{-1}(X)$를 만족하며, 만약 $\mu(X) = 1$이고 X의 모든 가측집합(measurable set) S에 대해 $\mu(S) = \mu(T^{-1}(S))$인 어떤 측도(measure) μ가 존재하면, 사상 T와 불변집합 X는 **불변확률측도**(invariant probability measure)를 갖는다.

만약 $\mu(S)$가 모든 불변집합 S에 대해 0이거나 1이면, 사상 T는 불변측도 μ에 대해 **에르고딕**이다. 다른 말로 표현하면 모든 불변집합은 매우 작거나 (측도 0), 본질적으로 (측도 0인 집합을 제외하고) 전체집합 X이다. 이는 동역학이 더 작은 집합들로 분해되지 않는다는 것을 의미하며, 디바니의 혼돈에 관한 정의에서 추이적 성질이 하는 역할이다.

에르고딕 사상은 좋은 평균 성질을 가진다. X 위의 모든 적분가능함수 f에 대해, 전형적인 궤도에 따른 f의 시간평균은 불변측도에 대해 X를 적분하는 것으로부터 얻어지는 공간평균과 동일하다. 즉

$$\lim_{n \to \infty} \frac{1}{n} \sum_{k=0}^{n-1} f(T^k(x)) = \int_X f \, \mathrm{d}\mu$$

가 거의 모든(almost all) (불변측도 μ에 대해) $x \in X$에서 성립한다. 따라서 μ는 동역학의 확률측도로서 해석될 수 있으며, $d\mu = h(x)dx$라면 h는 T에 따른 점의 반복에 대한, 일종의 확률밀도함수로서 해석될 수 있다. 그러면 1차원 사상에 대한 '전형적인' 랴푸노프 지수는 불변측도에 대해 $f = \log|T'|$을 적분한 것으로 해석될 수 있다.

더 읽을거리

Devaney, R. L. 1989. *An Introduction to Chaotic Dynamical Systems*. Reading, MA: Addison-Wesley.

Li, T.-Y., and J. A. Yorke. 1975. Period three implies chaos. *American Mathematical Monthly* 82:985-92.

Walters, P. 1982. *An Introduction to Ergodic Theory*. New York: Springer.

II.4 복잡계

폴 글렌디닝 *Paul Glendinning*

복잡계(complex system)는 많은 성분의 상호작용과 연관된 동역학적 모형이다. 이러한 계의 연구는 복잡도 이론(complexity theory)이라 불린다. 복잡계는 거대한 차원과 복잡한 상호작용을 가진 것이 특징이다.

과학 전반에 걸쳐 복잡계의 많은 예시가 있다. 살아 있는 세포 안에서 화학물질들 간 반응은 복잡계로 생각할 수 있으며, 여기에서 변수는 화학물질의 농도이고 동역학은 일어날 수 있는 화학반응들로 정의된다. 화학물질은 존재하는 화학물질들 가운데 오직 일부와만 반응할 수 있으므로, 연결성은 일반적으로 낮다.

다른 예로 개인 컴퓨터가 복잡한 방식으로 서로 연결된 인터넷이나, 부품들이 회로기판 위에서 연결된 전자 시스템을 들 수 있다. 집단 내 의견 형성이나 군중의 움직임 같은 인간 행동의 행위자 기반 모형(agent-based model) 또한 복잡계이다.

보통 계의 행동을 결정하기 위해 수치적 모의실험을 넘어서는 어떤 것을 하기란 어려운데, 그것은 다소 한계가 있는 현상론적 설명만을 끌어낸다. 비록 확실한 예측 능력에는 여전히 한계가 있지만, 복잡계의 연구에서는 이보다 너 나아갈 수 있는 두 가지 핵심적인 방법이 있다. 그들은 성분들이 서로에게 어떻게 영향을 주는지 묘사하기 위한 그래프 이론과, 계의 변화를 결정하는 저차원 근사를 포착하기 위한(그런 것이 가능하다면) 차원축소 방법이다.

계가 실수 변수 x_i, $i = 1, \cdots, N$을 가질 때 각각의 변수는 i로 표시된 그래프의 점(node)과 동일시될 수 있으며, x_j의 동역학이 x_i에 직접적으로 영향을 준다면 이 그래프는 i에서 j로 가는 변(edge)을 가진다. 가령 변화가 하나의 미분방정식으로 결정되어 $\dot{x}_i = f_i(x_1, x_2, \cdots, x_N)$일 때, f_i의 인자인 모든 변수가 명시적으로 나타날 필요는 없으며 따라서 오직 $\partial f_i/\partial x_j$가 항등적으로 0이 아닌 경우에만 x_j에서 x_i로 가는 변이 존재한다. 이 그래프는 인접행렬(adjacency matrix) (a_{ij})로 나타낼 수 있는데, i에서 j로 가는 변이 있다면 $a_{ij} = 1$이고 그렇지 않다면 $a_{ij} = 0$이다. 꼭짓점의 차수(degree)는 그 점에 연결된 변의 개수이다[이를 그 꼭짓점에서 끝나는 (혹은 시작하는) 변만 세어 입력차수(in-degree)로 (혹은 출력차수(out-degree)로) 분리할 수 있다]. 차수 k인 꼭짓점들의 비율은 네트워크의 차수 분포(degree distribution)이다. 차수 분포의 성질은 보통 네트워크를 특징짓는 데 사용된다. 예를 들어, 차수 분포가 멱법칙(power law)을 따르는 네트워크는 척도독립(scale free)이라 불린다(인터넷을 이런 유형이라고 가정한다. 네트워크 분석[IV.18]을 보라).

생물학적 모형의 부분그래프를 분석한 결과, 표본들에서 몇몇 부분그래프가 통계분석에 기반을 둔 예상보다 훨씬 더 많이 나타난다는 것이 발견되었다. 이는 모티프(motif)라 불리는 그런 부분그래프가, 연관된 기능적인 성질을 갖는다는 가설을 이끌었다.

대다수 복잡계에서 계의 개별적인 성분은 아주 단순하지만, 그러면서도 보통 비선형적인 규칙에 따라 행동한다. 예를 들어 무리 속의 한 새는 주변 새들이 비행하는 평균적인 방향으로 비행 방향을 바꿀 수 있다. 이것은 국소적인 규칙에 불과하지만, 전체 새 떼에 걸친 효과는 무리를 하나의 전체로서 일관성 있게 움직이도록 만든다. 이러한 효과, 즉 간단한 국소적 규칙이 흥미로운 전역적 효과를 이끌어 내는 것을 창발행동(emergent behavior)이라 부른다. 주어진 국소적 규칙의 결과로서 어떤 창발행동이 나올지는 대개 그 계를 수치적으로 모의실험해 보기 전까지는 확실히 알 수 없다.

일부 경우에서는 문제의 차원을 축소해 더 적은 변수만을 고려함으로써 계를 모의실험하거나 분석하기 더 쉽게 만들 수 있다. 차원축소(dimension reduction)의 방법은 보통 특잇값분해[II.32] 기법에 기반을 둔다. 이것으로 상공간(phase space)에서 동역학적으로 더 활발한 방향을 식별한 다음, 원래 계를 이 방향으로 사영시켜 나오는 계의 분석을 시도하는 것이다.

일부 계에서는 집단행동을 이해하는 데 이론물리학의 평균장 이론(mean-field theory)이 사용될 수 있다.

복잡도 이론은 아주 많은 종류의 모형을 망라하므로, 심지어 확률적 효과나 네트워크 변화 같은 추가적인 복잡성을 포함시키지 않더라도, 나올 수 있는 동역학적 현상들의 범위는 방대하다. 뇌 안의 뉴런 상호작용을 묘사하는 복잡계는 패턴인식이나 기억력을 모형화할 수 있다(수리신경과학[VII.21]을 보라). 편미분방정식의 수치적 모형은 복잡계이며, 동역학적 행동으로서 모든 성분들이 비슷한 행동패턴을 따라가는 동기화(synchronization)나 패턴 형성[IV.27]이 일어날 수 있다. 계의 서로 다른 부분은 다른 동역학적 방식으로 행동할 수 있으며, 불완전한(frustrated) 영역(또는 전선(front))에 의해 분리된다. 상호작용은 다양한 강도를 가짐으로써 문제가 다양한 시간척도(timescale)를 갖게 할 수 있다. 이는 특히 많은 생물학적 모형에 적용하는 경우 사실로 드러나며, 현상을 정확하게 모형화하기 어렵게 만든다.

더 읽을거리

Ball, R., V. Kolokoltsov, and R. S. MacKay, eds. 2013. *Complexity Science*. Cambridge: Cambridge University Press.

Estrada, E. 2011. *The Structure of Complex Networks: Theory and Applications*. Oxford: Oxford University Press.

Watts, D. J. 1999. *Small Worlds: The Dynamics of Networks Between Order and Randomness*. Princeton, NJ: Princeton University Press.

II.5 공형사상

대런 크라우디 *Darren Crowdy*

1 공형사상이란 무엇인가?

공형사상(conformal mapping)은 복소변수의 해석함수(analytic function)를 기하학적 방식으로 해석할 때 나오는 발상에서 이름을 따왔다. $z = x + \mathrm{i}y$라 하고 다른 복소변수 w가

$$w = f(z) = \phi(x, y) + \mathrm{i}\psi(x, y)$$

로 정의되었다고 가정하자. 여기서 ϕ와 ψ는 차례로, 어떤 z의 해석함수인 $f(z)$의 실수와 허수부분이다. 이 관계는 복소 z-평면의 점들과 복소 w-평면의 점들 사이의 대응을 정해 주는 것이라 생각할 수 있다. 그림 1에 그려진 것처럼, 이 함수를 통해 z-평면의 정해진 한 영역은 w-평면의 어떤 영역으로 옮겨지거나 혹은 '보내진다.' 상의 모양은 f에 의존할 것

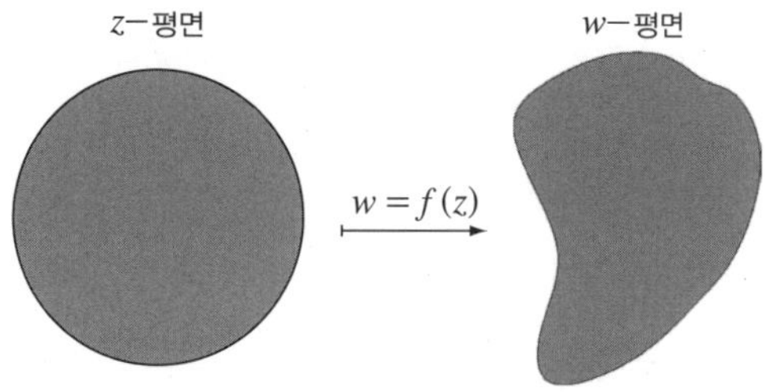

그림 1 복소 z-평면의 영역을 복소 w-평면의 영역으로 보내는 공형사상.

이다. f가 해석적 함수라는 것은 이 영역의 사상이 가진 어떤 특별한 성질을 함축한다. 사상이 일대일(one-to-one)이라면, 도함수 $f'(z) = \mathrm{d}f/\mathrm{d}z$가 관심 있는 z-영역에서 0이 되지 않는다는 것은 충분조건은 아니지만 필요조건이다.

간단한 예는 케일리 사상(Cayley mapping)

$$w = f(z) = \frac{1+z}{1-z}$$

이다. 이것은 z-평면의 단위원판의 내부 $|z| < 1$을 w-우반평면 $\mathrm{Re}\, w > 0$으로 보낸다. 점 $z = 1$은 $w = \infty$로 보내고, $z = -1$은 $w = 0$으로 보낸다. 단위원 $|z| = 1$은 w-허수축으로 보낸다. 공형사상은 분명히 넓이나 둘레의 길이 중 어느 것도 보존하지 않는다. 그것의 주된 기하학적 특징은 국소적으로 각을 보존한다는 것이다. 이를 살펴보려면, $f(z)$는 점 z_0에서 해석적이므로 그곳에서 국소 테일러 전개(local Taylor expansion)

$$w = f(z_0) + f'(z_0)(z - z_0) + \cdots$$

를 갖는다는 것에 주목하자. $\delta z = z - z_0$가 z-평면 안 z_0를 지나는 무한소 선요소(infinitesimal line element)라면, 사상에 의한 그것의 상 δw는 $w_0 = f(z_0)$일

때 $\delta w = w - w_0$로 정의되며, 선행차수로

$$\delta w \approx f'(z_0)\,\delta z$$

가 된다. 그러나 $f'(z_0)$는 그저 0이 아닌 복소수이기 때문에, 공형사상을 통해서는 모든 무한소 선요소가 w-평면에서 w_0를 지나는 선요소로 옮겨지는데, 이때 단순히 $f'(z_0)$의 크기만큼 곱해지고 그것의 편각(argument)만큼 회전되게 된다. 특별히, z_0를 지나는 두 주어진 선요소 사이의 각은 사상에 의해 보존된다.

2 리만 사상 정리

많은 사람들은 리만 사상 정리(Riemann mapping theorem)를 19세기 수학이 이룬 업적의 최정점으로 생각한다. 그것은 존재성 정리이며 이렇게 서술된다. w-평면의 전체평면은 아닌, 임의의 주어진 단순연결영역(simply connected region, 구멍이 없는)으로 단위 z-원판을 보내는 공형사상이 존재한다.

3 공형불변성

공형사상이 응용수학에서 중요한 도구인 것은, 응용에서 등장하는 특정한 경곗값 문제가 **공형불변성**(conformal invariance)이라는 성질을 갖기 때문이다. 한 예는 경계 ∂D를 갖는 $\mathbb{R}^2$의 영역 D에서 라플라스 방정식(Laplace equation)에 대한 그린 함수(Green's function) $G(z;\ z_0)$를 결정하는 경곗값 문제이다. 이는

$$D\text{ 안에서는 } \nabla^2 G = \delta^{(2)}(z - z_0),$$
$$\text{그리고 } \partial D \text{ 위에서는 } G = 0$$

로 쓰이며, z_0는 D 안의 어떤 점이고 $\delta^{(2)}$는 2차원 디랙 델타함수[III.7]이다. 단위원판 $|z| < 1$에 대한 그린 함수는

$$G(z;\, z_0) - \mathrm{Im}\left[\frac{\mathrm{i}}{2\pi}\log\left(\frac{z - z_0}{|z_0|(z - 1/\overline{z_0})}\right)\right]$$

로 알려져 있고, 여기서 $\overline{z_0}$는 z_0의 복소켤레(complex conjugate)이다. 만약 D가 복소 w-평면 위 임의의 다른 단순연결영역이라면, 그것에 해당하는 D에서의 그린 함수는 다름 아니라 $G(f^{-1}(w);\ f^{-1}(w_0))$이며, 여기서 $f^{-1}(w)$는 z-단위원판을 D로 보내는 공형사상의 역함수이다. 기하학적으로 $f^{-1}(w)$는 그저 D를 단위원판 $|z| < 1$로 옮기는 역공형사상이다. 그러므로 임의의 단순연결영역 D에서의 그린 함수는, D와 단위원판 사이의 공형사상이 주어졌다는 가정하에 곧바로 구할 수 있다.

4 슈바르츠-크리스토펠 사상

리만 사상 정리는 비구성적(nonconstructive)이며 주어진 단순연결영역들 사이에서 공형사상의 존재성을 보장해 주기는 하지만, 실제로 그것을 구성하는 현실적인 문제는 또 다른 이야기이다. 응용에서 자주 사용되는 몇 안 되는 일반적인 구성 중 하나는 **슈바르츠-크리스토펠 사상**이다. 이것은 z-단위원판 $|z| < 1$과 같은 표준적인 영역을 N변 다각형의 내부나 외부영역으로 보내 주는 공형사상이다. 다각

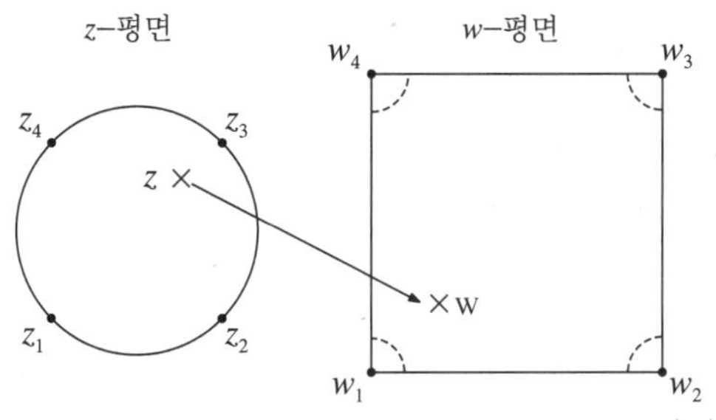

그림 2 단위 z-원판을 w-평면의 정사각형 내부로 보내는 슈바르츠-크리스토펠 사상. $N = 4$일 때 (1) 형태의 함수는 점 w를 점 z에 대응시킨다. 여기서 $\beta_1 = \beta_2 = \beta_3 = \beta_4 = \pi/2$이다.

형 꼭짓점의 원상(preimage)(**원꼭짓점**(prevortex)에서, 앞서 무한소 선요소 사이의 각보존을 증명한 국소적 논증은 반드시 성립하지 않아야 한다. 사실, 그러한 원꼭짓점에서는 공형사상의 도함수 $f'(z)$가 반드시 단순해(simple zero), 단순극(simple pole), 분지점 특이성(branch point singularity) 중 하나를 가진다고 주장할 수 있다. $|z| < 1$을 w-평면의 유계인 다각형 내부로 보내는 사상의 일반적인 공식은

$$w = f(z) = A + B\int^{z} \prod_{k=1}^{N} \left(1 - \frac{z'}{z_k}\right)^{(\beta_k/\pi - 1)} \mathrm{d}z' \tag{1}$$

이며, $|z| < 1$을 w-평면의 유계인 다각형 외부로 보내는 사상의 공식은

$$w = f(z) = A + B\int^{z} \prod_{k=1}^{N} \left(1 - \frac{z'}{z_k}\right)^{(\beta_k/\pi - 1)} \frac{\mathrm{d}z'}{z'^2} \tag{2}$$

이다. 매개변수 $\{\beta_k \mid k = 1, 2, \cdots, N\}$은 그림 2에 나타난 **회전각**이고, 점 $\{z_k \mid k = 1, 2, \cdots, N\}$은 원꼭짓점이다. A와 B는 복소 상수이다. 이른바 **부속매개변수**(accessory parameter)라 불리는 이 매개변수들은 보통 수치적으로 계산되는데, 이 때 다각형의 변이 필요한 길이를 갖도록 하는 등 기하학적인 특징을 고정하여 계산한다. 슈바르츠-크리스토펠 유형 중 유명한 사상은 **주코프스키 사상**(Jou-kowski mapping)

$$w = f(z) = \frac{1}{2}\left(z + \frac{1}{z}\right)$$

으로 공기역학에서 사용되며, $w = -1$과 $w = 1$ 사이의 w-실수축에 놓인 평판 또는 날개 모양의 무한한 외부영역으로 단위원판 $|z| < 1$을 보낸다. 원꼭짓점 $z_1 = 1$, $z_2 = -1$과 회전각 $\beta_1 = \beta_2 = 2\pi$일 때 (2)로부터 이를 유도하는 것은 간단하다. 어떠한 2차원 모양이 주어져도, 그 경계에서 점들을 취하고 그들을 선분으로 이어 다각형을 만듦으로써 원래 모양을 근사하는 것은 자연스러우므로, 슈바르츠-크리스토펠 공식은 응용수학의 많은 곳에서 사용된다. 또한, 부속매개변수를 계산하는 다재다능한 수치 소프트웨어도 개발되어 있다.

더 읽을거리

Courant, R. 1950. *Dirichlet's Principle, Conformal Mapping and Minimal Surfaces*. New York: Interscience.

Driscoll, T. A., and L. N. Trefethen. 2002. *Schwarz-Christoffel Mapping*. Cambridge: Cambridge University Press.

Nehari, Z. 1975. *Conformal Mapping*. New York: Dover.

II.6 보존법칙

바바라 리 키피츠 *Barbara Lee Keyfitz*

1 준선형 쌍곡형 편미분방정식

$\boldsymbol{u}\in\mathbb{R}^n$, $\boldsymbol{b}\in\mathbb{R}^n$, A_i는 $n\times n$ 행렬, $\boldsymbol{u}_t\equiv\partial\boldsymbol{u}/\partial t$, $\boldsymbol{u}_{x_i}\equiv\partial\boldsymbol{u}/\partial x_i$일 때, 다음 형태

$$\boldsymbol{u}_t+\sum_{i=1}^{d}A_i(x,t,\boldsymbol{u})\boldsymbol{u}_{x_i}+\boldsymbol{b}(x,t,\boldsymbol{u})=0 \qquad (1)$$

의 1계 편미분방정식의 계는 **준선형**(quasilinear)이라 불린다. 이 계는 **편미분방정식**[IV.3]에서 정의된 것처럼 비선형이지만, $\boldsymbol{u}$의 도함수를 포함하는 항들은 오직 선형결합으로만 나타난다. t를 시간변수, $x=(x_1,\cdots,x_d)$를 공간변수로 간주하게 되면, **코시 문제**(Cauchy problem)는 초기조건

$$\boldsymbol{u}(x,0)=\boldsymbol{u}_0(x) \qquad (2)$$

와 함께 $t>0$에 대한 (1)의 해를 묻는다. 선형 PDE와의 유사성으로부터, 이 문제는 오직 계가 **쌍곡형**(hyperbolic)인 경우에만 타당(well-posed)할 것이라 예상할 수 있다. 그것은 다항방정식

$$\det\left(\tau I+\sum_{i=1}^{d}A_i\xi_i\right)=0 \qquad (3)$$

의 해 (**특성해**(characteristic)로 불리는) $\tau(\xi)$들이 모든 $\xi\in\mathbb{R}^d$에 대해 항상 실수이며, 행렬 $\sum_{i=1}^{d}A_i\xi_i$의 고윳값들과 마찬가지로 각각이 동일한 **대수중복도와 기하중복도**[II.22]를 갖는다는 의미이다.

1974년 프리츠 존(Fritz John)은 $d=1$일 때 계가 **완전하게 비선형**(genuinely nonlinear)((3)의 각 해 τ_i와 대응하는 고유벡터 $\boldsymbol{r}_i$에 대해 $\nabla_\xi\tau_i\cdot\boldsymbol{r}_i\neq 0$이라는 의미)이라면, 매끈한 코시 초기조건(smooth Cauchy data)에 대해 **버거스 방정식**[III.4]과 똑같이, $\nabla\boldsymbol{u}$의 적어도 한 성분은 유한한 시간 안에 무한대로 간다는 것을 증명했다(**편미분방정식**[IV.3 §3.6]도 보라).

쌍곡형 계의 특성해는 특정한 방향(ξ와 수직인)으로 신호가 전달되는 속도를 정의하므로, 순수한 비선형성은 이 속도가 상태 $\boldsymbol{u}$에 대해 자명하지 않은 함수라는 것을 말해 준다. 이는 보존법칙으로 모형화되는 현상의 설명으로서 물리학적 중요성을 가지며, 수학적으로 매끈한 해가 존재한다는 사실을 내포한다. 구체적으로는 버거스 방정식의 해에서 볼 수 있는 양장이, 순수하게 비선형인 쌍곡형 계에 대한 해의 특징을 전형적으로 나타낸다.

추가적으로, 선형 쌍곡형 방정식에 대해 **분포해**[IV.3 §5.2]가 잘 정의된다는 사실에도 불구하고, 그 개념은 준선형 계에서는 유효하지 않다. 왜냐하면, 무엇보다 A_i와 $A_i\boldsymbol{u}_{x_i}$는 $\boldsymbol{u}$가 충분한 매끈함을 가지지 않으면 정의되지 않고, 또한 만약 $A=A(u)$가 $\boldsymbol{u}$에 자명하지 않게 의존하면 방정식의 약형태(weak form)를 만드는 표준적인 과정(매끈한 시험함수로 곱하고 부분적분하는)은 보통 계에서 $\nabla\boldsymbol{u}$를 성공적으로 제거하지 못한다. 각 $A_i\boldsymbol{u}_{x_i}$ 그 자체가 도함수인 경우, 즉 $A_i\boldsymbol{u}_{x_i}=\partial_{x_i}f_i(\boldsymbol{u})$인 경우는 예외적이다. 이 경우는 각 A_i의 각 행이 그래디언트일 때 일어나며, 그것은 오직 필요조건으로 주어지는 혼합편미분(mixed partial derivative)들이 모두 같을 때만 일어난다. 이러한 경우 **균형법칙**(balance law)계

$$\boldsymbol{u}_t+\sum_{i+1}^{d}(f_i(x,t,\boldsymbol{u}))x_i+\boldsymbol{b}(x,t,\boldsymbol{u})=0 \qquad (4)$$

을 얻는다. $\boldsymbol{b} \equiv 0$인 중요한 경우에는, **보존법칙**(conversation law)계를 얻는다. (4)의 약형태는

$$\iint \left[\boldsymbol{u}_t + \sum_{i=1}^{d} (f_i(x, t, \boldsymbol{u}_i)) \varphi_{x_i} - \boldsymbol{b}(x, t, \boldsymbol{u}) \varphi \right] \mathrm{d}x\mathrm{d}t = 0 \tag{5}$$

이다. 이것이 (1)의 해가 모호함 없이 정의될 수 있는 유일한 경우이므로, 준선형 쌍곡형 계의 주제는 흔히 '보존법칙'으로 불린다.

보존법칙의 일반적인 종류에 대해 약해가 존재할 만큼 충분히 포괄적이면서도, 해와 그것의 근사가 분석될 수 있을 만큼 충분히 정칙적(regular)인 함수들의 공간을 찾는 것이 보존법칙에서 나타나는 수학적 어려움이다. 지금 이 시점에서, 만족스러운 타당성 이론은 오직 단일 공간 차원에 대해서만 존재한다.

2 어떻게 보존법칙이 등장하는가

물리학, 공학, 기술에서 중요한 문제는 보존법칙계를 이끌어 낸다. 그러한 문제 중 표본으로 선택된 것이 아래에 있다.

2.1 압축성 유동

압축성 유체(compressible fluid) 흐름의 기본방정식은 질량, 운동량, 에너지 보존의 원리와 함께 열역학적 양과 관계되는 구성방정식(constitutive equation)으로부터 유도된다. 이는 다음 형태

$$\begin{aligned} &\rho_t + \mathrm{div}(\rho \boldsymbol{u}) = 0, \\ &(\rho \boldsymbol{u})_t \mathrm{div}(\rho \boldsymbol{u} \otimes \boldsymbol{u}) + \nabla p = 0, \\ &(\rho E)_t + \mathrm{div}(p\boldsymbol{u}H) = 0 \end{aligned} \tag{6}$$

을 취하며, 여기서 ρ는 밀도, $\boldsymbol{u}$는 속도, p 압력, E는 에너지, H는 엔탈피(enthalpy),

$$E = \tfrac{1}{2}|\boldsymbol{u}|^2 + \frac{1}{\gamma - 1}\frac{p}{\rho}, \quad H = \gamma E$$

γ는 유체에 의존하는 상수이다(공기에 대해 $\gamma = 1.4$). (6)의 첫 번째 방정식을 얻기 위해서는, 어떤 임의의 압체 D의 총 질량은 밀도를 D에서 적분한 것이며, D의 경계 Γ를 통해 흐르는 유량(flux)이 있다면 질량이 시간에 따라 변한다는 것에 주목해야 한다. 게다가 유량은 정확히 밀도와 경계에 수직인 속도의 곱이며, 그로부터

$$\frac{\mathrm{d}}{\mathrm{d}t}\iint_D \rho \, \mathrm{d}V = -\int_\Gamma \rho \boldsymbol{u} \cdot \nu \, \mathrm{d}A \tag{7}$$

를 얻는다(음의 부호는 여러분에게 ν가 바깥방향으로 수직이며, D의 바깥으로 흐르는 유농은 D에 포함된 질량을 감소시킨다는 것을 상기시킬 것이다). (7)의 좌변에서 미분과 적분을 바꾸고, 동시에 우변에는 발산 정리[I.2 §24]를 적용하면

$$\iint_D (\rho_t + \mathrm{div}(\rho u))\mathrm{d}V = 0 \tag{8}$$

을 곧바로 얻을 수 있다. 마지막으로, D는 영역 안 임의의 범위라는 관찰로부터 (6)을 무한소 형태로 변형할 수 있다. (8)의 적분 형태는 또한 (5)의 약형태를 정당화하는데, (8)이 아무런 범위에서나 성립한다면 임의의 미분가능한 함수 φ들의 가중된 평균을 만들 수 있고 부분적분을 통해 (5)를 유도할 수 있기 때문이다.

압축성 유체에서 음속은 유한하고, 이는 (6)에서 특성해 중 하나이다. 음속보다 빠른 속도에서의 정상유동(steady flow) 역시 시간미분이 사라진 쌍곡

형 보존법칙계 (6)을 유도한다. 이 경우, 쌍곡형 방향 (시간류(time-like) 변수)는 유동방향으로 결정된다.

보존원리는 **탄성**[IV.26 §3.3]과 **자기 동수력학**[IV.29]의 방정식 역시 이끌어 낸다. 산업적 응용의 예로는 다상유동(multiphase flow)의 연속체(continuum) 모형(가령 핵 원자로 냉각장치에서 증기와 섞인 물이나 기름 저장소의 다성분유동)이 있다.

이러한 많은 응용에서 보존법칙을 풀거나 적어도 근사해야 할 필요성은, 심지어 해의 존재성이 미해결로 남아 있을 때조차 수치적 모의실험을 위한 광범위한 기법을 발전시켰다.

2.2 크로마토그래피

크로마토그래피는 기질에서의 흡착 차이를 이용해 혼합물의 화학성분을 분리하는 산업공정에서 널리 사용된다. 크로마토그래피 기둥의 모형화는 다음 형태를 취하는 단일 공간 변수에서의 보존법칙계를 유도한다.

$$\boldsymbol{c}_x + (\boldsymbol{f}(\boldsymbol{c}))_t = 0$$

여기서 $\boldsymbol{c} = (c_1, \cdots, c_n)$은 성분농도의 벡터이고, $\boldsymbol{f}$는 평형 기둥 등온선(equilibrium column isotherm)이다. $\boldsymbol{f}$의 통상적인 모형은 랭뮤어 등온선(Langmuir isotherm)을 사용하며, 상대적인 흡착률을 측정하는 매개변수 α_i에 대해

$$f_i = c_i + \frac{\alpha_i c_i}{1 + \Sigma c_j}, \quad 1 \le i \le n$$

임을 알려 준다.

2.3 다른 모형

그 외 많은 물리현상이 자연스럽게 보존법칙을 유도한다. 예를 들어, 일방통행 도로에서 차량의 교통량에 대한 연속체 모형은 스칼라 방정식

$$u_t + q(u)_x = 0$$

으로 주어진다. 여기서 u는 교통량의 선형 밀도, $q(u) = uv(u)$는 v가 속도일 때 유입량을 의미한다. (7)에서와 같이 이 방정식은 보존법칙이며, '차량 보존의 법칙'이다. 이 모형은 교통이 움직이는 곳에서의 속도는 오직 교통량 밀도에만 의존한다고 가정한다. 아주 실용적으로 사용하기에 이 모형은 너무 단순하긴 하지만, 교육적인 도구로서 매력적이다. 이를 응용하는 것은 최근 연구의 관심사이다.

더 읽을거리

Bellomo, N., and C. Dogbe. 2011. On the modeling of traffic and crowds: a survey of models, speculations, and perspectives. *SIAM Review* 53:409-63.

Courant, R., and K. O. Friedrichs. 1948. *Supersonic Flow and Shock Waves*. New York: Wiley-Interscience.

Dafermos, C. M. 2000. *Hyperbolic Conservation Laws in Continuum Physics*. Berlin: Springer.

Godlewski, E., and P.-A. Raviart. 1996. *Numerical Approximation of Hyperbolic Systems of Conservation Laws*. New York: Springer.

John, F. 1974. Formation of singularities in one-dimensional nonlinear wave propagation. *Communications on Pure and Applied Mathematics* 27:377-405.

Rhee, H.-K., R. Aris, and N. R. Amundson. 1989. *First-Order Partial Differential Equations: Volume II. Theory and Application of Hyperbolic Systems and Quasilinear Equations*. Englewood Cliffs, NJ: Prentice-Hall.

Whitham, G. B. 1974. *Linear and Nonlinear Waves*. New York: Wiley-Interscience.

II.7 제어

시스템은 서로 다른 입력에 대한 반응으로 다양한 출력을 만들고, 상호작용하는 대상들의 모임이다. 시스템은 광범위한 상황에서 등장하며, 화학공장, 자동차, 인체, 국가 경제가 거기에 포함된다. 이런 시스템과 연관된 제어 문제에는 화학물질의 생성, 자율주행 자동차의 제어, 온도나 심박수와 같은 생체기능의 조절, 부채의 조절 등이 있다. 각 경우에 대해, 직접적인 사람의 개입 없이 그러한 과정들을 자동으로 제어하는 방법을 갖고자 한다.

일반적인 제어 시스템은 그림 1에 그려져 있다. 시스템의 상태는 n개의 **상태 변수**(state variable) x_i로 묘사되며 그들은 **상태 공간**(state space)을 생성한다. 일반적으로, x_i는 직접적으로 관측되거나 측정될 수 없으며, 다만 x_i에 의존하는 P개의 **출력변수**(output variable) y_i만이 알려져 있다. 시스템은 m개의 **제어 변수**(control variable) u_i를 조절함으로써 제어될 수 있다.

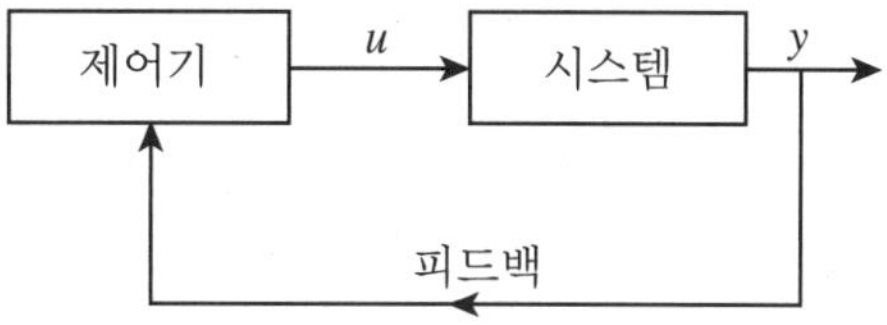

그림 1 제어 시스템.

시스템은 연립 차분방정식(difference equation, 이산시간)이나 미분방정식(differential equation, 연속시간)으로 표현될 수 있다. 후자의 경우, 선형 시간 독립 제어문제는

$$\frac{dx}{dt} = Ax(t) + Bu(t),$$
$$y(t) = Cx(t) + Du(t)$$

의 형태를 취하는데, 여기서 A, B, C, D는 각각 $n \times n$, $n \times m$, $p \times n$, $p \times m$ 행렬이다. 이것은 **상태공간 시스템**이라 불린다. 어떤 경우에는, 보통 특이적(singular)인 추가 $n \times n$ 행렬 E가 dx/dt 항 앞에 곱해진다. 그러한 이른바 **설명자 시스템**(descriptor system) 또는 **일반화된 상태공간 시스템**은 **미분대수방정식**[I.2 §12]을 유도한다.

주어진 시작 값 $x(0)$에 대해, 시간 t에서 x가 주어진 값을 갖도록 입력 u를 선택할 수 있는가 묻는 것은 자연스럽다. 고전적인 제어이론에서는 이런 형태의 질문이 가장 기본적이다.

만약 출력이나 상태변수로부터 제어기에 피드백이 발생한다면, 그 시스템은 **닫힌루프 시스템**(closed-loop system)이라 불린다. 그림 1에 묘사된 **출력피드백**에서는 u가 y에 의존하는 반면, **상태피드백**에서는 u가 x에 의존한다. 예를 들어 상태피드백에서 어떤 $m \times n$ 행렬 F에 대해 $u = Fx$일 수 있다. 그러면 $dx/dt = (A + BF)x$이고, F의 적당한 선택에 의해 행렬 $A+BF$가 어떤 성질을 갖도록 할 수 있는지 질문할 수 있다.

더 많은 세부내용은 제어 이론[IV.34]을 보라.

II.8 볼록성

디디에 앙리옹 *Didier Henrion*

볼록성(convexity)의 개념은 응용수학의 핵심이다. 그것은 또한 곡면의 곡률성질과 연관되어 일상적인 삶에도 쓰인다. 예를 들어, 광학렌즈가 바깥으로 튀어나와 있으면 볼록이라 부른다.

볼록성은 고대 그리스의 기하학, 예컨대 5개의 공간에서 볼록한 정다면체(플라톤 입체(platonic solid))의 설명에서 등장한다. 오늘날 사용되는 기하학적 정의와 비슷한 방식으로 처음 볼록성을 정의한 사람은 아르키메데스(기원전 250년경)인 것으로 보인다. 어떤 집합의 각 점을 이은 모든 선분이 그 안에 포함되면 그 집합은 볼록이다.

실대수적 곡선(real algebraic curve)의 특이점을 연구하면서, 뉴턴(1720년경)은 곡선을 정의하는 다항식을 이루는 단항들의 지수(exponent)로부터 만들어지는 평면 볼록다각형을 소개했고, 이는 뉴턴 다각형(Newton polygon)이라 불린다. 코시(1840년경)는 볼록곡선을 연구했고, 예를 들어 폐볼록곡선이 원 안에 포함되면 그것의 둘레는 원보다 작다는 사실들을 언급했다. 볼록다면체는 선형부등식의 해결가능성 문제와 연관되어 푸리에(1825년경)에 의해 연구되었다.

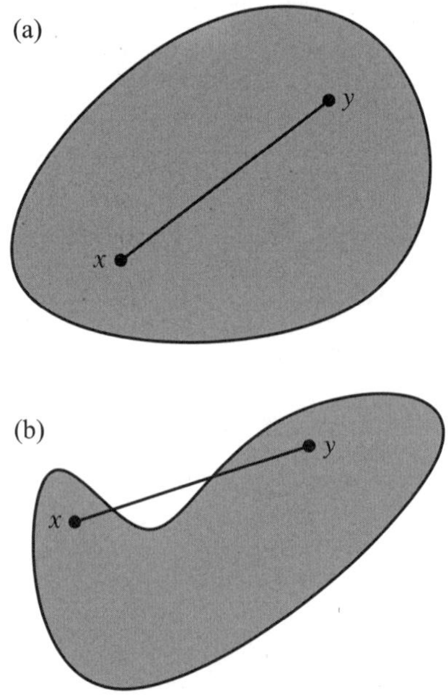

그림 1 (a)볼록집합. (b)비볼록집합.

볼록성의 현대적인 발전에서 핵심적인 인물은 민코프스키(Minkowski)이며, 그는 정수론의 문제로부터 자극을 받았다. 1891년에 민코프스키는 유클리드 공간 $\mathbb{R}^n$에서 원점에 중심을 두고 부피가 2^n보다 큰 모든 콤팩트 볼록집합은, 원점과 다른 정수 좌표를 갖는 점을 적어도 하나 포함한다는 것을 증명했다. 민코프스키의 연구로부터, 주어진 부피를 갖는 모든 볼록집합 가운데 최소 표면적을 갖는 것은 공임을 서술하는 고전적인 등주부등식(isoperimetric inequality)이 따라 나왔다. 1896년에 민코프스키는 실수 $m \times n$ 행렬 A와 $x \in \mathbb{R}^n$에 대해 $Ax \geq 0$ 형태의 연립식을 고려했다. 이는 위에서 언급한 푸리에의 공헌과 함께 **선형계획법**[IV.11 §3]의 기반을 마련했는데, 그것은 1940년대 후반 칸토로비치(Kantorovich, 1912-1986)와 댄치그(Dantzig, 1914-2005)

의 중요한 기여를 통해 탄생했다. 20세기 후반기에 볼록성은 펜셸(Fenchel, 1905-1988), 모로(Moreau, 1923-), 록펠러(Rockafellar, 1935-) 외 많은 사람들에 의해 발전했다. 볼록성은 이제 응용수학의 다양한 분과에서 핵심적인 개념이다. 그것은 수학적 계획법(mathematical programming, 최적화 알고리즘(optimization algorithm)의 수렴성을 보장하기 위해), 함수해석학(변분법(calculus of variation)과 최적제어(optimal control) 문제에 대한 해의 존재성과 유일성을 보장하기 위해), 기하학(집합과 그것의 불변량을 분류하거나 기하학적 양들을 연결시키기 위해), 확률과 통계(부등식을 유도하기 위해)에서 필수적이다.

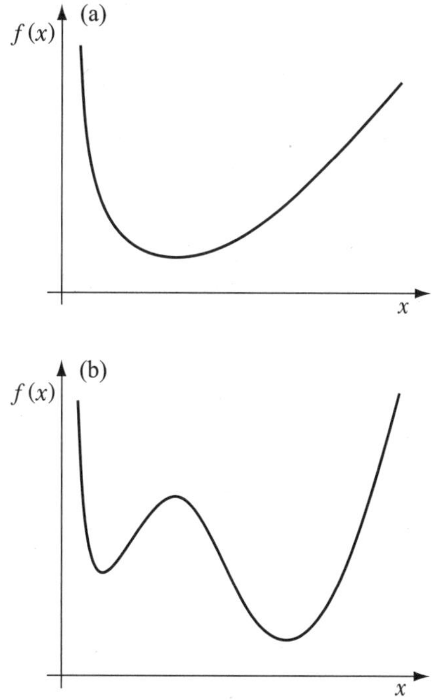

그림 2 (a)볼록함수. (b)비볼록함수.

볼록한 대상은 기하학적으로 말하자면, 프랙탈(fractal) 대상의 정반대로 생각할 수 있다. 실제로 프랙탈 대상은 최대화 문제(스폰지, 허파, 건전지)에서 등장하며 거친 경계를 가진다. 반대로 볼록한 대상은 최소화 문제(등주 문제, 최소 에너지)에서 등장하며 매끈한 경계를 가진다.

수학적으로 집합 X가 **볼록**이라는 것은, 모든 x, $y \in X$와 모든 $\lambda \in [0, 1]$에 대해 $\lambda x + (1-\lambda)y \in X$인 것이다(그림 1을 보라). 이는 기하학적으로, 그 집합의 아무 두 점을 이은 선분이 항상 그 집합에 속한다는 의미이다. 실숫값함수 $f: X \to \mathbb{R}$가 **볼록**이라는 것은, 모든 $x, y \in X$와 모든 $\lambda \in [0, 1]$에 대해 $f(\lambda x + (1-\lambda)y) \le \lambda f(x) + (1-\lambda)f(y)$이 성립하는 것이다. 이는 기하학적으로 그 함수의 그래프 위 아무 두 점을 잇는 선분이 항상 그래프 위에 놓인다는 의미이다(그림 2를 보라). 이는 **그래프의 윗부분**(epigraph) $\{(x, y): x \in X, y \ge f(x)\}$이 볼록집합이라는 말과 동일하다. 만약 함수가 2번 연속적으로 미분가능하다면, 함수의 볼록성은 2계 편미분의 행렬(헤시언(Hessian))에 대한 2차 형식(quadratic form)이 음이 아닌 것과 동치이다.

함수 f가 볼록이라면, X에 속하는 모든 $x_1, \cdots, x_m$과 m차원 단위단체(unit simplex) $\{\lambda \in \mathbb{R}^m: \lambda_1 + \cdots + \lambda_m = 1, \lambda_1 \ge 0, \cdots, \lambda_m \ge 0\}$에 속하는 모든 λ에 대해 $f(\lambda_1 x_1 + \cdots + \lambda_m x_m) \le \lambda_1 f(x_1) + \cdots + \lambda_m f(x_m)$이 성립한다. 이는 옌센의 부등식(Jensen's inequality)이라 불리며, 더 일반적으로는 X 위에 지지된 모든 확률측도(probability measure) μ에 대해 $f(\int x \mu(\mathrm{d}x)) \le \int f(x)\mu(\mathrm{d}x)$, 혹은 E가 확률변수(random variable)의 기댓값을 나타낼 때 $f(E[x]) \le E[f(x)]$라고 표현할 수 있다.

함수 $-f$가 볼록이면 함수 f는 **오목**(concave)이다. 볼록이면서 동시에 오목인 함수 f는 아핀(affine)이다. 이런 이유로 인해 볼록성은 종종 한쪽(one-sided) 선형성으로 해석될 수 있고, 몇몇 경우에 (가령 변분법이나 편미분방정식의 문제에서) 비선형 볼록함수는 선형함수와 비슷하게 행동한다.

집합 X가 **원뿔**이라는 것은, 모든 $\lambda \geq 0$에 대해 $x \in X$가 $\lambda x \in X$를 함의하는 것이다. 따라서 볼록원뿔은 덧셈과 양의 스칼라에 의한 곱에 대해 닫혀 있는 집합이다. 볼록원뿔은 최적화에서 중요하며, 원뿔계획법(conic programming)은 볼록원뿔의 아핀단면 위에서 선형함수를 최소화하는 것이다. 볼록원뿔의 중요한 예로는 선형원뿔(양의 사분면(positive orthant)으로도 불림), 2차원뿔(로런츠 원뿔(Lorentz cone)로도 불림), 준정부호원뿔(semidefinite cone, 음이 아닌 2차형식들의 집합, 혹은 양의 준정부호 행렬들의 집합) 등이 있다.

집합 X의 **볼록포**(convex hull)는 X를 포함하는 가장 작은 닫힌 볼록집합이며, 종종 $\mathrm{conv}\,X$로 표기된다. 만약 X가 유한한 점들의 합집합이라면, $\mathrm{conv}\,X$는 그 점들 중에서 꼭짓점을 갖는 다면체이다. 카라테오도리(Carathéodory)의 정리는 집합 $X \subset \mathbb{R}^{n-1}$가 주어졌을 때, X에 속하는 $x_1, \cdots, x_n$과 n차원 단위단체에 속하는 λ의 어떤 선택을 통해 $\mathrm{conv}\,X$의 모든 점을 $\lambda_1 x_1 + \cdots + \lambda_n x_n$ 꼴로 표현할 수 있음을 말해 준다.

민코프스키의 정리(1940년에 크레인(Krein)과 밀먼(Milman)에 의해 무한차원 공간으로 일반화된)는 모든 콤팩트 볼록집합은 그것의 극단점(extreme point, 점 $x \in X$가 극단인 것은 어떤 $x_1, x_2 \in X$에 대해 $x = (x_1 + x_2)/2$라면 반드시 $x_1 = x_2$인 것이다)들에 대한 볼록포의 폐포(closure)와 같다는 것을 말해 준다. 마지막으로 브룬-민코프스키 정리(Brunn-Minkowski theorem)를 언급하고자 하는데, 이것은 두 콤팩트 볼록집합의 합(첫 번째 집합의 점과 두 번째 집합의 점을 더해서 얻어질 수 있는 모든 점들의 집합)에 대한 부피와 집합들 각각의 부피를 연결해 준다.

더 읽을거리

Ben-Tal, A., and A. Nemirovski. 2001. *Lectures on Modern Convex Optimization*. Philadelphia, PA: SIAM.

Berger, M. 2010. *Geometry Revealed: A Jacob's Ladder to Modern Higher Geometry*. Berlin: Springer.

Evans, L. C. 2010. *Partial Differential Equations*, 2nd edn. Providence, RI: American Mathematical Society.

Gruber, P. M. 1993. History of convexity. In *Handbook of Convex Geometry*, edited by P. M. Gruber and J. M. Wills, volume A, pp. 1-15. Amsterdam: North-Holland.

Hiriart-Urruty, J. B., and C. Lemaréchal. 2004. *Fundamentals of Convex Analysis*. Berlin: Springer.

II.9 차원분석과 척도변환

다니엘라 칼베티, 에르키 소메르살로
Daniela Calvetti and Erkki Somersalo

차원분석(dimensional analysis)은 모형을 정의하는 물리적 양들 사이의 차원적 관계를 체계적인 방식으로 분석할 수 있도록 해 준다. 이것이 어떻게 사용되는지 설명하기 위해 몇 가지 정의를 도입하고 이후 사용할 표기법을 정립할 필요가 있다. n개의 물리량 $q_1, q_2, \cdots, q_n$을 포함하는 계를 생각하는데, 그 양들은 계의 양상을 설명하는 데 관련이 있으며 d_1, $d_2, \cdots, d_r$로 표기하는 r개의 기본단위(fundamental unit), 혹은 차원에 의해 표현된다고 가정하자. 일반적으로 받아들여지는 SI 단위계는 $r = 7$개의 기본 차원과 수많은 따름 차원들로 이루어진다. 더 정확하게, d_1은 미터(m), d_2는 초(s), d_3은 킬로그램(kg), d_4는 앙페르(ampere, A), d_5는 몰(mole, mol), d_6은 켈빈(kelvin, K), d_7은 칸델라(candela, cd)이다. r는 더 작아질 수 있는데, 왜냐하면 모든 단위가 항상 필요한 것은 아니기 때문이다. 양 q의 물리적 차원은 $[q]$로 표기된다.

양 q_j들 사이의 의미 있는 수학적 관계는 **차원동차성 원리**(principle of dimensional homogeneity)를 따라야 하며, 그것은 다음과 같이 요약될 수 있다. **양들을 합하는 것은 오직 모든 항들이 같은 차원을 가질 때에만 의미가 있다.** 게다가,

$$f(q_1, q_2, \cdots, q_n) = 0 \tag{1}$$

형태의 모든 함수적 관계는 다른 단위로 표현되어도 여전히 유효해야 한다. 다른 말로 표현하면, **차원 척도변환**(dimensional scailing)은 방정식을 바꾸지 않아야 하므로, 무차원(dimensionless) 양으로 이 관계식을 표현하는 방식을 찾고자 하는 것은 자연스럽다. 따라서 Π-수로 불리는 무차원 양이 차원분석에서 중심적인 역할을 한다는 것은 놀랍지 않다. Π-수의 표준적인 예는 π로서, 모든 크기의 원에서 둘레와 지름의 변치 않는 비이다.

물리량 $q_1, q_2, \cdots, q_n$으로 설명되는 주어진 계에서, 다음 형태로 주어지는 물리량들의 결합

$$R = q_1^{\mu_1} q_2^{\mu_2} \cdots q_n^{\mu_n} \tag{2}$$

을 Π-수, 혹은 **무차원 묶음**(dimensionless group)으로 정의하는데, 여기서 μ_j는 모두 0은 아닌 유리수이고 R는 무차원이다. 만약 그러한 계를 특징짓는 k개의 Π-수 $R_1, \cdots, R_k$를 식별할 수 있다면, (1)의 무차원 형태

$$\varphi(R_1, R_2, \cdots, R_k) = 0$$

을 이용해 계를 설명할 수 있다. 후자로 수식화하는 것이 가지는 장점은 그것이 자동적으로 차원동차성을 만족한다는 것이다. 게다가 Π-수의 값을 불변량으로 남겨 두는 어떠한 척도변환에 대해서도 변하지 않는다. 이러한 특징은 차원분석의 고전적인 예시 하나를 통해서 가장 분명하게 드러난다.

상수 지름 D를 갖는 관에서 흐르는 정상유체(steady fluid)를 생각하자. 이 유체는 밀도 ρ와 점성(viscosity) μ를 가지는 비압축성(incompressible)이라 가정한다. 거리 L을 지날 때 압력 감소를 Δp, (평균)속도를 v로 둠으로써, 이 양들 사이의 어떤 대수적 관계식

$$f(L, D, \rho, \mu, v, \Delta p) = 0 \tag{3}$$

이 존재한다고 가정할 수 있다. SI 단위에서 연관된 변수들의 차원은

$$\left.\begin{aligned} &[L] = [D] = \mathrm{m}, \quad [\rho] = \frac{\mathrm{kg}}{\mathrm{m}^3}, \quad [\mu] = \frac{\mathrm{kg}}{\mathrm{m}\cdot\mathrm{s}}, \\ &[v] = \frac{\mathrm{m}}{\mathrm{s}}, \qquad [\Delta p] = \frac{\mathrm{kg}}{\mathrm{m}\cdot\mathrm{s}^2} \end{aligned}\right\} \tag{4}$$

이다. 오스본 레이놀즈(Osborne Reynolds)는 1883년 그의 고전적인 논문에서 어떤 함수 F에 대해 다음 형태의 척도변환 법칙

$$\Delta p = \rho v^2 \frac{L}{D} F\left(\frac{\rho v D}{\mu}\right) \tag{5}$$

를 제안했다. 레이놀즈 자신은 서로 다른 n 값에 대한 멱법칙 $F(R) = cR^{-n}$을 고려했고 실험적으로 이를 입증했다. 방정식 (5)는 (3)의 무차원 형태

$$\varphi(R_1, R_2, R_3) = 0$$

으로 간주될 수 있는데, 여기서

$$R_1 = \frac{\rho v D}{\mu}, \quad R_2 = \frac{\Delta p}{\rho v^2}, \quad R_3 = \frac{L}{D}$$

이다. 양 R_1과 R_2는 각각 레이놀즈 수(Reynolds number)와 오일러 수(Euler number)로 불리며, R_1, R_2, R_3가 무차원이라는 것은 곧바로 확인할 수 있는 사실이다. 척도변환 법칙 (5)는 다양한 기하학적 환경에서 실험적으로 입증되었다. 이것은 가령 축소 모형을 고안하는 데 사용된다. 차원들을 인자 α로 척도변환하여 $L \to \alpha L, D \to \alpha D$인 경우, 만약 속도와 압력을 $v \to v/\alpha$와 $\Delta p \to \Delta p/\alpha^2$으로 척도변환하면 무차원양이 변하지 않기 때문에, 축소모형의 유동을 통해 실제 계에 대한 좋은 예측을 할 수 있다고 가정할 수 있다.

위 예시의 관점에서, 얼마나 많은 Π-수가 주어진 계를 특징지으며, 그것을 찾는 체계적인 방법이 있는지 묻는 것은 자연스럽다. 이런 질문에 대해 이야기하려면 한 측면으로는 물리량들 사이에, 다른 측면으로는 차원들 사이에 있을지 모르는 중복성을 확인하는 것이 중요한다. 이를 염두에 두고 차원의 **독립성**(independency)과 **관련성**(relevance)이라는 개념을 도입하자.

차원들 $d_1, \cdots, d_r$가 **독립적**이라는 것은, 어느 것도 다른 것들의 유리곱으로 표현될 수 없다는 것이다. 즉,

$$d_1^{\alpha_1} d_2^{\alpha_2} \cdots d_r^{\alpha_r} = 1 \tag{6}$$

일 필요충분조건은 $\alpha_1 = \alpha_2 = \cdots = \alpha_r = 0$인 것이다. 차원 d_j는 SI 단위계의 기본차원일 수도, 뉴턴($\mathrm{N} = \mathrm{kg\,m/s^2}$)같은 따름 차원일 수도 있다.

이 정의가 선형대수학의 선형독립성을 매우 닮았다는 것은 우연이 아니며, 추후에 더 자세히 다뤄 볼 것이다.

어떤 계가 n개의 양 $q_1, \cdots q_n$과 r개의 차원 $d_1, \cdots, d_r$로 묘사될 수 있으며, 차원의존성은

$$[a_j] = d_1^{\mu_{j1}} d_2^{\mu_{j2}} \cdots d_{2r}^{\mu_{jr}}, \qquad 1 \le j \le n \tag{7}$$

이라고 하자. 차원들 d_k, $1 \le k \le r$가 **관련된다**(relevant)는 것은, 각 d_k에 대해 유리계수 α_{kj}가 존재하여

$$d_k = [q_1]^{\alpha_{k1}} [q_2]^{\alpha_{k2}} \cdots [q_n]^{\alpha_{kn}} \tag{8}$$

이 성립하는 것이다. 다른 말로, 차원 d_k는 그들을

변수 q_k의 차원으로 표현할 수 있을 때 관련된다. 이로부터 만약 양 q_j가 측정될 수 있다면, 모든 단위는 측정값들의 연산을 통해 설명될 수 있어야 한다는 것을 곧바로 알 수 있다. 연관된 양들을 식별하는 것은 보기보다 더 미묘할 수 있다.

명확성을 위해 앞으로 SI 체계를 고수한다고 가정하고, 7개의 기본 SI 단위를 $e_1, e_2, \cdots, e_7$로 표기하는데 여기서 순서는 중요치 않다. 이제 연관된 차원공간을 정의할 것이다. 각 e_i에 대해 벡터 $\boldsymbol{e}_i \in \mathbb{R}^7$을 연관 짓는데, 여기서 $\boldsymbol{e}_i$는 i번째 단위 좌표벡터이다. 추가로, 차원과 벡터의 $\mathbb{Q}$-가군(module)들 사이에서 군 준동형사상(group homomorphism)을 정의하자. 임의의 차원 d는 SI 체계에서 7개의 기본단위 e_i를 통해

$$d = e_1^{\nu_1} \cdots e_7^{\nu_7}$$

으로 표현될 수 있으므로, d를 벡터 $\boldsymbol{d}$와

$$\boldsymbol{d} = \nu_1 \boldsymbol{e}_1 + \cdots + \nu_7 \boldsymbol{e}_7$$

과 같이 연관짓자. 이런 맥락에서, 차원으로

$$[q] = d_1^{\mu_1} \cdots d_r^{\mu_r}$$

으로 표현되는 양 q를 벡터

$$\boldsymbol{q} = \mu_1 \boldsymbol{d}_1 + \cdots + \mu_r \boldsymbol{d}_r$$

과 연관짓자. $\boldsymbol{q}$를 기저벡터(basis vector) $\boldsymbol{e}_j$로 표현하는 것에 모호함이 없음을 확인하는 것은 간단하다.

이제 단위들의 독립성을 연관된 벡터들에 비추어 다시 돌아볼 준비가 되었다. 선형대수학적 관점에서 조건 (6)은

$$\alpha_1 \boldsymbol{d}_1 + \cdots + \alpha_r \boldsymbol{d}_r = \boldsymbol{0}$$

이라 말하는 것과 동치이며, 이에 따라 차원들의 독립성은 대응하는 차원벡터들의 선형독립성과 동치이다.

이 다음에는, 관련성의 개념을 재해석하는 데 도움이 될 선형대수학과의 접점을 살펴볼 것이다. 차원공간에서, 조건 (7)은

$$\boldsymbol{q}_j = \mu_{j1} \boldsymbol{d}_1 + \cdots + \mu_{jr} \boldsymbol{d}_r = \sum_{k=1}^{r} \mu_{jk} \boldsymbol{d}_k$$

와 같이 표현될 수 있고, 이는 모든 $\boldsymbol{q}_j$가 벡터들 $\boldsymbol{d}_k$에 의해 생성되는 부분공간에 포함된다는 것을 함의한다. 한편 조건 (8)의 선형대수학적 수식화인

$$\boldsymbol{d}_k = \alpha_{k1} \boldsymbol{q}_1 + \cdots + \alpha_{kn} \boldsymbol{q}_n = \sum_{\ell=1}^{n} \alpha_{k\ell} \boldsymbol{q}_\ell$$

은 벡터들 $\boldsymbol{d}_k$가 벡터들 $\boldsymbol{q}_l$에 의해 생성되는 부분공간에 포함된다는 것을 말해준다. 그러므로 차원들의 관련성은 다음 조건

$$\operatorname{span}\{\boldsymbol{q}_1, \cdots, \boldsymbol{q}_n\} = \operatorname{span}\{\boldsymbol{d}_1, \cdots, \boldsymbol{d}_r\}$$

와 동치라는 결론을 얻을 수 있다. $n > r$라면 양들 사이에 중복성이 있어야만 한다는 것은 자명한데, 왜냐하면 부분공간은 n개보다 더 적은 벡터로 생성될 수 있기 때문이다. 이런 중복도가 사실상 Π-수의 이론에서 핵심이 된다.

Π-수의 정의 (2)를 다시금 살펴보자. 어떤 양이 무차원이려면 차원벡터의 계수들이 모두 0이어야 하고, 새로운 형식에서는 대응하는 차원벡터가 영벡터라는 것과 동치이다. 다른 말로 표현하면, 방정식 (2)는

$$\mu_1 \boldsymbol{q}_1 + \mu_2 \boldsymbol{q}_2 + \cdots + \mu_n \boldsymbol{q}_n = \boldsymbol{R} = \boldsymbol{0}$$

과 동치이다. 이제 양 $q_1, \cdots, q_n$들의 **차원행렬**(dimension matrix)을

$$Q = (\boldsymbol{q}_1 \quad \boldsymbol{q}_2 \quad \cdots \quad \boldsymbol{q}_n) \in \mathbb{R}^{r \times n}$$

으로 정의하면, 성분 μ_j를 갖는 벡터 $\mu \in \mathbb{R}^n$은 반드시 $Q\mu = \boldsymbol{0}$을 만족해야만 하며, 즉 μ는 Q의 영공간(null space) $\mathcal{N}(Q)$에 포함되어야만 한다는 것을 바로 확인할 수 있다.

이제 Π-수의 정의를 선형대수학의 언어로 재서술할 수 있다. $R = q_1^{\mu_1} \cdots q_n^{\mu_n}$이 Π-수일 필요충분조건은 $\mu \in \mathcal{N}(Q)$인 것이다.

주어진 계에 대응하는, 본질적으로 다른 Π-수를 얼마나 많이 찾을 수 있는가는 차원분석의 중요한 질문이다. R_1과 R_2가 두 Π-수라면 그들의 곱과 비 또한 Π-수가 되지만, 그들이 독립적인 것은 아니다. 어떤 Π-수들이 독립인지 결정하는 방법을 알아보기 위해서, R_1과 R_2가 Q의 영공간에서 벡터 μ와 ν와 대응한다고 가정하자.

$$R_1 \times R_2 = q_1^{\mu_1} \cdots q_n^{\mu_n} \times q_1^{\nu_1} \cdots q_n^{\nu_n} = q_1^{\mu_1 + \nu_1} \cdots q_n^{\mu_n + \nu_n}$$

이라는 관찰로부터, 두 Π-수들의 곱은 차원벡터의 영공간에서 대응하는 두 벡터들의 합과 대응한다는 결론을 얻는다. 이는 자연스럽게 Π-수들 $\{R_1, \cdots, R_k\}$이 **본질적으로 다르다**는 것을, $\mathcal{N}(Q)$에서 대응하는 계수벡터들을 선형독립으로 정의하도록 만든다. 특히, 본질적으로 다른 Π-수들의 개수는 $\mathcal{N}(Q)$의 차원과 동일하며, 본질적으로 다른 Π-수들의 최대 집합은 $\mathcal{N}(Q)$의 기저에 대응한다.

이제 다음 차원분석의 핵심 정리를 쉽게 서술할 수 있는데, 이는 차원행렬에 대한 4가지 기본 부분공간[I.2 §21]의 차원에 관한 정리의 따름정리로서 얻을 수 있다.

버킹엄의 Π 정리. 물리적 문제가 n개의 변수로 표현되며, 모든 변수가 r개의 독립이고 관련된 차원으로 표현된다면, 본질적으로 다른 Π-수들(수치적 값이 계의 성질에 의존하는 무차원 묶음들)의 개수는 최대 $n - r$이다.

본질적으로 다른 Π-수들의 개수가 최대 $n - r$라 강조하는 것은 중요한데, 계가 실제로는 그들을 더 적게 가질 수도 있기 때문이다. 계의 Π-수들은 가우스 소거(Gaussian elimination)를 통해 차원행렬에 대한 영공간의 기저를 계산함으로써 찾을 수 있다는 것은 멋진 따름정리이며, 그 결과 유리계수들을 얻게 된다.

유체역학에서 나온 예시로 돌아가서, 계가 5개의 양 길이 (L), 특성 스칼라 속도 (v_0), 밀도 (ρ), 점성 (μ), 압력 (p)로 설명되며, 각각의 차원은 (4)에서와 같이 주어져 있다고 하자. 이제 계를 3개의 SI 단위 m, s, kg으로 특징짓자. 이 경우 차원행렬은

$$Q = \begin{pmatrix} 1 & 1 & -3 & -1 & -1 \\ 0 & -1 & 0 & -1 & -2 \\ 0 & 0 & 1 & 1 & 1 \end{pmatrix}$$

이다. 영공간의 기저를 찾기 위해 가우스-조르당 소거(Gauss-Jordan elimination)를 통해 이 행렬을 행사다리꼴(row echelon form)로 변환하면, 이것이 계수(rank) 3을 갖는다는 것을 보여 준다. 이는 영공간이

2차원이라는 것을 의미하며 그것의 한 기저는 두 벡터

$$u_1 = \begin{pmatrix} 1 \\ 1 \\ 1 \\ -1 \\ 0 \end{pmatrix}, \qquad u_2 = \begin{pmatrix} 0 \\ -2 \\ -1 \\ 0 \\ 1 \end{pmatrix}$$

으로 이루어지고, 각각 레이놀즈 수와 오일러 수

$$R_1 = L^1 v_0^1 \rho^1 \mu^{-1} p^0, \qquad R_2 = L^0 v_0^2 \rho^{-1} \mu^0 p^1$$

에 대응한다. 이 Π-수들을 찾은 것이 얼마나 유용한지 이해하기 위해, 나비에-스토크스 방정식[III.23]

$$\rho\left(\frac{\partial v}{\partial t} + v \cdot \nabla v\right) = -\nabla p + \mu \Delta v$$

를 무차원형태로 만드는 과정을 생각해 보자. 여기서 $\Delta = \nabla \cdot \nabla$이다. 특성속도 v_0(예를 들어 점근값(asymptotic value))와 특성 길이척도 L이 주어졌다고 가정하면, 우선 속도와 공간 변수를

$$v = v_0 \vartheta, \qquad x = L\xi$$

로 씀으로써 무차원화하자. 그리고 오일러 수 R_2의 무차원성에 기초하여 무차원 압력장을

$$\pi(\xi) = \frac{1}{\rho v_0^2} p(L\xi)$$

으로 정의하면, 척도변환된 형태의 방정식에 도달하게 된다.

$$\frac{\rho v_0^2}{L}\left(\frac{L}{v_0}\frac{\partial \vartheta}{\partial t} + \vartheta \cdot \nabla' \vartheta\right) = -\frac{\rho v_0^2}{L} \nabla' \pi + \frac{u v_0}{L^2} \Delta' \vartheta$$

여기서 $\nabla' = \nabla_\xi$이고 $\Delta' = \nabla' \cdot \nabla'$이다. 더 나아가 시간을 특성 시간척도 L/v_0를 통해 정의하면

$$t = \frac{L}{v_0}\tau$$

가 되고, 결과적으로 나비에-스토크스 방정식의 무차원 형태는

$$\frac{\partial \vartheta}{\partial \tau} + \vartheta \cdot \nabla' \vartheta = -\nabla' \pi + \frac{1}{R_1} \Delta' \vartheta$$

로 주어진다. 이 형태는 서로 다른, 예컨대 비점성유체(nonviscous fluid)의 흐름(큰 R_1)이나 비난류(non-turbulent) 흐름(작은 R_1)에 대응하는 근사를 자연스럽게 정당화한다.

더 읽을거리

Barenblatt, G. I. 1987. *Dimensional Analysis*. New York: Gordon & Breach.

———. 2003. *Scaling*. Cambridge: Cambridge University Press.

Calvetti, D., and E. Somersalo. 2012. *Computational Mathematical Modeling: An Integrated Approach across Scales*. Philadelphia, PA: SIAM.

Mattheij, R. M. M., S. W. Rienstra, and J. H. M. ten Thije Boonkkamp. 2005. *Partial Differential Equations: Modeling, Analysis and Computation*. Philadelphia, PA: SIAM.

II.10 고속 푸리에 변환

대니얼 록모어 *Daniel N. Rockmore*

1965년에 제임스 쿨리(James Cooley)와 존 터키(John Tukey)는 실직선 위 함수의 푸리에 변환(Fourier transform)을 계산하거나 근사하는 데 필요한 다양한 삼각합(trigonometric sum)의 효율적인 계산 방법을 제시한 짧은 논문(실제로는 단신)을 썼다. 이들의 논문이 처음으로 그 주제를 다룬 건 아니었지만(알고리즘의 기초적인 단계가 가우스의 논문에서 처음으로 약술되었다는 것이 나중에 밝혀졌다), 그 배경은 매우 달랐다. 새롭게 발명된 아날로그-디지털 변환기가 이제 표본시계열(sampled time series)에 대한 이례적으로 거대한 데이터 집합의 축적(시간에 대한)을 가능케 했고, 분석을 위해 내재된 신호의 푸리에 변환을 계산할 필요가 있었다. 이 1960년대 '빅데이터'라는 신세계에서, 계산복잡도(computational complexity, 당시까지는 널리 사용되지는 않던 용어)를 영리하게 줄이는 것은 엄청난 차이를 만들 수 있었다.*

'고속 푸리에 변환(fast Fourier transform, 혹은 FFT)'이라는 표현과 연관되는 것은 보통 쿨리-터키 방법이긴 하지만, 더 정확하게 이 용어는 점들 x_j에서 표본추출된 (실직선, 단위구간, 단위원 중 하나에서) 실숫값함수 f에 대한 **푸리에 변환**[II.19](또는 그것의 근사)의 효율적인 계산을 목표로 고안된 알고리즘들의 모임을 지칭한다. 그 알고리즘에는 표본이 입력되고 푸리에 계수가 출력된다. 보통 '이산 푸리에 변환(discrete Fourier transform, DFT)'이라 부르는 것을 구성할 때 고려하는 이산적 합은 각각의 $k = 0, \cdots, n-1$에서 계산된

$$\hat{f}(k) = \sum_{j=0}^{n-1} f(j)\,\omega_n^{jk} \tag{1}$$

이며, 여기서 $\omega_n = \mathrm{e}^{2\pi \mathrm{i}/n}$은 원시 n번째 단위근(primitive nth root of unity), $f(j) = f(x_j)$이다. 이것은 간결하게 행렬-벡터 곱의 결과로서

$$\hat{f} = \Omega f \tag{2}$$

로 쓰일 수도 있다. 여기서 Ω의 (j,k) 원소는 ω_n^{jk}이다.

1 쿨리-터키 FFT

직접적으로 계산하면, DFT는 n^2번의 곱셈과 $n(n-1)$번의 덧셈, 혹은 $2n^2-n$개 산술연산을 요구한다($f(j)$ 값은 주어져 있고 단위근의 거듭제곱들은 미리 계산해 저장되어 있다고 가정하면). 이것은 근사적으로 $2n^2$(그리고 점근적으로는 $O(n^2)$)개 연산임에 주목하자. n이 인수분해되어 $n = pq$인 경우에는 '고전적인' FFT(즉 쿨리-터키 FFT)를 활용할 수 있다. 크기 n인 DFT를 p개의 크기 q인 DFT(혹은 q개의 크기 p인 DFT)로 적음으로써 마치 **분할정복 알고리즘**[I.4 §3]에서 이루어지듯이 계산의 부수적인 인수분해를 활용하는 것이다. 더 명시적으로, 이 경우에는

$$j = j(a,b) = aq + b, \quad 0 \le a < p, \quad 0 \le b < q$$
$$k = k(c,d) = cp + d, \quad 0 \le c < q, \quad 0 \le d < p$$

* 수년이 지난 후 쿨리가 나에게 얘기한 바에 따르면, 그는 고속 푸리에 변환이 점근적 알고리즘 분석과 계산복잡도 연구에 영감을 주었다고 여겼다. 왜냐하면 터키와 작성한 그의 논문이 출판되기 이전에, 점근적 분석의 유용함을 주장할 만큼 충분히 거대한 데이터집합은 오직 극소수에 의해서만 다루어졌기 때문이다.

로 쓸 수 있고, 따라서 (1)은 $\omega_n^{adq} = \omega_p^{ad}$라는 사실로부터

$$\hat{f}(c, d) = \sum_{b=0}^{q-1} \omega_n^{b(cp+d)} \sum_{a=0}^{p-1} f(a, b)\, \omega_p^{ad} \qquad (3)$$

으로 다시 쓸 수 있다.

$\hat{f}$의 계산은 이제 두 가지 단계로 이루어진다.

첫째, 각 b에 대해 내부 합(모든 d에 대해)

$$\tilde{f}(b, d) = \sum_{a=0}^{p-1} f(a, b)\, \omega_p^{ad} \qquad (4)$$

을 계산하여, q의 배수들 사이에서 길이 p로 동일하게 떨어져 있는 DFT를 형성한다. 공학의 언어로 (4)는 '길이 p인 부분표본추출된 DFT'로 일컫는다.

모든 $\tilde{f}(b, d)$의 직접적인 계산은 $pq[p + (p-1)]$개 산술연산을 요구한다. 두 번째 단계는 그 다음 추가적인 길이 q인 pq 변환

$$\hat{f}(c, d) = \sum_{b=0}^{q-1} \omega_n^{b(cp+d)} \tilde{f}(b, d)$$

을 계산하는 것이며, 계산을 완료하는 데 추가적으로 최대 $pq[q + (q-1)]$개 연산이 필요하다. 이에 따라 직접적인 계산에서 요구되는 근사적으로 $2n^2 = 2(pq)^2$개인 연산 대신, 위 알고리즘은 근사적으로 $2(pq)(p + q)$개의 연산을 사용한다. 만약 n이 그 이상으로 인수분해되면 이 방법은 더 큰 효과를 가진다. n이 2의 거듭제곱인 경우, 계산을 차례로 나누어 잘 알려진 $O(n \log_2 n)$ 복잡도 결과를 얻을 수 있다($O(n^2)$과 비교하여).

(2)에서 $\Omega^*\Omega = nI$이므로 $f = n^{-1}\Omega^*\hat{f}$를 얻고, 즉 이산화된 함수 $f = (f(0), \cdots, f(n-1))$ (표본값)은 그것의 푸리에 계수로부터 이른바 역변환

$$f(m) = \frac{1}{n}\sum_k \hat{f}(k)\, \omega_n^{-mk}$$

을 통해 복원될 수 있다. 역변환은 f를 주기가 $2\pi/n$의 배수인 (표본추출된) 지수, 혹은 그와 동일한 사인과 코사인의 중첩으로 표현하므로, f를 시간의 함수로서 생각한다면 DFT는 기저(basis)를 '시간영역(time domain)'에서 '주파수영역(frequency domain)'으로 변환해준다.

$n = 2N - 1$이고 $f(x_j)$가 원 위의 (또는 동일하게, 단위구간 위의) 대역제한된 함수(bandlimited function)의 등거리 표본, 즉 $x_j = j/n$이며 대역제한(bandlimit)이 N이라면 (곧, 모든 $k > N$에 대해 $\hat{f}(k) = 0$), 이 합은 적당한 상수를 곱하면 정확하게 함수 f의 푸리에 계수(적절하게 첨자가 매겨진)를 계산한다. 또한 역변환의 형태 그것 자체를 DFT로서 정의할 수도 있으므로, FFT를 통해 시간영역과 주파수영역 사이의 효율적인 기저 변환이 가능하다.

이러한 합을 계산하는 효율적인 알고리즘이 얼마나 유용한지는 굳이 과장할 필요가 없는데, 그것이 **신호처리**[IV.35], **영상처리**[VII.8], **정보처리**[IV.36]의 세계에서 차지하고 있는 중추적인 위치를 보면 된다. 이들이 유용한 것은 푸리에 계수의 내재적인 흥미로움 덕분이기도 하지만(가령, 특히 시계열에 대한 스펙트럼 분석(spectral analysis)의 다양한 형태에서), 다음 관계식을 통해 데이터열의 효율적인 합성곱(convolution)을 계산하는 데(n개 점의 두 함수에 대해) 사용할 수도 있기 때문이다.

$$(\widehat{f \star g})(k) = \hat{f}(k)\,\hat{g}(k)$$

여기서

$$(f \star g)(k) = \sum_{m=0}^{n-1} f(k-m)\,g(m) \qquad (5)$$

이다. (5)를 모든 k에 대해 직접적으로 계산한다면 $n[n + (n-1)] = O(n^2)$개 연산이 필요하다. 효율적인 FFT기반 합성곱은 우선 $\hat{f}$와 $\hat{g}$를 계산한 뒤, 변환된 수열의 점별곱에서 n개의 연산을 사용한 다음, 또 다른 FFT를 통해 이를 다시 시간영역으로 효율적으로 역변환함으로써 이루어진다.

이 관계식은 소수(prime) 길이 p인 데이터흐름에서 유효한 FFT의 핵심이다. 알려진 것 중 가장 좋은 아이디어는 0 아닌 주파수에서의 DFT를 길이 $p-1$인 합성곱으로 다시 쓰고, 주파수 0에서의 DFT는 직접적으로 계산하는 방식을 이용한다. 잘 알려진 하나의 예로 레이더의 소수 FFT(Rader's prime FFT)가 있는데, 그것은 (곱에 대한) 크기 $p-1$인 순환군(cyclic group) $\mathbb{Z}/p\mathbb{Z}^{\times}$의 생성자(generator) g를 찾을 수 있다는 사실을 사용하여, $\hat{f}(g^{-b})$를

$$\hat{f}(g^{-b}) = f(0) + \sum_{a=0}^{p-2} f(g^{a})\,e^{2\pi i g^{a-b}/p} \qquad (6)$$

으로 쓰는 것이다. (6)의 합은 함수열 $f'(a) = f(g^a)$과 함수 $z(a) = e^{2\pi i g^{a}/p}$의 길이 $p-1$인 합성곱 형태이다.

이러한 종류의 변환들('FFT 모임'의 다양한 일원들이 기여한)을 사용함으로써, 일반적인 $O(n \log_2 n)$ 알고리즘을 달성할 수 있다.

더 읽을거리

Brigham, E. O. 1988. *The Fast Fourier Transform and Its Applications*. Englewood Cliffs, NJ: Prentice-Hall.

Cooley, J. W. 1987. The re-discovery of the fast Fourier transform algorithm. *Mikrochimica Acta* 3:33-45.

Heideman, M. T., D. H. Johnson, and C. S. Burrus. 1985. Gauss and the history of the fast Fourier transform. *Archive for History of Exact Sciences* 34 (3):265-77.

Maslen, D. K., and D. N. Rockmore. 2001. The Cooley-Tukey FFT and group theory. *Notices of the American Mathematical Society* 48(10):1151-61.

van Loan, C.F.1992. *Computational Frameworks for the Fast Fourier Transform*. Philadelphia, PA: SIAM.

II.11 유한차분

실변수에 대한 실함수 f의 도함수 정의 $f'(x) = \lim_{\varepsilon \to 0}(f(x+\varepsilon) - f(x))/\varepsilon$에서, 작은 양수 $\varepsilon = h > 0$을 취해 근사식

$$f'(x) \approx \frac{f(x+h) - f(x)}{h}$$

를 만들 수 있다. 이 과정은 **이산화**(discretization)라 불리며 근사식은 **전향차분**(forward difference)이라 불리는데, 왜냐하면 f를 x의 오른쪽 점에서 계산하기 때문이다. 이와 달리, 작은 음수 ε을 취하면 $h = -\varepsilon$에 대해

$$f'(x) = \frac{f(x-h)-f(x)}{-h} = \frac{f(x)-f(x-h)}{h}$$

를 얻는다. 후자의 근사식은 **후향차분**(backward difference)이다. 고계도함수도 비슷한 방식으로 근사될 수 있다. 한 예는 **중심 2계차분**(centered second difference) 근사로서

$$f''(x) \approx \frac{f(x+h)-2f(x)+f(x-h)}{h^2}$$

이다.

유한차분(finite difference)이라는 용어는 이런 식으로 함숫값의 선형결합을 통해 도함수를 근사하는 방식을 묘사할 때 사용된다. 유한차분 근사를 유도하고 또한 그것의 정확도를 분석하는 한 가지 방법은 **테일러 급수**[I.2 §9] 전개를 다루는 것이다. 더 체계적인 방식은 **유한차분법**(또는 **유한미적분학**, calculus of finite differences)을 이용하는 것인데, 이러한 방식은 **전향차분연산자** $\Delta f(x) = f(x+h) - f(x)$와 그것의 거듭제곱 $\Delta^2 f(x) = \Delta(\Delta f(x)) = f(x+2h) - 2f(x+h) + f(x)$ 같은 연산자에 기초한다. '미적분학'이라는 용어가 사용된 것은 이 연산자들과 미분연산자 사이에 많은 유사성이 있기 때문이다. 지난 세기의 고전적인 수치해석학 교재에서는 유한차분법을 철저하게 다루었지만, 오늘날의 교재에서는 간략히 설명하고 넘어가는 편이다.

유한차분은 유사한 방법으로 편미분을 근사하는 데도 사용될 수 있다. 예를 들어 $f(x, y)$가 2변수 함수라면,

$$\frac{\partial f}{\partial x}(x, y) \approx \frac{f(x+\varepsilon, y)-f(x, y)}{\varepsilon}$$

이다.

유한차분은 **상미분방정식**[IV.12]과 **편미분방정식**[IV.13]을 푸는 수치적 방법에서 널리 사용된다.

II.12 유한요소법

유한요소법(finite-element method)은 미지함수에 조각다항식(piecewise polynomial) 근사를 사용하여, 주어진 영역에서 경계조건과 함께 주어진 편미분방정식(PDE)의 해를 근사하는 방법이다. 영역은 요소(element)들로 분할되는데, 그것은 통상 2차원 영역에서는 삼각형, 3차원에서는 사면체이고, 각 요소에서 해는 저차다항식으로 근사된다. 근사는 대응하는 유한차원 부분공간에서 PDE의 변형된 형태를 풂으로써 구할 수 있는데, 그것은 계수들의 희소한(sparse) 선형연립방정식을 푸는 것으로 변환된다.

유한요소법에 대해 더 알고 싶다면 **편미분방정식의 수치해**[IV.13 §4]와 **고체역학**[IV.32 §4.2]을 보라.

II.13 부동소수점 연산

니콜라스 하이엄 *Nicholas J. Higham*

실직선 ℝ는 무한히 많은 수를 포함하지만, 현실에서 마주하는 많은 상황에서 우리는 반드시 실직선의 유한한 집합을 다루어야 한다. 예를 들어 컴퓨터는 램(RAM, random access memory)에 유한한 저장소를 가지고 있으므로 수들의 오직 유한한 집합만

을 표현할 수 있고, 은행 예금계좌의 잔액은 소수점 둘째 자리까지 기록되며(가령 달러와 센트로) 어떤 상한값을 정해 두었을 수 있다. 후자의 상황에서 n개의 10진숫자를 사용한다고 가정하면 가능한 모든 수는 $\pm d_1 d_2 \cdots d_{n-2}.d_{n-1}d_n$으로 나타낼 수 있고, 여기서 d_i는 0과 9 사이의 정수이다. 이것은 소수점이 고정된 위치에 있다는 점에서 **고정소수점 수체계**(fixed-point number system)라 불리는데, 여기에서는 소수점이 $(n-1)$번째 숫자 바로 앞에 위치한다. **부동소수점 수체계**(floating-point number system)는 진수(base)의 가변적인 거듭제곱이 곱해지는 추가항으로 인해 소수점(혹은 다른 진법에서 그것의 유사물)이 움직일 수 있다는 점에서 고정소수점 수체계와 다르다.

부동소수점 수체계의 단순한 예는 2진법으로 표현한 수들의 집합

$$x = \pm\ 2^e\left(\frac{d_1}{2} + \frac{d_2}{4} + \frac{d_3}{8}\right) = \pm\ 2^e f \qquad (1)$$

이며, 여기서 **지수**(exponent) $e \in \{-1, 0, 1, 2, 3\}$과 각각의 2진숫자 d_i는 0 또는 1이다. $f = (0.d_1 d_2 d_3)_2$는 **유효수**(significand, 혹은 가수(mantissa))라 불린다. 만약 $d_1 \neq 0$이라 가정한다면(따라서 $d_1 = 1$) 각각의 x는 유일한 표현 (1)을 가지며, 이 체계를 **정규화**(normalized)되었다고 한다. 이 체계의 음 아닌 수들은

0, 0.25, 0.3125, 0.3750, 0.4375, 0.5, 0.625, 0.750, 0.875, 1.0, 1.25, 1.50, 1.75, 2.0, 2.5, 3.0, 3.5, 4.0, 5.0, 6.0, 7.0

이고 이들은 그림 1에 시각적으로 표현되어 있다.

이 예시에서 수들 사이 간격은 모든 2의 거듭제곱마다 두 배로 증가한다는 것에 주목하자. 이렇듯 수들 사이 간격이 일정하지 않다는 것은 모든 부동소수점 수체계가 갖는 아주 중요한 특징이다(반면 고정소수점 체계에서의 간격은 일정하다).

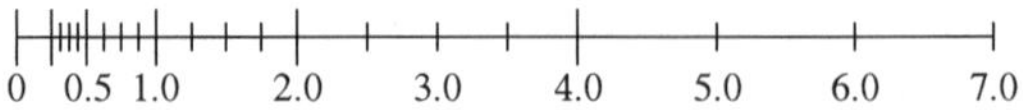

그림 1 눈금은 간단한 부동소수점 수체계 (1)에서 음 아닌 수를 표시한다.

다른 부동소수점 수체계는 지수 e가 취할 수 있는 값의 범위를 변화시키거나, 유효수의 숫자들 d_i의 개수를 변화시키거나, 진법을 변화시킴으로써 얻을 수 있다. 역사적으로 컴퓨터는 주로 16진법이나 2진법을 사용했다. 대신 소형 계산기는 사용자가 한 진법에서 다른 진법으로 변환할 때 발생하는 오차로 인해 혼란스러워하지 않도록 10진법을 사용한다.

실용적인 계산에서 부동소수점 수체계 F를 사용하려면, 데이터를 거기에 맞추어야 한다. 몇몇 실수는 F에서 정확하게 표현될 수 있는 반면, 어떤 것들은 단지 근사될 수밖에 없다. $\mathbb{R}$에서 F로의 변환이 어떻게 이루어져야 하며, 얼마나 큰 오차가 발생할 것인가? $\mathbb{R}$에서 F로의 사상은 **반올림**(rounding)이라 불리며 'fl'로 표기된다. $x \in \mathbb{R}$에 대해, $\mathrm{fl}(x)$는 통상적으로 x에 가장 가까운 F의 수로 정의된다. x가 F의 두 수의 정 가운데에 위치할 경우에는, 한쪽 손을 들어줄 규칙이 필요하다. 가장 흔한 규칙은 둘 중 유효수의 마지막 숫자가 짝수인 수를 택하는 것이다. 우리의 단순한 체계 (1)에서 이 규칙을 따르면, $\mathrm{fl}(1.1) = 1.0$, $\mathrm{fl}(5.5) = 6.0 = 2^3(0.110)_2$을 얻는다. 만약 x의 크기가 F 안 모든 수의 크기보다 크다면 $\mathrm{fl}(x)$

가 오버플로(overflow)되었다고 말하며, 반면 $x \neq 0$이 0으로 반올림되면 fl(x)가 언더플로(underflow)되었다고 말한다.

F를 진법 β와 t개의 숫자 d_i를 가진 부동소수점 체계라고 하자. 만약 $|x|$가 F 안 0이 아닌 가장 작은 수와 가장 큰 수 사이에 놓인다면, 단위반올림(unit roundoff)이라 불리는 $u = \frac{1}{2}\beta^{1-t}$에 대해 $\text{fl}(x) = x(1 + \delta)$, $|\delta| \leq u$라는 것을 증명할 수 있다. 이는 x를 F에서 표현할 때의 상대 오차(relative error)는 최대 u라는 의미이다. 예를 들어, 우리의 단순한 체계에서 최대 $\frac{1}{2}2^{1-3} = \frac{1}{8}$의 상대오차로 π를 표현할 수 있다.

두 개의 t자릿수 수 $x_1, x_2 \in F$를 곱할 때, 곱은 $2t - 1$ 혹은 $2t$개의 유효숫자를 갖고 따라서 일반적으로 이는 F 안에 있지 않는다. 가장 최선의 방법은 곱의 결과를 반올림하고, 그것을 곱에 대한 근사로서 $y = \text{fl}(x_1x_2)$와 같이 취하는 것이다. 비슷하게 F 안 수의 덧셈, 뺄셈, 나눗셈 역시 일반적으로 오차를 발생시킨다. 비슷하게 정확한 결과의 반올림된 형태를 취한다면

$$\text{fl}(x \text{ op } y) = (x \text{ op } y)(1 + \delta), \quad |\delta| \leq u \quad (2)$$

임을 말할 수 있는데, 여기서 op = +, −, *, /이다.

실질적으로 모든 오늘날의 컴퓨터는 1985 IEEE 표준에 따라 부동소수점 연산을 구현하고 있다. 이 표준은 2진 부동소수점 연산의 두 가지 형태를 정의한다. 하나는 $t = 24$이며 단정밀도(single precision)라 불리고, 다른 하나는 $t = 53$이며 배정밀도(double precision)이라 불린다. IEEE 연산에서 초등적인 연산 +, −, *, /은 반올림한 정확한 연산으로서 정의되기 때문에 (2)를 만족한다. 이는 (2)를 수치알고리즘에서 반올림오차의 효과를 분석하는 유용한 도구로 만들어 준다.

역사적으로 (2)는 몇몇 분석에서 가정으로 삼은 부동소수점 연산의 한 모형에 불과했다. IEEE 표준의 광범위한 수용 이전에 서로 다른 컴퓨터 생산자는 다양한 형태의 연산을 사용했고, 그들 중 몇은 (2)를 만족하지 않거나 어떤 다른 바람직한 성질들을 만족하지 않았다. 이는 예컨대 표현 $x/\sqrt{x^2+y^2}$이 때때로 1보다 큰 부동소수점 수로 계산되는 등 기괴한 상황을 만들어 냈다. 천만다행으로 IEEE 표준은 초등적인 부동소수점 계산이 연산의 많은 성질들을 유지하도록 보장한다. 하지만 그래픽 처리장치(graphics processing unit, GPU)같은 특수목적 처리장치는 IEEE 표준을 (완전히) 따를 필요가 없다.

값이 거의 같은 부동소수점 수들의 뺄셈은 대개 소거 때문에 위험한 것으로 간주된다. 사실 뺄셈은 정확하게 행해진다. 실제로, 만약 x와 y가 $y/2 \leq x \leq 2y$인 부동소수점 수라면 $\text{fl}(x - y) = x - y$이다 ($x - y$가 언더플로되지 않는 이상). 소거의 위험은 그것이 유효숫자의 소실을 가져와서, 초기 계산에서 행해졌을 때 두드러진 오차를 발생시킬 수 있다는 데 있다. 고전적인 예시로 $x^2 - 56x + 1 = 0$과 같은 2차방정식을 푸는 일반적인 공식이 있는데, 그것은 $x_1 = 28 + \sqrt{783}$과 $x_2 = 28 - \sqrt{783}$임을 알려 준다. 4개의 유효숫자로 계산하면 $\sqrt{783} = 27.98$이고, 따라서 계산된 결과는 $\hat{x}_1 = 55.98 = 5.598 \times 10^1$과 $\hat{x}_2 = 0.02 = 2.000 \times 10^{-2}$이다. 하지만 4개의 유효숫자로 정확한 결과는 $x_1 = 5.598 \times 10^1$과 $x_2 = 1.786 \times 10^{-2}$이다. 즉 더 큰 근의 계산에서는 모

든 4개 숫자가 정확하지만, 더 작은 근은 소거 때문에 매우 부정확하다. 다행히도 $x^2 - 56x + 1 = (x - x_1)(x - x_2)$이므로 두 근의 곱은 1이어야 하고, 결국 $x_2 = 1/x_1$로부터 더 작은 근 x_2의 정확한 값을 얻을 수 있다.

더 읽을거리

Higham, N. J. 2002. *Accuracy and Stability of Numerical Algorithms*, 2nd edn. Philadelphia, PA: SIAM.

Muller, J.-M., N. Brisebarre, F. de Dinechin, C.-P. Jeannerod, V. Lefèvre, G. Melquiond, N. Revol, D. Stehlé, and S. Torres. 2010. *Handbook of Floating-Point Arithmetic*. Boston, MA: Birkhäuser.

II.14 행렬의 함수

니콜라스 하이엄 *Nicholas J. Higham*

스칼라 함수 $f(x) = (x - 1)/(1 + x^2)$이 주어졌을 때, $n \times n$ 행렬 A에 대한 함수 $f(A)$를 $f(A) = (A - I)(I + A^2)^{-1}$로 정의할 수 있다. 이때 A가 $\pm\mathrm{i}$를 고윳값으로 가지지 않아 $I + A^2$이 비특이적(nonsingular)이기만 하면 된다. 'x를 A로 대체한다'는 개념은 아주 자연스럽고 유용한 결과를 제공한다. 예를 들어 A의 지수함수는

$$e^A = I + A + \frac{A^2}{2!} + \frac{A^3}{3!} + \cdots$$

으로 정의할 수 있다. 이에 따른 함수는 스칼라 지수함수와 유사한 성질들을 만족하는데, 가령 $e^A e^{-A} = I$, $e^A = \lim_{s\to\infty}(I + A/s)^s$, $(\mathrm{d}/\mathrm{d}t)e^{At} = Ae^{At} = e^{At}A$가 성립한다. 마지막 관계식 덕분에 행렬 지수함수는 선형미분방정식에서 기초적인 역할을 한다. 특히, $\mathrm{d}y/\mathrm{d}t = Ay$의 일반해는 상수벡터 c에 대해 $y(t) = e^{At}c$로 주어진다. 그러나 모든 스칼라 관계식이 일반화되는 것은 아니다. 특별히 $e^{A+B} = e^A e^B$는 오직 A와 B가 교환될 때만 성립하며, 일반적으로는 성립하지 않는다.

더 일반적으로, 테일러 급수 전개(Taylor series expansion)를 가지는 임의의 함수의 스칼라 인자는 정사각행렬로 대체될 수 있으며, 이때 행렬의 고윳값이 테일러 급수의 수렴 반경 안에 있기만 하면 된다. 따라서

$$\cos(A) = I - \frac{A^2}{2!} + \frac{A^4}{4!} - \frac{A^6}{6!} + \cdots,$$
$$\sin(A) = A - \frac{A^3}{3!} + \frac{A^5}{5!} + \frac{A^7}{7!} + \cdots,$$
$$\log(I + A) = A - \frac{A^2}{2} + \frac{A^3}{3} - \frac{A^4}{4} + \cdots,\ \rho(A) < 1$$

이 성립하며, 여기서 ρ는 **스펙트럼반경**[I.2 §20]을 나타낸다. log에 대한 급수는 두 가지 질문을 불러 일으킨다. 과연 $X = \log(I + A)$가 $e^X = I + A$를 만족하며, 만일 그렇다면 많은 행렬 로그함수 중 어떤 것이 만들어지는가? ($e^X = I + A$라면 임의의 정수 k에 대해 $e^{X+2k\pi\mathrm{i}I} = e^X e^{2k\pi\mathrm{i}I} = I + A$임에 주목하자.) 첫 번째 질문에 대한 답은 그렇다는 것이다. 두 번째 질문에 대한 답은 만들어지는 로그함수가 **주로그함수**(principal logarithm)라는 것이다. 이는 양 아닌 실수축에서 고윳값을 갖지 않는 행렬에 그것을 취했을 때, 모든 고윳값의 허수부가 구간$(-\pi, \pi)$에 놓이는

유일한 로그함수이다.

$f(A)$를 멱급수를 통해 정의하면 로그함수처럼 오직 특정한 영역의 A에 대해서만 함수가 구체화될 수 있으며, 게다가 몇몇 함수는 (다루기 쉬운) 멱급수를 가지지 않을지도 모른다. 더 일반적인 함수에 대해서는 다른 접근 방식이 필요하다.

f가 A의 스펙트럼을 에워싸는 폐경로(closed contour) Γ의 위와 안에서 해석적이라면

$$f(A) := \frac{1}{2\pi \mathrm{i}} \int_{\Gamma} f(z)(zI - A)^{-1} \mathrm{d}z$$

로 정의할 수 있으며, 이는 **코시 적분공식**[IV.1 §7]을 행렬에 대해 일반화한 것이다. 또 다른 정의는 **조르당 표준형**[II.22] $Z^{-1}AZ = J = \mathrm{diag}(J_1, J_2, \cdots, J_p)$를 통해 이루어질 수 있는데, 여기서 J_k는 고윳값 λ_k에 대한 $m_k \times m_k$ 조르당 블록(Jordan block)이다. 그 정의는

$$f(A) := Zf(J)Z^{-1} = Z\mathrm{diag}(f(J_k))Z^{-1}$$

이며, 이때

$$f(J_k) := \begin{bmatrix} f(\lambda_k) & f'(\lambda_k) & \cdots & \dfrac{f^{(m_k-1)}(\lambda_k)}{(m_k-1)!} \\ & f(\lambda_k) & \ddots & \vdots \\ & & \ddots & f'(\lambda_k) \\ & & & f(\lambda_k) \end{bmatrix}$$

이다. 이 정의에서 f는 해석적일 필요가 없고, 그저 λ_k가 나타나는 가장 큰 블록의 크기보다 하나 작을 때까지의 j에 대해 도함수 $f^{(j)}(\lambda_k)$가 존재하기만 하면 된다. A가 대각화 가능한(diagonalizable) 경우, 즉 $A = ZDZ^{-1}$이고 $D = \mathrm{diag}(\lambda_i)$일 때, 이 정의는 단순히 $f(A) = Zf(D)Z^{-1}$이며 $f(D) = \mathrm{diag}(f(\lambda_i))$이다.

코시 적분과 조르당 표준형 정의는 f가 해석적일 때 서로 동치이다.

정의로부터 따르는 몇 가지 중요한 성질은 $f(A)$가 A와 교환되며, 임의의 비특이적인 X에 대해 $f(X^{-1}AX) = X^{-1}f(A)X$이고, A가 위(아래)삼각(triangular)이라면 $f(A)$도 그러하다는 것이다. 뿐만 아니라 관련된 모든 행렬이 정의된다는 가정하에, 항등식의 특정한 형태는 스칼라 경우에서 행렬 경우로 넘어갈 수 있다는 것을 증명할 수 있다. 가령 $\exp(\mathrm{i}A) = \cos(A) + \mathrm{i}\sin(A)$이고 $\cos^2(A) + \sin^2(A) = I$이다. 하지만 다가함수(multivalued function)를 다룰 때에는 조심해야 한다. 예를 들어, A의 스펙트럼에 제한을 두지 않으면 주로그함수에 대해 $\log(\mathrm{e}^A)$이 A와 같다는 것을 보장할 수 없다.

함수의 또 다른 중요한 종류는 p가 양의 정수일 때 $X^p = A$의 해인 p제곱근(pth root)이다. 비특이적 A에 대해서 여러 개의 p제곱근이 존재한다. 실전에서 주로 필요한 것은 양 아닌 실수축 위에서 고윳값을 가지지 않는 A에 대해 정의되는 **주p제곱근**(principal pth root)이다. 이는 그것을 취했을 때 모든 고윳값이 양의 실수축과 각 π/p를 이루는 쐐기 모양 영역 내부에 엄격하게(strictly) 들어가는 유일한 p제곱근이며 $A^{1/p}$로 표기한다. 그러므로 $A^{1/2}$은 그것의 고윳값이 모두 열린 우반평면(open right half-plane)에 놓이는 제곱근이다.

순허수인 고윳값을 갖지 않는 A에 대해 정의되는 함수 $\mathrm{sign}(A) = A(A^2)^{-1/2}$는 **행렬 부호함수**(matrix sign function)이다. 그것은 제어이론(control theory)에서 특히 **대수적 리카티 방정식**[III.25]을 풀 때 응용되며, 열린 좌반평면과 열린 우반평면의 복소수를 각각 -1과 1로 보내는 스칼라 함수에 대응한다.

행렬 함수는 많은 문제에 대해 한 줄로 표현되는 해를 제시한다. 예를 들어, n-벡터 y와 $n \times n$ 행렬 A에 대한 2계 상미분방정식 초깃값 문제

$$\frac{d^2y}{dt^2} + Ay = 0, \quad y(0) = y_0, y'(0) = y'_0$$

는 해

$$y(t) = \cos(\sqrt{A}t)y_0 + (\sqrt{A})^{-1}\sin(\sqrt{A}t)y'_0$$

을 가지며, 여기서 $\sqrt{A}$는 A의 어떤 제곱근을 나타낸다. 아니면 $z = \begin{bmatrix} y' \\ y \end{bmatrix}$으로 씀으로써 이 문제를 2개의 1계 미분방정식으로 변환할 수 있다. 다음 식

$$z' = \begin{bmatrix} y'' \\ y' \end{bmatrix} = \begin{bmatrix} 0 & -A \\ I & 0 \end{bmatrix}\begin{bmatrix} y' \\ y \end{bmatrix} = \begin{bmatrix} 0 & -A \\ I & 0 \end{bmatrix}z$$

으로부터 공식

$$\begin{bmatrix} y'(t) \\ y(t) \end{bmatrix} = \left(\begin{bmatrix} 0 & -tA \\ tI & 0 \end{bmatrix}\right)\begin{bmatrix} y'_0 \\ y_0 \end{bmatrix}$$

이 따라 나온다.

2×2 삼각행렬의 함수에 대해서는 명시적인 공식

$$f\left(\begin{bmatrix} \lambda_1 & \alpha \\ 0 & \lambda_2 \end{bmatrix}\right) = \exp\begin{bmatrix} f(\lambda_1) & \alpha f[\lambda_1, \lambda_2] \\ 0 & f(\lambda_2) \end{bmatrix}$$

가 존재하며, 여기서

$$f[\lambda_1, \lambda_2] = \begin{cases} \dfrac{f(\lambda_2) - f(\lambda_1)}{\lambda_2 - \lambda_1}, & \lambda_1 \neq \lambda_2 \\ f''(\lambda_2), & \lambda_1 \neq \lambda_2 \end{cases}$$

는 1계 분할차분(divided difference)이다. 이 공식은 $n \times n$ 삼각행렬 T로 확장되긴 하지만, (i, j) 원소에 대한 그 공식은 최대 2^n개의 항을 포함하고 있어 n이 아주 작지 않은 이상 계산적으로 유용하지는 않다. 그렇지만 **파를렛 재귀**(Parlett recurrence)를 사용하여 $n \times n$ 삼각행렬에 대해 $F = f(T)$를 $n^3/3$개 연산으로 계산할 수 있으며, 그것은 방정식 $TF = FT$에서 원소들을 일치시킴으로써 얻어진다.

더 읽을거리

Higham, N. J. 2008. *Functions of Matrices: Theory and Computation*. Philadelphia, PA : SIAM.

Higham, N. J., and A. H. Al-Mohy. 2010. Computing matrix functions. *Acta Numerica* 19 : 159-208.

II.15 함수공간

한스 파이히팅거 *Hans G. Feichtinger*

수학의 초기 시절에는 각 함수를 개별적으로 다루었지만, 모든 연속함수, 모든 적분가능함수, 모든 연속적으로 미분가능한 함수에 대해서 총괄적으로 서술하는 것이 더 적절하다는 생각이 인정받기 시작했다. 다행히 대부분의 이런 함수들의 모임 (f_k)는 덧셈에 대해 닫혀 있고, 실수나 복소수 계수 c_k, $1 \leq k \leq K$에 대해 선형결합 $\sum_{k=1}^{K} c_k f_k$를 형성하는 것이 가능하다. 그러므로 그들은 벡터공간이다. 게다가 대부분의 이런 공간에는 적당한 **노름**[I.2 §19.3] $f \mapsto \|f\|$이 부여되어 원소의 크기를 측정할 수 있고 이에 따라 거리 $d(f_1, f_2) := \|f_1 - f_2\|$를 통해 가까움의 개념을 도입할 수 있다. 따라서 **함수공간**은 어떤 영역에서의 (초(generalized))함수들로 이루어

진 노름공간(normed space)이라 말할 수 있다.

어떤 영역 $D \subset \mathbb{R}^d$ 위의 유계(bounded)이고 연속인 함수들의 벡터공간 $C_b(D)$에서는 최소 상계노름(sup-norm) $\|f\|_\infty := \sup_{z \in D} |f(z)|$가 적절한 노름이다. 이 노름에 대해 $C_b(D)$는 바나흐 공간(Banach space, 곧, 완비노름공간(complete normed space))이며, 이는 이 노름에 대한 모든 **코시 수열**[I.2 §19.4]이 공간 속 유일한 극한 원소로 수렴한다는 것을 의미한다. 그러므로 이런 함수들의 바나흐 공간은 $\mathbb{R}^d$ 안 벡터들의 유클리드 공간(Euclidean space)과 많은 성질을 공유하지만, 동시에 그것은 유한 차원이 아니라는 중요한 차이를 갖고 있다.

1 르베그 공간 $L^p(\mathbb{R}^d)$

$\|f\|_1 := \int_{\mathbb{R}^d} |f(z)| dz < \infty$인 모든 (가측(measurable)) 함수로 이루어진 **르베그 공간**(Lebesgue space) $L^1(\mathbb{R}^d)$의 완비성(completeness)은 사람들이 르베그 적분을 리만 적분(Riemann integral)보다 선호하는 근거이다. $\|f\|_1 = 0$이면 무조건 $f = 0$(영함수)이 된다는 성질을 보장하기 위해서, 측도(measure) 0인 집합을 제외하고 같다면 두 함수 f_1과 f_2를 같은 것으로 간주해야만 한다는 것에 주의하자. 즉, 집합 $\{z \mid f_1(z) \neq f_2(z)\}$가 르베그 측도 0을 가지면 f_1과 f_2는 같다.

많은 응용에서 중요한 또 다른 노름은 L^2-노름 $\|f\|_2 := (\int_{\mathbb{R}^d} |f(z)|^2)^{1/2}$이다. 이는 $\langle f, g \rangle := \int_{\mathbb{R}^d} f(z) \overline{g(z)}\, dz$으로 정의되는 내적(inner product)과 공식 $\|f\|_2 := \langle f, f \rangle^{1/2}$을 통해 연관된다. $(L^2(\mathbb{R}^d), \|\cdot\|_2)$는 힐베르트 공간(Hilbert space)이며, 마치 유클리드 공간 $\mathbb{R}^d$에 표준내적이 주어진 경우처럼 직교성(orthogonality)과 유니타리 선형사상(unitary linear mapping)에 대해 이야기할 수 있다.

앞의 세 개의 노름, 이른바 $\|\cdot\|_1$, $\|\cdot\|_2$, $\|\cdot\|_\infty$를 놓고 '그 사이에' 있는 노름을 찾는 것은 자연스럽다. 그것은 $1 \le p < \infty$에 대해 $\|f\|_p^p := \int_{\mathbb{R}^d} |f(z)|^p dz$의 유한성으로 정의되는 L^p-공간을 이끌어 낸다. $p \to \infty$인 극한의 경우에는 본질적으로 유계인 함수(essentially bounded function)들의 공간 $L^\infty(\mathbb{R}^d)$을 얻는다.

이 공간들은 유한 차원이 아니기 때문에, 소위 쌍대공간(dual space)이라 불리며 항상 그런 것은 아니지만 대개 함수공간인, 모든 유계인 선형범함수(bounded linear functional)들의 집합을 다룰 필요가 있다. $1 \le p < \infty$인 경우 L^p의 쌍대공간은 L^q이며, 여기서 $1/p + 1/q = 1$이다. 이는 $L^p(\mathbb{R}^d)$ 위의 모든 연속인 선형범함수는 유일한 함수 $g \in L^q(\mathbb{R}^d)$에 대해 $f \mapsto \int_{\mathbb{R}^d} f(z) g(z) dz$라는 형태를 가진다는 것을 의미한다.

$L^1(\mathbb{R}^d)$는 또한 푸리에 변환(Fourier transform)의 자연스러운 정의역으로서 등장한다. 푸리에 변환은 주어진 $s \in \mathbb{R}^d$에 대해

$$\mathcal{F}: f \mapsto \hat{f}(s) = \int_{\mathbb{R}^d} f(t) \exp\left\{-2\pi \mathrm{i} \sum_{j=1}^{d} s_j t_j\right\} dt$$

이며, 한편 $(L^2(\mathbb{R}^d), \|\cdot\|_2)$는 $\mathcal{F}$를 유니타리(unitary, 그러므로 등거리(isometric)) 자기동형사상(automorphism)으로서 묘사할 수 있게 해 준다.

2 관련된 함수공간

르베그 공간은 훨씬 더 큰 종류인 **바나흐 함수공간** 혹은 **바나흐 격자**(Banach lattice)에 대한 원형 격이며, 이 종류에는 **로런츠 공간**(Lorentz space) $L(p, q)$나 **오를리치 공간**(Orlicz space) L^{Φ}이 포함되며, 이들은 모두 **재배열 불변적**(reaarangement invariant)이다. 그것은 집합의 (르베그) 측도 $|M|$을 보존시키는, 곧 $|\alpha(M)| = |M|$인 임의의 변환 α: $\mathbb{R}^d \to \mathbb{R}^d$에 대해, $\alpha^*(f)(z) := f(\alpha(z))$이면 $\|f\| = \|\alpha^*(f)\|$라는 것을 의미한다.

반대로, $\| f \|_{p,\,w} = \| fw \|_p < \infty$로 특징지어지는 $L^p_w(\mathbb{R}^d)$과 같은 **가중공간**(weighted space)은, 어떤 엄격하게 양(strictly positive)인 **가중함수**(weight function) w를 사용하여 무한대에서의 f의 감소 양상을 포착할 수 있다. 편미분방정식(PDE) 이론의 응용에서는 $w_s(x) = (1 + |x|^2)^{s/2}$와 같은 다항식 가중함수가 중요하다. $s \geq 0$에 대해, **소볼레프 공간**(Sobolev space) $\mathcal{H}_s(\mathbb{R}^d)$는 $L^2_{w_s}(\mathbb{R}^d)$의 푸리에 변환에 대한 역상(inverse image)으로 정의될 수 있다. $s \in \mathbb{N}$에 대해 그것은 $L^2(\mathbb{R}^d)$에서(분포(distribution)적 의미에서) s개의 도함수를 갖는 함수들로 이루어진다. **혼합노름**(mixed norm) L^p 공간도 역시 (다른 방향에 대해 다른 p-노름을 사용하는) 재배열에 대해 불변적이지 않지만, 여전히 아주 유용하다.

함수공간의 거대한 다양성은 부분미분가능성(fractional differentiability)을 포함한 매끈함(smoothness)을 특징지으려는 시도에서 등장한다. **베소프 공간**(Besov space) $B^s_{p,\,q}(\mathbb{R}^d)$과 **트리벨-리졸킨 공간**(Triebel-Lizorkin space) $F^s_{p,\,q}(\mathbb{R}^d)$이 그 예이다. 고전적인 소볼레프 공간은 두 모임에 모두 속하는 유일한 함수공간이다. 이 이론의 기원은 립시츠 공간(Lipschitz space) Lip(α)의 이론이며, 범위 $\alpha \in (0, 1)$은 매끈한 정도를 표현할 수 있게 해 준다(미분가능성은 직관적으로 $\alpha = 1$인 경우와 대응한다).

3 웨이블릿과 변조공간

위에서 언급된 많은 공간은 PDE와 강하게 연관되어 있는데, 가령 타원형(elliptic) PDE의 설명에서 등장한다. 펠리-리틀우드(Paley-Littlewood, 2진 푸리에(dyadic Fourier)) 분해를 사용한 그 공간들의 특성 분류는 웨이블릿 이론(wavelet theory)에 불을 붙였다. $1 < p < \infty$일 때 그들은 (충분히 '좋은') 모웨이블릿(mother wavelet)에 대한 웨이블릿 계수들의 (가중된) 가합성(summability) 조건으로 특징지어질 수 있다. 극한인 경우에는 **실 하디 공간**(real Hardy space) $H^1(\mathbb{R}^d)$과, 그것의 쌍대인 **유계평균진동**(bounded mean oscillation)인 함수들로 이루어진 BMO-공간을 얻는다. 두 공간 모두 칼데론-지그문트 작용소(Calderón-Zygmund operator)나 하디-리틀우드 최대작용소(Hardy-Littlewood maximal operator)의 연구에서 중요하다. 웨이블릿은 **베소프**(Besov)와 **퍼텐셜**(potential) 공간을 포함한 이들 공간에 무조건기저(unconditional basis)를 제공한다.

공간 $L^2(\mathbb{R}^d)$에 작용하는 아핀 '$ax + b$'-군(affine group)에 대한 함수공간은 연속 웨이블릿 변환(continuous wavelet transform)을 이용해 정의되며, 앞선 매끈함 공간들의 원자적 특성화(atomic characterization, 바나흐 틀(Banach frame)이 연관된)가 얻어진다. 뿐만 아니라, 하이젠베르크 군(Heisenberg group)의 슈뢰딩거 표현(Schrödinger representation)은 다시 $L^2(\mathbb{R}^d)$ 위에서 시간-주파수 변환을 통해 **변조공간**(modulation space) $M^s_{p,q}$의 모임을 만들어 낸다. 그것은 고른 단위분할(uniform partitions of unity)을 사용하는(2진적인 것 대신), 푸리에 변환 쪽의 위너 **융합공간**(Wiener amalgam space)으로서 도입되었다.

공학적인 용어를 사용하면, 이제 고전적이 되어버린 공간 $M^s_{p,q}(\mathbb{R}^d)$는 그 원소가 가지는 **짧은시간 푸리에 변환** 행동으로 (연속 웨이블릿 변환을 대체하여) 특징지어진다. 그것은 시간-주파수 분석에서 중요한 역할을 하며, 원자적 특성화는 **가보 전개**(Gabor expansion)를 이용한다.

해석적(analytic) 또는 다해석적(polyanalytic) 함수들의 다양한 바나흐 공간은 복소해석학에서 중요한 역할을 한다. 역시 전형적으로, 그런 공간들을 정의할 때는 주어진 영역에서의 적분가능성이 사용된다. 대응하는 L^2-공간은 일반적으로 복원하는 핵힐베르트 공간(reproducing kernel Hilbert space)인데, 핵의 좋은 국소화는 그것을 또한 (가중된, 혼합노름) L^p-공간 위 연속사상으로도 볼 수 있게 해 준다. 복소해석학이나 퇴플리츠 작용소(Toeplitz operator)의 배경에서 중요한 몇몇 공간으로서 폭 공간(Fock space), 베르그만 공간(Bergman space), 세갈-베르그만 공간(Segal-Bergmann space)을 언급하고자 한다.

4 주제의 변형

함수들의 바나흐 공간의 첫 번째 중요한 예시 중 하나는 **유계변동**(bounded variation)인 함수들의 공간 BV였다. 이런 유형의 함수에 대한 한 가지 단순한 특성화는(이른바 조르당 분해(Jordan decomposition)) 그것이 두 개의 유계이며 감소하지 않는 함수들의 차라는 것이다(함수의 증가하는 부분 빼기 감소하는 부분). 푸리에-스틸체스 적분(Fourier-Stieltjes integral)을 통해, 리스(F. Riesz)는 $(C[0, 1], \|\cdot\|_\infty)$의 쌍대공간과 변동노름(variation norm)이 부여된 $BV[0, 1]$ 사이에 일대일대응이 있다는 것을 증명했다. 더욱 근래에, 2차원 배경에서의 전변동(total variation)은 **영상복원 알고리즘**[VII.8]의 토대가 되었다. 서로 다른 척도에서의 변동을 포착하는 함수공간의 또 다른 모임은 모레이-캄파나토 공간(Morrey-Campanato space)이다.

함수들의 바나흐 공간에 더하여, 함수들의 위상벡터공간(topological vector space)과 프레셰 공간(Fréchet space)도 존재하며, 그들 사이에 분포이론(distribution theory)에서 사용되는 **시험함수들의 공간**(space of test functions)이 있다. **초함수**(generalized function)는 그런 공간에서 연속 선형범함수(continuous linear functional)을 이룬다. 한스 트리벨(Hans Triebel)에 의해 발전한 '함수공간의 이론'은 그러한 초함수들(혹은 분포들)에 대한 온갖 종류의 바나흐 공간을 포함한다.

더 읽을거리

Ambrosio, L., N. Fusco, and D. Pallara. 2000. *Functions of Bounded Variation and Free Discontinuity Problems*. Oxford: Clarendon.

Gröchenig, K. 2001. *Foundations of Time-Frequency*

Analysis. Boston, MA : Birkhäuser.

Leoni, G. 2009. *A First Course in Sobolev Spaces*. Providence, RI : American Mathematical Society.

Meyer, Y. 1992. *Wavelets and Operators*, translated by D. H. Salinger. Cambridge : Cambridge University Press.

Stein, E. M. 1970. *Singular Integrals and Differentiability Properties of Functions*. Princeton, NJ : Princeton University Press.

Triebel, H. 1983. *Theory of Function Spaces*. Basel : Birkhäuser.

II.16 그래프 이론

티모시 데이비스, 이판 후
Timothy A. Davis and Yifan Hu

대부분의 항공사 잡지 뒤쪽에서 당신은 공항들의 지도와 그들을 잇는 비행경로를 찾을 수 있을 것이다. 그것은 이산적인(discrete) 대상들 사이의 관계를 나타낼 때 폭넓게 사용되는 **그래프**(graph)의 그저 한 예일 뿐이다. 더 정확히는, 그래프 $G = (V, E)$는 **꼭짓점**(node)들의 집합 V와 그들을 잇는 **변**(edge)들의 집합 $E \subseteq \{(i, j) \mid i, j \in V\}$로 이루어진다. 그래프는 도표는 아니지만 그림 1에서처럼 그려질 수 있다.

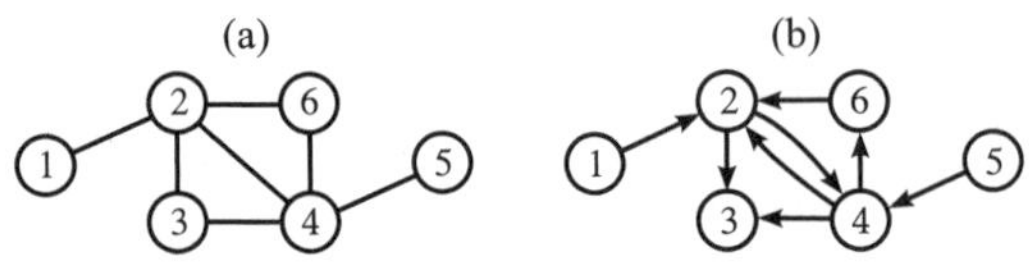

그림 1 그래프의 두 예: (a)무향그래프와 (b)유향그래프.

어떤 문제에서는 변 연결이 양방향이며, 이 경우 그래프는 **무향**(undirected)이다. 예를 들어 친구관계는 상호적이며, 따라서 앨리스와 밥이 친구라면 변 (앨리스, 밥)과 (밥, 앨리스)는 동일하다. 다른 경우에는 변의 방향이 중요하다. 만약 앨리스가 밥을 트위터에서 팔로우한다면, 이는 밥이 앨리스를 팔로우한다는 것을 의미하지는 않는다. 이러한 **유향**(directed)그래프에서 변 (앨리스, 밥)은 (밥, 앨리스)와 동일하지 않다.

단순그래프에서 변 (i, j)는 오직 한 번 나타나지만, 다중그래프(multigraph)에서는 여러 번 나타날 수 있다(E는 다중집합(multiset)이 된다). 단순그래프는 **자기변**(self-edge) (i, i)를 갖지 않지만, **유사그래프**(pseudograph)는 다중변과 자기변을 가질 수 있다. 잡지 뒤쪽 비행경로 지도는 단순무향그래프의 한 예이다. 전체 항공사에 대한 각각의 비행을 나타내는 데에는 유향다중그래프가 필요하다. 필라델피아에서 뉴욕으로 가는 비행은 반대 방향의 비행과 동일하지 않으며, 두 공항 사이에는 매일 많은 비행이 있다. 관광여행이 추가된다면 (자기변) 유사그래프가 필요할 것이다.

꼭짓점 i의 이웃(neighbor)으로도 불리는 **인접집합**(adjacency set)은 (i, j)가 그래프에 속하는 꼭짓점들 j의 집합이다. 유향그래프에서 그 집합은 출력-인접(out-adjacency)이며, 꼭짓점 i의 입력-인접(in-adjacency)은 집합 $\{j \mid (j, i) \in E\}$이다. 그래프는 2진 **인접행렬**(adjacency matrix)로 표현될 수 있는데, 그것의 원소는 $(i, j) \in E$이면 $a_{ij} = 1$이고 그렇지 않다면 $a_{ij} = 0$이다. 꼭짓점의 **차수**(degree)는 인접집합의 크기이다.

그래프는 꼭짓점과 변의 무한집합을 포함할 수도 있다. j가 i의 정수 배수일 때 변 (i, j)를 갖는, 자연수 $\mathbb{N}$ 위에서의 유향그래프를 생각하자. 이 그래프에서 소수(prime number) $j > 1$는 입력-인접 $\{1, j\}$와 2의 입력-차수(in-degree)를 갖는다(자기변 (j, j)도 포함하여). 합성수 $j > 1$는 더 큰 입력-차수를 갖는다.

꼭짓점 i와 j는 변 (i, j)와 **인접하며**(incident), 비슷하게 변 (i, j)는 이 두 꼭짓점과 인접한다. G의 **부분그래프**(subgraph)는 그것의 꼭짓점과 변의 부분집합으로 이루어지며, 즉 $\bar{V} \subseteq V$, $\bar{E} \subseteq E$일 때 $\bar{G} = (\bar{V}, \bar{E})$이다. 만약 변 (i, j)가 $\bar{E}$에서 나타나면 두 인접한 꼭짓점은 반드시 $\bar{V}$에서 나타나야 하지만, 그 반대는 성립할 필요가 없다. 부분집합의 두 가지 특별한 종류는 **꼭짓점-유도**(node-induced)와 **변-유도**(edge-induced)부분그래프이다. 꼭짓점-유도부분그래프는 꼭짓점들의 부분집합 $\bar{V}$로부터 시작한다. $\bar{E}$는 인접꼭짓점이 둘 다 $\bar{V}$에 속하는 변들을 모두 모은 것이다. 변-유도부분그래프는 변들의 부분집합 $\bar{E}$에서 시작하고 $\bar{V}$는 그 변들에 인접한 모든 꼭짓점으로 이루어진다. 모든 꼭짓점 쌍 사이에 변이 있다면 그래프를 **완전연결**(completely connected)되었다고 한다. **클리크**(clique)는 완전연결부분그래프이다.

i에서 j로 가는 **경로**(path)란 인접한 꼭짓점 쌍이 변으로 이어진 꼭짓점들의 나열 $(i, \cdots, j)$이다. 경로는 유향변의 방향을 거꾸로 따라갈 수는 없다. 경로의 **길이**(length)는 나열 속 꼭짓점들의 개수 빼기 1이다. **단순**경로에서 한 꼭짓점은 오직 한 번만 나타날 수 있다. i에서 j로 가는 경로가 존재한다면, 꼭짓점 j는 꼭짓점 i에서 **도달 가능**하다. i에서 도달 가능한 모든 꼭짓점들의 집합은 i가 **이르는 범위**(reach)이다. 모든 i에서 j로 가는 경로 중 길이가 가장 짧은 것은 **최단경로**이며, 그 길이는 i에서 j까지의 (**측지**(geodesic))**거리**이다. 그래프의 **지름**은 가능한 최단경로 중 가장 긴 것의 길이이다. **작은 세상 그래프**(small-world graph)에서는 각 꼭짓점이 다른 모든 꼭짓점과 가까운 거리(꼭짓점들 개수의 로그 정도)만큼 떨어져 있다.

무향그래프가 **연결**되었다는 것은 모든 꼭짓점 쌍 사이에 경로가 존재한다는 것이며, 반면 유향그래프에 대해서는 두 종류의 연결성이 있다. 만약 모든 꼭짓점 쌍 사이에 경로가 존재한다면, 유향그래프가 **강하게 연결**되었다고 한다. 유향그래프가 **약하게 연결**되었다는 것은 모든 변의 방향을 없애서 얻어진 **기저무향그래프**(underlying undirected graph)가 연결되었다는 것이다.

회로(cycle)는 같은 꼭짓점 i에서 시작하고 끝나는 경로이다. 회로가 **단순**이라는 것은 어떤 꼭짓점도 반복되지 않는다는 것이다(꼭짓점 i 자신을 제외하고). **비순환**(acyclic)그래프에는 순환이 존재하지 않는다. 유향비순환그래프(directed acyclic graph)에 대해 DAG라는 줄임말이 주로 사용된다.

그림 1(a)의 무향그래프는 연결되었다. 꼭짓점들 $\{2, 3, 4\}$와 $\{2, 4, 6\}$은 클릭을 형성한다. 경로 (1, 2, 4, 3, 2, 6)은 길이 5를 가지며 단순하지 않다. 길이 3인 (1, 2, 4, 6)은 1에서 6으로 가는 한 단순경로지만, 최단경로는 길이 2인 (1, 2, 6)이며 이것은 변 (1, 2)와 (2, 6)을 따라간다. 경로 (2, 3, 4, 2)는 길이 3인 회로이다. 꼭짓점 2는 이웃 $\{1, 3, 4, 6\}$과 함께 차수 4를 가진다. 그래프의 지름은 3이다. 이 그래프는 연결

되었기 때문에, 꼭짓점 2가 이르는 범위는 전체 그래프이다. 이 그래프는 그림의 (b)에 나타난 유향그래프의 기저무향그래프이다.

이 유향그래프에서 가장 큰 클릭은 오직 두 개의 꼭짓점 {2, 4}를 갖는다. 꼭짓점 2의 출력-인접은 집합 {3, 4}이며, 입력-인접은 {1, 4, 6}이다. 꼭짓점 2가 이르는 범위는 {2, 3, 4, 6}이다. 이 그래프는 1에서 5로 가는 경로가 존재하지 않기 때문에 강하게 연결되지는 않지만, 기저무향그래프가 연결되어 있으므로 약하게 연결된다.

그림 2는 **이분**(bipartite)그래프의 도식이다. 이분그래프의 꼭짓점들은 두 개의 집합으로 분할되며, 같은 분할에 속하는 꼭짓점 쌍을 연결하는 그래프 변은 존재하지 않는다. 이분그래프는 두 개의 아주 다른 집합 사이의 관계를 모형화할 때 자연스럽게 등장한다. 예를 들어 용어/문서 분석에서, m개의 용어와 n개의 문서에 대한 이분그래프는 용어 i가 문서 j에서 나타날 때 변 (i, j)를 갖는다. 두 용어나 두 문서를 연결하는 변은 존재하지 않는다. 무향이분그래프는 보통 직사각형 $m \times n$ 인접행렬로 표현되며, 변 (i, j)가 그래프에서 나타나면 $a_{ij} = 1$이고 그렇지 않다면 $a_{ij} = 0$이다.

무향비순환그래프는 **숲그래프**(forest)이다. 그 중 특수한 경우로서 연결된 숲그래프인 **수형도**(tree)가 중요하다. 수형도에서는 모든 꼭짓점 쌍 사이에 유일한 단순경로가 존재한다. **뿌리 둔**(rooted) 수형도에서는 한 꼭짓점이 **뿌리**로 지정된다. 꼭짓점 i의 **조상**은 i에서 뿌리까지 가는 경로 위에 놓인 모든 꼭짓점이다(i 자신은 제외하고). 그 경로에서 i 다음의 첫 번째 꼭짓점은 i의 **부모**이고, 꼭짓점 i는 그것의 **자식**

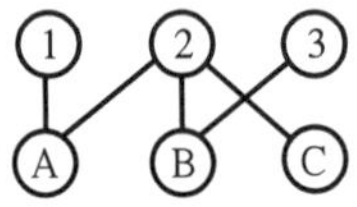

그림 2 무향이분그래프.

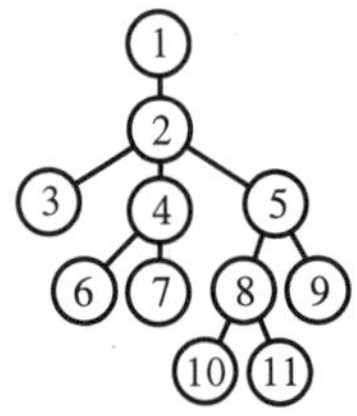

그림 3 꼭짓점 1에 뿌리를 둔 높이 4인 수형도.

이다. 이 경로의 길이는 꼭짓점의 **수준**(level)이다(뿌리는 수준 0을 가진다). 수형도의 **높이**는 꼭짓점들의 최대수준이다.

수형도에서 뿌리를 제외한 모든 꼭짓점은 하나의 부모를 가진다. 꼭짓점이 가진 자식의 수는 임의적이며, 자식이 없는 꼭짓점은 **잎**(leaf)이다. **내부**(internal)꼭짓점은 최소 하나의 자식을 갖는다. **2진**(binary)수형도에서는 꼭짓점들이 최대 2개의 자식을 가지며, **꽉 찬 2진**(full binary)수형도에서는 모든 내부꼭짓점들이 정확히 2개의 자식을 갖는다. 꼭짓점 i는 i에서 뿌리로 가는 경로 위 모든 꼭짓점의 **자손**이다(i 자신은 제외하고). 꼭짓점 i에 뿌리를 둔 **부분수형도**(subtree)는 꼭짓점 i와 그 자손들로부터 유도되는 부분그래프이다.

그림 3의 예시에서 꼭짓점 5의 부모는 2, 자손들은 {8, 9, 10, 11}, 조상들은 {1, 2}, 자식은 {8, 9}이다. 꼭짓점 2는 3개의 자식을 가지므로, 이 수형도는 2진이 아니다.

가끔 그래프의 꼭짓점과 변만으로는 문제를 온전

히 표현하는 데 충분하지 않다. 그래프의 변은 길이를 갖지 않지만 거리는 비행경로 지도에서 유용하며, 따라서 꼭짓점과 변은 보통 추가적인 데이터로 보충된다. 흔히 각각의 꼭짓점이나 변, 혹은 둘 다에 수치값 하나씩을 지정하며, 그 결과 **가중**(weighted) 그래프를 얻는다. 이 그래프에서 경로의 길이는 그 변들의 가중치 합이다.

그래프를 그리기 위해서는 꼭짓점을 배치해야 하며, 자연스러운 꼭짓점 배치가 없는 그래프에 대해 반드시 계산이 필요하다. 삽화 페이지의 도판 1~4번에서 그래프를 생성한 **힘유도**(force-directed) 방법에서는 꼭짓점에 전하가 주어지고 변은 용수철이 된다. 최소에너지 상태를 찾으면, 보통 그래프의 거대규모 구조를 드러내는 시각적으로 만족스러운 배치를 만들어 낸다.

그래프 이론의 용어에는 많은 사소한 변형들이 있다는 것은 인지하고 있어야 한다. 예를 들어, 꼭짓점은 **마디점**(vertex)이라 부를 수 있고, 변은 또한 **호**(arc)라 부르며, 자기변은 종종 **고리**(loop)라 부른다. 유향그래프도 또한 **방향그래프**(digraph)라 부른다. 가끔은 방향변에만 호라는 용어를 사용하기도 한다. 일반적으로 대체되는 용어에서는 경로(path)가 **보행**(walk)이 되고, 단순경로는 경로(여기서의 용어와는 상충하는)가 되며, **자취**(trail)는 반복되는 변이 없는 보행이고, 순환은 **폐보행**(closed walk)이 된다.

더 읽을거리

Davis, T. A. 2006. *Direct Methods for Sparse Linear Systems*. Philadelphia, PA: SIAM.

Gross, J. L., and J. Yellen. 2005. *Graph Theory and Its Applications*, 2nd edn. Boca Raton, FL: CRC.

Rosen, K. H. 2012. *Discrete Mathematics and Its Applications*, 7th edn. Columbus, OH: McGraw-Hill.

II.17 균질화

균질화(homogenization)는 어떤 방정식을 만들어, 계수가 급격히 변하는 편미분방정식(PDE)의 해를 그 방정식의 해로 근사시키는 방법이다. 근사방정식은 많은 경우 PDE이지만, 어떤 경우에는 적분미분방정식(integro-differential equation)이 될 수도 있다. 계수가 급격히 변하는 PDE는 합성물질의 반응을 연구하면서 등장한다. 이 방법은 열전도의 예시를 통해 가장 잘 묘사할 수 있다. $u(x_1, x_2)$가 영역 Ω를 차지하는 합성매질 안 온도를 나타낸다고 하자. 합성물은 x_1과 x_2 모두에 대해 급격히 변동하는 전도율 $a > 0$으로 모형화될 수 있다. 이를 수학적으로 표현한다면, 전도율은

$$a(x_1/\varepsilon, x_2/\varepsilon)$$

으로 쓰이며 여기서 함수 $a(y_1, y_2)$는 단위주기적, 즉 $a(y_1 + 1, y_2) = a(y_1, y_2)$이고 $a(y_1, y_2 + 1) = a(y_1, y_2)$이다. 따라서, ε은 매질의 주기성을 나타내며, 매질이 급격히 변동한다면 그 값이 작을 것이다. 현상을 지배하는 방정식은

$$\nabla \cdot a \nabla u = f$$

이며, 이때 f는 열원(heat source)을 나타낸다.

다중척도 점근식에 기반을 둔 균질화는 $\varepsilon \ll 1$일 때 열전도 문제를 근사하는 방정식을 얻도록 해 준다. 그로부터 얻는 방정식

$$\nabla \cdot A \nabla u = f$$

은 균질화된 방정식(homogenized equation)이라 불리며, 상수이지만 비등방적인(anisotropic)(A는 행렬일 수도 있다) 전도율을 갖는다. 균질화된 방정식의 전도율은 이 특수한 경우에는 A로서 쉽게 식별 가능하며, 매질의 유효성질(effective property)이라고 불린다.

주기성은 균질화된 방정식을 유도하는 데 필수적이다. 매질이 주기적이지 않고 가령 무작위적일 때 균질화의 방법을 여전히 적용할 수 있다 하더라도, 그것의 해석은 전혀 다르며 더 어렵다. 이 경우에는 무작위 매질의 유효성질을 얻는 단순한 방법이 없지만, **유효 매질 이론**[IV.31]과의 관련성을 찾을 수 있다.

주기적인 매질에 대해 균질화는 다른 현상, 예를 들어 다공성 매질(porous medium)에서의 유체 흐름, 탄성력, 파동 전파, 진동, 정전기학, 전자기학을 모형화하는 PDE에도 적용될 수 있다. 최근 연구는 매질이 거의 주기적인 상황에서 균질화의 사용을 탐구하고 있다. 이는 계수가 거의 상수 주기로 변동하거나 예외적인 몇 개의 '결함' 영역을 제외하고는 계수가 주기적인 PDE를 의미한다.

II.18 하이브리드계

폴 글렌디닝 *Paul Glendinning*

하이브리드계는 연속적인 변수와 이산적인 변수 모두를 결합하는 계이다. 그 단순한 예로서 자동온도조절기가 있다. 온도조절기는 주변 온도(연속적인 변수)에 따라 난방기를 두 개의 이산적인 상태, **켜짐**과 **꺼짐** 중 하나로 바꾸며 온도는 난방기가 **켜짐**과 **꺼짐** 상태 중 어디에 있는가에 따라 다르게 변화한다. 온도조절기의 특성에는 전환 규칙이 포함된다. 만약 온도조절기가 **꺼짐** 상태에 있고 온도가 임계치 밑으로 떨어지면, 온도조절기는 **켜짐**으로 바뀔 것이며 그 사이 어떤 (결정론적이거나 무작위적인) 시간의 지연이 있을 수 있다. 만약 온도조절기가 켜짐 상태에 있고 온도가 임계치 위로 올라가면 온도조절기는 꺼짐으로 바뀔 것이며 그 사이 어떤 (결정론적이거나 무작위적인) 시간의 지연이 있을 수 있다.

이산변수의 값이 연속변수의 변화 규칙을 결정하고, 이산변수는 또 다른 규칙에 따라 바뀌는 이런 유형의 계는 컴퓨터과학, 제어이론, 동역학의 많은 계에 대해 형식적인 설명을 제공한다. 바닥에서 튀는 공은 또 다른 단순한 예시이며, 독자들은 아래에서 설명할 수식체계에 그 예시가 어떻게 들어맞는지 생각해 보면 좋을 것이다.

많은 방법으로 하이브리드계를 정의할 수 있으며, 어떤 정의를 선택하느냐는 응용분야나 그것이 요구하는 일반화의 수준에 따라 달라진다. 하지만 기본적인 구조는 다음과 같다. 하이브리드계의 상태는 두 개의 변수, 어떤 다양체 M(보통 $\mathbb{R}^n$) 위의 연

속변수 x와 이산변수 $d \in \{1, 2, \cdots, D\}$로 결정된다. 각각의 d에 대해, M 안의 영역 M_d와 시간에 따른 x의 변화를 결정하는 발전방정식(evolution equation)이 존재한다. 그것은 가령 미분방정식이거나 확률미분방정식(stochastic differential equation)일 수 있다. 따라서 주어진 d에 대해 M의 부분집합 안에서 x의 변화를 설명하는 잘 정의된 규칙이 존재한다.

계를 특성화하는 그 다음 부분은 이산변수가 어떻게 변하는지 결정하는 것이다. 각각의 쌍 $e = (d_0, d_1)$에 대해, 다음을 만족하는 공집합일 수도 있는 집합 $G_e \subseteq M_{d_0}$가 존재한다. 만약 $x \in G_e$라면 어떤 유한한 확률로 동역학이 즉시 재조정되어 이산변수는 d_1이 되며, 연속변수는 어떤 재조정 함수(reset map) R: $M \times D \times D \to M$에 대해 $R(x, e)$가 된다. 그 후, 다음 전환이 일어나기 전까지는 d_1에 대한 변화 규칙에 따라 새로운 영역 M_{d_1}에서 동역학이 계속된다.

당연히 이런 특성화가 말이 되려면 예컨대 $R(x, e) \in M_{d_1}$ 같은 몇 가지 양립조건이 반드시 성립해야 한다. 또한 전환이 이루어지기 전에, 연속변수가 동역학이 정의되었던 영역 M_d를 벗어나 더 이상 동역학이 정의되지 않는 경우도 있을 수 있다. 그러므로 어떤 집합 Init $\subseteq M \times D$ 안에서 주어진 초기조건에 대해 해가 잘 정의된다는 것을 보장해 줄 다양한 확인이 이루어져야만 한다. 결정론적인 경우에는 유일성 또한 문제가 될 수 있다.

유한한 시간 안에 무한한 전환이 이루어지는 해는 제논 해(Zeno solution)라 불린다. 전환이 곧 어떤 프로그램의 실행인 컴퓨터과학에서 그런 해는 유용하지 않다. 그러나 다른 맥락에서는 무한한 전환이 물리적 중요성을 가질 수 있다. 역학적 충돌에서 덜컹거림(chattering)은 제논 현상으로서 모형화될 수 있다.

하이브리드계는 컴퓨터과학에서 도달 가능성(reachability)과 검증(verification) 문제를 시험하는 데 사용될 수 있다. 도달 가능성 문제는 주어진 초기조건의 집합에서 도달할 수 있는 가능한 모든 상태를 결정하는 것이다. 이는 주어진 제어시스템이 차를 도로 위에서 달리게 하며 다른 차와의 충돌을 피하도록 조종하는데 이용되는 제어 이론[IV.34]과도 관련이 있다. 전환이나 도약의 존재성은 또한 역학적 충돌을 모형화할 때 하이브리드계를 유용하게 만들어 준다(미끄러짐, 슬라이딩, 흔들림과 충격[VI.15]을 보라). 임계를 가진 제어시스템 역시 하이브리드계로 모형화될 수 있다.

전환의 존재는 안정성 정리(stability theorem)와 같은 매끈한 동역학계에 대한 많은 고전적인 결과를 상당히 더 증명하기 어렵게 만든다. 하지만 동역학계 이론의 대부분을 지배해 온 매끈한 동역학적 접근 방식보다, 전자공학과 생물학 속 현대적인 응용에서 훨씬 더 일반적으로 응용 가능한 특징이 바로 이러한 모형의 부분적으로 매끈한 성질이라 주장할 수 있다.

더 읽을거리

Hristu-Varsakelis, D., and W. S. Levine, eds. 2005. *Handbook of Networked and Embedded Control Systems*. Boston, MA: Birkhäuser.

Lygeros, J. 2004. *Lecture Notes on Hybrid Systems*. (Digital resource.)

II.19 적분변환과 합성곱

적분변환(integral transform)은 실변수 함수 f를 다음에 따라 다른 함수 Jf로 보내 주는 작용소(operator) J이다.

$$(Jf)(s) = \int_a^b K(s,t)f(t)\,\mathrm{d}t$$

여기서 K는 변환의 핵(kernel)이라 불린다. a, b, K의 선택에 따라 많은 다른 적분변환이 있을 수 있다. 그것은 한 문제를 다른 문제로 변환하려는 목적으로 쓰인다. 새로운 문제를 풀었다면, 해 f는 적절한 역작용소 J^{-1}을 적용함으로써 얻을 수 있다. 이 역작용소는 보통 또 다른 적분변환이다.

중요하며 특수한 경우로서 **푸리에 변환**(Fourier transform)

$$(\mathcal{F}f)(s)\int_{-\infty}^{\infty} f(t)\mathrm{e}^{\mathrm{i}st}\mathrm{d}t$$

와 라플라스 변환(Laplace transform)

$$(\mathcal{L}f)(s)\int_0^{\infty} f(t)\mathrm{e}^{-st}\mathrm{d}t$$

가 있다. 이 $\mathcal{L}$의 정의는 표준적이지만, $\mathcal{F}$의 정의는 여러 개 중 하나이다. 예를 들어, 몇몇 저자는 $(2\pi)^{-1/2}$이라는 추가 인자를 넣고 몇몇은 $\mathrm{e}^{-\mathrm{i}st}$를 사용한다. 푸리에 변환이 사용되는 책이나 논문을 읽을 때에는 언제나 저자의 정의를 확인하라!

많은 적분변환은 연관된 합성곱(convolution)을 갖는다. 주어진 두 실변수 함수 f와 g에 대해, 그들의 합성곱은 $f*g$로 표기하는 또 다른 실변수 함수이다. 이는 $J(f*g) = (Jf)(Jg)$가 되도록, 즉 합성곱의 변환이 변환들의 곱이 되도록 정의된다. 푸리에 변환에 대해

$$(f*g)(t) = \int_{-\infty}^{\infty} f(t-s)g(s)\,\mathrm{d}s$$

이며, 라플라스 변환에 대해서는

$$(f*g)(t) = \int_0^t f(t-s)g(s)\,\mathrm{d}s$$

이다. 두 경우 모두에서 $f*g = g*f$임을 쉽게 확인할 수 있다. 합성곱은 **신호처리**[IV.35]뿐 아니라 푸리에 해석학과 **적분방정식**[IV.4]이 연관된 많은 응용에서 중요한 연산이다.

적분을 항들의 유한한 합으로 바꾼 적분변환의 이산적인 형태도 있다. 이산 **푸리에 변환**(discrete Fourier transform)은 **고속 푸리에 변환**[II.10](FFT)을 사용해 빠르게 계산할 수 있기 때문에 특별히 더 중요하다.

II.20 구간해석학

워릭 터커 *Warwick Tucker*

구간해석학(interval analysis)은 집합값(set-valued) 수학에 기반을 둔 계산법이다. 그것의 가장 간단한 (그리고 단연 가장 유명한) 형태는 실숫값연산의 자연스러운 확장인 구간연산(interval arithmetic)을 기반으로 한다. 이런 종류의 집합값 수학은 그 단순함에도 불구하고 연속적 문제에 대한 컴퓨터보조증명(computer-aided proof)에서 매우 광범위하게 응용된다. 한 마디로 구간연산은 연속함수의 범위를 한정해 주며, 요컨대 그것은 주어진 정의역에 대해 주

어진 함수의 치역을 에워싸는(enclosing) 집합을 생성한다. 이에 따라 엄격한 부등식(strict inequality)이나 고정점 정리(fixed-point theorem) 등과 같은 열린 집합의 조건을 이용하는 수학적 진술을 증명하게 해 준다.

1 구간연산

이 절에서는 구간연산의 기초를 간략하게 설명하겠다. 실직선의 닫힌 구간(closed interval)들의 집합을 $\mathbb{IR}$로 표기하자. 각 원소 $\boldsymbol{a} \in \mathbb{IR}$에 대해, $\boldsymbol{a} = [\underline{a}, \overline{a}]$라는 표기법을 쓰자. 만약 $\star$가 $+, -, \times, /$ 중 하나의 연산이라면, 원소 $\boldsymbol{a}, \boldsymbol{b} \in \mathbb{IR}$에 대한 연산은

$$\boldsymbol{a} \star \boldsymbol{b} = \{a \star b: a \in \boldsymbol{a}, b \in \boldsymbol{b}\} \qquad (1)$$

로 정의하며, 예외적으로 $0 \in \boldsymbol{b}$인 경우에만 $\boldsymbol{a}/\boldsymbol{b}$를 정의하지 않는다. 전적으로 닫힌 구간만을 다룸으로써, 결과로 나오는 구간은 두 인자의 끝점들로 표현할 수 있다. 이는 소프트웨어로 이 연산을 구현하기 매우 쉽게 해 준다.

$\mathbb{IR}$의 일반적인 원소는 덧셈이나 곱셈에 대한 역을 갖지 않는다는 것에 주의하자. 예를 들어 $[1, 2]-[1, 2]=[-1, 1]\neq[0, 0]$이고 $[1, 2]/[1, 2]=[\frac{1}{2}, 2]\neq[1, 1]$이다. 이것은 **의존성 문제**(dependency problem)라 알려져 있으며, 심각한 과대추정의 원인이 될 수 있다. 하지만 실전에서는, 높은 차수(가령 테일러 급수(Taylor series))의 표현을 사용하는 것이 이 문제를 완화해 준다.

구간연산의 핵심적인 특징은 그것이 **포함단조적**(inclusion monotonic), 즉 $\boldsymbol{a} \subseteq \boldsymbol{a}'$이고 $\boldsymbol{b} \subseteq \boldsymbol{b}'$이라면 (1)로부터

$$\boldsymbol{a} \star \boldsymbol{b} \subseteq \boldsymbol{a}' \star \boldsymbol{b}'$$

이라는 것이다. 이는 근본적인 중요성을 가지는데, 만약 인자들을 에워쌀 수 있으면 결과를 에워쌀 수 있다는 것을 말해 준다.

더 일반적으로, 실숫값함수 f를 어떤 구간값함수 F로 확장할 때는 다음 **포함원리**(inclusion principle)

$$\text{range}(f; \boldsymbol{x}) = \{f(x): x \in \boldsymbol{x}\} \subseteq F(\boldsymbol{x}) \qquad (2)$$

가 만족되도록 한다. 만약 이것이 유한한 **표준함수**들에 대해 이루어질 수 있다면, 포함원리는 그 유한한 표준함수에 연산과 합성을 적용해 만든 어떠한 **초등함수**에 대해서도 역시 성립할 것이다.

다변량함수(multivariate function)는 구간벡터 (상자) $\boldsymbol{x} = (\boldsymbol{x}_1, \cdots, \boldsymbol{x}_n)$을 성분별로 처리함으로써 다룰 수 있다.

구간연산을 컴퓨터에 구현할 때, 끝점들은 반드시 **부동소수점 수**[II.13]일 것이다. 이는 반올림오차를 일으키고, 그 오차는 적절하게 다루어져야만 한다. 한 예로, 구간덧셈은

$$\boldsymbol{a} + \boldsymbol{b} = [\nabla(\underline{a} + \underline{b}), \Delta(\overline{a} + \overline{b})]$$

이 되는데, 여기서 $\nabla(x)$는 x보다 크지 않은 가장 큰 부동소수점 수이고 $\Delta(x) = -\nabla(-x)$이다. 부동소수점 계산에 대한 IEEE 표준은 이런 유형의 **바깥반올림**(outward rounding)이 $+, -, \times, /$에 대해 포함원리를 보존한다는 것을 보장해 준다. 다른 연산(가령 삼각함수)에 대해서는 그렇다는 보장이 없다. 그런 함수들의 구간 확장은 아예 처음부터 다시 만들어져

야 한다.

2 구간해석학

포함원리 (2)는 오직 유한 번의 연산을 통해 함수의 연속적인 성질을 포착할 수 있게 해 준다. 가장 중요한 목적은 수치알고리즘에서 자연스럽게 나타나는 이산화오류(discretization error)를 명시적으로 한정 짓는 것이다.

하나의 예로서 정의역 $\boldsymbol{x} = [-5, 5]$에서 함수 $f(x) = \cos^3 x + \sin x$를 생각해 보자. $\boldsymbol{x}$의 유한한 부분구간 분해 $\boldsymbol{x} = \cup_{i=1}^{n} \boldsymbol{x}_i$에 대해, 쌍 $(\boldsymbol{x}_1, F(\boldsymbol{x}_1)), \cdots, (\boldsymbol{x}_n, F(\boldsymbol{x}_n))$으로 이루어진 집합값그래프를 만들 수 있다. 분할을 더 섬세하게 만들수록 (즉, $\max_i \operatorname{diam}(\boldsymbol{x}_i)$를 더 작게 만들수록) 집합값함수는 f의 그래프에 더 가까워질 것이다(그림 1을 보라). 그리고 가장 중요한 점은 그러한 모든 집합값그래프가 f의 그래프를 포함한다는 것이다.

이렇게 이산화오류를 포함하는 방식은 구적법(quadrature), 최적화, 방정식 해법에서 대단히 유용하다. 한 가지 예로, 정적분 $I = \int_0^8 \sin(x + e^x)dx$를 계산하고 싶다고 해 보자.

교과서에 실리는 단순한 적응식 심프슨 구적법 알고리즘(adaptive Simpson quadrature algorithm)을 구현한 MATLAB 함수 `simpson`은 다음 결과를 보여 준다.

```
% Compute integral I with tolerance 1e-6.
>> I = simpson(@(x) sin(x +exp(x)), 0, 8)
I =
       0.251102722027180
```

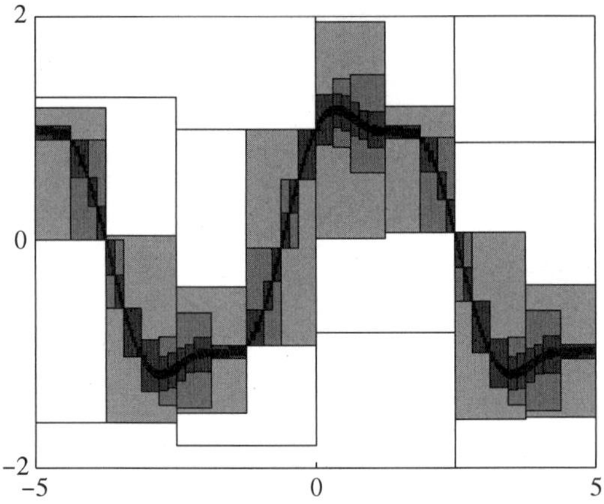

그림 1 그래프를 차례로 더 꽉 에워싸는 집합값그래프들.

구적법에 대한 (매우 순진한) 집합값 접근 방식은 적분 I를

$$I \in \sum_{i=1}^{n} F(\boldsymbol{x}_i) \operatorname{diam}(\boldsymbol{x}_i)$$

을 통해 에워싸는 것이다. 이는 적당히 섬세한 분할에 대해 적분을

$$I \in 0.3474001726_{49}^{66}$$

로 에워싼다. 따라서 `simpson`으로부터 얻은 결과는 완전히 틀렸음이 밝혀진다! 이것은 엄밀한 계산의 중요성을 알려 주는 하나의 예시이다.

3 최근 발전

IEEE 조직 내에서 구간연산의 구현을 표준화하기 위한 노력이 현재에도 계속되고 있다. 컴퓨터 제작자가 이런 유형의 계산을 하드웨어 수준에서 포함시키도록 하는 것이 희망 사항이다. 이를 통해 중앙처리장치가 비효율적으로 설계되어, 반복적으로 반

올림 방식을 바꾸어야 하는 작업에서 발생하는 엄청난 계산적 불이익을 없앨 수 있을 것이다.

더 읽을거리

Alefeld, G., and J. Herzberger. 1983. *Introduction to Interval Computations*. New York: Academic Press.

Kulisch, U. W., and W. L. Miranker. 1981. *Computer Arithmetic in Theory and Practice*. New York: Academic Press.

Lerch, M., G. Tischler, J. Wolff von Gudenberg, W. Hofschuster, and W. Krämer. 2006. filib++, a fast interval library supporting containment computations. *ACM Transactions on Mathematical Software* 32(2):299-324.

Moore, R. E., R. B. Kearfott, and M. J. Cloud. 2009. *Introduction to Interval Analysis*. Philadelphia, PA: SIAM.

Rump, S. M. 1999. INTLAB-INTerval LABoratory. In *Developments in Reliable Computing*, edited by T. Csendes, pp. 77-104. Dordrecht: Kluwer Academic.

Tucker, W. 2011. *Validated Numerics: A Short Introduction to Rigorous Computations*. Princeton, NJ: Princeton University Press.

II.21 불변량과 보존법칙

마크 데니스 *Mark R. Dennis*

물리적 현상의 수학적 표현에서 변화에 대한 연구만큼 중요한 것은 **불변량**(invariant)에 대한 연구이다. 물리법칙은 대개 오직 **상대적** 위치와 현상 사이의 시간에 의존하며, 따라서 특정한 물리량은 변하지 않는다. 즉, 그것은 연속적인 평행이동이나 공간축의 회전에 대한 **불변량**이다. 더 나아가, 계의 공간적 배치가 시간에 따라 변화함에 따라 총 에너지 따위의 양은 변하지 않고 남아 있을 수 있다. 즉, 그것은 **보존**된다. 불변량에 관한 연구는 물리법칙을 수학적으로 체계화할 때 눈에 띄게 성공적인 접근 방식이었으며, **뇌터의 정리**(Noether's theorem)로 알려진 결과를 통해 연결되는 연속대칭성과 보존법칙은 이전 세기를 지나오며, 원자에서 우주 수준에 이르기까지 물리학을 설명하는 체계의 일부가 되었다.

소위 **갈릴레이 불변성**(Galilean invariance)의 한 예로, 뉴턴의 힘 법칙(Newton's force law)은 기준계(즉 x, y, z축으로 특징지어지는 좌표계)의 속도가 상수만큼 더해져 변해도 같은 형태를 유지한다. 운동에너지 $\frac{1}{2}m|\boldsymbol{v}|^2$(질량 m이고 속도 $\boldsymbol{v}$인 입자에 대해)처럼 다른 양은 그러한 속도 변환에 대해 **바뀐다**. 그러나 바닥에 튀기는 완벽히 탄성적인 고무공과 같은 비손실 계의 변화에서는 총 에너지가 시간에 대해 상수인데, 다시 말해 에너지는 보존된다.

공간과 시간 그 자체에 대한 표현이 점차 더 정교해지고 일반화되면서, 동역학의 기본법칙을 더 잘 이해하게 되었다고 해석할 수 있다. 그리스 물리학이 가정했던 특별한 공간점(지구의 중심)을 가진 절대적 공간에서부터, 모든 공간점이 동등하며 정적인 유클리드 공간(static Euclidean space), 서로에 대해 일정한 속도로 움직이는 모든 관성계가 뉴턴의 제1법칙에 따라 동등한 **고전역학**[IV.19]을 지나, 특수상대성과 일반상대성의 현대적 이론에 이르기까지 말이다. 상대성이론(일반과 특수 모두)은 아래에서 설명할 아인슈타인의 공변원리(Einstein's principle of covariance)로부터 시작되었다. 이 이론은 서로 다른 기준계의 공간과 시간을 4차원 유사 리만 다양체(pseudo-Riemannian manifold, 그것의 수학적 배경은 **텐서와 다양체**[II.33]에 설명된다) 위의 좌표계로서 다루며, 일목요연하게 보존법칙과 시공간의 연속적 기하대칭성을 결합한다. 특수상대성(이 글에서 어느 정도 설명된)에서, 이 다양체는 **민코프스키 시공간**(Minkowski space-time)이며, 이는 유클리드 공간이 시간을 물리적으로 자연스러운 방식으로 포함하도록 일반화된 것이다. **일반상대론과 우주론**[IV.40]에서 자세히 설명된 일반상대론에서 이 다양체는 휘어질 수 있으며, 그것은 **아인슈타인의 장방정식**[III.10]에 따라 물질과 에너지 분포에 부분적으로 의존한다.

양자물리에서 계를 힐베르트 공간(Hilbert space)의 복소벡터로 묘사한 것은 새로운 대칭성을 등장시켰다. 물리적 현상이 이 벡터의 전체 상(phase) 편각(argument)에 의존하지 않는다는 사실은 중요한 예시이다. 여기서 뇌터 정리를 확장하면 전하의 보존을 얻게되고, 양-밀스 이론(Yang-Mills theory)의 확장을 통해 현대의 기초입자물리학에서 연구되는 핵력(nuclear force)과 연관된 다른 보존량을 얻을 수 있다. 힉스 매커니즘(Higgs mechanism) 같은 (고에너지 실험에서 최근 발견된 힉스 보손(Higgs boson)을 이끌어 내는) 다른 현상들은 특정 저에너지 체계에서 특정 양자대칭성이 깨짐으로 인해 나타나는 결과이다. 양자이론의 대칭성과 대칭깨짐은 이 글의 마지막에서 간단하게 논의한다.

$\boldsymbol{r} = (x, y, z)$ 같은 공간벡터는 선택된 점과 원점 사이의 공간적 거리를 나타내며, 당연히 그러한 두 점 사이의 벡터 $\boldsymbol{r}_2 - \boldsymbol{r}_1$은 원점의 평행이동과 독립적이다. 비슷하게 직교행렬(orthogonal matrix) $\boldsymbol{R}$에 대해 $\boldsymbol{r} \to \boldsymbol{Rr}$로 주어지는 좌표계의 회전은 스칼라곱 $\boldsymbol{r}_2 \cdot \boldsymbol{r}_1$을 변화시키지 않는다.

평행이동이나 회전 같은 변환의 **연속군**(continuous group)과 그것의 행렬 표현은 불변량 계산에 사용되는 중요한 도구이다. 예를 들어 각 θ로 회전시키는 것을 나타내는 2차원 행렬 $\begin{pmatrix} \cos\theta & -\sin\theta \\ \sin\theta & \cos\theta \end{pmatrix}$들의 집합은, A가 생성자(generator) $\begin{pmatrix} 0 & -1 \\ 1 & 0 \end{pmatrix}$일 때 **행렬 지수함수**[II.14] $e^{\theta A}$로 생성되는, 행렬들의 연속 단일매개변수 아벨군(continuous one-parameter Abelian group)으로 간주할 수 있다. 생성자 그 자체는 원래 행렬을 θ에 대해 미분하고 $\theta = 0$에서 계산함으로써 찾을 수 있다. 평행이동은 행렬로는 덜 자명하게 표현된다. 한 가지 방식은 위치벡터에 단위원소를 추가적인 차원으로 덧붙이는 것인데, 가령 $(1, x)$는 1차원 위치 x를 특징짓는다. X만큼 평행이동하는 것은 따라서

$$\begin{pmatrix} 1 & 0 \\ X & 1 \end{pmatrix} = \exp\left(X \begin{pmatrix} 0 & 0 \\ 1 & 0 \end{pmatrix} \right) \tag{1}$$

으로 표현된다. 물리계가 변환의 단일매개변수 군에 대해 불변이라면, 대응하는 생성자는 그와 연관된 보존법칙을 결정하는 역할을 한다.

1 유클리드 공간 속 역학

고전역학에서 상호작용하는 입자들의 위치를 벡터 공간 안에서 정의하는 것은 관례적이다. 하지만 우리가 존재하는 3차원 공간에서는 유일한 원점이 없기 때문에, 그 3차원 공간을 **유클리드 공간** $\mathbb{E}^3$으로서 택할 것이다. 다른 상호작용하는 부분계 사이의 오직 상대적인 위치(즉, 공통적인 무게중심에 대한 상대적인 위치)만이 운동방정식에 등장한다. 전체 계는 현상에 아무런 영향을 미치지 않으면서 공간 안에서 평행이동 될 수 있다.

당연히 이 계에 작용하는 **외력**(external force)이 그것을 불가능하게 할 수 있다. 예컨대 선형 중력장 안의 고무공처럼 말이다(그러한 상황에서는 중력의 원천인 지구같은 힘의 원천이 계의 일부로 간주되지 않는다). 중력은 높이 z와 중력가속도 g에 대해 퍼텐셜 $V = gz$로 나타낼 수 있다. 공의 질량 m 곱하기 음의 그래디언트 $-m\nabla V$는 공에 작용하는 아래 방향 힘을 알려 준다. $z =$ 상수로 주어지는 V의 등고선은 그럼에도 대칭성을 갖는데, 수평좌표 x와 y의 평행이동에 대해 불변이기 때문이다. 뉴턴 법칙의 관점에서 입자에 대한 선형운동량의 변화율인, 퍼텐셜의 그래디언트는 중력에 비례하므로 운동량의 수평성분은 변하지 않고 따라서 입자가 바닥의 충격력에 의해 튀어 오를 때도 보존된다. 그러므로 계의 연속적인 수평이동 대칭성은 수평면에서 선형운동량의 보존을 이끌어 낸다. 원통좌표계에서 뉴턴의 법칙을 사용하는 비슷한 논증을 통해, z축을 중심으로 한 회전의 퍼텐셜 불변성은 물체 각운동량에 대한 수직성분의 보존을 이끈다. 마찰 없이 회전하는 팽이에서 관찰할 수 있듯이 말이다.

2 뇌터의 정리

퍼텐셜의 그래디언트로 정의되는 힘이 작용하는 계를 설명하는(이전 절에서 그랬듯이), 역학의 라그랑지언(Lagrangian) 체제(**고전역학**[IV.19 §2])는 계의 대칭성과 보존법칙 사이의 연결성을 탐구하는 자연스러운 수학적 환경이다. 그 안에서, 시간 t에 따라 변화하는 역학계는 $j = 1, \cdots, n$일 때 n개의 일반화된 좌표 $q_j(t)$와 그것의 시간미분 $\dot{q}_j$로 설명되며, 여기서 시간 t_0에서의 초깃값 $q_j(t_0)$과 t_1에서의 최종값 $q_j(t_1)$은 고정되어 있다. 이 계의 **작용**(action)은 범함수

$$S[\{q_j\}] = \int_{t_0}^{t_1} L(\{q_j\}, \{\dot{q}_j\}, t)\,\mathrm{d}t$$

이며, 이때 $L(\{q_j\}, \{\dot{q}_j\}, t)$는 **라그랑지언**이다. 이것은 좌표와 그것의 대응하는 속도, 그리고 종종 시간에 대한 함수이며, 여기서는 계의 총 운동에너지 빼기 총 퍼텐셜 에너지로 정의된다(이에 따라 힘을 퍼텐셜 에너지의 그래디언트로 묘사한다). **변분법**[IV.6]을 사용하면 역학법칙을 만족하는 함수 $q_j(t)$는 작용을 정상적(stationary)으로 만들며, 그렇다면 라그랑주의 운동방정식(Lagrange's equations of motion)

$$\frac{\partial L}{\partial q_j} - \frac{\mathrm{d}}{\mathrm{d}t}\frac{\partial L}{\partial \dot{q}_j} = 0, \quad j = 1, \cdots, n \qquad (2)$$

을 만족한다. 이 표현에서 시간미분에 관한 인자 $\partial L/\partial \dot{q}_j$는 각각의 j에 대한 **정준운동량**(canonical momentum) p_j이다. 방정식들의 모임 (2)는 좌표와 속도에 대한 라그랑지언의 편미분을 시간에 대한 전미분(total derivative)과 결합한 것이다. 연쇄법칙(chain rule)에 의해 이 전미분은 L의 명시적 시간의존성과 각 q_j, $\dot{q}_j$에 대한 내재적 시간의존성에 영향을 미친다. 라그랑지언과 연관된 많은 보존법칙은

그러한 명시적, 내재적 시간의존성 간 상호작용을 수반한다.

좌표 q_j에 대한 어떤 변환이 라그랑지언을 변화시키지 않는다면 그것은 계의 대칭이다. 만약 L이 좌표 q_j에 명시적으로 의존하지 않는다면 (2)의 첫 번째 항은 사라진다. 즉, $\mathrm{d}p_j/\mathrm{d}t = 0$이며 대응하는 정준운동량은 시간에 따라 보존된다. 이전 절에서 나온 선형 중력장 속 입자의 예시에서, 좌표계는 데카르트 좌표 x, y, z나 원통좌표 r, ϕ, z를 선택할 수 있다. L이 x와 y와 독립이라는 것이 수평운동량 보존을 이끌었고, ϕ에 대한 것 역시 z축에 대한 각운동량 보존을 이끌어 냈다. **고전역학**[IV.19 §2.3]에는 이런 유형의 대칭에 관한 정리가 증명되어 있다. 만약 계가 공간적으로 동질하다(평행이동 불변)면 선형운동량은 보존되고, 등방적(가령 중심력을 만드는 무거운 점입자 주변의 뉴턴 중력퍼텐셜처럼 회전에 불변)이라면 각운동량이 보존된다(이는 중력에 대한 케플러의 제2 행성운동법칙과 동치이다).

L이나 S의 형태보다는 방정식 (2)가 물리법칙을 나타내는 것이므로, 계는 라그랑지언 L에 시간의존함수를 추가하는 변환에 대한 더 일반적인 종류의 대칭을 가질 수도 있다. 만약 그러한 변환에 의해 라그랑지언이 어떤 함수 Λ의 시간 전미분을 포함하여 $L \to L + \mathrm{d}\Lambda/\mathrm{d}t$로 변환되면, 작용은 $S \to S + \Lambda(t_1) - \Lambda(t_0)$으로 변환된다. 따라서 변환된 작용은 (2)를 만족하는 함수에 의해 여전히 정상적이 된다. 즉, 이런 유형의 변환은 계의 대칭이 되고, 만약 Λ가 연속매개변수 s에 의존하여 $s = 0$에서 그것의 시간 미분이 0이라면 대칭 역시 연속이다. 각 좌표와 라그랑지언에 대한 변환의 생성자로 표현된 양

$$\sum_{j=1}^{n} p_j \frac{\partial q_j}{\partial s}\bigg|_{s=0} - \frac{\partial \Lambda}{\partial s}\bigg|_{s=0} \qquad (3)$$

이 시간에 대해 상수라는 것을 보이는 것은 어렵지 않다. 이것이 고전역학에서 뇌터의 정리이다.

한 가지 중요한 예는 라그랑지언이 시간에 대해 명시적으로 의존하지 않는 경우, 즉 $\partial L/\partial t = 0$일 때이다. 이 경우 시간의 극소 이동 $t \to t + \delta t$에 대해 $L \to L + \delta t \mathrm{d}L/\mathrm{d}t$이며, 그러므로 $\wedge$는 $L\delta t$이다. 여기서 L은 t에 대해 계산되며 δt가 s의 역할을 한다. 동일한 변화 아래 $q_j \to q_j + \delta t \dot{q}_j$이므로 연관되는 보존량 (3)은 $\Sigma_j p_j \dot{q}_j - L$이다. 이는 이 계의 해밀토니언이며, 많은 흥미로운 계에서 총 에너지와 동일하다. 물리적 과정 속에서 총 에너지가 시간이 흘러도 보존된다는 것은 명백히 물리학의 기본 법칙이다. 에너지는 역학적인 형태뿐 아니라 전자기, 중력, 열 등 다양한 형태를 가질 수 있다. 뇌터의 정리는 에너지 보존의 법칙이 라그랑지언으로 특징지어지는 계의 물리적 법칙들이 시간에 대해 변하지 않는다는 것과 동치임을 서술한다.

작용 범함수의 적분자(즉, 라그랑지언 L)가 0이 된다는 것은 라그랑주 방정식의 계에 대한 제1적분(first integral)의 존재성과 동치이며, 그것은 역학적 상황에서 계의 운동상수(constant of motion)로 해석될 수 있다. 이런 의미에서 뇌터의 정리는, 범함수로 묘사되며 그것의 물리법칙이 대응하는 오일러-라그랑주 방정식으로 주어지는 다른 물리적 상황에도 더 일반적으로 적용될 수 있다. 이 경우 라그랑지언 접근법은 장(field, 즉, 공간과 시간의 함수)에 적용되며, 뇌터의 정리는 모든 공간과 시간의 점에서 연속방정식(continuity equation) $\dot{\rho} + \nabla \cdot \boldsymbol{J} = 0$을 만족

하는 연속적인 밀도 ρ(질량이나 전하밀도 같은)와 유동벡터(flux vector) $\boldsymbol{J}$에 관해 일반화된다.

3 갈릴레이 상대성

뉴턴의 제1운동법칙은 '서로에 대해 일정한 선형속도로 움직이는 모든 관성계의 역학체계는 동일하다'는 말로 표현될 수 있다. 즉, 외력의 작용이 없다면 계는 질량 중심의 운동과 상관없이 동일한 방식으로 행동할 것이다. 따라서 역학계의 행동은 전체 속도에 의존하지 않는다. 이는 힘이 가속도에 비례한다는 뉴턴의 제2법칙에 따른 결과이다. 뉴턴 이전의 물리학에 따르면 힘은 **속도**에 비례하는 것으로 생각되었으며(마찰의 효과가 완전히 인식되지 않았기에), 갈릴레이의 마찰이 없는 환경 속 사고실험 이후에서야 힘이 **가속도**에 비례한다는 것이 인식되었다. 갈릴레이 불변성에도 불구하고, 원형 운동과 연관된 문제에서는 사실 **절대공간**(absolute space)이라 불리는 특별한 기준계가 필요한 것처럼 보였다. 뉴턴이 만든 하나의 예제는 절대공간을 가정하지 않고, 회전하는 양동이 속 물의 표면에 형성되는 초승달 모양을 설명하는 문제이다. 그런 문제는 오직 일반상대성에서만 올바르게 해결될 수 있다.

갈릴레이 상대성에서는 절대위치가 더 이상 정의되지 않는다. 한 기준계의 같은 위치에서 다른 시각에 일어난 사건(가령 움직이는 열차)은 다른 기준계에서는 다른 위치에서 일어난 것이다(가령 열차 선로의 기준계). 그러나 운동상태에 대한 변화, 즉 가속도는 물리적 결과를 가져오며 힘과 관련된다. 이는 아인슈타인에 의해 물리이론에서 중요성이 강조된 **공변원리**(covariance principle)의 예이다. 이 원리에 따르면, 기준계 사이의 적절한 변환규칙을 응용해 하나의 기준계 속에서의 물리법칙 진술(가령 운동법칙)로부터 다른 기준계 속에서 물리법칙의 진술을 유도해 낼 수 있다. 이 새로운 기준계에서의 진술은 이전 기준계에서와 동일한 **수학적 형태**를 가져야 하는데, 반면 양은 다른 기준계에서 같은 값을 취하지 않을 수도 있다.

서로 다른 관성계 사이의 변환은 (1)의 평행이동과 수학적으로 비슷한 방식으로 표현된다. 사건은 공간과 시간에서 그것의 위치로 표기되며, 예컨대 한 계에서는 (t, x)이고 그 계에 대해 속도 v로 움직이는 다른 계에서 (t, x')이다. $x' = x - vt$이므로, (t, x)에서 (t, x')으로 가는 변환은 행렬 $\begin{pmatrix} 1 & 0 \\ -v & 1 \end{pmatrix}$로 표현된다. 갈릴레이 변환(또는 **갈릴레이 부스트**(Galilean boost))은 시간 t가 여기서는 위치벡터에 붙어있다는 점에서 (1)과는 다른데, 왜냐하면 부스트에 의한 평행이동은 시간에 의존하기 때문이다. 공간 3차원에서 갈릴레이 부스트는 표준적인 평행이동 및 회전과 함께 **갈릴레이 군**(Galilean group)을 정의한다. 자유입자의 라그랑지언은 갈릴레이 군에서 대응하는 작용의 공변에서 곧바로 나온다는 것을 보일 수 있다.

무한소 속도 부스트는 오직 다른 입자들의 위치에만 의존하는 힘에 따라 상호작용하는 입자들의 계에서 뇌터 대칭을 생성한다. $k, \ell = 1, \cdots, N$에 대해, 질량 m_k와 위치 $\boldsymbol{r}_k$를 가지며 V가 오직 $\boldsymbol{r}_k - \boldsymbol{r}_\ell$에 의존하는 N개의 점입자를 생각해 보자. $\delta\boldsymbol{v}$에 의한 무한소 부스트는 각 k에 대해 $\boldsymbol{r}_k \to \boldsymbol{r}_k + t\delta\boldsymbol{v}$, $\dot{\boldsymbol{r}}_k \to \dot{\boldsymbol{r}}_k + \delta\boldsymbol{v}$

$$L \to L + \tfrac{1}{2}|\delta\boldsymbol{v}|^2 \sum_k m_k + \delta\boldsymbol{v} \cdot \sum_k m_k \dot{\boldsymbol{r}}_k$$

으로 변환시킨다. 이에 따른 뇌터 보존량 (3)은

$$\boldsymbol{C} = t\sum_k m_k \dot{\boldsymbol{r}}_k - \sum_k m_k \boldsymbol{r}_k \qquad (4)$$

이다. 이 양은 시간에 따라 상수이다. 그 값은 $t = 0$에서 계의 총 질량과 무게중심의 위치를 곱한 것에 마이너스를 붙인 것과 같다. 따라서 $\dot{\boldsymbol{C}} = t\Sigma_k m_k \ddot{\boldsymbol{r}}$, 즉 N개 입자 각각에 대한 힘을 합한 것에 t를 곱한 것이며, 이는 가정에 의해 0이다.

4 특수상대성

역사적으로, **맥스웰 방정식**[III.22]으로 설명되는 전자기파를 비롯한 장의 물리학은 갈릴레이와 뉴턴의 역학보다 훨씬 이후에 발전되었다. 가장 단순한 파동방정식(wave equation)은 실제로 위의 갈릴레이 체제와는 다른 불변 시공간을 암시하며, 그것은 20세기가 시작됨과 동시에 헨드릭 로런츠(Hendrik Lorentz)와 알베르트 아인슈타인에 의해 처음 연구되었다.

$\varphi(t, \boldsymbol{r})$가 어떤 스칼라 함수이고 ∇^2은 **라플라스 연산자**[III.18]일 때, 시간종속 파동방정식 $\nabla^2\varphi - c^{-2}\ddot{\varphi} = 0$을 고려하자. 만약 파동속도 c의 같은 값에서 모든 관측이 일치한다면(아인슈타인이 광속 c에 대해 제안했고 실험으로 검증된), 이는 움직이는 관성계들 사이의 변환이 x방향 **로런츠 변환**(또는 **로런츠 부스트**(Lorentz boost))

$$\begin{pmatrix} ct' \\ x' \end{pmatrix} = \gamma(v)\begin{pmatrix} 1 & -v/c \\ -v/c & 1 \end{pmatrix}\begin{pmatrix} ct \\ x \end{pmatrix} \qquad (5)$$

의 형태를 가져야 한다는 것을 의미한다. 여기서 어떤 관성계의 좌표 (ct, x)가 공간과 시간에서의 위치를 나타낼 때(불변속도 c로 곱해진), 그 계에 대해 x축을 따라 속도 v로 움직이는 관성계 안에서의 시공간 좌표가 (ct', x')이며,

$$\gamma(1 - v^2/c^2)^{-1/2}$$

이다. $\gamma(v)$가 유한이며 양이고 실숫값이라는 조건은 $|v| < c$라는 것을 이끈다. $x = 0$에 대한 로런츠 변환에 따르면 $t' = \gamma(\boldsymbol{v})t$이고, 이는 기준계의 시간과 비교했을 때, 속도 v로 움직이는 변환된 계에서의 시간 흐름의 빠르기를 $\gamma(v)$로 해석할 수 있음을 말해준다.

아인슈타인의 **특수상대성**이론에 따르면 모든 물리법칙은 평행이동, 회전, 로런츠 부스트에 대해 불변이어야 하며, 갈릴레이 변환과 뉴턴의 법칙들은 저속도 극한에서 등장한다. 회전, 로런츠 부스트는 시간반사(time reflection), 공간반전(spatial inversion)과 함께 **로런츠 군**(Lorentz group)을 정의한다. **푸앵카레 군**(Poincaré group)은 로런츠 군과 시공간 평행이동의 반직접곱 군(semidirect product group)이다. 따라서 특수상대성 역시 공변원리에 기반을 두며, 다만 기준계 사이의 다른 변환을 다룬다. **고전역학**[IV.19]의 모든 익숙한 결과는 부스트 변환이 $v \ll c$로 제한되었을 때 복원된다.

특수상대성에서는 서로 다른 관측자가 측정한다면, 사건들 사이의 공간적 거리뿐 아니라 시간 간격 역시 다르다. 상대론적 입자에 대한 서로 다른 관측자의 상대론적 에너지 E와 운동량 $\boldsymbol{p}$는 일치하지 않을 것이다. 그럼에도 특수상대성의 원리에 따르면

모든 관측자의 양

$$E^2 - |\boldsymbol{p}|^2 c^2 = m^2 c^4$$

은 일치하며, 즉 m은 모든 관측자가 동의하는 불변량으로서 입자의 **정지질량**(rest mass)이라 불린다. 입자가 정지한 계에서는 특수한 경우로서 $E = mc^2$이 등장한다. 그렇지 않다면 $E = m\gamma(v)c^2$이고, 따라서 특수상대성에서 움직이는 입자의 에너지는 명시적으로 기준계에 대한 입자의 정지계 시간 흐름과 관련된다.

라그랑지언 수식체계는 모든 관측자가 오일러-라그랑주 방정식의 형태에 대해 동의한다면 특수상대성으로 일반화될 수 있다. 자유입자의 라그랑지언은 그것의 운동에너지와 같은 대신에 $-mc^2/\gamma(v)$가 된다.

특수상대성으로 설명되는 시공간 사건들 $(ct, \boldsymbol{r})$의 집합은 **민코프스키 공간** 또는 민코프스키 시공간으로 알려져 있다(**텐서와 다양체**[II.33]에서 논의된다). 그것은 1개의 시간좌표와 3개의 공간좌표를 갖는 평평한 4차원 다양체이며(즉, 3 + 1 유사 유클리드 측량(pseudo-Euclidean metric)을 갖는 다양체), 수직인 공간축을 갖는 관성계는 유클리드 공간의 데카르드 좌표계와 유사하다. 사건 간 시간 간격과 (동시(simultaneous)) 공간 거리는 더 이상 홀로 불변적이지는 않다. 공간적으로 $\Delta\boldsymbol{r}$, 시간적으로 Δt만큼 떨어진 두 사건 사이에서는 오직 **시공간 간격**(space-time interval)

$$s^2 = |\Delta\boldsymbol{r}|^2 - c^2\Delta t^2$$

만이 로런츠 변환에 대해 불변이며, 따라서 이는 모든 관성계에서 같은 값을 취한다. s^2은 양이거나 0이거나 음이 될 수 있다. 그 값이 양이라면 두 사건이 동시에 일어난 계가 존재하고, 0이라면 사건들은 빛의 궤적 위에 놓이며, 음이라면 사건들이 같은 위치에서 일어난 계가 존재한다. 어떤 것도 c보다 빨리 이동할 수 없으므로, $s^2 \leq 0$인 사건들만이 오직 인과적으로 연결되어 있다. 주어진 시공간 점에 의해 영향을 받을 수 있는 사건들은 그 점에서의 **미래 빛 원뿔**(future light cone) 안에 놓이는 것들이다.

민코프스키 공간은 다양체이기 때문에 그 대칭들을 쉽게 특징지을 수 있으며, 연속인 대칭들은 **킬링 벡터공간**(Killing vector field)으로 불리는 벡터장에 의해 생성된다. 시공간 다양체의 동역학은 이 장에 따른 무한소 점별 평행이동에 대해 변하지 않는다. 4개의 선형독립(linearly independent)인 시공간 방향으로의 평행이동, 3개의 선형독립인 공간축에 대한 회전, 3개의 선형독립인 공간방향에서의 로런츠 부스트(이는 t방향과 공간방향을 섞은 시공간에서의 회전과 동일하다)가 모든 대칭이다. 결국 민코프스키 시공간에는 10개의 독립인 대칭변환이 존재하며(푸앵카레 군을 생성하는), 외력이 작용하지 않는 특수상대론적 계에서는 그런 변환에 대해 상대론적 에너지, 운동량, 각운동량, (4)에서 C의 유사물이 보존된다.

맥스웰 방정식[III.22]으로 설명되는 전자기장과 **디랙 방정식**[III.9]으로 설명되는 상대론적 양자물질파(relativistic quantum matter wave, 엄밀하게 하나의 입자에 대해)는 모두 라그랑지언 장론으로 표현될 수 있다. 이들을 결합한 것을 **고전장론**(classical field theory)이라 부른다. 위에서 설명되었듯이, 뇌터의 정리는 이런 이론의 연속적 대칭과 상대론적 4-흐름(relativistic 4-current)의 연속방정식(continuity equation)을 연결한다. 예컨대 시공간 평행이동 대칭은 시공간 에너지 흐름(물질을 포함해)을 묘사하는 상대론적 계수(rank)-2 **변형력-에너지-운동량** 텐서가 무발산(divergence free)임을 보장한다.

5 다른 이론들

아인슈타인의 **일반상대성**이론은 시공간 위 임의의 좌표계들(단순히 관성계가 아닌) 사이의 변환을 허용하는 한층 더 일반적인 접근 방식이다. 이 일반적인 체계는 이제 회전하는 좌표계(뉴턴의 양동이 문제에 내재된 역설을 해결하는)와 같은 임의의 좌표계에 적용된다. 그것은 굽어 있을 수도 있는, 시공간 사건의 국소근방이 민코프스키 공간과 동일하며 자유입자가 다양체 위 측지선(geodesic)을 따라 이동하는 유사 리만 다양체 위에서 기술된다. 아인슈타인 곡률 텐서로 표현되는 이 다양체의 기하학은 **아인슈타인의 장방정식**[III.10]에 의해 변형력-에너지-운동량 텐서에 비례하고, 중력은 자유낙하하는 입자가 굽은 시공간 측지선을 따르기 때문에 나타나는 가상적인 힘이다. 일반상대론적 시공간 다양체의 대칭은 민코프스키 공간의 경우보다 훨씬 복잡하지만, 여전히 방정식을 불변으로 유지하는 변환을 생성하는 킬링 벡터장으로 기술될 수 있다.

이 글에서 설명된 아이디어는 (갈릴레이나 특수 상대론적 환경에서의) 양자물리 중 **양자장론**(quantum field theory)에 매우 중요한데, 그것은 전자기장과 다른 장의 양자적 성질, 많은 양자적 입자가 연관된 계를 설명한다. 양자장론에서 계의 모든 에너지는 보통 최소에너지 배치 주변에서 양자화된다. 하지만 많은 장론은 최소에너지가 원점의 가장 대칭적인 선택이 아닌 퍼텐셜을 다룬다. 예를 들어, 어떤 장벡터 $\boldsymbol{v}$와 상수 $a > 0$에 대해 $|\boldsymbol{v}|^4 - 2a|\boldsymbol{v}|^2$ 형태의 '멕시코 모자 퍼텐셜(Mexican hat potential)'은 $\boldsymbol{v} = 0$ 주변에서 회전적으로 대칭적이지만, 모든 $|\boldsymbol{v}| = \sqrt{a}$인 $\boldsymbol{v}$에 대해 최솟값을 갖는다. 계의 최소에너지 들뜸(minimum-energy excitation)은 적절한 최소에너지 $\boldsymbol{v}$를 선택함으로써 이 대칭성을 깨뜨린다. 응집물질(condensed matter)의 많은 양자이론 현상(가령 초전도체의 마이스너 효과(Meissner effect))과 기본 입자들(가령 힉스 보손(Higgs boson))은 이런 유형의 대칭성 깨짐에서 등장한다.

고전역학에서 시간 방향은 특별하며(이는 모든 관측자에게 동일하다), 따라서 단순히 다양체를 이용해서는 그것의 시공간 구조를 표현할 수 없다. 그럼에도 평행이동의 갈릴레이 군은 자연스럽게 기저공간(base space)이 시간을 묘사하는 1차원 유클리드 직선 $\mathbb{E}^1$이며, 다발(fiber)은 $\mathbb{E}^3$으로 주어지는 공간좌표계인 올다발(fiber bundle) 구조를 가진다.

갈릴레이 변환은 자연스럽게 **뉴턴-카르탕 시공간**(Newton-Cartan space-time)으로 알려진 이 올다발 구조의 일부로서 만들어질 수 있는데, 이 때 자유 관성입자의 경로(즉, 직선)를 다발과의 연관성으로부터 정의한다. 이는 뉴턴 및 상대론적 이론의 대칭성과 물리법칙을 비교하는 유용한 수학적 체계를 제공하며, 일반상대론과 뉴턴-카르탕 수식체계 속 뉴턴 중력 사이의 관계는 흥미로운 탐구 대상이다.

더 읽을거리

Lorentz, H. A., A. Einstein, H. Minkowski, and H. Weyl. 1952. *The Principle of Relativity*. New York: Dover.

Misner, C. W., K. S. Thorne, and J. A. Wheeler. 1973. *Gravitation*. New York: W. H. Freeman.

Neuenschwander, D. E. 2010. *Emmy Noether's Wonderful Theorem*. Baltimore, MD: Johns Hopkins University Press.

Penrose, R. 2004. *The Road to Reality* (17-20장이 특히 관련된다). London: Random House.

II.22 조르당 표준형

니콜라스 하이엄 *Nicholas J. Higham*

행렬의 모임에 대한 표준형(canonical form)이란 보통 가능한 단순하게 선택된 행렬의 형태로서, 모임의 모든 원소가 특정한 종류의 변환을 통해 그 행렬의 형태로 변환될 수 있다. 조르당 표준형(Jordan canonical form, JCF)은 $n \times n$ 행렬 위 닮음변환(similarity transformation)과 연관된다. 행렬 A의 닮음변환은 X가 비특이적(nonsingular)일 때 A를 $X^{-1}AX$로 보내는 변환이다. JCF는 대각행렬(diagonal matrix)과 가장 유사하다는 점에서 닮음변환을 통해 얻을 수 있는 가장 단순한 형태이다.

복소 $n \times n$ 행렬 A의 JCF는 $A = ZJZ^{-1}$으로 쓰일 수 있으며, 여기서 Z는 비특이적이고 조르당 행렬 J는 블록대각행렬

$$\begin{bmatrix} J_1 & & & \\ & J_2 & & \\ & & \ddots & \\ & & & J_P \end{bmatrix}$$

로서 대각블록들은

$$J_k = J_k(\lambda_k) = \begin{bmatrix} \lambda_k & 1 & & \\ & \lambda_k & \ddots & \\ & & \ddots & 1 \\ & & & \lambda_k \end{bmatrix}$$

의 형태를 갖는다. 이때, 빈칸은 0블록 또는 0원소를 나타낸다. 행렬 J는 대각블록의 순서를 바꾼 것을 같은 것으로 본다면 유일하지만, Z는 그렇지 않다. 각각의 λ_k는 A의 고윳값이며 하나의 조르당 블록에서 한 번 이상 나타날 수 있다. 조르당 블록 J_k의 모는 고윳값[I.2 §20]은 λ_k로 같다. J_k의 고유벡터는 정의상 $J_k x = \lambda_k x$를 만족하는 0 아닌 벡터이며, 그러한 x는 항상 벡터 $x = [1\ 0 \cdots 0]^{\mathrm{T}}$의 0 아닌 배수이다. 따라서 J_k는 오직 하나의 선형독립인 고유벡터를 가진다. x를 n개 성분을 가진 $\tilde{x}$로 확장하는데, 이는 다른 조르당 블록 J_i, $i \neq k$에 해당하는 위치에 0을 덧붙여서 만든다. 벡터 $\tilde{x}$가 r번째 성분으로 하나의 1을 가진다고 해 보자. A의 대응하는 고유벡터는 $Z\tilde{x}$인데, 왜냐하면 $\mathrm{A}(Z\tilde{x}) = ZJZ^{-1}(Z\tilde{x}) = ZJ\tilde{x} = \lambda_k Z\tilde{x}$이기 때문이다. 이 고유벡터가 Z의 r번째 열이다.

만약 모든 블록 J_k가 1×1이라면 J는 대각행렬이고 A는 대각행렬과 닮음이다. 그러한 행렬 A를 **대각화 가능**(diagonalizable)하다고 부른다. 예를 들어 실대칭행렬은 대각화 가능행렬이다. 더 나아가 고윳값들은 실수이고 JCF의 행렬 Z는 직교행렬

로 취해질 수 있다. 대각화가 불가능한 행렬은 **부족**(defective)하다고 한다. 그런 행렬은 선형독립인 고유벡터들이 완전한 집합을 이루지 않고, 조르당 표준형이 차원 2 이상의 블록을 최소한 하나 갖는다는 것과 동치이다.

구체적인 예를 들자면, 행렬

$$A = \frac{1}{2}\begin{bmatrix} 3 & 1 & 1 \\ -1 & 1 & 0 \\ 0 & 0 & 1 \end{bmatrix} \qquad (1)$$

은

$$Z = \begin{bmatrix} 0 & \frac{1}{2} & 1 \\ -1 & -\frac{1}{2} & 0 \\ 1 & 0 & 0 \end{bmatrix}, \quad J = \left[\begin{array}{c|cc} \frac{1}{2} & 0 & 0 \\ \hline 0 & 1 & 1 \\ 0 & 0 & 1 \end{array}\right]$$

에 대한 JCF를 갖는다. J의 분할이 표시하고 있듯, 고윳값 $\frac{1}{2}$에 대한 1×1 블록과 고윳값 1에 대한 2×2 블록, 두 개의 조르당 블록이 있다. A의 고윳값 $\frac{1}{2}$에 연관된 고유벡터는 Z의 첫 번째 열과 같다. 2중 고윳값 1에 대해서는 오직 하나의 선형독립 고유벡터가 있는데, 즉 Z의 두 번째 열 z_2이다. 세 번째 행 z_3은 Z의 일반화된 고유벡터이며 $Az_3 = z_2 + z_3$을 만족한다.

JCF는 고유계에 관한 완전한 정보를 제공한다. 연관된 선형독립 고유벡터들의 개수로 정의되는 고윳값의 **기하중복도**(geometric multiplicity)는 그 고윳값이 나타나는 조르당 블록의 개수이다. 특성다항식(characteristic polynomical) $q(t) = \det(tI - A)$에 대한 해로서의 중복도로 정의되는 **대수중복도**(algebraic multiplicity)는 모든 조르당 블록 가운데서 나타나는 고윳값의 개수이다. 위에서 행렬 (1)의 경우, 고윳값 1의 기하중복도는 1이고 대수중복도는 2이며, 고윳값 $\frac{1}{2}$의 기하중복도와 대수중복도는 모두 1이다.

행렬의 **최소다항식**(minimal polynomial)은 $\psi(A) = 0$이 되는, 차수가 제일 낮으며 최고차항의 계수가 1인 유일한 다항식이다. ψ의 차수는 확실히 n보다는 크지 않은데, **케일리-해밀턴 정리**[IV.10 §5.3]가 $q(A) = 0$임을 알려 주기 때문이다. $m \times m$ 조르당 블록 $J_k(\lambda_k)$의 최소다항식은 $(t - \lambda_k)^m$이다. A의 최소다항식은 따라서

$$\psi(t) = \prod_{i=1}^{s}(t - \lambda_i)^{m_i}$$

으로 주어지며, 여기서 $\lambda_1, \cdots, \lambda_s$는 A의 서로 다른 고윳값들이고 m_i는 λ_i가 나타나는 가장 큰 조르당 블록의 차수이다. $n \times n$ 행렬이 **손상**(derogatory)되었다는 것은 최소다항식이 n보다 작은 차수를 가진다는 것이다. 이는 어떤 고윳값이 하나보다 많은 조르당 블록에 나타난다는 것과 동치이다. (1)의 행렬 A는 부족행렬이지만 손상행렬은 아니다. $n \times n$ 단위행렬은 $n > 1$일 때 손상행렬이다. 그것은 특성다항식 $(t - 1)^n$과 최소다항식 $t - 1$을 갖는다.

많은 상황에서 등장하는 두 개의 질문은 '행렬 A의 거듭제곱이 0으로 수렴하는가?'와 'A의 거듭제곱이 유계인가?' 라는 두 가지 질문이 등장한다. 두 질문 모두에 대한 답은 JCF를 사용하면 쉽게 얻어질 수 있다. 만약 $A = ZJZ^{-1}$라면 $A^2 = ZJZ^{-1} \cdot ZJZ^{-1} = ZJ^2Z^{-1}$이고, 일반적으로 $A^k = ZJ^kZ^{-1}$이다. 따라서 A의 거듭제곱은 정확히 J의 거듭제곱이 0으로 수렴할 때 0으로 수렴하고, 이는 각각의 개별 조르당 블록의 거듭제곱이 0으로 수렴할 때 성립한다. 1×1 조르당 블록 $J_i = (\lambda_i)$의 거듭제곱은 $|\lambda_i| < 1$

일 때 자명하게 0으로 수렴한다. 일반적으로 $J_i(\lambda_i)^k$의 대각원소는 λ_i^k이므로, $J_k(\lambda_k)$의 거듭제곱이 0으로 수렴할 필요조건은 $|\lambda_k| < 1$이며 이는 사실 충분조건이기도 하다. 그러므로 $k \to \infty$이면 $A^k \to 0$인 것은 정확히 $\rho(A) < 1$일 때 일어나며, 여기서 ρ는 A의 모든 고윳값의 절댓값 중 가장 큰 것으로 정의되는 **스펙트럼 반경**(spectral radius)이다.

A의 거듭제곱이 유계인가 묻는 질문으로 이동하면, 이전 문단의 논증을 통해 개별적인 조르당 블록만 고려해도 충분하다. 방금 살펴보았듯이 $J_k(\lambda_k)$의 거듭제곱은 명확하게 $|\lambda_k| < 1$이면 유계이고 $|\lambda_k| > 1$이면 유계가 아니다. $|\lambda_k| = 1$이면 블록이 1×1인 경우는 거듭제곱이 유계이지만 더 큰 블록에 대해서는 유계가 아니다. 예를 들어 $\begin{bmatrix} 1 & 1 \\ 0 & 1 \end{bmatrix}^k = \begin{bmatrix} 1 & k \\ 0 & 1 \end{bmatrix}$이고, 이는 $k \to \infty$일 때 유계가 아니다. 결론적으로 A의 거듭제곱은, $\rho(A) \le 1$이며 절댓값이 1인 모든 고윳값이 크기 1인 조르당 블록에 있는 한 유계이다. 따라서 (1)의 A에 대한 거듭제곱은 유계가 아니다.

어떤 의미에서 자명하지 않은 조르당 구조를 가진 행렬인 부족행렬은 아주 희귀한데, 왜냐하면 대각화 가능행렬들은 모든 행렬의 집합에서 조밀(dense)하기 때문이다. 따라서 행렬을 무작위적으로 생성한다면, 대각화가 불가능한 것이 생성될 가능성은 매우 희박하다(이는 무작위 정수 원소를 가진 행렬을 생성할 때조차 마찬가지이다). 그러나 또 다른 의미에서 부족행렬은 상당히 흔하다. 동역학계의 특정한 유형의 **분기**[IV.21]는 야코비 행렬의 자명하지 않은 조르당 블록의 존재성으로 규정되며, 한편 행렬의 고윳값들에 대한 어떤 함수를 최적화하는 문제에서는 최적행렬이 보통 부족행렬에서 나타난다.

JCF가 다양한 행렬 문제에 대한 이해를 제공하긴 하지만 계산 도구로서는 적합하지 않다. JCF는 행렬 원소들에 대한 연속함수가 아니며 섭동(perturbation)에 대해 아주 민감할 수 있다. 한 예로 $\varepsilon \neq 0$일 때, $\begin{bmatrix} 1 & \varepsilon \\ 0 & 1 \end{bmatrix}$(하나의 조르당 블록)과 $\begin{bmatrix} 1 & 0 \\ 0 & 1 \end{bmatrix}$(두 개의 조르당 블록)은 ε을 충분히 작게 취함으로써 원하는 만큼 가깝게 만들 수 있음에도 다른 조르당 구조를 가진다. 현실적으로 반올림오차(rounding error)에 의한 피할 수 없는 섭동으로 인해, JCF를 부동소수점 연산 안에서 계산하기는 아주 어렵다. 실제 계산에서는 일반적인 원칙으로서 **슈어 분해**[IV.10 §5.5]를 더 선호한다.

II.23 크릴로프 부분공간

발레리아 시몬치니 *Valeria Simoncini*

1 정의와 성질

행렬 $A \in \mathbb{C}^{n \times n}$과 벡터 $v \in \mathbb{C}^n$에 대한 m번째 크릴로프 부분공간(Krylov subspace)는

$$\mathcal{K}_m(A, v) = \operatorname{span}\{v, Av, \cdots, A^{m-1}v\}$$

이다. $\mathcal{K}_m(A, v)$의 차원은 최대 m이며, v에 대한 A의 불변부분공간(invariant subspace)이 어떤 $m_* < m$에 대해 얻어진다면 m보다 작다. 일반적으로 $\mathcal{K}_m(A, v) \subseteq \mathcal{K}_{m+1}(A, v)$이다(공간들은 포개져 있다). 만약 $m_* = n$이면 $\mathcal{K}_n(A, v)$는 전체 $\mathbb{C}^n$을 생성한다.

$\|v\|_2 = (v^*v)^{1/2}$이 2-노름(norm)일 때, $v_1 = v/\|v\|_2$

이라 하고 $\{v_1, v_2, \cdots, v_m\}$을 $\mathcal{K}_m(A, v)$의 정규수직기저(orthonormal basis)라 하자. $\mathcal{V}_m = [v_1, v_2, \cdots, v_m]$이라 둔다면 포개짐 성질에 의해 그 다음 기저벡터 v_{m+1}은 아래 아놀디 관계(Arnoldi relation)

$$A\mathcal{V}_m = [\mathcal{V}_m, v_{m+1}]H_{m+1,m}$$

로 계산될 수 있다. 여기서 $H_{m+1,m} \in \mathbb{C}^{(m+1)\times m}$은 위 헤센베르크 행렬(upper Hessenberg matrix)로서(위삼각행렬이며 0 아닌 원소들은 대각선 바로 아래에 있는), 그것의 열들은 v_{m+1}이 이미 구해진 기저벡터 $v_1, \cdots, v_m$과 수직이 되도록 만드는 계수들을 포함하고 있다.

오차를 2-노름으로 측정할 때, 벡터 y를 벡터 $x \in \mathcal{K}_m(A, v)$로 근사시키고 싶다고 해 보자. 모든 그러한 x는 차수가 최대 $m-1$인 A의 다항식 곱하기 v, 즉 $x = \Sigma_{i=0}^{m-1}\alpha_i A^i v$로 쓰일 수 있다. 만약 A가 에르미트(Hermitian) 행렬이라면 스펙트럼 분해를 사용해서, 2-노름을 변화시키지 않는 유니타리(unitary) 변환을 통해 A를 대각형태로 변환할 수 있다. 그러면 A의 고윳값과 v를 A의 고유벡터로 분해한 것이 공간의 근사성질을 이끈다는 것이 명확해진다. 에르미트 행렬이 아닌 A에 대해서는 근사오차를 분석하기 더 어려운데, 특히 높은 정도로 비정규적(non-normal)이거나 대각화 불가능한 행렬에 대해서 그러하다.

$s \geq 1$일 때, v를 $n \times s$ 행렬 V로 대체하면 차원이 최대 ms인 공간이 얻어진다. 곧바로 나오는 대응하는 행렬 형태는

$$\mathbb{K}_m(A, V) = \left\{ \sum_{i=0}^{m-1} \gamma_i A^i V : \gamma_i \in \mathbb{C} \text{ for all } i \right\}$$

이다. 이보다 더 풍부한 형태는 가능한 모든 벡터의 선형결합을 다룸으로써 얻어진다.

$$\mathbb{K}_m^{\square}(A, V) = \text{range}([V, AV, \cdots, A^{m-1}V])$$

이 나중 공간에 기반을 둔 방법은 '블록(block)' 방법이라 불리는데, 모든 행렬의 구조적 성질이 블록으로 일반화되기 때문이다(가령, $H_{m+1,m}$은 $s \times s$ 블록들에 대한 블록 위 헤센베르크 행렬이 될 것이다). 블록 공간은 예컨대 중복되는 고윳값이 있거나, 기존 응용에서 같은 A에 대해 다른 벡터들 v를 사용하려 할 때 적절하다.

2 응용과 일반화

크릴로프 부분공간은 사영(projection) 방법에서 사용된다. 그것은 거대한 대수적 선형연립식, 고윳값 문제, 행렬방정식을 풀 때나, 광범위한 행렬함수(해석함수(analytic function), 대각합(trace), 행렬식(determinant), 전달함수(transfer function) 등)를 근사할 때나, 모형차수축소(model order reduction)를 위해 사용된다.

대강의 아이디어는 크기 n인 원래 문제를 차원 $m \ll n$인 크릴로프 부분공간으로 사영시킨 후, 더 작은 $m \times m$ 축소된 문제를 더 직접적인 방법(원래 $n \times n$ 문제에 적용되기에는 계산량이 너무 많은)으로 푸는 것이다. 만약 크릴로프 부분공간이 충분히 좋다면, 사영된 문제는 원래 문제로부터 충분한 정보를 유지하기 때문에 찾으려던 양들이 잘 근사된다.

방정식이 연관된다면 크릴로프 부분공간은 대개

근사공간과 더불어 시험공간(test space)으로서의 역할도 하게 된다. 실제 사용하는 시험공간이 그에 따른 방법을 결정하고 수렴성질에 영향을 준다.

2세대 크릴로프 부분공간으로서 등장한 일반화된 공간들이 있다. 고윳값의 측면에서 '이동하고 반전시킨' 크릴로프 부분공간 $\mathcal{K}_m((A - \sigma I)^{-1}, v)$는 고정된 스칼라 $\sigma \in \mathbb{C}$ 근방에서 고윳값들을 효율적으로 근사할 수 있다. 여기서 I는 크기 n인 단위행렬이다. 행렬함수 계산과 행렬방정식에서, 확장된 공간 $\mathcal{K}_m(A, v) + \mathcal{K}_m(A^{-1}, A^{-1}v)$가 고전적인 공간에 비해 몇 가지 이점을 가진다는 것을 보았다. 한편 $\sigma_1, \cdots, \sigma_m \in \mathbb{C}$에 대해 더 일반적인 유리(rational)공간

$$\text{span}\{(A - \sigma_1 I)^{-1}\}v, \cdots, (A - \sigma_m I)^{-1}v\}$$

의 사용은 그것이 1980년대 처음 도입되었던 고윳값 문제를 뛰어넘어, 다양한 고등적인 응용에서 지닌 잠재력으로 최근 각광을 받고 있다. 이렇듯 일반화된 공간은 모두 A의 어떤 이동된 형태와 관련된 연립식을 풀어야 하므로, 그러한 연립식을 푸는 데 드는 계산비용에 따라 일반적으로 고전적인 공간보다 더 많은 계산량을 요구한다. 하지만 계산된 공간은 대개 풍부한 스펙트럼 정보를 가지며, 따라서 요구된 양을 근사하는 데 훨씬 더 작은 공간 차원을 필요로 한다. 그러므로 이러한 변형 중 하나를 선택하는 것은 행렬 A의 스펙트럼과 희소성(sparsity)에 의존한다.

더 읽을거리

Freund, R. W. 2003. Model reduction methods based on Krylov subspaces. *Acta Numerica* 12 : 126–32.

Liesen, J., and Z. Strakoš. 2013. *Krylov Subspace Methods: Principles and Analysis*. Oxford : Oxford University Press.

Saad, Y. 2003. *Iterative Methods for Sparse Linear Systems*, 2nd edn. Philadelphia, PA : SIAM.

Watkins, D. S. 2007. *The Matrix Eigenvalue Problem: GR and Krylov Subspace Methods*. Philadelphia, PA : SIAM.

II.24 레벨집합 방법

파딜 산토사 *Fadil Santosa*

1 기본 아이디어

레벨집합 방법은 폐곡선이나 폐곡면을 표현하는 수치적 방법이다. 이것은 문제에서 주어진 기하학적 대상의 음표현(implicit representation)을 사용하며, 폐곡선이 변화하거나 자주 재계산되어야 하는 문제에서 널리 사용되고 있다. 이 방법의 주요 이점은 그러한 표현이 아주 유연하며 표준격자에서 계산할 수 있다는 것이다. 곡면이 변화하는 계산에서는, 곡면의 위상 변화가 쉽게 다루어질 수 있다.

(x, y)-평면 안의 2차원 예를 하나 생각해 보자. 우리가 외력(external force)이 작용할 때 곡선의 움직임에 관심이 있다고 해 보자. $C(t)$는 곡선을 시간 t에 대한 함수로 나타낸다. 이 문제를 푸는 한 가지 방법

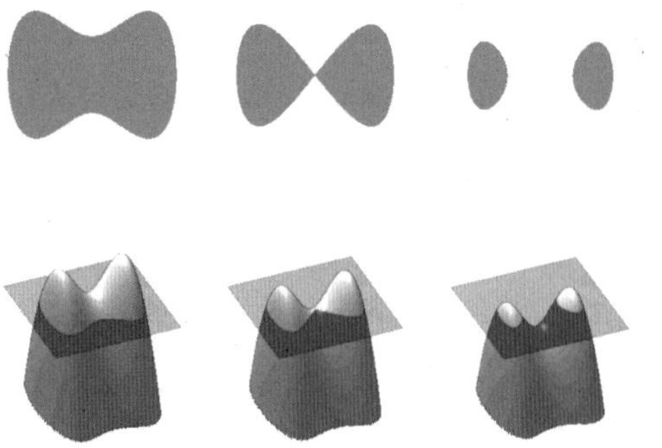

그림 1 t의 값 3개에 대한 레벨집합 함수 $z=\varphi(x, y, t)$가 그림 아래쪽에 나타나 있다. 평면 $z=0$은 이 함수들과 교차한다. 영역 $D(t)=\{(x, y): \varphi(x, y, t)>0\}$은 위쪽에 그려져 있다. 이 예시에서 $D(t)$는 t가 바뀜에 따라 위상적 변화를 겪는다는 것에 주목하자.

은, 움직임이 힘에 의해 결정되는 표시점 $(x_i(t), y_i(t)) \in C(t), i=1, \cdots, n$을 선택해서 곡선을 추적하는 것이다. 곡선 자체는 미리 지정된 스플라인 보간법(spline interpolation)을 통해 모든 시간 t에서 복원될 수 있다.

레벨집합 방법은 다른 방식을 취한다. 이것은 곡선을 함수 $\varphi(x, y, t)$의 영레벨집합으로 표현한다. 즉, 곡선은

$$C(t) = \{(x, y) : \varphi(x, y, t) = 0\}$$

으로 주어진다. 여기서 함수를 잘 조정하면 곡선 $C(t)$ 내부가 집합

$$D(t) = \{(x, y) : \varphi(x, y, t) > 0\}$$

이 되게 할 수 있다. 그림 1에서 레벨집합 함수 $z = \varphi(x, y, t)$는 다양한 시간 t에서 평면 $z = 0$과 교차하는 것으로 보일 수 있다. $D(t)$의 집합들은 (다른 척도로) 각각의 3차원 그림 위에 나타나 있다.

레벨집합 방법의 이점은 그림에 입증되어 있는데, t가 바뀜에 따라 $D(t)$에 위상적 변화가 있다는 것을 볼 수 있다. 이전에 설명된 경계추적방법(front-tracking method)의 경우라면 그러한 변화를 보기 위해서 표현을 재정의해야 하는데, 레벨집합 방법에서는 그럴 필요가 없다.

2 이산화

레벨집합 방법의 매력적인 특징 중 하나는 계산이 표준 데카르트 격자에서 행해질 수 있다는 것이다. 계산영역을 이산화하여 격자점들이 $i = 1, \cdots, m$과 $j = 1, \cdots, n$에 대해 좌표 (x_i, y_j)에 있다고 가정하자. 그러면 레벨집합 함수 $\varphi(x, y, t)$의 값들은 좌표점 $x = x_i$와 $y = y_j$에서 저장된다. 만약 영레벨집합인 곡선 $C(t)$에 관심이 있다면, 모든 시간에 대해 집합

$$C(t) = \{(x, y) : \varphi(x, y, t) = 0\}$$

은 데이터 $\varphi(x_i, y_j, t)$로부터 근사되어야 한다. 통상적으로 관심있는 양들은 곡선의 법선과 곡선 위 점에서의 곡률(curvature)이다. 이들은 기울기 연산자 $\nabla = [\partial/\partial x \partial/\partial y]^{\mathrm{T}}$에 대해

$$\nu = \frac{\nabla\varphi}{|\nabla\varphi|}$$

과

$$\kappa = \nabla \cdot \nu$$

의 유한차분(finite-difference) 근사를 통해 쉽게 계산될 수 있다.

실전에서는 격자점 위 레벨집합 함수의 모든 값들을 가지고 있을 필요는 없다. 보통은 단지 영레벨

집합인 곡선 $C(t)$의 움직임에만 관심이 있으므로, 그저 레벨집합 함수의 곡선 근방에 대한 값들만 있으면 된다. 그러한 방식은 '좁은띠 방법(narrow-band method)'이라 불리며, 곡면의 복잡한 변화와 연관된 문제에서 계산량을 줄여 줄 것이다.

여기 2차원 예시에서, $C(t)$는 1차원 대상인 반면 레벨집합 함수 $\varphi(x, y, t)$는 2차원 함수라는 것에 반드시 주의해야 한다. 따라서 위상적 변화를 추적하는 능력은 증가된 계산복잡도를 대가로 만들어졌다고 말할 수 있다.

3 응용

곡선 위 모든 점이 주어진 속도에 따라 법선 방향으로 움직일 때, 그런 곡선의 움직임을 추적하는 단순한 문제를 제기해볼 수 있다. 속도가 v라면 레벨집합에 대한 방정식은

$$\frac{\partial\varphi}{\partial t} = v|\nabla\varphi|$$

이다. 영레벨집합 $C(t)$의 움직임을 추적하는 것에 관심이 있다면 반드시 초기조건

$$\varphi(x, y, 0) = \varphi_0(x, y)$$

을 정해야 하는데, 이때 초기 영레벨집합은

$$C(0) = \{(x, y) : \varphi_0(x, y) = 0\}$$

이다. 그런 곡선의 변화는 아주 복잡할 수 있고 위상적 변화를 겪을 수도 있다. 레벨집합 방법의 효율성은 여기에서도 드러나는데, 왜냐하면 단지 $\varphi(x, y, t)$에 대한 초깃값 문제를 풀기만 하면 되기 때문이다.

또 다른 단순한 문제는 평균곡률(mean curvature)을 따르는 고전역학적 운동이다. 이 '흐름(flow)' 문제에서, 우리는 곡선 위 모든 점이 곡률에 비례하는 속도에 따라 법선 방향으로 움직이는 곡선의 움직임을 이해하고자 한다. 이에 대한 발전방정식은

$$\frac{\partial\varphi}{\partial t} = \nabla \cdot \frac{\nabla\varphi}{|\nabla\varphi|}$$

이다. 이 발전방정식의 수치적 해는 만약 폐곡선이 자기교차점 없이 시작한다면 절대 자기교차점을 형성하지 않고 유한한 시간 안에 볼록(convex)이 된다고 서술하는, 고전적인 그레이슨 정리(Grayson theorem)를 입증하는 데 사용할 수 있다.

다양한 분야의 응용에서 등장하는 중요한 문제들은 레벨집합 방식에서 도움을 받아 왔다. 응용 범위를 대강 파악할 수 있도록 아래에 그 중 일부를 나열하였다.

영상처리. 레벨집합 방법은 2차원 배경에서 대상들을 구분하는 데 사용할 수 있다. 이 방법은 또한 점들의 구름에서 곡면을 모형화하는 데 효과적임이 입증되었다.

유체역학. 두 개의 상(phase)을 분리하는 경계면과 연관된 2상흐름에 대해 레벨집합 방법으로 접근할 수 있다. 이는 상 중 하나가 거품으로 흩어져 있는 문제에 특히 효과적이다.

역문제. 데이터로부터 복원하고 싶은 미지수가 대상의 경계에 있을 때 역문제(inverse problem)가 나타난다. 역산란(inverse scattering)이 그 예이다.

최적모양 디자인. 특정한 속성(디자인 목표)을 최대화시키는 모양으로 대상을 디자인해야 할 때, 모양

을 레벨집합 함수로 표현하는 것은 대개 아주 편리하다.

컴퓨터 애니메이션. 애니메이션 산업에서 물리적으로 근거가 있는 시뮬레이션이 필요할 때는 물리학의 방정식을 풂으로써 부분적으로 만족된다. 여기서 모의실험과 연관된 곡면을 표현할 때 레벨집합을 사용한다.

사용되는 수치적 체계의 정확도를 개선하고, 더욱더 복잡한 물리학에 이 방법을 적용하는 것 등이 현재 연구 분야에 포함된다.

더 읽을거리

Osher, S., and R. Fedkiw. 2003. *Level Set Methods and Dynamic Implicit Surfaces*. New York: Springer.

Osher, S., and J. A. Sethian. 1988. Fronts propagating with curvature-dependent speed: algorithms based on Hamilton-Jacobi formulations. *Journal of Computational Physics* 79:12-49.

Sethian, J. A. 1999. *Level Set Methods and Fast Marching Methods: Evolving Interfaces in Computational Geometry, Fluid Mechanics, Computer Vision, and Materials Science*. Cambridge: Cambridge University Press.

II.25 마르코프 연쇄

베아트리체 메이니 *Beatrice Meini*

마르코프 연쇄(Markov chain)는 확률과정(random process)의 한 유형이며, 미래의 행동은 과거에 무엇이 일어났는지와 상관없이 오직 현재 상태에만 영향을 받는다. 단순한 예는 $\mathbb{Z}$ 위의 확률보행(random walk)이며, 여기서 한 입자는 실직선 위에서 정수 사이를 움직이는데, $0 < p < 1$의 확률로 앞으로 한 칸 움직이거나 $q = 1 - p$의 확률로 뒤로 한 칸 움직이게 된다(그림 1을 보라). 시간 $n + 1$에서 입자의 위치 (미래)는 시간 n에서 입자의 위치(현재)에 의존하며, 시간 n 이전에 무엇이 일어났는가(과거)와는 관련이 없다.

마르코프 연쇄를 정확하게 정의하기 위해서는 몇 가지 표기법이 필요하다. E는 상태(state)를 나타내는 가산집합(countable set)이며 Ω는 표본공간(sample space)을 나타내는 집합이라고 하자. X, Y: $\Omega \to E$는 두 개의 확률변수(random variable)라 하자. $\mathbb{P}[X = j]$는 X가 값 j를 취할 확률을 나타내며, $\mathbb{P}[X = j \mid Y = i]$는 Y가 값 i를 취한다는 것이 주어졌을 때 X가 값 j를 취할 확률을 나타낸다. 이산확률과정(discrete stochastic process)은 확률변수들 X_n: $\Omega \to E$의 모임 $(X_n)_{n \in \mathbb{N}}$이다.

확률과정 $(X_n)_{n \in \mathbb{N}}$이 <u>마르코프</u> 연쇄라는 것은

$$\mathbb{P}[X_{n+1} = i_{n+1} | X_0 = i_0, \cdots, X_n = i_n] \\ = \mathbb{P}[X_{n+1} = i_{n+1} | X_n = i_n]$$

이 모든 시간 $n \geq 0$과 모든 상태 $i_0, \cdots, i_{n+1} \in E$에 대해 성립한다는 것이다. 이는 시간 n에서의 상태

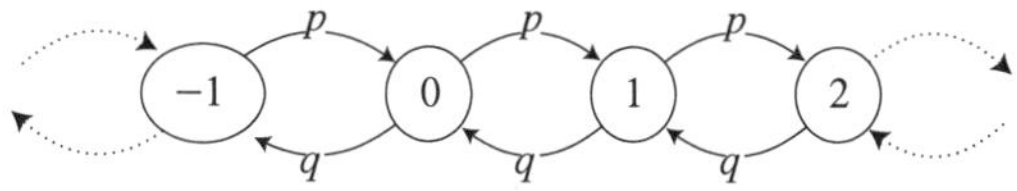

그림 1 $\mathbb{Z}$ 위에서의 확률보행.

X_n이 시간 $n+1$에서 X_{n+1}이 어떤 상태를 취할 것인지 결정하는 데 충분하며, 과거 기록 $X_0, \cdots, X_{n-1}$은 잊어버려도 된다는 것을 의미한다.

보통 이 계의 변화를 지배하는 법칙은 시간에 불변이라는 것을 가정한다. 만약 한 상태에서 다른 상태로의 전이(transition)가 시간 n에 독립적이라면, 즉 모든 시간 $n \geq 0$과 모든 상태 $i, j \in E$에 대해

$$\mathbb{P}[X_{n+1} = j | X_n = i] = p_{ij}$$

라면, 그 마르코프 연쇄를 **동질적**(homogeneous)이라고 한다. 수 p_{ij}는 단위시간 후에 상태 i에서 상태 j로 넘어갈 확률을 나타낸다. 행렬 $P = (p_{ij})_{i,\, j \in E}$를 마르코프 연쇄의 **전이행렬**(transition matrix)이라 부른다. 행렬 P는 **확률행렬**(stochastic matrix)인데, 즉 이것의 원소들은 음이 아니고 행 합이 1이다(모든 $i \in E$에 대해 $\sum_{j \in E} p_{ij} = 1$이다). 마르코프 연쇄의 동역학적 행동은 전이행렬 P에 의해 지배된다. 특히, n단계 이후 마르코프 연쇄가 주어진 상태에 있을 확률을 계산하는 문제는 P의 n번째 거듭제곱을 계산하는 것으로 변환되는데,

$$\mathbb{P}[X_n = j | X_0 = i] = (P^n)_{ij}$$

이기 때문이다. 여기서 $(P^n)_{ij}$는 P^n의 (i, j) 원소를 나타낸다.

$\mathbb{Z}$ 위에서의 확률보행에서 상태들의 집합은 $E = \mathbb{Z}$이고 확률변수 X_n은 시간 n에서 입자의 위치이다.

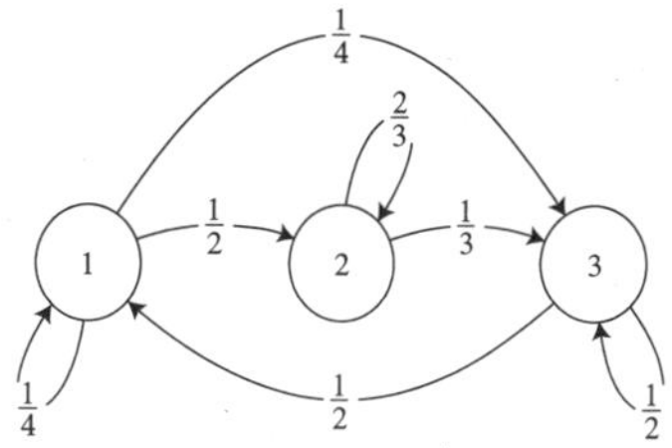

그림 2 식 (1)의 행렬 P를 전이행렬로 갖는 마르코프 연쇄의 전이.

확률과정 $(X_n)_{n \in \mathbb{N}}$은 동질 마르코프 연쇄이다. 전이행렬 P는 삼대각(tridiagonal)인데, $p_{i,\, i+1} = p$, $p_{i,\, i-1} = q$, $j \neq i-1, i+1$에 대해 $p_{ij} = 0$을 만족한다.

많은 응용은 마르코프 연쇄의 점근적 행동에 관심을 갖는다. 구체적으로, 과연 $\lim_{n \to \infty} \mathbb{P}[X_n = j \mid X_0 = i]$가 존재하며 그 극한이 초기상태 i에 독립인지 이해하는 것이 문제이다. 만약 그런 극한이 존재하고 초기상태 i에 대해 $\pi_j > 0$과 같다면, 벡터 $\pi = (\pi_j)_{j \in E}$는 $\sum_{j \in E} \pi_j = 1$과 $\pi^{\mathrm{T}} P = \pi^{\mathrm{T}}$을 만족해야 할 것이다. 이 벡터 π는 **안정상태벡터**(steady state vector) 혹은 **확률불변벡터**(probability invariant vector)라 불린다. E가 유한집합이라면 안정상태벡터는 고윳값 1에 대응하는 P의 좌고유벡터이다. 더 나아가, 추가로 행렬 P가 기약(irreducible)이라면 유일한 안정상태벡터가 존재한다.

행렬

$$P = \begin{bmatrix} \frac{1}{4} & \frac{1}{2} & \frac{1}{4} \\ 0 & \frac{2}{3} & \frac{1}{3} \\ \frac{1}{2} & 0 & \frac{1}{2} \end{bmatrix} \tag{1}$$

은 상태공간 $E = \{1, 2, 3\}$에 대한 마르코프 연쇄의 전이행렬이다. 상태들 사이의 전이는 그림 2의 그래프로 표현될 수 있다. P의 거듭제곱은 수렴하는데,

$$\lim_{n\to\infty} P^n = \begin{bmatrix} \frac{1}{4} & \frac{3}{8} & \frac{3}{8} \\ \frac{1}{4} & \frac{3}{8} & \frac{3}{8} \\ \frac{1}{4} & \frac{3}{8} & \frac{3}{8} \end{bmatrix}$$

이다. 따라서 안정상태벡터는 $\pi^{\mathrm{T}} = [\frac{1}{4}\ \frac{3}{8}\ \frac{3}{8}]$이다. 단순한 계산은 $\pi^{\mathrm{T}} = \pi^{\mathrm{T}}P$임을 보여 준다.

마르코프 연쇄는 서로 다른 분야의 광범위한 주제에서 응용될 수 있으며 거기에는 수리생물학, 화학, 대기열이론(queueing theory), 정보과학, 경제와 금융, 인터넷 응용, 그 외 많은 것들이 포함된다. 이 모형에서 전이행렬 P의 차원은 유한하거나 무한할 수 있고, 희소성(sparsity)이나 패턴 구조 같은 특정한 구조를 가질 수도 있다. 마르코프 연쇄의 대다수 응용에서, 관심사는 안정상태벡터가 존재한다는 가정하에 그것을 계산하는 것이다. 이런 관점에서, 행렬 P의 성질에 따라 구체적인 알고리즘이 만들어질 수 있다.

더 읽을거리

스튜어트(Stewart, 1994)는 일반적인 마르코프 연쇄에 대한 수치적 방법을 소개했고, 한편 비니 등(Bini et al., 2005)은 대기열이론에서 등장하는 마르코프 연쇄에 대한 구체적인 알고리즘을 제시했다. 노리스(Norris, 1999)는 마르코프 연쇄를 완전히 설명하는 논문을 썼다.

Bini, D. A., G. Latouche, and B. Meini. 2005. *Numerical Methods for Structured Markov Chains*. New York: Oxford University Press.

Norris, J. R. 1999. *Markov Chains*, 3rd edn. Cambridge: Cambridge University Press.

Stewart, W. J. 1994. *Introduction to the Numerical Solution of Markov Chains*. Princeton, NJ: Princeton University Press.

II.26 모형축소

피터 베너 *Peter Benner*

'모형축소(model reduction)'는 모호한 용어이다. 이 글에서는 그것을 (반)자동적인 수학적 알고리즘을 통해 수학모형의 복잡도를 줄이는 것을 의미한다고 이해할 것이다. 보통 그런 기법은 '차원축소(dimension reduction)', '차수축소(order reduction)', 아니면 시스템이론적인 용어에서 영감을 받아 '모형차수축소(model order reduction)'로도 불린다. 이 개념은 다양한 응용분야와 서로 다른 배경에서 사용된다. 모형차수축소는 수많은 분과, 주로 구조동역학, 시스템과 제어이론, 계산유체역학, 화학공정공학, 더 근래에는 회로 모의실험, 미세전자기계시스템, 계산전자기학에서 등장하고 있다. 이제는 영상처리, 계산신경과학, 계산/컴퓨터보조공학 전반 등 다수의 다른 응용분야에서도 그 쓰임새를 찾고 있다.

여기서는 동역학계의 상태공간의 차원을 축소하는 데 초점을 맞출 것이며, 이에 대해 모형방정식

$$E\{t, p\}\dot{x}(t) = f(t, x(t), u(t), p) \qquad (1a)$$
$$x(t_0) = x_0 \qquad (1b)$$
$$y(t) = g(t, x(t), u(t), p) \qquad (1c)$$

를 사용할 것이다. 이 방정식에서 $x(t) \in \mathbb{R}^n$은 시간

$t \in [t_0, T]$ $(t_0 < T \leq \infty)$에서 계의 상태, $u(t) \in \mathbb{R}^m$은 입력(제어, 시간에 따라 변하는 매개변수)을 나타내고, $p \in \Omega \subset \mathbb{R}^d$는 시불변(stationary) (물질, 모양, 디자인 등) 매개변수의 벡터, Ω는 보통 유계인 영역이며, $x_0 \in \mathbb{R}^n$은 계의 초기상태이다. 행렬 $E(t, p) \in \mathbb{R}^{n \times n}$은 계의 성질을 결정한다. 이것이 고르게 비특이적이면(uniformly nonsingular), (1a)는 연립상미분방정식을 나타낸다. 그렇지 않다면 (1)은 서술자계(descriptor system)이다. 만약 $d > 0$이면, 즉 매개변수가 존재한다면 우리는 $E(t, p) \equiv 0$인 경우도 역시 고려할 수 있다. 그러면 (1a)는 (비선형) 연립대수방정식이 된다. 그러면 매개변수가 변화하는 경우에('쿼리가 많은 상황(many-query context)'), 매개변수를 기호적인 양으로서 보존하는 차원축소는 (1a)의 근사해를 가속시킬 것이다. 방정식 (1c)는 출력벡터 $y(t) \in \mathbb{R}^q$를 설명한다. 이는 계에서 단지 몇 개의 측정값이나 관측값만을 알 수 있는 현실적인 상황과 대응한다. 이 방정식은 또한 응용에서 전체 상태정보가 필요하지 않을 때 관심 있는 양들을 분별하는 데에도 사용될 수 있다. 전체 상태정보가 필요하다면, 그저 $y(t) = x(t)$로 두면 된다. 함수 f와 g는 충분히 매끄러운 성질을 가진다고 가정하는데, (1a)에 대한 국소적 해의 존재성과 유일성을 보장하기 위해서 f에는 보통 최소한의 조건으로 립시츠 연속성(Lipschitz continuity)을 가정한다.

차원축소의 목표는 (1)을 축소된 상태공간 차원 $r \ll n$을 갖는 같은 형태의 계

$$\hat{E}(t, p)\dot{\hat{x}}(t) = \hat{f}(t, \hat{x}(t), u(t), p) \qquad (2a)$$
$$\hat{x}(t_0) = \hat{x}_0 \qquad (2b)$$
$$\hat{y}(t) = g(t, \hat{x}(t), u(t), p) \qquad (2c)$$

로 대체하는 것이다. 여기서 입력 $u(t)$와 매개변수벡터 p는 (1)에서 바뀌지 않고, $\hat{y}$는 모든 허용되는 제어입력과 매개변수에 대해 y와 가능한 한 가깝게 맞춰진다. 추가적으로 안정성(stability), 수동성(passivity), 소산성(dissipativity) 등과 같은 구조적 성질을 보존하도록 요구할 수도 있다. 이런 모든 요구를 한 번에 만족시키기란 매우 어렵다는 것은 당연하고, 따라서 특정한 응용에 대한 다양한 모형차수축소 방법이 개발되었다. 그들 중 상당수로부터 공통적인 원리를 찾을 수 있으며, 수학적 핵심은 대개 아주 유사하다.

1 기본 개념

대다수 모형차수축소 방법 이면의 기본 원리는 상태방정식 (1a)를 저차원 부분집합 $\mathcal{V} \subset \mathbb{R}^n$으로, 가능하다면 같은 차원을 가진 여부분집합 $\mathcal{W}$를 따라 사영시키는 것이다. 중심다양체(central manifold)나 (근사) 관성다양체(inertial manifold) 같은 비선형 부분집합으로의 사영은 동역학계 이론의 주제이며, 현재까지는 반응속도론(reaction kinetics), 공정공학(process engineering), 시스템생물학에서 주로 응용되어 왔다. 대부분의 다른 성공적인 방법들의 모임, 가령 모드 절단(modal truncation), 균형 절단(balanced truncation), 파데 근사(Padé approximation)/크릴로프 부분집합 방법(Krylov subspace method)/모멘트 정합(moment matching)(모두 유리보간법(rational interpolation)의 일례), 진직교 분해(proper orthogonal decomposition), 축소기저 방법(reduced basis method) 등은 선형인 사영 부분집합을 사용하는데, 그것은 거의

(페트로프(Petrov-))갤러킨(Galerkin) 사영 방법으로 분류될 수 있다. $V \in \mathbb{R}^{n \times r}$의 열공간(column space)으로 표현되는 $\mathcal{V}$의 직교기저와, $W \in \mathbb{R}^{n \times r}$의 열공간을 형성하는 $\mathcal{W}$의 기저가 주어져 있어(갤러킨 경우에는 $\mathcal{W} = \mathcal{V}$이고 $W = V$), $W^T V = I_r$($r \times r$ 단위 행렬)를 만족한다고 가정하자. 축소차수 모형은 $\hat{x} = W^T x$, $\hat{x}_0 = W^T x_0$으로 두고, (1a)의 나머지 값을 $\mathcal{W}$에 수직인 $\tilde{x}$로 만듦으로써 얻어진다.

$$\mathcal{W} \perp E(t, p)\dot{\tilde{x}} - f(t, \tilde{x}, u, p) \quad \forall \text{ admissible } t, u, p$$
$$\Leftrightarrow \quad 0 = W^T(E(t, p)\dot{\tilde{x}} - f(t, \tilde{x}, u, p))$$

서로 다른 방법은 주로 여기서 V (그리고 W)를 어떻게 계산하느냐에 따라 달라지는 것이다. (1)의 완전한 상태 x는 $\tilde{x} = V\hat{x}(t) = VW^T x(t)$로 근사된다.

한 예로, $A, E \in \mathbb{R}^{n \times n}$, $B \in \mathbb{R}^{n \times m}$, $C \in \mathbb{R}^{q \times n}$에 대해 매개변수가 없는 선형 시불변계(time-invariant system)

$$E(t, p) \equiv E, \tag{3a}$$
$$f(t, x, u, p) = Ax + Bu, \tag{3b}$$
$$g(t, x, u, p) = Cx \tag{3c}$$

를 생각해 보자. 예를 들어 보간법은 (그리고 균형절단 역시) (1)의 전달함수(transfer function)

$$G(s) = C(sE - A)^{-1}B, \qquad s \in \mathbb{C}$$

를 활용하는데, 이는 선형 시불변인 경우에는 라플라스 변환(Laplace transform)을 취한 뒤 변환된 (1a)를 변환된 (1c)에 대입함으로써 얻어진다. 전달함수는 입력 u에서 출력 y로 가는 사상을 나타낸다. 이 복소변수의 유리 행렬값함수는 많은 방법으로 근사할 수 있다. 유리보간법에서는 K개의 보간점 s_k와 각 점에서의 J_k계 도함수까지에 대해

$$\frac{d^j}{ds^j}G(s_k) = \frac{d^j}{ds^j}\hat{G}(s_k),$$
$$k = 1, \cdots, K, \quad j = 0, \cdots, J_k$$

를 만족하도록 V, W가 계산된다. 여기서 $\hat{G}$는 (2)와 (3)의 전달함수를 나타내며, $\hat{A} = W^T AV$, $\hat{B} = W^T B$, $\hat{C} = CV$에 의해 정의된다.

비선형인 경우에는, 빠른 계산을 가능케 하는 함수 $\hat{f}$와 $\hat{g}$를 어떻게 얻을 것인가라는 추가적인 질문이 생긴다. 단순히 $\hat{f}(t, x, u, p) = W^T f(t, V\hat{x}, u, p)$로 두는 것은 명백하게 일반적으로 빠른 계산을 이끌어 내지 않을 것이다. 따라서, '축소된' $\hat{f}$와 $\hat{g}$를 얻기 위해서는 (이산) 경험적 보간법(empirical interpolation) 같은 특수한 방법이 필요하다.

2 예시

한 예로서, 차량의 안정성 제어에 사용되는 장치인 소형 자이로스코프(microgyroscope)의 수학적 모형을 생각해 보자. 이 특정 모형의 유한요소 이산화(finite-element discretization)는 $n = 34722$개의 선형 상미분방정식과 $d = 4$개의 매개변수, $m = 1$개의 입력, $q = 12$개의 출력을 갖는 선형 시불변계를 이끌어 낸다. 크기 $r = 289$인 축소차수 모형을 사용하면, 2개의 매개변수(그림 1에서 x와 y축을 정의하는)와 들뜸진동수(exciation frequency) ω(즉, 매개변수 전달함수 $G(s, p)$는 다양한 ω에 대해 $s = i\omega$에서 계산된다)에 대한 매개변수 연구를, 정확도의 현저한 감소 없이도 거의 90배 가량 가속시킬 수 있다. 출력 y는 전체 진동수와 매개변수 영역에서 0.01% 이내의

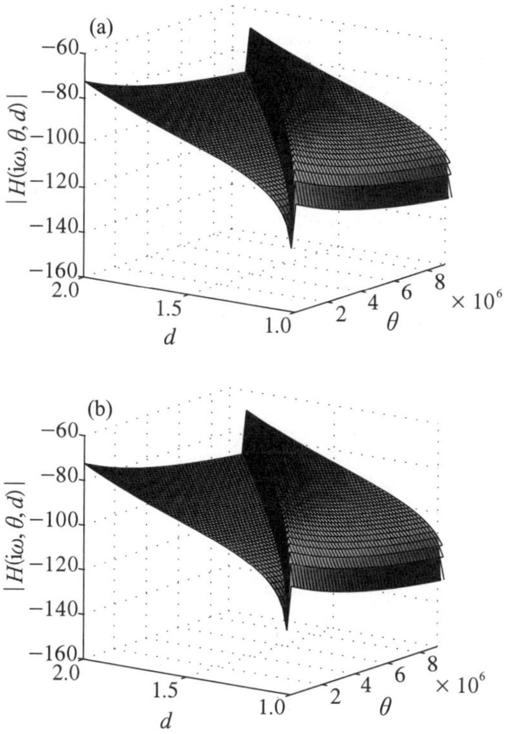

그림 1 소형장치의 매개변수 전달함수($\omega = 0.025$에서): (a)34722차원의 완전한 모형과 (b)289차원의 축소차수 모형에 대한 결과. (펑(L. Feng)과 브라이튼(T. Breiten)이 만든 계산과 그림.)

오차로 계산된다. 그림 1은 하나의 진동수에서 두 매개변수의 변화에 따른 완전한 모형과 축소차수 모형의 응답표면(response surface)을 보여준다.

더 읽을거리

Antoulas, A. 2005. *Approximation of Large-Scale Dynamical Systems*. Philadelphia, PA: SIAM.

Benner, P., M. Hinze, and E. J. W. ter Maten, eds. 2011. *Model Reduction for Circuit Simulation*. Lecture Notes in Electrical Engineering, volume 74. Dordrecht: Springer.

Benner, P., V. Mehrmann, and D. C. Sorensen, eds. 2005. *Dimension Reduction of Large-Scale Systems*. Lecture Notes in Computational Science and Engineering, volume 45. Berlin: Springer.

Schilders, W. H. A., H. A. van der Vorst, and J. Rommes, eds. 2008. *Model Order Reduction: Theory, Research Aspects and Applications*. Mathematics in Industry, volume 13. Berlin: Springer.

II.27 다중척도 모형화

파딜 산토사 *Fadil Santosa*

물리적, 생물학적, 그 외 다른 현상을 정확하게 모형화하려 할 때, 우리는 전혀 다른 시간과 공간적 척도에서 일어나는 복잡한 상호작용을 포착할 필요성에 자주 맞닥뜨린다. 다중척도 모형의 언어에서 시간척도는 보통 느린, 중간, 빠른 수준으로 구별된다. 공간적으로는 미시(micro), 중간(meso), 거시규모(macroscale) 현상으로 분리된다. 예컨대 고체의 변형을 모형화할 때는, 미시규모 현상이 펨토초(10^{-15}초) 수준에서 일어나는 원자간 상호작용일 수 있다. 중간규모에서는 구성하는 거대분자, 가령 뒤얽힌 중합체(polymer) 다발의 행동에 관심을 가질 수 있다. 마지막으로 거시규모에서는 작용하는 힘에 의해 크기가 몇 미터에 달하는 물체가 어떻게 변형되는지 관심을 가질 것이다. 다중척도 모형에서 어려운 점은 하나의 척도에서의 상호작용이 다른 척도에서의 상호작용과 연관된다는 것이다. 따라서 앞의 예시에서, 작용하는 힘이 원자간 상호작용에 어떻게 영향을 미치며, 그런 상호작용이 거대분자들의 행동에 어떤 효과를 일으키고, 마침내 물체의 전체적인 모양을 어떻게 변형시키는지 알아보려는 것이다.

응용분야에서의 막대한 중요성 덕분에 다중척도 모형화는 빠르게 발전하고 있다. 응용되는 범위는 깜짝 놀랄만큼 넓으며, 지구물리학, 생물학, 화학, 기상학, 재료과학, 물리학에 응용되고 있다.

고체역학에서 등장하는 또 하나의 구체적인 예를 들어보겠다. 우리가 순수한 알루미늄 벽돌을 가지고 있으며, 그것의 결정구조가 알려져 있다고 가정해보자. 그렇다면 원자구조에 대한 지식으로부터 이것의 탄성 성질, 즉 라메 계수(Lamé modulus)와 푸아송 비(Poisson ratio)를 어떻게 **순이론적으로**(ab initio) 계산할 수 있을까? 그러한 계산은 다중입자계에 대한 슈뢰딩거의 방정식(Schrödinger's equation)을 고려하는 것으로 시작할 것이다. 계의 바닥상태를 구함으로써, 우리가 알아내기를 원하는 거대한 알루미늄의 거시적 성질을 추출해 낼 수 있을 것이다.

응용수학에서 다중척도 모형의 고전적인 예 중 하나는 **균질화 방법**[II.17]인데, 이는 합성물질의 유효성질(effective property)를 추출해 낼 수 있게 해 준다. 전도율(conductivity)이 빠르게 변동하는 물질로 만들어진 길이 ℓ의 막대기에 대한 온도의 안정상태 분포(steady-state distribution)를 생각해 보자. 전도율은 $a(y+1)=a(y)$인 주기함수 $a(y)>0$으로 묘사된다. 매질의 실제 주기를 나타내기 위해 작은 척도의 ε을 도입하자. 온도 $u(x)$를 지배하는 방정식은

$$\left(a\left(\frac{x}{\varepsilon}\right)u'\right)'=f, \quad 0<x<\ell$$

이며, 프라임 기호는 x에 대한 미분을 나타낸다. 여기서 f는 열원(heat source)의 분포이며 x는 막대기를 따라 잰 거리이다. 문제를 풀기 위해서 해 u는 ε의 거듭제곱으로 전개된다. u의 거시적 행동은 0번째 차수로 식별된다. 작고 빠른 변동이 무시된다면 해는 매끈할 것이다.

다중척도 모형화의 현재 연구는 서로 다른 척도들에서의 현상을 연결해 주고 효율적인 수치적 방법을 개발하는 데 초점을 맞춘다. 연속적 대응물과 일치하는 엄밀한 다중척도 모형을 개발하려는 노력도 있다. **연속체모형**[IV.26]은 근본가설로부터 유도되며 물질의 성질이 보통 측정되는 거시규모 모형이다. 일부는 정확한 모의실험을 개발하는 데 더욱 집중하며, 예컨대 케블라(Kevlar)에 사용된 합성수지와 탄소섬유의 중합체로부터 그것의 성질을 모형화하려는 시도가 있다. 이 분야의 모든 연구는 어느 정도의 수치분석과 계산과학을 포함한다.

II.28 비선형방정식과 뉴턴의 방법

마르코스 라이단 *Marcos Raydan*

비선형방정식은 현실의 작용을 수학적으로 모형화할 때 자주 등장한다. 그것은 보통 해를 찾는 문제로 표현된다: f_i가 n개의 변수에 대한 주어진 함수일 때

$$f_i(x_1, \cdots, x_n) = 0, \quad i = 1, 2, \cdots, n$$

을 만족하는 $x_j \in \mathbb{R}$를 각 $j = 1, 2, \cdots, n$에 대해 찾아라. 만약 적어도 하나의 함수 f_i가 적어도 하나의 변수에 대해 비선형적으로 의존하면, 이 연립방정식은 비선형이다. 벡터 표기법을 사용하면 이 문제는 또한

$$F(x) = [f_1(x), \cdots, f_n(x)]^{\mathrm{T}} = 0$$

을 만족하는 $x = [x_1, \cdots, x_n]^{\mathrm{T}} \in \mathbb{R}^n$을 찾으라는 것으로 쓸 수 있다. 만약 모든 함수 f_i가 모든 변수에 대해 선형적으로 의존하면, 이는 보통 선형연립방정식 $Ax = b$로 쓰이며, 여기서 $b \in \mathbb{R}^n$이고 A는 $n \times n$ 행렬이다.

비선형연립방정식의 해에 대한 존재성과 유일성은 선형연립방정식의 경우보다 더 복잡하다. $Ax = b$를 풀면 해의 개수는 반드시 0, 무한대, 1(A가 비특이적(nonsingular)일 때) 중 하나인 반면, $F(x) = 0$에 대한 해의 개수는 0, 무한대, 혹은 어떠한 유한한 수도 될 수 있다. 다행히도, 실전에서는 대개 그럴듯한 초기근사가 알려진 비선형연립식의 해를 찾으면 충분하다.

심지어 단순한 1차원 경우($n = 1$)에도 대부분의 비선형방정식은 닫힌 공식(closed formula)으로, 즉 유한한 연산을 사용하여 풀 수 없다. 잘 알려진 예외는 수백 년 동안 닫힌 공식이 알려져 있던, 차수가 4 이하인 다항식의 근을 찾는 문제 정도이다. 이에 따라, 일반적으로 해에 대한 점점 정확한 근사들을 만들어 내기 위해 반복법이 사용되어야 한다. 가장 오래된 반복 체계 중 하나이며, $F(x) = 0$을 풀기 위한 수치적 방법의 문헌에서 중요한 역할을 해 온 것은 바로 뉴턴의 방법(Newton's method)이다.

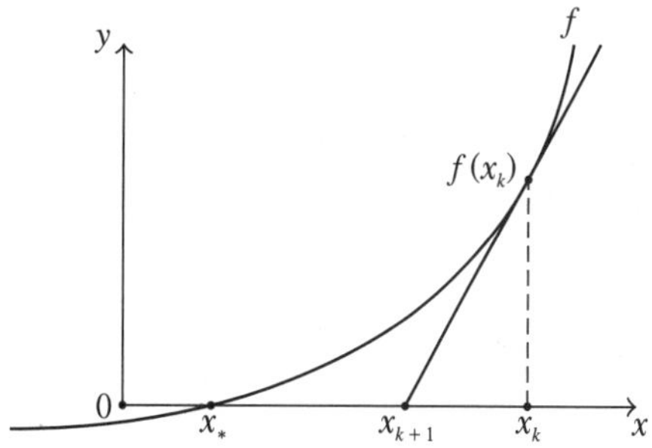

그림 1 1차원에서 $f(x) = 0$에 대한 뉴턴 방법의 한 반복.

1 뉴턴의 방법

비선형방정식을 풀기 위한 뉴턴의 방법은 1차원에서 등장했다. 이 경우 $f: \mathbb{R} \to \mathbb{R}$가 해 x_*의 근방에서 미분가능할 때, $f(x) = 0$을 만족하는 $x \in \mathbb{R}$을 찾는 것이 문제이다. 주어진 x_0에서 시작해, 뉴턴 방법의 k번째 반복은 점 $(x_k, f(x_k))$를 지나는 접선

$$M_k(x) = f(x_k) + f'(x_k)(x - x_k)$$

를 만들고, 그 다음 반복자 x_{k+1}을 방정식 $M_k(x) = 0$의 근으로서 정의한다(그림 1을 보라). 따라서 주어진 $x_0 \in \mathbb{R}$에 대해, 뉴턴의 방법은

$$x_{k+1} = x_k - f(x_k)/f'(x_k)$$

로 정의된 x_*를 근사하는 수열 $\{x_k\}$를 생성한다. $M_k(x)$에 대한 접선이나 선형모형은 x_k 근방에서 f에 대한 테일러 급수(Taylor series)의 첫 두 항과 동일하다는 것에 주의하자.

1차원에 대한 뉴턴의 아이디어는 n차원 문제로 확장될 수 있다. $\mathbb{R}^n$에서 이 방법은 정사각 비선형연립방정식의 해를 정사각 선형연립방정식을 풂으로써 근사시킨다. 1차원 경우와 마찬가지로, k번째 반복에서 x_{k+1}을 선형모형

$$M_k(x) = F(x_k) + J(x_k)(x - x_k)$$

의 해로서 정의하는 것이 아이디어이다. 여기서 함수 $F\colon \mathbb{R}^n \to \mathbb{R}^n$은 해 x_* 근방에서 미분가능한 것으로 가정되며, $J(x_k)$는 $n \times n$ 야코비 행렬(Jacobian matrix)로서 $1 \le i, j \le n$에 대해 원소 $J_{ij}(x_k) = \partial f_i/\partial x_j(x_k)$을 갖는다. 그러므로 주어진 $x_0 \in \mathbb{R}^n$에서 시작하면, 뉴턴의 방법은 $k = 1, 2, \cdots$에 대해 다음 두 단계로 이행된다.

- s_k에 대해 $J(x_k)s_k = -F(x_k)$를 푼다.
- $x_{k+1} = x_k + s_k$로 둔다.

뉴턴의 방법은 척도불변(scale invariant)이라는 것에 주의하자. 임의의 비특이적 $n \times n$ 행렬 A에 대해 이 방법을 비선형연립식 $AF(x) = 0$에 적용해 얻는 반복자들의 수열은, 이것을 $F(x) = 0$에 적용했을 때의 결과와 동일할 것이다. 또 다른 흥미로운 이론적 특징은, 이것의 놀랄 정도로 빠른 국소 수렴성이다. 몇 가지 표준적인 가정하에, 즉 $J(x_*)$는 비특이적이고 $J(x)$는 x_* 근방에서 립시츠 연속(Lipschitz continuous)이며 초기추정 x_0는 x_*에 충분히 가깝다면 뉴턴의 방법으로 생성되는 수열 $\{x_k\}$는 x_*에 q-2차적으로(q-quadratically) 수렴한다. 다시 말해 어떤 $c > 0$과 $\hat{k} \ge 0$이 존재해서, 모든 $k \ge \hat{k}$에 대해

$$\|x_{k+1} - x_*\| \le c\|x_k - x_*\|^2$$

이 성립한다. 이렇듯 뉴턴의 방법은 이론적으로 매력적이지만 다양한 이유로 실전에서 사용하기에는 어려울 수도 있는데, 그 이유에는 도함수를 계산할 필요성, 수렴성을 보장하기 위한 좋은 초기추정의 필요성, 매 반복마다 $n \times n$ 선형연립식을 푸는 계산 비용이 포함된다.

2 실용적인 변형

미분이 불가능하거나 계산하기에는 계산량이 너무 많다면, 그것을 유한차분(finite difference)으로 근사시킬 수 있다. 표준적인 방안은 $J(x_k)$의 j번째 열을 전향차분 몫(forward difference quotient) $(F(x_k + h_k e_j) - F(x_k))/h_k$로 근사하는 것인데, 여기서 e_j는 j번째 단위벡터이고 $h_k > 0$은 충분히 작은 수이다. 유한차분 변형을 사용할 때는 함수 F가 매 반복마다 야코비 행렬의 각 열에 대해 한 번씩 그리고 벡터 x_k에 대해 한 번, 총 $n + 1$번 계산되어야 한다는 것에 주의하자. 따라서 이 변형은 F의 계산량이 많지 않다면 매력적이다.

다른 방안은 잘 알려진 1차원 할선법(secant method)을 n차원 문제 $F(x) = 0$으로 확장하는 것이다. 이른바 **할선 혹은 준-뉴턴 기법**[IV.11 §4.2]의 주요 아이디어는 단지 반복자들의 수열 $\{x_k\}$뿐 아니라 $J(x_k)$를 근사시키는 행렬들의 나열 $\{B_k\}$도 생성하는 것인데, 그것은 $s_{k-1} = x_k - x_{k-1}$이고 $y_{k-1} = F(x_k) - F(x_{k-1})$일 때 할선방정식 $B_k s_{k-1} = y_{k-1}$을 만족한다. 이 경우, 초기행렬 $B_0 \approx J(x_0)$이 반드시

제공되어야 한다. 당연히 무한히 많은 $n \times n$ 행렬이 할선방정식을 만족한다. 그 결과 서로 다른 성질을 갖는 광범위한 준-뉴턴 방법(가령 브로이든의 방법(Broyden's method))이 개발되었다.

뉴턴의 방법이나 그것의 도함수 없는 변형을 사용한다면, 매 반복마다 선형연립식을 풀어야 한다. 이 선형연립식은 직접적인 방법(가령 LU나 QR 분해)으로 풀 수도 있지만, 만약 n이 크고 야코비 행렬이 희소구조(sparse structure)를 갖는다면 반복법(가령 **크릴로프 부분공간 방법**[IV.10 §9])을 사용하는 것이 더 좋을 수도 있다. 그때, x_k는 $k+1$번째 반복에서 초기추정으로 사용될 수 있다는 것에 주목하자. 그러한 뉴턴 방법의 이른바 부정확한 변형이 가진 중요한 특징 중 하나는, 반복선형을 해결하는 현대 프로그램들이 야코비 행렬의 명시적인 정보를 요구하지 않는다는 데 있다. 대신 그들은 단지 임의로 주어진 벡터 z에 대한 행렬-벡터 곱 $J(x_k)z$를 요구한다. 이 곱은 전향차분을 이용하여

$$J(x_k)z \approx (F(x_k + h_k z) - F(x_k))h_k$$

로 근사될 수 있다. 따라서, 뉴턴 방법의 부정확한 변형은 미분이 불가능한 경우에도 역시 적합하다. 언급된 모든 변형은 일반적으로 국소 **q-2차적 수렴성**을 잃어버리지만, 대신 **q-초선형 수렴성**(q-superlinear convergence), 즉 $\|x_{k+1} - x_*\| / \|x_k - x_*\| \to 0$을 얻을 수 있다.

마지막으로, 일반적인 뉴턴의 방법은 오직 국소적으로 수렴하기 때문에 실전에서 효과적이려면 전역화 전략이 필요하다. 가장 유명하고 잘 연구된 두 가지 방안은 직선 탐색(line search)과 신뢰영역(trust region)이다. 어느 경우에서나, 가능한 모든 반복자의 특성을 평가하기 위한 목적함수(merit function) $\hat{f} : \mathbb{R}^n \to \mathbb{R}^+$이 사용된다. $F(x) = 0$을 풀 때 자연스러운 선택은 $\hat{f}(x) = F(x)^{\mathrm{T}} F(x)$이다.

더 읽을거리

Dennis, J. E., and R. Schnabel. 1983. *Numerical Methods for Unconstrained Optimization and Nonlinear Equations*. Englewood Cliffs, NJ: Prentice Hall. (Republished by SIAM (Philadelphia, PA) in 1996.)

Kelley, C. T. 2003. *Solving Nonlinear Equations with Newton's Method*. Philadelphia, PA: SIAM.

Ypma, T. J. 1995. Historical development of the Newton-Raphson method. *SIAM Review* 37(4): 531-51.

II.29 직교다항식

p_i의 차수가 i인 다항식 $p_0(x), p_1(x), \cdots$가 구간 $[a, b]$ 위에서 음 아닌 가중함수(weight function) $w(x)$에 대해 **직교다항식**(orthogonal polynomial)이라는 것은

$$\int_a^b w(x) p_i(x) p_j(x)\, \mathrm{d}x = 0, \quad i \neq j$$

곧 모든 서로 다른 다항식 쌍이 $[a, b]$ 위에서 w에 대해 직교한다는 것을 의미한다. 상수 인자를 무시한다면, 직교성 조건은 가중함수와 구간이 주어졌을

표 1 일부 고전적인 직교다항식에 대한 3항 점화식 (1)의 인자들.

다항식	$[a, b]$	$w(x)$	a_j	b_j	c_j
체비쇼프 (Chebyshyov)	$[-1, 1]$	$(1-x^2)^{-1/2}$	2	0	1
르장드르 (Legendre)	$[-1, 1]$	1	$\frac{2j+1}{j+1}$	0	$\frac{j}{j+1}$
에르미트 (Hermite)	$(-\infty, \infty)$	e^{-x^2}	2	0	$2j$
라게르 (Laguerre)	$[0, \infty)$	e^{-x}	$-\frac{1}{j+1}$	$\frac{2j+1}{j+1}$	$\frac{j}{j+1}$

때 다항식 p_i를 유일하게 결정한다.

직교다항식의 중요한 성질은 그것이 3항 점화관계식

$$p_{j+1}(x) = (a_j x + b_j)p_j(x) - c_j p_{j-1}(x), \quad j \geq 1 \tag{1}$$

을 만족한다는 것이다. 일부 고전적인 직교다항식에 대한 가중함수, 구간, 점화계수가 표 1에 정리되어 있는데, 여기서는 정규화 $p_0(x) = 1$을 가정하며, 체비쇼프와 르장드르 다항식에 대해서는 $p_1(x) = x$, 에르미트 다항식에 대해서는 $p_1(x) = 2x$, 라게르 다항식에 대해서는 $p_1(x) = 1 - x$이다.

직교다항식은 많은 흥미로운 성질을 가지며 다양한 상황, 예컨대 수치적분, 크릴로프 부분공간 방법, 연분수(continued fraction)의 이론에서 사용된다. 이 책에서는 **최소 제곱 근사**[IV.9 §3.3], **편미분방정식의 수치해법**[IV.13 §6], **랜덤 행렬 이론**[IV.24], **특수함수**[IV.7 §7]에서 등장한다. 더 많은 정보를 얻으려면 **특수함수**[IV.7 §7]를 보라.

II.30 충격

바바라 리 키피츠 *Barbara Lee Keyfitz*

1 충격이란 무엇인가?

'충격(shock)'(또는 '충격파(shock wave)')은 준선형 쌍곡형 편미분방정식(quasilinear hyperbolic PDE) 혹은 **보존법칙**[II.6]의 장(field)에 대한 또 다른 이름이다. 초음속 흐름에 대한 수학이론이 태동할 무렵, 그것을 주제로 쓴 첫 교과서가 이름을 그렇게 지었다. 준선형 쌍곡형 PDE의 수학이론에 초점을 맞춘 최초의 현대적인 논문에서도 역시 이 용어를 사용했다. 충격은 그 주제의 지배적인 특징인데, 왜냐하면 **버거스 방정식**[III.4](**편미분방정식**[IV.3 §3.6]도 보라)의 설명처럼, 초깃값 문제의 해는 심지어 매끈한 초기조건하에서도 전체 시간동안 매끈함을 유지하기 힘들기 때문이다. 해가 미분가능하지 않을 때 어떤 일이 일어나는지 알아보기 위해 방정식의 유도 과정으로 돌아가 보자.

단일공간차원인 계

$$\boldsymbol{u}_t + \boldsymbol{f}(\boldsymbol{u})_x = 0 \tag{1}$$

를 유도할 때, 통상적으로 $\boldsymbol{u}$의 각 성분 u_i의 보존을 상기한다. 제어구간 $[x, x+h]$ 위에서 u_i의 변화율은 끝점들을 지나는 알짜흐름이다.

$$\partial_t \int_x^{x+h} u_i(y, t)\,\mathrm{d}y = f_i(\boldsymbol{u}(x, t)) - f_i(\boldsymbol{u}(x+h, t)) \tag{2}$$

$\boldsymbol{u}$가 미분가능하다는 가정하에, 미적분학의 평균값 정리는 극한 $h \to 0$에서 (1)을 이끌어 낸다. 그러나 (2)는 다른 경우에도 유용하다. 만약 $\boldsymbol{u}$가 불연속성

의 곡선 $x = X(t)$의 왼쪽과 오른쪽에서 두 개의 다른 극한 $\boldsymbol{u}_{\mathrm{L}}(X(t), t)$와 $\boldsymbol{u}_{\mathrm{R}}(X(t), t)$로 접근한다면, (2)에서 x와 $x+h$가 곡선 $X(t)$에 걸치도록 극한 $h \to 0$을 취했을 때 $\boldsymbol{u}_{\mathrm{L}}$, $\boldsymbol{u}_{\mathrm{R}}$, 곡선의 미분에 관한 관계식을 얻는다.

$$\begin{aligned} X(t)(\boldsymbol{u}_{\mathrm{R}}(X(t), t) - \boldsymbol{u}_{\mathrm{L}}(X(t), t) \\ = \boldsymbol{f}(\boldsymbol{u}_{\mathrm{R}}(X(t), t)) - \boldsymbol{f}(\boldsymbol{u}_{\mathrm{L}}(X(t), t)) \end{aligned} \tag{3}$$

이는 (일반화된) 랭킨-위고니오 관계식(Rankine-Hugoniot relation)으로 알려져 있다. 양 $X'(t)$는 $X(t)$의 불연속점에서 전파의 속도를 측정한다.

심지어 초기조건이 매끈한 경우에도, 보존법칙의 해가 모든 시간에 대해 연속일 것으로 예상하지 않으므로, (1)의 '해'라는 것이 어떤 의미인지 서술할 때는 충격도 고려해야 한다. 보존법칙 이론은 (1)의 해가 가산적으로 많은 충격을 포함할 수 있고, 함수 $X(t)$는 립시츠 연속 이상으로는 매끈하지 않을 수 있으며, 물리적 (x, t)-공간에 충격곡선이 교차하는 가산적으로 많은 점이 있을 수 있다는 것을 말해 준다. 공간차원이 1보다 큰 보존법칙인 경우, '충격곡선'의 개념은 '충격곡면'으로 일반화될 수 있는데, 그런 곡면의 각각의 면에서 해가 조각별로 미분가능하다고 가정하면 된다. 그러면 각 점에서 모든 면의 상태들을 곡면의 법선에 대해 연결해 주는 (3)과 유사한 방정식을 얻을 수 있다. 하지만 단일공간차원의 경우와 달리, 모든 해가 그런 구조를 가지고 있는지, 아니면 더 많은 특이적 행동이 가능한지는 알려져 있지 않다.

2 엔트로피, 허용성, 유일성

수학적 고찰(거의 모든 초기조건에서 등장한다)과 물리적 고찰(보존법칙으로 모형화된 모든 유체의 계에서 보인다)이 모두 약해(weak solution), 즉 충격을 포함하는 해의 형태를 고려하게끔 하지만, 그렇다면 새로운 어려움이 나타난다. 만약 충격이 보존법칙계의 해로서 허용된다면, 너무 많은 해가 존재할 수 있다(이는 또한, 다소 비논리적이지만 '유일성의 부재'로 알려져 있다). 여기 버거스 방정식과 연관된 단순한 예가 있다. 만약 $t = 0$에서

$$u(x, 0) = \begin{cases} 0, & x \leq 0 \\ 1, & x > 0 \end{cases}$$

이라면

$$u(x, t) = \begin{cases} 0, & x \leq \frac{1}{2}t \\ 1, & x > \frac{1}{2}t \end{cases}$$

는 (3)의 의미에서 충격해가 된다. 그러나

$$u(x, t) = \begin{cases} 0, & x \leq 0 \\ x/t, & 0 < x < t \\ 1, & x > t \end{cases}$$

도 역시 해가 된다. 사실 '소밀파(rarefaction wave)'로 설명되는 후자가 올바른 해이며, 반면 '소밀충격[V.20 §2.2]'으로 알려진 전자는 수학적, 물리학적 근거 모두를 통해 배제할 수 있다. 소밀해지는 유체(즉, 압력에 의한 힘이 감소하는)는 그것이 기체든 교통량이든 간에 점차적으로 퍼지고 초기 불연속성을 지우는 반면, 압축되는 유체는 충격을 형성한다.

수학과 물리학 모두에 근거를 둔 또 다른 추론의 방식은 다음과 같다. η가 $\boldsymbol{u}$에 대한 볼록함수이며, 다른 함수 $q(\boldsymbol{u})$가 존재해서 $\boldsymbol{u}$가 (1)의 매끈한 해이기만 하면

$$\mu(\boldsymbol{u})_t + q(\boldsymbol{u})_x = 0 \qquad (4)$$

이 성립한다고 가정하자. 이것이 성립하는 경우에 (1)이 '볼록 엔트로피(convex entropy)를 가진다'고 말한다. 계산을 통해 (버거스 방정식에 대해선 쉽고, 일반적으로도 참이다) 충격을 포함하는 영역에서는 (4)가 만족될 것이라 기대해서는 안 된다((3)과 같은 추가적인 랭킨-위고니오 관계식처럼 약한 의미에서). 하지만 η가 볼록이므로, 충격이 존재할 때 η가 시간에 따라 감소한다는 조건을 부과함으로써 해의 범위를 제한할 수 있다. 단일공간차원의 보존법칙계에서는, 일부 충격은 약해로서 허용하고 다른 일부는 허용하지 않는 이 조건이 해의 유일성을 보장하기에 충분하다.

충격의 허용조건을 서술하는 다른 수많은 방법이 있는데, 계를 포물형(parabolic)으로 만들기 위해 이른바 점성(viscosity) 항으로 다음과 같이 계를 변형하는 것도 포함된다.

$$\boldsymbol{u}_t + \boldsymbol{f}(\boldsymbol{u})_x = \varepsilon \boldsymbol{u}_{xx} \qquad (5)$$

그리고 이 반선형(semilinear) 포물형 계의 고전적인 해가 $\varepsilon \to 0$일 때 극한이 되는 충격만을 허용한다.

3 충격의 윤곽

점성방정식 (5)는 어떤 시험에서 탈락한 충격들을 체로 걸러 해의 유일성을 얻고자 유체역학 연구자가 사용하는 단순한 계책인 것만은 아니다. 쌍곡형 계 (1)은 점성, 열전도효과, 그리고 심지어 입자들의 평균 자유경로를 고려한 더 현실적인 물리상황의 근사로서 간주할 수 있다. 예를 들어 만약 점성효과가 포함된다면 (5)의 우변은 $B\boldsymbol{u}_{xx}$의 형태를 취하는데, 여기서 $B = B(\boldsymbol{u})$는 통상 대각이고, 통상 양의 준정부호(positive semidefinite)이며, 계가 관심 있는 길이 척도에서 측정되었을 때 통상 작은 행렬이다. 특히, 그 길이 척도에서 쌍곡형 계 (1)은 흐름에 관한 좋은 설명이 된다. 그러나 충격을 따라가면 $\boldsymbol{u}$나 아니면 최소한 그것의 일부 성분에 급격한 변화가 생기고, 쌍곡형 근사는 적합하지 않게 된다. 여기에서의 한 가지 접근법은 쌍곡형 계를 이용해 충격의 거시적인 특징, 속도 $c = X'$과 (3)을 이용한 양쪽에서의 상태를 밝힌 다음, 충격 내부의 해에 대한 이동하는 파동 문제를 서술하는 것이다. 다시 말해, 야코비 행렬(Jacobian matrix) A와 흐름함수(flux function) f에 대한

$$-c\boldsymbol{u}' + A(\boldsymbol{u})\boldsymbol{u}' = B(\boldsymbol{u})\boldsymbol{u}''$$
$$\boldsymbol{u}(-\infty) = \boldsymbol{u}_{\mathrm{L}}, \quad \boldsymbol{u}(\infty) = \boldsymbol{u}_{\mathrm{R}}$$

의 해 $\boldsymbol{u}(\xi) = \boldsymbol{u}(x - ct)$를 동역학계의 기법들을 사용해 연구한다.

더 읽을거리

Bressan, A. 2000. *Hyperbolic Systems of Conservation Laws: The One-Dimensional Cauchy Problem*. Oxford: Oxford University Press.

Courant, R., and K. O. Friedrichs. 1948. *Supersonic Flow and Shock Waves*. New York: Wiley-Interscience.

Smoller, J. A. 1983. *Shock Waves and Reaction-Diffusion Equations*. New York: Springer.

II.31 특이성

마틴 *P. A. Martin*

'특이성(singularity)'이라는 단어는 수학에서 다양한 의미를 갖지만, 보통 무언가 나쁜 것이 일어나는 장소나 점(point)을 의미한다. 예를 들어 함수 $f(x) = 1/x$는 $x = 0$에서 정의되지 않는다. 이것은 $x = 0$에서 특이성을 가지며, 그곳에서 '특이적'이다. 이 단순한 예에서 $f(x)$는 $x = 0$에서 유계가 아니지만(무한대이지만), 이것이 특이성을 정의하는 성질일 필요는 없다. 이를테면 **복소 해석학**[IV.1]에서는, f가 z_0에서 미분가능하지 않을 때 $f(z)$가 점 z_0에서 특이성을 가진다고 말한다. 예를 들어 $f_1(z) = 1/(z-1)^2$은 $z = 1$에서 특이성을 갖고, $f_2(z) = z^{1/2}$은 $z = 0$에서 특이성을 갖는다. $f_1(z)$는 $z = 1$에서 유계가 아닌 반면 $f_2(0) = 0$임에 주목하자. 복소해석학에서 $f(z)$의 특이점들은 특히 유수(residue)의 계산에서 효과적으로 활용된다.

특이성의 더 많은 이점을 설명하기 전에, 그것이 일으킬 수 있는 몇 가지 문제점을 고려해 보자. 적분범위 안 어떤 점에서 적분자가 유계가 아닌 정적분을 계산하는 것은 이에 대한 초등적인 예시이다. 예컨대 매개변수 α에 대해 $I = \int_0^1 x^\alpha dx$를 생각하자. 적분하면 $\alpha > -1$일 때 $I = 1/(\alpha + 1)$을 얻는다. $\alpha \leq -1$일 때 적분은 발산한다($\alpha = -1$일 때, $\int x^{-1}dx = \log|x|$를 사용하라). $\alpha < 0$이면 적분자 $f(x) = x^\alpha$은 양의 값을 따라 $x \to 0$일 때 유계가 아니다. $f(x)$는 심지어 $x = 0$에서 특이성을 갖고 있음에도 $-1 < \alpha < 0$일 때 적분가능한데, 이는 $y = f(x), 0 < x < 1$의 그래프 아래의 넓이가 유한하다는 의미이다. 그 넓이는 $\alpha \leq -1$일 때 무한하다.

방금 설명된 예에서는 적분 I를 정확하게 계산할 수 있었고, 이것은 매개변수 α의 효과를 살펴볼 수 있게끔 해 주었다. 실제 상황에서는 적분의 값을 구적법(quadrature rule, 가령 사다리꼴 공식(trapezium rule)이나 심프슨의 공식(Simpson's rule))을 사용하여 수치적으로 계산해야만 할 수도 있다. 적분자가 특이성을 가진다면, 대개 특이성의 특정한 종류에 따라 재단된 특수한 구적법이나 혹은 특이성을 제거하도록 고안된 치환을 사용해야만 한다. 일반적으로, 특이성의 효과를 상쇄시키기 위해 해석적이고 수치적인 기법들을 혼합할 필요가 있다.

편미분방정식[IV.3](PDE)에서 경곗값 문제를 풀 때와 같이, 다른 많은 문제에서도 유사한 어려움이 나타날 수 있다. 구체적인 예로서 영역 $r > 0, 0 < \theta < \beta$에 대한 **라플라스 방정식**[III.18] $\nabla^2 u = 0$을 생각해 보자. 여기서 r와 θ는 평면 극좌표이고, 각 β는 $0 < \beta < 2\pi$를 만족한다. 이 영역을 쐐기(wedge)라 부르기로 하자. 쐐기의 양변 $\theta = 0$과 $\theta = \beta$에서 경계조건 $u = 0$을 갖는다면, 하나의 해는 $u(r, \theta) = r^\nu \sin(\nu\theta)$이며 여기서 $\nu = \pi/\beta$이다. 이 해는 쐐기의 끝에서 ($r = 0$일 때) 0이지만 u의 도함수들은 그곳에서 유계가 아닐 수도 있다. 예컨대 $\beta = \frac{4}{3}\pi$를 취하면, $\nu = \frac{3}{4}$이고 u의 그래디언트는 $r = 0$에서 유계가 아니다. 모서리에서는 통상적으로 이런 특이적 행동이 나타나며, 보통 PDE를 푸는 수치적 방법의 성능을 저하시킨다. 사실 모서리를 가질 필요조차 없는데, 왜냐하면 경계조건의 변화가 똑같은 효과를 가져올 수 있기 때문이다. 예를 들어 $\beta = \pi$를 취해 쐐기를 반평면 $y > 0$으로 만든 다음, $\theta = 0$에서

$u = 0$이고 $\theta = \pi$에서 $\partial u/\partial\theta = 0$이 되도록 하자. 그러면 하나의 해는 $u = r^{1/2}\sin(\theta/2)$이며 이것은 $r = 0$에서 유계가 아닌 그래디언트를 갖는데, 그 점은 직선 $y = 0$ 위에서 경계조건이 바뀌는 지점이다. 이런 현상은 1940년대에 수치적 방법을 시험하기 위해 고안된 모츠 문제(Motz problem)에 포함되어 있다. 이것은 오늘날까지 여전히 사용된다.

쐐기로 돌아가서, $\beta = 2\pi$를 취해 쐐기가 양의 x축을 따라 틈(slit)이 있는 전체 평면이 되도록 하자. 틈의 양쪽 변은 $\theta = 0$과 $\theta = 2\pi$로 정의된다. 경계조건은 $\theta = 0$과 $\theta = 2\pi$일 때 $\partial u/\partial\theta = 0$이라고 가정하자. $\nabla^2 u = 0$의 한 해는 $u = r^{1/2}\cos(\theta/2)$이며, 이것은 $r = 0$에서 유계가 아닌 그래디언트를 가진다. 이 해는 고체역학[IV.32]의 관심사인데, 여기서 틈은 균열을 나타내고, u는 변위이며, u의 그래디언트는 탄성응력(elastic stress)과 관련된다. 탄성의 선형이론은 r(균열 끝에서의 거리)가 작으면 응력이 근사적으로 $r^{-1/2}K(\theta)$임을 예측하는데, 이때 K는 계산될 수 있다. 특이적 행동의 형태, 즉 $r^{-1/2}$은 균열 끝 근방에서 국소적인 분석으로 얻어지지만, 응력확대인자(stress intensity factor)로 알려진 곱인자 K를 결정하려면 균열된 물체의 모양과 작용하는 무게에 대한 정보가 필요하다. 물리적으로, 응력은 무한대가 될 수 없다. 탄성의 선형이론은 균열 끝에서 와해된다. 더 정확한 이론은 소성효과(plastic effect)나 원자구조에 대한 고려를 포함해야 할 수 있다. 하지만 K를 살펴봄으로써, 작용하는 무게가 증가할 때 언제 균열된 물체가 부서지는가에 대해 유용한 예측을 할 수 있다. 이것이 파괴역학(fracture mechanics)에 대한 공학이론의 심장이다. 이는 특이적 행동이 활용될 수 있는 또 다른 예이다.

수학으로 돌아와서, 3차원에서 라플라스의 방정식 $\nabla^2 u = 0$을 고려하자. 하나의 해는

$$G(x, y, z; x_0, y_0, z_0) = G(P, P_0) = R^{-1}$$

이며, 이때

$$R = \{(x - x_0)\}^2 + (y - y_0)^2 + (z - z_0)^2\}^{1/2}$$

이다. 여기서 (x, y, z)와 (x_0, y_0, z_0)은 차례로 점 P와 P_0의 좌표를 나타낸다고 간주할 수 있으며, $\mathrm{P} \neq \mathrm{P}_0$인 한 고정된 P_0에 대해 $\nabla^2 G = 0$이다. R는 P와 P_0 사이의 거리이므로, G는 $\mathrm{P} \to \mathrm{P}_0$일 때 특이적임을 알 수 있다. 함수 G는 그린 함수(Green function)의 예인데, 조지 그린(George Green)의 이름을 딴 것이다. (영문법의 규칙을 저버리고 '한 그린의 함수(a Green's function)'라고 말하는 것은 관례적이다. 이 만연한 오용에 저항하는 것은 헛된 것처럼 보인다.) G를 사용하여 주어진 함수 f에 대한 푸아송 방정식 $\nabla^2 u = f$를 풀 수 있다. 이를테면

$$u(\mathrm{P}_0) = -\frac{1}{4\pi}\int G(\mathrm{P}, \mathrm{P}_0) f(\mathrm{P})\,\mathrm{dP}$$

이고, 여기서 적분은 모든 P에 대해 취해진다. A가 상수이고 H는 $\nabla^2 H = 0$의 어떤 해일 때, G는 $A/R + H(\mathrm{P}, \mathrm{P}_0)$으로 대체될 수 있다는 것에 주목하자. 원칙적으로 H를 잘 선택해서 G가 경계조건 같은 추가적인 조건들을 만족하도록 할 수 있다. 이는 실제로 점전하에 의한 전도체 안 정전기장으로부터 그린이 자신의 함수를 생각해 낸 방식이었다. 하지만 실제 상황에서는 단순한 G를 사용한 뒤 적분방정식[IV.4]을 풂으로써 u에 경계조건을 부과하는 것이 보통

이다. 계를 지배하는 PDE의 단순한 특이적 해를 의미하는, 대체 가능한 용어인 **기본해**(fundamental solution)도 자주 사용된다는 것에 주의하자.

특이성은 다른 많은 맥락에서도 나타날 수 있다. 그 중 두 개를 언급하겠다. 시간 $t = 0$에서의 초기 상태가 정해져 있으며 t가 증가함에 따른 해를 계산하는 것이 목표인, 비선형 PDE의 초깃값 문제를 풀고 싶다고 가정하자. 그렇다면 해는 $t \to t_c$일 때 유계가 아닐 수도 있는데, 여기서 t_c는 어떤 유한한 임계시간이다. 이는 '폭발(blow-up)'로 알려져 있으며 $t = t_c$에서 유한시간 특이성이 존재하는 것이다 (**편미분방정식**[IV.3 §3.6]을 보라). **유체역학**[IV.28]에서는 유한 시간 특이성의 존재 여부나 그 외의 것들에 대해 큰 흥미가 있는데, 왜냐하면 그것이 **난류**[V.21]의 성질을 이해하는 것과 연관되어 있다고 생각되기 때문이다.

마지막으로, 우주론(cosmology)을 언급하지 않고서는 특이성에 관한 이 글을 마칠 수 없다. 빅뱅 이론은 최초 특이점으로부터 시작해 어떻게 우주가 변해 왔는지에 대한 모형으로서 널리 받아들여진다. 몇몇 우주론 학자는 우주가 특이점에서 끝날 것이라 믿는다. 그러나 이런 특이점이 일으키는 문제(만약 그것이 존재한다면)가 이 글을 읽는 독자 여러분을 괴롭힐 일은 없을 것이다.

II.32 특잇값분해

니콜라스 하이엄 *Nicholas J. Higham*

모든 직사각행렬 $A \in \mathbb{C}^{m \times n}$에 대해 정의되는 **특잇값분해**(singular value decomposition, SVD)는 가장 유용한 행렬분해 중 하나이다. 그것은

$$A = U\Sigma V^*, \ \Sigma = \mathrm{diag}(\sigma_1, \sigma_2, \cdots, \sigma_p) \in \mathbb{R}^{m \times n} \tag{1}$$

의 형태를 취하며, 여기서 $p = \min(m, n)$, Σ는 대각원소들 $\sigma_1 \geq \sigma_2 \geq \cdots \geq \sigma_p \geq 0$을 갖는 대각행렬, $U \in \mathbb{C}^{m \times m}$과 $V \in \mathbb{C}^{n \times n}$은 유니타리이다. σ_i는 A의 **특잇값**이며, 그들은 A^*A의 가장 큰 p개의 고윳값(eigenvalue)의 음 아닌 제곱근들이다. U와 V의 열(column)은 차례로 A의 좌우 **특이벡터**이다.

(1)의 뒤쪽에 V를 곱하면 $V^*V = I$이므로 $AV = U\Sigma$를 얻는데, 이는 $i = 1 : p$에 대해 U와 V의 i번째 열이 $Av_i = \sigma_i u_i$로 연관된다는 것을 보여 준다. 비슷하게 $i = 1 : p$에 대해 $A^*u_i = \sigma_i v_i$이다. 앞의 방정식을 기하학적으로 해석하면, A의 특잇값들은 초타원체(hyperellipsoid) $\{Ax : \|x\|_2 = 1\}$의 반경들이다.

표기를 단순화하기 위해 $m \geq n$이라 가정하면, (1)로부터

$$A^*A = V(\Sigma^*\Sigma)V^* \tag{2}$$

을 얻고, $\Sigma^*\Sigma = \mathrm{diag}(\sigma_1^2, \sigma_2^2, \cdots, \sigma_n^2)$이다. 이는 A의 특잇값 제곱인 고윳값에 대응하는, 행렬 A^*A의 고유벡터가 V의 열이라는 것을 보여 준다. 마찬가지로 U의 열은 행렬 AA^*의 고유벡터이다.

SVD는 행렬 A 및 그것과 연관된 핵심적인 부분

공간에 대해 상당한 정보를 알려 준다. A의 계수 r는 0 아닌 특잇값들의 개수와 같으며, A의 치역과 영공간은 각각 U의 첫 r개 열과 V의 마지막 $n-r$개 열로 생성된다.

SVD는 계수뿐 아니라 A가 주어진 계수를 갖는 행렬과 얼마나 가까운지도 알려 주는데, 이는 1936년에 기술된 에카르트(Eckart)와 영(Young)의 고전적인 정리가 보여 준다.

정리 1 (에카르트-영). $A \in \mathbb{C}^{m \times n}$이 SVD (1)을 갖는다고 하자. 만약 $k < r = \mathrm{rank}(A)$라면 2-노름과 프로베니우스 노름(Frobenius norm)에 대해

$$\min_{\mathrm{rank}(B)=k} \|A-B\| = \|A-A_k\| = \begin{cases} \sigma_{k+1}, & 2\text{-노름} \\ \sqrt{\displaystyle\sum_{i=k+1}^{r} \sigma_i^2}, & F\text{-노름} \end{cases}$$

이며, 여기서

$$A_k = UD_kV^*, \quad D_k = \mathrm{diag}(\sigma_1, \cdots, \sigma_k, 0, \cdots, 0)$$

이다.

많은 상황에서 등장하는 행렬은 필연적으로 낮은 계수를 가져야 하지만, 바탕을 둔 데이터의 오차 때문에 실제로 얻어지는 행렬은 최대계수를 갖는다. 에카르트-영 결과는 낮은 계수 행렬을 얻기 위해서 데이터 오차와 비슷한 크기 수준의 특잇값을 버리는 것(즉, 0으로 두는 것)이 정당하다는 것을 말해 준다.

SVD (1)은 외적 전개

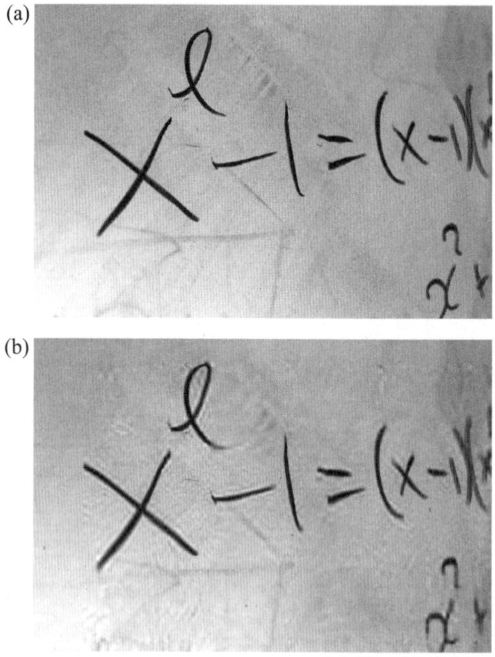

그림 1 질감을 더 선명하게 보여 주기 위해 하얀색과 검은색을 반전시킨 칠판의 사진: (a)원래의 1067×1600 사진. (b) SVD로 계산된 계수-40 근사 A_{40}을 사용하여 압축된 사진.

$$A = \sum_{i=1}^{p} \sigma_i u_i v_i^*$$

로도 쓰일 수 있으며, 에카르트-영 정리에 나오는 A_k는 동일한 표현에서 p를 k로 바꿈으로써 얻을 수 있다. 만약 $k \ll p$이면 A_k는 A보다 훨씬 적은 저장 공간을 필요로 하며, 따라서 SVD는 데이터압축(혹은 데이터축소)의 방법을 제공할 수 있다. 한 예로서, RGB 값(흑백사진이므로 $R = G = B$)들의 1067×1600 배열로 나타나는 그림 1(a)의 흑백사진을 고려하자. $A \in \mathbb{R}^{1067 \times 1600}$이 3개 중 하나의 색상 채널 값을 담는다고 해 보자. A의 특잇값들은 8.4×10^4부터 아래로 1.3×10^1까지의 범위 안에 포함된다. 위에서 40번째인 $\sigma_{40} = 2.1 \times 10^3$까지의 특잇값만 남겨 둔다면(다소 임의적인 기준인데, 왜냐하면 특잇값들

사이에 뚜렷한 간격이 있는 것은 아니기 때문이다) 그림 1(b)의 사진을 얻는다. 축소된 SVD는 원래 행렬을 저장한 공간의 오직 6%만을 사용한다. 압축된 사진에서 어느 정도 품질 저하가 보이긴 하지만(그리고 100% 크기의 화면이라면 더 많이 보일 수 있지만), 그것은 원래 사진의 중요한 특징을 모두 간직하고 있다. 이 예시는 SVD의 힘을 묘사하고 있긴 하지만, 일반적으로 영상 압축은 JPEG 체계[VII.7 §5]를 통해 훨씬 더 효과적으로 이루어진다.

SVD의 한 가지 만족스러운 특징은 특잇값들이 섭동(perturbation)에 과도하게 영향을 받지는 않는다는 것이다. 실제로 A가 $A+E$로 섭동된다면, A의 특잇값은 $\|E\|_2$보다 더 많이 변하지는 않는다.

SVD는 '문제를 바꾸지 않고' 양쪽에 직교변환을 취할 수 있을 때 값진 도구인데, 관심 있는 행렬을 대각화할 수 있기 때문이다. 그런 문제들 중 가장 중요한 것은 선형 최소 제곱 문제[IV.10 §7.1] $\min_{x\in\mathbb{C}_n}\|b-Ax\|_2$이다.

SVD는 1873년에 벨트라미(Beltrami)에 의해 처음 유도되었다. 1965년에 골럽(Golub)과 카한(Kahan)은 이를 계산하는 첫 번째 신뢰할 만한 방법을 출판했다. 그들의 방법은 A의 양쪽에 유니타리 변환을 적용하며, 방정식 (2)나 그것의 AA^* 유사형을 만들거나 풀지는 않는다. 1970년대에 SVD를 계산하는 소프트웨어를 쉽게 사용할 수 있게 된 이래 SVD의 사용이 급증했다. 텍스트 마이닝[VII.24], 암호화된 메시지 해독, 영상 흐림제거는 SVD의 광범위한 응용 중 일부이다.

더 읽을거리

Eldén, L. 2007. *Matrix Methods in Data Mining and Pattern Recognition*. Philadelphia, PA: SIAM.

Golub, G. H., and C. F. Van Loan. 2013. *Matrix Computations*, 4th edn. Baltimore, MD: Johns Hopkins University Press.

Moler, C. B., and D. Morrison. 1983. Singular value analysis of cryptograms. *American Mathematical Monthly* 90:78-87.

II.33 텐서와 다양체

마크 데니스 *Mark R. Dennis*

우리는 지표면이 굽어 있다는 것을 알지만 우리 눈에 그것은 평평한 것처럼 보인다. 이는 6000km가 넘는 지구의 곡률반경이 인간의 크기와 비교할 때 매우 방대한 수준이라는 사실로부터 쉽게 이해할 수 있다. 이 예시는 다양체(manifold, 엄밀히는 리만 다양체(Riemannian manifold))의 수학적 정의가 등장한 배경을 묘사한다. 다양체란 각 점의 근방에서는 국소적으로 유클리드(Euclidean) 공간처럼 보이지만 전역적으로는 마치 구면과 같이 곡률을 가질 수 있는 공간을 말한다.

다양체는 그 위의 좌표계를 통해 가장 쉽게 정의될 수 있으며, 물론 그런 좌표계는 비가산적으로(uncountably) 많다. 텐서는 마치 벡터장과 같이 다양체 위에서 정의되는 수학적 대상으로서, 자연스러운* 의미에서 자신과 자신의 성분을 정의하는 좌표계에 의존하지 않는다. 물리현상의 설명은 공간에 부여하는 좌표계를 어떻게 선택하느냐에 의존하지 않아야 하며 따라서 텐서적이라는 사실은 텐서가 물리학에서 갖는 중요성을 잘 설명한다.

다양체와 텐서에 대한 여기서의 설명은 상당히 비형식적일 것이다. 예를 들어, 벡터나 텐서장을 적절한 접선 다발(tangent bundle)의 단면으로서 추상적으로 이해하기보다는, 다양체 그 자체의 각 점에 벡터나 텐서를 정의해 주는 것으로 묘사할 것이다. 응용에서 텐서는 **일반상대론과 우주론**[IV.40]에서 자주 사용되는데, 아래에서 설명하듯 시공간을 4차원 유사-리만 굽은 다양체로 가정할 때, 임의의 기준계(좌표계)에서 물질이나 장의 동역학을 설명하는 것과 연관되어 있다.

n차원 다양체는 각 점의 근방이 n**차원 유클리드 공간**[I.2 §19.1]에서 점의 근방과 동등한 (즉, 위상동형인(homeomorphic)) 위상공간이다. 이것은 더 엄밀하게, 공간 위에서 정의될 수 있는 매끈한 좌표계들 및 그들간 변환규칙들의 모임으로 정의될 수 있다. 전역적인 곡률이 어떻든지 간에 각 점의 근방에서 언제나 국소적인 데카르트(Cartesian) 좌표계로 보이는 좌표계를 찾을 수 있다(전역적인 곡률은 그런 좌표계가 다른 점에서는 데카르트 좌표계가 될 수 없도록 할 수 있다).

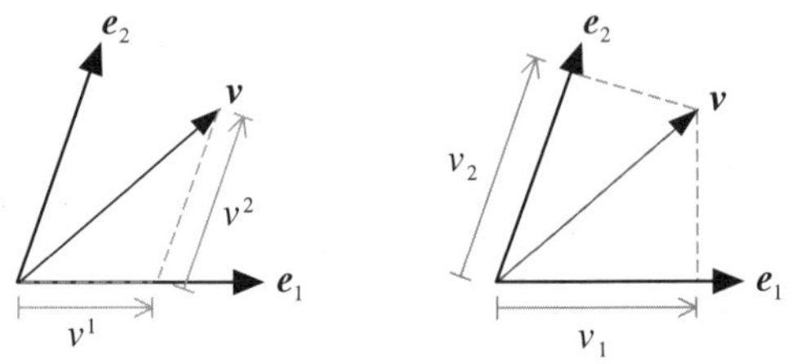

그림 1 단위벡터들 $\{e_1, e_2\}$의 기울어진 기저에 대한 벡터 v의 성분: 반변성분 v^1, v^2은 평행사변형 법칙으로부터 나오며, 공변성분 v_1, v_2는 기저벡터로 수선을 내려 찾을 수 있다. 기저벡터가 임의의 길이를 가질 수 있다면, 각 공변성분의 길이는 그림에서 나타나는 것에다가 대응하는 기저벡터의 크기를 곱해야 한다.

리만 다양체 위의 각 좌표계는 아래에서 정의될 **계량**을 갖는데, 이는 어쩌면 위치에 의존할 수도 있다. 계량은 각 점의 벡터 쌍 사이의 내적을 정의할 수 있게 해 준다. 이 상황은 각 점에서 대부분의 좌표계가 그림 1과 같이 **기울어졌다**는 사실 때문에 복잡할 수 있다. 뒤따르는 설명은 좌표계의 명시적인 선택을 나타내는 '첨자 표기법'을 사용한다. 하지만 그런 표현은 언제나 타당한데, 왜냐하면 모든 텐서 표현은 어느 좌표계에서나 같아야 하기 때문이다. 즉, 그것은 **공변적**(covariant)이다. 명시적으로 좌표가 없는 서술도 존재하지만, 그것을 사용하려면 여기에서 가정하는 것보다 훨씬 더 미분기하학이 익숙해야 하며, 수많은 새로운 표기법을 정의해야 한다.

선형독립이지만 정규직교(orthonormal)일 필요는 없는 기저벡터 $\boldsymbol{e}_j$, $j = 1, \cdots, n$에 의해 국소적으로 정의되는, 기울어진 좌표축을 가진 n차원 유클리드 공간의 벡터 $\boldsymbol{v}$를 생각하자. $\boldsymbol{v}$의 **반변**(contravariant)성분은 $j = 1, \cdots, n$에 대해 위첨자 v^j으로 표현되며, 평행사변형 법칙으로 정의된다. 즉,

* 자연스러움이란 범주론(category theory)의 용어로서, 이 문장에서는 어떤 좌표계의 벡터가 텐서의 성분을 정의하는 방식이 자연스러운 변환(natural transformation)이라고 이해하면 된다. 다시 말해, 그 좌표계를 좌표변환했을 때 그것으로 성분이 정의되는 텐서와 원래 텐서 사이에는 좌표변환에 '자연스럽게' 의존하는 관계가 있다.—옮긴이

$$\boldsymbol{v} = \sum_{j=1}^{n} v^j \boldsymbol{e}_j \quad (v^j\text{은 반변성분})$$

이다. 이 글 전체에서는 기호 v^j이 단지 한 성분이 아니라 **벡터 자체**를 나타낸다고 가정할 것이다. 이는 또한 다중첨자를 가진 대상에 대해서도 적용된다.

공변(covariant)성분 v_j는 아래첨자로 표현되며, 기저벡터와의 스칼라곱으로 정의된다(더 형식적으로 표현하면, 공변성분은 접벡터공간의 쌍대공간에서 벡터의 성분이다. 여기서 '공변'은 이전의 의미와 혼동되지 않는다). 곧,

$$v_j = \boldsymbol{v} \cdot \boldsymbol{e}_j, \quad j = 1, \cdots, n \quad (v_j\text{는 공변성분})$$

이다. 만약 $\boldsymbol{e}_j$가 정규직교라면 공변성분 v_j는 반변성분 v^j와 동일하다. 이 점에서 좌표계에 대한 **계량텐서** g_{ij}의 성분은 $g_{ij} = \boldsymbol{e}_i \cdot \boldsymbol{e}_j$로 주어지며, $g^{ij} \equiv (g_{ij})^{-1}$이고 g_{ij}의 역은 행렬로서 간주한다.

국소기저의 모든 기하학은 g_{ij}에 숨어 있다. 예컨대 공변과 반변성분은 $v^i = g^{ij} v_j$와 $v_i = g_{ij} v^j$과 같이 계량텐서를 이용해 서로로부터 첨자를 '올리거나' '내려서' 얻을 수 있다. 앞의 표현과 글의 나머지 부분에서는 **아인슈타인 합 규약**(Einstein summation convention)을 수용할 것이다. 다시 말해, 첨자 기호가 위와(반변) 아래(공변) 위치에 각각 한 번씩 반복된다면, 그 첨자들이 1부터 n까지 합해지는 것으로 가정할 것이다. 합해지는 첨자 기호 $i, j, \cdots$는 아무 것이나 될 수 있으며, 즉 '무효첨자'이다.

이 과정은 내적을 기울어진 축으로 일반화하여, **내곱** 혹은 **첨자축약**(index contraction)을 정의한다. 선형대수학에서 보통 그러하듯 다중첨자를 가진 대상도 정의할 수 있는데, 예컨대 벡터 u^j, v^j, p^j, q^j에 대해 $T^{ij} = u^i v^j + p^i q^j$ 같은 것들이 있다. $u^i v^j$과 같이 첨자의 축약 없이 대상들의 곱을 형성하는 것을 **외곱**이라 부르는데, 좌표 없는 형태에서는 $u^i v^j$이 $\boldsymbol{u} \otimes \boldsymbol{v}$로 쓰인다.

선택된 좌표계에서 위치벡터의 성분은 x^i으로 표기하며, 예컨대 데카르트 좌표계에서는 $x^1 = x$, $x^2 = y, \cdots$이다. 반변첨자들의 집합에 대한 미분은 사실 공변인데, 선택된 점 x^i 주변 스칼라장 $f(x^i)$의 작은 변위 δx^i에 대한 테일러 전개

$$f(x^i + \delta x^i) = f(x^i) + \delta x^i \partial_i f + O((\delta x)^2)$$

을 통해 쉽게 검증할 수 있다. 항 $\delta x^i \partial_i f$는 δx^i에 대해 1차이므로, 모든 좌표계에서 같아야만 한다. δx^i은 반변이므로, $\partial_i \equiv \partial / \partial x^i$은 반드시 공변이어야 한다.

굽은 다양체 위에서 좌표계는 통상 어디에서도 정규직교가 아니므로, 일반적으로 벡터의 성분은 그것에 대한 쌍대벡터의 성분(내적을 취할 때 사용되는 것)과 다르다고 가정해야만 한다. 모든 벡터적 대상은 위나 아래첨자 중 하나로 나타낼 수 있으며 그 둘은 계량텐서로 연결된다. 계량텐서를 포함해, 다중첨자를 가진 대상의 첨자들은 모두 위일 수도 모두 아래일 수도 혹은 혼합될 수도 있다. 사실상 g^{ij}은 g_{ij}의 역행렬이므로, 혼합계량텐서 $g_i^k = g_{ij} g^{jk}$의 행렬 표현은 단위행렬이다. 따라서 이를 보통 δ_i^k으로 쓰고 통상적인 크로네커 기호(Kronecker symbol)에 혼합된 위첨자와 아래첨자를 붙인 확장이라고 이해한다.

또 다른 좌표계는 이 수식체계와 함께 성분 $x^{j'}$을 가지며, 좌표기호에 프라임을 붙여 나타낸 좌표계

이다. 각 점에서 좌표계들 사이의 선형변환은 야코비언 $\partial x^{i}/\partial x^{j'} \equiv \Lambda^{i}_{j'}$으로 결정된다. 그러므로 벡터의 반변성분은 새로운 좌표계에서 $v^{i'} = \Lambda^{i'}_{j} v^{j}$으로 변환된다. 역변환 $\Lambda^{j}_{i'}$은 프라임 좌표계의 반변성분을 다시 프라임 아닌 좌표계로 되돌릴 뿐 아니라, 프라임이 아닌 공변성분을 프라임 좌표계로 변환하며 곧 $v_{i'} = \Lambda^{j}_{i'} v_{j}$이다. 이 동치성은 벡터 길이의 제곱이 좌표계에 의존하지 않는다는 것을 보장한다. 즉

$$v_{i'} v^{i'} = v_{j} \Lambda^{j}_{i'} \Lambda^{i'}_{k} v^{k} = v_{j} \delta^{j}_{k} v^{k} = v_{j} v^{j}$$

이며, 여기서 δ^{j}_{k}은 하나의 위첨자와 하나의 아래첨자를 가진 (둘 다 프라임이 아닌) 크로네커 기호이고, 프라임 아닌 좌표계를 그 자신으로 보내는 항등변환을 나타낸다고 생각할 수 있다.

따라서 일반적인 **텐서**는 다중성분(일 수도 있는) 대상이며, 좌표계들 사이에서 그것의 모든 성분은 국소 야코비언 변환에 따라 변환된다. 요컨대

$$T^{i'j'\cdots}{}_{k'\ell'\cdots} = \Lambda^{i'}_{i} \Lambda^{j'}_{j} \cdots \Lambda^{k}_{k'} \Lambda^{\ell}_{\ell'} \cdots T^{ij\cdots}{}_{k\ell\cdots}$$

이다. **스칼라**는 첨자가 없는 텐서적 대상이며, **벡터**는 하나의 첨자를 가지고, 일반적으로 m개의 서로 다른 첨자를 가진 텐서는 **계수** m을 가진다고 말한다. 텐서 첨자들의 순서는 물론 중요하며, 그것은 첨자들이 위나 아래 위치에 나타나는 것과 상관 없이 유지된다. 아인슈타인이 제창한 **공변원리**(특수공변이나 일반공변 중 하나)에 의하면 물리법칙은 반드시 텐서형태로 표현되어야 하며, 다시 말해 물리법칙은 고려하는 좌표변환들의 모임에 대해 공변적이어야 한다.

g_{ij}와 같은 텐서를 특정한 좌표계에서 수들의 배열로서 식별하고 싶은 유혹이 들긴 하지만, 다양체 위 텐서는 사실 어떤 특정한 좌표계에 의존하지 않아야 올바르게 정의된다. 그것의 텐서성은 좌표변환에 따른 적절한 첨자변환으로부터 따라 나오는 성질일 뿐이다.

좌표미분 $\partial_{i} v_{j}$($v_{j,\,i}$로도 쓰인다)가 텐서일 것이라 예상해서는 안 되는데, 그것은 임의로 선택된 좌표계의 굽어 있을지도 모를 좌표직선을 따를 수도 있기 때문이다. **공변미분**

$$\nabla_{i} v_{j} = v_{i;j} \equiv \partial_{i} v_{j} - \Gamma^{k}_{ij} v_{k} \qquad (1)$$

는 텐서이며, 여기서 계량텐서의 좌표미분으로 정의되는 **접속계수**(connection coefficient) 혹은 **크리스토펠 기호**(Christoffel symbol) Γ^{k}_{ij}은 텐서가 아닌 대상을 나타내고($\Gamma^{k}_{ij} \equiv 2^{-1} g^{k\ell} \partial_{j} g_{il} + \partial_{i} g_{\ell j} - \partial_{\ell} g_{ij}$), (1)에서처럼 좌표미분과 결합하면 텐서를 만든다. 일반적인 텐서의 공변미분은 각 첨자에 대한 Γ 항으로 이루어진다(가령 $T_{i\ell;\,j} = T_{i\ell,\,j} - \Gamma^{k}_{ij} T_{k\ell} - \Gamma^{m}_{\ell j} T_{im}$). 스칼라의 미분은 따라서 자동적으로 텐서이다.

이제까지의 논의에서 어떤 부분도 명시적으로 다양체의 곡률과 연관되지 않았다. 실은 0이 아닌 접속계수를 갖는 어떤 복잡한 좌표계가 결국 유클리드 공간을 묘사한 것일 수도 있다. 공변미분의 텐서성은 곡선을 따르는 벡터의 **평행운송**(parallel transport)을 표현한 것이다. 굽어 있을 수도 있는 다양체 위 **측지선**(geodesic)은 가능한 가장 곧은 곡선이다. 그런 곡선은 접벡터를 평행운송하여 만들 수 있다. 따라서 s로 매개화된 측지곡선 $z^{i}(s)$은 측지선 방정식

$$\frac{d^2z^k}{ds^2}+\Gamma^k_{ij}\frac{dz^i}{ds}\frac{dz^j}{ds}=0$$

을 만족하고, 이는 데카르트 좌표계(접속이 0인) 안 유클리드 직선에 대한 방정식을 일반화하며 대개 비선형이다.

다양체 위 한 점에서 시작해 다시 그 점으로 되돌아오는, 어떤 무한소 폐곡선을 따라 평행운송했을 때 원래의 방향으로 돌아오지 않는 벡터가 존재한다면, 그 점 근방에는 **곡률**이 존재한다. 이는 **공변미분의 교환이 실패**하는 것과 동치이다. 모든 벡터장 v_i에 대해

$$\nabla_j\nabla_k v_i-\nabla_k\nabla_j v_i=R^{\ell}{}_{ijk}v_{\ell} \qquad (2)$$

은 **리만 곡률 텐서** $R^{\ell}{}_{ijk}$를 정의한다. 이 텐서는 계수 4를 갖는다. 첨자 j와 k는 미분들로 정의되는 평면과 관련되며(즉, 폐곡선), i는 벡터의 원래 방향과 관련되고, 그 벡터의 방향 변화는 ℓ과 관련된다. 리만 곡률 텐서는 많은 대칭성을 가지는데, 가령 $R_{\ell ijk}=-R_{i\ell jk}=R_{jk\ell i}$이다. 실제로 일반적인 계수-4 텐서는 n^4개의 성분을 가지지만, 리만 텐서의 오직 $n^2(n^2-1)/12$개의 성분만이 독립적이다. $n=2$일 땐 1개, $n=3$일 땐 6개, $n=4$일 땐 20개 등이다. 모든 곳에서 곡률 텐서가 0이 되는 다양체를 **평평하다**고 한다.

대칭이며 계수-2인 리만 텐서의 '대각합(trace)' $R_{ik}\equiv R^j{}_{ijk}$는 **리치 텐서**(Ricci tensor)로 알려져 있다. 그것은 일반상대성이론에서 에너지-운동량과 우주상수(cosmological constant)에 영향을 받는 시공간 다양체 곡률의 일부로서 중대한 역할을 한다. 그것의 대각합 $R\equiv g^{ik}R_{ik}$는 **곡률스칼라**로 불린다.

많은 응용에서 고려하는 좌표계들의 모임을 제한하는 것이 수학적으로 더 쉬운데, 일반성을 대가로 수학적 용이함을 얻는다. 예를 들어 위치벡터 $\boldsymbol{r}$로 묘사되는 3차원 평평한 유클리드 공간 속 **고전역학** [IV.19] 문제에서는 **데카르트 텐서**를 다루는 것이 관례적이다. 모든 좌표계들은 데카르트 좌표계이며, 그들 사이의 변환은 단순히 회전과 평행이동이다. 이 경우 공변과 반변첨자는 같은 방식으로 변환되며, 따라서 계량은 모든 계에 대해 크로네커 기호가 되어 $g_{ij}=\delta_{ij}$이다(여기 첨자들은 모두 아래인데, 계량텐서에 적절하다).

데카르트 텐서의 예시 중 밀도 $\rho(\boldsymbol{r})$를 갖는 강체의 관성텐서(inertia tensor)

$$I_{ij}=\int_{\text{body}}\rho(\boldsymbol{r})(r^k r_k\delta_{ij}-r_i r_j)\,d^3\boldsymbol{r}$$

가 있다. 이는 회전하는 물체의 각운동량 $L_i=I_{ij}\omega^j$을 그것의 각속도 ω^j과 연결해 준다. 연속체역학에서 중요한 또 다른 예는 물체의 코시 변형력텐서(Cauchy stress tensor) σ_{ij}이다. 각 점에서, $f_j=\sigma_{ij}n^i$은 단위벡터 n^i에 수직인 표면에 작용하는 힘이다.

시공간에 대한 텐서 체계는 아인슈타인에 의해 물리학에 도입되었고, 그는 이를 모든 벡터가 4차원 4-벡터가 되는 시공간 사건의 4차원 다양체에 적용했다. 이 수식체계에서 c가 빛의 속도일 때 (대략 초속 3×10^8 미터) 시간은 공간적 좌표 $ct=x^0$(오래된 문헌에서는 x^4)이 되며, 물리법칙은 **특수상대성의 원리**를 만족해야 한다. 실질적으로 평평한 시공간에서의 정규직교 좌표계로 간주할 수 있는 모든 관성계에서 물리법칙은 같은 형태를 취해야 한다. 역학의 뉴턴 제1법칙을 일반화한 것은 맥스웰(Maxwell)

의 전기역학 방정식과 일치해야 했으며, 이로부터 모든 관성계의 관측자는 동일한 c의 값을 가진다는 유명한 결론이 나왔다. 아인슈타인의 이론에서 모든 관성계의 관측자는 동일한 $x^2 + y^2 + z^2 - c^2t^2$의 값을 가지는데, 합 규약을 통해 간결하게 $\eta_{ab}x^ax^b$ 또는 x^ax_a로 쓸 수 있다. 이는 시공간 원점으로부터 사건 $x^a = (ct, x, y, z)$까지의 '시공간 간격'이며, 여기서 η_{ab}는 diag(−1, +1, +1, +1) 형태의 **민코프스키 텐서**이다. 관례적으로 첨자 $a, b, \cdots$는 4차원 시공간첨자 0, ⋯, 3을 나타내는 데 쓰이며 첨자 $i, j, \cdots$는 공간첨자 1, 2, 3을 나타내는 데 쓰인다. 유클리드, 뉴턴, 민코프스키 시공간의 서로 다른 연속대칭성에 대해서는 **불변량과 보존법칙**[II.21]에서 논의된다.

각 점에서 민코프스키 텐서 η_{ab}를 갖는 4차원 평평한 다양체는 **민코프스키 공간**이라 불린다. η_{ab}가 양의 원소뿐 아니라 음의 원소도 가짐에 주목하자(그래서 **유사-유클리드**(pseudo-Euclidean)이다). 민코프스키 공간은 유클리드 공간과 많은 기하학적 유사성을 가진다. 하지만 결정적인 차이점은 시공간 4-벡터에 대한 길이의 제곱 x^ax_a가 양, 음, 혹은 0이 될 수 있다는 것이다.

그러므로 특수상대성에서 시공간은 민코프스키 공간, 평평한 유사-리만 다양체로 나타낼 수 있다. 민코프스키 공간 위에서 시공간 좌표변환은 **로런츠 변환**이라 불린다. 텐서 η_{ab}에 대한 전체적인 부호의 선택(즉, diag(−1, +1, +1, +1) 또는 diag(+1, −1, −1, −1))은 관습적이며, 특히 상대론적 양자이론의 문헌에서는 여기에서 선택된 것과 반대되는 부호를 사용하는 것이 일반적이다(또한 로마 문자를 공간류첨자로 남겨 두고, 4개의 시공간첨자를 그리스 문자 $\alpha, \mu, \cdots$로 표현하는 것이 일반적이다). 계량의 **부호수**(signature)는 그것이 대각일 때 원소들의 부호 합이다. 유클리드 공간에서 그것은 n이지만 민코프스키 공간에서는 2(혹은 부호 관습에 따라 −2)이다. 리만 다양체의 각 점 근방은 국소적으로 유클리드 공간인 좌표계를 가진다. 각 점의 근방이 계량부호수가 n이 아닌 좌표계를 갖는, 민코프스키 공간과 같은 다양체는 **유사-리만 다양체**라 불린다.

일반상대성에서 아인슈타인은 **일반공변원리**를 제안했다. 곧 물리법칙은 단지 관성계의 관측자뿐 아니라 **모든 관측자**(즉, 시공간의 모든 좌표계)에 대해 텐서적이다(특수상대성의 텐서는 유클리드 공간에서 데카르트 텐서에 둔 제약과 비슷한 것이다). 따라서 일반상대성에서는 시공간이 더 이상 평평할 (즉, 각 점의 근방이 국소적으로 민코프스키 공간처럼 보일) 필요가 없고, 거대한 길이 척도에서 시공간 자체가 굽어 있을 가능성을 열어 둔다. **아인슈타인 장방정식**[III.10]은 다양체의 리치 곡률과 시공간의 물질, 에너지, 운동량 분포를 연결해 주며, 이에 따라 현상이 차지하는 공간과 시간의 성질을 본질적으로 묶어 준다.

더 읽을거리

Bishop, R. L., and S. I. Goldberg. 1980. *Tensor Analysis on Manifolds*. New York: Dover.

Lorentz, H. A., A. Einstein, H. Minkowski, and H. Weyl. 1952. *The Principle of Relativity*. New York: Dover.

Schutz, B. 1980. *Geometrical Methods of Mathe-*

matical Physics. Cambridge: Cambridge University Press.

II.34 불확실성 정량화

유세프 마주크, 카렌 윌콕스
Youssef Marzouk and Karen Willcox

불확실성 정량화(uncertainty quantification, UQ)는 폭넓은 응용 상황에서 불확실성을 정량적으로 특징화하고 관리하는 것과 연관된다. 이는 계산 모형과 관측 데이터 모두를 이론 분석과 함께 활용한다. UQ는 많은 다양한 작업들을 포괄하는데, 불확실성 전달, 민감성 분석, 통계적 추론과 모형 조정, 불확실성 아래 의사 결정, 실험 설계, 모형 정당화 등이 포함된다. 따라서 UQ는 응용수학과 통계학의 많은 기초 개념과 기법(가령 근사 이론, 오차 추정, 확률 모형화, 몬테카를로 방법(Monte Carlo method))에 의지하긴 하지만, 컴퓨터 모의실험을 통해서 주로 이해되는 복잡한 모형(가령 물리적이거나 사회기술적인 계)에 그런 기법을 집중시킨다. UQ는 예측적인 컴퓨터 모의실험 도구들의 개발과 사용에 필수적인 측면이 되었다.

모형화를 시도할 때 불확실성에 대한 여러 원인을 고려해 볼 수 있다. 널리 사용되는 분류는 어떤 고유의 가변성에 기인한 **우발적**(aleatory) 혹은 줄일 수 없는(irreducible) 불확실성과, 지식의 부재로 생겨나는 **지식적**(epistemic) 혹은 줄일 수 있는(reducible) 불확실성을 대조시킨다. 불확실성에 대한 아래의 더 세밀한 분류는 케네디(Kennedy)와 오헤이건(O'Hagan)의 획기적인 연구에서 제안되었으며, 수학적 접근 방식을 확립하기 위한 유용한 토대를 제공한다.

매개변수 불확실성(parameter uncertainty)은 모형의 불확실한 입력이나 매개변수를 나타낸다. 예를 들어, 지표면 아래의 계산 모형에서 지구의 물리적 성질(투과성(permeability), 다공성(porosity))을 나타내는 매개변수가 알려지지 않았을지 모른다. **매개변수 가변성**(parametric variability)은 입력이나 매개변수에서 제어되지 않거나 특정되지 않은 조건에 의한 불확실성을 포착한다. 예를 들어, 비행기 설계 시 반드시 다양한 기상 조건과 돌풍과의 조우로부터 생겨나는 불확실한 운행 조건을 염두에 두어야 한다. **잔류 가변성**(residual variability)은 모형화한 내재된 물리학의 고유한 무작위적 변동이나, 모형에 의해 결정되지 않는 물리적 척도에서의 행동에 의해 유발되는 불확실성을 설명한다. 잔류 가변성의 예시에는 설명되지 않는 작은 척도의 효과를 근사시키는 난류의 모형을 사용함으로써 생기는 불확실성이 포함된다. **코드 불확실성**(code uncertainty)은 주어진 어떤 특정한 환경을 가진 컴퓨터 모형의 출력을 코드가 작동하기 이전에 알 수 없는 것과 연관된 불확실성을 나타낸다. 예를 들어, 더 정확한 모형의 대안으로 사용되는 가우스 과정 모방(Gaussian process emulator)은 모방이 어떻게 조정되었는가와 상관 없이 매개변수값에 코드 불확실성을 갖는다. **관측오차**는 실제 관측과 측정과 관련된 불확실성이다. 이는 모형조정과 역문제에서 중요한 역할을 한다. **모형 불일치**(model discrepancy)는 모형의 한계와 가정에 기인하는 불확실성을 포착한다. 이 불확실성은 과학과 공학에 사용되는 거의 모든 모형에 존재한다.

이 글은 이런 모든 불확실성의 원천에 대해 확률적인 관점을 취한다. 특정한 UQ 문제를 분석하기 위해 다른 접근법들; 가령 구간해석학, 퍼지집합론(fuzzy set theory), 뎀스터-셰이퍼 이론(Dempster-Shafer theory) 역시 활용되고 있지만 UQ에 대한 확률적인 접근은 특히 풍부하고 유연한 구조를 제공하며, 과거 20여 년 동안 집중적인 발전을 이루었다.

모형 정당화(model validation)의 어려움은 UQ와 긴밀히 관련된다. 미국 국립과학아카데미(National Academy of Sciences)의 최근 보고서는 정당화를 '모형을 의도적으로 사용할 때의 관점에서, 모형이 실제 세상을 어느 정도로 정확하게 표현하는지 결정하는 과정'으로 정의한다. 그러므로 이 과정은 위에서 설명된 불확실성의 원천들이 특정한 예측에 어떻게 기여하는지 평가하는 것과 연관된다. 모형 불일치를 정량화하는 것은 정당화 과정에서 특히 더 까다로운 문제이다. 그런 면에서 사후예측검사(posterior prediction check), 교차확인(cross validation), 그 외 모형 오차를 평가하는 다른 방법들은 중요하다. 하지만 데이터 개수가 적거나 모형이 추론적 배경에서 사용하도록 고안된 상황에서는, 모형 검사를 위한 전통적인 기법들이 적용되지 않을 수도 있다. 모형 정당화는 중요하면서도 다소 미지인 영역이며, 이를 위해 새로운 수학과 통계학적 방법들이 개발되고 있다.

1 불확실성 특징화

확률적 접근은 확률밀도(probability density)나 질량함수(mass function)를 사용해 불확실성을 특징화한다. 이 방식은 모형 입력에 확률분포를 부여하기 위한 충분한 정보를 구체화할 필요가 있다. 정보는 다양한 유형의 사전정보에 기반을 두는데, 거기에는 기록 데이터베이스, 물리적 제약, 이전 계산, 전문가 의견을 묻는 것 등이 포함된다. 종종 불확실성의 몇 가지 특정한 성질(가령 최솟값, 최댓값 또는 평균, 분산, 다른 모멘트)로부터 확률분포를 찾기 위해 최대 엔트로피(maximum entropy) 원리가 사용되는데, 이는 특정 제약조건과 양립하는 최대 엔트로피 분포를 결정함으로써 이루어진다. 아래에서 설명된 추론적 접근은 새로운 관측 데이터를 조건부로 두어 불확실한 양의 확률적 특징을 갱신할 수 있다.

2 불확실성의 전향전달

불확실성의 전향전달(forward propagation)은 모형입력의 불확실성이 어떻게 모형출력의 불확실성으로 옮겨지는지 언급한다. 그 목표는 대개 분포 정보(출력의 평균과 분산, 사건 확률)를 제공함으로써 불확실성 평가나 의사결정을 돕는 것이다. 분포 정보를 추정하는 가장 유연한 방법은 몬테카를로 모의실험인데, 입력의 결합분포(joint distribution)로부터 무작위 표본을 추출한 뒤 각 입력 표본에 대응하는 출력값을 계산하는 것이다. 출력분포에 대한 기댓값은 이런 표본으로부터 추정된다. 몬테카를로 추정은 용인되는 수준의 정확도를 달성하기 위해 통상 많은 표본을 필요로 하므로 느리게 수렴한다. 단순한 몬테카를로 추정의 오차는 N이 몬테카를로 표본의 개수일 때 $O(N^{-1/2})$으로 수렴한다. 따라서 UQ에서는 중요 표본추출(importance sampling)이나 제어 변량(control variate) 사용과 같은 분산 감소 기법에 큰 흥미를 가진다. 게다가 준-몬테카를로 방식은 불확실 매개변수의 개수에 대한 좋은 확장성을 유지하면서도, 무작위 (혹은 유사 무작위) 표본추출보다 더 빠른 수렴 속도를 가진다.

확률 갤러킨(stochastic Galerkin)과 확률 병치법(stochastic collocation method) 같은, 다항혼돈(polynomial chaos)과 확률량의 다른 스펙트럼 표현에 의존하는 방식은 중요하며 몬테카를로 모의실험의 대안으로 널리 사용된다. 모형으로부터 유도되는 입력-출력 관계의 정칙성을 활용하면, 적당한 수의 매개변수에 대해서는 그런 방식이 몬테카를로 모의실험보다 훨씬 정확하고 효율적이다. 그것은 또한 입력-출력 관계에 대해 더 많은 정보를 제공할 수 있는데, 거기에는 민감성 지표와 역문제에서 유용한 근사가 포함된다(글의 아래를 보라). 더 일반적인 블랙박스 모형에 대해서뿐 아니라, 무작위 매개변수나 입력 데이터를 가진 편미분방정식의 많은 종류에 대해 확률 스펙트럼 기법이 개발되어 왔다. 다항표현의 희소성(sparsity)을 식별하고 활용하거나, 고차원 매개변수 공간의 희소격자에서 모형을 계산하거나, 차원축소를 행하는 방법은 스펙트럼 기법이 성공적으로 적용되는 문제의 범위와 크기를 확장하는 데 상당히 성공적이라는 것이 증명되었다.

3 민감성 분석

민감성 분석(sensitivity analysis)은 계의 불확실한 입력이 어떻게 계의 출력 불확실성에 기여하는지 밝히는 것을 목적으로 한다. 분산기반(variance-based) 민감성 분석은 고려하는 출력량의 분산을 계의 각 입력과 그들 간의 상호작용이 거기에 기여하는 정도에 따라 배분한다. 이 배분은 전체 분산의 법칙에 기반을 두는데, 주어진 삭제 출력량 Q와 주어진 인자 X_i가

$$\mathrm{Var}(Q) = \mathbb{E}[\mathrm{Var}(Q|X_i)] + \mathrm{Var}(\mathbb{E}[Q|X_i])$$

로 쓰인다. 이로부터 X_i의 분산이 0으로 줄었을 때 사라질 것으로 기대되는 Q의 분산 일부를, 주효과 민감성 지표(main effect sensitivity index)로서 정의한다.

$$S_i = \frac{\mathrm{Var}(\mathbb{E}[Q|X_i])}{\mathrm{Var}(Q)}$$

전역적 민감성 분석의 결과는 **인자 우선순위 결정**(factor prioritization, 후속 연구가 분산의 가장 큰 감소를 가져올 것으로 예상되는 입력을 식별하는 것)과 **인자 고정**(factor fixing, 모형의 확률적인 출력을 실질적으로 변화시키지 않는, 결정론적인 것으로 고정할 수 있는 입력을 식별하는 것)에 사용될 수 있다. 주효과와 전체효과 민감성 지표를 계산하는 알고리즘은 몬테카를로나 준-몬테카를로 표본추출, 희소구적법(sparse quadrature), 위에서 설명된 확률 스펙트럼 전개의 후처리에 의존할 수 있다.

4 역문제와 데이터 동화

역문제[IV.15]는 관심 있는 양의 간접적 관측에서 등장한다. 예를 들어 계의 출력에 대한 제한되고 잡음이 있는 관측 상황에서, 특정 매개변수를 추정하고 싶을 수 있다. UQ의 관점에서, 이는 단순히 매개변수의 한 값을 추정하려는 게 아니라 그것의 불확실성도 정량적으로 평가하려는 것이다. 따라서 역문제의 UQ는 확률적 추론의 관점에서 언급될 수 있다. 확률적 추론문제는 통상 복잡한 물리적 모형(상미분방정식이나 편미분방정식으로 묘사되는)과 사실은 함수인 역 '매개변수'를 포함하는, 가능도(likelihood)함수와 관련되는 상황에서 등장하며, 그러므로 무한 차원이다.

베이즈(Bayesian) 확률적 접근은 사후 확률분포를 특징화함으로써, 역문제의 불확실성 정량화에 대한 자연스러운 방향을 제시한다. 그럼에도 베이즈 추론을 역문제에 응용하는 것은 수많은 중요한 계산적 어려움과 근본적 문제를 발생시킨다. 계산적인 관점에서 중요한 작업에는 ①복잡하고 고차원인 사후분포에 대한 마르코프 연쇄 몬테카를로 표본추출(Markov chain Monte Carlo sampling)을 설계하는 것, ②통계적 모방, 모형축소, 함수근사 등을 통해 가능도함수나 전향모형에 제어된 근사를 만드는 것, ③변분법을 포함해, 사후분포를 특징화하기 위한 더 효율적이고 대안적인 알고리즘을 개발하는 것이 포함된다. 근본적인 관점에서 기울이는 노력은 ①모형 오차와 모형 불일치를 역문제의 해와 뒤따르는 예측에 포함시키고, ②역 매개변수에 대한 가능한 정보를 포착할 수 있는, 충분히 풍부하고 현시적인 사전분포의 종류를 설계하고, ③그러면서도 베이즈 수식체계가 타당하며 이산화에 불변인 것을 보장하는 것 등이 있다. 또한 역 매개변수와 뒤따르는 예측에서 불확실성을 특징화하는 방법이 모두 베이즈적인 것은 아니라는 것에 주의해야 한다. 불확실성 평가에 대한 많은 빈도주의적(frequentist) 방법 (예컨대, 티호노프 정칙화된 추정자(Tikhonov regularized estimator)를 사용하는) 역시 개발되었다.

데이터 동화(data assimilation)는 주어진 관측의 나열로부터, 동역학계의 시간에 따라 변화하는 상태를 추정하는 것을 목표로 하는 관련 문제들을 망라한다. 이는 해양의 모형화나 수치 일기예보[V.18] 등에서 응용된다. 관측은 보통 순서대로 이루어지며 따라서 재귀적으로 적용할 수 있는, 새로운 데이터를 통해 상태 추정을 갱신할 수 있는 알고리즘을 찾고자 한다. 시간 t에서의 상태에 시간 t까지 얻었던 관측을 조건화 하는 것이 목적이라면 그 추론문제를 **필터링**이라 부른다. 시간 t에서의 상태가 어떤 시간 $T > t$까지 얻었던 관측으로 조건화되었다면 그 문제는 **평활화**(smoothing)된 것이다. 선형모형과 가우스 오차분포에서는, 필터링과 평활화를 위해 재귀적인 칼만(Kalman) 공식이 적용된다. 비선형모형과 비-가우스 오차분포에서는, 사후분포를 근사하기 위해 수많은 다른 알고리즘이 사용될 수 있다. 그 중에서도 중요한 것은 앙상블 칼만 필터와 평활자를 포함한 앙상블 방법(ensemble method)과, 많은 유형의 입자 필터와 평활자를 포함한 가중입자 방법(weighted particle method)이다. 데이터 동화의 실제 응용은 고차원 상태와 혼돈적 역학과 관련되며, 그러한 문제에 대한 효율적이고 정확한 확률적 접근을 개발하는 것은 활발한 연구 분야이다.

5 불확실성 아래 의사결정

불확실성 분석과 추론의 결과는 보통 계를 설계하거나, 어떤 제어 행동을 취하거나, 아니면 아마 반복적인 방식으로 의사결정하는 것의 전 단계이다. 따라서 불확실성을 고려한 최적화 기법은 철저한 UQ 접근의 중요한 요소이다. 예를 들어, 견실한(robust) 최적화 방법은 어떤 성능 측도의 평균과 분산을 모두 포함하는 목적함수(objective function)를 정의하여, 절대적 성능과 가변성 사이의 타협을 이룬다. 다중목적 서술은 이런 타협이 완전히 제어되고 밝혀질 수 있게 해 준다. 또한, 계의 용인 가능한 신뢰성 수준을 결정하는 (가령 실패할 확률이 특정 값보다 작아지도록 함으로써) 기회 제약(chance constraint)을 도입할 수도 있다. 공학적 배경에서 그것은 신뢰성 기반 설계최적화(reliability-based design-optimization) 방식으로 알려져 있다. 불확실성 아래 의사결정에 대한 더 일반적인 접근은 어떤 선택의 확률적 배경을 포함하는, 예컨대 어떤 기대되는 효용을 최대화하는 행동을 선택하는 식으로 결정이론의 체계를 이용하는 것이다. 심지어 최적의 실험설계에 관한 질문도 이 체계 안으로 들일 수 있다. 계의 다른 불확실성을 유지시킨 채 실험의 결과가 나오기 전, 어디에 센서를 놓을 것이며 어떻게 계에 정보를 보낼 것인가 선택하는 것은 불확실성 아래 의사결정의 또 다른 예이다.

더 읽을거리

Ghanem, R., and P. Spanos. 1991. *Stochastic Finite Elements: A Spectral Approach*. Berlin: Springer.

Kennedy, M. C., and A. O'Hagan. 2001. Bayesian calibration of computer models. *Journal of the Royal Statistical Society* B 63:425-64.

Le Maître, O. P., and O. M. Knio. 2010. *Spectral Methods for Uncertainty Quantification: With Applications to Computational Fluid Dynamics*. Berlin: Springer.

Saltelli, A., M. Ratto, T. Andres, F. Campolongo, J. Cariboni, D. Gatelli, M. Saisana, and S. Tarantola. 2008. *Global Sensitivity Analysis: The Primer*. New York: John Wiley.

Stuart, A. M. 2010. Inverse problems: a Bayesian perspective. *Acta Numerica* 19:451-559.

Xiu, D. 2010. *Numerical Methods for Stochastic Computation*. Princeton, NJ: Princeton University Press.

II.35 변분원리

변분원리(variational principle)는 범함수(functional)를 최소화 혹은 최대화하는 대상으로서 어떤 함수를 결정하는 변분법[IV.6]에 쓰이는 방법이다. 범함수란 함수를 스칼라로 보내는 사상이다. 힐베르트 공간[I.2 §19.4] H 위의 범함수의 한 예는, g가 H의 고정된 원소일 때 $f \in H$를 내적 $\langle f, g \rangle$로 보내는 사상이다. 특히 $\int_0^1 f(x)\mathrm{d}x$는 $C[0, 1]$ 위에서의 범함수이다.

많은 편미분방정식은 그것의 해가 특정한 라그랑지언 범함수를 최소화한다는 성질을 가진다. 그러한 PDE는 그 범함수의 **오일러-라그랑주 방정식**[III.12](**편미분방정식**[IV.3 §4.3]도 보라)이라 알려져 있다.

행렬 분석에서 변분원리의 한 예는 에르미트 행렬 A의 가장 큰 고윳값에 대한 표현 $\lambda_1 = \max_{x \neq 0} x^*Ax/(x^*x)$이며, 이는 **쿠랑-피셔 정리**[IV.10 §5.4]의 특수한 경우이다. 표현 $x^*Ax/(x^*x)$는 **레일리 몫**(Rayleigh quotient)이라 불리며, 그것의 일반화는 근사 불변부분공간(invariant subspace)이 주어졌을 때 A에 대한 최적의 근사 고유벡터를 찾는 레일리-리츠 근사문제(Rayleigh-Ritz approximation problem)에서 등장한다.

II.36 파동현상

파동은 어디에나 있다. 바다 위 파도, 음파, 빛이나 라디오 같은 전자기파, 지진에 의한 지진파 등을 곧바로 떠올릴 수 있다. 더 나아가 번잡한 도로 위 교통의 흐름, 몸속을 영상으로 살피기 위해 사용하는 초음파, 풋볼 경기장의 파도타기 등도 파동과 관련 있다.

이런 예시들을 통해 우리는 파동이 무엇인지 대강 파악하고 있지만, 파동을 정의하는 것은 생각보다 쉽지 않다. 아마도 핵심적인 성질은 **전파**(propagation)일 것이다. 변동은 전파된다. 파도타기를 생각해 보자. 군중 속 사람들은 체계적인 방식으로 일어났다가 앉으며, 그로 인해 생성된 변동은 경기장을 따라 전파된다. 사람들이 전파되는 것은 아님에 주의하자! 비슷하게, 음파에서 공기 입자들은 그들의 평형위치를 중심으로 움직인다. 전자기파는 존재하기 위해 매질이 필요하지 않다. 그것은 빈 공간을 통해 전파되는 반면, 음파는 그러지 못한다.

변동을 전파하는 것에 더해 보통 파동은 에너지의 전달과 연관되며, 이는 그것이 유용한 이유 중 하나이다. 파동은 또한 물체와 상호작용하거나(반사, 굴절, 회절, 산란을 만든다), 심지어 다른 파동과 상호작용할 수 있다.

단순한 공식을 위해 x축 점들이 오른쪽으로 움직인다고 가정하자. 위치 x와 시각 t에서의 변동 $u(x, t)$가 단일변수 함수 f와 상수 c(전파의 속도 또는 **위상 속도**(phase speed))에 대해

$$u(x, t) = f(x - ct)$$

의 형태를 갖는다면, 이것은 오른쪽으로 전파되는 파동이 될 것이다. 이에 대한 설명은 **파동방정식**[III.31]의 글을 보라. 이 아주 단순한 1차원 예시에서 변동은 모양의 변화 없이 전파된다. 현실에서는 파동이 전파되면서 모양이 바뀔 수 있다(해변으로 다가오면서 부서지는 파도를 생각해 보라).

파동현상은 계속해서 사람들을 매료하고 새로운 수학의 탄생을 촉발한다.

더 읽을거리

Scales, J. A., and R. Snieder. 1999. What is a wave? *Nature* 401:739-40.

옮긴이_박민재

PART III 응용수학의 방정식, 법칙, 함수

Equations, Laws, and Functions of Applied Mathematics

III.1 벤포드의 법칙

시어도어 힐 *Theodore P. Hill*

벤포드의 법칙(Benford's law)* 은 첫째숫자 법칙(first-digit law) 혹은 유효숫자 법칙(significant-digit law)으로도 알려져 있으며, 자연스럽게 나타나는 수많은 수치 데이터의 표에서 유효숫자들이 첫 번째 자리에 같은 확률로 분포하지 않는다는 통계학의 전통적인 경험적 관찰이다. 구체적으로, 첫 번째 (0이 아닌) 유효숫자는 30% 이상이 1인 반면 9는 5% 이하이다.

1 첫째숫자 법칙

벤포드의 법칙은 첫 번째 유효숫자가 보통 예상하듯이 고르게 분포하는 것이 아니라, 대개 다음의 로그분포를 따르는 경향이 있다고 말해 준다.

$$\mathrm{Prob}(D_1 = d) = \log_{10}\left(\frac{d+1}{d}\right), \quad d = 1, 2, \cdots, 9$$

즉

$$\begin{aligned} \mathrm{Prob}(D_1 = 1) &= \log_{10}(2) = 0.3010\cdots, \\ \mathrm{Prob}(D_1 = 2) &= \log_{10}(3/2) = 0.1760\cdots, \\ &\vdots \\ \mathrm{Prob}(D_1 = 9) &= \log_{10}(10/9) = 0.04575\cdots \end{aligned}$$

이며 여기서 D_1은 첫 번째 유효숫자를 십진법으로 나타낸 것이다(예를 들어 $D_1(0.0203) = D_1(203) = 2$).

* 법칙(law)은 통계학에서 경험적 통계 법칙(empirical statistical law)을 줄인 말로, 데이터에서 보여지는 통계적인 양상을 지칭하는 데 쓰인다.–옮긴이

2 역사

이 로그분포는 1881년 박식가인 사이먼 뉴컴(Simon Newcomb)이 《미국수학저널(*American Journal of Mathematics*)》에 기고한 짧은 논문에서 최초로 언급되었고, 그 글은 상술한 첫째숫자 법칙뿐 아니라 둘째숫자 법칙까지 포함한다. 그러나 이 논문은 잊혔고, 1938년에 프랭크 벤포드(Frank A. Benford)가 똑같은 첫째 · 둘째숫자 법칙과 더불어 야구 통계부터 제곱근표 그리고 원자량에 이르기까지 법칙의 폭 넓은 경험적 증거를 담은 논문을 출판했다. 뉴컴의 원고가 수십 년간 간과되었던 반면 이 논문은 큰 관심을 끌었고, 유효숫자 법칙에는 '벤포드'라는 이름이 붙었다. 그 후로 벤포드 법칙의 응용, 통계검정, 수학적 증명을 다룬 700여 개가 넘는 논문들이 나왔다.

3 경험적 증거

흔히 볼 수 있는 수치 데이터의 표 중 상당수는 벤포드의 법칙을 따르지 않는다. 예를 들어 1로 시작하는 양의 정수, 즉 {1, 10, 11, ⋯, 19, 100, 101, ⋯, 199, 1000, 1001, ⋯}의 비율은 표본의 크기가 커질수록 1/9와 5/9 사이에서 진동한다. 소수(prime number) 역시 벤포드의 법칙을 따르지 않는다. 마찬가지로 전화번호나 복권 번호 같이 많은 데이터의 표는 벤포드의 법칙을 따르지 않는다.

한편 벤포드가 처음 제시했던 경험적 데이터에 더해, 벤포드 법칙을 뒤이은 풍부한 경험적 증거가 다양한 분야에서 나타났다. 이는 신문 기사와 연감에서 수집된 수들, 물리학 상수들의 표, 방사성 물질

의 반감기, 주식시장과 금융 데이터, 인구통계학 및 지리학적 데이터, 계산과학, 이베이(eBay) 가격, 수들에 대한 구글(Google) 연결의 크기로 대변되는 인터넷상 모든 수의 모임을 포함한다.

4 응용

벤포드 법칙의 주요 응용 중 하나는 조작 행위를 발견하는 것이다. 특정한 종류의 실제 세금 데이터는 벤포드의 법칙과 거의 맞아 떨어진다는 것이 알려졌기 때문에(예컨대 약 30%의 수는 1로 시작한다), 그것이 벤포드의 법칙에 순응하는지 확인함으로써 조작이나 오류를 발견하는 카이 제곱 적합도 검정(chi-squared goodness of fit test)이 성공적으로 사용되었다. 벤포드 법칙 적합도 검정은 또한 데이터에서 변칙적인 징후를 식별하는 데도 사용되었다. 예를 들어, 이 방법은 가벼운 지진을 감지하거나 번개 위치 네트워크의 탐지 효율성을 평가하는 데 사용된다.

수치 알고리즘과 다른 디지털 컴퓨터 계산의 결과는 보통 벤포드의 법칙을 따른다. 그 결과가 벤포드의 법칙을 따른다는 가정하에, 예상되는 반올림 오차(roundoff error) 그리고 오버플로(overflow)와 언더플로(underflow) 오류가 일어날 가능성의 향상된 추정을 얻을 수 있다.

벤포드의 법칙은 또한 학생들에게 적합도 검정이나 데이터 수집 방법 같은 통계학의 기본적인 개념을 소개하고 매스매티카(MATHEMATICA)의 도구를 가르치는 효과적인 교육 수단으로도 사용된다.

5 일반숫자 법칙

벤포드 법칙의 일반적인 형태는 모든 십진법 숫자의 결합분포(joint distribution)에 관한 진술이다. 곧

$$\begin{aligned}\operatorname{Prob}(D_1 = d_1, D_2 = d_2, \cdots, D_m = d_m) \\ = \log_{10}\left(1 + \left(\sum_{j=1}^{m} 10^{m-j} d_j\right)^{-1}\right)\end{aligned}$$

이 d_1이 $\{1, 2, \cdots, 9\}$ 안의 정수이고 $j \geq 2$에 대해 d_j가 $\{0, 1, \cdots, 9\}$ 안의 정수인 모든 m중쌍 $(d_1, d_2, \cdots, d_m)$에 대해 성립한다. 여기서 D_2, D_3, D_4 등은 두 번째, 세 번째, 네 번째 등의 유효숫자를 십진법으로 표현한 것이며, 가령 $D_2(0.0203) = 0$, $D_3(0.0203) = 3$이다.

따라서 이 일반적인 형태의 벤포드 법칙은 예컨대

$$\begin{aligned}\operatorname{Prob}(D_1 = 3, D_2 = 1, D_3 = 4) = \log_{10}(315/314) \\ = 0.001380\cdots\end{aligned}$$

임을 알려 준다. 일반적인 형태의 벤포드 법칙에서 따라 나오는 결과 하나는 유효숫자들이 보통 예상하듯 독립적인 것이 아니라 서로 의존적이라는 것이다.

$S(x)$를 양수 x의 (부동소수점) **유효수**(significand)(**부동소수점 연산**[II.13]을 보라), 예컨대 $S(0.0203) = S(2.03 \times 10^{-2}) = 2.03$이라고 하자. 더 간단한 형태의 일반적인 벤포드 법칙은

$$모든\ 1 \leq t \leq 10에\ 대해\ \operatorname{Prob}(S < t) = \log_{10} t$$

이다. 십진법이 아닌 진법 b에 대한 유사 벤포드 법칙은 단순히 유효숫자나 유효수의 진법과 로그의 밑을 10에서 새로운 진수로 바꿈으로써 얻을 수 있다.

6 수학적 근거

벤포드의 법칙을 연구하는 주요 도구 중에 하나는 $\log X$가 법(modulo) 1로 고르게 분포하는, 다시 말해 $\log X$의 소수 부분이 0과 1 사이에서 고르게 분포하는 것이 데이터 집합 X(가령 수열, 함수, 확률변수)가 벤포드 법칙을 따를 필요충분조건이라는 사실이다.

벤포드 법칙의 두 가지 핵심적인 특징은 **단위 불변성**(scale invariance)과 **진법 불변성**(base invariance)이다. 벤포드 분포는 단위에 곱을 취하는 변화에 의해 변하지 않는 유효숫자들의 유일한 분포이다. 예를 들어, 최초에 유로나 미터로 표시된 데이터 집합이 벤포드의 법칙을 따른다면, 데이터를 달러나 피트로 변환하여도 여전히 벤포드의 법칙을 따른다. 마찬가지로 벤포드 분포는 진법의 변화에 연속이고 불변인 유효숫자들의 유일한 분포이다.

7 수열과 함수

대부분의 흔한 수열은 벤포드의 법칙을 정확하게 따른다. 다시 말해 특정한 유효숫자가 수열의 원소들에 나타나는 횟수의 비율은 정확한 벤포드 법칙 확률에 수렴한다. 예컨대 2(그리고 3 또는 5)의 거듭제곱수들의 수열, 피보나치(Fibonacci)와 루카스(Lucas) 수열, 팩토리얼들의 수열 $1!, 2!, 3!, 4!, \cdots = 1, 2, 6, 24, \cdots$은 모두 벤포드의 법칙을 정확하게 따른다.

지수적인 증가(혹은 감소)를 보여 주는 수열은 대개 거의 모든 시작점과 거의 모든 진법에서 벤포드의 법칙을 따른다. 비슷하게, 뉴턴의 방법(Newton's method)이나 마르코프 연쇄(Markov chain)와 같이 많은 일반적인 종류의 알고리즘과 다차원 계가 벤포드의 법칙을 따른다는 것을 증명할 수도 있다. 지수적이거나 초지수적인 증가 혹은 감소를 따르는 연속함수 역시 통상적으로 벤포드 법칙의 양상을 보이기 때문에, 광범위한 종류의 초깃값 문제는 벤포드 법칙을 정확하게 따른다.

8 확률변수와 확률분포

어떠한 인수 값에 대해서도, 벤포드 분포와 임의로 가까운 고전적인 확률분포(고른 분포, 지수분포, 정규분포, 파레토(Pareto) 분포 등)는 존재하지 않는다. 표준 코시(Cauchy) 분포가 상당히 유사하긴 하지만 말이다. 한편 벤포드 분포를 정확하게 따르는 분포를 만드는 것은 쉬운데, 한 예로 $[1, 10)$ 위에서 $1/x$에 비례하는 확률밀도를 갖는 연속 분포를 생각하면 된다. 몇 가지 기본적인 벤포드 법칙의 확률적 결과를 아래에 나열했다.

- X가 벤포드인 것과 $1/X$가 벤포드인 것은 동치이다.
- 확률변수 X가 확률밀도를 갖는다면, X의 거듭제곱 X^n은 벤포드 분포로 분포 수렴(converge in distribution)한다(즉, $P(S(X^n) < t) \to \log t$).
- X가 벤포드이고 Y가 양수이면서 X와 독립이라면, XY는 벤포드이다.
- 독립이고 동일하게 분포된 연속 확률변수들의 곱은 벤포드 분포로 분포 수렴한다.

- 확률표본이 확률분포로부터 (편향되지 않게(unbiased)) 무작위로 선택되었다면, 합쳐진 표본은 벤포드 분포로 수렴하게 된다.

더 읽을거리

Benford Online Bibliography. 2012. An open-access database on Benford's law, which is available at www.benfordonline.net.

Berger, A., and T. P. Hill. 2015. *An Introduction to Benford's Law*. Princeton, NJ: Princeton University Press.

Nigrini, M. 2012. *Benford's Law: Applications for Forensic Accounting, Auditing, and Fraud Detection*. New York: John Wiley.

Raimi, R. A. 1976. The first digit problem. *American Mathematical Monthly* 83(7): 521-38.

III.2 베셀 함수

마틴 P. A. Martin

베셀(F. W. Bessel, 1784-1846)은 독일의 천문학자였다. 그는 1826년 출판한 천체 운동의 분석에서 다음 적분의 성질을 연구했다.

$$J_n(z) = \frac{1}{2\pi}\int_0^{2\pi} \cos(n\theta - z\sin\theta)\,\mathrm{d}\theta$$

(그는 이 적분을 I_z^m으로 표기했다.) 슐뢰밀히(Schlömilch, 1856)는 $J_n(z)$를 다음 전개의 계수로 생각했다.

$$\exp\{(z/2)(t-1/t)\} = \sum_{n=-\infty}^{\infty} t^n J_n(z) \qquad (1)$$

위에서 좌변은 생성함수(generating function)라 부른다. 두 접근 모두 n이 정수일 때는 편리하다. 더 쉽게 일반화될 수 있는 또 다른 접근 방식은 상미분방정식

$$z^2 w''(z) + zw'(z) + (z^2 - \nu^2)w(z) = 0 \qquad (2)$$

을 통한 것이다. 독립변수 z와 매개변수 ν는 복소수일 수 있다. 베셀 방정식(Bessel's equation) (2)의 해들은 프로베니우스(Frobenius)의 방법으로 만들 수 있다. 그들 중 하나는

$$J_\nu(z) = \sum_{m=0}^{\infty} \frac{(-1)^m (z/2)^{\nu+2m}}{m!\Gamma(\nu+m+1)}$$

이며 제1종 베셀 함수(Bessel function of the first kind)라 부른다. 여기서 Γ는 감마 함수[III.13]를 나타낸다. 만약 ν가 정수가 아니라면 $J_{-\nu}(z)$는 식 (2)의 선형적으로 독립인 두 번째 해가 된다. 그러나 $\nu = n$이 정수라면 $J_n(z) = (-1)^n J_{-n}(z)$이며(확인해보고 싶다면 식 (1)에서 t를 $-1/t$로 바꾸어라), 따라서 새로운 해가 필요하다. 그것은

$$Y_\nu(z) = \frac{J_\nu(z)\cos\nu\pi - J_{-\nu}(z)}{\sin\nu\pi}$$

$Y_n = \lim_{\nu\to n} Y_\nu$이다. 이것이 제2종 베셀 함수(Bessel function of the second kind)의 정의이다.

함수 $J_\nu(z)$와 $Y_\nu(z)$는 두 개의 변수 ν와 z에 대한 특수함수[IV.7 §9]의 예이다. 기초적인 응용에서 ν는 정수이고 z는 실수이며 둘 다 음이 아니다. 예를 들어, 북의 가죽처럼 반지름이 a인 원형 막의 진동 방

식(vibrational mode)은

$$J_n(kr)\cos(n\theta)\cos(\omega t)$$

의 형태를 가지며 여기서 r와 θ는 평면 극좌표, t는 시간, ω는 진동수, $k = \omega/c$, c는 막 안에서의 음속(이 값은 막이 무엇으로 만들어졌느냐에 따라 특정한 상수이다)이며 ka는 $J_n(x)$의 양수인 해 중 어느 하나가 되도록 선택된다(무수히 많은 선택이 있다).

베셀 함수의 성질 중 많은 것들이 알려져 있다. 가장 표준적인 참고서는 왓슨(G. N. Watson)의 800페이지짜리 책『베셀 함수 이론에 관한 논문(*A Treatise on the Theory of Bessel Functions*)』(케임브리지 대학교 출판사, 케임브리지, 2판, 1944)이다. 그러나 처음에는 올버(F. W. J. Olver), 로지어(D. W. Lozier), 부아베르(R. F. Boisvert), 클라크(C. W. Clark)가 편집한『NIST 수학적 함수 안내서(*NIST Handbook of Mathematical Functions*)』(케임브리지 대학교 출판사, 케임브리지, 2010)의 10장에서 시작하는 것도 좋다(이 책의 파일은 http://dlmf.nist.gov에서 받을 수 있다).

III.3 블랙-숄즈 방정식

블랙-숄즈 방정식(Black-Scholes equation)은 다음 형태의 선형 포물형 편미분방정식이다.

$$\frac{\partial V}{\partial t} + \tfrac{1}{2}\sigma^2 S^2 \frac{\partial^2 V}{\partial S^2} + rS\frac{\partial V}{\partial S} - rV = 0$$

이것은 가치가 $V = V(S, t)$인 금융 옵션의 가격을 결정하는 문제와 연관되어 있다. 기초 자산은 시간 $t \in [0, T]$에 가격 $S \geq 0$을 갖고, 여기서 T는 옵션의 만기일이다. 이 방정식은 또한 변동성 σ와 이자율 r와 관련되어 있다. V가 유일하게 결정되기 위해서는 적절한 경계조건이 추가되어야 한다. 블랙-숄즈 방정식은 적당한 변수 바꿈을 통해 (열) **확산방정식**[III.8]으로 변환된다. 블랙-숄즈 방정식은 **블랙-숄즈 옵션 가격 결정 공식**[IV.14 §2.2]을 유도하는 데 사용된다.

III.4 버거스 방정식

1차원 버거스 방정식(Burgers equation)은 $u(x, t)$에 대한 비선형 **편미분방정식**[IV.3](PDE)

$$\frac{\partial u}{\partial t} + u\frac{\partial u}{\partial x} = \nu\frac{\partial^2 u}{\partial x^2} \tag{1}$$

이며 ν는 양의 상수이다. 이 방정식에 버거스(J. M. Burgers, 1895-1981)의 이름이 붙긴 했지만, 식 (1)의 중요성은 점성(viscosity) $\nu \to 0$인 경우의 **나비에-스토크스 방정식**[III.23]을 연구하던 베이트먼(Bateman)이 1915년에 최초로 인식하였다.

$\nu = 0$일 때 식 (1)은

$$\frac{\partial u}{\partial t} + u\frac{\partial u}{\partial x} = 0 \tag{2}$$

으로 단순화된다. 이는 **비점성 버거스 방정식**(inviscid Burgers equation)으로 알려져 있으며, 가끔 '비점성'이라는 단어는 생략되기도 한다.

식 (1)과 **확산방정식**[III.8]은 **콜-호프 변환**(Cole-

Hopf transformation)에 의해 연결된다. 따라서 $w(x,t)$가

$$\frac{\partial^2 w}{\partial x^2} = \frac{1}{\nu}\frac{\partial w}{\partial t}$$

의 해라면,

$$u = -\frac{2\nu}{w}\frac{\partial w}{\partial x}$$

는 (1)의 해가 된다. 이것은 연관된 선형 PDE의 해를 이용하여 비선형 PDE를 푸는 하나의 예이다.

콜-호프 변환은, (1)이 $t=0$에서 정해진 초기조건하에 풀렸다면 그 해는 모든 x와 모든 $t>0$에 대해 매끄럽다(smooth)는 것을 증명하는 데 사용할 수 있다. 한편 비점성 버거스 방정식 (2)는 불연속 해('충격(shock)')를 가질 수 있다. 우리는 (1)의 우변의 확산항의 존재가 문제를 '정칙화(regularize)'하여 충격파가 나타나는 것을 막는다고 말할 수 있다. $\nu>0$이기 때문에 에너지는 감소한다.

만약 확산항의 부호를 바꾼다면 에너지는 증가한다. 이를 보완하기 위해 또 다른 항을 추가할 수 있다. 구라모토-시바신스키 방정식(Kuramoto-Sivashinsky equation)

$$\frac{\partial u}{\partial t} + u\frac{\partial u}{\partial x} = -\frac{\partial^2 u}{\partial x^2} - \frac{\partial^4 u}{\partial x^4}$$

는 이런 종류의 PDE 가운데 하나이다. 이 방정식은 몇몇 물리적 현상을 모형화할 때 등장하며, 광범위하게 연구되었고 많은 흥미로운 종류의 해들을 가진다.

III.5 칸-힐리어드 방정식

에이미 노빅-코헨 *Amy Novick-Cohen*

1 방정식

$u = u(x,t) \in \mathbb{R}$에 대한 편미분방정식

$$u_t = M\Delta(-u + u^3 - \varepsilon^2\Delta u), \quad (x,t) \in Q_T \quad (1)$$

는 칸-힐리어드 방정식(Cahn-Hilliard equation)이라 부른다. 여기서 $\Delta := \sum_{i=1}^{N}\partial_{x_i}^2$이고 $Q_T = \Omega\times(0,T)$이며 이때 $\Omega\subset\mathbb{R}^N, T>0$이다. 이 방정식은 1958년에 존 칸(John W. Cahn)과 존 힐리어드(John E. Hilliard)가 이원 합금(binary alloy)에서 상 분리(phase separation)를 설명하기 위해 제안했다. 그런 맥락에서 u는 이원 합금의 두 성분 중 하나의 국소적으로 정의된 질량 비율을 나타내고, M은 '유동성(mobility)', ε은 원자 간 힘의 유효 길이 단위를 측정한다.

2 구조

방정식 (1)은 쌍으로 된 형태

$$\left.\begin{aligned} u_t &= \nabla\cdot(M\nabla\mu), \quad (x,t)\in Q_T, \\ \mu &= f'(u) - \varepsilon^2\Delta u, \quad (x,t)\in Q_T \end{aligned}\right\} \quad (2)$$

로도 쓰일 수 있는데, 여기서 $\mu = \mu(x,t)$는 '화학 퍼텐셜(chemical potential)'이고, $f(u) := \frac{1}{4}(1-u^2)^2$은 $u=\pm 1$에서 최솟값을 가지며 '이중 우물 퍼텐셜(double-well potential)'이라 부른다.

통상적으로 $\Omega\subset\mathbb{R}^N$은 $N=3$인 유계인 영역이며 주기적 혹은 노이만(Neumann)과 불투수(no-flux) 경계조건($\hat{n}\perp\partial\Omega$일 때 $\partial\Omega$를 따라 $\hat{n}\cdot\nabla u = \hat{n}\cdot\nabla\mu = 0$)이 주어진다. 두 경우 모두 (2)를 Ω 위에서 적분하

고 다시 부분적분을 함으로써

$$\frac{\mathrm{d}}{\mathrm{d}t}\int_{\Omega} u(x, t)\,\mathrm{d}x = 0$$

을 얻는데, 이는 이 계에서 질량은 보존된다는 진술로 해석할 수 있다.

(2)의 첫 번째 방정식에 μ를 곱하고 Ω 위에서 적분하면

$$\frac{\mathrm{d}}{\mathrm{d}t}\int_{\Omega} (f(u) + \tfrac{1}{2}\varepsilon^2|\nabla u|^2)\,\mathrm{d}x = -\int_{\Omega} M|\nabla \mu|^2\mathrm{d}x$$

를 얻고, 이 계에서의 에너지 소실을 설명한다.

3 동역학

보통

$$u(x, 0) = \bar{u} + \tilde{u}(x, 0)$$

을 가정하는 것은 타당한데, 여기서 $\bar{u} \in \mathbb{R}$이고 $\tilde{u}(x, 0)$은 $\bar{u}$의 작은 변화 혹은 '섭동(perturbation)'이며 $\int_{\Omega} \tilde{u}(x, 0)\mathrm{d}x = 0$을 만족한다. 이에 따른 동역학은 초기의 '첨예한(spinodal)' 상황과 나중의 '성긴(coarsening)' 상황으로 설명할 수 있다. 첨예한 혹은 '선형적' 상황에서 칸-힐리어드 동역학은 $\bar{u}$에 대한 선형화(linearization)에 의해 지배된다. 충분히 긴 파장의 공간적 섭동이 증가하며, 동시에 짧은 파장의 섭동은 지수적으로 감소한다. 국소적으로 공간적으로 균일한 영역이 형성되기 시작한다. 즉, 커다란 영역이 작은 영역을 없애며 증가하기 시작한다. 이것은 양상이 '성긴' 것이라 부른다. 국소적으로 균일한 부분영역으로 Ω를 분할한, 접촉면 $\Gamma(t)$의 움직임에 대한 자유경계(free boundary) 문제를 통해 성긴 동역학을 설명할 수 있다. '멀린스-세케르카(Mullins-Sekerka)' 문제로도 부르는 자유경계 문제에서, $\Gamma(t)$의 수직 방향 속도는 $\Gamma(t)$를 지날 때 μ의 수직 방향 도함수 변화와 화학 퍼텐셜에 비례한다. 더 나아가 κ가 $\Gamma(t)$의 평균 곡률(mean curvature)을 나타낼 때 $\Gamma(t)$ 위에서는 $\mu = \kappa$가 성립하고, 경계면 바깥인 $\Omega\backslash\Gamma(t)$ 안에서는 $\Delta\mu = 0$이 성립한다. 장시간 후의 동역학은 균일한 부분영역의 평균 크기가 $t^{1/3}$에 비례하는 속도로 증가한다는 것을 예측한다.

4 응용

질량 보존 칸-힐리어드 방정식이 이원 합금의 상 분리의 모형으로 만들어지긴 했지만, 초기의 선형적 상황 이후 나중의 성긴 상황이 따르는 동역학적 특징은 이것을 다양한 상황에서 적합한 모형으로 만들어주었다. 이 방정식은 영상처리뿐 아니라 집단 속에서의 패턴 형성, 생물막에서의 구조 형성, 은하계 형성을 설명하는 데 사용된다.

5 일반화

그동안 수많은 칸-힐리어드 방정식의 일반화가 제안되어 왔다. 거기에는 보존 상장(conserved phase field) 모형(칸-힐리어드 방정식과 열 효과를 결합한 모형), 동시적인 상 분리와 배열을 위한 모형(칸-힐리어드와 알렌-칸(Allen-Cahn) 방정식을 결합한 모형), 칸-힐리어드 방정식과 유체역학 효과를 결합한 모형, 상장 결정 모형(결정 비등방성(crystalline anisotropy)을 포함하는 일반화) 등이 있다.

더 읽을거리

Cahn, J. W. 1961. On spinodal decomposition. *Acta Metallurgica* 9 : 795-801.

Cahn, J. W., and J. E. Hilliard. 1958. Free energy of a nonuniform system. I. Interfacial free energy. *Journal of Chemical Physics* 28 : 258-67.

Novick-Cohen, A. Forthcoming. *The Cahn-Hilliard Equation: From Backwards Diffusion to Surface Diffusion*. Cambridge : Cambridge University Press.

III.6 코시-리만 방정식

$u(x, y)$와 $v(x, y)$를 두 실수인 변수 x와 y의 실수함수라고 하자. 코시-리만 방정식(Cauchy-Riemann equation)은

$$\frac{\partial u}{\partial x} = \frac{\partial v}{\partial y} \text{와 } \frac{\partial u}{\partial y} = -\frac{\partial v}{\partial x} \qquad (1)$$

이다. 이 방정식은 복소 해석학[IV.1]에서 등장한다. u, v가 실수일 때 만약 $f(z) = u(x, y) + \mathrm{i}v(x, y)$가 $z = x + \mathrm{i}y$의 해석적 함수라면, u와 v는 코시-리만 방정식을 만족한다.

(1)에서 v를 소거시키면 u가 다음 라플라스 방정식[III.18]을 만족한다는 것을 증명할 수 있다.

$$\frac{\partial^2 u}{\partial x^2} + \frac{\partial^2 u}{\partial y^2} = 0$$

v도 동일한 방정식을 만족한다.

유체의 평면 퍼텐셜 흐름에서, u는 속도 퍼텐셜(velocity potential) 그리고 v는 유동함수(stream function)로 여겨진다. 벡터 $\boldsymbol{n} = (n_1, n_2)$와 $\boldsymbol{t} = (-n_2, n_1)$을 정의해서 $\boldsymbol{n} \cdot \boldsymbol{t} = 0$이라면, (1)로부터

$$\boldsymbol{n} \cdot \operatorname{grad} u = \boldsymbol{t} \cdot \operatorname{grad} v$$

를 얻는다. 만약 $\boldsymbol{n}$을 어떤 곡선 C의 단위 법선벡터(unit normal vector)로 잡는다면, $\boldsymbol{t}$는 단위 접선벡터(unit tangent vector)가 된다. 유체 흐름에서, 통상적인 경계조건은 C 위에서의 영 수직 방향 속도 $\boldsymbol{n} \cdot \operatorname{grad} u = 0$이다. u에 대한 이 미분조건은 C 위에서 $v =$ 상수라는 더 쉬운 조건으로 대체될 수 있다.

III.7 델타함수와 초함수

업턴 *P. J. Upton*

$\delta(x)$로 표기되며 그것의 발명자인 20세기 이론물리학자 디랙(P. A. M. Dirac)의 이름이 붙은 디랙 δ 함수는, $x = 0$에서 엄청나게 뾰족하여 $x = 0$을 제외한 곳에서는 0이지만 그것의 적분 $\int_{-\infty}^{\infty} \delta(x)\mathrm{d}x = 1$이 되는 함수로 간주할 수 있다. 엄밀하게 말하면 이는 곧 $\delta(x)$가 함수가 아니라는 의미인데, 왜냐하면 $x = 0$에서 이 함수의 값은 잘 정의되지 않기 때문이다. 나중에 명확해지겠지만, 그럼에도 '함수' $\delta(x)$는 $n \to \infty$일 때 잘 정의된 함수열 $g_n(x)$의 극한을 나타내는 편리한 약식 기호로 사용될 수 있다. δ 함수는 모형을 만들기 위해 물리학적 응용수학 전반에 걸쳐 폭 넓게 사용되는데, 역학에서의 충격량, 전기회로 이론, 전자기나 중력에서 점전하의 분포 등이 그 예이다.

그렇다면 왜 $\delta(x)$와 같이 이상한 대상을 정의하는가? 많은 물리적 상황을 δ 함수로 잘 설명할 수 있다는 것이 하나의 답이 될 수 있다. 예를 들어, 1차원 역학에서 질량 m을 가진 입자는 오직 매우 짧은 시구간 $-t_0 < t < t_0$에서만 존재하는 힘 $f(t)$의 영향을 받을 수 있다. 다음 적분으로 정의되는 총 **충격량**(impulse)을 생각하자.

$$\int_{-t_0}^{t_0} f(t)\,\mathrm{d}t = \int_{-t_0}^{t_0} m\frac{\mathrm{d}v}{\mathrm{d}t}\mathrm{d}t = mv(t_0) - mv(-t_0)$$

여기서 첫 번째 등식은 뉴턴의 제2법칙에 나오며, $v(t)$는 시간 t에서 입자의 속도이다. 입자가 초기에는 정지해 있다가 상수 속도로 움직이기 시작하며 그것의 운동량은 1단위가 되도록, 즉 $v(-t_0) = 0$이고 $mv(t_0) = 1$이 되도록 힘이 작용했다고 하자. 여기에 더해, 우리는 힘이 매우 적은 시간 동안만 작용하여 t_0이 현실적으로는 0이라고 생각할 것이다. 다른 말로 표현하면, 마치 $f(t)$가 갑작스럽게 망치로 내리치거나 발로 차는 것 등으로 인한 것일 때 보통 생각하듯이, 힘은 **순간적으로** 작용하여 $-t_0 < t < t_0$일 때 $f(t)$의 정확한 형태는 결과에 중요한 영향을 주지 않는다. 발로 차는 것을 모형화하려면 $f(t)$는 $t = 0$ 이외의 모든 곳에서 0이어야 하지만 전체 적분은 1단위가 되어야 하는데, 이 충격량이 1단위인 것과 대응하는 것이다. 우리는 따라서 δ 함수를 **충격 힘**(impulsive force)의 모형으로서 이끌어 냈다. 충격 힘에 의한 입자의 뒤따른 운동(혹은 **반응**)은 t에 관한 중요한 함수이다. 이 함수는 **초깃값 그린 함수**(initial-valued Green function) $G(t)$이며, 19세기 초 수리물리학자 조지 그린(George Green)의 이름이 붙여졌다. 그린 함수는 더 일반적으로는 δ 함수가 원천(source)항인 비동차 미분방정식의 해이다.

1 기본 성질

앞서 논의했듯이 δ 함수는

$$\int_a^b \delta(x)\,\mathrm{d}x = \begin{cases} a < 0 < b\text{일 때}, 1, \\ 0 \notin [a, b]\text{일 때}, 0 \end{cases}$$

인 성질을 갖는데, 여기서 $a = 0$이거나 $b = 0$인 경우는 고려하지 않는다. δ 함수는 엄밀하게는 절대 함수가 아닌데, 왜냐하면 $x = 0$은 이 '함수'의 정의역에 있지만 $\delta(0)$은 공역에서 값이 주어질 수 없기 때문이다. 엄밀히 따지자면 $\delta(x)$는 이것이 적분 기호 안에 있을 때에만 의미를 가지며,

$$\int_{-\infty}^{\infty} f(x)\delta(x)\,\mathrm{d}x = f(0) \qquad (1)$$

이라는 중요한 기본 성질이 충분히 좋은 함수 $f(x)$를 만족한다. 항등식 $\int_{-\infty}^{\infty}\delta(x)\mathrm{d}x = 1$은 (1)의 특수한 경우이다.

2 그린 함수

시각 t에서 어떤 입자의 위치 $x(t)$를 찾고자 하는 문제를 비롯해, 선형 초깃값 문제는 미분방정식 $Lx = f(t)$를 푸는 것과 연관되며, L은 선형 미분연산자이고 $f(t)$는 어떤 임의의 힘이다. 일반적인 해는 $x = x_c + x_p$로 주어진다. 여기서 x_c는 보충함수(complementary function)로서 $Lx_c = 0$의 해이고, x_p는 특수적분(particular integral)으로서 그린 함수 $G(t)$, 즉 충격 힘 $\delta(t)$의 반응을 이용하여 나타낼 수 있다. 결국 $LG = \delta(t)$와 함께 $x_p(t) = \int_0^{\infty} G(t-t')f(t')\mathrm{d}t'$을 얻는

다.

$\mathbb{R}^3$ 위에서 정의된 δ 함수

$$\boldsymbol{r} = (x, y, z) \in \mathbb{R}^3 \text{에 대해 } \delta(\boldsymbol{r}) = \delta(x)\delta(y)\delta(z)$$

은 점전하 분포를 모형화하는 데 사용할 수 있다. 이것은 $\boldsymbol{r} \in \mathbb{R}^3$에 대한 일반적인 전하 분포 $\rho(\boldsymbol{r})$가 주어졌을 때 퍼텐셜 $\phi(\boldsymbol{r})$를 결정하는 것을 가능케 하며, 이때 **푸아송 방정식**[III.18] $-\Delta\phi = \rho(\boldsymbol{r})$($\Delta$는 라플라스 연산자(Laplacian operator)를 나타낸다)를 풀어야 한다. 이는 역시 그린 함수 $G(\boldsymbol{r})$를 이용해 이루어질 수 있는데, 그린 함수는 $-\Delta G = \delta(\boldsymbol{r})$의 해이기 때문에 $G(\boldsymbol{r})$는 점전하의 퍼텐셜이 되고, 그로부터 우리는 $G(\boldsymbol{r}) = 1/(4\pi|\boldsymbol{r}|)$가 쿨롱 퍼텐셜(Coulomb potential)인 것과 $\phi(\boldsymbol{r}) = \int_{\mathbb{R}^3} G(\boldsymbol{r} - \boldsymbol{r}')\rho(\boldsymbol{r}')\mathrm{d}\boldsymbol{r}'$인 것을 알 수 있다.

양자이론이나 브라운 운동(Brownian motion)의 이론처럼, 시간 진행과 공간적 변동이 동시에 연관된 문제를 다룰 때에는 그린 함수가 위치뿐 아니라 시간에도 의존한다. 그런 경우 $G(t, \boldsymbol{r})$는 보통 **전파인자**(propagator)라고 부른다.

3 델타-수렴 함수열

δ 함수는 잘 정의된 함수 $g_n(x)$의 $n \to \infty$일 때 극한을 취함으로써 만들 수 있다. 만약 g_n이 모든 n에 대해 매끄럽다면(smooth, 즉 원하는 만큼 미분가능), 이 함수열은 **초함수**(generalized function)를 정의한다. 추가로 모든 n에 대해 $\int_{-\infty}^{\infty} g_n(x)\mathrm{d}x = 1$인 조건을 부여하자. 그러한 δ-수렴 함수열의 한 예는 가우스 함수(Gaussian function)들의 나열이다.

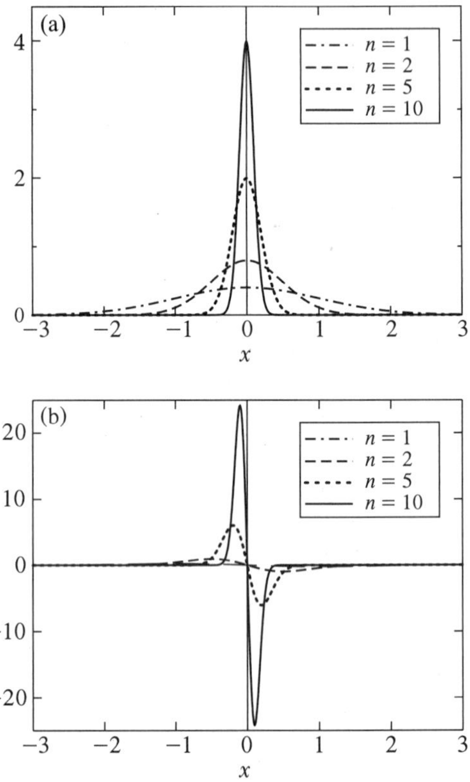

그림 1 (a)식 (2)에서 정의된 함수 $g_n(x)$. (b)$n = 1, 2, 5, 10$인 경우 그들의 도함수 $g_n'(x)$. 이 함수열들은 각각 $\delta(x)$와 $\delta'(x)$로 수렴한다.

$$g_n(x) = \frac{n}{\sqrt{2\pi}} \mathrm{e}^{-(nx)^2/2}, \quad n \geq 1 \tag{2}$$

이 $g_n(x)$의 예들은 그림 1(a)에 그려져 있다. n이 증가함에 따라 함수 $g_n(x)$는 $x = 0$ 근처에서 더 심하게 뾰족해진다(좁아지면서 동시에 높아진다). 실제로 (2)의 표현으로부터 $n \to \infty$일 때 모든 $x \neq 0$에 대해 $g_n(x) \to 0$이지만 $g_n(0) \to \infty$라는 것을 알 수 있으며, 만약 이 극한이 $\delta(x)$라면 그렇게 되어야 할 것이다. 또한 가우스 함수의 적분 $\int_{-\infty}^{\infty} \mathrm{e}^{-x^2}\mathrm{d}x = \sqrt{\pi}$의 관점에서 보면 $n \geq 1$일 때 $\int_{-\infty}^{\infty} g_n(x)\mathrm{d}x = 1$이 성립할 것이다. 따라서 (2)의 $g_n(x)$가 갖는 성질들을 고려하면 (특정한 의미에서) $n \to \infty$일 때 $g_n(x) \to \delta(x)$라고 보

는 것이 타당해 보인다. 실제로 충분히 좋은 함수 $f(x)$에 대해 (예컨대 립시츠(Lipschitz) 연속함수) 극한

$$\lim_{n\to\infty}\int_{-\infty}^{\infty} g_n(x)f(x)\,\mathrm{d}x = f(0) \qquad (3)$$

이 성립한다는 것을 증명할 수 있다. 그러므로 최소한 립시츠 연속함수에 대해서는, $n\to\infty$에 대한 $g_n(x)$의 극한이 (1)에서 주어진 δ 함수의 기본 성질을 만족한다. 하지만 또 다른 δ-수렴 함수열 $g_n(x)$, $n\ge 1$을 이용하면 (3)이 모든 연속함수 $f(x)$에 대해 성립한다는 것을 증명할 수 있다. 이 경우 함수 $g_n(x)$는 매끄럽지만 콤팩트하게 지지되는데(compactly supported), 즉 오직 $\mathbb{R}$의 유계인 구간 안에서만 0이 아니다.

4 델타함수의 도함수

델타함수의 도함수에 대응하는 초함수 $\delta'(x)$는 (δ'-수렴) 함수열 $g_n'(x)$, $n\ge 1$을 이용해 정의할 수 있다. 그런 함수열의 한 예가 그림 1(b)에 그려져 있는데, $g_n'(x)$는 (2)에서 주어진 $g_n(x)$의 도함수이다. 이러한 과정은 매력적인 물리적 해석을 가진다. $\delta(x)$를 점전하의 1차원 전하 분포로 생각했던 것과 마찬가지로, 우리는 $\delta'(x)$를 서로 반대의 부호를 가지며 서로 무한히 가까운 점전하의 쌍극자(dipole) 전하 분포로 생각할 수 있다. $g_n'(x)$의 극한적 성질로부터 이 전하 분포의 쌍극자 모멘트는 $\int_{-\infty}^{\infty} x\delta'(x)\mathrm{d}x = -1$로 주어진다는 것을 보일 수 있다. 사실 이것은 일반적인 k계 도함수에 대한 더욱 일반적인 결과의 특별한 경우이며, 충분히 좋은 함수 $f(x)$에 대해 다음이 성립한다.

$$\int_{-\infty}^{\infty} \delta^{(k)}(x)f(x)\,\mathrm{d}x = (-1)^k f^{(k)}(0)$$

5 엄밀한 이론을 향하여

$\mathbb{R}$ 위의 매끈하고 콤팩트하게 지지된, 모든 시험함수(test function) $\varphi(x)$의 공간 위에서의 연속 선형범함수(continuous linear functional) $T(\varphi)$로 초함수를 정의함으로써, 분포(distribution)라고도 부르는 초함수의 엄밀한 이론을 세울 수 있다. $T(\varphi)$의 미분은 $\mathrm{d}T(\varphi)/\mathrm{d}x = -T(\varphi')$으로 정의된다. 만약 $T(\varphi)$를 잘 정의된 국소적으로 적분가능한 함수 $g(x)$에 대해 $T(\varphi) = \int_{-\infty}^{\infty} g(x)\varphi(x)\mathrm{d}x$ 형태로 표현할 수 있다면, $T(\varphi)$를 정칙 초함수(regular generalized function)라 부른다. 그렇지 않다면 그것은 특이(singular) 초함수이다. δ 함수는 $T(\varphi) = \varphi(0)$으로 정의되는 특이 초함수이다. 따라서 정칙 초함수는 범함수 $T(\varphi)$를 각각 잘 정의된 함수 $g(x)$에 지정하는 것이다. 그러나 허용되는 $T(\varphi)$의 범위를 확장해 특이 초함수까지 포함하게 만든다면, $g(x)$를 더 큰 집합, 곧 '초'함수의 일부로 생각할 수 있다.

특히 확률론에서 유용한, δ 함수를 엄밀하게 다루는 또 다른 방식은 이를 측도(measure)로 생각하는 것이다. 한 점 $a\in\mathbb{R}$이 중심인 디랙 δ 측도는 δ_a로 표기하며, 집합 $A\subset\mathbb{R}$에 작용해 만약 $a\in A$이면 $\delta_a(A) = 1$이고 아니라면 $\delta_a(A) = 0$인 것으로 정의된다. 측도론 형태의 기본 성질 (1)은 $\int_{\mathbb{R}} f(x)\delta_a(\mathrm{d}x) = f(a)$로부터 얻는다.

더 읽을거리

Kolmogorov, A. N., and S. V. Fomin. 1975. *Introductory Real Analysis*. New York: Dover.

Lighthill, M. J. 1958. *An Introduction to Fourier Analysis and Generalised Functions*. Cambridge: Cambridge University Press.

III.8 확산방정식

1차원 확산방정식(diffusion equation, 혹은 열방정식(heat equation))은 $u(x, t)$에 대한 편미분방정식[IV.3](PDE)

$$\frac{\partial^2 u}{\partial x^2} = \frac{1}{k}\frac{\partial u}{\partial t} \qquad (1)$$

이며, 여기서 k는 상수이다. 이것은 선형 2계 동차 포물형(parabolic) 방정식으로 분류된다.

확산방정식은 분리되는 해 $u(x, t) = e^{\gamma x}e^{\gamma^2 kt}$을 가지며, 여기서 γ는 임의의 상수이다. 또한 분리되지 않는 해 $u(x, t) = t^{-1/2}e^{-\phi}$ 등도 존재하며, $\phi(x, t) = x^2/(4kt)$이다.

방정식 (1)은 금속 막대기를 따라 전달되는 열이나 다른 많은 확산 과정을 묘사한다. 금융수학에서는 블랙-숄즈 방정식[III.3]이라 알려진 유명한 PDE

$$\frac{\partial V}{\partial t} + \tfrac{1}{2}\sigma^2 S^2 \frac{\partial^2 V}{\partial S^2} + rS\frac{\partial V}{\partial S} - rV = 0 \qquad (2)$$

이 있으며, 여기서 σ와 r는 상수이며 독립변수는 S와 t이다. 이 PDE의 해는 확산방정식의 해로부터 만들 수 있다. 이를테면 (1)에서 치환 $u(x, t) = e^{\alpha x + \beta t}V$와 $e^x = S$를 통해 $k = -\frac{1}{2}\sigma^2$, $\alpha = -\frac{1}{2}(1 + r/k)$, $\beta = \frac{1}{4}k(1 - r/k)^2$일 때 V가 (2)를 푼다는 것을 증명할 수 있다.

버거스 방정식[III.4]은 (1)의 해를 이용하여 풀 수 있는 또 다른 PDE이다.

III.9 디랙 방정식

마크 데니스 *Mark R. Dennis*

양자이론에서 디랙 방정식(Dirac equation)은 슈뢰딩거 방정식[III.26]의 상대론적 대응물이며, 전자 파동묶음(electron wave packet)의 공간-시간 의존 관계를 나타낸다. 이것은 양자물리의 수식 체계와 특수상대성을 결합한 물리학의 가장 기본적인 방정식들 중 하나이며, 이것의 해는 자연스럽게 반물질의 개념으로 이르게 된다.

양자역학[IV.23]에서 양자적 입자의 파동함수 $\Psi(\boldsymbol{r}, t)$를 생각해 보면, 3차원 공간에서의 위치 $\boldsymbol{r}$, 시간 t, 운동량 $\boldsymbol{p}$, 에너지 $E > 0$과 같은 양들은 곱 연산자 또는 미분연산자들의 곱에 허수단위 i와 작용양자(quantum of action)*인 플랑크 상수(Planck's constant) $\hbar$가 곱해진 것들과 관련이 있다. 여기에는 에너지 연산자 $\mathrm{i}\hbar\partial_t$ 그리고 $j = 1, 2, 3$에 대해 ∂_j가 $\boldsymbol{r}$의 공간 좌표에 대한 미분을 나타낼 때, 각각의 성분에 대한 운동량 연산자 $-\mathrm{i}\hbar\partial_j$가 포함된다. 따라서 슈뢰딩거 방정식 $\mathrm{i}\hbar\partial_t\Psi = \hat{H}\Psi$는 에너지 연산자와 해밀턴 연

* 플랑크 상수의 다른 이름.—옮긴이

산자(Hamiltonian operator) $\hat{H}$가 각각 양자 파동함수 $\Psi(\boldsymbol{r}, t)$에 작용할 때 동등하다는 것을 표현한다. 하지만 특수상대론에서는 에너지-운동량 관계식이 정지 질량이 m인 입자에 대해

$$E^2 = |\boldsymbol{p}|^2 c^2 + m^2 c^4 \tag{1}$$

으로 주어지며, 여기서 상수 c는 빛의 속도이다. 앞으로 다룰 양자적 입자는 '전자(electron)'라 부를 것이며 그것의 전하를 e라고 표기하겠다.

클라인-고든 방정식(Klein-Gordon equation)은 (1)에 대응하는 한 가지 그럴듯한 양자방정식이며, 일반적인 복소숫값 파동함수 $\varphi(\boldsymbol{r}, t)$에 대해

$$c^{-2}\partial_t^2 \varphi - \nabla^2 \varphi + \frac{m^2 c^2}{\hbar^2}\varphi = 0 \tag{2}$$

으로 주어진다. 그러나 슈뢰딩거 파동함수의 상대론적 대응물로서 (2)의 해를 해석하는 데에는 물리학적 문제가 있다. 슈뢰딩거 방정식과는 다르게 (2)는 시간에 대한 2계 미분을 포함하기 때문에 해를 특징짓기 위해서는 $t = 0$에서 두 개의 초기조건이 필요하며(반면 슈뢰딩거 방정식에서는 오직 하나만이 필요하다), 확률밀도로서의 $|\varphi|^2$에 대한 연속방정식(continuity equation)을 정의하는 데 문제가 있다. 게다가 (2)는 전자 스핀의 두 성분을 포함하지 않는다. 따라서 (1)에 대응하는 시간에 1계인 양자역학적 편미분방정식(PDE)을 적기 위해서는, 반드시 (2)의 좌변에 작용하는 전체 작용소(operator)의 적절한 제곱근을 찾아야 한다.

폴 디랙은 잘 알려진 대로 디랙 방정식

$$\mathrm{i}\,\hbar \partial_t \psi = \sum_{j=1}^{3} \alpha_j c \hat{p}_j \psi + \beta m c^2 \psi \tag{3}$$

를 제시함으로써 이 문제를 대수적으로 해결했다. 슈뢰딩거와 클라인-고든 방정식과는 달리 (3)은 벡터-행렬방정식이며, $\psi \equiv \psi(\boldsymbol{r}, t)$는 **디랙 스피너**(Dirac spinor)라 부르는 4개의 복소성분(이 성분들은 4차원 시공간과는 관련이 없다)을 가진 파동함수이고 α_j, β는 4×4 디랙 행렬(Dirac matrix)로서, 일반적으로 아래와 같은 블록 형태로 쓰인다.

$$\beta = \begin{pmatrix} 1 & 0 \\ 0 & -1 \end{pmatrix}, \quad \alpha_j = \begin{pmatrix} 0 & \sigma_j \\ \sigma_j & 0 \end{pmatrix}, \quad j = 1, 2, 3$$

여기서 0과 1은 2×2 영행렬과 단위행렬을 나타내고, σ_j는 3개의 파울리 행렬(Pauli matrix)

$$\sigma_1 = \begin{pmatrix} 0 & 1 \\ 1 & 0 \end{pmatrix}, \quad \sigma_2 = \begin{pmatrix} 0 & -\mathrm{i} \\ \mathrm{i} & 0 \end{pmatrix}, \quad \sigma_3 = \begin{pmatrix} 1 & 0 \\ 0 & -1 \end{pmatrix}$$

을 나타낸다. 이렇게 정의되는 각각의 디랙 행렬의 제곱은 단위행렬이 되며, 서로 다른 행렬들끼리는 반교환(anticommute)된다. 즉 만약 $i \neq j$라면 $\alpha_j\alpha_k + \alpha_k\alpha_j = \alpha_j\beta + \beta\alpha_j = 0$이다. 이 성질들을 통해 (3)의 좌변과 우변의 작용소들의 제곱이 (1)의 작용소와 동등하다는 것을 증명할 수 있다. 이렇게 α_j, β 행렬들은 그 자체로 클리퍼드 대수(Clifford algebra)를 이루며, **디랙 대수**(Dirac algebra)라고 부른다.

비상대론적이고 낮은 속도의 극한 $|\boldsymbol{p}|/m \ll c$에서 해를 고려할 때, **디랙 방정식**은 2-성분 스핀(디랙 스피너의 첫 두 성분으로 이루어진다. 나머지 두 성분은 사라질 만큼 작아진다)에 대해 점근적으로 슈뢰딩거 방정식에 가까워지며, 친숙한 전자의 비상대론적 양자 행동을 재연해 낸다. 양자적 전자는 4-성분 디랙 스피너 ψ로 설명되어야 하며 그것의 각 성분은 사실 클라인-고든 방정식 (2)를 만족하긴 하지만, 디랙은 결국 공간과 시간에 대해 1계인 상대

론적인 양자 PDE를 찾은 것이다. 이전에 전자의 양자역학적 스핀 행동을 설명하기 위해 슈뢰딩거 방정식에 임시 변통으로 도입되었던 파울리 스핀 행렬이 디랙 대수에서 자연스럽게 등장한다는 사실은, 전자에 대한 기본 양자방정식으로서 디랙 방정식이 이룬 위대한 성공 중 하나이다.

벡터-행렬방정식이긴 하지만, 디랙 방정식의 (3) 형태는 슈뢰딩거 방정식과 유사하며 실제로 연산자 $\sum_{j=1}^{3}\alpha_j c\hat{p}_j + \beta mc^2$은 **디랙 해밀토니언**(Dirac Hamiltonian)이라 부른다. 디랙 방정식은 또한 상대론적 공변형(covariant form)으로도 쓸 수 있는데, 4개의 **감마 행렬**(gamma matrix) $\gamma^0 = \beta$, $\gamma^j = \gamma^0\alpha_j$를 정의함으로써 (3)은 $\partial_0 = c^{-1}\partial_t$일 때 다음과 같이 다시 쓸 수 있다.

$$\mathrm{i}\hbar\sum_{a=0}^{3}\gamma^a\partial_a\psi = mc\psi \tag{4}$$

대개 이 형태의 디랙 방정식은 아인슈타인 합 규약(Einstein summation convention)에 따라 쓰인다(**텐서와 다양체**[II.33]에 나오듯 반복되는 4-벡터 성분에 대해 구체적인 합 기호를 생략한다).

$a = 0, \cdots, 3$과 ψ의 수반(adjoint, 켤레전치(conjugate transpose)) $\psi^\dagger$에 대해 자연스럽게 전류(current) 4-벡터 $j^a \equiv \psi^\dagger\gamma^0\gamma^a\psi$를 정의할 수 있다. $\psi^\dagger\psi$의 0-성분은 ψ에 의해 묘사되는 디랙 입자와 연관된 음이 아닌 정부호(nonnegative-definite) 확률이고, 다른 성분 $\psi^\dagger\alpha_j\psi$는 3-속도 장(3-velocity field), 따라서 e로 곱하는 것에 대한 전류를 나타낸다. 이 전류의 4-발산(4-divergence)은 0이 되는데, 즉 $\sum_a\partial_a j^a = 0$이다. 이는 확률의 국소적 보존과 함께 e로 곱해진 뒤 ψ에 의해 결정되는 전하 분포의 국소적 보존으로 해석할 수 있다. 이렇게 정의된 3-속도는 3-운동량인 $\psi^\dagger\hat{p}_j\psi$, $j = 1, 2, 3$과는 다르다. 속도와 운동량 사이의 차이는 디랙 입자의 몇 가지 놀라운 측면으로부터 나오는데, 가령 속도와 연관된 전자의 자기 모멘트(magnetic moment)와 운동량과 연관된 전자의 각운동량에 지정된 양자수(quantum number)에 차이가 있다. 이 글의 남은 부분에서는 상수 c와 $\hbar$가 1인 단위계를 사용하는 상대론적 양자이론의 관습을 차용할 것이다.

특수상대론과 양립하며 공간과 시간에 의존하는 다성분 파동 장에 대한 PDE라는 점에서, 디랙 방정식은 비슷한 성질들을 가진 (특히 **바일의 방정식**(Weyl's equation)이라 부르기도 하는 $m = 0$인 경우) **맥스웰 방정식**[III.22]과 비교할 만하다. 특별히 이것은 4개의 선형독립인 평면 파동해를 가지는데, $\exp(\mathrm{i}(-Et + \boldsymbol{p}\cdot\boldsymbol{r}))$에 상수이며 정규화되지 않은 디랙 스피너

$$\begin{aligned}
\psi^1_{\mathrm{pw}} &= (E+m,\, 0,\, p_3,\, p_1 + \mathrm{i}p_2),\\
\psi^2_{\mathrm{pw}} &= (0,\, E+m,\, p_1 - \mathrm{i}p_2,\, -p_3),\\
\psi^3_{\mathrm{pw}} &= (-p_3,\, -(p_1 + \mathrm{i}p_2),\, -E+m,\, 0),\\
\psi^4_{\mathrm{pw}} &= (-(p_1 - \mathrm{i}p_2),\, p_3,\, 0,\, -E+m)
\end{aligned}$$

을 곱한 형태이다. ψ^1_{pw}와 ψ^2_{pw}가 포함된 해는, 특히 $p \ll m$인 비상대론적 상황에서 각각 위 스핀과 아래 스핀 상태의 전자 평면 파동으로 해석할 수 있다. 하지만 ψ^3_{pw}, ψ^4_{pw}는 **음 에너지 해**로 나타나며, 이는 오직 E^2을 포함하는 상대론적 관계식 (1)이 수학적으로는 양 에너지뿐 아니라 음 에너지를 허용해야 한다는 것을 말해 준다.

음 에너지 해의 존재성은 디랙 방정식의 가장 놀랄 만한 측면 중 하나이며(비슷한 해는 클라인-고

든 방정식 (2)에 대해서도 역시 존재한다), 그들이 물리적으로 에너지 바닥 상태를 가질 수 없다는 무시 못 할 이유 때문이다. 이는 상대론적 전자가 한계 없이 지속적으로 한 단계 더 낮은 에너지로 감쇠할 수 있다는 것을 의미하며 우리의 물리학적 경험과 상충한다. 디랙은 스스로 이 문제에 대한 다음과 같은 해법을 제안했다. 음 에너지는 이미 전자들의 **디랙 바다**(Dirac sea)로 채워져 있다. 따라서 자유전자는 이 채워져 있는 음 에너지 상태를 가질 수 없고, 음 아닌 에너지를 가져야만 한다. 가설적인 이런 디랙 바다의 존재는 음 에너지 전자가 어떤 과정을 통해 들떠서 양 에너지 상태로 전이될 수 있으며, 디랙 바다에 양으로 대전된 '구멍'을 남길 수 있다는 추가적인 결론을 이끈다. 그 구멍의 평면 파동 성분은 (반도체에서 채워진 원자가 띠(valence band)에서 나타나는 '구멍'과 같은 방식으로) 음 에너지 해 ψ^3_{pw}와 ψ^4_{pw}에 따라 작용한다. 디랙은 처음에 양성자(proton)의 질량이 전자의 질량 m과는 매우 다르다는 사실에도 불구하고, 이러한 '양전하 전자'를 양성자로 식별했다. 그러나 디랙의 이론 이후 4년만인 1932년에, 앤더슨(Anderson)이 실험을 통해 전자와 같은 질량을 갖지만 반대의 전하를 띤 **양전자**(positron)를 발견했다. 이 새로운 종류의 입자를 예견한 공로로 디랙은 1933년에 슈뢰딩거와 공동으로 노벨 물리학상을 받았다.

전자와 전자기장 사이의 상호작용을 포함하기 위해서, 운동량 연산자 $\hat{p}_j$는 로런츠 힘 방정식(Lorentz force equation)으로부터 나오는 장 안에서 움직이는 대전된 입자에 대한 적절한 정준운동량(canonical momentum)으로 대체되어야만 한다(**고전역학**[IV.19]에 나오듯이). 4-퍼텐셜 A_a를 구성하는 스칼라 퍼텐셜 V와 벡터 퍼텐셜 $\boldsymbol{A}$에 대해, (3), (4)에서의 이 대체는 보통의 편미분을 게이지 공변미분(guage-covariant derivative)으로 바꾸게 된다.

$$\partial_a \to D_a \equiv \partial_a + \mathrm{i}eA_a, \quad a = 0, 1, 2, 3$$

상호작용이 있는 맥스웰 방정식과 디랙 방정식의 자기모순 없는 해를 찾는 것은 해석적으로 어려운 문제이다. 그럼에도 실험과 잘 맞아 떨어지는 아주 좋은 근사가 가능하며, 특히 전자기장에서 양자역학적으로 상호작용하는 많은 전자들의 계를 푸는, 체계적인 양자적 방법인 양자 전기역학(quantum electrodynamics)에서 유용하다. 양자 전기역학은 다른 양자장론들과 마찬가지로, 디랙과 맥스웰 방정식에 근거하며 디랙과 클라인-고든의 음 에너지 해를 **반물질**(antimatter)(양전자가 '반전자(anti-electron)'인 것처럼)의 양 에너지 상태와 연관 지어 주는 더 복잡한 수학적 방식을 요구한다. 수학적으로 매우 복잡함에도 불구하고, 이 이론은 요동치는 진공(fluctuating vacuum) 안에서 입자 생성과 소멸의 가능성을 포함하여, 상호작용하는 많은 양자적 입자들의 변화를 성공적으로 설명한다.

더 읽을거리

Dirac, P. A. M. 1928a. The quantum theory of the electron. *Proceedings of the Royal Society of London* A117:610-24.

———. 1928b. The quantum theory of the electron, part II. *Proceedings of the Royal Society of London*

A118:351-61.

Folland, G. B. 2008. *Quantum Field Theory: A Tourist Guide for Mathematicians*. Providence, RI: American Mathematical Society.

Lounesto, P. 2001. *Clifford Algebras and Spinors*, 2nd edn. Cambridge: Cambridge University Press.

Zee, A. 2010. *Quantum Field Theory in a Nutshell*, 2nd edn. Princeton, NJ: Princeton University Press.

III.10 아인슈타인의 장방정식

맬컴 맥컬럼 *Malcolm A. H. MacCallum*

아인슈타인의 일반상대성이론은 뉴턴의 중력이론을 특수상대성과 양립하도록 일반화한 것이다. 이 이론은 공간과 시간의 점을 부호수(signature)가 ±2인 (부호 선택은 관습적이다) 계량(metric) g_{ab}를 가진 (유사(pseudo)) 리만(Riemannian) 4차원 다양체(텐서와 다양체[II.33]를 보라)로 모형화한다. 시험 입자는 시공간의 측지선(geodesic)을 따라 움직인다. 이러한 수식 체계는 '약한 등가원리(weak equivalence principle)' 혹은 '자유낙하의 보편성(universality of free fall)'을 보장하는데, 이는 중력에 따른 자유낙하가 오직 물체의 초기 위치와 운동량에 의해 결정된다고 설명한다. 상대성이론의 또 다른 근본적인 요소는 아인슈타인의 장방정식(Einstein's field equation, EFE)이며, 계량과 현존하는 질량을 연결해 준다. 이 이론에 관한 더 자세한 내용이나 응용을 원한다면 일반상대론과 우주론[IV.40]을 보라.

지구를 향해 자유낙하하는 실험실 안에서 상대적으로 정지해 있는 물체들을 자유롭게 하면 서로 가까이 다가가는 것처럼 보인다는 '사고(gedanken)' 실험을 통해, 아인슈타인은 초기에 평행했던 측지선들은 중력 때문에 서로 만나게 된다는 것을 인지했다. 이것은 계량의 곡률(curvature)로 설명할 수 있다. 뉴턴의 이론을 일반화하기 위해서는 반드시 곡률을 물질의 에너지-운동량 텐서 T^{ab}의 시공간 분포와 연결해야 했다.

질량이 변분원리(variational principle)를 따른다고 할 때 휘어진 공간으로 일반화되는 뇌터 보존 정리(Noetherian conservation law)를 따라, T^{ab}은 $T^{ab}{}_{;b} = 0$을 만족한다고 가정한다. 여기서 '; b'는 b 첨자에 대한 공변미분(covariant derivative)을 나타내며, 뒤에서 ', b'는 편미분을 나타낸다.

계량, 접속(connection), 리만 곡률을 연결해 주는 공식을 좌표 성분으로 표현하면

$$\Gamma^a{}_{bc} = \tfrac{1}{2} g^{ad}(g_{bd,c} + g_{dc,b} - g_{bc,d}),$$
$$R^a{}_{bcd} = \Gamma^a{}_{bd,c} - \Gamma^a{}_{bc,d} + \Gamma^e{}_{bd}\Gamma^a{}_{ec} - \Gamma^e{}_{bc}\Gamma^a{}_{ed}$$

이며 g^{ad}은 g_{bc}의 역수이다.

약한 장과 느린 운동 극한을 취할 때, 측지선 방정식과 뉴턴 자유낙하의 비교는 뉴턴 중력 퍼텐셜 Φ가 주어진 근사적으로 평평한 (특수상대론적인) 계량을 교정해 준다. 그러므로 계량의 2계 미분과 T_{ab}를 연결해 주는 방정식을 찾을 필요가 있다. 리치 텐서(Ricci tensor) R_{ab}와 리치 스칼라 R를

$$R_{bd} := R^a{}_{bad}, \qquad R := g^{ab} R_{ab}$$

와 같이 정의하면 EFE

$$G_{ab} := R_{ab} - \tfrac{1}{2}Rg_{ab} = \kappa T_{ab} + \Lambda g_{ab} \qquad (1)$$

가 그러한 관계를 말해 준다. 여기서 Λ는 상수이고 G_{ab}는 아인슈타인 텐서(Einstein tensor)라 부른다.

뉴턴 극한과 일치하기 위해 상수 κ는 $8\pi G/c^4$이어야 하고, G는 뉴턴 중력상수이며 c는 빛의 속도이다.

완전한 곡률은 4차원에서

$$R^{ab}{}_{cd} = C^{ab}{}_{cd} - \tfrac{1}{3}R\delta^{a}_{[c}\delta^{b}_{d]} + 2\delta^{[a}_{[c}R^{b]}_{d]}$$

와 같이 표현 가능하며, 여기서 대괄호는 반대칭화(antisymmetrization), 즉 임의의 텐서에 대해 $T_{[ab]} := \frac{1}{2}(T_{ab} - T_{ba})$를 나타낸다. 이에 따라 정의되는 바일 텐서(Weyl tensor) $C^{a}{}_{bcd}$는 공형적으로 불변(conformally invariant)이며 주기적인 중력(tidal gravitational force)과 중력파(gravitational wave)를 설명한다. 그 값은 멀리 떨어진 물질과 경계조건에 의존한다. 바일 텐서는 원천이 R_{ab}의 미분으로 주어지는 특정한 1계 미분방정식들과 비안키 항등식(Bianchi identity)에 의해 비국소적으로 결정된다.

(1)을 적는 여러 가지 다른 방법들이 있다. 계량과 그것의 접속을 변수로 취하면 1계 연립식이 만들어진다. 테트라드 밑(tetrad base)은 좌표 밑 대신에 널리 쓰인다. EFE 자체도 $g = \det(g_{ab})$일 때 작용(action) $\int R\sqrt{-g}\,\mathrm{d}^4x$로부터 나오는 G_{ab} 부분과 함께 변분원리로부터 얻을 수 있다(T_{ab}도 그렇다는 가정하에).

좌표계에서 계산할 때 (1)의 10개 성분은, 각각 10^4개 규모의 g_{ab} 성분을 항으로 가지고 g_{ab}의 2계 미분에 준선형(quasilinear)이며 g_{ab} 자체에 대해서는 (분모를 정리하고 난 뒤) 8차 비선형이다. 따라서 텐서 EFE는 결합된 비선형 비동차 편미분방정식들의 집합이다. 러브록(Lovelock)은 4차원에서 G_{ab}가 g_{ab}에 수반되며 2계 미분에 선형인, 유일한 대칭 무발산(divergence-free) 텐서임을 증명하였고, 즉 EFE는 이런 성질을 갖는 유일한 장방정식이다.

시아마(Sciama), 웨일런(Waylen), 길먼(Gilman)이 제시한 적분 형태로 나타내는 방식을 제외하고는 어떤 일반해도 알려지지 않았지만, 많은 특수해들이 발견되었다. 그들의 국소적 기하는 곡률 텐서와 그 공변미분의 성분들로 완전히 특징지을 수 있다.

일반상대론은 다른 물리이론과 함께, 계의 변화가 장의 초깃값과 그 1계 미분으로 유일하게 결정된다는 성질을 공유한다. 그것들은 초기 공간류(spacelike) 곡면 위의 유도된 계량(induced metric)과 그것의 곡면에서 분리된 미분(제1, 제2 '기본형식(fundamental form)')에 해당한다. EFE 중 4개는 이런 초깃값에 제약을 가하며, 남은 방정식은 6개의 2계 발전방정식(evolution equation)이 된다. 제약방정식은 타원형(elliptic)이며 발전방정식은 쌍곡형(hyperbolic)이다. 특성 속도(characteristic speed)는 빛의 속도이다.

이 형태의 발전방정식은 존재성 및 유일성 정리를 갖는다. 통상적으로, 등장하는 함수는 적절한 소볼레프 공간(Sobolev space)에 놓여 있다.

비슷한 부류의 코시 문제(Cauchy problem)와 마찬가지로, EFE는 '2 + 2' 형식 안에서 연구할 수 있는데, 필요한 정보는 교차하는 2차원 특성 곡면(characteristic surface)의 쌍 위에서 주어진다.

최근에서야 표준형의 EFE는 그저 약한 쌍곡형(weakly hyperbolic)이라는 것이 인식되었고, 그것은 수치적분에서 나타난 문제점들을 설명해 준다. 이제 강한 쌍곡형(strongly hyperbolic)으로 재공식화할 수 있기 때문에 온전한 4차원 수치계산이 가능해졌다(**수치상대론**[V.15]을 보라).

수치와 해석적 연구 모두에서, 중력파의 생성과 같은 중요한 문제를 해결하려면 고립된 물체를 특징짓는 것이 필요하다. 이는 **점근평면성**(asymptotic flatness), 즉 공간적 혹은 빛류(light-like) (영(null)) 무한에서의 기하가 특수상대론의 빈(empty) 민코프스키 공간(Minkowski space)으로 다가가는 순간을 정의함으로써 이룰 수 있다. 정확한 정의에는 인자 Ω에 의한 공형변환이 사용된다. 이 변환은 공방향(null direction)을 보존하며 공간적 무한에 있는 i^0으로 표기하는 한 점을 결정한다. AEFANSI('영 그리고 공간적 무한에서 점근적으로 비고 평평한')로 축약되는 이 정의는 i^0 근방에서 Ω의 양상과 리치 텐서를 특징짓는다.

시공간은 하나보다 많은 점근적 무한(예를 들면, **일반상대론과 우주론**[IV.40]의 크러스컬 다이어그램(Kruskal diagram)을 보라)을 가질 수 있다. **약하게 점근적으로 단순한**(weakly asymptotically simple, WAS) 시공간은 오직 하나의 점근 영역만을 고려해도 되는 시공간이다. WAS 시공간에는 영 무한(null infinity)이 매끄러우며, 바일 텐서와 같은 장이 반지름 거리 r의 역거듭제곱으로 확장될 수 있으며, 점근적인 대칭인 본디-메츠너-삭스 군(Bondi-Metzner-Sachs group)을 가지는 같은 종류의 많은 시공간이 있다. 이 결과는 확장에서 $\log r$ 항이 나타나는 경우로도 확장될 수 있다. 상당히 제한된 경우에서만 오직 그러한 항이 나타나지 않을 것으로 추측된다.

일반상대론에서 중력장의 에너지에 대한 국소적인 정의는 존재하지 않는다. 그러한 에너지는 등가원리가 요구하는 국소 특수상대론적 극한과 양립할 수 없기 때문이다. 하지만 점근적으로 평평한 공간은 무한에서의 적분을 이용한 전역적으로 정의되는 에너지를 가지기 때문에 고립계의 전체 중력에너지를 정의하는 것이 가능하다. 예컨대 공간적 무한에 대한 **ADM 에너지**(아노위트(Arnowitt), 데져(Deser), 미스너(Misner)가 도입한 수식 체계에서 이름 붙은)와 미래 영 무한에 대한 **트라우트먼-본디 에너지**(Trautman-Bondi energy)가 있다.

현존하는 물질이 우세 에너지 조건(dominant energy condition) $T^{ab}v_a v_b \geq 0$을 만족하고 동시에 T^{ab}이 모든 시간류 벡터 v^a에 대해 공간류라는 가정하에, ADM 에너지는 음이 아니며 오직 민코프스키 공간에 대해서만 0이라는 것이 증명되었다. 방사가 에너지를 가져가므로 트라우트먼-본디 에너지는 시간에 따라 단조감소하며, 그것의 과거 극한은 ADM 에너지와 일치하므로 반드시 음이 아니어야 한다(직접적으로 증명할 수도 있다). 이러한 결과는 특히 중력파가 에너지를 운반한다는 것을 보여 준다. 하지만 중력파는 고립계가 초기에 가지고 있던 에너지보다 더 많은 에너지를 가져갈 수 없는데, 그렇게 된다면 전체 에너지는 음이 될 것이기 때문이다. 양 에너지 결과는 또한 뉴턴 중력이론에서 존재하는, 음의 중력 퍼텐셜 에너지가 장 원천의 양 에너지보다 더 큰 경우와 비슷한 상황이 없음을 알려 준다.

더 읽을거리

Griffiths, J., and J. Podolsky. 2009. *Exact Space-Times in Einstein's General Relativity*. Cambridge: Cambridge University Press.

Hawking, S., and G. Ellis. 1973. *The Large Scale Structure of Space-Time*. Cambridge: Cambridge University Press.

Stephani, H., D. Kramer, M. MacCallum, C. Hoenselaers, and E. Herlt. 2003. *Exact Solutions of Einstein's Field Equations*, 2nd edn. Cambridge: Cambridge University Press. (교정된 종이책 중판, 2009.)

Wald, R. 1984. *General Relativity*. Chicago, IL: University of Chicago Press.

또한 http://relativity.livingreviews.org/에서 많은 값진 글들을 보라.

III.11 오일러 방정식

마틴 *P. A. Martin*

유체의 움직임은 **나비에-스토크스 방정식**[III.23]으로 잘 모형화된다. 기저에 있는 가정은 유체가 점성(viscous, 점착성이 있어 전단(shearing)에 대한 저항을 가진다는 의미)이 있다는 것이다. 더 나아가 유체가 비압축성(incompressible, 밀도가 상수라는 의미)을 가진다고 가정하자. 이때, 만약 나비에-스토크스 방정식에서 점성 효과를 제거하면 (실제 유체는 언제나 어느 정도는 점성을 가지지만) **오일러 방정식**(Euler equation)으로 알려진 결과를 얻는다.

방정식을 서술하기 위해 $\boldsymbol{x} = (x_1, x_2, x_3)$을 유체 내부의 위치벡터라 하고 $\boldsymbol{u}(\boldsymbol{x}, t) = (u_1, u_2, u_3)$을 시각 t에 위치 $\boldsymbol{x}$에서의 유속이라고 하자. 그러면

$$\frac{\partial \boldsymbol{u}}{\partial t} + (\boldsymbol{u} \cdot \nabla)\boldsymbol{u} + \frac{1}{\rho}\nabla p = \boldsymbol{0} \tag{1}$$

이며 여기서 $p(\boldsymbol{x}, t)$는 압력이고 ρ는 밀도이다. 벡터 방정식 (1)은 비압축성 제약 조건

$$\nabla \cdot \boldsymbol{u} = 0 \tag{2}$$

과 함께 풀어야 한다. 그러므로 4개의 미지수 u_1, u_2, u_3, p에 대한 4개의 편미분방정식(PDE)이 있는 것이다. 이들이 비점성유체에 대한 비압축성 오일러 방정식을 이룬다. 유체밀도가 상수가 아닌 계산되어야 하는 유동에 대한 **압축성 오일러 방정식**(compressible Euler equation) 역시 존재한다. 만약 물체 전체에 힘이 작용한다면 (이런 힘 중 가장 중요한 것은 중력이다) (1)의 우변에 추가되는 항이 있어야 한다.

(1)과 (2)에 사용된 표기법을 명확하게 하기 위해, 그들을 성분 형태로 적을 수 있다.

$$\frac{\partial u_i}{\partial t} + \sum_{j=1}^{3} u_j \frac{\partial u_i}{\partial x_j} + \frac{1}{\rho}\frac{\partial p}{\partial x_i} = 0, \qquad \sum_{j=1}^{3} \frac{\partial u_j}{\partial x_j} = 0$$

여기서 $i = 1, 2, 3$이다. 다른 방법으로 $\boldsymbol{x} = (x, y, z)$와 $\boldsymbol{u} = (u, v, w)$를 사용한다면, 오일러의 방정식은 직접적으로

$$\begin{aligned}
\frac{\partial u}{\partial t} + u\frac{\partial u}{\partial x} + v\frac{\partial u}{\partial y} + w\frac{\partial u}{\partial z} + \frac{1}{\rho}\frac{\partial p}{\partial x} &= 0,\\
\frac{\partial v}{\partial t} + u\frac{\partial v}{\partial x} + v\frac{\partial v}{\partial y} + w\frac{\partial v}{\partial z} + \frac{1}{\rho}\frac{\partial p}{\partial y} &= 0,\\
\frac{\partial w}{\partial t} + u\frac{\partial w}{\partial x} + v\frac{\partial w}{\partial y} + w\frac{\partial w}{\partial z} + \frac{1}{\rho}\frac{\partial p}{\partial z} &= 0,
\end{aligned}$$

$$\frac{\partial u}{\partial x}+\frac{\partial v}{\partial y}+\frac{\partial w}{\partial z}=0$$

과 같이 쓸 수 있다.

움직임이 비회전(irrotational), 즉 $\nabla \times \boldsymbol{u}=\mathbf{0}$일 때 등장하는 중요하고 특수한 경우가 있다. 이 경우 어떤 스칼라 (퍼텐셜) 함수 ϕ에 대해 $\boldsymbol{u}=\nabla\phi$이다. (2)로부터 $\nabla^2\phi=0$이고, 다시 말해 ϕ는 라플라스 방정식[III.18]의 해이다. 게다가 비선형 PDE (1)은 베르누이의 방정식(Bernoulli's equation)으로 알려진 p에 관한 공식으로 변형될 수 있다.

비점성 비압축 유체의 비회전 유동은 19세기부터 광범위하게 연구되었다. 그렇지만 몇몇 상황에서는 기저의 가정이 매우 제한적이다. 왜냐하면 그 가정들은 우리의 경험과 일치하지 않는 몇 가지 결과를 이끌어내기 때문이다. 아마도 가장 오류가 뻔히 보이는 예는 달랑베르 역설(d'Alembert paradox)일 텐데, 이는 강체에 대한 비점성 비압축 유체의 비회전 운동은 물체에 항력(drag force)을 만들어내지 않는다는 수학적인 정리를 말한다. 이 역설을 극복하는 통상적인 방식은 물체에 접촉하는 얇은 경계층[II.2]에서만 점성을 다시 고려하는 것이다(유체역학[IV.28 §7.2]도 보라).

III.12 오일러-라그랑주 방정식

폴 글렌디닝 *Paul Glendinning*

주어진 끝점에 대해 적분

$$\int F(y, y', x)\,\mathrm{d}x$$

를 최대화하거나 최소화하는 함수 $y(x)$와 그 도함수 $y'=\mathrm{d}y/\mathrm{d}x$는 오일러-라그랑주 방정식(Euler-Lagrange equation)

$$\frac{\mathrm{d}}{\mathrm{d}x}\left(\frac{\partial F}{\partial y'}\right)-\frac{\partial F}{\partial y}=0 \qquad (1)$$

을 만족한다. 더 복잡한 경우, 가령 y나 x 중 하나 혹은 둘 다 벡터일 때를 다루기 위한 변형된 방정식이 많이 있으며, 세부적인 내용은 변분법[IV.6]에서 다룬다. 그러나 이 간단한 글에서는 이런 형태의 변분 문제의 능력과 편재성을 보여 주는 데 만족할 것이다.

만약 $F=F(y,y')$이 직접적으로 x에 의존하지 않으면(x가 부재(absent)한다면) 오일러-라그랑주 방정식은 1차 적분을 구하는 것으로 단순화할 수 있다. (1)을 이용하면 곧바로

$$\frac{\mathrm{d}}{\mathrm{d}x}\left(y'\frac{\partial F}{\partial y'}-F\right)=0$$

이 나오며, 결국 어떤 상수 A에 대해

$$y'\frac{\partial F}{\partial y'}-F=A \qquad (2)$$

임을 증명할 수 있다.

응용 1: 퍼텐셜 힘

고전역학은 라그랑지언(Lagrangian)이라 부르는, 운동에너지에서 퍼텐셜 에너지를 뺀 함수인 $\mathcal{L}$의 적분을 최소화하는 문제로 서술할 수 있다. 1차원에서 위치가 q인 입자가(즉 의존 변수 q는 위에서 y의 역할을 하고, 시간 t는 독립변수 x의 역할을 한다) 퍼텐셜 $V(q)$ 안에서 움직일 때, 라그랑지언은 $\mathcal{L}=\frac{1}{2}m\dot{q}^2-V(q)$이며 오일러-라그랑주 방정식 (1)은 단순히

가속도에 관한 뉴턴의 법칙 $m\ddot{q} = -V'(q)$이다(여기서 프라임 기호는 q에 대한 미분을 나타낸다). 반면 자율적(autonomous) 형태인 (2)는 $\frac{1}{2}m\dot{q}^2 + V(q)$가 상수임을 보여 주는데, 이는 에너지의 보존이다(고전역학[IV.19]을 보라).

이러한 접근 방식(그리고 해밀턴(Hamilton)이 만든 연관된 방식)은 아주 강력해서 현대물리학은 대부분 작용(action)이라 부르는 일반화된 개념을 중심으로 돌아간다.

응용 2: 현수선

양 끝이 고정된 무거운 사슬이나 케이블이 정지 상태에서 이루는 곡선의 모양을 결정하는 문제를 생각해 보자. 17세기의 해법은 단순한 역학을 사용하긴 했지만, 오일러-라그랑주 수식 체계를 이용해서도 풀 수 있다. 사슬이 정지 상태에서 퍼텐셜 에너지 $g\int y\mathrm{d}s$를 최소화하는 모양 $y = y(x)$를 가진다고 가정하자. 여기서 g는 중력에 따른 가속도이고 s는 사슬을 따라 잰 호의 길이이다. 사슬의 길이는 $\int\mathrm{d}s$이며 이 길이는 상수 L, 즉 $\int\mathrm{d}s = L$이라고 가정하자. 이것은 에너지 최소화 문제에서 제약 조건의 역할을 하며, 따라서 전체 문제는 라그랑주 곱셈자[I.3 §10] λ를 도입하여 접근할 수 있다. 적당한 곱으로 상수 g를 없애고 $\mathrm{d}s = \sqrt{1+y'^2}\,\mathrm{d}x$임에 주목하면, 곡선의 모양은

$$\int y\sqrt{1+y'^2}\,\mathrm{d}x - \lambda\left(\int\sqrt{1+y'^2}\,\mathrm{d}x - L\right) \quad (3)$$

을 최소화한다. (두 번째 항은 제약 조건을 표현하며, 조건이 만족될 때 0이 된다.) 이제

$$F(y, y', \lambda) = \sqrt{1+y'^2} - \lambda\sqrt{1+y'^2}$$

에 대한 오일러-라그랑주 방정식을 사용할 수 있는데, (3)의 λL 항은 y의 변화에 대해 상수이기 때문에 생략할 수 있다. 라그랑주 곱셈자에 대한 극점을 구함으로써, 즉 λ에 대한 (3)의 미분이 0이 되도록 놓음으로써 얻는 추가적인 방정식으로 오일러-라그랑주 방정식이 보충되지만, 그 방정식은 단순히 길이 제약 조건이 된다. x가 부재하기 때문에 (2)는

$$(y-\lambda)\left(\frac{y'^2}{\sqrt{1+y'^2}} - \sqrt{1+y'^2}\right) = A$$

를 끌어낸다. 좌변을 깔끔하게 정리하고 순서를 바꾸면 $A^2(1+y'^2) = (y-\lambda)^2$을 얻는다. 이를 y'에 대한 표현으로 다시 쓰면 변수분리로 풀 수 있는 미분방정식

$$y - \lambda = A\cosh\left(\frac{x-B}{A}\right)$$

를 얻으며, 여기서 B는 추가적인 적분상수이다. 이것이 현수선(catenary curve)이고 상수들은 사슬의 끝점과 전체 길이가 L이라는 제약 조건으로 결정된다.

III.13 감마 함수

오일러의 감마 함수(Euler's gamma function) Γ는

$$\Gamma(x) = \int_0^\infty t^{x-1}\mathrm{e}^{-t}\mathrm{d}t, \quad x > 0$$

으로 정의된다. 한 번의 부분적분을 통해

$$\Gamma(x+1) = x\Gamma(x), \quad x > 0$$

을 보일 수 있다. 직접 계산하면 $\Gamma(1) = 1$을 얻고, 그 후 귀납적 논증을 통해 모든 양의 정수 n에 대해 $\Gamma(n) = (n-1)!$을 얻는다. 이러한 이유로 $x! = \Gamma(x+1)$이라는 대체 표기법을 사용하기도 한다.

Γ와 그 성질에 대해 많은 것들이 알려져 있다. 감마 함수는 변수가 하나인 **특수함수**[IV.7]로 분류된다. 데이비스(Davis, 1959)에 따르면, Γ는 모든 특수함수 중 "의심의 여지 없이 가장 중요하다". 감마 함수는 또한 셀 수 없이 많은 응용에서 나타나며 어디에나 모습을 드러낸다. 예를 들어 **복소 해석학**[IV.1]에서 $\Gamma(z)$는 $z \neq 0, -1, -2, \cdots$인 복소 변수 z에 대한 함수로 정의된다.

다른 형태지만 동치인 Γ의 정의 중 하나는

$$\Gamma(x) = \frac{e^{-\gamma x}}{x} \prod_{n=1}^{\infty} \frac{n}{n+x} e^{x/n}$$

인데, 여기서 $\gamma = 0.5772\cdots$은 오일러 상수(Euler's constant)이며

$$\gamma = \lim_{n \to \infty}\left(1 + \frac{1}{2} + \frac{1}{3} + \cdots + \frac{1}{n} - \log n\right)$$

으로 정의된다. Γ를 무한 곱으로 정의하는 것은 $\Gamma(x)$가 $x = 0, -1, -2, \cdots$에 대해 정의될 수 없음을 명확하게 보여 주며, 그 점들에서의 특이적 성질을 드러낸다.

더 읽을거리

Davis, P. J. 1959. Leonhard Euler's integral: a historical profile of the gamma function. *American Mathematical Monthly* 66:849–69.

III.14 긴즈부르크-란다우 방정식

조너선 채프먼 *S. Jonathan Chapman*

자기장의 존재 하에 초전도 물질의 상변화를 설명하기 위해, 1950년에 긴즈부르크-란다우 방정식(Ginzburg-Landau equation)이 만들어졌다. 이는 복소숫값 초전도 순서 매개변수(superconducting order parameter) Ψ와 (실숫값)자기 벡터 퍼텐셜 $\boldsymbol{A}$에 대한 편미분방정식이다. 매개변수 Ψ는 $|\Psi|^2$이 초전도 전자의 개수 밀도인 거시적인 파동함수의 한 종류로 생각할 수 있으며, $\boldsymbol{A}$는 curl $\boldsymbol{A}$가 자기장이 되도록 선택한다.

방정식의 정규화된 형태는

$$\left(\frac{1}{\kappa}\nabla - \mathrm{i}\boldsymbol{A}\right)^2 \Psi = (|\Psi|^2 - 1)\,\Psi,$$

$$\mathrm{curl}^2 \boldsymbol{A} = \frac{\mathrm{i}}{2\kappa}(\Psi^*\nabla\Psi - \Psi\nabla\Psi^*) - |\Psi|^2\boldsymbol{A}$$

이며, $\mathrm{i} = \sqrt{-1}$, κ는 긴즈부르크-란다우 매개변수라 부르는 물질상수, 별표(*)는 복소 켤레화를 나타낸다.

1 긴즈부르크-란다우 자유에너지

긴즈부르크-란다우 방정식은 긴즈부르크-란다우 자유에너지를 최소화시킬 때 나타난다. 낮은 작용 자기장에서는 초전도해($|\Psi| = 1$)가 비초전도(정상)

해($\Psi = 0$)보다 낮은 에너지를 가지며, 반면 높은 작용 자기장에서는 정상해가 더 낮은 에너지를 가진다. 임계 자기장 H_c에서는 두 상태가 같은 에너지를 가지며, 정상-초전도 전이 영역(transition region)도 존재할 수 있다.

긴즈부르크-란다우 방정식을 만든 주요 목적은 그러한 전이 영역에서의 에너지를 결정하는 것인데 (소위 표면 에너지(surface energy)), 그 이유는 그것이 정상 영역과 초전도 영역이 동시에 존재할 때 그 양상의 규모를 결정하기 때문이다. 더 상세하게는, 방정식이 표면 에너지가 양이라는 것을 보여 주는 것이 바람직했다. 하지만 실제로는 오직 $\kappa < 1/\sqrt{2}$일 때에만 표면 에너지가 양이라는 것이 밝혀졌다. 당시에는 이 기준점 이상의 긴즈부르크-란다우 매개변수 값은 비물리적이라는 이유로 무시되었다.

2 II종 초전도체

수년 후인 1957년, 아브리코소프(Abrikosov)는 $\kappa > 1/\sqrt{2}$일 때 상당히 다른 구조를 가진 방정식의 해를 발표했다. 표면 에너지가 음수일 때, 정상 영역은 그것이 하나의 점이 될 때까지 축소된다. 하지만 순서 매개변수의 복잡한 성질 때문에 해의 규모가 무한히 작아지지는 않는다. Ψ의 각 해는 위상 불변량(topological invariant)인 회전수(winding number)를 가진다. 아브리코소프의 해는 $\Psi = f(r)e^{in\theta}$, $\boldsymbol{A} = A(r)\boldsymbol{e}_\theta$의 형태였고 여기서 r와 θ는 극좌표, 정수 n은 회전수, $\boldsymbol{e}_\theta$는 방위각 방향 단위벡터이다. 이러한 해와 연관된 전류는

$$\boldsymbol{j} = -f^2\left(A - \frac{n}{\kappa r}\right)\boldsymbol{e}_\theta$$

이며, 이것이 이 해를 초전도 소용돌이라 부르는 이유이다. 아브리코소프의 해는 거시적인 규모에서 초전도성의 양자적 성질을 설명한다. $\kappa > 1/\sqrt{2}$인 초전도체는 이제 II종 초전도체라 부르며, $\kappa < 1/\sqrt{2}$인 것은 I종 초전도체라 부른다.

II종 초전도체에 대해 임계 자기장 H_c는 두 임계장 H_{c1}과 H_{c2}로 분리된다. H_{c1} 밑에서는 초전도상태가 에너지 관점에서 더 선호되며, H_{c2} 위에서는 정상상태가 더 선호된다. 그러나 H_{c1}과 H_{c2} 사이에서는 초전도 소용돌이의 주기적 배열을 포함하는 혼합 상태가 존재한다.

아브리코소프의 연구 이후 소용돌이 격자가 실험적으로 입증되었다. 그런 구조의 존재를 예측한 것은 긴즈부르크-란다우 이론의 놀라운 성과이다. 당시는 소용돌이 격자가 실험적으로 관측되기 이전일 뿐 아니라 그것에 관한 생각 자체가 충격적이었던 시대이기 때문이다. 초전도체에 관한 거의 모든 기술적 응용은 소용돌이 상태의 II종 초전도체와 관련이 있다.

더 읽을거리

Tinkham, M. 1996. *Introduction to Superconductivity*. New York: McGraw-Hill.

III.15 훅의 법칙

마틴 *P. A. Martin*

훅의 법칙(Hooke's law)은 너무 쉽게 자주 위배되기 때문에, 엄밀하게는 법칙이라 할 수 없다. 그럼에도 이 법칙은 유용한 근사이고 일반화할 수 있으며, 탄성(elasticity)과 구성방정식(constitutive equation)의 개념을 이끌어낸다.

1678년에 로버트 훅(Robert Hooke, 1635-1703)은 수직으로 긴 줄의 한 끝을 천장에 고정시키고 다른 끝에 다양한 무게를 달았던 그의 실험을 설명했다. 달려있는 무게가 없을 때의 줄의 길이를 L이라고 하자. 질량이 m인 무게가 달릴 때 줄은 ℓ의 양만큼 늘어나기 때문에 줄의 새로운 길이는 $L+\ell$이다. 무게를 제거하면 줄의 길이는 L로 되돌아오며, 이는 탄성 움직임의 특징이다. 훅은 질량을 m에서 $2m$으로 두 배 늘렸을 때 늘어난 길이도 두 배가 된다는 것도 증명했다. 그는 줄에 의해 질량에 작용하는 복원력 F는, 질량이 줄의 평형 위치로부터의 떨어진 거리에 비례하여

$$F = k\ell$$

이라고 추측했다. 여기서 k는 용수철 상수(spring constant)라 부르는 비례상수이다. 이것이 훅의 법칙이다. 훅은 또한 용수철의 신장과 압축 그리고 나무 막대기의 측면 편향(lateral deflection)에 관한 실험을 했다. 그는 자신의 법칙을 '모든 용수철 같은 물체'에 적용할 수 있으며 그러한 물체의 진동을 이해하는 데 사용할 수 있다고 주장했다.

이를 살펴보기 위해, 줄에 매달려 있는 질량 m으로 돌아가자. 평형상태에서 무게는 복원력과 균형을 이루고 있으므로 $mg=k\ell$이고 여기서 g는 중력에 의한 가속도이다. 만약 질량을 밑으로 더 당긴 후 놓는다면, 그것은 평형 위치를 중심으로 진동할 것이다. 더 자세하게, 질량이 x만큼 당겨진다면 이것에 작용하는 아래 방향 힘은 $mg-k(\ell+x)=-kx$이며, 따라서 뉴턴의 제2법칙인 힘 = 질량×가속도에 따라 운동방정식은 $-kx=m(\mathrm{d}^2x/\mathrm{d}t^2)$이 된다. $k=mg/\ell$이기 때문에 $\omega=(g/\ell)^{1/2}$에 대해 $\mathrm{d}^2x/\mathrm{d}t^2=-\omega^2x$를 얻는다. $x(t)$에 대한 이 미분방정식은 일반해 $x=x_0\cos(\omega t+\delta)$를 가지며, x_0과 δ는 임의의 상수이다. 진동하는 질량은 진동수 ω인 단순 조화운동(simple harmonic motion)을 보여 준다.

훅의 법칙은 근사이다. 이것은 그의 줄과 다른 많은 탄성체의 역학적 행동을 모형화한다. 무게를 두 배로 하면 신장은 두 배가 된다. 이 법칙은 선형적 근사이며, 비례상수는 실험을 통해 찾아낼 수 있고 또한 $k=mg/\ell$임을 상기하자. 하지만 훅의 법칙의 타당성에는 한계가 있다. 아주 무거운 무게가 실리면, 줄은 소성적으로 늘어날 것이며(무게가 제거된 후에 줄의 길이가 L로 다시 돌아가지 않는다는 의미) 끊어질지도 모른다.

훅의 실험으로 되돌아가 길이 $2L$인 줄에 질량 m을 매달았다고 가정하자. 늘어난 길이는 2ℓ로 두 배가 될 것이다. 이는 k가 L^{-1}에 비례해야만 함을 말해준다($mg=k\times$늘어난 길이라는 식의 좌변은 변하지 않는다). 마찬가지로 길이는 모두 L인 두 평행한 줄에 질량을 매단다면 길이 증가는 절반이 될 것이며, k는 줄의 단면적에 비례해야만 한다고 말할 수 있다. 따라서 훅의 법칙을

$$\frac{F}{A} = \frac{kL}{A}\frac{\ell}{L}$$

과 같이 다시 쓸 수 있다. 무차원 양 ℓ/L은 줄의 단위 길이당 신장이며, 줄의 **변형도**(strain)를 잰다. 양 F/A는 단위면적당 힘이며, 줄의 **변형력**(stress)을 잰다. 양 kL/A는 L이나 A에 의존하지 않으며, 줄이 무엇으로 만들어졌는가에 의존하므로 **물질상수**(material constant)이다. 그러므로

$$\sigma = E\varepsilon \tag{1}$$

이라 쓸 수 있는데, 변형력 σ는 변형도 ε에 비례한다. 물질상수 E는 **영의 계수**(Young's modulus)라고 부른다. 공식 (1)은 물질의 강도에 관한 1차원 이론에서의 기초적인 가정이다. 이것을 적절히 일반화하면 탄성 선형 이론의 기본이 된다.

훅의 법칙은 특정 물질이 힘을 받을 때 어떻게 행동하느냐에 관한 모형이므로 **구성관계식**(constitutive relation)이다. 구성관계식은 모든 연속체이론의 일부이다. 훅의 법칙은 탄성체에 유용하지만, 진동하는 물체를 살펴봤듯이 여기에는 감쇠(damping)가 없으며 진동은 시간에 따라 사라지지 않는다. 감쇠까지 포함하면 점탄성(viscoelastic) 모형이 나온다. 유체에 대해서는 훅의 법칙을 변형력과 속도 사이의 관계식으로 대체하는 것이 일반적이다. 이는 나비에-스토크스 방정식을 유도한다.

구성관계식을 만들고 선택하는 것은 실험적 관찰의 좋은 모형화, 필수적인 수학적 성질(인과관계나 틀 무차별성(frame indifference) 같은), 단순함 사이의 상호작용을 필요로 한다.

III.16 코르테베흐-더프리스 방정식

윌리 헤레만 *Willy A. Hereman*

1 역사적 측면

해군 공학자 존 스콧 러셀(John Scott Russell)은 1834년 유니언 카날에서 '평행이동하는 거대한 파동'을 관찰했고, 1895년에 디데릭 코르테베흐(Diederik Korteweg, 1848-1941)와 구스타프 더프리스(Gustav de Vries, 1866-1934)가 이를 모형화하는 편미분방정식을 유도했다.

파동이 X 방향으로 진행한다고 가정하면, 시각 T에 깊이 h인 움직이지 않는 물 위부터 표면까지의 높이 $\eta(X, T)$의 변화는 코르테베흐-더프리스(KdV) 방정식

$$\begin{aligned}\frac{\partial\eta}{\partial T} + \sqrt{gh}\frac{\partial\eta}{\partial X} + \frac{3}{2}\frac{\sqrt{gh}}{h}\eta\frac{\partial\eta}{\partial X}\\ + \tfrac{1}{2}h^2\sqrt{gh}\left(\frac{1}{3} - \frac{\mathcal{T}}{\rho g h^2}\right)\frac{\partial^3\eta}{\partial X^3} = 0\end{aligned} \tag{1}$$

으로 모형화할 수 있고, 여기서 g는 중력가속도, ρ는 밀도, $\mathcal{T}$는 표면장력이다. 무차원 매개변수 $\mathcal{T}/\rho g h^2$은 **결합수**(Bond number)라 부르며, 표면장력과 중력의 상대적인 힘을 재는 수이다. 방정식 (1)은 상대적으로 작은 진폭의 긴 파동, 즉 $|\eta|/h \ll 1$일 때 유효하다.

(1)은 무차원 변수를 이용하여

$$u_t + \alpha u u_x + u_{xxx} = 0 \tag{2}$$

으로 쓸 수 있고, 아래 첨자는 편미분을 나타낸다. (1)의 $\sqrt{gh}\,\eta_X$ 항은 초등적인 변환을 통해 없어진다. 역으로 u_x에 관한 선형항이 (2)에 추가될 수 있다. 매

개변수 α는 임의의 실수로도 조정될 수 있다. 일반적으로 사용되는 값은 $\alpha = \pm 1$과 $\alpha = \pm 6$이다.

u_t 항은 파동의 시간에 따른 변화를 나타낸다. 그렇기 때문에 (2)는 발전(evolution)방정식이라 부른다. 비선형항 $\alpha u u_x$는 파동이 가팔라지는 것을 설명한다. 선형 분산항 u_{xxx}는 파동이 퍼지는 것을 나타낸다.

사실 KdV 방정식은 조제프 부시네스크(Joseph Boussinesq)가 20여 년 앞서 출판한, 수파에 관한 중요한 연구에서 이미 등장했었다.

2 고립파와 주기해

가팔라지려는 것과 퍼지려는 효과 사이의 균형은 안정적인 고립파(solitary wave)

$$u(x, t) = \frac{\omega - 4k^3}{\alpha k} + \frac{12k^2}{\alpha}\operatorname{sech}^2(kx - \omega t + \delta) \tag{3}$$

를 만들며 파동수 k, 각진동수 ω, 상 δ는 임의의 상수이다. 모든 t에 대해 $\lim_{x \to \pm\infty} u(x, t) = 0$이라는 조건은 $\omega = 4k^3$을 이끌어 내어 (3)은

$$u(x, t) = 12(k^2/\alpha)\operatorname{sech}^2(kx - 4k^3 t + \delta) \tag{4}$$

로 단순화할 수 있다. 유한한 진폭 $12k^2/\alpha$를 가진 이 혹 모양의 고립파는 오른쪽으로 진행하며 일정한 상 속도 $v = \omega/k = 4k^2$을 가진다. 이것이 상당히 먼 거리를 모양의 변화 없이 진행하는 스콧 러셀의 '평행이동하는 거대한 파동'을 모형화한다.

코르테베흐와 더프리스가 증명했듯이 (2)는 또한 주기적인 해를 갖는다.

$$u(x, t) = \frac{\omega - 4k^3(2m - 1)}{\alpha k} + 12(k^2/\alpha) m \operatorname{cn}^2(kx - \omega t + \delta; m) \tag{5}$$

그들은 이 해를 크노이드 파(cnoidal wave)라고 불렀는데 그 이유는 그것이 $0 < m < 1$일 때 법 m에 대한 야코비의 타원 코사인 함수(Jacobi's elliptic cosine function) cn과 관련되기 때문이다. $m \to 1$인 극한에서 $\operatorname{cn}(\xi; m) \to \operatorname{sech}\xi$이며 (5)는 (3)으로 변형된다.

3 현대의 발전

고립파는 수년 동안 비선형파 분야의 그다지 중요치 않은 수수께끼로 간주되었다. 그런 분위기는 1965년에 자부스키(Zabusky)와 크러스컬(Kruskal)이 1차원 비조화 격자(anharmonic lattice)의 연속적 극한(continuum limit)에서 KdV 방정식이 나타난다는 것을 발견한 뒤 바뀌었다. 비조화 격자는 1955년에 페르미(Fermi), 파스타(Pasta), 울람(Ulam)이 격자 안에 존재할 수 있는 수많은 진동 사이에서 에너지가 어떻게 분포하는지 탐구하기 위해 사용했던 것이었다. 높은 고립파는 짧은 것보다 빠르게 진행하기 때문에, 자부스키와 크러스컬은 비선형 결정격자에서 두 파동의 충돌을 모의실험했고 그 둘이 충돌 후에 모양과 속도를 그대로 유지한다는 사실을 관찰했다. 상호작용하는 고립파들은 상변화만을 겪는데, 빠른 파동은 앞당겨지고 느린 파동은 지연된다. 충돌하는 입자들과의 비유로서, 그들은 이 탄성 충돌하는 파동을 묘사하기 위해 '고립자(soliton)'라는 단어를 만들었다.

약하게(weekly) 비선형이고, 약하게 분산적이며,

약하게 2차원적이지만 세 가지 효과가 모두 동등한 수파를 모형화하기 위해, 카돔체프(Kadomtsev)와 페트비아시빌리(Petviashvili)(KP)는 1970년에 (2)의 2차원 형태

$$(u_t + 6uu_x + u_{xxx})_x + 3\sigma^2 u_{yy} = 0 \tag{6}$$

을 유도했다. 여기서 $\sigma^2 = \pm 1$이며 y축은 파동의 진행 방향(x축을 따르는)에 수직이다.

KdV와 KP 방정식 그리고 비선형 슈뢰딩거 방정식 [III.26]

$$\mathrm{i}u_t + u_{xx} + \kappa|u|^2 u = 0 \tag{7}$$

은(κ는 상수이고 $u(x, t)$는 복소숫값 함수) 소위 완전 적분가능(completely integrable) 비선형 PDE의 유명한 예시들이다. 이는 그들을 역산란 변환(inverse scattering transform)이라는 푸리에 변환의 비선형 유사물을 통해 풀 수 있다는 것을 의미한다.

역산란 변환을 (2)에 곧바로 적용할 수 없지만 보조적인 연립선형 PDE

$$\psi_{xx} + (\lambda + \tfrac{1}{6}\alpha u)\psi = 0, \tag{8}$$

$$\psi_t + \tfrac{1}{2}\alpha u_x \psi + \alpha u \psi_x + 4\psi_{xxx} = 0 \tag{9}$$

에 적용할 수 있고, 이를 KdV 방정식에 대한 럭스 쌍(Lax pair)이라 부른다. 방정식 (8)은 고유함수 ψ, 상수 고윳값 λ, 퍼텐셜 $(-\alpha u)/6$에 대한 선형 슈뢰딩거 방정식이다. 방정식 (9)는 ψ의 시간에 따른 변화를 조절한다. 두 방정식이 양립할, 즉 $\psi_{xxt} = \psi_{txx}$일 필요충분조건은 $u(x, t)$가 (2)를 만족하는 것이다. $|x| \to \infty$임에 따라 충분히 빠르게 감소하는 주어진 $u(x, 0)$에 대해, 역산란 변환은 (8)과 (9)를 풀고 최종적으로 $u(x, t)$를 결정한다.

4 성질과 응용

과학자들은 완전 적분가능 비선형 PDE의 풍부한 수학적 구조에 여전히 흥미를 가지고 있다. 이 PDE는 무한 차원 쌍 해밀턴 계(bi-Hamiltonian system)로 나타낼 수 있으며, 추가적으로 놀라운 성질들을 가진다. 예를 들어, 연관된 럭스 쌍을 가지고, 히로타의 쌍선형 형식(Hirota's bilinear form)으로 표현할 수 있고, 벡룬드 변환(Bäcklund transformation)을 사용할 수 있으며, 팽르베 성질을 갖는다. 완전 적분가능 비선형 PDE는 무한한 수의 보존량, 무한히 많은 고계 대칭성, 무한한 수의 고립자 해를 가진다.

KdV 방정식은 얕은 물 파동에 적용될 수 있을 뿐 아니라 응용과학 어디에나 편재한다. 이것은 예컨대 플라스마 안 이온 음파(ion-acoustic wave), 막대기 안 탄성파, 대기나 바다 안 내부파를 설명한다. KP 방정식은 예컨대 수파, 음파, 반강자성(anti-ferromagnetic) 물체 안 자기탄성파(magnetoelastic wave)를 모형화한다. 비선형 슈뢰딩거 방정식은 물리계 안 약하게 비선형이고 분산적인 파동 묶음, 가령 광섬유 안 빛 펄스, 깊은 물 안 표면파, 플라스마 안 랭뮤어(Langmuir) 파, 결정격자 안 고주파수 진동을 묘사한다. 방정식 (7)에 외부 퍼텐셜 $V(x)$를 고려하기 위해 선형항 $V(x)u$를 추가한 것은 보스-아인슈타인 응축(Bose-Einstein condensate)을 연구할 때도 등장하며, 거기에서는 시간 독립 그로스-피타옙스키 방정식(time-dependent Gross-Pitaevskii equation)이라 부른다.

더 읽을거리

Ablowitz, M. J. 2011. *Nonlinear Dispersive Waves: Asymptotic Analysis and Solitons*. Cambridge: Cambridge University Press.

Ablowitz, M. J., and P. A. Clarkson. 1991. *Solitons, Nonlinear Evolution Equations and Inverse Scattering*. Cambridge: Cambridge University Press.

Kasman, A. 2010. *Glimpses of Soliton Theory*. Providence, RI: American Mathematical Society.

Osborne, A. R. 2010. *Nonlinear Ocean Waves and the Inverse Scattering Transform*. Burlington, MA: Academic Press.

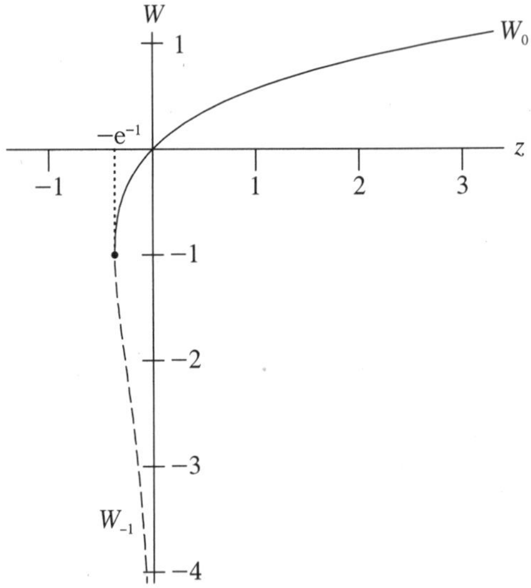

그림 1 람베르트 W 함수의 실수 분지. 실선은 주 분지 W_0이고, 점선은 실숫값을 취하는 또 다른 유일한 분지인 W_{-1}이다. 작게 채워진 점은 그림 2의 점과 대응하는 분지점이다.

III.17 람베르트 W 함수

로버트 콜레스, 데이비드 제프리
Robert M. Corless and David J. Jeffrey

1 정의와 기본 성질

주어진 복소수 z에 대해 방정식

$$we^w = z$$

는 가산적으로 무한한(countably infinite) 수의 해를 가지며, 그것을 정수 k에 대해 $W_k(z)$로 표시한다. 각각의 k는 람베르트 W 함수(Lambert W function)의 분지(branch)를 정의한다. 관례적으로 오직 분지 $k = 0$(주(principal) 분지)과 $k = -1$만이 모든 z에 대해 실숫값을 갖는다. 다른 모든 분지의 치역은 실수축을 포함하지 않는데, 심지어 $W_1(z)$의 치역의 폐포(closure)는 $(-\infty, -1/e]$를 포함하는데도 그러하다. 오직 $W_0(z)$만이 그 치역에 양의 값을 포함한다(그림 1을 보라). $z = -1/e$일 때(유일한 0 아닌 분지점), 기본 방정식 $we^w = z$는 이중근 $w = -1$을 가진다.

분지의 관례적인 선택에서

$$W_0(-1/e) = W_{-1}(-1/e) = -1$$

이고 $W_1(-1/e - i\varepsilon^2) = -1 + O(\varepsilon)$은 -1에 임의로 가깝다는 것을 말해 주는데, 왜냐하면 관례적인 분지 선택이란 -1이 이 3개 분지의 경계에 있다는 것을 의미하기 때문이다. 각 분지는 값을 하나만 갖는 복소함수이며, 분지점과 분지 절단(branch cut)에서 떨어진 곳에서 해석적(analytic)이다.

보통은 모든 분지의 집합을 람베르트 W '함수'라고 부르지만, 당연히 W는 여러 값을 갖는다. 문맥에 따라 기호 $W(z)$는 주 분지($k = 0$)를 나타내거나 어

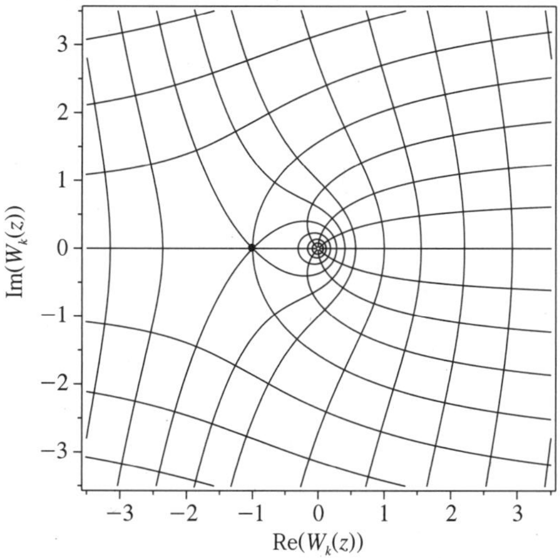

그림 2 함수 $z \to W_k(z)$에 의한 z-평면 위 원들과 반직선들의 상. 반지름 e^{-1}인 원은 음의 실수축을 따르는 반직선처럼 분지점을 지나는 곡선으로 보내진다. 이 그래프는 메이플(Maple)에서 $\omega(x+\mathrm{i}y) = W_{\mathcal{K}(\mathrm{i}y)}(e^{x+\mathrm{i}y})$을 처음에는 x를 고정하고 y를 변화시키고, 그 후 y를 고정시키고 x를 변화시키며 수치적으로 값을 매겨 만들어졌다. 이 두 집합은 x와 y의 수평선과 수직선이 ω에 의해 보내진 상으로서 직교하는 곡선들을 만드는데, 이는 사실상 상수 $r = e^x$인 원과 상수 $\theta = y$인 반직선이 W에 의해 보내진 상과 동일하다.

떤 특정하지 않은 분지를 의미할 수 있다. W의 어떤 분지에 대한 수치계산은 통상적으로 뉴턴의 방법이나 그것의 변형으로 이루어진다. 다양한 k, r, θ에 대한 $W_k(re^{\mathrm{i}\theta})$의 상이 그림 2에 그려져 있다.

역사인(inverse sine)이나 역코사인(inverse cosine)과 같이 더 자주 접하는 다분지 함수들과 다르게, W의 분지들은 선형적으로 관계되어 있지 않다. 하지만 풀림수(unwinding number)

$$\mathcal{K}(z) := \frac{z - \ln(e^z)}{2\pi \mathrm{i}}$$

과, 이와 관계된 라이트 ω 함수(Wright ω function)라 부르는 일가(single-valued)함수

$$\omega(z) := W_{\mathcal{K}(z)}(e^z)$$

을 이용하여 다시 표현하면, $W_k(z) = \omega(\ln_k z)$라는 분지들 사이의 어느 정도 단순한 관계식을 얻는다. 여기서 $\ln_k z$는 $\ln z + 2\pi \mathrm{i} k$를 나타내며, $\ln z$는 로그의 주 분지로서 $-\pi < \mathrm{Im}(\ln z) \le \pi$이다.

라이트 ω 함수는 방정식 $y + \ln y = z$를 푸는 데 도움을 준다. 만약 $t < -1$에 대해 $z \ne t \pm \mathrm{i}\pi$라면 $y = \omega(z)$이다. 만약 $t < -1$에 대해 $z = t - \mathrm{i}\pi$라면 이 방정식은 해를 갖지 않는다. 만약 $t < -1$에 대해 $z = t + \mathrm{i}\pi$라면 두 개의 해 $\omega(z)$와 $\omega(z - 2\pi\mathrm{i})$가 있다.

1.1 도함수

음함수 미분을 통해 $W(z) \ne -1$이라면

$$W'(z) = e^{-W(z)} / (1 + W(z))$$

를 얻는다. 추가적으로 $z \ne 0$이라면, 이 도함수는 유리형(rational) 미분방정식

$$\frac{dW}{dz} = \frac{W}{z(1 + W)}$$

로 단순화할 수 있다. 고계도함수는 자연스럽게 따라 나온다.

1.2 적분

$W(x)$를 포함하는 적분은 대개, 변수변환 $w = W(x)$를 역 관계 $x = we^w$ 안에서 사용하면 해석적으로 계산할 수 있다. 따라서

$$\int \sin W(x)\, dx = \int (1 + w) e^w \sin w \, dw$$

이고, 이를 보통 방식으로 적분하면

$$\tfrac{1}{2}(1 + w) e^w \sin w - \tfrac{1}{2} w e^w \cos w$$

를 얻고 결국엔

$$\int 2\sin W(x)\,\mathrm{d}x = \left(x + \frac{x}{W(x)}\right)\sin W(x) - x\cos W(x) + C$$

임을 알 수 있다. 더 흥미로운 것은 $W(z)$에 대한 많은 정적분이 있다는 것이며, 그것들은 푸아송(Poisson)이 주 분지에 대해 계산한 것도 포함하여 비렌스 드 한(D. Bierens de Haan)의 유명한 적분 표에 실려 있다. 다음 적분은 비교적 최근에 만들어졌으며 $(-\infty, -1/\mathrm{e}]$ 안에 있지 않은 z에 대해서 유효하고, 사다리꼴 규칙(trapezoidal rule)을 이용해 스펙트럼 정확도(spectral accuracy)와 함께 계산할 수 있다.

$$\frac{W(z)}{z} = \frac{1}{2\pi}\int_{-\pi}^{\pi}\frac{(1 - v\cot v)^2 + v^2}{z + v\csc v\mathrm{e}^{-v\cot v}}\mathrm{d}v$$

1.3 급수와 생성함수

오일러는 람베르트가 만든 급수를 이용해, 우리가 오늘날 람베르트 W 함수라고 부르는 함수가 $z = 0$ 근방에서 수렴하는 급수전개를 갖는다는 것을 알아차렸다.

$$W(z) = \sum_{n\geq 1}\frac{(-n)^{n-1}}{n!}z^n$$

오일러는 이 급수가 $-1/\mathrm{e} \leq z \leq 1/\mathrm{e}$에 대해 수렴한다는 것을 알았다. 가장 가까운 특이점(singularity)은 분지점 $z = -1/\mathrm{e}$이다.

W는 또한 분지점 근방에서 급수로 전개될 수 있다. 이 분지점에서의 급수는 W나 ω보다는 **수형도 함수**(tree function) $T(z) = -W(-z)$를 이용하여 가장 깔끔하게 표현할 수 있는데, 그래도 W를 계속 사용하면

$$W_0(-\mathrm{e}^{-1-z^2/2}) = -\sum_{n\geq 0}(-1)^n a_n z^n,$$
$$W_{-1}(-\mathrm{e}^{-1-z^2/2}) = -\sum_{n\geq 0}a_n z^n$$

을 얻고, 여기서 a_n은 $a_0 = a_1 = 1$일 때

$$a_n = \frac{1}{(n+1)a_1}\left(a_{n-1} - \sum_{k=2}^{n-1}ka_k a_{n+1-k}\right)$$

로 주어진다. 이는 $n!$의 점근식인 **스털링의 공식**[IV.7 §3]에 대한 흥미로운 변형을 알려 준다. 오일러의 적분

$$n! = \int_0^{\infty}t^n\mathrm{e}^{-t}\mathrm{d}t$$

를 적분자가 최대가 될 때($t = n$)를 기준으로 분리하고, 각 적분을 $t = -nW_k(-\mathrm{e}^{-1-z^2/2})$의 치환을 통해 변환시키되, $t \leq n$일 때는 $k = 0$, 나머지 경우는 $k = -1$을 사용하자. 그러면 적분자는 $t^n\mathrm{e}^{-t} = n^n\mathrm{e}^{-n}\mathrm{e}^{-nz^2/2}$으로 단순화하고 미분 $\mathrm{d}t$는 위 전개에서 나오는 급수 형태로 얻을 수 있다. 항별 적분은

$$n! \sim \frac{n^{n+1}}{\mathrm{e}^n}\sum_{k\geq 0}(2k+1)a_{2k+1}\left(\frac{2}{n}\right)^{k+1/2}\Gamma(k+\tfrac{1}{2})$$

임을 보여 주고, 여기서 Γ는 감마 함수이다.

$z \to \infty$일 때 점근적 급수는 1960년대의 드 브루인(de Bruijn)의 연구로부터 알려져 있었다. 게다가 그는 점근적 급수가 실제로 충분히 큰 z에 대해 수렴한다는 것을 증명했다. 그 급수는 $W_k(z) \sim \ln_k(z) - \ln(\ln_k(z)) + o(\ln\ln_k z)$와 같이 시작한다. 놀랍게도, 이 급수를 뒤집으면 W의 합성으로 표현되는 로그의 단순한 (사실상 쓸모없기는 하지만) 전개를 얻을 수 있다.

$$\ln z = W(z) + W(W(z)) + W(W(W(z))) + \cdots + W^{(N)}(z) + \ln W^{(N)}(z)$$

는 z의 적절히 제한된 영역에서 성립한다. 이 급수에서 $W^{(N)}(z)$ 항을 생략한 급수는 $N \to \infty$일 때 수렴하지 않지만, 고정된 N에 대해서 $z \to \infty$를 취하면 지루할 정도로 느리지만 근사가 개선되기는 한다.

2 응용

W는 오직 초등적인 함수만을 포함하는 방정식의 음적인 해(implicit solution)로서 정의된다는 의미에서 이른바 음적으로 초등인 함수이며, 질문이라기보다는 '답'으로 간주할 수 있다. W가 단순한 유리형 미분방정식의 해라는 것은 이것이 수학적 모형에서 폭 넓게 등장한다는 의미이다. 수많은 응용 중 가장 좋아하는 두 개만 언급하도록 하겠다.

첫째는 진지한 응용이다. W는 표백(bleaching)으로 알려진 현상, 곧 인간의 눈이 어떻게 밝은 빛에 노출된 후 어둠에 적응하는가에 대한 반응속도론(chemical kinetics) 모형에서 등장한다. 모형 미분방정식은

$$\frac{\mathrm{d}}{\mathrm{d}t}O_p(t) = \frac{K_m O_p(t)}{\tau(K_m + O_p(t))}$$

이고 이것의 해를 W를 이용해 표현하면

$$O_p(t) = K_m W\left(\frac{B}{K_m}\mathrm{e}^{B/K_m - t/\tau}\right)$$

이다. 여기서 상수 B는 $O_p(0)$의 초깃값, 다시 말해 초기 표백 현상의 양이다. 상수 K_m과 τ는 실험을 통해 결정된다. W로 표현된 해는 알려진 성질을 이용하면 더 편리한 분석을 가능케 한다.

두 번째 응용은 매우 하찮다고 할 수 있다. W는 소위 점성가의 방정식 $\dot{y}(t) = ay(t+1)$의 해를 탐구하는 데 쓸 수 있다. 이 방정식에서 y의 변화율은 하나의 시간 단위 후 미래의 y 값에 비례한다. 과거 시간에 대한 의존성은 **지연미분방정식**[I.2 §12]을 이끌어내며, 당연히 이는 응용의 진지한 관심사이다. W는 그곳에서도 역시 우리의 하찮은 문제와 거의 똑같은 방식으로 유용하다.

그렇지만 하찮은 것도 교육적일 수 있다. 우선 $\mathrm{e}^{\lambda t}$이 이 방정식을 만족하면 $\lambda = a\mathrm{e}^{\lambda}$이므로 $\lambda = -W_k(-a)$임에 주목하자. 함수 $y(t)$를 $0 \le t \le 1$일 때 어떤 유한한 정수들의 집합 M에 대해 유한한 선형결합 $y(t) = \sum_{k \in M} c_k \mathrm{e}^{-W_k(-a)t}$으로 표현할 수 있다면, 이 함수는 점성가 방정식의 모든 시간에 대한 해가 된다. 그러므로 시구간 $0 \le t \le 1$에서 $y(t)$를 완벽하게 아는 것은 $y(t)$를 모든 시간에 대해 예측하기에 충분하다. 하지만 만약 $y(t)$에 대한 정보가 불완전하다면, 그것이 심지어 극소한 양일지라도 문제가 된다. 가령 K가 어떤 큰 정수일 때 하나의 항 $\varepsilon\mathrm{e}^{-W_k(-a)t}$이 생략되었다고 가정하고 $K \to \infty$일 때 위에서 주어진 W_k의 로그 급수의 첫 두 항을 생각해 보자. 그러면 $-W_K(-a)$의 실수부가 무한히 커지므로, $y(t)$의 '실제' 값은 예측으로부터 빠르게 멀어질 수 있다. 이는 점성술에 대한 우리의 직관과 완벽하게 맞아떨어지는 것처럼 보인다.

진지한 응용으로 되돌아가면, 수형도 함수 $T(z)$는 모든 종류의 셈에 있어 거대한 조합론적 중요성을 지닌다. 예를 들어, 많은 사례를 크누스(Knuth)의 일부 논문에서 찾을 수 있다. 아울러 수형도 함수에 대한 핵심 참고 문헌으로 《과학 아카데미 학회지(*Comptes Rendus de l'Académie des Sciences*)》(214호, 1942, 그의 『전집(*Œuvres*)』에서 재출간)에

실린 보렐(Borel)의 원고가 있다. 푸아송 도착을 따르고 서비스 시간 σ가 주어졌을 때, 대기열이 비어 있는 기간 사이의 시간의 확률에 대한 생성함수는 $T(\sigma e^{-\sigma}z)/\sigma$로 주어진다.

3 방정식의 해

로그 혹은 지수와 함께 대수적인 양이 포함된 몇 가지 방정식은 $y + \ln y = z$나 $we^w = z$ 형태로 다룰 수 있기 때문에 람베르트 W 함수를 이용해 풀 수 있다. 하지만 모든 지수 다항방정식이 이렇게 풀리는 것은 아니며, 심지어 그들 중 대부분은 이런 식으로 풀리지 않는 것처럼 보인다. 여기서는 겹으로 된 지수로 시작하며 W 분지들의 차를 이용해 풀 수 있는 한 방정식을 소개할 것이다.

$$z + v \csc v e^{-v \cot v} = 0$$

의 해 중 하나는 어떤 정수의 쌍 k와 ℓ에 대해 $v = (W_k(z) - W_\ell(z))/(2i)$이다. 나아가 그런 모든 정수쌍이 하나의 해를 만들어낸다. 이 해의 쌍 무한모임은 π의 홀수 배수 근방에서 근(zero)들의 집적점(accumulation point)을 갖고, 이는 앞서 소개한 $W(z)/z$의 정적분 형태의 분모가 $v = \pm\pi$에서 본질적 특이점(essential singularity)을 갖는다는 것을 함의한다. 이 예는 W의 분지들이 자명하게 관련되어 있지 않다는 사실의 중요성을 강조한다.

사람들의 관심을 받는 또 다른 방정식은 가령 $a_0 = 1$로 시작하는 점화관계식

$$a_{n+1} = z^{a_n}$$

의 극한을 분석할 때 나타난다. 이 수열은 $a_1 = z$, $a_2 = z^z$, $a_3 = z^{z^z}$과 같이 이어진다. 만약 이 극한이 수렴한다면 그것은 방정식 $a = z^a$의 해로 수렴할 것이다. 면밀히 따져 보면 고려하는 극한은 $a = -W(-\ln z)/\ln z$이다. 다소 놀랍게도, 이른바 지수의 탑을 정의하는 이 점화관계식은 심지어 z가 실수이더라도 충분히 작은 z에 대해 발산한다. 구체적으로 이 점화식은 z가 실수일 때 $e^{-e} \le z \le e^{1/e}$이면 수렴하고 $z < e^{-e} = 0.0659880\cdots$이면 발산한다. 오일러는 이런 사실을 알고 있었다. 복소수 z에 대한 상세한 수렴 성질은 비교적 최근에 와서야 해결되었다. 그 자신이 W와 관련 있는 어떤 변환을 통해, 점화관계식이 n 주기로 수렴하는 복소평면의 영역을 묘사하는 것이 가능하다. 만약 $\zeta = -W(-\ln z)$라면 반복은 $|\zeta| < 1$일 때 수렴하며, 또한 $\zeta = e^{i\theta}$이고 θ가 π의 어떤 유리수 배수일 때, 곧 $m\pi/k$일 때도 수렴한다. 반복이 k 주기로 수렴하는 영역은 그런 점들에서 단위원과 접할 수 있다.

4 회고

람베르트 W 함수는 수학 세계로 야단스럽지 않게 슬며시 들어왔으며, 이제는 그곳에 있는 것이 자연스러운 것처럼 보인다. 심지어 이것의 행렬 형태도 있지만, 행렬방정식 $Se^S = A$의 해가 언제나 $W(A)$인 것은 아니다.

여느 경우와 마찬가지로, 뒤늦은 깨달음 이후 오일러, 푸아송, 라이트의 글과 많은 응용 속에서 W의 존재가 식별되었다. 이 함수가 1980년대 초 메이플에 구현된 것은 뒤따른 인기의 중요한 발판이었다.

이것을 인식하고 이름 붙인 것은 앨프리드 노스 화이트헤드(Alfred North Whitehead)의 의견을 뒷받침한다.

> 좋은 표기법은 모든 불필요한 작업으로부터 뇌를 해방시킴으로써 더 나은 문제에 집중할 수 있게 한다.

더 읽을거리

Corless, R. M., G. H. Gonnet, D. E. G. Hare, D. J. Jeffrey, and D. E. Knuth. 1996. On the Lambert *W* function. *Advances in Computational Mathematics* 5(1): 329-59.

Knuth, D. E. 2000. *Selected Papers on the Analysis of Algorithms*. Palo Alto, CA: Stanford University Press.

———. 2003. *Selected Papers on Discrete Mathematics*. Stanford, CA: CSLI Publications.

Lamb, T., and E. Pugh. 2004. Dark adaptation and the retinoid cycle of vision. *Progress in Retinal and Eye Research* 23(3): 307-80.

Olver, F. W. J., D. W. Lozier, R. F. Boisvert, and C. W. Clark, eds. 2010. *NIST Handbook of Mathematical Functions*. Cambridge: Cambridge University Press. (전자본은 http://dlmf.nist.gov에서 찾을 수 있다.)

III.18 라플라스 방정식

마틴 *P. A. Martin*

1789년에 피에르시몽 라플라스(Pierre-Simon Laplace, 1749-1827)는 이제 그의 이름이 붙은 방정식

$$\frac{\partial^2 V}{\partial x^2} + \frac{\partial^2 V}{\partial y^2} + \frac{\partial^2 V}{\partial z^2} = 0 \tag{1}$$

을 기록했다. 오늘날 이것은 아마 틀림없이 수학에서 가장 중요한 편미분방정식일 것이다.

(1)의 좌변은 V의 라플라시언(Laplacian)을 정의하며 다음과 같이 $\nabla^2 V$ 혹은 ΔV로 표기한다.

$$\nabla^2 V = \Delta V = \nabla \cdot \nabla V = \operatorname{div} \operatorname{grad} V$$

라플라스 방정식 $\nabla^2 V = 0$은 $V(x, y, z)$에 대한 선형 동차 2계 타원형 PDE로 분류된다. f가 주어진 함수일 때, 비동차 형태인 $\nabla^2 V = f$는 **푸아송 방정식**(Poisson's equation)이라 부른다. (1)에 세 개의 독립변수 x, y, z가 있다는 사실은 이것을 **3차원 라플라스 방정식**이라 부름으로써 나타낼 수 있다. 2차원 형태

$$\nabla^2 V \equiv \frac{\partial^2 V}{\partial x^2} + \frac{\partial^2 V}{\partial y^2} = 0 \tag{2}$$

또한 중요한 응용을 가진다. 이것은 $V(x, y)$에 대한 PDE이다. 이를 n개의 독립변수에 대해 자연스럽게 일반화할 수 있다. 보통 $\nabla^2 V$에서 항의 개수는 문맥에 따라 결정된다.

1 조화함수

라플라스 방정식의 해는 **조화함수**(harmonic function)라 부른다. 무수히 많은 다른 조화함수가 존재

한다는 것을 쉽게 알 수 있다(easy to see는 라플라스가 가장 좋아하던 표현 중 하나이다).

(2)에 대한 해 $V(x, y)$의 짧은 목록은 다음과 같다.

- $1, x, y, xy, x^2-y^2$과 같은 다항함수 해들이 있다.
- α가 임의의 매개변수일 때 $e^{\alpha x}\cos\alpha y$나 $e^{\alpha x}\times\sin\alpha y$와 같은 해들이 있다.
- $x=r\cos\theta$와 $y=r\sin\theta$가 평면 극좌표 r와 θ를 정의할 때, $\log r$, θ, $r^\alpha\cos\alpha\theta$, $r^\alpha\sin\alpha\theta$는 해가 된다.

여분의 해는 아무 해를 x나 y에 대해 미분하거나 적분함으로써 얻을 수 있다. 예컨대 $(\partial/\partial x)\log r = x/r^2$은 조화함수이다. 또한 아무 매개변수에 대해서나 미분하거나 적분해도 되는데, 예를 들면

$$\int_{\alpha_1}^{\alpha_2} g(\alpha)\, e^{\alpha x}\sin\alpha y\, d\alpha$$

는 조화함수이며, 여기서 $g(\alpha)$는 α에 대한 임의의 적분가능한 함수이고 적분은 실구간 $\alpha_1<\alpha<\alpha_2$ 위에서 취하거나 복소 α-평면 안에서 경로(contour)를 따라 할 수도 있다.

(1)에 대한 해 $V(x, y, z)$의 목록은 다음과 같다.

- (2)의 어떠한 해도 (1)을 만족한다.
- xyz나 $x^2+y^2-2z^2$ 같은 다항식 해가 있다. $\gamma^2=\alpha^2+\beta^2$이고 α와 β는 임의의 매개변수일 때, $e^{\gamma z}\cos\alpha x\cos\beta y$ 같은 해가 있다.
- $x=r\cos\theta$, $y=r\sin\theta$, J_n이 베셀 함수일 때, $e^{\alpha z}J_n(\alpha r)\cos n\theta$는 해가 된다.
- $R=(x^2+y^2+z^2)^{-1/2}$이 구면 극좌표일 때 R^{-1}은 해가 된다.

역시, 여분의 해는 아무런 해를 x, y, z 혹은 아무 매개변수에 대해 미분하거나 적분함으로써 얻을 수 있다. 예를 들어 i, j, k가 어떤 음이 아닌 정수라면

$$V(x, y, z)=\frac{\partial^{i+j+k}}{\partial x^i\,\partial y^j\,\partial z^k}\frac{1}{R}$$

은 조화함수이며, **맥스웰 다중극**(Maxwell multipole)이라 부른다.

라플라스의 방정식은 선형이고 동차이기 때문에 중첩(superposition)을 통해 더 많은 해를 얻을 수 있다. 만약 V_1과 V_2가 $\nabla^2 V=0$을 만족하면, 임의의 상수 A와 B에 대해 AV_1+BV_2도 그러하다.

2 경곗값 문제

라플라스의 방정식이 많은 해를 가지긴 하지만, 경계조건도 만족하는 해를 구하는 것이 일반적이다. 유계인 영역 D 내부에서는 $\nabla^2 V=0$이고, D의 경계 ∂D에서는 $V=g$(어떤 주어진 함수)인 조건이 붙는 것이 기본적인 문제이다. 이 경곗값 문제(boundary-value problem, BVP)는 내부 디리클레 문제(interior Dirichlet problem)라고 부른다. 특정한 가벼운 조건하에 이 문제는 정확히 하나의 해를 갖는다. D가 2차원의 원판이나 직사각형 혹은 3차원의 공이나 상자처럼 단순한 모양을 가질 때에는, 변수분리 방법을 통해 이 해를 명시적으로 만들 수 있다. 모양이 더 복잡하다면 BVP를 ∂D 근방의 경계 적분방정식으로 변환하거나, 가령 유한 요소(finite element)를

이용해 BVP를 수치적으로 풂으로써 진척을 이룰 수 있다.

다른 BVP도 서술할 수 있다. 예컨대 ∂D에서 V를 지정하는 대신, V의 수직도함수 $\partial V/\partial n$이 주어질 수도 있다(이는 **내부 노이만 문제**(interior Neumann problem)이다). 혹은 ∂D의 각 점에서 V와 $\partial V/\partial n$의 선형결합을 지정하거나, ∂D의 일부에서는 V를 지정하고 ∂D의 나머지 부분에서는 $\partial V/\partial n$을 지정할 수도 있다(이는 **혼합 문제**(mixed problem)이다). 아니면 ∂D 일부에서는 V와 $\partial V/\partial n$ 모두를 지정하지만 ∂D의 나머지 부분에 대해서는 아무런 정보를 주지 않을 수도 있으며, 이를 **코시 문제**(Cauchy problem)라 부른다. 이러한 문제에 대한 외부(exterior) 형태도 있는데, 그 목적은 $\nabla^2 V = 0$을 ∂D 바깥의 유계가 아닌 영역 위에서 푸는 것이다. 그러한 문제에 대해서는 또한 ∂D에서 떨어진 '무한대에서' V의 행동을 지정할 수 있다.

3 응용

라플라스는 1789년 (1)을 중력 이끌림과 토성의 고리에 응용했다. 중력은 $\boldsymbol{F} = \operatorname{grad} V$로 쓸 수 있으며 물질을 포함한 영역 밖에서는 $\nabla^2 V = 0$이다. 일반적으로 스칼라의 기울기로 나타낼 수 있는 벡터장을 **보존**(conservative)장이라 부르며, 스칼라 V는 **퍼텐셜**이라 부른다. 보존장 $\boldsymbol{F}$는 언제나 $\operatorname{curl} \boldsymbol{F} = \boldsymbol{0}$을 만족하며, 이는 **비회전**(irroational)장이다.

비압축성(incompressible)(상수 밀도) 유체의 움직임의 속도 $\boldsymbol{v}$는 **연속방정식**(continuity equation) $\operatorname{div} \boldsymbol{v} = 0$을 만족한다. 움직임이 비회전이라면, $\boldsymbol{v} = \operatorname{grad} \phi$인 **속도 퍼텐셜** ϕ가 존재한다. 그러므로 연속방정식은 $\nabla^2 \phi = 0$임을 보여 준다.

비슷한 방정식들을 정전기학(electrostatics)이나 정자기학(magnetostatics)에서 접할 수 있다. 예를 들어 빈 공간에서, 전기장 $\boldsymbol{E}$는 $\operatorname{div} \boldsymbol{E} = 0$과 $\operatorname{curl} \boldsymbol{E} = \boldsymbol{0}$을 만족한다. 그러므로 $\boldsymbol{E} = \operatorname{grad} \varphi$로 쓸 수 있으며 여기서 퍼텐셜 φ는 $\nabla^2 \varphi = 0$의 해이다.

4 해석함수 이론

이 절에서는 $z = x + iy$로 복소 변수를 나타내기로 하자. $f(z) = u(x, y) + iv(x, y)$를 z에 관한 함수라고 하자. 만약 f가 해석적이라면, 즉 z에 관한 미분가능 함수라면 u와 v는 **코시-리만 방정식**(Cauchy-Riemann equation)

$$\frac{\partial u}{\partial x} = \frac{\partial v}{\partial y}, \quad \frac{\partial u}{\partial y} = -\frac{\partial v}{\partial x}$$

를 만족한다. v를 이 방정식에서 제거하는 것은 $u(x, y)$가 2차원 라플라스 방정식 (2)를 만족한다는 것을 보여 준다. $v(x, y)$도 똑같은 PDE를 만족한다. 해석함수의 실수와 허수 부분은 조화함수이다.

복소 변수 함수와 2차원 조화함수 사이의 이러한 연결성은 (2)에 대한 BVP를 푸는 강력한 방법을 이끌어 내는데, 특히 **공형사상**[II.5]을 사용할 때 그러하다.

5 일반화

라플라시언은 라플라스의 방정식을 풀 때 외에도 PDE에서 등장한다. 여기 몇 가지 예가 있다.

$$\nabla^2 u = c^{-2}(\partial^2 u/\partial t^2) \text{ 파동방정식,}$$
$$\nabla^2 u = k^{-1}(\partial u/\partial t) \text{ 열/확산방정식,}$$
$$\nabla^2 u + k^2 u = 0 \text{ 헬름홀츠 방정식,}$$
$$\nabla^2 u + i\ell(\partial u/\partial t) = Wu \text{ 슈뢰딩거 방정식}$$

이 방정식들에서 c, k, ℓ, W는 주어지고(처음 3개는 보통 상수이다) t는 시간이다. ∇^2이 자주 등장하는 이유 중 하나는 공간은 보통 등방성(isotropic)을 가진다는, 즉 특별한 방향이 없다는 가정을 하기 때문이다. 이를테면 (1)에서 x, y, z는 데카르트 좌표이지만 $\nabla^2 V$는 이 좌표가 회전되거나 평행이동해도 바뀌지 않는다. 라플라시언은 이런 성질을 가진 가장 단순한 선형 2계 연산자이다.

$\nabla^2 u$의 비등방적 형태도 있는데, A가 그 성분이 상수이거나 n개 독립변수에 대한 함수일 수 있는 $n \times n$ 행렬이라 할 때 $\mathrm{div}(A\ \mathrm{grad}\, u)$가 바로 그것이다. 만약 A가 u에 의존한다면 비선형연산자를 얻는다. 또 다른 잘 연구된 비선형 변형은 p-라플라시언이며, $1 < p < \infty$에 대해 $\mathrm{div}(|\mathrm{grad}\, u|^{p-2}\mathrm{grad}\, u)$로 정의된다.

$\nabla^2\nabla^2 = \nabla^4$은 유용한 4계 연산자이다. **쌍조화방정식**(biharmonic equation) $\nabla^4 u = 0$은 가령 얇은 탄성판의 이론에서 등장한다.

III.19 로지스틱 방정식

폴 글렌디닝 *Paul Glendinning*

로지스틱 방정식(logistic equation)은 2차 비선형성을 가진 간단한 미분방정식이나 차분방정식(difference equation)이다. 이것은 예컨대 한정된 개체수가 증가하는 과정을 모형화하는 **개체수 모형**[I.5 §3], 즉 개체수 과잉을 억제하는 효과를 지닌 모형에서 자연스럽게 나타난다.

연속 시간 형태는 개체군의 크기를 나타내는 실변수 x에 대한 미분방정식이다. 그것은

$$\frac{\mathrm{d}x}{\mathrm{d}t} = rx\left(1 - \frac{x}{K}\right), \qquad r, K > 0$$

이고 유사한 고차원 방정식과 편미분방정식으로의 확장도 있다. 개체수의 변화에 응용되기 때문에 $x(0) = x_0 > 0$이라 가정하는 것이 일반적이다. 두 매개변수는 번식률 $r > 0$(출생률과 사망률의 차이)과 뒤에 나오는 균형 개체수 정도인 환경 수용력 K이다.

로지스틱 방정식은 분리가능하고, 그 해는 부분분수를 이용하여 명시적으로 계산할 수 있다(**상미분방정식**[IV.2 §2]을 보라). 해는

$$x(t) = \frac{x_0 K}{x_0 + (K - x_0)\mathrm{e}^{-rt}}$$

이며, $x_0 > 0$인 모든 해는 $t \to \infty$일 때 환경 수용력 K에 가까워진다.

로지스틱 방정식의 우변은 $f(0) = 0$인 함수 f에 대한 테일러 급수전개(Taylor series expansion)의 첫 두 항으로 해석할 수 있고, 따라서 이 방정식은 다른 여러 맥락에서 자연스러운 모형이 된다.

로지스틱 방정식의 이산 시간 형태는 대개 **로지스틱 사상**(logistic map)이라 부른다. 그것은

$$x_{n+1} = \mu x_n(1 - x_n), \quad \mu > 0$$

이다. 이 차분방정식은 혼돈 끌개(chaotic attractor)를

가지는 계의 전형적인 예시 중 하나이다. 초기의 해석 중 하나는 다시 개체수 생물학에서 나온다. 이 방정식은 분리된 세대를 가진 생물의 순차적인 개체수 정도를 설명할 수 있다. 예를 들어 x_n은 n번째 세대인 벌레의 정규화된 숫자를 나타내며, 이것은 이전 세대 개체군의 크기에 의존한다.

로지스틱 사상은 일반적인 단봉(unimodal) 혹은 일혹(one-hump) 사상의 서로 다른 동역학을 설명해준다. $0 < \mu \leq 4$이면 $[0, 1]$에서 시작한 모든 해는 그 구간 안에 머무르며, 계에는 최소한 하나의 유계인 끌개가 존재한다. μ에 따라 이 끌개가 변화하는 방식은 아주 복잡할 수도 있다.

$\mu \in (0, 1)$이면 원점은 안정한 고정점(stable fixed point)이고($x_0 = 0$이면 모든 $n \in \mathbb{N}$에 대해 $x_n = 0$이다), 모든 초기조건 $x_0 \in [0, 1]$에 대해 $n \to \infty$임에 따라 $x_n \to 0$이다. $\mu \in (1, 3)$이면 안정한 자명하지 않은 고정점 $(\mu - 1)/\mu$가 존재하며 $(0, 1)$ 안의 모든 초기조건을 끌어당긴다. $\mu = 3$일 때 이 고정점은 **주기 2배화 분기**[IV.21]를 겪게 된다. 이 분기(bifurcation)의 효과는 μ가 3을 지나 증가함에 따라 안정한 주기-2 궤도(orbit)를 생성하는 것이며, 고정점은 불안정해진다. μ가 그보다 더 증가하면 매개변수 값 μ_n에 대한 주기 2배화 분기의 나열이 존재하여, 그 값에서 주기 2^n인 궤도는 안정성을 잃고 안정한 주기 2^{n+1}인 궤도가 생성된다.

이런 분기 값들은 특별한 값 μ_∞에서 기하학적으로 집적되는데, 그 값 위로는 계에 무한히 많은 주기적 궤도가 존재하며 **혼돈**[II.3]계가 된다. 그러나 혼돈 집합이 끌개가 아닐 수 있다. 이 매개변수의 혼돈 영역에는 '창(window)'(매개변수의 구간)이 있어, 거기에서는 끌어당기는 양상이 다시 주기적이 된다. 그러고 나서 이 궤도들은 안정성을 잃는데, 그들만의 주기 2배화 나열을 겪고 원래 사상과 비슷한 분기 구조를 가지게 되지만, 더 작은 매개변수 구간에서 그렇게 된다.

혼돈 영역 안의 동역학에 관한 많은 흥미로운 결과들이 있다. 예를 들어, 혼돈 끌개를 갖는 사상에 대한 매개변수 집합은 양의 측도(positive measure)를 갖는다. 그리고 혼돈 끌개를 갖게 하는 두 매개변수 사이에는 항상 안정한 주기적 양상을 갖게 하는 매개변수가 존재한다.

주기적 궤도가 만들어지는 순서는 샤르코우시키(Sharkovskii)의 정리를 만족한다(이 정리는 구간의 모든 연속사상에 대해 유효하다). 샤르코우시키의 정리는 사상의 모임에서 서로 다른 주기가 나타나는 순서를 반영하는, 자연수 위의 순서를 정의한다. 샤르코우시키 순서 $<$는 양의 정수 위에서 정의된 전순서(complete order)인데, 즉 $p \neq q$인 모든 양의 정수 p와 q에 대해 반드시 $p < q$이거나 $q < p$이다. 이 순서는 다음에 나열한 것과 같이 정의된다. 이 나열을 이해하려면, 두 양의 정수를 상상하고 그들이 각각 나열 속 어디에서 나타날 것인지를 생각해 보라(그들은 둘 다 반드시 어디에선가 나타나야 한다!). 나열은

$$
\begin{aligned}
&1 < 2 < 2^2 < 2^3 < \cdots \\
&\cdots \\
&\cdots < 2^{n+1} \times 9 < 2^{n+1} \times 7 < 2^{n+1} \times 5 \\
&\qquad\qquad\qquad\qquad\qquad < 2^{n+1} \times 3 \\
&\cdots < 2^n \times 9 < 2^n \times 7 < 2^n \times 5 < 2^n \times 3 \\
&\cdots \\
&\cdots < 9 < 7 < 5 < 3
\end{aligned}
$$

인데 증가하는 2의 거듭제곱을 적은 뒤, 각각의 n에 대해 감소하는 2^n 곱하기 홀수를 적은 것이며, 여기서 n 또한 0을 향해 감소한다. 샤르코우시키의 정리는 구간의 연속사상이 주기 p인 궤도를 갖는다면, 그것은 샤르코우시키 순서로 $q < p$인 모든 q에 대해 주기 q인 궤도도 갖는다는 것을 말해 준다.

로지스틱 방정식은 같은 주기를 갖는 서로 다른 궤도를 가지며 그 주기점들을 $x_1 < x_2 < \cdots < x_p$로 표기하여 나타낼 수 있는데, 이때 $f(x_i) = x_{\pi(i)}$이고 π는 $\{1, \cdots, p\}$의 한 순열(permutation)이다. 샤르코우시키의 정리는 같은 주기를 갖지만 다른 순열 유형을 갖는 궤도들을 구별하지 않는다. 주기와 순열 유형을 결합한 것이, 로지스틱 방정식에서 나타나는 주기적 궤도 위에 전순서를 정의하는 것으로 밝혀졌다.

더 읽을거리

Collet, P., and J.-P. Eckmann. 1980. *Iterated Maps of the Interval as Dynamical Systems*. Basel: Birkhäuser.

de Melo, W., and S. van Strien. 1993. *One-Dimensional Dynamics*. Berlin: Springer.

III.20 로렌즈 방정식

폴 글렌디닝 *Paul Glendinning*

로렌즈 방정식(Lorenz equation)은 혼돈 양상을 지닌 비선형 미분방정식의 최초 예시 중 하나이다. 그것은 컴퓨터 사용 증가와 컴퓨터 능력의 발전이 일기예보, 특히 더 믿을 만한 장기 예보를 크게 향상시킬 것이라는 들뜬 전망을 내놓던 1960대 초에 유도되었다. 이 방정식은 기상 모형에 적용되는 수치 기법을 향상시키는 연구를 창출했고, 단순화된 모형과 그 성질에 관한 연구를 이끌기도 했다. 살츠먼(Saltzman)은 푸리에 전개된 해의 일부를 대충 잘라내서, 수평층 안에서의 대류(convection)를 설명하는 편미분방정식을 수치적으로 훨씬 풀기 쉬운, 유한한 개수의 결합된 상미분방정식으로 변환했다. 살츠먼은 52-모드 절단(52-mode truncation)에 초점을 맞췄지만, 에드 로렌즈(Ed Lorenz)는 다음 해인 1963년에 출판된 글에서 모형의 가장 단순화된 극단을 취해, 갤러킨 모드(Galerkin mode) 중 오직 3개만을 남겼다.

로렌즈의 모형은 보통 변수 3개로 이루어진 결합된 미분방정식 형태로 나타내며,

$$\dot{x} = \sigma(y - x),$$
$$\dot{y} = rx - y - xz,$$
$$\dot{z} = -bz + xy$$

는 오늘날 로렌즈 방정식으로 알려져 있다. 여기서 점 표기법은 독립변수 t에 대한 미분을 나타내고, σ는 정규화된 프란틀 수(Prandtl number), r는 정규화된 레일리 수(Rayleigh number), b는 대류 구획(convecting cell)의 가로세로 비이다. 로렌즈가 사용했던

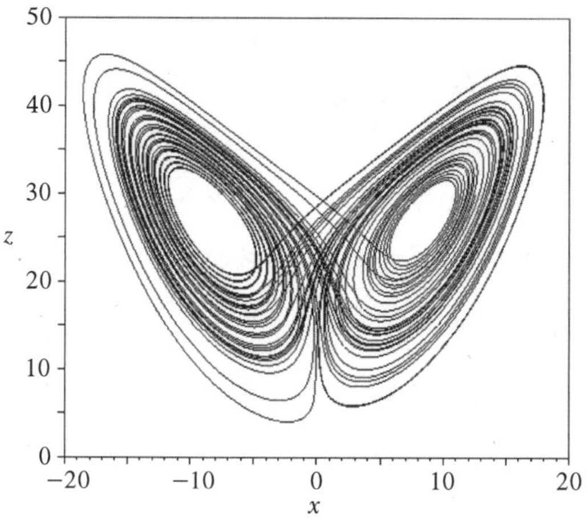

그림 1 (x, z) 좌표에 투사한 로렌즈 끌개.

매개변수는

$$\sigma = 10, \qquad r = 28, \qquad b = \tfrac{8}{3}$$

이다. 이 방정식을 탐구하며 얻게 된 통찰력은 **혼돈**[II.3]의 수학을 깊이 이해하는 동기 부여가 되었으며, 일기예보를 만들고 발표하는 방식에 지대한 영향을 끼쳤다. 위에서 주어진 매개변수에 대한 로렌즈 방정식을 따르는 궤적의 표본이 그림 1에 그려져 있다. 해는 명확하게 유계인 끌어당기는 집합 (**로렌즈 끌개**(Lorenz attractor)) 안에 갇히게 되지만, 주기적인 것처럼 보이지는 않는다. 게다가 가까이서 시작한 두 해는 결국 서로 멀어져 완전히 다르게 행동한다. 이러한 성질은 **초기조건에 민감한 의존성**이라 부르며 혼돈의 특징 중 하나이다. (여기서 조금 주의할 필요가 있다. 20세기에 흔히 정의했던 초기조건에 민감한 의존성은 혼돈의 좋은 정의가 아니다. 더 현대적인 정의에서는 시간에 대한 지수적인 발산이 필수이다(**혼돈과 에르고딕 성질**[II.3]을 보라).) 로렌즈가 자신의 컴퓨터 코드를 수정 후 검토하다가, 초기조건에 행운의 오타를 내서 이 현상을 발견했다는 이야기가 전해진다. 로렌즈의 천재성은 이것을 해의 중요한 성질로 인지했다는 데 있다.

로렌즈 끌개는 분기이론과 혼돈의 몇 가지 발전을 초래했다. 1970년대 후반에 수학자들은 흐름(flow)의 간단한 기하학적 모형을 개발했고, 그것은 혼돈적이라 증명된 불연속성을 가진 1차원 사상의 분석으로 환원할 수 있다. 이와 동시에 연구자들은 끌개의 발전을 매개변수 r의 함수로서 설명하기 시작했으며, 이상한 끌개(strange attractor) 안의 해는 **전역적 분기**[IV.21]에 의해 초기에 불안정한 집합으로부터 만들어진다는 것을 보였다. 스패로(Sparrow)는 이 모든 결과를 하나로 모아 r이 변함에 따른 로렌즈 끌개의 분기를 설명했는데, 이때 수치적 모의실험과 수학적 증명뿐만 아니라 이 둘 사이의 추측되는 관계를 모두 혼합해 활용했다.

스패로의 연구는 r이 증가함에 따른 로렌즈 방정식의 끌개 변화에 관한 다음 설명에 강력한 증거를 제공한다. 원점은 $0 < r < 1$이면 전역적으로 끌어당기는 정상점(stationary point)이지만, r이 1을 지나 증가하면서 쇠스랑 분기(pitchfork bifurcation)에 의해 안정성을 잃는다. 이때, 대류 원(convective roll)에 대응하는 정상점들의 안정한 대칭적 쌍이 생성된다(다른 종류의 분기에 관한 설명은 **분기 이론**[IV.21 §2]을 보라). $r = r_H \approx 24.74$에서는 아임계 호프 분기(subcritical Hopf bifurcation)의 쌍이 존재한다. r가 r_H를 지나 증가하면서 정상점들이 안정성을 잃으며, $r < r_H$에서 불안정한 주기적 궤도의 쌍이 생성되는 것이 이 분기의 효과이다. 이런 궤도들은 어디에서 오는가? 요크(Yorke)와 동료는 1979년

에 그 답이 $r \approx 13.926$에서의 모임분기(homoclinic bifurcation)에 있음을 증명했다. 이 분기는 무한히 많은 불안정한 주기적 궤도를 포함하는 불안정 혼돈 집합을 생성한다. 그리고 그들 중 상당수는 2개의 단순한 주기적 궤도가 관여하는 작용에 의해 혼돈 집합이 끌개가 되기 전에 없어지며, 그 두 궤도는 $r \approx 24.06$에서의 호프 분기와 연관된 것이다. 그러므로 복잡한 끌개와 안정한 정상점이 공존하는 r 값들의 짧은 구간이 존재하며, r가 r_H보다 조금이라도 크면 끌개는 오직 혼돈 집합뿐이다. 이는 초기에는 기하학적 모형과 비슷하지만, r가 더 증가하면서 축약되는 영역('갈고리(hook)')을 만들어 안정한 주기적 궤도의 생성을 가능케 한다. 아주 큰 r에서 끌개는 오직 단순하고 대칭적이고 주기적인 궤도이며, 따라서 혼돈 집합의 궤도를 없애 주는 분기가 잇달아 일어나야 한다.

기하학적 모형과 로렌즈 방정식 같은 계 안에서의 분기에 관한 수많은 이론적 결과에도 불구하고, 표준 매개변수 값에서의 로렌즈 방정식이 실제로 이상한 끌개를 가진다는 것의 증명은, 터커(Tucker)가 수치적으로 계산된 엄밀한 한계와 수학적 분석의 결합을 사용해 끌개가 원하는 혼돈 성질을 가진다는 것을 증명한 2002년 전까지 미해결로 남아 있었다(더 자세히는 **동역학계**[IV.20 §4.5]를 보라).

수학적인 문제가 해결되었음에도, 로렌즈 방정식의 물리적 타당성에 관한 질문은 여전히 논란을 일으켰다. 살츠먼의 절단 모형에서 무시된 모드가 방정식에 다시 추가되면 추가될수록, 혼돈 영역은 더욱더 큰 r 값에 대해 존재하고 전체 편미분방정식에서 더는 존재하지 않게 된다. 따라서 회전하는 굴렁쇠 안에서의 대류 같은 더욱 가상적인 물리적 상황이 고안되었고, 그럴 때 로렌즈 방정식이 좋은 모형임은 **틀림없다**.

유체 층에서의 대류에 관한 정확한 모형이 아닐지라도, 로렌즈가 일기예보의 문제에 가져온 물리학적 통찰은 엄청난 영향을 미쳤다. 초기조건에 민감한 의존성이 문제가 될 수 있다는 인식의 결과로서, 일기예보자는 이제 정기적으로 다양한 초기조건을 넣어 모형의 컴퓨터 모의실험을 돌린다. 이에 따라 비가 올지 안 올지 단순히 발표하기보다는, 결과가 적절한 경우에만 비가 올 가능성에 대해 언급할 수 있다. 이처럼 비선형 예측에서 혼돈을 어떻게 수용할 것인가에 대한 이해는 기후의 복잡한 모형과 다른 비선형 현상을 해석하는 방식에도 영향을 주고 있다.

더 읽을거리

Kaplan, J. L., and J. A. Yorke. 1979. Preturbulence: a regime observed in a fluid flow model of Lorenz. *Communications in Mathematical Physics* 67:93-108.

Lorenz, E. 1963. Deterministic nonperiodic flow. *Journal of the Atmospheric Sciences* 20:130-41.

Sparrow, C. T. 1982. *The Lorenz Equations: Bifurcations, Chaos, and Strange Attractors*. New York: Springer.

Tucker, W. 2002. A rigorous ODE solver and Smale's 14th problem. *Foundations of Computational Mathematics* 2:53-117.

III.21 마티외 함수

훌리오 구티에레스-베가
Julio C. Gutiérrez-Vega

마티외 함수(Mathieu function)는 마티외 상미분방정식

$$\frac{d^2y}{d\theta^2} + (a - 2q\cos 2\theta)y = 0 \qquad (1)$$

의 해이며, q는 자유 매개변수이고 a는 방정식의 고윳값(eigenvalue)이다. 타원형 막의 진동 모드(vibrational mode)를 배경으로 에밀 마티외(Émile Mathieu)가 1868년 처음으로 마티외의 방정식을 연구했다.

임의의 매개변수 (a, q)에 대해 (1)은 2개의 독립인 해를 갖는 선형 2계 미분방정식이다. 일반적으로 이 해들은 주기함수가 아니며 그들의 행동은 초기조건 $y(0)$과 $y'(0)$에 의존한다. 그중 특별히 관심 있는 것은 주기 π나 2π를 갖는 주기적 해이다. 이 경우 스튀름-리우빌 이론(Sturm-Liouville theory)에 따르면, (1)의 짝(even) 주기해를 만드는 특성 고윳값 $a_m(q)$와 (1)의 홀(odd) 주기해를 만드는 또 다른 특성 고윳값 $b_m(q)$의 가산 무한집합이 존재한다. 이 고윳값 집합과 연관된 고유함수

$$y_m = \begin{cases} \mathrm{ce}_m(\theta; q), & m = 0, 1, 2, \cdots, \\ \mathrm{se}_m(\theta; q), & m = 1, 2, 3, \cdots \end{cases}$$

은 짝과 홀 마티외 함수라 부르며, m은 순서이다. ce와 se는 코사인 타원(cosine elliptic)과 사인 타원(sine elliptic)에서 따 왔으며, 오늘날 주기 마티외 함수와 관련해 많이 사용하는 표기법이다.

마티외 함수는 물리적 문제의 두 가지 주요 범주에서 나타난다. 첫째, 그것은 타원형 좌표에서 파동방정식의 분리와 관련된 응용에서 나타난다. 타원형 막의 진동 모드, 타원형 관의 진행 모드, 타원형 호수 속 물의 진동이 그 예이다. 둘째, 그것은 주기 운동과 관련 있는 현상에서 나타난다. 원자의 주기적 배열 속 전자의 궤적, 양자진자의 역학, 떠 있는 선박의 진동이 그 예이다.

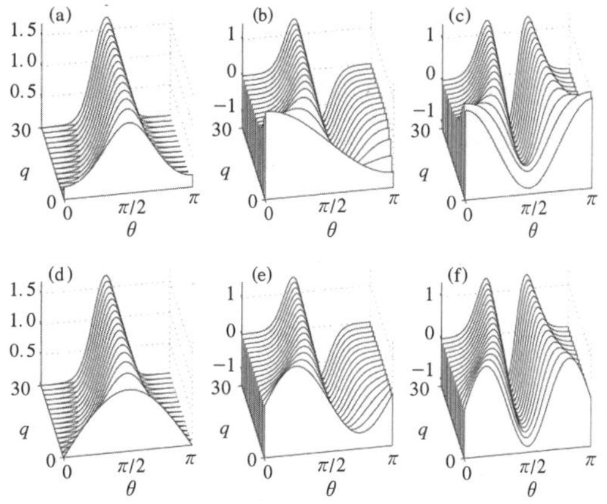

그림 1 평면 (θ, q) 위에서 마티외 함수의 행동. 그래프의 범위는 $[0, \pi]$로 제한되었는데, 그 이유는 전체 범위에서의 행동을 홀짝성과 대칭 관계로부터 유도할 수 있기 때문이다. (a)$\mathrm{ce}_0(\theta; q)$. (b)$\mathrm{ce}_1(\theta; q)$. (c)$\mathrm{ce}_2(\theta; q)$. (d)$\mathrm{se}_1(\theta; q)$. (e)$\mathrm{se}_2(\theta; q)$. (f)$\mathrm{se}_3(\theta; q)$.

마티외 함수의 행동은 상당히 복잡하며 표준적인 방식으로 그것을 분석하기는 어려운데, 주된 이유는 매개변수 (a, q)에 대한 의존성이 자명하지 않기 때문이다. 그림 1에는 함수 $\mathrm{ce}_m(\theta; q)$와 $\mathrm{se}_m(\theta; q)$가 m의 몇 가지 값에 대해 평면 (θ, q) 위에 그려져 있다. 마티외의 방정식은 $q \to 0$일 때 조화방정식이 된다는 것에 주목하자. 분명히 ce_m과 se_m은 q가 0으로 감에 따라 삼각함수 $\cos(m\theta)$와 $\sin(m\theta)$로 수렴한다.

주기적 마티외 함수의 홀짝성, 주기성, 정규화는 삼각함수에서 대응되는 것들과 정확히 같다. 다시 말해, ce_m은 짝이고 se_m은 홀이며, 그들은 m이 짝수

일 때 주기 π를 갖거나 m이 홀수일 때 주기 2π를 갖는다. 마티외 함수는 열린구간 $\theta \in (0, \pi)$에서 m개의 실근을 가지며, 근은 q가 증가함에 따라 $\pi/2$ 근방에 집적된다. 마티외 방정식은 스튀름-리우빌 형태이기 때문에, 마티외 함수는 직교함수의 완비(complete)인 모임을 이루며, 그것의 정규화 조건은

$$\int_0^{2\pi} \mathrm{ce}_m \mathrm{ce}_n \mathrm{d}\theta = \int_0^{2\pi} \mathrm{se}_m \mathrm{se}_n \mathrm{d}\theta = \pi\delta_{m,n} \quad (2)$$

이다. 함수 $f(\theta)$가 주기 π 또는 2π로 주기적이라면, 그것은 직교 마티외 함수의 급수로 전개할 수 있다.

더 읽을거리

Mathieu, T. 1868. Le mouvement vibratoire d'une membrane de forme elliptique. *Journal de Mathématiques: Pures et Appliquées* 13:137-203.

McLachlan, N. W. 1951. *Theory and Application of Mathieu Functions*. Oxford: Oxford University Press.

III.22 맥스웰 방정식

마크 데니스 *Mark R. Dennis*

1860년대 초반 제임스 클러크 맥스웰(James Clerk Maxwell)이 전기와 자기장의 공간과 시간적 행동을 요약하는 방정식들의 집합을 발표했다. 이 방정식은 전자기학(electromagnetism)에 관한 물리이론의 토대이다. 현대적인 표기법에서 그것은 주로 시간 t와 3차원 위치 $\boldsymbol{r}$에 의존하는 1계 벡터 미분방정식으로 나타낸다. ∇는 그래디언트 연산자를 나타내고 위에 붙은 점은 시간 미분을 나타낸다고 할 때, 맥스웰 방정식은 보통

$$\nabla \cdot \boldsymbol{B} = 0, \quad (1)$$

$$\nabla \times \boldsymbol{E} + \dot{\boldsymbol{B}} = 0, \quad (2)$$

$$\nabla \cdot \boldsymbol{D} = \rho, \quad (3)$$

$$\nabla \times \boldsymbol{H} - \dot{\boldsymbol{D}} = \boldsymbol{J} \quad (4)$$

로 쓴다. 다양한 전자기장들은 전기장(electric field) $\boldsymbol{E}$, 전기변위(electric displacement) $\boldsymbol{D}$, 자기유도(magnetic induction) $\boldsymbol{B}$, 자기장(magnetic field) $\boldsymbol{H}$라 부른다. $\boldsymbol{E}$와 $\boldsymbol{B}$는 보통 더 기본적인 것으로 간주되며, $\boldsymbol{D}$와 $\boldsymbol{H}$는 대개 그들에 관한 함수로 표현할 수 있다. 방정식 (3)과 (4)는 비동차이며 스칼라 전하밀도(charge density) ρ와 벡터 전류밀도(current density) $\boldsymbol{J}$로 결정되는 원천에 의존한다. 방정식 (1)-(4)는 표면과 부피 적분을 통해 적분형으로도 표현할 수 있다. 관례적으로 그것들은 가우스의 법칙(Gauss's law, (3)), 자기장에 대한 가우스의 자기 법칙(Gauss's law for magnetism, (1))(종종 '자기단극(magnetic monopole) 없음'이라 부른다), 페러데이의 법칙(Faraday's law, (2)), 맥스웰-앙페르 법칙(Maxwell-Ampère law, (4))이라 부른다.

전류와 전기회로, 모터와 발전기, 빛과 광학, 무선통신, 마이크로파 등등의 양상을 포함하는 모든 전자기 현상은 맥스웰의 방정식으로 설명할 수 있다. 그것이 설명하는 현상은 현대 세계 어디에나 편재하며 그린 함수, 델타함수[III.7], 벡터 미적분 같은 응용수학의 많은 도구들이 부분적으로는 전자기적 상황을 설명하기 위해 도입되었다. 맥스웰의 방정식

은 고려하는 계에 따라 다양한 특수 형태를 취한다. 예컨대 장이 정적(static)일 때(즉, 시간 미분이 0일 때), 전하 주변의 전기장은 뉴턴의 법칙으로 결정되는 질량 주변의 중력장과 유사하다.

자유공간(free space)에서 모든 원천은 0이며, $\boldsymbol{D} = \varepsilon_0 \boldsymbol{E}$, $\boldsymbol{H} = \mu_0^{-1}\boldsymbol{B}$이다. 여기서 상수들은 전류, 전하, 자석을 사용해 처음부터 실험적으로 결정되는, SI 단위계 규약에 따라 주어진 **자유공간의 유전율**(permittivity) $\varepsilon_0 = 8.85 \times 10^{-12}\mathrm{F\,m^{-1}}$과 **자유공간의 투자율**(permeability) $\mu_0 = 4\pi \times 10^{-7}\mathrm{NA^{-2}}$이다. 이렇게 쓰인 맥스웰의 방정식은 $\boldsymbol{E}$와 $\boldsymbol{B}$에 대해 대칭 형태이고 (음수 부호만 예외), 이들을 결합하면 $c = (\varepsilon_0\mu_0)^{-1/2} = 2.998 \times 10^8 \mathrm{m\,s^{-1}}$의 속도로 진행하는 $\boldsymbol{E}$와 $\boldsymbol{B}$에 관한 달랑베르 방정식(d'Alembert equation)을 만들 수 있다. 맥스웰은 스스로 처음 이런 사실을 알아차렸고, c가 실험적으로 측정된 빛의 속도와 가깝다는 것으로부터 빛 그 자체도 전자기파임을 깨달았다. 자유공간에서 맥스웰 방정식의 **평면파 해**(plane-wave solution)는 $\boldsymbol{E}_0 \cos(\boldsymbol{k} \cdot \boldsymbol{r} - \omega t)\boldsymbol{B}_0 = \cos(\boldsymbol{k} \cdot \boldsymbol{r} - \omega t)$이며 여기서 $\boldsymbol{E}_0$, $\boldsymbol{B}_0$은 파동벡터 $\boldsymbol{k}$에 대해 $(\boldsymbol{E}_0, \boldsymbol{B}_0, \boldsymbol{k})$를 오른손 수직 삼중쌍으로 만드는 상수 **편광벡터**(polarization vector)이고, 각주파수 ω에 대해 $c = \omega/|\boldsymbol{k}|$이다. 맥스웰 방정식의 자유공간 해는 **광학과 포토닉스**[V.14] 분야에서 체계적으로 연구된다.

자유전하를 갖지 않으며 자연적으로 나타나는 많은 물질(**유전체**(dielectric material))은 **선형적**이다. $\boldsymbol{D}$와 $\boldsymbol{H}$는 $\boldsymbol{E}$와 $\boldsymbol{B}$에 관한 선형함수이지만, 다른 유전율과 투자율을 갖는다(방향이 다를 수도 있다). 이 물질에서 전자기파 진행의 c에 대한 상대속도는 **굴절률**(refractive index)이라 부른다. 굴절, 반사, 투과의 법칙은 모두 물질 사이의 경계 영역에서 맥스웰의 방정식을 적용함으로써 원론적으로 유도할 수 있다. 다른 물질은 다양한 장의 값과 원천 사이에서 더 복잡한 의존성을 가질 수 있다. 몇몇 가장 단순한 비선형 현상은 $\boldsymbol{D}$가 $\boldsymbol{E}$에 2차적으로 의존하는 물질에서 일어난다.

(1)과 (2)의 동차성은 $\boldsymbol{E}$와 $\boldsymbol{B}$ 자체를 **스칼라 퍼텐셜** V와 **벡터 퍼텐셜** $\boldsymbol{A}$의 미분으로

$$\boldsymbol{B} = \nabla \times \boldsymbol{A}, \qquad \boldsymbol{E} = -\nabla V - \dot{\boldsymbol{A}} \tag{5}$$

와 같이 표현할 수 있다는 것을 암시한다. 이런 퍼텐셜로 표현하면 (1)과 (2)는 자동적으로 만족되며, (3)과 (4)는 V와 $\boldsymbol{A}$에 관한 2계 미분방정식이 된다. 그들의 미분만이 전자기장에 의해 정의되므로 V와 $\boldsymbol{A}$의 절댓값은 다소 임의적일 수 있고, 퍼텐셜 장의 선택은 충분히 미분가능한 어떤 스칼라 장 χ에 대해 $\boldsymbol{A} \to \boldsymbol{A}' = \boldsymbol{A} + \nabla\chi$, $V \to V' = V - \dot{\chi}$와 같은 **게이지 변환**(gauge transformation)에 의해 변환할 수 있는데, 이는 (5)의 미분관계식을 보존한다. 보통 퍼텐셜을 이용하여 다시 표현한 뒤, 퍼텐셜 장이 (5)와 양립하는 몇몇 추가적인 방정식, 가령 $\nabla \cdot \boldsymbol{A} = 0$(쿨롱 게이지(Coulomb gauge))이나 $\nabla \cdot \boldsymbol{A} + c^{-2}\dot{V} = 0$(로렌츠* 게이지(Lorenz gauge))을 만족하도록 고려할 게이지 변환의 제약을 선택함으로써(**게이지 고정**(fixing the gauge)이라 부른다) (1)과 (2)를 단순화하는 것이 간

* 루트비히 로렌츠(Ludvig V. Lorenz)의 이름에서 따 온 것이며, 특수상대론의 로런츠 변환으로 잘 알려진 헨드릭 로런츠(Hendrik A. Lorentz)와 다르므로 주의하자. 혼돈이론에서 유명한 에드워드 로렌즈(Edward N. Lorenz)와도 다른 인물이다.—옮긴이

편하다.

맥스웰의 방정식은 전기장과 자기장이 공간적/시간적으로 전하와 전하의 움직임에 어떻게 의존하는지 설명한다. 하지만 이 방정식은 전하의 움직임이 장에 어떻게 의존하는지 직접적으로 설명하지 않는다. 전자기장에 의해 위치 $\boldsymbol{r}$에 있는 전하 q인 입자가 받는 힘 $\boldsymbol{F}$는 **로런츠 힘 법칙**(Lorentz force law)

$$\boldsymbol{F} = q(\boldsymbol{E} + \dot{\boldsymbol{r}} \times \boldsymbol{B}) \qquad (6)$$

로 결정된다. 전자기장, 대전된 물질, 상호적인 의존성을 결합한 이론을 **전기역학**(electrodynamics)이라 부른다.

물리학적 관점에서 맥스웰 방정식의 특별히 흥미로운 측면은, 그것이 서로 다른 많은 길이 척도에서, 즉 천문학적인 수준(우주의 전자기 복사를 이해하는 데 사용되는)에서부터 미시적인 수준(심지어 원자보다 작은 입자들 수준의 상호작용조차)까지 동일하게 잘 적용되는 것처럼 보인다는 것이다. 물질 안 원자 수준에서, 전자와 핵은 자유공간으로 분리되어 있고 오직 기본장 $\boldsymbol{E}$와 $\boldsymbol{B}$만이 역할을 갖는다. 길이 척도가 더 늘어나는 상황에서는 전기변위 $\boldsymbol{D}$와 자기장 $\boldsymbol{H}$가 길이 척도의 **균질화**[IV.6 §13.3]를 통해 등장한다. 맥스웰의 방정식은 장을 고전적으로 다루는 경우나, $\hbar$가 플랑크의 상수일 때 **광자**(photon)라 부르는 에너지 양자 $\hbar\omega$로 전자기장 그 자체가 양자화된 경우 모두에서 **양자역학**[IV.23]의 법칙들과도 양립할 수 있게 만들 수 있다. 대전된 물질과 전자기장의 결합된 양자이론이 **양자 전기역학**(quantum electrodynamics)이다. 게이지 변환은 양자이론에서 중요한 역할을 맡아 새로운 물리적 해석을 내 놓는다.

고전역학[IV.19]에서 뉴턴의 방정식과 달리, 맥스웰의 방정식은 갈릴레이(Galilean) 좌표변환에 불변이 아니다. 역사적으로 이는 맥스웰의 방정식을 공변(covariant)으로 유지하는 적절한 변환들의 집합을 제공함으로써, 아인슈타인에게 특수상대론의 주요한 동기를 부여했다. 자유공간에서 맥스웰의 방정식은 이에 따라 4-벡터 표기법(**텐서와 다양체**[II.33]를 보라)으로 표현할 수 있는데, 전자기장은 반대칭 계수(rank)-2 텐서인 **페러데이 텐서**(Faraday tensor)

$$F^{ab} = \begin{pmatrix} 0 & -E_x/c & -E_y/c & -E_z/C \\ E_x/c & 0 & -B_z & B_y \\ E_y/c & B_z & 0 & -B_x \\ E_z/c & -B_y & B_x & 0 \end{pmatrix}$$

으로 정해진다. 텐서 형태로 다시 표현하면, 맥스웰의 방정식은

$$\partial_a F_{bc} + \partial_b F_{ca} + \partial_c F_{ab} = 0,$$
$$\partial_a F^{ab} = \mu_0 J^b$$

이며, 전류 4-벡터 $J^b = (c\rho, J_x, J_y, J_z)$에 대해 첫 번째 방정식은 (1)과 (2)에 대응하고 두 번째 방정식은 (3)과 (4)에 대응한다. **로런츠 변환**(Lorentz transformation)은 이 방정식을 공변적으로 변환한다. 로런츠 법칙 (6)은 또한 상대론적으로, 속도 4-벡터 u^b을 갖는 입자에 작용하는 힘 4-벡터 $f^a = qF^{ab}u_b$에 대한 방정식으로 일반화될 수 있다. 이들은 **일반상대론과 우주론**[IV.40]에서 중요한 역할을 하는 휘어진 시공간의 장에 대해 한층 더 확장할 수 있다.

더 읽을거리

Feynman, R. P. 2006. *QED: The Strange Theory of*

Light and Matter. Princeton, NJ: Princeton University Press.

Harman, P. M. 2001. *The Natural Philosophy of James Clerk Maxwell*. Cambridge: Cambridge University Press.

Jackson, J. D. 1998. *Classical Electrodynamics*, 3rd edn. New York: John Wiley.

III.23 나비에-스토크스 방정식

모펏 *H. K. Moffatt*

나비에-스토크스 방정식(Navier-Stokes equation)은 연속체로 간주되는 유체(액체나 기체)의 흐름을 지배하는 편미분방정식이다. 다시 말해 유체의 밀도장 $\rho(\boldsymbol{x}, t)$와 (벡터) 속도장 $\boldsymbol{u}(\boldsymbol{x}, t)$는 위치 $\boldsymbol{x} = (x, y, z)$와 시간 t에 대한 매끄러운 함수라고 생각할 수 있다. 이 방정식은 유체의 운동 중 각각의 작은 요소(혹은 덩어리(parcel))가 이루는 운동량 균형의 물리적 원리 그리고 질량 보존을 수학적 형태로 표현한 것이다.

1 질량 보존 방정식

이 방정식은 $\rho(\boldsymbol{x}, t)$와 $\boldsymbol{u}(\boldsymbol{x}, t)$를 아주 단순한 방식

$$\frac{\mathrm{D}\rho}{\mathrm{D}t} \equiv \frac{\partial \rho}{\partial t} + \boldsymbol{u} \cdot \nabla \rho = -\rho \nabla \cdot \boldsymbol{u}$$

로 연결해 준다. 여기서 기호 ∇는 벡터 미분연산자 $(\partial/\partial x, \partial/\partial y, \partial/\partial z)$를 나타낸다. 연산자 $\mathrm{D}/\mathrm{D}t \equiv \partial/\partial t + \boldsymbol{u} \cdot \nabla$는 **라그랑지언**(Lagrangian) 미분(혹은 '유체를 따르는 미분')이다. 이것은 국소 시간 미분 $\partial/\partial t$와 **대류**(convective)미분 $\boldsymbol{u} \cdot \nabla$ 두 부분으로 이루어진다. 이 방정식은 국소 발산(divergence) $\nabla \cdot \boldsymbol{u}$가 양이냐 음이냐에 따라 유체 요소의 밀도가 감소하거나 증가한다는 것을 알려 준다.

유동의 중요한 하위 분류 중 하나는 **비압축성**(incompressible)으로 설명된다. 이 경우 모든 유체 요소의 밀도는 상수이며 곧 $\mathrm{D}\rho/\mathrm{D}t = 0$이고, 따라서 위의 식으로부터 $\nabla \cdot \boldsymbol{u} = 0$이다. 다음 절에서는 비압축성 유동에만 초점을 맞추도록 한다.

2 운동량 방정식

이 방정식은 각각의 유체 요소에 대해 기본적인 뉴턴 균형

$$\text{질량} \times \text{가속도} = \text{힘}$$

을 나타낸다. 당연히 밀도는 단순히 단위부피당 질량이고, 유체 요소의 (라그랑지언) 가속도는 $\mathrm{D}\boldsymbol{u}/\mathrm{D}t \equiv (\partial/\partial t + \boldsymbol{u} \cdot \nabla)\boldsymbol{u}$이다. 따라서 다음 **운동량 방정식**

$$\rho\left(\frac{\partial \boldsymbol{u}}{\partial t} + (\boldsymbol{u} \cdot \nabla)\boldsymbol{u}\right) = -\nabla p + \mu \nabla^2 \boldsymbol{u} + \boldsymbol{f}$$

의 위와 같은 좌변의 형태는 놀랍지 않다. 우변은 유체 요소에 작용할 수 있는 힘들을 나타내는 세 항을 포함한다. $-\nabla p$ 항은 국소적 유압 $p(\boldsymbol{x}, t)$의 (마이너스) 그래디언트를 나타낸다. 두 번째 항 $\mu \nabla^2 \boldsymbol{u}$는 **점성**(viscosity) $\mu(> 0)$와 연관된 알짜힘(즉 내부 마찰)을 나타낸다. 세 번째 항 $\boldsymbol{f}(\boldsymbol{x}, t)$는 유체에 작용하는 단위질량당 임의의 외부힘을 나타낸다. 이

런 종류의 가장 흔한 힘은 중력 $\boldsymbol{g}$와 연관된 것으로, 즉 $\boldsymbol{f} = \rho\boldsymbol{g}$이다. 이것이 유일한 가능성은 결코 아니다. 예를 들어 전기 전도 유체에서 전류밀도 $\boldsymbol{j}$가 자기장 $\boldsymbol{B}$를 가로질러 흐르면, 단위질량당 힘은 벡터곱 $\boldsymbol{f} = \boldsymbol{j} \times \boldsymbol{B}$로 주어지는 로런츠 힘(Lorentz force)이다.

압력분포 $p(\boldsymbol{x}, t)$를 결정하기 위해서는 추가적인 방정식이 필요한 것처럼 보일지도 모른다. 하지만 그 방정식은 이미 위에 포함되는데, 운동량 방정식에 발산을 취하면 p에 대한 푸아송 방정식(Poisson equation)을 얻게 된다. 가장 단순한 경우인 상수밀도 ρ_0의 비압축성 유동에서는 이 푸아송 방정식이

$$\nabla^2 p = -\rho_0 \nabla \cdot (\boldsymbol{u} \cdot \nabla)\boldsymbol{u} = -\rho_0 \frac{\partial u_i}{\partial x_j}\frac{\partial u_j}{\partial x_i}$$

의 형태를 취하며, 여기에 접미사 표기법과 합 규약이 사용되었다(그리고 비압축성으로부터 $\partial u_i/\partial x_i = 0$이다).

비점성 극한($\mu = 0$)에 대해 위 방정식들은 1758년 오일러가 유도하였으며, 그것들은 (비압축성) 오일러 방정식[III.11]이라 부른다. 점성방정식($\mu > 0$일 때)은 클로드루이 나비에(Claude-Louis Navier)와 조지 가브리엘 스토크스(George Gabriel Stokes)의 이름을 따 명명되었는데, 나비에는 1822년에 특정한 '원자' 모형을 가정해 내부 마찰을 고려함으로써 그들을 얻었고, 스토크스는 1845년에 오늘날에도 여전히 주로 사용되는 더 일반적인 연속체 방식을 발전시켰다. 나비에-스토크스 방정식의 완전한 유도는 배첼러(Batchelor)의 『유체역학 개론(*An Introduction to Fluid Dynamics*)』에서 찾을 수 있다.

더 읽을거리

Batchelor, G. K. 1967. *An Introduction to Fluid Dynamics*. Cambridge: Cambridge University Press.

III.24 팽르베 방정식

피터 클락슨 *Peter A. Clarkson*

다음 6개의 비선형 2계 상미분방정식을 팽르베 방정식(Painlevé equation)이라 부른다.

$$\begin{aligned}
w'' &= 6w^2 + z,\\
w'' &= 2w^3 + zw + \alpha,\\
w'' &= \frac{(w')^2}{w} - \frac{w'}{z} + \frac{\alpha w^2 + \beta}{z} + \gamma w^3 + \frac{\delta}{w},\\
w'' &= \frac{(w')^2}{2w} + \frac{3}{2}w^3 + 4zw^2 + 2(z^2 - \alpha)w + \frac{\beta}{w},\\
w'' &= \left(\frac{1}{2w} + \frac{1}{w-1}\right)(w')^2 - \frac{w'}{z}\\
&\quad + \frac{(w-1)^2}{z^2}\left(\alpha w + \frac{\beta}{w}\right) + \frac{\gamma w}{z} + \frac{\delta w(w+1)}{w-1},\\
w'' &= \frac{1}{2}\left(\frac{1}{w} + \frac{1}{w-1} + \frac{1}{w-z}\right)(w')^2\\
&\quad - \left(\frac{1}{z} + \frac{1}{z-1} + \frac{1}{w-z}\right)w'\\
&\quad + \frac{w(w-1)(w-z)}{z^2(z-1)^2}\\
&\quad \times \left\{\alpha + \frac{\beta z}{w^2} + \frac{\gamma(z-1)}{(w-1)^2} + \frac{\delta z(z-1)}{(w-z)^2}\right\}
\end{aligned}$$

여기서 $w = w(z)$이며 프라임은 z에 대한 미분을 나타내고 $\alpha, \beta, \gamma, \delta$는 임의의 상수이다. 이 방정식들은 문헌에서 흔히 P_{I}-P_{VI}로 지칭되며, 여기서도 그 관습을 따를 것이다.

이 방정식은 100년 전에 팽르베와 갬비어(Gambier) 그리고 그들의 동료들이 다음 형태의 2계 상미분방

정식을 연구하던 중 발견했다.

$$w'' = F(z; w, w') \tag{1}$$

여기서 F는 w'과 w에 대한 유리함수이고 z에 대해 국소적으로 해석적이다. 일반적으로 해의 특이점들은 이동가능한데, 그들의 위치가 초기 혹은 경계조건과 연관된 적분상수에 의존한다는 의미이다. 방정식의 모든 해가 이동가능한 분지점(branch point)으로부터 자유롭다면, 즉 그것의 아무런 해에 대한 다가 특이점(multivalued singularity)의 위치가 선택한 특수해에 의존하지 않으며 오직 방정식에만 의존한다면, 그 방정식은 **팽르베 성질**을 갖는다고 말한다. 해는 이동가능한 극점(pole)을 갖거나 이동가능한 고립된 본질적 특이점(essential singularity)을 가질 수 있다.

팽르베 등은 뫼비우스(Möbius) 변환(쌍선형 유리(bilinear rational)변환)을 통해 같은 것들을 제외하면, (1) 형태를 가진 50개의 표준방정식이 있다는 것을 증명했다. 그 50개의 방정식들 중 44개는 선형방정식으로 변형되거나 타원함수(elliptic function)를 사용해 풀 수 있고, 나머지는 새로운 초월함수(transcendental function)를 정의하는 앞선 6개의 비선형 상미분방정식 중 하나로 변형할 수 있다.

처음에 수학적 연구의 결과로서 발견되기는 했지만, 팽르베 방정식은 여러 응용에서 등장한다. 이를테면 통계역학(XY 모형과 이징 모형의 상관함수(correlation function)), 무작위 행렬이론(random-matrix theory), 위상장론(topological field theory), 플라스마 물리학(plasma physics), 비선형파동(얕은 물에서의 공명진동(resonant oscillation), 점성소실(viscous dissipation)이 있는 대류유동, 경계층에서의 괴틀러 소용돌이(Görtler vortex), 헬레-쇼(Hele-Shaw) 문제), 양자중력, 양자장론, 일반상대론, 비선형 섬유광학(fiber optics), 고분자 전해질(polyelectrolyte), 보스-아인슈타인 응축(Bose-Einstein condensation), 라만 산란(Raman scattering)의 모의실험을 포함한다. 역산란(inverse scattering)으로 풀 수 있는 팽르베 방정식은 또한 코르테베흐-더프리스(Korteweg-de Vries)와 비선형 슈뢰딩거 방정식(Schrödinger equations) 같은 고립자 방정식(soliton equation)의 대칭 축소(symmetry reduction)에서도 등장한다.

팽르베 방정식은 고전적인 특수함수의 비선형 유사로 간주할 수 있다. 그들은 아래에서 일부 요약한 수많은 흥미로운 성질을 가진다.

(1) 매개변수 $\alpha, \beta, \gamma, \delta$의 어떤 값이든 P_{I}-P_{VI}의 일반해는 **초월적**(transcendental)이며, 즉 초등함수들의 닫힌 형태로 표현할 수 없다.

(2) 모든 팽르베 방정식은 **등모노드로미 문제**(isomonodromy problem) 혹은 **럭스 쌍**(Lax pair)이라는 선형계의 양립조건으로 표현할 수 있다. Ψ가 벡터, A와 B가 행렬, λ가 z에 독립인 선형계

$$\frac{\partial \Psi}{\partial \lambda} = A(z;\lambda)\Psi, \qquad \frac{\partial \Psi}{\partial z} = B(z;\lambda)\Psi$$

를 생각하자. 그렇다면 방정식

$$\frac{\partial^2 \Psi}{\partial z \partial \lambda} = \frac{\partial^2 \Psi}{\partial \lambda \partial z}$$

는 다음 **양립조건**이 성립할 때 만족한다.

$$\frac{\partial A}{\partial z} - \frac{\partial B}{\partial \lambda} + AB - BA = 0$$

(3) 각각의 팽르베 방정식은 적당한 (비자율적(non-autonomous)) 해밀토니언(Hamiltonian) 함수 $\mathcal{H}_J(q, p, z)$, J = I, II, ⋯, VI에 대해, 해밀턴 계

$$q' = \frac{\partial \mathcal{H}_J}{\partial p}, \qquad p' = -\frac{\partial \mathcal{H}_J}{\partial q}$$

로 쓸 수 있다. 게다가 함수 $\sigma = \mathcal{H}_J(q, p, z)$는 2계 2차방정식을 만족한다. 예를 들어 P_I에 대한 해밀토니언은

$$\mathcal{H}_I(q, p, z) = \tfrac{1}{2}p^2 - 2q^3 - zq$$

이고 따라서

$$q' = p, \qquad p' = 6q^2 + z$$

이며 함수 $\sigma = \mathcal{H}_I(q, p, z)$는

$$(\sigma'')^2 + 4(\sigma')^3 + 2z\sigma' - 2\sigma = 0$$

을 만족한다.

(4) 방정식 P_{II}-P_{VI}는 **벡룬드 변환**(Bäcklund transformation)을 가지는데, 이 변환은 같은 방정식이나 또 다른 방정식의 서로 다른 매개변수 값에 대한 해들을 연결해 준다. 예를 들어 $w = w(z; \alpha)$가 P_{II}의 한 해라면, $\alpha \neq \mp\frac{1}{2}$인 경우에

$$w(z; \alpha \pm 1) = -w - \frac{2\alpha \pm 1}{2w^2 \pm 2w' + z}$$

역시 P_{II}의 해가 된다.

(5) 매개변수의 특정한 값에 대해, P_{II}-P_{VI}는 유리해, 대수적 해, 고전적인 특수함수로 표현 가능한 해를 가진다(P_{II}는 에어리 함수(Airy function), P_{III}는 베셀 함수(Bessel function), P_{IV}는 포물형 원통함수(parabolic cylinder function), P_V는 합류 초기하함수(confluent hypergeometric function), P_{VI}는 초기하함수). '고전적인 해'로도 알려진 이 해들은 보통 행렬식(determinant)의 형태로 표현된다. 한 예로, P_{II}는 $\alpha = n \in \mathbb{Z}$일 때 유리해를 갖고, $\alpha = n + \frac{1}{2}, n \in \mathbb{Z}$일 때 에어리 함수로 표현할 수 있는 해를 갖는다.

(6) 해들의 점근적 행동은 복소평면의 서로 다른 영역에서 $|z| \to \infty$일 때 해의 점근행동들을 연결해 주는 **접속 공식**(connection formula)과 함께 팽르베 방정식의 응용에서 중요한 역할을 한다.

(7) 팽르베 방정식은 합쳐지는 종속 관계(cascade)를 갖는데, P_I-P_V를 종속 관계

$$\begin{array}{ccccc} P_{VI} & \longrightarrow & P_V & \longrightarrow & P_{IV} \\ & & \downarrow & & \downarrow \\ & & P_{III} & \longrightarrow & P_{II} & \longrightarrow & P_I \end{array}$$

에 의해 P_{VI}로부터 얻을 수 있다. 예를 들어, P_{II}에서 변환

$$w(z; \alpha) = \varepsilon u(\zeta) + \varepsilon^{-5},$$
$$z = \varepsilon^2 \zeta - 6\varepsilon^{-10}, \qquad \alpha = 4\varepsilon^{-15}$$

을 적용하면

$$\frac{\mathrm{d}^2 u}{\mathrm{d}\zeta^2} = 6u^2 + \zeta + \varepsilon^6(2u^3 + \zeta u)$$

가 된다. 결국 $\varepsilon \to 0$인 극한에서 $u(\zeta)$가 P_I을 만족한다.

더 읽을거리

Clarkson, P. A. 2006. Painlevé equations-nonlinear special functions. In *Orthogonal Polynomials and Special Functions: Computation and Application*, edited by P. Marcellàn and W. van Assche. Lecture Notes in Mathematics, volume 1883, pp. 331-411. Berlin: Springer.

———. 2010. Painlevé transcendents. In *NIST Handbook of Mathematical Functions*, edited by F. W. J. Olver, D. W. Lozier, R. F. Boisvert, and C. W. Clark, pp. 723-40. Cambridge: Cambridge University Press.

Fokas, A. S., A. R. Its, A. A. Kapaev, and Y. Yu. Novokshenov. 2006. *Painlevé Transcendents: The Riemann-Hilbert Approach*. Mathematical Surveys and Monographs, volume 128. Providence, RI: American Mathematical Society.

Gromak, V. I., I. Laine, and S. Shimomura. 2002. *Painlevé Differential Equations in the Complex Plane*. Studies in Mathematics, volume 28. Berlin: Walter de Gruyter.

III.25 리카티 방정식

앨런 라웁 *Alan J. Laub*

1 역사

리카티 방정식(Riccati equation)이라는 이름은 미지수 X가 2차로 등장하는 것으로 특징지을 수 있는 넓은 범위의 대수적 방정식과 미분(혹은 차분)방정식에 붙는다. 이는 이탈리아 수학자 야코포 프란체스코 리카티 백작(Count Jacopo Francesco Riccati, 1676-1754)의 이름에서 따왔다. 리카티의 원래 글에서 변수 X는 스칼라였지만, 현대 응용에서 X는 대개 행렬이며 여기에서도 그런 경우로 초점을 맞출 것이다.

2 대수적 리카티 방정식

대수적 리카티 방정식(algebraic Riccati equation, ARE)의 가장 단순한 형태는 이른바 제어의 연속 시간 선형 이론에서 등장한다. 선형 상미분방정식

$$\frac{\mathrm{d}}{\mathrm{d}t}x(t) = Ax(t) + Bu(t)$$

가 (초기조건과 함께) 주어졌다고 가정하자. 여기서 $A \in \mathbb{R}^{n\times n}, B \in \mathbb{R}^{n\times m}(n \geq m)$이며 행렬의 쌍 (A, B)는 제어가능(controllable)한데, 이는 $\Lambda(A)$가 A의 스펙트럼(spectrum)을 나타낼 때 모든 $\lambda \in \Lambda(A)$에 대해 $\mathrm{rank}(A - \lambda I, B) = n$이라는 의미이다. 추가적으로 오직 **상태변수**(state variable) x의 부분집합만이 측정 가능하고, $C \in \mathbb{R}^{q\times n}$ $(q \leq n)$일 때 이른바 출력(output)은 $y = Cx$이며, 행렬의 쌍 (C, A)는 관측가능(observable)하다고, 즉 모든 $\lambda \in \Lambda(A)$에 대해 $\mathrm{rank}(A - \lambda I, C) = n$이라고 가정하자. 제어 $u(t)$는 2차범함수

$$\int_0^{\infty} (y^{\mathrm{T}}Qy + u^{\mathrm{T}}Ru)\,\mathrm{d}t$$

를 최소화하도록 선택된다. 이때 Q와 R은 각각 대칭 양의 준정부호(symmetric positive-semidefinite), 대

칭 양의 정부호(symmetric positive-definite)인 주어진 가중 행렬이다. 최적의 $u(t)$는 $u(t) = -R^{-1}B^{\mathrm{T}}Xx(t)$로 주어진다는 것이 밝혀졌는데, 여기서 대칭 양의 정부호 행렬 X는 ARE

$$A^{\mathrm{T}}X + XA - XBR^{-1}B^{\mathrm{T}}X + C^{\mathrm{T}}QC = 0 \quad (1)$$

의 해이다. 닫힌 루프(closed-loop) 행렬 $A - BR^{-1}B^{\mathrm{T}}X$(위의 피드백 제어 $u(t)$를 미분방정식에 치환함으로써 얻은)는 점근적으로 안정적이다. 다시 말해, 고윳값들은 열린 좌반평면(open left half-plane) 안에 놓인다.

선형-2차 문제에서 만든 가정들은, 그 문제와 연관된 이른바 $2n \times 2n$ 시스템 행렬(system matrix)

$$H = \begin{bmatrix} A & -BR^{-1}B^{\mathrm{T}} \\ -C^{\mathrm{T}}QC & -A^{\mathrm{T}} \end{bmatrix}$$

이 순허수 고윳값을 가지지 않는다는 것을 보장하는 데 충분하다. 시스템 행렬 H, 그것의 불변 부분공간(invariant subspace), ARE의 해 X의 관련성에는 기나긴 역사가 있다.

행렬 H가 해밀턴(Hamiltonian) 행렬, 즉 $J = \left[\begin{smallmatrix} 0 & I_n \\ -I_n & 0 \end{smallmatrix}\right]$일 때 JA가 대칭이라는 것을 증명하는 것은 쉽다. 해밀턴 구조는 λ가 H의 고윳값이라면 $-\lambda$ 역시 같은 중복도를 갖는 고윳값이라는 결과를 가져온다. 따라서 선형-2차 가정에서, H는 정확히 열린 좌반평면에서 n개의 고윳값, 열린 우반평면에서 n개의 고윳값을 가진다. 그러므로 $n \times n$ 블록 U_{ij}(U_{11}이 비특이적(nonsingular)인)를 갖는 어떤 직교행렬(orthogonal matrix) $U \in \mathbb{R}^{2n \times 2n}$이 존재하여, H를 위 준삼각(upper quasi-triangular) 실 슈어 형식[IV.10 §5.5]

$$U^{\mathrm{T}}HU = \begin{bmatrix} S_{11} & S_{12} \\ 0 & S_{22} \end{bmatrix}$$

로 변환해 준다. 여기서 $\Lambda(S_{11})$은 열린 좌반평면에 포함된다. $X = U_{21}U_{11}^{-1}$으로 놓으면, (적당한 양의 행렬 계산 이후에) X가 (1)을 만족하며 대칭 양의 정부호이고, $\Lambda(A - BR^{-1}B^{\mathrm{T}}X) = \Lambda(S_{11})$이기 때문에 닫힌 루프 고윳값들이 점근적으로 안정적임을 증명할 수 있다. $\left[\begin{smallmatrix} U_{11} \\ U_{21} \end{smallmatrix}\right]$의 n행들이 안정한 불변 부분공간(S_{11}의 안정한 좌반평면 고윳값들에 대응하는)의 기저(basis)를 이루는 H의 슈어 벡터임에 주목하자. 고윳값들의 다른 순서매김은 ARE의 다른 해(심지어 비대칭적인)를 만들어낸다. 해 X의 대칭성을 명시적으로 보여 주는, U_{11}의 특잇값분해[II.32]로 표현하는 다른 결과들도 있다.

상술한 것은 선형-2차 문제의 가장 단순한 경우를 설명한다. 가정의 많은 부분이 상당히 약화될 수 있다. 한 예로, 제어가능성은 안정화 가능성(stabilizability)으로 약화될 수 있으며 관측가능성은 발견가능성(detectability)로 약화될 수 있다. 이 경우 X는 여전히 대칭이고 안정적이지만, 단지 양의 준정부호일 수 있다.

$2n \times 2n$ 해밀턴 행렬 H와 ARE 사이의 연결성은 100년도 더 전에 알려져 있었다. 고유벡터가 아닌, 슈어 벡터를 안정 불변 부분공간의 기저로 사용한 것은 수치해의 신뢰성에 결정적이다. 이는 (그리고 연관된 주제는) 비옥한 연구의 대상이었다. 놀랍게도, 슈어 방법은 1970년대 후반이 되어서야 출판되었고, 그 후로 슈어 벡터에 기반을 둔 방법들이 시스템 이론, 제어, 그 너머의 무수한 다른 응용에서 발견되었다.

이산 시간 문제에서, 미분방정식은 차분방정식(초기조건과 함께)

$$x_{k+1} = Ax_k + Bu_k$$

로 대체되며, 여기서 $A \in \mathbb{R}^{n \times n}$, $B \in \mathbb{R}^{n \times m}$이다. 이전과 같이 $y_k = Cx_k$이지만, 편의상 $C = I$인 경우만을 고려하기로 하자. 적분 성능 제약은 적절한 합으로 대체할 수 있으며, 결과적으로 이산 시간 ARE(의 한 형태)는

$$A^{\mathrm{T}}XA - X - A^{\mathrm{T}}XB(R + B^{\mathrm{T}}XB)^{-1}B^{\mathrm{T}}XA + Q = 0$$

으로 주어진다. 이때 닫힌 루프 행렬 $A - B(R + B^{\mathrm{T}}XB)^{-1}B^{\mathrm{T}}XA$는 점근적으로 안정적이다(이제 그것의 고윳값들이 복소평면의 단위원 안에 놓인다는 의미가 된다). A가 비특이적이라는 가정하에, $2n \times 2n$ 해밀턴 행렬 H의 역할을 여기에서는 $2n \times 2n$ 행렬

$$S = \begin{bmatrix} A + BR^{-1}B^{\mathrm{T}}A^{-\mathrm{T}}Q & -BR^{-1}B^{\mathrm{T}}A^{-\mathrm{T}} \\ -A^{-\mathrm{T}}Q & A^{-\mathrm{T}} \end{bmatrix}$$

이 행하게 된다. 이 행렬은 심플렉틱(symplectic), 즉 $S^{\mathrm{T}}JS = J$이다. 심플렉틱 행렬 S는 그 고윳값에 대해 $\lambda \leftrightarrow 1/\lambda$ 대칭성을 가지며, 적절한 가정이 단위원 위에 고윳값이 존재하지 않음을 보장해 준다. A가 특이행렬이라면 $2n \times 2n$ 심플렉틱 다발(symplectic pencil)

$$\begin{bmatrix} A & 0 \\ -Q & I \end{bmatrix} - \lambda \begin{bmatrix} I & BR^{-1}B^{\mathrm{T}} \\ 0 & A^{\mathrm{T}} \end{bmatrix}$$

을 이용하는 것이 훨씬 낫다는 것이 밝혀졌고, 이는 대응하는 일반적인 고유문제(eigenproblem)의 슈어 벡터에 기반을 둔 수많은 새로운 방법을 제공한다. 이때에는 행렬 다발(matrix pencil)의 일반화인 수축 부분공간(deflating subspace)이 불변 부분공간의 역할을 하게 되지만, 방법의 본질은 변하지 않는다.

3 ARE의 확장

선형-2차 문제와 리카티 방정식의 많은 확장이 있다. 가령

- R 행렬이 특이적(singular)인 경우까지 포함한 확장된(즉 $(2n+m) \times (2n+m)$) 다발.
- 교차-성능(cross-performance) 항이 적분(혹은 이산 시간에서의 합)에 있는 형태.
- 시스템 제약(미분방정식이나 차분방정식)이 행렬 E(특이적이거나 아닐 수도 있는)가 좌변에 곱해진, 이른바 서술자(descriptor) 형식으로 주어지는 형태.
- 리카티 방정식이지만 계수행렬에 다른 가정들이 붙은, 이른바 H_∞ 문제와 연관된 형태.
- 행렬에 특정한 구조가 주어져 해의 다른 특징(성분별로 음이 아닌 것과 같은)을 만들어 내는 ARE.

등이 있다. 다른 많은 해 기법들이 개발되었는데, 다음을 포함한다.

- 행렬에 내재된 해밀턴이나 심플렉틱 성질을 보존하려고 하는 구조적인 방법.
- 적절한 불변 부분공간과의 연관성을 활용하는 **행렬 부호함수**[II.14]에 기반을 둔 방법.

- 뉴턴의 방법[II.28]과 같이 반복적인 방식인데, 각 단계에서 훨씬 더 간단한 랴푸노프[III.28] (혹은 실베스터) 방정식을 차례로 푸는 것과 관련된 방법.
- 또 다른 반복법의 거대한 범주를 이루는 2배화 방법(doubling method).

4 리카티 미분방정식

ARE는 연관된 리카티 미분방정식의 정상점(stationary point)으로 간주할 수 있다. 상술한 대수적 방정식에 대해서 그 미분방정식은

$$\frac{\mathrm{d}}{\mathrm{d}t}X(t) = F(X(t))$$

형태(초기조건과 함께)를 취한다. 여기서 $F(X(t))$는 ARE (1)의 좌변 형태를 가지며 각각의 계수행렬도 또한 시간에 따라 변할 수 있다. 대칭성은 이른바 비대칭 방정식 형태

$$\frac{\mathrm{d}}{\mathrm{d}t}X(t) = A_1 + A_2X(t) + X(t)A_3 - X(t)A_4X(t)$$

를 연구할 수 있다는 점에서 필수적인 것은 아닌데, 이때 $X(t) \in \mathbb{R}^{m\times n}$과 계수행렬 A_i는 일반적이다. 어느 경우에나, 2차형식(quadratic form) 속 미지행렬의 특성적 모양이 리카티 유형의 방정식을 정의하는 성질이다. 당연히 이러한 비대칭 방정식의 대수적 형태도 존재한다.

더 읽을거리

Bini, D. A., B. Iannazzo, and B. Meini. 2012. *Numerical Solution of Algebraic Riccati Equations*. Philadelphia, PA : SIAM.

Bittanti, S., A. J. Laub, and J. C. Willems, eds. 1991. *The Riccati Equation*. Berlin : Springer.

Lancaster, P., and L. Rodman. 1995. *Algebraic Riccati Equations*. Oxford : Oxford University Press.

Laub, A. J. 1979. A Schur method for solving algebraic Riccati equations. *IEEE Transactions on Automatic Control* 24(6) : 913–21.

III.26 슈뢰딩거 방정식

가장 일반적인 형태에서, 슈뢰딩거 방정식(Schrödinger's equation)은 시간 t에 따른 힐베르트 공간[I.2 §19.4] 안 벡터 (보통 ket이라 부르는) $|\Psi\rangle$의 양자역학적 변화를 설명한다. 그것은 해밀턴 연산자(Hamiltonian operator)라 부르는 자기수반 연산자(self-adjoint operator) $\hat{H}$에 따라

$$\mathrm{i}\hbar\,\frac{\partial}{\partial t}|\Psi\rangle = \hat{H}|\Psi\rangle \tag{1}$$

로 주어지는데, 여기서 i는 허수단위이고 $\hbar$는 플랑크 상수(Planck's constant) 또는 작용양자(quantum of action)로 알려진 상수이다. SI 단위계에서 $\hbar \approx 1.05\times10^{-34}\mathrm{J\,s}$이다.

$|\Psi\rangle$는 시간에 의존하는 양자계의 전체 상태를 나타내며 $\hat{H}$는 계의 에너지를 결정한다. 만약 $|E\rangle$가 에너지 고윳값 E에 대한 $\hat{H}$의 고유벡터일 때 $|\Psi\rangle = \mathrm{e}^{-\mathrm{i}Et/\hbar}|E\rangle$이고, $\hat{H}$가 t에 독립적이라면 (1)은 시간 독

립 형태인 $\hat{H}|E\rangle = E|E\rangle$로 쓸 수 있다.

양자계가 질량이 m인 단일입자로 이루어졌다면 (양자스핀과 전자기적 상호작용의 효과는 무시한다), 시간 t와 유클리드 위치 공간에서의 위치 $\boldsymbol{r}$에 대한 제곱 적분가능(square-integrable) 복소숫값 함수들의 공간으로 힐베르트 공간을 선택할 수 있고, 이때 양자상태는 **파동함수**(wave function) $\Psi(\boldsymbol{r}, t)$로 묘사할 수 있다. 만약 입자가 퍼텐셜 $V(\boldsymbol{r}, t)$의 영향을 받는다면, 슈뢰딩거의 방정식은 편미분방정식

$$\mathrm{i}\hbar \frac{\partial}{\partial t}\Psi(\boldsymbol{r}, t) = -\frac{1}{2m}\nabla^2\Psi(\boldsymbol{r}, t) + V(\boldsymbol{r}, t)\,\Psi(\boldsymbol{r}, t)$$

의 형태를 취하며, 이때 ∇^2은 **라플라스 연산자**[III.18]를 나타낸다. **비선형 슈뢰딩거 방정식**에서는 퍼텐셜이 파동함수 크기의 제곱에 비례하여, 양수이거나 음수인 어떤 상수 κ에 대해 $V = \kappa|\Psi|^2$이다.

슈뢰딩거 방정식의 변화를 연구하는 것은 **양자역학**[IV.23]의 주제이며, **고전역학**[IV.19]에 대한 해밀턴의 접근법을 통해 자연스럽게 등장한다.

III.27 얕은 물방정식

마틴 *P. A. Martin*

이름에서 알 수 있듯 얕은 물방정식(shallow-water equation)은 층을 이루는 액체의 운동을 고려할 때 적절한 방정식이다. 주된 응용은 해파를 다루므로, 그에 따른 용어를 사용할 것이다. 이에 따라 층의 바닥을 해저 $z = -b(x, y)$로 잡는데, 여기서 $b(x, y)$는 주어진 양수이며 x, y, z는 데카르트 좌표이고 z는 위를 향한다. 층의 윗면은 움직이는 자유곡면이며 t가 시간일 때 $z = \eta(x, y, t)$이다. 물의 총 깊이는 $h(x, y, t) = b(x, y) + \eta(x, y, t)$이다. 물은 비압축성(incompressible, 상수 밀도 ρ를 갖는)이고 비점성(inviscid, 점성효과가 무시되는)이라 가정한다. 따라서 물에서의 현상을 지배하는 편미분방정식은 **오일러 방정식**[III.11]

$$\frac{\partial \boldsymbol{u}}{\partial t} + (\boldsymbol{u}\cdot\nabla)\boldsymbol{u} + \frac{1}{\rho}\nabla p = -g\hat{z} \qquad (1)$$

와 연속방정식(continuity equation) $\nabla\cdot\boldsymbol{u} = 0$이다. 여기서 $\boldsymbol{u} = (u, v, w)$는 유속, p는 압력, g는 중력에 의한 가속도, $\hat{z}$는 z-방향 단위벡터이다. 추가적으로, 자유곡면과 바닥에서의 경계조건이 있다. 그것들은

$$z = \eta\text{일 때}\quad p = 0,\quad \frac{\partial \eta}{\partial t} + u\frac{\partial \eta}{\partial x} + v\frac{\partial \eta}{\partial y} = w$$

와

$$z = -b\text{일 때}\quad u\frac{\partial b}{\partial x} + v\frac{\partial b}{\partial y} + w = 0$$

이다.

$\nabla\cdot\boldsymbol{u} = 0$을 z에 대해 적분함으로써

$$\frac{\partial \eta}{\partial t} + \frac{\partial}{\partial x}\int_{-b}^{\eta} u\,\mathrm{d}z + \frac{\partial}{\partial y}\int_{-b}^{\eta} v\,\mathrm{d}z = 0 \qquad (2)$$

을 얻는데, 이때 $z = \eta$와 $z = -b$에서의 경계조건을 사용하였다.

이제까지는 아무런 근사를 사용하지 않았다. 이제부터 생성되는 파도는 물의 깊이보다 훨씬 더 길다고 가정할 것이다. 이것이 '얕은 물'이라는 용어가 암시하는 바이다. 이에 따라 (1)의 z-성분 속 수직가속도 항($\boldsymbol{u}$와 연관된)을 무시할 수 있기 때문에, z에 대해 적분한 뒤 $p(x, y, z, t) = \rho g\{\eta(x, y, t) - z\}$를 얻

는다.

마지막으로, 유속은 수평적이며 깊이에 따라 변하지 않는다는 가정까지 추가하여 $\boldsymbol{u} = (u(x, y, t), v(x, y, t), 0)$이라 하자. 그 후 (2)와 함께 (1)의 수평 성분을 사용하면 얕은 물방정식

$$\frac{\partial u}{\partial t} + u\frac{\partial u}{\partial x} + v\frac{\partial u}{\partial y} + g\frac{\partial \eta}{\partial x} = 0,$$
$$\frac{\partial v}{\partial t} + u\frac{\partial v}{\partial x} + v\frac{\partial v}{\partial y} + g\frac{\partial \eta}{\partial y} = 0,$$
$$\frac{\partial \eta}{\partial t} + \frac{\partial}{\partial x}(hu) + \frac{\partial}{\partial y}(hv) = 0$$

을 얻는다. 이것은 비선형 쌍곡형(hyperbolic) PDE의 계이다. 이 방정식은 다른 방식으로도 적을 수 있다. 예컨대, 이것이 쓰나미 모형[V.19 §2]에 관한 글에서 어떻게 표현되었는지 보라.

움직임이 작다면 얕은 물방정식의 선형화된 형태를 유도할 수도 있다. 그 결과는 $\eta(x, y, t)$에 대한 2차원 파동방정식[III.31]

$$\frac{\partial^2 \eta}{\partial t^2} = \frac{\partial}{\partial x}\left(gb\frac{\partial \eta}{\partial x}\right) + \frac{\partial}{\partial y}\left(gb\frac{\partial \eta}{\partial y}\right)$$

로 주어진다.

기본 비선형 얕은 물방정식은 다른 효과를 포함하도록 확장할 수 있다. 예를 들어 전역적 현상을 모형화하고 싶다면 지구의 자전을 고려해야만 한다.

더 읽을거리

Vallis, G. K. 2006. *Atmospheric and Oceanic Fluid Dynamics*. Cambridge: Cambridge University Press.

III.28 실베스터와 랴푸노프 방정식

니콜라스 하이엄 *Nicholas J. Higham*

(이를 1884년에 소개한 제임스 조지프 실베스터(James Joseph Sylvester)의 이름을 딴) 실베스터 방정식(Sylvester equation)은 선형 행렬방정식

$$AX + XB = C$$

이다. 여기서 $A \in \mathbb{C}^{m\times m}$, $B \in \mathbb{C}^{n\times n}$, $C \in \mathbb{C}^{m\times n}$은 주어진 행렬이며 $X \in \mathbb{C}^{m\times n}$은 결정되어야 한다. 이것은 A와 $-B$가 동일한 고윳값을 공유하지 않는다는 가정하에 유일한 해를 가진다. 한 가지 흥미로운 성질은, 만약 적분 $\int_0^\infty e^{At}Ce^{Bt}$이 존재하면 그 적분의 마이너스가 실베스터 방정식의 해가 된다는 것이다. 또 하나의 성질은 실베스터 방정식이 해를 갖는 것이 블록 위삼각 행렬 $\left[\begin{smallmatrix} A & C \\ 0 & -B \end{smallmatrix}\right]$를 닮음변환을 통해 블록-대각 형태 $\left[\begin{smallmatrix} A & 0 \\ 0 & -B \end{smallmatrix}\right]$로 바꿀 수 있는 필요충분조건이라는 것이다.

실베스터 방정식은 X 양쪽으로 계수행렬을 포함시키고 항의 개수를 늘림으로써 일반화할 수 있다.

$$\sum_{i=1}^{k} A_i X B_i = C, \qquad A_i \in \mathbb{C}^{m\times m}, \quad B_i \in \mathbb{C}^{n\times n}$$

$m = n$이면 항의 개수 $k = 2$일 때 $O(n^3)$ 연산 안에 연립식을 풀 수 있는 수치적 방법이 알려져 있지만, $k > 2$일 때 알려진 가장 좋은 방법은 $O(n^6)$ 연산을 요구한다. 최근의 많은 연구는 계수행렬이 크고, 희소하고(sparse), 혹여 고도로 구조적인 응용에 대해, 계산량이 적은 근사를 구하는 것에 초점을 맞추고 있으며, 몇몇 경우에 가능한 좋은 낮은 계수(low-rank) 근사와 함께 반복법을 사용한다.

랴푸노프 방정식(Lyapunov equation)은 $B = A^* \in \mathbb{C}^{n\times n}$일 때 실베스터 방정식의 특수한 경우로서

$$AX + XA^* = C$$

이다. 이것은 제어와 시스템 이론에서 흔히 등장한다. 보통 C는 에르미트(Hermitian) 행렬이고 이때 방정식이 유일한 해를 갖는다면 해 X는 에르미트이며, 이 경우 A의 모든 고윳값 λ_i와 λ_j에 대해 $\lambda_i + \bar{\lambda}_j \neq 0$이다.

고전적인 정리에 의하면, 아무렇게나 주어진 에르미트 양의 정부호 행렬 C에 대해 항상 랴푸노프 방정식이 유일한 에르미트 음의 정부호 해를 가질 필요충분조건은 A의 모든 고윳값이 열린 좌반평면에 놓이는 것이다. 이 조건은 선형연립미분방정식 $\dot{x}(t) = Ax(t)$의 점근적 안정성(asymptotic stability)과 동치인데, 이에 상응하여 랴푸노프 방정식은 또한 **연속 시간 랴푸노프 방정식**이라고도 부른다.

이산 시간 랴푸노프 방정식(또한 **슈타인 방정식**(Stein equation)으로도 알려진)은

$$X - A^*XA = C$$

이다. 아무렇게나 주어진 에르미트 양의 정부호 행렬 C에 대해 항상 유일한 에르미트 양의 정부호 해 X가 존재할 필요충분조건은 A의 모든 고윳값이 단위원 안에 놓이는 것이며, 이 조건은 이산계 $x_{k+1} = Ax_k$의 점근적 안정성과 동치이다.

실베스터와 랴푸노프 방정식은 모두 **대수적 리카티 방정식**[III.25]을 풀기 위해 뉴턴의 방법을 사용할 때 등장한다.

더 읽을거리

Bhatia, R., and P. Rosenthal. 1997. How and why to solve the operator equation $AX - XB = Y$. *Bulletin of the London Mathematical Society* 29:1-21.

Higham, N. J. 2014. Sylvester's influence on applied mathematics. *Mathematics Today* 50(4):202-6.

Lancaster, P., and M. Tismenetsky. 1985. *The Theory of Matrices*, 2nd edn. London: Academic Press.

III.29 박막방정식

앤드루 버노프 *Andrew J. Bernoff*

박막방정식(thin-film equation, TFE)

$$\frac{\partial h}{\partial t} = -\frac{\partial}{\partial x}\left(Q(h)\frac{\partial^3 h}{\partial x^3}\right)$$

는 강한 표면장력이 있을 때 얇은 점성막의 유동을 설명하는 비선형 4계 편미분방정식이다. 이 방정식은 얇은 유체막의 다루기 쉬운 모형이며 동시에 편미분방정식 연구의 도전에 관한 패러다임으로서 최근 20년 동안 엄청난 각광을 받았다. 이 글에서는 $h(x, t)$가 막의 자유곡면의 음 아닌 높이를 나타내며(위치 x와 시간 t에 대한 함수로서(그림 1을 보라)), $Q(h)$는 퇴화하고($Q(0) = 0$) 증가하는($h > 0$일 때 $Q'(h) > 0$) 유동함수(mobility function)이다. 퇴화성(degeneracy)은 콤팩트 지지인 (실직선의 어떤 콤팩트 부분집합을 제외하고 $h = 0$인) 해를 가능케 하며, 문제가 타당(well-posed)하기 위해 필수적인 증가하는 유동성은 해가 지지 안에서 무한히 매끄럽

다는 것을 이끌어낸다. 어떤 $n > 0$에 대해 $Q(h) = h^n$은 유동성에 대한 가장 흔한 선택이다.

1 물리학적 기원

TFE는 막의 두께보다 더 긴 수준으로 수평 변화가 일어나는, 점근적 극한에서 문제를 고려하는 **윤활이론**(lubrication theory)의 한 예이다. 윤활이론이 고착하층(no-slip substrate) 위의 얇은 점성막에 적용되면 $Q(h) = h^3$인 TFE가 된다. 경계에서의 미끄러짐을 생각하면 어떤 $\beta > 0$에 대해 $Q(h) = \beta h^2 + h^3$이다.

2 수학적 구조

콤팩트 지지 약해(compactly supported weak solution)의 존재성에 관한 수학적 이론은 1990년대에 등장했다. TFE는 질량을 보존하여

$$M \equiv \int h \,\mathrm{d}x \;\Rightarrow\; \frac{\mathrm{d}M}{\mathrm{d}t} = 0$$

이고, 표면 에너지(자유표면의 호 길이의 윤활 근사)를 소산시켜

$$E \equiv \frac{1}{2}\int (h_x)^2 \mathrm{d}x \Rightarrow \frac{\mathrm{d}E}{\mathrm{d}t} = -\int Q(h)(h_{xxx})^2 \mathrm{d}x \le 0$$

이며 적분은 $h(x, t)$의 지지에서 취한다.

대부분은 $n \ge 3$일 때 해의 지지가 증가할 수 없다고 믿는다. 이는 **접촉선**(contact line, 해가 0이 되는 부분)이 고착 경계에 대해서 움직일 수 없다는 의미이며, 유체역학의 잘 알려진 접촉선 역설을 반영한다(유체가 단단한 표면을 적시면 언제나 접촉선이 물리적으로 움직이는 것을 관찰할 수 있지만, 고착 경계조건에 대한 나비에-스토크스 방정식에서 접촉선은 움직일 수 없음이 수학적으로 알려져 있다). 그러나 $0 < n < 3$에 대해 움직이는 접촉선 해를 찾을 수 있고, 이를 통해 퍼지는 물방울을 모형화할 수 있다. 물리적으로 이는 경계조건에 미끄러짐을 추가하면 접촉선 움직임이 가능하다는 사실과, 전체 유체방정식에서도 접촉선 역설을 해결하는 모형화 기법을 반영한다.

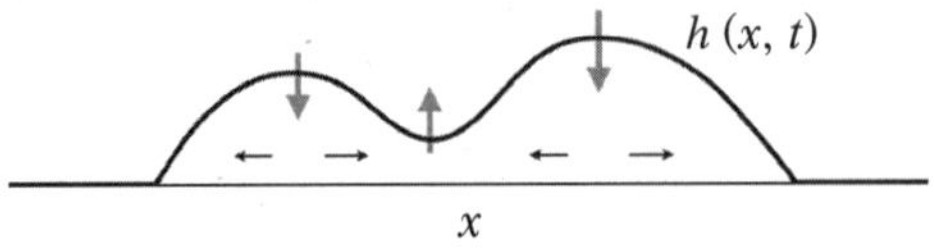

그림 1 높이 $h(x, t)$인 박막의 전형적인 콤팩트 지지 모양. 표면장력(h_{xx}에 비례하며 수직 회색 화살표로 표시)의 변화는 압력 그래디언트를 만들고 유체운동(수평 검은 화살표)을 일으킨다.

마른 지점($h = 0$)을 남김으로써 막이 찢어질 수 있느냐는 질문은 부분적으로만 해결되었다. 수치적인 결과는 막이 $n < \frac{3}{2}$인 경우 찢어질 수 있으며 n이 그보다 크면 찢어지지 않음을 암시하지만, 이 문제에 대해 엄밀하게 해석적인 결과는 부재한다.

$0 < n < 3$일 때는 다공성 매질 방정식(porous media equation)의 바렌블라트 해(Barenblatt solution)와 유사하며 자기 닮은(self-similar) 퍼지는 물방울 해가 존재한다.

3 고차원과 일반화

TFE는 N차원으로 자연스럽게 확장한다. 막 높이 $h(\boldsymbol{x}, t)$, $\boldsymbol{x} \in \mathbb{R}^N$은

$$\frac{\partial h}{\partial t} = -\nabla \cdot [Q(h)\nabla(\Delta h)]$$

를 만족하며, 약해, 에너지 소산, 접촉선 움직임, 선대칭 퍼지는 물방울, 막 찢어짐에 관한 존재성 이론은 1차원 TFE로부터 거의 바뀌지 않고 유지된다.

중력, 관성, 하층의 형태, 열이나 계면활성제에 의한 표면장력의 변화(마랑고니 효과(Marangoni effect)로 알려진), 판데르발스 힘(Van der Waals force), 증발, 다른 많은 물리적 효과를 포함하는 TFE의 변형은 박막을 모형화하는 데 매우 성공적이었다. 이 모형들의 공통점은 추가적인 항의 계수가 낮기 때문에 4계 박막 항이 타당성을 보장한다는 것이다.

더 읽을거리

Bertozzi, A. L. 1998. The mathematics of moving contact lines in thin liquid films. *Notices of the American Mathematical Society* 45(6):689-97.

Oron, A., S. H. Davis, and S. G. Bankoff. 1997. Long-scale evolution of thin liquid films. *Reviews of Modern Physics* 69:931-80.

III.30 트리코미 방정식

귀-창 천 *Gui-Qiang G. Chen*

트리코미 방정식(Tricomi equation)은 타원형(elliptic)-쌍곡형(hyperbolic) 유형이 혼합된 2계 편미분방정식이다. 이것은 미지함수 $u(x, y)$에 대해 다음 형태를 취한다.

$$u_{xx} + xu_{yy} = 0$$

트리코미 방정식은 1923년 경곗값 문제의 타당성(well-posedness)을 연구하던 프란체스코 자코모 트리코미(Francesco Giacomo Tricomi)가 처음 분석하였다. 이 방정식은 반평면 $x < 0$에서는 쌍곡형이며 반평면 $x > 0$에서는 타원형이고 직선 $x = 0$에서 퇴화(degenerate)한다. 그것의 특성방정식(characteristic equation)은

$$\mathrm{d}y^2 + x\mathrm{d}x^2 = 0$$

이며, 특성방정식의 해는 임의의 상수 C에 대해

$$y \pm \tfrac{2}{3}(-x)^{3/2} = C$$

로 주어진다. $x < 0$일 때 이 해는 실수이다. 특성해는 직선 $x = 0$ 위에서 첨점(cusp)을 가지며 반평면 $x < 0$에 놓이는, 준3차 포물선(semicubical parabola)들의 두 모임으로 이루어진다. 이는 트리코미 방정식이 영역 $x \le 0$에서 쌍곡형 퇴화(hyperbolic degeneracy)이며, 두 특성해 모임은 직선 $x = 0$에서 수직으로 만난다는 것을 보여 준다.

$\pm x > 0$일 때 $\tau = \frac{2}{3}(\pm x)^{3/2}$이라 두자. 그러면 트리코미 방정식은 고전적인 타원형 혹은 쌍곡형 오일러-푸아송-다르부 방정식(Euler-Poisson-Darboux equation)

$$u_{\tau\tau} \pm u_{yy} + \frac{\beta}{\tau}u_{\tau} = 0$$

이 된다. 지표 $\beta = \frac{1}{3}$은 $\tau = 0$ 근방에서 (또는 동치적으로, $x = 0$ 근방에서) 해의 특이성(singularity)을 결정한다.

유체역학과 미분기하학의 많은 중요한 문제들, 그중에서도 특히 **천음속 유동 문제**(transonic flow problem)와 **등거리 임베딩 문제**(isometric embedding problem)는 트리코미 방정식에 대응하는 문제로 변환할 수 있다. 트리코미 방정식은 **일반화된 트리코미 방정식**

$$u_{xx} + K(x)u_{yy} = 0$$

의 원형인데, 여기서 $K(x)$는 $x \neq 0$에 대해 $xK(x) > 0$을 만족하는 주어진 함수이다. $\mathbb{R}^2$ 위 정상상태(steady-state) 천음속 유동에 대해 $u(x, y)$는 흐름의 유동함수(stream function)인데, x는 속도의 함수이며 (아음속(subsonic)에서는 양수이고 초음속(supersonic)에서는 음수인) y는 속도가 기울어진 각도이다. 해 $u(x, y)$는 속도의 퍼텐셜 흐름계(potential flow system)에 대한 엔트로피 쌍을 생성하는 엔트로피 생성자(entropy generator) 역할도 한다. 2차원 리만 다양체(Riemannian manifold)를 $\mathbb{R}^3$으로 보내는 등거리 임베딩 문제에서, 함수 $K(x)$는 가우스 곡률(Gaussian curvature)과 같은 부호를 갖는다.

켈디시 방정식(Keldysh equation)

$$xu_{xx} + u_{yy} = 0$$

은 트리코미 방정식과 밀접하게 연관된 편미분방정식이다. 이것은 $x < 0$이면 쌍곡형, $x > 0$이면 타원형, 직선 $x = 0$에서는 퇴화한다. 특성해는 임의의 상수 C에 대해

$$y \pm \tfrac{1}{2}(-x)^{1/2} = C$$

로 주어지며, $x < 0$일 때 실수이다. 두 개의 특성해 모임은 반평면 $x < 0$ 위에 놓인 (2차) 포물선들이며, 그들은 퇴화직선 $x = 0$에서 **접하면서**(tangentially) 만난다. 이는 켈디시 방정식이 포물형 퇴화(parabolic degeneracy)라는 것을 보여 준다. 켈디시 방정식은 $\pm x > 0$일 때 $\tau = \frac{1}{2}(\pm x)^{1/2}$으로 둠으로써, 지표 $\beta = -\frac{1}{4}$에 대한 타원형 혹은 포물형 **오일러-푸아송-다르부 방정식**이 된다. 연속체역학(continuum mechanics)의 많은 중요한 문제들, 특히 가스 역학의 충격 반사-회절 문제(shock reflection-diffraction problems) 역시 켈디시 방정식에 대응하는 문제로 변환할 수 있다.

더 읽을거리

Bitsadze, A. V. 1964. *Equations of the Mixed Type*. New York: Pergamon.

Chen, G.-Q., and M. Feldman. 2015. *Shock Reflection-Diffraction and von Neumann's Conjectures*. Annals of Mathematics Studies. Princeton, NJ: Princeton University Press.

Chen, G.-Q., M. Slemrod, and D. Wang. 2008. Vanishing viscosity method for transonic flow. *Archive for Rational Mechanics and Analysis* 189: 159-88.

Chen, G.-Q., M. Slemrod, and D. Wang. 2010. Isometric immersions and compensated compactness. *Communications in Mathematical Physics* 294: 411-37.

Han, Q., and J.-X. Hong. 2006. *Isometric Embedding of Riemannian Manifolds in Euclidean Spaces*.

Providence, RI: American Mathematical Society.

Morawetz, C. M. 2004. Mixed equations and transonic flow. *Journal of Hyperbolic Differential Equations* 1:1-26.

III.31 파동방정식

1차원 파동방정식(wave equation)은 $u(x, t)$에 대한 편미분방정식[IV.3]

$$\frac{\partial^2 u}{\partial x^2} = \frac{1}{c^2}\frac{\partial^2 u}{\partial t^2} \tag{1}$$

이며, c는 상수이다. 이것은 선형 2계 동차 쌍곡형(hyperbolic) 방정식으로 분류된다. 보통 이 방정식의 일반해(달랑베르의 해(d'Alembert's solution))는

$$u(x, t) = f(x - ct) + g(x + ct) \tag{2}$$

로 알려져 있다. 여기서 f와 g는 변수 하나인 2번 미분가능한 임의의 함수이다.

늘어진 줄의 작은 운동은 (1)에 의해 지배된다. 평형 상태에서 줄이 x축을 따라 놓였다고 가정하자. 그러면 $u(x, t)$는 위치 x와 시간 t에서 측면으로 변한 위치를 알려 준다. 해 $u(x, t) = f(x - ct)$는 t가 증가하며 파동이 오른쪽으로(x가 증가하는 방향으로) 이동한다는 것을 나타낸다. 시간 $t = 0$에서 사진을 찍는다면 변위가 $u(x, 0) = f(x)$임을 보여 줄 것이다. 시간 $1/c$에서 두 번째 사진을 찍는다면 이는 같은 변위가 오른쪽으로 한 단위 움직인 $u(x,1/c) = f(x - 1)$임을 보여 줄 것이다. 방정식 (2)는 일반해가 둘 다 속도 c로 움직이며 하나는 오른쪽으로, 다른 하나는 왼쪽으로 움직이는 두 파동으로 이루어진다는 것을 보여 준다.

PART IV 응용수학의 영역

Areas of Applied Mathematics

옮긴이_김영득
김재웅
남계숙
마대건
박정필
이영민
정경훈

IV.1 복소 해석학

마틴 *P. A. Martin*

1 서론

모든 미적분학 교재는 $f(x)$로 시작한다. f는 하나의 (실수) 변수 x의 함수이다. 미적분학에서 다루는 주제는 극한, 연속성, 미분과 적분이고 $\mathrm{d}f/\mathrm{d}x = f'(x)$와 $\int_a^b f(x)\mathrm{d}x$ 같은 관련된 기호가 사용된다. 대부분의 경우에 무한수열이나 무한급수도 다룬다. 이러한 주제들을 엄밀하게 다루는 학문이 바로 **실해석학**이다.

복소 해석학은 다음 질문으로 시작된다. 만약에 x를 $z = x + \mathrm{i}y$로 바꾸면 어떻게 될까? 이때 x와 y는 두 개의 독립적인 실수 변수이고 $\mathrm{i} = \sqrt{-1}$ 이다. 이 질문에 대한 답변은 광대한 새로운 수학 분야에 이르게 한다. 우리는 그중에서 응용수학에서 이용되는 부분에만 집중하기로 한다.

우선 기본적인 용어와 개념부터 알아보기로 하자. 우리는 $z = x + \mathrm{i}y$를 **복소 변수**라고 한다. **허수단위** i는 기본적인 대수법칙과 $\mathrm{i}^2 = -1$을 만족하는 기호로 사용된다. $x = \mathrm{Re}\,z$를 z의 **실수부**라고 하고 $y = \mathrm{Im}\,z$를 z의 **허수부**라고 한다. 우리는 $z = x + \mathrm{i}y$를 xy-평면의 점에 대응시킬 수 있다(이 평면을 z-**평면** 혹은 **복소평면**이라고 부른다).

z의 **켤레복소수**는 $\bar{z} = x - \mathrm{i}y$이다. 여기서 켤레복소수는 x축에 비추어진 상이다. z의 **절댓값**(혹은 **계수**, **크기**)은 $|z| = +\sqrt{x^2 + y^2}$이고 z로부터 원점까지 거리를 나타낸다. $w = u + \mathrm{i}v$가 주어졌을 때, 우리는 $z + w = (x + u) + \mathrm{i}(y + v)$라고 정의한다. 그러므로 복소수의 덧셈은 2차원 벡터의 덧셈과 동등하다. 곱셈은 $zw = xu - yv + \mathrm{i}(xv + yu)$이다. $z = w$로 놓았을 때, z가 실수($y = 0$)가 아니면, $\mathrm{Re}\,z^2 = x^2 - y^2 \neq x^2$임을 알 수 있다. 또한 $z\bar{z} = |z|^2$이고 $w \neq 0$이면, $z/w = z\bar{w}/|w|^2$이다.

평면 극좌표 r과 θ를 이용하면, 오일러 공식에 의해 $z = r\cos\theta + \mathrm{i}r\sin\theta = r\mathrm{e}^{\mathrm{i}\theta}$을 얻는다. 그러므로 $r = |z|$이다. z의 **편각**(argument)이라고 하는 각 θ는 $\arg z$ 혹은 $\mathrm{ph}\,z$(phase에서 따온)로 나타낸다. 임의의 2π의 정수배를 더할 수 있으므로, $\arg z$는 유일하지 않음을 알 수 있다. 이러한 비유일성은 때로는 유용하지만, 때로는 관련된 수식을 복잡하게 만든다.

$r \to \infty$로 두면 점 z는 무한히 멀어진다. 무한히 먼 곳에는 어떤 방향 θ로 접근해도 $r \to \infty$이기만 하면 도달할 수 있는 유일한 '무한원점'이 있다고 간주하며, $z = \infty$로 나타낸다. 다르게 말하자면, 식 $z = 1/w$이 $w = 0$을 $z = \infty$로 보낸다고 할 수 있다.

2 함수

복소 변수의 함수 $f(z)$는 (f의 **정의구역**인) 어떤 집합에 주어진 $z = x + \mathrm{i}y$에 대해서 $f(z) = u + \mathrm{i}v$로 나타내는 유일한 복소수를 대응시키는 규칙이다. 여기에서 $u = \mathrm{Re}\,f$와 $v = \mathrm{Im}\,f$는 실수이다. 이것들이 x와 y에 종속됨을 강조하기 위해 $f(z) = u(x, y) + \mathrm{i}v(x, y)$로 나타낸다.

함수의 간단한 예로 $f(z) = z^2$과 $f(z) = \bar{z}$가 있다. 기본적인 함수들은 $\mathrm{e}^z = \mathrm{e}^{x+\mathrm{i}y} = \mathrm{e}^x\mathrm{e}^{\mathrm{i}y}$과 $\cos z = \frac{1}{2}(\mathrm{e}^{\mathrm{i}z} + \mathrm{e}^{-\mathrm{i}z})$처럼 '자연스럽게' 정의한다. 거듭제곱과 로그는 $z^\alpha = r^\alpha\mathrm{e}^{\mathrm{i}\alpha\theta}$($\alpha$는 실수)과 $\log z = \log(r\mathrm{e}^{\mathrm{i}\theta}) = \log r + \mathrm{i}\theta$로 정의한다. 엄밀히 말하면, 이 식은 θ의

비유일성 때문에 함수를 정의하지 못한다. 즉, θ를 2π만큼 변화시키면 z는 변하지 않지만, z^α과 $\log z$는 변하는 것이다(α가 정수가 아니라면). 이러한 현상을 설명하기 위해서 예를 들면 $\log z$를 '다가함수'라고 하거나, θ를 2π만큼 증가시킴으로써 $\log z$의 다른 **가지**(branch) 혹은 **리만엽**(Riemann sheet)에 이르게 되었다고 한다. 그러나 보통 $\log z$의 경우에는 $z = 0$부터 $z = \infty$까지 임의의 선인, **가지자름**(branch cut)을 도입하는 것이 더 좋다. 그 이유는 가지자름을 넘지 말아야 할 인위적인 장벽으로 간주하여 θ를 2π만큼 증가시키는 것을 불가능하게 하기 때문이다. 예를 들면, θ를 $-\pi < \theta < \pi$로 제한할 수 있고 가지자름을 음수 x축으로 택할 수 있다. θ를 길이 2π의 구간에 제한하기만 하면, $\log z$와 z^α은 단가이자 함수가 된다. 가지에 대해서는 4절에서 더 언급할 것이다.

함수를 정의하는 다른 방법도 많다. 예를 들면, **멱급수** $f(z) = \sum_{n=0}^{\infty} c_n z^n$은 z에서 수렴하면 함수가 된다. 각각의 멱급수는 특징적으로 어떤 $R > 0$에 대해, $|z| < R$에서 수렴한다(이때 R을 **수렴 반경**이라고 한다). 전형적인 멱급수인 **기하급수**는 단위원 안에서 수렴하고 그 합은 다음 식으로 주어진다.

$$\sum_{n=0}^{\infty} z^n = \frac{1}{1-z}, \quad |z| < 1 \tag{1}$$

다른 예로, 다음 식을 생각할 수 있다.

$$f(z) = \int_0^{\infty} g(t)\mathrm{e}^{-zt}\mathrm{d}t \tag{2}$$

이 식은 g의 **라플라스(Laplace) 변환**을 정의한다. 보통 이러한 적분은 g에 의해 결정되는 어떤 상수 A가 존재하여 $\mathrm{Re}\, z > A$에서 수렴한다. 적분으로 정의되는 다른 함수로 오일러(Euler)의 감마 함수가 있다.

$$\Gamma(z) = \int_0^{\infty} t^{z-1}\mathrm{e}^{-t}\mathrm{d}t, \quad \mathrm{Re}\, z > 0 \tag{3}$$

Γ함수의 성질은 많이 알려져 있다. 예를 들면, n이 자연수일 때 $\Gamma(n) = (n-1)!$이다. 이것에 대해서는 13절에 더 볼 수 있다.

3 해석함수

극한, 연속성, 미분의 개념은 실변수 미적분학에 있는 것과 정확하게 같은 방법으로 정의된다. 특히 z에서 f의 **미분계수**는 다음 극한이 수렴할 때 그 값으로 정의한다.

$$f'(z) = \frac{\mathrm{d}f}{\mathrm{d}z} = \lim_{h \to 0} \frac{f(z+h) - f(z)}{h} \tag{4}$$

여기에서 h는 복소수가 될 수 있다. 단, 점 $z + h$는 어떤 방향으로도 점 z에 접근할 수 있어야 하고, 모든 극한값은 같아야 한다. 결과적으로 $f(z) = u(x, y) + \mathrm{i}v(x, y)$가 z에서 미분계수 $f'(z)$를 가지면, u와 v는 **코시-리만 방정식**(Cauchy-Riemann equations),

$$\frac{\partial u}{\partial x} = \frac{\partial v}{\partial y} \text{ 와 } \frac{\partial u}{\partial y} = -\frac{\partial v}{\partial x} \tag{5}$$

를 만족하게 된다. 이 두 개의 식 중에서 어느 하나라도 만족되지 않으면, $f'(z)$는 존재하지 않는다. 두 개의 예를 살펴보자. $f(z) = \bar{z}$는 어떤 z에서도 미분이 가능하지 않고, 실숫값을 가지는 함수 $f(z) = u(x, y)$는 u가 상수가 아니라면 미분이 불가능하다. 코시-리만 방정식 (5)가 동시에 만족되고, 식 (5)에 나오는 편미분이 연속함수이면 f'이 존재한다.

식 (5)에 의해 f'이 존재하면 다음 식이 성립한다.

$$f'(z) = \frac{\partial u}{\partial x} + \mathrm{i}\frac{\partial v}{\partial x} = \frac{\partial v}{\partial y} - \mathrm{i}\frac{\partial u}{\partial y}$$
$$= \frac{\partial u}{\partial x} - \mathrm{i}\frac{\partial u}{\partial y} = \frac{\partial v}{\partial y} + \mathrm{i}\frac{\partial v}{\partial x}$$

첫 번째 등식은 식 (4)에서 h를 실수로 택하면 얻을 수 있고, 두 번째 등식은 h를 순허수로 택하면 얻을 수 있다. f'에 대한 위의 4개의 공식은 f'을 $\mathrm{Re}\, f$나 $\mathrm{Im}\, f$에서 얻을 수 있음을 보여 주고, x에 대한 미분이나 y에 대한 미분에서 얻을 수 있음을 보여 준다.

미분 가능성은 한 점 z에서 정의된 국소적 성질이다. 보통은 정의구역의 모든 점에서 미분가능한 함수를 다룬다. 이러한 함수를 **해석적**(analytic 혹은 holomorphic)이라고 하며 미분가능하지 않은 점을 **특이점**(singularity)이라고 한다.

고계도 미분($f''(z)$ 같은)은 자연스럽게 정의한다. 놀라운 사실 하나는 미분이 가능한 함수는 몇 번이고 미분이 가능하다는 것이다. 즉, 한 번 미분이 가능하면 무한 번 미분이 가능하다(아래의 식 (13)에서 알 수 있다). 하지만 실수 함수에서는 그렇지 않다.

식 (5)에서 v를 소거하면

$$\frac{\partial^2 u}{\partial x^2} + \frac{\partial^2 u}{\partial y^2} = 0 \qquad (6)$$

을 얻는다. 그러므로 해석적 함수의 실수부는 **라플라스 방정식**[III.18] (6)을 만족한다. 허수부 $v(x, y)$도 같은 편미분방정식(PDE)을 만족한다. 이것은 해석적 함수와 특정한 편미분방정식의 해가 가깝게 연결되어 있음을 보여 준다. 라플라스 방정식은 물리 현상의 모델링에서 많이 볼 수 있고, 이러한 연결고리는 광범위하게 이용되고 있다.

4 가지에 대하여

로그함수로 돌아가 보자. $z = re^{i\theta}$일 때

$$\log z = \log r + \mathrm{i}\theta, \quad r > 0, \quad -\pi < \theta < \pi \qquad (7)$$

라고 하면, 단가함수로 정의할 수 있다. 가지점(branch point)이 $z = 0$과 $z = \infty$이고 음의 x축을 따라가는 가지자름이 있다. 그러므로 $\log z$의 정의구역은 복소평면 전체에서 가지자름이 제거된 잘라진 평면이다. 이때 $\log z$는 해석적이다. 즉, 정의구역의 모든 점에서 미분이 가능하다. 그리고 그 미분은 $(\mathrm{d}/\mathrm{d}z) \log z = z^{-1}$이다.

식 (7)에 의하면 $\log z$는 음의 x축에서 정의되지 않는다. 어떤 저자들은 이러한 정의를 받아 들이지 않고 식 (7)에 있는 구간 $-\pi < \theta < \pi$를 $-\pi < \theta \leq \pi$나 $-\pi \leq \theta < \pi$로 바꾸어 놓는다. 예를 들면 첫 번째 경우에는 $\log(-1) = \mathrm{i}\pi$가 되고, 두 번째 경우에는 $\log(-1) = -\mathrm{i}\pi$가 된다. 어느 경우에나 정의구역은 $z = 0$이 제거된 복소평면 전체로 확장된다. 그러나 이제 $\log z$는 해석적이지 않게 된다. 즉, $\log z$는 (첫 번째 경우에) 직선 $\theta = \pi$에서 미분이 가능하지 않게 되는 것이다. 미분의 정의에 있는 극한을 계산하기 위해서는 모든 방향으로 접근이 가능해야 하는데, 이 직선 상의 점들은 정의구역 내에서는 모든 방향으로의 접근이 보장되지 않기 때문이다. 어떤 경우의 응용에서는 이를 용인할 수 있지만, 보통은 단순하게 가지자름을 제거한다. 식 (7)에서 $-\pi < \theta < \pi$를 다른 개구간 $\theta_0 < \theta < 2\pi + \theta_0$으로 대체할 수 있는데, 이는 반직선 $\theta = \theta_0, r \geq 0$을 따르는 가지자름을 의미한다(사실, 가지자름은 직선일 필요도 없다. 가지점 $z = 0$과 $z = \infty$를 연결하는 어떠한 선도 가

능하다). 이렇게 정의하면 $\log z$는 새로운 잘린 면에서 해석적이다.

특정한 θ의 범위에서 $\log z$나 $z^{1/2}$ 같은 함수를 정의했을 때 그 함수의 **주요 값**(principal value)을 정의했다고 말할 수 있다. 일반적으로 $-\pi < \theta < \pi$나 $-\pi < \theta \leq \pi$로 선택하지만, 편리하다면 얼마든지 다른 가지자름을 할 수 있음을 잊지 말아야 한다.

(단가인) 함수를 고집하는 것은 또 다른 결과를 준다. 즉, $\log(z^2) = 2\log z$ 같이 잘 알려진 등식이 더 이상 성립하지 않게 된다. 예를 들면, 식 (7)에서 $z = -1 + \mathrm{i}$로 두면, $\log(z^2) = \log 2 - \frac{1}{2}\mathrm{i}\pi$이지만 $2\log z = \log 2 + \frac{3}{2}\mathrm{i}\pi$임을 알 수 있다.

요약하면, 가지를 가진 함수는 흔히 볼 수 있으며 (다른 예로, **람베르트 W 함수**[III.17]를 보라) 종종 수식을 복잡하게 만들거나 미묘하게 어렵게 하여 계산에서 실수를 유발시킨다. 따라서 항상 주의해야 한다.

5 무한급수

z_0에서 멱급수는 다음 식으로 주어지며, 이 식에서 c_n은 복소수이다.

$$\sum_{n=0}^{\infty} c_n (z - z_0)^n \tag{8}$$

식 (8)의 급수는 $|z - z_0| < R$에서 수렴하고 $|z - z_0| > R$에서 발산한다. 수렴 반경 R은 유한할 수도 있고 무한할 수도 있다(식 (8)은 $z = z_0$에서만 수렴할 수 있고, 이때 그 합은 c_0이다). 급수가 수렴하면 그 합을 $S(z)$로 나타내는데, 예로 식 (1)의 기하급수를 보아라. 그 합 $S(z)$는 $|z - z_0| < R$에서 해석적이다. 이와 같이 멱급수는 해석적 함수를 정의한다.

이제 거꾸로 살펴보자. 해석적 함수 $f(z)$가 있을 때, 이 함수를 멱급수로 나타내고자 한다. 이는 미적분학에서 익숙한데, 그 결과가 바로 테일러의 정리이다.

$$f(z) = \sum_{n=0}^{\infty} \frac{f^{(n)}(z_0)}{n!} (z - z_0)^n$$

여기에서 $f^{(n)}$은 f의 n계 도함수이다. 이 급수를 z_0에서 $f(z)$의 **테일러 전개**라고 한다. 위의 무한급수는 $|z - z_0| < R$에서 수렴하는데 여기에서 R은 z_0에서 가장 가까운 $f(z)$의 특이점까지의 거리이다. 원점($z_0 = 0$)에서 테일러 전개를 **매클로린 전개**라고 한다. 이러한 전개는 일변수인 실변수 함수의 미적분에서 나오는 것과 같다. 예를 들어, 식 (1)은 $1/(1 - z)$의 매클로린 전개를 준다. 매클로린 전개의 다른 익숙한 예로, 모든 z에 대하여 수렴하는 $\mathrm{e}^z = \sum_{n=0}^{\infty} z^n/n!$이 있다.

테일러 정리를 일반화한 로랑 정리는 8절에서 다룬다.

하지만 모든 무한급수가 멱급수인 것은 아니다. 유명한 **리만 제타 함수**[IV.7 §4]는

$$\zeta(z) = \sum_{n=1}^{\infty} \frac{1}{n^z}, \quad \operatorname{Re} z > 1 \tag{9}$$

로 정의되고, 소수의 분포와 밀접한 관련이 있다.

해석적 함수 이론을 멱급수부터 시작해 발전시킬 수도 있다. 바이어슈트라스(Weierstrass)가 시작한 이러한 접근 방법은 건설적인 특징이 있다. 이와 다르게 우리의 접근 방법은 미분 가능성부터 시작하는 것이었다. 리만과 코시가 시작한 우리의 접근 방법은 실변수 미적분학에 가까운 것이다. 이 두 가지

접근 방법은 동등하다. 다시 말해, 멱급수는 해석적 함수를 정의하고 해석적 함수는 멱급수 전개를 갖는다.

6 경로적분

두 실변수 x와 y의 함수의 미적분에서, xy-평면의 영역에 대한 이중적분과 xy-평면의 곡선에 대한 선적분을 정의하였다. 복소 해석학에서는 z-평면의 곡선을 따르는 적분을 주로 다룬다. 이 적분은 선적분과 비슷하게 정의된다. 매개화

$$C: z(t) = x(t) + \mathrm{i}y(t), \quad a \le t \le b$$

로 주어지는 곡선 C 위의 점들을 생각해 보자. 여기에서 a와 b는 상수이고, $x(t)$와 $y(t)$는 실변수 t에 관한 실함수이다. t가 a에서 b로 증가함에 따라, $z(t)$는 $z(a)$에서 $z(b)$로 이동한다. 즉, 이 매개화가 C에 방향 혹은 **향**(orientation)을 유도하는 것이다. 곡선 $x'(t)$와 $y'(t)$가 존재하고 연속이면 곡선 C를 **매끄러운 곡선**이라고 한다. 매끄러운 곡선 C 위의 모든 z에서 $f(z)$가 존재할 때,

$$\int_C f(z)\,\mathrm{d}z = \int_a^b f(z(t))z'(t)\,\mathrm{d}t \qquad (10)$$

이다. 여기에서 $z'(t) = x'(t) + \mathrm{i}y'(t)$이다. 식 (10)에서 우변은 좌변의 선적분을 매개변수 t의 적분으로 정의한다. 더 일반적으로, C가 매끄러운 조각들이 모서리에서 연결된 연속곡선으로 정의된 **경로**라고 하자. 그러면 $\int_C f\mathrm{d}z$를 정의하기 위해서 매끄러운 조각을 각각 매개화하고, z가 곡선 C를 따라서 연속적으로 움직이게 하여, 각 조각에서 적분한 값을 합한다.

C_0이 C와 같은 곡선이고 방향만 반대이면($z(b)$에서 $z(a)$까지), $\int_{C_0} f(z)\mathrm{d}z = -\int_C f(z)\mathrm{d}z$이다. 다시 말해, 방향이 바뀌면 부호가 바뀌는 것이다.

7 코시의 정리

경로 C는 $z(a) = z(b)$일 때 **닫혀** 있다고 하고, 자기교차가 없으면 **단순**하다고 한다. 코시의 정리는 다음과 같이 서술할 수 있다. $f(z)$가 단순하고 닫힌 경로 C와 C의 내부에서 해석적이면,

$$\int_C f(z)\,\mathrm{d}z = 0 \qquad (11)$$

이다. 이 정리의 가정들을 자세히 살펴볼 필요가 있다. 첫 번째 특징은, C의 외부에서 $f(z)$에 관한 정보는 알 필요가 없다는 것이다. 코시는 이보다 더 강한 조건을 가정했었지만, 나중에 구르사(Goursat)에 의해 이 강한 조건을 위의 조건으로 바꿀 수 있게 되었다. 두 번째로, C는 경로이므로 모서리를 포함할 수 있다. 세 번째로 'f가 C의 내부에서 해석적이다'라는 조건은 $f(z)$가 C의 내부에 있는 임의의 점 z에서 미분이 가능해야 한다는 뜻이다. 단, 특이점(가지점을 포함하여)은 포함되면 안 된다(C의 외부에는 있어도 좋다).

코시의 정리에서 많은 결과를 얻을 수 있다. 그중의 하나가 **경로의 변경**이다. 같은 방향으로 진행하는 두 개의 단순하고 닫힌 경로 C_1과 C_2에서, C_1이 C_2의 내부에 있다고 하자. 그리고 $f(z)$가 C_1과 C_2 사이의 영역에서 해석적이고, C_1과 C_2에서는 연속이라고 하자(f는 C_1보다 작은 경로의 내부나 C_2보다 큰 경로의 외부에서는 특이점을 가질 수 있음을 기

억하자). 그러면 $\int_{C_1} f(z)\mathrm{d}z = \int_{C_2} f(z)\mathrm{d}z$이다. 피적분함수가 두 경로 사이에서 해석적이면, 적분의 값이 변하지 않으면서 하나의 경로에서 다른 경로로 변형될 수 있다. C_1과 C_2가 양 끝점이 일치하는 두 개의 경로인 경우에도, f가 두 경로 C_1과 C_2 사이에서 해석적이면, 같은 결과가 성립한다. 이러한 결과는 복잡한 경로를 간단한 경로(원이나 직선 같은)로 바꿀 수 있도록 허락하므로 유용하다.

코시 정리의 다른 결과는 **코시의 적분 공식**이다. 같은 조건하에서

$$f(z_0) = \frac{1}{2\pi \mathrm{i}} \int_C \frac{f(z)}{z - z_0} \mathrm{d}z \tag{12}$$

가 성립한다. 여기에서 z_0은 C의 내부에 있는 임의의 점이고, C는 반시계 방향으로 진행한다. 이것은 해석적 함수이면 C에서의 함숫값으로부터 C 내부의 함숫값을 알아낼 수 있다는 것을 보여 준다.

더 일반적으로, 같은 조건하에서

$$f^{(n)}(z_0) = \frac{n!}{2\pi \mathrm{i}} \int_C \frac{f(z)}{(z - z_0)^{n+1}} \mathrm{d}z \tag{13}$$

가 성립한다. 형식적으로 이것은 코시 적분 공식 (12)의 n번째 미분으로 볼 수 있지만, 더 심오한 의미가 있다. 바로 이 식을 이용하면 f'이 존재할 때 모든 $n = 2, 3, \cdots$에 대하여 $f^{(n)}$이 존재함을 증명할 수 있다는 것이다. 이 증명은 귀납적 논증을 이용한다. 극한이 수렴하면 다음 식이 성립한다(식 (4)와 비교해 보아라).

$$f^{(n+1)}(z_0) = \lim_{h \to 0} \frac{f^{(n)}(z_0 + h) - f^{(n)}(z_0)}{h}$$

이 식의 우변에 식 (13)을 두 번 사용하여 변형하고, 극한을 취하면 증명이 완성된다.

$n = 1$인 경우에 식 (13)은 **리우빌(Liouville)의 정리**를 증명할 때 이용할 수 있다. $f(z)$가 z-평면 전체에서 해석적이라고 하자(즉, 특이점이 하나도 없다). 이러한 함수를 **전해석 함수**라고 한다. 추가로, 어떤 상수 M과 모든 z에 대하여 $|f(z)| < M$이라고 가정하자. 이때 f를 **유계**라고 한다. 리우빌의 정리는 유계인 전해석 함수가 상수함수라는 것을 말한다. 다시 말해서, 상수함수가 아닌 전해석 함수는 복소평면의 어느 곳에서는 큰 값을 가져야 한다는 것이다. 예를 들면,

$$\begin{aligned} |\cos z|^2 &= \cos z\, \overline{\cos z} = \tfrac{1}{4}(\mathrm{e}^{\mathrm{i}z} + \mathrm{e}^{-\mathrm{i}z})(\mathrm{e}^{\mathrm{i}\bar{z}} + \mathrm{e}^{-\mathrm{i}\bar{z}}) \\ &= \tfrac{1}{4}(\mathrm{e}^{2\mathrm{i}x} + \mathrm{e}^{-2\mathrm{i}x} + \mathrm{e}^{2y} + \mathrm{e}^{-2y}) \\ &= \tfrac{1}{2}(\cos 2x + \cosh 2y) = \cos^2 x + \cosh^2 y - 1 \end{aligned}$$

여기에서 $z + \bar{z} = 2x$와 $z - \bar{z} = 2\mathrm{i}y$가 이용되었다. 그러므로 $|\cos z|$는 실수축($y = 0$이고 $\cosh 0 = 1$인)에서 멀어지면서 빠르게 커진다.

8 로랑 정리

$f(z)$가 z_0을 중심으로 하는 원환 $a < |z - z_0| < b$의 내부에서 해석적이라고 하자. z가 반지름 a인 '구멍'($|z - z_0| < a$)이나 원환의 외부($|z - z_0| > b$)에 있을 때는, $f(z)$에 대해서 아무것도 말하지 않는다. 그래도 원환 안에 있는 모든 z에 대하여, 로랑 전개

$$f(z) = \sum_{n=-\infty}^{\infty} c_n (z - z_0)^n \tag{14}$$

이 성립한다. 여기에서 계수들은 경로적분

$$c_n = \frac{1}{2\pi \mathrm{i}} \int_C \frac{f(z)}{(z - z_0)^{n+1}} \mathrm{d}z \tag{15}$$

로 주어진다. 이때 C는 원환의 안에 있는, 그 구멍을

반시계 방향으로 한 번 감싸는, 단순하고 닫힌 경로이다. 식 (14)에서 합은 모든 n에 관한 것임을 기억하자. 원환에 있는 모든 z에 대하여, 그 합을

$$f(z)=\sum_{n=0}^{\infty}a_n(z-z_0)^n+\sum_{n=1}^{\infty}\frac{b_n}{(z-z_0)^n} \quad (16)$$

으로 나타내면 편리할 때가 자주 있다. 이때 $n=0, 1, 2, \cdots$에 대해서 $a_n=c_n$이고 $n=1, 2, \cdots$에 대해서 $b_n=c_{-n}$이다. 따라서

$$b_1=\frac{1}{2\pi\mathrm{i}}\int_C f(z)\,\mathrm{d}z \quad (17)$$

가 성립한다.

$f(z)$가 원판 $|z-z_0|<b$에서 해석적이 되도록, $f(z)$가 그 구멍에서도 해석적이라고 가정하자. 그러면 코시 정리에 의해서 $b_n=0(n=1, 2, \cdots)$이고, 식 (13)에 의해 $a_n=f^{(n)}(z_0)/n!$이다. 이것이 테일러 정리이다. f가 구멍에서 특이점을 가지는 일반적인 경우에는 a_n을 정의하는 경로적분을 구하기 위해서, 식 (13)을 이용할 수 없다는 것을 기억하자.

9 특이점

특이점은 함수가 미분가능하지 않은 점을 말하며, 여기에는 여러 가지 종류가 있다. 어떤 원환('뚫린 원판') $0<|z-z_0|<b$가 존재하고 그 원환 안에 다른 특이점이 없을 때, 점 z_0을 **고립된 특이점**이라고 한다. 이 원환에서 식 (16)의 로랑 전개가 가능하다. 첫 번째 부분(a_n에 관한 합인)은 멱급수이고, 전체 원판에서 해석적 함수를 정의한다. 특이한 성질은 두 번째 부분(b_n에 관한 합인)에서 나타나며, 이것을 **주요 부분**(principal part) $P(z)$라고 한다. 실제로 $P(z)$는 종종 유한개의 항만 가지고

$$P(z)=\frac{b_1}{z-z_0}+\frac{b_2}{(z-z_0)^2}+\cdots+\frac{b_m}{(z-z_0)^m} \quad (18)$$

으로 나타난다. 여기에서 모든 $n>m$에 대하여 $b_n=0$이고 $b_m\neq 0$이다. 이 경우에 f가 z_0에서 m계의 극을 가진다고 한다. 1계의 극을 **단순극**이라고 하고, 2계의 극을 **이중극**이라고 한다. 예를 들면, 다음 함수

$$\frac{1}{z},\quad \frac{1+z}{z},\quad \frac{\mathrm{e}^z}{z},\quad \frac{\sin z}{z^2},\quad \frac{\pi}{\sin\pi z} \quad (19)$$

는 모두 $z=0$에서 단순극을 가지고, 마지막 함수는 $z=\pm1, \pm2, \cdots$에서도 단순극을 가진다. 그리고 다음 함수

$$\frac{1}{z^2},\quad \frac{1+z}{z^2},\quad \frac{1}{z\sin z},\quad \frac{\cos z}{z^2},\quad \frac{1}{\sin^2\pi z} \quad (20)$$

은 모두 $z=0$에서 이중극을 가진다.

로랑 전개의 주요 부분이 무한개의 0이 아닌 항을 가지고 있으면, z_0을 **고립된 본질적 특이점**이라고 한다. 예를 들면, $\mathrm{e}^{1/z}$은 $z=0$에서 고립된 본질적 특이점을 가진다.

계수 b_1(식 (17)로 주어진)은 나중에 특별한 역할을 하게 된다. 이것을 f의 고립된 특이점 z_0에서 유수라고 하고, $\mathrm{Res}[f; z_0]$으로 나타낸다.

고립되지 않은 특이점도 있는데, 이것은 흔히 가지점에서 나타난다. 예를 들면, $f(z)=z^{1/2}$은 $z=0$에서 가지점인 특이점을 가진다. $z=0$을 중심으로 하는 모든 원판은 그 가지점에서 나오는 가지자름의 조각을 포함한다. f는 가지자름에서 불연속이므로, 당연히 미분이 불가능하다. 그러므로 $z=0$은 고립된 특이점이 아니다.

10 코시의 유수 정리

$I=\int_C f(z)\mathrm{d}z$를 계산하는 기본적인 방법은 C의 각각의 매끄러운 부분을 매개화하여 식 (10)의 정의를 이용하는 것이다. 원칙적으로 이 방법은 모든 f와 C에 대하여 적용할 수 있다. 그러나 실제로 C는 종종 닫힌곡선이고 f는 어떤 특이점들을 제외하고는 해석적이다. 이러한 경우에는 코시의 유수 정리를 이용하여 I를 효율적으로 계산할 수 있다. $f(z)$가 단순하며 닫힌 경로 C의 내부에서 고립된 특이점 $z_j(j=1,2,\cdots,n)$를 제외하고 해석적이라고(C 위에서는 연속이라고) 하자(f는 C의 외부에서 가지점을 포함하여 다른 특이점을 가질 수 있지만, 이것들은 상관할 필요가 없다). 그러면

$$\int_C f(z)\,\mathrm{d}z = 2\pi\mathrm{i}\sum_{j=1}^{n}\mathrm{Res}[f;z_j] \qquad (21)$$

이다. 여기에서 C는 반시계 방향으로 진행한다. 이 중요한 결과는 '$2\pi\mathrm{i}$ 곱하기 경로 내부에 있는 고립된 특이점들의 유수의 합'으로 기억하면 된다. 내부에 특이점이 없으면 식 (11)의 코시 정리가 다시 얻어진다.

정리를 증명하기 위해 $n=1$인 경우부터 생각하자. 유일한 특이점 z_1에서 로랑 전개는 뚫린 원판 $0<|z-z_1|<b$에서 수렴한다. C를 축소하여 이 원판 내부의 작은 경로(z_1을 감싸는)로 변형한다. 그런 다음 식 (17)을 이용한다. 일반적인 경우에는 C를 변형하여 '떼어 내기'하고, 각각이 하나의 특이점만 포함하는 n개의 경로적분의 합으로 만든다.

떼어 내기 과정을 이해하기 위하여 $n=2$라고 가정하자. C를 두 개의 원과 서로 반대 방향으로 진행하는 평행한 두 직선 L_1과 L_2로 구성된 아령 모양의 경로로 변형한다. 두 직선이 서로 가까워짐에 따라 L_1과 L_2에서 적분은 서로 상쇄되고, 각각의 특이점을 감싸며 만나지 않는 두 개의 닫힌 경로에 대한 적분만 남는다. 이러한 과정은 고립된 특이점(유한개의)을 가지는 경우로 쉽게 확장된다.

유수 정리를 이용하기 위해서는 유수를 계산하는 효율적인 방법이 필요하다. $\mathrm{Res}[f;z_0]$은 z_0에서 로랑 전개의 계수인 b_1임을 기억하자(식 (18)을 보라). 단순극의 경우에는 b_1은 주요 부분의 유일한 0이 아닌 계수이므로, 단순극 z_0에서

$$\mathrm{Res}[f;z_0]=\lim_{z\to z_0}\{(z-z_0)f(z)\} \qquad (22)$$

이다. 단순극은 종종 $q(z_0)=0$, $p(z_0)\neq 0$, $q'(z_0)\neq 0$에 대하여, $f(z)=p(z)/q(z)$로 나타난다. 그러면 다음 식이 성립한다.

$$\mathrm{Res}[f;z_0]=p(z_0)/q'(z_0) \qquad (23)$$

m계의 극인 경우에는

$$\mathrm{Res}[f;z_0]=\frac{1}{(m-1)!}\lim_{z\to z_0}\frac{\mathrm{d}^{m-1}}{\mathrm{d}z^{m-1}}\{(z-z_0)^m f(z)\}$$

가 성립한다. 그러나 어떤 경우에는 직접 로랑 전개를 하여 $1/(z-z_0)$의 계수 b_1을 찾아내는 것이 더 빠르다. 그러므로 거의 계산을 하지 않아도, 식 (19)에 있는 모든 단순극에서 $\mathrm{Res}[f;0]=1$임을 알 수 있다. 식 (20)에 있는 5개의 이중극에서는 순서대로 $\mathrm{Res}[f;0]=0,1,0,0,0$이다.

11 적분의 계산

코시의 적분 정리는 적분을 계산하는 강력한 방법

을 제공한다. 몇 개의 예를 살펴보기로 하자.

C가 반지름이 a이고 중심이 원점인 반시계 방향의 원이라고 하자. 함수 e^z/z은 $z=0$에서 단순극이고 유수는 1이다. 그러므로

$$\int_C \frac{e^z}{z}dz = 2\pi i \tag{24}$$

이다. 이 결과는 코시 적분공식 (12)에서 $f(z)=e^z$과 $z_0=0$으로 두면 나온다. 이때 적분 값이 a에 영향을 받지 않음을 기억하자. 적분 값을 바꾸지 않으면서 C를 변형하여 (예를 들어) 중심이 같은 다른 원으로 만들 수 있으므로, 이것은 놀라운 일이 아니다.

이제 식 (24)의 결과에서 C를 매개화하여 식 (10)을 적용해 보자. 적절한 매개화로 $z(t)=ae^{it}$, $-\pi \le t \le \pi$를 택할 수 있다. $z'(t)=iae^{it}=iz(t)$이므로

$$\int_{-\pi}^{\pi} \exp(ae^{it})\,dt = 2\pi$$

를 얻는다. 오일러 공식 $e^{i\theta}=\cos\theta + i\sin\theta$에 의해, 이 피적분함수는 $e^{a\cos t}\cos(a\sin t) + ie^{a\cos t}\sin(a\sin t)$이고, 두 번째 항은 기함수이므로 적분하면 0이 된다. 따라서

$$\int_0^{\pi} e^{a\cos t}\cos(a\sin t)\,dt = \pi \tag{25}$$

를 얻는다. 이렇게 식 (24)의 상당히 간단한 경로적분의 값으로부터 복잡한 실함수 적분의 값을 얻었다. 식 (25)는 a가 양의 실수라고 가정하고 유도된 것임을 기억해야 한다. 사실 이 식은 모든 복소수 a에 대해서 성립하며 해석적 연속(analytic continuation)의 예이다(13절을 보라).

이제 반대의 경우를 생각하자. 적분을 경로적분으로 바꾸고 유수 정리를 사용하여 그 값을 구해 보자.

삼각적분

$$I_1 = \int_0^{2\pi} \frac{d\theta}{5+4\cos\theta}$$

에서 $z=e^{i\theta}$으로 치환하면, I_1은 단위원 $|z|=1$에 대한 경로적분으로 바뀐다. $d\theta/dz = 1/(iz)$과 $\cos\theta = \frac{1}{2}(z+z^{-1})$을 이용하면,

$$I_1 = \frac{1}{2i}\int_{|z|=1} \frac{dz}{(z+2)(z+\frac{1}{2})}$$

를 얻는다. 피적분함수는 단순극 $z=-2$와 $z=-\frac{1}{2}$을 제외하고 해석적이다. 후자는 경로의 내부에 있으며 그 유수는 $\frac{2}{3}$이다(식 (22)를 사용하라). 그러므로 코시의 유수 정리 (21)에 의해 $I_1 = \frac{2}{3}\pi$이다.

바로 위에 설명한 방법에서는 θ에 관한 적분 구간의 길이가 2π이어야 하고, 피적분함수가 $|z|=1$의 내부에서 (가지점이 없고) 고립된 특이점들만 가져야 한다.

그렇다면 두 번째 예로 다음을 생각해 보자.

$$I_2 = \int_{-\infty}^{\infty} f(x)\,dx \text{ 여기에서 } f(x) = \frac{1}{x^4+1}\text{이다.}$$

유수 정리를 사용하기 위해서는 닫힌곡선 C가 필요하다. $z=-R$에서 $z=R$까지 실수축 부분과, 중심이 $z=0$이고 반지름이 R인 위 평면에 있는 반원 C_R로 구성된 C에 대하여 $\int_C f(z)dz$를 구해 보자. 그러면

$$\int_{-R}^{R} f(x)\,dx + \int_{C_R} f(z)\,dz = 2\pi i \times \begin{cases} C\text{ 내부의} \\ \text{극들에서} \\ \text{유수의 합} \end{cases} \tag{26}$$

이다. 유수를 계산한 후에 $R\to\infty$로 하여, 첫 번째 적분 $\to I_2$가 되도록 한다. 우리는 곧 $R\to\infty$일 때, 두 번째 적분 $\to 0$임을 알게 된다.

$z = z_n = \exp(\mathrm{i}(2n+1)\pi/4)$, $n = 0, 1, 2, 3$에서 $z^4 + 1 = 0$이다. 이 점들은 $f(z)$의 단순한 극들이고 유수는 $1/(4z_n^3)$이다($p = 1$, $q = z^4 + 1$로 두고 식 (23)을 사용하라). z_0과 z_1이 위 평면에 있는 극이다. 그러므로 식 (26)의 우변은 $\pi/\sqrt{2}$이고, 이것이 I_2이다.

$z \in C_R$에 대하여 $z(t) = R\mathrm{e}^{\mathrm{i}t}$, $0 \le t \le \pi$로 매개화한다. $f(z)$는 R^{-4}으로 감소하고, C_R의 길이 πR은 증가한다. 전체적으로 보면 $\int_{C_R} f\mathrm{d}z$는 R^{-3}으로 감소한다. 이러한 개략적인 논증은 엄밀하게 서술될 수 있다.

$f(z)$를 $\mathrm{e}^{ikz}f(z)$로 바꾸면, 다음과 같은 푸리에 변환도 계산할 수 있다.

$$f(x) = \frac{1}{x^2+1} \text{ 일 때, } I_3 = \int_{-\infty}^{\infty} \mathrm{e}^{ikx} f(x)\,\mathrm{d}x$$

여기에서 k는 실수의 매개변수이다. 그러나 이때 주의할 점이 있다. $\mathrm{e}^{ikz} = \mathrm{e}^{ikx}\mathrm{e}^{-ky}$이므로 $y \to \infty$이면, $k > 0$일 때 지수적으로 감소하지만 $k < 0$일 때 지수적으로 증가한다. 그러므로 $k > 0$이면 C_R을 사용하지만, $k < 0$일 때는 아래 반평면에 있는 반원을 사용하여 닫힌 경로를 만든다. 계산하면 $I_3 = \pi\mathrm{e}^{-|k|}$이다.

식 (2)의 라플라스 변환은 다음 식을 이용하여 뒤집을 수 있다.

$$g(t) = \frac{1}{2\pi\mathrm{i}} \int_{c-\mathrm{i}\infty}^{c+\mathrm{i}\infty} f(z)\,\mathrm{e}^{zt}\mathrm{d}z$$

그 경로는 z-평면에 있는 y-축에 평행하다(**브롬위치(Bromwich) 경로**라고 한다). 상수 c는 $f(z)$의 모든 특이점이 경로의 왼쪽에 있도록 정한다. 만약 $f(z)$가 극만 가지고 있다면, 그 적분은 경로의 왼쪽에 큰 반원을 추가해 닫힌 경로를 만들어 계산할 수 있다.

경로적분 방법을 적분 값의 계산에 적용하는 것은 여러 응용이 있으며 무한급수의 합을 구할 때에도 이용될 수 있다. 또한 가지점을 가지는 피적분함수도 고려될 수 있다. 모든 경우에 적절하게 닫힌 경로와 함수 $f(z)$를 선택하기 위해서는 약간의 천재성이 필요할 수 있다.

12 공형사상

$z \in D$에서 $f(z)$가 해석적이라고 하자. f를 점 $z = x + \mathrm{i}y$에 점 $w = f(z) = u + \mathrm{i}v$가 대응되는 사상으로 생각할 수 있다. 모든 $z \in D$에 대해 uv-평면상의 이러한 점들의 집합을 R로 나타내자. 만약 f와 D가 주어지면 R이 결정된다. 더 흥미로운 주제로 넘어가서 주어진 영역 D와 R에 대하여 D를 R로 보내는 해석적 함수 f를 찾을 수 있는가? **리만 사상 정리**는 단순하게 연결된 모든 영역은 단위 원판 $|w| < 1$로 보낼 수 있다고 주장한다(경계가 하나의 단순 폐곡선인 영역에 구멍이 존재하지 않으면 단순 연결이라고 한다). 여기서 나오는 사상 f가 **공형사상**[II.5]이다. 점 $z_0 \in D$에서 만나는 두 개의 작은 선이 $w_0 = f(z_0) \in R$에서 만나는 두 개의 작은 선으로 보내질 때, 각각의 두 선이 만드는 각이 같은 사상이 공형사상이다. 이러한 공형 성질은 **임계점**($f'(z_0) = 0$이거나 ∞인 점)을 제외한 모든 $z_0 \in D$에서 성립한다. 많은 공형사상이 알려져 있지만(공형사상의 '사전'도 있다), 복잡한 모양이거나 구멍을 가진 영역 D에 대해서 공형사상을 건설하는 것은 아직 미해결 상태로 남아 있다. 예를 들어 공형사상을 찾을 수 있으면, 식 (6)의 라플라스 방정식의 경

계치 문제 풀이에 공형사상을 이용할 수 있다.

13 해석적 연속

식 (1)의 기하급수로 돌아가 보자. 좌변의 무한급수를 $f(z)$로 나타내고 그 정의구역을 $D(|z|<1)$로 나타내자. 우변의 합을 $g(z)=1/(1-z)$로 나타내고 그 정의구역을 $D'(z\neq 1)$이라고 하자. 우리는 $f(z)$가 D에서 해석적이고, $g(z)$는 더 큰 영역 D'에서 해석적임을 알 수 있다. $z\in D$에 대하여 $f(z)=g(z)$이므로, g를 f의 D'으로의 **해석적 연속**(analytic continuation)이라고 한다. 실제로는 보통 f와 g를 구분하지 않으며, $g(z)$는 $z\in D'$에서 해석적이고 $z\in D\subset D'$에서는 $f(z)$로 정의할 수 있다고 말한다. 이러한 관점은 놀라울 정도로 강력하다.

여기에는 다양한 양상이 있고 여러 가지 질문이 생긴다. 우선 f와 D가 주어졌다고 하고 D가 아닌 곳에서 g를 찾아보자. g를 찾기 위한 해석적이고 수치적인 방법들이 있다. 예를 들면, 각각의 중심에서 테일러 전개를 갖는 겹치는 원판들의 사슬을 이용할 수 있다. 그 결과는 국소적으로는 유일하지만(사슬에서 각각의 단계에서는 유일하지만), g가 가지점을 가지면 다른 가지로 넘어갈 수 있기 때문에 전체적으로는 유일성을 잃게 된다.

종종 우리는 D'을 알지 못하고 전형적인 해석적 연속은 특이점을 가지게 된다. 예를 들어, $\mathrm{Re}\,z>0$에서 식 (3)으로 정의된 감마 함수 $\Gamma(z)$를 생각하자. 이 반평면에서 Γ는 해석적이다. $\Gamma(z)$를 $\mathrm{Re}\,z\leq 0$으로 확장하면, $N=0,1,2,\cdots$인 $z=-N$에서 극이 있음을 알게 된다(그러므로 D'은 복소평면 전체에서 $z=-N$인 점들을 제거한 것이다). 구체적으로는 한켈의 닫힌곡선 적분을 이용할 수 있다.

$$\Gamma(z)=\frac{1}{2\mathrm{i}\sin(\pi z)}\int_C t^{z-1}\mathrm{e}^t\,\mathrm{d}t$$

이것은 복소 t-평면에서 경로적분이다. t-평면에는 음의 실수축을 따라서 자름이 있다고 하자. t가 양의 실수일 때, $t^z=\mathrm{e}^{z\log t}$이 되도록 t^z의 가지를 택한다. 경로는 자름 아래 $\mathrm{Re}\,t=-\infty$에서 시작하여 $t=0$ 주위로 한 바퀴 돌아 자름 위 $\mathrm{Re}\,t=-\infty$로 돌아간다.

처음에 $\mathrm{Re}\,z>1$에서 식 (9)의 급수로 정의된 리만 제타 함수 $\zeta(z)$에 대한 경로적분도 있다. $\zeta(z)$는 $z=1$에서 단순극을 제외하고 전체 z-평면으로, 해석적으로 연속된다.

14 미분방정식

일반적으로 미분방정식을 실변수의 실함수에 대하여 해결해야 할 것으로 생각한다. 그러나 그 문제를 '복소화'함으로써 유리한 점이 생길 수 있다. 좋은 이유 중의 하나는 식 (8)의 멱급수 전개를 이용하여 해를 구할 수 있고, 이 급수의 수렴성이 특이점의 위치에 의해 결정된다는 것을 안다는 것이다(더 일반적으로, '프로베니우스(Frobenius) 방법'을 쓸 수 있다). 예를 들면, **에어리 방정식**(Airy's equation) $w''(z)=zw(z)$의 해는

$$w(z)=1+\frac{1}{3!}z^3+\frac{1\cdot 4}{6!}z^6+\frac{1\cdot 4\cdot 7}{9!}z^9+\cdots$$

이고, 이것은 z의 전해석 함수를 정의한다.

또한 경로적분으로 해를 나타낼 수도 있고 추가

적인 분석을 할 수도 있다. 예를 들면, 에어리 방정식의 해는 다음과 같은 형태로 쓸 수 있다.

$$w(z) = \int_C e^{-zt+t^3/3} dt$$

여기에서 C는 주의 깊게 선택한 복소 t-평면의 경로이다.

선형 미분방정식에 대한 연구는 복소 해석학과 특히 고전적인 **특수함수**[IV.7](예를 들어, 베셀(Bessel) 함수나 초기하함수)의 맥락 안에서 잘 정립된 분야이다. 비선형 미분방정식과 관련된 특수함수도 흥미롭다. 예를 들면, **팽르베(Painlevé) 방정식**[III.24]은 6개인데, 그중 가장 간단한 방정식은 $w''(z) = 6w^2 + z$이다. **팽르베 초월함수**(Painlevé transcendents)라고 부르는 해는 물리학에서 다양하게 응용되지만 아직 그 성질은 충분히 이해할 수 없다.

15 코시 적분

C를 단순하고 닫힌 매끈한 경로라고 하자. 여기에서 C의 내부를 D_+로 나타내고 C의 외부를 D_-로 나타낸다. 함수 $F(z)$를 **코시 적분**

$$F(z) = \frac{1}{2\pi i}\int_C \frac{g(\tau)}{\tau - z} d\tau, \quad z \notin C \quad (27)$$

로 정의한다. 여기에서 $g(t)$는 $t \in C$에서 정의된다. 예를 들어, $g(t) = 1, t \in C$이면

$$\frac{1}{2\pi i}\int_C \frac{d\tau}{\tau - z} = \begin{cases} 1, & z \in D_+ \\ 0, & z \in D_- \end{cases} \quad (28)$$

이다.

$t \notin C$일 때는 $g(t)$에 관해 어떠한 정보도 주어지지 않았다는 점을 제외하고, 식 (27)의 적분은 코시의 적분 공식과 비슷하다. 그럼에도 불구하고 g에 관한 약한 조건하에서, $F(z)$는 $z \in D_+ \cup D_-$에서 해석적이고 $z \to \infty$이면 $F(z) \to 0$이다. 그렇다면 C에서 F의 값은 무엇일까? 식 (28)의 예를 통해 $F(z)$는 z가 C를 가로질러 가면 불연속이 되는 것을 예측할 수 있다. 그러므로 z가 C로 다가갈 때, $F(z)$의 극한을 생각하여(그 극한이 존재한다면),

$$F_\pm(t) = \lim_{z \to t} F(z), \quad z \in D_\pm, \quad t \in C \quad (29)$$

로 나타낸다. 예를 들면, 식 (28)에서 $F_+(t) = 1$이고 $F_-(t) = 0$이다.

식 (27)의 우변에서 $z = t \in C$를 대입할 수는 없음을 알 수 있다. 왜냐하면 적분이 발산하기 때문이다. 그러나 g가 t에서 미분이 가능하면(사실은 횔더(Hölder) 연속이면 충분), **코시 주요값 적분**

$$⨍_C \frac{g(\tau)}{\tau - t} d\tau = \lim_{\varepsilon \to 0}\int_{C_\varepsilon} \frac{g(\tau)}{\tau - t} d\tau, \quad t \in C$$

를 정의할 수 있다. 여기에서 C_ε은 C로부터 다음과 같이 얻어진다. 중심이 $t \in C$이고 반지름이 ε인 작은 원을 그린 후, C에서 C_ε의 내부에 있는 부분을 제거한다. 이 정의를 이용하여

$$F(t) = \frac{1}{2\pi i} ⨍_C \frac{g(\tau)}{\tau - t} d\tau, \quad t \in C$$

를 정의한다. 이 함수는 식 (29)에서 정의한 $F_\pm(t)$와 함께 **소코츠키-플레멜(Sokhotski-Plemelj) 공식**에 나타난다.

$$F_\pm(t) = \pm\tfrac{1}{2} g(t) + F(t), \quad t \in C \quad (30)$$

이것은 z가 C를 가로질러 갈 때, 코시 적분 $F(z)$의 '점프 현상'을 설명해 준다. 특별히,

$$F_+(t) - F_-(t) = g(t), \quad t \in C \qquad (31)$$

가 성립한다.

식 (30)의 멋진 결과 중의 하나는 다음 **특이적분방정식**

$$\frac{1}{\pi \mathrm{i}} ⨍_C \frac{w(\tau)}{\tau - t} \mathrm{d}\tau = g(t), \quad t \in C$$

의 해가 다음 공식으로 주어진다는 것이다.

$$w(t) = \frac{1}{\pi \mathrm{i}} ⨍_C \frac{g(\tau)}{\tau - t} \mathrm{d}\tau, \quad t \in C$$

16 리만-힐베르트 문제

$D_\pm$와 C를 15절과 같은 의미로 사용하자. $t \in C$에 대하여 두 함수 $G(t)$와 $g(t)$가 주어져 있다. 기본적인 **리만-힐베르트**(Riemann-Hilbert) **문제**는

$$\Phi_+(t) = G(t)\Phi_-(t) + g(t), \quad t \in C \qquad (32)$$

를 만족하고, $\Phi_\pm$는 $D_\pm$에서 해석적인 두 함수 $\Phi_+(z)$와 $\Phi_-(z)$를 찾는 것이다. 여기에서 $\Phi_+(t)$와 $\Phi_-(t)$는 식 (29)처럼 정의되고, 보통은 $z \to \infty$일 때 $\Phi_-(z)$에 관한 조건이 추가된다(C가 닫힌곡선이 아닌 변형된 문제에서는 C의 끝점에서 변화가 중요한 역할을 한다).

$G \equiv 1$이면 식 (32)를 코시 적분과 식 (31)을 이용하여 풀 수 있다. 만약 $G \not\equiv 1$이면, 우리는 다음의 동차 문제($g \equiv 0$인)부터 풀 수 있다.

즉, 함수 K_+와 K_-를, $K_\pm$가 $D_\pm$에서 해석적이고

$$K_+(t) = G(t)K_-(t), \quad t \in C \qquad (33)$$

가 되도록 구하는 것이다. 예를 들어, 이러한 함수를 찾을 수 있으며, 그것은 0이 아니라고 가정해 보자. 식 (32)에서 G를 소거하면

$$\frac{\Phi_+(t)}{K_+(t)} - \frac{\Phi_-(t)}{K_-(t)} = \frac{g(t)}{K_+(t)}, \quad t \in C$$

이고, 이 식은 다시 코시 적분과 식 (31)을 이용하여 해결할 수 있다.

$K_\pm$를 찾는 문제는 더 까다롭다. 처음에는 식 (33)의 로그를 취하여, $\log K_+ - \log K_- = \log G$를 만들 수 있다. 이것은 식 (31)과 비슷하지만, 보통 $\log G(t)$는 모든 $t \in C$에 대하여 연속이 아니므로, 식 (30)을 사용할 수 없다. 그러나 이 어려움을 해결할 수 있다.

식 (33)을 만족하도록 $K_\pm$를 찾는 것은 위너-호프 방법(Wiener-Hopf technique)에서도 핵심 단계이다(위너-호프 방법은 혼합된 경계조건과 반무한(semi-infinite)의 기하를 가진 선형 편미분방정식을 푸는 방법 중 하나이다). 이러한 상황에서 전형적인 문제는, 주어진 함수 $L(z)$를 $L(z) = L_+(z)L_-(z)$인 곱으로 나타내는 것이다. 단, 이때 $L_+(z)$는 위 반평면 $\mathrm{Im}\, z > a$에서 해석적이며, $L_-(z)$는 아래 반평면 $\mathrm{Im}\, z < b$에서 해석적이고 두 개의 반평면이 겹치도록 $a < b$이어야 한다. L이 2×2이거나 3×3 행렬일 경우와 관련된 문제도 있다. 이러한 **행렬 위너-호프 문제**는 특별한 경우들을 제외하고는 현재 푸는 방법을 모른다.

17 끝맺음 말

역사적으로 1820년대 코시부터 시작된 복소 해석학은 풍부하고 심오하며 광범위한 주제이다. 불가

피하게 이 글에서는 복소평면에서의 근사 이론이나 해석적 수 이론 같은 중요한 주제들을 다루지 못했다. 수많은 좋은 교재들이 있으며, 그중의 몇 권은 아래에 나열하였다. 다만, 복소 해석학이 활기 없는 분야라고 생각하지는 말기 바란다. 그렇지 않다. 이 글에서는 기본적인 것을 다루고, 미해결 문제와 기회가 남아 있는 분야를 제시하기 위해 노력하였다.

더 읽을거리

Ahlfors, L. V. 1966. *Complex Analysis*, 2nd edn. New York: McGraw-Hill.

Carrier, G. F., M. Krook, and C. E. Pearson. 1966. *Functions of a Complex Variable*. New York: Mc Graw-Hill.

Henrici, P. 1974, 1977, 1986. *Applied and Computational Complex Analysis*, volumes 1, 2, and 3. New York: Wiley.

Kristensson, G. 2010. *Second Order Differential Equations: Special Functions and Their Classification*. New York: Springer.

Needham, T. 1997. *Visual Complex Analysis*. Oxford: Oxford University Press.

Noble, B. 1988. *Methods Based on the Wiener-Hopf Technique*, 2nd edn. New York: Chelsea.

Smithies, F. 1997. *Cauchy and the Creation of Complex Function Theory*. Cambridge: Cambridge University Press.

Trefethen, L. N. 2013. *Approximation Theory and Approximation Practice*. Philadelphia, PA: SIAM.

Walsh, J. L. 1973. History of the Riemann mapping theorem. *American Mathematical Monthly* 80:270-76.

IV.2 상미분방정식

제임스 메이스 *James D. Meiss*

1 서론

응용수학에서 나타나는 보편적 모델인 미분방정식은 변화율이 방정식계의 상태에 의존하는 비율로 일어나는 현상을 수식화할 수 있다. **상미분방정식계**는 실수 또는 복소수인 일 변수 t에 의존하는 함수들의 집합 $\boldsymbol{y}(t) = (y_1(t), y_2(t), \cdots, y_k(t))$의 변화율을 나타낸다. 이때 함수 y_j는 방정식계의 **종속변수**이고, t는 **독립변수**이다(한 개 이상의 독립변수가 있다면, 방정식계는 **편미분방정식**[IV.3](PDE)이 된다). 아마도 가장 유명한 상미분방정식은 뉴턴의 운동 제2법칙

$$m\ddot{\boldsymbol{y}} = \boldsymbol{F}(\boldsymbol{y}, \dot{\boldsymbol{y}}, t)$$

일 것이다. 뉴턴의 운동 제2법칙은 질량이 m인 물체의 질량 중심 $\boldsymbol{y} \in \mathbb{R}^3$의 가속도와 외부에서 가해지는 힘 $\boldsymbol{F}$와의 연관성을 나타낸다. 이 힘은 보통 물체의 위치 $\boldsymbol{y}$와 속도 $\dot{\boldsymbol{y}}$에 의존(예를 들면, 전자기력 또는 제동력)하고 시간 t에 의존(예를 들면, 시변 외부 컨트롤)할 수 있다. 또한 힘은 다른 물체의 위치에도 영향을 받을 수 있다. 잘 알려진 예로는 중력에 관한 N-체 문제[VI.16]가 있다. 관례적으로 일계 미분계

수를 $\dot{\boldsymbol{y}}$ 또는 $\boldsymbol{y}'$, 이계 미분계수를 $\ddot{\boldsymbol{y}}$ 또는 $\boldsymbol{y}''$, 그리고 k계 미분계수를 $\boldsymbol{y}^{(k)}$으로 나타낸다.

뉴턴의 운동 제2법칙은 이계 상미분방정식계이다. 일반적으로, k-차원 벡터 $\boldsymbol{y}$의 n번 미분을 포함할 때 n계 상미분방정식계라고 한다. 즉, n계 상미분방정식계는

$$G(\boldsymbol{y}, \boldsymbol{y}^{(1)}, \boldsymbol{y}^{(2)}, \cdots, \boldsymbol{y}^{(n)}; t) = 0 \tag{1}$$

을 만족하는 방정식이다. 한 예로 스칼라 함수 $y(t)$에 관한 클레로(Clairaut) 미분방정식

$$-y + t\dot{y} + g(\dot{y}) = 0 \tag{2}$$

이 있다. 식 (2)는 y의 일계 미분계수만을 포함하기 때문에 일계 상미분방정식이다. 또한, 이 방정식은 **음함수** 형태를 갖는다. 왜냐하면 가장 높은 계수의 미분계수를 $\boldsymbol{y}$와 더 낮은 계수의 미분계수들의 함수를 이용하여 음함수 형태로 정의했기 때문이다. 클레로 방정식은 정확하게 하나의 독립변수에 의존하는데, 이러한 상미분방정식계를 **비자율계**라고 부른다.

1734년 클레로는 식 (2)의 해집합이 $y(t) = ct + g(c)$, $c \in \mathbb{R}$임을 증명하였다. 이 해를 어떻게 찾았는지에 대해선 명확하지는 않지만, 단순히 식 (2)에 $y(t)$를 대입하면 $-y + t\dot{y} + g(\dot{y}) = -(ct + g(c)) + tc + g(c) \equiv 0$이므로 $y(t)$는 해가 된다는 것을 쉽게 확인할 수 있다. 일반적으로 상미분방정식 (1)의 구간 (a, b)에서의 해는 모든 $t \in (a, b)$에 대하여 (1)이 항등적으로 0이 되도록 만드는 함수 $\boldsymbol{y}(t)$를 말한다. 특별한 경우에 해는 **초기치 문제** 또는 경계치 문제(5절 참고)의 해가 될 수 있다. 일계 미분방정식의 경우, 초기치 문제는 주어진 '시작' 시간 t_0에 주어진 값 $y(t_0) = y_0$을 만족하는 함수를 찾는 문제이다. 예를 들면, 식 (2)의 해집합은 $y_0 = g(c)$를 만족하는 c가 존재하면 초기조건 $y(0) = y_0$을 만족한다. 여기서, y_0은 g의 치역에 해당한다. 초깃값 영역 상의 초기치 문제를 만족하는 집합 $\boldsymbol{y}(t\,;\,\boldsymbol{c})$를 **일반해**라 한다.

이러한 해집합과 별개로, 음함수 형태의 상미분방정식계는 **특이해**를 가질 수 있다. 예를 들면, 식 (2)는 $(t(s), y(s)) = (-g'(s), g(s) - sg'(s))$처럼 매개변수로 정의된 해를 갖는다. 이것을 식 (2)에 대입하고 음함수미분을 사용하면 해가 된다는 것을 쉽게 알 수 있다. 그러나 이 해를 어떻게 찾았는지는 명확하지 않다. 라그랑주(Lagrange)는 음함수 형태인 상미분방정식의 어떤 특정 특이해들을 일반해의 포락선(envelopes)으로 찾을 수 있다는 것을 증명하였다. 이후 이 증명은 케일리(Cayley)와 다르부(Darboux)에 의해 일반 정리로 발전되었다.

1671년 뉴턴의 저서 『유율법(*Method of Fluxions*)』에서 기인한 상미분방정식계에 관한 일반 정리는 상미분방정식의 특이해와 일반해들을 기본 함수로 나타내는 데 목적이 있다. 그러나 대부분의 상미분방정식계는 그러한 양함수 해를 갖지 못한다. 실제로, 미분방정식의 해는 잘 알려진 **특수함수**[IV.7]들이 대부분이다. 예를 들어, **베셀 함수**[III.2] $J_n(x)$는 양함수 형태의 이계 비자율방정식인 스칼라 초기치 문제

$$\left.\begin{aligned} x^2y'' + xy' + (x^2 - n^2)y = 0, \\ y(0) = \delta_{n,0}, \quad y'(0) = \tfrac{1}{2}\delta_{n,1} \end{aligned}\right\} \tag{3}$$

의 유일한 해이다. 여기서, 크로네커 델타함수 $\delta_{i,j}$는 $i = j$일 때만 $\delta_{i,i} = 1$이고, 다른 경우는 항상 0인 함

수이다. 식 (3)은 많은 편미분방정식계에 변수분리법을 사용할 때 자주 나타난다. 이 상미분방정식을 직접적으로 잘 조작하면 J_n의 많은 성질(예를 들면, 멱급수 전개, 점근적 근사 등)을 얻을 수 있다.

대부분의 응용문제에서, 상미분방정식 (1)은

$$\frac{\mathrm{d}^n}{\mathrm{d}t^n}\boldsymbol{y} = H(\boldsymbol{y}, \dot{\boldsymbol{y}}, \ddot{\boldsymbol{y}}, \cdots, \boldsymbol{y}^{(n-1)}, t) \tag{4}$$

와 같은 양함수 형태로 쓸 수 있다. 이런 방정식계는 항상 일계 상미분방정식계로 바꿀 수 있다. 예를 들어, $d = nk + 1$차원 변수를 $x = (\boldsymbol{y}, \dot{\boldsymbol{y}}, \cdots, \boldsymbol{y}^{(n-1)}, t)$로 놓으면, 식 (4)는 적당한 함수 f에 대하여 일계 자율방정식

$$\dot{x} = f(x) \tag{5}$$

로 바꿀 수 있다. 따라서 모든 k개의 양함수 형태인 n계 상미분방정식계 집합은 식 (5)와 같은 형태로 쓸 수 있다.* 상미분방정식 (5)는 해밀턴 동력학이나 생태학의 인구모형과 같은 응용문제에서 자주 등장한다. 일반적으로, **위상공간**이라 부르는 d-차원 다양체 M에 대하여, $x \in M$이다. 예를 들면, 평면 시계추의 위상공간은 $x = (\theta, p_\theta)$인 실린더이다. 여기서 θ는 각이고 p_θ는 각운동량이다.

일반적으로, 식 (5)의 함수 f는 다양체 M의 각 점에서의 속도벡터(탄젠트공간 TM의 성분)이다. 따라서 $f: M \to TM$이며, 이러한 함수를 **벡터장**이라 한다. 식 (5)의 해 $\varphi: (a, b) \to M$는 M에서 속도가 $f(\varphi(t))$인 미분가능한 곡선 $x(t) = \varphi(t)$이다. 따라서 이 곡선은 모든 점에서 f에 접한다. 주어진 곡선 $x(t) = \varphi(t)$에 대하여, 식 (5)가 풀릴 수 있는지 없는지를 확인하는 것은 자명하지만 해를 찾는 것은 매우 어려운 작업이다. 식 (5)의 **일반해**는 $x(t) = \varphi(t\,;\,c)$의 형태를 갖는다. 이때 $c \in \mathbb{R}^d$는 매개변수들의 집합으로, $t_0 \in (a, b)$이고 초기조건 $x_0 \in M$일 때, 방정식 $\varphi(t_0\,;\,c) = x_0$을 c에 관하여 풀 수 있다.

식 (5)의 **일반해**는 d차원 매개변수 c에 의존하는 해 $x(t) = \varphi(t\,;\,c)$이고, $t_0 \in (a, b)$일 때, $x(t_0) = x_0 \in M$인 어떤 초기치 문제에 대하여, $\varphi(t_0\,;\,c) = x_0$인 $c \in \mathbb{R}^d$가 존재한다. 하지만 대부분의 경우 식 (5)의 일반해를 양함수 해로 구하는 것은 매우 어렵다.

2 일계 미분방정식

18세기 초반 일계 미분방정식의 해석적 해를 구하는 많은 기술들이 개발되었다. 일계 미분방정식은 1690년 제임스 베르누이(James Bernoulli)가 풀었던 등시선 문제(주기가 진폭과 독립적인 시계추의 자취를 찾는 문제)와 1691년 존 베르누이가 풀었던 다빈치의 현수선 문제(현수형 케이블의 모양을 찾는 문제)와 같은 역학적 문제에서 유래하였다.

이 기간 동안 일반적인 일계 미분방정식에 적용이 가능한 여러 방법들이 개발되었는데, 1691년 라이프니츠(Leibniz)는 변수분리법을 개발하였다. 상미분방정식 $\mathrm{d}y/\mathrm{d}x = g(x)h(y)$의 해는 음함수 형태인

$$\int \frac{\mathrm{d}y}{h(y)} = \int g(x)\,\mathrm{d}x \tag{6}$$

이다. 모든 일계 자율방정식은 변수분리가 가능하

* 식 (5)는 자율계이지만, 비자율계에 관한 연구가 의미 없는 것은 아니다. 예를 들면, 주기적 궤적의 안정성은 비자율계인 선형방정식 문제에서 가장 잘 파악된다.

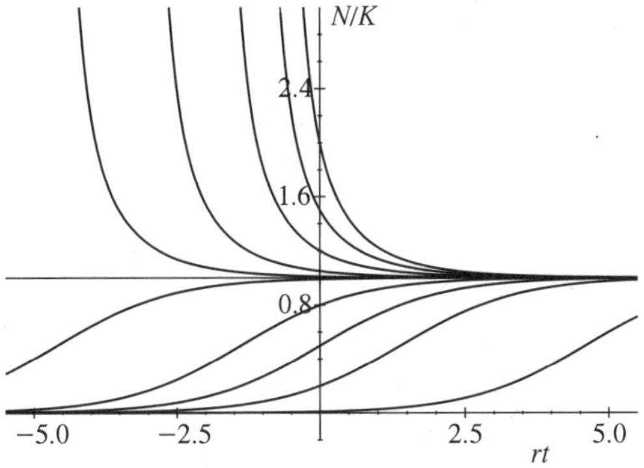

그림 1 로지스틱 상미분방정식 (7)의 해곡선. 평형해들인 $N=0$, $N=K$는 수평선 상에 있다.

다. 예를 들면, 로지스틱 인구모형[III.19]인

$$\dot{N} = rN(1 - N/K) \tag{7}$$

을 적분하고 N에 관하여 풀면

$$N(t) = \frac{N_0 K}{N_0 + (K - N_0)\mathrm{e}^{-rt}} \tag{8}$$

를 얻는다. 해곡선을 그려 보면 그림 1과 같다.

만약 $N_0 > 0$이면 이 해는 $t \to \infty$일 때 '수용 용량' K로 수렴한다. $N = K$와 $N = 0$은 벡터장이 $N = 0$, $N = K$로 수렴하기 때문에 식 (7)의 **평형해**라 한다.

미분방정식 $N(x, y)y' + M(x, y) = 0$은 영이 되는 미분 1형식 $M(x, y)\mathrm{d}x + N(x, y)\mathrm{d}y = 0$으로 바꿀 수 있다. 1739년 클레로가 이것이 완전 형식, 즉 $\mathbb{R}^2$ 상에서 $\partial M/\partial y = \partial N/\partial x$일 때 방정식을 풀었지만 이미 1734년에 오일러가 적분인자를 이용한 좀 더 일반적인 방법을 고안했다. $F(M\mathrm{d}x + N\mathrm{d}y)$가 함수 $H(x, y)$의 전미분

$$\mathrm{d}H \equiv \frac{\partial H}{\partial x}\mathrm{d}x + \frac{\partial H}{\partial y}\mathrm{d}y$$

와 같아지는 함수 $F(x, y)$를 잘 만들 수 있다면, $\mathrm{d}H = 0$의 해들은 $H(x, y)$의 경로 상에 존재한다. 예를 들어, 자유도가 1인 해밀턴 방정식계

$$\dot{x} = -\frac{\partial H}{\partial y}(x, y), \quad \dot{y} = \frac{\partial H}{\partial x}(x, y) \tag{9}$$

의 적분곡선은 모든 점에서 속도벡터에 접하는 곡선이다. 다시 말하면, 적분곡선은 기울기 벡터 $\nabla H \equiv (\partial H/\partial x, \partial H/\partial y)$에 수직이다. 순간접벡터를 $(\mathrm{d}x, \mathrm{d}y)$로 표시하는 것은 완전 1형식 $(\mathrm{d}x, \mathrm{d}y) \cdot \nabla H = 0$을 의미한다. 이 방정식의 해는 상수 '에너지'를 갖는 경로 $H(x, y) = E$ 상에 존재한다. 이 방법을 이용하면 평면 시스템의 평면곡선 또는 **궤적**을 찾을 수 있지만, 시간-종속 함수인 $x(t)$와 $y(t)$를 구할 수는 없다. 그러나 H의 불변성을 이용하면, x에 관한 상미분방정식 $\dot{x} = \partial_y H(x, y(x; E))$는 해를 **적분** (6)으로 구할 수 있는 변수분리가 가능한 일계 방정식이 된다.

대입법 또한 여러 특별한 경우에 사용한다(적분인자처럼 적당한 대체함수를 구하는 일반적인 방법은 없다). 예를 들면, 제임스 베르누이의 일계 비자율방정식

$$y' = P(x)y + Q(x)y^n$$

은 변수 치환 $z = y^{1-n}$에 의하여 선형화된다. 비슷하게, 라이프니츠는 대체함수 $y(x) = xv(x)$를 이용하면 동차방정식 $y' = G(y/x)$가 변수분리 가능한 방정식이 된다는 것을 증명하였다.

그 밖의 다른 방법들에 관한 논의는 인스(Ince, 1956)의 책과 다양한 고전에서 다루고 있다.

3 선형미분방정식

1743년 오일러는 지수함수 $y = e^{rt}$을 사용하여 상수계수를 갖는 n계 선형미분방정식

$$\sum_{j=0}^{n} a_j \frac{d^j y}{dt^j} = 0 \tag{10}$$

을 n차 **특성방정식** $p(r) = \sum_{j=0}^{n} a_j r^j = 0$으로 바꿔서 풀었다. 이때 p의 근인 r_k는 해 $y(t) = e^{r_k t}$을 제공한다. 여기에 선형성을 이용하면, 해들의 중첩 $y(t) = \sum_{k=0}^{n} c_k e^{r_k t}$ 또한 c_k가 임의의 상수계수일 때 해가 됨을 알 수 있다. $p(r)$이 중복도 $m > 1$의 근 r^*를 가질 때는, 오일러의 차수줄임법이 가능한 해 $y(t) = e^{r^* t} u(t)$를 사용한다. 이 해는 u가 t에 관한 $(m-1)$차 다항식이 되는 방정식 $u^{(m)} = 0$을 만족할 때 새로운 해가 될 수 있다. 따라서 일반해는 $t^{\ell} e^{r_k t}$ 형태의 선형독립인 n개 함수들의 일차결합이 된다. 상미분방정식이 실숫값 계수를 갖더라도 근은 복소수 $r_k = \alpha_k + i\beta_k$가 될 수도 있다. 이런 경우 켤레근은 $\ell = 0, \cdots, m-1$일 때, $t^{\ell} e^{\alpha_k t} \cos(\beta_k t)$와 $t^{\ell} e^{\alpha_k t} \sin(\beta_k t)$의 형태인 실수해를 만드는 데 사용된다. 이러한 실수해들의 일차결합은 n개의 실수인 상수 c_k를 갖고, 실수해들이 독립이기 때문에 임의의 특정치 b_k에 관한 초기치 문제 $y^{(k)}(t_0) = b_k, k = 0, \cdots, n-1$을 풀 수 있는 것으로 상수 c_k들을 선택할 수 있다.

일반적으로 식 (5)가 선형일 때, 방정식은 $n \times n$ 상수행렬 A에 관한 방정식

$$\dot{x} = Ax \tag{11}$$

로 바뀐다. 이 방정식계의 일반해는 행렬지수 $x(t) = e^{tA}x(0)$이다. 좀 더 일반적인 **행렬함수**[II.14]에 대해 말하자면, 기호 e^{tA}는 미분방정식의 해처럼 정의된다고 볼 수 있다. 정확히 말하면, 이 행렬지수는 a가 스칼라인 e^{at}처럼 수렴하는 매클로린 급수로 정의된다. A가 준단순이면(즉, A가 완전 특성벡터 기저를 갖는다면), A는 열벡터가 특성벡터인 행렬 P에 의하여 대각화된다. 즉, $\Lambda = \text{diag}(\lambda_1, \cdots, \lambda_n)$가 대각성분이 특성치들인 대각행렬일 때, $A = P\Lambda P^{-1}$이고, 이 경우

$$e^{tA} = P \,\text{diag}(e^{\lambda_1 t}, \cdots, e^{\lambda_n t}) P^{-1}$$

이 된다. 다시 말하면, e^{tA} 또한 t에 관한 멱급수가 된다. 강제함수 $g \in \mathbb{R}^n$를 갖는 선형 비동차방정식계

$$\dot{x} = Ax + g(t)$$

는 라그랑주 변분법을 이용하면 풀 수 있다. 변분법의 핵심은 동차방정식의 해에서 $x(0)$을 함수 $u(t)$로 바꾸는 것이다. 미분방정식에 $x(t) = e^{tA}u(t)$를 대입하면

$$x(t) = e^{tA}x(0) + \int_0^t e^{(t-s)A} g(s)\,ds$$

와 같은 적분 형태의 해를 얻게 된다.

선형 비자율 미분방정식계 $\dot{x} = A(t)x$의 해는 좀 더 복잡하다. 그 이유는 $A(t)$가 일반적으로 $t \neq s$일 때 $A(s)$와 교환이 안 되기 때문이다. 실제로, 행렬들이 교환되지 않는다면 $e^A e^B \neq e^{A+B}$이다(리(Lie) 정리에 의하여 베이커-캠벨-하우스도르프 정리(Baker-Campbell-Hausdorff theorem)는 곱의 급수 전개를 가능하게 한다). 그러나 특수한 경우인 시간-주기행렬 $A(t) = A(t+T)$에 관한 문제는 해결이 가능하다. 플로케(Floquet)는 이런 경우의 일반해가 $x(t) = P(t)e^{tB}x(0)$의 형태를 갖는다는 것을 증명하

였다. 여기서 B는 실숫값 상수행렬이고, $P(t)$는 주기가 $2T$인 주기행렬이다. 이런 경우의 예로는 **마티외 방정식**[III.21]이 있으며, 이에 관한 많은 연구가 진행되었다.

일반적으로, 대응행렬이 상수행렬이 되는 좌표공간으로의 변환을 찾는 것을 **변환 가능성 문제**라 부르는데, 시간에 관하여 준주기적인 경우에도 이 문제는 자명하지 않다.

4 특이점

선형미분방정식 (10)에서 계수를 $t \in \mathbb{C}$에 관한 해석함수(analytic functions) $a_j(t)$로 바꿔보자. 그러면 (10)은 비자율방정식이 된다. 코시는 계수들이 t_0 근방에서 해석적이고 $a_n(t_0) \neq 0$이면, 이 미분방정식은 n개의 독립적인 해석적 해를 갖는다는 것을 증명하였다. 이때 y의 멱급수의 계수들은 급수를 미분방정식에 대입해서 얻은 귀납적 관계식을 통해 얻을 수 있다.

몇몇 $a_j(t)/a_n(t)$들이 특정한 점에서 해석적이지 않을 때, 이 점들은 미분방정식의 고정된 **특이점**이고, 해는 t_0에서 해석적일 필요는 없다. 이때 두 가지의 서로 다른 경우가 있다. 첫 번째 경우로 각 $j = 1, \cdots, n$에 대하여, $a_{n-j}(t)/a_n(t)$가 기껏해야 계수가 j인 극점을 갖는다면 특이점은 **정칙**이다. 이 경우는 형태가 $y(t) = (t - t_0)^r \phi(t)$인 해가 최소한 한 개는 존재하는 $r \in \mathbb{C}$이 존재한다. 여기서 ϕ는 t_0에서 해석적이다. 그 외의 해들 또한 대수적 특이점들을 가질 수 있다. 특히, 모든 특이점들이 정칙인 미분방정식을 **푹스(Fuchs) 방정식**이라 부른다.

수리물리학에서 대부분의 **특수함수**[IV.7]는 정칙 특이점을 갖는 이계 선형미분방정식계의 해가 된다. 예를 들면, 복소값 함수 $w(z)$의 초기하방정식

$$z(1-z)w'' + (\gamma - (\alpha + \beta + 1)z)w' - \alpha\beta w = 0 \tag{12}$$

의 해들이 특수함수이다. 이 미분방정식은 정칙 특이점들 $z = 0, 1, \infty$를 갖는다($z = \infty$는 독립변수를 $u = 1/z$로 변환하면 얻을 수 있다). 특이점이 0일 때, 프로베니우스(Frobenius)의 해법을 따라 해를 급수

$$w(z) = z^r \sum_{j=0}^{\infty} c_j z^j$$

의 형태로 놓고, 식 (12)에 대입하면 $c_0 p(r) z^{r-1} + O(z^r) = 0$이 된다. 만약 $c_0 \neq 0$이면, r은 근이 $r_1 = 0$과 $r_2 = 1 - \gamma$인 **결정방정식** $p(r) = r^2 + (\gamma - 1)r = 0$을 만족해야 한다. $c_j, j > 0$에 대한 귀납적 관계식은 z^{r+j-1}의 항으로부터 얻을 수 있다. 이로부터 $r_1 = 0$일 때, **가우스 초기하함수**[IV.7 §5]

$$F(\alpha, \beta, \gamma; z) = \frac{\Gamma(\gamma)}{\Gamma(\alpha)\Gamma(\beta)} \sum_{j=0}^{\infty} \frac{\Gamma(\alpha+j)\Gamma(\beta+j)}{j!\Gamma(\gamma+j)} z^j$$

이 나온다. 여기서 감마 함수 Γ는 계승(fractorial)을 확장한 개념이다. 만약 $\gamma \notin \mathbb{Z}$이면, 두 번째 해는 $x^{1-\gamma}F(\alpha - \gamma + 1, \beta - \gamma + 1, 2 - \gamma; x)$이고 이것은 $z = 0$에서 해석적이지 않다.

결정방정식이 정수 차이가 나는 근을 가질 때, 계수축소법으로 두 번째 해를 구할 수 있다. 예를 들어, 이계 미분방정식의 경우에 $r_1 - r_2 \in \mathbb{N}$이라 가정하고 $w_1(z) = e^{r_1 t}\phi_1(t)$가 r_1에 관한 해라고 하자. 대체함수 $w(z) = w_1(z)\int v(z)\mathrm{d}z$를 대입하면 v가 0에서 정칙 특이점을 갖는 일계 미분방정식을 만족하

는 것을 알 수 있다. 이때 결정방정식이 음의 정수근 $r_2 - r_1 - 1$을 갖는다. 만약 v의 멱급수가 $O(z^{-1})$항을 갖는다면 $w(z)$는 대수적 특이점들을 갖는다. 결국 두 번째 해는 $w(z) = z^{r_2}\phi_2(z)+cw_1(z)\ln z$의 형태가 된다. 여기서 ϕ_2는 0에서 해석적이고 c는 0이 될 수도 있다. 예를 들면, 결정방정식의 근이 정수 차이가 날 때, 정수 γ에 관한 두 번째 초기하해는 대수적 특이점을 갖는다.

반면, **비정칙** 특이점 근처에서 해는 진성 특이점들(essential singularities)을 가질 수도 있다. 예를 들면, 일계 미분방정식 $z^2w' = w$는 0에서 비정칙 특이점을 갖고 해 $w(z) = ce^{-1/z}$은 진성 특이점을 갖는다. 베셀 방정식(Bessel's equation) (3)은 비정칙 특이점을 ∞에서 갖는다.

비선형미분방정식계의 특이점은 고정되거나(즉, 벡터장의 특이점으로 결정된다) 움직일 수 있다. 후자의 경우, 특이점의 위치는 초기조건에 영향을 받는다. **팽르베 방정식**[III.24] 정리는 움직일 수 있는 특이점만 극점이 되는 방정식에서 유래되었다.

5 경계치 문제

지금까지는 한 점 $t = t_0$에서 값이 주어지는 식 (5)와 같은 형태의 미분방정식계에 관한 초기치 문제를 다루었다. 또 다른 유명한 공식으로는 해의 성질이 서로 다른 두 점에서 규정되는 경계치 문제에 관한 공식이 있다. 경계치 문제는 편미분방정식계를 변수분리할 때 생기는 상미분방정식계에서 흔히 일어난다. 또한 제어이론에서도 이러한 문제가 나타나는데, 이때 제약조건은 다른 시간에 적용될 수도 있다.

고전적인 경계치 문제로는 스튀름-리우빌(Sturm-Liouville) 방정식

$$\left.\begin{aligned} -(p(x)y')' + q(x)y &= \lambda r(x)y, \\ \alpha_1 y(a) + \alpha_2 y'(a) &= 0, \\ \beta_1 y(b) + \beta_2 y'(b) &= 0 \end{aligned}\right\} \qquad (13)$$

이 있다. 여기서 λ는 매개변수, 즉 편미분방정식의 분리상수이다. 또한 $p \in C^1[a, b]$, $q, r \in C^0[a, b]$이고 p와 가중함수 r은 양수, $\alpha_1\alpha_2, \beta_1\beta_2 \neq 0$이라 가정한다. 예를 들어, 적당한 경계조건들이 주어지면 베셀 방정식 (3)은 $p(x) = -q(x) = x$이고 $r(x) = 1/x$인 위와 같은 형태가 된다.

스튀름-리우빌 문제는 분리상수들의 이산집합 $\lambda_n, n \in \mathbb{N}$에 대한 유일한 해 $y_n(x) \in C^2[a, b]$를 갖는다. 또한 이런 '고유함수'와 대응하는 '고유치'는 여러 중요한 성질을 갖고 있다.

순서(Ordering): $\lambda_1 < \lambda_2 < \cdots < \lambda_n < \cdots$.

진동(Oscillation): $y_n(x)$는 (a, b)에서 $n - 1$개의 단순 영점을 갖는다.

증가(Growth): $n \to \infty$일 때, $\lambda_n \to \infty$이다.

직교성(Orthogonality): $\int_a^b r(x)y_n(x)y_m(x)\mathrm{d}x = \delta_{m,n}$

완비성(Completeness): 집합 y_n은 공간 $L^2(a, b)$의 기저(basis)이다.

아마도 이런 형태의 문제 중 가장 간단한 것은 $y'' = -\lambda y$, $y(0) = y(1) = 0$일 것이다. 여기서 고유치는 $\lambda_n = (n\pi)^2$이고 고유함수는 $y_n = \sin(n\pi x)$이다. 이런 함수들이 $L^2(0, 1)$ 상의 완비성을 갖기 위해서는 사인함수의 푸리에 급수의 수렴성이 필요하다. 좀 더 흥미 있는 문제로는 양자 조화 진동자에 관련

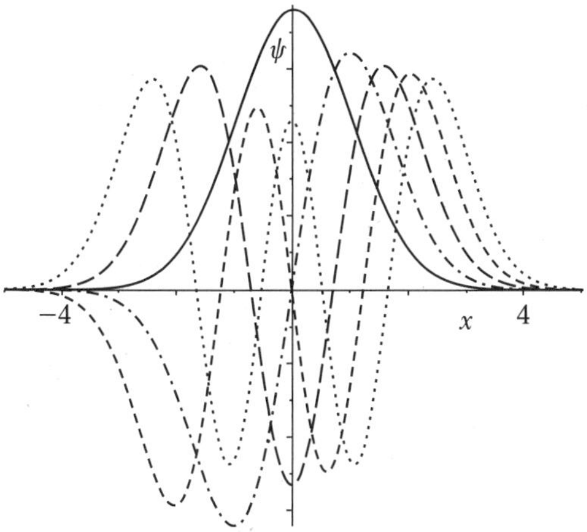

그림 2 스튀름-리우빌 문제 (14)의 처음 다섯 개의 고유해.

된 슈뢰딩거 방정식

$$-\psi'' + x^2\psi = \lambda\psi \qquad (14)$$

이 있다. 여기서 λ는 전형적인 주파수 ω에 관한 에너지 $E = \frac{1}{2}\lambda\hbar\omega$와 연관돼 있다. 이는 $\psi \in L^2(-\infty, \infty)$에 관한 스튀름-리우빌 문제이고 $\psi(x) = \mathrm{e}^{-x^2/2}y(x)$를 식 (14)에 대입하여 식을 에르미트(Hermite) 방정식 $y'' - 2xy' + (\lambda - 1)y = 0$으로 변환하면 해를 가장 쉽게 구할 수 있다. $\lambda_n = 2n - 1, n \in \mathbb{N}$일 때, 이 상미분방정식의 해들은 $(n-1)$차 다항식이다. 그렇지 않으면, 파동함수 ψ는 제곱적분이 가능하지 않다. 식 (14)의 처음 다섯 개의 직교 고유해들은 그림 2에서 볼 수 있다.

6 평형점과 안정성

선형 편미분방정식계의 해와는 별개로, 선형 상미분방정식계를 이용하면 비선형방정식계 (5)의 평형점의 안정성에 관한 연구가 가능해진다. $f(x^*) = 0$

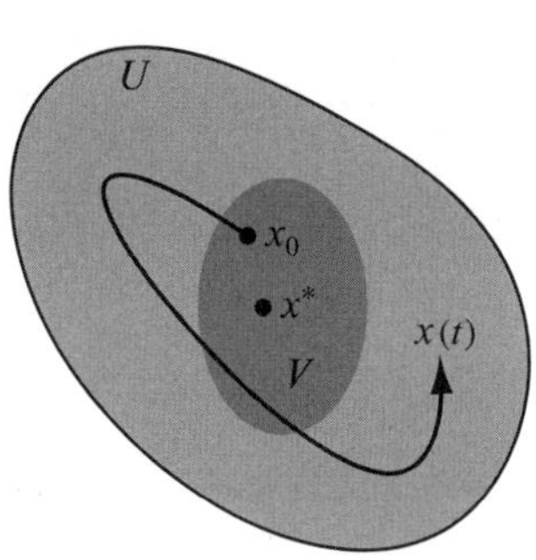

그림 3 랴푸노프 안정적 평형점 x^*.

일 때, 점 x^*를 평형점이라 한다. $f \in C^1$이면, 근방의 점 $x(t) = x^* + \delta x(t)$ 상의 동역학은 근사적으로 $\delta\dot{x} = \mathrm{D}f(x^*)\delta x$가 된다. 여기서 $(\mathrm{D}f)_{ij} = \partial f_i/\partial x_j$는 벡터장의 야코비 행렬이다.

임의의 근방 U에 대해 $x(0) \in V$일 때 모든 $t > 0$에 대하여 $x(t) \in U$를 만족하는 적당한 근방 $V \subset U$가 존재하면 평형점은 **랴푸노프**(Lyapunov) **안정적**이라 한다(그림 3을 보라). $A = \mathrm{D}f(x^*)$가 쌍곡행렬(스펙트럼이 허수축을 만나지 않는 행렬)인 경우, x^*의 안정성은 A의 고유치들에 의하여 결정된다. 실제로, 하트만-그로브먼(Hartman-Grobman) 정리는 이런 경우 x^*의 근방 U가 존재하여 U에서 식 (5)의 동역학계를 식 (11)의 동역학계로 바꾸는 좌표변환이 있음을 설명하고 있다. 이때 두 개의 동역학계들은 U 상에서 위상적으로 켤레 관계에 있다고 한다.

A의 모든 고유치들이 왼쪽 복소 반평면 $\mathrm{Re}(\lambda) < 0$에 있다면 평형점은 안정적이다. 정확히 말하면, 이런 경우 평형점은 점근적으로 안정적이다. 즉, 근방 U가 존재하여 U에서 시작하는 모든 해는 U 안에 있고 $t \to \infty$일 때, x^*로 수렴한다. 이런 경우, x^*를 안정적 **마디점**이라 한다. 만약 고유치들이 양수와 음

수의 실수부를 모두 갖는다면 x^*는 **안장점**이라 한다. 복소숫값 고유치의 경우는 선형방정식계의 해가 삼각함수를 포함하고 $\mathbb{R}^d$ 상에서 무한 소용돌이나선인 해들이 존재하기 때문에 부가적인 언급이 필요하다. 비선형 항들이 있어야 할 필요는 없지만 U 상의 시스템을 전환하는 위상동형사상은 나선을 풀 수도 있다.

예를 들어서, 더핑(Duffing) 감쇠 진동자에 관한 방정식*

$$\dot{x} = y, \quad \dot{y} = -\mu y + x(1 - x^2) \qquad (15)$$

을 생각해 보자. $\mu = \frac{1}{2}$일 때의 위상궤적은 그림 4에 나와 있다. 평형점은 (0, 0)과 $(\pm 1, 0)$ 세 가지가 있다. 원점에서 야코비 행렬은

$$Df(0,0) = \begin{pmatrix} 0 & 1 \\ 1 & -\frac{1}{2} \end{pmatrix}$$

이고 고유치는 $\lambda_{1,2} = -\frac{1}{4}(1 \pm \sqrt{17})$이다. 이들은 실수이고 부호가 반대이므로, 원점은 안장점이다. 대조적으로 다른 평형점의 야코비 행렬은

$$Df(\pm 1, 0) = \begin{pmatrix} 0 & 1 \\ -2 & -\frac{1}{2} \end{pmatrix}$$

이고 고유치는 복소숫값 $\lambda_{1,2} = -\frac{1}{4}(1 \pm \mathrm{i}\sqrt{31})$이다. 실수부가 음수이므로, 이 점들은 둘 다 주변을 끌어당기는 중심점이다. 그림 4에서 볼 수 있듯이, 두 점에 접근하는 궤적이 직선 $y = 0$을 무한 번 지나기 때문에 두 점은 여전히 비선형방정식계의 중심이다. 안장점과 그것의 안정적인 다양체(그림에서

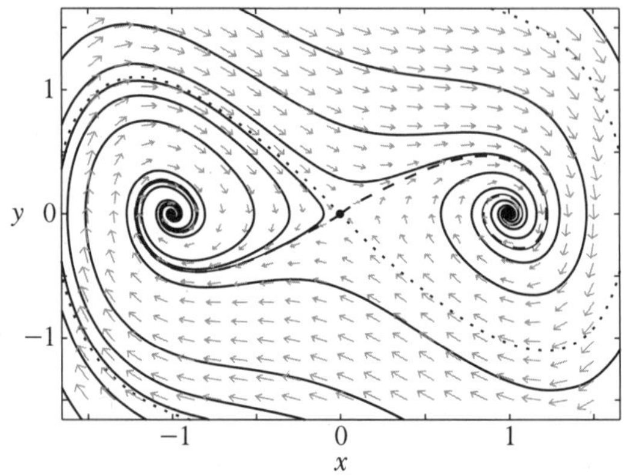

그림 4 $\mu = 1/2$일 때 식 (15)의 위상궤적. 화살표는 벡터장을 나타내고, 세 점은 평형점들이다. 점선 부분은 안장점의 안정적 다양체이고 파선 부분은 안장점의 비안정적 다양체이다.

점선 곡선)와 동떨어진 다른 모든 궤적들은 중심 중 하나에 점근적으로 수렴한다. 따라서 이들을 **끌개**라 하며, 끌리는 영역은 안장점의 안정적 다양체에 의하여 분리된다.

비쌍곡 평형점(A가 허수축에서 고유치를 가질 때)의 안정성은 약하고 비선형 항들, 즉 x^* 근방에서 f의 전개식 중 $O(\delta x^2)$항에 영향을 받는다. 예를 들어, 방정식계

$$\dot{x} = -y + ax(x^2 + y^2), \quad \dot{y} = x + ay(x^2 + y^2) \qquad (16)$$

은 유일한 평형점 (0, 0)을 가지고 있고, 원점에서의 야코비 행렬은 고유치 $\lambda = \pm \mathrm{i}$를 갖는다. 따라서 이 점은 **중심**의 동역학이다. 그럼에도 불구하고, 원점에서 (16)의 동역학은 a의 값에 영향을 받는다. 이런 사실은 $(x, y) = (r\cos\theta, r\sin\theta)$를 사용하여 극좌표로 변환하면 쉽게 알 수 있다.

$$\dot{r} = \frac{1}{r}(x\dot{x} + y\dot{y}) = ar^3,$$
$$\dot{\theta} = \frac{1}{r^2}(x\dot{y} - y\dot{x}) = 1$$

* 1918년 조지 더핑(George Duffing)은 식 (15)의 주기성 강제 버전을 연구하였다.

따라서 만약 $a < 0$이면 원점은 끌개이다. 즉 $t \to \infty$일 때, 모든 궤적은 원점으로 수렴한다. $a > 0$인 경우 원점은 밀개이다. 이와 같은 비쌍곡 평형점에 관한 연구가 분기 이론[IV.21]의 첫 단계이다.

7 해의 존재성과 유일성

상미분방정식의 해를 구하기 전에 해가 존재하는지, 존재한다면 주어진 초기치 문제의 해가 한 개 이상인지 아닌지를 아는 것은 매우 중요하다. 일어날 수 있는 경우로는 두 가지가 있다.

첫 번째 경우는 속도 f가 M에서 비유계인 것이다. 이 경우에는 해가 존재할 수 있지만 오직 유한 시간 구간에서 존재한다. 예를 들어 $x \in \mathbb{R}$에 대해 방정식계 $\dot{x} = x^2$은 일반해 $x(t) = x_0/(1 - tx_0)$을 갖는다. f가 '좋은' 함수, 즉 매끄러운 해석함수라 할지라도 $t \to 1/x_0$일 때 $|x| \to \infty$가 된다. 그러나 문제는 $|x|$가 증가할 때, 속도가 유한 시간에 더 빨리 무한 속도로 증가한다는 것이다. 존재성 이론은 이 문제를 국소적으로 다룬다. 즉, 오직 콤팩트 구간에서만 존재성을 보장한다는 의미이다.

두 번째 경우는 f가 유일해를 보장할 만큼 충분히 매끄럽지 않은 것이다. 어떤 사람은 f가 연속함수이면 충분하다고 생각할 수도 있다. 그러나 $x \in \mathbb{R}$에 대해 가장 간단한 방정식계 $\dot{x} = \sqrt{|x|}$는 초기조건 $x(0) = 0$을 충족하는 무수히 많은 해를 갖는다. 자명한 해는 $x(t) \equiv 0$이지만, $x(t) = \frac{1}{4}\operatorname{sgn}(t)t^2$ 또한 해가 된다. 더구나 임의의 시간 $t_0 > 0$까지 영이고 그 후에 포물선 $\frac{1}{4}(t - t_0)^2$으로 연결된 모든 함수 $x(t)$는 초기치 문제를 풀 수 있다. 이런 문제점을 없애기 위해서 f에 연속성 그 이상의 조건, 적어도 립시츠(Lipschitz) 조건을 주는 것이 필요하다. 함수 $f: M \to \mathbb{R}^d$가 $M \subset \mathbb{R}^m$ 상의 립시츠 함수라 하는 것은 모든 $x, y \in M$에 대하여 상수 K가 존재하여 f가 $\|f(x) - f(y)\| \le K\|x - y\|$를 만족한다는 뜻이다.

이제 해의 존재성과 유일성에 관한 정리를 소개하고자 한다. $B_r(x)$는 중심이 x이고 반경이 r인 닫힌 구(ball)라 하자.

정리 1(피카르-린델뢰프(Picard-Lindelöf) 정리). $x_0 \in \mathbb{R}^d$에 대하여 $f: B_b(x_0) \to \mathbb{R}^d$가 립시츠 함수가 되는 $b > 0$이 존재한다고 가정하자. 그러면, $x(t_0) = x_0$인 초기치 문제 (5)는 유일해 $x: [t_0 - a, t_0 + a] \to B_b(x_0)$을 갖는다. 여기서 $a = b/V$, $V = \max_{x \in B_b(x_0)} \|f(x)\|$이다.

이 정리는 피카르 반복법으로 증명이 가능하나, 가장 우아한 증명은 수축사상 정리를 사용하는 것이다.

8 유동

식 (5)의 벡터장이 피카르-린델뢰프 정리의 조건을 만족할 때, 해는 필수적으로 시간에 관한 C^1 함수가 된다. 또한 초기조건의 립시츠 함수이다. 이제 함수 f는 $f \in C^1(\mathbb{R}^d, \mathbb{R}^d)$이고 국소적으로 립시츠 함수라 가정하자. 비록 정리가 구간 $t \in [t_0 - a, t_0 + a]$에서만 해의 존재성을 보장하지만, 이 해는 최대 개구간 $J = (\alpha, \beta)$에서 유일하게 정의되는 해로 확대될 수 있다. 여기서 t가 유한값인 α 또는 β로 수렴할 때 해가 비유계가 되도록 최대 구간을 잡았다. 7절에서 언급했듯이, 비유계인 해들은 '좋은' 벡터장이 주어져도 나타날 수 있지만, 만약 f가 유계이거나 혹은 대역적 립시츠 함수라면 $J = \mathbb{R}$이다.

만약 $\varphi_t(x_0)$이 최대한 확장된 해라면, $\varphi : J \times \mathbb{R}^d \to \mathbb{R}^d$은 다음의 조건들

- $\varphi \in C^1$
- $\varphi_0(x) = x$
- $\varphi_t \circ \varphi_s = \varphi_{t+s}, \ \ t, s, t+s \in J$

를 만족한다. 마지막 조건은 자율성의 개념을 포함한다. 즉, 시간 t 동안 점 $\varphi_s(x)$에서 흐른 것은 시간 $t+s$ 동안 점 x에서 흐르는 것과 같다는 뜻이다.

예를 들어, $\varphi_t(N_0) = N(t)$로 다시 쓴다면 로지스틱 방정식의 해 (8)은 이런 함수가 된다. 이 경우 양수인 r과 K에 대하여, $0 \le N_0 \le K$이면 $J = \mathbb{R}$이고 $N_0 > K$이면 $J = (\alpha, \infty)$

$$\alpha = \frac{1}{r}\ln\left(1 - \frac{K}{N_0}\right) < 0$$

이다. 사실 그림 1에서 명확히 알 수 있는 것은 수용용량이 K일 때 위의 초기조건을 만족하는 해는 t가 감소할 때 빠르게 증가한다는 것이다. 즉 $t \downarrow \alpha$일 때, $\varphi_t(N_0) \to \infty$인 것이다.

일반적으로 위의 조건들을 만족하는 함수를 **유동**이라 부른다. 만약 $J = \mathbb{R}$이면, 유동은 **완전하다**고 한다. 또한 α는 유한이지만 β는 여전히 ∞이면 유동은 **반유동**이라고 한다. 모든 유동이 C^0 벡터장에 관한 미분방정식 (5)의 해라는 것은 쉽게 보일 수 있다. 유동은 **동역학계**[IV.20] 이론의 기본 바탕을 이룬다.

9 위상평면 분석

두 미분방적식계

$$\left.\begin{aligned} \dot{x} &= P(x, y), \\ \dot{y} &= Q(x, y) \end{aligned}\right\} \tag{17}$$

에서 P와 Q의 몇 가지 간단한 성질들을 살펴보면 방정식계를 질적으로 분석할 수 있다. 분석의 목표는 $t \to \pm\infty$일 때 나타나는 점근적 행동양상을 결정하고 평형점이나 주기적 궤적의 안정성을 살펴보는 것이다.

분기선은 집합

$$N_h = \{x, y : Q(x, y) = 0\},$$
$$N_v = \{x, y : P(x, y) = 0\}$$

이다. 분기선들은 전형적으로 순간적 움직임이 평행 또는 수직인 곡선이다. 평형점 집합은 정확히 분기선들의 교집합 $E = N_h \cap N_v$이다. 속도벡터는 분기선들이 나눈 구역 중 하나에 포함된다.

예를 들어, 로트카-볼테라(Lotka-Volterra) 방정식

$$\left.\begin{aligned} \dot{x} &= bx(1 - x - 2y), \\ \dot{y} &= cy(1 - 2x - y) \end{aligned}\right\} \tag{18}$$

는 두 종들 사이의 정규화된 개체수 $x \ge 0$과 $y \ge 0$을 가진 경쟁 모델이다. 두 종들의 개체수가 작을 때 종들의 한 개체당 출산율은 각각 b와 c이다. 그러나 같은 리소스에 대한 경쟁 때문에 x와 y 중 한쪽 또는 양쪽 다 증가한다면 출산율은 감소할 것이다. 경쟁이 없는 경우에, 환경은 하나의 개체 단위의 수용용량을 가지고 있다. 분기선은 직선 $N_h = \{y = 0\} \cup \{y = 1 - 2x\}$와 $N_v = \{x = 0\} \cup \{y = \frac{1}{2}(1 - x)\}$이다. 따라서, 4개의 평형점인 (0, 0), (1, 0), (0, 1) 그리고 $(\frac{1}{3}, \frac{1}{3})$이 있다. 분기선은 생물학적으로 관련 영역을 4사분면으로 나누는데, 이 영역은 그림 5에

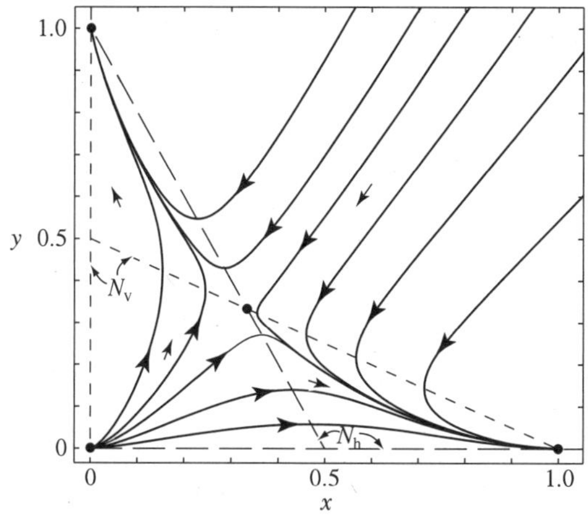

그림 5 $2c = 3b > 0$인 경우 로트카-볼테라 방정식 (18)의 위상궤적. 분기선들로 나눠진 각 영역에는 대표 속도벡터와 몇몇 수치적으로 근사된 궤적들이 나타나 있다.

서 보는 바와 같이 속도가 4사분면 중 하나에 들어가는 영역이다. 특히, x와 y가 모두 큰 경우(예를 들어, 수용 용량보다 큰 경우), 속도는 $\dot{x} < 0$이고 $\dot{y} < 0$이기 때문에 3사분면에 있어야 한다. 속도의 한 성분은 분기선을 건널 때만 뒤집어질 수 있기 때문에 (이 경우는 뒤집어진다), 그때 질적 행동양상의 나머지가 결정된다.

이로부터 원점은 **밀개**(source), 즉 모든 근방의 궤적이 $t \to -\infty$일 때 원점으로 수렴하는 것을 알 수 있다. 이와는 대조적으로 모든 근방의 궤적이 $t \to +\infty$일 때 좌표축 상의 두 평형점으로 수렴하므로 좌표축 상의 두 평형점은 **끌개**이다. 나머지 평형점은 근방의 궤적이 평형점으로 수렴하기도 하고 발산하기도 하므로 안장점이다. 게다가, 양의 사분면에 있는 모든 궤적은 유계이고, 거의 모든 궤적이 점차적으로 두 끌개 중 하나로 수렴한다. 유일한 예외는 안장점의 안정적 다양체에 있는 한 쌍의 궤적이다. 이러한 분석으로 알 수 없는 사항들로는, 이 행동양상이 일어나는 시간과 b/c에 의존하는 해곡선의 곡률 등이 있다. 이 모델은 전형적으로 한 종만 살아남는 경쟁적 배제의 생태학적인 현상을 모형화할 수 있다.

10 한계 궤적

만약 미분방정식계의 가장 단순한 해가 평형점이라면, 그 다음으로 단순한 해집합은 주기 궤적이다. 자율방정식의 해 $\Gamma = \{x(t) : 0 \le t < T\}$는 Γ가 위상 공간 상의 단순 폐쇄 루프일 때 최소 주기가 T인 주기함수가 된다. 실제로, 해의 유일성을 통해 $x(T) = x(0)$이면 모든 $n \in \mathbb{Z}$에 대하여 $x(nT) = x(0)$임을 알 수 있다.

일계 자율방정식 (5)는 주기함수인 해를 가질 수 없다. 사실 이러한 방정식계의 모든 해는 t에 관한 단조함수이다. 주기 궤적은 이계 방정식인 경우 흔하게 나타난다. 예를 들어, 평면 해밀턴 방정식계 (9)는 모든 닫힌 비퇴화($\nabla H \neq 0$) 경로 $H(x, y) = E$ 상에 주기 궤적을 가진다. 이런 주기 궤적은 고립되지 않는다. 고립된 주기 궤적을 **한계 궤적**(limit cycle)이라 부르는데, 한계 궤적은 또 다른 궤적의 전방(ω)극한 또는 후방(α)극한인 주기 궤적이다.

판 데르 폴 발진기(van der Pol oscillator)에 관한 방정식

$$\dot{x} = y, \qquad \dot{y} = -x + 2\mu y - x^2 y \tag{19}$$

는 1922년에 소개된 비선형 회로의 3단자 관을 가진 모델에 관한 방정식이다. 여기서 x는 회로를 흐르는 전류를 나타내고, y는 유도기를 통한 전압강

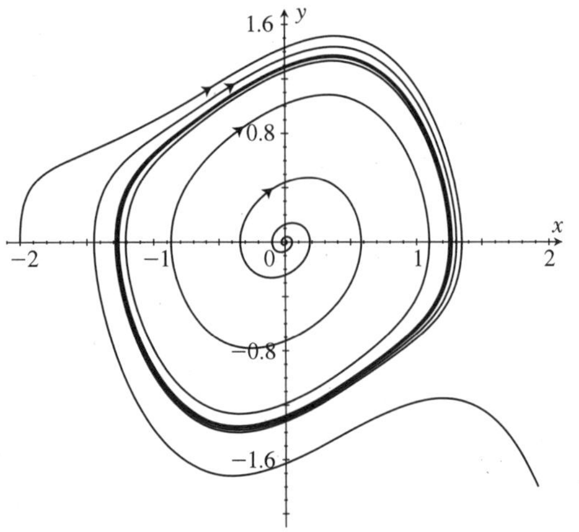

그림 6 $\mu = 0.2$일 때 판 데르 폴 발진기 방정식 (19)의 위상궤적.

하를 나타낸다. 매개변수 μ는 작은 전류를 보내는 진공관의 '음의(negative)' 저항에 해당한다. 이 미분방정식계는 $\mu > 0$(그림 6을 보라)일 때 유일한 주기함수인 해를 갖는다. $\mu = 0$일 때 한계 궤도는 **호프 분기선**[IV.21 §2] 정리를 통해 알 수 있다. 유일성에 관한 증명은 레나르트(Liénard)의 좀 더 일반적인 정리에 의하여 가능하다.

따라서 평면 벡터장은 평형점과 주기 궤적을 가질 수 있다. 그렇다면 보다 복잡한 궤적, 예를 들어 준주기적 궤적이나 카오스적 궤적 같은 것들도 존재할까? 푸앵카레는 이 질문에 대하여 부정적이었고, 후에 벤딕손(Bendixson)의 정리에 의해 이것은 증명되었다. 평면 상의 유계인 궤적의 극한 집합은 오직 평형해와 주기 궤적만을 포함할 수 있다. 따라서 2차원 상의 **혼돈**[II.3]은 없다. 주기 궤적들을 찾는다는 관점에서, 이 정리는 다음 결과를 유도할 수 있다.

정리 2(푸앵카레-벤딕손(Poincaré-Bendixson) 정리). $A \subset \mathbb{R}^2$가 유계인 양적 불변 영역이라 하고 φ가 A 상에서 완전한 반유동이라 할 때, A가 평형점을 포함하지 않으면, 주기 궤적을 포함해야 한다.

예를 들어, 미분방정식계

$$\dot{x} = y, \quad \dot{y} = -x + yh(r)$$

을 생각해 보자. 여기서 $r = \sqrt{x^2 + y^2}$이고 A가 원환 $\{(x, y): a < r < b\}$라 하자. 그러면 A는 어떤 $0 < a < b$에 대하여 평형점을 포함하지 않는다. 이제, 방정식계를 극좌표로 변환하면 극방정식

$$\dot{r} = \frac{y^2}{r} h(r)$$

을 얻는다. $h(b) < 0 < h(a)$가 되는 $0 < a < b$가 존재한다고 하면 원 $r = a$ 상에서 $\dot{r} \geq 0$이 되고 이는 궤적들이 A의 내부경계를 통해 벗어날 수 없다는 것을 의미한다. 비슷하게, 궤적은 $r = b$를 통과하여 A를 벗어날 수 없다. 왜냐하면 이 원 상에서 $\dot{r} \leq 0$이기 때문이다. 따라서 푸앵카레-벤딕손 정리에 의하여, A에는 주기 궤적이 있다.

11 이종다양체 연결 궤적

φ가 x^*에서 안장점인 평형점을 갖는 완전한 C^{r+1} 유동이라 가정해 보자. 안정적인 고유치($\mathrm{Re}(\lambda_i) < 0$)에 대응하는 $\mathrm{D}f(x^*)$의 일반화된 k개의 고유벡터들은 x^*에서의 k-차원 접평면 E^s를 정의한다. 이 선형 평면은 x^*로 수렴하는 비선형 유동의 궤적집합

$$W^s(x^*) = \{x \in M \setminus \{x^*\}: \lim_{t \to \infty} \varphi_t(x) = x^*\}$$

를 만들기 위해 확장될 수 있다. **안정적 다양체 정리**[IV.20]는 이 집합이 x^*에서 E^s에 접하는 k-차원, C^r, 내장형 다양체임을 보여 준다. 마찬가지로, 안장점은 비안정적 다양체

$$W^u(x^*) = \{x \in M \setminus \{x^*\}: \lim_{t \to -\infty} \varphi_t(x) = x^*\}$$

를 갖는데, 이 다양체는 x^*의 비안정적 고유벡터들로 생성된 $(n-k)$차원의 평면에 접한다. 단, 이 집합은 x^*에서 탈출한다는 개념이 아닌 후방 점근적 행동양상을 정의한다는 것에 주의해야 한다. 또한 이러한 개념은 쌍곡 불변집합에 대해 일반화될 수 있다.

푸앵카레는 비안정적 다양체와 안정적 다양체의 교집합에서 복잡한 궤적이 생길 수 있다는 것을 깨달았다. 그는 $\Gamma \in W^u(x^*) \cap W^s(x^*)$일 때, 궤적 Γ를 **동종다양체 연결 궤적**(homoclinic)이라 불렀다. 마찬가지로 서로 다른 안장점 a와 b에 대해, $\Gamma \in W^u(a) \cap W^s(b)$이면 이 궤적은 **이종다양체 연결 궤적**(heteroclinic)이라 한다.

평면 해밀턴 미분방정식계는 때때로 동종다양체 연결 궤적이나 이종다양체 연결 궤적을 가진다. 예를 들어, $\mu = 0$인 보존적 더핑 발진기 모델 (15)는 해밀토니언 $H(x, y) = \frac{1}{2}(y^2 - x^2 + \frac{1}{2}x^4)$을 갖는다. 이 함수는 임계 등위선(level set) $H = 0$을 갖는데, 이 선은 원점에서 안장점인 평형점을 교차하는 8자 모양의 곡선이다. 에너지는 보존되므로, 궤적은 각 등위선 집합에 남아 있다. 특히 8자 모양 곡선에 있는 모든 궤적은 원점에 점근적으로 수렴한다(이들이 동종다양체 연결 궤적이다). 이런 경우 안정적 다양체와 비안정적 다양체는 일치하고, **동종다양체로 연결되어 있다**고 한다. 이 집합은 두 중심을 에워싸는 것으로부터 각각의 중심을 둘러싸는 것을 분리하기 때문에 **영역 경계**라 불린다. 이러한 동종다양체 연결은 깨지기 쉽다. 예를 들면, 식 (15)에서 $\mu \neq 0$일 때마다 연결은 끊어진다. 일반적으로, 동종다양체 연결 **분기선**[IV.21]은 동종다양체 연결 궤적의 생성/파괴에 대응한다.

그러나 만약 $W^u(a)$와 $W^s(b)$의 교집합이 가로 방향이라면, 작은 변동에 의해선 동종다양체 연결이 파괴될 수 없다. 두 부분다양체들의 가로 방향인 교집합 상의 한 점에서 다양체들의 접평면들의 합집합은 TM을 생성한다. 즉,

$$T_x W^u(a) \oplus T_x W^u(b) = T_x M$$

이다. 이때 $\dim(W^u) + \dim(W^s) \geq \dim(M)$이어야 한다. 이런 모든 교차점은 구조적으로 안정적인 이종다양체 연결 궤적에 있다. 푸앵카레는 특정한 경우에 그러한 가로 방향 이종다양체 연결 궤적의 존재성이 무한한 복잡성을 유도한다는 것을 깨달았다. 이러한 개념은 스티븐 스메일(Stephen Smale)이 **스메일 편자**(Smale horseshoe)를 만들 때 공식화되었다. 가로 방향 이종다양체 연결 궤적의 존재성은 카오스적 불변집합을 유도한다.

12 그 밖의 방법과 개념들

미분방정식은 종종 이산 또는 연속 **대칭 사상**[IV.22]을 갖는데, 이것들은 새로운 해를 찾고 방정식계의 계수를 줄이는 데 유용하다. 충분히 많은 대칭 사상과 불변자가 있을 때, 상미분방정식계는 효과적으

로 풀릴 수 있다. 즉, 적분이 가능하다.

그러나 우리는 자주 상미분방정식의 양함수 해를 찾기 위한 해석적 방법이 없는 상황에 직면하게 된다. 이 경우, 수치해법[IV.12] 기술은 그 가치가 매우 높다고 볼 수 있다.

더 읽을거리

Abramowitz, M., and I. Stegun. 1965. *Handbook of Mathematical Functions*. New York: Dover.

Ince, E. L. 1956. *Ordinary Differential Equations*. New York: Dover.

Kline, M. 1972. *Mathematical Thought from Ancient to Modern Times*. New York: Oxford University Press.

Meiss, J. D. 2007. *Differential Dynamical Systems*. Philadelphia, PA: SIAM.

Robinson, C. 1999. *Dynamical Systems: Stability, Symbolic Dynamics, and Chaos*. Boca Raton, FL: CRC Press.

IV.3 편미분방정식

로런스 에번스 *Lawrence C. Evans*

1 개요

이 절에서는 편미분방정식에 관한 현대 이론을 간단히 요약해 보기로 한다. 편미분방정식은 수리물리학, 기하학, 확률론, 연속체 역학, 최적화이론 등 많은 분야에서 사용된다. 사실, 자연과학에 대한 대부분의 기본 법칙들은 편미분방정식이고 응용수학에 관한 거의 모든 논문들은 편미분방정식을 다룬다.

앞으로 전개될 논제들은 매우 광범위하고 피상적이다. 따라서 독자들은 이 절에 나오는 편미분방정식의 논제들을 확실하게 이해하기 어려울 수도 있다. 이 절의 주요 목적은 편미분방정식 전체를 아우르는 통합 원칙과 핵심적인 결과 등을 살펴보는 것이다.

1.1 편미분방정식에 대해서

물리학을 포함한 여러 과학 분야에서 가장 위대한 업적들은 보통 편미분방정식으로 표현된 기본 법칙에 관한 연구이다. 이러한 편미분방정식에 대하여 순수수학자와 응용수학자 모두가 가장 중요하게 생각하는 문제는 이론적 해석, 수치적 모의실험, 섭동이론 등 그들이 찾을 수 있는 모든 수단을 사용하여 편미분방정식의 해를 찾는 것이다.

그러나 물리학에서의 이러한 성공(복잡하고 다양한 물리적 현상을 다소 간단해 보이는 편미분방정식으로 모델화하는 것, 예를 들면 유체역학에 관한 오일러 방정식(다음의 식 (11)을 보라))은 여러 수학적 어려움들을 야기한다. 왜냐하면, 수학적으로 증명하고자 하는 일반적인 주장들은 매우 다른 행동양상을 보이는 모든 형태의 해에 적용될 수 있어야 하기 때문이다.

따라서 편미분방정식의 해를 이해하기 위한 세 가지 원칙적인 수학적 접근법을 소개하겠다.

- 완전해나 근사해의 해석적 공식에 관한 연구.
- 정확하고 빠른 수치해법의 고안.

• 정밀한 이론 개발.

다시 말하면, 편미분방정식을 다소 정확히 풀어서 해를 구하거나, 해의 성질을 간접적으로 추론(공식이나 수치에 의존하지 않고)하고자 한다. 이 절에서는 특히 이 부분에 중점을 두고 관련 있는 결과들을 요약하였다.

전문용어

편미분방정식은 한 개 이상의 독립변수를 갖는 미지함수 u와 그것의 편미분을 포함하는 방정식이다. 편미분방정식의 **계수**는 방정식에서 나타나는 미지함수의 편미분의 최고 계수이다.

편미분방정식계는 벡터 값을 갖는 미지함수 $\boldsymbol{u}$와 그것의 편미분을 포함하는 여러 개의 방정식 집합으로 구성된다.

편미분방정식이 미지함수와 그것의 편미분에 작용하는 선형작용소에 대응할 때 그 편미분방정식은 **선형**이라 하고, 그렇지 않을 때 **비선형**이라 한다.

기호

u는 주어진 편미분방정식의 실숫값 해이고, 보통 공간 상의 점 $x = (x_1, \cdots, x_n) \in \mathbb{R}^n$에 관한 함수이나 때때로 시간을 나타내는 $t \in \mathbb{R}$에 관한 함수이기도 하다. 함수 u의 x_k에 관한 편미분을 $u_{x_k} = \partial u/\partial x_k$라 나타내고, 비슷하게 $u_t = \partial u/\partial t$ 그리고 고계편미분은 $u_{x_k x_l} = \partial^2 u/\partial x_k \partial x_l$ 등으로 나타낸다. u의 변수 x에 관한 **기울기 벡터**는

$$\nabla u = (u_{x_1}, \cdots, u_{x_n})$$

으로 나타낸다(이 절에서는 u가 변수 t에 관한 함수라도 ∇u는 항상 변수 $x_1, \cdots, x_n$ 방향의 기울기 벡터를 나타낸다). 벡터장 $\boldsymbol{F} = (F^1, \cdots, F^n)$의 발산은 $\operatorname{div}\boldsymbol{F} = \sum_{i=1}^n F^i_{x_i}$로 나타낸다.

u의 **라플라시언**은 u의 기울기 벡터의 발산

$$\Delta u = \nabla^2 u = \sum_{k=1}^{n} u_{x_k x_k} \tag{1}$$

를 의미한다.

또한 벡터값 함수의 성분을 표시하기 위하여 $\boldsymbol{u} = (u^1, \cdots, u^m)$이라 나타내고 항상 벡터값 함수는 볼드체로 표시한다.

$B(x, r)$은 중심이 x이고 반지름이 r인 n차원 구이고, $\partial B(x, r)$은 구의 경계인 구면이다. 일반적으로 ∂U는 영역 $U \subset \mathbb{R}^n$의 경계집합이고, 경계에서 정의된 함수 f의 $n-1$차원 구면적분은

$$\int_{\partial U} f \, \mathrm{d}s$$

로 나타낸다.

1.2 중요한 편미분방정식들

다음은 가장 많이 연구되고 있는 편미분방정식이다. 간단하고 명확하게 나타내기 위해서 다양한 물리적 매개변수를 사용하여 방정식들을 통합하였다.

일계 편미분방정식

일계 편미분방정식은 주로 역학, 연속체 역학 그리고 광학과 같은 다양한 물리이론에서 나타난다. 예를 들면, **스칼라 보존법칙**

$$u_t + \operatorname{div} \boldsymbol{F}(u) = 0 \tag{2}$$

이 있다. 여기서 u는 물리적으로 의미 있는 어떤 양(quantity)의 밀도를 나타내는 미지함수이고, 벡터장 $\boldsymbol{F}(u)$는 함수 u에 비선형적으로 의존하는 u의 플럭스이다.

또 다른 중요한 일계 편미분방정식인 해밀턴-야코비 방정식(Hamilton-Jacobi equation)

$$u_t + H(\nabla u, x) = 0 \tag{3}$$

은 고전역학과 최적 제어 이론에서 사용한다. 이러한 맥락에서 H를 해밀토니언(Hamiltonian)이라 부른다.

이계 편미분방정식

이계 편미분방정식은 일계 편미분방정식보다 더 다양한 물리적 현상을 모델화할 수 있다. 예를 들면, 라플라스 방정식[III.18]

$$\Delta u = 0 \tag{4}$$

은 평형상태에서의 확산효과를 나타낸다. 이것의 시간 종속형 방정식인 열방정식[III.8]

$$u_t - \Delta u = 0 \tag{5}$$

은 확산방정식으로도 알려져 있다.

파동방정식[III.31]

$$u_{tt} - c^2\Delta u = 0 \tag{6}$$

은 표면적으로는 열방정식을 닮았지만, 파동방정식이란 이름에서 그것의 해가 열방정식의 해와 완전히 다른 행동양상을 보인다는 것을 예측할 수 있다.

복소값 함수 u에 관한 슈뢰딩거 방정식[III.26]

$$\mathrm{i}u_t + \Delta u = 0 \tag{7}$$

은 양자역학계에서의 파동방정식이다.

편미분방정식계

보존법칙 방정식계[II.6]

$$\boldsymbol{u}_t + \operatorname{div} \boldsymbol{F}(\boldsymbol{u}) = \boldsymbol{0} \tag{8}$$

에서 $\boldsymbol{u} = (u^1, \cdots, u^m)$의 각 성분은 보통 질량, 가속도 또는 에너지 밀도를 나타낸다.

편미분방정식의 반응-확산방정식계는

$$\boldsymbol{u}_t - \Delta \boldsymbol{u} = \boldsymbol{f}(\boldsymbol{u}) \tag{9}$$

와 같은 형태이다. 여기서 $\boldsymbol{u}$의 각 성분은 보통 각기 다른 화학 성분의 밀도를 나타내는 것으로, 그들 간의 상호작용은 비선형 항인 $\boldsymbol{f}$로 모델화된다.

맥스웰 방정식[III.22]의 가장 간단한 형태는

$$\left.\begin{aligned} \boldsymbol{E}_t &= \operatorname{curl} \boldsymbol{B}, \\ \boldsymbol{B}_t &= -\operatorname{curl} \boldsymbol{E}, \\ \operatorname{div} \boldsymbol{E} &= \operatorname{div} \boldsymbol{B} = 0 \end{aligned}\right\} \tag{10}$$

인데, 여기서 $\boldsymbol{E}$는 전기장이고 $\boldsymbol{B}$는 전자기장을 의미한다.

유체역학에서는 응용수학에서 가장 복잡하면서 재미있는 편미분방정식계들을 볼 수 있다. 가장 중요한 방정식은 비압축성, 비점성 유체 흐름에 관한 오일러 방정식[III.11]

$$\left.\begin{aligned} \boldsymbol{u}_t + \boldsymbol{u} \cdot \nabla \boldsymbol{u} &= -\nabla p, \\ \operatorname{div} \boldsymbol{u} &= 0 \end{aligned}\right\} \tag{11}$$

과 비압축성, 점성 유체 흐름에 관한 나비에-스토크스 방정식[III.23]

$$\left.\begin{aligned} \boldsymbol{u}_t + \boldsymbol{u} \cdot \nabla \boldsymbol{u} - \Delta \boldsymbol{u} &= -\nabla p, \\ \operatorname{div} \boldsymbol{u} &= 0 \end{aligned}\right\} \tag{12}$$

이다. 이때 $\boldsymbol{u}$는 유체의 속도, p는 압력을 나타낸다.

고계 편미분방정식

방정식의 계수가 2보다 큰 경우는 그리 흔하지 않다. 일반적으로 고계 편미분방정식은 기본적인 물리법칙을 표현하기보다는 그것에서 파생된다고 볼 수 있다.

예를 들면, 두 개의 이계 편미분방정식으로 이루어진 방정식계를 하나의 4계 편미분방정식으로 바꿀 수 있다. 이런 방식으로, 선형 탄성이론에서 다루는 **중조화방정식**

$$\Delta^2 u = 0 \tag{13}$$

을 만들 수 있다.

비슷하게, 천해파(shallow-water wave)의 모델인 **코르테베흐-더프리스 방정식**[III.16]

$$u_t + auu_x + bu_{xxx} = 0 \tag{14}$$

은 점근 전개식에서 나타나는 낮은 계수의 복잡한 방정식계를 결합할 때 나타난다.

1.3 경계조건과 초기조건

편미분방정식은 대체로 독립적으로 나타나지 않는다. 대부분의 문제들은 적당한 경계와 초기조건을 둘 다 갖거나, 둘 중 하나만 갖는 편미분방정식을 필요로 한다. 예를 들어, 만약 어떤 영역 $U \subset \mathbb{R}^n$ 상의 점 x에서 정의된 해 $u = u(x)$를 살펴보고자 한다면, u가 경계 ∂U에서 어떻게 움직이는지를 규정할 필요가 있다. ∂U에서 주어지는 가장 일반적인 규정은 **디리클레 경계조건(Dirichlet's boundary condition)**

$$u = 0 \tag{15}$$

과 **노이만 경계조건(Neumann's boundary condition)**

$$\frac{\partial u}{\partial \nu} = 0 \tag{16}$$

이다. 여기서 ν는 경계에 수직인 외향단위법벡터이고, $\partial u / \partial \nu := \nabla u \cdot \nu$는 **외향법선도함수**이다. 만약 u가 온도를 나타낸다면, 식 (15)는 경계에서 온도가 일정하게 유지된다는 것을 의미하고, 식 (16)은 경계를 통과하는 열의 흐름이 없음을 의미한다.

초기조건은 보통 시간 종속 편미분방정식을 다룰 때 도입되는 것으로, 해 $u = u(x, t)$가

$$u(\cdot, 0) = g \tag{17}$$

를 만족하도록 하는 것이다. 여기서 $g = g(x)$는 문제에서 주어진 함수로, 초기 정보를 나타낸다. 파동방정식 (6)과 같은 시간에 관한 이계 편미분방정식에는 보통 다음과 같은 초기조건이 주어진다.

$$u_t(\cdot, 0) = h \tag{18}$$

2 편미분방정식의 이해

이 절에서는 편미분방정식과 그것의 해를 분석하는 일반적인 방법 몇 가지를 살펴보고자 한다.

2.1 완전해

가장 효과적인 접근법은 편미분방정식을 가능한 직

접적으로 푸는 것이다. 예를 들면, 경계치 문제

$$B(0,1)\text{에서 } \Delta u = 0,$$
$$\partial B(0,1)\text{에서 } u = g$$

는 푸아송 공식(Poisson's formula)

$$u(x) = \frac{1-|x|^2}{n\alpha(n)} \int_{\partial B(0,1)} \frac{g(y)}{|x-y|^n} \mathrm{d}S$$

를 이용하면 풀 수 있다. 여기서 $\alpha(n)$은 $\mathbb{R}^n$ 상의 단위구의 부피이다.

1차원 공간 상의 파동방정식에 관한 경계치 문제

$$\mathbb{R} \times (0,\infty)\text{에서 } u_{tt} - c^2 u_{xx} = 0,$$
$$\mathbb{R} \times \{t=0\}\text{에서 } u = g,\ \ u_t = h$$

의 해는 달랑베르 공식(d'Alembert's formula)

$$u(x,t) = \frac{g(x+ct)+g(x-ct)}{2} + \frac{1}{2c}\int_{x-ct}^{x+ct} h(y)\,\mathrm{d}y \tag{19}$$

로 구할 수 있다. 파동방정식은 고계방정식일 때도 풀리지만, 그때의 공식은 다소 복잡해진다. 예를 들면, 키르히호프 공식(Kirchhoff's formula)

$$u(x,t) = \frac{1}{4\pi c^2 t}\int_{\partial B(x,ct)} h\mathrm{d}S + \frac{\partial}{\partial t}\left\{\frac{1}{4\pi c^2 t}\int_{\partial B(x,ct)} g\mathrm{d}S\right\} \tag{20}$$

는 3차원 상의 파동방정식에 관한 초기치 문제

$$\left.\begin{aligned} &\mathbb{R}^3 \times (0,\infty)\text{에서 } u_{tt} - c^2\Delta u = 0 \\ &\mathbb{R}^3 \times \{t=0\}\text{에서 } u = g,\ u_t = h \end{aligned}\right\} \tag{21}$$

의 해가 된다.

열방정식

$$\left.\begin{aligned} &\mathbb{R}^n \times (0,\infty)\text{에서 } u_t - \Delta u = 0 \\ &\mathbb{R}^n \times \{t=0\}\text{에서 } u = g \end{aligned}\right\} \tag{22}$$

에 관한 초기치 문제는 모든 차원에서 양함수 해

$$u(x,t) = \frac{1}{(4\pi t)^{n/2}}\int_{\mathbb{R}^n} \mathrm{e}^{-|x-y|^2/4t} g(y)\,\mathrm{d}y \tag{23}$$

를 갖는다.

코르테베흐-더프리스 방정식 (14)와 같이 일부의 비선형 편미분방정식은 정확하게 해를 구할 수 있다. 소위 적분가능 편미분방정식이라 부르는 이러한 방정식을 연구하는 것은 굉장히 중요한 작업이다.

그러나 편미분방정식을 '푼다'는 것이 양함수 해를 구한다는 의미라면, 대부분의 편미분방정식을 풀 수 없다는 것은 잘 알려진 사실이다.

2.2 근사해와 섭동법

편미분방정식을 직접적으로나 근사적으로 풀지 않고도 해의 여러 가지 성질들을 종종 유도할 수 있다.

한 가지 방법으로는 알려진 해에 작은 '수정값'을 책정하는 섭동법이 있다. 섭동법은 다양한 형태로 사용된다. 섭동법의 핵심은 작은 변수 ε에 의존하는 편미분방정식에 수정값을 상정하고 이것을 미분방정식에 끼워 넣는 것이다. 그러고 나서 섭동을 미세하게 조정하여 오차를 가능한 작게 만든다. 이러한 과정은 증명보다는 일관성 있는 예측을 가능하게 한다.

다중 척도법

균질화[II.17] 문제는 해가 공간적 또는 시간적 기준에서 양적으로 다르게 움직이는, 말하자면 각각의 계수가 1과 ε인 편미분방정식을 수반한다. 보통, 균일화 문제의 목표는 좋은 근삿값을 구하는 것보다 간단하고 효과적인 편미분방정식을 유도하는 것이다. 이는 점근 전개식

$$u^{\varepsilon}(x) \sim \sum_{k=0}^{\infty} \varepsilon^k u^k(x, x/\varepsilon)$$

를 이용하고, 선행항 u^0가 x만의 함수임을 보임으로써 가능해진다.

이 예는 보다 단순한 움직임은 종종 점근적인 극한을 통해서 알 수 있다는 것을 보여 준다.

점근조화법

편미분방정식의 해는 때때로 각기 다른 소구역에서 상당히 다른 성질을 갖는다. 이런 현상이 일어날 때는, (a)각 소구역에서 비교적 간단한 근사해를 만들고, (b)겹쳐진 영역에서 해를 적절히 맞추어서 원하는 근사해를 만들 수 있다.

보통 이러한 작업은 경계층에서 행해진다. 적당한 영역에서 주어진 해의 외향 전개는

$$u^{\varepsilon}(x) \sim \sum_{k=0}^{\infty} \varepsilon^k u^k(x) \tag{24}$$

와 같은 형태를 갖는다. 경계를 간단히 평면 $\{x_n = 0\}$이라 하고, 경계 주변에서 해가 다르게 움직인다고 가정하자. $y_n = x_n/\varepsilon^{\alpha}$, $y_i = x_i (i = 1, \cdots, n-1)$를 확장된 변수라 정의하고, $\bar{u}^{\varepsilon}(y) = u^{\varepsilon}(x)$라 하면, 내향 전개는

$$\bar{u}^{\varepsilon}(y) \sim \sum_{k=0}^{\infty} \varepsilon^k \bar{u}^k(y) \tag{25}$$

이다. 이제, $x_n \to 0$일 때 외향 전개 (24)의 항을 $y_n \to \infty$일 때 내향 전개 (25)의 항과 맞춰서 확장변수의 α 값을 결정하면 된다.

2.3 편미분방정식의 수치해법

편미분방정식에 대한 효과적인 컴퓨터 알고리즘을 설계하는 것은 방대한 작업(이 글의 범주에서 벗어난다)이고 이런 방법을 만들고 이행하기 위해선 대단한 독창성이 필요하다.

가장 잘 알려진 수치해법으로는 유한차분법[IV.13 §3](이 방법은 격자점 상의 값으로 함수를 근사한다), method of lines(이 방법은 시간 변수를 제외한 나머지 모두를 이산화한다), 유한요소법[II.12]과 스펙트럼 법(이 방법은 함수를 세심하게 만들어진 기저함수를 사용하여 나타낸다), 다중 격자법[IV.13 §3](이 방법은 다른 공간 규모에서의 분할법을 이용한다), 그리고 레벨집합 방법[II.24](이 방법은 자유경계를 하나의 함수의 레벨 집합으로 표현한다) 등이 있다.

이러한 유용한 수치해법들, 특히 비선형방정식에 대한 수치해법을 설계하고 분석하는 것은 편미분방정식을 이론적으로 깊이 이해해야만 가능하다.

2.4 추정이론과 추정의 중요성

편미분방정식 이론은 주로 해의 존재성, 매끈함, 그리고 유일성과 관련된 기본적인 주제에 집중되어 있다. 연구자들은 일단 이러한 문제들을 해결하고 나서야, 해의 행동양상을 파악하는 데 집중할 수 있다.

중요한 것은 강한 해석적 추정을 활용할 수 있는가이다. 물리적으로 관련된 많은 편미분방정식에서

예측할 수 있는 것은, 해석적 추정은 다양한 양이 보존되지만 이 추정을 특히 3차원 공간에서 사용하기에는 충분치 않다는 것이다. 비선형 편미분방정식의 고계도함수는 복잡해서 다루기 힘든 방정식을 풀 수 있다. 따라서 (a)편미분방정식에 대한 '강한' 해석적 추정을 유도하는 것과 (b)이러한 추정을 활용하기 위한 '손쉬운' 수학적 도구를 창안하는 것 사이의 상호작용이 현대 이론의 주요 역학이 된다. 이 절의 나머지 부분에서는 중요한 편미분방정식들을 해결하기 위한 정교한 수학적 이론을 만드는 핵심 추정을 소개하겠다.

3 해의 움직임

편미분방정식은 물리적 또는 다른 광범위한 현상들을 모델화하기 때문에 방정식의 해는 더 다양한 행동양상을 나타낸다. 그중에서 다른 것에 비해 훨씬 만연한 행동양상들을 살펴보겠다.

3.1 파동

응용수학에서 많이 나오는 흥미로운 편미분방정식은 '파동처럼' 움직이는 해를 갖는다.

파동방정식

예를 들어, 달랑베르 공식 (19)에서 1차원 공간 상의 파동방정식을 찾아 볼 수 있다. 이때 해는 $u(x, t) = F(x + ct) + G(x - ct)$의 형태이다. 결과적으로 해는 오른쪽과 왼쪽으로 속도가 c가 되게 움직이는 파동들의 합이 된다는 것을 알 수 있다. 반면, 3차원 상에서 주어진 키르히호프 공식 (20)으로 표현된 파동 형태의 움직임은 다소 덜 명확해 보인다.

진행파

시간 변수 t와 1차원 상의 변수 $x \in \mathbb{R}$를 갖는 편미분방정식의 해 u가

$$u(x, t) = v(x - \sigma t) \tag{26}$$

와 같은 형태를 가질 때 u를 **진행파**라고 한다. 여기서 σ는 **속도**를 나타낸다. 일반적으로, 좀 더 많은 공간 변수를 갖는

$$u(x, t) = v(y \cdot x - \sigma t)$$

와 같은 형태의 해 u를 **평면파**라 한다. 편미분방정식을 푸는 가장 효과적인 방법의 첫 단계는 이러한 특이한 구조를 갖는 해를 찾는 것이다.

분산

$\sigma \in \mathbb{C}$이고 $y \in \mathbb{R}^n$일 때 복소수 형태인 평면파 해

$$u(x, t) = e^{i(y \cdot x - \sigma t)} \tag{27}$$

는 매우 유용하다. 대수적 구조에 의해서 성립하는 $\sigma = \sigma(y)$와 y 사이의 소위 **분산 관계**를 알아내기 위해서 우리가 만든 해 (27)을 주어진 선형 편미분방정식에 대입한다.

예를 들면, 해 (27)을 **클라인-고든 방정식**(Klein-gordon equation)

$$u_{tt} - \Delta u + m^2 u = 0 \tag{28}$$

에 대입하면 $\sigma = \pm(|y|^2 + m^2)^{1/2}$을 얻는다. 따라서 전파 속도 $\sigma/|y|$는 초기치 $e^{iy \cdot x}$의 진동수에 비

선형적으로 의존한다. 결국, **다른 진동수를 갖는 파동은 다른 속도로 전파된다.** 이것이 분산이다.

솔리톤

비선형방정식의 예로, $a=6$이고 $b=1$인 코르테베흐-더프리스 방정식 (14)에 식 (26)을 대입해 보자. 그러면 속도가 σ인 상미분방정식

$$-\sigma v' + 6vv' + v''' = 0$$

을 얻고, 이것의 해는 양함수인

$$v(s) = \tfrac{1}{2}\sigma\ \mathrm{sech}^2(\tfrac{1}{2}\sqrt{\sigma}\, s)$$

가 된다. 여기서 대응하는 진행파 $u(x,t)=v(x-\sigma t)$를 **솔리톤**이라 부른다.

3.2 확산과 평활화

열방정식에 대한 초기치 문제 (22)에서 양함수 공식 (23)을 이용하면, 해 u에 관한 많은 정보를 얻을 수 있다.

특히, 식 (23)에 의하면 초기치 함수 g가 단지 적분이 가능하기만 하면 해 u는 변수 x와 t에 관하여 무한히 미분이 가능하다. 따라서 **열방정식은 순간적으로 해 u의 초기 정보를 매끈하게 한다.** 이것은 편미분방정식이 분산 효과를 모델화한다는 것을 의미한다.

3.3 전파 속도

또한 식 (23)을 통해서 쉽게 알 수 있는 것은 만약 u가 열방정식의 해라면 모든 점 $y\in\mathbb{R}^n$에서의 초기치 함수 $g(y)$의 값은 시간 $t>0$일 때 점 (x,t)에서의 해의 값을 결정한다는 것이다. 이것을 '무한 전파 속도' 현상이라 한다.

반면에, 대다수의 시간 종속 편미분방정식에서는 '유한 전파 속도' 현상이 일어난다. 어떤 초기 정보는 충분한 시간이 지날 때까지 공간상의 점에서 정의된 해에 아무 영향을 주지 못한다. 일반적으로 일계 편미분방정식, 파동방정식 그리고 $\gamma>1$인 **다공성 매체방정식**

$$u_t - \Delta(u^\gamma) = 0 \qquad (29)$$

같은 비선형 확산 편미분방정식에서 이러한 현상이 일어난다. 특수한 양함수 해

$$u(x,t) = \frac{1}{t^\alpha}\left(b - \frac{\gamma-1}{2\gamma}\beta\frac{|x|^2}{t^{2\beta}}\right)_+^{1/(\gamma-1)} \qquad (30)$$

는 양의 영역이 유한 속도로 확장한다는 것을 확실하게 보여 준다. 여기서

$$\alpha = \frac{n}{n(\gamma-1)+2}, \qquad \beta = \frac{1}{n(\gamma-1)+2}$$

이고, $x_+ = \max\{x, 0\}$이다.

3.4 패턴 형성

확산과 비선형 항들 사이의 상호작용은 재미있는 현상을 만든다. 예를 들면, $\Phi(z)=\frac{1}{4}(z^2-1)^2$을 $z=\pm1$에서 최솟값을 갖는 '이중 장벽 구조' 에너지라 하자. 이제 작은 $\varepsilon>0$에 대하여, 스칼라 반응-확산 문제

$$\mathbb{R}^2\times(0,\infty)\text{에서 } u_t^\varepsilon - \Delta u^\varepsilon = \frac{1}{\varepsilon^2}\Phi'(u^\varepsilon),$$
$$\mathbb{R}^2\times\{t=0\}\text{에서 } u^\varepsilon = g^\varepsilon$$

을 살펴보자. 초기치 함수 g^ε을 적절하게 만들면

$$\lim_{\varepsilon \to 0} u^{\varepsilon}(x, t) = \pm 1$$

이 될 수 있으므로, 해는 Φ의 최솟값 중 하나로 점근적으로 수렴한다. 이때, 이러한 영역을 흑과 백으로 색칠한다고 하자.

각 시간 $t \geq 0$에 대하여, $\Gamma(t)$를 영역 $\{u^{\varepsilon}(\cdot, t) \to 1\}$과 $\{u^{\varepsilon}(\cdot, t) \to -1\}$ 사이의 곡선이라 하자. 점근적 조화방법을 이용하면 $\Gamma(t)$의 **법선 속도가 곡률과 일치하는 것**을 알 수 있다. 이것을 $\varepsilon \to 0$일 때 점근적 극한에서 나타나는 흑/백 패턴의 진화에 대한 **운동의 기하적 법칙**이라 한다.

좀 더 복잡한 패턴 형성의 결과는 반응–확산 편미분방정식계의 일반적 형태인 (9)로 모델화될 수 있다. 이와 관련된 내용은 **패턴 형성**[IV.27]을 참고하기 바란다.

3.5 발산

시간 종속 편미분방정식은 심지어 $t = 0$에서 초기조건이 잘 주어진다 하더라도 모든 시간에 대하여 해가 존재할 수도 있고, 존재하지 않을 수도 있다. 예를 들면, 노이만 경계조건 (16)을 갖는 비선형 열방정식

$$u_t - \Delta u = u^2 \tag{31}$$

의 해는 $u = u(t)$이다. 이는 u가 x에 의존하지 않는다는 뜻이고, 결과적으로 u는 상미분방정식 $u_t = u^2$의 해가 된다. 이 방정식의 해가 $u(0) > 0$일 때 유한한 양의 시간에 '발산'한다는 것을 보이는 것은 어렵지 않다.

좀 더 일반적인 초기조건이 주어지면 안정적인 항 Δu와 비안정적인 항 u^2 사이에 흥미로운 현상들이 일어난다.

3.6 충격파

방금 본 것처럼, 시간에 의존하는 편미분방정식의 해는 최댓값이 유한 시간에 발산할 수 있기 때문에 긴 시간동안 존재하지 않을 수도 있다. 그러나 해가 소멸하는 다른 이유도 있다. 예를 들어, 해가 유계지만 해의 기울기 벡터는 유한 시간에 특이벡터가 될 수 있다.

이런 현상은 보존법칙 (2) 때문에 일어난다. 예를 들어, **버거스 방정식**[III.4]에 대한 초기치 문제

$$\left.\begin{aligned} &\mathbb{R} \times (0, \infty)\text{에서 } u_t + \tfrac{1}{2}(u^2)_x = 0, \\ &\mathbb{R} \times \{t = 0\}\text{에서 } u = g \end{aligned}\right\} \tag{32}$$

를 살펴보자. 먼저, 매끄러운 해 u가 존재한다고 가정하고, 상미분방정식

$$\begin{aligned} \dot{x}(t) &= u(x(t), t), \qquad t \geq 0, \\ x(0) &= x_0 \end{aligned}$$

의 해를 **특성 곡선** $x(t)$라 하자. 그러면 편미분방정식 (32)에 의해서

$$\begin{aligned} \frac{\mathrm{d}}{\mathrm{d}t} u(x(t), t) &= u_x(x(t), t)\dot{x}(t) + u_t(x(t), t) \\ &= u_x(x(t), t)u(x(t), t) + u_t(x(t), t) \\ &= 0 \end{aligned}$$

이 성립한다. 결과적으로 $u(x(t), t) \equiv g(x_0)$이고, 특성 '곡선' $x(t)$는 사실상 직선이 된다.

지금까지 언급한 내용은 종종 **편미분방정식은 사실 모든 시간에 존재하는 매끄러운 해를 갖지 않는다**는 것을 시사한다. 예를 들어 서로 다른 두 개의 초기 점에서 출발하는 특성 직선들이 (x, t)라 하는 어

느 후속 시간에 교차하도록 적당한 초기치 함수 g를 만들어 보자. 이제 이 두 개의 서로 다른 특성 직선들을 사용하여 위 식의 $u(x, t)$를 계산하면 서로 다른 답을 얻게 된다. 이러한 외견상의 모순은 초기치 함수를 g로 갖는 버거스 방정식이 시간 t까지 존재하는 매끄러운 해를 갖지 않는다는 것을 이해하면 해결된다.

점근적으로 정의된 일반해의 불연속면(**충격파**[II.30]라 부른다)은 버거스 방정식과 관련 있는 보존정리들을 정확히 분석하면 특성화될 수 있다.

3.7 자유 경계

매우 어려운 문제를 풀기 위해서는 단순히 편미분방정식의 해를 찾는 것만으론 부족하다. 해를 찾는 것뿐만 아니라 편미분방정식이 성립하는 영역 또한 찾아야 한다. 예를 들면, 얼음으로 둘러싸인 물의 온도를 결정하는 문제인 **슈테판 문제**(Stefan problem)를 생각해 보자. 온도 분포는 얼음이 녹거나 물이 얼 때 시간에 따라 모양이 변하는 영역에서 열방정식을 만족하게 된다. 따라서 온도 분포와 소위 물의 **자유 경계** 둘 다 미지함수가 되는 것이다.

일반적으로 자유 경계 문제에는 두 가지 종류가 있다. 슈테판 문제처럼 자유 경계가 양함수로 주어진 경우와 자유 경계가 음함수로 주어진 경우이다. 후자의 예를 들면, **장애물 문제**

$$\min\{u, -\Delta u - f\} = 0$$

이 있다. 여기서 자유 경계는

$$\Gamma = \partial\{u > 0\}$$

이고, 이 자유 경계를 따르는 해는 **중복 경계조건** $u = 0, \partial u/\partial\nu = 0$을 만족한다. 여러 중요한 물리적 자유 경계 문제나 공학적 자유 경계 문제는 장애물 문제로 묘사된다.

좀 더 복잡한 자유 경계 문제들은 미지 속도 $\boldsymbol{u}$가 **음속 영역**과 **아음속 영역** 상의 상이한 편미분방정식의 해가 되는 유체역학에서 나타난다.

4 적용 가능한 방법들

아직까지도 편미분방정식의 광범위한 영역에서 방정식 모두를 다룰 수 있는 방법은 존재하지 않는다. 그러나 수학자들은 계속해서 적용이 가능한 모든 종류의 방법과 기술들을 연구하고 있다. 이 절에서는 그 가운데 가장 중요한 방법 몇 가지를 소개하겠다.

4.1 변환법

적분변환들은 상수계수를 갖는 선형 편미분방정식을 대수방정식으로 변환시킬 수 있다. 가장 중요한 적분변환은 **푸리에 변환**[II.19]

$$\hat{u}(y) := \frac{1}{(2\pi)^{n/2}}\int_{\mathbb{R}^n} e^{-ix\cdot y}u(x)\,dx$$

이다.

예를 들어서, 방정식

$$\mathbb{R}^n\text{에서 } -\Delta u + u = f \tag{33}$$

에 푸리에 변환을 취하면 $(1 + |y|^2)\hat{u} = \hat{f}$이 된다. 이 대수방정식의 $\hat{u}$는 쉽게 구할 수 있고 다시 반전 공식을 이용하면

$$u(x) = \frac{1}{(4\pi)^{n/2}} \int_0^\infty \int_{\mathbb{R}^n} \frac{e^{-s-(|x-y|^2/4s)}}{s^{n/2}} f(y)\,dy ds$$

를 얻을 수 있다.

이 방법과 밀접한 관련이 있는 **푸리에 급수**는 유계 영역에서 정의된 편미분방정식의 해를 사인과 코사인을 수반하는 무한급수로 표현한다. 또한 많이 사용되는 변환은 **라플라스 변환**[II.19]으로, 시간 변수에 관한 변환으로는 가장 유용하다.

4.2 에너지법과 함수해석학적 체계

다양한 종류의 '에너지 추정'은 편미분방정식을 다루는 데 매우 효과적이다. 여기서 에너지 추정이란 제곱된 양을 포함하는 적분 표현을 의미한다.

부분적분법

각 $i = 1, \cdots, n$에 대하여

$$\int_U u_{x_i} v\,dx = -\int_U u v_{x_i}\,dx + \int_{\partial U} uv\nu^i\,dS$$

를 **부분적분법**이라 한다. 여기서 ν는 경계에 수직인 외향단위법벡터이다. 부분적분법은 다변수미적분의 발산 정리[I.2 §24]의 한 형태이다.

에너지 추정

u가 푸아송 방정식

$$\mathbb{R}^n\text{에서 } -\Delta u = f \tag{34}$$

의 해라 하자. $|x| \to \infty$일 때 u가 0으로 충분히 빨리 수렴한다고 가정하면, 부분적분법에 의하여

$$\begin{aligned}\int_{\mathbb{R}^n} f^2\,dx &= \int_{\mathbb{R}^n} \sum_{i,j=1}^n u_{x_i x_i} u_{x_j x_j}\,dx \\ &= -\int_{\mathbb{R}^n} \sum_{i,j=1}^n u_{x_i x_i x_j} u_{x_j}\,dx \\ &= \int_{\mathbb{R}^n} \sum_{i,j=1}^n (u_{x_i x_j})^2\,dx\end{aligned}$$

가 성립한다. 이 항등식으로부터 알 수 있는 것은 라플라시언 Δu($i = 1, \cdots, n$에 대하여 순수 이계 미분계수 $u_{x_i x_i}$들의 합)가 제곱적분이 가능하다면 $i, j = 1, \cdots, n$일 때 각각의 이계 미분계수 $u_{x_i x_j}$뿐만 아니라 식 (34)에서 나타나지 않은 혼합 이계 미분계수들도 제곱적분이 가능하다는 것이다.

이는 해의 매끄러움 또는 거듭제곱의 적분가능과 관련이 있는 **정규화 정리**의 한 예로 볼 수 있다.

시간-종속 에너지 추정

다음 식처럼 $u = u(x, t)$가 파동방정식 (6)의 해라 가정하고

$$e(t) := \frac{1}{2}\int_{\mathbb{R}^n} (u_t^2 + c^2|\nabla u|^2)\,dx$$

를 시간 t에서의 **에너지**라 정의하자. $|x| \to \infty$일 때 u가 0으로 충분히 빨리 수렴한다면

$$\begin{aligned}\dot{e}(t) &= \int_{\mathbb{R}^n} (u_t u_{tt} + c^2 \nabla u \cdot \nabla u_t)\,dx \\ &= \int_{\mathbb{R}^n} u_t(u_{tt} - c^2 \Delta u)\,dx = 0\end{aligned}$$

이 성립하고 이 식은 **에너지 보존법칙**을 입증해 준다.

비선형 파동방정식

$$u_{tt} - \Delta u + f(u) = 0 \tag{35}$$

인 경우에는 변형된 에너지

$$e(t) = \int_{\mathbb{R}^n} (\tfrac{1}{2}u_t^2 + \tfrac{1}{2}|\nabla u|^2 + F(u))\,\mathrm{d}x$$

도 비슷한 계산이 가능하다. 여기서 $f = F'$이다.

4.3 변분 문제

단연코 가장 성공적인 비선형 정리는 변분법[IV.6]이다. 실제로 어떤 편미분방정식이 주어져도 다음과 같은 변분 가능성을 생각해 볼 수 있다.

주어진 라그랑주 밀도함수 $L = L(v, z, x)$에 대해서, 주어진 경계조건(여기선 구체적으로 언급하지 않았다)을 만족하는 함수 $u : U \to \mathbb{R}$에 대한 범함수를 다음과 같이 정의한다.

$$I[u] := \int_U L(\nabla u, u, x)\,\mathrm{d}x$$

그리고 u가 $I[\cdot]$의 최소점이라 가정한다.

이제 u가 자동적으로 적당한 편미분방정식의 해가 됨을 보이자. 이를 보이기 위해서, 먼저 ∂U에서 0이 되는 v에 대해서 $i[\tau] := I[u + \tau v]$라 놓자. i는 $\tau = 0$일 때 최솟값을 가지므로, 연쇄법칙을 이용하면

$$0 = i'(0) = \int_U (\nabla_v L \cdot \nabla v + L_z v)\,\mathrm{d}x$$

가 되고, 따라서

$$0 = \int_U (-\operatorname{div}(\nabla_v L) + L_z)v\,\mathrm{d}x$$

가 성립한다. 여기서 L은 $(\nabla u, u, x)$에서 계산되고 $\nabla_v L = (L_{v_1}, \cdots, L_{v_n})$이다.

이 적분항등식은 ∂U에서 0이 되는 모든 함수 v에 대해서 성립하기 때문에, 결과적으로 오일러-라그랑주 방정식[III.12]

$$-\operatorname{div}(\nabla_v L(\nabla u, u, x)) + L_z(\nabla u, u, x) = 0 \quad (36)$$

을 얻을 수 있다.

비선형 푸아송 방정식

예를 들어,

$$I[u] = \int_U \tfrac{1}{2}|\nabla u|^2 - F(u)\,\mathrm{d}x$$

에 관한 오일러-라그랑주 방정식은 $f = F'$인 비선형 푸아송 방정식

$$-\Delta u = f(u) \quad (37)$$

이다.

최소 곡면

함수 u의 그래프의 곡면적은

$$I[u] = \int_U (1 + |\nabla u|^2)^{1/2}\mathrm{d}x$$

이고, 대응하는 오일러-라그랑주 방정식은 최소 곡면방정식

$$\operatorname{div}\left(\frac{\nabla u}{(1 + |\nabla u|^2)^{1/2}}\right) = 0 \quad (38)$$

이다. 이 식에서 왼쪽은 (n TIMES) 곡면의 평균곡률이다. 따라서, 최소 곡면의 평균곡률은 0이 된다.

4.4 최대 원리

만약 함수 u가 최댓값을 내부점 x_0에서 갖는다면, 모든 $k = 1, \cdots, n$에 대해서

$$u_{x_k}(x_0) = 0 \quad (39)$$

이고, $\xi \in \mathbb{R}^n$일 때

$$\sum_{k,\,l=1}^{n} u_{x_k x_l}(x_0)\,\xi_k \xi_l \le 0 \tag{40}$$

이 성립한다. 따라서 위에서 언급한 적분 에너지 법들은 점별 최대 원리와 함께 편미분방정식에 적용될 수 있다.

선형 타원방정식

이러한 방법은 일반적인 **이계 선형 타원방정식**

$$Lu = 0 \tag{41}$$

을 이해하는 데 필수적이다. 여기서

$$Lu = -\sum_{i,\,j=1}^{n} a^{ij}(x)\,u_{x_i x_j} + \sum_{i=1}^{n} b^i(x)\,u_{x_i} + c(x)\,u$$

를 의미한다. 이때 대칭행렬$((a^{ij}(x)))$이 양의 정부호 행렬이면, L은 **타원형**이라 정의한다. 일반적인 응용문제에서 u는 보통 어떤 양(quantity)의 밀도를 나타낸다. 계수가 2인 항 $\sum_{i,\,j=1}^{n} a^{ij}u_{x_i x_j}$는 **확산**, 계수가 1인 항 $\sum_{i=1}^{n} b^i u_{x_i}$는 **이동**, 그리고 계수가 0인 항 cu는 **국소적 증가나 감소**를 나타낸다.

이제 최대 원리에 의해 $c > 0$일 때 u는 **내부에서 양의 최댓값을 가질 수 없다**. 실제로 u가 내부점 x_0에서 최댓값을 갖는다고 가정하면, Lu의 첫 번째 항은 x_0에서 양수(식 (40)에 의해서), 두 번째 항은 0(식 (39)에 의해서), 그리고 마지막 항은 양수가 된다. 그러나 $Lu(x_0) = 0$이기 때문에 이것은 모순이다.

비선형 타원방정식

최대 원리는 **해밀턴-야코비-벨만**(Hamilton-Jacobi-Bellman) 방정식

$$\max_{k=1,\cdots,m} \{L^k u\} = 0 \tag{42}$$

같은 많은 고계 비선형방정식에도 사용된다. 이 방정식은 **확률 최적화 이론**에서 많이 사용되는 중요한 방정식으로, 타원형 작용소 L^k는 다른 확률과정의 무한소 생성자이다. 최대 원리를 이용하여 식 (42)의 해가 내부에서 최대, 최솟값을 가질 수 없다는 것을 증명하는 것은 독자에게 남기도록 하겠다.

최대 원리 논법을 보다 정교하게 사용하면, 선형 타원방정식 (41)과 비선형방정식 (42)의 해의 많은 미세한 성질들을 더 찾아낼 수 있다.

4.5 미분부등식

편미분방정식의 해는 많은 변수에 의존하기 때문에, 이 방정식을 푸는 또 하나의 유용한 해법은 한 변수를 제외한 다른 변수들에 대하여 적당히 적분 표현을 하여 남은 변수에 대한 흥미로운 미분부등식을 유도하는 것이다.

분산 추정과 기울기 벡터류

예를 들면, $u = u(x, t)$를 $\mathbb{R}^n \times (0, \infty)$에서 **비선형 기울기 벡터류** 방정식

$$u_t - \mathrm{div}(\nabla L(\nabla u)) = 0 \tag{43}$$

의 해라 하고

$$e(t) := \frac{1}{2}\int_{\mathbb{R}^n} L(\nabla u)\,\mathrm{d}x$$

라 놓자. $|x| \to \infty$일 때 u가 빠르게 0으로 수렴한다고 가정하면

$$\begin{aligned}\dot{e}(t) &= \int_{\mathbb{R}^n} \nabla L(\nabla u) \cdot \nabla u_t \mathrm{d}x \\ &= -\int_{\mathbb{R}^n} (\operatorname{div} \nabla L(\nabla u)) u_t \mathrm{d}x \\ &= -\int_{\mathbb{R}^n} (u_t)^2 \mathrm{d}x \le 0\end{aligned}$$

이 성립한다. 이것을 **동력학 분산부등식**이라 한다.

엔트로피 추정

보존법칙에 관한 **엔트로피 추정**은 분산부등식과 관련 있다. 이를 설명하기 위해서, 먼저 $u^\varepsilon = u^\varepsilon(x,t)$가 $\varepsilon > 0$인 **점성 보존법칙**

$$u_t^\varepsilon + F(u^\varepsilon)_x = \varepsilon u_{xx}^\varepsilon \tag{44}$$

의 해라 가정하자. Φ는 볼록함수라 하고

$$e(t) := \int_{\mathbb{R}} \Phi(u^\varepsilon) \mathrm{d}x$$

라 놓자. 그러면

$$\begin{aligned}\dot{e}(t) &= \int_{\mathbb{R}} \Phi' u_t^\varepsilon \mathrm{d}x = \int_{\mathbb{R}} \Phi' (-F_x + \varepsilon u_{xx}^\varepsilon) \mathrm{d}x \\ &= -\int_{\mathbb{R}} (\Psi(u^\varepsilon)_x + \varepsilon \Phi'' (u_x^\varepsilon)^2) \mathrm{d}x \\ &= -\int_{\mathbb{R}} \varepsilon \Phi'' (u_x^\varepsilon)^2 \mathrm{d}x \le 0\end{aligned}$$

이 성립하고 Ψ는 $\Psi' = \Phi' F'$을 만족한다. 여기서 중요한 점은 각 **엔트로피/엔트로피 유동함수쌍** (Φ, Ψ)에 대응하는 거대한 분산부등식 집합을 찾은 것이다.

보존법칙계 (8)에 대한 엔트로피/엔트로피 유동함수쌍을 찾아서 활용하는 것은 굉장히 중요한 과제이다.

단조성 공식

이제 중심이 0이고 반지름이 r인 구 $B(0, r)$ 상에서 정의된 적분을 이용하여 **단조성 공식**을 설명하고자 한다. 이 적분은 r에 관한 함수로서 유용한 미분부등식을 풀 수 있다.

예를 들어, 벡터함수 $\boldsymbol{u} = (u^1, \cdots, u^m)$이 방정식계

$$-\Delta \boldsymbol{u} = |D\boldsymbol{u}|^2 \boldsymbol{u}, \qquad |\boldsymbol{u}|^2 = 1 \tag{45}$$

의 해라 하자. 여기서 $|D\boldsymbol{u}|^2 = \sum_{i=1}^n \sum_{j=1}^m (u_{x_i}^j)^2$이다. 이때 해 $\boldsymbol{u}$를 단위구면으로의 **조화사상**이라 부른다. 식 (45)로부터 미분부등식

$$\begin{aligned}&\frac{\mathrm{d}}{\mathrm{d}r}\left(\frac{1}{r^{n-2}} \int_{B(0,r)} |D\boldsymbol{u}|^2 \mathrm{d}x\right) \\ &\qquad = \frac{2}{r^n} \int_{\partial B(0,r)} \sum_{i,j,k} u_{x_i}^k x_i u_{x_j}^k x_j \mathrm{d}S \ge 0\end{aligned}$$

을 유도하는 것은 충분히 해 볼 만한 연습문제일 것이다. 따라서 이 부등식을 통해 $0 < r < R$일 때

$$\frac{1}{r^{n-2}} \int_{B(0,r)} |D\boldsymbol{u}|^2 \mathrm{d}x \le \frac{1}{R^{n-2}} \int_{B(0,R)} |D\boldsymbol{u}|^2 \mathrm{d}x$$

가 성립함을 알 수 있다. 이 부등식은 큰 R에 대한 정보로부터 작은 r에 대한 정보를 유추할 때 종종 유용하게 쓰인다.

5 이론과 응용

지금까지 앞서 나열한 수학적 관점들과 기술적 방법들을 사용하여 방대한 양의 현대 순수 편미분방정식 이론과 응용 편미분방정식 이론을 대략적으로 살펴보았다.

5.1 우량 조건 문제

이러한 방법들의 공통 목적은 주어진 편미분방정식

을 (적당한 경계치 조건과/또는 초기치 조건이 더해진) **우량 조건 문제**, 즉 (a)해가 존재하고, (b)해가 유일하며, (c)해가 주어진 조건에 지속적으로 의존하는 조건의 문제로 이해하는 것이다. 우량 조건 문제들은 좀 더 이론적인 연구, 수치해법 그리고 근사해를 구하는 데 있어서 출발점이 되기 때문에 연구의 근본이라 볼 수 있다.

5.2 일반해

중심이론 문제란 임의의 주어진 편미분방정식 문제가 우량 조건 문제가 되도록 해의 적절한 형태를 만들어 내는 문제이다. 선형 편미분방정식인 경우는 대개 '초함수해'가 최선이지만, 비선형 문제인 경우는 '점성해', '엔트로피 해', '재정규화된 해' 등을 포함하는 많은 해의 형태들이 있다.

예를 들면, 스칼라 보존법칙에 관한 초기치 문제 (2)의 유일한 **엔트로피** 해는 모든 양의 시간에 대해서 존재하지만, 소위 **충격파**를 통과하는 불연속 직선을 만들 수 있다. 비슷하게, 해밀턴-야코비 방정식 (3)에 관한 초기치 문제의 유일한 **점성해**는 해의 기울기에 대한 불연속면을 이룬다. 그리고 다공성 매체방정식에 관한 양함수 해 (30)은 전 영역에서 매끄럽지는 않아서 타당한 일반해로서 적당한 해석이 필요하다.

많은 연구 문헌들에서 이런 개념에 대해 다루고 있으며, 이 분야에서 가장 중요한 결과 중 하나가 바로 적절한 일반해의 유일성에 관한 정리이다.

5.3 이 절을 끝마치며

먼저 언급한 바와 같이, 이 글은 세부적 설명을 생략한 광범위한 분야의 요약서이다.

이 분야에 대해 관심이 있고 더 배우고 싶은 독자들은 다음 제시된 문헌들 외에도 이 책에 있는 다른 절들을 참고하는 것이 좋다. 마르코비치(Markowich, 2007)의 책은 이 분야에 대한 좋은 입문서이고, 스트라우스(Strauss, 2008)의 책은 이 절에서 언급한 다양한 공식의 기원을 보여 주는 매우 좋은 학부 교과서이다. 클레이너먼(Klainerman, 2008)의 요약 논문은 좀 더 광범위하여 다른 개념들도 포함한다. 본인의 대학원 교재(Evans, 2010)는 편미분방정식 현대 이론의 많은 부분을 좀 더 세심하게 다루었지만, 수학적으로 상급 수준의 학생들이 참고할 만한 책이다.

더 읽을거리

Brezis, H. 2012. *Functional Analysis, Sobolev Spaces and Partial Differential Equations*. New York: Springer.

DiBenedetto, E. 2009. *Partial Differential Equations*, 2nd edn. Boston, MA: Birkhäuser.

Evans, L. C. 2010. *Partial Differential Equations*, 2nd edn. Providence, RI: American Mathematical Society.

Garabedian, P. 1964. *Partial Differential Equations*. New York: John Wiley.

John, F. 1991. *Partial Differential Equations*, 4th edn. New York: Springer.

Klainerman, S. 2008. Partial Differential Equations. In *The Princeton Companion to Mathematics*, edited by

T. Gowers. Princeton, NJ : Princeton University Press.

Markowich, P. A. 2007. *Applied Partial Differential Equations: A Visual Approach*. New York : Springer.

Rauch, J. 1991. *Partial Differential Equations*. New York : Springer.

Renardy, M., and R. Rogers. 2004. *An Introduction to Partial Differential Equations*, 2nd edn. New York : Springer.

Strauss, W. 2008. *Partial Differential Equations: An Introduction*, 2nd edn. New York : John Wiley.

Taylor, M. 2001. *Partial Differential Equations*, volumes I–III, 2nd edn. New York : Springer.

IV.4 적분방정식

라이너 크레스 *Rainer Kress*

1 서론

본 저자는 약 40년 전 학위논문을 준비하고 있던 시절에 순수해석학과 응용해석학 두 분야를 통틀어 가장 아름다운 주제 중 하나인 적분방정식에 매료되었다. 이 글을 통해 독자들도 적분방정식의 매력에 빠질 수 있기를 바란다.

적분방정식이란 용어는 1988년 파울 레이몬트(Paul Reymond)가 처음 사용한 것으로, 미지함수의 적분을 포함하는 방정식을 지칭한다. 적분방정식의 대표적인 예를 들면

$$\int_0^1 K(x, y)\phi(y)\,\mathrm{d}y = f(x) \qquad (1)$$

와

$$\phi(x) + \int_0^1 K(x, y)\phi(y)\,\mathrm{d}y = f(x) \qquad (2)$$

가 있다. 여기서 ϕ는 미지함수이고 **핵함수** K와 함수 f는 주어진 함수이다. 이러한 적분방정식을 푼다는 것은 [0, 1] 상의 모든 실수 x에 대하여 방정식을 만족하는 함수 ϕ를 결정하는 것을 의미한다. 방정식 (1)과 (2)는 이바르 프레드홀름(Ivar Fredholm)의 이름을 따서 각각 **프레드홀름 제1종 적분방정식**과 **제2종 적분방정식**이라 한다. 첫 번째 방정식에서 미지함수가 적분 안에 나타나는 반면, 두 번째 방정식에서는 미지함수가 적분 밖에서도 나타난다. 나중에 우리는 이 두 개의 적분방정식이 단순한 형태의 차이 그 이상의 차이점을 갖고 있음을 알 수 있을 것이다. 우선 핵함수 K가 상수함수일 때의 특별한 경우를 생각해 보면 그 차이를 즉시 알 수 있다. 즉, [0, 1] 상의 모든 실수 x, y에 대하여 $K(x, y) = c \neq 0$이라 하자. $c \neq -1$이라 하면 제2종 적분방정식 (2)는 유일해

$$\phi(x) = f(x) - \frac{c}{1+c}\int_0^1 f(y)\,\mathrm{d}y$$

를 갖는다. $c = -1$인 경우에 방정식 (2)가 해를 갖기 위한 필요충분조건은 $\int_0^1 f(y)\mathrm{d}y = 0$이다. 따라서 방정식의 일반해는 $\phi = f + \gamma$이다(여기서 γ는 임의의 상수이다). 한편, 제1종 적분방정식 (1)이 해를 갖기 위한 필요충분조건은 f가 상수함수인 것이다. 즉, 모든 실수 x에 대하여 $f(x) = \gamma$라 하자. 이 경우 평균값이 γ인 모든 함수 ϕ가 제1종 적분방정식의 해가 된다.

방정식 (1)과 (2)의 적분 구간은 [0, 1]에 한정되어

있지 않다. 특히, 적분 영역은 다차원일 수도 있으며, 제1종 적분방정식의 경우에 방정식의 정의역은 적분 영역과 일치될 필요는 없다.

이 글을 쓰는 첫 번째 목적은 독자들에게 이러한 적분방정식에 관한 이론의 역사적 발전 모습과 응용을 소개하는 것이다. 특히, 적분방정식과 편미분방정식 사이의 긴밀한 연관성에 관하여 살펴보고, 동시에 함수해석학의 발전 초창기의 적분방정식과 미분방정식을 연구하는 데 있어서 위 방정식들이 적절한 추상적 체계로서의 기본적인 역할을 했음을 강조하고자 한다. 그러고 나서 적분방정식이 의료 영상과 비파괴 검사 같은 **역문제**와 **불량 조건 문제**를 연구하는 현대 수학에서 얼마나 중요한 역할을 하는지를 보여줄 것이다.

두 개의 수학 문제들이 서로 역이라고 말하는 것은 첫 번째 문제의 형태가 두 번째 문제의 해를 포함할 때와 그 반대도 성립할 때를 의미한다. 언뜻 봐서는 이 정의에 따라 두 문제 중 하나를 역문제로 간주하는 것이 임의적으로 보일 수 있다. 그러나 일반적으로 두 문제 중 하나는 조금 더 쉽고, 집중적으로 연구되는 반면, 나머지 하나는 조금 더 어렵고 덜 탐구되기 마련이다. 따라서 첫 번째 문제는 정문제, 두 번째 문제는 역문제라고 한다. 역문제는 과학, 의학 그리고 기술 분야에서 비침습적 측정과 이미지 기법을 수학적으로 모델링하는 과정에서 많이 나타난다. 재래식 X선 사진이나 X선 단층촬영과 같은 촬영 장치와 관련한 정문제는 이미지를 결정하는 문제, 즉 알려진 밀도 분포를 재래식 X선 사진 장치 안의 2차원 평면 사진 필름 위에 투영 또는 X선 단층촬영에서 강도 손실을 통하여 측정된 물체를 통과하는 모든 선을 따르는 투영(후자는 8절을 참고하라)을 결정하는 것으로 구성된다. 반대로, 역문제는 이미지로부터 밀도 분포를 복원하는 문제이다. 일반적으로 역문제는 주어진 결과의 원인에 관한 의문에 대답해 줄 수 있는 반면, 대응하는 정문제는 알려진 원인으로부터 결과를 유추하는 것이다. 역문제의 공통 현상은 불량 조건성이나 비안정성을 갖는 것이다. 여기서 비안정성이란 측정된 결과에서의 작은 오차가 계산된 원인에서 큰 변화를 일으키는 것을 의미한다.

방정식 (1)과 (2)는 미지함수 ϕ가 선형함수로 주어졌기 때문에 선형방정식이다. 비선형 적분방정식 또한 적분방정식 이론과 응용에서 중요한 부분을 차지하지만 여기서는 다루지 않는다.

2 아벨의 적분방정식

먼저, 아벨의 적분방정식을 소개하고자 한다. 이 방정식은 수학사에 등장한 첫 번째 적분방정식 중 하나이다. 등시곡선이란 하나의 평면곡선으로, 균일한 중력 하에서 마찰저항 없이 물체가 그 곡선을 따라 가장 최하점까지 도달할 때 걸리는 시간이 물체의 시점과 관계없이 같게 되는 성질을 갖는 궤적을 의미한다. 1659년에 크리스티안 하위헌스(Christiaan Huygens)는 기하학적 방법을 사용하여 등시곡선이 하나의 사이클로이드라는 것을 증명함으로써 등시곡선의 식별 문제를 해결하였다.

1823년 닐스 헨리크 아벨(Niels Henrik Abel)은 좀 더 일반적인 평면곡선을 찾는 문제를 연구하였다. 여기서 평면곡선은 주어진 시작점의 높이 y에서 하강하는 데 걸린 시간이 주어진 함수 f의 함숫값 $f(y)$와 같은 곡선일 때이다. 특수한 경우로, f가 상수일 때 원하는 평면곡선은 등시곡선이 된다. 구체적으로 살펴보기 위해, 곡선을 $x = \psi(y)$, $\psi(0) = 0$이라 하면, 물체가 시점 $P = (\psi(y), y)$에서 종점 $P_0 = (0, 0)$으로 하강하는 데 걸린 시간 $f(y)$는 에너지 보존법칙에 의하여

$$f(y) = \int_0^y \frac{\phi(\eta)}{\sqrt{y-\eta}}\mathrm{d}\eta, \quad y > 0 \tag{3}$$

이 된다. 여기서

$$\phi := \sqrt{\frac{1+(\psi')^2}{2g}}$$

이고, g는 중력가속도이다. 이때 방정식 (3)을 **아벨의 적분방정식**이라 한다. 주어진 ϕ에 대하여, 식 (3)의 오른쪽 적분을 단순 계산하면 하강시간 f가 얻어진다. 그러나 일반적인 등시곡선 문제의 해는 역문제의 해가 된다. 즉, 주어진 함수 f에 대하여 적분방정식 (3)의 해 ϕ를 구하는 문제로 이것은 좀 더 어려운 문제가 된다. 실제로 해 ϕ는

$$\phi(y) = \frac{1}{\pi}\frac{\mathrm{d}}{\mathrm{d}y}\int_0^y \frac{f(\eta)}{\sqrt{y-\eta}}\mathrm{d}\eta, \quad y > 0 \tag{4}$$

이다. 특히 $f = \pi\sqrt{a/2g}\,(a > 0)$인 경우는 식 (4)를 통해 $[\psi'(y)]^2 = (a/y) - 1$임을 알 수 있고, 결과적으로 이 방정식의 해는 사이클로이드

$$(x(t), y(t)) = \tfrac{1}{2}a(t+\sin t, 1-\cos t), \quad 0 \le t \le \pi$$

임을 알 수 있다.

3 초창기 방정식 이론

지금부터는 초창기 퍼텐셜 이론과 적분방정식의 발전 사이의 긴밀한 연관성에 관하여 짤막하게 언급하고자 한다. 여기선 2차원 모델로 국한하여 설명하겠다. 예를 들어, 유클리드 공간 $\mathbb{R}^2$ 상의 점이나 벡터를 $x = (x_1, x_2)$와 $y = (y_1, y_2)$라 하자. 이때 라플라스 방정식

$$\frac{\partial^2 u}{\partial x_1^2} + \frac{\partial^2 u}{\partial x_2^2} = 0$$

의 해가 되는 두 번 연속적으로 미분 가능한 함수 u를 **조화함수**[III.18 §1]라 한다. 조화함수로 나타낼 수 있는 예로는 시간과 독립적인 온도 분포, 정전기 및 정자기 영역의 퍼텐셜, 그리고 비압축성 비회전 유체 흐름의 속도 퍼텐셜 등이 있다.

$\mathbb{R}^2$ 상의 유계인 단순 연결 영역 D가 부드러운 경계 $\Gamma := \partial D$를 갖는다고 하자. Γ 상에서 연속인 함수 f가 주어질 때, 경계 Γ에서 $u = f$이고 영역 D 상에서 정의된 조화함수 u를 찾는 경계치 문제를 **디리클레 문제**(Dirichlet problem)라 한다. 19세기 초반에 시도했던 디리클레 문제의 첫 번째 해법은 경계 곡선 Γ 상의 밀도함수 ϕ를 이용한 단층 퍼텐셜

$$u(x) = \int_\Gamma \phi(y)\ln|x-y|\mathrm{d}s(y), \quad x \in D \tag{5}$$

를 만드는 것이었다. 여기서 $|\cdot|$은 유클리드 노름(norm)으로서 $|x-y|$는 D 상의 점 x와 Γ 상의 점 y 사이의 거리를 나타낸다. $\ln|x-y|$는 $x \neq y$일 때 라플라스 방정식을 만족하기 때문에 식 (5)에서 주어진 함수 u는 조화함수이고, u가 경계조건을 만족하기 위해서 적분방정식

$$\int_{\Gamma}\phi(y)\ln|x-y|\mathrm{d}s(y)=f(x), \qquad x\in\Gamma \quad (6)$$

의 해를 함수 ϕ로 선택하면 함수 u는 디리클레 문제의 해가 된다. 이때 적분방정식 (6)은 **심(Symm)의 적분방정식**이라 한다. 그러나 그 당시의 해석학은 이러한 제1종 적분방정식을 다룰 만한 수준이 안 되었다. 실제로 20세기 후반에 들어와서야 식 (6)을 다룰 수 있게 되었다. 따라서 1856년에 어거스트 비어(August Beer)가 제안한 방법은 하나의 주요 돌파구가 되었다. 그는 경계 곡선에 쌍극자를 두는 것을 제안했는데, 이 방법은 이중층 퍼텐셜

$$u(x)=\int_{\Gamma}\phi(y)\frac{\partial\ln|x-y|}{\partial\nu(y)}\mathrm{d}s(y), \qquad x\in D \quad (7)$$

형태의 해를 찾는 것이다. 여기서 ν는 경계 곡선 Γ에 수직인 D의 외향단위벡터이다. 이제 퍼텐셜 이론의 소위 도약관계를 이용하면, 경계조건을 만족하기 위해서 방정식

$$\phi(x)+\frac{1}{\pi}\int_{\Gamma}\phi(y)\frac{\partial\ln|x-y|}{\partial\nu(y)}\mathrm{d}s(y)=\frac{1}{\pi}f(x) \quad (8)$$

는 경계 상의 모든 점 $x\in\Gamma$에 대하여 성립하게 된다. 이것이 제2종 적분방정식이며, 이 방정식은 연속근사법으로 풀 수 있다. 그러나 볼록 영역 상의 수렴성을 유지하기 위해 1877년에 칼 노이만(Carl Neumann)은 연속근사법을 산술평균법으로 변경했다. 산술평균법은 현대 용어로 완화법이라 부른다.

일반적인 경우에 식 (8)의 해의 존재성은 프레드홀름이 1903년 《*Acta Mathematica*》 저널에 게재한 선구자적인 논문인 「함수방정식 집합(Sur une classe d'équations fonctioonelles)」에서 증명되었다. 프레드홀름은 식 (2)에서 K를 일반적인 커널 함수라 하고 모든 관계된 함수는 연속인 실숫값 함수라 가정했다. 그는 적분을 리만 합으로 근사함으로써 적분방정식을 선형 대수방정식계의 극한으로 간주했다. 프레드홀름은 이러한 선형방정식계에 크라메르 공식을 적용하는 동시에, 1893년 행렬식에 관한 아다마르(Hadamard) 부등식, 1896년 무한행렬식에 관한 코흐(Koch) 이론을 사용하여 극한을 구하였다. 적분방정식을 선형방정식계의 극한으로 간주하는 발상은 1896년에 볼테라(Volterra)가 먼저 제안했으나, 그것을 성공적으로 수행한 것은 프레드홀름이었다.

식 (2)에 관하여 덧붙여 설명하면, 프레드홀름의 결과는 핵함수의 변수를 교환하여 얻어진 수반 적분방정식 또한 포함한다. 이 사실은 프레드홀름의 택일정리(Fredholm's alternative)로 알려진 다음 정리로 요약된다. 다음 정리 1의 식 (9)-(12)는 모두 $0\leq x\leq 1$인 x에 대하여 성립한다.

정리 1. 다음 두 동차 적분방정식

$$\phi(x)+\int_0^1 K(x,y)\phi(y)\mathrm{d}y=0 \quad (9)$$

과

$$\psi(x)+\int_0^1 K(y,x)\psi(y)\mathrm{d}y=0 \quad (10)$$

은 오직 자명한 해 $\phi=0$과 $\psi=0$을 갖고, 다음 비동차 적분방정식

$$\phi(x)+\int_0^1 K(x,y)\phi(y)\mathrm{d}y=f(x) \quad (11)$$

와

$$\psi(x) + \int_0^1 K(y, x)\psi(y)\,\mathrm{d}y = g(x) \qquad (12)$$

는 연속함수 f와 g에 대하여 각각 연속인 유일해 ϕ와 ψ를 갖는다. 또는 동차방정식 (9)와 (10)은 같은 수의 유한개인 선형 독립인 해를 갖고, 비동차 적분방정식이 해를 갖기 위한 필요충분조건은 동차 수반적분방정식 (10)의 모든 해 ψ에 대하여 함수 f가 $\int_0^1 f(x)\psi(x)\mathrm{d}x = 0$을 만족하고 동시에 동차방정식 (9)의 모든 해 ϕ에 대하여 함수 g가 $\int_0^1 \phi(x)g(x)\mathrm{d}x = 0$을 만족하는 것이다.

위 정리에 관하여 한 가지 언급하자면 두 가지 가능성 중 첫 번째의 네 가지 성질은, 실제로 한 성질이 다른 세 가지 성질을 유도한다. 특히 동차방정식 (9)의 해의 유일성은 비동차방정식 (11)의 해의 존재성을 유도한다. 이러한 사실은 굉장히 의미 있는데, 그 이유는 일반적으로 선형방정식계의 해의 존재성을 증명하는 것보다 해의 유일성을 증명하는 것이 좀 더 간단하기 때문이다.

프레드홀름의 이러한 결과는 라플라스 방정식의 디리클레 문제에 관한 경계선 적분방정식 (8)의 해의 존재성 또한 명확하게 한다. 실제로 경계 곡선 Γ를 매개화하면, 식 (8)은 동차방정식이 오직 유일해만 갖게 하는 연속인 핵함수를 갖는 식 (2)로 바뀐다.

지난 1세기동안 식 (5)와 (7) 같은 형태의 퍼텐셜을 이용한 경계선 적분방정식 접근법은 상수 계수를 갖는 거의 모든 이계 편미분방정식의 경계치 문제와 초기치 문제, 예를 들면 시간-종속 파동방정식, 시조화(time-harmonic) 파동방정식 그리고 맥스웰 방정식(Maxwell's equations) 등을 다루는 데 사용되었다. 경계선 적분방정식은 해의 존재성을 결정할 뿐만 아니라, 적분방정식을 수치적으로 풀면 경계치 문제와 초기치 문제의 근사해를 찾을 수 있는 좋은 도구이기도 하다(5절을 보라). 이러한 소위 경계요소법은 유한요소법과 견줄 만하다. 현대 연구에서 적분방정식에 대한 매우 중요한 연구 과제는 실제 적용 사례에서 나타나는 3차원의 매우 복잡한 기하 모양의 경계선 적분방정식을 위한 효율적인 새로운 알고리즘을 이론적으로 증명하고 시행하여 발전시키는 것이다.

4 함수해석학에 끼친 영향

적분방정식 (2)에 대한 프레드홀름의 결과는 1920년대 현대 함수해석학의 발전을 가져왔다. 정리 1에서 기술한 선형 적분방정식에 대한 프레드홀름의 택일정리를, 대응하는 선형방정식계의 택일정리로 다루는 것은 프레드홀름의 택일정리를 보다 광범위하고 추상적인 형태로 만들고 핵함수와 해의 정칙성 조건을 완화시키는 것을 가능하게 하였다. 또한 후에는 적분방정식과 선형방정식계 사이의 매우 유익한 유사성을 배제한 채 프레드홀름 적분방정식의 구조 자체에 관한 연구가 활성화되었다.

프리제시 리스(Frigyes Riesz)는 프레드홀름 택일정리를 처음으로 일반화했다. 1916년 그는 적분방정식을 2종 방정식

$$\phi + A\phi = f$$

의 특별한 경우로 간주하였다. 여기서 $A: X \to X$는 노름 공간 X에서 X로 가는 콤팩트 선형작용소이다.

오늘날의 수학에서는 노름 공간의 개념이 익숙하지만 1916년 당시에는 아직 낯선 개념이었다.

리스는 구간 [0, 1]에서 연속인 실숫값 함수공간(현대 용어로 $C[0, 1]$이라 한다)상에서 방정식을 연구했다. 그는 [0, 1]에서 함수 f의 절댓값의 최댓값을 f의 **노름**이라 부르고, 노름의 성질을 규명하였다. 이러한 성질을 오늘날 기본 노름 공리라고 부르는데, 리스는 이러한 공리를 단순히 최대 노름으로 사용했다.

콤팩트 작용소의 개념 또한 1916년에는 아직 정착되지 않았다. 그러나 리스는 1906년에 프레셰(Fréchet)가 언급한 콤팩트 집합의 개념을 사용하여, 다음과 같이 $C[0, 1]$ 상에서 정의되는 적분작용소 A

$$(A\phi)(x) := \int_0^1 K(x, y)\phi(y)\,\mathrm{d}y, \quad x \in [0, 1] \tag{13}$$

이 유계집합을 상대적 콤팩트 집합으로 사상한다는 것을 증명하였다. 즉, 오늘날의 용어로 A는 콤팩트 작용소이다.

리스의 결과에서 흥미로운 것은 그의 증명들을 현재까지 사용할 수 있고, 연속함수공간 상의 적분작용소의 경우에서 노름 공간 상의 콤팩트 작용소인 일반적인 경우까지 변환될 수 있다는 것이다. 리스는 그의 방법이 이러한 일반성을 갖고 있음을 알고 있었고, 연속함수라는 제한 사항이 필수적인 것은 아니라는 점을 정확하게 언급하였다.

리스의 결과를 정리하면 다음과 같다. 여기서 I는 항등작용소를 의미한다.

정리 2. 노름 공간 X 상의 콤팩트 선형작용소 $A: X \to X$에 대하여, $I + A$는 전단사이고 유계인 역사상을 갖거나 영공간 $N(I + A) := \{\phi: \phi + A\phi = 0\}$이 영이 아닌 유계차원이고 상공간 $(I + A)(X)$는 X의 진부분집합이 된다.

리스 이론에서 가장 핵심적이고 의미가 있는 부분은 전사와 단사의 동치성이다. 반면, 정리 2는 아직 프레드홀름 적분방정식에 대한 정리 1의 택일정리를 완전히 포함하지는 않는다. 왜냐하면 수반방정식과의 연결성과 택일정리의 두 번째 경우에서 나타난 상공간의 특성화가 빠졌기 때문이다. 이러한 공백을 1929년에 샤우데르(Schauder)가 처음으로 극복하였고, 1960년대부터 최근까지 계속적으로 연구·발전되고 있다.

다음 정리는 단순히 노름 공간상의 항등작용소가 콤팩트 작용소이기 위한 필요충분조건이 x가 유한차원이라는 사실에서 나온 결과이다. 이 정리는 두 적분방정식 (1)과 (2)가 단순히 형식적인 것 그 이상의 차이점이 있음을 나타낸다.

정리 3. X와 Y를 노름 공간이라 하고 $A: X \to Y$를 콤팩트 선형작용소라 하자. X가 무한 차원 공간이라면 A는 유계인 역사상을 가질 수 없다.

5 수치해법

2종 적분방정식의 수치해법에 관한 가장 쉬운 개념은 1930년에 니스트룀(Nyström)이 제기한 것으로, 식 (2)의 적분을 수치적분으로 바꾸는 것이었다. $x_1, \cdots, x_n \in [0, 1]$은 구적법의 각 점들이고 $a_1, \cdots, a_n \in$

$\mathbb{R}$은 구적법의 가중치라 할 때 구적법

$$\int_0^1 g(x)\,\mathrm{d}x \approx \sum_{k=1}^{n} a_k g(x_k)$$

를 이용하여, 복합 사다리꼴 규칙(composite trapezoidal)이나 복합 심슨 규칙처럼 적분작용소 (13)을 수치적분작용소

$$(A_n\phi)(x) := \sum_{k=1}^{n} a_k K(x, x_k)\phi(x_k) \qquad (14)$$

로 근사시킨다. 즉, 구적법을 $g = K(x, \cdot)\phi$에 적용하는 것이다. 2종 적분방정식 $\phi + A\phi = f$의 해는 이제 $\phi_n + A_n\phi_n = f$의 해로 근사되는데, 이 적분방정식의 해는 다음과 같이 유한 차원 선형방정식계를 이용하여 구할 수 있다. ϕ_n이

$$\phi_n(x) + \sum_{k=1}^{n} a_k K(x, x_k)\phi_n(x_k) = f(x) \qquad (15)$$

의 해라 할 때, 구적법의 각 점 x_j 상의 값 $\phi_{n,j} := \phi_n(x_j)$는 선형방정식계

$$\phi_{n,j} + \sum_{k=1}^{n} a_k K(x_j, x_k)\phi_{n,k} = f(x_j), \quad j = 1, \cdots, n \qquad (16)$$

을 만족시킨다. 반대로, $\phi_{n,j}$가 선형방정식계 (16)의 해이면, 함수

$$\phi_n(x) := f(x) - \sum_{k=1}^{n} a_k K(x, x_k)\phi_{n,k}, \; x \in [0,1] \qquad (17)$$

은 식 (15)의 해가 된다. 이때 핵함수 K와 함수 f가 적당한 가정을 만족하면, 근사해에 대응하는 수열 (ϕ_n)은 적분방정식의 해 ϕ로 $n \to \infty$일 때 균등 수렴함을 알 수 있다. 더구나 구적법의 오차 추정은 니스트룀 근사법의 오차 추정을 대신할 수 있다.

또한 적분방정식의 수치해를 구할 때 니스트룀 근사법뿐만 아니라 선점법과 갤러킨 법(Galerkin method) 등도 사용한다.

6 불량 조건 문제들

1923년 아다마르가 수리물리학에서 가정한 세 가지는 다음과 같다. 해는 존재해야 하고, 유일해야 하며, 연속적으로 데이터에 의존해야 한다. 이 중 세 번째 가정은 데이터가 실제 상황에서 측정된 양이므로 항상 오류가 나타날 수 있다는 사실에서 기인했다. 이러한 세 가지 가정을 만족하는 문제를 **우량 조건 문제**라 하고, 그 외에는 **불량 조건 문제**라 한다. $A: X \to Y$가 노름 공간 X에서 노름 공간 Y로 가는 유계인 선형작용소라하자. 그러면 A는 전단사이고 역작용소 $A^{-1}: Y \to X$는 유계, 즉 연속일 때 방정식 $A\phi = f$는 우량 조건 문제가 된다. 그 외에는 불량 조건 문제이다. 불량 조건 문제에서 주요 관심사는 **불안정성**, 즉 $A\phi = f$의 해 ϕ가 데이터 f에 연속적으로 의존하지 않는 것이다.

불량 조건 문제의 예로는 역방향 열전도 문제가 있다. 영역 $[0,1] \times [0,T]$ 상에서 시간에 의존하는 온도함수 u가 경계조건

$$u(0,t) = u(1,t) = 0, \qquad 0 \le t \le T$$

를 만족하고 초기조건

$$u(x,0) = \phi(x), \qquad 0 \le x \le 1$$

를 만족하는 순방향 열전도방정식

$$\frac{\partial u}{\partial t} = \frac{\partial^2 u}{\partial x^2}$$

의 해라 하자. 이때 ϕ는 주어진 초기 온도함수이다. 변수분리법에 의하여 해는 다음과 같은 형태로 나온다.

$$u(x, t) = \sum_{n=1}^{\infty} a_n e^{-n^2\pi^2 t} \sin n\pi x \tag{18}$$

이때 a_n은 주어진 초깃값의 푸리에(Fourier) 계수

$$a_n = 2\int_0^1 \phi(y) \sin n\pi y \, dy \tag{19}$$

이다. 이 초기치 문제가 우량 조건 문제이다. 최종 온도 $f := u(\cdot, T)$는 확실히 초기 온도 ϕ에 연속적으로 의존한다. 왜냐하면 f의 급수 전개는

$$f(x) = \sum_{n=1}^{\infty} a_n e^{-n^2\pi^2 T} \sin n\pi x \tag{20}$$

같이 지수적으로 감소하는 항을 갖기 때문이다. 따라서 대응하는 역문제, 즉 최종 온도 f로부터 초기 온도 ϕ를 찾는 문제가 불량 조건 문제이다. 식 (20)으로부터 ϕ는

$$\phi(x) = \sum_{n=1}^{\infty} b_n e^{n^2\pi^2 T} \sin n\pi x \tag{21}$$

임을 알 수 있다. 여기서 b_n은 최종 온도 f의 푸리에 계수이다. 식 (21)에서 지수적으로 증가하는 항 때문에 최종 온도의 변화량은 급격하게 증폭된다.

식 (18)에 식 (19)를 대입하면 이 예제는 핵함수

$$K(x, y) = 2\sum_{n=1}^{\infty} e^{-n^2\pi^2 T} \sin n\pi x \sin n\pi y$$

를 갖는 제1종 적분방정식 (1)의 형태로 바뀐다. 일반적으로 연속인 핵함수를 갖는 제1종 적분방정식은 정리 3의 결과에 의하여 불량 조건 문제의 전형적인 예제가 된다.

물론 방정식의 불량 조건 성질은 방정식의 수치해에 관한 몇 가지 결과들을 만든다. 작용소가 유계 역작용소를 갖지 않는다는 사실은 작용소의 유한 차원 근사들의 조건수가 근사도의 질과 함께 증가한다는 의미이다. 따라서 불량 조건 문제의 무분별한 이산화는 얼핏 보기에 역설적으로 보이는 수치적 행동을 낳는다. 즉, 이산의 차수 증가(다시 말해, 작용소에 대한 근사의 정확성 향상)가 방정식의 근사해를 더욱 신뢰할 수 없게 만든다.

7 정규화

불량 조건 문제의 안정화된 근사해를 찾는 방법을 **정규화법**이라 한다. $A: X \to Y$를 노름 공간 X와 Y 사이에 주어진 콤팩트 선형작용소라 하자. 이 절에서는 작용소 A를 갖는 제1종 적분방정식의 정규화에 대해 설명하고자 한다. 이때 방정식 $A\phi = f$의 해 ϕ를 오차 수준 $\|f^\delta - f\| \le \delta$로 섭동된 f^δ을 이용하여 근사하고자 한다. 즉, 오차가 있는 데이터 f^δ을 이용하여, 섭동되지 않은 방정식 $A\phi = f$의 정확한 해 ϕ의 합리적인 근사해 ϕ^δ을 얻고자 하는 것이다. 물론 이 근사해가 안정적, 즉 ϕ^δ이 실제 데이터 f^δ에 연속적으로 의존하기를 원한다. 따라서 일반성을 잃지 않고 A가 단사라고 가정하고, 유계 선형작용소 $R: Y \to X$를 이용하여 비유계 작용소 $A^{-1}: A(X) \to X$를 근사하고자 한다. 모든 $\phi \in X$에 대하여, 점별 수렴성

$$\lim_{\alpha \to 0} R_\alpha A\phi = \phi \tag{22}$$

를 갖는 유계인 선형작용소 $R_\alpha: Y \to X$, $\alpha > 0$들의 집합을 작용소 A의 **정규화 모형**이라 하고 매개변수

α를 정규화 매개변수라 부른다.

정규화 모형은 정규화된 해 $\phi_\alpha^\delta := R_\alpha f^\delta$로 $A\phi = f$의 해를 근사시킨다. 삼각부등식에 의하여 총근사 오차는

$$\|\phi_\alpha^\delta - \phi\| \leq \delta\|R_\alpha\| + \|R_\alpha A\phi - \phi\|$$

가 된다. 이 분해는 오차가 두 영역으로 나눠짐을 말하는데, 첫 번째 항은 부정확한 데이터의 영향을 반영하고 두 번째 항은 R_α와 A^{-1} 사이의 근사 오차이다. 단, X가 무한 차원일 때 R_α는 균등유계가 될 수 없다. 그 이유는 만약 R_α가 균등유계라면 A는 유계 역사상을 가질 것이기 때문이다. 결과적으로 $\alpha \to 0$일 때 첫 번째 항은 증가하는 반면, 두 번째 항은 식 (22)에 의하여 감소할 것이다.

모든 정규화 모형은 정규화된 해의 가능한 총오차를 얻기 위해 오차 수준 δ와 f^δ에 의존하는 매개변수 α를 선택하는 전략을 필요로 한다. 한편, 근사의 정밀도는 오차 $\|R_\alpha A\phi - \phi\|$가 아주 작아야 하고, 이는 매개변수 α가 아주 작다는 것을 의미한다. 반면, 안정성은 $\|R_\alpha\|$의 값이 작아야 되기 때문에 매개변수 α는 매우 커야 한다. 이때 흔히 쓰는 전략으로 **상위 전략**이 있다. 이 전략은 일반적으로 오차가 없는 데이터를 위해선 $\|A\phi_\alpha^\delta - f^\delta\|$가 f의 측정값의 정확도보다 작으면 안 된다는 생각에서 기인했다. 즉, 정규화 매개변수 α는 $\|AR_\alpha f^\delta - f^\delta\| \approx \delta$를 만족하도록 선택해야 한다.

X와 Y를 힐베르트 공간이라 하고 그들의 내적을 $(\cdot, \cdot)$으로 나타낸다. 또한 $L^2[0, 1]$은 구간 $[0, 1]$ 상의 르베그 제곱적분이 가능한 복소함수공간이다. 유계인 선형작용소 $A : X \to Y$는 유일한 수반 작용소 $A^* : Y \to X$를 갖고, 모든 $\phi \in X$와 $g \in Y$에 대하여 $(A\phi, g) = (\phi, A^*g)$를 만족한다. 따라서 A가 콤팩트 작용소라면 A^*도 콤팩트 작용소가 된다. 식 (13)에서 정의한 콤팩트 적분작용소 $A : L^2[0, 1] \to L^2[0, 1]$의 수반 작용소는 핵함수를 $\overline{K(y, x)}$로 갖는 적분작용소가 된다. 여기서 $\bar{a}$는 a의 켤레복소수를 의미한다.

선형대수학의 행렬에 대한 특잇값분해를 확장하면, 각 콤팩트 선형작용소 $A : X \to Y$에 대하여 단조적으로 감소하는 양숫값의 영열 (μ_n)과 X와 Y 각각의 정규 직교 수열 (ϕ_n)과 (g_n)으로 구성된 특이계가 존재하여

$$A\phi_n = \mu_n g_n, \quad A^* g_n = \mu_n \phi_n, \quad n \in \mathbb{N}$$

을 만족하게 된다. 따라서 각 $\phi \in X$에 대하여 특잇값분해

$$\phi = \sum_{n=1}^{\infty} (\phi, \phi_n)\phi_n + P\phi$$

를 갖는다. 여기서, $P : X \to N(A)$는 A의 영공간으로의 정사영이고

$$A\phi = \sum_{n=1}^{\infty} \mu_n (\phi, \phi_n) g_n$$

이다.

특잇값분해로부터 알 수 있는 것은 제1종 방정식 $A\phi = f$가 가해(solvable)이기 위한 필요충분조건은 f가 A^*의 영공간에 수직이고

$$\sum_{n=1}^{\infty} \frac{1}{\mu_n^2} |(f, g_n)|^2 < \infty \tag{23}$$

를 만족하는 것이다. 식 (23)이 성립하면 해는

$$\phi = \sum_{n=1}^{\infty} \frac{1}{\mu_n} (f, g_n)\phi_n \tag{24}$$

이 된다.

해 (24)는 명확히 $A\phi = f$가 불량 조건 문제임을 말해 준다. 만약 f를 $f^\delta = f + \delta g_n$으로 변경한다면 해는 $\phi^\delta = \phi + \delta\mu_n^{-1}\phi_n$이 된다. 따라서 특잇값이 0으로 가기 때문에 비

$$\frac{\|\phi^\delta - \phi\|}{\|f^\delta - f\|} = \frac{1}{\mu_n}$$

은 임의로 크게 만들어질 수 있다. 따라서 해 공식 (24)에서 항 $1/\mu_n$의 영향을 감소시키도록 정규화해야 하고, 실제로 **티호노프(Tikhonov) 정규화**에서는

$$R_\alpha f := \sum_{n=1}^{\infty} \frac{\mu_n}{\alpha + \mu_n^2}(f, g_n)\phi_n \qquad (25)$$

으로 선택하여 시행한다. 이때, 단사인 A에 대하여

$$R_\alpha = (\alpha I + A^* A)^{-1} A^*$$

이므로 $R_\alpha f$를 계산하는 데 특이계를 사용할 필요가 없다. 따라서 $\phi_\alpha := R_\alpha f$는 우량 조건 2종 방정식

$$\alpha\phi_\alpha + A^* A\phi_\alpha = A^* f$$

의 유일해가 된다.

8 단층촬영 전산화

단층촬영 전산화[VII.19] 전송에서 사물의 단면은 탐지기가 강도 손실을 기록하는 얇은 X선 빔에 의하여 주사되고 상을 만들도록 처리된다. 예를 들어 f를 2차원 매체의 공간 의존 감쇠계수라 하자. 직선 L을 따르는 X선의 상대 강도 손실은 $\mathrm{d}I = -If\mathrm{d}s$로 주어지고, 양변을 적분하면 출력 강도는

$$I_{\text{detector}} = I_{\text{source}} \exp\left(-\int_L f \,\mathrm{d}s\right)$$

가 된다(I_{source}는 입력 강도이다). 즉, 원칙적으로 스캔 과정은 스캔한 단면을 가로지르는 모든 선 상의 선적분을 제공한다. $\mathbb{R}^2$ 상의 함수를 그것의 선적분으로 보내는 사상을 **라돈(Radon) 사상**이라 부르고, 단층촬영 전산화의 역문제는 그 사상의 반전사상을 필요로 한다. 라돈은 이미 1917년에 정확한 반전사상 공식을 구했지만 실제 계산에 바로 활용하지는 못했다.

라돈 사상을 설명하기 위해선, 직선 L을 $L = \{s\theta + t\theta^\perp : t \in \mathbb{R}\}$로 매개화하는 것이 편리하다. 여기서 θ는 L의 단위 법선벡터이고 $\theta^\perp$은 θ를 반시계 방향으로 90° 회전한 벡터이다. 여기서 s는 원점과 직선 L 사이의 거리를 나타낸다. 이제, 2차원 라돈 사상 R을

$$(Rf)(\theta, s) := \int_{-\infty}^{\infty} f(s\theta + t\theta^\perp)\,\mathrm{d}t, \qquad \theta \in S^1,\ s \in \mathbb{R}$$

로 정의하면 R은 $L^1(\mathbb{R}^2)$을 $L^1(S^1 \times \mathbb{R})$로 사상한다. 여기서 S^1은 단위원이다. 주어진 측정된 선적분 g에 대하여, 단층촬영 전산화의 역문제는

$$Rf = g \qquad (26)$$

를 f에 대하여 푸는 것이다. 비록 방정식 (26)이 전통적인 형태 (1)이나 (2)가 아니더라도 명확히 적분방정식으로 나타나고, 그 방정식의 해는 라돈의 반전 공식

$$f = \frac{1}{4\pi} R^* H \frac{\partial}{\partial s} Rf \qquad (27)$$

를 사용하면 나온다. 여기서 H는 Rf의 두 번째 변수

s에 대해서 정의된 힐베르트 사상

$$(Hg)(s) := \frac{1}{\pi}\int_{-\infty}^{\infty}\frac{g(t)}{s-t}\mathrm{d}t, \quad s \in \mathbb{R}$$

이다. 작용소 R^*는 $\mathbb{R}^2$과 $S^1 \times \mathbb{R}$ 상의 L^2 내적에 관하여 정의된 R의 수반 작용소로서 다음과 같다.

$$(R^*g)(x) = \int_{S^1} g(\theta, x \cdot \theta)\,\mathrm{d}\theta, \quad x \in \mathbb{R}^2$$

즉, R^*는 x를 지나는 모든 직선 상의 적분이므로 역투사 작용소라 부른다. 식 (27)에서 힐베르트 사상이 나타나기 때문에 라돈 사상을 반전시키는 것은 국소적(local)이 아니다. 다시 말해, 점 x의 한 근방에서의 선적분은 $f(x)$를 재생성하는 데 충분하지 않다. 또한 식 (27)에 미분이 있기 때문에 선적분에서 f를 재생성하는 역문제는 불량 조건 문제가 된다.

사실상 적분은 오직 유한개의 직선에 대해서 측정되기 때문에 라돈 사상의 이산 버전이 반전돼야 한다. 가장 폭넓게 사용하는 반전 알고리즘은 여과된 역투사 알고리즘이다. 이 알고리즘은 라돈 반전 공식의 $H(\partial/\partial s)$을 하나의 합성변환, 즉 영상처리 용어인 필터로 바꾸는 것이다. 그러나 함수 f가 픽셀로 분해될 때, 즉 작은 사각형의 격자무늬에서 조각적인 상수함수로 근사될 때, 소위 대수적 복원 기술을 사용한다. 결국 픽셀 값에 대한 희소 선형방정식계는 카츠마르츠(Kaczmarz) 방법 같은 것을 통해 반복적으로 풀 수 있다.

방사상으로 대칭인 함수 f(즉, $f(x) = f_0(|x|)$)에 대하여, Rf는 명확히 θ에 의존하지 않는다(즉, $(Rf)(\theta, s) = g_0(s)$). 여기서

$$g_0(s) = 2\int_0^{\infty} f_0(\sqrt{s^2+t^2})\,\mathrm{d}t, \quad s \geq 0$$

이고 $t = \sqrt{r^2 - s^2}$을 대입하면 식은

$$g_0(s) = 2\int_s^{\infty} f_0(r)\frac{r}{\sqrt{r^2-s^2}}\mathrm{d}r, \quad s \geq 0$$

으로 변환되어 다시 아벨 타입 적분방정식이 된다. 이 방정식의 해는

$$f_0(r) = -\frac{1}{\pi}\int_r^{\infty} g_0'(s)\frac{1}{\sqrt{s^2-r^2}}\mathrm{d}s, \quad r \geq 0$$

이다. 이와 같은 접근법은 f와 $g = Rf$를 극좌표의 각에 관한 푸리에 급수로 전개하면 완전 반전 공식으로 확장할 수 있다. 그때 f와 g의 푸리에 계수는 체비쇼프 다항식을 수반하는 아벨 타입 적분방정식과 연관이 있다.

X선 단층촬영은 물리학자 앨런 코맥(Allan Cormack)이 1963년에 처음 제안하고 연구한 것으로, 전기기술자 고드프리 하운스필드(Godfrey Hounsfield)의 노력으로 1970년대부터 의료 행위에 사용하였다. 그들은 X선 단층촬영에 관한 업적으로 1979년에 노벨의학상을 받았다.

9 역방향 산란 문제

산란이론은 장애물이나 불균일 물체가 파동, 특히 시간-조화파동의 전파에 끼치는 영향에 관한 이론이다. 역방향 산란 문제는 전파탐지기, 수중 음파탐지기, 의료 영상 기기 그리고 비파괴 검사 같은 분야에서 사용하는 수학적 도구이다.

시간-조화파동의 시간-종속성을 $U(x, t) = \mathrm{Re}\{u(x)\mathrm{e}^{-\mathrm{i}\omega t}\}$로 나타낸다. 여기서 ω는 양의 진동수이다. 공간-종속 파트인 복소값 함수 u는 파동의 실숫값 진폭과 형상을 나타내고 헬름홀츠(Helmholtz) 방

정식 $\Delta u + k^2 u = 0$(k는 양의 파동수)의 해가 된다. $d \in \mathbb{R}^3$가 단위벡터일 때, 모든 $x \in \mathbb{R}^3$에 대해서 함수 $e^{ikx \cdot d}$은 헬름홀츠 방정식을 만족한다. $e^{i(kx \cdot d - \omega t)}$은 평면 $kx \cdot d - \omega t = c$(c는 상수) 상에서 상수함수이기 때문에, 함수 $e^{ikx \cdot d}$을 평면파동이라 부른다. 예를 들어, 입사벡터장이 $u^{in}(x) = e^{ikx \cdot d}$으로 주어졌다고 하자. 가장 간단한 장애물 산란 문제는 총벡터장 $u = u^{in} + u^{sc}$이 디리클레 경계조건인 ∂D에서 $u = 0$을 만족하도록 하고 유계 산란체 $D \subset \mathbb{R}^3$의 외부에서 헬름홀츠 방정식의 해가 되는 산란 벡터장 u^{sc}을 찾는 것이다. 여기서 ∂D는 sound-soft 장애물이나 완전 도체이다. 그뿐만 아니라 산란파가 방출되고 있다는 것을 보장하기 위해, 문제는 조머펠트 복사 조건(Sommerfeld radiation condition)

$$\lim_{r \to \infty} r\left(\frac{\partial u^{sc}}{\partial r} - iku^{sc}\right) = 0 \tag{28}$$

을 만족해야 한다. 여기서 $r = |x|$이고 극한은 모든 방향 $x/|x|$에 대하여 균등적으로 성립한다. 이 조건은 헬름홀츠 방정식에 대한 외부 디리클레 문제의 해의 유일성을 보장한다. 한편, 해의 존재성은 1950년대에 베쿠아(Vekua), 바일(Weyl) 그리고 뮐러(Müller)가 3절의 경계선 적분방정식을 이용하여 증명하였다.

복사 조건 (28)로부터, 모든 방향 $\hat{x} = x/|x|$에 대하여 산란파는 점근적으로 균등하게

$$u^{sc}(x) = \frac{e^{ik|x|}}{|x|}\left\{u_\infty(\hat{x}) + O\left(\frac{1}{|x|}\right)\right\}, \quad |x| \to \infty$$

가 된다. 여기서 u_∞는 단위구면 S^2 상에서 정의된 산란파의 **원방형상**이다. 또한 u_∞는 입사 방향 d와 관측 방향 $\hat{x}$에 의존하는 함수이므로 $u_\infty = u_\infty(\hat{x}, d)$로 나타낸다. 역방향 산란 문제는 이제 u_∞로부터 산란체 D를 찾는 문제로 볼 수 있다. 예를 들면, 호수 가운데서 물에 던져진 공이나 큐브에 의해 생긴 물결파가 호숫가에 도착할 때의 모양을 결정하는 문제를 생각해 볼 수 있다. 산란파는 산란체에 비선형적으로 의존하기 때문에 이 역문제는 비선형이고, 원방형상 u_∞가 S^2에서 $\hat{x}$에 관하여 해석함수이기 때문에 이 문제는 불량 조건 문제이다.

역방향 장애물 산란 문제를 푸는 방법들을 대략 세 그룹으로 나눌 수 있는데, 반복법, 분해법 그리고 표본수집법이 그것이다. 먼저, 반복법은 역문제를 정규화된 뉴턴 타입 반복법 같은 것으로 풀 수 있는 비선형 불량 조건 문제로 다룬다. 분해법이란 역방향 산란 문제를 두 부분으로 나눈다. 첫 번째 부분은 원방형상 u_∞로부터 산란파 u^{sc}을 만들어서 불량 조건 성질을 처리한다. 두 번째 부분은 총벡터장의 경계조건을 만족하는 산란체 D의 경계 ∂D를 찾아서 문제의 비선형성을 극복한다. 역방향 문제를 푸는 이러한 두 그룹의 방법에서 경계선 적분방정식은 효율적인 도구인데, 이 사실은 경계선 적분방정식이 정방향 산란 문제의 수치해와 해의 존재성 문제에서도 중요한 역할을 하고 있기 때문에 그리 놀랍지 않을 것이다.

표본수집법은 기본적으로 $\mathbb{R}^3$ 상의 적당한 지표함수 f를 선택하는 것으로, 이때 함숫값 $f(z)$는 z가 산란체 D의 내부점인지 외부점인지를 구별해 주는 값으로 주어진다. 반복법이나 분해법과는 반대로, 표본수집법은 장애물의 기하학적인 어떠한 정보도 필요로 하지 않는다. 그러나 반복법과 분해법이 한 가지의 입사파의 원방형상을 필요로 하는 반면, 표본

수집법은 많은 수의 입사파의 원방형상을 알아야 한다.

두 가지 표본수집법(콜턴(Colton)과 커시(Kirsch)가 제안한 선형 표본수집법과 커시가 제안한 인수분해법)에서 지표함수는 다음과 같이 정의되는 적분작용소 $F: L^2(S^2) \to L^2(S^2)$

$$(Fg) := \int_{S^2} u_\infty(\hat{x}, d) g(d) \, \mathrm{d}s(d), \quad \hat{x} \in S^2$$

을 포함하는 불량 조건 1종 선형 적분방정식을 사용하여 정의된다. 여기서 $u_\infty(\hat{x}, d)$는 핵함수이다. 원점(source point) $z \in \mathbb{R}^3$를 갖는 헬름홀츠 방정식의 기본해

$$\Phi(x, z) := \frac{\mathrm{e}^{\mathrm{i}k|x-z|}}{4\pi|x-z|}, \quad x \neq z$$

의 원방형상

$$\Phi_\infty(\hat{x}, z) = (4\pi)^{-1} \mathrm{e}^{-\mathrm{i}k\hat{x} \cdot z}$$

에 대하여, 선형 표본수집법은 불량 조건 방정식

$$Fg_z = \Phi_\infty(\cdot, z) \tag{29}$$

에 기반을 두는 반면, 분해법은

$$(F^* F g_z)^{1/4} = \Phi_\infty(\cdot, z) \tag{30}$$

를 다룬다. 선형 표본수집법에서 사용하는 효율적인 도구는 핵함수 g를 갖는 헤르글로츠(Herglotz) 파동함수이다. 이 파동함수는

$$v_g(x) := \int_{S^2} \mathrm{e}^{ikx \cdot d} g(d) \, \mathrm{d}s(d), \quad x \in \mathbb{R}^3$$

으로 정의되는 평면파들의 중첩이다. 식 (29)의 해를 매개변수 α를 갖는 티호노프 정규화에 의해 구할 수 있는데, $z \in D$일 때 식 (29)의 해로 결정되는 $g_{z,\alpha}$를 핵함수로 하는 헤르글로츠 파동함수 $v_{g_{z,\alpha}}(z)$의 값은 $\alpha \to 0$일 때 유한한 반면, $z \notin D$일 때는 파동함수가 유한하지 않다. 이때, 충분히 미세한 격자점 z에서 $v_{g_{z,\alpha}}(z)$를 계산해 보면 산란체 D는 $v_{g_{z,\alpha}}(z)$의 값이 작은 점들의 집합임을 알 수 있다. 한편, 분해법에서 알 수 있는 주요 특징은 방정식 (30)이 $L^2(S^2)$에서 가해이기 위한 필요충분조건은 $z \in D$라는 것이다. F의 특이계에 관한 가용화 조건 (23)을 더하면, 산란체방정식 (30)에 적용된 급수 (23)이 수렴하는, 즉 유한합으로 근사된 값이 여전히 작은 값인 격자점들의 집합으로 D를 시각화할 수 있다.

아래 제시된 추가 참고문헌 중 세 가지는 본인이 적분방정식을 사랑한 증표라 볼 수 있다.

더 읽을거리

Colton, D., and R. Kress. 2013. *Inverse Acoustic and Electromagnetic Scattering Theory*, 3rd edn. New York: Springer.

Ivanyshyn, O., R. Kress, and P. Serranho. 2010. Huygens' principle and iterative methods in inverse obstacle scattering. *Advances in Computational Mathematics* 33:413-29.

Krish, A., and N. Grinberg. 2008. *The Factorization Method for Inverse Problems*. Oxford: Oxford University Press.

Kress, R. 2014. *Linear Integral Equations*, 3rd edn. New York: Springer.

Natterer, F. 2001. *The Mathematics of Computerized*

Tomography. Philadelphia, PA: SIAM.

IV.5 섭동 이론과 점근적 분석

피터 밀러 *Peter D. Miller*

1 서론

섭동 이론은 매개변수를 수반하는 물리적 또는 수학적 문제를 다루는 하나의 도구이다. 예를 들어 난류 유체역학에 관한 많은 문제들의 행동양상은 레이놀즈 수(Reynolds number) 값에 영향을 받는다. 이 레이놀즈 수는 유체에 가해지는 힘의 점성 감쇠력에 대한 상대적 강도를 측정하는 무차원 매개변수이다. 비슷하게, 양자이론의 플랑크 상수(Planck constant) $\hbar$는 동역학을 다루는 슈뢰딩거 방정식의 매개변수이다.

섭동 이론의 핵심 아이디어는 매개변수 근방의 값을 이용하여 방정식의 해에 관한 정보를 쉽게 얻도록 하는 것이다. 매개변수 원래의 단순화된 값을 섭동할 때, 해(solution)도 이에 상응하여 **섭동**될 것이다. 섭동할 때 해의 변화를 계산하고, 섭동 이론으로 계산 결과가 얼마나 타당한지 보여 줄 수 있다.

섭동 이론의 성공은 명확히 매개변수를 조정할 수 있는지에 대한 가능성에 달려 있다. 조정 가능성은 때때로 명확하지 않다. 예를 들어, 레이놀즈 수는 유체 실험에서 가해진 힘을 바꾸거나(이것은 분수의 분자를 바꾼다), 다른 점성율을 갖는 유체로 바꿔서(이것은 분수의 분모를 바꾼다) 조정된다. 그러나 양자역학의 플랑크 상수를 조정하는 것은 합리적이지 않다. 왜냐하면 플랑크 상수는 고정값 $\hbar \approx 1.05 \times 10^{-34}\text{kg m}^2\text{ s}^{-1}$을 취하기 때문이다. 이 경우의 조정 가능성은 문제를 무차원화하여 회복될 수 있다. 문제에서 M은 질량의 단위, L은 길이, T는 시간의 단위라 할 때, $\hbar$ 대신에 무차원 비율 $H := T\hbar/ML^2$를 사용해 보자. 그러면 무차원 매개변수 H는 이제 M, L과 T로 조정될 수 있다.

지금까지는 섭동 이론에 대해 대략적으로 살펴보았고, '섭동 이론'과 '섭동법'이란 용어를 구분 없이 사용하였다. 그러나 이제부터는 섭동법을 이용하여 섭동된 문제의 근사해를 기계적으로 만들고, 구해진 근사해의 수학적 해석과 수렴 성질을 설명할 때 섭동 이론을 이용하도록 하겠다.

1.1 기본 예제

섭동법을 이용할 첫 번째 예제로, 다항식

$$x^5 + a_4x^4 + a_3x^3 + a_2x^2 + a_1x + a_0 = 0 \quad (1)$$

의 실수해 x를 찾는다고 가정하자. 여기서 실수계수 a_j는 문제의 매개변수가 된다. 일반적으로 5차방정식의 근 x에 대한 공식은 없지만 특정한 매개변수들의 값에서는 상황이 좀 더 낫다. 예를 들어 $a_4 = a_3 = a_2 = a_1 = 0$이고 $a_0 = -1$이라 하면, 식 (1)은 식 $x^5 = 1$로 줄어들고 이 식은 유일한 실수해 $x = 1$을 갖는다. 이렇게 확실한 해를 갖는 상황으로 섭동하기 위해서, $j = 1, 2, 3, 4$일 때 $a_j \to \varepsilon a_j$로 바꾸고, $a_0 \to -1 + \varepsilon(a_0 + 1)$로 바꾼다. 그러면 $\varepsilon = 0$일 때 명확히 해가 존재하는 단순한 경우가 되고, $\varepsilon = 1$이면 일반적인 경우로 돌아간다. 섭동 문제에서는 전통적으로 작은 양을 그리스 문자 ε으로 표시한다.

따라서 주어진 문제는

$$P_0(x) + \varepsilon P_1(x) = 0 \tag{2}$$

인 형태가 되는데, 이때 $\varepsilon \in [0, 1]$이 조정 가능한 매개변수이고

$$P_0(x) := x^5 - 1,$$
$$P_1(x) := a_4x^4 + a_3x^3 + a_2x^2 + a_1x + a_0 + 1$$

이다.

지금까지 $\varepsilon = 0$일 때 식 (2)의 알려진 근이 어떻게 0이 아닌 작은 ε에 의해서 변하는지를 이해하기 위해 원래 문제를 재정의하였다. (섭동법이 재정의된 문제를 충분히 풀 수 있는 반면, ε이 $\varepsilon = 1$만큼 클 가능성이 없을 수도 있기 때문에 원래 문제 (1)의 해를 찾기에는 충분히 강력하지 않을 수도 있다.) 이 경우 **섭동 이론**은 음함수 이론을 필요로 한다. $P_0'(1) = 5 \neq 0$이기 때문에 음함수 이론에 의해서 $x(0) = 1$을 만족하고, 충분히 작은 $|\varepsilon|$에 대해 수렴하는 ε에 관한 멱급수로 전개될 수 있는 식 (2)의 유일해 $x = x(\varepsilon)$의 존재성을 보장한다. 다른 한편, **섭동법**은 급수 자체를 효과적으로 만들 수 있다. 급수의 일반항을 닫힌 형태로 표현하기보단, 처음 $N + 1$개 항을 계산하는 간단한 알고리즘을 이용하여 항을 반복적으로 찾는다. 먼저

$$x(\varepsilon) = \sum_{n=0}^{N} x_n \varepsilon^n + R_N(\varepsilon)$$

이라 놓자. 여기서 테일러급수의 나머지항은 $\varepsilon \to 0$일 때 $\varepsilon^{-N}R_N(\varepsilon) \to 0$을 만족한다. 이제 이 식을 식 (2)에 대입하고 다항식 $x(\varepsilon)^p$을 전개하면 식 (2)는

$$\sum_{n=0}^{N} p_n \varepsilon^n + Q_N(\varepsilon) = 0 \tag{3}$$

이 된다. 여기서 p_n은 잘 정의된 $\{x_0, \cdots, x_N\}$에 관한 항이고, $Q_N(\varepsilon)$은 $R_N(\varepsilon)$처럼 $\varepsilon \to 0$일 때 $\varepsilon^{-N}Q_N(\varepsilon) \to 0$을 만족하는 나머지항이다. 식 (3)은 충분히 작은 임의의 ε에 대해 성립해야 하기 때문에 $n = 0, \cdots, N$일 때 $p_n = 0$이다. 다시 말하면, 이것은 미지계수 $\{x_0, \cdots, x_N\}$에 관한 하나의 방정식계이고, p_n의 처음 몇 개의 값들은

$$p_0 := P_0(x_0),$$
$$p_1 := P_0'(x_0)x_1 + P_1(x_0),$$
$$p_2 := 2P_0'(x_0)x_2 + P_0''(x_0)x_1^2 + 2P_1'(x_0)x_1$$

임을 확인할 수 있다. 이것들은 유용한 3각 구조를 나타내는 것으로 p_n은 오직 $\{x_0, \cdots, x_n\}$에만 의존하고 동시에 p_n은 x_n에 대해 선형이다. 이런 현상들은 모든 n에 대하여 성립하고, 섭동되지 않는 해 $x_0 = 1$이 일단 명시되면, $x(\varepsilon)$의 급수의 계수를 완벽하게 체계적인 형태로 만들 수 있다. 실제로 방정식 $p_1 = 0$, $p_2 = 0$ 등을 풀면

$$x_1 = -\frac{P_1(x_0)}{P_0'(x_0)},$$
$$x_2 = -\frac{P_1'(x_0)x_1}{P_0'(x_0)} - \frac{P_0''(x_0)x_1^2}{2P_0'(x_0)}$$
$$= \frac{P_1(x_0)P_1'(x_0)}{P_0'(x_0)^2} - \frac{P_1(x_0)^2P_0''(x_0)}{2P_0'(x_0)^3}$$

등이 됨을 알 수 있다. 여기서 분모가 0이 아닌 것은 음함수 정리를 적용할 때 나오는 바로 그 조건이다. 이런 식으로 섭동급수의 계수 x_n들은 차례대로 결정된다. 한편, 5차방정식의 복소수근을 구할 때는 $k = 0, 1, 2, 3, 4$일 때, 단위원 상의 5개 복소수근 $x_0 = e^{2\pi ik/5}$에서 섭동급수 전개를 똑같이 하면 된다.

이 예제는 섭동법의 가장 기본적인 몇 가지 성질들을 보여 준다.

(i) 특수값 $\varepsilon = 0$에서 매개변수 ε으로 섭동을 취하면, 섭동되지 않은 해 x_0에 고위 수정값들의 무한섭동급수의 형태로 수정값을 준다.

(ii) 일단 급수의 선두항이 $\varepsilon = 0$일 때 줄어든 문제를 풀어서 구하면, 섭동급수의 부분항들은 비동차 선형방정식 $P'_0(x_0)u = f$로부터 얻을 수 있다. 여기서 f는 사전에 계산된 항이고 $P'_0(x_0)$은 완전해 x_0 근방에서 비섭동 문제의 선형화를 나타낸다.

후자의 성질은 항상 선형 문제를 풀어서 수정값을 계산할 수 있다는 의미로, 이는 섭동법이 비선형 문제를 푸는 하나의 매력적인 방법임을 보여 준다.

2 점근적 전개

2.1 점근적 전개의 의미

$x > 0$일 때 이계 미분방정식

$$-\varepsilon x^3 y''(x) + y(x) = x^2 \tag{4}$$

의 해를 구해 보자. 이 방정식은 일반적으로 기본해를 갖지 않지만, $\varepsilon = 0$일 때 $y(x) = x^2$임은 알 수 있다. 이제 무시된 항의 영향력을 고려하여 섭동법을 이용하면, ε에 관한 멱급수

$$y(x) \sim \sum_{n=0}^{\infty} y_n(x)\varepsilon^n, \qquad y_0(x) := x^2 \tag{5}$$

형태의 해를 구할 수 있다. 기호 '~'은 2.2절에서 정확하게 설명하겠지만, 일단 독자들은 '='으로 이해해도 좋다. 이 급수를 식 (4)에 대입하고 ε의 거듭제곱들에 대응하는 항들을 같게 하면, 점화식

$$y_n(x) = x^3 y''_{n-1}(x), \qquad n > 0 \tag{6}$$

을 얻게 된다. 따라서 모든 $n \geq 0$에 대해, $y_n(x) = (n+1)!n!x^{n+2}$이고 급수 (5)는

$$y(x) \sim \sum_{n=0}^{\infty} (n+1)!n!x^{n+2}\varepsilon^n \tag{7}$$

이 됨을 알 수 있다.

이제 식 (7)의 오른쪽에 있는 ε에 관한 멱급수의 의미를 살펴보자. 급수의 연속된 항들의 비의 절댓값은

$$\left|\frac{y_{n+1}(x)\varepsilon^{n+1}}{y_n(x)\varepsilon^n}\right| = (n+2)(n+1)x|\varepsilon|$$

이고, 이 비는 $\varepsilon = 0$만 아니면 $n \to \infty$일 때 $x > 0$에 상관없이 발산한다. 따라서 비율판정법에 의하여, 식 (7)의 오른쪽 멱급수는 모든 $x > 0$에 대해서 발산한다. 또한 이 결과는 오차 또는 나머지항

$$R_N(x, \varepsilon) := y(x) - \sum_{n=0}^{N} (n+1)!n!x^{n+2}\varepsilon^n$$

이 모든 x와 ε에 대해서 $N \to \infty$일 때 0(또는 어떤 유한값)으로 수렴하지 않는다는 사실을 통해서도 얻을 수 있다. 따라서 부분합을 계속 확장하는 방법으로 급수 (7)의 좀 더 나은 근사식을 구하는 것은 쉽지 않다.

반면, 부분합이 좋은 근사식이 되는 식 (4)의 특수해 $y(x)$가 존재한다. 핵심 아이디어는 고정된 $\varepsilon > 0$에 대해 나머지항 $R_N(x, \varepsilon)$을 작게 만드는 매개변수 N(항의 첨자)을 찾는 것 대신, $R_N(x, \varepsilon)$이 고정된 N에 의한 어떤 허용값보다 작게 되도록 충분히 작은 매개변수 ε을 찾는 것이다.

$$|R_N(x, \varepsilon)| \le K_N(x)\varepsilon^{N+1} \tag{8}$$

을 만족하는 ε에 대해 독립적인 양의 상수 $K_N(x)$는 항상 존재한다. 따라서 주어진 N에 대하여 급수 (7)의 N차 부분합으로 $y(x)$를 근사할 때 생긴 오차는 ε과 함께 0으로 수렴하는 것을 알 수 있다. 이때 수렴하는 비율은 합에 남아 있는 항의 개수에 의존한다. 결과적으로 식 (7)의 오른쪽 급수는 $y(x)$의 **점근적 전개**가 된다. 또한, ε이 작을수록 부분합은 $y(x)$의 좋은 근사식이 되고 부분합의 항이 많아질수록 오차는 빨리 0으로 수렴한다.

2.2 정의와 기호들

먼저 ε에 관한 함수를 수반하는 추정에 관한 몇 가지 표준 기호들은 에드문트 란다우(Edmund Landau)가 사용한 것을 따르도록 한다. $f(\varepsilon, p)$는 ε에 관한 함수로서, 충분히 작은 ε에 대해서 보조 매개변수 p에 의존하는 함수이다. 만약 적당한 $K(p) > 0$이 존재하여, 각 p와 충분히 작은 모든 ε에 대해서

$$|f(\varepsilon, p)| \le K(p)|g(\varepsilon)|, \qquad \forall p$$

이면

$$f(\varepsilon, p) = O(g(\varepsilon)), \qquad \varepsilon \to 0$$

이라 나타내고, 'f는 g의 big-oh'라 말한다. $K(p)$를 p에 대해 독립적으로 선택할 수 있다면 f는 p에 대해 **균등적으로** g의 big-oh라 한다. 만약 모든 $K > 0$에 대해 $\delta(p, K) > 0$이 존재하여

$$|\varepsilon| \le \delta(p, K) \Rightarrow |f(\varepsilon, p)| \le K|g(\varepsilon)|, \qquad \forall p$$

를 만족한다면

$$f(\varepsilon, p) = o(g(\varepsilon)), \qquad \varepsilon \to 0$$

이라 나타내고, 'f는 g의 little-oh'라 말한다. δ가 p에 대해 독립적이라면 f는 p에 대해 균등적으로 g의 little-oh라 한다. g가 충분히 작은 모든 $\varepsilon \ne 0$에 대해 0이 아니라면 $f = o(g)$는 $\varepsilon \to 0$일 때 $f/g \to 0$과 같은 의미가 된다(이것은 $g(\varepsilon) \equiv 1$인 특수한 경우에 종종 사용한다). $f = O(g)$는 $\varepsilon = 0$ 근방에서 'f는 g보다 크지 않다'는 의미인 반면, $f = o(g)$는 $\varepsilon \to 0$일 때 극한으로서 'f는 g보다 훨씬 작다'는 의미이다. 이러한 란다우의 기호들은 계산 과정에서 나타나는 다양한 상수들을 매번 쓰지 않아도 된다는 면에서 매우 편리하다. 예를 들면, 식 (8)은 상수 $K_N(x)$의 언급 없이 $\varepsilon \to 0$일 때 $R_N(x, \varepsilon) = O(\varepsilon^{N+1})$이라고 쓸 수 있는 것이다.

각 n에 대하여, $\varepsilon \to 0$일 때 $\phi_{n+1}(\varepsilon) = o(\phi_n(\varepsilon))$이면 함수열 $\{\phi_n(\varepsilon)\} = \{\phi_n(\varepsilon)\}_{n=0}^{\infty}$을 $\varepsilon \to 0$일 때의 **점근 수열**이라 한다. 주어진 점근 수열 $\{\phi_n(\varepsilon)\}$과 임의의 수치열 $\{a_n\} = \{a_n\}_{n=0}^{\infty}$에 대해, 급수

$$\sum_{n=0}^{\infty} a_n \phi_n(\varepsilon)$$

을 **점근 급수**라 부른다. 이 급수가 함수 $f(\varepsilon)$의 **점근적 전개**가 된다는 것을

$$f(\varepsilon) \sim \sum_{n=0}^{\infty} a_n \phi_n(\varepsilon), \qquad \varepsilon \to 0 \tag{9}$$

으로 나타내는데, 이는 각 $N = 0, 1, 2, \cdots$에 대하여

$$f(\varepsilon) - \sum_{n=0}^{N} a_n \phi_n(\varepsilon) = o(\phi_N(\varepsilon)), \qquad \varepsilon \to 0 \tag{10}$$

이 성립한다는 뜻이다. 만약 $f(\varepsilon)$이 $\{\phi_n(\varepsilon)\}$에 관한 점근적 전개를 가진다면 계수 $\{a_n\}$은 극한

$$a_n := \lim_{\varepsilon \to 0} \frac{1}{\phi_n(\varepsilon)} \left[f(\varepsilon) - \sum_{k=0}^{n-1} a_k \phi_k(\varepsilon) \right]$$

의 귀납적 수열로 유일하게 결정된다. 사실 이 극한들의 존재성은 f가 수열 $\{\phi_n(\varepsilon)\}$에 관한 점근적 전개를 갖는다는 사실과 동치인 반면, 주어진 점근 수열 $\{\phi_n(\varepsilon)\}$과 계수 $\{a_n\}$에 대하여 함수 f는 유일하게 결정되지는 않는다. 예를 들어서 식 (10)을 만족하는 $f(\varepsilon)$이 주어진다고 하자. 만약 $\varepsilon \to 0$일 때 모든 n에 대해서 $g(\varepsilon) = o(\phi_n(\varepsilon))$이면 $f(\varepsilon) + g(\varepsilon)$은 식 (10)을 만족할 것이다. 이때 g에 관한 조건은 $g(\varepsilon) = 0$이 아님을 의미하고, 계수 $\{a_n\}$에 관한 어떤 결과를 얻기 위해 $\varepsilon \to 0$일 때 아주 작아지는 함수 g를 $\{\phi_n(\varepsilon)\}$에 대하여 **모든 차수를 넘어선다**고 말한다.

점근 수열의 가장 간단한 예제이면서 실제 응용문제에서 자주 나타나는 것은 정수 거듭제곱 수열 $\phi_n(\varepsilon) := \varepsilon^n$이다. 모든 차수를 넘어서는 함수 g를 때때로 **초월적으로 작다** 또는 **지수적으로 작다**고 하고, 실제로 그런 함수로는 $g(\varepsilon) = \exp(-|\varepsilon|^{-1})$이 있다.

식 (9)에서 사용한 기호는 수렴하는 급수

$$f(\varepsilon) = \sum_{n=0}^{\infty} a_n \phi_n(\varepsilon) \tag{11}$$

에서 사용하는 표준 기호와 대조를 이룬다. '='은 특히 양쪽 항 모두가 함숫값이 잘 정의된 ε에 대한 같은 종류의 함수들을 나타내는 것이다. 더군다나 ε이 주어질 때, 오른쪽의 무한급수의 수치값을 분명하게 구하는 유일한 방법은 급수의 합을 구하는 것으로, 즉 부분합 수열의 극한을 계산하는 것이다. 그와 대조적으로, 앞에서 주어진 식 (10)의 의미는 결코 식 (9)의 오른쪽의 급수가 모든 ε에 대해서 가합한다(summable)는 의미는 아니다. 따라서 관계식 (9)를 일반 급수의 잘 정의된 부분합으로 주어진 함수 $f(\varepsilon)$의 무한 근사 계층을 정의한다고 볼 수 있다. 정확하게 말하면, 식 (10)이 성립하고 함수들 $\{\phi_n(\varepsilon)\}$이 점근 수열을 이루기 때문에 각 부분합은 $\varepsilon \to 0$에 의해 오차를 작게 만들 때 앞선 부분합보다 더 좋은 근사가 된다. 그러나 $f(\varepsilon)$을 N항까지의 부분합으로 근사할 때 ε을 고정하고 N을 증가시켜서 오차를 작게 만들 수 있는 경우는 다르다. 이런 경우는 식 (11)의 수렴하는 급수 기호를 사용할 수 있다.

섭동 이론이란 주제는 주로 일반적인 섭동법을 이용해서 구한 급수의 성질을 규정하는 것과 관련이 있다. 어떤 섭동급수는 충분히 작은 ε에 대하여 수렴하고 $\varepsilon \to 0$일 때 점근적으로도 수렴한다. 1.1절의 근을 찾는 문제에서 섭동되지 않은 근 $x_0 = 1$의 섭동에 관한 예제가 이 경우이다. 하지만 2.1절에서 다루었던 급수처럼 대부분의 섭동급수는 발산한다. 따라서 이 경우 섭동급수의 유효성을 증명하기 위해 당면한 문제의 ε에 의존하는 해의 존재성을 보여야 하고, 이것은 결과적으로 섭동급수가 식 (9), (10)의 정의를 통해 점근적으로 수렴한다는 것을 나타낸다. 이를 위해 나머지를 만족하는 수학적 문제를 공식화하고, 그 공식에 적당한 고정점 정리나 반복법을 적용하여 해결할 수 있다.

이 주제와 관련된 논문에서 사용하는 기호들은 다음과 같다. 기호 $f \ll g$는 $f = o(g)$ 대신 자주 사용한다. 또한 $f = O(g)$의 의미로 종종 $f \lesssim g$를 사용한다. 기호 '$\sim$' 또한 함수 사이의 관계를 다음 두

가지 의미로 나타낸다.

(i) $f(\varepsilon) \sim g(\varepsilon)$은 $\varepsilon \to 0$일 때 $f(\varepsilon) = O(g(\varepsilon))$과 $g(\varepsilon) = O(f(\varepsilon))$(즉, f는 위아래가 g의 배수들로 유계)이 성립함을 나타낸다.

(ii) $f(\varepsilon) \sim g(\varepsilon)$은 (i)의 특별한 경우로, $\varepsilon \to 0$일 때 $f(\varepsilon)/g(\varepsilon) \to 1$을 의미하기도 한다.

이 책에서는 혼란을 피하기 위하여, 기호 '~'을 오직 식 (9), (10)의 의미로만 사용하겠다.

점근 전개 이론은 섭동 문제뿐만 아니라 여러 문제에 사용된다. 특히, 적분 형태의 근사를 이용하는 여러 가지 방법들의 기본 바탕이 된다. 구체적으로 지수함수를 피적분함수로 하는 실적분들의 점근 전개에 관한 **라플라스 법**, 진동 적분들의 점근 전개에 관한 캘빈의 **정지위상법**, 그리고 피적분함수가 해석함수인 적분에 적용되는 **최급하강법**(또는 안장점 방법) 등이 있다. 독자들은 이러한 유용한 방법들에 관한 자세한 정보를 블라이스타인(Bleistein)과 핸델스먼(Handelsman)(1986), 웡(Wong, 2001) 그리고 밀러(Miller, 2006)의 책에서 찾아볼 수 있다.

3 섭동 문제 유형

섭동 문제는 자주 정칙이나 특이 문제로 분류된다. 그 차이는 정확하지 않아서 정의를 세심하게 하지는 않겠으나, 이 두 종류의 문제들은 각기 다른 풀이 방법을 필요로 하는 경우가 많으므로, 주어진 문제가 어떤 타입과 가장 비슷한지를 살펴볼 필요가 있다.

3.1 정칙 섭동 문제

정칙 섭동 문제는 쉽게 해결할 수 있는 비섭동 문제($\varepsilon = 0$)와 같은 일반적인 '타입'이다. 정칙 섭동 문제는 종종 $\varepsilon \to 0$일 때 점근적으로 수렴하고 동시에 충분히 작은 ε에 대해 수렴하는 급수와 연계된다.

정칙 섭동 문제의 한 예로, 섭동된 양자역학 시스템의 에너지 수준을 찾는 문제를 생각해 볼 수 있다. 1차원 공간에서 입자가 힘 $F = -V'(x)$에 의해 움직인다고 하자. 여기서 x는 입자의 위치를 나타낸다. 그러면 문제는 비자명하고 제곱적분이 가능한 '유계 상태'인 $\psi(x)$와 슈뢰딩거 방정식 $\mathcal{H}\psi = E\psi$를 만족하는 대응에너지 수준 $E \in \mathbb{R}$를 찾는 것을 의미한다. 여기서 $\mathcal{H} = \mathcal{H}_0 + \varepsilon\mathcal{H}_1$이고

$$\mathcal{H}_0\psi(x) := -\psi''(x) + V_0(x)\psi(x),$$
$$\mathcal{H}_1\psi(x) := V_1(x)\psi(x)$$

를 만족한다. 즉, 위치에너지 함수 V를 인위적으로 두 부분, $V = V_0 + \varepsilon V_1$로 나누는데, 그 방법은 $\varepsilon = 0$일 때 $\mathcal{H}_0\psi_0 = E_0\psi_0$을 만족하는 영이 아닌 $\psi_0 \in L^2(\mathbb{R})$와 E_0을 찾아서 문제를 쉽게 풀 수 있는 V_0을 선택하는 것이다. 1차원에서 주어진 E_0에 대하여 방정식의 모든 해는 ψ_0에 정비례한다(양자역학 용어로 에너지 수준 E_0을 '정상화'시킨다고 한다). 적절한 척도 변환 인수를 선택함으로써, ψ_0이

$$\int_{\mathbb{R}} \psi_0(x)^2 \mathrm{d}x = 1 \tag{12}$$

을 만족시키도록 '정규화'되었다고 가정하자. 이제 섭동 결과를 계산하기 위해서 ψ와 E 둘 다 ε에 관한 점근 멱급수

$$\psi \sim \sum_{n=0}^{\infty} \varepsilon^n \psi_n, \quad E \sim \sum_{n=0}^{\infty} \varepsilon^n E_n, \quad \varepsilon \to 0 \tag{13}$$

으로 전개가 가능하다고 가정한다. 계수들은 각 방정식

$$\mathcal{H}_0\psi_n - E_0\psi_n = \sum_{j=1}^{n} E_j\psi_{n-j} - \mathcal{H}_1\psi_{n-1} \quad (14)$$

을 반드시 만족해야 한다. 방정식의 우변을 $f_n(x)$라 놓자. 그러면 식 (14)가 해 $\psi_n(x)$를 갖는 것과 $f_n(x)$가 **프레드홀름 택일정리**에서 비롯한 **가해성 조건**(solvability condition)

$$\int_{\mathbb{R}} \psi_0(x) f_n(x)\,\mathrm{d}x = 0$$

을 만족하는 것은 필요충분조건이 된다. 여기서 식 (12)를 사용하면 가해성 조건은 E_n의 점화식

$$E_n = \int_{\mathbb{R}} \psi_0(x)\mathcal{H}_1\psi_{n-1}(x)\,\mathrm{d}x - \sum_{j=1}^{n-1} E_j \int_{\mathbb{R}} \psi_0(x)\psi_{n-j}(x)\,\mathrm{d}x \quad (15)$$

임을 알 수 있다. 이제 이 관계식에서 E_n을 결정하면 식 (14)는 ψ_n에 대해서 풀리지만, 단지 모듈로(modulo) ψ_0의 배수로 결정된다. 따라서

$$\int_{\mathbb{R}} \psi_0(x)\psi_n(x)\,\mathrm{d}x = 0,\ n > 0 \quad (16)$$

의 의미로 ψ_n이 ψ_0에 수직하도록 ψ_0의 정확한 배수를 선택한다. 그러면 식 (15)의 전제하에 식 (14)는 보조 조건 (16)에 의해 결정된 **유일한** 해를 갖는다. 이 보조 조건은 식 (15)의 오른쪽에 있는 항들의 합이 0이 되도록 한다.

한 쌍 (ψ, E)의 섭동 전개 (13)은 **레일리-슈뢰딩거**(Rayleigh-Schrödinger) **급수**로 알려져 있다. 연산자 $\mathcal{H}_0$과 $\mathcal{H}_1$에 주어진 적당한 조건하에서(고유함수를 제거하는 랴푸노프-슈미트(Lyapunov-Schmidt) 축소법에 의해), 멱급수 (13)은 실제로 수렴한다. 따라서 '~'과 '='을 이 책에서 서로 교환해 사용할 수 있다.

3.2 특이 섭동 문제

특이 섭동 문제일 때, 섭동 문제와 비섭동 문제는 몇 가지 기본적인 방법에서 차이가 있다. 이러한 차이를 보이는 기본적인 예는 근을 찾는 문제이다. 예를 들어 ε이 작은 양수일 때, 다항식 $P(x) := \varepsilon x^3 - x + 1 = 0$의 근을 찾는 문제를 생각해 보자. 비섭동 문제($\varepsilon = 0$)는 선형방정식 $-x + 1 = 0$을 푸는 것이다. 이 방정식은 물론 유일해 $x = 1$을 갖는다. 그러나 $\varepsilon \neq 0$인 섭동 문제는 3차방정식의 근을 찾는 문제로, 대수학의 기본 정리를 이용하면 3개의 근이 존재한다. $\varepsilon = 0$이라는 설정이 방정식의 차수를 변하게 하기 때문에 섭동 문제와 비섭동 문제는 다른 타입이 될 수밖에 없다.

그런데 $\varepsilon \to 0$일 때 두 개의 근은 복소수평면에서 모두 사라진다. 이 근은 어디로 갈 수 있을까? 이 경우는 단순히 ε이 굉장히 작을 때 $P(x)$의 그래프를 보면 어떤 직관이 떠오르게 된다. 근들 중 하나가 $x = 1$(비섭동 문제의 유일해)에 가까운 반면, 다른 두 개는 매우 크기가 크고 반대인 성향이 나타난다. 그래서 두 '여분의' 근은 $\varepsilon \to 0$일 때 무한대로 간다.

섭동법을 사용하여 이 문제를 정확히 해결하려면 세 가지 근 모두가 필요하다. ε이 작을 때 $x = 1$ 근처의 근은 ε에 관하여 멱급수 전개가 가능하고 계수들은 1.1절의 방법론에 의하여 귀납적으로 찾을 수 있다. 하지만 나머지 두 근을 찾는 것은 다른 해법이 필요하다.

그 핵심 아이디어는 ε에 대한 적당한 급수로 두

근의 크기를 다시 조정해서 사라지는 두 근을 유한 복소평면으로 끌어오는 것이다. $p > 0$일 때 $x = y\varepsilon^{-p}$이라 놓자. 이때 문제에서 x는 ε^{-p}에 비례하는 아주 큰 값이기 때문에, $\varepsilon \to 0$일 때 무한대로 발산하지 않는 y를 만들어 변수변환을 한다. 그러면 근을 찾는 문제는 y에 관한 방정식

$$\varepsilon^{1-3p}y^3 - \varepsilon^{-p}y + 1 = 0 \qquad (17)$$

으로 바뀐다. $p > 0$은 정확히 정하지 않았지만 나중에 **우세한 균형의 원리**를 이용하여 $p > 0$을 선택할 것이다(그 후에 두 근이 무한대로 발산하는 속도를 결정할 것이다).

균형이라는 것은 식 (17)의 왼쪽 편에 있는 한 쌍의 ε항들의 지수를 같게 만드는 것($p > 0$을 선택하여)을 의미한다. 만약 왼쪽에 있는 균형과 관련 없는 남은 모든 항들이 균형과 관련 있는 항들의 big-oh 함수라면 이 균형을 **우세하다**고 말한다. 즉, 우세한 균형의 원리란 **오직 우세한 균형이 섭동 전개를 가능하게 한다**는 것을 말한다. 선택할 수 있는 쌍은 세 쌍이고, 따라서 세 가지의 가능한 균형을 생각해 볼 수 있다.

(i) $\varepsilon^{1-3p}y^3$과 1을 균형 있게 하는 것은 $p = \frac{1}{3}$이면 충분하다. 균형과 관련 있는 항들은 둘 다 ε^0에 비례하는 반면, 남은 항들은 $\varepsilon^{-1/3}$에 비례한다. 따라서 이 균형은 우세하지 않다.

(ii) $\varepsilon^{-p}y$와 1을 균형 있게 하는 것은 $p = 0$이면 충분하다. 균형과 관련 있는 항들은 둘 다 ε^0에 비례하고, 남은 항은 $\varepsilon \to 0$일 때 균형을 우세하게 만든다. 그러나 사실 $p = 0$이므로 재크기 조정은 실제로 일어나지 않고($y = x$), 우세한 균형이 되는 항들의 합을 0으로 놓는 것은 비섭동 문제로 돌아가는 것이다. 따라서 새로운 정보를 획득할 수 없다.

(iii) $\varepsilon^{1-3p}y^3$과 $\varepsilon^{-p}y$를 균형 있게 하는 것은 $p = \frac{1}{2}$이면 충분하다. 이 두 항은 모두 $\varepsilon^{-1/2}$에 비례한다. 또한 남은 항은 $\varepsilon \to 0$일 때 균형을 우세하게 만든다. 이것이 새로운 우세한 균형이다.

새로운 우세한 균형은 원래 문제의 두 개의 큰 근의 섭동 전개를 유도할 것이다. 실제로 $p = \frac{1}{2}$이고 $\varepsilon \neq 0$일 때 문제는

$$y^3 - y + \varepsilon^{1/2} = 0 \qquad (18)$$

의 형태를 가진다. 이것은 방정식 $y^3 - y = 0$의 섭동이고 후자의 방정식은 세 개의 근 $y = y_0$, $y_0 = 0$ 또는 $y_0 = \pm 1$을 갖는다. 만약 식 (18)의 ε이 작을 때 $y_0 = \pm 1$ 근처의 해 y를 갖는다면, 처음 문제는 대응하는 두 해를 갖게 되는데, 이 해들은 대략 $\varepsilon^{-1/2}$에 비례할 것이다. 바로 이 두 해가 잃어버린 근이다. $\varepsilon = 0$일 때 $y = y_0 = \pm 1$이 되는 식 (18)에 대한 전개 방법은 $y(\varepsilon)$이 $\varepsilon^{1/2}$에 관한 멱급수가 된다는 것을 제외하면, 1.1절에서 소개했던 것과 비슷한 방법이다. 음함수 정리를 식 (18)에 적용하면, $y(\varepsilon)$에 대한 섭동급수가 충분히 작은 ε에 대해서 수렴하고 $\varepsilon \to 0$일 때 점근적으로 수렴한다는 것을 알 수 있다. y를 $\varepsilon^{-1/2}$으로 크기 조정을 하면, 처음 문제의 큰 두 근 x에 관한 급수 전개는

$$x \sim \sum_{n=0}^{\infty} y_n \varepsilon^{(n-1)/2}, \qquad \varepsilon \to 0$$

이 된다. 이때 $y_0 = \pm 1$이다. 이미 언급한 바와 같이, 만약 ε이 충분히 작다면 '∼'은 '='로 교체할 수 있다.

특이 섭동 문제의 또 다른 중요점은 작은 매개변수 ε을 최고계 미분계수에 곱한 형태의 미분방정식을 다루는 것이다. 이런 경우 $\varepsilon = 0$으로 놓으면 방정식은 낮은 계수의 미분방정식으로 대체된다. 이것은 위에서 언급한 것처럼 해의 수(적분상수 공간의 차원으로 조사된 수)가 섭동 문제와 비섭동 문제에 대하여 다르다는 대수적 퇴화와 유사하다. 이제 이런 비섭동된 특이 섭동 문제에 적용할 몇 가지 일반적인 섭동법을 소개하고자 한다.

3.2.1 WKB 법과 일반화

WKB 법(벤첼(Wentzel), 크라머르스(Kramers), 브릴루앵(Brillouin)의 이름을 땄다)은 $\varepsilon \to 0$일 때 미분계수가 전혀 남지 않는 특이적으로 섭동된 미분방정식을 다루는 방법이다. 위 성질을 가진 방정식의 예로는 스튀름-리우빌, 또는 정지 슈뢰딩거 방정식

$$\varepsilon^2 \psi''(x) + f(x)\psi(x) = 0 \qquad (19)$$

이 있다. 여기서 $f(x)$는 주어진 계수이고 해들은 충분히 작은 $\varepsilon > 0$에 대하여 $\psi = \psi(x;\varepsilon)$을 만족한다. 분명히 왼쪽 편의 두 항을 더한 것이 0이 되기 위해선 f는 ε에 대해 독립이고 ψ의 미분은 ψ 자체에 비해 커야 한다. WKB 법의 핵심은 알려지지 않은 새로운 u로 만들어진

$$\psi(x;\varepsilon) = \exp\left(\frac{1}{\varepsilon}\int_{x_0}^{x} u(\xi;\varepsilon)\,\mathrm{d}\xi\right) \qquad (20)$$

를 식 (19)에 대입해서 리카티(Riccati) 타입의 일계 비선형방정식

$$\varepsilon u'(x;\varepsilon) + u(x;\varepsilon)^2 + f(x) = 0 \qquad (21)$$

으로 바꾸는 것이다. 이 식은 식 (19)와 달리 $\varepsilon = 0$일 때 두 개의 비자명한 해 $u(x;0) = \pm(-f(x))^{1/2}$을 갖는다. 이제 이 두 해를 시작으로 하는 u의 ε에 관한 섭동급수를 구할 수 있다. 이 급수는 식 (9), (10)처럼 식 (21)의 해들로 점근적으로 수렴하지만 거의 항상 발산한다. 이러한 두 개의 다른 급수들의 부분합을 식 (20)에 대입하면 선형적으로 독립인 식 (19)의 두 해의 근사치를 구할 수 있다.

위에 기술한 WKB 법은 계수 f가 0이 되는 점 x 근방에서는 성립하지 않는다. 이런 점 x를 **전환점**이라 부른다. 여기서 방법이 성립되지 않는다는 의미는 little-oh 관계 (10)이 종점으로 전환점 x를 갖는 개구간에서 균등적으로 성립하지 않고, 게다가 전환점을 포함하는 x의 근방에서 WKB 전개의 부분합들은 어떤 해에도 수렴하지 않는다는 의미이다. 방정식 (19)에 관한 이론에서 **연결 문제**는 중요한 문제이다. 이 문제는 전환점의 한쪽에서 수렴하는 WKB 전개로 나타난 해가 WKB 전개의 적당한 선형 결합에 의하여 전환점의 다른 쪽에서 수렴하는 것을 뜻한다. 이 문제는 가끔 WKB 법으로 풀리는데, 해 ψ를 복소 x-평면과 전환점 주변으로 해석적으로 연속이 되게 만들어 문제를 해결할 수 있다. 이러한 접근법은 항상 계수함수 f가 해석함수이어야 가능하고, 어떠한 경우에서든 전환점의 근방 어디에서도 해 ψ를 찾을 수 없다.

전환점과 연결 문제 해결에 관련된 더 좋은 방법은 WKB 법을 일반화(즉, 가설 (20)을 일반화)하는 것이다. 다음은 랭거의 접근방법이다.

$y = g(x)$와 $\psi(x; \varepsilon) = a(x)\phi(y; \varepsilon)$의 독립 및 종속 변수를 동시에 변경하여 식 (19)가 모형방정식

(i) $f(x) \gtrless 0$인 x의 구간에서 정의된 $\varepsilon^2\phi''(y) \pm \phi(y) = \varepsilon^2\alpha_\pm(y)\phi$

(ii) f가 계수 n인 전환점을 갖는 x의 구간에서 정의된 $\varepsilon^2\phi''(y) - y^n\phi(y) = \varepsilon^2\beta_n(y)\phi$

의 섭동이 되도록 g와 a(ε에 대해 독립인 매끄러운 함수)를 선택하려고 한다. 여기서 $\alpha_\pm(y)$와 $\beta_n(y)$는 f와 f의 도함수들로 표현된 y에 관한 매끄러운 함수이다. 따라서 $\phi'(y)$에 비례하는 항을 없애기 위해선 $a(x) = |g'(x)|^{-1/2}$을 만족하는 a와 g가 필요하다. 각각의 경우 모형방정식은 오른쪽 항들을 무시함으로써 얻을 수 있다(특이 섭동항 $\varepsilon^2\phi''(y)$보다 '더' 무시한다).

전환점이 없는 구간에서 식 (19)를 해결하기 위해서는 리우빌-그린 변환

$$y = g(x) = \int_{x_0}^{x} \sqrt{\pm f(\xi)}\, d\xi$$

를 통해 (i)의 경우로 바꿀 수 있다. 이 변환은 전환점의 부재 속에서 매끄러우며, 역변환이 존재한다. 방정식 $\varepsilon^2\phi''(y) \pm \phi(y) = 0$의 기본 함수인 지수함수 해를 이용하면 표준 WKB 전개의 처음 두 항을 만들 수 있다(계수 $a(x)$가 ε에 비례하는 u에 관한 항에 대응한다). 또한 오차항 $\varepsilon^2\alpha_\pm(y)\phi(y)$를 섭동시키면 WKB 급수의 나머지를 구할 수 있다.

하나의 단순한 전환점 x_0을 포함한 구간에서 식 (19)를 풀기 위해선 (ii)에서 $n = 1$을 취해야 한다. 이 경우는 랭거 변환

$$y = g(x) = -\operatorname{sgn}(f(x))\left|\frac{3}{2}\int_{x_0}^{x} \sqrt{|f(\xi)|}\, d\xi\right|^{2/3}$$

을 사용해야 한다. x_0은 f의 단순 영점이므로 이 변환은 x_0 근방에서 매끈하고 역변환이 존재한다. 이 경우 모형방정식 $\varepsilon^2\phi''(y) - y\phi(y) = 0$은 기본 함수로 풀 수 없지만, **에어리 함수**(Airy functions)로 알려져 있는 특수함수로 풀 수 있다. 에어리 함수는 경로 적분식으로 구성되어 있고, 복소 x-평면으로 우회하는 것 없는 단순 전환점에 관한 많은 연결 문제를 풀 수 있게 해 준다. 전환점이 두 개인 경우($n = 2$)에는 다른 매끄러운 변환 $g(x)$를 사용해야 한다. 따라서 에어리 함수 대신 **베버 함수**(Weber functions)를 사용한다. 베버 함수도 적분 형태이며 연결 문제를 풀 수 있다. $n \geq 3$인 경우에 모형방정식(유용한 특수함수의)의 풀이 가능성은 더 낮아진다. 그럼에도 불구하고, 랭거의 일반화를 적용하면 연결 문제에 대한 대안적인 접근을 허용할 뿐만 아니라 표준 WKB 방법론이 실패한 전환점의 근방에서 식 (19)의 해에 대한 정확한 점근 공식을 제공한다.

단순 전환점인 경우에 WKB 법과 연결 공식을 사용하여 구할 수 있는 유명한 공식은 양자역학에서 사용하는 **보어-조머펠트 양자화 규칙**이다. $f(x) = E - V(x)$이고 V는 $V''(x) > 0$을 만족하는 퍼텐셜 에너지 함수라 하자. 그러면 V의 그래프가 최솟값 $V = 0$을 갖는 '퍼텐셜 우물'의 모양을 갖는다. 이제 $\varepsilon^2 = \hbar^2/(2m)$이라 할 때 식 (19)는 질량이 m이고 총 에너지가 E인 정지 양자 상태인 방정식이 되고, E의 값은 이산 스펙트럼을 나타내어 실수 상의 제곱 적분이 가능한 해 ψ가 존재할 수 있어야 한다. 만약 $E > 0$이면 $f(x)$는 정확히 두 개의 단순 전환점

$x_-(E) < x_+(E)$를 갖게 된다. 따라서 $x \to \pm\infty$일 때 지수적으로 감소하는 두 개의 0이 아닌 해 $\psi_\pm(x)$를 얻기 위해 WKB 법과 연결 공식을 사용할 수 있다. 두 전환점 사이의 영역에서 두 해의 론스키안을 계산하고 그 결과를 0으로 놓으면 에너지 고유치가 되기 위한 $E > 0$의 조건인 보어-조머펠트 양자화 규칙

$$\int_{x_-(E)}^{x_+(E)} \sqrt{E - V(x)}\,\mathrm{d}x = \pi\varepsilon(n + \tfrac{1}{2}) + O(\varepsilon^2)$$

을 얻게 된다.

3.2.2 다중 척도 변환법

또 다른 섭동법은 미분방정식의 정확한 해가 아주 큰 범위의 독립변수 값 상에 있을 필요성이 문제를 특이 문제로 만드는 형태의 특이 섭동 문제를 다룬다. 이러한 문제는 종종 긴 시간 간격이나 큰 거리 상에서 해의 정확성이 필요할 때까지 정칙 섭동 문제로 간주된다. 이러한 문제의 전형적인 예로서 약한 비조화 진동자 모형이 있다. 이것의 변위를 시간 t에 관한 함수 $u = u(t; \varepsilon)$이라 놓으면 방정식은

$$u'' + \omega_0^2 u = \varepsilon u^3 \qquad (22)$$

이고, $u = u(t; \varepsilon)$은 초기치 조건

$$u(0; \varepsilon) = A, \quad u'(0; \varepsilon) = \omega_0 B$$

를 만족하는 초기치 문제의 해가 된다. $\varepsilon = 0$일 때 u는 주파수가 ω_0 : $u(t; 0) = A\cos(\omega_0 t) + B\sin(\omega_0 t)$인 단순 조화운동을 따른다. 식 (22)에서 오른쪽의 3차 섭동항의 존재는 미분방정식의 계수를 바꾸지 않는다. 따라서 이것은 정칙 섭동 문제(그리고 유계인 t에 관해서도 그렇다)이다.

문제점을 파악하기 위해서 먼저 식 (22)가 에너지

$$E = \tfrac{1}{2}u'(t; \varepsilon)^2 + \tfrac{1}{2}\omega_0^2 u(t; \varepsilon)^2 - \tfrac{1}{4}\varepsilon u(t; \varepsilon)^4$$

을 보존하는지를 살펴봐야 한다. 먼저 에너지 함수가 위상평면의 점 $(u, u') = (0, 0)$에서 극솟값을 갖고 $\varepsilon = 0$일 때 최소점을 갖는다고 하자. 이때 각 초기 조건의 쌍 (A, B)에 대해서, $|\varepsilon|$이 충분히 작다면 대응하는 해는 위상평면 상의 닫힌 궤도를 따르는 시간 주기함수이다. 이제 ε에 관한 섭동 (멱)급수를 사용하여 식 (22)를 풀어보자. 급수가

$$u(t; \varepsilon) \sim \sum_{n=0}^{\infty} \varepsilon^n u_n(t), \quad \varepsilon \to 0 \qquad (23)$$

이고 $u_0(t) = u(t; 0)$을 따른다고 가정하자. 이제 급수를 식에 대입하고 ε의 같은 거듭제곱항의 계수들을 모으면, 첫 번째 수정값 $u_1(t)$가

$$u_1'' + \omega_0^2 u_1 = u_0(t)^3, \quad u_1(0) = u_1'(0) = 0 \quad (24)$$

을 만족함을 알 수 있다. 강제함수(forcing function) $u_0^3 = (A\cos(\omega_0 t) + B\sin(\omega_0 t))^3$은 알려져 있고 이는 제1, 제3 고조파를 포함한다. $u_1(t)$를 구해 보면

$$\begin{aligned} u_1(t) = &-\frac{A}{32\omega_0^2}(A^2 - 3B^2)\cos(3\omega_0 t) \\ &-\frac{B}{32\omega_0^2}(3A^2 - B^2)\sin(3\omega_0 t) \\ &+\frac{3}{8\omega_0}(A^2 + B^2)[At\sin(\omega_0 t) - Bt\cos(\omega_0 t)] \\ &+\frac{A}{32\omega_0^2}(A^2 - 3B^2)\cos(\omega_0 t) \\ &+\frac{3B}{32\omega_0^2}(7A^2 + 3B^2)\sin(\omega_0 t) \end{aligned}$$

이다. 처음 두 줄에 있는 항은 $u_0(t)^3$의 제3 고조파 강제항에 대응하는 것이다. 그리고 마지막 두 줄은 초

기조건들을 만족시키는 데 필수적인 동차해에 해당한다. 이러한 과정은 수행하기 쉽기 때문에 모든 $u_n(t)$가 체계적으로 결정된다. 이 방법의 한 가지 문제점은 해 $u(t;\varepsilon)$은 t에 관한 주기함수인 반면, 위에서 찾은 $u_1(t)$는 t에 관하여 선형적으로 증가하는 항들이 있어서 기본 주파수에서 공진 반응을 일으킨다는 것이다.

t에 관하여 증가하고 있는 항들은 비주기함수일 뿐만 아니라, 점근 수렴 조건 (10)에 t에 관한 비균등성을 주기 때문에 문제를 일으킨다. 만약 t가 ε^{-1}으로 커지면 $\varepsilon u_1(t)$는 선행항인 $u_0(t)$와 비교가 가능하고, 조건 (10)을 위반하게 된다. 점근 전개식에서 이렇게 증가하는 항들을 **영년항**(secular terms)이라고 부른다. 이것은 세기를 뜻하는 프랑스어 siècle에서 유래한 것으로, 약 100년의 긴 시간 동안 문제가 되었던 천체역학의 섭동 문제에서 처음으로 발견되었다.

현 문제에서 무엇이 잘못되고 있는지를 파악하기는 어렵지 않다. 요점은 완전해가 실제로 주기함수인 반면, 완전해의 기본 주파수는 정확히 ω_0일 뿐만 아니라 ε에 조금 의존한다는 것이다. 만약 주파수가 뭔지 미리 알 수 있다면, 섭동급수가 ε에 의존하는 기본 주파수를 갖는 고조파들의 푸리에 급수가 됨을 예상할 수 있다.

다중 척도 변환법은 점근 전개식에서 영년항을 제거할 수 있는 체계적인 방법이고, 현 문제에서 이 방법은 자동적으로 ε에 관한 함수인 정확한 주파수의 멱급수 전개로 이어진다. 다중 척도 변환법이라는 이름에서 '척도(scale)'는 그 문제의 독립변수의 배수이다. $k=0,1,2,\cdots$일 때 변수들을 $T_k := \varepsilon^k t$라 정의하고, 연쇄법칙에 의해 상미분방정식 (22)가 편미분방정식

$$\sum_{j=0}^{K}\sum_{k=0}^{K}\varepsilon^{j+k}\frac{\partial^2 U}{\partial T_j\,\partial T_k}+\omega_0^2 U=\varepsilon U^3$$

이 되도록 주어진 어떤 유한값 K에 대해 $u(t;\varepsilon)=U(T_0,\cdots,T_K;\varepsilon)$의 형태로 $u(t;\varepsilon)$을 구하자.

이 방정식에 전개식 (23)과 비슷한

$$U(T_0,\cdots,T_K;\varepsilon)\sim\sum_{n=0}^{\infty}\varepsilon^n U_n(T_0,\cdots,T_K),\quad \varepsilon\to 0$$

을 대입하면, ε^0에 비례하는 항들은

$$\frac{\partial^2 U_0}{\partial T_0^2}+\omega_0^2 U_0=0$$

이 되고, 이것의 일반해는 $U_0=A\cos(\omega_0 T_0)+B\sin(\omega_0 T_0)$이다. 여기서 A와 B는 '느린 시간' $T_1,\cdots,T_K$에 관한 미정함수이다. ε^1에 비례하는 항은

$$\frac{\partial^2 U_1}{\partial T_0^2}+\omega_0^2 U_1=U_0^3-2\frac{\partial^2 U_0}{\partial T_0\,\partial T_1}\tag{25}$$

이 된다. 식 (24)와 비교해 보면 오른쪽에 있는 마지막 항은 다중 척도 변환법에서 나온 새로운 항인데, 이것은 제1 고조파

$$\frac{\partial^2 U_0}{\partial T_0\,\partial T_1}=-\omega_0\frac{\partial A}{\partial T_1}\sin(\omega_0 T_0)+\omega_0\frac{\partial B}{\partial T_1}\cos(\omega_0 T_0)$$

만 포함하고 있다. 그러므로 만약 계수 A, B가

$$\left.\begin{aligned}2\omega_0\frac{\partial A}{\partial T_1}+\frac{3B}{4}(A^2+B^2)&=0,\\-2\omega_0\frac{\partial B}{\partial T_1}+\frac{3A}{4}(A^2+B^2)&=0\end{aligned}\right\}\tag{26}$$

을 만족하도록 선택된다면, $\cos(\omega_0 T_0)$과 $\sin(\omega_0 T_0)$에 비례하고 U_1의 영년성을 일으키는 공진 반응하는 항들은 식 (25)의 오른쪽 항에서 삭제될 것이다. 결과적으로 U_1은 T_0에 관한 주기함수가 된다. 좀 더 긴

시간 측도 $T_2, T_3, \cdots, T_K$에 관한 A와 B의 의존도는 순서대로 비슷하게 결정돼서 $U_2, U_3, \cdots, U_K$도 T_0에 관한 주기함수가 된다. 일단 이 급수가 만들어지면 $T_k = \varepsilon^k t$를 대입함으로써 t에 대한 의존도를 복원할 수 있다. 이러한 과정은 $\varepsilon \to 0$일 때 $t = O(\varepsilon^{-K})$을 만족하는 시간 t에 관한 관계식 (10)과 균등적으로 일치하는 점근 전개식을 만든다.

시스템 (26)을 통해 알 수 있듯이, 진동의 주파수는 비선형 미분방정식계의 진폭에 달려 있다. 실제로 (26)에서 제곱된 진폭 $A^2 + B^2$은 T_1에 대해 독립적임을 확인할 수 있으며, A와 B는 진폭 의존 주파수 $\omega_1 := -3(A^2 + B^2)/(8\omega_0)$의 T_1에 관한 단진동운동을 한다. 표준 삼각함수에 관한 항등식에 의해 U_0은 주파수 $\omega_0 + \varepsilon\omega_1 + O(\varepsilon^2)$의 정현파 진동이 된다. 여기서 ω_1은 초기조건으로 인해 결정되는 진폭을 따른다.

3.2.3 점근 전개식의 정합법

특이 섭동 미분방정식을 다루는 또 다른 방법은 우세한 균형의 원리를 이용하여 다른 점근 전개가 이루어지는 독립변수의 영역을 분리하고, 독립변수에 대하여 균등적으로 정확한 근사해를 만들기 위해 전개식을 '맞춰 보는' 것이다. 이러한 경우의 전형적인 예로는

$$\varepsilon u'' + u' + fu = 0, u(0; \varepsilon) = u(1; \varepsilon) = 1 \tag{27}$$

과 같은 특이 섭동 경계치 문제가 있다. 여기서 $f = f(x)$는 주어진 함수이고, 충분히 작은 ε에 대하여 $u(x; \varepsilon)$을 구해야 한다(이 경우, 이 문제는 유일해를 갖는다). 미분방정식 자체에 대하여 하나의 우세한 균형은 u'과 fu 사이의 균형이다. 이 균형에 기반을 둔 전개식은 바로

$$u(x; \varepsilon) \sim \sum_{n=0}^{\infty} \varepsilon^n u_n(x), \quad \varepsilon \to 0 \tag{28}$$

이고, 선두항 $u_0(x)$는 극한방정식 $u_0'(x) + f(x)u_0(x) = 0$을 만족한다. 이 방정식은 일반해

$$u_0(x) = C_0 \exp\left(\int_x^1 f(\xi)\mathrm{d}\xi\right) \tag{29}$$

를 갖는다. 주어진 $u_0(x)$에 대해서 일반적인 방법으로 위 방법을 계속 수행하면 모든 계수 $u_n(x)$를 얻을 수 있다. 각 단계에서 부가적인 임의의 상수 C_n이 만들어진다.

전개식 (28)은 경계치 문제 (27)을 풀기에는 충분하지 않다. 왜냐하면, 각 단계에서 함수 $u_n(x)$ 각각에 부과된 두 경계조건이 있지만 그들을 만족하기 위해 사용이 가능한 상수는 하나밖에 없기 때문이다. 따라서 추가 전개식을 찾기 위해 독립변수의 측도 변환을 통해서 다른 우세한 균형을 찾는다. 예를 들어, $x = \varepsilon^p y$라 놓고 $v(y; \varepsilon) = u(x; \varepsilon)$이라 쓰면, 미분방정식은

$$\varepsilon^{1-2p} v''(y; \varepsilon) + \varepsilon^{-p} v(y; \varepsilon) + f(\varepsilon^p y) v(y; \varepsilon) = 0$$

이 된다. $p = 1$이면 처음 두 항이 균형을 이루고, f가 $[0, 1]$에서 연속이면 유계가 되므로 우세한 균형이 된다. 게다가 f가 매끄럽다면 $f(\varepsilon y)$는 작은 ε에 대해서 테일러급수 전개가 가능하고, 따라서 이 우세한 균형은

$$v(y; \varepsilon) \sim \sum_{n=0}^{\infty} \varepsilon^n v_n(y), \quad \varepsilon \to 0 \tag{30}$$

과 같은 v의 전개식을 유도한다. 여기서 선두항 $v_0(y)$

는 극한방정식 $v_0''(y) + v_0'(y) = 0$을 만족하는데 이 방정식은 일반해

$$v_0(y) = A_0 e^{-y} + B_0 \tag{31}$$

을 갖고, 표준 섭동법을 이용하면 매번 두 개의 새로운 적분상수를 갖는 $v_n(y)$를 계산할 수 있다.

전개식 (28)은 $x = 1$에서의 경계조건 $u_0(1) = 1$과 $u_n(1) = 0$, $n \geq 1$을 만족하도록 상수들이 선택되는 한, 구간 $[\delta, 1]$ 상의 x에 관한 $u(x;\varepsilon)$의 좋은 근사가 된다. 따라서 이 전개식은 정의역의 '대부분'에서 성립한다. 유체역학 문제에서 식 (28)은 문제를 일으키는 경계를 통과해 영역 밖으로 흐르는 소위 외부 유동과 일치한다. 따라서 식 (28)은 **외전개**라고 부른다.

반면에 전개식 (30)은 $x = 0$ 근방의 ε에 비례하는 두께를 갖는 '경계층'에서 $u(x;\varepsilon) = v(x/\varepsilon;\varepsilon)$의 좋은 근사식을 제공하는데

(i) 적분상수는 $x = y = 0$에서의 경계조건

$$v_0(0) = 1,\ \ v_n(0) = 0,\ \ n \geq 1$$

을 만족하도록 선택되고,

(ii) 각 단계에서 남은 상수는 **내전개** (30)이 x값의 어떤 '겹쳐진 영역'에서 외전개 (28)과 양립할 수 있도록 결정된다.

전개식의 호환성을 만족하는 상수의 선택을 **점근 전개식의 정합법**이라고 부른다. 일반적으로 정합하는 것은 $\varepsilon \to 0$일 때 x는 작은 반면, y는 크게 되는 중간척도를 선택해야 한다. 예를 들어, $z > 0$을 고정하고 $x = \varepsilon^{1/2}z$라 놓으면 $y = x/\varepsilon = \varepsilon^{1/2}z$라 놓는다. 이것을 내전개식과 외전개식에 대입하면 공통 독립변수 z에 관한 전개식을 얻을 수 있고, ε에 관한 적당한 점근함수열에 관하여 재전개할 수 있다. 이제 이 전개식에서 항별로 동일시하면 두 전개식의 상수들 사이의 관계식을 얻게 된다. 고정된 z에 관한 공통 전개식을 때때로 **중간 전개식**이라고 부른다.

현 문제에서 $x = 1$ 상의 경계조건을 만족하기 위해서는 식 (29)에서 $C_0 = 1$로 선택해야 한다. 반면 $v_0(0) = 1$을 만족하기 위해서 식 (31)에서는 $A_0 + B_0 = 1$이어야 한다. 이제 일치 조건 $u_0(x = 0) = v_0(y = +\infty)$로부터 $B_0 = \exp\int_0^1 f(\xi)\,\mathrm{d}\xi$를 얻을 수 있다. 결과적으로 상수 A_0, B_0 그리고 C_0을 두 경계조건과 점근적 일치 조건의 조합에 의해서 결정하였다. 이 방법은 ε의 임의의 고위항에도 계속 사용할 수 있다.

경계층 문제에 행해진 점근 전개식의 정합법은 물리적 영역의 다른 부분에서 유효한 두 개의 다른 전개식을 산출한다. 어떤 면에서는 전체 정의역에서 균등적으로 유효한 단일근사를 이용하는 것이 편리하다. 균등적으로 유효한 근사의 정확한 공식이 내전개와 외전개식의 부분합들의 합에서 중간 전개식의 대응하는 항들을 뺀 것일 때(그렇지 않으면, 두 번씩 더해진다는 것이 밝혀졌다), 정합법은 여기서 다시 중요한 역할을 하게 된다.

또한 정합된 점근 전개식은 '빠르고' '느린' 동역학에 의해 번갈아 나타나는, 소위 **완화 진동**이라 부르는 주기적인 움직임에 관한 문제를 푸는 데 사용할 수 있다. 사이클의 느린 부분은 점근 외전개식과 일치하고, 사이클의 빠른 부분은 재척도 변환과 우세

한 균형 논법으로 분석하면 경계층 문제의 내전개와 비슷하다. 그리고 정합법은 해의 주기성을 강화하는 데 필요하다.

더 읽을거리

Bleistein, N., and R. A. Handelsman. 1986. *Asymptotic Expansions of Integrals*, 2nd edn. New York: Dover.

Miller, P. D. 2006. *Applied Asymptotic Analysis*. Providence, RI: American Mathematical Society.

Wong, R. 2001. *Asymptotic Approximations of Integrals*. Philadelphia. PA: SIAM.

IV.6 변분법

아이린 폰세카, 지오바니 레오니
Irene Fonseca and Giovanni Leoni

1 변분법의 발전사

변분법은 범함수(또는 에너지)의 극점과 임계점을 연구하는 수리해석학의 한 갈래이다. 여기서 범함수는 함수공간에서 실수 집합으로 가는 사상을 말한다.

이 이론에서 제기되는 첫 번째 질문은 닫힌 영역을 최대화하는 경계 곡선의 모양을 찾는 문제인 디도의 등주 문제(Dido's isoperimetric problem, 2.3절을 보라)이다. 디도는 북아프리카에 이민을 간 페니키아 공주였다. 원주민 추장은 공주에게 황소 가죽 한 장으로 둘러쌀 수 있을 만큼의 영토를 허락하였다. 그녀는 가죽을 긴 끈처럼 잘라서 후에 카르타고로 알려진 영역을 곧은 연안선과 반원 모양의 선으로 둘렀다.

변분법 이론의 체계적인 발전은 1696년 요한 베르누이(Johann Bernoulli)가 창안한 최단 강하 곡선 문제에서 시작하였다. 같은 수직평면 상에서 다른 세로선에 있는 두 점 A와 B를 생각해 보자. A가 B보다 위에 있고 입자 M은 중력의 작용으로 A에서 B로 곡선을 그리면서 움직이고 있다고 가정하자. 이때 M이 A와 B 사이를 움직이는 시간을 최소화하는 곡선을 최단 강하 곡선이라 한다. 이 문제를 해결하기 위해서는 미적분학이 필요했는데, 나중에 야코프 베르누이, 뉴턴, 라이프니츠, 그리고 로피탈에 의하여 미적분이 가능해졌다. 오일러는 변분법의 기초 발전을 이끌었으며, 변분법의 발전에 크게 기여한 사람들은 디리클레, 힐베르트, 르베그, 리만, 토넬리(Tonelli), 바이어슈트라스(Weierstrass) 등이 있다.

디도의 등주 문제와 최단 강하 곡선 문제에 내재되어있는 공통 현상은 주어진 제약조건을 만족하는 후보 집합 상의 범함수를 최대화 또는 최소화하는 것이다. 두 경우 모두 범함수는 정의역의 함수와 그 함수의 미분에 의존하는 밀도함수의 적분으로 주어진다. 이것이 앞으로 사용할 프로토 타입의 적분이다. 정확히 말하자면

$$u \in X \mapsto F(u) := \int_{\Omega} f(x, u(x), \nabla u(x))\,dx \quad (1)$$

와 같은 범함수를 생각하면 된다. 여기서 X는 함수공간(보통 L^p 공간 또는 소볼레프 타입 공간), $\Omega \subset \mathbb{R}^N$는 열린집합, $u: \Omega \to \mathbb{R}^d$이고 N과 d는 양숫값 그리고 $f(x, u, \xi)$, $(x, u, \xi) \in \Omega \times \mathbb{R}^d \times \mathbb{R}^{d\times N}$은 밀도

함수이다. 앞으로 ∇u는 u의 행렬값 초함수미분을 나타낸다.

변분법은 방대한 이론이기 때문에 여기서는 현대적인 측면만 강조하고자 한다. 따라서 현재 연구를 주도하고 응용 분야의 선두라고 할 수 있는 몇몇 분야를 소개하며 이 글을 맺고자 한다.

2 극값

이 절에서는 변분법의 기본적인 극소화 문제와 관련 있는 기술을 다룬다. 기하학에서 극소화 문제의 가장 쉬운 예제는 두 지점을 연결하는 가장 짧은 길이의 곡선인 **측지선**을 찾는 문제이다. 두 점 A, B $\in \mathbb{R}^d$를 연결하는 연속 곡선함수를 $\gamma : [0, 1] \to \mathbb{R}^d$, $\gamma(0) = A$, $\gamma(1) = B$라 하자. 이 곡선의 길이는

$$L(\gamma) := \sup\left\{\sum_{i=1}^{n}|\gamma(t_i) - \gamma(t_{i-1})|\right\}$$

이 된다. 여기서 상한은 [0, 1]의 모든 분할 $0 = t_0 < t_1 < \cdots < t_n = 1$, $n \in \mathbb{N}$에서 택한 것이다. 만약 γ가 매끄러운 함수라면 $L(\gamma) = \int_0^1 |\gamma'(t)| \mathrm{d}t$가 된다. 제약 조건이 없는 경우에 측지선은 종점이 A, B인 선분이고 길이는 $L(\gamma) = |A - B|$이다. 여기서 $|A - B|$는 벡터 0A-0B의 크기(또는 길이)를 나타낸다. 이때 0은 원점이다. 많은 응용문제에서 곡선을 종종 구면(이 경우에 측지선은 A와 B를 연결하는 가장 짧은 대원)처럼 주어진 다양체 상에 놓이도록 제한하고 있다.

2.1 최소 곡면

최소 곡면은 주어진 닫힌곡선으로 둘러싸인 최소한의 곡면이다. 최소 곡면을 찾는 문제인 **플래토 문제**(Plateau problem)는 먼저 더글러스(Douglas)가 해결하였으며, 독립적으로 라도(Rado)가 3차원에서 해결하였고, 1960년대에 알름그렌(Almgren), 데 조르지(De Giorgi), 플레밍(Fleming), 페더러(Federer)를 포함한 몇몇 연구자들이 기하학적 측도이론 기술을 사용해서 문제를 해결하였다. 이러한 접근방식은 '약한(weak sense)' 해의 존재성과 해의 정칙성을 구성할 수 있게 해 준다. 데 조르지는 최소 곡면이 기껏해야 $N - 1$차원의 특이 집합을 제외하고 해석적임을 증명했다. 나중에 페더러는 알름그렌과 시몬스의 결과에 근거하여 특이 집합의 차원을 $N - 8$까지 낮추었다. 이 추정치의 정확도는 봄비에리(Bombieri), 데 조르지, 주스티(Giusti)가 제안한 예제에서 확인되었다.

최소 곡면 중 중요한 곡면은 실숫값 함수의 그래프로 나타나는 **비모수적** 최소 곡면이다. 정확히 말하자면, 주어진 $\Omega \subset \mathbb{R}^N$와 매끄러운 함수 $u : \Omega \to \mathbb{R}$에 대해서, u의 그래프 $\{(x, u(x)) : x \in \Omega\}$의 면적은

$$F(u) := \int_\Omega \sqrt{1 + |\nabla u|^2}\, \mathrm{d}x \qquad (2)$$

이다. 만약 Ω에서

$$\operatorname{div}\left(\frac{\nabla u}{\sqrt{1 + |\nabla u|^2}}\right) = 0$$

라면, u는 Ω의 경계에서 주어진 값에 대응하는 그래프의 면적을 최소화한다.

2.2 윌모어 범함수

최근에 기하적 범함수의 임계점이나 최소점은 원환면을 포함한 많은 매끄러운 곡면이라는 것이 변분법에 의해 밝혀졌다. $\mathbb{R}^3$에 있는 콤팩트 곡면의 윌모어(또는 굽힘) 에너지, 즉 k_1, k_2가 곡면 S의 주곡률이고 $H := \frac{1}{2}(k_1 + k_2)$라면, 곡면적분 $\mathcal{W}(S) := \int_S H^2 \mathrm{d}\sigma$가 그러한 예가 된다. 이 에너지는 재료과학(예를 들어, 탄성력 있는 껍질, 굽힘 에너지)에서 수리생물학(예를 들어, 세포막), 컴퓨터 영상의 영상 분할에 이르기까지 광범위하게 응용될 수 있다.

$\mathcal{W}$의 임계점은 **윌모어 곡면**이라 부르고 오일러-라그랑주 방정식

$$\Delta_S H + 2H(H^2 - K) = 0$$

을 만족한다. 여기서 $K := k_1 k_2$는 가우스 곡률이고, Δ_S는 라플라스-벨트라미 작용소(Laplace-Beltrami operator)이다.

윌모어 에너지가 구면에 의하여 최소화된다는 것, 즉 에너지 결과값이 4π가 된다는 것을 1920년대에 블라슈케(Blaschke) 그리고 독립적으로 톰센(Thomsen)이 증명하였다. 따라서 $\mathcal{W}(S) - 4\pi$는 S가 구부러지는 정도에서 구면과 얼마나 다른지를 나타낸다. 1965년에 윌모어는 원환면 T의 집합 중 윌모어 에너지를 최소화하는 문제에 대해 $\mathcal{W}(T) \geq 2\pi^2$임을 추측하였다. 이 추측은 마르케스(Marques)와 네베스(Neves)가 2012년에 입증하였다.

2.3 등주 문제와 울프 모형

크리스털 표면 구조에 대한 이해는 물리학, 화학, 재료과학 등의 많은 분야에서 중요한 역할을 한다. 만약 크리스털의 차원이 충분히 작으면, 중요한 형태학상 구조는 표면 에너지의 최소화에 의해 구동된다. 1950년대에 헤링(Herring)의 연구 이후, 이 분야에서 기본적인 문제는 주어진 부피에 대해서 가장 작은 표면 에너지를 가지고 있는 크리스털의 모양을 결정하는 것이다. 정확히 말하자면, 주어진 부피를 갖는 모든 매끄러운 집합 $E \subset \mathbb{R}^N$ 상에서, 곡면적분

$$\int_{\partial E} \psi(\nu(x))\, \mathrm{d}\sigma \tag{3}$$

를 최소화하는 것이다. 여기서 $\nu(x)$는 점 x에서 주어지는 경계 ∂E의 외향 단위 법벡터이다. 이 문제를 위한 변분 프레임워크는 유한한 경계 길이 집합 안에 있다. 이 문제의 해를 울프 모형(Wulff shape)이라 하고 이 해는 존재하고 평행이동에 한하여 유일하다. 증명의 핵심은 브룬-민코프스키(Brunn-Minkowski) 부등식

$$(\mathcal{L}^N(A))^{1/N} + (\mathcal{L}^N(B))^{1/N} \leq (\mathcal{L}^N(A+B))^{1/N} \tag{4}$$

이다. 여기서 $\mathcal{L}^N$은 N-차원 르베그 측도를 의미하고, $A + B$도 르베그 측도 가능이 되는 모든 르베그 측도 가능 집합 $A, B \subset \mathbb{R}^N$에 대하여 이 부등식은 성립한다.

3 오일러-라그랑주 방정식

범함수 (1)에서 $d = 1$이고, f는 C^1 상의 함수, X는 그래디언트 ∇u가 $L^p(\Omega; \mathbb{R}^N)$에 속하는 모든 함수 $u \in L^p(\Omega)$의 집합인 **소볼레프 공간** $X = W^{1,p}(\Omega)$, $1 \leq p \leq +\infty$인 경우를 생각해 보자. $u \in X$가 범함수 F

의 **국소적 최소화 함수**라 하자. 즉, 콤팩트 집합이 Ω에 포함되는 모든 열린 부분집합 U와 $u - v \in W_0^{1,p}(U)$를 만족하는 모든 함수 v에 대하여

$$\int_U f(x, u(x), \nabla u(x))\,dx \le \int_U f(x, v(x), \nabla v(x))\,dx$$

가 성립한다고 하자. 여기서 $W_0^{1,p}(U)$는 경계집합 ∂U에서 '0이 되는' $W^{1,p}(U)$ 상의 모든 함수의 집합이다. 따라서 v는 집합 U의 외부에서 u와 같아진다. 만약 $\varphi \in C_c^1(\Omega)$이면, $u + t\varphi, t \in \mathbb{R}$는 허용이 가능하고

$$t \in \mathbb{R} \mapsto g(t) := F(u + t\varphi)$$

는 $t = 0$에서 최솟값을 갖는다. 따라서 f에 적당한 크기 조건을 주면 $g'(0) = 0$, 즉

$$\int_\Omega \left(\sum_{i=1}^N \frac{\partial f}{\partial \xi_i}(x, u, \nabla u) \frac{\partial \varphi}{\partial x_i} + \frac{\partial f}{\partial u}(x, u, \nabla u)\varphi \right) dx = 0 \tag{5}$$

이 된다. 이때 식 (5)를 만족하는 함수 $u \in X$를 **오일러-라그랑주 방정식의 약해**라 한다.

f와 u에 적당한 정칙성 조건을 주면, 식 (5)는

$$\operatorname{div}(\nabla_\xi f(x, u, \nabla u)) = \frac{\partial f}{\partial u}(x, u, \nabla u) \tag{6}$$

로 바뀔 수 있다. 여기서, $\nabla_\xi f(x, u, \xi)$는 함수 $f(x, u, \cdot)$의 기울기 벡터이다.

벡터 공간인 $d > 1$의 경우, 같은 방법에 의하여 식 (5)는 편미분방정식계로 바뀐다.

4 변분부등식과 자유 경계와 자유 불연속 문제

이번에는 이전 절에서 다루었던 최소화 문제에 하나의 제약조건을 추가해 보기로 한다. $d = 1$이고 ϕ는 Ω 상의 함수라고 하자. 만약 u가 Ω 상에서 조건 $v \ge \phi$를 만족하는 모든 함수 $v \in W^{1,p}(\Omega)$ 중 식 (1)의 국소 최소화 함수라면, 변분 $u + t\varphi$는 $\varphi \ge 0$과 $t \ge 0$에 대해서 허용이 가능하다. 따라서 함수 g는 $g'(0) \ge 0$을 만족하고, 오일러-라그랑주 방정식 (5)는 모든 음이 아닌 함수 $\varphi \in C_c^1(\Omega)$에 대하여

$$\int_\Omega \left(\sum_{i=1}^N \frac{\partial f}{\partial \xi_i}(x, u, \nabla u) \frac{\partial \varphi}{\partial x_i} + \frac{\partial f}{\partial u}(x, u, \nabla u)\varphi \right) dx \ge 0$$

이 된다. 이것을 **장애물 문제**라 부르고, 집합 $\{u = \phi\}$는 선험적으로 알려져 있지 않으며 **자유 경계**라고 부른다. 이것은 녹고 있는 얼음의 모형화(**슈테판 문제**), 윤활제, 액체의 투수성 매질을 이용한 여과법 등을 포함하는 다양한 종류의 응용문제에서 나타나는 변분부등식과 자유 경계 문제의 한 예가 된다.

자유 불연속성 문제의 집합은 기본이 되는 함수 u와 Ω의 부분집합 E가 둘 다 알려지지 않은 최소화 문제와 관련된 집합으로서, 식 (1) 타입의 부피 에너지와 식 (3)과 같은 표면 에너지 사이의 경쟁으로 특성화된다. 액체 크리스털, 연속체 역학(13.3절을 보라)에서 합성 재료의 최적 디자인 그리고 컴퓨터 영상의 영상 분할(13.4절을 보라) 같은 연구에서 중요한 문제들을 찾아 볼 수 있다.

5 라그랑주 승수법

바나흐 공간 상의 라그랑주 승수법은 조건

$$\{x \in X: \Psi(x) = 0\} \tag{7}$$

하에서 범함수 $G: X \to \mathbb{R}$의 극값을 찾는 데 쓰인다. 여기서 X와 Y는 바나흐 공간이고 $\Psi: X \to Y$는 또 다른 범함수이다. 만약 G와 Ψ가 C^1 함수이고 함수 $u \in X$가 조건 (7)의 전제하에 G의 극값이며 미분 $\mathrm{D}\Psi(u): X \to Y$가 전사(surjective)이면, 연속이고 선형인 범함수 $\lambda: Y \to \mathbb{R}$가 존재하고

$$\mathrm{D}G(u) + \lambda \circ \mathrm{D}\Psi(u) = 0 \qquad (8)$$

을 만족한다. 여기서 $\circ$은 함수들 사이의 합성 작용소를 의미한다. 이때 범함수 λ를 **라그랑주 승수**라고 부른다.

$Y = \mathbb{R}$인 특별한 경우에 λ는 상수일 수도 있지만 여전히 λ로 표시하고, 식 (8)은

$$\mathrm{D}G(u) + \lambda \mathrm{D}\Psi(u) = 0$$

과 같은 친숙한 형태가 된다. 따라서 극값의 후보들은 범함수 $G + \lambda\Psi, \lambda \in \mathbb{R}$의 집합의 모든 임계점 중에서 찾을 수 있다.

만약 G가 식 (1)의 형태를 갖고 $X = W^{1,p}(\Omega; \mathbb{R}^d)$, $1 \le p \le +\infty$이면, Ψ의 전형적인 예는 어떤 상수 $c_1 \in \mathbb{R}, c_2 \in \mathbb{R}^d, 1 \le s < +\infty$에 대하여

$$\Psi(u) := \int_\Omega |u|^s \mathrm{d}x - c_1 \text{ 또는 } \Psi(u) := \int_\Omega u \,\mathrm{d}x - c_2$$

가 된다.

6 최대-최소법

최대-최소법은 범함수 (1)의 안장점, 즉 극점이 아닌 임계점의 존재성을 증명할 때 사용한다. 더 일반적으로, X가 무한 차원 바나흐 공간일 때 C^1 범함수 $G: X \to \mathbb{R}$에 대하여 5절에서 소개한 것과 같이, **파래스-스메일(Palais-Smale) 콤팩트 조건**(앞으로는 간단히 PS 조건이라 한다)은 무한 차원의 경우 콤팩트성의 역할을 한다. 정확히 말해, $\{u_n\} \subset X$라면 $\{G(u_n)\}$이 $\mathbb{R}$의 유계수열이고 X, X'의 쌍대 공간에서 $\mathrm{D}G(u_n) \to 0$일 때 $\{u_n\}$이 수렴하는 부분수열을 갖는다면 G는 PS 조건을 만족한다.

PS 조건을 사용해서 안장점의 존재성을 보이는 정리로는 암브로세티(Ambrosetti)와 라비노비츠(Rabinowitz)의 **mountain pass 보조 정리**가 있다. 이 정리의 내용은 만약 G가 PS 조건을 만족하고, $G(0) = 0$이며 $r > 0$과 $u_0 \in X \backslash \overline{B(0, r)}$이 존재하여

$$\inf_{\partial\beta(0,r)} G > 0, \quad G(u_0) \le 0$$

을 만족하면,

$$\inf_{\gamma \in C} \sup_{u \in \gamma} G(u)$$

는 임계점이 된다는 것이다. 여기서 C는 [0, 1]에서 X로 가는 연속함수로서 0과 u_0을 연결해 주는 모든 함수의 집합이다.

게다가 최대-최소법은 어떤 대칭 성질들, 예를 들면 류스테르니크(Ljusternik)와 시니렐만(Schnirelmann)의 대칭함수에 대한 결과를 무한 차원 경우로 일반화하는 범함수 G의 여러 임계점의 존재성을 증명하는 데 사용할 수 있다.

7 하반연속성

7.1 직접적 방법

변분법에서 직접적 방법은 5절에서 소개한 것처럼

함수공간 X와 범함수 G에 G의 최소화 함수의 존재를 보증하는 조건을 제공한다. **직접적 방법**은 다음 단계를 따른다.

Step 1. 최소화하는 함수열 $\{u_n\} \subset X$, 즉 $\lim_{n\to\infty} G(u_n) = \inf_{u\in X} G(u)$를 생각해 보자.

Step 2. $\{u_n\} \subset X$가 약한 위상 τ에 대하여 $u_0 \in X$로 수렴하는 부분수열 $\{u_{n_k}\} \subset X$를 가짐을 증명하여라. G가 식 (1)의 형태로 적분 표현이 가능할 때, 이것은 피적분함수 f의 선험적 보자성 조건의 결과이다.

Step 3. τ에 대하여 G의 순차적 하반연속성을 살펴본다. 즉, τ에 대하여 $\{v_n\} \subset X$가 $v \in X$로 약하게 수렴하면 $\liminf_{n\to\infty} G(v_n) \geq G(v)$임을 보인다.

Step 4. u_0이 G를 최소화한다는 것을 보인다. 즉,

$$\begin{aligned}\inf_{u\in X} G(u) = \lim_{n\to\infty} G(u_n) &= \lim_{k\to\infty} G(u_{n_k}) \\ &\geq G(u_0) \geq \inf_{u\in X} G(u)\end{aligned}$$

7.2 피적분함수: 볼록함수, 다중볼록, 준볼록, 그리고 계수 1인 볼록함수

위의 세 번째 단계에서 식 (1)의 피적분함수 f에 대응하는 범함수 F가 τ에 대하여 순차적 하반연속이 되도록 f 집합의 특성을 보여 주는 것이 중요하다. X는 소볼레프 공간 $W^{1,p}(\Omega, \mathbb{R}^d)$, $1 \leq p \leq +\infty$이고 τ가 약한 위상(또는 약한-$\star$ 위상($p = +\infty$))인 경우에는 $f(x, u, \cdot)$의 볼록 타입 성질이 F의 순차적 하반연속성과 관련이 있다. 실제로 $\min\{d, N\} = 1$이면 적당한 크기와 정칙 조건하에서 $f(x, u, \cdot)$의 볼록성은 필요충분조건임을 알 수 있다. 더 일반적으로, 만약 $\min\{d, N\} > 1$이면 해당하는 조건을 **준볼록성**이라고 부른다. 정확하게 말하면, 모든 $\xi \in \mathbb{R}^{d\times N}$과 모든 $\varphi \in W_0^{1,\infty}((0,1)^N; \mathbb{R}^d)$에 대하여 다음 부등식

$$f(x, u, \xi) \leq \int_{(0,1)^N} f(x, u, \xi + \nabla\varphi(y))\,\mathrm{d}y$$

의 오른쪽 항이 잘 정의될 때마다 부등식이 성립하면 $f(x, u, \cdot)$을 준볼록함수라 부른다. 이 조건은 비국소적이기 때문에 역학의 응용문제에서 다중볼록이나 계수 1인 볼록함수와 같은 피적분함수 집합에 관하여 대수적 기준에서 많이 연구된다.

8 완화

대부분의 응용문제에서는 7.1절의 세 번째 단계가 실패하고, 이러한 실패가 변분법에 중요한 개념을 도입할 필요성을 느끼게 한다. 즉, 5절에 소개된 G와 다음과 같이 연관되어 있는 **효과적인** 또는 **완화된** 에너지 $\mathcal{G}$를 도입해야 한다.

(a) $\mathcal{G}$는 τ에 관하여 순차적 하반연속이다.

(b) $\mathcal{G} \leq G$이고 $\mathcal{G}$는 G로부터 보자성을 물려받는다.

(c) $\min_{u\in X} \mathcal{G} = \inf_{u\in X} G$

G가 식 (1)과 같은 타입일 때 중요한 점은 $\mathcal{G}$가 어떤 새로운 피적분함수 h에 관한 식 (1) 타입의 적분 형태인지 아닌지를 파악하는 것이다. 또한 적분 형태를 갖는다면, h와 원래 피적분함수 f 사이의 관계가 무엇인지를 파악해야 한다.

$X = W^{1,p}(\Omega)$, $p \geq 1$이고 τ는 약한 위상이라면 적당한 크기와 정칙 조건하에서 $h(x, u, \cdot)$는 $f(x, u, \cdot)$

의 **볼록 엔벨롭**, 즉 $f(x, u, \cdot)$보다 작은 것 중 가장 큰 볼록함수임을 보일 수 있다. $d > 1$인 경우는 볼록 엔벨롭을 준볼록 엔벨롭(7.2절을 보라)이라는 비슷한 개념으로 대체한다.

9 Γ-수렴

X가 거리 d를 갖는 거리 공간일 때, 에너지 범함수 $G_n : X \to [-\infty, +\infty]$의 수열 $\{G_n\}, n \in \mathbb{N}$은 물리 문제 시스템의 행동양상을 나타낸다. 실제로 이 집합의 질적 성질을 명백히 하고 G_n의 최소화 함수가 G_∞의 최소화 함수로 수렴하는 극한 에너지 G_∞를 찾는 것이 가능할까? 데 조르지가 소개한 Γ-수렴은 위 질문의 해결을 위한 하나의 도구로 사용된다. 예를 들어서 이 개념을 설명하기 위해, 저장소 $\Omega \subset \mathbb{R}^N$에 채워진 액체를 생각해 보자. 이 액체의 총중량이 m이고 허용될 수 있는 밀도분포 $u : \Omega \to \mathbb{R}$는 조건 $\int_\Omega u(x)\mathrm{d}x = m$을 만족한다고 하자. $W : \mathbb{R} \to [0, \infty)$가 단위부피당 에너지일 때 총에너지는 범함수 $u \mapsto \int_\Omega W(u(x))\mathrm{d}x$로 주어진다. W가 $\{u \in \mathbb{R} : W(u) = 0\} = \{a, b\}, a < b$인 **이중 장벽 구조** 에너지라 가정하자. 그러면 깁스처럼 몸체를 안정적으로 잡아 주는 밀도분포함수 u는 다음 문제

$$\min\left\{\int_\Omega W(u(x))\,\mathrm{d}x : \int_\Omega u(x)\,\mathrm{d}x = m\right\}, \quad (\mathcal{P}_0)$$

의 최소화 함수가 된다. 만약 $\mathcal{L}^N(\Omega) = 1$이고 $a < m < b$라면 $\mathcal{L}^N(E) = (b - m)/(b - a)$을 만족하는 주어진 어떤 측도 가능한 집합 $E \subset \Omega$에 대해서 함수 $u = a\chi_E + b\chi_{\Omega\setminus E}$는 문제 $(\mathcal{P}_0)$의 해가 된다. 한편, 두 면 a와 b 사이의 경계가 총에너지를 증가시키지 않고 형성될 수 있기 때문에 해는 유일하지 않다. 계면 에너지를 줄이는 이론에서 극한을 취할 때 나타나는 것이 물리적으로 선호하는 해가 되어야 한다. 따라서 이러한 해는 $\partial E \cap \Omega$의 곡면 면적을 최소화할 것으로 예상된다.

상변이에 관한 판데르발스-칸-힐리어드(Van der Waals-Cahn-Hilliard) 이론에서 에너지는 밀도 u뿐만 아니라 그것의 기울기 벡터에 따라 달라진다. 정확히 말하자면

$$\int_\Omega W(u(x))\,\mathrm{d}x + \varepsilon^2\int_\Omega |\nabla u(x)|^2\mathrm{d}x$$

를 의미한다. 기울기 벡터 항은 밀도 u의 빠른 변화를 줄이는 계면 에너지 역할을 한다. 이제 안정적인 밀도분포 u는 최소화 문제

$$\min\left\{\int_\Omega W(u(x))\,\mathrm{d}x + \varepsilon^2\int_\Omega |\nabla u(x)|^2\mathrm{d}x\right\}, \quad (\mathcal{P}\varepsilon)$$

의 해가 된다. 여기서 최소화 함수는 $\int_\Omega u(x)\mathrm{d}x = m$을 만족하는 모든 매끄러운 함수 u의 집합에서 얻은 것이다. 1983년에 거틴(Gurtin)은 $\varepsilon \to 0$일 때 $(\mathcal{P}_\varepsilon)$의 해들의 극한이 최소 곡면 상의 $(\mathcal{P}_0)$의 해가 된다고 추측했다. 그리고 모디카(Modica)와 스턴버그(Sternberg)가 모디카와 모톨라(Mortola)의 결과와 Γ-수렴을 사용하여 이 예상들을 각각 독립적으로 증명하였다.

거리 d에 대하여 $\{G_n\}$의 Γ-극한 $G_\infty : X \to [-\infty, +\infty]$가 존재한다면, 그것은 다음의 성질들에 의하여 유일하게 정의된다.

(i) **lim inf 부등식.** d에 관하여, $u \in X$로 수렴하는 어떤 수열 $\{u_n\} \subset X$에 대하여

$$G_{\infty}(u) \leq \liminf_{n \to \infty} G_n(u_n)$$

(ii) **lim sup 부등식.** d에 관하여, $u \in X$로 수렴하는 어떤 수열 $\{u_n\} \subset X$에 대하여

$$G_{\infty}(u) \geq \limsup_{n \to \infty} G_n(u_n)$$

이 개념은 거리 d로 만들어진 위상보다 어떤 약한 위상에 대하여 수열의 수렴성이 얻어지는 경우로 확대될 수도 있다. 이런 맥락에서 수열 $\{G_n\}$이 단일 에너지 범함수 $\{G\}$로 줄어들 때 적당한 크기와 보자력에 관한 조건하에서, G_{∞}는 8절에서 논의한 것처럼 완화된 에너지 $\mathcal{G}$와 일치하는 것을 알게 된다.

Γ-수렴에 관한 다른 중요한 응용문제들로는 초전도(13.5절을 보라)에 관한 긴즈부르크-란다우 정리, 변분 문제의 균질화(13.3절을 보라), 탄력성에 관한 차수 감소 문제(13.2절을 보라), 컴퓨터 영상(13.4절을 보라)과 파괴 역학에서 영상 분할의 자유 불연속 문제 등이 있다.

10 정칙성

$d \geq 2$이고 $X = W^{1,p}(\Omega; \mathbb{R}^d)$, $1 \leq p \leq +\infty$인 경우, 에너지 (1)의 최소화 함수와 국소 최소화 함수의 최적 정칙성은 아직까지 거의 미해결 상태이다. 반면 $d = 1$인 경우는 오일러-라그랑주 방정식 (5)의 약해의 정칙성에 관해서 광범위한 연구 결과가 있다. 이 연구 결과는 1950년대 후반 데 조르지의 결과에서 유래하였고 내시(Nash) 또한 독립적으로 연구한 결과이다. $d \geq 2$인 경우, 식 (1)의 국소적 최소화 함수들은 일반적으로 모든 곳에서 매끄럽지는 않은 반면, 피적분함수 f에 적당한 조건이 주어지면 **부분적인 정칙성**이 성립한다. 즉, u가 국소적 최소화 함수라면, Ω의 열린집합 Ω_0이 존재하여 어떤 $\alpha \in (0, 1)$에 대하여 $u \in C^{1,\alpha}(\Omega_0; \mathbb{R}^d)$을 만족한다. 그러나 α와 **특이 집합** $\Sigma_u := \Omega \backslash \Omega_0$의 하우스도르프 차원은 여전히 정확하게 구할 수는 없다.

11 대칭성

특정한 대칭성을 얻기 위해 집합을 재배열하면 그들의 기하는 변하지만 측도는 변하지 않는다. 다시 말해, 함수 u를 재배열하여 원하는 대칭성을 갖는 새로운 함수를 만들 수 있는데, 이는 u의 t-superlevel 집합 $\Omega_t := \{x \in \Omega : u(x) > t\}$의 적당한 재배열에 의하여 가능해진다. 이러한 도구는 조화해석학과 편미분방정식계의 미분작용소들의 파장 이론에 이르기까지 다양한 문제에서 사용된다. 변분법인 경우, 식 (1)과 같은 형식을 갖는 범함수들의 극점에 관한 연구에서 자주 사용된다. 가장 흔한 재배열로는 단조감소 방향 재배열, 별 모양의 재배열, 방향 슈타이너(Steiner) 대칭화, 슈바르츠(Schwarz) 대칭화, 구면대칭화, 방사대칭화 등이 있다.

이것 중 변분법에서 가장 자주 사용하는 슈바르츠의 대칭화에 대해 살펴보자. u가 $\mathbb{R}^N$ 상의 콤팩트 지지 집합(support)을 갖는 음이 아닌 측도 가능한 함수일 때, u의 **슈바르츠 대칭 재배열**은 유일한 구형 대칭인 감소함수 $u^{\star}$이고 모든 $t > 0$에 대하여, u와 $u^{\star}$의 t-superlevel 집합은 같은 측도를 갖는다.

$\Omega = \mathbb{R}^N$일 때, $u^{\star}$은 u의 L^p 노름과 u의 정칙성을 1

차까지 유지한다. 즉, u가 $W^{1,p}(\mathbb{R}^N)$, $1 \le p \le +\infty$에 속할 때 $u^\star$도 마찬가지이다. 게다가 포여-세괴(Pólya-Szegö) 부등식에 의하여 $\|\nabla u^\star\|_p \le \|\nabla u\|_p$가 되고, $p = \infty$인 경우는 2.3절에서 논의하였던 브룬-민코프스키 부등식을 이용하면 같은 결과를 얻을 수 있다.

리스(Riesz) 부등식은 u와 $u^\star$에 관계된 또 다른 중요한 부등식이고, 파버-크란(Faber-Krahn) 부등식은 Ω와 $\Omega^\star$ 상의 디리클레 문제의 고유치들을 비교할 수 있게 한다. 재배열을 응용하면 $W^{1,p}(\mathbb{R}^N)$, $1 < p < N$ 상의 소볼레프-갈리아도-니런버그(Sobolev-Gagliardo-Nirenberg) 부등식에서 정확한 상수를 구할 수 있다.

마지막으로 슈타이너 대칭화의 가장 중요한 응용문제는 구의 등주속성(1절의 디도(Dido)의 문제를 보라)이다.

12 쌍대성 이론

쌍대성 이론은 쌍대 문제라 부르는 최소화 문제 $(\mathcal{P})$와 최대화 문제 $(\mathcal{P}^*)$ 사이의 관계성을 연구하는 이론이다. 이 이론은 경제학이나 역학 같은 여러 분야와 변분법, 볼록 해석학 및 수치해법과 같은 수학의 다양한 분야에서 응용된다.

쌍대 문제에 관한 이론은 볼록 해석학(convex analysis)의 쌍대성 개념과

$$f^\star(\eta) := \sup\{\eta \cdot \xi - f(\xi) : \xi \in \mathbb{R}^N\}, \quad \eta \in \mathbb{R}^N$$

과 같이 정의된 함수 $f : \mathbb{R}^N \to [-\infty, +\infty]$의 **펜셀(Fenchel) 변환** $f^\star$에서 유래했다.

예를 들어, $f : \mathbb{R}^N \to \mathbb{R}$에 관한 최소화 문제

$$\inf\left\{\int_\Omega f(\nabla u)\,\mathrm{d}x : u \in W_0^{1,p}(\Omega)\right\}, \quad (\mathcal{P})$$

를 살펴보자. f가 적당한 크기와 볼록 조건을 만족한다면 쌍대 문제 $(\mathcal{P}^\star)$은

$$\sup\left\{-\int_\Omega f^\star(v(x))\,\mathrm{d}x : v \in L^q(\Omega; \mathbb{R}^N)\right. \\ \left. \Omega\text{에서} \quad \operatorname{div} v = 0\right\}$$

가 된다. 여기서 $1/p + 1/q = 1$이다. 후자는 특별한 상황, 예를 들면 비모수적 최소 곡면과 f가 식 (2)와 같은 상황에서는 더 간단히 처리할 수 있다. 여기서 보자력의 부재 때문에 $(\mathcal{P})$는 X에서 해를 갖지 않을 수도 있다.

13 현대의 응용문제들

변분법의 응용 범위는 방대하다. 예를 들면 해밀토니언과 라그랑지언, 해밀턴-야코비 방정식, 보존법칙, 뇌터(Noether)의 정리, 최적 제어 등이 있다. 지금부터는 이론의 경계를 새로운 방향으로 넓히고 있는 몇몇 현대의 응용문제에 초점을 두고자 한다.

13.1 탄성력

정의역 $\Omega \subset \mathbb{R}^3$를 차지하고 있는 한 탄성체를 살펴보자. 탄성체의 변형은 사상 $u : \Omega \to \mathbb{R}^3$으로 나타낼 수 있다. 만약 탄성체가 균일하다면, u에 해당하는 총탄성 에너지는 범함수

$$F(u) := \int_\Omega f(\nabla u(x))\,\mathrm{d}x \tag{9}$$

로 주어진다. 여기서 f는 물질의 **축적 에너지 밀도**이

다. 물질의 상호 침투를 방지하기 위해 변형은 가역이어야 하고, 이 속성을 깨기 위해서는 에너지의 무한한 양이 필요하다. 즉,

$$\det \xi \to 0^+ \text{ 일 때 } f(\xi) \to +\infty \tag{10}$$

임을 의미한다. 또한 f는 frame indifferent, 즉 모든 회전 R과 모든 $\xi \in \mathbb{R}^{3\times 3}$에 대하여

$$f(R\xi) = f(\xi) \tag{11}$$

이어야 한다.

f에 적당한 항자기성과 볼록 타입 조건(7.2절을 보라) 그리고 적당한 경계조건을 주면, F는 대역적 최소화 함수 u_0을 갖는다. 그러나 u_0의 정칙성은 아직도 미해결로 남아 있고 오일러-라그랑주 방정식은 도출될 수 없다(3절을 보라). 또한 국소적 최소화 함수의 존재성도 알려진 바 없다.

13.2 차원축소

3차원 탄성력 이론에서 세포막, 조개, 접시, 막대와 들보 같은 얇은 구조의 모형을 추론하는 것은 중요한 문제이다. 1990년대에 아체르비(Acerbi), 부타초(Buttazzo), 퍼시벌(Percivale)이 먼저 막대들의 모형 추론에 관해 수학적으로 엄밀한 분석을 하였고, 르드레(Le Dret)와 라울(Raoult)의 세포막에 관한 결과가 뒤따라 나왔다. 최근에 프리세케(Friesecke), 제임스(James), 그리고 뮐러(Müller)의 기여로 물리적 요건 (10)과 (11)을 처리하는 것이 가능해졌다. 이 결과에서 사용되는 주된 도구는 Γ-수렴(9절을 보라)이다.

세포막의 모형 추론을 설명하기 위해, $\Omega_\varepsilon := \omega \times (-\varepsilon, \varepsilon)$, $\omega \subset \mathbb{R}^2$을 차지하고 두께가 $2\varepsilon > 0$인 얇은 원통형 탄성체를 고려해 보자. 전형적인 재척도 구성

$$(x_1, x_2, x_3) \mapsto (y_1, y_2, y_3) := (x_1, x_2, x_3/\varepsilon)$$

을 통해 Ω_ε 상의 변형 u는 공식 $v(y_1, y_2, y_3) = u(x_1, x_2, x_3)$과 같이 고정된 정의역 Ω_1의 변형 v와 일치한다. 따라서

$$\frac{1}{\varepsilon}\int_{\Omega_\varepsilon} f(\nabla u)\,\mathrm{d}x = \int_{\Omega_1} f\left(\frac{\partial v}{\partial y_1}, \frac{\partial v}{\partial y_2}, \frac{1}{\varepsilon}\frac{\partial v}{\partial y_3}\right)\mathrm{d}y$$

가 성립한다. 이 등식의 오른쪽 변은 Γ-수렴 이론이 적용되는 범함수의 집합을 산출한다.

13.3 균질화

균질화 이론[II.17]은 두 개 또는 더 정교하게 혼합된 물질 요소들로 이루어진 이질적 합성 물질의 거시적 행동양상을 설명하는 데 사용된다. 복합재료는 기술적, 산업적으로 중요한 응용력을 갖는데, 이는 복합재료의 효과적인 속성이 종종 개별 구성체들의 해당 속성보다 더 낫기 때문이다. 이러한 물질을 연구하는 것은 소위 **다중 스케일 문제**를 다루는 것과 같은데, 이때 다중 스케일 문제는 불균질 상태에서 **미시적 스케일**이 되고, 결과로 나온 '균질화'된 물질을 나타낼 때는 **거시적 스케일**이 되는 두 가지 스케일과 관련이 있다. 복합 물질의 특성은 수학적으로 빠른 진동 계수를 갖는 편미분방정식계나 작은 매개변수 ε에 의존하는 에너지 범함수들로 설명할 수 있다. 한 예로서 축적 에너지 밀도 f_A에 대응하는 물질행렬 A를 생각해 보자. 이때 축적 에너지 밀도 f_B에 대응하는 또 다른 물질 B가 주기적으로 A 안에

분산되어 있다. 주기적 영역의 길이는 ε이다. 그러면 복합 물질의 총에너지는

$$\int_{\Omega}\left[\left(1-\chi\left(\frac{x}{\varepsilon}\right)\right)f_A(\nabla u)+\chi\left(\frac{x}{\varepsilon}\right)f_B(\nabla u)\right]dx$$

가 된다. 여기서 χ는 물질 A의 단위 큐브에 포함되는 물질 B의 영역에 관한 특성함수로서, 주기를 Q로 하여 주기적으로 $\mathbb{R}^3$으로 확장된다. 그 후 Γ-수렴(9절을 보라)을 이용하여 $\varepsilon \to 0^+$일 때 '균질화'된 에너지를 특성화한다.

13.4 컴퓨터 영상

컴퓨터 영상에 관한 여러 가지 문제는 영상 분할(예를 들어, 멈퍼드-샤(Mumford-Shah)와 블레이크-지서만(Blake-Zisserman) 모델), 이미지 모핑(image morphing), 이미지 디노이징(image denoising, 예를 들어 페로나-말릭(Perona-Malik)과 루딘-오셔-파테미(Rudin-Osher-Fatemi) 총변이 모델) 그리고 복원(예를 들면, 재채색 문제) 등 다양하다.

멈퍼드-샤 모델은 자유 불연속성 문제를 풀기 위해 변분법을 사용하는 좋은 예이다. Ω를 이미지의 궤적을 나타내는 평면 상의 사각형이라 하고, 함수 $g : \Omega \to [0, 1]$로 주어진 회색 레벨을 갖는다고 하자. g의 불연속점들의 집합과 관련된 경로들의 집합 K 밖에서 매끄러운 g의 근사를 구해 보자. 즉, 모든 경로 곡선 K와 함수 $u \in C^1(\Omega \backslash K)$에 대하여 범함수

$$\int_{\Omega\setminus K}(|\nabla u|^2+\alpha(u-g)^2)\,dx+\beta\ell(K\cap\Omega)$$

($\ell(K \cap \Omega)$는 $K \cap \Omega$의 길이)

를 최소화해야 한다. 이 에너지 범함수의 첫 번째 항은 u가 K 밖에서 상수일 때 최소화된다. 따라서 K의 외부 영역보다는 u에 초점을 맞춰야 한다. 두 번째 항은 K의 외부 영역에서 $u = g$일 때 최소화된다. 따라서 u는 원래 회색 레벨 g에 가깝게 머물러야 한다. 마지막 항은 K가 가능한 짧은 길이를 가질 때 최소화된다. 데 조르지, 카리에로(Carriero) 그리고 레치(Leaci)는 $C^1(\Omega \backslash K)$보다 큰 범함수공간, 정확하게는 특수 유계 변이의 범함수공간 상의 u를 이용하여 최소화하는 쌍 (u, K)의 존재성을 밝혔다. 그러나 이러한 해 u의 정칙성과 K의 구조 문제는 아직까지 미해결 상태이다.

13.5 초전도성에 관한 긴즈부르크-란다우 이론

1950년대 긴즈부르크와 란다우가 초전도성에 관한 위상 전환 문제를 연구하기 위한 수학적 이론을 제시했다. 예를 들어 헬륨 II와 같은 초유동체와 XY 자성력에 관한 문제를 다루는 비슷한 유형의 공식들이 있다. 가장 간단한 형태는 긴즈부르크-란다우 범함수가

$$F_\varepsilon(u) := \frac{1}{2}\int_{\Omega}|\nabla u|^2dx+\frac{1}{4\varepsilon^2}\int_{\Omega}(|u|^2-1)^2dx$$

로 줄어든 형태이다. 여기서 $\Omega \subset \mathbb{R}^2$는 별모양의 정의역이다. **응집체 파동함수** $u \in W^{1,2}(\Omega; \mathbb{R}^2)$는 자유도가 2인 순서 매개변수이고, 매개변수 ε은 작은 특성 거리이다. $\mathbb{S}^1$은 $\mathbb{R}^2$ 상의 원점을 중심으로 하는 단위원이다. 주어진 $g : \partial\Omega \to \mathbb{S}^1$에 대하여, 경계조건 $u_\varepsilon = g$, $\partial\Omega$를 만족하는 F_ε의 최소화 함수 u_ε의 극한에 관한 많은 연구가 이뤄졌는데, g에 주어진 적당한 기하적 조건(회전수)하에서, 브튀엘(Bethuel), 브르지스(Brezis), 그리고 엘랭(Hélein)이 경계조건을 만족하는 $C(\bar{\Omega}, \mathbb{S}^1)$ 상의 극한함수 u는 존재하지 않

는다는 것을 증명하였다. 오히려 극한함수는 **와류**라고 불리는 특이점들의 유한집합의 외부에서 매끄럽다. Γ-수렴을 이용한 방법은 아마도 이러한 범함수들의 집합을 연구하는 데 이용할 수 있을 것이다(9절을 보라).

13.6 질량 수송

질량 수송은 1781년 몽주(Monge)가 창안했고, 1940년대에 노벨상 수상자인 칸토로비치(Kantorovich)가, 1987년에는 브르니에(Brenier)가 다시 연구하였다. 그 이후 질량 수송은 경제학에서 최적화 문제까지 다양한 분야에서 부각되었다. 예를 들어 질량 1의 모래 더미와 부피 1의 구멍이 주어질 때, 수송비용을 최소화하면서 모래로 구멍을 채우는 문제를 생각해 보자. 이 문제는 다음과 같이 확률 이론을 이용하면 공식화할 수 있다. 모래 더미와 구멍은 가측공간 X와 Y에 각각 지지 집합을 갖는 확률 측도 μ와 ν로 나타낸다. 만약 $A \subset X$이고 $B \subset Y$가 가측집합이라면, $\mu(A)$는 A 상의 모래 양을 측정하고 $\nu(B)$는 B를 채울 수 있는 모래 양을 나타낸다. 한편, 수송비용은 가측 비용함수 $c: X \times Y \to \mathbb{R} \cup \infty$로 나타낸다. 칸토로비치의 최적 수송 문제는 모든 가측집합 $A \subset X$와 $B \subset Y$에 대하여 $\pi(A \times Y) = \mu(A)$이고 $\pi(X \times B) = \nu(B)$인 $X \times Y$ 상의 모든 확률 측도에 대한 적분

$$\int_{X \times Y} c(x, y)\,\mathrm{d}\pi(x, y)$$

를 최소화하는 것을 의미한다. 이 문제에서 중요한 것은 최소점의 존재성을 증명하고, 최소점을 특성화하는 것이다. 이러한 작업은 비용함수 c와 측도 μ와 ν의 정칙성에 매우 의존해서 이뤄진다. 최적 수송 문제의 응용 범위는 다양하지만 여기서 한 가지만 언급하자면, 이 이론을 사용하여 브룬-민코프스키 부등식(식 (4)를 보라)을 간단히 증명할 수 있다.

13.7 기울기 벡터류

C^2 상의 함수 $h: \mathbb{R}^m \to \mathbb{R}$가 주어질 때, h의 기울기 **벡터류**는 다음 성질을 만족하는 사상 $S_t: \mathbb{R}^m \to \mathbb{R}^m, t \geq 0$의 집합이다. 모든 $w_0 \in \mathbb{R}^m$에 대하여 $S_0(w_0) := w_0$인 곡선 $w_t := S_t(w_0), t > 0$이 존재한다면, 이것은 코시(Cauchy) 문제

$$\frac{\mathrm{d}}{\mathrm{d}t} w_t = -\nabla h(w_t), \quad t > 0, \quad \lim_{t \to 0^+} w_t = w_0 \tag{12}$$

의 유일한 C^1 해이다.

만약 어떤 $\alpha \in \mathbb{R}$에 대하여 $\mathrm{D}^2 h \geq \alpha \mathrm{II}$라면, 기울기 벡터류는 존재하고 유일하며 반군(semigroup) 성질, 즉 모든 $w_0 \in \mathbb{R}^m$에 대하여

$$S_{t+s}(w_0) = S_t(S_s(w_0)), \quad \lim_{t \to 0^+} S_t(w_0) = w_0$$

을 만족함을 보일 수 있다.

식 (12)의 해를 근사적인 이산 형태로 나타내는 일반적인 방법은 **오일러 음함수 설계법**이다. 시간 스텝 $\tau > 0$에 대하여, $[0, +\infty)$의 분할을 $t_\tau^n := n\tau$라 할 때

$$\{0 = t_\tau^0 < t_\tau^1 < \cdots < t_\tau^n < \cdots\}$$

라고 하자. 이산수열 $\{W_\tau^n\}$을 다음과 같이 귀납적으로 정의하자. W_τ^{n-1}이 이미 정의된다고 가정하고 W_τ^n은 함수

$$w \mapsto \frac{1}{2\tau}\left|w - W_\tau^{n-1}\right|^2 + h(w) \qquad (13)$$

의 유일한 최소점이라 하자. 이제 $W_\tau : [0, +\infty) \to \mathbb{R}^m$은 $t \in [t_\tau^{n-1}, t_\tau^n]$에 대하여

$$W_\tau(t) = \frac{t - t_\tau^{n-1}}{\tau} W_\tau^{n-1} + \frac{t_\tau^n - t}{\tau} W_\tau^n$$

인 점별-선형함수라 하자. $\tau \to 0^+$일 때 $W_\tau^0 \to w_0$라면, $\{W_\tau\}_{\tau>0}$이 식 (12)의 해로 수렴함을 보일 수 있다.

유한 차원 벡터 공간 $\mathbb{R}^d$에서 이루어진 이러한 근사 설계는 무한 차원 거리 공간 X로의 확장이 가능할 것이다. 이때, 함수 h는 범함수 $G : X \to \mathbb{R}$이고 식 (13)의 최소화 가정은 이제 7절에서 언급한 타입의 변분 최소화 문제로 대체될 것이다. 이 방법은 데 조르지의 최소화 이동으로 알려져 있고 포물형 편미분 방정식계의 큰 집합을 연구할 때 중요하게 쓰인다.

더 읽을거리

Ambrosio, L., N. Fusco, and D. Pallara. 2000. *Functions of Bounded Variation and Free Discontinuity Problems*. Oxford: Clarendon.

Ambrosio, L., N. Gigli, and G. Savaré. 2008. *Gradient Flows in Metric Spaces and in the Space of Probability Measures*. Basel: Birkhäuser.

Bethuel. F., H. Brezis, and F. Hélein. 1994. *Ginzburg-Landau Vortices*. Boston, MA: Birkhäuser.

Cioranescu, D., and P. Donato. 1999. *An Introduction to Homogenization*. New York: Oxford University Press.

Dacorogna, B. 2008. *Direct Methods in the Calculus of Variations*. New York: Springer.

Dal Maso, G. 1993. *An Introduction to Γ-Convergence*. Boston, MA: Birkhäuser.

Ekeland, I., and R. Téman. 1999. *Convex Analysis and Variational Problems*. Philadelphia, PA: SIAM.

Fonseca, I. and G. Leoni. 2007. *Modern Methods in the Calculus of Variations: L^p Spaces*. New York: Springer.

Giaquinta, M., and L. Martinazzi. 2012. *An Introduction to the Regularity Theory for Elliptic Systems, Harmonic Maps and Minimal Graphs*, 2nd edn. Pisa: Edizioni della Normale.

Giusti, E. 1984. *Minimal Surfaces and Functions of Bounded Variations*. Boston, MA: Birkhäuser.

Kawohl, B. 1985. *Rearrangements and Convexity of Level Sets in PDE*. Berlin: Springer.

Kinderlehrer, D., and G. Stampacchia. 2000. *An Introduction to Variational Inequalities and Their Applications*. Philadelphia, PA: SIAM.

Struwe, M. 2008. *Variational Methods: Applications to Nonlinear Partial Differential Equations and Hamiltonian Systems*. Berlin: Springer.

Villani, C. 2003. *Topics in Optimal Transportation*. Providence, RI: American Mathematical Society.

IV.7 특수함수

니코 템 *Nico M. Temme*

1 서론

통상 로그함수, 지수함수, 삼각함수 같은 함수(초등 초월함수)를 '특수'함수라 부르며 이는 응용수학자, 물리학자, 공학자, 통계학자의 도구가 된다. 각 함수는 그와 관련된 특수한 표기를 가지며 각 함수는 그와 관련된 특수한 표기 및 다수의 알려진 성질을 가지고 있다.

특수함수를 연구하는 것은 수학의 한 분야로서 특별한 역사를 가지고 있으며 오일러(L. Euler), 가우스(C. F. Gauss), 푸리에(J. Fourier), 르장드르(A.-M. Legendre), 베셀(F. Bessel), 리만(B. Riemann) 같은 위대한 이름을 망라한다. 이들의 연구 상당수는 물리학의 문제 및 그로부터 나오는 미분방정식에서 영감을 얻었다. 이러한 활동은 1927년 휘터커(E. T. Whittaker)와 왓슨(G. N. Watson)이 펴낸 표준서이자 지대한 영향을 미친『근대 해석학 과정(*A Course of Modern Analysis*)』으로 절정을 이루었다.

오늘날 볼 수 있는 여러 논문에서는 설명 없이 공식만 보여 주기도 하고 물리학이나 통계학의 문제에서 특수함수가 어떻게 나타나는지 설명하기도 한다. 수학적 함수의 전자 도서관이라 부르는 프로젝트에서 최근『NIST 수학 함수 편람』(아브라모위츠(M. Abramowitz)와 스테건(I. Stegun)의 유명한『수학 함수 편람(*Handbook of Mathematical Functions*)』을 계승하였다)에 이러한 결과를 망라하였고, 이러한 내용을 온라인상에서도 확인할 수 있다.

물리학에서 특수함수는 특수한 좌표계(구면 또는 원기둥좌표계 같은)에서 편미분방정식을 변수분리할 때 생겨나는 선형 이계미분방정식의 해로서 나타난다. 이런 방식에서 파동방정식, 확산방정식 등의 해는 급수나 적분의 꼴로 쓸 수 있다.

통계학에서 특수함수는 누적 분포함수(예를 들어, 감마 또는 베타분포)로 나타난다. 수론에서는 제타 함수, 디리클레 급수나 모듈 형식을 이용한다.

본문의 범위를 벗어나는 몇 가지 주제는 마지막 절에서 언급하기로 한다.

2 베르누이 수, 오일러 수, 스털링 수

베르누이 수 B_n은 다음 생성함수로 정의한다.

$$\frac{z}{e^z-1}=\sum_{n=0}^{\infty}\frac{B_n}{n!}z^n,\qquad |z|<2\pi$$

함수 $z/(e^z-1)-1+\frac{1}{2}z$는 짝함수이므로 $n\geq 3$인 홀수에 대하여 B_n은 0, 즉 $B_{2n+1}=0$, $n=1,2,3,\cdots$이 된다. 처음 몇 개의 0이 아닌 수는 다음과 같다.

$$B_0=1,\ \ B_1=-\tfrac{1}{2},\ \ B_2=\tfrac{1}{6},\ \ B_4=-\tfrac{1}{30},\ \ B_6=\tfrac{1}{42}$$

베르누이 수라는 이름은 야코프 베르누이(Jakob Bernoulli)의 1713년 유작『추측의 기법(*Ars Conjectandi*)』에서 처음 언급한 이름을 딴 것인데, 여기서 그는 첫 n개 자연수의 p제곱의 합(summae potestatum)을 논의하며 다음과 같이 썼다.

$$\sum_{m=0}^{n-1}m^p=\frac{1}{p+1}\sum_{k=0}^{p}\binom{p+1}{k}B_k n^{p+1-k}$$

여기서 $\binom{n}{k}=n!/[k!(n-k)!]$이다. 베르누이 수는 수학 전 분야, 특히 조합론, 차분, 수치해석, 해석적 정수론 및 확률론에서 나타난다.

베르누이 다항식은 다음 생성함수로 정의한다.

$$\frac{ze^{xz}}{e^z-1}=\sum_{n=0}^{\infty}\frac{B_n(x)}{n!}z^n,\quad |z|<2\pi$$

처음 몇 개 다항식은 다음과 같다.

$$B_0(x)=1,\quad B_1(x)=x-\tfrac{1}{2},\quad B_2(x)=x^2-x+\tfrac{1}{6}$$

다음은 오일러 수 E_n의 생성함수이다.

$$\frac{1}{\cosh z}=\frac{2e^z}{e^{2z}+1}=\sum_{n=0}^{\infty}\frac{E_n}{n!}z^n,\quad |z|<\tfrac{1}{2}\pi$$

베르누이 수와 달리 오일러 수는 모두 정수이다. 처음 몇 개는

$$E_0=1,\quad E_2=-1,\quad E_4=5,\quad E_6=-61$$

등이며 홀수 번째 수는 모두 0이다.

아래 두 생성함수

$$\sum_{n=0}^{\infty}s(n,k)\frac{x^n}{n!}=\frac{(\ln(1+x))^k}{k!},\quad |x|<1,$$

$$\sum_{n=0}^{\infty}S(n,k)\frac{x^n}{n!}=\frac{(e^x-1)^k}{k!}$$

에 나타나는 수 $s(n,k)$, $S(n,k)$는 각각 제1종 및 제2종 스털링 수라 부르는데, 이는 $0\le k\le n$에서 정의되며 그 명칭은 제임스 스털링(James Stirling)의 이름에서 따온 것이다. 제2종 스털링 수는 조합론적으로 다음과 같은 의미를 갖는다. $S(n,k)$는 집합 $\{1,2,\cdots,n\}$을 k개의 공집합이 아닌 부분집합으로 분할하는 방법의 수이다. 예를 들어 $S(4,2)=7$인데

$$\begin{aligned}\{1,2,3,4\}&=\{1\}\cup\{2,3,4\}=\{2\}\cup\{1,3,4\}\\&=\{3\}\cup\{1,2,4\}=\{4\}\cup\{1,2,3\}\\&=\{1,2\}\cup\{3,4\}=\{1,3\}\cup\{2,4\}\\&=\{1,4\}\cup\{2,3\}\end{aligned}$$

이기 때문이다.

3 감마 함수 및 관련 함수

삼각수 $T_n=1+2+\cdots+n$은 $\frac{1}{2}n(n+1)$로 쓸 수 있다. 오일러는 마찬가지로 $n!=1\cdot2\cdot\cdots\cdot(n-1)\cdot n$도 간단히 표현하는 것이 가능할 것이라고 생각했다(계승 표기법은 오일러 시대에는 사용되지 않았다). 1729년에 오일러는 $n!$을 위와 같이 간단히 표현하는 식은 존재하지 않음을 증명했으나 대신 $n!=\int_0^1(-\ln x)^n dx$를 발견했다. 오늘날 이 적분은 $t=-\ln x$, $n=z-1$을 대입하여 얻는 다음 식

$$\Gamma(z)=\int_0^{\infty}t^{z-1}e^{-t}dt,\ \ \mathrm{Re}\,z>0 \qquad (1)$$

으로 쓴다. 이 표기는 르장드르가 1809년에 처음 사용했으며, 그때부터 이를 '감마 함수'라 불렀다.

감마 함수의 기본 성질 $\Gamma(z+1)=z\Gamma(z)$는 식 (1)을 부분적분하여 쉽게 얻을 수 있으며 이 관계식을 통해 특이점 $z=0,-1,-2,\cdots$은 단순 극점임을 알 수 있다. e^{-t}의 매클로린 급수와 프림 분해

$$\Gamma(z)=\int_0^1 t^{z-1}e^{-t}dt+\int_1^{\infty}t^{z-1}e^{-t}dt$$

로부터 미타그-레플레르(Mittag-Leffler)가 발견한 다음 식을 얻는다.

$$\Gamma(z)=\sum_{n=0}^{\infty}\frac{(-1)^n}{n!(n+z)}+\int_1^{\infty}t^{z-1}e^{-t}dt$$

위 적분은 z에 대해 전해석함수이므로 극점 $z=-n$은 유수 $(-1)^n/n!$을 가짐을 알 수 있다.

무한곱을 이용하여 아래와 같이 다른 방식으로 정의할 수도 있는데

$$\frac{1}{\Gamma(z)} = ze^{\gamma z}\prod_{n=0}^{\infty}\left(\left(1+\frac{z}{n}\right)e^{-z/n}\right)$$

여기서 γ는 극한

$$\gamma = \lim_{N\to\infty}\left(\sum_{n=1}^{N}\frac{1}{n} - \ln N\right) = 0.5772\cdots \qquad (2)$$

으로 정의되는 오일러 상수이다.

무한곱으로부터 다음 식을 얻는다.

$$\Gamma(z) = \lim_{n\to\infty}\frac{n!n^z}{z(z+1)\cdots(z+n)}$$

중요한 성질로는, 오일러가 1771년에 발견한 다음 대칭공식

$$\Gamma(z)\Gamma(1-z) = \frac{\pi}{\sin(\pi z)} \text{ (z는 정수가 아님)} \qquad (3)$$

및 2배수 공식

$$\Gamma(\tfrac{1}{2})\Gamma(2z) = 2^{2z-1}\Gamma(z)\Gamma(z+\tfrac{1}{2})$$

이 있다.

이와 밀접한 관계가 있는 특수함수로 베타적분이 있는데, 이는 $\mathrm{Re}\,p > 0$, $\mathrm{Re}\,q > 0$에서 다음과 같이 정의된다.

$$B(p,q) = \int_0^1 t^{p-1}(1-t)^{q-1}\mathrm{d}t \qquad (4)$$

베타적분과 감마 함수의 관계는 다음과 같다.

$$B(p,q) = \frac{\Gamma(p)\Gamma(q)}{\Gamma(p+q)}$$

감마 함수의 도함수 자체는 특수함수의 이론 및 응용에서 그렇게 중요하지는 않다. 그 이유는 감마 함수의 도함수가 썩 다루기 쉽지 않기 때문이다. 그보다 흥미로운 것은 로그미분이다.

$$\psi(z) = \frac{\mathrm{d}}{\mathrm{d}z}\ln\Gamma(z) = \frac{\Gamma'(z)}{\Gamma(z)}$$

이 함수는 다음 점화식 $\psi(z+1) = \psi(z) + 1/z$을 가지며 흥미로운 급수 전개를 가진다.

$$\psi(z) = -\gamma + \sum_{n=0}^{\infty}\left(\frac{1}{n+1} - \frac{1}{z+n}\right)$$

계승에 대한 스털링의 근사 공식은 다음과 같다.

$$n! \sim \sqrt{2\pi n}\,n^n e^{-n}, \quad n\to\infty \qquad (5)$$

이 공식은 몇 가지 개량된 변형을 가지는데 첫째는 $0<\theta<1, z>0$에서

$$\Gamma(z) = \sqrt{2\pi/z}\,z^z e^{-z+\mu(z)}, \qquad \mu(z) = \theta/z \qquad (6)$$

꼴이고, 두 번째는

$$\Gamma(z) \sim \sqrt{2\pi/z}\,z^z e^{-z}\sum_{n=0}^{\infty}\frac{a_n}{z^n} \qquad (7)$$

인데 영역 $-\pi < \mathrm{ph}\,z < \pi$(여기서 $\mathrm{ph}\,z = \arg z$는 z의 위상 또는 편각)에서 충분히 큰 z에서 성립하는 것이다. 이때 최초의 몇 계수는 다음과 같다.

$$a_0 = 1,\ a_1 = \tfrac{1}{12},\ a_2 = \tfrac{1}{288},\ a_3 = -\tfrac{139}{51840}$$

감마 함수의 로그 전개에 대한 근사 전개식은 베르누이 수를 이용하여 직접적으로 쓸 수 있다.

$$\ln\Gamma(z) \sim (z-\tfrac{1}{2}) - z + \tfrac{1}{2}\ln(2\pi) + \sum_{n=1}^{\infty}\frac{B_{2n}}{2n(2n-1)z^{2n-1}} \qquad (8)$$

이 식 역시 충분히 큰 z 및 영역 $-\pi < \arg z < \pi$에서 성립한다. 이 전개는 z^{-2}의 거듭제곱급수이므로 식 (7)보다 훨씬 효율적이다. 게다가 식 (8)의 전개에서

는 나머지항의 근삿값을 평가할 수 있다.

4 리만 제타 함수

리만 제타 함수는 다음 급수로 정의된다.

$$\zeta(s) = \sum_{n=1}^{\infty} \frac{1}{n^s}, \qquad \mathrm{Re}\, s > 1 \tag{9}$$

리만 제타 함수는 오일러가 처음 발견했지만 이 함수의 주요한 성질을 밝혀낸 것은 리만이었다. 해석학에서 조화급수 $\sum_{n=1}^{\infty}(1/n)$이 발산한다는 사실이 잘 알려져 있는데(식 (2)를 보라) 이로부터 리만 제타 함수가 $s=1$에서 특이점을 가지고 이 점은 계수가 1인 극점이 됨을 알 수 있다. 이때 극한 $\lim_{s\to 1}(s-1)\zeta(s)$가 존재하며 그 값은 1이다. 이 극점을 제외하면 $\zeta(s)$는 s-복소평면 전체에서 정칙함수이다.

리만 제타 함수와 감마 함수 사이의 관계는 다음 대칭 공식에서 나타난다.

$$\zeta(1-s) = 2(2\pi)^{-s}\Gamma(s)\zeta(s)\cos\left(\tfrac{1}{2}\pi s\right), \quad s \neq 0 \tag{10}$$

$\zeta(s)$와 관련하여 가장 중요한 것은 소수 이론과의 관계이다. 여기에서는 이런 관계 중 한 가지 측면을 묘사해 보겠다. $\mathrm{Re}\, s > 1$임을 가정하고 식 (9)의 급수에서 $2^{-s}\zeta(s)$를 빼면 다음을 얻는다.

$$(1-2^{-s})\zeta(s) = \frac{1}{1^s} + \frac{1}{3^s} + \frac{1}{5^s} + \frac{1}{7^s} + \cdots$$

마찬가지 방식으로

$$(1-2^{-s})(1-3^{-s})\zeta(s) = \sum \frac{1}{n^s}$$

을 얻는데 이 합은 2와 3의 배수를 제외한 1 이상인 자연수 n에 대한 것이다. 이제 $p_1 = 2$부터 시작하는 n번째 소수를 p_n이라 하자. 위 과정을 반복하면

$$\zeta(s)\prod_{n=1}^{m}(1-p_n^{-s}) = 1 + \sum \frac{1}{n^s}$$

이 되는데 여기서 우변의 합은 소수 $p_1, p_2, \cdots, p_m$의 배수를 제외한 1보다 큰 정수에 대한 것이다. 이 급수는 $m \to \infty$일 때 0으로 수렴한다($p_m \to \infty$이므로). 이로부터 다음 결과를 얻는다.

$$\frac{1}{\zeta(s)} = \prod_{n=1}^{\infty}(1-p_n^{-s}), \qquad \mathrm{Re}\, s > 1 \tag{11}$$

이 공식은 리만 제타 함수와 소수 이론 사이의 관계에 기본이 되는 중요한 것이다. 여기서 곧바로 알 수 있는 사실은 $\zeta(s)$는 반평면 $\mathrm{Re}\, s > 1$에서는 0이 되지 않는다는 것이다. 또한 식 (10)의 대칭 공식으로부터 반평면 $\mathrm{Re}\, s < 0$일 때는 오직 $-2, -4, -6, \cdots$ 등에서만 0이 됨을 명백히 알 수 있다. 이것을 제타 함수의 자명한 영점이라 부른다.

리만은 띠 영역 $0 \le \mathrm{Re}\, s \le 1$에서 영점(무한히 많이 있음은 알려져 있다)은 전부 직선 $\mathrm{Re}\, s = \frac{1}{2}$에 위치할 것이라 추측하였다. 리만 가설이라 하는 이 추측은 여전히 증명도 부정도 되지 않은 채 있다. 수론의 중요한 부분이 이 추측에 기초하며 해석적 그리고 수치적으로 리만 가설을 증명하거나 부정하려는 시도가 오랜 세월 동안 이어지고 있다. 리만 가설은 클레이 수학 재단(Clay Mathematics Institute)에서 해결을 제시하는 데 1백만 달러의 상금을 내건 일곱 개의 새천년 문제 중 하나이다.

5 가우스 초기하함수

가우스 초기하함수

$$F(a,b;c;z)=1+\frac{ab}{c}z+\frac{a(a+1)b(b+1)}{c(c+1)2!}z^2+\cdots$$

은 특수함수의 이론에서 중심 역할을 한다(언제나 $c\neq 0,-1,-2,\cdots$이라 가정한다). 이를 좀 더 간결하게 표기하면 다음과 같다.

$$F(a,b;c;z)=\sum_{n=0}^{\infty}\frac{(a)_n(b)_n}{(c)_n n!}z^n,\qquad |z|<1 \tag{12}$$

여기서 포흐하머(L. A. Pochhammer)의 기호 $(a)_n$은 식 (3)을 이용하여 정의한다.

$$(a)_n=\frac{\Gamma(a+n)}{\Gamma(a)}=\frac{(-1)^n\Gamma(1-a)}{\Gamma(1-a-n)}$$

직교다항식(7절을 보라), 확률론(분포함수로서, 6절을 보라), 물리학(르장드르 함수로서, 10절을 보라)에서 여러 특수한 경우가 나타난다.

$a=0,-1,-2,\cdots$일 때 식 (12)의 거듭제곱급수 전개는 유한한 항만을 가지며 $F(a,b;c;z)$는 차수 $-a$의 다항식이 된다. b에 대해서도 마찬가지다. 또한 대칭식 $F(a,b;c;z)=F(b,a;c;z)$를 기억해야 한다.

오일러도 초기하함수에 대해 알고 있었지만 가우스가 이를 보다 구조적으로 연구했다. '초기하급수'라는 이름은 1655년 존 월리스(John Wallis)가 처음 도입하였다.

기하급수 $1/(1-z)=1+z+z^2+\cdots$은 가장 간단한 예시이며, 보다 일반적으로는 임의의 b에 대하여 다음을 얻는다.

$$(1-z)^{-a}=\sum_{n=0}^{\infty}\frac{(a)_n}{n!}z^n=F(a,b;b;z),\quad |z|<1 \tag{13}$$

다른 초등적인 예로 다음이 있다.

$$\begin{aligned}
F(\tfrac{1}{2},1;\tfrac{3}{2};z^2)&=\tfrac{1}{2}z^{-1}\ln([1+z]/[1-z])\\
F(\tfrac{1}{2},1;\tfrac{3}{2};-z^2)&=z^{-1}\arctan z\\
F(\tfrac{1}{2},\tfrac{1}{2};\tfrac{3}{2};z^2)&=z^{-1}\arcsin z\\
F(\tfrac{1}{2},\tfrac{1}{2};\tfrac{3}{2};-z^2)&=z^{-1}\ln(z+\sqrt{1+z^2})
\end{aligned}$$

그리고 다음과 같은 타원적분도 있다.

$$K(k)=\int_0^{\pi/2}\frac{\mathrm{d}\theta}{\sqrt{1-k^2\sin^2\theta}}=\frac{\pi}{2}F(\tfrac{1}{2},\tfrac{1}{2};1;k^2),\quad 0\le k^2<1$$

비슷한 식으로 $0\le k^2\le 1$에 대하여

$$E(k)=\int_0^{\pi/2}\sqrt{1-k^2\sin^2\theta}\,\mathrm{d}\theta=\frac{\pi}{2}F(-\tfrac{1}{2},\tfrac{1}{2};1;k^2)$$

이 있다.

다음 적분 표현

$$F(a,b;c;z)=\frac{\Gamma(c)}{\Gamma(b)\Gamma(c-b)}\times\int_0^1 t^{b-1}(1-t)^{c-b-1}(1-tz)^{-a}\mathrm{d}t \tag{14}$$

는 $\mathrm{Re}\,c>\mathrm{Re}\,b>0$ 및 $|\arg(1-z)|<\pi$에서 이용된다. 이 표현은 거듭제곱급수 (12)로 정의된 함수의 z-정의역을 크게 확장해 준다. 식 (13)에서처럼 $(1-tz)^{-a}$을 전개하여 식 (4)의 베타적분을 이용하면 적분식 (14)와 초기하함수 사이의 관계를 알 수 있다. 매개변수 a,b,c에 대한 제한을 보다 적게, 또는 아예 없게 하여 복소평면의 경로를 따른 몇 가지 다른 적분은 식 (14)로부터 얻을 수 있다.

함수 $F(a,b;c;z)$는 가우스가 밝힌 다음 미분방정식을 만족한다.

$$z(1-z)F'' + (c-(a+b+1)z)F' - abF = 0 \tag{15}$$

미분방정식의 이론에 따르면 식 (15)는 세 개의 정규 특이점 $z=0, z=1, z=\infty$를 갖는다.

함수는 여러 가지 다른 방식을 통해 초기하함수의 형태로 표현할 수 있다. 가장 기본적인 예로 $(1-z)^{-1} = F(1, b; b; z)$를 들 수 있다. 이 식은

$$\frac{1}{1-z} = \frac{-1}{z(1-1/z)} = -\frac{1}{z}F(1, b; b; 1/z) \tag{16}$$

로 쓸 수 있다. 따라서 또 다른 멱급수의 수렴 범위 $|z| > 1$에서 $(1-z)^{-1}$의 두 번째 표현을 얻게 된다. 일반적인 경우 $F(a, b; c; z)$는 다른 a, b, c 및 $z, 1/z, 1-z, z/(z-1), 1/(1-z), 1-1/z$에 대한 멱급수로 주어진 F-함수의 일차결합으로 쓸 수 있다.

이러한 관계의 가장 간단한 일반식은 다음과 같다.

$$\begin{aligned} F(a, b; c; z) &= (1-z)^{-a}F(a, c-b; c; z/(z-1)) \\ &= (1-z)^{-b}F(c-a, b; c; z/(z-1)) \\ &= (1-z)^{-a-b}F(c-a, c-b; c; z) \end{aligned}$$

이 중 첫 번째는 적분식 (14)에 $t \mapsto (1-t)$의 치환을 해 주면 가장 간단하게 나오고 두 번째는 $F(a, b; c; z)$가 a, b에 대해 대칭이라는 것으로부터 나오며 세 번째는 첫 번째 및 두 번째 관계를 두 번 적용하면 나온다. 이는 식 (12)에서 멱급수로 정의된 함수의 z-정의역을 확장하는 또 다른 방법을 알려 준다.

가우스 초기하함수에는 여러 가지 일반화가 있는데 그중 가장 자연스러운 것은 다음과 같다.

$$\begin{aligned} {}_pF_q\left(\begin{matrix} a_1, a_2, \cdots, a_p \\ b_1, b_2, \cdots, b_q \end{matrix}; z\right) \\ = \sum_{n=0}^{\infty} \frac{(a_1)_n(a_2)_n\cdots(a_p)_n}{(b_1)_n(b_2)_n\cdots(b_q)_n}\frac{z^n}{n!} \end{aligned} \tag{17}$$

이때 수렴 범위는 $p = q+1$일 때 $|z| < 1$이거나 $p \le q$일 때 z 전체이고 모든 b_j는 $0, -1, -2, \cdots$ 등이 아니어야 한다. 따라서 가우스의 초기하함수는 $F = {}_2F_1$임을 기록해 두자.

6 확률함수

확률론에서 중요한 개념 중 하나로 누적분포함수 $F(x)$가 있다. 이는 수직선 위에서 정의되며 $F(-\infty) = 0, F(\infty) = 1$인 증가함수이다. 또한 누적분포함수는 구간을 달리하여 쓸 수도 있다. 정규 또는 가우스 분포

$$P(x) = \frac{1}{\sqrt{2\pi}}\int_{-\infty}^{x} e^{-t^2/2}dt$$

가 주요한 예다. 오차함수

$$\operatorname{erf} x = \frac{2}{\sqrt{\pi}}\int_0^x e^{-t^2}dt, \quad \operatorname{erfc} x = \frac{2}{\sqrt{\pi}}\int_x^{\infty} e^{-t^2}dt$$

도 사용되며 이때 관계식 $\operatorname{erf}x + \operatorname{erfc}x = 1$이 성립한다. $P(x)$와 그 보함수 $Q(x) = 1 - P(x)$는 오차함수와 다음과 같은 관계를 갖는다.

$$P(x) = \tfrac{1}{2}\operatorname{erfc}(-x/\sqrt{2}), \qquad Q(x) = \tfrac{1}{2}\operatorname{erfc}(x/\sqrt{2})$$

오차함수는 열전도 같은 응용수학의 다른 분야에서도 나타난다. 더불어 평균이나 분산 같은 특별한 매개변수를 이 기본 공식에 포함할 수도 있다. 확률함수에 대한 폭넓은 소개는 존슨(N. Johnson) 외의 책

(1994, 1995)에서 볼 수 있다.

이에 더하여 자유도 개념을 불완전 베타함수비 $I_x(p, q)$에서 이용할 수 있는데 이는 식 (4)의 베타적분을 기초로

$$I_x(p, q) = \frac{1}{B(p, q)}\int_0^x t^{p-1}(1-t)^{q-1}\mathrm{d}t, \quad x \in [0, 1], p, q > 0$$

로 나타난다. 자유도가 나타나는 특수한 경우로 F-(분산비율)분포와 스튜던트 t-분포가 있다. 또한 함수 $I_x(p, q)$는 가우스 초기하함수로 나타낼 수도 있다.

감마분포에 대해서 이야기하려면 감마 함수를 정의하는 적분식 (1)을 나눠야 한다. 그렇게 하면 $a > 0$일 때 불완전 감마 함수비

$$P(a, x) = \frac{1}{\Gamma(a)}\int_0^x t^{a-1}\mathrm{e}^{-t}\mathrm{d}t,$$
$$Q(a, x) = \frac{1}{\Gamma(a)}\int_x^\infty t^{a-1}\mathrm{e}^{-t}\mathrm{d}t$$

를 얻는다. 마찬가지로 이 함수 $P(a, x)$, $Q(a, x)$는 합류 초기하함수(8절 참고)를 이용하여 쓸 수 있다.

보다 일반적인 것으로 비중심 χ^2분포가 있는데, 이는 다음 적분

$$P_\mu(x, y) = \int_0^y \left(\frac{z}{x}\right)^{(\mu-1)/2} \mathrm{e}^{-x-z} I_{\mu-1}(2\sqrt{xz})\,\mathrm{d}z \tag{18}$$

로 정의하며 여기서 I_μ는 수정 베셀 함수이다(9절 참고). P_μ의 보함수는 $Q_\mu = 1 - P_\mu$이고 이것 역시 물리학(예를 들어, 레이더 통신)에서 중요한 역할을 하는데, 이때는 Q_μ를 일반화된 마컴 Q-함수라 부른다.

불완전 감마 함수비를 이용하면 다음 전개식이 나온다.

$$P_\mu(x, y) = \mathrm{e}^{-x}\sum_{n=0}^{\infty}\frac{x^n}{n!}P(\mu+n, y),$$
$$Q_\mu(x, y) = \mathrm{e}^{-x}\sum_{n=0}^{\infty}\frac{x^n}{n!}Q(\mu+n, y)$$

통계학 및 확률론에서는 χ^2 확률함수를 통한 정의가 더 익숙할 텐데 이것은

$$P(\chi^2|\nu) = P(a, x), \quad Q(\chi^2|\nu) = Q(a, x), \quad \nu = 2a, \chi^2 = 2x$$

로 정의된 것이다. 비중심 χ^2 분포함수는 이제 다음과 같이 정의된다.

$$P(\chi^2|\nu, \lambda) = \sum_{n=0}^{\infty}\mathrm{e}^{-\lambda/2}\frac{(\frac{1}{2}\lambda)^n}{n!}P(\chi^2|\nu+2n),$$
$$Q(\chi^2|\nu, \lambda) = \sum_{n=0}^{\infty}\mathrm{e}^{-\lambda/2}\frac{(\frac{1}{2}\lambda)^n}{n!}Q(\chi^2|\nu+2n)$$

여기서 $\lambda \geq 0$은 비중심 매개변수라 부른다.

7 직교다항식

직교다항식은 순수수학과 응용수학의 다양한 분야에서 나타난다. 예를 들자면 에르미트 다항식 H_n은 선형 조화 진동자에 대한 슈뢰딩거 방정식에서 $\mathrm{e}^{-x^2/2}H_n(x)$의 꼴인 고유함수가 된다.

p_n을 실구간 (a, b)에서 정의된(각각 $a = -\infty$, $b = \infty$일 수 있다) 차수 n인 다항식이라 하고 w는 (a, b)에서 정의된 음이 아닌 질량함수라 하자. $n \neq m$일 때만

$$\int_a^b p_n(x)p_m(x)w(x)\,\mathrm{d}x = 0 \tag{19}$$

이 성립한다고 가정하면, 함수족 $\{p_n\}$은 (a, b)에서 질량 w에 따라 직교하는 다항식계를 이룬다.

직교다항식은 또한 복소평면곡선(단위원 같은) 위에서 이산질량함수 또는 측도에 대한 르베그 측도로 정의할 수도 있다. 이 경우 식 (19)의 적분은 합이 된다.

야코비(C. G. J. Jacobi), 게겐바우어(L. Gegenbauer), 체비쇼프(P. Chebyshyov), 르장드르, 라게르(E. Laguerre), 에르미트(C.Hermite) 등의 이름과 관련이 있는 다항식족은 **고전적 직교다항식**이라 부른다. 고전적 직교다항식은 많은 양상을 공유하며 다음 특징을 가진다.

(i) $\{p_n'\}$도 직교집합을 이룬다.

(ii) 다항식 p_n은 이계 선형 미분방정식 $A(x)y'' + B(x)y' + \lambda_n y = 0$을 만족한다. 여기서 A, B는 n과 무관하고 λ_n은 x와 무관하다.

(iii) 다음 **로드리그 공식**이 성립한다.

$$p_n(x) = \frac{1}{K_n w(x)} \frac{\mathrm{d}^n}{\mathrm{d}x^n}(w(x)X^n(x))$$

여기서 $X(x)$는 n과 무관한 계수를 갖는 다항식이고 K_n은 x와 무관하다.

이 세 가지 성질을 만족하는 모든 직교다항식 체계는 고전적 직교다항식 체계로 변환할 수 있다. 따라서 이 세 가지 성질은 지표의 성격을 갖는다고 할 수 있다.

고전적 직교다항식은 다음 점화식을 갖는다.

$$p_{n+1}(x) = (a_n x + b_n)p_n(x) - c_n p_{n-1}(x), \quad n = 1, 2, \cdots \tag{20}$$

1815년에 가우스는 수치구적법에서 직교다항식의 쓰임새를 $a = -1, b = 1, w(x) = 1$인 르장드르 다항식을 예로 들어 소개하였다. 구간 (a, b)에서 질량 $w(x)$에 대해 직교하는 다항식의 집합 $\{p_n\}$에 대한 일반식은 다음과 같다.

$$\int_a^b w(x)f(x)\,\mathrm{d}x = \sum_{k=1}^{n} \lambda_{k,n} f(x_{k,n}) + R_n$$

여기서 $x_{k,n}$(교차점)은 p_n의 영점이다. 질량 $\lambda_{k,n}$에 대한 몇 가지 공식을 쓸 수 있다. $\{p_n\}$이 정규직교집합이면($\int_a^b p_n^2(x)w(x)\mathrm{d}x = 1$), 다음 등식이 성립한다.

$$\frac{1}{\lambda_{k,n}} = \sum_{j=1}^{n-1} p_j^2(x_{k,n})$$

$2n-1$을 넘지 않는 임의의 차수 m인 다항식 $f(x) = q_m(x)$에 대하여 나머지는 $R_n = 0$이 된다.

예를 들어, 에르미트 다항식 $H_n(x)$를 생각해 보자. $H_n(x)$는 $(-\infty, \infty)$에서 질량함수 e^{-x^2}을 가지며 로드리그 공식

$$H_n(x) = (-1)^n \mathrm{e}^{x^2} \frac{\mathrm{d}^n}{\mathrm{d}x^n} \mathrm{e}^{-x^2}$$

으로부터 미분방정식 $y'' - 2xy' + 2ny = 0$을 만족한다. 또한 $a_n = 2, b_n = 0, c_n = 2n$일 때의 점화식 (20)을 만족하며 초깃값 $H_0(x) = 1, H_1(x) = 2x$를 가지고 생성함수

$$\mathrm{e}^{2xz - z^2} = \sum_{n=0}^{\infty} \frac{H_n(x)}{n!} z^n$$

을 가진다.

야코비, 게겐바우어, 르장드르, 체비쇼프 다항식은 가우스 초기하함수의 특수한 경우다. 그리고 라게르 및 에르미트 다항식은 합류 초기하함수의 특수한 경우다(8절을 보라).

8 합류 초기하함수 또는 쿠머 함수

$F(a, b; c; z/b)$에서 $b \to \infty$를 취하고 급수 (12)와 $\lim_{n\to\infty}(b)_n/b^n = 1$을 이용하면 그 결과는 ${}_1F_1(a; c; z)$다(식 (17)에 $p = q = 1$을 대입해 보라).

$$ {}_1F_1(a; c; z) = \sum_{n=0}^{\infty} \frac{(a)_n}{(c)_n} \frac{z^n}{n!} \tag{21} $$

당연한 예외인 $c = 0, -1, -2, \cdots$의 경우를 제외하면 이 급수는 모든 복소수 z에 대하여 수렴한다. 만약 $a = c$라면 ${}_1F_1(a; a; z) = e^z$이다.

함수 $F(a, b; c; z/b)$는 미분방정식을 만족하며 세 개의 정규 특이점 $z = 0, z = b, z = \infty$를 갖는다. 이때 극한 $b \to \infty$를 택하면 두 특이점은 합쳐진다. 이러한 극한 과정을 **합류**(confluence)라 부르며, ${}_1F_1(a; c; z)$를 합류 초기하함수라 부른다. 합류 초기하함수는 미분방정식

$$ zF'' + (c - z)F' - aF = 0 \tag{22} $$

을 만족하며 $z = 0$에서 정규 특이점을, $z = \infty$에서 비정규 특이점을 갖는다.

$\mathrm{Re}\, c > \mathrm{Re}\, a > 0$일 때 다음 적분 표현이 가능하다.

$$ {}_1F_1(a, c; z) = \frac{\Gamma(c)}{\Gamma(a)\Gamma(c-a)} \int_0^1 t^{a-1}(1-t)^{c-a-1} e^{zt} dt $$

그리고 지수함수를 전개하면 급수 (21)을 얻는다.

식 (22)의 두 번째 해는 다음과 같다.

$$ U(a, c, z) = \frac{1}{\Gamma(a)} \int_0^{\infty} t^{a-1}(1+t)^{c-a-1} e^{-zt} dt $$

이때 $\mathrm{Re}\, z > 0$과 $\mathrm{Re}\, a > 0$을 가정한다.

함수 ${}_1F_1(a; c; z)$ 및 $U(a, c, z)$는 쿠머(E. Kummer)가 붙인 이름이다. 합류 초기하함수의 특수한 경우로 쿨롱 함수, 라게르 다항식, 베셀 함수, 포물 기둥 함수, 불완전 감마 함수, 프레스넬 적분, 오차함수, 지수함수 등이 있다.

휘터커 함수는 쿠머 함수를 대체할 수 있는 쌍으로 다음과 같이 정의한다.

$$ M_{\kappa,\mu}(z) = e^{-z/2} z^{1/2+\mu} {}_1F_1(\tfrac{1}{2} + \mu - \kappa; 1 + 2\mu; z), $$
$$ W_{\kappa,\mu}(z) = e^{-z/2} z^{1/2+\mu} U(\tfrac{1}{2} + \mu - \kappa; 1 + 2\mu, z) $$

이 함수는 다음 미분방정식을 만족한다.

$$ w'' + \left(-\frac{1}{4} + \frac{\kappa}{z} + \frac{\frac{1}{4} - \mu^2}{z^2}\right) w = 0 $$

다음 미분방정식

$$ w'' - (\tfrac{1}{4}z^2 + a)w = 0 \tag{23} $$

의 해는 쿠머 함수를 이용하여 나타낼 수 있는데, 종종 하인리히 베버(Heinrich Weber)의 이름을 따서 베버 포물 기둥함수라고 부르기도 한다. 그 이유는 라플라스 방정식 $\Delta V = 0$을 해결하기 위해 포물 기둥 좌표계 변수 (ξ, η, z)를 이용하여 변수를 분리할 때, 이 함수들이 나타나기 때문이다. 이 포물 기둥 좌표계는 직교좌표계 (x, y, z)와 관계식 $x = \frac{1}{2}c(\xi^2 - \eta^2)$, $y = c\xi\eta$를 가진다. 여기서 c는 크기 조절 계수다. ξ나 η가 상수일 때, 즉 $\xi = \xi_0$이거나 $\eta = \eta_0$이면

$$ y^2 = -c\xi_0^2(2x - c\xi_0^2), \qquad y^2 = c\eta_0^2(2x - c\eta_0^2) $$

이며 이것은 원점을 초점으로 갖는 포물선이다.

식 (23)의 해는 먼저 쿠머 함수를 이용하여 쓸 수 있으며 이를 일차결합하면 베버 함수 $U(a, \pm z)$와 $V(a, \pm z)$를 얻는다. 또한 $D_\nu(z) = U(-\frac{1}{2} - \nu, z)$라고

표기할 수도 있는데, 이 함수는 $\nu = 0, 1, 2, \cdots$일 때 에르미트 다항식으로 나타낼 수 있다.

9 베셀 함수

베셀 함수는 수많은 물리학, 공학 문제, 푸리에 이론, 추상 조화해석, 통계 및 확률론에서 볼 수 있는데, 그중 미분방정식에서 가장 흔하게 볼 수 있다. 베셀 함수의 가장 오래된 체계적인 연구는 1824년 평면운동과 연관된 문제에 대하여 베셀이 연구한 것이다. 역사적 문헌과 관련 있는 방대한 자료는 왓슨(1944)을 참고하기를 바란다.

비중심 χ^2 분포 (18)에서 수정 베셀 함수 $I_\mu(z)$를 본 바 있다. 수리물리학에서 베셀 함수는 퍼텐셜 문제, 파동방정식, 열방정식 등의 편미분방정식을 원기둥 혹은 구면좌표계로 쓸 때 공통으로 나타난다. 시간에 독립적인 파동방정식(헬름홀츠 방정식) $\Delta v + k^2 v = 0$에서 이 좌표계를 따라 변수를 분리하면 상미분방정식 몇 개를 얻게 되는데, 그중 하나가 **베셀 미분방정식(Bessel differential equation)**의 형태

$$z^2 w'' + zw' + (z^2 - \nu^2)w = 0 \qquad (24)$$

이다. 식 (24)의 해를 적당히 정규화하여 일차결합하면 통상적인 베셀 함수

$$J_\nu(z),\ \ Y_\nu(z),\ \ H_\nu^{(1)}(z),\ \ H_\nu^{(2)}(z) \qquad (25)$$

를 얻는다. 이들을 **기둥함수(cylinder functions)**라 부르며 ν는 이 함수의 계수라 부른다. 수정 베셀 함수 $I_\nu(z)$와 $K_\nu(z)$는 식 (25)에서 z를 $\pm iz$로 치환하여 얻는다.

원형 또는 원기둥좌표계의 물리 문제에서는 정수계수 $\nu = n$을 갖는 베셀 함수를 쓰며, 구면좌표계에서는 $\nu = n + \frac{1}{2}$인 경우가 나타난다.

계수 $\pm\frac{1}{3}$에 편이 $\frac{2}{3}z^{3/2}$을 갖는 베셀 함수는 무지개 현상을 연구할 때 이것을 사용했던 영국 천문학자 조지 비델 에어리(George Biddell Airy)의 이름을 따서 에어리 함수라 부른다. 에어리 함수는 미분방정식 $w'' = zw$의 해가 된다. 그 실수해는 $z < 0$에서 진동하며 $z > 0$에서 지수적으로 증가한다. 에어리 방정식은 위와 같은 전환점을 보여 주는($z = 0$에서) 가장 단순한 이계미분방정식이다.

전환점 같은 양상을 보이는 다른 특수함수는 에어리 함수로 근사할 수 있다. 예를 들어, $w(z) = \sqrt{z}\, C_\nu(\nu z)$ 꼴의 함수($C_\nu(z)$는 식 (25)에 나타나는 임의의 기둥함수)는 미분방정식

$$w'' + \left(\nu^2 \frac{1 - z^2}{z^2} - \frac{1}{4z^2}\right)w = 0$$

을 만족한다. 이 방정식은 충분히 큰 값 ν에 대하여 $z = \pm 1$에서 전환점을 갖는다. 실제로 충분히 큰 계수 ν를 갖는 기둥함수 $C_\nu(z)$는 $z = \nu$에서 전환점의 양상을 보인다. 따라서 에어리 함수는 매우 강력한 근사식을 제공하는 데 쓰일 수 있다(올버(F. Olver), 1997).

10 르장드르 함수

결합 르장드르 함수 $P_\nu^\mu(z)$와 $Q_\nu^\mu(z)$는 다음 르장드르 미분방정식을 만족한다.

$$(1-z^2)w'' - 2zw' + \left(\nu(\nu+1) - \frac{\mu^2}{1-z^2}\right)w = 0 \tag{26}$$

이 방정식은 ± 1과 ∞에서 정규 특이점을 가지기 때문에 가우스 초기하함수 (15)의 방정식으로 변환할 수 있다. 실제로 다음이 성립한다.

$$P_\nu^\mu(z) = \frac{\zeta^{\mu/2}}{\Gamma(1-\mu)} F(-\nu, \nu+1; 1-\mu; \tfrac{1}{2} - \tfrac{1}{2}z) \tag{27}$$

여기서 $\zeta = (z+1)/(z-1)$이며 분지절단은 $z \in (1, \infty)$일 때 $\arg \zeta = 0$으로 한다. $z = x \in (-1, 1)$이면 실수해는 식 (27)에서 ζ를 $(1+x)/(1-x)$로 바꾸어 정의한다.

여기서는 특정 정의역(구면, 원뿔면, 원환면)에서 특수하게 주어지는 르장드르 함수의 경곗값 문제와 관련된 몇 가지 특수한 경우만 살펴볼 것이다. 하지만 회전 타원면이나 회전 쌍곡면 같은 정의역에서 주어진 문제도 르장드르 함수를 이용하여 해결할 수 있다.

10.1 구면조화함수

구면조화함수는 매우 많은 분야에서 응용되는데, 특히 펄서의 중력파 신호를 조사할 때나 외부 우주로부터의 신호를 단층으로 재구성할 때 볼 수 있다.

먼저 다음 로드리그 공식

$$P_n^m(x) = (-1)^m \frac{(1-x^2)^{m/2}}{2^n n!} \frac{\mathrm{d}^{n+m}}{\mathrm{d}x^{n+m}}(x^2-1)^n$$
$$(n, m\text{은 음이 아닌 정수}, x \in (-1, 1))$$

의 모양으로 정의되는 연관 르장드르 함수의 부류를 살펴보자. 위의 식은 계수 m을 고정했을 때 차수 n에 대하여 $(-1, 1)$ 위에서 질량함수 $w(x) = 1$을 갖는 직교집합이 된다. 만약 $m = 0$이라면 위 식은 잘 알려진 르장드르 다항식 $P_n(x)$이다.

$P_n^m(x)$는 구면조화함수를 표현할 때 쓰는데, 이는

$$Y_n^m(\theta, \phi) = N_n^m P_n^m(\cos\theta)\mathrm{e}^{\mathrm{i}m\phi} \tag{28}$$

으로 주어진다. 이때 N_n^m은 정규화를 위한 것이며 θ, ϕ와는 무관하다. 이 변수는 각각 여위도 및 경도를 나타내며 구면 위에서 $\theta \in [0, \pi]$(북극에서 남극으로), $\phi \in [0, 2\pi)$(방위각이라 부른다) 범위를 갖는다.

원점 $r = 0$을 중심으로 갖는 단위 구면 내부에서 정의된 라플라스 방정식 $\Delta f = 0$의 유계인 일반해는 다음 일차결합이 된다.

$$f(r, \theta, \phi) = \sum_{n=0}^{\infty} \sum_{m=-n}^{n} f_n^m r^n Y_n^m(\theta, \phi) \tag{29}$$

구면 위의 경곗값이 주어지면 $P_n^m(x)$ 및 삼각함수의 직교 관계를 이용하여 상수 f_n^m을 계산할 수 있다. 경계함수가 이중적분 가능한 실함수이면 급수 전개 (29)는 단위 구면 안에서 수렴한다.

10.2 원뿔함수

원뿔함수 $P_{-1/2+\mathrm{i}\tau}^\mu(x)$와 $Q_{-1/2+\mathrm{i}\tau}^\mu(x)$는 공학, 응용물리, 우주론 및 양자역학을 비롯한 수많은 분야에서 등장한다. 즉, 원뿔 모양 구조를 포함한 경곗값 문제에서 나타나는 것이다. 또한 원뿔함수는 멜러-포크 변환의 핵심이며 수많은 응용을 가지고 있다. 이 함수는 1868년 구스타프 페르디난트 멜러(Gustav Ferdinand Mehler)가 원뿔축 위의 한 점에서 원뿔면 위에 있는 점까지의 거리를 표현하는 급수를 연구하면서 소개하였다.

적분 표현

$$P^{\mu}_{-1/2+i\tau}(\cos\theta) = \sqrt{\frac{2}{\pi}}\frac{(\sin\theta)^{\mu}}{\Gamma(\frac{1}{2}-\mu)}\int_0^{\theta}\frac{\cosh(\tau t)\,dt}{(\cos t-\cos\theta)^{\mu+1/2}}$$
$$(\tau\text{는 실수}, 0<\theta<\pi, \mathrm{Re}\,\mu<\tfrac{1}{2})$$

는 원뿔함수가 위의 변수들에 대한 실함수임을 보여 준다.

물리학에서는 특히 $\mu = m$이 정수인 경우에 주목한다. 그 경우 임의의 m에 대한 표현을 얻기 위해

$$P^{m}_{-1/2+i\tau}(x) = (\tfrac{1}{2}+i\tau)_m(\tfrac{1}{2}-i\tau)_m P^{-m}_{-1/2+i\tau}(x)$$

를 이용할 수 있다.

10.3 원환조화함수

원환조화함수는 원환면을 경계로 갖는 영역에서 퍼텐셜 문제를 해결할 때 사용한다. 원환좌표 (ξ, η, ϕ), $(0 \le \xi < \infty, -\pi < \eta, \phi \le \pi)$와 직교좌표 x, y, z(또는 원기둥좌표 r, ϕ, z) 사이의 관계는 $x = r\cos\phi$, $y = r\sin\phi$ 또는

$$r = \frac{c\sinh\xi}{\cosh\xi - \cos\eta}, \qquad z = r\frac{\sin\eta}{\sinh\xi}$$
$$(c\text{는 비례상수})$$

로 주어진다. $\xi = \xi_0$으로 고정하면 이 좌표는 원환면을 나타낸다.

원환좌표계로 $\Delta\Psi = 0$의 일반해는 다음과 같이 쓸 수 있다.

$$\begin{aligned}\Psi(\xi, \eta, \phi) &= \sqrt{\cosh\xi - \cosh} \\ &\times \sum_{n,m=0}^{\infty}\cos n(\eta-\eta_{mn})\cos m(\phi-\phi_{mn}) \\ &\times (A_{mn}P^{m}_{n-1/2}(\cosh\xi) + B_{mn}Q^{m}_{n-1/2}(\cosh\xi))\end{aligned}$$

여기서 A_{mn}, B_{mn}, η_{mn} 및 ϕ_{mn}은 경계조건에 의해 결정되어야 한다.

11 기타 경곗값 문제에서 나타나는 함수

5-10절에서 언급했던 특수함수는 모두 초기하함수 유형이었다. 이 모두는 주로 수학자와 물리학자 사이의 상호 작용의 결과로 1850년대까지는 잘 알려져 있었다. 그러나 1868년에 마티외(É. L. Mathieu)는 타원기둥 좌표계를 생각했을 때부터 그간 썼던 것과는 다른 곡선좌표계를 이용하였다. 그 외, 보다 일반적인 좌표계(편구 또는 장축 타원체 좌표계)가 곧이어 등장한다.

실제로 시간에 의존하지 않는 파동방정식 $\Delta v + k^2 v = 0$이 분리 가능해지는 3차원 좌표계는 11가지가 있다. 라플라스 방정식 $\Delta v = 0$이 분리 가능해지는 좌표계는 여기에 두 가지가 더 있다(2극좌표계와 2구면좌표계).

마티외 시대 이후에 등장한 방정식은 특수함수의 형태로 해결할 수 있지만 이 함수는 초기하함수 유형이 아니다.

마티외의 미분방정식[III.21]은 다음과 같다.

$$w'' + (\lambda - 2h^2\cos 2x)w = 0$$

이 방정식에 $t = \cos x$를 대입하면 두 개의 정규 특이점 $t = \pm 1$과 한 개의 비정규 특이점 ∞를 갖는 형태로 변환된다. 이로부터 일반적으로 마티외 방정식의 해는 초기하함수의 항으로 표현할 수 없음을 알 수 있다.

또 다른 특별한 양상은 마티외 방정식의 해를 표

현하는 일반적인 식은(예를 들어, 적분 표현) 알려져 있지 않다는 것이다. 이는 멱급수나 푸리에 급수로도 유도할 수 없다. 그 계수는 세 항 사이의 점화식에 대한 해로 결정되며, 주어진 값 h에 대하여 무한히 많은 고윳값 λ에 대하여 수렴하는 급수를 얻을 수 있게 된다. 이러한 양상은 초기하함수의 범위를 넘는 해를 갖는 경곗값 문제로 주어지는 다른 미분방정식에도 적용할 수 있다.

12 팽르베 방정식

이계 선형 미분방정식의 경우 특이점의 위치나 양상은 쉽게 조사할 수 있다. 그 이유는 미분방정식의 계수만 알면 되기 때문이다.

하지만 비선형방정식의 경우에는 $y' = 1 + y^2$ 같은 간단한 예에서조차도 그렇지 않다. 이 방정식은 특이점을 갖지 않지만, 해 $y = \tan(x - x_0)$은 무수히 많은 극점을 갖는다. $y' = -y^2$ 같은 예에서는 $y = 1/(x - x_0)$ 같은 해를 갖는데, 여기서 x_0 또한 임의의 상수이다.

이러한 비선형방정식의 성질은 또한 **팽르베 방정식**[III.24]에서도 찾아볼 수 있는데, 이것은 근래 수십 년 동안 많은 연구자를 매료시킨 주제이다. 방금 언급한 간단한 방정식의 해는 극점을 제외한 점에서 해석적이다. 팽르베 방정식에서 $y = \tan(x - x_0)$이나 $y = 1/(x - x_0)$의 극점은 이동이 가능한 극점이라 부른다. 왜냐하면 초깃값에 따라서 그 위치가 바뀌기 때문이다. 다른 예에서 가지점이나 로그 특이점 같은 극점이 아닌 특이점 같은 부류가 나타날 수도 있다.

1900년에 팽르베(P. Painlevé)는 오늘날 자신의 이름이 붙은 여섯 부류 이계 상미분방정식의 분류를 발견했다. 첫 세 방정식은 다음과 같다.

$$y'' = 6y^2 + x, \qquad y'' = 2y^3 + xy + \alpha,$$
$$y'' = \frac{(y')^2}{y} - \frac{y'}{x} + \frac{1}{x}(\alpha y^2 + \beta) + \gamma y^3 + \frac{\delta}{y}$$
$$(\alpha, \beta, \gamma, \delta\text{는 임의의 상수})$$

앞선 절에서 특수함수(베셀, 쿠머 등)가 선형 미분방정식의 해로서 수리물리학에서 중요한 역할을 함을 논의했다. 팽르베 방정식은 비선형 상미분방정식에서 이와 유사한 역할을 하며 비선형 파동, 플라스마 역학, 통계역학, 비선형 광학, 섬유 광학 같은 여러 물리학 분야에 응용된다.

13 결론

지금까지 고전 특수함수 몇 가지에 대해 개괄하였으나 이외에도 살펴봐야 할 다른 함수가 많이 있다. 그중 몇 가지 중요한 주제에 대해 언급하고자 한다.

리군론, 특히 그 표현론은 어떻게 특수함수를 완전히 다른 관점으로 해석할 수 있는지 보여 주었다. q-함수의 환경에서 미분방정식은 특수함수의 원천이 되었다. 근래 수십 년 동안 q-초기하함수 연구로 떠들썩했음을 본 바 있다.

지금도 활발한 연구가 이루어지고 있는 또 다른 분야는 야코비 타원 함수, 세타함수 및 바이어슈트라스 타원 함수, 그리고 그 연관함수에 관한 분야이다. 세기가 바뀐 이래 타원 함수 이론과 타원 곡선 사이의 관계에 대한 탐구가 광범위하게 이루어졌고, 이 관계는 앤드루 와일스(Andrew Wiles)가 페르마의 대정리를 증명하는 데 이용되었다. 어떤 부류의 타원 곡선은 암호학이나 정수의 인수분해에 이용되기도 한다. 세타함수는 확산방정식의 해로서 물리학에서 찾아볼 수 있다.

아래 나열한 참고 문헌에 대해 몇 마디만 덧붙이기로 한다. 『NIST 수학 함수 편람(*NIST Handbook of Mathematical Functions*)』에서 지금까지 논의한 공식 대부분 및 함수의 그래프를 찾아볼 수 있으며 증명의 출처까지 포함하여 관련 저작에 대한 방대한 참고 문헌이 실려 있다.

더 읽을거리

Andrews, G. E., R. Askey, and R. Roy. 1999. *Special Functions*. Cambridge: Cambridge University Press.

Johnson, N. L., S. Kotz, and N. Balakrishnan. 1994, 1995. *Continuous Univariate Distributions*, 2nd edn, volumes I and II. New York: John Wiley.

Olver, F. W. J. 1997. *Asymptotics and Special Functions*. Wellesley, MA: A. K. Peters(Reprint of the 1974 original, published by Academic Press, New York).

Olver, F. W. J., D. W. Lozier, R. F. Boisvert, and C. W. Clark, eds. 2010. *NIST Handbook of Mathematical Functions*. Cambridge: Cambridge University Press (Electronic version available at http://dlmf.nist.gov).

Temme, N. M. 1996. *Special Functions: An Introduction to the Classical Functions of Mathematical Physics*. New York: John Wiley.

Watson, G. N. 1944. *A Treatise on the Theory of Bessel Functions*, 2nd edn. Cambridge: Cambridge University Press.

Whittaker, E. T., and G. N. Watson. 1927. *A Course of Modern Analysis*. Cambridge: Cambridge University Press.

IV.8 스펙트럼 이론

브라이언 데이비스 *E. Brian Davies*

1 서문

스펙트럼 이론의 응용은 응용수학, 물리학 및 공학 전 범위에 걸쳐서 나타날 뿐만 아니라 기하학, 확률론을 비롯한 다른 분야에서도 찾아볼 수 있다. 스펙트럼 이론의 근원은 19세기 극초반 라플라스(Pierre-Simon Laplace)까지 거슬러 올라가며, 화성학과의 관련을 포함하면 2500여 년 전 피타고라스까지도 올라간다. 오늘날에는 스펙트럼 이론이 기계 구조의 설계나 시험 구동부터 구글 검색 엔진에서 쓰이는 알고리즘까지 모든 분야에 걸쳐 나타난다. 이 주제의 바탕에는 방대한 수학적 이론이 있으며 과학자나 공학자들이 연구 중인 문제의 스펙트럼 양상을 결정할 수 있게 해 주는 컴퓨터 패키지(극히 전문적인 것도 있지만 MATLAB처럼 보편적인 것도 있다)가 있다. 스펙트럼 이론은 그 자체로 중요하기도 하지만, 종종 문제의 답을 일련의 고윳값 문제 해들의 일차결합으로 나타내는 도구로 이용되기도 한다.

고윳값(eigenvalue)이라는 단어는 '특성' 또는 '본질적'이란 의미의 독일어 어근 'eigen'과 영어 단어 'value'의 합성어로, 이는 지금 다루려는 응용과 관련 있는 수치 λ를 찾는 것임을 알려 준다. 이 수는 종종

$$Lf = \lambda f \tag{1}$$

꼴 방정식의 0이 아닌 해 f의 에너지 또는 주파수라 해석한다. 기호 L은 고려 중인 특정 문제를 묘사하는 선형작용소를 나타낸다. 이 방정식의 해 f는 고윳값 λ에 대응되는 **고유함수**(eigenfunction, 또는 맥락에 따라서 **고유벡터**)라 부르며, 하나 또는 그 이상 변수의 함수일 수 있다. 많은 문헌이 몇 가지 모형에서 고윳값을 결정하는 것에 집중하지만, 고유함수는 훨씬 많은 정보를 담고 있다.

시간에 따라 변화하는 것에 대한 특정 방정식의 경우, 이 문제에 연관된 고윳값 $\lambda = u + iv$가 복소수이면 u는 주어진 계의 **진동수**(로 해석한다. 만약 $v < 0$이면 이 진동은 안정적이라 생각하고, v는 **감쇠율**이라 해석한다. 그리고 만약 $v > 0$이면 이 진동은 불안정적이고, v의 크기는 이 계가 얼마나 불안정적인지를 결정한다. 공학 구조에서 불안정한 진동은 치명적인 실패를 가져올 수도 있다.

도입부를 마치면서 **역문제**[IV.1.5]에 대해 간단히 언급하면, 역문제는 관련 스펙트럼을 측정함으로써 문제의 중요한 양상을 결정하는 법을 찾는 것이다. 이 분야는 공학에서부터 지진학까지 아우르는 광범위하고 중요한 응용을 가지고 있다.

2 몇 가지 응용

이 절에서는 스펙트럼 이론의 몇 가지 응용을 살펴볼 것이다. 스펙트럼 이론의 응용은 현재 실용화되고 있는 각 분야에서 대단히 중요한 사안으로 떠오르고 있다. 이 절 말미에 다른 몇 가지 응용을 더 소개할 것이지만 당연히 이것이 전부는 아니다.

바이올린 현이나 북 같은 것부터 터빈이나 마천루를 비롯한 많은 물리 구조는 적절한 환경 아래 진동하며, 일반적으로 구조물이 클수록 느리게 진동한다. 많은 경우 구조물을 건설하기 전에 정확한 진동수를 알아내는 것이 중요한데 그 이유는 일단 건설한 후에 조정하는 것은 매우 많은 비용이 들거나 아예 불가능하기 때문이다. 진동에서 중요한 유형의 진동수를 계산하는 것은 현재 공학에서 많이 발전한 분야이다. 그럼에도 종종 실수가 일어나곤 한다.

그러한 예로 밀레니엄 다리를 들 수 있는데, 이것은 런던의 템스 강을 가로지르는 다리로 2000년 6월 10일에 개통되었다. 이틀 뒤 다리는 2년간 폐쇄되었는데 그 이유는 설계에서 예측하지 못했던 결함 때문이었다. 그 결함은 다리 위에 있던 수많은 행인들이 좌우로 흔들리는 진동을 느꼈고, 그 진동 때문에 똑바로 서 있으려면 발걸음을 고쳐야 했다는 것이다. 불운하게도 이 때문에 그들은 동시에 발맞추어 걸음을 내딛기 시작하였고, 이 때문에 좌우 흔들림은 더욱 심해져 정말로 위험한 지경까지 이르렀다(다리 자체보다는 다리를 건너는 사람들에게 있어서 다리 진동에 대한 모형화가 적합하지 못했던 것이다). 이러한 결함은 구조물 하부에 특별 제작한 다량의 감쇠재를 집어넣는 것으로 결국 해결되었다. 스펙트럼 이론의 용어로 말하자면 이 효과는 고윳값을 실수축으로부터 멀리 떨어뜨려 보행자들에게서 생겨난 진동에 대해서도 감쇠 효과가 일

어나도록 한 것이다. 이로써 문제는 해결되었지만 500만 파운드의 추가 비용이 들고 말았다.

항공기를 설계할 때도 비슷한 문제가 있는데 이 경우는 훨씬 심각하다. 현대 항공기의 단가는 1억 달러를 넘을 수도 있기 때문에 날개 및 조종면에 생길 불안정한 진동을 예측하여, 생산을 시작하기 전에 반드시 제거해야 한다. 항공기는 넓은 범위의 속력과 고도에서 다양한 하중 아래 작동해야 한다. 여객기는 대단히 많은 양의 연료를 쓰기 때문에 착륙할 때 무게가 이륙할 때 무게의 1/3 이하가 될 수도 있다. 이에 대한 고윳값을 계산하는 데는 시간과 비용이 매우 많이 들기 때문에 운행 중 맞닥뜨릴 수 있는 모든 변수마다 고윳값 계산을 반복할 수는 없다. 최선의 방법은 작동 변수에서 나타날 수 있는 범위의 값과 관련된 고윳값의 허수부가 충분히 커짐을 보장할 수 있게 만드는 것이다. 상용 여객기의 경우 이 문제에 지나치게 집착하면 설계 효율이 떨어지고 결국 수익률의 감소를 가져오게 된다.

화제를 돌려 화학에서 사용하는 스펙트럼 이론의 응용을 살펴보기로 한다. 19세기 요제프 폰 프라운호퍼(Joseph von Fraunhofer) 등은 화학 물질을 발광할 때까지 가열한 뒤 그 빛을 분광기에 투과하면 일련의 가느다란 선들이 나타남을 발견했다. 이 선들의 진동수는 정확하게 측정할 수 있었고 그들은 이를 이용하여 화학 물질에 포함된 물질이 무엇인지 밝힐 수 있었다.

수소의 **스펙트럼** 선은 다음 공식

$$E_{m,n} = c\left(\frac{1}{m^2} - \frac{1}{n^2}\right) \; (m, n\text{은 양의 정수})$$

로 주어지는 진동수를 가지는데, 1925-1926년경 양자역학 이론이 창안되기 전까진 이 식이 참인 이유가 알려져 있지 않았다. 아래에서 살펴볼 에너지도 같은 맥락에서 진동수에 비례하는 것이다. 수소 원소는 미분작용소로 묘사할 수 있음이 알려져 있는데 그 고윳값(이산 또는 속박 상태)은 $\lambda_n = -c/n^2$ (c는 위와 동일한 상수)이다. 스펙트럼 에너지는 이 작용소의 고윳값이 아니라 고윳값 사이의 차이를 가리키는데, 왜냐하면 스펙트럼 에너지는 원자에서 방출된 광자가 한 에너지 준위에서 다른 에너지 준위로 옮겨갈 때의 에너지를 측정해 주기 때문이다. 에너지 보존법칙에 의하여 이 값은 수소 원자의 두 에너지 준위 사이의 차이와 같다.

헬륨의 에너지 준위를 계산하고 이것이 분광학적 관측과 일치함을 알게 되면서 새로운 **양자이론** [IV.23]은 온전히 받아들여졌다. 그때 이후 수만에 달하는 원소와 화합물의 스펙트럼 선이 계산 및 관측되었다. 그 모형에 상대론적 효과가 포함되어 있으면 계산과 관측은 대단히 잘 들어맞는다.

오늘날 이러한 계산이 가능한 이유는 지난 50여 년 동안 계산 능력이 엄청나게 발달했기 때문이다. 1970년에 이론 화학자들은 종종 '진짜' 화학자들에게 무시당하기 일쑤였는데, 그 이유는 '진짜' 화학자들은 자신들의 문제를 순수하게 이론적인 수단만으로 절대 해결할 수 없다고 생각했기 때문이다. 하지만 몇몇 이론 화학자들은 그러한 멸시 속에서도 집요하게 연구하였고 그 끝에 두 이론 화학자 월터 콘(Walter Kohn)과 존 포플(John Pople)이 30여 년간 계산 양자 화학을 발전시킨 업적으로 1998년 노벨상을 수상하였다. 이들 선구자의 고되었던 작업은 오늘날 화학 및 분자생물학의 중심으로 자리 잡았다.

스펙트럼 이론의 의외의 '응용' 중 하나는 리만 제타 함수의 영점 분포와 거대 무작위 자기수반행렬의 고윳값의 분포 사이의 분명한 연관성이다. 리만 제타 함수의 영점을 임의의 자기수반행렬 또는 작용소의 고윳값과 연결 짓는 확실한 주장은 아직 없지만 각 분야에서 관찰된 수치적 유사성으로부터 수많은 심오한 추측이 나타났고 그중 일부는 확실하게 증명되었다. 이런 식의 연구가 리만 가설을 증명하는 데 기여할 것이라는 근거는 없지만 연구해 볼 만한 가치가 있는 추측을 촉발하는 것은 무엇이든 진지하게 다룰 필요가 있다.

마지막으로 이 책은 **랜덤 행렬 이론**[IV.24]에 대한 글을 포함하고 있는데, 스펙트럼 이론은 여기 포함된 수많은 기법 중 하나에 불과하다. 또한 **유체역학**[IV.28]과 **고체역학**[IV.32]에서 다룰 스펙트럼 이론 문제의 언급은 피하였다.

3 수학적 맥락

스펙트럼 이론은 선형작용소의 스펙트럼을 찾아서 계의 변화 종류를 근사하는 것을 포함한다. 마지막 절에서는 몇 가지 비선형 고윳값 문제를 언급할 것이다. 이 주제는 일체의 일반론을 가지고 있는데 그 중 일부는 매우 난해할 뿐만 아니라 많은 기법들이 각기 특정한 경우에서만 적용 가능하다. 이러한 이론은 꾸준히 발전되었고 불규칙한 구간에서 나타나는 문제에 접근하는 완전히 새로운 방식이 되었다.*

* 이 주제에 대한 최근 발전상은 데이비스(E. B. Davies, 2007)를 참고하라.

스펙트럼 이론을 적용하려면 응용수학 모형에 대한 소개가 필요하다. 모형을 선택하는 행위는 언제나 단순함과 정확함 사이의 절충을 포함한다. 순수수학자들은 비슷한 범주의 작용소에도 적용할 수 있도록 하는 통찰을 얻는 것에 보다 흥미를 가지고 있기에 단순한 포괄적 모형을 생각하려는 경향이 있다. 통찰을 얻는다는 것은 전통적으로 정리를 증명하는 것과 관련이 있지만 실험수학자들은 적절한 소프트웨어를 이용하여 광범위한 예제를 시험해 봄으로써 통찰을 얻는다. 수치해석학자의 궁극적 목표는 각양각색의 사람들(구동 원리에 관심이 없는 사람이나 애초 만들 때는 상상조차 하지 못했던 목적에 쓰려는 사람들)이 쓸 수 있는 소프트웨어를 만드는 것이다. 반면 응용수학자 및 물리학자는 자신들의 연구자 집단에게 대단히 중요한 특정 문제를 연구하기 위해서라면 몇 달이나 심지어 몇 년도 기꺼이 소모할 수 있다.

3.1 유한 행렬

가장 단순한 경우로, 일반적인 $n \times n$ 행렬 A와 길이 n인 열벡터 f에 대하여 $Af = \lambda f$를 푸는 것부터 시작하기로 한다. 0이 아닌 해 f가 존재한다는 것은 λ가 방정식

$$\det(A - \lambda I) = 0$$

의 해가 된다는 것과 동치이다. 이것은 차수 n인 다항방정식이므로 대수학의 기본 정리에 의하면 n개의 해 $\lambda_1, \cdots, \lambda_n$을 가져야 한다. 가장 간단한 경우는 이 해들이 모두 다를 때다. 이 경우 v_r를 각 λ_r에 대응되는 고유벡터라 하자. 그러면 $v_1, \cdots, v_n$은 $\mathbb{C}^n$의 기

저가 되며 A는 이 기저로 표현하면 대각행렬이 된다.

일반적으로 이러한 기저가 언제나 존재하지는 않는다. 다른 극단적인 경우에 **조르당 블록**(Jordan block)

$$\begin{pmatrix} c & 1 & 0 & 0 \\ 0 & c & 1 & 0 \\ 0 & 0 & c & 1 \\ 0 & 0 & 0 & c \end{pmatrix}$$

은 단 하나의 고윳값 c를 가지며 상수 곱을 무시하면 단 하나의 일차독립인 고유벡터만을 갖는다. 모든 유한 행렬은 이러한 조르당 블록의 합과 비슷한 관계에 있다(**조르당 표준형**[II.22]을 보라).

그동안 이런 특이한 현상은 현실과는 별 관계가 없는 것으로 여겨졌다. 다시 말해서 통상 다항방정식의 해는 모두 다르므로 $n \times n$ 행렬의 고윳값은 모두 다르다는 것이다. 하지만 비대칭 행렬은 적당한 크기의 경우에서조차도 상황이 그다지 좋지 않다. 대각화를 시도할 때 고윳값이 모두 다르다 하더라도 매우 불안정한 계산 결과가 나오기 때문이다. 따라서 수치 해석학자는 비대칭 행렬에 적용할 때 나타날 수 있는 이런 불안정한 상황도 고려해야 한다. 이런 수단 중 하나로 **유사 스펙트럼 이론**(pseudospectral theory)이 있는데, 이 이론은 좋지 못한 상황의 다른 유형에 적용하는 것과 이들 사이의 관계를 조사하는 새로운 분야 중 하나다(트레페텐(L. N. Trefethen) 및 엠브리(M. Embree)(2005)를 보라).

위와 같은 상황은 **자기수반** 또는 **정규행렬**(각각 $A = A^*$ 및 $AA^* = A^*A$를 만족한다)에서는 나타나지 않는다. 두 경우 모두 A의 스펙트럼 Spec(A)에 포함되어 있지 않은 λ에 대하여

$$\|(\lambda I - A)^{-1}\| = \operatorname{dist}(\lambda, \operatorname{Spec}(A))^{-1}$$

(‖·‖는 작용소의 노름(norm)으로 아래에서 정의)

을 만족한다. 이는 일반적인 경우와 매우 분명하게 대조되는데, 통상의 경우 작고 '적절한' 행렬의 경우에서조차 좌변은 우변에 비해 매우 크기 때문이다. 그러한 경우 스펙트럼을 결정하는 의미가 현저히 줄어든다고 판단한다.

3.2 형식

스펙트럼 이론에서 생각하는 작용소 대부분은 복소체 위의 무한차원 벡터공간에서 작용한다. 이러한 작용소에 대한 세부 연구는 다분히 기술적인데, 그것은 해석학을 하는 이들이 기술적인 것을 좋아해서라기보다는 스펙트럼이라는 것이 직관대로 돌아가지 않는 성질을 가질 수 있다는 점 때문이다. 복소 **힐베르트 또는 바나흐 공간**[I.2 §19.4] $\mathcal{B}$ 및 그 노름 ‖·‖부터 생각해 보자. 선형작용소 $A : \mathcal{B} \to \mathcal{B}$가 **작용소 노름**

$$\|A\| = \sup\{\|Af\| : \|f\| \leq 1\}$$

이 유한하면 그 작용소를 **유계**(bounded)라 부른다. 그리고 λI-A가 $\mathcal{B}$에서 유계인 양방향 역작용소를 갖지 않으면 $\lambda \in \mathbb{C}$가 A의 **스펙트럼** Spec (A)에 있다고 말한다. 유계인 선형작용소의 스펙트럼은 언제나 공집합이 아닌 유계인 닫힌집합이다. 이것은 A가 갖게 되는 고윳값을 모두 포함하지만 고윳값 전체의 집합보다 더 클 수도 있다. A의 **스펙트럼 반지름**은

$$\rho(A) = \max\{|\lambda| : \lambda \in \mathrm{Spec}(A)\}$$

로 정의하는데 이것은 다음을 만족한다.

$$\rho(A) = \lim_{n\to\infty} \|A^n\|^{1/n} \leq \|A\|$$

위 정의는 미분작용소나 다른 유계가 아닌 선형작용소에 직접 적용하지는 않는다. 이런 경우에는 선형작용소 $A : \mathcal{D} \to \mathcal{B}$를 생각하는데, 여기서 A의 **정의역** $\mathcal{D}$는 크기에 대해 조밀한 $\mathcal{B}$의 부분공간이다. 여기서 A가 **닫혀** 있음을 가정하거나 증명해야 하는데 이는 $\lim_{n\to\infty}\|f_n - f\| = 0$이고 $\lim_{n\to\infty}\|Af_n - g\| = 0$이면 $f \in \mathcal{D}$와 $Af = g$가 성립한다는 의미이다. 유계가 아닌 작용소의 스펙트럼의 정의는 유계인 경우와 비슷하지만 이 또한 정의역에 대한 언급이 필요하다. 유계가 아닌 선형작용소의 스펙트럼은 공집합일 수도, $\mathbb{C}$ 전체일 수도 있으나 언제나 닫힌집합이다.

선형작용소의 스펙트럼을 결정하는 것은 때때로 매우 어렵다. A에 임의적으로 작은 교란만 생겨도 그 스펙트럼은 A의 스펙트럼과는 근본적으로 다를 수 있다는 사실 때문에 관심을 두고 있는 작용소에서 이처럼 극단적으로 민감한 경우가 생기지 않음을 인지하고 있는 것이 아니라면, 수치적 방식으로 스펙트럼을 결정할 때는 극히 주의를 기울여야 한다. 이런 현상이 벌어지는 간단한 예를 다음과 같이 들 수 있다. 주어진 $s \in \mathbb{R}$에 대하여 공간 $\ell^2(\mathbb{Z})$ 위의 유계 선형작용소 A_s를 다음과 같이 정의한다.

$$(A_s f)_n = \begin{cases} sf_{n+1}, & n = 0 \\ f_{n+1}, & \text{그외} \end{cases}$$

기계적으로 조금만 계산해 보면 $s \neq 0$일 때는 $\mathrm{Spec}(A_s) = \{z : |z| = 1\}$이지만 $\mathrm{Spec}(A_0) = \{z : |z| \leq 1\}$임을 알 수 있다. 실제로 $|z| < 1$인 모든 z는 A_0의 고윳값인데, 그 이유는 대응되는 고유벡터가 $\ell^2(\mathbb{Z})$에 존재하기 때문이다.

3.3 자기수반 작용소

내적 $\langle \cdot, \cdot \rangle$이 주어진 힐베르트 공간 $\mathcal{H}$ 위에서 유계인 선형작용소 L이 임의의 $v, w \in \mathcal{H}$에 대하여

$$\langle Av, w \rangle = \langle v, Aw \rangle \tag{2}$$

를 만족하면 이를 **자기수반 작용소**(self-adjoint operator)라 부른다. 유계가 아닌 작용소에 대한 자기수반의 정의는 좀 더 기술적이다. 정의역 A에 속하는 모든 v, w에 대하여 식 (2)가 성립하지만 이것은 전문가들이 **대칭성**이라 부르는 위 조건으로부터 나오는 것은 아니다. 자기수반과 대칭성 사이의 차이는 양자역학 초기에 존 폰 노이만(John von Neumann)이 강조한 바 있다. 관심 있는 작용소가 대칭임을 보이는 것은 대부분 명백하지만 자기수반임을 보이는 것은 대단히 어려울 수도 있다. 실제로 1970년대 이전의 문헌은 자기수반 작용소에 천착하였다. 자기수반 작용소의 스펙트럼 정리는 그렇지 않은 작용소에 비해 훨씬 자세하고 정확하게 이해할 수 있다.

자기수반 작용소 이론의 중심은 **스펙트럼 정리**로, 1930년경 폰 노이만이 증명하였다. 이를 변형한 여러 정리가 있는데 일부는 다른 것에 비해 이해하기 더 쉽다. 아마 가장 간단한 서술은 다음일 것이다. H가 힐베르트 공간 $\mathcal{H}$ 위의 자기수반 작용소이면 적당한 측도공간 $(X, \mathrm{d}x)$에서 정의된 $L^2(X, \mathrm{d}x)$에서 $\mathcal{H}$로 정의된 유니타리 작용소 U와 함수 $f : X \to \mathbb{R}$

이 존재하며 이것은 임의의 $\phi \in L^2(X, \mathrm{d}x)$에 대하여

$$(U^{-1}HU\phi)(x) = f(x)\phi(x)$$

를 만족한다. 좀 더 간단히 표현하면 H는 f와 연관된 **곱 작용소**(multiplication operator)와 유니타리 동등이라는 것이다. 이것은 자기수반행렬에 대한 스펙트럼 정리와 비슷한 이야기인데, 곱 작용소가 무한차원에서 대각행렬과 비슷하기 때문이다. 스펙트럼 정리로부터 H의 스펙트럼은 실수임을 알 수 있다. 특히 H의 모든 고윳값은 실수이다. 이 정리의 응용은 무궁무진하다. 자기수반 작용소에 관한 수많은 명제의 증명이 거의 명백한 수준으로까지 줄어들지만, 자기수반이 아닌 작용소의 경우 스펙트럼 이론은 눈앞이 캄캄한 수준이 되어버린다.

스펙트럼 정리의 또 다른 형태로 **범함수 미적분**(functional calculus) 공식

$$H = \int_{\mathbb{R}} \lambda \mathrm{d}P(\lambda)$$

가 있다. $P(\lambda)$는 모든 $\lambda \in \mathbb{R}$에 대한 H의 **스펙트럼 사영**(spectral projection)이다. 이로부터 공식

$$f(H) = \int_{\mathbb{R}} f(\lambda)\,\mathrm{d}P(\lambda)$$

를 얻는데, 이는 세부 내용을 숙지하고 있으면 f가 유계이든 아니든 유도할 수 있는 식이다. 이 형태는 적어도 수학자들에게는 앞선 공식보다 매력적으로 보이지만 사용하기는 다소 쉽지 않다.

작용소 H의 스펙트럼이 셀 수 있는 고윳값 $\lambda_n(n \in \mathbb{N})$으로 이루어져 있으면 스펙트럼 정리는 다음과 같은 식으로 나타낼 수 있다.

$$H = \sum_{n=1}^{\infty} \lambda_n P_n$$

이 공식에서 각 P_n은 고윳값 λ_n에 대응되는 고유벡터 전체로 이루어진 부분공간 위로 내린 정사영이다. P_n의 계수는 고윳값 λ_n의 중복도와 같다. 각 사영은 $m \neq n$일 때 $P_mP_n = P_nP_m = 0$이고 $\sum_{n=1}^{\infty} P_n = I$라는 의미에서 직교한다.

교환법칙이 성립하는 몇 개의 자기수반 작용소에 대하여 보다 일반적인 스펙트럼 정리 공식을 유도할 수도 있다. 하지만 교환법칙이 성립하지 않으면 단 두 개의 자기수반 작용소에서조차 비슷한 결과는 존재하지 않는다. 작용소대수에 대한 폰 노이만의 이론은 교환법칙이 성립하지 않는 작용소를 연구함에 있어서 나타나는 복잡함을 이해하려는 시도였다.

3.4 스펙트럼 분류

무한차원에서 자기수반 작용소의 스펙트럼은 각기 다르게 나타나는 정성적 성향에 따라 몇 가지로 분류할 수 있다. 여기에는 절대연속 스펙트럼, 특이연속 스펙트럼, 본질적 스펙트럼, 점별 스펙트럼, 이산 스펙트럼 등이 있다. 이 정의는 기술적인 것이라 여기서는 다음 예제만 언급하고 나머지는 넘어가도록 한다. 자기수반 작용소 H가 유한 중복도의 고립된 고윳값을 가지면 이 고윳값 λ가 **이산 스펙트럼**(discrete spectrum)에 놓여 있다고 말한다. 나머지 스펙트럼은 **본질적 스펙트럼**이라 부른다. 많은 작용소에서 본질적 스펙트럼은 연속 스펙트럼과 일치하지만 아래에서 논할 앤더슨 모형에서는 그렇지 않다.

자기수반 작용소가 아닐 경우 상황은 대단히 복

잡해진다. 스펙트럼 이론가들은 본질적 스펙트럼을 정의하는 여러 가지 다른 방법을 알고 있지만, 많은 사람들이 그중 한 가지만을 이용하는 데 동의한다. 많은 경우 한 가지 방법만 이용해도 충분하기 때문이지만 몇몇 상황에서는 다른 정의가 매우 중요해지기도 한다.

H가 $L^2(\mathbb{R}^N)$ 위의 자기수반 미분작용소라고 하자. 많은(그렇다고 **전부 그렇진 않다**) 작용소에서 미분방정식 $Hg = \lambda g$의 고전적 해를 세 가지 유형으로 나눌 수 있다. g가 무한대에서 급격히 사라지는 경우 λ는 H의 이산 스펙트럼에 속한다. 그렇지 않은 대신 g가 무한대에서 유계이면 λ는 본질적 스펙트럼에 속한다. $Hg = \lambda g$의 어떠한 해에 대해서도 두 경우가 다 성립하지 않으면 λ는 H의 스펙트럼에 속하지 않는다. H의 이산 스펙트럼은 유한집합이거나 셀 수 있는 집합인 반면 본질적 스펙트럼은 일반적으로 무한한 구간이거나 서로소인 구간의 합집합이다. 많은 경우 본질적 스펙트럼은 섭동의 어법을 이용하여 닫힌 형식으로 결정할 수 있지만 이산 스펙트럼을 분석하는 것은 이론적으로든 계산상으로든 거의 언제나 훨씬 어렵다.

좀 더 깊이 생각해 보면 문제는 작용소의 스펙트럼이 이것이 작용하고 있는 바나흐 공간에 의존할 수 있느냐는 것이다. 예를 들어 2차원 이상의 쌍곡공간 H_n 위의 라플라스-벨트라미 작용소의 스펙트럼은 이것을 $L^p(H_n)$에서의 작용으로 볼 경우 본질적으로 p에 의존한다. 이런 현상은 $L^2(\mathbb{R}^N)$에서 작용하는 미분작용소에서는 전혀 흔하지 않은 것이다.

3.5 분법적 접근

자기수반 작용소의 고윳값을 구할 때 많은 경우 **분법적 방법**(variational methods)을 이용하면 의미 있는 상계나 하계를 얻을 수 있는데, 이것은 20세기 초반 레일리(L. Rayleigh) 및 리츠(W. Ritz)까지 거슬러 올라간다(**변분원리**[II.35]를 보라). 분법적 방법을 사용할 수 있는 가장 단순한 설정은 H가 완비된 고유벡터의 정규직교수열 $\phi_n (n \in \mathbb{N})$을 가지며 이에 대응되는 고윳값이 모든 n에 대하여 $\lambda_n \leq \lambda_{n+1}$ 및 $\lim_{n\to\infty}\lambda_n = +\infty$가 되는 것이다.

분법 공식은 H의 정의역의 모든 유한차원 부분공간 L의 집합 $\mathcal{L}$를 포함한다. 이것은 직접 이용할 수는 없지만 대단히 의미 있으면서도 확고한 스펙트럼 부등식을 유도해 준다. 먼저 주어진 $L \in \mathcal{L}$에 대하여 다음을 정의한다.

$$\lambda(L) = \sup\{\langle Hf, f\rangle : f \in L,\ \|f\| = 1\}$$

그러면 분법 공식은 다음과 같다.

$$\lambda_n = \inf\{\lambda(L) : \dim(L) = n\}$$

분법 공식은 두 자기수반 작용소의 고윳값을 비교할 때 응용된다. H_1, H_2가 같은 정의역을 가질 때 공동 정의역에 속하는 임의의 f에 대하여 $\langle H_1 f, f\rangle \leq \langle H_2 f, f\rangle$가 성립하면 $H_1 \leq H_2$라 쓴다. 많은 중요한 응용에서 정의역이 같지 않은 경우에도 $H_1 \leq H_2$라는 표현을 정의할 것을 요구하는데, 이는 이차형식의 이론을 응용하면 정의할 수 있다.

분법 공식을 통해 $H_1 \leq H_2$이면 임의의 n에 대하여 고윳값은 $\lambda_n^{(1)} \leq \lambda_n^{(2)}$임을 금방 알 수 있다(위 첨자의 의미는 분명하다). H_1이나 H_2의 고윳값을 이미 알고 있다면 나머지 작용소의 고윳값에 대한 상계 혹은 하계를 명확하게 알 수 있다.

이런 발상은 여러 방식으로 다시 이야기할 수 있으며, 이로부터 일정 부류의 자기수반 작용소의 고윳값에 대한 명확한 수치적 상계 및 하계를 얻을 수 있다. 또한 다음과 같은 이론적 결과도 있다. $\Omega_r(r = 1, 2)$이 $\mathbb{R}^N$ 위에서 $\Omega_2 \subseteq \Omega_1$인 유계인 영역이라 하고 $H_r = -\Delta$이 $L^2(\Omega_r)$에서 디리클레 경계조건을 따라 작용한다고 두자. 그러면 두 작용소의 고윳값은 위에서처럼 모든 n에 대하여 $\lambda_n^{(1)} \le \lambda_n^{(2)}$을 만족한다. 이것을 **정의역의 단조성**이라 부르며 아래에 서술할 1913년에 나온 바일(Weyl)의 법칙을 증명하는 데 필요한 기초 개념 중 하나이다.

H를 디리클레 경계조건에 따라 $L^2(\Omega)$에서 작용하는 라플라시언이라 하자(Ω는 $\mathbb{R}^N$ 위의 임의의 영역이다). 이제

$$N_H(s) = \#\{\lambda \in \mathrm{Spec}(H): \lambda \le s\}$$

라 두자. 여기서 각 고윳값은 중복도만큼 헤아린다. 그러면 $s \to \infty$에 따라

$$N_H(s) = c_N s^{N/2}|\Omega| + o(s^{N/2})$$

이 된다. 여기서

$$c_N = (4\pi)^{-N/2}\Gamma(N/2 + 1)^{-1}$$

이고 Γ는 감마 함수이다.

$N_H(s)$의 근사식 전개 두 번째 항은 빅토르 이브리(Victor Ivrii)와 리처드 멜로즈(Richard Melrose)가 위 내용에서 적확하게 분석했지만 보다 광범위한 작용소에 대한 이 문제의 일반적 해법은 1980년대가 되어서야 사파로프(Y. Safarov)와 바실리예프(D. Vassiliev)(1996)가 밝혔다.

아쉽게도 위에서 언급한 정의역의 단조성은 디리클레 경계조건에서만 성립하며, 바일의 법칙은 경계 $\partial\Omega$에 대한 모종의 정규성 가정이 없는 경우 노이만(또는 기타) 경계조건 아래 $L^2(\Omega)$에서 작용하는 $K = -\Delta$에서는 성립하지 않을 수도 있다. $\partial\Omega$가 횔더 연속이면 K는 이산 스펙트럼을 갖지만 그 스펙트럼 근사는 바일의 형태가 아닐 수도 있다. 만약 $\partial\Omega$에 대한 가정을 두지 않으면 K는 이산 스펙트럼을 가지지 못한다. 실제로 K의 스펙트럼은 $[0, \infty)$일 수도 있다.

마지막으로 언급해 둘 것은 자기수반 작용소가 아닌 경우에는 분법 공식과 유사한 결과를 명백한 방식으로 얻을 수는 없다는 것이다. 자기수반이 아닐 때도 비슷한 정리가 존재하는 경우는 이따금 해석적 연속화에 대한 논증을 이용했거나 해석함수 이론을 적용할 수 있는 경우였기 때문이다. 하지만 비(非)자기수반 스펙트럼 이론의 가장 흥미로운 양상은 이것이 자기수반의 경우와 비슷한 정리를 갖지 않는다는 데 있다.

3.6 발전방정식

응용수학이나 물리학은 시간에 따라 발전하는 많은 체계의 예들을 다음 방정식 중 하나로 바꾸어 이해한다.

- 파동방정식 $\mathrm{d}^2f/\mathrm{d}t^2 = Lf$.
- 확산방정식 $\mathrm{d}f/\mathrm{d}t = Lf$. 적절한 상황에 따라 열방정식이라고도 부른다.

- 슈뢰딩거 방정식 $\mathrm{d}f/\mathrm{d}t = -\mathrm{i}Lf$. 여기서 i는 -1의 제곱근을 말한다.

이들 방정식에서 L은 통상적으로 자기수반 작용소이지만, 비자기수반 작용소의 경우에 대한 관심은 점점 증가하고 있으며 이를 해결하기 위해 전혀 새로운 발상이 나타났다. 많은 응용에서 f는 $\mathbb{R}^N$의 적당한 영역 또는 리만 다양체일 수도 있는 정의역 위의 함수이고, L은 편미분작용소다. 이처럼 시간에 대한 발전방정식의 해결은 생각하고자 하는 함수를 정확하게 분류하는 것부터 시작한다. U의 경계가 있다면 모든 가능한 f는 적당한 경계조건을 만족해야 하는데, 이는 그 모형에 내재하는 것이다. 또한 동일한 발전방정식이라 하더라도 경계조건을 바꾸면 전혀 다른 해답을 가질 수도 있다. 일단 기술적으로 상세히 문제를 확정하고 나면 시간에 대해 대단히 단순하게 변하는 해를 찾게 될 수도 있다. 예를 들면 $f(t) = \mathrm{e}^{ikt}g(g = f(0))$ 꼴의 파동방정식의 해는 고윳값 문제 $Lg = \lambda g(\lambda = -k^2)$의 해에 대응된다.

마지막으로, 발전방정식에 대한 추상적인 연구는 일변수 반군에 대한 잘 개발된 이론을 이끌었다.

4 슈뢰딩거 작용소

스펙트럼 이론은 임의 계수의 미분작용소를 이해하는 데 도움을 줄 수 있다. 이때 미분작용소가 자기수반이든 아니든 상관없다. 이 작용소는 유클리드 공간 또는 측도를 가진 다양체 U를 정의역으로 하는 $L^2(U)$ 위에서 작용할 수 있다. 이 절은 특정 부류의 미분작용소에 중점을 두는데, 이것은 양자이론에서 대단히 집중적으로 연구해 온 것이다.

4.1 슈뢰딩거 작용소의 스펙트럼 이론

슈뢰딩거 작용소는 자기수반인 이계 편미분작용소이다. 이 작용소는 소립자, 원자 및 분자의 성질을 묘사하는 것뿐만 아니라 유체 내부에서 끊임없이 일어나는 입자 간 충돌을 묘사할 때 기본 역할을 한다. 이에 관한 물리학의 기본 내용은 별도의 글이 있으므로(**양자이론**[IV.23]을 보라) 여기서는 몇 가지 간단한 예의 정성적 성질로 논의를 제한한다. 즉 플랑크 상수 $\hbar$, 질량, 전하량이나 입자의 회전 등은 나타나지 않는다. 상대성의 효과가 중요하다면 디랙 작용소를 이용할 필요가 있는데 이것의 스펙트럼 이론은 전혀 다르다.

양자이론은 그 역사 때문에 특별한 어휘를 가지고 있다. 예를 들면 관련 힐베르트 공간에서 고유벡터는 **결속 상태**라 부르고 고윳값은 종종 **에너지 준위**(energy level)라 부르곤 하지만 두 용어를 모두 쓰는 데 별 문제는 없을 것이다.

위에 언급한 수준으로 단순화시키면 **슈뢰딩거 작용소**(Schrödinger operator)는 $L^2(\mathbb{R}^N)$의 함수 f에 작용하는 미분작용소인데, 그 형태는 다음과 같다.

$$(Hf)(x) = -\tfrac{1}{2}\Delta f(x) + V(x)f(x)$$

(Δ은 라플라스 작용소)

함수 V는 **잠재함수**(potential)라 부른다. 3차원에서 운동하는 양자 입자에 대해선 $N = 3$이라 두며, 반면 $N = 2$인 경우는 두 매개체 사이의 평면 영역을 운동하는 입자를 묘사한다. 두 경우 모두 전자 기기, 컴퓨터와 관련 있는 지대한 관심 주제이다.

H의 스펙트럼 성질은 잠재함수 V의 선택에 크게 의존한다. 현재까지 많은 비중(결코 전부는 아니지만)의 연구가 다음 잠재함수 중 한 부류에 초점이 맞춰져 있었다(아래의 결과 모두 및 여기 서술할 수 없는 많은 다른 결과는 적당한 기술적 가정 아래 명확한 증명이 나와 있다).

$|x| \to \infty$일 때 $V(x) \to +\infty$이면, H는 이산 스펙트럼을 갖는다. 다시 말해 단조증가하며 $\lim_{n\to\infty}\lambda_n = +\infty$인 고윳값 λ_n에 대응되는 고유함수 ϕ_n으로 이루어진 H의 완비정규직교함수열이 존재한다는 것이다. 가장 작은 고윳값 λ_1은 중복도 1을 가지며 이에 대응되는 고유함수 ϕ_1은 적절한 상수를 곱하면 양함수가 된다.

$|x| \to \infty$일 때 $V(x) \to 0$이면, 스펙트럼은 $[0, \infty)$와 음의 고윳값 λ_n(공집합도 가능한)을 작은 것부터 순서대로 나열한 것의 합집합이다. 고윳값이 무한히 많다면 $n \to \infty$일 때 0으로 수렴해야 한다. 충분히 큰 x에 대하여 $|Vx| \le c/|x|^{2+\varepsilon}$이 되는 양의 상수 c와 ε이 존재하면 음의 고윳값은 유한개만 존재할 수 있다.

모든 $x \in \mathbb{R}^N$ 및 $y \in G$에 대하여 $V(x+y) = V(x)$를 만족하는 $\mathbb{R}^N$에서 작용하는 평행이동의 이산군 G가 존재하면 H는 **주기적**이라 부른다. Spec(H)는 **띠**(bands)라 부르는 구간 $[a_n, b_n]$의 유한 혹은 무한한 합집합이며 **틈새**(gaps) (b_n, a_{n+1})로 분리됨을 보일 수도 있다. 띠와 틈새가 다음 순서 $a_1 < b_1 < a_2 < b_2 < a_3 < \cdots$을 만족하도록 번호를 붙여도 좋다. $N = 1$이면 통상 무한히 많은 틈새가 있으며, 유한한 개수의 틈새만을 가질 수 있는 V에 대한 조건을 매우 상세한 수준까지 연구 중이다. 고차원의 경우 유한개의 틈새만이 있음이 알려져 있다.

앤더슨 모형(Anderson model)에서는 잠재함수 V가 무작위적으로 선택된 슈뢰딩거 작용소를 연구하는데, 이는 V가 확률 측도가 주어져 있고 정확하게 정의된 군집에서 선택된 임의적 잠재함수라는 의미이다. 이 $\mathbb{R}^N$의 군집과 확률 측도는 평행이동으로 이루어진 이산군의 작용에 불변임을 가정하지만 개별 잠재함수에서는 그리 가정할 수 없다. 에르고딕 성질을 가정하면 H의 스펙트럼은 거의 분명하게 잠재함수 V의 선택에 의존하지 않음을 알 수 있다. 이 스펙트럼은 거의 분명히 고립된 고윳값을 포함하지 않는다. 하지만 자세한 구조는 차원 N에 의존하며 $N = 1$에서만 꾸준한 진전이 있을 뿐 명확한 수준까지 이해하지는 못하고 있다.

간단한 **도파관**(waveguide)은 $\mathbb{R} \times U$(U는 $\mathbb{R}^{N-1}$의 유계인 부분집합) 위의 슈뢰딩거 작용소에서 나타나는데, 이 문제에 대한 대부분의 저작은 $N = 2$ 또는 $N = 3$을 가정한다. 이 모형은 $\mathbb{R} \times (\partial U)$의 디리클레 경계조건을 이용할 경우 양자 도파관이라 부른다. 또한 노이만 경계조건 아래 유사한 작용소에 대한 상당량의 저술도 있는데 이는 유체역학에 응용된다. 도파관의 양쪽 끝은 각각 근사적으로 다른 지시를 할 수 있으며 도파관의 모양은 $\mathbb{R}^N$ 안의 영역에서 끊임없이 변할 수 있다. 그렇다 하더라도 통상적으로 도파관의 잠재함수 및 단면은 원점에서 충분히 멀리 떨어진 곳에서 근사적으로 상수임을 가정한다. 스펙트럼 이론 및 산란이론은 연속 및 본질적 스펙트럼을 결정해 줄 뿐만 아니라 고윳값을 결정해 주기도 한다. 고윳값이 도파관의 기하학적 모습에 의존한다는 양상은 이를 양자 기기에 응용할 수 있다는 가능성 때문에 계속 연구 중이다.

위의 모든 문제는 이산적 상황에서도 비슷한 결과가 나오는데 그중 $N=1$인 경우를 가장 주목한다. $L^2(\mathbb{R})$을 $\ell^2(\mathbb{R})$로 바꾸어 다음 형태의 슈뢰딩거 작용소를 생각해 보자.

$$(Hf)_n = f_{n-1} + v_n f_n + f_{n+1}$$

이 작용소는 보통 형태의 슈뢰딩거 작용소보다 분석하기 간단한데, 통상의 경우 유계이고 귀납법에 기반한 증명을 얻을 수 있기 때문이다. 이는 연속인 경우나 고차원에서는 가능하지 않은 일이다.

4.2 산란이론

산란이론은 기초 수준에서 설명하기에는 어려운 주제지만 중요한 스펙트럼 응용을 가지고 있다. 이 주제는 대각 합류 작용소나 다른 용법을 이용하여 연구할 수도 있으나 이 절에선 아주 표준적인 조건 아래 시간에 의존하는 슈뢰딩거 작용소에 관한 이론만 묘사하기로 한다. 아이디어는 두 서로 다른 슈뢰딩거 작용소 $H_0 = -\frac{1}{2}\Delta$과 $H = -\frac{1}{2}\Delta + V$를 잠재함수 $V(x)$가 $|x| \to \infty$일 때 충분히 급격하게 감소한다는 가정 아래 시간에 따른 변화를 비교하는 것이다.* V가 중심적이면(회전에 대해 불변이면) 힐베르트 공간 $L^2(\mathbb{R}^N)$을 회전군의 기약 표현에 따라 결합하여 대단히 명쾌한 분석을 얻는 것이 가능하다. 현재 연구는 보다 일반적인 잠재함수와 다물체 산란에 초점이 모아지고 있다. 또한 파동방정식에 대하여 잘 발전된 산란이론도 있다.

* 보다 구조적인 접근은 야파예프(D. Yafaev, 2010)를 보라.

위의 가정으로부터 H_0의 스펙트럼은 $[0, \infty)$인 반면 H의 스펙트럼은 $[0, \infty)$에 유한 또는 무한한 음수 고윳값을 합한 것과 같음을 알 수 있다. 슈뢰딩거 방정식 $\mathrm{i}f'(t) = Hf(t)$를 풀면 유니타리 작용소

$$f(t) = \mathrm{e}^{-\mathrm{i}Ht} f(0)$$

을 얻는다. 충분히 큰 x에 대하여 $|Vx| \le c/|x|^{1+\varepsilon}$을 만족하는 양의 상수 c, ε이 존재하면 임의의 $f \in L^2(\mathbb{R}^N)$에 대하여 다음 식

$$W_{\pm} f = \lim_{t \to \pm\infty} \mathrm{e}^{-\mathrm{i}Ht} \mathrm{e}^{\mathrm{i}H_0 t} f$$

로 정의되는 **파동작용소**(wave operator)가 존재함을 보일 수도 있다. 파동작용소는 $L^2(\mathbb{R}^N)$을 H의 각 고유벡터에 직교하는 f로 이루어진 $L^2(\mathbb{R}^N)$의 선형 부분공간 $\mathcal{L}$로 일대일대응해 주는 등장사상이다. 파동작용소 $W_{\pm}$는 $HW_{\pm} = W_{\pm}H_0$ 같은 식으로 H와 H_0을 엮어주며, 이로부터 H와 H_0의 음이 아닌 스펙트럼은 말 그대로 일치함을 알 수 있다. 또한 다음 식

$$S = W_-^* W_+ = \lim_{t \to +\infty} \mathrm{e}^{\mathrm{i}H_0 t} \mathrm{e}^{-2\mathrm{i}Ht} \mathrm{e}^{\mathrm{i}H_0 t}$$

으로 정의되는 **산란작용소**(scattering operator) S는 H_0과 교환법칙이 성립하는 유니타리 작용소임을 보일 수도 있다. 이제 푸리에 변환을 이용하면 S를 대단히 자세히 분석할 수 있으며 간단한 경우에는 이것으로 H를 자기수반 작용소의 스펙트럼 정리라는 관점에서 완전하게 분석할 수 있게 해 준다.

이 절에서는 시갈(I. M. Sigal)과 소퍼(A. Soffer)가 제시한 좁은 범위에서 나타나는 N차원 영역 산란에 대한 완전한 분석 및 그라프(G. M. Graf) 등이 제시한 중요한 단순화는 다루지 않았다. 이 탁월한 결과

는 1987년에 나왔지만 결과를 간략하게라도 설명하려면 허용된 지면을 훨씬 넘기게 된다.

4.3 공진

이 절에서는 슈뢰딩거 작용소만 생각하기로 한다. 어떤 양상에서는 한층 일반적인 이론 전개가 가능하더라도 말이다. 이 이론은 어떤 부류의 슈뢰딩거 작용소는 통상 **공진**(resonances)이라 부르는 0이 아닌 허수부를 갖는 유사고윳값을 가진다는 발견에 기초한다. 공진은 불안정한 상태를 묘사하며 그 허수부는 해당 상태의 감쇠율을 결정한다고 여겨진다. 하지만 모든 슈뢰딩거 작용소는 자기수반이기에 그 스펙트럼은 반드시 실수이고, 따라서 이는 모순으로 보인다. 실제로 공진 λ는 방정식 $Hf = \lambda f$에 따른 '공진 고유함수(resonance eigenfunction)'와 연관되지만 함수 f는 무한대에서 어떤 조건을 만족하며 이 때문에 f는 힐베르트 공간 $\mathcal{H}$에 놓이지 않게 된다. 따라서 일부 수학자들은 여전히 공진 이론의 구조적 양상에 불만족스러움을 느낀다. 그럼에도 계산으로 도출된 공진은 실험으로 측정된 수치와 일치하므로 여전히 할 말은 많다. 가장 중요한 것은 공진의 정의는 어떤 것이든 관심 속의 작용소뿐만 아니라 추가 배경 자료에 의존한다는 것이다.

H를 $L^2(\mathbb{R}^N)$ 위에서 작용하는 슈뢰딩거 작용소라 하고 잠재함수 V는 무한대에서 충분히 급격하게 감쇠한다고 하자. 그러면 분해작용소 $(zI-H)^{-1}$은 모든 $z \notin \mathbb{R}$에 대하여 적분작용소이다. 다시 말해 모든 $z \notin \mathbb{R}$ 및 충분히 잘 행동하는 $f \in L^2(\mathbb{R}^N)$에 대하여

$$((zI-H)^{-1}f)(x) = \int_{\mathbb{R}^N} G_z(x, y)f(y)\,\mathrm{d}^N y$$

가 성립한다. 이때 G는 이 분해작용소의 **그린 함수**(Green function)라 부른다. 분해작용소는 z의 크기에 대해 해석적 함수이며 그린 함수 $G_z(x, y)$는 모든 x, y에 대하여 z의 점별해석적 함수이다($x = y$인 경우는 예외로 둔다. 이때 그린 함수는 $N = 1$이 아니라면 무한대가 되기 때문이다).

어떤 합리적인 조건 아래에서 그린 함수(하지만 관련 분해작용소는 아니다)는 실수축을 따라 '비물질적 영역(unphysical sheet)'이라 부르는 하반복소평면으로 해석적 연속화할 수 있음을 보일 수 있다. 이 영역에서는 고립된 극점을 가질 수 있으며 정의에 의하여 이것이 작용소의 공진이다. 극점의 위치는 x, y의 선택에 무관하며 H의 산란작용소와 연관된 해석함수의 극점과 일치함을 보일 수 있다.

5 고윳값 계산

5.1 완전히 해결 가능한 문제

19세기 스펙트럼 이론의 많은 연구는 몇 종류의 특수함수를 이용하여 닫힌 형식의 해를 구할 수 있는 문제를 찾는 데 집중되어 있었다. 많은 경우 이에 대한 궁극적인 설명은 어떤 군의 대칭성이 존재한다는 점이었음을 볼 수 있다. 몇몇 상미분방정식의 스펙트럼 문제는 직교다항식을 이용하여 해결이 가능하지만 직교다항식 이론은 이미 스펙트럼 이론이나 미분방정식의 제한을 아득히 넘어 버릴 만큼 성장해 버렸다. 완전히 해결 가능한 문제의 전형적인 예는 **순환행렬**(circulant matrices)에서 나타난다. 이것은 $n \times n$ 행렬 A로서 적당한 계수 a_r에 대하여 원소가

$$A_{r,s} = \begin{cases} a_{r-s}, & r \geq s \\ a_{r-s+n}, & r \leq s \end{cases}$$

로 주어지는 것을 말한다. A를 대각화하기 위해 고윳값을 구하려면 유한 푸리에 변환을 이용한다. 이것은 다음 수

$$\lambda_r = \sum_{s=1}^{n} a_s e^{2\pi i r s/n}, \quad 1 \leq r \leq n$$

으로 주어진다. 이것을 무한합으로 자연스럽게 일반화한 것은 $L^2(\mathbb{R})$ 위의 작용소 $Af = a * f$로, 여기서 $*$는 **적분 곱**(convolution)을 뜻하며 다음과 같이 정의한다.

$$(Af)(x) = \int_{-\infty}^{\infty} a(x-y)f(y)\,dy$$

모든 적분 곱 작용소는 평행이동군과 교환법칙 $(T_s f)(x) = f(x+s)$를 만족한다. A는 푸리에 변환을 이용하여 대각화할 수도 있으며 A의 스펙트럼은 0과

$$\lambda_k = \int_{\mathbb{R}} a(x) e^{-ixk} dx, \quad k \in \mathbb{R}$$

의 합집합이다.

적분 곱 작용소는 디지털 신호 전달이나 영상 개선을 포함한 문제의 핵심에 자리 잡고 있다. 쿨리(J. Cooley)와 터키(J. Tukey)의 **고속 푸리에 변환**[II.10] 알고리즘(1805년 가우스가 이를 처음으로 묘사했다)은 계산 수행이 가능하도록 하는 데 지대한 영향을 주었다.

모든 상수 계수를 갖는 편미분작용소는 $\mathbb{R}^N$의 평행이동군과 가환이며 비슷한 방식으로 대각화가 가능하다. 즉, 그러한 편미분작용소는 푸리에 변환을 통하여 곱 작용소로 표현할 수 있다.

5.2 섭동 기술

컴퓨터의 태동기 이전부터 완전히 해결하기 어려운 문제의 고윳값을 계산하는 것은 지극히 고된 일이었기에, 문제를 단순하게 축약하는 데 엄청난 노력을 기울여야 했다. 당연히 이렇게 해서 얻은 결과는 몇몇 특수한 상황에서만 응용이 가능했다. 섭동 이론은 A의 고윳값 및 고유벡터가 이미 알려져 있을 때 작은 $t \in \mathbb{C}$에 대하여 작용소 $A + tB$의 고윳값을 계산할 수 있게 해 준다. 이 이론의 접근 방식으로 두 가지 다른 상황에 응용이 가능한 것이 있다.

해석적 섭동 이론(analytic perturbation theory)은 적절한 가정 아래 $A + tB$의 모든 고윳값을 다음 꼴

$$\lambda(t) = a_0 + a_1 t + a_2 t^2 + \cdots$$

의 수렴하는 급수로 쓸 수 있으며, 이때 a_0은 A의 고윳값이며 a_n은 A, B로부터 직접 계산할 수 있음을 증명하는 정리들을 제공한다. 실용적으로는 적절한 근사를 얻기 위해 이 급수에서 단지 몇 개의 항만 계산하면 된다(가토(加藤, 1995)를 보라).

하지만 조사하려는 A의 고윳값의 중복도가 1보다 크면 위 방식에 수정이 필요하다. 다음 행렬

$$A + tB = \begin{pmatrix} 0 & t \\ 1 & 0 \end{pmatrix}$$

의 고윳값을 닫힌 형식으로 구하려 할 때 볼 수 있듯이, 위 멱급수는 t의 음수 거듭제곱을 포함한 급수로 바꾸어야 한다. 이러한 유형의 문제를 다루는 기법은 1960년대에 크게 발전하였다.

위와 같은 유형의 섭동 전개는 유한차원에서 가장 유용하다. 힐베르트 공간 또는 바나흐 공간 $\mathcal{H}$가 무한차원이면 가정이 좀 더 필요한데, 가장 쉬운 것

은 B가 유계이거나 A에 대하여 상대적 유계임을 가정하는 것이다. 후자의 조건은 모든 $f \in \mathrm{Dom}(A)$에 대하여 다음 식

$$\|Bf\| \leq a\|Af\| + b\|f\|$$

를 만족하는 상수 $a \in (0, 1), b > 0$이 존재한다는 가정을 요구한다.

근사 섭동 이론(asymptotic pertubation theory)은 수렴하는 섭동 전개가 존재하지 않는 어떤 상황을 다룰 수 있게 해 준다. 이러한 문제에 접근하는 또 다른 방식은 소위 반(半)고전적 해석이라 부르는 것에 의존한다(즈보르스키(M. Zworski, 2012)를 보라). 반고전적 해석은 대다수의 해석적 섭동 이론 정리보다 훨씬 많은 기하학적 자료를 포함한다. 이 분야 대부분 저작은 유사 미분작용소 이론을 포함하고 있는데, 해당 작용소가 $L^2(\mathbb{R}^N)$에서 작용하는 다음 예를 생각해 보면 이 주제에 대한 감을 잡을 수 있을 것이다.

작용소 H_h는 자기수반 작용소이며 다소 특수한 방식으로 작은 매개변수에 의존한다고 가정한다. 그 매개변수는 보통 h라 적는데, 이 주제가 본래 양자역학에서 나왔기 때문이다(여기서 h는 플랑크 상수이다). H_h는 고전 해밀토니언 $H_{\mathrm{cl}}(p, q)(p, q \in \mathbb{R}^N)$의 '양자화(quantization)'로 얻는다고 가정한다. 실제로 몇 가지 유형의 양자화가 있으며 그들 사이의 차이를 고려할 필요가 있다. 전형적인 예로 $H_{\mathrm{cl}}(p, q) = p^2 + V(q)$를 양자화하여 얻는 슈뢰딩거 작용소

$$(H_h f)(x) = -h^2(\Delta f)(x) + V(x)f(x)$$

가 있다. 이 발상은 미분기하학으로부터 떠오르는 직관을 활용하는데, 예를 들어 잠재함수의 임계점 근방을 분석함으로써 $h \to 0$으로의 근사를 이해할 수 있다는 것이다. 이렇게 하여 얻은 결과는 이 중요한 분야를 더 깊이 탐구하기 어렵게 만든다. 하지만 h의 거듭제곱에 섭동 전개가 존재한다면 대개 수렴하는 급수라기보다는 점근급수가 된다고 할 수 있다.

5.3 수치해석

이 절은 편미분방정식의 고윳값을 계산하는 방법을 자세히 논의하는 곳은 아니지만 약간의 일반적인 언급은 해도 좋을 것이다. 자기수반 미분작용소 A의 고윳값을 결정하려 할 때 고윳값은 무한단조수열 λ_n으로 나열할 수 있으며 중복도만큼 반복할 수 있다. λ_n은 $n \to \infty$에 따라 알려진 비율로 발산한다고 둔다.

일차원 상미분작용소의 고윳값 다수를 매우 정확하게 계산할 수 있게 해 주는 특수한 기법이 있다. 대부분 범용 목적 프로그램은 2차원 문제에 주로 주목하고 있다. 왜냐하면 3차원에서는 필요한 행렬 근사의 크기가 매우 커서 어떤 기법을 동원하더라도 엄청난 계산을 요구하기 때문이다. 결과적으로 이런 프로그램은 종종 상업, 군사 또는 과학적 중요도에 따라 특정 문제에 최적화시키곤 한다.

고윳값을 계산하는 데는 두 가지 일반적인 접근 방식이 있는데 이를 각각 연역적 방법과 귀납적 방법이라 부르며, 이들 각각은 A를 높은 차원의 유한차원 부분공간 L로 제한한 것의 고윳값을 계산하는 데에 달려 있다.

연역적 방법은 대단히 오래된 기법이며 다음 정리에 의존한다. 적절히 선택한 부분공간의 증가수

열 L_h($h > 0$은 작은 변수)에 대하여 고윳값을 계산하면 $h \to 0$에 따라 이 값은 진짜 고윳값으로 수렴한다. 또한 이러한 정리들은 수렴 정도의 추정을 제공하기도 한다. 연역적 방법의 약점은 실제 나타나는 수렴 정도가 정리로부터 나오는 수렴 정도보다 훨씬 더 빠르다는 점이다.

미분작용소가 $\mathbb{R}^2$의 유계인 영역 U에서 작용한다고 하면 유한요소법[II.12]이 U 위의 그물망, 다시 말해서 U를 크기 h인 삼각형의 합으로 분할한 데서부터 정의된 함수의 거대한 유한차원 공간을 생성하는 처방이 될 수 있다(보피(D. Boffi, 2010)를 보라). 유한요소법은 프로그램을 가지고 수행하며 다음 단계에서도 마찬가지로 커다란 희소행렬을 만들어 내는데, 그 고윳값은 미분작용소의 작은 고윳값에 상당히 근사한 값이 된다. 바람직한 환경에서는 계산상 나온 고윳값과 실제 고윳값 사이의 차이를 연역적으로 추산할 수 있다. 이런 유형의 프로그램은 가장 큰 오차가 나타나는 그물망의 부분을 찾아내 이를 국소적으로 보정하려 계속하여 시도한다. 이때 영역의 구석 부분, 특히 오목한 부분에 각별히 주의를 기울여야 하며 보통의 경우 이렇게 하면 그물망은 시작할 때보다 한층 정교해진다.

귀납적 방법은 수치적 계산을 통하여 A의 고윳값에 대한 상계 및 하계를 얻는데 그 경계는 앞서 설명한 변분법을 바탕으로 구해도 좋을 것이다(럼프(S. Rump, 2010)의 3부를 보라). 이 기법은 연역적 방법과 비교해 세 가지 주요한 차이점을 가지고 있다. 첫 번째는 귀납적 방법이 연역적 방법보다 계산상 엄청난 비용이 든다는 것이다. 두 번째는 전문가들에게 잘 알려져 있듯이 구간별 연산을 이용하여 귀납적 방법을 수행하려면 다양한 계산상 함정을 피해야 한다는 것이다. 마지막 양상은 상계 및 하계가 $h \to 0$에 따라 구하고자 하는 고윳값으로 수렴한다는 증명이 필요 없다는 것이다. 그저 h를 점점 작게 하여 오차의 한계가 충분히 작아질 때까지 계산을 반복하거나, 이용이 가능한 계산 자원으로는 귀납적 방식이 유용하지 않다고 결론내면 된다.

두 기법 중 어느 쪽을 이용할지는 주어진 여건을 살펴봐야 한다. 연역적 기법을 쓰는 기성품 코드는 많이 나와 있다. 결국에는 귀납적 방법을 이용할 생각이라 하더라도 연역적 기법을 통해 얻은 결과가 귀납적 방법의 시작점이 될 수도 있다. 왜냐하면 연역적 기법이 언제나 보다 명확한 계산을 실행하기 전에 해의 근사한 위치에 대한 좋은 아이디어를 제공해 줄 수 있기 때문이다.

6 스펙트럼 정리의 기타 응용

이 절에서는 몇몇 소소한 응용을 소개한다. 아직 완전하지는 않지만 이 분야를 활성화하는 데 도움이 될 수 있을 것이다.

6.1 프레드홀름 작용소

아래 결과는 유계가 아닌 작용소 및 바나흐 공간에 대하여 확장할 수 있지만 보다 제한된 내용에 대해 설명하는 것이 가장 쉬울 것이다.

힐베르트 공간 $\mathcal{H}$에서 작용하는 유계인 작용소 A가 유한차원의 핵 Ker(A)를 가지고 그 치역이 닫혀 있으며 그 치역의 직교보공간 Coker(A)가 또한 유한차원이면 이를 프레드홀름(E. I. Fredholm) 작용소라

부른다. 이때 정수

$$\mathrm{Ind}(A) = \mathrm{Dim}(\mathrm{Ker}(A)) - \mathrm{Dim}(\mathrm{Coker}(A))$$

는 A의 **지표**(index)라 부른다. 지표는 다음 사실 때문에 작용소의 매우 유용한 불변량이 된다. A가 프레드홀름 작용소이면 A를 충분히 작게 교란한 것도 역시 프레드홀름 작용소이며 이 또한 같은 지표를 갖는다. 따라서 A_s가 s에 대하여 연속인 일매개변수 프레드홀름 작용소의 집합이면 $\mathrm{Ind}(A_s)$는 s에 무관하다. 이것을 벡터 다발 부분 위에서 작용하는 타원 미분작용소의 지표가 그 계수의 여러 값에 의존하지 않음을 보이는 데 이용할 수 있을 것이다. 이 사실은 대역해석학 전체에 영향을 끼치는 아티야-싱거 지표 정리에서 핵심 요소가 된다.

같은 가정 아래 $\mathrm{Ind}(A_0) \neq 0$이면 $\mathrm{Ind}(A_s) \neq 0$이므로 0은 A_s 또는 A_s^*의 고윳값이다. 각각의 경우 $0 \in \mathrm{Spec}(A_s)$이다. 이런 유형의 논증은 비자기수반 작용소의 스펙트럼을 결정할 때 초등적인 방법으로 할 수 있는 것보다 많은 것을 할 수 있도록 해 준다.

이것의 특별한 예를 퇴플리츠 작용소에서 볼 수 있는데 그 응용은 매우 광범위하다(뵈처(A. Böttcher), 실버만(B. Silbermann)(2006)을 보라). 주어진 수열 $a \in \ell^1(\mathbb{Z}_+)$에 대하여 이에 연관된 $\ell^2(\mathbb{Z}_+)$ 위의 **퇴플리츠 작용소**(Toeplitz operator) A를 다음과 같이 정의할 수 있다.

$$(Af)_n = \sum_{m=0}^{\infty} a_{n-m} f_m, \quad f \in \ell^2(\mathbb{Z}_+)$$

그러면 $\|A\| \leq \|a\|_1$임을 보일 수 있을 것이다. 함수

$$\sigma(\theta) = \sum_{n=0}^{\infty} a_n \mathrm{e}^{-\mathrm{i}n\theta}$$

은 A의 **기호**(symbol)라 부르며 같은 가정 아래 이것은 연속이며 주기 2π를 갖는 주기함수이다. 사실 임의의 유계인, 잴 수 있는 주기 기호에 관련된 퇴플리츠 작용소를 정의할 수도 있으나, 이때는 세부적인 내용이 대단히 복잡해지고 일부 주요 결과가 달라진다.

같은 가정 아래

$$\{\sigma(\theta) \colon 0 \leq \theta \leq 2\pi\} \subseteq \mathrm{Spec}(A)$$

가 성립하지만 실제로는 더 많은 것을 얻을 수 있다. 복소수 λ가 σ의 치역에 놓이지 않으면 A는 프레드홀름 작용소이고 그 지표는 λ를 둘러싼 폐곡선 σ의 감는 수와 일치한다. 고베르크(I. Gohberg)의 정리는 A의 스펙트럼이 $S = \sigma(\theta) : \{0 \leq \theta \leq 2\pi\}$와 감는 수가 0이 아닌 $\lambda \notin S$로 이루어짐을 말해 준다.

이 모든 결과는 벡터값을 갖는 퇴플리츠 작용소에도 일반화할 수 있으며 적용이 가능한 주제에도 확장이 가능하다.

6.2 스펙트럼 기하

스펙트럼 기하로 리만 다양체 또는 유클리드 공간의 유계인 영역에서의 기하학과 관련된 라플라스-벨트라미 작용소 $H = -\Delta$ 사이의 관계를 탐구한다(길키(P. Gilkey, 2005)를 보라). 이미 묘사한 대로 바일 법칙을 이용하여 $\mathbb{R}^N$의 영역의 부피를 관련 라플라스 작용소의 고윳값으로부터 정의할 수 있는데, 이보다 훨씬 많은 것이 가능하다. 이런 맥락에서 작은 t에 대한

$$\mathrm{tr}(\mathrm{e}^{-Ht}) = \sum_{n=1}^{\infty} \mathrm{e}^{-\lambda_n t}$$

의 근사를 조사하는 것이 앞서 정의한 스펙트럼 계량 함수 $N_H(s)$의 근사보다 더 용이함을 알 수 있다. 1966년 마크 카츠(Mark Kac)는 '북의 모양을 들을 수 있는가'라는 질문을 하였다. 좀 더 구체적으로는 유계인 유클리드 영역 U의 크기 및 모양이 주어진 디리클레 경계조건 아래에서 그와 연관된 라플라스 작용소의 고윳값에 의해 유일하게 결정될 수 있는지를 물은 것이다. 이 문제를 연구하는 과정에서 긍정적이고 흥미로운 결과를 많이 발견하였지만 1992년 고든(C. Gordon), 웨브(D. Webb), 월퍼트(S. Wolpert)가 매우 단순한 두 평면 영역의 다각형으로 이루어진 반례를 만들어 냈다.

6.3 그래프 라플라시언

그래프의 스펙트럼 분석엔 많은 양상이 있지만 첫 번째 문제는 '그래프'라는 단어 자체에 하나 이상의 의미가 있다는 것이다. 즉, 다음 두 가지 해석으로부터 상이한 수학적 결과가 도출된다.

그래프[II.16]란 유한 또는 셀 수 있는 꼭짓점의 집합 X와 방향을 결정하지 않은 변의 집합 $\mathcal{E}$를 합친 것으로 정의할 수 있다. 이 경우 **인접행렬**(adjacency matrix) A의 원소를 $(x, y) \in \mathcal{E}$이면 $A_{x,y} = 1$로, 그렇지 않으면 $A_{x,y} = 0$으로 정의한다. 꼭짓점 x의 **차수**(degrees)를 $\#\{y : (x, y) \in \mathcal{E}\}$로 정의할 때, 그래프 꼭짓점의 차수가 동등유계이면 A는 $\ell^2(X)$ 위의 유계인 작용소와 연관 지을 수 있음을 보일 수 있다. 정의에 의하여 $(X, \mathcal{E})$의 스펙트럼은 A의 스펙트럼이며 A는 자기수반행렬이므로 스펙트럼은 모두 실수이다. 이때 스펙트럼은 그래프의 불변량을 나타낸다. 유한 그래프의 스펙트럼 이론은 지금도 그 자체로 한 분야를 이룬다(브라우어르(A. Brouwer)와 헤머스(W. Haemers)(2012)를 보라).

물리학자들은 또한 **양자 그래프**에 관심을 가지고 있는데, 이것은 각 변이 길이가 주어진 연속 구간으로 이루어진 것이다(베르콜라이코(G. Berkolaiko)와 쿠치먼트(P. Kuchment)(2013)를 보라). 관심 있는 힐베르트 공간은 $L^2(E)$이고 여기서 E는 $\mathcal{E}$의 변의 합집합이다. 각 변에서 $(Af)(x) = -f''(x)$로 주어지는 $L^2(E)$ 위의 이계 미분작용소를 생각한다. 자기수반작용소를 얻으려면 각 꼭짓점마다 적절한 경계조건을 부여해야 한다. 이를 시행하는 가장 간단한 방법은 f가 A의 정의역에 있으면 각 꼭짓점에서 연속이면서 바깥 방향 일계미분의 합이 0임을 가정하는 것이다. 이러한 가정을 자유 혹은 **키르히호프**(G. Kirchhoff) 경계조건이라 부른다.

양자 그래프를 공부하는 데는 두 가지 이유가 있다. 첫 번째는 양자 그래프가 $\mathbb{R}$에서 이론의 약한 일반화라는 점이고 그래프의 기하학이 어떻게 작용소 A의 스펙트럼 이론에 영향을 주는지 결정하는 데 흥미가 있기 때문이다. 두 번째로 양자 그래프는 양자 도파관의 폭이 0으로 감소할 때 그 극한으로 나타나기 때문이다. 이러한 잠재적 응용 가능성 때문에 사람들은 양자 도파관에 관심을 기울이고 있으며 양자 그래프는 그런 특징에 대한 유용한 일차적 근사치를 제공해 준다.

6.4 비선형 고윳값 문제

앞에서 선형 스펙트럼 이론을 집중적으로 다루었는데, 이것은 단연 가장 잘 발전해 온 주제일 것이다. 선형 스펙트럼 이론을 비선형 분야로 일반화하는 데는 두 가지 유형이 있다. 첫째는 바나흐 또는 힐베르트 공간에 속하는 함수 f와 비선형작용소 A에 대하여 $Af = \lambda f$를 해결하려 시도하는 것이다. 이런 유형의 문제로 가장 오래되고 잘 알려진 것은 코르테베흐(D. Korteweg)-더프리스(G. de Vries) 방정식이다. 이것은 이와 연관된 선형 역산란 문제의 해에 따라 완전하게 해결할 수 있다. 선형 이계 타원형 고윳값 문제의 특수한 스펙트럼 특성을 적절한 가정 아래 비선형의 경우로 일반화하는 것과 관련한 논문이 많이 있다. 하지만 비선형 문제는 해석적으로 접근하든 수치적으로 접근하든 간에 선형 문제에 비해 훨씬 어려우며 해를 구하는 현재의 방식은 다루려는 방정식이 무엇인지에 크게 의존한다.

비선형 고윳값 문제의 또 다른 유형은

$$\lambda^2 A_2 f + \lambda A_1 f + A_0 f = 0$$

같은 방정식의 해 f를 찾는 것이다(여기서 $\lambda \in \mathbb{C}$이고 A_0, A_1, A_2는 선형작용소이다). 이것은 **이차 고윳값 문제**[IV.10 §5.8]라 부르며 보다 일반적인 다항식 고윳값 문제 중 가장 중요하고 공학, 파동방정식, 제어 이론, 비선형 경곗값 문제, 해양학 및 다른 분야에 응용된다.

A_2가 가역이면 위의 문제는 다음 블록 행렬

$$\begin{pmatrix} -A_1 A_2^{-1} & I \\ -A_0 A_2^{-1} & 0 \end{pmatrix} \qquad (3)$$

에 대한 표준적인 고윳값 문제와 동치가 된다. 이런 식으로 변환한다고 하여 문제가 쉬워지지는 않는데, 행렬 (3)으로부터 스펙트럼의 정성적 특성을 추론하는 것이 원래 문제로부터 추론하는 것보다 딱히 더 쉽지 않기 때문이다. 예를 들어 A_0, A_1, A_2가 자기수반이라고 할지라도 행렬 (3)은 자기수반이 아니며 눈에 띄는 특별한 구조를 가지고 있지 않다. 유한차원 이차 다발에 대한 풍부한 이론이 있는데, 이 이론은 다발을 여러 유형으로 분류하며 각 유형은 그 자체로 특별한 양상을 가지고 있다.

더 읽을거리

Berkolaiko, G., and P. Kuchment. 2013. *Introduction to Quantum Graphs*. Providence, RI: American Mathematical Society.

Boffi, D. 2010. Finite element approximation of eigenvalue problems. *Acta Numerica* 19:1-120.

Böttcher, A., and B. Silbermann. 2006. *Analysis of Toeplitz Operators*, 2nd edn. Berlin: Springer.

Brouwer, A. E., and W. H. Haemers. 2012. *Spectra of Graphs*. New York: Springer.

Davies, E. B. 2007. *Linear Operators and Their Spectra*. Cambridge: Cambridge University Press.

Gilkey, P. B. 2004. *Asymptotic Formulae in Spectral Geometry*. Zug, Switzerland: CRC Press.

Kato, T. 1995. *Perturbation Theory of Linear Operators*, 2nd edn. New York: Springer.

Rump, S. M. 2010. Verification methods: rigorous methods using floating point arithmetic. *Acta Numerica* 19:287-451.

Safarov, Yu., and D. Vassiliev. 1996. *The Asymptotic Distribution of Eigenvalues of Partial Differential Operators*. Providence, RI: American Mathematical

Society.

Trefethen, L. N., and M. Embree. 2005. *Spectra and Pseudospectra: The Behavior of Nonnormal Matrices and Operators*. Princeton, NJ: Princeton University Press.

Yafaev, D. R. 2010. *Mathematical Scattering Theory: Analytic Theory*. Providence, RI: American Mathematical Society.

Zworski, M. 2012. *Semiclassical Analysis*. Graduate Studies in Mathematics. Providence, RI: American Mathematical Society.

IV.9 근사 이론

애니 카윗 *Annie Cuyt*

1 서론

근사 이론은 계산과학에서 빼놓을 수 없는 수학 분야이다. 규모 및 몇몇 물리적 행태를 묘사하는 함수의 근사는 과학적 계산, 대기행렬 문제, 신경망, 그래픽, 로봇 공학, 통신망 부하, 금융거래, 안테나 설계, 이동 소수점 연산, 화상 처리, 음성 분석 및 영상 신호 필터링 등에서 중요하다.

어떤 움직임을 근사하게 묘사하는 단순한 수학적 함수를 찾는다는 발상의 동기는 근본적으로 두 가지다. 탐구하고자 하는 정확한 움직임을 닫혀 있는 수학적 식으로 표현하는 것이 불가능할 수도 있다. 설사 정확한 묘사가 가능하다 하더라도 실제로 쓰기에 너무 복잡할 수도 있다. 두 경우 모두 최선의 단순한 근사가 필요하다. 이때의 '최선' 및 '단순한'의 의미는 하려는 응용에 따라 결정된다.

근사는 주로 컴퓨터 실행에 쓰이므로 계산이 효율적일 필요가 있다. 가장 간단하면서도 빠른 실행 함수는 가장 빠른 하드웨어 연산인 덧셈과 곱셈만을 이용하는 다항식이다. 다음은 유리함수인데, 다항식의 분수식인지 번분수식인지에 따라 나눗셈의 횟수가 결정된다. 유리함수는 근사적 움직임(수직, 수평, 경사 등의)을 재현하는 데 분명한 이점을 제공하는데, 이는 경우에 따라 다항식으로는 불가능하다. 주기적 현상이나 삼각함수의 일차결합은 좋은 후보가 될 것이다. 증가 모형이나 규모의 감소에서는 지수함수의 일차결합을 쓸 수 있다.

근사 이론에서는 보간 문제와 최적 근사 문제를 구별한다. 전자에선 주어진 자료와 정확히 일치하는 값을 가지는 근사 모형을 찾으려 한다. 후자에선 (이산적일 필요 없는) 자료의 집합이 추세를 가지고 있다고 보면서 이를 하나 이상의 가장 적절한 단순 모형으로 근사하려 한다. 그 차이는 다음 절에서 살펴볼 것이다.

정확하고 효율적인 수학적 모형을 만들어 내는 것과는 별개로 다음 두 문제를 생각해야 한다.

- 선택한 수학적 모형의 수렴성에 대해 어떻게 말할 수 있는가? 보다 실용적인 면으로 말하자면, 자료 하나를 추가할 경우 이 모형이 개선될 것인가?
- 수학적 모형은 입력 자료에 얼마나 민감하게 동요하는가? 자료 오류는 언제나 피할 수 없는 일이기에 근사 과정에서 그 크기를 얼마나 조절하는지 알고 싶어 한다.

이후 절에서 이 두 문제에 대하여 언급할 것이다. 모든 기법마다 수렴성이나 민감성 분석을 하려는 목적은 아니다.

고차원 모형이나 모의실험에 대한 필요성이나 관심도 있겠으나, 여기서는 대부분 1차원 근사 문제에 국한하여 논의할 것이다. 4절에서 다변량 보간과 근사 및 추가적인 복잡성에 대하여 간략하게 언급할 것이다.

2. 수치적 보간

점 $x_i \in [a, b] (i = 0, \cdots, n)$에 자료 f_i가 주어져 있다고 하자. 점 x_i 중 일부가 반복하여 나타난다면 x_i에서는 기저함수 $f(x)$의 값뿐만 아니라 다양한 고계 미분 $f^{(j)}(x_i)$가 x_i가 반복되는 만큼 주어진(측정된) 것이라 가정한다. 보간 문제란 각 점에서 주어진 자료 모두에 들어맞는 특정한 형태의 함수를 찾는 것이다. 이 절에서는 극단적인 경우 두 가지를 다룰 것이다(점 x_i가 모두 달라서 미분에 대한 정보가 필요하지 않은 경우와 한 점 x_0에서 함숫값 및 최초 n계 미분이 주어진 경우). 물론 이들의 중간쯤 되는 경우 또한 다룰 수 있다. 우리가 다루는 근사함수는 다항식, 조각적 다항식(스플라인(splines)) 및 유리함수인데 각각 특별한 이점이 있다. 마지막으로 지수 모형과 희소 보간법 사이의 연관을 소개하고 기수 모델과 파데 근사 등을 소개한다.

2.1 다항식 근사

서로 다른 $n+1$개의 점 x_i에 주어진 값 $f_i = f(x_i)$에 대하여 차수 n의 다항식 보간 문제

$$p_n(x) = \sum_{j=0}^{n} a_j x^j, \qquad p_n(x_i) = f_i, \quad i = 0, \cdots, n \tag{1}$$

은 유일한 계수 a_j를 갖는 해를 가진다. 이제 $p_n(x)$를 계산하는 방법을 생각해 보자. 다항식 보간을 이후 어떻게 이용할지에 따라 본질적으로 두 가지 접근을 쓸 수 있다. 만약에 또 다른 한 점의 정보를 추가하여 다항식 보간을 쉽게 갱신하고 결과적으로 $p_n(x)$의 차수를 높이려 한다면 뉴턴의 보간다항식 공식이 매우 적절하다. 하지만 점 x_i를 고정한 채 다양한 값 f_i에 보간을 이용하려면 라그랑주의 공식이 가장 적합하다. 아래에 나오는 라그랑주 공식 (2)를 간단히 재배열함으로써 나오는 무게 중심 공식은 두 접근 방식의 이점을 결합한 것이다.

뉴턴의 공식에서는 보간다항식 $p_n(x)$를 다음과 같이 쓴다.

$$\begin{aligned} p_n(x) = b_0 + b_1(x - x_0) + b_2(x - x_0)(x - x_1) + \cdots \\ + b_n(x - x_0)\cdots(x - x_{n-1}) \end{aligned}$$

그러면 계수 b_j는 **차분**(divided differences)이라 부르는 값 $f[0, \cdots, j]$와 같게 되며 이는 다음과 같은 점화식을 통하여 얻는다.

$$\begin{aligned} f[j] &= f_j, \quad j = 0, \cdots, n, \\ f[0, j] &= \frac{f_j - f_0}{x_j - x_0}, \qquad j = 1, \cdots, n, \\ f[0, 1, \cdots, k-1, k, j] \\ &= \frac{f[0, 1, \cdots, k-1, j] - f[0, 1, \cdots, k-1, k]}{x_j - x_k} \\ & \qquad\qquad k, j = 2, \cdots, n \end{aligned}$$

뉴턴의 보간다항식 공식은 또 다른 점 (x_{n+1}, f_{n+1})을 추가하여 보간식을 개선하려 할 때 매우 편리하

다. 그냥 $p_n(x)$에

$$b_{n+1}(x-x_0)\cdots(x-x_n)$$

을 더하기만 하면 되며(앞의 변수 x_i를 대입하면 0이 나오기 때문에 이것이 앞선 보간식을 해치지는 않는다) 차분 계산을 위한 점화식에

$$f[0,1,\cdots,k,n+1], \qquad k=0,\cdots,n$$

을 보충하기만 하면 된다.

라그랑주 공식은 똑같은 점 x_i에 대하여 다르게 주어지는 자료 f_i에 대한 보간을 반복하려 할 때 특히 유용한데, 여기선 $p_n(x)$에 대한 다른 공식인 다음 식을 이용한다.

$$p_n(x)=\sum_{j=0}^{\infty}c_j\beta_j(x), \qquad \beta_j(x)=\prod_{\substack{k=0\\k\neq j}}^{n}\frac{(x-x_k)}{(x_j-x_k)}$$

기저함수 $\beta_j(x)$는 그 자체로 간단한 보간 조건을 만족한다. 다시 말해서

$$\beta_j(x_i)=\begin{cases}0, & j\neq i\\1, & j=i\end{cases}$$

이다. 따라서 계수를 $c_j=f_j$로 선택하면 보간 문제는 해결된다. 그러므로 x_i를 바꾸지 않은 채로 f_i를 바꾸면 기저함수 $\beta_j(x)$를 변형할 때 아무런 계산을 하지 않고도 새 계수 c_j를 얻는다.

보간다항식의 **무게 중심 형식**(barycentric form)

$$\left.\begin{aligned}p_n(x)&=(x-x_0)\cdots(x-x_n)\sum_{j=0}^{n}\frac{w_j}{x-x_j}f_j,\\ w_j&=\left(\prod_{\substack{k=0\\k\neq j}}^{n}(x_j-x_k)\right)^{-1}\end{aligned}\right\} \qquad (2)$$

은 갱신하기 쉽고 **후향 안정적**[I.2 §23]이다.

라그랑주 공식으로 표현된 다항식 보간의 민감도는 다음 값

$$L_n=\max_{a\leq x\leq b}\sum_{j=0}^{\infty}|\beta_j(x)| \qquad (3)$$

로 측정하는데, 이를 **르베그 상수**(Lebesgue constant)라 부른다. n에 따른 L_n의 증가율은 보간점이 식 (5)와 같을 때 로그함수를 따른다. 이것이 다항식 보간에서 가능한 가장 느린 증가다.

다항식 보간은 매우 간단하고 우아하지만 이 기법은 심각한 문제점을 가지고 있는데, 그 문제점은 $f(x)$가 $[a,b]$에서 연속이라 하더라도 임의의 점 x_i에서 주어진 자료 $f_i=f(x_i)$가 수렴하지 않을 수도 있다는 점이다.

2.2 룽게 현상

새 자료를 가지고 보간 문제를 계속해서 갱신하면 무슨 일이 일어날 것인가? 다시 말해서, 보간다항식 $p_n(x)$의 차수 n이 증가하면 어떻게 될 것인가? 차수 n의 보간다항식이 계속해서 개선될까? 대답은 부정적인데, 적어도 임의로 선택한 x_i에 대해서는 그렇지 않다. 무엇이 잘못될 수 있는지 보기 위해서 다음 함수

$$f(x)=\frac{1}{1+25x^2}, \qquad -1\leq x\leq 1 \qquad (4)$$

을 생각하고 같은 간격의 보간점 $x_i=-1+2i/n$ $(i=0,\cdots,n)$를 택한다. 구간의 끝점에 다가갈수록 오차 $(f-p)(x)$는 n에 따라 극적으로 증가한다. 그림 1에서 $n=10$일 때와 $n=20$일 때의 종 모양 함수 $f(x)$와 보간다항식 $p_n(x)$를 볼 수 있다.

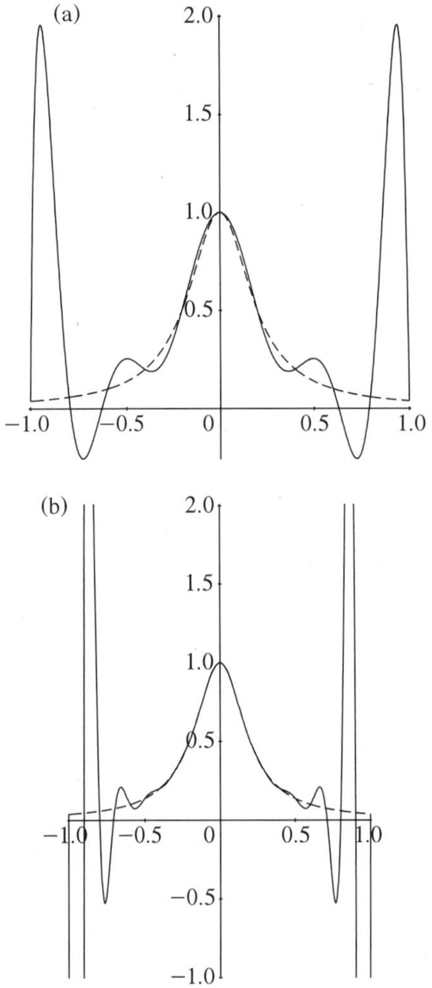

그림 1 식 (4)의 함수 f의 (a)10차수 동일 간격 보간(실선)과, (b)20차수 동간격 보간(파선).

이 현상은 1901년 실수 보간식의 행태를 묘사하였던 카를 룽게(Carl Runge)의 이름을 따 **룽게 현상**(Runge phenomenon)이라 부른다. 룽게 현상의 한 예시로 모든 다항식은 그 차수만큼의 영점을 갖는다는 대수학의 기본정리를 들 수 있다. 이때 각 영점은 실수이거나 복소수다. 따라서 n이 큰 값이고 모든 영점이 실수이면 찾고자 하는 다항식은 한층 더 진동하는 모양을 나타낸다.

반면 $f(x)$가 $[a, b]$에서 연속이라는 가정과 별도로 어떤 간단한 조건 아래에서는 보간점이

$$x_i = \frac{a+b}{2} + \frac{b-a}{2}\cos\left(\frac{(2i+1)\pi}{2(n+1)}\right), \quad i = 0, \cdots, n \tag{5}$$

로 주어지면(여기서 값 $\cos((2i+1)/(n+1)(\pi/2))$는 차수 $n+1$인(3.3절에서 정의했던) 제1종 체비쇼프 다항식의 영점이다)

$$\lim_{n\to\infty} \|f-p_n\|_\infty = \lim_{n\to\infty} \max_{x\in[-1,1]} |(f-p_n)(x)| = 0$$

임을 보일 수 있다. 이렇게 보간점을 선택해서 나타나는 영향은 그림 2(a)에 나타난다. 차수 $n+1$인 체비쇼프 다항식의 영점 대신에 차수 n인 체비쇼프 다항식의 극점 $\cos(i\pi/n)$, $i = 0, \cdots, n$으로 대체하여도 비슷한 결과가 성립한다.

이 결과를 보간점 x_i를 임의로 선택할 수 없는 실제 상황에 적용하려면 체비쇼프 영점에서의 보간을 흉내 내는데, 예를 들자면 식 (5)에서 보간점 $\tilde{x}_i$의 진부분집합을 $\tilde{x}_i \approx x_i$인 동일 간격 격자가 되도록 선택한다. 격자는 체비쇼프 영점 x_i에서 가장 가까운 격자점이 반복되지 않도록 점 사이의 거리가 주어지면 격자 배열이 잘 이루어진 것으로 본다. 조악한 격자에서는 같은 격자점이 하나 이상의 체비쇼프 영점에서, 특히 구간 $[-1, 1]$의 끝점 쪽에서 가장 가까운 점이 될 수도 있다.

이러한 기법을 **가상 체비쇼프 보간**(mock-Chebyshyov interpolation)이라 부른다. 비교를 위해 그림 2(b)에 동일 간격 1/155로 선택한 보간점에서 차수 20의 가상 체비쇼프 보간을 나타내었다.

만약 보간법에 정밀한 자료점을 많이 써야 한다

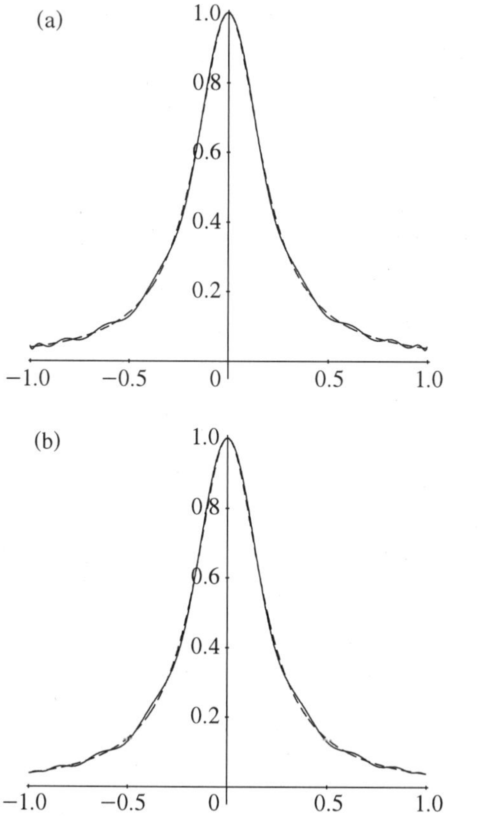

그림 2 식 (4)의 함수 f의 (a)20차 체비쇼프(파선) 및 (b)가상 체비쇼프 보간(실선).

면 다음 절에서 논의할 스플라인이 획일적인 고차수 다항식 보간에 비해 더 나은 대안이 된다.

2.3 스플라인 보간

방대한 자료의 집합을 보간할 때 룽게 현상을 피하기 위해 조각적 다항식 또는 스플라인이라 부르는 것을 이용할 수 있다. 그러기 위해서 $n+1$개의 점집합을 각 두 개의 점으로 이루어진 보다 작은 집합으로 분할한다. 전체 자료를 n차 다항식 하나로 보간하는 대신에 각각의 부분집합에 대하여 보다 작은 차수의 다항식으로 보간한다. 이러한 별도의 다항함수들을 연결하여 전체 함수가 가능한 한 일급이 되도록 한다.

예를 들어, 자료의 집합 (x_i, f_i)에서 각기 연속한 두 점 (x_i, f_i)와 (x_{i+1}, f_{i+1})을 잇는 일차식을 생각해 본다. 각 점 (x_i, f_i)마다 일차다항식을 연결하여 조각적 일차식인 연속함수 또는 다각곡선을 얻을 수 있다. 이 함수는 다각형 모양이므로 각 보간점에서 연속이지만 미분이 가능하지는 않음을 기억할 필요가 있다.

각각 조각 다항식의 차수 및 이를 연결한 전체 함수의 미분급수를 나타내는 두 변량 Δ, D를 생각해 보면(당연히 $D \le \Delta$이며 심지어 $D < \Delta$인데 이에 대해서는 아래에 설명한다) 다각형 곡선의 경우 $\Delta = 1$, $D = 0$이다. $\Delta = 2$, $D = 1$인 경우는 미분이 가능한 조각적 이차식(전체 구간 $[x_0, \cdots, x_n]$에서 일급인)이 만들어진다. 매끈한 함수의 기울기는 연속한 값이다. $\Delta = 3$, $D = 2$일 때는 조각적 3차식에 이급인 함수를 얻는다. 이급함수는 또한 연속인 곡률을 갖는다. 함수가 연속한 곡률을 갖는지 아닌지를 맨눈으로 구별할 수 있을까? 훈련되지 않은 눈으로는 절대 그렇게 할 수 없다. 예를 들어, 다음 삼차다항식 조각

$$c_1(x) = x^3 - x^2 + x + 0.5, \qquad x \in [-1, 0],$$
$$c_2(x) = x^3 + x^2 + x + 0.5, \qquad x \in [0, 1]$$

을 $x = 0$에서 연결하여 $[-1, 1]$에서 정의된 조각적 삼차함수 $c(x)$를 만든다. 이 결과로 나온 함수는 연속이고 원점에서 미분이 가능하지만 이계미분을 보면 $\lim_{x\to 0-} c^{(2)}(x) = -2$에 $\lim_{x\to 0+} c^{(2)}(x) = 2$가 된다. 그럼에도 그림 3에서 두 함수를 연결한 결과를

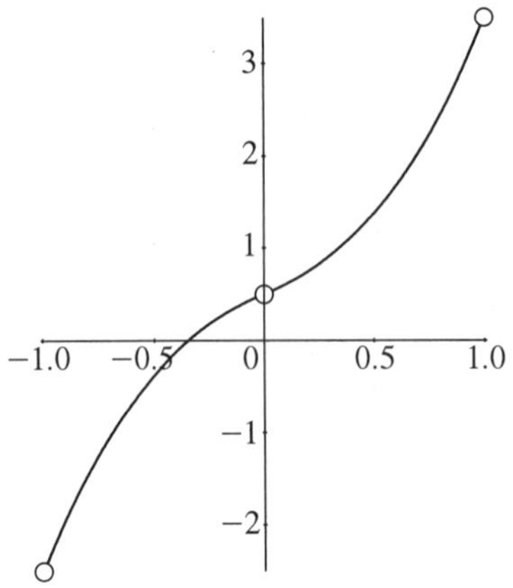

그림 3 이급이 아닌 조각적 삼차함수.

보면 한눈에 보기에도 매우 만족스럽다. 하지만 Δ는 3인 반면 D는 1에 불과하다.

훈련된 눈으로는 이런 불연속성을 지적할 수 있기 때문에 산업적 응용에서 조각적 다항식 보간을 할 때 가장 흔하게 하는 선택은 $\Delta = 3$ 및 $D = 2$인 경우이다. 실제로 생산에 있어서 곡률의 연속성은 중요한 문제다.

$\Delta = m, D = m - 1$인 일반적인 상황에서 나오는 조각적 다항식을 **스플라인**이라 부른다. 이때 보간점은 $x_0, \cdots, x_n$으로 $n + 1$개가 주어져 있다고 가정한다. $n + 1$개의 점으로 n개의 구간 $[x_i, x_{i+1}]$을 만들 수 있다. x_0과 x_n은 끝점, 나머지 $n - 1$개는 내부점이라 부른다. $\Delta = m$이면 각 구간 $[x_i, x_{i+1}]$마다 스플라인은 차수 m인 다항식이므로 각각 $m + 1$개의 계수를 다음과 같이 결정해야 한다.

$$S(x) = s_i(x), \quad x \in [x_i, x_{i+1}], \quad i = 0, \cdots, n-1$$

$$s_i(x) = \sum_{j=0}^{m} a_j^{(i)} x^j$$

그러므로 총 $n(m + 1)$개의 알려지지 않은 계수 $a_j^{(i)}$를 계산해야 한다. 무슨 조건을 가지고 구할 것인

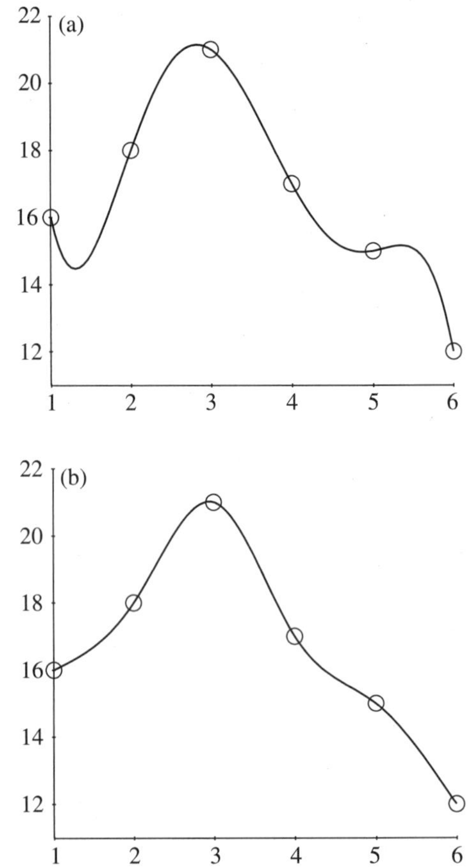

그림 4 (a)다항식 보간과 (b)자연 3차 스플라인.

가? $n + 1$개의 보간조건 $S(x_i) = f_i$가 있으며 보간점마다 미분의 가능성 또는 연속성 조건이 있는데, 이는 정의역 $[x_{i-1}, x_i]$의 오른쪽 끝점에서 구한 $s_i(x)$의 미분계수들과 $[x_i, x_{i+1}]$의 왼쪽 끝점에서 구한 $s_{i-1}(x)$의 미분계수들이 일치해야 함을 뜻한다.

$$s_{i-1}^{(k)}(x_i) = s_i^{(k)}(x_i),$$

$$i = 1, \cdots, n-1, \qquad k = 0, \cdots, m-1$$

이 조건으로 $(n - 1)m$가지의 연속성 조건이 추가된다. 이로써 총 $n(m + 1)$개의 미지수에 $n + 1 + (n - 1)m = n(m + 1) - m + 1$가지 조건식을 얻는다. 다시 말해서 차수 m인 $m - 1$급 조각적 다항식 보간을 결

정하려는데 $m-1$개의 조건이 부족하다는 뜻이다. $m=1$일 때는 조각적 선형 스플라인, 즉 다각곡선의 경우이고 부족한 조건은 없다. $m=2$일 때는 추가 정보로 통상 $s_0'(x_0)$이 주어진다. $m=3$일 때가 널리 쓰이는 3차 스플라인인데, 종종 $s_0''(x_0)$ 및 $s_{n-1}''(x_n)$이 주어지거나(끝점에서 조건이 주어진 3차 스플라인) 그 부분을 0으로 둔다(자연 3차 스플라인).

자연 3차 스플라인 보간은 매우 아름다운 성질을 가지고 있는데, 말하자면 보간점 사이의 진동을 피하는 경향이 있다. 좀 더 정확히 말하면 $[a, b]$에서 정의된 $f(x_i)=f_i$를 만족하는 모든 이급함수 $f(x)$에 대하여 다음 식이 성립한다.

$$\int_a^b S''(x)^2 \mathrm{d}x \le \int_a^b f''(x)^2 \mathrm{d}x$$

그림 4에서 $n=6$이고 $x_i=i, i=1, \cdots, 6$인 경우를 간략하게 묘사하였다.

2.4 파데 근사

테일러급수의 부분합과 동등한 개념의 유리식은 분해되지 않는 유리함수 $r_{k,\ell}(x)=p_{k,\ell}(x)/q_{k,\ell}(x)$로, 차수 k 이하의 분자와 차수 ℓ 이하의 분모가 다음 관계

$$r_{k,\ell}^{(i)}(x_0)=f^{(i)}(x_0), \quad i=0,1,\cdots,n \tag{6}$$

이 가능한 큰 n에 대해 성립하는 것이다. 이것은 또한 $[k/\ell]$ 파데 근사(Padé's approximation)라 부른다. 파데 근사의 목표는 $n=k+\ell$이 되도록 하는 것이다. 이때 전체 개수 $k+\ell+2$의 계수 $r_{k,\ell}$에 비해 하나 모자란 조건을 가지고 있음을 기억해야 한다. 그 이유는 $p_{k,\ell}$과 $q_{k,\ell}$에 같은 계수를 곱해도 $r_{k,\ell}$은 변하지 않아서 자유도 하나가 줄어들기 때문이다.

파데 근사에서 주요한 질문은 n이 $k+\ell$보다 작아질 수 있는가이다. 이 질문에 대해 답하려면 약간의 분석이 필요하다. 식 (6)에서 $r_{k,\ell}(x)$의 분모 및 분자의 계수를 계산할 때 비선형 연립방정식이 나타난다. 그러므로 파데 근사를 선형화 근사조건

$$(fq_{k,\ell}-p_{k,\ell})^{(i)}(x_0)=0, \quad i=0,1,\cdots,k+\ell \tag{7}$$

으로부터 얻을 수 있는지를 탐구해보도록 한다. $f^{(j)}(x_0)/j!$을 d_j라 표기하는데, 이때 $d_j=0(j<0)$이다. 선형화된 조건 (7)은 언제나 분모 계수 $a_0, \cdots, a_k$ 및 분자 계수 $b_0, \cdots, b_\ell$에 대한 비자명해를 적어도 하나 이상 갖는데, 그 이유는 식 (7)이 미지수 $k+\ell+2$개에 대한 $k+\ell+1$개의 다음과 같은 선형 동차식의 연립방정식을 이루기 때문이다.

$$\begin{aligned} d_0b_0 &= a_0, \\ d_1b_0+d_0b_1 &= a_1, \\ &\vdots \\ d_kb_0+\cdots+d_{k-\ell}b_\ell &= a_k, \\ d_{k+1}b_0+\cdots+d_{k-\ell+1}b_\ell &= 0, \\ &\vdots \\ d_{k+\ell}b_0+\cdots+d_kb_\ell &= 0 \end{aligned}$$

게다가 식 (7)의 모든 해 $p_{k,\ell}(x)$와 $q_{k,\ell}(x)$는 같은 분해 불가능한 형식이라는 점에서 모두 동등하다. 따라서 $n=k+\ell$을 만족하는 식 (6)의 모든 해는 식 (7)도 만족하지만 그 역은 성립하지 않는다. 그러므로 식 (7)을 만족하는 $p_{k,\ell}(x)$와 $q_{k,\ell}(x)$로부터 유일한 분해 불가능한 식 $p_{k,\ell}^*(x)/q_{k,\ell}^*(x)$를 다음 조건

$$\begin{aligned} &(f-r_{k,\ell})^{(i)}(x_0)=0, \quad i=0,\cdots,k'+\ell'+r, \\ &k'=\partial p_{k,\ell}^*, \quad \ell'=\partial q_{k,\ell}^*, \quad r\ge 0 \end{aligned}$$

을 만족하도록(여기서 ∂p는 다항식 p의 차수를 의

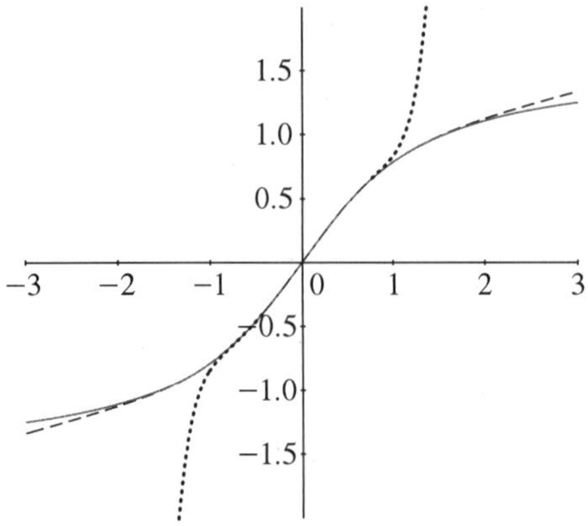

그림 5 arctan(x)(실선)의 파데 근사 $r_{9,0}(x)$(점선)와 $r_{5,4}(x)$(파선).

표 1 sin(x)에 대한 파데 표.

	0	1	2	
1	x	x	$\dfrac{x}{1+\frac{1}{6}x^2}$	$\cdots$
2	x	x	$\dfrac{x}{1+\frac{1}{6}x^2}$	$\cdots$
3	$x-\frac{1}{6}x^3$	$x-\frac{1}{6}x^3$	$\dfrac{(-\frac{7}{60}x^3+x)}{(1+\frac{1}{20}x^2)}$	$\cdots$
	$\vdots$	$\vdots$	$\vdots$	$\ddots$

미한다) 찾는다. 몇몇 교과서에서 $[k/\ell]$ 파데 근사 문제는 $k'+\ell'+r<k+\ell$이면 해를 갖지 않는다고 하며, 다른 곳에서는 이런 경우 파데 근사 $r_{k,\ell}$을 $r_{k',\ell'}=p^*_{k,\ell}/q^*_{k,\ell}$과 동일시한다(여기서도 그런 관행을 받아들이기로 한다). 간단한 예를 들어 보자. $x_0=0$이고 $d_0=1, d_1=0, d_2=1$ 및 $k=1=\ell$로 둔다. 그러면 선형화 조건 (7)은

$$b_0=a_0,\quad b_1=a_1,\quad b_0=0$$

이 된다. 위 식의 해 중 하나로 $p_{1,1}(x)=x, q_{1,1}(x)=x$가 주어지므로 $r_{1,1}(x)=1, k'=0, \ell'=0$을 얻고

$$(f-r_{1,1})^{(2)}(x_0)=2\neq 0$$

이 된다. $r=1$이므로 $k'+\ell'+r=1<k+\ell=2$다.

이런 종류의 복잡한 계산은 $\ell=0$일 때는 나타나지 않는다. $\ell=0$일 때 파데 근사 $r_{k,0}(x)$는 그냥 차수 k의 테일러 근사다항식이 될 뿐이다. 하지만 점근성을 재현해야 할 때 다항함수는 그다지 유용하지 않다. 그림 5에서 $f(x)=\arctan(x)$에 대한 9차 테일러 근사다항식과 [5/4] 파데 근사를 비교할 수 있다.

파데 근사는 행을 분자에 대한 오름차순으로, 열을 분모에 대한 오름차순으로 배열한 표로 나타낼 수 있다. 표 1에서 $f(x)=\sin(x)$에 대한 파데 근사를 일부 볼 수 있다. 파데 표에 있는 파데 근사의 수열은 정의역 상당 부분에서 유리형인 함수 $f(x)$로 동등수렴하거나 적당히 수렴한다.

2.5 유리함수 보간

서로 다른 보간점 x_i에서 다항식 보간과 동등한 유리함수 보간이란 분해 불가능한 유리함수 $r_{k,\ell}(x)$를 찾는 것, 즉 차수 k 이내인 분자와 차수 ℓ 이내인 분모가

$$r_{k,\ell}(x_i)=f_i,\qquad i=0,\cdots,k+\ell,\ f_i=f(x_i) \quad (8)$$

가 되도록 하는 유리함수를 찾는 것이다. 식 (8)을 푸는 대신 다음 선형화된 방정식

$$(fq_{k,\ell}-p_{k,\ell})(x_i)=0,\qquad i=0,\cdots,k+\ell \quad (9)$$

을 생각한다. 조건 (9)는 $k+\ell+2$개의 미지수에 대

한 $k+\ell+1$개의 선형 동차연립방정식이므로 언제나 비자명해를 가진다. 게다가 파데 근사의 경우에서처럼 식 (9)의 해는 같은 분해 불가능한 유리함수 해를 유도한다는 점에서 모두 동등하다.

$p_{k,\ell}(x)/q_{k,\ell}(x)$의 분해 불가능한 식 $r_{k,\ell}(x)$를 만드는 과정에서 분자와 분모의 공통인수는 소거되고, $p_{k,\ell}$과 $q_{k,\ell}$이 식 (9)의 해라 하더라도 $r_{k,\ell}$은 더 이상 보간조건 (8)을 만족하지 않을 수 있는데, 왜냐하면 하나 이상의 인수가 $x-x_i$ 꼴(x_i는 보간점)일 수 있기 때문이다. 이를 보여 주는 간단한 예를 살펴보자. $x_0=0$, $x_1=1$, $x_2=2$에 $f_0=0$, $f_1=3$, $f_2=3$이라 두고 $k=1=\ell$로 두자. 그러면 보간조건을 나타내는 선형 동차연립방정식은 다음과 같다.

$$a_0 = 0,$$
$$3(b_0+b_1)-(a_0+a_1)=0,$$
$$3(b_0+2b_1)-(a_0+2a_1)=0$$

해 중 하나로 $p_{1,1}(x)=3x$, $q_{1,1}(x)=x$를 들 수 있다. 그러므로 $r_{1,1}(x)=3$이고 당연히 $r_{1,1}(x_0)\neq f_0$이다. 이때 보간점 x_0은 도달 불가능(unattainable)이라 한다. 이런 문제는 보간점이 도달 가능해질 때까지 k나 ℓ의 차수를 늘려 나가야만 해결할 수 있다. 다항식 보간($\ell=0$)에서는 도달 불가능한 보간점은 나타나지 않음을 기억하자.

유리함수 보간이나 파데 근사에서 잘 알려진 문제는 보간식 $r_{k,\ell}(x)$에서 기대하지 않았던 극점이 나타난다는 것이다. 이를 피하는 한 가지 방법은 드러내 놓든 아니든 미리 분모 다항식 $q_{k,\ell}(x)$를 정해둠으로써 사전에 극점을 정해 놓는 것이다. 그러면 모든 $k+\ell+1$개의 보간조건은 분자 다항식에서만 나타나게 되고 결국 문자의 차수는 $k+\ell$로 올라가게 된다.

보간점 x_i가 $x_0<x_1<\cdots<x_n(k+\ell=n)$으로 배열되어 있다고 하자. 극점의 위치에 대해 별도로 고려할 점이 없다고 할 때, 실수축에 극점이 나타나지 않도록 분모를 결정하는 가장 흔한 방법은

$$q_{n,n}(x)=\sum_{j=0}^{n}(-1)^j\prod_{\substack{k=0\\k\neq j}}^{n}(x-x_k)$$

로 두는 것이다. 이렇게 두면 유리함수 보간은 식 (2)와 비슷한 무게 중심 형식으로 다음과 같이 쓸 수 있다.

$$r_{n,n}(x)=\frac{\sum_{j=0}^{n}f_j(-1)^j/(x-x_j)}{\sum_{j=0}^{n}(-1)^j/(x-x_j)}$$

이것 또한 대단히 안정적인 보간식이다. 이 식의 수치적 민감도는 다음과 같이 측정할 수 있다.

$$M_n=\max_{a\le x\le b}\sum_{i=0}^{n}\frac{|q_{n,n}(x_i)\beta_i(x)|}{|q_{n,n}(x)|}$$

더 좋은 소식도 있다. 동간격 보간의 경우에서 M_n이 느리게 증가하는 정도는 체비쇼프 영점에서 다항식 보간 (3)의 르베그 상수 L_n과 비슷한 정도가 된다. 이런 이유 때문에 이 기법은 실제로 매우 유용하다.

급격한 수렴, 공동 단조성 또는 공통 볼록성(오목성) 같은 다른 양상을 보장하기 위하여 분모 다항식 $q_{n,n}(x)$를 다르게 선택하는 것도 실용적으로 가능하다.

2.6 희소 보간

다음 식

$$f(x) = \alpha_1 + \alpha_2 x^{100}$$

을 다항식으로 보간하려면 기존의 기법에서는 $f(x)$ 자체가 다항식이므로 101개의 자료가 필요한데, 그 중 실제로 계산에 쓰이는 것은 두 차수 0, 100과 두 개의 계수 α_1, α_2뿐이다. 따라서 이 네 가지 자료만으로 다항식을 재구성할 수 있다면 더 좋을 것이다.

위 상황은 희소 보간(sparse interpolation)이라 부르는 것의 특수한 경우로서, 최소 1795년 이후에 가스파르 드 프로니(Gaspard de Prony)가 연구한 것인데 여기서는 보간식

$$\phi(x) = \sum_{j=1}^{n} \alpha_j e^{\phi_j x}, \quad \alpha_j, \phi_j \in \mathbb{C} \tag{10}$$

에서 복소수값 ϕ_j와 α_j를 $\phi(x)$에 대한 고작 $2n$개의 자료만으로 결정한다.

파데 근사나 유리함수 보간에서는 비선형 보간 문제를 식 (7)이나 (9)처럼 선형화하여 해결했던 반면, 희소 보간의 비선형 문제는 ϕ_j와 α_j의 계산을 두 개의 선형대수학 문제로 분리하여 해결한다. $\phi(x)$에 대한 자료가 동일한 간격의 점 $x_i = i\Delta, i = 0, \cdots, 2n-1$에 대하여 주어져 있다고 두고 $\phi(x_i)$를 f_i라 쓰자. $n \times n$ 한켈 행렬

$$H_n^{(r)} := \begin{pmatrix} f_r & \cdots & f_{r+n-1} \\ \vdots & \iddots & \vdots \\ f_{r+n-1} & \cdots & f_{r+2n-2} \end{pmatrix}$$

와 $\lambda_j = e^{\phi_j \Delta}, j = 1, \cdots, n$이라 정의한다.

그러면 λ_j는 다음 문제

$$H_n^{(1)} v_j = \lambda_j H_n^{(0)} v_j, \qquad j = 1, \cdots, n$$

(v_j는 일반화된 우측 고윳값)

의 일반화된 고윳값으로 도출된다. 이때 λ_j로부터 복소수 ϕ_j가 제한조건 $|\mathrm{Im}(\phi_j \Delta)| < \pi$에 따라 유일하게 결정될 수 있다. 따라서 제한조건을 만족시키기 위해서 표본 구간 Δ는 통상 $\mathrm{Im}(\phi_j)$의 범위에 따라 조절한다.

α_j는 보간조건

$$\sum_{j=1}^{n} \alpha_j e^{\phi_j x_i} = f_i, \quad i = 0, \cdots, 2n-1 \tag{11}$$

로부터 최소 제곱이 되도록 해를 구하거나 n개의 연속한 보간조건을 푸는 방식으로 계산한다. 여기서

$$e^{\phi_j x_i} = \lambda_j^i$$

라는 것과 식 (11)의 계수행렬은 방데르몽드 행렬임을 기억하자.

$f_i = \phi(x_i)$로 두고 $x_i = i\Delta, i \geq 0$에 대하여

$$f(x) = \sum_{j=0}^{\infty} f_j x^j$$

이라 정의하자. 그러면

$$f_i = \sum_{j=1}^{n} \alpha_j e^{\phi_j x_i} = \sum_{j=1}^{n} \alpha_j \lambda_j^i$$

이므로 $f(x)$는 다음과 같이 다시 쓸 수 있다.

$$f(x) = \sum_{j=1}^{n} \frac{\alpha_j}{1 - x\lambda_j} \tag{12}$$

따라서 $f(x)$는 그 자체로 차수 $n-1$인 분자와 차수 n인 분모를 갖는 유리함수이며 $1/\lambda_j$을 극점으로 가짐을 알 수 있다. 그러므로 파데 근사 이론을 통해 기대했듯이 $r_{n-1,n}(x)$로부터 $f(x)$를 얻게 된다. 다시 말해서

$$r_{n-1,n}(x) = f(x)$$

이며, 이때

$$q(x) = \prod_{j=1}^{n} (1 - x\lambda_j)$$

가 된다. 부분분수 분해 (12)는 지수 모형 (10)의 라플라스 변환이므로 이런 접근 방식을 **파데-라플라스 기법**(Padé-Laplace method)이라 부른다.

근사 이론과 조화해석학 사이의 이러한 연관은 분명히 우연이 아니다. 파동이나 푸리에 급수를 비롯해 조화해석학에서 나온 많은 설명 또한 근사 이론의 중심 문제에 중요한 통찰을 준다. 적은 수의 항목만으로 표현할 수 있는 자료의 주요 특징에 대한 다른 수학적 모형은 **압축 감지**[VII.10] 이론에서 다룬다.

3 최적 근사

자료의 질이 근사함수와 정확한 일치를 나타내지 않거나, 자료의 양이 엄청나게 많아서 정확한 측량보다는 경향성만을 나타낼 때는 보간법이 아무런 쓸모가 없다. 이러한 경우에는 적절한 기저함수를 찾아 선형 결합함으로써 자료를 몇 가지 의미로 최적하게 근사하는 것이 더 낫다. 이 절에서는 먼저 최적 근사의 존재성과 유일성을 이야기하고 이산 선형 최소 제곱 문제를 논의한다. 그러고 나서 어떻게 근사가 최선 또는 최적이라는 것을 측정하는지 설명할 것이다. 측정법이 달라지면 근사도 달라지기 때문에 두 근사는 서로 다른 맥락에서 사용한다. 이어서 정규직교함수의 중요성에 대해 이야기하고 연속 선형 최소 제곱 문제와 최소-최대 근사를 묘사한다. 마지막으로 푸리에 급수와 보간 및 주기적 자료에 대한 근사 사이의 연관성을 논의하는 것으로 이 절을 마무리한다.

3.1 존재 및 유일성

가장 먼저 노름 선형 공간 V의 벡터 f를 유한차원 부분공간 P 위로 보내는 최적 근사 p^*의 존재 및 유일성을 논의한다. 좀 더 구체적으로 말하면 ℓ_1, ℓ_2, ℓ_∞ 노름 중 어느 것에서 임의의 $p \in P$에 대하여

$$\|f - p^*\| \le \|f - p\|$$

를 만족하는 적어도 하나 또는 정확히 하나뿐인 근사 문제의 해 $p^* \in P$가 존재하느냐는 것이다. 존재 문제의 답은 위에서 언급한 세 가지 노름 모두에서 긍정적이다. p^*의 유일성을 보장하려면 노름 또는 문제의 부분공간 P가 추가조건을 만족해야 한다. 또한 이산 근사 문제와 연속 근사 문제를 구별하여야 한다.

V가 **순볼록**, 다시 말해서 V 안의 구면이 어떠한 선분도 포함하지 않아서

$$\|x_1 - c\| = r = \|x_2 - x\| \quad \Rightarrow \quad \|\lambda x_1 + (1-\lambda)x_2 - c\| < r, \quad 0 < \lambda < 1$$

이 되면 f에 대한 최적 근사 p^*는 유일하다. 예를 들어 ℓ_2나 유클리드 노름에서는 이산적 및 연속적 경우 모두에서 성립한다.

p^*의 유일성 문제에서 P의 역할을 연속적인 경우부터 살펴보자. P의 기저 $\{b_0(x), \cdots, b_n(x)\}$가 **하르 조건**(Haar condition), 즉 모든 일차결합

$$q_n(x) = \lambda_0 b_0(x) + \cdots + \lambda_n b_n(x)$$

가 n개 이하의 영점을 가진다는 조건을 만족하면, ℓ_1 및 ℓ_∞ 연속 최적 근사 문제는 유일한 해를 갖는다.

이제 이산 최적 근사 문제를 좀 더 자세히 들여다보기로 한다. 다음과 같이 많은 자료값 f_i의 집합을 어떤 일차독립인 기저함수 $b_j(x)$의 일차결합으로 근사하려 한다.

$$\lambda_0 b_0(x_i) + \cdots + \lambda_n b_n(x_i) = f_i, \quad i = 0, \cdots, m > n \tag{13}$$

이 $(m+1) \times (n+1)$ 일차연립방정식은 다음 식

$$\left.\begin{aligned} A\lambda = f, \qquad \lambda = \begin{bmatrix} \lambda_0 \\ \vdots \\ \lambda_n \end{bmatrix}, \qquad f = \begin{bmatrix} f_0 \\ \vdots \\ f_m \end{bmatrix}, \\ A = (b_{j-i}(x_{i-1})) \in \mathbb{R}^{(m+1)\times(n+1)} \end{aligned}\right\} \tag{14}$$

과 같이 간략하게 쓸 수 있다. f가 A의 열공간에 속하지 않는다면 이 방정식은 해를 가지지 못한다. 오차벡터는

$$r = f - A\lambda \in \mathbb{R}^{m+1}$$

으로 주어지고 구하려는 해 λ는 이 연립방정식의 최선의 해, 다시 말해서 오차벡터의 크기를 최소화하는 해다. 최소 제곱 문제는 유클리드 노름 또는 ℓ_2 노름 $\|r\|_2 = (r_1^2 + \cdots + r_m^2)^{1/2}$을 이용해 나머지 벡터를 측량하는 것으로, 최적화 문제는 다음 식

$$(A^{\mathrm{T}}A)\lambda = A^{\mathrm{T}}f$$

로 변환된다. 위 식은 **정규방정식**[IV.10 §7.1]이라 부르는 정사각 선형 연립방정식이다. 과결정된 선형 연립방정식의 행렬 A가 최대 열계수를 가지면 행렬 $A^{\mathrm{T}}A$는 가역이며 그 해는 유일하다.

식 (14)에 나온 행렬 A의 임의의 $(n+1) \times (n+1)$ 부분행렬이 가역이면 이산 최적 ℓ_∞ 근사 문제 또한 유일한 해를 갖는다. 같은 조건에서 ℓ_1 근사의 유일성이 성립하지 않는 예는 쉽게 찾을 수 있다. 식 (14)에서

$$A = \begin{pmatrix} 1 \\ -1 \end{pmatrix}, \qquad f = \begin{pmatrix} 1 \\ 2 \end{pmatrix}$$

를 생각해 보자. 그러면 $n = 0$에서 $\|A\lambda - f\|_1$의 최솟값과 $b_0(x) = 1$은 모든 $-2 \le \lambda_0 \le 1$에서 일치한다.

정규방정식을 푸는 대신에 **직교변환**[IV.10 §7.1]에 기반한 보다 수치적으로 안정적인 기법을 과결정 연립방정식 (14)에 직접 적용하는 것이 실용적이다. 이 변환은 유클리드 노름이 나머지 벡터 r를 변화시키지 않으므로 최적화 기준에 아무런 영향을 주지 않는다.

이제 유클리드 노름이 사용하기에 적절한 크기인지 살펴보기로 하자.

3.2 노름 선택

과결정된 선형 연립방정식의 최적해가 나머지항의 노름 $\|r\|$를 최소화한다면 r를 측정하기 위해 어떤 노름을 쓸지 결정해야 한다. 노름이란 것은 차원에 따라 달라지는 상수 배만큼의 차이만 있기 때문에 어떤 의미로는 동등하지만 $\|r\|_1$, $\|r\|_2$, $\|r\|_\infty$ 중 어느 것을 최소화하는가에 따라서 크게 달라질 수 있다. 예를 들어 다음을 살펴보도록 하자.

평균 μ이고 표준편차 σ인 가우스 난수 생성기를 이용하여 $m+1$개의 수 f_i를 생성한다. 이때 생각

하고자 하는 근사 문제는 σ가 μ 주변에서 빽빽하게 혹은 성기게 퍼져 있는지를 나타내는 수치라 할 때 자료점 f_i로부터 평균 μ의 추정치를 계산하는 것이다. 이 문제를 실제로 f_i에 크기가 μ이고 정확도가 σ인 측정 장비를 이용하여 자료 f_i를 얻는 것과 비교해 보라.

식 (13)의 표기에서 f_i가 기저함수 $b_0(x) = 1$의 배수가 되도록 맞추려 하는데, 그 이유는 상수 μ를 찾으려 하기 때문이다. 과결정된 선형 연립방정식은 다음 꼴이 된다.

$$\lambda_0 \cdot 1 = f_i, \quad i = 0, \cdots, m$$

이 선형 연립방정식이 해를 가지지 못함은 자명하며 나머지 벡터는 확실히 0이 아니다. 지금부터 자료점 f_i에 대한 μ의 추정치 λ_0이 근사함을 표현할 수 있다는 사실을 노름에 대한 다양한 판단 기준을 통해 볼 것이고, 또한 성분 $f_i - \lambda_0$인 나머지 벡터 r의 크기 및 표준편차 σ가 중요한 역할을 한다는 사실을 살펴볼 것이다.

유클리드 노름을 쓰는 경우에 최적 추정치 $\lambda_0^{(2)}$은 $m+1$개의 측정값 f_i의 평균이다.

$$\lambda_0^{(2)} = \frac{1}{m+1}\sum_{i=0}^{m} f_i$$

ℓ_1 노름을 택하여 $\|r\|_1 = \sum_{i=1}^{m}|r_i|$를 거리를 측정한 값으로 쓴다면 나머지 벡터의 ℓ_1 노름을 만드는 값 $\lambda_0^{(1)}$은 변량 f_i의 중앙값(median)이 된다. 최댓값을 아무리 극단적으로 크게 바꾸거나 최솟값을 아무리 극단적으로 작게 바꾸어도 $\lambda_0^{(1)}$에는 아무런 영향을 주지 못한다. 즉, 이상치에 그다지 민감하지 않은 셈이다.

거리함수로 ℓ_∞ 노름 $\|r\|_\infty = \max_{i=1,\cdots,m}|r_i|$를 선택하면 문제에 대한 최적해 λ_0^∞은

$$\lambda_0^\infty = \tfrac{1}{2}\Big(\min_{i=0,\cdots,m} f_i + \max_{i=0,\cdots,m} f_i\Big)$$

로 정의한다. 이는 직관적으로도 이해할 수 있다. 왜냐하면 $\|r\|_\infty$를 가장 작게 만들어 주는 λ_1의 값은 가장 큰 편차를 최소화하는 것이므로 극단적인 값 사이 중간에 위치해야 하기 때문이다.

그러므로 ℓ_∞ 노름 판정 기준은 상대적으로 작은 입력 오류에도 변동할 수 있는 보다 정확한 자료를 다룰 때(표준편차 σ가 작은 실험 같은 데서) 잘 작동한다. 이상치나 추가 오류가 의심될 때는(수동 자료 입력 같은 데서) ℓ_1 노름을 추천한다. 측정오차가 평균 0에 대한 정규분포를 이룬다고 믿어지면 통상 ℓ_2 노름을 선택한다. 따라서 이런 유형의 근사 문제를 최소 제곱 문제라 부른다.

3.3 직교기저함수

그래프를 그릴 때 직교하는 좌표축을 두고 그리는 것을 선호하는 것과 같은 이유로(축 사이의 각이 작을수록 정확한 그림을 그리기 어려워진다) 식 (13)의 기저함수 $b_j(x)$를 이용할 때 소위 직교집합인 것을 좋아한다. 직교기저함수 $b_j(x)$는 문제 (14)의 조건이나 민감도를 엄청나게 개선시킬 수 있다. 또한 직교기저함수는 연속 최소 제곱 문제에 유용하게 쓸 수 있다.

함수공간에서 직교성의 개념은 벡터공간 $\mathbb{R}^k$에서의 직교성과 비슷하게 볼 수 있다. 구간 $[a, b]$에서 정의된 양수인 질량함수 $w(x)$에 대하여 함수 f와 g가 다음 식

$$\langle f, g \rangle_w = \int_a^b f(x)g(x)w(x)\,\mathrm{d}x = 0$$

을 만족하면 이들을 w-직교라고 부른다. 함수 $w(x)$는 구간 $[a, b]$의 어느 부분에서는 매우 큰 질량을 나타낼 수 있다. 예를 들어 $[-1, 1]$ 위의 함수 $w(x) = 1/\sqrt{1-x^2}$은 구간 끝점으로 갈수록 큰 질량을 나타낸다.

$w(x) = 1$이고 $[a, b] = [-1, 1]$일 때

$$\int_{-1}^{1} L_j(x)L_k(x)\,\mathrm{d}x = 0, \quad j \neq k$$

를 만족하는 직교다항식 $L_i(x)$의 수열은

$$L_0(x) = 1, \quad L_1(x) = x,$$
$$L_{i+1}(x) = \frac{2i+1}{i+1}xL_i(x) - \frac{i}{i+1}L_{i-1}(x), \quad i \geq 1$$

이다. 이때 다항식 $L_i(x)$를 **르장드르 다항식**(Legendre polynomials)이라 부른다. $w(x) = 1/\sqrt{1-x^2}$이고 $[a, b] = [-1, 1]$일 때

$$\int_{-1}^{1} T_j(x)T_k(x)\frac{1}{\sqrt{1-x^2}}\,\mathrm{d}x = 0, \quad j \neq k$$

를 만족하는 직교다항식 $T_i(x)$의 수열은

$$T_0(x) = 1, \quad T_1(x) = x,$$
$$T_{i+1}(x) = 2xT_i(x) - T_{i-1}(x), \quad i \geq 1$$

이다. 이때 다항식 $T_i(x)$를 (제1종) **체비쇼프 다항식**이라 부른다. 아래에서 논의하겠지만 체비쇼프 다항식은 최소 제곱 문제(연속적 및 이산적인 경우를 막론하고)를 풀 때 대단히 유용하다.

이 다항식을 $[-1, 1]$과 다른 구간 $[a, b]$에서 이용하려 할 때는 간단한 변환

$$x \to \frac{2}{b-a}\left(x - \frac{a+b}{2}\right)$$

를 이용해 구간 $[a, b]$를 $[-1, 1]$로 옮겨서 직교다항식을 정의한다.

직교다항식은 또한 하르 조건을 만족하기 때문에 차수 $i = 0, \cdots, n$인 직교다항식 $p_i(x)$의 임의의 일차결합

$$q_n(x) = a_0p_0(x) + \cdots + a_np_n(x)$$

는 언제나 n개 이내의 영점을 가진다. 따라서 직교다항식은 보간함수를 표현하기에 적합한 기저가 된다. 보간조건의 연립방정식

$$\sum_{j=0}^{n} a_jp_j(x_i) = f_i, \quad i = 0, \cdots, n$$

은 서로 다른 점 x_i에 대하여 가역성이 보장되는 계수행렬을 갖는다.

보간 및 근사에서 직교기저함수의 중요성은 아무리 강조해도 지나치지 않다. 수치적으로 문제는 보다 좋은 조건을 갖게 되며 공식은 보다 단순해진다. 예를 들어 체비쇼프 다항식 $T_i(x)$는 다음의 이산적 직교성을 만족한다.

$$\sum_{i=0}^{n} T_j(x_i)T_k(x_i) = (1 + \delta_{k0})\frac{n+1}{2}\delta_{jk},$$
$$j, k = 0, 1, \cdots$$

여기서 δ_{ij}는 **크로네커 델타**[I.2 §2, 표 3]이며

$$x_i = \cos\left(\frac{(2i+1)\pi}{2(n+1)}\right)$$

는 체비쇼프 다항식 T_{n+1}의 영점을 말한다. 식 (1)에서 체비쇼프 기저로 차수 n인 다항식 보간 $p_n(x)$를

$$p_n(x) = \sum_{j=0}^{n} a_jT_j(x)$$

로 표현하면, 점 x_i에서 값 f_i를 갖는 보간식 $p_n(x)$의

식을 직접적으로 다음과 같이 쉽게 나타낼 수 있다.

$$p_n(x) = \frac{\Sigma_{i=0}^n f_i}{n+1} + \sum_{j=1}^n \left(\frac{2\Sigma_{i=0}^n f_i T_j(x_i)}{n+1} \right) T_j(x)$$

체비쇼프 다항식의 연속 직교성에 의한 또 다른 멋진 직접적인 공식은 (16)에서 나온다.

체비쇼프 다항식의 실용적 쓰임새는 함수를 수치적으로 계산해 주는 공개 소스인 체브펀 소프트웨어 시스템(www.chebfun.org을 보라)에서 볼 수 있는데, 이 계산은 체비쇼프 다항식의 극점에서 조각적 다항식 보간을 하거나, **고속 푸리에 변환**[II.10]을 통하여 체비쇼프 다항식으로 전개하는 것과 같은 것이다.

3.4 체비쇼프 급수

이제 단순성을 위하여 기저함수를 $b_j(x) = T_j(x)$라 두고 $[-1, 1]$에서 정의된 $f(x)$에 대하여

$$f(x) - \sum_{j=0}^n \lambda_j T_j(x), \qquad -1 \leq x \leq 1$$

의 ℓ_2 노름을 최소화하는 계수 λ_j를 찾아보자. 함수 사이의 거리를 다음 내적

$$\begin{aligned} \|f-p_n\|_2^2 &= \langle f-p_n, f-p_n \rangle \\ &= \int_{-1}^1 \frac{(f-p_n)^2(x)}{\sqrt{1-x^2}} \mathrm{d}x \end{aligned} \tag{15}$$

로 잴 때 $f(x)$에 가장 가까운 차수 n인 다항식 $p_n(x)$를 찾으려 한다. 이것은 유한차원 벡터 대신 함수의 절댓값을 최소화하는 것이므로 연속적 최소 제곱 문제다.

$$\begin{aligned} \left\| f - \sum_{j=0}^n \lambda_j T_j \right\|_2^2 &= \left\langle f - \sum_{j=0}^n \lambda_j T_j, f - \sum_{j=0}^n \lambda_j T_j \right\rangle \\ &= \|f\|_2^2 - \sum_{j=0}^n \langle f, T_j/\|T_j\|_2 \rangle^2 \\ &\quad + \sum_{j=0}^n (\langle f, T_j/\|T_j\|_2 \rangle - \lambda_j \|T_j\|_2)^2 \end{aligned}$$

인데 여기서 마지막 제곱항들의 합만 λ_j에 의존하므로 최솟값은 이른바 체비쇼프 계수

$$\lambda_j = \langle f, T_j \rangle / \langle T_j, T_j \rangle \tag{16}$$

일 때 나타난다. 따라서 함수에 대한 체비쇼프 급수 전개

$$f(x) = \sum_{j=0}^\infty \frac{\langle f, T_j \rangle}{\langle T_j, T_j \rangle} T_j(x)$$

의 차수 n인 부분합은 ℓ_2의 의미로 $f(x)$의 차수 n인 최적 다항식 근사다. 즉,

$$\left| f(x) - \sum_{j=0}^n \frac{\langle f, T_j \rangle}{\langle T_j, T_j \rangle} T_j(x) \right| \leq \sum_{j=n+1}^\infty \left| \frac{\langle f, T_j \rangle}{\langle T_j, T_j \rangle} \right|$$

이므로 체비쇼프 계수의 급수가 절대수렴하면 이 오차는 임의적으로 작게 만들 수 있는데, 위 조건은 $[-1, 1]$에서 일급인 함수라면 저절로 충족한다.

위 기법은 임의의 질량함수와 그와 연관된 직교다항식족(族)에 대하여 일반화할 수 있다. 질량함수를 바꾸면 노름 기준 (15)가 변하며 직교기저가 변한다.

체비쇼프 급수의 부분합은 $[-1, 1]$에서(또는 적절한 변수변환을 거친 뒤 $[a, b]$에서) 정의된 함수 $f(x)$에 대한 좋은 근사다. 이를 확인하기 위해 그림 6에서 함수 $f(x) = \arctan(x)$에 대해 차수 9인 체비쇼프 급수의 부분합과 같은 차수인 테일러급수의 부분합에 대한 오차를 비교해 보자. 이 함수의 체비쇼프 급

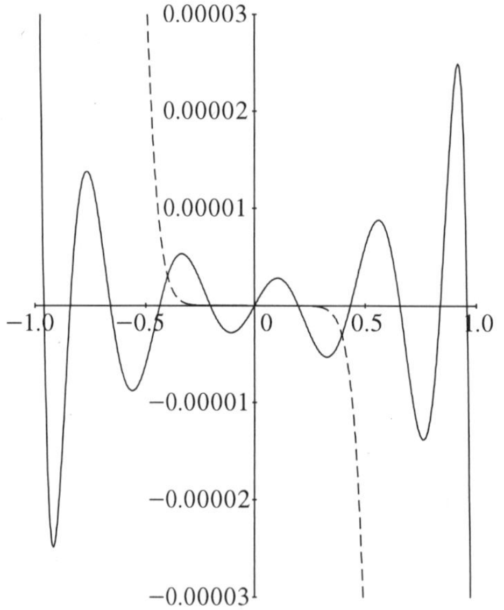

그림 6 arctan(x)에 대한 차수 9인 체비쇼프 급수 부분합(실선)과 테일러급수 부분합(파선)의 오차 표시.

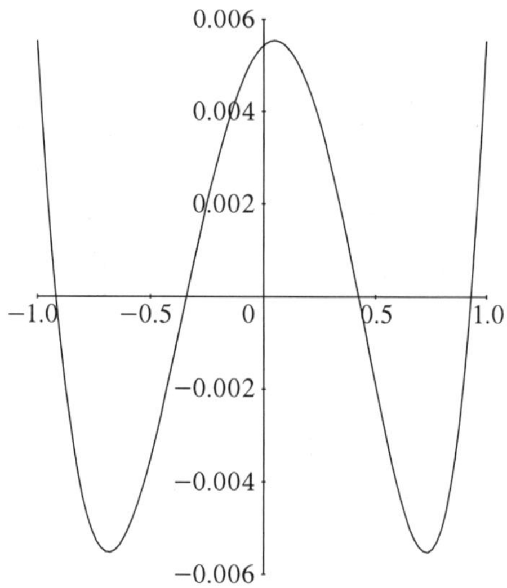

그림 7 $e^x - p_3^*(x)$의 오차 표시.

수 및 테일러급수는 각각 다음과 같다.

$$\arctan(x) = \sum_{i=0}^{\infty}(-1)^i \frac{2(\sqrt{2}-1)^{2i+1}}{2i+1} T_{2i+1}(x),$$
$$\arctan(x) = \sum_{i=0}^{\infty}(-1)^i \frac{1}{2i+1} x^{2i+1}$$

대부분의 초등함수 및 특수함수에 대한 테일러급수의 공식은 알려져 있지만, 체비쇼프 급수 전개의 공식은 알려져 있지 않다. 대부분 함수에서 계수 (16)에 대한 해석적 표현이 알려져 있지 않기 때문에 이를 구하려면 수치적으로 계산해야 한다.

3.5 최소-최대 근사

함수 $f(x) \in C([a,b])$와 그에 대한 다항식 모형 사이의 ℓ_2 노름 (15)를 최소화하는 대신, ℓ_∞ 거리를 최소화하는 문제를 생각해 볼 수 있다. 닫힌구간 $[a,b]$에서 정의된 모든 연속함수 $f(x)$는 차수 n인 이른바 최소-최대 다항식 근사를 단 하나 가진다. 이것이 의미하는 바는

$$\|f - p_n\|_\infty = \max_{x \in [a,b]} \left| f(x) = \sum_{j=0}^{n} \lambda_j x^j \right| \quad (17)$$

을 최소화하는 $\partial p_n \le n$의 차수가 n 이하인 다항식 $p_n = p_n^*$이 유일하게 존재한다는 것이다. 좀 더 일반적으로, 기저함수의 집합 $\{b_0(x), \cdots, b_n(x)\}$가 하르 조건을 만족하면 유일한 근사

$$q_n^*(x) = \lambda_0^* b_0(x) + \cdots + \lambda_n^* b_n(x)$$

가 존재하여 이것이

$$\|f - q_n\|_\infty = \max_{x \in [a,b]} \left| f(x) - \sum_{j=0}^{n} \lambda_j b_j(x) \right|$$

를 최소화한다는 것이다. 이때 최솟값이 얻어지는데 이 값이 하한은 아니다. $b_j(x) = x^j$일 때 다항식 $p_n^*(x)$는 레메즈 알고리즘을 이용하여 계산하는데,

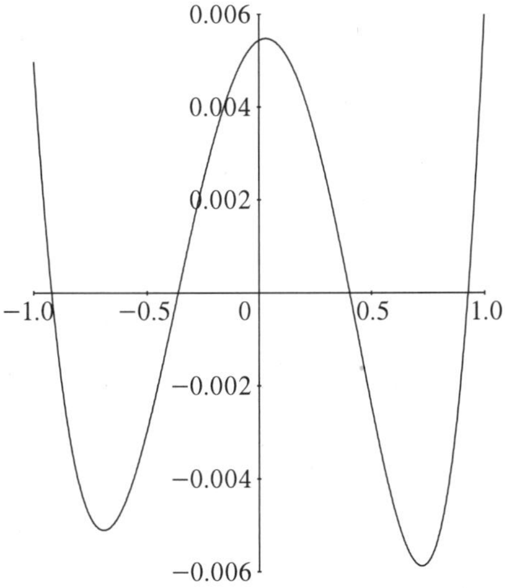

그림 8 e^x에 대한 차수 3인 체비쇼프 급수 부분합의 오차.

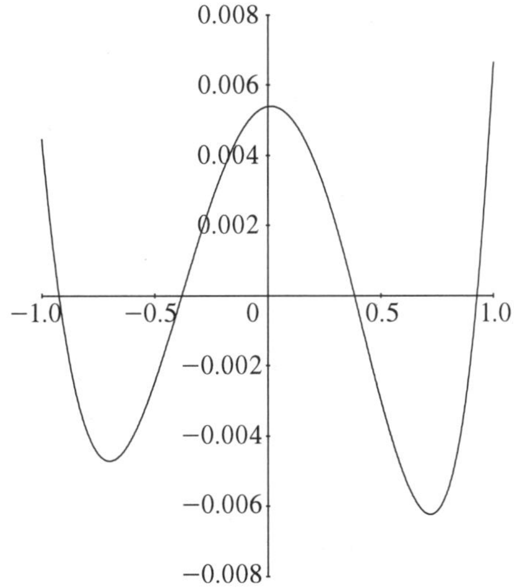

그림 9 e^x에 대한 체비쇼프 영점에서 차수 3인 다항식 보간의 오차.

이것은 함수 $(f - p_n^*)(x)$의 교대법칙이라는 특성을 이용한 것이다. 즉, 구간 $[a, b]$의 최소 $n + 2$개의 점 $y_0, \cdots, y_{n+1}$에서 함수 $f - p_n^*$로부터 오차 $\|f - p_n^*\|_\infty$를 얻고 그 값의 부호가 아래와 같이 교대적으로 나타나면 p_n^*는 차수 n인 최적 다항식 근사라는 것이다.

$$\begin{aligned}&\exists y_0 > y_1 > \cdots > y_{n+1} \in [a, b]:\\ &\qquad (f - p_n^*)(y_i) = s(-1)^i \|f - p_n^*\|_\infty,\\ &\qquad\qquad s = \pm 1,\ i = 0, \cdots, n+1\end{aligned}$$

레메즈 알고리즘은 반복적 과정이며 다항식 $p_n^*(x)$는 그 극한으로 나온다. 위 특성은 또한 **동등진동성**(equioscillation property)이라 부른다. 그림 7에 $[-1, 1]$ 위에서 오차 $e^x - p_3^*(x)$를 그려 보았다. 이를 그림 8, 9와 비교해 보면 그림 7에서는 오차가 진동하지만 동등진동하지는 않다는 것을 알 수 있다.

(비선형) 최소-최대 근사가 차수 n인 다항식 보간, 체비쇼프 근사 등속의 선형 근사와 비교했을 때 얼마나 더 나은지는 주어진 선형 근사의 함수와 연관된 선형작용소 P_n의 크기 $\|P_n\|_\infty = \sup_{\|f\|_\infty \le 1} \|P_n(f)\|_\infty$로 나타낼 수 있다. $P_n(p_n^*) = p_n^*$이므로 다음을 얻는다.

$$\begin{aligned}\|f - P_n(f)\|_\infty &= \|f - p_n^* + p_n^* - P_n(f)\|_\infty\\ &= \|f - p_n^* + P_n(p_n^* - f)\|_\infty\\ &\le (1 + \|P_n\|_\infty)\|f - p_n^*\|_\infty\end{aligned}$$

$\|P_n\|_\infty$는 **르베그 상수**(Lebesgue constant)라 부른다. 다항식 보간을 다룰 때는 $\|P_n\|_\infty = L_n$이 되는데, 여기서 L_n은 식 (3)으로 나온다.

연속적 최적 ℓ_2 근사의 질(그림 8과 같이)은 다음 식

$$\|P_n\|_\infty = \frac{1}{\pi}\int_0^\pi \left|\frac{\sin((n+\frac{1}{2})\theta)}{\sin(\frac{1}{2}\theta)}\right| \mathrm{d}\theta$$

로 표현할 수 있는데, 이 또한 n에 대하여 로그 수준으로밖에 증가하지 않는다. 그러므로 연속적 ℓ_2 다항식 근사와 체비쇼프 영점에서 라그랑주 보간(그림 9)은 거의 최선인 다항식 근사라 판단할 수 있다.

3.6 푸리에 급수

이산적 근사 문제로 돌아와 보도록 하자. 이제부터 관심사는 주기적 양상을 보이는 자료에 있는데, 회전에 의해 불변인 기하학적 모양이나 음파 추출 같은 것이다. 서로 다른 자료점 $x_i (i = 0, \cdots, m)$가 길이 2π인 구간 위에 좌우대칭으로 놓여 있으면 직교기저함수의 집합으로 적절한 것은

$$\left.\begin{matrix} 1, \cos(x), \cos(2x), \cdots, \cos(nx), \\ \sin(x), \sin(2x), \cdots, \sin(nx) \end{matrix}\right\} \quad (18)$$

인데, 식 (18)의 임의의 두 기저함수 $b_i(x)$와 $b_k(x)$에 대해서

$$\langle b_j, b_k \rangle = \sum_{i=0}^{m} b_j(x_i) b_k(x_i) = \frac{m+1}{2}\delta_{jk}, \quad j \neq 0$$
$$\langle b_0, b_k \rangle = \sum_{i=0}^{m} b_0(x_i) b_k(x_i) = (m+1)\delta_{0k}$$

(δ_{ij}는 크로네커 델타)

가 성립하기 때문이다. 단순성을 위하여 실제 자료가 $[0, 2\pi)$ 위의 점

$$x_0 = 0,\ x_1 = \frac{2\pi}{m+1},\ x_2 = \frac{4\pi}{m+1}, \cdots, x_m = \frac{2m\pi}{m+1}$$

에서 $f_0, \cdots, f_m$으로 주어진다고 가정하자. 주기성 때문에 $x_{m+1} = 2\pi$에서의 값은 x_0에서와 같게 되므로 이 점은 반복하지 않는다. $m \geq 2n$이라 하고 다음 근사

$$\frac{\lambda_0}{2} + \sum_{j=1}^{n} \lambda_{2j} \cos(jx) + \sum_{j=1}^{n} \lambda_{2j-1} \sin(jx)$$

를 생각해 보자. 계수

$$\lambda_{2j} = \frac{2}{m+1} \sum_{i=0}^{m} f_i \cos(jx_i), \quad j = 0, \cdots, n$$

$$\lambda_{2j-1} = \frac{2}{m+1} \sum_{i=0}^{m} f_i \sin(jx_i), \quad j = 1, \cdots, n$$

은 다음 ℓ_2 노름

$$\sum_{i=1}^{m} \left(\frac{\lambda_0}{2} + \sum_{j=1}^{n} \lambda_{2j} \cos(jx_i) + \sum_{j=1}^{n} \lambda_{2j-1} \sin(jx_i) - f_i \right)^2$$

을 최소화한다. $m = 2n$일 때는 최소 제곱근사가 곧 삼각보간이 되기 때문에 최솟값은 0이다. $j = 0$일 때는 $\langle b_j, b_j \rangle$가 2배 작으므로 λ_0을 $\frac{1}{2}\lambda_0$으로 바꿨음을 기억하자.

복소수값 $\Lambda_j = \lambda_{2j} - \mathrm{i}\lambda_{2j-1} (j = 1, \cdots, n, \mathrm{i} = \sqrt{-1})$을 쓰기로 하면 이 합은 x_i에서의 자료 f_i를 Λ_j로 보내는 이산 푸리에 변환을 이용하여 계산할 수 있다.

$$\Lambda_j = \frac{1}{m+1} \sum_{i=0}^{m} f_i \mathrm{e}^{-\mathrm{i}2\pi ij/(m+1)}, \quad j = 0, \cdots, n$$

식 (18)의 함수는 또한 연속적 직교성을 만족한다.

$$\int_0^{2\pi} \cos(jx)\cos(kx)\,\mathrm{d}x = \pi\delta_{jk}, \quad j \neq 0,$$
$$\int_0^{2\pi} \cos(jx)\cos(kx)\,\mathrm{d}x = \frac{\pi}{2}\delta_{jk}, \quad j = 0,$$
$$\int_0^{2\pi} \cos(jx)\sin(kx)\,\mathrm{d}x = 0,$$
$$\int_0^{2\pi} \sin(jx)\sin(kx)\,\mathrm{d}x = \pi\delta_{jk}$$

따라서 함수 $f(x)$를 푸리에 급수로 표현할 때 이를 이용할 수 있다.

$$f(x) = \frac{\lambda_0}{2} + \sum_{j=1}^{\infty} \lambda_{2j} \cos(jx) + \sum_{j=1}^{\infty} \lambda_{2j-1} \sin(jx),$$
$$\lambda_{2j} = \frac{\langle f(x), \cos(jx) \rangle}{\pi}, \quad j = 0, 1, \cdots,$$
$$\lambda_{2j-1} = \frac{\langle f(x), \sin(jx) \rangle}{\pi}, \quad j = 1, 2, \cdots,$$

이 급수의 삼각차수 n인 부분합은 다음 ℓ_2 노름을 최소화한다.

$$\int_0^{2\pi}\left(f(x)-\frac{\lambda_0}{2}-\sum_{j=1}^{n}\lambda_{2j}\cos(jx)\right.$$
$$\left.-\sum_{j=1}^{n}\lambda_{2j-1}\sin(jx)\right)^2 \mathrm{d}x$$

4 다변량 보간 및 근사

다변수함수를 근사하는 것은(연속적이든 불연속적이든) 계산과학과 공학에서 폭넓게 응용할 수 있어서 현재 활발히 연구 중인 분야이다. 그렇기에 앞에서 논의했던 보간 및 근사 문제를 다변수 $x, y, z, \cdots$의 함수에 대해 광범위하게 일반화하는 것, 다항식 및 유리함수 보간, 이산적 및 연속적 근사 등이 발전 중이다.

다변량 보간 및 근사에서 기본 문제는 이른바 **차원 저주**[I.3 §2]라 하는 것으로, 차원이 증가할수록 변수들을 다르게 조합하는 방식의 수가 기하급수적으로 증가한다는 뜻이다. 예를 들어, 8개 변수를 갖는 삼차다항식만 해도 벌써 165개의 항을 갖는다. 또 다른 문제는 다변수 다항식의 기저가 하르 조건을 만족하지 않으며 이를 다변수 경우에 쉽게 일반화할 수 있는 방법조차 딱히 없다는 것이다.

이 두 문제에 맞서기 위하여 방사형 기저함수 이론이 발전하고 있다.

고차원 벡터 $x_i, i = 0, \cdots, n$에 대응되는 자료 f_i를 생각해 보자. 자료벡터 x_i는 격자를 이루지 않고 흩어질 수 있다. **방사형 기저함수(radial basis function)**는 그 값이 오직 원점이나 다른 점으로부터의 거리에만 의존하는 함수를 말한다. 따라서 그 변수는 $r = \|x\|_2$이거나 $r = \|x-c\|_2$이다. 각 점마다 방사형 기저함수 $B(r)$을 생각하면 각 $j = 0, \cdots, n$에 대하여 기저함수 $B(\|x-x_j\|_2)$가 된다. 그러면 방사형 기저함수 보간 $\sum_{j=0}^{n} a_j B(\|x-x_j\|_2)$의 계수 a_j는 선형 연립방정식

$$\sum_{j=0}^{n} a_j B(\|x_i-x_j\|_2) = f_i, \qquad i = 0, \cdots, n$$

으로 계산한다. 몇 가지 널리 쓰이는 방사형 기저함수 $B(r)$은 보간조건의 연립방정식이 비특이임을 보장해 주는데, 다시 말해서

$$\left(B(\|x_i-x_j\|_2)\right)_{i,\, j=0,\cdots,n}$$

이 가역행렬이라는 것이다. 그 예로 가우스, 다중 이차, 역다중 이차 및 마테른 함수족의 하나 등이 있다.

$$B(r) = \mathrm{e}^{-(sr)^2},$$
$$B(r) = \sqrt{1+(sr)^2},$$
$$B(r) = 1/\sqrt{1+(sr)^2},$$
$$B(r) = (1+sr)\mathrm{e}^{-sr}$$

실변수 s는 형상 모수라 부른다. 그림 10에서 볼 수 있듯이 s의 선택에 따라 $B(r)$의 모습은 큰 영향을 받는다. 형상 모수를 작게 잡을수록 기저함수는 보다 평평해지거나 넓어진다. s의 선택은 근사의 정확도에 큰 영향을 주며 최적의 형상 모수를 찾는 것은 쉬운 문제가 아니다. 또 다른 관심사는 방사형 기저 보간 문제를 수치적으로 조절하는 것으로, 특히 언제 형태 모수가 작을 것인가 하는 것이다. 사용자는 종종 정확도와 조절 사이에서 올바른 균형을 찾아야 한다.

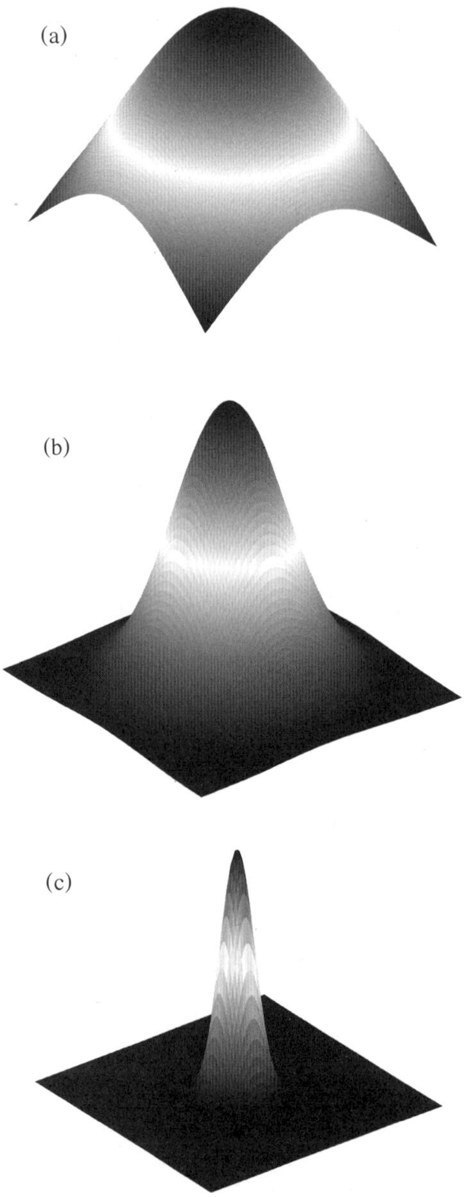

그림 10 (a)$s=0.4$, (b)$s=1$, (c)$s=3$일 때 가우스 기저함수.

방사형 기저함수의 개념은 또한 그물망 없이 작업하는 것을 가능하게 한다. 모든 점은 자료점의 그물망 또는 격자에서 일정 크기의 근방을 가지며 근방 사이의 연결성은 미분이나 차분 같은 수학적 작용소를 정의하는 데 쓰인다. 다변량 비격자 기법은 이런 개념을 일반화해 주며 특히 격자를 유지하기 어려울 때(예를 들어 비선형적인 양상을 보이거나 불연속, 특이점이 있는 고차원 문제 같은) 유용하다.

5 추가 연구

다변량 근사 이론에서 많은 연구과제가 해결되지 않은 채로 남아 있다. 다변량의 이론은 아직 일변량의 이론만큼 발전되지 않았다. 하지만 연구자들은 계속해서 일변수 경우와의 경계를 밀어내려고 애쓰는 중이다. 예를 들어 어떤 결과가 성립하는 가장 큰 함수족 또는 가장 일반적인 정의역이 무엇인가? 잭슨 유형 부등식(함수의 미분 가능성으로 보는 근사 오차의 한계), 베른슈타인 유형 부등식(다항식 미분의 한계) 및 특정 근사의 수렴성(다항식, 스플라인, 유리함수, 삼각함수) 등에 대한 기본 주제를 정립하기 위한 많은 논문을 찾아볼 수 있다. 연결되지 않은 영역이나 보다 많은 변수의 직교기저함수에 대한 전개 또한 많은 관심을 기울일 가치가 있으며 점점 그 관심이 늘어나고 있다.

더 읽을거리

Baker, G. Jr., and P. Graves-Morris. 1996. *Padé Approximants*, 2nd edn. Cambridge: Cambridge University Press.

Braess, D. 1986. *Nonlinear Approximation Theory*. Berlin: Springer.

Buhmann, M. D. 2003. *Radial Basis Functions: Theory and Implementations*. Cambridge: Cambridge

University Press.

Cheney, E. W. 1982. *Introduction to Approximation Theory*. New York: McGraw-Hill.

Chigara, T. 2011. *An Introduction to Orthogonal Polynomials*. New York: Dover.

de Boor, C. 2001. *A Practical Guide to Splines*, revised den. New York: Springer.

DeVore, R. A. 1998. Nonlinear Approximation. *Acta Numerica* 7:51-150.

Powell, M. J. D. 1981. *Approximation Theory and Methods*. Cambridge: Cambridge University Press.

Szabados, J., and P. Vértesi. 1990. *Interpolation of Functions*. Teaneck, NJ: World Scientific.

Trefethen, L. N. 2013. *Approximation Theory and Approximation Practice*. Philadelphia, PA: SIAM.

IV.10 수치 선형 대수와 행렬해석

니콜라스 하이엄 *Nicholas J. Higham*

행렬은 응용수학 어디에서나 볼 수 있다. 상미분방정식과 편미분방정식은 유한차분법이나 유한요소법을 이용하여 수치적으로 해결하는데, 이는 본 문제를 선형 연립방정식 또는 행렬의 고윳값 문제로 유도하는 것이다. 비선형방정식과 최적화 문제를 해결하는 전형적인 방식은 선형 또는 이차 모델을 이용하는 것으로, 이 또한 선형 연립방정식을 유도하는 것이다.

선형 연립방정식을 해결하는 것은 아주 오래된 문제이다. 서기 1세기경 중국에서도 다루었지만 행렬 그 자체에 대한 연구는 상대적으로 근래에 시작되었으며, 1858년 아서 케일리(Arthur Cayley)의 「행렬의 이론에 대한 논문」이 기원이다. 행렬에 관한 초기 연구는 대부분 이론적인 것으로 표준 형식의 발전에 초점을 맞췄지만, 20세기에 들어오면서 실용적인 가치가 드러나기 시작했다. 1920년대 하이젠베르크(W. Heisenberg)는 행렬 이론을 양자역학의 개발에 이용했다. 그리고 응용수학에 행렬을 구조적으로 이용하려 했던 프레이저(R. A. Frazer), 덩컨(W. J. Duncan), 콜라(A. R. Collar) 등의 선구자들은 1938년에 나온 책『초등행렬과 동역학 및 미분방정식에의 응용(*Elementary Matrices and Some Applications to Dynamics and Differential Equations*)』에서 미분방정식과 동역학에서의 행렬의 중요한 역할을 강조했다. 응용 분야에서 행렬의 계속된 발전은 기계식 및 전자계산기의 탄생과 맞물려 훨씬 큰 문제를 해결할 수 있게 해 주었고, 이론에서 계산까지 행렬의 모든 양상을 더 많이 이해해야 할 필요성이 제기되었다.

여기에서는 행렬해석과 수치 선형 대수라는 두 가지 밀접한 주제를 다룬다. 행렬해석은 수학의 다른 분야와 행렬과의 관련성에 초점을 둔 이론이고 수치 선형 대수(또는 행렬 계산이라 부른다)는 행렬 문제를 해결하는 알고리즘의 구축 및 분석과 더불어 문제의 민감도와 반올림오차 분석과 관련이 있다.

본문에서 거론할 주요 주제는 행렬 분해 패러다임, 수치적 안정성을 위한 유니타리 변환 이용, 행렬 구조(희소성, 대칭성, 정부호성) 탐구 및 컴퓨터 구조 개발을 위한 알고리즘 개발 등이다.

이 글에서 대문자는 행렬을 나타내며 소문자는 벡터 및 스칼라를 나타낸다. 행렬과 벡터는 별도의 언급이 없으면 복소수 위에서 정의하며 $A^* = (\overline{a_{ji}})$는 $A = (a_{ij})$의 켤레 전치행렬을 나타낸다. 아래 첨자가 없는 노름 $\|\cdot\|$은 벡터의 노름 및 그에 딸린 행렬의 노름을 말한다. 여기서 쓰이는 노름은 2-노름 $\|\cdot\|_2$와 프로베니우스 노름 $\|\cdot\|_F$다. 두 노름은 모두 **응용수학의 언어**[I.2 §19.3, §20]에서 정의한 바 있다. 1부터 n까지 정수를 택한다는 의미의 기호로 '$i = 1:n$'을 쓰기로 한다.

1 정칙성과 조건

행렬의 정칙성은 n개의 미지수를 가진 n개짜리 선형 연립방정식을 비롯해 많은 문제의 주요 조건이다. 몇 가지 부류의 행렬은 정칙성을 보장받기도 한다. 좋은 예 중 하나로 대각 우세 행렬이 있다. 행렬 $A \in \mathbb{C}^{n\times n}$이 다음 성질

$$\sum_{j \neq i} |a_{ij}| < |a_{ii}|, \quad i = 1:n$$

을 만족하면 **순 행 대각 우세**라 부르며 A^*가 순 행 대각 우세이면 **순 열 대각 우세**라 부른다. 순 행/열 대각 우세 행렬은 정칙이다(5.1절의 게르시고린 정리를 응용하면 증명할 수 있다).

자료는 종종 불확실할 수 있으므로 문제의 작은 변화에 대한 민감도를 측정하기를 원하게 되는데 이때 **조건수**[I.2 §22]를 이용한다. 행렬의 역원에 대한 적절한 조건수는 다음과 같다.

$$\lim_{\varepsilon \to 0} \sup_{\|\Delta A\| \le \varepsilon\|A\|} \frac{\|(A + \Delta A)^{-1} - A^{-1}\|}{\varepsilon\|A^{-1}\|}$$

이 표현은 $\kappa(A) = \|A\|\,\|A^{-1}\|$과 같음을 알 수 있는데, 이를 A의 **역원에 대한 조건수**라 부른다. 이 조건수는 많은 맥락에서 나타난다. 예를 들어 오차가 섞여 있는 A에 상사변환 $X^{-1}(A + E)X = X^{-1}AX + F$가 작용한다고 하자. 그러면 $\|F\| = \|X^{-1}EX\| \le \kappa(X)\,\|E\|$가 되며 이 상계는 적당한 E에 대해 나타난다. 따라서 오차는 $\kappa(X)$에 상수를 곱함으로써 얻을 수 있다. 그러므로 행렬에 상사변환 등의 작용을 할 때는 **좋은 조건**(well-conditioned)의 행렬을 가지고 하는 것을 선호한다. 다시 말해서 $\kappa(X)$는 하계가 1에 가까운 행렬을 선호한다는 뜻이다. 반면에 κ가 큰 행렬은 **불량 조건**(ill-conditioned)이라 부른다. 모든 유니타리 행렬 X에 대하여 $\kappa_2(X) = 1$이므로 수치 선형 대수에서는 유니타리 또는 직교행렬을 곱하는 변환을 선호하게 되며 이런 변환은 보통 안정적인 알고리즘을 갖게 된다.

실제로 행렬의 조건수 $\kappa(A)$에 대한 추산이 종종 필요할 때도 이를 얻기 위해 A^{-1}을 계산하는 수고를 하려 들지는 않는다. 다행히도 A를 분해하고 나면 $\kappa(A)$에 대해 믿을 만한 추산을 쉽게 구할 수 있는 알고리즘이 나오기 때문이다.

수치 선형 대수에서 행렬식 $\det(A)$는 거의 계산하지 않음을 기억해야 한다. 그 크기는 A의 조건에 대해 쓸 만한 정보를 알려 주지 못하는데, 적어도 배수에 대해 나타나는 극단적인 양상 $\det(\alpha A)) = \alpha^n \det(A)$를 보면 그러하다.

2 행렬의 분해

미지수 n개에 n개의 방정식으로 이루어진 정칙 선

형 연립방정식 $Ax = b$를 해결하는 **가우스 소거법**(Gaussian elimination, GE)이란 행렬 A를 상삼각 형태로 간소화하여 x를 대입법[I.3 §7.1]으로 구하는 것이다. 가우스 소거법은 일반적으로 방정식을 $a_{ij}^{(k+1)} = a_{ij}^{(k)} - a_{ik}^{(k)}a_{kj}^{(k)}/a_{kk}^{(k)}$($b$에 대해서도 마찬가지로)로 써 내려가며 처음 행렬 $A = A^{(1)} = (a_{ij}^{(1)})$가 $n - 1$단계의 각 소거 과정마다 어떻게 변화하며 상삼각 형태 U로 나아가는지 보여 준다. 이런 식으로 원소마다 계산해 나가면 기호, 위 첨자, 아래 첨자 등이 지나치게 뒤섞여 수학적 구조를 가리며 근본 과정에 대한 통찰을 방해하게 된다. 지난 세기의 주요 발전 중 하나는 행렬을 써서 계산하는 것이 훨씬 유리함을 알아차렸다는 것이다. 따라서 위의 기본 방정식은 $A^{(k+1)} = M_kA^{(k)}$으로 쓸 수 있으며, 여기서 M_k는 k열의 대각원 아래를 제외하고는 항등행렬과 일치하는 행렬이며 (i, k) 자리 원소는 $m_{ik} = -a_{ik}^{(k)}/a_{kk}^{(k)}$, $i = k + 1 : n$이다. 이 행렬방정식을 반복하면 $U := A^{(n)} = M_{n-1} \cdots M_1A$를 얻는다. 행렬 M_k를 좌변으로 넘기면 약간의 계산 끝에 $A = LU$를 얻으며 여기서 L은 (i, k) 원소가 m_{ik}인 단위 하삼각행렬이다. 이때 접두어 '단위(unit)'란 말은 L의 대각원이 모두 1이란 뜻이다.

그러므로 가우스 소거법은 행렬 A를 하삼각행렬과 상삼각행렬의 곱으로 분해하는 것인데 어떤 면에서 이것은 초등적 수준의 방정식으로는 전혀 명백하지 않은 것이다. 선형 연립방정식 $Ax = b$를 해결하는 것은 이제 두 삼각연립방정식 $Ly = b$ 및 $Ux = y$를 해결하는 것으로 귀결된다.

가우스 소거법을 삼각분해로 해석하면 삼각행렬의 연립방정식을 해결하는 것과 분해의 계산을 분리하게 된다. 그러면 같은 계수행렬 A에 우변을 달리하는 연립방정식 $Ax_i = b_i, i = 1 : r$을 어떻게 하면 효율적으로 계산할지는 분명하다. 일단 삼각분해의 인수를 구한 뒤 각 x_i를 구하는 데 차례대로 이용한다.

이러한 행렬 분해*의 관점은 1940년대 즈음부터 시작하여 행렬 계산에서 엄청난 성공을 거두었다. 일반적으로 분해란 행렬을 '보다 단순한' 행렬의 곱으로 표현하는 것이다. 분해는 수많은 종류의 문제를 해결하는 데 쓸 수 있는 도구라는 것을 아래에서 보게 될 것이다.

분해의 두 가지 특별한 이점은 유일성과 보형성(modularity)이다. 예를 들어 가우스 소거법은 이를 구성하는 세 가지 반복 연산의 순서를 다르게 하거나 행렬의 원소를 다르게 구분지어 이용하면 여러 가지 방식으로 나올 수 있다. 하지만 이들 모두는 같은 삼각분해를 하게 되며 단지 다른 순서로 연산을 수행할 뿐이다. 분해에 대한 유일성의 개념이 없다면 가우스 소거법의 변량을 생각하기는 어려울 것이다.

보형성은 분해를 독립적으로 분석 또는 프로그램할 수 있는 몇 가지 문제로 분리하는 방법에 관한 것이다. 가우스 소거법의 반올림오차 분석을 하기 위해 삼각분해와 삼각행렬의 연립방정식의 해를 대입법으로 얻은 것을 같이 분석할 수 있다. 대입법의 반올림오차 분석은 삼각행렬의 연립방정식이 나타나는 다른 많은 분야에서 재활용이 가능하다.

* '분해'를 뜻하는 두 용어 'factorization'과 'decomposition'은 본질적으로 같은 단어이다.

삼각분해 쓰임새의 중요한 예는 **반복 보정**(iterative refinement)이다. 부동 소수점연산에서 $Ax = b$의 계산된 해 $\hat{x}$를 얻는 데 가우스 소거법을 이용한다고 가정하자. $r = b - A\hat{x}$라 두고 $Ae = r$를 풀면 정확한 계산으로 $y = \hat{x} + e$는 실제 해가 된다. e를 계산할 때 A의 삼각분해 인수를 다시 이용할 수 있어서 $\hat{x}$로부터 y를 힘들이지 않고 얻게 된다. 실용적으로 r, e 및 y의 계산은 반올림오차에 따라 달라질 수 있기에 계산된 $\hat{y}$는 x와 같지 않다. 하지만 적절한 가정 아래 $\hat{y}$는 개선된 근삿값이 될 것이고 그러면 이러한 보정 과정을 반복할 수 있다. 만약 r를 특히 정확하게 계산할 수 있다면 반복 보정은 대단히 효과적이게 된다.

또 다른 두 가지 주요 분해는 다음과 같다.

- **숄레스키 분해**(Cholesky factorization): 양의 정부호인 에르미트 행렬 $A \in \mathbb{C}^{n\times n}$에 대하여 $A = R^*R$(R는 양수 대각원을 갖는 상삼각행렬)로 분해하며 이 분해는 유일하다.
- QR **분해**: $m \geq n$인 $A \in \mathbb{C}^{m\times n}$에 대하여 $A = QR$(Q는 유니타리 행렬($Q^*Q = I_m$)이고 $R \in \mathbb{C}^{m\times n}$은 상사다리꼴 행렬, 즉 $R = \begin{bmatrix} R_1 \\ 0 \end{bmatrix}$이고 $R_1 \in \mathbb{C}^{n\times n}$은 상삼각행렬)로 분해한다.

이 두 가지 분해는 관련이 있다. $m \geq n$인 $A \in \mathbb{C}^{m\times n}$이 계수 n을 가지고 QR 분해 $A = QR$가 되면(일반성을 잃지 않고 R는 양수 대각원을 갖는다고 가정할 수 있다) $A^*A = R^*R$가 되어 R는 A^*A의 숄레스키 인수가 된다.

숄레스키 분해는 본질적으로 가우스 소거법을 대칭적 및 비례화된 형태로 하여 계산할 수 있다. QR 분해는 세 가지 주요 방식으로 계산할 수 있는데, 그 중 하나는 고전적인 그람-슈미트 직교화다. 가장 널리 쓰이는 기법은 Q를 $H = I - 2vv^*/(v^*v)$(v는 0이 아닌 벡터) 꼴의 유니타리 행렬인 **하우스홀더 대칭**(Householder reflectors)곱으로 나타내는 것이다. 이때 H는 항등변환의 계수 1인 섭동이며 에르미트 작용소이자 유니타리 작용소이고 그 자신을 역원으로 가지는, 다시 말해 **자승적**(involutory)임을 기억해야 한다. 세 번째 접근 방식은 Q를 **기븐스 회전변환**(Givens rotations)의 곱으로 나타내는 것인데, 각 변환은 2×2 행렬 $\begin{bmatrix} c & s \\ -s & c \end{bmatrix}$($c^2 + s^2 = 1$을 만족하는 실수)를 $m \times m$ 항등행렬의 두 행 및 열에 끼워 넣은 것이다.

숄레스키 분해는 양의 정부호라는 매우 바람직한 성질을 최대한 이용할 수 있도록 해 준다. 예를 들어, A가 양의 정부호인 에르미트 행렬이라 할 때 스칼라 $\alpha = x^*A^{-1}x$를 계산하려 한다고 하자. 이 식은 $x^*(R^*R)^{-1}x = (x^*R^{-1})(R^{-*}x) = z^*z$($z = R^{-*}x$)로 다시 쓸 수 있다. 그러므로 일단 숄레스키 분해를 계산하면 α를 계산하기 위해 삼각행렬의 연립방정식을 한 번만 풀면 되며 당연히 A의 역행렬을 직접 계산할 필요가 없다.

행렬의 분해 문제는 보다 많은 인수, 예를 들어 $A = N_1N_2 \cdots N_k$ 꼴을 포함할 수도 있다. 당연히 $A^{\mathrm{T}} = N_k^{\mathrm{T}}N_{k-1}^{\mathrm{T}} \cdots N_1^{\mathrm{T}}$이 성립한다. 전치행렬의 이런 분해는 실제 응용에서 심오한 결과를 낼 수도 있다. 예를 들어 이산 푸리에 변환은 행렬과 벡터의 곱 $y = F_nx$인데, 여기서 $n \times n$ 행렬 F_n은 (p, q) 원소 $\exp(-2\pi\mathrm{i}(p-1)(q-1)/n)$을 가지는 복소대칭행렬이다. 고속

푸리에 변환[II.10]은 y의 값을 구할 때 $O(n\log_2 n)$회의 연산 안에 수행하는 방법으로, 이는 표준적인 행렬의 곱셈에서 요구하는 $O(n^2)$회의 연산과는 대조된다. 1965년 쿨리와 터키의 최초 논문 이래로 고속 푸리에 변환의 많은 변종에 관한 제안이 나왔다. 서로 다른 고속 푸리에 변환의 변종은 F_n을 $k = \log_2 n$개의 희소 인수로 분해하는 방식에 대응되어 나타남이 밝혀졌다. 비록 연산을 수행하는 중간에 구현되지는 않지만 이러한 기법 중 일부는 다른 방식으로 분해한 것에 단지 전치행렬을 취한 것으로 대응되기도 한다($F_n^{\mathrm{T}} = F_n$임을 기억하라). 전치행렬은 또한 **자동 미분**[VI.7]에서 중요한 역할을 하는데 여기서 이른바 후방(또는 수반) 모드는 전방 모드의 행렬 분해 표현에 전치행렬을 취함으로써 얻을 수 있다.

이 절에서 설명한 분해는 '가장 기본적인' 형태이지만 이들 모두는 피벗을 포함하는 변종을 가지고 있다. 여기서 피벗이란 분해의 각 단계에서 수행하는 행 또는 열의 교환을 말하며, 분해가 성공했으며 수치적으로 안정적인지 혹은 통상 계수 감소와 관련된 어떤 바람직한 성질을 가진 분해를 만들어 냈는지 확인하기 위해 고안된 것이다. 가우스 소거법의 경우 통상 **부분 피벗**(partial pivoting)을 이용한다. 소거의 k번째 단계를 시작할 때 k열의 대각원 아래에서 가장 큰 원 $a_{rk}^{(k)}$가 있는 r행과 k행을 맞바꾸어 그 원소를 (k, k)(피벗) 위치로 옮긴다. 부분 피벗은 0으로 나누는 것을 피한다(행을 맞바꾼 뒤 $a_{kk}^{(k)} = 0$이 되면 그 열의 대각원 아래 원소는 모두 0이므로 소거 과정이 끝난다). 보다 중요한 점은 부분 피벗이 수치적으로 안정적이라는 것이다(8절을 보라). 부분 피벗을 동반한 가우스 소거법의 종합적 효과는 치환 행렬 P를 덧붙인 삼각분해 $PA = LU$를 얻어내는 것이다.

숄레스키 분해와 QR 분해의 피벗 변형은 $P^{\mathrm{T}}AP = R^*R$ 및 $AP = Q\begin{bmatrix} R \\ 0 \end{bmatrix}$의 꼴로 나타나는데 여기서 P는 치환 행렬이고 R는 다음 부등식

$$|r_{kk}|^2 \geq \sum_{i=k}^{j} |r_{ij}|^2, \quad j = k+1{:}n, \quad k = 1{:}n$$

을 만족한다. A의 계수가 부족하면 $R = \begin{bmatrix} R_{11} & R_{12} \\ 0 & 0 \end{bmatrix}$의 꼴($R_{11}$은 정칙)이 되고 A의 계수는 R_{11}의 계수가 된다. 마찬가지로 중요한 것은 A가 계수 부족행렬에 가까울 때는 이것이 R의 작은 대각 블록이 줄지은 모양으로 드러나는 경향이 있다는 것이다.

광범위한 응용 분야에서 매우 중요한 분해로 $A \in \mathbb{C}^{m\times n}$의 **특잇값분해**[II.32]가 있다.

$$A = U\Sigma V^*, \quad \Sigma = \mathrm{diag}(\sigma_1, \sigma_2, \cdots, \sigma_p) \in \mathbb{R}^{m\times n} \tag{1}$$

여기서 $p = \min(m, n)$이고 $U \in \mathbb{C}^{m\times m}$과 $V \in \mathbb{C}^{n\times n}$은 유니타리 행렬이며 **특잇값**(singular value) σ_i는 $\sigma_1 \geq \sigma_2 \geq \cdots \geq \sigma_p \geq 0$을 만족한다. 정사각행렬 $A(n = m)$인 경우 2-노름 조건수는 $\kappa_2(A) = \sigma_1/\sigma_n$이 된다.

$m \geq n$인 행렬 $A \in \mathbb{C}^{m\times n}$의 **극분해**(polar decomposition)는 $A = UH$의 꼴로 나타내는데 여기서 $U \in \mathbb{C}^{m\times n}$은 정규직교집합인 열을 가지고 $H \in \mathbb{C}^{n\times n}$은 양의 반정부호를 갖는 에르미트 행렬이다. 행렬 H는 유일하며 $(A^*A)^{1/2}$이라 적는데 여기서 지수 1/2은 **주제곱근**[II.14]을 말하고 A의 계수가 크기와 같으면 U도 유일하다. 극분해는 복소수의 극형식 $z = re^{i\theta}$을 행렬의 경우로 일반화한 것이다. 또한 극분

해의 에르미트 행렬 H는 **행렬 절댓값**(matrix absolute value) $|A|$라 부르며 행렬해석 및 함수해석에서 깊이 연구하고 있다.

극분해가 중요한 이유 중 하나는 이것이 행렬을 직교화하는 최적의 방법을 제시한다는 것이다. 판(K. Fan)과 호프만(A. Hoffman)의 결과(1955)는 U가 직교행렬 중 유니타리에 의해 변하지 않는 노름으로 A에 가장 가까운 행렬임을 말해 준다(유니타리에 의해 변하지 않는 노름은 임의의 유니타리 행렬 U, V에 대해 $\|UAV\| = \|A\|$를 만족하는 것을 말한다. 2-노름과 프로베니우스 노름이 특별한 예다). 다양한 응용에서 직교가 되어야 하는 행렬 $A \in \mathbb{R}^{n\times n}$이 반올림이나 다른 오차 때문에 직교성이 어긋나곤 하는데 이를 극형식의 직교행렬 인수 U로 대체하는 것이 좋은 전략이 된다.

극분해는 또한 **직교 프로크루스테스 문제**(orthogonal Procrustes problem)를 해결하는데, 이는 주어진 $A, B \in \mathbb{C}^{m\times n}$에 대하여

$$\min\{\|A - BQ\|_F : Q \in \mathbb{C}^{n\times n},\ Q^*Q = I\}$$

를 구하는 것으로 어떤 Q가 B^*A의 극분해에서 유니타리 인수가 되는가 하는 것이다. 이 문제는 통계학의 인자분석이나 다차원 척도법에서 나온 것인데, 두 자료 집합 A, B가 직교변환에 의해 같아지는지를 알아내는 것이 목적이다.

특잇값분해나 극분해는 둘 다 서로 다른 쪽으로부터 유도와 계산이 가능하다. 역사적으로 보면 특잇값분해가 먼저였고(벨트라미(E. Beltrami), 1873), 극분해는 그로부터 30년 정도 뒤에 나타났다(오톤(L. C. Autonne), 1902).

3 특이점까지의 거리 및 저차원 변동

정칙행렬 A에 주어진 변동에 의해 정칙성이 보존되는지 여부를 묻는 문제는 흔히 나타난다. 어떤 면에서 이 질문은 뻔하다. 정사각행렬의 모든 고윳값이 0이 아니면 정칙이라는 사실과 두 행렬을 곱할 때 둘 중의 하나가 비정칙인 경우만 아니면 그 곱도 정칙이라는 것을 생각해 보면, $A + \Delta A = A(I + A^{-1}\Delta A)$에서 $A^{-1}\Delta A$가 고윳값 -1을 갖지 않으면 $A + \Delta A$는 정칙이다. 하지만 이 조건은 확인하기 쉽지 않기 때문에 실상 ΔA는 알지 못하면서 그 노름의 한계만 아는 경우가 있다. 임의 행렬의 노름은 모든 고윳값의 크기를 넘으므로 $A + \Delta A$가 정칙일 충분조건은 $\|A^{-1}\Delta A\| < 1$이며 이는 $\|A^{-1}\|\,\|\Delta A\| < 1$일 때는 확실히 성립한다. 이 조건은 부등식 $\|\Delta A\|/\|A\| < \kappa(A)^{-1}$으로 다시 쓸 수 있는데, 여기서 $\kappa(A) = \|A\|\,\|A^{-1}\| \ge 1$은 1절에서 언급한 조건수다. $A + \Delta A$가 비정칙이면서 $\|\Delta A\|/\|A\| = \kappa(A)^{-1}$인 변동 ΔA를 언제나 찾을 수 있음이 밝혀져 있다. 이로부터 **비정칙까지 상대적 거리**

$$d(A) = \min\{\|\Delta A\|/\|A\| : A + \Delta A\text{는 비정칙}\} \quad (2)$$

은 $d(A) = \kappa(A)^{-1}$이 됨을 얻는다. 이러한 문제 조건과 비정칙까지 거리 문제 사이의 역수 관계(무한한 조건수를 포함하여)는 1980년대 제임스 데멜(James Demmel)이 보였듯 선형 대수와 제어 이론의 다양한 문제에서 흔한 것이다.

$A + \Delta A$가 정칙인지 알아보는 보다 정교한 판단 방법을 원할 수도 있다. 그러기 위해서는 변동에 대한 약간의 가정이 필요하다. ΔA의 계수가 1이라 가정하면, 즉 적당한 벡터 x, y에 대해 $\Delta A = xy^*$ 꼴이

라 가정한다. 위에서 분석한 대로 $A^{-1}\Delta A = A^{-1}xy^*$가 고윳값 -1을 갖지 않으면 $A + \Delta A$는 정칙일 것이다. 좌우곱을 정의할 수 있는 A, B에 대하여 AB의 고윳값과 BA의 고윳값이 같다는 사실을 이용하면 $(A^{-1}x)y^*$의 0이 아닌 고윳값과 $y^*A^{-1}x$의 고윳값은 일치함을 알 수 있다. 따라서 $A + xy^*$는 $y^*A^{-1}x \neq -1$이어야 정칙이다.

이제 $A + xy^*$가 정칙임을 알 때 그 역행렬의 공식이 있는지 물을 수 있다. $A + xy^* = A(I + A^{-1}xy^*)$이므로 일반성을 잃지 않고 $A = I$라 둘 수 있다. 그러므로 $B = I + xy^*$의 역행렬을 찾으려 한다. 이때 한 가지 방법은 적당한 스칼라 θ를 가지고 $B^{-1} = I + \theta xy^*$라 두고 여기에 B를 곱하여 I라 한 뒤 $\theta(1 + y^*x) + 1 = 0$을 얻는 것이다. 따라서 $(I + xy^*)^{-1} = I - xy^*/(1 + y^*x)$가 된다. 이때 $(A + xy^*)^{-1}$에 대응되는 공식은

$$(A + xy^*)^{-1} = A^{-1} - A^{-1}xy^*A^{-1}/(1 + y^*A^{-1}x)$$

이 되는데 이는 **셔먼-모리슨 공식**(Sherman-Morrison formula)이라 부른다. 이 공식과 그 일반화는 1940년대부터 나타났으며 여러 차례 재발견되었다. 계수 p인 변동에 대응되는 공식은 **셔먼-모리슨-우드버리 공식**(Sherman-Morrison-Woodbury formula)으로 $U, V \in \mathbb{C}^{n \times p}$에 대하여

$$(A + UV^*)^{-1} = A^{-1} - A^{-1}U(I + V^*A^{-1}U)^{-1}V^*A^{-1}$$

이다.

이 공식의 중요한 응용은 최적화에 있는데 계수 1이나 2일 때 **준-뉴턴 기법**[IV.11 §4.2]의 헤세 근사와 **단체법**[IV.11 §3.1]의 기저 행렬에서 볼 수 있다. 보다 일반적으로 계수 행렬에 작은 계수만큼의 변화나 행 또는 열이 추가되거나 제거된 뒤 방정식의 해를 갱신하는 과제는 **신호처리**[IV.35]를 비롯한 새로운 자료가 연속적으로 들어오고 낡은 자료가 폐기되는 많은 응용 분야에서 나타난다.

비정칙까지의 거리 $d(A)$를 정의하는 식 (2)에서 최소 거리는 계수 1인 행렬 ΔA에서 얻음을 볼 수 있다. 계수 1인 행렬은 종종 행렬 최적화 문제에서 나타난다.

4 계산 비용

경쟁 관계인 여러 기법을 비교하고 효율성을 예측하려면 그 계산 비용을 알 필요가 있다. 전통적으로 계산 비용은 스칼라 연산의 횟수를 헤아려 전체에서 가장 높은 계수항만을 택하는 방식으로 측정해 왔다. 예를 들어 가우스 소거법을 이용하면 n개 미지수를 가진 n개의 연립방정식은 $n^3/3 + O(n^2)$회 덧셈, $n^3/3 + O(n^2)$회 곱셈 및 $O(n)$회 나눗셈으로 해결할 수 있다. 일반적으로 이를 $2n^3/3$회 플롭이라 요약하는데, 여기서 **플롭**(flop)이란 스칼라 연산 +, −, *, /을 말한다. $n \times n$ 행렬을 포함한 대부분의 표준적 문제는 계수 n^3 이내 플롭의 연산으로 해결할 수 있으므로 관심은 그 지수(1, 2, 3 중 하나)와 가장 큰 항의 상수가 얼마인가 하는 것이다. 하지만 컴퓨터의 계층 메모리에서 자료 이동 비용이나 다중 처리기의 다른 처리장치 사이의 통신 비용도 마찬가지로 중요할 수 있다. 그렇기에 단지 플롭의 수만 헤아리는 것은 실제 수행에 필요한 지침이 되지는 못한다.

명백해 보이는 문제가 계산 비용을 최소화하는

것과 관련하여 흥미로운 과제를 제공할 수 있다. 예를 들어 곱을 정의할 수 있는 임의 크기 행렬 A, B, C에 대해 그 곱을 어떻게 계산할 것인가? 행렬 곱셈의 결합법칙은 $(AB)C = A(BC)$로 쓸 수 있지만 이 등식은 계산 방식을 알려 주지는 않는다. 이를 보려면 세 벡터 $a, b, c \in \mathbb{R}^n$에 대해

$$\underbrace{(ab^*)}_{n \times n} c = a \underbrace{(b^* c)}_{1 \times 1}$$

로 쓸 수 있음을 기억해야 한다. 좌변을 계산하는 것은 외적 ab^*와 행렬-벡터의 곱이므로 이에 $O(n^2)$회의 플롭이 필요한 반면, 우변은 벡터 연산, 즉 내적과 스칼라 곱만을 포함하기에 단지 $O(n)$회의 플롭만 있으면 된다. 계산상 수고를 덜기 위해선 언제나 결합법칙을 이용할 기회를 노려야 한다.

5 고윳값 문제

정사각행렬 $A \in \mathbb{C}^{n \times n}$에 대한 고윳값 문제 $Ax = \lambda x$는 고윳값 $\lambda \in \mathbb{C}$ 및 고유벡터 $x \neq 0$을 찾는 것으로, 여러 형태로 나타난다. 응용 분야에 따라 모든 고윳값을 찾고 싶어 할 수도 있고, 가장 큰 실수부를 갖는 고윳값 열 개를 찾는 것처럼 일부만 원할 수도 있으며 고유벡터를 구할 필요가 있을 수도 또는 없을 수도 있다. 문제가 에르미트 형태인지 아닌지에 따라 그 특성은 크게 변한다. 특히 에르미트 행렬은 실수 고윳값을 가지며 정규직교화가 가능한 n개의 독립인 고유벡터를 가지는 반면, 에르미트 행렬이 아닌 것의 고윳값은 복소평면 아무 곳에나 위치할 수 있으며 $\mathbb{C}^n$을 생성하는 고유벡터의 집합이 없을 수도 있다.

5.1 경계 및 국소화

첫 번째로 묻게 되는 질문 중 하나는 고윳값을 포함하는 유한한 영역을 찾을 수 있느냐는 것이다. $Ax = \lambda x$로부터 $|\lambda| \, \|x\| = \|Ax\| \leq \|A\| \, \|x\|$이고 따라서 $|\lambda| \leq \|A\|$이므로 답은 '그렇다'이다. 따라서 모든 고윳값은 원점을 중심으로 하는 반지름 $\|A\|$인 원판 안에 놓인다. 보다 정교한 한계는 게르시고린(S. Gershgorin)의 정리에서 볼 수 있다.

정리 1(게르시고린의 정리, 1931). $A \in \mathbb{C}^{n \times n}$의 고윳값은 복소평면 안의 n개의 원판

$$D_i = \left\{ z \in \mathbb{C} : |z - a_{ii}| \leq \sum_{j \neq i} |a_{ij}| \right\}, \quad i = 1:n$$

의 합집합에 놓인다.

이 정리를 확장하면, k개의 원판이 다른 원판과 고립되어 있는 연결된 영역을 이루면 이 영역에 정확히 k개의 고윳값이 있음을 알 수 있다. 다음 행렬

$$\begin{bmatrix} -1 & 1/3 & 1/3 & 1/3 \\ 3/2 & -2 & 0 & 0 \\ 1/2 & 0 & 3 & 1/4 \\ 1 & 0 & -1 & 6 \end{bmatrix} \tag{3}$$

의 게르시고린 원판을 그림 1로 나타냈다. 고윳값은 중심 3의 원판에 하나, 중심 6의 원판에 하나, 나머지 두 원판의 합집합에 둘이 있다고 결론지을 수 있다.

게르시고린의 정리는 대각행렬에 가까운 행렬에서 가장 유용한데, 이런 것들은 결국 에르미트 행렬의 고윳값에 대한 야코비 반복법으로 만들어진다. 예를 들어 원판을 고립시키고 크기를 줄이려는 의

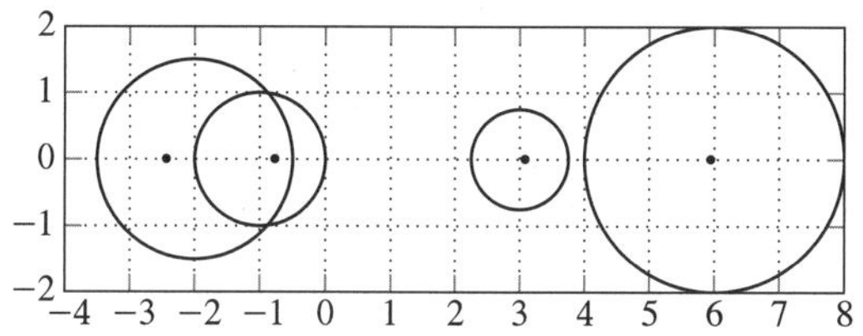

그림 1 행렬 (3)의 게르시고리안 원판. 고윳값은 진한 점으로 표시했다.

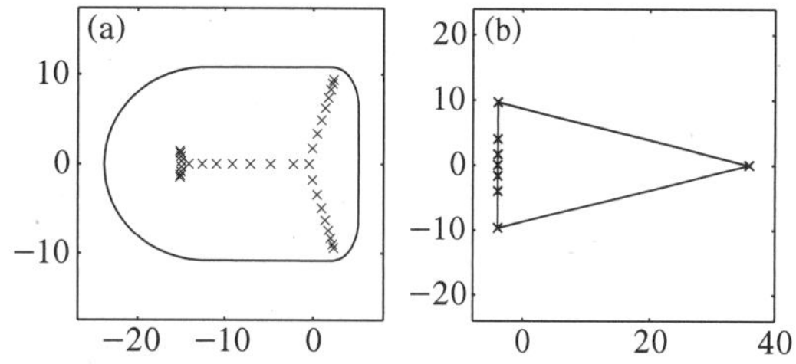

그림 2 (a)오각 퇴플리츠 행렬. (b)순환행렬(둘 다 32차원)의 값 체. 고윳값은 가위표로 표시하였다.

도 아래 대각행렬 D를 선택하여 만든 A와 비슷한 행렬 $D^{-1}AD$에 게르시고린의 정리를 응용하여 향상된 추정치를 생각할 수 있다. 원판을 다른 모양으로 바꾸어 생각한 게르시고린 정리의 변형도 많이 있다.

스펙트럼 반지름 $\rho(A)$(A의 고윳값 중 가장 큰 절댓값)는 위에서 본 것처럼 $\rho(A) \le \|A\|$를 만족하지만 행렬 $\left[\begin{smallmatrix}1 & \theta\\ 0 & 1\end{smallmatrix}\right]$에서 $|\theta| \gg 1$이 보여 주듯이 이 부등식은 얼마든지 약해질 수 있다. 따라서 자연스럽게 스펙트럼 반지름과 노름 사이에 보다 정밀한 관계가 있는지 물을 수 있다. 한 가지 대답은 다음 등식

$$\rho(A) = \lim_{k\to\infty} \|A^k\|^{1/k} \tag{4}$$

이다. 또 다른 결과는 임의의 $\varepsilon > 0$에 대하여 $\|A\| \le \rho(A) + \varepsilon$인 노름이 있다는 것이지만, 이 노름은 A에 의존한다. 이 결과는 **조르당 표준형**[II.22]에서 논했던 사실인 $\rho(A) < 1$이면 A의 거듭제곱은 0으로 수렴한다는 것을 증명하는 데 쓸 수 있다.

수치적 범위라고도 알려진 **값 체**(field of values)는 국소화 및 많은 다른 목적에 이용할 수 있는 도구로, $A \in \mathbb{C}^{n\times n}$에 대하여

$$F(A) = \left\{\frac{z^*Az}{z^*z} : 0 \ne z \in \mathbb{C}^n\right\}$$

으로 정의한다. 이 집합 $F(A)$는 옹골집합이고 볼록이며(이 자명하지 않은 명제는 퇴플리츠(O. Toeplitz)와 하우스도르프(F. Hausdorff)가 증명하였다) A의 고윳값 전부를 포함한다. 정규행렬에 대해서 이것은 고윳값의 **볼록포**[II.8]이다. **정규행렬**(normal matrices) A는 $AA^* = A^*A$를 만족하는 것을 말하며 에르미트 행렬, 왜(歪) 에르미트 행렬 및 유니타리 행렬 등을 포함한다. 에르미트 행렬의 경우 $F(A)$는 실수축 위의 선분인 반면, 왜 에르미트 행렬의 경우엔 허수축 위의 선분이다. 그림 2에 두 값 체를 묘사하였는데 두 번째 그림에서 **순환행렬**[I.2 §18]은 정규행렬이므로 이것은 볼록껍질이 된다.

5.2 고윳값의 민감도

A가 변동하면 그 고윳값은 얼마나 변할 것인가? 이 질문은 단순 고윳값(**대수중복도**[II.22]가 1인 경우) λ에 대해서라면 쉽게 답할 수 있다. 이때 λ에 대응되는 A의 왼 **고유벡터**(left eigenvector) 개념이 필요한데, 이것은 $y^*A = \lambda y^*$를 만족하는 0이 아닌 벡터 y를 말한다. λ가 단순 고윳값이고 각각 왼 및 오른 고유벡터 x, y를 가지면, $A + \Delta A$의 고윳값 $\lambda + \Delta\lambda$가 존재하여 $\Delta\lambda = y^*\Delta A x/(y^*x) + O(\|\Delta A\|^2)$을 만족한다. 따라서

$$|\Delta\lambda| \leq \frac{\|y\|_2\|x\|_2}{|y^*x|}\|\Delta A\| + O(\|\Delta A\|^2)$$

이 된다. 우변의 항 $\|y\|_2\,\|x\|_2/|y^*x|$는 λ의 (절대)조건수임을 보일 수 있다. 위 식의 우변의 항은 적어도 1 이상이며 y 및 x가 수직에 가까워질수록(단순 고윳값 λ의 경우 이런 일은 절대 일어나지 않는다) 무한히 커지므로, λ는 매우 불량해질 수 있다. 하지만 A가 에르미트 행렬이면 $y = x$라 둘 수 있고 그 한계는 $|\Delta\lambda| \leq \|\Delta A\| + O(\|\Delta A\|^2)$으로 단순해지므로 에르미트 행렬의 모든 고윳값은 완벽한 조건을 가지고 있다.

위 문제에 대하여 보다 약화되거나 강화된 조건 아래에서 고윳값 변동의 한계를 얻으려는 많은 연구가 진행되어 왔다. 예를 들어, λ가 단순 고윳값이라는 가정을 빼고, 다음 행렬 변동을 생각해 보자.

$$A = \begin{bmatrix} 0 & 1 & 0 \\ 0 & 0 & 1 \\ 0 & 0 & 0 \end{bmatrix}, \qquad \Delta A = \begin{bmatrix} 0 & 0 & 0 \\ 0 & 0 & 0 \\ \varepsilon & 0 & 0 \end{bmatrix}$$

A의 고윳값은 모두 0이며 $A + \Delta A$의 고윳값은 ε의 삼중근이다. 고윳값의 변화는 ε에 비례하는 것이 아니라 ε의 유리수 거듭제곱에 비례한다. 일반적으로 고윳값의 민감도는 그 고윳값의 **조르당 구조**[II.22]에 의존한다.

5.3 동반행렬과 특성다항식

행렬 A의 고윳값은 그 **특성다항식**[I.2 §20]인 $\det(\lambda I - A)$이다. 반대로 다음 다항식

$$p(\lambda) = \lambda^n - a_{n-1}\lambda^{n-1} - \cdots - a_0$$

과 연관된 것은 동반행렬

$$C = \begin{bmatrix} a_{n-1} & a_{n-2} & \cdots & \cdots & a_0 \\ 1 & 0 & \cdots & \cdots & 0 \\ 0 & 1 & \ddots & & 0 \\ \vdots & & \ddots & 0 & \vdots \\ 0 & \cdots & \cdots & 1 & 0 \end{bmatrix}$$

이고 C의 고윳값은 **해를 구하는 방법**[I.3 §7.2]에서 설명했듯이 p의 근이다.

이 관계는 다항식의 근은 $n \times n$ 행렬의 고윳값을 계산함으로써 찾을 수 있음을 의미하며, 이러한 접근은 예를 들어 MATLAB의 `roots` 함수 같은 몇몇 계산 코드에서 이용한다. 표준적인 고윳값 알고리즘이 C의 구조를 이용하지는 않는 반면, 이 접근 방식은 다항식의 해를 구하는 알고리즘에서 경쟁력이 있는 것으로 입증되었다. 이 관계의 또 다른 쓰임새로 행렬 고윳값의 한계로부터 다항식 해의 한계를 얻는 것이 있으며 그 역도 가능하다.

동반행렬은 여러 흥미로운 성질을 가지고 있다. 예를 들어 임의의 $n \times n$ **비손상 행렬**[II.22]*은 동반행렬과 비슷하다. 그러므로 동반행렬은 행렬해석이나 제어 이론에서도 매우 중요하다. 그러나 상사변환은 불량 조건이며 수치적으로 불안정하기 때문에 실제로는 거의 사용하지 않는다.

특성다항식 $p(\lambda) = \det(\lambda I - A) = \lambda^n - a_{n-1}\lambda^{n-1} - \cdots - a_0$으로 돌아오면 A의 모든 고윳값 λ_i에 대하여 $p(\lambda_i) = 0$임을 알고 있다. **케일리-해밀턴 정리**(Cayley-Hamilton theorem)는 $p(A) = A^n - a_{n-1}A^{n-1} - \cdots - a_0 I = 0$임을 알려 준다(위 식에 단지 '$\lambda = A$'를 대입하여 얻는 것이 아니다). 따라서 A의 n제곱근을 비롯하여 귀납적으로 그 이상의 모든 거듭제

* 동반행렬과 비슷한 관계에 있는 행렬.—옮긴이

곱은 $I, A, \cdots, A^{n-1}$의 일차결합으로 표현할 수 있다. 더욱이 A가 정칙이면 $A^{-1}p(A) = 0$이라는 사실을 통해 A^{-1} 또한 차수 $n-1$ 이내인 A의 다항식으로 쓸 수 있음을 알 수 있다. 계수 a_i의 크기는 매우 급격히 변하기 때문에 이를 상대적으로 매우 정확하게 계산하는 것이 가능하지 않다. 따라서 이 관계는 실제 계산에서는 유용하지 않다.

5.4 에르미트 행렬에 대한 고윳값 부등식

이 절에서는 에르미트 행렬 $A \in \mathbb{C}^{n\times n}$의 고윳값을 $\lambda_n \le \cdots \le \lambda_1$로 배열하는데, 이것들은 여러 멋진 부등식을 만족한다. 그중 가장 중요한 것은 **쿠랑-피셔 정리**(Courant-Fischer theorem)(1905)에 있는데, 이 정리는 모든 고윳값은 $\mathbb{C}^n$의 적절한 부분공간 S에서 최소-최대 문제의 해가 된다는 것이다.

$$\lambda_i = \min_{\dim(S)=n-i+1} \max_{0 \ne x \in S} \frac{x^*Ax}{x^*x}$$

특수한 경우로 $\lambda_n = \min_{x\ne 0} x^*Ax/(x^*x)$ 및 $\lambda_1 = \max_{x\ne 0} x^*Ax/(x^*x)$가 있다.

λ_1에 대한 앞의 공식에서 x를 단위벡터 e_i로 택하면 모든 i에 대하여 $\lambda_1 \ge a_{ii}$가 된다. 이 부등식은 고윳값의 합과 대각원의 합을 연관 짓는 일련의 부등식 중 첫 번째에 지나지 않는데, 이는 슈어(I. Schur)가 1923년에 발견한 것이다.

$$\sum_{i=1}^{k} \lambda_i \ge \sum_{i=1}^{k} \tilde{a}_{ij}, \quad k = 1{:}n \tag{5}$$

여기서 $\{\tilde{a}_{ii}\}$는 A의 고윳값을 단조감소하는 순서 $\tilde{a}_{11} \ge \cdots \ge \tilde{a}_{nn}$으로 배열한 집합이다. $k = n$일 때는 등호가 성립하는데, 그 이유는 양변 모두 trace(A)가 되기 때문이다. 이 부등식은 고윳값의 벡터 $[\lambda_1, \cdots, \lambda_n]$이 대각원의 벡터 $\tilde{a}_{11}, \cdots, \tilde{a}_{nn}$을 **최대화**함을 말해 준다.

일반적으로 두 에르미트 행렬의 합 $A+B$의 고윳값에 대한 쓸 만한 공식은 존재하지 않는다. 하지만 쿠랑-피셔 정리로부터 상계 및 하계

$$\lambda_k(A) + \lambda_n(B) \le \lambda_k(A+B) \le \lambda_k(A) + \lambda_1(B)$$

가 나오며 이로부터 $|\lambda_k(A+B) - \lambda_k(A)| \le \max(|\lambda_n(B)|, |\lambda_1(B)|) = \|B\|_2$가 나온다. 뒤의 부등식은 다시 한 번 에르미트 행렬의 고윳값이 변동 아래에서 좋은 상태임을 보여 준다.

코시 얽힘 정리(Cauchy interlace theorem)는 다른 맛이 있다. 코시 얽힘 정리는 연속한 주 부분행렬 $A_k = A(1{:}k, 1{:}k)$의 고윳값에

$$\begin{aligned} \lambda_{k+1}(A_{k+1}) &\le \lambda_k(A_k) \le \lambda_k(A_{k+1}) \\ &\le \cdots \le \lambda_2(A_{k+1}) \le \lambda_1(A_k) \le \lambda_1(A_{k+1}) \\ &\qquad (k = 1{:}n-1) \end{aligned}$$

이라는 관계식을 제공하며, A_k의 고윳값은 A_{k+1}의 고윳값과 얽혀 있음을 보여 준다.

1962년 알프레드 혼(Alfred Horn)은 실수 $\alpha_i, \beta_i, \gamma_i$, $i = 1{:}n$을 포함한 선형 부등식 집합의 어떤 조건이 각각 고윳값 $\alpha_i, \beta_i, \gamma_i$를 갖는 $n \times n$ 에르미트 행렬 A, B, C가 존재하고 $C = A + B$일 필요충분조건일지에 대한 추측을 내놓았다. 그의 추측은 오랜 세월 동안 미해결이었다가 마침내 1998년 클랴치코(A. Klyachko)의 논문과 1999년 크넛슨(A. Knutson) 및 타오(T. Tao)의 논문으로 참임이 증명되었는데, 이것은 대수기하, 리군의 표현론과 양자 코호몰로지 사이의 심오한 연관성을 개척한 것이다.

5.5 비에르미트 고윳값 문제

고윳값을 계산하는 가장 단순한 방법인 **거듭제곱법**(power method)은 단 하나, 크기가 가장 큰 고윳값만 계산한다. 다시 말해 고윳값을 계산한다는 것은 시작 벡터 x에 A를 반복해서 곱하는 연산을 반복한다는 것이다. 단, 결과로 나오는 수열이 부동소수점 연산에서 지나치게 커지거나 작아질 수 있으므로 각 반복 후에는 벡터의 크기를 1로 정규화한다. 그러므로 거듭제곱법의 한 단계는 $x \leftarrow Ax$, $x \leftarrow \nu^{-1}x$이며 여기서 $\nu = x_j$에 $|x_j| = \max_i |x_i|$이다. A가 가장 큰 고윳값 λ를 유일하게 갖고 시작 벡터가 대응되는 고유벡터 방향 쪽 성분을 가지고 있으면 ν는 λ로 수렴하며 x는 대응되는 고유벡터로 수렴한다. 거듭제곱법은 $(A - \mu I)^{-1}$에 가장 많이 적용하는데 여기서 μ는 관심을 두고 있는 고윳값의 근사다. 이런 꼴은 **역반복**(inverse iteration)이라 부르며 고윳값은 μ에 가장 가깝게 수렴한다. 지금부터는 모든 고윳값을 구하는 방법을 알아보자.

상사관계 $X^{-1}AX$는 고윳값을 보존하며 고유벡터를 잘 조절된 방식으로 변화시키는데, 상사변환을 통하여 A를 보다 단순한 꼴로 간소화하는 것은 고윳값 문제를 공략하는 자연스러운 방식이다. 초기의 몇몇 방법에서는 유니타리가 아닌 X를 이용했으나, X가 불량 조건인 경우 수치적으로 불안정하므로 오늘날에 그런 변환은 기피한다. 1960년대 이후로는 유니타리 상사를 이용하여 **슈어 분해**(Schur decomposition) $A = QTQ^*$를 계산하는 데 초점을 맞추었는데, 여기서 Q는 유니타리이고 T는 상삼각행렬이다. T의 대각원은 A의 고윳값이며 Q를 적절히 선택함에 따라 임의 순서로 배열할 수 있다. Q의 첫 k개 열벡터는 고윳값 $t_{11}, \cdots, t_{kk}$에 대응되는 **불변부분공간**[I.2 §20]을 생성한다. 고유벡터는 T를 포함하는 상삼각 연립방정식을 해결함으로써 얻을 수 있다.

어떤 행렬에서 슈어 인자 T는 대각행렬인데, 그것은 정확하게 5.1절에서 정의했던 정규행렬이다. A가 실행렬일 때 **실수 슈어 분해**는 실수 행렬만으로 $A = QRQ^{\mathrm{T}}$을 나타내는 것을 말하는데 여기서 Q는 직교행렬이고 R은 실수의 준상삼각행렬로, 이는 R이 켤레를 이루는 복소수 고윳값에 대응되는 2×2 블록을 제외하면 상삼각행렬임을 의미한다.

비에르미트 고윳값 문제를 해결하는 표준적인 알고리즘은 QR **알고리즘**으로, 1961년 존 프랜시스(John Francis)와 베라 쿠블라놉스카야(Vera Kublanovskaya)가 독립적으로 제안한 것이다. 행렬 $A \in \mathbb{C}^{n \times n}$을 먼저 유니타리 상사변환으로 상 헤센베르크 형식 $H = U^*AU(h_{ij} = 0, i > j+1, U$는 하우스홀더 행렬의 곱)로 간소화한다. QR 반복은 $H_1 = H$로 시작하여 $H_k - \mu_k I =: Q_k R_k$(기븐스 회전을 이용하여 계산한 QR 분해), $H_{k+1} := R_k Q_k + \mu_k I$($\mu_k$는 H_k가 상삼각의 꼴로 수렴하는 것을 가속해 주는 이동)로 정의하는 상 헤센베르크 행렬의 수열을 구성한다. $H_{k+1} = Q_k^* H_k Q_k$임은 쉽게 확인할 수 있으므로 QR 반복은 유니타리 상사변환의 수열을 수행한다. 어째서 QR 반복이 효과적으로 작동하는지는 명백하지 않지만, Q_k의 열벡터로 생성되는 부분공간을 분석함으로써 멋지게 설명할 수 있다. 실용적이면서 효율적인 알고리즘을 만들어 내려면 이 반복법을 다각적으로 개선할 필요가 있는데 그러기 위해서는 다음과 같은 내용을 포함하여야 한다.

- 축소. H_k의 첫 번째 부대각원이 작은가에 따라 원소를 0으로 두고 문제를 각각 독립적으로 해결할 수 있는 두 부분의 작은 문제로 분리.
- 실행렬 A를 둘로 나누어 켤레복소수인 두 QR 단계를 거쳐 각각을 실수 연산으로 실수 슈어 형식으로 수렴.
- 단독 QR 반복을 m개의 각기 다른 부분으로 분해하는 기법.

현재의 모든 분리 전략은 수렴성에 대한 증명이 부족하다. 수행 중 수렴성이 신통치 않아 보일 때는 무작위적 분리를 생각한다. QR 알고리즘은 실제로 매우 잘 작동하며 비에르미트 고윳값 문제에서는 여전히 사용하고 있다.

5.6 에르미트 고윳값 문제 해결

에르미트 행렬의 고윳값 문제는 비에르미트 행렬의 경우보다 해결하기 쉬우며 사용할 수 있는 수치적 방법도 훨씬 광범위하다.

에르미트 고윳값 문제를 완전히 해결하려면 **스펙트럼 분해**(spectral decomposition) $A = QDQ^*$를 계산할 필요가 있는데 여기서 $D = \mathrm{diag}(\lambda_i)$는 고윳값을 포함하며 유니타리 행렬 Q의 열은 그에 대응되는 고유벡터이다. 많은 기법들이 삼중대각 형식 $T = U^*AU$로 유니타리를 간소화하는 것으로 시작하는데 여기서 $|i-j|>1$에 대하여 $t_{ij}=0$이고 유니타리 행렬 U는 하우스홀더 행렬의 곱으로 된 것이다. T에 대한 고윳값 문제는 여전히 해결하기 쉽지는 않지만 조금 더 단순하다. 가장 널리 쓰이는 수법은 QR 알고리즘인데, 이것은 비에르미트 문제와 똑같은 꼴이지만 상 헤센베르크 H_k는 에르미트 삼중 대각 T_k로 바뀌고 T_k가 급격히 수렴하도록 하는 분리로 대각행렬을 택한다. 적절한 분리를 통한 QR 알고리즘은 대략 3차식의 속도로 수렴함이 알려져 있다.

에르미트 삼중 대각 고윳값 문제를 해결하는 또 다른 방법은 **분할 정복 방법**이다. 이 수법은 T를 다음과 같은 형태로 분할한다.

$$T = \begin{bmatrix} T_{11} & 0 \\ 0 & T_{22} \end{bmatrix} + \alpha vv^*$$

여기서 T_{11}의 마지막 대각원과 T_{22}의 첫 대각원은 T의 각기 대응되는 대각원과 다르며 따라서 벡터 v의 0이 아닌 성분은 둘 뿐이다. T_{11} 및 T_{22}의 고윳값 문제는 이 방법을 귀납적으로 이용하여 찾을 수 있으며 각각 $T_{11} = Q_1\Lambda_1Q_1^*$과 $T_{22} = Q_2\Lambda_2Q_2^*$가 된다. 그러면

$$\begin{aligned} T &= \begin{bmatrix} Q_1\Lambda_1Q_1^* & 0 \\ 0 & Q_2\Lambda_2Q_2^* \end{bmatrix} + \alpha vv^* \\ &= \mathrm{diag}(Q_1, Q_2)(\mathrm{diag}(\Lambda_1, \Lambda_2) + \alpha\tilde{v}\tilde{v}^*)\,\mathrm{diag}(Q_1, Q_2)^* \\ &\qquad (\text{여기서 } \tilde{v} = \mathrm{diag}(Q_1, Q_2)^* v) \end{aligned}$$

이 된다. 1차원 변동이 일어난 대각행렬 $D + \rho zz^*$의 고윳값 문제는 특성다항식을 0으로 두어 얻는 **고유 방정식**(secular equation)

$$f(\lambda) = 1 + \rho\sum_{j=1}^{n}\frac{|z_j|^2}{d_{jj}-\lambda} = 0$$

으로 해결할 수 있다. 각 조각을 모두 끼워 맞추면 전체 고유공간 분해를 얻는다.

단지 스펙트럼의 비중을 계산하고 싶을 때는 다른 방법이 적합하다. T의 k번째로 작은 고윳값을 계

산하고 싶거나 x보다 작거나 같은 T의 고윳값의 개수를 계산하려 한다고 가정하자. 그러면 $N(x)$에 이분법[I.4 §2]을 적용하여 $N(x)$가 $k-1$에서 k로 뛰는 지점을 찾는다. 에르미트 행렬의 **관성**(inertia)에 대한 다음 결과를 이용하여 $N(x)$를 계산할 수 있는데, 이것은 inertia$(A) = (\nu, \zeta, \pi)$로 정의하며 여기서 ν는 음수 고윳값의 개수, ζ는 고윳값 0의 중복도, π는 양수 고윳값의 개수이다.

정리 2(실베스터(J. J. Sylvester)의 관성의 법칙). 에르미트 행렬 A와 정칙행렬 M에 대하여 inertia(A) = inertia(M^*AM)이다.

실베스터의 관성의 법칙은 **합동변환**(congruence transformation)에 의해 음수, 0, 양수 고윳값의 개수는 변하지 않음을 말해 준다. 가우스 소거법을 이용하여 $T - xI = LDL^*$로 분해할 수 있다(D는 대각행렬, L은 단위 상 이중 대각행렬이다. 이중 대각행렬이란 삼각행렬이면서 삼중 대각행렬인 것을 말한다).* 그러면 inertia$(T - xI)$ = inertia(D)이므로 D의 0 이하인 대각원의 개수는 $T - xI$의 0 이하 대각원의 개수와 같아지며, 이것은 또한 T의 x 이하의 고윳값의 개수, 다시 말해 $N(x)$이다. 삼중 대각행렬의 LDL* 인자는 $O(n)$ 플롭 이내로 계산할 수 있으므로 이분법은 효율적인 과정이다. 또 다른 접근 방식을 **스튀름 수열**(Sturm sequence)의 성질을 이용하여 구할 수 있는데 이것은 $T - \lambda I$의 첫 번째 주 부분행렬의 특성다항식으로 이루어진 수열이다.

* 이렇게 분해하는 것이 불가능할 수도 있으나 그럴 경우 T를 살짝 변동하여 수치적 안정성을 잃지 않은 채 다시 분해를 시도할 수 있다.

5.7 특잇값분해 계산하기

사각행렬 $A \in \mathbb{C}^{m\times n}$에 대하여 차원 $m + n$인 에르미트 행렬 $\begin{bmatrix} 0 & A \\ A^* & 0 \end{bmatrix}$의 고윳값은 A의 특잇값에 $\pm$를 붙인 것과 더불어 $m + n - 2\min(m, n)$개의 0이다. 그러므로 특잇값분해는 이 커진 행렬을 고윳값분해함으로써 계산할 수 있다. 하지만 이 과정은 효율적이지 않으므로 에르미트 행렬에서의 알고리즘과 유사하면서 A에 직접 적용할 수 있는 것을 이용한다. 표준적인 방식은 A의 왼쪽과 오른쪽에 하우스홀더 변환을 하여 이중 대각행렬 B로 간소화한 뒤 이중 대각행렬 인자에 적용이 가능한 QR 알고리즘을 적용하는 것이다(그리고 은밀하게 삼중 대각행렬 B^*B에 QR 알고리즘을 적용한다).

5.8 일반화된 고윳값 문제

일반화된 고윳값 문제(generalized eigenvalue problem, GEP) $Ax = \lambda Bx$, $A, B \in \mathbb{C}^{n\times n}$은 B가 정칙인 경우 표준 고윳값 문제 $B^{-1}Ax = \lambda x$로 변환할 수 있다. 그러나 이런 변환은 B가 좋은 조건이 아니면 수치적으로 권장할 만하지 않다. 그 이유는 A와 B가 공통 영벡터 z를 가지면 문제의 양상이 아주 달라지는데 이 경우 **임의의** λ에 대해 $(A - \lambda B)z = 0$이 성립하기 때문이고, 이런 문제를 **특이** 문제라 부른다. 여기서는 **정규** 문제, 즉 $\det(A - \lambda B) \not\equiv 0$이라 가정할 것이다. 선형 다항식 $A - \lambda B$는 때때로 **꾸러미**(pencil)라 부른다.

둘 다 0이 아닌 α와 β를 이용하여 $\lambda = \alpha/\beta$라 두고 문제를 보다 대칭적인 꼴 $\beta Ax = \alpha Bx$라 쓰는 것이

편리하다. x가 $Bx=0$인 0이 아닌 벡터이면 문제가 정규적이라는 가정 때문에 $Ax \neq 0$이므로 $\beta=0$이다. 이는 $\lambda=\infty$가 고윳값임을 뜻한다. 무한 고윳값은 낯선 개념으로 보일지도 모르지만 실제로는 유한한 고윳값과 거의 차이가 없다.

특별한 경우 중 중요한 것은 **정부호 일반화된 고윳값 문제**로 에르미트 행렬 A, B가 양의 정부호일 때이다. B의 숄레스키 분해를 $B=R^*R$라 하면 문제 $Ax=\lambda Bx$는 $R^{-*}AR^{-1}\cdot Rx=\lambda Rx$라 쓸 수 있고 이것은 표준적인 에르미트 행렬 $C=R^{-*}AR^{-1}$에 대한 표준적인 고윳값 문제이다. 이는 정부호 문제의 고윳값은 모두 실수임을 보여 준다. 정부호 일반화된 고윳값 문제는 공학이나 물리학에서 에너지 최소 원칙이 작동하는 여러 물리적 상황에서 나타난다.

QR 알고리즘의 일반화 중 하나로 **QZ 알고리즘**이라 부르는 것은 슈어 분해의 두 행렬을 일반화하여 계산한 것으로 $Q^*AZ=T, Q^*BZ=S$로 나타내는데 여기서 Q, Z는 유니타리 행렬이고 T, S는 상삼각행렬이다. 일반화된 슈어 분해는 고윳값을 비율 t_{ii}/s_{ii}로 나타내며 대입법으로 고유벡터를 계산할 수 있게 해 준다.

이차 고윳값 문제(quadratic eigenvalue problem, QEP) $Q(\lambda)x=(\lambda^2A_2+\lambda A_1+A_0)x=0(A_i\in\mathbb{C}^{n\times n}, i=0:2)$은 구조물의 동역학적 해석에서 유한요소법을 사용하여 편미분방정식을 이계연립 상미분방정식 $A_2\ddot{q}(t)+A_1\dot{q}(t)+A_0q(t)=f(t)$로 나눌 때 가장 흔하게 나타난다. 여기서 A_i는 통상 에르미트 행렬이고(자이로 시스템에서 A_1은 왜 에르미트 행렬이긴 하지만) 양의 (반)정부호이다. 일반화된 고윳값 문제에서와 같은 방식으로 이차 고윳값 문제는 $\det Q(\lambda)\not\equiv 0$일 때 정규적이라 부른다. 이차 문제는 기본적으로 선형 일반화된 고윳값 문제와 다르다. 왜냐하면 정규적 문제는 $\det(Q(\lambda))=0$의 근으로 $2n$개의 고윳값을 가지지만 n개 이내의 일차독립인 고유벡터만을 가지기 때문이며, 또한 하나의 벡터가 두 개의 다른 고윳값에 대한 고유벡터가 될 수도 있기 때문이다. 예를 들어 다음 이차 고윳값 문제

$$Q(\lambda)=\lambda^2I+\lambda\begin{bmatrix}-1 & -6\\ 2 & -9\end{bmatrix}+\begin{bmatrix}0 & 12\\ -2 & 14\end{bmatrix}$$

는 고윳값 1, 2, 3, 4를 가지며 각각 대응되는 고유벡터 $\left[\begin{smallmatrix}1\\0\end{smallmatrix}\right], \left[\begin{smallmatrix}0\\1\end{smallmatrix}\right], \left[\begin{smallmatrix}1\\1\end{smallmatrix}\right], \left[\begin{smallmatrix}1\\1\end{smallmatrix}\right]$을 갖는다. 그뿐만 아니라 셋 이상 행렬에 대한 슈어 형식은 존재하지 않는데, 다시 말하면 $U^*A_iV(i=0:2)$가 삼각행렬이 되는 유니타리 행렬 U, V를 찾는 것이 일반적으로 불가능하다는 뜻이다.

이차 고윳값 문제와 관련한 것으로 $X\in\mathbb{C}^{n\times n}$에 대하여 행렬 $Q(X)=A_2X^2+A_1X+A_0$이 있다. 다음 관계

$$\begin{aligned}Q(\lambda)-Q(X)&=A_2(\lambda^2I-X^2)+A_1(\lambda I-X)\\&=(\lambda A_2+A_2X+A_1)(\lambda I-X)\end{aligned}$$

로부터 $Q(X)=0$이 되는 행렬 X를 찾을 수 있다면 (이를 **용제**(solvent)라고 부른다) 이차 고윳값 문제는 X의 고윳값을 찾아서 $n\times n$ 일반화된 고윳값 문제 하나만 해결하면 되는 것으로 간소화되는 셈이다. 위의 2×2 행렬 Q에는 다섯 개의 용제가 있는데 그 중 하나는 $\left[\begin{smallmatrix}3 & 0\\1 & 2\end{smallmatrix}\right]$이다. 용제의 존재를 알아내거나 계산하는 것은 쉽지 않으며 그러기 위해서는 **행렬 다항식**(matrix polynomials)의 이론이 필요하다. 일반적으로 행렬 다항식은 $\sum_{i=0}^{k}\lambda^iA_i$ 꼴의 행렬이며 복소 변수 다항식을 원으로 가진다. 이런 행렬을 가리키는

오래된 이름은 λ-행렬이다.

이차 고윳값 문제의 수치적 해를 구하는 표준적인 접근은 5.3절에서 묘사했던 상수 다항식 근 문제를 행렬 고윳값 문제로 변환한 것을 흉내 낸 것이다. 다음 관계식

$$L(\lambda)z \equiv \left(\begin{bmatrix} A_1 & A_0 \\ I & 0 \end{bmatrix} + \lambda \begin{bmatrix} A_2 & 0 \\ 0 & -I \end{bmatrix}\right)\begin{bmatrix} \lambda x \\ x \end{bmatrix} = \begin{bmatrix} Q(\lambda)x \\ 0 \end{bmatrix}$$

으로부터 이차식 Q의 고윳값은 $2n \times 2n$ 선형 다항식 $L(\lambda)$의 고윳값임을 알 수 있다. 이것은 완전 선형화 과정의 예인데 고유벡터에 숨겨진 λ 덕분이다. L의 고윳값은 QZ 알고리즘을 이용해 찾을 수 있다. L의 고유벡터는 $z = \begin{bmatrix} \lambda x \\ x \end{bmatrix}$ 꼴을 가지는데 여기서 x는 Q의 고유벡터이므로 x는 z의 첫 n개($\lambda \neq 0$일 때) 또는 마지막 n개의 성분으로부터 얻을 수 있다.

6 희소 선형 연립방정식

미분방정식을 분리할 때 나타나는 선형 연립방정식에서 A가 띠(band) 형태인 일이 흔히 나타나는데, 다시 말하자면 0이 아닌 원소가 주 대각원 주변에 나타난다는 뜻이다. 극단적인 경우는 **삼중 대각행렬**(tridiagonal matrix)인데 그중 고전적인 예는 이차 차분행렬로 $n = 4$일 때 다음과 같은 것이다.

$$A = \begin{bmatrix} -2 & 1 & 0 & 0 \\ 1 & -2 & 1 & 0 \\ 0 & 1 & -2 & 1 \\ 0 & 0 & 1 & -2 \end{bmatrix}, \quad A^{-1} = -\frac{1}{5}\begin{bmatrix} 4 & 3 & 2 & 1 \\ 3 & 6 & 4 & 2 \\ 2 & 4 & 6 & 3 \\ 1 & 2 & 3 & 4 \end{bmatrix}$$

이 행렬은 중심 유한차분 근사[II.11]의 이계미분 $f''(x) \approx (f(x+h) - 2f(x) + f(x-h))/h^2$에 대응되는 것이다. A^{-1}은 모든 원이 0이 아님을 기억하자. 띠 행렬에서 가우스 소거법은 띠 행렬인 LU 인자를 만들고 이때 계산 비용은 띠 넓이 제곱의 n배에 비례한다.

각 자리 원소의 0의 개수나 분포 때문에 계산 비용에 이득이 생기는 행렬을 **희소행렬**(sparse matrix)이라 부른다. 띠 행렬은 희소행렬의 특수한 경우이다. 희소행렬은 컴퓨터에 정사각형의 꼴로 저장되지 않고 0이 아닌 원소와 행렬 내의 위치를 기록한 특수한 형태로만 저장된다. 희소행렬은 세 가지 벡터로 나타낼 수 있는데, 하나는 0이 아닌 원소를 저장하고 나머지 둘은 첫 번째 벡터에서 각 원소의 행 및 열 번호를 기록한다.

희소행렬은 다음 원칙을 설명하는 데 도움을 준다. **연립방정식 $Ax = b$를 $x = A^{-1} \times b$로 계산하려 하지 말라.** A^{-1}을 피하는 데는 세 가지 측면의 이유가 있다.

- A^{-1}을 계산하는 것은 부분 피벗을 포함한 가우스 소거법을 이용하여 $Ax = b$를 푸는 것에 비해 세 배 가량의 플롭이 필요하다.
- 피벗을 포함한 가우스 소거법은 $Ax = b$를 푸는 데 역방향으로 안정적이지만(8절을 보라) A^{-1}을 이용하는 것은 그렇지 못하다.
- A가 희소행렬이라도 일반적으로 A^{-1}은 조밀하므로 부분 피벗을 포함한 가우스 소거법에 비해 많은 저장 공간이 필요하다.

가우스 소거법을 희소행렬에 적용할 때는 행 연

산 때문에 0이었던 원소가 소거 과정에서 0이 아니게 되는 **메워짐(fill-in)**이 나타난다. 저장 용량과 계산 비용을 최소화하려면 메워짐을 가능한 한 피해야 한다. 메워짐은 해당 부분행렬에서 적절한 피벗을 골라 행과 열을 맞바꾸면 피할 수 있다. 이러한 전략은 1957년에 마코위츠(H. Markowitz)가 처음 소개하였다. k번째 단계에서 j열의 k행부터 n행까지 0이 아닌 원소의 개수를 $c_j^{(k)}$라 두고 i행의 k열부터 n행까지 0이 아닌 원소의 개수를 $r_i^{(k)}$라 두기로 하면, 마코위츠 전략은 모든 가능한 피벗 $a_{ij}^{(k)}$ 중에서 $(r_i^{(k)}-1)(c_j^{(k)}-1)$을 최소화하는 쌍 (r, s)를 찾아 그 $a_{rs}^{(k)}$를 피벗으로 정한다. 이렇게 최소화된 수가 메워지는 수의 상계가 된다. 실제로 피벗을 정할 때는 수치적 안정성을 유지하기 위해서 부분 피벗보다 크기가 지나치게 작아지지 않도록 해야 한다. 마코위츠 피벗을 포함한 가우스 소거법의 결과는 $PAQ = LU$로 분해되는데 여기서 P, Q는 치환 행렬이다.

양의 정부호인 에르미트 행렬에서는 마코위츠 전략과 유사하게 대각원 $a_{ii}^{(k)}$ 중에서 $r_i^{(k)}$가 가장 작은 것을 피벗으로 정한다. 이것은 **최소 차수 알고리즘**으로 매우 실용적이다. 그림 3은 225차원 희소 띠 행렬인 양의 정부호 행렬 A의 오른쪽에 그 숄레스키 인자를 보여 준다. 숄레스키 인자는 A에 비해 0이 아닌 원소를 훨씬 많이 가지고 있다. 두 번째 줄은 근사한 최소 차수 배열로 만든(MATLAB symamd 함수로 만들었다) 행렬 PAP^{T}과 그 숄레스키 인자를 보여 준다. 치환 때문에 띠 구조가 깨지긴 했지만 메워짐이 크게 줄어서 숄레스키 인자는 훨씬 성긴 모양이 되었음을 볼 수 있다.

희소 선형 연립방정식을 풀 때 가우스 소거법 대

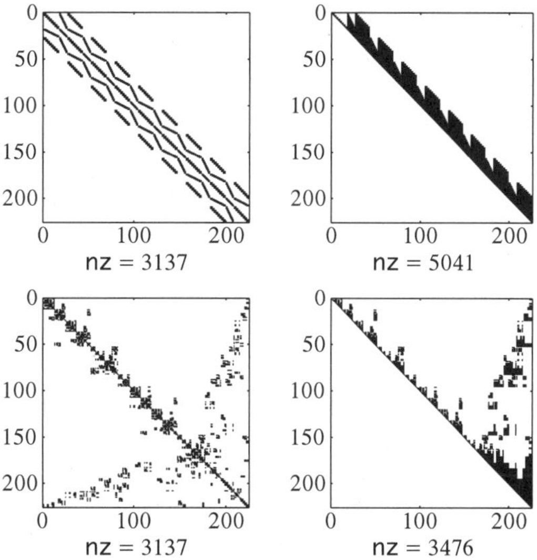

그림 3 대칭인 양의 정부호 행렬(왼쪽)과 그 숄레스키 인자(오른쪽)에 대한 성긴 정도 표시. 원 행렬(첫 줄)과 재배열 행렬(두번째 줄). nz는 0이 아닌 원소의 개수.

신 9절에 나오는 반복법을 이용할 수 있다. 충분히 큰 규모의 문제에서는 실현 가능한 방법이 이것뿐이다.

7 과결정 또는 미결정 연립방정식

사각행렬 $A \in \mathbb{C}^{m\times n}$으로 나타나는 선형 연립방정식 $Ax = b$는 대단히 일반적인 것이다. 이것은 방정식이 미지수보다 많은$(m > n)$ **과결정 연립방정식(overdetermined systems)**과 방정식이 미지수보다 적은$(m < n)$ **미결정 연립방정식(underdetermined systems)**의 두 가지 범주로 나눌 수 있다. 일반적으로 $m > n$일 때는 해가 없고 $m < n$일 때는 많은 해가 있기 때문에 문제를 잘 정의하기 위해서는 특별한 조건을 포함해야 한다. 특별한 조건은 일반적으로 노름을 포함하며 다른 종류의 노름을 선택하는 것도 가능하다. 여기서는 주로 가장 중요한 경우인 2-

노름의 경우로 논의를 제한하지만, 다른 선택 또한 실용적 측면에서 흥미롭다.

7.1 선형 최소 제곱 문제

$m > n$일 때 나머지항 $r = b - Ax$는 일반적으로 0이 될 수 없으므로 노름을 최소화하려고 한다. 가장 일반적인 노름은 2-노름으로 이로부터 다음과 같은 **선형 최소 제곱 문제**(linear least-squares problem)가 나온다.

$$\min_{x \in \mathbb{C}^n} \|b - Ax\|_2 \qquad (6)$$

이렇게 설정한 동기는 통계적 고려(가우스-마르코프 정리)나 2-노름의 제곱이 미분 가능하여 문제를 명쾌하게 해결할 수 있다는 사실 때문일 수 있다. 실제로 $\|b - Ax\|_2^2$의 기울기 벡터를 0으로 두어 **정규방정식**(normal equations) $A^*Ax = A^*b$를 얻는데, 이 식은 최소 제곱 문제의 임의의 해가 만족해야 하는 것이다. A가 최대 계수를 가지면 A^*A는 양의 정부호이므로 유일한 해를 가지고, 이것은 숄레스키 분해를 이용하여 정규방정식의 해를 구함으로써 계산할 수 있다. 수치적 안정성의 이유 때문에 QR 분해를 이용하는 것을 좀 더 선호한다. 예를 들어 $A = Q\left[\begin{smallmatrix} R_1 \\ 0 \end{smallmatrix}\right]$이면 정규방정식은 삼각행렬 연립방정식 $R_1x = c$로 간소화되는데 여기서 c는 Q^*b의 첫 n개 성분이다.

A가 최대 계수를 가지지 않을 때는 많은 최소 제곱해가 있는데, 최소 제곱해는 노름에 따라 크게 달라진다. 자연스러운 선택은 최소 2-노름으로 이때 유일한 최소 2-노름 해 x_{LS}가 존재하며 다음과 같이 나타난다.

$$x_{LS} = \sum_{i=1}^{r} (u_i^* b/\sigma_i) v_i$$

여기서

$$A = U\Sigma V^*, \quad U = [u_1, \cdots, u_m], \quad V = [v_1, \cdots, v_n] \qquad (7)$$

은 특잇값분해이고 $r = \text{rank}(A)$이다. 실제로 이 공식을 이용하는 것은 그리 쉽지 않은데, 그 이유는 부동점 연산에서 저장된 행렬은 특잇값으로 0을 거의 갖지 않기 때문이다. 따라서 r를 선택할 때는 어떤 특잇값을 무시할 수 있는 것으로 칠지를 선택해야 하며 A의 어떤 원소가 알려져 있는지 정확히 맞추어야 한다.

최대 계수를 가지지 않는 경우에 또 다른 최소 제곱해를 선택하는 방법으로 **기본 해**(basic solution)가 있는데, 기본 해는 r개 이내의 0이 아닌 원을 갖는 것이다. 그러한 해는 열 피벗을 통한 QR 분해를 통해 계산할 수 있다.

7.2 미결정 연립방정식

$m < n$이고 A가 최대 계수를 가지면 $Ax = b$의 해가 무한히 많을 수 있는데, 이때에도 그중 가장 작은 2-노름을 갖는 해를 찾는 것은 자연스러운 문제이다. 그러한 해는 유일하게 존재하는데, 바로 $x_{LS} = A^*(AA^*)^{-1}b$이며 이번에는 A^*의 QR 분해를 이용하여 최선의 계산을 할 수 있다. m개의 0이 아닌 기본 해를 대신 계산할 수도 있다. 간단한 예로 '합이 5인 두 수를 찾는' 문제, 다시 말해 $[1\ 1]\left[\begin{smallmatrix} x_1 \\ x_2 \end{smallmatrix}\right] = 5$를 생각해 보자. 기본 해는 $[5\ 0]^T$인 반면, 최소 2-노름 해는 $[5/2\ 5/2]^T$이다. **압축 감지**[VII.10]에서는 미결정 연립방정식에 대한 최소 1-노름 해가 중요하다.

7.3 유사 역행렬

앞의 두 절에서 했던 분석은 $A \in \mathbb{C}^{m \times n}$의 **무어-펜로즈 유사 역행렬**(Moore-Penrose pseudo inverse) A^+를 이용하면 매우 아름다운 방식으로 통합할 수 있는데, 이것은 다음 무어-펜로즈 조건

$$AXA = A, \quad XAX = X$$
$$(AX)^* = AX, \quad (XA)^* = XA$$

를 만족하는 유일한 $X \in \mathbb{C}^{n \times m}$으로 정의한다(이 방정식이 유일한 해를 갖는다는 것은 분명히 명백하지 않다). A가 정사각형이 정칙인 경우 A^+는 그냥 A^{-1}임은 쉽게 보인다. 그뿐만 아니라 $\text{rank}(A) = n$이면 $A^+ = (A^*A)^{-1}A^*$이며 $\text{rank}(A) = m$이면 $A^+ = A^*(AA^*)^{-1}$이다. 특잇값분해 (7)의 항으로 표현하면 $r = \text{rank}(A)$라 할 때

$$A^+ = V \operatorname{diag}(\sigma_1^{-1}, \cdots, \sigma_r^{-1}, 0, \cdots, 0)U^*$$

이다. 공식 $x_{\text{LS}} = A^+b$가 모든 m과 n에 대해 성립하므로 유사 역행렬은 최소 제곱(과결정) 문제 $Ax = b$와 미결정 연립방정식 $Ax = b$ 양쪽 모두에서 최소 2-노름 해를 얻게 해 준다. 유사 역행렬에는 $(A^+)^+ = A$를 비롯한 여러 흥미로운 성질이 있지만 $(AB)^+ = B^+A^+$가 언제나 성립하지는 않는다.

유사 역행렬이 매우 유용한 이론적 도구이기는 하나, 이를 명확히 계산할 필요는 (행렬의 역행렬 같은 특수한 경우 말고는) 거의 없다.

유사 역행렬은 역행렬의 개념을 일반화한 여러 방법 중 하나일 뿐이지만 선형 연립방정식에서는 최소 2-노름 해의 정답을 알려 준다. 네 개의 무어-펜로즈 조건 중 일부만 성립하도록 하는 다른 일반화된 역행렬을 얻을 수도 있다.

8 수치적 고려 대상

1940년대 처음으로 전자계산기가 도입되기 전에는 수치 계산을 인간이, 간혹 기계식 계산기의 도움을 받아서 했다. 계산 과정에 인간이 개입한다는 것은 작은 수를 나누거나 유효숫자 자리가 대부분 일치하는 두 수를 빼는 것처럼 잠재적으로 위험한 사건을 관측할 수 있고, 그 영향을 모니터하며 계산의 정확도를 임시적으로 높이는 것과 같은 수정 행위를 한다는 의미이다. 극초기의 컴퓨터를 사용할 때는 브라운관 화면으로 중간 결과를 관찰했었지만 (계산 능력의 향상과 함께) 문제의 규모가 커지면서 이런 일은 불가능해졌다. 1940년대 들어 문제의 차원이 커짐에 따라 가파르게 증가하는 연산의 횟수와 각각의 연산이 갖는 **반올림오차**[II.13] 때문에 가우스 소거법 같은 알고리즘에 지수적으로 증가하는 오차가 생긴다는 두려움이 커졌다. 이런 두려움은 오차의 증가가 눈에 띄거나 예상하지 못했던 것이기 때문에 특히 더욱 컸다.

반올림오차 해석(rounding error analysis)이라는 주제는 알고리즘에서 반올림오차의 효과를 이해하기 위해 발전했다. 이 주제를 발전시키는 데 가장 크게 기여한 인물은 제임스 윌킨슨(James Wilkinson)으로, 그의 영향력 있는 논문과 1961년, 1965년의 저서는 수치적 안정성에 관한 깊은 통찰을 얻기 위해 **후향오차 해석**[I.2 §23]을 어떻게 이용하는지 보여 준다. 여기서는 두 가지 특별한 경우만 논의하기로 한다.

윌킨슨은 부동점 연산에서 가우스 소거법으로 정칙 선형 연립방정식 $Ax = b$의 해를 구하면 계산된 해 $\hat{x}$는 다음 관계식을 만족함을 보였다.

$$(A+\Delta A)\tilde{x}=b, \quad \|\Delta A\|_\infty \le p(n)\rho_n u\|A\|_\infty$$

여기서 $p(n)$은 삼차다항식이고 증가 요인

$$\rho_n = \frac{\max_{i,j,k}|a_{ij}^{(k)}|}{\max_{ij}|a_{ij}|} \ge 1$$

은 소거 과정에서 각 원소의 증가 정도를 측정하며 u는 단위반올림[II.13]이다. 이는 후진 안정성 결과(backward stability result)로 나온 해 $\hat{x}$가 변형된 방정식의 정확한 해라는 의미이다. 이상적으로는 $\|\Delta A\|_\infty \le u\|A\|_\infty$이기를 바라는데 이는 A의 원소를 부동점 수로 변환함으로써 나타나는 불확실성을 반영한다. 다항식 항 $p(n)$은 비관치이며 보다 현실적으로 그 제곱근으로 대체하여도 좋을 것이다. 위험한 항은 증가 인자 ρ_n이며 윌킨슨의 분석을 통해 얻은 결론은 '피벗 전략은 ρ_n을 작게 유지하는 것을 목표로 해야 한다'는 점이다. 피벗을 하지 않으면 ρ_n은 얼마든지 커질 수 있다(예를 들어, $A=\begin{bmatrix}\varepsilon & 1\\ 1 & 1\end{bmatrix}(0<\varepsilon \ll 1)$이면 $\rho_n \backsimeq 1/\varepsilon$이다). 그렇지만 부분 피벗에서는 $\rho_n \le 2^{n-1}$임을 보일 수 있으며 이 상계는 계산할 수 있다. 실제로 부분 피벗에서 ρ_n은 거의 언제나 적절한 크기를 갖는데(대략 $\rho_n \le 50$), 그 이유는 수치해석의 크나큰 수수께끼로 남아 있다.

윌킨슨의 후진 오류 해석의 장점 중 하나는 피벗을 필요로 하지 않는 행렬의 부류를 결정할 수 있게 한다는 것으로, 이를 다시 말하면 LU 분해 $A=LU$가 존재하면서 ρ_n이 좋은 한계를 갖는다는 것이다. 이러한 부류 중 하나로 행 또는 열에 대한 대각 우세 행렬이 있는데, 이때 $\rho_n \le 2$이다.

가우스 소거법의 잠재적 불안정성은 A가 유니타리가 아닌 변환을 연달아 곱해서 나왔기 때문이라고 생각하는데, 그 이유는 각각이 불량 조건이기 때문이다. 하우스홀더 QR 분해나 고윳값에 대한 QR 알고리즘을 포함한 많은 알고리즘은 유니타리 변환만을 이용한다. 그런 알고리즘은 보통(언제나 그렇지는 않다) 후진 안정적인데 그 이유는 본질적으로 유니타리 변환이 오차의 크기를 키우지 않기 때문이다. 다시 말하면 임의의 유니타리 행렬 U, V와 2-노름 및 프로베니우스 노름에 대해 $\|UAV\|=\|A\|$라는 것이다. 예를 들어 $A\in\mathbb{C}^{n\times n}$에 QR 알고리즘을 적용하면 상삼각행렬 $\hat{T}$를 계산하게 되는데, 이것은

$$\tilde{Q}^*(A+\Delta A)\tilde{Q}=\hat{T}, \quad \|\Delta A\|_F \le p(n)u\|A\|_F$$

(여기서 $\tilde{Q}$는 완전히 유니타리인 행렬이고 $p(n)$은 삼차다항식이다)

를 만족한다. 이렇게 구한 $\hat{Q}$가 반드시 $\tilde{Q}$에 가까울 필요는 없으나(Q에 정확히 근접할 필요도 없다) 직교행렬에 가까워진다. 즉, $\|\hat{Q}^*\hat{Q}-I\|_F \le p(n)u$가 된다. 다른 Q 행렬들에 대한 이런 차이가 후진 오차 해석을 가리키는 것이다. 일부 문제에서는 어떤 형태의 후진 오차 결과가 유용한 한계를 얻는 데 유용한지 증명하는 것이 분명치 않다. 하지만 후진 오차 해석의 목표는 항상 같다. 그 목표는 알고리즘이 수치적으로 안정적인 방식으로 작동함을 보이거나 그런 시도가 어떤 식으로 실패하는지 조명하고, 잠재적 불안정성을 가려내기 위해서 관찰해야 하는 변량이 무엇인지 나타내는 것이다.

9 반복법

수치 선형 대수의 기법은 크게 두 가지 부류로 나뉘

는데, 바로 직접적인 것과 반복적인 것이다. 가우스 소거법 같은 직접적인 방법은 고정된 횟수의 산술 연산이나 고윳값을 구하는 QR 알고리즘처럼 변동이 가능하나 실용성을 위해 대체로 상수인 횟수 안에 문제를 해결한다. 반복적 방법은 무한한 과정으로 진행 중인 근사가 '충분히 좋은(good enough)' 수준이 되는 시점에서 중단하는 것이다. 통상 반복적 방법은 문제의 행렬을 변환하는 것이 아니라 행렬-벡터 곱을 통해 접근할 뿐인데, 이는 특히 직접적 접근이 실용적이지 못할 큰 희소행렬에서 특히 매력적이다.

5.5절에서 고윳값 문제에 대한 간단한 반복적 방법으로 거듭제곱법을 이미 본 적이 있다. **고정 반복법(stationary iterative method)**은 정칙 선형 연립방정식 $Ax = b$를 해결하는 데 있어 중요하다. 이 방법은

$$A = M - N(M\text{은 정칙})$$

처럼 분리(splitting)하여 나타내는 것이 가장 좋다. 연립방정식 $Ax = b$는 $Mx = Nx + b$로 다시 쓸 수 있고 이것을 가지고 주어진 시작 벡터 $x^{(0)}$으로부터 다음 관계식

$$Mx^{(k+1)} = Nx^{(k)} + b \quad (8)$$

로 나타나는 수열 $\{x^{(k)}\}$을 만든다. 이때 M, N을 다르게 선택하면 방법도 달라진다. 목표는 M을 잘 선택해 A로 급격히 수렴하게 하여 식 (8)을 낮은 비용으로 해결하는 것이다. 수렴성을 분석하는 것은 쉽다. k번째 반복의 오차를 $e^{(k)} = x^{(k)} - x$라 하자. 식 (8)에서 $Mx = Nx + b$를 빼면 $M(x^{(k+1)} - x) = N(x^{(k)} - x)$가 되므로

$$e^{(k+1)} = M^{-1}Ne^{(k)} = \cdots = (M^{-1}N)^{k+1}e^{(0)} \quad (9)$$

이 된다. $\rho(M^{-1}N) < 1$이면 $k \to \infty$일 때 $(M^{-1}N)^k \to 0$이 되므로(**조르당 표준형**[II.22]을 보라) $x^{(k)}$은 선형적 비율로 x로 수렴한다. 실제로 수렴을 위해서 적당한 횟수로 반복하여 $\rho(M^{-1}N)$이 1보다 충분히 작아지게 할 필요가 있으면서 소멸할 때까지 $M^{-1}N$의 지수가 지나치게 커져서는 안 되는데, 다시 말하면 $M^{-1}N$이 지나치게 비정상적이어서는 안 된다.

분리하는 방식에는 다음과 같이 세 가지가 있는데 여기서 $D = \text{diag}(A)$이며 L, U는 각각 A의 순 하삼각행렬, 순 상삼각행렬을 의미한다.

- $M = D, N = -(L + U)$: **야코비 반복**(**해를 구하는 방법**[I.3 §6]에서 설명하였다).
- $M = D + L, N = -U$: **가우스-자이델 반복**(Gauss-Seidel iteration).
- $M = (1/\omega)D + L, N = ((1 - \omega)/\omega)D - U$, 여기서 $\omega \in (0, 2)$는 완화 계수이다. **축차가속완화 반복법**(successive overrelaxation iteration, SOR).

수렴에 대한 충분조건은 야코비 반복법의 경우 A가 순 행 대각 우세라는 것이고 가우스-자이델 반복법의 경우 A가 대칭 양의 정부호행렬이라는 것이다. SOR 반복에서 $\rho(M^{-1}N|_\omega)$를 최소화하기 위해 ω를 어떻게 선택할 것인가는 1950년에 데이비드 영(David Young)의 기념비적인 박사논문에서 밝혀내었다.

구글 페이지랭크 알고리즘[VI.9]은 구글 검색 결과 배열의 기저가 되는 것으로, 이는 전체 월드 와이드

웹에 대응되는 그래프의 인접행렬[II.16]을 포함한 어떤 선형 연립방정식에 야코비 반복법을 적용한 것으로 해석할 수 있다. 그렇지만 고정 반복법의 가장 흔한 쓰임새는 다른 반복법을 위한 사전 조정이다.

사전 조정(precondition)의 목적은 주어진 선형 연립방정식 $Ax = b$를 특정 반복법을 이용하여 보다 저렴한 비용으로 해결할 수 있도록 변환하는 것이다. 기본 발상은 정칙행렬 W를 이용해 연립방정식을 $(W^{-1}A)x = W^{-1}b$로 변환하여 (a)사전 조정된 연립방정식이 원래 것보다 적은 반복을 통해 해결되도록 하고 (b)$W^{-1}A$에 행렬-벡터 곱을 하는 것이(이것은 계수 행렬 W를 갖는 선형 연립방정식의 해를 요구한다) A에 하는 것보다 훨씬 많은 비용이 들지 않도록 하는 것이다. 일반적으로 이것은 어렵거나 불가능한 일이지만 많은 응용 분야에서 행렬 A는 개선할 여지가 있는 구조를 가지고 있다. 예를 들자면 많은 타원형 편미분방정식 문제에는 양의 정부호 행렬의 꼴

$$A = \begin{bmatrix} M_1 & F \\ F^{\mathrm{T}} & M_2 \end{bmatrix}$$

가 나타나는데 여기서 $M_1z = d_1$과 $M_2z = d_2$는 쉽게 해결할 수 있다. 이런 경우에는 사전 조정으로 $W = \mathrm{diag}(M_1, M_2)$를 두는 것이 자연스럽다. A가 양의 정부호인 에르미트 행렬일 때 사전 조정된 연립방정식은 그 구조를 보존한 채로 쓸 수 있다. 예를 들어 야코비 사전 조정 $D = \mathrm{diag}(A)$이면 사전 조정된 연립방정식은 $D^{-1/2}AD^{-1/2}\tilde{x} = \tilde{b}$가 된다($\tilde{x} = D^{1/2}x$, $\tilde{b} = D^{-1/2}b$). 여기서 행렬 $D^{-1/2}AD^{-1/2}$은 단위원을 대각원으로 가지며 비대각원은 -1과 1 사이에 놓인다.

선형 연립방정식 $Ax = b$에 대한 가장 강력한 반복법은 크릴로프(A. Krylov) 방법이다. 이 방법에서 반복 벡터 $x^{(k)}$은 부분공간의 평행이동 $x^{(0)} + \mathcal{K}_k(A, r^{(0)})$에서 선택하는데 여기서

$$\mathcal{K}_k(A, r^{(0)}) = \mathrm{span}\{r^{(0)}, Ar^{(0)}, \cdots, A^{k-1}r^{(0)}\}$$

은 차원 k인($r^{(k)} = b - Ax^{(k)}$) **크릴로프 부분공간**[II.23]이다. 크릴로프 부분공간으로부터 다른 근사 전략을 취하게 되면 방법도 달라진다. 예를 들어 **켤레 그래디언트 방법**(conjugate gradient method, CG)(A가 양의 정부호인 에르미트 행렬에 대해)이나 **전체 직교화 방법**(full orthogonalization method, FOM)(일반적인 A에 대해)은 나머지항 $r^{(k)}$이 크릴로프 부분공간 $\mathcal{K}_k(A, r^{(0)})$에 직교하는 반면, **최소 잉여법**(residual method, MINRES)(A가 에르미트 행렬일 때)과 **일반화된 최소 잉여법**(GMRES)(일반적인 A에 대해)은 크릴로프 부분공간의 모든 벡터에 대한 오차항의 2-노름을 최소화한다. 이런 식으로 정의된 벡터를 어떻게 계산하는지는 명백하지 않다. 켤레 그래디언트 방법은 한 번 반복할 때 단 한 번의 행렬-벡터 곱셈과 세 번의 내적을 필요로 하는 점화식을 이용하고, 최소 잉여법은 그보다 조금 더 계산 비용이 많이 들며, 비에르미트 행렬에 적용이 가능한 일반화된 최소 잉여법은 엄청난 비용이 들지만 수렴성을 분석하기는 훨씬 어렵다. 일반적인 행렬에 대해선 일반화된 최소 잉여법을 대체할 짧은 점화식이 있다. 그중 BiCGSTAB만 언급할 것인데, 이것은 헹크 판 데르 포르스트(Henk van der Vorst)의 1992년 논문에서 도입한 것으로 1990년대 수학 논문에

서 가장 많이 인용하여 명성이 높다.

이론적으로 크릴로프 방법은 차원 n의 연립방정식에서 n회 이내의 반복으로 수렴한다. 하지만 실제 계산에서는 반올림오차가 나타나기 때문에 이 수법은 유한 번으로는 끝나지 않는 반복법처럼 움직인다. n은 대체로 매우 큰 수이므로 크릴로프 방법은 좋은 근사해를 n회 이내 반복으로 얻지 못하면 사용할 수 없다. 따라서 사전 조정은 여기서 매우 중요한 역할을 한다. 방법마다 사용이 가능한 오차의 한계가 사전 조정으로 무엇을 선택할지 알려 주지만 그 한계를 해석할 때는 주의해야 한다. 이러한 예를 살펴보기 위해 A가 에르미트 양의 정부호 행렬일 때 $Ax = b$에 대한 켤레 그래디언트 방법을 생각해 보자. A-노름 $\|z\|_A = (z^*Az)^{1/2}$에서 k번째 단계 오차는

$$\|x - x^{(k)}\|_A \le 2\|x - x^{(0)}\|_A \left(\frac{\kappa_2(A)^{1/2} - 1}{\kappa_2(A)^{1/2} + 1}\right)^k$$
$$(\text{여기서 } \kappa_2(A) = \|A\|_2\|A^{-1}\|_2)$$

을 만족한다. 만일 A의 2-노름 조건수가 1에 매우 가깝도록 사전 조정할 수 있다면 빠른 수렴이 보장된다. 하지만 또 다른 결과로 A가 k개의 서로 다른 고윳값을 가지면 켤레 그래디언트 방법은 k번 이내에 수렴한다. 따라서 더 나은 접근 방식은 사전 조정 행렬의 고윳값이 적은 개수의 모임으로 뭉치도록 하는 것이다.

또 다른 중요한 반복법으로 **다중 격자법**[IV.13 §3]이 있는데, 이 방법은 기저 편미분방정식을 이산화하는 데서 나타나거나(기하학적 다중 격자) 주어진 행렬로부터 인위적으로 구성된(대수적 다중 격자) 격자 부류에서 작동한다.

중요한 실용적 사안은 반복을 마치는 방법에 관한 것이다. 문제 해결을 위한 흔한 접근 방식은 잉여항 $r^{(k)} = b - Ax^{(k)}$(적절하게 크기를 정한 것)이 작아지거나 오차 $x - x^{(k)}$의 추정치가 작아졌을 때 중단하는 것이다. 상황을 복잡하게 만드는 요인에는 사전 조정이 노름을 변화시킬 수 있다는 것과 반복에서 나오는 오차와 편미분방정식에서 나오는 선형 연립방정식이 가질 수 있는(자료에 나타난 것보다 정확한 연립방정식의 해가 없을 수도 있으므로) 분리 오차를 맞출 수 있을 것이라는 희망 등이 있다. 최근 연구로 이런 사안을 잘 이해하게 되었다.

크릴로프 방법과 사전 조정의 발상은 선형 연립방정식이 아닌 문제에도 적용할 수 있다. 최소 제곱 문제 (6)을 해결하는 가장 흔한 크릴로프 방법은 최소 제곱 QR(LSQR)로, 수학적으로는 정규방정식에 켤레 그래디언트 방법을 적용한 것과 동일하다. 큰 규모의 고윳값 문제에서는 보통 몇 개의 고윳값/벡터만을 필요로 한다. 몇 가지 방법은 원래 행렬을 크릴로프 부분공간으로 사영하여 더 작은 개수의 고윳값 문제를 해결한다. 이런 방법에는 에르미트 행렬에 대한 **란초스**(Lanczos) 방법, 일반적인 행렬에 대한 **아놀디**(W. E. Arnoldi) 방법 등이 있다. 또한 현재 연구에서 많은 관심을 기울이는 것으로 **크릴로프 부분공간에 대한 유리 일반화**[II.23]에 기반한 **유리 크릴로프 방법**(rational Krylov method)이 있다.

10 비정규성과 유사 스펙트럼

정규행렬 $A \in \mathbb{C}^{n\times n}$(5.1절에서 정의하였다)은 유니타리 대각화 가능함이, 즉 적당한 유니타리 행렬 Q와 대각원이 고윳값으로 이루어진 대각행렬 $D =$

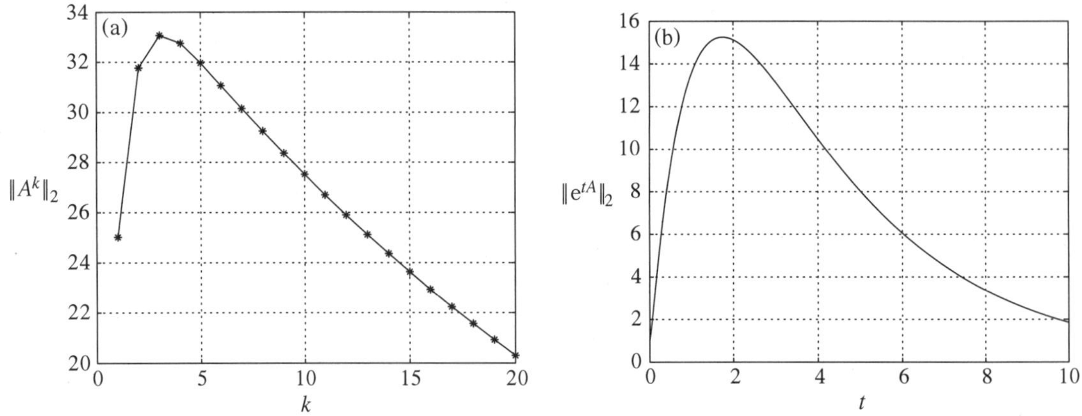

그림 4 식 (10)의 2×2 행렬 A의 (a)거듭제곱 및 (b)지수함수의 2-노름.

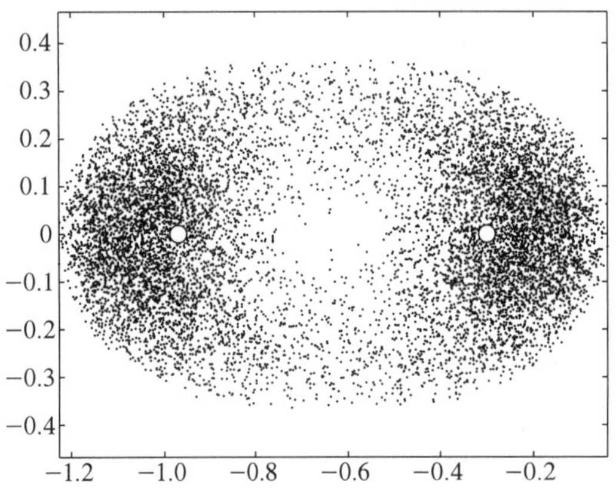

그림 5 식 (10)에 5,000가지 무작위 변동을 하여 얻은 식 (11)의 $A+E$의 고윳값으로 이루어진 A의 10^{-2}-유사 스펙트럼. A의 고윳값은 흰 원으로 표시하였다.

$\mathrm{diag}(\lambda_i)$가 존재하여 $A = QDQ^*$로 나타낼 수 있다는 성질을 가지고 있다. 많은 면에서 정규행렬은 매우 예측 가능한 성질을 가지고 있다. 예를 들자면 $\|A^k\|_2 = \rho(A)^k$과 $\|e^{tA}\|_2 = e^{\alpha(tA)}$($\alpha(tA)$는 **스펙트럼 축**(spactral abscissa)으로 tA의 고윳값 중 가장 큰 실수부를 말한다)이 성립한다. 하지만 실제 나타나는 행렬은 거의 대부분 정규행렬이 아니다. 여기서 부사 '거의'는 여러 방식으로 계량화할 수 있는데, 그중 하나는 슈어 분해 $A = QTQ^*$에서 나타나는 상삼각 행렬 T의 순 상삼각 부분의 프로베니우스 노름이다. 예를 들어 행렬 $\begin{bmatrix} t_{11} & \theta \\ 0 & t_{22} \end{bmatrix}$는 $\theta \neq 0$일 때 정규행렬이 아니며 $|\theta|$가 증가함에 따라 비정규적으로 증가한다.

다음 적절한 비정규행렬

$$A = \begin{bmatrix} -0.97 & 25 \\ 0 & -0.3 \end{bmatrix} \tag{10}$$

을 생각해 보자. $\rho(A) = 0.97 < 1$이므로 A의 거듭제곱은 결국 0으로 수렴하지만, 그림 4를 보면 처음에는 노름이 증가함을 알 수 있다. 마찬가지로 $\alpha(A) = -0.3 < 0$이므로 노름 $\|e^{tA}\|_2$는 $t \to \infty$일 때 0으로 수렴하지만, 그림 4를 보면 초반에 혹처럼 튀어나온 부분이 보인다. 고정 반복에서 비정규 반복행렬 $M^{-1}N$ 때문에 발생한 '혹'은 수렴을 지체시킬 수 있는데 이는 식 (9)로부터 명백히 알 수 있다. 유한 정밀도 산술(finite-precision arithmetic)에서는 심지어 혹이 충분히 클 경우 반올림오차 때문에 노름의 거듭제곱이 혹의 높이를 평평하게 유지하며 0으로 수렴하지 않는 일도 나타날 수 있다.

그림 4에서 곡선의 모양을 어떻게 예측할 수 있을까? $\|A^k\|_2$에 주목해 보자. 처음에는 $\|A\|_2^k$처럼 증가하며 결국에는 $\rho(A)^k$처럼 수렴하며 0으로 수렴하는 비율은 식 (4)로부터 알 수 있다. 혹의 높이는 유사 스펙트럼과 관련이 있는데, 이것은 닉 트레페텐(Nick Trefethen)이 널리 알린 것이다.

행렬 $A \in \mathbb{C}^{n\times n}$은 주어진 $\varepsilon > 0$에 대하여

$$\Lambda_\varepsilon(A) = \{z \in \mathbb{C}: z\text{는 } A+E\text{의 고윳값}(\|E\|_2 < \varepsilon)\} \tag{11}$$

으로 정의하며 또한 **분해방정식**(resolvent) $(zI - A)^{-1}$을 이용하여 다음과 같이 표현할 수 있다.

$$\Lambda\varepsilon(A) = \{z \in \mathbb{C}: \|(zI - A)^{-1}\|_2 > \varepsilon^{-1}\}$$

예를 들어 0.001-유사 스펙트럼은 A의 원소를 소수점 셋째 자리까지만 아는 경우 고윳값이 어느 정도 불확실한지를 알려 준다. 유사 스펙트럼은 행렬 및 (정의를 적절하게 확장할 경우) 선형작용소가 정규가 아닐 경우 영향에 대한 많은 통찰을 제공한다. 비정규행렬의 경우 유사 스펙트럼은 스펙트럼의 변동보다 ε배만큼 크다. 따라서 $\varepsilon > 0$에 대하여 다음이 성립함을 보일 수 있다.

$$\sup_{k\geq 0}\|A^k\| \geq \frac{\rho_\varepsilon(A) - 1}{\varepsilon}, \quad \|A^k\| \leq \frac{\rho_\varepsilon(A)^{k+1}}{\varepsilon}$$

여기서 $\rho_\varepsilon(A) = \max\{|\lambda| : \lambda \in \Lambda_\varepsilon(A)\}$는 **유사 스펙트럼의 반지름**(pseudospectral radius)이다. 식 (10)의 행렬 A에 $\varepsilon = 10^{-2}$일 때 이 부등식은 $\|A^3\|$에 대한 상계 230과 $\sup_{k\geq 0}\|A^k\|$에 대한 하계 23을 가진다. 그에 대응하는 ε-유사 스펙트럼을 그림 5에 나타내었다.

11 특별한 구조를 갖는 행렬

광범위한 응용 분야에 나타나는 행렬들은 특수한 구조를 갖는다. 이런 행렬들은 **퇴플리츠 행렬** 또는 **해밀턴 행렬**[I.2 §18] 같은 일종의 패턴을 이루며, $A^*\Sigma A = \Sigma(\Sigma = \mathrm{diag}(\pm 1))$ 같은 비선형방정식을 만족하거나(이러한 A를 **유사 유니타리 행렬**(pseudo-unitary matrix)이라고 한다) 부분행렬이 어떤 계수 조건을 (**준 분리 가능 행렬**(quasiseparable matrix) 같은) 만족할 수도 있다. 여기서는 가장 오래되었고 가장 많은 연구가 이루어진 두 종류의 특별한 구조를 갖는 행렬에 대해 논의하고자 하는데, 두 종류 모두 역사적으로 볼 때 미분방정식을 분류하면서 나타나는 선형 연립방정식에 대한 반복법을 분석할 때 중요하다.

11.1 음이 아닌 행렬

음이 아닌 **행렬**(nonnegative matrix)은 모든 원이 음이 아닌 실행렬을 말한다. 수많은 중요 행렬이 음이 아닌 행렬에 속한다. 예를 들어 인접행렬, **확률행렬**[II.25], 레슬리 행렬(인구 모형에 쓰인다) 등이 여기에 속한다. 음이 아닌 행렬은 많은 이론적 결과를 가지고 있는데, 1907년 페론(O. Perron)과 1908년 프로베니우스(G. Frobenius)가 이에 관한 연구를 시작하였다.

유명한 페론-프로베니우스의 정리를 서술하려면 $A \in \mathbb{R}^{n\times n}(n \geq 2)$이 **분해 가능**(reducible)하다는 정의가 필요한데, 이것은

$$P^{\mathrm{T}}AP = \begin{bmatrix} A_{11} & A_{12} \\ 0 & A_{22} \end{bmatrix}$$

(A_{11}, A_{22}는 0이 아닌 정사각 부분행렬)

가 되도록 하는 치환 행렬 P가 존재한다는 뜻이며 그렇지 않을 때는 분해 불능(irreducible)이라 부른다. 양수 원소만을 가진 행렬은 당연히 분해 불능이다. 유용한 특성은 A가 분해 불능일 필요충분조건이, A와 연관된 유향 그래프(n개의 꼭짓점을 가지며 $a_{ij} \neq 0$일 때 i번째 꼭짓점과 j번째 꼭짓점을 연결하는 변을 갖는 것)가 강하게 연결되는 것[II.16]이다.

정리 3(페론-프로베니우스) $A \in \mathbb{R}^{n \times n}$이 음이 아니면서 분해 불능이면

(1) $\rho(A) > 0$이다.

(2) $\rho(A)$는 A의 고윳값이 된다.

(3) $Ax = \rho(A)x$를 만족하는 양수 벡터 x가 존재한다.

(4) $\rho(A)$는 중복도 1인 고윳값이다.

이 정리의 예시를 들기 위해 다음 두 분리 불능 행렬과 그 고윳값을 생각해 본다.

$$A = \begin{bmatrix} 8 & 1 & 6 \\ 3 & 5 & 7 \\ 4 & 9 & 2 \end{bmatrix}, \quad \Lambda(A) = \{15, \pm 2\sqrt{6}\},$$

$$B = \begin{bmatrix} 0 & 0 & 6 \\ \frac{1}{2} & 0 & 0 \\ 0 & \frac{1}{3} & 0 \end{bmatrix}, \quad \Lambda(B) = \{1, \tfrac{1}{2}(-1 \pm \sqrt{3}\,\mathrm{i})\}$$

페론-프로베니우스 정리는 $\rho(A) = 15$가 A의 중복도 1인 고윳값이며 대응되는 양수 고유벡터를 가짐을 확실히 알려 주는데, 이 벡터를 **페론 벡터**라 부른다. A의 페론 벡터는 모든 성분이 1인 벡터가 되는데, 이때 A는 마방진을 이루고 $\rho(A)$는 그 마방진의 합이기 때문이다. B는 레슬리 행렬이자 동반행렬인데, 이것의 페론 벡터는 $[631]^{\mathrm{T}}$이다. A와 B 사이에는 기억할 만한 차이가 있는데, 바로 $\rho(A)$는 다른 어떤 고윳값보다 절댓값이 크지만 B의 세 고윳값의 크기는 모두 1이라는 점이다. 실은, 정리 3에서 페론의 애초 내용은 A가 양수 원만을 가지면 $\rho(A)$는 A의 고윳값일 뿐만 아니라 다른 어떤 고윳값보다 큰 절댓값을 갖는다는 것이었다. $B^3 = I$임을 생각해 보면 B의 고윳값의 절댓값은 모두 1임을 또다시 알 수 있다.

9절에서 $A = M - N$으로 분리했을 때 $\rho(M^{-1}N)$을 통한 고정 반복법의 수렴에 스펙트럼 반지름이 중요한 역할을 함을 보았다. 다른 분리와 비교할 때는 $A, B \in \mathbb{R}^{n \times n}$에 대하여, $|A|$를 행렬 $(|a_{ij}|)$라 쓴다면

$$|a_{ij}| \leq b_{ij} \;\forall i, j \Rightarrow \rho(A) \leq \rho(|A|) \leq \rho(B)$$

라는 결과를 이용할 수 있다.

11.2 M-행렬

행렬 $A \in \mathbb{R}^{n \times n}$을 정칙행렬 B와 $s > \rho(B)$인 수를 가지고 $A = sI - B$로 쓸 수 있을 때 이를 **M-행렬**이라 부른다. M-행렬은 많은 응용 분야에서 나타나는데, 대표적인 예로 고전적인 분야인 경제학에서 등장하는 레온티에프(W. Leontief)의 투입-산출 모형을 들 수 있다. M-행렬의 특별한 부호 패턴(양수 대각원에 음이 아닌 비대각원으로 이루어졌다는)에 스펙트럼 반지름 조건을 결합하면 많은 흥미로운 특징과 성질을 얻을 수 있다. 예를 들어 음이 아닌 비대각원을 갖는 정칙행렬 A가 M-행렬일 필요충분조건은 A^{-1}이 음이 아닌 것이다. 또 다른 특성은 1절

과 관계있는데, A가 M-행렬일 필요충분조건은 A가 양수 대각원을 가지면서 적당한 정칙 대각행렬 D가 존재하여 AD가 행 대각 우세가 된다는 것이다.

M-행렬을 생각하는 중요한 근본 이유 중 하나는 미분방정식의 분리이며, 전형적인 예로는 6절의 시작 부분에서 설명했던 이차 차분행렬이 있는데 이것은 M-행렬에 -1을 곱한 것이다. 이런 응용에서는 A가 M-행렬일 때 $Ax = b$에 대한 야코비 및 가우스-자이델 반복법이 임의의 시작 벡터에 대하여 모두 수렴한다는 사실이 중요한데, 이러한 사실은 정규 분리의 보다 일반적인 이론에 속한다.

M-행렬의 또 다른 중요한 성질은 정의에서 분명하게 나타나는데, 그 성질은 모든 고윳값이 열린 우반평면에 놓인다는 것이다. 이것은 M-행렬이 양수 안정적 행렬이라는 뜻으로, 다양한 수학적 과정의 안정성은 관련 행렬의 양수(혹은 음수) 안정성과 동등하다는 사실 때문에 결국 이 또한 큰 관심을 끈다.

역행렬이 M-행렬인 행렬 또한 많이 연구되었다. 그 이유를 알려 주는 행렬의 거듭제곱근에 대한 결과를 살펴보자. A가 M-행렬이면 $A^{1/2}$ 역시 M-행렬이다. 하지만 A가 확률행렬(즉, 음이 아니면서 각 행의 원소의 합이 1인 행렬)이더라도 $A^{1/2}$은 확률행렬이 아닐 수도 있다. 그러나 A가 확률행렬이면서 M-행렬이면 임의의 양의 정수 p에 대하여 $A^{1/p}$ 역시 확률행렬이 된다.

12 행렬부등식

행렬부등식에 관한 수많은 결과가 19세기 고전부터 20세기 초반을 거쳐(일부는 5.4절에서 소개하였다) 보다 근대에 이르기까지 두루 나타나는데, 특히 통계학, 물리학 및 제어 이론 같은 응용 분야에서 동기를 얻은 것이다. 이 절에서는 그중 흥미롭고 실용적인 몇 가지의 예만 들기로 한다.

에르미트 행렬에 대한 부등식 중 중요한 부류는 **뢰브너 (부분) 순서**(Löwner (partial) ordering)를 이용하여 표현하는데, 이것은 두 에르미트 행렬 X, Y에 대해 $X - Y$가 양의 반정부호이면 $X \geq Y$라 표기하고 양의 정부호이면 $X > Y$라 하는 것을 말한다. 실수에서 성립하는 많은 부등식이 에르미트 행렬의 이러한 대소 개념을 이용한 일반화를 갖는다. 예를 들어 A, B, C가 에르미트 행렬이고 A가 B, C와 교환법칙을 만족하면

$$A > 0,\ B < C \ \Rightarrow\ AB \leq AC$$

가 성립한다.

함수 f가 순서를 보존하면, 즉 $A \leq B$일 때 $f(A) \leq f(B)$를 만족하면($f(A)$는 **행렬의 함수**[II.14]를 나타낸다) **행렬 단조**(matrix monotone)라 부른다. 행렬 단조의 종류로 많은 것이 알려져 있는데 $t^{1/2}$이나 $\log t$는 행렬 단조이지만 t^2은 그렇지 않다.

많은 행렬부등식을 노름으로 표현할 수 있다. 한 예로 $A, B \in \mathbb{C}^{m\times n}$과 2절에서 정의한 행렬의 절댓값 $|\cdot|$을 이용한

$$\||A| - |B|\|_F \leq \sqrt{2}\|A - B\|_F$$

가 있다. 이 부등식은 행렬의 절댓값이 대단히 좋은 조건임을 보여 주는 변동의 결과로 볼 수 있다.

비선형 최적화 기법의 수렴성을 분석할 때 사용하는 부등식의 예로 **칸토로비치 부등식**(Kantorovich inequality)이 있는데, 이는 양의 정부호인 에르미트 행렬 A의 고윳값 $\lambda_n \leq \cdots \leq \lambda_1$ 및 $x \neq 0$에 대하여 다음 부등식이 성립한다는 것이다.

$$\frac{(x^*Ax)(x^*A^{-1}x)}{(x^*x)^2} \leq \frac{(\lambda_1 + \lambda_n)^2}{4\lambda_1\lambda_n}$$

이 부등식은 어떠한 x에 대해서도 성립하며 좌변은 언제나 1 이상의 값을 갖는다.

평균값에 대한 부등식을 일반화하는 많은 부등식이 있다. 예를 들어 양수에 대한 산술-기하평균 부등식 $(ab)^{1/2} \leq \frac{1}{2}(a+b)$는 양의 정부호 에르미트 행렬의 경우 비슷한 부등식 $A\#B \leq \frac{1}{2}(A+B)$로 쓸 수 있는데 여기서 $A\#B$는 $XA^{-1}X = B$의 유일한 양의 정부호 에르미트 행렬 해를 말한다. 기하평균은 또한 다음 극값 조건

$$A\#B = \max\left\{X : X = X^*, \begin{bmatrix} A & X \\ X & B \end{bmatrix} \geq 0\right\}$$

을 만족하는데, 이것은 **행렬 완비 문제**(matrix completion problem)를 암시한다. 행렬 완비 문제는 특별한 행렬의 성질이나 여기서처럼 대상 함수를 최대화하기 위해 빠져 있는 행렬을 찾아내는 것이 목적인 문제를 말한다. 양의 정부호 에르미트 행렬에 관한 또 다른(또한 보다 일반적으로 적용이 가능한) 평균은 **로그-유클리드 평균**(log-Euclidean mean)으로 **주로그**[II.14]를 이용하여 $\exp(\frac{1}{2}(\log A + \log B))$로 표현하며 영상 정합 등에서 사용한다.

마지막으로, 행렬의 지수에 관한 부등식을 언급하기로 한다. 일반적으로는 e^{A+B}과 e^Ae^B 사이에 간단한 관계가 없긴 하지만 에르미트 행렬 A, B에 대해서는 부등식 $\text{trace}(e^{A+B}) \leq \text{trace}(e^Ae^B)$이 성립함을 1965년에 골든(S. Golden)과 톰슨(C. J. Thompson)이 독립적으로 증명하였다. 골든-톰슨 부등식은 원래 통계 역학에서 관심을 가졌는데 근래에 들어와 **랜덤 행렬 이론**[IV.24]에서 보다 많이 활용되고 있다. 다시 에르미트 행렬 A, B에 대하여 말하자면 관련 부등식 $\|e^{A+B}\| \leq \|e^{A/2}e^Be^{A/2}\| \leq \|e^Ae^B\|$은 임의의 유니타리 불변 노름에 대하여 성립한다.

13 라이브러리 소프트웨어

전자 계산 초창기부터 벡터의 합이나 내적을 공식화하는 것과 같이 기본 연산을 수행하는 라이브러리 서브루틴을 갖추는 것이 유용하다는 사실을 인식했다. 그 후에 많은 행렬 계산 연구 코드가 나왔는데 여기에는 『자동 계산 편람(*Handbook of Automatic Computation*)』(1971)의 선형대수학 편과 『계산 기기 협회의 알고리즘 일람(*Collected Algorithms of the ACM*)』 등이 있다. 1970년대부터 표준화된 서브프로그램의 개념이 '기본 선형 대수 서브프로그램(Basic Linear Algebra Subprograms, BLAS)'의 형태로 나타났는데 이것은 벡터(레벨 1), 행렬-벡터(레벨 2), 행렬-행렬(레벨 3)의 연산을 표준화한 것이다. BLAS는 널리 알려졌고 대부분의 기기에서 최적화할 수 있도록 구현되었다. 무료로 이용할 수 있는 포트란(Fortran)의 LAPACK 라이브러리 코드는 조밀한 선형 연립방정식, 최소 제곱 문제, 고윳값 및 특잇값 문제를 해결하는 기술의 현재 상태를 보여 준다. 많은 현대의 프로그램 패키지와 환경이 LAPACK에 구축되어 있다.

흥미로운 사실은, TOP 500 리스트(www.top500.org)가 임의의 선형 연립방정식 $Ax = b$를 가우스

소거법으로 해결하는 속도(초당 플롭 수를 잰다)로 세계에서 가장 빠른 컴퓨터의 순위를 매겨놓고 있다는 점이다. 이것은 1970년대 LAPACK의 전신인 LINPACK 프로젝트를 벤치마킹한 것으로 당대의 기기들을 가지고 100 × 100 연립방정식에 LINPACK 코드를 실행하여 비교했던 것이다.

14 전망

행렬 분석과 수치 선형 대수는 여전히 활발한 연구가 이루어지는 영역이다. 응용수학 및 과학계산의 많은 문제들이 어떤 단계에 이르면 행렬 문제의 답을 요구하기 때문에 행렬 문제에 대한 보다 나은 이해와 더 빠르고 정교한 풀이의 알고리즘에 관한 수요는 언제나 존재한다. 중요한 응용이 발전함에 따라 자료의 새로운 가정, 풀이에 관한 다른 요구, 또는 알고리즘의 성공을 측정하기 위한 새로운 척도 등을 포함한 새로운 문제 변형이 나타난다. 연구를 더욱 가속화하는 것은 컴퓨터 하드웨어이다. 멀티코어 프로세서가 등장한 이래로 그래픽 처리기 같은 가속 장치나 병렬 계산을 위한 방대한 양의 프로세서 연결로 수치 선형 대수의 표준 알고리즘은 재편성되거나 심지어 대체해야 하는 정도가 되었기에 미래에는 중대한 변화가 나타날 것이다.

더 읽을거리

수치 선형대수에서 큰 영향력을 가진 연구자들의 필독서 세 권이 있는데 골럽(G. H. Golub), 론(C. F. v. Loan)의 저서와 로저 혼(Roger A. Horn), 찰스 존슨(Charles R. Johnson)의 두 저서로, 이 저작은 행렬 해석에 대한 포괄적인 내용을 담고 있다.

Bhatia, R. 1997. *Matrix Analysis*. New York: Springer.

———. 2001. Linear algebra to quantum cohomology: the story of Alfred Horn's inequalities. *American Mathematical Monthly* 108(4):289-318.

———. 2007. *Positive Definite Matrices*. Princeton, NJ: Princeton University Press.

Golub, G. H., and C. F. VanLoan. 2013. *Matrix Computations*, 4th edn. Baltimore, MD: Johns Hopkins University Press.

Higham, N. J. 2002. *Accuracy and Stability of Numerical Algorithms*, 2nd edn. Philadelphia, PA: SIAM.

Horn, R. A., and C. R. Johnson. 1991. *Topics in Matrix Analysis*. Cambridge: Cambridge University Press.

———. 2013. *Matrix Analysis*, 2nd edn. Cambridge: Cambridge University Press.

Parlett, B. N. 1998. *The Symmetric Eigenvalue Problem*. Philadelphia, PA: SIAM. (Unabridged, amended version of nook first published by Prentice-Hall in 1980)

Saad, Y. 2003. *Iterative Methods for Sparse Linear Systems*, 2nd edn. Philadelphia, PA: SIAM.

Stewart, G. W., and J. Sun. 1990. *Matrix Perturbation Theory*. London: Academic Press.

Tisseur. F., and K. Meerbergen. 2001. The quadratic eigenvalue problem. *SIAM Review* 43(2): 235-86.

IV.11 연속 최적화(비선형 및 선형계획법)

스티븐 라이트 *Stephen J. Wright*

1 개괄

어떠한 최적화 문제도 핵심에는 시스템의 수학적 모형이 있다. 이 모형은 물리, 경제, 행동이나 통계적 원리에 따라 구성될 수 있으며 시스템의 상태를 정의하는 변수 사이의 관계를 묘사한다. 또한 변수를 제약할 때 상태에 제한을 줄 수도 있다. 이 모형은 또한 주어진 변수 집합이 바람직한지를 측정하는 목적함수를 포함할 수 있다. 최적화 문제는 주어진 제약조건을 만족하는 모든 변수 중에서 목적함수가 가질 수 있는 최선의 값을 갖는 변수의 집합을 찾는 것이다.

1.1 예제

최적화 문제는 아래의 예시처럼 어디에서나 볼 수 있다.

(1) 기업이 주어진 가용 자원(장비, 노동력, 원자재), 생산 비용, 미래 수요 등의 제약 안에서 이익을 최대화하려 한다.

(2) 날씨를 예보하기 위해서는 먼저 몇 시간 전의 대기 상태에 영향을 미친 요인을 파악해야 한다. 그러려면 다양한 위치 및 시각에서 측정한 최근의 기상학적 관측(온도, 풍속, 습도 등) 결과에서 알맞은 요인을 찾아야 한다. 이 모형은 대기의 진행을 묘사하는 미분방정식, 대기 상태의 사전 정보를 나타내는 통계적 요소 및 대기 상태와 관측 사이의 관련성을 측정하는 목적함수를 포함한다.

(3) 손 글씨를 인식하는 컴퓨터 시스템은 손으로 적은 글자를 픽셀화된 이미지 형태로 인식하고 가장 비슷한 글자를 이미지로 출력하는 모형을 포함한다. 이런 모형은 알려진 글자를 포함한 이미지(일반적으로 방대한)의 집합을 제공함으로써 '훈련'받을 수 있다. 최적화 문제는 연습 문제에서 나타나는 오류의 개수를 최소화하기 위해 모형의 변수를 조정한다. 연습 문제가 이 시스템이 장차 보게 될 이미지를 대표하는 것이면 이 최적화 모형은 신뢰할 만한 디지털 인식을 수행한다고 믿을 수 있다.

(4) 몇 개 도시에서 생산하여 다른 도시에서 소비하는 생산품이 있다고 할 때, 상품을 공급지에서 소비지까지 운송하는 비용이 가장 적게 드는 방법을 찾고 싶을 것이다. 여기서 모형을 구성하는 것은 교통망을 나타내는 그래프, 수용량 제한 정도, 교통망에서 인접한 두 지역 사이의 단위 생산량을 운송하는 비용 등이다.

(5) 기대 수익의 평균, 분산 및 상관관계를 알고 있는 투자처가 있을 때 투자자는 자산 수익의 기댓값과 분산이 자신의 위험 성향에 맞도록 자산을 할당하려 한다.

이러한 예들은 현재 최적화를 연구하는 분야에서 볼 수 있는 광범위한 응용의 일부이다. 위에서 보듯 최적화 문제가 기저에 있는 수학적 모형은 규모, 복잡도 및 구조에 따라 다양하게 변한다. 이러한 모형은 단순한 대수적 관계식, 연립 상미분방정식이나 편미분방정식, 베이지안 통계로부터 유도된 모형,

'블랙박스' 같이 내부적인 세부 사항은 알지 못하고 입출력 자료만을 관측할 수 있는 모형들을 포함한다.

1.2 연속형 최적화

연속형 최적화에서 모형의 변수는 명목적으로 연속한 범위의 값, 보통은 실숫값을 취한다. 이런 양상은 연속형 최적화를 이산 또는 조합 최적화와 구별하는데, 후자에서 변수는 이진수(0과 1만을 택하도록 한다), 정수(정숫값만을 허락한다) 혹은 유한 개 원소를 갖는 집합에서 나오는 추상적 대상일 수 있다(이산 최적화[IV.38]를 보라).

연속형 최적화 문제를 해결할 때 사용하는 알고리즘은 **반복**(iterates)이라 부르는 일련의 변숫값을 생성하는데, 이것은 문제의 해로 수렴하는 것이다. 한 반복에서 다음 단계로 어떻게 넘어가는지를 결정할 때 알고리즘은 이전 반복 단계에서 얻은 지식과 현재 반복 단계의 변수 변동의 민감도에 관한 정보처럼 알 수 있는 정보를 이용한다. 문제가 연속적이기 때문에 민감도는 모형을 정의하는 함수의 일계 및 이계미분으로 정의할 수 있다.

1.3 표준 양식

연속적 최적화에 관해 연구할 때는 몇 가지 양식을 따르는 경향이 있는데, 각각의 양식은 대상 함수, 변수 및 제약조건의 성질에 관한 가정을 담고 있다. 이들 양식을 정의하기 위해 변수를 n개의 성분을 갖는 실벡터 x로 묶고(즉, $x \in \mathbb{R}^n$) 일반적인 연속형 최적화 문제를 다음과 같이 정의한다.

$$\min_{x \in \mathbb{R}^n} f(x) \tag{1a}$$

$$c_i(x) = 0, \ \ i \in \mathcal{E}, \tag{1b}$$

$$c_i(x) \geq 0, \ \ i \in \mathcal{I} \tag{1c}$$

여기서 대상 함수 f와 제약조건 $c_i, i \in \mathcal{E} \cup \mathcal{I}$는 $\mathbb{R}^n$의 실함수이다. 이 공식에는 때때로 기하학적 제약조건

$$x \in \Omega \tag{2}$$

가 추가되기도 한다(실제로 나타날 수 있는 집합에서 임의의 볼록이 아닌 집합은 대체로 기하학적 조건 (2)보다는 대수적 제약조건 (1b)나 (1c)에서 걸러진다). 이때 식 (1)의 모든 함수는 적어도 연속임을 가정한다. 이러한 모든 제약조건을 만족하는 점 x를 **실현 가능점**(feasible)이라 부른다.

주어진 최적화 문제를 공식화하는 방식에서 얼마든지 융통성을 발휘할 수 있다. 공식의 선택은 문제 해결의 효율성에 강한 영향을 준다. 공식을 재구성하는 기법 중 자주 사용하는 것은 제약조건 부등식을 다음과 같이 제약조건 등식에 새로운 '느슨한(slack)' 변수를 이용한 경계를 결합하는 것으로 대체하는 것이다.

$$c_i(x) \leq 0 \ \Leftrightarrow \ c_i(x) + s_i = 0, \quad s_i \geq 0$$

일반 형태 (1)을 참고하여 몇 가지 인기 있는 양식을 분류해 본다.

- **선형계획법**에서 목적함수와 제약조건은 x의 아핀 함수, 다시 말해서 $a^{\mathrm{T}}x + b(a \in \mathbb{R}^n, b \in \mathbb{R})$의 꼴을 갖는다.

- 이차계획법에서는 $n \times n$ 행렬 Q, 벡터 $c \in \mathbb{R}^n$, 스칼라 $d \in \mathbb{R}$을 이용하여

$$f(x) = \frac{1}{2}x^{\mathrm{T}}Qx + c^{\mathrm{T}}x + d$$

로 두며 이때 모든 제약조건 c_i는 선형이다. Q가 양의 반정부호일 때는 **볼록 이차계획법**이 된다.

- **볼록 계획법**(convex programming)에서 대상 f와 음의 부호를 붙인 제약함수 $-c_i, i \in \mathcal{I}$는 볼록함수이고 제약등식 $c_i, i \in \mathcal{E}$는 아핀 함수이다(이 가정의 공식 속에 식 (2)를 포함시킨 경우 Ω가 볼록이고 닫혀 있다는 가정을 추가하면 실현 가능점의 집합은 닫힌 볼록집합이 된다).
- **추형 최적화**(conic optimization) 문제는 식 (1), (2)를 포함하는데 Ω는 닫힌 직선을 포함하지 않는 볼록 추형이고, 목적함수 f와 등식 제약조건 $c_i, i \in \mathcal{E}$는 아핀이라 가정하며 부등식 제약조건은 없다. 즉 $\mathcal{I} = \varnothing$이다.
- **비구속 최적화**(unconstrained optimization)에서는 제약조건 (1*b*), (1*c*), (2)가 없으며 목적함수 f는 통상 매끈함을, 최소한 일급임을 가정한다. **미분 불가능 최적화**(nonsmooth optimization)에서 f는 연속이 아닌 일계미분을 가질 수 있으나 보통은 알고리즘을 통해 이용할 수 있는 다른 구조를 가지고 있다고 가정한다.
- **비선형계획법**(nonlinear programming)에서 함수 f와 $c_i, i \in \mathcal{E} \cup \mathcal{I}$는 일반적으로 비선형이지만 미분이 가능하며 적어도 논의하려는 영역에서 연속인 일계편미분을 가진다.

추형 최적화 문제에서 특수한 경우 중 중요한 방법은 **반정부호 계획법**(semidefinite programming)으로, 이때 미지수 벡터 x는 $m \times m$ 양의 반정부호 대칭행렬 X의 원소를 포함한다. 이 문제는 행렬 X를 이용하여 다음과 같이 쓰는 것이 자연스러우며 유용하다.

$$\min_{X \in S\mathbb{R}^{m \times m}} \quad C \cdot X \qquad (3a)$$

$$A_i \cdot X = b_i, \quad i = 1, 2, \cdots, p, \qquad (3b)$$

$$X \geq 0 \qquad (3c)$$

여기서 $S\mathbb{R}^{m \times m}$은 $m \times m$ 대칭행렬의 집합을 말하며 행렬 C와 $A_i, i = 1, 2, \cdots, p$는 모두 $S\mathbb{R}^{m \times m}$에 속하고 작용소 $\cdot$은 $S\mathbb{R}^{m \times m}$의 두 행렬의 쌍에 대하여 다음과 같이 정의한다.

$$X \cdot Z = \sum_{i=1}^{m}\sum_{j=1}^{m} x_{ij}z_{ij} = \mathrm{trace}(XZ)$$

제약조건 (3*c*)가 기하학적 제약조건 (2)를 설명해 준다.

용어 용법

'수학적 계획법'이란 최적화 및 상보 문제처럼 밀접한 관련 분야를 아우르는 역사적인 용어이다. 그 기원은 1940년대 선형계획법 (7)의 첫 번째 효율적인 기법인 조지 댄치그(George Dantzig)의 단체법(simplex method)까지 거슬러 올라간다. '계획법(programming)'이란 본래 문제를 해결할 수 있는 공식화되고 체계적인 수학적 과정을 말하는 것이었다. 시간이 지나서야 'programming'은 대략 '컴퓨터 프로그래밍'과 같은 뜻이 되었고 이 때문에 최적화 연구자들은 'programming'이 무슨 뜻인지를 설명해야 하

는 혼란을 낳기도 하였다. 최적화 문제를 해결하기 위한 선형계획법이나 정수계획법 같은 데 'programming'이란 단어가 여전히(아마도 영원히) 붙어 다니기는 하나, 보다 근대적인 용어인 '최적화(optimization)'를 일반적으로 선호한다.

1.4 연구 범위

최적화에 관한 연구는 다음 주제를 망라한다.

- 문제 그 자체의 수학적 성질에 관한 연구.
- 특정 부류의 문제(위에서 설명한 패러다임 중 하나 같은)를 해결하기 위한 알고리즘 개발, 시험 및 분석.
- 구체적 응용 분야의 모형 및 알고리즘 개발.

이러한 양상 각각을 간략하게 설명하고자 한다.

기본적으로 관심을 두는 양상 가운데 하나는 해 집합을 규명하는 것이다. 다시 말해, 주어진 점이 최적화 문제의 해답임을 결정하기 위해 확인 가능한 조건이 있는지 살펴본다. 또한 불확실한 실제 설정 아래에서 자료 또는 목적함수나 제약조건 함수에 변동을 줄 경우 나타나는 해의 민감도에 관심을 가질 수도 있다. 나쁜 조건의 문제란 자료나 함수에 작은 변화를 주는 것으로도 해가 심각하게 변할 수 있는 문제를 말한다. 또 다른 중요한 기본 개념은 **쌍대성**(duality)이다. 최적화 문제를 정의하는 자료와 함수는 재배치하면 본래 문제와 관련이 있는 여러 모로 흥미롭고 새로운 '쌍대적' 문제를 만들어 내는 것이 종종 가능하다. 또한 쌍대성의 개념은 보다 효율적인 공식화와 알고리즘을 설계함에 있어서 실용적으로 대단히 중요할 수 있다.

최적화 문제의 알고리즘을 연구할 때는 이론과 실제가 뒤섞이게 된다. 실용적 문제에서 잘 작동하는 알고리즘을 설계하기 위해서는 좋은 직관과 테스트가 필요하다. 오늘날 쓰는 대부분의 알고리즘은 탄탄한 이론적 기반을 가지고 있는데, 그 이론은 종종 변수를 어떻게 선택할지에 관해 넓은 재량을 부여하며, 알고리즘은 변수에 대한 적절한 값을 찾아내고 다른 경험적 추론에 맞아떨어지도록 '꾸며지기도(engineered)' 한다. 알고리즘 분석은 반복법이 해답(혹은 찾고자 하는 다른 어떤 점)으로 수렴함을 보장해 주는지, 문제의 크기 또는 복잡도의 함수로서 필요한 반복 횟수에 대한 상계가 있는지, 수렴 비율, 특히 몇 번 반복하여 해답의 근방에 도달한 이후 비율 같은 사안에 관해 씨름한다. 알고리즘 분석은 보통의 경우 다루기 가장 어렵다. 알고리즘 분석은 알고리즘이 실제로 어떻게 작동하는지 알 수 있는 중요한 지표를 보여 주지만 전체 양상을 보여 주지는 않기 때문이다. 알고리즘 분석 중 유명한 단체법(3.1절에서 소개한)은 가장 어려운 경우 잘 작동하지 않는다고 알려져 있지만(구동 시간이 문제 크기에 비해 지수적이 될 수도 있다) 대부분 실제 문제에서는 잘 작동한다.

효율적인 알고리즘을 실행하는 소프트웨어의 발전은 중요하게 연구 중인 또 다른 분야이다. 고품질 코드를 모든 상용과 공용 소프트웨어에서 이용할 수 있다. 모형 기법(알고리즘 소프트웨어 패키지의 최전선 노릇을 하는 높은 수준의 언어)은 모형을 응용 문제에 더 직접적으로 연관이 있는 직관적인 형태로 나타내 줌으로써 사용자로 하여금 실제 문제를 함수의 집합(식 (1)의 목적함수 및 제약함수)으로 변환하는 데 있어 큰 짐을 덜게 해 준다.

실제 최적화 문제의 크기와 복잡도가 커짐에 따라 모형화 문제, 공식화 및 그에 맞춘 알고리즘 설계는 한층 더 중요해졌다. 특수한 응용 하나를 다양한 방식을 통해 최적화 문제로 공식화할 수 있으며, 다양한 공식화로부터 매우 다른 풀이 방식을 얻을 수 있다. 가장 효과적인 공식화를 찾기 위해서는 잦은 경험과 측정이 필요하다.

많은 현대적 응용 문제를 1.3절의 표준 패러다임 하나로 효과적으로 해결할 수는 없다. 다시 말해 최적화 도구에서 나오는 다양한 알고리즘 요소와 여타 과학계산을 통해 단련된 도구에 기대어 나오는 맞춤형 알고리즘을 조합할 필요가 있는 것이다. 이러한 접근은 문제의 특별한 구조나 맥락을 탐구할 수 있게 해 준다. 다음은 특별한 맥락의 예이다.

- 어떤 문제에서는 낮은 정확도의 답으로도 충분할 수 있다.
- 다른 설정에서는 적은 자료 변동(혹은 큰 자료 집합에서 추출이나 유동 데이터 조정 가능성)을 요구하는 알고리즘이 중요할 수 있다.
- 산업 제어 같은 분야에서는 실시간으로 해답을(차선해일지라도) 찾아내는 알고리즘이 중요할 수 있다.

1.5 연관성

연속 최적화는 수학의 다른 분야, 과학계산 및 수많은 응용 분야와 밀접한 관계가 있으며 고도로 상호 연결되어 있다. 또한 이산 연속화 문제와 깊은 관련이 있는데, 그 이유는 종종 연속 최적화 문제를 해결하는 것이 이산 문제의 하위 문제나 완화된 문제로 나타나기도 하기 때문이다.

수학에서 연속적 최적화는 해석학, 특히 실해석 및 함수해석학의 다양한 형태에 크게 의존한다. 볼록해석학, 비원활해석학 및 변분해석학을 비롯한 해석학의 어떤 유형은 최적화 문제를 정립하는 것과 밀접한 관계를 맺으며 발전해 왔다. 계산 복잡도 이론 또한 알고리즘 연구에서 중요하다. 최적화 문제의 쌍대성 및 최적화 조건을 검토할 때는 게임 이론이 특히 관계가 깊다. 제어 이론 또한 관련이 있는데, 그 이유는 제어 이론이 동역학 모형을 포함한 구조 문제와 최적화 응용에서 중요한 원천이기 때문이다. 통계학은 확률적 최적화와 기계 학습 최적화에서 생생한 도구를 제공해 주는데, 여기서의 모형은 자료 집합에서 추출하는 방법으로만 알 수 있다.

연속 최적화 또한 수치해석 및 과학계산과 많은 분야를 공유하고 있다. 수치 선형 대수는 매우 중요한데, 그 이유는 많은 최적화 알고리즘이 일련의 선형 근사를 생성하며 이는 선형 대수의 도구를 써서 해결해야 하기 때문이다. 자료 동화 및 분포 매개변수 식별 같은 응용에 있어서 미분방정식 풀이는 최적화의 중요한 상대로, 상미분방정식이나 편미분방정식의 최적화를 포함한다. 멀티코어 아키텍처나 클러스터 컴퓨팅의 범용성 덕택에 (기계 학습 같이) 병렬 계산을 위한 소프트웨어 도구 사용을 요구하는 몇몇 영역에서 병렬 알고리즘이 새롭게 매우 중요해졌다.

마지막으로, 최적화와 이것이 깊숙하게 관여하는 응용 분야 사이의 많은 연관성에 관해 이야기해 보

자. 기계 학습은 분류와 학습 임무를 수행할 때 최적화 알고리즘을 폭넓게 사용한다. 기계 학습 응용(대용량 데이터 세트처럼)에서 제기된 도전은 확률적 최적화 및 대규모 비구속 최적화의 발전을 이끌었다. 압축 센싱에서는 무작위 부호로부터 희소 신호를 복원해 내는데, 이때에도 최적화 공식 및 특정 알고리즘에 크게 의존한다. 엔지니어링 제어는 종종 플랜트 공정의 동적 모형을 포함하는 다양한 규모의 최적화 과제의 크나큰 원천이다. 이곳을 비롯한 여러 영역에서 실무 전문가들이 연속 최적화의 모든 양상에 중요한 기여를 하고 있다.

2 기본 원리

이 절에서는 연속 최적화를 뒷받침하면서 알고리즘에 대한 시작점의 역할을 할 기본 이론을 언급하기로 한다.

아마 가장 기본적인 주제는 어떻게 문제의 해답을 정의할 것이며, 주어진 점이 해답인지를 어떻게 확인할 수 있는가 하는 것이다. 그 답은 공식화에 허용하는 함수의 종류를 확장할수록 한층 복잡해진다. 해석학에서 가장 통용되는 유형의 답은 **국소적 해**(local solution)이다. 임의의 구할 수 있는 $x \in \mathcal{N}$에 대해 $f(x) \geq f(x^*)$를 만족하는 열린 근방 $\mathcal{N}$을 갖는 실제로 구할 수 있는 점 x^*가 국소적 해다. 이에 더하여 구할 수 있는 모든 $x \in \mathcal{N}(x \neq x^*)$에 대해 $f(x) > f(x^*)$이면 x^*를 **엄밀한 국소해**(strict local solution)라 부른다. **대역해**(global solution)란 구할 수 있는 모든 x에 대하여 $f(x) \geq f(x^*)$인 해 x^*를 말한다.

아래에서 보겠지만 주어진 가정 아래 x^*가 국소적 해인지 확인하는 측정 가능 조건을 구성하기 위해서 대상 및 제약함수의 미분을 이용할 수 있다. 대상 및 제약함수가 매끈하다고 하더라도 이 함수의 대역적 모습을 파악하기는 매우 어렵기 때문에 대역적으로 최적임을 확인하기는 어렵다. 하지만 **볼록 최적화**에서, 즉 대상 함수 f가 볼록함수이고 측정 가능 점의 집합이 볼록집합인 경우에는 모든 국소적 해가 그대로 대역해가 된다(볼록 최적화는 특수한 경우로, 선형계획법 및 추형 최적화를 포함한다).

특정 종류의 비볼록 문제에서도 대역적 최적화의 기법이 고안되어 왔다. 함수 f가 립시츠 연속성 및 립시츠 상수 같은 추가 조건을 만족하고 측정 가능 점집합이 유계라면 이러한 기법을 수행했을 때 나타나는 결과를 증명할 수 있다. 대역적 최적화 문제를 해결하는 기법 중 하나는 구할 수 있는 영역을 세분한 뒤 f의 정보를 이용하여 이 영역에서 대상 함수의 하한을 구하는 것이다. 이것은 정수계획법에서 이용하는 기법인 분기 한정(branch-and-bound) 알고리즘과 유사하다.

이제 매끈한 함수로 주어진 문제의 국소해를 결정하는 문제를 살펴볼 것인데, 단순하게 생각하기 위해 f와 $c_i(i \in \mathcal{E} \cup \mathcal{I})$는 이급임을 가정한다. f의 그래디언트(일계편미분으로 이루어진 벡터 $[\partial f/\partial x_i]_{i=1}^n$)는 $\nabla f(x)$로 표기하고 f의 헤세 행렬(이계미분 $[\partial^2 f/\partial x_i \partial x_j]_{i,j=1}^n$으로 이루어진 $n \times n$ 행렬)은 $\nabla^2 f(x)$라 표기하기로 한다. 매끈한 함수 문제의 국소해를 분류하는 것과 알고리즘을 설계하는 것 모두에서 중요한 도구는 **테일러 정리**(Taylor's theorem)이다. 이 결과는 근방의 점의 미분 정보를 이용하여

f의 값을 추산할 때 이용할 수 있다. 예를 들면 다음과 같은 식이 성립하는데

$$f(x+p) = f(x) + \nabla f(x)^{\mathrm{T}} p + o(\|p\|), \tag{4a}$$

$$f(x+p) = f(x) + \nabla f(x)^{\mathrm{T}} p + \tfrac{1}{2} p^{\mathrm{T}} \nabla^2 f(x) p + o(\|p\|^2) \tag{4b}$$

여기서 $o(t)$란 t보다 빠르게 0으로 수렴하는 양을 가리킨다. 이 공식을 이용하여 현재 x 근방에서 유효한 식 (1)의 낮은 차수 근사를 만들어 낼 수 있으며, 이를 적절한 $x+p$에 대해 반복하여 개선된 값을 얻을 수 있다.

매끈한 함수 f의 비제약적 최적화를 위해서는 함수 f가 다음 필요조건을 충족해야 한다.

> x^*가 $\min_x f(x)$의 국소해이면 $\nabla f(x^*) = 0$

이것은 단지 **필요조건**에 지나지 않음을 기억하자. x가 최솟값을 갖는 점이 아니면서 $\nabla f(x) = 0$일 수도 있다(한 예로 스칼라 함수 $f(x) = x^3$을 들 수 있는데, 여기서 $\nabla f(0) = 0$이지만 최솟값을 갖는 점은 존재하지 않는다). 이를 보충하기 위한 다음 충분조건이 있다.

> x^*가 $\nabla f(x^*) = 0$을 만족하면서 $\nabla^2 f(x^*)$가 양의 정부호이면, 이는 $\min_x f(x)$의 엄밀한 국소해가 된다.

제약 최적화로 돌아오면(매끈한 함수로 주어진 일반적 형태 (1)) 국소해를 분류하는 것은 어떤 면에서 보다 복잡해진다. 이때 중심 역할을 하는 것이 다음과 같이 정의하는 **라그랑주 함수**(Lagrangian function)이다.

$$\mathcal{L}(x, \lambda) = f(x) - \sum_{i \in \mathcal{E} \cup \mathcal{I}} \lambda_i c_i(x) \tag{5}$$

이것은 대상 및 제약함수의 일차결합으로, 여기서 질량함수 λ_i는 **라그랑주 승수**(Lagrange multiplier)라 부른다. 다음 일련의 조건은 창안한 이들의 이름을 따 **카루시-쿤-터커 조건**, 또는 **KKT 조건**이라 부르며, 문제 (1)에서 x^*가 국소적 최적해인지 알아내는 것과 밀접한 관련을 갖는다. 아래 조건을 만족하는 $\lambda_i^*, i \in \mathcal{E} \cup \mathcal{I}$가 존재한다.

$$\nabla_x \mathcal{L}(x^*, \lambda^*) = 0, \tag{6a}$$

$$c_i(x^*) = 0, \quad i \in \mathcal{E}, \tag{6b}$$

$$c_i(x^*) \geq 0, \quad i \in \mathcal{I}, \tag{6c}$$

$$\lambda_i^* \geq 0, \quad i \in I, \tag{6d}$$

$$\lambda_i^* c_i(x^*) = 0, \quad i \in \mathcal{I} \tag{6e}$$

조건 (6e)는 **상호 보완 조건**인데 각 부등식에서 제약값 $c_i(x^*)$와 그 라그랑주 승수 λ_i^* 사이의 상호 보완을 가리키는 것으로 각 i에 대하여 이들 두 값 중 적어도 하나는 0이어야 한다는 조건이다. 간단히 말하면, 라그랑주 승수는 최적의 대상값 $f(x^*)$가 제한값 c_i의 변동에 얼마나 민감하게 변하는지에 대한 측정값이다. 만약 x^*가 식 (1)의 국소해라면 **제약 요건**(constraint qualification)이라 부르는 추가 조건을 만족할 때 KKT 조건이 성립한다. 제약 요건은 x^* 주변에서 제약함수의 선형계획법을 통해 얻는 x^* 주변의 측정 가능점 집합에 대한 제대로 된 기하학을 요구한다.

식 (1)의 함수가 매끈하지 않으면 최적화 조건을 정의하기가 한층 어려워지며 심지어 미분의 개념조차도 훨씬 복잡해진다. 이런 유형 중 가장 단순한 문

제로 f가 볼록함수일 때(매끈하지 않을 수도 있다) 비제약 문제 $\min_x f(x)$를 생각해 보기로 한다. 점 x에서 f의 **하방 미분**(subdifferential)은 x에서 f의 지지평면의 모임으로부터 정의한다.

$$\partial f(x) := \{v : f(z) \geq f(x) + v^{\mathrm{T}}(z - x),\ z \in f\text{의 정의역}$$

예를 들어 함수 $f(x) = \|x\|_1 = \sum_{i=1}^{n} |x_i|$는 매끈하지 않으며 하방 미분은 다음과 같은 벡터로 주어진다.

$$v_i = +1,\ x_i > 0,$$
$$v_i \in [-1, 1],\ x_i = 0,$$
$$v_i = -1,\ x_i < 0$$

f가 x에서 매끈한 데다가 볼록이면 $\partial f(x) = \{\nabla f(x)\}$가 된다. x^*가 $\min_x f(x)$의 해일 필요충분조건은 $0 \in \partial f(x^*)$이다.

3 선형계획법

다음 $Ax = b(x \geq 0)$에 대한

$\min_x c^{\mathrm{T}} x$(앞에서와 같이 $x \in \mathbb{R}^n$, $b \in \mathbb{R}^m$이며 $A \in \mathbb{R}^{m \times n}$은 제약행렬이다) (7)

문제를 생각해 보자. 아핀 대상 함수와 아핀 제약조건을 갖는 어떠한 최적화 문제도 약간의 초등 변환을 거치면 이러한 표준 형식으로 쓸 수 있다. 그림 1의 예제에서 나타냈듯, 문제 (7)의 계산 가능 영역은 다각형이며 대상 함수의 경로는 직선이 된다.

선형계획법에는 다음 세 가지 결과가 있다.

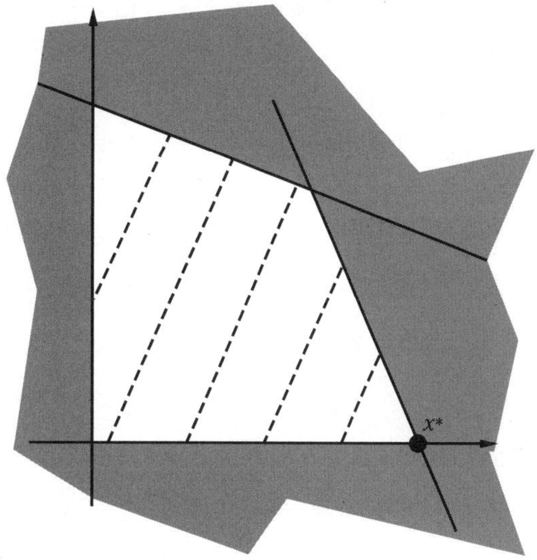

그림 1 이변수 선형계획법의 실현 가능 영역(밝은 부분), 대상 함수 영역(파선) 및 최적 벡터 x^*.

(a) 이 문제는 **해결 불가능**(infeasible)하다. 즉, $Ax = b$를 만족하며 $x \geq 0$인 점이 존재하지 않는다.

(b) 이 문제는 **유계가 아니다**(unbounded). 즉, $c^{\mathrm{T}} x^k \downarrow -\infty$가 되는 계산이 가능한 x^k의 수열이 존재한다.

(c) 이 문제는 해를 갖는다. 즉, 모든 계산이 가능한 x에 대하여 $c^{\mathrm{T}} x^* \leq c^{\mathrm{T}} x$를 만족하는 계산 가능한 점 x^*가 존재한다.

(c)처럼 해가 존재하는 경우라 하더라도, 해가 유일하지 않을 수는 있다. 하지만 해집합 자체는 다각형을 이루기 때문에 적어도 하나는 이 다각형의 **꼭짓점**(vertex)에 놓일 수 있다. 즉 이 다각형 안에 있는 임의의 다른 두 점을 잇는 선 안에 위치하지 않을 수 있다.

식 (7)의 자료를 재배치하면 **쌍대**라 부르는 또 다른 선형 계획을 얻는다(쌍대성을 말할 때 원래 문제 (7)은 **최초** 문제라 부른다).

$$\max_{\lambda, s} b^{\mathrm{T}}\lambda(A^{\mathrm{T}}\lambda + s = c, s \geq 0\text{에 따라}) \quad (8)$$

최초 문제와 쌍대 문제는 강력한 **쌍대 이론**으로 연관성을 설명할 수 있는데, 이는 실제로 중요한 응용을 갖는다. **약한 쌍대성**은 x가 식 (7)의 계산 가능점이고 (λ, s)가 식 (8)의 계산 가능점이면 최초 문제의 대상은 언제나 쌍대 문제 대상보다 크거나 같음을 알려 준다. 이것은 다음과 같이 한 줄이면 증명할 수 있다.

$$c^{\mathrm{T}}x = (A^{\mathrm{T}}\lambda + s)^{\mathrm{T}}x \geq \lambda^{\mathrm{T}}Ax = \lambda^{\mathrm{T}}b$$

다른 기본 쌍대성 결과(**강한 쌍대성**)는 문제의 쌍 (7)과 (8)로부터 세 가지 결과가 나옴을 말해 준다.

(a) 두 문제 중 하나는 계산이 불가능하며 나머지 하나는 유계가 아니다.

(b) 두 문제 모두 계산이 불가능하다.

(c) 식 (7)은 x^*를, 식 (8)은 (λ^*, s^*)를 해로 가지며 그 대상 함수는 같다(즉, $c^{\mathrm{T}}x^* = b^{\mathrm{T}}\lambda^*$).

선형계획법의 경우로 식 (6)을 특정하면 원래 및 쌍대 문제는 다음 KKT 조건의 공동 집합을 나누어 갖는다.

$$Ax = b, \; A^{\mathrm{T}}\lambda + s = c, \quad (9a)$$

$$x \geq 0, \; s \geq 0, \quad (9b)$$

$$x_i s_i = 0, \quad i = 1, 2, \cdots, n \quad (9c)$$

이 조건을 만족하는 어떤 벡터 순서쌍 (x^*, λ^*, s^*)에 대해서도 x^*는 식 (7)의 해이며 (λ^*, s^*)는 식 (8)의 해가 된다.

이제 선형계획법 알고리즘의 가장 중요한 두 종류에 관해 논의해 보자.

3.1 단체법

1940년대 조지 댄치그가 고안한 단체법은 선형계획법에서 실용적이며 이론적으로 중요한 기본 기법으로 남아 있다. 기하학적으로 말해서, 단체법은 구현 가능한 집합의 꼭짓점에서 이웃한 꼭짓점으로 대상 함수를 감소시키며 옮겨가되 더 이상 작은 대상 함수를 갖는 이웃 꼭짓점을 찾을 수 없으면 마치는 방식이다. 이 기법은 **기저**(basis)를 유지하는 방식으로 수행하는데, 기저란 x의 성분 n개 중 현재 반복에서 영이 아닌 m개의 부분집합을 말한다. 이런 x의 기본 성분의 값은 m개의 선형 제약식 $Ax = b$에 의해서 유일하게 결정된다. 단체법의 각 단계는 기저에 진입하기 위한 비기저변수를 선택하는 것에서부터 시작한다. 이 변수는 0에서부터 향상될 수 있는데 그 이유는 선형 제약식 $Ax = b$가 계속 구현 가능해야 한다는 조건 때문이며, 이 때문에 남아 있는 기저변수의 개수는 변할 수 있다. 진입변수는 기저변수 중 하나가 0에 도달할 때까지 향상될 수 있으며 더 이상 향상할 수 있는 기저가 없는 단계가 되면 반복을 마친다.

단체법을 효율적으로 시행하는 것은 좋은 '매김(pricing)' 전략(어떤 비기본 변수가 기저에 들어가는지를 결정하는 것) 및 효율적인 선형 대수(도입 변수가 0에서부터 증가함에 따라 변하는 기본 변수의 값을 파악하는 것)에 달려 있다. 두 주제가 발전한 덕분에 상업적 및 대중적으로 대단히 효율적인 소프트웨어를 이용할 수 있게 되었다. 특히 교통이나 네트워크 경로 같은 데서 나타나는 일부 특정한 선형계획법에는 엄청나게 효과적인 단체법이 존재한다.

단체법은 활성조건 기법(active-set method)의 한 예인데, 여기서 말하는 활성조건 기법이란 부등식으로 주어진 구속 조건($x \geq 0$ 같은)의 부분집합이 각 반복마다 **활성화**되는 것을 말한다. 단체법에서 활성집합은 비기본 변수 및 $x_i = 0$이 되는 지표 i로 이루어져 있다. 이런 활성집합은 한 반복에서 다음 반복으로 넘어갈 때 조금밖에 바뀌지 않는다. 실제로 단체법에서는 각 반복마다 활성화된 (비기본) 집합의 딱 한 성분만 변할 뿐이다.

단체법의 이론적 성질은 그 실용적 효율성에도 불구하고 최악의 경우에 나타나는 양상이 아주 좋지 않다는 점 때문에 여전히 매우 흥미롭다. 클레(V. Klee)와 민티(G. Minty)는 1972년에 발표한 유명한 논문에서 전체 단계의 수가 문제의 차원에 대한 지수함수임을 보였다. 이때 필요한 반복의 수가 문제의 차원, 즉 변수 및 구속조건의 개수에 대해 대략 일차함수의 식으로 나타나는 '평균적인 경우'의 양상을 이해하려는 여러 가지 시도가 있었다. 스필먼(D. Spielman)과 텅상화(滕尚华)의 '평활화 분석(smoothed analysis)'은 단체법에서 나쁘게 작동하는 임의의 선형계획법도 약간의 변동을 주면 다항식 수준의 반복만을 요구하는 문제가 됨을 보였다.

최악의 경우에도 다항식의 복잡도를 가지는 알고리즘으로 하치얀(L. Khachiyan)이 타원체 알고리즘을 1979년에 발표하였다. 타원체 알고리즘은 이론적으로 대단히 흥미로운 것이긴 했으나 단체법을 실용적으로 대체하지는 못하였다. 1984년에 카르마르카르(N. Karmarkar)의 알고리즘과 함께 내점 기법의 혁명이 시작되었는데, 이것 또한 다항식의 복잡도를 요구하는 접근 방식이지만 타원체 기법에 비해 훨씬 좋은 계산 능력을 가지고 있다. 이 알고리즘은 원-쌍대 내점 기법처럼 이론적으로 매력적일 뿐만 아니라 실용 문제에 있어서 단체법과 비교해도 진정 경쟁력 있는 새로운 부류의 알고리즘에 대한 동기가 되었다. 다음 절에서 이를 설명하기로 한다.

3.2 내점 기법

원-쌍대 내점 기법은 이름에서 알 수 있듯이 원래 변수와 쌍대 변수에서 반복 변수의 수열 (x^k, λ^k, s^k), $k = 1, 2, \cdots$을 생성하는데, 여기서 x^k과 s^k은 모두 양수만을 포함한다(즉, x^k과 s^k은 (9b)의 제약조건 $x \geq 0$과 $s \geq 0$에 대하여 강하게 실현이 가능하다). 각 반복 사이의 단계는 조건 (9c)의 우변에 0 대신 $k \to \infty$에 따라 0으로 감소하는 양수 $\mu_k > 0$을 대입한 변형식에 뉴턴 기법을 적용하여 얻는다. 각 단계 $(\Delta x^k, \Delta\lambda^k, \Delta s^k)$에서 뉴턴 방정식은 이 변동된 KKT 조건을 선형화하면 얻을 수 있는데, 다시 말하면

$$\begin{bmatrix} 0 & A^{\mathrm{T}} & I \\ A & 0 & 0 \\ S & 0 & X \end{bmatrix} \begin{bmatrix} \Delta x^k \\ \Delta\lambda^k \\ \Delta s^k \end{bmatrix} = - \begin{bmatrix} A^{\mathrm{T}}\lambda^k + s^k - c \\ Ax^k - b \\ X^k S^k e - \mu_k \mathbf{1} \end{bmatrix}$$

이다. 여기서 X^k은 대각원이 x^k으로부터 나오는 대각행렬이고 S^k도 비슷하게 정의하며 $\mathbf{1}$은 각 성분이 모두 1이고 길이가 n인 벡터이다. 새로운 반복은 다음과 같이 두면 나온다.

$$(x^{k+1}, \lambda^{k+1}, s^{k+1}) = (x^k + \alpha_k \Delta x^k,\ \lambda^k + \beta_k \Delta\lambda^k,\ s^k + \beta_k \Delta s^k)$$

여기서 α_k와 β_k는 $x^{k+1} > 0$과 $s^{k+1} > 0$이 되도록 [0, 1]에서 골라낸 길이 단위이다. 수렴성과 다항식의 복잡도는 μ_k 및 길이 단위 α_k, β_k를 적절하게 선택한 체계 아래에서 묘사할 수 있다. 이들 변수를 선택하고 모색하는 방향을 개선하는 데 있어 '이계 수정'을 이용하여 체계를 만들면 좋은 실용적 양상을 얻게 될 것이다.

원-쌍대 내점 기법은 알고리즘 및 수렴성 이론에 약간의 변형을 주는 것만으로도 볼록 이차계획법과 단조 선형 문제에 손쉽게 확장할 수 있다는 추가적인 이점을 가지고 있다. 원-쌍대 내점 기법은 6.3절에서 보듯이 일반적인 비선형계획법으로도 확장이 가능하지만 이 경우 상당한 수정을 해야 하며 그렇게 할 경우 수렴성을 보장하기가 어려워진다.

4 비구속 최적화

제약조건이 없이 단지 f가 적어도 일급일 때 이를 최소화하는 문제

$$\min_x f(x)$$

를 생각해 보자. 이 문제는 그 자체로도 중요하지만 제약 최적화의 많은 기법에서 보조 문제로 나타나며, 제약 문제에 적용할 수 있는 많은 알고리즘 기법을 묘사하는 데 도움을 준다.

4.1 일차법

테일러 근사 (4a)는 함수 f가 음의 기울기 벡터 방향 $-\nabla f(x)$로 가장 급격하게 감소함을 보여 준다. 최급강하법은 음의 기울기 벡터 방향으로 움직여 각 반복이 적당한 길이 단위 α_k에 대하여

$$x^{k+1} = x^k - \alpha_k \nabla f(x^k)$$

꼴을 갖는다. α_k의 적절한 값은 $-\nabla f(x^k)$ 방향으로 (근사적인) 선형 검색을 통하면 찾을 수 있으므로 각 반복마다 f가 감소함을 보장할 수 있다. 만약 f에 관한 추가 정보를 이용할 수 있으면 선형 검색을 통하지 않고도 f가 감소하도록 하는 α_k를 선택할 수도 있을 것이다. 1988년 바르질라이(J. Barzilai)와 보웨인(J. Borwein)의 논문에 처음 나타난 비표준적인 접근 방식은 (가끔은 극적으로) f가 증가할 수도 있게 하는 공식에 따라 α_k를 선택하지만 표준적인 최급강하법보다 많은 항에서 나은 양상을 보여 준다.

볼록함수 f의 경우 가속일차법(accelerated first-order method)이 새로 각광받고 있는데 이는 각 단계에서 여전히 기울기 ∇f 계산만을 요구하면서도 최급강하법에 비해 이론적으로나 실용적으로나 훨씬 좋은 수렴 비율을 나타낸다. 이런 기법의 공통된 양상은 '가속도(momentum)' 장치로 x^k에서 x^{k+1}으로 넘어가는 단계가 단지 직전의 기울기 $\nabla f(x^k)$뿐만 아니라 그 이전 반복 x^{k-1}까지 현재 반복 x^k에 반영한다는 것이다. **중추법**(heavy-ball)이나 **켤레경사법**(conjugate gradient method)에서 각 단계는 다양한 방법으로 선택한 양수 변수 α_k, β_k를 이용하여 다음과 같은 형태

$$x^{k+1} = x^k - \alpha_k \nabla f(x^k) + \beta_k (x^k - x^{k-1})$$

을 갖는다. 보다 최근에 제안된 방법인 가속법 또한 가장 최근의 기울기 $\nabla f(x^k)$과 더불어 가속도를 이용하지만 이 요소들을 다른 방식으로 결합한다. 몇몇 기법은 단독 수열 $\{x^k\}$을 만들기보다는 최급강하법 단계와 가속도 단계를 분리하여 두 유형의 단계를 번갈아가며 각 반복 수열이 나타나도록 한다.

일차법은 경우에 따라 볼록함수 f를 선형 수렴(x^k에서 오차가 등비수열로서 0으로 수렴) 또는 아(亞)선형 수렴(오차가 0으로 수렴하지만 단계 수 k에 대하여 $1/k$이나 $1/k^2$처럼 등비수열은 아닌 속도로 0으로 수렴)으로 분류한다.

4.2 초선형 기법

f의 이계미분을 이용할 수 있을 때는 이차 테일러 근사 (4b)를 이용하여 최적화 및 비선형방정식 모두에 기본적인 알고리즘인 **뉴턴 방법**을 사용할 수 있다. 현재 반복 x^k에서 $\nabla^2 f$가 양의 정부호일 때 길이 p^k을 (4b)의 우변을 최소화하는 것으로($o(\|p\|^2)$항은 생략한다) 정의하면 다음

$$p^k = -[\nabla^2 f(x^k)]^{-1} \nabla f(x^k) \tag{10}$$

을 얻는다. 다음 반복은 길이 단위 $\alpha_k > 0$을 선택하여 $x^{k+1} = x^k + \alpha_k p^k$으로 두는 것으로 정의한다. 이 기법은 이차수렴성이라는 특징을 가지고 있는데, 이는 해 x^*에 충분히 가까워진 임의의 x^k에 대하여 x^{k+1}에서 오차가 x^k에서 오차 제곱의 상수배를 넘지 않는다는 뜻이다(x^k과 x^* 사이에 일치하는 자릿수는 이전 반복에서보다 두 배가 된다).

식 (10)에 기반한 기본 접근의 발전은 보다 탄탄하면서도 일반적인 수행을 낳았다. 예를 들어 헤세 행렬 $\nabla^2 f(x^k)$은 p^k을 계산하는 동안 f가 감소하도록 수정할 수도 있다. **준-뉴턴 기법**(quasi-Newton method)이라 부르는 또 다른 중요한 부류는 동시에 이계미분을 계산하는 것을 피하는 대신 식 (10)에서 $\nabla^2 f(x^k)$을 일계미분 정보를 이용하여 만들어 낸 근삿값 B_k로 대체한다. 이런 식의 근사 가능성은 테일러 정리의 또 다른 형태의 결과인데, 이것은 연속한 두 미분 사이의 관계식을 다음과 같이 보여 준다.

$$\nabla f(x^{k+1}) - \nabla f(x^k) \approx \nabla^2 f(x^k)(x^{k+1} - x^k)$$

x^{k+1}의 단계를 거친 후 헤세 근사 B_{k+1}을 반영해 보면 B_{k+1}은 실제 헤세 행렬의 성질을 따르게 됨을 알 수 있다. 즉, 다음 조건을 얻는다.

$$\nabla f(x^{k+1}) - \nabla f(x^k) \approx B_{k+1}(x^{k+1} - x^k)$$

B_{k+1}에 대해 다양한 다른 조건을 줌으로써 여러 종류의 준-뉴턴 기법을 얻을 수 있는데, 이러한 조건의 예로는 적당한 '거리(metric)' 개념으로서 B_k에 가깝다거나 양의 반정부호 같은 조건 등이 있다. **한정 기억 준-뉴턴 기법**은 제한된 수의 이전 반복(보통 5와 20 사이)에서 연속 반복 및 연속 기울기 사이의 차이 벡터를 이용하여 B_k를 숨은 형태로 저장한다.

4.3. 비미분 최적화

이용자에게 함숫값 f만을 요구하는(기울기나 헤세 행렬은 요구하지 않는) 기법은 여러 해 동안 엄청난 인기를 끌었다. 최근에 이 기법은 수렴 이론을 이용하여 그 수행을 개선하려는 최적화 연구자들의 주

의를 끌었고, 모의실험에서 얻은 f 같은 특정 부류 문제에 맞출 수 있게 되었다.

기울기나 헤세 행렬 값이 없을 때 간혹 유한차분법(finite differencing)을 이용하여 이런 고계 값을 얻고 위에서 묘사한 기법을 적용하는 것이 가능하다. 또 다른 가능한 선택 사항은 알고리즘적 미분(algorithmic differentiation)을 이용하여 컴퓨터 코드로부터 직접 미분을 얻고 다시 한 번 위에 나온 알고리즘에 이를 이용하는 것이다.

함숫값만을 이용하는 기법은 보통 차원 n인 문제에 가장 적합하다. **모형 기반 기법**은 최근에 지나온 점들의 함숫값 사이를 보간하여 함수 f의 모형을 구성한다. 이 모형은 새 후보를 생성할 때 사용하며, 새 후보가 지금까지의 가장 좋은 값보다 진전된 것이면 이를 다음 반복으로 둔다. 보간의 기반이 되는 점을 변경할 때는 큰 f 값을 갖는 오래된 점을 작은 f 값을 갖는 새로운 점으로 대체하는 방식으로 갱신한다. **유형 검색 기법**은 보다 작은 함숫값을 갖는 새 반복을 얻기 위하여 필요한 만큼 길이 단위를 줄인 일련의 고정된 방향을 따라 후보 단계를 취한다. 이 단계가 성공하고 난 뒤에는 이후 단계의 속도를 높이기 위해 길이 단위가 길어질 수도 있다. 적절한 수행과 올바른 수렴을 위해서는 검색 방향을 적절하게 유지하는 것이 중요하다. 또 하나의 비미분 기법은 엄청나게 인기 있는 것으로 1965년 넬더(J. Nelder)와 미드(R. Mead)가 발표한 **단체법**(simplex method)이다. 이 기법은(선형계획법에 나오는 같은 이름의 기법과는 무관하다) $\mathbb{R}^n$의 한 단체의 꼭짓점을 이루는 $n+1$개의 점을 유지한다. 각 반복 단계마다 단체를 약속해 둔 방향으로 늘리거나 줄여서 얻은 새 점으로 대체하거나 그 반대 면으로 반사시켜 얻는 점으로 대체한다. 이 기법의 수행을 발전시키고 수렴성 이론을 발전시키기 위한 다양한 시도가 여러 해 동안 이루어지고 있다.

4.4 확률적 그래디언트 최적화

근래에 들어와서 ∇f의 값이나 심지어 f 값을 구하는 계산 비용이 많이 들지만 ∇f의 편향 없는 근사를 저렴하게 구할 수 있는 중요한 문제가 나타나고 있다. 이런 문제들은 자료 분석에서 흔히 볼 수 있는데, 여기서 f는 충분히 큰 N에 대해

$$f(x) = \frac{1}{N}\sum_{i=1}^{N} f_{i(x)}$$

의 꼴이며 각 f_i는 자료 집합의 단일 항목에 의존한다. 지표 i를 $\{1, 2, \cdots, N\}$에서 무작위로 선택하면 벡터 $g^k = \nabla f_i(x^k)$은 $\nabla f(x^k)$의 편향 없는 근사가 된다. 볼록함수 f에 이렇게 얻은 근사 그래디언트 정보를 이용하는 기법은 여러 해 동안 최적화와 기계 학습을 연구하는 업계에서 관심을 갖고 있으며 광범위한 적용 가능성이 명백해짐에 따라 근래 들어 그 노력이 집중되고 있다. 기본 반복은 $x^{k+1} = x^k - \alpha_k g^k$의 꼴로, 여기서 g^k은 f의 곡률의 상/하한 같은 추가 정보에 기초하여 선택한다(이때 f 값 계산 비용이 너무나 크다고 가정했기 때문에 선형 검색은 실용적이지 않다). 반복 x^k이나 그래디언트 근사 g^k의 평균을 산출해 주는 추가 장비가 있으면 f가 약한 볼록일 때 같은 몇몇 설정에서는 이 기법을 보다 향상시킬 수 있다. 일반적인 수렴성 이론으로부터 x^k의 오차, 즉 k회 반복 이후 함숫값과 최적 값의 차이의 기댓값은 $O(1/k)$이나 $O(1/\sqrt{k})$ 같은 아선형 비율로, 0

으로 수렴함을 보여 준다.

5 추형 최적화

추형 최적화 문제는 Ω가 닫힌 볼록 추형일 때

$$Ax = b, x \in \Omega\text{에 따른 } \min c^{\mathrm{T}}x$$

를 구하는 꼴로 나타난다. 이 문제의 특수한 경우로 선형계획법 (7)과 반정부호 계획법 (3) 등이 있다. Ω에 대한 어떤 부류의 장애함수(barrier function)를 찾을 수 있으면 추형 최적화 문제에서 좋은 복잡도를 갖는 알고리즘을 설계할 수 있다. 장애함수 φ란 Ω 내부 영역에서 볼록이며 x가 Ω의 경계에 접근함에 따라 $\varphi(x) \to \infty$인 것이다. 효율적인 알고리즘을 위해 추가로 필요한 성질은 자기일치성(self-concordancy)으로, 이는 φ의 정의역 내 임의의 x와 임의의 $v \in \mathbb{R}^n$에 대하여

$$|t'''(0)| \leq 2|t''(0)|^{3/2}, \ \ t(\alpha) := \varphi(x + \alpha v)$$

을 만족하는 것이다. 이때 삼계미분이 이계미분의 항으로 갇히게 되므로 함수 φ는 (적어도 국소적으로) 이차식으로 잘 근사되며, 따라서 φ에 뉴턴의 기법을 적용할 때 복잡도의 한도를 적절한 단위 길이 체계로 유도할 수 있다. 이 장애함수를 이용하면 각각의 반복 단계에서 $Ax = b$에 따른 등식으로 제한한 다음

$$\min_x c^{\mathrm{T}}x + \mu_k \varphi(x)$$

(이때 양수 변수 μ_k는 선형계획법의 내점 기법이 그러하듯 k가 증가함에 따라 0으로 감소할 수 있다.) 최적화 문제의 최솟값 근사를 찾는 식으로 x^k이 나오는 내점 기법을 정의할 수 있게 된다. 이 보조 문제의 근사해를 찾기 위해 이전 단계 반복으로부터 시작하는 뉴턴 기법의 하나 이상의 단계를 이용할 수도 있다.

선형계획법에서 추형 $\Omega = \{x \mid x \geq 0\}$은 자기일치 장애함수 $\varphi(x) = -\sum_{i=1}^{n} \log x_i$를 갖는다. Ω가 양의 반정부호 행렬의 추형으로 주어진 반정부호 계획법에서는 $\varphi(X) = -\log\det X$가 된다.

실제 상황의 반정부호 계획법에서 원 문제 기법보다는 원 문제-쌍대 기법이 가장 성공적인 내점 기법이 된다. 이 기법은 3.2절의 선형계획법 접근의 (자명하지 않은) 확장이다.

6 비선형계획법

다음으로 식 (1)의 함수 f와 c_i가 매끈한 비선형 함수일 때 비선형계획법의 기법을 살펴보자. 이 문제에 대한 알고리즘을 구성하는 데 사용하는 기본 원리는 비선형 최적화를 앞 절에서 다루었던 이차계획법이나 비제약적 최적화 같은 기법을 연달아서 적용할 수 있는 보다 단순한 문제로 근사하는 것이다. 이때 테일러 정리가 이러한 근사를 구성하는 도구가 되는데, 테일러 정리는 현재 반복 x^k 주변에서 일차 또는 이차 근사함수, 그리고 제약함수 (1b), (1c)의 라그랑주 승수에 대한 현재 단계 근사를 이용하는 것이다. 2절에서 설명한 최적화 조건 또한 알고리즘 설계에서 중요한 역할을 맡는다.

6.1 그래디언트 사영

그래디언트 사영(gradient projection)은 비구속 문제에 대한 최급강하법 접근의 확장으로, 각 단계는 음의 그래디언트 방향을 따르지만 구현 가능한 집합으로 사영하는 방식을 취한다. $x \in \Omega$에서 $\min f(x)$를 구하는 형태를 생각해 보면 기본 그래디언트 사영 단계는 $P_\Omega(\cdot)$을 닫힌 볼록 제약 집합 Ω 위로의 사영이라 할 때

$$x^{k+1} = P_\Omega(x^k - \alpha_k \nabla f(x^k))$$

이 된다. 이러한 접근은 Ω가 각 변수의 한도로 정의된 '상자'인 경우처럼 사영을 저렴하게 계산할 수 있을 때 실용적일 수 있다. 또한 적절히 선택한 이계미분의 정보를 이용하여 그래디언트 기법을 발전시키는 것도 가능하다(단, 뉴턴 기법의 단계를 단순히 사영하는 것은 소용없다).

6.2 순차 이차계획법

순차 이차계획법(sequential quadratic programming)에서는 현 단계의 점 x^k 주변에서 식 (1)의 근사를 다음과 같이 나타내기 위해 테일러 정리를 이용한다.

$$\min_{d \in \mathbb{R}^n} \nabla f(x^k)^{\mathrm{T}} d + \tfrac{1}{2} d^{\mathrm{T}} H_k d, \qquad (11a)$$
$$c_i(x^k) + \nabla c_i(x^k)^{\mathrm{T}} d = 0, \ \ i \in \mathcal{E}, \qquad (11b)$$
$$c_i(x^k) + \nabla c_i(x^k)^{\mathrm{T}} d \geq 0, \ \ i \in \mathcal{I} \qquad (11c)$$

(H_k는 대칭행렬)

식 (11)의 해를 d^k이라 하면 다음 반복은 적당한 단위 길이 $\alpha_k > 0$에 대해

$$x^{k+1} = x^k + \alpha_k d^k$$

으로 둠으로써 얻는다. 보조 문제 (11)은 이차최적화 문제로 활성조건 기법이나 내점법으로 해결할 수 있다. 행렬 H_k는 대상 및 제한함수 양쪽으로부터 얻는 이계미분의 정보를 포함할 수 있으며 그중 '이상적인' 값은 식 (5)에서 정의한 라그랑주 함수의 헤세 행렬, 즉 $H_k = \nabla^2_{xx} \mathcal{L}(x^k, \lambda^k)$이고 여기서 λ_k는 라그랑주 승수의 추정 값으로, 예를 들자면 전 단계 반복의 보조 문제 (11)의 해로부터 나오는 것이다. 이계미분을 이용할 수 없을 때 H_k는 비제약 최적화에서 이용했던 것과 비슷한 공식으로 갱신한 라그랑주 헤세 행렬을 통해 준-뉴턴 근사가 될 수 있다.

갱신 과정에서 적당한 α_k의 값을 얻기 위해 선형검색을 수행할 수 있다. 순차 이차계획법을 안정화하기 위해서 대신할 수 있는 접근 방식은 보조 문제 (11)에 적당한 $\Delta_k > 0$에 대하여 제약조건 $\|d\|_\infty \leq \Delta_k$ 꼴로 주어진 '신뢰 영역'을 추가하는 것이다.

6.3 내점 기법

3.2절에서 묘사했던 선형계획법의 내점 기법은 비선형 계획으로도 확장이 가능하며 이런 확장에 기반한 소프트웨어는 대단히 성공적으로 개발되었다. 표기상의 혼란을 피하기 위해 비선형계획법 문제를 음이 아닌 제약조건을 가진 x에 대하여 다음 등식 제약조건과 함께 서술한다.

$$c_j(x) = 0, \ \ j \in \mathcal{E}, x \geq 0\text{일 때 } \min f(x) \qquad (12)$$

이 문제는 식 (1)만큼 일반적인 것으로, 간단한 변환을 통해 식 (1)을 식 (12)로 표현할 수 있다. 식 (6)을 따라 식 (9)의 방식처럼 나타낸 벡터 s를 이 문제에 도입하면 최적 조건을 다음과 같이 쓸 수 있다.

$$\nabla f(x) - \sum_{j \in \mathcal{E}} \lambda \nabla c_j(x) - s = 0, \quad (13a)$$

$$c_j(x) = 0, \ \ j \in E, \quad (13b)$$

$$x \geq 0, \ \ s \geq 0, \quad (13c)$$

$$x_i s_i = 0, \ \ i = 1, 2, \cdots, n \quad (13d)$$

선형계획법에서처럼 내점 기법은 반복점열 (x^k, λ^k, s^k)을 생성하는데, 여기서 성분 x^k, s^k은 모두 양수이다. 기본 원-쌍대 단계는 (x^k, λ^k, s^k)에서 (13*a*), (13*b*), (13*d*)로 정의된 비선형방정식에 뉴턴 기법을 적용하여 얻는데, 이때 (13*d*)의 우변은 양수 변수 μ_k로 대체하고 이 값은 반복이 진행됨에 따라 점차 0에 가까워진다. 이러한 기본 접근은 다양한 방식으로 발전하는데, 예를 들어 준-뉴턴 근사, 선형 검색이나 신뢰 영역, 검색 방향으로의 이계미분 수정 등이 있다.

6.4 확장 라그랑주 기법

식 (12)를 해결하기 위한 접근으로 1970년대 초반에 처음 나온 제안은 이미 잘 알려진 것을 재조명하는 것이었는데, 왜냐하면 그러한 접근은 새로운 응용 분야에서도 성공적으로 적용이 가능했기 때문이었다. 처음에 '승수법'이라 불렀던 것으로 적당한 양수 변수 μ에 대한 확장 라그랑주 함수

$$\mathcal{L}_A(x, \lambda; \mu) := f(x) + \sum_{j \in \mathcal{E}} \lambda_j c_j(x) + \frac{1}{2\mu} \sum_{j \in \mathcal{E}} c_j^2(x)$$

를 살펴보자. 이 기법은 주어진 변수열 $\{\mu_k\}$에 대한 원-쌍대 반복 (x^k, λ^k)을 정의하는데, 이때 각 반복은 다음과 같이 정의한다.

- 다음 문제 $x \geq 0$에서

$$\min_x \mathcal{L}_A(x, \lambda^k; \mu_k) \quad (14)$$

  를 (근사적으로) 해결하여 x^{k+1}을 얻고
- 라그랑주 승수 $\lambda_j^{k+1} = \lambda_j^k + c_j(x^k)/\mu_k, j \in \mathcal{E}$를 갱신하며
- 경험을 통해 $\mu_{k+1} \in (0, \mu_k]$를 선택한다.

비선형식 제약을 가진 애초 문제는 일련의 유계-제약 문제 (14)로 대체된다. 내점 기법과는 달리 만족스러운 수렴을 얻기 위해 변수 μ_k를 0에 가까워지도록 유도할 필요는 없다. 비록 이런 접근 방식이 다른 알고리즘에 비해 동기가 명확하지 않아 보이긴 하지만 라그랑주 승수 λ^k이 식 (14)에서 최적이게 된다면 원래 비선형 문제 (12)의 해 또한 이 보조 문제의 최적해가 된다. 또한 몇몇 유력한 가정 아래 수열 $\{\mu_k\}$를 조심스럽게 선택하면 수열 (x^k, λ^k)은 최적화 조건 (13)을 만족하는 점으로 수렴함을 알 수 있다.

1969년에 헤스틴스(M. Hestenes)와 파월(M. Powell)이 확장 라그랑주 기법을 처음 제안하였다. 그리고 베르트세카스(D. Bertsekas)의 1982년 저서가 이후 발전에 영향을 미쳤다. 이 접근 방식은 특히 대상 함수 f가 변수벡터 x 자체의 함수의 합으로 자연스럽게 표현할 수 있는 체계를 '분리하는 데' 유용함이 증명되었다. 각 변수벡터마다 등식이 성립하는 이유는 등식 제약조건 때문이며, 따라서 확장 라그랑주 기법을 도출된 등식 제약 문제에 적용한다. 이런 접근의 매력은 각각의 x마다 최소화를 독립적으로 수행할 수 있다는 점인데, 이러한 개별적 최소화 과정은 원래 함수 f를 최소화하는 것보다 쉬워 보인다. 더욱이 병렬 컴퓨터를 통해 최소화 과정을 동

시에 수행할 수도 있다.

6.5 벌점 함수와 필터

벌점 함수(penalty function)는 비선형 계획 문제 (1)의 대상 함수와 제약함수를 하나로 결합하여 다른 문제로 대체하는데, 그 해는 원래 제약 문제의 근사해가 된다. 6.4절의 확장 라그랑주 함수는 벌점 함수로 이해할 수 있다. 또 다른 중요한 경우는 다음과 같이 정의되는 ℓ_1 벌점 함수이다.

$$f(x) + \nu \sum_{i \in \mathcal{E}} |c_i(x)| + \nu \sum_{i \in \mathcal{I}} \max(-c_i(x), 0) \tag{15}$$

여기서 $\nu > 0$은 **벌점 변수**(penalty parameter)이다. 합기호 내의 각 항이 양수일 필요충분조건은 식 (1)에서 대응되는 제약조건이 깨지는 것이다. 어떤 조건하에서는 충분히 큰 ν에 대하여 식 (1)의 국소적 해가 식 (15)의 **정확한** 최소해가 된다. 다시 말해, 제약 문제 (1)을 식 (15)를 최소화하는 비제약이나 미분이 불가능한 문제로 대체할 수 있다는 것이다. 이러한 관찰을 이용할 수 있는 한 가지 방법은 ν를 골라서 식 (15)를 최소화한 뒤 ν를 필요한 만큼 증가시켜서 식 (15)와 식 (1)의 해가 일치하는지 확인하는 것이다. 더 흔한 방법으로는 식 (15)를 순차 이차계획법이나 내점 기법 같은 다른 알고리즘에서 생성되는 단계 d^k의 값을 구하기 위한 **이점**(merit) 함수로 사용한다. 이런 단계는 식 (15)를 충분히 줄여 주거나 다른 이점 함수를 만들 수 있을 때만 허용된다.

제안한 단계가 받아들일 만한 것인지 결정하는 또 다른 도구는 **필터**인데, 필터는 식 (15)의 벌점 변수 ν를 생략하고 대상 함수 f와 제약을 위반하는 정도를 별도로 판단한다. 위반 측도(violation measure)를

$$h(x) = \sum_{i \in \mathcal{E}} |c_i(x)| + \sum_{i \in \mathcal{I}} \max(-c_i(x), 0)$$

으로 정의하면 필터는 대상 함수와 제약조건의 순서쌍 $\{(f_\ell, h_\ell) : \ell \in F\}$로 이루어지는데, 이들 쌍은 어떠한 대소 관계도 갖지 않는다. 즉, 어떤 $\ell \in F$, $j \in F$에 대해서도 $f_\ell \le f_j, h_\ell \le h_j$가 동시에 성립하지 않는다. 반복 x^k은 $(f(x^k), h(x^k))$이 필터 F의 어떤 점에서도 대소 관계가 없을 때 인정된다. 인정된 경우에 새 순서쌍은 필터에 포함되고 이 때문에 대소 관계가 생기는 쌍은 필터에서 제거된다(이런 기본 전략은 실용적 수행을 향상시키거나 수렴성 분석을 편리하게 하기 위해 여러 가지 방식으로 수정될 수 있다).

7 맺음말

연속 최적화의 주요 문제와 이를 해결하기 위한 알고리즘을 간략히 설명하면서 어쩔 수 없이 몇 가지 중요한 주제를 생략하였다. 글을 마치기 전에 그중 몇 가지를 언급해 둔다.

확률적(stochastic) 및 **강건 최적화**(robust optimization)는 대상 함수나 제약함수에서 불확실성이 있지만 그 불확실성을 계량화하고 모형화할 수 있는 문제를 다룬다. 이런 문제에서는 불확실한 대상의 기댓값을 최소화하는 해나 특정 확률을 갖는 제약조건을 만족하는 해를 찾아도 좋을 것이다. 4.4절의 확률적 그래디언트 최적화는 이런 문제를 해결하는 도구 중 하나이지만 그 외에도 최적화와 통계에서 가져올 수 있는 다른 많은 관련 기법이 있다.

평형 문제는 최소화할 대상이랄 것이 없기 때문에 최적화 문제는 아니지만, 최적화 기법과 밀접한 관계가 있는 많은 알고리즘 기법을 사용한다. 기본 형태는 다음과 같다. 주어진 함수 $F: \mathbb{R}^n \to \mathbb{R}^n$에 대하여 다음 조건을 만족하는 벡터 $x \in \mathbb{R}^n$을 구한다.

$$x \geq 0, \ \ F(x) \geq 0, \ \ x_i F_i(x) = 0, \ \ i = 1, 2, \cdots, n$$

이때 위의 형태는 식 (6)의 KKT 조건과 비슷한 모습임을 기억하자. 평형 문제는 경제학적 응용 및 게임 이론에서 나타난다. 최근에는 역학 모의실험의 접촉 문제에 대한 응용이 밝혀지고 있다.

비선형방정식은 매끈한 함수 $F: \mathbb{R}^n \to \mathbb{R}^n$에 대하여 $F(x) = 0$이 되는 벡터 $x \in \mathbb{R}^n$을 찾는 문제로 과학계산 전반에서 나타난다. 연속 최적화에서 지극히 기본적인 뉴턴의 기법은 여기서도 그러하다. 뉴턴 기법의 단계는

$$\nabla F(x^k) d_k = -F(x^k)$$

을 해결하여 얻는다(식 (10)과 비교해 보라). 여기서 $\nabla F(x) = [\partial F_i / \partial x_j]_{i,j=1}^n$은 $n \times n$ 야코비 행렬이다.

더 읽을거리

Bertsekas, D. P. 1999. *Nonlinear Programming*, 2nd edn. Nashua, NH: Athena Scientific.

Boyd, S., and L. Vandenverghe. 2003. *Convex Optimization*. Cambridge: Cambridge University Press.

Nesterov, Y., and A. S. Nemirovskii. 1994. *Interior-Point Polynomial Methods in Convex Programming*. Philadelphia, PA: SIAM.

Nocedal, J., and S. J. Wright. 2006. *Numerical Optimization*, 2nd edn. New York: Springer.

Todd, M. J. 2001. Semidefinite optimization. *Acta Numerica* 10:515-60.

Wright, S. J. 1997. *Primal-Dual Interior-Point Methods*. Philadelphia, PA: SIAM.

IV.12 상미분방정식의 수치해법

언스트 하이러, 크리스티안 루비치

Ernst Hairer and Christian Lubich

1 서론: 오일러 법

상미분방정식은 과학과 공학의 여러 응용 분야에서 흔히 볼 수 있는데, 구체적으로 기하학과 역학(뉴턴, 라이프니츠, 오일러, 라그랑주), 화학반응 동역학, 분자역학, 전자회로, 인구역학 등에서 사용된다. 또한, 공간 변수를 준이산화하면 편미분방정식의 수치적 풀이에서도 상미분방정식을 다루게 된다.

표준 초기치 문제는 미분계수 $y'(t)$가 모든 $t \in [t_0, T]$에서 해 $y(t)$에

$$y'(t) = f(t, y(t)), \ \ t_0 \leq t \leq T, \ \ y(t_0) = y_0$$

과 같이 의존하는 벡터값 함수 $y: [t_0, T] \to \mathbb{R}^d$을 찾는 문제이다. 여기서 주어진 함수 f는 (t_0, y_0)을 포함하는 $\mathbb{R} \times \mathbb{R}^d$의 열린 부분집합에서 정의된 $\mathbb{R}^d$ 값 함수이다. 만약 f가 연속적으로 미분이 가능하다면, t_0을 포함하는 어떤 열린구간에서 최소한 국소적 유일해가 존재한다. 많은 응용문제에서 t는 시간

을 의미하기 때문에 앞으로는 편리성을 위해 시간을 t로 나타낼 것이다.

18, 19세기를 거치는 동안 수학자들의 독창적인 노력에도 불구하고, 대부분의 경우에는 미분방정식의 해를 컴퓨터로 직접 계산할 수 있는 함수들의 닫힌 형식으로 구할 수가 없다. 사각행렬 A에 대한 선형 미분방정식 $y' = Ay$의 해 $y(t) = e^{(t-t_0)A}y_0$도 마찬가지인데, 그 이유는 **행렬지수**[II.14]를 계산하는 것은 굉장히 까다로운 문제이기 때문이다. 따라서 미분방정식의 해에 원하는 만큼의 정확성을 갖도록 근사할 수 있는 수치적인 방법에 의존해야 한다.

1.1 오일러 양함수법

오늘날 사용하는 모든 수치적 방법의 원조인 이 방법은 레온하르트 오일러(Leonhard Euler)가 1768년에 제안하였다. t_0에서 해의 테일러 전개식과 주어진 초깃값 그리고 미분방정식을 사용하면 $y(t_0 + h) = y(t_0) + hy'(t_0) + \cdots = y_0 + hf(t_0, y_0) + \cdots$임을 알 수 있다. 여기서 단계 크기 $h > 0$을 작게 잡아서 고계 미분계수 항을 무시하면

$$y_1 = y_0 + hf(t_0, y_0)$$

은 시간 $t_1 = t_0 + h$일 때 $y(t_1)$의 근삿값이 된다. 그런 다음, 시간 $t_2 = t_1 + h$일 때 해의 근사를 $y_2 = y_1 + hf(t_1, y_1)$로 잡도록 y_1을 초깃값으로 설정한다. 이런 식으로 계속 진행하면, $(n+1)$ 단계에서 초깃값을 $y_n \approx y(t_n)$으로 잡아서 시간 $t_{n+1} = t_n + h$에서의 근삿값을

$$y_{n+1} = y_n + hf(t_n, y_n)$$

으로 계산한다. 단계들을 충분히 진행하면 마지막 시간인 T에 도달한다. 이 방법의 계산량은 함수 f의 값에 달려 있다. 단계 크기는 각 단계에서 같을 필요는 없다. 즉, 공식에서 $t_{n+1} = t_n + h_n$이 되도록 h를 h_n으로 대체할 수 있다.

근삿값 y_n의 신용도는 두 가지 측면, 즉 테일러 전개식을 잘라서 생긴 오차와 근사해의 값들로 계속해서 생긴 오차에 의존한다. 이 두 가지 오차는 각각 **일관성**과 **안정성**이라는 개념과 관련이 있고, 상미분방정식을 위한 모든 수치적 방법에서 기본적으로 나타나는 현상이다.

1.2 오일러 음함수법과 스티프 상미분방정식

1768년 오일러가 고안한 방법에 다음과 같은 변화를 주면, 작은 변화이지만 결과적으로는 큰 차이가 난다. f의 정의역에 전 단계의 값이 아닌 새로운 값을 넣으면

$$y_{n+1} = y_n + hf(t_{n+1}, y_{n+1})$$

이 되어 y_{n+1}이 새롭게 음함수 형태가 된다. 일반적으로 이러한 새로운 근사법은 보통 $y_{n+1}^{(k+1)} = y_{n+1}^{(k)} + \Delta y_{n+1}^{(k)}$과 같이 변형된 뉴턴 법을 반복적으로 수행하여 계산된다. 여기서 증가분은 선형방정식계

$$(I - hJ_n)\,\Delta y_{n+1}^{(k)} = -r_{n+1}^{(k)}$$

의 해이고, 근사식 J_n은 야코비안 행렬 $\partial_y f(t_n, y_n)$, 나머지는

$$r_{n+1}^{(k)} = y_{n+1}^{(k)} - y_n - hf\left(t_{n+1}, y_{n+1}^{(k)}\right)$$

이다. 이러한 각 단계의 계산량은 극단적으로 증가

한다. 다시 말하면 오일러 양함수법은 함수 하나의 계산이 필요한 반면, 여기서는 야코비안을 계산하여 선형방정식계를 푼 다음, 각 뉴턴 반복법의 f를 계산할 필요가 있다.

그럼에도 불구하고 오일러 양함수법보다 오일러 음함수법을 선호하는 데에는 명백한 이유가 있다. 하나의 예로 에르문드 달퀴스트(Germund Dahlquist)가 1963년에 제안한 스칼라 선형방정식

$$y' = \lambda y$$

를 생각해 보자. 여기서 계수 λ는 큰 음숫값(또는 큰 음의 실수부를 갖는 복소수)이다. 완전해 $y(t) = e^{(t-t_0)\lambda}y_0$은 시간이 지남에 따라 0으로 감소하고, **임의의 단계 크기** $h > 0$에 대해 오일러 음함수법을 사용하여 얻은 수치해

$$y_n^{\text{impl}} = (1 - h\lambda)^{-n}y_0$$

도 마찬가지 성질을 갖는다. 이와는 대조적으로 오일러 양함수법은

$$y_n^{\text{expl}} = (1 + h\lambda)^{n}y_0$$

을 유도한다. 이 수치해는 오직 h가 $|1 + h\lambda| < 1$을 만족하도록 충분히 작을 때에만, n이 증가할 때 0으로 감소한다. 다시 말하면 λ가 큰 절댓값을 갖는 음수($\lambda = -10^{10}$이라 생각하자)일 때 단계 크기에 엄격한 제한 사항이 부과되어야 한다. 왜냐하면 더 큰 단계 크기에 대해서 수치해는 진폭이 증가하는 거친 진동을 일으키는 비안정성을 갖게 되기 때문이다. 따라서 오일러 양함수법이 갖는 문제는 단계 크기가 아주 작게 선택되지 않으면 안정성에 관한 행

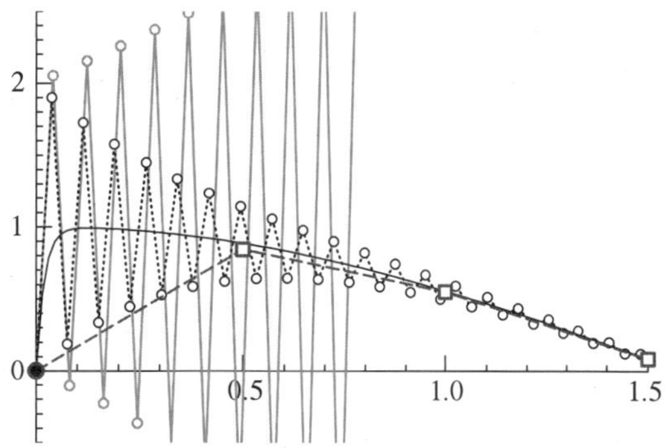

그림 1 $y' = -50(y - \cos t)$, $y(0) = 0$의 완전해(실선), 오일러 음함수 해($h = 0.5$, 파선), 그리고 두 개의 오일러 양함수 해($h = 0.038$, 점선; $h = 0.041$, 회색선).

동양상이 미분방정식과는 완전히 다르게 된다는 것이다(그림 1을 보라).

이러한 행동양상은 방금 다루었던 단순한 스칼라 예제에만 국한되는 것은 아니다. 이것은 큰 음의 실수 부분을 갖는 고유치에 대응하는 행렬에 관한 선형 미분방정식계로 확장될 수 있고, 또한 같은 성질을 갖는 야코비안 행렬 $\partial_y f$에 연관된 비선형 미분방정식계로 확장된다. 또한 함수 $f(t, y)$가 y에 관한 큰 (국소적) 립시츠 상수를 갖는 반면 어떤 내적 부등식

$$\langle f(t, y) - f(t, z), y - z \rangle \leq \ell \|y - z\|^2$$

이 모든 t, y, z와 적당한 상수(이를 한 방향 립시츠 상수라 부른다) $\ell \ll L$에 대하여 성립하는 비선형 미분방정식계에 대해서, 오일러 양함수법과 오일러 음함수법은 전혀 다른 행동양상을 일으킨다.

오일러 음함수법에 의한 수치해가 오일러 양함수법을 사용한 것보다 좀 더 효율적인 해가 되는 미분방정식을 **스티프** 상미분방정식이라고 부른다. 이 방정식은 다중 시간 척도(예를 들면, 느리고 빠른 화학 반응)의 과정 기술과 시간 의존적 편미분방정식의

공간적 준이산화의 중요한 응용문제들에서 나타난다. 예를 들어, 열방정식인 경우 오일러 양함수법을 사용하여 안정적 수치해를 구하려면 오직 일시적 단계 크기가 공간 격자 크기의 제곱으로 제한될 때만 가능해진다. 반면, 오일러 음함수법을 사용하면 무조건적으로 안정적인 수치해들을 구할 수 있다.

1.3 오일러 심플렉틱 법과 해밀턴 방정식계

오일러의 음함수법이나 양함수법 모두를 적용하기에 적절하지 않은 미분방정식 중 중요한 것으로는 해밀턴 미분방정식

$$p' = -\nabla_q H(p, q), \qquad q' = +\nabla_p H(p, q)$$

가 있다. 이 방정식은 물리학의 수많은 영역에서 나타나는 기본 방정식이다. 정의역 $\mathbb{R}^{d+d}$에서 정의된 실숫값 해밀턴 함수 H는 총에너지를 나타내고 $q(t) \in \mathbb{R}^d$과 $p(t) \in \mathbb{R}^d$은 각각 시간 t에서 보존적 방정식계의 위치 및 운동량을 나타낸다. 일반적으로 총에너지는 보존된다. 즉, 해밀턴 방정식계의 어떤 임의의 해 $(p(t), q(t))$를 따라서도

$$H(p(t), q(t)) = \text{상수}$$

가 된다. 오일러 양함수법을 위치 변수에 적용하고 오일러 음함수법을 운동량 변수에 적용(또는 반대로 적용)하여 얻는 분할법은 전체 방정식계에 어떤 오일러 법을 적용한 것보다 낫다는 것이 밝혀졌다. 따라서 오일러 심플렉틱 법을 적용하면

$$p_{n+1} = p_n - h\nabla_q H(p_{n+1}, q_n),$$
$$q_{n+1} = q_n + h\nabla_p H(p_{n+1}, q_n)$$

을 얻는다. 분리가 가능한 해밀턴 함수 $H(p, q) = T(p) + V(q)$에 이 방법을 사용하면 오일러 양함수법을 쓴 것과 같다.

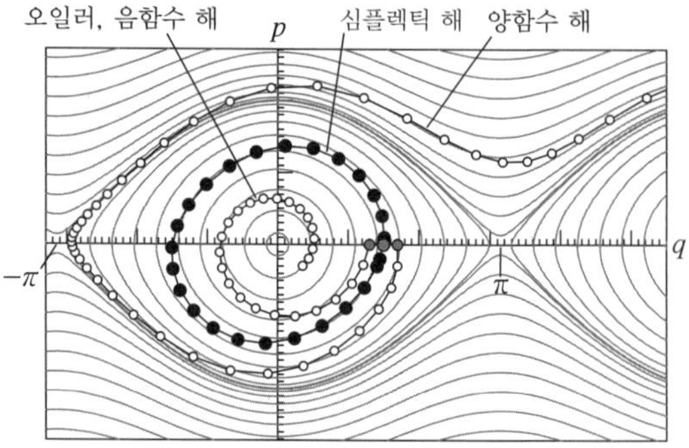

그림 2 진자(pendulum) 방정식: 단계 크기 $h = 0.3$이고 초기치 $p(0) = 0$인 오일러 다각형(오일러 양함수법의 $q(0) = 1.7$, 오일러 심플렉틱 법의 $q(0) = 1.5$, 오일러 음함수법의 $q(0) = 1.3$). 실선들은 미분방정식의 해곡선들이다.

그림 2는 해밀턴 함수가 $H(p, q) = \frac{1}{2}p^2 - \cos q$인 수학적 진자에 관한 미분방정식계

$$p' = -\sin q, \quad q' = p$$

에 적용된 세 가지 오일러 법의 질적 행동양상을 나타낸 것이다. 그림을 살펴보면, 오일러 양함수 해의 에너지가 증가하는 동안 오일러 음함수 해의 에너지는 감소한다. 그러나 오일러 심플렉틱 법은 아주 긴 시간동안 에너지를 거의 보존한다.

2 기본 개념들

이 절에서는 다양한 방법이 서로 다른 행동양상을 가지게 되는 일종의 메커니즘들을 소개하겠다.

2.1 국소 오차

완전해를 시작으로 한 오일러 양함수법의 첫 번째 단계 후의 오차를 국소 오차라 부르고

$$d_{n+1} = (y(t_n) + hf(t_n, y(t_n))) - y(t_n + h)$$

와 같이 정의한다. $y(t_n + h)$의 t_n에서의 테일러 전개식에서 나머지항을 계산하면, d_{n+1}은 해가 연속적으로 두 번 미분이 가능할 때

$$\|d_{n+1}\| \le Ch^2, \quad C = \tfrac{1}{2} \max_{t_0 \le t \le T} \|y''(t)\|$$

와 같이 제어될 수 있다. 이때 f는 연속적으로 미분이 가능한 경우이다.

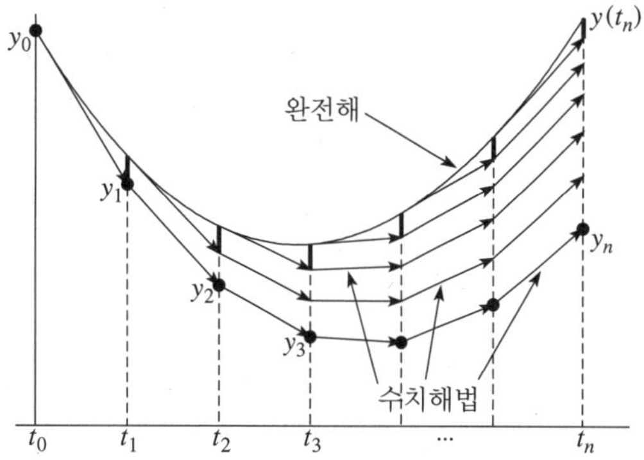

그림 3 윈더미어 부인의 부채.

2.2 오차 전파

오일러 법은 완전해 $y(t_n)$의 값을 계산하는 대신 y_n의 값을 계산하면서 각 단계를 진행하기 때문에, 먼저 알려진 오차가 도입된 방법에 의하여 어떻게 전파되는지를 아는 것이 중요하다. 다른 시작값에서 시작하는 오일러 양함수법의 단계인

$$u_{n+1} = u_n + hf(t_n, u_n),$$
$$v_{n+1} = v_n + hf(t_n, v_n)$$

을 생각해 보자. f가 (국소적으로) 립시츠 상수 L을 갖는 립시츠 연속함수일 때, 차이값은

$$\|u_{n+1} - v_{n+1}\| \le (1 + hL)\|u_n - v_n\|$$

과 같은 안정성 추정으로 제어된다.

2.3 윈더미어 부인의 부채

이 추정은 그림 3에 그려진 부채(게르하르트 바너(Gerhard Wanner)가 1980년대 오스카 와일드 희곡의 이름을 따서 붙임)처럼 오차 축적에 관한 연구에 사용할 수 있다. 왼쪽에서 오른쪽으로 진행하는 각 화살표는 각기 다른 시작값을 갖는 수치해법의 각 단계를 나타낸다. 두꺼운 수직 막대가 국소 오차를 나타내는데, 수치해법에 의한 오차의 전파는 단계별로 반복되는 안정성 추정에 의하여 제어된다. 누적 오차

$$e_n = y_n - y(t_n)$$

은 전파된 국소 오차들(그림 3의 t_n에서 끝나는 인접한 두 화살 간의 거리를 나타내는)의 합이다. d_1을 첫 번째 국소 오차라 할 때, 누적 오차는 y_1과 $y(t_1)$에서 시작하는 수치해에 $n-1$번 안정성 추정을 적용한 결과 $(1+hL)^{n-1}\|d_1\|$로 제어됨을 알 수 있다. d_2를 두 번째 국소 오차라 하면 $(1+hL)^{n-2}\|d_2\|$로 제어되고, 계속적으로 이와 같이 반복할 수 있다. 국소 오차들은 Ch^2으로 제어되므로 누적 오차는 결과적으로

$$\begin{aligned}\|e_n\| &\le \sum_{j=0}^{n-1}(1 + hL)^j Ch^2 \\ &= \frac{(1 + hL)^n - 1}{1 + hL - 1} Ch^2 \\ &\le \frac{e^{nhL} - 1}{L} Ch\end{aligned}$$

로 제어된다. $M = (e^{(T-t_0)L} - 1)C/L$라 하면, 누적 오차는

$$\|e_n\| \leq Mh, \quad t_n \leq T$$

를 만족한다. 따라서 수치해법은 고정된 nh에 대하여 $h \to 0$일 때 완전해로 수렴하지만 h에 비례하는 오차 한계를 갖는다. 또한 나중에 $p > 1$일 때 h^p에 비례하는 오차 한계를 갖는 고차수 수치해법을 다룰 것이다.

2.4 스티프 상미분방정식

위의 오차 한계는 L이 클 때의 스티프 상미분방정식에서는 무의미하게 된다. 오일러 음함수법은 안정성 추정에서 한 방향 립시츠 상수 ℓ만 나타나는 비슷한 오차분석을 인정하고 있다. 즉, $h\ell < 1$일 때, u_n과 v_n에서 출발하는 오일러 음함수법의 단계들의 결과에 대하여

$$\|u_{n+1} - v_{n+1}\| \leq \frac{1}{1 - h\ell}\|u_n - v_n\|$$

이 성립한다. $\ell \ll L$일 때의 스티프 방정식 문제인 경우, 이것은 L에 관한 오일러 양함수법의 안정성 추정보다 더 편리하다. 오차 한계는 $\|e_n\| \leq mh$가 되는데, 여기서 m은 위의 M과 같은 형태이지만, 립시츠 상수 L은 한 방향 립시츠 상수 ℓ로 대체된다.

지금까지 오일러 양함수법과 음함수법의 수렴성에 관한 행동양상과 스티프 상미분방정식에 관한 그들의 다른 행동양상을 설명하였다. 그러나 해밀턴 방정식계에 관한 오일러 심플렉틱 법의 편리한 행동양상을 설명하지는 못했다. 이를 설명하기 위해서는 다음 절에서 소개할 새로운 개념인 후진 분석이 필요하다.

2.5 후진 분석

수치적 방법을 한 단계 수행한 후의 수치해는 **수정된 미분방정식**의 (거의) 완전해로 이해될 수 있다. 따라서 수치해법의 여러 성질은 미분방정식의 성질에서 추론할 수 있다. $y' = f(y)$에 적용된 각 오일러 법에 대하여 h의 임의의 고차항까지

$$y_1 = \tilde{y}(t_1)$$

이 되도록 점근적 전개

$$\tilde{f}(\tilde{y}) = f(\tilde{y}) + hf_2(\tilde{y}) + h^2 f_3(\tilde{y}) + \cdots$$

은 유일하게 만들어질 수 있다. 이때 $\tilde{y}(t)$는 초기치가 y_0인 수정 미분방정식 $\tilde{y}' = \tilde{f}(\tilde{y})$의 해이다. 이때 중요한 특징 중 하나는 오일러 심플렉틱 법이 해밀턴 미분방정식계에 적용되면 수정 미분방정식은 다시 해밀턴 미분방정식이 된다는 것이다. 수정 해밀턴 함수는 점근적 전개

$$\tilde{H} = H + hH_2 + h^2 H_3 + \cdots$$

을 갖는다. 따라서 오일러 심플렉틱 법은 완전 에너지 H에 가까운 수정 에너지 $\tilde{H}$를 보존한다(h의 임의의 고차항까지). 이와 같은 수정 에너지의 보존성은 오일러 양함수법과 음함수법의 수치해를 따라 나타나고 에너지 안에서 선형적으로 성장하고 있는 드리프트를 방지한다. 이러한 두 가지 방법에 의한 수정 미분방정식은 더 이상 해밀턴 방정식이 아니다.

3 Nonstiff 문제

3.1 고차수 수치해법

만약 국소 오차(완전해에서 시작하여 어떤 방법 한 단계를 수행한 후의 오차)가 Ch^{p+1}보다 작다면 이 방법을 p**차수법**이라고 한다. 여기서 h는 단계의 크기이고 C는 해 $y(t)$와 함수 f의 미분계수에만 의존한다. 2.1절의 오일러 법에서 차수는 완전해와 수치해의 테일러 전개들을 비교하여 결정된다. p계법은 테일러 전개식의 h^p항을 포함하고 그 항까지 같아야 한다.

오일러 법의 단점은 1차수법이라는 것이다. 차수를 증가시키는 방법에는 y_n에서 y_{n+1}까지 지나갈 때 함수를 추가하는 방법, 보조함수 계산을 사용(단일 단계법)하거나 전 단계에서 계산된 해의 값 $y_{n-1}, y_{n-2}, \cdots$을 이용, 또는 둘 다를 이용하는 방법 등이 있다. Nonstiff 초기치 문제를 해결하기 위해 가장 많이 사용하는 단일 단계법은 8차까지인 룽게-쿠타(Runge-Kutta) 양함수법이고, 12차까지인 아담스-타입 다단계법도 많이 사용하고 있다. 또한 10~100자리까지 매우 엄격한 정확성을 요구할 때는 때때로 고차수 외삽법 또는 해의 테일러급수(f의 고계 도함수들이 소프트웨어로 계산이 가능할 때)가 사용된다.

3.2 룽게-쿠타 양함수법

룽게-쿠타 양함수법의 핵심을 이루는 두 가지 주요 개념이 있다. 첫째, $y'(t) = f(t, y(t))$을 만족하는

$$y(t_0 + h) = y(t_0) + h\int_0^1 y'(t_0 + \theta h)\,\mathrm{d}\theta$$

는 적분에 가중치 b_i와 노드 c_i인 구적 공식을 적용하면

$$y_1 = y_0 + h\sum_{i=1}^{s} b_i Y_i', \quad Y_i' = f(t_0 + c_i h, Y_i)$$

로 근사된다. 둘째, 각 단계 값 $Y_i \approx y(t_0 + c_i h)$는 0부터 c_i까지 적분에 대한 또 다른 구적 공식에 의해

$$Y_i = y_0 + h\sum_{j=1}^{s} a_{ij} Y_j', \qquad i = 1, \cdots, s$$

가 된다. 여기서 Y_j'는 y_1에서 나타나는 함수와 같은 함숫값이다. 만약 계수들이 $a_{ij} = 0, j \geq i$를 만족한다면, 위의 합은 사실 $j = 1$에서 $i - 1$까지만 확장된다. 따라서 $Y_1, Y_1', Y_2, Y_2', \cdots, Y_s, Y_s'$는 순서대로 정확히 계산될 수 있다. 룽게-쿠타 법의 이름은 1895년에 이런 타입의 두 단계와 세 단계 방법들을 제안한 카를 룽게(Carl Runge)와 현재는 4차 **고전 룽게-쿠타 법**으로 알려진 방법을 1901년에 제안한 빌헬름 쿠타(Wilhelm Kutta)의 이름을 딴 것이다. 4차 고전 룽게-쿠타 법은 심슨 구적법을 적분방정식에서 미분방정식으로 확장한 것이다.

$$\begin{array}{c|c} c_i & a_{ij} \\ \hline & b_j \end{array} \equiv \begin{array}{c|cccc} 0 & & & & \\ \frac{1}{2} & \frac{1}{2} & & & \\ \frac{1}{2} & 0 & \frac{1}{2} & & \\ 1 & 0 & 0 & 1 & \\ \hline & \frac{1}{6} & \frac{2}{6} & \frac{2}{6} & \frac{1}{6} \end{array}$$

2절의 윈더미어 부인의 부채를 이용하면 p차 룽게-쿠타 법의 유한 시간 구간 상의 누적 오차 $y_n - y(t_n)$은 $O(h^p)$이 됨을 알 수 있다.

1964년 존 부처(John Butcher)는 완전해와 수치해의 테일러 전개에서 나타나는 것처럼 f의 미분계수와 연쇄법칙에 의한 미분계수의 접합에 대한 나무 모델을 이용하여 일반적인 룽게-쿠타 법의 차수 조건들을 도출하였다. 이러한 도출은 심지어 더 높은

차수의 방법을 제조하는 것을 가능하게 하였다. 그 중 탁월한 것은 도먼드(Dormand)와 프린스(Prince)가 제안한 5차와 8차의 방법인데, 이 방법들은 광범위한 활용도를 갖고 있다. 예를 들어, 이 방법들은 같은 함수 추정을 사용하는 내장된 공식으로부터 하위 계수의 오차 지표를 찾을 수 있게 한다. 이러한 오차 지표를 이용하면 국소 오차가 각 시간 구간에서 주어진 허용 오차에 가까워지는 적절한 단계 크기를 선택할 수 있다.

3.3 외삽법

차선책인 임의의 고차수 룽게-쿠타 양함수법의 체계적인 구성은 다른 단계 크기들을 사용한 오일러 양함수법에 리처드슨 외삽법(Richardson extrapolation)을 적용함으로써 완성된다. 이 기술은 오차의 점근적 전개

$$y(t, h) - y(t) = e_1(t)h + e_2(t)h^2 + \cdots$$

을 사용한다. 여기서 $y(t, h)$는 단계 크기가 h인 t에서의 오일러 양함수 근사이다. $t = t_0 + H$에서 p차수까지의 오차 전개의 계수들은 다른 단계 크기 $h_j = H/j$에 대응하는 오일러 함숫값 $y(t_0 + H, h_j)$, $j = 1, \cdots, p$를 통해 $h = 0$에서 보간다항식을 계산하여 없어질 수 있다. 이것이 일반적인 p차 룽게-쿠타 법이다. 기본 방법으로서 오일러 양함수법을 사용하는 것 대신에, 양함수 중점 규칙

$$y_{n+1} = y_{n-1} + 2hf(t_n, y_n), \quad n \geq 1$$

과 y_1을 계산하기 위해서 오일러 양함수를 이용하는 그래그법(Gragg's method, 1964년)을 사용하는 것이 더 바람직하다. 이 방법은 n이 짝수일 때 (위의 h 대신에) h^2의 멱급수로 오차 전개를 갖고, 각 오차 계수를 제거하여 h^2의 멱급수를 얻는다. 외삽법은 차수와 단계 크기를 통제하는 데 이용할 수 있는 내장형 오류 지표를 갖는다.

3.4 애덤스 법

천문학자인 존 애덤스(John Adams)가 1855년에 고안한 방법은 함수 추정만을 사용하는 최초의 고차수 방법이었고, 이는 방법들의 변수-계수, 변수-단계 크기 구현에서 일반적인 nonstiff 초기치 문제를 풀 수 있는 가장 효율적인 방법 중 하나이다.

k개의 함숫값 $f_{n-j} = f(t_{n-j}, y_{n-j})$, $j = 0, \cdots, k-1$을 이미 계산하였다면

$$y(t_{n+1}) = y(t_n) + h\int_0^1 f(t_n + \theta h,\, y(t_n + \theta h))\,\mathrm{d}\theta$$

안의 피적분함수는 (t_{n-j}, f_{n-j}), $j = 0, \cdots, k-1$을 통해서 보간다항식 $P(t)$에 의해 근사되어 k차 애덤스 양함수법

$$y_{n+1} = y_n + h\int_0^1 P(t_n + \theta h)\,\mathrm{d}\theta$$

를 산출한다. 여기에 뉴턴 보간공식을 대입하면 상수 단계 크기 h에 대해

$$y_{n+1} = y_n + hf_n + h\sum_{i=1}^{k-1}\gamma_i \nabla^i f_n$$

이 된다. 이때 후진차분은 $\nabla f_n = f_n - f_{n-1}$, $\nabla^i f_n = \nabla^{i-1} f_n - \nabla^{i-1} f_{n-1}$이고 계수는 $(\gamma_i) = (\frac{1}{2}, \frac{5}{12}, \frac{3}{8}, \frac{251}{720}, \cdots)$이다. 따라서 이 방법은 이전의 함숫값의 차이를 더하여 오일러 양함수법을 수정한다.

더 높은 차수의 방법인 경우에는 보간다항식을

보간법의 구간 밖에서 사용하기 때문에 근사의 정확도가 떨어진다. 그러나 만약 (t_{n+1}, f_{n+1})이 보간법의 점에 추가된다면 이 문제는 극복할 수 있다. $P^*(t)$를 대응하는 보간다항식이라 하고 피적분함수 $f(t, y(t))$ 대신 사용한다. 그러면 이것은 $(\gamma_i^*) = (-\frac{1}{2}, -\frac{1}{12}, -\frac{1}{24}, -\frac{19}{720}, \cdots)$인

$$y_{n+1} = y_n + hf_{n+1} + h\sum_{i=1}^{k}\gamma_i^* \nabla^i f_{n+1}$$

의 형태를 갖는 $k+1$차 **애덤스 음함수법**을 유도한다. y_{n+1}에 관한 방정식은 한 개 또는 최대 두 개의 고정점 반복을 통해서 근사적으로 풀린다. 이때 반복법이란 반복법의 시작으로서 애덤스 양함수법에서 결과(**예측자**)를 가져와서 그것의 함숫값을 애덤스 음함수법의 오른편(**수정자**)에 대입하는 것이다.

변수-차수, 변수-단계 크기의 구현에 있어서 필요한 시작값은 계수를 1, 2, 3, …으로 증가시키는 방법들로 시작하여 하나씩 하나씩 만들어진다. 계수를 증가시키거나 떨어뜨리기 위한 전략은 이전 함숫값들의 차이를 살펴보는 것에 기초한다. 단계 크기를 변경하는 것은 모든 방법들의 계수를 재계산해야 하기 때문에 계산적으로는 좀 더 많은 수고를 요한다. 이것은 보간다항식의 값들과 단계 크기의 거듭제곱으로 스케일된 t_n에서의 다항식의 모든 미분계수를 수집한 **노지엑 벡터**(Nordsieck vector)에 의하여 정보를 한 단계에서 다음 단계로 전달함으로써 가능해진다.

3.5 선형 다단계법

애덤스의 양함수법과 음함수법은 둘 다 **선형 다단계법**

$$\sum_{j=0}^{k}\alpha_j y_{n+j} = h\sum_{j=0}^{k}\beta_j f_{n+j}$$

이다. 여기서 $f_i = f(t_i, y_i)$이고 $\alpha_k \neq 0$이다. 선형 다단계법의 집합은 스티프 문제에 대한 중요한 해법들, 특히 다음 절에서 소개할 이전 함수들의 차 공식들을 포함한다. 선형 다단계법의 이론적 연구는 1956년 달퀴스트(Dahlquist)에 의해 처음 시작되었다. 그는 선형 다단계법에 대하여

$$\text{일관성} + \text{안정성} \Longleftrightarrow \text{수렴성}$$

을 증명하였는데, 이것은 편미분방정식의 이산화에 대한 동시적 럭스 동등정리(contemporaneous Lax equivalence theorem)와 함께 수치해석의 기본 원리가 되었다. 이것이 의미하는 바는 아래에 더 상세히 설명하였다.

단일 단계법과는 대조적으로, 높은 차수를 갖는다는 것 자체만으로 $h \to 0$일 때 다단계법이 수렴한다는 것을 보장하지는 않는다. 사실, 주어진 k에 대해 차수가 최대가 되도록 방법의 계수(coefficients)를 선택하는 것은 단계 크기가 감소하고 증가하는 활발한 진동을 만드는 방법으로 이어진다. 더하여, 안정성 조건도 필요하다. 즉 안정성 조건이란 선형 차분방정식 $\sum_{j=0}^{k}\alpha_j y_{n+j} = 0$의 모든 해들이 $n \to \infty$일 때 유계가 되거나 또는 동치적으로 다음과 같이 표현되는 것이다.

> 모든 다항식 $\sum_{j=0}^{k}\alpha_j \zeta^j$의 근들이 복소 단위원 판 안에 존재하며, 단위원에 있는 것들은 단순근이다.

이 안정성 조건이 만족되고 방법의 차수가 p가

된다면, 오차는 유계 시간 구간에서 $y_n - y(t_n) = O(h^p)$이 되고 초깃값에서 오차는 $O(h^p)$이 된다.

달퀴스트는 또한 **차수 장벽**, 즉 안정적 k-단계 방법의 계수 k가 짝수일 때 $k+2$로, k가 홀수일 때 $k+1$로, 그리고 방법이 양함수법($\beta_k = 0$)이면 k로 확장될 수 없다는 것을 증명하였다.

3.6 일반적 선형법

예측자-수정자 애덤스 법은 내부 단계에서 예측을 사용하기 때문에 다단계법이 아니고, 이전 함숫값들을 사용하기 때문에 룽게-쿠타 법도 아니다. 선형 다단계법과 룽게-쿠타 법은

$$u_{n+1} = Su_n + h\Phi(t_n, u_n, h)$$

와 같은 좀 더 일반적인 방법들의 극단적인 경우이다. 여기서 u_n은 해 근사 $y_n \approx y(t_n)$이 선형 사상에 의해 얻을 수 있는 벡터(미분방정식의 다중 차원)이다. S는 정방행렬이고 Φ는 f의 함숫값에 의존한다(예를 들면, 예측자-수정자 방법은 이 틀 속에서 $u_n = (y_n, y_n^{\text{pred}}, y_{n-1}, \cdots, y_{n-k+1})$을 갖는다).

이처럼 좀 더 일반적인 방법들은 1960년대 중반부터 '양극단 사이의 평균으로서 가장 좋은 도구(아리스토텔레스와 존 부처의 말 중에서)'를 찾는다는 목적으로 연구되고 있다. 이 방법들은 nonstiff 문제와 스티프 문제 모두에 대해서 잠재적인 이점을 갖는다. 예를 들면, 2단계 룽게-쿠타 법이나 룽게-쿠타 안정성을 내재하고 있는 일반적 선형법들이지만 현재 소프트웨어를 통해 응용문제들에 사용되지 않는 것들이 있다.

4 스티프 문제들

서론에서 스티프 방정식이라고 부르는 중요한 미분방정식에 대하여 오일러 음함수법이 오일러 양함수법을 획기적으로 개선하는 것을 보았다. 이것과 비슷한 좋은 성질들을 갖고 있는 고차수 방법들이 있을까?

4.1 후진 미분공식법

오일러 음함수법을 자연스럽게 확장하더라도 k단계 애덤스 음함수법은 $k > 1$의 스티프 문제에 대하여 적용할 때 그 역할이 실망스러울 만큼 미미하다. 반면 적분보다 수치적 미분에 기반을 두고 있는 오일러 음함수법의 또 다른 확장에서 나온 다단계법은 스티프 문제에 더 효과적이라는 것이 밝혀졌다. k개의 해 근사 $y_{n-k+1}, \cdots, y_n$이 이미 계산되어 있다고 가정하고, $u(t)$가 아직 알려지지 않은 근사치 y_{n+1}을 포함하여 $t_{n+1-j}, j = 0, \cdots, k$에서 y_{n+1-j}를 통과하는 보간다항식이라 하자. 그러면 **선점 조건**

$$u'(t) = f(t, u(t)), \quad t = t_{n+1}$$

또는 동치적으로 단계 크기가 상수 h인 경우에

$$\sum_{j=1}^{k} \frac{1}{j} \nabla^j y_{n+1} = hf_{n+1}$$

이 필요하다. 이러한 **후진 미분공식**은 k차 선형 다단계 음함수법이고 $k > 6$일 때 비안정적임이 알려져 있다. 그러나 $k \leq 5$인 작은 k에 대해서는 컴퓨터 코드로 구현되는 수많은 스티프 문제들에 후진 미분공식이 가장 광범위하게 사용된다. 이러한 방법의 유용성에 대해서는 먼저 커티스(Curtiss)와 히

르슈펠더(Hirschfelder)가 1952년에 증명하였다. 그들은 또한 스티프 상미분방정식의 개념을 만들었다. 1971년 빌 기어(Bill Gear)의 후진 미분공식 코드 'DIFSUB'은 스티프 문제를 해결하기 위해 처음으로 광범위하게 사용한 코드이다. 이것은 후진 미분공식법(기어의 방법)에 다른 분야의 많은 연구자들의 주목을 집중시키는 역할을 했다.

4.2 A-안정성과 관련된 개념들

후진 미분공식 방법의 어떤 성질이 스티프 문제를 성공적으로 해결할까? 1963년, 달퀴스트는 스칼라 선형 미분방정식

$$y' = \lambda y, \ \ \lambda \in \mathbb{C}, \ \ \mathrm{Re}\lambda \le 0$$

에 대한 다단계법의 행동양상을 체계적으로 연구하였다. 미분방정식의 선형화와 야코비안 행렬의 대각화에 의하여 이 방정식을 시범방정식으로 사용하는 것이 가능해졌다. 아주 단순한 스칼라 선형 미분방정식에 대한 수치해법의 행동양상은 수치적 경험과 이론에 의해 볼 수 있는 것처럼, 좀 더 일반적인 스티프 문제에 대한 유용성에 관해 많은 통찰력을 준다.

완전해 $y(t) = e^{t\lambda}y_0$은 $\mathrm{Re}\lambda \le 0$이고 $t \to +\infty$일 때 확실히 유계가 된다. 달퀴스트에 따르면 $\mathrm{Re}\lambda \le 0$인 모든 $\lambda \in \mathbb{C}$에 대하여, 수치해 y_n이 모든 단계 크기 $h > 0$과 모든 선택된 초깃값에 대하여 $n \to \infty$일 때 유계로 유지된다면 이 방법을 **A-안정적**이라고 부른다. 오일러 음함수법과 2차 후진 미분공식 방법은 A-안정적이지만, 고계 후진 미분공식 방법은 A-안정적이지 않다. **달퀴스트의 2차 장벽**이란 A-안정적 선형 다중단계법의 차수는 2를 초과할 수 없다는 것을 말한다. 이러한 이론적 결과 때문에, 장벽을 피하기 위해서는 다른 방법이나 좀 더 약한 개념의 안정성을 사용한 많은 작업이 필요하다.

안정성 지역 S는 모든 복소수 $z = h\lambda$들의 집합으로, 단계 크기를 h로 갖는 방정식 $y' = \lambda y$에 적용된 방법의 모든 수치해가 유계가 되는 집합이다. $k>1$인 k단계 애덤스 양함수법 그리고 음함수법의 안정성 지역은 유계이다. 따라서 λ가 큰 절댓값을 가질 때 단계 크기에 제한을 가져온다. 6차까지의 후진 미분공식 방법들은 A(α)-안정적이다. 즉, 안정성 지역은 각각 $k = 1, \cdots, 6$에 대하여 $\alpha = 90°, 90°, 86°, 73°, 51°, 17°$를 갖는 비유계 영역인 $|\arg(-z)| \le \alpha$를 포함한다. 따라서 고계 후진 미분공식 방법들은 야코비안이 음의 실수축 근처에서 큰 고유치를 가질 때 잘 적용된다. 반면에 허수축 근처에서 큰 고유치를 가지면 잘 적용되지 않는다.

4.3 룽게-쿠타 음함수법

A-안정적 룽게-쿠타 법에 대한 차수 장벽은 없다는 것이 밝혀졌다.

선형 시험방정식에 룽게-쿠타 양함수법을 적용하면 s가 단계수이고 P가 s차 다항식일 때 $y_{n+1} = P(h\lambda)y_n$이 유도되기 때문에, 룽게-쿠타 양함수법은 A-안정적일 수가 없다. $|z| \to \infty$일 때 $|P(z)| \to \infty$이기 때문에 룽게-쿠타 양함수법의 안정성 지역은 필수적으로 유계여야 한다.

반면에, 룽게-쿠타 음함수법은

$$y_{n+1} = R(h\lambda)y_n$$

을 유도한다. 여기서 유리함수 $R(z)$를 방법의 **안정성 함수**라 부른다. 안정성 함수는 원점에서 지수함수에 근사한다. 즉, $z \to 0$일 때 $R(z) = e^z + O(z^{p+1})$이다. $\mathrm{Re}\, z \leq 0$일 때 $|R(z)| \leq 1$이면, 룽게-쿠타 음함수법은 A-안정적이다. 1978년에 바너(Wanner), 하이러(Hairer), 뇌르세트(Nørsett)는 계수와 안정성 사이의 미묘한 상호작용을 **차수 별**(order stars)이론으로 발전시켰다. 특히, 이 이론에 의하면 지수함수로의 파데 근사[IV.9 §2.4] $R_{k,j}(z)$(가능한 가장 높은 차수 $p = j + k$가 되는 분모 차수 j와 분자 차수 k의 유리 근사함수) 중 정확하게 $k \leq j \leq k + 2$일 때 $R_{k,j}(z)$는 A-안정적임을 확인할 수 있다. 안정성 함수로서 대각 페이드 근사 $R_{s,s}$를 갖는 최적의 차수인 룽게-쿠타 음함수법은 가우스 구적법의 분할에 따른 선점법이다. 반면 부대각 페이드 근사 $R_{s-1,s}$를 갖는 방법들은 오른쪽 라다우(Radau) 구적법 분할에 기반을 둔 선점법이다. 이제 이와 같이 중요한 룽게-쿠타 음함수법에 대하여 알아보자.

4.4 가우스 법과 라다우 법

분할 $0 \leq c_1 < \cdots < c_s \leq 1$ 상의 **선점법**은 기껏해야 s차 다항식 $u(t)$를 만든다. 이 다항식은 $u(t_0) = y_0$을 만족하고 s개의 점 $t_0 + c_i h$에서 미분방정식

$$u'(t) = f(t, u(t)), \quad t = t_0 + c_i h, \quad i = 1, \cdots, s$$

의 해가 된다. 종점에서 해의 근사는

$$y_1 = u(t_0 + h)$$

이고 이 값은 다음 단계의 초깃값이다. 켄 라이트(Ken Wright, 1970년)가 보여 준 것처럼, 이런 선점법은 분할이 c_i인 보간 구적법의 차수와 같은 차수의 룽게-쿠타 음함수법과 동치이다. 따라서 가우스 구적법 분할에 따른 선점법의 가장 높은 차수는 $p = 2s$가 된다. 그럼에도 불구하고, 가우스 법은 경계치 문제와 반대로 스티프 초기치 문제에서 거의 사용되지 못한다(6절을 보라). 그 이유는 안정성 함수가 $z \to -\infty$일 때 $|R(z)| \to 1$을 만족하지만 $e^z \to 0$이기 때문이다.

무한대에서 원하는 감쇠 성질은 부대각 페이드 근사에서 얻어진다. 이 근사는 라다우 점에서 선점법의 안정성 함수이다. 여기서 라다우 점은 $c_s = 1$이고 차수가 $p = 2s - 1$인 구적법 공식의 분할이다. 기본 성질을 살펴보면, s단계 라다우 법은 $p = 2s - 1$차 룽게-쿠타 음함수법이고, 이것은 A-안정적이다. 또한 $R(\infty) = 0$이다.

라다우 법은 몇 가지 더 놀라운 특징들을 가지고 있다. 라다우 법은 비선형적으로 안정적인데 이것을 소위 **대수적 안정성 성질**을 갖는다고 한다. 그들의 마지막 내부 단계는 다음 단계의 초깃값과 같고(이 성질은 스티프 방정식과 미분-대수방정식에서 사용하는 유용한 성질이다), 내부 단계들은 모두 차수 s를 갖는다.

사실상 s개의 분할을 갖는 모든 선점법은 마지막 성질을 갖는다. 이 성질은 **차수 줄임** 현상 때문에 매우 중요한데, 스티프 문제에 룽게-쿠타 음함수법을 적용할 때 이 방법은 nonstiff 문제에서 얻은 차수 p 대신 stiffness-독립인 오차 상수를 갖는 단계 차수 또는 단계 차수 + 1을 갖는다.

하이러와 바너(1991년부터)에 의한 라다우 법 구현의 견고함은 특이 행렬 M에 대한 미분-대수방정

식 $My' = f(t, y)$와 스티프 문제를 다룰 때 잘 나타난다.

4.5 선형적 음함수법

후진 미분공식과 룽게-쿠타 음함수법은 완전히 음함수이기 때문에 비선형방정식계를 수정 뉴턴 법으로 풀 수 있다. 적당한 선형 안정성 속성을 유지하면서 계산량을 줄이기 위해서는 각 단계에서 뉴턴 법의 단일 반복, 즉

$$(I - hJ_n)(y_{n+1} - y_n) = hf_n$$

만이 행해지는 **선형적 오일러 음함수법**과 같은 선형적 음함수법을 사용해야 한다. 여기서 $J_n \approx \partial_y f(t_n, y_n)$이다. 따라서 하나의 선형방정식계는 각 시간 구간에서 해결된다. 이 방법은 선형 문제에 대한 오일러 음함수법과 같고, A-안정성을 보장받는다. 고차수 선형적 음함수법은 선형적 오일러 음함수법에 리처드슨 외삽법을 적용하여 얻게 되거나, **로젠브록 법**(Rosenbrock method)으로 생성되기도 한다. 룽게-쿠타 양함수법처럼 이런 방법들에 의해

$$y_1 = y_0 + h\sum_{i=1}^{s} b_i Y_i', \quad Y_i = y_0 + h\sum_{j=1}^{i-1} a_{ij} Y_j'$$

와 같은 근사해를 얻는다. 이때 s개의 선형방정식계(여기서는 자율 문제 $f(t, y) = f(y)$, $J = \partial_y f(y_0)$에 대한)

$$(I - \gamma hJ)Y_i' = f(Y_i) + hJ\sum_{j=1}^{i-1} \gamma_{ij} Y_j'$$

를 풀어서 연속적으로 미분 단계를 계산해야 한다. 이런 방법은 수행하기 쉽고, 편미분방정식의 공간적 준이산화의 수치적분법에서 많이 사용되었다. 큰 문제의 경우, 스파스 해석기나 전제 조건이 있는 크릴로프 부분공간법 같은 반복법을 사용한다.

4.6 지수 적분기

수치해석법에서 야코비안 행렬지수를 사용하는 것이 명백하다고 보았지만 오랜 시간동안 이것은 비현실적인 것으로 간주되었고, 특히 큰 문제에 관하여도 마찬가지였다. 그러나 1990년대 중반에 이런 태도에 변화가 생겼다. 왜냐하면 일반적으로 선형방정식계 $(I - \gamma hJ)x = v$를 풀 때 선형 수렴성만 있는 반면, 행렬지수와 벡터의 곱 $e^{\gamma hJ}v$를 근사하기 위한 크릴로프 부분공간법은 초선형 수렴성을 보일 수 있었기 때문이다. 선형방정식계에 좋은 전제 조건이 없다면, 행렬지수의 행동양상을 계산하는 것이 대응하는 선형방정식계를 푸는 것보다 계산적으로 덜 힘들다. 이 사실은 $\varphi(z) = (e^z - 1)/z$ 같은 지수함수나 관련 함수들을 사용하는

$$y_{n+1} = y_n + h\varphi(hJ_n)f_n$$

같은 **오일러 지수함수법**을 부활시켰다. 이 방법은 f가 선형 함수 $f(y) = Jy + c$일 때 유용하고 전해석 함수 $\varphi(z)$가 유리함수 $1/(1 - z)$을 대신하는 선형 오일러 음함수법과는 차이가 있다. 또한 단일 단계와 다단계 타입의 고차수 지수함수법들도 만들어졌다. 지수 적분자는 5.6절에서 다루는 큰 진동 문제들뿐만 아니라 물리학의 대규모 문제와 비선형 포물형 방정식에서 유용하게 사용된다는 것이 증명되었다.

4.7 체비쇼프 법

적당한 스티프 문제에 대하여 낮은 차수(2 또는 4)와 높은 단계수의 룽게-쿠타 양함수법을 사용하면 수치적 선형 대수를 피할 수 있는데, 이 방법은 음의 실수축 근처의 영역을 덮는 큰 안정성 영역을 갖도록 설계되었다. 이런 방법의 안정성 함수는 체비쇼프 다항식과 연관된 고차 다항식이다. 단계수는 단계 크기와 안정성 영역 상의 야코비안의 우세한 고유치의 곱을 포함하도록 적당히 선택된다. s개의 단계로 길이가 s^2에 비례하는 음의 실수축 상의 구간들을 덮을 수 있다. 이러한 성질 때문에 포물형 편미분방정식의 공간적 준이산화처럼 야코비안의 고유치가 큰 음의 실숫값인 문제에 이 방법을 적용할 수 있다.

5 방정식 구조를 보존하는 수치해법

지금까지 논의한 방법들은 일반적인 미분방정식을 위해 설계된 것이고, 스티프 문제와 nonstiff 문제들 사이의 차이점만을 보여 줬다. 그러나 특별한 구조, 종종 기하학적 구조를 갖는 미분방정식의 수치적 이산화에서 구조의 보존성이 더 좋은 방법을 낳는 중요한 방정식들이 있다. 이들 중 가장 두드러지는 것은 해밀턴 미분방정식계로, 이것은 물리학에서 항상 중요하다. 해밀턴 미분방정식계의 유동은 심플렉틱인 기하학적 성질을 갖고 있다.

위상공간 기하가 수치해법의 장기간 행동양상에 끼치는 영향을 이산화하고 분석하는 데 있어서, 단일해 궤적의 근사에 집중하는 것보다는 미분방정식의 유동을 근사하는 이산 동역학방정식계 같은 수치해법을 고려하는 것으로 관점이 바뀌었다.

많은 미분방정식이 이산화 과정에서 구조를 보존하는 흥미로운 구조를 갖고 있지만(그렇게 되도록 적당한 수치해법을 고안하고 분석하는 데 많은 작업이 이뤄졌다) 여기서는 해밀턴 미분방정식계만 집중해서 살펴보겠다. 해밀턴 방정식계에 대한 수치해법은 지난 20년간 활발히 연구되어 왔다.

5.1 심플렉틱 법

미분방정식 $y' = f(y)$의 시간 t-유동(flow)은 시간 0에서의 초깃값 y_0과 시간 t에서의 해의 값을 연결시키는 사상 φ_t이다. 즉, $\varphi_t(y_0) = y(t)$이다. 해밀턴 방정식계

$$p' = -\nabla_q H(p, q), \quad q' = \nabla_p H(p, q)$$

또는 동치적으로 $y = (p, q)$에 대하여

$$y' = J^{-1}\nabla H(y), \quad J = \begin{pmatrix} 0 & I \\ -I & 0 \end{pmatrix}$$

을 생각해 보자. 해밀턴 방정식계의 유동 φ_t가 **심플렉틱**(symplectic)이라는 것은 초깃값에 대한 미분계수 $D\varphi_t$가 $\varphi_t(y)$가 존재하는 모든 y와 t에 대하여

$$D\varphi_t(y)^{\mathrm{T}} J D\varphi_t(y) = J$$

를 만족한다는 뜻이다. 이것은 형식상 항등행렬 I 자리에 J가 들어간 수직성과 유사한 2차 관계식이지만 위상공간에서 길이보다는 면적의 보존과 관련이 있다.

수치적 유동 Φ_h가 심플렉틱 사상, 즉

$$D\Phi_h(y)^{\mathrm{T}} J D\Phi_h(y) = J$$

를 만족하면 수치적 단일 단계법 $y_{n+1} = \Phi_h(y_n)$을

심플렉틱이라 부른다. 따라서 1.3절의 '오일러 심플렉틱 법'이 실제로 심플렉틱이다. 1988년 라사니(Lasagni), 산즈-세르나(Sanz-Serna), 수리스(Suris)는 각각 독립적으로 룽게-쿠타 심플렉틱 법을 계수들이 조건

$$b_i a_{ij} + b_j a_{ji} - b_i b_j = 0$$

을 만족한다는 것으로 특성화하였는데, 이때부터 심플렉틱 법에 대한 관심이 집중되었다. 가우스 법(4.4절을 보라)이 이 조건을 만족한다는 것은 이미 알려졌기 때문에 가우스 법은 심플렉틱이 된다. 이러한 발견 후에 어떤 수치해법이 심플렉틱이라는 것과 후진 분석(2.5절을 보라)의 수정 미분방정식이 다시 해밀턴 방정식이 된다는 것은 동치라는 것을 알 수 있었다. 이것은 역단계 크기로 기하급수적으로 긴 시간에 따른 완전에 가까운 에너지의 보존을 엄격하게 증명하는 것뿐만 아니라, 기하급수적으로 긴 시간 동안 섭동된 적분 시스템의 KAM(콜모고로프-아르놀트-모세르)(Kolmogorov-Arnold-Moser) 원환면들의 완전에 가까운 보존처럼 더 유명한 장시간 성질의 증명을 가능하게 만들었다.

5.2 스토머-벨레 법

심플렉틱성이 수치해석 분야로 들어올 때까지 분자 시뮬레이션 과학자들은 20년 이상 심플렉틱의 존재에 대해 모른 상태에서 심플렉틱 계산을 수행하고 있었다. 뤼크 벨레(Luc Verlet)가 1967년에 소개한 이후 계속적으로 사용하는 방법인 분자역학의 표준 적분자가 심플렉틱이다. 대칭인 양의 정부호 질량 행렬인 M을 갖는 해밀턴 함수 $H(p, q) = \frac{1}{2}p^{\mathrm{T}}M^{-1}p + V(q)$에 대하여, 이 방법은 양함수법이고 공식은

$$\begin{aligned} p_{n+1/2} &= p_n - \tfrac{1}{2}h\nabla V(q_n), \\ q_{n+1} &= q_n + hM^{-1}p_{n+1/2}, \\ p_{n+1} &= p_{n+1/2} - \tfrac{1}{2}h\nabla V(q_{n+1}) \end{aligned}$$

이다. 이 방법은 천문학자 스토머(Stormer)에 의해 1907년에 다시 공식화되었지만, 사실상 이것의 사용은 1687년 뉴턴의 **프린키피아**까지로 거슬러 올라갈 수 있다. 이때는 두 물체 문제(케플러의 제2법칙)에서 각운동량의 보존을 증명할 때 이론적 도구로 사용하였다. 케플러의 제2법칙은 실제로 이 방법에 의하여 성립된다. 이미 수치해법에서 충분히 많은 뉴턴 방법들이 사용되고 있기 때문에, 이 방법을 **스토머-벨레 법**으로 부르는 것은 당연하다(벨레 법과 립프로그 법(leapfrog method) 또한 자주 사용하는 이름이다). 다음에 나오는 세 개의 소절에서는 다양한 응용 분야에서 유용성이 증명된 다른 방법들과 연관 짓는 여러 방법을 통해서 이 방법의 심플렉틱성을 이해하고자 한다.

5.3 합성법

스토머-벨레 법의 단일 단계사상 $(p_n, q_n) \mapsto (p_{n+1}, q_{n+1})$을 Φ_h^{SV}으로 놓자. 1.3절의 오일러 심플렉틱 법의 단일 단계사상을 Φ_h^{SE}이라 하고, 오일러 수반 심플렉틱 법의 단일 단계사상을 $\Phi_h^{\mathrm{SE}*}$이라 하자. 이때 (p_{n+1}, q_n) 대신 (p_n, q_{n+1})을 사용한다. 그러면 2차 스토머-벨레 법은 절반 단계 크기를 갖는 1차 오일러 심플렉틱 법들의 **합성**으로 해석될 수 있다. 즉,

$$\Phi_h^{\mathrm{SV}} = \Phi_{h/2}^{\mathrm{SE}*} \circ \Phi_{h/2}^{\mathrm{SE}}$$

을 의미한다. 심플렉틱 사상들의 합성은 심플렉틱

이기 때문에 스토머-벨레 법은 심플렉틱이다. 또한 이 방법은 시간 역행 가능(또는 대칭적)임을 보여 준다. 다시 말하면 $\Phi_{-h} \circ \Phi_h = \mathrm{id}$이거나 동치적으로 수반방법이 $\Phi_h^* := \Phi_{-h}^{-1}$일 때 $\Phi_h = \Phi_h^*$임을 알 수 있다. 이것은 보존적 방정식계에 관한 또 다른 유명한 성질로 알려져 있다.

게다가 1차수 법에서 2차수 법을 얻었다. 더 일반적으로 말하면, 임의의 차수의 해법들은 저차수 법에서 시작하여 적당한 합성들

$$\Phi_{c_s h} \circ \cdots \circ \Phi_{c_1 h}\text{이거나}$$

$$\Phi^*_{b_s h} \circ \Phi_{a_s h} \circ \cdots \circ \Phi^*_{b_1 h} \circ \Phi_{a_1 h}$$

에 의하여 만들어진다. 1990년 스즈키와 요시다는 최초로 고차 합성들의 심플렉틱 근사를 구하였다. 기본 해법이 심플렉틱일 때마다 합성된 해법도 심플렉틱이다. 이때 계수를 합성된 방법이 대칭이 되도록 선택할 수 있다.

5.4 분할법

해밀턴 함수 $H(p, q) = T(p) + V(q)$를 운동에너지 $T(p) = \frac{1}{2}p^{\mathrm{T}}M^{-1}p$와 위치에너지 $V(q)$로 분리하면, 각각 해밀턴 함수 T와 V를 갖는 방정식계의 유동 φ_t^T과 φ_t^V은 자명한 미분방정식

$$\varphi_t^T:\begin{cases} p' = 0, \\ q' = M^{-1}p, \end{cases} \qquad \varphi_t^V:\begin{cases} p' = -\nabla V(q), \\ q' = 0 \end{cases}$$

을 풀면 얻을 수 있다. 따라서 스토머-벨레 법은

$$\Phi_h^{\mathrm{SV}} = \varphi_{h/2}^T \circ \varphi_h^V \circ \varphi_{h/2}^T$$

처럼 분리된 미분방정식들의 완전한 유동들의 합성으로 해석될 수 있다. 유동 $\varphi_{h/2}^T$과 φ_h^V은 심플렉틱이기 때문에 그들의 합성도 심플렉틱이다.

미분방정식의 벡터장을 분리하고 부분방정식계의 유동들을 합성하는 것은 구조를 보존하는 접근법이다. 이러한 접근법은 임의의 차수의 해법을 유도하고 선형과 비선형 슈뢰딩거 방정식 같은 다양한 상미분방정식과 편미분방정식의 시간 적분에서 유용하게 사용할 수 있다.

5.5 변분 적분기

해밀턴 함수 $H(p, q) = \frac{1}{2}p^{\mathrm{T}}M^{-1}p + V(q)$에 대하여, 해밀턴 방정식 $\dot{p} = -\nabla V(q)$, $\dot{q} = M^{-1}p$를 결합하면 이계 미분방정식

$$M\ddot{q} = -\nabla V(q)$$

가 나온다. 위의 식은 고정된 종점들을 연결하는 모든 경로 $q(t)$ 상의 동작 적분

$$\int_0^{t_N} L(q(t), \dot{q}(t))\,\mathrm{d}t, \quad L(q, \dot{q}) = \tfrac{1}{2}\dot{q}^{\mathrm{T}}M\dot{q} - V(q)$$

를 최소화하는 오일러-라그랑주 방정식으로 간주될 수 있다. 스토머-벨레 법에서 운동량을 제거하면 이계 차분방정식

$$M(q_{n+1} - 2q_n + q_{n-1}) = -h^2\nabla V(q_n)$$

이 나오는데, 이 방정식은 이산화된 동작 적분에 사다리꼴 근사를 취하고 $q(t)$에 조각적-선형 근사를 취해서 나온 이산화된 동작 적분

$$\sum_{n=0}^{N-1}\tfrac{1}{2}h\left(L\left(q_n, \frac{q_{n+1}-q_n}{h}\right) + L\left(q_{n+1}, \frac{q_{n+1}-q_n}{h}\right)\right)$$

을 최소화하는 이산 오일러-라그랑주 방정식이다. 따라서 스토머-벨레 법은 해밀턴 변분원리의 직접적인 이산화 결과라고 해석할 수 있다. 이러한 해석은 사실 모든 심플렉틱 법에서도 가능할 수 있다. 반대로, 심플렉틱 법은 이산 동작 적분을 최소화함으로써 만들어질 수 있다. 특히 동작 적분을 이차공식으로 근사하고 위치 $q(t)$를 조각적 다항식으로 근사하는 것은 분할된 룽게-쿠타 심플렉틱 법을 만든다. 룽게-쿠타 심플렉틱 법은 일반적으로 위치와 운동량에 대해 다른 룽게-쿠타 법을 사용한다. 가우스 구적법을 이용하면 4.4절의 가우스 법을 이런 식으로 재해석할 수 있다. 그리고 고차 로바토(Lobatto) 구적법을 이용하면 스토머-벨레 법의 고차 관계식을 얻을 수 있다.

5.6 진동 문제

해밀턴 방정식계의 고진동해의 전형적인 행동양상은 퍼텐셜이 다중 스케일 합 $V = V^{[\text{slow}]} + V^{[\text{fast}]}$일 때 나타난다. 여기서 $V^{[\text{fast}]}$의 헤세 행렬은 $V^{[\text{slow}]}$의 헤세 행렬의 고유치에 비해서 큰 고유치를 갖는다(여기서 심플렉틱성을 위하여 $M = I$라고 가정한다). 스토머-벨레 법과 같은 표준 해법을 이용할 때 정확성과 안정성의 이유로 아주 짧은 시간 구간들이 필요하다. 다양한 수치해법들은 이러한 한계를 극복하고자 하는 목적을 가지고 고안되었다. 여기서는 그러한 것 중 한 가지를 소개하고자 한다. 바로 **다중-시간-단계법**이다. 이 방법은 느린 힘 $f^{[\text{slow}]} = -\nabla V^{[\text{slow}]}$가 빠른 힘 $f^{[\text{fast}]} = -\nabla V^{[\text{fast}]}$보다 계산하기가 좀 더 힘들 때 계산 작업을 현저히 줄여 주는 역할을 한다. 다중-시간-단계법의 기본 원칙은 점별로 힘을 계산하는 대신 평균값에 의존하는 것이다. **평균화된 힘 법**에서는 스토머-벨레 법의 힘 $f_n = -\nabla V(q_n)$은 아래와 같은 평균화된 힘 $\bar{f}_n$으로 대체된다. q_n에서 느린 힘을 동결시키고 초깃값이 $u(0) = q_n, \dot{u}(0) = 0$인 보조 미분방정식

$$\ddot{u} = f^{[\text{slow}]}(q_n) + f^{[\text{fast}]}(u)$$

를 생각해 보자. 이때 평균화된 힘을

$$\bar{f}_n = \int_{-1}^{1} (1 - |\theta|)\,(f^{[\text{slow}]}(q_n) + f^{[fast]}(u(\theta h)))\,\mathrm{d}\theta$$

로 정의하자. 이것은 또한

$$\bar{f}_n = \frac{1}{h^2}(u(h) - 2u(0) + u(-h))$$

와 같다. 값 $u(h)$는 더 작은 시간 구간을 사용하여 근사적으로 계산되고, $u(h) = u(-h)$를 만족한다.

헤세 행렬의 고유 진동수와 h곱이 π의 정수 배수에 가까울 때 나타나는 가능한 단계 크기 공명의 부정적인 결과를 완화시키기 위해서, $f^{[\text{slow}]}$ 논법은 평균화된 값 $\bar{q}_n$으로 대체될 수도 있다.

만약 빠른 퍼텐셜이 2차 $V^{[\text{fast}]}(q) = \frac{1}{2} q^{\mathrm{T}} A q$일 때, 보조 미분방정식은 행렬 $h^2 A$의 삼각함수로 정확하게 풀 수 있다. 결과적으로 이 방법을 4.6절에서 보았던 지수 적분기로 볼 수 있다.

6 경계치 문제

두 점 경계치 문제란 미분방정식에 같은 차원의 경계조건들이 주어진 것이다. 즉,

$$y'(t) = f(t, y(t)), \quad a \le t \le b,$$
$$r(y(a), y(b)) = 0$$

이다. 중요한 예로는 분리된 경계조건 $r_a(y(a)) = 0$, $r_b(y(b)) = 0$을 갖는 변분 문제의 오일러-라그랑주 방정식이 있다.

6.1 감도행렬

해의 존재성과 유일성에 관한 문제는 초기치 문제를 푸는 것보다 더 감지하기 힘들다. 선형 경계치 문제

$$y'(t) = C(t)y(t) + g(t), \quad a \leq t \leq b,$$
$$Ay(a) + By(b) = q$$

에 대하여, 유일해가 존재하는 것과 **감도행렬** $E = A + BU(b, a)$가 가역행렬이라는 것은 동치이다. 여기서 $U(t, s)$는 선형 미분방정식 $v'(t) = C(t)v(t)$의 모든 해에 관하여 $v(t) = U(t, s)v(s)$를 유도하는 전파행렬이다.

비선형 경계치 문제의 해를 따르는 선형화가 가역 감도행렬을 가질 때 이 해는 국소적으로 유일하다.

6.2 슈팅 법

뉴턴 법이 비선형방정식계를 선형방정식계로 바꾸는 것처럼 슈팅 법은 경계치 문제를 초기치 문제로 바꿀 수 있다. 이 방법은 초깃값 x를 갖는 미분방정식의 해를 $y(t;\ x)$라 할 때 경계조건

$$F(x) := r(x, y(b; x)) = 0$$

을 만족하는 초깃값 x를 찾는다. 그러고 나서 이런 비선형방정식계에 뉴턴 법을 적용한다. 추측된 초깃값 x^0을 시작으로

$$x^{k+1} = x^k + \Delta x^k, \quad \mathrm{D}F(x^k)\,\Delta x^k = -F(x^k)$$

을 반복한다. 여기서 미분행렬 $\mathrm{D}F(x^k)$은 $y(t;\ x^k)$을 따르는 경계치 문제의 선형화의 감도행렬 E^k이다. k번째 반복 후, 초깃값으로 x^k을 갖고 그것의 선형화

$$(Y^k)'(t) = \partial_y f(t, y(t; x^k))Y^k(t), \quad Y^k(a) = I$$

를 갖는 초기치 문제를 수치적으로 풀 수 있다.

6.3 다단계 슈팅 법

슈팅 법의 개념적 우아함(문제를 전체 구간 상의 초기치 문제로 줄인다)은 그것의 계산적 부담으로 깨지기 쉽다. 실제로 뉴턴 법은 초깃값 x^0의 선택에 매우 민감할 수 있다. 또한 경계치 문제와 초기치 문제에서 각각 섭동의 영향을 결정하는 행렬 E^{-1}과 $U(b, a)$의 노름들은 서로 관련이 없으며 심지어 크게 차이가 날 수도 있다.

그러나 구간을 $a = t_0 < t_1 < \cdots < t_N = b$처럼 분할하여 모든 부분구간에서 슈팅 법을 사용하고 각 분할점 t_n에서 해에 연속성을 주면 문제를 해결할 수도 있다. 시간 t_n에서 출발하는 초깃값이 x_n인 미분방정식의 해를 $y(t;\ t_n, x_n)$이라 하자. 그러면 경계조건

$$F_0(x_0, x_N) := r(x_0, x_N) = 0$$

을 갖고 $n = 1, \cdots, N$일 때, 연속성 조건

$$F_n(x_{n-1}, x_n) = y(t_n; t_{n-1}, x_{n-1}) - x_n = 0$$

을 갖는 더 큰 비선형방정식계가 만들어진다. 그런 다음 뉴턴 법을 이 방정식계에 적용한다. 각 반복에서 부분구간 상의 초기치 문제는 방정식의 선형화를 통해 풀리고, 희소행렬을 갖는 선형방정식계는

$(x_0, \cdots, x_N)$ 상의 증분에 관하여 풀린다.

6.4 선점법

경계치 문제에 선점법을 적용할 때 기껏해야 s차인 연속이면서 조각적 다항식이 되는 근사함수 $u(t)$를 구할 수 있다. 이 근사함수는 경계조건과 선점법의 유한개의 점 $t_{n,i} = t_{n-1} = c_i(t_n - t_{n-1}), n = 1, \cdots, N$, $i = 1, \cdots, s$에서 미분방정식을 만족한다. 즉,

$$u'(t) = f(t, u(t)), \quad t = t_{n,i},$$
$$r(u(a), u(b)) = 0$$

을 만족한다. 이 방법은 4.4절에서 보았던 것처럼 초기치 문제에 관한 선점법의 단일 단계가 각 부분구간 상의 해를 근사하도록 만들어진 다단계 슈팅 법으로 해석될 수 있다. 1979년 아셔(Ascher), 크리스티안센(Christiansen) 그리고 러셀(Russell)이 처음으로 택한 가장 손쉬운 방법은 가우스 분할점에서의 선점법이다. 이 방법은 선진과 후진 방향 모두 좋은 안정성 성질을 갖고 있다. 분할점 t_n에서의 근사의 차수는 $p = 2s$이다. 게다가 경계치 문제가 변분 문제에서 나온 것이라면 가우스 선점법은 변분 문제(5.5절을 보라)의 직접적인 이산화로 해석될 수 있다.

7 요약

상미분방정식의 수치해법은 이 분야에서 활발하게 활동하는 과학자의 지식과 통찰력에 의존하는 아름다운 이론과 그 이론에서 나온 효율적인 컴퓨터 코드를 포함하는 응용이 이끈 분야이다. 상미분방정식의 수치해법은 계산수학에 이웃하는 분야(수치적 선형대수학[IV.10], 편미분방정식의 수치해법[IV.13], 최적화[IV.11])와 미분방정식 이론[IV.2]과 동역학계[IV.20], 그리고 미분방정식에 관한 수치해법이 사용된 과학과 공학의 응용 분야들이 만나는 영역이다.

더 읽을거리

Ascher, U. M., R. M. M. Mattheij, and R. D. Russell. 1995. *Numerical Solution of Boundary Value Problems for Ordinary Differential Equations*. Philadelphia, PA: SIAM.

Ascher, U. M., and L. R. Petzold. 1998. *Computer Methods for Ordinary Differential Equations and Differential-Algebraic Equations*. Philadelphia, PA: SIAM.

Butcher, J. C. 2008. *Numerical Methods for Ordinary Differential Equations*, 2nd revised edn. Chichester, UK: John Wiley.

Crouzeix, M., and A. L. Mignot. 1989. *Analyse Numérique des Équations Différentielles*, 2nd revised and expanded edn. Paris: Masson.

Deuflhard, P., and F. Bornemann. 2002. *Scientific Computing with Ordinary Differential Equations*. New York: Springer.

Gear, C. W. 1971. *Numerical Initial Value Problems in Ordinary Differential Equations*. Englewood Cliffs, NJ: Prentice-Hall.

Hairer, E., C. Lubich, and G. Wanner. 2006. *Geometric Numerical Integration: Structure-Preserving Algo-*

rithms for Ordinary Differential Equations, 2nd revised edn. Berlin: Springer.

Hairer, E., S. P. Nørsett, and G. Wanner. 1993. *Solving Ordinary Differential Equations. I: Nonstiff Problems*, 2nd revised edn. Berlin: Springer.

Hairer, E., and G. Wanner. 1996. *Solving Ordinary Differential Equations. II: Stiff and Differential-Algebraic Problems*, 2nd revised edn. Berlin: Springer.

Henrici, P. 1962. *Discrete Variable Methods in Ordinary Differential Equations*. New York: John Wiley.

Iserles, A. 2009. *A First Course in the Numerical Analysis of Differential Equations*, 2nd edn. Cambridge: Cambridge University Press.

Leimkuhler, B., and S. Reich. 2004. *Simulating Hamiltonian Dynamics*. Cambridge: Cambridge University Press.

IV.13 편미분방정식의 수치해법

엔드레 쉴리 *Endre Süli*

1 서론

편미분방정식의 수치해법은 현대 응용수학에서 광범위하고 활발하게 연구되는 분야이다. 이 분야의 성장이 자극받은 이유는 자연과학, 공학, 경제학 등에서 완전해가 닫힌 형식으로 표현되기에 너무 복잡하거나 존재성 자체가 알려지지 않은 편미분방정식계를 수반하는 수학적 모델에 정확하고 신뢰할 수 있는 근사치를 제공해야 한다는 필요성 때문이다. 상미분방정식의 수치해법의 역사는 18세기와 19세기의 수학에 그 기반을 두고 있는 반면, 편미분방정식계의 수치해법의 수학적 기반은 최근에 와서야 마련되었는데, 그 기준이 되는 논문인 「수리물리학의 편미분방정식에 대하여(Über die partiellen Differenzengleichungen der mathematischen Physik)」에서 편미분방정식계의 수치해법이 처음으로 공식화되었다. 이 논문은 리하르트 쿠랑(Richard Courant), 카를 프리드리히스(Karl Friedrichs), 그리고 한스 레비(Hans Lewy)가 1928년에 발표한 것이다. 오늘날에는 특정 편미분방정식계에 대한 광범위하고 강력한 수치해법들이 개발되었다.

- 전면추적과 경계면 문제에 관한 레벨 집합과 fast-marching 법.
- 다양체 상의 편미분방정식계에 관한 수치해법.
- 매립된 경계법.
- mesh-free 법.
- 입자(particle)법.
- 소용돌이(vortex)법.
- 다양한 수치 균질화법과 다중 스케일 문제에 특화된 수치해법.
- 웨이블렛 기반 다중해법.
- 희소 유한차분법과 유한요소법, 그리디 알고리즘(greedy algorithms) 및 고차원 편미분방정식계에 관한 텐서 법.
- 기하학적으로 복잡한 문제에 대한 영역분할법.
- **불확실성 정량화**[II.34]를 포함하는 다양한 응

용문제에서 나타나는 확률계수를 갖는 편미분방정식계에 관한 수치해법.

이렇게 거대하고 빠르게 진화하는 주제들을 이 절에서 모두 다룰 수는 없다. 그러므로 편미분방정식계의 수치해법에 관한 가장 표준적이고 잘 확립된 기술들에 국한하여 살펴보고자 한다. 즉 유한차분법, 유한요소법, 유한체적법 그리고 스펙트럼 법 등을 소개한다. 우선 그 내용을 살펴보기 전에, 몇몇 전형적인 모형 문제와 관련 표기법을 소개하기 위하여 편미분방정식계 이론에 관해서 간단히 살펴보고자 한다.

2 편미분방정식

정의역 $\Omega \subset \mathbb{R}^d$ 상의 실숫값 계수 $a_\alpha = a_\alpha(x)$, $|\alpha| \le m$을 갖는

$$L := \sum_{|\alpha| \le m} a_\alpha(x)\,\partial^\alpha, \quad x \in \Omega$$

인 m계 선형 미분연산자 L이 모든 $x := (x_1, \cdots, x_d) \in \Omega$와 모든 영벡터가 아닌 $\xi := (\xi_1, \cdots, \xi_d) \in \mathbb{R}^d$에 대하여

$$Q_m(x, \xi) := \sum_{|\alpha| = m} a_\alpha(x)\,\xi^\alpha \ne 0$$

인 경우 L은 **타원형**이라 한다. 여기서 $\alpha := (\alpha_1, \cdots, \alpha_d)$는 음이 아닌 정수 성분을 갖는 d-성분 벡터로 **다중 지표**라고 부른다. 다중 지표 α의 길이는 $|\alpha| := \alpha_1 + \cdots + \alpha_d$이다. 또한 $\partial_{x_j} := \partial/\partial_{x_j}$일 때 $\partial^\alpha := \partial_{x_1}^{\alpha_1} \cdots \partial_{x_d}^{\alpha_d}$이고 $\xi^\alpha := \xi_1^{\alpha_1} \cdots \xi_d^{\alpha_d}$이다. 계수 a_α가 복소값인 경우, 위의 정의는 모든 $x \in \Omega$와 모든 영벡터가 아닌 $\xi \in \mathbb{R}^d$에 대하여 $|Q_m(x, \xi)| \ne 0$으로 변경된다. 복소값 계수를 갖는 일계 타원형 미분연산자의 전형적인 예로 **코시-리만 연산자** $\partial_{\bar{z}} := \frac{1}{2}(\partial_x + \mathrm{i}\partial_y)$가 있다. 여기서 $\mathrm{i} := \sqrt{-1}$이다. 이러한 타원형의 일반적인 정의로는 짝수계 연산자가 다소 충격적인 성질을 가질 수 있다. 예를 들어, 비사제(Bitsadze) 방정식 $\partial_{xx}u + 2\mathrm{i}\partial_{xy}u - \partial_{yy}u = 0$은 원점을 중심으로 하는 단위원 $\Omega \subset \mathbb{R}^2$ 상에 무수히 많은 해를 갖는다. 이때 이 모든 해는 Ω의 경계 $\partial\Omega$에서 0이 된다. 실제로 $z = x + \mathrm{i}y$라 할 때, $u(x, y) = (1 - |z|^2)f(z)$는 모든 복소 해석함수 f에 대하여 $\partial\Omega$ 상에서 0이 되는 해이다. 따라서 **균등 타원성**이라고 하는 좀 더 강한 조건이 요구된다. 균등 타원성이란 k가 양의 정수이고 a_α, $|\alpha| \le m$, $m = 2k$가 실숫값 계수일 때, 모든 $x \in \Omega$와 모든 영이 아닌 $\xi \in \mathbb{R}^d$에 대하여 $(-1)^k Q_{2k}(x, \xi) \ge C|\xi|^{2k}$이 성립하는 상수 $C > 0$이 존재함을 말한다.

전형적인 이계 선형 균등 타원형 편미분방정식은 $-\Delta u + c(x)u = f(x)$, $x \in \Omega$이다. 여기서 c와 f는 Ω에서 정의된 실숫값 함수이고 $\Delta := \sum_{i=1}^d \partial_{x_i}^2$은 **라플라스 작용소**이다. $c < 0$일 때 이 방정식은 **헬름홀츠 방정식**이라 부른다. $c(x) \equiv 0$인 특별한 경우에 이 방정식을 **푸아송 방정식**이라 하고, $c(x) \equiv 0$이고 $f(x) \equiv 0$일 때 **라플라스 방정식**이라 한다. 타원형 편미분방정식계는 연속체 역학, 물리, 화학, 생물학, 경제, 금융 등의 수학적인 모델 영역에서 나타난다. 예를 들어, 유동 속도 $u = (u_1, u_2, 0)$을 갖는 비압축성 유체의 2차원 유동에서 $u = \nabla \times (0, 0, \psi)$와 같이 u와 관련이 있는 스트림 함수 ψ는 라플라스 방정식을 만족한다. 밀도가 ρ인 무거운 물체 때문에 중력

장의 퍼텐셜 Φ는 푸아송 방정식 $\Delta\Phi = 4\pi G\rho$를 만족한다. 여기서 G는 보편적인 중력 상수이다.

더 일반적으로 이계 비선형 편미분방정식계

$$F(x, u, \nabla u, D^2u) = 0$$

을 생각해 볼 수 있다. 여기서 F는 $\upsilon := (x, z, p, R)$, $x \in \Omega$, $z \in \mathbb{R}$, $p \in \mathbb{R}^d$, $R \in \mathbb{R}^{d\times d}_{\text{symm}}$의 집합 $\Upsilon := \Omega \times \mathbb{R} \times \mathbb{R}^d \times \mathbb{R}^{d\times d}_{\text{symm}}$ 상에서 정의된 실숫값 함수이고, Ω는 $\mathbb{R}^d$ 상의 열린집합, D^2u는 u의 헤세 행렬, 그리고 $\mathbb{R}^{d\times d}_{\text{symm}}$은 $d \geq 2$일 때 실대칭 $d \times d$ 행렬들의 $d(d+1)/2$차원 선형 공간이다. 성분이 $\partial F/\partial R_{ij}, i, j = 1, \cdots, d$인 $d \times d$ 행렬이 각 $\upsilon \in \Upsilon$에서 양의 정부호 행렬일 때 이런 형식의 방정식은 Υ 상에서 타원형이 된다고 한다. 하나의 중요한 예로서, 운송 최적화 문제와 관련 있는 몽주-앙페르 방정식(Monge-Ampère equation) $D^2u = f(x), x \in \Omega$가 있다. 이 방정식이 타원형이 되기 위해서는 두 번 연속적으로 미분이 가능한 함수 u가 Ω의 각 점에서 균등적으로 볼록해야 하고, 그러한 해가 존재하기 위해서는 f가 양의 함수이어야 한다.

포물형 그리고 쌍곡형 편미분방정식계는 일반적으로 독립적인 물리적 변수들 중 하나가 시간(t로 표시)인 수학적 모델에서 나타난다. 예를 들어, 편미분방정식계

$$\partial_t u + Lu = f, \quad \partial_{tt} u + Lu = f$$

는 각각 **균등적 포물형**과 **균등적 쌍곡형**이다. 여기서 L은 균등적 $2m$계 타원형 편미분작용소이고 u와 f는 $(t, x_1, \cdots, x_d)$에 관한 함수이다. 가장 간단한 예로는 (균등적 포물형) 비정상 열방정식과 (균등적 쌍곡형) 이계 파동방정식이 있다. 여기서

$$Lu := -\sum_{i,\, j=1}^{d} \partial_{x_j}(a_{ij}(t, x)\,\partial_{x_i} u)$$

이고 $a_{ij}(t, x) = a_{ij}(t, x_1, \cdots, x_d), i, j = 1, \cdots, d$는 $(t, x_1, \cdots, x_d)$에 관하여 균등적인 양의 정부호 $d \times d$ 행렬의 성분이다. 모든 편미분방정식계가 어떤 일정한 형태를 갖는 것은 아니다. 예를 들어, 다음 편미분방정식계는 **타원형-쌍곡형 혼합방정식**이다.

$\partial_{xx}u + \text{sign}(x)\partial_{yy}u = 0$(라브렌티예프(Lavrentiev) 방정식)

$\partial_{xx}u + x\partial_{yy}u = 0$(트리코미(Tricomi) 방정식)

$x\partial_{xx}u + \partial_{yy}u = 0$(캘디시(Keldysh) 방정식)

다시 말하면, $x > 0$일 때 타원형이고 $x < 0$일 때 쌍곡형이다.

확률해석학은

$$\partial_t u - \sum_{i,\, j=1}^{d} \partial_{x_j}(a_{ij}\,\partial_{x_i} u) + \sum_{i=1}^{d} b_i \partial_{x_i} u + cu = f$$

와 같은 형태의 **음이 아닌 특성 형식**인 편미분방정식계에 사용할 수 있는 분야이다. 여기서 b_i, c, f는 $(t, x_1, \cdots, x_d)$에 관한 실숫값 함수이고, $a_{ij} = a_{ij}(t, x_1, \cdots, x_d), i, j = 1, \cdots, d$는 **양의 준정부호**행렬의 성분이다. a_{ij}는 시간 변수 t에 의존하기 때문에 방정식은 잠재적으로 **변화하는 타입**이다. 중요한 예로는 a_{ij}가 모두 항등적으로 0일 때의 다음 일계 방정식

$$\partial_t u + \sum_{i=1}^{d} b_i(t, x)\,\partial_{x_i} u + c(t, x)u = f(t, x)$$

가 있다. 이를 **이류**(advection, 또는 **운송**(transport))방정식이라고도 부른다. 이 방정식의 비선형 상대방정식

$$\partial_t u + \sum_{i=1}^{d} \partial_{x_i}[f(t, x, u)] = 0$$

은 압축성 유체역학, 교통 흐름 모형, 다공성 물질의 유동에 관한 문제 등에서 중요한 역할을 수행한다. 특별한 사례로 버거스 방정식(Burgers equation) $\partial_t u + \partial_x(\frac{1}{2}u^2) = 0$과 버클리-레버렛 방정식(Buckley-Leverett equation) $\partial_t u + \partial_x(u^2/(u^2 + \frac{1}{4}(1-u)^2)) = 0$이 있다.

편미분방정식계는 독립적으로 나타나는 경우가 드물다. 일반적으로 추가적인 정보로서 경계조건(편미분방정식이 연구되는 정의역 $\Omega \subset \mathbb{R}^d$의 경계 $\partial\Omega$에서 제공하는), 쌍곡형과 포물형 방정식의 경우 $t = 0$에서의 초기조건이 주어진다. 경계조건/초기조건이 주어진 편미분방정식은 각각 **경계치 문제**/**초기치 문제**라고 부르고, 두 조건이 모두 주어진 경우에는 **초기치-경계치 문제**라고 한다.

3 유한차분법

먼저 타원형 경계치 문제에 대한 유한차분법을 알아보자. 유한차분법을 이루는 기본 개념은 편미분방정식의 해(소위 **해석적 해**(analytical solution))의 유계인 정의역 $\Omega \subset \mathbb{R}^d$의 폐포 $\bar{\Omega}$를 이산화하는 것이다. 구체적으로 말하면 $\bar{\Omega}$를 **그물코점** 또는 **격자점**이라 부르는 $\mathbb{R}^d$ 상의 점들의 유한집합으로 근사하고, 방정식에서 나타나는 해석적 해의 편미분계수를 유한차분 격자점에서 정의된 함수인 **격자점함수의 차분 몫**으로 대체하는 것이다. 이 과정의 결과로 유한개의 미지함수를 갖는 유한개의 방정식에서 유한차분 격자점 상의 해석적 해에 대한 유한차분 근사를 나타내는 그리드 함숫값을 갖게 된다. 구체적으로, **동차 디리클레 경계조건**을 갖는 간단한 이계 균등 타원형 편미분방정식

$$-\Delta u + c(x, y)u = f(x, y), \quad \forall (x, y) \in \Omega, \quad (1)$$

$$u = 0, \quad \forall (x, y) \in \partial\Omega \quad (2)$$

에 유한차분법을 적용하여 보자. 여기서 $\Omega := (0, 1)^2$이고 c와 f는 Ω 상에서 연속인 실숫값 함수이며 Ω 상에서 $c \geq 0$이다. 간단하게 격자점들이 동일한 간격을 갖는다고 하자. $N \geq 2$인 정수일 때, $h := 1/N$이라 하자. $x_i := ih$이고 $y_j := jh$, $i, j = 0, \cdots, N$이라 할 때 대응하는 유한차분 격자점 집합은 $\bar{\Omega}_h := \{(x_i, y_j) : i, j = 0, \cdots, N\}$이다. 또한 $\Omega_h := \bar{\Omega}_h \cap \Omega$와 $\partial\Omega_h := \bar{\Omega}_h \backslash \Omega_h$라 정의한다.

다음은 **일계 차분 몫**의 기호이다.

$$D_x^+ u(x_i, y_j) := \frac{u(x_{i+1}, y_j) - u(x_i, y_j)}{h},$$
$$D_x^- u(x_i, y_j) := \frac{u(x_i, y_j) - u(x_{i-1}, y_j)}{h}$$

$D_y^+ u(x_i, y_j)$와 $D_y^- u(x_i, y_j)$도 같은 방법으로 정의된다. 또한 u의 x-방향 그리고 y-방향 **이계 차분 몫**은 각각 $(x_i, y_j) \in \Omega_h$에서

$$D_x^2 u(x_i, y_j) := D_x^- D_x^+ u(x_i, y_j),$$
$$D_y^2 u(x_i, y_j) := D_y^- D_y^+ u(x_i, y_j)$$

로 정의된다.

$u \in C^4(\bar{\Omega})$(즉, u와 u의 모든 고계(4계까지) 편미분들이 $\bar{\Omega}$에서 정의되고 연속인)라 가정할 때, $(x_i, y_j) \in \Omega_h$에서 $h \to 0$이면

$$D_x^2 u(x_i, y_j) = \frac{\partial^2 u}{\partial x^2}(x_i, y_j) + O(h^2) \quad (3)$$

과

$$D_y^2 u(x_i, y_j) = \frac{\partial^2 u}{\partial y^2}(x_i, y_j) + O(h^2) \qquad (4)$$

이 된다. 식 (3)과 (4)에서 $O(h^2)$항을 제거하면

$$D_x^2 u(x_i, y_j) \approx \frac{\partial^2 u}{\partial x^2}(x_i, y_j),$$
$$D_y^2 u(x_i, y_j) \approx \frac{\partial^2 u}{\partial y^2}(x_i, y_j)$$

이다. 여기서 기호 '≈'의 의미는 근사적으로 같다는 것으로, $h \to 0$일 때 왼쪽 항이 오른쪽 항으로 수렴한다는 뜻이다. 따라서

$$-(D_x^2 u(x_i, y_j) + D_y^2 u(x_i, y_j)) + c(x_i, y_j)u(x_i, y_j) \approx f(x_i, y_j), \quad \forall (x_i, y_j) \in \Omega_h \qquad (5)$$

$$u(x_i, y_j) = 0, \quad \forall (x_i, y_j) \in \partial\Omega_h \qquad (6)$$

가 된다. 이제 식 (1)과 (5) 그리고 식 (2)와 (6) 사이의 유사성을 살펴보자. 식 (5)와 (6)의 형태로부터 그리드 함수 U를 구할 수 있는데, U_{ij}로 표시되는 격자점 $(x_i, y_j) \in \bar{\Omega}_h$ 상에서의 이 함숫값은 (x_i, y_j), $i, j = 0, \cdots, N$에서 계산된 경계치 문제 (1), (2)의 완전해 $u(x_i, y_j)$를 근사하게 된다. 그렇다면 U를 다음의 선형 대수방정식계의 해라 하자.

$$-(D_x^2 U_{ij} + D_y^2 U_{ij}) + c(x_i, y_j)U_{ij} = f(x_i, y_j), \quad \forall (x_i, y_j) \in \Omega_h \qquad (7)$$

$$U_{ij} = 0, \quad \forall (x_i, y_j) \in \partial\Omega_h \qquad (8)$$

식 (7)의 각 방정식이 그리드 함수 U의 5개 값을 포함하고 있기 때문에(즉, $U_{ij}, U_{i-1,j}, U_{i+1,j}, U_{i,j-1}, U_{i,j+1}$), 유한차분법 (7)을 **5점 차분체계**라 부른다. 선형방정식계 (7), (8)의 행렬은 희소행렬이자 대칭행렬이고 양의 정부호행렬이다. 또한 주어진 함수 c와 f에 대하여 행렬은 **크릴로프 부분공간**[II.23]의 해법(예를 들어, 공액 기울기 벡터 법)과 **다중 격자점법**을 포함하는 **수치 선형대수학**[IV.10]의 반복법으로 구할 수 있다. 다중 격자점법은 1970년대와 1980년대에 개발되어 많은 산업 분야에서 유한차분과 유한요소 근사에 의하여 나타나는 큰 선형 대수방정식계에 관한 반복 해법기로서 널리 사용되고 있다. 다중 격자점법의 주요 목표는 미립자 격자점들의 계층 구조를 이용하여 표준 반복법(야코비 반복법과 연속적인 과완화법 같은)의 수렴성을 가속화시키는 것이다. 또한, 의도적으로 줄여진 수렴 허용 구간 상의 다중 격자점법은 크릴로프 부분공간 반복법을 위한 효과적인 **선조건자**로 쓰일 수 있다. 정칙행렬 A의 선조건자 P란 A^{-1}의 근사로서, 이것은 PA가 단위행렬의 좋은 근사가 되는 것을 보장하고, 결과적으로 선형 대수방정식계 $Ax = b$의 선조건자 형식인 $PAx = Pb$의 해에 대한 반복 알고리즘이 빠른 수렴성을 갖도록 보장한다.

편미분방정식계의 수치해법에서 중요한 문제 중 하나는 수치해법들의 근사 성질에 관한 수학적 연구이다. 이것을 유한차분법 (7), (8)을 통하여 살펴보자. Ω_h 상에서

$$T_{ij} := -(D_x^2 u(x_i, y_j) + D_y^2 u(x_i, y_j)) + c(x_i, y_j)u(x_i, y_j) - f(x_i, y_j) \qquad (9)$$

와 같이 정의된 그리드 함수 T를 유한차분법 (7), (8)의 **절단오차**라고 부른다. $u \in C^4(\bar{\Omega})$라 가정하면, 각 격자점 $(x_i, y_j) \in \Omega_h$에서 $h \to 0$일 때 $T_{ij} = O(h^2)$이 성립한다. 식 $T_{ij} = O(h^2)$에서 h의 지수(이 경우는 2)는 이 방법의 **정확도**(또는 **일관성도**)라고 한다.

한편, h, U 그리고 f에 대하여 독립적인 양의 상수

c_0이 존재하여

$$\left(h^2\sum_{i=1}^{N}\sum_{j=1}^{N-1}\left|D_x^- U_{ij}\right|^2 + h^2\sum_{i=1}^{N-1}\sum_{j=1}^{N}\left|D_y^- U_{ij}\right|^2 + h^2\sum_{i=1}^{N-1}\sum_{j=1}^{N-1}\left|U_{ij}\right|^2\right)^{1/2} \le c_0\left(h^2\sum_{i=1}^{N-1}\sum_{j=1}^{N-1}\left|f(x_i, y_j)\right|^2\right)^{1/2} \quad (10)$$

이 성립한다는 사실을 증명할 수 있다. 이 부등식을 **안정성 부등식**이라 부른다(수치해 $U \in S_{h,0}$은 데이터(이 경우는 $f \in S_h$)에 의해 격자 크기 h에 대해 균등적으로 유계라는 사실을 나타낸다). 여기서 $S_{h,0}$은 $\bar{\Omega}_h$ 상에 정의되고 $\partial\Omega_h$에서 영이 되는 모든 그리드 함수의 선형 공간을 나타내고, S_h는 Ω_h 상에서 정의된 모든 그리드 함수의 선형 공간이다. 식 (10)이 성립하는 가장 작은 실숫값 $c_0 > 0$을 이 방법의 **안정성 상수**라고 부른다. 특히 식 (10)에서 모든 $i, j = 1, \cdots, N-1$에 대해서 $f_{ij} = 0$이면 $U_{ij} = 0$이다. 따라서 선형방정식계 (7), (8)의 행렬은 정칙이고, 모든 $h = 1/N$, $N \ge 2$에 대해 식 (7), (8)의 유일해 U의 존재성이 보장된다. 그렇다면 식 (7), (8)에 의해 정의되는 차분작용소 $L_h : U \in S_{h,0} \mapsto f = L_h U \in S_h$를 생각해 보자. 식 (10)의 왼쪽 항을 때때로 $\|U\|_{1,h}$로 나타내고 오른쪽 항은 $\|f\|_{0,h}$로 나타낸다. 따라서 안정성 부등식 (10)은 $f = L_h U$인

$$\|U\|_{1,h} \le c_0 \|f\|_{0,h}$$

로 다시 쓸 수 있다. 이로부터 안정성은 선형 유한차분작용소 $L_h : S_{h,0} \to S_h$의 역의 존재성과 역의 이산화 매개변수 h에 관한 균등적 유계성이 필요함을 알 수 있다. 사상 $U \in S_{h,0} \mapsto \|U\|_{1,h} \in \mathbb{R}$는 **이산(소볼레프) $H^1(\Omega)$-노름**이라 부르는 $S_{h,0}$ 상의 노름이고, 사상 $f \in S_h \mapsto \|f\|_{0,h} \in \mathbb{R}$는 **이산 $L^2(\Omega)$-노름**이라 부르는 S_h 상의 노름이다. 여기서 유한차분법의 안정성 성질들이 데이터 및 관련된 해의 노름에 대한 선택에 의존하다는 점에 유의해야 한다.

격자점에서 해석적인 해 u의 근사해 U의 근사성을 계량화하기 위해, $e_{ij} := u(x_i, y_j) - U_{ij}$로 유한차분법 (7), (8)의 **누적 오차** e를 정의하자. 만약 식 (7)의 오른쪽 항의 $f(x_i, y_j)$가 T_{ij}로 바뀐다면 분명히 그리드 함수 $e = u - U$는 식 (7), (8)을 만족한다. 따라서 안정성 부등식에 의해 $\|u - U\|_{1,h} = \|e\|_{1,h} \le c_0\|T\|_{0,h}$가 된다. 만약 $u \in C^4(\bar{\Omega})$라 가정하면 $\|u - U\|_{1,h} \le c_1 h^2$이다. 여기서 c_1은 h와 독립적인 양의 상수이다. 오른쪽 항의 h의 지수(이 경우는 2)는 **유한차분법의 수렴도**라 하고, 이것은 정확도와 같다. 실제로 안정성과 일관성 모두 수렴성을 유도한다는 기본적인 생각은 미분방정식에 대한 수치해법에서 되풀이되는 주제이다.

5점 차분체계는 다양한 방법으로 일반화될 수 있다. 예를 들어 두 좌표 방향에서 같은 격자 크기 h를 사용하는 것 대신, x-방향으로 격자 크기 $\Delta x = 1/M$, 그리고 y-방향으로는 다른 격자 크기 $\Delta y = 1/N$을 사용할 수 있다. 여기서 $M, N \ge 2$는 정수이다. 또한 경계가 좌표축 중 하나와 평행한 $\mathbb{R}^2$ 상의 좀 더 복잡한 다변형의 정의역 Ω에서 경계치 문제를 생각할 수도 있다. 예를 들면, L-모양 영역 $(-1, 1)^2 \backslash [0, 1]^2$이 있다. 지금까지의 방법은 임의의 차원 상의 곡선경계를 갖는 영역으로 확장할 수 있다. 이때는 비균등 간격의 경계 상(또는 옆)의 격자점에서 계차

묶들을 사용한다.

유계인 열린집합 $\Omega \subset \mathbb{R}^d$ 상의 비동차 디리클레 경계조건 $u = g, \partial\Omega$를 갖는 몽주-앙페르 방정식처럼 각 격자점 $(x_i, y_j) \in \Omega$에서 편미분방정식의 해석적 해 u(그리고 그것의 편미분들)의 값 $u(x_i, y_j)$를 수치해 U_{ij}(그리고 그것의 계차 몫)로 대체시키고 모든 $(x_i, y_j) \in \partial\Omega_h$ 상에서 수치적 경계조건 $U_{ij} = g(x_i, y_j)$를 주면 유한차분 근사를 쉽게 얻을 수 있다. 그러나 불행하게도 이런 간단한 방법은 어떠한 경우에도 U의 볼록성을 명확하게 요구하지 않는다. 따라서 이것은 비안정성을 가져올 수 있다. 실제로, 유한차분 해들의 수열이 $h \to 0$일 때 몽주-앙페르 방정식의 (볼록) 해석적 해로 수렴할 이유는 없다. 심지어 2차원 공간에서도 이 방법은 여러 해들을 가질 수 있기 때문에 볼록해를 선택하기 위해서 특수 반복 해법기들을 사용할 필요가 있다. 더 높은 차원의 유한차분 해의 볼록성을 조성하는 것은 더욱 어려울 것이다. 이 분야에서 최근 개발된 것으로는 소위 **와이드-스텐실 유한차분법**이 있다. 이 방법은 단조이고, 따라서 바레스(Barles)와 수가니디스(Souganidis)의 수렴이론은 $h \to 0$일 때, 수치해 수열이 몽주-앙페르 방정식의 유일한 점성해로 수렴하는 것을 보장한다.

마지막으로 유한차분법을 시간 종속 문제에 응용하는 것에 관해 간단히 살펴봄으로써 이 절을 마치려고 한다. 선형 편미분방정식에 관한 우량 조건 문제로 볼 수 있는 유한차분법에 관하여 **럭스 동등정리**는 다음과 같이 주장한다. 유한차분법의 안정성은 격자 크기가 0으로 수렴할 때, 격자점 상에서 정의된 그리드 함수열이 해석적 해로 수렴하고, 반대도 성립함을 유도한다. 예를 들어 불안정한 열방정식 $u_t - \Delta u + u = 0, t \in (0, T]$를 생각해 보자. 여기서 $T > 0$은 주어진 값이고, (x, y)는 단위 사각형 $\Omega = (0, 1)^2$ 상의 점이며 동차 디리클레 경계조건 $u = 0$, $(0, T] \times \partial\Omega$와 초기조건 $u(0, x, y) = u_0(x, y), (x, y) \in \Omega$가 주어지고 u_0과 f는 주어진 실숫값 연속함수들이다. 연산 영역 $[0, T] \times \bar{\Omega}$는 격자점 집합 $\{t^m = m\Delta t : m = 0, \cdots, M\} \times \bar{\Omega}_h$로 이산화된다. 여기서 $\Delta t = T/M, M \geq 1$이고 $h = 1/N, N \geq 2$이다. 모든 $i, j = 1, \cdots, N-1$과 $m = 0, \cdots, M-1$에 대하여 θ-법

$$\frac{U_{ij}^{m+1} - U_{ij}^m}{\Delta t} - (D_x^2 U_{ij}^{m+\theta} + D_y^2 U_{ij}^{m+\theta}) + U_{ij}^{m+\theta} = 0$$

을 생각해 보자. 여기서 초기조건은 $U_{ij}^0 = u_0(x_i, y_j)$, $i, j = 0, \cdots, N$이고 경계조건은 $(x_i, y_j) \in \partial\Omega_h$인 모든 (i, j)에 대하여 $U_{ij}^{m+1} = 0, m = 0, \cdots, M-1$로 주어진다. 여기서 $\theta \in [0, 1]$이고

$$U_{ij}^{m+\theta} := (1-\theta)U_{ij}^m + \theta U_{ij}^{m+1}$$

이다. 이때 U_{ij}^m과 U_{ij}^{m+1}은 각각 $u(t^m, x_i, y_j)$와 $u(t^{m+1}, x_i, y_j)$에 근사한다. 특히 특정 값 $\theta = 0, \frac{1}{2}, 1$일 때 대응하는 유한차분법은 각각 **오일러 전진차분법**(또는 **양함수법**), **크랭크-니컬슨**(Crank-Nicolson)**법** 그리고 **오일러 후진차분법**(또는 **음함수법**)이라고 부른다. 이들의 절단오차들은 모든 $i, j = 1, \cdots, N-1$과 $m = 0, \cdots, M-1$에 대하여

$$\begin{aligned} T_{ij}^{m+1} := &\frac{u(t^{m+1}, x_i, y_j) - u(t^m, x_i, y_j)}{\Delta t} \\ &- (1-\theta)(D_x^2 u(t^m, x_i, y_j) + D_y^2 u(t^m, x_i, y_j)) \\ &- \theta(D_x^2 u(t^{m+1} m\ x_i, y_j) + D_y^2 u(t^{m+1}, x_i, y_j)) \\ &+ (1-\theta) u(t^m, x_i, y_j) + \theta u(t^{m+1}, x_i, y_j) \end{aligned}$$

로 정의된다. u가 충분히 매끄럽다고 가정할 때 테일러급수 전개를 이용하면, $\theta \neq \frac{1}{2}$일 때 $T_{ij} = O(\Delta t + h^2)$이 되고 $\theta = \frac{1}{2}$일 때 $T_{ij} = O((\Delta t)^2 + h^2)$이 된다. 따라서 오일러 전진차분법과 후진차분법은 시간 변수 t에 관하여 1차 정확도를 갖고, 공간 변수 x와 y에 관하여 2차 정확도를 갖는다. 반면 크랭크-니컬슨 법은 시간 변수와 공간 변수에 대하여 2계 정확도를 갖는다. θ-법의 안정성은 $\theta \in [0, 1]$의 선택에도 영향을 받는다. $2d(1-2\theta)\Delta t \leq h^2$이면, $d = 2$(공간 차원)인 경우 $\theta \in [0, \frac{1}{2})$일 때

$$\max_{1 \leq m \leq M} \|U^m\|_{0,h}^2 + \Delta t \sum_{m=0}^{M-1} \|U^{m+\theta}\|_{1,h}^2 \leq \|U^0\|_{0,h}^2$$

이 된다. $\theta \in [\frac{1}{2}, 1]$일 때는 Δt와 h의 선택에 영향을 받지 않는다. 따라서 오일러 전진차분법(양함수법)은 $2d\Delta t \leq h^2$이라는 조건(여기서는 $d = 2$)하에서 **조건부로 안정적**인 반면, 크랭크-니컬슨 법과 오일러 후진차분법(음함수법)은 **무조건적으로 안정적**이다.

지금까지 살펴본 유한차분법은 연산 영역에 포함되는 유한 간격의 격자점 상에서 정의된 그리드 함수를 이용하여 해석적 해를 근사한다. 다음 절에서는 연산 영역 상에서 정의된 해석적 해의 조각적 다항식 근사와 연관된 유한요소법을 살펴보겠다.

4 유한요소법

유한요소법은 편미분방정식계에 관한 강력하고 보편화된 수치해법 기술이다. 유한요소법의 역사적 뿌리는 리하르트 쿠랑(Richard Courant)이 1943년에 출판한 논문으로 거슬러 올라간다. 이 논문에서는 변분 문제의 수치해를 구하기 위해서 연속인 아핀 조각적 근사치 사용을 제안했다. 이러한 방법은 1900년대 초반, 리츠(Ritz)와 갤러킨(Galerkin)의 이전 기술들에 실무적으로 상당한 진전을 가져왔다. 이 기술들은 매끄러운 함수들의 선형 결합 사용에 기반을 둔 것(예를 들어, 다루고 있는 미분작용소의 고유함수)들이었다. 쿠랑 업적의 중요성은 잊혔다가 1950년대 초반에 엔지니어들에 의해 재조명되었고, 이후 유한요소법은 확고한 수학적 토대를 두고 유연하고 효과적인 계산 도구로 개발되었다.

4.1 타원형 편미분방정식계에 대한 유한요소법

$\Omega \subset \mathbb{R}^d$이 $\mathbb{R}^d$ 상의 립시츠-연속인 경계 $\partial\Omega$를 갖는 유계인 열린집합이라 하자. $L^2(\Omega)$는 제곱적분이 가능한(르베그 적분의 의미에서) 함수들의 공간이라 하고 노름은 $\|v\|_0 := (\int_\Omega |v|^2 dx)^{1/2}$으로 주어진다. $H^m(\Omega)$는 **소볼레프 공간**인데, 이것은 $|\alpha| \leq m$인 모든 α에 대하여 약한 편미분 $\partial^\alpha v$가 $L^2(\Omega)$ 함수가 되는 $v \in L^2(\Omega)$들의 집합이다. 노름은 $\|v\|_m := (\sum_{|\alpha| \leq m} \|\partial^\alpha v\|_0^2)^{1/2}$이다. $H_0^1(\Omega)$는 $\partial\Omega$에서 영이 되는 모든 함수 $v \in H^1(\Omega)$들의 집합이다.

a와 c는 $\bar{\Omega}$에서 정의된 연속인 실숫값 함수들이라 하자. 모든 $x \in \bar{\Omega}$에 대하여 $a(x) \geq c_0$인 양의 상수 c_0이 존재한다고 가정하자. 또한 $b_i, i = 1, \cdots, d$가 $\bar{\Omega}$에서 정의되고 $\bar{\Omega}$에서 $c - \frac{1}{2}\nabla \cdot b \geq c_0$인 연속적으로 미분이 가능한 실숫값 함수라고 하자. 여기서 $b := (b_1, \cdots, b_d)$이다. 마지막으로 $f \in L^2(\Omega)$라 하고 $x \in \Omega$에 대하여

$$-\nabla(a(x)\nabla u) + b(x) \cdot \nabla u + c(x)u = f(x)$$

이고 $u|_{\partial\Omega}=0$인 경계치 문제를 생각해 보자. 이 경계치 문제의 유한요소 근사는 다음과 같은 **약한 식**(weak formulation)을 고려하는 것으로 시작된다. 즉,

$$B(u, v) = \ell(v), \quad \forall v \in H_0^1(\Omega) \qquad (11)$$

인 $u \in H_0^1(\Omega)$를 찾는 것이다. 여기서 쌍선형 형식(bilinear form) $B(\cdot, \cdot)$은 $w, v \in H_0^1(\Omega)$에 대해

$$\begin{aligned} &B(w, v) \\ &:= \int_\Omega [a(x)\nabla w \cdot \nabla v + b(x) \cdot \nabla wv \\ &\qquad\qquad + c(x)wv]\,\mathrm{d}x \end{aligned}$$

이고 $\ell(v) := \int_\Omega fv\mathrm{d}x$이다. u가 충분히 매끄러운 경우(예를 들어, $u \in H^2(\Omega) \cap H_0^1(\Omega)$, 식 (11)에 부분적분을 취하면 u는 경계치 문제의 **강한 해**(strong solution)가 된다. 즉, Ω의 거의 모든 곳에서 $-\nabla \cdot (a(x)\nabla u) + b(x) \cdot \nabla u + c(x)u = f(x)$이고 $u|_{\partial\Omega}=0$이다. 더 일반적으로 매끄러움에 관한 부가적인 가정이 없다면, 식 (11)을 만족하는 함수 $u \in H_0^1(\Omega)$를 이 타원형 경계치 문제의 **약한 해**(weak solution)라 부른다. a, b, c 그리고 f에 대한 가정하에서 유일한 약한 해의 존재성은 럭스-밀그램 정리를 통해 보장된다.

Ω가 $\mathbb{R}^2$ 상의 유계인 열린 다변형인 경우의 유한요소 근사를 생각해 보자. 유한요소 구성의 첫 단계는 $\bar{\Omega}$의 **삼각분할**을 정의하는 것이다. $\bar{\Omega}$의 삼각분할은 $\bar{\Omega}$의 내부점들이 서로 분리되어 있고 각 $i, j \in \{1, \cdots, M\}$에 대하여 $i \neq j$일 때 $T_i \cap T_j$가 공집합인 유한개의 닫힌 삼각형 $T_i, i=1, \cdots, M$들로 $\bar{\Omega}$를 쪽맞춤하는 것이다. 여기서 $T_i \cap T_j$는 T_i와 T_j의 공통 점이나 공통 경계이다(그림 1을 보라). 이때 삼각분할 상의 점들을 **노드**라고도 한다.

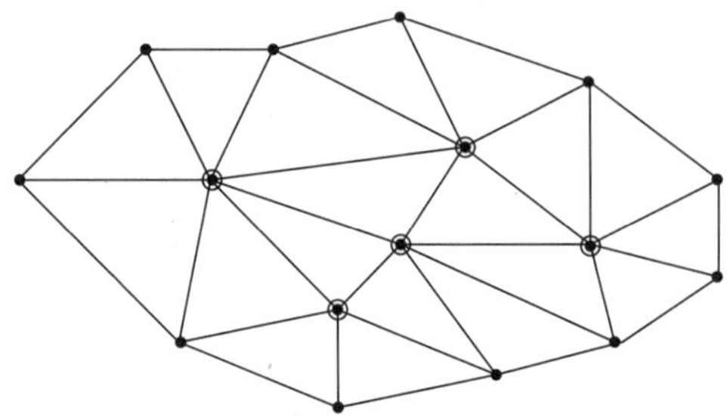

그림 1 $\mathbb{R}^2$ 상의 다각형인 계산 영역 $\bar{\Omega}$ 상의 유한요소 삼각분할. $\partial\Omega$ 상의 점은 진한 점으로 표시하고, Ω의 내부에 포함되는 점은 동그라미가 쳐져있다.

h_T는 삼각분할의 삼각형 T의 가장 긴 경계라 하고, h를 h_T 중 가장 긴 것이라 하자. S_h는 삼각분할의 임의의 삼각형에서 아핀 함수가 되는 $\bar{\Omega}$ 상에서 정의된 실숫값 연속함수 v_h들의 선형 공간이다. 그리고 $S_{h,0} := S_h \cap H_0^1(\Omega)$라 정의한다. 문제 (11)의 유한요소 근사는 다음과 같다. 즉, **유한요소 공간** $S_{h,0}$에서

$$B(u_h, v_h) = \ell(v_h) \quad \forall v_h \in S_{h,0} \qquad (12)$$

을 만족하는 u_h를 찾는 것이다.

삼각분할 상의 모든 점(노드)을 $x_i, i=1, \cdots, L$로 놓고(그림 1을 보라), $N=N(h)$를 유한요소 공간 $S_{h,0}$의 차원이라 하자. $x_i, i=1, \cdots, N$들은 Ω 안에 있고 남은 $L-N$개의 점들은 $\partial\Omega$ 상에 놓이도록 점들 $x_i, i=1, \cdots, L$이 나열되었다고 가정하자. $\{\varphi_j : j=1, \cdots, N\} \subset S_{h,0}$을 $S_{h,0}$에 대한 **마디 기저**라 한다. 여기서 기저함수는 $\varphi_j(x_i)=\delta_{ij}, i=1, \cdots, L, j=1, \cdots, N$으로 정의된다. 전형적인 점별-선형 마디 기저함수는 그림 2에서 볼 수 있다. 따라서

$$u_h(x) = \sum_{j=1}^{N} U_j \varphi_j(x) \qquad (13)$$

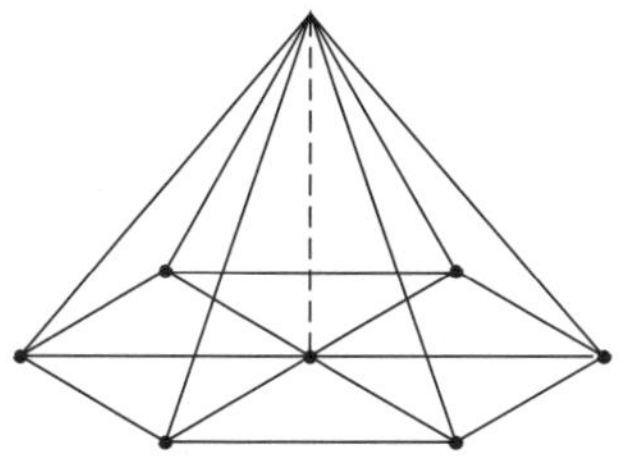

그림 2 전형적인 구간별-선형 마디 기저함수. 기저함수는 중심 노드를 둘러싼 삼각형의 조각 밖에서는 0이다. 이때 중심 노드에서 함수의 높이는 1이다.

를 만족하는 벡터 $U = (U_1, \cdots, U_N)^{\mathrm{T}} \in \mathbb{R}^N$이 존재한다. 이것을 식 (12)에 대입하고 $v_h = \varphi_k$, $k = 1, \cdots, N$으로 잡으면 N개의 미지수 $U_1, \cdots, U_N$을 갖는 N개의 선형 대수방정식계

$$\sum_{j=1}^{N} B(\varphi_j, \varphi_k) U_j = \ell(\varphi_k), \quad k = 1, \cdots, N \tag{14}$$

을 얻게 된다. $B(\cdot, \cdot)$의 정의 때문에 이 선형방정식계의 행렬 $A := ([B(\varphi_j, \varphi_k)]_{j,k=1}^{N})^{\mathrm{T}}$은 희소행렬이고 양의 정부호행렬(그리고 b가 항등적으로 영이라면, 행렬은 대칭행렬이다)이 된다. 크릴로프 부분공간법과 다중 격자점법을 포함한 **희소 선형 연립방정식** [IV.10 §6]을 이용하면, 선형방정식계의 유일해 $U = (U_1, \cdots, U_N)^{\mathrm{T}} \in \mathbb{R}^N$을 식 (13)에 대입하여 얻은 u_h가 주어진 연산 영역 $\bar{\Omega}$의 삼각분할 상의 해석적 해 u로 근사하는 것을 알 수 있다.

$S_{h,0}$은 $H_0^1(\Omega)$의 (유한 차원) 선형 부분공간이기 때문에 $v = v_h$는 식 (11)에서의 적절한 선택이 된다. 따라서 $v = v_h$를 이용해 식 (11)에서 (12)를 빼면

$$B(u - u_h, v_h) = 0 \quad \forall v_h \in S_{h,0} \tag{15}$$

이 된다. 이것을 유한요소의 **갤러킨 직교성**이라 한다. 따라서 모든 $v_h \in S_{h,0}$에 대하여

$$\begin{aligned} c_0 \|u - u_h\|_1^2 &\le B(u - u_h, u - u_h) \\ &= B(u - u_h, u - v_h) \\ &\le c_1 \|u - u_h\|_1 \|u - v_h\|_1 \end{aligned}$$

이 성립한다. 여기서 $c_1 := (M_a^2 + M_b^2 + M_c^2)^{1/2}$이고 $M_v := \max_{x \in \bar{\Omega}} |v(x)|$, $v \in \{a, b, c\}$이다. 결과적으로

$$\|u - u_h\|_1 \le \frac{c_1}{c_0} \min_{v_h \in S_{h,0}} \|u - v_h\|_1 \tag{16}$$

임을 알 수 있다. **세아의 보조 정리**(Céa's lemma)라고 하는 이 결과는 유한요소법 분석에서 중요한 도구로 사용된다. 예를 들어, $u \in H^2(\Omega) \cap H_0^1(\Omega)$라 가정하고 u의 **유한요소 보간작용소** I_h를

$$I_h u(x) := \sum_{j=1}^{N} u(x_j) \varphi_j(x)$$

라 하면, 식 (16)에 의하여 $\|u - u_h\|_1 \le (c_1/c_0)\|u - I_h u\|_1$임을 알 수 있다. 그렇다면 삼각분할이 **정칙 모양**이라고 가정하자. 이 모양의 의미는 h에 대하여 독립인 양의 상수 c_*이 존재하여, 삼각분할의 각 삼각형에 대하여 내접원의 반지름에 대한 가장 긴 변의 비가 c_*에 의하여 아래로 유계가 된다는 뜻이다. 근사이론을 이용하면 $\|u - I_h u\|_1 \le \hat{c} h \|u\|_2$를 만족하는 h에 대하여 독립인 양의 상수 $\hat{c}$의 존재성이 증명된다. 따라서 **사전 오차 한계**

$$\|u - u_h\|_1 \le (c_1/c_0) \hat{c} h \|u\|_2$$

가 H^1-노름으로 성립한다. $h \to 0$일 때 삼각분할이 세분되기 때문에 위 부등식에서 알 수 있는 사실은 계속적으로 세분된 삼각분할 상에서 계산된 유한요

소 근사 u_h의 수열은 해석적 해 u로 수렴(H^1-노름으로)한다는 것이다. 또한 L^2-노름 같은 다른 노름으로 사전 오차 한계를 유도하는 것도 가능하다.

세아의 보조 정리인 부등식 (16)이 의미하는 것은 유한요소 (12)로부터 얻은 식 (11)의 해 $u \in H_0^1(\Omega)$의 근사 $u_h \in S_{h,0}$이 $H_0^1(\Omega)$의 선형 부분공간 $S_{h,0}$에서 u의 **가장 좋은 근사**라는 것이다. 이때 상수는 분명히 $c_1/c_0 \geq 1$이다. 상수가 $c_1/c_0 \gg 1$일 때는 h가 매우 작지 않으면 유한요소에 의해 얻은 수치해 u_h는 $\|\cdot\|_1$-노름으로 u의 적당한 근사가 되지 못한다. 예를 들어 $a(x) = c(x) \equiv \varepsilon$이고 $b(x) = (1, 1)^T$이면, $0 < \varepsilon \ll 1$일 때 $c_1/c_0 = \sqrt{2}\,(1+\varepsilon^2)^{1/2}/\varepsilon \gg 1$이 된다. 이런 비자기수반 타원형 경계치 문제는 이류 확산 반응의 수학적 모델에서 발생한다. 여기서 이류는 확산과 반응에 대하여 우세한데, 이는 모든 $x \in \bar{\Omega}$에 대하여 $|b(x)| \gg a(x) > 0$이고 $|b(x)| \gg c(x) > 0$임을 의미한다. 이와 같은 이류-우세 문제에 관한 고전 유한요소 (12)의 안정성과 근사성은 '안정 조건'을 추가하여 $B(\cdot, \cdot)$과 $\ell(\cdot)$의 정의를 수정하거나, 이류-우세 문제의 해들이 나타나는 경계와 내부층을 둘러쌀 수 있게 고안된 특별한 기저 함수들로 유한요소 공간을 강화시킴으로써 개선될 수 있다. 이와 같이 개선된 유한요소법은 일반적으로 **안정된 유한요소법**이라 한다. 전형적인 예로는 **유선형 확산 유한요소법**이 있다. 이 경우에는 표준 유한요소의 쌍선형 형식에 유선방향, 즉 고전 유한요소법이 원하지 않는 수치적 진동을 나타내는 벡터 b 방향으로만 반응하는 수치적 확산항이 더해진다.

다른 한편으로, b가 $\bar{\Omega}$ 상에서 항등적으로 0이라면 $B(\cdot, \cdot)$은 **대칭적** 쌍선형 형식이 된다. 즉, 모든 w, $v \in H_0^1(\Omega)$에 대하여 $B(w, v) = B(v, w)$를 만족한다. $\|v\|_B := [B(v, v)]^{1/2}$으로 정의된 노름 $\|\cdot\|_B$는 타원형 경계치 문제 (11)과 관련 있는 **에너지 노름**이라고 부른다. 사실 식 (11)은 다음과 같은 변분 문제(동치적으로), 즉

$$J(V) := \tfrac{1}{2}B(v, v) - \ell(v)$$

일 때

$$J(u) \leq J(v) \quad \forall v \in H_0^1(\Omega)$$

를 만족하는 $u \in H_0^1(\Omega)$를 찾는 문제로 볼 수 있다. 비슷하게, 유한요소 (12)는 동치적으로 $J(u_h) \leq J(v_h)$, $\forall v_h \in S_{h,0}$을 만족하는 $u_h \in S_{h,0}$을 찾는 문제로 볼 수 있다. 게다가 에너지 노름 $\|\cdot\|_B$에 관한 세아의 보조 정리는 $\|u - u_h\|_B = \min_{v_h \in S_{h,0}} \|u - v_h\|_B$가 된다. 따라서 함수 b가 항등적으로 영일 때, 유한요소에 의해 얻은 수치해 $u_h \in S_{h,0}$은 에너지 노름 $\|\cdot\|_B$로 해석적 해 $u \in H_0^1(\Omega)$에 근사하는 **가장 좋은 근사해**가 된다.

이와 같은 아이디어를 간단한 문제를 통해 비선형 타원형 편미분방정식계로 확장하고자 한다. 실숫값 $p \in (1, \infty)$에 대하여, $L^p(\Omega) := \{v : \int_\Omega |v|^p dx < \infty\}$라 하고 $W^{1,p}(\Omega) := \{v \in L^p(\Omega) : |\nabla v| \in L^p(\Omega)\}$라 하자. $W_0^{1,p}$은 $v|_{\partial\Omega} = 0$인 모든 $v \in W^{1,p}(\Omega)$의 집합이다. $1/p + 1/q = 1$, $p \in (1, \infty)$라 하자. 이때 $f \in L^q(\Omega)$에 대하여 범함수

$$J(v) := \frac{1}{p}\int_\Omega |\nabla v|^p dx - \int_\Omega fv dx, \quad v \in W_0^{1,p}(\Omega)$$

의 최소화 함수 $u \in W_0^{1,p}(\Omega)$를 찾는 문제를 생각해 보자. $S_{h,0}$이 위와 같을 때, 이 문제의 유한요소 근사

는 모든 $v_h \in S_{h,0}$에 대하여 $J(v_h)$를 최소화하는 $u_h \in S_{h,0}$을 찾는 것이다. 최소화 함수 $u \in W_0^{1,p}(\Omega)$와 $u_h \in S_{h,0}$의 존재성과 유일성은 범함수 J의 볼록성에 의해 보장된다. 게다가 $h \to 0$일 때 소볼레프 공간 $W^{1,p}(\Omega)$의 노름으로 u_h가 u로 수렴한다.

전자기력과 연속체 역학에 관한 문제는 일반적으로 여러 종속변수를 포함하는 편미분방정식계로 모형화된다. 이 변수들의 다양한 물리적 특성과 변수들이 만족해야 할 다른 경계조건들 때문에 이 변수들은 다른 유한요소 공간으로부터 근사되어야 할 수 있다. 이렇게 나온 유한요소법을 **혼합된 유한요소법**이라 부른다. 혼합된 유한요소가 유일해를 갖는 이 방법이 안정적이기 위해서, 미지수들로 만들어진 벡터의 다양한 성분들로의 근사들이 구해지는 유한요소 공간은 임의로 선택될 수 없고 보통 **상한-하한 조건**이라고 하는 어떤 적합 조건을 만족시켜야 한다.

이 절에서 소개한 종류의 유한요소법(근사해를 포함하는 유한요소 공간은 문제의 약한 해를 구할 수 있는 함수공간의 부분집합이다)은 **적합 유한요소법**이라 불린다. 그 외의 유한요소법은 **부적합 유한요소법**이라 한다. 부적합 유한요소법은 어떤 응용 분야에서는 필수적이다. 왜냐하면 어떤 문제(예를 들면, 라브렌티예프 현상을 보이는 전자기력과 변분 문제들의 발산-회전 문제)에서 적합 유한요소법은 허위 해로 수렴할 수 있기 때문이다. **불연속 갤러킨 유한요소법**은 부적합 유한요소법의 극단적인 예로 볼 수 있다. 실제로 조각적 다항식 근사에 대한 점별 내부소자 연속성 요건들이 완전히 제거되기 때문에 해석적 해는 불연속 조각적 다항함수로 근사된다.

유한요소법은 유한차분법에 비해서 여러 가지 이점을 가지고 있다. 우선, 유한요소법에 고계 이산화의 개념이 내재한다. 게다가, 유한요소법이 계산 영역의 아주 일반적인 쪽맞춤을 쉽게 수용할 수 있다는 것은 적응성의 관점에서 보면 매우 편리하다. 이때 근사식에서 국소 다항식의 차수가 각 요소마다 변할 수 있다. 실제로, **적응성**이라는 개념은 편미분방정식계의 수치해법에서 강력하고 중요한 아이디어로, 다음 절에서 적응성을 유한요소법의 맥락에서 구체적으로 더 논의할 것이다.

4.2 사후 오차 분석과 적응성

만약 해석적 해가 충분히 매끄럽다면 사후 오차 한계는 격자 크기 h가 0으로 갈 때 수치적 근사수열이 경계치 문제의 완전해로 수렴하는 것을 보장한다. 그러나 불행하게도 실제로는 적은 수의 격자점/삼각분할에서만 계산적 자원들에 의해 제한되는 격자 크기의 최솟값을 계산하는 것이 가능하다. 또 다른 실제적 측면을 살펴보면, 해석적 해의 정칙성이 특정한 점(예를 들면, 영역의 모서리나 꼭짓점)에서 특이점을 갖는 계산 영역 상이나 영역 내부에 있는 낮은 차원의 다양체(예를 들면, 비선형 보존법칙의 접촉 불연속면과 충격파, 또는 이류-우세 확산방정식의 가파른 내부층) 상에서 큰 변분을 일으킬 수 있다는 것이다. 문제에 가장 적합하게 국소적으로 세분된 격자점에서 계산된 수치해와 해석적 해 사이의 오차는 격자 크기가 0으로 갈 만큼의 격자의 균등 세분을 전제로 하는 점근적 수렴 결과와 전형적인 사전 오차 한계로는 정확하게 정량화할 수 없다. 따라서 하나의 대안으로는 선택된 격자점/삼각분할 상에서 계산하고 완전해로의 근사를 사용하여 사후 근사 오차를 계량화한다. 그래서 격자 크기가 부적절하게 선정되어 격자점/삼각분할의 소위 adaptive라 불리는 국소적 세분 또는 조대화를 필요로 하는 계산 영역의 부분들을 식별한다(h-adaptivity). 또한 유한요소법에서 유한요소 공간의 조각적 다항함수의 차수를 국소적으로 변화시키는 것도 가능하다(p-adaptivity). 마지막으로, 격자점을 이동/재위치시켜서 격자점/삼각분할을 조정하는 것도 가능하다(r-adaptivity). 하나의 h-adaptive 유한요소에 관한 adaptive 루프는

요소 분할 → 해석 → 결과 분석 → 요소 재분할

과 같은 형식을 갖는다. 다시 말하면, 먼저 고정된 영역의 전형적으로 엉성한 삼각분할에서 유한요소 근사가 계산된다. 그런 다음, 사후 오차 한계를 이용하여 계산된 해의 오차를 계산한다. 예를 들면, 타원형 경계치 문제 $Lu = f$(여기서 L은 2계 균등 타원형 작용소이고 f는 주어진 오른쪽 항이다)에 관한 전형적인 사후 오차 한계는 $\|u - u_h\|_1 \leq C_*\|R(u_h)\|_*$이다. 여기서 C_*은 계산이 가능한 상수이고, $\|\cdot\|_*$은 문제에 의존하는 어떤 노름이다. 또한 $R(u_h) = f - Lu_h$는 계산이 가능한 **나머지**인데, 계산된 수치해 u_h가 편미분방정식 $Lu = f$를 만족하지 않는 정도를 측정한다. 세 번째 단계에서 부적당한 크기(즉, 보통 규정된 전체 허용범위의 적당한 일부분으로 선택되는 고정된 국소적 허용범위 TOL에 비해 너무 크거나 작은)를 갖는 삼각분할의 삼각형들을 찾아내어 표시한다. 마지막으로 네 번째 단계에서, 표시된 삼각형들을 가능한 범위에서 세분하거나 조대화시킨다. 이러한 네 단계의 adaptive 루프는 어떤 종료 기준(예를 들면, $C_*\|R(u_h)\|_* < \text{TOL}$)에 도달할 때, 또는 계산적 자원들이 고갈될 때까지 반복된다. 비슷한 adaptive 루프를 p-adaptivity 유한요소법에서 사용할 수 있다. 다만 요소 재분할 단계가 국소적 다항식 차수의 조정(즉, 증가 또는 감소)을 의미하는데, 이 다항식의 차수는 전체 삼각분할 상에서 고정된 정수가 되지 않고 각 삼각형마다 변할 수 있다. 또한 서로 다른 adaptive 전략들을 결합하는 것도 가능하다. 예를 들어, 동시에 h-adaptivity와 p-adaptivity를

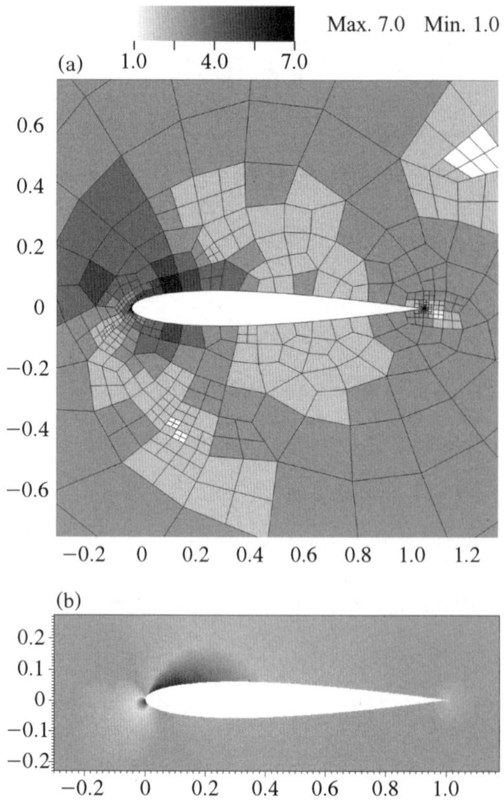

그림 3 hp-adaptivity 유한요소 격자망: (a)국소 다항식 차수가 1에서 7에 이르는 기체역학의 압축성 오일러 방정식의 불연속 갤러킨 유한요소 근사. (b)격자망 상의 근사밀도(그림: 폴 휴스턴(Paul Houston)).

적용하는 것을 hp-adaptivity라 한다. 특히, 계산 영역 내 부분구역 상의 인접한 요소들의 경계에서 간단한 계산을 이용하면, hp-adaptivity는 불연속 갤러킨 유한요소법으로 간주되기 쉽다(그림 3을 보라).

5 유한체적법

유한체적법은 연속체 역학에서 나타나는 **보존법칙** [II.6] 같은 발산 형태의 편미분방정식계의 수치해법을 위해 개발되었다. 예를 들어, 비선형 편미분방정식계

$$\frac{\partial u}{\partial t} + \nabla \cdot f(u) = 0 \qquad (17)$$

을 생각해 보자. 여기서 $u := (u_1, \cdots, u_n)^{\mathrm{T}}$은 변수 $t \geq 0$과 $x := (x_1, \cdots, x_d)$에 관한 n-성분 벡터함수이고 벡터함수 $f(u) := (f_1(u), \cdots, f_d(u))^{\mathrm{T}}$은 대응하는 **유동함수**이다. 보통 편미분방정식 (17)은 초기조건 $u(0, x) = u_0(x)$, $x \in \mathbb{R}^d$과 함께 주어진다. $\mathbb{R}^d$이 서로소인 닫힌 심플렉스 κ($d = 1$이면 구간, $d = 2$이면 삼각형, $d = 3$이면 사면체)들로 나눠지고 이들의 합집합이 $\mathbb{R}^d$ 전체이며, 분할의 다른 두 심플렉스의 각 쌍들은 서로소이거나 교집합은 $d-1$보다 작거나 같은 차원의 닫힌 심플렉스를 갖는다. 유한체적법 이론에서 심플렉스 κ는 보통 **셀**(요소(elements)보다는 차라리)이라고 해야 한다. κ를 $\mathbb{R}^d$의 분할 중 하나의 셀이라 할 때 편미분방정식 (17)을 κ 상에서 적분하면

$$\int_\kappa \frac{\partial u}{\partial t}\,\mathrm{d}x + \int_\kappa \nabla \cdot f(u)\,\mathrm{d}x = 0 \qquad (18)$$

이 된다. $|\kappa|$가 κ의 측도일 때 **체적평균**을

$$\bar{u}_\kappa(t) := \frac{1}{|\kappa|}\int_\kappa u(t, x)\,\mathrm{d}x, \quad t \geq 0$$

으로 정의하고, 발산정리를 이용하면

$$\frac{\mathrm{d}\bar{u}_\kappa}{\mathrm{d}t} + \frac{1}{|\kappa|}\oint_{\partial\kappa} f(u) \cdot \nu \mathrm{d}S = 0$$

을 얻는다. 여기서 $\partial\kappa$는 κ의 경계이고, ν는 $\partial\kappa$에 대한 외향 단위 법벡터이다.

상수 체적평균은 셀의 무게 중심이 되기 때문에 결과적으로 나타나는 유한체적법은 **셀 중심 유한체적법**이라고 부른다. 그리고 유한체적법 이론에서 편미분방정식이 적분되는 국소 영역 κ를 **제어체적**이라 부른다. 셀 중심 유한체적법의 경우, 제어체적은 분할의 셀과 일치한다. **점 중심 유한체적법**에서 할 수 있는 대안적 방법으로는, 격자점들의 각 점을 둘러싸고 있는 셀의 조각을 살펴보고 요소들의 조각에 포함되는 제어체적을 점에 배정하는 것이다(예를 들어, $d = 2$인 경우 점을 둘러싸고 있는 셀들의 무게 중심을 연결하여 만든 다각형 영역).

지금까지는 어떠한 근사도 취하지 않았다. 실용적인 수치해법을 취하기 위해서 $\partial\kappa$ 상의 적분을 $\partial\kappa$에 포함되는 모든 $(d-1)$차원 열린 면 상의 적분들의 합으로 쓴다. 각 면 상의 적분을 근사하는 것은 피적분함수인 면 상의 법선유동 $f(u) \cdot \nu$를 제어체적평균의 보간 또는 외삽으로 대체함으로써 가능해진다. 다시 말하면, 제어체적의 한 면 상의 정확한 법선유동을 **수치적 유동함수**로 대체하는 것이다. 예를 들어, 접하는 제어체적 λ와 제어체적 κ의 공유되는 $(d-1)$차원 면을 $e_{\kappa\lambda}$로 표시하면

$$\oint_{\partial\kappa} f(u) \cdot \nu \mathrm{d}S \approx \sum_{\lambda:\, e_{\kappa\lambda} \subset \partial\kappa} g_{\kappa\lambda}(\bar{u}_\kappa, \bar{u}_\lambda)$$

를 얻을 수 있다. 여기서 수치적 유동함수 $g_{\kappa\lambda}$는 다음 두 가지 성질을 만족해야 한다.

보존성(Conservation). 상호 인터페이스를 공유하는 인접한 제어체적들로부터 유동들이 합쳐질 때 정확히 무효화되는 것을 보장한다. 이것은 수치적 유동이 이웃하는 제어체적 κ와 λ의 각 쌍에 대해서 항등식

$$g_{\kappa\lambda}(u, v) = -g_{\lambda\kappa}(v, u)$$

를 만족하면 성립한다.

일관성(Consistency). 각 제어체적의 각 면에 대해서, 수치적 유동은 면을 통과하는 총 유량으로 줄어드는 것을 보장한다. 즉, 이웃하는 제어체적 κ와 λ의 각 쌍에 대해서 $e_{\kappa\lambda} := \kappa \cap \lambda$를 공통면이라 할 때

$$g_{\kappa\lambda}(u, u) = \int_{e_{\kappa\lambda}} f(u) \cdot \nu \mathrm{d}S$$

가 성립한다.

결과적으로 나타나는 비선형 보존법칙의 공간적 이산화는 시간 변수 t에 대하여 더 이산화되는데, 이는 주어진 초기 정보 u_0에서 시작하는 Δt의 단계에서 오일러 양함수법을 사용할 수 있도록 가장 간단하게 선택된다.

이러한 방법이 도래하게 된 역사적 뿌리는 기체역학방정식에 대한 세르게이 고두노프(Sergei Godunov)의 1959년 결과로 거슬러 올라간다. 고두노프는 각 제어체적에서 제어체적 상의 평균과 같은 값의 조각적 상수해를 사용하여 인터페이스 상의 리만 문제의 국소해로부터 단일 수치적 유동을 계산하였다. 여기서 리만 문제(베른하르트 리만의 이름을 딴)는 하나의 불연속점을 갖는 조각적 상수 데이터와 보존법칙을 말한다. 고두노프 법의 일차 정확도를 넘는 추가적 해법은 계산된 셀의 평균을 재건설/회복(조각적 선형 재구성에 기반을 둔 판 레르(van Leer)의 MUSCL 체계(보존법칙에 관한 단조 상류 중심 체계), 또는 조각적 이차 재구성에 의한 코렐라(Colella)와 우드워드(Woodward)의 조각적 포물형 방법처럼)하거나, 조각적 상수해 대신 불연속인 조각적 선형해를 정확히 진화시키거나 또는 리만 해법기 사용을 완전히 피하여(네스야후(Nessyahu)-타드모르(Tadmor)와 쿠르가노프(Kurganov)-타드모르 중심 차분법에서처럼) 얻을 수 있다.

이 해법들에 내장된 보존성 덕분에 유한체적법은 기체역학의 압축성 오일러 방정식을 포함한 스칼라 비선형 보존법칙들과 비선형 보존법칙 시스템 모두에 성공적으로 광범위하게 사용되어 왔다. 스칼라 다차원 보존법칙에 관한 유한체적법의 만족할 만한 수렴이론은 있는 반면, 비선형 보존법칙들의 다차원 시스템에 대한 비슷한 이론을 발전시키는 데 있어서는 우량 조건 이론의 불완전성 때문에 차질을 빚고 있다.

6 스펙트럼 법

유한차분법은 선택된 격자망의 점들에서 편미분방정식계의 근사해를 제공하고, 유한요소법과 유한체적법은 계산 영역의 분할 상에서 연속 또는 불연속 구간적 다항식 근사를 제공하는 반면, 스펙트럼 법은 전 계산 영역 상에서 매끄러운 함수인 고정된 차

수의 다항식 형태를 갖는 근사해를 제공한다. 따라서 기본 편미분방정식의 해가 매끄러운 함수라면, 스펙트럼 법은 매우 정확한 수치적 근사를 제공할 것이다.

스펙트럼 근사치들은 계산 영역 상의 **직교다항식** [II.29]의 선형 결합으로 볼 수 있다. 실수축 상의 공집합이 아닌 개구간을 (a, b)라 놓고, (a, b) 상의 셀 수 있는 많은 점들을 제외한 곳에서는 양수인 음이 아닌 **가중함수** w가

$$\int_a^b w(x)|x|^k \mathrm{d}x < \infty \quad \forall k \in \{0, 1, 2, \cdots\}$$

을 만족한다고 하자. 또한 $L_w^2(a, b)$는

$$\|v\|_w := \left(\int_a^b w(x)|v(x)|^2 \mathrm{d}x\right)^{1/2} < \infty$$

를 만족하는 (a, b) 상에서 정의된 실숫값 함수 v의 집합이라 하자. 그러면 $\|\cdot\|_w$는 내적 $(u, v)_w := \int_a^b w(x)u(x)v(x)\mathrm{d}x$에 의해 유도된 $L_w^2(a, b)$ 상의 노름이 된다. k차 다항식 P_k가 $m \neq n$일 때 $(P_m, P_n)_w = 0$이면 $\{P_k\}_{k=0}^{\infty}$을 (a, b) 상의 **직교다항식 시스템**이라 한다. 예를 들면 $(a, b) = (-1, 1)$이고 고정된 $\alpha, \beta \in (-1, 1)$에 대하여 $w(x) = (1-x)^\alpha(1+x)^\beta$이면, 직교다항식 집합은 야코비 다항식이다. 구체적으로, 게겐바우어(Gegenbauer) 다항식($\alpha = \beta \in (-1, 1)$, 또는 초구형(ultraspherical) 다항식), 1종 체비쇼프 다항식($\alpha = \beta = -\frac{1}{2}$), 2종 체비쇼프 다항식($\alpha = \beta = \frac{1}{2}$) 그리고 르장드르 다항식($\alpha = \beta = 0$) 등이 있다. 다차원 정의역 $\Omega \subset \mathbb{R}^d$, $d \geq 2$는 실수축 상의 공집합이 아닌 개구간 (a_k, b_k), $k = 1, \cdots, d$의 곱집합이고 $w(x) = w_1(x_1) \cdots w_d(x_d)$를 다변량 가중함수 w라 하자. 여기서 $x = (x_1, \cdots, x_d)$이고 w_k는 변수를 $x_k \in (a_k, b_k)$, $k = 1, \cdots, d$로 하는 일변량 가중함수이다. $(u, v)_w := \int_\Omega w(x)u(x)v(x)\mathrm{d}x$로 정의된 내적 $(\cdot, \cdot)_w$에 관한 직교다항식들은 구간 (a_k, b_k), $k = 1, \cdots, d$에서 정의된 가중함수 w_k에 관한 일변량 직교다항식들의 곱이다.

편미분방정식계에 관한 **갤러킨 스펙트럼 법**이란 편미분방정식 문제에 **시험함수**를 곱한 다음 계산 영역 Ω 상에서 적분하여 편미분방정식 문제를 적당한 약한 형식으로 변형하는 것을 말한다. 만약 필요하다면 경계조건을 포함하기 위해 부분적분을 한다. 유한요소법의 경우처럼 해석적 해 u의 근사해 u_N은 유한 차원 선형 공간 $S_N \subset L_w^2(\Omega)$에서 구해지는데, 이 공간은 가중함수 w에 대한 직교다항식 시스템의 처음 $(N+1)^d$개 요소들에 의해 생성된 것이다. 시험함수가 유한 차원 선형 공간 S_N에 국한되는 것을 제외하곤 함수 u_N은 해석적인 해처럼 같은 약한 식을 만족해야 한다. 선택된 직교다항식 시스템의 직교 성질을 이용하기 위해서 가중함수 w는 문제의 약한 식으로 포함되어야 한다. 물론 가중함수 w가 미분방정식의 계수로 나타나지 않는 경우나 문제의 직교다항식이 르장드르 다항식인 경우(이때는 $w(x) \equiv 1$이기 때문에) 이것이 항상 쉬운 것은 아니다. 그렇다면 **동차 노이만** 경계조건을 만족하는 균등적 타원형 편미분방정식

$$-\Delta u + u = f(x), \quad x \in \Omega := (-1, 1)^d,$$
$$\frac{\partial u}{\partial \nu} = 0, \quad x \in \partial\Omega$$

에 대하여 이 방법을 적용해 보자. 여기서 $f \in L^2(\Omega)$이고 ν는 $\partial\Omega$ 상의 외향 단위 법벡터이다(또는 $\partial\Omega$에 포함되는 $(d-1)$차원 열린 면들이다). 유한 차

원 선형 공간을

$$S_N := \text{span}\{L_\alpha := L_{\alpha_1}\cdots L_{\alpha_d}: 0 \le \alpha_k \le N, \quad k = 1, \cdots, d\}$$

라 하자. 이때 L_{α_k}는 변수 $x_k \in (-1, 1), k = 1, \cdots, d$에 관한 α_k차 일변량 르장드르 다항식이다. 선형 범함수 $\ell(\cdot)$과 쌍선형 형식 $B(\cdot, \cdot)$은 $w, v \in H^1(\Omega)$에 대하여

$$\ell(v) := \int_\Omega fv\,\mathrm{d}x$$
$$B(w, v) := \int_\Omega (\nabla w \cdot \nabla v + wv)\,\mathrm{d}x$$

라 하자. 그러면 경계치 문제의 **르장드르-갤러킨 스펙트럼 근사** $u_N \in S_N$은

$$B(u_N, v_N) = \ell(v_N) \quad \forall v_N \in S_N \tag{19}$$

을 만족한다. $B(\cdot, \cdot)$은 대칭 쌍선형 형식이고 S_N은 유한 차원 선형 공간이므로 u_N을 찾는 문제는 대칭 정방행렬 $A \in \mathbb{R}^{K\times K}(K := \dim(S_N) = (N+1)^d)$을 갖는 선형 대수방정식을 푸는 것과 같다. $\|\cdot\|_1$을 $H^1(\Omega)$-노름이라 할 때, 모든 $V \in S_N \setminus \{0\}$에 대하여 $B(V, V) = \|V\|_1^2 > 0$이므로 행렬 A는 정부호행렬이고 결과적으로 가역행렬이다. 따라서 식 (19)의 해의 존재성과 유일성을 유추할 수 있다. 식 (19)에 관한 세아의 보조 정리(식 (16)을 보라)는

$$\|u - u_N\|_1 = \min_{v_N \in S_N} \|u - v_N\|_1 \tag{20}$$

이 된다. $u \in H^s(\Omega), s > 1$이라고 가정하면 근사이론에 의해 식 (20)의 오른쪽 항이 $N^{1-s}\|u\|_s$의 상수배보다 작음을 알 수 있다. 따라서 오차 한계는

$$\|u - u_N\|_1 \le CN^{1-s}\|u\|_s, \quad s > 1$$

이 된다. 또한 $u \in C^\infty(\bar{\Omega})$(즉, u의 모든 고계 편미분계수들이 $\bar{\Omega}$ 상에서 연속)라면 $\|u - u_N\|_1$은 대수적 수렴 속도보다 더 빠른 속도로 영으로 수렴한다. 이런 초대수적 수렴 속도를 보통 **스펙트럼 수렴**이라 하고 스펙트럼 법의 홀 마크가 된다.

$u_N \in S_N$이므로 다중 지수 $\alpha = (\alpha_1, \cdots, \alpha_d) \in \{0, \cdots, N\}^d$을 갖는

$$u_N(x) = \sum_{\alpha \in \{0, \cdots, N\}^d} U_\alpha L_\alpha(x)$$

를 만족하는 $U_\alpha \in \mathbb{R}$가 존재한다. 이 전개를 식 (19)에 대입하고 $v_N = L_\beta, \beta = (\beta_1, ..., \beta_d) \in \{0, \cdots, N\}^d$이라 놓으면 미지수 U_α에 대하여 방정식계

$$\sum_{\alpha \in \{0, \cdots, N\}^d} B(L_\alpha, L_\beta) U_\alpha = \ell(L_\beta), \quad \beta \in \{0, \cdots, N\}^d \tag{21}$$

을 얻는다. 이 방정식계는 유한요소법과 관련해 나타났던 선형방정식계 (14)를 연상시키지만 (14)와는 근본적인 차이가 있다. 선형방정식계 (14)의 행렬은 대칭, 정부호, **희소행렬**인 반면, 식 (21)의 행렬은 대칭, 정부호행렬이면서 **조밀행렬**이다.

$$B(L_\alpha, L_\beta) = \int_\Omega \nabla L_\alpha \cdot \nabla L_\beta \mathrm{d}x + \int_\Omega L_\alpha L_\beta \mathrm{d}x$$

이기 때문에 방정식계의 행렬이 대각행렬이 되기 위해서는 르장드르 다항식 대신 B로 유도되는 **에너지 내적** $(u, v)_B := B(u, v)$에 대하여 직교인 다항식의 시스템을 사용해야 한다.

만약 위에서 다루었던 동차 노이만 경계조건을 각 좌표 방향으로 1-주기적인 경계조건으로 바꾸고 식 $-\Delta u + u = f(x), x \in \Omega = (0, 1)^d$의 오른쪽 항에 있는 f를 각 좌표 방향 1-주기함수로 바꾸면, 수

치해의 전개에서 르장드르 다항식 대신 삼각다항식을 사용할 수 있다. 이것이 **푸리에-갤러킨 스펙트럼 법**이다. 삼각다항식은 $L^2(\Omega)$와 $H^1(\Omega)$ 상의 두 내적을 계산해 보면 모두 직교하기 때문에 결과적으로 나타난 선형방정식계의 행렬은 해법을 매우 간단하게 만드는 대각행렬이 될 것이다. 편미분방정식이 상수가 아닌 주기적 계수들을 갖는다면 에너지 내적 $(\cdot, \cdot)_B$에 관한 직교성은 성립하지 않고 선형방정식계의 행렬은 다시 조밀행렬이 된다. 그럼에도 불구하고 푸리에 변환이나 체비쇼프 변환처럼 계산이 빠른 변환을 사용하면 스펙트럼 법에서 상당한 계산적 이점을 얻을 수 있다. 이 때문에 푸리에와 체비쇼프 스펙트럼 법이 인기를 끌게 되었다.

스펙트럼 선점법은 갤러킨 스펙트럼 법처럼 직교다항식들로 생성된 어떤 유한 차원 공간 S_N에서 수치해 u_N을 모색하고 있다. 두 방법에 차이가 있다면, 스펙트럼 선점법은 u_N을 직교다항식들의 유한 선형결합으로 놓고 미분방정식 $Lu = f$에 대입한다는 것이다. 이때 **선점**이라 부르는 잘 선택된 점 x_k, $k = 1, \cdots, K$ 상에서 $Lu_N(x_k) = f(x_k)$가 성립해야 한다. 경계조건과 초기조건은 비슷하게 주어진다. 선점을 선택하는 데 필요한 조건은 방정식의 개수가 선형 공간 S_N의 차원과 같은 미지수의 개수와 같게 된다는 것이다.

포물형 방정식

$$\partial_t u - \partial_{xx}^2 u = 0, \quad (t, x) \in (0, \infty) \times (-1, 1)$$

에 대하여 스펙트럼 선점법을 시행해 보자. 이때 초기조건이 $u(0, x) = u_0(x)$, $x \in [-1, 1]$이고 동차 디리클레 경계조건은 $u(t, -1) = 0$, $u(t, 1) = 0$, $t \in (0, \infty)$라 하자. 이제, 수치해 u_N을 유한 선형 결합

$$u_N(t, x) = \sum_{k=0}^{N} a_k(t) T_k(x)$$

로 놓자. 이때 $(t, x) \in [0, \infty) \times [-1, 1]$이고

$$T_k(x) := \cos(k \arccos(x)), \quad x \in [-1, 1]$$

을 $k(\geq 0)$차 (1종) **체비쇼프 다항식**이라 한다. 여기서 미지수인 계수 $a_k(t)$, $t = 0, 1, \cdots, N$은 $N+1$개이기 때문에 같은 수의 방정식이 필요하다. 이에 함수 u_N을 편미분방정식에 대입하면 $k = 1, \cdots, N-1$과 $t \in (0, \infty)$에 대하여

$$\partial_t u_N(t, x_k) - \partial_{xx}^2 u_N(t, x_k) = 0$$

이 성립한다. 또한 $t \in (0, \infty)$에 대해 $u_N(t, -1) = 0$과 $u_N(t, 1) = 0$이고, $k = 0, \cdots, N$에 대하여 $u_N(0, x_k) = u_0(x_k)$를 만족해야 한다. 이때 $(N+1)$개 선점 x_k는 $x_k := \cos(k\pi/N)$, $k = 0, \cdots, N$을 나타내는데, 이 점들은 구간 $[-1, 1]$ 상의 T_N의 $(N+1)$개의 극점이다. $u^k(t) := u_N(t, x_k)$라 놓고 체비쇼프 다항식의 성질을 사용하여 계산하면, 상미분방정식인

$$\frac{\mathrm{d}u^k(t)}{\mathrm{d}t} = \sum_{l=1}^{N-1} (D_N^2)_{kl} u^l(t), \quad k = 1, \cdots, N-1$$

을 얻을 수 있다. 여기서 D_N^2은 **스펙트럼 2계 미분행렬**이고 각 성분 $(D_N^2)_{kl}$은 정확히 계산될 수 있다. 이제 상미분방정식계에 표준 수치해법을 적용하면 구간 $(-1, 1)$에 포함되는 선점 x_k, $k = 1, \cdots, N-1$ 상의 근사해 u_N의 값 $u^k(t) = u_N(t, x_k)$를 구할 수 있다. 이때 같은 점에서 초기치 u_0을 갖는다.

7 결론

지금까지 수치해법 중 가장 일반적이고 광범위하게 사용되는 4가지 방법인 유한차분법, 유한요소법, 유한체적법 그리고 스펙트럼 법을 살펴보았다. 특수한 편미분방정식 문제에 관한 또 다른 중요한 수치해법의 구성과 해석을 위해서 편미분방정식계에 관한 수치해법을 다룬 많은 참고문헌을 아래에 추가하였다.

더 읽을거리

Bangerth, W., and R. Rannacher. 2003. *Adaptive Finite Element Methods for Differential Equations*. Lectures in Mathematics. Basel: Birkhäuser.

Brenner, S. C., and L. R. Scott. 2008. *The Mathematical Theory of Finite Element Methods*, 3rd edn. New York: Springer.

Brezzi, F., and M. Fortin. 1991. *Mixed and Hybrid Finite Element Methods*. New York: Springer.

Canuto, C., M. Hussaini, A. Quarteroni, and T. Zhang. 2006. *Spectral Methods: Fundamentals in Single Domains*. Berlin: Springer.

Ciarlet, P. G. 2002. *The Finite Element Method for Elliptic Problems*. Philadelphia, PA: SIAM.

Di Pietro, D. A., and A. Ern. 2012. *Mathematical Aspects of Discontinuous Galerkin Methods*. Heidelberg: Springer.

Eymard R., T. Galluoët, and R. Herbin. 2000. Finite volume methods. In *Handbook of Numerical Analysis*, volume 7, pp. 713-1020. Amsterdam: North-Holland.

Gustafsson, B., H.-O. Kreiss, and J. Oliger. 1995. *Time Dependent Problems and Difference Methods*. New York: Wiley Interscience.

Hackbusch, W. 1985. *Multigrid Methods and Applications*. Berlin: Springer.

Johnson, C. 2009. *Numerical Solution of Partial Differential Equations by the Finite Element Method*, reprint of the 1987 edn. New York: Dover.

LeVeque, R. J. 2002. *Finite Volume methods for Hyperbolic Problems*. Cambridge: Cambridge University Press.

Richtmyer, R. D., and K. W. Morton. 1994. *Difference Methods for Initial-Value Problems*, reprint of the 2nd edn. Malabar, FL: Robert E. Krieger.

Schwab, Ch. 1998. *p- and hp-Finite Element Methods*. New York: Oxford University Press.

Trefethen, L. N. 2000. *Spectral Methods in MATLAB*. Philadelphia, PA: SIAM.

Verfürth, R. 2013. *A Posteriori Error Estimation Techniques for Finite Element Methods*. Oxford: Clarendon/Oxford University Press.

IV.14 확률 해석학의 응용

번트 외크센달, 아그네스 술렘
Bernt Øksendal and Agnès Sulem

1 서론

확률 해석학(stochastic analysis)은 수학 중에서 다소 최신 분야인데 **확률론**(stochastics)과 **해석학**(mathematical analysis)을 통합한 것이라고 특징지을 수 있다. 따라서 임의/확률함수의 미분 및 적분이 확률 해석학의 주요 소재다. 확률 해석학은 현재 금융학, 물리학, 공학, 생물학은 물론 수학 자체의 다른 분야들을 포함한 수많은 다양한 분야에서 응용되고 있다. 여기서는 몇 가지 응용만 언급할 수 있기 때문에 정보가 더 필요한 독자들에게는 이 글 끝에 있는 '더 읽을거리'를 권한다.

전통적으로 확률론과 해석학은 동떨어진 수학 분야였으며, 사실상 전혀 상관이 없었다. 1828년 로버트 브라운(Robert Brown)이 물에서 꽃가루가 보여주는 불규칙한 운동을 관찰하였는데 1923년 노버트 위너(Norbert Wiener)가 이를 수학적으로 엄밀하게 기술하였다. 브라운 운동이라 부르는 이 운동을 위너는 **위너 과정**이라 부르는 **확률과정**(stochastic process)을 써서 $W(t) = W(t, \omega)$ 또는 $B(t) = B_t = B_t(\omega) = B(t, \omega)$로 모형화했다. $B(t, \omega)$가 시간 t에서 꽃가루 입자의 위치를 나타낸다고 말하면 이해하는 데 도움이 될 것이다. 여기에서 ω는 설정된 모형이 무엇이냐에 따라 그 실험을 나타내는(예를 들어 꽃가루를 나타내는) '각본'(scenario) 변수이다.

위너는 $t \to B(t, \omega)$가 연속함수지만, 거의 모든 $\omega \in \Omega$에 대해, 즉 $B(\cdot)$의 확률 규칙 P에 대해 P-측도가 0인 집합을 제외한 모든 ω에 대해 미분가능하지 않음을 보였다. 그럼에도 불구하고 그는 훗날 위너 **적분**이라 불리게 될 식, 즉 다음의 식

$$I(f)(\omega) := \int_0^T f(t)\,\mathrm{d}B(t, \omega),\ T > 0\text{은 고정} \tag{1}$$

을 구간 $[0, T]$에서의 르베그 측도에 대해 결정론적인(deterministic) 모든 제곱 적분 가능한 함수 f에 대해 P에 관해 어떤 제곱 적분 가능한 원소로 정의할 수 있음을 증명했다. 이것이 확률론과 해석학을 최초로 결합한 구성(construction)으로, 이로 인해 확률 해석학이 탄생하였다.

이후 1942년 이토 기요시는 ($\mathcal{F}_t$에) **적응된**(adapted) 확률 피적분자 $\varphi(t, \omega)$를 포함하게끔 위너의 구성을 확장하였다. 여기서 적응됐다는 것은 각 t에 대해 $B(t, \omega)$의 '역사' 다시 말해 $s \leq t$일 때의 기존의 값 $B(s, \omega)$를 써서 $\varphi(t, \omega)$의 값을 표현할 수 있다는 뜻이다. 이 경우 적분을 어떤 의미에서는 다음과 같은 리만 합의 극한으로 표현할 수 있음을 이토가 증명했는데,

$$\int_0^T \varphi(t, \omega)\,\mathrm{d}B(t, \omega) = \lim_{N \to \infty} \sum_{i=1}^{N} \varphi(t_{i+1})(B_{t_{i+1}} - B_{t_i}) \tag{2}$$

($0 = t_0 < t_1 < \cdots < t_N = T$는 $[0, T]$의 분할이다.) 만일 φ가

$$\int_0^T \varphi^2(t, \omega)\,\mathrm{d}t < \infty \quad \text{a.s.}$$

를 만족하면 (a.s.는 P에 대해 확률적으로 '거의 확실하게'(almost surely), 즉 확률이 1임을 나타내는 약칭

이다), (2)의 극한은 약한 의미(weak sense)로 존재한다.

이토는 1950년대 일련의 논문을 통해 이런 적분 및 이들의 성질에 대한 연구를 진행했다. 이토는 르베그 측도에 대한 적분과 이토 적분들의 합으로 주어지는 과정들에 대해 오늘날 이토 공식이라 부르는 유용한 연쇄 법칙을 증명했다. 이런 과정들은 오늘날 **이토 과정**이라 알려져 있다. 더욱이 이토는 $b:[0,T]\times\mathbb{R}\to\mathbb{R}$와 $\sigma:[0,T]\times\mathbb{R}\to\mathbb{R}$가 어떤 조건들을 만족하는 주어진 함수일 때, 대응하는 다음 꼴의 **확률미분방정식**(stochastic differential equation, SDE)을 연구했다.

$$\left.\begin{aligned} dX(t) &= b(t, X(t))\,\mathrm{d}t + \sigma(t, X(t))\,\mathrm{d}B_t, \\ &\qquad 0 \le t \le T, \\ X(0) &= x \in \mathbb{R} \end{aligned}\right\} \quad (3)$$

또한 훗날 (이토) 확률미분방정식이라 부르게 되는 이런 방정식의 해 $X(\cdot)$의 존재성과 유일성을 증명했다. 식 (3)은 다음의 확률 적분방정식

$$X(t) = x + \int_0^t b(s, X(s))\,\mathrm{d}s + \int_0^t \sigma(s, X(s))\,\mathrm{d}B_s, \quad 0 \le t \le T \quad (4)$$

를 간략히 표기한 것에 불과함에 주목하라. 수년간 이토의 연구는 이론적으로는 흥미로운 구성이지만, 아무런 응용이 없는 것으로 여겨져 왔다. 하지만 1960년대와 1970년대 초반 헨리 맥킨(Henry McKean)이 $\beta > 0$ 및 상수 α에 대해 다음 꼴의 SDE

$$\left.\begin{aligned} \mathrm{d}X(t) &= \alpha X(t)\,\mathrm{d}t + \beta X(t)\,\mathrm{d}B(t), \\ &\qquad 0 \le t \le T, \\ X(0) &= x > 0 \end{aligned}\right\} \quad (5)$$

의 해 $X(t)$를 써서 금융 시장에서 주식 가격을 모형화할 것을 제안하고, 이토와 새뮤얼슨(Samuelson)의 확률 해석학을 유용하게 도입한 저서를 출간하면서 상황이 바뀌었다. 이것이 확률 해석학의 광범위한 응용의 시작이었다. 이 주제에서 뒤따랐던 놀라운 발달은 응용과 이론 사이의 유익한 상호작용의 결과라고 볼 수 있다. 응용에서의 문제와 개념과, 대응하는 수학 이론의 발달 사이의 이와 같은 강력한 양방향 소통은 확률 해석학만의 독특한 점이라 생각한다.

다음 절에서 우리는 이러한 상호작용의 예를 간단하게 몇 가지 살펴보겠다.

2 금융 수학에의 응용

확률 해석학을 금융에 응용한 것은 우리 사회에서 수학을 가장 짜릿하게 응용한 예 중 하나다. 확률 해석학이 들어오기 전 금융 분야는 몇몇 예외를 제외하면 거의 수학이 없는 영역이었다. 하지만 오늘날의 금융은 확률 해석학의 이론과 방법론으로부터 강력한 영향을 받는다. 이 거대하고 활발한 연구 주제에 대해서는 이 책의 **금융 수학**[V.9]이나 **포트폴리오 이론**[V.10]에 대한 글을 참고하기로 하고, 여기에서는 이 응용 분야를 간략하게만 소개하려고 한다.

돌파구가 열린 것은 1960년대 후반 및 1970년대 초반인데, 이때

- 얀 모신(Jan Mossin)이 이산 시간 금융 모형을 연구하고, 동적 프로그래밍을 써서 최종 재산의 기대 효용을 최대화하는 포트폴리오를 찾는 문제를 풀었다.

- 로버트 머튼(Robert Merton)이 새뮤얼슨의 (연속 시간) 금융시장 모형을 (위를 보라) 이용하고, 해밀턴-야코비-벨만 방정식을 이용하여 최적 포트폴리오 문제를 풀었다.
- 피셔 블랙(Fischer Black), 마이런 숄즈(Myron Scholes)가 유명한 블랙-숄즈 옵션 가격 공식을 개발했다.

이런 성취를 기려 머튼과 숄즈는 1997년(블랙은 1995년에 사망했다) 노벨 경제학상을 수상하였다.

가능한 투자의 종류가 두 가지인 간단한 금융시장 모형을 생각해 봄으로써, 금융에서 확률해석학이 왜 그렇게 자연스러운 도구인지 살펴보자.

(1) 단위 가격이 $S_0(t) = 1$로 고정된 무위험 투자.

(2) 단위 가격 $S_1(t)$가 새뮤얼슨 모형에서처럼

$$dS_1(t) = S_1(t)[\alpha dt + \beta dB(t)], \quad t \geq 0,$$
$$S_1(0) > 0$$

으로 주어지는 위험이 따르는 투자.

시간 t에서 무위험 투자와 위험 가능한 투자의 단위 수로 주어지는 **포트폴리오**를 $\varphi(t) = (\varphi_0(t)\ , \varphi_1(t))$라고 하면,

$$X^{\varphi}(t) := \varphi_0(t)S_0(t) + \varphi_1(t)S_1(t)$$

는 시간 t에서의 포트폴리오의 총재산이다. 주어진 시간 t에서 재산의 무한소 변화량 $dX^{\varphi}(t)$가 시장가격의 변동으로부터만 야기되는 경우, 즉

$$dX^{\varphi}(t) = \varphi_0(t)dS_0(t) + \varphi_1(t)dS_1(t)$$

인 경우 이 포트폴리오를 **자기금융**(self-financing) 포트폴리오라고 말한다.

지금부터는 모든 포트폴리오를 자기금융 포트폴리오라고 가정하자. $dS_0(t) = 0$이기 때문에 다음 적분 표현이 나온다.

$$\begin{aligned} X_x^{\varphi}(t) &= x + \int_0^t \varphi_1(s)dS_1(s) \\ &= x + \int_0^t \varphi_1(s)\alpha S_1(s)ds \\ &\qquad + \int_0^t \varphi_1(s)\beta S_1(s)dB_s \end{aligned} \tag{6}$$

여기에서 x는 초깃값이며 마지막 적분은 이토 적분이다.

$[0, T]$를 분할하는 구간 $[t_i, t_{i+1})$의 **왼쪽**에서 포트폴리오 $\varphi_1(t_i)$의 값을 선택한 리만 합의 극한으로 이토 적분을 해석한 (2) 때문에 이런 적분 표현이 자연스럽다. 경험적으로도 우리가 포트폴리오를 결정한 후에 가격 변화가 뒤따르기 때문이다. 이와 같이 수학적으로 설정해 두면, 모신과 머튼의 돌파구를 다음과 같이 더 정확히 형식화할 수 있다.

2.1 포트폴리오 최적화 문제(모신/머튼)

'효용'(utility) 함수, 즉 연속이고 증가하는 오목 함수 $U: [0, \infty) \to \mathbb{R}$가 주어질 때,

$$\sup_{\varphi \in \mathcal{A}} E[U(X^{\varphi}(T))] = E[U(X^{\varphi^*}(T))] \tag{7}$$

인 포트폴리오 $\varphi^* \in \mathcal{A}$를 ($\mathcal{A}$는 허용 가능한 포트폴리오의 모임이다) 찾아야 한다. 여기에서 $T > 0$은 주어진 종료 시간이며 $E[\cdot]$는 P에 대한 기댓값이다. 이를 확률 제어 문제의 하나로 여길 수 있다. 예를 들어 $U(x) = \ln x$나 어떤 상수 $\gamma \in (-\infty, 1)\backslash\{0\}$에 대

해 $U(x) = (1/\gamma)x^{\gamma}$처럼 효용 함수를 구체적으로 선택하면, 머튼이 그랬던 것처럼 (4절을 보라) 동적 프로그래밍을 써서 이 문제를 풀 수 있다.

2.2 옵션 가격 문제(블랙-숄즈)

시간 $t = 0$에서 특정한 미래 시각 T에서 $(S(T) - K)^+$, 즉 $\max\{S(T) - K, 0\}$을 지불하는 계약을 맺었다고 하자. 여기서 $K > 0$은 계약에서 명시돼 있는 상수다. 이런 계약을 **유럽식 콜 옵션**이라 부르며, K를 권리행사(exercise) 가격이라 부른다. 이런 계약은 권리 소유자가 시간 T에서 가격 K로 위험 가능 자산을 한 단위 살 수 있는 권리는 있지만 그럴 의무는 없는 계약을 맺는 것과 동등하다. 다음과 같이 논증하면 왜 동등한지 알 수 있다. 만일 시장 가격 $S(T)$가 K보다 큰 것으로 드러날 경우 두 번째 계약에 따르면 소유자는 가격 K로 한 단위를 살 수 있으므로 즉각 가격 $S(T)$로 되팔아 $S(T) - K$ 만큼의 차익을 얻는다. 하지만 $S(T) \le K$인 경우에는 이 계약은 쓸모가 없으며 이익은 0이다. 따라서 일반적으로 계약으로 인한 수익은 $(S(T) - K)^+$이므로 첫 번째 계약과 일치한다. 당신이라면 이런 계약에 대해 시간 $t = 0$에서 얼마만큼 지불할 용의가 있느냐는 것이 문제다. 만일 당신이 조심스러운 사람이라면, 이렇게 논증할 수 있을 것이다.

> 내가 이 계약에 대해 z만큼 지불한다면 최초의 재산은 $-z$에서 시작하는 것이다. 이런 최초 재산을 가지고, 어떤 (특히 자기금융) 포트폴리오 $\varphi \in \mathcal{A}$를 찾아서 대응하는 최종 재산 $X^{\varphi}_{-z}(T)$와 이 계약으로 인한 수익의 합이 거의 틀림없이 0 이상이 되게 할 수 있어야 한다.

이로부터 콜 옵션에 대한 구매자의 가격을 다음처럼 표현할 수 있다.

$$p_{\text{구매자}} := \sup\{z : X^{\varphi}_{-z}(T) + (S(T) - K)^+ \ge 0 \text{ a.s.인 } \varphi \in \mathcal{A}\text{가 존재한다.}\}$$

이런 옵션 가격 $p_{\text{구매자}}$를 찾는 문제는 (7)의 머튼 문제와는 종류가 다르다. **블랙-숄즈 옵션 가격 공식**이 말하는 것은 다음과 같다.

$$p_{\text{구매자}} = E_Q[(S(T) - K)^+] \tag{8}$$

여기에서 E_Q는 측도 Q에 대한 기댓값을 말하는데, 측도 Q는 P와 동등하면서 $S_1(t)$가 Q에 대해 **마팅게일**(martingale) 측도, 즉 모든 $0 \le s \le t \le T$에 대해

$$E_Q[S_1(t)|\mathcal{F}_s] = S_1(s)$$

를 만족하는 측도를 말한다.

이러한 측도를 **동등**(equivalent) **마팅게일 측도**라 부른다. 이 금융시장에서는 동등 마팅게일 측도는 단 하나뿐이며, 다음처럼 주어진다.

$$\mathcal{F}_T\text{에서}$$
$$\mathrm{d}Q(\omega) = \exp\left(-\frac{\alpha}{\beta}B(T) - \frac{1}{2}\left(\frac{\alpha}{\beta}\right)^2 T\right)\mathrm{d}P(\omega)$$

이를 (8)에 대입하고 브라운 운동의 확률적 성질들을 이용하면 콜 옵션 가격 $p_{\text{구매자}}$를 K, β, T를 써서 나타내는 구체적인 식을 얻는다. 이 식이 놀라운 점은 α를 포함하지 않는다는 것이며, 따라서 옵션 가격은 추세 계수(drift coefficient)에 의존하지 않는다는

중요한 결론에 이르게 된다.

2.1절과 2.2절의 경천동지할 결과들은 수많은 연구 활동을 자극했다. 다른 모형들이 도입되고 연구되었으며, 이와 동시에 다른 응용 분야들이 발견됐다(7절을 보라).

이제 꼭 금융과 연관돼 있지는 않은 몇 가지 응용을 제시하기로 하자.

3 역행 확률미분방정식

주어진 (자기금융) 포트폴리오 $\varphi(t) = (\varphi_0(t), \varphi_1(t))$에 대응하는 재산 $X_x^{\varphi}(t)$에 대한 방정식 (6)으로 돌아와서, 다음과 같은 질문을 제기할 수 있다. 시간 T까지의 $B(t, \omega)$의 역사 $\mathcal{F}_T$에만 의존하는 것으로 가정하는 주어진 확률변수 $F(\omega)$에 대해, 거의 확실하게 $X_x^{\varphi}(T) = F$가 성립하는 포트폴리오 φ가 존재할까?

식 (6)을

$$Z(t) := \varphi_1(t)S(t)$$

로 대체하면, 이 질문은 다음처럼 쓸 수 있다는 것을 알 수 있다. 주어진 F에 대해

$$\begin{aligned} dX(t) &= \frac{\alpha}{\beta}Z(t)\,dt + Z(t)\,dB(t), \quad 0 \le t \le T, \\ X(T) &= F \text{ a.s.} \end{aligned}$$

인 $X(t)$와 $Z(t)$를 찾아라. 이를 미지의 (적응된) 과정 X, Z에 대한 **역행 확률미분방정식**(BSDE, backward SDE)이라 부른다. (3)과 비교하면 X의 초깃값이 아니라 최종값 F가 주어져 있다. 더 일반적으로, 주어진 함수 $g(t, y, z, \omega)$: $[0, T] \times \mathbb{R} \times \mathbb{R} \times \Omega \to \mathbb{R}$ 및 위와 같은 확률변수 F에 대해 (적응된) 미지의 과정 $Y(t)$, $Z(t)$에 대한 대응하는 BSDE는 다음 꼴을 가진다.

$$\begin{aligned} dY(t) &= -\,g(t, Y(t), Z(t), \omega)\,dt + Z(t)\,dBt, \\ &\qquad\qquad\qquad\qquad 0 \le t \le T, \\ Y(t) &= F \text{ a.s.} \end{aligned}$$

이러한 과정 g를 흔히 **드라이버**(driver)라 부르기도 한다.

BSDE를 연구한 원래 동기는 확률 제어 이론에서 나왔지만(4절을 보라), 그 이후 1990년 파두(Pardoux)와 펭(Peng)이 개발한 비선형 포물형 편미분방정식의 해의 확률론적 표현과 같은 다른 발전이 많았다. 1990년대 더피(Duffie)와 엡스타인(Epstein)은 BSDE를 써서 소비 과정의 **반복 효용**(recursive utility)이라는 개념을 소개했으며, 대략 10-15년 전에는 금융 재무 상태(financial position)의 위험성에 대한 모형으로 **볼록 위험 측도**(convex risk measure)를 정의하는 데 BSDE를 이용했다.

4 최적 확률 제어

2절에 제시했던 포트폴리오 최적화 문제는 다음 형태의 일반적인 **최적 확률 제어** 문제의 특별한 경우로 간주할 수 있다. 예를 들어 시간 t에서 계의 상태 $X(t) = X_{s,x}(t)$가 $X(s) = x$($x \in \mathbb{R}$이며 $0 \le s \le T$는 주어져 있다)일 때 $s \le t \le T$에 대해

$$\begin{aligned} dX(t) &= b(t, X(t), u(t), \omega)\,dt \\ &\quad + \sigma(t, X(t), u(t), \omega)\,dB_t \end{aligned} \tag{9}$$

꼴로 서술된다고 하자. 여기에서 b: $[0, T] \times \mathbb{R} \times \mathbb{V} \times \Omega \to \mathbb{R}$와 σ: $[0, T] \times \mathbb{R} \times \mathbb{V} \times \Omega \to \mathbb{R}$는 주어

진 함수로, $b(\cdot, x, v, \cdot)$와 $\sigma(\cdot, x, v, \cdot)$는 주어진 제어값 $x \in \mathbb{R}$와 $v \in \mathbb{V}$에 대해 적응된 과정들이어야 한다. 과정 $u(t) = u(t, \omega)$가 바로 우리의 제어 과정이다. 이 식이 허용 가능하려면, u가 적응된 것이어야 하며 모든 $t \in [0, T]$와 거의 모든 $\omega \in \Omega$에 대해 $u(t, \omega) \in \mathbb{V}$임이 요구된다. 허용 가능한 제어 과정의 집합을 $\mathcal{A}$라 나타낸다. 각각의 선택 $u \in \mathcal{A}$, $(s, x) \in [0, T] \times \mathbb{R}$에 대해 다음처럼 주어지는 **수행**(performance) 함수 $J_u(s, x)$를 결부시키자.

$$J_u(s, x) = E\left[\int_0^T f(t, X_{s,x}(t), u(t), \omega)\,\mathrm{d}t + g(X_{s,x}(t), \omega)\right] \tag{10}$$

여기에서 $f: [0, T] \times \mathbb{R} \times \mathbb{V} \times \Omega \to \mathbb{R}$와 $g: \mathbb{R} \times \Omega \to \mathbb{R}$는 주어진 함수들이다. 종종 f를 **이익률**(profitrate)이라 부르며, g를 **유증**(bequest) 혹은 **인양**(salvage) 함수라 부른다. 각 x와 v에 대해 함수 $f(\cdot, x, v, \cdot)$는 적응되어 있으며, $g(x, \cdot)$는 바탕이 되는 브라운 운동 $B(t, \omega)$, $s \le t \le T$의 역사 $\mathcal{F}_T$에만 의존한다고 가정한다.

다음과 같은 제어 과정 $u^* \in \mathcal{A}$ 및 함수 $\Phi(s, x)$를 찾는 것이 문제다.

$$\Phi(s, x) = \sup_{u \in \mathcal{A}} J_u(s, x) = J_{u^*}(s, x), \quad (s, x) \in [0, T] \times \mathbb{R} \tag{11}$$

이런 과정 u^*을 (존재할 경우) **최적 제어 과정**이라 부르고, Φ는 **가치 함수**라 부른다.

예를 들어 (6)에서 포트폴리오의 시간 t에서의 총재산 $X(t)$에서 위험 가능한 자산이 차지하는 비율을 $\pi(t)$로 나타내면,

$$\pi(t) = \frac{\phi_1(t) S_1(t)}{X(t)}$$

이며 (6)은

$$\left.\begin{aligned} &\mathrm{d}X(t) = \pi(t)X(t)[\alpha \mathrm{d}t + \beta \mathrm{d}B(t)], \quad 0 \le t \le T, \\ &X(0) = x > 0 \end{aligned}\right\} \tag{12}$$

처럼 쓸 수 있다. (9)-(11)과 (12) 및 (7)을 비교하면, 최적 포트폴리오 문제가 최적 확률 제어 문제의 예라는 주장을 확인할 수 있다.

확률 제어 문제를 푸는 주요 해법이 두 가지 있다. 동적 프로그래밍 원리와 최대 원리다.

4.1 동적 프로그래밍 원리

1950년대 벨만(R. Bellman)이 도입한 **동적 프로그래밍 원리**(dynamic programming principle)는 **마르코프 형**(Markovian) 문제들에만 적용된다. 마르코프 형 문제란 고정된 s, x, v값에 대해 계수 $b(s, x, v)$, $\sigma(s, x, v)$, $f(s, x, v)$, $g(x)$가 ω에는 의존하지 않는 문제를 말한다. 더욱이 제어 과정 $u(t)$도 마르코프 형이어야 하는데, 이는 결정론적인 함수 $u_0: [0, T] \times \mathbb{R} \to \mathbb{V}$에 대해 $u(t) = u_0(t, X(t))$라는 뜻이다. (이런 제어 과정을 되먹임(feedback) 제어 과정이라 부른다.) 이런 경우 동적 프로그래밍 원리는 **해밀턴-야코비-벨만 방정식**에 이르게 되는데, (몇 가지 가정 하에) 다음처럼 서술할 수 있다.

φ가 매끄러운 함수이고

$$f(s, x, v) + A^v \varphi(s, x) \le 0, \quad 0 \le s \le T, \quad x \in \mathbb{R}, \quad v \in \mathbb{V}$$

및

$$\varphi(T, x) = g(x)$$

를 만족한다고 하자. 그러면

$$\varphi(s, x) \geq \Phi(s, x), \quad (s, x) \in [0, T] \times \mathbb{R}$$

이다. 더욱이 모든 $(s, x) \in [0, T] \times \mathbb{R}$에 대해 다음을 만족하는 $u_0(s, x) \in \mathbb{V}$가 존재한다고 가정하자.

$$f(s, x, u_0(s, x)) + A^{u_0(s,x)}\varphi(s, x) = 0 \quad (13)$$

그러면

$$\varphi(s, x) \geq \Phi(s, x), \quad (s, x) \in [0, T] \times \mathbb{R}$$

이고

$$u^*(t) := u^0(t, X(t))$$

가 (마르코프 형) 최적 제어가 된다.

여기서 A^v은 상수 제어 $u(t) := v \in \mathbb{V}$를 이용하여 얻는 마르코프 과정 $X^v_{s,x}(t)$의 생성자(generator)를 나타낸다. 이는 다음처럼 주어지는 포물형 2계 편미분 연산자다.

$$A^v\varphi(s, x) := \frac{\partial\varphi}{\partial s}(s, x) + b(s, x, v)\frac{\partial\varphi}{\partial x}(s, x) + \tfrac{1}{2}\sigma^2(s, x, v)\frac{\partial^2\varphi}{\partial x^2}(s, x)$$

예를 들어 문제 (7)에 (12)를 적용하면

$$A^v\varphi(s, x) := \frac{\partial\varphi}{\partial s}(s, x) + \alpha vx\frac{\partial\varphi}{\partial x}(s, x) + \tfrac{1}{2}\beta^2v^2x^2\frac{\partial^2\varphi}{\partial x^2}(s, x)$$

를 얻는데, 이는

$$\varphi'(s, x) = \frac{\partial\varphi}{\partial x}(s, x), \quad \varphi''(s, x) = \frac{\partial^2\varphi}{\partial x^2}(s, x)$$

라 할 때

$$v = v^* = -\frac{\alpha\varphi'(s, x)}{\beta^2x\varphi''(s, x)}$$

일 때 최대다. (13)에 대입하면

$$\frac{\partial\varphi}{\partial s}(s, x) = \frac{\alpha^2(\varphi')^2(s, x)}{2\beta^2\varphi''(s, x)} = 0$$

을 얻는다. 특히 어떤 매개변수 $\gamma \in (-\infty, 1)\setminus\{0\}$에 대해

$$U(x) = g(x) = \frac{1}{\gamma}x^\gamma, \quad x > 0$$

이면,

$$h'(s) - \frac{\alpha^2\gamma}{2\beta^2(\gamma-1)}h(s) = 0, \ 0 \leq s \leq T$$
$$h(T) = 1/\gamma$$

일 때

$$\varphi(s, x) = h(s)x^\gamma$$

에 대해서 위의 방정식이 성립한다. 이로부터 최적 제어 (포트폴리오)

$$u^*(t) = \pi^*(t) = -\frac{\alpha h(t)\gamma x^{\gamma-1}}{\beta^2x\gamma(\gamma-1)h(t)x^{\gamma-2}} = \frac{\alpha}{\beta^2(1-\gamma)}$$

가 나오는데, 이것이 모신과 머튼의 고전적 결과 중 하나다.

4.2 최대 원리

최대 원리는 1950년대 결정론적인 제어 문제에 대한 방법을 개발했던 폰트랴긴(L. Pontryagin)과 그 학파로 거슬러 올라간다. 비스무트(J.-M. Bismut)가 이를 확률론적 제어에 적용하였고, 이후 벤수잔(A.

Bensoussan), 파두, 펭 등이 1970년대, 1980년대, 1990년대에 걸쳐 더 확장하였다. 최대 원리란 기본적으로 확률론적 제어 문제 (11)을 다음과 같이 접근하는 방법이다.

먼저 관련된 해밀턴 작용소 $H: \mathbb{R}^5 \to \mathbb{R}$를

$$J(t, x, u, p, q) = f(t, x, u) + b(t, x, u)p + \sigma(t, x, u)q \tag{14}$$

로 정의한다. 여기에서 p, q는 수반(adjoint) 변수로, 라그랑주 승수와 연관돼 있다.

그런 다음 이 해밀턴 작용소와 주어진 $u \in \mathcal{A}$에 대해, 다음 BSDE를 생각한다.

$$\left.\begin{aligned} \mathrm{d}p(t) &= -\frac{\partial H}{\partial x}(t, X(t), u(t), p(t), q(t))\,\mathrm{d}t \\ &\qquad + q(t)\,\mathrm{d}B_t, \\ &\qquad 0 \le t \le T, \\ p(T) &= g'(X(T)) \end{aligned}\right\} \tag{15}$$

이는 $X(t) = X^{(u)}(t)$가 제어 u에 대응하는 (9)의 해일 때, 미지의 수반 과정 $p(t) = p^{(u)}(t), q(t) = q^{(u)}(t)$에 대한 방정식이다.

(10)에서 $J_u(s, x)$를 최대화하는 것과 해밀턴 작용소의 최대화를 관련짓는 것이 최대 원리다. 예를 들어 오목성 가정이 조금 있으면 다음 결과를 얻는다.

충분한 최대 원리(오목성을 가정한다). $\hat{u} \in \mathcal{A}$라 하고, 순행-역행 SDE계 (9), (15)에 연관된 해를 $\hat{X}(t) = X^{(\hat{u})}(t)$, $\hat{p}(t) = p^{(\hat{u})}(t)$, $\hat{q}(t) = q^{(\hat{u})}(t)$라 하자. 각 t에 대해

$$u \to H(t, \hat{X}(t), u, \hat{p}(t), \hat{q}(t))$$

가 $u = \hat{u}(t)$에서 최대라는 의미에서 해밀턴 작용소를 최대화한다고 하자. 그러면 $\hat{u}(\cdot)$는 문제 (11)에 대한 최적 제어다.

이 결과가 어떻게 성립하는지 설명하기 위해, 이번에도 문제 (12), (7)에 적용해 보자. 이 경우 $u = \pi$이므로 해밀턴 작용소는

$$H(t, x, \pi, p, q) = \pi x \alpha p + \pi x \beta q \tag{16}$$

이고

$$\left.\begin{aligned} \mathrm{d}\hat{p}(t) &= -(\hat{\pi}(t)\alpha\hat{p}(t) + \hat{\pi}(t)\beta\hat{q}(t))\,\mathrm{d}t + \hat{q}(t)\,\mathrm{d}B(t) \\ \hat{p}(t) &= U'(\hat{X}(T)) \end{aligned}\right\} \tag{17}$$

이다. H가 π에 대해 선형이므로,

$$\pi \to H(t, \hat{X}(t), \pi, \hat{p}(t), \hat{q}(t))$$

의 최댓값이 존재할 가능성은 오직

$$\alpha\hat{p}(t) + \beta\hat{q}(t) = 0$$

일 때, 즉

$$\hat{q}(t) = -\frac{\alpha}{\beta}\hat{p}(t) \tag{18}$$

일 때뿐이다.

이를 (17)에 대입하면

$$\mathrm{d}\hat{p}(t) = -\frac{\alpha}{\beta}\hat{p}(t)\,\mathrm{d}B(t)$$

를 얻는데 이는 다음 해를 갖는다.

$$\hat{p}(t) = \hat{p}(0)\exp\left(-\frac{\alpha}{\beta}B(t) - \frac{1}{2}\left(\frac{\alpha}{\beta}\right)^2 t\right) \tag{19}$$

이제 위에서와 마찬가지로 다음을 가정하자.

$$U(x) = \frac{1}{\gamma}x^{\gamma} \tag{20}$$

그러면 요구조건

$$\hat{p}(T) = U'(\hat{X}(T)) \tag{21}$$

로부터 다음 방정식이 나온다.

$$\begin{aligned}&\hat{p}(0)\exp\left(-\frac{\alpha}{\beta}B(T)-\frac{1}{2}\left(\frac{\alpha}{\beta}\right)^2 T\right)\\&=x^{\gamma-1}\exp\left((\gamma-1)\int_0^T \hat{\pi}(t)\beta \mathrm{d}B(t)\right.\\&\qquad\left.+(\gamma-1)\int_0^T(\hat{\pi}(t)\alpha-\tfrac{1}{2}\hat{\pi}^2(t)\beta^2)\,\mathrm{d}t\right)\end{aligned} \tag{22}$$

(22)로부터 다음

$$(\gamma-1)\hat{\pi}(t)\beta=-\frac{\alpha}{\beta}$$

꼴의 해, 즉

$$\hat{\pi}(t)=\frac{\alpha}{\beta^2(1-\gamma)} \tag{23}$$

를 시도해보는 것이 자연스럽다. (19)에 의해 $\hat{p}(t)$는 마팅게일이므로, (21)로부터 $\hat{p}(0) = E[U'(\hat{X}(T))]$를 얻을 수 있으므로 (22)에 대입하면, (23)에 있는 $\hat{\pi}$에 대해 (22)가 성립하는 것을 확인할 수 있다.

이로부터 4.1절에서 발견한 결과를 확인할 수 있다.

5 최적 정지

확률과정 $S(t)$의 최적 정지 문제를 설명하기 위해서는 먼저 **정지 시간**(stopping time)이라는 중요한 개념부터 설명해야 한다.

무작위 시간 $\tau: \Omega \to [0, \infty]$가 임의의 시간 t에 대해 시간 t에서 정지하느냐 마느냐의 결정이 $s \le t$일 때의 역사 $S(s)$에만 의존할 때, 이를 ($S(\cdot)$의 역사에 대한) **정지 시간**이라 부른다.

예를 들어 $S(t)$가 어떤 도시에서 도로를 따라 운행할 때의 시간 t에서의 위치라고 하면

$$\tau_1 := \text{처음으로 신호등을 만나는 때}$$

가 정지 시간이다. 왜냐하면 그 시간까지의 S의 역사를 기록하기만 하면 그 순간이 결정되기 때문이다. 한편 만일

$$\tau_2 := \text{마지막으로 신호등을 만나는 때}$$

라 정의하면, τ_2는 정지 시간이 아니다. 왜냐하면 주어진 신호등이 마지막 신호등인지 아닌지 결정하려면 미래를 알아야 하기 때문이다.

예를 들어 확률론적 가격 과정을 갖는 대상을 사거나 팔 최적의 시간, 새로운 사업을 개시할 최적의 시간, 공장을 닫을 최적의 시간 등등의 응용문제에서는 미래에 대한 지식을 가정할 수 없기 때문에 고려해야 할 중요한 무작위 시간이 정지 시간이다.

만일 시간 t에서의 상태 $Y(t) \in \mathbb{R}^k$을

$$\left.\begin{aligned}&\mathrm{d}Y(t)=b(Y(t))\,\mathrm{d}t+\sigma(Y(t))\,\mathrm{d}B(t), \quad t\ge 0\\&y(0)=y\in\mathbb{R}^k\end{aligned}\right\} \tag{24}$$

꼴의 SDE로 표현한다면, 관련된 **최적 정지 문제**(optimal stopping problem)라는 것은 ($Y(\cdot)$에 대하여) 다음을 만족한다는 의미에서 최적인 정지 시간, 즉 최적 정지 시간 τ^*을 찾는 문제를 말한다.

$$\begin{aligned}\Phi(y) &:= \sup_{\tau\in\mathcal{T}} E^y\left[\int_0^T f(Y(t))\,\mathrm{d}t+g(Y(\tau))\right]\\&=E^y\left[\int_0^{\tau^*} f(Y(t))\,\mathrm{d}t+g(Y(\tau^*))\right]\end{aligned} \tag{25}$$

여기에서 $\mathcal{T}$는 $Y(\cdot)$의 정지 시간 전체의 집합이며,

만일 $\tau = \infty$이면 $g(Y(\tau))$를 0이라고 해석한다. 또한 f와 g는 주어진 함수이며, E^y은 $Y(0) = y$라 가정할 때의 기댓값을 나타낸다. 함수 Φ는 최적 정지 문제에 대한 **가치 함수**(value function)라 부른다.

확률론적 제어 문제에서 최적 정지 시간 τ^*을 찾기 위해서는 가치 함수 Φ를 동시에 구하려고 노력하는 것이 도움이 되는 경우가 종종 있다. 사실 몇 가지 기술적인 가정을 하면 다음을 증명할 수 있다.

최적 정지 정리. A가 $Y(\cdot)$의 생성자라고 하자 (4절을 보라).

(a) 그러면

(i) 모든 y에 대해 $A\Phi(y) + f(y) \le 0$이고,

(ii) 모든 y에 대해 $\Phi(y) \ge g(y)$이다.

더욱이 모든 점 y에서 이 두 부등식 중 적어도 하나는 등식이다. 따라서 (i)과 (ii)를

$$\text{모든 } y\text{에 대해 } \max\{A\Phi(y) + f(y),\ g(y) - \Phi(y)\} = 0 \tag{26}$$

으로 묶어 쓸 수 있다.

(b) D를 $D = \{y;\ g(y) < \Phi(y)\}$로 정의되는 '연속(continuation)' 영역이라 하자. 그러면 $Y(t)$가 D를 벗어나는 첫 번째 시간에 멈추는 것이 최적이다. 즉,

$$\tau^* = \inf\{t > 0;\ Y(t) \notin D\} \tag{27}$$

이다.

(c) 더욱이 Φ와 g는 ∂D에서 매끄럽게 만난다. 즉,

$$\text{모든 } y \in \partial D\text{에 대해 } \nabla\Phi(y) = \nabla g(y) \tag{28}$$

이다. (이를 '고차 접촉(high contact)' 원리 혹은 '매끄럽게 맞춤하는 원리(smooth fit principle)'라 부른다.)

이 정리는 (확률론적인) 최적 정지 문제들과, 비확률론적인 고전적 해석학 문제인 **변분 부등식**(variational inequality) 문제와 **자유 경계**(free boundary) 문제 사이에 밀접한 관련이 있음을 보여 준다.

변분 부등식(variational inequality) 문제에 관련하여 방정식 (26)이 고전적인 **변분 부등식**의 예다. 작용소 A와 함수 f, g가 주어져 있고, (26)이 성립하는 Φ를 찾는 것이 문제다. 이 문제와 관련된 고전적인 예로 댐의 다공성 모래벽에서 젖은 영역을 찾는 문제가 있다.

자유 경계 문제는 다음과 같은 형태의 문제다. 주어진 작용소 A와 함수 f, g에 대해 다음을 만족하는 함수 Φ 및 영역 D를 찾는 것이다.

(i) 모든 $y \in D$에 대해 $A\Phi(y) + f(y) = 0$이고,

(ii) 모든 $y \in \partial D$에 대해 $\Phi(y) = g(y)$이며,

(iii) 모든 $y \in \partial D$에 대해 $\nabla\Phi(y) = \nabla g(y)$이다.

여기에서 ∇는 기울기 작용소를 나타낸다. 이런 형태의 문제는 녹고 있는 얼음덩이의 경계를 찾는 문제를 포함한다.

최적 정지 문제와 자유 경계 문제 사이의 연관 관계는 고차 접촉 원리 (28)이 제공해 준다.

또한 최적 정지 문제가 **반사된**(reflected) BSDE와도 관련돼 있음을 증명할 수 있다. 반사된 BSDE에서는 **아래쪽 장벽 과정**(lower barrier process) $L(t)$뿐만

아니라 3절에서처럼 드라이버 g가 주어져 있으며, 다음이 성립하는 과정 $Y(t), Z(t)$ 및 $K(0) = 0$을 만족하는 비감소 과정 $K(t)$를 (모두 적응된 과정들이다) 찾고 싶어 한다.

- $\mathrm{d}Y(t) = -g(Y(t), Z(t), \omega)\mathrm{d}t + Z(t)\mathrm{d}B(t) - \mathrm{d}K(t)$,
- 모든 t에 대해 $Y(t) \geq L(t)$

6 필터링 이론

호수에 사는 물고기의 개체수처럼 어떤 개체수의 크기를 확률론적 로지스틱 미분방정식을 통해 다음 꼴로 모형화한다고 하자.

$$\mathrm{d}X(t) = X(t)[K - X(t)](\alpha\mathrm{d}t + \beta\mathrm{d}B(t)), \quad t \geq 0 \tag{29}$$

여기에서 $\alpha, \beta, K > 0$은 상수들이다. K를 호수의 수용 용량(carrying capacity)이라 부르는데, 이 호수가 보유할 수 있는 최대 개체수 규모를 나타낸다. 경험적으로 무작위 변동(**백색 잡음**(white noise)이라 부르는 양 $\mathrm{d}B(t)/\mathrm{d}t$)을 조건으로 할 때, 호수의 영양학적 질을 나타내는 '잡음' 인자 $\alpha + \beta(\mathrm{d}B(t)/\mathrm{d}t)$는 **확률론적 분포**(stochastic distribution)의 하나로 엄밀하게 정의할 수 있다. 그런 좋은 모형을 선택하는 이론적인 이유가 충분하더라도 상수 α, β, K와 $X(t)$ 자체를 어떻게 추정하냐는 문제가 남는다. 문제를 단순히 만들기 위해 상수 α, β, K는 알려져 있다고 가정하자. $X(t)$를 어떻게 찾을까?

어떤 t_0에 대해서도 $X(t_0)$의 정확한 값을 알 수 없다는 것이 문제다. 이를 보정하기 위해서는 $X(t)$에 대한 (필연적으로 부정확한, 즉 '잡음이 섞인') 관측값 $Y(t)$를 사용하는 것이다. 따라서 어떤 알려진 상수 $\gamma > 0$과, $B(\cdot)$와는 무관한 것으로 간주할 수 있는 또 다른 브라운 운동 $B_1(\cdot)$에 대해

$$Y(t) = X(t) + \gamma\frac{\mathrm{d}B_1(t)}{\mathrm{d}t}$$

즉,

$$\mathrm{d}Y(t) = X(t)\,\mathrm{d}t + \gamma\mathrm{d}B_1(t), \quad t \geq t_0$$

이라 쓸 수 있다.

필터링 문제(filtering problem)는 다음과 같다. $s \leq t$일 때 관측값 $Y(s)$에 **근거하여** 얻은 $X(t)$의 추정값 중 **가장 좋은** $\hat{X}(t)$는 무엇일까?

추정값 $\tilde{X}(t)$를 $Y(s)$에 **근거하여** 얻었다는 것은, $\tilde{X}(t)$를 $s \leq t$일 때의 $Y(s)$값만으로 나타낼 수 있어야 한다는 뜻이다. 다른 말로 하면, $\tilde{X}(\cdot)$는 $t \geq 0$인 $Y(t)$가 생성하는 역사(필터) $\{\mathcal{F}_t^Y\}_{t \geq 0}$에 **적응돼** 있어야 한다. $\hat{X}(t)$가 Y에 근거한 **가장 좋은** 추정이라는 얘기는 **평균 제곱 오차가 최소**(minimal mean square error)라는 의미에서 가장 좋다는 뜻이다. 즉, Y에 근거한 추정값들의 집합 $\mathcal{Y}$에 대해

$$E[(X(t) - \hat{X}(t))^2] = \inf_{\tilde{X} \in \mathcal{Y}} E[(X(t) - \tilde{X}(t))^2] \tag{30}$$

이어야 한다. 문제 (3)의 해는 다음처럼 표현할 수 있다.

$$\hat{X}(t) = E[X(t)|\mathcal{F}_t^Y] \tag{31}$$

여기에서 오른쪽 변은 $\mathcal{F}_t^Y$에 대한 $X(t)$의 **조건부 기댓값**(conditional expectation)을 나타낸다. 따라서 필

터링 문제는 $X(t)$의 조건부 기댓값을 구하는 문제가 된다.

일반적으로 필터링 문제는 까다로우며, 구체적인 해는 특별한 경우에만 알려져 있다. 풀 수 있는 것 중 가장 유명한 경우는 **선형**(linear)인 경우인데, 이 때에는 다음 꼴이다.

$$\mathrm{d}X(t) = F(t)X(t)\,\mathrm{d}t + C(t)\,\mathrm{d}B(t), \text{(신호 과정)}$$
$$\mathrm{d}Y(t) = G(t)X(t)\,\mathrm{d}t + D(t)\,\mathrm{d}B_1(t), \text{(관측)}$$

여기에서 $F(t), C(t), G(t), D(t) > 0$은 알려진 유계 결정론적 함수이며, $D(t)$는 0으로부터 떨어져 유계여야 한다.

그럴 경우 **칼만(Kalman)-부시(Bucy) 필터링 정리**는 $\hat{X}(t)$에 대한 가장 좋은 추정값은 다음 미분방정식을 풀어서 얻는다는 명제이다.

$$\left.\begin{aligned} \mathrm{d}\hat{X}(t) &= \left(F(t) - \frac{G^2(t)S(t)}{D^2(t)}\right)\hat{X}(t)\,\mathrm{d}t \\ &\qquad + \frac{G(t)S(t)}{D^2(t)}\mathrm{d}Y(t), \\ \hat{X}(0) &= E[X(0)] \end{aligned}\right\} \tag{32}$$

여기에서 (최소 평균 제곱 오차) $S(t) := E[X(t) - \hat{X}(t)^2]$은 (결정론적) **리카티(Riccati) 방정식**

$$\left.\begin{aligned} \frac{\mathrm{d}S(t)}{\mathrm{d}t} &= 2F(t)S(t) - \frac{G^2(t)}{D^2(t)}S^2(t) + C^2(t), \\ &\qquad t \geq 0, \\ S(0) &= E[(X(0) - E[X(0)])^2] \end{aligned}\right\} \tag{33}$$

을 만족한다.

식 (32)에서 $X(0)$의 초기 분포를 주어진 평균값 $E[X(0)]$ 및 분산 $S(0)$을 갖는 가우스 분포라고 가정하면, $\hat{X}(t)$는 실제로 $s \leq t$일 때의 관측값 $Y(s)$만을 써서 표현할 수 있다는 점에 주목하라.

7 전망

이 짧은 글에서는 브라운 운동에 기반을 둔 고전적인 확률론적 미적분과, 이 이론들의 잘 알려진 (그리고 짜릿한) 응용 몇 가지만을 논의할 수 있었다. 하지만 최근 확률 해석학의 수학적 기초는 물론이고 이 주제의 추가 응용에 있어서 빠른 속도로 연구가 진행되어 왔음을 지적하고 싶다.

- 확률 적분론은 다른 피적분자 과정, 예를 들어 레비 과정, 푸아송 무작위 측도 및 더 일반적인 준-마팅게일까지 확장할 수 있다.
- 확률 미분방정식과 더 일반적인 **확률 적분** 또는 확률 **범함수**(functional) 미분방정식 및 그런 과정에 의해 유도되는 확률 **편미분방정식**까지도 연구되고 있다. 특히, **평균장**(mean-field) SDE는 금융에서 **시스템의 위험**(systemic risk)을 모형화하는 것과 관련하여 이용한다.
- 이런 계에 대한 확률 최적화 방법(확률 제어, 특이 제어, 충격 제어, 최적 정지)들은 관련된 일반화된 BSDE들에 대응하여 개발되고 있다.
- 응용에서 **모형 불확실성**을 나타내는 다양한 방법들이 소개되고 연구되고 있다. 이는 **비선형 기대 이론**과 **G-브라운 운동 이론**을 포함한다.
- **볼록 위험 측도**의 개념에 대한 공리적 접근법

이 개발되었다. 이와 같은 위험 측도는 BSDE로 나타내거나, 이의 쌍대적 접근법으로 P에 대해 절대 연속인 확률 측도의 족(family)을 써서 나타낼 수 있다.

- 수행 함수와 가용한 정보 사이의 관계가 연구되고 있다. 특히, 부분적인 (예를 들어 '지체된') 정보만 가지고 있을 때 컨트롤러의 최적 수행함수는 무엇일까? 이 주제 또한 필터링을 갖는 최적 제어와 결합할 수 있다.
- 반대 방향으로 선제적인(anticipative) 확률 미적분, 즉 비적응된 피적분자를 갖는 확률 미적분이 개발됐다. 최근에 개발된 확률 변분법(말리아빈 미적분(Malliavin calculus))과 히다(Hida) 백색 잡음 미적분과 결합하면, 금융시장에서 내부자의 행동을 조사하는데 효율적인 수학적 도구를 제공할 수 있다.
- 비대칭 정보를 갖는 사람들 사이의 확률 차등게임도 생물학, 공학, 투자 이론 및 금융 등을 포함한 여러 영역에서 명백한 응용을 가지고 있는 또 하나의 뜨거운 주제이다. 위에서 논의한 수학적 도구의 강력한 힘이 전면적으로 필요한 까다로운 연구 분야다.

더 읽을거리

Black, F., and M. Scholes. 1973. The pricing of options and corporate liabilities. *Journal of Political Economy* 81:637-754.

Crisan, D., and B. Rozovskii. 2011. *The Oxford Handbook of Nonlinear Filtering*. Oxford: Oxford University Press.

Dixit, A. K., and R. S. Pindyck. 1994. *Investment under Uncertainty*. Princeton, NJ: Princeton University Press.

El Karoui, N., S. Peng, and M.-C. Quenez. 1997. Backward stochastic differential equations in finance. *Mathematical Finance* 7:1-71

Kinderlehrer, D., and G. Stampacchia. 2000. *An Introduction to Variational Inequalities and Their Applications*. Philadelphia, PA: SIAM.

McKean, H. P. 1969. *Stochastic Integrals*. New York: Academic Press.

Merton, R. 1992. *Continuous-Time Finance*. Oxford: Blackwell.

Murray, J. D. 1993. *Mathematical Biology*, 2nd edn. Berlin: Springer.

Øksendal, B. 2013. *Stochastic Differential Equations*, 6th edn. Berlin: Springer.

Øksendal, B., and A. Sulem. 2007. *Applied Stochastic control of Jump Diffusions*, 2nd edn. Berlin: Springer.

Øksendal, B., and A. Sulem. 2014. Risk minimization in financial markets medeled by Itô-lévy processes. *Afrika Matematika*, DOI:10.1007/s13370-014-0248-9.

IV.15 역문제

파딜 산토사, 윌리엄 사임즈
Fadil Santosa and William W. Symes

1 역문제란 무엇인가?

측정값들로부터 그 계의 매개변수를 결정하는 것이 역문제(inverse problem)의 관심사다. 응용수학의 상당 부분이 모형화에 대한 것이며, 실세계에서 일어난 현상을 이해하는 것이다. 모형은 보통 물리법칙과 경험 법칙 두 가지 원리에 근거해서 세운다. 모형은 흔히 예측에 이용한다. 만일 모형의 매개변수를 모두 알면, 주어진 값에 모형이 어떻게 반응할지 예측할 수 있다. 역문제에서는 미리 정해진 값에 대한 모형의 반응을 측정하는 실험을 수행한다. 이렇게 측정한 데이터로부터 모형의 미지 변수를 결정하는 것이 목표다.

1.1 배경 및 역사

아마도 형식적으로 연구된 가장 오래된 역문제는 헤르글로츠(Herglotz, 1907)와 비헤르트(Wiechert, 1910)의 연구까지 거슬러 올라갈 수 있을 것이다. 이들은 지진 데이터의 측정값으로부터 지표면 아래의 성질을 결정하려 하였다. 이 문제는 지표면 근처에 묻힌 석유나 광물 매장층을 영상화하는 기술을 포함하고 있으며, 지구물리학적 역문제의 범주에 든다.

산란 실험으로부터 슈뢰딩거 방정식의 퍼텐셜을 찾는 문제가 물리학에서 고전적인 역문제에 포함된다. 물체에 대한 음향학적이거나 전자기적 반응을 측정하여 기하학적 모양을 파악하는 데 관심을 두는 기하학적 산란체(scattering body) 문제를 위시한 산란 문제도 같은 범주에 들어 있다. 군사학적 응용에서는 수중 음파 탐지기나 레이더[VII.17]에 대한 연구에 이러한 문제가 포함된다.

의료 영상은 역문제의 발달에 동력이 되어 왔다. 환자의 장기 구조를 시각화하고 특징짓는 능력은 진단에 있어 대단한 가치가 있다. 대단히 중요한 영상 양식인 **X-선 컴퓨터 단층촬영**[VII.9, VII.19]도 (X-선 CT 혹은 컴퓨터 단층촬영이라 줄여 말한다) 역문제의 예로 볼 수 있다. 생체 조직의 전도성 역시 의료 영상의 목표 중 하나인데, 다른 영상 양식을 보충해 주어 진단 능력을 제공할 수 있다.

2 언어 및 개념

역문제 연구를 형식화한 피에르 사바티에(Pierre Sabatier)는 역문제 분야에서 가장 영향력 있는 연구자 중 한 명이다. 이 주제에 관한 용어의 대부분을 그가 만들었는데, 아래에서 몇 가지 자세히 서술하려고 한다.

2.1 정방향 사상

역문제에서는 우리가 **모형**이라고 부르는 계 m의 성질을 결정하는 데 관심을 둔다. 이 모형은 데이터라고 부르는 관측값 d들과 관련돼 있다. 수학적으로 정확히 말하기 위해, 고려하는 가능한 모형 전체의 집합을 M이라 부르자. 보통은 이 집합에 물리학과 부합하는 수학적 성질을 결부할 수 있다. 데이터의 공간 D 또한 특징지을 필요가 있다. 모형과 이에 대응하는 측정값 사이의 수학적 관계를 **정방향 사상**

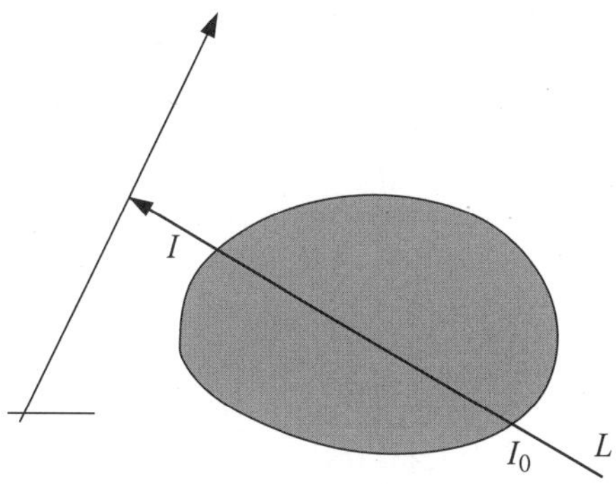

그림 1 일반적인 X-선 CT 설정의 개략도. 신체로 들어가는 X-선의 강도가 I_0이며, 나오는 X-선의 강도는 I다. 데이터 값은 직선 L에 대응하는 $\log(I/I_0)$이다. 정방향 사상은 이 직선 L을 따라 감쇠 계수 $\rho(x)$를 선적분한 것이다. $\rho(x)$를 복원(inversion)하는 것은 측정 방식에 의존하는데, 3.1절에서 설명하듯이 특히 2차원에서는 상당히 간단하다.

(forward map)이라 한다. 이를 $F(m)$이라 나타내기로 하자. 역문제에서는 데이터 d가 주어져 있으며 이것으로부터 가능한 한 최대로 미지의 모형 m을 찾고자 한다. 즉, 주어진 d에 대해 $F(m) \approx d$를 '풀고' 싶어 한다. 앞에서 기호 '≈'를 사용한 것은 어떤 측정에든 필연적으로 잡음(noise)이 섞이기 때문이다. 대부분의 역문제에서 데이터 d가 M에 속하는 모든 m에 대한 정방향 사상의 치역 안에 들어가는 일은 거의 없다.

위의 개념을 설명하기 위해, X-선 CT에 대한 역문제를 생각해 보자. 문제의 모형은 X-선 감쇠 계수(attenuation coefficient) $\rho(x)$가 기술하는데, 이는 위치 x에 대한 함수다. 이 모형에 대한 가능한 함수공간은 상계를 갖는 0 이상의 함수들의 집합, 즉 스캔하는 영역을 Ω라 할 때 $L^\infty(\Omega)$가 된다. 데이터는 입력 및 출력 X-선의 강도인데, 각각 I_0과 I로 나타내며 X-선의 궤적 L에 의해 매개화할 수 있는데(그림 1을 보라), 보통은 이들 비의 로그값 $\log(I(L)/I_0(L))$로 주어진다. 비어(Beer)의 법칙에 따르면 정방향 사상은

$$R(\rho; I_0, L) = -\int_L \rho \, \mathrm{d}\ell$$

이다. 즉 $R(\rho; I_0, L)$은 직선 L을 따라 $\rho(x)$를 선적분한 것이다. 컴퓨터 단층촬영에 대한 역문제는 데이터 $\log(I(L)/I_0(L))$로부터 $\rho(x)$를 결정하라는 것이다. 이렇게 찾은 $\rho(x)$는 영상의 모음으로 나타내어 진단에 도움을 준다.

2.2 복원 및 데이터의 피팅

방정식 $F(m) = d$의 해를 구체적으로 쓸 수 있는 때가 있다. 즉, 주어진 데이터 d를 써서 m을 구하는 공식이 있을 때다. 일례로 F가 선형작용소인 경우 역을 계산할 수 있다. 또 하나의 인기 있는 접근법은 역문제를 데이터의 피팅(fitting) 문제로 보는 것이다. 이 경우에는 어긋난 정도 $\|F(m) - d\|$를 최소화하는 모형 m을 찾는다. 어떤 노름(norm)을 선택하느냐가 중요한데, 사상 F와 데이터 d에 대해 추가로 가용한 정보가 무엇인지에도 좌우된다. 이 사상의 정칙도와 데이터에 삽입된 잡음의 통계적 성질이 가장 중요한 정보다.

2.3 선형 및 비선형 역문제들

선형 역문제에서는 정방향 사상이 다음 성질을 만족한다.

$$F(m_1 + m_2) = F(m_1) + F(m_2)$$

실질적인 용어로 선형성은 흔히 해당 문제를 풀기 쉽다는 것을 의미한다. m과 d가 모두 유한차원이면,

선형 정방향 사상은 행렬로 나타낼 수 있다. 이 경우 선형 역문제는 선형 연립방정식을 푸는 문제에 해당한다.

비선형 역문제일 때는 위의 관계가 성립하지 않는다. 비선형 역문제는 보통 분석하거나 풀기가 더 까다로우며, 풀기 위해서는 종종 반복적 기법을 채택해야 한다.

m_0이 알려져 있고 Δm이 작을 때 미지의 모형을

$$m = m_0 + \Delta m$$

으로 쓸 수 있다고 가정하여 비선형 역문제를 선형화할 수 있다. 작다는 개념은 수학적으로 정확하게 만들 수 있다. 그러면 문제에 관련된 정방향 사상 $F(\cdot)$가 미분가능할 경우, 2항짜리 테일러 급수를 써서

$$F(m) \approx F(m_0) + G\Delta m$$

으로 근사시킬 수 있다. 여기에서 G는 정방향 사상 $F(\cdot)$의 미분(야코비 행렬)을 나타내는 선형작용소다. 따라서 주어진 데이터 d에 대해 방정식

$$G\Delta m = d - F(m_0)$$

으로부터 Δm을 결정하는 방법을 찾는 문제가 선형화한 역문제다. 몇몇 상황에서는 일련의 선형화한 역문제들의 해를 차례로 찾아나가면서 비선형 역문제를 풀 수 있다. 이런 접근법을 최소 제곱법의 틀에 적용하면 가우스-뉴턴 방법이라고 볼 수도 있다.

2.4 불량성과 불량 조건

아다마르(Hadamard)는 어떤 수학적 문제가 데이터에 대해 연속적으로 의존하는 유일한 해를 가질 때 **우량하다**(well-posed)고 정의했다. 다른 말로 표현하면, 어떤 문제가 우량하다는 것은

(i) 문제에 대한 해가 존재하며

(ii) 그 해가 유일하며

(iii) 해가 데이터에 대해 연속적으로 의존할 때

를 말한다. 이 세 가지 속성을 가지지 않는 수학적 문제는 **불량하다**(ill-posed)고 말한다. 우량한 문제더라도 데이터의 섭동에는 불안정한 문제들이 있다. 즉, (iii)에서의 연속성이 약한 문제를 말한다. 그런 문제는 보통 악조건(ill-conditioned) 문제 혹은 불안정한 문제라 부른다. 관심 있어 하는 대부분의 역문제는 불량하거나 최소한 악조건인 것으로 드러난다.

역문제의 맥락에서 이 개념을 설명하면, (i)을 위반하는 것은 주어진 데이터 d와 정방향 사상 $F(\cdot)$에 대해 방정식 $F(m) = d$가 해를 가지지 않는다고 말하는 것과 같다. 조건 (ii)를 위반하는 것은 서로 다른 두 모형 m_1과 m_2에 대해

$$F(m_1) = F(m_2)$$

인 경우가 있다는 얘기와 같다. 마지막으로 조건 (iii)을 어기는 것은

$$\|F(m_1) - F(m_2)\|$$

는 유한하지만

$$\|m_1 - m_2\|$$

는 임의로 커지는 m_1과 m_2가 있다는 얘기와 같다. 이 개념은 수열의 극한 용어를 쓰면 가장 잘 이해할 수 있다.

사상 $F(\cdot)$가 어떤 행렬 G에 대해 $F(m) = Gm$ 꼴의 행렬 연산인 유한차원 선형 역문제인 경우 이런 개념들을 쉽게 설명할 수 있다. $Gm = d$인 m을 찾는 역문제를 생각해 보자. 해가 존재하지 않는다는 것은 G의 치역에 들어 있지 않은 데이터 d가 있다는 말과 동치다. 해가 유일하지 않다는 것은 G의 영공간, 즉 $Gx = 0$의 자명하지 않은 해의 집합이 있다는 말에 해당한다. 만일 G의 영공간의 원소, 즉 영화벡터(null vector) x가 존재하면, $m_1 - m_2 = ax$일 때 $Gm_1 - Gm_2 = 0$이므로 $a \to \infty$이라면 조건 (iii)을 위반하게 된다. 마지막으로 악조건 문제라는 뜻은 F의 역의 노름이 크다는 뜻인데, **특잇값분해**[II.32]에서 간략하게 서술할 수 있다.

역문제를 연구하는 것은 보통 수학적으로 불량함이나 악조건을 극복하는 것이다. 이런 문제들의 처참한 효과를 타파하기 위해 다양한 기법을 쓸 수 있는데, 이제부터 설명하기로 하자.

2.5 선험적인 정보 및 선호

역문제에서 미지값에 대해 사전 정보를 가지고 있는 경우가 종종 있는데, 이는 문제를 푸는 데 값진 정보가 될 수 있다. 앞서 모형이

$$m = m_0 + \Delta m$$

꼴일 때의 상황에서 이를 암시한 바 있다. 이런 상황에서는 m_0을 선험 정보로 간주할 수 있다. 또한 미지값의 특성을 몇 가지 알고 있는 상황도 있다. 이미징(imaging)이 그런 예인데, 영상을 모형으로 하는 경우다. 예를 들어 영상이 일부씩 똑같거나 듬성듬성하다는 걸 알고 있다고 해 보자. 그런 경우 해가 그런 성질을 가지도록 문제를 진술할 수 있다. 이런 선호도를 반영하기 위해 종종 다음에 서술할 기법들을 채택하곤 한다.

2.6 정규화

티호노프 정규화(Tikhonov regularization)란 불량하거나 악조건 문제를 푸는 한 가지 접근법인데, 보조항을 도입하여 문제를 우량하게 만들어주는 것과 관련돼 있다. 티호노프가 고려했던 고전적인 역문제는 선형 역문제였다. 여기에서 정방향 사상은 모형 매개변수에 Gm으로 작용하는 선형작용소다. 데이터 d가 주어져 있으며 m을 찾고자 한다. m이 만족하는 방정식을 부과하는 대신

$$\|Gm - d\|^2 + \lambda\|Bm\|^2 \qquad (1)$$

을 최소화하자는 것이다. 여기에서 사용한 노름은 L_2-노름이다. 식 (1)에서 두 번째 항은 보통 불이익(penalty) 항이라 부르고, 선형작용소 B는 정규화 작용소라 부른다. B에는 수학적인 가정을 부과할 수 있다. m을 작게 만들고 싶으면 $B = I$(항등원)이게 한다든지, m이 공간에 분포하는 매개변수를 나타낼 때 B에 미분가능성을 부과하여 m에 대한 공간 미분과 동등하게 한다든지 하는 예들을 포함한다.

티호노프 이론의 요점은 '일관성'이라는 개념이다. G가 가역이 아니라고 가정하면 이 개념의 수학적 중요성을 느낄 수 있다. m_0이 진짜 모형이어서 역문제에 대해 $d_0 = Gm_0$이 잡음이 없는 데이터라

고 하자. 주어진 실험에 대해 데이터의 잡음을 $e = d - d_0$을 써서 나타내자. 주어진 d에 대해 (1)을 최소화하는 값을 m이라 나타내자. G와 B에 대한 적절한 수학적 가정하에서, 데이터열 $d \to d_0$이 있으면, 최소화하는 $m \to m_0$이 있게 하는 일련의 λ값들이 있다는 것을 티호노프 이론이 말해 준다.

그런 이론의 실질적인 가치는 제한돼 있긴 하지만, 정규화를 이용하는 것은 악조건 역문제를 푸는 데 대단히 강력한 도구다. 이를 이용하는 데 주요한 난관은 불이익 변수 λ를 어떻게 선택하느냐는 것이다. λ를 설정하는 데 이용하는 중요한 방법 두 가지가 있다. L-곡선 방법과 교차-유효화(cross-validation) 방법이다. 전자는 직관적인 반면 후자는 데이터에서의 잡음에 대한 통계적 가정에 근거하고 있다.

정규화 작용소 B와 사용하는 노름을 다르게 선택하면 완전히 다른 답이 나올 수 있다는 것을 지적해야겠다. 예를 들어 B가 미분 작용소이고 L_1-노름을 사용하면, 잘 알려진 전변동(total variation) 정규화를 얻는다. $B = I$이고 이번에도 L_1-노름을 사용하면, **압축 감지**[VII.10]라 부르는 것을 얻는다.

2.7 통계적 접근법

베이즈 통계학은 역문제를 푸는 색다른 관점을 제공한다. 통계적 접근에서 역문제를 볼 때는 미지의 모형 m에 분포가 미리 주어져 있다고 보고, 데이터 d를 이용하여 이 분포를 갱신한다.

좀 더 정확히 말해, 모형 m과 관측값 d 대신 확률변수 M과 D로 모형과 데이터를 나타내는 것이다. 모형에 대해 사전 분포가 있다는 말은 확률분포 $\pi(m)$이 있다는 뜻이다. 예를 들어 m은 유한차원일 수 있으며 $\pi(m)$은 다변수 정규분포일 수 있다. 통계학적 틀 안에서 데이터 d가 관측되며, 우리가 알고 싶어 하는 것은 조건부 확률분포 $\pi(m \mid d)$이다. 이제 질문은 d를 관측했다고 할 때 m에 대한 사전 확률분포를 갱신하는 문제가 된다.

갱신할 때는 **베이즈의 법칙**[V.11 §1]을 이용한다. 이를 위해서는 결합 확률분포 $\pi(m, d)$에 대한 모형이 필요한데, 가정에 따라

$$\pi(m, d) = f(Gm - d)$$

처럼 간단할 수도 있다.

통계학적 방법의 계산은 비용이 꽤 들 수도 있다. 하지만 종종 신뢰구간 내에서 역문제에 대한 해답을 얻을 수 있기 때문에 이에 대한 보상이 클 수도 있다. 역문제에 베이즈 틀을 적용하는 방법은 '불확실성 정량화에 의한 역문제(inversion with uncertainty quantification)'라 칭하기도 한다. 계산에 드는 가격과는 별개로 모형에 대한 사전 확률분포 $\pi(m)$을 실질적으로 얻기가 매우 힘들기 때문에 이런 접근법을 공공연히 비판하는 이들도 있다. 그럼에도 불구하고 베이즈 접근법은 역문제를 푸는 주요한 도구가 되었다.

3 역문제의 예들

3.1 X-선 컴퓨터 단층촬영

X-선 CT 방법은 조사하려는 신체의 X-선 흡수 계수를 이용한다. 이미 2.1절에서 관련된 수학적 문제를 간략히 언급했지만, 여기서는 좀 더 자세히 설명

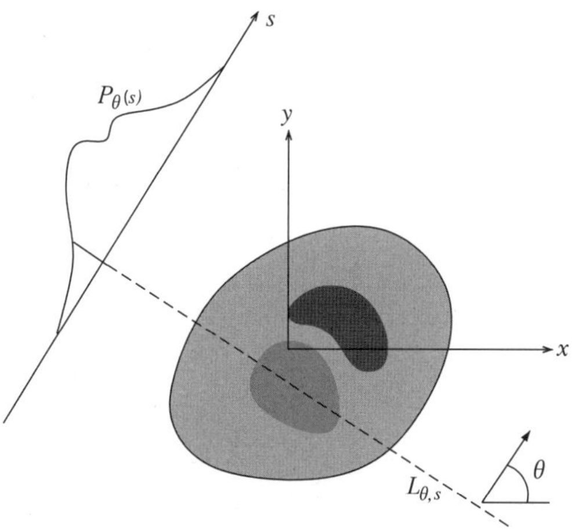

그림 2 2차원에서 X-선 CT의 개략도. 점선은 X-선의 경로를 나타낸다. 투영하여 얻는 값은 각도 θ를 써서 매개화한다. 그림에 나온 대로 X-선의 변위를 매개화하는 변수를 s라 할 때, 각도마다 얻을 수 있는 데이터는 s의 함수 $P_{\theta}(s)$다.

한다.

이 문제를 2차원에서 생각하자. 그림 2에서 X-선의 경로는 $L_{\theta,s}$라고 표기한 점선으로 나타내었다. 각도 θ가 X-선의 매개변수 중 하나이며, 거리 s가 또 하나의 변수이다. X-선의 경로 $L_{\theta,s}$는 다음 방정식으로 주어진다.

$$x\cos\theta + y\sin\theta - s = 0$$

$\rho(x, y)$를 감쇠량(attenuation)이라 하고, 경로를 따르는 길이 요소를 $d\ell$로 두면, CT 역문제의 정방향 사상은 다음과 같다.

$$R_{\theta}[\rho](s) = \int_{L_{\theta,s}} \rho(x, y)\,\mathrm{d}\ell$$

$0 \le \theta < 2\pi$와 $a \le s \le b$에 대해 데이터 $P_{\theta}(s)$가 주어져 있을 때,

$$R_{\theta}[\rho](s) = P_{\theta}(s)$$

를 풀어 $\rho(x, y)$를 구하는 것이 역문제다. 이때 $\rho(x, y)$의 받침(support)이 콤팩트하다고 가정해도 좋다. 현대의 CT는 코맥(Cormack)과 하운스필드(Hounsfield)의 연구에 힘입었다고 볼 수 있는데, 이 연구로 둘은 1979년 공동으로 노벨 생리의학상을 수상하였다. 하지만 CT를 실현시킨 수학은 1907년 투영으로부터 함수를 재구성할 수 있다는 것을 보였던 라돈(Radon)의 연구까지 거슬러 올라갈 수 있다. 라돈의 이론을 이용하면 주어진 $P_{\theta}(s)$에 대해 $\rho(x, y)$를 구하는 역변환 공식을 얻을 수 있는데, 비록 공식의 실질적 유용성은 제한돼 있지만 다음처럼 주어진다.

$$\rho(x,y) = \frac{1}{2\pi^2}\int_0^{\pi}\int_{-\infty}^{\infty}\frac{P_{\theta}'(s)}{x\cos\theta + y\sin\theta - s}\,\mathrm{d}s\mathrm{d}\theta$$

여기서 $P_{\theta}'(s)$는 $P_{\theta}(s)$를 s에 대해 미분한 것이다.

X-선 CT의 역문제를 푸는 데 이용할 수 있는 실용적 계산 방법이 몇 가지 있다. 그 중 몇 가지는 푸리에 변환에 근거한 것이며, 어떤 것들은 선형 연립방정식을 푸는 방법에 근거한 것들이다. 현대의 CT 스캐너는 빠른 속도로 데이터를 취득하며 X-선량을 적게 사용하도록 설계한다. 또한 각 기계의 계산 효율성과 정확성을 최적화하도록 알고리즘을 설계한다.

3.2 지진 주파 시간 단층촬영

주파 시간 단층촬영은 진원을 출발해 지구의 내부를 통과하여 지나온 파동 패킷이 지표면의 지점에 도달할 때까지 걸린 시간을 기록한 데이터로 구성된다. 그런 데이터를 주파 시간 데이터라 부르며 지진 데이터로부터 추출할 수 있다. 가장 간단한 모형에서 지구는 평평하며 2차원이다. 음속은 깊이에만 의존하며, 진원은 지표에 위치한다. 기하학적 광학

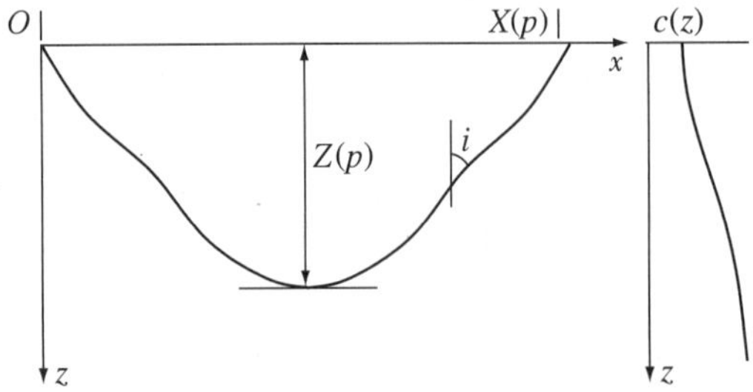

그림 3 주파 시간 역문제의 개략도. 파동원은 원점에 위치해 있다. 진원으로부터 나오는 파선과 궤적은 음속 프로파일 $c(z)$와 출발각에 의해 결정된다. 파선 변수를 p라 할 때 지표면에 되돌아오는 지점을 $x = X(p)$라 한다. $X(p)$로부터 $c(z)$를 찾는 것이 역문제다.

을 이용하여 진원에서 나오는 파선(ray)을 따라가며 지표면까지의 경로를 추적한다(그림 3을 보라). 이 파선은 진원에서 지표면과 이루는 각인 출발각으로 매개화할 수 있다.

미지의 음속 프로파일이 깊이 z의 함수 $c(z)$로 주어진다고 하자. 진원을 원점에 두기로 하면, 파선은 수직 방향과 각 i_0을 이루며 원점을 떠나 출발한다. 기하학적 광학에 따르면, 이 파선 위에서

$$p = \frac{\sin i}{c(z)}$$

는 상수다. 여기에서 i는 깊이 z에서 파선이 수직선으로부터 시계방향으로 이루는 각을 잰 것이다. 페르마의 원리가 이 파선의 궤적을 지배하며, 변수 p인 파선이 지표면에 도달하는 지점 $X(p)$는 다음처럼 주어진다.

$$X(p) = \int_0^{Z(p)} \frac{p\,\mathrm{d}z}{\sqrt{c(z)^{-2} - p^2}}$$

여기서 함수 $Z(p)$는 파선이 궤적 도중에 도달하는 최대 깊이인데, 그 지점에서의 파선의 각도 i가 $\pi/2$이므로

$$c(Z(p)) = 1/p$$

의 해다. 역문제에서는 어떤 범위 내의 값 p에 대한 데이터 $X(p)$가 주어지고, 가능한 최대 깊이까지 $c(z)$를 복구하는 것이 목표다.

이 문제는 헤르글로츠와 비헤르트가 생각했으며 해를 주는 공식을 내놓았다. 이는 주어진 속도로 언덕을 올라가는 입자가 되돌아오는 시간이 주어졌을 때 언덕의 모양을 찾고자 시도했던 유명한 아벨(Abel) 문제와 관련돼 있다. 보처(Bôcher, 1909)는 아벨의 문제를 연구하다가 언덕을 유일하게 재구성할 수 있는 수학적 조건에 도달했다. 보처의 기법을 지구물리학적 주파시간 문제에 적용할 수 있다. 이 문제에 대해 z를 c에 대한 함수로 주는 해가 있다.

$$z(c) = -\frac{1}{\pi}\int_{c_0^{-1}}^{c^{-1}} \frac{X(p)}{\sqrt{p^2 - c^{-2}}}\,\mathrm{d}p$$

이 공식은 $X(p)$의 미분이 연속함수이면 타당하다. 특히 $c(z)$에 '저속도 지대', 즉 증가하는 경향보다 아래로 떨어지는 구간이 있어 $X(p)$가 다가(multivalued) 함수가 되면, 유효하지 않은 공식이다.

3.3 근지표면의 지구물리학적 성질에 대한 역문제

지구물리학자들은 지하 수 킬로미터의 근지표면(near-surface)의 성질을 파악하기 위해, 지표면에서 실험을 수행한 뒤 데이터를 모아 지하의 성질을 추론하길 희망한다. 그런 실험 중의 하나가 지진 탐사인데 지구를 탐사하기 위해 탄성파를 이용한다. 탄성파가 지구 속으로 전파해 가면 지구 내부의 비균질성 때문에 파동은 산란이라 부르는 과정을 통해 굴절되고 반사된다. 지표면에서는 산란된 파동을

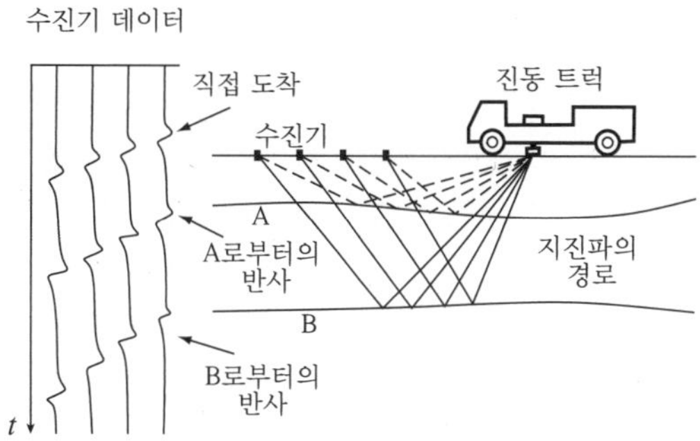

그림 4 지진 탐사에서의 데이터 수집. 진동 트럭은 지표면을 세게 '내리칠' 수 있으며, 지구 내부로 전파되는 파동을 일으킨다. 지구 내의 비균질성 때문에 반사된 이 파동들은 지표면으로 되돌아온다. 수진기들이 반사된 파동을 기록한다. 새로운 장소로 진앙과 수진기 위치를 이동한 후 이러한 '샷'을 반복한다.

수진기(受振器, geophone)를 이용하여 측정한다. 이렇게 산란된 데이터로부터 지구의 물성을 파악하는 것이 역문제다.

무거운 장비를 써서 지표면에 세게 부딪혀 국지적으로 진앙을 일으키는 것이 전형적인 측정 방법이다. 진앙으로 인한 지구의 반응 데이터를 여러 곳의 수진기로부터 일정 기간 동안 수집한다. 이렇게 측정한 것을 '샷(shot)'이라 부른다. 그런 다음 진앙을 다르게 하여 측정을 되풀이한다. 여러 번의 샷으로부터 얻은 수진기 데이터들이 전체 데이터를 이룬다(그림 4를 보라).

지구물리학자들은 이런 데이터들을 해석하는 수많은 근사적 방법을 개발했다. 근사를 써서 파동 현상을 잘 모형화할 수 있는 상황일 경우 성공적인 방법이었다. 요즘의 연구에서는 파동 현상에 대한 좀 더 정확한 모형화, 계산이 가능한 정도로 문제를 형식화하는 방법의 개발, 현대 컴퓨터의 능력을 최대한 이용하는 계산 방법의 개발에 초점을 맞춘다.

지구는 2차원이나 3차원 반공간을 차지하며, 공간 변수에 대한 부피 변형 계수(bulk modulus) $\kappa(x)$와 상수 밀도 ρ를 가지는 음향학적 유체(acoustic fluid)로 모형화하는 것이 가장 간단하고 유용한 근사법이다. 진지한 물리학을 무시했음에도 불구하고 현대 지진 영상 및 역문제 기술의 언저리에는 이 모형이 상당히 많이 이용된다.

다음의 예는 2차원의 예다. 음향학적 지구의 상태는 압력장 $u(x, t)$가 포착하고 있는데 $x = (x_1, x_2)$는 $x_2 > 0$인 공간 좌표이며, t는 시간이다. $u(x, t)$가 만족하는 음향학적 파동방정식은

$$\frac{\partial^2 u}{\partial t^2} = \frac{\kappa}{\rho}\Delta u + f^{(i)}(x, t)$$

이다. 여기서 $f^{(i)}(x, t)$는 시간에 따라 변하며 공간적으로 국지적인 에너지원인데, $t < 0$일 때는 $f^{(i)}(x, t) = 0$이다. 첨자 i는 에너지원의 위치를 가리킨다. 지표면을 나타내는 경계 $\{x : x_2 = 0\}$ 위에서는 디리클레(Dirichlet) 경계조건 $u = 0$을 가정한다. 물이나 암석 내의 압력보다 공기 중의 압력의 규모가 더 작기 때문에 이는 합리적인 근사다.

지진 실험은 여러 차례의 샷으로 이루어지기 때문에 '내리치는' 기계의 다양한 위치를 나타내는 여러 에너지원의 $f^{(i)}(x, t)$들로부터 얻는 다수의 압력장 $u^{(i)}(x, t)$들을 얻을 수 있다. 수진기에 기록되는 데이터는, 지표 근처의(지표 위에서는 $u = 0$이므로 안 된다) 다양한 수진기 위치 $\{x_j^{(i)} : j = 1, 2, \cdots, m\}$에서의 압력들이다. 샷을 나타내는 첨자 i에 따라 수진기의 위치가 달라질 수 있음에 주목하라. 샷을 이동함에 따라 에너지원 장비뿐만 아니라 관측 장비 전체가 이동할 수 있기 때문이다.

지진파 역문제는 2.2절에서 설명한 대로 데이터

적합화(data fitting) 최적화 문제의 하나로 볼 수도 있다. 2.2절에서의 용어를 빌리자면 부피 변형 계수 $\kappa(x)$가 모형 m이며, 각 샷과 수진기 위치마다 하나씩 주어지는 시간에 대한 함수들의 벡터들이 데이터 d다. 다음 파동방정식의 해를 통해 예견된 압력장의 표본들이 정방향 사상 F의 값이다.

$$F[\kappa] = \{u^{(i)}(x_j^{(i)}, t) \colon i = 1, \cdots, n, \quad j = 1, \cdots, m, \ \ 0 < t < T\}$$

데이터 $\{d_j^{(i)}(t) : i = 1, \cdots, n, j = 1, \cdots, m, 0 < t < T\}$로부터 최대한

$$F[\kappa] \simeq d$$

인 $\kappa(x)$를 결정하는 것이 역문제다. 이 문제를 형식화할 때 가장 흔히 이용하는 최적화는 평균 제곱 잔차(mean-square residual)

$$\|F[\kappa] - d\|^2 = \sum_{i=1}^{n} \sum_{j=1}^{m} \int_0^T \left| u^{(i)}(x_j^{(i)}, t) - d_j^{(i)}(t) \right|^2 \mathrm{d}t$$

를 최소화하는 κ를 고르는 것이다. 현재 지진학 문헌에서는 최소 제곱 잔차 최소화를 써서 κ나 여타 역학적 매개변수 장을 추정하는 것을 **완전 파형 역문제**(full waveform inversion, FWI)라고 부른다. 1980년대에 처음으로 지진 데이터로부터 지구에 대한 정보를 추출하기 위한 이런 접근법을 연구했다. 초창기 적용 결과는 그다지 성공적이지 못했는데, 당시에는 2차원 모의실험만이 가능했기 때문이기도 하다. 하지만 21세기로 접어들면서 알고리즘과 하드웨어 성능의 발달로 인해 3차원 모의실험 및 κ나 여타 매개변수의 3차원 분포에 대한 평균 제곱 잔차를 반복적으로 최적화하는 것이 가능해졌다. 아직도 발달 초기 단계의 기술이긴 하지만, 좀 더 과감한

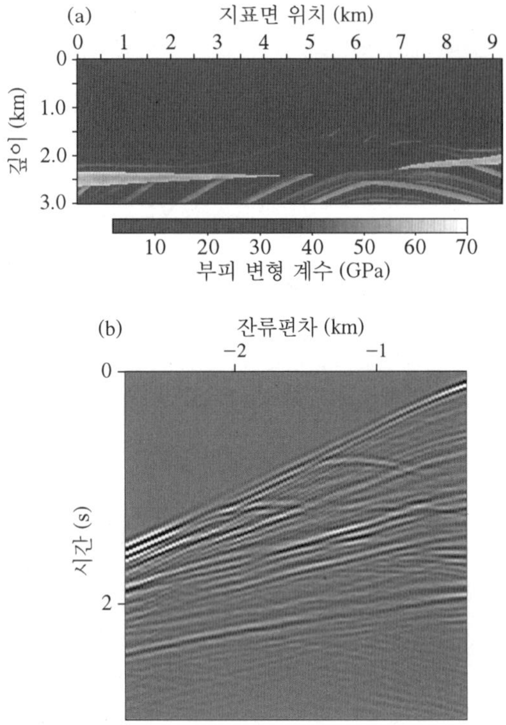

그림 5 (a)2차원 부피 변형 계수에 대한 마무시 모형. (b)모형과 관련된 모의실험 지진 데이터.

근사법에 근거한 옛날 방식으로 얻을 수 있는 것보다 FWI가 질과 해상도 면에서 더 나은 정보를 생산해낸다는 것은 이미 명백해졌다.

FWI의 성공담을 많이 발견할 수는 있기는 하지만, 근본적인 **수학적** 어려움으로 인한 실패 사례들도 있다. 이런 문제는 FWI가 활발하게 연구된 초창기인 1980년대에 발견되었는데, FWI가 널리 이용되는 데 주요한 장애물로 남아 있다.

이 문제는 2차원 예로 설명하면 쉽다. 그림 5(a)는 FWI에 대한 연구에서 널리 이용되는 마무시(Marmousi) 모형의 2차원 부피 변형 계수 κ의 예를 나타내었다. 에너지원 위치를 하나 고른 뒤 파동방정식을 수치적으로 풀어서 그림 5(b)에 나타낸 것과 같

은 모의실험 데이터를 만들어낸다. 모의실험 데이터는 에너지원으로부터 일정 거리만큼 떨어져 각각 균등한 거리에 위치한 수진기들로부터 얻은 압력 수치자료로 구성돼 있다. 이 그림은 깊이 6m에서 그림 5(a)에 나타낸 모형의 왼쪽 가장자리로부터 수평으로 6km 떨어진 곳에서의 단일 샷을 기록한 값을 나타내고 있다. 그림 5(b)에서 수평축은 수진기 첨자 ($j = 1, \cdots, m$, $m = 96$)이며 수직축은 시간이다. 압력 수치는 회색 명암도(gray level value)로 주어져 있다.

부피 변형 계수에서의 작은 변화에 대한 코스트(cost) 함수의 민감도를 설명하기 위해, 그림 5(a)와 $\kappa_0 = 2.25$ GPa로 일정한 배경을 각각 95%, 5%씩 볼록(convex) 결합하였다. 그림 5(a)의 부피 변형 계수를 κ_1이라 하고 $\kappa_2 = 0.95\kappa_1 + 0.05\kappa_0$으로 두자. 이들 두 가지 부피 변형 계수들에 대한 정방향 사상들의 차이를 재려고 한다. κ_2에서의 정방향 사상은 그림 6(a)에 나타낸 모의실험한 압력장이며, 두 사상 사이의 잔차 $F(\kappa_2) - F(\kappa_1)$은 그림 6(b)에 나타냈다. 차이 $F(\kappa_2) - F(\kappa_1)$이 매우 뚜렷하다. 사실 차이의 L_2 노름은 모의실험 데이터 $F(\kappa_1)$의 노름보다 거의 두 배 정도 (184%) 크다.

모형의 함수로 볼 때 예측 데이터가 대단히 급변한다는 것을 이 예로부터 쉽게 알 수 있다. 이러한 급격한 변화가 생긴 이유는 진동하는 신호가 파장의 상당 부분만큼 시간축 편이를 보이면서 L_2노름으로 평균 제곱이 크게 변하기 때문이다. 부피 변형 계수가 파동방정식의 해에 내재된 파동의 '속력'에 영향을 미치기 때문에 이러한 '주기 뛰기'(cycle skipping) 현상이 발생한다.

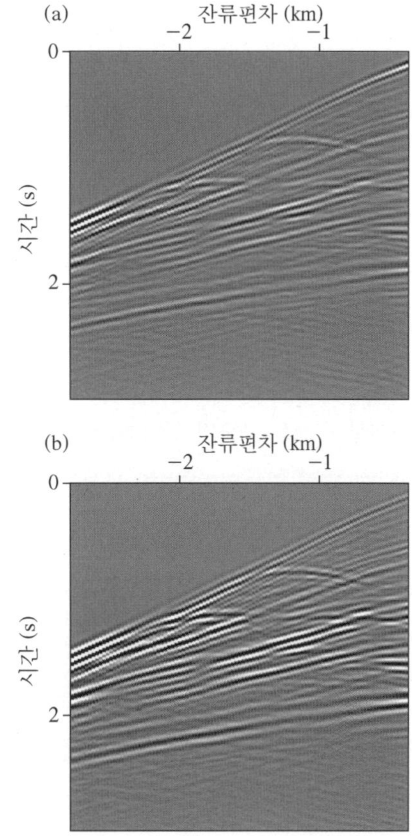

그림 6 (a)그림 5(a)의 모형의 0.95배에 부피 변형 계수가 상수 2.25GPa인 모형의 0.05배를 더해 모형을 다르게 했을 때의 지진 모의실험 데이터. 알짜 차이는 제곱 평균의 5%보다 훨씬 낮다. (b)그림 5(a)와 그림 6(a) 사이의 차이.

하지만 예측한 데이터(그림 6(a))의 **규모**(size)는 그다지 변하지 않는다. 여러 가지 이유가 있지만 기본적으로는 음향 에너지의 보존성 때문에, 데이터의 전체적인 규모는 (예를 들어 L_2 노름으로 측정할 때) 모형 κ에 약하게 의존한다. 같은 규모로 머무르면서도 매우 급격하게 변한다는 사실을 조합하면, 예측 데이터가 '관측한' 데이터로부터 꾸준히 '달아날' 수는 없으며, 둘 사이의 거리는 진동해야만 함을 시사한다.

마무시 부피 변형 계수 90%와 상수 변형 계수

10%를 볼록 결합하여 $\kappa_3 = 0.9\kappa_1 + 0.1\kappa_0$을 만들어 수치 실험을 하자. 이때 $\|F(\kappa_3) - F(\kappa_1)\| / \|F(\kappa_1)\|$이 144%임을 알 수 있다. 이 값이 $\|F(\kappa_2) - F(\kappa_1)\| / \|F(\kappa_1)\|$보다 작음에 주목하라. 즉, 적어도 그림 5(a)가 나타내는 목표 모형과 균질한 $\kappa = \kappa_0$의 내분으로 제한한 모형인 경우, 최소 제곱 목적함수가 (평균 제곱 잔차) 최솟값이 아닌 극솟값을 가진다는 것을 관찰할 수 있다.

이 문제들의 계산 규모가 상당히 커서 국소적인 탐색 알고리즘(주로 뉴턴 방법)이 사실상 (거의) 무용지물이며, 더구나 이 방법들로는 극값들밖에 찾지 못하기 때문에 이는 대단히 심각한 걸림돌이다.

FWI를 현장에서 응용하거나 연구할 때 극소 문제는 상당히 빈번하게 등장한다. 현장 응용에서는 답을 선험적으로 알 수가 없는데, 지구의 구조를 정확히 측정한 것이 아니면서도 잘못임을 효과적으로 판단할 수 없는 '역문제의 좀비'(zombie inversion)가 결과로 나오는 경우가 잦다. FWI의 품질을 제어하는 것은 현재 대단히 흥미로운 연구 주제다. 비정상적인 저주파 데이터를 얻게 되면 극소 문제를 피할 수도 있는데 이 또한 현재 아주 흥미로운 주제다. 이 글을 쓰는 현재에는 저주파 역변환이 효율적인 이유를 수학적으로 정당화하지 못했다. 마지막으로, 이 글에서 다룬 최소 제곱 함수보다 더 나은 볼록성을 지니는 목적함수를 대안으로 사용하려는 노력이 상당히 진행되고 있다.

3.4 전기 임피던스 단층촬영

전기 임피던스 단층촬영(Electrical Impedance Tomography, EIT)에서는 공간 종속적인 전기전도도

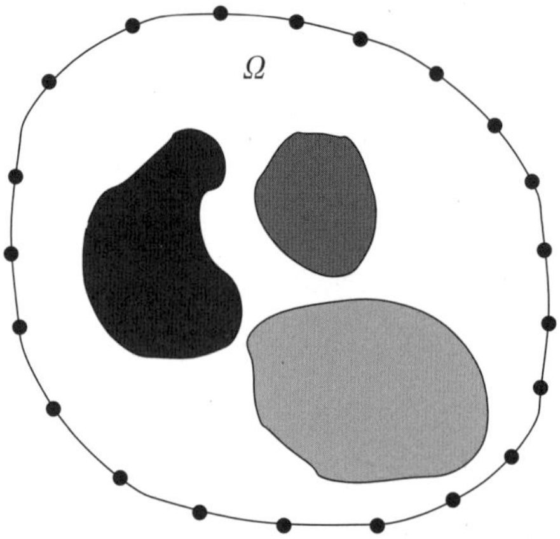

그림 7 전기 임피던스 단층촬영의 개략도. 물체 Ω의 내부의 전도도는 다양하다. 경계에서의 측정값으로 전도도 분포를 결정하는 것이 역문제다. 실제로는 그림에서 검은 점으로 표시한 Ω의 경계에 전극을 붙여서 측정한다. 이 전극들에 전류를 흘리며 각 전극에서 전압을 측정한다. 이렇게 모인 데이터가 디리클레-노이만 사상의 표본 하나를 나타낸다.

(conductivity)를 모르는 물체가 주어진다. 이 물체의 경계에서 정전기를 측정한다. 이렇게 측정한 경계에서의 측정값으로 미지의 전도도를 알아내는 것이 목적이다. 알베르토 칼데론(Alberto Calderon)이 1980년대에 이를 처음 수학적으로 연구했기 때문에, 이 문제를 흔히 '칼데론 문제'라고 부른다.

x가 2차원 혹은 3차원 공간 변수일 때 물체 Ω의 전도도를 $\sigma(x)$로 나타내기로 하자. 옴(Ohm)의 법칙으로부터 나오는 퍼텐셜 이론에 따르면, Ω 내부에 다른 전기원이 없는 경우 Ω 내의 전기 퍼텐셜은 방정식

$$\nabla \cdot \sigma(x) \nabla u = 0$$

을 만족한다. 이상적인 수학 문제에서는 $u(x)$에 대한 경곗값으로 임의의 값 g를 줄 수 있다.

$$u|_{\partial\Omega} = g$$

각 g에 대해 경계에서 퍼텐셜 $u(x)$의 법방향 미분을 측정한다.

$$\left.\frac{\partial u}{\partial \nu}\right|_{\partial\Omega} = f$$

따라서 모든 g마다 f를 하나씩 얻을 수 있다. 이 함수 쌍들이 우리의 데이터다. 이런 데이터를 부르는 수학적인 명칭이 디리클레-노이만 사상(Dirichlet-to-Neumann map)이다. 이 데이터는 명백히 $\sigma(x)$에 의존한다. 이 사상을 Γ_σ라 표기하면 $f = \Gamma_\sigma g$가 된다. Γ_σ가 주어졌을 때 $\sigma(x)$를 결정하는 것이 역문제다.

실제로 우리는 디리클레-노이만 사상 전체를 알지는 못한다. 우리에게는 유한개의 쌍

$$\{f^{(i)}, g^{(i)}\}, \quad i = 1, 2, \cdots, n$$

만이 주어져 있다. 실제로는 물체의 겉면에 많은 전극을 달고 측정한다. 전극들의 쌍 사이에 전류가 흐르는데, 모든 전극에서 전압을 측정한다. 따라서 실질적으로는 $(f^{(i)}, g^{(i)})$이 아니라 이 값들을 전극에서 측정한 표본만이 있다.

칼데론 문제가 지난 30년간 상당한 주목을 받아온 것은 실용적인 중요성 때문이다. 1984년 바버(Barber)와 브라운(Brown)은 이 원리를 이용한 의료 영상 장치를 개발했다. 비파괴 검사나 지구물리학적 탐사와 같은 응용에서도 동일한 문제가 불거진다.

Γ_σ로부터 유일한 $\sigma(x)$를 결정할 수 있느냐는 수학 문제는 잘 개발된 영역이다. 차원에 따라 결과가 다르게 나온다. 2차원에서는 콘(Kohn)과 보겔리우스(Vogelius)에 의해(1984년) 초창기 유일성 결과가 나왔는데, $\sigma(x)$가 해석함수인 경우 Γ_σ로부터 유일하게 결정된다는 것이었다. 이 주제에서 다음으로 중대한 결과는 1987년 실베스터(Sylvester)와 울만(Uhlmann)에 의한 것이다. 이들은 3차원 및 고차원에서 대역적 유일성을 증명했다. 이들은 복소 기하광학에서의 강력한 도구를 이용하여 접근하였다. 몇 년 후 나크만(Nachman)이 ∂-바(bar)라 부르는 방법으로 2차원에서도 대역적 유일성을 증명했다.

최근의 연구는 유일성을 유지하면서도 $\sigma(x)$가 얼마나 거칠어질 수 있느냐는 문제와, $\sigma(x)$가 행렬 함수인 경우에 초점이 맞춰져 있다. 후자의 연구는 **변환 광학**[VI.1]의 발견으로 이어졌는데, 은폐(cloaking) 및 투명화와 관련된 전략을 제공하였다.

유일성은 수립할 수 있지만, 실제 측정치로부터 실질적으로 $\sigma(x)$를 재구성하는 것은 대단히 까다롭다. 이는 Γ_σ로부터 $\sigma(x)$를 알아내는 문제가 대단히 악조건(ill-conditioned)이라는 사실 때문이다. 몇 가지 성공적인 접근법은 있다. Γ_σ와 σ 사이의 관계를 선형화하거나, 최소 제곱 맞춤하거나, ∂-바 방법이라 부르는 직접적 재구성 방법에 기반을 두는 방법들이다. 마지막 접근법은 어떤 산란 문제에 대해 측정된 데이터를 종합하는 것과 관련되는데, 이 자체도 악조건 문제다.

4 관련 문제들

역문제로 볼 수도 있으나 그렇게 부르지 않는 문제들이 있다. 분포 변수 시스템(distributed parameter system)에 대한 제어론 연구에서 발생하는 문제가 그중 하나다. 통계학자들은 역문제를 데이터로부터 변수(모수)를 추정하는 문제로 본다. 이런 관점은

역문제에 대한 좀 더 최신의 통계학적 접근법보다는 이전의 것들이다.

5 전망

역문제는 활발한 연구 분야로 여러 개의 학술지가 있으며, 다양한 분야에서 온 연구자 집단이 있다. 많은 수의 문제가 공학 및 과학 응용에서 발생하지만, 핵심 언어와 도구는 본질적으로 수학적이다. 기능적 자기 공명 영상(functional magnetic resonance imaging, fMRI)이나 광 음향학적 단층촬영(photo-acoustic tomography)을 포함한 새로운 영상 기법의 발전은 역문제의 발달 덕분에 가능했다. 역문제 기술은 물질과 구조물의 비파괴 평가와 같은 공학 분야에 중요하게 기여하였다.

더 읽을거리

Aki, K., and P. Richards. 1980. *Quantitative Seismology*, volume 2. San Francisco, CA: W. H. Freeman.

Hansen, P. C. 2010. *Discrete Inverse Problems: Insights and Algorithms*. Philadelphia, PA: SIAM.

Kaipio, J., and E. Somersalo. 2004 *Statistical and Computational Inverse Problems*. Berlin: Springer.

Natterer, F. 1985. *The Mathematics of Computerized Tomography*. New York: John Wiley.

Sabatier, P. 1978. Introduction to applied inverse problems. In *Applied Inverse Problems*, pp. 1-26. Lecture Notes in Physics, volume 85. Berlin: Springer.

Sylvester, J., and G. Uhlmann. 1987. A global uniqueness theorem for an inverse boundary value problem. *Annals of Mathematics* 125:153-69.

Tikhonov, A., and V. Arsenin. 1979. *Methods of Solution of Ill-Posed Problems*. Moscow: Nauka.

Virieux, J., and S. Operto. 2009. An overview of full waveform inversion in exploration geophysics. *Geophysics* 74: WCCI-WCC26.

IV.16 계산과학

데이비드 키예스 *David E. Keyes*

1 정의

자연계나 인간이 공학적으로 만든 계의 구조나 행태에 대해 계산 도구들을 활용하여 수행하는 체계적 연구인 계산과학은 수학적 모델링, 해석학, 수치해석, 그리고 계산의 영역을 모두 포함한다. 원하는 수준의 예측력과 신뢰성 그리고 계산 속도(speed of turnaround)에 이르기 위해 계산과학(computational science)은 보통 하드웨어와 소프트웨어 모두에서 계산의 최첨단을 달린다. 주어진 모형에 대한 특수한 매개화(representation)와 편미분방정식 사이에서의 선택, 공간의 이산화에서 정형화된 격자와 비정형화된 격자 사이에서의 선택, 암시적 혹은 명시적 시간 적분(implicit and explicit time integrator) 사이에서의 선택, 또는 선형해법에서 직접 방법과 쌍방향 방법(interactive method) 사이에서의 선택 등과 같은 모든 결정은 계산 수행 능력에 막대한 영향을 끼칠 수 있기 때문에, 계산과학은 고도의 노력이 요구되는 범학문적 영역이다.

계산과학의 정의나 과학계산(scientific computation)과 관련된 분야의 정의가 보편적인 것은 아니지만, 계산과학은 모형들과 자료들, 수학적 기법들, 그리고 계산 기법들을 수직적으로 **통합**한 것인 반면, 과학계산은 계산과학에 있는 많은 학제-특화된 영역의 **교집합**에 포함되는 기술들에 대한 연구로 각각을 유용하게 구별할 수 있을 것이다. 계산 화학, 계산 물리, 계산 생물학, 계산 금융, 그리고 계산 공학의 성격을 갖는 (화학, 토목, 전기, 기계 등) 모든 분야가, 어떤 시스템의 개념화와 그것의 계산 플랫폼 상의 구현을 서로 연결하는, 기술들의 공통집합에 의존한다. 기저함수들의 이산 집합으로 연속적인 지배방정식(governing equation)을 표현하거나, 디지털 하드웨어에 이 표현을 구현하거나, 이산방정식계(discrete system)를 적분하거나 푸는 것, 결과에서 오차를 계산하는 것, 산술적 근사를 수용하는 것, 결과들의 범함수(functionals)를 시각화하는 것, 감도 분석을 시행하거나 최적화하거나 조절하는 것과 같은 기술들은 과학이나 공학의 다양한 응용에서 나타나고, 모두 과학계산의 원소들이다. 특정한 응용에 대응하는 모의환경을 만들기 위해 그런 기술들을 한데 묶어 연계시키는 것이 계산과학을 구성한다. 실무자들은 '계산과학과 공학' 또는 '과학과 공학 계산'과 같은 좀 더 포괄적인 용어를 사용하지만, 이 글에서는 '공학적' 응용은 '과학적'이란 의미를 포함하고 있는 것으로 이해할 것이다.

또한 대개 실무자들은 모의실험으로 시행되는 계산과학과 딱히 모형이 필요 없는 정보 채굴(mining data)로 시행되는 계산과학을 구별하기도 한다. 모의실험은 가끔 과학의 '세 번째 방법론(paradigm)'으로, 데이터 분석은 '네 번째 방법론'으로 간주한다. 이는 수천년 동안 이론을 '첫 번째 방법론'으로, 통제된 실험과 관찰을 수백 년 동안 '두 번째 방법론'으로 본 것과 같다. 말하자면 갈릴레오 이후부터 이론적 가정(hypothesis)과 통제된 실험의 상호작용은 현대의 과학적 방법을 규정한다. 최근에는 모의실험에도 **재현성**[VIII.5]과 보고서에 동일한 표준이 적용되고, 처음 세 방법론과의 상호작용으로 생산성이 더 높아지고 있다. 얼마 전까지만 해도 과학은 일반적으로 '자료가 빈약해지는(data poor)' 경향이 있었으나 요즘에는 대다수의 과학적 활동에서 '압도당할' 정도로 자료가 풍부해지고 있어서, 과학계산에 있어 당면 도전 과제는 세 번째와 네 번째 방법론의 통합이다. 모형이 주어졌을 때, 그것의 모의실험을 '정방향 문제(forward problem)'라 부른다. 자료의 유용성은 주어진 모형의 양상을 추측하거나 개선할 수 있도록 만드는데 이것이 **역방향 문제**[IV.15]의 영역이다. 설계에 의해 정방향 문제는 일반적으로 잘 설정되는 반면, 역방향 문제는 종종 불량 조건이나 비유일성에 의해 불가피하게도 잘못 설정되기도 한다. 자료의 동화(data assimilation)나, 매개변수의 역변환(parameter inversion), 최적화와 통제, 그리고 **불확실성 정량화**[II.34] 등을 포함하여 세 번째와 네 번째 방법론의 공통분모에는 과학계산의 많은 요소들이 있다. 현재 이런 '후-정방향 문제(post-forward problem)'의 기법들은 과학계산 전반에서 활용되고 있을 뿐 아니라, 응용수학이나 계산수학분야에서 상당히 많은 연구를 주도하고 있다. 모의실험과 자료 분석은 과학의 다양한 영역에서 이론과 실험의 정점에 위치하고 있다.

진보된 에너지 시스템(예를 들어 연료전지나 핵융합), 생명공학(유전자학, 약물설계), 나노기술(감지기, 저장장치), 그리고 환경 모형(기후 예측, 오염 확산)등 사회에 중요한 많은 과학 분야에서 컴퓨터 모의실험이나 자료 분석은 그 가치를 높여 가거나, 이론과 실험의 발전을 넘어서고 있다. 또한 가까운 미래에 진보를 이뤄, 물질의 기초구성이나 우주의 기원 그리고 단백질과 효소의 기능과 같은 영역에서 일련의 과학적인 질문에 대한 답을 줄 것이라는 희망도 모의실험과 분석은 약속하고 있다.

2 역사적 동향

존 폰 노이만(John von Neumann, 1903-1957)에게는 자명한 이론에 대한 부담은 그를 계산 유체 역학과 계산 방사선 전송(computational radiation transport)의 연구에서 선구자로 이끌고, 특히 수치해석과 디지털 컴퓨터 구조와 같은 이론의 지원 영역에서도 많은 기여를 하도록 만들었다. (대수적 방정식이나 미분 혹은 적분방정식 등에 대한) 많은 수학 이론들이 선형인 반면, 유체와 수송현상에 대한 모형을 수학 방정식으로 표현하면 필연적으로 비선형이다. 수송현상이나 많은 다른 과학 무대에서 체계적인 진보를 이루어 낸 최고의 계산은 노이만에 의한 것으로 현재도 그대로 남아 있다. 비선형계의 이론적 진보는 드물게 이뤄지나, 계산적 이해는 빨라지는 속도와 해상도를 바탕으로 꾸준히 늘어가고 있다.

과학적 진실의 굳건한 표준(the gold standard of scientific truth)인 실험에 대한 부담은 그 자체에 대한 기대와 함께 커져 갔다. 불행하게도 많은 계(system)와 질문들은 실험을 통해 접근하는 것이 거의 불가능했다. (우리가 앞서 말한 '실험'은 과학자들이 설계하거나 통제한 실험뿐 아니라 (천체 현상과 같은) 과학자들의 직접적인 통제 밖의 자연 현상에 대한 관찰도 포함한다.) 과학자들이 다급한 문제에 답하기 위해 실행해 봐야 할 실험들은 때때로 비윤리적이거나(예를 들어 생명체에 영향을 주므로), 해롭거나(예를 들어 지구 환경에 영향을 미치므로), 지지받지 못하거나(예를 들어 금지 조약으로 인해), 접근할 수 없거나(예를 들어 천체물리학이나 지구핵에 대한 연구처럼), 어렵거나(예를 들어 계측되기에는 너무 빠르거나 많은 것을 측정하는 도구를 필요로 해서), 너무 시간이 오래 걸리거나(예를 들어 시스템이나 물질의 수명에 대한 검증처럼 실험 결과를 얻을 수 있기 전에 결정을 내려야 한다거나), 또는 너무 고비용(검출기를 포함하여 강입자 가속기는 100억 달러 이상이 들었으며, 국제 핵융합 실험로(reactor)는 평균 비용이 200억 달러 이상으로 계획되었다)이다. 따라서 예측 계산 모의실험이나 자료 분석을 통해 실험적 검증 규정을 줄일 것을 강력히 장려하고 있다.

실험적 수단이 실질적으로 극한에 이른 반면, 최소한 20년 동안 실제 응용에서의 계산 능력은 매 10년마다 세 자릿수 이상의 비율로 성장하고 있다(고성능 계산[VII.12]을 보라). 같은 기간 동안 과학적 응용을 위해 설계된 고성능 컴퓨터 시스템의 구입 비용은, 단위 성능당 요구되는 전력을 포함하여, 매 10년마다 거의 세 자릿수씩 떨어져서, 10년 후 천배

정도 강력한 시스템을 보유하거나 작동하는 데에는 현재와 비슷한 비용이 들게 된다. 성능과 비용에 대한 이런 경향은 고든 벨 상(Gordon Bell Prizes)의 수상내역과 최고의 500 연감(Annual Top 500 List)에 잘 기록되어 있다(www.top500.org를 보라). 계산 능력의 증대는 다중규모 현상(multiscale phenomena)에 대한 선명한 해상도, 높은 신뢰도, 전 차원의 재현, 복합 계에서 다중 상호작용 모형들의 통합, 그리고 과학적 이해를 위한 정방향 문제들의 대규모 복합체의 운영에 쓰일 수 있다. 그러나 20여년 이상 무어(Moore)의 법칙을 따른 이후에는, 불행하게도 계산에서 호의적인 동향의 추정을 방해하는 물리적 장애가 나타났고, 이 장애물은 현재 계산과학 연구의 중요한 이정표가 되었다.

뉴턴이 대표하는 자연의 수학화(mathematization of nature)와, 폰 노이만(von Neumann)이 대표하는 수치해석, 크레이(Cray)가 대표하는 고성능 컴퓨터의 효율, 그리고 많은 동시대 과학자가 보여준 과학 소프트웨어 공학, 이 네 가지 독립적이며 생산적이고 발전적인 연구들이 합쳐지는 곳에 현대 계산과학이 서 있다. 1992년 리처드슨(L. F. Richardson)은 수치적 기상 예측에 대한 논문을 통해 계산과학의 디지털 이전(predigital)의 컴퓨터 미래상을 제안했다. 리처드슨의 병렬컴퓨터는 커다란 구면(Mammoth globe)의 안쪽에 경도와 위도를 따라 배열된 인간 계산기들의 모임이었다. 리처드슨의 논문은 어떠한 디지털 컴퓨터보다 먼저 나왔을 뿐 아니라, 1928년 쿠랑(Courant), 프리드리히스(Friedrichs), 그리고 레비(Lewy)가 명명한 편미분방정식에 대한 유한차분법(Finite difference methods)의 안정성 분석보다도 앞선다. 지금은 컴퓨터가 수일 간 실행되는 모의실험에서 초당 $O(10^{15})$ 부동소수점 반올림오차를 발생시키므로, 수치 해석이 핵심적인 역할을 하게 되었다.

1947년 폰 노이만과 골드슈타인(Goldstein)의 가우스 소거법의 안정성에 대한 기념비적인 작업 이전까지는 반올림오차의 누적으로 인해 부동소수점 연산을 사용하는 계산 해법의 후보가 되려면 방정식계가(이 경우에는 선형방정식계가) 얼마나 커야 되는지 명확하지 않았다. 이제는 저자들이 고민하던 것보다 수십만 배 더 큰 규모의 방정식계를 푸는 데 디지털 컴퓨터를 사용할 수 있다. 수치해석 분야, 그중에서도 특히 오차 분석과 최적화 알고리즘의 지속적인 발전 덕분에, 많은 분야에서 모의실험의 규모는 컴퓨터가 제공할 수 있는 거의 모든 해결능력을 활용하도록 커져 가고 있다. 물론 연속 형태에서 근본적으로 '혼란스러운' (굉장히 가까웠던 해곡선들이 유한 시간에 기하급수적으로 갈라질 수 있다는 의미에서) 방정식계에 대하여, 더 나은 분해능에 대한 과학적 이점은 발산 지수(exponent of divergence)와 관련하여 신중하게 고려되어야만 한다. 1950년 (차니(Charney), 피에르토프트(Fjørtoft)와 함께) 폰 노이만은 쿠랑, 프리드리히스, 그리고 레비의 것을 보완하는 PDE 안정성 분석의 한 형태를 소개하였다. 이 분석은 모의실험의 시간단계의 규모에 대한 근본적인 한계를 모형화할 현상의 최고 통신 속도와 공간 표본 추출의 입상도(granularity of the spatial sampling)에 관련시켜 명확히 하였다. 이산화(discretization)와 방정식 해법의 진보, 고급 프로그래밍 언어[VII.11]의 개발, 그리고 컴퓨터 모의실험에 대한 의욕을 불러일으킨 하드웨어의 발달은 1950년대와 60년대 그리고 70년대에 입증되었다. 1979년 계산 유체역학자들은 설계와 테스트에 대한 매개변수 공간을 좁히기 위해 시행한 모의실험 덕택에 보잉 767기의 풍동 실험과 비행 테스트가 획기적으로 감소되었다고 주장할 수 있었다. 비록 현대의 기준에서 대단하지는 않지만, 그 당시에 이 영웅적인 모의실험은 계산과학의 이상에 대한 실질적이고도 경제적인 실현체가 되었다.

계산과학의 포부와 문화를 정의하는 두 가지 이정표는 과학 분야의 '세 번째 다리(Third leg)'로서 모의실험을 옹호하는 럭스 페테르(Peter Lax)의 1986년 논문과 계산과학에서의 '거대한 도전들(grand challenges)'에 대해 쓴 1989년 컨 윌슨(Ken Wilson)의 논문이었다. 이 논문들은 정부, 학계 그리고 산업 분야에서 계산과학 연구에 대한 기금의 문을 여는 데 영향을 끼쳤으며, 과거에는 주로 국가나 산업 연구소에 소속된 상대적으로 소수 선구자들만의 영역이었던 고성능 컴퓨터로의 접근을 대중화하는 데에도 기여했다.

1992년 구성된 미국 연방 통신 정보기술 연구 개발기관(U.S. federal Networking and Information Technology Research and Development organization)은 10개의 연방기관으로부터 고성능 컴퓨팅과 통신에 대한 연구와 훈련 그리고 기반산업에 대한 투자를 조직하였으며, 응용프로그램, 알고리즘, 소프트웨어와 시스템 구조의 상호의존적인 생태에 대한 개념도 제공하였다. 미국 에너지국의 1997년의 전략 컴퓨팅 가속화 계획(Accelerated Strategic Computing Initiative)은 예측 모의실험을 미국에서의 핵실험 금지 협정에 따른 무기 폭발실험의 대체물로 명시하고, 계산과학자들과 공학자들의 훈련을 위해 막대한 기금을 사용하고 있다. 에너지국의 고등계산을 통한 과학 발견 프로그램(Scientific Discovery through Advanced Computing program : SciDAC program, 2001년 설립됨)은 전략 계산 가속화 계획의 문화를, 천체물리와 지구물리에서 양자화학과 분자 생물학에 이르기까지, 임무 전역으로 퍼뜨렸다. SciDAC 프로그램을 기초한 문서는 정확성과 수행 능력이 조율된 컴퓨터의 경우 현미경이나 빔라인(Beamline), 분광계, 혹은 일반적인 목적의 실험도구처럼 신뢰할 수 있는 과학 도구임을 선언했다.

인터넷이 대학들에 퍼지고, (이론 물리학자들 사이에서 실험 자료를 공유하기 위해 CERN에서 개발한) 월드와이드웹(World Wide Web)이 과학자들과 공학자들을 전 세계적으로 연결함에 따라, 계산과학과 공학은 전 세계적인 정체성을 구축했다. 오늘날에는 산업응용수학회(Society for Industrial and Applied Mathematics)나 전기전자공학연구소(Institute of Electrical and Electronics Engineers), 미국계산기학회(Association for Computing Machinery) 그리고 북미 물리학회(American Physical Society)와 같은 전문 과학자 모임에서 과학계산을 가능하게 만들 핵심 기술의 발전을 촉진하는 활동과 저작물을 지원하고 있다. 과학적 발견이나 공학적 설계 그리고 기업과 공공의 정책을 이끌어 내는 거대 규모의 모의실험과 데이터 분석에 대한 기대치가 이보다 더 컸던 적이 없다. 뿐만 아니라 계산기를 낳았던 과학적 열망을 훨씬 뛰어넘어, 지금은 시장의 힘이 주도한 컴퓨터 하드웨어의 성능과 가격 효율성이 이보다 높았던 때 역시도 없다. 계산과학과 과학계산은 점점 더 까다로워지는 응용프로그램과 더욱 복잡한 구조들 사이의 간극을 연결하고 있다. 이 영역들은 응용 및 계산 수학자들에게 다양한 기회를 제공하고 있다.

3 상승 작용과 걸림돌

모의실험은 이론과 실제 두 측면을 모두 가지고 있다. 첫째, 그것은 전형적으로 일련의 방정식으로 이루어진 모형에서 출발하므로 본질적으로 이론적이다. 강력한 모의실험 능력은 수학적 모형의 개선을 요구함으로써 이론에 새 생명을 불어넣는다. 모형을 수립하거나 구현할 때 입력(혹은 조절)들을 출력(혹은 관찰 가능한 것)들로 변형하는 것을 체계적으로 관측할 수 있으므로, 모의실험은 본질적으로 실험적이다. 모의실험은 점성이 없는 액체나 완전히 2차원 형태인 난기류처럼 물리적으로는 세상에 절대로 존재할 수 없는 실험을 포함하여, '이론적 실험'들의 실행을 시스템상에서 가능하게 만듦으로써 이론과 실험 사이를 효과적으로 연결한다. 또한 보편적이고 다재다능한 자료 저장소의 역할을 하는 컴퓨터를 활용하여 계산은 이론과 실험을 연결한다. 일단 자료가 디지털화되면 모의실험을 위해 만든 시각화 시스템에서의 모의결과와 나란히 놓고 하나하나 비교할 수 있다. 또한 그 자료들을 신뢰성 있게 전송하거나 복구 가능한 형태로 저장할 수도 있다. 더욱이 모의실험과 실제 실험은 그들이 개별적으로 제공할 수 있는 것보다 시스템에 대한 좀 더 완벽한 그림을 허용함으로써 서로를 보완할 수 있다. 어떤 자료들은 가능한 최고의 실험 기법으로도 측정이 불가능할 수도 있고, 어떤 수학적 모형들은 자신있게 미지의 매개변수를 적용하기에는 너무 민감할 수도 있다. 모의실험은 실험을 통해 측정된 값들을 입력 자료로 사용함으로써 놓친 실험값들을 '채우는 데' 사용할 수 있다. 모의실험 전반에 걸쳐, 자료가 측정으로부터 표류하는 것을 막기 위해 자료 동화(Data assimilation) 또한 체계적으로 사용할 수 있고, 이로써 불명확한 모형화 효과를 극복한다. 사실상 많은 자료 채굴(data mining) 기법들은, 전통적인 모형의 동역학계 시행과 같이 예측적인 자료부터 통계적 모형들을 효과적으로 설계한다.

계산과학의 성공을 위해 필요한 재료들로는 과학자들의 통찰력과 모형들, 수학자들의 이론과 방법 그리고 알고리즘, 그리고 컴퓨터 공학자들의 소프트웨어와 하드웨어 기반시설들이 있다. 물리적 모형을 수학적 알고리즘으로 변환하고, 주어진 컴퓨터에 계산 프로그램을 구현하는 방법은 아주 다양하다. 상위 단계와 하위 단계에 대한 고려 없이 내린 의사 결정은 굉장히 생산적인 선택지를 없애 버릴 수 있다. 각 단계에서 상하 계층 간 양방향의 대화는 최고의 자원과 기술이 채용되었음을 보장할 수 있게끔 한다. 알고리즘에 의한 응용과 구조 사이의 차이를 잇기 위해 수학자들은 양쪽의 함의를 고려해야 한다. 예를 들어 부드러울 것으로 예상되는 영역을 표현할 때는 높은 차수의 이산화를 선택할 수도 있다. SIMD화(SIMDization, SIMD(Single instruction multiple data)는 다중 데이터에 대한 단일 명령을 의미한다)를 강조하는 하이브리드 구조(hybrid architecture)로의 연결을 예상하여, 어딘가에서 모델링된 현상을 필요 이상의정확도로 해결한다 할지라도 균일한 구조를 가진 데이터 집합체를 만들 수 있다. 제약 조건이 있는 PDE에서 최적화를 위해 연산자의 수반행렬(adjoint)이 필요한 경우, 수반행렬을 구할 수 있는 야코비 행렬을 만들어 줄 음함수 뉴턴 방법(implicit Newton Method)을 사용하기 위해 정방향 문제에 추가 비용을 치를 수 있다. 그렇지만 이 야코비 행렬은 문제에서 가장 큰 단일 작동 데이터 집합일 수 있고, 그것의 짜임새는 (프로그램) 실행 결정을 좌우할 수 있다.

계산과학의 장래는 유망하나, 그것의 한계도 그렇다. 한계는 해결에 대한 의구심까지 불러일으킨다. 거대한 규모에도 불구하고, 컴퓨터는 세 가지 측면에서 유한하다. 곧 개별 양에 대해 유한한 정밀도로 표현하고, 그런 양에 대해 유한 개만 추적가능하며, 유한 비율로만 작동한다. 비록 모든 물질은 사실상 유한 개의 원자들로 구성되어 있으나, 물질의 거시적 표본에 있는 원자의 수는 '첫 번째 원칙'(즉 전자구조에 대한 양자이론의)에 따르면 모의실험을, 아보가드로수의 규모에서, 상상할 수 있는 어떤 디지털 계산 능력도 초월해 버리는 거시적 규모로 만든다. 시간 규모를 생각할 때도 비슷한 문제가 발생한다. 예를 들어 단백질 접힘(protein folding)에서 시간 규모의 범위는 최소한 12 자릿수이다. 완료하는 데 밀리세컨드(10^{-3}초)가 걸리는 어떤 과정은 펨토초(femtoseconds, 10^{-15}초, 밀리세컨드보다 1조배 짧다)마다 일어나는 분자의 진동 단계(결합 진동, bond vibration)에서 발생한다. 다시금 첫 번째 원칙을 사용하여 관례대로 모의실험을 하기에는 그 범위가 너무 넓다.

거시적 연속체(공기나 물과 같은 유체)의 PDE들로 적절하게 표현된 방정식계의 어떤 모의실험은 예측 가능한 가장 강력한 컴퓨터조차도 위협할 수 있다. 현대의 컴퓨터들은 초당 10 페타플롭(초당 1 페타플롭은 초당 10^{15} 산술연산이다)의 연산 능력을 가지고 있고, 구매하는 데는 수천만에서 수억 달러가, 운영비는 매년 수백만 달러가 든다. 그렇지만 연속체 모형(나비에-스토크스, Navier-Stokes)의 '첫 번째 원리들'을 사용하는 전형적인 탈것의 후류지역(wake regions)*이나 그 경계에서 유체 역학 소용돌이(fluid mechanical turbulence)에 대한 모의실험은 그 정도의 컴퓨터를 수개월 동안 묶어 둘 수 있고, 이는 이런 수준의 모의실험을 너무 고비용으로 만들고, 통상적으로 사용하기에는 너무 느리게 만든다. 볼츠만(Boltzmann) 운동에 기초하여 첫 번째 원리들을 모델링하려는 시도는 더 나쁠 수도 있다. 레이놀즈-평균 나비에-스토크스(Reynolds-averaged Navier-Stokes, RANS)와 같은 고급화된 연속체 모형이나 대형 소용돌이 모의실험(large-eddy simulation, LES)이 적합할 것인지, 또는 어떤 구조에서 어떤 과학적 질문을 해결하는 데 격자 볼츠만이나 몬테카를로 이산 모의실험(discrete simulation Monte Carlo)이 더 효과적일지를 현직 종사자들은 반드시 결정해야 한다.

'차원의 저주(curse of dimensionality)'는 각 관련 차원에서 모의실험의 해상도 증가가 어떤 프로세서 능력의 향상도 금방 무마시키는 현상을 낳았다. 3차원의 명시적 시간 이산화 문제(explicitly time discret-

* 배의 뒷부분에 생기는 소용돌이.—옮긴이

ized problem)에서, 모의실험의 계산 복잡도는 하나의 공간 차원에서 해상도의 4 거듭제곱 가까이 증가한다. 따라서 컴퓨터 수행 능력의 100배 증가는 해상도를 각 공간차원과 임시차원의 겨우 3배 남짓 증가시킬 수 있다. '차원의 축복(blessing of dimensionality)'은 완전히 다른 양상을 보여 준다. 실제 시스템의 복잡한 역학은 보통 상대적으로 적은 수의 주요 부품들로 표현할 수 있다. 표로 주어지는 그물망(mesh) 위의 해값들에 대해 암시적인 마디 기저(nodal basis)대신, 이 효과적인 기저들로 동역학계를 표현하면, 연필을 몇 번 끄적거리는 것만으로도 예측 능력이 여러 컴퓨터 세대의 진보와 동등할 정도로 효과적으로 좋아질 수 있다.

문제를 다루기 위해 더 많은 계산 능력을 활용하는 일반적인 방법은, 그물망 셀(mesh cells)이나 입자를 분할하고, 각 컴퓨터 노드들 간에 메시지를 전달하도록 만든 영역 분할 기법을 이용하여 많은 프로세서에서 일을 끝내도록 문제를 분할하는 것이다. 보통 모든 노드에서 같은 프로그램을 실행하지만, 다른 노드에서는 상이한 데이터를 접하기 때문에 다른 명령어군을 실행하게 할 수도 있다. 이 프로그래밍 모델은 '단일 프로그램/다중 데이터', '대량 동기 처리(bulk synchronous processing)', 또는 '순차 처리 통신(communicating sequential processes)'등 다양한 이름으로 알려져 있다. 컴퓨터 구조에서 병렬은 주어진 문제의 해를 구하기 위해 쓸 수 있는 전체 수행 능력에, 프로세서 하나에 단독으로 무어의 법칙(매 18개월 정도마다 트랜지스터의 밀도는 두 배가 된다)을 적용하여 얻을 수 있는 향상에 비해, 수십만 또는 그 이상의 추가적인 향상을 얻을 수 있다. 그렇지만 더 나아진 해상도, 곧 정확성에 대한 열망은 충족될 수 없는 것처럼 보인다. **차원의 저주**[I.3 §2]는, 각각의 저장된 바이트나 실행된 연산에서 더 많은 과학적 정보를 짜내는 알고리즘에 대해 주의를 기울이지 않고, 그저 '평상시처럼(business as usual)' 컴퓨터 성능 곡선에만 편승하여 현재 모의실험의 규모를 확대하는 것은 가격 면에서 효율적이지 못함을 의미한다.

어떤 계산과학자도 성공적인 모의실험을 위해 필요할 수도 있는 수학 이론이나, 계산 모형과 알고리즘, 응용 프로그램들과 계산 시스템 소프트웨어, 또는 계산 하드웨어(컴퓨터, 저장 공간, 그리고 네트워크)의 모든 발전을 따라갈 수는 없음을 의미하는 지식 폭증의 '저주'는 모의실험의 진보에 있어 또 다른 본질적인 장애물이다. 효과적인 공동 작업이야말로 이를 극복할 수 있는 수단이다.

4 교차 활용되는 주제들

계산과학은 다양한 과학 영역을 포용할 뿐 아니라, 다른 학제들을 가로지르는 주제들, 특히 보편적으로 보이는 주제들까지도 부각시킨다. 이 절에서는 이들 중 몇 가지에 대해 살펴본다.

4.1 오차의 균형

계산과학은 연속 모델링, 수치적 이산화, 디지털 해, 그리고 결과에 대한 분석과 이해를 포함하여 연속적인 변형과 근사의 단계들로 진행되는데, 매 단계에서 오차가 생긴다. 전반적인 오차는 삼각부등식을 반복 적용하여 구할 수 있다. 예를 들어 오차 근사는 어떤 값을 추가하여 근사적으로 표현되었을 뿐인 이산 방정식계(discrete system)의 정확한 대수적 해를 얻거나, 완벽하게 알지는 못하는 계수들이 내부에 있거나 기초가 되는 물리적 '법칙'이 단순히 근사적 상관관계일 뿐인 이산화를 과도하게 개선하지는 않으므로, 모든 개별 단계에서 오차 근사는 적합하게 이루어져야만 된다. 계산과학에서 중요하고 가장 어려운 작업 중 하나는 각 단계에서 오차를 계산하고 조정하여, 원하는 결과의 정확성에 궁극적으로 기여하지 않는 작업에 과도한 투자를 막는 것이다. 계산과학 활동의 포괄적인 오차 분석에서 '확인(validation)'과 '검증(verification)'은 일반화된 두 단계로, 전자는 조사에서 모형이 두드러진 특징을 나타내는 정도를 측정하고, 후자는 모형에 대한 해의 질을 측정한다. 궁극적인 목적은 가장 저 '비용'으로 최고의 과학적 이해를 얻는 것이다. 개별 실행에서 오차 근사는 이해의 중요한 측면이지만, 실행할 종류들에 대한 신중한 선택과 그것을 효과적으로 실행하기 위한 성능 개선이 동반되어야만 된다.

4.2 불확실성 정량화

과학적 발견이나 공학 설계, 그리고 의사 결정 지원에 대한 수단으로 받아들여지기 위해서, 계산과학은 예측과 재현성의 표준을 받아들여야 된다. 불확실성은 다양한 방식으로 계산에 포함될 수 있으나, 근본적으로는 지식에 관한 것과 우연에 의한 것, 이렇게 두 가지 형태가 있다. 지식에 관한 불확실성은, 이론상 0으로 줄일 수 있는 것으로, 정확한 결정적 모의실험(deterministic simulation)을 이끌 수 있으나, 모형 제작자의 지식이 충분하지 못하기 때문에 생긴다. 우연에 의한 불확실성은 근본적인 무작위성에 의해 생기는데, 통계적인 의미를 제외하고는 알 수 없는 것으로 여겨진다. 모의실험의 출력에서 불확실성은 모형 자체의 구조를 통해서나, 매개변수를 통해서나, 또는 알고리즘에 의해 실행된 근사를 통해 생길 수 있다. 불확실성 정량화에 대한 고전적 접근은 본질적으로 몬테카를로 방법이다. 다양한 가정(assumption)에 따라 산재된 많은 입력들에 대해 모형을 실행한 후에 출력에 대해 통계를 적용한다. 이것은 직접적이지만, 모의실험의 자원을 낭비할 수 있다. 좀 더 혁신적인 접근은 분포의 통계적 성질에 대한 모형을 유도하고 불확실한 해와 함께 그것들을 확산시키는 것이다. 불확실성 정량화는 당당히 수학, 통계학, 그리고 특정 분야의 지식(domain knowledge)에 의존하는 학제간 연구 영역이 되었다. 그것은 또한 계산과학 내부에서 하드웨어-소프트웨어 환경의 규모 조정에 대한 투자를 정당화하는 조종자이기도 한데, 이것은 개별 정방향 모형(forward model)의 실행의 복잡도에 비해 불확실성 정량화의 복잡도가 훨씬 크게 증가하기 때문이다.

4.3 이상적 기저

이상적인 기저에서 동일한 문제를 해결하는 것은 계산 복잡도에 있어서, 곧 주어진 정확도의 해에 이르는데 필요한 계산의 횟수에서 획기적인 개선을 가져올 수 있기 때문에, 문제를 표현하는 이상적인 기저에 대한 요구는 과학계산에서 반복되는 주제이다. 계수(rank), 희박한 정도(sparsity), 그리고 경계조건들은 기저의 현명한 선택을 가능하게 만드는 특성들에 속한다. 문제들은 암시적으로 선택된 기저와 함께 계산과학자와 마주하는데, 그 기저들은 과학계에서 자연스럽고 편리한 대상이나 연산으로 표현된다. 그렇지만 계산을 위해 가장 좋은 식과는 매우 다를 수 있다. 어떤 알고리즘은 조화 보간법(harmonic interpolants) 같은 연산에 적합한 그들 나름의 이산 기저를 유도해 낸다. 계수 감소 모형(reduced order model)은 물리적 이해를 통해 고차원으로 보이는 방정식계를 저차원 표현으로 유도할 수 있는 응용 단계에서 중요하다. 또한 이 모형은 선형대수의 크릴로프(Krylov) 부분공간[II.23]과 같이, 좀 더 자동적으로 받아들여지는 처리과정이 점진적으로 축소된 기저를 만드는 알고리즘의 핵심 단계(algorithmic kernel level)에서도 중요하다. 같은 현상에 대해 여러 가지 모형을 사용하면 알고리즘의 생산성을 증가시킬 수 있다. 예를 들어 선형문제에서 고비용 모형의 초기 조건을 만들기 위해 저비용 모형을 사용할 수 있다. 비선형 문제에서는 조잡한 모형에 대한 해가, 쓸만한 것이 아무것도 없는 것보다 좀 더 유익한 초기 근삿값을 제공해 줄 수 있다.

4.4. 표준 '알고리즘 기저'

계산과학의 응용은 매우 다양하지만, 그것들 전반에 반복되어 나타나는 몇 가지 기계적인 방법론(algorithmic paradigm)이 있다. 이런 부동소수점 알고리즘의 일곱 가지가 필립 코렐라(Phillip Colella)에 의해 2004년 규명되었고, 그는 이들을 '일곱 드워프들(dwarfs, 난쟁이들)'이라 불렀다. 2006년 이 집합은 버클리 과학계산 그룹(Berkeley scientific computing group)에 의해 여섯 개의 정수 알고리즘으로 확장되어 13개의 난쟁이들(dwarves)*로 돌아왔다. 13개의 난쟁이들은 조밀 직접 해법, 성긴 직접(sparse) 해법, 고속변환법, N-체 방법, 정렬 (격자) 반복법, 비정렬 (격자) 반복법, 몬테카를로법, 조합적 논리법, 그래프 운행법, 그래프 모형법, 유한-상태 기계(finite-state machines), 동적 계획법, 그리고 백트랙과 분기-한정법(backtrack and branch-and-bound)을 말한다. 이들의 커널들은 '하이브리드' 또는 '서열' 구조로 알려진 것의 규모 조정에 대한 순종성(amenability)으로 구별할 수 있다. 그런 구조에서 코어들은 고정 메모리의 한 노드와 공유 메모리 방식의 메모리 대역폭 자원 내에서 급증한다. 이 경우 노드의 개수 정도의 규모를 가진 네트워크로 연결된 분산 메모리 방식에서 결과 노드들은 폭증한다. 계산과학에서 많은 문제들이 유사한 작업의 상대적으로 작은 집합으로 축소될 수 있다는 사실은 과학 소프트웨어 환경에 대해 그리고 연구와 개발 투자에 대해 깊은 의미를 갖는다. 계산 수학과 컴퓨터 공학의 비교적 소수 전문가의 작업만으로도 다른 분야들, 곧 응용 분야들의 전문가인 비교적 다수의 과학자와 공학자에게 도움을 줄 수 있다. 공급업체는 지정된 방법으로 그들의 하드웨어에 접근할 수 있는 잘 정의된 인터페이스(고속 푸리에 변환이나 기초 선형대수 서브루틴에 기초한 것과 같은)를 가진 소프트웨어 라이브러리에 투자할 수 있다. 예를 들어 수치해석 연구자들은 조밀 대칭 고유해법(dense symmetric eigensolver)을 개선하는 작업을 슈뢰딩거

* dwarfs와 dwarves는 모두 난쟁이의 복수형이나 둘을 구별하기 위해 드워프들과 난쟁이들로 구별하여 부르겠다.—옮긴이

(Schrödinger) 방정식을 푸는 수천의 화학자들이 받아들일 가능성이 있고, 진동 모드(vibration mode)를 분석하는 수천의 공학기술자들이 성긴 대칭고유해법을 개선하는 작업을 이용할 가능성이 있다는 것을 확신할 수 있다. '드워프들/난쟁이들'의 목록은 위의 꽤 넓은 범주에 들어가고, 실질적으로 많은 부속 범주들은 소프트웨어의 선택을 직접적으로 이끄는 개별 문제 특성에 부합할 것을 요구받는다. 많은 드워프들은 아직 최적 구현이나 약하게 축소할 수 있는 구현(weakly scalable implementation)조차도 갖지 못했다. 이들 드워프들은 계속 진행 중인 좋은 수학적 연구대상이다.

4.5 다면알고리즘

상대적으로 적은 수의 커널들만을 참조하여 많은 계산과학 응용 프로그램들을 기술할 수도 있지만, 많은 수의 알고리즘을 통해 전형적으로 각각의 그런 특성에 접근할 수도 있다. 다면알고리즘(poly-algorithm)은 같은 일(들)을 수행할 수 있는 알고리즘의 집합으로, 입력의 특성이나 출력에 대한 요구사항, 그리고 실행 환경의 성질에 기초하여 집합의 구성원(알고리즘)을 선택하는 일련의 규칙을 포함한다. 때로는 한 알고리즘이 연산의 수나 메모리 참조의 패턴, 또는 실행시간에서 뛰어난 성능을 제공하거나 개념을 단순화 시켜 줄 입력값의 넓은 범위나 출력에 대한 요구사항, 그리고 환경에 대한 다른 계측법을 제공해 주기도 한다. 더 일반적으로, 각 알고리즘은 딱 맞는 자리가 있어, 그 자리에서는 다른 어떤 것보다 뛰어나고, 모든 가능한 사용을 고려하더라도 성능이라는 측면에서 대체물이 없다. 문제의 크기(이산적인 차원)는 기본적인 입력 특성이다. 점근적으로 $O(N^2)$ 연산을 필요로 하는 방법은, N이 작거나 또는 점근적으로 뛰어난 방법의 상수와 비교하여 계수 심볼에 숨겨진 상수가 작은 경우에는, $O(N)$또는 $O(N \log N)$ 연산만을 필요로 하는 방법보다 더 나을 수 있다. 따라서 두 개의 그런 알고리즘 사이에서 선택에 영향을 주는 N의 교차점이 있다. 입력에서 중요한 다른 특성으로는 성긴 정도, 대칭성, 명확한 정도(definiteness), 불균질성과 등방성(isotropy)이 있다. 출력에 대한 요구사항은 각각의 응용프로그램마다 극적으로 다를 수 있다. 예를 들어, 고유 분석(eigenanalysis) 상황에서, 모든 고윳값들이 필요한 것인가, 아니면 그저 최고, 최저, 또는 내부값에 가장 가까운 고윳값이 필요한 것인가? 고유벡터들이 필요한가? 환경적 특성은 처리 장치의 수, 내장 부동소수점 정밀도의 가용성, 통신 대 계산의 상대 비용, 그리고 다양한 메모리나 임시 메모리(cache) 또는 버퍼의 크기를 포함할 수 있다. 그러므로 각각의 핵심 작업을 수행하기 위해 잘 특성화된 다양한 접근 방법을 이용하는 것은 유익하다.

4.6 공간-시간 균형

가끔 과학계산 알고리즘은 공간과 시간 복잡도가 균형을 이루는 방식으로 매개화될 수 있다. 만일 메모리가 제한되면, 적게 저장하는 대신 계산을 좀 더 할 수 있다. 여분의 메모리를 사용할 수 있다면, 좀 더 저장하고 계산을 적게 할 수도 있다. 이런 원리는 실제 구현과 알고리즘의 조율에서 다양하게 나타난다. 전통적인 예로는 크릴로프형 반복법(Krylov-style iterative method)이나 준뉴턴 반복법(quasi-

Newton)에서 과거벡터(past vector)가 저장되는 시간의 크기가 있다. 지금의 예로는 (본질적으로 한 사이클 떨어진) 빠른 레지스터로부터, 다양한 수준의 캐시, (수천 사이클이 떨어진) 메인 메모리, (수백만 사이클이 떨어진) 디스크 파일, 혹은 인터넷에 퍼진 데이터까지 컴퓨터 기억 장치의 다른 수준이 갖는 다른 대기시간이 있다. 어떤 데이터는 재계산보다 저장하고 불러들이는 편이 저비용일 수 있다. 다른 한편으로, 수정된 뉴턴 반복법처럼 과거의 데이터(이 경우 야코비 행렬)를 재사용하는 것이 끊임없이 새롭게 만드는 것보다 싸고(싸거나) 빠를 수 있다. 성능 중심의 계산의 경우, 크리티컬 경로(critical path)에서 한 프로세스의 입력값으로 나타났지만 쓸 수 없는 데이터에 대해 (경험 또는 논리적 가정에 기초하여) 그 값을 가정하거나, 또는 예상된 값으로부터 너무 동떨어진 경우 그 데이터가 도달하였을 때 계산을 되돌리는 것은 평균적으로 이로울 수 있다. 공간-시간 균형(trade-offs)의 기치하에서, 선형 계에 대한 고전적 **반복 보정**[IV.10 §2]처럼, 부동소수점 연산의 다중 정밀도(multiple precision)를 채용할 수 있다. 고-정밀 대상을 수정하기 위해 저-정밀 대상에 대해 대부분의 산술연산을 수행하는 이 알고리즘에서는 저장과 동시에 어떤 대상의 고-정밀과 저-정밀 형태 모두를 조작한다.

4.7 연속-이산 쌍대성

계산과학에서 동일한 대상에 대해 다양한 관점을 갖는 것은 때때로 편리하다. 자연은 근본적으로 이산적이나, 디지털 컴퓨터에 비해서 보통 너무 세밀한 규모이다. 그러므로 우리는 분자 충돌 간에 작은 평균자유행로(mean free path)를 가지고 유체의 운동량 전이를 계산하는 나비에-스토크스 편미분방정식과 같이 이상화된 연속 모형을 통해 작업을 한다. 유한 요소로 매개화하거나 유한 차분에서 점마다의 값으로 표현한 제어 체적(control volume) 위에서 연속장을 적분하여, 그 모형에 유한 개수(cardinality)를 반환하는데, 보통 이 값은 원래 분자 모형의 개수보다 훨씬 적다. 그렇지만, 공간 해상도의 개선이나 이산화의 근사 차수의 개선을 위한 적응(adaptive) 오류 분석은 그 바탕에 있는 연속 모형을 재사용한다. 다중격자 방법(Multigrid method)으로 알려진 최적 복잡도 해법(optimal complexity solver)은 그 바탕에 있는 연속 모형에 반복적인 결정화(recursive coarsening)를 통해 **몇 가지** 다른 이산 근사법을 동시에 사용한다. 컴퓨터 메모리의 선형 주소 공간에, 다중 차원이고 불규칙하게 배열되었을 수도 있는 좌표 데이터를 나열하기 위해 힐베르트의 공간 채움 곡선(space-filling curve)의 이산화된 유사체(discrete analogue)를 활용할 수도 있다. 따라서 계산 수학은 이산과 연속 사이를 유동적으로 이리저리 움직인다. 그렇지만 보존이나 0 발산도와 같은 연속 성질이 그 쌍인 이산 표현에서 유지될 필요는 없다. 계산과학자들은 변화 미분법(variational differentiation)이나 경계조건의 적용(application of boundary conditions)과 같이 표현의 전환(switch)과 교환(commute)되지 않을 수 있는 연산을 인식하고 있을 필요가 있다. 그러므로 예를 들어 '이산화 후 최적화'는 '최적화 후 이산화'와는 다른 결과를 낼 수도 있다(그리고 일반적으로 자주 그랬다).

4.8 수치적 조건화

수치적 조건화는 계산과학자들의 우선적인 관심대상으로, 이론에 의해 보장받거나 또는 실제로 기대되는 정확도와 많은 알고리즘의 수렴 비율(convergence rate)에 영향을 미친다. 따라서 그것은 과학자가 얼마나 정확한 부동소수점 연산을 채택할 것인지 선택하는 핵심 요인이다. 계산과학의 응용에서 이산 연산자의 조건수는 대개 해가 가진 다중스케일 특징을 해결하는 이산화의 질과 관련된다. 연속 연산자는 무한인 조건수를 가질 수 있고, 따라서 더 큰 해상도와 더 나쁜 수치적 조건수를 가질 수 있다. 특히 타원 연산자의 점진적인 악화 조정(worsening conditioning)은, 출력에서 정교한 파장의 성분들을 더 잘 분해하므로, 반복 횟수가 불량 조건(ill-conditioning)과 함께 커지는 반복법에서 골칫거리가 된다. 주어진 정확도로 문제를 해결하도록 요구되는 계산 작업은 전역에서 초선형적으로 증가하고, 조건수에 의존하는 인자를 곱하는 반복 당 비용에 있어서는 선형적으로 증가한다. 일반적으로 최적화 알고리즘은 오차의 각 성분을 본래의 규모로 다루는 서열 구조를 가져야만 된다.

4.9 중첩-고리 병렬 설계 처리

전통적 계산과학 개발의 모범사례는, 2000년 미국 에너지성에 보고된 그림을 차용한 그림 1에 반영되어 있다. 왼쪽에는 '확인과 검증'의 순환 고리라 부를 수 있는 것이 있다. 오른쪽에는 성능 조정 순환 고리가 있다. 왼쪽 순환 고리는 계산 수학자들의 영역으로, 계산 수학자들은 부동 소수점 연산의 수나 메모리 용량을 최소화하는 가운데 유계인 오차를 옮기는 알고리즘을 유도할 때, 저 메모리는 고르다(flat)와 같은 편리한 가정을 만들기도 한다. 오른쪽 순환 고리는 알고리즘에 대한 수학적 명세서를 받아 성능과 실행시간에서 알고리즘의 구현을 최적화하는, 컴퓨터 공학자(그리고 궁극적으로는 설계자)의 영역이다. 전례 없는 학제 간 SciDAC 프로그램의 출범을 돕기 위해 이 체제가 소개 되었던 때에 보통 이 순환 고리는 순차적인 것으로 구상되었다. 처음에는 확인과 검증 순환 고리가 수렴하고 성능 조정이 다음으로 수렴하여, 그 결과 과학적 발견의 계산 도구가 된다. '병렬 설계(codesign)'는 갈수록 범용 과학계산 환경에서 더 많이 실행될 임베디드 시스템(embedded system)으로부터 나온 고전적 개념이다. 독립된 설계가 중요한 성능과 효율성 개선을 유지한다는 인식에 기초하여 병렬 설계는 이러한 알고리즘과 성능의 순환 고리들 주변에 바깥 순환 고리를 위치시킨다. 예를 들어 중요한 SIMD화를 가진 하이브리드 하드웨어의 개발에 대하여 비구조화된 격자 편미분방정식은 좋은 이산화가 아닐 수 있다. 그러한 피드백은 예를 들어 어떤 환경에서 격자 볼츠만 방법의 고려를 이끌어 낼 수 있다.

4.10 계산에서 이해까지

하드웨어의 성능이 기하급수적으로 개선됨에 따라, 행태에 대하여 일반화할 수 있는 이해를 드러낼 수 있게끔 모의 체계를 반복적으로 영리하게 '찔러 보는' 것을 수단으로 하여, 계산적 모형화는 과학이 되는 호사를 누렸다. 역사적으로 계산과학 연구는 하드웨어의 능력과 모델링하려는 시스템의 복잡함의 차이에 의해 휘둘렸다. 전체 시스템의 한 성분을

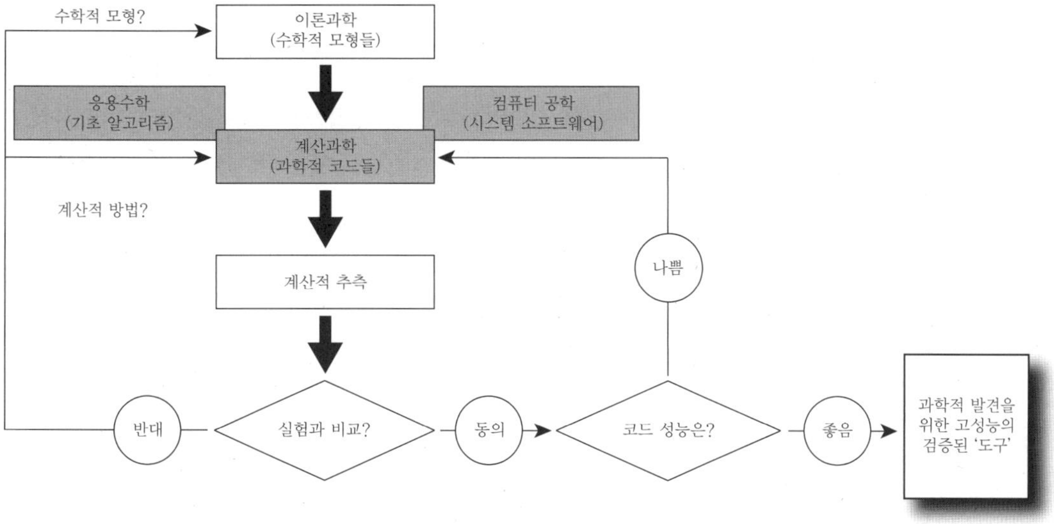

그림 1 2000년에 SciDAC 프로그램을 출범시킨 순서도. 쏨 듀닝 주니어(Thom Dunning Jr) 제공.

고립시키고 알고리즘과 소프트웨어 그리고 하드웨어의 개선을 통해 계산 능력을 향상시키는 데 모든 노력이 집중되었다. 이것은 필연적으로 무시된 짝(ignored coupling)에 대한 가정의 적용을 포함한다. 예를 들어 해양 모델은 대기의 힘에 대한 단순한 가정과 함께 실행할 수 있다. 오늘날 영향력이 큰 성분들은 적은 수의 짝만을 분리시키는 복잡한 시스템으로 재통합된다. 예를 들어 해양과 대기 모형은 질량, 운동량, 그리고 다양한 형태의 에너지의 플럭스를 통과시킴으로써 그들 사이의 접촉면을 통해 서로에게 영향을 끼친다. 향상된 계산 능력과 메모리를 가지고, 이 복잡한 시스템은 불확실성에 대해 부분적으로 정량화할 수 있고, 합동 실행(ensemble run)에 참여함으로써 실제 실험의 자격을 갖는다. 입력을 조절함으로써 '~라면 어떤가(What if)'라는 질문을 제기하고 실행할 수 있다. 때로는 새로운 수학에 의해 매 단계에서 이런 진보가 힘을 받고, 결국 그것은 새로운 질문을 만들어 낸다. 능력 개발에 있어 핵심은 계산 복잡도를 줄이는 것이다. 성분들의 결합에 있어 핵심은 오차와 안정성 분석의 균형을 잡는 것과 복잡도를 줄이기 위한 지속적인 노력이다. 끝으로 핵심은 불확실성 정량화와 관측으로부터 얻은 가정의(궁극적으로는 이론적으로 증명할 수 있거나, 혹은 실제 세상에서 조절된 실험적 검사에 부합하는 가정들의) 수식화에 있다.

4.11 '다중'

계산과학에서 교차 활용되는 주제들(cross-cutting themes)에 대한 논의는 '다중(multis)'이라는 목록에 편리하고 기억하기 쉽게 요약할 수 있다. 보통 과학적이거나 공학적인 응용들은 본질적으로 다중 물리학(multiphysics)적이고, 다중규모(multiscale)이며, 그리고 다중차원(multidimensional)을 갖는다. 이들을 다루기 위한 알고리즘은, 다중모형의 상호작용을 사용하여, 개량에 대한 다중레벨과 다중정확도에 있어 주로 계층적이다. 따라서 이들은 다중코어

(multicore) 노드를 가진 멀티노드 분산 시스템에서 다중통신규약(multiprotocol) 프로그래밍 스타일로 구현해야 되는데, 이 모든 것들은 수학자들이 중요한 가교역할을 할 다중학제적(multidisciplinary) 접근을 필요로 한다. 다음 절에서 다중 물리학에 대해 면밀히 살펴볼 것이다.

4.12 소프트웨어에서의 캡슐화

하나 혹은 그 이상의 드워프가 표현하는 대상들이나, 기술적으로 잘 만들어진 소프트웨어 패키지를 가진 계산과학의 알고리즘, 그리고 그 응용이 갖는 복잡도에 대응하고자 하는 노력이 많이 있었다. 과학계산을 위한 휴대용 확장가능 도구 세트(The portable extensible toolkit for Scientific computing, PETSc)는, 아르곤 국립연구소(Argonne National Laboratory)로부터 자유롭게 내려받을 수 있는 데이터 구조와 루틴*으로 1992년 이래로 계속해서 발전하고 있으며, 일반 병렬 프로그래밍의 원형뿐만 아니라, 행렬과 벡터 인터페이스, 선형과 비선형, 그리고 과도기 문제들에 대한 해법을 포함한다. PETSc는 실험의 용이성을 강조한다. PETSc의 강한 캡슐화 설계는 결합문제(coupled problem)들에 대해 실행시간 동안 사용자가 여러 방법들을 서열 구조로 구성하도록 허락한다. 비교적 최근의 몇 가지 성분들은 다중 물리학과 다중레벨 방법에 대한 결합 가능성을 실질적으로 개선하고 있다. 예를 들어 DMComposite는 결합문제들에 대하여 분산-메모리 객체를 함수 공간과 연결하는 작업의 대수적 측면을 조정하고, 잉여 평가(residual evaluation)를 위해 그것을 분해하며, 결합함수공간에 작용하도록 선형 연산자를 설정하는 방법으로 다룬다. 전반적인 지식을 요구하거나 미리 행렬의 형태를 정하지 않고 개별적인 물리적 성분들을 전역행렬의 일부로 조립할 수 있게 만드는 행렬 조립식 인터페이스를 사용할 수 있다. 사전 조정자(preconditioner)** FieldSplit는 블록 완화나 근사 블록 인수분해(조밀한 파도에 대한 '물리-기반' 사전 조정자나, 비압축적인 흐름에 대한 블록 사전 조정자에서와 같이)를 사용하여 선형블록시스템의 해를 찾는다. FieldSplit는, 기하학적 또는 대수적 다중격자 사전 조정자를 포함하여, 다른 사전 조정자 내부에서 중첩될 수 있고, 서열 구조의 생성과 실행시간 선택사항으로 드러난 다른 대수적 선택들을 갖는다. 최근 TS 성분의 개선은 암시적-명시적 시간 통합 체계(implicit-explicit time integration scheme)를 지원한다. 이런 능력을 채택한 다중 물리학의 응용은 암석역학, 맨틀 대류와 섭입, 대륙 빙하 역학, 지하 반응 흐름, 토카막 융합(tokamak fusion), 중규모 물질 모형화, 그리고 전력망을 포함한다.

5 다중 물리학 모형

다중 물리학 시스템은 다중으로 결합된 성분들로 이루어져 있고, 각 성분은 진화 또는 평형에 대한 그들 자신의 원리(보통 보존과 구성 법칙)에 따라 통

* 컴퓨터 명령어들의 집합.—옮긴이

** 사전 조정(preconditioning) 이라 불리는 작업은, 주어진 문제를 수치적 해법에 좀 더 적당한 형태로 만들기 위해 본래 조건을 변형하는 작업으로, 보통 조건의 수를 줄여 준다.—옮긴이

제된다. 다중 물리학 모의실험은 수학적 풍부함을 보유하는 계산과학의 영역이다. 개별 모의실험을 결합하는 것은 안정성, 정확성 또는 경도(robustness)에 있어, 개별 성분에 의해 부과된 제약보다 엄격한 제약을 만들어 낼 수 있다. 그런 체계의 주된 분류는 결합이 대량으로 발생하는지의 여부(예를 들어 개별 성분의 중첩 영역에서 유효한 본래 항들이나 구성요소인 관계를 통해) 또는 저차원의 이상적인 인터페이스 위에서나 좁은 완충지대 위에서 (예를 들어, 플럭스나 압력 혹은 전위들이 소통하는 경계 조건을 통해) 결합이 발생하는지 여부이다. 자신만의 광범위하게 개발된 학문을 소유한 대량-결합 다중 물리학 시스템의 전형적인 예로는 천체 물리학의 유체역학을 따르는 방사선학(방사선-유체역학 또는 'rad-hydro'), 플라즈마 물리학의 유체역학을 따르는 전자기학(자기유체역학, magnetohydrodynamics), 연소 또는 저류의 이동 수단을 가진 화학반응학(반응성 이동, reactive transport) 등이 있다. 인터페이스-결합 다중 물리학 시스템의 전형적인 예들은 지구물리학의 해양-대기역학, 공력 탄성학에서 유체-구조 역학, 토카막에서의 핵-가장자리 결합들이다. 이런 전통적 다중 물리학 시스템 이외에도 중요한 구조적 특징을 공유하는 것은 많이 있다.

다중 물리학 문제의 급소를 보여 주는 가장 단순한 두 방정식계는 결합 평형문제

$$F_1(u_1, u_2) = 0, \qquad (1a)$$

$$F_2(u_1, u_2) = 0 \qquad (1b)$$

과 결합 진화문제

$$\partial_t u_1 = f_1(u_1, u_2), \qquad (2a)$$

$$\partial_t u_2 = f_2(u_1, u_2) \qquad (2b)$$

이다. (2*a*)-(2*b*)가 시간에 대해 반이산화(semi-discretized)가 되면, 이 진화문제는 (1*a*)-(1*b*)의 형태를 갖고, 순차적으로 해결되어 이산 시간 집합에서 해 $u(t_n)$을 얻는다. 이때 일반적으로 u는 다중 물리해를 나타내는데, 이 해는 아래첨자 $u = (u_1, \cdots, u_{N_c})$로 표현되는 다중 성분을 갖는다. 여기에서는 $N_c = 2$인 가장 단순한 경우이다.

우선 야코비 행렬 $J = \partial(F_1, F_2)/\partial(u_1, u_2)$는 어떤 의미에서 대각 우세(diagonally dominant)이고, $\partial F_1/\partial u_1$과 $\partial F_2/\partial u_2$는 정칙이라 편의상 가정하자. 이 가정은 이미 과거에 개별적으로 해결된 두 개의 타당한(well-posed) 시스템으로부터 결합된 경우에는 자연스럽다. 평형문제에서 F_1과 F_2를 잉여(residuals) 성분, 그리고 진화문제에서는 f_1과 f_2를 경향(tendencies) 성분이라 부른다.

이런 결합시스템에 접근하는 해의 선택은 고찰의 횟수에 의존한다. 현실적인 관점에서, 성분의 해에 대해 존재하는 코드들은, 분리된 성분을 사용하는 첫 번째 다중 물리학 모의실험에 이르는 효율적인 경로로서 연산을 분할하는 이유가 된다. 그렇지만 이 접근법은 성분 사이의 강한 결합을 무시할 수 있다. 성분 사이의 강한 결합을 보장하는 해는 비선형 문제-정의 함수(problem-defining function) F_i들과 그것의 도함수들에 대해 매끈함이나 연속성을 필요로 한다.

전통적 다중 물리학 알고리즘은 두 단일물리학(uniphysics) 문제의 통합을 보존한다. 곧, 주어진 두

번째 미지수에 대해 첫 번째 방정식을 풀어 첫 번째 미지수를 구하고, 첫 번째가 주어지면 두 번째 미지수를 위해 두 번째 방정식을 푼다. 다중 물리학 결합은 문제의 쌍들마다 반복적으로 고려되는데, 보통 가우스-자이델(Seidel) 방식(알고리즘 1을 보라)을 사용하고, 상황에 따라 선형 또는 비선형적으로 참작된다. 여기서 위첨자는 반복을 나타내기 위해 사용하였다.

알고리즘 1 (가우스-자이델 다중 물리학 결합).

Given initial iterate $\{u_1^0, u_2^0\}$

for $k = 1, 2, \cdots$ until convergence **do**

Solve for v in $F_1(v, u_2^{k-1}) = 0$; set $u_1^k = v$

Solve for w in $F_2(u_1^k, w) = 0$; set $u_2^k = w$

end for

마찬가지로 진화문제에 대한 가장 간단한 접근법은 영역에서 영역으로의 접근법을 적용하는 것으로, 해에서 1계 시간 분리 오차(first-order-in-time splitting error)를 남겨 놓는 방식이다. 시간 마디 $t_0 < t_1 < \cdots < t_N$에서 해의 값을 만드는 과정에 대한 고-수준 언어를 알고리즘 2에 나타낸다. 여기서, 기호 $u(t_0), \cdots, u(t_N)$은 이산 시간 단계를 나타낸다. 시간에서 해의 값들에 시차가 있도록 만드는 대안도 있다.

알고리즘 2 (다중 물리학 연산 분리).

Given initial values $\{u_1(t_0), u_2(t_0)\}$

for $n = 1,2, \cdots, N$ **do**

Evolve one time step in $\partial_t u_1 + f_1(u_1, u_2(t_{n-1})) = 0$ to obtain $u_1(t_n)$

Evolve one time step in $\partial_t u_2 + f_2(u_1(t_n), u_2) = 0$ to obtain $u_2(t_n)$

end for

잉여성분이나 경향성분 그리고 그것의 도함수들이 충분히 매끄럽고(곧 연속함수이고), 성분들의 기존 코드를 넘어서는 적은 양의 해법 코드를 작성하고 싶다면, 평형 문제와 암시적 이산시간 진화 문제(Implicitly time-discretized evolution problem) 모두에게 좋은 알고리즘은 야코비프리 뉴턴-크릴로프(Jacobian-free Newton-Krylov) 방법이다(아래를 보라). 여기서 문제들에 있는 모든 성분들을 포함하는 단일 잉여성분을 이용하여, 그 문제를 식으로 표현하였다.

$$F(u) \equiv \begin{bmatrix} F_1(u_1, u_2) \\ F_2(u_1, u_2) \end{bmatrix} = 0 \qquad (3)$$

여기서 $u = (u_1, u_2)$이다. 평형문제와 진화문제 모두에 대해, (3)을 풀기 위한 뉴턴 방법[II.28]의 기본적인 형태는 알고리즘 3에 주어져 있다. 야코비 행렬, 예를 들어

$$J = \begin{bmatrix} \frac{\partial F_1}{\partial u_1} & \frac{\partial F_1}{\partial u_2} \\ \frac{\partial F_2}{\partial u_1} & \frac{\partial F_2}{\partial u_2} \end{bmatrix}$$

에서 비대각 블록의 포함으로 인해 뉴턴의 방법은 '단단히 결합된(tightly coupled)' 것으로 간주된다.

알고리즘 3 (뉴턴의 방법).

Given initial iterate u^0

for $k = 1, 2, \cdots$ until convergence **do**
  Solve $J(u^{k-1})\delta u = -F(u^{k-1})$
  Update $u^k = u^{k-1} + \delta u$
end for

여기서 기술한 연산과 대수적 틀은 많은 분할 정복 전략들과 관련이 있다. 그 전략에서는 (양호한 수렴을 위한 비선형 성분 해법과 사전 조정자를 고안하는 중요한 문제를 제외하고) 결합된 부분문제들이 동일한 영역에서 정의된 다른 방정식으로부터 왔는지, 다른 부분 영역의 같은 방정식으로부터 왔는지, 혹은 다른 부분영역의 다른 방정식으로부터 왔는지 신경 쓰지 않는다. 일반적인 접근법은 전역 문제의 부분공간 내에서 반복적인 교정을 포함한다. 공통적으로 모든 방법은, 개별 물리적 성분에 대해 기성 소프트웨어를 사용하는, '블랙박스' 해법 철학에 순순히 따른다. 차이는 주로 루프의 중첩과 순환내의 서열 그리고 부분공간을 초월하는 어떤 저-비용 보조 연산의 도입과 관련이 있다.

모든 다중 물리학 문제가 쉽고 신뢰성 있게 이런 평형 또는 진화의 틀에 맞춰지는 것은 아니다. 그것들은 선형화에 대해 매끄러운 연산들을 가진 결정론적 문제들에 주로 어울린다. 다중 물리학 문제를 식으로 만들 때, 모형 제작자는 가능한 기저에 있는 야코비 행렬을 삼각행렬로 만들거나 심지어 대각화하기 위해 점근성(asymptotics)을 적용하는데, 이때 중요하지 않은 의존성은 분명하게 다듬지만 '결합되지 않음이 증명될 때까지는 결합되었다'라는 보존 규칙을 명심한다. 그 다음 더 단순화하기 위해 다중규모 분석을 적용하여, 역학적으로 모의실험의 목표와 역학적으로 무관한 기법으로부터 완고함을 제거한다.

아마도 비선형방정식계 (3)을 해결하는 가장 단순한 접근법은 고정점 반복법으로, 피카르(Picard) 또는 비선형 리처드슨(Richardson) 반복법으로 알려져 있다. 근-탐색 문제 (3)은 고정점 문제 $u = G(u)$로 변형될 수 있는데, 이것은 예를 들어 고정점 반복 함수

$$G(u) := u - \alpha F(u)$$

를 정의하는 것으로 가능하다. 여기서 α는 보통 1보다 작은 값으로 선택되는 제동 매개변수이다. 그러면 고정점 방법은 점화식

$$u^{k+1} = G(u^k)$$

을 $\|u^{k+1} - u^k\| < \varepsilon$이 얻어질 때까지 반복적으로 적용한다. 만약 반복함수($G(u)$)가 축약(contraction)이면, 즉 만약 모든 고정점 해 u^*를 포함하는 어떤 닫힌 집합의 벡터 u와 v에 대하여

$$\|G(u) - G(v)\| \leq \gamma\|u - v\|$$

를 만족하는 어떤 $\gamma \in (0, 1)$가 존재하면, 고정점 반복법은 수렴이 보장된다. 그렇지만 이 수렴은 보통 선형이고, 좋은 추정된 초깃값을 가지고도 느릴 수 있다.

뉴턴의 방법(알고리즘 3)은 2차 정도의 빠른 수렴을 제공한다. 그렇지만 알고리즘 3에서 δu의 직접적인 계산은 대규모 문제인 경우 고비용이 들 수 있다. 비정밀(inexact) 뉴턴 방법은, 허용 오차 ε_k의 어떤 집합에 대하여 오직 $\|J(u^{k-1})\delta u + F(u^{k-1})\| < \varepsilon_k$만

을 요구하는, 반복법으로 δu를 계산하는 것을 허용하는 방식으로 알고리즘 3을 일반화한다. 뉴턴-크릴로프 방법은 비정밀 뉴턴 방법의 변형으로, 크릴로프 부분공간 방법으로 δu를 계산한다. 크릴로프 부분공간 방법이 요구하는 것은 야코비 행렬과 벡터의 곱 $J(u^k)v$를 계산하는 방법뿐이므로, 이 선택은 유리하다. 이렇게 행렬과 벡터의 곱에만 의존하는 것의 결과는 이런 방향 도함수들은 근사될 수 있고 야코비 행렬 $J(u^k)$ 자체는 절대 필요치 않다는 것이다. 야코비프리 뉴턴-크릴로프 방법은, 그 곱들에 대하여 유한 차분 근사

$$J(u^k)v \approx \frac{F(u^k + \sigma v) - F(u^k)}{\sigma}$$

을 이용하는 접근법을 활용한다. 여기서 σ는 주의 깊게 선택된 차분 모수(differencing parameter)이고 F는 충분히 매끄럽다. 이런 전문화는 야코비 행렬의 계산과 확인의 필요성을 제거함으로써 비정밀 뉴턴 방법의 사용을 가능하게 만든다. 물론 야코비프리 뉴턴-크릴로프 방법의 효율성은 안쪽의 크릴로프 부분공간 방법의 사전 조정에 의존하고, 비선형 반복 진행과 같은 야코비 행렬에서의 변화는 낮은 설정 비용을 갖는 사전 조정자를 장려한다. 비정밀 뉴턴 방법의 실행은 위에서 언급한 PETSc를 포함하여 몇몇 고성능 소프트웨어 라이브러리에서 가능하다.

고정점 그리고 비정밀 뉴턴 방법은 완전히 결합된 방식으로 다중 물리학 문제를 푸는 데 사용될 수 있지만, 알고리즘 1과 2 같은 결합전략의 이행에도 또한 사용될 수 있다. 성분들 중 하나에 대한 음해법(implicit method)으로, 선형 또는 비선형 슈어 보수식(Schur complement formulation)에서 그 성분을 직접 소거할 수 있다. 평형 방정식계 (1a)의 첫 번째 등식에서, u_2가 주어졌을 때, u_1의 직접 소거 과정은

$$u_1 = G(u_2)$$

와 같이 기호로 표현할 수 있다. 이것을 가지고 두 번째 등식 (1b)는 식

$$F_2(G(u_2), u_2) = 0$$

으로 잘 정의된다. 이 과정의 모든 반복은 (이론상 높은 허용 오차에 대해) 첫 번째 방정식을 풀기 위해 부분 반복을 필요로 한다. 첫 번째 방정시계가 두 번째보다 훨씬 간단하거나 쉬운 것이 아니면, 이것은 효과적인 알고리즘이 아닐 수 있으나, 분명한 이점이 있을 수 있다.

문제들이 선형이면,

$$\left.\begin{aligned} F_1(u_1, u_2) &= f_1 - A_{11}u_1 - A_{12}u_2, \\ F_2(u_1, u_2) &= f_2 - A_{21}u_1 - A_{22}u_2 \end{aligned}\right\} \qquad (4)$$

등식 $F_2(G(u_2), u_2) = 0$은 전통적 슈어 보수

$$S = A_{22} - A_{21}A_{11}^{-1}A_{12}$$

를 포함한다. 문제가 비선형이고 뉴턴 방법이 바깥 반복에서 사용되면, 야코비 행렬

$$\frac{\mathrm{d}F_2}{\mathrm{d}u_2} = \frac{\partial F_2}{\partial u_1}\frac{\partial G}{\partial u_2} + \frac{\partial F_2}{\partial u_2}$$

는 부호를 제외하고 슈어 보수와 같다.

진화 문제에 대해 비슷한 과정(procedure)을 정의할 수 있다. 진화 문제는 각 단계가 암시적(implicit)일 때 매 시간 단계에서 항등행렬이나 질량행렬이 부가된 야코비 행렬을 갖는 수정된 근-탐색 문제가 된다.

두 성분에서 비선형성의 종류가 다르면, 더 나은 방법은 비선형 슈바르츠(Schwarz) 방법 또는 ASPIN(additive Schwarz preconditioned inexact Newton) 방법일 수 있다. 비선형 슈바르츠 방법에서, 성분 부분문제를 (뉴턴 혹은 다른 수단으로) 성분별 교정

$$F_1(u_1^{k-1} + \delta u_1, u_2^{k-1}) = 0,$$
$$F_2(u_1^{k-1}, u_2^{k-1} + \delta u_2) = 0$$

에 대하여 풀고, 두 영역의 수정된 잉여함수를

$$G_1(u_1, u_2) \equiv \delta u_1,$$
$$G_2(u_1, u_2) \equiv \delta u_2$$

로 정의하기 위해 위의 기존의 성분별 과정을 암묵적으로 이용한다. 그런 다음 수정된 근-탐색 문제

$$G_1(u_1, u_2) = 0,$$
$$G_2(u_1, u_2) = 0$$

을 푼다. 수정된 문제를 풀기 위해 알고리즘 3을 사용하면, 야코비 행렬은

$$\begin{bmatrix} \frac{\partial G_1}{\partial u_1} & \frac{\partial G_1}{\partial u_2} \\ \frac{\partial G_2}{\partial u_1} & \frac{\partial G_2}{\partial u_2} \end{bmatrix} \approx \begin{bmatrix} I & \left(\frac{\partial F_1}{\partial u_1}\right)^{-1} \frac{\partial F_1}{\partial u_2} \\ \left(\frac{\partial F_2}{\partial u_2}\right)^{-1} \frac{\partial F_2}{\partial u_1} & I \end{bmatrix}$$

이고, 이것은 비대각성분에서 교차결합(cross-coupling)의 영향을 분명히 보여 준다. 실제로 안쪽의 반복은 고비용이 들 수 있으므로, 바깥의 뉴턴 방법은 ASPIN이 가치가 있으려면 적은 횟수 안에 수렴해야만 한다. 비선형 슈바르츠 방법에서, 전역 미지수를 순수한 물리적 직선들을 따라 u_1과 u_2로 나눌 필요는 없는데, 그 이유는 전역 미지수가 기존의 코드들의 쌍으로부터 온 것이라면, 그렇게 될 것이기 때문이다. 전역변수들을 겹 부분집합들로 분할할 수도 있고, 작은 뉴턴 문제를 많이 얻기 위해 그 분해를 반복적으로 적용할 수도 있다. 비선형 슈바르츠 방법의 편리성의 핵심은 바깥쪽 반복은 야코비 행렬이 필요 없고, 안쪽 반복은 기존의 해법을 포함할 수 있다는 것이다. (이것은 안쪽 사전 조정자가 기존의 해법을 포함할 수도 있는 야코비프리 뉴턴-크릴로프 방법에 대해서도 참이다.)

결합 다중 물리학 문제의 선형 또는 비선형 블록 가우스-자이델 해에 대한 오차의 한계는 야코비 행렬의 비대각 블록들이 어떻게 그 분석에 들어가는지 보여 준다. 물리-블록화 사전 조정된 방정식계(physics-blocked preconditioned system)의 야코비 행렬식이

$$\begin{bmatrix} I & A_{11}^{-1}A_{12} \\ A_{22}^{-1}A_{21} & I \end{bmatrix}$$

인, 선형인 경우(4)를 생각해 보자. 결합 블록의 곱을 정사각행렬 $C \equiv A_{11}^{-1}A_{12}A_{22}^{-1}A_{21}$로 정의해보자. 그러면 그것의 노름(norm)은 $\|C\| \le \|A_{11}^{-1}\| \, \|A_{12}\| \, \|A_{22}^{-1}\| \, \|A_{21}\|$로 유계될 수 있다. $\|C\| \le 1$이면, 물리-블럭화 가우스-자이델 방법(알고리즘 1)으로 얻은 (4)의 해에 대한 어떠한 선형 범함수도, (4)의 개별 물리 블록들의 잉여로 표현된, 편하게 계산할 수 있는 부등식을 만족한다. 한계(bounds)를 계산하는 비용은 단일물리(uniphysic)의 잉여로부터 나온 벡터들과 관심대상인 선형 범함수를 정의하는 쌍대벡터들에 대한 단일물리 역연산자 A_{11}^{-1}과 A_{22}^{-1}의 작용을 포함한다. 블록 가우스-자이델 방법을 충분히 반복하여 만족할 만큼의 정확한 출력값을 산출했다는 신뢰감을 주는 한계는 그 점들의 값이거나, 평균, 플럭스, 또는 그와 유사한 값이다. 단일물리 연산의 역

연산으로서 요구되는 작용은 각 상태에 대한 음해법(implicit method)의 이차곱(by-product)이다. C를 구성하는 각 물리 상태로부터 얻는 야코비 행렬이 각 블록 가우스-자이델 반복에서 바뀔 수 있다는 것을 제외하고는 비선형의 경우도 비슷하다.

크릴로프 부분공간 방법이 사용되는 경우에는 항상 사전 조정이 효율성을 위해 필수적이다. 선형계의 사전 조정에 대한 블랙박스 대수 전략의 발전에서 괄목할 만한 성공이 있었지만, 다중 물리학 문제의 사전 조정자는 일반적으로 손으로 설계할 필요가 있다.

널리 사용되는 접근법은 방정식계의 야코비 행렬의 블록 대각 근사를 사용하는 것이다. 개선된 성능은 일반적으로 사전 조정자에서의 강한 결합은 포함하고 약한 복합은 남겨두어 바깥쪽 크릴로프/뉴턴 방법에 의해 해결되도록 만듦으로써 얻을 수 있다. 그러한 접근법은 일반적으로 중요한 결합을 내포하는 슈어 보수에 대한 규명을 이끌어 내고, 접근법의 성공은 슈어 보수의 신중한 근사에 달려있다.

6 대규모 모의실험의 해부학적 구조

난류 반응 흐름(turbulent reacting flow)의 다중 물리학 응용을 논의하는 것으로 계산과학의 많은 주제들을 설명하겠다. 알맞게도 계산과학과 공학의 첫 ACM-SIAM 상은 2003년 로렌스 버클리 국립 연구소의 두 명의 과학자가 해석적이고 수치적인 기법의 반복을 통해 이 어려운 문제를 해결한 공로로 수상하였다. 유체 난류와 화학적 반응의 조합이 갖는 과학적 풍성함을 떠나서, 난류염(turbulent flame)은 (피스톤식) 왕복기관, 터빈, 용광로, 그리고 소각로와 같은 장치를 효율적으로, 환경에 최소의 충격을 주도록 설계하는 핵심에 있다. 난류염 동역학의 효과적인 성질들은 건물이나 들불에서의 화재 확산, 항성 역학, 화학 처리를 포함하는 도전적인 대규모 모의실험의 다양한 범위에서 모형의 입력 자료로도 요구된다.

그런 모의실험에서 첫 단계는 반응 흐름 모형을 명확히 하는 것이다. 반응 흐름의 본질적 특징은 유체 내의 직관적으로는 알 수 없는 위치에서 일어나는 화학적 반응들의 집합이다. 이런 반응들은 화학 제품들뿐만 아니라 온도와 압력의 변화를 만들고, 서로 결합하여 흐름의 역학을 만든다. 따라서 반응에 대한 정확한 기술은 화염의 모양과 성질을 예측하는 데 중요하다. 동시에 반응하는 화학종(chemical species)을 반응지역으로 옮기고, 또 반응의 생산물과 해방된 에너지를 반응지역으로부터 빼내는 것은 유체 흐름이다. 반응지역의 위치와 모양은 종과 에너지 그리고 운동량 플럭스의 미묘한 균형에 의해 결정될 뿐 아니라, 어떻게 이런 플럭스들이 계산 영역의 경계에서 특화되는지에도 매우 민감하다. 소용돌이 없는 층류 상태(laminar state)에서 갖는 영역보다 훨씬 넓은 반응 영역이 주어지면, 난류는 반응 영역을 주름지게 할 수 있다. 따라서 소용돌이의 강렬함에 대한 부적절한 예측은 반응의 규모를 축소 혹은 확대 표현할 수 있다.

첫 번째 원리들에 의해, 분자들의 반응은 **슈뢰딩거 방정식**[III.26]으로 표현되고, 유체의 흐름은 **나비에-스토크스 방정식**[III.23]으로 표현된다. 그렇지만 이런 방정식 집합의 각각은 직접 풀기가 매우 어려워서, 근사에 의지할 수밖에 없다. 이런 근사 방법은 화염을 기술하는 데 사용하는 계산 모형을 정의한다. 메탄의 연소에 대하여, 84가지 반응 가운데 선택된 한 집합은 21가지의 화학종(메탄, 산소, 물, 이산화탄소, 그리고 많은 추적 산물과 반응중간체)을 포함한다. 압축 가능한 나비에-스토크스 모형에 특히 유용한 근사는 반응을 형성하는 대류, 확산, 그리고 확장 효과에 대한 자세한 고찰을 허용하는 반면, 화염 실험실 내에서 연소에 측정 가능할 정도의 영향을 끼치지는 않는 문제를 만드는 음파를 걸러내 제거한다. 이와 같은 모형의 선택은 상황별 전문가(context-specific expert)의 판단을 요구한다. 예를 들어, 제트 터빈 모의실험에서, 음파는 그 문제의 에너지 수지(energy budget)에 대해 무시할 수 없는 부분을 나타낼 것이고 모형화해야 할 필요가 있을 것이다. 하지만 제트 실험에서 덜 복잡한 화학 반응 기계장치를 사용하는 것이 화염 안정성, 추력, 소음, 그리고 비슷한 것들과 관련한 질문에 답하는 데 타당할 (그리고 가격 면에서 효과적일) 것이다. 다른 한편으로 대기 오염이 조사의 중요 주제라면, 심지어는 좀 더 많은 감광성 추적 종(photosensitive trace species)을 포함하는 더 자세한 화학 모형이 요구될 수도 있다. (화학 모형의 개발과 모의실험 예측의 확인은 흥미로운 과학적 이야기를 만들지만, 여기서 언급하기에는 너무 길다.)

계산과학과 공학에서 첫 ACM-SIAM 상을 이끈 계산은 국가 에너지 연구 과학계산 센터(National Energy Research Scientific Computing Center)에 있는, 2048개 정도의 프로세서를 가진 IBM SP 슈퍼컴퓨터 '시보그(Seaborg)'에서 시행되었다. 비록 그

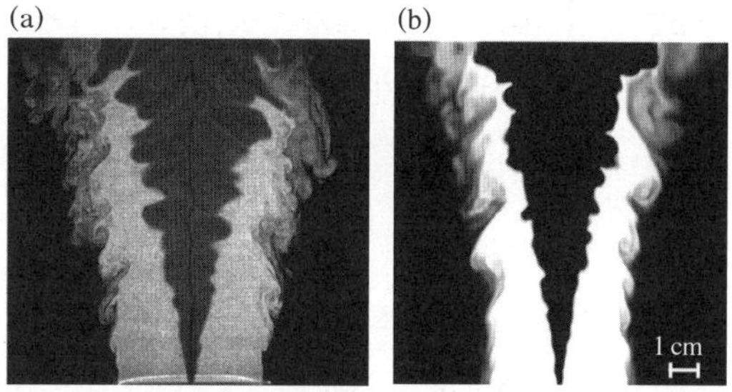

그림 2 (a)V 불꽃 난류에 대한 실험 입자 영상 유속계(particle image velocimetry)의 단면도와 (b)모의실험의 비교. 벨(J. B. Bell) 등에 의해 '실험실 규모의 V-불꽃 난류의 수치적 모의실험'으로부터 재현(《Proceedings of the National Academy of Sciences of the USA》 102:10,009(2005)).

때 이후로 복잡도와 계산 자원의 규모 모두에 있어서 퇴색하였으나, 당시만 해도 그 계산들은 그때까지 시행되었던 것들 중 가장 까다로운 연소 모의실험 중에 생겼다. 그렇지만 그 계산들을 수행하는 능력은 단순히 (또는 주로) 컴퓨터 기술 개선의 결과는 아니다. 오히려 알고리즘 기술의 개선이 계산을 가능하게 만드는 데 좀 더 중요하였다. 위에서 언급한 것처럼, 수학적 분석이 유체 흐름을 기술하는 방정식을 재구성하는 데 사용되어, 화학 반응 때문에 압축성 효과는 유지된 반면, 고속 음향의 과도상태를 분석적으로 제거하였다. 그 결과로 얻은 유체 흐름 모형은 높은 정확도의(high-resolution) 유한 차분법을 유한 차분 격자의 영역이 전체 계산 효과를 극대화하기 위해 체계적인 방식으로 스스로 조밀해지거나 또는 성글어지는 지역 적응 격자 분할법(local adaptive mesh refinement)과 함께 사용하여 이산화되었다. 그 이행에는 복잡한 데이터 분포와 천 배의 병렬성을 효과적으로 활용하기 위해 필요한 역동적 부하조절을 다루는 객체지향 메시지-전달 소프트웨어 개발환경(software framework)이

사용되었다. 모의실험의 결과를 탐구하고, 이해를 이끌어 낼 시각적 이미지를 만드는 데 사용한 데이터 분석의 뼈대는 컴퓨터 공학에서 '스크립트 언어(scripting language)'의 최근 발전을 기초로 한다. 이런 알고리즘 혁신들의 조합은 표준 균일 격자 방식의 접근(standard uniform-grid approach)과 비교하여 동일한 유효 정확도에서의 계산 비용을 만 배 정도 줄였다. (동일한 조건으로 준비한 일자형 V-불꽃 실험(slotted V-flame)과 3차원 시간-의존 모의실험(time-dependent simulation)의 실현을 나란히 비교한 그림 2를 보라.)

반응 영역이 옮겨지면, 분할(refinement)은 정확도를 역동적으로 늘이거나 줄이면서 자동으로 반응 영역을 추적한다. 불행하게도 메모리를 보존하고 연산의 수를 줄이기 위해 채택된 적응성과 수학적 필터링은 소프트웨어를 더 복잡하게 만들고, 통상적인 알고리즘이 그러했을 것보다 덜 균일하게 수천 개의 프로세서를 사용하고 초당 적은 수의 연산만을 수행하는 계산의 영역으로 실행 코드를 넘겼다. 그 결과 과학적으로 효과적인 모의실험이 저조한 비율로 하드웨어의 이론적 최고 속도에서 시행되었다. 이 경우에 '이론적 최고 속도의 비율'과 같은 지나치게 단순화된 효율 측정이 오해를 불러온 것이다.

각자 다른 관심을 가진 연구자들이 '일방적으로' 연역적 기술서(a priori specifications)들을 아무 때나 소프트웨어에 막 써넣는 전통적인 개발 방식으로는 이런 복잡하고 다재다능한 소프트웨어는 절대로 개발될 수 없다. 이같이 복잡한 모의실험 뒤에는 엄격하게 조직되고 수직적으로 통합된 다중학제 간 팀이 버티고 있다.

7 계산과학의 위대한 도전

복잡한 다중규모 다중 물리학 시스템의 모의실험에서, 계산과학의 많은 '위대한 도전들'이 고성능 컴퓨터의 증가된 능력과 수학에서의 통찰력과 혁신을 기다리고 있다. 다른 시스템을 결정론적으로 그리고 재현 가능하게 모의실험할 수 있는 모든 시스템이 최소한 그 대상 시스템만큼 복잡해야 된다고 주장할 수 있다. 따라서 고성능 계산 환경 그 자체가 모형화해야 되는 가장 복잡한 시스템이다. 계산과학의 가장 위대한 도전은 이 복잡한 모의실험 장치를 사용하기에 충분히 쉽도록 만들어, 다른 분야(예를 들어 연소, 석유 저장소 모형화, 자기 밀폐 핵융합(magnetically confined fusion))의 전문가들인 과학자들이 효과적으로 그것을 사용하게 만드는 것이다. 과학계산에서 60여 년이 넘는 동안, 인류는 모형화해야 되는 시스템의 복잡함과 기계의 복잡함 사이의 간극을 채워 왔다. 폰 노이만은 물리학의 모형들로부터 컴퓨터 하드웨어의 설계에 이르기까지 모든 단계에 기여를 한 개인의 모범이다. 연쇄의 모든 성분이 전달된 후, 남은 도전은 모형들과 기술의 수직적 통합으로, 이것은 결과적으로 계산과학의 이론적 실험을 수행하도록 조작할 수 있는 하드웨어-소프트웨어 정밀 도구를 낳을 것이다.

용어사전

계산과학(과 공학): 컴퓨터를 활용하여 과학적 가설을 탐구하는 수직적으로 통합된 다중학제 간 과정.

계산적 'X' (여기서 'X'는 물리학, 화학, 생물학, 지구과학, 유체역학, 특정 자연과학이나 공학, 구조역학, 또는 전자기

역학과 같은 특정 자연과학이나 공학이다): 'X'로부터 나온 특정 문제에 대한 모형이나, 문제, 기법, 연습에 집중하는 계산과학의 특별한 부분 집합.

과학계산: 계산적 'X'의 다른 유형의 추구에서 (사용하는) 도구들과 기법들의 교집합.

물리적 모형의 강한/약한 결합(strong/weak coupling): 강한 (약한) 결합은 자연 과정에서 본질적인 다른 물리 모형들 사이의 강한 (약한) 상호작용을 나타낸다. 수학적으로 강하게 결합된 다중 물리학 모형의 야코비 행렬에 대한 비대각 블록들은 꽉 차 있거나 비워져 있을 수 있지만, 상대적으로 많은 성분을 포함한다. 반대로 약하게 결합된 다중 물리학 모형은 상대적으로 작은 비대각 성분을 포함한다.

수치적 모형의 단단한/느슨한 결합(Tight/loose coupling): 단단한 (느슨한) 결합은 다른 물리적 모형들을 가로지르는 상태변수(state variable)들의 동기화(synchronization)에 대한 높은 (낮은) 정도를 나타낸다. 단단히 결합된 체계는(때로는 강하게 결합된 체계(strongly coupled scheme)라 불리는) 다른 모형들을 가로지르는 모든 상태변수를 매 순간 가능한 한 동기화된 상태로 유지하는 반면, 느슨하게 결합된 체계는 상태변수들이 시간의 한 단계에서 이동되어 있거나 또는 시간 단계의 일부에서 비틀어져 있는 것을 허용한다.

더 읽을거리

Asanovic, K., R. Bodik, B. C. Cantanzaro, J. J. Gebis, P. Husbands, K. Keutzer, D. A. Patterson, W. L. Plishker, J. Shalf, S. W. Williams, and K. A. Yelick. 2006. The landscape of parallel computing research: a view from Berkeley. Technical Report UCB/EECS-2006-183, Electrical Engineering and Computer Science Department, University of California, Berkeley.

Keyes, D. E., ed. 2003. A science-based case for large-scale simulation: volume 1. Report, Office of Science, United States Department of Energy.

Keyes, D. E., et al. 2013. Multiphysics simulations: challenges and opportunities. *International Journal of High Performance Computing Applications* 27:4-83.

Lax, P. D. 1986. Mathematics and computing. *Journal of Statistical Physics* 43:749-56.

Wilson, K. G. 1989. Grand challenges to computational science. *Future Generation Computer Systems* 5: 171-89.

IV.17 데이터 마이닝과 분석

챈드리카 카맛 *Chandrika Kamath*

1 데이터 분석의 필요성

기술의 발달은 끊임없이 증가하는 엄청난 양의 데이터를 인식 가능하게 만든다. 오늘날 보통 페타바이트(petabytes) 단위로 측정되는 데이터의 양은 그 복잡도로 인해 이미지들이나 동영상, 다변수 시계열(multivariate time series), 구조화되지 않은 텍스트 문서들, 그래프들, 센서 스트림들이나 그물망 자료(mesh data)의 형태로 표현되는 데이터들에 대응되고, 때로는 단일 문제라는 맥락에서 모든 것에 필적한다. 머신러닝이나, 최적화, 패턴 인식, 또는 통계학에서 얻은 수학적 기법들은 이런 데이터들을 분석하여 그것을 이해하고, 그 안에 실존하는 정보들을 활용하는 데 아주 중요한 역할을 하고 있다.

가능한 분석의 형태는 데이터 자체만큼이나 다양하다. 가장 잘 알려진 사례 중 하나는 주어진 문구를 포함하는 문서를 찾아내거나, 목표하는 이미지와 비슷한 이미지를 검색하거나 또는 진실 보관함에서 질문에 대한 답을 찾는 것과 같이 탐색 작업이나 정보검색에서 발생한다. 입력 변수를 출력 변수와 관련지은 역사적 데이터가 주어졌을 때, 출력들이 입력들의 어떤 주어진 집합으로부터 유도된 것인지 그렇지 않은지 결정하길 원하는 것과 같은 또 다른 분석 작업에서는 예측이 핵심이 된다. 예를 들어, 의학 사진들에서 주어진 악성 혹은 양성 종양의 예들에 대하여, 사진 속 종양의 종류를 밝히는 모형을 만들기를 원할 수도 있다. 또는 신용카드 부정사용을 확인하는 모형을 만들고자 신용카드 거래를 분석할 수도 있다. 또 다른 문제에서는 그 핵심이 설명적인 모형을 만드는 것이다. 예를 들어 비슷한 작용을 하는 화학약품들을 그런 작용을 일으키는 것이 무엇인지 이해하기 위해 분류하길 원하거나, 비슷한 영화를 좋아하는 사용자들을 분류하여 다른 영화를 그들에게 추천하는 것이 가능하게끔 할 수도 있다.

데이터 마이닝(data mining)은 데이터의 연관성, 변칙, 패턴, 그리고 통계적으로 분명한 구조를 발견하는 반자동화된 과정이다. 지나친 단순화의 위험을 무릅쓰고, 데이터 마이닝 혹은 데이터 분석은 그림 1에서 보여 주는 것처럼 세 단계를 갖는 것으로 생각할 수 있다. 곧, 데이터의 표현, 차원의 축소, 그리고 패턴의 분류이다.

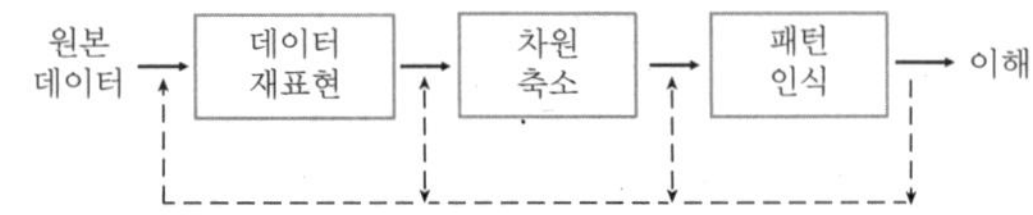

그림 1 데이터 분석의 전 과정을 보여주는 체계도.

표 1 d개의 특성으로 구별되는 데이터 항목 I_i와 잠재적 출력 O_i를 갖는 데이터 표.

	f_1	f_2	$\cdots$	f_d	O
I_1	f_{11}	f_{12}	$\cdots$	f_{1d}	O_1
I_2	f_{21}	f_{22}	$\cdots$	f_{2d}	O_2
$\vdots$	$\cdots$	$\cdots$	$\cdots$	$\cdots$	$\cdots$
I_n	f_{n1}	f_{n2}	$\cdots$	f_{nd}	O_n

먼저 미가공 데이터는 분석에 좀 더 적합한 형태가 되도록 처리한다. 이 과정은 데이터가 이미지의 형태이거나 텍스트 문서이거나, 또는 미가공 데이터에서 대상의 규명이 필요하거나, 그것의 적절한 표현을 찾을 필요가 있는 형태일 때 더욱 필요하다. 데이터를 표현하는 보통의 방법은 표의 형태이다(표 1을 보라). 여기서 각 행은 (문서나 이미지, 은하계, 또는 화합물이 될 수 있는) 데이터 항목을 나타내고, 각 열은 각 데이터 항목을 특징짓는 특성 또는 기술어(descriptor)이다. 이런 특성들은 분석 작업을 반영하기 위해 선택되고, 문서에서 다른 단어들의 빈도수나 이미지의 질감, 이미지에서의 물체의 모양, 또는 화합물을 구성하는 핵종(atomic species)의 성질들을 포함할 수 있다. 때로는 데이터 항목은 (예를 들어 거래가 유효한지 부정인지 나타내기 위해) 이산이거나 또는 (화합물의 생성 엔탈피(enthalpy)를 나타내기 위해) 연속인 출력 변수와 관련될 수도

있다. 예를 들어, 한 문서 속에 나타나지 않은 단어들처럼, 주어진 데이터 항목에 대하여 모든 특성이 가용한 것이 아니면 이 표는 행렬로 간주하여 빈약할 수도 있다.

표의 각 데이터 항목은 특성에 의해 만들어진 공간의 한 점으로 간주할 수 있다. 만약 특성의 수가 많으면, 곧 그 점이 고차원 공간에 있으면 분석이 어려워질 수도 있다. 이때는 데이터의 핵심 성질을 규명하기 위해 차원축소 기법(dimension reduction technique)이 필요하다.

마지막 단계인 패턴 인식은 자주 분석의 핵심으로 여겨진다. 그렇지만 그것의 성공은 그 이전 단계들이 얼마나 잘 이루어졌는지에 매우 의존한다. 데이터 항목을 정확하게 규명하지 않거나 그것들을 부적절한 특성들로 표현하면 데이터에 대한 부정확한 이해를 낳을 수 있다.

데이터 분석의 과정은 반복적이다. 데이터의 표현은 정교해지고, 차원의 축소와 패턴 인식의 단계는 원하는 정확도를 얻을 때까지 반복된다. 또한 데이터 분석은 매 단계에서 제기된 문제에 대한 처리 과정의 적절성을 보장하는 입력을 제공하는 특정 전문가와 상호작용을 한다. 분석되는 데이터의 종류와 제기된 문제에 따라, 데이터의 표현, 차원의 축소, 그리고 패턴 인식의 세 단계는 다수의 수학적 기법들을 사용하여 구현될 수 있다. 이 글의 나머지 부분에서는 몇 가지 기법들을 살펴보고, 다른 영역의 방법들과 그 관련성을 확인하며 앞으로의 경향에 대해 논의해 본다.

2 역사

데이터 분석은 오랜 역사를 가지고 있다. 천체의 움직임을 관찰하여 천체 역학의 법칙들을 이끌어 낸 패턴들을 규명했던 고대 문명으로부터 시작되었다고 말할 수 있다. 통계학에서 초기의 일부 아이디어들은 정부가 좀 더 효율적으로 주민을 관리하기 위해 인구통계학과 경제학 데이터를 수집할 때 발생한 반면, 확률론은 운으로 하는 게임의 연구나 무작위 현상의 분석에서 중요한 역할을 했다. 오늘날 우리가 알고 있는 것처럼, 통계학의 영역은 최소한 몇 백 년 전으로 거슬러 올라간다. 현대의 기준에서는 그 당시 분석하려던 데이터들은 겨우 수백 개로 구성되어 매우 빈약하다. 그렇지만 컴퓨터의 발명 이전에 이런 분석을 했다는 것은 놀랄 만한 업적이다. 그 이후로 이 영역은 데이터의 새로운 원천이나, 분석을 통해 제기된 광범위한 질문들, 그리고 데이터에 대한 색다른 이해를 가져온 다른 영역들에 고무되어 상당히 진화하였다.

데이터의 규모나 복잡도와 관련한 최근의 급증은 1970년대부터 시작되었는데, 이는 기술의 발달로 거대한 양의 데이터의 생성, 보관, 처리가 가능해졌기 때문이다. **양전자 방사 단층촬영기**[VII.9]나 **자기공명 영상**[VII.10 §4.1] 촬영과 같은 의학에서 사용되는 센서부터, 자동차나 과학 실험도구와 같은 장비를 감시하는 센서, 그리고 망원경이나 위성을 통해 우리를 둘러싼 환경을 관찰하는 센서에 이르기까지 센서들은 데이터의 가장 풍부한 원천이 된다. 컴퓨터는 이런 데이터들의 분석을 가능하게 할 뿐 아니라, 이런 데이터의 범람에도 기여하고 있다. 실험이 불가능하거나 비용이 많이 드는 문제들에서 복잡한 현상을 모델링하기 위해 수치적 모의실험이 좀 더 증가하고 있다. 종종 각 격자점에서의 변수들의 형태로 얻을 수 있는 시공간 데이터는 그 현상의 이해를 위해 분석된다. 전 세계의 컴퓨터를 연결하는 인터넷은 가장 새로운 데이터의 원천들 중 하나로 어떻게 세상이 연결되었는지에 대한 이해를 제공해준다. 네트워크의 통신량을 관측하는 센서들이나, 사용자들이 온라인에서 둘러보는(browsing) 패턴을 관찰하는 웹서비스, 혹은 새로운 연결을 만들거나 끊는 것과 같은 역동적으로 변화하는 네트워크 자체에 의해 이런 데이터들이 생성된다.

데이터 분석에서의 작업들 역시 새로운 형태의 데이터나 그 데이터를 요구하는 새로운 질문들, 그리고 사용자들이 데이터와 상호작용하는 새로운 방식들을 다룰 수 있도록 진화하였다. 예를 들어 네트워크 데이터나 이미지들, 모의실험으로부터 얻은 그물망 자료(mesh data), 그리고 텍스트 문서들은 패턴 인식에서 바로 사용할 수 있는 형태가 아니다. 그들은 모두 일차적으로 적절한 표현으로 변환해야만 한다. 많은 데이터 집합의 고차원성은 데이터 집합의 대상이 갖는 중요한 특성들을 밝히는 차원축소 기법의 발달을 이끌어 냈다. 데이터가 동시에 갖는 많은 다른 양상을 분석함으로써 정확성을 개선하려는 열망은 데이터 융합 기법을 낳았다. 좀 더 최근에는, 데이터의 분석은 그들의 세대와 밀접하게 결부되어야 된다는 인식의 결과로 실험 설계의 영역에서부터 개념의 재해석이 발생하였다. 더욱이 데이터 분석이 받아들여지고 그 결과가 의사를 결정하는 데 사용됨에 따라, 놓쳤거나 불명확한 특성들에 초점을 맞추는 기법들이 좀 더 중요해지고, 특히 그 의사결정과 관련된 위험과 보상이 매우 커질 수 있을 때는 불확실성하에서 결정의 이유를 밝히는 수단들이 중요한 역할을 하게 되었다.

이런 새로운 데이터의 원천들과 그 데이터에 대한 참신한 질문들과 함께, 다른 영역들도 데이터 분석의 광범위한 분야에 기여하기 시작했다. 통계학과 더불어 패턴 인식 영역의 발달은 신호와 이미지의 패턴에도 집중하고 있을 뿐만 아니라, 인공지능과 머신 러닝에 대한 연구는 인간의 추리를 흉내 내고자 노력하고 있으며, 규칙 기반 시스템(rule bases system)의 발달은 데이터들로부터 의미 있는 규칙을 추출하는 데 사용되어 왔다. 좀 더 최근의 데이터 마이닝과 관련한 분야는 원래 데이터베이스의 효율적 활용이라는 필요성에서 시작하였으나, 그것 역시 웹 마이닝(web mining)이나, 과학 데이터 마이닝, 텍스트 마이닝, 또는 그래프 마이닝과 같은 특별한 주제로 발달하였다. 도메인 과학자(domain scientist)들 역시 데이터 분석에 그들의 아이디어를 제공하는 것으로 기여했다. 그 결과 데이터 분석은 동일한 알고리즘이 다른 영역에서 다른 이름으로 알려지고, 한 영역에서 제안된 기법이 다른 영역에서의 기법의 특수한 경우로 발견되는 예들로 가득 차게 되었다. 데이터로부터의 추론 과정은 데이터에 대한 각자의 관점을 제공하고, 그 과정에서 다양한 수학적 기법으로 데이터 분석을 풍요롭게 만든 다른 영역들의 기여로부터 많은 도움을 받았다.

3 데이터 표현

많은 패턴 인식 알고리즘은 표 1과 같은 표 형식의

데이터를 필요로 한다. 그렇지만, 미가공 데이터가 특히 이미지들이나, 시계열, 문서들 또는 네트워크 데이터의 형태로만 가능할 때는 데이터 분석가들에게 이런 형태의 데이터가 주어지는 것은 아주 드물다. 분석에 적합한 표현으로 데이터를 변환하는 것은 분석에 대한 어떤 시도에서나 결정적인 첫 번째 단계이다. 그러나 그런 표현이 문제나 데이터의 형태 또는 질에 매우 의존하기 때문에 이 작업은 매우 까다롭다. 영역과 문제에 의존하는 방법들을 보통 사용하며, 분석 결과가 받아들여질 때까지 표현은 반복적으로 개선된다.

대상을 확인하기 어렵게 만드는, 노이즈에 의해 손상된 이미지의 질을 개선하는 문제를 생각해 보자. 간단한 해법은 **평균값 필터**(mean filter)를 적용하는 것이다. 3×3 필터의 경우, 이것은 이미지를

$$\frac{1}{9}\begin{pmatrix} 1 & 1 & 1 \\ 1 & 1 & 1 \\ 1 & 1 & 1 \end{pmatrix}$$

과 합성곱(convolving)함으로써 각 이미지 화소를 그 화소와 그것의 8개의 이웃 화소의 가중치 평균으로 대치하는 것으로 생각할 수 있다. 평균값 필터는 그것의 받침(support) 내의 모든 화소에 동일한 가중치를 부여하는 반면, 표준 편차 σ_{d}를 갖는 2차원 가우시언 필터(Gaussian filter)

$$w_{\mathrm{d}}(p_i, p_j) = \frac{1}{2\pi\sigma_{\mathrm{d}}^2}\exp\left(-\frac{\|p_i - p_j\|^2}{2\sigma_{\mathrm{d}}^2}\right)$$

은 화소 p_j가 화소 p_i와 멀리 떨어져 있을 때는 낮은 가중치를 부여한다. 좀 더 최근에 개발된 **양방향 필터**(bilateral filter)는 각 화소 근방의 정의역과 치역 모두에 이 아이디어를 적용한다. 이 필터의 각 가중치는 대응하는 가중치 w_{d}와 w_{r}의 정규화 곱(normalized product)

$$w_{\mathrm{r}}(p_i, p_j) = \frac{1}{2\pi\sigma_{\mathrm{r}}^2}\exp\left(-\frac{\delta(I(p_i) - I(p_j))^2}{2\sigma_{\mathrm{r}}^2}\right)$$

이고, 여기서 σ_{r}는 치역 필터(range filter)의 표준편차이고 $\delta(I(p_i) - I(p_j))$는 화소 p_i와 p_j에서의 명암도(intensity)의 차에 대한 측도이다. 명암도의 차가 크면(예를 들어 물체의 윤곽선 근처에서) 덜 매끄럽게 하여, 분석의 다음 단계에서 윤곽선을 구분하기 용이하게 만든다.

1987년 페로나(Perona)와 말릭(Malik)은 이미지를 가우시언 필터와 합성곱하는 것이 $I(x, y, t)$가 시간 $t = 0.5\sigma_{\mathrm{d}}^2$에서의 이차원 이미지 $I(x, y)$이고 $I(x, y, 0)$는 원본 이미지일 때, 확산 방정식

$$\frac{\partial}{\partial t}I(x, y, t) = \frac{\partial^2}{\partial x^2}I(x, y, t) + \frac{\partial^2}{\partial y^2}I(x, y, t)$$

을 푸는 것과 같은 것임에 주목했다. 이것은 편미분방정식(PDEs)의 아이디어를 받아들여, 원래 식의 비타당성(ill-posedness)을 제기하거나, 이미지에 있는 대상의 윤곽선 근처를 부드럽게 억제할 목적으로 편미분방정식의 계수들을 적당히 잘 선택함으로써 잡음 해소 강화를 가능하게 만들었다.

이미지들에 있는 물체들의 식별을 위한 양자화(segmentation) 기법 영역에서도 유사한 발전이 있었다. 한 물체의 윤곽선에서는 명암의 급격한 변화가 있다는 생각에서 출발하여, x-차원과 y-차원에서의 소벨(Sobel) 연산자

$$L_x = \begin{pmatrix} -1 & 0 & 1 \\ -2 & 0 & 2 \\ -1 & 0 & 1 \end{pmatrix}, \quad L_y = \begin{pmatrix} 1 & 2 & 1 \\ 0 & 0 & 0 \\ -1 & -2 & -1 \end{pmatrix}$$

과 같은 단순한 필터를 적용하여 변화의 크기와 방향을 구할 수 있다. 단순하지만 꽤 괜찮은 **캐니(Canny) 윤곽선 검출기**에도 이 아이디어를 사용하였다. 가우시언 필터를 사용하여 이미지를 부드럽게 만드는 것부터 시작하여 소벨 연산자를 적용한다. 찾아낸 윤곽선을 변화 방향에서 최댓값이 아닌 값을 억제함으로써 하나의 화소로 가늘게 만든다. 최종적으로 2-매개변수 이력이진화(two-parameter hysteresis thresholding)는 강한 윤곽선 화소와 그것에 연결된 중간-명도의 윤곽선 화소 모두를 보유한다. 그 결과로 윤곽선에 대한 양호하고 잘 국소화된 검출을 얻는다. 그렇지만, 저 대비 영역에서 변화검출기는 어떠한 윤곽선 화소도 검출하는 데 실패할 수도 있고, 그로 인해 폐곡선이 아닌 윤곽선을 얻을 수도 있다. 이 결점을 보완하기 위해, 이미지 처리와 PDEs로부터 나온 아이디어들을 혼합하는 스네이크(snakes) 또는 내재 활성 경로(implicit active contours)와 같은 기법들을 사용할 필요가 있다. 이것은 결국 분할 알고리즘(segmentation algorithm)의 PDE 버전을 사용하는 모의실험으로 얻은 그물망 자료에서 대상들을 구별할 수 있게끔 한다.

영역-확장 기법(region-growing methods)으로 불리는 다른 양자화 기법은 이미지 안의 각 대상 내부에 있는 화소들이 서로 비슷하다는 사실을 활용함으로써 물체를 인식한다. 명도가 가장 높은 화소로부터 시작하여 그 주변으로 영역을 확장하는 데 유사성 측도(similarity metric)를 사용한다. 모든 화소가 한 영역에 배정될 때까지, 남아있는 것들 가운데 최대 명도를 지닌 화소를 가지고 이 과정을 반복한다. 긁어모으기(cleanup) 작업은 비슷한 인접 영역을 합치거나 아주 작은 영역을 제거하기 위해 가끔 필요하다. 유사성을 기초로 여러 데이터 항목을 합치는 아이디어를 클러스터링(clustering)이라 부르는데 5.3절에서 좀 더 살펴볼 것이다. 이런 클러스터링 기법은 화소 또는 그물망의 점들에서의 공간적 위치나 값 모두를 고려하는 유사성의 측도를 정의함으로써 이미지나 그물망 자료 모두에 적용할 수 있다.

일단 이미지나 이미지의 열에서 물체들을 규명했다면 모양이나, 질감, 크기, 그리고 다양한 특성들을 사용하여 그것들을 표현할 수 있다. 이런 특성들을 정의하는 다양한 방식이 있다. 예를 들어 이미지에 있는 물체들에 대하여, 모양이란 특성은 MPEG-7 멀티미디어 표준에서 기술한 모양팔레트(shapelets) 또는 회전 방사 변환(angular radial transform)과 같은 이차원 기저함수의 선형결합으로 표현할 수 있다. 선형 결합의 계수들은 그 물체를 표현하는 특성일 수 있다. 또 다른 방법으로, 물체의 경계에 초점을 맞추고 그 경계를 나타내는 곡선에 대한 푸리에 전개의 계수로 모양이란 특성을 정의할 수도 있다.

데이터에서 대상을 표현하는 데 사용하는 특성들은 문제와 그 데이터의 형태에 매우 의존한다. 이미지나 그물망 자료와 같은 형태를 지닌 몇몇 데이터의 특성을 추출하고 규명하는 것은 아주 도전적인 일이다. 이런 데이터들에서 특성은 반드시 대상을 특징지어야 할 뿐 아니라, 회전, 평행이동 그리고 크기조정에 불변이어야 한다. 자료의 이런 변환들에 대하여 대상의 패턴들이 불변이기 때문이다. 더욱이 다양한 대상과 품질을 지닌 많은 이미지들을 분석한다면, 대상과 그 특성을 추출하기 위해 동일한 매개변수들의 집합을 사용하는 알고리즘들의 한 집합을 찾는 것은 어려울 수 있다.

이와는 대조적으로 다른 형태의 데이터에 대하여 특성을 추출하는 작업은 상대적으로 쉽다. 예를 들어, 문서의 경우 특성들이 분석할 문서들의 집합에 있는 단어나 용어와 관련되어 있다는 것은 명확하다. **텍스트 마이닝**[VII.24]에서 논의된 것처럼, 문서에서 각 용어의 용어 빈도수(term prequency), 곧 문서나 문서 묶음들에서 그 용어의 중요성을 반영하도록 적절한 가중치를 부여한 빈도수를 사용하여 표현할 수 있다. 그렇지만 문서의 표현 또한 다중 의미를 갖는 단어의 중의성 해소나, 문서 내의 표와 도표의 표현, 또는 다른 언어로 된 문서간의 교차 분석과 같은 나름의 도전이 없는 것은 아니다.

4 차원의 축소

데이터들의 집합에서 데이터 항목을 나타내기 위해 사용하는 특성의 수는 몇 개에서 수천 개에 이르기까지 다양하다. 이런 특성들은 수치적이거나 범주적(categorical)일 수 있다. 가끔 모든 특성들이 당면한 작업과 관련된 것이 아니거나, 일부 특성들이 서로 연관되어 정보가 중복될 수 있다. 특성들을 추출하거나 저장하는 것은 비용이 많이 들고 관련 없는 특성들이 데이터로부터 만들어 낸 모형들의 정확성에 반대로 영향을 줄 수 있으므로, 데이터들의 집합에서 중요한 특성을 규명하는 것은 쓸모가 있다. 이런 차원축소 작업은 고차원 특성공간에서 기술된 데이터들을 저차원의 특성공간으로 옮긴다.

차원축소 기법에는 두 가지 넓은 범주가 있다. 첫 번째 범주에서는 특성들이 선형적으로나 비선형적으로, 저차원 공간으로 변환된다. 선형 변환의 유명한 기법은 **주요성분 분석기법**(principal component analysis, PCA)으로 유체역학이나, 기상학, 신호처리, 그리고 텍스트 마이닝에 대한 선형대수와 같이 다양한 영역에서 재발견되고 있으며, 모든 영역은 각자의 기법들이 데이터에 관련된 어떤 것을 드러내는지에 대해 다른 통찰력을 제공하고 있다. PCA는 직교변환으로, 주요 성분으로 불리는 비상관변수의 집합으로 데이터를 변환한다. 첫 번째 주요 성분은 데이터에서 가장 큰 분산성(variability)을 갖고, 남은 주요 성분들 각각은 이전의 주요 성분과 모두 수직이라는 조건에서 가장 높은 분산을 갖는다. PCA는 데이터 공분산이나 상관행렬의 고유분해(eigendecomposition), 또는 데이터 행렬에 **특잇값 분해**[II.32]를 적용하여 계산할 수 있다. 보통의 경우 데이터들은 처음에 평균을 빼는 것으로 중심화한다.

변환 기반 방법(transform-based method)의 실질적인 적용에서의 어려운 쟁점은 저차원 공간에 대한 차원의 선택이다. 유지하려는 주요성분의 개수에 대한 결정은 남겨진 주요성분으로 설명되는 백분율 분산(percentage variance)의 임계값을 사용하여 이루어진다. 이것은 본질적으로 버려지는 성분들이 데이터에서 잡음으로 간주됨을 의미한다. 따라서 PCA는 데이터의 잡음을 줄이는 데도 사용할 수 있다.

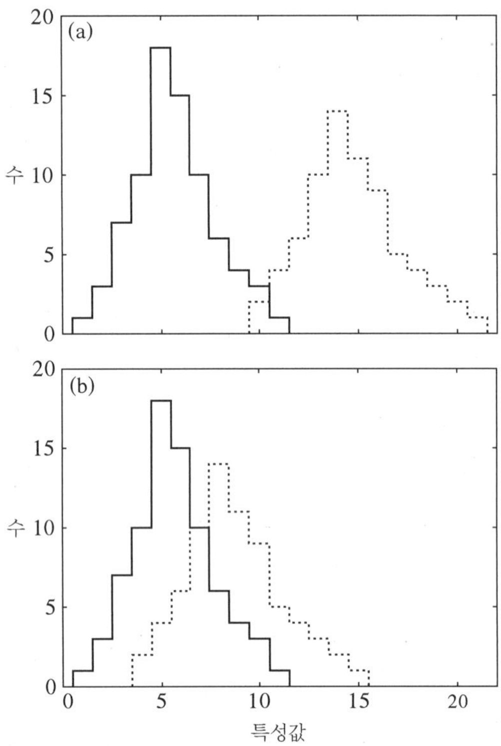

그림 2 (두 개의 다른 집합에 대하여 특성 값의 히스토그램들 (직선과 점선) 사이에서 먼 거리를 갖는) 특성 (a)는 특성 (b)보다 좀 더 중요한 것으로 간주된다. (b)에서 많이 겹치는 부분은 양쪽 집합 모두에 속할 수 있는 대상에 대한 특성 값의 범위가 넓음을 나타내고, 이는 그 특성이 덜 차별적임을 나타낸다.

차원축소 기법의 두 번째 범주는 본래의 특성들의 부분집합을 선택한다. 이런 **특성 선택기법**은 분류와 회귀(regression) 같은 각 데이터 항목이 출력 변수와도 관련되는 예측 작업에 적용할 수 있다. 중요한 특성의 규명을 통해, 이런 기법들은 특성을 계측하는 데 활용할 수 있는 제한된 자원을 현명하게 사용할 수 있도록 해 준다. 또한 중요한 변수에만 집중하는 것이 복잡한 현상에 대해 쉽게 이해할 수 있도록 만드는 문제들에서 이 기법들은 매우 소중하다.

두 종류의 특성 선택 알고리즘이 있는데, 예측 작업과는 관련 없는 필터(filter) 알고리즘과 예측 작업과 관련된 포장(wrapper) 알고리즘이다.

필터 방법의 예로, 두 가지 범주 혹은 집합의 데이터 항목이 있을 때, 이 집합들을 식별하는 데 가장 유용한 특성을 찾는 단순한 문제를 생각해 보자. 각 특성마다 두 집합에서 차지하는 값에 대한 히스토그램을 만들 수 있다. 두 집합의 히스토그램들 사이의 먼 거리는 그 특성이 비슷하게 중요함을 의미하지만, 만약 히스토그램이 겹치면, 두 집합을 구별하는 데 도움이 되지 않는 특성임을 뜻한다(그림 2). 히스토그램들 사이의 거리에 기초하여 특성들의 순서를 정할 수 있고, 축소된 차원은 거리에 적절한 임계값을 설정하여 결정할 수 있다. 히스토그램 사이의 거리에 대한 알맞은 측도는 어떠한 것이든 사용할 수 있다. 예를 들어, 먼저 곡선 아래의 넓이가 1이 되도록 정규화하는 것으로 각 집합의 히스토그램을 확률분포로 변환할 수 있다. 그런 이후에 쿨백-라이블러 발산(Kullback-Leibler divergence)

$$d_{\mathrm{KL}}(P, Q) = \sum_{i=1}^{b} P_i + \ln\left(\frac{P_i}{Q_i}\right)$$

를 b개의 이산 변수에서 정의된 두 분포 P와 Q 사이의 차이에 대한 측도로 사용하거나, 대칭형인

$$d(P, Q) = d_{\mathrm{KL}}(P, Q) + d_{\mathrm{KL}}(Q, P)$$

를 만들 수도 있다. 이 측도는 쿨백-라이블러 발산과는 달리 $d(P, Q) = d(Q, P)$이므로 거리 함수(distance metric)이다. 베제르스타인 거리(Wasserstein metric), 혹은 컴퓨터 과학에서 이르는 것처럼 지구이동자거리(Earth mover's distance) 같은 다른 거리 또한 사용할 수 있다. 직관적으로 이름 붙인 이 거리는 두 분포를 한 영역에서 두 가지 방식으로 쌓아올

린 흙더미로 보고, 한 흙더미를 다른 것으로 바꾸는 데 드는 최소 비용으로 거리를 정의한다. 그 비용은 옮겨질 흙더미의 양과 옮겨질 곳까지의 거리의 곱이다.

특성 선택에 대한 **포장 접근법**은 특성들의 각 부분집합을 이용한 예측의 정확성에 근거하여 해당 부분집합을 평가한다. 이전의 두 집합 문제에 대해 예측 모형을 세우는 데 결정 트리 예측기(decision tree classifier, 5.2절)를 사용한다고 생각해 보자. 전진 선택 포장 기법(forward selection wrapper method)은 그 결정 트리에 가장 높은 정확도를 주는 하나의 특성을 선택하며 시작한다. 그런 다음, 추가되는 다음 특성을 선택하는데, 두 특성을 갖는 부분집합이 가장 높은 정확도를 갖도록 선택한다. 추가적인 특성들은 더 많은 수의 부분집합을 만들도록 포함되는데, 이 과정은 어떤 새로운 특성의 추가가 예측 정확성을 개선하는 동안만 계속한다. 후진 선택(backward selection) 접근법은 모든 특성에서 시작하여 점진적으로 특성을 제거한다. 예측기의 정확성을 계산하는 것을 포함하기 때문에, 포장 접근법이 필터 접근법보다 계산 비용이 많이 든다. 그렇지만 특정 예측기와 함께 사용하였을 때는 좀 더 적절한 (특징들의) 부분집합을 규명할 수 있다.

5 패턴 인식

패턴 인식 작업에서 각 데이터 항목을 설명하는 특성들을 사용하여 데이터 항목들의 패턴을 규명한다. 예를 들어 천체 영상에서 은하계를 확인하고 각 은하계의 특성을 알아내기 위해 천문 이미지들을 처리한다면, 다음에서 논의하는 것처럼 몇 가지 다른 방식으로 특성들을 사용할 수 있을 것이다.

5.1 정보 검색

특성들로 기술된 질문 데이터 항목(query data item)이 주어졌을 때, **정보 검색**(Information retrieval)에서의 작업이란 어떤 의미에서는 질문과 유사한 다른 항목을 반환(retrieve)하는 것이다. 보통 반환된 항목은 질문과의 유사성에 기초한 순서로 돌아온다. 선택된 유사성 측도는 문제와 데이터 항목의 표현에 달려 있다. 특성 벡터 사이의 유클리드 거리가 통상적인 거리이나, 문서의 유사성에 대해서는 두 벡터를 이루는 각의 코사인 값을 사용하고 데이터 항목이 그래프로 표현된 경우 좀 더 복잡한 거리를 사용할 수도 있다.

정보 검색에서 사용되는 데이터 집합들은 보통 엄청나게 크고, 각 항목을 질문 항목과 일일이 비교하는 강제검색(brute-force search)은 고비용이고 보통의 분석에서 요구하는 실시간 공정시간 안에 끝마치지 못한다. 컴퓨터 과학의 아이디어들, 특히 빠른 최근 이웃 검색(fast nearest-neighbor search)을 허용하는 복잡한 자료 구조의 사용은 이 문제에 해결책을 제시한다. 데이터 항목이 제한된 수의 특성을 가지고 있는 경우에만 이런 자료 구조 기법이 강제검색보다 수행 능력이 좋기 때문에, 효과적인 자료 구조로 데이터를 저장하기 위해 먼저 차원축소 기법을 적용한다.

5.2 분류와 회귀

훈련 집합이라 부를 패턴들의 예가 주어져 있는 어

떤 패턴 인식 작업의 목표는 새로운 데이터 항목과 관련된 패턴을 규명하는 것이다. 이 작업은 훈련 집합을 사용하여 새로운 데이터 항목과 패턴을 짝짓는 데 사용할 예측 모형을 만드는 것으로 완료된다. 훈련 집합에 있는 모든 항목들은 그것과 관련한 출력 변수를 가지고 있다. 만약 변수가 이산적(discrete)이면 이 문제는 **분류** 중 하나이고, 변수가 연속적이면 이 문제는 패턴 예측 대신 새로운 데이터 항목에 대한 연속 변수의 값을 예측할 필요가 있는 **회귀**의 하나이다.

회귀와 분류의 기법들은 매우 유사한 경향이 있다. 가장 단순한 기법은 **최근 이웃 기법**으로, 출력을 배정해야 하는 데이터 항목이 주어졌을 때, 특성 공간에서 이 항목과 가장 가까운 이웃을 확인하고 질문에 대한 출력을 계산하기 위해 이런 이웃들의 출력을 사용한다. 분류 문제에서는 다수의 집합(majority class)을 사용할 수 있는 반면, 회귀 문제에서는 이웃들의 출력의 가중치 평균을 사용할 수 있다. 보통 이웃을 결정할 때는, 이웃의 고정된 수 k를 정하는 k-최근 이웃 방법을 사용하거나 반경 ε 내의 이웃을 정하는 ε-최근 이웃 방법을 사용한다. 최근 이웃 기법은 매우 직관적이나, k나 ε의 값을 결정하는 것은 어렵고, 질의 데이터 항목의 아주 가까운 이웃이 없는 경우 이 기법은 잘 작동하지 않을 수 있다.

좀 더 복잡한 예측 모형은 다른 분류 알고리즘을 사용하는 훈련 집합으로부터 만들 수 있다. **결정 트리**는 축에 평행한 초평면을 사용하여 데이터 집합을 영역들로 나누는데, 이때 각 영역은 같은 (혹은 비슷한) 출력값을 갖는 데이터 항목들을 포함한다. 트리는 자료구조로서, 출력을 나타내는 나뭇잎이거나, 특성에 대해 실시할 몇몇 테스트를 규정하고 그 테스트의 가능한 결과를 의미하는 가지나 부분 트리를 가진 결정마디이다. 예를 들어 그림 3에서 열리거나 닫힌 원들은 첫 번째 의사 결정 F1 < A1에 의해 분리되고, 이 조건을 만족하는 데이터 항목들은 F2 < A2에 의해 분리되는 반면, 그 조건을 만족하지 못하는 데이터 항목들은 F2 < B1에 의해 분리된다. 그런 후, 어떤 특성값 (F1, F2)를 갖는 데이터 항목이 주어지면 결정 트리의 경로를 따라 내려갈 수 있고, 그 경로가 끝나는 곳에서 나뭇잎 마디(leaf node)의 다수 집합을 그 항목에 배정할 수 있다.

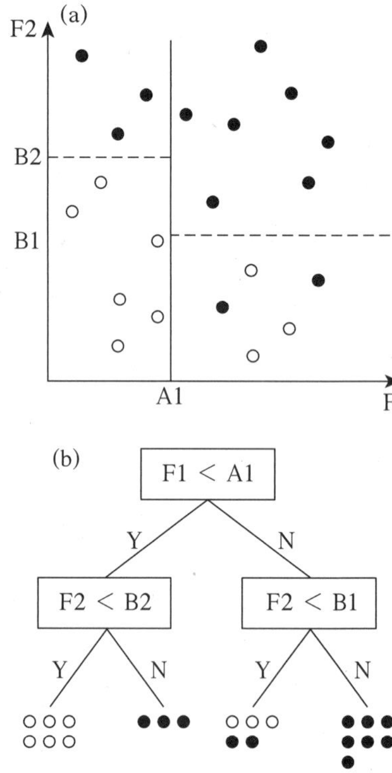

그림 3 두 가지 특성을 갖는 데이터 집합에 대한 결정 트리의 체계도: (a)열린 원들과 닫힌 원들 사이의 결정 경계들(decision boundaries). (b)그것에 대응하는 결정 나무.

결정 트리를 만들 때 핵심 작업은 트리의 각 마디

에서 결정을 선택하는 것이다. 이 선택은 각 특성을 차례로 고려하고 특성의 값을 정렬한 후, 특성의 연속적인 값들의 중점에서 품질 거리(quality metric)를 계산하여 얻을 수 있다. 이 거리는 그 특성과 중점값을 사용하는 분리의 적절성의 지표이다. 모든 특성에 대한 품질거리를 최적화하는 특성-중점값 조합은 그 마디에서의 결정에 따라 선택된다. 예를 들어 두 집합 문제에서 마디의 데이터 항목을 두 개의 군으로 나누는 분할의 경우, 각 군이 한 집합의 항목을 더 많이 갖는 분할이 두 군 모두 두 집합의 항목을 비슷하게 포함하는 분할 보다 더 좋다. 통상 사용되는 거리인 지니 계수(Gini index)는 마디 불순도(node impurity)를 가장 줄여 주는 분할을 찾아 주는데, n 데이터 항목을 갖는 c 집합 문제의 불순도 다음과 같이 정의된다.

$$L_{\text{Gini}} = 1.0 - \sum_{i=1}^{c}\left(\frac{|L_i|}{|T_L|}\right)^2,$$

$$R_{\text{Gini}} = 1.0 - \sum_{i=1}^{c}\left(\frac{|R_i|}{|T_R|}\right)^2,$$

$$\text{Impurity} = (|T_L|L_{\text{Gini}} + |T_R|R_{\text{Gini}})/n$$

여기서 $|T_L|$과 $|T_R|$는 데이터 항목의 수이고, $|L_i|$와 $|R_i|$는 집합 i의 데이터 항목의 수이며, L_{Gini}와 R_{Gini}는 각각 분할의 왼쪽과 오른쪽의 지니 계수이다.

축과 평행한 결정(decision)을 사용하여 특성 공간에서 데이터 항목을 나누는 이 단순한 생각은 머신러닝과 통계학 양쪽 모두의 문헌에서 거의 동시에 나타났으며, 각각 결정 트리 방법과 분류 트리 방법이라 부른다. 양쪽 모두 이 방법이 진화하는 데 기여했다. 머신 러닝으로부터 온 아이디어는 각 마디의 결정에 특성들의 선형조합을 고려함으로써 좀 더 복잡한 결정 경계를 만드는 데 사용되었다. 트리의 각 마디에서 의사를 결정하는 과정은 결정트리의 양상을 이해하고 개선할 수 있는 방법을 나타내는 확률적 기법들과 관련되어 있다. 특히 결정 트리 모형으로의 통계적 접근은 예측기가 데이터에 과소적합(underfit)하고 예상하는 참값함수를 표현하지 못해 생기는 편이(bias)나 데이터에 과대적합(overfit)하여 생기는 분산을 조정하는 데 이점을 갖는다.

결정 트리는 만들고 적용하기에 단순할 뿐 아니라 해석도 용이하고, 어떻게 패턴이 데이터 항목과 짝지어지는지에 대한 통찰력도 제공한다. 더욱이 트리에 있는 각 마디에서 의사를 결정하는 데 사용된 과정은 그 데이터 집합에서 어떤 성질이 중요한지를 나타낸다. 이런 이유로 의사 결정 트리 방법이 분류와 회귀 문제에서 사용되는 가장 유명한 방법이 되었다.

보통 사용되는 좀 더 복잡한 다른 알고리즘은 신경망(neural networks)과 받침 벡터 머신(Support vector machines)이다. 퍼셉트론(perceptron)으로 불리는 가장 단순한 신경망은 입력 특성의 가중치 조합을 취하여 그 조합이 임계값(threshold)보다 큰 경우에는 1을, 그렇지 않은 경우에는 0을 출력하고, 따라서 2-집합 예측기처럼 작동한다. 이 작업은 가중치를 배우기 위해 훈련 집합을 사용하고, 무작위 가중치로 시작하는 적응 과정은 예측기를 적용하며, 예측기가 오류가 있으면 언제나 가중치를 수정한다. 그 두 집합이 선형적으로 분리되지 않으면, 곧 선 하나를 사용하여 분리될 수 없으면, 경사하강법(Gradient descent), 켤레 기울기법(Conjugate gradient), 의사

(quasi)-뉴턴법, 레벤버그-마쿼트(Levenberg-Marquardt) 방법과 같은 최적화 기법[IV.11]을 사용하여 가중치를 찾을 필요가 있다.

좀 더 복잡한 신경망은 (특성들을 표현하는 첫 번째 층에 추가로) 다수 층을 포함하고, 단순 임계값 대신 미분가능이고 도함수가 연속인 시그모이드 함수(sigmoid function)를 사용한다. 이는 신경망이 집합들을 구별하기 위해 복소함수를 모델링하는 것을 허용한다. 그렇지만 그것들은 해석하기 어렵고, 망 구조(층의 개수와, 층에서의 마디의 개수, 그리고 마디들 사이의 연결성을 포함하는)를 설계하는 것이 매우 어려울 수 있다.

최적화 기법을 사용하는 다른 분류 알고리즘은 받침 벡터 머신이다. 이 방법은 입력을 데이터가 선형적으로 분리가능인 고차원 공간에 대응시키는 비선형함수를 사용한다. 데이터를 선형적으로 분리시키는 초평면들은 많이 있다. 통계적 학습이론이 지목하는 최적의 해는 최대 여백 해(maximal margin solution)로, 여기서 여백은 초평면과 각 집합의 가장 가까운 예 사이의 거리를 말한다. 이런 예들을 받침 벡터(support vector)라 부른다. 이 해는 선형부등식들의 집합으로 주어지는 조건을 만족하는 이차계획법 문제[IV.11]를 풀어서 얻는다. 비록 데이터들을 선형적으로 분리하는 비선형 변환을 찾는 것은 매우 어렵지만, 받침 벡터 머신은 받침 벡터들의 규명을 통해 분류과정에 대한 몇 가지 통찰력을 제공한다.

추론(inference)에 대한 통계적 접근은 흥미의 양은 확률분포의 지배를 받는다는 것을 가정하는 베이즈 추론(Bayesian reasoning)이 마련하였다. 이것은 관측한 자료가 있을 때 이런 확률들을 추론함으로써 의사 결정을 가능하게 만든다. 베이즈 정리

$$P(h \mid D) = P(D \mid h)P(h)/P(D)$$

는 데이터를 보기 이전의 추정 h의 사전확률(prior probability) $P(h)$와, 추정 h가 성립하는 세상에서 데이터 D를 볼 확률 $P(D \mid h)$, 그리고 어떤 추정이 성립할지에 대한 사전 지식 없이 D를 볼 사전확률 $p(D)$로부터 사후확률(posterior probability) $P(h \mid D)$, 곧 주어진 데이터 D에 대해 추정 h의 확률을 계산하는 방법이다. 베이즈 정리는 본질적으로 h와 D 모두를 관측할 확률을 D나 h에 대한 조건부 확률로 나타내는 두 가지 다른 방법에서 유도된다.

베이즈 정리가 제공하는 확률적 통찰력이 주어진다면, 불확실성하에서 추론을 요구하는 작업에서 매우 유용하다. 이 정리는 순수 베이즈 예측기(naive Bayes Classifier)에서도 역할을 한다. 주어진 데이터 항목들의 특성값에 대해 새로운 데이터 항목에는 가장 개연성 있는 출력값이 부여된다. 주어진 출력의 모든 특성값들이 조건부 독립이라는 단순화한 가정을 추가한 후, 훈련 데이터로부터 유도한 확률에 베이즈 정리를 적용하여 가장 개연성 있는 출력값을 얻는다.

분류 기법에서 최근 개발된 것은 앙상블 학습법(ensemble learning)으로, 훈련 집합으로부터 한 개 이상의 예측기를 만든다. 예를 들어 처리과정에서 무작위성을 도입하거나, 원래의 훈련 집합으로부터 복원 추출법(sampling with replacement)을 사용하여 새로운 훈련 집합을 만들거나, 또는 각 마디에서 의사 결정시에 사용할 특성이나 표본들의 무작위 부

분집합을 선택하는 방법으로 작업이 이루어진다. 새로운 데이터 항목에 부여된 집합 이름표는 앙상블의 각 예측기에 부여된 이름표에 대한 투표 방식을 사용하여 얻는다. 다중 예측기를 만드는 것에 비해 앙상블이 계산적으로 더 고비용이나, 앙상블 예측이 보통 더 정확하다.

5.3 클러스터링

클러스터링(clustering, **군집화**)은 데이터 항목이 출력값과 관련되지 않을 때 사용되는, 경험에 기반한 기법이며 분류법의 보완적인 방법으로 볼 수 있다. 특성 공간에서 서로 가까운 여러 집합의 항목들 사이에서 경계를 규명하는 데 출력값을 사용하는 대신에, 특성 공간에서 서로 비슷하거나 가까운 항목들의 군(groups)을 규명하는 데 특성을 사용한다(그림 4). 직관적으로, 특성들을 주의 깊게 선택하면, 비슷한 특성을 갖는 두 데이터 항목은 비슷할 것이다. 따라서 적절하게 정의된 특성 공간의 어떤 부분에서 원하는 특성을 가진 일부 화합물이 발생하는지 안다면, 그 근처의 다른 화합물도 같은 성질을 가질 것이다. 또는 한 소비자가 특정 영화나 책에 관심이 있다면, 특성 공간에서 근처에 있는 다른 것들도 그 사람에게 추천할 수 있다.

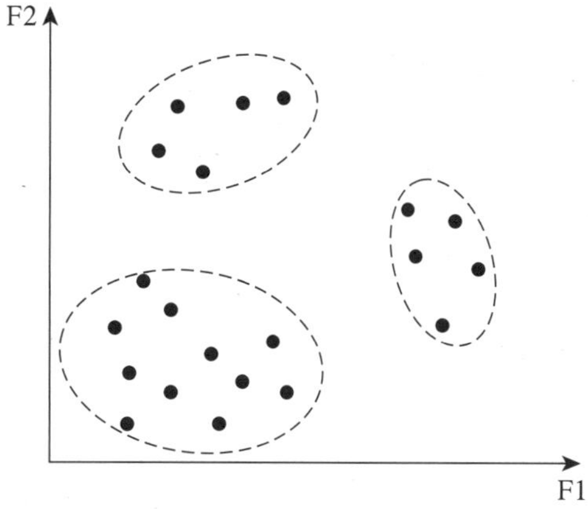

그림 4 2차원 데이터 집합에서 세 개의 클러스터를 보여 주는 개략도.

클러스터링 기법은 넓게 보아 두 개의 범주 중 하나에 속한다. **계통법**(hierarchical method)에는 두 가지 선택 사항이 있다. 각 항목이 하나의 클러스터에 속하는 바닥에서 시작하여 유사성 측도에 기초하여 한 번에 두 개의 클러스터를 하나로 병합하거나, 또는 모든 항목이 하나의 클러스터를 구성하는 정상에서 시작하여, 그것을 둘로 나눈 뒤, 두 클러스터를 또 다시 둘로 나누는 작업을 계속 반복하는 방법이다. 계통에서 얼마나 많은 클러스터를 선택할지 두 방법 모두에서 결정할 필요가 있다.

반대로 **분할법**(partitional method)은 사전 결정된 클러스터 수에서 시작하여 데이터 항목들을 클러스터들로 나누는데, 다른 클러스터에 속한 항목들보다 같은 클러스터에 속한 항목들이 좀 더 비슷하도록 나눈다. 가장 잘 알려진 분할 알고리즘은 k-평균 알고리즘으로, 먼저 k-클러스터의 중심을 무작위로 선택하여 데이터 항목들을 k개의 클러스터로 나눈다. 그리고 각 데이터 항목에 가장 가까운 클러스터 중심을 배정한다. 이후 각 클러스터의 항목들은 클러스터의 중심을 새롭게 정하는 데 사용되고, 이 과정은 수렴할 때까지 계속된다. k-평균 알고리즘은 매우 유명하고 간단한 데 비해 실제로 잘 작동한다. 주된 어려움은 클러스터의 수를 결정하는 것으로, 이것은 각 데이터 항목에서 항목과 클러스터 중심의 제곱 오차의 합과 같은 클러스터링 기준을 계산하여 이 오차를 최소화하는 k를 선택하는 방법으로 결정할 수 있다.

계산 기하학의 보로노이 다이어그램(Voronoi diagram), 통계학에서의 기댓값 최대화 알고리즘(expectation maximization algorithm), 신호처리의 벡터 양자화(vector quantization) 같은 예에서 알 수 있듯이, k-평균 알고리즘은 다른 영역에서의 알고리즘과도 관련이 있다.

계통법과 분할법 양쪽의 성질을 공유하는 세 번째 범주의 클러스터링 알고리즘이 있다. 이 **그래프-기반 알고리즘**은 직접 해법(direct solver)에서 사용되는 재정렬 방법(reordering method)이나 PDE에서 사용되는 영역 분할 기법(domain decomposition method)과 관련이 있다. 본질적으로 이들은 데이터 항목들을 꼭짓점으로 하는 그래프로 표현되는데, 각 변은 항목들 사이의 유사성에 따른 가중치를 갖는다. 이 경우 분할에 의해 잘린 변들의 가중치가 최소화되도록 클러스터들이 결정되는 그래프 분할 알고리즘을 이용하거나, 스펙트럼 그래프 이론(spectral graph theory)을 사용하고 **그래프 라플라스 행렬**[V.12 §5]의 두 번째 고유벡터를 계산하는 것으로 클러스터링을 할 수 있다. 그래프의 꼭짓점들은 고유벡터의 성분들을 이용하여 두 부분으로 나눌 수 있고, 그 두 부분에 이 과정을 반복한다.

6 미래

데이터 마이닝 알고리즘이 천문학과 원격탐사와 같은 응용 분야에서 그 발판을 마련함에 따라, 의학 영상처럼 유사한 형태의 데이터와 문제를 가진 다른 영역들도 데이터 마이닝을 그들의 분석 문제에 대한 잠재적 해결방법으로 보기 시작했다. 이런 새로운 영역은 점차 분석과정에서 새로운 도전을 소개하고, 새로운 알고리즘의 개발을 불러일으키는 새로운 문제들을 제시하였다. 그 다음 다른 공동체에서 이런 알고리즘이 받아들여지면 이런 순환은 계속 된다.

지난 10년간 데이터 마이닝과 분석의 미래를 이끌어갈 몇 가지 핵심적인 발전이 있었다. 이런 발전은 분석될 데이터의 종류와 분석의 필요성 모두에서 촉발되었다.

분석될 데이터의 유형은 폭발적으로 증가하였다. 표 형식으로 주어지는 미가공 데이터는 어떤 문제 영역에서는 여전히 표준인 반면, 다른 형태의 자료들은 (이미지와 이미지들의 열로부터 텍스트, 웹 문서, 웹 문서간의 연관성, 화합물, DNA 서열, 모의실험으로부터 얻은 그물망 자료, 사회 연결망을 표현한 그래프에 이르기까지) 그 자료들의 정확하고 적절한 표현을 찾기 위해 새로운 모습의 알고리즘을 불러일으키고 있다. 또한 이 자료들은 데이터의 복합적인 양상을 분석하는 데이터 융합에 대한 크나큰 관심을 유발했다. 예를 들어 환자의 치료를 위해 임상 자료뿐 아니라 양전자 방출 단층촬영(PET scan)이나 MRI 촬영을 검토할 수도 있다. 또는 웹문서들 간 연결(link)뿐 아니라 그 웹문서들에 있는 텍스트나 그림 또는 이미지들 사이의 연결도 고려할 수 있다.

이런 복잡함에 일부 데이터 집합의 분산된 성질들이 더해진다. 예를 들어 감시 네트워크(sensor network)의 사용은 실험이나 복합시스템의 감시와 관찰에서 일상적인 것이 되었다. 네트워크는 자율적이거나, 속한 환경의 변화에 맞춰 그들의 위치를 바꿈으로써 개편될 수도 있다. 기후관측 같은 몇몇 문제에서 센서는 지리적으로 지구에 널리 흩어져 있더라도 정적일 수 있다. 이런 모든 경우에 분석될 데이터 집합은 연결해 놓을 수 없는 몇몇 조각들로 나뉘어 있고, 데이터의 크기가 한 곳에 모든 조각을 연이어 놓기 힘들게 할 수도 있다. 분산된 자료를 분석하고 전체 데이터 집합을 표현하는 모형이나 모형들을 세우는 알고리즘이 필요하다. 무인 감시 네트워크에서는 센서들 간에 교환되는 정보의 양이 적다는 추가적인 요구사항이 있다. 이것은 교환되는 것이 데이터가 아니라 모형이라는 것을 의미한다. 이런 아이디어는 거리와 제한된 연결로 인해 어떤 데이터와 정보가 전송되어야 하는지 주의 깊게 결정해야 되는 우주 탐사나 원격의료와도 관련이 있다.

이것은 효과적인 압축 기술의 필요성도 가져왔다. 정보의 일정 부분 손실을 감내할 수 있는 문제를 위한 손실 압축과, 데이터가 원래 상태로 보존되는 것이 중요한 문제를 위한 비손실 압축 모두에서 효과적인 압축 기술이 필요하다. 대량의 병렬 컴퓨터(초병렬컴퓨터)에서 돌아가는 모의실험에 의해 만들어진 데이터의 양이 입출력 시스템 기술을 앞지를 것이 분명한 엑사 규모의 계산(exascale computation)*으로 옮겨갈 때도 압축은 그 역할을 하게 될 것이다.

계속해서 늘어나는 데이터의 규모는 병렬 컴퓨터를 사용하는 알고리즘의 필요를 증가시킬 것이다. 그렇지 않다면, 데이터를 전혀 분석하지 않을 위험성도 있다. 더욱이 그런 알고리즘들은 실시간 혹은 거의 실시간 응답이 필요한 문제들에서 매우 중요할 것이다.

데이터가 뜻밖의 사고나 흥미로운 이벤트, 또는 자료의 통계적 성질이 어떤 평범한 상태에서 다른 상태로 바뀌는 개념의 변경(concept drift)을 확인하기 위해 수집되는 순간에 자료를 분석해야 하는 스트리밍 데이터(데이터의 연속적인 흐름)를 분석할 때 이런 짧은 응답시간이 필요하다. 이것은 만들어진 모형이 새로운 데이터는 포함하고 오래된 데이터는 버리도록 끊임없이 갱신되는, 이미 존재하는 알고리즘의 추가 버전의 창작뿐 아니라 근접한 결과를 산출하는 새로운 알고리즘의 개발을 촉발시켰다. 그런 분석에서 특히 까다로운 것은, 특히 의사결정 지원(decision support) 시스템에서 분석이 사용되는 문제에서, 어떤 양성(positive)도 놓치지 않는다는 보장과 잘못된 양성(false positive)의 최소화 요구이다.

핵심 과정에서 사람 없이 데이터가 분석되고 그 분석에 기초하여 의사가 결정되는 닫힌 계(closed system)의 한 단계로 데이터 분석을 간주함에 따라, 분석 결과에서의 불확실성에 대한 이해의 필요성이 증가하였다. 미가공 데이터의 품질을 포함하여, 연구될 데이터에 대한 분석 알고리즘 선택의 적절성이나, 알고리즘에서 사용되는 모수(parameter)에 대한 결과의 민감도, 분석될 시스템 또는 과정에 대한 완벽하지 못한 이해 등 여러 가지 요인들로 인해 불확실성이 생길 수 있다. 특히 의사결정과 관련한 위험도가 높을 때, 불확실성 정량화(uncertainty quantification)와 불확실한 상황에서의 추론으로부터 나

* 초당 10^{19}의 계산.—옮긴이

온 아이디어는 중요해졌다.

이것은 요구에 부합하도록 수집한 데이터에 영향을 미치는 데이터 분석 기법을 사용하는 것에 대해 흥미로운 논란을 불러일으켰다. 지금까지는 데이터 분석을 일단 데이터가 수집된 후에 시작하는 과정으로 보았으나, 때로는 훈련 집합을 만들기 위해 어떤 데이터 항목에 이름을 붙였는지, 혹은 실험이나 모의실험에서 어떤 매개변수를 사용했는지 등과 같이, 어떤 데이터를 만들어야 하는지 통제하기도 했다. 분석의 질을 개선할 목적으로, 데이터의 세대와 분석법을 밀접하게 관련짓기 위해 물리적이든 계산적이든 실험 설계의 영역으로부터 아이디어를 빌려올 수 있다.

데이터 분석이 진화하여 새로운 요구에 부합할 때까지 다른 영역으로부터의 아이디어 차용은 계속 증가할 것이다. 통계학이나 패턴 인식, 머신 러닝과 같은 전통적 데이터 분석 영역의 아이디어가 어떻게 이미지와 비디오 처리, 수학적 최적화, 자연어 처리, 선형대수, 그리고 PDE와 같은 영역의 아이디어와 통합되어 데이터 분석의 난제들을 다루는지 이미 살펴보았다. 새로운 알고리즘의 개발과 이어지는 다른 문제 영역에서의 적용, 그리고 그로인해 생기는 새로운 분석의 필요성과 같은 이런 순환은 계속될 것이고, 이는 예측 가능한 미래에서 데이터 마이닝과 분석이 매우 박진감 넘치는 영역으로 남아 있을 것을 보장해 줄 것이다. 응용수학은 그 영역의 주춧돌로 남을 것이고, 데이터에 대한 통찰력을 이끌어 내는 데 기여할 뿐만 아니라, 얻은 통찰력이 정통한 수학적 원리에 기초한 것임을 응용 전문가들이 확신하도록 만드는 데 중요한 역할을 할 것이다.

더 읽을거리

Duda, R. O., P. E. Hart, and D. G. Stork. 2000. *Pattern Classification*, 2nd edn. New York: Wiley-Interscience.

Hastie, T., R. Tibshirani, and J. Friedman. 2009. *The Elements of Statistical Learning: Data Mining, Inference, and Prediction*, 2nd edn. New York: Springer.

Kamath, C. 2009. *Scientific Data Mining: A Practical Perspective*. Philadelphia, PA: SIAM.

Mitchell, T. 1997. *Machine Learning*. Columbus, OH: McGraw-Hill

Sonka, M., V. Hlavac, and R. Boyle. 2007. *Image Processing, Analysis, and Machine Vision*, 3rd edn. Toronto: Thomson Engineering.

Umbaugh, S. E. 2011. *Digital Image Processing and Analysis*, 2nd edn. Boca Ration, FL: CRC Press.

Witten, I., E. Frank, and M. Hall. 2011. *Data Mining: Practical Machine Learning Tools and Techniques*. Burlington, MA: Morgan Kaufmann.

IV.18 네트워크 분석

에스테반 모로 *Esteban Moro*

1 서론

약 300년 전 오일러는 쾨니히스베르크에 있는 7개의 다리를 걸어서 통과하는 문제를 제시하고 그래프 이론의 기초를 세웠다. 오일러의 접근 방법은 아마도 네트워크 분석이 어떻게 실제 세계의 문제를 해결 하는 데에 이용되는지를 보여 주는 첫 번째 예일 것이다. 그 이후로 네트워크 분석은 생물학에서부터 경제학 및 사회과학에 이르기까지 다양한 분야에서 활용되어 왔다. 일반적인 접근 방법은 해당 시스템의 구성 요소와 상호관계를 네트워크로 표현하고 이 네트워크를 분석함으로써 주어진 프로세스를 이해하고 예측하는 것이다. 예를 들어 구매자와 물품 정보를 네트워크로 구성하고 추천 엔진에 이용하거나, 단백질과 단백질 사이의 상호작용을 네트워크로 구성하여 기능적으로 밀접히 연관된 단백질 집단을 밝혀내거나, 사회적 관계가 사회적 전염에 의해 상품이나 서비스에 대한 잠재적 구입 가능성에 어떤 영향을 미치는지 알아낼 수 있을 것이다.

네트워크 분석은 수학에 있어서 오래된 주제일 뿐만 아니라 공학, 사회과학, 컴퓨터 과학 등 다양한 학문 분야에도 그 뿌리를 갖고 있다. 그러나 최근에는 디지털 혁명으로 인해 생물학적 반응, 경제적 거래, 사회적 상호 작용, 사람들의 이주와 같은 현상에 대한 상세한 정보에 쉽게 접근할 수 있게 되었다. 이것은 우리가 전례 없이 상세한 수준으로 네트워크를 분석할 수 있도록 해 주었다. 이러한 데이터 혁명이 네트워크 이론의 모형화와 응용에 막대한 상승작용을 가져오고, 그것을 정치학, 범죄학, 요리 등 생소한 분야로 확장하는 데 기여하기도 했지만, 실제 네트워크의 크기가 수백만에서 수십억 개의 노드를 갖는 규모로 커짐에 따라 분석 가능한 방법을 찾는 것이 도전 과제가 되고 있다. 그 결과 네트워크 분석은 다양한 분야의 많은 연구원들을 끌어들이며 급격하게 변화하는 분야가 되고 있다. 이 글은 네트워크 분석 뒤에 있는 수학적 개념과 실제 세계의 문제에 적용되는 주요 응용문제를 다룬다.

2 정의

네트워크 분석에서 수학적으로 다룰 주요 대상은 네트워크 자체이다. 네트워크(또는 그래프) G는 꼭짓점(또는 노드)들의 집합 V와 모서리(또는 링크)들의 집합 $E \subseteq V \times V$의 순서쌍 $G = (V, E)$로 표현한다. 노드와 모서리의 수는 각각 $n = |V|$와 $m = |E|$로 나타내기로 하자. 모서리는 두 개의 꼭짓점 사이의 한 관계가 된다. 수학적으로 하나의 네트워크는 **인접행렬** A로 표현할 수 있는데, 이 행렬의 i행 j열 원소 a_{ij}는 꼭짓점 i와 꼭짓점 j를 연결하는 모서리가 있으면 1, 없으면 0으로 정의한다(삽화 페이지의 도판 5번 참조). 만일 모서리에 방향이 없다면 $a_{ij} = a_{ji}$이고, 모서리의 방향에 의미가 있으면 방향 있는 네트워크가 되고 일반적으로 행렬 A는 비대칭행렬이 된다. 또 다른 변형으로 **가중 네트워크**가 있는데, A의 0아닌 원소들은 상호관계의 강도 $a_{ij} = w_{ij} \in \mathbb{R}$를 나타낸다.

인접행렬을 통해 네트워크를 완전하게 기술할 수도 있지만, 그래프에 대한 (노드 중심적인) 국소적 성질이나 그래프 전체에 대한 광역적 성질을 측정함으로써 가치 있는 정보들을 얻을 수도 있다. 예를 들어 무방향 네트워크에서 노드 i에 대한 **차수** 또는 **연결도** k_i란 해당 노드에 연결된 모서리의 개수를 뜻한다. **그래프 밀도** $D = 2m/(n(n-1))$은 n개의 노드를 갖는 그래프에서 현재 모서리의 개수를 최대로 가능한 모서리의 개수로 나눈 값으로 그래프가 얼마나 희소하거나 조밀한지를 나타낸다. **완전 그**

표 1 n개의 노드와 m개의 모서리를 갖는 그래프 $G=(V, E)$에 대한 핵심 정의와 개념.

차수 또는 연결도	k_i	노드 i가 갖는 연결 또는 모서리의 개수
지름	ℓ	$\max_{i,j\in V}\delta(i, j)$
차수 분포	p_k	G에서 차수가 k인 노드들의 비율
평균 차수	$\bar{k}$	$\sum_{i=1}^{n} k_i/n$ 또는 $\sum_k kp_k$
이웃의 평균 차수	$\overline{k_{nn}}$	G에 있는 노드의 (다음으로 가까운) 이웃들의 평균 차수
그래프 밀도	D	$2m/(n(n-1))$
거리	$\delta(i, j)$	노드 i와 j 사이의 최단 경로의 길이
클러스터링 계수	C	G에서 트리플렛에 대한 삼각형의 상대적인 빈도
개별 클러스터링 개수	C_i	노드 i를 포함하는 트리플렛에 대한 삼각형의 상대적인 빈도

래프는 각각의 노드가 다른 모든 노드들과 **연결되어** 있는 것을 가리키며 이 경우 $D = 1$이다. 경로란 서로 다른 노드들을 연결해 주는 모서리들의 순서 있는 나열을 가리킨다. 두 개의 노드 i, j 사이의 **거리** $\delta(i, j)$는 이들 사이의 최단 경로(**측지선**으로도 알려짐)의 길이를 뜻하며, 최단 경로가 존재하지 않을 경우 $\delta(i, j) = \infty$로 정의한다. 모서리에 가중치를 준 경우 이를 반영하여 거리를 정의할 수도 있다. 마지막으로 그래프의 **지름** ℓ이란 모든 가능한 $i, j \in V$에 대한 $\delta(i, j)$의 최댓값을 뜻한다. 쉽게 참조할 수 있도록 표 1에 주요 정의와 기호를 정리하였다.

네트워크 분석에서 가장 공통적으로 흥미로운 점들 중 하나는 네트워크에 나타나는 부분구조에 있다. 노드의 주변부란 노드 자체와 k_i개의 이웃을 포함한 것으로서 하나의 부분구조로 생각할 수 있다. 보다 일반적으로 그래프의 부분집합으로서 $V' \subseteq V$이고 $E' \subseteq E$인 그래프 $G' = (E', V')$를 **부분 그래프**라 부른다. 그래프의 **연결된 구성요소**란 부분 그래프로서 그 안의 임의의 두 점이 경로에 의해 연결되는 경우를 뜻한다. 만일 전체 노드들의 상당수가 포함되는 구성 요소가 있으면 이를 **거인 구성요소**로 부른다. 무방향 그래프 G 안에 있는 **클리크**(clique)란 부분 그래프 G'으로서 완전 그래프인 경우를 말한다. 최대 클리크란 G 안에 가능한 최대의 크기를 갖는 클리크를 뜻한다. 네트워크의 또 다른 핵심 측정값으로 **k-코어**가 있는데, 이는 G의 최대 연결 부분 그래프로서 모든 꼭짓점들이 최소 k의 차수를 갖는 경우를 말한다. 동등하게 이것은 G의 부분 그래프 중 연결된 구성요소 중 하나로 꼭짓점 차수가 k보다 작은 꼭짓점들을 반복적으로 제거하여 얻을 수 있다. 끝으로 **네트워크 모티프**는 반복되는 통계적으로 중요한 부분 그래프 또는 패턴들을 말한다. 보다 비형식적인 정의로 클러스터는 커뮤니티 발견 알고리즘에 사용되는데, 하나의 그래프가 **조밀한** 부분 그래프들로 쪼개진다(3.5절 참조).

일부 응용에서 네트워크 또는 그래프의 정적인 구조는 노드의 동적인 특성이나 노드들 간의 상호작용을 반영하는 데 충분치 못하다. 예를 들어 만일 이동 전화 회사의 고객 사이에 이루어진 통화를 분석하길 원한다면, 우리는 통화가 서로 다른 시간에 이루어진다는 사실을 포함할 필요가 있다. 이를 목적으로 우리는 **시간 그래프** $G_t = (V_t, E_t)$를 정의할 수 있는데, 각각의 시간 $t \geq 0$마다 서로 다른 노드와 모서리를 갖는다. 시간에 따라 변하는 그래프들은 인과율과 같은 상호작용의 시간적 특성에 영향을 받으며 이는 네트워크 분석에 새로운 측면을 더한다. 또한 다양한 유형의 모서리들이 존재할 때(다중화), 우리는 각 계층(유형)마다 노드들이 서로 다른 이웃들을 가질 수 있음을 고려해야만 한다. 예를 들어 각 계층을 같은 개인들 사이의 서로 다른 유형의 사회 관계로 생각할 수 있다. 또는 각 계층을 시간 그래프에서 하나의 특정한 시간을 표현하는 것으로 보거나, 추천 알고리즘에서 사용자와 물품 양자 간 네트워크를 위한 수학적인 설정으로 볼 수 있다.

3 성질

독일 수학자 디트리히 브라에스(Dietrich Braess)는 교통량 네트워크에서 길을 새로 하나 추가하는 것이 오히려 더 큰 혼잡을 유발할 수도 있음을 알아내었다. 이러한 모순은 네트워크 분석의 한 가지 특성을 보여 주는데, 네트워크에는 구성요소의 단순한 결합으로는 설명할 수 없는 새롭게 나타나는 성질이 있을 수 있다는 것이다. 이번에는 실제 예에서 발견되고 가장 전형적인 모형이 포함하는 네트워크의 핵심 성질 몇 가지를 살펴보려 한다. 이 성질들은 연결도나 클러스터링과 같은 국소적 특성부터 네트워크의 모듈 구조에 대한 연구(모티프, 커뮤니티)까지 대부분의 규모를 포함한다.

3.1 이질성

네트워크의 많은 독특한 성질들은 이질성에 기인한다. 단순히 살펴보면 네트워크는 연결도 측면에서 이질적인데, 동질적인 네트워크는 $k_i \approx \bar{k}$와 같이 각각의 노드 i가 네트워크의 평균 차수와 같은 차수를 갖는 경우이다. 그러나 실제 세계의 네트워크에서 연결도의 분포는 굉장히 이질적이다. 사실, 많은 경우 $k_i \gg \bar{k}$인 노드들을 매우 쉽게 찾을 수 있다. 이질성을 나타내는 간단한 방법은 네트워크의 차수 분포를 이용하는 것으로, p_k는 네트워크에서 차수가 k인 노드의 비율을 나타낸다. 그러나 실제 세계의 네트워크들은 보통 심하게 비대칭이고 $k_i \gg \bar{k}$인 노드, 즉 긴 꼬리를 갖는다. 이렇게 차수가 높은 노드 또는 **허브**는 네트워크의 많은 성질에서 중요한 역할을 한다. 거꾸로 말하면 이러한 네트워크에는 연결도가 낮은 노드들이 많이 포함되어 있다. 네트워크를 연결도 측면에서 간단히 표현하자면 '적은 수의 거인과 많은 수의 난쟁이'라 부를 수 있다.

심하게 비대칭적인 분포의 꼬리를 측정하는 것이 통계학적으로는 까다로울 수 있지만 최근의 연구 결과 실제 세계의 네트워크들은 차수 분포가 $p_k \sim k^{-\alpha}$의 지수 법칙을 가짐을 발견하였다. 여기서 α는 보통 $2 < \alpha < 3$의 값을 갖는다. 이러한 관찰 결과가 나오는 예로는 인터넷의 네트워크 구조, 웹 페이지 사이의 연결 네트워크, 논문 사이의 인용 네트워크, 전화 통신 네트워크, 물질 대사 네트워크, 금융 네트워크 등이 있다. 이렇게 차수 분포가 지수 법칙을 따르는 네트워크를 **무척도(scale-free) 네트워크**라 부르는데, 이것은 p_k에 특성 차수가 없기 때문이다. 이들은 문헌상에서 폭넓은 주목을 받았는데, 이는 무척

도 네트워크가 여러 복잡한 시스템 도처에서 발견되고 간단한 성장 모형에 의해 모형화가 가능하기 때문이다. 다른 상황에서 차수 분포는 지수 법칙 분포에 지수 절단을 갖도록 기술하는 것이 더 좋아 보인다. p_k를 기술하는 데 어떤 통계학적인 모형이 더 좋은지에 관계없이, 네트워크에서 발견되는 폭넓은 이질성은 네트워크에서의 전형적인 연결도란 없다는 것을 의미한다. 노드의 차수가 이질성을 보여 주는 유일한 네트워크 특성은 아니다. 예를 들어 모서리의 가중치(강도), 모티프의 빈도, 커뮤니티의 크기는 모두 폭넓은 분포로 기술되며 다양한 종류의 네트워크 기술과 다양한 규모의 네트워크에 이질성을 보여 준다.

3.2 클러스터링

모서리는 노드 사이에서 불균형하게 공유될 뿐만 아니라 뭉치려는 경향이 있다. 예를 들어 주어진 노드의 이웃들은 그들끼리 모서리에 의해 연결될 가능성이 매우 높다. 소셜 네트워크의 언어로 얘기하자면 당신의 친구의 친구가 당신의 친구이기도 할 확률이 매우 크다. 네트워크의 클러스터링 정도를 측정하는 한 가지 방법은 **이행성** 또는 **클러스터링 계수** $0 \le C \le 1$을 계산하는 것인데, 이것은 네트워크의 모든 트리플렛(triplet) (최소한 두 개의 모서리로 연결된 세 개의 노드) 개수에 대한 삼각형(크기 3인 클리크)의 상대적인 비율이다. 완전히 연결된 그래프의 경우 $C = 1$이다. 클러스터링은 국소적으로 계산될 수도 있는데, C_i를 노드 i의 이웃 중 서로 이웃인 노드들의 비율로 측정한다. 소셜 네트워크나 생물학적 네트워크에서는 랜덤 네트워크 모형에 비해 클러스터링 계수가 큰 경향을 보이는 반면 월드 와이드 웹, 인터넷 또는 전력망과 같은 기술적인 네트워크는 훨씬 작은 클러스터링 계수를 갖는다. 이러한 차이는 클러스터링을 가져오는 메커니즘의 존재 또는 부재에 기인하는데, 소셜 네트워크에서 공통의 제 3자와 시간을 보내는 사람들은 그들끼리 서로 만날 가능성이 높으며 따라서 셋 사이에 **긴밀한 사회적 관계**가 맺어지기 쉽다. 사실 셋 사이에 맺는 이러한 밀접한 관계는 많은 온라인 소셜 네트워크에서 친구 추천 알고리즘에 활용된다. 생물학적 네트워크에서 클러스터링이 큰 것은 생물학적 프로세스에서 단백질의 동시 상호작용 때문인 경우가 많다. 그러나 기술적인 네트워크에서는 노드들 사이에 이미 연결이 되어 있는 상태에서 중복적인 모서리를 형성하는 것은 효율성 측면에서 지양되기 때문에 C 값은 매우 작아진다(그림 1 참조).

일부 네트워크에서는 차수 k_i가 커질수록 C_i가 작아진다. 이것이 차수가 낮은 노드들은 조밀하게 클러스터링을 이루는 반면 허브의 이웃들은 엉성하게 연결되어 있다는 의미이고, 그 결과 네트워크의 **계층적인 조직**을 반영하는 조밀하게 연결된 노드들의 집단(커뮤니티; 3.5절 참조)이 존재한다. 낮은 차수의 노드들이 조밀한 커뮤니티 안에 위치하고 허브는 커뮤니티들을 연결한다.

네트워크에서 삼각형 말고도 중요한 역할을 차지하는 클리크가 있다. 예를 들어 작은 네트워크에서도 셋 또는 네 개의 노드로 구성된 모티프가 빈번히 발생한다. 그러나 예를 들어 음식 네트워크에서 가장 많이 나타나는 모티프는 전사 조절 네트워크에서 나타나는 것과도 다르고, 월드 와이드 웹에서 나

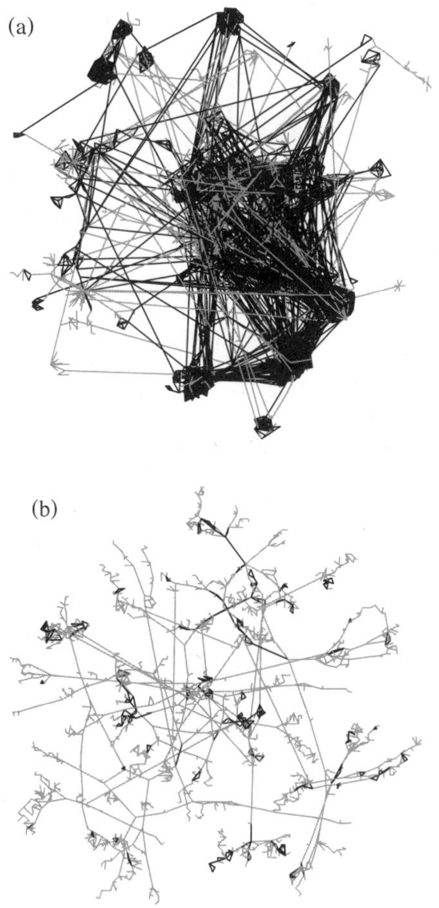

그림 1 (a)이스트 단백질-단백질 상호작용(데이터 출처: 폰 메링(von Mering) 외, 2002, 네이처). (b)미국의 서부 주의 전력 그리드(데이터 출처: 와츠, 스트로가츠, 1998, 네이처). 삼각형에 속하는 링크는 검은 색으로, 나머지는 회색으로 표현함. 두 경우 모두 잘 보이게 하기 위해 일부 노드를 생략함. 클러스터링 계수는 (a)$C=0.44$, (b)$C=0.09$.

타나는 것과도 다르다. 따라서 네트워크는 그 네트워크의 전형적인 모티프에 기초하여 서로 다른 기능적인 집단으로 분류할 수 있다. 상위 수준에서 그래프의 최대 클리크나 k-코어의 상대적인 크기 또한 네트워크의 클러스터링 정도를 측정하는 방법이 될 수 있다.

3.3 스몰 월드

자연적으로 발생하는 많은 네트워크들은 **스몰 월드**, 즉 그래프의 지름이 작은 현상을 보여 주고 있다. 이 현상은 1967년, 심리학자인 스탠리 밀그램(Stanley Milgram)이 전 세계 소셜 네트워크의 두 사람 사이에는 평균적으로 '6차 분리'가 있음을 발견하여 유명해졌다. 이 실험은 나중에 이메일을 이용하여 재수행되었고 거대한 소셜 그래프에서 거리를 측정하였다. 네트워크가 조밀하게 연결되어 있다는 사실은 노드들 사이에 수많은 짧은 경로를 만들고, 따라서 노드들 사이의 전형적인 거리는 매우 짧아진다. 스몰 월드 현상을 보여 주는 예로 배우들 사이의 '베이컨 수'나 수학자 사이의 에르되시 수를 들 수 있는데, 에르되시 수는 논문의 공저자가 모서리를 나타내는 그래프 상에서 에르되시 팔(Paul Erdös)과의 거리를 나타낸다. 에르되시 수의 평균값은 대략 5 정도에 불과하다.

수학적으로 말하자면 스몰 월드 네트워크는 노드의 수 n이 커짐에 따라 네트워크의 지름이 $\log n$ 또는 그 이하로 충분히 느리게 커지는 네트워크 모형을 뜻한다. 그러나 이 성질은 트리와 비슷한 구조의 네트워크에서는 당연히 성립하는 성질인데, 평균 이웃의 수를 $\bar{k}$라 할 때 주어진 노드로부터 d만큼 떨어진 거리에 있는 노드들의 수가 $d^{\bar{k}}$으로 커진다. 따라서 스몰 월드 성질은 n이 커짐에 따라 클러스터링 계수의 값이 0에서 멀어지는 조건을 만족하는 것으로 표현되기도 한다. 실제 세계 네트워크에서 n이 고정되어 있을 때 스몰 월드 네트워크는 통계학적으로 동등한 랜덤 네트워크 모형에서의 값보다 ℓ은 더 작고 C는 훨씬 더 큰 것으로 정의된다.

3.4 중심도

네트워크의 중심도 개념은 '가장 중요한 노드는 어느 것인가'라는 질문에 대한 답을 준다. 연구하는 대상의 관계와 프로세스의 특성에 따라 중심도는 서로 다른 의미를 갖는다. 예를 들어 **차수 중심도** k_i는 노드의 중심도를 네트워크에서의 차수로 근사한다. 대다수의 상황에서 이것은 중심도를 측정하는 매우 효과적인 방법이 된다. 이렇게 집중되어 연결된 노드는 보통 **허브**라 불리며 네트워크에서 제거되거나 손상을 입었을 때 견고성에 중대한 영향을 미칠 수 있다.

그러나 허브는 네트워크의 주변부에 위치할 수도 있다. 중심도를 측정하는 보다 전역적이고 발전된 방법으로 **고유 벡터**, **사이성**, **근접성**이 있으며 이들은 노드와 나머지의 상대적 위치관계를 고려한다.

고유벡터 중심도는 중심도 전파의 아이디어에 기반을 두는데, 노드의 중심도 x_i가 그 이웃들의 중심도와 선형 함수 관계가 있다고 가정한다. $x_i = (1/\lambda)\sum_j a_{ij}x_j$. $\boldsymbol{x} = (x_1, \cdots, x_N)$으로 놓으면 고유벡터 방정식인 $A\boldsymbol{x} = \lambda\boldsymbol{x}$를 얻는다. 이 방정식의 모든 가능한 해 중에서 고유치가 제일 큰 벡터는 모든 원소가 양수가 된다(**페론-프로베니우스 정리**[IV.10 §11.1] 참조). 관련된 고유벡터의 구성요소들을 각 노드의 중심도로 취한다. 이 방법은 몇 가지 방법으로 일반화할 수 있는데, 예를 들어 웹 페이지의 우선순위를 매기는 데 사용하는 **구글의 PAGERANK 알고리즘**[VI.9]은 고유벡터 중심도의 한 변형으로 네트워크 분석에서 노드의 중심도를 측정하는 데 사용한다. 캐츠(Katz) 중심도, 보나키치(Bonacich) 승수법, 에스트라다(Estrada) 색인과 같은 다른 중심도 측정법들을 **인접행렬의 함수들**[II. 14]에 대한 고윳값 문제에 대한 해로 얻을 수 있다.

잘 알려진 또 다른 중심도 측정 방법은 1979년 프리먼(Freeman)이 소개한 사이성으로, 이것은 노드 i를 지나는 최단 경로의 개수로 정의된다. 구체적으로 만일 g_{jk}를 노드 j에서 k로 가는 측지선 경로의 개수라 하고, g_{jik}를 이중 노드 i를 경유하는 측지선 경로의 수라 하면, 노드 i의 **사이성 중심도**는 $b_k = \sum_{j \neq k \neq i} g_{jik}/g_{jk}$로 정의된다. 사이성 뒤에 있는 아이디어는 네트워크에서 발생하는 프로세스의 한 노드를 통과하는 흐름의 양을 측정하는 것이다. 마지막으로 근접성 중심도(이 역시 프리먼이 소개함)는 한 노드에서 나머지까지의 평균 거리로 정의된다. 즉, $c_i = (1/n)\sum_j \delta(i, j)$이다.

중심도는 네트워크의 핵심 노드를 판별하는 데 널리 사용된다. 예를 들어 온라인 소셜 네트워크에서 영향력 있는 사람을 찾거나 조직의 리더를 식별하여 바이럴 마케팅 캠페인의 목표로 삼는 데 이용하거나, 항공 운송 네트워크에 있어서 중심 공항을 식별하는 데 사용한다.

3.5 커뮤니티

대부분의 네트워크에서는 내부적으로 다른 부분보다 더욱 조밀하게 연결된 노드들의 집단이 존재한다(삽화 페이지의 도판 5번과 그림 2 참조). 네트워크의 이러한 특성을 **커뮤니티 구조**라 부른다. 커뮤니티 구조는 많은 네트워크에서 일반적이며, 이 구조의 결정이 네트워크의 중간 규모의 시야를 제공해 준다. 그러나 더욱 흥미로운 것은 이것이 한 네트워크에서 공통된 성질을 공유하는 꼭짓점들의 집

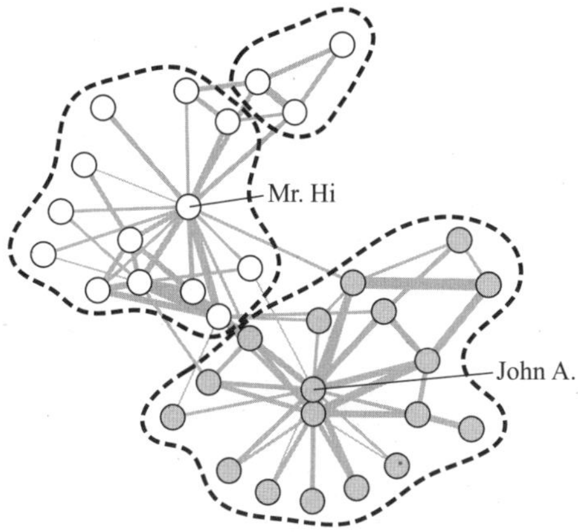

그림 2 1970년대 미국의 한 대학의 한 가라데 클럽 회원 34명의 친구관계 소셜 네트워크. 이 클럽은 회장 John A.와 가라데 강사 Mr. Hi가 이끌고 있다(가명 사용). 모서리 굵기는 클럽 회원들이 참여하고 있는 공통 활동의 개수에 비례한다. 1997년 자카리(Zachary)는 클럽 내에 있는 두 개의 파벌 사이의 긴 분쟁 후에 어떻게 이 클럽이 두 개의 독립적인 클럽(흰 색과 회색으로 표시)으로 분리되었는지 연구하였다. 한 커뮤니티 찾기 알고리즘(라벨 전파)이 이 네트워크에 적용되었으며 세 개의 커뮤니티를 찾았고(점선으로 표시), 이들은 분리된 클럽과 대부분 겹친다.

단 즉, 서로 다른 기능적 역할을 하는 부분 그래프를 드러내기 때문이다. 실제로 소셜 네트워크에서 커뮤니티는 사회적으로, 경제적으로 또는 지리적으로 연관된 집단을 나타내며, 물질대사 네트워크에서 커뮤니티는 기능적인 집단을, 인용 네트워크에서 커뮤니티는 연관된 연구 주제를 드러내 준다.

이러한 발견들 밑에 깔린 가정은 네트워크 자체가 집단을 드러내는 데 필요한 정보를 포함하고 있으며 꼭짓점을 각 집단에 할당하는 그래프-분할 기법을 이용하여 커뮤니티를 얻을 수 있다는 점이다(그림 2 참조). 수학적으로 이야기하면, 그래프 커뮤니티를 식별하는 문제는 잘 정의되어 있지 않다. 처음부터 살펴보면 그래프의 커뮤니티에 대한 명확한 정의조차 없다. 이러한 애매모호함은 문헌에 등장하는 알고리즘이 너무 많은 데 기인하는데, 각각의 알고리즘마다 커뮤니티에 대한 각자의 수학적/통계학적 정의를 가정하고 있어 동일한 그래프에 대해 서로 다른 결과를 가져온다. 그중에서도 최고인 것은 그래프 분할 문제로 이것은 NP-난해[I.4 §4.1] 문제인데, 일반적으로 휴리스틱 또는 근사 알고리즘을 이용하여 얻는 해들은 서로 다르며 심지어 근사해조차 다른 경우도 있다. 따라서 대부분의 경우 결과로 얻은 분할의 유효성을 검증하기 위해서는 추가적인 외부 정보를 필요로 한다.

그래프에서 커뮤니티를 발견하기 위한 서로 다른 많은 방법들이 개발되어 적용되어 왔다. 이 중 어떤 것은 그래프 분할 기법(예: 최소 절단 방법)이나 컴퓨터 과학에서 빌려 온 데이터 클러스터링 분석(예: 계층적 클러스터링)에 기반을 둔다. 이러한 방법의 문제점 중 하나는 커뮤니티의 수를 알고리즘의 입력으로 주어야만 하거나, 그 결과로 얻는 많은 수의 가능한 분할들을 구분할 방법이 없다는 것이다. 이러한 문제들을 피하기 위하여 분할의 질적인 기능이 주어져야 한다. 세미나 논문에서 뉴먼(Newman)과 거번(Girvan)은 분할의 **모듈성**이라는 개념을 도입하였는데, 이것은 커뮤니티 내의 모서리들의 실제 밀도와 모서리들이 무작위로 분포될 경우 예측되는 비율 사이의 차이를 측정한다.

$$Q = \frac{1}{2m}\sum_{i,j}(a_{ij} - p_{ij})\gamma(c_i, c_j)$$

여기서 합은 모든 꼭짓점 쌍에 대하여 계산하고, $\gamma(c_i, c_j)$는 i와 j가 같은 커뮤니티에 있으면 1, 그렇지 않으면 0이며, p_{ij}는 널 모형 즉, 같은 수의 노드와 모서리를 갖는 랜덤 그래프 모형(4절 참조)에서 i와 j 사이에 있는 모서리 개수의 기댓값을 나타낸다. 네트워크의 차수 이질성이 큰 경우에 가장 널리 사용되는 모형은 구성 모델로서 $p_{ij} = k_i k_j/(2m)$이다. 모듈성은 그 한계에도 불구하고 커뮤니티 발견 알고리즘에 커다란 영향을 끼쳤다. 그것은 발견한 분할을 정량적으로 측정하고 따라서 분열을 초래하는 알고리즘들 사이에서 가장 좋은 (모듈성이 최대인) 분할을 얻을 수 있도록 한다. 게다가 모듈성 최적화 자체는 커뮤니티를 식별하는 유명한 방법 중 하나이다.

다른 유명한 방법들로는 클리크 삼출 알고리즘(커뮤니티를 k-클리크의 삼출 클러스터링으로 정의한다)과 같은 클리크 기반의 방법들, 랜덤 워크 방법(커뮤니티를 그래프에서 랜덤 워크가 소비하는 시간이 긴 지역으로 정의), 합의 알고리즘(커뮤니티는 동적 조화 과정의 결과로 공통의 결과를 공유하는 노드들의 집단으로 정의) 등이 있다. 합의 알고리즘의 예로 라벨 전파 알고리즘이 있는데, 노드마다 유일한 라벨을 붙여 준 다음 이웃들에 의한 다수결 투표를 통해 이를 갱신한다. 이러한 합의 과정에 의해 점근적으로 도달한 라벨을 그래프의 커뮤니티로 받아들인다.

네트워크에서 커뮤니티를 찾아내는 것은 계산이 복잡한 임무이다. 어떤 알고리즘들은 계산 시간이 노드의 수 n과 모서리의 수 m에 비례하기 때문에 매우 큰 네트워크에서 커뮤니티를 찾는 데 적합하지 않다. 그러나 최근에 이 알고리즘들의 속도를 높이기 위한 많은 발전이 이루어져 수백만의 노드를 갖는 네트워크에 루뱅(Louvain)의 방법, 인포맵, 클로셋(Clauset), 뉴먼, 무어(Moore) 등의 고속 그리드 알고리즘 등을 효율적으로 적용할 수 있다.

4 모형

우리는 실세계 네트워크에 대한 관찰과 여러 시스템에서 발견되는 공통된 성질에 기초하여 네트워크에 대한 수학적 모형을 만들 수 있다. 모형은 두 가지 이유에서 중요하다. 첫째로 단순한 널 네트워크 모형은 실세계 응용에서 발견되는 결과들의 통계적 중요성을 테스트하는 데에 이용할 수 있다. 물론 널 네트워크 모형의 정의 자체가 고려되고 있는 맥락과 프로세스에 의존적이다. 반면에 네트워크의 모형화는 우리가 관찰 시스템에 대한 좋은 수학적인 표현을 얻고 추후의 테스트에 이용할 수 있게 하거나 프로세스의 미래 행동에 대한 예측을 가능하게 해준다.

4.1 에르되시-레니 모형

랜덤 그래프 모형은 가장 많이 사용되는 모형 유형이다. 이 기법에서 그래프는 확률 분포 또는 랜덤 프로세스에 따라 생성된다. 여기서 우리는 수학적 연구와 응용에서 가장 유명한 예제들 중 일부를 살펴볼 것이다.

1959년에 에르되시 팔과 알프레드 레니(Alfréd Rényi), 독립적으로 에드거 길버트(Edgar Gilbert)는 간단한 이항 그래프 모형 $G(n, p)$를 제안했는데, 여기서 n은 그래프의 노드 개수이고, 각각의 노드 쌍에 대해 확률 p로 연결하여 그래프를 만든다(그림 3). $G(n, p)$에서 차수의 분포는 이항 분포에 의해 주어지는데, n이 매우 큰 경우의 극한을 생각하면 푸아송 분포가 된다.

$$p_k = \binom{n-1}{k} p^k (1-p)^{n-1-k} \approx \frac{\bar{k}^k e^{-\bar{k}}}{k!}$$

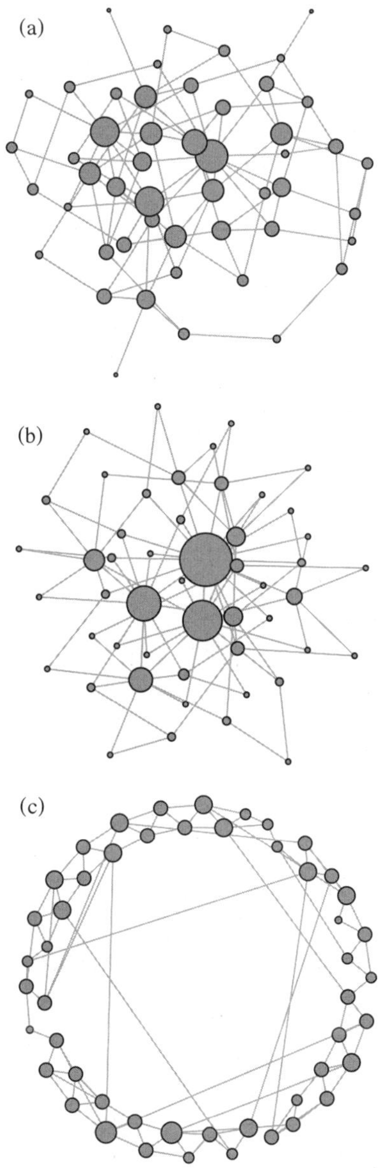

그림 3 서로 다른 모형에서 생성된 네트워크의 예. (a)에르되시-레니 모형. (b)우선 첨가 모형. (c)스몰 월드 모형. 모든 네트워크가 $n = 50$개의 노드와 $m = 100$개의 모서리를 갖는다. 한 노드의 크기는 연결도 k_i에 비례하도록 나타내었다.

여기서 $\bar{k} = (n-1)p$로서 평균 차수를 의미한다. 따라서 p_k는 긴 꼬리를 갖지 않는다. 실제 네트워크와 이런 차이를 보임에도 불구하고 $G(n, p)$의 많은 성질들이 큰 n의 극한에서 정확하게 풀리며, 따라서 랜덤 그래프 모형이 수학자들 사이에서 많은 관심을 끌어왔다. 예를 들어 지름은 근사적으로 $\ell \sim \log n / \log \bar{k}$가 되어 $G(n, p)$는 스몰 월드 성질을 갖는다. 또한 클러스터링 계수는 $C = p = \bar{k}/(n-1)$가 되어 큰 시스템에서 ($\bar{k}$는 유한) 이 값은 0으로 향하는데, 실제 세계의 네트워크에서는 큰 n에서도 C가 유한인 점이 모형과 다르다. 분명히 $G(n, p)$는 어떠한 커뮤니티 구조도 갖지 않는다. 그럼에도 불구하고 $G(n, p)$는 다른 모형의 데이터와 비교하기 위한 벤치마크를 제공하는 영정보 모형으로서 사용할 수 있다.

4.2 구성 모형

비 푸아송 차수 분포를 허용하기 위하여 우리는 에르되시-레니 모형을 구성(configuration) 모형으로 일반화할 수 있는데, 이 모형은 볼로바스(Bollobás)가 처음 단순하고 분명한 형태로 제시하였다. 이 모형에서는 차수 분포 p_k 또는 차수 수열 $k_1, \cdots, k_n$이 주어진 상태에서 이 차수 분포 또는 차수 수열을 갖는 랜덤 그래프를 만든다. 이러한 랜덤 그래프를 생성하는 간단한 알고리즘은 각 꼭짓점마다 차수 분포 또는 차수 수열에 따른 여러 개의 모서리 '스텁(stub)'을 주고 짝으로 스텁을 균일한 랜덤으로 선택하고 이들을 연결하여 모서리를 만든다. 이러한 방식으로 만든 그래프의 앙상블을 **구성 모형**이라 부른다. 구성 모형의 많은 성질들이 알려져 있다. 몰로이(Molloy)와 리드(Reed)는 $\overline{k^2} = \sum_k k^2 p_k$라 놓을 때 $\overline{k^2} - 2\bar{k} > 0$을 만족한다면 거의 확실히 거인 구성요소가 존재한다는 것과, 그래프에서 루프를 발견할 확률이 n^{-1}에 비례하여 감소한다는 것, 즉 큰 n에 대하여 국소적으로 트리와 유사한 구조를 갖는다는 것을 증명했다. 이 사실을 이용하여 뉴먼은 클러스터링 계수가 점근적으로 $C \sim n^{-1}$에 비례하여 감소함을 간단한 방법으로 증명했다.

구성 모형의 가장 중요한 성질 중 하나는 임의로 선택한 모서리를 따라 얻은 꼭짓점의 차수 분포 q_k가 p_k와 다르다는 것이다. 대신에 임의로 모서리를 선택함에 있어서 연결성이 k인 꼭짓점을 얻는 방법이 k가지이므로 $q_k \sim kp_k$이다. 따라서 한 꼭짓점에 가장 가까운 이웃들의 평균 차수는 다음과 같다.

$$\overline{k_{\mathrm{nn}}} = \sum_k kq_k \sim \frac{\overline{k^2}}{\bar{k}}$$

실세계 네트워크는 매우 이질적이기 때문에, 우리는 보통 $\overline{k^2} > \bar{k}$인 경우를 만나고 따라서 임의로 선택한 노드의 이웃들은 원래 노드 자신보다 더 많은 연결성을 갖는다. 이 성질은 네트워크에서 벌어지는 많은 프로세스에서 핵심 역할을 한다(6절 참조). 소셜 네트워크에서 **친구관계의 역설**로 알려져 있는 이 성질은 1991년 사회학자 펠트(Feld)가 제안했으며 '평균적으로 당신의 친구들은 당신보다 더욱 많은 친구들을 갖는다.'로 표현된다. 이것은 또한 다른 직접적인 결과를 갖는다. 예를 들어 $2 < \alpha < 3$을 갖는 무척도 네트워크에서 우리는 지름이 $\ell \sim \log\log N$이 됨을 알게 되고, 따라서 무척도 네트워크는 매우 작다. $\alpha > 3$인 경우, $\ell \sim \log N$으로 우리는 스몰 월드 특성을 다시 만나게 된다. 마지막으로 모서리들은 노드들 사이에 랜덤하게 분포하기 때문에, 각각 차수가 k_i, k_j인 두 노드가 연결될 확률은 $k_i k_j/(2m)$으로 주어지는데, 이 결과는 p_{ij}에 대한 널 모형 근사로서 모듈성 Q를 정의하는 데 사용된다.

5 다른 랜덤 모형

구성 모형은 p^* **모형**으로 불리는 **지수 랜덤 그래프**로 일반화할 수 있다. 이것은 그래프의 앙상블로서 그래프 G가 주어진 특성 집합 $\{x_i\}$를 가질 확률이 $P(G) = e^{H(G)}/Z$로 주어지는데, 이때 $Z = \sum_G e^{H(G)}$이고, 앙상블 매개변수 $\{\theta_i\}$에 대해 네트워크 해밀토니언은 $H(G) = \sum_i \theta_i x_i(G)$로 주어진다. 예를 들어 x_1을 모서리의 개수, x_2를 주어진 차수를 갖는 꼭짓점의 개수, x_3를 네트워크에 있는 삼각형의 개수 등으로 놓을 수 있다. 이 분야에서 이루어진 많은 진전들은 이 앙상블에 대해 몬테카를로 시뮬레이션을 이용하여 얻거나 모형에 사용되는 매개변수를 추정하기 위해 실제 네트워크를 이용하여 얻어 왔다.

또 다른 랜덤 그래프 모형은 **확률적 블록 모형들**로, 이 모형에서 노드들은 s개의 서로 다른 블록에 할당되고 꼭짓점들은 오직 노드 블록에 의해 결정되는 확률로 서로 다른 블록의 노드들 사이에서 랜덤하게 놓인다. 구체적으로 만일 z_i를 꼭짓점 i가 속한 블록이라 한다면 우리는 $s \times s$ 확률 블록 행렬 M을 정의할 수 있는데, 이때 m_{ij}는 유형 z_i의 꼭짓점이 그룹 z_j의 노드에 연결될 확률을 가리킨다. 블록들은 유사한 구조적 동등성을 갖거나 유사한 인구 통계학을 갖거나 같은 커뮤니티에 속하는 노드들의 집단이 될 수 있다.

5.1 스몰 월드 모형

스몰 월드 모형은 와츠(Watts)와 스트로가츠(Strogatz)에 의해 랜덤 그래프로 소개되었으며, 유한 클러스터링 계수와, n이 증가함에 따라 $\ell \sim \log n$이 되는 스몰 월드 성질이라는 실제 네트워크에서의 두 개의 독립적인 구조적 성질을 갖는다. 이 모형의 간단한 아이디어는 노드들이 크기 d인 국소적 이웃에 연결되고 모서리들이 확률 p(그림 3 참조)로 다시 연결되는 일차원 격자에 삽입된 그래프를 생성하는 것이다. $p = 0$일 때, 우리는 일차원 정규 그래프를 얻을 수 있고, $p = 1$일 때 랜덤 그래프를 얻는다. 국소적으로 밀접한 이웃은 유한 클러스터링 성질을 주는데, 먼 거리의 재연결된 링크들은 네트워크의 낮은 지름과 관련이 있다. 특히 $n \to \infty$에 따라 클러스터링 계수는 $C \sim 3(d-1)/[2(2d-1)](1-p)^3$이 되고 지름은 $p = 0$일 때와 $p = 1$일 때 각각 n과 $\log n$에 비례한다. 와츠-스트로가츠 모형의 한 가지 흥미로운 성질은 정규 그래프와 완전한 랜덤 그래프 사이의 중간 단계를 제시한다는 것이다. 이 모형의 가장 큰 단점은 (p_k가 지수적으로 감소하는) 비현실적인 차수 분포를 만들어내는 데 있다. 스몰 월드 모형의 다양한 변종이 제안되고 연구되고 있다.

5.2 우선 첨부 모형

위에서 제시된 모형들이 네트워크에서 관찰되는 거대 특징들을 반영한다면, 발생 모형에서는 이러한 특징들이 미시적 원인 때문에 나타나는 것으로 설명하고자 한다. 이 중 특별히 유명한 종류의 모형으로 네트워크 성장 모형이 있으며, 여기에서는 노드와 모서리 생성에서의 동역학이 관찰되는 네트워크 성질을 만들어 낸다. 아마도 가장 잘 알려진 예는 바라바시(Barabasi)와 앨버트(Albert)의 소위 **우선 첨부 모형**으로, 차수 분포의 무척도 성질을 설명하는 것이 목표이다. 이것은 모서리 생성에서 부익부 메커니즘을 이용하여 수행되는데, 예를 들어 네트워크에 노드가 더해지는데 이들로부터 나타나는 모서리의 개수가 m개이고 이 모서리들이 기존에 존재하는 연결도 k인 노드에 확률 π_k로 연결된다. 이러한 우선 첨부 방식은 인용 및 공동 작업 네트워크에서 인터넷 및 온라인 소셜 네트워크에 이르기까지 많은 성장형 네트워크에서 관찰되어 왔다. 시스템의 성장을 표현하기 위해 간단한 속도 방정식을 쓸 수 있으며 각 노드의 차수가 거듭제곱 법칙을 따라 성장하고 ($k_i(t) \sim t^{\beta}$), 모든 t에 대하여 차수 분포가 무척도로 $p_k \sim k^{-\alpha}$이 되는데, 이때 지수 α, β는 우선 첨부 확률에 의존한다. $\pi_k = k$와 같은 선형 관계의 경우 우리는 $\alpha = 3$을 얻을 수 있는데, 이 값은 웹과 같은 실세계 네트워크에서 발견되는 값들과 비슷하다.

우선 첨부 모형은 이중 로그 교정을 갖는 스몰 월드 성질을 갖는데($\ell \sim \log n/\log\log n$), 수치적 결과는 클러스터 계수 C가 $C \sim n^{-0.75}$임을 제시한다. $n \to \infty$일 때 C가 0으로 사라지지만 유한의 n에 대해서는 큰 값을 가질 수 있다. 우선 첨부 메커니즘의 주요 비판점은 이것이 네트워크에 대한 대역적인 정보를 요구한다는 점인데, 이것은 분명히 많은 상황에서 비현실적인 가정이다. 이것과 다른 비판들이 제시되었고 원래의 모형을 수정하여 국소적 네트워크 형성 규칙, 3인조 클로저, 유한 메모리 노드 등을 이용한다.

6 프로세스

이전 절들에 제시된 척도와 모형 다음으로 네트워크에 대한 우리의 지식 중 상당 부분은 네트워크 구조를 분석함에 있어서 네트워크에 발생하는 프로세스를 설명하는 우리의 능력에서 온다. 예를 들어 우리는 가장 큰 중심도를 갖는 노드가 네트워크에서 전파되는 정보 역시 가장 빨리 아는지 이해하고 싶다. 또는 아마도 우리는 인터넷 네트워크의 이질성 차수와 목표로 설정된 공격에의 회복력 사이에 어떤 관계가 있는지 알고 싶을 것이다. 이러한 방향으로의 진전은 실제 또는 가공의 네트워크 모형에 대한 이러한 프로세스들의 간단한 모형을 모사하는 것과 어떻게 네트워크가 동작하는지에 대한 우리의 이해를 높일 (그리고 가끔 도전적인) 데이터의 가용성으로부터 이루어진다.

6.1 전파

아마도 네트워크에서 가장 많이 연구된 프로세스는 어떻게 주위로 전파될까하는 것이다. 구체적으로 어떻게 네트워크 구조와 동역학이 정보, 바이러스, 질병, 소문 등이 전파되는 데 영향을 미치는지 이해하는 데에 많은 연구가 행해졌다. 예를 들어 사람들은 성적인 접촉에 관련된 네트워크 (또는 공항과 도시간의 승객의 흐름에 관한 네트워크) 구조가 어떻게 질병의 확산에 영향을 미치는지 연구해 왔다. 또 다른 연구로 소셜 네트워크상에서 특정 캠페인의 전파 거리와 속도를 최적화하기 위하여 바이럴 마케팅 캠페인에서 누구를 최초의 목표로 삼는 것이 최선의 방법인지 연구해 왔다.

전파 모형은 전형적으로 전염병학에서 빌려 온다. 질병은 감염된 노드(I; Infected)에 노출된 비감염자 노드(S; Susceptible)로 전파되며, 그 후에 회복(R; Recovered) 상태로 되돌아 갈 수 있다. 이것은 소위 SIR 모형[V.16]이라 불리며, 수학적 질병학에서 긴 역사를 지닌다. 비록 이 모형이 속성상 역동적일지라도 그라스버거(Grassberger)는 그것을 정확히 네트워크의 결합 삼투로 매핑할 수 있음을 발견하였다. 확산 과정의 발발은 삼투 문제의 클러스터에 해당한다. 삼투는 수학에서 널리 알려진 문제로서 이 문제의 결합 삼투버전에서 그것은 모서리들이 확률 λ로 차지되는 랜덤 그래프에서 연결된 클러스터의 행동을 기술해 준다. 그런 다음 전체 네트워크를 '여과'해 주는 클러스터가 존재할 것인가, 즉 네트워크의 한 부분으로 소위 거인 구성요소로 불리는 연결된 클러스터가 존재할 것인가가 질문이다. 이것은 전파 문제에서 광범위한 질병 발발에 해당한다. 대부분의 시스템에서 $\lambda > \lambda_c$일 때 여과 이행 또는 전염병학에서는 **전염병이 발발하는** 임계치 λ_c가 존재한다. 바이럴 마케팅에서 우리는 우리의 캠페인이 λ_c보다 높은 값에서 운용되기를, 그래서 전파가 바이러스처럼 퍼져 나가기를 원하는 반면에, 질병 전파에서는 백신과 보건 정책을 $\lambda < \lambda_c$가 유지되도록 설계하기를 원할 것이다. λ_c가 질병의 바이러스의 특성에 따라 다를 것이지만 질병이 전파되는 네트워크의 구조에도 영향을 받는다. 예를 들어 차수 분포 p_k를 갖는 구성 모형에서 초기에 하나의 감염자에서 출발할 경우 평균적으로 $R_0 = \lambda\bar{k}$의 이웃이 전염된다. R_0의 감염된 이웃 각각은 평균적으로 $R_1 = \lambda(\overline{k_{nn}} - 1)$의 새로운 다음 이웃을 감염시킨다. 같은 논리가 이후의 단계에도 똑같이 적용된다. 따라서 전파는 다음 식으로 주어진다.

$$\bar{s} = 1 + R_0 + R_0R_1 + R_0R_1^2 + \cdots = 1 + \frac{R_0}{1 - R_1} \tag{1}$$

따라서 전파는 $R_1 \to 1$일 때 즉 $\lambda \to \lambda_c = 1/(\overline{k_{nn}} - 1) = \bar{k}/(\overline{k^2} - \bar{k})$일 때 확산된다. 이것은 실제로 모서리가 확률 λ로 차지되는 구성 모형에서 거인 구성요소가 존재할 것인지에 대한 몰로이와 리드의 기준이다. 보통 $\overline{k^2} \gg \bar{k}$일 때 네트워크의 이질성이 적용되므로 전염병 문턱값은 매우 작다. 게다가 지수값 $\alpha \leq 3$인 무척도 네트워크에서 $\overline{k^2}$은 발산한다. 이것은 이질성이 높은 네트워크에서 임계값이 0으로 사라지고 질병이 전체 네트워크로 전파됨을 의미하는 것으로, 파스토르-사토라스와 베스피그나니(Vespignani)가 컴퓨터 바이러스의 전파를 설명하기 위해 설명한 흥미로운 결과에 해당한다. 비록 이 결과가 구성 모형에서 매우 특별한 전염병 모형에서 얻은 것이지만, 일반적으로 네트워크의 이질성에 대한 책임이 전파에 있다는 점을 이해할 수 있다. 사실 R_0과 R_1은 전염병학에서 **기본 재생산 수**로 알려져 있으며 전염병 확산 여부를 평가하기 위해 널리 사용되고 있다. 구성 모형과 달리 실제 네트워크에서의 전염병 전파는 인접행렬의 첫 번째 고유치 σ_1에 의해 제어되며 $\lambda_c = 1/\sigma_1$이 된다. 뿐만 아니라 네트워크 클러스터링과 그 커뮤니티 구조는 네트워크의 밀접히 연결된 부분 내에서 확산을 가두기 때문에 감염의 확산을 줄이려는 경향이 있다.

이에 관련하여 두 개의 연관된 질문들로 네트워크에서 가장 효율적으로 전파되는 노드를 찾는 문제와, 거꾸로 가장 빨리 전파되는 프로세스의 영향을 받는 노드를 찾는 문제가 있다. 이 두 문제는 네트워크의 중심도와 연관되어 있는데, 노드의 중심도가 높을수록 이로부터 생성되는 발발 클러스터가 커지며 따라서 전파 과정을 더 빨리 알 수 있다. 이 결과는 정보 전파에서 우리가 초기 전파자를 전략적으로 목표로 삼을 수 있도록 해 주거나 전염병을 멈추기 위해 소셜 네트워크에서 보다 중심적인 사람에게 백신을 접종할 수 있도록 해 준다. 그러나 그것은 또한 우리가 네트워크에서 전염병의 발병이나 정보의 확산을 가능한 한 빠르게 알아챌 수 있게 도와 줄 중심적인 노드 집합(감시자)을 선택할 방법을 제공한다. 예를 들어 파울러(Fowler)와 크리스태키스(Christakis)는 공동 연구로 거대한 네트워크에서도 감시자의 집합이 정보나 질병 확산을 발견하는 데 매우 효과적임을 발견하였다.

6.2 행동 전염

그 역학은 다르지만 정보 확산과 밀접하게 연관된 것으로 행동 전염, 즉 어떤 개인의 행동적인 특성의 노출이 어떻게 네트워크의 개인과 개인 사이에 전파되는지에 대한 것이 있다. 최근 긍정적이거나 해로운 행동들을 촉진하는 데 있어서 소셜 네트워크 구조의 중요성에 대한 연구가 건강 행동의 전파에서 상품 및 서비스의 구입, 정치적 견해, 시간 한정적인 이벤트에의 참여, 혁신의 확산 등 다양한 맥락에서 이루어지고 있다. 이 연구들을 함께 살펴보면 행동 전염의 몇 가지 일반성에 대한 힌트를 얻을 수 있는데, 그것은 네트워크의 구조적인 다양성(즉, 얼마나 많은 서로 다른 소셜 커뮤니티에 그 행동이 노출되었는가)과 사회적인 강화(즉, 추가적인 노출이 어떻게 수용 확률을 변화시키고 네트워크 클러스터링이 어떻게 이를 촉진하는지)에 의존한다. 그러나 최근의 연구에서 소셜 네트워크에서 관찰되는 인과관계의 영향 중 대부분이 주로 잠재하는 동질성이나 기타 분류를 혼동하는 변수에 의한 문제들이 존재함을 조명해 왔다. 예를 들어 어떤 사람이 특정 상품을 구매하는 이유가 그 사람을 둘러싼 네트워크에 영향을 받아서가 아니라 그 상품이 매력을 끄는 어떤 집단에 속해 있기 때문일 수 있다. 행동 전염의 인과 관계를 수립하기 위해서는 보다 정교한 통계학적 네트워크가 필요하다.

6.3 견고성

많은 응용에서 네트워크는 작은 위상적 또는 역동적 동요에도 견고해야 한다. 예를 들어 통신 네트워크, 전력 기준선망, 조직적인 사업 프로세스는 고의적인 공격, 특정 지점에서의 불규칙적인 고장, 조직적인 변화 등에 회복력이 있어야 한다. 가장 간단한 근사 네트워크에서 견고성은 노드나 모서리를 무작위로 또는 고의적으로 삭제하는 상황에서 연구된다. 질문은 이러한 제거 과정 중 어떤 지점, 예를 들어 통신 네트워크의 노드들 중 상당 부분이 더 이상 서로서로 통신할 수 없는 시점에서 네트워크가 작동하기를 멈추는가 하는 점이다. 이것은 노드들 사이에 경로가 없어지면 분명하게 일어나는 일로 이런 경우 네트워크는 여러 개의 작은 부분들로 쪼개진다. 이러한 형태에서 견고성 문제는 삼투와 매우 비슷해지는데, 노드와 모서리는 공격당하거나 실패하면 점령되지 않은 상태가 된다. 제거하는 전략에 따라 달라지긴 하지만 q개의 노드가 제거될 때 $q > q_c$이면 네트워크의 연결이 끊어지고 $q < q_c$이면 노드들이 연결된 요소(**거인 구성요소**)로 남아있는 임계치 q_c가 존재한다. 예를 들어 차수 분포 p_k를 갖는 구성 모형에서 무작위로 q개의 노드를 선택하여 제거한다면 각 노드는 평균적으로 $(1-q)\bar{k}$개의 이웃을 갖고, 이웃들 각각은 다시 $(1-q)\overline{k_{nn}}$개의 이웃을 가질 것이다. 따라서 제거되지 않은 노드에서 시작하여 우리는 식 (1)에 의해 주어지는 평균 크기를 갖는 연결된 요소를 형성할 수 있는데, 이때 $R_0 = (1-q)\bar{k}$, $R_1 = (1-q)(\overline{k_{nn}}-1)$이고, 몰로이-리드 기준은 $q_c \approx 1-\bar{k}/\overline{k^2}$이 된다. 이것은 이질성이 높은 네트워크($\overline{k^2} \gg \bar{k}$인)는 무작위 공격으로부터 매우 견고하다는 것을 뜻한다. 거꾸로 허브나 브리지처럼 구조적 중요성(중심도)을 갖는 경우 해당 노드들을 제거하는 의도적인 공격은 네트워크의 연결을 매우 쉽게 끊을 수 있다. 따라서 네트워크의 이질적이고 모듈적인 구조는 네트워크를 무작위 공격으로부터 견딜 수 있게 해주지만 커뮤니티 사이의 허브나 브리지의 중심적인 역할은 자신들을 목표로 삼은 공격에 매우 쉽게 부서진다.

어떤 상황에서는 네트워크에서 장애가 눈사태처럼 전파될 수 있다. 전력 공급망이나 인터넷에서는 노드의 제거나 장애가 흐름의 균형을 변화시키고 다른 노드들의 부하를 높여 결국 장애를 일으킬 가능성이 있다. 또 다른 예는 금융 네트워크에서 은행의 장애가 연속되는 것이다. 이 경우 네트워크의 견고성은 자신의 위상적인 구조뿐만 아니라 노드의 용량/허용량이 어떻게 분포되어 있는지에 의존한다. 마지막으로 몇몇 기술적인 문제에서 네트워크들은 상호 연결되어 있는데, 예를 들어 이탈리아의 2003 정전사태에서 전력망과 통신망의 상호 연결성이 발전소의 추가 정지를 야기했다. 랜덤 공격에서 이질성의 효과는 상호 연결된 네트워크에서와 단순한 네트워크에서 정반대이다. 차수가 넓게 분포되어 있을수록 상호 연결된 네트워크의 취약성을 증가시킨다.

6.4 의견 일치

반복된 정보 공유와 행동 전염은 네트워크에서의 의견 일치 또는 동기화로 이어진다. 네트워크에서 의견 일치를 이루는 예로 사회에서의 의견 형성, 생물학적 신경망의 동기화, 분산 컴퓨팅에서의 프로토콜과 관련된 문제들이 있다. 의견 일치를 형성하는 간단한 모형으로 결합 진동자를 이용하는 투표자 모형 또는 쿠라모토(Kuramoto) 모형이라는 수학적으로 잘 알려진 문제가 있다. 의견 일치 과정에서 중요한 문제는 네트워크 구조가 의견 일치가 나타날 수 있을 것인가와 이를 달성하는 데 걸리는 시간에 미치는 영향이다. 첫 번째 질문에 대한 답은 어떤 모형 또는 실험이 어떤 방법으로 설계되었는지에 따라 다르다. 예를 들어 투표자 모형에서 이질적인 네트워크에서는 일반적으로 의견 일치에 이르지 못하지만 유한 크기의 변동이 시간 $\tau \sim n$ 이후에 의견 일치를 유도할 수 있다. 대부분의 의견 일치 문제들이 확산과 같은 프레임워크에서 쓰이기 때문에 의견 일치에 이르는 시간을 그래프의 스펙트럼 성질로부터 얻을 수 있다. 예를 들어 단순 국소 평균 의견 일치 문제를 생각하면

$$\dot{x}_i = \sum_{j \in N_i} (x_j(t) - x_i(t))$$

로 쓸 수 있는데, 이때 N_i는 노드 i의 이웃이고, $x_i(t)$는 노드 i의 상태를 뜻한다. 에이전트의 집단적인 역학은 $\dot{\boldsymbol{x}} = -L\boldsymbol{x}$로 표현되며 여기서 L은 라플라스 행렬 $[L]_{ij} = k_i\delta_{ij} - a_{ij}$이다. L은 언제나 0을 고유치로 갖기 때문에($\sigma_1 = 0$) 의견 일치 문제에서의 시간 단위는 두 번째로 작은 고유치 σ_2에 의해 주어지는데, 이 값은 소위 **대수적 연결성**으로 불린다. 그러면 의견 일치에 도달하기까지 걸리는 시간은 $\tau \sim 1/\sigma_2$로 주어진다. 일반적으로 이질성은 τ에 큰 영향을 미치는데, 투표자 모형에서 이질성이 커지면 (허브가 많아지면) 의견 일치를 촉진하며 높은 이질성을 갖는 네트워크에서 변동자를 동기화하는 것이 더욱 어려워진다. 반면에 커뮤니티 구조는 의견 일치를 이루는 데 큰 영향을 미치는 것으로 나타났다. 사실 이것이 라벨-전파 알고리즘(3.5절 참조)과 같은 의견 형성에 기반을 둔 몇몇 커뮤니티 발견 알고리즘 뒤에 숨어 있는 주요 아이디어이다.

6.5 네트워크 예측/추론

네트워크는 그 안에 포함된 노드와 그 노드들이 어떻게 상호작용하는지에 관련된 명시적인 정보를 포함할 뿐만 아니라, 미래에 일어날지도 모르는 상호작용에 대한 것이거나 얼마 후 네트워크에서 주어진 노드, 모서리, 부분 그래프가 사라질 가능성에 대한 잠재적인 정보를 포함할 수도 있다. 예를 들어 사회학적인 맥락에서 두 사람이 많은 수의 친구들을 공유한다는 사실은 이 둘 역시 친구일 가능성을 가리킨다. 이런 종류의 분석은 네트워크가 어떻게 진화할지에 대한 예측에 유용할 뿐만 아니라, 우리가 데이터에서 발견되지 않거나 잃어버린 연결을 추론하는 데 도움을 주기도 한다. 대부분의 링크 형성과 쇠퇴 과정은 국소적인 이웃이나 링크 커뮤니티를 관찰함으로써 예측할 수 있는데, 연결되지 않았지만 구조적으로 유사한 노드들은 추후 연결되는 경

향이 있다. 가장 간단한 유사성 척도는 네트워크에서 공유하고 있는 이웃의 수(또는 모서리의 포함 여부)이나, 다른 양자 간 또는 이웃 척도들도 제안되어 왔다. 거꾸로 거대한 조직에서 은행가 관계에 대한 4년 동안의 연구에서, 버트(Burt)는 매우 유사한 노드들 사이에 있는 모서리는 쉽게 쇠퇴하지 않으며 따라서 네트워크의 진화는 대부분 노드가 구조적으로 다른 커뮤니티 사이에 위치한 브리지에서 일어남을 발견하였다.

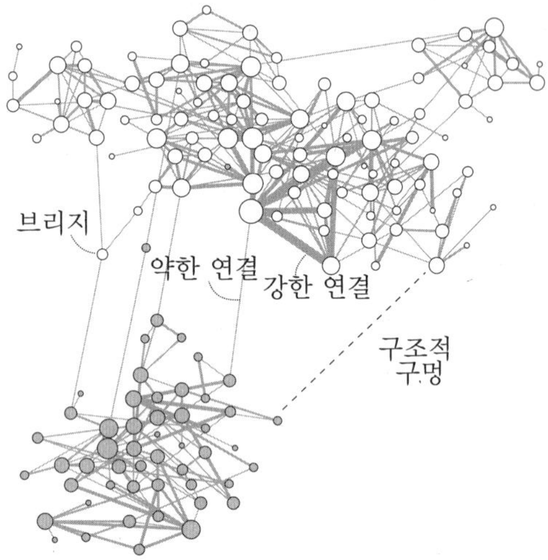

그림 4 삽화 페이지 도판 5번에서의 두 학과 (흰색과 회색으로 표시) 사이의 이메일 통신 네트워크. 대부분의 통신은 같은 학과 내에서 발생하며 몇 명은 이들 사이의 브리지로서 특별한 역할을 수행한다. 또한 네트워크에는 매우 많은 수의 구조적 구멍도 있다. 약한 연결은 학과 사이에 발생하며 강한 연결은 같은 학과 내의 사람들 사이에서 발생한다(그래노베터 가설).

7 응용

여기에서 네트워크 분석의 모든 응용들을 다루는 것은 불가능할 것이다. 사회과학에서는 오랫동안 사용해 왔지만 최근 이삼십 년 동안 많은 기술적, 공학적, 경제적, 생물학적 문제들을 네트워크 분석을 이용하여 연구해 왔다. 여기에 이러한 응용 중 일부를 소개한다.

7.1 소셜 네트워크

소셜 네트워크의 분석은 오랜 전통이며 사실 네트워크 분석의 많은 기법과 아이디어들이 사회학으로부터 유도되었다. 소셜 네트워크는 행위자(사람, 조직 등)와 이들 간의 관계(친구 관계, 사업 관계 등)를 표현하는 모서리의 집합으로 정의된다. 전통적인 소셜 네트워크 분석은 사회 과정 속에서 네트워크 구조, 양자 간 성질, 네트워크 위치 등의 역할을 설명하는 데 집중하였다. 예를 들어 네트워크 수준에서 어떤 집단 또는 네트워크 전체의 연결성이나 응집력은 의견 일치 형성, 공유된 규범 등을 설명하는 변수가 될 수 있다. 소셜 네트워크의 양자 간 성질은 노드간의 거리, 구조적 동등성(모든 다른 노드들에 같은 관계를 공유하는 성질), 상호성 (노드들이 상호 연결을 형성하려는 경향) 등과 같은 개념을 가리키는 것으로 이것은 구조적 동등성 클래스 즉, 네트워크에서의 행위자의 유형을 발견하는 데 사용할 수 있다. 네트워크 위치에 대해서 가장 자주 연구되는 개념은 소셜 네트워크에서 정보 공유, 경제적 기회, 위신 등에 대하여 가장 중요한 행위자를 결정하는 데 사용하는 중심도의 사용에 있다.

서로 다른 사회적 위치는 서로 다른 네트워크 역할을 야기한다. 예를 들어 브리지는 커뮤니티 사이에 나타나는 노드라서 큰 중심도를 갖는다(그림 4 참조). 브리지는 구조적 구멍(즉, 브리지가 연결하는 두 커뮤니티의 노드들로 이들 사이에는 연결이 없음)으로 둘러싸여 있기 때문에 오직 브리지만이 서로 다른 소스로부터의 정보에 접근할 수 있으며 네트워크상에서 이들의 위치로부터 이익을 얻을 수 있다. 집단이나 개별로 네트워크상의 위치로부터 얻을 수 있는 잠재적인 이익들은 사회적 자본 이론(1990년대에 버트(Burt)가 소개함)으로 알려져 있다. 브리지와 구조적 구멍의 개념에 밀접하게 연관된 그래노베터(Granovetter)의 '약한 연결' 이론이 있다. 친밀하고 강렬한 관계로 연결된 것을 강한 연결이라 한다면, 그래노베터의 이론은 약한 연결이 브리지와 관련 있고, 가장 강력한 모서리는 커뮤니티 내에 나타난다고 설명한다(그림 4 참조). 따라서 약한 연결은 사람들이 강한 연결을 통해서는 얻을 수 없는 정보에 다다를 수 있도록 해 준다. 그래노베터는 이를 증명하기 위해 구직자들에 대한 설문을 이용하였다. 그는 직장을 얻은 사람들에게 자신이 직장을 얻는 데 도움을 준 사람들과 평소 얼마나 자주 연락을 했었는지 물어보았다. 대다수는 친밀한 친구보다는 약간의 친분이 있는 사람들로부터 도움을 얻었다. 보다 최신의 연구에서 오넬라(Onnela)와 공동 연구자들은 이러한 사회학 이론을 정량적으로 측정하였는데, 거대한 이동 전화 통신 그래프를 이용하여 약한 연결(연락 횟수가 적은 사람들)을 갖는 사람들이 강한 연결을 갖는 사람들보다 더욱 큰 사이성을 갖는 경향이 있음을 발견하였다.

많은 연구들이 소셜 네트워크에서 정보가 언제 그리고 왜 전파되는지를 이해하는 데에 집중해 왔다. 정보가 얼마나 빨리 또 얼마나 멀리 전파되는지를 이해하는 것은 바이럴 마케팅, 사회 동원, 혁신 전파, 컴퓨터 바이러스 등에서 중요하다. 비록 정보의 전파가 전달되는 내용의 가치와 외인성 캠페인을 포함하는 많은 요인들에 영향을 받지만 네트워크 구조 자체가 정보 전파의 속도와 전달 거리 등을 결정짓는다. 우리가 6절에서 살펴본 것과 같이 이질성, 클러스터링, 커뮤니티와 같은 네트워크의 구조적 성질이 전파에 어떠한 영향을 미치는지, 또 네트워크에서 전파를 극대화하기 위해서 초기에 노드들에 필요한 구조적 성질(중심도, 차수, k-코어)이 무엇인지에 대해 연구할 수 있다.

비록 많은 맥락에서 행동 전염이 평가하기 어려운 것일지라도, 행동들을 발견하고 그 변화를 예측하기 위해 마케팅과 사회 매체에서 네트워크 분석이 광범위하게 사용되고 있다. 예를 들어 전화 통신 산업에서는 다른 서비스 업체로의 이동이나 상품 및 서비스의 신규 가입을 예측하기 위해 한 회사로부터 전화 통화를 통해 얻은 고객의 소셜 네트워크를 이용한다. 기본적인 아이디어는 다른 서비스 업체로 이동하거나 신규 가입을 하는 것과 같은 행동은 바이러스적 요소를 갖고 있어서 네트워크상에서 전파된다는 것이다. 따라서 특정 상품이나 서비스를 해지하거나 구매하는 것은 이미 그렇게 한 소셜 네트워크 내의 이웃 수에 의존한다. 고객의 소셜 네트워크 분석은 구매할 확률이 가장 높은 대상을 식별할 수 있도록 해 준다.

질병 전파 역시 사람들의 소셜 네트워크에 영향을 받는다. 여기서 전파가 연구되는 시점의 규모에 따라 접근법이 달라진다. 작은 규모에서 성적인 접촉에 관련된 네트워크 연구는 성적 접촉으로 전염되는 질병의 전파를 통제하는 데 도움이 될 것이다. 이 네트워크들은 높은 이질성, 모듈 구조, 스몰 월드

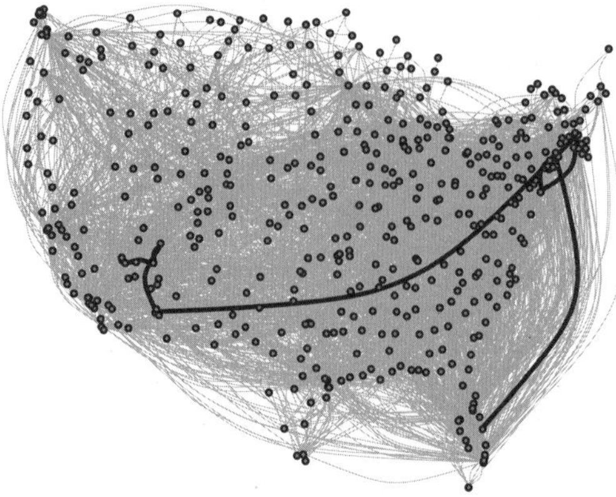

그림 5 미국의 공항들 사이에서의 승객 흐름 네트워크. 네트워크에는 489개의 공항과 이들 사이의 서로 다른 5609개의 노선이 있다. 네트워크의 지름은 8밖에 되지 않는다. 검은색 실선은 서 애리조나 주 서 그랜드캐니언 공항과 플로리다 주 포트피어스 공항 사이에서 네트워크의 가장 긴 측지선을 보여준다.

현상(네트워크를 가로질러 질병의 전파를 촉진시키는 성질)을 보여 준다. 차례대로 살펴보면, 이질성이 높은 네트워크는 고의적인 공격에 약하기 때문에 슈퍼 전파자에 대한 백신 투여는 전염병을 예방하는 데 충분하고, 그 결과 공공 건강 가이드라인 표준을 강화하였다. 큰 규모에서 우리는 메타개체군 네트워크 모형을 고려할 수 있는데, 이 모형에서 노드들은 개체군(집단, 지역, 도시 등)이 되고 모서리는 개체군 사이의 전달 확률에 관계된다. 이러한 예에서 인간의 이동성 네트워크는 주요한 역할을 한다. 예를 들어 전 세계적인 공항 운송 네트워크는 밀접하게 연결되어 있어서, 이것은 스몰 월드이며 따라서 구조적으로 전염병의 전파를 촉진한다(그림 5 참조). 2003년 홍콩에서 발생한 SARS가 37개국에 전파되는 데에 단 몇 주가 걸렸다. 운송 네트워크에 대한 분석은 어떤 공항 또는 허브가 적극적인 공간적 전파를 가장 촉진하는지 예측할 수 있게 해 준다.

7.2 경제 및 금융

서로 다른 대리인, 금융 상품, 트레이더 사이의 상호 연관성의 복잡도 역시 네트워크 분석을 이용하여 연구할 수 있다. 이러한 연구에서의 주요 목적은 네트워크 구조가 어떻게 기관 또는 경제의 성능에 영향을 미치느냐와 경제 위기에서의 역할과 위기를 완화할 가능성에 있다. 예를 들어 2008년 금융 위기는 시스템적인 위험이 상호 연결된 금융 구조 사이에 빠르게 전파됨을 잘 보여 주었다. 금융 쇼크의 전염에 잠재적으로 취약한 시장은 은행 간 대출 시장으로, 은행들이 일시적인 요동을 수용하기 위해 단기간에 대규모의 자본을 교환한다. 네트워크 분석은 이 시장의 시스템의 체계적인 위험에서 위상 구조의 중요한 역할을 보여 줘 왔다. 구체적으로 은행 파탄의 전염은 네트워크의 이질성과 밀도에 의해 촉진될 수 있으며, 외부 쇼크에 대한 시스템의 허약성 역시 설명되어 왔다. 금융 네트워크와 국제 시장의 구조가 이들의 안전성에 미치는 영향이 규제기관과 중앙은행이 시스템 위험을 평가하는 데 네트워크 분석을 이용하는 관심을 끌어왔다.

네트워크 분석은 또한 조직적인 환경이 어떻게 조직의 실적에 영향을 미치는지, 즉 시장 거래, 계약, 합병, 겸직 이사회, 전략적 연합이 조직을 형성하고, 혁신을 창조하거나, 회사의 특정 부문에서의 미래의 실적을 정의하는지 관계짓는 데 사용된다. 예를 들어 1994년 삭세니안(Saxenian)은 실리콘 밸리의 이전 수십 년간의 극적인 성장은 부분적으로 이 분야의 조직 간의 협조적이고 일상적인 정보 교환으로 설명할 수 있다는 가설을 세웠다. 세계 수준에서 국제 거래의 네트워크 연구는 우리가 국가 간

간접적인 거래 상호작용, 세계 경제에 대한 국제화의 효과, 서로 다른 국가에서의 금융 위기의 연속적인 효과 등을 분석할 수 있게 해 준다.

7.3 생물학

많은 생물학적인 문제들은 본질적으로 복잡한데, 이 문제들은 많은 수의 분자, 세포, 개체 또는 종간의 상호작용을 포함한다. 모든 정보를 네트워크로 매핑함으로써 우리는 이러한 문제들의 공통적인 구조를 분석하고 매우 다양한 생물학적인 문제들에 유용한 것으로 밝혀질 도구들을 개발할 수 있다.

예를 들어 뉴로이미지 기술(**자기 공명 영상법**[VII.10 §4.1], 기능적 MRI, 확산 텐서 이미지)과 신경 생리학적 기록(뇌파 전위 기록술, 뇌자기도 기록)과 같은 뇌구조와 행동을 측정하는 새로운 비침투 기술은 우리가 뇌구조와 행동에 대한 대용량의 시공간적인 데이터를 수집할 수 있도록 해 준다. 뇌의 서로 다른 부분 간의 해부학적인 또는 기능적인 연결성을 분석함으로써 연구자들은 뇌의 네트워크 모형을 구성하여 왔다. 뇌 네트워크(**커넥톰**, 신경망)는 커뮤니티 또는 모듈로 조직화되어 있고, 스몰 월드 성질을 가지며 매우 영향력이 큰 노드(허브)가 있으며, 무척도인 것으로 보인다. 이러한 커뮤니티는 알려진 인지 네트워크 또는 인간 뇌의 기능적 구분과 일치하는 것으로 나타나고 있으며 네트워크의 작은 지름은 효율적인 정보 처리를 가능하게 하는 것으로 여겨진다.

최근 분자 생물학에서의 고 처리량 기술의 발전은 생물학적인 조직체 내에서 일어나는 분자 상호작용에 대한 유례없이 많은 양의 데이터를 생산하고 있는데, 예를 들어 물질 대사 기질 간의 생화학적 반응의 물질 대사 네트워크, 단백질 간의 상호작용 네트워크(**인터락톰**), 유전자 사이의 상호작용을 나타내는 조절 유전자 네트워크 등이 있다. 복잡한 생물학적인 네트워크의 위상 구조와 이들의 생물학적인 프로세스에 대한 영향에 대한 지식은 이 프로세스들을 이해하는 것뿐만 아니라 복잡한 질병에 대한 보다 효과적인 치료 전략을 개발하는 데에도 필요하다. 사용 가능한 분석의 대부분은 중심도 개념의 적용과 관련되어 있는데, 우리에게 조직체에서 **핵심** 단백질이나 유전자 또는 유전자 그룹을 결정하고 그 결과를 치료약 목표 식별에 적용할 수 있도록 해준다.

7.4 기타 응용

네트워크 분석은 다양한 분야로 확장되어 왔다. 예를 들어 스포츠에서 플레이 스타일과 팀의 성과를 이해하는 데 사용된다. 축구에서 선수들 사이의 패스 네트워크를 분석함으로써, 큰 클러스터링 계수, 패스 분포의 발산도(엔트로피)와 2010년 피파 월드컵에서 우승한 스페인 팀의 성과가 상호 연관성이 있음을 알게 되었다. 농구에서 2010년 NBA 플레이오프에 대해 유사한 분석이 행해졌다. 또 다른 최근의 흥미 있는 응용으로 요리에서 요리법, 조리법, 재료를 맵핑하고 이해하는 것이 있다. 온라인 조리법 저장소의 사용은 연구자들이 중국의 서로 다른 지역의 요리법들 사이의 유사성을 발견하고 요리 재료들의 맛을 밝혀낼 수 있게 하였다.

네트워크는 우리가 받아들이는 정보를 형성하고 우리의 행동에 영향을 미치기 때문에 주요 관심사는 우리의 사생활이 얼마나 많이 네트워크 구조와 우리를 둘러싼 역학 관계에 코드화되어 있느냐이다. 예를 들어 우리가 소셜 네트워크 뒤에 남기는 정보는 개성을 드러내거나 개인의 성격상 특징을 밝혀내는 데 사용될 수 있다. 이 맥락에서 개인정보를 보호하면서 네트워크 분석을 수행하는 방법으로 보통은 일부 모서리나 노드가 변경되거나 제거되는 그래프 변경 알고리즘에 의해 네트워크 분석을 이해할 수 있다. 아이디어는 이러한 변경이 개인 또는 성격적 특성의 식별은 방해하더라도 전반적으로 분석을 수행하는 충분한 구조를 보존한다는 데 있다.

7.5 소프트웨어 도구들

최근 몇 년 동안의 네트워크 분석에서의 발전 중 상당 부분은 데이터 뿐 아니라 이를 분석하고 보여 주는 데 필요한 소프트웨어 도구들의 내려 받기에 있다. 가장 널리 알려진 도구들은 UCINet, Pajek, Cytoscape, NetMiner, Gephi와 같이 그래픽 사용자 인터페이스를 포함하고 있다. 대규모 네트워크에 대한 보다 강력한 분석은 igraph 패키지(R, 파이썬, C로 포팅됨) 또는 파이썬을 위한 NetworkX 라이브러리를 이용하여 수행할 수 있는데, 이 도구들은 고품질 그래픽을 생산하기 위해 널리 사용되기도 한다(이 글의 그림들은 igraph를 이용하여 작성하였다).

대용량 데이터의 시대에서 네트워크의 효율적인 저장은 노드, 모서리 및 이들 사이의 관계 등의 그래프 구조를 이용하여 달성할 수 있다. 다양한 그래프 데이터베이스가 개발되어 왔으며, 네트워크 데이터를 저장하고 질의하기 위해 네트워크 구조가 내부적으로 사용된다. 전형적으로 그래프 데이터베이스는 큰 규모의 그래프에 자연적으로 확장 가능하며, 한 노드의 이웃을 계산하거나 그래프 안의 두 노드 간 최단 경로를 계산하는 것과 같이 그래프다운 질의들에 보다 강력하며 관계형 데이터베이스보다 쉽고 빠르다. 이러한 데이터베이스의 중요한 예로 Neo4j와 Sparksee를 들 수 있다.

8 요약

이 글에서 우리는 네트워크를 분석하는 데 필요한 주요 수학적 도구들을 소개하였고, 구성요소 단위들 간의 상호관계를 네트워크에 매핑함으로써 어떻게 매우 다양한 복잡계를 연구할 수 있는지 설명하였다. 그러나 네트워크 분석은 단순히 그래프를 분석하는 강력한 방법론일 뿐만 아니라 이러한 시스템을 그 개별 부위들의 합으로는 설명이 불가능한 행동들이 등장하는 집단 구조로서 파악하는 또 다른 방법이다. 예를 들어 세계 경제, 세포나 생태계에서 발생하는 생물학적 과정이나, 무리의 이동, 조직의 성능은 모두 단순히 개별 행동들의 합이라기보다는 전체 네트워크의 구조와 역동성에 의존한다. 최근과 미래의 기술들은 우리가 이러한 시스템으로부터 보다 많은 데이터를 보다 빨리 모을 수 있도록 해 줄 것이고, 우리가 시스템의 단위들 사이의 상호의존관계를 발견하고 증진시킬 수 있도록 해 줄 것이다. 예를 들어 가까운 미래에 뇌의 신경망을 완전히 도식화할 수 있을 것이다. 또는 아마도 우리는 전례 없는 규모의 도시에서의 행동들을 감시하거나 금융과 경제 활동 간의 상호의존성을 밝혀낼 수 있을 것이다. 우리는 시스템을 관찰할수록 점점 더 네트워크화된 데이터를 전달해 줄 것으로 기대한다. 네트워크 분석은 이러한 시스템의 행동들을 입증하고, 모형화하고, 예측하는 데 필수적인 도구가 될 것이다.

더 읽을거리

Albert, R., and A. L. Barabási. 2002. Statistical mechanics of complex networks. *Reviews of Modern Physics* 74:47-97.

Bollobás, B. 1998. *Modern Graph Theory*. Berlin: Springer.

Bollobás, B., R. Kozma, and D. Miklós. 2009. *Handbook of Large-Scale Random Networks*. Berlin: Springer.

Cross, R., R. J. Thomas, J. Singer, S. Colella, and Y. Silverstone. 2010. *The Organizational Network Fieldbook*. San Francisco, CA: Jossey-Bass.

Huisman, M., and M. A. van Duijn. 2011. A reader's guide to SNA software. In *SAGE Handbook of Social Network Analysis*, edited by J. Scott and P. J. Carrington, pp.578-600. London: SAGE Publications.

Masson, O., and Verwoerd, M. 2007. Graph theory and networks in biology. *IET Systems Biology* 1:89-119.

Newman, M. E. J. 2010. *Networks: An Introduction*. Oxford: Oxford University Press.

Pinheiro, C. A. R. 2011. *Social Network Analysis in Telecommunications*. New York: John Wiley.

Scott, J. 2013. *Social Network Analysis*, 3rd edn. London: SAGE.

Sprons, O. 2011. *Networks of the Brain*. Cambridge, MA: MIT Press.

van den Bulte, C., and S. Wuyts. 2007. *Social Networks and Marketing*. Cambridge, MA: Marketing Science Institute.

Wasserman, S., and K. Faust. 1994. *Social Network Analysis*. Cambridge: Cambridge University Press.

IV.19 고전역학

데이비드 통 *David Tong*

고전역학은 야심적인 분야이다. 고전역학의 목표는 우주에 있는 모든 입자의 역사를 규명하기 위해 과거를 복원하고, 미래를 예측하는 것이다.

고전역학의 기본 원리는 16세기와 17세기에 갈릴레오(Galileo)와 뉴턴(Newton)에 의해서 정립되었다. 그들은 행성에서부터 낙하하는 고양이까지, 자연계의 방대한 부분을 설명하는 체계를 세웠다. 그 이후에 라그랑주(Lagrange)와 해밀턴(Hamilton)에 의해서 가장 현저하게 고전역학의 체계가 재정립되었다. 고전역학에 대한 새로운 시각은 종종 문제 해결을 간단하게 해 주지만, 주된 장점은 그 주제에 관한 새로운 수학적인 관점을 제공한다는 것이다. 특히 새로운 시각은 고전적인 세계를 넘어, 양자의 세계로 가는 문을 드러내 주었다.

이 글에서는 해결 가능한 중요한 물리학적 시스

템의 예를 들어가면서 뉴턴 역학의 체계부터 살펴볼 것이다. 그런 다음 고전역학의 라그랑주 체계와 해밀턴 체계를 기술하기로 한다. 이 글에서는 이론의 실제적인 공학적 응용보다는 물리학의 기본 법칙에서 볼 수 있는 고전역학의 역할에 더 중점을 두었다.

1 뉴턴 역학

뉴턴 역학은 무시해도 좋은 크기의 물체인 **입자**의 운동을 서술한다. 입자가 주어진 시간 t에서 어떻게 보이는지 말하고 싶다면, 제공해야 할 유일한 정보는 $\mathbb{R}^3$에서 3차원 벡터 $\boldsymbol{r} \equiv (x, y, z)$로 정해지는 입자의 위치이다. 고전 동역학의 목표는 임의의 주어진 상황에서 벡터함수 $\boldsymbol{r}(t)$를 결정하는 것이다. 그러면 이것이 입자의 속도 $\boldsymbol{v} = \mathrm{d}\boldsymbol{r}/\mathrm{d}t \equiv \dot{\boldsymbol{r}}$을 말해 준다.

1.1 뉴턴의 운동 법칙

질량이 m이고 위치가 $\boldsymbol{r}$인 입자의 운동은 **뉴턴의 제2 법칙**으로 알려진 2계 미분방정식

$$\frac{\mathrm{d}\boldsymbol{p}}{\mathrm{d}t} = \boldsymbol{F}(\boldsymbol{r}, \dot{\boldsymbol{r}}; t) \tag{1}$$

에 의해 지배된다. 여기에서 $\boldsymbol{p} = m\dot{\boldsymbol{r}}$은 그 입자의 운동량이고, 입력되는 힘 $\boldsymbol{F}$는 특정하게 주어진다. 아래에서 예시를 볼 수 있다. 일반적으로 힘은 위치 $\boldsymbol{r}$과 속도 $\dot{\boldsymbol{r}}$ 모두로부터 영향을 받을 수 있으며 또한 시간의 영향도 받을 수 있다.

대부분의 경우 질량은 시간에 영향을 받지 않는다. 이러한 경우에는 뉴턴의 제2법칙이 익숙한 형태인 $\boldsymbol{F} = m\boldsymbol{a}$로 바뀐다. 여기에서 $\boldsymbol{a} \equiv \ddot{\boldsymbol{r}}$은 가속도이다. 이 글에서는 시간에 영향을 받는 질량이 있는 현상은 고려하지 않는다.

식 (1)은 2계 미분방정식이므로 두 개의 초기조건을 정하면 유일한 해가 존재한다. 이는 다음과 같은 결론을 준다. 어떤 상황의 순간적인 사진 한 장을 주고 다음에 어떤 일이 발생할지를 묻는다면 답을 알 수 있는 방법이 없다. 답을 구하려 할 때 어느 한 시각에서 본 물체의 위치만을 알려주는 것은 충분하지 않다. 더 나아가 물체의 속도를 알아야 한다.

1.1.1 상대성 원리

식 (1)은 매우 정확하게 서술된 것은 아니다. 식 (1)을 정확하게 서술하기 위해서는 그 식이 **관성계**에서 성립한다는 말을 추가해야만 한다. 이것은 자유입자가 직선으로 등속운동을 하는 것을 보고 있는 관찰자에게는 적절한 좌표계의 선택이다. 힘이 작용하지 않을 때, 입자가 직선운동을 하는 것을 **뉴턴의 제1운동 법칙**이라고 말한다. 그러나 식 (1)에서 $\boldsymbol{F} = 0$이라고 두면, 직선운동을 한다는 것은 이미 알 수 있다. 그러면 제1법칙은 단순히 제2법칙의 특별한 경우인가? 사실 제1법칙을 다르게 표현하면, 관성계가 존재한다는 것이다. 이것이 제2법칙의 무대가 되는 것이다.

관성계는 유일하지 않으며 실제로 무한히 많다. S를 한 입자의 위치가 $\boldsymbol{r}$로 측정되는 관성계라고 하자. 그러면 S'도 관성계인 $10 = 3 + 3 + 3 + 1$개의 독립적인 변환 $S \to S'$이 존재한다. 이 변환들은 다음과 같다.

공간 평행이동: $\boldsymbol{r}' = \boldsymbol{r} + \boldsymbol{c}$, $\boldsymbol{c}$는 임의의 고정 벡터

회전: $\boldsymbol{r}' = O\boldsymbol{r}$, O는 $O^{\mathrm{T}}O = I$인 3×3 직교행렬

부스트: $\boldsymbol{r}' = \boldsymbol{r} + \boldsymbol{u}t$, $\boldsymbol{u}$는 임의의 고정 벡터

시간 평행이동: $t' = t + d$, d는 상수

어떤 입자가 S에서 등속운동하면 S'에서도 등속운동이다. 이 변환들은 그 안에서 뉴턴의 법칙이 불변하는 **갈릴레이 군**(Galilean group)을 구성한다. 이러한 변환의 물리학적 의미는 위치, 방향, 속도가 상대적이라는 것이다. 그러나 가속도는 그렇지 않다. 어떤 입자가 다른 입자를 기준으로 가속할 필요가 없다. 단순히 가속한다거나 가속하지 않는다는 것은 그 자체로 이미 완벽한 의미를 가진다.

1.1.2 입자계

위에서는 하나의 입자 운동에 국한하여 다루었다. 그 자체로 이미 많은 입자로 일반화하는 것은 간단하다. 보이는 모든 것에 첨자를 추가하기만 하면 된다. 예를 들어, i 입자가 질량 m_i를 가지고 $\boldsymbol{r}_i$에 위치하고 있다고 하자. 여기에서 $i = 1, \cdots, N$이고 입자의 개수는 N이다. 뉴턴의 법칙에 의해

$$\frac{\mathrm{d}\boldsymbol{p}_i}{\mathrm{d}t} = \boldsymbol{F}_i \tag{2}$$

이고, $\boldsymbol{F}_i$는 i번째 입자에 작용하는 힘이다. 새로운 점은 이제는 힘이 입자 상호 간에도 작용할 수 있다는 것이다. 일반적으로 그 힘을

$$\boldsymbol{F}_i = \sum_{j \neq i} \boldsymbol{F}_{ij} + \boldsymbol{F}_i^{\mathrm{ext}}$$

으로 분해할 수 있다. 여기에서 $\boldsymbol{F}_{ij}$는 j번째 입자가 i번째 입자에 작용하는 힘이고, $\boldsymbol{F}_i^{\mathrm{ext}}$은 i번째 입자에 작용하는 외부의 힘이다.

이 계의 총질량은 $M = \sum_i m_i$이다. **질량 중심**을 $\boldsymbol{R} = \sum_i m_i \boldsymbol{r}_i / M$로 정의하고 총운동량을 $\boldsymbol{P} = \sum_i \boldsymbol{p}_i = M\dot{\boldsymbol{R}}$로 정의한다.

질량 중심의 운동은 특히 간단하게 나타난다. 식 (1)로부터

$$\begin{aligned} M\ddot{\boldsymbol{R}} &= \sum_i \boldsymbol{F}_i = \sum_i \sum_{j \neq i} \boldsymbol{F}_{ij} + \sum_i \boldsymbol{F}_i^{\mathrm{ext}} \\ &= \sum_{i<j} (\boldsymbol{F}_{ij} + \boldsymbol{F}_{ji} + \sum_i \boldsymbol{F}_i^{\mathrm{ext}} \end{aligned}$$

을 얻을 수 있다. 위 식의 두 번째 줄은 그 합을 $i < j$인 모든 쌍의 합으로 다시 쓴 것이다. 이 단계에서 모든 작용은 크기가 같고 방향이 반대인 반작용을 가진다는 **뉴턴의 제3운동 법칙**을 사용하였다. 즉, 식으로 쓰면 $\boldsymbol{F}_{ij} = -\boldsymbol{F}_{ji}$이다. 그러므로 첫 번째 합은 사라지고 다음 식을 얻는다.

$$M\ddot{\boldsymbol{R}} = \sum_i \boldsymbol{F}_i^{\mathrm{ext}}$$

이 식은 식 (1)의 하나의 입자에 대한 뉴턴의 제2법칙과 같은 형태이다. 이것은 중요한 공식이다. 그 의미는 모든 질량이 질량 중심에 모여 있는 것처럼 질량 중심이 운동한다는 뜻이다. 다시 말하면, 테니스공을 던지든지 매우 활발한 고양이를 던지든지 문제되지 않는다는 것이다. 왜냐하면 각각의 질량 중심은 같은 궤적을 따라 움직이기 때문이다.

1.2 힘

어떤 주어진 상황에서 힘 $\boldsymbol{F}$가 무엇인지 알지 못하면 뉴턴의 제2법칙은 유용하지 않다. 따라서 여기에서는 여러 가지 힘의 예를 살펴보기로 한다.

1.2.1 보존력과 에너지

입자의 위치에 의해 결정되는 함수인, 시간의 영향을 받지 않는 힘 $\boldsymbol{F} = \boldsymbol{F}(\boldsymbol{r})$을 먼저 살펴보자. 그중에는 **보존력**이라고 하는 특별한 종류의 힘이 있다. 보존력은 어떤 스칼라 함수 $V(\boldsymbol{r})$에 대하여

$$\boldsymbol{F} = -\nabla V(\boldsymbol{r})$$

로 나타낼 수 있다. 이러한 형태의 퍼텐셜을 가지는 체계로는 중력, 정전기력, 원자 사이의 힘 등이 있다. 보존력의 중요성은 **에너지**

$$E = \tfrac{1}{2}m\dot{\boldsymbol{r}} \cdot \dot{\boldsymbol{r}} + V(\boldsymbol{r}) \equiv T + V$$

라고 하는 **보존되는** 양의 존재에 있다(스칼라 내적은 $\dot{\boldsymbol{r}} \cdot \dot{\boldsymbol{r}} = \dot{x}^2 + \dot{y}^2 + \dot{z}^2$으로 정의됨을 기억하라). 이때 함수 T는 **운동**에너지라고 하고 V는 **퍼텐셜 에너지**라고 한다. **만약**에 운동방정식 (1)이 만족되면, E가 시간이 흘러도 변하지 않는다는 것을 보이는 것은 간단하다.

$$\frac{\mathrm{d}E}{\mathrm{d}t} = (m\ddot{\boldsymbol{r}} + \nabla V) \cdot \dot{\boldsymbol{r}} = 0$$

2.3절에서 뇌터(Noether) 정리라고 하는 결과를 증명할 것이다. 이 정리는 에너지라고 하는 보존되는 양이 존재하는 이유에 대한 심오한 설명을 제공해 준다.

예(조화 진동자). 보존력의 가장 간단한 예로는 용수철에 매달린 입자를 나타내는 **조화 진동자**가 있다. 그 입자는 위치가 $x(t)$이고 퍼텐셜 에너지는 $V = \frac{1}{2}kx^2$인 일차원 운동을 한다. 여기에서 $k > 0$은 용수철 상수이다. 그 결과로 생기는 힘은 $F = -kx$이며 **훅의 법칙**[III.15]이라고 한다. 그 운동방정식 $m\ddot{x} = -kx$는 일반해 $x = A\cos\omega_0 t + B\sin\omega_0 t$를 가진다. 여기에서 A와 B는 적분 상수이다. 이 일반해는 입자가 각진동수 $\omega_0 = \sqrt{k/m}$로 원점 주위에서 진동한다는 것을 보여 준다.

조화 진동자는 모든 이론물리학에서 단연코 가장 중요한 체계이다. 퍼텐셜 에너지 V에 의해 서술되는 어떠한 체계에서도, V는 안정된 평형인 점들에서 극소이다. 이는 입자가 평형인 점에 있으면 $\mathrm{d}V/\mathrm{d}x = 0$임을 보일 수 있고, 입자는 그 평형인 점에 계속 머무르게 된다는 의미이다. 더구나, 그 퍼텐셜의 테일러 전개는 평형에서의 작은 편차가 일반적으로 조화 진동자에 의해서 조절된다는 것을 말해 준다.

1.2.2 중심력

중심력은 보존력의 한 종류로, 그 퍼텐셜이 원점에서 떨어진 거리에만 영향을 받는다. 즉,

$$V(\boldsymbol{r}) = V(r)$$

이고 $r = |\boldsymbol{r}|$이다.

$$\boldsymbol{F}(r) = -\nabla V = -\frac{\mathrm{d}V}{\mathrm{d}r}\hat{\boldsymbol{r}} \qquad (3)$$

이므로, 이로부터 나오는 힘은 항상 원점으로 향하게 된다. 여기에서 $\hat{\boldsymbol{r}} \equiv \boldsymbol{r}/r$은 단위 방사벡터이다. 중심력에서는 에너지에 추가하여 **각운동량**

$$\boldsymbol{L} = m\boldsymbol{r} \times \dot{\boldsymbol{r}}$$

도 보존된다. 여기에서 $\times$는 **벡터곱**[I.2 §24]을 나타낸다. 선운동량 $\boldsymbol{p} = m\dot{\boldsymbol{r}}$과 다르게, 각운동량 $\boldsymbol{L}$은 원점의 선택에 영향을 받는다. 각운동량은 위치벡터

와 선운동량에 동시에 수직이다.

$\boldsymbol{L}$을 시간으로 미분하면 두 개의 항을 얻는다. 그 중의 하나는 $\dot{\boldsymbol{r}} \times \dot{\boldsymbol{r}} = \boldsymbol{0}$을 포함하므로,

$$\frac{\mathrm{d}\boldsymbol{L}}{\mathrm{d}t} = m\boldsymbol{r} \times \ddot{\boldsymbol{r}} = \boldsymbol{r} \times \boldsymbol{F}$$

만 남게 된다. 여기에서 $\boldsymbol{\tau} = \boldsymbol{r} \times \boldsymbol{F}$로 나타나는 물리량을 **회전력**이라고 한다. 일반적인 힘에 대해서 뉴턴의 법칙과 매우 유사한 식 $\mathrm{d}\boldsymbol{L}/\mathrm{d}t = \boldsymbol{\tau}$가 성립한다. 그러나 식 (3)의 중심력의 경우에는 $\boldsymbol{F}$는 위치 $\boldsymbol{r}$에 평행하고, 회전력은 0이 된다. 그러므로

$$\frac{\mathrm{d}\boldsymbol{L}}{\mathrm{d}t} = 0$$

이고 각운동량이 보존됨을 알 수 있다. 2.3절에서 뇌터 정리를 증명하면 앞에서 본 에너지의 경우처럼 $\boldsymbol{L}$이 보존되는 이유를 더 쉽게 이해할 수 있다. 따라서 지금은 $\boldsymbol{L}$이 고정된 벡터이고 $\boldsymbol{L} \cdot \boldsymbol{r} = 0$으로 만족되므로, 중심 퍼텐셜에 의해 제어되는 운동은 $\boldsymbol{L}$에 수직인 평면에서 일어난다는 것을 기억하기로 한다.

1.2.3 중력

우리가 아는 한 자연계에는 4개의 기본적인 힘이 존재한다. 그것은 중력, 전자기력, 강한 핵력, 약한 핵력이다. 이 중에서 두 개의 핵력은 원자핵의 크기와 비슷한 작은 범위에서만 작용하고, 양자역학을 쓰지 않고 이것들을 다루는 것은 물리학적인 의미가 거의 없다. 우선 여기서는 나머지 두 개의 힘 중에서 뉴턴의 중력부터 다루기로 하겠다.

중력은 보존력이다. 예를 들어, 원점에 고정되어 있는 질량 M인 입자를 생각해 보자. 그 주위에 나타난 질량 m인 입자는 중심 퍼텐셜 에너지

$$V(r) = -\frac{GMm}{r} \tag{4}$$

을 가지게 된다. 여기에서 G는 뉴턴의 상수이고 중력의 크기를 결정하며 $G \approx 6.67 \times 10^{-11}\mathrm{m}^3\mathrm{kg}^{-1}\mathrm{s}^{-2}$으로 주어진다. 입자에 작용하는 힘 $\boldsymbol{F} = -\nabla V$는 원점을 향하고 $1/r^2$에 비례한다. 따라서 이를 **역제곱 법칙**이라고 한다.

식 (4)의 퍼텐셜에 의해 제어되는 운동은 태양 주위의 행성 궤도를 설명해 주며, 케플러(Kepler) 문제라고 알려져 있다. 이 퍼텐셜에 대해 뉴턴의 방정식을 푸는 것은 어렵지 않고, 그 해는 이 글의 마지막에 나오는 더 읽을거리의 모든 참고 문헌에서 찾을 수 있다. 대신 여기에서는 매우 기교적이고 간접적인 행성 궤도를 찾는 방법을 알아보기로 한다. 각운동량이 보존되면 그 운동이 평면에서 일어난다는 것은 이미 알고 있다. 그러나 식 (4)의 퍼텐셜은 **라플라스-룽게(Runge)-렌츠(Lenz) 벡터**

$$\boldsymbol{e} = \frac{\dot{\boldsymbol{r}} \times \boldsymbol{L}}{GMm} - \frac{\boldsymbol{r}}{r}$$

도 보존하는 특별한 성질이 있다. 약간의 계산을 하면 $\mathrm{d}\boldsymbol{e}/\mathrm{d}t = 0$임을 보일 수 있다. 그 크기 $e = |\boldsymbol{e}|$는

$$er\cos\theta = L^2/GMm^2 - r$$

을 만족한다. 여기에서 θ는 $\boldsymbol{L}$과 $\boldsymbol{r}$ 사이의 각이다. 이 식은 원뿔곡선의 방정식이다. $e < 1$인 경우에 해는 초점들 중의 하나가 원점인 타원이 된다. 그리고 $e = 0$인 특별한 경우에 궤도는 원이 된다. 이때 이것들이 닫힌 궤도임을 알 수 있다. 왜냐하면 입자들은 주기적으로 같은 위치로 돌아오기 때문이다. 단, 이것은 식 (4)가 아닌 다른 일반적인 중심 퍼텐셜의 궤

도에서는 성립하지 않는다. $e > 1$인 경우에 해는 닫힌 궤도가 아닌 쌍곡선을 나타낸다.

$e < 1$인 타원 해는 태양이 초점에 위치한 평면궤도를 나타낸다. 그리고 태양계의 거의 모든 행성은 $e < 0.1$이고 이것은 그 궤도들이 근사적으로 원이라는 뜻이다. 유일한 예외인 태양에 가장 가까운 수성은 $e \approx 0.2$이다. 그에 반해서 어떤 혜성들은 아주 괴상한 궤도를 가진다. 그중 가장 유명한 핼리 혜성은 $e \approx 0.97$이다.

이러한 분석을 세 개의 물체에 서로의 중력이 작용하는 문제인 3체 문제로 확장하려고 시도할 수 있겠지만, 그렇게 되면 상황은 훨씬 더 어려워진다. 왜냐하면 3체 문제의 일반해는 알려지지 않았고, 모든 실제적인 문제에 대한 답은 수치적인 방법에 의존해야 하기 때문이다. 그러나 역사적으로 3체 문제에 대한 연구는 카오스를 포함한 새로운 수학적 발전을 많이 이끌었다.

1.2.4 전자기력

우주 전체에 걸쳐서 공간의 각점에는 두 개의 벡터 $\boldsymbol{E}$와 $\boldsymbol{B}$가 존재한다. 이것들을 각각 **전기장**과 **자기장**이라고 부른다. $\boldsymbol{E}$와 $\boldsymbol{B}$를 지배하는 법칙이 **맥스웰 방정식**[III.22]이다. 이 방정식의 중요한 응용이 **자기 동수력학**[IV.29]에 설명되어 있다.

$\boldsymbol{E}$와 $\boldsymbol{B}$의 역할은 전하를 가진 모든 입자를 인도하는 것이다. 전하 q를 가진 입자가 받는 힘은 **로런츠**(Lorentz) 힘

$$\boldsymbol{F} = q(\boldsymbol{E}(\boldsymbol{r}) + \dot{\boldsymbol{r}} \times \boldsymbol{B}(\boldsymbol{r})) \qquad (5)$$

이다. 여기에서 기호 $\boldsymbol{E}(\boldsymbol{r})$과 $\boldsymbol{B}(\boldsymbol{r})$은 전기장과 자기장이 위치의 함수임을 강조한 것이다. $\dot{\boldsymbol{r}} \times \boldsymbol{B}$는 벡터곱으로 표현되어 있다.

원칙적으로 $\boldsymbol{E}$와 $\boldsymbol{B}$는 시간에 따라 변할 수 있다. 그러나 이 글에서는 $\boldsymbol{E}$와 $\boldsymbol{B}$가 시간에 불변하는 경우만 고려할 것이다. 이러한 경우에 전기장은 항상 어떤 함수 $\phi(\boldsymbol{r})$에 대하여

$$\boldsymbol{E} = -\nabla\phi$$

의 형태로 나타난다. 이때 $\phi(\boldsymbol{r})$을 **전기 퍼텐셜** 혹은 **스칼라 퍼텐셜**이라고 한다. 이는 정전기장이 보존력을 생성한다는 의미이다. 전기 퍼텐셜과 퍼텐셜 에너지는 $V = q\phi$로 관련되어 있다.

예를 들어, 전하 Q를 가지고 원점에 고정된 입자로 인해 생성된 전기장을 생각해 보자. 이것은

$$\boldsymbol{E} = -\nabla\left(\frac{Q}{4\pi\varepsilon_0 r}\right) = \frac{Q}{4\pi\varepsilon_0}\frac{\hat{\boldsymbol{r}}}{r^2} \qquad (6)$$

로 주어진다. 여기에서 ε_0은 **자유공간의 유전율**이라는 위대한 이름을 가지고 있는 $\varepsilon_0 \approx 8.85 \times 10^{-12}$ $\mathrm{m^{-3}kg^{-1}s^2C^2}$으로 주어지는 상수이다. 그리고 C는 전하량의 단위인 쿨롱(Coulomb)을 나타낸다. 따라서 ε_0은 전기적인 상호작용의 크기를 결정하는 수로 생각해야 한다.

전하 Q와 q를 가진 두 입자 사이의 힘은 $\boldsymbol{F} = q\boldsymbol{E}$로 주어진다. 여기에서 $\boldsymbol{E}$는 식 (6)으로 주어지고 $\boldsymbol{F}$는, **쿨롱의 힘**이라고 한다. 이 힘이 식 (4)에서 얻어지는 뉴턴의 중력과 수학적으로 동일하다는 것은 놀라운 사실이다. 즉, 두 힘 모두 고유한 역제곱의 형태이다. 이것은 양성자 주위를 궤도운동하는 전자를 묘사하는 고전적인 설명이 태양 주위를 궤도운동하는 행성에 관한 설명과 같다는 것이다.

이제 자기장에 대해 살펴보자. 자기장은 앞에서 식 (5)로 나타냈던 속도에 영향을 받는 힘을 준다. 이 힘의 크기는 입자의 속력에 비례하고, 입자의 운동 방향과 수직인 방향으로 주어진다. 자기력은 입자의 에너지에는 아무런 기여를 하지 않는다.

상수의 자기장 $\boldsymbol{B} = (0, 0, B)$에 대한 운동방정식은

$$m\ddot{x} = qB\dot{y}, \qquad m\ddot{y} = -qB\dot{x}$$

이고 $\ddot{z} = 0$이다. 마지막 식은 입자가 $\boldsymbol{B}$와 평행한 z-방향으로 등속운동한다는 것을 말해 준다. $\boldsymbol{B}$와 수직인 xy-평면에서도 방정식은 쉽게 풀리며, 자기장이 입자를 원운동하게 한다는 것을 보여 준다. 즉,

$$x = \frac{v}{\omega}(\cos\omega t - 1)\text{이고 } y = -\frac{v}{\omega}\sin\omega t$$

이다. 여기에서 v는 속력이고 $\omega = qB/m$는 **사이클로트론(cyclotron) 진동수**이다. 따라서 한 바퀴 돌 때 걸리는 시간은 고정되어 있으며, 그 주기는 $T = 2\pi/\omega$이고 v에 영향을 받지 않는다. 입자는 원이 크면 클수록 더 빠르게 운동한다.

1.2.5 마찰력

기본적으로 에너지는 항상 보존된다. 그러나 실제로는 여러 과정에서 에너지가 보존되지 않는 것처럼 보인다. 미시적인 수준에서 물체의 운동에너지는 수많은 원자들의 운동으로 전환되고 온도의 증가로 분명하게 나타난다. 이러한 원자들이 무엇을 하는지 관심이 없다면, 우리의 무지를 **마찰력**이라고 부르는 하나의 거시적인 힘으로 포장하는 것이 유용하다. 실제로 마찰력은 기초물리학에서의 질문뿐만 아니라 거의 모든 응용 분야에서 중요하다.

마찰력은 다양한 종류가 있다. 예를 들어, 두 개의 고체가 접촉해 있으면 건조 마찰력을 경험한다. 실험을 해 보면, 마찰력과 관계된 복잡한 동역학은 종종 운동을 방해하는 단 하나의 힘으로 요약됨을 발견할 수 있는데, 이 힘의 크기는 $F = \mu R$이다. 여기에서 R은 반작용 힘의 접촉평면에 수직인 성분이고, μ는 **마찰계수**라고 부르는 상수이다. 하나의 예로 강철과 강철을 문지르면 $\mu \approx 0.6$이다. 하지만 두 금속 사이에 윤활유 막을 한 번 칠하고 문지르면 $\mu \approx 0.1$로 떨어진다. 덧붙여서 강철과 얼음을 문지르면 $\mu \approx 0.02$만큼 낮다.

끌림이라고 하는 다른 형태의 마찰력은 물체가 액체나 가스 형태의 유체를 통과하며 운동할 때 나타난다. 그 저항력은 속도의 방향과 반대이고, 전형적으로 2가지 종류로 구분된다.

첫 번째 종류인 선형 끌림은 $\boldsymbol{F} = -\gamma\boldsymbol{v}$로 설명되고, 이때 마찰계수 γ는 상수이다. 선형 끌림은 물체가 점성이 높은 유체를 느리게 통과할 때 나타난다. 그리고 반지름이 L인 구형 물체에서 나타나는 공식으로, 스토크스가 발견한 $\gamma = 6\pi\eta L$이 있다. 여기에서 η는 유체의 동역학적 점도이다.

대조적으로 이차 끌림은 $\boldsymbol{F} = -\gamma|\boldsymbol{v}|\boldsymbol{v}$로 설명된다. 여기에서도 γ는 상수이다. 이차 마찰에서 γ는 보통 물체의 표면적에 비례한다. 즉, $\gamma \propto L^2$이다. 이차 끌림은 점성이 낮은 유체 속에서 빠르게 움직이는 물체에 대하여 성립한다. 이때 공기 중에서 낙하하는 물체의 경우를 포함한다.

어떤 물체에 어떤 종류의 끌림이 나타나는지는 **레이놀즈(Reynolds) 수** $R \equiv \rho v L^2/\eta$에 의해서 결정된

다. 여기에서 ρ는 유체의 밀도이고 η는 점도이다. 만약 $R \ll 1$이면 선형 끌림이 지배적이고, $R \gg 1$이면 이차 끌림이 지배적이다.

어떤 종류이든지 마찰이 있는 계는 **소모적**이다. 즉, 에너지가 보존되지 않는다.

마찰력의 효과를 실제로 알아보기 위해서 1.2.1절에서 다루었던 조화 진동자를 다시 살펴보자. 선형 끌림을 그 운동방정식에 추가하면, 감쇠 조화 진동자

$$m\ddot{x} = -\gamma\dot{x} - kx$$

가 된다. 우리는 $x = e^{i\beta t}$의 형태인 해를 기대할 수 있다. 자연스러운 진동수 $\omega_0^2 = k/m$와 마찰의 크기 $\alpha = \gamma/2m$의 상대적인 크기에 따라, 그 결과는 다음 세 가지 종류 중 어느 하나가 된다.

저감쇠: $\omega_0^2 > \alpha^2$. 그 해는 $x = e^{-\alpha t}(Ae^{i\Omega t} + Be^{-i\Omega t})$의 형태가 된다. 여기에서 $\Omega = \sqrt{\omega_0^2 - \alpha^2}$이다. 이 계는 주파수 $\Omega < \omega_0$으로 진동하며, 진폭은 지수함수로 감소한다.

과감쇠: $\omega_0^2 < \alpha^2$. 이 경우에 일반해는 $x = e^{-\alpha t}(Ae^{\Omega t} + Be^{-\Omega t})$이다. 여기에서 $\Omega = \sqrt{\alpha^2 - \omega_0^2}$이고 진동이 없다.

임계감쇠: $\omega_0^2 = \alpha^2$. 이 특별한 경우에는 일반해가 $x = (A + Bt)e^{-\alpha t}$이다. 다시 진동은 없고 $t < 1/\alpha$인 시간에서 가벼운 선형 증가를 보이고, 그 후에는 쇠퇴하여 사라진다.

이러한 각각의 경우에 시간이 충분이 지나면 해는 점차 $x = 0$에 가까워진다. 따라서 에너지는 보존되지 않는다.

2 라그랑지언 수식화

뉴턴 역학에는 두 개의 재수식화가 있다. 그 첫 번째는 라그랑주에 의한 것이고, 두 번째는 해밀턴에 의한 것이다. 이러한 새로운 접근법들은 마찰이 지배적인 현상을 모형화한 경우에는 특별한 유용성이 없다. 그러나 에너지가 보존되면, 이러한 재수식화는 고전역학에 접근하는 더 명쾌하고 더 강력한 새로운 관점을 제공하고, 궁극적으로 양자역학 같이 더 정교한 물리학 이론과의 연결고리를 제공해 준다. 재수식화의 출발점은 이론물리학에서 가장 심오한 개념 중의 하나인 **최소 작용 원리**이다.

2.1 최소 작용 원리

먼저 기호를 정의해 보자. 라그랑지언 수식화가 뉴턴의 접근법보다 더 강력한 점은 더 일반적인 좌표를 선호하여 벡터를 제거했다는 것이다. 이것을 간단하게 설명하는 것부터 시작하겠다. 우선 좌표가 $\boldsymbol{r}_i$인 N개의 입자들의 위치를 x^a으로 다시 쓰기로 하자. 여기에서 $a = 1, \cdots, 3N \equiv n$이다. 식 (2)의 뉴턴 방정식은

$$\dot{p}_a = -\frac{\partial V}{\partial x^a} \tag{7}$$

가 된다. 여기에서 $p_a = m_a\dot{x}^a$이며, 이 체계의 **자유도**는 n이라고 한다. 이들은 **짜임새 공간** C로 알려진 n차원 공간을 매개변수로 나타낸 것이다. C의 각점은 체계의 짜임새(즉, N개의 입자의 위치)를 정해 준다. 위치의 변화는 시간이 흐르면 C에서 곡선으로

나타난다.

라그랑지언은 모든 입자의 위치 x^a과 속도 $\dot{x}^a$의 함수로 정의된다. 이것을 식으로 나타내면 다음과 같다.

$$L(x^a, \dot{x}^a) = T(\dot{x}^a) - V(x^a) \tag{8}$$

여기서 $T = \frac{1}{2}\sum_a m_a(\dot{x}^a)^2$은 운동에너지이고, $V(x^a)$은 퍼텐셜 에너지이다. 이때 T와 V 사이의 뺄셈 기호를 기억하자. 그리고 최소 작용 원리를 설명하기 위해 C 안에 있는 끝점이 다음과 같이 고정된 모든 매끄러운 곡선 $x^a(t)$를 생각하자.

$$x^a(t_{\mathrm{i}}) = x^a_{\text{initial}}, \quad x^a(t_{\mathrm{f}}) = x^a_{\text{final}}$$

이러한 모든 곡선 중에서 오직 하나만이 이 체계에서 선택되는 진짜 곡선이다. 어느 것일까?

그것을 알아보기 위해서 각각의 곡선에 다음과 같이 정의된 **작용**이라고 칭하는 숫자 S를 대응시킨다.

$$S[x^a(t)] = \int_{t_{\mathrm{i}}}^{t_{\mathrm{f}}} L(x^a(t), \dot{x}^a(t))\,\mathrm{d}t$$

작용은 범함수(즉, 곡선 자체가 함수인데, 작용은 곡선들에 정의된 함수)이다. 따라서 최소 작용 원리는 다음과 같다.

정리(최소 작용 원리). 그 체계의 실제 곡선은 S의 극값이다.

증명. 주어진 곡선을

$$x^a(t) \to x^a(t) + \delta x^a(t)$$

로 조금 변화시켜 보자. 여기에서 $\delta x^a(t_{\mathrm{i}}) = \delta x^a(t_{\mathrm{f}}) = 0$이라고 가정하여, 곡선의 양 끝점은 고정한다. 그러면 작용의 변화는

$$\begin{aligned}\delta S &= \delta \int_{t_{\mathrm{i}}}^{t_{\mathrm{f}}} L\mathrm{d}t \\ &= \int_{t_{\mathrm{i}}}^{t_{\mathrm{f}}} L\mathrm{d}t \\ &= \int_{t_{\mathrm{i}}}^{t_{\mathrm{f}}} \left(\frac{\partial L}{\partial x^a}\delta x^a + \frac{\partial L}{\partial \dot{x}^a}\delta \dot{x}^a \right)\mathrm{d}t\end{aligned}$$

로 주어진다. 마지막 식에서 **합규약**을 사용했다. 합규약에 따르면 a나 b지표가 반복되는 항에서는 그 지표에 대해 합을 한다. 이것은 이 항과 다음에 나오는 비슷한 항들이 $\sum_{a=1}^{3n}$을 내포하고 있다고 간주한다는 뜻이다. 위에서 두 번째 항은 $\delta\dot{x}^a \equiv \mathrm{d}(\delta x^a)/\mathrm{d}t$을 포함하고 있고, 부분적분에 의해

$$\delta S = \int_{t_{\mathrm{i}}}^{t_{\mathrm{f}}} \left(\frac{\partial L}{\partial x^a} - \frac{\mathrm{d}}{\mathrm{d}t}\left(\frac{\partial L}{\partial \dot{x}^a} \right) \right)\delta x^a \mathrm{d}t + \left[\frac{\partial L}{\partial \dot{x}^a}\delta x^a \right]_{t_{\mathrm{i}}}^{t_{\mathrm{f}}}$$

이 된다. 그러나 곡선의 끝점이 고정되어 있으므로, $\delta x^a(t_{\mathrm{i}}) = \delta x^a(t_{\mathrm{f}}) = 0$이고 마지막 항은 0이다. 다시 말하면, 작용이 극값이라는 말은 곡선의 모든 변화 $\delta x^a(t)$에 대하여 $\delta S = 0$이라는 뜻이다. 그러므로 이것이 성립할 필요충분조건이

$$\frac{\partial L}{\partial x^a} - \frac{\mathrm{d}}{\mathrm{d}t}\left(\frac{\partial L}{\partial \dot{x}^a} \right) = 0 \quad \forall a \tag{9}$$

임을 알 수 있다. 이것은 오일러-라그랑주 방정식[III.12]으로 알려져 있다. 이제 이 방정식이 뉴턴의 방정식과 같다는 것만 보이면 증명이 완성된다. 우리는 앞에서 식 (8)의 라그랑지언의 정의로부터 $\partial L/\partial x^a = -\partial V/\partial x^a$이고 $\partial L/\partial \dot{x}^a = p_a$임을 얻었다. 그러므로 식 (9)와 (7)이 실제로 동등하다는 것을 쉽게 알

수 있다. □

최소 작용 원리는 **변분법**[IV.6]에서 설명했던 변분원리의 예이다. 이 원리에서는 입자의 경로를 특정 시각에서 보지 않고, 전체적이고 대역적으로 본다. 처음에는 이것이 다소 목적론적인 것처럼 보일 수 있다. 하지만 위에서 살펴본 것처럼, 이러한 관점은 더 국소적인 뉴턴의 방법과 전적으로 동등한 것이다.

최소 작용 원리는 다소 정확하지 않은 이름이다. 위의 증명에서 $\delta S = 0$만 요구했기 때문에 S의 최댓값인지 최솟값인지는 특정하지 않았다. $L = T - V$이므로, 매우 빠르고 꾸불꾸불한 $T \gg 0$인 곡선을 택하면 S를 항상 증가시킬 수 있으므로, 실제 곡선은 결코 최댓값일 수 없다. 그러나 그 곡선이 최솟값이거나 안장점일 수는 있다. 이 점을 생각하면 '정상 작용 원리'가 더 정확한 이름이겠지만, 기억하기 쉬운 이름은 아니다. 그래서 최소 작용 원리를 때때로 '해밀턴의 원리'라고 한다.

놀랍게도 물리학의 모든 기본 법칙은 작용 원리를 이용하여 표현할 수 있다. 이것은 전자기학, 일반 상대론, 입자물리의 표준 모형, 끈이론처럼 물리학의 알려진 법칙을 넘어서는 시도들을 포함한다. 또한 작용 원리를 양자역학으로 확대하여 적용한 리처드 파인만(Richard Feynman)의 멋진 이론도 포함한다. 파인만의 이론은 **경로적분**이고, 이 이론에서 그 입자는 S에 의해서 결정되는 가중치를 가진 모든 경로를 택한다.

고전역학으로 돌아와서, 라그랑지언 수식화를 이용하는 매우 중요한 두 가지 이유가 있다. 첫 번째 이유는 뉴턴의 법칙은 관성계에서만 성립하지만, 오일러-라그랑주 방정식은 모든 좌표계에서 성립한다는 것이다. 두 번째 이유는 라그랑지언 체계에서는 특정 종류의 제한조건을 다루는 것이 더 쉽기 때문이다. 첫 번째 이유를 아래에서 알아보겠지만 그 전에 예를 하나 살펴보기로 하자.

예(로런츠 힘). 전하 q를 가진 입자가 전자기장 안에서 움직이면, 앞의 식 (5)에서 봤던 로런츠 힘을 받게 된다. 정전기장 $\boldsymbol{E} = -\nabla\phi$는 보존력을 주고, 라그랑지언 수식화에 자연스럽게 들어맞는다. 그러나 자기장 $\boldsymbol{B}$가 있으면, 운동방정식을 라그랑지언을 이용하여 나타낼 수 있는지는 불분명하다. 자기장이 있는 경우에는 먼저 벡터 퍼텐셜 $\boldsymbol{A}$를 도입하여 자기장과 전기장을(시간에 영향을 받을 수도 있는) 다음과 같이 나타낼 필요가 있다.

$$\boldsymbol{B} = \nabla \times \boldsymbol{A}, \quad \boldsymbol{E} = -\nabla\phi - \frac{1}{c}\frac{\partial \boldsymbol{A}}{\partial t}$$

여기에서 c는 빛의 속력이다. 이제 라그랑지언

$$L = \tfrac{1}{2}m\dot{\boldsymbol{r}} \cdot \dot{\boldsymbol{r}} - q\left(\phi - \frac{1}{c}\dot{\boldsymbol{r}} \cdot \boldsymbol{A}\right) \qquad (10)$$

에서 나오는 오일러-라그랑주 방정식이 로런츠 힘의 공식 (5)와 일치하는지를 확인하면 된다.

2.2 좌표계의 변화

1절에서 뉴턴의 운동방정식 (2)는 관성계에서만 성립한다고 강조하였다. 반면에 라그랑주 방정식은 임의의 좌표계에서 성립한다. 이것은 임의의 좌표계

$$q^a = q^a(x_1, \cdots, x_{3N}; t)$$

를 선택하여 사용할 수 있다는 뜻이다. 여기에는 시간에 따라 변하는 좌표계의 사용 가능성도 포함된다. 그러면 라그랑지언은 함수 $L = L(q^a, \dot{q}^a;\ t)$로 나타나고, 운동방정식 (9)는

$$\frac{\mathrm{d}}{\mathrm{d}t}\left(\frac{\partial L}{\partial \dot{q}^a}\right) - \frac{\partial L}{\partial q^a} = 0 \tag{11}$$

과 동등하다. 식 (9)와 (11)이 동등하다는 것은 연쇄법칙을 이용하여 증명할 수 있다. 한편 최소 작용원리는 경로에 관해서만 언급했고 좌표계에 대해서는 전혀 말하지 않았다는 것을 알 수 있다. 그러므로 그것은 모든 좌표계에서 성립해야만 한다.

일반 변수들 q^a은 **일반화된 좌표계**라고 하고, 변수들 $p_a = \partial L/\partial \dot{q}^a$은 **일반화된 운동량**이라고 한다. 보통 직각좌표에서만 '운동량'이라고 하므로 이것은 적절한 표현이다.

2.2.1 회전하는 좌표계

관성계가 아닌 회전하는 좌표계에서 작용하는 가상적인 힘을 유도함으로써, 라그랑주 방법의 유연성을 실증해 보일 수 있다. 예를 들어, 라그랑지언이

$$L = \tfrac{1}{2}m\dot{\boldsymbol{r}} \cdot \dot{\boldsymbol{r}}$$

인 자유입자를 생각하자. z-축을 중심으로 일정한 각속도 $\boldsymbol{\omega} = (0, 0, \omega)$로 회전하는 좌표계에 대해서 그 입자의 운동을 측정하자. 그런 다음 회전하는 좌표계에서 좌표를 $\boldsymbol{r}' = (x', y', z')$으로 나타내자. 관계식 $z' = z$와

$$\begin{aligned} x' &= x\cos\omega t + y\sin\omega t, \\ y' &= y\cos\omega t + x\sin\omega t \end{aligned}$$

가 성립한다. 이 식을 라그랑지언 L에 직접 대입하여 회전하는 좌표계로 나타내면

$$\begin{aligned} L &= \tfrac{1}{2}m[(\dot{x}' - \omega y')^2 + (\dot{y}' + \omega x')^2 + \dot{z}^2] \\ &\equiv \tfrac{1}{2}m(\dot{\boldsymbol{r}}' + \boldsymbol{\omega} \times \boldsymbol{r}') \cdot (\dot{\boldsymbol{r}}' + \boldsymbol{\omega} \times \boldsymbol{r}') \end{aligned}$$

이다. 이제 회전하는 좌표계에서 오일러-라그랑주 방정식을 유도할 수 있다. L을 $r^{a\prime}$과 $\dot{r}^{a\prime}$으로 미분하면

$$m(\ddot{\boldsymbol{r}}' + \boldsymbol{\omega} \times (\boldsymbol{\omega} \times \boldsymbol{r}') + 2\boldsymbol{\omega} \times \dot{\boldsymbol{r}}') = 0$$

이다. 또한, 회전하는 좌표계에서는 입자가 직선 $\ddot{\boldsymbol{r}}' = 0$을 따라 움직이는 것이 아님을 알 수 있으며, 운동방정식에 두 개의 항이 추가되어 있음도 알 수 있다.

$\boldsymbol{\omega} \times (\boldsymbol{\omega} \times \boldsymbol{r}')$항을 **원심력**이라고 부른다. 원심력은 $\boldsymbol{\omega}$에 수직인 평면에서 바깥쪽을 향하며 그 크기는 $m\omega^2|\boldsymbol{r}'_\perp| = m|\boldsymbol{v}_\perp|^2/|\boldsymbol{r}'_\perp|$이다. 여기에서 아래첨자 $\perp$는 $\boldsymbol{\omega}$에 수직인 사영(projection)을 나타낸다. 예를 들어, 모퉁이에서 매우 빠른 속도로 차를 운전할 때, 차 안에 있는 사람이 옆으로 쏠린다고 느끼는 바로 그 힘이다.

$-2\boldsymbol{\omega} \times \dot{\boldsymbol{r}}'$항을 **코리올리 힘**이라고 부른다. 이 힘은 상수 자기장에서 움직이는 입자에 적용하는 로렌츠 힘의 공식 (5)와 수학적으로 동일하다. 이론적으로 코리올리 힘은 싱크대에서 물이 내려갈 때 회전하는 방향을 결정하지만, 실제로는 그 크기가 너무 작아서 가정에서는 뚜렷하게 드러나지 않는다. 하지만 광대한 영역에서는 코리올리 힘을 쉽게 볼 수 있는데, 예를 들어 바다와 공기의 순환에 영향을 미친다.

원심력과 코리올리 힘은 기준 좌표계에서 나왔기 때문에 실제적인 상호작용이 아니라 **가상적인 힘**

으로 본다. 그러나 '가상적'이라고 해서 그 중요성을 과소평가해서는 안 된다. 아인슈타인의 일반상대론에 의하면, 중력 또한 코리올리 힘이나 원심력과 같은 토대를 가진 가상적인 힘이기 때문이다.

2.3 뇌터 정리

물리계의 **대칭성**은 변환에 영향을 받지 않는다. 앞에서 관성계를 다루었을 때 이미 여러 가지 대칭성을 보았다. 물리법칙(비상대론적)은 시공간의 회전이동과 평행이동으로 구성된 갈릴레이 군에서는 불변이다. 하지만 에미 뇌터(Emmy Noether)의 아름다운 정리는 이러한 대칭성과 보존법칙을 연결해 준다.

일반화된 좌표계 사이에 하나의 매개변수로 주어지는 함수들의 모임

$$q^a(t) \to Q^a(s,t), \quad s \in \mathbb{R}$$

을 생각하자. 여기에서 $Q^a(0,t) = q^a(t)$이다. 만약에

$$\frac{\partial}{\partial s} L(Q^a(s,t), \dot{Q}^a(s,t); t) = 0$$

이면, 이 변환은 라그랑지언 L의 연속인 **대칭성**이라고 한다. 뇌터의 정리는 이러한 대칭성 각각에는 보존되는 양이 존재한다고 말한다. 그 증명은 간단하다.

$$\frac{\partial L}{\partial s} = \frac{\partial L}{\partial Q^a}\frac{\partial Q^a}{\partial s} + \frac{\partial L}{\partial \dot{Q}^a}\frac{\partial \dot{Q}^a}{\partial s}$$

을 계산하면 된다. $s = 0$에서 값을 계산하면

$$\begin{aligned}\frac{\partial L}{\partial s}\bigg|_{s=0} &= \frac{\partial L}{\partial q^a}\frac{\partial Q^a}{\partial s}\bigg|_{s=0} + \frac{\partial L}{\partial \dot{q}^a}\frac{\partial \dot{Q}^a}{\partial s}\bigg|_{s=0} \\ &= \frac{\mathrm{d}}{\mathrm{d}t}\left(\frac{\partial L}{\partial \dot{q}^a}\right)\frac{\partial Q^a}{\partial s}\bigg|_{s=0} + \frac{\partial L}{\partial \dot{q}^a}\frac{\partial \dot{Q}^a}{\partial s}\bigg|_{s=0}\end{aligned}$$

이고, 이때 오일러-라그랑주 방정식을 사용하였다. 그 결과는 전미분이 된다.

$$\frac{\partial L}{\partial s}\bigg|_{s=0} = \frac{\mathrm{d}}{\mathrm{d}t}\left(\frac{\partial L}{\partial \dot{q}^a}\frac{\partial Q^a}{\partial s}\bigg|_{s=0}\right) = 0$$

운동방정식이 만족되면, $s = 0$에서 계산한 양 $\sum_a (\partial L/\partial \dot{q}^a)(\partial Q^a/\partial s)$이 시간이 변해도 변하지 않음을 알 수 있다. 더불어 이 증명은 건설적인데, 그 이유는 이 증명이 보존되는 양의 존재성만 증명한 것이 아니라 보존되는 양이 무엇인지도 알려 주고 있기 때문이다.

공간의 균질성

N개의 입자가 퍼텐셜 $V(|\boldsymbol{r}_i - \boldsymbol{r}_j|)$로 상호작용하는 닫힌 물리계를 생각하자. 이 퍼텐셜은 기호에서 알 수 있듯이, 입자들 $i, j = 1, \cdots, N$ 사이의 상대적인 거리에만 영향을 받는다. 그 물리계의 라그랑지언

$$L = \frac{1}{2}\sum_i m_i \dot{\boldsymbol{r}}_i \cdot \dot{\boldsymbol{r}}_i - V(|\boldsymbol{r}_i - \boldsymbol{r}_j|) \tag{12}$$

는 임의의 벡터 $\boldsymbol{n}$과 임의의 실수 s에 대하여 평행이동 $\boldsymbol{r}_i \to \boldsymbol{r}_i + s\boldsymbol{n}$에 대칭성을 가지므로 $L(\boldsymbol{r}_i, \dot{\boldsymbol{r}}_i, t) = L(\boldsymbol{r}_i + s\boldsymbol{n}, \dot{\boldsymbol{r}}_i, t)$이다. 이것은 공간이 균질하다는 뜻이다. 뇌터의 정리를 이용하면 평행이동과 관련 있는, 보존되는 양을 구할 수 있다. 보존되는 양은 $\sum_i \boldsymbol{p}_i \cdot \boldsymbol{n}$이고, $\boldsymbol{n}$방향의 선운동량의 총합이다. 이것이 모든 $\boldsymbol{n}$에 대하여 성립하므로, $\sum_i \boldsymbol{p}_i$가 보존된다고 결론지을 수 있다. 즉, 선운동량의 총합이 보존된다는 익숙한 사실은 공간의 균질성에서 기인한 것이다.

시간의 균질성

어제의 물리법칙은 오늘의 물리법칙과 같다. 이러한 시간의 평행이동에 대한 불변성도 보존되는 양을 제공한다. 이는 수학적으로 $t \to t + s$에 대하여 L이 변하지 않는다는 뜻이다. 다르게 말하면 $\partial L/\partial t = 0$이다. 이 조건이

$$H = \sum_a \dot{q}^a (\partial L/\partial \dot{q}^a) - L$$

을 보존한다는 것을 보이는 것은 어렵지 않으며, 위의 식은 이 물리계의 **에너지**다. 이를 통해 공간과 운동량의 관계가 시간과 에너지의 관계와 같은 것을 알게 되었다. 이는 아인슈타인의 상대적 세계를 떠올리게 하는 가르침이다. 약간 다른 관점인 다음 절에서는 위의 물리량 H를 해밀토니언으로 새롭게 소개할 것이다.

회전에 대한 불변을 의미하는 공간의 등방성이 각운동량의 보존을 준다는 것도 보일 수 있다. 사실 적절하게 일반화하면, 자연계의 **모든** 보존법칙은 뇌터 정리를 통하여 대칭성과 관련 있다고 볼 수 있다. 이것은 전하량의 보존과 양성자나 중성자(바리온이라고 부르는) 같은 입자의 보존을 포함한다.

3 해밀토니언 수식화

고전역학 수식화의 다음 단계는 해밀턴에 의한 것이다. 기본적인 생각은 더 대칭적인 바탕 위에 일반화된 좌표 q^a과 일반화된 운동량 $p_a = \partial L/\partial \dot{q}^a$을 두는 것이다.

그림을 그리면서 생각하는 것으로 시작할 수 있다. 좌표 $\{q^a\}$은 n-차원 **짜임새 공간** C에서 한 점을 정해 준다. 시간의 경과는 C에서 곡선으로 나타난다. 그러나 어떤 계의 **상태**는 $\{q^a\}$과 $\{p_a\}$에 의해서 정해진다. 즉, 이러한 정보를 통해서 미래의 모든 시간에서 계의 상태를 결정할 수 있다는 의미이다. $\{q^a, p_a\}$의 쌍은 $2n$-차원 위상공간의 한 점을 결정한다. **위상공간**의 한 점은 그 계의 미래 진행을 결정하는 데 충분하기 때문에, 위상공간의 곡선은 결코 교차하지 않는다. 다시 말해, 시간에 따른 변화가 위상공간 안에서 **흐름**에 의해서 제어된다는 것이다.

3.1 해밀턴 방정식

라그랑지언 $L(q^a, \dot{q}^a; t)$는 좌표 q^a과 그 미분 $\dot{q}^a$ 그리고 (경우에 따라서는) 시간의 함수이다. 우리는 **해밀토니언**을 라그랑지언의 변수들 $\dot{q}^a$에 대한 르장드르(Legendre) 변환

$$H(q^a, p_a; t) = \sum_{a=1}^{n} p_a \dot{q}^a - L(q^a, \dot{q}^a, t)$$

로 정의한다. 이 식을 계산하기 위해서는 우선 우변에서 $\dot{q}^a$을 제거하고 p_a로 둔다. 그런 다음 $p_a = \partial L/\partial \dot{q}^a = p_a(q^a, \dot{q}^a; t)$에서 반대로 $\dot{q}^a = \dot{q}^a(q^a, p_a; t)$를 구해서 대입하면 된다. 이제 H의 변화를 살펴보자. 이때 다시 합규약을 사용한다.

$$\begin{aligned}\delta H &= (\delta p_a \dot{q}^a + p_a \delta \dot{q}^a) \\ &\quad - \left(\frac{\partial L}{\partial q^a}\delta q^a + \frac{\partial L}{\partial \dot{q}^a}\delta \dot{q}^a + \frac{\partial L}{\partial t}\delta t\right) \\ &= \delta p_a \dot{q}^a - \frac{\partial L}{\partial q^a}\delta q^a - \frac{\partial L}{\partial t}\delta t\end{aligned}$$

이것은 다음과 같이 쓸 수도 있다.

$$\delta H = \frac{\partial H}{\partial q^a}\delta q^a + \frac{\partial H}{\partial p_a}\delta p_a + \frac{\partial H}{\partial t}\delta t$$

두 식은 같으므로, 오일러-라그랑주 방정식 $\dot{p}^a =$

$\partial L/\partial q^a$을 이용하면

$$\dot{p}_a = -\frac{\partial H}{\partial q^a}, \quad \dot{q}^a = \frac{\partial H}{\partial p_a}$$

이다. 라그랑지언이 시간의 영향을 분명히 받으면 $-\partial L/\partial t = \partial H/\partial t$가 추가된다. 이것이 해밀턴 **방정식**이다. 즉, n개의 2계 미분방정식이 q^a과 p_a에 관한 $2n$개의 1계 미분방정식으로 바뀐 것이다. 이렇게 재구성함으로써 해밀턴의 방정식들은 경계치 문제보다 초기치 문제를 다루는 데 매우 적합하게 된다. 반면에 경계치 문제에서는 라그랑지언 수식화가 더 자연스럽다.

퍼텐셜 안에 있는 한 입자

해밀턴 방정식을 살펴볼 수 있는 가장 간단한 예는 퍼텐셜 안에서 하나의 입자가 움직이고 있는 것이다. 그 라그랑지언은 $L = \frac{1}{2}m\dot{\boldsymbol{r}} \cdot \dot{\boldsymbol{r}} - V(\boldsymbol{r})$이고 운동량은 $\boldsymbol{p} = m\dot{\boldsymbol{r}}$이다. 위의 과정을 적용하면 해밀토니언은

$$H = \boldsymbol{p} \cdot \dot{\boldsymbol{r}} - L = \frac{1}{2m}\boldsymbol{p} \cdot \boldsymbol{p} + V(\boldsymbol{r})$$

이다. 해밀턴 방정식은 간단하게 $\dot{\boldsymbol{r}} = \boldsymbol{p}/m$와 $\dot{\boldsymbol{p}} = -\nabla V$이고 모두 익숙한 식이다. 첫 번째 식은 속도로 표현된 운동량의 정의이고, 두 번째 식은 이 계에서 뉴턴의 방정식이다.

로런츠 힘

전하를 가진 입자가 전자기장 안에서 움직이는 것은 식 (10)의 라그랑지언으로 설명된다.

식 (10)을 이용해 운동량을 계산하면 $\boldsymbol{p} = m\dot{\boldsymbol{r}} + (q/c)\boldsymbol{A}$이고, 보통의 운동량에 벡터 퍼텐셜 $\boldsymbol{A}$가 있는 항이 추가되었다. 해밀토니언은

$$H(\boldsymbol{p}, \boldsymbol{r}) = \frac{1}{2m}\left(\boldsymbol{p} - \frac{q}{c}\boldsymbol{A}\right) \cdot \left(\boldsymbol{p} - \frac{q}{c}\boldsymbol{A}\right) + q\phi$$

이다.

해밀턴 방정식은 뉴턴 방정식과 식 (5)의 로런츠 힘의 법칙으로 나타난다는 사실을 알 수 있다.

3.2 전망

해밀토니언이 라그랑지언보다 더 좋은 점은 실제적인 것은 아니다. 해밀토니언의 진정한 가치는 고전역학의 구조에 관해서 그 수식화가 우리에게 말해주는 것에 있다. 그 핵심은 고전역학의 기하학적 수식화이고, 사교기하학의 언어를 빌리면 더 추상적으로 표현할 수 있다는 것이다. 더구나, 해밀토니언 체계는 혼돈이론과 적분 가능이론을 포함한 이후의 발전에 발판을 제공하였다(**혼돈**[II.3]을 참고). 아마도 가장 중요한 점은 해밀토니언이 물리학의 더 근본적인 이론들, 특히 양자역학과 가장 직접적인 연결고리를 제공하고 있다는 점일 것이다.

더 읽을거리

이 글은 캠브리지 대학의 학부생들에게 강의한 두 강좌에 기초했다. 강의실 홈페이지에서 강의 내용을 받을 수 있다(www.damtp.cam.ac.uk/user/tong/teaching.html).

란다우와 립시츠의 『*Mechanics*』는 역사상 가장 간결하고 우아하며 개념적으로 쓰인 훌륭한 교과서 중 하나이다(Butter-worth-Heinemann, Oxford, 3rd edn, 1982).

Louis Hand와 Janet Finch의 『*Analytic Mechanics*』는 라그랑지언과 해밀토니언에 대한 좋은 안내서이다(Cambridge University Press, Cambridge 1998).

IV.20 동역학계

필립 홈스 *Phillip Holmes*

1 서론

시간과 공간에 따라 움직이거나 발전하는 것들에 대한 모형을 만들고 분석하는 이론이 동역학계 이론이다. 이 이론에서는 해석학적, 기하학적, 위상학적, 수치 해석적인 수단을 결합해 미분방정식과 반복사상(iterated mapping)을 연구한다. 이 방법들은 18세기와 19세기의 위대한 자연철학자인 뉴턴 및 그의 후계자들, 특히 앙리 푸앵카레(Henri Poincaré)의 연구에서 비롯했다. 그렇기 때문에 동역학계 연구는 **혼돈 이론**[II.3]에서의 유명한 주장인 패러다임의 이동 같은 것이라기보다는 일반적인 수학이다. 그렇지만 응용과학의 문제들이 끊임없이 동역학계 이론에 강한 동기를 주었으며 영향을 끼쳐 왔는데, 특히 지난 반세기 동안 그러했다. (1970년 즈음의 격렬했던 10여 년 동안의 사회, 역사적인 논의에 대해서는 더 읽을거리의 오뱅(Aubin), 더헨 달메디코(Dahan Dalmedico, 2002)를 보라.)

동역학계는 광대한 분야이므로 사람마다 다른 의미로 여기며, 유한 또는 무한 차원의 결정론적인 계 및 확률론적인 계, **에르고딕 이론**[II.3], (복소평면에서의 반복 함수를 연구하는) 복소 해석적 동역학을 포괄한다. 여기에서는 상미분방정식(ODE)과 유클리드 공간 $\mathbb{R}^n$에서 정의된 반복 사상에 초점을 맞추겠지만, 이 이론은 다양체로까지 일반화할 수 있으며 대다수는 무한 차원으로까지 일반화할 수 있고, 일부는 확률계(stochastic system)로도 일반화할 수 있다. 구체적인 초기조건 혹은 경계조건에 초점을 맞추는 고전적인 상미분방정식 이론과는 대조적으로 동역학계 이론은 정성적(qualitative)이고 기하학적 접근을 취하여 비선형 상미분방정식을 분석하며, 개별 해의 정확한 표현 또는 근사 표현을 찾으려 하기보다는(**상미분방정식**[IV.2]을 보라) 해집합의 존재성, 안정성, 대역적 행동을 다룬다.

상미분방정식계 (1) 및 이산 사상 (2)를 고려하려고 한다.

$$\dot{x}_j = f_j(x_1, x_2, \cdots, x_n; \mu), \tag{1}$$

$$x_j(l+1) = F_j(x_1(l), x_2(l), \cdots, x_n(l); \mu) \tag{2}$$

여기에서 $j = 1, \cdots, n$이며 $\dot{x}_j$는 시간에 대한 미분을 나타내며, f_j와 F_j는 매끄러운(smooth) 실변수 함수이고, x_j는 **상태변수**(state variable), μ는 **제어변수**(control parameter)이다. 주어진 초기조건 $\boldsymbol{x}(0)$하에서 (1)이나 (2)를 풀어 **궤도**(orbit) $\boldsymbol{x}(t) = (x_1(t), \cdots, x_n(t))$ 또는 $\{\boldsymbol{x}(l)\}_{l=0}^{\infty}$을 얻을 때 μ는 고정한다.

상미분방정식 (1)을 연구할 때는 시작점 $\boldsymbol{x}(0) \in U \subset \mathbb{R}^n$을 시간 t에서의 상 $\boldsymbol{\phi}_t(\boldsymbol{x}(0))$으로 옮겨 주는 **벡터장** $\boldsymbol{f}(\boldsymbol{x}) = (f_1(\boldsymbol{x}), \cdots, f_n(\boldsymbol{x}))$가 생성하는 다음 **유동사상**(flow map)의 행동을 묘사하면 된다.

$$\boldsymbol{x}(t, \boldsymbol{x}(0)) = \boldsymbol{\phi}_t(\boldsymbol{x}(0)) \text{ 또는 } \boldsymbol{\phi}_t\colon U \to \mathbb{R}^n \tag{3}$$

만일 이런 $\boldsymbol{\phi}_t$를 찾을 수 있으면 시간 $t = T$를 고정하

여 (1)을 (2)의 꼴로 귀착시킬 수 있지만, 구체적인 식을 유도할 수 있는 것은 예외적인 경우뿐이며, 어떤 경우든 반복사상을 연구하는 것은 상미분방정식만큼이나 복잡하다. 물론 상미분방정식을 푸는 수치적인 알고리즘으로(상미분방정식의 수치해법[IV.12]을 보라) ϕ_T의 훌륭한 근삿값을 줄 수 있다.

이론을 서술하기에 앞서 안드로노프(A. A. Andronov), 아르놀트(V. I. Arnold), 버코프(G. D. Birkhoff), 콜모고로프(A. N. Kolmogorov), 스메일(S. Smale) 및 주요 인물에 대한 역사적인 실타래를 간략하게 스케치한다. 그런 뒤 물리적인 예제와 수학적인 예제 두 가지를 도입하여 동기를 부여하려고 한다.

2 간략한 역사

동역학계 이론은 1879년부터 1912년까지 미분방정식과 천체 역학을 연구한 푸앵카레로부터 시작됐다. 2차원 상미분방정식에 관련한 특별한 방법과 더불어 (궤도족(family of orbits)으로 구성되는 매끈한 초곡면을 가리키는) **불변 다양체**, 주기 운동을 연구하는데 쓰는 **제1 되돌이 (푸앵카레) 사상**(return map), **분기**(bifurcation), 분석을 간단하게 해주는 **정규 형식**(normal form)으로의 좌표변환, **섭동 방법**(perturbation method)을 포함한 다양한 핵심 개념이 최초로 나타난 것은 푸앵카레의 연구에서다. '이중 점근하는' 점들이나 **호모클리닉**(homoclinic) **궤도** 및 **헤테로클리닉**(heteroclinic) **궤도**가 존재하기 때문에, 자유도가 $N \geq 2$인 역학계를 서술하는 미분방정식 중에 적분가능(integrable)하지 않은 것이 있음을 푸앵카레가 깨달았다는 사실은 주목할 만하다. 더 정확히 말해, 이 방정식들은 $\boldsymbol{x}$에 대해 독립이면서 해 위에서 계속 상수인 해석함수를 충분히 가지고 있지 못하다(만약 충분했다면 불변 다양체의 기하학이 상대적으로 간단했을 것이다). 이 기간 동안 랴푸노프(A. M. Lyapunov)도 안정성 이론에 중요한 기여를 하였다.

버코프는 푸앵카레의 연구를 확장하였는데, 특히 원환(annulus) 영역으로부터 자신으로 가는 사상이 주기가 서로 다른 주기 궤도를 두 개 가질 경우, 이 궤도들로 끌리는 영역을 가르는 복잡한 극한 집합에 대한 연구도 담겨 있다. 이 연구는 카트라이트(Cartwright)와 리틀우드(Littlewood)가 (주기적으로 힘이 가해지는 비선형 진동자에 대한) 판 데르 폴(van der Pol) 방정식이 무한히 많은 주기 궤도를 가지며, '연속체의 거듭제곱만큼의' 비주기 궤도 집합을 가진다는 것을 증명하는 길을 텄다. 뒤이어 레빈슨(N. Levinson)은 이를 스메일(Smale)의 눈에 띄게 하였고, 스메일은 즉각 **말굽사상**(horseshoe map)을 만들어냈다. 말굽사상은 불안정한 혼돈 집합이지만 그럼에도 불구하고 **구조적으로 안정적인** 전형적인 예로, 원래 계와 섭동된 계가 위상적으로 동치임(위상동형)을 함축한다. 구조적으로 안정적인 벡터장 및 사상의 질적인 행동은 작은 섭동에도 살아남는다는 뜻이다.

구조적 안정성은 1937년 안드로노프와 폰트랴긴(L. S. Pontryagin)이 '엉성한 계'(systèmes grossieres)라는 이름하에 도입한 것이다. 이런 관점에서 보면 어떤 계에서 변수가 변하면서 구조적으로 불안정해지면 분기가 발생하며, 분기점을 지나면서 계의 행동이 변한다. 고르키에서 안드로노프(지금은 니즈니 노브고로드)의 연구팀은 분기 이론에 대해 실로 중요한 연구를 하였다. 페소토(M. M. Peixoto)는 2차원 다양체 위에서 구조적으로 안정적인 유동들은 유한개의 고정점과 주기 궤도만 가져야 한다고 특징지었는데, 이는 고차원에서도 성립할 거라는 스메일의 추측으로 이어졌다. 말굽사상과 이 사상의 주기점들의 무한집합은 어떤 3차원 유동의 되돌이 사상으로 볼 수 있으므로, 이 추측에 대한 반례를 제공한다. 더욱이 말굽사상은 푸앵카레가 흘낏 보았던 혼돈이 2차원 이상의 사상들뿐만 아니라 3차원 이상의 상미분방정식에서도 일반적이라는 것을 보여준다. 1960년대 스메일의 영향력 있는 연구 덕에 이 분야로 수학자들이 유입됐지만, 이런 아이디어가 응용수학의 주류에 이르는 데는 한참이 걸렸다.

안드로노프의 연구팀은 추상적 이론과 응용 사이의 강한 연관성을 유지했는데 이는 소비에트 연방에서는 흔한 일이었다. 이 팀의 경우에는 비선형 진동자 및 파동들, 전기회로, 제어 이론이 그러했다. 모스크바에서는 콜모고로프가 (아노소프(D. V. Anosov), 시나이(Ya G. Sinai), 아르놀트를 포함한) 자신의 학생들과 함께 에르고딕(ergodic) 이론, 당구, 측지 유동(geodesic flow)을 수리 물리와 관련짓는 기반 연구를 하였다. 이들의 연구가 더 넓은 수학계에 소개된 것에는 1961년과 1966년에 열린 세계수학자대회에서의 스메일의 방문이 일조하였다.

1963년 레일리(Rayleigh)-베나르(Benard) 대류를 모형화하는 3차원 상미분방정식에 대한 로렌즈(Lorenz)의 논문은 위에서 언급한 연구와 거의 독립적으로 이뤄졌지만, 로렌즈는 자신이 발견한 **초기조건에의 민감한 의존성**을 제시하면서 버코프의 연구에 호소하기는 했다. 이에 앞서 1961년에는 주기적인 외력이 주어진 판 데르 폴-더핑(Duffing) 방정식을 아날로그 컴퓨터로 시뮬레이션하던 교토 대학의 전기공학과 대학원생 우에다가 비정상적인 행동을 발견하기도 했다.

3 두 가지 동역학계

먼저 고전 역학에서의 문제를 소개하고, 뒤이어 수학자들이 장난감처럼 다루는 문제 하나를 소개하여 앞서 서술한 이론에 동기를 부여하려고 하는데, 이 문제들이 서로 관련돼 있다는 것이 놀라울 수도 있을 것이다.

3.1 이중 진자

딱딱한 연동장치(link)로 구성된 진자를 생각하자. 첫 번째 연동장치는 고정된 추축 주변으로 회전하며, 두 번째는 첫 번째 것의 말단 주위를 회전한다고 하자(그림 1(a)를 보라). 뉴턴 역학 하에서 진자의 **상태공간**(state space)을 기술하는 변수는 각과 각속도 $\theta_1, \theta_2, \dot{\theta}_1, \dot{\theta}_2$ 인데, 주어진 잠재 에너지 및 운동 에너지에서 시작한 모든 운동은 공기저항과 마찰을 무시할 경우 에너지 보존법칙에 의해 상태공간의 어떤 3차원 부분집합(보통은 매끈한 다양체)에 놓이게 된다. 하지만 연동장치가 하나인 진자와는 달리 우리의 이중 진자는 일반적으로 주기적이지 않으며, 초기조건의 작은 변화가 급속히 발산하는 궤도들을 만들어낸다. 그림 1의 (b)가 이런 민감한 의존성을 설명해준다.

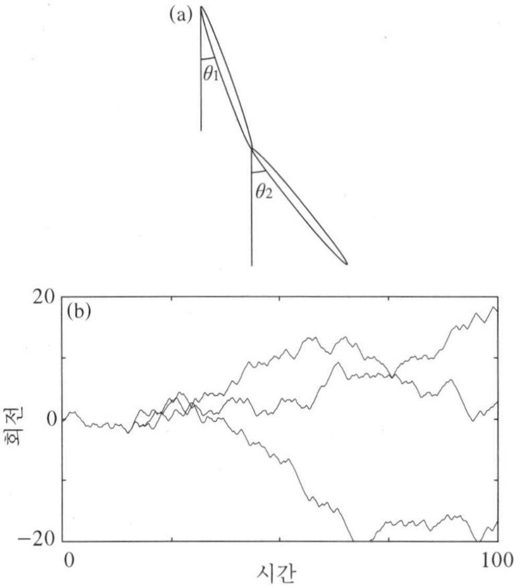

그림 1 (a)이중 진자. (b)$\theta_1(0)=90°$인 상태에서 $\theta_2(0)=-90°$ 및 $\theta_2(0)=-(90+-10^{-6})°$이도록 하여 놓아 보낸 세 가지 궤도에서 θ_2가 완전 회전한 횟수.

3.2 배가 기계

다음으로 구간 [0, 1]에서 다음 규칙으로 정의한 조각적 선형 사상을 살펴보자(그림 2를 보라).

$$h(x) = \begin{cases} 2x, & 0 \le x \le \frac{1}{2}\text{일 때} \\ 2x-1, & \frac{1}{2} < x \le 1\text{일 때} \end{cases} \quad (4)$$

각 단계마다 x_n을 두 배한 뒤에 정수부분을 빼는 걸 반복하여 얻는 수열 $\{x_n\}_{n=0}^{\infty}$이 h의 궤도다. 예를 들어 다음과 같다.

$$0.2753 \mapsto 0.5506 \mapsto 1.1012 = 0.1012 \mapsto 0.2024 \mapsto \cdots$$

초기조건에 대한 민감성 및 이로 인한 결과를 이해하기 위해 0과 1 사이의 수를 다음처럼 이진수 꼴로 나타내자.

$$x_0 = \frac{a_1}{2} + \frac{a_2}{2^2} + \frac{a_3}{2^3} + \cdots + \frac{a_j}{2^j} + \cdots$$

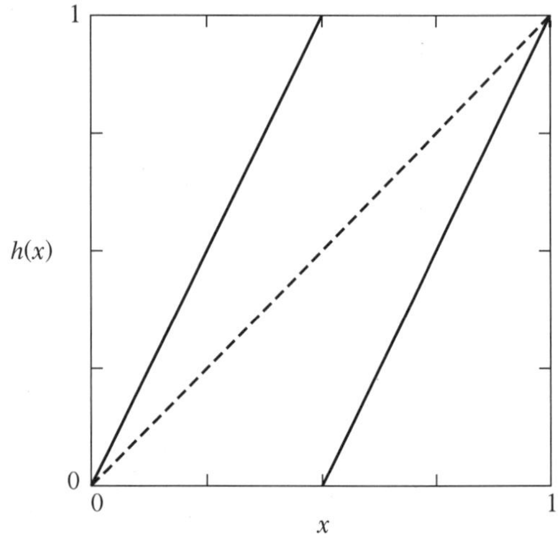

그림 2 배가 사상 h.

여기에서 각 계수 a_j는 0 또는 1이다. 따라서

$$2x_0 = 2\sum_{j=1}^{\infty}\frac{a_j}{2^j} = a_1 + \frac{a_2}{2} + \frac{a_3}{2^2} + \cdots$$

이다. 매번 반복할 때마다 정수부분을 제거하기 때문에

$$x_1 = h(x_0) = \frac{a_2}{2} + \frac{a_3}{2^2} + \frac{a_4}{2^3} + \cdots$$

이며, 일반적으로는 다음과 같다.

$$x_k = \frac{a_{k+1}}{2} + \frac{a_{k+2}}{2^2} + \cdots = \sum_{j=1}^{\infty}\frac{a_{j+k}}{2^j}$$

10을 곱하면 소수점이 옮겨지는 것과 마찬가지로, h 값을 계산하는 것은 이진수로 표현한 수열을 이동한 후 맨 앞의 계수를 제거하는 것과 동등하다.

$$(a_1 a_2 a_3 a_4 \cdots) \mapsto (a_2 a_3 a_4 \cdots)$$

만일 x_0이 무한한 정확도로 알려져 있어서 a_k 값이 '모두' 알려져 있었다면, 각 단계에서의 현재 상태 x_k도 정확히 알 수 있다. 하지만 처음 N개의 계수만 주어졌다면, N번의 반복 이후에는 x_{N+1}이 $\frac{1}{2}$보다 위쪽에 놓이는지, 아래쪽에 놓이는지조차 알 수 없다. 더욱이 2진법으로 소수 이하 N번째 자리만 달라서 폭 $\left(\frac{1}{2}\right)^{N-1}$ 내에 두 점이 놓여 있었다면, N번의 반복 후에는 $\frac{1}{2}$을 기준으로 다른 편에 놓이므로 이후에는 근본적으로 다르게 행동하게 된다. 배가 사상을 반복하면 작은 차이가 증폭된다.

이러한 이진수 표현은 기호 동역학(symbolic dynamics)의 예다. 0과 1로 이루어진 모든 무한 수열마다 구간 [0, 1]의 한 점이 대응하고, 역도 성립한다.* 따라서 임의의 무작위 수열은 어떤 상태 $x_0 \in [0, 1]$의 궤도 $h^k(x_0)$으로 주어진다. 그러므로 이 사상 h의 궤도는 무작위 수열과 구별할 수 없는 것이 무한히 많게 된다. 또한 주기 궤도 역시 주기 수열에 대응하는 만큼 무한히 많다. 이는 길이가 1, 2, 3, …이며 더 짧은 주기를 갖지 않는 서로 다른 수열을 모두 나열하여 셀 수 있으며, 주기가 N인 궤도가 대략 $2^N/N$개만큼 있으므로 모두 합하면 가산(countable) 개만큼 있음을 보여준다. 그렇지만 무작위로 고른 수는 거의 틀림없이 항상 무리수이므로 (무리수 집합의 측도가 1이다) 거의 모든 궤도는 주기적이지 않다(4.5절을 보라).

4 동역학계 이론

앞서 주목한 대로 동역학계 이론은 대역적 궤도 구조, 즉 **위상궤적**(phase portrait) 및 이 궤적의 매개변수에 대한 의존성과, 닫힌 궤도(주기적인 해)의 존재성과 같은 질적인 성질의 기술과 같은 연구를 강조한다. 몇 가지 중요한 도구와 개념을 서술하며 시작하기로 하자.

4.1 신중한 선형화

완전히 풀 수 있는 비선형계가 별로 없는 반면, 선형 분석으로부터 연역할 수 있는 것은 많다. 상미분방정식 (1)을 $\boldsymbol{f}(\boldsymbol{x}^{\mathrm{e}}) = 0$인 점인 **고정점**(fixed point), 즉 **평형점**(equilibrium) $\boldsymbol{x}^{\mathrm{e}}$ 근방에서 선형화(linearize)한다는 것은 (1)에 $\boldsymbol{x} = \boldsymbol{x}^{\mathrm{e}} + \boldsymbol{\xi}$를 대입하고 테일러급수로 확장한 뒤 2차 및 고차 항을 무시하여 얻는 다음 식을 말한다.

$$|\boldsymbol{\xi}| \ll 1\text{에 대해 } \dot{\boldsymbol{\xi}} = \boldsymbol{Df}(\boldsymbol{x}^{\mathrm{e}})\boldsymbol{\xi} \qquad (5)$$

여기에서 $\boldsymbol{Df}(\boldsymbol{x}^{\mathrm{e}})$은 1계 편도함수 $\partial f_i/\partial x_j$를 $\boldsymbol{x}^{\mathrm{e}}$에서 계산한 $n \times n$ 야코비(Jacobi) 행렬을 가리킨다.

(5)와 같은 상수 계수 선형 상미분방정식은 초등함수를 써서 완전히 풀 수 있다. 방정식이 지수 꼴 해

$$\boldsymbol{\xi} = \sum_{j=1}^{n} \boldsymbol{v}_j \exp(\lambda_j t)$$

를 가진다고 가정하고 $\boldsymbol{Df}(\boldsymbol{x}^{\mathrm{e}})$의 고윳값 λ_j와 고유벡터 $\boldsymbol{v}_j$를 계산한다. 만일 $\boldsymbol{Df}(\boldsymbol{x}^{\mathrm{e}})$이 n개의 일차독립인 고유벡터를 가진다면, 모든 해는 일차결합 $\boldsymbol{x}(t) = \sum_{j=1}^{n} c_j \boldsymbol{v}_j \exp(\lambda_j t)$처럼 표현할 수 있으며, c_j는 초기조건이 완전히 결정한다. 물론 고윳값과 고유벡터는 복소수나 복소벡터일 수도 있지만, 오일러 공식 $\exp(\pm \mathrm{i}t) = \cos t \pm \mathrm{i}\sin t$를 사용하고 c_j가 복소수인 것을 허용하면, 실숫값 상미분방정식의 해를 지

* 원칙적으로는 동일한 수의 이진수 표현이 두 가지일 수 있으므로, 주의하여야 한다.—옮긴이

수함수와 삼각함수의 결합으로 쓸 수 있다. (만일 $\boldsymbol{Df}(\boldsymbol{x}^e)$이 일차독립인 고유벡터가 n개보다 적다면, 일반화한 고유벡터가 필요하며 $t^k\exp(\lambda_j t)$ 꼴의 항이 나타난다.)

$\boldsymbol{Df}(\boldsymbol{x}^e)$의 고윳값의 실수부분이 모두 0이 아니면, $\boldsymbol{x}^e$을 **쌍곡형**(hyperbolic) **고정점** 또는 **비퇴화**(non-degenerate) **고정점**이라 부른다. 에너지를 보존하는 진자와 같은 특별한 경우를 제외하면 고정점은 대개 쌍곡형 고정점이며, 선형화한 계로부터 원래 비선형계 (1)의 안정성을 이끌어낼 수 있다.

방정식 (1)의 고정점 $\boldsymbol{x}^e$의 임의의 근방 $U \ni \boldsymbol{x}^e$에 대해, $\boldsymbol{x}^e$을 포함하며 V에서 출발한 (1)의 해 $\boldsymbol{x}(t)$가 모든 $t \geq 0$에 대해 여전히 U에 남아있는 근방 $V \subseteq U$가 존재하면, **랴푸노프 안정적** 혹은 **중립적으로**(neutrally) **안정적**이라 부른다. 만일 모든 $\boldsymbol{x}(0) \in V$에 대해 $t \to \infty$일 때 $\boldsymbol{x}(t) \to \boldsymbol{x}^e$라면, 고정점 $\boldsymbol{x}^e$을 **점근적으로**(asymptotically) **안정적**인 점이라 부른다. $\boldsymbol{x}^e$이 안정적이지 않으면 **불안정**하다고 말한다. 좀 더 엄밀히 말하자면, 근처의 궤도가 모두 $\boldsymbol{x}^e$으로 근접할 경우 **싱크**(sink)라 부르며, 모두 $\boldsymbol{x}^e$으로부터 멀어질 경우에는 **소스**(source)라 부른다. 어떤 것은 근접하며 어떤 것은 멀어질 경우 **안장점**(saddle point)이라 부른다. 싱크는 가장 간단한 **끌개**(attractor)이다. 4.5절을 보라.

선형 부분 $\boldsymbol{Df}(\boldsymbol{x}^e)\boldsymbol{\xi}$가 (5)에서 무시한 고차 항들을 지배할 정도로 충분히 작은 근방 V를 선택할 경우, 만일 $\boldsymbol{Df}(\boldsymbol{x}^e)$의 고윳값들의 실수부분이 모두 음수라면 $\boldsymbol{x}^e$는 점근적으로 안정적이지만, 고윳값의 실수부가 하나라도 양수라면 $\boldsymbol{x}^e$은 불안정하다. 4.3절에서 서술하겠지만 고윳값의 실수부분이 0인 것이 있으면 최저차 비선형 항이 국소적 행동을 결정한다. 만일 $\boldsymbol{x}^e$이 쌍곡형인 경우 근처의 전체 궤도 구조는 비선형 상미분방정식 (1)의 궤도 구조와 위상적으로 동등하다. 이산사상 (2)에 대해서도 비슷한 결과가 성립하며, 주기 궤도 및 기타 궤도 근처에서 계를 선형화할 수 있다.

4.2 불변 다양체

$\boldsymbol{x}^e$ 근처에서 선형화한 계 (5)에 대한 불변 공간으로 $\boldsymbol{x}^e$ 근처의 상태공간을 쪼갤 수 있는데 놀랍게도 비선형계에 대해서도 마찬가지다. $s \leq n$과 $u = n - s$에 대해 $\boldsymbol{Df}(\boldsymbol{x}^e)$이 각각 실수부가 양수인 고윳값 $\lambda_1, \cdots, \lambda_s$와 실수부가 음수인 고윳값 $\lambda_{s+1}, \cdots, \lambda_{s+u}$를 가진다고 가정하고, 대응하는 (일반화된) 고유벡터들로 생성되는 선형 부분공간을 $E^s = \mathrm{span}\{\boldsymbol{v}_1, \cdots, \boldsymbol{v}_s\}$ 및 $E^u = \mathrm{span}\{\boldsymbol{v}_{s+1}, \cdots, \boldsymbol{v}_{s+u}\}$라 정의하자. t가 증가함에 따라 안정적(Stable) 부분공간 E^s에서 (5)의 궤도는 지수적으로 붕괴하는 반면, 불안정한(Unstable) 부분공간 E^u에서의 궤도는 성장한다.

쌍곡형 고정점 $\boldsymbol{x}^e$ 근처에서 식 (1)과 (2)에 대해 각각 차원이 s와 u이며 $\boldsymbol{x}^e$에서 E^s와 E^u에 접하는 **국소적으로 안정적인** 다양체 $W^s_{\mathrm{loc}}(\boldsymbol{x}^e)$ 및 **국소적으로 불안정한** 다양체 $W^u_{\mathrm{loc}}(\boldsymbol{x}^e)$이 있다는 명제가 **안정적 다양체 정리**(stable manifold theorem)다. 앞쪽의 다양체는 $\boldsymbol{x}^e$에서 출발하여 미래 시간에도 $\boldsymbol{x}^e$ 근처에 머물면서 $t \to \infty$일 때 $\boldsymbol{x}^e$으로 접근하는 궤도들로 이루어진다. 즉, 다음과 같다.

$$W^s_{\mathrm{loc}}(\boldsymbol{x}^e) = \{\boldsymbol{x} \in V \mid t \to \infty\text{일 때 } \boldsymbol{\phi}_t(\boldsymbol{x}) \to \boldsymbol{x}^e\text{이고, 모든 } t \geq 0\text{에 대해 } \boldsymbol{\phi}_t(\boldsymbol{x}) \in V\} \quad (6)$$

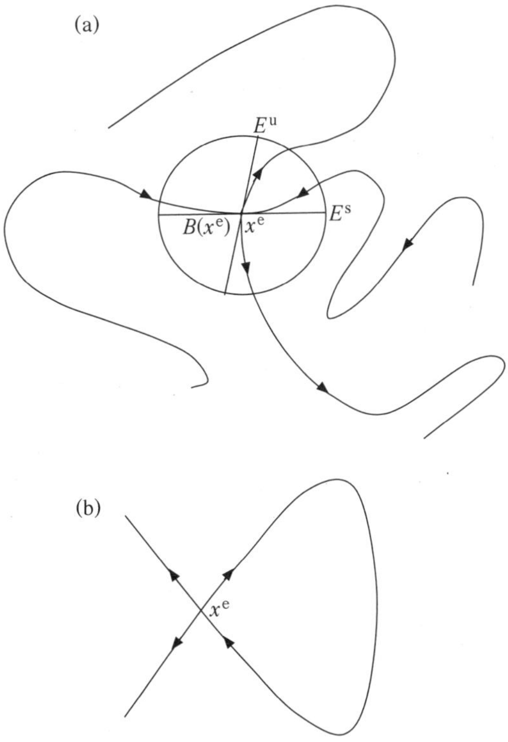

그림 3 안정적인 다양체와 불안정 다양체. (a)$\boldsymbol{x}^e$ 근처에서 국소적 다양체들을 (7)처럼 그래프로 나타낼 수 있다. (b)대역적으로 안정적 다양체와 불안정 다양체는 서로 만나 호모클리닉 궤도를 형성할 수 있다.

불안정 다양체 $W^u_{loc}(\boldsymbol{x}^e)$도 '과거 시간' 및 '$t \to -\infty$'로 바꾸어 비슷하게 정의할 수 있다. 이 매끄럽고 휘어진 부분공간들은 각각 선형화한 E^s 및 E^u와 국소적으로 닮아 있다(그림 3(a)를 보라).

$\boldsymbol{x}^e$ 근처에서 국소적으로 안정적인 다양체와 불안정한 다양체는 각각 E^s와 E^u 위의 그래프로 표현할 수 있다. E^s에 대한 $(n-s)$차원 직교 보집합을 $E^{s\perp}$이라 두고 $\boldsymbol{y} \in E^s$와 $\boldsymbol{z} \in E^{s\perp}$을 국소 좌표계라 하면,

$$W^s_{loc}(\boldsymbol{x}^e) = \{(\boldsymbol{y}, \boldsymbol{z}) | (\boldsymbol{y}, \boldsymbol{z}) \in B(\boldsymbol{0}), \boldsymbol{z} = \boldsymbol{g}(\boldsymbol{y})\} \tag{7}$$

인 어떤 매끄러운 함수 $\boldsymbol{g} : E^s \to E^{s\perp}$이 존재한다. 일반적으로 $\boldsymbol{g}$를 계산할 수는 없지만, 4.3절에서 설명할 방식으로 근사시킬 수 있다.

대역적(global)으로 안정적 다양체와 불안정한 다양체는 유동사상하에서 국소 다양체들의 상 및 역상들의 합집합으로 정의할 수 있다. $W^s(\boldsymbol{x}^e)$은 $t \to +\infty$일 때 궤도가 설령 당분간은 $B(\boldsymbol{x}^e)$을 벗어나더라도 결국에는 $\boldsymbol{x}^e$로 접근하는 모든 점들의 집합이며, $W^u(\boldsymbol{x}^e)$도 $t \to -\infty$에 대해 유사하게 정의한다. 안정적인 다양체들은 자신들끼리 교차할 수 없고, 다른 고정점에 대한 안정적 다양체와도 교차할 수 없는데, 그렇지 않을 경우 (교집합에 속한 점의 미래는 둘 이상이므로) 해의 유일성을 위배하기 때문이다. 불안정한 다양체들에 대해서도 마찬가지지만, 안정적인 것과 불안정한 것 사이의 교집합은 일어날 수 있으며 실제로도 일어난다. 이 교집합들은 하나의 고정점으로부터 다른 고정점으로 이어지는 해들 위에 놓인다. 다양체들의 교집합에 속한 점이 같은 고정점에 속하면 **호모클리닉**(homoclinic)이라 부르며, 다른 고정점에 속하는 다양체들에 대해서는 **헤테로클리닉**(heteroclinic)이라 부른다(그림 3(b)를 보라).

4.3 중심 다양체, 국소적 분기, 정규 형식

매개변수가 변함에 따라 위상궤적이 달라지면, 결과로 얻는 동역학도 달라진다. 새로운 고정점이 나타날 수 있으며, 기존의 안정성이 변할 수 있으며, 호모클리닉 궤도와 헤테로클리닉 궤도가 형성되거나 사라질 수도 있다. 이런 문제를 다루는 **분기 이론** [IV.21]은 구조적 불안정성, 차원축소, 비선형 좌표 변환이라는 세 가지 아이디어에 기대는 이론이다.

2절에서 주목한 대로 그 계를 정의하는 벡터장

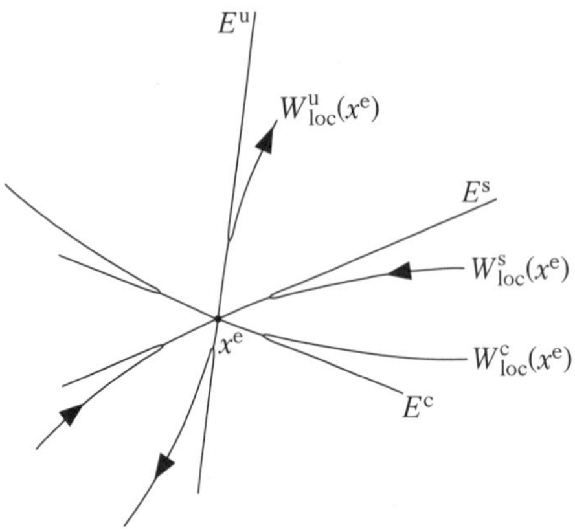

그림 4 안정적, 중심, 불안정한 다양체들.

f나 사상 F가 작은 섭동을 보여도 구조적으로 안정적인 계는 다음과 같은 의미에서 살아남는다. 원래의 위상궤적과 섭동된 계의 위상궤적은 **위상학적으로 동등**하다, 즉 시간의 향(sense of time)을 보존하여 싱크는 싱크로, 소스는 소스로 유지하는 연속인 좌표변환을 통해 서로 변형할 수 있다. 야코비 행렬의 고윳값이 안정성을 결정하므로, 섭동 함수의 고윳값과 미분은 모두 작아야 한다.

구조적 안정성이 소멸되는 방법은 다양한데, 한 개의 (단순) 고윳값이 0을 지나거나 켤레 복소수 쌍의 실수 부분이 0을 지나가는 경우가 가장 간단한 경우다. 더 일반적으로 야코비 행렬 $Df(x^e)$이 실수 부분이 음수 및 양수인 고윳값을 각각 s개 및 u개 가지며, 실수 부분이 0인 고윳값을 c개 가진다고 가정하자($s + c + u = n$).

중심 다양체 정리(central manifold theorem)에 따르면, s차원의 안정적 다양체와 u차원의 불안정 다양체와 별도로, 실수부분이 0인 고윳값에 대응하는 고유벡터로 생성되는 부분공간 E^c에 접하는 매끈한 c차원 국소 중심 다양체 W^c_{loc}가 존재한다. 그림 4가 보여주듯, 국소적으로 안정적인 방향과 불안정한 방향을 구조적으로 불안정한 것과 분리할 수 있게 되므로, 계의 분석을 중심 다양체에 제한한 c차원 계의 분석으로 축소할 수 있으며, $c \ll n$인 경우 이는 상당한 단순화에 해당한다.

이 축소 과정을 설명하기 위해 퇴화된 평형점 $\boldsymbol{x}^e$을 원점으로 하며 행렬 $\boldsymbol{Df}(\boldsymbol{x}^e)$이 블록 대각화되도록 좌표를 선택했다고 가정하자. 그러면 (1)을 다음 꼴로 쓸 수 있다.

$$\dot{\boldsymbol{x}} = \boldsymbol{A}\boldsymbol{x} + \boldsymbol{f}(\boldsymbol{x}, \boldsymbol{y}), \quad \dot{\boldsymbol{y}} = \boldsymbol{B}\boldsymbol{y} + \boldsymbol{g}(\boldsymbol{x}, \boldsymbol{y}) \tag{8}$$

여기에서 $\boldsymbol{x} \in E^c$이고, $\boldsymbol{y}$는 안정적인 부분공간과 불안정한 부분공간으로 생성되는 공간 $E^s \oplus E^u$에 (매개변수 μ에 대한 구체적 언급은 생략한다) 속하는 원소다. $c \times c$ 행렬 $\boldsymbol{A}$의 고윳값은 모두 실수부분이 0이며, $(s + u) \times (s + u)$ 행렬 $\boldsymbol{B}$의 고윳값의 실수부분은 0이 아니다. 중심 다양체는 E^c 위에서 그래프 $\boldsymbol{y} = \boldsymbol{h}(\boldsymbol{x})$로 표현할 수 있으므로, 해가 W^c_{loc}에 머물러 있는 한, 계의 상태 $(\boldsymbol{x}, \boldsymbol{y})$는 $\boldsymbol{x}$ 변수만으로도 구체화할 수 있다. **축소된 계**(reduced system)라는 것은 W^c_{loc} 위의 벡터장을 선형 부분공간 E^c으로 사영한 것이다.

$$\dot{\boldsymbol{x}} = \boldsymbol{A}\boldsymbol{x} + \boldsymbol{f}(\boldsymbol{x}, \boldsymbol{h}(\boldsymbol{x})) \tag{9}$$

그래프 $\boldsymbol{h}$는 $\boldsymbol{y} = \boldsymbol{h}(\boldsymbol{x})$를 (8)의 두 번째 성분에 대입하여 얻을 수 있고, (8)의 첫 번째 성분에 연쇄 법칙을 쓰면 다음 (편)미분방정식을 얻는다.

$$\boldsymbol{Dh}(\boldsymbol{x})[\boldsymbol{A}\boldsymbol{x} + \boldsymbol{f}(\boldsymbol{x}, \boldsymbol{h}(\boldsymbol{x}))] = \boldsymbol{B}\boldsymbol{h}(\boldsymbol{x}) + \boldsymbol{g}(\boldsymbol{x}, \boldsymbol{h}(\boldsymbol{x})), \\ \boldsymbol{h}(\boldsymbol{0}) = \boldsymbol{0}, \boldsymbol{Dh}(\boldsymbol{0}) = \boldsymbol{0} \tag{10}$$

뒤쪽의 조건들은 $\boldsymbol{x}^{\mathrm{e}} = \mathbf{0}$에서 $W^{\mathrm{c}}_{\mathrm{loc}}$가 E^{c}에 접하기 때문이다. $\boldsymbol{x}$로 전개하여 (10)의 근사해들을 얻을 수 있으며, 쌍곡형이 아닌 고정점 근처에서의 안정성이나 분기 행동은 축소된 계 (9)로 근사한 결과로부터 얻을 수 있다.

축소된 계의 비선형 항들을 간단하게 하는 좌표계를 선택하여 상사 변환을 이용하게 효과적으로 확장시켜주며, 선형계의 성분들을 분리시키자는 것이 세 번째 아이디어이다. **정규 형식**(normal form) **이론**은 질적인 행동에는 영향을 주지 않는 **비공명**(nonresonant) 항들을 각 차수에서 차례로 제거하는 비선형 좌표변환을 반복적으로 수행하여 테일러 급수를 간단하게 만들어 준다. 리대수(Lie algebra)가 이런 과정을 기록하는 방법을 주는데, 컴퓨터 대수(computer algebra)를 이용하여 (반)자동적으로 계산할 수 있다.

다음 꼴의 2차원 ODE를 생각하여 어떻게 간단해지는지 설명해보자.

$$\dot{\boldsymbol{x}} = A\boldsymbol{x} + \boldsymbol{f}(\boldsymbol{x}), \quad A = \begin{bmatrix} 0 & -1 \\ 1 & 0 \end{bmatrix} \tag{11}$$

선형 부분은 조화 진동이므로 상평면은 중심(center)이라 부르는 중립적으로 안정적인 고정점을 둘러싸는 주기 궤도로 채울 수 있다. $\boldsymbol{x}^{\mathrm{e}} = \mathbf{0}$의 점근 안정성이나 불안정성은 비선형 함수 $\boldsymbol{f}(\boldsymbol{x})$에 의존하는데, 특히 이 함수를 테일러 급수 전개했을 때의 첫 번째 항이 좌우한다. 2차 항은 6개, 3차 항은 8개, 일반적으로 k차 항은 $2(k+1)$개이지만, 정규 형식 변환으로 모든 짝수차 항이 차례로 제거되고, 이 항들을 바꾸는 대가로 각 홀수차 항에서는 항이 두 개 남는다. 이런 변환 후에 식 (11)을 극좌표로 ($x_1 = r\cos\theta, x_2 = r\sin\theta$) 쓰면 다음과 같다.

$$\left.\begin{aligned} \dot{r} &= \alpha_3 r^3 + \alpha_5 r^5 + O(r^7), \\ \dot{\theta} &= 1 + \beta_3 r^2 + \beta_5 r^4 + O(r^6) \end{aligned}\right\} \tag{12}$$

계수의 개수가 획기적으로 줄었을 뿐만 아니라, 국소화된 선형계에서 내재돼 있던 회전 대칭성이 고차로 확장되며, 방위각 θ의 역학이 방사상(radial) 역학과 분리된다. 방사상 역학만이 궤도의 붕괴나 성장을 지배하므로, 최초의 0이 아닌 α_k가 안정성을 결정하며, 이에 대한 구체적인 공식은 변환으로부터 나온다.

정규 형식은 퇴화된 벡터장을 정의하는 함수를 간단히 만드는 데 그치지 않는다. 행렬을 섭동하여 중복도가 2인 실수 고윳값에 매개변수를 하나 더해 서로 다른 고윳값 쌍으로 쪼개는 것과 비슷한 방식으로 분기점을 **펴**(unfold) 주어, 근방에서 구조적으로 안정적인 계의 다양함을 드러내도록 매개변수를 조직적으로 도입할 수 있게 해 준다. 예를 들어 식 (12)에 선형항 μr을 첫 번째 성분에 더해주면 펼 수 있다. μ가 0을 지날 때 호프(Hopf) 분기가 일어나는데 이로부터 극한 고리(limit cycle)가 나온다(**분기 이론**[IV.21]을 보라).

4.4 극한 고리와 푸앵카레 사상

2절에서 혼돈 궤도의 연구의 동기가 된 예로 언급된 판 데르 폴 방정식으로 더 간단하면서 자주 쓰는 도구인 **제1 되돌이 사상**, 즉 **푸앵카레 사상**을 설명할 수 있다. 스스로 흥분한 진동자는 외부의 힘이 없으면 안정적인 극한 고리, 즉 근처의 궤도를 모두 끌어들이는 고립된 주기 궤도를 가진다. 미분방정식은 다

음과 같은데

$$\dot{x}_1 = x_2 + \mu x_1 - \tfrac{1}{3}x_1^3, \quad \dot{x}_2 = -x_1 \qquad (13)$$

$\mu > 0$일 때 선형화를 거치면 평면 계가 $(x_1, x_2) = (0, 0)$에서 소스를 가진다는 것이 드러난다. 더욱이 모든 궤도는 소스를 둘러싸는 어떤 환형(annular) **포획 영역**(trapping region) $\mathcal{B}$ 내부로 결국 들어가고 그 속에 머무르게 된다는 것을 증명할 수 있다. $\mathcal{B}$ 내부에는 고정점이 없으므로, 푸앵카레-벤딕손(Bendixson) 정리에 의해 주기 궤도가 최소한 하나 포함돼야 한다(그림 5(a)를 보라). 4.3절의 말미에서 말했듯이 μ가 0을 지날 때 호프 분기점에서 안정적인 주기 궤도가 나타난다는 것도 증명할 수 있다.

더 일반적으로 γ가 차원이 $n \geq 2$인 상미분방정식의 주기 궤도라면, 어떤 점 $\boldsymbol{p}$에서 γ에 의해 관통하는 어떤 $n-1$ 차원 다양체의 부분집합인 **절단면**(cross section) Σ를 구성하여, 속도가 0이 아니면서 Σ와 만나는 모든 궤도 내의 **유동을 가로지르게**(transverse to the flow) 할 수 있다. 따라서 $\boldsymbol{p}$에 충분히 가까운 점 $\boldsymbol{q} \in \Sigma$에서 출발하는 궤도들은 연속성에 의해 γ 근처에 머물게 되며 Σ와는 어떤 점 $\boldsymbol{q}' \in \Sigma$에서 만나게 되므로 푸앵카레 사상을 정의할 수 있다.

$$\boldsymbol{P}: \Sigma \to \Sigma, \qquad \boldsymbol{q} \mapsto \boldsymbol{q}' = \boldsymbol{P}(\boldsymbol{q}) \qquad (14)$$

사상 $\boldsymbol{P}$에 대해 $\boldsymbol{p}$가 고정점임은 명백하다.

식 (13)에 대해서 적절한 절단면은 양의 x_1축인데, 고정점 (0, 0)이 안정적이며 포획 영역 $\mathcal{B}$가 외부로부터 끌어당긴다는 사실은 $P(x_1)$이 그림 5(b)에 스케치한 모양을 가짐을 의미한다. P가 연속이므로, 극한 고리에 대응하는 어떤 고정점 $p > 0$에서 적어도 한 차례 대각선과 만나야 한다. 사실 p는 유일하며 선형화한 사상은 $0 < (\mathrm{d}P/\mathrm{d}x_1)|_{x_1 = p} < 1$을 만족하므로 p와 극한 고리 모두가 점근적으로 안정적이다. 일반적으로 선형화한 사상 $\boldsymbol{DP}(\boldsymbol{p})$의 고윳값의 절댓값이 모두 1보다 작으면, $\boldsymbol{p}$ 및 대응하는 주기 궤도는 점근적으로 안정적이며, 적어도 하나의 고윳값의 절댓값이 1보다 크면 불안정하다.

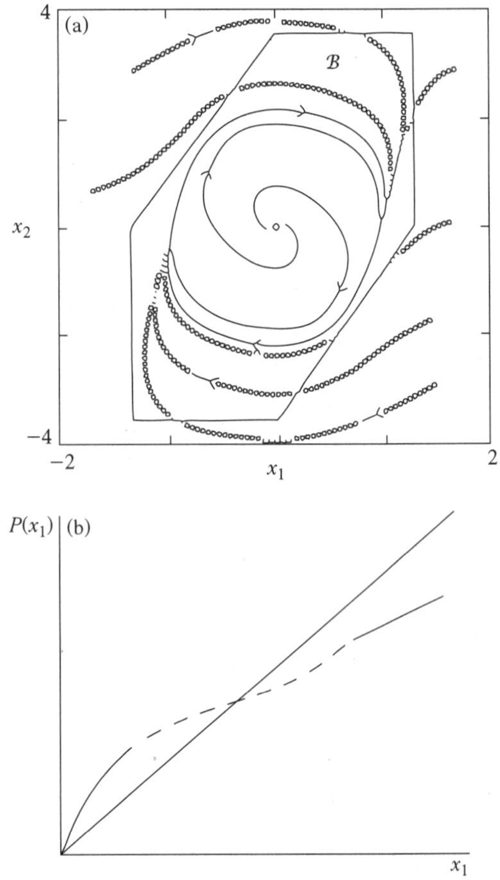

그림 5 (a)μ=1일 때 판 데르 폴 방정식 (13)의 환형 포획 영역 $\mathcal{B}$와 극한 고리. (b)방정식 (13)에 대한 푸앵카레 사상은 작은 x_1의 길이를 늘려주며 큰 x_1의 길이를 줄여주므로, 주기 궤도에 대응하는 고정점이 적어도 한 개 있음을 함축한다.

이는 4.1절에서 설명한 유동의 고윳값 판별 기준과 궤를 같이 하며, 푸앵카레 사상은 상미분방정식과 반복 사상 (1절의 시간 T에서의 유동 사상 ϕ_T를 참고) 사이의 두 번째 연관 관계를 제공한다. 역으로 사상 $F: U \subset \mathbb{R}^n \to \mathbb{R}^n$이 서스펜드되어(suspended) $n+1$ 차원 공간 $\mathbb{R}^n \times S^1$ 위에서의 T-주기적인 벡터장을 생성할 수 있다. 따라서 상미분방정식 (1)과 사상 (2)의 분석은 밀접히 관련돼 있으며, 반복사상에 대해서도 안정적 다양체, 불안정 다양체와 유사한 것이 있으며, 중심 다양체 정리와 유사한 것이 성립한다.

4.5 카오스와 이상한 끌개

카오스에 대한 정의가 여러 가지 제기되었지만, 중요한 성질은 다음 정의에서 포착할 수 있다. 어떤 미분방정식이나 반복 사상의 집합이 **카오스적**이다 또는 **카오스 해를 가진다**는 것은 다음을 만족하는 궤도 집합 $\mathcal{S}$를 가질 때를 말한다.

(1) $\mathcal{S}$ 내의 거의 모든 궤도 쌍이 초기 조건에 민감한 의존성을 보인다.
(2) $\mathcal{S}$에서 조밀한 주기 궤도가 무한 집합이다.
(3) $\mathcal{S}$ 내에 조밀한 궤도가 있다(혼돈[II.3]을 보라).

민감한 의존성이라는 것은 미리 정해진 수 $\beta < |\mathcal{S}|$와 $\mathcal{S}$ 내의 임의의 점 x_0과 x_0의 임의의 근방 U에 대해, U가 아무리 작더라도 어떤 점 $y_0 \in U$와 시간 T를 찾아 x_0와 y_0에서 출발하는 궤도 $x(T)$와 $y(T)$가 적어도 β만큼 떨어져 있게 할 수 있다, 즉 거의 모든 해가 국소적으로 멀어져 간다는 의미다. 궤도 $x(t)$가 $\mathcal{S}$에서 조밀하다는 것은 $\mathcal{S}$ 내의 주어진 점 z와 z의 근방 U에 대해, U가 아무리 작더라도 $x(t_z)$가 U 내에 놓이게 하는 시간 t_z가 존재한다는 것, 즉 $x(t)$가 $\mathcal{S}$의 모든 점에 임의로 가깝게 지나감을 의미한다.

배가 사상에 대해 조밀한 궤도 x^*에 대응하는 이진 수열 $\boldsymbol{a}^*$는 길이가 1인 것, 2인 것, 3인 것, 등등의 **모든 수열**을 이어서 쓰면 만들 수 있다. 즉, $\boldsymbol{a}^* = 0\ 1\ 00\ 01\ 10\ 11\ 000\ 001 \cdots$이다. 배가 사상을 반복하여 이 수열의 선두 항을 제거하면 **모든 부분수열**이 앞부분으로 등장하므로 x^*의 궤도는 [0, 1] 내의 모든 점에 임의로 가까운 점을 포함한다는 것을 의미한다. 따라서 $\{h^k(x^*)\}_{k=0}^{\infty}$는 조밀하며 h는 전체 상태공간 $\mathcal{S} = [0, 1]$에 대해 정의를 만족한다.

위상적 엔트로피가 **양수**라는 것 또한 전형적인 궤도들이 $\mathcal{S}$를 누비고 다닌다는 뜻인데, 주기 궤도를 가지지 **않지만** 이 성질을 만족하는 사상의 예도 있으므로 종종 이런 정의를 선호하기도 한다. 하지만 위상학적 엔트로피(대충 말하자면 $\mathcal{S}$의 이산화를 점차 정제해 나갈 때 서로 다른 궤도의 증가율)는 기술적으로 복잡하기 때문에, 여기서는 위의 정의로 충분하다.

4.5.1 스메일의 말굽

배가 사상은 순전히 수학적으로 만든 사상처럼 보일 수 있지만, 2-3절에서 언급한 대로 이중 진자 및 외부 힘이 존재하는 비선형 진동자와 관련돼 있다. 이를 이해하기 위해, 스메일의 구성법을 얘기해 보자. 단위 정사각형 $Q = [0, 1] \times [0, 1]$에서 정의돼 있으며 조각적으로 선형인 사상 G가 $0 < \lambda < \frac{1}{2}$과 $\mu > 2$에 대해 두 수평선 $H_0 = [0, 1] \times [0, 1/\mu]$와

$H_1 = [0, 1] \times [1 - 1/\mu, 1]$에서 $V_0 = \boldsymbol{G}(H_0) = [0, \lambda] \times [0, 1]$과 $V_1 = [1 - \lambda, 1] \times [0, 1]$을 상으로 가지는 작용이며, 야코비 행렬

$$\boldsymbol{DG}\,|_{H_0} = \begin{bmatrix} \lambda & 0 \\ 0 & \mu \end{bmatrix}, \quad \boldsymbol{DG}\,|_{H_1} = \begin{bmatrix} -\lambda & 0 \\ 0 & -\mu \end{bmatrix} \tag{15}$$

를 가진다(따라서 상들이 Q 내에 들어맞는다고) 하자. $\boldsymbol{G}$를 연속함수로 만들기 위해, H_0과 H_1 사이의 중앙 띠의 상은 V_0에서 V_1을 잇는 반원형 아치 모양을 잡는다. 그러면 $\boldsymbol{G}$는 Q를 수평 방향으로 압축하며, 수직 방향으로는 펴고, 가운데 부분은 진짜 말굽 모양으로 구부리는 유동의 푸앵카레 사상으로 간주할 수 있다.

$\boldsymbol{G}$의 불변집합 Λ는 모든 전방 및 후방 반복하에서도 Q 안에 머무르는 점들로 이루어진 집합을 말한다. 즉, $\Lambda = \cap_{j=-\infty}^{+\infty} \boldsymbol{G}^j(Q)$이다. Λ를 한 단계씩 구성해 보자. 한 번의 후방(backward) 반복에 대해 Q 안에 머무르는 점들은 H_0과 H_1의 상인 수평 띠 V_0과 V_1을 차지한다. $\boldsymbol{G}^{-2}(Q) \cap Q$는 H_0과 H_1의 두 번째 반복인 $\boldsymbol{G}(V_0)$과 $\boldsymbol{G}(V_1)$을 고려하면 얻을 수 있는데, 각각 V_0과 V_1 위에 놓이며, 폭이 λ^2이며, 기둥 위에 놓인 중첩 아치 모양이다. 각 단계에서 수직 거리는 μ배 늘어나며 수평 거리는 λ배 줄어들고, 띠의 가운데에서 $1 - 2\lambda$만큼의 부분은 제거된다. 이를 반복하면 $\lambda_{-n} = \cap_{j=-n}^{0} \boldsymbol{G}^j(Q)$는 2^n개의 수직 띠이며, 각각의 폭은 λ^n이다. 무한대로 보내면 $\Lambda_{-\infty} = \cap_{j=-\infty}^{0} \boldsymbol{G}^j(Q)$는 수직 선분 구간들로 이루어진 칸토어(Cantor) 집합이다. 비슷하게 $\Lambda_{+\infty} = \cap_{j=0}^{+\infty} \boldsymbol{G}^j(Q)$는 수평 구간들의 칸토어 집합이고, 수직 선분과 수평 선분은 항상 한 점에서 만나므로 $\Lambda = \Lambda_{-\infty} \cap \Lambda_{+\infty}$는 점들로 이루어진 칸토어 집합이다.

칸토어 집합은 비가산(uncountable)이며, 닫혀 있고, 내점이나 고립점을 포함하지 않는다. 또한 모든 점이 집적점(accumulation point)이다. 칸토어 집합은 분수 차원을 가지는 프랙털의 예다.

점 $\boldsymbol{x} \in \Lambda$가 H_0과 H_1 중 어디를 방문하느냐에 따라 정한 이진 수열을 써서 부호화한 뒤 기호 동역학(symbolic dynamics)을 써서 $\boldsymbol{G}$의 궤도들을 묘사할 수 있다. $\{0, 1\}^Z$이 성분이 0이나 1인 양방향 무한수열의 공간을 나타낼 때, $\boldsymbol{a} = \{a_j\}_{-\infty}^{\infty}$로 주어지는 사상 $\boldsymbol{a}: \Lambda \to \{0, 1\}^Z$은 다음처럼 정의한다.

$$a_j(\boldsymbol{x}) = \begin{cases} 0, & \boldsymbol{G}(\boldsymbol{x}) \in H_0 \\ 1, & \boldsymbol{G}(\boldsymbol{x}) \in H_1 \end{cases} \tag{16}$$

$\{0, 1\}^Z$에 적절한 계량(metric)을 주면, $\boldsymbol{a}$가 일대일이며, 연속이고, 가역이며, 연속동형(homeomorphic) 사상임을 증명할 수 있다. Λ 내의 모든 점은 $\{0, 1\}^Z$ 내의 어떤 수열로 충실히 부호화되며, 식 (16)에 의해 Λ 위에서 $\boldsymbol{G}$는 이동(shift)사상으로 작용한다.

$$\sigma: \{0, 1\}^Z \to \{0, 1\}^Z, \quad a_j = \sigma(a_{j+1}) \tag{17}$$

이는 3.2절의 이진 표현을 일반화한 것인데, $\boldsymbol{G}$가 가역이며 점들은 미래의 궤도뿐만 아니라 과거의 궤도도 가지고 있기 때문이다. 주기 궤도들로 이루어진 가산 개의 무한 집합은 앞서와 마찬가지로 부호화하지만(그런 궤도에 대해 미래와 과거는 같다), 임의의 주기 궤도나 궤도 쌍에 대해 호모클리닉 및 헤테로클리닉 궤도들은 이제 반무한(semi-infinite) 주기의 꼬리에 임의의 중심 수열을 이어 주어 만들 수 있다. 수열 0 1 00 01 10 11 000 001⋯을 전방 및 후방으로 키워나가면 조밀한 궤도를 만들 수 있으

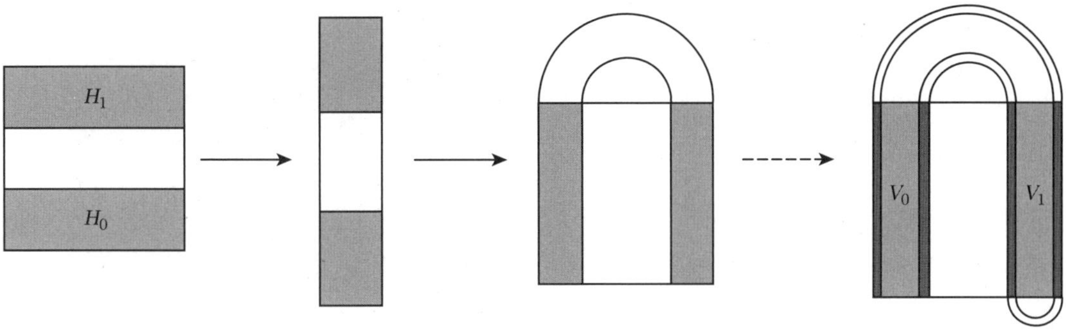

그림 6 스메일의 말굽. 정사각형 Q(왼쪽)와 이의 상 $G(Q)$(가운데 오른쪽)와 $G^2(Q)$(가장 오른쪽), 띠 H_j와 이들의 상 $V_j = G(H_j)$는 색칠했다.

며, 주기 궤도 전체의 집합에 가능한 유한 수열이 모두 나타나므로 주기 궤도 집합 또한 Λ 안에서 조밀하다.

G는 $H_0 \cup H_1$ 위에서 $\pm\lambda$와 $\pm\mu$를 고윳값으로 가지는 선형사상이며 $\lambda < 1 < \mu$이므로, Λ는 거의 모든 궤도 쌍이 지수적으로 빠르게 분리되는 쌍곡형 집합이며 G는 이런 의미에서 카오스적이다. 더욱이 구조적으로 안정하므로 카오스는 작은 섭동에도 살아남는다. 스메일은 가로지르는 호모클리닉 점을 가지는 **모든** 매끈한 사상에서 말굽이 나타남을 증명하기도 했다.

다소 일반적이며 약하게 섭동된 계의 클래스에 대해 호모클리닉 점을 감지하는 계산 가능한 조건들이 몇 가지 있다. 그림 1과 같지만 위쪽이 무겁고 아래쪽이 가벼운 이중 진자를 묘사하는 상미분방정식에 이들을 적용하면 다음을 증명할 수 있다. 임의로 주어진 양의 정수 및 음의 정수의 교대 수열 s_1, $-s_2$, s_3, $\cdots$에 대해, 아래쪽 연동장치(link)에서 시계방향으로 s_1번 회전한 뒤 위쪽 연동장치에서 반시계방향으로 s_2번 회전하는 등의 성질을 가지는 궤도가 존재한다. 궤도에 대응하는 적절한 확률분포로부터 어떤 수열이든 선택할 수 있으므로, 이 운동이 결정론적인지 확률론적인지 알 수 없다.

말굽 Λ는 안장형의 집합이다. 이 집합에 접근하는 거의 모든 궤도는 결국은 떠나므로, 이런 집합이 존재한다고 해서 반드시 물리적으로 관측가능한 카오스가 있음을 뜻하지는 않는다. 하지만 이 집합의 안정적 다양체는 외력이 있는 판 데르 폴 방정식에서처럼 운명이 서로 다른 궤도들을 구분하는 **프랙털 경계**를 이룰 수 있다. 끈질긴 카오스를 관측하기 위해서는 이상한 끌개(strange attractor)가 필요하다.

4.5.2 이상한 끌개

이번에도 미묘한 문제가 있으며 여러 개의 정의가 경쟁하고 있지만, 주요 아이디어를 전달하기 위해 **끌개 집합**(attracting set) $\mathcal{A}$를 포획 영역 $\mathcal{B}$의 전방 상 전체의 교집합으로 정의하고

$$\mathcal{A} = \bigcap_{t \geq 0} \phi_t(\mathcal{B}) \tag{18}$$

끌개(attractor)는 조밀한 궤도를 포함하는 끌개 집합

으로 정의하자. 싱크와 점근적으로 안정적인 극한 고리들이 간단한 예를 제공한다. 예를 들어 준주기적(quasiperiodic)이어서 조밀하게 감아주는 운동을 포함하는 안정적인 불변 토러스의 경우가 그렇다. 이상한 끌개(strange attractor)는 이에 더불어 민감한 의존성 및 카오스를 보인다. 다음의 예를 통해 동역학계 이론의 기하학적 관점을 강조하기로 한다.

로렌즈 방정식[III.20]은 나비에-스토크스 방정식과 열 방정식을 결합한 유체 층(layer)에서의 대류 모형을 (대단히) 낮은 차원으로 사영한 것이다.

$$\left.\begin{aligned} \dot{x}_1 &= \sigma(x_2 - x_1) \\ \dot{x}_2 &= \rho x_1 - x_2 - x_1 x_3 \\ \dot{x}_3 &= -\beta x_3 + x_1 x_2 \end{aligned}\right\} \qquad (19)$$

매개변수 σ와 β는 고정돼 있으며, ρ는 층 사이의 온도차에 비례한다. 원점은 항상 고정점이며, 대류에 의해 정상적인(stationary) 유체와 열 수송을 나타낸다. $\rho > 1$에 대해 $\boldsymbol{x} = \boldsymbol{0}$은 한 개의 양수와 두 개의 음수 고윳값을 가지는 안장점이다. 꾸준히 회전하는 대류 셀에 대응하는 고정점 $\boldsymbol{q}^{\pm}$도 추가로 존재한다. $\sigma = 10, \rho = 28, \beta = \frac{8}{3}$일 때(로렌즈가 사용한 값)는 이 점들 역시 안장점이지만 포획 영역이 존재하고 (19)는 불안정한 고정점들을 포함하는 끌개 집합 $\mathcal{A}$를 가진다.

버코프(Birkhoff)와 연구했던 로렌즈는 $\mathcal{A}$에 무한히 많은 '시트'(sheet)가 있다는 것을 깨달았다. 또한 3.2절의 배가 사상과 관련된 1차원 되돌이 사상을 만들었으며, 이 사상의 궤도들을 기호적으로(symbolically) 묘사했다. 여기에서는 구켄하이머(Guckenheimer)와 윌리엄스(Williams)의 기하학적 모형을 채택하여 원점 위에 놓인 절단면 Σ를 정의

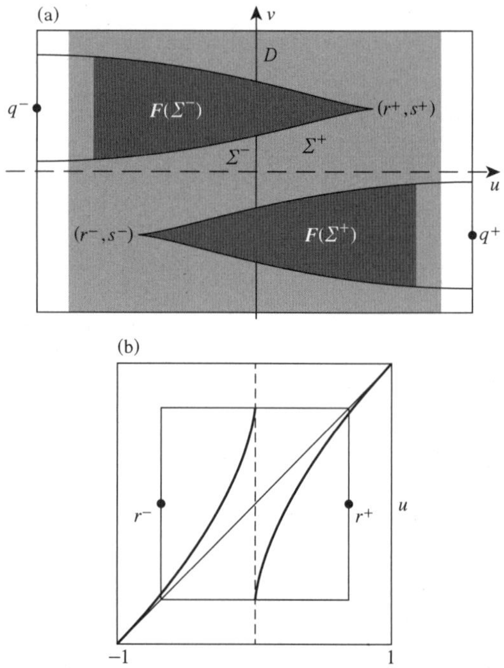

그림 7 기하학적 로렌즈 끌개의 푸앵카레 사상. (a)절단면 Σ, $\Sigma^{\pm}$와 이들의 상 $\boldsymbol{F}(\Sigma^{\pm})$ 및 부분집합 V(옅은 회색)와 상 $\boldsymbol{F}(V)$(짙은 회색)를 보여주고 있다. (b)1차원 사상 $f(u)$.

하겠다. 적절한 비선형 좌표계로 Σ는 정사각형 $[-1, 1] \times [-1, 1]$이며 경계 $\pm 1 \times [-1, 1]$이 $\boldsymbol{q}^{\pm}$ 및 이들의 국소적으로 안정적인 다양체를 포함한다. 또한 중심선 $0 \times [-1, 1]$은 $\boldsymbol{0}$의 안정적 다양체 내에 놓인다. Σ를 떠나는 모든 궤도가 $\pm 1 \times [-1, 1]$ 주위를 돌아다닌다고 가정하면($\boldsymbol{x} = \boldsymbol{0}$으로 흘러들어가는 $0 \times [-1, 1]$ 위의 점을 제외하고), 푸앵카레 사상 $\boldsymbol{F}$를 정의할 수 있다(그림 7(a)를 보라).

더 정확히 말해 구켄하이머와 윌리엄스는 좌표 (u, v)를 선택하여 수평(u 방향) 역학이 독립적(decouple)이게 할 수 있으며 $\boldsymbol{F}$를 다음 꼴로 만들 수 있다고 주장한다.

$$\boldsymbol{F}(u, v) = (f(u), g(u, v)) \qquad (20)$$

여기에서 g는 v 방향으로 수축하며, f는 u 방향으로 $\sqrt{2}$배 이상으로 확장하고, $\boldsymbol{F}(-u, -v) = -\boldsymbol{F}(u, v)$는 (19)의 대칭성 $(x_1, x_2, x_3) \to (-x_1, -x_2, x_3)$을 보존한다. 따라서 $\boldsymbol{F}$는 열린 사각형 $\Sigma^- = (-1, 0) \times (-1, 1)$과 $\Sigma^+ = (0, 1) \times (-1, 1)$을 Σ의 내부로 사상하고, $u = 0$ 근처에서 출발하는 궤도들은 $\mathbf{0}$을 가깝게 지나므로 $\mathbf{0}$의 강한 안정적 고윳값*은 $\Sigma^\pm$의 상들을 끝점 $(r^\pm, s^\pm) = \lim_{u\to 0}\boldsymbol{F}(u, v)$에서 집어 준다(pinch). 반복을 계속하면 복잡한 끌개 집합이 나타난다. 두 번째 단계에서 $\boldsymbol{F}(\Sigma^\pm)$는 더 얇아진 띠 네 개로 구성되며, 각각 두 개씩 $\boldsymbol{F}(\Sigma^-)$와 $\boldsymbol{F}(\Sigma^+)$ 내부에 있는데, 스메일의 말굽으로부터 나오는 칸토어 집합에서처럼 이후 개수는 8, 16, … 등으로 늘어난다. 다만 끝점들은 집혀 있다. 부분집합 $V \subset \Sigma$를 (그림 7에서 색칠한 부분) 정의하여 $\mathcal{A} = \bigcap_{n\geq 0}\boldsymbol{F}^n(V)$가 조밀한 궤도를 포함한다는 것을 증명할 수 있으므로 $\mathcal{A}$는 끌개다. f가 3.2절의 배가 사상을 닮은 확장성을 가지기 때문에 (그림 7(b)) $\boldsymbol{F}$는 민감 의존성을 지니며 따라서 $\mathcal{A}$는 이상한 끌개다.

터커(W. Tucker)가 컴퓨터의 도움을 받아 식 (19)에 대한 기하학적 그림을 검증하였는데, **안정적 엽층**(foliation) $\mathcal{F}$가(여기에서 $\mathcal{F}$는 수직 선분들 $u =$ 상수로 구성돼 있다) 존재함을, 즉 $C \in \mathcal{F}$에 대해 $\boldsymbol{F}(C) \in \mathcal{F}$인 연속인 곡선족이 존재함을 증명한 것이다.

이상한 끌개가 되기 위해서는 다음이 필수 핵심 성질이다.

(1) 어떤 상태 공간 방향으로는 늘어나며

(2) 다른 방향으로는 축소되어 부피가 감소하여야 하며

(3) 유동사상 $\boldsymbol{\phi}_t$에 의해 정방향사상의 상이 포획 영역에 놓이게 만드는 구부림(말굽)이나 불연속적인 절단(로렌즈의 예)이 결합돼 있어야 한다.

요즘에는 많은 예들이 있으며, 응용에서 자주 발생하는 말굽과 같은 매끈한 사상들로부터 호모클리닉 분기로 이루어진 무한열을 포함하여 매우 복잡한 역학이 만들어질 수 있다.

5 결론

동역학계에서의 중요한 아이디어 및 주제 몇 가지를 간략히 소개하였지만 많은 것을 빠트릴 수밖에 없었다. 이 책에 서술된 다른 개념, 분야, 문제들과 관련돼 있고 중요한 주제 몇 가지를 제시하며 글을 마친다.

카오스 궤도는 통계학적으로 설명할 수 있으며, 예를 들어 이상한 끌개를 받침(support)으로 하는 불변 측도 및 궤도를 따르는 연관성의 붕괴 같은 것을 설명하며 한창 번성중인 동역학계에 대한 **에르고딕 이론**(ergodic theory)도 있다. 확률론적 상미분방정식들은 확률론적으로도 다뤄지고 있다(**확률해석학의 응용**[IV.14]를 보라). 매끈하지 않은 벡터장과 불연속 도약을 가지는 **하이브리드계**[II.18]에 대한 관심도 증가하고 있으며, 이들의 분기에 대한 분류가 진행중이다(**미끄러짐, 슬라이딩, 흔들림과 충격: 매끄럽지**

* λ가 A의 '강한 고윳값'이란 $A - \lambda I$가 '전사'(surjective)가 아닌 경우를 말한다. '고윳값'은 이 사상이 '가역'(invertible)이 아닌 경우다.—옮긴이

않은 역학과 그 응용[VI.15]을 보라).

많은 방정식은 그 방정식이 모형화하는 현상으로부터 대칭성을 물려받으므로, 등변(equivariant) 동역학계가 중요한 분야다. 대칭적인 경우 비대칭적인 계에서는 부족한 구조적 안정성을 지니는 객체의 행동에 제약을 주며 안정화시킬 수 있는 경우가 전형적이다(예를 들어 헤테로클리닉 고리들). 또한 대칭성은 정규 형식과 이들의 펼침(unfolding)에 심오한 영향을 끼친다(응용수학에서의 대칭성[IV.22]을 보라).

로렌즈의 예와 다른 예들에서는 정적인 3차원 유체 속도장이나 다른 연속체들이 카오스적인 혼합을 나타낼 수 있음이 드러나는데, 이로 인해 그런 유동 내에서 열, 오염원, 반응물질 등의 전달이 극적일 정도로 향상된다(연속체 역학[IV.26]을 보라).

더 읽을거리

Aubin, D., and A. Dahan Dalmedico. 2002. Writing the history of dynamical systems and chaos: *longue durée* and revolution, disciplines and cultures. *Historia Mathematica* 29:273-339.

Barrow-Green, J. 1997. *Poincaré and the Three Body Problem*. Providence, RI: American Mathematical Society.

Constantin, P., C. Foias, B. Nicolaenko, and R. Temam. 1989. *Integral Manifolds and Inertial Manifolds for Dissipative Partial Differential Equations*. New York: Springer.

Guckenheimer, J., and P. Holmes. 1983. *Nonlinear Oscillations, Dynamical Systems and Bifurcations of Vector Fields*. New York: Springer.

Hirsch, M. W., S. Smale, and R. L. Devaney. 2004. *Differential Equations, Dynamical Systems and an Introduction to Chaos*. San Diego, CA: Academic Press/Elsevier.

Lorenz, E. N. 1963. Deterministic non-periodic flow. *Journal of Atmospheric Science* 20:130-41.

Poincaré, H. J. 1892, 1893, 1899. *Les Méthodes Nouvelles de la Mécanique Celeste*, volumes 1-3. Paris: Gauthiers-Villars. (English translation, edited by D. Goroff, published by the American Institute of Physics (New York, 1993).)

Smale, S. 1967. Differentiable dynamical systems. *Bulletin of the American Mathematical Society* 73:747-817.

Temam, R. 1997. *Infinite-Dimensional Dynamical Systems in Mechanics and Physics*, 2nd edn. New York: Springer.

Ueda, Y. 2001 *The Road to Chaos*, volume 2. Santa Cruz, CA: Aerial Press.

IV.21 분기 이론

폴 글렌디닝 *Paul Glendinning*

1 서론

분기 이론(bifurcation theory)은 동역학계에서 모형 내 매개변수의 작은 변화가 야기하는 질적 변화를 묘사한다. 변화에 이르는 다양한 조건들을 **동역학계 이론**[IV.20]을 이용하여 결정하며, 역학계를 매개변수의 함수로써 묘사한다. 이로부터 문제 내의 서로 다른 해들의 존재성과 안정성을 이해하는 데 이용할 수 있는 전형적인 변화들의 이론적 목록이 나온다. 대부분의 응용에는 매개변수들이 존재한다. 이 매개변수들은 구체화된 계에서는 일정한 양들이지만, 모델링하는 상황에 따라 다르게 구체화하면 다른 값을 취할 수도 있다. 유체역학에서의 레일리(Rayleigh) 수나 레이놀즈(Reynolds) 수, 질병 모형에서의 발병력(virulence), 화학에서의 반응률 같은 것들이 이런 예에 포함된다.

예를 들어 경제학에서 수많은 관심을 끄는 '격변점'(tipping point)이나 기후 변화 같은 것이 분기에 대해 감을 주는 좋은 예들이다. 매개변수가 어떤 조건을 만족할 때 관련된 역학은 한 가지 형태지만, 아주 적은 양이라도 어떤 문턱(threshold)을 넘어 벗어나기 시작하면 결과로 나오는 역학은 극적으로 변할 수 있다.

분기에는 두 종류가 있는데, 좀 더 복잡한 문제에서는 두 가지가 혼재할 수도 있다. 첫 번째 종류의 분기는 어떤 해 주변에서 계를 선형화하였을 때 스펙트럼(고윳값의 집합)의 변화와 관련돼 있다. 이런 종류의 분기는 1950년대와 1960년대 응용수학의 상당부분을 지배했던 고전적인 선형 안정성 분석의 확장에 해당하며 이로부터 **국소적 분기 이론**에 이르게 된다. 두 번째 형태의 분기는 푸앵카레(Poincaré)가 계의 대역적인 모습, 특히 호모클리닉(homoclinic) 궤도와 헤테로클리닉(heteroclinic) 궤도를 (호모클리닉 궤도는 시간이 거꾸로 흐르나 제대로 흐르나 같은 해로 다가가지만, 헤테로클리닉 궤도는 시간이 제대로 흐를 때 수렴하는 해와 거꾸로 흐를 때 수렴하는 해가 다르다) 보기 위해 동역학계를 질적으로 분석했던 것을 바탕으로 세워졌다. 이 해들의 섭동을 분석하는 것이 **대역적 분기 이론**의 기초다.

비록 더 일반적인 계에도 분기 이론을 적용할 수는 있지만, 유동(flow)을 만들어 내는 연속 시간에서의 자율 상미분방정식인 경우와, 수열을 만들어 내는 이산 시간에서의 사상(map)으로 제한하기로 한다. 즉, 다음과 같은 것들이다.

$$\begin{aligned} \dot{x} &= f(x, \mu) \text{ (유동)}, \\ x_{n+1} &= f(x_n, \mu) \text{ (사상)} \end{aligned} \tag{1}$$

여기에서 $x \in \mathbb{R}^p$은 종속변수이며 $\mu \in \mathbb{R}^m$이 매개변수들이다. 가장 간단한 해는 상수 해다. 유동의 경우 이는 $\dot{x} = 0$을 뜻하므로 $f(x, \mu) = 0$이다. 이 해들을 정류점(stationary point)이라 부른다. 사상인 경우 상수 해를 고정점(fixed point)이라 부른다. 고정점은 $x_{n+1} = x_n$, 즉 $x = f(x, \mu)$를 만족한다. 유동의 주기 궤도들은 **되돌이(return) 사상**[IV.20]을 써서 분석할 수 있기 때문에, 이산 시간인 경우를 이용하여 유동의 주기 궤도들 근처의 행동을 묘사할 수 있다.

따라서 어떤 의미에서는 동역학적 대상에 대한 가장 간단한 분기 이론은 매개변수가 변함에 따라 $f(x, \mu) = 0$ 같은 방정식들의 해의 개수의 변화에 대한 이론이다. 이로부터 특이점 이론을 통한 접근법에 도달하게 된다. 유동이나 사상의 선형화로 나오는 야코비 행렬의 고윳값들이 해들의 선형 안정성을 결정한다. 연속 시간일 때 야코비 행렬의 단순 고윳값 λ로부터 $e^{\lambda t}$에 비례하는 해가 나오므로, 실수

부분이 양수인 고윳값들은 불안정한 반면 음수인 고윳값들은 안정적이다. 이산 시간인 경우 해들은 λ^n에 비례하므로, 허수축의 역할은 단위원으로 대체되어 $|\lambda| < 1$이면 $n \to \infty$일 때 $\lambda^n \to 0$이다. 국소 분기 이론의 힘은 이러한 선형적 접근을 넘어서는 능력에 있다.

야코비 행렬의 고윳값들이 (연속 시간 유동일 때) 허수축 위나 (이산 시간 사상일 때) 단위원에 있지만 않다면, 정류점과 고정점 근처의 국소적 행동은 선형화가 결정한다. 이런 해들은 **쌍곡형**(hyperbolic)이라 부르는데, 쌍곡형 해에서는 국소적 분기가 일어날 수 없다. 따라서 국소적 분기 이론은 비쌍곡형 해 근처의 행동을 고려하는 이론이며, 위상(phase) 공간과 변수 공간 양쪽에서 국소적이다.

예를 들기에 앞서 분기 이론에서 사용되는 용어 한 가지는 설명이 필요하다. 분기의 **여차원**(codimension)이란 근본적으로 전형적인 계에서 분기를 관찰할 수 있기 위해 필요한 매개변수의 수다. 따라서 여차원이 1인 분기는 계의 일변수족(one-parameter family)에서 관찰할 수 있으며, 반면 여차원이 큰 분기는 더 다양한 매개변수들을 써서 관찰한다. 이들은 종종 여차원이 더 낮은 분기들을 조직화하는 중추 역할을 한다.

2 표준적인 예 다섯 가지

'전형적'인 국소 분기는 테일러 급수 전개를 이용하여 분류할 수 있다. 여기서 서술할 동역학에서의 변화가 실제로는 더 일반적인 까닭을 3절에서 논의하겠지만, 우선은 예들을 이용하여 여러 가지 가능성들을 간략히 서술하기로 하자.

첫 번째 예는 **안장점**(saddle)-**노드**(node), 즉 **접하는 분기점**이다. (1)에서 x, μ의 차원이 $p = m = 1$일 때 다음 스칼라 방정식을 생각해 보자.

$$\dot{x} = \mu - x^2 \text{ (유동)},$$
$$x_{n+1} = x_n + \mu - x_n^2 \text{ (사상)}$$

연속 시간계의 정류점($\dot{x} = 0$)이나 이산 시간계의 고정점들을 찾으면 $x^2 = \mu$가 나온다. 따라서 $\mu < 0$이면 그런 점이 없으며, $\mu > 0$이면 $x_{\pm} = \pm\sqrt{\mu}$ 두 개가 있다. 미분인 1×1 야코비 행렬이 안정성을 결정한다. 유동인 경우 야코비 행렬은 $-2x_{\pm}$이기 때문에 x_+는 (음의 고윳값을 가지므로) 안정적이지만 x_-일 때는 불안정하다. 사상인 경우 야코비 행렬은 $1 - 2x_{\pm}$이므로 (μ가 작을 때) x_+에서는 절댓값이 1보다 작으므로 안정성을 보이지만, x_-는 불안정하다. 정류점이나 고정점의 존재성과 안정성을 그림 1(a)의 **분기도**(bifurcation diagram)에 나타내었는데, 수직축 위에 정류점들과 주기 궤도의 궤적을 (수평축 위의) 매개변수의 함수로써 나타내었다. 실선으로 안정적인 해를 그려 주며 불안정한 해는 점선으로 나타내어 해의 안정성을 나타내는 관례를 따랐다.

만일 모든 μ에 대해 원점이 해라는 제약이 있거나, (1)에서의 함수 $f(x, \mu)$의 테일러 급수의 매개변수에 대한 일차항이 분기점에서 0이라는 제약이 있는 경우, 간단한 상수 모형은 다음과 같다.

$$\dot{x} = \mu x - x^2 \text{ (유동)},$$
$$x_{n+1} = (1 + \mu)x_n - x_n^2 \text{ (사상)}$$

이 경우 정류점은 $x = 0$과 $x = \mu$에 있다. 유동일 때

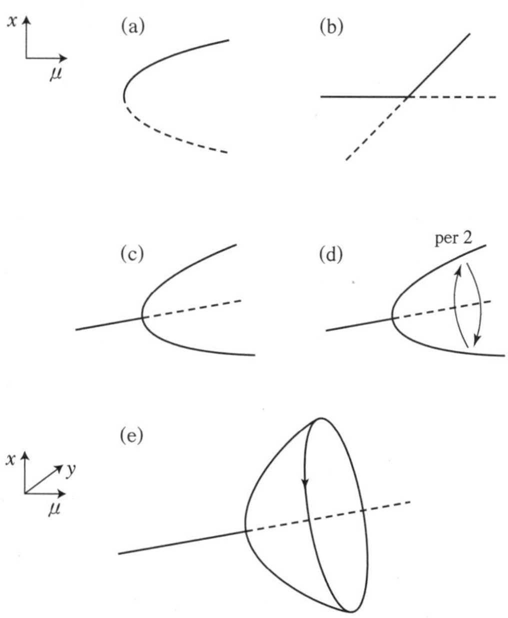

그림 1 간단한 분기점들.

원점의 경우 작은 $|\mu|$에 대해 $\mu < 0$이면 안정적이며 $\mu > 0$이면 불안정한 반면, 비자명 해는 이와 반대의 안정성을 가진다. 그림 1(b)에서 보듯 해의 두 분지(branch)가 만나며 안정성이 뒤바뀌므로 이를 **초월 임계**(transcritical) 분기점 또는 **안정성의 교환**이라 부른다.

만일 문제 내에 대칭성이 있거나 사상의 테일러 전개에서의 추가 계수들이 0이면, 이차항이 항등적으로 0일 수 있으므로 다음과 같다.

$$\dot{x} = \mu x - x^3 \text{ (유동)},$$
$$x_{n+1} = (1+\mu)x_n - x_n^3 \text{ (사상)}$$

이로부터 **쇠스랑**(pitchfork) 분기점이 나온다. 원점의 경우 작은 $|\mu|$에 대해 $\mu < 0$이면 안정적이며 $\mu > 0$이면 불안정하다. $\mu > 0$이면 $x^2 = \mu$인 새로운 안정적인 정류해 쌍도 존재한다. 이는 **초임계**(supercritical) 쇠스랑 분기점이다. 그림 1(c)에서 보듯 분기하는 해의 쌍이 안정적이다. 만일 이 해들이 불안정하면 **미임계**(subcritical) 분기점이라 부른다.

1차원 계의 사상인 경우 고정점이 안정성을 잃는 방법이 하나 더 있다. 선형화했을 때 고윳값이 -1을 지나는 경우다. 이 경우 표준적인 예는

$$x_{n+1} = -(1+\mu)x_n + x_n^3$$

인데 $x = 0$에서 유일한 국소 고정점을 가지며, ($|\mu|$가 충분히 작은 경우) $\mu < 0$이면 안정적이며 $\mu > 0$이면 불안정하다. 방정식의 대칭성 때문에 $\mu > 0$이면 방정식 $x_{n+1} = -x_n$에 대해 비자명해가 두 개 있음을 쉽게 알 수 있다. 이 해들은 주기가 2인 안정적인 궤도 $x \to -x \to x$ 위에 놓이며, 이런 이유로 **주기 배가**(period-doubling) 분기점이라 부른다(그림 1(d)를 보라). 분기 주기가 2인 궤도가 안정적임을 나타내기 위해, 초임계 주기 배가 분기점이라 부른다. 만일 이 새로운 궤도들이 불안정하여 안정적인 고정점과 공존하면, 미임계 주기 배가 분기점이라 부른다. 유동의 정류점에 대해서는 이 분기점들과 직접적으로 유사한 것은 없으나, 유동의 푸앵카레 사상을 나타내는 사상에서 유동의 주기 궤도의 분기점들로 발생할 수는 있다.

그림 1(e)에 보인 또 다른 국소적 분기점은 상공간의 차원이 1보다 클 때의 사상이나 유동에서만 발생한다. 유동일 때는 켤레 복소 고윳값 쌍이 허수축을 지나며, 사상일 때는 단위원을 지날 때 발생한다. 유동에 대해서는 극좌표 (r, θ)를, 사상에 대해서는 복소 좌표 $z = x + iy$를 사용하면, 표준 예는 다음과 같다.

$$\dot{r} = \mu r - r^3, \quad \dot{\theta} = \omega \text{ (유동)},$$
$$z_{n+1} = (1+\mu)e^{2\pi i\omega} z_n - |z_n|^2 z_n \text{ (사상)}$$

역시 $|\mu|$가 충분히 작은 경우 $\mu < 0$이면 원점은 안정적이지만, $\mu > 0$이면 반지름이 $\sqrt{\mu}$인 끌개 원(attracting circle)이 존재한다. 연속적인 경우 이는 안정적인 주기 궤도이며, 분기점은 초임계 **호프**(Hopf) 분기점이라 부른다. 이산적인 경우 이 불변 원 위에서의 역학은 더 복잡하다. ω가 유리수이면 해들은 주기적이고, ω가 무리수이면 비주기적이며 원 위에서 조밀하다. 더 일반적인 비선형 항이 있으면 사상들의 이러한 호프 (혹은 **나이마르크**(Neimark)-**사커**(Sacker)) 분기에는 더 많은 경우가 생긴다. 유리수인 경우는 보통 유한개의 안정적 궤도 및 불안정 궤도로 쪼개지며, 이 궤도들은 **모드 잠금**(mode locking)이라 부르는 현상 내에 있는 매개변수 구간 위에 존재한다.

3 차원축소

비쌍곡형 고정점 근처에서는 (국소적으로) 차원을 축소할 수 있기 때문에 위의 예들이 더욱 일반적인 의미를 가진다. (유동일 때) 허수축 위에 있지 않거나 (사상일 때) 단위원 위에 있지 않은 고윳값에 대응하는 고유 공간 내에서는 선형화가 동역학을 결정한다는 것과, 시간이 제대로 흐를 때는 안정적인 방향으로 동역학이 좁혀지며 시간이 거꾸로 흐를 때는 불안정한 방향으로 좁혀진다는 것에 주목하면 직관적으로 차원축소를 묘사할 수 있다. 따라서 변화가 일어날 수 있는 흥미로운 방향은 (유동일 때) 0이나 순허수 고윳값에 대응하거나 (사상일 때) 절댓값이 1인 고윳값에 대응하는 '중심' 방향들뿐이다.

적어도 두 가지 방법으로 이런 관찰을 엄밀하게 만들 수 있음이 밝혀졌다. **중심 다양체 정리**[IV.20 §4.3]와 랴푸노프(Lyapunov)-슈미트(Schmidt) 축소법이 바로 그것이다. 이들은 비쌍곡형 방향 위로 (비쌍곡형 해가 존재하는 값들에 가까운 매개변수에 대해 유효한) 사영(projection)을 구성하여 역학에서의 어떤 변화든 이 사영 내에서 일어나게끔 만드는 방법을 묘사해 준다. 특히 단순 비쌍곡형 고윳값이 존재한다면('전형적인' 경우), 대응하는 고유 공간과 같은 차원의 계, 즉 실수 고윳값일 때는 1차원이고 복소 켤레쌍 고윳값에 대해서는 2차원인 계로 축소하여 분석할 수 있다.

이 사영들 위에서 사영된 방정식을 테일러 전개했을 때의 선행 항들은 근본적으로 앞 절의 예들과 같다. 사상에 대해 호프 분기일 때는 애로스미스(Arrowsmith)와 플레이스(Place)의 저서 『동역학계 입문(*An Introduction to Dynamical Systems*)』에 훌륭하게 서술된 것과 같은 약간 미묘한 문제가 있다.

위에서 서술한 분기의 수학적 분석은 차원축소와 추가 분석을 써서, 예를 들어 가능한 국소적 고정점이나 주기 궤도를 서술하기 위한 음함수 정리를 이용하면 나온다. 이런 수학적 분석으로부터 분기점에서 (1)의 함수 f의 고계미분들을 써서 표현할 수 있는 **퇴화**(**혹은 비퇴화**)**조건**들이 생겨나는데 대응하는 분기점을 관찰하기 위해 중립 방향의 존재성에 덧붙여 만족해야 하는 조건들이 나온다.

비록 중심 다양체 정리와 랴푸노프-슈미트 축소법 모두 차원축소에 대해 똑같은 결론을 내리기는 하지만, 이 둘은 상당히 다른 방법을 이용한다. 중심 다양체 정리는 동역학계에 대한 불변 다양체 이론을 이용하여, 예를 들어 자명한 선형 경우로부터 비선형 체계까지 불변 다양체를 추적하여 수립된 정리다. 랴푸노프-슈미트 축소법은 선형 고유방향 위로의 사영 기법에 의존한다.

4 대역적 분기

다수의 대역적 분기점들은 호모클리닉 궤도와 관련돼 있다. 유동의 정류점에 대한 호모클리닉 궤도는 시간을 순행하든 역행하든 그 정류점으로 다가가는 궤도를 말한다. 이는 전형적인 미분방정식족에서는 여차원이 1인 현상으로, 주어진 호모클리닉 궤도가 매개변수의 어떤 고립된 값에서 존재하게 되는 간단한 분기점이 있다. 주기 궤도에 대해서는 이 상황이 다소 색다르다. 전형적으로 호모클리닉 궤도는 어떤 일정한 매개변수 범위에서는 잘 변치 않기 때문에, 매개변수가 변하면서 호모클리닉 궤도들이 어떻게 만들어지거나 없어지는지에 관심을 둔다.

4.1 정류점에 대한 호모클리닉 분기: 평면 유동

평면에서 자율 유동을 (좌표변환 후) 다음과 같은 미분방정식으로 정의할 수 있다고 하자.

$$\dot{x} = \lambda_1 x + f_1(x, y; \mu), \quad \dot{y} = -\lambda_2 y + f_2(x, y; \mu) \quad (2)$$

여기에서 비선형항을 나타내는 함수 f_i들은 모든 μ에 대해 원점에서 0이다. 시간의 방향은 $\lambda_2 > \lambda_1 > 0$이도록 선택하였으므로 국소적으로 원점에서의 정류점은 그림 2에서 보는 대로 안장점 구조를 가진다. 원점에서 y축에 접하며 $t \to \infty$일 때 원점으로 다가가는 1차원 안정적 해 다양체가 존재하고, 원점에서 x축에 접하며 $t \to -\infty$일 때 원점으로 다가가는 1차원 불안정 해 다양체도 존재한다. 이 안정적 다양체와 불안정 다양체들이 교차할 수도 있을까?

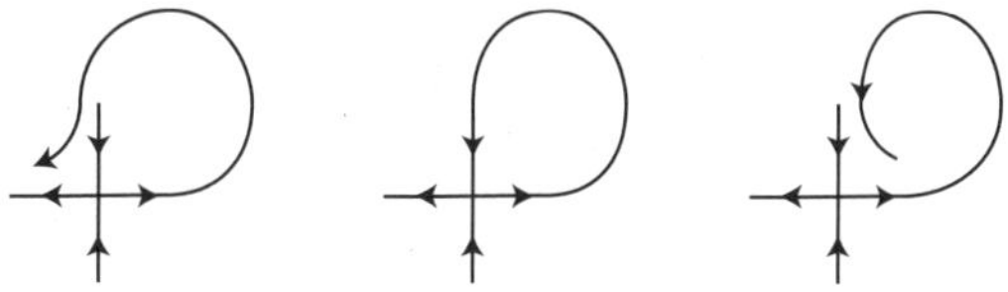

(a) (b) (c)

그림 2 평면 호모클리닉 분기의 불안정 다양체 (a)$\mu < 0$. (b)$\mu = 0$(되돌이 사상의 구성에 사용된 되돌이 평면을 보여 준다). (c)$\mu > 0$.

1차원 집합들은 2차원에서 서로 횡단하며 만나는 것이 일반적이므로, 그런 교차는 상당히 쉽게 발생하며 매개변수를 약간 바꾸더라도 교차 상태가 잘 바뀌지 않을 거라고 예상할 수 있다. 하지만 두 다양체가 한 점에서 만나면, 교차점을 지나는 궤적도 다양체의 교차점 내에 있어야 한다. 다른 말로 하면 교차는 횡단하여 일어날 수 없으며, 일반적으로 그러한 교차는 매개변수 공간 내에서 여차원이 1인 다양체에서 일어난다는 것을 비교적 간단한 논증을 통해 증명할 수 있다.

$\mu = 0$일 때 그림 2(b)에 나타낸 것처럼 호모클리닉 궤도가 있다고 가정해 보자. 그러면 μ가 0을 거쳐 가면서 안정적 다양체와 불안정 다양체의 배치가 그림 2의 (a)와 (c)에 나타낸 것처럼 변한다고 기대할 수 있다. 이런 국소적 행동 변화는 되돌이 사상을 통해 파악할 수 있다. 정류점에 가까우면 비선형항들이 훨씬 작아져 유동을 (2)의 선형 부분으로 근사할 수 있으므로 근사 해는 다음과 같다.

$$x = x_0 e^{\lambda_1 t}, \quad y = y_0 e^{-\lambda_2 t}$$

따라서 $h > 0$이 작은 상수일 때 $x_0 > 0$인 점 (x_0, h)에서 출발한 해가 T 시간 후 $x = h$에서 만난다면 $h \approx x_0 e^{\lambda_1 T}$, 즉 $T \approx (1/\lambda_1)\log(h/x_0)$이다. 이 교차점에서 $y = y_1 \approx he^{-\lambda_2 T} \approx h(x_0/h)^{\lambda_2/\lambda_1}$이다. 다른 말로 하면 $x_0 > 0$인 점 (x_0, h)에서 출발한 해는 (h, y_1)에서 $x = h$와 만나며 그런 뒤 정류점으로부터 멀어지며 불안정 다양체로 가까워지며 발전하다가 $y = h$로 돌아온다. 만약 정류점의 불안정 다양체가 (μ, h)에서 $y = h$와 만나게끔 매개화를 선택했다면, 충분히 작은 $y_1 > 0$에 대해 점 (h, y_1)에서 출발한 해는 (μ, h)에 가까운 (x_1, h)에서 $y = h$와 교차하게 된다. 이 유동은 정류점과 일정 거리 이상 떨어져 있으므로 되돌이 사상은 매끈한 사상이고, 테일러 급수를 써서 $x_1 = \mu + Ay_1 + \cdots$로 근사할 수 있다. 이 두 사상, 즉 원점 근처에서의 선형 근사와 원점의 어떤 근방 바깥의 호모클리닉 궤도에 가까운 되돌이 사상을 합성하면, 호모클리닉 궤도에 가까운 전체 유동은 충분히 작은 $|\mu|$에 대해 다음 근사 되돌이 사상으로 모델링할 수 있음을 알 수 있다.

$$x_{n+1} \approx \mu + ax_n^{\delta}, \quad x_n > 0, \quad \delta = \lambda_2/\lambda_1$$

여기에서 a는 상수이며, $x_n \le 0$에 대해서는 사상을 정의할 수 없다. ($x_n = 0$이면 해는 안정적 다양체 위에서 회귀하며 정류점으로 수렴하는 반면, $x_n < 0$이면 불안정 다양체의 행동에 대한 정보가 없다). $\delta > 1$이므로, $\mu > 0$이면 사상의 기울기가 $x^{\delta-1}$ 규모로 작으므로 $x^* \approx \mu$에서 안정적인 단순 고정점을 가진다. 대부분의 시간은 정류점 근방에서 머무르며, μ가 0보다 큰 쪽에서 다가가면 주기 규모는 다음과 같다.

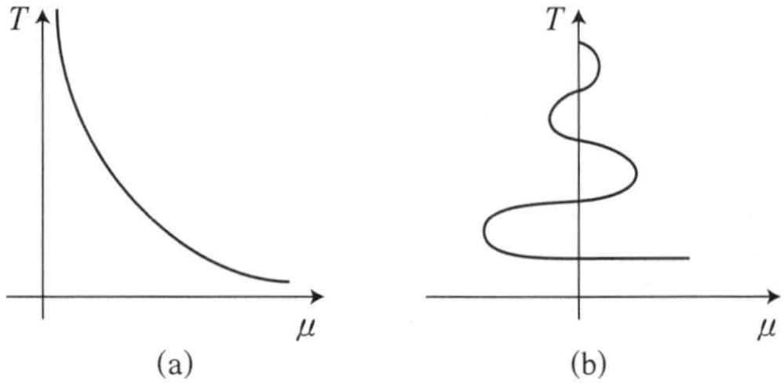

그림 3 단순 주기 궤도가 $\mu = 0$에서 $T \to \infty$일 때 호모클리닉 궤도로 다가가는 것을 매개변수(μ) 대 주기(T)로 도시하였다. (a)실수 고윳값을 가질 때, $\rho/\lambda > 1$인 안장점-초점. (b)$\rho/\lambda < 1$인 안장점-초점(실니코프형).

$$T \sim -\frac{1}{\lambda_1}\log\mu$$

즉, 무한대로 다가가며 호모클리닉 궤도 자신으로 접근한다. 만일 $\mu < 0$이면 국소적으로 주기적인 해가 없다. 분기는 안정적인 주기 궤도를 소멸시키거나 생성하는 효과를 낸다. 매개변수의 함수로서 이 궤도의 주기를 나타낸 것을 그림 3(a)에 스케치했다.

4.2 정류점에 대한 호모클리닉 분기: 로렌즈형 유동

$\mathbb{R}^3$에서 야코비 행렬이 실수 고윳값을 가지는 정류점에 대한 호모클리닉 궤도의 분기는 평면에서의 경우와 대체로 유사하다. 주기 궤도는 분기점에 의해 생성되거나 소멸된다. 시스템을 선형화했을 때 $(x, y, z) \to (-x, -y, z)$로 주어지는 대칭성을 가지면 흥미로운 예외가 발생한다.

$$\begin{aligned}\dot{x} &= \lambda_1 x + f_1(x, y, z; \mu),\\ \dot{y} &= -\lambda_2 y + f_2(x, y, z; \mu),\\ \dot{z} &= -\lambda_3 z + f_3(x, y, z; \mu)\end{aligned}$$

단 $\lambda_2 > \lambda_3 > \lambda_1 > 0$이며 함수 f_i들은 비선형 항으

로 모든 μ에 대해 원점에서 0이어야 한다. 이 경우 불안정 다양체의 두 번째 분지($x < 0$인 분지)는 $x > 0$인 분지를 대칭한 상이며, 앞의 소절에서와 비슷한 분석을 통해 $x > 0$과 $x < 0$ 모두에 대해 대칭적으로 되돌이 사상이 정의됨을 알 수 있다.

$$x_{n+1} \approx \begin{cases} \mu + ax_n^{\delta}, & x_n > 0 \\ -\mu - a|x_n|^{\delta}, & x_n < 0 \end{cases}$$

여기에서 $\delta = \lambda_3/\lambda_1 < 1$이다. 만일 $a > 0$이면 x가 0의 위쪽이나 아래쪽에서 수렴함에 따라 이 사상의 기울기는 무한대로 발산하므로, 안정적인 주기 궤도는 없다. 사실 $\mu > 0$이면, 모든 해가 $x = 0$의 근방을 벗어난다. 하지만 $\mu < 0$이면 혼잡하고 불안정한 해집합이 존재하는데 동역학계[IV.20 §3.2]에 대한 글에 나온 사상 $2x$(mod 1)에 대한 혼잡집합(chaotic set)과 유사하다. 바로 이 혼잡집합, 더 정확하게는 이 집합의 어떤 부분집합이 큰 매개변수 값에서 안정화하여 로렌즈 끌개[III.20]가 된다.

4.3 정류점에 대한 호모클리닉 분기: 실니코프형 유동

일반적인 계에서 호모클리닉 궤도는 $t \to -\infty$일 때는 야코비 행렬의 고윳값 중에서 양의 실수부가 가장 작은 고윳값에 대응하는 고유공간에 접하면서 정류점에 다가가며, $t \to \infty$일 때는 절댓값이 가장 작으며 음의 실수부를 가지는 고윳값에 대응하는 고유공간에 접하면서 다가간다. 이들을 정류점의 지배(leading) 고윳값들이라 부른다. 고차원에서는 지배 고윳값들만이 일반적인 계의 행동을 결정한다. $\mathbb{R}^p$에서의 일반적인 유동에 대해서도 결과를 기술할 수 있지만, 간단한 설명을 위해 $p = 3$이나 $p = 4$인 경우만 고려하기로 하자.

이는 두 가지 추가 경우가 있다는 뜻이다. 하나가 안장점-초점(saddle-focus)인데

$$\begin{aligned} \dot{x} &= \lambda x + f_1(x, y, z; \mu), \\ \dot{y} &= -\rho y + \omega z + f_2(x, y, z; \mu), \\ \dot{z} &= -\omega y - \rho z + f_3(x, y, z; \mu) \end{aligned}$$

여기에서 ρ와 λ는 양수이다. 또 하나는 초점-초점(focus-focus)인데

$$\begin{aligned} \dot{x} &= \rho x + \omega y + f_1(x, y, z, w; \mu), \\ \dot{y} &= -\omega x + \rho y + f_2(x, y, z, w; \mu), \\ \dot{z} &= -Rz + \Omega w + f_3(x, y, z, w; \mu), \\ \dot{w} &= -\Omega z - Rw + f_4(x, y, z, w; \mu) \end{aligned}$$

여기에서 $R, \rho > 0$이고 Ω와 ω는 0이 아니다. 두 방정식 집합 모두에서 함수 f_i들은 비선형이며 모든 μ에 대해 원점에서 0이다.

국소적으로 안장점-초점이거나 초점-초점으로 기술되는 정류점에 대한 호모클리닉 궤도의 존재성과 관련된 동역학은 1960년대 중반부터 말까지 레오니드 실니코프(Leonid Shilnikov)가 분석하였다. $\rho/\lambda > 1$인 안장점-초점에 대해서는 평면 경우와 상황이 비슷하다. 매개변수를 바꿈에 따라 주기 궤도를 연속적으로 변형할 수 있으며 그림 3(a)에서처럼 호모클리닉 궤도로 단조 수렴한다. 남은 경우의 상황은 훨씬 색다르다. 실니코프는 호모클리닉 궤도가 존재하는 매개변수 값에서 가산 개의 (불안정한) 주기 궤도가 존재하며 이 동역학이 말굽을, (따라서 불안정한 혼잡집합을 (동역학계[IV.20]를 보라)) 포함한다는 것을 증명하였다. 각 주기마다 한 번씩 원점 근방을 방문하는 가장 간단한 주기 궤도들에 집중하면, $\rho/\lambda < 1$인 안장점-초점 경우에 매개변수 μ들에 대해 어떤 주기 T가 있어, (가장 낮은 차수로)

$$\mu \sim Ae^{-\rho T}\cos(\omega T+\phi)$$

이어서 그림 3(b)에 나타난 대로 $T \to \infty$일 때 $\mu = 0$에 진동하며 접근한다는 것을 나타낼 수 있다. 여기서 전환점들은 안장점-노드 분기에 대응하며, 안장점-노드 분기 내의 안정적 궤도를 포함하는 모든 분지 위에서 궤도는 $\mu = 0$에 도달하기 전에 주기 배가를 거치며 안정성을 잃는다. 더욱이 $\mu = 0$ 위에 집적하는 좀 더 복잡한 호모클리닉 궤도들의 무한 열이 존재한다. 이 호모클리닉 궤도들은 정류점의 근방을 한 번 이상 거쳐 지나가다가 그 점으로 수렴하며, 이 때문에 **다중 펄스**(multipulse) 호모클리닉 궤도라 불린다. 초점-초점 경우도 비슷하지만, 좀 더 복잡하게 집적한다.

4.4 호모클리닉 얽힘

안정적 다양체와 불안정 다양체의 교점들은 유동에 대해 여차원이 1인 현상을 보이는 게 일반적인데, 사상의 경우에는 잘 변하지 않는다. 유동에 대해서 교점들은 적어도 1차원이어야 하지만, 사상인 경우 교점이 존재하면 가산 개만 존재하기 때문이다. 만일 매끄러운 가역 사상 f의 고정점의 안정 다양체와 불안정 다양체의 교집합 상의 점을 p라 하면, 역상 $f^{-n}(p)$, $n = 1, 2, 3, \cdots$ 역시 마찬가지여서 불안정 다양체를 따라 고정점 위로 집적하고, 이들의 상 $f^n(p)$들은 안정적 다양체를 따라 고정점 위로 집적한다. 이로부터 그림 4(a)가 설명하는 **호모클리닉 얽힘**(homoclinic tangle)이 나온다. 안정적 다양체와 불안정 다양체의 횡단 교점이 존재하면, 혼잡 동역학이 안정적이지 않더라도 혼잡집합도 존재한다.

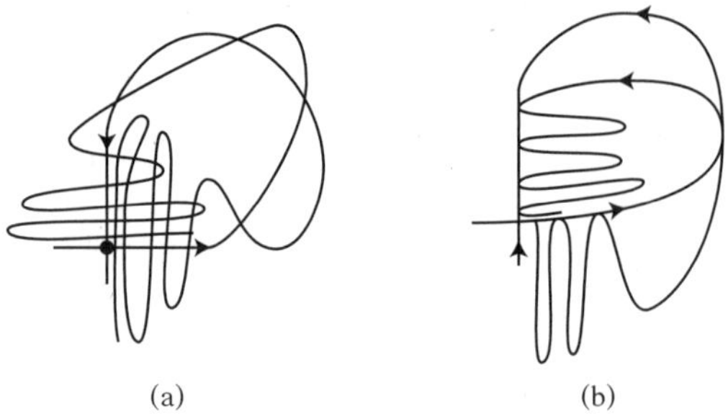

그림 4 (a)사상에 대한 호모클리닉 얽힘. (b)호모클리닉 맞닿음.

이런 현상은 주기적 강제력이 있는 계에서도 발생하는데, 스트로보 사상(stroboscopic map) 또는 푸앵카레 사상을 통해 분석할 수 있으며, 어떤 계가 혼잡해를 가진다는 것을 증명하는 몇 안 되는 수단을 제공해 준다. 멜니코프(Melnikov) 방법으로 알려진 몇 가지 기법이 안정적 다양체와 불안정 다양체 사이의 교점의 존재성을 증명하기 위해 개발되어 있다.

4.5 호모클리닉 맞닿음

매개변수가 변할 때 안정적 다양체와 불안정 다양체 사이에 지속적으로 횡단하는 교점이 생성되는 것은 그림 4(b)에 그린 대로 어떤 임계 매개변수 값에서 호모클리닉 맞닿음(homoclinic tangency)이 존재하느냐와 관련돼 있다. 매개변수 중 이 값의 한쪽에서는 국소적으로 교점이 없으며, 반대쪽에서는 횡단하는 교점이 있다. 호모클리닉 맞닿음이 존재한다는 것은 근처의 매개변수 값에서 온갖 이색적인 동역학이 있음을 뜻한다. 1970년대 셸던 뉴하우스(Sheldon Newhouse)는 분기점에 가까운 매개변수들이 존재하여, 이곳에서는 계가 가산 개의 **안정적 주기 궤도**와, '무한히 많은 소멸점(sink)'을 가짐을 증명했으며, 1990년대 말 경에는 인근 매개변수 값들에서(이런 점들의 측도가 양수다) 계가 이상한 끌개를 가진다는 사실을 밝혔다. 더욱이 호모클리닉 맞닿음이 존재할 때 인근 매개변수 값에서의 고계 반복에 대해 동일한 분석이 가능한 호모클리닉 맞닿음이 존재함을 뜻하고, 고계 주기에 대해서도 전체 그림이 반복된다.

5 분기점 폭포

1970년대 중반 수치 해를 써서 이차 (로지스틱) 사상

$$x_{n+1} = \mu x_n(1 - x_n)$$

과 같은 간단한 사상들이 수많은 복잡한 분기점을 가질 수 있음을 알았다(**로지스틱 방정식**[III.19]을 보라). 미첼 파이겐바움(Mitchell Feigenbaum)은 훨씬 강하고 더 정확한 진술이 가능하다는 것을 증명했다. 매끄러운 사상 모임에 대해서는 주기 배가 분기점들의 무한열인 분기점 폭포(cascade)가 존재한다는 것이다. 따라서 어떤 매개변수 값 μ_n들이 존재하여 이 점에서 주기가 2^n인 어떤 궤도가 주기 배가 분기점을 가지며 주기가 2^{n+1}, $n = 0, 1, 2, \cdots$인 주기 궤도를 만들어 내고, 이들은 비율

$$\lim_{n \to \infty} \frac{\mu_{n-1} - \mu_n}{\mu_n - \mu_{n+1}} = \delta$$

로 어떤 극한값 μ_*에 집적하거나, $|\mu_n - \mu_*| \sim C\delta^{-n}$이다. 더욱 놀랍게도 δ는 사상의 세부 사항과는 독립인 상수로, 양적 보편성(quantitative universality)이라는 성질을 가진다. 사실 이 '파이겐바움 상수' δ는 사상의 전환점(turning point)의 차수에 대한 함수로 생각해야 한다. 만일 사상이 $\alpha > 1$에 대해 $|x|^\alpha$처럼 행동하면, 이 비율은 α의 함수다. 전형적인 이차 전환점에 대해서는 다음과 같다.

$$\delta \approx 4.669201609\cdots$$

이 양적 보편성 또한 규모 변환하에서 일종의 자기 유사성의 하나로 상 공간(phase space)에 만연해 있다. 파이겐바움은 통계 물리학의 재정규화(renormalization) 해석에 근거한 논증에 호소하여 이를 이해할 수 있었다. 집적점 μ_*에서 사상의 2회 반복을 작은 구간으로 제한하고 적절히 규모를 바꾸면, 사상 자체와 거의 똑같은 식으로 행동한다. 둘 다 모든 $n = 0, 1, 2, 3, \cdots$에 대해 주기가 2^n인 주기 궤도를 가진다. $x = 0$에서 최댓값 $f(0) = 1$을 가지는 단봉(unimodal) 함수 $f: [-1, 1] \to [-1, 1]$에 $\alpha = -f(1)$이라 할 때 사상 $\mathcal{T}$를

$$\mathcal{T}f(x) = -\frac{1}{\alpha} f \circ f(-\alpha x)$$

라 정의하여 이런 아이디어를 최대한 활용할 수 있다. $\mathcal{T}$를 적절히 정의된 함수공간에서의 사상으로 간주하면, 어떤 함수족에 대해 매개변수 μ_*의 특별한 집적점에 대응하는 사상들로 이루어진 여차원이 1인 안정 다양체와, $\delta > 1$인 고윳값을 가지는 1차원 불안정 다양체를 가지는 (이보다는 조금 더 복잡하지만 본질적인 구조는 이 진술에 담겨 있다) 고정점 f_*를(즉 $\mathcal{T}f_* = f_*$) 가지는 것으로 밝혀진다. 따라서 보편 집적률(universal accumulation rate) δ는 함수공간에서 어떤 사상의 불안정 고윳값이며, 재정규화 하에서 f_*의 안정적 다양체 위에서의 사상

은 f_*에 집적하므로 공간 규모 α가 $-f_*(1)$로 수렴한다는 사실 때문에 보편적 규모 변환이 생긴다.

이 주기 배가 폭포는 고정점들의 배가에만 제한되지는 않는다. 이들은 임의의 주기를 가지는 주기 궤도와 결합되어 어떤 고정된 p에 대해 주기가 2^np인 폭포를 만들어 낼 수도 있다. 주기 배가 폭포는 고차원에서도 발생하는데, 예를 들어 액체 헬륨의 변화하는 대류 패턴에 대한 편미분방정식의 시뮬레이션에서 수치적, 실험적으로 관찰되어 왔다. 4.2절의 로렌즈 사상 또한, 만일 안장점 지수(saddle index) λ_3/λ_1이 1보다 크면 계의 대칭성에 의한 로렌즈 사상과 단봉 사상 사이의 간단한 대응 때문에 호모클리닉 분기점의 폭포를 보여줄 수도 있다.

여차원이 2인 분기점의 상당수가 무한히 많은 분기 곡선의 존재성과 관련돼 있으며, 이들 또한 매개변수 공간에서 적절히 선택된 경로를 따라 분기점들의 폭포에 이를 수도 있다. 주기 2^n인 궤도들의 주기 배가는 혼잡으로 이르는 자연스러운 길이기 때문에 특별한 역할을 맡고 있다. 사상의 고정점과 관련된 주기 배가 수열의 집적점의 한쪽 편에서는 사상이 단순한데, 이는 주기 궤도가 유한개라는 의미다. 반면 반대편에서는 서로 주기가 다른 무한히 많은 주기 궤도를 가지며 혼잡하다(이는 일반적으로 다른 주기와 관련된 폭포에는 해당되지 않는다).

6 여차원이 2인 분기점들

변수가 두 개인 계에서는 관찰되지만 (일반적으로) 1변수족에서는 관찰되지 않는 유동의 특별한 성질과 관련돼 있는 것이 여차원이 2인 분기점이다. 관심 있어 하는 계에서 종종 변수를 하나 이상 변경할 수 있는 여지가 있으며, 이들이 1변수족의 동역학을 기술하는 유용한 체계화 중추 역할을 하는 데다, 여차원이 1인 경우를 다룬 뒤 당연한 다음 수순이기 때문에 여차원이 2인 분기점 목록이 다수 작성돼 있다. 여기서는 대표적인 예 두 가지를 제시한다. 하나는 타켄스(Takens)-보그다노프(Bogdanov) 분기점인데 정류점에서 고윳값 0이 중근인 경우와 관련돼 있으므로 국소 분기의 개념을 2변수 계로 일반화한 것이다. 다른 하나는 접합(gluing) 분기점으로, 매개변수 공간의 특정한 값에서 대칭성을 가지지 않는 두 개의 호모클리닉 궤도가 존재할 때 발생한다. 이는 무한 분기점 집합을 가지면서도 혼잡으로 이어지지 않는 예를 제공한다.

6.1 타켄스-보그다노프 분기

유동의 정류점에서 고윳값 0을 중근으로 가지면, 적절한 좌표계에서 중심 다양체 위에서의 미분방정식의 선형 부분은, 선형 좌표변환을 거친 후 전형적으로 다음 꼴이 된다.

$$\begin{pmatrix} 0 & 1 \\ 0 & 0 \end{pmatrix} \tag{3}$$

(물론 당연히 모든 성분이 0일 가능성도 있지만, 이 경우는 더 복잡하고 일반적이지 않다.) 이런 특이점을 펴는 자연스러운 방법은 두 개의 작은 매개변수 μ, ν를 도입하여 선형 부분이

$$\begin{pmatrix} 0 & 1 \\ \mu & \nu \end{pmatrix}$$

라고 생각하는 것인데, 이때 특성방정식은 $s^2 - \nu s - \mu = 0$이다. 만일 $\mu = 0$이면 단순근이 하나 존재

하며(따라서 안장점 노드나 쇠스랑과 같은 분기점이 생긴다), $\nu = 0$이고 $\mu < 0$이면 순허수 고윳값 쌍이 존재하므로, 호프 분기(2절을 보라)가 생길 수 있다. 거의 항등적인 좌표변환을 연속적으로 거친 후 최저차의 비선형 항을 고려하면, 대개는 다음 정규 형식으로 국소적 행동을 모델링할 수 있음을 보일 수 있다.

$$\dot{x} = y, \quad \dot{y} = \mu + \nu y + x^2 + bxy$$

여기에서 μ와 ν는 작은 변수로 취급하며, 규모 변환 이후 $b = \pm 1$로 간주할 수 있다. 앞으로의 예에서는 $b = 1$인 경우를 다룬다. 만일 $\mu = \nu = 0$이면 원점이 정류점이며 야코비 행렬은 (3)이다. $\mu = 0$일 때는 (퇴화한 경우인 $\nu = 0$인 경우만 제외하고) 안장점 노드 분기점이고, 만일 $\mu = -\nu^2 (\mu < 0)$이면 분기 직후 곧바로 $\nu^2 < -\mu$ 내에 존재하는 주기 궤도를 만들어내는 호프 분기점이 존재한다. 매개변수 공간에서 원점을 둘러싸는 둥근 경로를 생각하면, 다른 분기점이 반드시 있어야 함이 명백하며(주기 궤도가 만들어졌지만 절대 소멸되지 않았다), 사실은 원점에서 출발하는 곡선 위에 $\mu = -\frac{49}{25}\nu^2$이 가장 낮은 차수(leading order)인 호모클리닉 분기점이 존재하여 예상한 대로 주기 궤도를 생성 및 소멸시킨다.

6.2 접합 분기

어떤 매개변수에 대해 로렌즈 방정식과 배치가 같지만 대칭성은 없으며 안장점 지수가 $\lambda_3/\lambda_1 = \delta > 1$인(4.2절을 보라) 호모클리닉 궤도 쌍을 가진 계를 생각해보자. 그러면 국소적으로 어떤 자연스러운 2변수 펼침(unfolding)이 존재하여, 한 변수가 0이면 호모클리닉 궤도 중 하나는 지속적이며, 다른 변수가 0이면 다른 호모클리닉 궤도가 존재하고 따라서 두 궤도 모두 두 축의 교점에 존재한다. 이처럼 좀 더 일반적인 배치를 4.2절에서 로렌즈 유동에 대해 근사 되돌이 사상을 유도한 것과 같은 방식으로 분석하면 다음 근사 사상이 나온다.

$$x_{n+1} \approx \begin{cases} -\mu + a x_n^{\delta}, & x_n > 0 \\ \nu - a|x_n|^{\delta}, & x_n < 0 \end{cases}$$

여기에서 $\delta > 1$이고 $a > 0$이다. 이제 작은 매개변수는 μ, ν 두 개가 존재하고, $\delta > 1$이므로 $|x|$가 작고 0이 아니면 이 사상의 미분은 작다. 이 사상들은 원(circle)의 사상들과 많은 유사점을 지니는데, 어떤 작은 $\varepsilon > 0$에 대해 $(\mu, \nu) = (\varepsilon, 0)$로부터 $(\varepsilon, 0)$로의 경로 내에서 매개변수가 변함에 따라 끌개의 점의 비율이 연속적으로 0부터 1까지 변하며, 만일 이 값이 유리수라면 $x > 0$에서 바로 그 점의 비율을 가지는 안정적인 주기 궤도가 있다는 것을 보이는데 활용할 수 있다. 이 안정적인 주기 궤도들은 매개변수의 작은 구간 위에 모드 잠금의 형태로 존재한다.

7 잡동사니들

이 글과 같은 비평글로 다룰 수 있는 다른 분야도 많이 있는데, 마지막 절에서는 그 중 네 개만 요약하기로 한다.

7.1 불변원 위의 안장점-노드

어떤 유동에 대해 정류점의 안장점-노드 분기가 주기 궤도 위에서 일어난다고 하자. 처음 볼 때는 여차원이 2인 분기점처럼 보일 수도 있다. 변수 하나는 안장점 노드이고 다른 하나는 주기 궤도 위에 놓이는 변수라는 것이다. 하지만 주기 궤도가 안정적이라면, 안장점-노드 분기점에서 약하게 불안정한 방향과 안정적인 방향 사이의 연결은 지속적이어서, 실제로는 여차원이 1이다. 이러한 분기점은 불변원 위의 안장점-노드(saddle-node on invariant circle, SNIC)라 부르는데, 정류점의 안정점-안장점 쌍으로부터 안정적인 주기 궤도를 만들어 낸다. 분기점이 매개변수의 제곱근의 역수처럼 접근함에 따라 (4절에서 호모클리닉 분기에 대한 로그 발산을 참고하라) 이 궤도의 주기는 무한대로 발산한다.

이산 시간 계에서의 SNIC 역시 여차원이 1이지만, 이번에는 분기점 근방에서 혼잡 해가 존재하고 불안정 다양체가 고정점으로 다가감에 따라 복잡하게 접혀 있다. 이는 1980년대 초반 뉴하우스, 팰리스(Palis), 타켄스가 자세하게 묘사하였다.

7.2 간헐성

간헐성(intermittency)은 층류 상태(laminar phase)라 부르며 오랜 시간 동안 주기적인 것에 가깝다가 혼잡 폭발을 일으킨 뒤 거의 주기적인 층류로 복귀하는 운동을 서술한다. 이 또한 신경 과학 등에서 관찰되는 좀 더 일반적인 혼합 모드 진동의 전형으로 볼 수 있다. 엄밀하게는 분기가 아니지만, 매개변수가 변함에 따라 간헐 현상이 관찰되기 때문에 여기에 언급할 가치가 있다. 간헐성 형태에는 일곱 가지 종류가 있다. 가장 간단한 경우는 이차 (로지스틱) 사상 $x_{n+1} = \mu x_n(1-x_n)$에서 관찰할 수 있다. 안정적 주기 궤도를 가지는 매개변수 값들이 있는데, 변수가 어떤 임계값 μ_c를 지나며 감소함에 따라 안장점-노드 분기를 거쳐 안정성을 잃을 수 있다. 안장점-노드 분기점이 안정적인 주기 궤도를 생성하기 바로 직전에 주기 궤도의 영점 가까이 지나는 해는, 결국 주기 궤도가 발생하게 될 점 근처에서 $|\mu - \mu_c|^{-1/2}$에 비례하여 오랜 시간 동안 머무르다가 멀어진다. 만일 사상의 대역적 성질에 기인한 재주입(reinjection) 매커니즘 같은 것이 있으면, 멀어졌던 해도 층류 상태 영역으로 되돌아와 이 과정을 되풀이할 수 있다. 재주입이 항상 같은 점에서 일어나는 특별한 경우가 SNIC다. 이렇게 폭발에 의해 흩어진 긴 층류 상태 영역의 열은 혼합 모드 진동이라는 아이디어로 일반화되는데, 여기에서 층류 상태 영역은 훨씬 더 복잡하지만 국소화된 행동으로 대체할 수 있다.

7.3 해밀턴 유동

계를 결정하는 미분방정식을 해밀턴 작용소(Hamiltonian)로부터 유도할 수 있어서, 상태 공간을 두 종류의 변수 $(q, p) \in \mathbb{R}^n \times \mathbb{R}^n$으로 나눌 수 있고 다음과 같은 함수 $H(q, p)$가 존재한다고 하자.

$$\dot{q}_i = \frac{\partial H}{\partial p_i}, \quad \dot{p}_i = -\frac{\partial H}{\partial q_i}, \quad i = 1, \cdots, n$$

그러면 이 특별한 구조(와 이의 일반화)는 이 동역학계가 대단히 특별한 특징을 가짐을 함의하게 된다. 마찰력을 무시할 때 많은 뉴턴 모형을 포괄하고 있기 때문에 이 방정식이 중요하다. 운동 방정식은 H가 해 위에서 상수임을 뜻하므로, 해는 함수 H의 등위집합(level set) 위에 놓인다. 이 사실은 거꾸로 일반적인 계들 중에서 특별한 특징, 즉 여차원이 1이라는 특징이 해밀턴 계에서는 탄탄함(robust)을 뜻한다. 호모클리닉 궤도의 존재성이 좋은 예인데, 해밀턴 계의 대역적 분기점들은 4절에서 서술한 더 일반적인 계의 분기점들과는 대단히 다르다. (위에 제시한 대역적 분기 정리는 상태 공간에서 여차원이 1인 곡면 위에 호모클리닉 궤도가 존재한다는 것을 가정함에 주목하라.) 심지어 국소적인 분기점들도 특별하다. 2차원 해밀턴 계의 정류점은 전형적으로 안장점이거나 중심(center)인데, 이는 안장점-노드 분기점이 중심 주변의 주기적 운동 집합을 가지며, 탄탄한 호모클리닉 궤도에 의해 유계인 중심과 안장점의 생성과 관련돼 있음을 뜻한다! 해밀턴 작용소

$$H(q, p) = \tfrac{1}{2}p^2 + \mu q - \tfrac{1}{3}q^3$$

을 가지는 미분방정식이 μ가 0을 통과할 때 바로 그렇게 전이한다.

7.4 호모클리닉 구불거림

호모클리닉 궤도의 존재성은 해밀턴 계 내의 변수를 바꿔도 지속될 수 있으므로, 주기 궤도가 좀 더 일반적인 계에서 이어질 수 있는 것과 마찬가지로 호모클리닉 궤도도 매개변수 공간에서 이어질 수 있다. **호모클리닉 구불거림**(homoclinic snaking)이라는 한 가지 흥미로운 특징이 관찰되는데, (노름과 같은) 어떤 측도가 매개변수에 따라 증가하면서 호모클리닉 궤도 곡선이 진동하는 것이다. **스위프트**(Swift)-**오앙베르그**(Hohenberg) **방정식**[IV.27 §2]과 같은 패턴 형태의 모델은 공간 차원이 1일 때 시간 의존적인 해를 고려할 경우 이런 구불거림을 보인다. 국소화된 해들인 고립파(solitary wave)는 공간 진폭이 클 때 0으로 수렴하지만 이 극한들 사이에 더욱 더 복잡한 진동을 하는 것이 발견됐다. 이 경우 이 해들의 확장(continuation)은 매개변수 공간에서 진동하여 각각의 단조 분지 위에서 추가로 공간 최댓값이나 최솟값을 얻는다. 이때 진동 패턴은 그림 3의 실니코프 호모클리닉 궤도 근처의 주기적 해의 진동을 연상시키는데, 다만 그림에서처럼 진폭이 줄어드는 대신 매개변수 공간에서 유계 진폭을 가진다는 것이 다르다.

7.5 조각적으로 매끄러운 계

마찰과 충돌과 같은 역학이나, 유전자 교체(switching)와 생물학이나, 문턱값 제어와 같은 제어 이론에서 조각적으로 매끄러운 계에 의해 모델링되는 계가 많은데, 여기에서 동역학은 어떤 교체 곡면(switching surface)에 도달할 때까지 연속적으로 발전하다가 다른 (하지만 여전히 매끄러운) 동역학으로 전이한다. 이들이 **하이브리드계**[II.18]의 예이다. 따라서 이런 발전은 교체 곡면을 따라 꿰맨 매끄러운 동역학계들이 결정하는 행동의 열이다. 주기 궤도가 교체 곡면과 접하며 만나 동역학에 새로운 요소를 도입하거나, 사상의 고정점이나 주기 궤도가 교체 곡면과 만날 때 새로운 분기점이 발생한다. 충돌 계의 예에서, 표준 모형 되돌이 사상은 제곱근 특이점을 가진다.

$$x_{n+1} = \begin{cases} \mu - \sqrt{x_n}, & x_n > 0 \\ \mu + ax_n, & x_n < 0 \end{cases} \tag{4}$$

이 상황에서 얻는 사상들은 x가 위로부터 0으로 수렴할 때 미분이 유계가 아니라는 점에서 앞서 논의했던 $\delta < 1$인 로렌즈 사상과 많은 공통점을 가지지만, 단봉연속함수이기도 하며 따라서 샤르코우시

키(Sharkovskii) 정리(연속사상에서 주어진 주기를 가지는 주기 궤도의 존재성이 어떻게 다른 주기 궤도의 존재성을 함의하는지 서술한다)와 같은 일반적인 정리가 성립한다(**로지스틱 방정식**[III.19]을 보라). 단봉 사상이라는 특별한 경우에 적용하면, 이는 주기 궤도들이 생성되는 차수에 제한을 준다. 하지만 로지스틱 사상에는 각자 독자적인 폭포 및 결부된 혼잡 운동을 가지는 안정적 주기 궤도의 창(window)이 많은 반면, 제곱근 사상 (4)의 안정적 주기 궤도는 훨씬 더 제한돼 있다. 예를 들어 $0 < a < \frac{1}{4}$이면 μ가 0을 지나며 작아짐에 따라 안정적 주기 궤도는 주기를 더해주는 수열을 형성한다. 어떤 매개변수 구간이 존재하여, 그 위에서 주기가 n인 궤도만이 유일한 끌개이며, 주기가 n인 것과 주기가 $n+1$인 것의 두 안정적인 궤도들이 공존하게 하는 주기 $n+1$짜리 안정적인 궤도를 생성해주는 분기점이 뒤따른다. 따라서 주기 n인 궤도가 안정성을 잃고 안정적 주기 $n+1$인 궤도만이 유일한 끌개인 분기점이 추가로 존재한다. μ가 0으로 수렴함에 따라 n이 무한대로 가며 이러한 행동의 열이 반복된다.

8 후기

분기 이론은 특정한 형태의 동역학이 왜 발생하며 어떻게 일어나는지 식견을 제공한다. 주기 배가 폭포와 같은 경우, 설사 단 하나의 매개변수 값에서의 행동이 반복 불가능해 보이더라도 동역학의 복잡성에서의 변화를 이해하는 틀을 제공한다. 고려할 필요가 있는 색다른 경우의 개수는 급증할 수 있으며, 현재 명명법이 들쭉날쭉하다는 것은 개개의 경우가 문헌을 통해 기존에 연구된 것인지 알아내기 어려움을 의미한다. 비록 동역학 모델링을 이용하는 어떤 주제에서도 유용한 기법들이지만, 불행스럽게도 이런 면면은 같은 결과를 여러 차례 재창조하는 결과를 낳는다. 하지만 이는 분기가 어디서 발생하든 수학적 모델의 동역학을 이해하는 데 분기 이론이 중심적 역할을 수행한다는 것을 오히려 돋보이게 해 줄 뿐이다.

더 읽을거리

Arrowsmith, D. K., and C. P. Place. 1996. *An Introduction to Dynamical Systems*. Cambridge: Cambridge University Press.

Glendinning, P. 1994. *Stability, Instability and Chaos*. Cambridge: Cambridge University Press.

Guckenheimer, J., and P. Holmes. 1983. *Nonlinear Oscillations, Dynamical Systems, and Bifurcations of Vector Fields*. New York: Springer.

Kusnetsov, Y. A. 1995. *Elements of Applied Bifurcation Theory*. New York: Springer.

IV.22 응용수학에서의 대칭성

이언 스튜어트 *Ian Stewart*

우리는 응용수학의 도구들을, 예를 들면 대수방정식이나 미분방정식을 푸는 것과 같이, 구체적인 문제를 목표로 정확한 계산을 위해 고안된 특정 기법들의 집합으로 생각하는 경향이 있다. 반대로 수학의 가장 강력한 어떤 아이디어들은 너무 범위가 넓어서 일견 실용적인 영향을 주기에는 너무 애매모호해 보이기도 한다. 이러한 것으로 확률론, 연속성, 대칭성이 있다.

확률 이론은 도박과 같은 게임에서 불확실성을 분석하기 위해 시작되었으나 곧이어 중요한 수학적 기술의 하나로 발전하여, 응용과학, 경제학, 사회학뿐만 아니라 국가의 정책을 결정하는 데까지도 사용되고 있다.

연속성은 엄밀하게 정의되기 전 수세기 동안에는 규정하기 힘든 개념으로 직관적으로 사용되어 왔지만, 지금은 아마도 모든 수학적 도구 중 가장 널리 사용되는 미적분학을 특히 상미분 또는 편미분방정식의 형태로 뒷받침하고 있다. 그뿐만 아니라 연속성은 위상수학에서도 기본이 되는데, 위상수학은 비교적 최근에 순수수학에서 왔으며 우주선의 효율적인 궤도 설계, 향상된 일기 예보 방법, 양자 역학에서의 한계 탐구, 디옥시리보핵산(DNA)과 같은 생물학적으로 중요한 분자의 구조의 연구 등에서 자신의 가치를 입증하고 있다.

이글의 주제이기도 한 대칭성은 초기에는 어떤 모양이나 구조의 한 부분이 그 모양이나 구조의 다른 부분들과 같은 것으로 다소 잘못 정의된 느낌이었다. 그 이후로 대칭성은 과학계에서 패턴 형성을 이해하는 핵심적인 수단이 되었으며, 건축에서 동물원까지 응용분야가 광범위하다. 대칭성은 자연세계의 많은 심층부의 기저를 이루는 것으로 드러났다. 우리의 우주는 공간, 시간, 물질에 대해 대칭성을 띄는 방식으로 행동한다. 상대성 이론과 입자물리는 대칭성 원리에 기반하고 있다. 대칭성 기법은 어려운 문제들에 빛을 비추어 해답을 발견하는데 도움을 주는 일반적인 원리를 드러낸다. 대칭성은 정적일 수도 있으며 동적일 수도 있고, 심지어 혼돈스러울 수도 있다. 이것은 아름다움과 힘을 함께 갖추고 있으며 광범위한 일반성과 깊은 추상성을 갖춘 개념이다.

1 대칭성이란 무엇인가?

대칭성은 기하학적인 측면에서 가장 쉽게 이해할 수 있다. 그림 1은 다양한 평면 도형들을 보여 주고 있는데, 일부는 대칭성이 있지만 일부는 그렇지 않다. 어떤 것들이 대칭적인지 찾아보자.

짧게 말하면 윗줄에 있는 도형들은 대칭성이 있지만 아랫줄에 있는 도형들은 대칭성이 없다. 그러나 조금 더 자세히 살펴보도록 하자. 이 모양들은 대칭성이 있는지 없는지로 나눌 수 있을 뿐만 아니라 서로 다른 **종류**의 대칭성을 갖고 있다. 윗줄의 가운데에 있는 심장 모양의 도형은 가장 친숙한 대칭성을 갖고 있는데, 우리가 거울에서 우리 자신을 볼 때마다 마주치는 **좌우** 대칭이다. 도형의 왼쪽 부분을 뒤집어 겹쳐 보면 정확히 오른쪽 부분과 같다. 세 개의 다른 도형 즉, 원, 오각형, 사각 구멍이 있는 원 역시 좌우 대칭성을 갖고 있다. 사각 구멍이 있는 오각형은 좌우 대칭성이 없는데, 만약 도형의 왼쪽-오른쪽을 뒤집으면, 바깥쪽의 오각형 부분은 변하지 않지만 사각 구멍은 뚫려있는 모양의 특징상 모양이 변하게 된다.

그림 1 어떤 모양이 대칭적일까?

그러나 원은 좌우 대칭성 이상의 대칭성을 갖고 있다. 원의 중심을 통과하는 거울이 있다면 그 어떤 거울에라도 반사된 것과 같은 모양이 된다. 오각형의 경우에는 중심과 꼭짓점을 통과하는 거울에 반사된 것과 같은 모양이 된다.

그렇다면 윗줄의 네 번째 꽃 모양의 도형은 어떨까? 이 도형을 거울에 비춰 보면 거울을 어디에 놓더라도 다르게 보인다. 하지만 이 도형을 가운데를 중심으로 90도 회전시키면 회전시키기 전과 완전히 똑같이 보인다. 따라서 이 도형은 90도 회전에 대한 **회전** 대칭성을 갖는다. 이 관점에서 보면, 오각형 역시 72도 회전에 대한 회전 대칭성을 가지며, 원은 임의의 각에 대한 회전 대칭성을 갖는다.

아랫줄에 있는 도형들은 대부분 완전히 비대칭적으로 보인다. 이들 도형의 어떤 부분도 같은 도형의 다른 부분과 같아 보이지 않는다. 하나 예외가 가능한 것은 사각 구멍이 있는 오각형이다. 방금 전에 살펴봤듯이 오각형엔 대칭성이 있으며 사각형 역시 대칭성이 있다. 대칭성이 있는 도형 둘을 조합하면 대칭성을 갖는다고 할 수 있을까? 그러나 이 도형은 다소 균형이 맞지 않아 보이며 우리가 대칭성이란 말에서 기대하는 것과 거리가 멀어 보인다. 이 도형은 대칭성이 있는 조각을 포함하고 있지만 대칭성에 대한 현재의 정의로는 이 도형은 비대칭적이다.

19세기 중엽, 수학자들은 위에서 논의된 모든 사항들을 관통하는 공통된 개념들을 추상화함으로써 마침내 기하학적인 도형에 대한 대칭성의 정의를 다룰 수 있게 되었다. 바탕이 되는 아이디어 중 하나는 **변환**(또는 함수 또는 사상)이다. 이러한 맥락에서 가장 흔한 변환으로 평면에서의 강체 운동을 들 수 있다. 강체 운동이란 평면 전체에 대한 운동 규칙 중에서 두 점 사이의 거리가 변화하지 않는 것을 말한다. 여기에는 세 가지 유형이 있다.

평행이동. 평면을 한 방향으로 미는 것으로 모든 점들이 같은 거리를 움직이게 된다.

회전. 한 점을 선택해서 고정한 다음, 이 점을 중심으로 전체 평면을 같은 각도로 회전시킨다.

반사. 직선을 하나 선택하고 이 선을 거울로 생각하여 모든 점들을 이 선에 반사시킨다.

이 변환들이 평면의 강체 운동을 모두 표현하는 것은 아니지만, 모든 강체 운동은 이들을 조합하여 얻을 수 있다. 이러한 방식으로 만들어진 변환 중 하나로 **미끄러짐 반사**가 있는데, 이는 평면을 직선에 반사시킨 다음 한 방향으로 평행이동한 것이다.

강체 운동을 정의했던 방법대로 대칭성을 정의할 수 있다. 평면에 주어진 도형에 대하여 그 도형의 대칭성이란 그 도형의 **전체 모양**이 바뀌지 않는 평면의 강체 운동을 말한다. 도형 내의 각각의 점은 움직일 수 있지만 최종 결과 그 모양과 위치는 처음과 완전히 같게 된다.

예를 들어 오각형을 중심과 한 꼭짓점을 지나는 직선에 반사시키면 직선 위에 있지 않은 한 점은 직선의 반대편으로 옮겨진다. 이 들은 둘 씩 짝을 이루어 서로 위치를 바꾸는데, 한 점의 출발점이 다른 점의 도착점이 되어 그 결과 오각형의 최종 위치가 처음 위치와 일치한다. 이러한 규칙은 사각 구멍이 있는 오각형의 경우 성립하지 않으며, 이것이 이 도형이 대칭성이 없다고 생각하는 이유이다.

그림 1에 있는 도형들은 모두 정해진 크기를 갖고 있기 때문에 평행이동에 의한 대칭성을 가질 수 없다. 즉 평행이동 대칭성을 갖기 위해서는 무한 패턴이 있어야 한다. 예를 들어 평면 전체에 욕실의 타일과 같은 사각 타일이 무한히 계속되는 경우이다. 만약 이 패턴이 타일의 폭만큼 가로로 평행이동하더라도 패턴은 변하지 않을 것이다. 높이만큼 위쪽으로 평행이동하더라도 역시 변하지 않을 것이다. 또한 이 두 방향 중 하나 또는 두 방향으로 폭의 정수배만큼 평행이동해도 전체 모양은 변하지 않을 것이다. 평행이동에 의한 대칭군은 **격자**가 되며, 두 종류의 기본 평행이동의 정수 배의 조합이 된다. 정사각 타일은 회전 대칭성도 갖고 있는데, 사각형의 중심 또는 네 개의 타일이 만나는 꼭지점을 기준으로 90도의 배수만큼 회전시키는 것이다. 또 다른 유형의 회전 대칭성은 타일의 변을 기준으로 180도 회전시키는 것이다. 정사각 타일 패턴은 다양한 반사 대칭성도 갖고 있다.

평면 격자는 벽지 패턴으로 해석할 수 있다. 1891년 수학 결정학자의 선구자인 예프그라프 표도로프(Yevgraf Fyodorov)는 벽지 패턴에는 정확히 17개의 서로 다른 대칭 클래스가 있음을 증명하였다. 포여 죄르지(George Pólya)는 1924년에 독립적으로 같은 결과를 얻었다. 격자 대칭성은 종종 회전과 반사의 조합으로 표현되기도 하며 결정학에서 매우 중요한 역할을 수행하는데, 지금의 '타일 붙이기'는 결정의 균일 원자 구조로서 3차원 공간에서 독립적인 세 방향의 정수 조합을 따른다. 역시 여기에도 회전과 반사가 있을 수 있다. 결정에 대한 물리학은 원자 격자의 대칭성에 강하게 영향을 받는다. 1890년대에 표도로프, 아서 쇤플리스(Arthuf Scoenflies), 윌리엄 발로(William Barlow)는 230 종류의 격자 대칭성이 있으며, 이 중 일부 거울 이미지 짝을 같은 것으로 여기면 219 종류가 있음을 증명하였다.

물론 어떠한 결정도 실제로는 무한히 확장될 수 없다. 그러나 결정의 크기가 격자 공간에 비해 훨씬 크기 때문에 무한 격자 모형은 실제 결정에 매우 정확히 잘 맞아떨어진다. 실제 결정은 많은 측면에서 이 이상적인 모형과 다른데, 격자가 정확히 반복되지 않는 전위, 서로 다른 방향을 가리키는 격자가 만나는 결정 입계 등의 현상이 있다. 모든 응용수학은 물리적인 대상을 간소화하고 이상화한 수학적 모형으로 표현하는 모형화 단계를 필수적으로 포함한다. 이러한 모형화가 현실의 특정 현상을 포함하는 데 실패했다고 해서 그 자체를 비난하지는 않는다. 사실 그러한 실패는 중요한 것은 잃어버리지 않으면서도 대상에 대한 분석을 더욱 간단히 한다는 점에서 미덕이 되기도 한다.

강체 운동이 아닌 대칭성도 있다. 또 다른 기하학적 대칭성으로 크기를 바꾸는 팽창이 있다. 앵무조개 껍질에서 발견되는 로그 나선은 얼마만큼의 확장과 적절한 각의 회전을 통하면 모양이 변하지 않는다.

대칭성은 모양에만 적용되는 게 아니라 수학 공

식에도 분명히 나타난다. 예를 들어 $x + y + z$는 세 변수 x, y, z를 같은 방식으로 다룬다. 하지만 $x^3 + y - 2z^2$은 그렇지 않다. 첫 번째 식은 x, y, z에 대해 대칭이지만 두 번째 식은 그렇지 않다. 이번에 고려해야 할 변환은 세 개의 기호에 대한 **순열**, 즉 서로 간의 자리바꿈이다. 어떠한 순열을 적용하더라도 $x + y + z$는 똑같이 남아 있다. 예를 들어 x와 y를 바꾸고 z는 그대로 남겨 둔다면 표현식이 $y + x + z$로 바뀌겠지만 대수학의 규칙에 의해 $x + y + z$와 같아진다. 하지만 같은 순열을 두 번째 식에 적용하면 $y^3 + x - 2z^2$이 되어 확실히 식이 변한다.

대칭성은 이렇게 매우 일반적인 개념이다. 어떤 수학적인 구조가 주어지고, 이 구조에 대해 적용되는 변환들이 있다면, 우리는 대칭성을 이 구조를 보존시키는 즉, 변화시키지 않고 그대로 유지하는 변환으로 정의할 수 있다.

만일 물리적인 시스템이 대칭성을 갖고 있다면 시스템에 대한 대부분의 의미 있는 수학적인 모형 역시 대칭성을 갖게 될 것이다. (여기서 '대부분'이라 말한 이유는 예를 들어 수치적인 방법은 모든 대칭성을 정확히 포함하지 못할 수 있기 때문이다. 원에 대한 컴퓨터 모형이 모든 회전에 그 형태를 유지하는 것은 아니다. 수치화에서 발생하는 대칭성에 대한 이러한 불가능성이 종종 문제를 일으키기도 한다.) 주어진 모형의 대칭성에 대한 정확한 정의는 사용되는 모형화의 종류와 현실관의 관계에 의존한다.

2 대칭성 군

위에서 정의한 바에 따르면 어떤 구조(모양, 수식, 프로세스)의 대칭성은 그 대상에 대한 변환이다. 그러나 이것은 우리에게 보다 깊은 내용을 말해 준다. 구조는 몇 가지 서로 다른 대칭성을 가질 수 있다. 실제로 원과 같은 어떤 구조들은 무한히 많은 대칭성을 갖고 있기도 하다. 따라서 우리의 관점 역시 하나의 대칭성이 아니라 대칭성들로, 구조의 추상적인 성질로서의 대칭성이 아니라 **모든 대칭성들의 집합**으로 바뀌어야 한다.

이러한 변환들의 집합은 단순하지만 중요한 기능이 있다. 변환들은 차례대로 결합될 수 있다. 만일 어떤 구조의 두 개의 대칭성이 이런 식으로 결합되면 그 결과는 언제나 그 구조의 대칭성이 된다. 그 이유는 쉽게 찾을 수 있다. 만일 어떤 것을 바꾸지 않은 다음 **다시** 바꾸지 않으면 결국 그것은 바뀌지 않는 것이다. 이러한 특성은 '군의 성질'로 알려져 있으며 모든 대칭성 변환들의 집합에 이러한 합성 연산을 적용하면 그 구조의 **대칭성 군**이 된다.

그림 1의 도형들이 몇 가지 일반적인 대칭성 군을 나타낸다. 원의 회전은 **평면에서의 원 군** 또는 **특수 직교 군**을 형성하며 S^1 또는 SO(2)로 나타낸다. 원의 반사와 회전은 **평면에서의 직교 군**을 형성하며 O(2)로 나타낸다. 정오각형의 회전은 위수가 5인 **순환 군** Z_5를 형성한다. 여기서 위수란 군에 포함되는 변환의 개수를 뜻한다. 꽃 모양 도형의 회전은 위수가 4인 순환 군 Z_4를 형성한다. 임의의 자연수 n에 대하여 비슷한 순환 군 Z_n이 있는데, 정n각형의 회전 대칭성의 군으로 정의할 수 있다. 만일 정오각형에 다섯 개의 반사 대칭성을 포함시키면, 위수가 10인 이

면체군(dihedral group) D_5를 얻는다. 임의의 자연수 n에 대하여 정n각형의 회전과 반사로 정의되는 위수 $2n$의 이면체군 D_n을 얻을 수 있다. 끝으로 $\{1, 2, 3, \cdots, n\}$처럼 n개의 원소로 구성된 집합에서 정의된 모든 순열들의 집합인 **대칭군** S_n이 있다. 이 군은 위수가 $n! = n(n-1)(n-2)\cdots 3 \cdot 2 \cdot 1$이다.

비대칭 모양의 도형도 어떤 대칭성을 갖고 있는데, 바로 '모든 것을 그대로 놔두는' 항등 변환이다. 이 경우의 대칭성 군은 이 자명하지만 유용한 변환을 포함하며 우리는 이것을 '**1**'로 표기하기로 한다.

여기서 유용한 용어 하나를 소개하기로 하자. 종종 하나의 군은 더 큰 군의 일부가 되기도 한다. 예를 들어 SO(2)는 O(2)에 포함되고, Z_n은 D_n에 포함된다. 이런 경우 더 작은 군을 큰 군의 **부분군**이라 부른다. (자명하지만 의미 있는 관습으로, 이 둘이 같은 경우에도 부분군이라 부른다.)

군에 대한 연구는 **군론**이라는 거대한 수학의 한 분야로 이어진다. 이 중 일부, 특히 유한 개의 변환만을 포함하는 유한군은 추상대수의 한 축을 이룬다. 그 예로 순환군, 이면체군, 대칭군이 있다. 해석학과 위상수학을 포함하는 또 다른 분야로 **리**(Lie) **군** 이론이 있는데, 원 군 및 직교군과 이들을 일반적인 차원의 공간으로 확장한 군들이 있다. 이 경우에는 대칭성 변환 하나가 실수 하나와 대응하고 이러한 변환들의 연속적인 집합이 주요 관심 대상이 된다. 예를 들어, 원은 어떠한 실수 각도로도 회전할 수 있다. 또 하나 중요한 분야가 **표현론**인데, 이것은 주어진 군을 행렬을 이용하여 어떤 벡터 공간의 선형 변환들을 구성하는 가능한 모든 방법들을 연구한다.

응용수학에서의 군론의 초기 주요 업적 중 하나로 1918년 에미 뇌터(Emmy Noether)가 증명한 뇌터의 정리가 있다. 이것은 마찰력이 없는 상태에서의 고전 역학에서 나타나는 해밀턴 시스템이라 알려진 특별한 유형의 미분방정식에 적용된다. 행성의 운동을 다루는 천체 역학이 중요한 예이다. 이 정리는 해밀턴 시스템이 연속된 대칭성 집합을 가질 때마다 연관된 보존량이 존재함을 말해 준다. 여기서 '보존'이란 말의 뜻은 시스템이 움직이더라도 이 양은 변하지 않고 유지됨을 뜻한다.

자연 법칙은 언제나 동일하다. 만약 시간을 t에서 $t + \theta$로 이동시키더라도 법칙은 달라 보이지 않는다. 이러한 변환이 연속된 대칭성 집합을 구성하며 여기에 대응하는 보존량은 에너지이다. 공간에서의 평행이동 대칭성(법칙은 모든 위치에서 같다)은 운동량 보존에 대응한다. 삼차원 공간에서의 어떤 축을 중심으로 한 회전은 또 다른 연속적인 대칭성 집합을 제공하며 이 경우 대응하는 보존량은 그 축을 중심으로 하는 각운동량이다. 고전 역학의 모든 보존 법칙은 대칭성의 결과이다.

3 패턴 형성

대칭성 방법은 그 자체로도 의미가 있지만 요즘에는 패턴을 형성하는 문제에 있어선 거의 필수적이다. 자연계나 실험실 환경에서 발견되는 가장 놀라운 특성들은 패턴의 발생과 연관 있는 경우가 많다. 무지개는 빛이 원호 형태로 색깔을 입은 것이다. 연못에 돌을 던져 생기는 잔물결은 원이 퍼져나가는 모양이다. 모래 언덕, 해양의 파도, 호랑이와 열대어

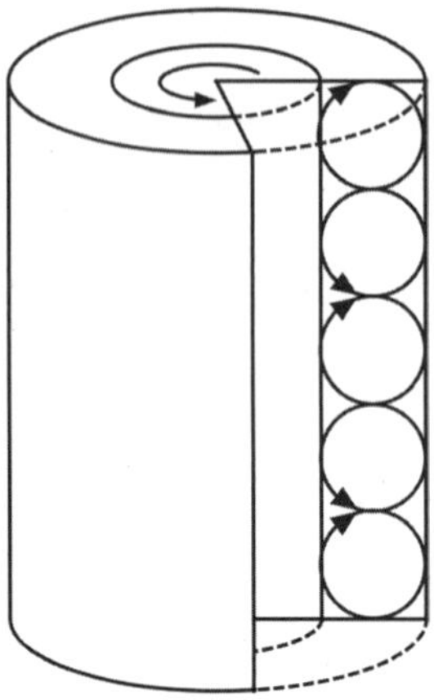

그림 2 테일러-쿠에트 기구, 테일러 소용돌이의 흐름 패턴을 보여 준다.

의 줄무늬들은 모두 반복되는 평행 특성을 이용해 모형화할 수 있는 패턴들이다. 결정격자는 원자의 반복되는 패턴이다. 나선 모형을 이루는 은하는 모양의 변화는 거의 없이 회전하는데, 시간적인 평행 이동과 공간적인 회전이 결합된 대칭성을 갖는다.

이러한 패턴 중 많은 부분이 '대칭성 파괴'라 불리는 일반적인 메커니즘을 통해 일어난다. 이것은 물리 시스템을 모형화하는 방정식이 대칭성을 지닐 때마다 적용할 수 있다. 여기서 '방정식'이라는 말은 시스템의 대칭성은 방정식의 형태로 나타나야만 한다는 것을 의도하고 사용한 것으로서, 이는 고려하고 있는 패턴 그 이상의 대칭성이 모형의 방정식에 나타나는 것이 이상한 일이 아니기 때문이다. 대칭성 파괴와 패턴 형성 이론은 대칭성 군의 구조와 이 구조에 포함된 대칭 시스템에 대한 수학적 모형화에 의존한다.

전통적인 예로 테일러(Taylor)-쿠에트(Couette) 흐름을 들 수 있는데, 이것은 그림 2에서처럼 두 개의 회전하는 원통 사이에 채워진 유체의 흐름을 가리킨다. 이 실험은 원통의 각속도와 두 원통 사이에 있는 틈의 상대적인 크기에 따라 당황스러울 만큼 다양한 패턴을 보여 준다. 실험은 유체의 점성을 측정하기 위해 바깥 원통은 고정시키고 안쪽 원통을 회전시켰던 모리스 쿠에트(Maurice Couette)의 이름을 따서 처음 명명되었다. 낮은 속도에서는 그림 3(a)에서 보는 바와 같이 별다른 특징이 없다. 1923년 제프리 잉그램 테일러(Geoffrey Ingram Taylor)는 안쪽 원통의 각속도가 임계점을 넘어서면 쿠에트 흐름의 균일한 패턴이 불안정하게 변하고 그림 2와 그림 3(b)에서처럼 소용돌이 층이 나타남을 지적하였다. 한 소용돌이는 원통 둘레로 나선 모양으로 회전하며, 또 다른 소용돌이는 단면도에서 화살표가 있는 작은 원으로 그려진 것처럼 다른 방법으로 회전한다. 테일러는 이 임계 속도를 계산하였으며 이를 이용하여 유체 흐름에 대한 나비에-스토크스 방정식 [III.23]을 테스트하였다.

실험과 이론적인 연구가 계속해서 뒤따랐으며 실험 장치는 바깥 원통도 회전할 수 있도록 변형되었다. 이것이 의미 있는 차이를 만들어 내는 이유는 회전하는 좌표계에서 유체가 추가적인 원심력을 받기 때문이다. 이러한 보다 일반화된 실험에서 많은 다른 패턴들이 관찰되었다. 그림 3은 이들 중 일부를 보여 준다.

테일러-쿠에트 시스템에서 가장 분명한 대칭성은 공통 원통축을 중심으로 하는 회전이다. 이 회전들은 장치의 구조를 보존한다. 하지만 모든 패턴이 완전한 회전 대칭성을 갖지 않음을 유의하기 바란다. 그림 3에서 오직 처음 두 개(쿠에트 흐름과 테일러 소용돌이)만이 모든 회전에 대칭이다. 또 다른 대

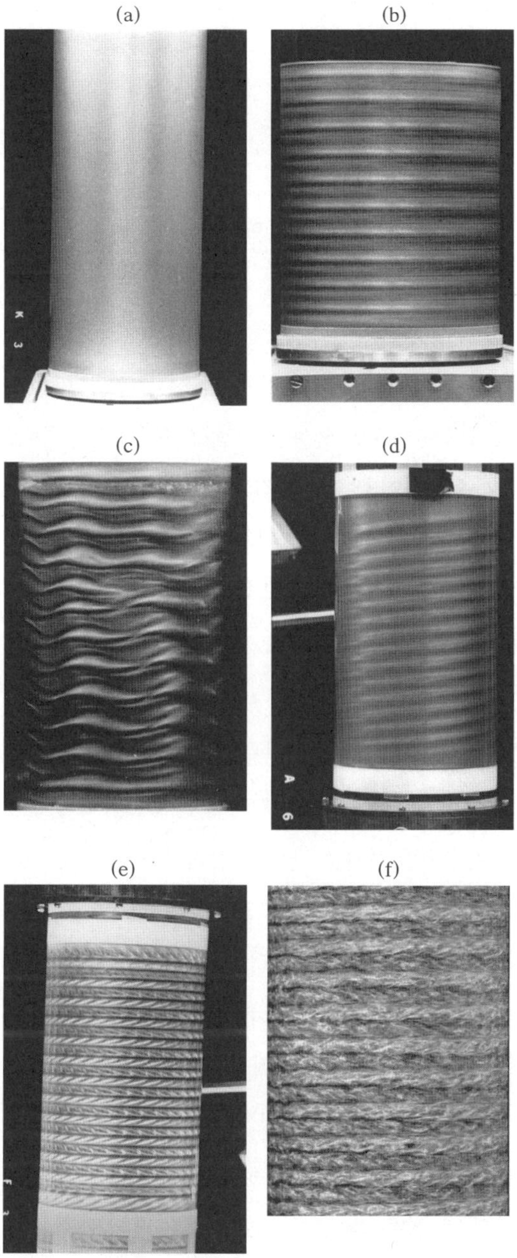

그림 3 테일러-쿠에트 시스템의 다양한 흐름 패턴 중 일부: (a)쿠에트 흐름. (b)테일러 소용돌이. (c)물결 소용돌이. (d)나선 소용돌이. (e)꼬인 소용돌이. (f)난류 소용돌이. 출처: 안데렉 등 (1986).

칭성의 유형은 만일 두 개의 무한히 긴 원통으로 시스템을 모형화하는 경우(어떤 목적하에서는 일반적인 가정이다), 그러나 길이를 따라 주기적으로 반복되는 패턴에 제한될 경우 나타난다. 실제로 이것은 원통의 윗부분을 둥글게 돌려서 아랫부분과 일치시킨다. 수학적으로 이 트릭은 윗부분 근처의 흐름을 부드럽게 아랫부분 근처의 흐름에 연결하는 '주기적 경계 조건'의 가정을 모형화한다. 주기적 경계 조건으로 인해 방정식 역시 수직 평행이동에 대해 대칭성을 갖는다. 그러나 여기에서도 모든 패턴이 완전한 평행이동 대칭성을 갖는 것은 아니다. 따라서 쿠에트 흐름을 제외한 모든 패턴이 최소한 시스템의 일부 패턴에서 깨진다.

반면에 패턴의 대부분은 시스템의 어떤 대칭성을 갖는다. 테일러 소용돌이는 소용돌이 짝의 폭만큼의 수직 평행이동에 대해 변하지 않는다(그림 2 참조). 같은 원리가 물결, 나선, 트위스트 소용돌이에 적용된다. 우리는 7절에서 그림에 있는 각각의 패턴을 대칭성 군을 통해 특징지을 수 있는지 살펴볼 것이다.

테일러-쿠에트 시스템에서의 패턴 형성을 이해하는 데에는 최소한 두 가지 방법이 있다. 첫 번째 방법은 나비에-스토크스 방정식을 수치적으로 푸는 것이다. 하지만 이 방법은 계산이 어렵고 보다 복잡한 패턴들은 계산이 거의 불가능하다. 또한 이 방법은 나비에-스토크스 방정식의 (다소 불가사의한) 결과를 보여 주는 것 이외에 패턴에 대한 통찰력을 거의 제공하지 않는다. 다른 방법은 이론적인 이해를 찾는 것으로 이는 기구의 대칭성이 관찰된 패턴의 거의 모두를 설명하는 필수적인 중요성을 갖는다.

4 방정식의 대칭성

테일러-쿠에트 시스템에서 발생하는 패턴을 이해하기 위해 보다 간단한 예에서 시작하고 그것의 일반적인 특성을 추상화하려 한다. 그 다음에 이러한 특성들이 동역학계에서 무엇을 뜻하는지 설명할 것이다. 후반부에 테일러-쿠에트 시스템으로 돌아와서 대칭성을 고려한 일반적인 동역학 이론이 어떻게 패턴을 분류하고 어떻게 패턴이 발생하는지 보여 줄 것이다. 이 이론은 모형화하고 있는 시스템의 대칭성의 수학적 결과에 기반하고 있다. 모형을 설정하는 데 사용하는 미분방정식은 시스템과 똑같은 대칭성을 갖고 있다. 방정식의 대칭성은 방정식의 해를 (보통은 다른) 해로 보내는 변수들의 변환으로 정의된다.

상미분방정식에 대한 대칭성의 적절한 형식화를 동치변화(equivariance)라 부른다. Γ를 다음 방정식을 만족하는 변수 $x = (x_1, \cdots, x_m)$에 작용하는 대칭성 군이라 하자.

$$\frac{\mathrm{d}x}{\mathrm{d}t} = F(x)$$

이때 Γ 안의 모든 대칭성 γ에 대해 $F(\gamma x) = \gamma F(x)$를 만족하면 F를 **동치변화**라고 한다. 그러면 만일 $x(t)$가 시스템의 해라면 어떠한 대칭성 γ에 대해서도 $\gamma x(t)$ 역시 해가 된다. 사실, 이 조건은 논리적으로 동치변화와 동치이다. 간단히 말하면 해는 언제나 대칭성으로 관계된 집합에서만 나타난다. 우리는 아래에서 이 현상의 예를 볼 것이다.

대칭 역학에서의 중심 개념 중 하나로 **분기 이론** [IV.21]이 있는데, 이 경우의 논의 주제는 하나 이상의 매개변수를 포함하는 미분방정식의 집합이다.

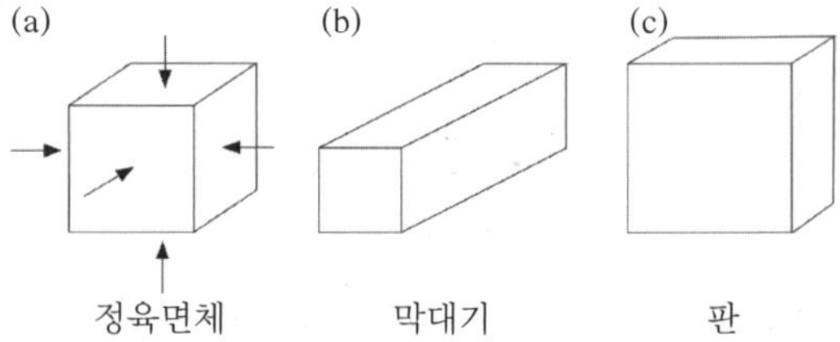

그림 4 (a)압축을 받는 정육면체(뒤쪽에 작용한 힘은 표시하지 않음). (b)막대기 해. (c)판 모양 해.

이들은 방정식을 풀었을 때 상수로 남는다고 가정한 변수들이지만 사실 어떠한 값이든지 가질 수 있다. 예를 들어 행성의 움직임과 관련된 문제에서 행성의 질량이 파라미터로 나타날 수 있다. 만일 해가 어떤 파라미터 값 근처에서 정성적인 방식으로 변화하면 이러한 집합은 분기를 수행한다. 그 결과, 예를 들어 평형점의 개수가 바뀔 수도 있고 평형이 시간에 따라 주기적으로 변동할 수도 있다. 분기는 평형점을 연속적으로 옮기거나 약간씩 모습이나 변동 주기를 변화시키는 것 보다 강력한 효과를 갖는다. 이것은 간단한 해가 언제 불안정하게 되고, 그때 무엇이 일어나는지를 계산함으로써 흥미로운 해답의 존재를 증명하는 기술을 제공한다.

어떻게 대칭성이 분기 지점에서 행동하는지를 나타내기 위해 우리는 탄성 있는 정육면체의 변형이라는 간단한 모형을 생각하는데, 이 모형에서 정육면체는 각 면에 수직인 각도로 작용한 여섯 개의 동일한 힘에 의해 압축된다(그림 4(a)). 우리는 각 변이 a, b, c인 직육면체 모양에 대한 변형을 생각한다. 힘이 0일 때, 물체의 모양은 $a = b = c$인 정육면체이다. 대칭성 군은 (a, b, c)를 (a, c, b) 또는 (b, c, a) 등으로 바꾸는 좌표축의 순열로 구성된다. 물리적으로 이들은 모양을 회전시키거나 대칭시키며 대칭군

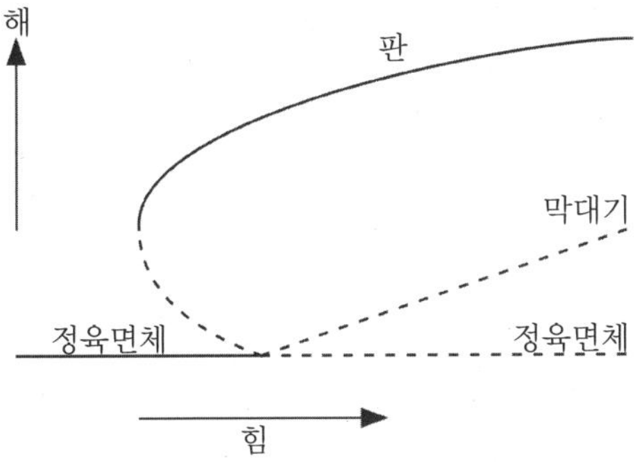

그림 5 분기도(실선: 안정적, 점선: 불안정적).

S_3을 구성한다.

세 면에 가하는 힘의 균형을 유지한 채 힘을 증가시키면 정육면체는 작아진다. 처음에 변의 길이는 같은 상태를 유지하지만 힘이 충분히 커지면, 단순하고 합리적인 모형의 분석에 따르면, 완전 대칭인 '정육면체' 상태가 불안정해진다. 두 종류의 모양이 나타나는데, **막대기** 모양 (a, b, c)로 두 변은 길이가 서로 같지만 나머지 한 변보다는 짧고, **판** 모양 (a, b, c)는 두 변의 길이가 서로 같고 나머지 한 변보다 길다(그림 4). 그림 5의 **분기도**는 변형된 정육면체의 모양을 도식적으로 나타낸 그림으로, 도형의 모양이 세로축에 그려져 있고 힘은 가로축에 그려져 있다. 이 그림은 변형된 상태의 존재와 안정성이 힘과 어떻게 관계되어 있는지 보여 준다. 이 모형에서 오직 판 모양의 해만이 안정적이다.

원칙적으로 세 변의 길이가 모두 다른 세 번째 모양이 있을 수 있지만 이러한 해는 우리가 고려하고 있는 모형에서는 (불안정한 경우조차도) 일어나지 않는다.

앞에서 대칭적인 방정식의 해들은 대칭적으로 관련된 집합에서 일어남을 언급했다. 여기에 막대기 해는 막대기의 더 긴 변이 세 개의 좌표 방향 중 하나를 가리키는 세 개의 대칭적으로 연관된 형태로 나타난다. 대수적으로 이러한 해들은 대칭적으로 연관된 조건인 $a = b < c$, $a = c < b$, $b = c < a$를 만족한다. 판 모양 해의 경우에도 비슷하다.

5 대칭성 파괴

정육면체를 찌그러뜨리는 모형의 대칭성 군은 다음과 같은 여섯 개의 변환을 포함한다.

$$\begin{aligned} I&:(a, b, c) \mapsto (a, b, c),\\ X&:(a, b, c) \mapsto (a, c, b),\\ Y&:(a, b, c) \mapsto (c, b, a),\\ Z&:(a, b, c) \mapsto (b, a, c),\\ R&:(a, b, c) \mapsto (b, c, a),\\ S&:(a, b, c) \mapsto (c, a, b) \end{aligned}$$

우리는 가능한 상태의 대칭성을 찌그러뜨린 정육면체의 모양을 변화시키지 않는 변환으로 생각할 수 있다. 막대기와 판 모양은 두 변의 길이가 같은 정사각형 모양의 단면적을 갖고 있다. 만일 우리가 이 두 축을 서로 바꾸더라도 모양은 그대로 남아 있을 것이다. 오직 정육면체 상태만이 6개의 모든 대칭성 즉, S_3을 갖는다. $a = b < c$인 막대기는 z축을 고정한 채 놓아두는 순열 즉 $\{I, Z\}$하에서 대칭이다. $a = c < b$인 막대기는 y축을 고정한 채 놓아두는 순열 즉 $\{I, Y\}$하에서 대칭이다. $b = c < a$인 막대기는 x축을 고정한 채 놓아두는 순열 즉 $\{I, X\}$하에서 대칭이다. 비슷한 일이 판 모양에서도 적용된다. 만일 세 변의 길이가 모두 다른 해가 존재했다면 이에 해당하는 대칭성 군은 오직 $\{I\}$로만 구성되었을 것이다. 이 모든 군들이 S_3의 부분군이다.

부분군 $\{I,X\}$, $\{I,Y\}$, $\{I,Z\}$들은 그 자체로 대칭성에 의해 연관되어 있음을 주목하기 바란다. 예를 들어 $a=b<c$를 갖는 (a,b,c)의 해는 좌표축을 R를 이용하여 바꾸면 $b=c<a$를 갖는 (b,c,a)의 해가 된다. 군론의 용어를 사용하자면 이 부분군들은 대칭성 군에서 **켤레**이다.

정육면체 찌그러뜨리기는 많은 대칭 시스템에서 전형적이다. 해들은 시스템 자체의 모든 대칭성을 가질 필요는 없다. 대신에 일부 해들은 더 작은 대칭성 군, 즉 전체 대칭성 군의 부분군을 가질 것이다. 이러한 해들은 대칭성을 **깨뜨린다**고 말한다. 상미분방정식의 동치변화한 시스템에 대하여 완전히 대칭적인 해들이 존재할 수도 있지만 그 해들은 또한 불안정할 수도 있다. 만일 이들이 불안정하다면, 시스템은 (할 수만 있다면) 안정적인 해를 찾는데, 이것은 전형적으로 대칭성을 깨뜨린다.

일반적으로 어떤 해의 대칭성 군은 미분방정식의 대칭성 군의 부분군이다. 어떤 부분군은 여기에 나타나지 않을지도 모른다. 나타나는 군은 **등방성 부분군**으로 알려져 있다. 정육면체 찌그러뜨리기에서, 군 S_3은 위의 목록에 적힌 대로 다섯 개의 등방성 부분군을 갖는다. 이 목록에서 빠진 부분군은 $\{I,R,S\}$이다. 이 대칭성을 갖는 모양은 $(a,b,c)=(b,c,a)$라는 조건을 만족해야 하고 이것은 결국 $a=b=c$가 되기 때문에 이 부분군은 등방성 부분군이 아니다. 이 모양은 정육면체로 추가적인 대칭성 X,Y,Z를 갖는다. 이러한 상황은 등방성 부분군이 아닌 부분군에서 전형적인데, 이러한 부분군의 대칭성은 부분군에 없는 추가적인 대칭성을 요구한다.

대칭성 군이 알려진 미분방정식의 가능한 대칭성 파괴 해들을 분류하기 위한 첫 번째 단계는 군 이론을 이용하여 등방성 부분군의 목록을 나열하는 것이다. 그 다음에 주어진 등방성 부분군을 갖는 해를 찾는 기법이 존재한다. 해들은 대칭적으로 연관된 집합에서 얻기 때문에 각각의 켤레 클래스마다 오직 하나의 등방성 부분군을 생각할 필요가 있다.

특정 유형의 등방성 부분군을 갖는 해의 존재를 보장하는 일반적인 정리가 있지만 이것은 여기에서 설명하기에는 너무 기술적이다. 간단히 말하면 대칭성 파괴 해들은 종종 거대한 등방성 부분군(그러나 전체 대칭성 군보다는 작은)에서 일어난다. 정리는 이 문장을 정교하게 다듬는다. 구체적으로 이들은 왜 정육면체 찌그러뜨리기에서 막대기와 판 모양의 해가 나타나는지 설명한다. 다른 일반적인 정리는 해가 안정적인지 비안정적인지 결정하는 것을 도와준다.

6 시간 주기적인 해

패턴 형성의 유명한 예는 벨루소프-자보틴스키(Belousov-Zhabotinskii, BZ) 화학 반응이다. 이것은 세 가지 화학 약품과 산화 반응과 환원 반응을 빨간색과 파란색으로 나타내 주는 지시약을 포함한다. 화학약품은 함께 섞어서 얕은 원형 접시에 놓아둔다. 이들은 파란색으로 변하다가 빨간색으로 변한다. 몇 분 동안은 아무것도 일어나지 않는 것 같다가 작은 파란색 점이 나타나고 확장되어 고리모양으로 변한다. 각각의 고리가 자라나다가 새로운 파란색 점이 그 중심에 나타난다. 곧 접시는 고리가 확장되어 얻은 특정 패턴을 포함하게 된다. 물의 파동과는

(a) (b)

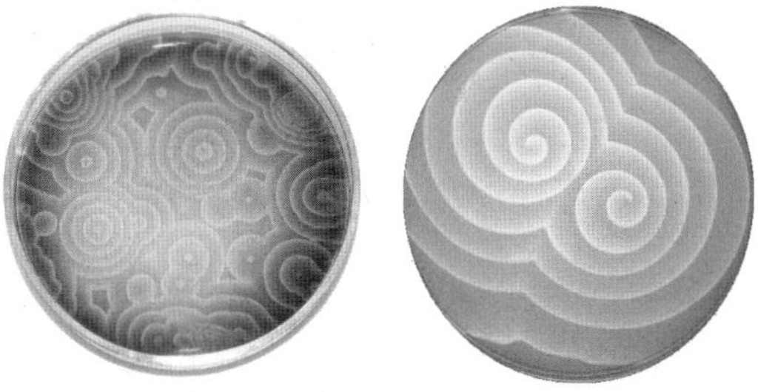

그림 6 BZ 반응에서의 패턴들. (a)몇 가지 목표 패턴이 공존. (b)두 개의 공존하는 나선.

다르게 이 패턴들은 겹치거나 중첩되지 않는다. 대신에 이들은 만나면 각이 진 교차로를 만든다(그림 6(a)). 다른 패턴은 다른 속도로 확장되고 다른 두께를 갖는 고리를 만들어 낸다. 그러나 각각의 고리들의 집합은 같은 확장 속도를 가지며 이 집합 안에 있는 모든 고리들은 같은 두께를 갖게 된다.

또 다른 패턴은 고리를 깨뜨리면서, 예를 들어 종이 클립을 가로질러 끌면 생성될 수 있다. 이 새로운 패턴은 둥그렇게 감겨 나선이 되고(각 회전 간격이 같은 아르키메데스의 나선과 유사한), 이 나선은 중심을 축으로 천천히 회전하고, 회전할수록 점점 더 감긴다.

어떠한 패턴도 평형이 아니라서 위에서 언급한 정리들은 적용되지 않는다. 대신에, 우리는 다르지만 연관된 일련의 기법들을 적용할 수 있다. 이들은 **시간 주기적인** 해, 즉 일정한 시간을 간격으로 어떤 형태를 반복하는 해들에 적용된다.

완전히 대칭인 정상 상태가 매개변수가 변함에 따라 안정성을 잃고 근처에 새로운 해가 나타나는 분기에는 두 가지 주요 유형이 있다. 하나는 (위에서 우리가 만났던) 정상 상태 분기로 새로운 해들은 평형 상태에 있다. 다른 하나는 **호프(Hopf) 분기**[IV.21 §2]로 새로운 해들은 시간 주기적인 진동을 한다. 호프 분기는 대칭성이 없는 방정식에서도 일어날 수 있고, 대칭 시스템에 대한 일반화가 있다. 새로운 주요 요소는 대칭성이 공간(패턴의 모양)과 시간(주기의 정수 배만큼 시간이 지나도 차이가 없는)에서뿐만 아니라 둘의 조합에서도 발생할 수 있다.

BZ 반응에서 하나의 패턴은 순수하게 공간적 대칭성을 갖고 있다. 즉, 어느 순간에나 중심을 기준으로 하는 모든 회전에 대하여 변화하지 않는다. 이것은 순수하게 시간적인 대칭성도 갖고 있는데, 패턴이 전체 평면을 가득 채우는 이상적인 버전에서 주기의 정수 배 시간 이후에 동일하게 보인다.

전체 평면을 차지하고 있는 하나의 나선은 자명하지 않은 공간적인 대칭성이 없지만 패턴과 같은 순수하게 시간적인 대칭성을 갖는다. 하지만 이것은 더 나아가 이 둘을 조합하는 **시공간적인 대칭성**을 갖는다. 시간이 지남에 따라 나선은 형태의 변화 없이 천천히 회전한다. 즉, 임의의 시간의 평행이동과 적절한 각도의 회전을 조합하면 나선 패턴(과 시간에 따라 어떻게 변하는지)은 변화하지 않는다.

대칭적인 방정식에 대하여 적절한 대칭성 파괴 분기가 있을 경우 시공간적인 대칭성에 적용되는 호프 분기 버전이 있다. 역시나 이 명제는 여기에 싣기에는 너무 기술적이지만 BZ 패턴을 설명하는 데 도움이 된다. 정상 상태 분기에 대한 이론과 결합하여 많은 물리 시스템에서의 패턴 형성을 이해하는 데 사용될 수 있다.

7 테일러-쿠에트 다시 보기

테일러-쿠에트 시스템은 대칭성 파괴 접근법의 좋은 예이다. 나비에-스토크스 방정식에서 유도할 수 있는 유체 흐름의 표준 모형에는 세 가지 유형의 대칭성이 있다.

공간: 원기둥의 공통 축을 중심으로 임의의 각도로 회전.

시간: 주기의 정수 배만큼 시간의 평행이동.

모형: 원기둥의 공통 축을 따라 임의의 거리만큼 평행이동(주기적 경계 조건을 가정한 결과).

분기 이론과 나비에-스토크스 방정식의 몇 가지 성질을 이용하면 테일러-쿠에트 시스템을 위한 이동역학 모형은 (소위 중심 다양체 간소화라 불리는) 여섯 개 변수의 상미분방정식으로 간소화할 수 있다. 이 변수들 중 두 개는 쿠에트 흐름에서 테일러 회오리에 이르는 정상 상태 분기에 대응한다. 이것은 어떠한 점에서의 유체 속도든지 상수로 머물러 있다는 점에서 정상적이다. 다른 네 개의 변수는 쿠에트 흐름에서 나선에 이르는 호프(Hopf) 분기에 대응한다. 이것들이 시스템의 기본적인 두 개의 '모드'이며 이들의 조합을 모드 상호작용이라 부른다.

대칭적인 분기 이론의 일반적인 정리들은 다양한 유체 유동 패턴의 존재를 증명하며, 각각은 구체적인 등방성 부분군을 갖는다. 예를 들어 만일 회전 대칭성은 깨지지 않고 그대로 유지되지만 평행이동적인 대칭성들의 군은 깨진다면 전형적인 해들은 원기둥 길이의 일부분을 지나는 구체적인 평행이동 대칭성을 가질 것이다. 이 평행이동의 모든 정수 배 역시 해의 대칭성을 가질 것이다. 이 대칭성의 조합이 정확히 테일러 소용돌이에 대응하는데, 수직으로는 이산적이고 반복적인 패턴을 생성하며 수평 방향으로는 변화가 없다.

더 나아간 회전 대칭성의 파괴는 회전 대칭성의 이산 집합을 생성하고 이것들이 물결 소용돌이를 특성짓는다. 어떠한 회전하에서의 대칭성도 대응하는 거리만큼의 수직 평행이동과 결합되면 나선 소용돌이를 특성짓는 식이다.

그림 3에서 이러한 방식으로 설명되지 않는 패턴은 맨 마지막의 난류 소용돌이뿐이다. 이 패턴은 '평균적인 대칭성'을 갖는 대칭성 혼돈 또는 혼돈 역학의 한 예이다. 각 순간에 난기류 소용돌이 상태는 대칭성이 없다. 그러나 각 지점에서의 유체 속도를 시간에 따라 평균 내면 그 결과는 테일러 소용돌이와 같은 대칭성을 갖는다. 이것이 왜 그림이 무작위의 요동을 갖는 테일러 소용돌이처럼 보이는지에 대한 이유이다. 대칭성 혼돈의 일반적인 이론 역시 존재한다.

8 결론

물리학적 시스템의 대칭성은 이를 모형화하는 방정식에서도 나타난다. 이 대칭성은 방정식의 해에 영향을 미칠 뿐만 아니라 방정식을 푸는 체계적인 방법을 제공한다. 일반적인 응용분야 중 하나는 패턴 형성으로 여기서는 대칭적인 분기 이론이 폭넓게 사용되어 왔다. 관련된 주제로는 동물의 보행, 종 형성, 환각 패턴, 내이의 균형 감각 능력, 천체물리학, 액체 결정, 유체 흐름, 짝 진동자, 탄성 찌그러뜨리기, 대류 등이 있다.

많은 수의 구체적인 응용에 덧붙여 응용수학에서 대칭성을 이용하는 많은 다른 방법들이 있다. 이 글은 간신히 그 겉만 건드릴 뿐이다.

더 읽을거리

Andereck, C. D., S. S. Liu, and H. L. Swinney. 1986. Flow regimes in a circular Couette system with Independently rotating cylinders. *Journal of Fluid Mechanics* 164 : 155-83.

Chossat, P., and G. Iooss. 1985. Primary and secondary bifurcations in the Couette-Talyor problem. *Japan Journal of Applied Mathematics* 2 : 37-68.

Field, M. and M. Golubitsky. 1992. *Symmetry in Chaos*. Oxford : Oxford University Press.

Golubitsky, M., and D. G. Schaeffer. 1985. *Singularities and Groups in Bifurcation Theory*, volume 1. New York : Springer.

Golubitsky, M., and I. Stewart. 1986. Symmetry and stability in Taylor-Couette flow. *SIAM Journal on Mathematical Analysis* 17 : 249-88.

———. 2002. *The Symmetry Perspective*. Basel : Birkhäuser.

Golubitsky, M. I. Stewart, and D. G. Schaeffer. 1988. *Singularities and Groups in Bifurcation Theory*, volume 2. New York : Springer.

Golubitsky, M., E. Knobloch, and I. Stewart. 2000. Target patterns and spirals in plannar reaction-diffusion systems. *Journal of Nonlinear Science* 10 : 333-54.

Sattinger, D. H., and O. L. Weaver. 1986. *Lie Groups and Algebras with Applications to Physics, Geometry, and Mechanics*. New York Springer.

IV.23 양자역학

데이비드 그리피스 *David Griffiths*

양자역학에서는 응용수학에 있는 매우 다양한 도구와 방법들을 이용한다. 그것은 선형대수, 복소변수, 미분방정식, 푸리에 해석, 군의 표현론을 포함한다. 그러나 양자역학의 수학적 핵심은 힐베르트(Hilbert) 공간에서 자기수반 작용소의 고유벡터와 고윳값 이론이다.

1 일차원의 한 입자

가장 간단한 역학계부터 생각하기로 한다. 질량 m인 입자가 특정한 힘 F의 영향 아래 일차원으로 움직이도록 속박되어 있다(가령, x축을 따라서 운동한다고 생각하자). 입자는 운동 거리에 비해 크기가 매우 작아서, 한 점에만 있다고 볼 수 있는 물체를 지칭하는 물리학자들의 전문용어다. 여기에서 F는 위치와 시간에 따라 변할 수 있다. 고전역학[IV.19]의 구체적인 과정은 시간 t에서 그 입자의 위치 $x(t)$를 결정하기 위한 것이다. 그렇다면 입자의 위치를 어떻게 구할까? 해법은 뉴턴의 제2운동 법칙인 $F = ma$(혹은 $\mathrm{d}^2x/\mathrm{d}t^2 = F/m$)를 사용하는 것이다. 만약 그 힘이 보존력이라면(마찰력처럼 보존력이 아닌 힘은 기본적인 수준에서는 나타나지 않는다), 그것은 **퍼텐셜 에너지** $V(x, t)$의 기울기 벡터에 -1을 곱한 것으로 나타나고, 뉴턴의 법칙은 $d^2x/dt^2 = -m^{-1} \partial V/\partial x$가 된다. 이때 적당한 초기조건이 주어지면(보통은 $t = 0$에서 x와 dx/dt의 값이 주어지면), 이 초기조건이 $x(t)$를 결정한다. 이로부터 속도($v(t) \equiv dx/dt$), 운동량($p \equiv mv$), 운동에너지($T \equiv \frac{1}{2}mv^2$) 혹은 다른 동역학적 양을 구하는 것은 쉽다.

그에 반해, 양자역학의 구체적인 과정은 상당히 다르다. $x(t)$ 대신에 **슈뢰딩거 방정식**[III.26]

$$i\hbar \frac{\partial \Psi}{\partial t} = -\frac{\hbar^2}{2m}\frac{\partial^2 \Psi}{\partial x^2} + V(x, t)\,\Psi \qquad (1)$$

를 풀어서 **파동함수** $\Psi(x, t)$를 구한다. 여기에서 $\hbar \equiv 1.05457 \times 10^{-34}$Js는 모든 양자 현상의 특징이 되는 **플랑크(Plank) 상수**이다. 적당한 초기조건(보통은 $\Psi(x, 0)$)이 주어지면, 슈뢰딩거 방정식은 $\Psi(x, t)$를 결정해 준다.

그러나 이 파동함수란 무엇인가? 어떻게 그것이 입자의 상태를 나타낸다고 말할 수 있는가? 무엇보다도 이름에서 알 수 있듯이, $\Psi(x, t)$는 공간 전체에 퍼져 있지만 입자는 원래 한 점에 국한되어 있다. 이 답은 보른(Born)이 제시한 파동함수의 통계학적 해석에서 얻을 수 있다. $\Psi(x, t)$는 시간 t일 때 (능숙하게) 측정하여 x에서 입자를 발견할 **확률**을 말해 준다. 더 정확하게는 $\int_a^b |\Psi(x, t)|^2 dx$가 입자를 점 a와 점 b 사이에서 발견할 확률이다. 물론, 파동함수는 **정규화**되어야 한다. 즉, $\int_{-\infty}^{\infty} |\Psi(x, t)|^2 dx = 1$이다(입자는 어딘가에 반드시 존재해야만 한다). 한번 $t = 0$에서 정규화되면 모든 시간에서 정규화된다.

통계학적 해석은 이 이론에 일종의 **불확정성**을 준다. 양자역학이 그 입자에 대해서(더 정확히는, 그 입자의 파동함수에 관해서) 모든 것을 알고 있다고 할지라도, 그 위치를 결정하기 위한 측정 결과를 확신을 가지고 예측할 수는 없다. 양자역학이 제공해야만 하는 것은 동일하게 준비된 체계(상태 Ψ에 있는)들의 총체에서 나오는 결과에 관한 **통계학적** 정보이다.

x의 평균 혹은 기댓값은 다음과 같은 형태로 나타낼 수 있다.

$$\langle x \rangle = \int_{-\infty}^{\infty} \Psi(x, t)^* x \Psi(x, t)\, dx$$

비슷하게 **운동량**의 기댓값은

$$\langle p \rangle = \int_{-\infty}^{\infty} \Psi(x, t)^* \left[-i\hbar \frac{\partial}{\partial x}\right] \Psi(x, t)\, dx$$

이다. 이것은 운동량과 Ψ의 파장(λ)을 연결해 주는 드브로이(de Broglie) 공식, $\lambda = 2\pi\hbar/p$의 결과이다. 이때 관측이 가능한 양 x와 p가 연산자

$$\hat{x} \equiv x, \qquad \hat{p} \equiv -i\hbar \frac{\partial}{\partial x} \qquad (2)$$

로 '표현되었다'고 말한다. 일반적으로 고전적인 동역학적 양 $Q(x, p)$는 양자 연산자

$$\hat{Q} \equiv Q(x, -i\hbar(\partial/\partial x))$$

로 나타나고(간단히, 모든 p를 $\hat{p}$로 교환), 그 기댓값(상태 Ψ에서)은 $\hat{Q}$를 Ψ와 그 켤레 Ψ^*으로 '감싸서' 적분하면 구해진다.

$$\langle Q \rangle = \int_{-\infty}^{\infty} \Psi(x, t)^* \hat{Q} \Psi(x, t)\, dx$$

예를 들면 운동에너지 $T = \frac{1}{2}mv^2 = p^2/2m$은 연산

자

$$\hat{T} = -\frac{\hbar^2}{2m}\frac{\partial^2}{\partial x^2}$$

으로 표현되고, 슈뢰딩거 방정식은

$$\mathrm{i}\hbar\frac{\partial \Psi}{\partial t} = \hat{H}\Psi$$

로 나타난다. 여기에서 $\hat{H} = \hat{T} + \hat{V}$는 총에너지를 나타내는 해밀토니언 연산자이다.

만약 퍼텐셜 에너지가 시간에 영향을 받지 않으면, 슈뢰딩거 방정식은 변수 분리법으로 풀 수 있고 $\Psi(x, t) = \mathrm{e}^{-\mathrm{i}Et/\hbar}\psi(x)$이다. 여기에서 E는 분리 상수이고, $\psi(x)$는 **시간에 영향을 받지 않는 슈뢰딩거 방정식**

$$\hat{H}\psi = -\frac{\hbar^2}{2m}\frac{\mathrm{d}^2\psi}{\mathrm{d}x^2} + V\psi = E\psi \qquad (3)$$

를 만족한다. 총에너지의 기댓값은

$$\begin{aligned}\langle H \rangle &= \int_{-\infty}^{\infty} \Psi(x, t)^* \hat{H}\Psi(x, t)\,\mathrm{d}x \\ &= \int_{-\infty}^{\infty} \Psi(x, t)^* E\Psi(x, t)\,\mathrm{d}x \\ &= E\end{aligned}$$

이다. 그러므로 분리 상수 E의 기호가 잘 선택되었다.

예를 들어, 용수철 상수가 k인 용수철에 입자가 연결되어 있다고 하자. 고전적으로 이것은 간단한 조화 진동자이고, 퍼텐셜 에너지는 $V(x) = \frac{1}{2}kx^2$이다. 그리고 슈뢰딩거 방정식(시간에 영향을 받지 않는)은

$$-\frac{\hbar^2}{2m}\frac{\mathrm{d}^2\psi}{\mathrm{d}x^2} + \tfrac{1}{2}kx^2\psi = E\psi \qquad (4)$$

이다. 이 방정식의 정규화된 해들은 에너지 $E_n = (n + \frac{1}{2})\hbar\omega (n = 0, 1, 2, \cdots)$를 가지고

$$\psi_n(x) = \frac{1}{\sqrt{2^n n! a\sqrt{\pi}}}\mathrm{e}^{-x^2/2a^2}H_n(x/a)$$

로 주어진다. 여기에서 $\omega \equiv \sqrt{k/m}$는 고전적인 (각) 진동수이며, $a \equiv \sqrt{\hbar/m\omega}$ 이고 H_n은 n번째 **에르미트 다항식**[II.29]이다(식 (4)는 2계 상미분방정식이고 모든 E의 값에 대하여, 2개의 일차독립인 해를 가진다. 그러나 모든 다른 해들은 정규화가 가능하지 않다. 그러므로 가능한 물리적 상태를 나타내지 못한다). 이 경우에 시간에 영향을 받는 슈뢰딩거 방정식의 분리해는 $\Psi_n(x, t) = \mathrm{e}^{-\mathrm{i}E_n t/\hbar}\psi_n(x)$이다. 예를 들어 입자가 $n = 0$의 상태에 있으면, 고전적 범위($\pm\sqrt{2E/k}$) 밖에서 발견될 확률은

$$2\int_a^{\infty} |\Psi_0(x, t)|^2\mathrm{d}x = 1 - \mathrm{erf}(1) = 0.1573$$

이다. 여기에서 $\mathrm{erf}(x) \equiv (2/\sqrt{\pi})\int_0^x \mathrm{e}^{-t^2}\mathrm{d}t$는 표준오차함수이다.

물론 슈뢰딩거 방정식의 해가 모두 분리형인 것은 아니다. 그러나 가장 일반적인 해(정규화가 가능한)가 분리형 해의 일차결합 $\Psi(x, t) = \sum_{n=0}^{\infty} c_n\Psi_n(x, t)$로 나타난다는 의미에서, 분리형 해가 완비집합이 된다. 더구나 분리형 해는 서로 정규 수직

$$\int_{-\infty}^{\infty} \Psi_n(x, t)^*\,\Psi_m(x, t)\,\mathrm{d}x = \delta_{mn}$$

이다. 여기에서 δ_{mn}은 **크로네커 델타**[I.2 §2, 표3]이다. 그러므로 급수 전개에서 계수는 초기 파동함수로부터 보통의 방법

$$c_n = \int_{-\infty}^{\infty} \psi_n(x)^*\,\Psi(x, 0)\,\mathrm{d}x$$

로 구해진다.

2 상태와 관측 가능한 양

형식적으로 양자역학에서 어떤 체계의 상태는 **힐베르트 공간**[I.2 §19.4]의 벡터로 표현된다. **디랙(Dirac)의 기호**로 벡터는 켓(kets) $|s\rangle$로 나타내고, 그것의 쌍대는 브라(bras) $\langle s|$로 나타낸다. $|s_a\rangle$와 $|s_b\rangle$의 내적은 '괄호(bra(c)ket)' $\langle s_a|s_b\rangle = \langle s_b|s_a\rangle^*$으로 나타낸다. 예를 들어, 그 파동함수 $\Psi(x, t)$는 $-\infty < x < \infty$에서 제곱적분이 가능한 함수 $f(x)$의 공간(무한차원) L^2에 존재한다. 이 공간에서 내적은

$$\langle f_a|\, f_b\rangle \equiv \int_{-\infty}^{\infty} f_a(x)^* f_b(x)\,\mathrm{d}x$$

이다. 그러나 이 벡터공간이 유한차원인 훨씬 더 간단한 양자 체계가 있다. 양자역학을 이해하기 위해서는 먼저 이러한 체계에서 일반적인 이론을 탐구하는 것이 도움이 된다.

n차원 공간에서 벡터는 (특정한 정규직교 기저에 대해서) 그 성분의 열로 편리하게 $|s\rangle = (c_1, c_2, \cdots, c_n)$(세로줄)으로 나타낸다. $\langle s|$는 그것의 켤레 자리바꿈(가로줄)이고, $\langle s_a|s_b\rangle = \sum_{i=1}^{n}(c_a)_i^*(c_b)_i$는 그들의 행렬 곱이다. **관측 가능한 양**(측정할 수 있는 동역학적 양)은 선형 연산자로 표현된다. 1절에서 다루었던 체계에서는 관측 가능한 양에 곱하기와 미분이 개입되어 있지만, 유한차원에서 그것은 (특정한 기저에 대해서) 행렬 $\hat{Q} \in \mathbb{C}^{n\times n}$이다. 이렇게 나타나는 행렬의 가장 일반적인 통계학적 해석은 다음과 같다.

> 상태 $|s\rangle$에 있는 어떤 체계의 관측 가능한 양 Q를 측정하면 $\hat{Q}$의 고윳값 중에서 하나를 얻게 된다. 특정한 고윳값 λ_i를 얻게 될 확률은 $|\langle v_i|s\rangle|^2$이다. 여기에서 $|v_i\rangle$는 대응하는 정규화된 고유벡터이다. 즉, $\hat{Q}|v_i\rangle = \lambda_i|v_i\rangle$이고 $\langle v_i|v_i\rangle = 1$이다. 측정하는 도중에 그 상태는 고유벡터로 $|s\rangle \to |v_i\rangle$ '붕괴된다(이것은 같은 입자에 대한 즉각적인 재측정이 같은 값을 준다는 것을 보증한다).'

물론 측정의 결과는 실수여야 하고, 확률은 모두 더하면 1이 되어야 한다. 이것은 측정 가능한 양을 나타내는 그 연산자가 자기수반, 즉 모든 벡터 $|s_a\rangle$와 $|s_b\rangle$에 대하여 $\langle s_a|\hat{Q}s_b\rangle = \langle \hat{Q}s_a|s_b\rangle$라는 조건을 명시하면 보장된다. 이 조건은 말하자면 행렬 $\hat{Q}$가 **에르미트**라는(행렬이 켤레 전치행렬과 같다는) 것이다(물리학자의 기호는 엉성하지만, 크게 문제되지 않는다. 엄밀히 따지면, 's'는 벡터의 **이름**이고 행렬에 이름을 곱할 수는 없다. 그러나 $|\hat{Q}s\rangle$는 $\hat{Q}|s\rangle$를 의미하고 $\langle \hat{Q}s|$는 그것의 쌍대이다). 상태 $|s\rangle$에 있는 어떤 체계에서 Q의 기댓값은 $\langle Q\rangle = \langle s|\hat{Q}|s\rangle$이다. **표준편차** σ_Q는 비공식적으로 Q의 **불확정도**라고 알려져 있으며, ΔQ라고 쓰기도 한다. 이러한 σ_Q는

$$\sigma_Q^2 \equiv \langle (\hat{Q} - \langle Q \rangle)^2 \rangle = \langle \hat{Q}^2 \rangle - \langle Q \rangle^2$$

으로 주어진다. 이것이 0이 될 필요충분조건은 $|s\rangle$가 $\hat{Q}$의 고유벡터가 되는 것이다(이 경우에 측정은 확실하게 대응하는 고윳값으로 나온다). 교환이 가능하지 않은 연산자는 공통의 고유벡터를 가질 수 없기 때문에, 일반적으로 두 개의 서로 다른 관측 가능한 양(가령 A와 B)이 특정한 값을 가지는 상태를 만들 수는 없다. 이것은 양적으로 **불확정성 원리**

$$\sigma_A \sigma_B \geq \tfrac{1}{2}|\langle [\hat{A}, \hat{B}] \rangle| \tag{5}$$

로 표현된다. 여기에서 대괄호 [ ]는 **교환자**

$$[\hat{A}, \hat{B}] \equiv \hat{A}\hat{B} - \hat{B}\hat{A}$$

를 나타낸다.

예를 들어, 상태가 회전자(정규화된) $|s\rangle = (c_1, c_2)$, $|c_1|^2 + |c_2|^2 = 1$로 주어지는 2차원 공간을 생각하자. 가장 일반적인 2×2 에르미트 행렬은

$$\hat{Q} = \begin{pmatrix} a_0 + a_3 & a_1 - \mathrm{i}a_2 \\ a_1 + \mathrm{i}a_2 & a_0 - a_3 \end{pmatrix} = \sum_{i=0}^{3} a_i \sigma_i$$

의 형태이다. 여기에서 a_j는 모두 실수이고, σ_0은 단위행렬이며 다른 σ_j는 파울리(Pauli)의 스핀 행렬들

$$\sigma_1 \equiv \begin{pmatrix} 0 & 1 \\ 1 & 0 \end{pmatrix}, \quad \sigma_2 \equiv \begin{pmatrix} 0 & -\mathrm{i} \\ \mathrm{i} & 0 \end{pmatrix}, \quad \sigma_3 \equiv \begin{pmatrix} 1 & 0 \\ 0 & -1 \end{pmatrix} \tag{6}$$

이다. 파울리 행렬들은 (행렬식의 값이 1이 되는) '특수' 유니타리 2×2 행렬군 SU(2)의 리대수의 기저를 이룬다.

σ_3으로 표현되는 관측 가능한 양을 측정했다고 하자. 이 경우 고윳값과 고유벡터는 $\lambda_+ = +1$과 $|s_+\rangle = (1, 0)$이거나, $\lambda_- = -1$과 $|s_-\rangle = (0, 1)$임이 명백하므로 통계학적 해석에 따르면 그 결과는 확률 $P_+ = |c_1|^2$으로 $+1$이거나, 확률 $P_- = |c_2|^2$으로 -1이다. 그러나 그 대신에 σ_1을 측정했다면 어떻게 될까? 고윳값은 여전히 ± 1이지만 고유벡터(정규화된)는 $|s_+\rangle = \frac{1}{\sqrt{2}}(1, 1)$과 $|s_-\rangle = \frac{1}{\sqrt{2}}(1, -1)$이 된다. 가능한 결과는 σ_3과 같지만 그 확률은 많이 달라진다. $P_+ = \frac{1}{2}|c_1 + c_2|^2$이고 $P_- = \frac{1}{2}|c_1 - c_2|^2$이다. 당연히 하나의 체계가 동시에 σ_3의 고유상태와 σ_1의 고유상태가 될 수는 없다. 그러므로 두 관측 가능한 양의 특정한 값들을 동시에 가질 수 없다. 만약에 내가 σ_3을 측정해서 $+1$을 얻고 다른 사람이 σ_1을 측정해서 -1을 얻었다면 어떻게 될까?

그 체계가 두 개의 특정한 값을 가진 것이 아닐까? 아니다. 왜냐하면 각각의 측정은 상태를 $(c_1, c_2) \to (1, 0) \to \frac{1}{\sqrt{2}}(1, -1)$로 변경시키기(붕괴시키기) 때문이다. 이제 σ_3을 재측정하면 $+1$을 얻을 만큼 -1을 얻을 가능성이 있다. 내가 아무것도 모르는 것은 아니다. 나는 그 체계의 상태를 정확히 알고 있다. 그러나 체계가 σ_1의 고유상태에 있으면, σ_3의 특정한 값을 가질 수는 없다는 것은 단순한 지식이다. 실제로 $[\sigma_3, \sigma_1] = 2\mathrm{i}\sigma_2$이므로, 불확정성의 원리에 의해 $\Delta_1\Delta_3 \geq |\langle\sigma_2\rangle|$이다.

3 연속 스펙트럼

유한차원 벡터공간에서 모든 에르미트 행렬은 정규직교인 고유벡터들의 완비집합이 있고, 통계학적 해석을 이행하기가 쉽다. 그러나 무한차원 힐베르트 공간에서는 고유벡터의 일부나 전부가 그 공간 외부에 있을 수 있다. 예를 들면, 식 (2)의 위치 연산자의 고유벡터는

$$xf_\lambda(x) = \lambda f_\lambda(x) \Rightarrow f_\lambda(x) = A\delta(x - \lambda) \tag{7}$$

에서 디랙 델타함수[III.7]이고, 제곱해서 적분이 가능하지 않다. 그러므로 그것은 L^2에 있지 않고 물리학적으로 실현 가능한 상태를 나타낼 수 없다. 같은 일이 다음과 같이 운동량에서도 나타난다.

$$-\mathrm{i}\hbar\frac{\partial f_\lambda}{\partial x} = \lambda f_\lambda \Rightarrow f_\lambda = A' \mathrm{e}^{\mathrm{i}\lambda x/\hbar} \tag{8}$$

당연하게 양자역학에서는 하나의 입자가 정해진 위치나 운동량을 결코 가질 수 없다. 더구나 $\hat{x}$와 $\hat{p}$는

교환되지 않기 때문에($[\hat{x}, \hat{p}] = \mathrm{i}\hbar$), 식 (5)에 의하여 $\sigma_x \sigma_p \geq \frac{1}{2}\hbar$이다. 이것이 원래 **하이젠베르크**(Heisenberg)의 **불확정성 원리**이다.

$\hat{x}$와 $\hat{p}$의 고유함수들이 가능한 물리학적 상태는 아니지만 그것들은 직교이고 완비이다. 파동함수는 그들의 일차결합으로 전개되고, 그 계수의 (절댓값의) 제곱은 측정 결과의 확률밀도를 나타낸다. 이때 정규화할 수 없는 고유함수는 고윳값의 연속 스펙트럼과 연관되어 있다는 것을 기억하자. 확률은 확률밀도가 되고 불연속적인 합은 적분으로 바뀐다.

편리한 디랙의 규약 $\langle f_\lambda | f'_\lambda \rangle = \delta(\lambda - \lambda')$을 (식 (7)에서 $A = 1$이고, 식 (8)에서 $A' = 1/\sqrt{2\pi\hbar}$이 되도록) 채택하면,

$$\begin{aligned} \Psi(x, t) &= \int c_\lambda f_\lambda(x)\,\mathrm{d}\lambda \\ \Leftrightarrow c_\lambda &= \int f_\lambda(x)^* \, \Psi(x, t)\,\mathrm{d}x \end{aligned}$$

이다. 위치의 고유함수에 대해

$$c_\lambda = \int_{-\infty}^{\infty} \delta(x - \lambda)\, \Psi(x, t)\,\mathrm{d}x = \Psi(\lambda, t)$$

를 얻는다. 즉, 그 전개에서 계수는 정확히 파동함수 자신이 된다(그리고 보른의 원래 통계학적 해석을 다시 얻게 된다). 운동량의 고유함수와 관련해서는

$$c_\lambda = \frac{1}{\sqrt{2\pi\hbar}} \int_{-\infty}^{\infty} \mathrm{e}^{-\mathrm{i}\lambda x/\hbar}\, \Psi(x, t)\,\mathrm{d}x \equiv \Phi(\lambda, t)$$

를 얻는데, 이것을 **운동량 공간** 파동함수라고 말한다(수학적으로 위치 공간 파동함수 Ψ의 푸리에 변환이다). 물론 Ψ와 Φ는 두 개의 다른 기저에 대하여 같은 상태벡터를 기술하고 있다.

일반적으로 $E \geq \min\{V(x)\}$이다. 에너지가 $E \geq 0$인 자유입자의 경우에는($V = 0$이고), 식 (3)에서

$$-\frac{\hbar^2}{2m} \frac{\mathrm{d}^2 \psi}{\mathrm{d}x^2} = E\psi \;\Rightarrow\; \psi(x) = A\mathrm{e}^{\mathrm{i}kx}$$

이므로 $\Psi(x, t) = A\mathrm{e}^{\mathrm{i}(kx - Et/\hbar)}$이다. 여기에서 $k^2 \equiv 2mE\hbar^2$이다. k가 양수이면 Ψ는 $+x$ 방향으로 전파되는 파동이다(만약 k가 음수이면 $-x$ 방향으로 진행한다). 그러나 Ψ는 정규화가 가능하지 않으므로 가능한 물리적 상태를 나타내지 못한다. 정확하게 정해진 에너지를 가지는 자유입자 같은 것은 존재하지 않는다. 그러나 이러한 상태들의 정규화가 가능한 **일차결합**

$$\Psi(x, t) = \int_{-\infty}^{\infty} c(k)\,\mathrm{e}^{\mathrm{i}(kx - k^2 \hbar t/2m)}\,\mathrm{d}k$$

를 만들 수 있다. 예를 들어, 폭이 σ_0인 **가우스 파동 묶음**

$$\Psi(x, 0) = \frac{1}{(2\pi\sigma_0^2)^{1/4}} \mathrm{e}^{-(x/2\sigma_0)^2} \mathrm{e}^{\mathrm{i}lx}$$

을 생각하자. 그러면 $c(k) = (8\pi\sigma_0^2)^{1/4}\,\mathrm{e}^{-[\sigma_0(k-l)]^2}$이므로

$$\Psi(x, t) = \frac{\mathrm{e}^{-l^2\sigma_0^2}}{(2\pi\sigma_0^2)^{1/4}\sqrt{1 + \mathrm{i}\hbar t/2m\sigma_0^2}} \times \exp\left\{ \frac{[(\mathrm{i}x + 2l\sigma_0^2)/2\sigma_0]^2}{1 + \mathrm{i}\hbar t/2m\sigma_0^2} \right\}$$

이고, 따라서

$$\begin{aligned} &|\Psi(x, t)|^2 \\ &\quad = (2\pi\sigma^2)^{-1/2} \exp\{-2[(x - l\hbar t/m)/2\sigma]^2\} \end{aligned}$$

이다. 여기에서 $\sigma(t) \equiv \sigma_0\sqrt{1 + (\hbar t/2m\sigma_0^2)^2}$ 이다. 이 파동 묶음은 속력 $l\hbar/m$으로 이동하고, 이동하면서 더 넓게 퍼진다. 이것이 움직이는 자유입자의 양자역학적 설명이다.

어떤 해밀토니언(예를 들면, 조화 진동자)은 정규화가 가능한 고유상태의 불연속적인 스펙트럼을 가진다. 그에 반해 어떤 것(예를 들면, $V=0$인 자유입자)은 정규화가 불가능한 고유상태와 연속적인 스펙트럼을 가진다. 이러한 상태들은 많은 체계에서 섞여서 나타난다. 예를 들면, 델타함수 우물은 $V(x) = -\alpha\delta(x)$(α는 양의 상수)이고 에너지가 $E = -m\alpha^2/2\hbar^2$인 단 하나의 정규화 가능한 상태 $\psi(x) = (\sqrt{m\alpha}/\hbar)e^{-m\alpha|x|/\hbar^2}$을 가진다. 이것은 **속박 상태**를 나타내는데, 다시 말해 입자가 우물에 '갇혀' 있는 것이다. 만약 $|x| \to \infty$일 때 $V(x) \to 0$이면(이 경우처럼), 속박 상태는 음의 에너지의 특징을 나타낸다. 그러나 델타함수 우물은 다음과 같은 형태의 **산란 상태**도 가진다.

$$\psi(x) = \begin{cases} Ae^{ikx} + Be^{-ikx}, & x \le 0 \\ Fe^{ikx} + Ge^{-ikx}, & x \ge 0 \end{cases}$$

여기에서 $k \equiv \sqrt{2mE}/\hbar$이고 $E > 0$이다. A는 왼쪽에서 들어오는 파동의 진폭이고, G는 오른쪽에서 들어오는 파동의 진폭이다. 그리고 B는 왼쪽으로 나가는 파동의 진폭이고, F는 오른쪽으로 나가는 파동의 진폭이다(ψ는 시간에 영향을 받는 인수 $\exp(-iEt/\hbar)$와 결합될 것임을 기억하자). 나가는 진폭은 들어오는 진폭으로부터 $x=0$에서 경계조건

$$\Delta\psi = 0, \quad \Delta\left(\frac{d\psi}{dx}\right) = -\frac{2m\alpha}{\hbar^2}\psi(0)$$

에 의해 결정된다. 왼쪽에서 입사된 입자의 전형적인 경우에는 $G=0$이고, **반사계수**(왼쪽으로 되돌아가는 반사 확률)는

$$R = \frac{|B|^2}{|A|^2} = \frac{1}{1 + (2\hbar^2 E/m\alpha^2)}$$

이며, **투과계수**(오른쪽으로 투과되는 확률)는

$$T = \frac{|F|^2}{|A|^2} = \frac{1}{1 + (m\alpha^2/2\hbar^2 E)}$$

이다. 당연히 $R + T = 1$이다. 물론 이러한 산란 상태는 정규화가 가능하지 않다. 따라서 실제 입자를 나타내기 위해서는 원칙적으로 이것들의 정규화가 가능한 일차결합을 만들어야 한다.

4 삼차원

양자역학은 $\partial^2/\partial x^2 \to \nabla^2$(3차원 라플라시언)의 당연한 방법을 통해 3차원으로 확장되고, 시간에 영향을 받지 않는 슈뢰딩거 방정식은

$$-\frac{\hbar^2}{2m}\nabla^2\psi + V\psi = E\psi$$

가 된다. 우리는 3차원이므로 편의상 구면좌표(r, θ, ϕ)를 사용한다. 여기에서 극각 $\theta(0 \le \theta \le \pi)$는 z축에서 아래로 측정하고, $\phi(0 \le \phi < 2\pi)$는 x축에서부터 돌면서 측정하는 방위각이다. V가 r만의 함수인 전형적인 경우에, 변수 분리 방법으로 풀면 $\psi(r, \theta, \phi) = (1/r)u(r)Y_l^m(\theta, \phi)$이다. 여기에서

$$Y_l^m(\theta, \phi) = (-1)^m \sqrt{\frac{(2l+1)}{4\pi}\frac{(l-m)!}{(l+m)!}}\, e^{im\phi} P_l^m(\cos\theta) \tag{9}$$

는 **구면조화함수**($l = 0, 1, 2, \cdots, m = -l, \cdots, l$)이고, P_l^m은 관련된 르장드르(Legendre) 함수이다(식 (9)는 $m \ge 0$일 때 적용되고, 음수인 경우에는 $Y_l^{-m} = (-1)^m (Y_l^m)^*$이다).

한편, $u(r)$은 **지름방정식**

$$-\frac{\hbar^2}{2m}\frac{d^2u}{dr^2}+\left[V+\frac{\hbar^2}{2m}\frac{l(l+1)}{r^2}\right]u=Eu \quad (10)$$

를 만족한다. 이 방정식은 유효 퍼텐셜 에너지가 원심력인 항을 더 가지고 있다는 점을 제외하면 1차원 슈뢰딩거 방정식과 동일하다.

위의 구면조화함수는 각운동량 연산자 $\hat{\boldsymbol{L}} \equiv \hat{\boldsymbol{r}} \times \hat{\boldsymbol{p}}$ ($\hat{L}_z = -i\hbar(x\partial/\partial y - y\partial/\partial x)$ 그리고 이것의 순환 순열)의 고유함수이다. 각운동량의 각 성분은 교환되지 않고

$$[\hat{L}_i, \hat{L}_j] = i\hbar L_k, \quad (ijk) = (xyz), \text{ 등등} \quad (11)$$

이 된다. 그러므로 세 가지 모두의 공통적인 고유상태를 찾는 것은 무의미하다. 그러나 각 성분은 전체 각운동량의 제곱 $\hat{L}^2 \equiv \hat{L}_x^2 + \hat{L}_y^2 + \hat{L}_z^2$과 교환된다. 그러므로 $\hat{L}^2$과 가령 $\hat{L}_z$의 공통된 고유함수를 만드는 것은 가능하다. 구면좌표계에서 $\hat{L}^2$은 $-\hbar^2$과 단위구면($r = 1$)에 제한된 라플라시언의 곱이고, $\hat{L}_z = -i\hbar\partial/\partial\phi$이며, 구면조화함수는 그것들의 고유상태이다.

$$\hat{L}^2 Y_l^m = \hbar^2 l(l+1) Y_l^m, \quad \hat{L}_z Y_l^m = \hbar m Y_l^m \quad (12)$$

궤도 각운동량 $\boldsymbol{L}$에 추가하여 모든 입자는 고유의 스핀 각운동량 $\boldsymbol{S}$를 가지고 있다(단순하게 보면 이것은 지구가 매일 축을 중심으로 자전하는 것으로 비유할 수 있다. 즉, 궤도 각운동량은 태양을 중심으로 매년 회전하는 지구의 공전에 대응된다). $\hat{\boldsymbol{S}}$의 성분은 $\hat{\boldsymbol{L}}$과 같은 기본적인 계산 관계식, 즉 $[\hat{S}_x, \hat{S}_y] = i\hbar\hat{S}_z$(그리고 이 식의 순환 순열)를 만족하고, 같은 고윳값(l과 m 대신에 s와 m_s로)을 가진다. 다시 말하면, $\hat{S}^2|sm_s\rangle = \hbar^2 s(s+1)|sm_s\rangle$이고 $\hat{S}_z|sm_s\rangle = \hbar m_s|sm_s\rangle$이다. 단, l은 정수만 될 수 있지만 s는 정수뿐만 아니라 정수의 $\frac{1}{2}$도 될 수 있다. 즉, s는 입자의 유형이 정해지면 고정된다(π 중간자는 0, 양성자와 전자는 $\frac{1}{2}$, 광자는 1, Ω^-은 $\frac{2}{3}$ 등이다). 이것을 입자의 스핀이라고 한다. 스핀이 $\frac{1}{2}$인 경우에 m_s의 값이 될 수 있는 것은 $\frac{1}{2}$('위 방향 스핀')과 $-\frac{1}{2}$('아래 방향 스핀')의 두 개가 있고, 얻어지는 2차원 상태 공간은 관계식 $\hat{S}_x = \frac{1}{2}\hbar\sigma_1$, $\hat{S}_y = \frac{1}{2}\hbar\sigma_2$, $\hat{S}_z = \frac{1}{2}\hbar\sigma_3$을 적용하면 알 수 있는데, 이것은 2절에서 나왔다.

수소는 가장 간단한 원자로서, 서로 반대인 전하 사이의 전기적인 인력으로 인해 하나의 전자가 하나의 양성자에 속박되어 만들어진다. 양성자는 전자보다 거의 2,000배나 무거워서 본질적으로 움직이지 않고, 전자의 퍼텐셜 에너지는 쿨롱(Coulomb)의 법칙 $V(r) = -e^2/(4\pi\varepsilon_0 r)$으로 주어진다. 여기에서 $e = 1.602 \times 10^{-19}$C는 양성자의 전하량이다($-e$는 전자의 전하량이다). 식 (10)의 지름방정식은

$$-\frac{\hbar^2}{2m}\frac{d^2u}{dr^2}+\left[-\frac{1}{4\pi\varepsilon_0}\frac{e^2}{r}+\frac{\hbar^2}{2m}\frac{l(l+1)}{r^2}\right]u=Eu$$

가 된다. 이것은 $n = 1, 2, 3, \cdots$일 때($E > 0$인 산란 상태의 연속적인 것뿐만 아니라), 에너지가

$$E_n = \frac{E_1}{n^2}, \qquad E_1 = -\frac{me^4}{2(4\pi\varepsilon_0)^2\hbar^2} = -13.606\text{eV} \quad (13)$$

인 불연속적 속박 상태를 가진다. 그 정규화된 파동함수는

$$\psi_{nlm} = \sqrt{\left(\frac{2}{na}\right)^3 \frac{(n-l-1)!}{2n[(n+l)!]^3}} \times e^{-r/na}\left(\frac{2r}{na}\right)^l \left[L_{n-l-1}^{2l+1}\left(\frac{2r}{na}\right)\right] Y_l^m \quad (14)$$

이다. 여기에서 $L_q^p(x)$는 라게르(Laguerre) 다항식

[II.29]이고 $a \equiv 4\pi\varepsilon_0\hbar^2/me^2 = 0.5292 \times 10^{-10}$m은 보어 반지름이다.

주양자수 n은 식 (13)에 의해 그 상태의 에너지를 결정한다. (잘못 명명된) **방위 양자수** l은 0부터 $n-1$까지 될 수 있고 궤도 각운동량의 크기를 정해 주며, m은 식 (12)에 의해 그것의 z 성분을 결정한다. 전자는 $s = \frac{1}{2}$이므로 스핀은 일차독립인 방향이 두 개가 있다. E_n의 겹친 **상태수**(같은 에너지를 가지는 서로 다른 상태의 수를 말한다)는 모두 합하여 $2n^2$이다.

원자가 더 낮은 에너지 상태로 전이를 하거나 '양자 뜀'을 하면, 풀어진 에너지를 가진 광자(빛의 양자)가 방출된다(광자를 흡수하면 다른 방향의 전이가 나타나게 할 수 있다). 광자의 에너지는 플랑크 공식 $E = 2\pi\hbar\nu$에 의해 진동수 ν와 관련된다. 그러므로 수소의 **스펙트럼**은

$$\lambda^{-1} = R\left(n_{\text{final}}^{-2} - n_{\text{initial}}^{-2}\right) \tag{15}$$

으로 주어진다. 여기에서 $\lambda = c/\nu$는 빛의 파장(색)이고

$$R \equiv \frac{m}{4\pi c\hbar^3}\left(\frac{e^2}{4\pi\varepsilon_0}\right)^2 = 1.097 \times 10^7\text{m}^{-1} \tag{16}$$

이다. 식 (15)의 **뤼드베리(Rydberg) 공식**은 19세기에 실험을 통하여 얻었고 R은 실험으로 얻은 상수이다. 1913년에 보어는 사용이 불가능한 고전 물리와 초보적인 양자이론의 조합을(우연히 발견한) 이용하여 뤼드베리 공식(그리고 R에 대한 식)을 유도했다. 그리고 1924년에 슈뢰딩거는 뤼드베리 공식의 엄밀한 이론적 기반을 정립했다.

5 합성 구조

지금까지 살펴본 이론을 2개 이상의 입자를 가진 체계로 일반화하는 것은 어렵지 않다. 예를 들어, 일차원에서 2개의 입자는 파동함수 $\Psi(x_1, x_2, t)$로 설명할 수 있다. 여기에서

$$\int_{x_1=a_1}^{b_1}\int_{x_2=a_2}^{b_2} |\Psi(x_1, x_2, t)|^2 \mathrm{d}x_1\,\mathrm{d}x_2$$

는 시간 t에 측정했을 때 1번 입자를 a_1과 b_1 사이에서, 2번 입자를 a_2와 b_2 사이에서 발견할 확률이다.

그러나 여기에서 양자역학은 새로운 관점을 도입한다. 두 개의 입자가 완벽하게 동일해서 어떤 것이 #1입자인지 혹은 #2입자인지 구분할 수 없다고 가정하는 것이다. 고전 물리학에서는 이러한 구분 불가능성은 생각할 수 없다. 고전 물리학에서는 각각의 입자에 항상 일련번호를 찍을 수 있다. 하지만 전자에 꼬리표를 붙일 수는 없다. 따라서 전자는 결코 독립적인 정체성을 갖고 있지 않으므로, 양자 물리학에서는 두 개의 입자가 같다고 간주하는 것이다. 그러면 본질적으로 두 가지 가능성이 있다(예외는 특별한 기하에서만 나타난다). Ψ는 $\Psi(x_2, x_1) = \Psi(x_1, x_2)$(**보스 입자**)로 대칭일 수도 있고, $\Psi(x_2, x_1) = -\Psi(x_1, x_2)$(**페르미 입자**)로 반대칭일 수도 있다. 어떤 기본 입자(예를 들면, 전자나 쿼크)는 페르미 입자이고, 어떤 기본 입자(예를 들면, 광자나 파이온)는 보스 입자이다. 이렇게 구분되는 성질은 입자의 스핀과 관련이 있다. 정수인 스핀을 가지면 보스 입자이고, 홀수의 $\frac{1}{2}$인 스핀을 가지면 페르미 입자이다(이러한 '스핀과 입자의 종류에 대한 관계'는 상대론적 양자역학을 이용하여 증명할 수 있지만, 비상대론적 이론에서는 단순히 실험 결과일 뿐이

다).

두 개의 입자가 하나는 $\psi_a(x)$의 상태에 있고, 다른 하나는 $\psi_b(x)$의 상태에 있다고 가정하자. 이 두 입자가 구분되고(가령, 전자와 양성자인 경우) 첫 번째 입자가 ψ_a의 상태에 있으면, 합성 파동함수는 $\psi(x_1, x_2) = \psi_a(x_1)\psi_b(x_2)$이다. 그러나 두 입자를 구분할 수 없으면(가령, 두 개의 파이온인 경우) 대칭적인 조합으로 표현된 식

$$\psi(x_1, x_2) = \frac{1}{\sqrt{2}}[\psi_a(x_1)\psi_b(x_2) + \psi_a(x_2)\psi_b(x_1)]$$

을 이용해야 하고, 동일한 두 페르미 입자의 경우에는(가령, 두 개의 전자의 경우)

$$\psi(x_1, x_2) = \frac{1}{\sqrt{2}}[\psi_a(x_1)\psi_b(x_2) - \psi_a(x_2)\psi_b(x_1)]$$

을 이용해야 한다(정규화 상수 $\frac{1}{\sqrt{2}}$은 ψ_a와 ψ_b가 정규 수직이 되게 해 준다).

예를 들면, 두 입자 사이 거리의 제곱의 기댓값을 계산할 수 있다. 두 입자가 구분이 가능하면 다음과 같다.

$$\langle (x_1 - x_2)^2 \rangle = \langle x^2 \rangle_a + \langle x^2 \rangle_b - 2\langle x \rangle_a \langle x \rangle_b \equiv \Delta^2$$

여기에서 $\langle x \rangle_a$는 ψ_a의 상태에 있는 입자에 대해서 x의 기댓값이고, 다른 기호도 비슷하게 정의된다. 그러나 두 입자가 동일한 보스 입자이면 항이 추가되어 $\langle (x_1 - x_2)^2 \rangle = \Delta^2 - 2|\langle x \rangle_{ab}|^2$이고, 두 입자가 동일한 페르미 입자이면 $\langle (x_1 - x_2)^2 \rangle = \Delta^2 + 2|\langle x \rangle_{ab}|^2$이다. 여기에서

$$\langle x \rangle_{ab} \equiv \int x\psi_a(x)^* \psi_b(x)\,dx$$

이다. 그러므로 같은 상태에 있는 구분할 수 있는 두 입자보다 보스 입자는 더 가깝고, 페르미 입자는 더 멀다. 마치 동일한 보스 입자끼리는 인력이 작용하고, 동일한 페르미 입자끼리는 척력이 작용하는 것처럼 보인다. 실제 힘이 개입되어 있는 것은 아니지만 이것을 **교환력**이라고 부른다. 이것은 단지 (반)대칭성의 인공적인 산물일 뿐이다. 교환력은 강자성의 원인이고 **공유결합**에 관여하고 있다(스핀까지 생각하면, **전체** 파동함수는 반대칭이어야 한다. 스핀 부분이 반대칭이면, 위치 파동함수는 대칭이 되어야 하고(페르미 입자의 경우), 교환력은 인력이 된다. 공유결합은 두 핵 사이의 영역에 있는 공유된 전자의 무리가 두 핵을 잡아당길 때 나타난다).

(반)대칭 조건은 보스 입자와 페르미 입자에서 매우 다른 통계역학을 준다. 특히, 두 개의 동일한 페르미 입자는 같은 상태가 될 수 없다. 왜냐하면 $\psi_a = \psi_b$이면 합성 파동함수 $\psi(x_1, x_2)$는 0이 되기 때문이다. 이것이 유명한 **파울리(Pauli)의 배타 원리**이다. 보스 입자에 대해서는 이러한 법칙이 없고, 극저온에서 동일한 보스 입자는 바닥상태로 모여서 **보스-아인슈타인 응축체**를 형성한다. (절대)온도 T에서 많은 샘플이 있으면, 에너지 E인 (한 입자)상태에 있는 가장 가능한 입자의 수는

$$n(E) = \begin{cases} e^{-(E-\mu)/kT} & \text{맥스웰-볼츠만} \\ \dfrac{1}{e^{(E-\mu)/kT} + 1} & \text{페르미-디랙} \\ \dfrac{1}{e^{(E-\mu)/kT} - 1} & \text{보스-아인슈타인} \end{cases}$$

이다. 여기에서 $k = 1.3087 \times 10^{-23}\text{JK}^{-1}$은 볼츠만 상수이고, μ는 **화학적 퍼텐셜**이라고 하는데 온도의 함수이며 입자의 성질에 영향을 받는다. 맥스웰-볼츠만 분포(고전적인 결과)는 구분할 수 있는 입자에

적용되고, 페르미-디랙 분포는 동일한 페르미 입자에 적용되며, 보스-아인슈타인 분포는 동일한 보스 입자에 적용된다.

파울리 원리는 원소의 주기율표를 서술하는 데 매우 중요하다. 원자에는 핵에 있는 양성자의 개수인 원자번호 Z가 붙어 있는데, 그것은 궤도에 있는 전자의 개수와 같다(중성자의 개수는 서로 다른 **동위원소**를 구별하게 한다). 핵은 본질적으로 움직이지 않으므로, 원자물리에서는 전자의 행동만이 쟁점이 된다. 수소는 한 개의 전자를 가지고, 헬륨은 두 개의 전자를 가지며(핵에는 양성자 두 개), 리튬은 세 개의 전자를 갖고 있다. 일반적으로 각각의 전자는 가능한 가장 낮은 상태에 자리 잡을 것이다. 그러나 파울리의 원리가 하나의 주어진 상태를 두 개 이상의 전자가 점유하지 못하게 하므로, 전자들은 차례대로 허용된 상태를 채우게 된다. 이것이 최외각(바깥) 전자(이것이 화학적 반응을 결정)가 다른 원소에 대해서는 다르게 배치되도록 한다.

원자번호 Z인 원자의 해밀토니언은

$$\hat{H} = \sum_{j=1}^{Z}\left\{-\frac{\hbar^2}{2m}\nabla_j^2 - \frac{1}{4\pi\varepsilon_0}\frac{Ze^2}{r_j}\right\} + \frac{e^2}{8\pi\varepsilon_0}\sum_{k\neq j}^{Z}\frac{1}{|\boldsymbol{r}_j - \boldsymbol{r}_k|}$$

이다. 여기에서 $\boldsymbol{r}_j$는 j번째 전자의 위치이고 $r_j = |\boldsymbol{r}_j|$이며, ∇_j^2은 $\boldsymbol{r}_j$에 관한 라플라시언이다. 중괄호 안의 식은 핵의 전기장 안에 있는 j번째 전자의 운동에너지와 퍼텐셜 에너지를 나타낸다. 다른 항은 전자 간의 상호 척력과 관련된 퍼텐셜 에너지이다(작은 상대론적 보정과 전자의 스핀 간의 자기 결합과 궤도운동이 **미세구조**를 설명해 주고, 전자의 스핀과 핵의 스핀의 더 작은 자기 결합이 **초미세구조**를 설명해 준다).

전자 간의 상호 척력을 모두 무시하면, 단순히 Z개의 독립적인 전자 각각은 전하량 Ze를 가진 핵의 전기장에 있는 것이다. 이 경우에는 수소원자에서 나온 결과를 e^2 대신에 Ze^2을 사용하여 바꾸어 주면 된다. 처음 두 개의 전자는 궤도 $n = 1, l = 0, m = 0$을 차지하고, 그다음 8개의 전자는 $n = 2$인 궤도를 차지하는 등이다. 이와 같은 간단한 체계가 주기율표에서 처음의 두 가로줄(네온까지)을 설명해 준다. 우리는 세 번째 줄에 18개의 원소를 기대하게 되지만, 이르곤 이후에 전자 간의 상호 척력이 마침내 영향을 미쳐서 칼륨은 $n = 3, l = 2$를 다음 전자를 위해 남겨두고, $n = 4, l = 0$으로 건너뛴다. 자세한 내용은 복잡해지고, 정교하게 근사하는 방법에 의해 다루어진다(슈뢰딩거 방정식을 해석적으로 풀 수 있는 유일한 원자가 수소이다).

각운동량의 추가는 양자역학에서 흥미로운 문제이다. $|l_1m_1\rangle$과 $|l_2m_2\rangle$를 결합한다고 가정하자. 결합해서 나온 상태 $|lm\rangle$은 무엇일까? 예를 들면, 수소원자에 있는 전자는 궤도 각운동량과 스핀 각운동량을 가지고 있는데, 총 각운동량은 무엇이 될까?(여기서는 l을 각운동량의 양자수를 나타내는 포괄적인 기호로 사용한다. 경우에 따라 궤도 각운동량, 스핀 각운동량, 총 각운동량을 나타낸다.) $\boldsymbol{L} = \boldsymbol{L}_1 + \boldsymbol{L}_2$이므로 z성분은 더해져 $m = m_1 + m_2$이다. 그러나 총 각운동량 양자수 l은 $\boldsymbol{L}_1$과 $\boldsymbol{L}_2$의 상대적인 방향에 영향을 받고, 그 범위는 $|l_1 - l_2|$(간단히 말해서, 반대 평행일 때)부터 $l_1 + l_2$(평행일 때)까지 정수이다. 즉,

$$l = |l_1 - l_2|,\ |l_1 - l_2| + 1,\ \ldots,\ l_1 + l_2 - 1,\ l_1 + l_2$$

이다. 정확하게 말하면

$$|l_1 m_1\rangle|l_2 m_2\rangle = \sum_{l=|l_1-l_2|}^{l_1+l_2} C_{m_1 m_2 m}^{l_1 l_2 l}|lm\rangle$$

이다. 여기에서 $C_{m_1 m_2 m}^{l_1 l_2 l}$을 **클렙슈(Clebsch)-고르단(Gordan) 계수**라고 하며, 많은 안내서에서 표로 볼 수 있다. 수학적으로 이 과정은 SU(2)(3차원 회전군인 SO(3)의 덮개군)의 기약 표현의 두 개의 직접곱을 기약 표현의 직합으로 분해하고 있는 것이다. 예를 들면,

$$|2\ 1\rangle\left|\tfrac{1}{2}\ \tfrac{1}{2}\right\rangle = \sqrt{\tfrac{4}{5}}\left|\tfrac{5}{2}\ \tfrac{3}{2}\right\rangle - \sqrt{\tfrac{1}{5}}\left|\tfrac{3}{2}\ \tfrac{3}{2}\right\rangle$$

이다. Y_1^2인 상태에 있는 수소 원자에서 전자는 위 방향 스핀($m_s = \frac{1}{2}$인)이면, 총 l이 $\frac{5}{2}$로 측정될 확률은 $\frac{4}{5}$이고, $\frac{3}{2}$으로 측정될 확률은 $\frac{1}{5}$이다(m을 측정하면 $\frac{3}{2}$임이 확실하다). 클렙슈-고르단 계수는 다른 방법으로도 사용될 수 있다. 예를 들어, l_1과 l_2 상태인 두 개의 입자로 구성된 체계의 각운동량 상태가 $|lm\rangle$이라고 하자. 가능한 m_1과 m_2의 값을 구하고자 할 때 다음 식을 사용할 수 있다.

$$|lm\rangle = \sum_{m_1=-l_1}^{l_1}\sum_{m_2=-l_2}^{l_2} C_{m_1 m_2 m}^{l_1 l_2 l}|l_1 m_1\rangle|l_2 m_2\rangle$$

여기에서 합은 $m_1 + m_2 = m$인 모든 조합을 합하는 것이다.

6 영향, 응용, 확장

양자역학에서 체계의 상태는 힐베르트 공간에서 (정규화된) 벡터($|s\rangle$)로 나타난다. 관측 가능한 양은 이 공간의 벡터에 작용하는 (자기수반의) 작용소로 나타난다. 이 이론에는 다음 3개의 대들보가 있다. 슈뢰딩거 방정식은 가장 일반적인 형태로 쓰였을 때 상태벡터 $|s\rangle$가 시간이 지남에 따라 어떻게 변하는지 보여 준다.

$$i\hbar\frac{\partial}{\partial t}|s\rangle = \hat{H}|s\rangle \tag{17}$$

그리고 통계학적 해석은 상태벡터 $|s\rangle$가 측정의 결과를 어떻게 결정하는지 말해 준다. 마지막으로 (반)대칭화 조건은 동일한 입자들의 모임에 대해서 $|s\rangle$를 어떻게 만드는지를 알려 준다. 비록 그 계산 과정은 모호하지 않고, 그 결과도 실험값과 놀라울 정도로 잘 맞지만, 양자역학의 물리학적 해석(우리가 하고 있는 것을 스스로 설득하는 것)은 항상 논쟁거리였다. 그중에서 주요한 주제들을 아래에 나열해 본다.

불확정성. 아인슈타인은 유명한 EPR(아인슈타인(Einstein)-포돌스키(Podolsky)-로젠(Rosen)) 역설에서 가장 설득력 있게 양자역학의 불확정성은 불완전성을 의미한다고 주장했다. 더 설명하자면 아인슈타인은 다른 정보(숨은 변수라고 하는)가 상태벡터에 추가되어야만 물리학적 실체를 완전히 설명할 수 있다고 했다. 그와 대조적으로 보어(Bohr)의 코펜하겐 해석은 측정하기 전에는 입자가 특정한 성질(위치나 각운동량 같은)을 가지지 않는다고 주장한다.

비국소성. EPR 논쟁은 국소성의 가정에 기반을 두고 있다. 어떠한 영향도 빛보다 빨리 전파될 수 없다. 그러나 양자역학에서는 두 개의 입자가 서로 얽혀서 한 입자를 측정하는 것이 다른 입자의 상태를 결정하고, 입자가 멀리 떨어져 있어도 그 '영향(파동함수의 붕괴)'은 즉각적이다. 1964년에 존 벨(John Bell)은 어떤 국소 결정론적 (숨은 변수)이론도 양자역학과 양립할 수 없음을 보였다. 그 이후의 실험에서 양자역학적 예측이 확인되었다. 문제가 되는 '영향'은 아주 우연한 것은 아니지만, 명백하게 비국소성은 자연스러운 사실이다. 두 번째 입자를 조사해도 구분할 수 있는 어떤 결과도 만들지 못한다(우연한 비국소적 영향은 특수상대론과 양립할 수 없다).

측정. 통계적 해석에서 '측정'이라는 말을 쓸 때, 무엇이 이 말을 구성하는지는 항상 모호하다. 왜 측정이 그 체계(전에는 문제가 되는 관측 가능한 양의 결정된 값을 가지지 않았던)가 '단정적인 성질을 취하게' 하는가? 파동함수는 어떻게 붕괴하는가? '측정'이 하얀 실험복을 입은 사람이 실험실에서 하는 것을 의미하는가? 혹은, 아무도 보는 사람이 없을 때 숲속에서 일어날 수 있는가? 측정은 영구적인 기록을 남기는 것을 필요로 하는가? 혹은 미시적인 체계와 거시적인 장치의 상호작용을 필요로 하는가? 측정에 인간의 의식이 개입되어 있는가? 혹은 실체를 많은 세계로 쪼개는 것일까? 거의 한 세기 동안의 논쟁 후에도, 이러한 물음에 대한 일치된 의견은 없다.

결 깨짐. 전자가 불확정의 위치를 가진다면, 야구공은 어떤가? 야구공이 시애틀과 샌프란시스코의 일차결합인 위치에 존재할 수 있는가?(내가 짐작하기로는 타자가 휘두르기 전까지만 가능하다. 만약 시애틀에서 홈런을 치면 샌프란시스코에는 아무것도 없는 것이다) 거시적인 물체가 두 개의 위치에 동시에 존재한다는(혹은 슈뢰딩거의 고양이 역설에서 동물이 살아있으면서 동시에 죽은) 생각은 어리석은 것이다. 왜 거시적인 물체는 친숙한 고전적인 물리법칙을 따르고, 미시적인 물체는 양자역학의 괴상한 법칙을 따르는 것일까? 짐작건대, 야구공을 시애틀에서 샌프란시스코까지 늘여 놓은 상태로 둘 수 있으면, 그것의 파동함수는 특정한 위치에 국한되는 상태로 빠르게 변형될 것이다. 어떤 과정을 통해 이렇게 될까? 임의의 충돌입자(아마도 빅뱅으로 만들어진 광자들)와 여러 번 상호작용하여 '측정'의 과정을 구성하면서 그 파동함수는 붕괴될 것이다. 그러나 그 자세한 사항은 좌절감을 느낄 정도로 규명하기 어렵다.

시간에 영향을 받지 않는 퍼텐셜의 슈뢰딩거 방정식에 대해서 두 종류의 해를 살펴보았다. 그 두 가지는 불연속적인 음의 에너지에서 속박 상태(정규화 가능한)와, 연속적인 양의 에너지에서 산란 상태(정규화 불가능한)였다. 세 번째 중요한 경우가 있는데, 이것은 결정격자처럼 주기적인 퍼텐셜 $V(x + a) = V(x)$를 가지는 경우에 나타난다. 이 경우에 스펙트럼은 가능한 에너지의 연속체가 금지된 틈으로 분리된 띠를 형성한다. 이러한 띠구조가 고체의 성질을 설명하는 데 결정적인 역할을 하며, 현대 전자공학의 근본을 이루고 있다.

하지만 우리는 극소수의 양자 문제만 정확하게 풀 수 있기 때문에, 수많은 효과적인 근사법이 개발되었다. 그중 몇 가지 예를 들어보겠다.

변분원리. 해밀토니언 $\hat{H}$의 가장 작은 고윳값은 어떤 정규화된 상태 $|s\rangle$에서도 $\hat{H}$의 기댓값보다 작거나 같다.

$$E_0 \leq \langle s|\hat{H}|s\rangle \tag{18}$$

한 체계의 바닥상태 에너지에서 상계를 구하기 위해 임의의 (정규화된) 벡터 $|s\rangle$를 선택하고 그 상태에서 $\langle s|\hat{H}|s\rangle$를 계산한다. 만약 우리가 선택한 '실험 상태'가 실제 바닥상태와 어떤 유사성을 가지고 있으면, 보통 꽉 찬 상계를 얻는다. 전형적인 응용에서 선택된 실험 상태는 조절할 수 있는 매개변수를 가지고 있고, $\langle\hat{H}\rangle$를 최소화하기 위해 그 값을 정할 수 있다. 예를 들어, 헬륨의 결합에너지는 이런 방법으로 계산될 수 있고, 실험으로 얻은 값과 8개의 유효숫자보다 더 정확하게 일치한다.

시간에 영향을 받지 않는 섭동 이론. 어떤 해밀토니언(시간에 영향을 받지 않는) H의 고유상태 $\{|n\rangle\}$과 고윳값 $\{E_n\}$을 알고 있다고 하자. 이제 그 해밀토니언을 $H \to H + H'$으로 약간 섭동시킨다. 이때 n번째 고윳값의 변화는 섭동되지 않은 상태 $|n\rangle$에서 $\hat{H}'$의 기댓값과 근사적으로 같다.

$$\Delta(E_n) \approx \langle n|\hat{H}'|n\rangle \tag{19}$$

예를 들면, 수소의 미세구조는 이 방법으로 식 (14)의 파동방정식에서 시작하여 매우 정확하게 계산할 수 있다.

시간에 영향을 받는 섭동 이론. 다시 어떤 시간에 영향을 받지 않는 해밀토니언의 고유상태와 고윳값을 알고 있다고 하고, 시간에 영향을 받는 작은 섭동 $H'(t)$를 작동했다고 하자(잠시 동안). 상태 $|n\rangle$에서 상태 $|m\rangle$으로의 전이율(단위 시간당 확률)은 무엇인가? 그 답은

$$R_{n\to m} = \frac{2\pi}{\hbar}|H'_{mn}|^2\rho(E_m)$$

이다. 여기에서 $H'_{mn} \equiv \langle m|\hat{H}'|n\rangle$은 전이에 대한 **행렬원소**라고 하고, ρ는 **상태 밀도**(단위 에너지당 상태의 개수)이다. 페르미는 이 식을 **황금률**이라고 불렀다. 예를 들면, 황금률은 들뜬 상태의 수명을 계산하는 데 사용되었다.

두 가지 중요한 관점에서 양자역학은 종결되는 이론이 결코 아니다. 첫째는 슈뢰딩거 방정식이 특수상대론과 불일치한다는 것이다. 슈뢰딩거 방정식은 미분방정식으로서 x에 관해서는 2계이지만 t에 관해서는 1계이다. 반면에, 상대론은 그것들을 동등하게 다룰 것을 요구한다. 디랙은 스핀 $\frac{1}{2}$인 입자에 관해서 자기 이름과 같은 상대론적 방정식(**디랙 방정식**[III.9])을 소개했고, 다른 사람들도 그 뒤를 따랐다(클라인(Klein)-고든(Gordon)이 스핀 0에 대하여, 프로카(Proca)가 스핀 1에 대하여 등). 두 번째로 우리가 **입자**를 양자역학적으로 다루었지만, **장**을 양자역학적으로 다루지는 않았다는 것이다. 예를 들어, 수소 원자에서 전기적 퍼텐셜 에너지는 고전적인 정전기학에서 가져온 것이다. 따라서 완전히 일관성이 있는 이론에서는 장도 양자화되어야 한다. 전

자기장의 양자를 광자라고 한두 번 사용했지만, 양자역학에서는 없는 말이고 양자장 이론(구체적으로는 **양자 전기역학**)에 속해 있는 말이다. 기본 입자의 **표준 모델**에서 중력을 제외하고 모든 상호작용은 상대론적 양자장 이론에 의해 성공적으로 다룰 수 있다. 그러나 양자역학과 **일반상대론**[IV.40](아인슈타인의 중력이론)을 완전히 일관성 있게 통합한 모델은 아직 존재하지 않는다.

더 읽을거리

Cohen-Tannoudji, C., B. Diu, and F. Laloe. 1977. *Quantum Mechanics*. New York: John Wiley.

Griffiths, D. J. 2005. *Introuduction to Quantum Mechanics*, 2nd edn. Upper Saddle River, NJ: Pearson.

Merznacher, E. 1998. *Quantum Mechanics*, 3rd edn. New York: John Wiley.

Townsend, J. S. 2012. *A Modern Approach to Quantum Mechanics*, 2nd edn. Herndon, VA: University Science Books.

IV.24 랜덤 행렬 이론

조나단 피터 키팅 *Jonathan Peter Keating*

1 서론

선형대수와 선형방정식계의 분석은 응용 수학에서 중심적인 역할을 한다. 예를 들어 **양자역학**[IV.23]의 관찰대상은 선형작용소에 의해 표현되는 선형 파동이론이고, 전자기학, 음향학, 수면파에서는 선형 모형이 본질적이며, 안정성 분석에서도 선형화가 중요하다. 외부에서 힘이 확률적으로 가해지거나 지속적으로 자기 스스로 불안정성을 생성하는 등의 이유로 인하여 선형방정식계가 본질적으로 복잡할 때에는, 통계학적으로 모형화하여 수학적인 기술에서 나타나는 행렬의 원소들을 어떤 의미로 무작위적이라고 가정하는 것이 자연스럽다. 이것은 복잡한 동역학계의 긴 궤적의 통계학적 특성이 에르고딕성과 혼합의 개념에 의해 통계학적으로 모형화되는 방식과 철학적으로 유사하다. 한 예로 고전 동역학이 통계학적 역학에 의해 모형화될 때, 즉 뉴턴의 운동방정식과 같은 방정식의 해의 통계학적 성질을 비슷한 궤도를 갖는 전체를 분석함으로써 에르고딕성(시간 평균이 적절한 범위 안에 있는 앙상블의 평균과 같다)의 개념을 이용하여 추정할 때를 들 수 있다.

이것이 랜덤 행렬의 특성을 살펴보아야 하는 중요한 동기를 부여해 준다. 그러나 이밖에도 다른 예들이 많이 있다. 선형대수와 확률 모형은 수학에서 기초적인 역할을 수행하고 있고, 따라서 이 둘이 수학 생물학, 금융 수학, 고에너지 물리, 응축 물질 물리, 수치 해석, 뇌 과학, 통계학, 무선 통신 등 광범위한 응용분야에서 결합한다는 것은 놀랄 만한 일이 아니다.

위에 열거한 많은 예에서 행렬 형태로 쓸 수 있는 선형방정식계를 얻을 수 있다. 그리고 그 행렬이 정방행렬인 경우에는 고유치나 고유벡터에 관심이 있을지도 모른다. 예를 들어 어떤 이는 스펙트럼의 범위를 알고 싶어 하거나, 그 범위 안에서의 밀도를 알고 싶어 하거나, 고유치의 위치의 변동이나 상호 관계의 특성을 알고 싶어 할 수 있다. 반면에 어떤 이는 행렬의 조건 수나 특성 다항식을 통해 얻는 어떤 값을 추정하길 원할지도 모른다.

만일 그 행렬이 어떤 특수한 특성을 갖고 있지 않다면, 즉 항들에 어떤 간단한 규칙이 적용되지 않는다면, 행렬이 어떤 적절한 부류에 속하는 전형적인 구성원처럼 행동하는지 아닌지를 고려하는 것이 자연스럽다. 이 역시 랜덤 행렬 즉 원소들이 랜덤 변수인 행렬에 대한 연구의 동기가 된다.

랜덤 행렬 이론의 기본적인 형식은 행렬들의 공간 X에 확률 $P(X)$가 주어진다. 이를 행렬 **앙상블**이라 한다. 우리는 여기서 차원이 N인 정방행렬에 초점을 맞출 것이다. 이러한 상황에서 고유치와 고유벡터의 확률분포나 다른 관심 있는 양을 찾을 수 있다. 많은 경우, $N \to \infty$일 때, 주어진 행렬의 스펙트럼 평균이 확률 1로 앙상블 평균과 일치함을 증명할 수 있다는 것이 하나의 동기부여가 될 수 있다.

다음은 이러한 행렬 앙상블의 예이다.

- X를 $N \times N$ 행렬로서 원소 X_{mn}이 실수나 복소수이고 $X_{mn} = \bar{X}_{nm}$을 만족하는 행렬이라고 하자(따라서 실수 대칭 행렬이거나 복소 에르미트 행렬이다). $n < m$에 대하여, X_{nm}을 평균이 0인 실수 또는 복소수의 독립적인 랜덤 변수라 하고, X_{nn}을 독립적이고 동일하게 분포되어 있고 중앙에 있는 실수의 랜덤 변수라고 하면, $P(X)$는 $P(X) = \prod_{m \le n} P_{mn}(X_{mn})$으로 인수분해된다. 이것은 **위그너(Wigner) 랜덤 행렬** 앙상블을 정의한다.
- X를 $N \times N$ 실수 대칭행렬이라 하자. 만일 X의 모든 직교 변환에 대해 확률의 측정이 변하지 않는다면, 즉 모든 직교($OO^{\mathrm{T}} = I$) 행렬 O에 대해 $P(OXO^{\mathrm{T}}) = P(X)$가 성립하면 이 앙상블을 **직교 불변**이라 부른다.
- X를 $N \times N$ 복소 에르미트 행렬이라 하자. 만일 모든 유니타리 변환에 대해 확률 측정이 변하지 않는다면, 즉 모든 유니타리($UU^{\dagger} = I$) 행렬 U에 대하여 $P(UXU^{\dagger}) = P(X)$가 성립하면 이 앙상블을 **유니타리 불변**이라 부른다.
- **가우스 직교 앙상블(GOE)**은 위그너 랜덤 행렬의 유일한 직교 불변 앙상블이다. 이것은 $P(X) \propto \exp(-\frac{1}{4}\mathrm{Tr}X^2)$이다. 유사하게 **가우스 유니타리 앙상블(GUD)**은 위그너 랜덤 행렬의 유일한 유니타리 불변 앙상블이다. $P(X) \propto \exp(-\frac{1}{2}\mathrm{Tr}X^2)$이다.
- 무작위적인 $N \times N$ 행렬의 가장 일반적인 부류는 행렬의 원소 X_{mn}이 실수 또는 복소수로서 독립적인 균일 분포 랜덤 변수로, 예를 들어 평균이 0이고 분산이 1인 경우에 해당한다. 이러한 랜덤 변수가 가우스 분포를 가지면 행렬은 잘 알려진 **지니브레(Ginibre) 앙상블**을 형성한다.
- **순환 앙상블**은 $N \times N$ 유니타리 행렬들의 모든 직교 변환(COE) 또는 유니타리 변환(CUE)에 대한 확률 측정이 불변인 경우에 해당한다. COE의 행렬은 유니타리이고 대칭이다. 그 대신에 전통적인 콤팩트 군(예를 들어 $N \times N$ 직교행렬들을 포함하는 직교 군 $\mathrm{O}(N)$ 또는 CUE와 일치하는 유니타리 군 $\mathrm{U}(N)$, 또는 심플레

틱 군 Sp(2N))에 대한 하르(Haar) 척도(군 액션에 불변인 척도)에 해당하는 앙상블을 생각할 수 있다.

- X를 $N \times k$ 행렬로서 평균이 0인 k-변수 정규분포에서 각 행이 독립적으로 유도되었다고 하자. **위샤르트**(Wishart) **앙상블**은 행렬 $X^{\mathrm{T}}X$에 해당한다.

이러한 예들 외에도 중요한 것이 많이 있지만 -원소가 사원수이거나 추가적인 구조(추가적인 대칭성하에서 불변)를 갖는 랜덤 행렬을 정의할 수도 있다- 다양하고 일반적인 질문과 주제를 설명하는 데에는 충분할 것이다.

첫 번째, 위에서 제시한 랜덤 행렬의 앙상블들 중 어느 것이든 그 고유치는 어떻게 되는지, 고유치의 평균 밀도는 무엇인지와 같은 질문을 할 수 있다. 예를 들어 고유치가 실수인 앙상블에서 주어진 구간 안에 평균적으로 얼마나 많은 고유치가 있으리라고 기대하는가? 특히 행렬의 크기가 무한대로 커질 때 수렴하는 고유치 밀도가 있는지 물을 수 있다.

두 번째, 고유치 분포에서 평균을 중심으로 한 변동을 이해하기 위해 노력할 수 있다. 예를 들어 특정 길이의 구간 내에 기대되는 고유치의 개수가 k라고 할 때, 앙상블 내의 다른 행렬들에 대해 구간 내의 실제 개수의 분포는 무엇인가? 다시, 행렬의 크기가 무한대로 커질 때 수렴하는 분포가 있을 것인가? 또는 비슷하게, 이웃한 고유치 사이의 차이가 평균을 중심으로 어떻게 변동할 것인가? 어쨌든 고유치가 평균의 위치와 어떤 상호 관계가 있을까? 앙상블에 대한 다른 함수들은 어떻게 분포되어 있을까? 예를

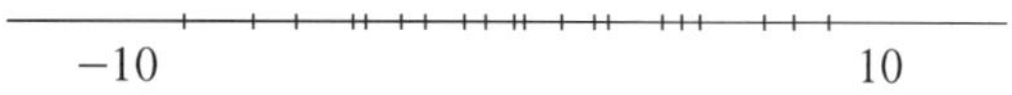

그림 1 차원 $N = 20$인 랜덤하게 선택된 복소 에르미트(GUE) 행렬의 스펙트럼.

들어 행렬의 특성 다항식, 트레이스, 조건수, 가장 크거나 가장 작은 고유치의 크기는?

세 번째, 이러한 문제들에 대한 해답이 앙상블의 정의에 포함된 확률 척도의 구체적인 선택과 포함된 행렬의 대칭성(만일 있다면)에 의존하고 있는가? 만일 이들이 확률 척도의 선택에 의존한다면 어떻게 의존하고 있는가? 확률 척도 중에서 적절한 제한조건 내에서 **보편적**이라고 부를 수 있을 만한 것이 있는가? 선택한 확률 척도가 어떤 의미에서 정확하게 풀린다고 할 수 있는가?

네 번째, 이러한 문제에 대한 해답을 응용문제를 해결하는 데 어떻게 이용할 수 있을 것인가?

이 글에서 우리의 목표는 이러한 주제들에 대한 개괄적인 소개를 하는 것이다.

관련 이론에 대한 동기부여를 주고 그 이론을 설명하기 위해서 수치적인 계산 결과와 함께 이론을 예상하는 것이 도움이 될 것이다. 그림 1은 행렬의 각 원소를 독립적으로 선택하여 채워 정규 랜덤 변수를 생성함으로써 GUE에서 무작위로 뽑은 차원이 $N = 20$인 복소 에르미트 행렬에 대해 스펙트럼을 보여 준다. 이를 보면 스펙트럼이 가장자리보다는 중심에서 밀도가 높고 고유치가 서로 가깝게 붙지 않음을 알 수 있다.

이러한 점을 보다 잘 설명하기 위해 그림 2는 차원이 $N = 500{,}000$인 GUE 행렬의 스펙트럼 척도(즉, 국소 고유치 밀도; 아래의 등식 1참조)와 $\sqrt{N}$

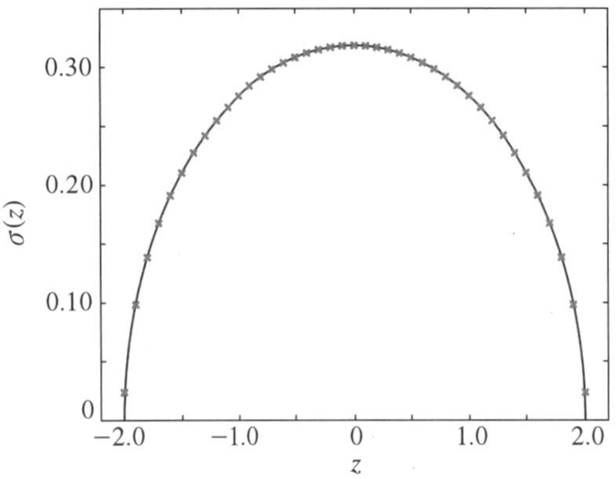

그림 2 차원 $N = 500{,}000$인 GUE 행렬의 스펙트럼 척도(즉, 고유치 밀도(식 1참조))로 고유치를 $\sqrt{N}$으로 나눔(X 표시). 이 곡선은 이후에 기술되는 랜덤 행렬 이론에서 설명된다.

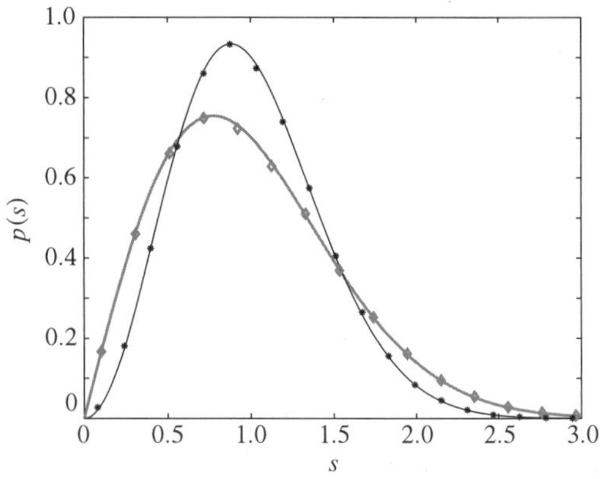

그림 4 그림 2에서 표시된 GUE 스펙트럼을 위한 이웃한 고유치 사이의 간격의 확률 밀도(*, 검은색 실선)와 같은 차원의 대응하는 GOE 행렬에 대한 분포(다이아몬드, 회색 실선)로 고유치의 간격의 평균이 1이 되도록 크기를 조정하였다. 두 개의 곡선은 이후에 기술되는 랜덤 행렬 공식에 따라 그린 것이다.

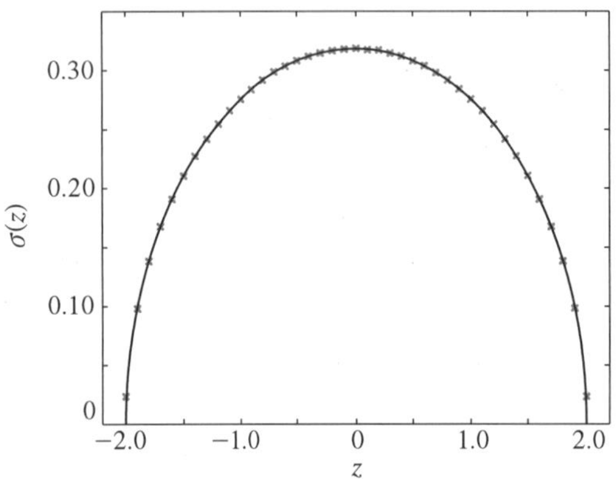

그림 3 차원 $N = 500$인 GUE 행렬 2×10^6개에 대한 스펙트럼 척도의 평균으로 고유치를 $\sqrt{N}$으로 나눔(X 표시). 이 곡선은 이후에 기술되는 랜덤 행렬 이론에서 설명된다. 사실 이 둘은 서로 다른 그림에도 불구하고, 이 데이터를 보면 그림 2와 거의 같음을 알 수 있다(7절 참조).

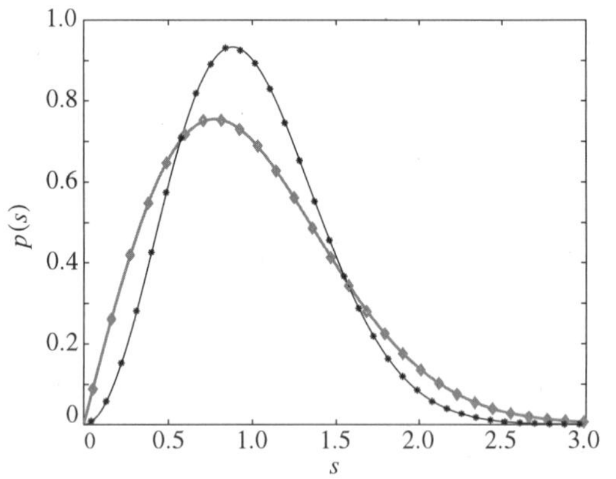

그림 5 그림 3에서 표시된 GUE 스펙트럼을 위한 이웃한 고유치 사이의 간격의 확률 밀도(*, 검은색 실선)와 차원 $N = 500$의 GOE 행렬 2×10^6개에 대한 대응하는 분포(다이아몬드, 회색 실선)로 고유치의 간격의 평균이 1이 되도록 크기를 조정하였다. 사실 이 둘은 서로 다른 그림에도 불구하고, 이 데이터를 보면 그림 4와 거의 같음을 알 수 있다(7절 참조).

으로 나눈 고유치 간의 그래프를 보여 준다. 그림 3은 위와 비슷한 그래프로 $N = 500$인 행렬 2×10^6개에 대해 평균 계산된 스펙트럼을 보여 준다. $\sqrt{N}$으로 나눈 다음 이 스펙트럼들을 보면 -2와 $+2$ 사이에 위치함을 알 수 있고, 개별 행렬에 대한 그림이 많은 수의 행렬들에 대한 평균과 매우 유사함을 알 수 있고(사실, 사용된 규모에서 그림 2와 그림 3은 구별이 잘 안 될 정도이다), 고유치 밀도가 이후에 설명할 랜덤 행렬에 대한 분석적 계산의 결과에 의해 잘 설명되는 간단한 형태(곡선으로 나타난다)를 나타냄을 알 수 있다. 이와 유사하게, 그림 4와 5는 이웃한 고유치 사이의 차이에 대한 확률밀도를 보여 주는데, 단위 평균 분리(아래 참조)를 갖도록 규모를 조정하였으며, 차원 $N = 500{,}000$인 개별 GOE 또는 GUE 행렬과 차원 $N = 500$인 GOE와 GUE 행렬들의 평균을 보여 주고 있다. GOE와 GUE 모두의 예에서 고유치의 차이가 작을 때 즉, 고유치가 서로 잡아당기고 있는 것처럼 행동할 때의 확률밀도는 0에 가까워진다. 두 앙상블 사이의 밀어내는 정도는 다름에 유의하기 바란다. 다시 한 번 이 그림들 또한 이후에 설명될 해석적인 랜덤 행렬 계산의 결과를 잘 보여 준다.

2 역사

랜덤 행렬 이론의 시작은 위샤르트에 의한 다변수 통계학으로 되돌아가는데, 그는 1928년 다변수 정규분포의 공분산행렬의 최댓값을 추정하는 계산에서 위샤르트 앙상블을 도입하였다. 위샤르트는 농업 연구 기관인 로담스테드 실험소에서 근무하였다.

이 분야의 가장 중요한 발전들 중 많은 것들이 1950년대 핵 물리학과 연관된 위그너(Wigner)의 생각에서 자극받았다. 위그너는 무거운 원자핵들의 에너지 준위의 통계학적 분포를 모형화하는 데 관심이 있었다. 그는 위그너 앙상블과 불변 가우스 앙상블을 도입하였으며, 이들에 대한 평균 고유치 밀도를 계산하였고, 이웃한 고유치 사이의 거리의 분포에 대한 스펙트럼 상호연관성을 조사하기 시작하였다. 무거운 원자핵에 초점을 맞추어 위그너는 매우 높은 자유도를 갖는 시스템인 다체(many-body) 양자 시스템으로의 응용을 염두에 두었다.

1960년대 위그너의 프로그램은 체계적인 수리물리학으로 발전하였는데, 다이슨(Dyson), 고댕(Gaudin), 메타(Mehta)가 가우스 앙상블과 순환 앙상블에서의 고유치 통계를 계산하는 기법을 발전시켰고 마르첸코(Marcenko)와 파스투르(Pastur)가 위샤르트 앙상블의 분석을 확장하였다.

랜덤 행렬 이론을 자유도가 낮은 시스템에 적용하려는 아이디어는 1970년대 말에서 1980년대 초반 베리(Berry)와 보히가스(Bohigas) 및 그들의 동료의 연구에서, 복잡도가 내부 동역학에 의해 발생하는 양자 카오스 분야에서 나타났다. 이때의 아이디어는 이렇다. 시스템의 고전 역학이 혼동 상태이면 양자 역학은 준고전적인 한계(드브로이 파장이 0으로 수렴하는 한계)에서 나타나는데 대응하는 행렬의 원소가 마치 랜덤 변수처럼 행동한다. 같은 논리를 필요한 부분만 약간 수정하여 광학, 음향학과 같은 기타 파동 이론에 즉각 일반화할 수 있다.

1990년 이후로 랜덤 행렬 이론에 대한 관심은 양자장 이론, 고에너지 물리, 응축 물질 물리, 레이저, 생물학, 금융학, 성장 모형, 무선 통신, 정수론과 같은 주제와 연결되어 급속히 증대되었다. 또한 보편성을 증명하고 적분가능한 시스템의 이론들 사이에 연관성을 수립하는 데 상당한 발전이 있어 왔다.

3 고유치 밀도

고유치가 실수인 행렬 앙상블의 경우(예: 에르미트 또는 실수 대칭 행렬), 주어진 구간 안에 얼마나 많은 고유치가 존재하는지 물을 수 있다. 먼저 $N \times N$ 위그너 랜덤 행렬 X를 생각해 보자. 행렬의 원소가 유한 이차 모멘트를 갖는 경우 고유치 $\lambda_i^N(X)$는 매우 높은 확률로 $\sqrt{N}$ 정도의 크기를 갖는다. 이 사실은 그림 2와 그림 3에 잘 나타나 있다. 따라서 스펙트럼 척도를 다음과 같이 정의할 때,

$$\Lambda_N(z; X) = \frac{1}{N}\sum_{n=1}^{N}\delta\left(z - \frac{\lambda_i^N(X)}{\sqrt{N}}\right) \qquad (1)$$

여기서 $\delta(x)$는 디랙(Dirac)의 델타 함수이고, ($\sqrt{N}$에 의해 정규화한) 고유치가 구간 $[a, b]$ 사이에 위치할 확률은

$$\frac{1}{N}\#\{n: \lambda_i^N(X) \in \sqrt{N}[a, b]\} = \int_a^b \Lambda_N(z; X)\,\mathrm{d}z$$

이다. $N \to \infty$일 때 Λ_N은 분포적인 의미에서 z의 극한 함수로 수렴한다. 특별히 Λ_N은 다음 식에 의해 주어지는 **반원의 법칙** σ에 약하게 수렴한다.

$-2 \le z \le 2$일 때

$$\mathrm{d}\sigma(z) = \frac{1}{2\pi}\sqrt{4 - z^2}\,\mathrm{d}z,$$

이고 $|z|>2$일 때 0.

이것은 처음에 1955년 위그너가 행렬 원소의 모든 모멘트가 유한이라는 가정하에 확률적인 수렴을 위해 수립하였다. 그러나 이것은 행렬 원소가 유한의 이차 모멘트를 갖는다는 조건하에 거의 확실히 수렴하도록 수정되었다. 이 반원의 법칙은 그림 2와 그림 3에 그려진 곡선이다.

일반적인 위그너 행렬의 경우 X의 거듭제곱의 트레이스의 모멘트를 생각함으로써 반원의 법칙을 수립할 수 있다. GOE와 GUE의 특별한 경우에 척도의 불변성에 기반을 둔 기법을 이용하여(아래 참조) 수렴 비율의 정확한 추정치를 얻을 수 있다. 기타 불변 앙상블의 경우에도 극한 밀도를 수립할 수는 있지만 보통 이것은 반원의 형태가 아니고 특정한 확률 형태로부터 계산할 수 있다.

많은 응용에서 핵심적인 역할을 수행하는 위샤르트 앙상블과 그 일반화에 대해서 위그너의 반원의 법칙과 유사한 **마르첸코-파스투르 법칙**이 있다.

고전적인 콤팩트 군에서 온 순환 앙상블과 행렬에는 반원의 법칙과 유사한 것이 있는데, 큰 행렬 극한에서 고유치가 단위원 위에서 균일한 밀도를 갖는다(원 위에서 이들은 유니타리성에 의한 제한을 받는다).

에르미트 행렬이 아닌 경우 복소평면에서 고유치의 밀도를 위한 비슷한 계산을 할 수 있다. 예를 들어 지니브레 앙상블의 경우, 고유치 $\lambda_i^N(X)$를 $\sqrt{N}$으로 나누면 단위원 위에서 균일 척도에 의해 주어지는 극한 밀도를 갖는다.

4 결합 고유치 분포

랜덤 행렬 X의 고유치 $\lambda_i^N(X)$에 대해 극한 밀도들 묻는 것보다 더욱 정교한 질문은 복소평면상의 한 부분집합 S에 놓일 확률을 묻거나, 또는 실수로 제한될 경우 실수 축 위의 S에 놓일 확률을 묻는 것과 관련되어 있다. 명확함을 위해 우리는 후자에 초점을 맞추기로 한다. 그러면 이 문제는 본질적으로 첫 번째 고유치가 구간 $(x_1, x_1 + \mathrm{d}x_1)$에 놓일 확률, 두 번째 고유치가 구간 $(x_2, x_2 + \mathrm{d}x_2)$에 놓일 확률, 세 번째 고유치가 구간 $(x_3, x_3 + \mathrm{d}x_3)$에 놓일 확률 등을 계산하는 것이 된다. 일반적으로 이 확률은 유용한 형태로 유도하기 힘들다. 그러나 불변 앙상블의 경우 계산할 수 있다. 아이디어는 행렬의 원소에 의

해 정의된 확률 척도를 고유치와 고유벡터에 대해 다시 표현하는 것이다. 불변 앙상블에서 고유벡터에 대한 의존성은 곧바로 통합할 수 있으며 남은 것은 고유치에 대한 의존성이다. 결과는 방데르몽드(Vandermonde) 행렬식 인수 $|\det(V)|^{\beta}$의 곱에 비례하는데 $V_{ij} = x_i^{j-1}$이며 따라서

$$|\det(V)|^{\beta} = \prod_{1 \leq i < j \leq N} |x_j - x_i|^{\beta}$$

이고 인수 $w(x_1, \cdots, x_N)$은 행렬과 연관된 확률 척도의 정확한 형태로부터 얻는다. 여기서 직교 불변 앙상블(예: GOE)의 경우 $\beta = 1$이고, 유니타리 불변 앙상블(예: GUE)의 경우 $\beta = 2$이다. (사원수 행렬의 경우 $\beta = 4$이다.) 방데르몽드 인수는 행렬 원소에서 고유치로의 변수 치환과 연관된 야코비안으로부터 얻는다. 가우스 앙상블의 경우 가중치 인수는 $w = (x_1, \cdots, x_N) = \exp(-\frac{1}{4}\beta\sum_{n=1}^{N} x_n^2)$이다. 지니브레 앙상블의 경우 비슷한 결과를 갖지만 고유치가 일반적으로 복잡하다. 고유치가 단위원 위에 놓인 순환 앙상블의 경우, 방데르몽드 인수는 $\prod_{1 \leq i < j \leq N} |e^{i\theta_j} - e^{i\theta_i}|^{\beta}$의 형태를 가지며 가중치 인수 w는 상수이다. 위샤르트 앙상블에 대한 결합 고유치 분포는 비슷한 구조를 지니고 있으나 고유치가 음이 아니라는 사실 또한 반영하고 있다.

앞의 문단에서 설명한 결합 고유치 분포 함수의 구조 중 가장 중요한 결과는 아마도 랜덤 행렬의 고유치가 마치 서로를 밀쳐내는 것처럼 행동한다는 사실일 것이다. 이는 방데르몽드 인수로부터 알 수 있는데, 어느 두 개의 고유치가 서로 가까워지면 이 값은 사라지고, 이들의 분리가 줄어들면서 한 쌍의 고유치가 가까워질 확률은 0으로 사라진다. 중요한 점은 0으로 사라질 확률은 (곱해지는 가중치 인수를 결정하는) 확률 척도의 자세한 형태에 의존하지 않고 (β값에 의한) 행렬 앙상블의 대칭성에만 의존한다는 것이다. 반대로 독립적인 난수의 경우 $\beta = 0$이고 이러한 행동을 공유하지 않는다.

불변 앙상블에 대한 결합 고유치 분포 함수의 공식들의 핵심 요소 중 하나는 이들이 행렬식과 같은 구조를 갖는다는 점이다. 이것이 고유치의 통계학적 분포 분석의 출발점이다. 핵심적인 아이디어는 V의 행과 열의 선형 결합을 형성함으로써, (앙상블에 의존하는) 가중치 w에 대해 **직교하는**[II.29] 변수 x_n의 다항식을 생성할 수 있다는 것이다. 이것은 정확하게 또는 점근적으로 종종 결합 고유치 분포 함수를 포함하는 적분을 계산하도록 하고 있다. GUE의 경우 어떠한 행렬 크기 N에 대해서도 쉽게 계산될 수 있다(이 경우 다항식은 전통적인 에르미트 다항식이 된다). GOE는 보다 정교한 분석을 필요로 하는데, 이 역시 어떠한 행렬 크기에 대해서도 개발될 수 있다. 두 경우에서 모두 결합 고유치 분포 함수 중 하나를 제외한 모든 변수에 대해 적분하는 접근 방법으로 반원의 법칙을 얻을 수 있다. CUE와 COE 역시 이러한 방식으로 분석할 수 있다. 보다 일반적인 불변 앙상블의 경우 직교 다항식의 발생이 전통적이지 않으며 유한 행렬 크기를 정확하게 계산하기도 어렵다. 그러나 큰 N에 대한 점근적 해는 **리만-힐베르트 문제**에 대한 최급강하 분석을 적용하여 계산할 수 있다.

5 고유치 통계

랜덤 행렬 이론의 중심이 되어 왔던 주제 중 하나는 $N \to \infty$에 따라 잘 정의된 극한을 갖는 통계학적 척도를 찾는 것이다. 여러 앙상블을 비교하고, 또 주어진 앙상블의 여러 스펙트럼 부분을 비교하기 위해 고유치의 규모를 조정하여 (또는 **펼쳐서**) 가장 가까운 이웃과의 거리의 평균값이 1이 되도록 만드는 것은 자연스러운 생각이다. 만약에 평균 고유치 밀도를 $\rho(\lambda)$로 표시하면 (예를 들어 가우스 앙상블의 경우 이것은 $-2\sqrt{N} \le \lambda \le 2\sqrt{N}$ 범위에서 반원의 법칙이 될 것이다) 규모가 조정된 고유치 $\tilde{\lambda}_i^N(X)$는 다음 식에 의해 주어진다.

$$\tilde{\lambda}_i^N(X) = N\int_{-\infty}^{\lambda_i^N(X)} \rho(\lambda)\,\mathrm{d}\lambda$$

그 다음에 규모가 조정된 고유치 사이의 거리의 확률분포, 고유치 쌍(또는 보다 일반적인 n-순서쌍), 그리고 고유치 분포의 보다 별난 척도 등의 계산을 찾을 수 있다.

불변 앙상블에 대하여 직교 다항식의 방법을 사용한 결합 고유치 분포 함수로부터 고유치 통계를 계산할 수 있다. 예를 들어 스펙트럼의 대부분(예를 들어 GOE 및 GUE의 경우 -2와 $+2$와 같은 모서리를 제외한)에 있는 규모가 조정된 고유치의 쌍에 대한 상관관계 함수는 변수의 두 값을 제외한 전 구간에서 적분함으로써 계산할 수 있다. 그 결과는 위에서 논의한 고유치 밀어내기를 요약하는데, 서로 가까운 고유치 쌍을 찾을 확률은 분리성으로 인해 0으로 사라지며, 어떤 면에서는 앙상블의 대칭성에 의해 결정된다. 규모 조정된 n개 순서쌍을 포함한 고차의 상관관계 함수 역시 같은 방식으로 계산할 수 있다.

중요하게 모든 상관관계 함수는 행렬식 형태로 표현할 수 있다. 이 상관관계 함수로부터 조합론적 계산을 통해, 주어진 간격 안에 대부분의 스펙트럼에서 가장 가까운 이웃 고유치가 있을 확률을 유도할 수 있다. 그 결과는 프레드홀름(Fredholm) 행렬식이나 **팽르베 방정식**[III.24]의 해로 표현할 수 있다. 규모 조정된 고유치에 대해 거리 s 이내에서 가장 가까운 이웃을 발견할 확률은 s^{β}으로서, 직교 불변 앙상블(예: GOE)의 경우 $\beta = 1$이고 유니타리 불변 앙상블(예: GUE)의 경우 $\beta = 2$이다. 이것은 상관관계가 없는 (즉, 푸아송 과정에 의해 생성되고, 고유치처럼 펼쳐진) 난수 사이의 간격과는 대조적인데, 그 경우 대응하는 확률이 e^{-s}이 되어 $s \to 0$일 때 증가한다. GOE 및 GUE의 간격 분포는 그림 4와 그림 5에 그려져 있다.

상관관계 함수로부터 보다 긴 범위의 스펙트럼 변동을 특징지을 수 있다. 예를 들어 길이 L의 구간이 주어지면 평균적으로 L 규모 조정된 (즉, 펼쳐진) 고유치를 발견하리라 기대할 수 있다. 각각의 행렬에 대해 실제 수는 L 주위에서 변동한다. 랜덤 행렬에 대해 이러한 변동의 분산은 $L \to \infty$임에 따라 $\log L$에 비례하는 반면 상호관계가 없는 난수의 경우 분산이 L이 된다. 랜덤 행렬의 경우에 분산이 훨씬 작다는 것은 스펙트럼에서 구별되는 **견고성**을 설명해 준다.

가우스 앙상블의 경우 스펙트럼 통계를 모든 크기의 행렬에 대해 분명하게 계산할 수 있다. 그 계산식은 커다란 행렬의 경우 상당히 간소화된다. 극한에서 나타나는 표현은 같은 대칭성 유형, 즉 구체적인 확률 가중치 부여(평균 밀도와는 달리 이러한 것에 대한 의존성은 스펙트럼을 펼침으로써 상쇄된다)에 의존하지 않는 유형의 불변 앙상블에 대해 보편적이다.

이러한 보편성은 불변 앙상블을 넘어 위그너 랜덤 행렬로 확장되는데, 이것은 커다란 행렬에서 행렬 원소의 분포에 대한 구체적인 선택과는 독립적으로 불변 앙상블과 같은 스펙트럼 통계를 갖는다. 이 경우 직교 다항식의 방법을 적용할 수 없으며 결과를 얻기 위해 간접적으로 위그너 행렬의 스펙트럼 통계가 특정 GOE/GUE 행렬의 것과 충분히 가깝다는 것을 증명한다.

불변 앙상블 및 위그너 앙상블의 보편성을 증명하는 것이 지난 20년 동안 발전한 가장 중요한 주제 중 하나이다. 또 하나의 중요한 발전은 스펙트럼의 끝에서의 고유치 통계를 결정하는 것이다. 예를 들어 GOE/GUE 행렬의 가장 큰 고유치의 분포를 결정할 수 있다. 일반적으로 이것은 반원의 법칙이 적용되는 범위의 상한에 가깝게 위치한다. 그 다음 문제는 규모와 이 지점을 중심으로 하는 변동의 특성을 설정하는 것이다. 트레이시(Tracey)와 위덤(Widom)이 이 문제를 풀었는데, 그들은 문제의 분포가 팽르베 등식의 해에서도 주어진다는 것을 증명했다.

6 특성 다항식

스펙트럼 통계의 표현 방법을 대체하는 방법으로 랜덤 행렬의 특성 다항식의 값 분포에 의한 방법이 있다. 예를 들어 X가 $N \times N$ 유니타리 행렬이면 그 특성 다항식을 $p(s\,;X) = \det(Is - X)$로 나타낼 수 있다. X의 고유치는 이 다항식의 근이고, 유니타리의 성질에 의해 복소 s-평면의 단위원 위에 놓인다. 이 단위원 위에서 예를 들면 $|p(s\,;X)|$에 대해, $p(s\,;X)$를 고유치에 대한 곱으로 나타내고 결합 고유치 분포를 이용하여 이를 적분함으로써 CUE에 있는 X의 평균에 대한 모멘트를 결정할 수 있다. 놀랍게도 문제의 다중적분은 셀베르그(Selberg)가 계산한 적분에 연관지음으로써 정확하게 계산할 수 있다. 이러한 모멘트로부터 $\log p(s\,;X)$의 실수 및 허수 값은 $(\frac{1}{2}\log N)^{1/2}$으로 나누면 $N \to \infty$에 따라 서로 독립이고 (평균이 0이고 분산이 1인) 정규분포를 이룸을 증명할 수 있다. 비슷한 결과가 다른 랜덤 행렬 앙상블에도 적용된다. 특성다항식의 값의 분포에 대한 분석은 랜덤 행렬 이론에서 정수론까지 응용분야의 중심이 되고 있다.

7 에르고딕성

랜덤 행렬 계산의 주요 전략 중 하나는 (규모 조정된/펼쳐진) 스펙트럼에서 한 점을 고정하고 앙상블에 대한 평균을 계산하는 것이다. 즉, 특정 부류의 행렬들에 대해 평균적인 성질을 계산한다. 그러나 결정적으로 관심을 끄는 많은 경우에 이러한 평균 계산 과정이 큰 행렬의 극한에서 에르고딕하다는 것을 증명할 수 있다. 일반적인 큰 행렬에 대하여 스펙트럼에 대하여 평균하여 얻은 변동 통계와 앙상블 평균으로부터 계산하여 얻은 값은 $N \to \infty$로 가는 극한에서 차이가 없어진다. 보다 구체적으로 만약 크기가 점점 커지는 행렬들의 수열을 생각할 때,

$N \to \infty$에 따라 스펙트럼 평균이 앙상블 평균에 수렴하지 않는 수열을 만날 확률은 0으로 수렴한다. 이런 의미에서 앙상블 평균의 계산은 유형적인 커다란 개별 행렬을 기술해 준다.

8 연결

랜덤 행렬 이론과 응용수학의 다른 분야들에는 여러 중요한 연결이 있다. 아래에 몇 가지 예들을 적어 본다.

첫 번째, 몇몇 앙상블은 직교 다항식을 이용하여 정확하게 풀린다는 사실과 그 결과가 행렬식의 형태로 표현 가능하면서 프레드홀름 이론, 팽르베 방정식과 관련이 있다는 점은 밑바탕에 적분가능 시스템 이론과 깊은 연관성이 있음을 시사해 준다. 이 이론에 대한 많은 부분이 지난 20년 동안 발전되어 왔다. 역산란 기법과 리만-힐베르트 기법과 같은 적분가능 시스템과 연관된 강력한 기술들은 현대의 이 주제 발전에 중심적인 역할을 수행해 왔다.

두 번째, 결합 고유치 분포에서 방데르몽드 인수를 다음과 같은 형태로 쓰면,

$$\prod_{1 \le i \le j \le N} |x_j - x_i|^{\beta} = \exp \beta \left(\sum_{1 \le i \le j \le N} \log |x_j - x_i| \right)$$

위치가 x_i이고 온도가 β^{-1}에 비례하는 1차원 가스 입자가 쿨롱 위치 에너지 $\sum_{1 \le i < j \le N} \log |x_j - x_i|$에 의해 상호작용하는 것과 관련된 볼츠만(Boltzmann) 중량의 형태를 취하고 있음을 알 수 있다. 이 **쿨롱 가스**와의 유사성으로 인해 많은 스펙트럼 성질을 평형 통계 역학으로부터의 방법들을 사용하여 계산할 수 있게 해 준다. 이 연결은 다이슨이 제시한 주요 아이디어를 통해 강화되었다. 우리는 x_i를 브라운 운동을 하고 있는 입자의 위치로 해석할 수 있다. 이들은 따라서 확률적인 편미분방정식을 만족하며 이 정확한 형태(특히 해를 조절하는)는 문제에서 주어진 앙상블에 의존한다. 이 접근방법은 스펙트럼의 많은 세부 성질들을 확률 이론의 기법을 사용하여 결정하도록 허용하면, 고유치의 움직임을 교차하지 않는 랜덤 워크에 연관시킴으로써 더욱 세밀화할 수 있다.

다른 중요한 연결로는, 랜덤 행렬의 곱과 랜덤 매체에서 파동의 **앤더슨 국소화** 사이의 **자유 확률 이론**, **랜덤 성장 모형**, **계산 기하 및 위상**, **랜덤 순열** 등을 들 수 있으며 이들은 이 글의 범위를 벗어난다.

9 응용

서론에서 얘기한 대로 랜덤 행렬 이론은 사실상 행렬이 사용되는 모든 분야에 응용을 갖고 있다. 아래에 몇 가지 대표적인 예를 든다.

9.1 조건수

조건수[IV.10 §1]는 선형 대수를 포함하는 수치적인 계산의 안정성을 나타내는 본질적으로 중요한 개념이다. 랜덤 행렬의 조건수를 결정하는 문제는 폰 노이만과 골드슈타인이 제기하였으며 조건수의 구체적인 크기를 결정하는 측면에서 스메일(Smale)이 개선하였다. 예를 들어 $N \times N$ 행렬 X의 원소를 표준 정규분포로부터 얻는 경우를 생각해 보자. 2-노름 조건수 κ_X는 (위샤르트) 행렬 $X^{\mathrm{T}}X$의 가장 큰

고유치와 가장 작은 고유치의 비의 제곱근으로 정의된다. 1988년 에델먼(Edelman)이 이 문제를 풀었는데, 그는 위샤르트 앙상블에 대한 결합 고유치 분포로부터 $X^{\mathrm{T}}X$의 가장 큰 고유치와 가장 작은 고유치의 분포를 결정하였다. 그 결과 $N \to \infty$에 따라 $\log \kappa_X$의 기댓값이 $\log N$과 비슷하게 커지고 κ_X/N의 분포가 분명하게 표현할 수 있는 극한을 갖는다. 이 분석은 직사각행렬로 확장된다.

9.2 대규모 데이터의 분석

시계열 분석의 대표적인 문제 중 하나는 유한 데이터 집합으로부터 상관관계를 결정하는 것이다(예를 들어 **포트폴리오 이론**[V.10 §2.2] 참조). T개의 시간에서 표본 추출된 N개의 변동량에 대한 상황을 생각하자. $1 \le n \le N$, $1 \le t \le T$의 범위에서 이 양들을 q_n^t으로 표기하기로 하자. 예를 들어 이 양은 T일 동안 N개의 주식이 될 수도 있고, T개의 서로 다른 시간에 측정된 N개의 생리적인 변수일 수도 있다. 핵심 목표는 활용 가능한 유한 표본 데이터로부터 상호 간에 작용하는 역학을 근사화하는 것이다. $X_{tn} = q_n^t/\sqrt{T}$로 정의하면

$$E_{ij} = \frac{1}{T}\sum_{t=1}^{T} q_i^t q_j^t = (X^{\mathrm{T}}X)_{ij}$$

이고, 문제는 이 경험적인 상관관계 행렬 E_{ij}가 무언가와 작용하는 상관관계를 얼마나 잘 표현하는가이다. 고정된 N에 대하여 T가 증가함에 따라 경험적인 상관관계가 어떻게 표현될 것인지를 예측할 수 있을지도 모른다. 그러나 많은 응용에서 T에 비교해 N이 작지 않을 수 있다. 특히나 금융 데이터, 사회과학 실험, 생물학 데이터 등의 경우에 그러하다. 이러한 경우 $r = N/T \to 0$과 $r \approx 1$ 사이의 전형적인 차이점을 설정하기 위해 랜덤 위샤르트 행렬을 사용하는 것이 자연스럽다. 고유치 밀도를 r의 함수로 기술할 때 마르첸코-파스투르 법칙이 핵심 도구로 쓰인다. 이 법칙의 중요한 특성은 반원의 법칙과 같이 엣지가 있다는 것이다. 따라서 스펙트럼의 상한에서 (부드러운) 엣지 근처의 가장 큰 고유치의 (트레이시-위덤) 분포와 그에 대응하는 (고유치의 비음수성과 관련되어 0에서의 하드 엣지 근처에서의) 최소 고유치의 분포가 중심적인 역할을 한다.

금융 데이터로의 응용에선 행렬 원소의 분포가, 예를 들어 무거운 꼬리를 갖거나 상관관계를 가질 때와 같이, 매우 비가우스적 분포를 갖는 랜덤 행렬을 고려해야만 하는 경우가 종종 있다. 이들은 주요한 도전과제로 남아 있다.

9.3 양자 카오스

1950년대의 위그너의 업적은 무거운 원자핵의 양자 스펙트럼을 이해할 필요성에서 시작하였다. 이것은 핵자들이 서로 간에 강하게 상호작용하는 다체문제의 일종이다. 양자 해밀토니언(즉, 고유치가 에너지 준위가 되는 행렬)이 복잡한 개체가 되리라 예측된다. 위그너의 통찰은 스펙트럼의 통계적 특성을 랜덤 행렬로부터 모형화할 수 있으며, 또한 이 특성이 행렬들의 앙상블에 대해 평균값을 구함으로써 결정될 수 있다는 것을 알아챈 것이다. 이것은 전통적인 통계 역학에서 많은 상호작용이 있는 운동방정식의 해의 통계학적 특성을 에너지보존법칙을 만족하는 모든 가능한 상태 또는 궤적에 대해 평균을 내거나, 볼츠만 중량에 의해 주어진 각각의 상태/

궤적과 함께 모형화하는 것과 유사하다.

같은 철학이 응축 물질 물리에의 랜덤 행렬 이론 응용을 뒷받침한다. 여기에선 무질서한 매체, 즉 매체 안에서 힘이 마치 위치에 따른 랜덤 함수처럼 작용하는 매체 안에서 움직이는 전자의 문제를 맞닥뜨리곤 한다. 이 경우에도 역시 양자 해밀토니언을 랜덤 행렬을 통해 모형화하는 것이 자연스럽다.

카오스 이론의 핵심 아이디어는 복잡한 역학을 만들어 내는 데에 많은 상호작용하는 입자나 무작위의 힘이 필요하지 않다는 것이다. 대신에 이것은 적은 수의 자유도를 갖는, 역학이 대칭성에 의해 최대로 제한되지 않으나 힘이 단순하게 작용하는 시스템 안에서 발견될 수 있다. 이러한 시스템에서는 전형적인 긴 궤적의 통계학적 특성이 적절히 가중된 궤적들의 앙상블의 평균과 일치하고, 따라서 상태-공간 평균들의 관점에서 에르고딕할 수 있다. 대표적인 예로 **삼체 문제**[VI. 16]와 직사각형도 아니고 타원도 아닌 영역(보다 일반적으로 역학이 적분가능하지 않은 영역)에서의 당구(즉, 자유롭게 움직이는 입자가 경계에서 반사하는)가 있다. 1970년대와 1980년대에는 이러한 시스템에서의 양자 고유치 통계는 평균 수준의 간격을 갖는 규모에서 랜덤 행렬 이론을 통해 모형화해야 한다는 의견이 제시되었다. 구체적으로 이것은 고전적인 극한이 카오스적인 양자 시스템에서, 플랑크 상수 $\hbar \to 0$과 같은 **준고전적인** 극한에서, 또는 물리적으로 드브로이 파장이 0이 되는 극한에서 만족해야 한다. 예를 들어 당구 시스템에서 절절한 경계 조건을 갖는 라플라시언의 높은 값의 고유치들에 대해 만족해야 한다.

준고전적인 극한에서 랜덤 행렬 이론이 양자 스펙트럼 통계를 전통적으로 카오스적인 시스템에서 기술해야 한다는 생각은 1977년 베리와 타보(이들은 주로 에너지 수준이 푸아송 통계를 갖고 있다고 믿을 수 있는 전통적으로 적분가능한 시스템에 초점을 두고 있었으나, 카오스적 시스템에도 노력을 기울였다)의 업적에 기원을 두고 있으며, 1984년 보히가스, 지아노니(Giannoni), 슈미트(Schmit)에 의해 정밀한 가설로 발전하였다. 이것은 매우 넓은 범위의 시스템에서 수치적으로 검증되었으며 일반적으로 사실로 여겨진다(대칭성이 있는 경우 뒤엎어질 수 있다. 1977년 베리가 제시한 관련된 가설 중 하나는 고유 함수가 준고전적인 극한에서 무작위로 유도된 평면 파동의 선형 중첩처럼 행동하고, 따라서 가우스 랜덤 함수와 같은 통계학적 특성을 보여 준다. 함께 생각하여 이러한 가설들은 양자 카오스 시스템의 통계학적 모형화를 뒷받침한다. 그러나 이것은 어떠한 시스템에서도 수학적으로 증명되지는 않았으며, 그 증명의 달성은 이 주제에서의 뛰어난 미해결 문제 중 하나로 남아 있다.

비록 양자 카오스 시스템에 대한 랜덤 행렬 가설이 증명되진 않았다 하더라도, 양자 스펙트럼과 전통적이며 주기적인 궤도 간의 관계에 바탕을 둔 매우 세련되고 교묘한 체험적인 준고전적 분석에 의해 지지받고 있다. 이 관계는 S가 행위를 나타낼 때 $e^{iS(\text{path})/\hbar}$에 의해 가중된 모든 가능한 경로의 합에 대한 에너지 의존적인 그린 함수의 파인만(Feynman) 경로적분 표현의 준고전적인 극한에서 유효한 안장점 평가로부터 나타난다. 이 안장점 조건은 행위가 정상적인 경로 즉 전통적인 궤적을 골라낸다. 구츠윌러(Gutzwiller)가 처음 증명한 대로 그린 함수의 트레이스를 계산하는 안장점 방법의 응용으로 스펙트럼을 결정하고 주기적인(즉 스스로 되돌아가는) 궤도를 선택한다. 따라서 양자 스펙트럼의 통계학적 성질은 고전적인 주기 궤도의 통계학적 특성에 준고전적으로 연결되며 고전적인 역학의 카오스적 특성에도 연결된다. 이러한 식으로 처음 설명한 사람은 해네이(Hannay)와 오조리오 드 알메이다(Ozorio de Almeida)였으며, 후에 베리가 보다 일반화된 결과로서, 고전 역학의 에르고딕 성질이 양자 스펙트럼의 짝 상관관계 함수의 몇몇 핵심 특성을 지배하고 있으며 이들이 랜덤 행렬 결과의 해당하는 특성과 일치한다는 것을 설명하였다. 이러한 접근 방법은 이후 많은 연구자들이 개선하였는데, 특히 보고몰니(Bogomolny)와 키팅은 모든 주요 핵심 특성에 확장했으며, 지버(Sieber)와 리히터(Richter)는 가까운 접근을 경험하는 궤도 쌍들을 포함하는 생각을 소개하였으며 이는 중요한 업적으로 드러났다.

준고전적인 주기 궤도 공식을 이용한 랜덤 행렬과 완전히 일치하는 표현을 얻기 위해서는 긴 궤도를 보다 짧은 궤도와 연관시키는, 베리와 키팅이 소개한 세련된 반복합산 기법이나 서로 다른 긴 궤도 쌍의 행동 사이의 상관관계에 대한 지식을 필요로 한다. 이러한 상관관계들은 우선순위는 사전에 알려져 있지 않으나 랜덤 행렬 가설과 동등함을 증명할 수 있다. 이러한 의미에서 아가만(Argaman) 등에 의해 알려진 대로, 양자 스펙트럼을 위한 랜덤 행렬 가설은 카오스 시스템을 고전 역학으로 연결하는 중요한 예측을 현저하게 이끌어 낸다. 이러한 예측을 고전 역학을 이용하여 검증하는 것은 주요한 미해결 문제이다.

양자 카오스에서의 또 다른 핵심 주제는 열린 카오스 시스템, 즉 동역학에서 서로 간의 상호작용이 지수적으로 성장하는 불안정성을 생성하는, 흩어지는 시스템의 분석이다. 만일 시스템이 약하게 열려 있다면, 즉 궤도가 벗어나기 전에 오랫동안 머물러 있다면, 양자 통계학적 성질들(예를 들어 산란 공명)은 에르미트에 가까운 랜덤 행렬에 의해 모형화될 수 있다. 강하게 열려 있는 카오스 시스템에서 준고전적인 분석은 발전이 더딘 주요 도전과제이다. 양자 카오스 산란에 대한 준고전적인 이론은 스밀란스키(Smilansky)와 그 동료들에 의해 발전하였다.

여기에 소개한 양자 카오스와 관련된 아이디어들은 모든 복잡한 파동 문제에 일반적으로 적용할 수 있으며, 따라서 순수한 양자 현상(예를 들어 레이저, 초전도체, 원자 내에서의 전자의 운동, 분자, 고체 상태 시스템, 원자핵 등)뿐만 아니라 광학, 음향학, 진동 시스템 등의 통계학적 분석에도 적용할 수 있다.

더 읽을거리

다음에 제시할 참고자료들 중에서 메타(Mehta)의 책은 랜덤 행렬 이론의 교과서이다. 아케만(Akemann), 백(Baik), 디 프란체스코(Di Francesco)가 편집한 책은 이 글의 많은 부분을 포함하는 훌륭한 내용들이 담겨 있으며 이 분야를 접하는 시작점으로 손색이 없다. 포터(Porter)의 책은 초기 물리학의 중요한 논문들을 발췌한 내용을 담고 있다. 하케(Haake)의 책은 양자 카오스에 대한 좋은 소개서이며, 라이트(Wright)와 위버(Weaver)가 편집한 책은 선형 음향학과 진동에 대한 응용에 초점을 맞춘 내용을 담고 있다.

Akemann, G., J. Baik, and P. Di Francesco, eds. 2011. *The Oxford Handbook of Random Matrix Theory*. Oxford : Oxford University Press.

Anderson, G. W., A. Guionnet, and O. Zeitouni. 2010. *An Introduction to Random Matrices*. Cambridge : Cambridge University Press.

Argaman, N., F. M. Dittes, E.Doron, J. P. Keating, A. Kitaev, M. Sieber, and U. Smilansky. 1993. Correlations in the actions of periodic orbits derived from quantum chaos. *Physical Review Letters* 71 : 4326-29.

Deift, P. 1999. *Orthogonal Polynomials and Random Matrices: A Riemann-Hilbert Approach*. Providence, RI : American Mathematical Society.

Edelman, A., and N. R. Rao. 2005. Random matrix theory. *Acta Numerica* 14 : 233-97.

Forrester, P. J. 2010. *Log-Gases and Random Matrices*. Princeton, NJ : Princeton University Press.

Haake, F. 2010. *Quantum Signatures of Chaos*, 3rd edn. Heidelberg : Springer.

Mehta, M. L. 2004. *Random Matrices*, 3rd edn. Amsterdam : Elsevier.

Mezzadri, F., and N. C. Snaith, eds. 2005. *Recent Perspectives in Random Matrix Theory and Number Theory*. Cambridge : Cambridge University Press.

Porter, C. E., ed. 1965, *Statistical Theories of Spectra: Fluctuations-a Collection of Reprints and Original Papers*. New York : Academic Press.

Tulino, A. M., and S. Verdú. 2004. *Random Matrix Theory and Wireless Communication*. Boston, MA : Now Publishers.

Wright, M., and R. Weaver, eds. 2010. *New Directions in Linear Acoustics and Vibration: Quantum Chaos, Random Matrix Theory and Complexity*. Cambridge : Cambridge University Press.

IV.25 운동 이론

세드릭 빌라니, 클레멘트 무오
Cédric Villani and Clément Mouhot

1 운동 이론의 탄생

현대 물리학의 기원은 뉴턴과 고전역학의 법칙을 입증하기 위한 미분방정식의 출현까지 거슬러 올라간다. 주변 세계의 물리적 현상에 대한 더 포괄적인 이론은 그 이후 세기에 나왔다. 이러한 이론으로 전자기학 이론에서 다룬 전기력과 자기력(앙페르(Ampère), 패러데이(Faraday), 맥스웰(Maxwell)), 상대성이론에서 다룬 큰 속도(로런츠(Lorentz), 푸앵카레(Poincaré), 민코프스키(Minkowski), 아인슈타인(Einstein)), 양자역학에서 다룬 미시적인 입자 물리(플랑크(Planck), 아인슈타인, 보어(Bohr), 하이젠베르크(Heisenberg), 보른(Born), 조르당(Jordan), 파울리(Pauli), 페르미(Fermi), 슈뢰딩거(Schrödinger), 디랙(Dirac), 드브로이(de Broglie), 보스(Bose)) 등이 있다.

그러나 이러한 이론들은 모두 하나로 구성된 물리 체계(행성, 배, 모터, 배터리, 전자, 우주선 등)나 소수로 구성된 물리 체계(태양계의 행성, 한 분자의 전자 등)를 연구하기 위해서 고전적으로 창안된 것이다. 그러나 각각의 원소를 추적하는 것이 쓸모없고 불가능할 정도로 구성 원소가 많은, 대규모 모임을 다루어야 할 경우가 있다. 이를테면 수천억 개의 별로 구성된 은하계, 10^{20}개보다 많은 분자로 구성된 유체, 수천 명의 개인이 모인 군중 등이 있다. 이렇게 많은 수를 고려하면서 색다른 모델과 개념을 필요로 하는 새롭고 효과적인 물리법칙에 이르게 되었다. 미시적인 법칙에서 거시적인 법칙으로 가는 이러한 과정이 통계물리학의 기본 원리이다. 물리학의 모든 분야(고전, 양자, 상대론 등)는 정적인 시각과 동적인 시각 모두에서 통계물리학적 관점으로 연구할 수 있다. 당연히 고전역학은 통계역학의 첫 번째 연구 분야 중의 하나이므로 19세기에 운동 이론이 탄생하였다.

운동 이론의 핵심 개념을 서술하기 전에, **위상공간**의 기본 개념을 살펴보기로 하자. 위상공간은 어떤 물리 체계의 수학적 모델 안에서 나타날 수 있는 모든 가능한 상태들의 모임으로 간주된다. 어떤 진화방정식을 만족하는 결정론적 체계를 연구할 때, 위상공간은 원칙적으로 그 방정식이 유일한 '좋은' 해를 가지는 '가장 작은' 공간이다. 예를 들면, 고전적인 점 입자의 진화는 하나의 2계 미분방정식(뉴턴의 법칙)에 의해 제어된다. 그러므로 입자의 위치는 미래의 위치를 예측하기에 충분하지 않지만, 위치와 속도의 쌍은 미래의 위치와 속도를 예측하기에 충분하다. 그러므로 고전적인 입자의 위상공간은 위치와 속도로 구성되어 있다. 만약 물리 체계가 특정 모양의 강체이면, 위상공간에 강체의 방향과 관련된 매개변수를 추가해야만 한다.

운동 이론의 기본 발상은 물리적 상태가 어떤 위상공간의 점으로 완벽하게 나타나고 다른 성질들은 동일한 많은 물체들의 위상공간상의 **통계적 분포**로 대체하는 것이다. 예로, 고전적인 점 입자들의 대규모 집단은 위치와 속도 공간에서 통계적 분포로 서술된다.

돌이켜 생각해 보면, 뉴턴 역학에서 운동 이론으로의 개념적인 도약은 상당히 중요했다. 이 새로운 형식에는 관찰로는 접근이 불가능한 보이지 않는 변수들의 모임, 즉 입자들의 속도가 개입되어 있다. 그것은 반직관적이기도 하다. 예를 들면, 멈추어 있는(속도 0인) 유체의 모델을 수많은 입자가 제각기 모든 방향을 향해 매우 큰 속력으로 움직이는 모델로 바꾸어 놓았다. 그 당시에는 이러한 속도를 측정할 수 있는 방법이 없었기 때문에, 이러한 복잡성의 증가는 정당화하기가 어려웠다. 지금도 이러한 측정은 간신히 가능한 정도이다. 이처럼 속도의 핵심적인 역할 때문에 **운동** 이론이라고 명명하게 된 것이다.

운동 이론과 더불어 다음 세 가지 관점의 차이가 생겨났다. 관찰 가능한 현상을 다루는 거시적 관점, 분자와 미세한 구성 성분을 다루는 미시적 관점, 엄밀하게 정의되지 않은 중간적인 관점으로 가끔 **중시적인 관점**이라고 부르는 것이었다. 이 중시적인 관점에서는 거시적 관찰은 가능하지 않지만 이미 많은 입자가 개입되어 있어서, 통계학적 효과가 중요한 규모를 다룬다.

상상력을 조금만 확장하면 운동 이론의 원리를 끈이론처럼 가상적인 숨은 변수들도 고려하는 이론 물리학의 현대적 모델의 원리에 비유할 수 있다(여기에서 우리는 끈이론의 가치나 입증 가능성에 대한 논쟁은 무시하기로 한다).

운동 이론의 기본 계획은 당연한 변형을 위한 여지를 남겨 두고 있다. 즉, 여러 가지 대상이 있으면 여러 가지 통계 분포를 생각한다(주로 두 가지 종류의 가스로 이루어진 공기를 생각해 보자. 두 가스는 서로 다른 성질을 가지고 있지만, 각각의 종류 내에서는 동일하게 간주할 수 있다). 위치와 속도가 한 물체의 상태를 설명하는 데 충분하지 않으면, 위상 공간을 확장할 수 있다(공기의 경우에는 질소와 산소 분자의 방향을 추적하고 싶을 수 있다).

운동 이론은 18세기에 다니엘 베르누이(Daniel Bernoulli)가 처음으로 언급하였다. 1820년-1860년 사이에 평균 자유 거리와 평균 자유 시간의 개념을 다양한 저자들(헤라패스(Herapath), 워터스톤(Waterston), 줄(Joule), 쾨니히(König), 클라우지우스(Clausius))이 연구하였다. 간단히 말하면, **평균 자유 거리**와 **평균 자유 시간**은 한 입자가 다른 입자와 충돌하지 않고 움직일 수 있는 평균적인 거리와 평균적인 시간이다. 이와 동시에 매우 중요한 **단면**의 개념이 등장했다. 단면은 두 입자 간의 상호작용 가능성을 측정하고, 효과적인 충돌 곡면이라고 해석될 수 있다. 우리가 알고 있는 형태의 운동 이론은 맥스웰이 1867년에 쓴 유명한 논문을 통해 확립되었다.

운동 이론은 그 이전에 있었던 두 개의 과학 발전에 크게 영향을 받았다. 그중 첫 번째 영향은 18세기와 19세기에 걸쳐서 나타난 열역학의 발흥이다. 에너지의 교환과 열, 밀도, 압력, 온도의 변화를 다루는 법칙은 기본적인 공식들에 의존하지 않았으며, 느리고 혼란스러운 과정을 거쳐서 발견되었다. 그러므로 열역학의 바탕이 되는 더 기본적인 법칙을 밝혀낼 필요가 있었다. 두 번째 영향은 사회과학 영역에서 두드러졌던 통계학의 발전이다. 이 발전의 배경에는 확률론에서 나온 간단한 통계학적 법칙의 보편적 존재성에 대한 골턴(Galton)과 케틀레(Quetelet)의 실험적 발견이 있다. 구성 원소의 수에 대한 변동은 본질적으로 가우스 분포에 의해 제어된다는 것을 인식한 것이 그 중요한 예이다. 이러한 두 영향은 모두 베르누이(그의 아버지가 확률론 창시자의 일원이었다)가 이끌었지만, 맥스웰 시대에 이르러 더욱더 발전했다.

그 당시에 물질의 원자론적 성질은 아직 대부분 추정이었고, 운동 이론은 사고실험으로 간주되었다. 맥스웰은 미시적인 물리학에서 거시적인 법칙을 유도하는 문제를 논하였다. 그는 두 개보다 많은 물체의 충돌을 무시하는 완화된 가정을 하고, 비균질 규모와(중시적인 개념) 상호작용 규모의(미시적 개념) 분명한 구별을 가정했다. 그런 다음에 그는 고전적인 산란 문제의 해를 통하여 분포함수에서 나타나는 충돌의 효과를 계산하였다. 이러한 방법으로 그는 현재 우리가 **볼츠만(Boltzmann) 방정식**이라고 부르는 것과 동등한 진화방정식을 얻었다. 이 방정식에서 구하고자 하는 것은 밀도함수 $f(t, x, v)$이고, 위상공간 (x, v)에서 시간 t일 때 입자의 밀도를 나타낸다(이 위상공간에서는 리우빌(Liouville) 측도 $dx dv$가 사용된다). 그리고 그 방정식을 현대적인

기호로 나타내면

$$\frac{\partial f}{\partial t} + v \cdot \nabla_x f + F(t, x) \cdot \nabla_v f = Q(f, f) \quad (1)$$

이다. 여기에서 좌변은 힘 $F(t, x)$의 작용에 대한 f의 진화를 나타낸 것이고, 탄성충돌의 작용은 비선형 작용소 Q로 우변에 나타나 있다.

$$\begin{aligned} Q(f, f) = \int_{\mathbb{R}^3}\int_{\mathbb{S}^2} & \tilde{B}(v - v_*, \omega) \\ & \times (f(t, x, v')f(t, x, v'_*) \\ & - f(t, x, v)f(t, x, v_*)\,\mathrm{d}v_*\mathrm{d}\omega \end{aligned} \quad (2)$$

이 작용소는 t와 x에 대해 고정되어 있고, 이차이며, $f(t, x, \cdot)$에 대해서 텐서곱의 구조를 가지고 있다는 것을 기억하자. 속도 v'과 v'_*은 두 입자의 충돌하기 전의 속도로 간주하고, v와 v_*은 충돌한 후의 속도로 간주하여야 한다. 그 관계식은

$$\begin{aligned} v' &= v - \langle v - v_*, \omega \rangle \omega, \\ v'_* &= v_* + \langle v - v_*, \omega \rangle \omega \end{aligned}$$

이다. (v', v'_*)에서 (v, v_*)을 구할 때(혹은 반대의 경우에) 보존법칙만으로는 결과를 얻을 수 없다. 그 이유는 6개의 자유도에 대하여 4개의 스칼라 보존법칙만이 있기 때문이다. 이때 단위벡터 $\omega \in \mathbb{S}^2$이 이러한 모호성을 제거해 준다. 하나의 예로 단단한 구를 충돌시키는 경우에 두 입자의 중심을 잇는 직선의 방향을 생각할 수 있다. 핵 $\tilde{B}(v - v_*, \omega)$는 벡터 ω의 상대적인 빈도를 나타내고, 상대적인 충격속도 $v - v_*$에 영향을 받는다. 이것은 $v - v_*$과 $v' - v'_*$ 사이의 편향각 θ와 크기 $|v - v_*|$에만 영향을 받는다. 맥스웰은 이것을 단단한 구($\tilde{B} \sim |v - v_*| \sin\theta$)와 역거듭제곱 힘인 경우일 때 계산했다. 후자의 경우에 핵은 $|v - v_*|^\gamma$과 함수 $\tilde{b}(\theta)$의 곱으로 인수분해할 수 있다. 맥스웰은 그 힘이 척력이고 r^{-s}(r은 입자 간의 거리)에 비례하면 $\gamma = (s-5)/(s-1)$이고, $\theta \to 0$이면 $\tilde{b}(\theta) \simeq \theta^{-(1+\nu)}$이라는 것을 보였다. 여기에서 $\nu = 2/(s-1)$이다. 핵은 각의 변수의 함수로서 보통 **적분이 불가능**하다. 이것은 장거리 상호작용의 일반적인 특징이고, 현재는 '비차단(noncutoff) 성질'이라고 한다. 또한 맥스웰은 $s = 5$인 역거듭제곱의 경우에는 식이 간단해져 명쾌한 계산이 가능하다는 것도 발견하였다.

맥스웰은 계속하여 가능한 경계조건을 논하였다. 경계에 있는 점 x에 속도 v로 도착한 입자는 새로운 속도 $R_x v$를 가지게 된다고 가정할 수 있다. 이것은 거울반사 모델에 의해서($R_x v = v - 2v \cdot n_x n_x$이고 n_x는 x에서 내부를 향하는 수직인 단위벡터이다) 결정되거나, 반향 모델에 의해서($R_x v = -v$) 결정된다. 어떤 경우든지 경계조건은 $f(x, R_x v) = f(x, v)$이다. 입자가 경계에 흡수된 후에 다시 방출되는 더 정교한 모델도 있다. 예를 들어, 방출되어 확산되는 비율이 다음과 같이 벽의 온도로 결정되는 가우스 분포로 나타난다고 가정하자.

$$f(x, v) = \rho_-(x) M_w(v), \quad v \cdot n_x > 0$$

여기에서

$$\rho_-(x) = \int_{v \cdot n_x < 0} f(x, v) |v \cdot n_x| \mathrm{d}v$$

$$M_w(v) = \frac{\mathrm{e}^{-|v|^2/(2T_w)}}{2\pi T_w^2}$$

이다. 맥스웰은 기체의 경계에서의 행동이 매우 복잡한 문제임을 인식하고, 위의 모델들의 조합도 고려하였다. 이것들을 **맥스웰 조건**이라고 부른다. 그는 식 (2)의 시간에 영향을 받지 않는 해, 즉 정상해를 구하기 위해서 충돌 효과가 사라진 어떤 특별한

유체 동역학적 해를 찾았다. 이것은 스칼라 공분산이

$$f(v) = \frac{\rho e^{-|v-u|^2/2T}}{(2\pi T)^{3/2}}$$

인 가우스 분포이다. 여기에서 매개변수들 $\rho > 0$, $u \in \mathbb{R}^3$, $T > 0$은 각각 밀도, 평균 속도, 유체의 온도를 나타낸다. 이 매개변수들은 전 영역에서 고정할 수도 있고(**평형 분포**인 경우라면), 위치 x와 시간 t에 따라 변한다고 생각할 수도 있다. 두 가지 경우 모두에서 충돌은 아무런 영향을 주지 못한다. 이런 방법으로 맥스웰이 이미 확률론에서 중심적인 역할을 하는 가우스 분포를 다시 얻었다는 것은 놀라운 일이다. 운동 이론에서는 이러한 분포를 **맥스웰적** 분포라고 한다.

더 나아가 맥스웰은 운동 이론을 그 방정식이 ρ, u, T로 표현되는 **유체역학**[IV.28]과 연결하였다. 그는 어떤 가정 아래에서는 운동방정식에서 유체동역학적 방정식을 유도할 수 있음을 주장하고, 운동이론에서 유체동역학적인 어떤 성질들을 예측하였다. 맥스웰이 운동론의 형식을 통하여 예측했던 두 개의 반직관적인 효과를 예를 들어 소개하겠다. 하나는 저밀도 유체의 점도는 밀도에 거의 영향을 받지 않는다는 것이다. 다른 하나는 역설적인 '열적 크리프 효과'이다. 이 효과는 기체의 온도의 기울기 벡터가 고정된 벽에 평행할 때 벽 근처의 기체가 차가운 곳에서 뜨거운 곳으로 가는 흐름을 말한다.

맥스웰의 위대한 논문이 학술지에 게재되고 몇 년 후에, 볼츠만은 그 이론을 더 심오하게 다시 써서 현대물리학적 운동 이론의 기틀을 완성하였다.

2 볼츠만의 엔트로피와 충돌 완화

'엔트로피'라는 용어는 완화되거나 균형에 이르고자 하는 경향과 관련 있는 어떤 양을 나타내기 위해 클라우지우스가 처음 사용하였다. 열과 에너지의 교환이랑 관련 있는 엔트로피의 성질들은 실험을 통하여 정립되었고, 엔트로피의 미세한 변동에 관한 공식 $dS = \delta Q/T$(엔트로피의 변화는 교환된 열을 온도로 나눈 것에 비례한다)도 정립되었다. 이러한 맥락에서, 엔트로피는 고립된 체계에서 결코 감소하지 않는다는 유명한 **열역학 제2법칙**이 나온다. 평형 체계에서 엔트로피를 계산하는 공식도 있지만, 그 양을 해석하는 것은 다소 이해하기 어려워서 열역학 제2법칙은 공리 같은 것으로 간주되었다.

이 분야에는 볼츠만의 공헌으로(1872-77) 혁신적인 변화가 찾아왔다. 볼츠만은 다음의 큰 돌파구를 마련하였는데, 이는 통계물리학의 가장 극적인 사건들 가운데 하나다.

- 엔트로피의 일반적인 **수학적 정의**: 엔트로피는 거시적인 상태(관찰할 수 있는)와 호환되는 미시적인 상태의 부피의 로그이다. 이것이 유명한 볼츠만 공식

$$S = k \log W \tag{3}$$

이다. 여기에서 k는 볼츠만 상수이고(플랑크가 처음으로 이 기호를 소개하고 그 값을 추정하였다), W는 미시적인 상태에서의 부피를 나타낸다. 이때 부피는 경우에 따라서 불연속이거나 연속인 위상공간의 자연스러운 측도로 계산할 수 있다.

- 운동체계의 엔트로피를 계산하는 **실용적인 공식**: ($f(x, v)$)가 분포함수이면, $S = -\iint f\log f\,\mathrm{d}x\mathrm{d}v$이다. 이것은 식 (3)의 볼츠만 공식에서 이산화 과정을 거쳐서 유도되었다. 이것은 리우빌(Liouville) 부피 측도의 무한 차원 유사체로 볼 수 있다.
- 맥스웰이 발견한 방정식을 만족하는 기체의 엔트로피는 감소할 수 없다는 것을 보인 **정리**이다.

더 정확하게 말하면, 볼츠만의 H 정리는 운동 분포 $f(t, x, v)$로 모형이 주어진 희박한 기체가 적당한 경계조건과 볼츠만 방정식에 의해 제어되면, 범함수 $H = -S$가 (i) $\mathrm{d}H/\mathrm{d}t \leq 0$이고 (ii) $\mathrm{d}H/\mathrm{d}t = 0$일 필요충분조건은 $f(t, x, v)$에서 ρ, u, T가 변하는 매개변수일 수 있는 맥스웰 분포인 것이다. 이러한 분포는 유체역학적 양에만 영향을 받기 때문에 **유체역학적 분포**라고 할 수 있다.

엔트로피 산출을 위한 정확한 공식을 만들 수 있다. 가령, 거울반사의 경우에

$$\left.\begin{aligned} \frac{\mathrm{d}S}{\mathrm{d}t} &= \int D(f(t,x,\cdot))\,\mathrm{d}x \\ D(f) &= \frac{1}{4}\iint_{\mathbb{R}^3\times\mathbb{R}^3}\int_{\mathbb{S}^2}\tilde{B}(v-v_*,\omega) \\ &\quad \times (f(v')f(v'_*)) - f(v)f(v_*)) \\ &\quad \times \log\frac{f(v')f(v'_*)}{f(v)f(v_*)}\,\mathrm{d}v\mathrm{d}v_*\mathrm{d}\omega \end{aligned}\right\} \qquad (4)$$

이다. 볼츠만이 맥스웰 운동방정식(어떤 종류의 약한 형식으로 서술된)을 식 (1)의 현대적인 형태로 다시 쓰게 된 동기 중의 하나가 식 (4)를 얻은 것이었다.

특히 H 정리는 정상상태에서 항상 유체역학적이어야 함을 보여 준다. 볼츠만은 특별한 대칭성이 없어도 기체의 분포가 공간적으로 균질하게 나타난다는 것을 보였다. 이처럼 균질하고 맥스웰적인 것만이 유일한 평형상태이고, 이 경우의 엔트로피는 클라우지우스의 엔트로피와 일치한다. 볼츠만의 멋진 증명은 위대한 개념적 도약이었다. 그 이유는 다음과 같다. 첫 번째로, 그의 증명은 비평형상태에도 적용되는 엔트로피의 일반적인 정의를 제공해 주고 있다. 볼츠만의 이론에서는 엔트로피를 체계에서 임의로 선택한 입자의 상태에 남아 있는 전형적인 불확정성으로 간주할 수 있다. 두 번째는, 볼츠만은 열역학 제2법칙을 단순히 조물주가 준 사실로 받아들이지 않고, 기본적인 가정에서 나오는 논리적 결론일 수 있다는 점을 보였다. 그는 또한 원칙적으로 평형 열역학이 비평형 동역학으로부터 나올 수 있다는 것을 보였고, 규모의 분리와 엔트로피의 증가가 유체역학의 출현 뒤에 있는 가장 중요한 요소들이라는 것을 알아냈다.

비록 볼츠만의 모형은 뉴턴의 가역적인 운동방정식들에서 유도되었지만, 볼츠만의 연구의 가장 놀라운 결과는 식 (1)에 포함된 **비가역성**의 발견이었다. 많은 입자에 국한된 이러한 비가역성의 출현은 푸앵카레, 로슈미트(Loschmidt), 체르멜로(Zermelo) 같은 저명한 과학자들 사이에서 논쟁을 가열하는 시발점 역할을 하였다. 전면적인 진화의 가역성에도 불구하고, 이것은 지금도 거시적 수준의 설명에서 시간의 비가역성에 대한 고전적인 설명으로 받아들여지고 있다.

볼츠만 방정식에서 엔트로피 증가는 간단히 말하면, 입자의 배열이 가능성이 적은 것에서 가능성이

많은 것으로, 예외적인 것에서 전형적인 것으로 진화한다는 것이다. 그러므로 정보는 계속하여 사라진다(예를 들면 기체는 매우 흥미롭고 예외적인 배열에서 시작할 수 있다. 그러나 곧 별로 특색 없는 것이 된다). 실제로 정보는 점진적으로, 거시적이고 관찰 가능한 자유도에서 미시적이고 보이지 않는 것으로 이동한다. 이러한 정보의 상실은 볼츠만 방정식의 유도에 내재하고 있는 규모의 분리와 관련지을 수 있다. 두 입자가 만날 때마다 충돌의 매개변수(가령, 충돌하는 두 입자의 방향)는 보이지 않는다. 왜냐하면 공간의 규모보다 훨씬 더 미세한 규모로 발생하기 때문이다. 그러므로 충돌은 완전히 국소적이라고 할 수 있고, 충돌의 매개변수는 확률론적으로 다루어 질 수 있다. 엔트로피의 확정적인 증가는 확률의 계산에 개입된 엄청난 숫자 때문이라고도 할 수 있다. 예를 들어, $N = 10^{20}$은 큰 숫자이다. 그러나 가능한 배열을 모두 생각하면, 이 숫자의 조합으로 $2^{10^{20}}$ 같은 숫자가 나타난다. 하지만 이러한 숫자는 너무 커서 인간이 다룰 수 없다.

엔트로피는 수학의 영역에 들어온 후에 운동 이론과 관련 있는 문제와 관련 없는 문제 모두를 푸는 데 경이적이고 성공적인 도움을 주었다. 섀넌(Shannon)이 통신 이론을 정립할 때 엔트로피를 다시 발견하였고, 그것은 여전히 **정보 이론**[IV.36]에서 중심적인 역할을 하고 있다. 이것은 실험의 측정에서 큰 편차 이론에 있는 사노프(Sanov) 공식의 기초가 된다. 엔트로피는 매끄럽지 않은 발산 포물형 방정식의 해가 연속성을 갖고 있음을 밝힌 것으로 유명한, 데 조르지(de Giorgi)-내쉬(Nash) 정리에 대한 내쉬의 증명에서 바탕이 되는 핵심 개념이었다. 또한 엔트로피는 넬슨(Nelson)과 그로스(Gross)가 무한차원에서 소볼레프(Sobolev) 부등식을 대신하는 것으로 소개한 로그 소볼레프 부등식 이론의 핵심이다. 엔트로피는 바라한(Varadhan)과 그의 동료, 제자들이 처음으로 시작한 확률론적 유체역학 극한이론의 핵심적이고 구체적인 방법들 중의 하나이다. 유체역학의 극한에서 엔트로피의 역할은 야우(Yau)의 상대적 엔트로피 방법에서 다시 더 강력하게 나타났다. 이것은 볼츠만 방정식의 약해에 관한 디페르나-리옹(DiPerna-Lions) 이론에서 중요한 도구이다. 또한, 보이쿠레스쿠(Voiculescu)는 엔트로피를 물리학과 멀리 떨어진 폰 노이만(von Neumann) 대수 이론의 어려운 문제를 푸는 데 도움을 주는 자유확률의 개념 속에서 채택하였다.

엔트로피가 무소부재인 이유 중의 하나는 그것의 확장적인 성질

$$S(f \otimes g) = S(f) + S(g)$$

때문이다. 물리학적 관점에서 보면 이 성질은 자연스러운 것이고(두 개의 독립변수와 관련된 정보는 더해져야만 한다), 엔트로피가 차원에 덧셈으로 영향을 받는다는 의미이지만 결국 차원에 영향을 받지 않는 부등식으로 유도된다.

현재에도 엔트로피는 새로운 도구와 방법을 개발하기 위해 활발하게 이용되고 있다. 엔트로피가 중요한 역할을 하는 몇 개의 최근 연구 결과를 나열하면 다음과 같다. 오토(Otto)와 빌라니(Villani)의 무한차원 보간 부등식, 페레만(Perelman)의 놀라운 푸앵카레 가설의 해결, 로트(Lott), 스튀름(Sturm), 빌라니에 의한 합성 리치곡률 한계이론, 미첼러(Mischler)

와 무오의(카렌(Carlen)과 빌라니 등의 기초 연구에 이어서) 공간적으로 균질한 볼츠만 방정식에서 혼돈의 전달에 관한 카츠(Kac)의 문제 해결 등이 있다.

3 란다우(Landau) 감쇠와 충돌 없는 완화

운동 이론이 탄생한 후 처음 40년 동안, 대부분의 연구는 두 입자의 거친 만남인 충돌의 효과에 집중해서 진행되었다. 1905년 로런츠에 의해서 시작된 주목할 만한 발전 중의 하나는 이동방정식의 도입이었다. 이동방정식은 금속에서 전자나 중성자의 빛줄기처럼 흩어져 있는 방해물들의 배열에서 이리저리 움직이는 입자의 운동을 기술한다. 그 결과로 얻은 선형 충돌방정식은 핵물리학에서 상당히 중요한 것임이 후에 밝혀졌다.

그러나 그즈음에 다양한 경우에서 입자들 상호간의 집단적인 효과가 충돌보다 더 중요하다는 것을 인식하게 되었고 매우 다양한 형태로 나타난다는 것을 알게 되었다. 이것이 평균장 이론(충돌이 없는)의 시작이었다.

은하 동역학에서 평균장 이론을 처음으로 소개하였다. 1915년에 진(Jeans)은 수백만 년이나 수십억 년에 걸친 은하의 진화 모형에서, 각각의 별을 입자로 간주하면서 볼츠만 방정식을 적용하는 것에 대하여 논하였다. 그는 일차적인 근사를 통하여 충돌은 제외할 수 있고 각각의 입자가 다른 입자들로 인해 작용하는 힘을 받는 것으로 상호작용의 모형을 만들 수 있다는 결론에 도달했다.

전자 간의 쿨롱(Coulomb) 상호작용으로 주로 제어되는 플라스마 물리에서도 같은 이야기를 반복하였다. 이러한 상호작용에서는 충돌 핵을 정확하게 계산할 수 있지만, 충돌 핵은 발산하는 충돌 연산자에 이르게 된다. 1936년에 란다우는 볼츠만 연산자를 적분-미분 충돌 연산자

$$Q_L(f, f) = \frac{\log \Lambda}{2\pi\Lambda}\nabla_v \times \left(\int_{\mathbb{R}^3} a(v - v_*)[f(v_*)\nabla f(v) - f(v)\nabla f(v_*)]dv_*\right) \tag{5}$$

로 대체하여 그 문제를 해결하였다. 여기에서 Λ(플라스마 변수)는 큰 상수이고, $a_{ij}(z) = (\delta_{ij} - z_i z_j/|z|^2)/|z|$이다. 그러나 1938년에 블라소프(Vlasov)는 충돌의 효과는 무시할 수 있으므로(장시간 분석을 제외하면), 전자의 분포는 전자들에 의해 생성된 맥스웰의 정전기방정식과 결부된 힘에 주로 영향을 받는다는 것을 지적하였다.

은하와 플라스마 두 경우 모두, 기본 진화방정식은

$$\left.\begin{aligned} &\frac{\partial f}{\partial t} + v \cdot \nabla_x f + F[f] \cdot \nabla_v f = 0, \\ &F[f](t, x) = -\iint_{\Omega \times \mathbb{R}^3} f(t, y, w)\nabla W(x - y)\,\mathrm{d}y\mathrm{d}w \end{aligned}\right\} \tag{6}$$

이다. 여기에서 Ω는 위치의 영역이고 W는 우함수로 가정된 상호작용의 퍼텐셜이다. 보통 이 방정식과 다양하게 채택이 가능한 경계조건들을 함께 **블라소프 방정식**이라고 부른다. 역사적으로 보면 충돌이 없는 볼츠만 방정식이 더 적절한 이름이다. 가장 중요한 예로 W가 **푸아송 방정식**[III.18] $-\Delta W = \delta$(쿨롱 상호작용, 양의 형태)나 $\Delta W = \delta$(뉴턴 상호작용, 음의 형태)의 기본해인 경우가 있다. 여기에서 '형태'라는 용어는 조화해석학에서 유래된 것이며 기

본해의 푸리에 변환의 부호를 나타낸다. 이러한 경우에 **블라소프-푸아송 방정식**이라고 부르는 식이 생긴다.

충돌이 없으면 볼츠만 방정식의 가장 중요한 성질이 사라진다. 그러므로 식 (6)은 그 해가 에너지

$$E = \frac{1}{2}\iiiint f(x, v)f(y, w)\,W(x-y)\,\mathrm{d}x\mathrm{d}y\mathrm{d}v\mathrm{d}w + \iint f(x, v)\frac{|v|^2}{2}\mathrm{d}x\mathrm{d}v$$

를 보존하고 밀도 $\iint C(f)\mathrm{d}x\mathrm{d}v$의 모든 비선형 함수들을 보존한다는 것을 제외하면 의미 있는 랴푸노프(Lyapunov) 범함수를 가지지 않는다. 이때 엔트로피는 상수가 된다.

식 (6)이 식 (1)과 대조적인 또 다른 면은 식 (6)이 놀라울 정도로 많은 정상상태를 가진다는 것이다. 식 (6)은 경계나 외부장이 없이 균질한 분포 $f^0(v)$뿐만 아니라 많은 비균질의 정상해도 포함한다.

이러한 모든 것들이 식 (6)의 해는 확실하게 장기적인 성질을 보여 주어야 한다는 생각에 위배되는 것처럼 보인다. 그래서 1946년에 란다우가 쿨롱 상호작용에 대한 식 (6)의 선형화된 분석을 통하여, 많은 종류의 평형과 미동의 경우(예를 들면, 평형과 미동이 모두 해석적 분포이고, 평형이 1차원에서 하나의 최댓값을 가지거나 3차원에서 $|v|$에만 영향을 받는 경우)에 섭동이 지수함수적인 감소에 이르게 된 것을 보였을 때 엄청난 놀라움을 가져왔다. 이 효과에 **란다우 감쇠**라는 별명이 붙었다. 비록 이 효과의 물리학적 영향력은 H 정리보다 제한적이었지만 모든 것이 가역처럼 보이는 곳에서 비가역인 것을 발견한 것과 같기 때문에 그 당시의 물리학자들에게는 란다우 감쇠가 볼츠만이 발견한 충돌로 인한 운동 엔트로피의 증가처럼 놀라운 것이었다.

확실하게 비선형인 볼츠만의 H 정리와 대조적으로 란다우 감쇠는 선형화된 계산에 기초한다. 란다우의 결과는 오닐(O'Neil), 펜로즈(Penrose), 배커스(Backus), 마슬로프(Maslov), 페도륙(Fedoryuk) 등을 포함한 여러 물리학자들에 의해서 개선되고 확장되었다. 란다우의 계산을 실험할 수 있게 되었을 때 그의 계산은 상당한 정확도로 증명되었고, 란다우 감쇠는 현대의 고전적인 플라스마 물리학의 초석 중 하나가 되었다. 그 후에 란다우 감쇠는 린든(Lynden)-벨(Bell)에 의해서 은하 동역학에서 이용되었다.

란다우 감쇠를 수학적 계산을 통해 발견했기 때문에 그 작동 원리에 관한 여러 추측이 있었고 몇 개의 잘못된 발상들도 생겨났다. 그중 가장 설득력 있는 해석은 충돌 없는 이동 현상이 안정적인 상태에서는 비균질성을 쓸어 내 버리는 매우 빠른 운동적 진동을 통하여 분포함수의 **혼합**에 개입한다는 것이다.

충돌 분석이나 충돌 없는 분석은 모두 이상적인 상황을 가정한 것이지만, 그 분석들은 우리가 현재 운동 이론에 대해 이해하고 있는 내용 대부분의 기초를 구성하고 있다. 그리고 두 분석은 서로 상호작용할 수 있다. 예를 들면, 기대한 것보다 빨리 균질해지는 경향은 완화현상에서 확산이나 충돌의 영향을 증가시킨다.

이러한 분석들의 발전과 동시에 평균장 해석은 평형 체계나 비평형 체계 모두의 경우에서 운동이론을 포함한 여러 곳에 응용되기 시작했다. 특히 온사거(Onsager)는 난류에 대한 유명한 토론에서 소용돌이 형태의 비압축 2차원 오일러 방정식을 '소용돌

이'의 평균장 체계로 보면서 연구하였는데, 그것은 충돌 없는 운동 이론과 많은 유사성을 보여 주었다.

4 큰 영향을 끼친 문제들

운동 이론의 발전과 볼츠만이 쓴 영향력이 큰 책은 즉시 수학자들의 관심을 받았으며, 그 관심의 시작은 힐베르트였다. 힐베르트는 그의 6번째 문제(아래에 나열된 항목 (I), (IV)와 관련된다)를 볼츠만에게 영향을 받아 만들었다. 힐베르트 본인도 볼츠만 방정식의 초기 수학적 연구를 일부 했었으며, 칼만(Carleman)이 1930년대에 연구했고, 그 후 1950년대에 그래드(Grad)와 카츠가 연구했다. 이러한 연구들은 볼츠만의 충돌 연산자에 집중하여 이루어졌다.

편미분방정식(PDE) 이론이 발전하면서 그 방정식에 포함된 다루기 힘든 연산자인 $v \cdot \nabla_x$의 효과를 연산자가 혼자 있는 경우와 통계적 진화방정식에 나오는 전형적인 연산자와 함께 있는 경우 모두에 대해서 분석하기 시작했다. 이 분석은 동역학적 포커(Fokker)-플랑크 방정식의 기본해에 관한 콜모고로프(Kolmogorov)의 연구까지 거슬러 올라갈 수 있다.

블라소프의 이론(충돌 없는)이 수학에 진출하기까지는 더 많은 시간이 걸렸다. 이 이론의 진출은 1970년대 말이 되어서야 러시아에서 아르세니예프(Arsen'ev)와 도브루신(Dobrushin)에 의해서 이루어졌다. 그 후 곧 서방세계에서 브라운(Braun), 헤프(Hepp), 네운제르트(Neunzert)가 뒤이어 연구했다.

이러한 연구로부터 수학과 물리의 경계면에 있는 여러 문제가 출현했다. 이 문제들은 수십 년간 운동 이론의 연구를 자극해 왔고, 광범위한 발전의 출발점이 되었다. 대부분의 경우에 이 문제들은 다섯 가지의 일반적인 주제에 포함되고 모든 것이 서로 관련되어 있다.

(I) 제일법칙 원리에서 유도. 뉴턴의 법칙이나 간단한 미시적인 확산 모델 같은 기본 방정식에서 운동통계방정식을 유도하는 것이다. 우선 충돌방정식을 유도하기 위해서는 종종 직접적이든지 간접적이든지 충돌 전의 배열은 비상관적이라는 볼츠만의 혼돈 가정을 인정해야 한다. 혼돈 가정은 충돌 없는 모델에서도 중요한 역할을 하며, 더 일반적으로 분포함수의 모든 결정론적 방정식의 유도에서도 중요한 역할을 한다.

(II) 코시(Cauchy) 문제와 질적 분석. 매끈함에 대한 어떤 가정과 빠른 속도로 감쇠하는 초기 정보로부터 그 해가 좋은 성질을 가진다는 것을 증명한다. 즉, 해가 운동방정식을 만족하는지, 어느 정도 매끈한지, 빠르게 감쇠하는지, 항상 양인 것이 시간이 흘러도 보존되는지를 증명한다. 정칙화가 존재하는가? 아니면 최소한 특이점의 진폭이 감쇠하는가? 많은 경우에 코시 문제를 완벽히 이해하지 못하면 여러 성질을 확인하는 과정에서 진전이 불가능하다.

(III) 장시간 특성. 해가 어떤 평형상태에 가깝게 시작하면 그 평형상태에 가깝게 계속 남아 있는가(궤도 안정성)? 해가 처음에 시작한 평형상태나 다른 평형상태로 수렴하는가(동역

학적 안정성)? 해가 평형상태에서 멀리 떨어져 시작했을 때 어떤 평형상태로 수렴하는가? 그리고 그 평형상태를 찾을 수 있는가? 혼합된 성질(예를 들면, 진동이 진행되어 어떤 약한 수렴 단계에 이르는 과정)이 있는가?

(IV) **다른 모형과의 관계.** 적절한 점근적 체제 안에서 운동방정식을 단순화된 모델로 대체할 수 있는가? 예를 들면, 압축적이거나 비압축적인 유체역학방정식이나(유체역학적 극한, 즉 평균 자유 거리가 공간 규모에 비해 무시될 때) 경계층방정식으로(경계면에 매우 가까울 때) 바꿀 수 있는가? 운동 모형과 다른 모형을 결합시킬 수 있는가? 다중 규모 분석을 통하여 설명을 간단히 할 수 있는가? 운동방정식을 이용하여 압력에 관한 열역학 법칙, 점성 영향도, 위상-전이 도형 같은 관찰 가능한 유체의 성질을 알아 낼 수 있는가? 볼츠만의 고전적 이론의 중요한 한계는 압력이 밀도와 온도의 곱에 비례하는 완전유체에 대해서만 그의 이론이 적용된다는 것이다.

(V) **수치적 시뮬레이션.** 빠르고 정확한 수치적 계산법을 만들어 낼 수 있는가? 특정한 값을 예측하는 데 특히 적절한 계산법은 어떤 것인가? 주어진 제약 조건을 만족하는 계산법은 어떤 것인가? 이러한 계산 계획이 대응하는 운동방정식의 해로 수렴한다는 것을 보일 수 있는가? 마지막 질문은 유도하는 문제와 아마도 강하게 연결되어 있을 것이다. 왜냐하면 여러 계산법은 입자 시뮬레이션에 기반을 두고 있기 때문이다. 또한, 마지막 질문은 코시 문제의 분석과도 명백하게 관련되어 있다.

운동 이론의 기본 방정식에서 나타나는 전형적인 성질과 시간의 화살 같은 근본적인 논쟁에서의 역할 입장에서 보면, 운동 이론의 기본 방정식은 이론물리학자들 사이에서 운동 이론의 다양한 모형의 응용 범위를 훨씬 넘어서는 관심을 받아왔다.

우리는 그 모형들을 더 정확하게 알아본 후에 이 문제들을 더 자세하게 다룰 것이다.

5 운동 이론의 다양한 모형들

초기에 운동 이론은 희박한 가스의 역학(볼츠만 방정식), 은하 역학(뉴턴 상호작용의 평균장 모형), 이상적인 플라스마 역학(쿨롱 상호작용의 평균장 모형)의 모형을 위하여 만들어졌다. 세 개의 응용 영역은 모두 중요하다. 예를 들어, 대기의 상층부는 공기가 희박하여 유체역학의 법칙이 만족스럽게 적용되지 않으므로 높은 고도의 공기역학에서 볼츠만 방정식은 매우 중요하다. 그리고 더 최근에는 볼츠만 방정식이 나노 유체의 모형에도 유용하다는 것이 밝혀졌다.

운동 이론의 형식은 다목적용이며, 그 응용 범위는 이러한 경우들을 넘어서 매우 넓게 확대되었다. 그 결과로 나타난 많은 기본 방정식의 변형된 식들은 여러 범주로 나눌 수 있다.

(1) 상호작용의 핵이 다양한 분자 상호작용으로부터 유도되었거나, 고전물리의 법칙으로부

터 나타난 것을 수정한 고전 모형. 특히 그래드가 선형화된 볼츠만 연산자의 성질을 연구한 이후부터, 종종 충돌 핵의 각에 대한 적분 가능성을 얻기 위해 작은 편차 각은 차단한다. 이러한 **각의 차단**을 가정하면 충돌 연산자는 두 개의 부분으로 쪼갤 수 있다.

$$\begin{aligned} Q(f, f) &= Q^{+}(f, f) - Q^{-}(f, f) \\ &= \iint \tilde{B}(v - v_*, \omega) f(t, x, v') f(t, x, v'_*) \, \mathrm{d}v_* \mathrm{d}\omega \\ &\quad - \iint \tilde{B}(v - v_*, \omega) f(t, x, v) f(t, x, v_*) \, \mathrm{d}v_* \mathrm{d}\omega \end{aligned}$$

이것을 각각 그 연산자의 증가 부분과 감소 부분이라고 말한다. 이와는 대조적으로 각의 변수에 대해서 적분이 가능하지 않은 핵을 '비차단'이라고 한다. 이 핵은 긴 범위의 상호작용에 해당한다. 또, 대응하는 충돌 핵이 상대속도의 양의 거듭제곱에 비례하면 그 상호작용을 **단단하다**고 하고, 그 핵이 상대속도의 음의 거듭제곱에 비례하면 그 상호작용을 **무르다**고 한다. 이러한 두 극단적인 경우의 중간에, 핵이 상대속도에 영향을 받지 않는 **맥스웰적인** 경우가 있다. 따라서 단단하며, 맥스웰적이고, 무른 퍼텐셜은 종종 독특한 성질을 가진다. 특별한 경우로 그 핵이 간단히 $|\langle v - v_*, \omega \rangle|$에 비례하는 **단단한 구**가 있다.

(2) 물리적 조건(밀도, 상호작용의 강도 등)에 따른 다양한 상호작용이 강조된 큰 입자 체계들에서 얻어진 모형. 이 범주에서 인기 있고 다목적용인 모형은 포커-플랑크 방정식인데 그 출발은 1930년대까지 거슬러 올라가며, 이 방정식은 확률론적 확산과 결정론적 흐름에 있는 입자들로 구성된 군집의 진화를 설명한다. 입자 체계들의 통계학적 모델의 체계적인 유도는 보골류보프(Bogolyubov)까지 거슬러 올라간다. 특히 이러한 접근법의 변형된 형태는 플라스마 물리 영역에 많이 있다. 발레스쿠(Balescu)-레나드(Lenard) 방정식과 블라소프-포커-플랑크-란다우 방정식이 이러한 모형들 중에서 가장 많이 알려진 것이다. 그것들은 평균장과 충돌 상호작용을 포함하고 충돌 연산자가 속도 공간에서 비선형 확산처럼 나타나며 볼츠만 연산자의((5) 참조) 적분과 이중 선형 구조와 비슷하다. 이 모델들은 플라스마에서 진행되는 매우 다양한 과정을 다루기 쉬운 방정식으로 줄여서 나타내려고 했다.

(3) 주어진 환경(결정론적 혹은 무작위의)에서 입자 체계의 상호작용을 나타내는 선형 모형. 이 범주에 속하는 중요한 예시로 선형 볼츠만 방정식이 있는데, 이 방정식은 무작위로 위치한 많은 장해물 때문에 산란된 입자들을 설명해 준다. 예를 들면, 포커-플랑크 형태(콜모고로프가 연구한)의 전형적인 운동방정식

$$\partial_t f + v \cdot \nabla_x f - \Delta_v f = 0 \tag{7}$$

과 중성자학과 반도체 이론에 유용한 전자의 이동방정식이 있다. 더 일반적인 예로 이

동, 산란, 확산 등의 조합을 나타내는 다양한 방정식들이 있다.

(4) 위치 변수에는 영향을 받지 않고 운동 변수에만 영향을 받는 해를 연구하는 공간적으로 균질한 모형. 그 결과로 나타나는 모형 중에서 가장 중요한 것은 공간적으로 균질한 볼츠만 방정식 $\partial_t f = Q(f, f)$이고, 이 방정식에 대한 연구는 매우 많이 진전돼 있다. 이 볼츠만 방정식을 통해서 충돌 연산자의 세부적인 성질을 이해할 수 있으며, 조건을 더 제한하면 추가적인 구조를 얻을 수 있다. 예를 들어, 충돌 핵 $\tilde{B}(v - v_*, \omega)$가 편각 θ에만 영향을 받는 맥스웰적인 상호작용만 고려할 수 있다. 그리고 차원도 축소될 수 있다. 예를 들어, 카츠가 연구한 볼츠만 기체의 1차원 근사이론이 있는데, 여기에서 속도는 일차원이고 에너지의 보존은 유지되지만 운동량의 보존은 유지되지 않는다.

(5) 1계 섭동에 주목하여 얻은 선형화된 방정식. 균질한 맥스웰적인 $M = M(v)$ 근처에서 볼츠만 방정식의 선형화는

$$\partial_t h + v \cdot \nabla_x h = Q(h, M) + Q(M, h)$$

이다. 이 식은 종종 곱 연산자와의 켤레를 통하여 더 변형된다. 균질한 평형 $f^0 = f^0(v)$ 근처에서 블라소프 방정식의 선형화는

$$\partial_t h + v \cdot \nabla_x h + F[h] \cdot \nabla_v f^0 = 0$$

이다. 두 경우 모두에서 스펙트럼 성질은 상호작용 퍼텐셜에 강하게 영향을 받으며, 많은 연구의 대상이 되었다. 이러한 전형적인 모델의 변형된 형태가 많이 존재한다.

(6) 입자가 무시할 수 없는 상호작용 범위를 가질 수 있는 비국소화 모델. 이 모델은 많은 입자의 극한과 논리적으로 불일치하지만, 포츠너(Povzner) 방정식 같은 유용한 방정식들을 만들 수 있다. 그중 앙스콕(Enskog) 방정식은 알갱이 물질을 설명할 때 사용한다.

(7) 서로 다른 물리법칙들을 결합시키는 모형. 여기에는 비탄성(에너지의 보존을 소모 법칙으로 대체하는 것으로, 이러한 접근법은 알갱이 물질의 모형을 만들 때 특히 중요하다), 양자 물리(상호작용에서 양자 현상을 모형으로 만들어, 보스 입자나 페르미 입자의 충돌에서 볼츠만-보스 모형이나 볼츠만-페르미 모형에 이르거나 충돌에서 고전적인 서술을 유지한 채 단면의 계산에서 양자효과를 포함하는 것), 상대론(상호작용의 법칙에 특수상대론의 기하를 결합하든지 운동방정식에 일반상대론의 구성방정식을 결합하는 것) 등이 있다. 상대론과 관련하여, 일반상대론의 아인슈타인 방정식은 진공을 연구하지 않는다면 '홀로 설 수' 없다는 것을 기억해야 한다. 이 방정식은 어떤 조건을 만족하는 물질의 진화방정식과 결합되어야 할 필요가 있다. 일반상대론에서 코시 문제에 대한 쇼

케(Choquet)-브루아(Bruhat)의 선구적인 연구 이래로, 블라소프 방정식을 이러한 방식으로 연구하여 블라소프-아인슈타인 모형이 나왔다.

(8) 화학작용의 거친 모형, 점점 더 큰 모임을 통해서 형성된 분자들의 침전, 겔화 문제 등을 결합한 응고-파편 모형. 이 범주의 가장 유명한 모형은 스몰루초프스키(Smoluchowski) 방정식이다.

(9) 불연속 속도 모델과 결정 모델. 예를 들어, 수치적 시뮬레이션을 위해서 그리고 충돌과 위상공간의 기하를 단순화하기 위해서 고안하였다.

(10) 약한 난기류 모형에서 볼 수 있는 파동 사이의 상호작용처럼 다양한 물리적 상황에서 나타나는 모형. 다른 예로는 슈뢰딩거 방정식의 위그너(Wigner) 변환을 응용하여 얻을 수 있는 충돌 없는 운동방정식이 있다.

(11) 다른 물리현상들의 상호작용에서 나타나는 운동방정식. 이 범주에는 복사 전달과 유체역학의 결합(천체물리학과 핵물리학에서), 입자와 유체역학적 유체의 결합(분무기에서) 등이 있다.

(12) 분류하기 어려우며 정확한 물리적 모형도 만들 수 없는, 다양한 상호작용에 대한 현상학적 모형. 예로는 군중, 교통, 질병 전파, 유성생식 등이 있다.

6 운동 이론의 다양한 수학적인 측면

운동 이론은 수학 전체에서 선망 받는 위치에 있다. 운동 이론이 가장 높은 위치에 있기 때문에 호기심 많은 관측자는 대부분의 해석학 영역뿐만 아니라 확률론과 기하학의 중요한 영역까지 볼 수 있다. 지난 30년 동안 이 이론은 다른 여러 분야와 교류하였고, 그 결과 여러 가지 수준 높은 발전을 보여 주었다. 이와 같은 시기에 운동 이론은 주변부 영역에서 중앙의 무대로 진출하였다.

운동 이론이 다른 수리 물리 이론과 구별되는 특징은 다음과 같다.

- 두 개의 변수(위치와 속도)가 존재한다.
- 큰 속도가 모든 부분에 나타나며, 이 속도를 모형에서 제거할 수 없다.
- 대부분의 공간 변수 방정식들이 퇴화했다.
- 충돌의 복잡한 기하학이 있다.
- 운동 이론은 여러 영역의 모형들의 교차점에 있다.
- 결정론적인 것과 무질서의 상호작용이 나타난다.

이러한 것들을 고려하면서, 운동 이론에서 중요한 수학적 도구들과 경향들을 살펴보기로 한다.

스펙트럼 이론. 선형화된 볼츠만 방정식은 적분-미분

연산자의 연구에서 첫 번째 모델 사례 중의 하나이다. 여기에서 중요한 개념으로는 스펙트럼 간격 근사, 프레드홀름(Fredholm) 교체, 자체 수반, 근본 스펙트럼의 국소화, 콤팩트 섭동, 용제나 첨가제의 콤팩트 성질 등이 있다.

코시 문제의 비선형 해석. 이때 사용하는 도구로는 사전 추정(질량, 에너지, 엔트로피 제어로 시작하는), 코시-코발레프스카야(Kowalevskaya) 정리(특히 볼츠만 방정식의 단시간 유도나 블라소프-푸아송 방정식의 초기 이론에서), 콜모고로프-내쉬-모저 섭동방법, 모저 계획(특히 소모적인 특징을 가진 공간에서 균일하게 나타나는 원거리 상호작용의 볼츠만 방정식에서), 약한 콤팩트 정리(특히 약해의 디페르나-리옹(Lions) 이론에서), 소볼레프 대각합 정리, 르베그(Lebesgue), 소볼레프, 해석적, 게브레이 형태의 가중 함수공간이 있다. 조화해석학에서 나온 강한 입력을 이용한 이중이나 삼중 추정은 충돌 연산자가 다소 비선형 분수 미분처럼 행동하는 원거리 상호작용을 연구하기 위해서 발전되었다. 이 목록에는 디페르나와 리옹이 그들의 '재규격화된' 해의 개념에서 사용하였던 변수들의 비선형 변화와, 장시간 등의 상황에서 블라소프 방정식의 빠른 진동을 연구하기 위해 사용했던 '미끄러지는' 정칙성의 분석(함수를 이동방정식과 합성한 후의 정칙성인)도 포함해야 한다.

조화해석학. 푸리에 해석은 운동 이론의 여러 영역에서 핵심적인 역할을 해왔다(위치 변수와 속도 변수 모두에서). 특히 맥스웰적인 상호작용이 일어나는 공간적으로 균질한 볼츠만 방정식(충돌 연산자의 푸리에 변환이 간단하고 다루기 쉬운), 비선형 블라소프 방정식의 장시간 섭동 분석(란다우 감쇠가 유형별로 분석되는), 볼츠만 연산자의 증가 부분의 정칙적인 성질(밀도 함수보다 분수만큼 더 정칙적인), 속도 평균화 추정에서 중요한 역할을 했다. 마지막의 '속도 평균화 추정'은 다음과 같은 질문에 답하기 위한 것이다. f와 g의 정칙성이 주어지고 $v \cdot \nabla_x f = g$ 같은 식이 만족될 때, 매끄러운 시험함수 φ에 대하여 $\int f(x, v)\, \varphi(v) dv$는 f의 정칙성만으로 추정한 것보다 더 강한 정칙적인 성질을 가진다. 이러한 관점은 코시 문제의 현대적 연구에서 많은 연구 결과를 도출했으며, 주로 푸리에 변환과 X-선 변환에 기반을 두고 있다.

엔트로피 부등식. 충돌 운동방정식의 장시간 성질 분석은 자연스럽게 볼츠만의 엔트로피와 그것의 산출비율을 연결해 주는 부등식들에 대한 연구에 이르게 한다. 카츠와 맥킨(McKean)이 처음으로 수학적 관점에서 이 주제에 대해서 강연하였다. 그들은 예를 들어 피셔(Fisher) 정보를 포함하는 정보 이론적인 부등식과 관련지어 연구했다. 이 분야의 중심 주제는 써시그나니(Cercignani) 가설로 다음과 같다. 어떤 정규화나 정칙성의 가정이 있으면 식 (4)의 엔트로피 산출이 범함수 부등식 $D(f) \geq K[S(M) - S(f)]$를 만족할 것인가? 여기에서 M은 맥스웰적인 분포이다. 스펙트럼 간격 부등식의 엔트로피 변형인 이 문제는 로그 소볼레프 부등식, 섀넌(Shannon)-스탐(Stam) 부등식, 블레크만(Blachman)-스탐 부등식과 관련하여 기대하지 않았던 많은 발전을 가져왔다.

반군 논증. 1990년대 말에 반군 논증이 운동 이론에 나타났다. 보조 확산방정식을 이용할 때나, 베이크리(Bakry)와 에메리(Émery)가 그들의 로그 소볼레프 부등식 연구에서 소개했던 두 번째 변형 방법을 통해서였다. 베이크리와 에머리의 아이디어를 편미분방정식과 관련하여 토스카니(Toscani), 아르놀트(Arnold), 마르코비치(Markowich) 등이 채택하였다. 장시간 후에 평형으로의 수렴성의 엔트로피 분석에 관한 많은 성과물이 나타났다. 이것은 운동 이론의 선형과 비선형 모형 모두에서 나타났고, 특히 포커-플랑크 형태에서 활발했다. 핵심이 되는 개념으로는 Γ_2 미적분, 곡률-차원부등식, 엔트로피 산출의 감소(엔트로피의 시간에 대한 이계 미분) 등이 있다.

퇴화하는 연산자들에 대한 특정한 방법들. 1950년대에 콜모고로프가, 1960년대에 회르만더(Hörmander)가 준타원성 이론을 발견하였다. 이 이론에 따르면, $-v \cdot \nabla_x + \Delta_v$ 같은 어떤 퇴화 연산자는 정칙화되는 반군을 생성한다. 선형 소모성 운동 모델에서 자주 발생하는 이러한 상황은 종종 교환자 추정으로 처리된다. 준수렴성 이론의 더 최근 연구는 전형적으로 $T + \Lambda$ 형태인 퇴화 연산자에 의해서 생성된 반군의 시간 감쇠를 다룬다. 여기에서 Λ는 적당한 부분공간에서 강제적이고 T는 교대대칭이다. 전형적인 예로, $L^2(M\mathrm{d}x\mathrm{d}v)$에서 $-v \cdot \nabla_x + \Delta_v - v \cdot \nabla_v$와 $L^2(M\mathrm{d}x\mathrm{d}v)$에서 $-v \cdot \nabla_x + \Pi_M - \mathrm{Id}$가 있다. 여기에서 M은 가우스 형태이고, Π_M은 상수함수로의 정사영이다.

해의 정성적 연구. 어떤 의미에서 블라소프 방정식은 쌍곡형이지만 볼츠만 방정식은 쌍곡형과 타원형의 혼합이다. 그 해들의 정성적인 특징을 찾기 위해 다음과 같은 여러 가지 연구 결과와 방법이 사용되었다. 특이점의 정칙화와 전파와 붕괴(소볼레프 공간에서 자주 연구된), 파동 형태(여러 가지 보존법칙과 압축성 나비에(Navier)-스토크스(Stokes) 정리와 관련된), 조화해석학, 유사 미분 작용소, 리틀우드(Littlewood)-팰리(Paley) 분석, 라돈(Radon) 변환, 정성적 불확정성 원리, 자기유사 가설 풀이, 농도 분석 등이 있다.

특이 극한. 방정식의 한 항이 발산하는 계수로 강조된 이러한 극한은 가설 풀이, 전개, 스펙트럼 이론, 어고딕 이론 등을 통해서 연구되었다. 특히 다음과 관련하여 나타났다. (a)크누센(Knudsen) 수(평균 자유 거리의 전형적인 거리에 대한 비율)가 0으로 수렴하는 비점성이나 점성인 유체역학적 극한. 전형적으로 강조된 충돌 연산자 $\varepsilon^{-1}Q(f, f)$에 이르게 된다. (b)전형적으로 강조된 이동의 항 $\varepsilon^{-1}v \cdot \nabla_x$나 $\varepsilon^{-1}F \cdot \nabla_v$에 이르게 되는 이동 모형의 균질화. (c)위그너 변환을 통한 슈뢰딩거 방정식의 고주파 준고전적인 극한. (d)예를 들어, 전자가 핵보다 훨씬 가벼운 플라스마에서 작은 질량비율 극한.

미분기하. 굽은 위상공간은 상대론적 운동 이론에서 자연스럽게 나타난다. 그 이유는 입자 간의 충돌 법칙에서 나타나거나, 그 체계가 로런츠 공간에 속하기 때문이다.

변분법. 엔트로피 같은 랴푸노프 범함수에 의해서 안정성이 보장받지 못할 때, 안정성의 문제는 매우 까다롭다. 예를 들어, 에너지를 최소화하는 특별한 평형에서 동역학적 안정성을 연구할 때는 볼록성이 중요하다. 1960년대에 유체역학에서 소개된 이러한 접근법은 1980년대부터 블라소프-푸아송 방정식의 연구에 농축-콤팩트, 재배열 등의 개념과 함께 조직적으로 사용되었다.

다입자 방법. 입자 체계에서 나온 볼츠만 방정식과 블라소프 방정식의 엄밀한 기초에 대한 탐구는 고전역학이나 양자역학의 기본법칙을 따르는 많은 입자를 가진 체계를 분석하는 데 이르렀다. 여기에서 입자의 개수 N은 극한에서 무한대로 발산한다. 그 미시적인 방정식은 모든 위치와 속도 $(x_1, v_1), \cdots, (x_N, v_N)$에 영향을 받는다. 그 문제는 실험적인 분포, 가령 $\hat{\mu}^N = N^{-1}\sum_{i=1}^N \delta_{(x_i,\, v_i)}$의 가능한 변화나, N-입자 분포 f^N의 첫 입자 한계 극한변화로 표현할 수 있다. 이때 N-입자 리우빌 방정식

$$\partial_t f^N + \sum v_i \cdot \nabla_{x_i} f^N - \sum_{i \neq j} \nabla W(x_i - x_j) \cdot \nabla_{v_i} f^N = 0$$

을 만족하고, 시간, 공간, 질량 그리고 상호작용의 강도가 재설계될 수 있는 다양한 점근적인 방법을 이용한다. 인기 있는 설계로 볼츠만-그래드 극한과 평균장 극한이 있다. 볼츠만-그래드 극한은 그래드, 써시그나니, 란포드(Lanford)에 의해서 개척되었고 비선형 볼츠만 방정식에 이르게 된다. 평균장 극한은 브라운, 헤프, 도브루신, 네운제르트에 의해서 매끈한 상호작용에 관하여 정립되었고 블라소프 방정식에 이르게 된다. 유명한 변형으로는 결정론적 뉴턴 방정식을 현상학적이고 확률적인 미시 모형으로 대체한 카츠의 확률론적 접근법과 갈라보티(Gallavotti)에 의해 개척된(소위 크누센 가스에 대하여) 선형 볼츠만 방정식의 유도가 있다. 이 분야에서 핵심적인 개념은 분자 혼돈 개념(입자의 점근적인 독립성, 즉 낮은 상관관계), 섭동 급수, 입자 역사, 무한차원에서 함수 부등식, 큰 숫자에서 정량적 법칙, 중심극한 정리, 수직 다항식들이다. 양자 입자 체계에서는 밀도 행렬과 위그너 변환이 중요한 역할을 한다.

수치해석. 방정식에 있는 매우 다양한 항의 동시적인 존재성, 고차원 위상공간, 충돌의 복잡성, 큰 속도와 작은 밀도의 존재성, 정확한 실험의 어려움 등이 운동 모형의 수치적 시뮬레이션을 도전적인 분야로 만들었다. 이동 현상은 형질 방법, 즉 위상공간에서 뒤따르는 입자를 이용하여 가장 많이 시뮬레이션되었지만, 시뮬레이션에 사용된 입자의 수는 실제 입자 수보다 항상 훨씬 적고, 입자의 궤적이 격자나 위상공간의 개별화를 유지하지 않기 때문에 한 시간 단계에서 다음 단계로 넘어가는 밀도의 재현에는 미묘한 측면이 많이 있다. 충돌 현상은 계산하기 힘들고, 처음에 입자 체계는 다소 실제적인 상호작용 법칙을 따른다는 기본 원칙하에서, 확률론적 방법을 이용하여 다루어 졌다. 이러한 체계는 1960년대에 버드(Bird)에 의해 기초가 세워졌고, 40년 이상 가장 많이 사용되었다. 2000년대에 들어서서 알고리즘의 발전과 컴퓨터의 힘으로 더 정확해진 결정론적 방법이 적어도 어떤 상황에서는 비용 면에서 경쟁력이 생겼다. 이 분야의 핵심 단어로 분열 방법, 몬테 카를로(Monte Carlo) 시뮬레이션, 일관성 분석, 라그랑주 방법과 준-라그랑주 방법, 스펙트럼 분석, 푸리에 변환, 빠른 푸리에 변환 알고리즘, 유한 원소, 격자 시뮬레이션, 보존 계획, 적응 격

자 등이 있다. 특정 방법들은 청(Cheng)과 크노르(Knorr), 손(Sone), 아오키, 바보프스키(Babovsky), 네운제르트, 바그너(Wagner), 데곤드(Degond), 보빌레프(Bobylev), 르자사노프(Rjasanow), 소넨드뤽커(Sonnendrücker), 파레스치(Pareschi), 필버트(Filbert) 외에도 항공학, 천체물리학, 플라스마 물리학의 많은 학자들에 의해 발전되었다. 방대한 양의 관련 문헌이 있지만 이 글에서는 아주 조금만 다루었다.

이제 부분적으로 운동 이론에서 자극 받았지만 수학의 다른 분야에 주된 영향을 끼친 두 개의 주제로 이 목록을 마무리 하고자 한다.

거친 계수를 가진 상미분방정식(ODE). 가령 $\dot{x} = \xi(t, x)$ 같은 ODE의 고전적 이론에서는 유동의 국소적 존재성을 위해 ξ의 연속성을 요구하고, 국소적 유일성과 연속적인 종속성을 위하여 ξ의 립시츠(Lipschitz) 정칙을 요구한다. 립시츠 정칙을 요구하는 것은 PDE에 응용할 때 강한 제약 조건이 된다. 특히, ξ가 그 해에 영향을 받고 그것의 정칙성이 미리 주어지지 않았을 때 제약이 된다. 운동이론에서 코시 문제 연구의 부가적인 결과로, 디페르나와 리옹은 거의 모든 초기 데이터에 대해 국소적 존재성과 유일성을 주는 ODE 이론을 찾아냈다. 이 이론은 덜 제약적인 소볼레프 정칙(예를 들면, $\xi \in W^{1,1}_{\mathrm{loc}}$, $\mathrm{div}\,\xi \in L^\infty$과 무한대에서 어떤 성장 조건)을 가정한다. 이것의 원래 증명은 이동방정식 $\partial_t f + \xi \cdot \nabla f = 0$의 분석과 재정규화 방법에 기반을 두고 있다. 더 최근에 이 이론은 앰브로시오(Ambrosio)와 드렐리스(de Lellis) 등에 의하여 정칙성의 유계 변동의 극한의 경우까지 포함하도록 개선되었고, 궤적을 이용한 다른 증명을 제공하였다. 이 이론은 보존법칙의 쌍곡방정식 체계 같은 다양한 형태의 PDE에 이용되었다.

최적 이동과 거리 기하학. 1970년대에 다나카가 맥스웰적인 상호작용의 공간적으로 균질한 볼츠만 방정식은 베제르스타인(Wasserstein)의 (최적 이동) 거리

$$W_2(\mu, \nu) = \left(\inf_{\pi \in \Pi(\mu, \nu)} \int_{\mathbb{R}^d \times \mathbb{R}^d} |v - v_*|^2 \mathrm{d}\pi(v, v_*) \right)^{1/2}$$

에 대하여 압축적이라는 것을 증명하였다. 여기에서 μ와 ν는 $\mathbb{R}^d$에서 두 개의 확률 측도이고, 하한은 한계 측도가 μ와 ν인 모든 결합 확률 측도 $\pi(\mathrm{d}v\mathrm{d}v_*)$에 대한 것이다. 이러한 관계가 다소 잊힌 채로 얼마간의 시간이 흐른 후에, 1990년대에 최적 이동과 운동방정식의 관계를 새롭게 주목하였고 다양한 유일성과 안정성의 결과들을 얻었다. 후에 최적 거리와 볼츠만 엔트로피의 상호작용은 매끈하지 않은 리치(Ricci) 곡률 이론에서 핵심적인 역할을 하였다.

7 주요 연구 결과

아래에 50개의 뛰어난 연구 목록을 연대순으로 나열하였다. 이 연구 결과들은 운동 이론의 발전에 정점을 찍은 대표적인 참고 문헌이다. 이 연구 결과들의 일부는 새로운 연구 분야를 개척한 것이고, 다른 것들은 이미 존재하는 연구 분야의 종결을 이룬 것이다. 다루는 주제가 매우 유사한 경우에는 그 결과

들을 모아 놓았다. 여기에 적힌 연도는 출판된 시기를 기준으로 한 것으로, 경우에 따라서는 실제 연구가 수행된 것보다 몇 년 후로 적혔을 수 있다.

이 목록은 전체적인 중요성을 전달하려고 하는 것은 아니며, 부분적으로 사적인 선택을 하였다. 이 목록은 이론적인 쟁점을 선호하는 점에서 편향적이고, 중성자 이동이나 응고-파편 같이 산업계 응용에서 매우 중요한 주제들은 충분히 포함하지 못하였다. 또 수치적 시뮬레이션 영역에서 수행된 방대하고 창조적인 연구들은 건드리지도 못하였다.

이 목록은 부분적으로 수학적 운동 이론의 역사를 반영하고 있다. 처음에는 소수집단의 연구주제였고, 기여하는 바도 거의 없었다. 그러나 제2차 세계대전 이후에 더 광범위한 연구를 위한 몇 개의 중심지(뉴욕(쿠랑 연구소, 오사카/교토, 예테보리, 로마, 모스크바, 취리히)가 출현했다. 1980년대와 1990년대에 프랑스와 이탈리아 학교들이 선도하여 비선형 문제의 연구가 활발해지기 시작했고, 그 연구자들 모임은 상당히 조직적으로 발전했다. 그와 동시에 새로운 연구 그룹이 나타났는데, 독일, 미국, 오스트리아, 스페인, 대만, 캐나다에서 가장 활발하였다. 지난 20년간은 운동 이론과 다른 수학 영역 사이의 결실이 많았고 상호작용이 증가했다는 특징을 갖고 있다. 이 상호작용에서는 양적인 결과와 건설적인 방법 그리고 선형화와 섭동의 환경에서 재개하는 것이 강조되었다.

(1) **힐베르트(1912)**. 선형화된 볼츠만 연산자에 대하여 최초로 연구하였다. 근사 유체역학적 체계에서 (작은) 크누센 수의 거듭제곱으로 볼츠만 방정식의 해를 최초로 형식적으로 전개하였다.

(2) **채프먼(Chapman)과 앙스콕(1917)**. 미시적인 상호작용으로부터 거시적인 이동 계수를 유도하는 체계적인 공식을 세웠다. 근사 유체역학적 체계에서 섭동적인 전개(힐베르트 전개와 다른 전개)에 대한 체계적인 공식이다.

(3) **칼만(1932)**. 단단한 공에 대하여 공간적으로 균질한 볼츠만 방정식에 대한 비선형 코시 문제를 최초로 해결하였다. 이것은 밀도의 하계에 대한 정성적 연구와 평형으로의 수렴성에 대한 연구를 포함한다.

(4) **콜모고로프(1934)**. 동역학적 포커-플랑크 방정식 $\partial_t f + v \cdot \nabla_x f = \Delta_v f$의 준타원적인 정칙성을 보여 주는 기본 해를 계산했다.

(5) **그래드(1949)**. 볼츠만 방정식의 유체역학적 극한에 대한 고차 근사를 나타내는 13-운동량 체계를 세웠다.

(6) **카츠(1954)**. 공간적으로 균질한 볼츠만 방정식에 대한 현상학적인 확률론적 다입자 모형을 통해 운동 이론의 확률론적 기초를 세웠다. 이것이 정량적인 완화율에 대한 가설들을 나오게 하였다.

(7) **배커스(1960)**, **펜로즈(1960)**. 란다우가 1946년에 발견한 선형 란다우 감쇠의 수학적인 논의를 하고 안정성에 대한 정확한 조건을 세웠다. 비선형 감쇠 문제를 서술하였다.

(8) **칼만(1949, 1957)**, **그래드(1963-1965)**. 균질하거나 균질하지 않은 환경에서 단단한 상호작용에 대한 절단으로 선형화된 볼츠만 방정

식의 현대적인 스펙트럼 이론을 만들었다.

(9) 맥킨(1965). 카츠의 볼츠만 방정식 근사 이론에 대한 확률론적 연구를 했다. 분자 혼돈과 피셔 정보 근사와 맥스웰 상호작용에 대한 정량적 중심극한 정리를 이용하였다.

(10) 버드(1966). 볼츠만 방정식의 확률론적 시뮬레이션을 위한 최초의 수치적 계획을 세웠다. 또 다른 계획이 난부(Nanbu)에 의해서 소개되었다(1983).

(11) 회르만더(1967). 퇴화된 확산방정식의 준타원성에 대한 일반적인 기준을 세웠다. 속도-평균화 보조 정리에 대한 선도적인 연구도 하였다.

(12) 갈라보티(1969). 임의의 환경에 대한 평균화를 통하여, 로런츠 기체에서 선형 볼츠만 방정식을 유도했다. 이 연구에 뒤이어 풀비렌티(Pulvirenti), 데스빌레테스(Desvillettes) 등이 많은 발전을 이루었다.

(13) 아케리드(Arkeryd, 1972). L^1에서 약한 콤팩트 성질을 포함하며 가중된 L^1 공간에서 단단한 퍼텐셜을 가진 공간적으로 균질한 볼츠만 방정식에 대한 코시 문제를 연구했다.

(14) 다나카(1973). 맥스웰 핵을 가진 공간적으로 균질한 볼츠만 방정식의 베제르스타인 W_2 거리에서 압축 성질을 연구했다.

(15) 란포드(1974). 결정론적 뉴턴 법칙으로부터 볼츠만 방정식의 시간을 단축한 유도를 연구했다.

(16) 우카이(1974). 선형화된 방정식의 스펙트럼 이론에 기초한, 완전한 비균질 볼츠만 방정식의 섭동 해를 연구했다.

(17) 보빌레프(1976–1988). 푸리에 변환을 통해서 맥스웰 상호작용의 공간적으로 균질한 볼츠만 방정식에 대하여 체계적인 연구를 했다.

(18) 브라운과 헤프(1977), 도브루신(1979), 네운제르트(1984). 매끈한 상호작용의 블라소프 방정식에 대한 엄밀한 평균장 극한을 연구했다.

(19) 츠니트만(Sznitman, 1984). 혼돈의 전파와 단단한 구인 공간적으로 균질한 볼츠만 방정식의 확률적인 유도를 연구했다.

(20) 골세(Golse), 페르타메(Perthame), 센티스(Sentis) (1985). 소볼레프 공간에서 속도-평균화 보조 정리에 대한 체계적인 연구를 시작했다. 그 바로 전에 아고쉬코프(Agoshkov, 1984)에 의해 독립적으로 소개되었다.

(21) 글래시(Glassey)와 스트라우스(Strauss)(1986). 콤팩트 지지집합 가설의 조건하에서 상대론적 블라소프-맥스웰 방정식에 대한 코시 문제를 연구했다.

(22) 보니(Bony, 1987). 일차원 공간에서 이산-속도 비균질 볼츠만 방정식에 대한 새로운 랴푸노프 범함수를 연구했다. 이것은 공간이 일차원인 볼츠만 방정식에 대한 다양한 랴푸노프 범함수의 시작이었다.

(23) 디페르나와 리옹(1989). 비선형 비균질 볼츠만 방정식에 대한 약해('재정규화된 해')의 대역적 존재성과 안정성을 연구했다.

(24) 바르도스(Bardos), 골세, 레버모어(Levermore) (1991). 특별히 비압축성 체계에서, 약해의 유체역학적 극한에 대한 추측을 증명하기

위한 체계적인 프로그램을 연구했다. 이 프로그램을 완성하는 데 20년이 걸렸다.

(25) **리옹과 페르타메(1991), 파펠모저(Pfaffelmoser)(1992).** 두 개의 서로 다른 접근법으로 삼차원 블라소프-푸아송 방정식의 고전적인 해에 대한 존재성과 유일성을 최초로 증명하였다.

(26) **데스빌레테스(1989), 카렌과 카르발류(Carvalho)(1992, 1994).** 양적인 H 정리와 정보 이론을 통하여 볼츠만 방정식의 엔트로피 생산의 순간변화율에 대한 최초의 하계를 발견하였다.

(27) **데스빌레테스(1993).** 공간적으로 균질한 볼츠만 방정식에 대한 개선된 운동량 근사를 연구했다. 특히 강한 퍼텐셜에서 직접적으로 나타났다.

(28) **리옹(1994).** 매끈한 핵의 경우에 삼차원에서 미분이 한 번만 증가하며 특이 적분 연산자의 구조를 갖는 볼츠만 충돌 연산자의 증가항의 정칙성을 연구했다.

(29) **데스빌레테스(1995).** 볼츠만 방정식의 공간적으로 균질한 근사 이론에서 장거리 상호작용에 기인한 정칙화의 최초 증거를 발견했다. 이 발견은 정칙화의 영향에 대한 장기간에 걸친 일련의 연구들의 시작점이었다.

(30) **제라르(Gérard), 마르코비치, 마우저(Mauser), 포우파우드(Poupaud)(1997), 리옹과 폴(Paul)(1993).** 위그너 변환을 통한 고주파 극한의 체계적인 연구와 양자 운동 이론에서 응용을 연구했다.

(31) **에르되시(Erdös)와 야우(1998).** 무작위 환경에서 양자 입자의 위그너 분포에 대한 약한 쌍극한에서의 선형 양자 볼츠만 방정식을 유도했다.

(32) **미첼러와 벤베르크(Wennberg)(1999), 루(Lu, 1999).** 단단한 상호작용과 차단을 가진 공간적으로 균질한 볼츠만 방정식의 코시 문제가 잘 정의되는 최적 조건을 연구했다.

(33) **카렌, 가베타(Gabetta), 토스카니(1999).** 맥스웰 상호작용과 각 차단이 있는 공간적으로 균질한 볼츠만 방정식에 대한 평형으로의 최적 수렴 속도를 연구했다(차단의 제거는 나중에 벤베르크, 도레라(Dorela), 레가치니(Regazzini)의 연구에서 얻어졌다).

(34) **토스카니와 빌라니(1999), 빌라니(2003).** 볼츠만 방정식의 엔트로피 생산에 대한 정확한 한계를 연구했다. 써시그나니 가설을 해결, 혹은 거의 해결(가정에 영향 받음)하였다. 이 해결은 반군 방법, 정보 이론, 란다우 방정식에 기반을 두고 있다.

(35) **구오(Guo, 2002).** 볼츠만 방정식 그리고 다른 운동 모형들의 강한 섭동 이론을 연구하기 위해서 에너지 방법을 사용하는 일련의 연구들을 시작했다.

(36) **카렌, 카르발류, 로스(Loss)(2003), 마스렌(Maslen, 2003).** 균일한 하계가 젠브레세(Janvresse)에 의해 정립된 후, 임의의 고차원에서 카츠의 무작위 걷기에 대한 L^2 스펙트럼을 결정했다.

(37) **카렌과 루(2003).** 맥스웰 상호작용의 볼츠만 방정식에 대하여 평형으로의 임의의 느린

수렴을 하는 예를 연구했다.

(38) **보빌레프, 감바(Gamba), 판페로프(Panferov)(2004), 감바, 판페로프, 빌라니(2004).** 단단한 상호작용의 비탄성의 공간적으로 균질한 볼츠만 방정식에 대한 운동량 근사와 코시 문제를 연구했다.

(39) **알렉산드르(Alexandre)와 빌라니(2004).** 차단이 없는 공간적으로 균질하지 않은 볼츠만 방정식의 약해를 연구했다. 또한 공간적으로 균질하지 않으며, 스치는 충돌이 우세한 경우의 점근적인 체계를 연구했다. 이것은 알렉산드르, 데스빌레테스, 빌라니, 벤베르크에 의해서 스치는 충돌에 대한 이해가 충분히 진전된 후에 나타났다.

(40) **류(Liu)와 유(Yu)(2004).** 각 점에서 안정성과, 볼츠만 이론과 운동 충격파 해석에서 그린의 함수에 관한 최초의 연구를 했다(그전에 수행된 카플리쉬(Caflisch)의 연구에 자극받았다). 보존법칙 체계와의 유사성을 이용하였으며, 장기간에 걸친 일련의 연구들의 최초 연구이다.

(41) **골세와 생레이몽(Saint-Raymond)(2004).** 볼츠만 방정식의 약해에 대한 비압축 유체역학적 극한의 엄밀한 증명을 했다. 이 연구는 골세, 레버모어, 마스마우디(Masmoudi) 등의 연구에 이어서 나타났다.

(42) **데스빌레테스와 빌라니(2005).** 볼츠만 방정식에 대하여, 평형으로부터 먼 곳에서 평형으로의 정량적인 수렴성을 연구했다. 정칙성의 유계에 대한 가정을 하고 엔트로피 방법을 사용하였다.

(43) **바란거(Baranger)와 무오(2005), 무오(2006), 구알다니(Gualdani), 미첼러, 무오(2013).** 볼츠만 방정식에 대한 최적 수렴속도를 연구했다(균질, 비균질 모두에서). 정량적인 스펙트럼 분석과 엔트로피 방법을 같이 사용하였고, 또한 정칙성에 관한 조건이 있다.

(44) **미첼러, 무오(2006).** 과립 모양의 (비탄성) 기체 이론에서 자기-유사 안정성과 온도 감쇠에 관한 하프(Haff)의 법칙을 증명했다.

(45) **빌라니(2009).** 선형과 비선형의 경우 모두에서 평형으로 수렴하는 정도에 대한 일반적인 기준을 연구했다.

(46) **그레스만(Gressman)과 스트레인(Strain)(2011), 알렉산드르, 모리모토, 우카이, 수(Xu), 양(Yang)(2011).** 단단한 퍼텐셜이나 너무 무르지 않은 퍼텐셜에 대하여 차단이 없는 공간적으로 균질한 볼츠만 방정식에 대한 매끈한 해를 발견했다.

(47) **레모우(Lemou), 메하트스(Méhats), 라파엘(Raphaël)(2011).** 중력 블라소프-푸아송 방정식의 구형 단조 평형의 궤도 안정성을 연구했다. 블라소프-푸아송 방정식의 안정성에 관한 안토노프(Antonov), 볼란스키(Wolansky), 스트라우스, 구오, 레인(Rein) 등의 장기간에 걸친 일련의 연구들의 정점이다.

(48) **무오와 빌라니(2011).** 해석적이거나 게브레이(Gevrey) 정칙성이 주어졌을 때, 안정된 균질한 평형 근처에서 비선형 블라소프 방정식에 대한 란다우 감쇠를 증명했다. 위상 혼합

과 활공 정칙성을 이용하였다. 이것은 후에 베드로시안(Bedrossian)과 마스마우디(Masmoudi)에 의해 쿠에테 흐름 근처에서 비점성 감쇠에 적용되었다.

(49) **미첼러와 무오(2013).** 카츠의 프로그램에서 중요한 발전을 이루었다. 공간적으로 균질한 볼츠만 방정식의 극한에서 정량적이고 입자의 개수가 균일한 입자 체계에 대한 완화의 근사를 연구했다. 정량적 혼돈 성질과 엔트로피 근사를 이용하였다.

(50) **에스코베도(Escobedo)와 벨라스케스(Velázquez) (2013).** 공간적으로 균질한 양자 볼츠만-보세 방정식 대한 확대의(보세-아인슈타인 응축) 엄밀한 증명을 하였다.

8 도전 문제들

운동 이론은 장기간의 연구 과정을 거쳐 왔다. 이 이론의 동기는 다른 연구도 있지만, 유명하고 매우 어려운 어떤 문제들을 이해하고자 하는 열망으로 여전히 활기가 넘치고 있다. 이러한 문제들을 몇 개의 주요 주제별로 통합하여 다음과 같이 정리했다.

8.1 코시 문제, 정칙성, 특이성, 유한 시간 정성적 특징

이 목록에서 가장 중요하고 어려운 미해결 문제는 명백하다. 섭동이나 공간의 균질성에 관한 특별한 가정이 없는 볼츠만 방정식의 정칙성과 그 방정식이 잘 정립되었는지에 관한 것이다. 이 문제는 삼차원에서 비압축 나비에-스토크스 방정식에 관한 밀레니엄 상(Millennium Prize) 문제에 견줄 수 있다. 비록 블라소프-푸아송 방정식에 관한 코시 문제가 해결되었지만, 충돌이 없는 운동방정식에는 더 복잡한 모형에 관한 매우 힘든 연구들이 남아 있다. 특히 그중에서 블라소프-맥스웰과 블라소프-아인슈타인 방정식에 관한 코시 문제가 관심을 받고 있다. 실제로 이 두 방정식에 대한 섭동 이론도 잘 이해되지 못하고 있다. 또한 완전히 다른 방향에서 보면, 비동차 비탄성 볼츠만 방정식에서 동차해의 안정성에 대한 연구도 거의 다루어지지 않았다. 이 연구의 어려움은 누구도 뭉침이 가능하다는 것을 증명하지 못했다는 점이다. 이것은 물리학에서는 잘 인정되고 있는 것이다. 마지막으로 매우 약한 상호작용(충돌 핵이 상대속도의 큰 음수의 거듭제곱처럼 작용하는 것)에 관해서도 많은 것이 이해되지 못하고 있다.

8.2 장시간 특징

볼츠만 방정식의 엔트로피 완화는 매우 잘 이해되고 있으며 활발하게 근사되고 있는 것 같다. 그 방법은 평형에서 먼 곳뿐만 아니라, 정량적인 선형화 논증으로 최적 감쇠에서도 잘 적용된다. 다른 한편, 블라소프 이론에서 충돌이 없는 완화는 안정되고 균질한 평형에서만 이해되고 있다. 소위 BGK(베른스타인(Bernstein), 그린(Greene), 크러스컬(Kruskal)의 이름에서 따옴) 파동 같은 비동차 정상해의 안정성은 유명한 미해결 문제이다. 불안정 현상의 수학적 이론도 많은 부분이 미해결 상태이다. 예를 들어, '전형적인' 데이터의 장기간 특징의 연구도 통계적인 방법으로 수행되지 않았다.

장기간의 목표는 수렴성의 연구에서 엔트로피와

혼합 효과를 조합하는 것이다. 예를 들면, 소위 블라소프-푸아송-포커-플랑크 방정식에 대하여 평균-장 혼합과 준타원 확산을 조합한다.

방정식에서 국소적이 아닌 소거에 대응하는 비가역 정상상태를 가진 소모성 체계에 대하여 장시간 연구는 초기 단계이다. 비선형 모형에 대해서는 평형의 존재성이 증명된다고 할지라도, 장시간 특징에 대해서 일반적으로 랴푸노프 형태의 접근 방법이 존재하지 않는다.

8.3 중간 거시적 극한: 유체역학적 극한

힐베르트가 유체역학적 극한을 제시하고 100년 이상이 지나서야, 볼츠만 방정식의 유체역학적 극한을 이해하기 위한 방대한 진전이 이루어졌다. 그러나 여전히 많은 질문이 답을 찾지 못하고 있다. 비압축적 극한은 어느 정도 이해되고 있지만 이 극한은 상당히 특별한 경우이고, 우리는 더 자연스러운 압축 극한을 더 잘 이해하고자 한다. 압축 극한 문제의 예로 압축 나비에-스토크스 방정식의 매끈한 해 근처에서 볼츠만 해의 장시간 안정성과 대역적 충격의 제어가 포함된다.

이미 언급했듯이 볼츠만 방정식의 유체역학적 극한은 그 방정식이 현상학적 방법으로 수정되지 않는다면 완전유체에서만 성립한다. 고전역학의 기초적인 원리로부터 다른 압력 법칙을 다시 얻기 위해서 가장 자연스러운 계획은 많은 입자의 미시적 방정식에서 중간의 중시적 규모를 거치지 않고 바로 유체역학적 모형으로 가는 것이다. 이 계획은 1950년대에 모레이(Morrey)가 개요를 제시한 프로그램에서 처음으로 엄밀하게 정립되었다. 이 프로그램은 놀라울 정도로 어렵다는 것이 증명되었고, 바라한, 야우, 올라(Olla) 등에 의해서 실질적인 진전이 있었음에도 불구하고 많은 부분이 미해결 상태이다.

8.4 미시적인 유도

원자론적인 물질의 법칙에서 운동 이론의 모형을 유도하는 것은 힐베르트의 여섯 번째 문제의 일부였으며, 운동 이론과 통계물리학 모두에 있어서 상징적인 주제이다.

충돌에서 가장 유명한 미해결 문제는 단언컨대 매우 작은 질량이라는 가정 없이 긴 시간 안에서(평균 자유 시간보다 상당히 긴 시간) 단단한 구에 대한 볼츠만-그래드 극한의 유효성이다. 아마도 이 문제는 비동차 볼츠만 방정식의 정칙성에 대한 이해를 포함하므로 운동 이론에서 성배*로 간주될 수 있다. 다른 미해결 문제로는 장거리 충돌 상호작용에서의 저밀도 극한이 있다. 이 문제는 아직까지 단시간의 결과도 정립하지 못했다.

비충돌에서 중심이 되는 미해결 문제는 쿨롱과 뉴턴 상호작용의 중간-장 극한의 엄밀한 논증이다. 지금까지 얻은 것 중 최상의 결과는 2007년경에 하우레이(Hauray)와 자빈(Jabin)이 얻은 것이지만, 그 결과는 작은 규모의 상호작용에서 매끈화나 절단이 필요하다. 이 문제의 더 큰 목표는 플라스마 물리학에 나타나는 여러 복잡한 모형에서 미시적인 유도를 이해하는 것이다. 하나의 예로 발레스쿠-레나드 방정식이 있다(이 경우에는 '단시간 잘 제시됨'도 아

* 그리스도가 최후의 만찬에서 사용한 잔.—옮긴이

직 불확실하다).

마지막으로 확산 운동방정식에서 가장 흥미로운 미해결 문제들 중의 한 가지 예는 레이-벨레트(Rey-Bellet)가 연구한 것처럼 상호작용하는 진동자의 집합에서 열방정식을 유도하는 것이다. 예비적인 연구가 관련된 평형의 존재성을 정립했지만, 열방정식의 유도는 특별한 경우에 대해서만 준타원적 방법이나 평형에 수렴하는 정도를 이용하여 이해되고 있다.

8.5 경계조건의 도전

운동 이론의 초기에 맥스웰과 볼츠만 모두 경계나 외부의 힘이 주어진 기체의 상호작용에 관한 질문을 제기하였다. 실제 상황에서 다입자 체계가 개입된 대부분의 현상은 자명하지 않은 기하나 경계효과 또는 외부의 힘을 포함하고 있다. 그러나 볼츠만과 블라소프 방정식은 이러한 면, 특히 기하로 작동하는 점근적인 성질에서 여전히 이해하기 힘들다. 어떤 영역 안의 포커플랑크 준타원 운동 연산자의 경우에도, 그 영역에서 라플라스(Laplace) 방정식의 고윳값 문제에 관한 방대한 연구에 대응하는 것이 없다. 위에서 언급한 결과와 도전의 대부분은 경계가 있는 형태로 다시 쓸 수 있고, 이것은 대부분 미해결 상태이다.

경계의 모양에 따른 특이성의 전파, 어고딕 성질, 평형으로의 완화 등과 같은 특정 경계와 관련된 문제들은 멋진 도전을 기다리고 있다.

더욱 야심찬 목표는 스스로 유도된 자명하지 않은 기하를 이해하는 것이다. 이것은 특히 은하 역학에서 관찰되는데, 여기에서는 제한된 기하가 체계 자체의 중력 평균장에 영향을 받는다.

감사의 글. 저자들은 클로드 바르도스(Claude Bardos), 다몬 시빈(Damon Civin), 로랑 데스빌레테스(Laurent Desvillettes), 알렉시 해프트(Alexi Hoeft)가 이 글의 초고를 읽고 좋은 제안을 해 준 것에 대하여 진심으로 감사드린다.

더 읽을거리

마지막으로 과거의 연구 결과를 정리한 책과 포괄적인 논문을 수록한다. 운동 이론에 대해서 더 깊이 있게 알고 싶은 독자를 위해 아주 소수의 선별된 책과 논문을 먼저 나열한다.

Binney, J., and S. Tremaine. 1987. *Galactic Dynamics*. Princeton, NJ: Princeton University Press.

Cercignani, C., 2000. *Rarefied Gas Dynamics: From Basic Concepts to Actual Calculations*. Cambridge: Cambridge University Press.

Cercignani, C. R. Illner, and M. Pulvirenti. 1994. *The Mathematical Theory of Dilute Gases*. New York: Springer.

Glassey, R. 1996. *The Cauchy Problem in Kinetic Theory*. Philadelphia, PA: SIAM.

Krall, N. A., and A. W. Trivelpiece. 1986. *Principles of Plasma Physics*. San Francisco, CA: San Francisco Press.

Lifshitz, E. M., and L. P. Pitaevski. 1979. *Teoreticheskaya fizika*("Landau-Lifshitz"), Tom 10(in Russian). Fizicheskaya Kinetika("Physical Kinetics"). Moscow: Nauka.

Markowich, P. A., C. A. Ringhofer, and C. Schmeiser. 1990. *Semiconductor Equations*. Vienna: Springer.

Villani., C. 2002. *A Review of Mathematical Topics in Collisional Kinetic Theory*. Handbook of Mathematical Fluid Dynamics, volume I, pp. 71-305. Amsterdam: North-Holland.

———. 2006. Mathematics of granular materials. *Journal of Statistical Physics* 124(2-4):781-822.

———. 2013. (Ir)reversibility and entropy(French and English versions). In *Time: Poincaré Seminar 2010*, edited by B. Duplantier. Basel: Birkhaüser.

이제 더 많은 목록의 논문과 책을 몇 가지의 범주로 구분하여 나열하기로 한다. 우선 운동 이론을 정립한 연구들을 나열한다.

Boltzmann, L. 1872. Weitere Studien über das Wärmegleichgewicht unter Gasmolekülen. *Wiener Berichte, Sitzungsberichte der Akademie der Wissenschaften* 66:275-370.

———. 1896, 1898. *Vorlesungen ueber Gastheoire*, volume 1 and 2. Leipzig: J. A. Barth.

Jeans, J. H. 1915. On the theory of star-streaming and the structure of the universe. *Monthly Notices of the Royal Astronomical Society* 76:70-84.

Lorentz, H. 1905. Le mouvement des électrons dans les métaux. *Archives Neerlandaises* 10:336-71.

Maxwell. J. C. 1867. On the dynamical theory of gases. *Philosophical Transactions of the Royal Society of London* 157:49-88.

Vlasov, A. A. 1938. On vibrational properties of an electron gas. *Journal of Experimental and Theretical Physics* 8(3):291-318(In Russian).

운동 이론의 역사는 많은 문헌에서 볼 수 있는데 그중에서 일부를 나열하면 다음과 같다.

Brush, S. 1965. *Kinetic Theory of Gases: An Anthology of Classic Papers with Historical Commentary*. London: Imperial College Press. (이 책에는 위에서 언급한 중요한 연구들 중 일부가 번역되어 설명과 함께 편집되어 포함되어 있다.)

Cercignani, C. 1998. *Ludwig Boltzmann: The Man Who Trusted Atoms*. Oxford University Press.

Hénon, M. 1982. Vlasov equation? *Astronomy and Astrophysics* 114:211-12. (블라소프 방정식의 탄생에 관한 역사적인 간단한 설명)

Levermore, C. D. Ongoing History of kinetic theory. An unfinished Web project on kinetic theory containing incomplete but still relevant historical information: www.terpconnect.umd.edu/~lvrmr/History/index.shtml.

Lindley, D. 2001. *Boltzmann's Atom: The Great Debate That Launched a Revolution in Physics*. Glencoe, IL: Free Press.

물리학과 모형화 관점에서 본 운동 이론의 일반적인 설명과 이론에 관해서는 다음의 문헌을 참고

할 수 있다.

Akhiezer, A., I. Akhiezer, R. Polovin, A. Sitenko, and K. Stepanov. 1975. *Plasma Electrodynamics*, volume I(*Linear Theory*) and II(*Non-linear Theory and Fluctuations*), translated into English by D. ter Haar. Oxford: Pergamon Press.

Balescu, R. 1975. *Equilibrium and Nonequilibrium Statistical Mechanics*. New York: Wiley-Interscience.

Cercignani, C. 1975. *Theory and Application of the Boltzmann Equation*. New York: Elsevier.

———. 1995. Recent developments in the mechanics of granular materials. In *Fisica Matematica e Ingeneria delle Strutture: Rapporti e Compatibilità*, edited by G. Ferrarese, pp. 119-32. Bologna: Pitagora Editrice.

Chapman, S., and T. G. Cowling. 1970. *The Mathematical Theory of Non-uniform Gases: An Account of the Kinetic Theory of Viscosity, Thermal Conduction and Diffusion in Gases*, 3rd edn(prepared with the cooperation of D. Burnett). Cambridge: Cambridge University Press.

Decoster, A. 1998. Survey of the collisional kinetic theory of plasmas. Part I. In *Modeling of Collisions*, edited by A. Decoster, P. A. Markowich, and B. Perthame. Paris: Gauthier-Villars/Elsevier.

Delcroix, J. L., and A. Bers. 1994. *Physique des Plasmas*, volumes 1 and 2. Paris: InterEditions/CNRS(In French).

Lebowitz, J. 1994. Microscopic reversibility and macroscopic behavior: physical explanatoins [sic] and mathematical derivations. In *Twenty-Five Years of Non-equilibrium Statistical Mechanics: proceedings of the XIII Sitges Conference*, edited by J. Brey, J. Marro, J. Rubi, and M. S. Miguel, pp.1-20. Lecture Notes in Physics. New York: Springer.

Risken, H. 1989. *The Fokker-Planck Equation: Methods of Solution and Applications*. New York: Springer.

Ryutov, D. D. 1999. Landau damping: half a century with the great discovery. *Plasma Physics and Controlled Fusion* 41:A1-A12.

수학적인 설명이 잘되어 있으며, 다양한 분량과 시대와 주제를 가진 정리 문헌을 아래에 나열한다.

Alexandre, R. 2009. A review of Boltzmann equation with singular kernels. *Kinetic and Related Models* 2(4):551-646.

Andréasson, H. 2011. The Einstein-Vlasov system/kinetic theory. *Living Review in Relativity* 14:4-55.

Bird, G. A. 1994. *Molecular Gas Dynamics and the Direct Simulation of Gas Flows*, 2nd edn. Oxford University Press.

Bobylev, A. V. 1988. The theory of the nonlinear spatially uniform Boltzmann equation for Maxwell molecules. In *Mathematical Physics Reviews*. Soviet Scientific Reviews, Section C, volume 7, pp. 111-233. Amsterdam: Harwood Academic.

Carleman, T. 1957. *Problèmes Mathématiques dans la Théorie Cinétique des Gaz*, completed by L. Carleson. Publications Scientifiques de l'Institut Mittag-Leffler, volume2. Uppsala: Almqvist and Wiksells Boktryckeri.

Case, K. M., and P. F. Zweifel. 1967. *Linear Transport Theory*. Reading, MA: Addison-Wesley.

Dautray, R., and J. L. Lions. 2000. *Mathematical Analysis and Numerical Methods for Science and Technology*, volume 6: *Evolution Problems II*, chapter 21, pp. 209-416. Contributions by C. Bardos, M. Cessenat, A. Kavenoky, B. Mercier, and R. Sentis. New York: Springer. (Translated from the 1985 French edition by A. Craig.)

Desvillettes, L., C. Mouhot, and C. Villani. 2011. Celebrating Cercignani's conjecture for the Boltzmann equation. *Kinetic and Related Models* 4(1):277-94.

Drake, R. L. 1973. A general mathematical survey of the coagulation equation. In *Topics in Current Aerosol Research*, edited by G. M. Hidy and J. R. Brock, part 2, pp. 201-376. Oxford: Pergamon.

Ehrenfest, P., and T. Ehrenfest, 1990. *The Conceptual Foundations of the Statistical Approach in Mechanics*. New York: Dover. (Translated from 1959 German original by M. J. Moravcsik; foreword by M. Kac and G. E. Uhlenbeck.)

Gallagher, I., L. Saint-Raymond, and B. Texier. 2014. *From Newton to Boltzmann: Hard Spheres and Short-Range Potentials*. Zürich: European Mathematical Society.

Illner, R., and H. Neunzert. 1987. On simulation methods for the Boltzmann equation. *Transport Theory and Statistical Physics* 16:141-54.

Kac, M. 1959. *Probability and Related Topics in Physical Sciences*. London: Interscience.

Laurençot, Ph., and S. Mischler. 2004. On coalescence equations and related models. In *Modeling and Computational Methods for Kinetic Equations*, edited by P. Degond and L. Pareschi, pp. 321-56. Boston, MA: Birkhäuser.

Liu, T.-P., and S.-H. Yu. 2009. Boltzmann equation, boundary effects. *Discrete and Continuous Dynamical Systems* 24(1):145-57.

Mouhot, C. 2007. Quantitative linearized study of the Boltzmann collision operator and applications. *Communications in Mathematical Science* 5:73-86.

Naranyan, A., and A. Klöckner. 2007. Deterministic numerical schemes for the Boltzmann equation. Technical Report, Brown University(arxiv: 0911. 3589).

Rendall, A. D. 2008. *Partial Differential Equation in General Relativity*. Oxford: Oxford University Press.

Saint-Raymond, L. 2008. *Hydrodynamic Limits of the Boltzmann Equation: Lectures at SISSA, Trieste*. Lecture Notes in Mathematics. New York: Springer.

Sone, Y. 2002. *Kinetic Theory and Fluid Dynamics*. Modeling and Simulation in Science, Engineering and Technology. Boston, MA: Birkhäuser.

———. 2007. *Molecular Gas Dynamics*. Basel: Birkhäuser.

Spohn, H. 1991. *Large Scale Dynamics of Interacting Particles*. Heidelberg: Springer.

Truesdell, C., and R. G. Muncaster. 1980. *Fundamentals of Maxwell's Kinetic Theory of a Simple Monatomic Gas: Treated as a Branch of Rational Mechanics*. New York: Academic Press.

Uhlenbeck, G. E., and G. W. Ford. 1963. *Lectures in Statistical Mechanics*, chapter 3: *The Boltzmann Equation*. Providence, RI: American Mathematical Society.

Villani, C. 2006. Hypocoercive diffusion operators. In *International Congress of Mathematicians, Madrid, 2006*, volume III, pp. 473-98. Zürich: European Mathematical Society.

———. 2008. Entropy production and convergence to equilibrium(expanded version of notes from a series of lectures at the Institut Henri Poincaré, Paris, Fall 2001). In *Entropy Methods for the Boltzmann equation*, pp.1-70. Lecture Notes in Mathematics, volume 1916. Berlin: Springer.

———. 2008. *H*-theorem and beyond: Boltzmann's entropy in today's mathematics. In *Boltzmann's Legacy*. edited by G. Gallavotti, W. L. Reiter, and J. Yngvason, pp. 129-43. Zürich: European Mathematical Society.

Villani, C. 2009. *Hypocoercivity*. Memoirs of the American Mathematical Society. Providence, RI: American Mathematical Society.

———. Forthcoming. Landau. damping. In *Numerical Models of Fusion*. Panoramas and Synthèses. Paris: Société. Mathématique de France.

———. 2014. Particle systems and nonlinear Landau damping. *Physics of Plasmas* 21(3):030901.

Weinberg, A. W., and E. P. Wigner. 1958. *The Physical Theory of Neutron Chain Reactors*. Chicago, IL: University of Chicago Press.

Yu, S.-H. 2006. The development of the Green's function for the Boltzmann equation. *Journal of Statistical Physics* 124(2-4):301-20.

마지막으로 「*Porto Ercole Lecture Notes*」 시리즈를 소개한다. 이 시리즈는 이탈리아의 Porto Ercole에서 2년마다 개설되는 여름학교 'Methods and Models of Kinetic Theory'의 고급 강의록이다. 이 시리즈는 2002년부터 논문집 『*Rivista di Matematica della Università di Parma*』에 수록되고 있다.

IV.26 연속체 역학

리처드 제임스 *Richard D. James*

1 연속체 역학이란 무엇인가?

물질은 원자로 구성되어 있다. 원자는 양성자와 중성자와 전자로 구성되어 있다. 양성자와 중성자는 소립자로 구성되어 있다. 모든 것은 불연속적이고, 가장 미세한 수준에서 보면 더 이상 쪼갤 수 없다. 그럼에도 불구하고, 응용수학에서 일반적으로 사용하는 이론 중에서 가장 성공적인 이론일 수 있는 연속체 역학이 원자의 존재를 분명하게 인정하지 않은 점은 놀랍다.

원자와 연속체 역학의 관계를 후에 언급하겠지만 이 주제는 매우 많이 이용되고 있다. 이 책의 반 이상이 연속체 역학의 기본 방정식의 여러 특수한 경우들을 직접적으로 사용하고 있다. 물론 이러한 경우들은 각 분야의 고유 주제로 존재하고, 누구나 알 수 있듯이 이 특수한 경우들의 초점은 각 주제가 나타내는 아름다운 현상에 있을 것이다. 그러나 여기에는 공통적인 구조가 있다. 따라서 연속체 역학적 관점에서 보면 전혀 다른 이론으로 보이는 이론들도 상당히 유사한 것이 된다.

이와 같이 연속체 역학도 수학의 다른 통합 이론이 가지는 장점을 갖고 있다. 그 구조를 알고 있으면 몇 개의 핵심적인 개념만 기억해도 수많은 특수한 경우들을 이해할 수 있다. 사실 그 구조를 알고 있으면 더 나아가서 새로운 특수한 경우들을 더 쉽게 발견할 수 있다. 이러한 활동은 보통 새롭게 등장한 물질에 대한 새로운 수학적 이론을 발견하는 형태로 나타난다.

연속체 역학은 보통 편미분방정식(PDE)을 만든다. 최근의 연구에서는 연속체 역학과 PDE 사이에 활발한 상호작용이 나타난다. 이 방정식들의 선형화가 가능하고 그런 경우 유용하지만, 나타나는 방정식은 거의 항상 비선형이다. 아마도 연속체 역학은 비선형 PDE 해결 방법 발전의 배후에서 주요한 추진력으로 작용해 왔을 것이다. 예를 들어, 전자기학에서 맥스웰(Maxwell) 방정식처럼 다른 주제들에서도 PDE가 생긴다. 그러나 전자기학은 거시적인 장만 설명하는 것이 아니라, 원자 사이의 전기장과 자기장도 설명하고 있으므로 연속체 역학의 한 분야로 간주되지는 않는다. 반면에 미시 자기학(자기 구역, 주어진 장에 의한 쇠막대기의 자기화, 자기 녹음에서 비트를 작성하는 것을 설명하는 자기장 이론)은 연속체 이론의 하나이다.

연속체 역학의 세 기둥은 운동학, 평형 법칙, 구성식이다. 이 주제의 배후에 있는 중심 철학은 탄성 고체, 점성유체, 자성체 같이 특수한 물질에 관계된 가정으로부터 모든 물질(혹은 현실적으로는 광범위한 종류의 물질)에서 성립하는 가정을 최대한 많이 분리해 내는 것이다.

연속체 역학이 원자의 존재를 분명하게 인정하지 않는 이유 중의 하나는 원자의 존재성이 인정되기 이전에 이 주제의 주요한 구조가 서술되었기 때문이다. 연속체 역학의 창시자는 오일러(Euler)인데 그는 1740년-1760년에 그 중심이 되는 가정을 생각했으며, 이는 돌턴(Dalton)의 원자에 대한 모호한 추론보다 반세기나 전의 일이었다. 연속체 역학의 다른 초기 공헌자로는 코시(Cauchy), 키르히호프(Kirchhoff), 훅(Hooke), 나비에(Navier), 푸아송(Poisson), 스토크스(Stokes), 맥스웰, 생 베낭(Saint Venant), 켈빈(Kelvin), 깁스(Gibbs), 뒤앙(Duhem) 등이 있다. 1940년대 말과 1950년대에 재료과학과 고분자화학의 부상과 더불어 연속체 역학에 대한 관심이 부활하였다. 그 이유는 새롭게 나타난 고체와 유체는 그 당시 알려진 역학방정식으로는 분명하게 설명할 수 없었기 때문이다. 이러한 부활은 콜먼(Coleman), 에릭슨(Ericksen), 놀(Noll), 올드로이드(Oldroyd), 마르코비츠(Markovitz), 라이너(Reiner), 리블린(Rivlin), 세린(Serrin), 투우핀(Toupin), 트러스델(Truesdell)이 주도하였다(많은 다른 학자도 함께).

그리고 이것은 수치해석, 과학기술 계산, 위에서 언급한 재료과학과 PDE 출현과의 협력 효과를 가져왔다. 현재 나타나고 있는 이 이론의 두 번째 부활에 대해서는 아래에서 설명하기로 한다.

2 텐서 해석

연속체 역학에서 자주 등장하는 언어는 텐서 해석이다. 우선 이 언어는 벡터와 관련이 있다. 이차원이나 삼차원에서 벡터는 화살표이다. 예를 들어, 스톤헨지(Stonehenge)*의 중심에 시점을 두고 태양을 향하고 있는 화살표를 상상해 보자. 이 화살표의 길이는 2000년 1월 1일 정오에 햇빛이 강한 정도를 나타낸다. 우리가 수학적으로 화살표의 길이를 어떻게 나타내는 것에 상관없이, 그것의 물리학적 의미는 분명하다. 만약 네 명의 사람에게 이 화살표를 수학적인 용어로 나타내라고 하면(서로 의사소통하지 않고), 한 사람은 세 개의 수의 목록 (a, b, c)로 나타낼 것이다. 다른 사람은 (d, e, f)로 나타낼 수 있다. 각각의 사람은 다른 기저를 선택할 것이다. 어떤 사람은 스톤헨지의 모양에서 영감을 받아 원통 극좌표를 사용할 수도 있을 것이고, 이 사람이 선택한 기저에 관하여 그 화살표의 끝을 표준 극좌표를 이용하여 목록 (r, θ, z)로 나타낼 수 있을 것이다. 반면에 다른 사람은 간단히 $\boldsymbol{v}$로 나타낼 수도 있다. 텐서 해석의 목표는 (a, b, c)와 그 기저 그리고 (d, e, f)와 그 기저를 연결하는 법칙을 제공하는 것이다. 그 바탕이 되는 기본 전제는 모든 사람이 같은 화살표를 설명하고 있다는 것이다.

연속체 역학에서는 가끔 벡터장을 다룬다. 벡터장은 기상도에서 익숙하게 보던 것이다. 사실 연속체 역학은 기상도에서 벡터들의 패턴에 관해서 많은 것을 말해 준다. 이것을 정량적으로 나타내기 위해서는 기상도의 각 점에 기저를 세울 필요가 있다. 물론 각각의 기저가 모두 같을 수도 있다(원점의 위치만 제외하고). 이러한 경우에 그 기저를 **직교좌표계의 자연스러운 기저**라고 한다. 그리고 각각의 다른 좌표계마다 연관된 '자연스러운' 기저를 건설하는 방법들이 있다. 즉, 그 기저는 각각의 점에 세워진 일차독립인 벡터들의 체계로, 좌표 곡선들에 평행한 것이다. 텐서 해석은 이 경우를 포함해서 $\mathbb{R}^3$의 각 점과 그 점에서 기저의 선택에 영향을 받는 목록 (a, b, c)를 $\mathbb{R}^3$의 다른 기저에 대한 새로운 목록으로 변환하는 규칙을 주는 자동적인(약간은 힘든 과정을 거쳐서) 방법을 다룬다. 연속체 역학에서 흔하게 나타나는 벡터장으로는 위치, 속도, 가속도, 소용돌이, 끌기가 있다.

전형적으로 기상도 위의 (속도)벡터장은 연속체 역학의 어떤 방정식들을 만족한다. 일반적으로 이 화살표들이 만족하는 방정식들의 모임은 매우 복잡하며 실제로 완전히 알려지지도 않았다. 그 이유는 측정을 통하여 벡터장을 건설할 때 엄청난 양의 평균화가 진행되고, 바람은 거칠게 격변하며, 구름에서 나타나는 증발과 응축을 모형으로 만드는 것은 아직 완벽하게 이해되지 못했기 때문이다. 그럼에도 불구하고 이 방정식들을 정확하게 알고 있다면 그 형태나 풀이에 필요한 방법이 아무리 복잡하다고

* 영국 잉글랜드 지방의 솔즈베리 평원에 있는 석기시대의 원형 유적.—옮긴이

할지라도, 연속체 역학의 모든 방정식들이 가지고 있는 다음 성질을 갖고 있을 것이다. 성질은 바로 하나의 좌표계에 대해서 벡터장의 성분들이 방정식들을 만족하면, 새로운 기저에 대한 벡터장의 성분들이 자동적으로 새로운 방정식들을 만족하도록 그 방정식들의 형태가 올바르게 변해야만 한다는 것이다.

간단한 예로 기상도에서 화살표는 근사적으로 div $\boldsymbol{v} = 0$을 만족할 것이다. 이 식을 직각 데카르트 좌표계의 자연스러운 기저로 표현하면 $\partial v_1/\partial x_1 + \partial v_2/\partial x_2 = 0$이다. 동일한 벡터장(같은 화살표들)을 극좌표 $(v_r(r, \theta), v_\theta(r, \theta))$의 자연스러운(직교 맞춤) 기저로 표현하면 '극좌표에서 방정식 div $\boldsymbol{v} = 0$', 즉 $\partial(rv_r)/\partial r + \partial v_\theta/\partial\theta = 0$을 만족한다. 이 두 개의 PDE는 기상도의 화살표들이 가지고 있는 동일한 성질을 나타낸 것이다.

같은 생각을 선형 변환에도 적용할 수 있다. 선형 변환에서 '화살표'는 두 개의 그림, 즉 단위 **정육면체**와 **평행육면체**, 그리고 단위 정육면체의 어느 꼭짓점이 평행육면체의 어느 꼭짓점에 대응되는지를 말해 주는 **규칙**으로 구성되어 있다. 간단히 말해서 선형 변환은 **정육면체-평행육면체 법칙**이다. 선형 변환이 가역이 아닌 경우에는 평행육면체는 퇴화될 수도 있다. 예를 들면, 평행육면체가 한 평면에 존재할 수도 있다.

그리고 우리가 선택한 정육면체와 나란한 직교 맞춤인 기저를 도입하면 어떤 선형 변환도 정량적으로 설명할 수 있다. 예를 들어, 우리의 규칙이 원점을 원점으로 보낸다고 하자(즉, 평행이동이 없다). 가령 정육면체의 꼭짓점 $(1, 0, 0)$에 대응하는 벡터가 규칙에 의해서 성분이 (a, b, c)인 벡터로 변환되었다고 하자. 유사하게 $(0, 1, 0) \to (d, e, f)$이고 $(0, 0, 1) \to (g, h, i)$라고 하자. 그러면 그 선형사상은 행렬

$$\boldsymbol{F} = \begin{pmatrix} a & d & g \\ b & e & h \\ c & f & i \end{pmatrix}$$

로 나타난다. $\boldsymbol{F}$와 임의의 벡터의(같은 기저로 표현된) 행렬 곱은 변형된 평행육면체에서(같은 기저에서) 벡터의 성분을 나타낸다. 벡터에서와 마찬가지로 중요한 것은 많은 사람들은 서로 다른 기저를(정육면체와 나란하든지 나란하지 않든지) 선택함으로써 서로 다른 행렬을 만들겠지만, 그것들은 모두 같은 정육면체-평행육면체 법칙을 나타낸다는 것이다.

연속체 역학에서는 선형 변환을 종종 텐서라고 부른다. 연속체 역학에는 많은 텐서가 있고, 벡터장처럼 위치에 영향을 받는다('텐서장'). 전형적인 예로는 변형 기울기와 변형력 텐서가 있다.

연속체 역학 강의에서 처음에 배우는 이러한 성분, 기저, 공변 성분, 크리스토펠(Christoffel) 기호는 상당히 주눅이 들게 한다. 그렇다면 그것들이 중요한 것인가? 별로 중요하지 않다. 위에서 div $\boldsymbol{v} = 0$의 예로 살펴보았듯이, 방정식은 좌표계의 변환에 대하여 불변하다는 성질을 이미 가지고 있어야만 한다. 벡터는 화살표이고 텐서는 정육면체-평행육면체 법칙이다. 우리는 항상 특정한 하나의 좌표계(가령 직교 데카르트 좌표계)와 그 자연스러운 기저장을 단순하게 사용할 수 있다. 이 특정한 체계에서 벡터는 목록으로 나타나고 텐서는 행렬로 나타난다. 더 간단하고 우아한 접근법은 벡터를 화살표로 생

각하고 $\boldsymbol{v}$로 표시하는 것이다. 벡터는 벡터공간의 규칙에 따라 서로 결합되고 스칼라와도 결합한다. 만약 $\boldsymbol{v}(\boldsymbol{x})$, $\boldsymbol{x} \in \Omega \subset \mathbb{R}^n$이 벡터장이면 그것의 그래디언트 $\nabla\boldsymbol{v}$는 텐서장이다. 모든 연산과 계산은 미분과 벡터공간의 추상적인 규칙을 사용하여 가능하다. 연속체 역학의 어떤 연구자들(예를 들어 이 글의 저자)은 이런 방식으로 성분을 전혀 쓰지 않고 일상의 계산을 한다. 이 글에서는 편의를 위해 연속체 역학의 방정식을 이와 같은 추상적 방법과 직교 데카르트 좌표계(RCC)의 두 가지로 쓰기로 한다.

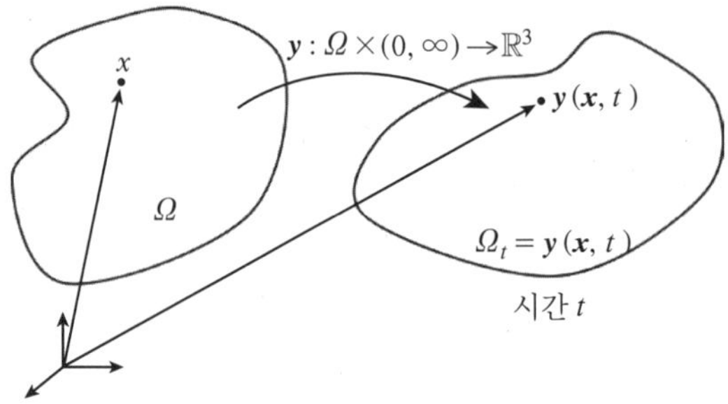

그림 1 운동의 라그랑지언 설명.

3 연속체 역학의 핵심 구조

3.1 운동학

운동학은 운동의 기하학이다. 원자의 존재를 분명하게는 인정하지 않는 연속체 역학에서 물체의 운동은 함수로 나타낸다. 연속체 역학의 가장 중요한 분야들 중 일부에는 운동의 특이성에 대한 연구가 포함되어 있지만, 이 함수들은 종종 매끈한 것으로 간주된다. 운동은 연속체 역학에서 근본적인 것이다. 운동은 그 물체를 구성하는 물질에 상관없이 연구할 수 있기 때문이다.

운동을 설명하는 두 가지 방법이 있다. 바로 **오일러 방법**과 **라그랑지언(Lagrangian) 방법**이다. 이 용어들은 표준적으로 사용되고 있지만 정확한 것은 아니다. 달랑베르(d'Alembert)와 다니엘 베르누이(Daniel Bernoulli)가 오일러 방법을 소개했고, 오일러가 라그랑지언 방법을 소개했다. 운동에 대한 라그랑지언 설명은 각 입자의 운동을 설명한 것을 자연스럽게 일반화한 것이다. 우리는 입자에 $1, \cdots, N$의 번호를 붙이고 각 입자의 운동을 가령 시간 $t > 0$에 대한 벡터함수 $\boldsymbol{y}_1(t), \cdots, \boldsymbol{y}_N(t)$로 나타낸다. 벡터 $\boldsymbol{y}_1(t^*)$은 t^*시간에 입자 1의 위치이다. 연속체 역학에 더 가깝게 표현하면 같은 것을 $\boldsymbol{y}(1, t), \cdots, \boldsymbol{y}(N, t)$, $t > 0$으로도 나타낸다. 여기에서 $\boldsymbol{y} : \{1, \cdots, N\} \times (0, \infty) \to \mathbb{R}^3$이다. 연속체 역학에서 운동의 라그랑지언 설명은 '입자들'의 집합이 $\mathbb{R}^3$의 열린 집합에 포함되는 것을 허용한다. 그러므로 운동은 $\Omega \subset \mathbb{R}^3$에 대하여 $\boldsymbol{y} : \Omega \times (0, \infty) \to \mathbb{R}^3$으로 나타난다. 여기에서 $\boldsymbol{y}(\boldsymbol{x}, t)$는 시간 t에서 입자 $\boldsymbol{x}$의 위치를 나타낸다. '입자 $\boldsymbol{x}$'를 고체나 유체의 작은 덩어리로 생각할 수 있지만 이에 대해서는 나중에 더 언급하기로 한다. 본질적으로 Ω는 임의로 선택할 수 있다. 왜냐하면 Ω는 입자에 번호를 붙이는 역할을 할 뿐이기 때문이다. 그러나 우리는 자주 $t = 0$에서 물체의 모양, 즉 $\boldsymbol{y}(\Omega, 0) = \Omega$로 선택한다. 만약 운동이 시간에 영향을 받지 않으면 **변형**이라고 한다.

그림 1은 운동의 라그랑지언 설명을 나타내는 그림이다. 이러한 설명은 고체역학에서 특별히 사용되는데, 경계조건은 경계에서 어떤 입자들의 밀고 당기는 것을 통해 이론적으로 설명한다.

운동이 충분히 매끈하다고 가정하면 속도는 $\dot{\boldsymbol{y}} =$

$\partial \boldsymbol{y}/\partial t$이다. 이것을 입자역학에서와 같은 해석을 할 수 있다. 즉, $\dot{\boldsymbol{y}}(\boldsymbol{x}, t)$는 시간 t에서 입자 $\boldsymbol{x}$의 속도를 나타낸다.

라그랑지언 설명에서 운동은 항상 가역인 것으로 가정한다. 즉, 사상 $\boldsymbol{y}(\cdot, t) : \Omega \to \mathbb{R}^3$은 각각의 고정된 t에 대하여 가역이다. 그 역 $\boldsymbol{y}^{-1}(\boldsymbol{y}, t)$, $\boldsymbol{y} \in \Omega_t$는 움직이는 영역 $\Omega_t = \boldsymbol{y}(\Omega, t)$에서 정의된다. 가역이 아닌 경우, 즉 $\boldsymbol{x}_1 \neq \boldsymbol{x}_2$에 대하여 $\boldsymbol{y}(\boldsymbol{x}_1, t) = \boldsymbol{y}(\boldsymbol{x}_2, t)$의 가능성은 물질의 상호 침투로 해석될 것이다.

이제 가역성을 이용하여 함수

$$\boldsymbol{v}(\boldsymbol{y}, t) = \dot{\boldsymbol{y}}(\boldsymbol{y}^{-1}(\boldsymbol{y}, t), t)$$

를 정의해 보자. 말로 설명하면 위 식은 시간 t에서 입자 $\boldsymbol{x} = \boldsymbol{y}^{-1}(\boldsymbol{y}, t)$의 속도를 나타낸다. 즉, 같은 시간 t일 때 위치 $\boldsymbol{y}$에 있었던 바로 그 입자의 속도이다. 이것이 운동의 오일러 설명이고 $\boldsymbol{v}(\boldsymbol{y}, t)$는 오일러 속도장이다. 예를 들어, 그 기상도에 특정 시간을 합리적으로 연관시킬 수 있으면, 다시 말해서 화살표로 나타낸 속도가 같은 시간에 측정되었다면 오일러의 속도장은 기상도의 화살표이다. 종종 우리는 하루 동안 바람이 시간에 따라 어떻게 변하는지를 영상으로 보게 되는데 이것이 오일러 속도 벡터장을 직접적으로 시각화한 것이다. 위에서 라그랑지언 설명을 통해 오일러 설명을 구했다. 반대도 가능한데, 위에 주어진 $\boldsymbol{v}(\boldsymbol{y}, t)$의 정의에서 $\boldsymbol{y}(\boldsymbol{x}, t)$의 라그랑지언 설명은 상미분방정식

$$\left.\begin{aligned} \dot{\boldsymbol{y}}(\boldsymbol{x}, t) &= \boldsymbol{v}(\boldsymbol{y}(\boldsymbol{x}, t), t), \\ \boldsymbol{y}(\boldsymbol{x}, 0) &= \boldsymbol{x} \in \Omega \end{aligned}\right\} \qquad (1)$$

를 만족한다는 사실을 통해 확인할 수 있다. 여기에서 편의상 Ω는 $t = 0$에서 물체의 모양으로 선택하였다. 이 방정식은 $\boldsymbol{x}$가 매개변수 역할을 하는 표준적인 형태의 상미분방정식이다. 이 상미분방정식의 흥미로운 특징은 비록 삼차원에서 화살표의 패턴이 상당히 단순하더라도(예를 들어, $\boldsymbol{v}$가 낮은 차수의 다항식이고 시간에 분명하게 영향을 받지 않아도), 그 해 $\boldsymbol{y}(\boldsymbol{x}, t)$는 많이 뒤얽힌 궤도를 가지고 극도로 복잡해질 수 있다는 것이다(이에 관해서 더 알려면 **동역학계**[IV.20]를 보라). 학자들은 이러한 생각을 발전시켜 유체나 낟알 같은 물질들의 혼합물 이론을 만들었다.

매우 중요한 여러 운동학적 양들은 오일러 방법이나 라그랑지언 방법으로 계산된다. 그중 이 글의 뒷부분에 나오는 몇 가지를 살펴보자. $\boldsymbol{F} = \nabla \boldsymbol{y}$(혹은 RCC에서 $F_{ij} = \partial y_i / \partial x_j$)는 **변형 그래디언트**이다. 그래디언트에 관한 이론적인 공식

$$\begin{aligned} \boldsymbol{y}(\boldsymbol{x} + \varepsilon \boldsymbol{z}, t) - \boldsymbol{y}(\boldsymbol{x}, t) &= \varepsilon \nabla \boldsymbol{y}(\boldsymbol{x}, t)\boldsymbol{z} + o(\varepsilon) \\ &= \varepsilon \boldsymbol{F}\boldsymbol{z} + o(\varepsilon) \end{aligned}$$

으로부터 $\boldsymbol{y}(\cdot, t)$는 $\boldsymbol{x}$를 중심으로 하는 작은 정육면체를 $\boldsymbol{y}(\boldsymbol{x})$를 중심으로 하는 평행육면체로 변형한다는 것을 바로 알 수 있다. 이러한 변형이 텐서 $\boldsymbol{F}$와 연관된 정육면체-평행육면체 법칙의 축소판이다 (ε으로 축소). 가역성이 국소적으로 적용되어, 연속체 역학에서는 항상 그 평행육면체가 방향을 가진 채 양의 부피를 가졌다고 가정한다. 즉, $\det \boldsymbol{F} > 0$이다. 요약하면 $\boldsymbol{F}$는 국소적 변형을 나타낸다. $\boldsymbol{F}$는 극분해[IV.10 §2] $\boldsymbol{F} = \boldsymbol{RU} = \boldsymbol{VR}$을 가진다. 여기에서 $\boldsymbol{R}$은 **회전텐서**($\boldsymbol{R}^{\mathrm{T}}\boldsymbol{R} = \boldsymbol{I}$, $\det \boldsymbol{R} = 1$)이고, 양의 값만 가지는 대칭텐서 $\boldsymbol{U}$와 $\boldsymbol{V}$는 각각 **오른쪽**과 **왼쪽 확장텐서**이다. 다시 위의 그래디언트에 관한 공식을 이용하여 국소적으로(고정된 시간에서) 운동을 분석하

면, 작은 정육면체를 우선 $\boldsymbol{U}$를 이용해 확장한 후에 $\boldsymbol{R}$로 강체회전하여 $\boldsymbol{F}$와 연관된 작은 평행육면체를 얻는 것으로 생각할 수 있다. 만약에 정육면체의 모서리들이 $\boldsymbol{U}$의 고유벡터와 나란하다면, $\boldsymbol{U}$에 의한 초기 확장은 일반적인 평행육면체가 아니라 직육면체를 만들고 그 후에 $\boldsymbol{R}$에 의해 회전된다. 연속체 역학에서 학자들은 종종 정육면체-평행육면체 법칙 대신에 $\boldsymbol{F}$에 구-타원체 법칙을 연관시킨다. 그 결과로 만들어진 타원체를 **변형 타원체**라고 하며 타원체의 주축은 왼쪽 확장텐서 $\boldsymbol{V}$의 고유벡터이다.

오일러 설명을 통해 유체역학에서 더 전형적으로 사용되는 다른 운동학적 양을 얻을 수 있다. 예를 들어, $\boldsymbol{G} = \nabla \boldsymbol{v}$(혹은 RCC에서 $G_{ij} = \partial v_i / \partial y_j$)는 속도 그래디언트이다. 이것의 대칭적인 부분 $\boldsymbol{D} = \frac{1}{2}(\boldsymbol{G} + \boldsymbol{G}^{\mathrm{T}})$(혹은 RCC에서 $D_{ij} = \frac{1}{2}(G_{ij} + G_{ji}) = \frac{1}{2}(\partial v_i/\partial y_j + \partial v_j/\partial y_i)$)은 **확장텐서** 혹은 **변형률 텐서**라고 불린다. 이 텐서는 유체역학에서 중심적인 역할을 한다. 위에서 본 것처럼 확장텐서는 공간에서 작은 정육면체의 순간적인 확장으로 서술되는 물리학적인 해석을 할 수 있다. 오일러 설명은 시간 t일 때 위치 $\boldsymbol{y}$에 있는 입자의 속도 $\boldsymbol{v}(\boldsymbol{y}, t)$를 나타내기 때문에 여기에서 핵심 단어는 '순간적'이다. 짧은 시간 후, $t + \delta$에서 $\boldsymbol{y}$에 있는 **다른** 입자의 속도가 $\boldsymbol{v}(\boldsymbol{y}, t + \delta)$로 나타난다.

3.2 평형 법칙

연속체 역학의 평형 법칙들은 질량, 운동량, 에너지의 기본적인 보존법칙들을 표현한다. 연속체 역학에서 이것들이 중요한 이유는 물체의 구성 성분에 관계없이 서술될 수 있기 때문이다. 뉴턴의 법칙 $\boldsymbol{f}_i = m\ddot{\boldsymbol{y}}_i$가 강철공의 모형이든지 작은 방울의 모형이든지 관계없이, 그리고 그 힘 $\boldsymbol{f}_i$가 물의 저항으로 생성되었는지 혹은 공기의 저항으로 생성되었는지 관계없이, 질량 m인 입자 i에 대하여 성립하는 것과 같다.

질량의 평형은 복잡하지 않다. 양수인 질량밀도 $\rho_0 : \Omega \to \mathbb{R}$을 Ω에 도입하고

$$\int_{\mathcal{D}} \rho_0(\boldsymbol{x})\,\mathrm{d}\boldsymbol{x},$$

혹은 RCC에서

$$\iiint_D \rho_0(x_1, x_2, x_3)\,\mathrm{d}x_1\,\mathrm{d}x_2\,\mathrm{d}x_3 \tag{2}$$

이 $\mathcal{D}$의 질량인 것으로 해석한다. 어떤 것을 움직이거나 변형을 아주 심하게 하더라도 고전역학에서는 질량이 변하지 않는다. $\boldsymbol{y}(\mathcal{D}, t)$는 $\mathcal{D}$와 같은 입자들로 구성되어 있기 때문에 모든 시간 t에 대하여 질량은 식 (2)로 주어진다. 이 법칙을 서술하기 위해서는 변형된 영역 $\Omega_t = \boldsymbol{y}(\Omega, t)$에서도 질량 밀도 $\rho(\boldsymbol{y}, t)$, $\boldsymbol{y} \in \Omega_t$를 도입하는 것이 유용하다. 물질은 변형되면서 일반적으로 압축되거나 팽창하기 때문에 질량밀도는 시간에 따라 변한다. 질량이 평형하다는 것은 $\mathcal{D}$의 질량이 결코 변하지 않는다는 말이다. 즉, 모든 $\mathcal{D} \subset \Omega$, $t > 0$에 대하여

$$\int_D \rho_0(\boldsymbol{x})\,\mathrm{d}\boldsymbol{x} = \int_{\boldsymbol{y}(\mathcal{D},\,t)} \rho(\boldsymbol{y}, t)\,\mathrm{d}\boldsymbol{y}$$

이다. 이 식의 우변은 운동 자체를 변수의 변화 $\boldsymbol{y} \to \boldsymbol{x}$로 사용할 수 있는 형태로 되어 있음을 알 수 있다.

$$\begin{aligned}\int_{\mathcal{D}} \rho_0(\boldsymbol{x})\,\mathrm{d}\boldsymbol{x} &= \int_{\boldsymbol{y}(\mathcal{D},\,t)} \rho(\boldsymbol{y}, t)\,\mathrm{d}\boldsymbol{y} \\ &= \int_{\mathcal{D}} \rho(\boldsymbol{y}(\boldsymbol{x}, t), t)\,J\,\mathrm{d}\boldsymbol{x}\end{aligned} \tag{3}$$

여기에서 J는 변환 $\mathbf{y} \to \boldsymbol{x}$의 야코비언이다. 즉, $J = |\det \boldsymbol{F}| = \det \boldsymbol{F}$이다. 여기에서 $\boldsymbol{F} = \nabla \mathbf{y}$는 위에서 소개한 변형 그래디언트이다. 식 (3)의 좌변을 이항하면

$$\int_{\mathcal{D}} (\rho(\mathbf{y}(\boldsymbol{x},t),t)J - \rho_0(\boldsymbol{x}))\,\mathrm{d}\boldsymbol{x} = 0 \qquad (4)$$

이 나오는데, 이 식은 모든 $\mathcal{D} \subset \Omega$, $t > 0$에 대하여 성립해야 한다. 모든 고정된 t에 대하여 식 (4)의 피적분함수가 열린 영역 Ω에서 연속이라고 가정하자. 모순을 보이기 위해 어떤 특정한 $\boldsymbol{x}_0 \in \Omega$와 $t_0 > 0$에서 계산했을 때, 그 피적분함수가 항상 양수라고 가정해 보자. $t = t_0$을 고정하고 $\mathcal{D}$를 중심이 $\boldsymbol{x}_0$이고 반지름이 r인 공으로 선택하자. 이때 r은 충분히 작아서 공이 Ω에 포함되고, 공 안에서 피적분함수가 양수라고 하자. 그러면 당연히 적분 값은 양수가 되고 식 (4)에 모순이 된다. 다시 말해, 피적분함수는 모든 $\boldsymbol{x}_0 \in \Omega$와 $t > 0$에서 0이 되어야 한다. 이것이 **질량 평형의 국소적 형태**이다. 즉,

$$\rho(\mathbf{y}(\boldsymbol{x},t),t)J(\boldsymbol{x},t) = \rho_0(\boldsymbol{x})$$

혹은 간단히

$$\rho J = \rho_0 \qquad (5)$$

이다.

위의 증명법은 **국소화**라고 하며, 연속체 역학에서 자주 나타난다. 국소화는 모든 '부분 영역'에서 만족되는 법칙을 요약하는 명제에서 미분방정식으로 향하는 통로를 제공해 준다. 피적분함수의 연속성에 대한 가정은 르베그(Lebesgue)의 미분정리를 통하여 상당히 완화시킬 수 있다.

식 (5)를 연쇄 법칙과 행렬식의 미분에 관한 공식을 이용해서 t에 관하여 조심스럽게 미분하면

$$\begin{aligned} &J\frac{\partial\rho}{\partial t} + J\nabla_{\mathbf{y}}\rho\cdot\dot{\mathbf{y}} + \rho\frac{\partial\det\nabla\mathbf{y}}{\partial t} \\ &\quad = J\frac{\partial\rho}{\partial t} + J\nabla\rho\cdot\dot{\mathbf{y}} + \rho J\nabla\mathbf{y}^{-\mathrm{T}}\cdot\nabla\dot{\mathbf{y}} \\ &\quad = 0 \end{aligned} \qquad (6)$$

을 얻는다. 이제 오일러와 라그랑지언 설명 사이의 기본 관계식인 (1)을 $\boldsymbol{x}$로 미분하면 식 (6)의 $\rho J\nabla\mathbf{y}^{-\mathrm{T}}\cdot\nabla\dot{\mathbf{y}}$를 $\rho J\mathrm{div}_{\mathbf{y}}\boldsymbol{v}$로 간단하게 나타낼 수 있다. 이제 그 식을 $J > 0$으로 나누고, 모든 $\boldsymbol{x}$를 $\mathbf{y}^{-1}(\mathbf{y},t)$로 바꾸면 **질량 평형의 오일러 형태**를 얻게 된다.

$$\frac{\partial\rho}{\partial t} + \nabla\rho\cdot\boldsymbol{v} + \rho\,\mathrm{div}\,\boldsymbol{v} = \frac{\partial\rho}{\partial t} + \mathrm{div}(\rho\boldsymbol{v}) = 0,$$

혹은 RCC에서

$$\frac{\partial\rho}{\partial t} + \sum_{i=1}^{3}\frac{\partial(\rho v_i)}{\partial y_i} = 0 \qquad (7)$$

식 (7)에서 독립변수는 $\mathbf{y}$와 t이고, 식 (7)은 $\Omega_t \times (0, \infty)$에서 성립한다. 이를 통해 연속체 역학에서는 독립변수와 종속변수 그리고 함수의 정의역을 추적하는 것이 매우 중요하다는 것을 알 수 있다.

기상도에서 언급했던 조건 $\mathrm{div}\,\boldsymbol{v} = 0$은 오일러 설명에서 질량 평형과 밀도 ρ가 상수라는 가정의 결과로 나타난다는 것을 알 수 있다. 모든 운동에서 상수 밀도를 가지는 물질을 **비압축성 물질**이라고 한다.

다른 법칙에서 위의 과정을 반복하지는 않겠지만, 그 과정은 '밀도'를 소개하고, 운동을 변수변환으로 이해하고, 국소화하고, 오일러 설명과 라그랑지언 설명을 적용하는 유사한 패턴을 따른다. 예를 들면, 라그랑지언 설명과 오일러 설명에서 **선운동량의 평형**은 각각

$$\begin{aligned}\frac{\mathrm{d}}{\mathrm{d}t}\int_{\mathcal{P}}\rho_0\frac{\partial \boldsymbol{y}}{\partial t}\mathrm{d}\boldsymbol{x} &= \boldsymbol{y}(\mathcal{P}, t)\text{에 작용하는 힘} \\ \frac{\mathrm{d}}{\mathrm{d}t}\int_{\boldsymbol{y}(\mathcal{P},t)}\rho\frac{\partial \boldsymbol{v}}{\partial t}\mathrm{d}\boldsymbol{y} &= \boldsymbol{y}(\mathcal{P}, t)\text{에 작용하는 힘}\end{aligned} \tag{8}$$

이다. 이때 '$\boldsymbol{y}(\mathcal{P}, t)$에 작용하는 힘'의 다양하고 유용한 표현들이 있다. 오일러 설명에서 전형적으로 사용되는 형태에 초점을 맞추고, 소위 몸통 힘이라고 하는 것을 생략하기로 한다.

$$\boldsymbol{y}(\mathcal{P}, t)\text{에 작용하는 힘} = \int_{\partial \boldsymbol{y}(\mathcal{P},t)}\boldsymbol{t}\,\mathrm{d}A \tag{9}$$

여기에서 피적분함수 $\boldsymbol{t}$는 **견인력**이라고 한다. 이 식을 통해 $\boldsymbol{t}$가 영역 $\boldsymbol{y}(\mathcal{P}, t)$의 경계에 단위 면적당 작용하는 힘을 나타낸다는 것을 알 수 있다.

원칙적으로 견인력은 많은 것들에 영향을 받으며, 당연히 물질과 운동에도 영향을 받는다. 견인력은 Ω_t의 서로 다른 점에서 일반적으로 서로 다를 것이며, 어떤 복잡한 방법을 통해 곡면 $S = \partial\boldsymbol{y}(\mathcal{P}, t)$에 영향을 받는다고도 생각할 수 있다. 예를 들어, t를 고정하고 점 $\boldsymbol{y} \in \Omega_t$도 고정하자. 그런 다음 $\boldsymbol{y}$를 지나는 수많은 곡면을 생각해 보자. 이때 서로 다른 곡면에 대하여 $\boldsymbol{y}$에서 견인력은 어떻게 연관되어 있는가?

유체와 고체를 포함하는 광범위한 물질에 대해서 $\boldsymbol{y}$에서 견인력이 $\boldsymbol{y}$를 지나는 곡면에 매우 단순하게 영향을 받는다는 것은 코시의 뛰어난 통찰이었다. 코시는 처음에 $\boldsymbol{t}$를 곡면 S에 상당히 일반적인 영향을 받는 것으로 표현했었다. 이 표현에 오일러 형태의 선운동량의 평형을 직접 이용하여, 견인력이 S에 영향을 받을 때 단위법선을 통해서만 영향을 받는다는 것과 이 영향이 선형이라는 것, 즉 $\boldsymbol{t} = \boldsymbol{Tn}$(혹은 RCC에서 $t_i = \sum_j T_{ij}n_j$)을 유도해 내었다. 이때 텐서 $\boldsymbol{T}$를 **변형력텐서**라고 부르며, 연속체 역학에서 이 분야를 **변형력 이론**이라고 한다(변형력을 이해하는 데 도움이 되는 물리학적 설명은 **고체역학**[IV.32 §2.3]을 보라). 사람들은 때때로 코시의 통찰을 의심한다. 다시 말하면, 사람들은 어떤 종류의 이상한 물질에서 견인력이 곡면에 수직으로 선형의 영향을 받지 않고, 더 일반적인 방법으로 곡면을 가로질러 힘을 전달받는 경우가 많이 있을 가능성을 생각한다. 그러나 일반적으로 코시의 결론을 광범위하게 적용할 수 있다는 것이 밝혀졌다.

$\boldsymbol{t} = \boldsymbol{Tn}$을 식 (9)에 대입한 다음 식 (8)에 있는 오일러 형태의 발산 정리를 사용하고, 마지막으로 국소화하면 다음과 같은 선운동량 평형의 국소적 형태를 얻게 된다.

$$\rho\left(\frac{\partial \boldsymbol{v}}{\partial t} + (\nabla\boldsymbol{v})\boldsymbol{v}\right) = \mathrm{div}\boldsymbol{T}$$

혹은 RCC에서

$$\rho\left(\frac{\partial v_i}{\partial t} + \sum_{j=1}^{3}\frac{\partial v_i}{\partial y_j}v_j\right) = \sum_{j=1}^{3}\frac{\partial T_{ij}}{\partial y_j} \tag{10}$$

보존법칙은 두 개 더 있는데, 바로 회전운동량의 평형과 에너지의 평형이다. 전자는 변형력 텐서의 대칭성 $\boldsymbol{T} = \boldsymbol{T}^{\mathrm{T}}$(혹은 RCC에서 $T_{ij} = T_{ji}$)을 유도하고, 후자는 가장 간단한 국소적 형태로

$$\rho\left(\frac{\partial e}{\partial t} + \nabla e \cdot \boldsymbol{v}\right) = -\,\mathrm{div}\boldsymbol{q} + \mathrm{tr}(\boldsymbol{TD})$$

이다. 여기에서 e는 **내부에너지**이고, $\boldsymbol{q}$는 열선 다발(flux)이다.

마지막으로 연속체 역학에 열역학 제2법칙의 수식화가 있다. 이것은 **클라우지우스(Clausius)-뒤앙 부**

등식으로 가장 흔하게 나타난다. 이 부등식은 카르노(Carnot)에서 유래한 '**물체는 일을 하면서 열을 방출하지 않는 순환되는 과정을 가질 수 없다**' 같은 제2법칙의 기본 명제들을 포함한다. 연속체 역학에서 클라우지우스-뒤앙 부등식은 두 가지 중요한 역할을 한다. 첫 번째 중요 역할은 구성 관계식을 제한하여 위에서 작은따옴표로 표시한 명제 같은 현상을 허용하지 않는 것이다. 예를 들어, 제한된 관계식은 뜨거운 물의 용기 안에 완전히 잠긴 상태로 전기를 생산하면서 순환하는 에너지를 전환하는 장치의 존재를 허용하지 않는다. 말할 필요도 없이, 이러한 제한을 정확하게 표현하는 것은 현재 매우 중요하다. 두 번째 역할은 주어진 구성 관계식의 과정을 제한하는 것이다. 이 역할은 충격파 이론에서 가장 잘 나타난다. 이때 클라우지우스-뒤앙 부등식은 어떤 충격파 해는 '인정할 수 없는 것'으로 선언한다.

3.3 구성식

지금까지 설명한 것들은 광범위한 고체와 유체 물질에서 성립한다. 앞에서 소개한 각각의 새로운 식은 그 안에 알려지지 않은 함수를 한 개 이상 포함하고 있기 때문에, 그중의 어느 것도 무언가를 예측하기 위해서 사용할 수 없다. 따라서 특정한 물질의 성질을 수량화하는 특별한 방정식이 존재해야만 한다. 그 방정식을 **구성식**이라고 한다. 간단하게 표현된 구성식을 발견한 다음 평형 법칙들과 결합하여, 광범위한 종류의 운동에서 물질을 잘 설명해 내는 것은 연속체 역학에서 큰 성공을 거두었다.

구성식은 변형력과 운동을 연결하는 공식으로 자주 나타난다. 보통 이 공식은 그 물질을 실제적으로 특정해 주는 상수들을 포함한다. **물질상수**들은 구성식에 의하여 기술된 각각의 물질에 대하여 실험을 해서 나와야 하는데, 연속체 역학은 이러한 실험을 설계하는 데 많은 도움을 줄 수 있다. 구성식의 예로, **나비에-스토크스 유체**에서

$$\boldsymbol{T} = -p\boldsymbol{I} + 2\mu(\boldsymbol{D} - \tfrac{1}{3}(\mathrm{tr}\boldsymbol{D})\boldsymbol{I})$$

혹은 RCC에서

$$T_{ij} = -p\delta_{ij} + 2\mu\left(D_{ij} - \frac{1}{3}\left(\sum_k D_{kk}\right)\delta_{ij}\right) \quad (11)$$

로 정의한 것이 있다. 여기에서 $\boldsymbol{D}$는 위에서 정의한 확장 텐서이고, p는 압력이며, $\mu > 0$은 점성도이다. 관련 있는 구성식 중 중요한 것으로, **비압축성 나비에-스토크스 유체**에서

$$\boldsymbol{T} = -p\boldsymbol{I} + 2\mu\boldsymbol{D} \quad (12)$$

로 정의한 것이 있다. 식 (11)의 마지막 항이 식 (12)에서 사라진 것은 비압축성 조건에서 $\mathrm{div}\,\boldsymbol{v} = \mathrm{tr}\boldsymbol{D} = 0$이기 때문이다. 그러나 p도 식 (11)과 식 (12)에서 의미의 차이를 가진다. 식 (11)에서 p는 보통 밀도의 함수로 특정된다. 가장 간단한 경우에는 이상기체의 법칙으로 결정된다. 식 (12)에서 p는 운동과 관계없는 독립적인 함수로 취급된다. 비압축성 나비에-스토크스 유체의 운동방정식에서 $p(\boldsymbol{y})$는 미지의 것이고 이 문제의 해의 일부로 결정해야 할 것이다. 이처럼 p를 서로 다르게 취급하는 것은 운동 이론에서 나타나는 **구속된 물질**에 대한 일반적인 이론의 결과이다. 이 이론은 비압축성 물질만 포함하는 것이 아니라, 어떤 방향으로 확장할 수 없다와 같은 다른 종류의 제한조건도 포함한다.

식 (12)를 선운동량의 평형식 (10)에 대입하면 유명한 나비에-스토크스 방정식을 얻게 되는데, RCC에서

$$\rho\left(\frac{\partial v_i}{\partial t}+\sum_{j=1}^{3}\frac{\partial v_i}{\partial y_j}v_j\right)=-\frac{\partial p}{\partial y_i}+\mu\sum_{j=1}\frac{\partial^2 v_i}{\partial y_j\,\partial y_j},$$
$$\sum_j\frac{\partial v_j}{\partial y_j}=0$$

이다. 이 방정식은 연속체 역학의 심오한 성공들 중의 하나로 알려져 있다. 학자들은 보통 첫 번째 식에서 공간은 ℓ로 시간은 τ로(이것은 우리가 관심을 가지는 문제에서 길이와 시간이 된다) 축척을 하고, 밀도 ρ(상수인)로 나누어서 나오는 식이 단 하나의 수, 즉 차원 없는 물질상수인 레이놀즈(Reynolds) 수인 $Re=\rho(\ell/T)\ell/\mu$만 포함하도록 만든다. 오직 하나의 물질상수 Re만으로도 액체(어떤 경우에는 기체에서도)의 반응에 관한 양적인 관찰의 아주 많은 부분을 매우 정확하게 이해할 수 있다.

이는 모든 유체가 어떠한 상황에서도 나비에-스토크스 이론이 예측한 대로 행동한다는 것을 의미하지는 않는다. 어떠한 유체라도 충분히 압축하면 고체가 되거나, 충분히 강한 전기장에 영향을 받으면 플라스마가 된다. 전자들은 핵으로부터 떼어낼 수 있고 핵들은 분해될 수 있지만, 이를 나비에-스토크스 이론으로 설명할 수는 없다. 연속체 역학에서 중요한 것은 환원주의자*의 '진리'에 대한 탐구가 아니고, 많은 현상에서 나타나는 근원적인 단순함의 발견에서 오는 우아함이다.

애석하게도 고체는 간단하게 설명할 수 없지만, 많은 성질을 다음 형태의 구성식을 통해 이해할 수 있다.

$$T=\hat{T}(F)=R\hat{T}(U)R^{\mathrm{T}} \qquad (13)$$

여기에서 $F=RU$는 위에서 언급한 극분해이다. 이 구성식은 탄성 물질(비선형)을 설명한다. 그리고 대칭 텐서의 함수인 $\hat{T}(U)$는 대칭텐서에서 정의되며 상당히 복잡할 수 있다. RCC에서 $\hat{T}(U)$는 각각이 6개의 변수를 가지는 6개의 함수이다. $\hat{T}(U)$는 직관적으로 '탄성'으로 간주되지만, 부수적으로 탄성으로 간주되지 않는 어떤 흥미로운 성질도 포함한다. 따라서 $\hat{T}(U)$는 방대한 범위의 성질을 나타낸다.

탄성을 나타내는 구성식 (13)을 간단하게 나타내기 위해 많은 아이디어를 사용한다. 가장 많이 사용하는 아이디어 중의 하나가 대칭성이다. 예를 들어, 고무공 $\mathcal{B}$를 변형함수 $y:\mathcal{B}\to\mathbb{R}^3$으로 변형하면 어떤 변형력 장을 얻게 된다. 만약 우리가 그 구성식을 알고 있다면 공식 $T(x)=R(x)\tilde{T}(U(x))R(x)^{\mathrm{T}}$을 사용하여 이 변형력 장을 구할 수 있다. 여기에서 $\nabla y=R(x)U(x)$는 각 점 $x\in\mathcal{B}$에서 극분해이다. 이 고무공을 임의로 강체 회전을 한 후에 영역 $\mathcal{B}$에 다시 정확히 놓고 $y:\mathcal{B}\to\mathbb{R}^3$을 다시 사용하여 변형하면, 일반적으로 다른 변형력 장을 얻게 된다. 예를 들면, $y:\mathcal{B}\to\mathbb{R}^3$이 어떤 방향(가령 '위로')으로 확장을 특징적으로 나타내고 우리의 회전이 고무공의 딱딱한 방향을 위로 향하게 했다면, 정확히 같은 변형을 주기 위해 더 큰 힘이 작용해야만 할 것이다. 사실 고무나 여러 다른 물질들은 **등방성** 가정을 통해 잘 설명할 수 있다. 등방성 가정은 바로 전에 기술한 과정을 거쳤을 때 정확히 같은 변형력 장을 얻

* 문제를 쪼개어 분석하는 것을 선호하는 사람.—옮긴이

게 된다는 것이고, 또한 그 회전과 그 후의 변형에 관계없이 항상 성립한다는 것이다. 등방성 가정은 이 절에 있는 모든 과정을 수학적인 용어로 표현함으로써 활용된다. 그 결과는 다음과 같다. 세 개의 함수 $\varphi_1(\mathrm{I}, \mathrm{II}, \mathrm{III})$, $\varphi_2(\mathrm{I}, \mathrm{II}, \mathrm{III})$, $\varphi_3(\mathrm{I}, \mathrm{II}, \mathrm{III})$이 존재하고

$$\boldsymbol{T} = \varphi_1 \boldsymbol{I} + \varphi_2 \boldsymbol{B} + \varphi_3 \boldsymbol{B}^2 \qquad (14)$$

을 만족하면, 비선형 탄성 물질은 등방성을 가진다. 여기에서 $\boldsymbol{B} = \boldsymbol{V}^2 = \boldsymbol{F}\boldsymbol{F}^{\mathrm{T}}$이고, $\mathrm{I} = \mathrm{tr}\boldsymbol{B}$, $\mathrm{II} = \frac{1}{2}(\mathrm{tr}\boldsymbol{B}^2 - (\mathrm{tr}\boldsymbol{B})^2)$, $\mathrm{III} = \det \boldsymbol{B}$는 $\boldsymbol{B}$의 주된 불변량이다. 처음에는 식 (14)가 식 (13)의 특수한 경우가 아닌 것처럼 보이지만, 사실은 특수한 경우이다. 이것은 극분해 $\boldsymbol{B} = \boldsymbol{F}\boldsymbol{F}^{\mathrm{T}} = \boldsymbol{R}\boldsymbol{U}^2\boldsymbol{R}^{\mathrm{T}}$에서 알 수 있다. 식 (14)는 어떤 종류의 테일러(Taylor) 전개를 연상시키지만, 실제로는 그렇지 않다. 구성식 (14)는 등방성인 탄성 물질의 임의로 큰 변형에 대하여 성립한다.

연속체 역학에는 구성 관계식을 간단하게 만들기 위해서 사용하는 일반적인 원칙들이 있다. 이 원칙들 중에서 가장 강력하지만, 논란의 여지가 많은 것은 PMFI(Principle of Material Frame Indifference)*이다. 이 책에서 PMFI를 상세히 설명하지는 않겠지만, 여기에 주어진 구성식에 사용되는 특별한 운동학은 PMFI의 직접적인 결과라는 것을 기억하도록 하자(나비에-스토크스 관계식에서 단순히 $\nabla \boldsymbol{v}$가 아니라 $\boldsymbol{D}$가 나타난 것과 탄성의 구성식 (13)의 우변이 의외로 분명하게 $\boldsymbol{R}$에 영향을 받는 것을 알 수 있다). 나비에-스토크스 방정식을 유도할 때(나비에, 코시, 푸아송, 생 베낭의 연구를 기반으로 하여), 스토크스 자신도 식 (12)에서 시작하지 않았다. 대신에 그는 변형력이 그 대칭화인 $\boldsymbol{D}$에서가 아니라 전체 속도 그래디언트 $\nabla \boldsymbol{v}$에서 아핀(affine)이라는 가정에서 시작하였다. 그 후에 말로서(현재 인정하는 PMFI의 다소 정확하지 않은 구두 표현으로 인정될 만한 것을 이용하여), 변형력이 실제로 $\boldsymbol{D} = \frac{1}{2}(\nabla \boldsymbol{v} + \nabla \boldsymbol{v}^{\mathrm{T}})$에서 아핀이어야 함을 보여 주었다. 현재 진행되고 있는 PMFI에 관한 논란은 거의 보편적으로 받아들여지고 있는 연속체 역학에서 유용성과는 별로 관련이 없고, (일반적인 경우에 대한)직접적인 실험 결과의 부재와 원자론적, 상대론적 이론과의 모호한 관계에 대한 것이다.

* 물질의 성질은 기준틀에 무관하다는 원칙.—옮긴이

4 현상

위에서 주어진 두 개의 구성식만 보아도 연속체 역학은 다양한 현상들을 설명해 준다는 것을 알 수 있다. 그것은 가끔 우리가 현재 알고 있던 지식으로는 예상하기 힘든 크기나 기간을 가진 물질에도 적용할 수 있어 보인다.

이 책에서는 연속체 역학에 의해 예측되는 대표적인 현상들을 모두 살펴보지는 않을 것이다. 그 대신에 기본적인 연구의 직접적인 결과로 예측된 두 개의 현상을 예로 살펴보겠다. 이 예들은 1950년대에 나타난 것으로 오래되었다. 그 당시에 연속체 역학에 대한 관심이 다시 부상하면서 출현한 것이지만, 현재에도 활력을 가지고 있다.

보통의 조건에서 물은 비압축성 나비에-스토크스 유체로 잘 설명된다. 물이 들어있는 컵에 보통의 속도(가령 매초 여러 번)로 회전하는 막대(가령 지

름이 1cm인)를 수직으로 넣는다. 약간의 대칭성 가정과 지나치지 않은 단순화를 하면 이 문제를 풀 수 있다. 대칭성 가정이 없더라도 나비에-스토크스 방정식을 풀 수 있는 여러 개의 수치계산법 중에 어느 것이든 정량화할 수 있는 수준의 정확도까지 풀 수 있다. 그 결과는 예상한 것과 같다. 막대기 근처의 물이 회전하면서 바깥쪽으로 밀려간다. 이것이 물의 표면을 변형시키려고 하고, 중력은 표면을 평평하게 만들려고 하며, 점성은 속도장을 매끄럽게 하려고 한다. 정상상태에서 물의 높이는 그 회전하는 막대 근처에서 약간 낮아진다.

유체가 **점탄성**을 가진 경우에는 완전히 다른 현상을 볼 수 있다. 이러한 종류의 유체에는 페인트에서 팬케이크 반죽까지, 용액에 긴 사슬 고분자를 포함한 것들이 있다. 이러한 유체들을 가지고 위에서 설명한 실험을 하면 실제로 유체는 막대를 따라 올라간다. 이 실험을 1946년에 영국 유변학자 클럽(British Rheologists' Club)의 반드시 기억할 만한 회의에서 칼 바이센베르크(Karl Weissenberg)가 처음으로 실증해 보였다. 그림 2는 바이센베르크의 실증 중 하나를 근거로 하여 후에 스케치한 것이다. 짧은 시간 동안에 강한 점탄성의 유체 한 컵을 담은 작은 컵에서 반 이상의 유체가 중력에 저항하며 막대를 따라 올라갔다.*

유사한 예시가 많이 있다. 나비에-스토크스 유체가 담긴 용기에 떨어진 고체 실린더는 그 축이 수평이 되도록 전환된다. 하지만 점탄성 유체에서는 그 축이 수직이 되도록 전환된다.

* 이 글의 초고에 대한 논평에서 올리버 펜로즈(Oliver Penrose)는 '이러한 현상 때문에 페인트가 그렇게도 지저분한 것인가?'라고 질문했다.

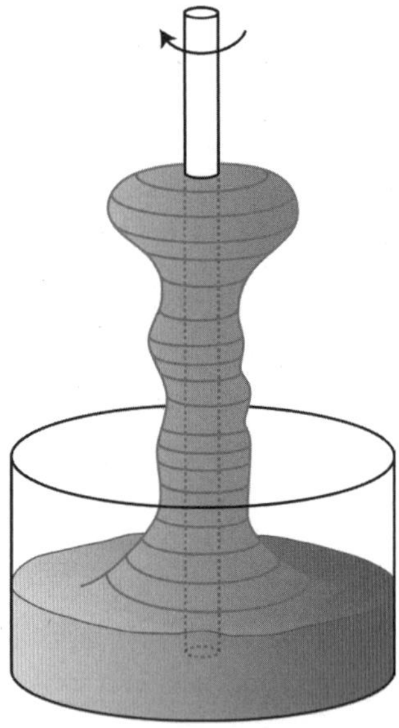

그림 2 점탄성 유체의 막대 등반.

그렇다면 어떤 힘이 유체가 중력에 저항하며 막대를 따라 올라가게 만들까? 이 질문이 연속체 역학의 학자들, 특히 유변학의 창시자인 마르쿠스 라이너(Markus Reiner)와 로널드 리블린(Ronald Rivlin)을 힘들게 했다. 그들의 첫 번째 가정은 상당히 자연스러운 것이었다. 연속체 역학의 개발 중인 원칙들, 특히 그 당시에 이용이 가능했던 PMFI의 형태에 인도되어 점탄성 유체에도 적용할 수 있는 나비에-스토크스 유체의 자연스러운 일반화

$$\boldsymbol{T} = -p\boldsymbol{I} + \alpha_1\boldsymbol{D} + \alpha_2\boldsymbol{D}^2 \tag{15}$$

이론을 세웠다. 여기에서 함수 α_1, α_2는 확장 텐서 $\boldsymbol{D}$의 주 불변량들이다. 사실 식 (14)와 식 (15)의 형태가 유사하게 나타난 것은 우연이 아니다. (14)와 (15)는 같은 수학이 사용되고 있기 때문이다. 그러나 사용되는 물리학적 원칙은 다르다. 전자에서는 등방

성이, 후자에서는 PMFI가 사용되었다.

식 (15)가 매우 자연스럽다는 것은 아무리 강조해도 지나치지 않는다. 식 (15)는 $\boldsymbol{D}$에 관한 비선형인 항을 포함함으로써 나비에-스토크스 유체의 당연한 일반화가 될 뿐만 아니라, PMFI와 양립할 수 있는 관계식 $\boldsymbol{T} = f(\boldsymbol{D})$의 형태로는 실제로 가장 일반적인 것이다. 이 식의 유일한 결함은 틀린 것으로 판명되었다는 것이다. 라이너-리블린 관계식은 바이센베르크의 관측을 잘 설명하지 못했다. 점탄성 유체의 시간 t일 때 변형력은 $\boldsymbol{D}$에 있는 시간에 대한 1계 미분으로 포착해 낸 것보다 더 이전 시간에서의 변형에 민감하다는 것이 밝혀졌다. 이러한 현상의 수학적 공식화는 많은 연구자들에 의해 발전되었다. 그 과정에 수많은 우여곡절이 있었는데, 1969년 피프킨(Pipkin)과 태너(Tanner)의 관측에서는 유체의 경계에서 측정된 견인력을 해석하는 표준적인 방법이 점탄성 유체를 막대를 따라 밀어 올리는 바로 그 힘에 의하여 오염돼 결함이 있다는 것을 보여주었다. 결과적으로 그 이전의 많은 측정은 부정확하게 해석된 것이다. 물론 현재는 더 나은 구성식이 있고 점탄성 유체를 막대를 따라 밀어 올리는 '수직 변형력'에 대한 설명은 상당히 잘 이해되고 있지만, 점탄성 유체의 작용에 관한 정확한 설명은 현재에도 활발한 연구 분야로 남아 있다.

다른 단순하고 영향력 있는 예는 등방 탄성의 구성식 (14)에 관한 것이다. RCC에서 다음 변형을 생각하자.

$$\left.\begin{aligned} y_1(x_1, x_2, x_3) &= x_1 + \kappa x_2, \\ y_2(x_1, x_2, x_3) &= x_2, \\ y_3(x_1, x_2, x_3) &= x_3 \end{aligned}\right\} \qquad (16)$$

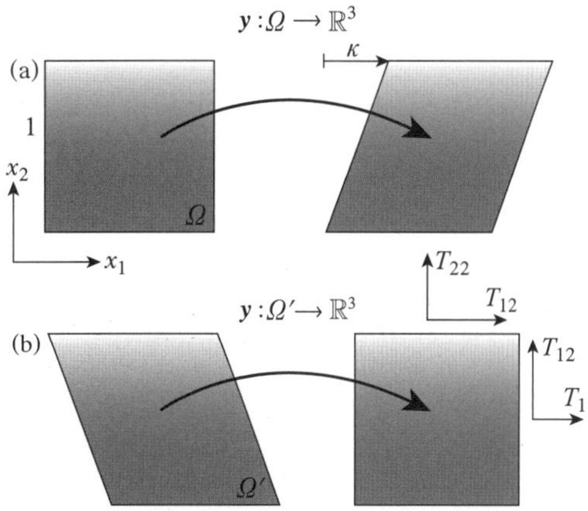

그림 3 비선형 탄성 고체의 단순 층밀림. 모두 어떤 고체의 완화된 배열을 나타내는 두 개의 서로 다른 배열 Ω와 Ω'에 같은 변형이 작용하였다. 변형된 배열은 알아보기 좋도록 이동해 놓았다. 보통 실제 물질에서는 $T_{11} < 0$이고 $T_{22} < 0$이며, 이 경우에 견인력 성분들은 압축력이 있다.

이 변형은 단순 층밀림으로 알려져 있고, 그림 3에서 두 개의 서로 다른 참조 구성으로 나타난다. 그림 3(a)처럼 RCC의 기저와 나란한 고무 블록의 층밀림을 생각할 수 있다. 이때 상수 κ를 층밀림의 양이라고 한다. 동일한 RCC의 기저에서 텐서 $\boldsymbol{B}$의 성분들은

$$\boldsymbol{B} = \boldsymbol{F}\boldsymbol{F}^{\mathrm{T}} = \begin{pmatrix} 1 & \kappa & 0 \\ 0 & 1 & 0 \\ 0 & 0 & 1 \end{pmatrix}\begin{pmatrix} 1 & 0 & 0 \\ \kappa & 1 & 0 \\ 0 & 0 & 1 \end{pmatrix} = \begin{pmatrix} 1+\kappa^2 & \kappa & 0 \\ \kappa & 1 & 0 \\ 0 & 0 & 1 \end{pmatrix}$$

이고, 주 불변량 은 층밀림의 양을 나타내는 특별한 함수들이며 쉽게 계산할 수 있다. 계수들 $\varphi_1, \varphi_2, \varphi_3$은 κ의 함수이고, 형태는 물질에 따라 다르다. 구성식 (14)를 이용하여 변형력을 계산하면

$$\boldsymbol{T} = \begin{pmatrix} T_{11} & T_{12} & 0 \\ T_{21} & T_{22} & 0 \\ 0 & 0 & T_{33} \end{pmatrix} \qquad (17)$$

이다. 여기에서

$$\left.\begin{aligned} T_{11} &= \varphi_1 + (1+\kappa^2)\varphi_2 + (\kappa^2 + (1+\kappa^2)^2)\varphi_3, \\ T_{12} &= T_{21} = \kappa\varphi_2 + (2\kappa + \kappa^3)\varphi_3, \\ T_{22} &= \varphi_1 + \varphi_2 + (1+\kappa^2)\varphi_3, \\ T_{33} &= \varphi_1 + \varphi_2 + \varphi_3 \end{aligned}\right\} \quad (18)$$

이다. 따라서 식 (16)의 운동은 선운동량의 평형 (10)을 만족한다. 왜냐하면 속도가 0이고, 변형력이 위치와 무관하므로 $\operatorname{div} \boldsymbol{T} = 0$이기 때문이다.

식 (18)을 조금만 살펴보아도, 변형력 성분 T_{11}, T_{22}, T_{12}가 독립적이지 않다는 것을 알 수 있다. 실제로 식 (18)에서 리블린이 1948년에 발견한 **보편적인 관계식**

$$T_{11} - T_{22} = \kappa T_{12} \quad (19)$$

가 나온다. 식 (19)는 어떤 물질상수도 포함하고 있지 않다. 이 식은 모든 등방 탄성 물질에 대하여 성립하기 때문에 보편적이라고 할 수 있다. 하지만 이 식이 아주 당연한 것은 아니다.

그 이유를 알기 위해서 식 (19)를 설명하는 것은 도움이 된다. 이러한 목적으로 그림 3(b)를 사용하고, 변형된 배열이 직사각형인 고체가 되도록 준비한 기준 배열 Ω'에 주목한다(변형된 배열 $\boldsymbol{y}(\Omega)$와 $\boldsymbol{y}(\Omega')$에 작용하는 변형력은 같지만, $\boldsymbol{y}(\Omega')$에서 견인력을 계산해서 이 변형력을 이해하는 것이 더 쉽다). 견인력(단위 면적당 힘)의 성분들은 고무 블록이 그림에서 보이는 $\boldsymbol{y}(\Omega')$의 모양을 유지하는 데 필요하다. 그 성분들은 위에서 언급한 일반적인 공식 $\boldsymbol{t} = \boldsymbol{Tn}$에서 구할 수 있다. 여기에서 $\boldsymbol{n}$은 (1, 0, 0)이거나 (0, 1, 0)이다. 예상한 대로 윗면에는 견인력의 층밀림 성분 T_{12}가 있다. 일반적으로 수직 견인력 T_{22}가 필요하다는 사실은 아주 당연한 것은 아니다. 보통 T_{22}의 부호는 음이고, 층밀림이 큰 경우에 상당히 중대한 영향을 끼칠 수 있다. 사각형의 고무 블록에서 수평인 층밀림은 전형적으로 수직 방향의 팽창을 일으킨다. 오직 적당한 압축 견인력이 작용해야 높이를 같게 유지할 수 있다. 이 결과는 당시에는 놀라움을 주었을 것이다. 왜냐하면 그 당시에는 탄성의 선형 이론만 광범위하게 사용되었고, 선형 이론에서는 등방성 물질에 대하여 $T_{22} = 0$이 성립하기 때문이다. 리블린의 관계식 (19)는 상당히 놀랍게도 오른쪽 면과 윗면의 수직 견인력의 차이가 층밀림 견인력과 층밀림의 양에 의해서 결정되고, **그것은 층밀림이 나타난 물질(등방이고 탄성인) 자체에는 영향을 받지 않는다는 것을 말해 준다.** 리블린의 관계식은 또한 $\kappa \approx 1$인 경우에 두 개의 수직 변형력 T_{11}과 T_{22} 중에서 적어도 하나는 층밀림 변형력 T_{12}만큼 상당히 크다는 것을 보여 준다.

5 최근 연구

연속체 역학은 그것이 무시했던 물질의 중심 특징인 원자를 주된 주제로 하여 새로운 연구의 시기에 들어서고 있다. 이러한 발전은 여러 가지 요소들이 집중되었기 때문에 가능했다.

발전 요인 중 하나는 점탄성 유체, 비선형 탄성 물질, 액체 결정체 이론과 비슷한 여러 중요한 예들의 성공 이후에 광범위하게 유용한 새로운 구성 관계식의 발견이 지체되었다는 것이다. 연속체 역학이 어떤 형태로든지 그 유효성이나 응용 가능성을 잃은 것은 아니고(연속체 역학의 유용한 도구인 구성식은 계속하여 새롭고 흥미로운 응용을 찾고 있다), 근본이 되는 이론이 진정으로 새로운 방향을 제시하지 못하고 있었다.

물질과학이 연속체 역학의 어느 곳에서도 아직 이름조차 붙지 않은 성질을 지닌, 매우 많은 새로운 물질을 만들고 있는 것은 확실하다. 생물학에서도 역시 새롭고 종종 매우 이질적인 물질이 발견되고 있는데, 그 물질의 중요한 성질은 연속체 역학에서 아직 서술되지 않았다. 이 주제에서 점차 커지고 있는 문제는 특별한 방법의 격자로 배열된 어떤 원자나 특정한 생물학적 분자의 존재이다. 또한 일부를 제외하고 정칙의 구조를 가진 물질에서 특정한 종류의 결함이 흥미로운 성질을 나타낼 수 있다. 생물학자들은 '유연한 물질의 일반적인 덩어리가 어떻게 변형되는지는 별로 관심이 없다. 특정한 분자를 포함한 물질이 생명 자체에 어떤 방식으로 중요하게 반응하는지를 알고 싶다'고 말한다. 이러한 태도는 나비에-스토크스의 '모든 운동에서 모든 특성을 예측하기 위해서는 하나의 레이놀즈 수만 필요하다'는 인식 체계를 근본적으로 바꾸어 놓았다.

양자역학의 극적인 발견 이후인 1929년에 디랙(Dirac)은 다음과 같이 말했다.

> 화학 전체와 대부분의 물리학과 관련된 수학적 이론에 필요한 근본적인 물리법칙은 완벽하게 알려졌다. 남아 있는 어려움은 이러한 법칙을 정확하게 적용하여 해결하기에는 너무 복잡한 방정식들로 표현된다는 것이다.

아마도 이것은 다소 낙관적인 견해겠지만 현재 연속체 역학의 범위에서 알아내야 할 거시적인 성질을 완벽하게 예측하기 위해 원자 규모에서의 필요한 법칙이 알려져 있다는 것은 사실이다. 그리고 원자론적 이론이 놀라운 특수성을 가진 채 거시적으로 무엇을 의미하는지 알아내는 것은 본질적으로 수학적인 문제이다. 이러한 문제를 **다중 규모 문제**라고 한다. 이 문제의 해답으로는 특정 길이와 시간의 규모들에 대한 확정이 개입되어 있고, 각각의 규모에서 분리된 이론을 세워서 각각의 이론의 조건을 그다음으로 가장 작은 규모인 이론의 결과에서 얻는 방법을 현재 광범위하게 사용한다. 하지만 이 글의 저자는 이것에 대해 회의적이다.

수학적인 어려움은 예를 통하여 설명하는 것이 쉽다. 원자번호가 6인 탄소 원자 한 개가 절대온도 0의 상태를 유지하고 있다고 하자. 이것의 전자구조를 양자역학으로 구하기 위해서는 확률적으로 전자의 위치를 나타내고, $3\times6=18$개의 독립적인 공간 변수에 영향을 받는 파동함수 $\psi((\boldsymbol{x}_1, s_1), \cdots, (\boldsymbol{x}_6, s_6))$, $s_i=\pm\frac{1}{2}$(스핀)에 관한 방정식을 풀어야 한다. 각 변수를 보통 정도인 10개의 그물선으로 이산화하면 10^{18}개의 그물선 교점을 가진 그물체를 얻게 된다. 물론 하나의 탄소 원자에는 다른 방법뿐만 아니라, 밀도함수 이론(Density Function Theory, DFT)이라고 하는 양자역학의 단순화된 방법을 사용할 수도 있고, 목적에 따라 DFT가 앞의 예에서 정확한 것으로 간주될 수 있다. 그러나 DFT는 자체에 문제점을 가지고 있다. 바로 양자역학을 근사하는 방법으로서 DFT의 지위가 경험적인 것을 넘어서는 이해되지 못하고 있다는 것이다. 그리고 DFT는 20개의 탄소 원자에서조차도 교란되어서 가장 적절한 기하를 정확하게 얻지 못한다.

이러한 관찰에서 보면 양자역학에서 연속체 역학으로 넘어가기는 고사하고, 온전한 양자역학에서 사용이 가능한 어떤 종류의 양자역학으로 넘어 가려는 시도마저 희망이 없어 보인다. 그러나 양자역학에는 이용되거나 이해되지 않은, 근본적인 단순함이 암시하는 다른 것이 있다. 하나의 예가 전자 대 원자 비율(e/a)이다. e/a의 중요성은 오래전에 흄(Hume)-로더리(Rothery)에 의하여 인식되었고, 슬레이터(Slater)와 폴링(Pauling)에 의해 자기학에서 효과적으로 이용되었다. 구리 원자 x개, 망간 원자 y개, 주석 원자 z개로 이루어진 $Cu_xMn_ySn_z$ 같은 합금에서 e/a 비율은 단순히 구리, 망간, 주석의 원자가를 그들의 원소 구성비만큼 가중치를 주어서 더한 것인

$$\frac{e}{a} = \frac{xV_{Cu} + yV_{Mn} + zV_{Sn}}{x+y+z}$$

이다. 여기에서 V_{Cu}, V_{Mn}, V_{Sn}은 각각 구리, 망간, 주석의 원자가전자의 개수이다. 물질의 거시적인 성질이 e/a에 위배되어 나타나면 종종 그 자료의 가치는 폭락한다. 물론 e/a는 보른(Born)-오펜하이머(Oppenheimer) 근사에서 양자역학 계산에 들어가는 매개변수의 하나일 뿐이다. 이러한 가정 아래에서 양자역학 계산에 입력되는 것은 위치와 핵의 원자번호이다. e/a의 상관관계가 의미하는 것은 위치가 좀처럼 문제되는 것이 아니라는 점이다. e/a는 농도 x, y, z가 변해도 근본이 되는 격자가 유사할 때 종종 가장 성공적으로 나타난다. 그리고 원자가의 정의 자체가 양자역학(원자가 하나인) 계산의 결과라는 것을 인정해야 한다. 그럼에도 불구하고, x, y, z가 변하는 것은 1계 변화이다. 즉, 어떤 원자의 근처에서는 하나의 원소에서 다른 원소로 변한다. 그리고 그 상관관계는 새로운 원소가 개입되었거나 화학공식이 매우 긴 경우에 종종 지속된다. e/a와 상호 관련된 성질은 자기화나 두 위상의 자유에너지 차이처럼 예측하기 가장 어려운 양의 온도 성질이다. 최근의 예로는 호이슬러(Heusler) 종류의 합금이 아마도 현재 물질과학에서 가장 결실이 많은 분야일 것이다. 이 분야에서는 초소형 전자공학(특히, '스핀트로닉스'), 정보 저장 기기, 생체 의학, 작동, 냉각, 에너지전환, 에너지 저장 같은 다양한 분야에 응용할 수 있는 새로운 합금들이 발견되고 있다. 이러한 응용을 위한 새로운 합금의 발견은 대부분 단순히 e/a에 의해서 인도되고 있다. 즉, e/a가 가장 주요한 이론적 수단이다. 왜 e/a가 이렇게 중요할까? 연속적 역학의 구성식은 e/a에 어떻게 영향을 받는 것일까?

다중 규모 방법의 기본적인 개념 문제의 하나는 시간에 영향 받는 것이다. 원자 수준에서 표준적인 접근법은 분자 동역학의 방정식을 이용하는 것이다. 이 방정식은 핵의 위치 $\boldsymbol{y}_1(t), \cdots, \boldsymbol{y}_n(t)$에 대한 뉴턴의 운동 법칙에 기반을 두고 있다.

$$\left.\begin{aligned} m_i \frac{\mathrm{d}^2\boldsymbol{y}_i}{\mathrm{d}t^2} &= \boldsymbol{f}_i(\boldsymbol{y}_1, \cdots, \boldsymbol{y}_n), \\ \boldsymbol{y}_i(0) &= \boldsymbol{y}_i^0, \\ \frac{\mathrm{d}\boldsymbol{y}_i}{\mathrm{d}t}(0) &= \boldsymbol{v}_i^0, \quad i = 1, \cdots, n \end{aligned}\right\} \tag{20}$$

여기에서 상수 $m_1, m_2, \cdots, m_n$은 대응하는 질량이다. 핵 i에 작용하는 힘 $\boldsymbol{f}_i$는 기호에 나타나 있는 것처럼 모든 다른 핵들의 위치에 영향을 받는다. 이 힘은 위에서 기술한 전자들에 대해서 핵의 순간적인 위치들을 이용해 매개화하여 양자역학으로 나타낼 수 있다. 이것도 보른-오펜하이머 근사이다. 물론, 그

다음에 우리는 각각의 시간 단계에 대해서 위에서 언급한 매우 어려운 양자역학 계산을 해야만 한다. 그러므로 이 경우에 단순화를 발견하는 것은 매우 중요하다. 단순화의 예시 중 하나는 원자 힘에 관한 정확하지만 더 단순한 모형을 발견하는 것이 있다. 이처럼 분자 동역학은 어떠한 경우라도 많은 물질들의 연속체 이론에서 상당히 일반적인 체계로 간주되고 있다.

원자의 힘과 관계없는 근본적인 선택의 딜레마는 연속체 역학의 일반적인 모형이 시간에 대해 비가역인 반면에, 분자 동역학의 방정식은 시간에 대해 가역이라는 것이다. 다시 말하면 $\bar{\boldsymbol{y}}_i(t) = \boldsymbol{y}_i(-t)$라고 정의하고 $\boldsymbol{v}_0$의 부호를 바꾸면 $\bar{\boldsymbol{y}}_1(t), \cdots, \bar{\boldsymbol{y}}_n(t)$는 식 (20)의 해가 된다. 가령 나비에-스토크스 방정식에 비슷한 변화를 주면, 즉 해 $\boldsymbol{v}(\boldsymbol{y}, t), p(\boldsymbol{y}, t)$에서 시작해서 $\bar{\boldsymbol{v}}(\boldsymbol{y}, t) = -\boldsymbol{v}(\boldsymbol{y}, -t), \bar{p}(\boldsymbol{y}, t) = p(\boldsymbol{y}, -t)$로 정의하면, $\bar{\boldsymbol{v}}(\boldsymbol{y}, t), \bar{p}(\boldsymbol{y}, t)$가 나비에-스토크스 방정식을 만족할 필요충분조건은 점성도를 곱한 항이 0이 되는 것이다. 즉, 해의 형태가 물질의 점성도에 영향을 받지 않는, 아주 퇴화된 경우이다.

이러한 어려움을 해결하기 위해 많은 아이디어가 나왔지만 널리 통용되는 해결책은 없다. 수학적인 관점에서 보았을 때, 분자 동역학 방정식의 어떤 종류의 엄밀한 평균화가 시간에 대해 가역인 것에서 비가역인 것으로 나아갈 수 있다는 것을 인정하는 것은 매우 어렵다. 이는 단지 분자 동역학만의 유별난 특징은 아니다. 물리학의 모든 근본적인 원자 수준의 방정식은 소모적이지 않으며, 시간에 대해 가역적이다. 볼츠만(Boltzmann)이 제안한 것은 사실 최근의 올리버 펜로즈의 논문에서 정교하게 설명한 수학적 논의와 일관되는 것일 수 있다. 자연에 존재하는 유동은 일반적인 초깃값 문제인 (20)의 해와 부합되지 않는다고 그는 말한다. 오히려 모든 실제 유동은 식 (20)의 해보다 분자 동역학 방정식의 특별하게 '준비된' 초기조건에 부합된다. 누가 자연에서 이러한 준비를 한 것인가? 펜로즈는 단순히 동역학계를 얼마 동안 작동하는 것으로 준비할 수 있다고 말한다(식 (20)에서 시간은 $t = 0$에서 시작하지 않을 수 있다). 그는 비가역성이 나타나고 초기조건이 있는 가중평균 방법을 논하였다. 펜로즈의 제안은 설득력이 있으며, 아마도 분자 동역학 시뮬레이션을 해 본 모든 사람의 공감을 얻을 것이다. 동역학계를 통한 작동이 부족한 대부분의 초기치 자료의 선택은 분자 동역학 방정식의 해가 거시적 관점에서 보았을 때 물리적이지 않은 것으로 간주되는 과도적인 상태로 항상 시작하게 한다.

어떤 경우에는 이러한 근본적인 어려움의 균형을 유지하면서도 놀라울 정도로 단순화할 수 있다. 그렇다면 분자 동역학 방정식 (20)의 평균을 취하는 매우 간단한 방법을 제시하여, 분자 동역학과 연속체 역학을 연결하는 것이 얼마나 쉬운지를 예증해 보기로 하자. 최근에는 분석된(그리고 확장된) 하디(R. J. Hardy)의 방법과, 아드말(Admal)과 타드모르(Tadmor)의 연관된 접근법을 이용한다. 예를 들어, $\varphi : \mathbb{R}^3 \to \mathbb{R}$이 간단한 평균화 함수라고 하자. 즉, φ는 매끈하고 음이 아니며 원점을 포함하는 콤팩트 지지집합을 가지고, 전체에서 적분한 값이 1이다. 분자 동역학의 방정식 (20)의 해 $\boldsymbol{y}_1(t), \cdots, \boldsymbol{y}_n(t), t > 0$을 생각하자. 각 원자의 순간적인 위치에 φ의 중심을 새로 택하고, 분자 동역학의 방정식에 φ를 곱한 후에 모든 원자에 대해 합한다.

$$\sum_{i=1}^{n} m_i \ddot{\boldsymbol{y}}_i(t)\varphi(\boldsymbol{y}-\boldsymbol{y}_i(t)) = \sum_{i=1}^{n} \boldsymbol{f}_i(\boldsymbol{y}_1(t), \cdots, \boldsymbol{y}_n(t))\varphi(\boldsymbol{y}-\boldsymbol{y}_i(t))$$

이와 같은 종류의 공간 평균화에서는 밀도를 $\rho(\boldsymbol{y}, t) = \sum m_i\varphi(\boldsymbol{y} - \boldsymbol{y}_i(t)) \geq 0$으로 정의하는 것이 자연스럽다. 또한 선운동량 $\boldsymbol{p}(\boldsymbol{y}, t)$를 각 입자의 선운동량을 평균화하여 다음과 같이 정의할 수 있다.

$$\boldsymbol{p}(\boldsymbol{y}, t) = \sum_{i=1}^{n} m_i \dot{\boldsymbol{y}}_i(t)\varphi(\boldsymbol{y}-\boldsymbol{y}_i(t)) \tag{21}$$

그러면 오일러 속도는 모든 $\rho > 0$인 곳에서 $\boldsymbol{v}(\boldsymbol{y}, t) = \boldsymbol{p}(\boldsymbol{y}, t)/\rho(\boldsymbol{y}, t)$로 정의된다. 곱을 평균화하는 까다로운 문제를 간단한 정의를 통해서 피한 것이다. 다시 말하자면, 평균화에서 근본적인 물리량은 운동량이다. 만약에 이와 같이 하지 않고, 보통의 경우처럼 밀도와 속도를 먼저 정의했다면 운동량을 얻기 위해서 평균들의 곱을 가지고 나타낸 값의 곱의 평균을 표현해야 하는 끔찍한 문제에 직면하였을 것이다. 위의 평균화 방법에 기초하면 연속체 역학에서 속도(대부분의 연속체 역학 책에 나오며, 위에서도 제안한)는 입자들의 평균 속도가 아니라 평균 운동량을 평균 밀도로 나눈 것이다. 두 정의의 차이는 매우 크다. 한편 이러한 정의 덕분에 연속체 역학에서와 정확히 같은 질량의 균형을 쉽게 얻게 된다

$$\begin{aligned}\frac{\partial\rho}{\partial t} &= \frac{\partial}{\partial t}\sum_{i=1}^{n} m_i\varphi(\boldsymbol{y}-\boldsymbol{y}_i(t)) \\ &= -\sum_{i=1}^{n} m_i \nabla\varphi(\boldsymbol{y}-\boldsymbol{y}_i(t)) \cdot \dot{\boldsymbol{y}}_i(t) \\ &= \operatorname{div}\boldsymbol{p} = -\operatorname{div}(\rho\boldsymbol{v})\end{aligned}$$

평균화를 계속하면서 식 (21)의 우변에서 시간에 대한 미분을 꺼내고 속도와 밀도의 정의를 이용한다. 그러면

$$\frac{\partial}{\partial t}(\rho\boldsymbol{v}) + \operatorname{div}_y \sum_{i=1}^{n} m_i(\dot{\boldsymbol{y}}_i(t) \otimes \dot{\boldsymbol{y}}_i(t))\varphi(\boldsymbol{y}-\boldsymbol{y}_i(t)) = \sum_{i=1}^{n} \boldsymbol{f}_i\varphi(\boldsymbol{y}-\boldsymbol{y}_i(t))$$

를 얻는다. 둘째 항의 $\dot{\boldsymbol{y}}$ 대신에 $\dot{\boldsymbol{y}} - \boldsymbol{v}$를 대입하여 다시 쓰면(그 식을 자연스럽게 갈릴레이 변환에 영향을 받지 않게 한다), 몇 개의 기본적인 계산을 통하여

$$\rho\left(\frac{\partial\boldsymbol{v}}{\partial t} + \nabla\boldsymbol{v}\boldsymbol{v}\right) = \sum_{i=1}^{n} \boldsymbol{f}_i\varphi - \operatorname{div}\sum_{i=1}^{n} m_i(\dot{\boldsymbol{y}}_i - \boldsymbol{v}) \otimes (\dot{\boldsymbol{y}}_i - \boldsymbol{v})\varphi \tag{22}$$

를 얻는다. 이것은 위의 식 (10)에서 주어진 선운동량의 보존과 정확하게 같은 형태이다.

물론 div $\boldsymbol{T}$를 식 (22)의 우변과 같은 것으로 정의하고, $\boldsymbol{T}$에 관해 풀어서 변형력의 원자론적 정의를 얻고자 하게 된다. 그러나 어떤 텐서의 발산을 주는 것은 그 텐서에 대한 다소 약한 조건이다. RCC에서는 $\boldsymbol{T}$의 각각의 행으로 정의된 벡터장의 회전장을 줄 수 있고, 이 세 개의 벡터장에 대한 제한은 변형력의 대칭성에서 나온 것뿐이다. 다양한 저자들이 암묵적으로 이 회전장들에 대해 서로 다른 선택을 했으며, 대응하는 변형력이 연속체 역학의 변형력이 되어야 한다는 것에 대한 일반적인 의견 일치 또한 없었다. 그리고 물론 이것이 평균화하는 최상의 방법이 아닐 수도 있다. 분자 동역학에서 평균화를 통하여 구성식과 비슷하게 닮은 것을 얻는 것은 훨

씬 더 불분명하다.

희망적인 연구 방향이 더 있다. 첫째로, 점근 해석에 대한 일반적인 수학적 경험이 있다. 점근 해석을 할 때 근본이 되는 이론에서 어떤 양들만 점근적인 결과에 실제적 영향을 준다는 것을 많은 예에서 볼 수 있다. 이러한 양을 알아내는 것은 다중 규모 문제를 해결하는 시작이 되거나, 연속체 역학의 새로운 분야에 대한 출발점이 될 수 있다. 코시-보른 법칙과 관련된 아이디어 전체와 타드모르, 오르티즈(Ortiz), 필립스(Phillips)의 준연속체 방법과 블랑(Blanc), 칸세스(Cances), 르 브리스(Le Bris), 리옹(Lions)의 점근적인 방법이 이러한 점에서 성공적이었지만, 주로 지금까지는 정적인 경우에만 성공적이었다. 이러한 발전을 고려하면, 구성 관계식에 해당하는 서브루틴*이 효율적인 원자적 계산으로 대체되는 유한요소법을 대부분 상상해 낼 수 있다.

확률론적 접근법도 유망하다. 이 접근법은 분자동역학 방정식이 충분히 불규칙적이기 때문에, 거시적 평형에서 통계역학이 성공적으로 작동한 것처럼 확률적인 방법으로 처리할 수 있을 것이라 본다. 확률 이론은 확률 측도가 발견되기만 하면 매우 발전된 기술의 무기가 될 수 있지만, 처음에 어디에서 확률 측도를 얻을 수 있는지에 대해서는 별로 말해주지 않는다. 아마도 출발점으로서 우리가 유일하게 알고 있는 실제적인 비평형 통계역학인 기체의 운동 이론을 다시 살펴보아야 할 때인 것 같다.

* 한 프로그램 내에서 필요할 때마다 되풀이해서 사용할 수 있는 부분적 프로그램.—옮긴이

더 읽을거리

Admal, N. C., and E. B. Tadmor. 2010. A unified interpretation of stress in molecular systems. *Journal of Elasticity* 100:63-143.

Ball, J. M., and R. D. James. 2002. The scientific life and influence of Clifford Ambrose Truesdell III. *Archive for Rational Mechanics and Analysis* 161:1-26.

Blanc, X., C. Le Bris, and P.-L. Lions. 2002. From molecular models to continuum mechanics. *Archive for Rational Mechanics and Analysis* 164:341-81.

Knowels, J. K. 1998. *Linear Vector Spaces and Cartesian Tensors*. Oxford: Oxford University Press.

Reiner, M. 1960. *Lectures on Theoretical Rheology*. Amsterdam: North-Holland.

Truesdell, C., and W. Noll. 1965. *The Nonlinear Field Theories of Mechanics*. New York: Springer.

IV.27 패턴 형성

아른드 쉴 *Arnd Scheel*

1 서론

자연에서 패턴은 관찰자를 매료시키고 과학자들에게 도전을 준다. 특히 단순한 시스템이 복잡한 패턴을 만들거나 복잡한 시스템에서 단순하고 고도로 조직화된 패턴이 등장할 때 우리는 강한 흥미를 느낀다. 여러 분야에서 나타나는 패턴의 유사성은 패턴을 형성하는 보편적인 규칙을 좌우하는 근본적인

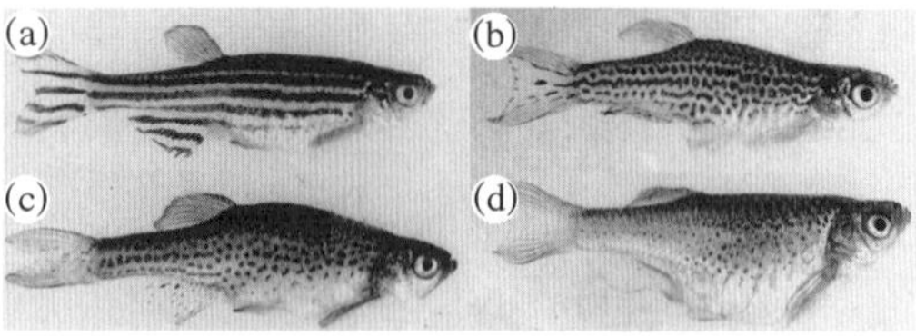

그림 1 서로 다른 표범 유전자의 대립 유전자에 대응하는 동형의 제브라피쉬에 나타나는 네 가지 색소 패턴.

메커니즘의 존재를 시사한다. 우리는 동물의 표피에 나타나는 줄무늬나 점박이 패턴뿐만 아니라 대류에서의 패턴에도 주목한다. 회전하는 나선 물결은 박테리아 운동, 화학 반응, 심장 근육 조직에서의 공통의 행동을 체계화한다. 단순한 관찰을 넘어 실험을 통해서도 규칙적인 패턴이 만들어지며 방대한 양의 이론이 이러한 현상을 예측하는 데 도움을 주어 왔다. 이 글에서 우리는 그러한 현상 중 몇몇을 논의하고 과학 전반에 걸친 보편성을 강조할 것이다. 우리는 소멸하거나 감쇠가 일어나는, 자유 에너지는 사라지지만 복잡한 시공간적인 행동이 지속되는, 열역학적 평형과는 거리가 먼 시스템에 초점을 맞출 것이다. 구체적인 응용은 생물학, 화학, 사회과학, 유체, 광학, 재료 과학에서 나타나지만 이들에 제한되지 않는다.

역사적으로 패턴 형성에 대한 많은 연구들이 레일리(Rayleigh)-베나르(Benard) 대류와 같은 유체 실험에서 비롯되었다. 정상 유체가 아래로부터 가열되면 특정 임계 온도 차이 이상에서 열전도가 대류 열전달로 바뀐다. 대류 전달은 종종 육각형의 배열로 나열된 대류 세포 또는 줄무늬 패턴을 형성하는 대류 롤을 통해 일어날 수 있다. 얼룩말과 표범 또는 제브라피시 돌연변이에서처럼 동물의 털에서도 비슷한 구분이 알려져 있다(그림 1).

1954년 튜링(Turing)은 확산과 화학반응이라는 매우 간단한 메커니즘의 상호작용이 패턴을 발생시키는 원인이 될 수 있음을 알아챘다. 그의 예측은 1990년이 되어서야 실험으로 실현되었는데, 드 케퍼(de Kepper)와 공동 연구자들은 열린 흐름 화학 반응로에서 그림 1과 유사한 점박이와 줄무늬 같은 패턴을 만들었다. 공간 주기적인 것보다 시간 주기적인 행동이 훨씬 먼저 발견되었는데, 1950년대에 벨루소프(Belousov)가 발견하고 후에 자보틴스키(Zhabotinsky)가 재발견한 현상이 유명하다. 그들은 한 화학반응에서 일관된 시간 주기적인 변동을 관찰하였다. 게다가 이 반응에서 이러한 시간 주기적인 변동은 복잡한 공간적인 패턴을 만들 수 있었다. 한편, 이것보다 훨씬 먼저인 1896년, 리제강은 어떻게 전해액이 젤 안에서 확산하고 침전하는지 연구하다가 고리 패턴들을 관찰하였다. 리제강의 패턴과 그 특징적인 규모의 법칙은 특히 벨루소프 반응이나 튜링 패턴 형성과 비교해 볼 때 오늘날에조차 제대로 이해하지 못하고 있다는 것은 언급할 가치가 있다.

지금까지의 논의에서 우리는 가장 기본적인 질문을 피해 왔다. **패턴이란 무엇인가?** 시간과 공간에서 이동을 해도 변하지 않는 한 시스템에서, 우리는 자연스럽게 패턴이 없는 해, 즉 시간이나 공간에 의존하지 않는 해를 기대한다. 우리는 그러한 해를 시공간적으로 균일한 상태라 부른다. 사실 그러한 균일 상태는 열역학적 평형이어야 하며, 따라서 초기의 시간적인 경과 이후에는 실험에서 관찰되어야 한다. 패턴은 반대로 시공간적으로 균일하지 않은 해이다. 이렇게 패턴에 대한 정의를 보다 좁히면 초기의 시간적인 경과나 공간적인 영역의 경계 근처에서 일정하지 않은 해들을 배제하기를 원할 수도 있다. 이렇게 정의하는 것에서 우리는 명시적으로 시간이나 공간에 의존하지 않는 시스템으로 시작했음을 주목하기 바란다. 이것은 직물을 그 기질에 덮어씌우거나 인쇄하는 것과 같이 외부의 영향을 받아 형성된 패턴을 배제하고, 스스로 조직화된 패턴이라 부를 수 있는 것에 대한 우리의 시각을 좁힌다. 공간적, 시간적, 시공간적 상태의 기본적인 예가 그림 3에 나타나 있다.

따라서 패턴의 설명은 종종 편미분방정식과 함께 시작한다.

$$\partial_t u = F(\partial_x^m u, \cdots, \partial_x u, u)$$

여기서 $u \in \mathbb{R}^N$은 종속변수로서, 무한한 것으로 이상화되고, 평행이동에 불변하고, 정의역은 $x \in \mathbb{R}^n$, $n = 1, 2, 3$이다. F가 시간 t나 공간 x에 명시적으로 의존하지 않기 때문에 일반적으로 이러한 시스템은 모든 시간 $t \in \mathbb{R}$와 전체 공간 정의역 $x \in \mathbb{R}^n$, $F(0, \cdots, 0, \bar{u}) = 0$을 만족하는 $\bar{u}$에 대하여, 시공간적으로 균일한 상태 $u(t, x) \equiv \bar{u} \in \mathbb{R}^N$을 만족한다. 그러나 그들은 또한 x와 t에 의존하는 해들을, 심지어 $t \to \infty$의 극한의 경우에도 수용할 수 있다.

모범적인 예는 다음과 같이 표현되는 반응-확산 시스템으로

$$\partial_t u = D\Delta u + f(u)$$

여기서 Δ는 라플라시언이고, D는 양의 확산 행렬로 $D + D^{\mathrm{T}} > 0$이고, $f(u)$는 반응 역학을 나타낸다. 이들은 단순한 반응과 확산이 그림 1에서와 같은 패턴처럼 복잡한 여러 화학적 생물학적 패턴들을 설명할 수 있다는 튜링의 관찰에서 동기를 부여받아, 패턴 형성의 원형으로서 광범위하게 연구되고 있다. 스칼라 형태의 다소 간단한 예로 다음과 같이 표현되는 스위프트(Swift)-오앙베르그(Hohenberg) 방정식이 있는데

$$\partial_t u = -(\Delta + 1)^2 u + \mu u - u^3$$

이는 레일리-베나르 대류나 튜링 패턴 형성의 불안정성의 또 다른 형태이다. $x \in \mathbb{R}^n$에 대하여 언제나 평행이동에 불변인 자명한 해 $u(t, x) \equiv 0$이 존재한다. $\mu < 0$인 경우에는 대부분의 초기 조건 $u(0, x)$가 0으로 수렴하는 반면에 $\mu > 0$인 경우에는 시간에 따라 변하지 않고, 공간적으로 주기적인 해인 $u(t, x) \sim \sqrt{\mu} \cos(kx_1)$을 갖는데, 여기서 k는 $k \sim 1$인 파수이다.

이 예와 더 일반적인 패턴 형성에서의 주요 연구 주제는 공간적으로 주기적인 패턴, 결점, 겉모습과 같은 간단한 일관성 있는 집짓기 블록에 기초하여 해들의 장기적인 행동을 기술하는 것이다.

2 선형 예측

패턴 형성에서 많이 연구된 시나리오는 매개변수 μ가 증가하는 동안 시공간적으로 균일한 상태 $\bar{u}$가 불안정하게 되는 경우이다. 라플라스-푸리에 변환을 이용하여 $\bar{u} = 0$, $\partial_t u = \mathcal{L}u = [-(\Delta + 1)^2 + \mu]u$에서의 선형화를 분석할 수 있는 스위프트-오앙베르그 방정식에서 이 시나리오를 설명하면,

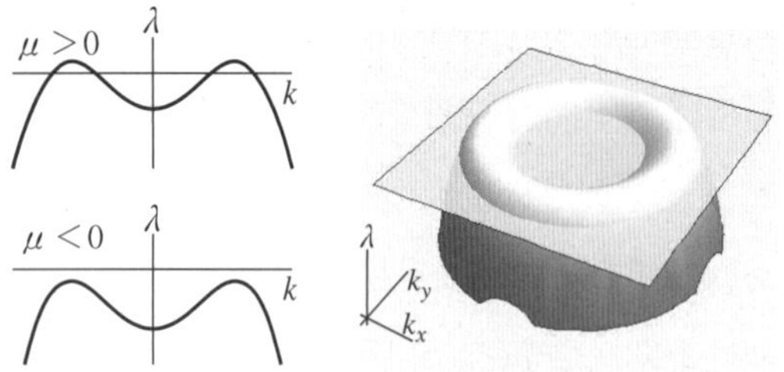

그림 2 튜링 불안정성에 대한 확산 관계(스위프트-오앙베르그).

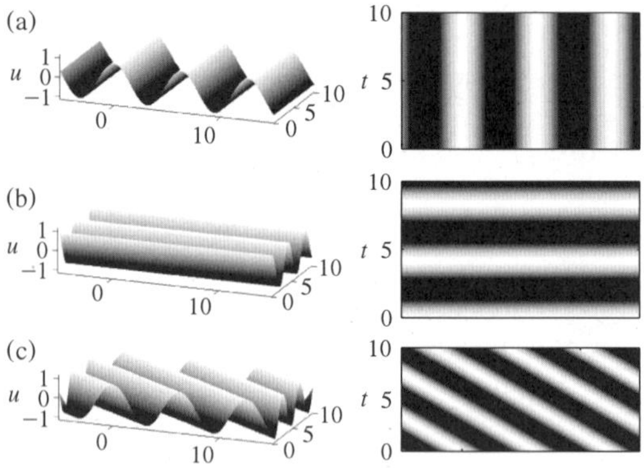

그림 3 선형 패턴 (a)$\omega_* = 0$, $k_* \neq 0$(공간적인 패턴). (b)$\omega_* \neq 0$, $k_* = 0$(시간적인 패턴). (c)ω_*, $k_* \neq 0$(시공간적인 주기성).

$$d(\lambda, \mathrm{i}k) = -(1-|k|^2)^2 + \mu - \lambda = 0$$

라는 소위 확산 관계식으로 알려진 방정식을 만족할 때 $\mathrm{e}^{\lambda t - \mathrm{i}k\cdot x}$ 형태의 해가 존재한다.

$\lambda = \lambda(k)$인 경우에 대하여 풀면, $\lambda \in \mathbb{R}$를 발견하고 다음처럼 나뉜다(그림 2 참조).

$\mu < 0$, 모든 k에 대하여 $\lambda(k) < 0$ (안정적),

$\mu = 0$, $|k| = 1$일 때 $\lambda(k) = 0$ (임계),

$\mu > 0$, $|k| \sim 1$일 때 $\lambda(k) > 0$ (불안정).

이제 $\mu = 0$에 대하여 선형방정식 $\partial_t u = \mathcal{L}u$하에서 지수의 중첩 $\int_{\mathbb{R}^2} \hat{u}(k)\mathrm{e}^{\mathrm{i}k\cdot x}\mathrm{d}k$로 구성된 초기 조건을 발전시켜 생각해 보자. 주어진 지수 감소 $\mathrm{e}^{\lambda t}$, $\lambda < 0$에 대하여 파수 $|k| \neq 1$일 때, 큰 t에 대하여 우리는 해가 파수 $|k| = 1$에 의해 지배되리라고 예측한다. 즉, $u(t, x) \sim \int_{|k|=1} \hat{u}(k)\mathrm{e}^{\mathrm{i}k\cdot x}\mathrm{d}k$. $\mu > 0$인 경우에도 파수가 해를 지배하리라고 예측하는데, 상대적으로 보다 빠르게 성장한다. 사실, 선형 **급속 성장 모드**(스위프트-오앙베르그의 경우 $|k| = 1$)는 비선형 시스템에서도 지배적으로 관찰되리라고 가정하곤 한다.

스위프트-오앙베르그 방정식을 넘어서, 우리는 대부분의 모드가 감소하는, 즉 큰 $|k|$에 대하여 $\mathrm{Re}\lambda(k) < 0$인 경우의 시스템에 관심이 있다. 우리는 또한 $\mathbb{R}^n$에서의 평행이동, 회전이동, 대칭이동으로 이루어진 유클리드 군 $E(n)$의 원소 $g \in E(n)$에 대해 정확히 $u(t, g\cdot x)$가 해일 때 $u(t, x)$도 해가 되는 등방성의 시스템에 초점을 맞춘다. 임계점에서 우리는 **보통** 어떤 유일한 k_*에 대해 $|k| = k_*$에서 $\mathrm{Re}\lambda(k) = 0$이고 $\lambda(k) = \mathrm{i}\omega_*$이기를 기대한다. 그러한 불안정성을 간단한 푸리에 모드에 초점을 맞추어 분류하면 임계점에서 $u(t, x) \sim \mathrm{e}^{\mathrm{i}(\omega_* t - k_* x_1)}$이 된다(그 결과 나타나는 기본 패턴은 그림 3 참조).

그러나 선형 예측은 모호하기로 악명 높다. $\mu = 0$에서 임계 모드의 임의의 중첩으로 형성된 유한 해들의 과잉이 있다. 예를 들어 ω_*, $k_* \neq 0$일 때 우리는 진행파 $\mathrm{e}^{\mathrm{i}(\omega t - k\cdot x)}$와 정상파 $\mathrm{e}^{\mathrm{i}(\omega t - k\cdot x)} + \mathrm{e}^{\mathrm{i}(\omega t + k\cdot x)}$을 발견한다. 2차원 튜링의 경우 정삼각형에 대한 모드 k_j를 더하면 육각형의 패턴이 만들어지고 정사각형에 대한 네 개의 k_j를 선택하면 정사각형의 패턴이 만들어진다. 모든 임계 모드 $|k| = k_*$에 대해 균일하게 평균을 내면 베셀 함수가 나오고 반지름이 $r_j \sim jk_*$인 동심원들에서 최댓값을 갖는 패턴

을 연상할 수 있다(그림 5(c) 참조). $\mu > 0$인 경우에도 일부 파수에서 모호성이 있다. 예를 들어 $k_* = 0$, $\omega_* \neq 0$인 경우, 우리는 선형 예측에서 파열과 긴 파장 $|k| \neq 0$을 갖는 정상파를 발견할 수 있다. 따라서 우리는 대부분의 초기 조건에 대해 어떤 패턴과 파수가 실제로 관찰될지 결정하려 할 때 비선형성을 고려해야 할 필요가 있다.

3 대칭성

선형 예측이 주는 모호성에도 불구하고 많은 시스템들이 결국 간단한 시공간적 주기성을 갖는 상태로 정리되는 것은 매우 놀라우며, 이 중에는 임계 선형 비안정적인 파동 벡터 k인 경우를 포함한다. 왜 공간적인 주기성을 얻는지에 대한 설명을 생략하면, 유클리드 군하에서 불변하는 시스템을 선험적으로 공간적으로 주기적인 함수로 제한함으로써 분석할 수 있다. 달리 말하면 $u(x) = u(x + p_j)$ 꼴의 함수로 제한할 수 있는데, 이때 벡터 p_j는 $\mathbb{R}^n$에서 격자를 생성한다. 그림 1에서의 점과 줄무늬 두 가지 패턴으로 돌아가 폭이 $L > 0$인 육각 격자를 생각하는데, $p_1 = L(1, 0)^{\mathrm{T}}$과 $p_2 = L(\sqrt{3}/2, 1/2)^{\mathrm{T}}$에 의해 생성되고 이는 육각형과 줄무늬를 만들어 낸다. 예를 들어 스위프트-오앙베르그 방정식에 대한 선형 분석은 $k \cdot p_j = 2\pi$인 이중 격자의 파동벡터로 제한할 필요가 있다. $k_* \sim 1$의 경우 $L = 2\pi/k_*$로 선택하면 여섯 개의 임계($\mathrm{Re}\lambda = 0$) 파동벡터가 나온다.

선형화에서 유한개의 임계 고유치를 갖는 평형점 근처의 시스템에 대한 역학은 사실 일련의 상미분방정식(ODEs)으로 간소화될 수 있다. 이러한 간소화는 모든 해들이 유한 차원 중심 다양체로 수렴하거나 작은 이웃을 벗어나는 자명한 평형점 근처에서 정확하다. 중심 다양체와 그 벡터장 모두 해의 진폭에 대한 모든 위수와 매개변수 μ에 대해서 계산할 수 있다. 실수 매개변수 κ, δ를 갖는 중심 다양체에 대한 전형적인 식은 다음과 같다.

$$\begin{aligned}
\dot{A}_1 &= \mu A_1 + \delta \bar{A}_2 \bar{A}_3 \\
&\qquad - A_1(|A_1|^2 + \kappa(|A_2|^2 + |A_3|^2) + \cdots), \\
\dot{A}_2 &= \mu A_2 + \delta \bar{A}_3 \bar{A}_1 \\
&\qquad - A_2(|A_2|^2 + \kappa(|A_3|^2 + |A_1|^2) + \cdots), \\
\dot{A}_3 &= \mu A_3 + \delta \bar{A}_1 \bar{A}_2 \\
&\qquad - A_3(|A_3|^2 + \kappa(|A_1|^2 + |A_2|^2) + \cdots)
\end{aligned}$$

전체 시스템의 유클리드 대칭성이 복소 회전 이동 $A_1 \mapsto \mathrm{e}^{i\tau} A_1$, 대칭 이동 $A_1 \mapsto \bar{A}_1$, $A_2 \mapsto -\bar{A}_3$, $A_3 \mapsto -\bar{A}_2$, 순환 치환 $A_j \mapsto A_{j+1}$하에서의 불변성을 강요한다. 조금 더 정확히 얘기하면 x_1에서의 평행이동 및 대칭이동과 $2\pi/6$만큼의 회전 이동은 격자를 불변으로 남기고 격자의 등방군 $\mathbb{T} \rtimes D_6$을 생성한다. 임계 파동벡터에 대한 이 군의 작용은 정확히 복소 회전, 대칭이동 및 치환의 불변성을 준다.

우리는 언제나 최대 등방성을 갖는 비자명한 평형점, 즉 대략적으로 얘기해서 $\mathbb{T} \rtimes D_6$의 최대 부분군인 대칭성 군하에서 불변인 평형점을 찾는다. 위의 경우 $A_2 = A_3 = 0$, $A_1 \in \mathbb{R}$인 줄무늬이거나 $A_i = A_j \in \mathbb{R}$인 육각형이 된다. 간소화된 미분방정식 내에서 우리는 이러한 평형점의 안정성을 연구하고 안정성 근처의 매개변수 값에 대해서 줄무늬나 육각형이 관찰될지 예측할 수 있다. 매개변수 κ, δ에 의존하여 평형점들을 계산하고 간소화된 ODE 내에서 이들의 안정성을 결정할 수 있다. 일반적으로 육각형 평형점 또는 줄무늬 평형점이 안정적이라는 사실은 그림 1에서의 줄무늬와 점 패턴의 보편적인 존재성을 반영한다.

두 번째 예로서 $\omega_*, k_* \neq 0, x \in \mathbb{R}$인 시공간적인 불안정성을 생각해 보자. 주기 함수로의 제한은 복소 매개변수 κ에 대하여 간소화된 왼쪽/오른쪽 한 쌍의 진행파에 대한 진폭방정식을 이끌어 낸다.

$$\dot{A}_+ = (\mu + \mathrm{i}\omega_*)A_+ + A_+(|A_+|^2 + \kappa|A_-|^2) + \cdots,$$
$$\dot{A}_- = (\mu + \mathrm{i}\omega_*)A_- + A_-(|A_-|^2 + \kappa|A_+|^2) + \cdots$$

공간적인 평행이동은 복소 회전이동 $A_\pm \mapsto \mathrm{e}^{\pm i\tau}A_\pm$로, 대칭이동은 $A_\pm \mapsto \bar{A}_\mp$로 작용한다. 최대 등방성은 대략적으로 진행파 $A_- = 0, A_+ \sim \mathrm{e}^{i\omega t}$ 또는 정상파 $A_+ = A_-$에 대응한다. 분기와 대칭성 분석에 결합된 간소화는 또다시 정상파와 진행파 간의 경쟁을 보편적으로 예측하게 한다.

중심 다양체에 대한 간소화된 방정식은 지배적인 모드의 역학을 기술하는 란다우(Landau) 방정식으로 불리곤 한다. 선형화된 문제에 대한 격자에 친화적이지만 지수적으로 감소하는 푸리에 모드는 정확하게 중립 모드의 시간적인 진화를 따른다고 볼 수 있다. 보다 정확하게 지수적으로 감소하는 오차를 갖는 중심 다양체에 대한 모든 작은 해들은 그림자 해이다. 기하학적인 용어로 이것은 상태 공간이 중심 다양체의 강력하고 안정적인 섬유화에 의해 잎이 나는 사실로부터 따라온다.

여기에 소개한 접근 방법이 줄무늬보다 육각형을 좋아하거나 정상파보다 진행파를 좋아하는 시스템 사이의 차이를 구별할 수는 있지만, 분석이 미리 기술된 주기를 갖는 함수들로 제한되었기 때문에 파수를 예측할 수는 없다. 반면에 중심 다양체 분석은 중립 선형 푸리에 모드가 감소하는 모드로부터 잘 분리되지 않기 때문에 무한 또는 매우 큰 정의역에 놓인 시스템에 대해 직접 수행할 수가 없다.

우리는 뒤에서 세 개의 패턴 선택 메커니즘을 살펴볼 것이다. 첫째로 육각형과 같은 주기적인 패턴은 초기 조건의 작은 변동으로 인해 불안정해질 수도 있다. 이 절에서 우리의 분석은 같은 주기를 갖는 변동만을 고려하였다. 그러나 패턴은 동일 주기의 변동에 대해서는 안정적이고 다른 주기의 변동, 예를 들어 국소화된 동요에 대해서는 불안정적일 수 있는데, 이러한 현상을 보통 측파대 불안정성이라 부른다. 측파대 불안정한 패턴들은 거대한 시스템에서 잘 관찰되지 않기 때문에 거대 시스템에 존재하는 파수로 제한한다. 둘째로 초기 조건은 결점이 형성되는 정의역 내의 작은 영역 바깥에서 주기적인 패턴으로 진화할 수 있다. 이러한 결점은 시스템에서 관찰되는 파수에 중대한 영향을 끼칠 수 있다. 끝으로 패턴은 종종 공간적 성장 과정을 통해 생성되곤 한다. 수학적인 용어로 침입 전방에 뒤이은 패턴은 종종 구별되고 선택된 파장을 보인다.

이러한 서로 다른 메커니즘을 설명하기 전에 우리는 진폭방정식을 간단하게 복습할 것인데, 란다우 방정식을 벗어나서 불안정성 근처의 시스템의 진화를 간략하게 하여 보편적인 형태로 근사적으로 기술할 것이다.

4 변조방정식

중심 다양체 방정식은 공간적으로 주기적인 패턴에

대하여 진폭이 작은 해의 장기간의 행동을 정확하게 기술한다. 대부분 선행 차수 근사는 진폭과 시간의 축척을 조절하여 유도할 수 있다. 일차원 스위프트-오앙베르그 방정식에서 푸리에 모드 e^{ix}의 복소 진폭 $a(t)$는 $\partial_t a = \mu a - 3a|a|^2 + \cdots$ 형태의 방정식을 푼다. $\mu > 0$에 대하여 $a = \mu^{1/2}A$, $T = \mu t$로 치환하면 우리는 $\partial_T A = A - 3A|A|^2 + O(\mu)$를 찾는다. 동등하게 우리는 $\mu^{1/2}A(\mu t)e^{ix}$를 그 켤레복소수(c.c.)와 함께 스위프트-오앙베르그 방정식에 치환할 수 있고 확장하여 $\mu^{3/2}$에서 호환 조건으로 $\partial_T A = A - 3A|A|^2$을 찾을 수 있다. 이 두 번째 방법은 일반화할 수 있고 진폭의 느린 공간적인 변형으로 $u(t, x) = \mu^{1/2}A(\mu t, \mu^{1/2}x)e^{ix}$ + c.c.를 가능하게 해 준다. x에서의 축척 조절은 $\lambda = -4(k-1)^2 + O((k-1)^3)$일 때 선형 관계식의 이차 접선으로부터 유도된다. 이를 확장하면 다음의 호환 조건을 얻는다.

$$\partial_T A = 4\partial_{XX}A + A - 3|A|^2$$

이 방정식은 **긴즈부르크-란다우 방정식**[III.14]으로 알려져 있다. 이것은 또한 **변조방정식**이라고도 불리는데, 이 방정식이 임계 모드의 진폭에 대한 공간적인 변조를 기술하기 때문이다. 주기적인 경계 조건인 경우 진폭방정식은 작은 해들의 장시간 역학을 기술하는 ODE의 선행 차수 근사이고, 변조방정식은 장시간 역학의 가장 좋은 근사를 준다. 이러한 근사의 특성은 전형적으로 문제의 안정석의 유형에 의존하며 '일관성 + 안정성 ⇒ 수렴'이라는 주문을 따른다. 장기간 역학에 대해 선행 차수에서 변조방정식과 일치하는 하나의 편미분방정식으로 표현되는 정확한 간소화된 방법이 존재하는지는 알려져 있지 않다.

호프 분기에 대하여 $\omega_* \neq 0$, $k_* = 0$이면 $u(t, x) = \mu^{1/2}A(\mu t, \mu^{1/2}x)e^{i\omega_*}$ + c.c.로 치환하여 긴츠버그-란다우 방정식을 얻을 수 있는데,

$$\partial_T A = (1 + i\alpha)\Delta_X A + A - (1 + i\beta)A|A|^2$$

계수 β는 진폭에 따른 진동의 주파수 이조에 관련되어 있고, 계수 α는 파수(선형 확산)에 대한 주파수 의존성을 측정한다.

$k_* \neq 0$이고 공간 차원 $n > 1$인 경우, 임계 모드 $|k| = k_*$는 연속적이지만 진폭 A_j는 오직 서로 다른 파수 k_j 근처의 구간만 반영한다는 사실에서 이 접근법은 한계가 있다. 이에 대해 주위의 방향이 있는 모드를 포함하여 $u(t, x) = A(\mu t, \mu^{1/2}x, \mu^{1/4}y)$ e^{ik_*x} + c.c.로 놓을 수 있으나 그 결과 얻는 뉴얼-화이트헤드-지겔 방정식

$$\partial_T A = -(\partial_X - i\partial_Y^2)^2 A + A - A|A|^2$$

은 해석적으로 몇 가지 도전과제를 포함한다.

중심 다양체에 대한 란다우 방정식과 변조방정식 모두 불안정성이 시작되는 근처의 보편적인 정규 형식으로 해석할 수 있고 따라서 어느 정도는 과학 전반에 존재하는 패턴의 보편성을 설명한다. 두 경우 모두 어떤 효과적인 평균화 작업을 통해 시공간적인 의존성을 빠르게 제거한다. 란다우 방정식의 평균화는 방정식을 간단하게 만드는 정규 형식으로의 변환으로 체계적인 이해가 가능하다. 특별히 다항식 좌표 변환을 통해 빠른 요동에 대한 벡터장을 효과적으로 평균화하고, 벡터장의 테일러 분사에서 계수를 제거하기 위해 시간적인 요동을 이용할 수

있다. 변조방정식에서 이 과정은 보다 덜 체계적이고 균일화와 효과적인 매체 이론을 연상케 한다. 그것과 관련하여 변조방정식은 분석을 간단하게 할 뿐만 아니라 효과적인 모사를 가능하게끔 근사를 제공한다.

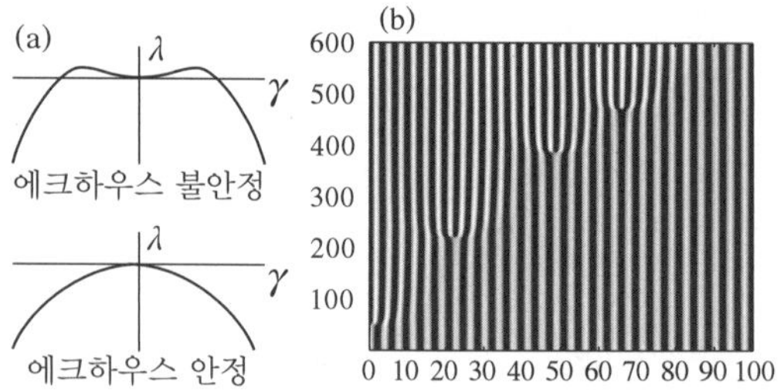

그림 4 (a)측파대 불안정성 전후의 블로흐 확산 관계 (b)에크하우스 조대화의 공간-시간 도표. 이후로 항상 시간이 세로축이다.

5 안정성

지금까지의 우리의 논의는 매개변수 μ가 증가함에 따라 안정성을 잃어버리는 시공간적으로 균일한 상태의 자명한 존재로부터 시작되었다. 비록 $\mu > 0$에 대하여 이러한 상태가 존재하더라도 작은 변동이 지수적으로 성장하고 시스템을 다른 상태로 인도할 수 있기 때문에 실험적으로 관찰되지 않을 수도 있다. 우리 스스로 주기적인 함수로 제한함으로써 우리는 작은 주기적인 요동이 공간적으로 주기적이고 안정적인 패턴을 보여 주는 ODE를 찾았다. 그러나 이 분석에서 안정성은 공간적으로 같은 주기의 요동에 대해서만 이해된다. 보다 현실적으로 공간적으로 무작위이거나 최소한 공간적으로 국소화된 요동에 대한 안정성을 물어봐야 한다. 스위프트-오앙베르그 방정식에서 초기 조건 $u_0(x) = u_{\text{per}}(x) + v(x)$에 대하여 $v(x)$는 작고 국소화되어 있고, $u_{\text{per}}(x)$는 정상적이고 공간적으로 주기적인 패턴인 경우를 연구하려고 한다. 선행 차수까지 $v(x)$는 u_{per}에서 선형화된 방정식을 만족한다.

$$\partial_t v = -(\partial_x^2 + 1)^2 v + \mu v - 3u_{\text{per}}^2(x) v$$

오른쪽에 있는 작용소는 공간적으로 주기적인 계수를 가지며 그 성질들은 공간적으로 균일한 정상 상태 근처에서의 푸리에 분석을 대신하여 푸리에-블로흐(Bloch) 고유 함수 $e^{i\gamma x} v_{\text{per}}(x)$로 표현할 수 있다. 주기적인 상태에 대한 준주기적인 요동의 시간적인 진화를 측정하기 위해 고유치 $\lambda_j(\gamma)$를 발견한다. 패턴 u_{per}의 평행이동은 중립적인 반응을 이끌어 내는데, 기술적으로 $v_{\text{per}}(x) = \partial_x u_{\text{per}}(x)$이고 $\gamma = 0$은 영의 고유치에 대응하며 이는 때때로 골드스톤(Goldstone) 모드로 불린다. γ값이 변함에 따라 이 평행이동의 모드의 변조와 이에 따라 가능한 불안정성을 연구할 수 있다.

계산은 개념적으로 변조방정식에서 더 간단한데, 주기적인 패턴은 긴츠버그-란다우 방정식에서 $A(X) \equiv 1$과 같이 공간적으로 상수 상태로 간소화될 수 있고, 따라서 블로흐 파동 분석은 푸리에 분석으로 간소화된다. 고정된 μ에 대하여 주기적인 패턴이 안정적인 파수 k의 범위를 찾는다. 이 범위 바깥쪽의 패턴은 측파대 불안정하며 보통 넓은 정의역에서 관찰될 수 없다. 불안정성의 가장 간단한 유형은 튜링 불안정성에서 $k_* \neq 0$, $\omega_* = 0$일 때 일어나는 정상 패턴의 일차원 에크하우스(Eckhaus) 불안정성이다(그림 4 참조).

현상학적으로 불안정한 패턴의 요동은 커지며 일

시적으로 패턴에 결점을 가져옴으로써 파수를 변화시킨다. 이차원 공간에서 회전 모드는 지그재그와 꼬인 정맥류 불안정성을 일으킨다. 일반적으로 파수 k와 시스템 매개변수 μ에 의해 확장된 매개변수 평면에서 안정적인 패턴들은 부세(Busse) 풍선이라 불리는 제한된 영역을 차지하곤 한다. 더 극적인 불안정성은 호프 분기에서 발생하는데, $\alpha\beta < -1$일 때, 안정적인 시공간적 패턴에 해당하는 파수의 범위가 사라지고 확장된 시스템에서의 역학이 나타나 복소 역학을 유지한다.

6 결점

우리는 주기적인 패턴에서 나타나는 불완전성 또는 결점(defect)을 살펴보려 하는데, 이는 이것들이 실험 또는 시뮬레이션에서 자연적으로 발생하는 것뿐만 아니라 파수와 파동벡터를 선택하는 데 결정적인 역할을 수행하기 때문이다. 유명한 예는 진동 매체에서의 나선형 물결로 이들은 효과적인 파동 원천으로서 행동하고 범위 내의 상당 부분에서 파수와 파동벡터를 선택한다. 또한 서로 다른 방향을 가리키는 작은 줄무늬 사이의 접점들이 파수를 선택하려는 경향이 있다. 레일리-베나르 대류에서 비슷한 무늬에서 경계 조건은 대류 롤의 방향을 선택할 수 있고, 일반적으로 롤은 경계에 수직이지만 가열된 경계에서는 평행한 방향도 가능하다.

결점을 언급할 때, 우리는 보통 완전하고 시공간적으로 주기적인 구조에서 벗어나는 것이 어떤 의미에서 지역적이고 시간적인 행동에 일관성이 있음을, 즉 예를 들어 적절한 좌표계에서 주기적임을 암시한다. 이러한 해는 가끔 진폭방정식에서 명시적으로 발견되는데, 복소 긴츠버그-란다우 방정식에서의 노자키(Nozaki)-베키(Bekki) 구멍이 대표적인 예이다. 반면에 결점의 존재성 및 안정성 또는 심지어 결점 간의 상호작용을 공간 주기적인 패턴을 다루듯이 수학적으로 엄밀하고 체계적인 방식으로 접근하길 원할 수도 있다. 공간적인 주기성으로의 제한을 포기하는 순간 더 이상 중심 다양체 간소화를 사용할 수 없음을 이미 언급했었다. 그러나 우리는 고정된 속도로 확산하거나 회전할 수 있는, 시간 주기적이거나 심지어 정상적인 해로 제한할 수 있다. 이러한 해들은 공간 주기적인 구조에서처럼 체계적이고 엄밀한 접근을 할 수 있는데, 공간과 시간의 역할을 서로 바꾼 다음 **공간적인** 역학을 연구하는 것이다. 예를 들어 반응--확산 시스템에 대하여,

$$\partial_t u = D\partial_{xx}u + f(u;\mu), \quad u \in \mathbb{R}^N,$$

다음 ODE에 대한 작은 유한 해를 찾음으로써

$$u_x = v,$$
$$v_x = -D^{-1}f(u;\mu)$$

작은 정상해를 찾을 수 있다.

반응-확산 시스템의 x에 독립적인 평형상태가 이 ODE의 평형점에 대응하고, 공간 주기적인 패턴은 주기적인 궤도에 대응한다. 튜링 불안정성과 비슷하게, 중심 다양체 분석과 정규 형식 변환은 정상적인 패턴의 보편적인 기술을 드러낸다.

$$A_x = \mathrm{i}kA + B + \cdots,$$
$$B_x = \mathrm{i}kB - \mu A + A|A|^2 + \cdots$$

선행 차수에서 좌표계의 회전 $(A, B) \mapsto \mathrm{e}^{\mathrm{i}kx}(A, B)$와 크기 조정을 통해 긴츠버그-란다우 방정식에 대

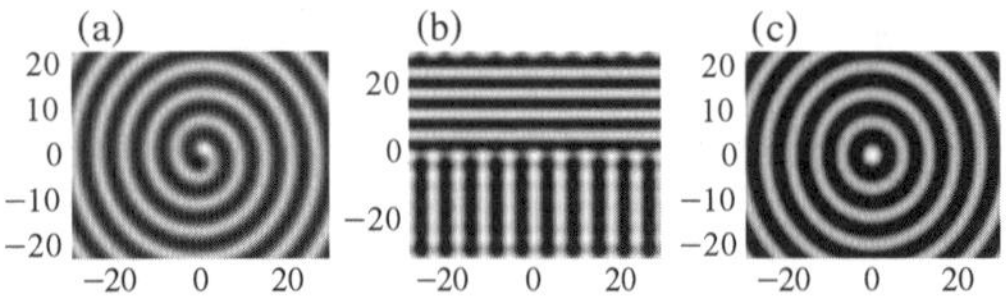

그림 5 (a)나선. (b)줄무늬 경계. (c)스위프트-오앙베르그 방정식에서의 목표 패턴.

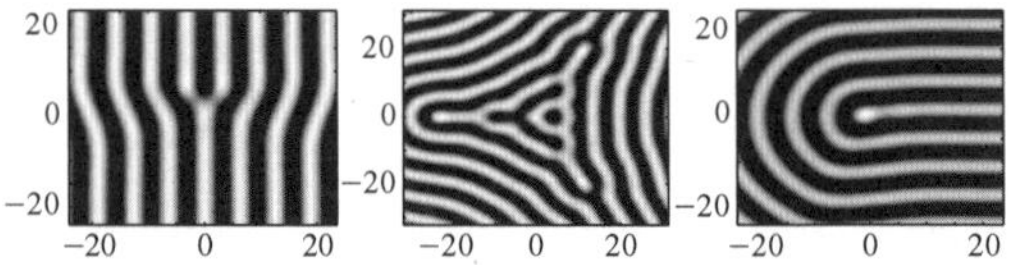

그림 6 스위프트-오앙베르그 방정식에서의 변위, 오목 및 볼록 회위.

한 정상 해를 복구한다. 유사한 방법으로 진행파 $u(x - ct)$와 시간 주기적인 진행파 $u(x - ct, \omega t)$, $u(\xi, \tau) = u(\xi, \tau + 2\pi)$를 찾을 수 있다. 후자의 경우 다음 방정식

$$u_\xi = v,$$
$$v_\xi = - D^{-1}(f(u; \mu) + cv - \omega\partial_\tau u)$$

은 불량 조건 퇴화 타원 편미분방정식이다. 그럼에도 불구하고 중심 다양체 간소화와 정규 형식 기법은 여기에서도 일관성 있는 결점의 모양에 대한 보편적인 ODE를 유도하기 위해 사용할 수 있다. 보다 일반적으로 우리는 이러한 방법을 이용하여 $x = (x_1, \cdots, x_n) \in \mathbb{R}^n$에 대한 일관성 있는 구조를 연구할 수 있는데, $x_2, \cdots, x_n$에서 주기적인 경계조건을 도입하고 x_1 좌표에서 공간적인 역학을 연구한다. 이 카테고리에서 개별 경계와 어떤 유형의 변위를 찾는다. 방사형 좌표계에서의 역학에 기초한 다소 절묘한 간소화가 방사상으로 대칭적인 목표 패턴이나 나선 파동(그림 5 참조)과 같은 점 결점을 연구하는 데 사용되어 왔다.

비록 이러한 방법들이 많은 예에서 고유치 문제를 통해 존재성을 수립하고 선형화된 안정성을 연구하는 데 매우 성공적이었지만, 이들은 보다 높은 공간 차원에서 완전한 서술을 하는 데에는 실패하는데, 변위와 회위의 성질은 이 상세한 방식으로도 이해되지 않는다(그림 6 참조).

이러한 공간적인 역학으로의 설정에서 핵심 유추는 결점과 일관성 있는 구조들을 호모클리닉 궤도와 헤테로클리닉 궤도로 연관시키고 평형상태 또는 주기적인 궤도를 연결하는 것이다. 이러한 유추를 더욱 진행시켜 우리는 헤테로클리닉 궤도의 동적인 성질을 결점의 성질로 재해석할 수 있다. 이제 문헌상의 결과들을 체계적으로 재해석할 수 있고 공간적인 역학의 기술에서의 동력계 개념들을 결점의 성질로 대응시키는 사전을 효과적으로 구축할 수 있다.

진동 매체($\omega \neq 0$)에서 결점은 불량 조건 공간적인 역학의 기술에서 헤테로클리닉 궤도를 따라 교차하는 불안정하거나 안정적인 다양체의 차원에 따라 분류할 수 있다. 교차점의 여차원은 원거리장의 집단 속도로 번역할 수 있다. 집단 속도가 결점으로부터 멀어지는 결점들(소스)은 여차원이 2인 헤테로클리닉 궤도에 해당한다. 집단 속도가 결점을 향하는 싱크는 횡적인 교차에 해당한다.

이를 설명하는 예는 공간적으로 균일한 시간적인 진동을 지속하는 시스템 내에 있는 작고 국소적인 불균등성 $\varepsilon g(x)$이다. $\varepsilon > 0$일 때 상태가 매체로 전파되는 전형적으로 파동 소스로 행동하는 불균등성을 발견하고, $\varepsilon < 0$일 때는 불균등성으로부터 먼 거리 x에 있는 것들이 속도 $1/|x|$로 가까워짐을 발견

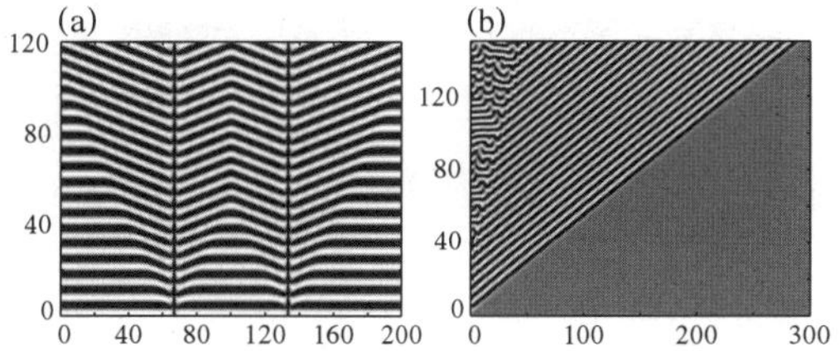

그림 7 (a)두 개의 소스와 하나의 싱크. (b)진동하는 시스템에서 난류를 뒤따르는 불안정한 패턴을 만드는 침입 전선.

한다(그림 7 참조).

7 전선

스위프트-오앙베르그 방정식처럼 일반적인 패턴 형성 시스템에서 불안정한 동차 평형의 작은 랜덤 요동의 운명을 자세히 기술하는 능력은 찾기 힘들어 보인다. 포함된 결정이 움직이고 천천히 역학을 거칠게 만드는 동안 파수는 물리적 영역에 걸쳐서 지속적으로 변한다.

보다 다루기 쉬운 상황은 초기 요동이 공간적으로 국소화되고 불안정성이 공간적으로 확산되면서 전선에 이어 패턴이 나타나는 것이다. 위에서 기술한 가장 빠른 성장 모드의 분석과 느낌은 비슷하지만 세부적으로는 완전히 다른 방법으로, 선형화를 이용하여 침입 전선 이후에 일어나는 패턴을 예측하려는 시도를 할 수 있다. 선형 시스템에서 침입 전선의 시작 부분의 위치는 동행 좌표계의 **점별 안정성**을 테스트함으로써 결정할 수 있다. 고정된 좌표계에서는 유한 관찰 창에서 지수적인 성장을 볼 수 있는 반면 빠른 속도의 동행 좌표계에서는 요동이 유한 창에서 쇠퇴하는 것이 일반적이다. 이런 의미에서 요동을 넘어서는 가장 작은 속도 c는 우리에게 선형 전파 속도를 준다. 이 선형 속도로 움직이는 관찰자는 유한의 관찰 창 내에서 **준안정적인**(marginally stable) 상태를 볼 수 있을 것이다.

우리는 다음과 같이 라플라스-푸리에 변환을 세련된 방법으로 이용함으로써 점별 안정성, 즉 유한의 관찰자 창에서 쇠퇴하는지 결정할 수 있다. 라플라스 변환은 $\partial_t u = \mathcal{L}u$의 진화 문제를 레졸번트 $(\lambda - \mathcal{L})^{-1}$의 연구로 바꾸고, 다음에 푸리에 변환을 이용하여 분석할 수 있다. 점별 안정성과 전체(예를 들어 L^2) 안정성 분석의 결정적인 차이점은 레졸번트가 공간적으로 국소화된 초기 조건에 적용된다는 것이다. 사실 이 레졸번트는 그린 함수 $G_\lambda(x)$와의 합성곱(convolution)으로 표현할 수 있고 이것은 푸리에 변환을 통해 쉽게 계산 가능하다. 레졸번트의 작용소로서의 유계성은 전형적으로 합성곱 커널의 적분 가능성을 요구한다. 그러나 국소화된 초기 조건으로 합성곱함으로써 우리는 이 조건을 완화할 수 있으며 단순히 $G_\lambda(x)$의 λ에 대한 **점별** (고정된 x의) 해석성을 요구한다. 동등하게 합성곱 커널을 계산하는 데 사용하는 푸리에 등고선을 복소평면의 k-축으로 옮기는 것이 허락된다. 이렇게 등고선을 옮기는 것의 장애물-또는 동등하게 합성곱 커널의 점별 특이점-은 가지 폴에서 발생한다. 이것은 복소 확산 관계식 $d(\lambda, \nu) = 0$을 분석하여 발견할 수 있고, $u \sim e^{\lambda t + \nu x}$의 가설로부터 얻을 수 있다. 주어진 푸리에 모드 $\nu = ik$에 대한 단순 근을 찾는 것이 아니라 ν는 복소수가 될 수 있고 다음과 같은 **중근**을 찾는다.

$$d(\lambda, \nu) = 0, \quad \partial_\nu d(\lambda, \nu) = 0$$

이러한 중근(추가적인 조건을 갖는)은 점별 그린 함

수의 특이점을 주고 점별 안정성을 결정한다. 점별 불안정성이 있다는 것은 중근이 Re $\lambda > 0$이라는 것의 필요충분조건이다.

요약하면, 점별 안정성은 확산 관계식의 중근에 의해 결정된다. 선형 확산 속도 c로 움직이는 좌표계에서의 준안정성은 중근이 허수축인 $\lambda = \mathrm{i}\omega$에 위치함을 의미한다. 이러한 속도 c로 움직이는 좌표계에서 주파수 ω를 갖는 선형 진동은 $\omega = \omega_0 - kc$일 때 공진하는 비선형 패턴 $u(\omega_0 t - kx)$를 선택하는 것이 일반적이다.

비선형 시스템에 대한 선형 예측이, 비록 수렴 속도는 $O(t^{-1})$ 정도로 느리더라도, 종종 정확하다는 충분한 실험 및 수치 증거들이 있다. 이러한 수렴성 결과는 순서를 보존하는 시스템에 대해서만 수학적으로 수립되어 왔는데, 특히 스칼라 반응-확산 시스템이 그러하다. 본질적으로 순서를 보존하지 않는 패턴 형성 시스템에서 침입 전선의 존재성 및 안정성이 튜링 식의 작은 진폭 불안정성 근처에서, 특히 스위프트-오앙베르그 방정식과 쿠에트-테일러 문제에서 수립되어 왔다. 삼차원 ODE에서 연결 궤도를 발견함으로써, 복소 긴츠버그-란다우 방정식에서 패턴을 형성하는 전선이 진행파로서 발견될 수 있다. 흥미롭게도 중근 판별법으로 예측한 선형 파수는 일반적으로 영이 아니고 침입 전선이 그 후에 진행파를 생성한다(그림 7 참조). 이것은 공간적으로 균일한 진동을 예측하는 푸리에 변환에 기반을 둔 선형 급속 성장 모드 분석과 비교할 만한 가치가 있다. 이러한 파동은 측파대 불안정할 수 있기 때문에 일차 침입 전선 후에는 2차 침입이 일어나기 쉬우며, 일반적으로 난류 상태가 이를 차지한다.

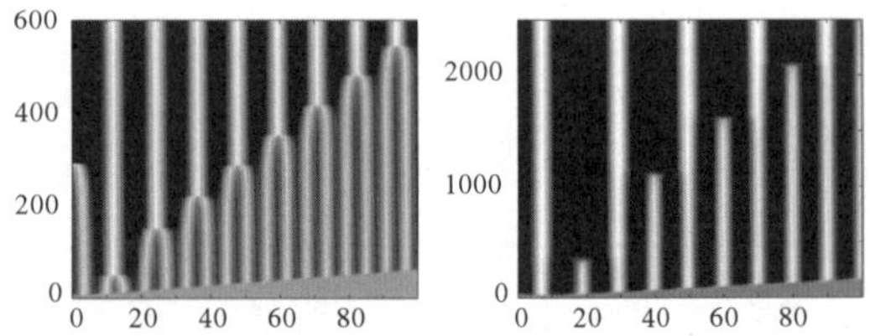

그림 8 켈러-세겔 모형에서의 두 단계 전선 침입의 공간-시간 그림. 두 번째 전선에서 합쳐지는 것과 숙성되는 것.

전선 역시 생물의 성장과 결정의 성장뿐만 아니라 상태 분리 프로세스에서도 중요한 역할을 수행한다. 모형 문제들은 칸(Cahn)-힐리어드(Hilliard) 방정식[III.5], 상태장 시스템, 켈러(Keller)-세겔(Segel) 모형 등을 포함한다. 전선은 오직 몇 가지 경우에만 존재한다고 알려져 있다. 진동 매체에서의 상황에서처럼(그림 7 참조), 일차 침입 전선은 불안정한 패턴을 만들고 후에 이차 전선에 의해 침입받을 수 있다(참조).

침입 전선은 또한 공간적인 성장이나 퇴적 과정에서 핵심적인 기본 구성요소를 제공한다. 우리는 종종 시스템을 통한 패턴 성장을 불안정성 매개변수 μ가 시공간적으로 $\mu \sim -\tanh(x - st)$의 형태로 증가하는 것으로 모형화하는데, 따라서 불안정성은 $x < st$인 영역에서 외부적으로 시작된다. 리제강의 반복되는 침전 실험은 다음에 설명하는 것처럼 이 경우에 해당한다. 바깥쪽의 전해액 A가 안쪽의 전해액 B로 포화된 젤 속으로 확산된다(그림 9 참조). 둘은 반응하고 반응 결과물이 과포화 문턱에 다다를 때까지 쌓이다가 침전이 시작된다. AB의 농도는 반응-확산 전선 이후에 증가하는 효과적인 매개변수로 행동한다. 주요 패턴 형성 메커니즘은 전선 후의 침전이다. 직감적으로 얘기하면, 침전은 농도가

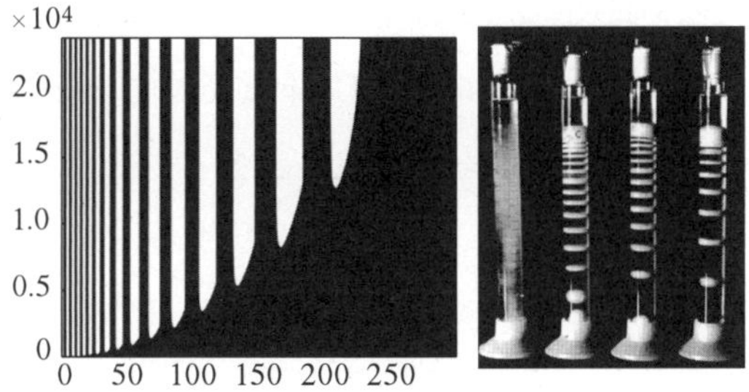

그림 9 리제강 패턴의 수치 시뮬레이션 공간-시간 도표와 실험 결과.

국소적으로 과포화 문턱값을 초과할 때 오직 한 번 시작된다. 침전 프로세스의 입력으로 제공되는 용질이 분산될 수 있기 때문에, 프로세스가 시작된 영역의 주변으로 용질이 고갈되고, 맨 처음의 침전이 발생한 곳으로부터 어느 정도 떨어진 거리에서 다음 번 과포화 문턱값에 도달할 것이다. 보다 수학적으로 침전은 용질 s의 침전물 p로의 간단한 변환으로 이해할 수 있다.

$$\partial_t s = \Delta s - f(s, p)$$
$$\partial_t p = \kappa\Delta p + f(s, p)$$

여기서 f는 변환율이며 $\kappa \ll 1$는 침전의 확산율이다. 결과물 AB는 방정식에서 s에 공급해 주는 원천으로 불안정성이 시작되기 전까지 s의 값을 효과적으로 증가시킨다. 이러한 불안정성은 패턴을 형성하는 측파대 불안정성으로 드러나며, A-B 반응 전선 이후에 리드미컬한 진동을 생성한다. 따라서 이러한 전선 이후에 파수는 리제강 패턴의 파수를 예측하는 데 중심 요소가 된다.

요약하면 전선 이후의 패턴 형성으로의 우리의 짧은 여행은 파수와 패턴 선택에 대한 보다 체계적인 이해로 향하는 촉망되는 길이지만, 많은 수학적인 도전과제들이 우리 앞에 놓여 있다.

8 더 많은 패턴

이 글에서 취한 관점은 대부분 국소적인 분기의 관점으로부터 온 보편성을 강조하였다. 반응-확산 시스템에서 어느 정도는 정반대의 매개변수에서 이질적인 규모에서 화학 종이 반응하고 확산할 때 많은 흥미로운 현상들을 발견할 수 있다. 대표적인 예는 그레이-스콧과 기어러(Gierer)-마인하르트(Meinhardt) 방정식을 들 수 있고, 흥분하기 쉽고 진동하는 매체에서의 피츠휴(FitzHugh)-나구모, 호지킨(Hodgkin)-헉슬리(Huxley), 필드(Field)-노예스(Noyes) 모형 역시 생각할 수 있다. 특이 요동법은 -동역학계의 영향을 받은 기하학적 방법과, 일치된 점근적 방법 모두- 우리가 해당 시스템의 스파이크와 전선의 역학의 복잡성에 대한 굉장한 통찰력을 주는 것을 도와 왔다. 여기서의 기본적인 구성 요소는 스칼라 반응-확산방정식으로 다양한 도구들이 해와 고유치 문제에 대한 대단히 명시적인 특성화를 허용한다. 빠르고 느린 요소의 결합은 스파이크와 전선 간의 상호작용을 변화시키고 따라서 스칼라 방정식에서는 불안정했을 전선과 스파이크가 여기서는 안정한 패턴을 형성할 수도 있다.

보존량이 패턴 형성 메커니즘과 상호작용을 하면 우리가 이 글에서 논의해 왔던 패턴 형성의 불안정성을 넘어 훨씬 복잡한 현상이 일어난다. 대표적 예로 닫힌 반응-확산 시스템, 중립 평균 흐름 모드의 유체 불안정성, 칸-힐리어드에 의해 모형화한 상태 분리 문제 또는 상태장방정식 등이 있다. 보존량은 또한 골드스톤 모드를 통한 대칭성에 의해 생성될 수 있으며, 불꽃면 불안정성이나 측파대 불안정성의 설명은 보통 보존 법칙과의 결합을 포함한다.

다른 방향으로 스위프트-오앙베르그 방정식이나 복소 긴츠버그-란다우 방정식과 같은 간단한 시스템조차도 주기적인 구조와 내재된 결점에 기초한 우리의 가장 간단한 계획을 벗어나는 패턴을 지원한다. 예를 들면 비공명 공간 파동벡터와 난류 상태를 포함하는 준결정 패턴의 일관성은 오직 시간적인 평균을 취한 후에야 보인다.

마지막으로 패턴과 일관성 있는 구조들이 물결파 문제나 비선형 슈뢰딩거 방정식과 같이 공간적으로 확장된 해밀턴 시스템에서 일어난다. 솔리턴, 평면파, 측파대 불안정성과 같은 보편적인 현상들이 풍부하며 보편적인 변조방정식에 의한 작은 진폭 역학의 부분적인 기술도 가능하다.

더 읽을거리

Ball, P. 2009. *Nature's Patterns: A Tapestry in Three Parts*. Oxford : Oxford University Press.

Haragus, M., and G. Iooss. 2011. *Local Bifurcations, Center Manifolds, and Normal Forms in Infinite-Dimensional Dynamical Systems*. Berlin : Springer.

Mielke, A. 2002. The Ginzburg-Landau equation in its role as a modulation equation. In *Handbook of Dynamical Systems*, volume 2, pp. 759-834. Amsterdam : North-Holland.

Sandstede, B., and A. Scheel. 2004. Defects in oscillatory media : toward a classification. *SIAM Journal on Applied Dynamical Systems* 3 : 1-68.

Scheel, A. 2003. *Radially Symmetric Patterns of Reaction-Diffusion Systems*. Providence, RI : American Mathematical Society.

van Saarloos, W. 2003. Front Propagation into unstable states. *Physics Reports* 386 : 29-222.

IV.28 유체역학

모펏 *H. K. Moffatt*

1 서론

유체역학은 수학자, 물리학자, 공학자, 기상학자, 해양학자, 지구물리학자, 천체물리학자들의 이목은 물론 생물학자들의 이목도 거의 동일한 정도로 사로잡아온 주제다. 이는 수학자들에게는 선형 및 비선형 편미분방정식을 포함하는 다양한 범위의 문제들의 원천이 되어 온 주제다. 이 미분방정식들은 실세계의 자연현상에서 비롯하므로, 해의 존재성, 유일성, 안정성에 관한 질문을 탐구할 진지한 동기가 있다. 비선형방정식이 몇 개의 작은 매개변수를 포함하는 일이 종종 있으므로, 해에서 섭동 기법의 개발이 가능했다. 예를 들어 20세기 전반에 개발된 유체역학의 **경계층**(boundary layer) 이론에서 근원을 찾을 수 있는 수학의 한 분야가 **특이**(singular) **섭동론**이며, (1960년대 이후) 대기에서의 열의 대류를 서술하는 로렌즈(Lorenz) 방정식에서 **혼돈**(chaos)에 대한 현대적 연구의 근원을 찾을 수 있다.

유체라는 단어는 물, 기름, 꿀, 혈액, 액체 금속과 같은 액체와, 공기, 헬륨, 이산화탄소, 메테인(메탄)과 같은 기체, 극고온에서 완전히 이온화된 기체인

플라스마, 거의 절대영도 근처에서만 존재하는 보스(Bose)-아인슈타인(Einstein) 응축이나 액체 헬륨과 같은 '기괴한 유체들'을 포괄한다. 관례적으로 '고체'인 것들조차도 아주 긴 시간 규모를 두고 관찰하면 유체처럼 행동할 수 있다. 예를 들어 지구 맨틀은 암석과 같은 매질이지만 수백만 년의 시간 규모에서는 천천히 흐르는데, 이로 인해 지각판이 이동하여 화산 활동, 지진을 일으키며, 대륙이 이동한다.

유체역학은 연속체 근사와 함께 시작하는데, 이에 따르면 유체는 위치 $\boldsymbol{x} = (x, y, z)$와 시간 t에서 연속성을 띠는 성질로 표현 가능한 상태를 지니는 매질로 간주한다. 이 성질들 중에서 으뜸은 유체의 정의역 내에서 밀도장 $\rho(\boldsymbol{x}, t)$와 속도장 $\boldsymbol{u}(\boldsymbol{x}, t)$이다. 따라서 개개 분자의 운동은 무시하며, 적어도 수백만 개의 분자에 대해 평균한 성질들만을 고려한다.

유체역학은 생물학에서의 마이크론 (10^{-6}m) 이하 규모나 **나노급 유체역학**부터 항성간 매질의 유체역학에서의 킬로파섹 (10^{21}m) 규모에 이르기까지 광범위한 현상을 포괄한다. 어떤 규모에서든 유체 매질의 운동은 **나비에-스토크스 방정식**[III.23]이 좌우하는데, 이 방정식은 근본적으로 질량 보존 및 뉴턴 운동량 균형의 원리로부터 유도된다. 일반적으로 이 방정식들은 상태의 열역학방정식과 결합해야만 하며, 플라스마를 고려할 경우 전자기장에 대한 맥스웰(Maxwell) 방정식과 결합해야만 한다. 간단한 설명을 위해 이 글에서는 밀도가 상수 ρ이며 비전도 비압축성인 이상적 유체에 초점을 맞추는데, 이때 나비에-스토크스(NS) 방정식은

$$\rho\left(\frac{\partial \boldsymbol{u}}{\partial t} + (\boldsymbol{u} \cdot \nabla)\boldsymbol{u}\right) = -\nabla p + \mu\nabla^2 \boldsymbol{u} + \boldsymbol{f}$$

와

$$\nabla \cdot \boldsymbol{u} = 0$$

이다. 여기에서 $p(\boldsymbol{x}, t)$는 압력장이며, μ는 유체의 점성계수이고, $\boldsymbol{f}(\boldsymbol{x}, t)$는 단위질량당 유체 위에 가해지는 외력(예를 들어 중력)이다.

비압축 조건에 대해서는 특별한 언급이 필요하다. 이러한 이상적인 상황을 채택하면, 밀도의 변동까지 고려하는 더 일반적인 유체역학의 방정식에서 음파는 배제된다. 고려 중인 유체의 속도가 유체 내에서 음속에 비해 작을 경우 (보통 기압과 온도에서 공기 중에서는 340m s^{-1}, 물에서는 1480m s^{-1}) 일반적으로 이상적인 근사가 타당하다. 따라서 음속에 가깝거나 초음속에 가까운 비행을 고려하는 문제라면 비압축성 조건을 채택할 수 없음은 명백하다. 이런 문제들에 있어서는 유체의 운동과 열역학적 효과의 결합을 무시할 수 없다.

이 글의 나머지에서는 먼저 이러한 비압축성 조건만으로 결정되는 유체의 **운동학**(kinematics)부터 고려한 뒤, 점성도에 크거나 작은 특정 한계를 주었을 때에 관련한 유체의 동역학으로 이목을 돌릴 것이다.

2 유체의 운동학

2.1 유선과 유체 경로

먼저 2차원 유체인 경우를 생각하는데 $\boldsymbol{u} = (u(x, y, t), v(x, y, t), 0)$이라 둔다. 비압축성 조건은 $\partial u/\partial x + \partial v/\partial y = 0$이며, 이로부터

$$u = \partial\psi/\partial y, \quad v = -\partial\psi/\partial x$$

인 유동함수(stream function) $\psi(x, y, t)$가 존재한다. $\boldsymbol{u} \cdot \nabla\psi = 0$이므로 $\boldsymbol{u}$가 모든 곳에서 $\psi =$ 상수로 주어지는 곡선에 평행하다는 것이 나오는데, 이 곡선들을 유체의 유선(streamline)이라고 묘사하는 것은 적절하다. ψ의 물리적 차원이 L^2/T(길이^2/시간)임에 주목하라.

정상(定常, steady)유동이란 속도장이 t에 무관할 때, 즉 $\boldsymbol{u} = \boldsymbol{u}(\boldsymbol{x})$일 때를 말하는데 2차원일 때에는 $\psi = \psi(x, y)$일 때다. 정상유동에서 유체 입자는 유선을 따르는데, 이 유선들은 시간에 따라 변하지 않는다. 2차원 정상유동에서는 초기에는 이웃한 유선에서 인접했던 유체 입자들이 유선에 수직인 속도 기울기벡터 때문에 시간에 따라 선형적으로 멀어진다. 유동을 따라 흘러가는 조그만 염료 조각을 생각하면, 조각 내의 모든 입자쌍이 시간에 대해 선형적으로 멀어지므로 조각 전체는 유동에 의해 상사적으로(similarly) 늘어난다.

비정상유동일 때는 상황이 전혀 다르다. 이때는 $\psi = \psi(x, y, t)$에 대해 $\partial\psi/\partial t \neq 0$이며, 시간에 따라 유선의 패턴이 변한다. 시간 $t = 0$일 때 점 $\boldsymbol{x}_0$에서 출발한 유체 입자의 경로 $\boldsymbol{x}(t)$는 이제 초기조건이 $\boldsymbol{x}(0) = \boldsymbol{x}_0$인 다음 동역학계가 결정한다.

$$\frac{\mathrm{d}x}{\mathrm{d}t} = \frac{\partial\psi}{\partial y}, \qquad \frac{\mathrm{d}y}{\mathrm{d}t} = -\frac{\partial\psi}{\partial x}$$

이는 2계(second order) 해밀턴 계인데, 여기에서 해밀턴 함수(Hamiltonian)가 바로 유동함수 ψ다. 처음에는 인접했던 입자들이 이제는 시간에 따라 지수적으로 멀어지며 혼돈 현상의 징후를 보일 수도 있다. 이는 유체 내에서 동역학적으로 수동적(dynamically passive)인* 오염 물질이 흩어지는 속도에 중요한 함의를 가진다.

완전한 3차원 유체인 경우, 정상유동인 경우일지라도 유선이(따라서 입자들의 경로도) 지수적으로 발산할 수 있는데, 임의의 수동적 오염 물질이 빠르게 확산하기 좋은 성질이다.

매끈하다고 가정한 유동 $\boldsymbol{u}(\boldsymbol{x}, t)$는 유동 정의역에서 자신으로 가며, 시간에 의존하는 사상 $\boldsymbol{X} \to \boldsymbol{x} = \boldsymbol{x}(\boldsymbol{X}, t)$를 결정한다. 비압축성 조건하에서 이 사상은 부피를 보존한다. J가 야코비(Jacobi) 행렬

$$J = \frac{\partial(x_1, x_2, x_3)}{\partial(X_1, X_2, X_3)}$$

일 때 부피요소는 $\mathrm{d}^3\boldsymbol{x} = |J|\mathrm{d}^3\boldsymbol{X}$로 주어지므로, 이 경우 $|J| = 1$이라는 사실이 나온다. 시간 $t = 0$일 때는 이 사상이 항등사상 $\boldsymbol{x} = \boldsymbol{X}$이므로 $J = 1$이기 때문에, 연속성에 의해 모든 $t > 0$에 대해 $J = +1$이다. 이 사상은 모든 유한한 t에 대해 부피를 보존하는 미분동형사상(diffeomorphism)이다.

2.2. 변형률과 소용돌이

임의의 점(원점 $\boldsymbol{x} = 0$으로 택할 수 있다) 근처에서 속도장이 충분히 매끈한 경우 다음처럼 테일러 급수로 전개할 수 있다.

$$u_i(\boldsymbol{x}) = u_{0i} + c_{ij}x_j + O(|\boldsymbol{x}|^2)$$

여기에서 $c_{ij} = \partial u_i/\partial x_j|_{\boldsymbol{x}=0}$이다. 이 텐서는 대칭 부분과 반대칭 부분의 합으로 쪼갤 수 있다. 대칭 부분인

* 자체적인 동역학이 없이 주어진 동역학에 따라 수동적으로 반응한다는 뜻임.—옮긴이

$$e_{ij} = \frac{1}{2}\left(\frac{\partial u_i}{\partial x_j} + \frac{\partial u_j}{\partial x_i}\right)$$

가 **변형률**(rate of strain) 텐서다. 비압축성 덕분에 $e_{ii} = 0$임에 주목하라. 주축(principal axis)에 대하여 대칭 텐서를 대각화하여 $e_{ij}x_j = (\alpha x, \beta y, \gamma z)$이게 할 수 있다. 여기에서 $\alpha + \beta + \gamma = 0$을 만족하는 (α, β, γ)가 **주변형률**이다.

c_{ij}의 반대칭 부분은 ·

$$\omega_{ij} = \frac{1}{2}\left(\frac{\partial u_i}{\partial x_j} - \frac{\partial u_j}{\partial x_i}\right) = -\tfrac{1}{2}\varepsilon_{ijk}\omega_k$$

인데 여기에서 $\boldsymbol{\omega} = \nabla \times \boldsymbol{u}$이고, $\omega_{ij}x_j = \frac{1}{2}\boldsymbol{\omega} \times \boldsymbol{x}$는 각속도가 $\frac{1}{2}\boldsymbol{\omega}$인 '강체'의 회전이다. 물론 임의의 $\boldsymbol{x}$에 대해 정의할 수 있는 의사벡터(pseudovector) $\boldsymbol{\omega} = \nabla \times \boldsymbol{u}$를 유체의 **소용돌이도**(voticity)라 하는데 이는 이후의 동역학 이론에서 대단히 중요하다.

2차원에서는 $\omega = -\nabla^2\psi$에 대해 $\boldsymbol{\omega} = (0, 0, \omega)$이다. 이 경우 선형 유동 $c_{ij}x_j$는 $\alpha(x, -y) + \frac{1}{2}\omega(-y, x)$ 꼴로 표현할 수 있는데, 대응하는 유동함수는 $\psi = \alpha xy - \frac{1}{4}\omega(x^2 + y^2)$이다. ψ = 상수로 주어지는 유선은 $|2\alpha/\omega| > 1$이냐 $|2\alpha/\omega| < 1$이냐에 따라 타원형(elliptic)이거나 쌍곡형(hyperbolic)이다. 특별한 경우인 $2\alpha = \pm\omega$일 때는 **순수 전단유동**(pure shear flow)으로 각각 $x = \pm y$에 평행하며 직선형 유선을 가진다.

3 나비에-스토크스 방정식

3.1 응력 텐서와 압력

코시(Cauchy)에 의해 모멘트 균형 방정식을 다음처럼 매우 기본적인 꼴로 쓸 수 있다.

$$\rho\frac{\mathrm{D}u_i}{\mathrm{D}t} = \frac{\partial}{\partial x_i}\sigma_{ij}$$

여기에서 σ_{ij}는 유체 내의 응력(stress)텐서인데 유체에 작용하는 $\boldsymbol{f} = -\nabla V$ 꼴의 보존적인(conservative) 역장(force field)과 연관된(예를 들어 $V = -\rho\boldsymbol{g}\cdot\boldsymbol{x}$로 주어지는 중력) 응력을 포함할 수 있다.

여기서는 비압축성이라고 가정 중인 **뉴턴 유체**는 선형 등방 방정식 $\sigma_{ij} = -p\delta_{ij} + 2\mu e_{ij}$를 통해 σ_{ij}가 변형률 텐서 e_{ij}와 연결돼 있는 유체인데, 여기에서 $p = -\frac{1}{3}\sigma_{ii}$는 유체의 압력이다. 위의 코시 방정식에 대입하면 즉석에서 나비에-스토크스(NS) 방정식이 나오는데, 다음과 같은 꼴이다.

$$\frac{\mathrm{D}\boldsymbol{u}}{\mathrm{D}t} \equiv \frac{\partial \boldsymbol{u}}{\partial t} + \boldsymbol{u}\cdot\nabla\boldsymbol{u} = -\frac{1}{\rho}\nabla p + \nu\nabla^2\boldsymbol{u}$$

여기에서 $\nu = \mu/\rho$는 유체의 **운동학적 점도**(kinematic viscosity)이다. ν의 물리적 차원이 (2.1절의 ψ와 마찬가지로) L^2/T임에 주목하라.

3.2 레이놀즈 수

어떤 유체가 (보통은 경계의 모양과 관련된) 길이 규모 L과, (예를 들어 유체의 내부나 경계에서의 최대 속도인) 속도 규모 U에 의해 특징지어진다고 가정하자. 그러면 규모 차수는 $|D\boldsymbol{u}/Dt| \sim U^2/L$이고, $|\nabla^2\boldsymbol{u}| \sim U/L^2$이다. 따라서

$$\frac{|\mathrm{D}\boldsymbol{u}/\mathrm{D}t|}{\nu|\nabla^2\boldsymbol{u}|} \sim \frac{UL}{\nu}$$

이다. 무차원수 $Re = UL/\nu$가 유체의 레이놀즈(Reynolds) 수다. 만일 $Re \ll 1$이면 점성력이 관성력을 지배하므로, 일차근사에서 관성력을 무시할 수 있다. 만일 $Re \gg 1$이면 관성력이 지배한다. 하지만 Re가

아무리 크더라도 유체의 경계 근처에서는 언제나 점성의 효과가 중요한데, 이 때문에 **경계층 이론**을 발동해야 함을 나중에 볼 것이다.

3.3 소용돌이 방정식

NS 방정식에 회전장(curl)을 취하면 압력장을 제거할 수 있다는 것은 명백하다. 벡터 항등식 $\boldsymbol{u} \cdot \nabla \boldsymbol{u} = \nabla(\boldsymbol{u}^2/2) - \boldsymbol{u} \times \omega$임을 이용하면 다음 **소용돌이 방정식**(vorticity equation)이 나온다.

$$\frac{\partial \omega}{\partial t} = \nabla \times (\boldsymbol{u} \times \omega) + \nu \nabla^2 \omega$$

우변의 첫 번째 항은 속도에 의한 소용돌이 장의 이동을 묘사하고 있는 반면, 두 번째 항은 유체에 대해 상대적인 소용돌이의 확산을 묘사하고 있다. 이러한 해석은 특정한 문제를 분석할 때 속도보다는 소용돌이에 초점을 맞추는 것이 종종 더 유용하다는 것을 의미한다.

2차원 유체에 대해서는 $\omega = (0, 0, -\nabla^2 \psi)$임을 보았다. 이 경우 소용돌이 방정식은 ψ에 대한 다음 비선형방정식으로 귀착된다.

$$\frac{\partial}{\partial t}(\nabla^2 \psi) - \frac{\partial(\psi, \nabla^2 \psi)}{\partial(x, y)} = \nu \nabla^4 \psi$$

여기에서 $\nabla^4 = (\nabla^2)^2$은 겹조화(biharmonic) 작용소다.

3.4 NS 방정식에서의 난관

NS 방정식에서 항 $\boldsymbol{u} \cdot \nabla \boldsymbol{u}$이 나타내는 비선형성이 기본 이론에서 주요 난관이다. 하지만 난관이 그것만은 아니다. 점성 항 $\nu \nabla^2 \boldsymbol{u}$는 (열에 대한) 운동 에너지의 점성 확산을 뜻하며, 따라서 시간에 대한 불가역성을 함의한다. 더욱이 압력-기울기 항의 영향력은 국소적으로 그치지 않는다. 이를 보기 위해서 방정식에 발산(divergence)을 취하면, $s = \rho \nabla \cdot [(\boldsymbol{u} \cdot \nabla)\boldsymbol{u}$라 할 때 $\nabla^2 p = -s(\boldsymbol{x}, t)$가 나온다. 이 (3차원) 푸아송(Poisson) 방정식의 해는

$$p(\boldsymbol{x}, t) = \frac{1}{4\pi} \int \frac{s(\boldsymbol{x}', t)}{|\boldsymbol{x} - \boldsymbol{x}'|} dV'$$

에 경계가 기여하는 값을 더한 것이다. 그렇기 때문에 $p(\boldsymbol{x}, t)$는 유동 내의 모든 점 $\boldsymbol{x}'$에서의 $s(\boldsymbol{x}', t)$의 값들의 영향을 받으며 따라서 $\boldsymbol{u}(\boldsymbol{x}', t)$의 값들에 영향을 받는데, 큰 $|\boldsymbol{x} - \boldsymbol{x}'|$에 대한 적분의 수렴성은 느리다.

NS 방정식에 관련하여 겹쳐 있는 난관은 매끈한 초기 조건으로부터 발전한 NS 방정식의 해가 모든 $t > 0$에 대해 정칙성(regularity)을 가지는지 증명하라는 기본 문제조차도 현재 미해결일 정도로 엄청난 도전을 야기한다. 이 문제는 클레이 수학 연구소의 새천년상 문제(the Clay Mathematics Institute's Millennium Prize Problems) 중 하나다.

4 NS 방정식의 정확한 해 몇 가지

NS 방정식의 정확한 해는 두 종류로 나뉜다. 하나는 (직선형 정상유동의 경우처럼) 관성력이 항등적으로 0이거나 압력 기울기에 의해 정확히 보정되는 자명한 유동이고, 다른 하나는 **자기상사유동**(self-similar flow)인데 어느 정도 차원을 고려하여 구조를 기술할 수 있다.

4.1 자명한 유동

자명한 유동 중에서 중요한 것은 다음 두 가지다.

푸아죄유(Poiseuille) 유동: 견고한 벽 $y = \pm b$ 사이의 2차원 유동로(channel)에서 상수 압력 기울기벡터 $\boldsymbol{G} = -(\partial p/\partial x)\boldsymbol{i}$에 의해 구동되는 유동으로 속도장은 $\boldsymbol{u} = (G/2\mu)(b^2 - y^2)\boldsymbol{i}$이다. 단, 여기에서 $\boldsymbol{i} = (1, 0, 0)$이다.

쿠에트(Couette) 유동: 속도가 $\pm V\boldsymbol{i}$인 경계 $y = \pm b$에 의해 구동되는 유동으로, 속도장은 $\boldsymbol{u} = (Vy/b)\boldsymbol{i}$이다.

이 유체들은 안정성 문제가 발생하면, 전형적인 예로써 기능한다.

두 개의 동심 원기둥 $a < r < b$ 사이의 고리형(annular) 영역에 갇힌 유동에 대해서도 유사한 유동이 존재한다. 축과 나란한 압력 기울기벡터 G에 의해 구동되는 푸아죄유 유동의 속도 프로파일은 다음과 같다.

$$u(r) = \frac{G}{4\mu}\left\{(b^2 - r^2) - (b^2 - a^2)\frac{\log(b/r)}{\log(b/a)}\right\}$$

각속도가 Ω_1, Ω_2인 원기둥의 회전에 대응하는 쿠에트 유동의 (축 주위로의) 순환 속도는 $v(r) = Ar + B/r$인데 여기서 A와 B는 경계 조건 $v(a) = \Omega_1 a$, $v(b) = \Omega_2 b$로부터 결정된다. 이 두 유동은 선형 중첩될 수 있으며, 나선형 유선을 가지는 유동이 발생한다.

살짝 덜 자명한 것이 버거스 소용돌이(Burgers vortex)인데, z 방향으로 소용돌이가 분포하며 가우스 분포의 모양을 띤다.

$$\omega(r) = \frac{\Gamma\gamma}{4\pi\nu}\exp\left\{-\frac{\gamma r^2}{4\nu}\right\}$$

여기에서 $\Gamma(= 2\pi\int\omega(r)r\mathrm{d}r)$는 소용돌이의 총강도이며, $\gamma(> 0)$는 점성 확산의 마찰 효과에 대항하여 소용돌이를 안정적으로 유지하기 위해 부여해야 하는 변형률이다.

4.2 자기상사유동

이런 꼴의 유동은 간단한 예인 제퍼리(Jeffery)-하멜(Hamel) 유동을 써서 설명하면 충분할 것이다. (r, θ)를 평면 극좌표라고 할 때, 유동이 두 개의 평면 $\theta = \pm\alpha$ 사이로 제한돼 있으며, 원점에서 선 용출(line sink) Q에 의해 뽑혀 나온다고 하자. 이때 방사 방향(radial) 속도를 u라 하면, 모든 r에 대해 $\int_{-\alpha}^{\alpha} ur\mathrm{d}\theta = -Q$이다. 여기에서 Q의 차원은 ν와 마찬가지로 L^2/T이므로 레이놀즈 수 $Re = Q/\nu$를 정의할 수 있다. 더욱이 차원에 근거하여 생각하면, 결과로 발생하는 유동의 유동함수는 무차원 f에 대해 $\psi = Qf(\theta)$ 꼴을 취해야만 한다(속도 $u = r^{-1}\partial\psi/\partial\theta$는 순수하게 방사 방향 함수여야 한다). 평면 극좌표에 유동함수에 대한 방정식을 대입하면,

$$\frac{\partial}{\partial t}(\nabla^2\psi) - \frac{1}{r}\frac{\partial(\psi, \nabla^2\psi)}{\partial(r, \theta)} = \nu\nabla^4\psi$$

로부터 $f(\theta)$에 대한 다음 상미분방정식(ODE)이 나온다.

$$f'''' + 4f'' + Ref'f'' = 0$$

이를 세 번 적분하면 속도 프로파일 $r^{-1}f'(\theta)$가 나온다. 위에서 설명했듯 차원만을 고려했음에도, ψ에 대한 비선형 편미분방정식이 여전히 비선형이긴 하지만 상대적으로 풀기 쉬운 단일한 상미분방정식으로 귀착되었다는 점이 중요하다.

평면 경계 $y = 0$ 위에서 정체점(stagnation point)을 향해 흐르는 2차원 유동이 두 번째 예다. 경계로부터 떨어져 있는 유동은 균일 변형 유동(strain flow)으로 $\psi \sim \alpha xy$이며, $y = 0$ 위에서는 불투수성(impermeability) 및 점착(비활, no-slip) 조건인 $\psi = \partial\psi/\partial y = 0$이 부여되어 있다. 여기에서 차원 분석을 하면 $\eta = y(\alpha/\nu)^{1/2}$이라 할 때 $\psi = x(\nu\alpha)^{1/2}f(\eta)$이며, 이번에도 ψ에 대한 편미분방정식이 수치적으로 쉽게 풀 수 있는 $f(\eta)$에 대한 상미분방정식으로 귀결된다.

다른 예로는 다음과 같은 것들이 있다.

- 원점에 가해지는 동심점력(concentrated point force) $\boldsymbol{F}$에 의한 축대칭 유동으로, 속도장은 모든 곳에서 원점으로부터의 거리에 반비례하는 유동(스콰이어(Squire)-란다우(Landau) 제트).
- 두 개의 나란한 원판이 각각의 축 주위로 차동(differential) 회전하여 야기되는 폰 카르만(von Kármán) 유동.

후자의 경우, 원판들 사이의 유동은 나선형 유선을 가진다. 이 유동은 최근에 반대 방향으로 회전하는 프로펠러에 의해 구동되는 유동에 따르는 다이나모 작용을 설명하는 VKS(폰 카르만 소듐(sodium)) 실험에 근거를 제공하였다.

5 스토크스 유동

$Re \ll 1$일 때, 관성력은 무시할 정도이므로 NS 방정식은 준정적(quasistatic) 스토크스 방정식

$$\frac{\partial}{\partial x_i}\sigma_{ij} = 0, \quad \mu\nabla^2\boldsymbol{u} = \nabla p, \quad \nabla \cdot \boldsymbol{u} = 0$$

으로 단순화할 수 있다.

5.1 일반적인 결과 몇 가지

이 방정식들이 지배하는 스토크스(Stokes) 유동에 관련한 몇 가지 결과는 간단한 방식으로 증명할 수 있다. 첫째, 이 방정식들은 선형이므로 해 두 개가 알려지면 이들의 선형결합 또한 해이다. 둘째, 함수 $\boldsymbol{U}(\boldsymbol{x})$가 유체 영역 V를 둘러싸는 폐곡면 S 위에서 정의되며 조건 $\int_S \boldsymbol{U}(\boldsymbol{x}) \cdot \boldsymbol{n}\mathrm{d}S = 0$을 만족하면, S 위에서 경계조건 $\boldsymbol{u}(\boldsymbol{x}) = \boldsymbol{U}(\boldsymbol{x})$에 대응하는 V에서의 스토크스 방정식의 유일한 해가 존재한다. 더욱이 경계조건 $\boldsymbol{v}(\boldsymbol{x}) = -\boldsymbol{U}(\boldsymbol{x})$에 대응하는 해 $\boldsymbol{v}(\boldsymbol{x})$는 당연히 $\boldsymbol{v}(\boldsymbol{x}) = -\boldsymbol{u}(\boldsymbol{x})$이다. 즉, 경계조건을 뒤집으면 모든 곳에서 유체의 방향이 뒤집힌다. 따라서 예를 들어 조그만 공 모양 염료가 유동에 의해 길고 가느다란 필라멘트가 된 경우, 경계의 운동을 시간 역전하면 (분자의 확산 효과는 별개로) 원래의 공 모양으로 복구할 수 있다.

다음으로, 닫힌 영역 V 내에서 운동학적으로 가능한 유동의 (즉, V 내에서는 $\nabla \cdot \boldsymbol{u} = 0$과 S 위에서는 경계조건 $\boldsymbol{u}(\boldsymbol{x}) = \boldsymbol{U}(\boldsymbol{x})$만을 만족하는 유동) 클래스 C에 관련된 최소 확산 정리가 있다. $\Phi = \int_V \sigma_{ij}e_{ij}\,\mathrm{d}V$를 그런 유동의 역학 에너지의 확산율(rate of dissipation)이라 하자. 그러면 이 경계조건을 만족하는 유일한 스토크스 유동 $\boldsymbol{u}(\boldsymbol{x})$가 클래스 C 내에서 Φ를 최소화하는 유동이다. 이 결과를 NS 방정식의 해로 확장할 수 없음은 명백한데, 이들은 클래스 C 내에 있으면서도 위의 유일한 스토크스 유동보다 Φ가

더 크기 때문이다.

마지막으로 다음 소절에서 중요하게 응용되는 **상호성 정리**(reciprocity theorem)가 있다. 곡면 S 위에서 서로 다른 경계조건 $u_i^{(1)} = U_i^{(1)}$, $u_i^{(2)} = U_i^{(2)}$를 가지는 두 스토크스 유동에 대응하는 속도장 및 응력장을 $(u_i^{(1)}, \sigma_{ij}^{(1)})$, $(u_i^{(2)}, \sigma_{ij}^{(2)})$라고 하면,

$$\int_S \sigma_{ij}^{(1)} U_j^{(2)} n_i \,\mathrm{d}S = \int_S \sigma_{ij}^{(2)} U_j^{(1)} n_i \,\mathrm{d}S$$

가 성립한다는 것이다.

5.2 입자의 운동에 의한 유동

역사적 관점에서 보면 점성 유체 속을 지나가는 단단한 공의 운동에 의한 유동 문제가 이런 낮은 레이놀즈 수 대역에서 가장 중요했던 문제였는데, 1851년 스토크스 본인이 그 문제를 해결했다. 여기서는 임의의 값을 가지는 입자의 강체 운동에 의한 (병진 운동과 회전) 유동을 (무한대에서는 유동이 정지한 것으로 간주할 때) 지배하는 원리를 간단히 살펴본다. V가 입자의 부피일 때 $a = (3V/4\pi)^{1/3}$이라 하자. 입자 위에 작용하는 힘 $\boldsymbol{F}$와 회전력(토크) $\boldsymbol{G}$에 자연스럽게 이목이 집중된다. 입자의 순간 운동은 물체 중심의 속도 $\boldsymbol{U}$와 각속도 $\boldsymbol{\Omega}$가 결정하며, 스토크스 방정식의 선형성은 $\{\boldsymbol{F}, \boldsymbol{G}\}$와 $\{\boldsymbol{U}, \boldsymbol{\Omega}\}$ 사이에 다음 꼴의 선형 관계가 있음을 함의한다.

$$F_i = -\mu(aA_{ij}U_j + a^2 B_{ij}\Omega_j),$$
$$G_i = -\mu(a^2 C_{ij}U_j + a^3 D_{ij}\Omega_j)$$

여기에서 위에 언급한 상호성 정리 때문에

$$A_{ij} = A_{ji}, \quad D_{ij} = D_{ji}, \quad C_{ij} = B_{ji}$$

이다. 이 무차원 텐서 계수들은 오로지 입자의 모양이 결정한다. 대칭성이 있으면 제약 조건이 추가로 부과된다. 만약 입자가 **거울대칭**(물체 중심에 관한 대칭에 대해 불변)이면, (의사)텐서 C_{ij}는 0이어야 한다. 만일 입자가 육면체 대칭성을 가지면(즉, 육면체의 회전군하에서 불변), A_{ij}와 D_{ij}는 등방적(isotropic)이어야 한다. 즉, $A_{ij} = \alpha\delta_{ij}$, $B_{ij} = \beta\delta_{ij}$이다. 공의 경우가 고전적인데, 이 경우는 스토크스가 증명한 대로 $\alpha = 6\pi$, $\beta = 8\pi$가 된다.

나선형 입자들은 거울대칭이 아님이 분명하므로 $C_{ij} \neq 0$이다. 이는 유동 속에서 자유롭게 침전하는 입자는 회전력(torque)을 겪게 되므로 회전해야 한다는 것을 의미한다. 마찬가지로 그런 입자가 (어떤 내부 메커니즘을 통해) 회전하면, 병진운동을 유발하는 힘을 겪게 된다. 미생물들은 이 현상을 이용하는 수영 전략을 채택하여 점성이 있는 환경에서도 추진할 수 있다.

6 비점성 소용돌이 동역학

형식적인 오일러(Euler) 극한 $Re = \infty$의 경우, NS 방정식과 소용돌이 방정식(3.3절)에서 $\nu = 0$이라고 놓고 싶은 유혹이 든다. 하지만 이 방정식들에서 ν는 최고차 공간 미분과 곱해져 있으므로, 그 과정에서 방정식의 차수가 축소되므로 이런 오일러 극한은 견고한 유동 경계에서 점착 조건을 만족할 수 없다. 경계의 효과는 7절에서 고려하겠지만, 당분간은 유동 경계로부터 멀리 떨어져 고립된 소용돌이 방울의 발달을 생각하기로 한다. 대류 연기로 시각화할 수 있는 **소용돌이 고리**(vortex ring)가 잘 알려진 전형이다. 예를 들어 화산 분출시 갑자기 가스가 방출될

때나, 바다에서 돌고래가 수중 묘기를 보일 때처럼 넓은 범위의 환경에서 소용돌이 고리가 발생한다.

6.1 소용돌이 운동에 대한 헬름홀츠 법칙

소용돌이에 대한 연구는 헤르만 폰 헬름홀츠(Hermann von Helmholtz, 1858)의 연구와, 이에 자극을 받은 테이트(P. G. Tait)와 켈빈 경의 후속연구로까지 거슬러 올라갈 수 있다. 헬름홀츠는 소용돌이선(vortex line)이 유동과 함께 전달되며 운동 과정에서 소용돌이 튜브의 강도가 일정하다는 것을 인지하였다.* 이는 소용돌이 튜브의 길이가 늘어나는 유동인 경우, 절단면은 감소하지만 이 튜브를 따르는 소용돌이의 유량(flux)은(튜브 주변의 **순환도**(circulation)와 맞먹는 양이다) 일정함을 의미한다. 또한 헬름홀츠는 소용돌이선이 폐곡선을 이루거나 유동의 경계에서 끝나야 한다고 주장하였지만**, 이 주장은 지금 부정확하다고 알려져 있다. 명백한 대칭성이 없는 국소적인 소용돌이 방울일 때조차 소용돌이선은 실뭉치와 비슷하지만 혼돈의 형태를 띠며 무한 번 감기기 때문이다.

6.2 나선도의 보존

소용돌이선이 유동 내에서 물질선(material line)처럼 움직인다는 사실은 소용돌이장의 위상 구조가 항상 보존된다는 것을 뜻한다. 예를 들어 1867년 켈빈이 인지한 대로, 소용돌이 튜브가 자신과 매듭을 이루고 있으면 모든 시간 동안 매듭이 유지된다. 유동과 함께 움직이는 임의의 폐곡면 (**라그랑주 곡면**) S 위에서는 모든 t에 대해 조건 $\boldsymbol{\omega}\cdot\boldsymbol{n}=0$을 유지한다고 하자. 그러면 그런 곡면이 감싸는 영역 V 내에서의 나선도(helicity)를 다음처럼 정의할 수 있다.

$$\mathcal{H}=\int_V \boldsymbol{u}\cdot\omega \mathrm{d}V$$

오일러 방정식으로부터 직접 증명할 수 있듯 나선도는 상수이며, 이 적분이 V 내에서 자신과 소용돌이선의 교차도를 재 준다는 것이 알려져 있다. 예를 들어 각각 (상수) 순환도 κ_1과 κ_2를 가지며 서로 얽힌 두 소용돌이 튜브로 구성된 소용돌이 분포에서 V가 이렇게 얽힌 두 튜브만 포함한다면, 이 고리(linkage)의 가우스 얽힘 수(linking number)를 n이라 할 때, $\mathcal{H}=\pm 2n\kappa_1\kappa_2$이다. 여기에서 얽힘이 왼손 방향인지 오른손 방향인지에 따라 부호가 선택된다. 이 결과는 비점성 유체역학의 오일러 방정식과, 위상수학의 기본 개념 사이에 다리를 놓아준다.

6.3 비오-사바르 법칙

관계식 $\omega=\nabla\times\boldsymbol{u}, \nabla\cdot\boldsymbol{u}=0$의 역이 되는 관계는 비오(Biot)-사바르(Savart) 법칙

$$\boldsymbol{u}(\boldsymbol{x},t)=\frac{1}{4\pi}\int\frac{\omega(\boldsymbol{x}',t)\times(\boldsymbol{x}-\boldsymbol{x}')}{|\boldsymbol{x}-\boldsymbol{x}'|^3}\mathrm{d}V'$$

으로 주어지는데, 순전히 역학적인 이 결과는 소용돌이도 분포로부터 임의의 점에서의 속도를 즉각 얻을 수 있음을 보여준다. $\boldsymbol{u}(\boldsymbol{x},t)$를 알기 때문에, 이런 방식으로 **유도되는** 속도장 $\boldsymbol{u}(\boldsymbol{x},t)$에 의해 소용돌이장 $\omega(\boldsymbol{x},t)$가 대류된다는 진술에 오일러 유체역학을 전부 담을 수 있다.

* 헬름홀츠의 첫 번째 법칙.—옮긴이

** 헬름홀츠의 두 번째 법칙.—옮긴이

6.4 소용돌이 고리 전파

이러한 고려를 통해 켈빈은 순환 Γ의 소용돌이 고리의 전파 속도를 계산하여 다음 꼴을 얻을 수 있었다.

$$V \sim \frac{\Gamma}{4\pi R}\left\{\log\left(\frac{8R}{\sigma}\right)-\frac{1}{4}\right\}$$

여기에서 R는 고리의 반지름이며 $\sigma(\ll R)$는 절단면의 반지름이다.

더 일반적으로, 매개방정식 $\boldsymbol{x}=\boldsymbol{X}(s,t)$로 주어지며 얇으면서 휘어있는 소용돌이 필라멘트의 속도는 흔히 간결하게 정규화한 꼴 $\boldsymbol{X}_t=\boldsymbol{X}_s\times\boldsymbol{X}_{ss}$로 국소 귀납 근사(local induction approximation)로 주어진다고 간주한다.

7 비행 항공역학

비행 항공역학에의 통달을 20세기 최고의 공학적 성취라고 봐도 거의 틀림없다. 통달하기 위해서는 항공기 날개 바로 주변에서 점성의 역할, 달리 말하면 경계층 이론 혹은 좀 더 정교한 수준에서는 **정합 점근 전개**(matched asymptotic expansion) 이론이라 알려진 것을 이해할 필요가 있다.

7.1 외부 비회전 유동

항공기 내에 고정된 좌표계를 채택하면 편리하다. 이 좌표계에서는 비행속도가 U일 때 **무한대**에서의 유속은 균일하게 $(-U,0,0)$이다. 2차원 정상유동에서는 $\nu=0$일 때 소용돌이 방정식이 $\mathrm{D}\omega/\mathrm{D}t=0$으로 귀결되므로, 유선 위에서 소용돌이도는 일정하다. 상층류(upstream)로부터 온 유선 위에서는 소용돌이도가 모두 0이므로, $\nabla\times\boldsymbol{u}=0$이다. 즉, 오일러 극한에서 이 유동은 **비회전성**을 가진다. 비회전성 정상유동에서 압력은 오일러 방정식을 적분하여 알 수 있는데, 이로부터 기준 압력이 상수 p_0일 때 **베르누이**(Bernoulli) **정리** $p=p_0-\frac{1}{2}\rho\boldsymbol{u}^2$이 나온다. 따라서 $|\boldsymbol{u}|$가 크면 p가 낮으며, 역도 성립한다. 날개의 항공역학적 양력(lift)은 날개의 아랫면에서의 낮은 공기 속도로부터 (따라서 더 높은 압력으로부터) 기인한 것인데, 제트 시대 여행자에겐 다소 위안이 되는 사실이다.

직원기둥을 지나가는 비회전성 유동에 대한 고전 이론에서는 원의 중심에서의 겉보기 점 소용돌이(apparent point vortex)에 기인한 유동 순환도 κ를 감안한다. 날카로운 날개 뒷전(trailing edge)을 가지는 주어진 절단면에 대해, 외부 영역을 원의 외부와 공형(등각)적으로 사상(conformally mapped)할 수 있다. 이는 날개를 지나는 비회전성 유동에 대한 해를 제공하지만, 여전히 임의의 순환도 κ를 포함한다. 날개면 아래와 윗면에 하나씩, 두 곳의 정체점(stagnation point, $\boldsymbol{u}=0$인 곳)이 있다. 이 정체점들의 위치는 κ에 따라 변하는데, 윗면 정체점을 정확히 날개 뒷전으로 옮겨주는 유일한 값 $\kappa=\kappa_c$가 존재한다. 이 값을 가지면 기류는 날개 뒷전을 부드럽게 벗어난다. 이 임계값 κ_c가 실제로 구현된다는 주장이 **쿠타**(Kutta)-**주코프스키**(Joukowski) **추측**이다. 이때 항공기 날개의 단위면적당 양력은 $L=\rho U\kappa_c$로 계산된다. a가 날개의 유선 방향 길이(streamwise extent)이고, α가 **받음각**(angle of attack)일 때 (그림 1을 보라) $\kappa_c\sim Ua\sin\alpha$이므로, $L\sim\rho aU^2\sin\alpha$는 ν와 무관하다. 따라서 날개 전체에서의 양력은 ρU^2에 날개를 비행 방향으로 정사영한 영역의 넓이를 곱한 값이다.

만일 κ 값을 더 작게 선택하면 기류는 날카로운 날개 뒷전 T를 감싸며 흐르며, 이 점에서 공기 속도의 특이점이 발생한다. T와 날개 윗면의 정체점 S 사이에서 점성에 의해 발생하는 소용돌이는 대류하여 항적(wake)의 하층류로 들어가는데 κ 값을 증가시켜 보정한다. 이런 과정은 쿠타-주코프스키 조건이 실제로 만족되어 정체점이 특이점을 억누를 때까지 줄기차게 유지된다.

비행에 필요한 양력은 대기 중에서 아주 작은 ν 값에는 독립임에도 불구하고 애초에 양력이 존재하기 위해서는 필수적으로 $\nu \neq 0$이어야 하는 이유를 설명해야 한다. 약한 점성의 이러한 역설적인 역할 때문에 날개면 근처, 즉 경계층에 집중할 수밖에 없다.

7.2 경계층

날개면 위의 임의의 점을 O라 하고, Ox는 경계에 접하고 Oy가 이에 수직이도록 만든 국소 데카르트 좌표계를 Oxy라 하자. 접방향 속도는 경계에서의 값 0부터 외부 유동에서 (비회전 이론이 결정하는) $U(x)$까지 증가한다. 이 얇은 층 위에서 $\nabla^2\psi \approx \partial^2\psi/\partial y^2 = \psi_{yy}$이므로, 정상 소용돌이 방정식은

$$-\frac{\partial(\psi, \psi_{yy})}{\partial(x, y)} = \nu\psi_{yyyy}$$

로 단순화할 수 있다. 이를 y에 대해 적분하면

$$\psi_y\psi_{xy} - \psi_x\psi_{yy} = G(x) + \nu\psi_{yyy}$$

가 나오는데, 접방향 및 수직 방향 속도 성분 $u = \psi_y$, $v = -\psi_x$를 써서 나타내면

$$uu_x + vu_y = G(x) + \nu u_{yy}$$

이다. 여기에서 $G(x)$는 '적분 상수'인데 NS 방정식의 '$-\partial p/\partial x$'라 볼 수 있다. 따라서 압력은 수직 좌표 y에 무관한 것으로 밝혀지는데, 사실 큰 y에 대해 $u \sim U(x)$이므로 $G(x) = U(\mathrm{d}U/\mathrm{d}x)$여야만 한다. 즉, 외부 압력은 **경계층 위에 각인된다**(impressed). $G(x) > 0$이면 압력 기울기는 유동을 가속시키는 경향이 생기며 이는 **긍정적인** 것으로 묘사할 수 있는 반면, $G(x) < 0$이면 유동을 저해하는 경향이 있으므로 **부정적인** 것으로 묘사할 수 있다.

이 단계에서 차원 분석이 큰 효과를 줄 수 있다. 먼저 $\hat{y} = y/\nu^{1/2}$, $\hat{\psi} = \psi/\nu^{1/2}$이라 정의할 때, $\hat{y} = O(1)$일 때 $y = O(\nu^{1/2})$임에 주목하면 위의 방정식에서 ν를 제거할 수 있다. 이제 어떤 상황하에서 다음 꼴의 상사(similarity) 해가 가능한지 질문하자.

$$\eta = y\left(\frac{U(x)}{\nu x}\right)^{1/2} \text{일 때, } \psi = (\nu x U(x))^{1/2} f(\eta)$$

그러기 위해서는 어떤 상수 A, m에 대해 $U(x) = Ax^m$이어야(따라서 $G(x) = mA^2x^{2m-1}$) 하며 $f(\eta)$는 $f(0) = f'(0) = 0$, $f'(\infty) = 1$을 경계조건으로 가지며 다음 방정식을 만족해야 하는 것으로 밝혀진다.

$$f''' + \tfrac{1}{2}(m+1)ff'' + m(1 - f'^2) = 0$$

경계조건은 외부 유동과 부합하기 위해 필요한 조건이다. 특별히 $m = 0$일 때 이 방정식은 **블라시우스(Blasius) 방정식**으로 알려져 있는데, 압력 기울기가 0이며 유선과 나란한 평판 위에서의 경계층을 서술한다. 더 일반적으로는 **포크너(Falkner)-스칸(Skan) 방정식**으로 알려져 있다.

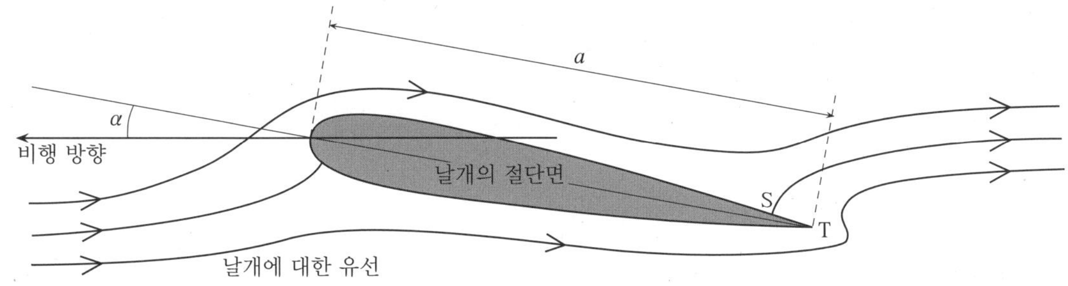

그림 1 항공기 날개의 절단면과, 붙임각이 α일 때 정상(steady) 비행 중 날개에 대한 비회전성 유동의 유선. 소용돌이의 점성 흘림(shedding)과 관련된 추가 순환(circulation)은 정체점 S를 날개 뒷전 T와 일치하도록 옮겨 주어, 유동이 날개 뒷전으로부터 부드럽게 벗어나게 해준다.

포크너-스칸 방정식에서 잘 행동하는(well-behaved) 해는 하나이며, 모든 양수 η에 대해 $0 < f' < 1$ 및 $f'' > 0$이다. 즉, 이 해에 대해 접방향 속도는 경계 위에서 0으로부터 외부 유선에서의 점근값까지 매끄럽게 증가한다. 그런 해가 모든 양수 m에 대해 존재한다는 것이 알려져 있으며, $m > -0.09$인 범위 안에 있는 순한 음수에 대해서도 마찬가지다. 하지만 $m < -0.09$일 때는 잘 행동하는 해가 존재하지 않으며, 이러한 적대적 압력 기울기 범위 내에서의 유일한 해는 벽 근처에서 역전된 유동($f' < 0$)을 보인다. 이는 경계층이 강력한 역방향 압력 기울기를 버틸 수 없음을 시사한다.

이러한 결론은 ψ에 대한 전체 편미분방정식의 수치적 해와 (유선형이 아닌) 비유선형 물체를 지나는 유동의 관찰을 통해서도 뒷받침되는데, 이 경우 경계층이 경계로부터 분리되어 보이며, 소용돌이도가 0이 아니면서 유동이 재순환하는 상당한 항적 구역이 생긴다.

7.3 유동 분리에 대한 한 가지 언급할 점

레이놀즈 수가 높을 때의 경계층 분리(separation) 현상은 유체역학에서 가장 까다로운 면이며, 아주 복잡한 이론적 연구로 이어졌다. 이런 분리 현상은 항공기의 붙임각(angle of incidence, 다가오는 유선에 대한 날개의 경사도)이 임계값을 넘어서 증가할 경우 뒤따르는 양력의 손실 및 항력의 증가로 인한 항공역학적 실속(失速, stall) 현상의 원인이다. 따라서 안정적인 비행을 유지하기 위해서는 분리 현상을 통제하는 것이 긴요하다.

하지만 레이놀즈 수가 낮은 상황에서도 분리가 일어날 수 있음에 주목해야 한다. 예를 들어 견고한 경계 $y = 0$ 위로 다가오는 전단유동(shear flow) $(\alpha y, 0, 0)$이 $x = 0$의 근방에서 갑작스럽게 가우스 분포의 하강을 보이는 경우를 생각해 보자. 즉, $y_0 \gg \delta$일 때

$$y = -\, y_0 \mathrm{e}^{-(x/\delta)^2}$$

이다. 레이놀즈 수를 $Re = \alpha\delta^2/\nu$로 잡을 수 있다. $Re \ll 1$이면, 이 유동은 어떤 점 $x = x_c = O(-\delta)$에서 분리된다. 이는 유선이 이 지점에서 경계를 이탈하며 그 지점 바로 옆의 경계 근처에서는 반대 방향 유동이 생긴다는 뜻이다. 레이놀즈 수가 작을 때 이런

종류의 분리 현상에 대한 관련 증거는 많다. 이제 모양과 상층류 속도는 상수로 유지하는 반면 ν를 줄여 꾸준히 레이놀즈 수를 상승시키면 어떤 일이 생기는지 보자. 예상할 수 있듯 Re가 증가함에 따라 분리점 x_c의 정확한 위치가 살짝 변하긴 하지만, 이런 분리 자체는 확실히 집요하게 나타난다.

Re가 증가하면 유동의 불안정성 문제라는 전혀 다른 고려 상황이 발생한다. 이제 유체역학의 이러한 중요 분야로 이목을 돌리자.

8 유동의 안정성

정상유동이 봉착할 수도 있는 불안정성을 고려할 때는, 전적으로 관성에 의한 것으로 증가율이 점성도와 무관한 **빠른 불안정성**과, 기본적으로는 점성도에 의한 것이어서 $\nu \to 0$일 때, 즉 $Re = UL/\nu \to \infty$일수록 증가율이 0으로 수렴하는 **느린 불안정성**을 구별해야 한다. 빠른 불안정성의 예로는 된(heavy) 층의 유체가 묽은(light) 층 위에 놓일 때 발생하는 **레일리(Rayleigh)-테일러(Taylor) 불안정성**과, 유체가 회전축 주변으로 반지름에 따라 감소하는 차동 회전을 만나면서 발생하는 **원심성 불안정성**과(**테일러 소용돌이**로 이어진다), 유체의 급속 전단 영역에서 발생하는 **켈빈-헬름홀츠 불안정성** 등이 있다. 나란한 평판 사이에서 압력에 의해 구동되는 푸아죄유(Poiseuille) 유동의 불안정성이 가장 잘 알려진 느린 불안정성의 예인데, 경계 근처의 **임계층**에서 점성이 미치는 미묘한 영향력과 관련돼 있다. 전기적으로 유도한 유동 내의 자기장의 **역학적(dynamo) 불안정성**은 보통 태생이 확산적(점성도보다는 자기(magnetic) 확산성을 통해)이기도 하므로, (빠른 역학적 불안정성의 예로 기괴한 것들이 발견되긴 하였지만) 느린 안정성으로 분류할 수도 있다.

8.1 켈빈-헬름홀츠 불안정성

켈빈-헬름홀츠 불안정성은 무한히 확장된 비점성 유체 내에서 평면 $y = 0$ 위에 위치한 **소용돌이 시트**(vortex sheet)의 불안정성이라고 이상화할 수 있다. 이때 기본 속도장은 $y > 0$이나 $y < 0$에 대해 각각 $\boldsymbol{U} = (\mp U, 0, 0)$으로 잡는다. 소용돌이 시트는 $y = \eta(x, t) = \hat{\eta}(t)\mathrm{e}^{\mathrm{i}kx}$로 살짝 변형되었다고 가정하는데 여기에서 실수 부분은 이해하고 있다. 대응하는 섭동 벡터장은 비회전장이며, $y > \eta$ 및 $y < \eta$에 대해 각각 $\boldsymbol{u} = \nabla\phi_{1,2}$로 주어진다. 비압축성이 $\nabla^2\phi_{1,2} = 0$을 함의하므로, $y = \pm\infty$에서 교란이 붕괴한다는 요구조건 때문에 $\phi_{1,2} = \Phi_{1,2}(t)\exp(\mp ky + \mathrm{i}kx)$이다. 헬름홀츠에 따르면 시트는 **유체와 함께 움직이며** 더욱이 압력은 유체를 가로질러 수직이다. 적은 양의 섭동 범위 내에서 이 두 조건을 선형화하면, 진폭 방정식 $\mathrm{d}^2\hat{\eta}/\mathrm{d}t^2 = \frac{1}{4}k^2U^2\hat{\eta}$가 나온다. 따라서 소용돌이 시트는 불안정성 $\eta \sim \exp \mathrm{e}^{\sigma t}$을 따르는데, 여기에서 σ는 **분산 관계식** $\sigma = \frac{1}{2}|kU|$로 주어진다. 이런 불안정성을 물리적으로 해석하면 시트 위에서의 표면 소용돌이가 $\eta_x > 0$, $\eta_{xx} = 0$인 변곡점에 집중하는 경향이 있으며, 유도 속도가 시트의 섭동을 증폭하는 경향이 있다고 해석할 수 있다.

이러한 분산 관계에서 교란의 파장 $\lambda = 2\pi/k$가 0으로 감소함에 따라 성장률 σ가 한없이 증가한다는 점이 주목할 만한 특징이다. 따라서 이러한 불안정성은 상당히 극적으로 나타난다. 교란이 증가함에 따라 필연적으로 비선형 효과가 중요해진다. 비선형성으로 인해 소용돌이는 위로 기운(upward sloping) 변곡점에 계속 집중하게 되며, 시트 위에서 소용돌이의 분포는 유한 시간에 첨점(cusp) 모양이 되고, 이 시간을 넘어서면 그러한 첨점 모양 특이점 주변에 소용돌이 시트의 **나선형 돌이**(spiral windup)가 발생한다고 믿고 있다.

변곡 속도(inflectional velocity) **프로파일**을 가지는 나란히 흐르는 유체에서도 켈빈-헬름홀츠 불안정성과 동일한 불안정성이 발생한다. 이는 자연 곳곳에서 발견되며 층류로부터 난류로 전이하는 주요 메커니즘의 하나다.

8.2 단기적 불안정성

이는 아주 색다른 종류의 불안정성이지만, 그럼에도 많은 유동이 교란으로 전이하는 과정의 핵심 요소이기도 하다. $|y| < b$에 대해 $\boldsymbol{U} = (\alpha y, 0, 0)$인 평면 쿠에트(Couette) 유동을 참고하면 가장 잘 설명될 수 있는데, 이 유동은 정규(normal) 모드의 통상적인 교란에 안정적인 것으로 알려져 있다. 여기서는 그러한 유동의 중심 구역을 고려하며 경계의 영향을 무시한다. 이 구역에서의 유동은 다음 꼴의 교란을 겪는다.

$$\boldsymbol{u} = \boldsymbol{A}(t)\mathrm{e}^{\mathrm{i}\boldsymbol{k}(t)\cdot\boldsymbol{x}}, \qquad \boldsymbol{A}(t)\cdot\boldsymbol{k}(t) = 0$$

여기에서 $\boldsymbol{k}(t) = (k_1, k_2 - \alpha k_1 t, k_3)$이다. 이런 꼴의 교란에서는 파동 벡터 $\boldsymbol{k}(t)$가 유동 자체에 의해 전단되는데 이를 켈빈 모드라 부른다. NS 방정식에 대입하고 압력을 제거하면, 진폭 $\boldsymbol{A}(t)$에 대한 정확한 해가 나온다. 이 해로부터 $k_1^2 \ll k_2^2 + k_3^2$이고 점성의 효과가 무시될 정도라면 성분 $A_1(t)$는 오랜 시간 동안 (지수적이지 않고) 선형으로 증가한다는 것이 드러난다. 이 불안정성의 원인을 NS 방정식의 항 $\boldsymbol{u}\cdot\nabla\boldsymbol{U} = u_2(\mathrm{d}\boldsymbol{U}/\mathrm{d}y)$탓으로 돌릴 수도 있는데, 이는 평균 모멘트의 x 성분이 y 방향으로 꾸준히 전달(transport)되는 것에 대응한다. 이것이 정규 모드에 반하는 **단기적**(transient) 불안정성의 핵심이다. 전단 유동에서 **유선별 소용돌이**가 출현하는 이유가 단기적 불안정성 때문이다. 이러한 소용돌이들은 자체로 **부차적인 불안정성**을 일으키기 쉬워지며, 거의 틀림없이 교란으로 전이한다.

8.3 원심 불안정성

회전하는 원통 사이에서의 **회전형 쿠에트 유동**을 생각하는데, 이때 속도장은 원기둥좌표계 (r, θ, z)로 $\boldsymbol{u} = (0, v(r), 0)$ 꼴을 취한다고 하자. 구심력과 균형을 맞추기 위해 필요한 방사 방향의 압력 기울기는 $\mathrm{d}p/\mathrm{d}r = \rho v^2/r$이다. 당분간 점성의 효과는 무시하자. 각운동량은 그대로이면서 반지름이 r인 유동 고리가 반지름 $r_1 = r + \delta r$로 확장되었다고 가정하면, 속도는 $v_1 = rv(r)/r_1$이 된다. 이제 이 고리에 작용하는 구심력은 $\rho(rv/r_1)^2$이며, 만일 이 값이 국소적 복원 압력 기울기 $\rho v_1^2/r_1$보다 크면 고리는 계속 확장한다. 따라서 불안정할 조건은 $|rv| > |r_1 v(r_1)|$, 즉 이와 동치인

$$\frac{\mathrm{d}}{\mathrm{d}r}|rv(r)| < 0$$

이 된다. 따라서 만일 각운동량이 (혹은 이와 동등하게 순환도가) 바깥 방향으로 감소하면, 유체는 원심

불안정성을 띠기 쉽다(레일리 기준).

이러한 유동은 동축(coaxial) 원통 사이에서 실현될 수 있는데, 반지름이 a인 내부의 원통이 축 주변으로 각속도 Ω로 회전하는 반면 외부의 원통은 정적일 때 발생한다. 만일 두 원통의 간극 d가 a보다 작으면, 1923년 테일러(G. I. Taylor)가 증명한 대로 점성의 효과를 적절히 고려할 경우, 위의 종류의 축대칭 교란에 대한 불안정성의 기준은 다음 식으로 훌륭하게 근사할 수 있게 된다.

$$\frac{ad^3\Omega^2}{\nu^2} > 1708$$

무차원수 $Ta \equiv ad^3\Omega^2/\nu^2$은 테일러 수라고 알려져 있다. $Ta > 1708$일 때의 불안정성은 거의 네모난 절단면을 지니는 일련의 축대칭 **테일러 소용돌이** 및 방사성 소용돌이도의 부호 교대라는 형태로 자신을 드러낸다.

깊이 d인 유동의 수평층이 하부로부터 가열될 때의 대류 불안정성과(레일리-베나르(Bénard) 대류), 원심 불안정성 사이에는 밀접한 유사성이 있다. 여기에서 유동의 열확산도 κ, 열확장 계수 β, 바닥층과 맨 윗층 사이의 온도차 ΔT에 대해 레일리 수 $Ra = g\beta d^3\Delta T/\nu\kappa$가 테일러 수의 유사물이다. 불안정에 대한 임계 레일리 수 역시 $Ra = 1708$일 정도로 둘의 유사성은 대단히 가깝다. Ra가 1708보다 조금만 더 크더라도 대류에서 일정한 패턴이 만들어진다. 수평축을 가지며 휘감거나, 육각형 평면도형을 지니는 대류 세포(convective cell)가 되는데 어느 쪽이냐의 선택은 약한 비선형성 및 다른 미묘한 효과들의 영향을 받는다.

더 읽을거리

Aref, H. 1984. Stirring by chaotic advection. *Journal of Fluid Mechanics* 143: 1-21.

Batchelor, G. K. 1967. *An Introduction to Fluid Dynamics*. Cambridge: Cambridge University Press.

Drazin, P. G., and W. H. Reid. 2004. *Hydrodynamics Stability*, 2nd edn. Cambridge: Cambridge University Press.

Fefferman, C. L. 2000. Existence and smoothness of the Navier-Stokes equations. In *The Millennium Prize Problems*, pp. 57-67. Providence, RI: Clay Mathematics Institute.

Happel, J., and H. Brenner. 1965. *Low Reynolds Number Hydrodynamics*. Englewood Cliffs, NJ: Prentice Hall.

Pinter, A., B. Dubrulle, and F. Daviaud. 2010. Kinematic dynamo simulations of von Karman flows: application to the VKS experiment. *European Physical Journal* B74: 165-76.

Saffman, P. G. 1992. *Vortex Dynamics*. Cambridge: Cambridge University Press.

Taylor, G. I. 1971. *Scientific Papers, Volume 4: Mechanics of Fluids*, edited by G. K. Batchelor. Cambridge: Cambridge University Press.

IV.29 자기 동수력학

데이비드 휴스 *David W. Hughes*

1 서론

자기 동수력학(Magnetohydrodynamics, MHD)은 자기장이 존재할 때 전기적 전도성을 가지는 유동이나 플라스마의 운동을 연구한다. 근본적으로 항공물리적 자기장과 지구물리적 자기장과 관련되어 이용되지만, 지상에서의 응용이나 산업적 응용도 몇 가지 있다. 거대 규모에서 자기장은 어디든 있으며 동역학적으로 중요하다. 따라서 자기장을 이론적으로 이해하는 것은 별의 형성, 항성간 매질, 응축 원반, 항성 대기, 항성 및 행성의 내부의 동역학을 이해하는 데 중요하다. 그림 1은 우주에서 태양 대기권을 찍은 고해상도 영상을 보여주고 있는데, 자기장의 규모와 복잡성이 드러나 있다. 지상에서의 MHD의 응용 중 가장 야심찬 것은 핵융합으로부터 에너지를 수확하는 문제다. 강력한 자기장을 부여하여 토카막*에서 융합 플라스마를 가두어 제어하는 것은 이론적으로나 실험적으로나 만만치 않은 난관이다. MHD를 써서 주물이나 정련 작업을 하며 자기장을 써서 액체 금속의 흐름을 조절할 때 발생하는 복잡한 난류 운동에 대한 설명을 찾는 다소 색다른 산업적 방향도 있다.

MHD의 기원은 '태양처럼 회전하는 물체가 어떻게 자석이 될 수 있는가?'라는 제목의 라모르(Lamor)의 짧지만 대단히 영향력 있는 1919년의 논문까지 거슬러 갈 수 있다. 이 논문에서는 항성 내의 소용

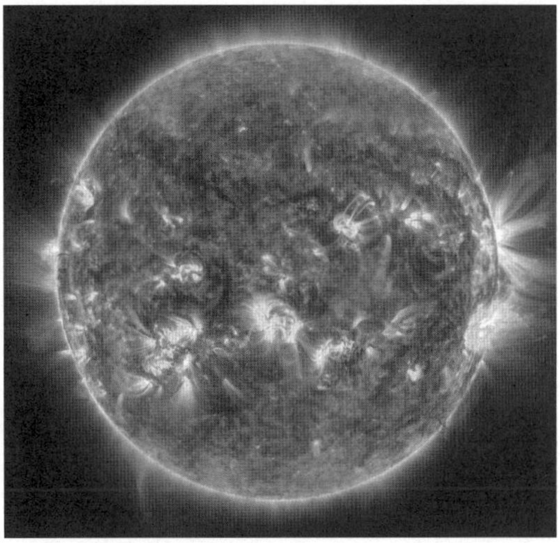

그림 1 태양 역학 관측 위성(Solar Dynamics Observatory)이 찍은 태양 대기의 극자외선(extreme ultraviolet) 영상. 밝은 영역은 강력한 자기장 활동이 있는 장소들이다. 자기장은 태양의 내부에서 발생하여, 태양 표면의 흑점과 태양 대기 내에 아치 모양의 구조(코로나 루프)를 형성한다.

돌이 운동이 자기장을 보유할 수 있음을 상정하고 있다. 1930년대와 1940년대 알프벤(Alfvén), 코울링(Cowling), 엘사세르(Elsasser), 하트만(Hartmann)과 같은 선구자들이 뒤따라 이 주제에 대한 이론적 발달을 이루어 냈다. 그보다 1세기 전 패러데이(Faraday)가 지구의 자기장 내에서 템스(Thames) 강이 흐르면서 유도되는 퍼텐셜의 차이를 측정하기 위한 시도로, 운동하는 유체 도체의 역할을 연구했는데 이를 MHD의 전조로 간주할 수 있다.

MHD를 지배하는 방정식은 유체역학의 아이디어를 전자기학의 아이디어와 결합하여 유도한다. 하지만 정신적으로는 유체역학에 더 가깝다. MHD에서 고려하는 '유체'는 지구 외핵 내의 액상 철처럼 정말로 유체일 수도 있고, 항공물리적 맥락에서처럼 이온화한 가스나 플라스마일 수도 있다. 항성 내부에서 발견된 충돌이 지배적인(collision-domin-

* 자기장으로 플라스마를 가두는 도너츠형 장치.—옮긴이

ated) 플라스마는 대단히 근사적으로 단일한 유동처럼 다룰 수 있으며, 이들의 행동은 MHD 내에서 잘 서술할 수 있다. 하지만 항성 대기와 같이 맥락이 다르면 더 복잡한 (다중유동) 플라스마로 서술하는 것이 필요할 때도 있다.

MHD는 유체역학을 두 가지 중요한 방향으로 확장한다. 새로운 방정식인 자기유도방정식을 추가할 수도 있고, 운동량(나비에-스토크스)방정식[III.23 §2]에 자기력인 로런츠 힘을 포함시킬 수도 있다. 자기유도방정식은 자기장 위에서 속도장의 영향을 서술하며, 역으로 로런츠 힘은 속도장 내에서 자기장의 반작용을 서술한다. 따라서 장과 유동은 복잡하고 비선형적인 방식으로 연결돼 있다. 따라서 MHD에는 유체역학은 물론이며 이론의 여지없이 신기한 자기장 현상이 결합한 복잡함과 미묘함이 모두 담겨 있다.

2 자기유도방정식

MHD는 비상대론으로, 유체의 속도가 빛의 속력보다 훨씬 작을 때 유효하다. 따라서 전자기의 '전-맥스웰'(pre-Maxwell) 방정식 집합이 출발점이며 여기에서 변위 전류는 무시된다. 이때 전기장 $\boldsymbol{E}$, 자기장 $\boldsymbol{B}$, 전류 $\boldsymbol{J}$의 3차원 실수 벡터들은 앙페르(Ampère)의 법칙, 패러데이의 법칙, 자기장에서의 발산이 0이라는 조건을 만족한다. MKS 단위계로 이 방정식은 다음처럼 표현된다.

$$\nabla \times \boldsymbol{B} = \mu_0 \boldsymbol{J}, \quad \frac{\partial \boldsymbol{B}}{\partial t} = -\nabla \times \boldsymbol{E}, \quad \nabla \cdot \boldsymbol{B} = 0$$

여기에서 μ_0은 투자율(透磁率, magnetic permeability)이다. 닫힌 방정식계를 얻기 위해서는 $\boldsymbol{E}, \boldsymbol{B}, \boldsymbol{J}$를 연결하는 관계식인 옴(Ohm)의 법칙이 더 필요하다. MHD에서는 옴의 법칙 중에서 가장 간단한 꼴, 즉 σ가 전기전도도일 때 유동 원소와 함께 움직이는 좌표계로 측정한 장 $\boldsymbol{J}'$과 $\boldsymbol{E}'$에 대해 $\boldsymbol{J}' = \sigma \boldsymbol{E}'$을 채택하는 것이 관례다. 고정된 좌표계에 대해 $\boldsymbol{u}$가 유속일 때

$$\boldsymbol{J} = \sigma(\boldsymbol{E} + \boldsymbol{u} \times \boldsymbol{B})$$

가 된다. (일반화한 꼴의 옴의 법칙을 통해 고전적인 MHD에서는 포함되지 않는 전자압 기울기라든지 홀(Hall) 효과와 같은 추가 플라스마 과정을 포함할 수 있다.) $\boldsymbol{E}$와 $\boldsymbol{J}$를 제거하고, 단순성을 위해 전도도가 균일하다고 가정하면 자기유도방정식은 다음과 같다.

$$\frac{\partial \boldsymbol{B}}{\partial t} = \nabla \times (\boldsymbol{u} \times \boldsymbol{B}) + \eta \nabla^2 \boldsymbol{B} \tag{1}$$

여기에서 $\eta = 1/(\sigma\mu_0)$은 자기 확산도(magnetic diffusivity)다. MHD에서 가장 중요한 지위는 자기장에 부여되며 전기장과 유동은 부차적인데, 다만 $\boldsymbol{B}$를 알면 필요한 경우 이들을 계산할 수 있다. 마찬가지로 전기장과 전하를 연결시키는 가우스(Gauss) 법칙은 위의 논의에서 아무런 구체적 역할을 하지 않는다. 다만 이 법칙은 일단 $\boldsymbol{E}$가 결정될 때 전하를 결정하는 수단을 제공할 뿐이다.

유도방정식은 이류(移流, advection)와 확산으로 인한 자기장의 발전을 설명해 준다. 이 두 항의 상대적인 규모는 속도와 길이 규모가 각각 U, L일 때 자기 레이놀즈 수 $Rm = UL/\eta$로 측정한다. 항공물리적 물체는 길이 규모가 방대하고 전도도가 높다는 것

으로 특징지을 수 있는데 Rm은 예외 없이 크며, 대개는(예를 들어 항성의 대류 영역 내에서 깊은 곳에서는 $Rm \approx 10^9$이고 표면 근처에서는 $Rm \approx 10^6$이다. 성간 매질에서는 $Rm \approx 10^{17}$) 극도로 크다. 반면 대부분의 산업용 액체 금속 유동에서는 Rm이 작다 ($\lesssim 10^{-2}$).

벡터곱의 회전장을 전개하고 $\nabla \cdot \boldsymbol{B} = 0$을 이용하면, 방정식 (1)은 다음처럼 쓸 수 있다.

$$\frac{\mathrm{D}\boldsymbol{B}}{\mathrm{D}t} = \boldsymbol{B} \cdot \nabla \boldsymbol{u} - (\nabla \cdot \boldsymbol{u})\boldsymbol{B} + \eta \nabla^2 \boldsymbol{B}$$

여기에서 $D/Dt \equiv \partial/\partial t + \boldsymbol{u} \cdot \nabla$는 라그랑주 미분(Lagrangian), 즉 '유동을 따르는' 매질 미분(material derivative)을 나타낸다. 오른편의 항 세 개는 각각 장선(field line)의 신장, 유체의 압축성, 자기 확산에 의한 자기장의 발전이 기여하는 항이다.

관상(管狀, solenoidal) 자기장을 자극형(poloidal) 성분과 원환형(toroidal) 성분으로 분해하는 게 유용할 때가 종종 있다.

$$\boldsymbol{B} = \boldsymbol{B}_\mathrm{P} + \boldsymbol{B}_\mathrm{T} = \nabla \times \nabla \times (P\boldsymbol{r}) + \nabla \times (T\boldsymbol{r})$$

여기에서 P와 T는 위치에 대한 스칼라 함수이며, $\boldsymbol{r}$는 위치벡터다. 축대칭 장일 때는 $\boldsymbol{B}_\mathrm{T}$가 방위각(azimuthal)형이며 $\boldsymbol{B}_\mathrm{P}$는 자오선(meridonal)형이다.

3 완전전도유체

항공물리에서 $Rm \gg 1$이라는 사실로부터 동기를 얻어, 완전전도유체라는 이상적인 (보통 이상적인 MHD라 부른다) 동역학을 고려하는 것도 유익하다. 이 동역학에서는 형식적으로 Rm이 무한대이며, (1) 식으로부터 $\boldsymbol{B}$는

$$\frac{\partial \boldsymbol{B}}{\partial t} = \nabla \times (\boldsymbol{u} \times \boldsymbol{B}) \qquad (2)$$

로 간단하게 서술할 수 있다(물론 최고차항을 없앨 때는 항상 주의를 기울여야 한다). 여기에서는 완전전도 유체 내에서 자기장의 두 가지 중요한 성질을 다룬다.

3.1 플럭스 냉각

자기장 $\boldsymbol{B}$에 대한 식 (2)는 형식적으로는 비점성 유체의 소용돌이 방정식과 동일하므로, 헬름홀츠 소용돌이 정리[IV.28 §6.1]에 해당하는 정리를 찾을 수 있다. 이 정리는 소용돌이가 속도의 회전장이라는 추가 조건에 의존하지 않기 때문에 정리의 증명은 달라지지 않고 진행된다. 따라서 유체와 함께 움직이는 모든 물질면(material surface) S_m에 대하여 다음을 증명할 수 있다.

$$\frac{\mathrm{D}}{\mathrm{D}t}\int_{S_m} \boldsymbol{B} \cdot \boldsymbol{n}\mathrm{d}S = 0$$

여기에서 $\boldsymbol{n}$은 곡면의 법벡터다. 다른 말로 하면, 유체와 같이 이동하며 곡면을 통과하는 플럭스는 보존된다. 따라서 초기에 같은 자기장선 위에 있었던 두 개의 유동 원소는 그 후에도 그 선 위에 남게 된다는 사실을 증명하는 건 복잡하지 않다. 이것이 자기장선이 유동과 같이 움직인다는 알프벤의 유명한 결과다. 이 결과는 흔히 장선이 유동에서 냉각(frozen)되었다고 말하곤 한다. MHD의 초창기 결과 중 하나인 페라로(Ferraro)의 1937년 등회전(isorotation) 법칙이 플럭스 냉각의 특별한 경우였다. 이 법칙은 유동의 각속도 Ω가 자극형 자기장선

위에서 일정하면(즉, $\boldsymbol{B}_{\mathrm{P}} \cdot \nabla \Omega = 0$) 자극형 장으로부터 빠져나오는 것을 통해 원환형 장이 생성되는 경향이 없다는 것이다. 역으로 $\boldsymbol{B}_{\mathrm{P}} \cdot \nabla \Omega \neq 0$이면, 서로 다르게 회전하는 유동 내의 자극형 성분으로부터 원환형 장이 '감아 올려진다(wound up).' 이는 대부분의 항공물리적 물체가 대규모의 전단 운동을 받치고 있기 때문에 중요하게 고려되고 있다.

유도방정식과 질량 보존방정식을 결합하면 다음의 관련된 결과가 나온다.

$$\frac{\mathrm{D}}{\mathrm{D}t}\left(\frac{\boldsymbol{B}}{\rho}\right) = \frac{\boldsymbol{B}}{\rho} \cdot \nabla \boldsymbol{u}$$

따라서 $\boldsymbol{B}/\rho$는 물질선 요소와 동일한 방정식을 만족하고, 그러한 요소들의 신장이나 압축에 정비례하는 규모로 증가하거나 감소한다. 천체가 중력으로 붕괴하는 동안 자기장이 증폭되는 것이 한 가지 중요한 결과다. 반지름이 $O(10^5)$ 규모로 증가하며 중성자별이 생길 때처럼 이런 증폭이 특히 극적이면, 자기장의 강도는 어마어마하게 ($O(10^{10})$) 증가한다.

3.2 자기 나선도

자기장 $\boldsymbol{B}$가 관상형(solenoidal)이므로, 자기벡터 퍼텐셜 $\boldsymbol{A}$에 대해 $\boldsymbol{B} = \nabla \times \boldsymbol{A}$로 표현할 수 있다. 이때 유동의 나선도[IV.28 §6.2]와 유사하게 자성 곡면을 경계로 가지는 영역 V의 자기 나선도(magnetic helicity)를 다음처럼 정의할 수 있다.

$$\mathcal{H} = \int_V \boldsymbol{A} \cdot \boldsymbol{B} \mathrm{d}V$$

$\mathcal{H}$는 게이지(gauge) 변환 $\boldsymbol{A} \to \boldsymbol{A} + \nabla\phi$에 대해 불변이다.

자기 나선도는 자기 플럭스관의 교차도(linkage)를 측정해 준다. 완전대류유동 내에서 장선이 유동에 대해 냉각되어 있을 때, 이 위상학적 성질이 모든 시간 동안 유지될 거라고 예상할 수 있다. 이는 실제로 유도방정식과 질량 보존에 대한 방정식의 조합으로 간단하게 증명할 수 있다. 유한 확산도를 가지면 $\mathcal{H}$는 더는 보존되지 않는다. 하지만 그럼에도 불구하고 $\mathcal{H}$는 Rm이 높은 유동에서는 '근사적으로 보존'되리라고 예상하고 있으며, MHD가 붕괴할 때 자기 에너지도 붕괴하는 반면 자기 나선도는 1차 근사까지는 상수로 남아 있을 거라고 예상한다.

4 운동학적 고려

유도방정식에 압축되어 있는 이류(advection)와 확산, 두 과정 사이의 상호작용은 다음의 간단하고 중요한 예들을 통해 드러나게 되는데, 각각에서 유동은 미리 지정된 것으로 가정한다.

4.1 정체점 유동

단향성(unidirectional) 자기장 $\boldsymbol{B} = (0, B(x, t), 0)$, 예를 들어 2차원 정체점 유동 $\boldsymbol{u} = \lambda(-x, y, 0)$의 발달은 다음 방정식이 지배한다.

$$\frac{\partial B}{\partial t} - \lambda x \frac{\partial B}{\partial x} = \lambda B + \eta \frac{\partial^2 B}{\partial x^2}$$

유동에 의해 $x = 0$ 쪽으로 자기장이 흘러들어 오지만, 장 기울기가 강력한 곳에서는 확산을 겪는다. 이 과정들이 균형을 이루는 곳에서 정체 현상에 이르게 된다. 두 가지 해가 특히 흥미로운데, 기본적인 항공물리학적 과정에서 전형적인 예를 제공한다.

단일 부호의 자기장에 대해서는

$$B(x) = B_{\max} \exp(-\lambda x^2/2\eta)$$

이며, 유동 다발(flux rope) 속으로 자기장이 집중하는 가장 간단한 모형을 제공한다. 만약 전체 자기 플럭스가 유한하여 예를 들어 $B_0 L$이라 하면, 폭이 $O(Rm^{-1/2}L)$이며 장의 최대 강도가 $O(Rm^{1/2}B_0)$인 다발 하나에 축적된다.

$x = 0$에서 0이며 부호가 교대하는 자기장에 대해서는

$$B(x) = \frac{E}{\sqrt{\eta\lambda}} \exp(-x^2\lambda/2\eta) \int_0^{x\sqrt{\lambda/\eta}} \exp(s^2/2)\,\mathrm{d}s$$

인데 여기에서 E는 z 방향으로 일정한 전기장이다. 이는 반대 부호의 자기장의 소멸에 의해 생성되는 흐름 시트(current sheet)를 간단히 묘사해준다. 장의 위상의 변화를 통해 자기 에너지가 급속하게 풀려나는 **자기 재연결**(magnetic reconnection)이라는 좀 더 복잡한 과정에서 $B(x)$는 중요한 요소이다.

4.2 플럭스 축출

소용돌이치는 유동에서 자기장은 왜곡되며 증폭된다. 자기장의 횡단 변동 규모는 줄어들어 확산이 중요해지게 되며 장은 소멸되거나 유동으로부터 **축출**(expel)된다. 이런 과정 중 극히 복잡한 경우가 예를 들어 태양 겉면에서 관찰되는 난류성 대류 세포에서 벌어진다. 하지만 바탕이 되는 물리학, 특히 축출의 시간 규모는 유동 평면 내에 장을 가지는 단일한 층류성 맴돌이를 이상화한 예를 통해 이해할 수 있다. 초기에는 강도가 B_0으로 균일하게 주어지며 방향 $\theta = 0$에 나란하게 평면 극좌표계로 주어진 유동 $\boldsymbol{u} = r\Omega(r)\boldsymbol{e}_\theta$를 생각하자. 자기장을 $\boldsymbol{B} = \nabla \times A\boldsymbol{e}_z$로 나타내고 푸리에(Fourier) 분해 $A = B_0 \mathrm{Im}(f(r,t)\mathrm{e}^{\mathrm{i}\theta})$을 이용하면 f에 대해 다음 방정식이 나온다.

$$\frac{\partial f}{\partial t} + \mathrm{i}\Omega(r) f = \eta\left(\frac{\partial^2}{\partial r^2} + \frac{1}{r}\frac{\partial}{\partial r} - \frac{1}{r^2}\right) f$$

이때 $f(r,0) = r$이다. 이는 점근해

$$f \sim r\exp(-\mathrm{i}\Omega t - \eta\Omega'^2 t^3/3)$$

을 가지며, 1966년 와이즈(Weiss)가 처음 제시한 대로 플럭스 축출은 확산적 (또는 옴(Ohm) 유형의) 시간 규모인 $O(Rm)$보다 훨씬 빠른 $O(Rm^{1/3})$ 시간 규모로 발생한다.

5 로런츠 힘

유도방정식 (1)은 속도가 $\boldsymbol{u}$인 유체의 영향을 받은 자기장 $\boldsymbol{B}$의 발달을 묘사해 준다. 하지만 자기장은 아주 약한 경우만 아니면 수동적이지 않으며 그 자체로 속도에 힘을 행사하는데 나비에-스토크스 방정식에 반영돼 있다. 이 힘이 로런츠 힘인데 앙페르 법칙으로부터 전류를 치환한 뒤 얻는

$$\boldsymbol{J} \times \boldsymbol{B} = \frac{1}{\mu_0}(\nabla \times \boldsymbol{B}) \times \boldsymbol{B} \tag{3}$$

로 정의한다(MHD의 가정하에서는 정전기적 힘은 무시할 수 있다). 따라서 MHD는 연립 비선형 편미분방정식의 결합으로 서술된다. 로런츠 힘은 자기장선을 따르는 운동에는 영향을 끼치지 않음에 주목하라. 이 운동은 중력이나 압력 기울기와 같은 다른 힘으로부터 비롯된 것이어야 한다.

5.1 자기압과 장력

로런츠 힘 (3)은 다음처럼 분해할 수 있다.

$$\boldsymbol{J} \times \boldsymbol{B} = -\nabla\left(\frac{B^2}{2\mu_0}\right) + \frac{1}{\mu_0}\boldsymbol{B} \cdot \nabla \boldsymbol{B} \tag{4}$$

여기에서 B는 자기장 $\boldsymbol{B}$의 크기를 가리킨다. 첫 번째 항은 **자기압**(magnetic pressure) $p_\mathrm{m} = B^2/2\mu_0$의 기울기(gradient)를 나타낸다. 따라서 총 압력은 기체의 압력과 자기압의 합이며, 이 압력의 비 p/p_m을 **플라스마-β**라고 부른다. 기체에서는 자기압의 파급력이 대단히 중요할 수 있다. 총 압력이 비자성 대기와 균형을 이루는 고립된 자성 플럭스관은 필연적으로 기체 압력이 줄어야만 한다. 만일 관의 압력이 주변과 동일하면, 관은 이상 기체 법칙에 의해 더 낮은 밀도를 가진다. 따라서 관은 **자기 부양**(magnetic buoyancy)이라 부르는 현상을 일으키며 상승한다. 파커(Parker)가 맨 처음 제기한 대로 이 메커니즘이 태양의 내부로부터 태양 표면과 태양의 대기층 위로 자성 플럭스관을 끌어올리는 방식이라고 믿고 있다(그림 1을 보라).

장을 따르는 단위 벡터 $\hat{\boldsymbol{s}}$를 써서 $\boldsymbol{B} = B\hat{\boldsymbol{s}}$라 쓰면, (4)의 두 번째 항은 다음처럼 분해할 수 있다.

$$\begin{aligned}\frac{B}{\mu_0}\frac{\mathrm{d}}{\mathrm{d}s}(B\hat{\boldsymbol{s}}) &= \frac{B}{\mu_0}\frac{\mathrm{d}B}{\mathrm{d}s}\hat{\boldsymbol{s}} + \frac{B^2}{\mu_0}\frac{\mathrm{d}\hat{\boldsymbol{s}}}{\mathrm{d}s} \\ &= \frac{\mathrm{d}}{\mathrm{d}s}\left(\frac{B^2}{2\mu_0}\right)\hat{\boldsymbol{s}} + \frac{B^2}{\mu_0}\frac{\hat{\boldsymbol{n}}}{R_c}\end{aligned}$$

여기에서 $\hat{\boldsymbol{n}}$은 자기장선에 대한 주법벡터(principal normal)이고, R_c는 곡률반지름이다. 첫 번째 항은 정확히 장선을 따르는 자기압 성분의 반대가 된다. 두 번째 항은 **자기 장력**(magnetic tension)을 나타내는데, 장선이 구부러져 있으면 탄성 복원력을 가짐을 나타낸다.

5.2 로런츠 힘이 없는 장

태양의 코로나처럼 β값이 작은 플라스마에서는 자기장이 지배적이다. 이때 정적인, 더 정확히 말하면 준정적인 자기 구조를 힘이 없는 장, 즉 로런츠 힘이 0인 자기장을 가지는 것으로 모델링할 수 있다. (3)으로부터 이는 $\boldsymbol{B}$와 $\boldsymbol{J}$가 나란함을 뜻하므로 위치에 의존하는 어떤 상수 λ에 대해

$$\nabla \times \boldsymbol{B} = \lambda \boldsymbol{B} \tag{5}$$

이다. (5)를 만족하는 벡터장은 **벨트라미**(Beltrami) 장으로 알려져 있다. 이로부터 $\boldsymbol{B} \cdot \nabla\lambda = 0$, 즉 λ는 개별 장선을 따라 변할 수 없다는 사실이 나온다. 가장 간단한 경우는 λ가 상수인 경우인데, 예를 들어 원기둥 대칭인 시스템에서는 이로부터 베셀 함수(Bessel function)로 표현하는 다음 성분을 가지는 자기장이 나온다.

$$B_r = 0, \quad B_\theta = B_0 J_1(\lambda r), \quad B_z = B_0 J_0(\lambda r)$$

5.3 하트만 유동

전기적으로 전도성이 있는 유체가 수직인 자기장을 지니는 채널을 통해 지나가는 유동으로 자기 장력의 영향을 설명할 수 있다. 1930년대 하트만이 최초로 이론 및 실험으로 연구한 이와 같은 유동은 액체 금속 MHD에서의 중요성 때문에 대단한 주목을 받아 왔다. 밀도가 ρ이고 운동학적 점도가 ν인 비압축성 점성 유체가 각자 균일한 자기장 $B_0\hat{\boldsymbol{y}}$가 걸려 있는 나란한 두 평판 $y = \pm d$ 사이에서 x 방향으로의 압력 기울기에 의해 구동된다고 가정하자. 유동 $u(y)\hat{\boldsymbol{x}}$는 경계 평판에서는 0이며 채널의 중심에서

가장 빠르다. 따라서 이 유동은 부여된 장을 빼내어 $b(y)\hat{\boldsymbol{x}}$만큼의 성분을 생성한다. 이때 장선은 자기 장력을 보유하게 되어 운동에 저항하는 작용을 한다. 장선의 신장과 확산에 의한 이들의 '하락'(slippage)이 균형을 이룰 때 정상상태가 생길 수도 있다. 무차원 정상상태 운동량 방정식과 유도방정식은 다음처럼 간결하게 쓸 수 있다.

$y = \pm 1$에서

$$Ha\frac{\mathrm{d}b}{\mathrm{d}y} + \frac{\mathrm{d}^2 u}{\mathrm{d}y^2} = -1, \quad Ha\frac{\mathrm{d}u}{\mathrm{d}y} + \frac{\mathrm{d}^2 b}{\mathrm{d}y^2} = 0$$

여기에서 $Ha = dB_0\sqrt{\sigma/\rho\nu}$는 하트만 수이다. 이들은 점착(no-slip) 경계조건($y = \pm 1$에서 $u = 0$)과 다음의 자기 경계 조건에 의거하여 풀 수 있다.

$$\pm\frac{\mathrm{d}b}{\mathrm{d}y} + \frac{1}{c}b = 0$$

여기에서 $c = 0$은 전기적으로 절연된 벽에 대응하며 $c \to \infty$는 완전 전도성 경계에 대응한다. 그 결과 속도는 다음으로 주어진다.

$$u = \frac{1}{Ha}\left(\frac{1 + c}{cHa + \tanh Ha}\right)\left(1 - \frac{\cosh(Ha\, y)}{\cosh Ha}\right)$$

작은 Ha 값에 대해서는 고전적인 쌍곡형 수력학 프로파일이 복구된다. $Ha \gg 1$일 때는 속도가 현저히 감소한다. 또한 프로파일은 채널 대부분에서 폭이 $O(Ha^{-1})$인 지수적 경계층을 가지며 평평해진다.

6 MHD 파동

MHD에서 속도와 자기장 사이의 상호작용은 다양한 파동 운동을 뒷받침하며 가장 생생하게 나타난다. 광범위한 공간 및 시간 규모를 가지는 그런 파동은 태양 대기 내의 자기장의 운동이 보여주는 장관에서 드러난다.

가장 인상적인 것은 **알프벤(Alfvén) 파동**이라 부르는 것이 출현할 때다. 이들은 이상적인 비압축성 MHD라는 가장 간단한 계를 통해 분석할 수 있다. 균일 자기장 $\boldsymbol{B}_0$을 가지는 균질 평형상태에 대해 $\exp(\mathrm{i}(\boldsymbol{k}\cdot\boldsymbol{x} - \omega t))$만큼 변동하는 선형 평면파의 섭동을 생각한다. 운동량 방정식과 유도방정식을 조합하면 다음 분산 관계식이 나온다.

$$\omega^2 = k_\parallel^2 V_\mathrm{A}^2$$

여기에서 $V_\mathrm{A} = B_0/\sqrt{\mu_0\rho}$는 알프벤 속도이고, $k_\parallel$는 부여된 장과 나란한 파동 벡터의 성분이다. 횡단하는 파동인 알프벤 파동은 오로지 자기 장력에 의해서만 발생하므로, 어떤 의미에서는 길게 늘인 현에서의 파동과 유사하다.

압축성 대기는 **자성 음향파동**(magnetoacoustic wave)라 부르는 두 가지 추가 모드를 뒷받침하는데 분산 관계식은 다음과 같다.

$$\omega^4 - \omega^2 k^2(V_\mathrm{S}^2 + V_\mathrm{A}^2) + k_\parallel^2 k^2 V_\mathrm{S}^2 V_\mathrm{A}^2 = 0$$

여기에서 $V_\mathrm{S} = \sqrt{\gamma/p\rho}$는 음속이다. 위상 속도의 절댓값 $|\omega/k|$는 두 가지 해를 가질 수 있는데 각각 고속 모드와 저속 모드라 명명한다. 다양한 MHD 파동에 대해 위상 속도와 집단 속도의 성질은 그림 2에 나타낸 극 도표를 통해 가장 분명하게 설명할 수 있다. 가장 의미심장한 차이는 집단 속도에 의해 드러나는데, 고속 모드에서는 에너지가 모든 방향으로 전파되지만, 저속 모드에서는 부과된 장의 방향 주변에서 작은 범위의 각도 내에서만 에너지가 전

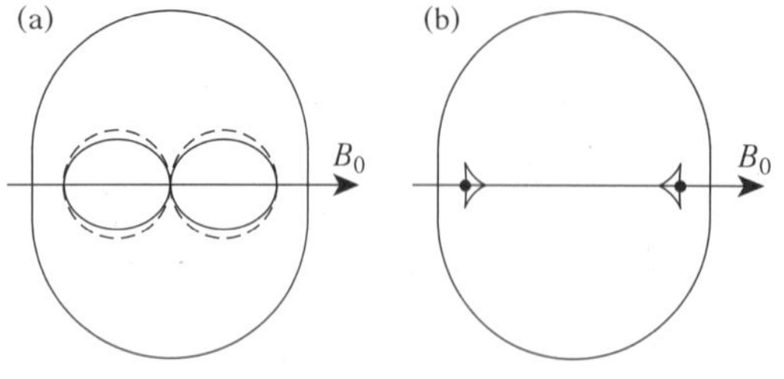

그림 2 보인 대로 자기장이 부과되었을 때 다양한 MHD 파동에 대한 (a)위상 속도와 (b)집단 속도. 실선은 고속 파동과 저속 파동을 나타낸다. 알프벤 파동은 (a)에서는 점선으로 나타내었으며 (b)에서는 굵은 점으로 나타내었다. 알프벤 파동 속도와 음향 속도의 비는 0.8이다.

파되며 알프벤 파동에 대해서는 에너지가 오직 $\boldsymbol{B}_0$ 방향으로만 속도 V_A로 전달된다.

7 다이나모

자기장의 지속성을 연구하는 다이나모(dynamo) 이론은 MHD에서 가장 수학적으로 흥미로우며 물리적으로 의미 있는 영역을 이루고 있다. 냉정하게 말해 천체에서 관찰되는 자기장은 오직 두 가지 방법으로만 출현한다. 천체의 형성 단계에서 갇힌 '화석화된 장'(fossil field)이 느리게 붕괴하거나, 천체 내 플라스마의 유도운동에 의해 지속된다. 후자의 과정이 **자기 동수력학적 다이나모**로 알려져 있다. 지구에 대해서는 이 문제가 명쾌하다. 고지자기학(古地磁氣學, paleomagnetism)에 의하면 지구의 자기장은 $O(10^9)$년 동안 끈질기게 유지돼 왔으며, 붕괴시간은 (L이 전도성 외핵의 길이 규모이고, η가 자기 확산도일 때 L^2/η) 몇 단계 규모가 작은 $O(10^5)$년으로 드러났다. 따라서 지자기장은 단순한 화석화된 장의 붕괴일 수 없다. 반드시 외핵에서 어떤 액체 금속의 유동으로부터 나오는 다이나모여야만 한다. 태양 (및 유사한 항성) 내의 다이나모 작용의 경우는 다소 다르다. 태양 장에 대한 옴(Ohm) 붕괴시간은 $O(10^9)$ 정도로 길어서 태양 자체의 나이와 비교할 만하므로, 이런 근거만으로도 애초부터 발생한 장이라는 설명을 배제할 수 없다. 하지만 태양의 자기장은 전체 장이 11년 정도에 완전히 바뀌는 대단히 짧은 시간 규모의 변동성을 보여주므로, 이런 행동이 느리게 붕괴하는 잔류 장(relic field)의 행동이라고만 보기는 대단히 어렵다.

지배 방정식 **전체**의 해를 통해서만 자연스러운 MHD 다이나모를 완전히 설명할 수 있다. 그렇지만 다이나모 이론의 가장 중요한 면과 미묘한 면의 상당수는 유도방정식만을 고려해도 포착할 수 있다.

7.1 운동학적 다이나모 문제

운동학적 다이나모 문제는 오로지 유도방정식에 의해서만 지배되는 자기장 $\boldsymbol{B}$가 붕괴하지 않는 속도 $\boldsymbol{u}(\boldsymbol{x}, t)$를 찾을 수 있느냐는 질문이다. 더 형식적으로 말해 유동 $\boldsymbol{u}$가 운동학적 다이나모로 작용한다는 것은, $t \to \infty$일 때 자기 에너지

$$M(t) = \frac{1}{2\mu_0}\int_{\text{전체 공간}} B^2 \mathrm{d}V$$

가 0으로 수렴하지 않는다는 뜻이다. 가장 간단한 경우인 정상유동 $\boldsymbol{u}(\boldsymbol{x})$의 경우, 자기장은 e^{pt}만큼 변하므로 유도방정식은 p에 대한 고윳값 문제로 축소되는데, 만일 $\mathrm{Re}(p) > 0$인 고윳값이 존재하면 다이나모 작용이 생긴다.

쉽게 얘기하였지만 운동학적 다이나모 문제를 푸는 것은 다소 까다롭다. 사실 **역(anti)다이나모 정리** 몇 가지는 엄밀하게 증명할 수 있는 반면, 긍정적인

결과를 증명하는 것은 수월하지 않다.

7.2 역다이나모 정리들

역다이나모 정리는 자기장 또는 속도에 대해 말해 준다. 자기장에 대한 정리들은 태생적으로 기하학적인데 어떤 종류의 자기장이 다이나모 작용에 의해서는 생성될 수 없음을 밝혀주는 정리들이다. 유동의 기하학 또는 유동의 진폭이나 신장 능력 등의 몇 가지 성질과 관련된 속도에 대한 정리들은 특정한 부류의 속도가 다이나모로 인한 것일 수 없음을 설명한다.

자기장에 관련된 가장 중요한 결과는 1933년의 코울링(Cowling) 정리인데, 정적인 축대칭 장은 다이나모 작용에 의해 지속될 수 없다는 명제다. 코울링은 그런 자기장에는 어떤 닫힌 경로(contour)가 존재하여 이 위에서는 자극형(poloidal) 장 $\boldsymbol{B}_{\mathrm{P}}$가 0이며, 경로 주변에서는 $\boldsymbol{B}_{\mathrm{P}}$ 선들이 닫혀 있어야 한다고 (O-형 중립점) 논증하였다. 옴의 법칙을 고려하면 유도 효과는 중립점 근방의 확산을 극복할 수 없다. 하지만 축대칭 유동으로부터 축대칭이 아닌 자기장이 발생할 수 있다는 지적은 중요하다.

속도에 대한 기하학적 성질의 용어로 가장 흥미로운 역다이나모 정리는 젤도비치(Zeldovich)에 의한 것으로 평면 2차원 유동 $\boldsymbol{u} = (u(x, y, z, t), v(x, y, z, t), 0)$에는 다이나모 작용이 불가능함을 증명한 것이다. 증명은 두 개의 동일한 단계를 거쳐 진행한다. 먼저 유도방정식의 z 방향 성분은

$$\frac{\mathrm{D}B_z}{\mathrm{D}t} = \eta\nabla^2 B_z \tag{6}$$

B_z에 대한 용출(source) 항이 없음을 드러낸다. 따라서 $B_z \to 0$임이 나온다. 따라서 xy-평면 내의 장만을 고려하면 된다. $\boldsymbol{B} = \nabla \times (A\hat{\boldsymbol{z}})$라 쓰면, A 또한 식 (6)을 만족하고, 이로부터 $\boldsymbol{B}$가 0으로 수렴함이 나온다. 따라서 장을 늘리는 것은 그 자체만으로는 다이나모 작용에는 충분치 않으며, 장을 평면 밖으로 들어올려(lift) 접는 것이 구성상 필수 인자이다.

자기장의 발전을 고려하면 다이나모 작용에 필요한 유동의 성질에 대한 상계와 하계(bound)를 얻을 수 있다. 비압축 전도성 유체가 V라는 입체에 담겨 있으며, 이의 외부는 절연체라 하자. 식 (1)을 $\boldsymbol{B}/\mu_0$과 내적한 뒤 발산 정리와 경계 조건을 이용하면 다음이 나온다.

$$\frac{\mathrm{d}}{\mathrm{d}t}\int_V \frac{B^2}{2\mu_0}\mathrm{d}V = \int_V \boldsymbol{J}\cdot(\boldsymbol{u}\times\boldsymbol{B})\mathrm{d}V - \frac{1}{\sigma}\int_V \boldsymbol{J}^2\mathrm{d}V$$

오른쪽 변의 두 번째 항은 변분법을 이용하면 자기 에너지의 용어로 한계를 결정할 수 있다. 첫 번째 항은 최대 속도나 변형률 텐서의 최댓값을 써서 한계를 지을 수 있다. 만일 V가 공이면, 앞서의 방법으로 다이나모 작용을 위해서는 $Rm > \pi$가 필요하다는 것이 밝혀지는데, 여기서 Rm은 최대 유동 속도에 근거한 것이다. 후자는 한곗값 $\widetilde{Rm} > \pi^2$을 주는데, 여기서 자기 레이놀즈 수 $\widetilde{Rm}$은 이제 (비관례적으로) 변형률 텐서의 최댓값을 이용하여 정의된다.

모든 것을 종합하면, 역다이나모 정리는 성공적인 다이나모를 위한 최소한의 필수 요소를 몇 가지 드러내 준다. (장과 유동에서의) 복잡성과 충분히 큰 $\widetilde{Rm}$ 값이 필수 요소다. 결과적으로 다이나모 작용에 대한 대부분의 설명은 이미 지정된 속도에 대해 유도방정식의 수치적인 (즉, 계산적인) 해를 구한 결과다.

7.3 평균장 MHD

다이나모 이론에서 가장 위대한 발전 중의 하나는 1960년대 스틴벡(Steenbeck), 크라우스(Krause), 래들러(Rädler)가 개척한 것으로 자기장에 대한 해가 아니라, 이의 평균값 $\langle \boldsymbol{B} \rangle$에 대한 해를 구하는 것이었다. 여기에서 평균 연산자 $\langle \cdot \rangle$는 레이놀즈 규칙을 따르는데, 예를 들어 앙상블 평균 혹은 더 적절하게 지구와 같은 고립된 천체인 경우에는 방위각 평균일 수 있다.

방정식 (1)의 평균을 취하고 당분간 평균 유동이 없다고 가정할 경우 다음이 나온다.

$$\frac{\partial \langle \boldsymbol{B} \rangle}{\partial t} = \nabla \times \langle \boldsymbol{u} \times \boldsymbol{b} \rangle + \eta \nabla^2 \langle \boldsymbol{B} \rangle$$

여기에서 $\boldsymbol{b}$는 변동하는 자기장이다. 항 $\boldsymbol{\mathcal{E}} = \langle \boldsymbol{u} \times \boldsymbol{b} \rangle$는 이 이론의 가장 핵심인 항으로, 평균화한 유도방정식과 평균화하지 않은 유도방정식의 근본적인 차이를 나타내는데, 변동하는 속도와 변동하는 장 사이의 상관관계로부터 기인하는 **평균 전동력**(mean electromotive force)을 가리킨다. 이 계는 $\boldsymbol{b}$와 $\langle \boldsymbol{B} \rangle$를 선형으로 연관지어주며, 따라서 $\boldsymbol{\mathcal{E}}$와 $\langle \boldsymbol{B} \rangle$를 선형으로 연관지으며 다음과 같이 전개할 수 있는 인자를 통해 닫혀 있다.

$$\mathcal{E}_i = \alpha_{ij} \langle B \rangle_j + \beta_{ijk} \frac{\partial \langle B \rangle_j}{\partial x_k} + \cdots \qquad (7)$$

운동학 이론에서 텐서 α_{ij}와 β_{ijk}는 유동의 통계적인 성질과 Rm에만 의존한다. 첫 번째 항(평균장 MHD의 'α-효과')은 다이나모 작용을 만들어 낼 만한 원천을 제공한다. 두 번째 항은 일반적으로 추가적인 난류성 확산을 나타낸다. (7)로부터 아주 강력한 명제를 만들 수 있다. $\boldsymbol{\mathcal{E}}$는 극(polar) 벡터인 반면 $\langle \boldsymbol{B} \rangle$는 축 방향이므로, α_{ij}는 의사(pseudo)텐서, 즉 오른손 좌표계로부터 왼손 좌표계로 변환하면 부호가 바뀌는 텐서여야만 한다. 따라서 유동이 평균적으로 반사 대칭이면 사라지게 된다. 따라서 α-효과를 통한 평균장 다이나모 작용에 대해 유동은 '장성'(掌性, handedness)을 가져야 한다. 이를 재는 가장 단순한 측도는 유동 나선도 $\langle \boldsymbol{u} \cdot \nabla \times \boldsymbol{u} \rangle$이다. 회전에 의해 영향을 받는 천체물리적 유동이 전형적으로 나선적이다.

평균장 다이나모를 자극형 장과 원환형 장 사이의 '다이나모 고리(loop)'를 유지하는 수단으로 여길 수도 있다. 대규모 차동 회전은 물리적 천체의 일반적 특징이므로, 자극형 성분을 늘림으로써 원통형 자기장을 생성하는 자연스러운 수단을 준다(보통 Ω-효과라고 부른다). 물리적으로 덜 명쾌한 단계지만 원통형 장으로부터 자극형 장을 재생하여 이 고리를 닫는 것은 α-효과에 의해 수행된다. 이 과정들의 조합은 $\alpha\Omega$-다이나모로 알려져 있다. 이에 반해 이런 순환(cycle)의 두 요소들 모두 차동 회전 없이도 α-효과만을 통해 얻을 수도 있다(α^2-다이나모).

다이나모 이론의 발달에서 대단한 영향력이 입증된 유동 모델은 1972년 로버츠(G. O. Roberts)가 도입했는데 다음처럼 정의된다.

$\psi = \cos x + \cos y$ 일 때

$$\boldsymbol{u} = \left(\frac{\partial \psi}{\partial y}, -\frac{\partial \psi}{\partial x}, \psi \right) \qquad (8)$$

이 유동은 한껏(maximally) 나선적이다($\boldsymbol{u}$가 $\nabla \times \boldsymbol{u}$에 나란하다). (8)처럼 z 방향에 독립인 유동에 대해 유도방정식은 $\boldsymbol{B}(x, y, t)\mathrm{e}^{ikz}$ 꼴의 해를 받쳐주며, 따라서 주어진 임의의 파동수 k에 대해 공간 차원이 3

이 아니라 2개뿐인 더 간단한 문제로 바뀐다. 이 기하학에서 평균장 다이나모는 xy-평면에서 평균을 취할 때 z 방향으로 긴 파장(작은 k)을 가지는 장이다.

세계 여러 팀에서 실험실 규모의 MHD 다이나모를 만들어 내는 흥미롭고 까다로운 실험을 수행했다. 카를스루에(Karlsruhe) 다이나모가 한 가지 성공 사례인데, 나선형 파이프 배열을 통해 액체 나트륨을 펴 올려 로버츠가 생각했던 것과 비슷한 유동을 만들었다.

7.4 고속 다이나모

일찍이 논의한 대로 천체에 대한 자기 확산 시간 규모는 극히 길다. 따라서 더 짧고 확산에 무관한 시간 규모로 다이나모 작용이 진행될 수 있느냐는 질문은 흥미롭다. Rm이 크긴 하지만 유한하게 하여 천체물리 문제를 수학적으로 추상화하는 것은 $Rm \to \infty$인 극한에서의 운동학적 다이나모 작용을 연구하기 위해서다. 아이디어를 이해하기 위해, 자기장이 $\boldsymbol{B}(\boldsymbol{x})e^{pt}$ 꼴을 취하는 정상유동 $\boldsymbol{u}(\boldsymbol{x})$를 생각하자. 어떤 Rm 값에 대해 $\mathrm{Re}(p) > 0$이면 유동이 다이나모로 작용할 것인데, 만일

$$\lim_{Rm \to \infty} \mathrm{Re}(p) > 0$$

이면 고속 다이나모로 작용한다고 말하고, 그렇지 않으면 저속으로 작용한다고 말한다.

고속 다이나모 성장에 대한 상계를 유도할 수 있다는 것이 대단히 중요한 결과다. 정상유동이나 시간이 주기적인 유동에 대해 성장률은 유동의 **위상적 엔트로피** h_{top}를 상계로 가진다. 이는 유동의 복잡성을 재는 측도이며, 물질선의 신장률 h_{line}과 밀접히 관련돼 있다(2차원 유동인 경우 둘은 같으며, 3차원 유동일 때는 $h_{\text{line}} \leq h_{\text{top}}$이다). 혼돈(chaos)이 아닌 유동은 위상적 엔트로피가 0이므로, 다음과 같이 강력한 역-고속 다이나모 정리가 손쉽게 나온다. **적분가능한 유동에서는 고속 다이나모 작용이 불가능하다.** 따라서 로버츠 유동 (8)과 같은 2차원 정상유동은 (기껏해야) 저속 다이나모로만 작용한다는 것이 보장된다. 그렇기는 하지만, 로버츠 다이나모가 어느 정도까지 고속 다이나모로 작용할 수 없는지 보는 것은 흥미롭다. 답은 '그다지 많이 어긋나지 않는다'는 것으로 나온다. 강력한 점근 분석을 통해 소워드(Soward)는 $Rm \to \infty$일 때 성장률이 다음으로 주어짐을 증명하였다.

$$p \sim \frac{\ln(\ln Rm)}{\ln Rm}$$

'느린 정도'는 유동 원소들이 정체점(stagnation point) 근방에서 보낸 시간의 길이에 기인한다는 것이다.

일반적으로 다이나모 작용을 엄밀하게 설명하기 어려움을 감안할 때, 좀 더 제한적인 부류의 고속 다이나모를 설명하는 것이 훨씬 어렵다는 것이 놀랍지는 않을 것이다. 성장률이 양수이며 더는 Rm에 따라 변하지 않는 점근 영역에 도달하길 바라며 Rm의 값을 증가시키는 수치적 방법으로 다이나모를 고려한다. 3차원 유동의 경우 아직까지는 결론이 나지 않는 것으로 입증됐다. Rm에 따라 (미세 규모의 구조를 해소하기 위해) 필요한 계산 자원이 증가하는데, 오늘날의 계산 자원으로도 아직 Rm에 무관해 보이는 영역에는 도달하지 못했다. 그 대신 가장 확신을 주는 고속 다이나모의 사례는 로버츠 유동을

시간에 무관하게 수정한 것으로부터 나온다. 시간 의존성 덕분에 역-고속 다이나모 정리를 우회하여 $Rm = O(10^6)$까지 다이나모의 탐구가 가능하다. 비록 증명이 아닌 건 명백하지만, 그러한 유동이 고속 다이나모로 작용할 수 있다는 수치적 증거는 강력하다.

8 불안정성

예를 들어 전단 유동이나 대류가 야기한 고전적인 동수력학적 불안정성을 개선하는 데 자기장이 중요한 역할을 한다. 하지만 자기장이 불안정성의 요인일 수도 있다. 여기서는 그런 예를 두 가지 고려하는데, 둘 다 항공물리학적 맥락에서 대단히 중요하다.

8.1 자기 부양

5.1절에서는 자기 압력이 어떻게 고립된 자기 플럭스관의 발생을 야기할 수 있는지(평형상태의 부족의 징후) 논의했었다. 하지만 자기 부양(magnetic buoyancy) 역시 불안정성 메커니즘으로 작용할 수 있는데, 태양 내부에서 대규모 장이 플럭스관으로 붕괴하여 결국 표면으로 나오는 원인이라고 믿고 있다.

자기장의 세기가 높이 z에 따라 변하는 균질한 수평 자기장을 지니는 정적인 평형 대기를 생각하자. 자기장선을 구부리지 않는 운동에 대해서(교환 모드) 불안정성에 대한 기준은, 이동된 구획이 질량, 자기 플럭스 및 고유 엔트로피를 보존한다고 가정할 때 유동 구획 논법으로부터 유도할 수 있다. 이럴 경우 부양 진동수를 N이라 할 때, 만일

$$-\frac{gV_A^2}{V_S^2}\frac{\mathrm{d}}{\mathrm{d}z}\ln\left(\frac{B}{\rho}\right) > \frac{g}{\gamma}\frac{\mathrm{d}}{\mathrm{d}z}\ln\left(\frac{p}{\rho^{\gamma}}\right) = N^2$$

이면, 수평 장 $B(z)\hat{\boldsymbol{x}}$가 교환 교란에 대해 불안정함을 간단하게 보일 수 있다. B/ρ가 높이에 따라 충분히 빠르게 떨어진다면 대류적으로 안정된 대기에서도 ($N^2 > 0$) 불안정성이 발생할 수 있다는 것이 의미심장하다. 다소 놀랍게도 3차원 모드는 자기 장력에 반하는 일을 해야 함에도 불구하고 더 쉽게 불안정해지는데, (B/ρ가 아니라) B가 충분히 음의 값을 갖는 기울기만 가지면 된다.

8.2 자기 자전 불안정성

천체물리학에서 기본적이고 오래된 문제는 (중성자별이나 블랙홀처럼) 거대한 중심 물체에 부착된 물질이 어떤 메커니즘에 의해 각운동량을 잃느냐는 것과 관련돼 있다. 질량이 내부로 이동할수록 각운동량을 바깥으로 전달하려면 모종의 교란 과정이 필요하다. 순전히 동수력학적 관점에서 보면 각속도가 반지름에 $\Omega \sim r^{-3/2}$이게 변하는 케플러(Kepler) 유동은 레일리 기준[IV.28 §8.3]에 따라 안정적이므로, 동수력학적 교란에 도달할 뾰족한 방법이 없다. 하지만 자기장 효과 덕분에 그림이 극적으로 변하는데, 이로 인한 천체물리적 결과는 1990년대 밸버스(Balbus)와 홀리(Hawley)가 처음 깨달았다. 각속도가 반지름에 따라 감소한다면 자기 자전(magnetorotational) 불안정성이라 부르는 새로운 불안정성이 뒤따르게 된다. 이런 기준은 각운동량의 감소가 필요했던 동수력학 유동에 비해 좀 덜 엄격한 기준이다. 그러므로 이러한 불안정성의 비선형적 발달이 각운동량 전달에 필요한 교란을 제공할

수 있다.

동수력학적으로 안전한 회전 유동이 자기장을 포함하면 왜 불안정해질 수 있느냐는 질문은 물리적으로 매우 흥미롭다. 동수력학적 결과를 뒷받침하는 각운동량 제한조건을 완화하는 수단을 자기장이 제공할 수 있다는 것이 주요 요인이다. 동수력학적 결과와 마찬가지로 바탕에 깔린 메커니즘을 유체역학적 논증보다는 역학적 논증으로 설명할 수 있다. 예컨대, 자기장선에 의해 연결돼 있는 유체 요소들에 대한 유사물로 중심 천체를 회전하는 두 개의 우주선 m_1과 m_2를 생각하는데, 서로 다른 반지름에서 ($r_1 < r_2$) 회전 중이며 탄성이 약한 밧줄로 연결돼 있다고 해 보자. 각속도는 반지름에 대해 감소하는 함수이므로, 반지름이 r_1인 우주선은 위로 움직일 것이고 밧줄을 당길 것이다. 그 과정을 통해 m_1로부터 없어진 각운동량이 m_2로 전달된다. 따라서 우주선은 새로운 각운동량에 부합하는 궤도를 (m_1은 안으로 움직이며, m_2는 밖으로 움직인다) 따르게 된다. $d\Omega/dr < 0$이므로 각속도의 차가 증가한다. 이 과정은 반복되어, 우주선들의 지수 시간 분리로 이어진다. 밧줄이 충분히 강하면 이 논증이 무너진다는 것에 주목하라. 이 경우에는 밧줄이 우주선을 유지시키도록 작용하기 때문이다. 따라서 불안정성은 약한 탄성 결합, 즉 MHD의 맥락에서는 약한 자기장에 대해서 일어나는 것이다.

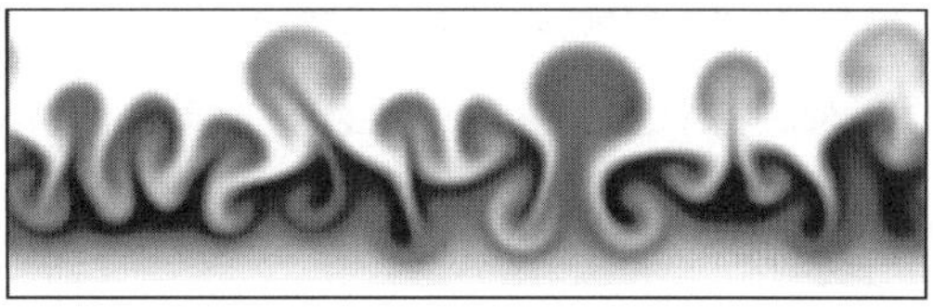

그림 3 자기 부양 불안정성의 비선형적 발달로 인한 자기층의 붕괴에 대한 컴퓨터 시뮬레이션. 자기장은 종이를 뚫고 들어가는 방향이다. 이런 과정은 태양 내부로부터 자기장의 탈출을 촉발시킨다.

9 이론의 현재 상태

MHD의 모든 면에서 기본적인 질문들은 아직 미해결이다. 따라서 대단히 활동적이고 흥미로운 연구 분야로 남아 있다. (자기장이 없는) 동수력학과 마찬가지로 주요 이론적 난관은 두 가지 방향에서 발생한다. 관심이 있는 매개변수의 극단적인 값들과, (예를 들어 (운동학적) 고속 다이나모 문제에서 모든 것이 이해돼 있다고 생각하는 것이 잘못이기는 하지만) 결합된 방정식들의 내재된 비선형성 때문이다.

증가일로에 있는 컴퓨터 능력 덕에 자기 레이놀즈 수가 적당히 클 때 ($\lesssim 10^4$) 유동의 전체 MHD 방정식의 연구가 가능해졌고(예를 들어 그림 3에서 볼 수 있다), 거꾸로 새로운 이론적 이해, 특히 비선형적 현상에 대한 이해를 자극했다. 실제의 매개변수를 값으로 가지는 천체물리적 유동이나 산업적 유동에 대해 직접적으로 계산한 해는 실현가능하지 않으며, 설령 현재와 같은 계산 능력의 증가율이 유지되더라도 가까운 미래에 가능하지는 않을 것이다. 따라서 MHD에 대한 이해는 이론적 접근, 계산적 접근, 실험적 접근의 상호작용을 통해서 나아가야 할 것이다.

더 읽을거리

Childress, S., and A. D. Gilbert. 1995. *Stretch, Twist,*

Fold: The Fast Dynamo. New York: Springer.

Davidson, P. A. 2001. *An Introduction to Magnetohydrodynamics*. Cambridge: Cambridge University Press.

Mestel, L. 2012. *Stellar Magnetism*. Oxford: Oxford University Press.

Moffatt, H. K. 1978. *The Generation of Magnetic Fields in Electrically Conducting Fluids*. Cambridge: Cambridge University Press.

Molokov, S., R. Moreau, and H. K. Moffatt. 2007. *Magnetohydrodynamics: Historical Evolution and Trends*. New York: Springer.

Priest, E. R. 1982. *Solar Magnetohydrodynamics*. Dordrecht: Reidel.

Roberts, P. H. 1967. *An Introduction to Magnetohydrodynamics*. London: Longman.

IV.30 지구 시스템 동역학

에밀리 셔크버그 *Emily Shuckburgh*

1 서론

지구의 기후와 기상을 이해하는 데 수학은 기본이다. 지난 200여 년간 지구 시스템의 변화를 수학적으로 서술하는 방법이 개발되었고, 기후 및 기상에 관련한 예측이 가능해졌다. 대기와 해양은 구형인 지구 위의 얇은 유동막이며 (i)태양열 복사에 의한 가열, (ii)중력, (iii)지구의 자전에 의한 영향을 반영한다. 수학자 루이스 프라이 리처드슨(Lewis Fry Richardson)이 1922년에 기상을 예측하는 수치적 방법을 처음으로 제안했는데, 이것이 기상과 기후에 대한 현대적인 수치적 모형으로 가는 토대를 놓았다.

대기는 다양한 시간 규모로 변한다. 개별 구름에 대해서는 한 시간도 안 되며, 기후계에 대해서는 일주일 정도에 달하기도 한다. 해양에서의 변동성 시간 규모가 일반적으로 더 길다. 대기에 의해 직접적으로 영향을 받는 해양 표층은 일간, 계간, 연간 규모의 변동성을 보여주지만, 해양의 내부는 수십 년에서 백 년 또는 그 이상의 시간 규모에 의존하며 의미 있게 변화한다. 지구 시스템의 각 구성 요소들은 (대기, 해양, 육지, 얼음) 서로 밀접하게 결합돼 있다. 예를 들어 매년 인간의 활동에 의해 대기로 배출되는 이산화탄소의 거의 절반 정도는 해양 및 땅이 흡수한다. 대기 온도 변화는 얼음에 영향을 주고, 이는 대기와 해양 모두에 다시 영향을 준다. 더 나아가 해수면의 온도 변화는 대기와 기상 시스템에 직접적인 영향을 준다. 이 상호작용과 되먹임(feedback)들은 다소간 서로 다른 시간 규모로 관련돼 있다. 기후(climate)는 보통 몇 년에서 몇 십년간의 지구 시스템의 상태를 뜻하는 말로 받아들여진다. 전통적으로 삼십년간의 기상 변화의 확률분포라고 정확히 정의되기도 한다. 에드워드 로렌즈(Edward Lorenz)가 혼돈 이론(로렌즈 방정식[III.20]을 보라)에 대한 중요한 연구에서 보인 유명한 설명대로 기상(weather)의 구체적인 면면은 초기 조건에 민감한 반면, 기후를 정의하는 기상 통계학은 그 정도의 민감성을 나타내지 않는다.

2 지구의 온도

지표면의 온도를 무엇이 결정하는지 이해하는 문제는 오랫동안 수학자들을 매료시켜 왔다. 1827년 수학자 조제프 푸리에(Joseph Fourier)는 이 주제에 대해 쓴 글에서 자연철학(과학)에 대한 질문 중에서 이 문제를 가장 중요하고 어려운 문제로 여긴다고 했다.

2.1 태양이 미치는 힘

대기에는 적외선, 가시광선, 자외선 파장으로 태양광이 지속적으로 내리쬔다. 지표면의 온도를 알기 위해서는 대기를 통해 태양 복사선이 들어오는 과정을 고려할 필요가 있다. 대기 중의 공기는 여러 종류의 기체가 혼합된 것이다: 질소(N_2), 산소(O_2)가 가장 큰 부피를 차지하지만, 이산화탄소(CO_2), 수증기(H_2O), 메테인(CH_4, 메탄), 아산화질소(N_2O), 오존(O_3)과 같은 기체들도 태양광이 통과할 때 중요한 영향을 끼친다. 이 맥락에서 대기 중의 수증기가 특히 중요하다. 수증기의 양은 온도에 강하게 의존하여 (부피의 0.5% 정도) 변하는데 , 주로 지표면의 대략 70%를 덮고 있는 해양에서의 증발로 만들어진 것이다.

지구로 들어오는 태양 광선은 대기 중 기체에 의해 산란되거나 지표면이나 구름에 반사되어(눈이나 얼음이 어두운 지표면보다 훨씬 많이 반사한다) 우주로 되돌아간다. 일부는 대기 중 기체나 구름이 흡수해서 대기의 온도를 일부 올리며, 일부는 지표면에 도달해서 지표면 온도를 상승시킨다. 대기 중 기체나 구름뿐만 아니라 지표면 역시 적외선을 흡수하거나 방출하여 각 지역 간에 열을 전달하거나 공간으로의 열의 손실을 발생시킨다.

지구가 태양에서 받는 에너지의 양은 지질사를 거치며 변해왔지만, 현재 입사 태양광 에너지속(incident solar flux), 즉 단위 시간 동안 단위 면적이 받는 태양 에너지는 $F = 1370\mathrm{Wm}^{-2}$이다.

a가 지구의 반지름(평균값은 6370km)일 때 태양 에너지를 받아들이는 지구 단면적은 πa^2이므로, 단위시간 동안 지구가 받는 전체 태양 에너지는 $F\pi a^2 = 1.74 \times 10^{17}\mathrm{W}$이다. 위에 언급했듯이 이 양을 모두 지구가 흡수하는 것은 아니다. 상당한 양이 바로 반사된다. 들어오는 양 대비 반사되는 태양 에너지의 비율 **알베도**(albedo, 태양광 반사율)를 α라 놓자. 현재와 같은 구름, 눈, 얼음의 양을 고려하면, 들어오는 태양 복사 중 평균 약 30% 정도가 흡수되지 않고 우주로 반사되므로, $\alpha = 0.3$이다. 지표면의 면적은 $4\pi a^2$이므로 단위 면적당

$$\text{최종 진입 에너지} = \tfrac{1}{4}(1 - \alpha)F$$

이므로, 대략 240 Wm^{-2}이다.

물리학에서 **흑체**(black body)란 들어오는 모든 복사선을 흡수하는 가상의 물체이다. 반사되거나 전달되는 빛이 없기 때문에, 차가울 때는 검게 보인다. 그러나 흑체는 온도에 따르는 광 스펙트럼을 방출한다. 위에서 언급했듯 지구는 그 위로 쏟아지는 상당한 양의 복사선을 반사하지만, 단순성을 위해 우선은 흑체와 같은 방식으로 온도에만 의존하여 복사선을 방출한다고 가정하자. 이 경우 방출된 복사는 슈테판(Stefan)-볼츠만(Boltzmann) 법칙으로 주어지는데, 이에 따르면 흑체가 절대온도 T에서 단위 면적당 방출하는 에너지는 σT^4이다. 이때 σ는 슈테

판–볼츠만 상수로 $\sigma = 5.67 \times 10^{-8}\mathrm{Wm^{-2}K^{-4}}$이다. 이 에너지는 지표면으로부터 모든 방향으로 방출되므로 지구가 균일한 표면 온도 T_{bb}를 가진다고 할 때 단위면적당

$$\text{최종 방출 에너지} = \sigma T_{\mathrm{bb}}^4$$

이다. 이 값은 지구가 흑체라는 가정하에서의 **방출 온도**(emission temperature)를 결정하는데, 우주에서 지구를 관찰하여 측정한 방출 복사 스펙트럼을 흑체 곡선에 맞춰 봄으로써 추론할 수 있는 온도이다.

지구가 열적 평형을 이룬다고 가정하면 진입 에너지와 방출 에너지는 반드시 균형을 이뤄야 한다. 그러므로 최종 진입 에너지와 최종 방출 에너지를 같다고 놓으면

$$T_{\mathrm{bb}} = \left(\frac{(1-\alpha)F}{4\sigma}\right)^{1/4}$$

을 얻는다. α, F, σ에 표준치를 대입하면 $T_{\mathrm{bb}} \approx 255\mathrm{K}$를 얻는데, 이 값의 규모는 대략 맞지만 관측된 평균 지표면 온도 $T_{\mathrm{E}} \approx 288\mathrm{K}$보다 30K 이상 낮다. 따라서 가장 단순한 기후 모델은 주요한 면을 몇 가지 포착하였지만, 중요한 요소를 몇 가지 빠트린 게 분명하다.

2.2 온실효과

지표면 온도를 정밀히 계산하기 위해서는 복사를 방출, 흡수, 산란하는 대기의 역할을 고려할 필요가 있다. 이는 시스템에 균일한 온도 T_{a}를 지니는 대기층이 있어, 이 대기층으로의 입사 태양복사(short wave) 에너지에서 τ_{sw}만큼과 지구복사(long wave) 에너지의 τ_{lw}만큼을 전달한다고 가정하여 달성할 수 있다(그림 1을 보라).

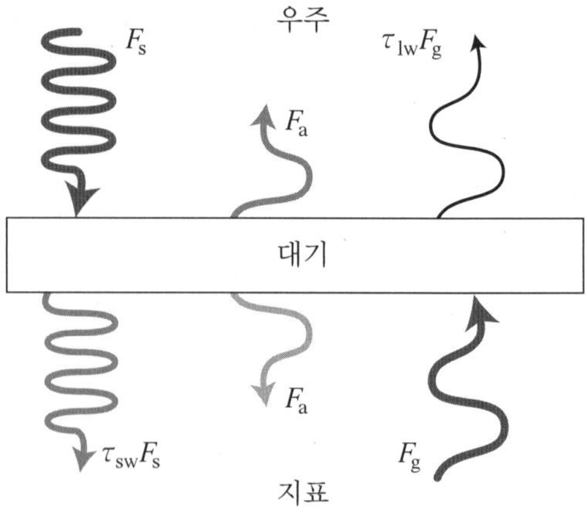

그림 1 우주 / 대기 / 지표 / 온실효과의 단순한 모형. 대기는 온도가 T_{a}인 얇은 층으로 간주했으며, 지표는 온도가 T_{g}인 흑체로 간주했다. 다양한 태양광 에너지속 및 열속을(자세한 것은 본문 참조) 나타내었다.

위에서 보았듯이, 대기층 상부에서 단위면적당 최종 진입 에너지는 $F_s = \frac{1}{4}(1-\alpha)F$이다. 개선된 모델에서는 이 중 $\tau_{\mathrm{sw}}F_{\mathrm{s}}$가 지면에 도달하고 나머지는 대기 중에 흡수된다. 지면 온도가 T_{g}이고 흑체 복사를 한다고 가정하자. 이로부터 위쪽 방향 에너지속(upward flux)은 $F_{\mathrm{g}} = \sigma T_{\mathrm{g}}^4$이고 이중 $\tau_{\mathrm{lw}}F_{\mathrm{g}}$가 대기층의 상부에 도달하며 나머지는 대기층에 흡수된다. 대기는 흑체가 아니고 키르히호프(Kirchhoff) 법칙에 따라 복사 방출이 일어나므로, 대기 온도를 T_{a}라 할 때 위 아래로 방출되는 에너지속은 $F_{\mathrm{a}} = (1-\tau_{\mathrm{lw}})\sigma T_{\mathrm{a}}^4$이다.

시스템이 열적 평형상태라 가정하면, 이 에너지속들은 반드시 균형을 이뤄야 한다. 대기층의 상층부가 받는 에너지속은 $F_{\mathrm{s}} = F_{\mathrm{a}} + \tau_{\mathrm{lw}}F_{\mathrm{g}}$이고 지면이 받는 에너지속은 $F_{\mathrm{g}} = F_{\mathrm{a}} + \tau_{\mathrm{sw}}F_{\mathrm{s}}$이다. F_{a}를 소거하고 T_{g}에 대한 슈테판–볼츠만 법칙 $F_{\mathrm{g}} = \sigma T_{\mathrm{g}}^4$를 이용하면

$$T_g = \left(\frac{1+\tau_{sw}}{1+\tau_{lw}}\frac{(1-\alpha)F}{4\sigma}\right)^{1/4} = \left(\frac{1+\tau_{sw}}{1+\tau_{lw}}\right)^{1/4} T_{bb}$$

임을 알 수 있다. 지구의 현재 대기에 대한 신뢰할 만한 수치인 , $\tau_{sw} = 0.9$와 $\tau_{lw} = 0.2$를 대입하면 지표면의 온도 $T_g \approx 286$K를 얻는데 이는 측정치 $T_E \approx$ 288K에 훨씬 가까운 값이다. 태양 장파 복사에 비해 지구 단파 복사의 전달이 더 큰 대기를 포함하면 지표면의 온도를 올리는 데 영향을 준다. 이는 **온실 효과**(greenhouse effect)라 알려져 있다. 이런 모델에서 대기 온도 T_a는

$$T_a = \left(\frac{1-\tau_{lw}\tau_{sw}}{1-\tau_{lw}^2}\right)^{1/4} T_{bb}$$

인데, 이로부터 $T_a \approx 245$K가 나온다.

T_g의 식을 보면, 태양 에너지속(F), 알베도(α), 대기에 의한 복사 전달율(τ)이 바뀜에 따라 지표면의 온도가 변함을 알 수 있다. 이 사실은 매 수십만 년 정도마다 도래했던 빙하기 간격에 대한 기본 설명을 제공한다. 긴 시간을 거쳐 태양 주변을 도는 지구 궤도는 밀란코비치(Milankovich) 주기와 관련하여 변한다. 이로 인한 연간 대역적 평균 F의 변화는 작지만, 지구에 도달하는 계절 및 위도에 따르는 태양 복사 패턴의 변화는 북반구의 대륙빙하를 줄어들게 하거나 늘어나게 하여 α를 변하게 한다. 이로 인해 온도 T_g가 변하며, 이 때문에 대륙빙하가 더욱 변하게 된다. 또한 T_g의 변화는 대기와 지표/해양 사이의 이산화탄소 교환의 균형을 변화시키는 결과를 낳으므로 전달율 τ를 변하게 하여 온도가 더욱 변하게 된다.

3 대기의 성질

이제 대기 온도의 수직 방향 변동에 이목을 돌리자. 이 변동은 복사 과정과 대류(convection)에 영향을 받는다.

3.1 복사

대기를 통해 복사가 전달되는 모델을 더욱 다듬기 위해서는 대기의 성질을 세부적으로 살펴볼 필요가 있다. 대기는 전체적으로 보았을 때 $pV = R_gT$를 따르는(p는 압력, V는 1몰의 부피, R_g는 보편 기체 상수, T는 절대온도) 간단한 이상기체와 꽤 가깝게 행동한다. 1몰의 질량을 M이라 하면 밀도는 $\rho = M/V$이므로, 이상기체 상태식은 $p/\rho = RT$라 쓸 수 있다(여기에서 $R = R_g/M$는 단위질량당 기체 상수이다). R의 값은 공기의 조성에 따라 달라진다. 건조한 공기에서는 $R = 287 J\text{kg}^{-1}\text{K}^{-1}$이다.

대기의 각 부분은 **유체 정역학적 균형**(hydrostatic balance)이라 부르는 상태에 가깝다(보통 수 킬로미터보다 큰 규모에서 유효하다). 이는 대기 각 부분의 무게가 고층과 저층간의 압력 차이에 의해 지지되며, 밀도 ρ와 압력 p 사이에 다음 관계식이 꽤 좋은 근사치까지 성립함을 의미한다.

$$g\rho = -\frac{\partial p}{\partial z} \qquad (1)$$

여기서 $g = 9.81\text{ms}^{-2}$은 중력가속도이고 z는 지면으로부터의 고도다. 이상 기체는 이 식에서 ρ 대신 p/RT로 바꿔 쓸 수 있다.

대기층의 가장 저층인 **대류권**(troposphere)의 온도는 지표면의 약 288K부터 상층부(고도 대략 10-15km)의 217K까지 고도에 따라 감소한다. 일반적

으로 대기 내에서 온도는 크게 변하지 않는다. 질량 가중 평균 온도는 약 255K이고, 고도 100km 아래에서는 대략 ±15% 이내에서 변한다. 대기 온도를 $T \approx T_0$ = 상수라 가정하고 이상기체 법칙을 사용하면 (1) 식을 적분하여 $p = p_0 e^{-gz/RT_0}$ 을 얻는다. 여기에서 p_0은 $z = 0$에서의 압력이고 대략 1000hPa이다. 따라서 고도 5km에서 압력은 약 500hPa이고, 고도 10km에서는 약 250hPa이다. 밀도에 대해서도 유사한 공식을 유도할 수 있다. 즉, 중력 때문에 대기의 밀도 계층(stratification)을 형성하는 경향이 생기는데, 이는 대기를 회전하는 구 위의 계층화된 유체라는 동역학적 관점으로 볼 수 있다는 뜻이다.

위에서 논의했듯이, **온실가스**라고 알려진 대기 중의 어떤 기체들은 특정 파장대의 복사를 흡수하는 역할을 한다. 지표면에서는 상대적으로 고온 고압이므로, 이 기체들은 특정 파장 주변으로 넓은 대역의 복사선을 흡수한다. 이 대역은 많은 개개 스펙트럼 선들로 이루어져 있다. 이 선들은 충돌에 의해 넓어지고(압력 확장), 고도가 올라감에 따라 압력이 감소하므로 넓혀지는 폭은 줄어들게 된다. 만일 대기가 많은 얇은 수직 층들로 이루어져 있다고 생각하면, 지표면에서 방출된 복사가 대류권을 통과해 층층이 올라가다가 각층마다 복사선이 일부 멈추게 된다. 그러면 각 층은 지표면과 더 높은 대기층을 향해 재복사한다. 그러나 고도에 따라 흡수 영역의 폭이 좁아지므로, 어떤 고도에 도달하면 복사가 우주로 달아날 수 있다. 더욱이 주어진 고도와 우주 사이에 있는 기체의 양은 고도가 올라감에 따라 감소하기 때문에, 중심부의 스펙트럼 선들까지도 고도가 증가함에 따라 점점 더 많이 곧장 우주로 방출할 수 있게 된다. 온실가스 분자들이 더 많이 더해지면, 고층의 대기들이 더 많은 복사를 흡수하고, 복사가 우주 공간으로 탈출할 수 있는 층의 고도는 높아짐을 뜻하므로, 그 층의 온도는 감소한다. 더 차가운 층은 열을 잘 복사하지 못하므로 이 고도와 지표면 사이의 대기층은 드나드는 복사평형을 다시 찾기 위해 더워져야 한다.

잠재적 기후변화 메커니즘에서 온실 가스의 증가와 같은 요인들의 중요성을 **복사강제력**(radiative forcing) ΔF로 평가하는 것이 표준이 되어 왔다. 이는 드나드는 에너지의 균형을 변화시키는 데 요인이 끼치는 영향력의 측도로, 대류권의 상층 경계인 대류권 계면(tropopause)에서 측정한 알짜 복사도(net irradiance), 즉 드나드는 복사의 차이의 변화로 정의한다. 이산화탄소의 경우 복사강제력은 간단한 대수식 $\Delta F = 5.35 \times \ln C/C_0 \mathrm{Wm}^{-2}$으로 훌륭하게 근사할 수 있다. 여기에서 C는 이산화탄소의 농도이며 C_0은 기준이 되는 산업혁명 이전 시대의 값으로 278ppm이다. 이산화탄소 농도의 값이 산업혁명 이전 시대의 값보다 두 배 늘어나면, 복사강제력은 대략 $3.7\mathrm{Wm}^{-2}$가 된다.

기후 민감도(climate sensitivity) λ는 복사강제력 ΔF와 이에 관련되어 수세기 시간규모로 일어나는 평형 지표면 온도의 변화 ΔT의 비례상수로 정의한다. 즉, $\Delta T = \lambda \Delta F$이다. 가장 간단한 기후 모형에서는 단위 면적당 복사는 $F = \sigma T_{bb}^4$이므로, 이로부터 $T_{bb} \approx 255\mathrm{K}$를 추론하였다. ΔF를 $\Delta F \approx \Delta T \mathrm{d}F/\mathrm{d}T$로 근사하면, 재복사 되먹임이 없는 경우 기후 민감도는 $\lambda = (4\sigma T_{bb}^3)^{-1}$, 즉 $0.26\mathrm{K}/(\mathrm{Wm}^{-2})$로 주어진다. 이를 이용하여 이산화탄소 농도가 두 배가 될 때 평형

상태에서 증가하는 온도를 (보통 **평형 기후민감도**라 부른다) 추정하면 $\Delta T \approx 1\mathrm{K}$이다. 현실에서는 시스템 내의 재복사가 (알베도 및 대기 중 수증기량의 변화 등) 온도 변화에 영향을 준다. 기후변화에 관한 정부간 협의체(Intergovernment Panel on Climate Change, IPCC)는* 제5차 평가 보고서에서 재복사를 고려할 때 평형 기후 민감도는 1.5~4.5K 범위 내에 있을 것으로 추정하고, 이 값이 1K보다 낮을 가능성은 극히 희박하며, 6K보다 클 가능성은 대단히 희박하다고 결론을 내렸다.**

3.2 대류

복사 평형 상태에서 지표면은 그 위에 있는 대기보다 따뜻하다. 이 상태는 불안정해서 대류 운동이 일어난다.

열역학 1법칙에 따르면 시스템의 내부 에너지의 증가량 δU는 공급된 열과 그 시스템에 행해진 일의 합이다. 이는 $\delta U = T\delta S - p\delta V$라 쓸 수 있다. 여기서 T는 온도, V는 부피, S는 시스템의 **엔트로피**(entropy)이다. 시스템이 흡수한 열이 Q일 때 $\delta S = \delta Q/T$이다. **비열용량**(specific heat capacity) c는 단위 용량의 공기의 온도를 1도 올리는 데 필요한 열에너지를 재는 양이다. 물질의 비열은 보통 등압(c_p) 상태에서 측정한다. 그러나 유체의 비열은 등적(c_V) 상태에서 측정할 수도 있다. 등압 상태에서의 측정값은 보통 등적 상태의 비열보다 큰데, 전자의 경우 일을 수행해야 하기 때문이다. 이상기체의 경우 $c_p = c_V + R$이다(건조 공기의 경우 $c_p = 1005\mathrm{J\,kg^{-1}K^{-1}}$). 단위질량 이상기체에 대해서는 부피가 $V = 1/\rho$이므로 $U = c_V T$임을 증명할 수 있어서

$$\delta S = \frac{\delta Q}{T} = c_p \frac{\delta T}{T} - R\frac{\delta p}{p} \tag{2}$$

이다. **단열 과정**(adiabatic process)은 열을 잃지도 얻지도 않는 과정이므로 $\delta S = 0$이다. 이 경우 식 (2)를 적분하여 $p = p_0$일 때 온도를 $T = \theta$라 하면 $\theta = T(p_0/p)^{R/c_p}$을 얻는다. 이 양 θ를 **온위**(potential temperature)라 하는데, 이는 압력이 p, 온도가 T였던 공기가 압력이 p_0이 되었을 때의 온도이다.

(2)로부터 열역학 1법칙을 다음처럼 쓸 수 있다.

$$\frac{\mathrm{d}T}{\mathrm{d}t} = \frac{RT}{c_p p}\frac{\mathrm{d}p}{\mathrm{d}t} + \frac{1}{c_p}\frac{\mathrm{d}Q}{\mathrm{d}t}$$

우변의 첫 번째 항은 단열 팽창이나 압축에 의한 온도 변화율을 나타낸다. 회귀선(tropics) 바깥의 전형적인 기상 시스템에서 중앙 대류권에 있는 공기덩이는 하루에 $100\mathrm{hPa\,day^{-1}}$ 정도의 연직 변이를 겪는다. $T \approx 250\mathrm{K}$라 가정하면, 단열 온도 변화율은 대략 $15\mathrm{K\,day^{-1}}$이다. 우변의 두 번째 항은 태양복사의 흡수, 장파 복사의 흡수와 방출, 잠열 방출을 포함한 비단열(diabatic) 과정에 의한 열의 출입으로 생긴다. 일반적으로 대류권에서 복사가 알짜로 기여하는 정도가 작고 잠열(latent heat)에 의한 항은 좁은 영역에서만 단열 항과 비교할 만한 규모가 되므로, 전체적으로 비단열 항들의 합은 단열 항의 합보다 훨씬 작다. 대기가 유체 정역학적 균형을 이루고 있다면 ((1)을 보라) 단열 상승하는 공기덩이(parcel of air)의 온도 변화율은 (2)로부터

* 전 미국 부통령 앨 고어와 함께 2007년 노벨평화상을 수상한 단체다.—옮긴이

** www.ipcc.ch에서 기후변화에 대한 정부간 협의체의 보고서를 볼 수 있다.

$$-\left(\frac{dT}{dz}\right)_{parcel} = \frac{RT}{c_p p}\left(\frac{dp}{dz}\right)_{parcel} = \frac{g}{c_p} \equiv \Gamma_a$$

를 얻는다. 여기서 $\Gamma_a \approx 10\text{K km}^{-1}$을 **단열 체감률**(adiabatic lapse rate)이라 한다.

고도에 따라 기온이 감소하는 관측된 비율, 즉 체감률 $\Gamma = -dT/dz$는 일반적으로 단열 체감률과는 다르다. 만일 주변 온도가 고도에 따라 단열 체감률보다 급속하게 낮아지면, 즉 $\Gamma > \Gamma_a$이면 단열 상승하는 공기덩이는 주변보다 따뜻해서 계속 상승한다. 이 경우 대기는 불안정하다. 반대로 $\Gamma < \Gamma_a$이면 대기는 안정하다. 일반적으로 대기는 건조 대류에서는 안정하지만, 사막처럼 뜨겁고 매우 건조한 지역에서는 불안정할 수 있다. 대류는 열을 위로 보내기 때문에 배경 체감률은 점점 낮아지다가 건조 단열 체감률에 도달한다.

평형 위치로부터 고도가 δz만큼 벗어난 공기덩이에 미치는 부력을 고려해서 뉴턴의 제2법칙을 적용하면

$$\rho\frac{d^2}{dt^2}\delta z = -g\delta\rho$$

를 얻는다. 이때 $\delta\rho$는 공기덩이 밀도와 주변 밀도의 차이이다. 공기덩이 안과 밖의 압력은 같으므로 이상기체 법칙을 이용하고 몇 가지 조작을 거치면

$$\frac{d^2}{dt^2}\delta z + N^2\delta z = 0, \quad N^2 \equiv \frac{g}{T}(\Gamma_a - \Gamma)$$

라 쓸 수 있다. $N^2 < 0$, 즉 $\Gamma > \Gamma_a$일 때 해는 시간에 대해 지수적으로 증가하고 대기는 불안정하게 된다. $N^2 > 0$, 즉 $\Gamma < \Gamma_a$이면 해는 진동수가 N인 진동 운동을 하며 대기는 안정적이다. N^2은 대기 계층화를 재는데 유용한 양이며, 온위를 이용하여 나타낼 수 있다:

$$N^2 = \frac{g}{\theta}\frac{d\theta}{dz}$$

대기 중 영역에서 만일 θ가 고도에 따라 증가하면 ($d\theta/dz > 0$) 정적으로(statically) 안정하고, 고도에 따라 감소하면 불안정하다.

대기 중의 수증기는 대류권의 동역학에 굉장히 중요한 역할을 하는데, 잠열로 인한 냉각이 한 위치에서 다른 위치로 열을 전달할 수 있고 이것이 대류에 영향을 미치기 때문이다. 습한 공기가 단열 상승하면 압력 p가 떨어지므로 온도 T도 떨어지고 수증기가 응축하여 잠열이 방출된다. 따라서 습윤 단열 체감률은 건조 공기에 비해 낮다(따라서 주변 체감률이 더 쉽게 이를 초과할 수 있다). 대기 안의 대류 과정은 대류권의 연직 온도 구조에 강하게 영향을 준다. 간단한 일차원 복사 평형을 계산하면, 저층 경계에서는 고도에 따라 온도가 가파르게 하강함을 보여주는데, 이는 대류적으로 불안정함을 시사한다. 복사와 대류 효과를 함께 고려하여 계산하면(필요하면 온도 기울기 함수를 중립적 안정성(neutral stability)에 맞게 조절하고 습기의 효과를 감안하여) 대류권의 온도 하강이 그보다는 덜 가파를 것으로 예측되는데, 이는 관측 결과에 잘 맞는다.

서술 목적상 온도 기울기 함수의 수직 방향 부호가 음이냐 양이냐에 따라 대기를 여러 층으로 나눌 수 있다. 지면에서 10~15km 정도에 해당하는 대류권에서는 고도에 따라 온도가 감소하고 온도 구조는 대류 과정의 영향을 강하게 받는다. 그 이후 50km까지의 **성층권**(stratosphere)에서는 온도가 고도에 따라 증가하고 복사 과정이 지배적인 결정 요

인이다. 이 위로 **중간권**(mesosphere)을 지나는 동안 온도는 다시 내려간다.

4 해양의 성질

위에서 보았듯이 복합 기후 시스템에서 해양은 주요 요소이다. 해양의 역할을 이해하기 위해서는 해양의 성질과 이들이 어떤 힘을 받고 있는지 상세하게 알아볼 필요가 있다.

해양은 해저 근처에서 가장 밀도가 높고 해수면 근처에서 가장 밀도가 낮은 식으로, 밀도에 따라 계층화되어 있다. 밀도는 복잡하고 비선형적인 방식으로 수온, 염분, 압력에 의존하는데, 일반적으로 대양의 변수 범위 내에서는 염분보다 수온의 영향력이 크다. 해양 동역학을 논의할 때 부력 $b = -g(\rho - \rho_*)/\rho$이 자주 사용된다. 이때 ρ는 물 한 덩이의 밀도이고 ρ_*은 주변 밀도이다. 따라서 $\rho < \rho_*$이면 이 덩이는 위쪽으로 부력을 받아 상승한다. 해양의 밀도는 몇 퍼센트 정도로 변화가 크지 않기 때문에 부력은 $b = -g\sigma/\rho_0$으로 쓸 수 있다. 여기에서 $\sigma = \rho - \rho_0$이고 $\rho_0 = 1000\text{kgm}^{-3}$이다. 온도와 염분, 따라서 밀도는 약 50~100m의 **혼합층**(mixed layer)이라고 부르는 해양층에서는 깊이에 따른 변화가 거의 없다. 이 아래에는 **수온약층**(水溫躍層, thermocline)이라고 불리는 층이 있어서 수직 방향 온도 기울기와 밀도 기울기가 가장 크다. 이 층의 깊이는 100m에서 600m에 이른다. 수온약층의 물은 **심해**(abyss)라고 부르는 깊은 해양의 물보다 따뜻하고 짜다.

해양에 미치는 힘은 대기에 미치는 힘과는 좀 다르다. 상당한 양의 태양복사가 대기를 통과해 지표면을 가열해서 아래쪽으로부터 대기 대류를 추동하는 반면, 해양에서는 해수면에서 열과 민물 교환을 하므로 (해빙 형성 시 염분 방출(brine rejection)을 포함하여) 위쪽에서부터 부력 손실에 의해 대류가 일어난다. 해수면에서 열속(heat flux)은 다음 네 가지 요소로 이루어진다. 풍속과 대기/해양 온도 차이에 의존하는 현열속(sensible heat flux), 증발과 강수로부터 오는 잠열속(latent heat flux), 태양으로부터 오는 단파 복사, 대기와 해양으로부터 오는 장파 복사가 그것이다. 알짜 민물 흐름은 증발에서 강수를 뺀 것에 하수와 얼음 형성 과정의 영향을 포함한다. 해수면 위로 부는 바람은 해양에 응력을 가하고, 특히 해양 상층 수 km의 순환을 직접적으로 일으킨다. 바람 응력은 보통 $\tau_{\text{wind}} = \rho_a c_D u_{10}^2$으로 주어진다. 이때 ρ_a는 대기 밀도이고 u_{10}은 10m에서 바람 속도, c_D는 항력 계수(풍속과 대기 안정성, 해양 상태의 함수)이다. 해수면 아래에서는 바람과 해저 지형 위의 해류, 밀물과 썰물 및 다른 여러 과정이 해양 순환에 간접적으로 영향을 준다.

5 대기와 해양의 동역학

유체역학의 수학이 대기와 해양의 운동을 지배한다. 지구의 기상과 기후의 주요 모습을 이해하고 미래 변화를 예측하는 데 유체역학의 틀을 쓸 수 있다. 밀도에 따른 계층화와 지구의 자전은 유체 흐름을 체계화하는 강력한 제약 조건이 된다.

5.1 계층화된 회전 유체

유체역학을 연구할 때 유체 한 덩어리의 시간에 따른 진화를 유체의 흐름으로 보고 기술하는 것이 유용하다. 이 변화율은 라그랑주(Lagrangian) 미분, D/Dt으로 재는데

$$\frac{\mathrm{D}}{\mathrm{D}t} \equiv \frac{\partial}{\partial t} + \boldsymbol{u} \cdot \nabla$$

로 정의된다. 여기서 $\boldsymbol{u}$는 유동의 속도이다. 바람이 불거나 해류가 흐를 때 열과 오염원도 함께 운반된다. 이 효과는 이류(advection)라* 부르는 $\boldsymbol{u} \cdot \nabla$로 기술된다. 유체 흐름에 대한 운동방정식에는 다섯 가지 주요 변수인 속도 $\boldsymbol{u} = (u, v, w)$, 압력 p, 온도 T가 관련돼 있다. 이에 대응하여 뉴턴의 제2법칙, 질량 보존 법칙, 열역학 제1법칙으로부터 나오는 다섯 개의 독립적인 방정식이 있다.

뉴턴의 제2법칙을 관성계에서 쓰면

$$\frac{\mathrm{D}\boldsymbol{u}}{\mathrm{D}t} = -\frac{1}{\rho} \nabla p + \boldsymbol{g}^* + \mathcal{F}$$

와 같다. 여기에서 우변의 $-(1/\rho)\nabla p$는 유체에 대한 압력 기울기 힘이고 $\boldsymbol{g}^*$는 중력, $\mathcal{F}$는 마찰력의 합인데 모두 단위 질량 당 값이다. 기상과 기후를 나타내려면 유체를 지표면에 있는 관찰자의 관점에서 묘사하는 것이 자연스러우므로, 지구의 자전 틀에서의 운동으로 기술할 필요가 있다. 틀의 각회전은 벡터 $\boldsymbol{\Omega}$로 주어지는데, 이 벡터는 회전축 방향을 가리키며 크기는 지구의 각회전율 $\Omega = 7.27 \times 10^{-5}\mathrm{s}^{-1}$(하루에 1회전)과 같다. 위에 서술한 뉴턴의 제2법칙은 관성계에서 성립한다. 이를 회전계로 바꿔 기술하면, 회전계로 인한 추가 항이 더해진다. 관성계와 회전계에서 바라본 유체 속도는 $\boldsymbol{u}_{\mathrm{in}} = \boldsymbol{u}_{\mathrm{rot}} + \boldsymbol{\Omega} \times \boldsymbol{r}$와 같은 관계가 있고 라그랑주 미분은

$$\left(\frac{\mathrm{D}\boldsymbol{u}_{\mathrm{in}}}{\mathrm{D}t}\right)_{\mathrm{in}} = \left(\frac{\mathrm{D}\boldsymbol{u}_{\mathrm{rot}}}{\mathrm{D}t}\right)_{\mathrm{rot}} + 2\boldsymbol{\Omega} \times \boldsymbol{u}_{\mathrm{rot}} + \boldsymbol{\Omega} \times (\boldsymbol{\Omega} \times \boldsymbol{r})$$

로 주어진다. 따라서 코리올리(Coriolis) 가속도 $2\boldsymbol{\Omega} \times \boldsymbol{u}_{\mathrm{rot}}$와 구심 가속도 $\boldsymbol{\Omega} \times (\boldsymbol{\Omega} \times \boldsymbol{r})$가 추가 항이다. 구심력을 중력과 결합해서 하나의 항 $\boldsymbol{g} = -g\hat{\boldsymbol{z}} = \boldsymbol{g}^* + \boldsymbol{\Omega} \times \boldsymbol{\Omega} \times \boldsymbol{r}$)로 쓰면 편리하다. 여기서 $\hat{\boldsymbol{z}}$는 국소적으로 수직인 방향에 평행한 단위벡터이다. 이런 식으로 정의된 중력가속도 g는 회전계에서 측정된 중력가속도로 $g = 9.81\mathrm{ms}^{-2}$이다.

대기/해양은 그 폭이 엷기 때문에, 지구 곡률을 무시하고 국소적으로 직교 좌표계를 쓸 수 있다는 것이 많은 문제에서 이용된다. $\hat{\boldsymbol{x}}, \hat{\boldsymbol{y}}, \hat{\boldsymbol{z}}$를 각각 동쪽(위선) 방향, 북쪽(자오선) 방향, 위쪽을 향하는 단위벡터라 하면, 위도 ϕ에서의 회전 벡터는 이 좌표 기저에 의해 $\boldsymbol{\Omega} = (0, \Omega\cos\phi, \Omega\sin\phi)$로 쓸 수 있다. 대기에서 공기의 위선 방향 속도는 $|u| \sim 10\mathrm{ms}^{-1}$이어서 (해양보다 작다) $\Omega u \ll g$이다. 더욱이 대기와 해양에서 수직방향 속도 w는 보통 $10^{-1}\mathrm{ms}^{-1}$보다 작아서 수평방향 속도보다 훨씬 작다. 따라서 $2\boldsymbol{\Omega} \times \boldsymbol{u}$는 $f\hat{\boldsymbol{z}} \times \boldsymbol{u}$로 근사할 수 있다. 이때 $f = 2\Omega\sin\phi$는 코리올리 변수이다. (많은 경우 $f = f_0 = 2\Omega\sin\phi_0$과 같이 특정한 위도에서의 값으로 근사하거나, f_0에서 조금 벗어난 값은 테일러 전개를 써서 $f = f_0 + \beta y$로 (여기에서 $\beta = \mathrm{d}f/\mathrm{d}y$) 근사하는 것이 유용하다. 후자를 β-면 근사라 한다.)

이런 다양한 관례와 근사로부터 뉴턴의 제2법칙

* 대류가 수직 방향의 운동이라면, 이류는 수평 방향의 운동이다.—옮긴이

은 회전계에서

$$\frac{\mathrm{D}\boldsymbol{u}}{\mathrm{D}t} + \frac{1}{\rho}\nabla p - \boldsymbol{g} + f\hat{\boldsymbol{z}} \times \boldsymbol{u} = \mathcal{F} \qquad (3)$$

가 된다. 몇 가지 목적상 중력 항을 지위(geopotential, 지오퍼텐셜) 함수라 부르는 퍼텐셜 함수 ϕ의 기울기 함수를 이용하여 $\nabla\Phi = -\boldsymbol{g}$로 쓰는 것이 유용하다. 고도 z에서의 지위함수 $\Phi(z)$는 단위질량을 평균 해수면에서 고도 z까지 올리는데 필요한 일로 $\Phi = \int_0^z g\,\mathrm{d}z$이다. 남은 두 개의 방정식은 질량 보존의 법칙(부피가 일정할 때 질량은 오직 밀도 변화에 의해서만 변하고, 질량 플럭스(mass flux)가 유입되어만 한다)

$$\frac{\mathrm{D}\rho}{\mathrm{D}t} + \rho\nabla\cdot\boldsymbol{u} = 0 \qquad (4)$$

과, 열역학 제1법칙

$$\frac{\mathrm{D}Q}{\mathrm{D}t} = c_{\mathrm{p}}\frac{\mathrm{D}T}{\mathrm{D}t} - \frac{1}{\rho}\frac{\mathrm{D}p}{\mathrm{D}t} \qquad (5)$$

이다((2)를 보라). 여기서 $\mathrm{D}Q/\mathrm{D}t$는 단위 질량당 비단열 열소비율(diabatic heat rate)로 대기에서는 대부분 잠열 가열/냉각(응축/증발)과 복사 가열/냉각으로 인한 것이다. 해양에서는 염분과 온도에 대해 유사한 방정식이 성립한다.

방금 유도한 운동방정식들은 기후와 기상 모델의 핵심에 있는 방정식들을 단순화한 꼴이다. 이런 모델은 운동방정식을 이산화한 형태를 수치적으로 푸는데, 계산상의 제약 때문에 곧장 해결할 수 있는 운동의 규모에는 제한이 있다. 대기에서는 기후 시스템과 같은 대규모 운동(~1000 km)은 일반적으로 잘 포착하지만, 대류성 폭풍 시스템과 같은 더 작은 규모의 운동(1~100 km)은 일반적으로 매개화, 즉 더 큰 규모에서 해결된 변수를 써서 근사적으로 나타낼 필요가 있다. 마찬가지로 해양에서는 소규모 과정이(실제로 운동 규모는 대체적으로 대기보다는 해양에서 열 배 정도 작기 때문에 문제가 더 까다롭다) 매개화된다.

대기만으로 구성된 모델에서 강제력은 구체적인 태양 강제력, 복사가 활발한 기체, 해수면의 온도, 해빙 등이다. 모델에 포함하는 것과 포함하지 않는 것의 여부는 그 모델을 이용하여 예측하려고 하는 시간 규모에서(기상 모델에서는 시간 단위에서 주 단위이며, 기후 모델에서는 수십 년에서 수 세기까지) 중요한 것이 무엇이냐에 좌우된다. 기후 예측에서는 일반적으로 **결합 모델**[IV.16 §5]을 채택한다. 이 모델들에서는 대기, 해양, 얼음, 토양 및 일부 화학물질 순환과 같은 개별 모델이 서로 얽혀 있으며, 하나가 변하면 다른 것에 영향을 준다.

5.2 대기와 해양의 순환

열대지방에서는 지구면의 곡률 때문에 태양 광선이 더 작은 영역에 집중되므로 극지방보다 더 많은 태양 복사를 받는다. 지구가 자전하지 않는다면 극지방-적도 사이의 온도 차이에 의해 따뜻한 공기가 적도의 열대지방에서 상승하고 극지방에서 하강하는 대기 순환이 일어났을 것이다. 자전하는 지구에서는 공기가 상층부 대류권에서 적도 지역을 벗어나 이동할 때 아래에서 기술할 코리올리(Coriolis) 효과 때문에 동쪽 방향의 (편서풍) 속도 성분을 얻는다. 코리올리 변수 f는 적도 지대에서는 작지만 다른 곳에서는 상당한 영향을 미친다. 따라서 대기 중의 역전 순환(overturning circulation)은 적도 지역에 국

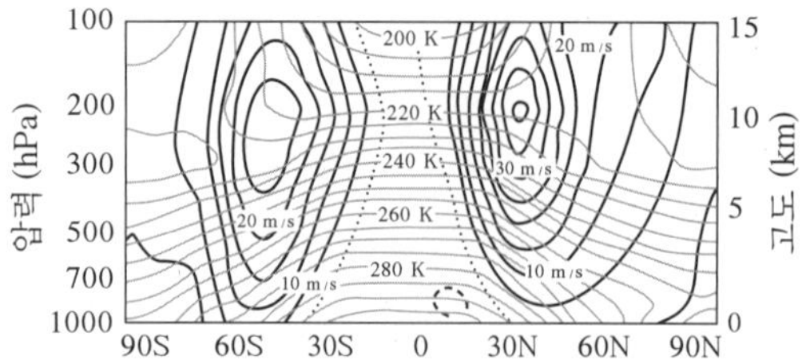

그림 2 대류권에서 온도(5K 간격의 가는 회색 윤곽선)와 편서풍($5ms^{-1}$ 간격의 굵은 검은색 윤곽선. 무풍지역은 점선, 동풍은 파선). 모든 양은 경도 평균이다. 수치는 북반구 겨울의 전형적인 값들이다. 대략적인 고도도 나타내었다.

한된다. 만일 이게 극지방까지 확장된다면 코리올리 효과로 인한 편서풍의 세기는 무한대였을 것이다. 습한 공기는 적도 근처에서 상승하고 건조한 공기는 20-30도 사이의 아열대 사막 지역에서 하강한다. 이런 역전 순환은 **해들리(Hadley) 순환**이라고 알려져 있다. 태양 강제력(solar forcing)의 패턴은 북반구 여름에는 북쪽으로, 남반구 여름에는 남쪽으로 일 년에 걸쳐 옮겨 간다. 전체적인 해들리 순환은 태양 강제력과 계절에 따라 이동한다.

상층부 대류권에서 해들리 순환의 극방향 한계(약 30도 지역)에서는 강한 편서풍대인 제트기류가 있다(그림 2). 이 기류는 겨울에 가장 강해서 평균 속도가 $30ms^{-1}$이다. 지표면에서 적도방향으로 되돌아오는 흐름은 약하다. 아래에서 수학적으로 기술하겠지만, 북반구에서는 마찰력과 코리올리 효과가 합해져 북동쪽에서 불어오는 남서 방향 무역풍이 생기고 남반구에서는 남동쪽에서 불어오는 무역풍이 생긴다.

제트기류 내의 편서풍은 정수력학적(hydrostatics)으로 불안정해서 **맴돌이**(eddy)라고 알려져 있는 소용돌이 구조로 쪼개지는데, 이 맴돌이들은 이동하는 기후 시스템으로 나타난다. 맴돌이들은 위도/고도 평면에서 열, 습도, 화학물질을 전달하는데 결정적인 역할을 한다. 연간 평균으로 관측한 바에 따르면 열대지방은 받는 것보다 복사를 덜 하고 극지방은 받는 것보다 더 복사한다. 이는 대기와 해양에서 반드시 적도에서 극으로 가는 에너지 이동이 있어야 함을 의미한다. 대기에서 열은 해들리 순환에 의해 열대지방을 거쳐 극지방으로 전달된다. 고위도 지방에서는 맴돌이가 열전달의 주요인이다.

해양에서는 해수면과 모든 해저를 흐르는 심해류를 아우르는 역전 순환이 있다. 이 순환은 지구 전역에 열, 소금, 탄소, 영양분, 기타 물질을 전달하고, 얕은 해양 및 대기층과 엄청난 저수량의 깊은 해양을 연결한다. 그러므로 이 순환은 전체 기후 시스템에서 매우 중요한 역할을 한다. 앞서 드나드는 복사의 양을 설명하기 위해 대기나 해양에서 극지방으로 열전달이 필요하다는 이야기를 했다. 자세히 계산해 보면 중위도와 고위도 지방에서는 대기가 많은 양을 전달하며, 열대지방에서는 해양이 상당한 양을 전달한다는 것을 보여준다. 극지방으로 이동하는 물이 더 저온에서 적도 지방으로 이동하는 흐름에 의해 보상된다면, 열은 해양의 역전 순환을 통해 극지방으로 전달된다. 대서양에서는 모든 곳에서 북쪽을 향해 열이 전달되지만, 태평양에서는 양반구에서 각각 극방향을 향해 전달된다. 한편 인도양은 남반구에서 극방향 전달을 담당한다. 알짜 열이동은 양 반구 모두에서 극방향을 향한다.

표층 해류(surface ocean current)는 **환류**(還流, gyre)라 알려진 닫힌 순환 패턴에 따라 결정된다. 북반구에서는 태평양과 대서양의 아열대 지역에 환류가 흐르는데, 중위도에서는 동쪽을 향하고 적도에서는 서쪽을 향한다. 이 환류 내부에서 해류의 속도는 보다 작지만 서쪽 가장자리에서는 $100\,\text{cms}^{-1}$보다 빠른 강한 극방향 해류가 있다(태평양에서는 쿠로시오(Kuroshio) 해류, 대서양에서는 멕시코 만류(Gulf stream)). 표층수(ocean surface water)는 몇 곳의 핵심 지역, 특히 북대서양과 남극 지역에서만 깊은 심연으로 가라앉을 정도의 밀도를 지닌다. 이 차가운 고위도 지역들에서만 심해 대류가 발생하는데, 내부 층화가 작으며 직접적인 냉각 및 증발이나 해빙 형성 때의 염수 배출을 통해서만 표면 밀도가 증가하기 때문이다. 대서양 해류에서 형성된 고밀도 물은 서쪽 경계의 심해 해류로써 남쪽으로 흘러 결국에는 남빙양으로 유입되고 그곳에서 다른 수괴(water mass)와 혼합된다. 결국 심층수는 연직 혼합과 (조류와 바람이 이들의 주 에너지원이다) 남빙양의 역전순환에 의해 해수면까지 올라온다. 주요 해류와 관련된 정수력학적 불안정성은 해양 내에 어느 곳에서든 맴돌이를 발생시킬 수 있다. 대기에서와 마찬가지로 이 맴돌이가 열전달을 담당하고 있으며, 남빙양의 역전 순환의 구동력으로써 중심 역할을 수행한다.

6 동역학 과정

운동방정식 (3)의 상이한 항들의 상대적 크기를 고려하는 것은 대기와 해양의 동역학 과정의 서로 다른 양상을 이해하는데 유용하다. 이를 위해 코리올리 항에 대한 가속 항의 비율인 로스비 수(Rossby number) Ro를 도입하자. U가 전형적인 속도 단위이고 L이 길이 단위일 때 $Ro = U/fL$이다.

6.1 해양 표면파

육지에 부딪히는 파도에 대한 지구 자전의 영향력은 작기 때문에 Ro는 크고, 따라서 (3)의 코리올리 항을 무시할 수 있다. 해수면이 평형 수위보다 위에 있고 중력이 물을 아래쪽으로 잡아당기기 때문에 그 결과 파동 운동이 생긴다. 물이 평형 지점을 위아래로 넘어갔을 때 한 방향으로는 주변에 있는 수괴로부터, 다른 방향으로는 중력으로부터 압력을 받아 복원되는 결과 진동 운동이 발생한다.

$z = 0$이 자유 수면(free surface)이고 바닥이 $z = -H$이며 밀도가 ρ_0으로 균일한 유체에 대해, 평형해의 속도는 0이고 평형 압력 p_*는 정수력학적 균형 방정식 (1): $p_*(z) = -g\rho z$의 해이다. 이때 ρ는 유체 내에서는 ρ_0이고 그 위에서는 0이다. 자유 수면으로부터 섭동된 위치를 $z = \eta(x, y, t)$로 주고 섭동 압력은 $p = p_* + p'$으로 주어 이 시스템의 섭동을 정의할 수 있다. 코리올리 항과 마찰력 항을 무시하면 (3)은 다음처럼 쓸 수 있다.

$$\frac{\mathrm{D}\boldsymbol{u}}{\mathrm{D}t} = -\frac{1}{\rho}\nabla p'$$

이 방정식의 성분들에 x, y, z 방향 미분을 취하고 연속성(continuity) 방정식 (4)를 이용하면 p'에 대한 라플라스 방정식[III.18] $\nabla^2 p' = 0$을 얻는다. 관련된 경계조건은 아래와 같다.

(i) 바닥에서 수직 방향 흐름은 없다($z = -H$일 때 $w = 0$). 이로부터 (3)의 z 성분을 생각하면 $z = -H$에서 $\partial p'/\partial z$는 0이어야 한다.

(ii) 자유 수면 $z = \eta$의 입자는 거기 머물러 있다. 즉 $\mathrm{D}(z - \eta)/\mathrm{D}t = 0$이고, 이는 작은 섭동에 대해

$z = \eta$에서 $w = \partial\eta/\partial t$를 준다.

(iii) 자유 수면에서 압력은 0이어야 한다. 즉 $z = \eta$에서 $p' = \rho g \eta$.

$z = \eta$에서 주어진 두 가지 조건은 $z = 0$에서도 근사적으로 잘 적용된다.

이 시스템의 파상(wavelike) 해를 구할 수 있는데, 이는 진폭이 $\hat{\eta}$, 파동수가 $\boldsymbol{k} = (k, l)$, 진동수가 ω인 동일한 꼴의 변위 η에 대응하는 해라고 본다. 이 해는 다음 꼴을 취한다.

$$p' = \mathrm{Re}\,\hat{\eta}\exp(\mathrm{i}(kx + ly - \omega t))$$

라플라스 방정식으로부터 $\kappa^2 = k^2 + l^2$이라 둘 때 $\partial^2 p'/\partial z^2 - \kappa^2 p' = 0$이다. 첫 번째와 세 번째 경계조건을 적용하면 해는 다음과 같다.

$$p' = \frac{\rho g \hat{\eta} \cos(kx + ly - \omega t)\cosh\kappa(z + H)}{\cosh\kappa H}$$

(3)의 z 성분을 이용해서 두 번째 경계조건이 성립하고 해가 η에 대해 가정한 모양과 일관되기 위해서는

$$\omega^2 = g\kappa\tanh\kappa H$$

이어야 함을 증명할 수 있다. 이 **분산 관계식**(dispersion relation)이 주어진 파동수를 가지는 파동의 진동수 ω를 결정하며 따라서 위상속도(phase speed) $c = \omega/\kappa$도 결정한다.

$\kappa H \ll 1$일 때 얕은 물이나 장파 극한에서 $\tanh \kappa H \to \kappa H$이므로 $c = \sqrt{gH}$이다. 이는 모든 장파가 같은 속도로 진행함을 의미한다. 해저상의 지진은 쓰나미[V.19]를 촉발할 수 있다. 쓰나미는 수심이 몇 킬로미터에 불과한 해양에서 수천 킬로미터에 이르는 파장을 지니는 장파이다. 따라서 쓰나미는 확산이 일어나지 않은 채 $\sqrt{gH} \approx 200\mathrm{ms}^{-1}$의 속도로 전파되면서, 거대한 해양을 건너가는 동안 에너지를 유지한다. 쓰나미는 육지에 가까워짐에 따라 얕아진 수심에서 속도가 느려져 파장 $\lambda = 2\pi c/\omega$가 감소한다(ω는 상수). 에너지 밀도가 같기 때문에 비선형 효과가 점차 중요해지고 파도가 부서질 때까지 진폭이 커진다.

6.2 중위도 기후 시스템과 해양 환류

중위도 지역은 적도 열대지방과 극지방 사이의 지역이다. 이 지역에서 기상 시스템의 전형적인 속도 규모는 $U \sim 10\mathrm{ms}^{-1}$이고, 길이 규모는 $L \sim 10^6\mathrm{m}$이며, 코리올리 변수는 $f \sim 10^{-4}\mathrm{s}^{-1}$이어서 $Ro \sim 0.1$이다. 해양의 중위도 환류에서는 전형적인 규모가 $U \sim 0.1\mathrm{ms}^{-1}$, $L \sim 10^6\mathrm{m}$이므로 $Ro \sim 10^{-3}$이다. 따라서 두 경우 모두 로스비 수 Ro가 작기 때문에 코리올리 힘에 비해 (3)의 가속도 항을 무시할 수 있다. 게다가 경계에서 떨어지면 마찰력도 무시할 수 있으므로 수평 방향에서 다음을 얻는다.

$$f\hat{\boldsymbol{z}} \times \boldsymbol{u} + \frac{1}{\rho}\nabla p = \boldsymbol{0}$$

이 근사는 **지균 평형**(geostrophic balance)이라고 알려져 있다. 이 근사식은 코리올리 힘과 수평 방향 압력 기울기력 사이의 균형인데, 다음처럼 주어지는 지균 속도 $\boldsymbol{u}_g$를 정의하는 데 이용할 수 있다.

$$\boldsymbol{u}_g = (u_g, v_g) \equiv \left(\frac{-1}{f\rho}\frac{\partial p}{\partial y}, \frac{1}{f\rho}\frac{\partial p}{\partial x}\right) \qquad (6)$$

(3)의 수직 방향을 고려할 때 수직 방향 마찰력 F_z와 수직 가속도 $\mathrm{D}w/\mathrm{D}t$가 작으면(큰 규모의 대기와 해

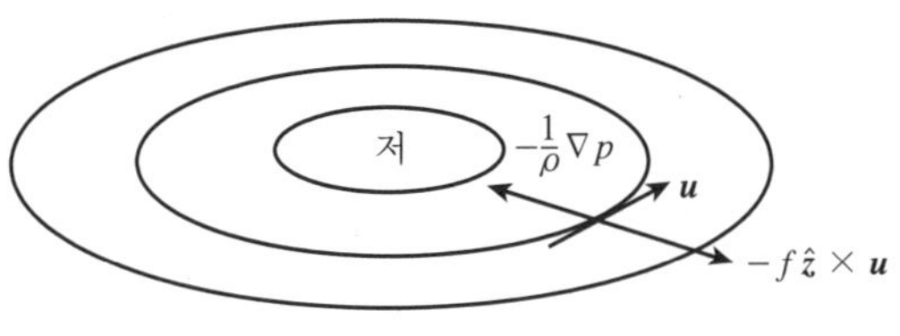

그림 3 북반구에서 저기압 중심 근처의 반시계 방향 (저기압성) 지균 흐름. 이 흐름을 편향시키는 코리올리 효과의 영향력이 고기압에서 저기압으로 향하는 압력 기울기력의 수평 성분과 균형을 이룬다.

양 시스템에서는 일반적으로 성립한다), 이는 앞서 소개한 정수력학적 균형방정식 (1)로 귀결된다.

지균 평형 흐름은 압력 기울기 방향에 수직이어서 등압선을 따라간다. 따라서 저기압 중심 주변으로 북반구에서 반시계 방향으로, 남반구에서는 시계 방향으로 (그림 3) 운동한다. 또한 속도가 압력 기울기의 크기에 의존하므로, 등압선들이 촘촘할수록 속도가 빠르다. 북반구에서 반시계 방향으로 돌거나 남반구에서 시계 방향으로 도는 흐름을 **저기압성 흐름**(cyclonic flow)이라 하며 (허리케인이 이런 예이다), 그 반대 방향 흐름을 **고기압성 흐름**(anticyclonic flow)이라 한다.

지균 평형은 대기나 해양의 흐름에서 관측되는 여러 양상을 설명하는 데 쓸 수 있다. 대기에서는, 지표면의 극-적도간 온도 기울기 때문에 대류권에서 따뜻한 열대지역에서 차가운 극지방으로 가는 수평방향 압력 기울기가 생긴다. 이는 중위도 지역 제트기류의 편서풍과 관련된 코리올리 힘과 지균 평형 상태에 있다(그림 2). 제트기류의 불안정성은 저기압계 주변에서(중위도 지역 기상 시스템이 이렇다) 저기압성 지균 흐름으로 구성된 맴돌이를 형성한다. 해양에서는, 따뜻한 북대서양의 아열대 환류의 해수면이 더 북쪽의 차가운 아한대(subpolar) 지역보다 높기 때문에, 동쪽으로 흐르는 멕시코 만류와 남쪽으로 향하는 코리올리 힘이 지균 평형을 맞추기 위해 북쪽으로 향하는 압력 기울기가 생긴다. 해류의 불안정성은 해수면의 비대칭 주변의 지균 흐름으로 나타나는 맴돌이들을 생성한다.

더 분석해 보면 자전이 흐름을 강하게 제약한다는 것이 밝혀진다. ρ와 f가 일정한 경우, 지균 속도에 수평 방향 미분을 취하면 이 속도가 수평 방향으로 비발산적(nondivergent)임을 증명할 수 있다. 수직방향 미분을 취하고 정수력학적 균형방정식을 이용하면 $(\partial u_g/\partial z, \partial v_g/\partial z) = 0$이 나온다. 질량 보존방정식 (4)를 적용하면 $\partial w_g/\partial z = 0$을 증명할 수 있다. 따라서 지균 속도는 수직 방향으로 변하지 않으므로 2차원적이다. 약간 더 일반적인 조건, 즉 느린 정상상태의 마찰이 없는 **순압**(順壓, barostropic)(밀도가 오직 압력에만 의존하여 $\rho = \rho(p)$) 비압축성 흐름은 속도의 수평 방향 및 수직 방향 성분이 회전 벡터 $\boldsymbol{\Omega}$ 방향으로 변할 수 없게 되어 이차원적 흐름이 된다. 이는 **테일러-프라우드먼**(Taylor-Proudman) **정리**로 알려져 있다. 이 정리는 유체의 수직 기둥(vertical column)이 기울거나 늘어나지 않고 수직으로 유지됨을 의미한다.

일반적으로 대기에서와 해양에서의 밀도는 압력면(pressure surface) 위에서 변하는데, 예를 들어 온도에 의존하기 때문이다. 이 경우 유체를 **경압**(傾壓, baroclinic) 유체라 한다. 만일 상수 기준 밀도 ρ_0에 대해 (보통 1000kgm^{-3}으로 z 취함) 밀도를 $\rho = \rho_0 + \sigma$로 쓸 수 있고 $\sigma \ll \rho_0$이라면(일반적으로 해양에서 이렇다) (6)에서 분모 ρ를 ρ_0으로 바꿔 쓰고 $\partial/\partial z$를 취해 정수력학적 균형 방정식 (1)을 이용하면 다음을 얻는다.

$$\left(\frac{\partial u_g}{\partial z}, \frac{\partial v_g}{\partial z}\right) = \frac{g}{f\rho_0}\left(\frac{\partial \sigma}{\partial y}, -\frac{\partial \sigma}{\partial x}\right)$$

밀도 변화가 더 큰 압축성 대기에서는 압력이 수직 좌표가 되도록 적절한 방정식을 고려하는 것이 유용하다. 이는 $\tilde{z} = -H \ln(p/p_0)$라는 **로그-압력 좌표**를 도입하면 가능하다. 이때 p_0은 기준 압력(보통 1000hPa)이고 **척도 고도**(scale height)라고 알려진 양 $H = RT_0/g$는 압력이 e의 배수 단위로 떨어지는 고도를 나타낸다. $T_0 = 250\text{K}$(대류권에서 전형적인 수치)이면 $H \approx 7.3\text{km}$이다. (3)에서 마찰력을 무시할 수 있는 경우, 로그-압력 좌표에서 수평 방향 운동량방정식은

$$\mathrm{D}\boldsymbol{u}/\mathrm{D}t + f\hat{\mathbf{z}} \times \boldsymbol{u} + \nabla\Phi = \mathbf{0}$$

과 같다. 이때 ∇_h가 수평 방향 기울기 성분을 나타낼 때 $\mathrm{D}/\mathrm{D}t = \partial/\partial t + \boldsymbol{u} \cdot \nabla_\mathrm{h} + \tilde{w}\,\partial/\partial\tilde{z}$이고 Φ는 지위(geopotential)*이다. 덧붙여 정수력학적 방정식은 다음처럼 쓸 수 있다.

$$\partial\Phi/\partial\tilde{z} = RT/H$$

이 방정식은

$$\left(\frac{\partial u_\mathrm{g}}{\partial \tilde{z}}, \frac{\partial v_\mathrm{g}}{\partial \tilde{z}}\right) = \frac{R}{fH}\left(-\frac{\partial T}{\partial y}, \frac{\partial T}{\partial x}\right)$$

를 증명하는 데 사용할 수 있다. 따라서 대기와 해양 모두에서 지균 속도의 수직 방향 기울기는 수평 방향 밀도 기울기와 관계가 있다. 이는 **온도풍**(thermal wind) 관계식으로 알려져 있다. 앞에서 논의했듯이 대기 중에서는 극에서 적도까지 온도 기울기가 있어서(양반구에서 $f^{-1}\partial T/\partial y < 0$), $\partial u_g/\partial\tilde{z} > 0$을 뜻하므로 양반구에서 고도가 올라갈수록 바람은 더 서쪽에서 불어와야 한다. 실제로 양반구의 중위도 지역 대류권의 상층부에서는 강한 제트기류가 관측되므로 이에 부합한다.

* 어떤 고도와 해수면에서 단위질량이 가지는 위치 에너지의 차. —옮긴이

6.3 에크만층과 바람이 추동하는 해양 순환

경계와 가깝다든지 하여 마찰력의 효과가 중요해지는 곳에서는 지균 평형이 성립하지 않는다. 중위도 대기와 해양에서 발견되는 것처럼 로스비 수가 작으면, 이번에도 (3)의 코리올리 항에 비해 가속도 항을 무시할 수 있으므로 수평 속도 $\boldsymbol{u}$는 다음처럼 주어진다.

$$f\hat{\mathbf{z}} \times \boldsymbol{u} + \frac{1}{\rho}\nabla p = \mathcal{F} \qquad (7)$$

마찰력을 도입한 결과 압력이 높은 곳에서 낮은 곳으로의 흐름에 비지균(ageostrophic) 성분을 도입하여 $\boldsymbol{u} = \boldsymbol{u}_g + \boldsymbol{u}_{ag}$라 쓸 수 있다. 대기에서는 하층 1km 정도, 해양에서는 상층 100m 정도에서 이 효과가 중요하다. 예를 들어 비지균 성분은 무역풍의 자오선(남북) 성분을 설명해 준다.

지균 흐름은 수평 방향으로 비발산적이지만(행성 규모에서는 예외), 비지균 흐름은 그렇지 않다. 경계면 근처의 저기압 쪽으로 비지균적으로 이탈한 바람은 점차 수렴하며, 따라서 질량 연속체를 통해 이와 관련하여 경계면에서 벗어나는 수직 방향 속도가 있어야 한다. 이는 **에크만 펌핑**(Ekman pumping)이라 알려져 있다. 대기 중에서 에크만 펌핑은

하강하는 냉각 구름을 만들어 내며, 저기압 계에서는 때로 비를 만들어 낸다. 해양에서는 환류의 순환에서 펌핑이 핵심 성분이다.

해수면에서 바람의 응력은 해양 슬래브(slab) 위에서 단위 질량당 다음과 같은 힘을 만들어 낸다.

$$\mathcal{F}_{\text{wind}} = \frac{1}{\rho_0}\frac{\partial \tau_{\text{wind}}}{\partial z}$$

여기에서 ρ_0은 해양 슬래브의 밀도다. 이 힘 때문에 **에크만층**(Ekman layer) 내에서 해수면과 가까운 곳에 해양 순환이 발생한다. 해수면 $z = 0$에서 응력은 $\tau(0) = \tau_{\text{wind}}$인데, 이는 에크만층의 깊이 $\delta \sim 10-100$m 위에서 사라지므로 $\tau(-\delta) = 0$이다. 운동에서 비지균 성분 $\boldsymbol{u}_{ag}$는 바람으로부터 발생하는 힘을 (7)에 대입하여 얻는데, $f\hat{\boldsymbol{z}} \times \boldsymbol{u}_{ag} = (\rho_0)^{-1}\partial\tau/\partial z$가 나온다. 이 방정식을 에크만층의 깊이까지 적분하면, 층에서 측면 질량 전달이 다음 식으로 주어짐을 확인할 수 있다.

$$\boldsymbol{M}_{\text{EK}} \equiv \int_{-\delta}^{0} \rho_0 \boldsymbol{u}_{\text{ag}} \mathrm{d}z = \frac{\tau_{\text{wind}} \times \hat{\boldsymbol{z}}}{f} \qquad (8)$$

따라서 에크만층에서의 질량 전달은 북반구에서는 바람의 오른쪽으로 향하고, 남반구에서는 왼쪽으로 향한다. 더 분석해 보면 북반구에서는(남반구에서는 방향을 반대로 하면 된다) (i)해수면에서의 수평 흐름은 해수면 바람의 오른쪽으로 45° 방향을 향하며, (ii)흐름은 해양의 깊이에 따라 고기압(시계 방향) 흐름 방향으로 나선형으로 향하는데, 해수면과의 거리에 대해 지수적인 규모로 줄어든다. 해양의 바닥과 대기에서도 유사한 에크만 나선이 존재하지만, 이 흐름의 방향은 반대다. 따라서 표면에서의 바람은 대기경계층(planetary boundary layer) 위의 대류권 하부에서 부는 바람의 45° 왼쪽을 향하며, 이는 해수면의 흐름은 거의 대류권 바람의 방향과 비슷하다는 것을 뜻한다.

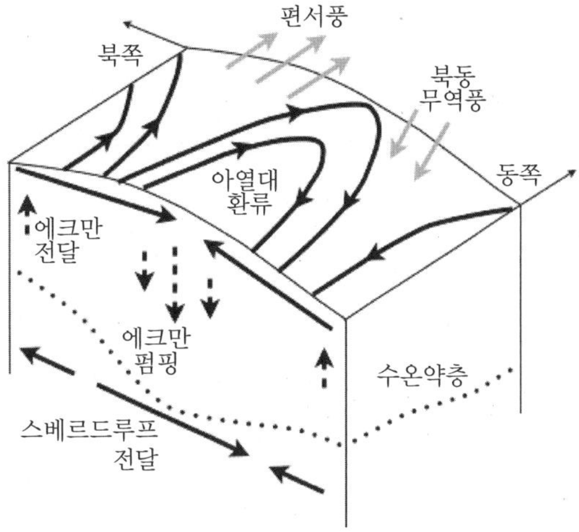

그림 4 바람에 의해 구동되는 해양 환류와 관련된 에크만 전달과 스베르드루프 전달(실선) 및 에크만 펌핑(점선)을 나타내는 개략도.

고기압성 아열대 환류에서 에크만 전달은 환류의 중심을 향해 수평으로 흐름이 수렴하는 결과를 낳는다. 질량 보존 때문에 에크만 펌핑을 통한 하강류가 생긴다(그림 4를 보라). 저기압성 아한대 환류에서는 발산하며 에크만 흡입(suction)이 생긴다. 비압축성 해양에서는 지균 흐름이 비발산적이므로 수직 방향 속도 w는 $\nabla_h \cdot \boldsymbol{u}_{ag} + \partial w/\partial z = 0$으로 주어진다. 표면에서의 수직 방향 속도는 0이므로, 에크만층에서 이 방정식을 적분하면 에크만층 바닥에서의 수직 방향 속도 w_{EK}는

$$w_{\text{EK}} = \frac{1}{\rho_0}\nabla_{\text{h}} \cdot \boldsymbol{M}_{\text{EK}} = \frac{1}{\rho_0}\hat{\boldsymbol{z}} \cdot \nabla \times \left(\frac{\tau_{\text{wind}}}{f}\right)$$

로 주어진다. 따라서 에크만 펌핑 속도 w_{EK}는 τ_{wind}/f의 회전장(curl)에 의존하는데, 대체로 바람의 응력 변화에 의해 만들어진 것이다.

해수면이나 대륙의 경계로부터 떨어진 해양의 내부에서는 마찰력을 무시할 수 있으며, 해류는 지균 평형에 꽤 근사한다. 하지만 위쪽의 에크만층에 의해 부과된 수직 속도의 패턴에 따라 흐름이 달라진다. 지균 흐름의 수평 방향 발산은 내부의 물기둥의 수평 방향 신장과 관련돼 있는데, 비압축성 유체에 대해 $\nabla_h \cdot \boldsymbol{u}_g + \partial w/\partial z = 0$이기 때문이다.

(6)으로부터 지균 속도의 수평 방향 발산은 $\nabla_h \cdot \boldsymbol{u}_g = -(\beta/f)v_g$이다. 여기에서 $\beta = \mathrm{d}f/\mathrm{d}y$이다. 따라서 수직 흐름과 자오선 방향, 즉 북쪽 방향 흐름은 $\beta v_g = f\partial w/\partial z$라는 관계를 가진다. 따라서 수평 속도에 대해 $w_{EK} < 0$인 곳에서는 적도 방향이고 $w_{EK} > 0$인 곳에서는 극 방향인 성분이 있을 것이라고 예상된다. 이는 아열대 환류 내에서 경계로부터 떨어진 곳의 내부 흐름은 적도 방향임을 뜻한다(그림 4를 보라). 내부 흐름은 바람의 순환과 같은 방향이어야 하는데, 따라서 대륙 경계에서의 마찰 효과가 지균성을 무너뜨리는 효과를 내는 해양 분지(ocean basin)의 서쪽 면 위에서는 좁게 되돌아오는 흐름이 있어야 한다. 아열대 환류에서 바람이 고기압 와동을 해양에 밀어 넣는데, 해류가 서쪽 편에서 극지방으로 돌아오면서 경계와 마찰을 일으키며 제거된다.

전체 수심 적분(depth-integrated) 흐름 V는 자오선 방향 속도 v에 대한 일반적 방정식을 고려하여 얻을 수 있는데, 이는 (7)과 비압축성 조건으로부터 얻는다.

$$\beta v = f\frac{\partial w}{\partial z} + \frac{1}{\rho_0}\frac{\partial}{\partial z}\left(\frac{\partial \tau_y}{\partial x} - \frac{\partial \tau_x}{\partial y}\right)$$

해양의 바닥($z = -\mathrm{D}, w = 0, \tau = 0$)에서부터 해수면 ($z = 0, w = 0, \tau = \tau_{\text{wind}}$)까지 적분하면

$$\beta V = \frac{1}{\rho_0}\hat{\boldsymbol{z}} \cdot \nabla \times \tau_{\text{wind}}$$

가 나온다. **스베르드루프 균형**(Sverdrup balance)이라 알려진 이 균형은 적분된 흐름의 깊이와 바람의 응력의 회전장을 관련지어 준다. 이 균형은 아한대지역 환류와 아열대 환류에서의 운동의 방향을 결정한다. 남극대륙을 에워싸는 남빙양에서 동서 방향의 압력 기울기를 지탱할 아무런 지형이 없는 연직 수위에서는 평균적인 자오선 방향 지균 흐름이 있을 수 없으며 따라서 위의 스베르드루프 근사는 적용되지 않는다.

6.4 준지균 흐름과 경압 불안정성

로스비 수가 작은 대규모 저진동수 흐름에 대해 속도가 $|\boldsymbol{u}_{ag}|/|\boldsymbol{u}_g| \sim O(Ro)$이도록 지균 성분과 비지균 성분의 합 $\boldsymbol{u} = \boldsymbol{u}_g + \boldsymbol{u}_{ag}$로 쪼갤 수 있다. 이 경우 운동량은 지균값으로 근사할 수 있으며 수직 운동을 따르는 운동량이나 온도의 변화율은 지균 흐름을 따르는 변화율로 근사할 수 있다. 따라서 $\mathrm{D}\boldsymbol{u}/\mathrm{D}t \approx \mathrm{D}_g\boldsymbol{u}_g/\mathrm{D}t \equiv \partial \boldsymbol{u}_g/\partial t + \boldsymbol{u}_g \cdot \nabla \boldsymbol{u}_g$이며, 로그-압력 좌표계 운동량방정식에서 남은 항으로부터 다음이 나온다.

$$\frac{\mathrm{D_g}\boldsymbol{u}_\mathrm{g}}{\mathrm{D}t} = -f_0\hat{\boldsymbol{z}} \times \boldsymbol{u}_{\mathrm{ag}} - \beta y\hat{\boldsymbol{z}} \times \boldsymbol{u}_\mathrm{g}$$

여기에서 β-면 근사를 사용했다.

지균 속도는 비발산적이므로 $\boldsymbol{u}_g = \hat{\boldsymbol{z}} \times \nabla\psi$를 만족하는 유동(stream)함수 ψ가 존재한다. 지위(geopotential)함수와 비교하면 $\psi = (\Phi - \Phi_*)/f_0$이 되는데 여기에서 $\Phi_*(\tilde{z})$는 기준이 되는 적절한 지위 프로파

일이다. 로그-압력 좌표계로 연속성 방정식 (4)는 다음과 같다.

$$\frac{\partial u_{\mathrm{ag}}}{\partial x} + \frac{\partial v_{\mathrm{ag}}}{\partial y} + \frac{1}{\rho_*}\frac{\partial(\rho_* \tilde{w})}{\partial \tilde{z}} = 0$$

여기에서 $\rho_*(\tilde{z}) = \rho_0 \mathrm{e}^{-\tilde{z}/H}$이다. 온위(potential temperature) $\Xi = \exp(\mathrm{R}\hat{z}/\mathrm{Hc_p})$에 대해 $\theta = T\Xi$인 관계로 온도와 관련된다. 정수력학적 균형방정식을 이용하면, 온위는 기준 프로파일 $\theta_*(\tilde{z}) = (H/R)\Xi\partial\Phi_*/\partial\tilde{z}$에 교란항 $\theta' = (H/R)f_0\Xi\partial\psi/\partial\tilde{z}$의 합으로 쓸 수 있다. 그러면 열역학방정식은 다음 식으로 근사할 수 있다.

$$\frac{\mathrm{D_g}\theta'}{\mathrm{D}t} + \tilde{w}\frac{\partial\theta^*}{\partial\tilde{z}} = \frac{1}{c_\mathrm{p}}\frac{\mathrm{D}Q}{\mathrm{D}t}\exp(R\tilde{z}/Hc_\mathrm{p})$$

이 두 방정식은 **준지균**(quasigeostrophic) 흐름에 대한 방정식을 이룬다. 마찰과 비(非)단열 가열을 무시하면, 이 방정식들을 이용하여 다음처럼 주어지는 준지위 와도(quasigeostrophic potential vorticity) q가

$$q = f_0 + \beta y + \nabla^2\psi + \frac{1}{\rho_*}\frac{\partial}{\partial\tilde{z}}\left(\rho_*\frac{f_0^2}{N^2}\frac{\partial\psi}{\partial\tilde{z}}\right)$$

흐름을 따라가며 보존된다는 것, 즉 $\mathrm{D}_g q/\mathrm{D}t = 0$을 설명할 수 있다. 여기에서 N은 부력 진동수로 다음처럼 주어진다.

$$N^2(\tilde{z}) = \frac{R}{H}\exp\left(-\frac{R\tilde{z}}{Hc_\mathrm{p}}\right)\frac{\partial\theta_*}{\partial\tilde{z}}$$

경압 불안정성은 대기와 해양에서 회오리가 발달하는 원인을 제공한다. 앞서 언급한 대로 이러한 회오리는 대역적인 열 전달에서 핵심 역할을 맡고 있다. 대기와 해양에서의 유동은 일반적으로 불안정한 것이 특징인데, 회전하는 유체는 가만히 있지 않고 지균 평형에 적응하기 때문이며, 이러한 상태에서 유체들은 질량의 재분포에 의해 다른 꼴로 변환될 수 있는 잠재(위치) 에너지를 가지고 있기 때문이다. 예를 들어 중위도 제트기류에서의 편서풍의 수직 전단은 수평 온도 기울기와 열풍 균형 상태에 있으며, 이로부터 경압 불안정성에 대한 잠재 에너지가 생긴다. 하지만 유체 내에 가용한 잠재 에너지가 있다는 것만으로 불안정성을 증명하기에는 충분치 않은데, 회전으로 인해 이러한 잠재 에너지가 해소되는 경향이 생기기 때문이다.

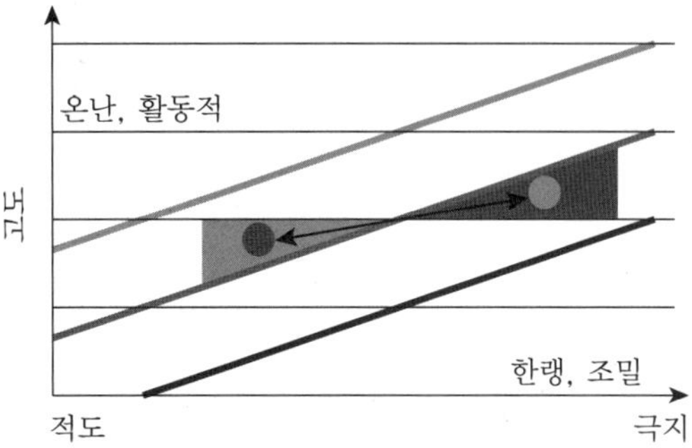

그림 5 회전 좌표계에서의 경압 불안정한 교란에 대해 불안정성의 틈새(색칠한 영역) 내에서 온위가 상수인 기울기면(회색 실선들)에 대해 공기 덩어리의 상대적인 궤적을 나타내는 개략도.

전형적인 저층 대기의 평균 상태에 부합하는 배경 상태, 즉 고도-경도 평면에서 잠재 온도가 상수인 기울기면을 가지는(그림 5를 보라) 이상적인 공기 덩어리의 발전 과정을 생각하면, 불안정성 과정을 매우 단순화하여 설명할 수 있다. 온위가 상수인 기울기면 사이의 틈새 내에서 위로 상승하는 공기 덩어리는 (그림 5에 나타낸 대로) 비슷하게 아래로 향하는 공기 덩어리가 대체한다. 그러면 (밝은 회색의) 따뜻한 공기 덩어리는 더 조밀한 공기에 의해 둘러싸이게 되어 계속 상승하며, (어두운 회색의) 차

가운 공기 덩어리는 반대로 행동한다. 더 무거운 덩어리는 더 낮아졌으며 더 가벼운 덩어리는 더 올라갔으므로 잠재 에너지는 감소한다. 풀려난 잠재 에너지는 회오리 운동의 운동 에너지로 전환될 수 있다. 이러한 경압 불안정성 과정은 열의 극방향 및 위쪽 방향 전달과 관련돼 있다.

이상적인 유동을 분석하면 경압 불안정성의 전형적인 성질을 하나 알 수 있다. **이디(Eady) 문제**라 알려진 고전적인 예는 불안정을 위해 필요한 조건을 만족하는 가장 간단한 모형을 다룬다. 이 문제에서는 수직 운동량 방정식에서 중력과 결합할 때를 제외하면 밀도는 일정한 것으로 간주하며, 코리올리 변수 f와 부력 진동수 N도 상수로 간주한다. 이는 **부시네스크(Boussinesq) 근사**로 알려져 있다. 이 모델은 $\tilde{z}=0$과 $\tilde{z}=H$에 튼튼한 뚜껑을 설치한 것에 해당한다. 유동 $\boldsymbol{u}$는 일정한 수직 전단력 $\partial\bar{u}/\partial\tilde{z}=\Lambda$를 가지는 배경 평균장 $\bar{\boldsymbol{u}}=(\bar{u},\ 0,0)$에 교란항 $\boldsymbol{u}'$을 더한 것으로 간주한다.

이 조건들에 더불어 위쪽 경계가 없었다면 유동이 안정적이었음을 뜻할 $\partial\bar{q}/\partial y=0$을 추가한다. 준지위 소용돌이 방정식을 선형화하면

$$\left(\frac{\partial}{\partial t}+\bar{u}\frac{\partial}{\partial x}\right)q'=0$$

이 나온다. 열역학방정식을 선형화하면 다음과 같은 꼴이다.

$$\left(\frac{\partial}{\partial t}+\bar{u}\frac{\partial}{\partial x}\right)\frac{\partial\psi'}{\partial\tilde{z}}-\frac{\partial\psi'}{\partial x}\frac{\partial\bar{u}}{\partial\tilde{z}}+\tilde{w}\frac{N^2}{f_0}=0$$

상부 경계와 하부 경계에서의 수직 전단력 때문에 온도 기울기는 y 방향임을, 즉 흐름을 가로지르는 방향임이 나온다. 따라서 상부 경계 및 하부 경계에서 온도의 이류(advection)를 고려해야 한다. 먼저 $\bar{u}=0$인 하부 경계만을 고려하면 방정식은 다음

$$\nabla^2\psi'+\frac{f_0^2}{N^2}\frac{\partial^2\psi'}{\partial\tilde{z}^2}=0$$

및

$$\frac{\partial}{\partial t}\left(\frac{\partial\psi'}{\partial\tilde{z}}\right)-\Lambda\frac{\partial\psi'}{\partial x}=0$$

이 된다. 다음 꼴의

$$\psi'=\operatorname{Re}\hat{\psi}(\tilde{z})\exp(\mathrm{i}(kx+ly+mz-\omega t))$$

파동형 해를 찾으면, $\Pi=\Lambda f_0/N$이라 할 때 분산 관계식 $\omega=k\Pi/(l^2+k^2)^{1/2}$이 나온다. 이로부터 동쪽 방향 위상 속도는 $c=\omega/k$가 된다. 하부 경계상의 공기 덩어리의 극방향 변위로부터 따뜻한 이상 기후가 유도되므로, 저기압 순환과 관련된다. 근처의 적도방향 변위는 차가운 이상 기후를 유도하므로, 고기압 순환과 관련된다. 이처럼 유도된 순환 패턴을 고려해 보면 이러한 이상 기온이 동쪽으로 전파되는 것으로 드러난다. $\bar{u}=\Lambda H$인 하부 경계만을 고려하면 분산 관계식 $\omega=k\Lambda H-k\Pi/(l^2+k^2)^{1/2}$이 나온다. 이로부터 흐름에 대해 상대적으로 서쪽 방향 위상 속도가 발생한다. 이 경계의 파동은 자체로는 열을 전달하지 않으며 계로부터 아무런 에너지도 풀어놓지 않는다. 이디 모형에서 경압 불안정성 과정은 경계 파동의 존재, 특히 이들의 상호작용이 존재한다는 사실에 의존한다.

전체 문제의 경우, 선형화한 준지위 소용돌이 방정식에서와 비슷한 파동형 꼴의 해를 찾을 수 있는데, $\kappa^2=(l^2+k^2)N^2/f_0^2$에 대해 $\hat{\psi}(\tilde{z})=\mathrm{A}\cosh\kappa\tilde{z}+\mathrm{B}\sinh\kappa\tilde{z}$이다. 여기에서 A, B는 경계조건이 결정한

다. 이 경우 확산 방정식은 다음과 같다.

$$\omega = k\Lambda H\left(\tfrac{1}{2} \pm \sqrt{\alpha}\right), \quad \alpha = \frac{1}{4} - \frac{\coth \kappa H}{\kappa H} + \frac{1}{\kappa^2 H^2}$$

$\alpha < 0$이면 유동은 불안정하다. 따라서 불안정성을 위해서는 임계 파동수 k_c와 로스비 반지름 $L_R = NH/f_0$에 대해 $(l^2+k^2) < k_c^2 \approx 5.76/L_R$이어야 한다. 따라서 특정한 수평 규모의 파동들만이 지수적 규모로 커져갈 수 있으며, 이 파동의 규모는 회전율, 층의 깊이, 정적 안정성에 의존한다.

주어진 대상(帶狀, zonal) 파동수가 k일 때, 가장 불안정하게 성장하는 모드는 자오선형 파동수 l이 0일 때이다. 최대 성장에 대한 파동수는 $k \approx 1.61/L_R$인데, 이는 파장 $L_{max} = 2\pi/k \approx 3.9L_R$과 성장률 $\sigma \approx 0.31 f_0 \Lambda/N$에 대응한다. 대기에 대한 전형적인 규모인 $H \sim 10$km, $U \sim 10\text{ms}^{-1}$, $N \sim 10^{-2}\text{s}^{-1}$을 적용하면 $L_{max} \approx 4000$km와 $\omega \approx 0.26\text{day}^{-1}$이 나온다. 해양에 대해 $H \sim 1$km, $U \sim 0.1\text{ms}^{-1}$, $N \sim 10^{-2}\text{s}^{-1}$을 적용하면 $L_{max} \approx 400$km와 $\omega \approx 0.026\text{day}^{-1}$이 나온다. 대기에 대한 값은 중위도 기후에서 관측되는 성장률에 대체적으로 부합한다. 이 값들을 근거로 한 이 간단한 시나리오가 해양에는 적용되지 않지만, 대기에 비교하여 상대적으로 해양에서의 불안정성에 대한 성장률 및 규모의 정성적 감각을 준다.

6.5 로스비 파 및 켈빈 파

해양과 대기에서 파동형 운동이 자주 발생한다. 로스비 파로 알려진 것이 중요한 파동의 한 종류다. 퍼텐셜 소용돌이의 등엔트로피 기울기가 존재하기 때문에 존재하는 소용돌이 보존성 운동이 **로스비 파**이다.

중위도 지역에서 β-면 근사를 취하고 균일한 대상(zonal) 배경 흐름 $\boldsymbol{u} = (U, 0, 0)$에 작은 진폭의 교란을 생각하면 준지균 방정식의 파동형 해를 찾을 수 있는데, 다음 분산 관계식

$$\omega_{\text{Rossby}} = kU - \frac{\beta k}{k^2 + l^2 + f_0^2 m^2/N^2}$$

를 만족한다. 여기에서 간단한 설명을 위해 N을 상수로 가정했다. 파동의 대상 위상 속도 $c \equiv \omega/k$는 항상 $U - c > 0$을 만족하므로, 파고점(wave crest)과 파랑골(wave trough)이 배경 흐름에 대해 서쪽으로 이동한다.

열대지역 바깥보다 열대지역 내에서 코리올리 변수가 훨씬 작으므로 $f \approx \beta y$(여기에서 $\beta = 2\Omega$), $\sin\phi \approx y$, $\cos\phi \approx 1$인 **적도지역** β**-면 근사**를 이용하여 동역학을 탐구한다. 적도 근처에 붙잡혀 있는 (다시 말해 적도 지역으로부터 떨어진 곳에서는 수그러드는) 동쪽 방향과 서쪽 방향으로 전파하는 교란이 해로 나올 수 있다. 위상 속도 $c_{\text{Kelvin}} = \sqrt{gH}$로(여기에서 H는 등가 수심(equivalent depth)이다) 동쪽으로 전파되는 비확산성 파동은 적도성 켈빈(Kelvin) 파라 알려져 있다. 대기 중에서 전형적인 위상 속도는 $c_{\text{Kelvin}} \approx 20-80\text{ms}^{-1}$이고 해양에서는 $c_{\text{Kelvin}} \approx 0.5-3\text{ms}^{-1}$이다. 또 다른 가능한 종류의 해로 적도성 로스비 파가 있는데, 분산 관계식은 다음과 같다.

$$\omega_{\text{eqRossby}} = -\frac{\beta k}{k^2 + (2n+1)\beta/c_{\text{Kelvin}}}$$

여기에서 n은 양의 정수다. 매우 긴 파동에 대해서는 (대상 파동수가 0으로 수렴하므로) 비확산성 위상 속도는 대략 $c_{\text{eqRossby}} = -c_{\text{Kelvin}}/(2n+1)$이다. 따라서 이 적도성 로스비 파는 켈빈 파와 반대 방향으

로 (즉 서쪽으로 전파되며) 더 낮은 속도로 움직인다. $n = 1$일 때 속도는 대략 켈빈 파의 1/3 정도인데, 이 파동이 태평양 유역을 건너는 데 대략 6개월이 걸린다는 뜻이다.

7 해양–대기 결합

열대지역 내에서 해양과 대기의 동역학은 고도로 결합돼 있다. 연간(interannual) 규모로 해양 상층부는 바람 응력의 과거 이력에 반응하며, 대기 순환은 해수면 온도(SST)의 분포에 의해 크게 좌우된다.

적도로 수렴하는 무역풍은 수증기를 공급하여 대류를 유지시킨다. 대류성 열은 대규모로 중대류권(midtroposphere) 기온의 섭동과 대응하는 표면 및 상층 압력의 섭동을 일으키는데, 이 섭동은 저층 유동을 보존한다. 회귀선 내의 수렴 지대와 관련된 수직 질량속 대상 평균은 평균 해들리 순환의 상승 질량속을 구성한다. 회귀선 SST에서의 변동과 관련된 강력한 종적인(경도성) 변동이 있는데 기본적으로는 바람에 의해 구동되는 해류의 효과 때문이다. 적도를 따라 대기의 역전세포들은 적도 아프리카, 중앙아메리카, 남아메리카, 인도네시아 등에서 비단열 가열과 관련돼 있다. 지배적인 세포는 **워커 순환**(Walker circulation)이라 알려져 있으며 서태평양에서의 낮은 표면 압력 및 동태평양의 높은 표면 압력으로 인해 압력 기울기가 생겨 평균 표면 편동풍을 (이 지역에서 코리올리 힘은 무시할 만하다) 발생시키는 것과 관계돼 있다. 이런 편동풍은 서태평양에서의 대류 및 그곳에서의 따뜻한 SST가 야기한 높은 증발율과 더불어 습기의 제공원이다. 차가워진 물이 동쪽으로 하강하면서 이 대기 순환이 닫힌다.

태평양을 건너는 편동풍 응력 τ_x가 x와 무관하다고 가정하면, 반응이 경도와도 무관하다고 가정하고 적도성 β-면 근사를 써서 식 (7)을 이용하여 $\beta yv = -\rho_0{}^{-1}\partial\tau_x/\partial z$를 증명할 수 있다. 따라서 태평양을 가로지르는 편동풍의 응력은 해양의 에크만층에서 적도의 양쪽 편으로 극지방 방향의 유동이 생기게 하는데 연속성에 의해 적도 근처에서 용승기류를 부추긴다. 게다가 태평양은 동쪽과 서쪽으로 막혀 있으므로, 편동풍 응력으로 인해 해양의 수온약층은 동쪽보다는 서쪽에서 더 깊어진다. 따라서 동쪽에서 차가운 심해 용승류가 해수면에 가깝게 발생하여 SST를 식히는 반면, 서쪽에서는 차가운 물이 해수면에 도달하지 못하여 SST가 따뜻하게 남게 된다.

용승 영역은 바람 방향의 지균 흐름과 관련돼 있는데, $y \to 0$일 때의 극한을 취하면 (7)로부터 로피탈의 정리에서 $\beta u = -\rho_0{}^{-1}\partial^2 p/\partial y$가 나오기 때문이다. 수온약층이 깊어지면서 수온약층 아래의 유동이 약할 경우 서쪽에서 해수면이 높아진다. 따라서 해양 해수면에서 몇백 미터의 깊이까지의 층에서 적도를 따라 동쪽 방향의 압력 기울기가 생긴다. $f = 0$인 적도에서는 압력 기울기 바로 아래에 (동쪽으로) 아표층(subsurface) 흐름이 있다. 이를 **적도반류**(equatorial counter current)라 부른다.

태평양을 걸쳐 동서 압력 기울기는 대략 2–7년을 주기로 하여 불규칙한 연간 변동을 보인다. 이런 압력에서의 진동과 이에 관련된 바람, 온도, 강수의 패턴을 남방진동(southern oscillation)이라 부르는데 이를 가늠하는 지수인 **남방진동지수**(Southern Oscilla-

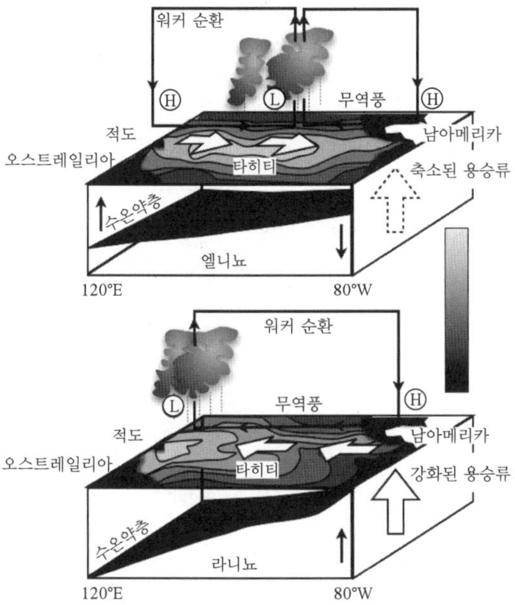

그림 6 (a)엘니뇨일 때(SOI가 음수) 전형적인 대기/해양 조건. (b)라니냐일 때 전형적인 대기/해양 조건(자세한 것은 본문 참조).

tion Index, SOI)는 남태평양에 있는 타히티와 서태평양 오스트레일리아의 다윈 사이의 압력 차를 고려하여(그림 6을 보라) 얻을 수 있다. SOI가 음의 상태라는 것은 타히티에서는 면 압력이 평균 이하이고(그림에서는 L로 표기하였다) 다윈에서는 해수면 압력이 평균 이상임을(그림에서는 H로 표기하였다) 나타내고, 양의 상태일 때는 반대다. 동태평양의 SST는 SOI와 음의 상관관계를 지니는데, 즉 따뜻한 SST 상태(엘니뇨(El Niño)라 알려져 있다)에서는 음의 SOI인 상태에 부합하며 차가운 SST 상태(라니냐(La Niña)라 알려져 있다)에서는 반대가 된다. 이처럼 전체적으로 결합된 대기-해양 반응은 엘니뇨 남방진동(El Niño-Southern Oscillation, ENSO)이라 알려져 있다.

엘니뇨 동안 SST가 따뜻한 지역은 인도네시아 지역으로부터 서쪽으로 이동하며, 이에 따라 최대 대류 구역 및 이에 결부된 대기 순환 패턴도(그림 6을 보라) 그렇게 이동한다. 이로 인한 워커 순환이 조정되어 편동 무역풍이 약화되어 따뜻한 SST의 서쪽 방향 이동이 강화된다. 해수면 기울기가 감소하여, 동태평양의 해수면이 높아지는 반면 서태평양의 해수면은 낮아진다. 해양에서 에크만 흐름에 의해 추동되는 용승류가 감소하여, SST가 증가하게 된다. 해양은 전 유역에서 서태평양 내의 강제력(forcing)에서의 국소적 이상의 조정을 받는다. 앞 절에서 유도한 해양 파도의 성질을 이용하여 이로 인한 발전을 설명할 수 있다. 적도성 켈빈 파는 동쪽으로 빠르게 전파되어 따뜻한 SST 이상(anomaly)에 양의 되먹임을 강화시키며, 적도성 로스비 파는 서쪽으로 느리게 (켈빈 파의 1/3 정도의 속도로) 전파된다. 켈빈 파가 동쪽으로 전파될수록 수온약층을 깊게 만들어서 유역 전체의 기울기는 완화된다. 켈빈 파가 (2개월 정도 후) 동안에 닿게 되면 서쪽방향 로스비 파와 극방향 해안성 켈빈 파에 에너지를 공급한다. 로스비 파가 서안에 닿으면, 에너지의 일부가 동쪽으로 전파되는 켈빈 파에 에너지를 되먹이므로 수온약층은 상승하여 원래 위치로 되돌아가게 되어, 원래의 SST 이상을 감소시키고 음의 되먹임을 주게 된다. 파도의 전파 속도 때문에 음의 되먹임이 지체되므로, 간단한 지연된 진동 모델로 귀결되어 관측된 ENSO 주기성을 설명해 준다.

결합계에서 해양은 대기 순환을 (엘니뇨 SST 요동과 관련하여 변화된 경계 조건에 대한 대응으로) 강제하며, 대기는 해양의 행동을 (남방진동과 관련된 변화된 바람 응력에 대한 대응으로) 강제한다.

8 전망

수학은 지구 시스템의 이해를 증진하는 데 있어 중심 역할을 했으며 앞으로도 그러할 것이다. 수학은 기상과 기후를 구성하는 기본적인 과정의 많은 부분에 대해 식견을 주었으며, 미래를 예측하는 데 이용하는 수치적 모델의 토대가 되는 핵심적인 필수틀을 제공하기도 하였다. 수학자들이 중요한 역할을 하고 있는 연구 핵심 분야에는, 취합된 관측 데이터로 모델을 예보하는 도구를 만드는 것, 동역학계로부터의 개념을 응용하여 과거의 기후 발전과 미래의 변동성을 평가하는 것, 아격자 과정에 대한 참신한 모델 매개화 방법 개발을 위한 다양한 수학적 기법을 개발하는 것, 데이터를 분석하기 위해 발달된 통계적 기법을 사용하는 것 등이 포함된다.

더 읽을거리

Andrews, D. G. 2010. *An Introduction to Atmospheric Physics*. Cambridge: Cambridge University Press.

Gill, A. E. 1982. *Atmosphere-Ocean Dynamics*. New York: Academic press.

Holton, J. R. 2004. *An Introduction to Dynamic Meteorology*. Amsterdam: Elsevier.

Marshall, J., and R. A. Plumb. 2008. *Atmosphere, Ocean, and Climate Dynamics: An Introductory Text*. Amsterdam: Elsevier.

Richardson, L. F. 2007. *Weather Prediction by Numerical Process*, 2nd edn. Cambridge: Cambridge University Press. (First edition published in 1922.)

Vallis, G. K. 2006. *Atmosphere and Ocean Fluid Dynamics*. Cambridge: Cambridge University Press.

IV.31 유효 매질 이론

로스 맥피드런 *Ross C. McPhedran*

1 서론

유효 매질 이론(effective medium theory)은 구조화된 (structured) 매질의 성질을 단순화한 방식으로 모델링하고 싶을 때 다양한 맥락에서 다양한 형태로 발생한다. 비균질(heterogeneous) 매질의 구조를 계산할 때 이와 동등한(equivalent) 균질한 '유효 매질'을 구성한 뒤, 이 동등한 매질을 이용하여 계산하자는 것이 기본 아이디어다. 예를 들어 광학적 성질이 각각 알려진 두 가지 성분으로 구성된 광학 매질을 고려할 때, 이 두 성분을 하나의 구조화된 매질로 (각 성분들과는 성질이 다르겠지만) 합치고 싶을 수도 있다. 유효 매질 이론의 상당수가 바로 이 특정한 예에서 쓸모가 있도록 고안되었는데, 실은 이 이론이 사용된 최초의 기술적 사례 중 하나다. (실제로 수천 년 동안 특정한 광학적 착색 효과를 내기 위해 녹인 유리에 금속을 집어넣는 방식이 고안돼 왔다.)

복합 물질의 전달 성질(transport property)을 연구하는 데 넓은 범위의 유효 매질 처리법이 유용한 것으로 입증돼 왔다. 라플라스 방정식이 기본적인 지배 관계식인데, 이 방정식의 해는 장 물리량(field quantity) 및 관련된 유량(flux)의 분포를 써서 표현한다. 그와 같은 물리량의 하나인 전기 전도도의 용어를 쓰는 경우, 장은 전기장이며 유량은 전류다. 복

표 1 라플라스 방정식이 지배하는 동등한 물리적 전달 문제.

문제	j	e	σ
전기 전도	전류 $\boldsymbol{j}$	전기장 $\boldsymbol{e}$	전기 전도도 $\boldsymbol{\sigma}$
유전체	변위장 $\boldsymbol{d}$	전기장 $\boldsymbol{e}$	전기 유전율 $\boldsymbol{\varepsilon}$
자기	자기 유도 $\boldsymbol{b}$	자기장 $\boldsymbol{h}$	자기 투과율 $\boldsymbol{\mu}$
열전도	열류 $\boldsymbol{q}$	온도 기울기 $-\nabla T$	열 전도도 $\boldsymbol{\kappa}$
확산	입자 유체	농도 기울기 $-\nabla c$	확산도 $\boldsymbol{D}$
다공성 매질에서의 유동	가중 속도 $\eta_\mu \boldsymbol{v}$	압력 기울기 ∇P	유체 투과율 $\boldsymbol{k}$
면외 탄성	응력벡터 (τ_{13}, τ_{23})	수직변위 기울기 ∇u_3	전단 행렬 $\boldsymbol{\mu}$

합 매질을 구성하는 매질들은 각각 전도도(conductivity)를 써서 구체화하는데, 다음의 유효매질방정식이 복합 매질의 유효 전도도를 준다. 기본 방정식은 다음과 같다.

$$\boldsymbol{j}(\boldsymbol{x}) = \boldsymbol{\sigma}(\boldsymbol{x})\boldsymbol{e}(\boldsymbol{x}), \quad \nabla \cdot \boldsymbol{j} = 0, \quad \nabla \times \boldsymbol{e} = \boldsymbol{0} \tag{1}$$

이 벡터장들은 고려 중인 특정한 전달 문제가 무엇이냐에 따라 실변수일 수도 있고 복소변수일 수도 있다. 만일 전기장 $\boldsymbol{e}$가 어떤 퍼텐셜 함수의 기울기(gradient)로 주어지면, (1)에서 마지막 방정식은 라플라스 방정식으로 귀결된다.*

이런 문제의 몇 가지 사례가 표 1에 나와 있는데, 전도도에 대응하는 용어는 마지막 열에 제시했다.

예시한 일곱 가지의 전달계수들은 수학적으로는 모두 동등하다. 하지만 실질적으로 고려하는 맥락이 달라지면, 다른 맥락보다 더 적절한 특정한 유효 매질 접근법으로 귀결될 수 있다. 특히 절연체(dielectrics)와 혼합된 금속을 포함하는 복합 매질을 광학적으로 응용할 때 금속의 전기 투과율이 복잡한데, 금속-절연체 복합물질의 유효 투과율도 마찬가지다. 이 경우 정확한 유효 유전율(permittivity) 공식을 만드는 것은 더 어려워질 수 있다.

* 기울기 벡터장의 회전장이 라플라스 작용소이기 때문이다.—옮긴이

2 유효 매질 이론의 조건

유효 매질 이론을 위해서는 모델링하려는 구조화된 매질의 특성과 관련된 조건이 여러 가지 만족되어야 한다. 구조화된 매질은 성분 매질로 된 영역으로 나뉠 수 있어야 하며 각각은 충분한 수의 원자와 분자를 담고 있어서 이 영역들에서는 성분 덩어리(bulk)로서의 성질을 이용할 수 있어야 한다. 또한 유효 매질 공식을 만들 수 있을 만큼 충분히 큰 수의 영역을 포함하여, 유한 규모의 효과를 고려하지 않아도 될 정도여야 한다. 동등 균질 영역을 구성하는 것은 구조화된 매질의 표본들보다 훨씬 작은 규모에서 일어나지만, 각각의 분리된 부분이나 성분 영역의 크기보다는 훨씬 크기 마련이다. (배경 연속상(background continuous phase) 혹은 모체(matrix) 상이라 부르는 것을 가지며 다른 매질들의 성분들이 분리되어 삽입되어 있는 복합 매질이 중요한 부류의 하나다.)

합성 구조에 대해 적절한 유효 매질 공식을 구성하는 것을 **균질화**(homogenization)라 부른다. 균질화

과정은 복합체의 기하학, 예를 들어 2차원인지 3차원인지, 등방적(isotropic)인지 비등방적인지, 각각의 매질의 공간적 분포가 비슷한지 아닌지, 다른 매질 영역이 삽입되어 있는 모체 상이 있는지 없는지 등을 고려해야만 한다. 고려 중인 문제에서 유효 매질 공식에 필요한 조건들 또한 이해할 필요가 있다. 만일 정확도가 높은 모델이 필요하면, 전체 계의 정확한 세부 기하학을 이론 속에 반영해야 한다. 반면 전달계수에 대한 상계나 하계만 있으면 충분할 수도 있는데, 이 경우에는 훨씬 더 일반적이고 쉬운 과정이 적절할 것이다.

3 맥스웰 가네트 형태의 유효 매질 공식

쌍극자 모멘트(dipole moment)가 외력 속에 놓여 있을 때 발달해 가는 계라고 특징지을 수 있는 시스템의 유효 전기전도도에 기반을 둔 공식의 초기 역사는 복잡하다. 패러데이(Faraday)가 절연체 속에 놓인 금속 공에 기반한 유전체(dielectric) 매질의 모형으로 제안했던 1837년부터, 맥스웰 가네트(J. C. Maxwell Garnett)가 채색 유리 위에서의 디자인 연구에서 공식을 사용했던 1904년까지 걸쳐 있는 시기가 초기 기간이다. 근본적으로 유사한 식들에 다양한 이름이 주어졌는데, 식의 이름은 구체적인 맥락에서 최초로 연구한 사람이 누구냐에 좌우됐으며, 이들에 내재하는 유사성은 종종 무시되곤 했다. 맥스웰 가네트가 제안한 공식이 실은 그의 대부였던 맥스웰(J. C. Maxwell)이 기존에 개발했던 것과 동등했다는 점이 이 역사가 복잡하다는 한 가지 사례인데, 따라서 그 공식을 맥스웰-가네트 공식이라고 하이픈을 넣어 쓰는 것도 정당하다.

전기전도도가 ε_b인 3차원 배경 매질 속에 분극가능(plolrizable)한 매립물들이 삽입돼 있을 때 유효 전기 전도도(ε_{eff})는 보통 클라우지우스(Clausius)-모소티(Mossotti) 공식이라 부르는 다음 공식이 준다.

$$\varepsilon_{\text{eff}} = \varepsilon_b\left(1 + \frac{N\alpha}{1 - N\alpha/3}\right)$$

여기에서 N은 단위 부피당 매립물의 개수이며 α는 이들의 분극률이다. 맥스웰 가네트 형태의 공식에 도달하기 위해, α 대신 전기전도도가 ε_p이고 반지름이 a인 공의 분극률을 대입한다.

$$\alpha = 4\pi a^3\left(\frac{\varepsilon_p - \varepsilon_b}{\varepsilon_p + 2\varepsilon_b}\right)$$

부피율(volume fraction) $f = 4\pi N a^3/3$을 도입하면, 맥스웰 가네트 공식으로부터 다음 결과가 나온다.

$$\varepsilon_{\text{eff}} = \varepsilon_b\left[1 + \frac{3f(\varepsilon_p - \varepsilon_b)}{3\varepsilon_b + (1-f)(\varepsilon_p - \varepsilon_b)}\right] \qquad (2)$$

맥스웰 가네트 공식은 변수 ε_p와 ε_b에 대해 비대칭적인데, 앞의 변수는 고립된 입자들에 대응하고 뒤의 변수는 연속적인 배경 상(phase)에 대응하기 때문이다. 또한 입자 근처에서의 장의 확장이 단일 쌍극자 항으로 제한되기 때문에 순전히 쌍극자 공식이기도 하다. 부피율이 증가하면, 고립됐던 입자들이 점차 서로 가까워지면서 점점 강하게 상호작용하며, 쌍극자 근사는 점점 부정확해진다. 이것이 쌍극자 공식의 결과로 입자들과 배경 매질 사이의 유전율의 비에 대해 다음 식이 만족되는 지점에 맥스웰 가네트 방정식이 단극(single pole)을 하나 가진다는 것이다.

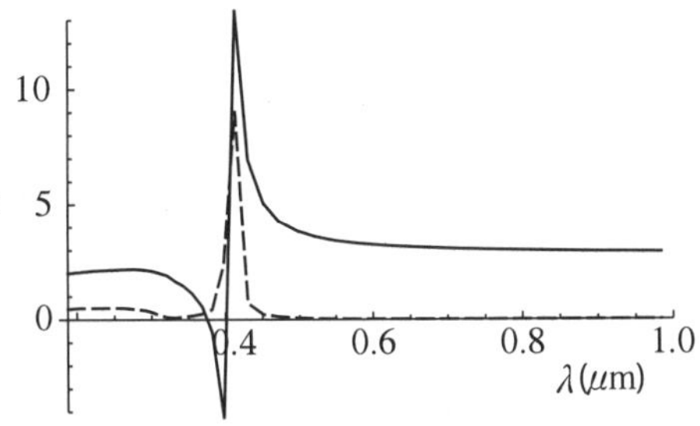

그림 1 이산화규소 배경 매질 내에서 복합물의 부피를 10% 점유하는 은 입자 공에 대해, 파장의 함수로 나타낸 ε_{eff}의 실수부(실선)와 허수부(점선). 은의 전기 유전율은 파장에 민감한데, 유전율과 이산화규소의 유전율에 대해 실험 자료를 사용했다.

$$\left(\frac{\varepsilon_{\text{p}}}{\varepsilon_{\text{b}}}\right)_{\infty} = -\left(\frac{2+f}{1-f}\right) \tag{3}$$

이 방정식은 **플라스몬 공명**(plasmon resonance)이라는 용어가 무엇인지 구체화해 주며, 입자들의 광학적 효과가 특히 강하게 될 조건을 주는데, 실제 물리적 계에서는 이 방정식이 절대 정확하게는 만족되지 않는다. 또 하나의 중요한 경우가 $\varepsilon_{\text{eff}} = 0$인 경우인데, 이는 다음 경우에 발생한다.

$$\left(\frac{\varepsilon_{\text{p}}}{\varepsilon_{\text{b}}}\right)_{0} = -\left(\frac{2-2f}{1+2f}\right)$$

이 경우, $\varepsilon_{\text{eff}} = 0$을 측정하더라도 입자들의 존재를 검출하지 못한다. 유전율의 비가 실수이며 –2보다 작으면 플라스몬 공명이 일어나며, 유전율의 비가 –2와 0 사이에 있으면 맥스웰 가네트 방정식에 의한 ε_{eff}가 영을 값으로 가질 수 있다.

그림 1에서 보여주고 있는 것은 맥스웰 가네트 공식을 광학적으로 응용한 예로, 이산화규소 모암(母巖, matrix) 속의 구(球)형 은입자들이 복합물 내에서 작은 부피를 차지할 때(10퍼센트) 유효 전기 유전율을 은 입자 파장의 함수로 나타낸 것이다. 이상적인 금속일 경우 $f = 0.10$이므로 $\varepsilon_{\text{p}}/\varepsilon_{\text{b}} = -2.33$일 때 복합물에서 강력한 유전율 공명이 일어난다. 그림으로 보여준 복합물에 대해서는 파장이 0.40 근처일 때 공명 조건 (3)을 가장 가깝게 만족하기 때문에, 자색(보라색) 스펙트럼 영역에서 강력한 반사도를 보일 것이다. $\varepsilon_{\text{eff}} = 0$에 가장 가까운 근사는 이 첨점의 단파장 쪽 바로 옆에서 일어난다.

예를 들어 구형 입자에 구체적인 정칙 배열을 가정한다면, 쌍극뿐만 아니라 고계도 다중극(higher-order multipole)의 효과를 반영하는 공식을 개발할 수도 있다. 이 공식은 일반적으로 1892년 레일리 경(Lord Rayleigh)이 발표한 방법을 이용한다. 이런 공식들은 적절한 구형 조화함수(spherical harmonics) 항을 각각 입자들의 배열로 고려하는 격자합(lattice sum)을 이용한다. 또한 각각의 다중극 항마다 하나씩 공명이 있을 수 있는데, 이들 공명은 유전율 비 −2 근방에 군집을 이루는 경향이 있다.

원기둥형으로 입자들이 배경 매질 속에 놓인 2차원 배열은 특히 광결정(photonic crystal) 및 메타물질의 연구에서 중요하다. 식 (2)와 동등하며 직원기둥을 바탕으로 하는 맥스웰 가네트 공식은 다음과 같다.

$$\varepsilon_{\text{eff}}(\varepsilon_{\text{b}}, \varepsilon_{\text{p}}; f) = \varepsilon_{\text{b}}\left[\frac{\varepsilon_{\text{b}} + \varepsilon_{\text{p}} - f(\varepsilon_{\text{b}} - \varepsilon_{\text{p}})}{\varepsilon_{\text{b}} + \varepsilon_{\text{p}} + f(\varepsilon_{\text{b}} - \varepsilon_{\text{p}})}\right]$$

이는 켈러(J. B. Keller)에 의한 중요한 쌍대 관계식

$$\varepsilon_{\text{eff}}(\varepsilon_{\text{b}}, \varepsilon_{\text{p}}; f)\varepsilon_{\text{eff}}(\varepsilon_{\text{p}}, \varepsilon_{\text{b}}; f) = \varepsilon_{\text{b}}\varepsilon_{f}$$

를 만족하는데, 임의의 절단면을 가지는 기둥에 대해서도 참이다. 3차원에는 쌍대 관계와 동등한 관계식이 없다. 이 관계는 유효 전달계수의 영점과 극(pole) 사이에 연관 관계를 주므로 2차원 전달 문제에 깔린 구조에 대해 중요한 결과를 준다.

하쉰(Hashin)-쉬트리크만(Shtrikman)이 구성한 구체적인 기하학에 대해 맥스웰 가네트 공식 (2)가 정확히 성립한다는 것에 주목해야 한다. 만일 매질 내의 전기장이 균일하다면, 중심의 유전율이 ε_p, 껍질의 유전율이 ε_b인 공을 균일한 장을 흐트러뜨리지 않고도 유전율이 ε_0인 매체 속에 삽입할 수 있다는 것을 이용하여 배경 유전율의 값 ε_0을 계산하자는 것이 아이디어다. 코팅한(coated) 공의 중심부와 껍질의 반지름에 대해 중심의 부피를 껍질의 부피로 나눈 값이 $f/(1-f)$여야만 한다. ε_0에 대해 이렇게 계산한 값이 정확히 (2)로 주어지는 것으로 밝혀진다. 그런 다음 이처럼 코팅한 공의 복사본을 배경 속으로 계속 삽입하면서, 필요한 경우 유전율이 ε_0인 매질에 대응하는 부피가 결국 사라지게끔 규모를 줄일 수 있다. 이런 구성 과정의 모든 단계가 맥스웰 가네트 (혹은 하쉰-쉬트리크만) 유효 매질 유전율을 보존한다.

4 브루거만 꼴의 유효 매질 공식

앞서 언급한 대로, 맥스웰 가네트 공식 및 관련된 수식은 합성물 내에서 하나의 매질을 무한히 확장하고 다른 매질은 분리되어 삽입되는 꼴을 취한다. 1935년 브루거만(Bruggeman)은 두 매체를 모두 같은 기반에 놓는, 즉 두 매체가 동일한 위상(topology)을 가지는 것으로 가정하는 대안적 형태의 이론을 만들었다. 그 결과로 나온 식이 브루거만의 대칭 유효 매질 공식인데, 고체 상태 물리학에서 나온 무질서 합금(random alloy) 이론을 따라 간접성(coherent) 퍼텐셜 근사라 부를 수도 있다.

전체 공간을 채우는 알갱이들로 구성된 입단(粒團, aggregate) 구조를 생각하자. 알갱이들은 1형(부피율 f_1, 전기 유전율 ε_1)이거나 2형(부피율 $f_2=1-f_1$, 전기 유전율 ε_2)이다. 복합물의 유효 유전율을 ε_B로 나타내자. 유효 유전율의 식을 얻기 위해 과립 복합물에서 알갱이들의 대표 표본을 하나 고르고, 작은 부피율 δ를 차지한다고 하자. 표본 내의 알갱이들은 서로 잘 분리돼 있다고 가정하며, 표본이 각 알갱이들의 정확한 부피율을 가지게끔 골라야 한다.

공식을 유도하기 위해서 복합물에서 대표 알갱이들을 둘러싼 매질을 전기 유전율이 ε_B인 균질 유효 매질로 대체할 경우, 유효 유전율은 δ에 대해 1차까지 ε_B와 일치해야 한다는 일관성 가정을 이용한다. 이렇게 대체한 후, 대표 알갱이들을 ε_B를 유전율로 가지는 매질 속에 매립된 공모양 알갱이로 이루어진 묽은 현탁액처럼 취급한다. 현탁액의 유효 유전율은 1차까지 정확하게

$$\varepsilon_B\left[1+\delta f_1\frac{3(\varepsilon_1-\varepsilon_B)}{\varepsilon_1+2\varepsilon_B}+\delta f_2\frac{3(\varepsilon_2-\varepsilon_B)}{\varepsilon_2+2\varepsilon_B}\right]$$

이므로 다음 방정식이 나온다.

$$f_1\frac{3(\varepsilon_1-\varepsilon_B)}{\varepsilon_1+2\varepsilon_B}+f_2\frac{3(\varepsilon_2-\varepsilon_B)}{\varepsilon_2+2\varepsilon_B}=0$$

이 2차식을 풀면 다음 결과가 나오는데 두 종류의 알갱이의 성질에 대해 대칭이다.

$$\varepsilon_B=\tfrac{1}{4}[\gamma\pm(\gamma^2+8\varepsilon_1\varepsilon_2)^{1/2}] \tag{4}$$

식 (4)에서 +와 − 부호는 ε_B의 허수부가 ε_1 및 ε_2의 허수부의 공통 부호와 같은 부호를 가지도록 선택해야 한다.

브루거만 식 (4)는 맥스웰 가네트 꼴의 이론과는

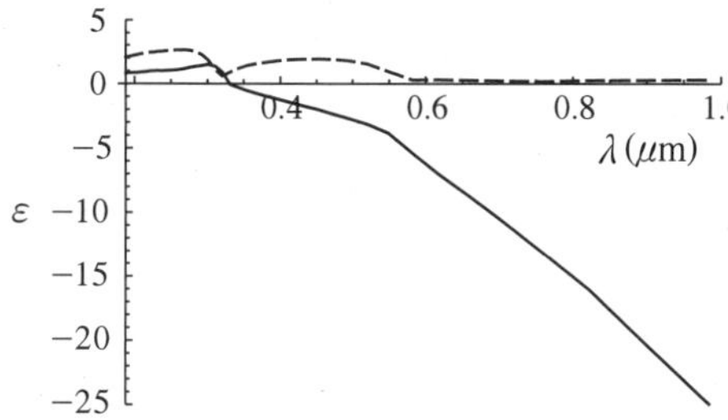

그림 2 브루거만 식에 의한 $\varepsilon_{\mathrm{eff}}$의 실수부(실선)와 허수부(점선). 복합물에서 70%가 이산화규소이고, 30%를 은이 차지할 때 은의 파장에 대한 함수로 나타냈다. 은의 유전율과 이산화규소의 유전율 모두에 대해 실험 자료가 이용됐다.

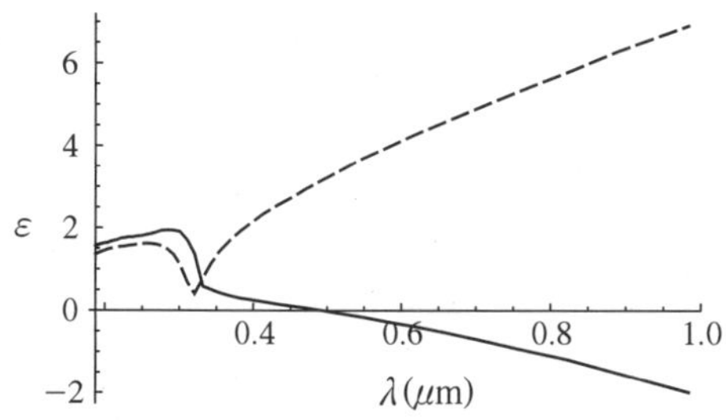

그림 3 그림 2와 같으나, 이번에는 은의 부피율이 삼투 문턱을 넘는 60%다.

구별되는 특징을 몇 가지 보인다. 앞서 언급한 대로 복합물을 채우는 두 매질 중에서 선호하는 위상이 없다. 공명하는 첨점 대신, 식 (4)에서 부호의 두 대안 사이에서 부호가 교환될 때 발생하는 분기선 절단(branch cut)을 가진다. 또한 삼투 문턱(percolation threshold)이 존재하는데, $\varepsilon_2 = 0$이고 ε_1이 실수일 때 분명하게 드러난다. $\varepsilon_1 > 0$이면 ε_{B}가 음이 아니라는 조건을 부과하면, 이 특별한 경우에 대해서는 다음 결과를 얻는다.

$$\varepsilon_{\mathrm{B}} = \begin{cases} f_1 \geq \frac{1}{3}\text{일 때}, (3f_1 - 1)\varepsilon_1/2 \\ f_1 < \frac{1}{3}\text{일 때 } 0 \end{cases}$$

이 경우 $f_1 = \frac{1}{3}$일 때 삼투 문턱이 존재함을 보여 준다.

그림 1의 은-이산화규소 복합물에 대한 대칭 브루거만 이론의 결과를 그림 2와 그림 3에서 보여주고 있는데, 하나는 부피율이 삼투 문턱보다 낮을 때이고, 다른 하나는 삼투 문턱보다 높을 때다. 전기 유전율이 복소수일 때는 삼투 문턱이 뚜렷하게 정의되지는 않지만, 은의 부피율이 증가함에 따라 뚜렷한 변화가 발생한다. 금속의 부피율이 작을 때는 알갱이들이 서로 충분히 가깝지 않으므로 유효 유전율의 허수부분이 강해지는 데 필요한 만큼의 일종의 전류 경로가 생기지 않는다. 삼투 문턱을 넘으면 허수부분이 점차 강해지며 부피율이 60%를 넘어서면서 실수부분을 지배한다.

5 버그먼-밀턴 한계

실험 측정치로부터 이론적 결과를 검증하고 정보를 유추하는 데 복합 물질의 유효 전달계수의 한계가 대단히 유용하다. 이 한계가 최적(sharp)일 때, 즉 적어도 하나의 실질적 구조에 대해 이 상계나 하계에 도달하는 경우가 있을 때 특히 유용하다. 상계에 대해 간략히 후술할 논의에서 전도도 문제에 대해 기호 σ를 사용하기로 하는데, 실수 전도도 σ_1과 σ_2를 가지며 부피율이 f_1과 f_2인 매질로 구성된 복합물의 (실숫값을 가지는) 유효 전도도는 σ_{eff}로 나타낸다. ε_1과 ε_2에 복소수 값을 허용할 경우 적절한 상계에 대해서 기호 $\varepsilon_{\mathrm{eff}}$를 사용하기로 한다.

$\sigma_1 > \sigma_2$라 놓으면 3차원 복합물에 대한 하쉰-쉬트리크만 한계는 다음과 같다.

$$\sigma_{\text{eff}} \geq \sigma_2\left[1+\frac{3f_1(\sigma_1-\sigma_2)}{3\sigma_2+f_2(\sigma_1-\sigma_2)}\right] \qquad (5)$$

이 하계는 최적인데, 중심은 1상(phase one)이고 껍질은 2상인 코팅한 공들의 조합물일 때 하계를 가진다. 대응하는 상계는 다음과 같다.

$$\sigma_{\text{eff}} \leq \sigma_1\left[1+\frac{3f_2(\sigma_1-\sigma_2)}{3\sigma_1-f_1(\sigma_1-\sigma_2)}\right] \qquad (6)$$

이 상계는 최적인데, 중심은 2상이고 껍질은 1상인 코팅한 공들의 조합물일 때 상계를 가진다.

복소수인 경우, 베르그만(Bergman)과 밀턴(Milton)은 독자 연구를 통해 부피율이 알려졌을 때 2상 복합물의 전기전도도 ε_{eff}에 대한 빡빡한(tight) 상계 및 하계를 유도할 수 있었다. (5)나 (6)과 같은 꼴의 부등식 대신 복소수 값 ε_{eff}는 복소 평면의 특정 영역 내에 놓인다는 제약이 생긴다. 이 영역은 직선들과 몇 개의 원호로 정의된다. 만일 부피율이 알려져 있지 않다면, 이 영역은 직선 하나와(f_1과 $f_2=1-f_1$이 변할 때 ε_1과 ε_2의 산술평균) 원 하나를(f_1과 f_1과 $f_2=1-f_1$이 변할 때 ε_1과 ε_2의 조화평균, 즉 $1/\varepsilon_1$과 $1/\varepsilon_2$의 산술평균의 역수) 경계로 가지는 영역의 내부로 정의된다. 만일 부피율 f_1과 f_2가 알려져 있다면, 양끝점은 같고 각자 추가점이 하나씩 더 있는 두 개의 원호 사이의 영역으로 ε_{eff}를 제한할 수 있다. 공통의 양끝점은 구체적인 값 f_1과 f_2에 대한 외부 영역 경계의 점들에 대응한다. 추가점들은 1상을 가지며 2상이 껍질인 하쉰-쉬트리크만 코팅 공 조합물에 대응한다. 만일 구체적인 부피율을 가질 뿐만 아니라 조합물이 등방적이라는 것이 알려져 있으면, 복소평면에서 이보다 더 작은 영역을 정의할 수 있다.

이러한 경계의 구성은 반복 과정의 하나로 볼 수 있다. 단계마다 복소평면 내의 영역이 하나씩 있다. 복합물에 대한 추가 정보가 구체화되면, 원래 영역에서 새로운 정보와 합치하는 경계 위의 두 점을 선택하고, 이 새로운 점을 한계로 가지는 더 작은 영역을 구성할 수 있다. 정보가 점점 구체적일수록 이 한계는 구체적인 점 하나, 즉 (이제는) 구체화된 복합물에 대한 정확한 복소 유전율로 수렴함을 보일 수 있다. 만일 ε_1과 ε_2가 음의 실수축으로부터 충분히 멀리 떨어져 있으면, 정보가 더 추가될수록 복소평면에서 경계들 사이의 넓이는 급속히 줄어든다. 하지만 이들의 비가 음의 실수축에 가까우면, 정보가 추가되더라도 영역은 훨씬 느리게 줄어든다.

베르그만-밀턴 한계는 복합물에 대한 역문제(inverse problem), 즉 복합 매체의 유효 전달 성질에 대해 측정된 자료가 주어질 때 매체의 구조에 대해 무슨 얘기를 할 수 있느냐는 문제에도 사용할 수 있다. 특히 기하학적 정보를 추론하기를 원하는데, 주로는 복합물을 구성하는 각 상들의 부피율을 알고 싶어 한다. 이러한 역문제의 중요한 사례가 지구물리학과 자원 추출인데, 시추공 전기적 단층촬영을 이용하기 전에 액체가 스며있는 사암층 구조 내에서 기름이 차지하는 부피 등을 추측할 수 있으면 대단히 가치가 있다. 또 다른 예는 환경과학에서 해빙[V.17] 내에서 순수 얼음에 대한 소금물의 비율을 추정하는 것과 관련돼 있는데, 여러 계절에 걸쳐 해빙이 녹았다가 어는 역사를 추측하려고 할 때 가치가 있다.

감사의 말. 이 글은 저자가 리버풀 대학에서 마리 퀴리 연구원으로 있을 때 유럽 사회 7차 프레임워크 프로그램의 연구 관리 번호 PIAPP-GA-28544-PARM-2의 재정 지원하에 작성한 것이다.

더 읽을거리

Bergman, D. J. 1978. The dielectric constant of a composite material: a problem in classical physics. *Physics Reports* 43(9):377-407.

Bonod, N., and S. Enoch, eds. 2012. *Plasmonics: From Basic Physics to Advanced Topics*. Berlin: Springer.

Hashin, Z. 1983. Analysis of composite materials: a survey. *Journal of Apllied Mechanics* 50:481-505.

Landauer, R. 1978. Electrical conductivity in inhomogeneous media. In *Electrical Transport and Optical Properties of Inhomogeneous Media*, edited by J. C. Garland and D. B. Tanner, pp. 2-43. woodbury, NY: American Institute of Physics.

Milton, G. W. 2002. *The Theory of Composites*. Cambridge: Cambridge University Press.

Torquato, S. 2001. *Random Heterogeneous Materials: Microstructure and Macroscopic Properties*. Berlin: Springer.

IV.32 고체역학

프로인트 *L. B. Freund*

1 서론

고대의 기계와 구조물 제작자들은 자신들이 제작한 것의 강도와 내구성에 관심을 기울여야만 했다. 아마도 그 기준은 시행착오를 통해서 발전시켰을 것이다.

물질의 강도에 대한 체계적이고 과학적인 연구가 있었다는 초기의 증거는 인장 파괴 강도에 영향을 주는 인자들을 찾기 위해서 다양한 지름의 둥근 막대기로 실험을 했던 레오나르도 다빈치(1452-1519)의 실험에서 찾을 수 있다. 갈릴레오(1564-1642)는 보의 구부러짐뿐만 아니라 막대기의 인장력에 대한 더 체계적인 연구를 수행하였다. 고른(uniform) 막대기의 인장 파괴력은 길이가 아니라 단면적에 비례한다는 것, 그리고 자유단에 물체가 올려진 외팔보의 절단은 보통 지지대 가까이에 있는 보의 위쪽에서 시작된다는 것이 그가 얻은 결과들 중의 하나이다. 고체에 가해진 힘은 그 힘에 의해서 만들어지는 변형과 밀접하게 관련이 있다는 아이디어는 훅(Hooke, 1635-1703)의 시계 스프링의 선형 탄성 반응에서 "늘어났기 때문에 힘이다"로 해독되는 라틴 애너그램(anagram: 철자 순서를 바꾼 말)의 형태로 최초로 묘사되었다.

뉴턴(1642-1727)의 프린키피아(Principia)가 출판되면서 수학적인 방법을 이용하여 물리법칙들로부터 물리 세계의 움직임을 추론하려는 연구 접근법이 출현했다. 레온하르트 오일러(Leonhard Euler, 1707-1783)와 다니엘 베르누이(Daniel Bernoulli,

1700-1782)는 그들의 이름이 붙은 구부러짐에 관한 탄성 보의 이론을 만들었고 쿨롱(Coulomb, 1736-1806)은 이 이론을 오늘날 자주 사용되는 1차원 구조 이론으로 표현하였다. 고체 연속체 역학에 대한 완전한 3차원 이론을 고안하기 위해서 그 당시까지 알려진 응력, 변형, 선형 탄성물질의 움직임을 통합한 것은 위대한 포스트 르네상스 공학자이자 수학자인 코시(Cauchy, 1789-1806)였다. 그 이래로 250년이 지나면서 다양한 물질의 움직임에 관한 이론들이 발전했다. 기학학적으로 비선형 변형을 묘사하는 이론이 발전했고, 물질 관성효과는 다양한 종류의 하중에 대한 고체의 반응을 정량적으로 묘사하는 데 이용되었고, 보, 판, 껍질과 같은 1차원과 2차원의 매우 얇은 고체 물질에 대한 특별한 이론들이 만들어졌다. 이러한 발전은 현상들을 묘사하는 것으로 여겨지는 편미분방정식에 관한 경곗값문제를 해결하는 다수의 수학적 계산 방법론에 의해서 이루어졌다.

20세기, 고체역학은 기계공학과 토목학의 많은 문제를 해결하는 응용과학으로 발전했다. 또한 물질과학, 행성지구물리학, 생물물리학에도 광범위하게 응용되고 있다. 이 분야는 계산적 요소가 많을 뿐만 아니라 광범위하고 활발한 실험 요소도 포함하고 있다.

1.1 고체 물질

공간의 일정 부분을 채우고 있는 물질을 **고체**로 간주할 때는 물질의 구성 성질을 이용한다. 즉, 절단하려는 측정 가능한 크기의 힘에 변형 없이 저항할 수 있는 물질은 고체이고 그렇지 않은 것은 유체이다. 어떤 물질은 변형의 속력이나 온도에 따라서 유체 또는 고체와 같은 움직임을 보이기 때문에 이런 방법으로만 물질을 분류하는 것은 완전하지는 않다.

고체는 공간의 일정 부분을 채우고 있는 단단한 물질이다. 구성 물질은 역학 현상과 관련이 있는 특정한 성질을 갖는다. 즉, 단위 부피당 질량, 변형에 대한 저항, 극한 강도 등이다. 더욱이 전체에서 떨어져 나온 고체의 조각은 동일한 물질적 특성을 보인다. 그리고 이러한 특성은 매우 작은 조각으로 나누어질 때까지 변하지 않는다. 이와 같은 **연속적인**(continuum) 관점은 물질의 작은 이산적인 구조를 간과하기는 하지만 작은 이산적인 구조에 영향을 받지 않는 크기에서는 모형을 만들고 분석하는 것을 가능하게 한다. 예를 들어, 고체의 한 점 p를 둘러싸는 닫힌곡면에 의해 만들어지는 물질의 작은 부피 $v(p)$는 총 질량 $m(v)$를 갖는다고 하자. 그러면 점 p에서의 **질량 밀도**(mass density)는

$$\rho(p) = \lim_{v \to 0} \frac{m(v)}{v(p)} \quad (1)$$

이다. 일반적으로 이러한 **무제한 가분 성질**(indefinite divisibility)로 인해서 물질의 성질과 역학장을 고체 내의 위치에 대한 연속함수로 정의할 수 있다. 이러한 장을 지배하는 미분방정식을 찾아내는 것은 외부 영향을 나타내는 경계조건에 영향을 받는 방정식의 해와 더불어 고체역학의 핵심이다.

1.2 개념도

고체역학을 자세히 알아보기 전에 고체역학에서 중요한 여러 아이디어들 사이의 관계를 이해하는 데 도움이 되는 개념도를 보자(그림1 참조). 고체역학

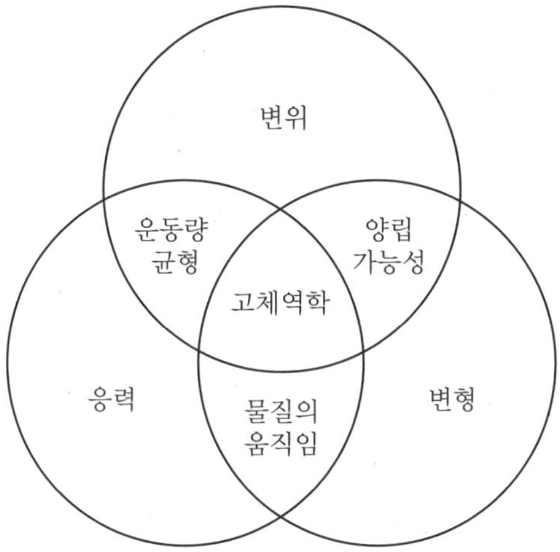

그림 1 고체역학의 개념도.

은 세 가지의 기본 아이디어에서 출발한다. 첫 번째는 **변위**(displacement)로서 우리가 살고 있는 유클리드 공간에 물질 입자를 위치시키고 위치의 변화를 나타내는 법칙들을 아우르는 주제이다. 다음으로 기본적인 아이디어인 **물체 변형**(material strain)은 물체의 변형을 가까이 있는 물질 입자를 연결하는 물질 선소의 길이 변화 또는 같은 물질 입자로부터 나오는 두 물질 선소 사이의 각의 변화를 이용하여 정량적으로 묘사하는 것이다.

세 번째 주요한 아이디어인 **응력**(stress)은 역학 작용을 그림으로 표현할 수 있게 한다. 일반적으로 응력 개념은 물질의 내부에 있는 면의 한쪽에 있는 물질에 의해서 발생된 힘을 면의 다른 쪽 물질의 힘으로 묘사하는 근거가 된다.

변위-변형의 교집합 부분에서는 미리 정해진 변위 분포에 대한 변형을 결정하는 것과 특정 변형 분포에 대한 변위를 결정하는 더 어려운 문제를 다룬다. 응력-변형 교집합 부분은 물질의 역학적 움직임의 특징이 있는 곳이다. 즉, 많은 형태의 응력-변형 상호작용을 가정할 수 있고, 실험으로 이와 같은 아이디어를 항상 최종적으로 판정할 수 있다. 마지막으로, 운동량 보존에 관한 물리법칙은 응력-변위 교집합 부분에서 적용된다. 이 세 교집합 부분에 포함된 개념들은 개념도의 중심에 있는 교집합에 의해서 제시된 것과 같이 고체역학 문제를 푸는데 중요한 부분들이다. 다음으로 해야 하는 것은 이러한 개념들이 어떻게 유용한 역학적 형태를 갖게 되는지를 묘사하는 것이다.

2 기본적인 개념들

고체가 변형될 때 고체는 형태가 연속적으로 변한다. 이러한 형태 중 하나는 묘사를 위한 **기준 형태**(reference configuration, 보통 관심이 있는 변형의 처음 형태가 되지만 무작위로 선택이 가능하다)가 된다.

물질점의 위치, 물질점의 변화, 공간에서의 점들은 벡터로 표현된다. 따라서 직교기저벡터 $\boldsymbol{e}_k$, $k = 1, 2, 3$을 생각하자.

볼드체로 된 수학기호는 문맥으로부터 정확히 그 의미를 알 수 있는 벡터 또는 텐서이다. 계산의 편의를 위해서 첨수 표기법이 벡터나 텐서의 성분에 사용된다. 특별한 언급이 없다면 첨수의 범위는 1에서 3이다. 식에서 반복되는 첨수는 첨수의 범위에서의 합을 나타나내는 내적을 의미한다. 첨수 표기법에 사용되는 규칙은 브라우어(Brower)의 『응용 고체역학(*Applied Mechanics of Solids*)』에 잘 정리되어 있다.

물질점(material point), 물질선(material line), 물질면(material surface)은 다음 절부터 종종 사용될 것이다. 처음부터 이 용어들은 문자 그대로 해석해야만 한다는 것을 염두에 두어야 한다. 예를 들어 물질선이 정의되었다면 변형의 과정에서 항상 일정해야만 한다.

2.1 변위

모든 물질점은 기준 형태의 대응되는 공간의 점과 동일시할 수 있고 일반적인 점은 벡터

$$\boldsymbol{x} = x_1\boldsymbol{e}_1 + x_2\boldsymbol{e}_2 + x_3\boldsymbol{e}_3 \equiv x_k\boldsymbol{e}_k \qquad (2)$$

로 표시된다. 단순 변형을 나타내는 그림 2에서 기저벡터를 볼 수 있다. 고체의 기준 형태는 모서리 길이가 ℓ_0인 정육면체이고 정육면체의 한 꼭짓점에 있는 점은 위치 $\boldsymbol{x}$와 동일시할 수 있다. (2)에서 반복된 첨수는 첨수의 범위 내에서의 합을 나타낸다고 이해하자. 이러한 합 표시는 앞으로 나올 모든 식에서 사용될 것이다.

그림 2에서 빗금이 쳐진 물체는 정육면체 영역이 차지했던 고체의 한 변형을 나타낸다. 그림은 고체가 3-방향에서 늘어났고, 1-방향과 2-방향에서 줄어든 것을 알 수 있다. 기준 형태에서 $\boldsymbol{x}$로 표시된 꼭짓점의 위치는 아주 특별하다. 이 점은 변형된 형태에서 위치 $\boldsymbol{\xi} = \xi_i\boldsymbol{e}_i$로 옮겨졌다. 이점의 변위는 두 위치 사이의 벡터의 차이다. 변위벡터를 $\boldsymbol{u}$로 표현하면, 꼭짓점의 변위는

$$\boldsymbol{u} = \boldsymbol{\xi} - \boldsymbol{x} \quad \Leftrightarrow \quad u_i = \xi_i - x_i \qquad (3)$$

가 된다.

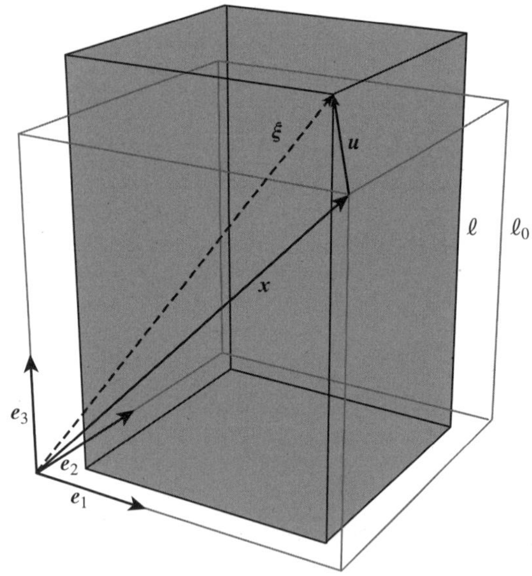

그림 2 기본 형태가 정육면체인 고체의 변형된 형태.

기준 좌표축에서 x_1, x_2, x_3에 의해서 유일하게 표현되는 고체의 기준 형태의 점의 변위는 비슷하게 결정될 수 있다. 이와 같이 정의되었을 때 $\boldsymbol{u}(x_1, x_2, x_3) \equiv \boldsymbol{u}(\boldsymbol{x})$는 변형과 관련된 전체 변위장을 묘사하는 고체의 기준 형태를 정의역으로 갖는 연속벡터장을 정의하는 것으로 볼 수 있다.

2.2 변형

보통 변위장 $\boldsymbol{u}(x_1, x_2, x_3)$은 고체의 기준 형태의 점에 따라서 변한다. 또한 변형된 형태에서 두 이웃한 물질점을 연결하는 물질선의 길이는 기준 형태에서의 선소의 길이와 다르다. 변형의 개념은 이러한 차이를 체계적으로 정량화하기 위해서 도입되었다.

기본 형태에서 위치 x_i(반드시 그림 2에서의 꼭짓점일 필요는 없다)인 고체 내의 일반적인 물질점과 위치 $x_i + \mathrm{d}x_i$에 있는 매우 작은 거리만큼 떨어져 있는 두 번째 물질점을 생각하자. 이 두 점을 연결하는

물질선의 길이와 방향은 벡터 $\mathrm{d}x_i$이다. 변형이 이루어진 후에 이 점들은 위치 ξ_i와 $\xi_i + \mathrm{d}\xi_i$로 각각 옮겨졌다. 선소 $\mathrm{d}x_i$를 $\mathrm{d}\xi_i$로 보내는 것이 물질점의 변형을 결정한다. 변형 후에 무한소 물질선의 끝점의 위치는

$$\xi_i + \mathrm{d}\xi_i = x_i + \mathrm{d}x_i + u_i(x_1 + \mathrm{d}x_i, \cdots) \qquad (4)$$

이다 이 점에서의 변위벡터를 점 ξ_i에서의 테일러급수로 표현하고 $\mathrm{d}x_i$에 관한 일차식만 남기자. 그러면

$$u_i(x_1 + \mathrm{d}x_1, \cdots) \approx u_i(x_1, \cdots) + \partial_j u_i(x_1, \cdots)\mathrm{d}x_j$$

가 된다. 여기서 $\partial_j u_i$는 기본 형태에서의 변위기울기텐서성분으로 구성된 행렬이다. (4)의 관점에서 변형된 물질 선소는

$$\mathrm{d}\xi_i = F_{ij}\mathrm{d}x_j, \quad F_{ij} = \delta_{ij} + \partial_j u_i \qquad (5)$$

이다. 여기서, δ_{ij}는 단위행렬이고 F_{ij}는 **변형 기울기**(deformation gradient)이다. 따라서 변형 기울기는 물질점 주위의 변형을 완전히 묘사한다. 더욱이, 변형장의 한 점에서의 변형 기울기의 행렬식은 그 점에서의 작은 물질 원소의 부피와 기본 형태에 있는 같은 물질 원소의 부피 사이의 비율이다.

잠시 동안 기본 형태에서 $\mathrm{d}x_i$로 표시되는 무한소 물질 선소가 길이 $\mathrm{d}s_0$과 방향 $m_i\boldsymbol{e}_i$($m_k m_k = 1$이라고 하자)를 갖고 $\mathrm{d}\xi_i\mathrm{d}\xi_i = \mathrm{d}s^2$이라고 하자(식에서 반복되는 첨수는 합을 나타낸다는 것을 기억하자). 그러면 $(5)_1$의 각 변을 자기 자신과 내적하고 $\mathrm{d}s_0^2$으로 나누면

$$\frac{\mathrm{d}s^2 - \mathrm{d}s_0^2}{\mathrm{d}s_0^2} = 2E_{ij}m_i m_j \qquad (6)$$

$$E_{ij} = \tfrac{1}{2}(\partial_j u_i + \partial_i u_j + \partial_i u_k \partial_j u_k) \qquad (7)$$

을 얻는다. 여기서 E_{ij}는 **라그랑주 변형**(Lagrange strain)성분으로 구성된 대칭행렬이다.

E_{ij}에 대한 기하학적 특징을 알기 위해서, 기본 형태에서 $\boldsymbol{m} = \boldsymbol{e}_1$ 방향을 가지는 물질 선소의 신장률을 $\lambda_1 = \mathrm{d}s/\mathrm{d}s_0$라고 하자. 그러면 (6)으로부터

$$\lambda_1^2 - 1 = 2E_{11} \qquad (8)$$

을 얻는다.

비슷하게 기본 형태에서 같은 점에 시작되는 두 무한소 물질선에 대하여 라그랑주 변형을 사용하면 변형된 형태에서의 두 직선 사이의 각을 나타낼 수 있다. 예를 들어, 선소 $\mathrm{d}x_i^a = \mathrm{d}s_0^a m_i^a$와 $\mathrm{d}x_i^b = \mathrm{d}s_0^b m_i^b$를 생각하자. $m_j^a m_j^b = 0$이면

$$\lambda_a \lambda_b \cos(\tfrac{1}{2}\pi - \gamma_{ab}) = 2E_{ij}m_i^a m_j^b \qquad (9)$$

을 얻는다. 여기서 γ_{ab}는 **전단 변형**(shear strain)으로 불리는 직선 사이의 **각도의 감소량**(reduction in angle)이고 λ_a와 λ_b는 선소의 신장률이다. a와 b가 1-방향과 2-방향이고 신장률이 1일 때, 위 식은 $\sin(\gamma_{12}) = 2E_{12} = 2E_{21}$이 된다.

2.2.1 작은 변형

이때까지 변형에 대하여 이야기 할 때, 변위장에 대한 연속성 이외에 변형에 대하여 아무런 가정도 하지 않았다. 특히, 신장과 회전에 대한 식은 변형의 크기와 관계없이 성립하였다. 이 식들은 변형이 어떤 의미에서 '작을' 경우에 매우 단순화될 수 있다. 보통, 각각의 첨수 i와 j에 대하여 $|\partial_i u_j| \ll 1$이면 변

형이 작은 것으로 이해한다. 고체의 변형이 작으면 변형 (7)은 작은 변형행렬

$$\varepsilon_{ij} = \tfrac{1}{2}(\partial_j u_i + \partial_i u_j) \tag{10}$$

로 근사시킬 수 있다.

1-방향으로의 신장률은

$$\frac{\mathrm{d}s}{\mathrm{d}s_0} = 1 + \varepsilon_{11} \tag{11}$$

이 되고 (9)에서 주어진 전단 변형에 대한 식은

$$\gamma_{ij} = 2\varepsilon_{ij}, \quad i \neq j \tag{12}$$

이 된다. 작은 변형 범위를 벗어나는 변형은 물질 선소가 금속 성형에서 여러 번 처음 길이로 늘어났을 때 또는 플라스틱 자와 같이 작은 구부러지는 고체가 $\pi/2$만큼 물질 선소가 회전하도록 U 모양으로 구부러질 때 아주 흔하다.

2.2.2 변형의 예

그림 2에서 모서리의 길이가 ℓ_0인 정육면체로 그려진 고체가 3-방향으로 모서리 길이 $\ell > \ell_0$이고, 모든 단면 'ξ_3 = 상수'가 완전히 동일한 정사각형인 직육면체로 변했다고 하자. 이것은 **균질 변형**(homogeneous deformation)의 한 예이다. 즉, 좌표 방향과 나란한 모서리를 가진 고체의 모든 정사면체 부분은 같은 모양으로 변한다. 균질성으로부터 변형기울기 벡터가 기본 형태에서 일정하다는 것과 변위장이 x_1, x_2, x_3에 관하여 선형이라는 것을 얻을 수 있다. 마지막으로 강체 운동은 $x_1 = x_2 = \frac{1}{2}\ell_0$과 평행한 초기의 물질선이 평행하게 남아있고 평면 $x_3 = 0$이 평면 내에 그대로 남아 있어야 하기 때문에 제외된다. 변형에 대한 이러한 특징들은 변형된 형태에서 변위장 $\boldsymbol{u}(\boldsymbol{x})$에 다음과 같은 제약조건을 준다.

$$\left.\begin{aligned} u_1(x_1, x_2, x_3) &= (\lambda - 1)(x_1 - \tfrac{1}{2}\ell_0) \\ u_2(x_1, x_2, x_3) &= (\lambda - 1)(x_2 - \tfrac{1}{2}\ell_0) \\ u_3(x_1, x_2, x_3) &= (\lambda_3 - 1)x_3 \end{aligned}\right\} \tag{13}$$

여기서 $\lambda_3 = \ell/\ell_0$은 3-방향에서의 가중된 신장률이고 λ는 1-방향과 2-방향에서의 알려지지 않은 신장률이다.

변형이 부피를 보존한다는 것을 보장해 주는 λ는 무엇인가? 이 질문은 변형기울기행렬의 행렬식의 극솟값이 무한소 물질 원소의 기본 형태에서의 부피와 현재 형태에서의 부피의 비라는 것을 이용하여 답할 수 있다. 앞의 예에서 변형기울기행렬은

$$F = \begin{bmatrix} \lambda & 0 & 0 \\ 0 & \lambda & 0 \\ 0 & 0 & \lambda_3 \end{bmatrix} \tag{14}$$

이다. $\det(F_{ij}) = 1$이기 때문에 λ는

$$\lambda = \sqrt{\ell_0/\ell} \tag{15}$$

이어야 한다.

2.3 응력

응력은 물질면을 지나는 역학적 힘의 전달을 정량화할 수 있게 한다. 고체가 가해진 힘에 대하여 평형 상태에 있다고 하자. 고체를 두 부분으로 나누는 매끄러운 물질면에 작용하는 단위 면적당 힘의 분포를 생각해 보자. 곡면의 각 점에서의 단위 법벡터를 $\boldsymbol{n}$으로 표시하자.

다음으로 $\boldsymbol{n}$이 가리키는 방향에 있는 고체의 부분

이 없다고 생각해 보자. 새로 생긴 곡면에 작용하는 단위 면적당 힘은 위치에 대하여 벡터 값을 갖는 함수 $\boldsymbol{t}(\boldsymbol{n})$이다(기호 $\boldsymbol{t}(\boldsymbol{n})$은 함숫값이 표면의 점의 위치뿐만 아니라 곡면의 각 점에서 곡면의 향에도 의존한다는 것을 나타낸다). 이때 벡터는 보통 **정지마찰력**(traction) 또는 **응력벡터**(stress vector)로 불린다. $k=1, 2, 3$에 대하여 $\boldsymbol{n}=\boldsymbol{e}_k$인 매끄러운 곡면을 생각하면 각 물질점에서 행렬로 표시할 수 있는 9개의 양 σ_{ij}를 얻는다. 예를 들어, 법벡터가 $\boldsymbol{e}_1$인 곡면에서의 정지마찰력은 다음과 같은 성분으로 표시된다.

$$\boldsymbol{t}(\boldsymbol{e}_1) = \sigma_{11}\boldsymbol{e}_1 + \sigma_{12}\boldsymbol{e}_2 + \sigma_{13}\boldsymbol{e}_3 \qquad (16)$$

행렬 σ_{ij}는 응력텐서로 불리는 물질의 각 점에서의 텐서 σ의 성분을 나타낸다. 이 행렬은 각 점을 지나는 임의의 물질면을 빠져나가는 방향을 나타내는 국소 법벡터와 물질면을 가로질러 전달되는 단위면적당 대응하는 힘을 다음과 같이 대응시킨다.

$$t_i(n) = \sigma_{ij}n_i \qquad (17)$$

무한소 물질 요소의 각운동량이 보존되기 위해서는 응력행렬이 대칭이어야 한다. 즉, $\sigma_{ij}=\sigma_{ji}$이다. 물질점에서 방향 $\boldsymbol{n}$으로 작용되었을 때, 그 점에서 국소 법벡터 $\boldsymbol{n}$을 가지는 곡면을 생각하면, 가로질러 전달되는 국소 정지마찰력을 생성시키는 선형작용소와 σ_{ij}를 동일한 것으로 만들어 주는 응력의 텐서의 특성을 (17)에서 분명히 알 수 있다.

앞에서 논의의 편의를 위해서 응력이 고체의 특정 형태에서 정의된 것으로 가정하였다. 형태가 현재 변하고 있다면 응력은 보통 **참 응력**(true stress) 또는 **코시 응력**(Cauchy stress)으로 부른다. 기본 형태에서 물질면 요소의 면적과 방향은 다르지만 **명목 응력**(nominal stress)으로 불리는, 다르지만 관련이 있는 응력에 대한 묘사를 얻을 수 있다. 이 주제는 큰 변형을 묘사할 때는 직접적으로 다룰 필요가 있지만 변형이 작을 때에는 큰 오차를 주지 않기 때문에 무시할 수 있다.

앞선 논의는 고체 내부의 물질면을 가로지르는 힘의 전달에 기초하고 있다. 또한 이러한 논의는 고체역학에서 경곗값문제를 만들 때 응력의 경계조건을 찾아내는 데 중요하다. 코시 관계식 (17)은 알려진 정지마찰력으로부터 응력 성분의 경계조건을 유추하는 데 사용될 수 있다.

2.3.1 응력과 정지마찰력의 예

그림 2의 고체 정육면체는 부피를 보존하기 위해서 3-방향에서 늘어나고 1-방향과 2-방향에서 양축 등가 축소가 되었다. 이러한 변형은 그림 3에서 예시된 것과 같이 힘 P가 있는 3-방향에 수직한 각 물질면에 분포된 정지마찰력에 의해서 유도된다. 1-방향과 2-방향에서의 신장률 λ는 (15)에 있는 3-방향에서의 신장률 ℓ/ℓ_0에 의해서 주어진다.

정지마찰력 $\boldsymbol{t}(e_3)$은 3-방향에 수직한 평면에 반드시 고르게 분포되어 있다. 특히, 정지마찰력 $\boldsymbol{t}(e_3)$은 크기가 $\sigma_{33}=P=\ell/\ell_0^3$인 3-방향에서의 성분만을 갖는다. 이것인 정육면체에서 유일하게 영이 아닌 순 응력의 성분이다.

응력의 상태는 단위 법벡터가 $\boldsymbol{n}=\sin\alpha\,\boldsymbol{e}_1+\cos\alpha\,\boldsymbol{e}_3$인 평면 내부의 모든 곳을 포함하여 정육면체 전체에서 고르다. 물질면에 작용하는 정지마찰력은

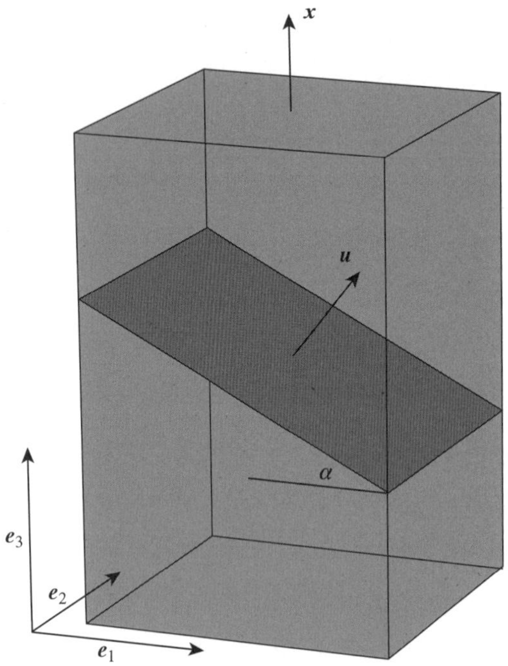

그림 3 장력에 의해 유도된 법벡터가 n인 내부에 있는 평면에서의 정지마찰력.

$$\boldsymbol{t}(\boldsymbol{n}) = \sigma_{33}\cos\alpha\,\boldsymbol{e}_3 \tag{18}$$

과 같이 코시 관계식 (17)에 의해서 주어진다. 기울어진 면에 수직인 성분은 **수직 응력**(normal stress) $\boldsymbol{t}\cdot\boldsymbol{n} = \sigma_{33}\cos^2\alpha$이다. 면에 접하는 성분은 크기 $\sigma_{33}\sin\alpha\cos\alpha$를 가지는 **전단 응력**(stress shear) $\boldsymbol{t} - (\boldsymbol{t}\cdot\boldsymbol{n})\boldsymbol{n}$이다.

3 지배 방정식

그림 2의 변형과 관련된 다음 단계는 고체역학의 경곗값문제를 구성하는 방정식을 얻어내는 것이다. 이 방정식은 응력/변형과 관련된 물질의 반응, 응력/움직임과 관련된 지배 물리 가설, 변형/변위와 관련된 양립성 방정식을 묘사한다. 이 방정식에 대해 더 체계적으로 알고 싶다면 **연속체 역학**[IV.26]을 참조하라.

3.1 물질의 움직임

응력에 대한 물질의 변형을 묘사하는 데 사용되는 다양한 종류의 방정식의 수는 엄청나게 많으며, 특정한 곳에서의 응용, 새로운 물질의 발견, 기존의 물질을 다룰 때 요구되는 정확도의 증가에 의해서 계속 많아지고 있다. 그럼에도 불구하고 반응을 묘사할 때 반드시 필요한 기본적인 것들이 있다. 간단히 말하면 주요 제약 조건은 반응이 열역학의 법칙을 만족해야 한다는 것과 반응이 그것을 묘사하는 관찰자에 의해서 선택된 기준 좌표와 무관해야만 한다는 것이다. 지금까지 다루어 졌던 물질의 움직임에 대한 단순 모형은 이 제약 조건을 만족한다.

고체의 물질 반응에 대한 모든 양상은 물체 내의 각 점에서 일치하기 때문에 물체를 구성하는 물질이 **균질**하다고 말한다. 한편 임의의 고정된 상태의 응력으로 인한 물질점에서의 고체의 반응이 응력의 상태가 변하지 않은 물질의 회전 하에서 불변이면, 이 방향을 원래의 방향과 연결시키는 직교 변환들을 전체적으로 **등방성군**(isotropy group)이라고 부른다. 등방성군이 모든 가능한 회전을 포함한다면, 물질이 그 점에서 **등방적**(isotropic)이라고 말한다. 보통의 경우, 어떤 물질이 모든 점에서 등방적이면 그 물질은 등방적이라고 말한다. 고체의 경곗값문제를 다룰 때 균질성과 등방성을 이용하여 문제를 굉장히 단순화할 수 있다.

3.1.1 선형 탄성물질

물질의 움직임을 묘사할 때 탄성이라는 용어는 보통 응력 순환으로 인한 변형이 가역이고, 반복 가능하고, 응력의 작용 속력과는 무관하다는 것을 의미한다. 이 글에서는 물질선이 온도가 올라가거나 내려갈 때 길이가 증가하거나 감소한다는 것을 의미하는 것으로도 받아들인다. 작은 변형을 겪는 많은 탄성물질은 응력에 대해서 선형인 또는 온도 변화에 대한 반응이 선형인 변형 반응을 보인다. 등방 선형 탄성체의 물질점에서의 응력에 관한 변형은

$$\varepsilon_{ij} = \frac{1+\nu}{E}\sigma_{ij} - \frac{\nu}{E}\sigma_{kk}\delta_{ij} + \alpha T\delta_{ij} \tag{19}$$

로 간단히 표현할 수 있다. 상수 $E > 0$은 영계수(Young's modulus)로 불린다. 영계수는 물리 차원이 단위면적당 힘이고, 안정된 탄성체의 단축 인장에서 응력 대 유도된 변형의 비이다. 무차원 상수 ν는 푸아송 비(Poisson's ratio)이다. 푸아송 비는 단축인장에서 인장축을 가로 지르는 축소 변형 대 인장축을 따르는 확장 변형의 비이다. 균질 물질에 대해서는 $0 < \nu < \frac{1}{2}$ 범위에서 값을 갖지만, 미세 구조물에 대해서는 $-1 < \nu < \frac{1}{2}$이 되게 만들 수 있다. 상수 α는 열팽창 계수라고 불린다. 열팽창 계수는 온도가 1도 증가할 때 고체의 물질 선소의 확장 변형이다.

이 세 가지 상수를 이용하면 균질 등방 탄성체의 움직임을 완전하게 묘사할 수 있다. 다른 물질상수들은 이 상수들을 이용하여 언제든지 나타낼 수 있다. 예를 들어 어떤 온도에서의 등삼축 응력 $\sigma_{11} = \sigma_{22} = \sigma_{33} = \sigma_\nu$의 크기 대 발생한 등삼축변형 ε_ν의 비를 생각해 보자. (19)에서 $T = 0$으로 두고 첨수에 대하여 항들을 각각 간단히 하면

$$3\varepsilon_\nu = \frac{1-2\nu}{E}3\sigma_\nu \tag{20}$$

를 얻는다. 여기서 $3\varepsilon_\nu$는 변형에서 가장 낮은 차수로의 부피 변화이다. 따라서 등방 탄성물질의 **부피탄성률**(bulk modulus)은 $E/(1-2\nu)$로 E와 ν로 표현할 수 있다. $\nu = \frac{1}{2}$이면 응력의 3축 상태는 어떠한 경우에도 부피를 변화시키지 못한다는 것이 분명하다. 즉, $\nu = \frac{1}{2}$이면 물질은 비압축성이다.

이제 응력의 0이 아니 성분이 전단 성분, 즉 σ_{12}뿐이라고 하자. 또한 대응되는 변형 성분 ε_{12}가 (12)에서 관찰된 것과 같이 실제 전단 변형 γ_{12}로 표현된다고 하자. 이 경우에 (19)로부터 탄성 전단 계수가

$$\mu = \frac{\sigma_{12}}{\gamma_{12}} = \frac{E}{2(1+\nu)} \tag{21}$$

임을 알 수 있다.

3.1.2 탄성-이상 소성 반응

이 용어는 금속 성형에서 다결정 금속의 변형 또는 금속 구조의 소성 붕괴를 묘사하는 데 사용할 수 있다. 이러한 움직임에서 핵심이 되는 아이디어는 물질이 소성 반응을 할 때의 응력 값의 범위는 제한적이라는 것이다. 대부분의 금속에서는 평균 수직 응력에 의해서 소성 변형이 잘 일어나지 않는다. 소성 변형은 평균 수직 응력을 뺀

$$s_{ij} = \sigma_{ij} - \tfrac{1}{3}\sigma_{kk}\delta_{ij} \tag{22}$$

로 정의되는 **편향 응력**(deviatoric stress)으로 불리는 전체 응력에 대한 반응이다.

탄성 움직임의 범위는 **항복 곡면**(yield surface)이라고 불리는 응력 공간의 곡면의 형태로 표현된다.

이 곡면의 예는 다음과 같다.

$$\frac{3}{2}s_{ij}s_{ij}\begin{cases}< \sigma_y^2, & \text{탄성 반응}\\ = \sigma_y^2, & \text{소성 흐름}\\ > \sigma_y^2, & \text{발생할 수 없음}\end{cases} \tag{23}$$

여기서 $\sigma_y > 0$는 단축 압축 또는 인장을 받는 고른 막대기에서 탄성한계가 도달하는 응력의 크기인 **항복 응력**(yield stress) 또는 **흐름 응력**(flow stress)이다.

응력의 상태가 항복 곡면에 남아 있을 때, 응력의 변화가 없어도 소성 변형이 발생할 수 있다. 이것으로 금속 구조가 일정한 수준의 하중에서 엄청나게 파괴되는 **소성 붕괴 현상**(plastic collapse)을 설명할 수 있다. 아마도 발생하는 소성 흐름을 가장 단순하게 묘사할 때는 변형 속력이 응력 속력에 비례해서 반응이 속력과 무관하다고 가정한다. 일반적으로 소성 변형을 하고 있는 물질의 물질점에서의 변형은 그 점에서의 변형 전체의 과정에 의존한다.

3.2 응력 평형

일반적으로 응력 성분에 국소 기울기를 발생시키는 응력의 상태는 변형 중인 고체의 각 점에서 다양하다. 작은 물질 원소에 대한 응력의 기울기는 그 원소에서의 힘 또는 운동량의 불균형을 의미한다. 그래서 기울기는 반드시 균형과 관련이 있다. 응력이 어떻게 관련이 있는지 알기 위해서 다른 힘이나 운동량이 없을 때 부피가 V인 고체의 경계면 S에서의 모든 정지마찰력의 합이 평형상태에서는 0이라는 것으로부터 시작하자. 면적분으로 표현하고 이 조건에 발산 정리를 적용하면

$$0 = \int_S \sigma_{ij} n_i \mathrm{d}S = \int_V \partial_i \sigma_{ij} \mathrm{d}V \tag{24}$$

가 된다. 다음으로 전체 고체뿐만 아니라 고체의 모든 부분 또한 이 조건을 만족한다는 것을 고려해 보자. 그러면 코시 응력 σ_{ij}의 공간에서의 고르지 않은 분포는 고체의 변형된 형태에서 각 점마다 세 가지 조건

$$\partial_i \sigma_{ij} = 0, \quad j = 1, 2, 3 \tag{25}$$

을 만족해야만 한다. 이 조건은 **응력평형방정식**(stress equilibrium equation)이라고 부른다. 다시 한 번, 변형이 국소적으로 작다면 큰 오차 없이 기본형태가 이 조건을 만족한다고 할 수 있다.

다루고 있는 고체가 중력장 또는 정전기장의 영향을 받는다면 평형방정식 (25)의 왼쪽 변은 중력장 또는 정전기장의 영향을 나타내는 단위 물질 부피당 분포된 체적력을 포함하게 될 것이다. 마찬가지로 물질의 변형이 운동에 대한 물질의 관성저항을 유도할 수 있는 속력으로 일어난다면 (25)의 오른쪽 변은 단위 부피당 물질의 운동량의 변화의 국소 속력인 항을 포함하게 될 것이다.

3.3. 변형 호환성

변형 호환성 조건(strain compatibility condition)의 개념은 공간적으로 비균질인 변형에 대해서는 여러 개의 독립된 변형 성분 외에 각 점에서 세 개의 독립된 변위 성분이 있어야 된다는 사실로부터 나온다. 세 개의 변위 성분의 분포가 주어졌다면, 대응되는 변형 분포를 결정하는 것은 간단한 일이다((7)이나 (10) 참조). 한편 변형의 여섯 개의 성분 각각의 분포가 주어질 때 변형 분포를 얻을 수 있는 변위장을 항상 결정할 수 있는 것은 아니다. 기하학적으로 가능

한 변위의 세 가지 성분을 주어진 변형의 여섯 가지 성분으로부터 결정할 수 있음을 보장해 주는 변형 분포에 관한 (본질적으로 적분 가능성 조건의 형태를 띤) 조건을 변형 호환성방정식으로부터 얻을 수 있다.

변형 호환성의 문제는 응력으로 구성된 경곗값문제의 풀이에서 매우 중요하다. 이 같은 문제에서 구성 관계로부터 응력에 대응되는 변형의 분포는 3차원 유클리드 공간에서 실현 가능한 변형이어야만 한다.

4 대역적 구성

이 절에서는 움직임을 지배하는 대역적 물리법칙에서 출발하지만 결국에는 응력과 변형에 대한 국소적 정의를 제공하는 방법들을 간단히 소개하겠다.

4.1 가상일의 원리

가상일의 원리(the principle of virtual work)는 더 넓은 관점에서 고체의 변형과 파괴를 이해할 수 있게 한다. 이 절에서는 이 원리가 작은 변형에서 어떻게 적용되는지를 소개하고 일반적인 변형으로 확장할 것이다. 경계면이 S인 영역 $\mathcal{R}$을 차지하고 있는 고체가 경계면 S_σ에서 정지마찰력 t_i의 영향을 받고 있고 $S_u = S - S_\sigma$라고 하자. ε^*_{ij}은 대응되는 변위장이 S_u에서 $u^*_i = 0$을 만족하는 $\mathcal{R}$에서의 호환 변형 분포라고 하자. 그러면 ε^*_{ij}와 u^*_i에 대한 조건

$$\int_{\mathcal{R}} \sigma_{ij}\varepsilon^*_{ij}\,\mathrm{d}\mathcal{R} = \int_{S_\sigma} t_k u^*_k\,\mathrm{d}S \qquad (26)$$

로부터 응력 분포가 정지마찰력의 주어진 경곗값을 만족하는 평형 분포라는 점을 파악할 수 있다. 응력장과 변형장이 완전히 분리되어 있다는 이 결과는 놀라운 것이다. 즉, 추론할 때 물질의 움직임을 고려할 필요가 없다.

예를 들어, 고체에서의 물질의 평형상태에 대한 연구는 (26)을 이용하여 시작할 수 있다. 운동장(kinematic field)의 자의성(arbitrariness)을 연구하여 응력장은 $\mathcal{R}$에서 점별로 (25)를 만족하고 정지마찰력과 함께 코시 관계식 (17)을 만족시킨다고 결론 내릴 수 있다.

소성 경곗값문제의 연구에서 중요한 또 다른 결과를 소개하기 위해서 (26)의 왼쪽 변에 나타나는 응력 분포가 훅의 법칙 (19)를 따르는 $\mathcal{R}$에서의 실제 변형으로 표현된다고 하고 t_k는 S_σ에 실제로 가해진 경계 정지마찰력이라고 하자. 더욱이 $\varepsilon^*_{ij} = \delta\varepsilon_{ij}$, 즉, 실제 변형에서의 약간의 섭동이라고 하고, $u^*_k = \delta u_k$, 즉, S_σ에서의 실제 변위로부터의 약간의 섭동이라고 하자. 이 경우에 가상일의 원리를 이용하면 변형의 범함수인 잠재 에너지

$$\Phi[u_k] = \frac{1}{2}\int_{\mathcal{R}} \sigma_{ij}\varepsilon_{ij}\,\mathrm{d}\mathcal{R} - \int_{S} t_k u_k\,\mathrm{d}S \qquad (27)$$

가 S_u에서 0이 되는 변형 δu_i에 관한 임의의 작은 변동에 대하여 변하지 않는다는 결론을 얻을 수 있다.

4.2 유한요소법

많은 계산법들이 이 분야에서 유용하지만 가장 큰 영향력을 가지고 있는 것은 유한요소법(finite-element method)이다. 이 방법은 변형된 가상일의 원리를 이용하여 (그리고 약한 의미에서의 타원 편미분방정식을 보강하여) 방정식의 근사해를 찾고자

하는 노력에서 기원했다고 생각된다.

고체역학에서 유한요소법의 기본 아이디어는 연속고체의 영역을 유한개의 부분 영역 또는 원소로 나누는 것이다. 각각의 원소 안의 입자 변위 또는 다른 역학장은 원소 경계에서의 많은 이산적인 점, 또는 마디에서의 값에 의해서 주어지는 것으로 가정하고 보간법을 이용하여 원소에서 전체로 확장한다. 물질의 움직임에 대한 모형을 채택하고 근사 변형장은 마디 변위의 변동에 대한 가상일의 원리를 따른다고 가정한다. 이러한 조건으로 인해서 명시되지 않은 값을 가지는 마디의 수만큼 마디의 값을 지배하는 방정식이 만들어 지고 이 방정식들은 수치적으로 해결된다.

이 방법은 컴퓨터에서 실행하는 데에 적합하다. 광범위한 종류의 문제에 적용할 수 있는 수치 방법들의 정확성과 수렴성은 상당히 잘 알려져 있고 계산역학은 이 분야에서 해석 역학과 실험 역학과 더불어 중요 방법론 중 하나로 간주된다.

5 몇 가지 예들

특정 현상을 분석해서 얻은 결과들을 간단히 설명하는 것으로 이 글을 마치고자 한다. 이 설명을 통해서 고체역학의 범위가 얼마나 넓은지 알게 될 것이고 동시에 고체역학을 이해하는 데 도움이 되는 상대적으로 단순한 결과들을 접하게 될 것이다.

5.1 소성 한계 하중

그림 4의 보는 길이가 L이고 단면이 $b \times b$인 정사각형으로, 항복 응력이 σ_y인 탄성-이상 소성 물질로

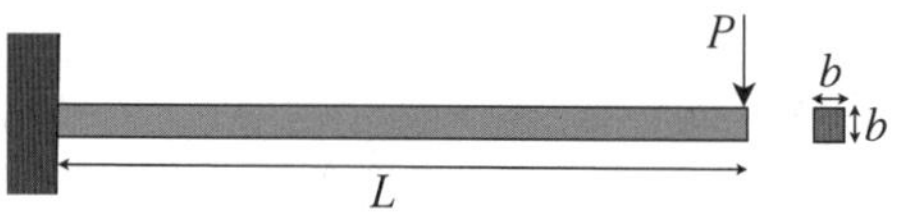

그림 4 탄성-이상 소성 외팔보.

만들어졌다. 보의 왼쪽 끝은 단단히 고정되어 있고 오른쪽은 보를 가로지르는 방향으로 크기 P의 힘이 가해지고 있다. 보는 P가 외팔보의 끝에 가장 가까운 단면(가장 큰 구부러짐 모멘트를 받는 단면)에서 소성 변형을 일으킬 만큼 충분한 수준에 도달할 때까지 탄성 반응을 한다. 소성 흐름은 탄성 응력의 크기가 가장 큰 단면의 가장 바깥 부분에서 시작된다. P가 더욱 커지면 탄성 항복은 두 영역이 보 가운데 면에서 합쳐질 때까지 단면의 위와 아래에서 안쪽으로 퍼진다. 그러면 물질은 하중이 더 증가하지 않아도 '흐를' 수 있다. 이때 주 하중은 **소성 한계 하중**

$$P_L = \sigma_y b^3 / 4L \tag{28}$$

이다. 한계 하중의 값은 붕괴로 이어지는 탄성변형의 세부 사항과는 관련이 없다. 이러한 특성 때문에 크기와 단면이 완전히 소성이라는 것만 이용하여 P를 계산하는 것이 가능하다. 따라서 탄성변형에 대한 것을 고려하지 않고 한계 하중을 계산하거나 추정하는 것이 가능하다.

5.2 구멍에 집중된 응력

그림 5에서 고른 두께 h의 큰 선형 탄성판에는 정지마찰력이 없는 경계를 갖는 반지름 $a \gg h$인 구멍이 가운데 있다. 이 판에는 모서리를 따라서 크기 σ_∞인, 고른 정지마찰력이 떨어져서 작용하고 있다. 구

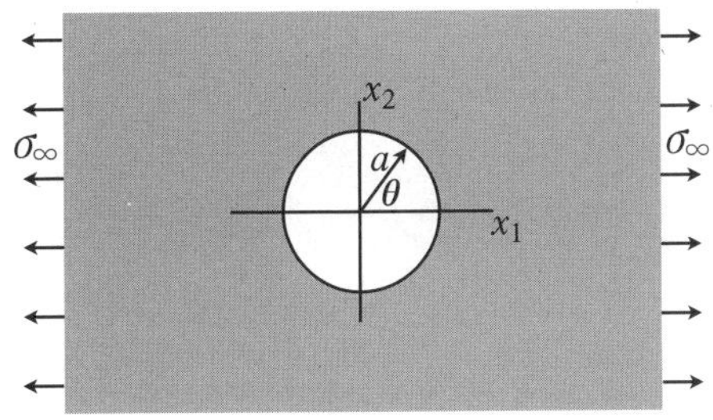

그림 5 구멍이 있는 탄성판의 장력.

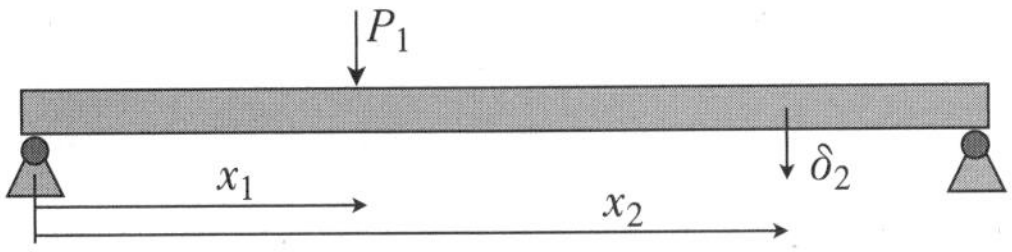

그림 6 단순하게 지지된 탄성 보.

멍으로부터 a보다 더 멀리 떨어져 있는 판위의 점에서 응력의 상태는 $\sigma_{11} = \sigma_\infty$이고 다른 응력 성분은 모두 0이다. 이 응력 분포는 구멍의 표면에서 정지 마찰력이 0이라는 조건과 맞지 않는다. 따라서 응력장은 구멍 근처에서 섭동된다. 이 선형 탄성 경곗값 문제를 풀면 $\theta = \frac{1}{2}\pi$ 또는 $\frac{3}{2}\pi$에서 구멍의 경계에 인접한 응력이 $\sigma_{11} = 3\sigma_\infty$이고 다른 성분들은 모두 0이라는 결과를 얻고, $\theta = 0$ 또는 π에서 $\sigma_{22} = -\sigma_\infty$이고 다른 성분들이 모두 0이라는 결과를 얻는다. 작용한 응력의 크기에 대한 가장 큰 장력 응력 성분의 크기의 비는 **탄성 응력집중 인자**(elastic stress concentration factor)로 불리고 여기서는 3이다.

5.3 탄성 교환

그림 6에서와 같이 단순하게 지지된 탄성보를 생각하자. x_1지점의 단면에 크기 P_1의 힘이 x_2지점의 단면에서 변형 δ_2을 발생시킨다고 하자. 더욱이 크기

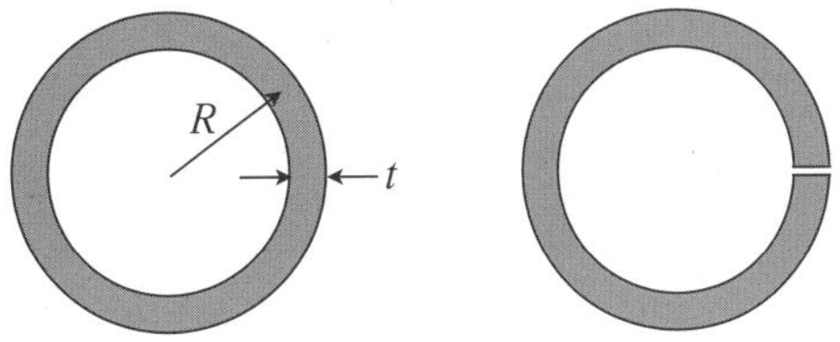

그림 7 비틀린 튜브의 단면.

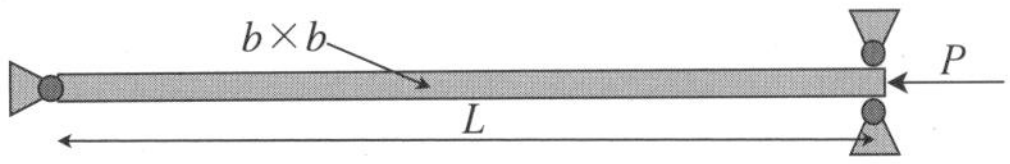

그림 8 축 하중을 받는 단순하게 지지된 기둥.

P_2의 힘이 x_2의 단면에 작용하고 그 결과로 x_1의 단면에 변형 δ_1이 발생했다고 하자. 그러면 탄성 교환 정리(elastic reciprocity theorem)로부터 임의의 단면 쌍에 대하여

$$P_1\delta_2 = P_2\delta_1 \tag{29}$$

임을 알 수 있다. 유용한 따름정리는 x_1에서 작용한 힘 P가 x_2에서 변형 δ를 발생시키면 x_2에서 작용한 P가 x_1에서 똑같은 변형 δ를 발생시킨다는 것이다.

5.4 텅 빈 탄성 튜브의 비틀림

탄성물질로 된 텅 빈 튜브는 평범한 것이다. 이것은 튜브의 축을 통해서 토크를 전달하는 데 사용된다. 튜브의 비틀림 강도(단위길이당 단면의 상대적 회전에 의해서 전달되는 토크의 비율)는 단면의 모양에 아주 강하게 의존한다. 이것을 알아보기 위해서 평균 반지름이 R이고 벽 두께가 $t \ll R$인 연속인 둥근 단면을 가진 그림 7과 같은 튜브를 생각하자. 비틀림 강도는 $2\pi\mu R^3 t$이다. 이제 다른 것은 그대로 두고 단면을 튜브의 길이 방향으로 자르면 비틀림

강도는 $\frac{2}{3}\pi\mu Rt^3$이 된다. 처음에 '닫혀' 있는 단면을 같은 단면적을 갖는 '열린' 단면으로 바꾸면 비틀림 강도는 $\frac{1}{3}(t/R)^2$만큼 줄어든다. 만약 $R/t \approx 10$이면, 그 값은 약 0.0033으로 닫힌 단면을 열린 단면으로 바꾼 것만으로 엄청나게 줄어든다.

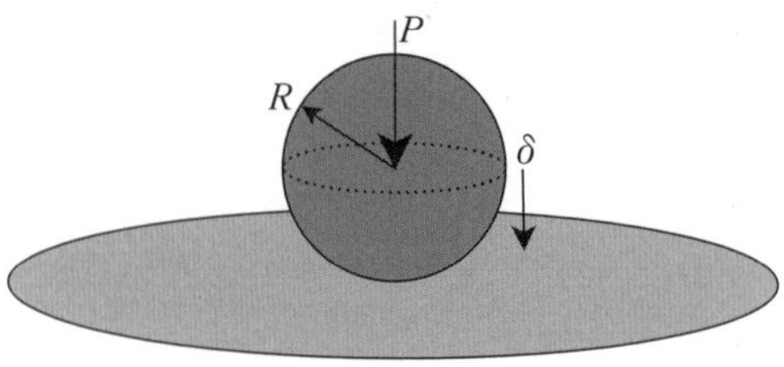

그림 9 탄성체에 움푹 들어간 강체 구.

5.5 오일러 좌굴

왼쪽 끝은 고정되어 있고 오른쪽 끝은 휘지 않도록 되어 있는 그림 8에서의 일직선 탄성 기둥이 축 방향 하중 P를 받고 있다고 하자. 기둥이 완전히 일직선이면 하중을 지지하는 적당한 응력을 발생시키기 위해서 고른 압축을 받으면서 하중을 지탱할 것이다. 하지만 기둥의 안정성은 어떻게 될까? 안정성을 평가하는 여러 가지 기준들이 있다. 예를 들어 하중이 완전히 축 방향이 될 수 없지만 약간만 벗어나 있다고 가정할 수 있다. 이 경우에 하중이 축에서 얼마나 벗어났든지 간에 무한정으로 휘어지게 하는 P의 가장 작은 값을 찾으려고 한다. 정반대로 하중이 완전히 축 방향이면 기둥에 약간의 진동이 발생한다고 가정할 수 있다. 이 경우에는 처음 크기가 얼마인지 상관없이 진폭이 무한정 커지는 P의 가장 작은 값을 찾는다. 그러나 열역학으로부터 고안된 에너지 비교를 통한 안정성의 기준도 있다. 이 경우에는 기둥이 약간 섭동되었을 때의 시스템의 총 에너지가 감소하는 P의 가장 작은 값을 찾는다. 이러한 기준을 적용하면 단순하게 지지된 끝을 가진 오일러 좌굴(Euler buckling) 하중

$$P_{\mathrm{cr}} = \pi^2 Eb^4/12L^2 \tag{30}$$

을 얻을 수 있다.

5.6 헤르츠 탄성 접촉

그림 9에서와 같이 압력 P가 반지름 R의 매끄러운 강체구를 등방 탄성체로 이루어진 평면으로 밀어 넣고 있는 경우를 생각해 보자. 처음에 $P=0$일 때 구는 평면 위의 단 한 점에서 탄성체와 만난다. P의 크기가 증가함에 따라서 구와 탄성체 사이의 접촉 부분은 증가한다. 이 부분은 대칭성에 의해서 원형이고 반지름이 a라고 할 수 있다. 탄성체의 반응이 선형이라고 할지라도 반지름 a는 P에 비례해서 증가하지 않는다. 대신에 a는 $P^{1/3}$에 비례해서 증가한다. 증가하는 비율은 P가 증가함에 따라서 접촉 부분이 증가하다가 어느 순간에는 멈추기 때문에 부분 선형이다. 처음 접촉했을 때를 기준으로 하여 구의 변위로 측정되는 구가 들어간 깊이 δ는 P가 증가함에 따라서 비선형적으로 증가한다. 즉, δ는 다음과 같이 변한다.

$$\delta = \left[\frac{3}{4}\frac{(1-\nu^2)P}{E\sqrt{R}}\right]^{2/3} \tag{31}$$

물질이 선형 응력-변형 반응을 보인다고 해도 반응의 비선형은 변하는 접촉 부분으로부터 생긴다. 헤르츠 접촉 이론은 상대적으로 단순하고 응용성이 매우 넓기 때문에 굉장히 유용하다.

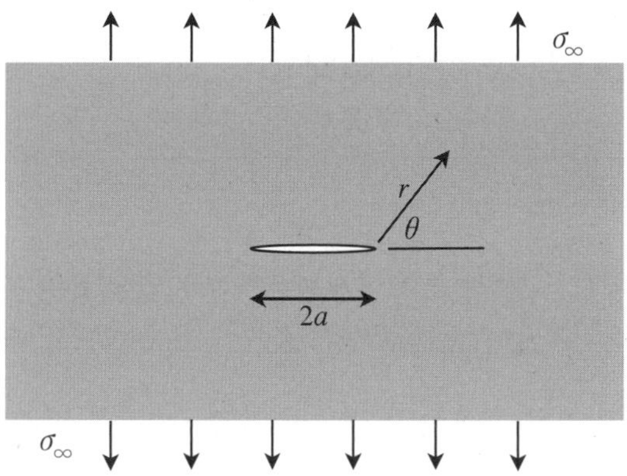

그림 10 균열이 있는 탄성판의 장력 하중.

5.7 탄성 균열

그림 10과 같이 탄성판이 고르게 떨어져서 작용하는 장력 응력 σ_∞를 받고 있다. 판은 한쪽에서 다른 쪽으로 정지마찰력을 전달할 수 없는 내부의 선 즉, **균열**을 제외하고는 고르다. 고른 응력장을 가지는 구멍이 있는 판의 경우에서 관찰한 것 같이, 균열이 없는 다른 곳에서도 응력 집중을 고려할 수 있다. 균열의 끝 부분이 본질적으로 2π 쐐기인 것으로 생각하면 이 부분은 극좌표로 나타냈을 때 변수 분리법에 적합하다. 이 방법으로 얻은 해의 눈에 띄는 특징은 응력 성분이 균열의 끝부분에서 다음과 같이 변하는 것이다.

$$r \to 0\text{일 때 } \sigma_{ij} \approx \frac{K}{\sqrt{2\pi r}} A_{ij}(\theta) \qquad (32)$$

여기서 $A_{ij}(-\theta) = A_{ij}(\theta)$이고 K는 **탄성응력 강도 인자**(elastic stress intensity factor)로 불리는 진폭이다. 여기서 다루어진 경우에 대해서는 $K = \sigma_\infty \sqrt{\pi a}$이다. 응력 특이성을 문자 그대로 받아들여서는 안 된다. 대신에 이 같은 형태의 응력장이 실험실에서의 작은 표본이나 큰 구조 용품(structural component)에서는 비선형 균열의 끝 부분을 둘러싸고 있다는 것이 알려져 있다. 구조 무결성을 나타내는 데 탄성 균열 역학을 광범위하게 사용하는 이유는 이 성질 때문이다.

5.8 장력 불안정성

그림 2의 정육면체의 변형은 2.2.2에서 논의되었다. 그리고 변형을 유도하는 응력의 상태는 2.3.1에서 다루었다. 이제 3-방향에서의 인장률 λ_3이 3-방향에 수직한 물질면에 작용하는 코시응력 σ_{33}에 대하여 $\sigma_{33} = A(\lambda_3 - 1)^{1/n}$을 만족한다고 하자. 여기서 $A > 0$은 물질상수이고 $n > 1$이다. 그러면 인장률 $\lambda_3 > 1$에 대하여 3-방향에 대해 수직인 단면에 작용하는 총 힘은 $F(\lambda_3) = \sigma_{33}\ell_0^2\lambda^2$이다. 비압축성으로부터 $\lambda^2 = \lambda_3^{-1}$을 얻을 수 있다. 이와 같은 조건하에서 힘에 대한 인장 관계의 기울기는 $\lambda_3 = n/(n-1)$의 인장률에서 0이 되고 더 큰 인장률에 대해서는 음이 된다. 이것은 장력 막대기의 하중 전달 용량이 인장률 $\lambda_3 = n/(n-1)$에서 0이 되고 이 점을 넘어서면 하중을 증가시키지 않아도 변형이 발생할 수 있다는 것을 의미한다. 이 예는 장력을 받는 연성 재료로 된 막대에서 나타나는 국소적 '넥킹(necking)' 발생과 관련이 있는 장력 불안정성을 보여준다.

감사의 글. 이 글에 대한 코넬 대학의 메러디스 실버스타인(Meredith Silberstein)박사와 브라운 대학의 앨런 바워(Allan Bower)박사의 훌륭한 조언에 감사를 표한다.

더 읽을거리

Bower, A. F. 2010. *Applied Mechanics of Solids.* Boca Raton, FL : CRC Press.

Freund, L. B., and S. Suresh. 2003. *Thin Film Materials.* Cambridge : Cambridge University Press.

Fung, Y. C. 1965. *Foundations of Solid Mechanics.* Englewood Cliffs, NJ : Prentice Hall.

Gurtin, M. E. 1981. *An Introduction to Continuum Mechanics.* New York : Academic Press.

Johnson, K. L. 1987. *Contact Mechanics.* Cambridge : Cambridge University Press.

McClintock, F. A., and A. S. Argon. 1966. *Mechanical Behavior of Materials*, pp. 363-86. Reading, MA : Addison-Wesley.

Rice, J. R. 1968. Mathematical analysis in the mechanics of fracture. In *Fracture*, edited by H. Liebowitz, volume 2, pp. 191-311. New York : Academic Press.

Strang, G., and G. Fix. 1988. *An Analysis of the Finite Element Method.* Wellesley, MA : wellesley-Cambridge Press.

Timoshenko, S. P. 1983. *History of the Strength of Materials.* New York : Dover.

IV.33 부드러운 물질

랜달 카미엔 *Randall D. Kamien*

1 서론

무엇이 물질을 부드럽게 만들까? 부드러운 것은 쉽게 모양이 변하지만 결과적으로 쉽게 재조립될 수 있다. 즉, 쉽게 변형되는 것은 쉽게 재조립될 수 있다. 어쩌면 그것은 '튼튼하다'고 해야 할지도 모른다. 그런데 왜 이 글의 제목이 '부드러운 물질'일까? 더 좋은 표현은 아마도 피에르질 드젠(Pierre Gilles de Gennes)이 사용한 '*la matière molle*'일 것이다. 부드러운 물질이란 보통 엔트로피가 에너지 효과를 지배하는 시스템을 지칭한다. 딱딱한 물질의 경우의 에너지 규모는 전자와 비슷한 수준이다. 에너지 규모를 살펴보자: 상온인 $T = 300\text{K}$ 정도의 온도에 해당하는 온도 에너지(온도 T에 볼츠만 상수 $k_B(1.381 \times 10^{-23}\text{JK}^{-1})$을 곱한 양)는 $\frac{1}{40}$ 전자볼트 정도이다. 원자와 분자의 결합 에너지가 수 전자볼트임과 비교하면 온도 에너지는 매우 작은 편이다. 물론 부드러운 것과 단단한 것을 정확히 구분하는 것은 훨씬 미묘한 것으로서 경험 법칙의 도움을 받아야 한다. 이 글에서 우리는 전통적인 부드러운 물질 중 일부를 다루고 통계적인 역학 효과를 논의할 것이다. 압력, 힘, 에너지와 같은 양들은 모두 볼츠만 가중치된 통계적 평균으로 고려할 것이다. 우리는 그 다음 점처럼 생긴 입자(콜로이드), 선처럼 생긴 물체(중합체), 이차원 천과 같은 물체(멤브레인)와 마지막 삼차원 연속체 이론으로 액정을 생각할 것이다.

2 콜로이드

콜로이드 서스펜션은 물과 같은 유체 속에 떠 있는 '콜로이드'라 불리는 미세한 입자로 구성된다. 이상적으로 콜로이드는 절대적으로 단단하고 비압축성의 구체로 여겨지며, **배제된 부피**를 통해 배타적으로 상호작용한다. 즉 이들의 유일한 상호작용은 공간에서 겹치지 않는다는 점이다. 반지름 R인 구에 대하여 이것은 $r \geq 2R$에서 0이고 $r < 2R$에서 ∞인 짝 잠재함수 $U(r)$로 모형화할 수 있다. 잠깐 생각해 보면 에너지 규모가 무한이기 때문에 이것은 부드러운 시스템이 아닌 것처럼 보인다. 우리는 어떠한 콜로이드 입자 모임의 엔트로피를 $S = k_B \ln \Omega$로 정의하는데, 여기서 Ω는 콜로이드를 구성하는 공간의 부피를 뜻한다. 어떠한 허락된 유한 에너지 구성의 에너지도 영으로 남아 있기 때문에 $F = E - TS$로 정의되는 자유 에너지는 완전히 엔트로피와 같아진다. 사실 단단한 구체의 문제는 조합론적인 문제로 귀결된다. 고정된 부피 V 안에 반지름 R인 단단한 구를 얼마나 많이(N) 구성할 수 있을까?

2.1 상태방정식

압력 p, 온도 T, 밀도 $n = N/V$ 간의 관계를 상태 방정식이라 한다. 점 입자의 경우 상태 방정식은 그 유명한 이상 기체 법칙 $p = nk_BT$가 되는데, 여기서 k_B는 위에서 정의된 볼츠만 상수이다. 이상 기체 법칙은 점 입자의 경우에는 정확하지만, 유한한 반지름을 갖는 입자의 경우에는 무슨 일이 생길까? $v_0 = \frac{4}{3}\pi R^3$을 각 입자의 부피라 할 때, 부피율 $\phi = nv_0$에는 거듭제곱 급수 전개식이 있다. 비리얼(virial) 전개로 알려진 처음 몇 개의 항은 다음과 같다.

$$\frac{p}{nk_BT} = 1 + 4\phi + 10\phi^2 + 18.36\phi^3 + 28.22\phi^4 + 39.82\phi^5 + 53.34\phi^6 + \cdots$$

이 식에 대한 간단하지만 훌륭한 근사식으로 카나한(Carnahan)-스탈링(Starling) 공식이 있는데, 다음과 같다.

$$\frac{p}{nk_BT} \approx \frac{1 + \phi + \phi^2 - \phi^3}{(1-\phi)^3} = 1 + 4\phi + 10\phi^2 + 18\phi^3 + 28\phi^4 + 40\phi^5 + 54\phi^6 + \cdots$$

정수 계수를 가지면서도 비리얼 계수의 참값과 놀랄 만큼 가깝다. 이 근사식은 부피율 ϕ가 작거나 중간 규모의 값을 갖는 경우, 매우 간단하고 매우 정확한 관계식이다. 그런데 카나한-스탈링 공식을 보면 부피율 $\phi = 1$에서 발산한다. 하지만 단단한 구의 가능한 최대 공간 차지율을 계산해 보면 $\phi = \pi\sqrt{2}/6 \approx 0.74$이기 때문에 이러한 경우는 실제로 발생하지는 않는다.

비리얼 전개는 또한 **소모 상호작용**으로 알려진, 요동에 의해 유도된 힘을 설명한다. 이차에서 자르면 다음과 같다.

$$p \approx k_BT(n + 4v_0n^2) \approx \frac{Nk_BT}{V - \frac{1}{2}(8Nv_0)}.$$

이상 기체 법칙인 $p = Nk_BT/V$와 비교하면 시스템의 전체 부피가 $4Nv_0$만큼 줄어든 것을 알 수 있는데, 이 값은 다른 구들에 의해 '배제된 부피'이다. 반지름 R인 단단한 구 하나는 반지름 $2R$ 만큼의 부피를 배제하는데, 이는 두 번째 구의 중심은 이 영역 안에 있을 수 없고, 따라서 각각의 고립된 구는 $8v_0$만큼의 배제된 부피를 차지하거나 **만들어** 낸다.

이를 일반화하여 아사쿠라(Asakura)와 오오사와(Oosawa)는 순수한 엔트로피 유체는 이 배제된 부피를 줄이기 위해, 또는 **자유 부피**를 증가시키기 위해 서로 **끌어당긴다**고 주장하였다. 예를 들어 콜로이드 용액에서 부피 v_0를 갖는 두 개의 구를 생각해보자. 각각의 구가 $8v_0$만큼의 부피를 배제하기 때문에 이 두 개의 구가 서로 멀어지면 남은 구들이 사용할 수 있는 자유 부피는 $16v_0$만큼 줄어든다. 그러나 만일 이 두 구가 서로 가까워지면 이들의 배제된 부피는 **겹쳐지고** 가용한 부피는 증가하여 두 구가 서로 접할 때 최대치에 이르는데 이때 배제되는 부피는 $\frac{27}{2}v_0$이 된다. 이상 기체 법칙을 바꾸어 다음과 같은 자유 에너지 식을 얻는다.

$$F = -k_B TN \ln[(V - V_e)/N],$$

여기서 V_e는 배제된 부피를 뜻한다.

만일 큰 반지름 R_L을 갖는 구가 작은 반지름 R_S를 갖는 구의 콜로이드 용액 안에 위치하면 각각은 $\frac{4}{3}\pi(R_L + R_S)^3$만큼의 부피를 배제하고, 두 개의 큰 구가 접하면 추가적인 자유 부피는 $\frac{2}{3}\pi R_S^2(3R_L + 2R_S)$가 된다. $r = R_L/R_S \gg 1$인 경우 이것은 엔트로피 자유 에너지 게인이 $\frac{3}{2}k_B Tr\phi_S$가 되어 소모력이 작은 콜로이드의 부피율 ϕ_S에 비례한다.

2.2 단단한 구들의 공간 채우기

다른 극단으로 구들이 주위의 다른 구들과 접하는 경우 우리는 결정체를 갖는다. 2차원에서는 각각의 원에 여섯 개의 이웃하는 원이 접하여 삼각 격자를 이루고, 이때의 부피율은 $\pi/\sqrt{3}$이 된다. 3차원에서 가장 밀도가 높은 공간 채우기는 2차원적으로 채워진 구들이 하나의 층을 이루고, 하나의 층 위에 또 다른 층이 쌓이는 구조인데, 한 층의 구들은 다음 층의 구멍에 위치한다. 동등하지만 서로 다른 두 종류의 구멍들이 있기 때문에 무한히 많은 수의 공간 채우기 방법이 있다. 첫 번째 층을 A로 표시하고 다음에 어떠한 구멍이 올지 표시하기 위해 두 번째 층을 B 또는 C로 표시하는 것이 관례이다. 예를 들어 면심입방(FCC) 격자는 ABCABCABC⋯, 육각 밀집 격자는 ABABAB⋯. 등이다. 이러한 구성은 다른 어떠한 순서의 채우기와 같이 부피율이 $\pi/\sqrt{18} \approx 0.74$가 된다. A, B, C들이 무작위의 순서로 채우는 것은 **발생하지 않는다**(다음 절 참조). 이를 제외하고 $\phi_{FCC} = \pi/\sqrt{18}$에 가까운 밀도에 대하여 커크우드(Kirkwood)는 상태 방정식을 계산하기 위해 자유 부피 이론을 도입하였다. 표본의 부피를 증가시키거나, 또는 완전히 동일한 방법으로 구의 크기를 축소시킴으로써 부피율이 감소될 수 있다. 공간을 같은 부피를 갖는 칸들로 나누는데, 보로노이(Voronoi) 모자이크화를 통해서 각 칸이 하나의 격자 장소를 포함하도록 하자. 구들이 약간 축소되기 때문에 이들 모두는 칸 안에서 움직일 공간을 갖고 있다. 각각의 구가 각 칸 내부에 단단하게 머물러 있다면 겹치는 경우도 없고 상호작용 에너지도 없다. 엔트로피는 다시 자유 부피, 즉 각각의 구의 중심이 위치할 수 있는 부피의 로그 값에 불과하다. FCC 격자의 경우 압력은 다음과 같다.

$$p = -\left.\frac{\partial F}{\partial V}\right|_{N,T} = \frac{nk_B T}{1 - (\phi/\phi_{FCC})^{1/3}}$$

이 표현은 $\phi = \phi_{FCC}$에서 발산하는데, 이 경우 격자가 더 이상 압축될 수 없기 때문에 그래야 한다. 이것은 부피율이 작은 카나한-스탈링 공식에 대해서 공간 채우기와 맞지 않는다. 이것은 단단한 구 유체와 부피 부율이 $\phi \approx \frac{1}{2}$ 근처의 고체 사이에서 불연속 또는 1차 전이가 있다고 알려졌기 때문에 그리 놀랍지 않다. 이 결과는 고체 상태 다음에 유체 상태가 이어져야 한다는 분석적 행동을 기대하는 것은 비현실적임을 얘기해 준다.

2.3 '무작위 채우기'는 있는가?

비록 수학적인 관점에서는 잘못 정의된 것일지라도 '무작위 채우기'라는 개념을 생각해 보자. 가장 조밀하게 구를 채우는 방법으로 어떤 이는 무작위로 A, B, C를 쌓는 것을 생각할지도 모르겠지만, 이와는 달리 무작위 채우기란 특정한 평행이동 대칭성이 없으면서 이보다 더욱 조밀한 공간 채우기가 없는 것을 말한다. 국소적인 재배열을 통해 긴 범위에서 결정을 만드는 질서를 생성하지 않으면서 밀도를 높일 수 있기 때문에, 이 개념은 정확하지 않다. 그럼에도 불구하고 여러 실험 결과와 수치적인 시뮬레이션을 통해 $\phi_{\mathrm{RCP}} \approx 0.64 \pm 0.02$를 반복적으로 얻고 있기 때문에 어느 정도 신뢰할 수 있다. 예를 들어 이것은 바구니에 구슬을 쏟아붓거나 모래를 무턱대고 채울 때에 해당한다. 왜 이 숫자가 보편적으로 나타나며 이 개념이 정확하게 정의될 수 있는지는 미해결 문제로 남아 있다.

3 중합체

중합체는 우리가 앉는 플라스틱에서부터 자동차와 비행기에서 우리를 보호해 주는 것, 농조화제, 단백질, 리보핵산, 그리고 모든 중요한 정보를 주는 DNA 분자 등 어디에나 있다. 특히 DNA는 선형 중합체로서 합성 중합체에서는 일반적이고 종종 통제가 안 되는 가지와 결합부가 없다. 생물 중합체는 아름다운 세포의 분자 조직 덕분에 일반적으로 길이와 구조 면에서 훨씬 더 균일하다. 그 결과 이들은 종종 그 생물학적 특성 때문이 아니라 그 순수성 때문에 연구 주제가 되곤 한다.

3.1 랜덤 워크

어떻게 중합체를 모형화할까? 미시적 모형으로 (하나의 결합만 있을 경우) 결합 축 주위로 회전하는 자유롭거나 거의 자유로운 분자 집단들을 연결하는 화학적 결합 축에서부터 시작할 수 있을 것이다. 그러나 긴 막대들의 탄성은 우리가 미시적인 상세함을 피할 수 있도록 하는 보편적인 행동을 갖고 있다. 하나의 굽힘 에너지를 단위 접벡터 $\hat{\boldsymbol{t}}$를 이용하여 나타내면

$$E = \frac{1}{2} k_{\mathrm{B}} T L_{\mathrm{p}} \int_{s_0}^{s_1} \left(\frac{\mathrm{d}\hat{\boldsymbol{t}}(s)}{\mathrm{d}s} \right)^2 \mathrm{d}s$$

로 쓸 수 있는데, 이때 $k_{\mathrm{B}} T L_{\mathrm{p}}$는 굴곡률로서 온도 T와 지속 길이로 알려진 L_{p}로 이루어져 있는데 L_{p}는 온도에 따라 변할 수 있다. s_0에서 $\hat{\boldsymbol{t}} = \hat{\boldsymbol{t}}_0$일 때 에서 접선이 $\hat{\boldsymbol{t}}_1$과 나란할 확률은 다음 범함수적분(경계 조건을 만족하는 모든 함수들에 대한 측도 $[\mathrm{d}\hat{\boldsymbol{t}}]$)으로 주어지며 그것은 구에서 확산방정식을 만족한다.

$$P(\hat{\boldsymbol{t}}_1, s_1; \hat{\boldsymbol{t}}_0, s_0) = \int_{\hat{\boldsymbol{t}}_0}^{\hat{\boldsymbol{t}}_1} \exp\{-E/(k_{\mathrm{B}}T)[\mathrm{d}\hat{\boldsymbol{t}}]\}$$

이 확률분포는 자기 상관 함수를 의미하며 온도 평균($\langle \cdot \rangle$로 표기)은 $\langle \hat{\boldsymbol{t}}(s') \cdot \hat{\boldsymbol{t}}(s) \rangle = \mathrm{e}^{-|s'-s|/L_{\mathrm{p}}}$이 되어

지속 길이보다 먼 거리에서는 접선 벡터의 상관관계가 사라짐을 뜻한다. 따라서 기다란 선형 물체 이전의 길이 규모를 갖는 물질은 길이가 L_p 수준이고 독립적이고 '자유롭게 결합되는' 요소들로 이루어진 것처럼 행동한다. 사실 접선 자기 상관 함수를 적분하면, $L \gg L_p$일 때, 길이 L인 사실에 대한 양단간 변위의 제곱 평균이 $\langle [\boldsymbol{R}(L) - \boldsymbol{R}(0)]^2 \rangle = 2L_pL$임을 알 수 있다. $2L_p$는 쿤(Kuhn) 길이로 알려져 있으며 각각의 독립적인 요소들의 길이이다.

3.2 자기 회피 걷기와 플로리 이론

중합체가 랜덤 워크와 한 가지 중대하게 다른 점은 중합체 사슬의 각 요소인 단량체는 기존에 차지된 공간 영역을 차지할 수 없다는 것이다. 중합체는 **자기 회피 워크**이다. 중합체의 격자 모형에 기초한 통계학적 역학에서 자기 회피를 단지 하나의 차지로 번역하는 정교한 방법들이 있다. 그러나 폴 플로리(Paul Flory)가 제시한 영리한 방법은 우리가 중합체 사슬의 양단 간 변위의 제곱 평균을 사슬 길이 L의 규모로 추정할 수 있는 방법을 제공한다. 삼차원에서 중합체의 크기를 재는 한 가지 방법인 **회전 반경** R_g는 다음과 같은 평균값으로 정의된다.

$$R_{\mathrm{g}}^2 = \frac{1}{L}\int_0^L \boldsymbol{R}^2(\ell)\,\mathrm{d}\ell$$

다른 방법으로 제곱 평균된 변위는 회전 반경의 제곱의 여섯 배이며,

$$\langle [\boldsymbol{R}(L) - \boldsymbol{R}(0)]^2 \rangle = 6R_{\mathrm{g}}^2$$

따라서 이 둘은 같은 방식으로 값이 변한다. 이 두 길이 모두 중합체 사슬에서의 유체역학과 빛의 산란을 지배한다.

길이 L인 사슬에 대하여 자유로운 '결합' 또는 단량체의 개수를 $N = L/(2L_p)$로 놓자. 표준적인 '유령 랜덤 워크' 또는 '가우스 사슬'이 가우스 확률분포 $P(\boldsymbol{R})$를 갖기 때문에, α가 L_p에 따라 변하는 상수이고 d가 공간의 차원을 나타낼 때, 자유 에너지는 $F = -k_BT\ln Z \propto k_BT(R^2/(2N) - \alpha\,(d-1)\ln R)$가 된다. 로그 항은 등방성의 확률분포에 대해 적분한 수의 측정 부분에서 발생한다. 자유 에너지는 본질적으로 흥미로우며 벡터 형태로

$$F(\boldsymbol{R}) \propto k_BT|\boldsymbol{R}|^2/N$$

이 되는데 기저 상태에서는 $\boldsymbol{R} = \boldsymbol{0}$을 갖는다. 중합체를 기저 상태에서 잡아당기면 회복력은 $-\nabla F \propto -T\boldsymbol{R}/N$이 되는데 훅(Hook)의 탄성 법칙에서 탄성 계수가 T/N에 비례하는 경우가 된다. 고무의 탄성은 엔트로피가 발생하는데, 가열된 고무 밴드는 T가 커지면 줄어든다.

플로리는 이 자유 에너지에 자기 회피를 설명하기 위한 항을 하나 추가하였다. 배제된 부피와 엔트로피 손실의 개념과 비슷한 맥락으로 단량체가 또 다른 단량체와 겹칠 때마다 이들의 상호적인 입체 장해가 엔트로피를 줄이고, 자유 에너지를 높임으로써 방향적인 형태의 개수를 줄인다. k_BT에 비례하는 이러한 엔트로피 상호작용을 모형화하기 위해 우리는 평균 단량체 밀도를 $\rho \propto N/R_{\mathrm{g}}^d$으로 쓴다. 단량체 간의 상관관계를 무시하면 이 숫자는 ρN에 거의 근접하고 따라서 플로리 자유 에너지는

$$F \propto k_BT\left[\frac{R_{\mathrm{g}}^2}{2N} + v\frac{N^2}{R_{\mathrm{g}}^d} - \alpha(d-1)\ln R_{\mathrm{g}}\right]$$

가 되는데 이때 $v > 0$은 어떤 상수이다. 고정된 N과 변하는 R_g에 대하여 F를 최소화하는 것은 다음 식을 준다.

$$0 = \frac{R_g}{N} - vd\frac{N^2}{R_g^{d+1}} - \frac{\alpha(d-1)}{R_g}$$

어떤 이는 두 개의 임의적인 상수 v와 α가 예측을 쓸모없게 만들지는 않을지 걱정할지도 모르지만, 기다란 중합체에서 $N \to \infty$의 극한을 취하면 세 개의 항 중 두 개가 서로서로 균형을 이루는 문제일 뿐이다. $d < 4$에서 $R_g \propto N^{3/(d+2)}$이고 $d > 4$에서 $R_g \propto N^{1/2}$이 된다. 임계 상한 차원으로 알려진 $d = 4$인 경우 모든 항이 기여를 하며 보다 정확한 통계학적 역학 모형은 규모 행동에 대한 로그적인 수정을 예측한다. $d < 4$인 경우의 플로리 지수 $\nu_F = 3/(d+2)$는 $d = 2$일 때 정확하다고 알려져 있으며 $d = 3$일 때는 $\nu_F = 0.6$으로 보다 정확한 값인 $\nu \approx 0.588$과 비교할 때 작은 양의 차이가 있다.

4차원을 넘어서는 플로리의 결과는 표준적인 랜덤 워크와 일치한다. 이를 보기 위해 표준적인 랜덤 워크의 프랙털 또는 하우스도르프 차원은 2임을 주목하기 바란다. 4차원 이상에서 두 개의 이차원 집합은 일반적으로 교차하지 않으며 따라서 랜덤 워크로의 교정을 아무도 기대하지 않는다. 끝으로 큰 N의 극한을 어떤 종류의 급강하 계산법에 의해 안장점으로 보려는 시도를 할 수 있겠지만, 현재로서는 ν_F를 N의 역거듭제곱으로 체계적으로 전개하는 방법이 알려져 있지 않다.

이 논의는 중합체가 주위의 용매에 잘 용해되었다고 가정하고 있음에 유의하기 바란다. 이 조건을 만족하는 용매는 세타 용매로 알려져 있다. 반면에 중합체가 용해되는 것보다 더욱 강력하게 스스로 뭉치면 $R_g \sim L^{1/3}$이 된다. 불어난 상태로부터 조밀한 형태로의 전이는 세타점으로 알려져 있다.

3.3 중합체 용해: 자기를 잃고 자기 회피가 사라지는 곳

c를 단량체의 밀도라 할 때 N_p개의 중합체가 녹아 있는 용액을 생각하는데, 이때의 밀도를 $n = N_p/V = c/N$이라 놓자. 앞 절에서 우리는 용액에 있는 하나의 중합체를 생각하였다. 이는 중합체 부피율이 $\phi = n\frac{4}{3}\pi R_g^3 = c\frac{4}{3}\pi R_g^3/N < 1$일 때마다 적용 가능한데, 이것은 레짐에서 중합체들이 겹치지 않을 때를 뜻한다. 서로 다른 중합체의 단량체들은 합쳐질 수 있기 때문에 $c > c^* = 3N/(4\pi R_g^3)$인 중첩의 농축을 생각할 수 있다. $R_g \sim N^{\nu}$일 때 자기 회피 $c^* \sim \phi^* \sim N^{1-3\nu}$ 때문에 가우스 연쇄로부터 기대되는 것보다 이 농축이 낮다는 것을 주목하는 것은 중요하다. 다행히도 $c \gg c^*$인 레짐은 규모 분석에 적용하기 쉽다.

중합체 융해 레짐은 모든 곳에서 부피율 $\phi = 1$인 완전한 비압축성 극단에 해당한다. 이 레짐은 c 또는 R_g를 증가시킴으로써 얻을 수 있는데, 그 결과 우리는 또한 보다 덜 조밀한 반희석 레짐을 생각할 수 있으며 이것은 부피율 ϕ가 1보다 훨씬 작고 $\phi^* = c^*(2L_p)^3$보다는 훨씬 크다. 이 레짐의 구체적인 사슬 하나를 생각하고 단량체 하나를 선택하자. 이 레짐에서 우리는 상관관계 길이 규모 또는 '메쉬 크기' ξ를 정의할 수 있는데, 이것은 대략적으로 하나의 단량체 조각이 다른 조각들과 상호작용하지 않는 거리에 해당한다. ξ는 긴 중합체의 중합도 N에 의존하지 않는데 이는 다른 사슬과의 상호작용이 발생하는 만큼 같은 사슬의 먼 지점과의 상호작용도 발생하기 때문이다. 차원 분석에 의하면 어떤 함수 $f(\cdot)$에 대하여 $\xi = R_g f(\phi^*/\phi)$가 된다. 그러나 ϕ^*/ϕ가 작은 경우 R_g의 N에 대한 의존성은 ϕ^*의 N에 대한 의존성에 의해 취소되어야 하며 $f(x) = x^m$의 간단한 거듭제곱 법칙이 되어야 한다. $R_g \sim N^\nu$이고 $\phi^* \sim N^{1-3\nu}$이기 때문에 $\nu + m(1-3\nu) = 0$ 또는 $m = -\nu/(1-3\nu)$가 나온다.

이러한 상관관계 '방울' 각각이 하나의 불어난 중합체의 g개의 단량체를 갖는다면 $\xi = (2L_p)g^\nu$에서 이러한 방울의 개수는 $b = N/g = N/[(\xi/2L_p)]^{1/\nu}$이 된다.

이미 사슬 간의 상호작용을 고려했기 때문에 반희석 레짐에 있는 중합체는 자기 회피가 없는 상관관계가 없는 b개의 방울로 생각할 수 있고 반희석 레짐의 회전 반경은 다음과 같다.

$$R(\phi) = \xi b^{1/2} \sim \xi^{(2\nu-1)/2\nu} N^{1/2} \sim N^{1/2} \phi^{-(2\nu-1)/(3\nu-1)}$$

이 레짐에서 중합체의 양 끝 사이의 거리는 부피율에 의존적인 부분이 남아 있음에도 불구하고 $N^{1/2}$에 비례함을 볼 수 있다. 물리적으로 좋은 용액에서는 ν가 최소한 $\frac{1}{2}$은 되어야 하는데, 이는 유령 사슬이 하한을 설정하는데 만약 원래 중합체들이 유령 사슬 이었다면 $\nu = \frac{1}{2}$이 되고 ϕ에 대한 의존성이 사라진다. 또한 융해 레짐에서 $\phi = 1$이고, 우리는 랜덤 워크 결과로 돌아간다. 일반적으로 ν는 플로리 값 $\nu_F = \frac{3}{5}$으로 취해지고 $R(\phi)$는 $\phi^{-1/4}$에 의존한다. 또다시 이 지수는 보다 정확한 계산과 몇 퍼센트 오차가 있다.

희석, 반희석, 융해 레짐에서의 사슬에 대한 역학은 활동적인 연구가 계속되고 있는 분야이다.

4 멤브레인과 유화액

지금까지 우리는 점 같은 물체(콜로이드)와 일차원 물체(중합체)에 대해 논의해 왔다. 이제 2차원 물체에 대한 기술로 넘어가는 것이 자연스러워 보인다. 이것은 부드러운 물질에서 두 가지 형태를 갖는다. 첫 번째, 세포벽에서의 지질 이중층, 비누막과 비눗방울, 자유롭게 떠다니는 중합화된 천처럼 멤브레인 형태로 존재하고, 그래핀처럼 매우 질서정연한 것부터 적혈구의 스펙트린 망처럼 매우 무질서한 것까지 있다. 두 번째, 보다 추상적인 이차원 물체의 개념인 인터페이스이다. 유화액은 두 종류의 비친화적인 유체에 이 둘을 거대 분자 규모에서 섞어 줄 계면 활성제를 함께 넣어 섞어 만든다. 계면 활성제가 가득한 '오일' 상태와 '물' 상태 사이의 인터페이스는 하나의 곡면이다. 그러나 사촌 격인 이중층과는 달리 멤브레인의 두 면은 구별할 수 있다. 이러한 비대칭성은 기저 상태의 구조를 바꿀 수 있는데, 아래에서 이를 논의할 것이다.

4.1 영-라플라스 법칙

지질 이중층 또는 계면 활성제 단일층이 용액 속에 있는 그들의 단일 분자들과 평형상태에 있는 경우 영역에 대한 화학적 퍼텐셜로 작용하는 표면 장력이 있다. 예를 들어 비누막에서 비누 분자들은 표면과 유체 사이에서 평형상태에 있다. 이러한 막들에 대한 또 하나의 극단으로 개별 분자들이 펼쳐 늘어진 경우가 있는데, 우리는 이러한 고장력의 비선형 극단은 여기서 생각하지 않는다.

전체 부피가 V이고 상수 표면장력이 γ인 소낭 또는 거품을 생각하자. 고정된 부피에서의 자유 에너지 변화량은

$$\mathrm{d}F = -A\mathrm{d}\gamma - p\mathrm{d}V$$

이다. 영역의 변동을 허용하면 깁스(Gibbs) 자유 에너지 $G = F + \gamma A$를 주고 $\mathrm{d}G = \gamma \mathrm{d}A - p\mathrm{d}V$가 된다. 평형 상태에서 $\mathrm{d}G = 0$이고 우리는 $p = \gamma(\mathrm{d}A/\mathrm{d}V)$를 얻는다. 영역이 부피에 따라 어떻게 변할까? 이것은 단지 $2H$로 평균 곡률의 두 배가 된다. 우리는 영-라플라스 법칙을 얻는데,

$$p = 2\gamma H = \gamma\left(\frac{1}{R_1} + \frac{1}{R_2}\right)$$

방울의 안쪽과 바깥쪽에서의 곡률 반경 R_1과 R_2과 압력 차이를 관계시킨다. 그러나 부호에 조심해야 한다. 곡률 반경의 상대 부호는 기하학적으로 고정되지만 전체 부호는 그렇지 않다. 이 부호를 고정시키기 위해 표면의 바깥 수직 방향을 택하고 값을 계산한다. 다행스럽게도 이것은 안쪽과 바깥쪽의 압력 차이를 측정하는 데에도 의미가 있다. 만일 두 개의 방울이 서로서로 접한다면 높은 압력을 가진 방울이 낮은 압력의 방울 쪽으로 튀어나오는데, 다행스럽게도 이것은 직관과 일치한다. 구 모양의 방울의 경우 이것은 작은 방울에서 큰 방울 쪽으로 튀어나옴을 의미한다.

4.2 헬프리히-캔햄 자유 에너지

우리가 유체 멤브레인의 모양을 유도하기 위해 사용해 온 자유 에너지는 표면에서의 국소적인 요동을 연구하는 데에는 유용하지 않다. 헬프리히(Helfrich)와 캔햄(Canham)은 다음과 같은 자유 에너지 함수를 제안했는데,

$$F = \frac{1}{2}\int (\kappa H^2 + \bar{\kappa} K)\,\mathrm{d}A$$

곡률 반경의 역수의 이차로서 H는 평균 곡률, K는 가우스 곡률, κ와 $\bar{\kappa}$는 두 개의 독립적인 굴곡률이다. (해당될 경우 이 함수값에 부피 조건이 추가될 수 있다.) 단일 요소 멤브레인에서는 이 굴곡률들을 상수로 기대할 수 있고 그 결과 두 번째 항의 $\int\bar{\kappa}K\mathrm{d}A$는 멤브레인의 위상적 불변량으로 축소된다.

이 에너지에는 두 가지 흥미로운 요소가 있다. 첫 번째는 예를 들어 유화제에서의 오일-물 인터페이스의 경우처럼, 인터페이스의 두 면이 서로 다를 때마다 발생한다. 비대칭성이 안쪽과 바깥쪽을 구별해 주기 때문에 표면의 수직 방향에 대한 모호성은 더 이상 문제가 되지 않는다. 그 결과 H의 부호는 물리적이며, 평균 곡률에 선형인 항들이 나타난다. 자유 에너지에 상수를 더하여 우리는 자유 에너지를 다음과 같이 쓸 수 있다.

$$F' = \frac{1}{2}\int [\kappa(H - H_0)^2 + \bar{\kappa}K]\mathrm{d}A$$

여기서 H_0은 우선의 평균 곡률이다. 이것은 휜 기저 상태를 야기하고 경계 조건과 조합하면 다양한 복잡한 형태학을 유도할 수 있고 고분자 공중합체와 지질 일분자층의 상태를 합리화하는 데 사용할 수 있다.

끝으로 급냉이나 저속 불순물에 의하거나 다중 요소 시스템에서 구성의 변화 때문에 $\kappa, \bar{\kappa}, H_0$은 멤브레인에 걸쳐 변할 수 있음을 유의하기 바란다. 후

자는 멤브레인 내에서의 상태 분리와 그에 이어지는 높고 낮은 곡률의 국소화로 인해 싹트기나 융합과 같은 생물학적 프로세스에서 중요한 역할을 수행한다.

4.3 묶인 멤브레인

지금까지 우리가 논의해 온 멤브레인은 유체로서 멤브레인 안에 특정 방향이 없고 분자들은 자유롭게 흐른다. 그러나 플라스틱 시트는 그렇지 않다. 분자들은 (종종 중합을 통해) 한 장소에 붙어있고, 표면 요소의 연결성과 위상은 더 이상 액체에 있던 것처럼 자유롭지 않다. 고체역학[IV.32 §3]에 기술된 것처럼 탄성 변형은 변형 텐서를 통해 포착할 수 있는데, $2u_{ij} = g_{ij} - \delta_{ij}$, g_{ij}는 다른 평평한 표면에서 유도된 측도를 나타낸다. 레임(Lame) 상수로 알려진, u_{ij}, μ, λ의 함수로 나타나는 표준 탄성 에너지는 다음과 같음을 기억하자.

$$F_{\text{el}} = \frac{1}{2}\int \{\lambda(u_{ii})^2 + 2\mu u_{ij}u_{ij}\}\,\mathrm{d}A$$

그러나 이것을 곡률 에너지에 더하는 것은 보이는 것처럼 간단하지는 않다. 사실 가우스의 위대한 정리는 $K = R_{1221}g$에서처럼 이 측도를 가우스 곡률에 직접 연관지어 주는데, R_{ijkl}은 리만 곡률 텐서이고 g는 이 측도의 행렬식이다. 달리 말하면 평면 변형에서 가우스 곡률이 필수적이다. 굽힘과 인장은 필수적으로 함께 온다. u_{ij}의 차수가 최소한인 식으로

$$K = 2\partial_1\partial_2 u_{12} - \partial_1^2 u_{22} - \partial_2^2 u_{11}$$

가 있으며, 따라서 탄성 및 곡률 변형은 자유도와 연결되어 있다.

5 액정

'액체 결정'이란 이름은 모순 어법일까, 아니면 단순히 잘못된 이름일까? 둘 다 아니다. 한 물질이 액체인지 고체인지를 특성짓는 방법은 많이 있지만 여기서 우리가 사용할 접근법은 깨진 대칭성에 있다. 물질의 상태도에서 기체와 액체 상태는 임계점에서 만나기 때문에, 대칭성 관점에서 이 둘은 같고 우리는 이들을 유체라 부를 수 있다. 유체는 정적인 전단력을 지탱하지 못한다. 만일 유체의 한쪽 표면에 계단 전단력을 느리게 작용시키면 그 표면의 다른 쪽 면에는 전단력이 없을 것이다. 결정은 모든 방향으로 계단 전단력을 지탱한다. 유사하게 유체의 표면 위쪽에 유한한 회전을 작용시키면 그 표면의 아래쪽은 이를 따라 회전하지 않지만 결정은 회전력을 지탱한다. 액체 결정은 이 두 경우의 사이에 위치한다. 어떤 것은 회전력은 전달하지만 전단력은 전달시키지 않고, 어떤 것은 제한된 방향으로만 전단력을 전달하는데, 이 경우들 모두 흥미롭다.

5.1 마이에르-사우페 이론

분명히 액정은 그 광학적 특성으로 인해 특별히 흥미롭다. 액정은 보통 막대 비슷한 분자구조를 가지며, 두 개의 유전체 상수를 갖는데 $\varepsilon_{\parallel}$은 긴 방향과 나란하고 $\varepsilon_{\perp}$은 긴 방향에 수직 방향이며, 이들의 길이와 부호는 임의로 정할 수 있다. 따라서 우리는 이 방향을 나타내는 부호에 관계없이 정의된 단위 벡터 $\hat{\boldsymbol{n}}$을 선택한다. 유전체 텐서 ε_{ij}는 등방성 부분과 트레이스가 없는 대칭 텐서 $Q_{ij} = S(n_i n_j - \frac{1}{3}\delta_{ij})$의 합으로 쓸 수 있는데, 후자는 크기 S를 갖는 방향 $\hat{\boldsymbol{n}}$으로부터 만들어진다.

$$\varepsilon_{ij} = \frac{\varepsilon_{\parallel} + 2\varepsilon_{\perp}}{3}\delta_{ij} + (\varepsilon_{\parallel} - \varepsilon_{\perp})Q_{ij}$$

마이에르(Maier)-사우페(Saupe) 순서 매개변수로 알려진 S는 이방성 순서의 양을 특성짓는다. S가 사라지면 시스템은 광학적으로 등방성이 된다. Q_{ij}는 α로 표기된 개별 분자들의 방향 $\boldsymbol{\nu}_\alpha$에 대한 열역학적 평균이기 때문에 $Q_{ij} = \langle \nu_i \nu_j - \frac{1}{3}\delta_{ij} \rangle$가 된다. 이 평균이 분자와 요동에 대한 것임을 유의하기 바란다. 양쪽에 $n_k n_i$를 곱하고 트레이스를 취하면 $S = \frac{3}{2}\langle (\hat{\boldsymbol{n}} \cdot \boldsymbol{\nu})^2 - \frac{1}{3} \rangle = \langle P_2(\cos\theta) \rangle$가 되는데, $P_2(\cdot)$는 2차 **르장드르 다항식**[II.29]이고 θ는 분자 방향 $\boldsymbol{\nu}_\alpha$과 $\hat{\boldsymbol{n}}$ 사이의 각이다. $S = 1$이면 모든 분자의 긴 축이 항상 $\hat{\boldsymbol{n}}$과 일치하는 경우이고, $S = -\frac{1}{2}$이면 분자들이 모두 $\hat{\boldsymbol{n}}$에 수직인 경우로 소위 원판 상태라 불린다.

$T = T_c$ 이상이고 $S = 0$인 등방성 상태에서 $T = T_c$ 밑이고 $S \neq 0$인 순서화된 상태로의 전이는 다음의 자유 에너지 밀도를 갖는 란다우 이론으로 모형화된다.

$$\begin{aligned} f &= f_0 + a(T - T_c)\operatorname{Tr}\boldsymbol{Q}^2 + b\operatorname{Tr}\boldsymbol{Q}^3 + c\operatorname{Tr}\boldsymbol{Q}^4 \\ &= f_0 + \tfrac{2}{3}a(T - T_c)S^2 + \tfrac{2}{9}bS^3 + \tfrac{2}{9}cS^4 \end{aligned}$$

일반적으로 $\mathrm{Tr}Q^3 \neq 0$이기 때문에 이것은 네마틱 상태와 등방 상태 사이의 불연속적인 일차 상태 전이를 가리킨다.

3×3 트레이스 없는 대칭 텐서는 다섯 개의 독립적인 요소를 갖는데(세 개의 각과 두 개의 독립적인 고유치), 오직 세 개의 매개변수만이 위의 논의에서 나타남을 유의하기 바란다. 일반적으로

$$Q_{ij} = S[n_i n_j - \tfrac{1}{3}\delta_{ij}] + W[m_i m_j - \tfrac{1}{2}(\delta_{ij} - n_i n_j)]$$

인데 $\hat{\boldsymbol{m}}$은 $\hat{\boldsymbol{n}}$에 수직인 단위 벡터이고 W는 2축의 순서를 나타낸다. 현재 실험적으로 구현되는 2축 네마틱 상태는 몇 개밖에 없기 때문에, 아래에서는 단축($W = 0$)의 경우에 초점을 맞춘다.

5.2 프랭크 자유 에너지

프랭크(Frank) 자유 에너지는 네마틱 액정 기저 상태의 탄성 변형을 연구하는 기초가 된다. 디렉터라 부르는 단위 벡터 $\hat{\boldsymbol{n}}$에서 시작하려 하는데, 이 벡터는 부호에 상관없이 정의되었음을 기억하면, 이제 우리는 $\hat{\boldsymbol{n}}$을 $-\hat{\boldsymbol{n}}$으로 바꾸어도 바뀌지 않는 자유 에너지가 필요하다. 기술을 하나의 벡터로 축소하는 것이 언제나 가능하지는 않으며 이를 위해서는 디렉터 장에 방향을 설정할 수 있음이 필수조건임을 유의하기 바란다. 그러나 방향 설정이 가능한 패치에서 프랭크 자유 에너지 $F_{\mathrm{nem}}[\hat{\boldsymbol{n}}] = \int f_{\mathrm{nem}}\,\mathrm{d}^3x$가 되는데, f_{nem}은 자유 에너지 밀도로서 다음과 같다.

$$\begin{aligned} f_{\mathrm{nem}} = \{&\tfrac{1}{2}K_1[\hat{\boldsymbol{n}}(\nabla \cdot \hat{\boldsymbol{n}})]^2 + K_2[\hat{\boldsymbol{n}} \cdot (\nabla \times \hat{\boldsymbol{n}})]^2 \\ &+ K_3[(\hat{\boldsymbol{n}} \cdot \nabla)\hat{\boldsymbol{n}}]^2 \\ &+ 2K_{24}\nabla \cdot [(\hat{\boldsymbol{n}} \cdot \nabla)\hat{\boldsymbol{n}} - \hat{\boldsymbol{n}}(\nabla \cdot \hat{\boldsymbol{n}})]\} \end{aligned}$$

탄성 계수 K_1, K_2, K_3과 K_{24}는 각각 **스플레이**, **꼬임**, **굽힘**, **안장-스플레이** 계수로 알려져 있다. 각 항은 정확한 기하학적 의미를 갖고 있음을 명심하자. $\hat{\boldsymbol{n}}(\nabla \cdot \hat{\boldsymbol{n}})$은 단위 법벡터 $\hat{\boldsymbol{n}}$을 갖는 곡면의 평균 곡률의 두 배이고, $\hat{\boldsymbol{n}} \cdot (\nabla \times \hat{\boldsymbol{n}})$은 디렉터 장의 프로베니우스(Frobenius) 적분 조건으로부터의 차이를 측정하며, $(\hat{\boldsymbol{n}} \cdot \nabla)\hat{\boldsymbol{n}}$은 방향장의 적분선의 곡률이고, 마지막으로 안장 스플레이는 단위 법벡터 $\hat{\boldsymbol{n}}$을 갖는 곡면의 가우스 곡률의 음수의 두 배이다. 스플레이와 안장-스플레이에 대한 해석은 물론 $\hat{\boldsymbol{n}} \cdot (\nabla \times \hat{\boldsymbol{n}}) \neq 0$일 때

마다 비록 이들이 여전히 탄성 변형을 측정한다 하더라도 실패한다. 안장-스플레이 항은 완전 미분이고 따라서 디렉터를 위한 극값 계산을 위한 식에 기여하지 못한다. 그러나 위상적 결점의 위치를 포함하여 경계에서 기여할 것이다.

기저 상태 주위에서의 요동을 연구하기 위해, 예를 들어 디렉터가 균일하게 z축에 나란할 때 $\hat{\boldsymbol{n}}_0 = \hat{z}$, $\hat{\boldsymbol{n}} = \hat{z} + \delta\,\vec{n}\}$으로 확장하는 것이 일반적이다. 단위 디렉터의 편차는 필수적으로 $\hat{z}$에 수직이기 때문에, $\delta\vec{n}$은 xy 평면에 있는 벡터임을 유의하기 바란다. 이 경우 푸리에 공간에 있는 자유 에너지는 다음과 같다.

$$F_{\neq m} = \frac{1}{2}\int (2\pi)^{-3}\delta n_i(\boldsymbol{q})\,\delta n_j(-\boldsymbol{q})\,\Delta_{ij}(\boldsymbol{q})\,\mathrm{d}^3 q$$

여기서 Δ_{ij}는

$$\Delta_{ij} = [K_1 q_\perp^2 + K_3 q_z^2]P_{ij}^{\mathrm{L}} + [K_2 q_\perp^2 + K_3 q_z^2]P_{ij}^{T}$$

이며 $P_{ij}^{\mathrm{L}} \equiv q_i q_j / q_\perp^2$, $P_{ij}^{\mathrm{T}} = \delta_{ij} - P_{ij}^{\mathrm{L}}$은 각각 종족, 횡적 사영 연산자이며 $\vec{q}_\perp \equiv q_x\hat{x} + q_y\hat{y}$이다.

5.3 스멕틱

프랭크 자유 에너지의 기하학적 해석은 스멕틱 액정 상태에서 강력한 역할을 수행한다. 스멕틱 상태는 네마틱 상태보다 낮은 온도 또는 높은 밀도에서 발생하며, 네마틱에서는 디렉터의 방향이 이미 정해진 데 반해 스멕틱은 추가적인 1차원의 주기적인 밀도 조정을 갖는다. 이를 표현하기 위해 우리는 밀도 장 $\rho = \rho_0 + \rho_1\cos[2\pi\phi(\boldsymbol{x})/a_0]$을 정의하는데 ρ_0은 배경 밀도, ρ_1은 스멕틱 순서 매개변수, a_0은 격자 상수, $\phi(\boldsymbol{x})$는 1차원 순서 상태를 나타낸다. 스멕틱의 기저 상태는 $\phi = \hat{\boldsymbol{k}}\cdot\boldsymbol{x}$를 갖는데 $\hat{\boldsymbol{k}}$는 주기적인 방향을 따르는 단위 벡터이다. $\hat{\boldsymbol{k}}\|\hat{\boldsymbol{n}}$이면 스멕틱 A 상태라 알려져 있고 $(\hat{\boldsymbol{k}}\cdot\hat{\boldsymbol{n}})(\hat{\boldsymbol{k}}\times\hat{\boldsymbol{n}}) \neq \boldsymbol{0}$이면 스멕틱 C 상태라 알려져 있다. 다른 많은 방향과 주기성의 조합이 가능하다.

우리는 이 시스템을 $m \in \mathbb{Z}$에 대하여 a_0만큼 떨어져 위치한 등위면 $\phi(\boldsymbol{x}) = ma_0$들로 구성된 것으로 이해할 수 있다. 우리의 논의를 스멕틱 A 상태로 제한시키면 계층의 법벡터 $\hat{\boldsymbol{N}} = \hat{\boldsymbol{n}}$으로 놓고 따라서 $\hat{\boldsymbol{n}} = \nabla\phi/|\nabla\phi|$가 된다. 이 경우 $\hat{\boldsymbol{n}}\cdot(\nabla\times\hat{\boldsymbol{n}}) = 0$이고 프랭크 에너지에 있는 항들은 모두 기하학적인 해석을 갖는다. 서로서로 평행한 평면 계층들은 자유 에너지가 사라진다. 그러나 이 계층들은 상수 주기를 가질 필요는 없는데 프랭크 에너지의 항들 중 어느 것도 공간을 설정하지 않는다. 스멕틱 A 자유 에너지 밀도 $f_{\mathrm{sm}} = f_{\mathrm{c}} + f_{\mathrm{nem}}$은 추가적인 항인 압축 에너지를 갖고 있으며 그것은 $|\nabla\phi| = 1$일 때 사라진다. 예를 들어 $f_{\mathrm{sm}} = \frac{1}{2}B(|\nabla\phi| - 1)^2$과 같은 항은 같은 공간을 차지할 것이다. 다시 기저 상태 $\phi = z$ 주변의 요동은 $\phi = z - u$라고 쓰고 u에 대해 2차까지 전개함으로써 연구할 수 있으며 가장 낮은 비자명한 미분 차수는

$$F_{\mathrm{sm}} = \frac{1}{2}\int \{B(\partial_z u)^2 + K_1(\nabla_\perp^2 u)^2\}\,\mathrm{d}^3 x$$

이 근사화에서 $\delta\boldsymbol{n} = -\nabla_\perp u$이다. 큰 변형을 연구하기 위해서는 비선형 탄성과 요동 및 위상적 결점이 필수적임을 유의하기 바란다.

5.4 콜레스테롤

콜레스테롤은 네마틱 디렉터가 어디서도 적분 불가

능한 것과는 어떤 의미에서 반대 상황을 나타낸다. f_{nem}에 우리는 $f^*_{\text{nem}} = K_2 q_0 \hat{\boldsymbol{n}} \cdot (\nabla \times \hat{\boldsymbol{n}})$을 더한다. 공간적인 뒤집기를 하면 $\nabla \to -\nabla$가 되고 f^*_{nem}은 부호가 바뀐다. 따라서 이 항은 키랄이며, 구성 분자들이 공간적인 뒤집기에 대해서 불변이 아닌 경우에만 나타날 수 있다. 콜레스테롤의 기저 상태는 피치가 되는 축 $\boldsymbol{P}$를 갖고 있어 모든 분자들에 수직이며 이에 따라 분자의 방향이 회전한다. 예를 들어 $\boldsymbol{P} = \hat{z}$일 때 $\hat{\boldsymbol{n}}_0 = (\cos q_0 z, \sin q_0 z, 0)$이다. 콜레스테롤은 일차원의 주기적인 방향을 갖고 있기 때문에 요동은 스멕틱과 같은 에너지 함수(위에 있는 F_{sm})에 의해 기술되는데 B와 K_1은 프랑크 상수와 q_0의 조합으로 대체된다. 일반적인 변형을 θ와 ϕ의 함수로 쓰면 $\hat{\boldsymbol{n}} = [\sin\theta\cos(q_0 z + \phi), \sin\theta\sin(q_0 z + \phi), \cos\theta]$이고 F_{sm}의 u가 ϕ로 바뀌어야 한다.

더 읽을거리

Chaikin, P. M., and T. C. Lubensky. 1995. *Principles of Condensed Matter Physics.* Cambridge: Cambridge University Press.

de Gennes, P.-G. 1970. *Scaling Concepts in Polymer Physics.* Ithaca, NY: Cornell University Press.

de Gennes, P.-G. and J. Prost. 1993. *The Physics of Liquid Crystals.* Oxford: Oxford University Press.

Doi, M., S. F. Edwards. 1986. *The Theory of Polymer Dynamics.* Oxford: Oxford University Press.

Kamien, R. D. 2002. The geometry of soft materials: a primer. *Reviews of Modern Physics* 75:953-71.

Russel, W. B., D. A. Saville, and W. R. Schowalter. 1989. *Colloidal Dispersions.* Cambridge: Cambridge University Press.

Safran, S. A. 1994. *Statistical Thermodynamics of Surfaces, Interfaces. and Membranes.* New York: Addison-Wesley.

IV.34 제어 이론

앤더스 랜처, 카를 요한 오스트룀
Anders Rantzer and Karl Johan Åström

1 서론

피드백은 동적 시스템의 출력이 그 시스템의 입력에 연결되는 상황을 가리킨다. 예를 들어 건물의 실내 온도를 측정하고 이를 난방을 제어하는 데 사용한다면 하나의 피드백 루프가 만들어지는 것이다. 사람의 몸은 체온, 포도당 수준, 혈압 등을 포함한 셀 수 없이 많은 양들을 제어하기 위해 피드백을 사용한다. 비슷하게, 장치 공업, 전력망, 교통, 통신 시스템과 같은 모든 공학 분야에서 피드백 루프는 아주 중요하다.

제어 이론은 피드백 시스템을 분석하고 구성하는 것에 관계된 응용수학의 한 분야이다. 여기에는 광범위한 수학 이론이 사용되며, 이 글의 목적은 이것을 보여 주기 위한 것이다. 2절에서 역사적인 배경을 설명한 다음 3절과 4절에서 기본적인 제어 공학적인 문제들을 소개한다. 5절에서는 달성 가능한 제어 성능의 본질적인 한계를 유도하는 데 해석 함수 이론이 어떻게 이용되는지 보여 준다. 6절에서는 다변수 제어 문제를 논의하는 데 선형 대수와 함수 해석에서의 개념을 이용한다. 7절에서는 중요하고 특수한 예로서 선형 이차 제어가 동적 프로그래밍의 아이디어와 함께 소개된다. 8절에서는 비선형 시스템으로의 확장을 논의한다. 마지막으로 9절에서는 분산 제어 분야에서의 현재의 연구 도전과제 몇 가지를 기술한다.

2 간략한 역사

공학에서 피드백 제어를 사용한 것은 최소한 19세기로 거슬러 올라간다. 대표적 예는 원심 속도 조절기인데, 이는 와트의 증기기관의 핵심 요소로 그 기초적인 원리는 1868년 맥스웰(J. C. Maxwell)의 논문 「속도 조절기에 대하여」에서 논의되었다. 그 이후로 약 백년 후인 2차 세계대전 초기까지 제어 기술은 장치 공업, 항공우주 산업, 통신 등 서로 다른 공학 분야에서 독립적으로 발전했다.

전쟁 활동으로부터 자극을 받아 1940년대와 1950년대에 이르러서야 제어 이론의 과학적인 주제들이 탄생했고, 핵심 아이디어들이 모여 공통의 수학적인 틀을 구성하였는데, 특히 주파수 영역의 관점을 강조하였다. 나이퀴스트(Nyquist) 판정법, 보데(Bode) 관계식과 같은 몇몇 중요하고 새로운 아이디어가 이러한 과정에서 나왔다.

1960년대에 시작된 진보의 제2 물결은 우주 경쟁과 컴퓨터 기술의 도입에 자극받았다. 러시아의 폰트랴긴(L. P. Pontryagin), 야쿠보비치(V. A. Yakubovich)와 미국의 벨만(R. Bellman)과 칼만(R. Kalman)이 최적 제어 이론의 기초를 세웠다. 이전 업적과는 달리 최적 제어 이론에 대한 이러한 새로운 결과들은 시간 영역 모형에서의 미분방정식 및 차분방정식에 초점을 맞추었다.

1980년부터 2000년 사이에서 학계를 지배했던 두 개의 키워드는 견고성과 최적화였다. 불확실성의 효과와 모형화되지 않은 동적 시스템 정량화에 대한 요구는 견고성 분석과 H_∞-최적 제어 합성이라는 새로운 도구를 이끌어 냈다. 게다가 볼록 최적화에 대한 새롭고 효율적인 알고리즘이 현대 제어 시스템의 분석, 합성, 구현에 점차로 사용되고 있다.

3 비례 피드백의 간단한 예

제어 이론의 많은 기초 아이디어들은 선형 시간-불변량 시스템의 맥락에서 이해할 수 있다. 이러한 시스템의 입력과 출력 사이의 관계는 사인 곡선에 대한 응답으로 완전히 특성 지을 수 있다는 점에서 분석이 상당히 단순화된다. 입력이 $u(t)$이고 출력이 $y(t)$일 때, 일반적인 주파수 영역에서의 표현은 다음과 같다.

$$Y(s) = P(s)U(s), \tag{1}$$

$$Y(s) = \int_0^\infty \mathrm{e}^{-st} y(t)\,\mathrm{d}t, \quad U(s) = \int_0^\infty \mathrm{e}^{-st} u(t)\,\mathrm{d}t$$

함수 $P(s)$는 전달함수라 불린다. 정상 상태에서 입력 $u(t) = \sin \omega t$이면 출력은

$$y(t) = |P(\mathrm{i}\omega)| \sin(\omega t + \arg P(\mathrm{i}\omega))$$

이다. 특별히 $P(z) = 0$이고 $P(p) = \infty$인 복소수 z와 p가 흥미롭다. 이들은 각각 P의 **제로**와 **폴**이라고 부

른다.

다음으로 $u(t) = k[r(t) - y(t)]$의 간단한 피드백 제어 식을 생각해 보자. 여기서 k는 상수이고 r는 출력을 위한 참조 값으로서 입력 u가 출력 y와 참조 값 r의 차이에 비례하도록 만드는 값이다. 이 제어식을 주파수 영역에서 표현하면 다음과 같다.

$$U(s) = k[R(s) - Y(s)] \qquad (2)$$

(1)과 (2)에서 U를 소거하면 $Y(s) = T(s)R(s)$로 쓸 수 있다. 여기서 $T(s)$는

$$T(s) = \frac{kP(s)}{1 + kP(s)}$$

이다. 특히, $kP(s)$가 1보다 많이 큰 경우 $T(s) \approx 1$이고, $Y(s) \approx R(s)$임을 알 수 있다. 따라서 단순히 큰 게인 k로 피드백 식 (2)를 적용하는 것만으로 출력 $y(t)$가 근사적으로 참조 값 $r(t)$를 따르게 만들 수 있을 것으로 보인다. 하지만 이 방법에는 몇 가지 미묘한 문제점들이 있다.

가장 중요한 문제는 안정성이다. 입력-출력 관계식 (1)에서 제한된 범위의 입력에 대해 제한된 범위의 출력이 얻어질 경우 안정적이라고 말한다. $U(s) = \int_0^\infty e^{-st}u(t)\mathrm{d}t$에서 $u(t)$가 제한된 범위에 있으면 $U(s)$도 제한된 범위에 있고 오른쪽 반평면 $\{s \mid \mathrm{Re}\, s > 0\}$에서 해석적이라는 것이 알려져 있다. 비슷하게, 전달함수 $P(s)$로 기술되는 입력-출력 관계가 안정적이라는 것과 $P(s)$가 제한된 범위 안에 있고 오른쪽 반평면에서 해석적이라는 것이 필요충분조건이다.

결과를 정리하면, 안정적인 프로세스에서의 피드백 식에서 $Y(s) = P(s)U(s)$이고 $U(s) = k[R(s) - Y(s)]$이면 참조 신호 R와 출력 Y 사이에 안정적인 폐루프를 주기 위한 조건과 $kP(s)/(1 + kP(s))$가 해석적이고 오른쪽 반평면에서 제한된 범위 안에 있는 조건이 필요충분조건이다. 하지만 다음 절에서 알 수 있듯이 안정성과 비안정성에도 그 정도가 있다. 이것은 편차의 효과와 오차의 측정을 고려하여 정량화한다.

4 보다 일반적인 제어 루프

이제 우리는 그림 1에 있는 것과 같은, 보다 일반적인 제어 구조에 대해 논의할 것이다. 이 프로세스 역시 스칼라 전달함수 $P(s)$에 의해 표현된다.

제어 장치는 두 개의 전달함수와 피드백 함수 $C(s)$ 그리고 피드포워드 함수 $F(s)$로 구성된다. 제어 목표는 부하 장애 d에도 불구하고 프로세스의 출력 x가 참조 신호 r와 가까운 값이 되도록 유지하는 것이다. 측정값 y는 잡음 n으로 인해 변질된다.

의미 있는 설계 원칙에는 다음과 같은 것들이 있다.

(I) 입력 편차에 의한 효과를 줄인다.
(II) 측정 잡음의 효과를 제어한다.
(III) 프로세스 변형에 대한 민감도를 줄인다.
(IV) 출력이 명령 신호를 따르도록 만든다.

유용한 합성 방법으로 먼저 (I), (II), (III)을 만족하도록 $C(s)$를 설계하고 참조 값의 변화에 대한 대응으로 (IV)를 만족하도록 $F(s)$를 설계한다. 그런데 이 두 단계는 완전히 독립적이지는 않은데, 피드백 설

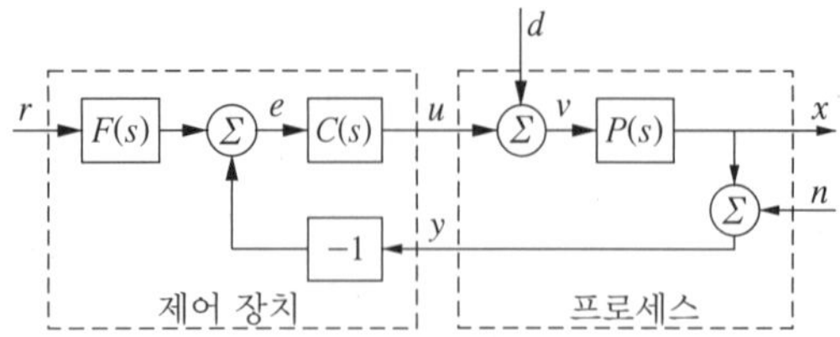

그림 1 세 개의 외부 신호가 있는 제어 시스템: 참조 변수 $r(t)$, 부하 장애 $d(t)$, 측정 오차 $n(t)$.

계를 잘못하면 참조 신호에 대한 응답에 부정적인 영향을 미친다.

폐루프 신호에 대해 주파수 영역에서 다음 관계식들이 성립한다.

$$X(s)=\frac{PCF}{1+PC}R(s)-\frac{PC}{1+PC}N(s)+\frac{P}{1+PC}D(s),$$
$$V(s)=\frac{CF}{1+PC}R(s)-\frac{C}{1+PC}N(s)+\frac{1}{1+PC}D(s),$$
$$Y(s)=\frac{PCF}{1+PC}R(s)+\frac{1}{1+PC}N(s)+\frac{P}{1+PC}D(s)$$

피드백 루프에서의 신호들은 다음 여섯 개의 전달함수에 의해 특성지어진다.

$$\frac{P(s)C(s)F(s)}{1+P(s)C(s)},\ \frac{P(s)C(s)}{1+P(s)C(s)},\ \frac{P(s)}{1+P(s)C(s)},$$
$$\frac{C(s)F(s)}{1+P(s)C(s)},\ \frac{C(s)}{1+P(s)C(s)},\ \frac{1}{1+P(s)C(s)}$$

폐루프 시스템의 성질을 완전히 이해하기 위해서는 이 여섯 개의 전달함수를 모두 살펴볼 필요가 있다. (특히, 이 함수들 모두가 안정적이어야 한다.) 예를 들어 참조 신호로부터 프로세스 출력에 대한 계단 응답과 같이 일부의 입력-출력 관계의 성질만을 살펴보는 것은 잘못된 결론을 이끌어 내기 쉽다.

서로 다른 전달함수들의 성질들은 시간 응답 또는 주파수 응답에 의해 몇 가지 방법으로 설명할 수 있다. 예를 들어 그림 2와 3에 여섯 개의 주파수 응답 진폭과 여섯 개의 계단 응답이 그려져 있다.

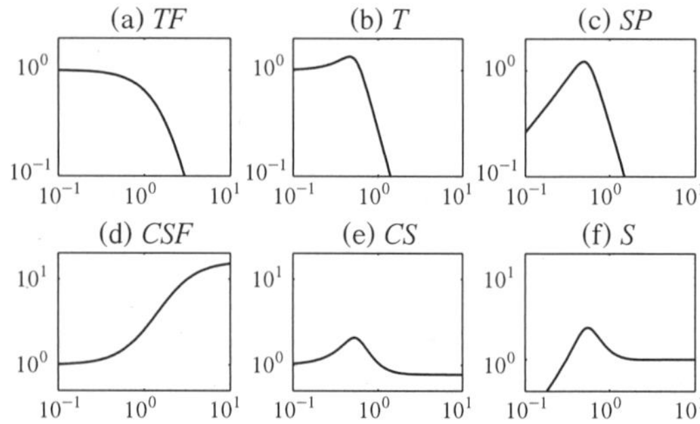

그림 2 $P(s)=(s+1)^{-4}$, $C(s)=0.8(0.5s^{-2}+1)$, $TF=(0.5s+1)^{-4}$일 때의 주파수 응답 진폭. $S=(1+PC)^{-1}$, $T=PC(1+PC)^{-1}$이 사용되었음.

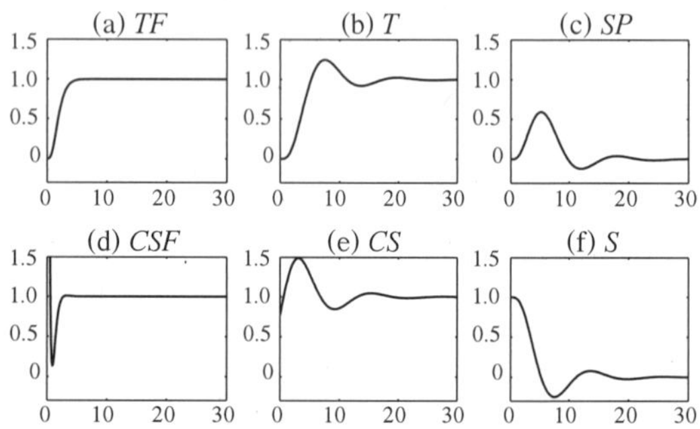

그림 3 $P(s)=(s+1)^{-4}$, $C(s)=0.8(0.5s^{-2}+1)$, $TF=(0.5s+1)^{-4}$일 때의 계단 응답.

주파수 그래프와 계단 응답을 비교하고 이들의 모양을 (I)부터 (IV)까지의 설계 원칙에 연결할 필요가 있다.

(I) 입력 편차 거부

그림 2의 (c)와 (f)는 프로세스 출력 x와 입력 v에서의 입력 편차를 보여 준다. 결과로 나타나는 프로세스 오차는 너무 커서는 안 되며 충분히 빠르게 0으로 수렴해야 한다. 그림 3의 (c)와 (f)는 이에 대응하는 계단 응답을 보여 준다.

(II) 측정 잡음 억제

그림 2(b)는 절단 주파수 1Hz(이 예에서 프로세스 역학에 주요 영향을 미치는 값)보다 큰 값에서 좋은 측정 잡음 감쇠를 보여 준다.

(III) 프로세스 변형에의 견고성

프로세스 변형에 대한 견고성은 감도함수 $S = (1 + PC)^{-1}$과 상보 감도함수 $T = PC(1 + PC)^{-1}$에 의해 결정된다. 실제로 프로세스 모형에서의 상대 오차가 $|T|^{-1}$보다 작으면 폐루프 시스템은 안정적인 상태로 남아 있게 된다. 대부분의 프로세스 모형은 고주파수 대역에서 부정확해지고, 상보 감도함수 T는 고주파수에서 작아진다.

(IV) 명령 응답

그림 3(a)은 프로세스 출력 x가 계단 참조 값 r에 어떻게 응답하는지 보여 준다. 전치 필터 $F(s)$를 이용하면 (b)보다 더욱 좋은 계단 응답을 얻을 수 있다. 이때 감수해야 할 비용은 제어 신호에서 대응하는 응답이 더 높은 진폭을 얻는다는 것이다.

5 본질적 한계

분명히 앞의 절에서 논의된 여섯 개의 전달함수들은 서로 독립적이지 않다. 특히 자명하게 다음 식이 성립한다.

$$S(\mathrm{i}\omega) + T(\mathrm{i}\omega) = 1$$

첫 번째 항은 프로세스 입력에 대한 부하 장애의 영향을 나타낸다. 이것은 작아야만 한다. 두 번째 항은

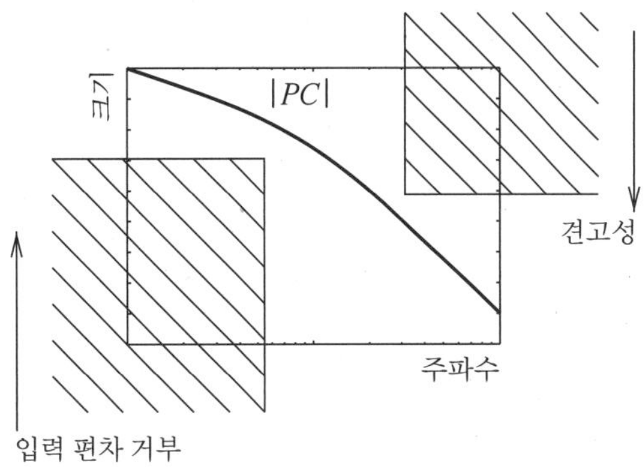

그림 4 T와 S 위에서의 크기는 루프 전달함수 $P(i\omega)C(i\omega)$에 대한 설계 원칙으로 해석할 수 있는데, 높은 주파수에서 노름이 작으며, 낮은 주파수에서 노름이 크다.

모형의 오차와 측정 잡음의 영향에 대한 견고성을 나타낸다. 이상적으로 이 항 역시 작아야 하며 제어장치의 설계에는 이 두 요구사항이 균형을 이룬다. 이 둘이 충돌하는 핵심은 측정을 신뢰할 수 없다면 부하 장애를 거부할 수 없다는 것이다. 보통 이것은 주파수 분리를 통해 해결되는데, 측정 잡음은 보통 고주파수가 우세하고 $T(\mathrm{i}\omega)$는 고주파수에서 작아야만 한다. 이것은 고주파수에서 빠른 입력 편차의 효과를 제거하는 것을 불가능하게 만들지만, 저주파수에서 $S(\mathrm{i}\omega) \approx 0$으로 만듦으로써 느린 시간 규모에서 이들을 여전히 제거할 수 있다(그림 4 참조).

유명한 제어 합성 방법 중 **루프 형상법**이라 알려진 접근법은 폐루프의 전달함수의 모양에 초점을 맞추며, 원하는 모양의 PC를 얻을 때까지 제어장치 C를 지속적으로 변경한다. 그러나 이 루프 형상법에는 안정성 요구조건이라는 진실로 복잡한 요소가 있는데, 이것은 수학적으로 4절에 나오는 여섯 개의 전달함수 모두가 오른쪽 반평면에서 해석적이어야 한다. 이것은 전달함수의 모양을 선택할 가능성을 제한한다. 특히 **보데의 적분 공식**은 감도 함수 $S(\mathrm{i}\omega)$

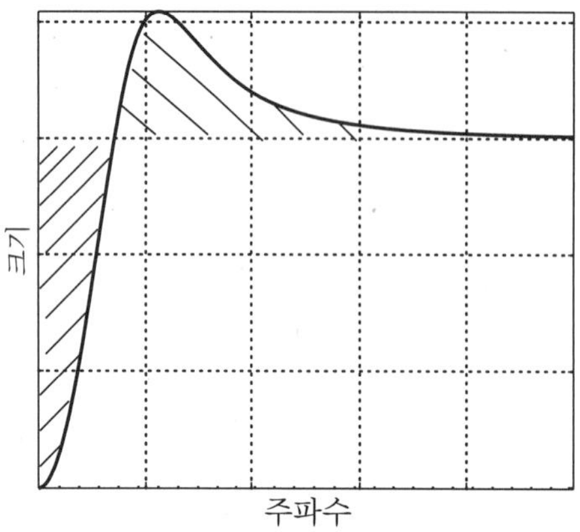

그림 5 감도 함수의 진폭 곡선은 $|S| = 1$을 기준으로 아랫부분과 윗부분의 넓이가 항상 같다. 이러한 불변성을 '물침대' 효과라고 부른다. 만약 설계자가 어떤 점에서 감도 함수의 크기를 아래로 내리면 어디선가는 반드시 위쪽으로 올라오게 된다.

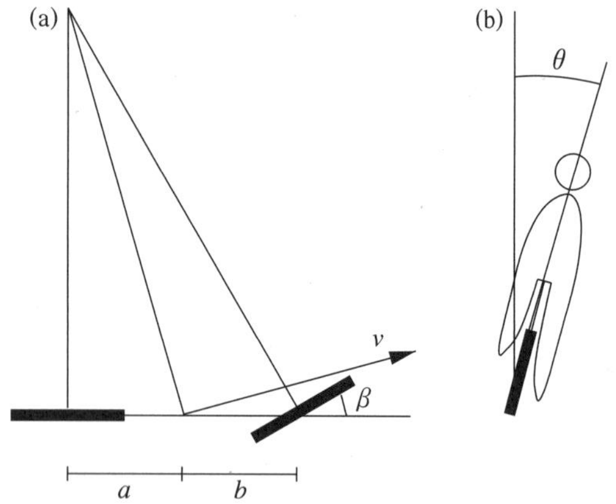

그림 6 자전거 도해. (a)위에서 본 그림, (b)뒤에서 본 그림. 물리적 양은 다음과 같다. 질량 $m = 70\text{kg}$, 뒤에서 중심까지의 거리 $a = 0.3\text{m}$, 지표 위로의 높이 $\ell = 1.2\text{m}$, 중심에서 앞까지의 거리 $b = 0.7\text{m}$, 관성 모멘트 $J = 120\text{kgm}^2$, 속력 $V_0 = 5\text{ms}^{-1}$, 중력 가속도 $g = 9.81\text{ms}^{-2}$

를 작게 만드는 데 필요한 노력은 언제나 서로 다른 주파수 영역들 사이의 절충이라는 것을 보여 준다. 만일 $P(s)$, $C(s)$, $S(s) = (1 + P(s)C(s))^{-1}$이 안정적이고 $s^2 P(s)C(s)$가 제한된 범위에 있다면 해석적 함수에 대해 **코시의 적분 공식**[IV.1 §7]에 따라 다음 식이 성립한다.

$$\int_0^\infty \log|S(\mathrm{i}\omega)|\mathrm{d}\omega = 0$$

$P(s)C(s)$에 불안정한 폴 P_i가 있는 경우 이 적분 공식은 다음과 같이 바뀐다(그림 5 참조).

$$\int_0^\infty \log|S(\mathrm{i}\omega)|\mathrm{d}\omega = \pi\sum_i \mathrm{Re}\, p_i$$

따라서 불안정한 프로세스 폴은 감도함수를 밀어내는 것을 어렵게 만든다. 불안정한 모드가 더 빨라질수록 이는 더욱 어려워진다. 이것은 오른쪽 반평면에 폴을 갖고 있는 제어장치를 일반적으로 왜 피해야하는지에 대한 논리로 사용할 수 있다.

플랜트 역학에서 발생하는 본질적인 한계에 대해 더욱 자세히 설명하기 위해 자전거 역학에 대해 논의해 보자. 자전거의 회전력 평형(그림 6)에 의해 다음 식을 얻는다.

$$J\frac{\mathrm{d}^2\theta}{\mathrm{d}t^2} = mg\ell\theta + \frac{mV_0\ell}{b}\left(V_0\beta + a\frac{\mathrm{d}\beta}{\mathrm{d}t}\right)$$

조타각 β에서 경사각 θ로의 전달함수는 다음과 같다.

$$P(s) = \frac{mV_0\ell}{b}\frac{as + V_0}{Js^2 - mg\ell}$$

이 시스템은 시간 상수로서 불안정한 폴 p를 갖고 있다.

$$p^{-1} = \sqrt{J/mg\ell}\ (\approx 0.5\ 초)$$

또한 이 전달함수는 제로 z를 갖고 있다.

$$z^{-1} = -a/V_0\ (\approx 0.05\ 초)$$

보통 속도로 자전거를 탈 때 제로는 제어에 아무런 장애 요소도 아니다. 그러나 자전거를 뒤로 탄다면

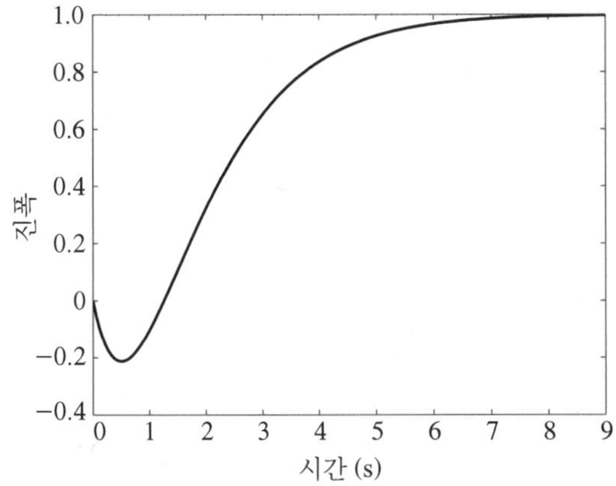

그림 7 전달함수가 $(1-s)/(s+1)^2$인 프로세스의 계단 응답. 응답 초기에는 음수가 나타나는데 이는 불안정한 제로를 갖는 프로세스의 유형적인 특징이다.

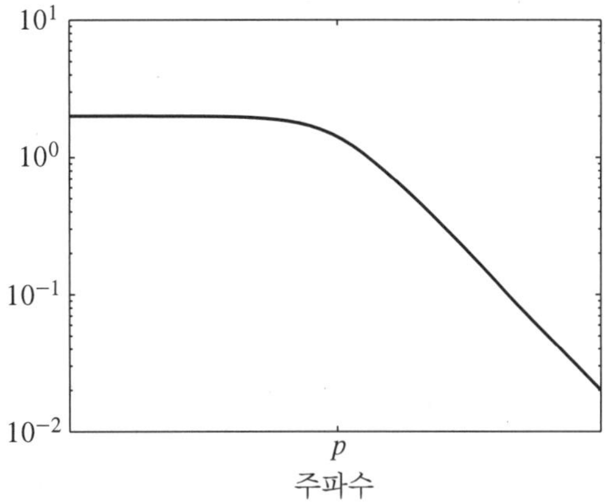

그림 8 불안정한 폴로부터의 극한. 고주파수에서 측정 잡음과 오차에 견디기 위해 상보 감도 함수 $T(\mathrm{i}\omega) = P(\mathrm{i}\omega)C(\mathrm{i}\omega)/(1+P(\mathrm{i}\omega)C(\mathrm{i}\omega))$의 값은 작아야 한다. 그러나 $P(s)$가 불안정한 폴 $p>0$을 가지면, 어떠한 안정화 제어기 C도 $|T(\mathrm{i}\omega)|$를 위의 곡선 아래로 완전히 내릴 수 없다. 그 결과 불안정한 폴 p는 폐루프 시스템의 대역폭의 하한을 준다.

V_0은 음수가 되고 제로는 불안정하게 된다. 이러한 제로는 종종 '최소-상태 제로'라 불리며 이들의 존재는 달성할 수 있는 제어 성능에 제한을 준다. 구체적으로 자전거를 뒤로 천천히 타면($\approx 0.7\mathrm{ms}^{-1}$), 불안정한 폴-제로 상쇄가 발생하고, 자전거는 안정적일 수 없게 된다.

불안적인 개루프 역학이 제어에 필요한 속도에 본질적인 한계를 주는 것을 살펴보는 것은 어려운 일이 아니다. **피드백 루프는 가장 빠른 불안정한 폴의 시간 상수보다 빨라야만 한다.**

불안정한 제로 역시 본질적인 한계를 발생시킨다. 불안정한 제로 z를 갖는 프로세스에서 계단 입력은 일반적으로 초기에 잘못된 방향으로 가게 된다(그림 7). 사실 불안정한 제로의 정의로부터 계단 응답 $y(t)$는 반드시 다음 식을 만족해야 함을 증명할 수 있고

$$0 = \int_0^\infty \mathrm{e}^{-zt} y(t)\,\mathrm{d}t$$

$y(t)$는 모든 t에 대하여 같은 부호를 가질 수 없음을 알 수 있다.

자전거를 다시 한 번 생각해 보자. 자전거를 뒤로 움직일 때는 후륜조향을 해야 한다. 따라서 왼쪽으로 가려고 한다면 질량 중심은 처음에 오른쪽으로 움직여야 한다.

불안정한 제로로 인한 지연된 응답이 제어 가능한 속도에 근본적인 한계를 준다. **피드백 루프는 가장 느린 불안정한 제로의 시간 상수보다 빠를 수 없다.** 비슷하게 시간 지연의 존재가 빠른 제어의 달성을 불가능하게 만든다. **피드백 루프는 시간 지연보다 빠를 수 없다.**

불안정한 폴과 제로로 인한 본질적인 한계에 대한 형식적인 논의는 해석함수 이론을 이용하여 얻을 수 있다. 앞에서 얘기한 것처럼 제어장치가 안정적이라는 것과 폐루프 전달함수가 오른쪽 반평면에서 해석적이라는 것이 필요충분조건임을 상기하기 바란다.

만일 p가 $P(s)$의 불안정한 폴이라면 상보 감도함

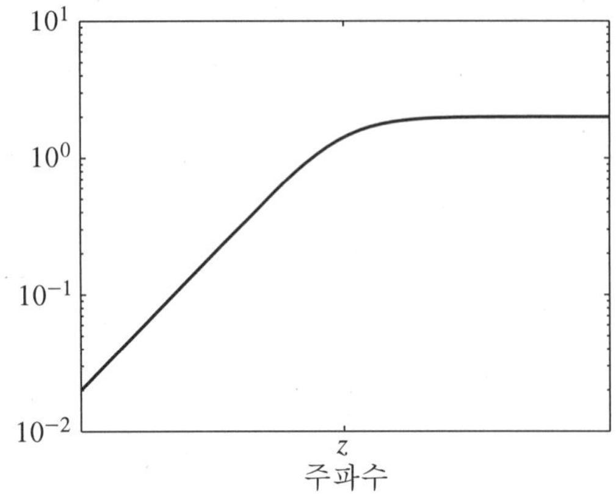

그림 9 불안정한 제로로부터의 극한. 저주파수에서 부하 장애를 기각하고 최소한 느린 시간규모에서 참조 신호를 따르기 위해 감도 함수 $S(\mathrm{i}\omega)=(1+P(\mathrm{i}\omega)C(\mathrm{i}\omega))^{-1}$의 값은 작아야 한다. 그러나 만일 $P(z)=0$, $z>0$이면 어떠한 안정화 제어기 C도 위의 곡선 밑으로 감도 함수 $|S(\mathrm{i}\omega)|$를 완전히 밀어낼 수 없다. 그 결과 불안정한 제로 z는 폐루프 시스템에서 입력 편차 기각을 위한 속도의 상한을 준다.

수는 제어장치 C의 선택에 상관없이 $T(p)=1$을 만족해야 한다. T가 오른쪽 반평면에서 힘든 제한조건을 갖는다는 사실은 허수축에 대한 결과도 갖는다. 특히 해석함수에 대한 최대 모듈러스 정리로부터 다음 식이 성립하는 것은 불가능하다(그림 8).

$$|T(\mathrm{i}\omega)| < \frac{2}{\sqrt{1+\omega^2/p^2}} \text{ (모든 }\omega\text{에 대하여)}$$

이것은 피드백 루프는 최소한 불안정한 폴의 빠르기만큼 빨라야 한다는 체험적인 아이디어로부터 얻은 엄밀한 수학적 결과이다.

비슷하게, 만일 z가 $P(s)$의 불안정한 제로라면 모든 안정화 제어기 C에 대하여 감도함수는 $S(z)=1$을 만족해야 한다. 그 결과 다음 식이 성립하는 것은 불가능하다(그림 9).

$$|S(\mathrm{i}\omega)| < \frac{2}{\sqrt{1+z^2/\omega^2}} \text{ (모든 }\omega\text{에 대하여)}$$

만일 불안정한 폴 p와 불안정한 제로 z가 함께 있고, 특히 이 둘이 서로 가까이 있으면 상황은 더욱 안 좋아진다. 최대 모듈러스 정리로부터 모든 안정화 C에 대하여 다음 부등식이 성립한다.

$$\max_{\omega\in\mathbb{R}}|S(\mathrm{i}\omega)| \geq \left|\frac{z+p}{z-p}\right|$$

만일 S가 매우 크다면 $S+T\equiv 1$이기 때문에 T에 대해서도 같은 식이 성립한다. 따라서 만일 $z\approx p$라면 오류 모형화에 대한 빈약한 견고성과 측정 잡음의 증폭으로 시스템의 제어가 불가능해진다.

6 다변수 제어기의 최적화

지금까지 우리는 하나의 입력과 하나의 출력을 갖는 시스템에 대해서만 논의해 왔다. 그러나 이전의 모든 결과들은 다변수 시스템에도 비슷하게 적용될 수 있는데, 이 경우 $P(s)$와 $C(s)$는 행렬이 된다. 다변수 시스템에서의 주요 차이점은 관련 있는 입력-출력 관계의 개수가 많고, 따라서 변수들과 제어 합성에 필요한 계산을 잘 조직화할 필요성이 크게 요구된다는 점이다. 변수들을 네 개의 카테고리로 분류하는 것이 일반적인 방법이다(그림 10). 제어기는 측정 벡터 y로부터 입력 벡터 u를 연관지어 준다. 보통 제어기는 부하 장애 w로부터 오차 z로의 전달 행렬이 어떤 의미로 '작게끔' 선택되어야 한다.

안정화 제어기를 이용해 달성할 수 있는 w에서 z로의 모든 폐루프 전달함수는 다음의 욜라(Youla) 매개화 식으로 쓸 수 있음이 알려져 있다.

$$P_{zw}(s)-P_{zu}(s)Q(s)P_{yw}(s) \tag{3}$$

여기서 $P_{zw}(s)$, $P_{zu}(s)$, $P_{yw}(s)$는 프로세스에 의해 고

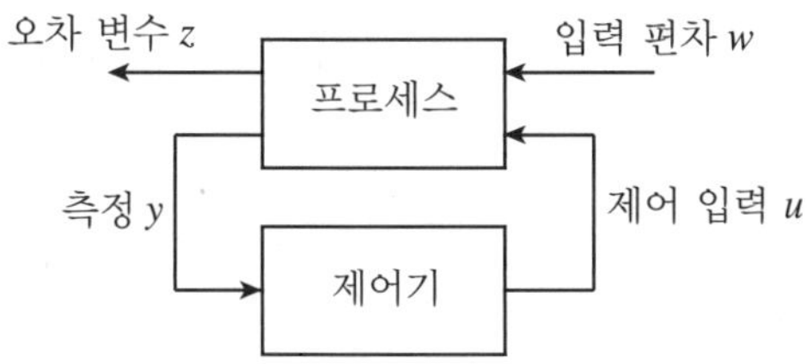

그림 10 다변수 제어기의 최적화 프레임워크. 벡터 w는 부하 장애, 측정 오차, 운영 집합점과 같은 외부 신호를 포함한다. 벡터 z는 보통 실제 값과 원하는 값 사이의 차이와 같은 신호를 포함하며 작게 유지되어야 한다. 제어기는 z에 대한 w의 효과가 최소화되게끔 선택되어야 한다.

정된 안정적인 전달 행렬이며, 모든 안정적인 $Q(s)$는 안정화 제어기에 대응한다.

이 욜라 매개화 식은 안정적인 프로세스에 대해 쉽게 유도할 수 있다. 다변수 피드백 시스템이 다음 식에 의해 주어졌다고 하자.

$$\begin{bmatrix} z \\ y \end{bmatrix} = \begin{bmatrix} P_{zw}(s) & P_{zu}(s) \\ P_{yw}(s) & P_{yu}(s) \end{bmatrix} \begin{bmatrix} w \\ u \end{bmatrix}, \tag{4}$$

$$u = -C(s)y \tag{5}$$

u와 y를 소거하면 (3)을 얻는다. 여기서

$$Q(s) = C(s)[I + P_{yu}(s)C(s)]^{-1}$$

이다. 프로세스 P의 안정성을 이용하면 폐루프 시스템이 안정적인 것과 $Q(s)$가 안정적인 것이 필요충분조건임을 바로 확인할 수 있다. 일반적인 불안정한 프로세스의 경우 먼저 안정화 사전 피드백을 적용한 다음 위에서와 같이 진행함으로써 욜라 매개화 식을 유도할 수 있다. w에서 z로의 모든 달성 가능한 전달함수에 대해 욜라 매개화 식이 주어진 경우, 제어 합성 문제는 원하는 $P_{zw} - P_{zu}QP_{yw}$ 성질을 주는 $Q(s)$를 선택하는 문제로 귀결될 수 있다. w가 외부 신호에 의한 벡터이고 4절로부터 서로 다른 신호에 대한 주파수 분리가 종종 필수적일 수 있음을 염두에 두자. 따라서 자연스러운 설계 접근법은 다음 식이 최소화되도록 $Q(s)$를 선택하는 것이다.

$$\|W_z(P_{zw} - P_{zu}QP_{yw})W_w\|$$

여기서 W_z와 W_w는 서로 다른 신호에 대한 연관된 주파수를 강조할 수 있도록 선택된 주파수 가중치이다. 이 접근법은 제어 이론을 수학적인 함수 해석 이론으로 연결한다.

노름(norm)의 선택은 중요하다. 두 가지 가장 일반적인 노름은 H_2-노름과

$$\|G\|_{H_2} = \sqrt{\frac{1}{2\pi}\int_{-\infty}^{\infty} \mathrm{tr}(G(\mathrm{i}\omega) * G(\mathrm{i}\omega))\,\mathrm{d}\omega}$$

H_∞-노름이다.

$$\|G\|_{H_\infty} = \max_{\omega} \bar{\sigma}(G(\mathrm{i}\omega))$$

여기서 $\bar{\sigma}(\cdot)$은 가장 큰 특잇값을 나타낸다. 해석적 공식은 H_2-노름과 H_∞-노름 모두에 대한 최적의 $Q(s)$와 대응된 제어기 $C(s)$에 대해 주어질 수 있다. 이론의 몇 가지 핵심 아이디어를 다음 절에서 기술한다.

7 선형 이차 제어

앞선 절에서 기술한 주파수 영역 관점에서의 제어 이론은 1960년 이전의 제어 이론을 지배하였으며, 그 이후로도 중요한 위치를 차지하고 있다. 그러나 1960년에서 1980년 사이 컴퓨터의 도입으로 인한 시뮬레이션과 구현에 의해 시작된 진보의 두 번째 물결이 있었다. 미분방정식이나 차분방정식으로부

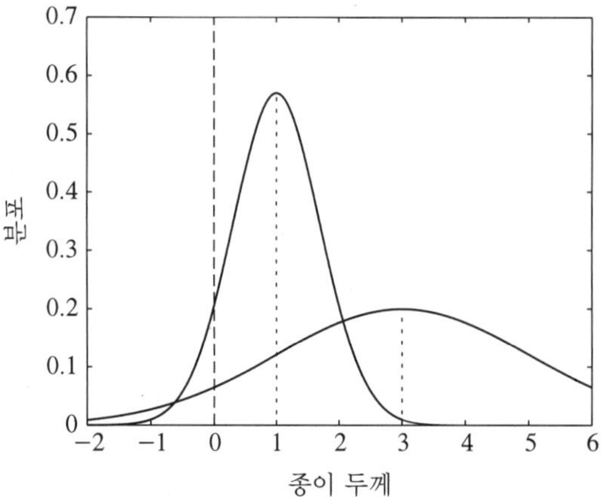

그림 11 선형 이차 가우스 제어는 입력이 가우스 분포를 가질 때 출력의 분산을 최소화한다. 이 그림은 종이 기계에서 종이 두께에 대한 두 개의 다른 확률분포를 보여 주고 있다. 분산이 작을 때 더 작은 평균값이 품질 요구사항을 침해하는 위험을 증가시키지 않고 이용될 수 있다.

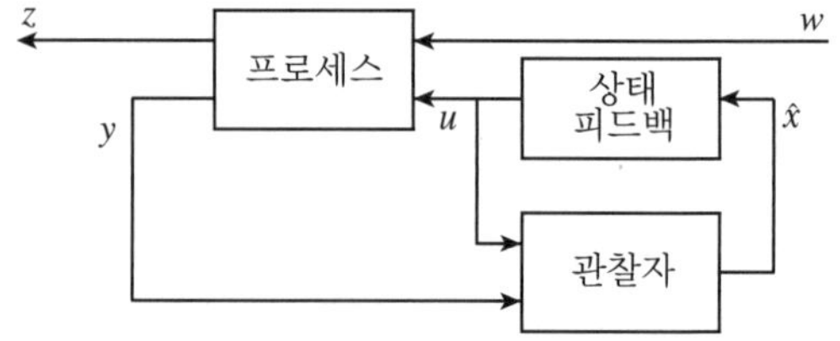

그림 12 선형 이차 가우스 최적 제어 문제의 해는 매우 간단한 구조를 지니고 있는데, 제어기가 프로세스 모델과 같은 수의 상태를 갖고 있다. 모든 제어기 상태 $\hat{x}_k$는 프로세스에서 대응하는 상태 x_k의 추정값으로 해석할 수 있다. 상태 예측값을 마치 실제 상태에 대한 측정값인 것처럼 여기고 최적 입력이 계산된다.

터 얻는 상태-공간 형태의 프로세스 모형화가 중심적인 역할을 수행하기 시작한다. 그림 10을 참고하여 연속된 시간에서의 상태-공간 모형은 다음과 같이 표현할 수 있다.

$$\text{프로세스}\begin{cases}\dfrac{\mathrm{d}}{\mathrm{d}t}x(t) = Ax(t) + Bu(t) + w_x(t)\\ y(t) = Cx(t) + w_y(t)\end{cases}$$

여기서 제어 목적은 $w = (w_x, w_y)$에서 $z = (x, u)$로의 관계에 의해 기술된다. 예를 들어 선형 2차 가우스 최적 제어에서, w는 가우스 백색 잡음으로 모형화되고 제어 목적은 다음의 편차를 최소화하는 것이다.

$$\mathbb{E}(x^{\mathrm{T}}Qx + u^{\mathrm{T}}Ru)$$

여기서 Q와 R는 대칭 양준정치 행렬이다. 이것은 앞에서 논의한 H_2-노름 최소화와 동치이다(그림 11 참조).

최적 제어기는 다음 두 개 요소의 조합으로 쓸 수 있다는 것이 알려져 있다.

$$\text{제어기}\begin{cases}\dfrac{\mathrm{d}}{\mathrm{d}t}\hat{x}(t) = A\hat{x}(t) + Bu(t)\\ \qquad\qquad + K[y(t) - C\hat{x}(t)]\\ u(t) = -L\hat{x}(t)\end{cases}$$

첫 번째 식은 상태 추정자(옵저버 또는 칼만 필터로도 불린다)로 시간 t까지의 측정 y에 기초하여 상태 추정 $\hat{x}(t)$를 유지한다. 두 번째 식은 상태 피드백 규칙으로 $\hat{x}(t)$를 마치 실 상태 $x(t)$의 측정인 것처럼 이용하여 이에 따라 제어 행동을 취한다(그림 12).

제어기의 주요 조절 매개변수는 행렬 K와 L이다. 이들은 두 개의 최적화 문제를 풀어 독립적으로 결정한다. 상태 피드백 게인 L은 다음의 확정적 문제를 풀어 결정되는데,

$$V^*(x_0) = \min_u \int_0^\infty (x^{\mathrm{T}}Qx + u^{\mathrm{T}}Ru)\,\mathrm{d}t$$

$\dot{x} = Ax + Bu,\ x(0) = x_0$를 만족한다. 이 문제는 전통적인 **변분법**[IV.6]과 연결되고 최적 비용 $V^*(x_0)$이 다음의 **벨만 등식**을 만족해야 한다는 사실을 통해 **동적 프로그래밍**을 이용하여 쉽게 풀 수 있다.

$$0 = \min_u\left(\underbrace{x_0^{\mathrm{T}}Qx_0 + u^{\mathrm{T}}Ru}_{\text{현재 비용}} + \underbrace{\frac{\partial V}{\partial x}(Ax_0 + Bu)}_{\text{미래 비용의 감소}}\right) \tag{6}$$

이 문제의 해답은 이차 함수 $V^*(x_0) = x_0^{\mathrm{T}} S x_0$로 나타난다. 선형 역학과 이차 비용에 대해 벨만의 등식은 **리카티(Riccati) 등식**으로 간소화될 수 있으며, 이를 S에 대해 풀고 최적 제어 규칙 $u = -Lx_0$을 적용시켜 원하는 L을 얻는다.

칼만 필터 게인 K는 추정 오차 $\mathbb{E}|\hat{x} - x|^2$의 편차를 최소화하는 쪽으로 결정된다. 이 문제는 상태 피드백 문제와 듀얼인 것으로 드러났으며 동적 프로그래밍 방법으로 풀 수 있다. 이러한 방식으로 선형 이차 가우스 최적 제어 문제는 1960년대에 완전히 풀렸다. 6절에서 소개한 용어로 말하자면 이 문제는 H_2-노름 최적화 문제에 대한 해답을 제시한다. 게다가 관찰자 기반의 제어기의 구조는 최적화 측면과는 상관없이 제어기의 모든 상태에 대한 해석을 주기 때문에 중요하다. 이것은 예를 들면 진단 및 결점 발견에 유용하다.

1980년대에 H_∞-최적 제어기는 선형 이차 가우스 제어기가 유도되는 것과 비슷한 방식으로 유도될 수 있음이 증명되었다. 그러나 이전의 최소화 문제는 다음의 동적 게임으로 대체되어야 한다.

$$V^*(x_0) = \min_u \max_w \int_0^\infty (x^{\mathrm{T}}Qx + u^{\mathrm{T}}Ru - \gamma^2 w^{\mathrm{T}} w)\,\mathrm{d}t$$

따라서 입력 u는 부하 장애 w가 가능한 최악의 경우로 행동하더라도 비용을 최소화하도록 선택되어야 한다. 만일 $V^*(x_0)$이 유한 값일 경우 이것은 결과로 나타나는 제어 규칙이 w에서 $z = (Q^{1/2}x, R^{1/2}u)$로의 H_∞-노름을 γ보다 작게 만드는 것을 의미한다. 최적값은 γ 이상의 반복을 통해 발견된다.

많은 제어 응용에서 상태 및 입력 변수에 강력한 제한조건을 설정하는 것이 필요하다. 그러면 제어기는 전달 행렬로 표현할 수 없는 비선형 제어기가 된다. 대신에 이러한 제어기는 모형 예측 제어(MPC ; model-predictive control)를 이용하여 실시간으로 제한조건이 있는 최적화 문제를 반복하여 풀어 구현한다. 모든 샘플링 시간에 상태가 측정되고 고정된 시간 구간에서 미래를 위한 최적 궤도가 계산된다. 계산된 궤도는 다음 샘플링 구간을 위한 제어 행동을 결정하게 된다. 이 이후에 상태가 다시 한 번 측정되고 새로운 궤도가 최적화된다. 이 방법은 또한 **이동 구간** 제어라 불리기도 한다(그림 13 참조).

MPC 제어기는 1970년대 이후로 장치 공업에서 쓰이기 시작하였으나 이론 및 지원 소프트웨어는 최근 15년 동안 빠르게 발전하였다.

8 비선형 제어

피드백의 놀랄 만한 특성은 비선형 효과를 줄여 주는 경향이 있다는 것이다. 사실 초기의 피드백 제어에서의 중요한 성공 사례 중 하나는 1927년에 있었던 블랙(Black)의 피드백 증폭기의 발명이었다. 이 발명은 증폭기에서 피할 수 없는 비선형 왜곡을 줄임으로써 장거리 통신 회선의 구축을 가능하게 만들었다.

이 이유로 많은 제어 이론이 선형 모형에 기초하여 개발되어 왔다. 비록 비선형 효과가 항상 존재한다 하더라도 피드백 메커니즘에 의해 감소하는 경향이 있기 때문에 피드백 제어기의 설계에서 종종 이런 비선형 효과를 무시할 수 있다. 그럼에도 불구하고 고성능이 요구되는 경우 비선형 효과를 반드시 고려해야 한다.*

비선형성을 다루는 가장 직접적인 접근 방법은 설계 단계에서는 이를 무시하고 대신에 최종 답의 확인에서 이를 고려하는 것이다. 보통 확인 작업은 높은 정확도의 비선형 모형을 이용한 대규모의 시뮬레이션을 수행하여 이루어진다. 우리는 다음 부분에 이러한 목적에 사용되는 도구들에 대해 기술할 것이다.

비선형 시스템의 분석을 위한 가장 잘 알려진 개념은 **랴푸노프(Lyapunov) 함수**인데, 이것은 시스템의 모든 궤도를 따라 감소하는 상태 x의 함수로서 양의 실숫값을 갖는다. 이러한 함수의 존재는 비선형 시스템의 안정성을 보장한다. 그러나 안정성을 넘어서 부하 장애 w에서 오차 z로의 입력-출력 게인의 범위를 증명해야 할 필요가 종종 있다. 이것은 조금 더 일반적인 개념인 스토리지 함수를 사용하여 가능해진다. 예를 들어 평형상태에서 시작되고 끝나는 모든 궤도를 따라 출력 적분 $\int|z|^p\mathrm{d}t$가 입력 적분 $\int|w|^p\mathrm{d}t$에 의해 제한됨을 증명하기 위해서는 모든 궤도를 따라 다음과 같은 **스토리지 함수** $V(x)$를 발견하는 것으로 충분하다.

$$\frac{\mathrm{d}}{\mathrm{d}t}V(x(t)) \le |w(t)|^p - |z(t)|^p$$

주어진 V에 대하여 위 부등식은 종종 각각의 t에 대해 독립적으로 대수적인 확인이 가능하다.

랴푸노프 함수와 스토리지 함수는 종종 해당 시

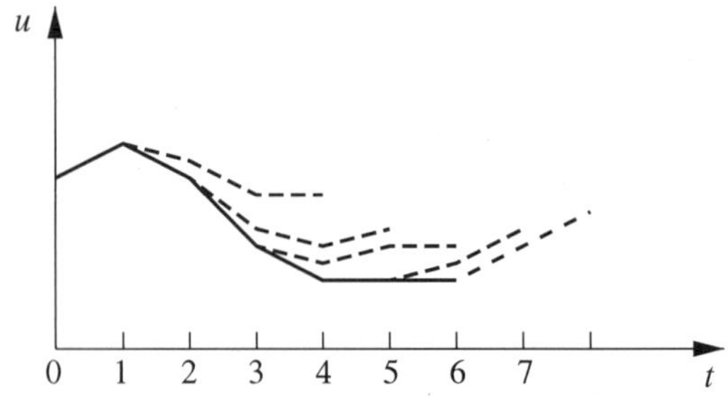

그림 13 MPC에서 유한-구간 최적 제어 문제는 각각의 시간 단계마다 푼다. 상태가 추정되고 최적 제어 순서(점선)가 미래로의 고정된 시간 구간 동안 계산된다. 계산된 궤도는 다음 표본추출 구간을 위한 제어 행동(실선)을 결정한다. 그다음 상태가 다시 한 번 측정되고 새로운 궤도가 최적화된다.

스템에 포함된 에너지양을 측정하는 것으로 이해할 수 있다. 만약 에너지양이 모든 궤도를 따라 감소하면 시스템이 안정적이다. 비슷하게, 만일 입력 적분이 시스템에 입력을 통해 유입된 에너지의 양을 나타내고 출력 적분이 출력을 통해 얼마나 많은 에너지가 유출되었는지를 측정한다면, 입력-출력 게인은 최대 1이 된다. 이러한 해석은 시스템의 상태에 물리적인 의미가 있을 때 특히 유용하다.

랴푸노프 함수와 스토리지 함수를 유도하는 일반적인 방법은 바로 선형화이다. 만일 선형 피드백 규칙이 선형화된 프로세스 모형에 기초하여 설계된다면 종종 이차 랴푸노프 함수가 도입된다. 예를 들어 그것이 2차 기준 최적화에 의해 나온다면 최적 비용이 2차 랴푸노프 함수를 정의한다. 만일 최소-최대 이차 게임을 풀어 H_∞-최적 제어 규칙을 얻었다면 그 해는 해당하는 2차 스토리지 함수가 될 것이다. 이 두 경우 모두 선형 설계에서 얻은 2차 함수들이 비선형 프로세스를 포함하는 폐루프 시스템의 확인에 사용할 수 있다. 또 다른 접근 방법은 선형 제어기를 버리는 대신 비선형 피드백 규칙의 설계의 출

* 블랙의 피드백 증폭기는 왜곡을 줄이는 대신 더 많은 전력을 소비한다. 현대의 에너지 효율적인 전자기기를 만들려는 노력에 의해 연구자들은 정반대의 방향으로 즉, 전력 손실을 최소화하는 대신 어느 정도 수준의 비선형 왜곡을 받아들여 연구하는 추세이다.

발점에서부터 2차 랴푸노프/스토리지 함수를 사용하는 것이다.

비선형 제어기는 동적 프로그래밍과 벨만 등식을 이용하여 설계할 수 있다. 일반적인 문제의 공식화는 모든 제어 법칙 $u = \mu(x)$와 비용

$$V^{\mu}(x_0) = \int_0^{\infty} \ell(x(t), u(t))\,\mathrm{d}t$$

를 관련지은 다음 최소 비용 $V^*(x_0)$을 주는 제어 법칙을 찾는 것이다. 여기서 $\dot{x} = f(x, u)$, $u = \mu(x)$, $x(0) = x_0$이다. 여기에 대응하는 벨만 등식은 일반적으로 풀기 매우 힘들지만 근사적인 최적 제어 법칙을 유도하는 데 여전히 사용될 수 있다. 예를 들어 주어진 함수 V와 제어 규칙 μ에 대하여 벨만 부등식

$$\ell(x, \mu(x)) + \frac{\partial V}{\partial x} f(x, \mu(x)) \le 0 \le \alpha \ell(x, u) + \frac{\partial V}{\partial x} f(x, u)$$

가 모든 x, u와 $\alpha \ge 1$인 어떤 α에 대하여 성립하면 μ는 $V^{\mu}(x) \le \alpha V^*(x)$를 만족한다는 점에서 최적 제어 규칙과 비슷하다.

이 논리는 매우 일반적이며 폭넓게 적용 가능하다. 만일 $\alpha = 1$이면 부등식은 전통적인 벨만 등식으로 축소된다. 역으로 α가 크면 부등식을 만족하긴 쉬워지지만 제어 규칙은 최적값에서 멀어질 가능성이 높아진다. 일반적으로 주된 어려움은 벨만 부등식이 검증 가능한 μ와 V의 좋은 후보를 제시하는 데에 있다. 두 개의 주요 접근 방법이 논의되어 왔다. 첫 번째는 선형화를 이용하는 것으로 비선형 문제에 대해서 근사적인 최적해를 준다. 두 번째 접근 방법은 MPC를 사용하는 것으로 무한 범위 비용이 유한 범위의 시간 이산 비용으로 근사되고 온라인으로 최적화될 수 있다. 이것은 μ가 유한 차원 최적화 문제에 대한 해답 면에서 암시적으로 정의됨을 의미한다. 그 다음 MPC 제어기의 성능에 대한 결론을 내리기 위해 벨만 부등식을 사용할 수 있다.

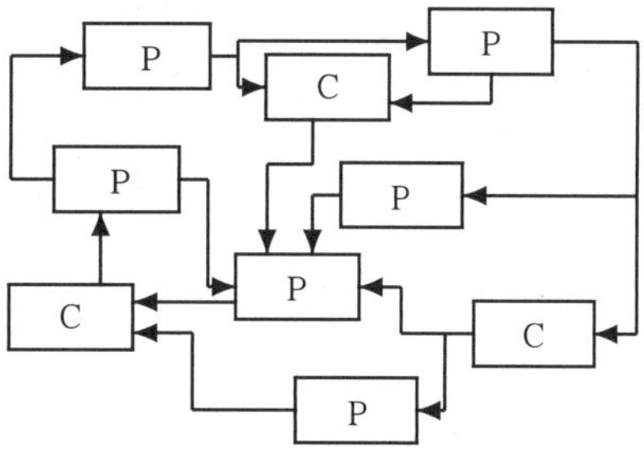

그림 14 '분산 제어'란 용어는 행동이 많은 서로 다른 지역에서 발생하지만 측정과 프로세스 역학으로의 접근은 일부분만 가능한 경우를 가리킨다. 그림에서 'P'는 고정된 프로세스 역학을 나타내며 'C'는 설계된 제어기를 나타낸다.

9 진행 중인 연구: 분산 제어

21세기 들어 제어 이론에는 새로운 유행이 나타나기 시작했다. 그 목적은 전력망, 인터넷, 살아 있는 생체 기관과 같은 큰 규모의 시스템을 제어하기 위한 이해와 방법론을 제공하는 것이다. 전통적인 제어 이론은 다음 몇 가지 이유로 불충분하다.

- 제어 행동이 많은 서로 다른 지역에서 발생하지만 측정과 프로세스 역학으로의 접근은 일부분만 가능하다(그림 14).
- 최적 분산 제어기의 계산이 가능하지만 일반적으로 구현이 극도로 복잡하다.
- 제어기와 통신 시스템의 설계와 기능성은 복잡한 소프트웨어 공학과 점점 더 얽히고 있다.

이러한 사항들 모두 오랜 시간 동안 인식되고 논의되어 왔다. 그러나 고무적인 발전은 최근에서야 나타나기 시작했고 제어 이론의 매우 고무적인 발전을 이끌고 있다.

이중분해는 대규모 최적화 문제의 해답을 찾는 오래된 아이디어이다. 아이디어는 예를 들어 많은 수의 항이 있지만 상대적으로 소수의 변수에 의해 공유되는 목적 함수의 최소화 문제에 적용될 수 있다. 이 방법은 공유된 변수 사이에 짝지은 것은 불일치에 대한 불이익으로 제거되고 교체됨을 의미한다. 불이익은 이중변수 또는 라그랑주 승수로 불리는 가격 변수에 의해 주어지며 기울기 알고리즘에 의해 갱신된다.

이중분해에는 중요한 장점이 있는데, 한 번 가격 변수가 고정되면 목적 함수의 각각의 항들은 자기 자신의 지역 변수에만 접근함으로써 독립적으로 최적화될 수 있다. MPC 응용에서 가격 변수의 기울기 갱신이 전체적인 최적화 구간을 따라 공유 변수들의 비교를 필요로 하기 때문에 중요한 상호 통신의 필요성은 매우 중대한 의미를 갖는다. 그럼에도 불구하고 이 아이디어는 대규모 시스템의 제어에 사용될 커다란 가능성을 보여 주고 있다.

두 번째 연구 분야는 제어기의 통신 능력이 제한된 상황에서의 문제에 집중되어 있다. 이러한 경우 매우 간단한 프로세스라도 매우 복잡한 비선형 제어기를 도출할 수 있다는 것은 이미 1960년대에 알려졌었다. 이렇게 되는 이유는 제어기가 프로세스를 통신 기기로 활용하는 것이 장려되는 점이 있기 때문이다. 제어기가 플랜트의 정보 전송보다 빠른 통신 연결에 접근할 수 있다면 이러한 장려책은 사라지는데, 이러한 가정을 전제하는 것은 현대 기술에서 충분히 합리적이다. 따라서 흥미 있는 연구 분야 중 하나로 통신이 제한되어 있지만 프로세스보다는 빠른 경우의 최적 (선형) 제어기를 설계하는 방법을 들 수 있다.

세 번째 연구 분야는 포지티브 시스템 또는 (비선형 관점에서) 단조 시스템이라 알려진 특별한 대상을 위한 것이다. 포지티브 시스템은 예를 들면 운송망에 대한 연구 시에 나타난다. 일반적인 선형 시스템과는 달리 포지티브 성질로 인하여 2차가 아닌 선형 랴푸노프 함수를 이용하여 안전성 분석과 제어 합성이 가능하다. 이것은 최적화 매개변수의 개수가 상태와 시스템 요소의 수에 선형적으로 증가하기 때문에 대규모 시스템에서 극적인 차이를 만든다. 게다가 최종 답안의 검증 역시 입력-출력 게인의 범위가 각 요소별로 확인 가능한 분산된 방법으로 수행할 수 있다.

이러한 다양한 발전 방향들은 전적으로 제어 이론이 여전히 매우 역동적인 발전 상태에 있음을 보여주고 있으며, 지금 이 글과 같은 글이 10년 후에 쓰인다면 아마도 여기에서 제시한 것을 훨씬 뛰어넘는 중요한 절들을 포함하게 될 것이다.

감사 인사. 그림 11의 그래프는 오스트룀과 위턴마크(2011)의 논문에서 발췌하였으며 자전거 예시는 오스트룀(2005)의 논문에서 가져왔다.

더 읽을거리

Åström, K. J., R. E. Klein, and A Lennartsson. 2005.

Bicycle dynamics and control. *IEEE Control Systems Magazine* 25(4) : 26-47.

Åström, K. J., and R. M. Murray. 2008. *Feedback Systems: An Introduction for Scientists and Engineers.* Princeton, NJ : Princeton University Press.

Åström, K. J., and B. Wittenmark. 2011. *Computer-Controlled Systems.* New York : Dover.

Bellman, R. E. 1957. *Dynamic Programming.* Princeton, NJ : Princeton University Press.

Doyle, J. C., B. A. Francis, and A. R. Tannenbaum. 1990. *Feedback Control Theory.* London : Macmillan.

Khalil, H. K. 1996. *Nonlinear Systems*, 2nd edn. Upper Saddle River, NJ : Prentice Hall.

Rawlings, J. B., and D. Q. Mayne. 2009. *Model Predictive Control: Theory and Design.* Madison, WI : Nob Hill Publishing.

IV.35 신호처리

존 맥워터, 이안 프라우들러

John G. McWhirter and Ian Proudler

1 소개

집적회로 기술의 출현과 그 결과물인 적당한 가격의 고성능 디지털 컴퓨터의 유용성이 기하급수적으로 급등함으로써, 디지털 신호처리(digital signal processing, DSP)는 응용수학에서 중요한 주제가 되었다. 이 글의 목적은 이런 주제에 대해 가장 단순한 개요를 제공하여, 언제 그리고 왜 수학이 필요한지 설명하는 데 있다.

전자파나 지진, 음향(acoustic sound)과 같이 가장 자연스럽게 생기는 신호는 본질적으로 연속이므로, 디지털 신호처리 이전에 샘플링(표본추출)하고 디지털화해야 한다. 이것은 아날로그-디지털 변환기(AD-converter)의 역할로, 변환기는 안테나 또는 마이크와 같은 감지기로부터 출력을 받아서 일정하게 샘플링된 값 $x(n)$ ($n = 0, 1, 2, \cdots$)을 만드는데, 이 값은 대응 시간 t_n에서 계측된 신호를 나타낸다.

보통 저주파 신호는 바로 디지털화되고, 그 결과 실수 열을 얻는다. 본질적으로 사인곡선인 고주파 신호는 주어진 고주파 참조톤(순수한 사인곡선인)에 대한 그것의 위상(phase)과 진폭(amplitude)으로 종종 표현되고, 그 결과 값이 복소수로 표현되는 훨씬 낮은 주파수의 신호를 얻는다. 보통 **다운변환**(down conversion)이라 불리는 이 과정은, 예를 들어 라디오 통신의 전자기 신호에서 특히 중요하다.

신호가 샘플링되는 비율은 주파수 대역폭, 특히 담고 있는 (저주파수 대역으로 다운변환한 후라도) 가장 높은 주파수 성분(highest frequency component)에 달려 있다. 헤르츠(hertz, 초당 사이클 수) 단위로 측정된 가장 높은 주파수가 f라 가정하면, 그 신호는 매 Δt초 마다 샘플링되어야 하는데, 이때 $\Delta t \leq 1/(2f)$를 만족해야 한다. 이 기본적인 규칙은 섀넌(Shannon)이 발표하였으며 대응하는 샘플링 주파수 f_s는 $f_s \geq 2f$(나이퀴스트(Nyquist) 비율)를 만족해야 한다. 샘플링 주파수 f_s가 결정되면(혹은 제한되면), 중요한 것은 이 비율로 디지털화되는 어떠한 신호도 주파수 성분이 $f > f_s/2$인 것을 포함하지 않는다는 것인데, 이들의 순환 상대(cyclic counterparts), 곧 mod f_s로 같은 주파수를 갖는 것으로부터 이들이 구별되지 않기 때문이다. 주파수 영역에서 이런 순환 겹침(cyclic wraparound)은 에일리어싱(aliasing)으로 불리는데, 이것은 심각한 신호왜곡을 유발한다. 실전에서 이 현상의 발생을 막기 위해, 아날로그-디지털 변환 전에 신호의 대역폭을 엄격하게 제한하여야 한다.

위에서 논의한 것에 준거하여, DSP장치로의 입력은 신홋값들의 수열 $\chi(n)$으로, 일반적으로 시계열(time series)이라 불리고, 이것은 응용에 따라 샘플 단위로 혹은 편하게 블록 단위로 처리할 수 있다.

2 디지털 유한 임펄스 응답 필터링(FIR 필터링)

DSP에서 가장 중요한 작업들 중 하나는 특정 선형 시불변 연산자(linear time-invariant (LTI) operator) A의 응용으로, A는 단위 임펄스 $[1, 0, \cdots]$에 대한 유한-길이 응답으로 정의된다. 임펄스 응답은 $A \equiv [a_0, a_1, \cdots, a_{L-1}]$로 표현할 수 있다. 일반적인 조정 가능한(open-ended) 입력 시계열 $x(n)$, $n \in \mathbb{Z}$에 대하여, A는 출력열 $y(n) = \sum_{l=0}^{L-1} a_l x(n-l)$을 만든다. 다시 말해서, A는 입력열과 그것의 임펄스 응답의 합성곱(convolution)을 생성한다. DSP 안의 이런 형태의 연산자를 유한 임펄스 응답(Finite impulse response, FIR) 필터라 부른다. 따라서 임펄스 응답의 원소 a_l은 필터 계수로 간주되고, 그 필터의 **차수**는 $L-1$이 된다. 이런 LTI 연산자를 필터로 보는 이유는 금방 분명해질 것이다.

그림 1의 모형도에서 보여 주듯이 디지털 FIR 필터는 일정한 간격으로 표시된 지연선(tapped delay line)을 사용하여 꽤 자연스럽게 구현할 수 있다. 지

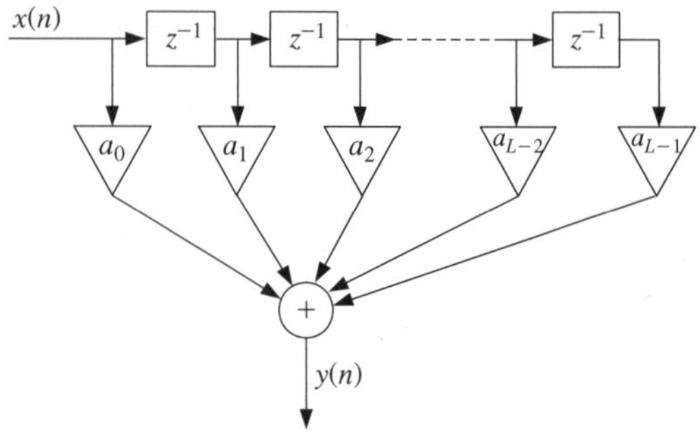

그림 1 지연선에 기반을 둔 유한 임펄스 응답 필터 구조. 여기서 z^{-1}은 단위 지연을 의미한다.

연선은 초깃값으로 0이 채워져 있다고 가정한다. 시간 t_0에 샘플 $x(0)$이 도착하고, 계수 a_0을 곱하여 $y(0)$을 만들어 낸다. 샘플 $x(0)$은 저장되고, 지연선을 따라 다음 시간 주기 동안 한 칸 움직이고, 여기에서 계수 a_1을 곱한다. 그와 동시에 다음 샘플 $x(1)$이 도착한다. a_0을 곱한 뒤, $a_0x(1)$을 $a_1x(0)$에 더하여 $y(1)$을 생성한다. 매 시간 주기마다 이 과정이 반복되는데 지연선이 모두 채워졌을 때조차도 계속되며, 이 경우 (가장 오래된) 하나의 샘플은 잊힌다. 사실상 저장된 자료 벡터는 매 샘플링 시간마다 한 칸씩 오른쪽으로 이동하고, 8절에서 논의할 것처럼 이 성질이 **퇴플리츠 자료 행렬**[I.2 §18]을 유도한다.

필터 A로의 입력이 일정하게 샘플링된 사인곡선 $x(n) = e^{i\omega n}$의 형태를 취하고, 여기서 편의상 $\omega = 2\pi f$는 표본시간당 라디안에서 각진동수(angular frequency)라 하자. 그러면 출력열 $y(n) = \sum_{l=0}^{L-1} a_l e^{i\omega(n-l)}$은, 필터 A에 대한 주파수 응답으로 불리는 $A(\omega) = \sum_{l=0}^{L-1} a_l e^{-i\omega l}$을 이용하여, $y(n) = A(\omega)e^{i\omega n}$로 쓸 수 있다. 물론 $A(\omega)$는 필터 계수에 대한 유한 이산수열(discrete sequence)의 푸리에 변환이고, 그것의 역변환은

$$a_l = \frac{1}{2\pi}\int_{-\infty}^{\infty} A(\omega)\,\mathrm{e}^{\mathrm{i}\omega l}$$

으로 주어진다. 위에서 정의한 필터 출력열 $y(n)$에 푸리에 변환을 취하면,

$$Y(\omega) = \sum_{l=0}^{L-1} a_l \sum_{n=-\infty}^{\infty} x(n-l)\,\mathrm{e}^{-\mathrm{i}\omega n}$$

임을 쉽게 증명할 수 있고, 따라서 첨수(index)의 치환을 통해 $Y(\omega) = A(\omega)X(\omega)$를 얻을 수 있다. 물론 이것은 합성곱(convolution)의 푸리에 변환은 단순히 각 수열의 푸리에 변환의 곱임을 말해주는 **푸리에 합성곱 정리**[II.19]의 발현일 뿐이다. 그러면 디지털 수열을 필터 계수들의 어떤 선택된 집합으로 합성곱하는(convolving) 효과는 신호의 스펙트럼 성분(spectral components)들에 필터의 스펙트럼 성분을 곱함으로써 신호가 가진 주파수 내용(frequency content)을 수정하는 것임이 분명하다. 예를 들어, 저역필터(low-pass filter)는 높은 수준의 근사에 적합하도록 고주파수 성분들에 0을 곱하고 저주파수 성분들에는 1을 곱하도록 설계된다. 위에서 서술한 형태의 FIR 필터를 가지고는 저역, 고역, 또는 대역(band-pass)필터가 요구하는 정확성을 얻기 위해 많은 수의 필터 계수가 필요할 수 있으므로, 디지털 필터는 5절에서 논의할 무한 임펄스 응답 필터(infinite impulse response filter)를 자주 활용한다.

3 이산 푸리에 변환과 고속 푸리에 변환

2절에서 유한 이산수열 a_l의 푸리에 변환을 $A(\omega) = \sum_{l=0}^{L-1} a_l \mathrm{e}^{-\mathrm{i}\omega l}$으로 도입했었다. 이것은 예를 들어 대응하는 FIR 필터의 주파수 응답을 서술한다. 또한 이것은 임의의 주파수 ω에 대해 정의된다. 그렇지만 수열의 길이가 유한이기 때문에, 모든 $A(\omega)$의 값이 독립인 것은 아니다. 사실 L개의 이산 주파수값들 $\omega_n = 2\pi n/L$ $(n = 0, 1, \cdots, L-1)$에서의 응답으로부터 전체 응답을 추정할 수 있다. 즉 전체 응답을 **이산 푸리에 변환**(discrete Fourier transform, DFT)값들

$$A_n \equiv A\left(\frac{2\pi n}{L}\right) = \sum_{l=0}^{L-1} a_l W_L^{-nl}$$

을 이용하여 추산할 수 있다. 여기서 $W_L \equiv \mathrm{e}^{2\pi \mathrm{i}/L}$은 복소수체에서 단위 L제곱근(Lth root of unity)을 이룬다. 원본 수열 a_l은 (DFT 계수로 불리는) 이 값들로부터 DFT의 역변환을 이용하여 쉽게 구할 수 있고, 그 값은

$$a_l = \frac{1}{L}\sum_{n=0}^{L-1} A_n W_L^{nl} \quad (l = 0, 1, \cdots, L-1)$$

으로 주어진다. DFT 역변환은 A_n을 치환한 후 그 기하급수의 합이 $L\delta_{lm}$임에 주목하면 쉽게 증명할 수 있다. 여기서 δ_{lm}은 크로네커 델타(Kronecker delta) 함수로, $l = m$일 때는 함숫값이 1이고, 그 외에는 0이다.

2절에서 이산수열과 필터 계수들의 합성곱에 대한 푸리에 변환은 각각의 푸리에 변환의 곱과 동치라는 것을 언급하였다. DFT를 사용하여 변환된 고정된 길이의 이산수열의 경우에도 비슷한 결과가 얻어지나, 그 동치는 순환 합성곱(cyclic convolution)을 포함한다. H_n과 X_n을 유한 길이의 수열 h_k와 x_k에 대응하는 DFT 계수라 하고, $Y_n = H_n X_n$ $(n = 0, 1, \cdots, L-1)$이라 하면,

$$y_l = \frac{1}{L}\sum_{n=0}^{L-1} X_n W_L^{ln} \sum_{k=0}^{L-1} h_k W_L^{-kn}$$

이다. 두 합의 순서를 바꾸고, 임의의 정수 r에 대하여, $\langle r\rangle_L$이 $r \bmod (L-1)$을 나타낸다고 하면,

$$y_l = \sum_{k=0}^{L-1} h_k \sum_{n=0}^{L-1} X_n W_L^{n\langle l-k\rangle_L}$$

이다. 결과적으로 $y_l = \sum_{k=0}^{L-1} h_k x_{\langle l-k\rangle_L}$이고, 이것은 순환 합성곱의 형태를 갖는다. 비록 이 식을 일반적인 (비순환) 합성곱에 적용하기 위해서는 0-덧대기(zero-padding)와 같은 기법을 사용해야 하나, 이 식은 아주 유용한 관계가 있음을 증명한다. 0-덧대기 방법은 길이 M인 입력 수열에 새로운 0 원소들을 추가하여 길이가 $2M-1$이 되도록 하고, 그리하여 순환 합성곱의 출력이 원본 비순환 합성곱의 M항들을 부분수열로서 포함하도록 하는 방법이다. 처음 보면 왜 이렇게 우회적인 방식으로 유한 길이 합성곱을 계산하기 위해 애쓰는지 물을 수 있다. 물론 그 답은 어디에나 있는 **고속 푸리에 변환**[II.10] (FFT)에 있다. 길이 N의 변환에 대해, $N = 2^n$일 때, 표준적인 DFT는 $O(N^2)$의 대수적 연산이 필요한 반면, FFT는 오직 $O(nN)$만을 필요로 한다. 큰 수의 N에 대해 이 감소는 너무 분명해서, 보통은 $O(M^2)$의 대수적 연산을 요구하는 길이 M의 합성곱 계산을 위해, $M \to 2^m$이 되도록 수열에 0-덧대기를 하고, 양쪽 합성곱 수열의 FFT를 계산하고, 결과로 얻은 FFT 계수의 쌍을 곱한 후 FFT의 역변환을 취하는 것은 충분히 가치가 있다. 이와 같은 맥락에서, FFT는 전통적 의미에서 주파수 대역을 변환하는 효과적인 알고리즘일 뿐 아니라, DSP 영역 전체의 좀 더 일반적으로는 LTI 연산자의 실질적 응용을 찾는, 아주 중요한 '계산 엔진'임에 주목해야만 한다.

4 z-변환

DSP에서 기본적이고 광범위하게 사용되는 수학 도구는 z-변환으로, 이것은 특수한 경우로서 푸리에 변환을 포함하나, 훨씬 더 폭넓은 관련성을 갖는다. 시계열 $x(n)$에 대한 z-변환을 $X(z)$로 표기하고, $z \in \mathbb{C}$에 대하여 $X(z) = \sum_{-\infty}^{\infty} x(n)z^{-n}$으로 정의하자. z를 $z = re^{i\theta}$으로 나타내면, $X(z)$가 관련된 수열 $x(n)r^{-n}$의 푸리에 변환과 동치라는 것은 분명하다. 이 수열은 $\sum_{-\infty}^{\infty} |x(n)r^{-n}| < \infty$인 경우 수렴한다. 사실 $x(n)$ 값들의 수열은 복소평면의 원점에서 전개한 $X(z)$의 로랑급수(Laurent series)의 계수를 이룬다. 한 수열의 z-변환은 이중 무한급수가 수렴하는 z의 값에서만 의미를 명확하게 갖는다. 이것이 **수렴영역**(region of convergence, ROC)을 정의하는데, 이 영역은 그 변환을 $n \geq 0$에 대한 계수들만을 포함하는 **일상적인** 성분들의 합과 $n < 0$에 대한 계수들만을 포함하는 **비일상적인** 성분들의 합으로 분리하여 분석할 수 있다. 보통, 일상적인 성분은 $|z|$가 충분히 큰 경우, 곧 어떤 값 r_c에 대하여 $|z| > r_c$인 경우 수렴한다. 반면 비일상적인 성분은 $|z|$가 충분히 작은 경우, 즉 어떤 값 r_a에 대하여 $|z| < r_a$인 경우 수렴한다. $r_c < r_a$이면, 수렴영역은 복소평면에서 원점을 중심으로 하는 원환을 이룬다. 만약 단위원이 수렴영역의 내부에 있으면, 단위원에서 값을 구한 z-변환은 푸리에 변환과 같다. z-변환의 역변환은 수렴영역 내에서 원점을 내포하는 시계 반대 방향의 단순 닫힌 경로(contour) C에 대하여

$$\frac{1}{2\pi i}\oint_C X(z)z^{n-1}dz$$

로 주어짐을 밝혀 둔다. 이것의 유효성은 코시의 적분정리[IV.1 §7]

$$\frac{1}{2\pi i}\oint_C z^{n-1}dz = \begin{cases} 1, & n=0\text{인 경우} \\ 0, & \text{그 외} \end{cases}$$

를 이용하여 나타낼 수 있다. z-변환은 선형 연산자임을 주목하자. 또한 어떤 고정된 정수 m에 대하여 $y(n) = x(n-m)$이면, 곧 수열 $y(n)$이 단순히 수열 $x(n)$을 m 표본 단위시간(sample interval) 늦춰 얻은 수열이면, $Y(z) = z^{-m}X(z)$임에도 주목하자. 이 때문에 z^{-1}을 단위시간 지연 연산자(unit delay operator)라 부른다. 이제 언급할 마지막 성질은 특히 유용하고, 앞서 언급한 푸리에 합성곱 정리를 일반화하는 것으로도 여겨진다. 그 성질은 $y(n)$과 $x(n)$이 $y(n) = \sum_{l=0}^{L-1} a_l x(n-l)$에 의해 관련되어 있으면, $Y(z) = A(z)X(z)$임을 말한다. 다시 말하자면, 이산 합성곱에 대한 z-변환은 각각의 z-변환들의 곱이다. 비록 L은 무한히 커질 수 있지만, 여기에서는 계수 a_l ($l = 0, 1, \cdots, L-1$)을 갖는 FIR 필터에 적용할 것이기 때문에 그 관련성을 표현하기 위해 (위와 같이) 선택했다. 이런 이유 때문에, 어떤 FIR 필터는 해석적 목적을 위해, (일상적인 필터들에 대해) z^{-1}에 대한 다항식의 형태를 취하는 z-변환으로 보통 나타낸다.

5 디지털 무한 임펄스 응답 필터링

FIR 필터들은 수학적으로 유한 이산 합성곱(LTI 연산자)으로 표현된다. 디지털 필터들의 또 다른 중요한 부류는 무한 임펄스 응답을 갖는 이산 LTI 연산자

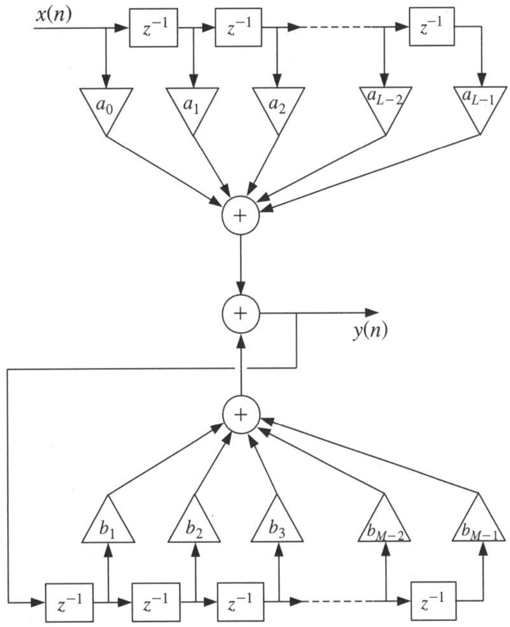

그림 2 두 개의 지연선으로 구성된 디지털 무한 임펄스 응답 필터. 두 번째 것은 출력 수열을 필터링하고, 첫 번째의 출력물에 그 결과들이 더해지기 위해 피드백된다.

를 포함한다. 그것은

$$y(n) = \sum_{l=0}^{L-1} a_l x(n-l) - \sum_{m=1}^{M-1} b_m y(n-m)$$

의 형태를 갖는다.

여기서 주목할 핵심은, 이 필터의 출력 $y(n)$이, $n \in \mathbb{N}^+$에 대한 필터 출력 $y(n)$의 지연값들과 계수 벡터 $[b_1, b_2, \cdots, b_{M-1}]$의 선형 결합뿐 아니라, FIR 필터에서처럼 필터링된 입력 샘플들로 구성된다는 것이다. 그림 2에서 묘사하는 것처럼 이런 재귀적인 방식으로 필터의 출력을 피드백하면, 단위 임펄스에 대한 응답이 더 이상 지속기간에서 유한하지 않은 필터에 이르게 된다. 그 결과로서 이러한 무한 임펄스 응답(infinite impulse response, IIR) 필터의 유계-입력 유계-출력 안정성(bounded-input bounded-output stability, BIBO 안정성)은 더 이상 보장받지 못

하고, 주의 깊은 분석을 필요로 하게 된다. 이 IIR 필터 방정식은 두 개의 서로 다른 FIR 필터를 포함하는데, 피드백되기 전에 하나는 입력 수열에, 다른 하나는 출력 수열에 적용된다. 관련된 z-변환을 사용하여 이것은 $B(z)Y(z) = A(z)X(z)$의 (여기서 $b_0 = 1$) 형태로 표현할 수 있고, 따라서 $Y(z) = T(z)X(z)$이고, 이때 전체 전달함수(overall transfer function)는 분수식 $T(z) = A(z)/B(z)$으로 주어진다. 다항식 $A(z)$의 근(root)들은 필터의 영점(zero)이라 불리고, $B(z)$의 근들은 필터의 극점(pole)으로 불린다. 복소평면에서 극점들의 위치는 $T(z)$의 수렴영역을 특징짓는 핵심 성질이다. 종합하면 극점들의 위치와 영점들의 위치는 IIR필터의 특성을 결정짓는 중요한 역할을 한다.

주어진 통과대역 주파수(pass band frequency), 차단대역 주파수(stop band frequency), 감쇠율(Roll-off rate)과 같은 특정 목적을 얻기 위해 의도된 디지털 필터의 설계는 FIR이든 IIR이든 이제는 잘 확립된 분야이다. 임의의 성격을 갖도록 유한 차수의 필터를 설계하는 것은 가능하지 않다. 따라서 접근 방법은 기본적으로 곡선 맞추기(curve fitting)와 매한가지이다. 최소 제곱법, 선형계획법, 최적화, 체비쇼프 근사(Chebyshyov approximation)와 같은 기법들을 모두 사용할 수 있다.

6 상관관계

이 글에서 지금까지 우리는 결정론적 신호(deterministic signals)에 대해서만 고려했으나, 실제로 측정되는 대부분의 신호는 무작위 측정 잡음(random measurement noise)이나 다른 통계적 파동(statical fluctuation)의 지배를 받는다. 가장 단순한 경우에 이런 것들은 평균이 0인 **부가 백색 가우스 잡음 과정**(additive white Gaussian noise process)으로 모델링할 수 있고, 그러면 측정된 수열은 $y'(n) = y(n) + \nu_n$으로 기술된다. 여기서 ν_n은 확률 잡음 수열을 나타내는데, 그 값들은 $E[\nu_n] = 0$이고 $E[\nu_i \nu_j^*] = \sigma^2 \delta_{ij}$인 가우스 분포로부터 취한 것이다. 이 글에서 $E[\cdot]$는 통계적 기댓값 연산자를 나타낸다.

상관관계는 DSP에서 생기는 또 다른 중요한 과정이다. 두 개의 조정 가능한 확률 시계열 $x(k)$와 $y(k)$ 사이의 상관관계는 $C_{xy}(n) = E[x(k)y^*(n+k)]/\alpha_x\alpha_y$로 주어지는데, 이때 $\alpha_x = E[|x(k)|^2]^{1/2}$과 $\alpha_y = E[|y(k)|^2]^{1/2}$은 정규화 인수(normalization factor)로 여기서는 모두 1로 가정한다. 상관관계는 두 수열 사이에서 표본 시간의 상대적 변이(relative shift)에 대한 함수로, 에르고딕성(ergodicity)과 (적당히 긴 시간 구간에서의 정상성인) 넓은 의미의 정상성에 대한 통상적인 가정을 하면, 상관관계는 $c_{xy}(n) = \sum_{k=-K}^{K} x(k)y^*(n+k)$로 추정되고, 이때 K는 필요한 만큼 크게 (혹은 어떠한 실제 상황에서도 가능할 정도로 크게) 설정된다. 수열 $y(k)$가 수열 $x(k)$와 동일한 특수한 상황에서는 자기상관함수(autocorrelation function) $C_{xx}(n)$을 낳고, 자기상관함수의 대응하는 추정치는 $c_{xx}(n) = \sum_{k=-K}^{K} x(k)x^*(n+k)$이다. 자기상관함수는 특별한 관심의 대상이다. 그 이유는 위너-킨친 정리(Wiener-Kinchene theorem)가 자기상관함수의 푸리에 변환이 신호의 전력 밀도 분포(power spectral density)와 동치임을, 곧 $X(\omega)$가 $x(k)$의 푸리에 변환일 때, $C_{xx}(\omega) = |X(\omega)|^2$임을 말하기

때문이다. 그 합의 극한값이 무한대임을 가정하면, 이 정리는 푸리에 합성곱 정리의 단순한 따름정리로부터 추론할 수 있다. 근본적인 신호의 스펙트럼보다는 자기상관함수를 측정하는 것이 더 단순하거나 좀 더 편리한 다양한 상황이 DSP에 있기 때문에 위너-킨친 정리는 유용하다. 그렇지만 전력 밀도 분포는 어떠한 위상 정보(phase information)도 주지 않음에 주의하라.

조정 가능한 시계열 $y(k)$가 유한 수열 $x(k)$와 상관관계가 있는 경우에는 $c_{xy}(n) = \sum_{k=0}^{L-1} x(k)y*(n+k)$의 형태로 추정치를 갖는 상관함수가 생기고, 이때 각 n에 대한 표본값의 개수는 간단히 유한 수열의 길이 L이다. L의 값이 제한되는 경우에도, 이 식은 상관함수에 대한 불편추정치(unbiased estimator)를 제공하고, 그런 이유로 실제로 매우 유용하다. 수열 $y(k)$의 단일 인스턴스화(instantiation)에 대하여, 이 식을 유한 수열 $x(k)$와 n번째 샘플에서 시작하는 수열 $y(k)$의 유한 단편(finite segment)사이의 유사성에 대한 측도로서 볼 수 있다. 이 추정치가 최댓값을 갖는 n값은 능동형 레이더와 음파탐지기에서 특히 관심의 대상이다. 그런 시스템들에서 수열 $x(k)$에 의해 파형이 표현되는 전자기파 혹은 음파는 말하자면 표본 시간 0에서 안테나에 의해 전송된다. 그것의 경로에 있는 반사체에 전달된 후에, 일부 펄스 에너지는 날아간 시간의 두 배 지연되고 전달 손실(propagation delay)로 많이 약해져서 안테나로 돌아온다. 많이 약해진 이 펄스는 전기 수신기 잡음에 의해 영향을 받고, $y(n) = \beta x(n-m) + \nu_n$으로 모델링할 수 있는데, 여기서 왕복 지연은 m 표본 단위시간이고, 이전처럼 ν_n은 부가 백색 가우스 잡음이다. 이 상황에서

$$c_{xy}(n) = \sum_{k=0}^{K-1}[x(k)x^*(n+k-m) + x(k)\nu_{n+k}]$$

이고, 적절히 설계된 펄스에 대하여 $c_{xy}(n)$의 기댓값은 $n = m$일 때 최댓값을 갖는다. 이것은 펄스의 비행시간에 대한 추정치, 따라서 대응하는 반사체까지의 거리에 대한 추정치를 제공한다.

이 목적을 위해 상관함수 추정치를 계산하는 것을 보통 정합필터링(Matched filtering)이라 부른다. 그 이유는 추정치를 $c_{xy}(n) = \sum_{k=0}^{k-1}{}_{k=0} x(K+1-k)$ $y(n+K-1-k)$의 형태로 고쳐 쓰고, 역순서 수열 $\bar{x}(k) = x(K+1-k)$를 도입하면, 그 추정치는 $\sum_{k=0}^{k-1} \bar{x}(k)y(n+K-1-k)$이기 때문이다. 이것은 $\bar{x}(k)$를 계수로 갖는 디지털 FIR 필터에 대응하는 이산 합성곱의 형태를 취한다. 사실상 상관함수는 역순서로 계수와 합성곱을 계산하는 방식으로 추산할 수 있다.

7 적응필터

적응필터의 경우 그 계수들은 미리 정해진 것이 아니고, 예를 들어 출력신호 대 잡음비를 최대화하는 것과 같이, 특수한 목적을 이루려는 관점에서 입력자료에 대한 함수로 계산해야만 한다. 이것은 전형적으로 필터 계수(가중치벡터)와 관련된 적당한 비용함수의 최소화를 포함하며, 때로는 단순한 폐회로 제어 시스템(closed loop control system)을 구성하기 위해 필터 출력을 피드백하도록 구현된다.

예를 들어, 원하는 신호 $s(n)$ 이미지의 필터링 연산 $H(z)$의 영향을 받는 신호추정 문제를 생각해 보

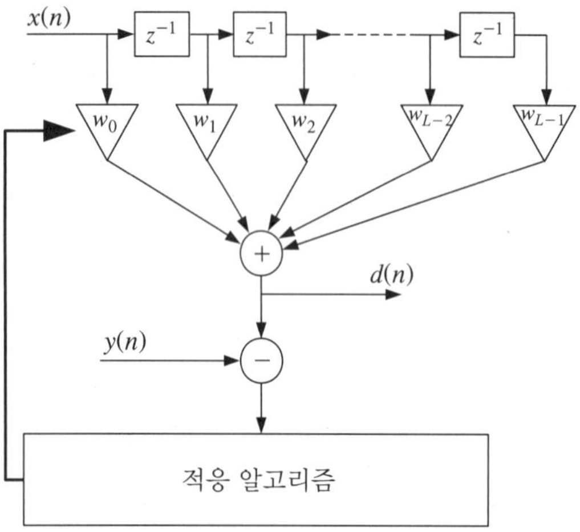

그림 3 기본 적응 필터의 모형도. 출력 신호 $d(n)$과 참조 신호 $y(n)$ 사이의 차이는 적당한 적응 알고리즘(adaptive algorithm)을 사용하여 가중치 벡터의 갱신 값을 계산하는 데 사용된다.

자. 필터링 연산 $H(z)$에 의해 수신된 신호가 $x(n) = \sum h_k s(n-k) + v(n)$으로 주어지고, 이때 $v(n)$은 $s(n)$과 상관관계가 없는 간섭이나 잡음신호이다. 원하는 신호의 추정을 목적으로, 수신된 신호는 출력이 $d(n) = \sum_{k=0}^{k-1} w_k x(n-k)$인 적응필터(adaptive filter) $W(z)$에 의해 처리된다. 식 $y(n) = s(n) + \eta(n)$으로 표현된, 원하는 신호의 잡음 섞인 버전 또한 이용 가능하고, 여기서 잡음 $\eta(n)$ 역시도 $s(n)$과는 상관관계가 없다고 가정하자. 적응필터의 계수들은 **참조 신호** $y(n)$과 적응필터의 출력 $d(n)$이 최소 제곱오차 $J = E[|e(n)|^2]$의 (단 $e(n) = y(n) - d(n)$) 관점에서 가능한 가장 가깝다는 것이 보장되도록 선택된다. 이런 접근법이 작동하는 이유는 아래에서 살펴볼 것과 같이, 그 해가 특정 신호들 사이의 상관관계를 포함하는 반면, 상관관계가 없는 두 잡음 항은 결과에 영향을 미치지 않기 때문이다. 이런 종류의 적응 필터는 그림 3에 도시하였다.

적응필터의 각 계수(종종 가중치로 언급되는)에 대하여 비용함수 J를 최소화하는 것은 위너-호프 방정식(Wiener-Hopf equation)

$$r(k) = \sum_{j=0}^{K-1} w_j q(k-j) \, (j = 0, 1, \cdots, K-1)$$

를 직접 유도한다. 여기서

$$r(k) = E[y(n)x^*(n-k)],$$
$$q(k) = E[x(n)x^*(n-k)]$$

는 각각 교차-상관함수(cross–correlation function)와 자기-상관함수(auto–correlation function)를 나타낸다.

이 방정식들은 합성곱의 형태를 가지고 있으므로, 해는 $W(z) = R(z)/Q(z)$처럼 해당하는 z-변환으로 형식적으로 표현할 수 있다. 그렇지만 이 표현은 실제로 필터의 가중치를 계산할 때는 별로 이득을 주지 않는다. 대신 위너-호프방정식은 $Mw = r$의 형태로 표현할 수 있는데, 이때 $w = [w_0, w_1, \cdots, w_{K-1}]$은 가중치벡터이고, $M \in \mathbb{C}^{K \times K}$은 각 성분이 $m_{ij} = g(i-j)$로 주어지는 공분산행렬(covariance matrix)이며, $r \in \mathbb{C}^K$은 각 성분이 $r_i = r(i)$로 주어지는 교차-상관벡터(cross-correlation vector)이다. 이 행렬 방정식은 통상적인 선형대수 기법을, 이상적으로는 공분산행렬이 퇴플리츠 형태임을 활용하는 기법을 이용하여 풀 수 있다.

알려지지는 않았고 실제 상황에서 자료로부터 추산해야만 하는, 앙상블 평균화된(ensemble averaged) 교차상관과 자기상관 성분을 사용하여 위너-호프 방정식이 수식화되었다는 것에 주목하자. 일반적으로 비용함수(예를 들어 D가 자료를 나타낼 때 $f(w|D)$)를 정의하여 자료로부터 직접 필터 계수

를 추산하는 것이 더 적절하다. 그러면 $w = \arg\min f(w\,|\,D)$를 풀 수 있다. 다양한 비용함수들이 제안되었다. 어떤 것들은 참조 신호가 필요하지 않다는 (**블라인드 적응 필터링** blind adaptive filtering) 이점을 갖는다. 위너-호프 방정식을 유도하는 특정 시나리오에 대하여, 적절한 비용함수는 $f(w\,|\,D = [X, y]) = \|Xw - y\|_2$일 수도 있고(단, $\|x\|_2 = (x^*x)^{1/2}$), 이 경우 w는 연립선형방정식 $Xw = y$의 해이다.

그렇지만 위의 신호추정 문제와 같이, y는 원하는 신호의 잡음이 섞인 복사체, 곧 $y = s + \eta$인 경우가 일반적임을 유의하자. 더욱이 아래에서 논의할 것처럼, 미지수인 필터계수의 개수보다 더 많은 계측수단을 갖는 것이 유리할 수 있다. 이 경우 미지수보다 더 많은 방정식이 있고 X는 사각행렬이 된다. 따라서, 일반적으로 연립선형방정식 $Xw = y$의 정확한 해는 없고, **최소 제곱해**[IV.10 §7.1]에 의지해야만 한다. $Xw = y$의 최소 제곱해에 접근하는 방법은 여러 가지가 있으나, 적절한 선택은 X의 성질에 달려 있다. X^*X가 최대 계수(full-rank)를 가지면 w는, 정규방정식(normal equation)으로 알려진, 선형연립방정식 $X^*Xw = X^*y$의 유일한 해이고, $w = (X^*X)^{-1}X^*y$는 위너 해(Wiener solution)로 불린다. X^*X가 최대 계수를 갖지 않으면, 최소 제곱해를 구하기 위해 당연히 다른 방법을 사용해야 한다.

따라서 적응 필터 문제는, 잡음 $y = s + \eta$가 있을 때, 방정식 $X^*Xw = X^*y$의 해를 찾아야 한다. 여기서 s는 잡음이 없는 신호이다. 그렇다면 위너 해는 $w = w_0 + (X^*X)^{-1}X^*\eta$로 쓸 수 있는데, 이때 w_0은 잡음 없는 최소 제곱해이다. $X^*\eta$의 i번째 원소는 $\sum_{k=0}^{K} x^*(k - i + 1)\eta(k)$로, 이 값은 $x(n - i + 1)$과 $\eta(n)$ 사이의 교차상관에 대한 에르고딕 추정임에 유의하자. 앞에서 위너-호프 방정식을 유도할 때, 앙상블 평균화된 교차상관을 사용하였고, 그러므로 $E[x^*(n - i + 1)\eta(n)] = 0$이고 $w = w_0$이다. 그렇지만, 일반적으로 유한값 K에 대해서는 $\sum_{k=0}^{K} x^*(k - i + 1)\eta(k) \neq 0$이므로, 에르고딕 추정을 이용하는 지금은 그런 경우가 아니다. 에르고딕 추정에서 K값이 커질수록, 추산된 교차상관은 작아질 것이다. 이것은 잡음이 심한 양을 많이 계측하고 결과로 얻은 추정치의 정확도를 높이기 위해 평균을 구하는 것과 동치이다. 이것이 적응 필터 문제가 자주 직사각행렬 X를 갖는 이유이다.

w에 대한 표현에서, $X^*\eta \neq 0$이 주어지고 그 값에 $(X^*X)^{-1}$을 곱한다고 하면, 행렬 X의 계수(rank)뿐 아니라, 그것의 **조건수**[IV.10 §1]도 고려할 필요가 있다. 불량 조건을 가진 행렬에 대해 그 역행렬을 구하는 것은 현존하는 잡음을 증폭시킬 수 있다. 여기서 잡음 $(X^*\eta)$는 반올림 효과(roundoff effect)가 아니라 신호로부터 온 것이다. 정규방정식을 구성하고 푸는 것은 다음과 같은 단점이 있다. X^*X의 2-노름 조건수(2-norm condition number)는 X의 2-노름 조건수의 제곱이고, 잡음이 있는 상태에서, 최소 제곱 문제가 보장하는 정확도보다 낮은 정확도를 갖는 정규방정식의 계산된 해를 유발할 수 있다. 이런 맥락에서, 특별히 유용한 한 가지 접근 방법은 행렬 X의 **QR-인수분해법**[IV.10 §2] $X = QR$를 사용하는 것으로, 이것은 공분산행렬 X^*X를 만들지 않고, 따라서 조건수를 제곱하지 않고 w를 계산할 수 있다.

8 구현

신호처리에서 중요한 것은 낮은 복잡도의 알고리즘을 요구한다는 것이다. 이는 신호처리가, 배터리로 작동하는 장치와 같이 계산 능력이 제한된 장비에서 흔히 발견되기 때문이다. 따라서 가능한 적은 계산을 요구하는 알고리즘 개발이 큰 관심을 받는다.

신호처리 알고리즘에서 계산을 줄이는 가장 주목받는 방법은 한 문제의 해를 다른 문제의 해에 기초하여 계산하는 방법, 곧 귀납법의 사용이다. 적응필터에서 가장 널리 사용되는 방법은 시간에 대한 귀납법으로, 시간 $n-1$에서의 해로부터 시간 n에서의 해를 구하는 것이다. 이것이 **귀납적 최소 제곱**(recursive least square, RLS) 알고리즘들로 연결된다. 이 집합의 가장 오래된 구성원은, **셔먼-모리슨-우드버리 식**[IV.10 §3]을 이용하여 구한 위너 해로부터 유도되었다. 이 보조정리는 행렬 X^*X의 역행렬을 더 작은 행렬의 역행렬로 표현한다. 특히, 시간 n에서의 자료행렬을 $X(n) = [X^T(n-1)x(n)]^{\mathrm{T}}$으로 쓸 수 있고, $(X^*(n)X(n))^{-1}$을 $(X^*(n-1)X(n-1))^{-1}$과 $x(n)$을 포함하는 계수 1인 항들로 표현할 수 있다. 실제로 위너 해 $w(n) = (X^*(n)X(n))^{-1}X^*(n)y(n)$에 대입하면, 그 결과로 얻는 식은 $w(n) = w(n-1) + g(y(n) - x^*(n)w(n-1))$ 형태의 방정식으로 단순해진다. 벡터 g는 **칼만 이득 벡터**(Kalman gain vector)로 알려져 있고, $(X^*(n)X(n))^{-1}x(n)$과 같다. 이것은 $w(n-1)$에서 $w(n)$로의 갱신의 방향을 정한다. 이 식이 갖는 이점은 $N \times N$행렬의 역행렬을 구하는 데는 $O(N^3)$의 연산이 필요하지만, 이것은 오직 $O(N^2)$의 연산만 필요하다는 것이다. 그 갱신 식에서 마지막 항은 연역적인 '근사' 오차(fitting error)로 볼 수 있다. 이것은 최적화에서 **최급강하법**[IV.11 §4.1]이나 선형연립방정식에서 **야코비 반복법**[IV.10 §9]과 같은 다양한 반복 알고리즘에서 나타나는 전통적인 귀납적 갱신식이다.

이 부류의 중요한 신호처리 알고리즘은 **최소 평균 제곱**(least mean square, LMS) 알고리즘이다. LMS 알고리즘은 몇 가지 방식으로 유도할 수 있다. 본래의 접근 방식은 통계적이고 평균제곱오차를 최소화하는 것에 기초를 두었다. 다른 접근법은, 가중치 벡터의 변화의 절댓값 $|w(n) - w(n-1)|$을 최소화하는 대신에, 귀납적 근사오차 $y(n) - x^*(n)w(n)$을 0으로 놓는 것이다. 어떤 방법이든 LMS 갱신식은 $w(n) = w(n-1) + x(n)(y(n) - x^*(n)w(n-1))$이다. 이것은 칼만 이득이 $g = x(n)$, 즉 $X^*(n)X(n) = I$일 때, RLS 갱신식과 같다는 것에 유의하자. 따라서 입력 신호 $x(n)$이 백색 잡음 과정(white noise process)일 때, LMS 알고리즘은 RLS 알고리즘처럼 작동한다. 입력 신호가 백색 전력 스펙트럼 밀도(white power spectral density)를 갖고 있지 않으면, LMS 알고리즘은 RLS 알고리즘보다 수렴 속도가 느리다. 이것은 $x(n)$이 칼만 이득 벡터와는 다르게, 최대 강하 방향에 대해 그저 그런 추정치를 준다는 사실과 관련이 있음을 증명할 수 있다. 그렇지만 LMS 알고리즘은 구현하기 매우 간단하고, 유도 과정에서 근본적으로 만들어졌던 가정들의 위반을 이겨낼 정도로 아주 강력한 것으로 증명되었다. 사실 LMS 알고리즘은 (주어진 시스템들에서) 최대한의 오류를 최소화하는 **미니맥스 최적화**를 이용하여 유도할 수 있다. 대체적으로 LMS 알고리즘은 주어진 최악의 입력 잡음에 대하여 연역적 근사오차의 에너지를 최

소화한다. 최악의 입력 잡음은 H_∞-노름으로 알려진 개념과 연관이 있음을 증명할 수 있다. H_∞-노름은 주파수 영역에 적용된 L_∞-노름으로, 주어진 전송함수 $T(z)$에 대하여 $\|T(z)\|_{H_\infty} = \sup_\omega(|T(e^{i\omega})|)$이다. 그런 이유로 LMS 알고리즘은 매우 유용한 도구이다. 최소 제곱 알고리즘들에 기반을 둔 QR-인수분해는 비록 이 글에서 더 이상 논의하지 않겠지만 시간-재귀 버전을 가지고 있다.

계산 부담을 줄이는 다른 접근 방법으로는 문제가 지닌 특별한 구조를 활용하는 방법이 있다. 적응필터에서 데이터 행렬 X의 행들은 그 필터를 정의하는 합성곱, 곧 $y(n) = \sum_{l=0}^{L-1} a_l x(n-l)$에 나타나는 지연 신홋값들 $x(n-l)$로 구성된다. 데이터 행렬의 각 행들은 n의 다른 값에 해당한다. 따라서 데이터 행렬은 퇴플리츠 형태를 갖는다. 그러므로 $X_p(n)$이 시간 n에서 p차 필터(pth-order filter)에 대한 데이터 행렬이면

$$X_p(n) = [X_{p-1}(n), b_p(n)] = [f_p(n), X_{p-1}(n-1)]$$

이고, 여기서 $b_p(n)$과 $f_p(n)$은 데이터에 의존한다. 사실상 $f_p(n)$과 $b_p(n)$은 각각 **순방향과 역방향 선형 예측**(forward and backward linear prediction)이라는 특화된 적응 필터 문제와 관련이 있다. 여기서, 원하는 신호 $y(n)$은 $f_p(n)$이나 $b_p(n)$으로 대치된다. 이것은 공분산행렬에 대한 계수 2인 갱신식을 이끌어 낸다. 시간 점화식과 순서 점화식을 통합하여 $O(n)$ 연산을 갖는 알고리즘을 얻을 수 있다. 이런 예로는 빠른 횡단필터(Fast transversal filter) 알고리즘과 RLS 격자(lattice) 알고리즘이 있다.

모든 귀납적 알고리즘의 주요 쟁점은 **수치적 안정성**[I.2 §23]이다. 점화식은 모든 입력값이 정확할 때에만 유효하다. 부정확한 입력 값과 수치적 반올림 오류는 출력값에서 오류를 유발하고, 이 값은 다음 반복의 입력값으로 사용된다. 이것은 알고리즘의 폭발적인 발산을 일으킬 수 있다. 귀납법이 만들어 내는 복잡성 때문에, 신호처리 알고리즘의 수치적 안정성은 보통 컴퓨터 모의실험을 통해 조사받는다. 상대적으로 적은 이론적 작업이 있으나, 이것은 불안정하다고 입증 가능한 것 뿐 아니라 안정적이라고 입증 가능한 귀납적 알고리즘을 유도한다.

9 채널 등화

적응필터는 반향제거, 현대적 보청기, 그리고 지진학과 같은 다양한 상황에서 발견되지만, 대부분 현대 디지털 통신 시스템에서의 사용이 두드러진다. 대략적으로 말하자면 두 가지 쓰임으로 시스템 동화(system identification)와 시스템 도치(system inversion)가 있다. 시스템 동화에서는, 시스템 $G(z)$가 주어지면 어떤 고정된 신호 $X(z)$에 대하여 $\|G(z)X(z) - H(z)X(z)\|$를 최소화하는 필터 $H(z)$를 찾는다. 곧 주어진 $X(z)$에 대하여, $H(z)$는 $G(z)$처럼 행동한다. 시스템 도치에서는 $\|H(z)G(z)X(z) - X(z)\|$를 최소화하는 필터 $H(z)$를 찾는다. 즉, $H(z)$는 $G(z)$의 효과를 무효화한다. 주어진 어떤 부류의 필터들로부터 필터 $H(z)$를 뽑아내는 것이 일반적이다. 다루기 쉬운 알고리즘을 유도하기 때문에, FIR 필터들의 집합이 보통 사용되지만, 아래의 **결정 재입력 등호기**(decision feedback equalizer)도 알아보자.

시스템 동화는 실제 시스템에 대한 (또는 필터에

대한) 모형을 생성함으로써 그것을 조사하는 데 사용된다. 모형의 성질들(극이나 영점들의 위치, 안정성 등)은 그 시스템의 대응하는 성질들을 추론하는 데 사용할 수 있다. 이런 예로는 시스템 모니터링(system monitoring)이 있다. 일련의 모형들이 시간에 대해 만들어진 것이라면 시스템에서의 변화는 감지할 수 있다. 이론적으로는, 해로운 변화가 시스템의 돌발적인 고장을 야기하기 전에 감지될 수 있다.

시스템 도치가 좀 더 대중적이고, 시스템 $G(z)$가 신호 $X(z)$에 해로운 영향을 끼치는 물리적 현상이고 이 효과를 완화시키고 싶을 때는 시스템 도치를 사용한다. 이에 대한 가장 일상적인 예는 라디오 신호의 전송이다. 라디오파는 전송기와 수신기 사이에 놓인 장애물에 의해 튕겨나갈 수 있고, 이로 인해 서로에 대하여 다른 지연을 갖는 몇 가지 신호를 수신하게 된다. 이런 신호들은 통일성이 있기 때문에, 그 결과로 생긴 합이 라디오 신호 속의 정보를 복원하는 수신기의 능력에 부정적인 영향을 미치는 간섭효과를 드러낼 수 있다. 수신기에 적응 필터를 통합함으로써 확산효과(effect of propagation)는 줄일 수 있다. 이것이 **채널 등화**(channel equalization)로 알려져 있다. 시스템 도치와 관련한 분명한 문제가 있다. 시스템 $G(z)$가 불량 조건을 가지고 있거나, 실제로 가역이 아닐 수도 있다. 그런 경우에 다양한 **정규화 기법**(regularization method)을 사용할 있다. 예를 들어 최소-제곱 문제 $w = \arg\min\{\|Xw - y\|_2\}$를 어떤 문턱값 τ에 대한 제약을 가진 문제 $w = \arg\min\{\|Xw - y\|_2 : \|w\|_2 \le \tau\}$로 바꿀 수 있다. 그렇지만 이 경우에 적응 필터 $H(z)$는 $G(z)$의 효과를 완전히 경감시킬 수는 없다.

좀 더 실질적인 쟁점은 $G(z)$가 가역이 될 수 있는 정확도이다. 일반적으로 $G(z)$는 영점뿐 아니라 극도 가질 수 있다. 따라서 그것의 역수 또한 극과 영점을 갖는다(5절을 보라). 실제로 빈번히 일어나는 상황인 $G(z)$가 영점을 갖는 경우에도, 그것의 역은 극을 갖는다. 대부분의 적응 필터 알고리즘이 영점만을 갖는 FIR 필터를 기초로 하고 있기 때문에 논란이 생긴다. 비록 몇 가지 적응 IIR 필터 알고리즘이 개발되었으나, 이들은 분명히 BIBO 안정성 논란을 가지고 있다. 여기서의 안정성은 수치적 안정성이 아닌 시스템 안정성을 의미한다. IIR 필터는 단위원 바깥에서 극을 갖는다면 체계적으로 불안정할 것이다. 대부분의 적응 IIR 필터 알고리즘은 이런 일이 벌어지지 않는다고 보장할 수 없다. 이것은 수학적으로 잘 이해되고 있지만, 신호처리 알고리즘에서 얻는 것은 매우 까다롭다(보통 비선형 연립방정식의 해를 필요로 한다). 다행스럽게도, FIR 필터가 충분히 많은 계수를 가지고 있는 한, IIR 필터의 응답에 매우 가까운 응답을 갖는 FIR 필터를 만드는 것이 가능하다. 따라서 사실상 대부분의 시스템 도치 알고리즘은 적응 FIR 필터 알고리즘을 사용할 것이다. 주목할 만한 예외는 다시금 라디오 신호를 전송하는 경우이다. IIR 필터는 이전의 출력 $y(n-i)$를 이용하여 현재의 출력 $y(n)$을 계산한다는 것을 기억하자(5절을 보라). 필터 계수를 미리 알고 있지 못한 상태에서는 이전 출력 $y(n-i)$를 계산할 수 없으므로, 필터 계수 a_i와 b_i를 결정하는 것이 어려운 일임은 분명하다. 그렇지만, 현대의 라디오에서 신호는 디지털, 즉 예를 들어 ± 1 같은 이산값만을 취한다. 따라서 필터 계수 a_i와 b_i가 정확하다면, $y(n) \in \{\pm 1\}$이다. a_i와 b_i가 정확하지는 않으나 정확한 값에 가까울 때는, 필터의 출력 $y(n)$이 일반적으로 ±1은 아니나, 이 다른 값들 보다는 허용값들(예를 들어 ±1) 중 하나에 가깝다는 것을 알게 될 것이다. 허용되는 가장 가까운 값을 $d(n)$으로 표시하면, $y(n) = d(n)$이 맞는 답임을 가정할 수 있다. 이 과정을 따라가면 과거의 출력 $y(n-i)$의 피드백을 '결정(decision)' $d(n-i)$로 대체할 수 있다. 곧, $y(n) = \sum_{i=0}^{N} b_i x(n-i) + \sum_{i=1}^{M} a_i d(n-i)$이다. 그러면 필터 계수 a_i와 b_i의 계산은 좀 더 다루기 쉬워진다. 더욱이 필터 계수들이 그들의 정확한 값에 충분히 가깝도록 초기화될 수 있으면, 부정확한 '결정'으로 유발되는 어떠한 오류도 어떤 문제를 일으키지는 않는 것으로 보인다. 이런 형태의 적응 IIR 필터는 **결정-피드백 등화기**(decision-feedback equalizer)로 알려져 있다.

결정-피드백 등화기는 '딱딱한' 결정, 즉 $d(n) \in \{\pm 1\}$을 내린다. 대안 접근법은 '부드러운' 결정을 내린다. 여기서 $d(n) = Q(y(n))$이고, 함수 Q는 $y(n) \in \mathbb{R}$를 $d(n) \in [-1, 1]$에 대응시키는데, $d(n)$과 $+1$ 또는 -1 사이의 거리가 결정의 '정확도'를 적절하게 나타낼 수 있게끔 하는 방식으로 대응시킨다. 부드러운-결정-피드백 등화기는 보통 (딱딱한-)결정-피드백 등화기보다 더 잘 기능한다. 함수 Q에 대한 분명한 선택은 **공산(가능성)함수**[V.11]이다. 이제 전송된 신호와 수신된 잡음의 통계에 대한 가정을 만들어야만 한다. $b(n) \in [-1, 1]$이 전송된 신호의 정확한 값이고, $\varepsilon(n) \in \mathbb{R}$가 부정확한 결정과 필터 계수의 값들로부터 생긴 잔류 오류(residual error)와 잡음을 나타낼 때, $y(n) = b(n) + \varepsilon(n)$이라 하자. 그러면 **베이즈 정리**[V.11]에 대한 응용으로부터 $P(b(n) \mid y(n)) \propto P(y(n) \mid b(n))$을 얻는다. 항 $P(y(n) \mid b(n))$은 주어진 $\varepsilon(n)$의 통계로부터 쉽게 계산할 수 있고, 공산함수로 알려져 있다. 통계적 추정기법의 사용은 **베이즈 신호처리**(12절을 보라) 영역을 이끈다. 이 접근 방식은 **터보 등화**(turbo equalization)와 같은 아주 강력한 알고리즘을 유도했다. 여기서 등화기의 계수를 추정하려고 시도할 수 있지만, 매개변수의 그럴듯한 통계를 얻기 위해, 추산된 확률밀도함수(estimated probability density function, pdfs)를 반복적으로 사용하는 것으로 끝난다.

10 적응 빔포밍

또 다른 중요한 신호처리 작업은 **빔포머**(Beamformer)이다. 시계열 필터들은(2절) 한 개의 시계열를 처리하고, 출력 신호의 주파수 내역(frequency contents)을 변화시킬 수 있다. 필터는 합성곱 $y(n) = \sum_{i=0}^{N} w_i x(n-i)$를 수행하는 반면, 빔포머 프로세스들은 신호 $y(n) = \sum_{i=0}^{N} w_i x_i(n)$을 분리한다. 그림 4에 도시한 것처럼, 빔포머에 대한 입력신호 $x_i(n)$은 물리적으로 분리된 센서로부터 온다. 빔포머는 출력 신호의 주파수 내역을 입력 신호의 도착 방향에 따라 달리할 수 있다. 이것을 알아보기 위해, 주어진 소스로부터 각 센서로 감지된 신호는 원본 신호의 지연된 버전일 뿐이라는 것에 주목하자. 그 지연은 그저 방사주파수(radio frequency, RF)파가 소스로부터 센서까지 이동하는 데 걸린 시간일 것이다. 시간 n에서 변조된 RF파는 $A(n)e^{-i\omega n}$의 꼴로 쓸 수 있는데, 이때 $A(n)$은 신호 진폭이고 ω는 각주파수

(angular frequency)이다. 따라서 소스와 센서 사이의 거리를 d, 샘플시간당 빛의 속도(미터)를 c라 할 때, 센서에 수신된 신호는 $A(n-d/c)e^{-i\omega(n-d/c)}$이다. 만일 좋은 근삿값으로 $A(n-d/c)=A(n)$이면, 그 RF 신호는 **협대역**(narrowband)이라 불리고, 센서에 수신된 신호는 원본 신호의 위상편이(phase-shifted)된 버전 $A(n)e^{-i\omega n}e^{i\omega d/c}$이다. $A(n-d/c)\neq A(n)$인 경우는 **광대역**(broadband)이라 불린다(11장을 보라).

협대역의 경우 빔포머는 각 센서로부터의 신호를 일관되게 더하기 전에 w_i들을 통해 신호에 위상편이를 적용할 수 있다. 따라서 빔포머는 예를 들어 주어진 방향의 소스에 대해 예상했던 상대 전달 지연(relative propagation delay)으로부터 생긴 위상편이를 상쇄시켜 주는 위상편이를 적용할 수 있고, 이 경우 그 방향의 어떤 신호도 구조적으로 더해질 수 있고, 그 결과 거대-진폭의 신호를 만들어 낸다. 다른 방향으로부터 온 신호들은 합계에서 부분적으로 상쇄되거나, 심지어 합계가 0이 될 수 있다. 사실 빔포머의 출력은 N항들의 합이므로, 빔포머의 응답이 정확히 0인 방향이 $N-1$개 있음을 증명할 수 있다. 이 방향들은 빔포머의 **널**(null)로 불린다. 따라서 **도착 방향**을 기초로 신호들을 '거를 수' 있다. 나이퀴스트 샘플링 판정법과 동치인 센서의 위치에 대한 요구조건이 있다는 것에 주의하자. 센서들은 가장 높은 공간 주파수를 구별할 수 있도록 충분히 가까워야만 한다. 그렇지 않으면 **공간 에일리어싱**(spatial aliasing)을 얻게 된다.

위의 논의로부터 다음이 명확하다. 곧 주어진 방향으로부터의 신호에 대하여, 센서로부터의 신호들에 대한 벡터 $x(n)$은 도착 방향으로 유일하게 결정된 벡터에 비례한다. 이 벡터 a를 **조종벡터**(steering vector)라 부른다. 비례상수는 전송된 신호 $s(n)$의 순시값(instantaneous value)으로, $x(n)=s(n)a$이다. 빔포머의 공통된 구조는 동일 직선 위에 같은 거리로 떨어진 센서들을 가지고 있다는 것이다. 이것은 **정형 선형배열**(uniform linear array)로 알려져 있고, 그림 4에 도시되어 있다. 이런 경우에 조종벡터들은 표본화된 복소 지수 $e^{ind\sin(\theta)/\lambda}$으로 보이는데, 여기서 n은 센서들의 색인이고, d는 센서 분리도(sensor separation)이며, θ는 신호를 수신한 방향, λ는 그것의 파장이다. 이런 상황에서 항 $d\sin(\theta)/\lambda$는 **공간 주파수**로 알려져 있다. 따라서 공간 주파수는 신호의 수신 방향에 대한 사인함수로 주어진다. 일반적으로 조종벡터는 이런 간단한 구조를 갖지 않지 않지만, '공간 주파수'에 대한 참조는 여전히 관련 문헌

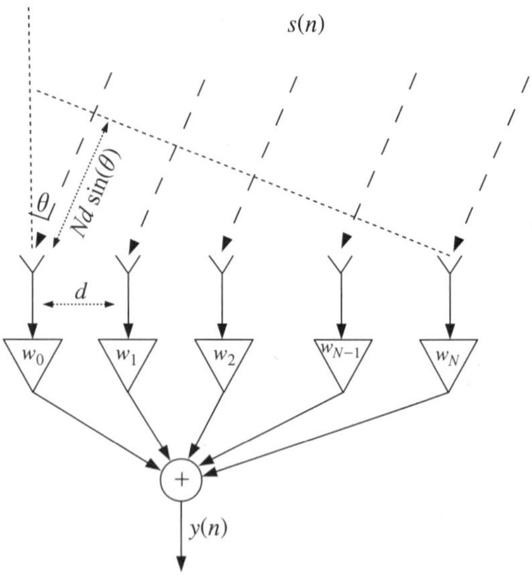

그림 4 빔포머 안테나 배열의 모형도. 직선을 따라 각 성분들이 일정한 간격으로 떨어져 있다. Y-자형의 기호 각각은 개별 안테나를 나타낸다. 수신된 신호는 가중치를 갖고 배열 출력 신호(array output signal)을 만들기 위해 조합된다.

에서 찾을 수 있고, 일반적으로 빔포머는 **공간 필터**로 불린다. 고정된 빔포머의 설계에는 많은 일이 있었다. 예상할 수 있듯이, 고정된 디지털 필터의 설계와 많은 공통점이 있다(5절을 보라). 그렇지만, 여기의 주안점은 주로 원하는 신호에 대한 응답을 조정하는 것과(**주 로브**(lobe)), 원치 않는 신호를 거부하는 것이다(**보조 로브**).

적응 필터처럼 적응 빔포머는 수신한 신호의 계수 (또는 가중치) w_i를 수집한 자료를 바탕으로 계산한다. (이때 사용되는) 수학은 사실상 거의 적응 필터의 것과 같다(곧, $Xw = y$에 대한 최소 제곱해). 여기서도 마찬가지로 시간에 대한 귀납법(8절을 보라) 같은 기법들이 필요한 계산을 줄이기 위해 사용되지만, 더 이상 데이터 행렬 X가 퇴플리츠가 아니므로 '빠른' ABF 알고리즘은 없다. 또 다른 차이는 기대하는 신호의 종류이다. 적응 필터 시나리오에서는 신호에 나타나는 주파수들의 분명한 (연속적인) 범위를 보통 알 수 있다. 빔포밍(beamforming) 응용에서는 현재 도착하는 신호들의 겨우 몇 개의 이산적인 방향들만 알 수 있을 것으로 기대한다. 이것은 빔포밍 응용에 특화된 몇 가지 알고리즘을 유도한다.

어떤 상황에서는 데이터 공분산행렬 X^*X의 고윳값들은, 큰 고윳값(eigenvalue)을 갖는 집합과 작은 고윳값을 갖는 집합으로 나뉜다. 큰 고윳값, 또는 좀 더 명확하게, 그에 대응하는 고유벡터는 신호에 대한 정보를 포함하는 부분공간에 해당하는 반면, 작은 고윳값은 잡음에 해당한다. 예를 들어, 이것은 그 자료를 '신호' 부분공간에 정사영 시켜 잡음을 걸러 낼 수 있도록 한다. 이 기법은 사실 **주요성분 분석**[IV.17 §4]의 예이다. 게다가 '잡음' 부분공간에 수직인 조종벡터들을 갖게 만듦으로써 신호가 오는 방향을 추정할 수 있다. 이것이 *MUSIC* DOA 추정 알고리즘(*MUSIC* direction-of-arrival estimation algorithm)의 기초이다.

위의 예에서, 가장 큰 고윳값에 대응하는 고유벡터들은 신호를 포함하는 부분공간을 생성한다. 그렇지만 고유벡터는 조종벡터와 일치하지는 않고, 신호들을 분리하려면 추가적인 과정이 필요하다는 것을 기억하자. 단순한 방법은 제약 있는 최소 제곱 문제 $w = \arg\min\{\|Xw - y\| : w^*c = 1\}$을 구성하는 것이다. 여기서 c는 주어진 방향으로부터 온 신호에 대한 빔포머의 응답이 1이 되도록 선택된 것이다. 즉, 조종벡터 a를 갖는 입력 신호 $x = s(n)a$에 대하여 $w^*x = s(n)$이 되길 원하고, 따라서 $w^*a = 1$이며 $c = a$를 얻는다. 모든 (혹은 최소한 유한개의) 도착 방향에 시도함으로써, 개별 신호들은 복구될 수 있다. 이 기법은 MVDR(Minimum-variance-distortionless-response, 최소-편차-비왜곡-응답) 빔포밍으로 알려져 있다. MVDR 빔포머는 적응 빔포머(최소 제곱 최적화)와 고정된 것(제약)의 혼합물이다. 이 개념을 확장하고 빔패턴의 다른 특성들을 조절하기 위해 예를 들어 희망하는 '관측 방향'에 대한 주 로브의 폭을 조절하기 위한 도함수 조건(derivative constraint)과 같은 제약들을 추가하는 것은 보통 유익하다. 현실적 문제(예를 들어 측정도구의 교정)에 의해 기인했든, 혹은 조사 대상의 집합이 유한한 것에서 기인했든 간에, MVDR 빔포밍과 관련한 한 가지 쟁점사항은 조종벡터의 부정확성이다. 만일 조종벡터가 정확하지 않으면, 최소 제곱 최

적화는 빔패턴이 원하는 신호(목표로하는 신호)를 제거하도록 조정될 수도 있다. 이 효과를 완화하는 다양한 시도가 있었는데, 위에서 언급한 기울기 제약(gradient constraint)이 그들 중 하나이다.

탐색에 기초하지 않으면서 신호를 복구하는 대안적인 기법은 **독립 성분 분석**(independent-component analysis, ICA)에 기반을 둔다. 이것은 PCA의 확장이다. S가 시계열 신호행렬(matrix of signal time series)이고 A가 조종벡터들의 행렬일 때, $X = SA$로 쓰면, PCA는 어떤 정규 직교기저벡터들의 집합 $Y = SQ$를 산출함을 보일 수 있다. 이때 Q는 유니타리 행렬이다. 만약 신호 S가 가우스 신호가 아니면, YU의 열들이 통계적으로 독립이 되는 유니타리 변환 U를 ($U = QP$, 여기서 P는 치환행렬이다) 찾음으로써, S는 Y로부터 복구될 수 있다. ICA는 또한 **암묵신호분리**(blind signal separation)로도 알려져 있는데, 조종벡터들의 행렬 A를 연역적으로 알 수는 없기 때문이다.

11 광역 ABF와 다중채널 필터링

시간적 필터링(temporal filtering)과 공간 필터링(spatial filtering)이 유용하고 실질적인 연산임을 살펴보았다. 어떤 응용에서는 두 가지 모두를, 즉 **시간과 공간 필터링의 결합을 동시에 적용**하는 것이 필요하다. 이것에 대한 예로는 음파 탐지기(sonar), 시공간 적응처리(space-time adaptive processing, STAP) 레이더, MIMO 통신(Multiple input Multiple output communications) 등이 있다. 두 가지 형태의 필터링을 사용하는 이유는 신호의 수신 방향뿐 아니라 신호의 주파수 내역을 조절할 필요가 있기 때문이다. 이 기법은 통상적인 빔포밍에 친숙한 사람들에 의해 **광역 빔포밍**(broadband beamforming)이라 불린다. 이것은 빔포밍이 수신된 신호에 시간 지연을 적용하는 것에 의존하기 때문이다. 통상의 빔포밍에서는 신호들은 좁은 대역을 가지고 있고, 시간 지연은 위상 편이와 동등하다. 신호가 광대역일 때는, 표본 주기의(1절을 보라) 정수배가 아닌 지연 시간을 구현하기 위해 보간 필터들이 필요하다. 따라서 빔포머의 출력이 $y(n) = \sum_{i=0}^{N} w_i x_i(n)$이 되는 대신에, 곱 $w_i x_i(n)$들이 필터에 의해 대치되어 $y(n) = \sum_{i=0}^{N} \sum_{j=0}^{M} w_{ij} x_i(n-j)$가 된다. 가장 오래된 광대역 ABF의 예는 **수동 음파탐지기**(passive sonar)이다. 여기서 수중음파신호는 수중청음기를 배열하여 검출한다. 수중음파신호는 **다중채널 필터링**으로 불리는, 시간과 공간의 필터링을 결합한 시계열 필터링과 유사하다. 다중채널 필터는 7절에서 약술한 (스칼라값을 갖는) 필터와 같지만, 대신 벡터값의 시계열을 갖는다.

광대역 ABF의 다른 예는 실직적으로 **위상 배열**(phased-array) 레이더와 **펄스 도플러**(pulse Doppler) 레이더의 결합인 STAP 레이더이다. 이미 살펴본 것처럼, 전자는 전파가 오는 방향에 기초하여 레이더의 반향(echo)을 분리할 수 있었다. 후자는 반사기(즉 비행체)의 속도를 기초로 도플러 효과를 활용하여 레이더 반향을 분리할 수 있다. 움직이는 비행체로부터의 레이더 반향은 그것의 움직임으로 인해 도플러 편이가 일어날 것이다. 이 주파수의 편이는 다중 레이더 펄스를 보냄으로써 감지할 수 있고, 결과로 얻은 반향을 시계열로서 처리한다. 그러면 주파수 필터가 비행체의 속도에 근거하여 반향을 분리할 수 있다. 펄스 도플러 레이더의 한 가지 이점은 저공 비행체로부터의 반향을 지상의 반사체들로 인한 반향으로부터 분리할 수 있다는 것인데, 이는 지상의 반사체들이 정적이거나 비행체에 비해 아주 천천히 움직이기 때문이다. ABF와 펄스 도플러 처리기를 조합함으로써 STAP 레이더는 도착 방향과 속도 모두를 기초로 반향을 분리할 수 있다. 사실상 이것은 도착 방향을 한 축으로 하고 속도를 다른 축으로 하는 공간에서의 2차원 필터를 만든다.

'시공간' 데이터를 처리하는 표준적인 접근법은 그 데이터를 시간 주파수 공간으로 보내는 FFT를 사용한 후, 표준 공간 알고리즘을 사용하여 각 주파수 조각을 분리하여 처리하는 것이다. 1차원으로부터 2차원으로 옮기는 것과 관련한 '차원의 저주(dimensionality curse)'가 있기 때문에, 이 방법은 계산 효율의 이점을 갖는다. $O(N \log N)$의 계산 효율성을 갖는, FFT의 사용은 2차원 문제를 여러 개의 1차원 문제로 변화시킨다. 그러나 엄밀히 말하자면 1차원 문제들은 독립적이지 않고, 그들을 그렇게 다루면 근사 오차를 초래한다. 다행스럽게 이 오차는 FFT의 차수가 증가하면서 줄어드는 경향이 있다. 차원의 저주를 극복하는 대체 방법은 문제의 구조의 활용을 시도하는 것이다(8절의 고속 적응 필터의 논의를 보라). ABF의 경우 데이터 행렬은 퇴플리츠라기보다는 블록 퇴플리츠이지만, 관련한 **다중채널** 순방향 또는 역방향 선형 예측 문제를 활용함으로써 유사한 계산 감소는 얻을 수 있다.

이 문제에 대한 좀 더 최근의 접근 방법은 복소수체 위에서의 행렬 알고리즘을 다항식 환 위에서의 관련 알고리즘으로 일반화하는 것을 포함한다. 이런 문맥에서 다항식행렬(Polynomial matrix) $\underline{A}(z) \in \underline{\mathbb{C}}^{n\times m}$은 단순히 성분이 복소수 계수 다항식인 $n \times m$행렬이다. $\underline{A}(z)$는 $n \times m$ FIR 필터를 나타내고, 복소평면의 점들에서 평가되는 z에 대한 함수가 아니라 부정형 변수 z^{-1}에 대한 다항식으로 다뤄진다는 것을 제외하고는, FIR 필터의 z-변환에 대응한다. 다항식행렬 $\underline{A}(z) \in \underline{\mathbb{C}}^{n\times m}$의 유사 공액(paraconjugation)을 $\tilde{\underline{A}}(z) = \underline{A}_*^{\mathrm{T}}(1/z)$로 표기하자. 여기서 별표는 다항식의 계수들의 공액복소수를 나타낸다. 유사 대칭(parasymmetric) 다항식행렬 $\underline{M}(z) \in \underline{\mathbb{C}}^{n\times n}$은 $\underline{M}(z) = \tilde{\underline{M}}(z)$를 만족하는 다항식행렬인 반면, (전대역 통과 필터(allpass filter)에 대응하는) 유사 유니타리(paraunitary) 다항식행렬 $\underline{H}(z) \in \mathbb{C}^{n\times n}$은 $\underline{H}(z)\tilde{\underline{H}}(z) = \tilde{\underline{H}}(z)\underline{H}(z) = I$를 만족하는 것을 말한다. 보통 그렇듯 I는 단위행렬이다.

다항식행렬의 **고윳값분해**[II.32], 특잇값분해(Singular-value Decompostion, SVD), 그리고 QR 분해를 근사하기 위한 알고리즘이 최근에 개발되었다. 예를 들어, 유사 대칭 다항식행렬 $\underline{M}(z) \in \underline{\mathbb{C}}^{n\times n}$에 대한 EVD는 (이것은 다항 고윳값분해(polynomial eigenvalue decomposion(PEVD)로) $\underline{H}(z)\underline{M}(z)\tilde{\underline{H}}(z) \approx \underline{D}(z)$로 계산할 수 있는데, 여기서 $\underline{H}(z) \in \underline{\mathbb{C}}^{n\times n}$은 유사 유니타리이고 $\underline{D}(z) \in \underline{\mathbb{C}}^{n\times n}$은 대각행렬이다. $\underline{H}(z) \in \underline{\mathbb{C}}^{n\times n}$에 대한 정확한 분해는 존재하지 않지만, 정확한 분해가 존재하는 연속함수들의 대응하는 행렬에 무한히 가깝도록 다항식행렬해를 놓을 수 있다. 위에서 정의된 PEVD는 분명히 통상적인 행렬 EVD의 일반화로, 차수가 0인 다항식행렬의 PEVD가 EVD이다. 협대역 ABF에서 신호와 잡음 부분공간들의 분리에 행렬 EVD(또는 SVD)

가 기본적인 역할을 하는 것처럼, 광대역 ABF에서 PEVD(또는 다항 SVD)를 그렇게 사용할 수도 있다. 그렇지만, 다항식행렬 분해에 대한 잠재적 응용영역의 범위는 일반적으로 더 넓다.

12 베이즈 신호처리/매개변수 추정

신호처리 알고리즘을 개발하는 두 가지 주된 접근법으로 결정적 방법과 통계적 방법이 있다. 앞서 소개한 적응 필터와 ABF에 대한 알고리즘은 최소 제곱 최적화 문제를 풀어 몇 개의 매개변수(예를 들어 필터 계수나 빔포머 가중치)들을 얻는다는 관점에서 결정적이다. 그렇지만 이런 알고리즘들은 좀 더 일반적인 **매개변수 추정 알고리즘**(parameter-estimation algorithms)의 특수한 경우로 볼 수 있다. 필터 계수와 빔포머 가중치들을, 수신된 자료들로부터 추산해야 하는 매개변수들로 간주할 수 있다. 더욱이 이런 추산된 매개변수들을 필터나 빔포머에서 사용할 때, 어떤 관심 신호의 추정치를 얻는다. 예를 들어 MVDR 빔포머는 주어진 위치에서 신호에 대한 추정치를 복구한다.

일반적으로 매개변수 추정은 통계적 추정 문제로 볼 수 있다. 가우스 잡음을 갖는 선형 문제에 대해 최소 제곱 알고리즘은 결과를 준다. 매개변수 추정에 대한 가장 유명한 신호처리 접근법은 **베이즈 정리**[V.11]에 기초한다. 변수 x가 매개변수 θ에 의존하면, $P(\theta \mid x) \propto P(x \mid \theta)P(\theta)$이다. 확률밀도함수 $P(x \mid \theta)$는 알려져 있는데, 이는 그것이 상황의 역학에서부터 드러나고, 그 함수는 x가 θ에 대해 가지고 있는 의존성을 나타내기 때문이다. 따라서 x가 측정되는 즉시 선험적 확률밀도함수 $P(\theta)$는 단순히 (**가능도함수**(likelihood function)로 알려진) $P(x \mid \theta)$를 곱하는 것만으로 경험적인 확률밀도함수 $P(\theta \mid x)$로 갱신될 수 있다. 그렇지만 일반적으로 그런 곱셈은 정확한 표현(closed form expression)을 갖지는 않을 것이다. 이런 규칙의 예외는 잡음이 가우시언인 선형 문제들이다. 이런 경우 모든 변수가 가우시언이고 평균과 분산에 대한 정확한 표현을 쉽게 찾을 수 있다. 한편 확률밀도함수들은 몇 가지 계산이 용이한 형태로 보통 표현된다. 한 가지 선택은 임의의 확률밀도함수를 (**가우스 혼합물**(Gaussian Mixture)로 알려진) 가우시언들의 합으로 모형화하는 것이다. 다른 접근법으로는 그 확률밀도함수를 이산 확률분포로 모형화하는 것이다. 후자는 **입자 필터링**으로 알려져 있다. 이런 모형화 기법들은 비선형 혹은 비가우시언 문제와의 씨름을 허용할 정도로 강력하다. 그렇지만 다른 모형 문제들처럼, 예를 들어 혼합물 내에서의 가우시언의 개수나 이산값을 갖는 분포에서의 이항분포의 수와 같이 매개변수의 선택과 관련한 중요한 쟁점 사항이 있다. 특히 중요한 쟁점 사항은 해상도의 손실이다. 베이즈 정리는 선험적 확률밀도함수를 가능도함수로 곱할 것을 요구했었다. 변수의 어떤 값에 대하여 모형화한 선험적 확률밀도함수가 0값을 가지면, 경험적 확률밀도함수도 그 값에서 0값을 가질 것이다. 따라서 기법들은 모형화한 확률밀도함수가 자료에 의해 검증되었을 때에만 0값을 갖는다는 것을 보장할 필요가 있다. 이런 모형화 접근법은 정확한 표현에 기반을 둔 알고리즘 보다 좀 더 많은 계산을 요구하는 경향이 있음에 유의하자.

매개변수 추정과 관련한 중요한 신호처리 영역은 **검출 이론**이다. 여기서는 발생한 사건이 관측에 근거한 것인지 아닌지 판단하길 원한다. 이런 예로는 레이더를 사용하는 비행체의 검출이 있다. 레이더에 수신된 신호가 비행체로부터의 반향과 잡음으로 구성되거나 오직 잡음만으로 이루어졌을 수 있다. 비행체의 존재를 확인해 줄 수 있는 어떤 최적 실험이 필요하다. 전형적으로 레이더 신호는 문턱과 비교된다. 신호가 문턱을 넘어서면, 비행체는 검출되었다고 말한다. 잘못된 검출(틀린 양성)과 놓친 검출(틀린 음성)도 분명히 있을 수 있다. 검출 이론은 **상수 오류 경보율**(constant false alarm rate)과 같이 주어진 성질을 갖는 문턱값을 계산하는 데 통계적 논의를 사용한다.

13 추적

앞의 절에서 논의한 것처럼, 적응 필터와 빔포머는 미지의 매개변수들을 추산하는 도구로 볼 수 있다. 그렇지만 이런 경우에는 매개변수들이 상수이다. 미지의 매개변수가 시간에 따라 바뀌면 그 문제는 추적의 한 문제이다.

N개 매개변수의 추산은 최소한 자료의 N개 조각들을 필요로 하므로, 하나의 시계열로부터 하나 이상의 임의의 시간에 따라 변하는 매개변수를 추산하는 것은 불가능하다. 따라서 매개변수들이 알려진 방식으로 변화한다고 가정하는 것은 통상적이다. 예를 들어, Φ가 함수 F의 (알려진) 매개변수들일 때, $\theta(n) = F(\theta(n-1) \mid \Phi)$라고 가정한다. 매개변수의 시간 변화에 대해 이런 모형이 주어지면 매개변수 추정 알고리즘을 식으로 만들 수 있다. 적응 필터링, 빔포밍과 같이 결정적 (즉, 최소 제곱) 접근법 또는 베이즈 접근법을 택할 수 있다. 전자는 결국 잘 알려진 **칼만 필터**(Kalman filter)에 이르는데, 이것은 선형 시스템과 가우스 잡음에 최적이다. 후자는 결국 좀 더 강력한 알고리즘에 이르지만, 위에서 언급한 계산과 관련한 쟁점을 갖는다.

더 읽을거리

Bernardo, J. M., and A. F. Smith. 2000. *Bayesian Theory*. New York: John Wiley.

Bunch, J. R., R. C. Le Borne, and I. K. Proudler. 2001. A conceptual framework for consistency, conditioning and stability issues in signal processing. *IEEE Transactions on Signal Processing* 49(9):1971-81.

Haykin, S. 2001. Adaptive Filter Theory, 4th edn. Englewood Cliffs, NJ: Prentice-Hall.

———. 2006. *Adaptive Radar Signal Processing*. New York: John Wiley.

McWhirter, J. G., P. D. Baxter, T. Cooper, S. Redif, and J. Foster. 2007. An EVD algorithm for para-Hermitian polynomial matrices. *IEEE Transactions on Signal Processing* 55(6):2158-69.

Proakis, J. G., C. Rader, F. Ling, and C. Nikias. 1992. *Advanced Digital Signal Processing*. London: Macmillan.

Proakis, J. G., and M. Salehi. 2007. *Digital Communications*, 5th edn. Columbus, OH: McGraw-Hill.

Rabiner, L. R., and B. Gold 1975. *Theory and Applica-*

tion of Digital Signal Processing. Englewood Cliffs, NJ: Prentice-Hall.

Shannon, C. E., and W. Weaver. 1949. The *Mathematical Theory of Communication.* Champaign, IL: University of Illinois Press.

Skolnik, M. I. 2002. *Introduction to Radar Systems.* Columbus, OH: McGraw-Hill.

IV.36 정보 이론

세르지오 베르두 *Sergio Verdú*

1 '통신의 수학적 이론'

한 과학 분야가 단 한편의 논문에 자신의 존재성을 빚지는 것은 매우 드문 일이다. 1948년 클로드 섀넌(Claude Shannon, 1916-2001)이 발표한 논문「통신의 수학적 이론(*A Mathematical Theory of Communication*)」은 정보 세대의 대헌장(Magna Carta)이고, 정보 이론의 빅뱅이다. 확률론의 도구들을 사용하여 자료 압축 및 통신과 관련한 핵심적인 최적화 문제를 식으로 만들고, 엔트로피와 상호정보량(mutual information)과 같은 정보 측도의 형태로 정보의 원천과 통신채널의 통계적 표현이라는 측면에 있어 성취 가능한 최고의 성능을 찾아냈다. 1948년 당시의 기술적 수준을 잠깐 살펴본 뒤, 이 절의 나머지 부분에서 섀넌의 역작을 면밀히 살펴보자.

1.1 빅뱅 이전의 통신 이론

모스부호를 최적 부호로 대치하여 얻을 수 있었던 전신 전송율의 개선이 동기가 되어, 나이퀴스트(Nyquist, 1924)와 하틀리(Hartley, 1928)는 '심리적 요소(psychological factor)'가 전혀 없는 정보 측도의 필요성을 인식하고, 합리적인 대안으로서 선택의 가짓수에 대한 로그값을 제안했다. 퀴프뮐러(Küpfmüller, 1924), 나이퀴스트(1928), 코텔니코프(Kotel'nikov, 1933)는 신호에 대한 푸리에 해석이 이미 통신공학에서 표준 도구였을 당시에, 대역 제한(band-limited) 선형 체계에 의해 지속 가능한 최대 전보통신 속도에 대해 연구했다. 전신(telegraph) 연구에 영감을 얻어, 하틀리는 '정보를 옮기는 장치의 수용량(capacity)'은 시간과 대역폭의 곱에 비례한다는 개념을 제안했고, 이 개념을 가보르(1946)가 좀 더 정교하게 다듬었다. 그러나 그 저자들은 잡음과 정보전송 신호 모두가 갖는 무작위적 성질과 싸우는 데 실패했다. 같은 시기에, 상가성 잡음(additive noise)과의 효과적인 전쟁을 위한 선형 필터 설계에 수학을 활용하자는 아이디어를 콜모고로프(Kolmogorov, 1941)와 위너(Wiener, 1942)는 최소평균제곱 오차 추정에서, 그리고 노스(North, 1943)가 레이더 펄스의 검출에서 사용하였다.

1930년대 FM과 PCM 같은 통신 체계와 1940년대 대역 확산(spread spectrum)기술은 재생산 안정성과 잡음에 저항하는 견고함을 위해 교체할 수 있는 설계 매개변수로 전송 대역폭을 사용하는 것에 대해 실용적 가능성을 열어 놓았다.

1.2 매체

섀넌 논문의 표제에 있는 '통신'은 다음을 나타낸다.

- 공간을 가로지르는 통신, 다시 말하자면 라디오나 텔레비전 방송, 전화선, 동축 케이블, 광섬유, 극초단파 중계기, 무선전화와 같은 **정보-전송 체계**.
- 시간을 가로지르는 통신, 다시 말하자면 보통 자성(테이프와 디스크)이나, 광학(CD, DVD, 그리고 블루레이), 반도체(소멸성 또는 플래시 메모리)소자 등을 사용하는 **정보 보존 체계**.

비록 어떤 수준에서는 모든 전송 매체와 저장 매체가 물리적으로 연속적으로 변화하는 아날로그 양을 포함하지만, 광학 디스크나 컴퓨터 메모리, 또는 인터넷과 같은 매체들을 어느 정도 신뢰할 수 있는 수준에서 디지털 신호(0과 1또는 데이터 패킷)를 전송하거나 저장하는 디지털 매체로 모형화하는 것은 유용하다.

1.3 메시지

저장되거나 전송될 메시지는 아래와 같은 것이다.

- 아날로그 (예를 들어 신호 감지, 오디오, 그림, 영상 또는 일반적으로 사람의 눈/귀에 맞게 만들어진 어떤 메시지) 또는
- 디지털 (예를 들어 문자 메시지, 소프트웨어, 또는 데이터 파일들).

아날로그와 디지털 메시지 사이의 중요한 차이는, 잡음은 감지와 전송 모두에서 피할 수 없기 때문에, 저장되거나 전송된 정보로부터 본래의 아날로그 메시지를 정확히 복원하기는 불가능하다는 것이다. 그러므로 아날로그 메시지의 손실 복원은 피할 수 없다. 점차 늘어가는 추세같이 아날로그 신호의 감지기가 양자화된 정보를 출력하는 경우에도 그런 신호들을 아날로그 메시지로 다루는 것이 보통 개념적으로 유리하다.

1.4 문장(The Coat of Arms)

섀넌의 이론은 **다수로부터 하나로**(e pluribus unum)의 모범이다. 실제로 정보 이론에 의해 망라되는 통신 체계의 무수함과 다양성에도 불구하고, 섀넌 이론의 핵심 아이디어와 원리들은 모두를 포용할 뿐 아니라 모든 것에 적용된다.

섀넌의 논문으로부터 재구성한 그림 1은 하나의 송신자와 하나의 수신자 사이에서 시간 또는 공간을 가로지르는 통신의 대부분의 경우를(9절을 보라) 포함한다.

부호기(encoder, 혹은 그림 1의 **송신기**)의 역할은 메시지를 전송이나 저장 매체에 적합한 신호로 바꾸는 것이다. 역으로, **복호기**(decoder, 또는 그림 1의 **수신기**)는 수신된 신호를 원본 메시지의 정확한 복제품이나 거의 유사한 복제품으로 변환한다.

송신기와 수신기를 연결하는 통신 매체는 **채널**이라 불린다. 메시지와 매체가 갖는 성질의 다양한 조합에 따라 분류한 몇 가지 주목할 만한 예들을 아래에 나열하였다.

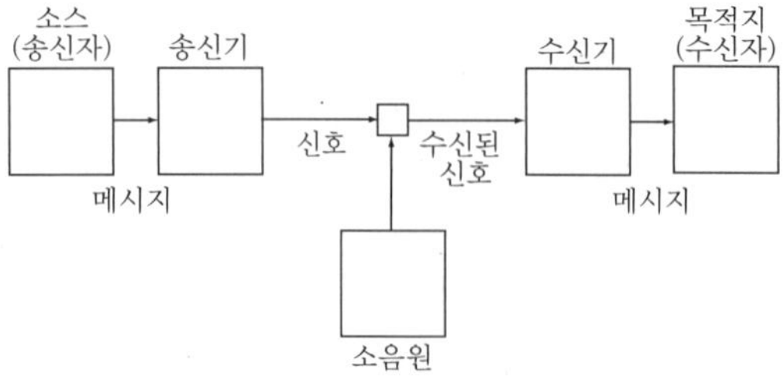

그림 1 일반적인 통신 체계의 모형도(이것은 논문 '통신의 수학적 이론'의 그림 1 이다).

아날로그 메시지, 아날로그 매체. 라디오 방송과 장거리 전화는 20세기 초에 개발된 AM, SSB, FM과 같은 첫 아날로그 변조 방식의 중요한 응용 사례이다. 귀와 눈을 대상으로 한 메시지와 라디오 주파수 대역을 매체로 갖는 라디오와 (무선) 텔레비전 방송국의 현재 체계는 모두 이 경우의 예이다. 그렇지만 대부분의 현대적인 체계(DAB와 HDTV와 같은)에서는 4절에서 논의할 이유 때문에, 송신기와 수신기가 디지털에 대한 내부의 중간 변환기 역할을 수행한다.

아날로그 메시지, 디지털 매체. 이 분류는 오디오 CD, MP3, DVD 그리고 인터넷 음성 송신기술(Voice over Internet Protocol, VoIP)을 포함한다. 그래서 '디지털 오디오' 또는 '디지털 비디오'는 메시지보다는 매체와 관련이 있다.

디지털 메시지, 아날로그 매체. 디지털 정보의 전송을 위한 초기 광학 또는 전기시스템은 19세기 초중반에 발명된 유선 전신기였으나, 중후반에는 마르코니(Marconi)의 무선 전신기를 들 수 있다. 1948년 이전에 발달한 다른 예들은 텔레타이프(teletype), 팩스, 그리고 대역 확산 통신을 포함한다. 20세기의 마지막 40여 년 동안에는 음성 대

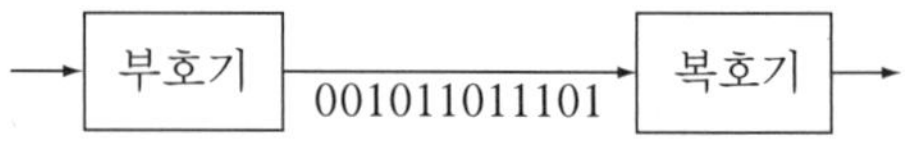

그림 2 자료 압축 시스템.

역 전화 채널, 라디오 주파수 대역과 같은 아날로그 매체들을 통해 비트스트림(비트 단위로 전송되는 자료)을 전송하는 점점 빠른 범용 모뎀들이 나타났다. 현재는 광학, DSL, CATV 매체들을 이용하여 인터넷에 접속하는 모뎀들은 어디에나 있다.

디지털 메시지, 디지털 매체. 이 분류는 광디스크나 플래시 메모리에 자료를 저장하는 것을 포함한다.

다루는 것이 메시지나, 입력 채널, 또는 출력 채널 어떤 것인가와는 상관없이, 섀넌은 연속시간 아날로그 신호를 유한차원 벡터공간에 살고 있는 것으로 보는 것이 수학적으로 유리하다는 것을 깨달았다. 가장 단순한 예는 대역폭이 B이고 (추정) 길이가 T인 실가신호(real-valued signal)로서, 차원이 $2BT$인 유클리드 공간의 한 점으로 볼 수 있다. 그 목적을 이루기 위해 섀넌은 특별히 명쾌한 버전의 표본추출정리를 제공했다. 대역 제한함수들의 표본추출 값들을 어떻게 손실 없이 보관할 것인지 발견한 E. 휘터커(E. Whittaker, 1915), J. 휘터커(J. Whittaker, 1929), 코텔니코프(1933)의 기술이 그 정리의 모태가 된다.

다음 세 개의 절에서 각각 살펴볼 그림 1의 세 가지 특별한 경우는 주의 깊게 살펴볼 가치가 있다.

2 무손실 압축

비록 시간이나 공간을 가로지르는 통신은 항상 오류와 실패에 시달리지만, 그림 2에서 보여 주는 것같이 채널은 없고 복호기의 입력이 부호기의 출력과 동일한 디지털 수열인, 그림 1의 이상화된 특별한 경우를 고려해 보는 것은 유용하다. **정보원 부호화**(source coding)로도 알려진 이런 구성은 부호기는 압축기로 작용하고 복호기는 압축 해제기로 작용하는 압축의 모범을 보여 준다. 부호기의 작업은 메시지로부터 **불필요한 중복**을 제거하는 것이고, 이것은 압축된 자료 자체로부터 정확하게 또는 거의 정확하게 복구된다.

무손실 혹은 가역인(reversible) 변환은 메시지가 디지털인 경우에만 가능하다. 모스, 허프먼(Huffman), TIFF, PDF는 무손실 압축 체계의 예들로, 메시지의 (다양한 선택들의 동등하지 않은 그럴듯함을 가진) 불필요한 중복은 좀 더 그럴듯한 메시지에 짧은 이진 문자열을 부여함으로써 자료를 간결하게 만드는 데 활용한다. 6절에서 좀 더 정확하게 논의하겠지만, 목표는 메시지의 평균적으로 가장 짧은 부호화된 버전을 만드는 압축/압축해제 알고리즘을 얻는 것이다.

만약 원본이 안정적이면, **보편적인** 자료 압축기는 원본의 확률적 규칙에 대한 사전 지식 없이 그것의 중복성을 활용한다. 모든 컴퓨터 운영체제(예를 들어 ZIP)를 조사했더니, 가장 폭넓게 사용된 통상의 자료 압축기는 렘펠(Lempel)과 지브(Ziv)가 1976년과 1978년 사이에 개발한 것이다.

3 손실 압축

메시지의 성질에 따라 두 가지 종류의 손실 압축으로 분류할 수 있다.

AD변환기(Analog-to-digital). 아날로그를 디지털로 부호화하는 초기의 예들은 (보코더(vocoder)나 PCM 변조(pulse code modulation)와 같은) 1930년대에 개발되었다. 보코더는 휴대전화 통신과 VoIP에서 사용되는 음성 부호기의 선구자였던 반면, PCM은 전화기와 오디오 CD에서 여전히 널리 사용되고 있다. PCM에서 사용되는 개념적으로 가장 단순한 AD 압축기는 스칼라 양자화(scalar quantizer)로 수직선을 2^k개의 선분으로 분할하고, 각 선분에 유일한 k-비트 이름을 배정한다. JPEG[VII.7 §5]와 MPEG는 각각 그림과 오디오/비디오에 대한 손실 압축에 사용되는 현시대의 예이다. 그런 알고리즘들에서는 입력 값이 유한소수(finite-precision number)일지라도, 그것들의 신호처리과정에서는 그 수들을 실수로서 다룬다.

DA변환기(Digital-to-analog). 디지털 메시지인 경우에도, 전송시간이나 저장 공간의 경제적 이유로 어느 정도의 정보 손실을 기꺼이 감내할 수 있다(예를 들어 디지털 화상을 e-메일로 보내거나, 감지기가 읽은 것을 AD변환하여 압축한 것을 전송할 때).

4 자료 전송

그림 3은 채널 부호화로 알려진 것의 모범사례를 보여 주는데, 이때 부호기에 입력되는 메시지는 (정상

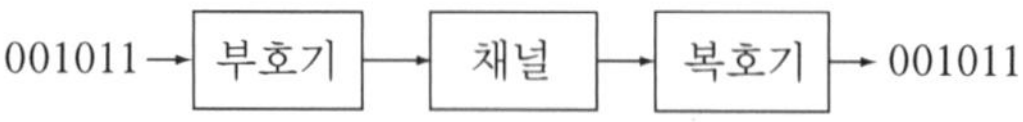

그림 3 자료 전송 체계.

적인 동전 던지기나 또는 '순수한' 비트, 곧 0 또는 1이 같은 확률로 나타나는 독립적인 이진수와 같은) 양자택일에서 같은 확률을 갖도록 메시지가 선택되었다는 의미에서, 압축할 수 없거나 불필요한 것은 없다. 부호기의 작업은 메시지를 채널의 잡음으로부터 보호하거나 잡음이 심한 채널의 결과물로부터 메시지의 복원이 복호기에 의해 쉽게 이루어지도록 만들기 위해 여분의 것을 메시지에 추가하는 것이다. 일반적으로 이 작업은 각 가능한 메시지에 부호어(codewords)를 추가하는 방식으로 행해진다. 여기서 부호어는 잡음이 너무 심각하지 않은 경우 복호기에서 구별할 수 있을 정도로 충분히 다르다. 예를 들어 디지털 매체의 경우 부호기는 이진 메시지 문자열에 여분의 비트를 추가하는 오류 정정부호를 사용할 수 있다. 전화 채널 같은 아날로그 매체의 경우 부호어는 연속-시간 파형(continuous-time waveform)이다. 채널에 대한 통계적 지식과 부호기가 사용하는 코드북(codebook, 메시지를 부호어에 대응시키는)에 기초하여, 복호기는 전송된 메시지에 대해 총명한 추측을 한다.

놀랍게도 섀넌은 아주 소수의 오류 정정 부호만이 알려졌을 때에도 최대로 좋은 부호의 성능을 예측했다. 벨연구소에서 협력자였던 해밍(Hamming)은 때마침 자신의 이름을 딴 부호를 개발했다(**응용 조합론과 그래프 이론**[IV.37 §4]을 보라). 이 부호는 4개의 정보 비트 모두에 각각 3개의 패리티 검사 비트를 추가하여, 16 개의 부호어 모두가 각각 적어도 3자리에서 달라지도록 만들었다. 따라서 복호기가 7비트의 부호화된 블록에 감염된 어떤 하나의 오류도 정정할 수 있다.

5 압축/전송

그림 4는 소스 부호기 또는 압축기로 구성된 송신기와 그것을 이은 채널 부호기, 그리고 채널 복호기로 구성된 수신기와 그것을 이은 원본 복호기 또는 압축 해제기로 구성되어 그림 1의 또 다른 특수한 경우를 묘사한다. 이런 체계는 2절과 3절, 그리고 4절의 특수한 경우에 찾은 해들을 사용한다. 그런 목적을 위해, 그림 4에 나타낸 체계에서 원본과 채널 부호기 사이의 인터페이스(접속기)나 채널과 원본 복호기 사이의 인터페이스는 메시지나 매체에 상관없이 항상 디지털이다. 비트가 범용 통화로 부각되는 정보 이론의 가르침에서 영감을 얻어, 아날로그 메시지를 디지털이나 아날로그 매체를 통해 전송하는 가장 현대적인 시스템에서는 그림 4의 조립식 설계가 일상적이다. 이 설계는 소스 부호기/복호기 시스템이 채널의 본성과는 무관하게 메시지에 특별히 맞춰지도록 허용한다. 마찬가지로 이것은 채널 부호기/복호기 시스템이 원본 메시지의 본성을 무시하는 채널의 잡음과 싸우는 것으로, 비중복 비트의 믿을 수 있는 전송에 집중하도록 허용한다. 이런 설정에서 소스 부호기는 정보의 소스에 맞추는 방식으로 메시지에서 중복성을 제거하고, 반면 채널 부호기는 채널에 맞추는 방식으로 중복성을 추가한다. 널리 적용 가능한 충분조건하에서 그와 같은 조

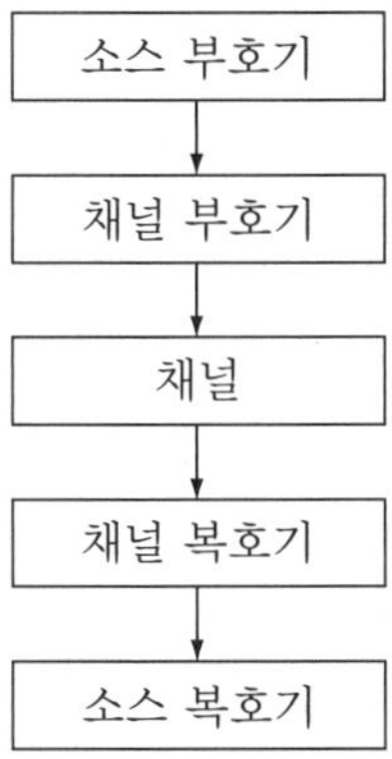

그림 4 분리 압축/전송 체계.

립식 설계는 원본과 채널이 에르고드의 지배를 받으며 작동할 때 메시지의 길이를 무한대로 보내면 (6절의 의미로) 최적에 수렴한다.

6 성능 측정

기본적인 성능의 측정은 고려하는 체계의 형태에 좌우된다.

무손실 압축. 압축 비율(기호 대 비트수)은 디지털 메시지 안에 있는 기호의 수에 대한 부호화된 비트 수의 비이다.

손실 압축. 재생산의 질은 원본과 재생산된 신호에 대한 왜곡함수(distortion function)에 의해, 예를 들어 아날로그 신호의 경우는 평균-제곱 오차(다른 신호의 에너지)에 의해, 이진 메시지의 경우는 비트 오차율에 의해 측정된다. 손실 압축 체계에서 그 비율(초 혹은 기호 대 비트수)은 메시지의 길이(duration)에 대한 부호화 비트수(encoded bits)의 비율이다.

데이터 전송. 주어진 채널과 압축 불능으로 가정된 메시지에 대하여 데이터 전송 체계의 성능은 그 비율과 오류 가능성에 의해 결정된다. 이 비율(초 혹은 기호 대 비트 수)은 주어진 메시지를 채널을 통해 보내는 데 걸린 시간에 대한 메시지 길이의 비율이다. 응용 프로그램에 따라 전송의 신뢰도는 비트 오류율이나 전체 메시지가 정확하게 해독될 가능성으로도 측정된다.

결합 압축(Joint compression)/전송. 일반적인 경우 이 비율은 메시지의 성격과 응용 프로그램에 따라 왜곡 측정에 의해, 또는 전체 메시지가 정확하게 해독될 가능성에 의해 측정된 신뢰도를 가지고, 데이터 전송의 경우와 마찬가지로 측정된다.

7 근본적 한계

특정 전송 체계 또는 부호의 분석이나 설계를 철저히 연구하는 대신에, 섀넌의 수학적 이론의 본질은 최적의 부호기/복호기 체계(간단히 부호로 불리는)가 얻을 수 있는 최고의 성능을 탐구하는 것이다. 일반적으로 알려져 있지 않은 최적의 코드를 얻지 않고는 정보 이론은 근원적 한계를 갖는다. 섀넌이 식으로 표현한 세 문제에 대해 근본적 한계는 다음과 같다.

무손실 압축: 얻을 수 있는 최소 압축 비율.

손실 압축: 비율-왜곡 함수(rate-distortion function), 왜곡의 허용 평균 수준에 대한 함수로서 획득 가능한 최소 압축 비율을 말함.

데이터 전송: 채널 수용량(channel capacity), 오류 가능

성을 0으로 만드는 것과 양립할 수 있는 최대 전송 비율로 정의된다. 수용량은 채널의 전송력(transmitted power)과 같은 매개변수로 주어지기도 한다. 섀넌의 논문 이전에는 오류 가능성을 0으로 만드는 것은 정보 전송의 비율을 0으로 만드는 것을 반드시 수반해야 한다는 것이 상식이었다.

근원적 한계는 공학자들에게 매우 유용하다. 근원적 한계는 주어진 어떤 시스템의 성능과 궁극적으로 얻을 수 있는 시스템의 성능의 비교를 제공해 주기 때문이다. 비록 섀넌의 식에서 계산 복잡도의 증가가 메시지의 길이에 대한 함수로서 어떤 방식으로든 제약을 받지 않았지만 압축과 전송의 구조적인 측면에 대한 수십 년의 연구를 통해, 선형복잡도를 가진 섀넌의 한계에 이를 수 있는 알고리즘을 만들어 냈다. 흔히 정보 이론은 단순한 (또는 조립식) 해들이 최적 또는 거의 그 수준에 근접하는 수행능력을 갖는다는 것을 보여 주는, 가치 있는 공학적 결론으로 이끈다. 예를 들어 이미 언급한 바대로 그림 4에서 보여 주는 분리된 압축과 전송의 원칙을 따르면 실현 가능한 수행 능력에서 손실은 없다. 근원적 한계는 주어진 시스템의 수행 능력에 대한 주장이 틀렸음을 증명하기 위해 귀찮은 분석의 필요성을 회피하는 데 사용될 수 있고, 또 자주 사용된다. 근원적 한계는 결정적으로 메시지의 길이에 달려있음이 판명되었다. 섀넌의 1948년 논문 이래 정보 이론은 전적으로는 아니지만 주로 점진적으로 길어지는 메시지에서의 근원적 한계에 집중했다. 바로 그런 성질 때문에, 주어진 소스 혹은 채널에 대한 근원적 한계는 기술-의존적이지 않고, 하드웨어/소프트웨어의 발전에도 진부한 것이 되지는 않는다. 이와는 대조적으로 기술적 진보는 점차 이상적인 근원적 한계에 가깝게 다가가는 부호화 체계를 설계하는 길을 열어 주었다. 비록 최적의 압축과 전송 체계는 일반적으로 알려져 있지 않으나, 근원적 한계에 대한 증명 방법은 거의 최적인 실질적 통신 체계가 반드시 가져야만 하는 특성들을 제안하고, 그렇게 함으로써 근원적 한계에 이르게 하는 설계 지침을 제공한다. 섀넌의 채널 부호화 정리(channel coding theorem)의 원래 증명은, 현재는 이산수학에서 널리 사용되는 **확률적 방법**에 대한 자명하지 않은 첫 사례로, 어떤 성질을 만족하는 것의 존재성을 증명하기 위해, 모든 대상을 포함하는 집합에서 정의된 확률분포 중에서 그 성질을 만족하는 대상들이 0이 아닌 확률을 갖는 확률분포를 찾는 것으로 충분하다는 것이다. 섀넌은 자신의 증명에서, 모든 부호들의 집합에서 정의된 적절히 선택된 한 분포에 관하여 평균을 낸 오류 가능성의 상한을 계산하였고 적어도 하나의 코드가 그 상계를 넘지 않는 오류 가능성을 반드시 갖는다는 것을 보였다.

8 정보 측도

근본적인 성능 한계는 비트와 같은 단위를 사용하는 정보 측도라 불리는 것으로 주어진다고 밝혀졌다. 이번 절에서는 3가지의 가장 중요한 정보 측도를 열거해 보자.

엔트로피(Entropy): 유한 집합이나 가산무한(coutably infinite)인 문자들의 집합 $\mathcal{A}$에서 정의된 이산 분

포 P_X의 무작위성에 대한 측도로,

$$H(X) = \sum_{a \in \mathcal{A}} P_X(a) \log\left(\frac{1}{P_X(a)}\right)$$

로 정의된다. $n \to \infty$일 때, 안정 에르고딕 확률 소스(stationary ergodic random source) $(X_1, \cdots, X_n)$는 엔트로피율

$$\lim_{n \to \infty} \frac{1}{n} H(X_1, \cdots, X_n)$$

으로 손실 없이 부호화되고, 이 극한은 마르코프 연쇄의 경우 쉽게 계산할 수 있다. 가장 단순한 경우, 점진적으로 편향모수 p인 동전의 n 던짐은, 동전 던지기마다 $h(p)$비트를 초과하는 임의의 비율로 손실 없이 압축될 수 있다. 여기서

$$h(p) = p \log \frac{1}{p} + (1-p) \log\left(\frac{1}{1-p}\right)$$

이고, 이것은 편향된 동전 소스의 엔트로피이다. 유비쿼터스 선형시간 렘펠-지브 보편 자료 압축 알고리즘(ubiquitous linear-time Lemple-Ziv universal data compression algorithm)은 에르고딕 안정 소스의 엔트로피율을 점진적으로 얻을 수 있다. 따라서 결국에는 보편성이 불이익을 초래하지는 않을 것이다.

상대 엔트로피(Relative Entropy): 동일한 가측공간 $(\mathcal{A}, \mathcal{F})$에서 정의된 두 분포 P, Q 사이의 상이점에 대한 측도로,

$$D(P \| Q) = \int \log\left(\frac{\mathrm{d}P}{\mathrm{d}Q}\right) \mathrm{d}P$$

로 정의된다. 정보 이론뿐 아니라 데이터 모형들 사이의 식별능력에 대한 분석에서, 특히 거의 발생하지 않는 사건들에 대한 확률의 (관측 횟수에 대한) 지수감소를 조사하는 큰 편차의 결과들에서 상대 엔트로피는 핵심적인 역할을 한다. 구체적으로 말하자면, n개의 독립인 자료 표본들이 확률 분포 Q를 가지고 생성되었으면 어떤 종류 $\mathcal{P}$의 한 분포에서 그것들이 생성될 확률은

$$\exp\left(-n \inf_{P \in \mathcal{P}} D(P \| Q)\right)$$

처럼 행동한다. 상대 엔트로피는 1951년 쿨백(Kullback)과 라이블러(Leibler)가 소개하였는데, 주된 목적은 섀넌의 정보 측도를 비이산인 경우로 확대하는 것이었다.

전송 정보(mutual information): 결합 측도(joint measure)와 한계 측도(marginal measure)들의 곱 사이에서 상대 엔트로피로 주어지는 두 (이산일 필요는 없는) 확률변수 X와 Y 사이의 의존성에 대한 측도로,

$$I(X; Y) = D(P_{XY} \| P_X \times P_Y)$$

로 주어진다. X가 이산인 경우 $I(X; X) = H(X)$인 것에 유의하자.

에르고딕같이 행동하는 안정적인 채널에 대해, 채널의 수용량은

$$C = \lim_{n \to \infty} \frac{1}{n} \max I(X_1, \cdots, X_n; Y_1, \cdots, Y_n)$$

으로 주어지는데, 이때 최댓값은 모든 결합분포 $(X_1, \cdots, X_n)$에 대해 계산하고, $(Y_1, \cdots, Y_n)$은 $(X_1, \cdots, X_n)$에 대한 채널응답이다. 만약 그 채널이 안정 무기억(stationary memoryless)이면, 그 식은

$$C = \max I(X; Y)$$

로 단순해진다. (문자들의 집합 $\mathcal{A}$로부터 나온) 부호어의 기호들 중 일부분 δ를 지운 채널의 수용량은, 지워진 기호의 위치를 복호기가 알고 그렇지 않은 기호들은 오류 없이 수신되는 한

$$C = (1-\delta)\log|\mathcal{A}|$$

이다. 독립적으로 δ의 확률로 오류가 발생하는 이진 채널의 경우에는 그 수용량이

$$C = 1 - h(\delta)$$

로 주어지는 반면, 대역폭 B와 전송력 P 그리고 잡음강도 N을 가진 연속-시간 가산성 가우스 잡음 채널(continuous-time additive Gaussian noise channel)의 경우 그 수용량은

$$C = B\log\left(1+\frac{P}{BN}\right)\text{비트/초}$$

이고, 이 식은 통신채널의 정보전송(information-carrying) 수용량은 그것의 대역폭에 비례한다는 1948년 이전의 개념을 소멸시킬 뿐만 아니라, 핸드폰에서 수신 신호를 강하게 하면 다운로드 속도가 빨라짐을 연상시킨다. 안정 에르고딕 소스 $(X_1, X_2, \cdots)$에 대한 손실 자료 압축에서, 왜곡측도(distortion measure) $d: \mathcal{A}^2 \to [0, \infty]$에 대하여 주어진 샘플 당 왜곡 수준 (per-sample distortion level) d에 대응하는 비율은

$$R(d) = \lim_{n\to\infty}\frac{1}{n}\min I(X_1, \cdots, X_n; Y_1, \cdots, Y_n),$$

으로 주어지는데, 이때 최솟값은 소스 X^n과 주어진 P_{X^n}에서의 재생산 Y^n에 대하여

$$\frac{1}{n}\sum_{i=1}^{n} d(X_i, Y_i) \le d$$

을 만족하는 모든 X^n과 Y^n의 결합 분포에 대해 계산한다. 안정 무기억 소스(stationary memoryless source)에 대해서는 수용량의 경우처럼 한 줄 수식 $R(d) = \min I(X; Y)$를 얻는다.

정보 이론의 주된 관심은 정보 측도의 정의가 아니고, 그것을 이용하여 압축과 전송의 근원적 한계를 표현하는 정리들에 있다는 것을 강조해야 할 것 같다. 한편으론 엔트로피, 전송 정보, 상대 정보 그리고 다른 관련 측도들은 통신 이론을 넘어 확률론, 통계적 추측, 에르고딕 이론, 컴퓨터 과학, 물리, 경제, 생명과학과 언어학을 포함하는 다양한 영역에서 응용이 발견되고 있다는 것은 보람 있는 일이다.

9 그림 1을 넘어서

새로운 응용과 기술에서 고무되어 소스와 채널 모형들과 씨름하기 위해서뿐만 아니라, 특히 비점근적 체계(nonasymptotic regime)에서의 부호 체계의 능력에 대한 기초적인 이해를 늘리기 위해 그림 1의 기본 계획에 공을 들이는 것은 지금도 계속된다. 한편, 관심 있는 모형을 실질적으로 분석하기 위해 1948년 이래 원본을 뛰어 넘는 많은 다른 설정들이 연구되고 있다. 가장 관심을 받고 있는 것들 중 일부를 나열한다.

피드백. 많은 통신 회선들의 공통된 특성은 수신기로부터 송신기까지 다른 통신 채널로서의 이용가

능성이다. 어떤 식으로 채널 출력에 대한 지식이 송신기가 부호어를 좀 더 효과적으로 선택하는 데 도움을 줄 수 있을까? 1956년 섀넌은 채널 메모리가 없는 상황에서 부호기가 채널 출력을 즉각 잡음 없이 아는 경우조차 수용량은 늘지 않음을 증명하였다. 그럼에도 불구하고 피드백은 비점근적 체계에서 채널 메모리가 있을 때 전송률을 개선하는 데 꽤 도움이 될 수 있다.

의존성 정보 소스의 분산 압축. 개별적인 압축기로 만들어진 몇몇 소스의 부호화된 버전을 한 압축 해제기가 수신하였다고 가정하자. 그 대신, 만약 한 압축기가 모든 소스에 접근했었다면, 전체적인 엔트로피와 같은 비율로 부호화하기 위해 그것들 사이의 통계적 의존성을 활용할 수 있었을 것이다. 놀랍게도 1973년 슬레피안(Slepian)과 울프(Wolf)가 완전히 분산된 설정에서 부호화율의 합계는 중앙 집중의 설정에서처럼 낮고, 압축 해제기도 거의 1에 다다르는 확률로 정확하게 복호화한다는 것을 증명하였다. 손실 설정과 관련한 문제는 아직 완벽하게 풀리지는 않았다.

다중 접속 채널. 만약 무선 전화 통신 체계의 경우와 같이 여러 대의 송신기에 의해 만들어진 상호 간섭하는 부호화된 흐름과 함께 어떤 신호를 한 대의 수신기가 받았다면, 얻을 수 있는 전송률들 사이에 균형이 생긴다. 채널 수용량은 더 이상 값이 아니라 수용 범위(capacity region)이다.

간섭 채널. 혼선의 영향을 받는 유선 전화 통신 체계에서처럼, 이 모형에서는 각 송신기 마다 수신기가 있고, 수신기가 받는 신호는 원하는 사용자에 의해 전송된 정보를 포함할 뿐 아니라 다른 사용자들의 신호에 의해 오염되기도 했다. 이 모형은 다중 접속 설정의 특수한 경우로 축소되지는 않는데, 그 이유는 각 수신기는 원하는 사용자의 메시지만을 믿을 수 있게 복호화하도록 요구받기 때문이다.

방송 채널. 한 대의 송신기가 부호어를 보내고, 그것은 지리적으로 떨어진 몇몇 수신기에 의해 수신된다. 따라서 각 수신기는 다른 통신 채널에 의해 송신기에 연결되지만, 그 모든 채널은 같은 입력을 공유한다. 만약 방송국이 다양한 목적지에 여러 가지 메시지를 보내길 원하면, 얻을 수 있는 전송률 사이에 다시금 균형이 생긴다.

중계 채널. 수신기는 송신기로부터 온 신호와 중계기로부터 온 신호를 모두 받고, 중계기 자체는 어떠한 방식으로든 원하는 송신기로부터 받은 신호를 처리하도록 허락받는다. 특히 중계기는 송신기가 보내온 메시지를 완전히 이해할 필요는 없다.

다양한 정보 기술로부터 영향을 받아 일련의 정보 이론적 문제들은 (압축에 대하여) 중복을 제거하거나 (잡음이 있는 상태에서의 전송에 대해서는) 중복을 추가하는 문제를 넘어서서 발생하고 있다. 몇 가지 예들은 다음과 같다.

보안(Secrecy). 통신이론과 동시에 섀넌은 암호에 관한 기초적인 수학 논문을 발행하고, 아이언-클래드 정보보호(iron-clad privacy)가 메시지의 길이와 같은 길이의 암호화키를 요구함을 증명했다. 가장 현대적인 암호 알고리즘들은 그 정도 수준의 보안을 제공하지는 않는다. 그들은 정수인

수분해와 같이 어떤 계산 문제가 본질적으로 어렵다는 사실에 의존한다. 보안의 수준은 바이너(Wyner, 1975)가 개척한 정보 이론적 접근을 사용하여 입증할 수 있는데, 이것은 도청자가 메시지에 관한 무시할 수 있는 정도의 정보만을 얻음을 보장한다.

시스템 모의실험을 위한 난수 발생. 규정된 분포를 갖는 확률과정(random process)은 무작위 소스(source of random bits)로부터 유도된 결정론적 알고리즘에 의해 만들어질 수 있다. 생성된 확률과정의 복잡도를 수량화하는 핵심 양(key quantity)은 작업을 수행하기 위해 필요한 무작위 소스의 최소 비율이다. 어떤 체제의 분해성(resolvability)은 출력 분포들이 임의의 정확도에 근접하도록 하는 어떤 원하는 입력이든 만들어 내기 위해 필요한 최소 무작위성으로 정의한다. 1993년 한(Han)과 베르두는 한 시스템의 분해성은 그것의 채널 수용량과 같음을 증명하였다.

최소 묘사 길이. 1960년에 콜모고로프와 다른 연구자들은 메시지의 압축에 보편 무손실 압축처럼 사전 지식을 전혀 사용하지 않는 비확률적 접근을 취했다. 메시지의 알고리즘 복잡도는 메시지를 출력할 가장 짧은 프로그램의 길이와 같다. 비록 이 개념은 점근적으로만 유용하지만 정보 이론과 중요한 접점을 가지고 있으며, 리사넨(Rissanen)이 1978년 제안한 최소 묘사 길이 통계적 모형 원리(minimum description length statistical modeling principle)를 통해 통계적 추론에 많은 영향을 끼쳤다. 여기서 그 메시지는 어떤 분포에 따라 압축되는데, 이 분포는 사전 결정된 모형의 종류에 따라 선정된 것이고 압축 해제기와도 통신한다. 그 분포는 자신이 묘사하는 길이들의 합과 메시지의 압축된 길이가 최소가 되도록 선택된다.

부등식과 볼록 분석(convex analysis). 정보 측도들이 만족하는 원리는, 전송 정보에 의해 측정되는 입력과 출력 사이의 의존성에 의해서나 처리기(processor)의 입력을 지배하는 분포들의 쌍에 대한 상대 엔트로피에 의해서 처리과정이 증가할 수는 없다는 것이다. 상대 엔트로피의 비음수성(nonnegativity)과 그러한 자료 처리 원리(data processing principles)들은 수학적으로 볼록 부등식(convex inequality)으로 번역되고, 아다마르(Hadamard) 부등식이나 브룬-민코프스키(Brunn-Minkowski) 부등식과 같은 다양한 부등식들을 재유도하거나 새로운 부등식을 발견하는 데 성공적으로 활용되고 있다.

증권투자 이론. (주어진 수의 증권 종목들 중에서) 증권투자 종목선택(포트폴리오 선택)[V.10]에 접근하는 방법들 중 하나는 로그-최적 종목을 선택하는 것으로, 이것은 점근적 가치성장률을 극대화한다. 분포들이 알려져 있을 때, 독립적이고 등분산된 주식가격의 지나치게 단순화된 모형은 정보-이론적 성격을 강하게 갖는 극단적인 결과를 낳는다. 자료 압축과 마찬가지로, 안정성과 에르고딕성의 가정하에서 분포는 선험적으로 알지 못하고 주식 가격도 독립적인, 조금 더 실재적인 계획을 세우고 거래할 수 있다.

동일화(Identification). 송신기가 다수의 수신 가능한 사용자들에게 수신인(addressee)의 신분증명서를 보냈다고 가정하자. 각 사용자는 그것이 정말로 수신인인지 아닌지 밝히는 것에만 관심이 있다. 늘 그러했듯, 어떤 오류 가능성을 허락하면 복호기가 몇 가지 메시지(수신인)들에 대한 목록이 동시에 '사실'이라고 자유롭게 선언할 수 있다는 것을 제외하고는이 설정은 그림 1처럼 포착될 수 있다. 각 유저는 간단히 그것의 신분증명서가 목록에 있는지 아닌지만 확인하면 된다. 잘못된 정보의 확률이 0임을 보장하면 얼마나 많은 메시지가 전달될 수 있을까? 알스베데(Ahlswede)와 뒤크(Dueck)가 1989년 발견한 놀라운 답은 수신인의 수가 사용하는 채널의 수에 지수의 거듭제곱으로 성장한다는 것이다. 더욱이 2차 지수는 채널 수용량과 같다는 것이다.

끝으로 **양자정보 이론**(quantum information theory) 분야를 살펴보자. 이것은 소스와 채널에 대한 양자역학모형에서, 앞서 논의했던 근원적 한계에 해당하는 것을 다룬다. 확률측도, 조건부 확률, 비트들은 밀도행렬, 자기수반 선형작용소, 큐빗으로 변환된다. 양자채널 부호화 정리는 1973년 홀레보(Holevo)가 증명하였고, 양자 소스 부호화 정리는 슈마허(Schumacher)가 1995년 증명하였다.

더 읽을거리

Cover, T. M., and J. Thomas. 2006. *Elements of Information Theory*, 2nd edn. New York: Wiley Interscience.

Shannon, C. E. 1948. A mathematical theory of communication. *Bell System Technical Journal* 27:379-423,623-56.

Verdú, S. 1998. Fifty years of Shannon theory. *IEEE Transactions on Information Theory* 44(6):2057-78.

IV.37 응용 조합론과 그래프 이론

피터 윙클러 *Peter Winkler*

1 소개

조합론과 그래프 이론은 이산수학의 주춧돌로, 20세기 중반부터 그 활동이 폭발적으로 증가하였다. 이렇게 폭발적으로 증가한 주된 이유는 (아날로그의 반대로서) 디지털 계산이 보편화된 세상에서 그 활용이 넘쳐났기 때문이다. 일단 심각한 것이라기보다 좀 더 '즐거운 것'으로 여겨지면서, 이제 조합론과 그래프 이론은 결국 설득력 있는 정리가 되는 많은 기본적이고 유용한 결과들을 뽐내고 있다. 여기서 우리의 목표는 이런 결과들의 가장 기초적인 것을 응용분야에서 조합론 문제들을 직면할 수 있으나 조합론이나 그래프 이론을 공부하지 않은 사람들에게 유용한 형태로 소개하는 것이다.

이에 부응하고자, 각각의 절은 (심각할 필요가 없지만, 전형적인) 문제로 시작하여, 그에 대응하는 조합론과 그래프 이론의 기초적인 기법이나 알고리즘 그리고 정리들을 소개할 것이다.

독자들이 수학에는 친숙하나 컴퓨터 과학에는 그렇지 않다고 가정할 것이다. 약식인 증명은 유용하거나 짧은 경우 포함시켰다. 알고리즘은 약식으로 논의될 것이며, '효과적'이라는 표현은 입력의 길이에 대한 낮은 차수의 다항식에 유계되는 시간 안에 실행될 수 있는 알고리즘에 사용된다.

2 가능성 세기

대부분의 세는 문제들은 X가 실질적인 혹은 가상의 어떤 작업일 때 'X를 수행하는 방법은 몇 가지가 있는가?'와 같이 기술할 수 있다. 만약 선택 가능한 몇 가지 접근법이 있다면, 다음과 같은 규칙들을 사용할 수 있다.

덧셈법칙. 만약 작업에 이르는 k개의 다른 접근법이 있고 i번째 접근법은 n_i가지 방법으로 수행할 수 있다면, 그 작업을 수행하는 서로 다른 방법의 총 가짓수는 합 $\sum_{i=1}^{k} n_i$이다.

다른 한편으로, 만약 작업을 여러 단계로 나눌 수 있다면 다음 대안을 사용할 수 있다.

곱셈법칙. 만약 그 작업이 k개의 단계들을 가지고 있고 이전 단계에서의 선택과 관계없이 i번째 단계를 n_i개의 방식으로 할 수 있다면, 그 작업을 수행하는 서로 다른 방법의 총 가짓수는 곱 $\prod_{i=1}^{k} n_i$이다.

때로는 원하지 않는 것들을 세는 방법이 쉬울 수 있고, 이 경우 뺄셈법칙을 사용할 수 있다.

뺄셈법칙. 만약 어떤 집합 A가 C의 원소들 중에서 부분집합 $B \subset C$의 원소가 아닌 것들로 이루어져 있다면, $|A| = |C| - |B|$이다.

중복해서 세는 것이(Overcounting) 유용할 수 있고, 모든 것을 같은 횟수로 중복하여 셌을 때 다음 방법이 해결책이다.

나눗셈법칙. 한 집합 S의 모든 원소가 k번씩 세어져서 숫자 n을 얻었으면 $|S| = n/k$이다.

구별 가능한 원소들의 집합 A의 배열(arrangement) 또는 순서 매김(ordering)을 A의 **치환**(permutation)이라 부른다. 곱셈법칙에 의해 $|A| = n$이면 A의 치환의 개수는 $n!$임을 알 수 있다. 만약 A의 원소 중 k개만을 선택하여 순서 매김을 원하면, 그렇게 하는 방법의 가짓수는 $n(n-1)(n-2)\cdots(n-k+1)$이고, 이것은 $n!/(n-k)!$로도 표시할 수 있다. (그런데 이 수를 계산함에 있어 $n!$을 계산한 후에 $(n-k)!$로 나누는 것은 불필요하게 큰 수의 계산을 포함하기 때문에 오판일 수도 있음에 주목하자.)

집합 A에 있는 n개의 대상 중에서 k개를 순서 매김 없이 선택만 하길 원한다고 가정하자. 그러면 $k!$씩 중복되게 세어졌기 때문에 n개 원소의 k조합이라 불리는 이 수는 $n!/k!(n-k)!$이고, 이 수를 'n choose k'라 읽고 $\binom{n}{k}$로 표시한다. 이런 표현을 '이항계수'라 부르는데, 이는 이 수들이 식

$$(x+y)^n = \sum_{k=0}^{n} \binom{n}{k} x^k y^{n-k}$$

에서 나타나기 때문이다.

이항 계수들은 놀랄 만큼 많은 수의 좋은 성질을 가지고 있다. 예를 들어

$$\binom{n}{k} = \binom{n}{n-k}\text{이고}\binom{n}{k} = \binom{n}{k-1} + \binom{n-1}{k-1}$$

임을 쉽게 확인할 수 있다. A에서 공집합을 선택하는 방법의 가짓수는 한 가지뿐이며 A에서 원소 전체를 선택하는 방법 역시 한 가지뿐이므로, 논리적으로

$$\binom{n}{0} = \binom{n}{n} = 1$$

임에 주목하자. $0! = 1$이라고 규정하면, 이전의 식에 부합한다.

3 안정 짝맞춤 찾기

어떤 독자들은 통일교의 현수막 아래에서 문선명(1920-2012) 목사에 의해 시행된 거대한 합동결혼식을 떠올릴 것이다. 우리의 상상력을 좀 더 키워서, n명의 남자와 n명의 여자가 그 결혼식에 참가하길 원하지만 실제로는 정확한 배우자가 정해진 것은 아니라고 가정하자. 각자는 선호도에 따라 순서대로 적은 반대 성별 n명의 목록을 제출한다. 이 n개의 목록은 교회의 장로에게 제출되고 그 장로가 어떻게든 **짝맞춤**을, 곧 운명의 날에 결혼할 n 쌍의 남녀의 집합을 결정한다.

누군가 짝맞춤을 선택할 수 있는 다양한 합리적인 기준을 고안할 수 있다. 특히 교회의 관점에서 보았을 때 바람직한 기준은 그 짝맞춤이 **안정적**인 것이다. 이 말은 결혼하기로 정해진 사람들보다 서로가 결혼하고 싶은 사람이 따로 있고, 그 상대자들 역시도 예정된 사람들보다 다른 사람들과 결혼하고 싶어서, 예식에서 결혼하지 않는 남자와 여자의 어떤 쌍(앨리스와 빌이라고 하자)도 있어서는 안 된다는 의미이다. '비안정적인 쌍'이라고 부를 앨리스와 빌과 같은 쌍은 모두 도망치고 싶어 할 것이고, 결혼식을 망칠 것이다.

놀랍게도, 선호 목록과는 상관없이 안정적인 짝맞춤이 분명히 존재한다. 더욱이 그것을 찾는 효과적인 알고리즘도 있다. 데이비드 게일(David Gale)과 로이드 섀플리(Lloyd Shapley)가 1962년에 고안한 알고리즘이 조합론에서 가장 고급스러운 알고리즘 중 하나이고 세계적으로 널리 사용되고 있으며, 미국에서 매년 의대 졸업생과 인턴자리를 연결시키는 것으로 가장 유명할 것이다.

이 알고리즘은 말하자면 남자들이 여자들에게 일련의 대량 청혼을 했을 때 진행된다. 이 게임은 모든 남자들이 자신의 목록에 있는 첫 번째 여자들에게 청혼을 하는 것으로 시작되고, 각각의 여자는 자신에게 청혼한 사람들 중 가장 상위에 있는 남자의 청혼만을 (아마도 임시적으로) 수락하고 나머지 청혼은 즉시 거절한다.

이어지는 회에서는 약혼한 남자들은 가만히 있고, 그렇지 않은 남자들은 자신의 목록에서 이전에 거절했던 여자가 아닌 가장 상위에 있는 여자, 곧 이전 회에서 자신을 거절했던 여자의 바로 다음 여자에게 청혼을 한다. 이전처럼 각각의 여자들은 가장 상위에 있는 남자들의 청혼을 제외한 모든 청혼을 거절한다. 약혼하지 않은 여자이거나, 나중에 청혼한 사람이 (물론 **그녀의** 목록에서) 현재의 약혼자보다 더 상위이면 그녀는 새로운 청혼은 받아들이고 (다시 임시적으로) 이전의 연인은 버린다. 어떤 여자는 여러 회에서 한 사람에게 약혼한 채로 있을 수

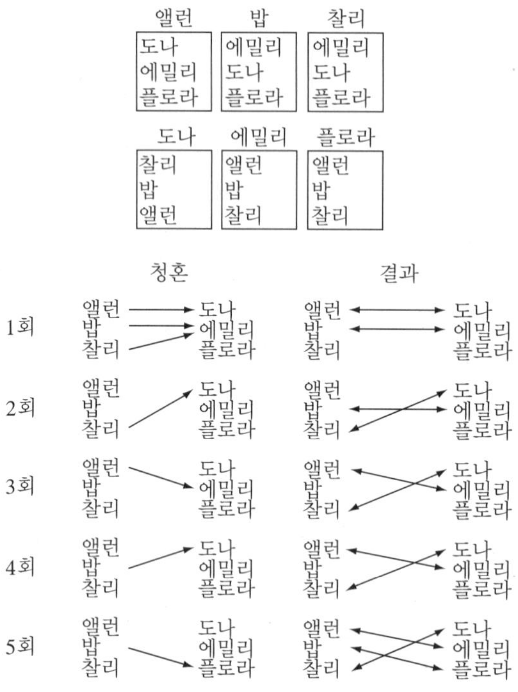

그림 1 안정적 짝맞춤 찾기.

있지만, 언제라도 좀 더 좋아하는 사람에게서 청혼을 받으면, 인정사정없이 오랜 연인은 버리고 더 좋은 새로운 연인과 약혼할 것이다. 그러면 그녀의 이전 연인은 다음 회에 구혼 시장에 재입장하여 그가 지닌 선호 목록의 다음 여자에게 청혼할 것이다.

이 알고리즘은 모든 남성(따라서 모든 여성)이 약혼을 하면 끝난다. 그런 최종 약혼들은 짝맞춤 결과로 이루어진다.

예를 들어 선호 목록이 그림 1과 같다고 가정하자.

첫 회에 앨런은 도나에게 청혼하고, 밥과 찰리는 에밀리에게 청혼한다. 에밀리는 찰리를 거절하지만, 나머지 청혼들은 일시적으로 받아들여진다. 다음 회에 찰리는 그의 두 번째 선택 도나에게 청혼한다. 도나는 받아들이고, 앨런은 독신자로 돌아간다. 3회에 앨런이 에밀리에게 청혼하면, 에밀리는 밥을 내쫓고 앨런의 청혼을 받아들인다. 4회에 밥은 도나에게 청혼하지만, 도나는 이미 찰리와 행복하다. 5회에 밥은 플로라에게 청혼하고 플로라가 수락하며, 이 과정은 앨런이 에밀리와, 밥이 플로라와, 찰리는 도나와 짝지어지며 끝난다.

여느 알고리즘처럼, 이것은 항상 종결되는지, 만약 그렇다면 이것은 반드시 문제의 답에서 끝나는 것인지 스스로에게 물어봐야 한다.

일단 한 여성이 약혼을 하게 되면(이것은 그녀가 첫 번째 청혼을 받자마자 그렇게 된다), 절대로 비약혼자가 될 수 없고, 그녀는 오직 더 좋은 사람으로 바꿀 수만 있다('trade up'). 한편 남자는 거절이 누적될 때마다 기대를 낮추게 된다. 모든 여자는 약혼을 해야만 하므로, 어떤 남자도 희망을 다 써버릴 수는 없다는 것에 주목하자 – 만약 모든 여자에게 거절을 당하면 절대로 모든 여자가 약혼할 수는 없다. 매 회에 있어 약혼한 남자의 수가 증가하거나, 최소한 한 명의 남자는 거절당하고 본인의 기대를 낮춰야만 한다. 따라서 이 알고리즘은 많아야 n^2회의 청혼에서 끝난다.

이 결과는 안정적 짝맞춤인가? 그렇다. 모순에 이르기 위해, 앨리스와 빌이 불안정한 짝이라고 가정하자. 말하자면 앨리스는 클린트와 짝이 되었으나 빌을 좋아하고, 빌은 도라와 짝이 되었으나 앨리스를 좋아한다. 그렇다면 빌은 도라와 약혼하기 위해 어떤 순간엔가 앨리스에게 거절을 당했어야만 한다. 그 순간에 앨리스는 빌보다 더 좋아하는 약혼자를 가지고 있었어야만 한다. 그 이후부터 그녀는 더 좋은 사람으로 바꿀 수 있을 뿐이므로, 클린트로 끝날 수는 없다.

현실에서는(예를 들어 의대 졸업생과 인턴 자리) 보통 실제 청혼은 이루어지지 않고, 선호 목록을 제출하고 컴퓨터가 그 알고리즘을 모의실험한다.

만약 두 성별로 나뉘는 인원이 아니고, 단지 어떤 짝수의 인원을 짝짓는 것이면 어떻게 하느냐는 합리적인 질문을 할 수도 있다. 흔히 '안정적 룸메이트 문제'라 불리는 이 문제는 각자가 모든 다른 사람들을 포함하는 선호 목록을 갖고 있다. 아쉽게도, 룸메이트에 대해서는 안정적 짝맞춤이 없을 수 있다. (우리가 알고 있는 한) 그런 것이 있을 때에도, 안정적 짝맞춤을 찾아주는 것을 보장하는 효과적인 알고리즘도 없다. 너무 슬프지만, 새롭고 훌륭한 응용사례에 장기 이식이 해당한다.

과거에는 신장이식을 받기 위해서 이식을 받길 원하는 사람과 혈액형이 (그리고 가능하면 다른 특성들 또한) 맞는 사람이면서 기꺼이 신장을 기증해 줄 사람을 찾는 것이 필요했었다. 요즘에는 다중 이식이 일을 훨씬 수월하게 만들었다. 앨리스가 흔쾌히 밥에게 신장을 기증하려 하나, 그들의 혈액형이 서로 맞지 않는다고 가정하자. 한편 세상의 다른 곳에서 캐시는 신장이 필요하여 기증을 희망하지만 잘 맞지는 않는 기증자 다니엘을 찾았다. 요점은 앨리스와 다니엘이 그리고 밥과 캐시가 좋은 짝일 수 있다는 것이다. 서로의 동의하에, 그 넷은 함께 모여 앨리스의 신장은 캐시에게, 다니엘의 신장은 밥에게 동시에 (그래서 수술 중에 누구도 꽁무니를 빼고 도망치지 않도록) 이식했다.

그런 짝을 찾는 것은 확실히 중앙집중식 데이터베이스를 필요로 한다. 이상적으로 밥과 앨리스 같은 각각의 환자-기증자 쌍에 대하여, 모든 다른 환자-기증자 쌍을 대상으로 얼마나 그들의 기증자가 밥과 잘 맞는지를 기초로 순위를 매기는 데 데이터베이스가 사용된다. 안정적 룸메이트 문제를 해결하는 알고리즘은 매우 유용할 수 있다.

실제로 경험적 알고리즘(heuristic algorithm)이 교환가능한 짝을 찾는 역할을 잘 수행하는 것 같다. 요즘에는 쌍들의 거대한 순환이 조직되기도 한다. 또한 익명의 환자들에게 신장을 기증하길 원하는 사려 깊은 단 한 명으로부터 촉발된 유용한 연쇄도 때로는 꽤 오랫동안 조직된다. 신장 기증으로의 응용과 그 밖의 많은 이유로, 앨빈 로스(Albin Roth)와 로이드 섀플리(Lloyd Shapley)는 2012년 노벨 경제학상을 수상했다.

안정적 결혼 정리에 대한 많은 다른 결과들과 일반화가 있다. 특별한 한 가지만 언급하자. 많은 경우에 하나 이상의 안정해가 있고, 물론 여기서 소개한 게일-섀플리 알고리즘도 단 하나만 찾는다. 이 알고리즘이 이성들 사이나 심지어 선호하는 여성들 사이에서 중립적이라고 생각할 수도 있으나, 그 안에서 모든 남자는 어떤 안정적 결혼에서 그가 얻을 수 있는 **최고**의 짝을 얻는다는 것과, 모든 여성은 어떤 안정적 결혼에서 그녀가 얻을 수 있는 **최악**의 짝을 얻는다는 것을 사실 어려움 없이 증명할 수 있다!* 의대 졸업생과 인턴자리의 매년 짝맞춤에서, 인턴자리가 제의를 하는 것이 통상적이었다. 이제는 그

* 그러나 그림 1의 결과는 저자의 주장과 반대이다. 여자가 청혼하는 방식으로 바꾸면 저자가 주장하는 결과를 얻을 수 있다. 실제로 회가 거듭될수록 한쪽은 기대감을 낮춰야하는 쪽이고, 다른 쪽은 더 나은 상대자를 얻을 수 있는 쪽이라는 것을 생각해 보면 이는 자명하다.—옮긴이

반대이다.

4 오류 정정

수 메가바이트의 파일을 e-메일로 친구나 동료에게 보냈을 때, 어떻게 항상 단 하나의 오류도 없이 전송되는지 궁금해한 적이 있는가? 공기나 전선 혹은 광섬유를 통해 전송한 비트들(bits)이 1조분의 1보다 적은 오류 가능성을 갖는 것인가?

그 질문에 대한 답은 아니오이다. 만약 비트들을 신중하게 보내면, 인터넷은 현재보다 훨씬 느려질 것이다. 오류는 생기지만 수정된다. 어떻게?

아래에 말하는 것의 대부분은 큰 문자 집합으로 일반화할 수 있지만, 우리는 오직 집합 {0, 1}만을 고려하고자 한다. **오류 정정 부호**(error correcting code)란 고정된 짧은 길이(말하자면 n)의 문자열을 대신해서 사용되는 어떤 주어진 길이(말하자면 k)를 갖는 문자열('부호어(codeword)')의 집합으로, 부호어에 있는 적은 수의 오류들은 수정될 수 있다는 생각에서 만들어졌다. 그림 2는 $n = 7$이고 $k = 4$인 예를 보여 준다.

메시지 (길이 $k = 4$)		부호어 (길이 $n = 7$)	메시지 (길이 $k = 4$)		부호어 (길이 $n = 7$)
0000	——	0000000	1000	——	1000011
0001	——	0001111	1001	——	1001100
0010	——	0010110	1010	——	1010101
0011	——	0011001	1011	——	1011010
0100	——	0100101	1100	——	1100110
0101	——	0101010	1101	——	1101001
0110	——	0110011	1110	——	1110000
0111	——	0111100	1111	——	1111111

그림 2 한 개의 오류를 수정하는 부호.

위에 그려진 부호는 해밍(7, 4) 부호(Hamming(7, 4) code)라 불리는데, 다음의 성질을 가지고 있다. 첫째, 살펴본 것처럼 길이 4인 각 이진 수열에 대해 하나씩 모두 $16 = 2^4$개의 부호어가 있다. 부호어의 길이는 7이다. 그 부호를 사용하기 위해, 보내고 싶은 메시지가 110010100110이라 하자. 이것을 길이 4인 '블록' 1100 1010 0110으로 나누자. 각 블록은 그것에 해당하는 부호어 1100011 1010101 0110110으로 변환되고, 모두를 연결한 110001110101010110110이 전송된다.

다른 한쪽 끝에서는 수신된 비트열을 길이 7인 부분 열로 나누고, 각각은 원래 의도한 메시지를 복구하기 위해 해독된다. 오류가 없을 때 이 특별한 부호를 가지고 해독하는 것은 쉽다. 각 부호어의 처음 네 비트가 메시지의 문자열과 일치한다.

이 체제의 불리한 점은 분명하다. 부호화하고 해독하는 데 품이(물론 컴퓨터의 품이) 들고, 결국 필요한 비트수의 거의 두 배를 보내게 된다. 얻는 것은 오류를 수정할 수 있다는 것이다. 특히 각각의 부호어가 역전된 비트를 하나만 갖는 한, 정확한 원래 메시지를 복구할 수 있다.

이것을 증명하기 위해, 어떻게 부호가 생성될 수 있는지 알아보자. 먼저 7비트 부호어의 각각의 비트 자리에 0에서부터 7까지 이진수로 이름을 붙이자. 실제로 어떻게 이름이 배정이 되었는지는 큰 상관이 없지만, 5, 6, 7번째 자리에는 100, 010, 001(4, 2, 그리고 1에 대한 이진수)이라고 이름을 붙이는 것이 편리하다고 판명되었다. 그리고 처음 네 자리에는 각각 011, 101, 110, 111이라 이름을 붙이자.

이 이름들을 이진수로 다루는 것이 아니고, 2원소 체 위의 3차원 벡터 공간 $\{0, 1\}^3$의 벡터들처럼 동등하게 이진 '숫자(nimber)'로 다룬다. 이는 숫자

자릿수 이름

011	101	110	111	100	010	001

세 자리 숫자(Nimber)의 덧셈표

	000	001	010	011	100	101	110	111
000	000	001	010	011	100	101	110	111
001	001	000	011	010	101	100	111	110
010	010	011	000	001	110	111	100	101
011	011	010	001	000	111	110	101	100
100	100	101	110	111	000	001	010	011
101	101	100	111	110	001	000	011	010
110	110	111	100	101	010	011	000	001
111	111	110	101	100	011	010	001	000

그림 3 해밍(7, 4) 부호를 만들기 위한 이름과 숫자 덧셈법.

들이 자리올림 없이 더해지고, 곧 규칙 $0 + 0 = 0$, $1 + 0 = 0 + 1 = 1$, $1 + 1 = 0$을 사용하고, 각각의 자리는 독립적으로 더해진다. 예를 들어, $011 + 101 = 110$이다. 따라서 덧셈은 뺄셈과 같고, 특히 자기 자신을 더하면 000이 된다. 주어진 임의의 7자리 부호어에 대하여, 그것의 기호(signature)는 1이 발견된 자리의 이름을 숫자로서 더하여 계산한다. 예를 들어, 0100100의 기호는 $101 + 100 = 001$이다(그림 3의 자릿수의 이름 참고).

자릿수의 이름과 세 자리 숫자의 덧셈표를 그림 3에 나타냈다.

부호어들은 정확히 기호 000을 갖는 7자리 단어들이다.* 이로 인해 부호어들의 집합은 $\{0, 1\}^7$의 부분공간이 되고, 이것이 부호어들을 다루기 쉽게 만드는 데 도움을 준다. 주어진 네 자리 메시지의 부호어를 계산하는 것은 아주 쉬운데, 그 이유는 부호어의 첫 네 자리가 메시지의 것과 같고, 나머지 세 자리는 체크비트로 기능하기 때문이다. 만약 첫 네 자리의 (1이 있는) 이름들의 합이 110이면 나머지 세 자리는 반드시 정확하게 1, 1, 0이다.

부호어들의 집합이 갖는 핵심 성질은 어떠한 두 개의 부호어도 일곱 자리 중 적어도 세 군데가 서로 다르다는 것이다. 만약 두 개의 일곱 자리 수가 오직 이름이 abc와 def인 두 자리에서만 다르다면, 그들의 기호들은 $abc - def$ 만큼 차이가 나고, 이것은 000이 될 수 없다. 따라서 그들 둘 모두가 부호어일 수는 없다. (오직 한 자리에서만 다르다면 논증은 더 쉬워진다.) 따라서 만약 부호어의 한 자리가 (0에서 1 또는 1에서 0으로) 뒤집어졌다면, 다른 모든 부호어와 최소한 두 군데 이상이 차이가 나고, 따라서 그것이 생길 수 있는 부호어는 오직 하나 뿐이다. 그 부호어를 결정하는 것 역시 쉽다. 만약 수신한 단어의 기호가 $ghi \neq 000$이면, 뒤집힌 비트의 이름은 ghi이어야 한다.

해밍 부호들은 완전 1-오류 정정 부호라 불리고, 이것의 뜻은 길이 n인 모든 단어는 부호어이거나 또는 유일한 부호어로부터 1개 비트가 뒤집힌 것임을 의미한다. 달리 접근하면, (해밍(7, 4) 부호에서) 각 부호어는 한 비트만을 뒤집어서 만든 7개의 이웃이 있고, 해당 부호어를 포함하여 크기 $2^3 = 7 + 1$인 '공(ball)'을 만들며, 이런 2^4개의 공들은 7자리의 수(word)의 전체 공간(크기는 물론 2^7)을 분할한다.

사실 해밍(7, 4) 부호보다 더 쉬운 1-오류 정정 부호도 있다($k = 1$이고 $n = 3$인 경우). 단순히 각 비트를 세 번 반복하는 것이다. 만약 '110'을 받았다면,

* 뒤에서 설명하지만, 부호어의 앞의 4자리는 원래의 수이고 뒤의 3자리는 앞의 세 자리에 대한 부호이다. 따라서 이를 합친 부호어의 기호는, 부호어의 마지막 3자리의 이름이 붙은 규칙에 의해 같은 숫자를 더하는 것이 되고, 따라서 000이 된다.—옮긴이

세 번째 비트가 뒤집힌 것을 알 수 있고, 부호어는 따라서 '111'이어야 했으며, 따라서 의도는 '1'을 보내려 한 것이다. 더욱이, 앞서의 것은 매 일곱 비트당 하나의 오류를 조절할 수 있었던 반면, 이 부호는 매 세 비트마다 한 비트의 오류를 허용한다. 그러나 이 단순 부호는 1/3의 '효율'을 갖는다. 곧, 3비트를 전송할 때마다 오직 1비트의 정보를 보낸다는 것이다. 해밍(7, 4) 부호는 좀 더 나은 효율 4/7을 갖는다.

실제로 (예를 들어 인터넷에서) 더 큰 블록 길이를 갖는, 그래서 다수의 오류를 수정할 수 있는 부호가 사용된다. 또한 복잡한 오류 정정 부호도 외계로부터 지구로 정보(예를 들어 사진 같은)를 전송할 때 사용된다. 단순한 종류의 오류 정정 부호는 오류를 발견하거나 (위와 같이) 수정하기 위해 대다수의 은행 계좌번호에서 사용된다.

코딩이론은 그 자체가 가지고 있는 조합론뿐만 아니라 선형대수의 많은 부분을 포함하는 커다란 주제이다. 더욱이 빼곡히 들어찬 정리와 응용분야를 가진 활발한 연구 영역이다.

대중들은 종종 '부호(code)'와 '암호(secret code)'를 동일시하지만, 여기서는 암호학에 대해 논의하지 않는다. 오류 정정은 종종 다음의 의미에서 암호학의 '최상부'에서 이루어진다. 메시지는 우선 비밀 부호를 사용하여 암호화되어 (이것이 어떤 연장을 유발하지 않을 수 있으나) 암호문이라 불리는 것을 만들어 낸다. 그 이후에 암호문은 전송 전에 오류 정정 부호를 가지고 부호화된다. 다른 한쪽 끝에서는, 전송 오류를 제거하기 위해 수신문을 해독하고(decode) 정확한 암호문을 복구한다. 그 다음 원본 메시지를 얻기 위해 암호문을 평서문으로 해독한다. 휴!

하지만 스파이 활동에서 오류 정정 부호의 재미있고 직접적인 응용도 있다. 당신은 잘 위장한 스파이이며, 지휘본부와 통신할 유일한 수단은 다음과 같다고 가정하자. 매일 7비트의 예측 불가능한 문자열을 전송하는 지역 라디오 방송국이 있고, 그들이 방송하기 전에 그런 비트들 중 어떤 하나를 바꿀 수 있다. 이런 방식으로 얼마나 많은 정보를 지휘본부에 전송할 수 있을까?

문자열이 1을 짝수 개 포함하는지 아닌지를, 곧 문자열의 우기성을 조절함으로써 분명히 1 비트는 전송할 수 있다. 그리고 취할 수 있는 행동이 오직 $8 = 2^3$가지뿐이므로 (7개의 비트 중 어떤 하나를 바꾸거나 또는 어느 것도 바꾸지 않는 것) 절대로 3비트를 초과하여 송신할 수는 없다. 그런데 당신의 지휘부가 원본 문자열이 무엇인지 모른다면 이런 선택들이 도대체 무슨 소용이 있겠는가?

해밍(7, 4) 부호를 사용하는 것이 편하다. 3비트 메시지 *abc*를 전송하길 원한다면, 그저 방송 *abc*의 기호(signature)를 만들어라. 이것을 할 수 있는지 어떻게 아는가? 만약 방송 문자열이 기호 *def*를 가졌다면, 숫자로서 *abc*와 *def*의 합계를 계산하여 결과 (말하자면) *ghi*를 얻고, 이제 이름이 *ghi*인 비트를 바꾸어라. 만약 우연히도 방송 문자열이 이미 기호 *abc*를 갖는다면 어느 것도 바꾸지 마라. 당신의 지휘부는 당신의 메시지를 얻기 위해 그저 라디오에서 들리는 것의 기호를 계산하기만 하면 된다.

만약 당신의 메시지가 000이라면, 당신의 지휘부가 얻을 수 있는 문자열은 정확히 그림 2의 해밍(7, 4) 부호어이다.

5 네트워크 설계

새로운 회사의 수장으로서, 혹은 새로운 국가의 황제로서 당신의 부서들이나 도시들을 연결할 통신망이나 운송망을 설계할 필요가 있을 수 있다. 어떻게 하면 가능한 한 저비용으로 이런 일을 할 수 있을까?

이 문제뿐만 아니라 많은 문제들을 **그래프 이론** [II.16]을 이용하여 도식화할 수 있다. 그래프 이론에서 물체나 장소는 점으로 추상화되고, 임의의 두 물체(혹은 장소)는 서로에게 특별한 관련이 있을 수도 있고 그렇지 않을 수도 있다. 그래프 이론은 흔히 조합론의 부속영역이나 자매영역쯤으로 간주되었다. 컴퓨터 과학에서 그 중요성이 드러나기 전까지 (대략 1850년대와 1950년대 사이에) '진지한' 수학자들 사이에서 그래프 이론은 조합론과 마찬가지로 대접받지 못했다. 그래프로 모델링해야만 하는 인터넷의 도래 역시도 많은 도움이 되었다.

그래프 $G=\langle V,E\rangle$는 **꼭짓점**의 (우리의 경우 유한인) 집합 V와 **모서리**라 불리는 V의 두-원소 부분집합들의 모임 E로 이루어져 있다. 이런 이름이 붙은 이유는 다각형의 꼭짓점과 모서리가 전형적인 그래프를 구성하기 때문이다. 꼭짓점의 **차수**는 그것을 포함하는 모서리의 개수이다. 만약 모든 꼭짓점이 같은 차수를 가지면 정규그래프라 부른다. 만약 $\{u, v\}\in E$이면 $u\sim v$라 표시하고 u는 v에 **인접한다**고 말한다.

그래프에서 (길이 k인) **경로**(path)는 꼭짓점의 열 $v_0, v_1, \cdots, v_k$로, $0\le i<k$인 각각의 i에 대하여 $v_i\sim v_{i+1}$을 만족한다. 또한 v_i는 모두 다르지만 $v_0=v_k$는 가능하고, 이 경우 경로는 **닫혀있다**(closed)고 말하며, 열 $v_0, v_1, \cdots, v_{k-1}$은 **순환**(cycle)을 구성한다고 말한다. 닫혀있지 않은 경로는 그것의 첫 꼭짓점과 마지막 꼭짓점을 연결한다고 말하며, 만약 V의 임의의 두 꼭짓점이 그렇게 연결될 수 있으면, G가 **연결되어있다**고 말한다. 주어진 꼭짓점 v에 인접한 모든 점들의 집합을 v의 **근방**(neighborhood)이라 말하고 $N(v)$로 표시한다.

그래프가 연결되기 위해 필요한 모서리만을 갖는 경우 **나무**(tree)라 부른다. 모든 나무는 순환을 갖지 않는다(순환을 하나 가질 때, 순환의 한 모서리를 지워도 연결성이 깨지지 않는다). $|V|=n$인 그래프 G에 대하여 다음이 모두 동치임을 쉽게 보일 수 있다.

(1) G가 나무이다.

(2) G는 연결되어 있고, 기껏해야 $n-1$개의 모서리를 갖는다.

(3) G는 순환이 없고, 기껏해야 $n-1$개의 모서리를 갖는다.

(4) G의 임의의 두 꼭짓점을 연결하는 경로는 오직 하나 존재한다.

(5) $n=1$이거나 G는 차수가 1인 ('나뭇잎(leaf)') 꼭짓점을 적어도 두 개 갖는데, 그중 하나를 자신과 연결된 모서리와 함께 지울 경우, 남은 것은 다시 나무이다.

수송망은 꼭짓점이 터미널을, 그리고 모서리는 두 정점 사이의 직접 연결을 나타내는 그래프이다. 통신망 역시 비슷하게 모델링된다. n개의 꼭짓점을 갖는 그래프가 '효과적'이면, 곧 연결되기 위해 필요한 모서리 그 이상을 갖지는 않는다는 의미에서, 그것은 $n-1$개의 모서리를 갖는 나무임을 바로 추론할 수 있다. 그런데 어떤 $n-1$개의 모서리를 의미하는가? 처음부터 그 네트워크를 만든다고 가정하고, 각각의 정점의 쌍 $\{u, v\}$에 대하여, 둘 사이에 모서리를 만드는 데 드는 비용 $C(u, v) = C(v, u)$가 있다고 생각하자. 나무의 가격은 그 모서리들의 가격의 합이다. 가장 적은 비용의 나무를 찾는 좋은 방법은 있는가?

사실 이것은 세상에서 가장 쉬운 문제 중 하나일 수도 있다. 절대로 실수할 이유가 없다. 그저 가장 싼 모서리를 택하는 것으로 시작하여, 그 다음으로 싼 모서리를 선택하고, 등등. 순환을 만들지 않도록만 주의하면 된다. 이것이 **탐욕 알고리즘**(greedy algorithm)으로 불리는 전통적인 예이다. 대안으로는 (비록 이것이 더 오래 걸리지만) 모든 모서리를 가지고 시작하여 ('완전 그래프(complete graph)' K_n) 가장 비싼 모서리부터 제거해 나가는 것이다. 이때 그래프가 끊어지지 않도록 주의해야 한다. 만약 한 모서리를 제거하여 그렇게 되었다면 그 모서리를 유지한다(영원히).

6 나열 나무

당신이 어떤 동호회에 가입되어 있고, **연락망**(notification tree)을 만들기 원한다고 생각해 보자. 계획은 이렇다. 누군가가 동호회의 어떤 관심 정보를 (예를 들어 다음 모임의 시간과 장소 같은) 얻자마자 나무에서 자신의 근방에 알리고, 정보를 받은 사람 각자는 자신에게 정보를 전해준 사람을 제외한 자신의 모든 근방에게 정보를 알리는 과정을 반복 한다.

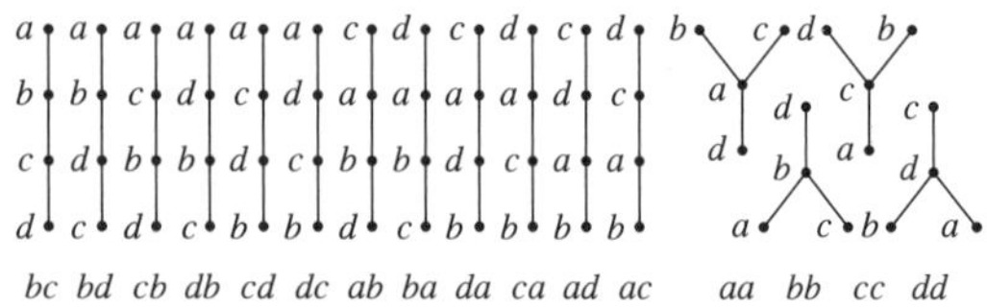

그림 4 꼭짓점 집합 $\{a, b, c, d\}$에 대한 16개의 나무들.

그런 나무를 선택하는 방법은 얼마나 많을까? 여기 직관력 테스트가 있다. 예를 들어 그 모임이 10명의 멤버를 가지고 있다면, 가능한 나무의 수가 수억보다 적을 것이라거나 많을 것이라는 생각이 드는가?

가장 중요한 것은 여기서 우리가 세는 나무들의 꼭짓점은 이름(이 경우에는 사람의 이름)이 있다는 것이다. 그러므로 예를 들어 모임의 회원이 세 명뿐이면, 가능한 나무가 세 개 있는 것이다(셋 중 누구든 중심에 있는 꼭짓점이 될 수 있다). 조금만 계산을 해 보면, 네 개의 **이름표가 붙은** 꼭짓점의 경우에는 그림 4에서 보여 주듯 16개의 나무가 있다.

각각의 나무 아래에서 그 나무의 **프뤼퍼 부호**(Prüfer code)라 불리는 2개 문자로 만들어진 열(2-문자열)을 볼 수 있다. 곱셈 법칙에 의해 문자들의 집합 $\{a, b, c, d\}$에서 선택된 2-문자열 $16 = 2^4$개가 나무마다 하나씩 있다.

프뤼퍼 부호는 어떻게 결정이 되는가? 나무에서 낮은 문자의 나뭇잎(곧, 문자들의 집합에서 빠른 순서의 문자로 이름 붙은 잎)을 찾아 제거하고, 그것과 이웃하며 나뭇잎이 아닌 꼭짓점의 이름을 쓴다. 이 과정을 두 개의 꼭짓점이 남을 때까지 반복한다. 따라서 만약 나무가 n개의 꼭짓점을 가지고 있다면, 프뤼퍼 부호는 n 문자의 집합에서 온 $n-2$개의 원소들의 열로 끝나게 된다. (일부 반복도 가능하다.)

이 과정은 가역적이다. 크기가 n인 순서집합의 $n-2$ 원소들의 열 $x_1, x_2, \cdots, x_{n-2}$가 주어졌다고 가정하자. 이 문자열에 대응하는 이름 붙은 나무를 재구성하는 방법은 하나밖에 없음을 보이자. 사라진 이름들은 나뭇잎에 해당한다는 것에 주목하자. 따라서 가장 낮은 사라진 이름(말하자면 a)은 x_1에 붙인다. 이제 문자열에서 x_1을 지우고 반복하자. a는 한번 다뤄졌으므로 더 이상 사라진 이름으로 여기지 않는다. 하지만 x_1이 나중에 다시 문자열에 나타나기 전까지는 이제 x_1은 사라진 이름의 목록에 들어간다.

문자열의 마지막에 이르면 나무를 만들기 위해, 모든 꼭짓점을 연결하는 $n-1$개의 모서리를 설치하자.

지금까지 n개 원소의 집합에 의해 이름 붙은 꼭짓점을 가진 나무와 그 집합의 원소들로 만들어진 길이 $n-2$인 문자열 사이에는 일대일대응 관계가 있음을 (말 그대로 약식으로) 증명하였다. 이에 대한 결과 중 하나가 케일리(Cayley) 정리이다(1854).

정리(케일리 정리). n개의 꼭짓점을 갖는 이름 붙은 나무의 가짓수는 n^{n-2}이다.

이것은 10명으로 만들 수 있는 연락망의 수가 정확히 1억 개라는 것이다, 따라서 만약 그것보다 적거나 많다고 생각했다면 당신이 졌다.

프뤼퍼의 대응관계는 다른 유용한 성질도 갖는다. 예를 들어 이미 살펴본 것처럼 나뭇잎은 부호에 나타나지 않는다. 좀 더 일반적으로 부호에 이름이 나타나는 횟수는 그것의 차수보다 하나 작다. 우리는 데이비드(d), 엘리노어(e), 프레드(f)가 우리의 연락망에서 (이들을 그다지 신뢰할 수는 없으므로) 나뭇잎들이 되길 원하는 반면, 조지(g)의 차수가 3이라 가정하자. 그러면 이 나무의 부호는 그 안에 d, e, f는 없고, 두 개의 g를 가질 것이다. 문자열에 g를 넣는 방법은 $\binom{8}{2}=28$가지이고, 나머지 여섯 멤버는 각각 $10-4=6$가지의 방식으로 선택될 수 있으므로, 나무를 만드는 방법은 이제 $28 \cdot 6^6 = 1306368$가지뿐이다.

7 흐름을 최대화하기

당신이 원유 공급회사를 운영하고 있으며, 회사의 송유관들은 그래프 G를 구성한다고 가정하자. G의 각 모서리 e는 수용량이 $c(e)$인 (아마도 분당 갤런으로 계측하여) 송유관이다. 많은 양의 원유를 꼭짓점 s('근원점(source)')에서 꼭짓점 t('소멸점(tsink)')로 옮겨야한다면, 이 작업에서 얻을 수 있는 최대 흐름비율(maximum flow rate)은 얼마인가?

흐름을 추상적으로 정의하려면, 각각의 모서리 $\{u, v\}$를 두 개의 유향변(arc) (u, v)와 (u에서 v로 가는 모서리로 생각하여) (v, u)로 표현해야 한다. 흐름은 유향변들로부터 음이 아닌 실수로 가는 함수 f로 다음을 만족해야 한다.

s나 t가 아닌 임의의 꼭짓점 u에 대하여, $\sum_{v\sim u} f(v, u) = \sum_{v\sim u} f(u, v)$이다.

이 조건은 근원점(보통 물질이 흘러나오기만을

원하는)과 소멸점(물질이 흘러들어가기만 하는)을 제외하고 꼭짓점으로 흘러들어가는 양과 흘러나오는 양이 같음을 의미한다. 따라서 근원점에서 나가는 양과 소멸점으로 들어가는 양은 같다. 이 양을 흐름의 **규모**(magnitude)라 부르고, $|f|$로 표시한다.

수용량을 준수하는 흐름, 즉 모든 (u, v)에 대하여 $f(u, v) \leq c(u, v)$이면 흐름 f가 **유효**하다고 말한다. (각 유향변 (u, v)의 수용량은 모서리 $\{u, v\}$가 만들어질 때 주어진 수용량이다.) 우리의 목표는 f를 유효한 흐름으로 제한하면서 $|f|$를 최대화하는 것이다.

'최대-흐름 문제'는 1950년대에 해리스(T. E. Harris, 소련의 철도교통을 모델링하였다)가 식으로 만들었고, 1955년 레스터 포드(Lester Ford)와 델버트 풀커슨(Delbert Fulkerson) 외에도 많은 사람들에 의해 해결되었다. 그들의 알고리즘과 정리는 아래에 나타냈다. 그 이후로 예를 들어 디니츠(Dinitz), 에드먼즈(Edmonds)와 카프(Karp), 그리고 골드버그(Goldberg)와 타잔(Tarjan)이 만든 많은 대안과 변형 그리고 개량형이 나왔다.

포드-풀커슨 알고리즘은 반복에 의해 진행되는데, 수용량이 유리수가 아닌 경우에는 이론적으로 종료되지 않을 수 있다. 모든 수용량이 정수인 경우, 이 알고리즘은 모든 흐름들 중에서 최대인 정수 흐름을 산출한다. 이 알고리즘의 아이디어는 주어진 어떤 흐름 f_i에 대하여 현재의 그래프 G_i에서 f_i를 '빼내어' **잉여망**(residual network)이라 불리는 망 G_{i+1}을 만들고, 이 위에서 f_i에 더해질 수 있는 흐름을 찾는 것이다.

0-흐름에서 시작하여 s에서 t로 향하는 $G_0 = G$의 임의의 경로를 찾는다. 그러면 s에서 t로 향하는 경로에 있는 유향변들의 최소 수용량(말하자면 c)*이 무엇이든 상관없이 보낼 수 있다.

만약 그 경로의 어떤 단계가 u에서 v로 가는 것이면, 잉여그래프 G_1에서 유향변 (u, v)의 수용량을 c만큼 줄여야 한다. 마찬가지로, 반대로 향하는 유향변 (v, u)의 수용량을 c만큼 늘리는 것 역시 중요하다. 이는 나중에 v에서 u로 물건을 보내길 희망할 수도 있고, 그렇게 해서 u에서 v로 보낸 물건을 취소할 수 있을 뿐 아니라 다른 방향으로 그 송유관을 다시 채울 수도 있기 때문이다. 따라서 잉여그래프에서는 단일 모서리로 이루어진 두 개의 유향변들이 일반적으로 다른 수용량을 갖게 되고, 어떤 것은 0일 수도 있다. (원한다면 원래 그래프에서도 그런 것을 지닐 수 있다.)

다음 단계에서 G_1에서 s로부터 t로 향하는 경로들 중에서 양수 수용량을 가진 유향변들을 포함하는 경로를 찾고, 앞서의 과정을 반복한다. 만약 그런 경로를 찾을 수 없다면 과정은 종료된다. 어떻게 '양수인' 경로가 없는 것을 알 수 있을까? s의 근방에서 시작하여 그것들의 근방으로 옮겨가고 등등, 흐름이 그곳으로 보내질 수 있는지 각 꼭짓점을 조사하는 것으로 알 수 있다. 집합 S를 물건을 보낼 수 있는 (s 자체도 포함한) 모든 꼭짓점의 집합이라 하자. 만약 t가 S에 포함되지 않으면, 현재의 잉여그래프에서는 어떠한 흐름도 S 밖으로 보낼 수 없음을 의미한다.

* 0-흐름이란 모든 모서리에 함숫값으로 0을 주는 흐름을 말한다. 따라서 이 흐름은 어떤 경로를 택했든, 경로에 있는 유향변의 수요량이 0 이상이므로 유효한 흐름이 된다.—옮긴이

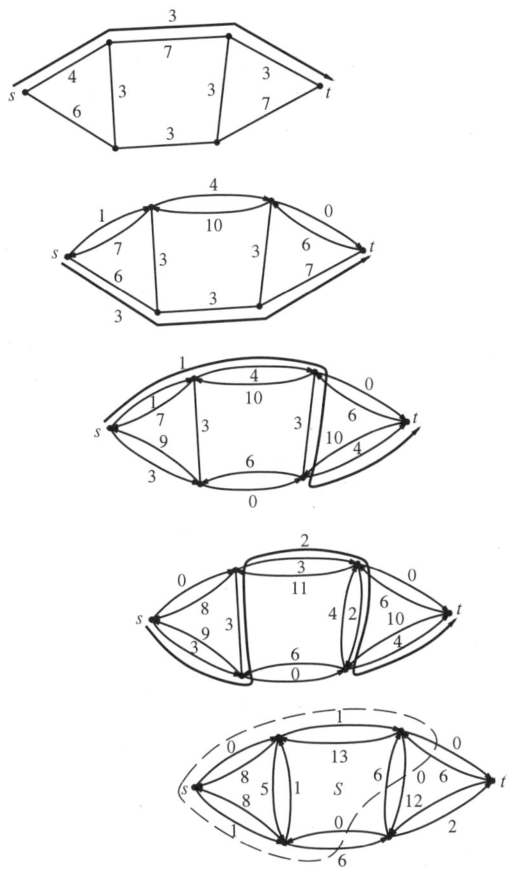

그림 5 최대-흐름과 최소-절단(값 9)를 찾았다.

그림 5는 값이 9인 총흐름(total flow)과, 같은 값을 갖는 '절단'(아래를 보라)을 얻는 포드-풀커슨 4단계를 보여 준다. 각각의 잉여그래프에서 두꺼운 검은 선은 선택된 양의 경로를 보여 준다.

예를 들어 k단계 후에 알고리즘이 멈추었을 때, 흐름들의 합 $f = f_1 + f_2 + \cdots + f_k$는 최대 흐름이고, 이것은 증명할 수 있다. 여전히 선적하여 보낼 수 있는 꼭짓점들의 집합 S를 벗어날 수 없는 이유는 f가 S에서 $V \setminus S$로 향하는 모든 원래의 유향변들을 전용량(full capacity)으로 사용해 왔고, G에서의 어떠한 유효한 흐름도 그보다 더 잘할 수는 없기 때문이다. 어떤 꼭짓점들의 집합이 s만 포함하고 t는 포함하지 않으면 절단(cut)이라 부른다. 절단의 수용량은 그것을 떠나는 유향변들의 수용량의 합이다. 모든 흐름의 규모가 각 절단의 수용량보다 작거나 같아야 한다. 간단명료하게, 'max 흐름 ≤ min 절단'이다. 그렇지만 포드-풀커슨 알고리즘이 종료되었을 때 max 흐름 = min 절단임을 정확히 추론할 수 있다. 사실 이것은 알고리즘이 종료되든 안 되든 항상 참이지만, 여기에서는 증명하지 않는다.

핵심은 임의의 s-t망에서 최대-흐름과 최소-절단을 모두 결정하는 효과적인 알고리즘(선형계획법[IV.11 §3]도 한 가지 방법이다)이 있다는 것이다. 이들의 값이 같다(이 자체는 선형계획법 쌍대성(duality)의 특수한 경우이다)는 사실은 기초적이지만 강력하다. 다음 절에서 이것의 무수히 많은 결과 중 하나를 살펴보겠다.

8 노동자를 직장에 배치하기

사업을 경영하는데 고용이 필요한 여러 일자리와 그 일자리들을 담당할 노동자들의 모임이 있다고 생각해 보자. 곤란한 점은 각 노동자들이 특수한 일에만 적합하다는 것이다. 그 일자리들이 채워질 수 있을까?

이 문제는 안정적 짝맞춤 찾기와 유사해 보인다. 짝맞춤을 원하지만, 조건은 단순히 각각의 일자리를 그 일에 검증된 노동자와 짝맞춤해야 한다는 것이다. 분명히 그런 짝맞춤은 가능하지 않을 수 있다. 예를 들어, 검증된 노동자가 모임에 없는 일이 있을 수 있다. 어떤 경우에 모든 일자리가 채워질 수 있는지 어떻게 말할 수 있을까?

이 상황은 **이분**(bipartite)**그래프**에 의해 잘 모델링 된다. 이분그래프는 꼭짓점의 집합이 두 부분(여기서는 노동자들과 일자리들)으로 나뉘는데, 모든 모서리가 각 부분에서 나온 꼭짓점을 포함해야 한다. 이 문제에서 X를 일자리의 집합, Y를 노동자들의 집합이라고 하자. 만약 일 $x \in X$를 노동자 $y \in Y$가 수행할 수 있으면 x와 y 사이에 모서리를 그린다. 짝맞춤은 서로소인 모서리들의 집합이다. **완전 짝맞춤**('X를 덮는 짝맞춤'으로도 불린다)은 X의 모든 점을 덮는, 곧 모든 일자리를 채우는 서로소인 모서리들의 집합이다.

완전 짝맞춤을 찾기 위해서는 $|Y| \geq |X|$이어야 하고, 앞에서 언급한 것처럼 모든 $x \in X$는 적어도 차수 1을 가져야 한다. 사실 이 두 가지 요구는 다음과 같이 일반화할 수 있다. 임의의 일자리의 집합 $A \subset X$에 대하여, $N(A)$를 A에 있는 일 가운데 적어도 하나의 일에 대해 검증된 노동자들의 집합이라고 하자. 그러면 완전 짝맞춤의 성공 기회를 갖기 위해서는 $|N(A)| \geq |A|$이어야 한다. 글로 표현하면, 어떤 완전 짝맞춤이 가능하기 위해서는 k개 일자리들의 임의의 집합에 대하여 그 집합에 있는 하나나 그 이상의 일자리에 대해 검증된 노동자가 최소한 k명 있어야 한다는 것이다.

이 조건이 충분하다는 것은 홀의 결혼정리로 알려져 있고, 이 정리는 필립 홀(Philip Hall, 1935)이 증명하였다.

정리(홀의 결혼정리). G가 X와 Y를 부분으로 가진 이분그래프라 하자. X를 덮는 짝맞춤이 가능하다는 것과 임의의 부분집합 $A \subset X$에 대하여 Y에 있는 A의 근방 $N(A)$의 크기가 적어도 A의 크기를 갖는다는 것은 서로 동치이다.

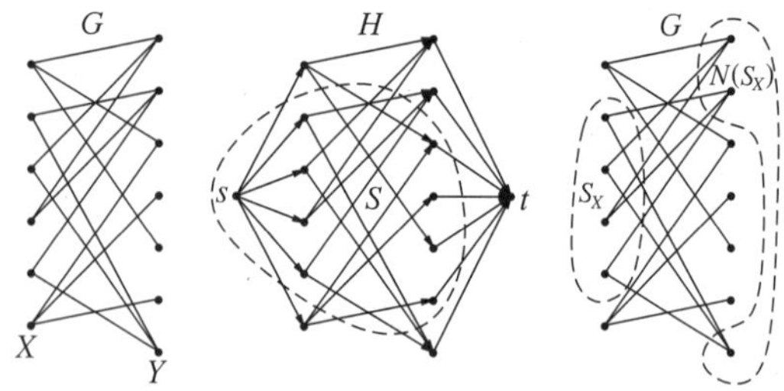

그림 6 이분 그래프와 그에 대응하는 망.

증명. 만약 X를 덮는 짝맞춤이 있으면, X의 어떠한 부분집합 A도 Y의 부분집합으로서 A와 같은 크기의 집합에 짝맞춤되므로, Y에 있는 A의 근방의 크기가 적어도 A의 크기여야만 한다.

이제 증명할 것은 만약 그래프 G가 X를 덮는 짝맞춤을 갖지 않으면 $|N(A)| < |A|$를 만족하는 X의 부분집합 A가 반드시 있다는 것이다. G로부터 s-t 망 H를 다음과 같이 만들어 이것을 증명하려 한다. X의 모든 꼭짓점에 인접하도록 근원점 s를 추가하고, Y의 모든 꼭지점에 인접하도록 소멸점 t를 추가한다. s에서 X, X에서 Y, 그리고 Y에서 t로 가는 모든 유향변들은 수용량 1을 갖고, 나머지는 모두 0을 갖는다(그림 6을 보라).

만일 완전 짝맞춤 M이 있다면, M의 모서리들과 새로운 모서리들을 사용하여 규모 $|X|$인 H의 흐름을 얻을 수 있다. 그렇지 않다면, 최대-흐름 최소-절단 정리에 의해 H에는 수용량이 $|X|$보다 작은 절단 S가 존재한다. $S_X = S \cap X$, $S_Y = S \cap Y$라 하자.

S의 수용량은 S로부터 흘러나가는 유향변들의 수이고, 그 유향변들은 다음의 세 가지 종류가 있다. 첫 번째는 s에서 $X \backslash S_X$로의 유향변들로, 그 개수는 $|X| - |S_X|$이다. 두 번째는 S_X에서 $Y \backslash S_Y$로의 유향변들로, 그 개수를 b라 하자. 끝으로 세 번째는 S_Y에서 t로의 유향변들로서 그 개수는 $|S_Y|$이다. 그런데 $b + |S_Y|$는 적어도 G에 있는 S_X의 근방 $N(S_X)$의 크기보다 작지는 않다. 왜냐하면 그런 모든 근방은, 그 근방이 S_Y에 있는 경우에는 $|S_Y|$를 셀 때 포함되는 모서리를 가지고 있고, 그렇지 않은 경우에는 를 셀 때 포함되는 모서리를 가지고 있기 때문이다. 따라서 $|X| - |S_X| + |N(S_X)| < |X|$이고, 그러므로 $|N(S_X)| < |S_X|$가 되어 홀의 조건에 위배된다.

□

9 주파수의 할당

개발도상국에 휴대폰 기지국을 설치한다고 가정하자. 각 기지국은 적은 수의 예약된 주파수들 중 하나를 이용해서 자신의 교신범위 내에 있는 휴대폰과 통신한다. (다수의 휴대폰은 동일한 주파수를 사용할 수 있다. '시분할 다중통신기법'으로 불리는 한 방법에서는 기지국이 천 분의 일 초를 여러 조각으로 나누고, 한 부분을 사용 중인 각 휴대폰에 배정한다.) 전파방해가 발생할 정도로 근거리에 위치한 어떠한 두 기지국도 동일한 주파수를 사용하지 않도록 하기 위해서는 주파수를 어떻게 배정해야 할까?

이 상황은 기지국들이 꼭짓점이고, 그 중 둘이 잠재적으로 전파 방해의 문제가 있으면 서로 인접한 것으로 하는 그래프 G로 자연스럽게 모델링된다. 그러면 각 꼭짓점에 주파수를 -색으로 간주하여- 배정할 때, 인접한 어떠한 두 꼭짓점이든 같은 색을 갖지 않도록 할 필요가 있다. 만약 k색을 가지고 그런 '적절한' 색칠하기가 가능하면 G는 'k-색칠가능'이라 불린다. G가 k-색칠가능이 되는 가장 작은 k를 G의 **착색수**(chromatic number)라 부르고, $\chi(G)$로 표시한다.

이분그래프는 각 부분에 한 가지 색을 사용할 수 있으므로 2-색칠가능이다. 그러나 G의 부분들이 구별되지 않고 주어졌다면, 언제 2-색칠가능인지 말할 수 있는가?

답은 **그렇다**이다. 이를 위한 효과적인 알고리즘이 있다. G는 연결되어 있다고 가정할 수 있다(그렇지 않으면 G의 연결된 각 조각에 대해 알고리즘을 실행한다). 임의의 꼭짓점 v를 선택하고 그것을 빨간색으로 칠한다. 그리고는 v의 근방을 모두 파란색으로 칠한다. 이제는 그 점들의 근방을 모두 빨간색으로 칠하고, 이 작업을 G의 모든 꼭짓점이 색칠될 때까지 반복한다.

언제 이것이 실패하는가? 두 인접한 꼭짓점들, 말하자면 x와 y가 같은 색을 가지려면 각각은 v로부터 같은 패리티(parity, 길이가 모두 짝수이거나 모두 홀수)를 갖는 경로들로 이어질 수 있어야 한다. z를 v와 동일한 성질을 가지면서 x와 y에 가장 가까운 꼭짓점이라고 하자. 그럼 z에서 x까지와 z에서 y까지의 모든 경로들은, x에서 y까지 모서리도 포함하여, G에서 홀수 길이의 순환을 구성하게 된다.

그런데 G에 홀수 순환이 있으면, G를 2가지 색으로 색칠하는 것은 불가능하다. 따라서 G가 2-색칠가능인 경우는 언제나 이 알고리즘이 통할 것이고,

그렇지 않다면 (금방) 실패할 것이다. 더욱이 우리는 2-색칠가능성에 대한 동치조건을 유도했다.

정리. 그래프 G가 $\chi(G) \leq 2$인 것과 G가 홀수 순환을 갖지 않는다는 것은 동치이다.

안타깝지만 많은 수의 색을 가진 상황은 명백히 아주 다르다. P = NP가 아닌 한, 고정된 $k > 2$에 대하여 언제 $\chi(G) \leq k$인지 결정하는 효과적인 보편 알고리즘은 없다.

그렇지만 관련된 문제에 대해서는 효과적인 알고리즘들이 존재한다. 기지국들이 주파수들의 특별한 집합 S를 사용하여 서로 통신할 필요가 있다고 가정하자. 이 주파수들은 같은 주파수에서 두 개의 메시지가 동시에 전송되거나 같은 기지국에 동시에 수신되는 경우에만 전파방해를 일으키는 주파수라고 하자.

따라서 만약 $|S| = k$이고 어떤 기지국에서 k보다 많은 수의 다른 기지국에 동시에 메시지를 보내길 원하거나, k보다 많은 수의 다른 기지국으로부터 동시에 메시지를 수신하길 원한다면 그것은 불가능하다. 그런 이유로 각 기지국은 그 대상에 적당히 제한을 두지만, 이것이 전파방해를 일으키지 않도록 메시지에 주파수를 배정할 수 있다는 것을 의미하는가?

이제 우리가 원하는 그래프(H라 부르자)는 각 기지국마다 두 개의 꼭짓점을 가질 필요가 있다. 하나는 송신기 역할을, 다른 하나는 수신기 역할을 한다. 기지국 x에서 기지국 y로 메시지를 보내고 싶으면, 송신 노드 x와 수신 노드 y 사이에 모서리를 놓는다. 따라서 H는 이분그래프이고, 원한다면 각 꼭짓점을 두 가지 색으로 적절히 칠할 수도 있다.

그렇지만 지금 주파수를 필요로 하는 것은 기지국들이 아니고 메시지들이다. 다시 말하면 H의 꼭짓점이 아니라 모서리를 색칠해야 되고, 어떤 꼭짓점도 같은 색을 가진 두 개의 모서리로 연결되지 않기를 바란다. 이와 동치로, 어떤 특정한 색을 가진 모서리들의 집합이 짝맞춤을 구성하길 원한다. 만약 차수 d인 꼭짓점(수신기든 송신기든)이 있고 d가 가능한 색상의 수 k를 초과하면, 이미 알아본 바와 같이 더 이상 나아갈 수 없다(곧 불가능하다). 만약 k가 적어도 최대 차수라면 놀랍지만 매우 유용하게도 갈등 없이 항상 색을 배정할 수 있다.

정리. H를 모든 꼭짓점의 차수가 기껏해야 k인 이분그래프라 하자. 어떠한 꼭짓점도 같은 색을 가진 두 모서리에 포함되지 않도록 H의 모서리들은 모두 k색을 가진 팔레트로 색칠할 수 있다.

다른 사람들에 의해 그 이전과 이후에 만들어진 아주 밀접한 결과들이 있음에도, 이 정리는 쾨니그 데네시(Dénes König, 1931)의 결과로 불린다. 이 정리를 증명하는 것은, 그리고 그렇게 색칠하는 방법을 실제로 찾는 것은 차수 k인 모든 꼭짓점들을 덮는 짝맞춤을 찾는 것으로 충분하다. 이것은 홀의 결혼정리나 최대-흐름 최소-절단 정리를 사용하여 할 수 있다. 그러면 짝맞춤에 있는 모든 모서리들을 k번째 색으로 색칠하고 그 모서리들을 지워 최고 차수가 기껏해야 $k-1$인 그래프를 얻는다. 차수가 0인 그래프에 이를 때까지 이 과정을 반복하여 모든 모서리를 색칠한다.

10 교차 피하기

특정한 그래프 G와 같이 부품들이 연결된 단층 마이크로칩(one-layer microchip)을 설계하길 원한다고 가정하자. 그것을 할 수 있겠는가? 좀 더 추상적으로, 주어진 G에 대해 평면에 그 그래프를 어떠한 두 모서리도 교차되지 않도록 그릴 수 있겠는가? 그래프 K_4(네 개의 꼭짓점과 모든 꼭짓점의 쌍이 모서리로 연결되는)를 그림 7(a)처럼 그리려고 할 수도 있으나, 조금만 주의를 기울이면 (b)에 그려진 것과 같이, 교차되지 않게 다시 그릴 수 있다.

교차 없이 평면에 그려진 그래프를 **평면그래프**(plane graph)라 부르고, 그런 식으로 **그릴 수 있는** 그래프를 **평평하다**(planar)라 한다. (평면 그래프의 모서리들은 **곧은** 선분일 필요는 없으나, 사실 항상 그렇게 그릴 수 있다.)

1976년 켄 아펠(Ken Apel)과 볼프강 하켄(Wolfgang Haken)이 컴퓨터의 도움으로 증명한, 유명한 '4색 지도 정리(four-color map theorem)'는 모든 평평한 그래프는 4-색칠가능임을 말한다. 지도상에 (인접한) 국가들을 색칠하는 것과 그래프 색칠하기 사이의 관련성은 다음과 같다. 지도가 주어지면, 각 국가들을 그 국가 내의 한 점에 대응시키고, 인접한 국가들에 있는 두 점을 공통의 국경을 가로지르는 모서리로 연결한다. 이런 '쌍대 그래프(dual graph)'의 꼭짓점을 적절히 색칠하는 것은, 국경을 맞대고 있는 어떠한 두 국가도 같은 색으로 칠하지 않는 방식으로 모든 국가를 색칠하는 것과 동치이다.

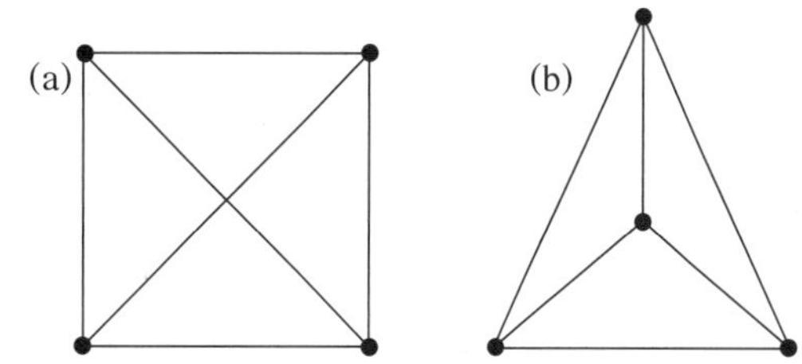

그림 7 네 꼭짓점을 갖는 완전 그래프의 두 가지 그림들.

4색 정리는 어쩌면 다소 하찮은 결과처럼 보일 수 있지만 -무엇보다도 대다수 지도 제작자가 많은 색을 가지고 있고 일상적으로 4색보다 더 많은 색을 사용하지만- 사실 이것은 그래프 이론에서 근본적이고 중요한 정리이다. 평평한 그래프들 자체가 그래프의 중요한 부류를 이루고, 우리가 공간에 살지 않고 평면을 필요로 하지 않으며 교차되는 것에 대해 거리낌이 없는 경우라도 골라낼 수 있는 것들이다.

그래프 K_5는 5가지 색이 필요하므로, 아펠과 하켄을 믿는다면 이것은 평평할 수 없다. 그러나 이를 직접 확인해 보자. 주된 도구는 조르당 곡선 정리(Jordan curve theorem)로, 이 정리는 평면에 있는 단순 폐곡선(simple closed curve)은 그 평면을 두 개의 연결 영역(곡선 내부의 유계된 영역과 외부의 영역)으로 나눈다고 말한다. 꼭짓점이 $1 \sim 5$로 이름붙은 K_5가 교차 없이 평면에 그려졌다고 가정하자. K_5는 모두 $\binom{5}{2} = 10$개의 모서리를 가지고 있다. 순환 $1 \sim 2 \sim 3 \sim 4 \sim 5 \sim 1$을 구성하는 다섯 모서리는 폐곡선을 만들고, 따라서 순환이 아닌 다섯 모서리들 중 최소한 셋이 그 곡선의 내부에 있거나 바깥에 있어야 된다. 셋이 내부에 있다고 가정하자(다른 경우에 대해서는 내부라는 용어를 외부로 바꾼다). 그중 하나가 (말하자면) 1에서 4로 가는 모서리라고 가정할 수 있고, 그런데 이 경우 단 하나의 순환이 아닌 다른 모서리(1에서 3으로 가는)는 어떠한 것도 가로지를 수 없고, 그래서 우리는 고착되었다.

(말하자면) 꼭짓점 1, 2, 3이 4, 5, 6에 인접한 완전 이분그래프 $K_{3,3}$은 물론 2-색칠가능이지만, 이것이 그 그래프를 평평하게 만들지는 못한다. 실제로, 평평하다고 가정하고 순환 1～4～2～ 5～3 ～6～1의 모서리들로 만들어지는 단순 폐곡선을 고려하면 다시금 모순을 이끌어 낼 수 있다.

K_5나 $K_{3,3}$의 모서리들을 따라 새로운 꼭짓점을 추가하는 것, 그리하여 '부분분할(subdivision)'을 만드는 것은 위의 증명들에 차이를 만들지 못한다. 주목할 점은 우리가 충분조건에 이르렀다는 것이다. 보통 쿠라토프스키의 정리로 알려진 다음의 결과는 1930년 카지미에시 쿠라토프스키(Kazimierz Kuratowski)에 의해 증명되었는데, 그 당시의 다른 사람들에 의해서도 증명되었다.

정리(쿠라토프스키의 정리). 어떤 그래프 G가 평평할 필요충분조건은 그 그래프가 부분그래프로서 K_5나 $K_{3,3}$의 어떠한 사본이나 그것의 어떤 부분분할도 포함하지 않는다는 것이다.

여기서 증명하지는 않겠지만, 주어진 그래프 G가 평평한지 판단하고, 그런 경우 교차 없는 G의 그림을 작도하는 효과적인 알고리즘이 있다는 것을 말해 둔다.

11 우편물 배달

집배원이 되기로 계약하고, 담당 구역 내의 모든 거리를 정확히 한 번씩만 돌아다니는 경로를 찾으려 한다고 가정하자. 이것은 언제 가능한가? 가능하다면, 어떻게 그런 경로를 찾을 수 있을까?

추상적으로, 주어진 그래프 G에 대하여 각 모서리를 정확히 한 번씩만 다니는 **보행**(walk, 꼭짓점들의 열로, 모두 다를 필요는 없고 연이은 두 꼭짓점은 인접한 꼭짓점이다)을 고안하길 원한다. 아마도 특정한 꼭짓점 s에서 시작하여 특정한 꼭짓점 t에서 (둘이 같아도 되고) 끝나기를 원할 수도 있다. 그런 보행을 오일러 경로(Eulerian tour) 또는 한 점에서 출발해서 그 점에서 끝나는 경우 오일러 순환(Eulerian circuit)이라 부른다.

(이제는 칼리닌그라드(Kaliningrad)인) 쾨니히스베르크(Königsberg)의 다리를 여행하는 문제와 관련하여, G가 홀수 차수의 꼭짓점을 두 개 이상 가지면 그런 보행은 불가능하다는 것을 오일러가 알아낸 것은 유명한 일화이다. 그 이유는 간단히 말하자면 처음이나 마지막이 아닌 꼭짓점들은 들어온 횟수만큼 나가야 되므로, 쌍으로 그것의 모서리들을 다 써 버리기 때문이다. 오일러가 증명하지 않은 것은 연결된 그래프가 홀수 차수의 꼭짓점을 두 개 이상 갖지 않는 것이 그런 보행이 존재하기 위한 필요조건일 뿐 아니라 충분조건이라는 것이다.

정리. 만약 G가 연결 그래프이고 홀수 차수의 꼭짓점을 가지고 있지 않으면 오일러 순환을 갖는다.

증명. P를 어떠한 모서리도 두 번 지나지 않는 최대 길이의 보행이라 하자. 이것이 오일러 순환임을 보이자.

먼저 P가 u에서 출발하였으면, u가 보행을 멈출 수 있는 유일한 곳이므로 거기에서 끝나야만 된다. 왜 그런가? (보행이) 꼭짓점 $v \neq u$에서 멈추려면, v를 포함하는 모든 모서리들을 (어떤 k에 대해) v에 들어오기 위해 k번 사용하고 나가기 위해 $k-1$번 사용하여 모든 모서리들을 써 버렸어야 한다. 그렇지만 G의 다른 모든 꼭짓점처럼 v도 짝수 차수를 갖는다고 가정하였다.

만약 P가 오일러 순환이 아니면, G는 연결그래프이므로 G에 사용되지 않은 모서리가 있어 P의 한 꼭짓점, 말하자면 v와 다른 꼭지점 w(이 점은 P의 점일 수도 그렇지 않을 수도 있다)를 연결해야 된다. 새로운 보행 Q를, w에서 출발하여 모서리 $\{v, w\}$를 거쳐 v로 간 후, 그 다음은 P를 따라 u로 가고, 끝으로 P의 앞부분을 따라 다시 u에서 v로 가자. Q의 길이는 P보다 길다(그리고 아직 멈추지도 않았다). 그러므로 모순에 이른다. □

만약 G가 연결되어 있고 정확히 두 개의 홀수 차수 꼭짓점, 예를 들어 x와 y를 가지고 있으면, 모든 꼭짓점들이 짝수 차수를 갖는 그래프를 얻기 위해 그 둘을 모서리로 연결하고 정리를 사용하여 오일러 순환 P를 얻는다. P에서 새로운 모서리를 밖으로 던져 버리면 x에서 출발하여 y에서 끝나는 오일러 경로를 얻는다. 새로운 모서리는 G에 이미 존재하던 모서리와 중복될 수도 있으나, 위의 정리와 증명은 같은 두 개의 꼭짓점을 포함하는 모서리를 하나 이상 가질 수 있는 '다중그래프(Multigraph)'에 대해서도 성립한다.

사실 이 정리와 증명은 유향그래프(혹은 방향그래프, digraph)라 불리는 방향을 가진 그래프에 대해서도 성립한다. 유향그래프는 모서리 대신 한쪽 방향으로만 가는 유향변(arc)을 가지며, 어떤 것은 한 꼭짓점에서 자기 자신으로 돌아오는 고리(loop)도 될 수 있다. 연결 유향그래프 D에서 오일러 순환이 존재하는 필요조건, 그리고 다시금 충분조건은 D의 모든 점에서 내차수(indegree, 꼭짓점에 들어오는 유향변의 개수)가 외차수(outdegree)와 같다는 것이다. 그래프에 대해서든 혹은 유향그래프에 대해서든 상관없이, 위의 증명은 실제로 오일러 경로 혹은 순환을 생성하는 많은 효과적인 알고리즘 중 하나를 암시적으로 포함하고 있다.

유향그래프에 대한 오일러 순환 정리는 드 브루인 열(De Bruijn sequence)에 대한 멋진 응용을 가지고 있다. k개의 버튼을 가진 장치를 위한 어떤 소프트웨어를 만들었고, 어떠한 n번 버튼 누름의 조합도 그 장치를 불능으로 만들 수는 없음을 확인하려 한다고 가정하자. (k개의 버튼을 n번 누르는 조합에 해당하는) k^n개의 가능한 문자열 모두를 각각 입력해 볼 수도 있으나, 중첩을 활용하여 시간을 줄이는 것이 합리적일 수 있다. 예를 들어 단 두 개의 버튼(0과 1이라 이름 붙은)만 가지고 있고 $n = 3$이면, 길이 3인 이진 문자열 8개 모두를 부분 문자열(substring)로 포함하는 문자열 0001011100을 입력해 볼 수 있다. 개수가 k인 문자들로 만들어진 길이 n인 문자열 모두를 정확히 한번만 포함하는 그런 문자열을 1946년 니콜라스 고베르트 드 브루인(Nicolaas Govert de Bruijn)이 쓴 논문을 기려 드 브루인(k, n) 문자열이라 부른다. 이 문자열 자체는 고대로 거슬러 올라가고, 산스크리트어 운율에 등장하는 것도 있다.

보통 드 브루인 문자열은 순환하는 것으로 간주되므로, 앞의 문자열은 00010111로 짧아질 수 있는데, '모퉁이를 돌아가는' 것이 허용되어 110과 100을 얻을 수 있다는 것에 대한 이해가 필요하다. 필요할 때 모퉁이를 돌지 못할 수도 있으므로, 장치를 검사하기 위해서는 순환 문자열의 처음 $k-1$ 문자들의 사본을 순환 문자열의 마지막에 추가하는 것이 필요하다.

임의의 자연수 k와 n에 대하여 드 브루인(k, n) 문자열이 존재함을 알아보기 위해, 유향그래프 $D(k, n)$을 다음과 같이 만들자. $D(k, n)$의 꼭짓점들은 n개 문자들로 만들어진 길이가 $k-1$인 모든 문자열들로, 개수는 n^{k-1}개이다. 유향변은 길이가 k인 문자열들 $x_1, \cdots, x_k$에 대응하는데, 꼭짓점 $x_1, \cdots, x_{k-1}$에서 꼭짓점 $x_2, \cdots, x_k$로 향한다. 우연히도 모든 x_i들이 같다면 이것은 고리가 된다는 것을 기억하자.

$D(k, n)$에 있는 모든 꼭짓점의 외차수는 n이다. 이는 k번째 문자를 n가지 방식으로 추가할 수 있기 때문이고, 마찬가지로 모든 내차수 또한 n이다. $D(k, n)$이 연결된 것을 알아보기 위해, x를 주어진 문자들 중 하나라고 하고, 임의의 꼭짓점으로부터 $xxx\cdots x$에 이를 수 있는데, 이것은 반복적으로 x를 마지막에 추가함으로써 가능하다. 또한 $xxx\cdots x$로부터 임의의 꼭짓점에 이르는 것 역시 그 꼭짓점의 문자들을 하나씩 추가하는 것으로 가능하다.*

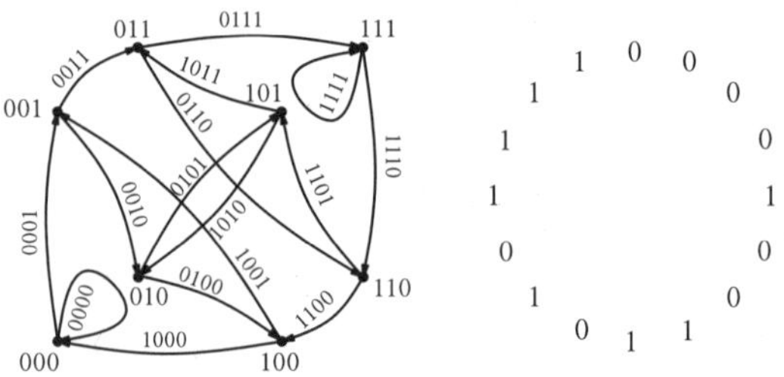

그림 8 유향그래프 $D(4, 2)$와 한 오일러 순환으로부터 얻은 드 브루인 문자열.

이 절의 정리를 적용하여 D에 있는 오일러 순환을 얻고, 이것이 정확히 드 브루인(k, n) 문자열을 위해 필요하다. 사실, $D(k, n)$에는 $(k!)^{k^{n-1}}/k^n$개의 오일러 순환이 있다는 것을 보일 수 있고, 따라서 같은 수의 드 브루인 문자열이 (순환으로 생각하여) 존재한다. 그림 8에 유향그래프 $D(4, 2)$와 그 결과로 얻는 총 20736개의 드 브루인(4, 2) 문자열 중 하나를 나타내었다.

주어진 어떤 유향그래프에 대하여 오일러 순환의 정확한 수를 계산할 수 있는지 궁금하다. 원래의 (무향)그래프에 대해서는 누구도 그 숫자를 추산하는 효과적인 알고리즘을 알지 못한다. (많은 경우에 유향그래프에서 작동하는 알고리즘은 무향그래프에서도 잘 작동한다. 왜냐면 앞의 7절에서 이미 해 보았듯, 모서리를 각 방향의 유향변으로 바꿀 수 있기 때문이다. 그러나 이 경우에 그렇게 하면 모든 모서리를 두 번씩 지나는 보행을 얻게 된다.)

이 절을, 그리고 실질적으로는 응용 조합론과 그래프 이론에 대한 우리의 전체 논의를 하나의 추가적인 관찰로 마무리하고자 한다. 유향그래프 $D(k, n)$ 대신 무향그래프 $G(k, n)$을 만들 수도 있다. 여기서 꼭짓점들은 (n개의 문자로 만들어진) 길이 k인 모든

* 예를 들어 $abc-bcx-cxx-xxx-xxa-xab-abc$와 같은 방식이다.—옮긴이

문자열들이고, 두 꼭짓점은 길이 $k-1$인 문자열을 함께 공유하는 경우 연결된다. 그러면 임의의 드 브루인 (k, n) 문자열은 모든 꼭짓점을 (모든 모서리 대신에) 정확히 한번만 지나가는 $G(k, n)$의 순환이 된다. 그런 순환을 **해밀턴 순환**(Hamilton circuit)이라 부른다.

그렇지만 해밀턴 순환의 계산가능성은 오일러의 경우와는 시작부터 다르다. P = NP가 아닌 한, 입력 그래프가 해밀턴 순환을 갖는지 결정하거나, 갖는 경우에 그것을 찾는 효과적인 방법은 없다. 어떤 경우에는 쉬운 알고리즘을 제공하는 정리가 있는 반면, 다른 경우에는 구하러 와줄 알려진 정리가 없다는 것을 언급하는 것 외에, 그 이유를 말하는 것은 어렵다. 몇몇 조합론적인 작업들은 쉽고, 몇몇은 어려운 것처럼 보인다. 원래 그렇다.

일단 어떻게 다룰지 안다면 쉬운 몇 가지 조합론 문제들을 소개하고자 노력하였다. 당신의 모든 문제들이 비슷하게 수월하기를 바라지만, 그렇지 않다면 당신을 위의 주제들로 좀 더 심도 있게 이끌어 줄 (많은) 책들 중 몇 가지를 아래에 적어 두었다.

더 읽을거리

Brualdi, R. 2010. Introductory *Combinatorics*, 5th edn. Upper Saddle River, NJ : Prentice Hall.

Gusfield, D., and R. W. Irving. 1989. *The Stable Marriage Problem: Structure and Algorithms.* Cambridge, MA : MIT Press.

Van lint, J. H. 1999. *Introduction to Coding Theory*, 3rd edn. Berlin : Springer.

Stanley, R. P. 1986. E*numerative Combinatorics*, volumes I and II. Monterey, CA : Wadsworth & Brooks/Cole.

West, D. B. 1996. *Introduction to Graph Theory*, 2nd edn. Upper Saddle River, NJ : Prentice Hall.

IV.38 조합론적 최적화

젠스 뷔겐 *Jens Vygen*

조합론적 최적화(combinatorial optimization) 문제는 다양한 응용분야에서 제기된다. 우리는 일반적으로 유한집합에서 최적화 원소를 찾는다. 그러나 이 집합은 열거하기에 너무 커서 암묵적으로 그것의 조합론적 구조에 의해 열거된다. 이 구조를 탐구하고 이해함으로써 이들을 나열하는 효과적인 알고리즘을 개발하는 것이 목표이다.

1 중요한 문제들

먼저 고전적인 문제들부터 살펴보자. 기본적인 기호는 그래프 이론[II.16]을 따른다. 방향그래프(directed graph)에서, 정점 혹은 정점들의 집합 X를 나가는 모서리의 집합을 $\delta^+(X)$, X로 들어가는 모서리의 집합을 $\delta^-(X)$로 각각 표시하자. 무향그래프에서 $\delta(X)$는 X에서 정확히 한 끝점만을 갖는 모서리의 집합을 나타낸다.

1.1 생성 나무

이 문제에서 유한 연결 무향그래프 (V, E)(곧 V는 정점들의 집합이고, E는 모서리의 집합)와 모서리의 가중치, 곧 모든 $e \in E$에 대하여 $c(e) \in \mathbb{R}$가 주어졌다고 가정하자. 할 일은 집합 $T \subseteq E$ 중에서 (V, T)가 (생성(spanning)) 나무이고 $\sum_{e \in T} c(e)$가 최소인 집합을 찾는 것이다. (나무란 순환이 없는 방향그래프임을 기억하자.)

유클리드 평면에서 8개의 점으로 이루어진 집합 V를 아래의 그림의 왼쪽에 표시하였다. (V, E)가 이 8개의 점에 대한 완전그래프(complete graph, 모든 정점의 쌍은 모서리에 의해 연결되어 있음)이고 c를 유클리드 거리라고 하면, 오른쪽 그림은 최적해(optimal solution)를 보여 준다.

1.2 최대 흐름

유한 방향그래프 (V, E)와 두 정점 $s, t \in V$(생성점(source), 소멸점(sink)), 그리고 모든 $e \in E$에 대하여 수용량(capacity) $u(e) \in \mathbb{R}_{\geq 0}$이 주어져 있을 때, 다음을 만족하는 s-t흐름 $f: E \to \mathbb{R}_{\geq 0}$을 찾고자 한다. 모든 $e \in E$에 대하여 $f(e) \leq u(e)$이고, 모든 $v \in V \backslash \{s, t\}$에 대하여 $f(\delta^-(v)) = f(\delta^+(v))$이다. (흐름 보존: s와 t를 제외한 모든 정점에서 유입되는 흐름의 총합은 유출되는 흐름의 총합과 같다.) 목표는 $f(\delta^-(t)) - f(\delta^+(t))$, 곧 s에서 t로 옮겨지는 흐름의 총량을 최대화하는 것이다. 이것을 f의 값이라고 부른다.

아래의 그림은 다음을 설명한다. 왼쪽은 수용량이 모서리 근처에 표시된 예를 나타내고, 오른쪽은 값이 7인 s-t흐름을 나타낸다. 이것이 최적은 아니다.

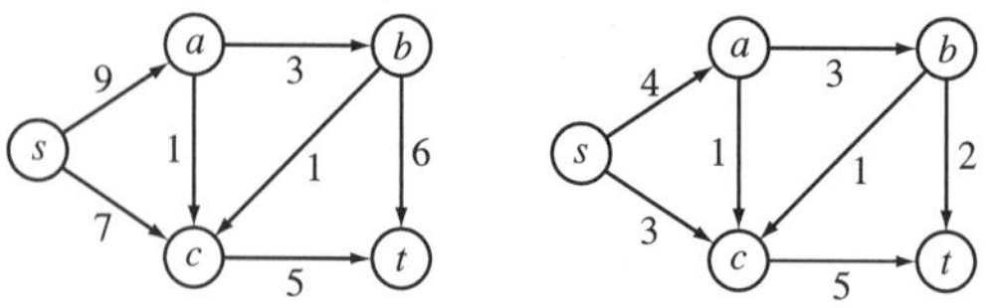

1.3 짝맞춤

주어진 유한 무향그래프 (V, E)에서 가능한 가장 큰 짝맞춤(matching) $M \subseteq E$를 찾자. (짝맞춤은 끝점들이 모두 다른 모서리의 집합이다.)

1.4 배낭

주어진 $n \in \mathbb{N}$과 양의 정수 a_i, b_i (품목 $i = 1, \cdots, n$에 대한 이익과 가중치(무게)), 그리고 배낭의 수용량 B에 대하여, 집합 $I \subseteq \{1, \cdots, n\}$ 중에서 $\sum_{i \in I} b_i \leq B$이고 가능한 가장 큰 $\sum_{i \in I} a_i$를 갖는 집합을 찾자.

1.5 순회 판매원

거리함수 d를 가진 유한 집합 X에 대하여, 일대일대응함수 $\pi: \{1, \cdots, n\} \to X$ 중에서 각각의 대응하는 여행의 거리

$$\sum_{i=1}^{n-1} d(\pi(i), \pi(i+1)) + d(\pi(n), \pi(1))$$

이 가능한 가장 작은 값을 갖는 함수를 찾자.

1.6 집합의 덮개

유한 집합 U와 그것의 부분집합들 $S_1, \cdots, S_n$이 주어졌을 때, 합집합이 U가 되는 가장 작은 부분집합들의 모임을 찾자. 곧 부분집합 $I \subseteq \{1, \cdots, n\}$ 중에서

$\bigcup_{i \in I} S_i = U$이고 ($I$의 원소의 개수) $|I|$가 최소인 I를 찾자.

2 일반적 공식화와 목표

2.1 인스턴스들과 해들

이런 문제들은 다양한 공통 특징들을 갖는다.

각 경우마다 무수히 많은 **인스턴스**(instance)가 있고, 각각은 (이름을 다시 붙여) 유한개의 비트(bit)나, 혹은 몇몇 경우에는 유한개의 실수로 표현할 수 있다.

각각의 인스턴스에 대하여, **그럴듯한 해**(feasible solution)들의 집합이 있다. 이 집합은 대다수의 경우에 유한이다. 최대 흐름 문제의 경우에는 그 집합은 무한이나, 이 경우조차도 일반성을 잃지 않고 해들의 유한 집합으로 제한할 수 있다(아래를 보라).

주어진 인스턴스와 그럴듯한 해에 대하여 해당하는 값을 쉽게 계산할 수 있다. 예를 들어 짝맞춤 문제에서 인스턴스들은 유한 무향그래프이다. 각각의 인스턴스 G에 대하여, 그럴듯한 해들은 G에서의 짝맞춤이고, 각각의 짝맞춤에 대하여 해당하는 값은 간단히 짝맞춤의 원소의 개수이다.

그럴듯한 해가 유한 개이더라도, 그 개수가 **인스턴스의 크기**(인스턴스를 표시하기 위해 필요한 비트 수)에 대한 다항식으로 유계되지는 않는다. 예를 들어 $V=\{1, \cdots, n\}$에 대해 n^{n-2}개의 나무 (V, T)가 있다(이것은 케일리 공식이다). 마찬가지로 n개의 정점에 대한 짝맞춤의 수나, n개의 원소의 집합에 대한 부분집합의 수, 또는 n개의 원소에 대한 치환(permutation)의 수는 모두 n에 대해 지수 성장을 한다. 아주 작은 n을 제외하고는 누구도 합당한 시간 내에 모든 것을 열거할 수는 없다.

인스턴스가 실수들을 포함할 때면 언제든 이들을 이용하여 기초적인 연산을 할 수 있거나 이진부호(binary encoding)로 유리화할 수 있다고 가정하자.

2.2 알고리즘들

조합론적 최적화의 주된 목표는 앞서 나열한 문제들을 해결하는 효과적인 알고리즘을 고안하는 것이다.

효과적이란 보통 **다항 시간**(polynomial time) 안에, 곧 인스턴스의 크기에 대한 다항식으로 기초적인 단계의 수가 유계되는 것을 의미한다. 물론 빠를수록 더 좋다.

일반적으로 문제를 **해결한다**는 것은 항상 (곧, 주어진 모든 인스턴스에 대하여) 최적화 값을 가지는 그럴듯한 해를 계산하는 것을 의미한다.

3절에서 성장 나무 문제를 해결하는 효과적인 알고리즘의 예를 제공할 것이다.

그럼에도 불구하고 NP-난해[I.4 §4.1] 문제들(위 목록에서 마지막 세 가지 예들과 같은)에서는 P = NP가 아닌 한 그 문제를 해결하는 효과적인 알고리즘은 존재하지 않고, 그 결과 덜 효과적인 것으로 만족해야만 한다(5절을 보라).

2.3 다른 목표들

알고리즘을 개발하고 그것의 정확성과 효율성을 증명하는 것 외에도, 조합론적 최적화(그리고 그에 관련한 분야)는 다른 작업들도 포함한다.

- 그래프, 매트로이드(matroid), 다면체(polyhedra), 하이퍼그래프와 같은 조합론적 구조의 분석.
- 서로 다른 조합론적 최적화 문제들 (축소, 동치, 유계, 완화) 사이의 관계 규명.
- 최적해의 (혹은 거의 최적인 해의) 성질 증명
- 문제의 복잡도 연구와 결과의 견고함 규명.
- 알고리즘의 구현과 그것의 실질적 성능 분석.
- 조합론적 최적화 문제를 실세계의 문제에 적용하는 것.

3 탐욕 알고리즘

성장 나무 문제는 매우 간단한 해를 가지고 있다. 탐욕 알고리즘이 그 일을 한다. 공집합에서 시작해서, 순환을 만들지 않는 가장 값싼 모서리를 계속해서 선택하는 작업을 부분그래프가 연결될 때까지 수행한다. 형식적으로는

(1) $c(e_1) \leq \cdots \leq c(e_m)$을 만족하도록 모서리의 집합 $E = \{e_1, \cdots, e_m\}$을 정렬하고,

(2) T를 공집합이라 놓은 다음,

(3) $i = 1, \cdots, m$에 대하여 다음을 수행한다.

- 만약 $(V, T \cup \{e_i\})$가 순환을 포함하지 않으면,
- e_i를 T에 포함시킨다.

앞서의 예에서, 처음 네 단계에서는 가장 짧은 네 모서리를 포함할 것이다(아래의 왼쪽 그림). 그 다음 점선으로 된 모서리를 검토해 보지만, 그것이 순환을 만들기 때문에 추가되지 않는다. 오른쪽 그림은 이 알고리즘의 최종 결과물을 보여 준다.

이 알고리즘은 쉽게 구현할 수 있고, $n = |V|$과 $m = |E|$에 대하여 $O(nm)$시간 동안 실행된다. 조금 더 주의를 기울이면 실행시간 $O(m \log n)$도 얻을 수 있다. 따라서 이것은 다항시간 알고리즘이다.

이 알고리즘은 (V, T)가 순환을 포함하지 않는 최대 집합 T를 계산한다. 곧, (V, T)는 나무이다. 결과물 (V, T)가 항상 최적해인가는, 곧 최소가중치를 갖는 나무인가는 완전히 명확하지는 않다. 이 사실에 대한 훌륭하고 유익한 증명을 살펴보자.

3.1 정확성 증명

(V, T^*)가 한 최적 나무이고, T^*을 $|T^* \cap T|$가 가능한 가장 크도록 선택하자. $T^* \neq T$라 가정하자.

모든 성장 나무들이 정확히 $|V| - 1$개의 모서리를 갖는다. 이것은 $T^* \setminus T \neq \varnothing$임을 의미한다. $j \in \{1, \cdots, m\}$을 $e_j \in T^* \setminus T$인 가장 작은 지표라고 하자.

탐욕 알고리즘은 T에 e_j를 추가하지 않을 것이므로, 순환이 반드시 존재하여 그 모서리 집합 C가 $C \subseteq \{e_j\} \cup (T \cap \{e_1, \cdots, e_{j-1}\})$이고 $e_j \in C$를 만족한다.

$(V, T^* \setminus \{e_j\})$는 연결그래프가 아니므로, 집합 $X \subseteq V$가 있어 $\delta(X) \cap T^* = \{e_j\}$를 만족한다. ($\delta(X)$는 X에서 정확히 하나의 끝점만을 갖는 모서리의 집합을 의미한다는 것을 기억하자.)

이제 $|C \cap \delta(X)|$가 짝수이므로 (임의의 순환은

집합 X를 떠나는 횟수만큼 같은 수로 X에 들어간다), 최소한 2이어야 한다. $e_i \in (C \cap \delta(X)) \setminus \{e_j\}$라 하자. $i < j$이고, 따라서 $c(e_i) \le c(e_j)$이다.

$T^{**} := (T^* \setminus \{e_j\}) \cup \{e_i\}$라 하자. 그러면 (V, T^{**})는 $c(T^{**}) = c(T^*) - c(e_j) + c(e_i) \le c(T^*)$를 만족하는 나무이다. 따라서 T^{**} 또한 최적해이다. 그러나 T^{**}는 T와의 교집합에서 T^*와의 교집합보다 하나의 모서리(e_i)를 더 갖는다. 이는 T^*의 선택에 위배된다.

3.2 일반화

일반적으로(그리고 위에 제시한 다른 어떤 문제들에 대해서도), 항상 최적해를 찾아 주는 단순 탐욕 알고리즘은 없다.

성장 나무에 대하여 탐욕 접근법이 통하는 이유는 여기서는 그럴듯한 해들이 **매트로이드**의 기저를 이루기 때문이다. 매트로이드는 잘 이해된 조합론적 구조로서 사실상 탐욕 알고리즘의 최적성을 통해 특징지을 수 있다.

두 개의 매트로이드의 교집합에 대한 최적화나 (오라클에 의해 주어지는) 서브모듈라 함수(submodular function)의 최소화와 같은 일반화는, 좀 더 복잡한 조합론적 알고리즘을 통해 다항시간 내에 해결할 수 있다.

4 쌍대성과 최소-최대 방정식

다른 문제들 사이의 관련성은 중요한 이해나 알고리즘을 많이 이끌어 낼 수 있다. 잘 알려진 예들을 몇 가지 살펴보자.

4.1 최대-흐름 최소-절단 정리

최대-흐름 문제와 s-t 절단 사이의 관계부터 시작하자. s-t 절단이란 $s \in X$이고 $t \notin X$인 집합 $X \subset V$에 대하여 X를 나가는 모서리의 집합을 (($\delta^+(X)$로 표시) 의미한다.

그러한 하나의 s-t 절단 안에 있는 모서리들의 총 수용량은 $u(\delta^+(X))$로 표시되고, (G, u)에서 임의의 s-t 흐름 f의 값에 대한 상계(upper bound)이다. 그 이유는 s를 포함하지만 t는 포함하지 않는 임의의 집합 X에 대하여 그 값은 정확히 $f(\delta^+(X)) - f(\delta^-(X))$이고, 임의의 $e \in E$에 대하여 $0 \le f(e) \le u(e)$이기 때문이다.

s-t 흐름의 최댓값은 s-t 절단의 최소 수용량과 같다는 **최대-흐름 최소-절단**(max-flow min-cut) **정리**는 그 상계가 매우 정교함을 말해 준다. 다시 말해 f가 최댓값을 갖는 어떠한 s-t 흐름이라 할지라도, $s \in X$이고 $t \notin x$인 집합 $X \subset V$가 있어 모든 $e \in \delta^+(X)$에 대하여 $f(e) = u(e)$이고, 모든 $e \in \delta^-(X)$에 대하여 $f(e) = 0$을 만족한다.

실제로, 만약 그런 집합이 존재하지 않는다면 s에서 t로 가는 방향 경로 P를 찾을 수 있어서, 이 경로 안에서는 각각의 모서리 $e = (v, w)$가 $f(e) < u(e)$를 만족하는 G의 모서리이거나 그 반대이다: $e' := (w, v)$는 $f(e') > 0$인 G의 모서리이다. (이 사실은 X를 s에서 그러한 경로들을 따라 닿을 수 있는 정점들의 집합이라 하는 것으로부터 유도된다.)

그러한 경로들을 **증대경로**(augmenting path)라 부르는데, 이는 그런 경로를 따라서 정방향 모서리(forward edge)에는 추가하고 역방향 모서리에서는 줄이는 방법으로 흐름을 늘릴 수 있기 때문이다. 어떤 흐름 알고리즘(일반적으로 가장 효과적인 것은 아닌)은 모든 0인 흐름으로부터 시작하여 증대경로를 연속적으로 찾는다.

아래의 그림은 1.2절에서 나타낸 흐름에 어떻게 경로 a-c-b-t를 따라 한 단위씩 경로를 증대시키는지를 보여 준다(왼쪽의 굵은 실선). 그 결과로 얻은 (값이 8인) 흐름은(오른쪽 그림) 수용량이 8인 s-t 절단 $\delta^+(\{s,a,c\}) = \{(a,b),(c,t)\}$에 의해 드러나는 것처럼, 최적이다.

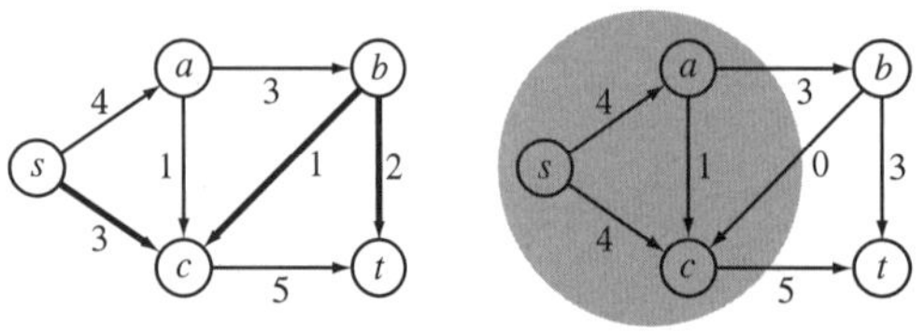

위의 관계는 최소 수용량을 갖는 s-t 절단을 찾는 것이 최대-흐름 문제를 푸는 것으로 충분하다는 것 역시 보여 준다. 이것은 무향그래프에서 최소절단을 계산하는 데 사용하거나 주어진 그래프의 연결성을 계산하는 데에도 사용할 수 있다.

임의의 s-t 흐름은 s-t 경로들에서의 흐름들로 분해(decompose)될 수 있고, 또한 순환들에서의 흐름으로도 가능하다(그러나 순환 흐름(cyclic flow)은 값에 기여를 하지 않기에 불필요하다). 이 분해는 탐욕적으로 수행될 수 있고, 흐름을 복구하는 데는 그 경로들의 목록만으로 충분하다. 이것은 일반성을 잃지 않고 유한 개의 그럴듯한 해로 제한할 수 있음을 보여 준다.

4.2 서로소인 경로

만약 모든 수용량이 정수이면, 증대경로를 따라 항상 1씩 증대시킴으로써 최대 흐름을 찾을 수 있다 (더 이상의 증대경로가 없을 때까지 반복하여). 이것은 정수 시간 알고리즘은 아니지만(왜냐하면 인스턴스의 크기에 따라 지수적으로 반복 횟수가 증가할 수 있기 때문에), 이 경우에도 항상 정수인 최적 흐름이 있다는 것을 보여 준다.* 정수 흐름은 경로들(순환들도 가능)에서의 정수 흐름들로 분해될 수 있다.

따라서 수용량이 모두 1인 특수한 경우에 정수 흐름은 쌍마다 모서리가 서로소인(pairwise edge-disjoint) s-t 경로들의 집합으로 생각할 수 있다. 그러므로 최대-흐름 최소-절단 정리로부터 카를 멩거(Karl Menger)의 다음 정리를 얻을 수 있다. (V, E)가 방향그래프이고 $s, t \in V$라 하자. s에서 t로 가는 쌍마다 모서리가 서로소인 경로의 개수의 최댓값은 s-t 절단에 있는 모서리의 최솟값과 같다.

예를 들어 무향그래프나 (내부적으로) 정점-서로소인 경로들에 대한 정리같이, 다른 형태의 멩거 정리도 존재한다.

일반적으로 정해진 끝점들을 갖는 서로소인 경로들을 찾는 것은 어렵다. 예를 들어 s와 t를 정점으로 갖는 주어진 방향그래프에서, 모서리가 서로소인 s에서 t로 향하는 경로 P와 t에서 s로 향하는 경로 Q가 존재하는가를 결정하는 것은 NP-완전문제[I.4 §4.1]이다.

4.3 선형계획법 쌍대성

최대-흐름 문제는 (그리고 최소-비용 흐름이나 다중항목(Multicommodity) 흐름과 같은 일반화 또한) 직접적인 방식으로 선형계획법처럼 공식화할 수 있

* 곧 f의 값이 모두 정수인 최적 흐름.—옮긴이

다.

대다수 다른 조합론적 최적화 문제들은 양자택일을 포함하고 있고 본질적으로 (혼합된-) 정수선형계획법으로 공식화할 수 있다. 짝맞춤 문제에 대한 예를 살펴보자.

짝맞춤 문제는 정수 선형계획법

$$\max\{\mathbb{1}^{\mathrm{T}}x\colon Ax \leq \mathbb{1},\ \ x_e \in \{0,1\}\ \forall e \in E\}$$

로 나타낼 수 있는데, 여기서 A는 주어진 그래프 $G=(V,E)$의 정점-모서리-결합행렬(vertex-edge-incidence matrix)이고, $\mathbb{1}=\{1,1,\cdots,1\}^{\mathrm{T}}$은 모든 성분이 1인 벡터이며(따라서 $\mathbb{1}^{\mathrm{T}}x$는 그저 $\sum_{e\in E}x_e$의 줄임말이고), $\leq$는 성분별로 모든 부등식이 참이라는 것을 의미한다. 이 정수선형계획법에 대한 그럴듯한 해는 G에서 짝맞춤들의 결합벡터(incidence vector)이다.

정수선형계획법을 해결하는 것은 일반적으로 NP-어려움이고(5.2절을 보라), (정수라는 제약이 없는) 선형계획법은 다항시간에 해결할 수 있다(연속 최적화[IV.11 §3]를 보라). 이것이 흔히 선형 완화법(linear relaxation)에 대한 고려가 유용한 이유이다. 선형 완화법은

$$\max\{\mathbb{1}^{\mathrm{T}}x\colon Ax \leq \mathbb{1},\ x \geq 0\}$$

으로, 여기에서 0과 $\mathbb{1}$은 모든 성분이 0 또는 1인 벡터를 각각 의미한다. 이제 x의 모든 성분은 0과 1사이의 모든 실수일 수 있다.

쌍대(dual) 선형계획법(LP)는

$$\min\{y^{\mathrm{T}}\mathbb{1}\colon y^{\mathrm{T}}\mathrm{A} \geq \mathbb{1},\ \ y \geq 0\}$$

이다. 약한 쌍대성에 의해 모든 쌍대 실현가능 벡터(dual feasible vector) y는 최적값(optimum)의 상한을 제공한다. (실제로 만약 x가 짝맞춤 M의 결합벡터이고 $y \geq 0$가 $y^{\mathrm{T}}A \geq \mathbb{1}$이면, $|M| = \mathbb{1}^{\mathrm{T}}x \leq y^{\mathrm{T}}Ax \leq y^{\mathrm{T}}\mathbb{1}$이다.)

G가 이분그래프이면, 이러한 두 개의 LP들은 실제로 정수 최적화 해를 갖는다고 판명되었다. 쌍대 LP의 최소 정수를 갖는 그럴듯한 해들은 정확히 **정점 덮개들**(vertex covers, V의 부분집합 X들로 모든 모서리가 X에서 적어도 하나의 끝점을 갖는다)의 결합벡터들이다.

다시 말해 임의의 이분그래프 G에서, 짝맞춤의 최대 크기는 정점덮개의 최소 크기와 같다. 이것은 쾨니그 데네시(Dénes König)의 정리이다. 이것은 또한 최대-흐름 최소-절단 정리로부터도 유도할 수 있다.

예를 들어 (세 정점에 대한 완전 그래프인) 삼각형이 보여 주는 바와 같이, 일반적인 그래프에서 이것이 항상 성립하지는 않는다. 그럼에도 불구하고, 일반적인 그래프에서 짝맞춤의 결합벡터들에 대한 볼록집합 역시도 잘 기술될 수 있다. 그것은

$$\left\{x\colon Ax \leq \mathbb{1},\quad x \geq 0,\quad \sum_{e\in E[A]} x_e \leq \left\lfloor \frac{|A|}{2} \right\rfloor \forall A \subseteq V\right\}$$

로 표현되는데, 여기서 $E[A]$는 양 끝점이 모두 A에 속하는 모서리들의 집합을 나타낸다. 이것은 1965년 잭 에드먼즈가 증명하였으며, 그는 짝맞춤 문제에 대한 다항시간 알고리즘 역시 찾아냈다. 이와 대조적으로, 주어진 그래프 안에서 최소 정점 덮개를 찾는 문제는 NP-어려움이다.

5 NP-어려움 문제 다루기

1절에서 언급한 나머지 세 문제(배낭, 순회판매원, 그리고 집합의 덮개)는 NP-어려움이다. 이들이 다항시간 알고리즘을 갖는다는 것과 P = NP는 동치이다.

대다수 연구자들이 P ≠ NP라 믿고 있으므로, 그들은 NP-어려움 문제에 대해 다항시간 알고리즘을 찾는 것을 포기했다. 예를 들어 다음과 같이 약화된 성질을 갖는 알고리즘을 찾고 있다.

- 관심 있는 특별한 경우들을 다항시간에 풀기
- 지수시간(exponetial time) 동안 실행하지만 단순 열거보다는 빠를 것.
- 항상 그럴듯한 해를 계산하기, 단 그 값은 최적값 보다 기껏해야 k배 정도만 나쁠 것(k-근사 알고리즘이라 불린다(5.1절을 보라)).
- 효과적이거나 어떤 확률 모형에 있는 대다수 인스턴스에 대하여 좋은 해를 계산할 것.
- 무작위적일 것(계산에서 랜덤 비트(random bits)를 사용할 것)과 좋은 성능을 기대할 수 있을 것.
- 정식 증명은 없지만, 실제로는 빠르게 실행되거나 좋은 결과를 만들어 낼 것(경험적으로).

5.1 근사 알고리즘

이론적 관점에서, 근사 알고리즘의 개념은 꽤 생산적인 것으로 판명되었다. 예를 들어, 배낭 문제(1.4절)에 대하여 인스턴스와 양수 $\varepsilon > 0$이 주어졌을 때, 최적값보다 기껏해야 $1+\varepsilon$배 나쁜 해를 계산하고 계산시간은 n^2/ε에 비례하는 알고리즘이 있다. 외판원 문제[VI.18](1.5절을 보라)에 대해서는, $\frac{3}{2}$-근사 알고리즘이 있다.

집합 덮개(1.6절)에 대해서는 P = NP가 아닌 한, 상수인자(constant-factor) 근사 알고리즘은 없다. 그렇지만 주어진 그래프 G에서 최소 정점 덮개를 찾는 특수한 경우를 생각해 보자. 여기서 U는 G의 모서리 집합이고, $V = \{v_1, \cdots, v_n\}$은 G의 정점의 집합이며, $i = 1, \cdots, n$에 대하여 $S_i = \delta(v_i)$라 하자. 위에서 언급했던, G에 대한 어떠한 짝맞춤의 크기도 하한이라는 사실을 사용할 수 있다. 실제로 만약 M이 (포함관계에 대해) 최대 짝맞춤이면(예를 들어 탐욕 알고리즘으로 찾은), M에 속한 모서리들의 $2|M|$개 끝점들은 정점 덮개를 이룬다. $|M|$은 최적값에 대한 하한이기 때문에, 이것은 단순 2-근사 알고리즘이다.

5.2 정수 선형 최적화

대부분의 고전적인 조합론적 최적화 문제들은 정수 선형계획법

$$\min\{c^{\mathrm{T}}x\colon Ax \le b,\ \ x \in \mathbb{Z}^n\}$$

으로 수식화할 수 있다. 사실상 선형계획법인 최대-흐름 문제를 제외하고, 이것은 이 장에서 논의한 모든 문제를 포함한다. 변수들은 종종 0이나 1의 값을 갖도록 제약된다. 때때로 어떤 변수들은 이산적인 반면, 나머지는 연속적이다.

$$\min\{c^{\mathrm{T}}x\colon Ax + By \le d,\quad x \in \mathbb{R}^m,\quad y \in \mathbb{Z}^n\}$$

그런 문제들을 혼합-정수 선형계획법이라 부른다.

이산 최적화(discrete optimization)는 조합론적 최

적화와, 특정한 조합론적 구조를 가지지 않은, 일반적인 (혼합된) 정수 최적화로 구성된다.

일반적인 (혼합된) 정수 선형 최적화를 다루는 알려진 모든 알고리즘은 지수적 최악-경우 실행시간을 갖는다. 실제로 가장 성공적인 알고리즘은 평면 자르기나 분기한정법(branch and bound)을 조합하여 사용한다(6.2절과 6.7절은 보라). 이들은 고급 상용 소프트웨어에 구현되어 있다. 거의 모든 고전적인 조합론적 최적화 문제를 포함하여, 많은 실용적인 문제들은 (혼합된) 정수 선형계획법으로 표현할 수 있기 때문에, 실제로 그 소프트웨어들은 그런 문제들에서 작거나 중간 크기의 인스턴스들을 해결하기 위해 관례적으로 사용되고 있다. 그렇지만, 주어진 문제의 특정한 구조를 탐색하는 조합론적 알고리즘은 보통 더 뛰어나고 굉장히 큰 인스턴스들에 대해서는 통상 유일한 선택이다.

6 기법들

좋은 알고리즘은 문제의 구조를 이용해야만 하므로, 모든 문제는 다른 기법들을 필요로 한다. 어떤 기법들은 꽤 일반적이고 또 문제들의 다양한 변형에 적용될 수 있는 반면, 많은 경우에 잘 작동되지 않을 수도 있다. 그럼에도 불구하고 몇 가지 조합론적 최적화 문제에 성공적으로 적용된 가장 중요한 기법들을 열거해 본다.

6.1 축소법

알려지지 않은 문제를 알려진(그리고 해결된) 문제로 축소하는 것은 물론 가장 중요한 기법이다. 어렵다는 것을 증명하기 위해 우회하여 진행한다. 어렵다고 알고 있는 문제를 새로운 문제로 축소한다. (그러면 그것 역시도 어렵다 할 수 있다). 만약 양쪽 방향으로 축소할 수 있다면, 문제들은 실제로 동치인 것으로 간주할 수 있다.

6.2 열거기법

어떤 문제들은 숙련된 열거법(enumeration)으로 해결할 수 있다. 동적 프로그래밍은 그런 기법 중 하나이다. 최적해가 더 단순한 문제에 대한 최적해를 단순 조작하여 만들어지는 것이라면 이 방법이 통한다. 데이크스트라(Dijkstra)의 **최단 경로 알고리즘**[VI.10]이 좋은 예이다. 나무에 대한 많은 알고리즘은 동적 프로그래밍을 사용한다.

분기한정법(Branch and Bound)은 알려진 또 다른 열거기법이다. 이 기법에서는 방문하지 않은 부분은 좋은 해를 포함할 수 없음을 하계와 상계가 알려주므로, 결정 나무(decision tree)의 부분들만을 열거한다. 이 기법이 얼마나 잘 기능하느냐는 가능한 경계가 얼마나 좋은가에 주로 의존한다.

6.3 인스턴스의 축소 또는 분해

종종 어떤 인스턴스는 무관한 부분을 삭제함으로써 전처리될 수 있다. 다른 경우에서는 작은 인스턴스를 계산하거나, 어떤 구조를 갖으면서 그것의 해가 원래 주어진 인스턴스의 해를 내포하는 인스턴스를 계산한다.

잘 알려진 다른 기법으로는 **분할정복법**[I.4 §3]이 있다. 몇몇 문제들에서 인스턴스들은 각각의 해들이 어떤 방식으로든 다시 병합될 수 있는 작은 인스턴스들로 분해/분할될 수 있다.

6.4 조합론적 또는 대수적 구조

만약 인스턴스들이 (평면성, 어떤 연결성, 그래프의 성긴 정도, 비교차(cross-free) 집합족, 매트로이드 구조, 서브모듈라 함수 등과 같은) 어떤 구조를 가지고 있다면, 일반적으로 이 성질은 반드시 사용해야만 한다.

또한 (원래 문제 또는 완화된 것의) 최적해들 또한 보통 유용한 구조를 가지고 있다. 때로는 처음부터 그렇지는 않은 경우에도 (예를 들어 성글게 만들기(sparsification) 또는 비교차 기법(uncrossing technique)에 의해) 그런 구조는 얻어 낼 수 있다.

많은 알고리즘들은 주된 도구로써 조합론적 구조를 계산하고 사용한다. 이것은 통상적으로 그래프 구조이나, 가끔은 대수적 관점이 어떤 성질을 드러낼 수 있다. 예를 들어 그래프의 라플라스 행렬은 유용한 성질들을 많이 가지고 있다. 때로는 우기성(parity) 같은 단순한 성질이 굉장히 유용하거나 명쾌할 수 있다.

6.5 근본적-쌍대 관계

많은 알고리즘에서의 핵심 도구인 선형계획법의 쌍대성에 관해 앞서 논의했다. 라그랑주 쌍대성 역시 비선형문제에 유용할 수 있고, 때로는 평면 쌍대성이나 쌍대 매트로이드 등과 같은 다른 종류의 쌍대성도 매우 유용하다.

6.6 기법 개선

어떤 해로부터 시작해서, 반복적으로 그 해를 개선하는 것은 자연스럽다. 탐욕 알고리즘과 증대경로를 찾는 것은 특수한 경우로 생각할 수 있다. 알고리즘을 종료하기 위해 진척 정도를 측정하는 몇몇 방법이 일반적으로 필요하다.

임의의 그럴듯한 해로부터 시작해서 작고 국소적인 변형으로 그것을 개선하는 일반적인 원리를 국소 탐색이라 부른다. 보통 국소-탐색 발견법은 실제로도 꽤 성공적이지만, 많은 경우에 합리적인 성능을 보장받을 수는 없다.

6.7 완화와 반올림

완화는 (원래는 그럴듯한 해들이 가져야만 되는 어떤 성질을 해들이 갖지 않아도 되도록 허용함으로써) 조합론적으로 생기거나, $\mathbb{R}^n$에 있는 변수에 대한 최적화 문제로서 (간주하여) 정수 제약을 생략하여 생긴다.

선형계획법 공식들은 기하급수적으로 많은 변수와 제약이 있는 경우조차도 (최적화와 분리의 동치 관계에 의해) 다항시간 알고리즘을 암시할 수 있다. 선형 완화는 평면 자르기라 불리는 선형 제약을 더 추가하여 강화할 수 있다.

비선형 완화도 고려할 수 있다. 특히 준정 완화(semidefinite relaxation)는 몇몇 근사 알고리즘에서 사용되고 있다.

물론 완화(한 문제)를 해결한 이후에, 본래 요구되었던 성질은 어떻게 해서든 복구되어야 한다. 만약 유리수 해가 정수가 되었으면, 이것을 흔히 반올림이라 부른다. 여기서 반올림은 (유리수로부터 정수해를 유도하는) 일반적인 의미로 사용되었을 뿐, 가장 가까운 정수로 반올림하는 특수한 의미가 아니다. 다양한 목적을 위한 복잡한 반올림 알고리즘이 개발되어 왔다.

6.8 축소와 반올림

인스턴스 안에 있는 숫자들이 작은 정수인 경우에는 문제가 보통 쉬워진다. 물론 정확성의 상실이란 대가를 치르고, 축소와 반올림을 통해 이를 얻을 수 있다. 배낭문제(1.4절을 보라)는 좋은 예이다. 최고의 알고리즘은 축소와 반올림을 사용하고, 그 다음 동적 프로그래밍을 이용하여 반올림된 인스턴스를 해결한다.

어떤 경우에는 원래 인스턴스의 좀 더 정확하거나, 심지어 올바른 해를 빨리 구하기 위해, 반올림된 인스턴스의 해를 차후의 반복에서 사용할 수도 있다.

6.9 기하학적 기법들

기하학적 기법들의 역할 또한 더욱 중요해지고 있다. 그럴듯한 해들을 (혹은 그것들의 볼록집합을) 다면체로 표현하는 것은 표준적인 기법이다. 알고리즘들에서 그래프의 평면 매립은 (그것이 가능한 경우) 흔히 활용할 수 있다. 어떤 거리공간을(metric space) 단순한 것으로 근사하는 것은 근사 알고리즘의 설계에서 중요한 기법이다.

6.10 확률적 기법들

때로는 확률적 관점이 문제를 쉽게 만든다. 예를 들어 유리수해는 극점(extreme points)들의 볼록 결합이나 확률분포로 볼 수 있다. 몇몇 확률변수의 기댓값에 대한 논쟁이 단순한 알고리즘이나 증명을 유도할 수도 있다. 많은 무작위 알고리즘들에서 무작위성을 없앨 수 있으나, 이것은 보통 문제를 어렵게 만든다.

더 읽을거리

Korte, B., and J.Vygen. 2012. *Combinatorial Optimization: Theory and Algorithms*, 5th edn. Berlin: Springer.

Schrijver, A. 2003. *Combinatorial Optimization: Polyhedra and Efficiency*. Berlin: Springer.

IV.39 대수기하학

프랭크 소타일 *Frank Sottile*

물리적 대상들이나 제약들은 다항방정식이나 부등식들로 모형화할 수 있다. 연립 다항방정식의 해들에 대해 연구하는 대수기하학은 이런 이유에서 과학자들이나 공학자들의 도구가 된다. 게다가 과학이나 공학에서 생기는 개념들 사이의 관계가 종종 다항식으로 표현된다. 어디에서 시작되었든 일단 다항식이 그림 속으로 들어가면, 대수기하학에서 나온 여러 개념들 -그것의 이론적 배경이나 고전적인 예로부터 발견된 개념 그리고 현대적인 계산 도구들- 모두가 즉시 문제 해결에 영향을 끼칠 수 있다.

응용수학의 한 부분으로서 대수기하학은 두 가지 측면이 있다. 하나는 많은 응용문제에서 공유하는 반복적인 기법과 예제들로 늘어가는 목록들로, 나머지는 다항식을 포함하는 응용과학에서 유래된 주제들로 이루어진다. 대수기하학에 대한 알고리즘과 소프트웨어들이 이런 두 가지 측면을 연결한다.

1 응용을 위한 대수기하학

먼저 대수기하학의 응용에서 공통적으로 나타나는 개념과 대상을 살펴보자.

1.1 대수다양체와 그것의 아이디얼

대수기하학에서 가장 근본적인 대상은 **대수다양체** (또는 아핀다양체)이다. 이것은 벡터공간 $\mathbb{C}^n$(아마도 응용을 위해서는 $\mathbb{R}^n$으로 제한될 것이다)에서 다항식에 의해 정의되는 집합

$$V(S) := \{x \in \mathbb{C}^n | f(x) = 0 \forall f \in S\}$$

이다. 이때, $S \subset C[x] = C[x_1, \cdots, x_n]$은 다항식들의 집합이다. 점, 선, 면, 원, 이차곡선, 구 등과 같은 통상적인 기하학적 대상은 모두 대수다양체이다. 따라서 일상적인 대상에 대한 질문들은 대수기하학에서 다룰 수 있다. 직선 $x + y - 1 = 0$ 위의 실수점들을 아래 그림의 왼쪽에 나타내었다.

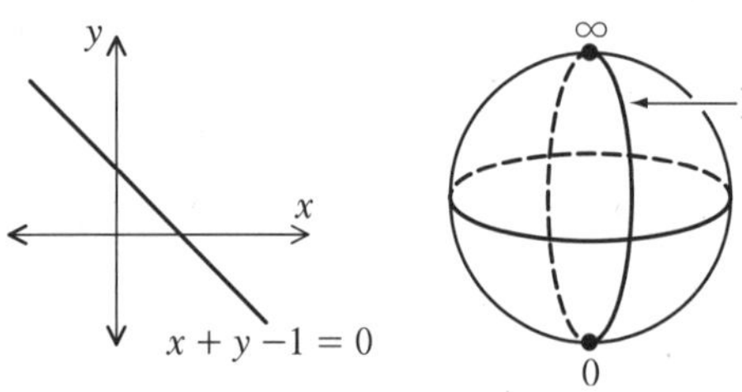

그것의 복소점들은 $\mathbb{C}^2$에 비스듬히 들어앉은 아르강 평면(Argand plane) $\mathbb{C}$이다.

무한대에 점들을 추가함으로써 대수다양체를 콤팩트화(옹골차게)할 수 있다. 이 작업은 $\mathbb{C}^{n+1}$에서 원점을 지나는 직선들의 집합인 사영공간 $\mathbb{P}^n$에서 ($\mathbb{R}^{n+1}$의 경우에는 $\mathbb{RP}^n$에서) 한다. 이것은 $\mathbb{C}^n$에 있는 직선에 방향을 부여하여, $\mathbb{C}^n$을 무한대에 있는 $\mathbb{P}^{n-1}$으로 생각하는 것이다. 사영직선 $\mathbb{P}^1$은 위 그림의 오른쪽에 있는 리만 구면(Riemann Sphere)이다.

$\mathbb{P}^n$의 점들은 동차좌표(homogeneous coordinates)라 불리는 $n+1$개의 순서쌍 $[x_0, x_1, \cdots, x_n]$으로 표현되는데, 이때 $\lambda \neq 0$이면 $[x_0, \cdots, x_n] = [\lambda x_0, \cdots, \lambda x_n]$이고, 적어도 하나의 x_i는 0이 아니어야만 한다. 사영다양체는 $x_0, \cdots, x_n$에 대한 동차다항식들에 의해 정의된 $\mathbb{P}^n$의 부분집합이다.

벡터공간의 한 부분집합 Z에, Z에서 0이 되는 다항식들의 집합을 대응시키자.

$$I(Z) := \{f \in \mathbb{C}[x] \,|\, f(z) = 0 \forall z \in Z\}$$

만일 $f, g, h \in \mathbb{C}[x]$이고, f와 g가 Z에서 모두 0이면, $f + g$와 $h \cdot f$ 모두 Z에서 0이 된다. 이것은 다항식환 $\mathbb{C}[x_0, \cdots, x_n]$에서 집합 $I(Z)$가 **아이디얼**이 됨을 의미한다. 마찬가지로 만약 I가 다항식들의 집합 S에 의해 생성된 아이디얼이면 $V(I) = V(S)$이다.

V와 I 모두 포함관계를 역전시키고, $S \subset I(V(S))$와 $Z \subset I(V(Z))$를 만족한다. 이때 Z가 다양체이면 등호가 성립한다. 따라서 대수와 기하를 연결하는 다음 관계를 얻는다.

$$\{\text{아이디얼들}\} \underset{I}{\overset{V}{\rightleftarrows}} \{\text{다양체들}\}$$

아이디얼들을 라디칼 아이디얼(radical ideal, $f^N \in I \Rightarrow f \in I$)로 한정지으면, 힐베르트(Hilbert)의 영점정리(Nullstellensatz)에 의해 이 관계는 일대일대응

이 된다. 이것은 서로의 아이디어와 기법들이 양쪽으로 넘나들게 할 수 있을 뿐 아니라, 대수기하학의 힘과 깊이의 원천이 된다.

대수학의 기본정리는 상수가 아닌 일변수 다항식이 복소수 근을 갖는다는 것을 보장한다. 영점정리는 명제 '만일 $I \subsetneq \mathbb{C}[x]$가 진 아이디얼(proper ideal)이면, $V(I) \neq \varnothing$이다'와 동치이기 때문에 기본정리의 다변수 버전이라 할 수 있다.

이런 이유로 본질적으로 대수기하학은 복소수 위에서 가장 적합하다. 많은 응용문제들은 각 좌표가 실수인 답을 요구하므로, 응용에서 활용될 때 대수기하학으로부터의 결과는 보통 실수(real number)라는 렌즈를 통해 걸러진다. 실수 $\mathbb{R}$로의 제한은 대수기하학자들에게 큰 도전을 불러오기도 하지만, $\mathbb{R}$에서 $\mathbb{C}$로 그리고 사영공간으로의 일반화는 문제 해결을 쉽게 만들기도 한다. 이렇게 유용한 **대수적 완화**(시킨 문제)의 답은 흔히 원래의 응용문제를 다루는데 도움을 준다.

1.2 매개화와 유리성(rationality)

다양체는 다항식 사상(polynomial map)의 상(image)으로도 나타난다. 예를 들어 평면 삼차곡선 $y^2 = x^3 + x^2$은 사상 $t \mapsto (t^2 - 1, t^3 - t) = (x, y)$의 상이다.

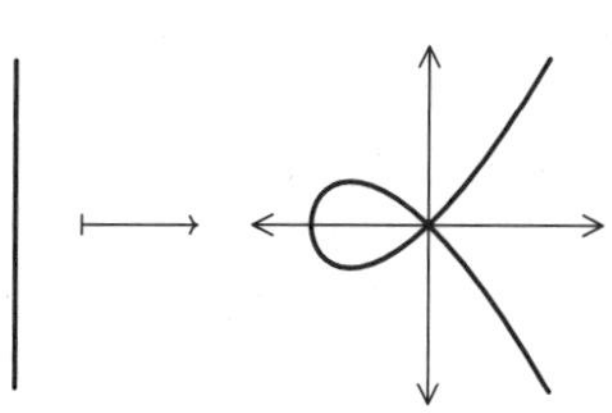

한 다양체에 대하여 이런 매개화된 표현(또는 다른 임의의 명확한 표현)이 주어지면, 그것의 아이디얼을 묻는 **음함수화 문제**(implicitization problem)*가 대두된다.

주어진 다양체를 매개화할 수 있는지 묻는, 음함수화의 역문제는 좀 더 복잡하다. 유클리드와 디오판투스는 단위원 $x^2 + y^2 = 1$의 유리매개화(rational parametrization) $t \mapsto (x, y)$가,

$$x = \frac{2t}{1+t^2} \text{이고 } y = \frac{1-t^2}{1+t^2} \qquad (1)$$

으로 주어짐을 발견하였다. 이것은 피타고라스 삼각수와 적분에서의 유리화치환 $z = \tan(\frac{1}{2}\theta)$ 모두의 근원이다. $t = a/b$라 하여 동차화(homogenize)하면, 식 (1)은 ($[a, b]$를 좌표계로 갖는) $\mathbb{P}^1$과 단위원 사이의 동형사상을 준다. 수평이동과 축척을 통해 과 임의의 원 사이의 동형사상을 얻을 수 있다.

한편 삼차곡선 $y^2 = x^3 - x$는 (아래의 왼쪽 그림) 유리매개화를 갖지 못한다.

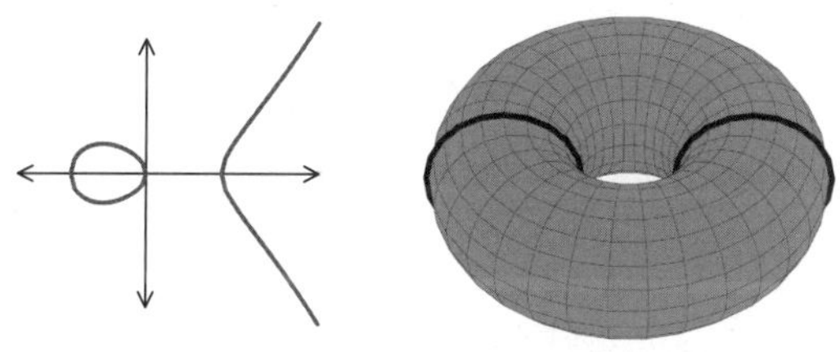

이것은 $\mathbb{P}^2$에서 대응하는 삼차곡선이 종수 1인 곡선(타원 곡선)이기 때문으로, 이 곡선은 원환면(위의 오른쪽 그림을 보라)이고, 리만 구면 $\mathbb{P}^1$에서 원환면으로 가는 비상수사상(nonconstant map)은 없다. 하지만, 사상 $(x, y) \mapsto x$는 삼차곡선을 $\mathbb{P}^1$으로 보내고, 분기점(branch points) $\{-1, 0, 1, \infty\}$를 제외하고는 2

* 위의 예에서 $y^2 - x^3 - x^2$과 같이 삼차곡선에 대응하는 아이디얼의 생성원을 찾는 문제.—옮긴이

대 1인 함수(two-to-one map)*이다. 사실 어떤 곡선이든 $\mathbb{P}^1$으로 향하는 2대 1 함수가 존재하여 네 개의 분기점을 가지면, 이 곡선의 종수는 1이다.

임의의 매끄러운 복이차 곡선(biquadratic curve) 또한 종수 1을 갖는다. $\mathbb{P}^1 \times \mathbb{P}^1$은 $\mathbb{C}^2$의 콤팩트화로 $\mathbb{P}^2$과는 다르다. $C \subset \mathbb{P}^1 \times \mathbb{P}^1$가 두 개의 변수 s와 t에 대하여 각각 이차방정식인

$$a_{00} + a_{10}s + a_{01}t + \cdots + a_{22}s^2t^2 = 0$$

에 의해 정의된다고 가정하자.** 여기서 s와 t는 각각의 인자 $\mathbb{P}^1$에 대한 좌표이다. 하나의 $\mathbb{P}^1$ 인자 위로의 정사영을 분석해 보면, 이 함수가 네 분기점을 제외하고는 2대 1인 함수임을 보일 수 있고, 따라서 곡선 C는 종수 1을 갖는다.

1.3 원환다양체

단항식들에 의해 매개화되는 다양체(원환다양체, toric variety)는 자주 응용문제에서 제기되는데, 기하학과 단항식들에 대한 조합론을 이용하여 완벽히 이해할 수 있다.

$\mathbb{C}^*$를 영이 아닌 복소수들의 집합이라 하자. 정수벡터 $\alpha = (a_1, \cdots, a_d) \in \mathbb{Z}^d$는 로랑 단항식(Laurent monomial) $t^\alpha := t_1^{a_1} \cdots t_d^{a_d}$의 지수벡터이다. 여기서 $t = (t_1, \cdots, t_d) \in (\mathbb{C}^*)^d$는 0이 아닌 복소수들의 d-순서쌍이다. $\mathcal{A} = \{\alpha_0, \cdots, \alpha_n\} \subset \mathbb{Z}^d$을 유한개의 정수벡터의 집합이라 하자. 그러면 **원환다양체** $X_\mathcal{A}$는 사상

$$\varphi_\mathcal{A}: (\mathbb{C}^*)^d \ni t \longmapsto [t^{\alpha_0}, t^{\alpha_1}, \cdots, t^{\alpha_n}] \in \mathbb{P}^n$$

에 대한 상의 폐포(closure)이다. 원환다양체 $X_\mathcal{A}$는 $\mathcal{A}$의 아핀 펼침(affine span)과 같은 차원을 갖고, (사상 $\varphi_\mathcal{A}$를 통해) $(\mathbb{C}^*)^d$의 작용을 가지며 ($\varphi_\mathcal{A}$의 상을) 조밀궤도(dense orbit)로 갖는다.

원환다양체에 대한 음함수화 문제는 고상한 방식으로 해결되었다. $\mathcal{A}$가 아핀 초평면위에 놓여 있다고 가정해 보자. 그러면 내적 $\cdot$에 대하여, 한 벡터 $w \in \mathbb{R}^d$가 존재하여 모든 i, j에 대하여 $w \cdot \alpha_i = w \cdot \alpha_j (\neq 0)$를 만족한다. $v \in \mathbb{R}^{n+1}$에 대하여, $\sum_i \alpha_i v_i$를 $\mathcal{A}v$로 표기하자.

정리 1. 원환다양체 $X_\mathcal{A}$의 동차 아이디얼은 $\mathcal{A}u = \mathcal{A}v$를 만족하는 이항식 $x^u - x^v$들에 의해 생성된다.

모든 i, j에 대하여 $w \cdot \alpha_i = w \cdot \alpha_j$를 만족하는 w가 존재한다는 가정은 평범하다. 임의의 $\mathcal{A}$가 주어졌을 때, 각각의 α_i에 새로운 $(d+1)$번째 좌표 1을 추가하고 $w = (0, \cdots, 0, 1) \in \mathbb{R}^{d+1}$라 하면, 그 가정은 만족되고 같은 사영다양체 $X_\mathcal{A}$를 얻는다.

응용문제들은 $X_\mathcal{A}$와 $\mathcal{A}$의 볼록집합(convex hull)인 $\Delta_\mathcal{A}$ 사이의 밀접한 관계를 사용하기도 한다. $\Delta_\mathcal{A}$는 정수 꼭짓점을 갖는 다면체이다. 음이 아닌 좌표를 갖는 $X_\mathcal{A}$의 점들은 $X_\mathcal{A}$의 **비음수부분** $X^+_\mathcal{A}$를 이룬다. 이것은 점 x를 $\mathcal{A}x$에 대응시키는 **대수적 적률사상**(algebraic moment map) $\pi_\mathcal{A}: \mathbb{P}^n \dashrightarrow \mathbb{P}^d$을 통해 $\Delta_\mathcal{A}$와 동일시된다. (끊어진 화살표는 모든 점에서 정의되지는 않는다는 것을 의미한다.) 통계학으로부터 온 버치(Birch)정리에 의해 $\pi_\mathcal{A}$는 $X^+_\mathcal{A}$에서 $\Delta_\mathcal{A}$로의 위상동형사상이다.

다항식으로 주어지는 다음 위상동형사상 $\beta_\mathcal{A}: \Delta_\mathcal{A}$

* 두 점을 한 점에 대응시키는 함수.—옮긴이
** 이를 복이차방정이라 부른다.—옮긴이

$\to X^+_{\mathcal{A}}$도 있다. 다면체(poly tope) $\Delta_{\mathcal{A}}$는 선형 부등식

$$\Delta_{\mathcal{A}} := \{x \in \mathbb{R}^d \mid \ell_F(x) \geq 0\}$$

에 의해 정의된다. 이때 F는 $\Delta_{\mathcal{A}}$의 여차원 1인 면(face) 중에서 $\ell_F(F) \equiv 0$이며, ℓ_F의 모든 계수가 서로 소인 것들 전체에서 움직인다. 각각의 $\alpha \in \mathcal{A}$에 대하여,

$$\beta_\alpha(x) := \prod_F \ell_F(x)^{\ell_F(\alpha)} \tag{2}$$

라 하자. 이것은 $\Delta_{\mathcal{A}}$ 위에서 음수가 아니다. $x \in \Delta_{\mathcal{A}}$에 대하여

$$\beta_{\mathcal{A}}(x) := [\beta_{\alpha_0}(x), \cdots, \beta_{\alpha_n}(x)] \in X^+_{\mathcal{A}}$$

라 하자. $\pi_{\mathcal{A}}$와 $\beta_{\mathcal{A}}$는 같은 공간들 사이의 위상동형사상들이나, 일반적으로 서로 역사상은 아니다.

유용한 변형은 영이 아닌 가중치 $\omega = (\omega_0, \cdots, \omega_n) \in (\mathbb{C}^*)^{n+1}$에 대하여, $X_{\mathcal{A}}$를

$$X_{\mathcal{A},\omega} := \{[\omega_0 x_0, \cdots, \omega_n x_n] \mid x \in X_{\mathcal{A}}\}$$

로 바꾸는 것이다. 이 변형된 원환다양체는 정리 1에서와 같이 $\mathcal{A}u = \mathcal{A}v$를 만족하는 이항식 $\omega^v x^u - \omega^u x^v$들에 의해 생성되고, 이것은 사상

$$\varphi_{\mathcal{A},\omega}(t) = (\omega_0 t^{\alpha_0}, \cdots, \omega_n t^{\alpha_n})$$

을 통해 단항식들로 매개화된다. 가중치 ω_i가 모두 양의 실수일 때, 버치 정리($\pi_{\mathcal{A}}: X^+_{\mathcal{A}} \to \Delta_{\mathcal{A}}$)가 성립하고, 또한 $\beta_{\mathcal{A},\omega}$의 성분이 모두 $\omega_i \beta_{\alpha_i}$인 매개화 $\beta_{\mathcal{A},\omega}: \Delta_{\mathcal{A}} \to X^+_{\mathcal{A},\omega}$를 얻는다.

예제 2. $\mathcal{A}$가 $\mathbb{R}^{n+1}$의 표준단위벡터 $(1, 0, \cdots, 0), \cdots, (0, \cdots, 0, 1)$로 이루어져 있으면, 원환다양체는 사영공간 $\mathbb{P}^n$이고, $\varphi_{\mathcal{A}}$는 $\mathbb{P}^n$에 대한 통상적인 동차좌표계 $[x_0, \cdots, x_n]$을 준다. $\mathbb{P}^n$의 비음수부분은 $\mathcal{A}$의 볼록집합으로, 표준 n-단체(standard n-simplex) $\triangle^n$이며, $\pi_{\mathcal{A}} = \beta_{\mathcal{A}}$는 항등사상이다.

예제 3. $\mathcal{A} = \{0, 1, \cdots, n\}$이라 하면, $\Delta_{\mathcal{A}} = [0, n]$이다. 또 가중치로 $\omega_i = \binom{n}{i}$를 선택하자. 그럼 $X_{\mathcal{A},\omega}$는 사상

$$t \mapsto \left[1, nt, \binom{n}{2}t^2, \cdots, nt^{n-1}, t^n\right] \in \mathbb{P}^n$$

에 대한 상의 폐포가 되고, 이것은 (평행이동한) 적률곡선(moment curve)이다. 이것의 비음수부분 $X^+_{\mathcal{A},\omega}$는 각 성분이

$$\beta_i(x) = \frac{1}{n^n}\binom{n}{i}x^i(n-x)^{n-i}$$

인 함수 $\beta_{\mathcal{A},\omega}$에 대한 $[0, n]$의 상이다. x를 ny로 바꾸면 베른슈타인 다항식(Bernstein polynomial)

$$\beta_{i,n}(y) = \binom{n}{i}y^i(1-y)^{n-i} \tag{3}$$

를 얻고, 따라서 적률곡선은 베른슈타인 다항식으로 매개화된다. 이것 때문에 식 (2)의 함수 $\omega_i \beta_{\alpha_i}$ (2)를 일반화된 베른스타인 다항식이라 부른다.

합성사상 $\pi_{\mathcal{A}} \circ \beta_{\mathcal{A},\omega}(x)$는

$$\frac{1}{n^n}\sum_{i=0}^{n} i\binom{n}{i}x^i(n-x)^{n-i} = \frac{nx}{n^n}\sum_{i=1}^{n}\binom{n-1}{i-1}x^{i-1}(n-x)^{n-i} = x$$

인데, 이는 마지막 합이 $(x + (n - x))^{n-1}$이기 때문이다. 마찬가지로, β가 베른슈타인 다항식들에 의

한 매개화일 때, $(1/n)\pi_{\mathcal{A}}\circ\beta(y) = y$를 얻는다. 등식 $\pi_{\mathcal{A}}\circ\beta_{\mathcal{A},\,\omega}(x) = x$를 만족하는 가중치 $\omega_i = \binom{n}{i}$들은 본질적으로 유일하다.

예제 4. 자연수 m, n에 대하여 다음과 같이 정의된 사상 $\varphi: \mathbb{C}^m \times \mathbb{C}^n \to \mathbb{P}(\mathbb{C}^{m\times n})$을 생각하자.

$$(x, y) \mapsto \left[x_i y_j \middle| i = 1, \cdots, m,\ \ j = 1, \cdots, n\right]$$

이것의 상은 세그레 다양체(Segre Variety)이다. $\mathcal{A}$가

$$\left\{\boldsymbol{e}_i + \boldsymbol{f}_j \middle| i = 1, \cdots, m, \quad j = 1, \cdots, n\right\} \subset \mathbb{Z}^m \oplus \mathbb{Z}^n$$

일 때, 사상 φ가 $\varphi_{\mathcal{A}}$이므로 이 다양체는 원환다양체이다. 여기서 $\{\boldsymbol{e}_i\}$와 $\{\boldsymbol{f}_j\}$는 각각 $\mathbb{Z}^m$과 $\mathbb{Z}^n$의 표준정규기저이다.

만약 z_{ij}가 $\mathbb{C}^{m\times n}$의 좌표라면, 세그레 다양체는 이항식들

$$z_{ij}z_{kl} - z_{il}z_{kj} = \begin{vmatrix} z_{ij} & z_{il} \\ z_{kj} & z_{kl} \end{vmatrix}$$

로 정의된다. $\mathbb{C}^{m\times n}$을 $m \times n$행렬들의 집합으로 생각하면, 세그레 다양체는 계수(rank) 1인 행렬들의 집합이다.

다른 통상적인 원환다양체로는 베로네세 다양체(Veronese variety)와(이때 $\mathcal{A}$는 $\mathcal{A}_{n,\,d} := n\triangle^d \cap \mathbb{Z}^{d+1}$), 세그레-베로네세 다양체가 (이때 $\mathcal{A}$는 $\mathcal{A}_{m,\,d} \times \mathcal{A}_{n,\,e}$) 있다. $d = e = 1$일 때, $\mathcal{A}$는 $m \times n$ 사각형

$$\mathcal{A} = \{(i, j) \mid 0 \le i \le m, \quad 0 \le j \le n\}$$

속에 포함되어 있는 정수벡터들로 구성된다.

2 대수기하학에 대한 알고리즘

이론과 예제 사이를 중재하고, 활용을 가능하게 한 것은 대수다양체를 연구하거나 조작하고 계산하기 위해 개발된 알고리즘이다. 이런 알고리즘에는 정확한 값을 구하는 상징적 방법과 근삿값을 구하는 수치적 방법이 있다.

2.1 기호 알고리즘

대수와 알고리즘, 이 두 단어는 모두 아랍어에 기원을 두지만, 그들의 역사 이상으로 서로 연결되어 있다. 말하자면 단항식들의 합이나 다항식들의 행렬식과 같은 표현으로서 다항식을 쓸 때, 기호를 사용한 표현은 그 다항식을 계산하기 위한 알고리즘이다.

다항식의 표현 자체가 알고리즘으로 처리하기에 적합하다. 이런 표현들과 조작들에 대한 기원이 고대에 있었고, **그뢰브너 기저(Gröbner basis)**와 같은 기법들은 컴퓨터 시대보다 앞섰지만, 컴퓨터의 등장은 기호 계산(symbolic computation)을 대수기하학과 그 응용에 대한 핵심 도구로 격상시켰다.

유클리드 알고리즘, 가우스 소거법, 그리고 실베스터 종결식(Sylvester resultant)은 그뢰브너 기저에 기반한 보편적인 기호 알고리즘에 의해 구현되었다. 기저를 구하는 것은 **항의 순서(term order)** $\prec$로부터 시작된다. 이것은 잘 정렬된 단항식들의 순서로 곱셈에 의해 그 순서가 유지된다. 예를 들어 $\prec$는, 만약 벡터 $v = u$의 첫 번째 0이 아닌 성분이 양수이면 $x^u \prec x^v$인, 사전식 순서도 될 수 있다. 항의 순서는 다항식의 조작과 알고리즘적인 표현을 조직하거나 알고리즘의 종료를 평가하는 근거가 되기도 한다.

다항식 f의 초항 $\text{in}_{<}f$는 f의 항들 중에서 항의 순서 $<$에 대해 가장 큰(곧 빠른) 단항식 $c_\alpha x^\alpha$을 말한다. 아이디얼 I의 초항 아이디얼(initial ideal) $\text{in}_{<}I$는 I의 모든 다항식들의 초항들로 생성된 아이디얼이다. 이 단항 아이디얼은 잘 알고 있는 조합론적 대상이고, 초항 아이디얼로의 변환은 I와 그것의 다양체에 대한 많은 정보를 보존하고 있다.

I에 대한 그뢰브너 기저는 다항식의 유한집합 $G\subset I$로 그것의 초항들이 $\text{in}_{<}I$를 생성하는 집합을 말한다. 이 집합 G는 I를 생성하고 $\text{in}_{<}I$로부터 얻은 정보들을 I로 환원하는 것을 용이하게 한다. 이 정보들은 통상적으로 선형대수를 통해 얻어지므로, 그뢰브너 기저는 본질적으로 I와 그것의 다양체에 대한 모든 정보를 포함하고 있다.

결론적으로 기호 계산을 향한 이런 접근법에 있어 병목지점은 (어느 정도는 포함되는 정보로 인해 고도의 복잡성을 갖는) 그뢰브너 기저의 계산이다. 그뢰브너 기저의 계산은 또한 본질적으로 순차적인 것처럼 보인다. (이를 구하는) 어떠한 효과적인 병렬 알고리즘도 알려진 것이 없다.

1965년 부흐베르거(Buchberger)가 그뢰브너 기저를 계산하는 알고리즘을 만든 때부터 이 주제는 시작되었다. 복잡한 발견적 방법(heuristics)과 완전히 새로운 알고리즘을 포함하는 수십 년의 발전은 그뢰브너 기저 계산의 합리적이고 효과적인 실현을 이끌어 왔다. 다양체를 연구하기 위해 그뢰브너 기저를 사용하는 많은 알고리즘이 개선되고 구현되었다. 이 모든 것이 대수기하학의 실습과 그 응용에서 혁명을 불러일으킨 자유롭게 사용할 수 있는 다양한 소프트웨어들에 포함되어 있다.

2.2 수치 대수기하학

기호 알고리즘은 대수기하학의 대수적 측면에 속하지만, 다양체의 점들을 계산하고 조작하는 수치적 알고리즘은 강한 기하학적인 풍미를 갖는다.

이런 수치적 알고리즘은 다항방정식계에 대한 근사해를 개선하는 뉴턴의 방법에 의존한다. n개의 미지수에 대한 다항방정식계 $F=(f_1,\cdots,f_n)$은 사상 $F\colon \mathbb{C}^n\to\mathbb{C}^n$으로 생각할 수 있고, 그 해는 $F^{-1}(0)$이다. 유한개의 해를 갖는 방정식계에 집중해 보자. 뉴턴 반복법(Newton iteration)은 식

$$N_F(x)=x-DF_x^{-1}(F(x))$$

으로 정의된 사상 $N_F\colon\mathbb{C}^n\to\mathbb{C}^n$으로, 여기서 DF_x는 x에서 F의 편미분들로 구성된 야코비 행렬이다. 만약 $\xi\in F^{-1}(0)$이 F의 해이고 DF_ξ가 가역행렬이면, x가 ξ에 충분히 가까울 때, x가 ξ와 공통인 자릿수보다 두 배 더 많이 $N_F(x)$가 ξ와 같다는 점에서 $N_F(x)$가 여전히 더 ξ에 가깝다. 스메일(Smale)은 수치적 알고리즘으로부터 나온 결과의 검증을 가능케 하는 '충분히 가깝다'는 것이 알고리즘 적으로 결정될 수 있음을 증명하였다.

뉴턴 반복법은 수치연속법(Numerical continuation)에서 사용된다. 매개변수 t에 의존하는 다항방정식계 H_t에 대하여, $t\in[0,1]$일 때 해집합 $H_t^{-1}(0)$은 곡선들의 집합을 이룬다. 주어진 한 곡선 위의 점 (x_t,t)와 δ_t단계에서, 예측기(predictor)는 같은 곡선에 가까운 점 $(x',t+\delta_t)$를 찾도록 호출된다. 그러면 뉴턴 반복법은 이 점을 그 곡선 위의 점 $(x_{t+\delta_t},t+\delta_t)$으로 개선한다. 이 수치연속법 알고리즘은 $t=0$일 때부터 $t=1$일 때까지 곡선을 추적하는 데

사용할 수 있다.

차수가 d인 다항방정식 f_i들로 이루어진 방정식계 F의 모든 해를 찾는 데 연속법을 사용할 수도 있다. 새로운 방정식계 $H_t = (h_1, \cdots, h_n)$을

$$h_i := t f_i + (1-t)(x_i^d - 1)$$

로 정의하자. $t = 0$일 때 이것은 $x_i^d - 1$이고, 해는 단위원(unity)의 d 거듭제곱근(d-th root)들이다. F가 일반이면,* $H_t^{-1}(0)$은, $t = 0$에서 알고 있는 해들과 $t = 1$일 때 $F^{-1}(0)$의 모든 해를 연결하는 d^n개의 곡선들로 이루어진다. 이들은 연속법으로 찾아낼 수 있다.

베주 연속변형(Bézout homotopy)이 기본적인 아이디어를 설명해 주지만, 그것은 지수적 복잡도를 가지므로 효과적이지 않을 수 있다. 실제로 다항방정식계를 수치적으로 푸는 데는 좀 더 우아하고 효과적인 연속변형 알고리즘이 사용된다.

컴퓨터에서 대수다양체를 연구하고 다루는 데 사용되는 수치적 방법들은 **수치대수기하학**의 기반이 된다. 이 주제는 솜즈(Sommese), 베르셸트(Verschelde), 웜플러(Wampler)가 관찰집합(witness set)들을 생성하고 조작하는 알고리즘과 그것의 근본적인 자료구조를 소개하면서 시작되었다.

다양체 $V \subset \mathbb{C}^n$이 $n-d$차원이고, d개의 다항식들 $F = (f_1, \cdots, f_d)$에 대한 0-집합 $F^{-1}(0)$의 한 성분이라 하자. V에 대한 관찰집합은 (d개의 아핀 방정식으로 주어지는) d차원의 일반 아핀 부분공간 $L \subset \mathbb{C}^n$과 $V \cap L$의 (근사)점들로 구성된다. $V \cap L$의 점들은 L이 V의 표본점들로 움직일 때 수치적으로 연속될 수 있다.

수치대수기하학의 이점은 $H_t^{-1}(0)$에 있는 각 곡선들을 독립적으로 추적할 수 있으므로 경로 추적을 본질적으로 병렬화할 수 있다는 것이다. 왜 수치대수기하가 상징적 방법에 영향을 주는 복잡도에 직면하지 않는가에 대한 한 가지로 이 병렬성을 들 수 있다. 또 다른 이유는 수치대수기하가 방정식들의 해를 근사적으로 계산할 뿐, 다양체에 대한 완벽한 정보를 계산하지는 않는다는 것이다.

3 응용에서의 대수기하학

응용분야에서 대수기하학이 제기되는 다양한 방식들 중에 몇 가지를 소개한다.

3.1 운동학

운동학은 (이동 가능한 관절에 연결된 강체인) **결속장치**(linkages)의 움직임과 관련된다. 고대의 단순한 기계장치에 근원을 두고 있지만, 이것의 중요성은 증기 기관의 시대부터 차츰 커져서 현재에는 **로봇공학**[VI.14]의 토대를 이루고 있다. 결속장치의 위치는 다항방정식계의 해들이기 때문에, 오래 전부터 운동학은 대수기하학의 응용분야이다.

증기기관의 발전에 중요했던 초기 시도들은 직선을 따라 움직이는 결속장치를 찾는 것이었다. 1784년 와트(Watt)가 (탄성체에 가까운 곡선을 따라) 직선 운동에 근접하는 결속장치를 개발하였고, 1864년 포우셀리어(Peaucellier)가 (원의 반전사상

* 방정식계를 원소로 하는 공간에서 한 열린집합의 원소이면—옮긴이

(inversion)에 근거한) 진정한 직선 운동을 하는 첫 결속장치를 만들었다.

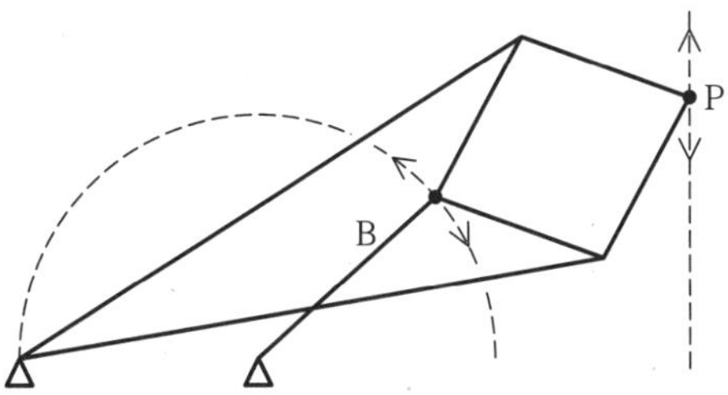

(막대 B가 자신의 고정점을 중심으로 회전할 때, 점 P는 직선을 따라 움직인다.)

케일리, 체비쇼프(Chebyshyov), 다르부, 로버츠(Roberts)를 포함한 몇몇이 19세기의 운동학에 기여를 했다. 프랑스 과학원(the French Academy of Sience)은 운동학의 중요성을 인식하고 1904년 개최한 프리 바요(Prix Vaillant)에서 구면에 놓이도록 제한된 움직임을 갖는 비단순 기계 장치를 결정하는 문제를 내놓았고, 보렐(Borel)과 브리카르드(Bricard)가 부분적인 해답을 제시한 공로로 수상했다.

네 막대 **결속장치**(Four-bar linkage)는 평면에서 회전 가능한 관절로 연결된 네 개의 막대로 이루어져 있다. 이중 하나는 고정된 막대이다. 고정된 막대의 반대편에 있는 **결속막대**(coupler bar)에 삼각형을 세웠다. 삼각형의 정점*을 추적하는 **결속곡선**(coupler curve)을 기술해 보자.

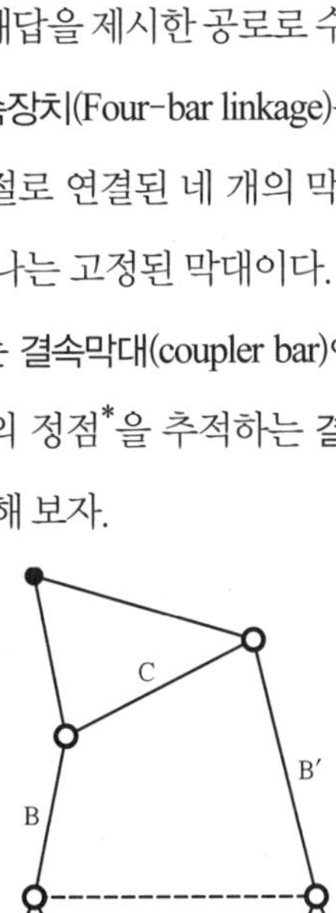

* 아래 그림에서 검은 점.—옮긴이

이 결속장치의 움직임을 이해하기 위해, 만약 결속막대 C를 제거하면 막대 B와 B′은 두 원을 따라 자유롭게 움직이는 것에 주목하자. 각각의 원을 식 (1)과 같이 $\mathbb{P}^1$으로 매개화하자. 결속막대는 막대 B와 B′의 양쪽 끝점이 고정된 거리만큼 항상 떨어져 있도록 속박한다. 대응하는 막대의 길이를 각각 b, b', c라 하면, 두 원의 매개변수들 s, t를 사용하여 결속막대에 의한 제약은 다음의 방정식으로 표현된다.

$$\begin{aligned} c^2 &= \left(b\frac{1-s^2}{1+s^2} - b'\frac{1-t^2}{1+t^2}\right)^2 \\ &\qquad + \left(b\frac{2s}{1+s^2} - b'\frac{2t}{1+t^2}\right)^2 \\ &= b^2 + b'^2 - 2bb'\frac{(1-s^2)(1-t^2)+4st}{(1+s^2)(1+t^2)} \end{aligned}$$

분모를 소거하면 막대 B와 B′의 회전을 매개화하는 다양체 $\mathbb{P}^1 \times \mathbb{P}^1$에서의 복이차방정식을 얻는다. 따라서 결속곡선은 종수 1이고 비유리인(irrational) 곡선이다. 종수 1인 곡선의 실수 점들은 하나 혹은 두 개의 성분을 갖는데, 이는 하나 또는 두 개의 조립 방식을 갖는 결속장치에 각각 대응한다. 두 개의 성분을 갖는 결속 곡선의 모든 점에 이르기 위해서는 그 장치를 분해해야만 한다.

로버츠와 체비쇼프는 같은 결속곡선을 갖는 세 가지 결속장치(로버츠 동족들(Roberts cognates)이라 불리는)를 발견했다. 이 곡선들은 자와 컴퍼스를 이용하여 주어진 하나로부터 다른 것들을 작도할 수 있다. 아홉 점 경로 통합문제는 주어진 9개의 점을 포함하는 결속곡선을 갖는 네 막대 결속장치에 대해 묻는다. 모건(Morgan), 솜즈, 그리고 윔플러가 이 방정식을 풀기 위해 수치연속법을 사용하여 1442가지의 로버츠 동족 세쌍둥이에서 4326개의 서로 다른 결속장치를 찾았다. 여기 주어진 9개의 점에 대한 문제를 푸는 한 결속장치가 있다.

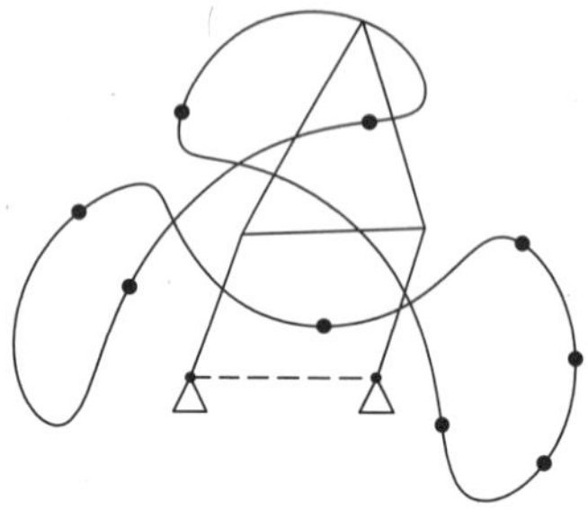

운동학에서의 이런 응용들이 수치대수기하학의 초기 발전을 이끌었다.

3.2 기하학적 모형화

산업 디자인이나 제조업, 건축, 또는 오락 분야에서 사용되는 대상을 컴퓨터에서 표현하기 위해 기하학적 모형화는 곡선이나 곡면을 사용한다. 이런 컴퓨터 활용 기하학적 디자인이나 컴퓨터 그래픽의 응용은 세계 경제에서 매우 중요하다.

기하학적 모형화는 1960년 무렵 시트로엥의 드 카스텔죠(de Casteljau)의 작품에서 시작되었다. 지금은 자동차 제조업에서 사용되는 베지에 곡선(Bézier curve, 르노 자동차의 베지에로 유명세를 탔다)을 그가 디자인했다.

베지에 곡선은 (그것의 고차원 유사체인 직사각형 텐서곱과 삼각형 베지에 패치와 함께) 매개화한 곡선(과 곡면)이고, 계산이 용이하고 조절점들을 조작하는 것으로 모양을 바꾸는 직관적인 방법이라는 것 등 여러 가지 이유로 널리 사용된다. 베지에 곡선은 식 (3) 베른슈타인 다항식으로부터 출발한다. 이 다항식들은 구간 [0, 1]에서 음이 아닌 실수 값을 갖는다. $1^n = \{t + (1-t)\}^n$을 전개하여

$$1 = \sum_{i=1}^{n} \beta_{i,n}(t)$$

를 얻는다. $\mathbb{R}^2$(또는 $\mathbb{R}^3$)에서 조절점 $\boldsymbol{b}_0, \cdots, \boldsymbol{b}_n$이 주어지면, 베지에 곡선

$$[0,1] \ni t \longmapsto \sum_{i=0}^{n} \boldsymbol{b}_i \beta_{i,n}(t) \tag{4}$$

를 얻는다. 아래에 $\mathbb{R}^2$에 있는 두 개의 베지에 삼차 곡선($n = 3$)이 있다.

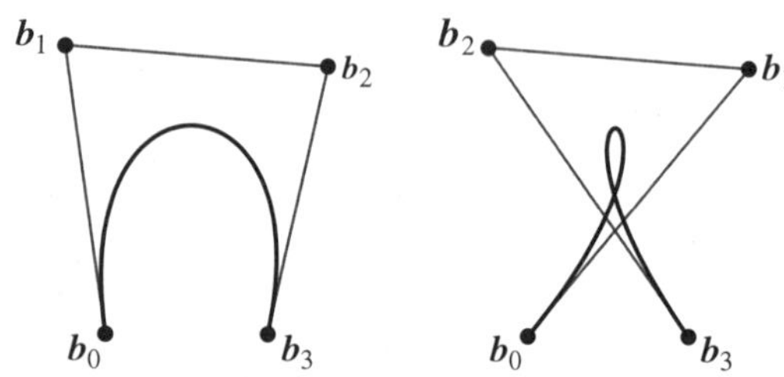

식 (4)를 보면, 베지에 곡선은 예제 3에서 살펴본 평행이동한 적률곡선의 비음수 부분을 사영공간에서

$$[x_0, \cdots, x_n] \longmapsto \sum_{i=0}^{n} x_i \boldsymbol{b}_i$$

로 정의된 사상에 의해 보내진 상임을 알 수 있다. 표준 단체 $\triangle^n$ 위에서, 이 사상은 조절점들의 볼록 집합으로 가는 표준사상(canonical map)이다.

겹차수 (m, n)인 텐서곱 패치는 $i = 0, \cdots, m$과 $j = 0, \cdots, n$에 대하여 기저함수

$$\beta_{i,m}(s)\beta_{j,m}(t)$$

를 갖는다. 이들은 단위 정사각형에서 정의된 함수이다. 조절점들의 집합

$$\{\boldsymbol{b}_{i,j} \mid i = 0, \cdots, m, \ \ j = 0, \cdots, n\} \subset \mathbb{R}^3$$

은 사상

$$(s,t) \longmapsto \sum \boldsymbol{b}_{ij}\beta_{i,m}(s)\beta_{j,n}(t)$$

를 결정하고, 이것의 상은 직사각형 패치이다.

차수가 d인 베지에 삼각형 패치는 $i+j \le d$를 만족하는 $0 \le i, j$에 대하여 기저함수

$$\beta_{i,j;d}(s,t) = \frac{d!}{i!j!(d-i-j)!}s^i t^j (1-s-t)^{d-i-j}$$

를 갖는다. 다시금 조절점들의 집합은 그 삼각형에서 정의되고 베지에 삼각형 패치를 상으로 갖는 사상을 정의한다. 아래에 두 개의 곡면 패치가 있다.

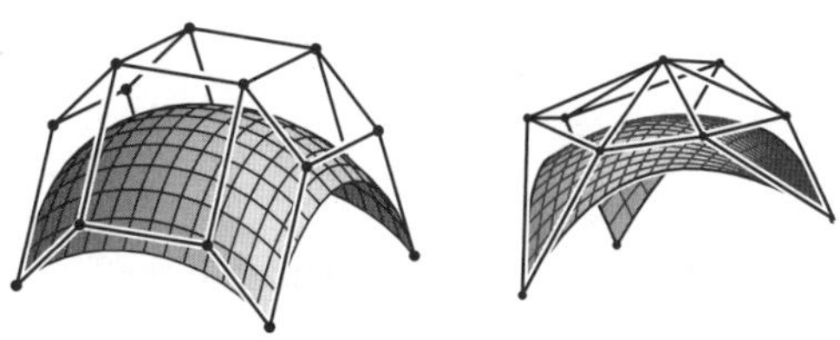

이 패치들은 세그레-베로네세 곡면으로부터 나온 텐서곱 패치와 베로네세 곡면으로부터 나온 베지에 삼각형을 가지고 원환다양체에 대응된다. 기저함수들은 1.3절의 **일반화된 베른슈타인 다항식** $\omega_i\beta_{\alpha_i}$들이고 따라서 이들의 모습을 알 수 있는데, 왜냐하면 이들이 세그레-베로네세 곡면은 사각형, 베로네세 곡면은 삼각형인 $\Delta_{\mathcal{A}}$의 상이기 때문이다.

중요한 질문은 (삼각형이나 사각형인) 어떤 정의구역에 있는 x에 대해 $F(x)$와 $G(x)$로 매개화된 두 패치의 교집합을 결정하는 것이다. 이것은 패치를 다듬거나 교선을 그리는 데 사용된다. 통상적인 접근법은 패치 G에서 0이 되는 다항식 g가 주어지면 G에 대해 음함수화 문제를 푸는 것이다. 이 경우 $g(F(x))$는 F의 정의구역에 있는 교집합을 정의한다. 이런 응용은 대수학에서 종결식(resultant)과 시지지(Syzygies)에 관한 이론적이고 실용적인 진보를 이끌고 있다.

3.3 대수통계학

대수통계학은 대수기하학에서의 도구들을 통계적 추론에 대한 질문들에 적용한다. 이는 많은 통계적 모형들이 (부분적으로) 대수다양체이거나 명확한 대수적 혹은 기하적 구조를 가지고 있기 때문에 가능하다.

X가 $n+1$개의 가능한 상태 $0, \cdots, n$을 갖는 이산확률변수라 하자(예를 들어 n번의 동전 던지기에서 뒷면이 나온 수). 만약 p_i를 X가 i일 확률이라고 하면,

$$p_i := P(X=i)$$

$p_0, \cdots, p_n$은 음수가 아니고 모두 더하면 1이 된다. 따라서 p는 표준 n-단체 Δ^n에 놓인다. 다음은 $n=2$일 때 그것의 두 가지 모습이다:

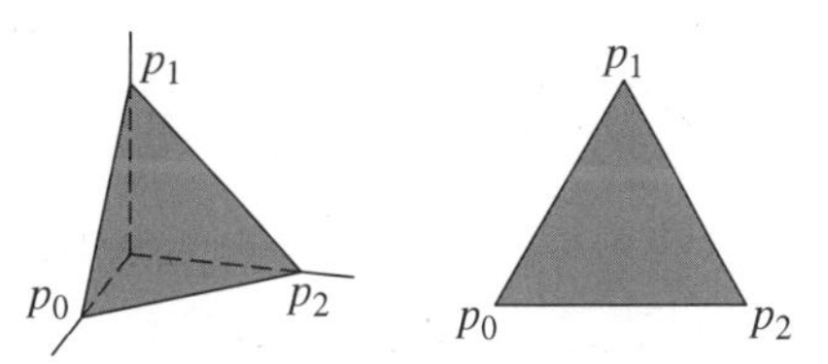

통계적 모형 M은 Δ^n의 부분집합이다. 만약 $(p_0, \cdots, p_n) \in M$이면, X가 M에 의해 설명된다고 생각할 수 있다.

예제 5. 뒷면이 나올 확률이 t이고 앞면이 나올 확률이 $1-t$인 동전을 n번 던져서 뒷면이 나온 숫자를 상태로 갖는 이산확률변수 X를 생각하자. 확률을 계산하면

$$P(X=i)=\binom{n}{i}t^i(1-t)^{n-i}$$

으로, 이것은 매개변수 t에서 구한 베른슈타인 다항식 $\beta_{i,n}$ (3)이다. X를 **이항확률변수** 또는 **이항분포**라 부른다. t가 변할 때 이항분포의 집합은 예제 3의 베른슈타인 다항식에 의해 매개화한 평행이동한 적률곡선을 준다. 이 곡선은 이항 분포에 대한 모형이다. 다음은 $n=2$일 때 이 곡선의 그림이다.

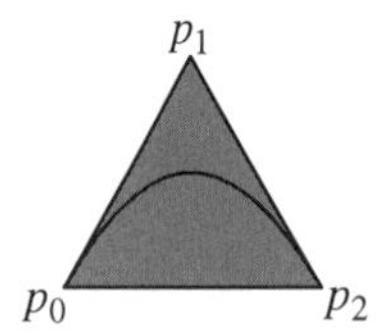

예제 6. 각각 상태가 m개와 n개인 이산확률변수 X와 Y가 주어졌다고 하자. 그들의 결합분포는 mn개의 상태를 갖고 (표나 행렬의 성분) 단체 Δ^{mn-1}에 놓인다. **독립모형**(model of independence)은 다음의 성질을 만족하는 모든 분포 $p \in \Delta^{mn-1}$으로 구성된다.

$$P(X=i,\ Y=j)=P(X=i)P(Y=j) \qquad (5)$$

이것은 $\Delta^{m-1}\times\Delta^{n-1}$($X$와 Y에 대한 확률 단체(probability simplex))에 의해 매개화하고, 식 (5)는 이것이 예제 4의 세그레 다양체의 비음수부분임을 보여 준다. 따라서 독립모형은 계수 1 행렬인 결합확률분포들로 구성된다.

이산 지수족(discrete exponential family)이나 **원환모형**(toric model)이라 불리는 다른 통상적인 통계적 모형 역시도 어떤 원환다양체의 비음수부분 $X^+_{A,\omega}$이다. 이런 이유에서 대수적 적률사상 $\pi_{\mathcal{A}}: \Delta^n \to \Delta_{\mathcal{A}}$(또는 $u \mapsto \mathcal{A}u$)는 **충분히 통계적**이다. 독립모형에 대하여 $\mathcal{A}u$는 행렬 u에서 행이나 열의 합을 구한 벡터이다.

N개의 독립적인 관측(혹은 던짐)에서 얻은 자료가 있고 각각은 모형 M의 같은 분산 $p(t)$에서 나온 것일 때 그 자료를 가장 잘 설명하는 매개변수 t를 찾고자 한다고 가정해 보자. 한 가지 방법은 **가능도**(likelihood-주어진 매개변수 t에 대하여 그 자료를 관측할 확률)를 최대화하는 것이다. 그 자료가 빈도수들의 벡터 u로 표현된다고 가정하자. 이때 u_i는 N번의 시도에서 상태 i가 얼마나 자주 관측되었는지를 나타낸다. 이 경우 가능도함수는

$$L(t|u)=\binom{N}{u}\prod_{i=0}^{n}p_i(t)^{u_i}$$

이고, 이때 $\binom{N}{u}$는 다항계수(multinomial coefficient)이다.

M이 예제 5의 이항분포라고 생각해 보자. $L(t\,|\,u)$의 로그값을 최대화하면 충분한데, 그 값은 상수 C에 대하여

$$C+\sum_{i=0}^{n}u_i(i\log t+(n-i)\log(1-t))$$

이다. 미적분학을 사용하면

$$0=\frac{1}{t}\sum_{i=0}^{n}iu_i+\frac{1}{1-t}\sum_{i=0}^{n}(n-i)u_i$$

를 얻을 수 있다. 이를 풀면

$$t := \frac{1}{n}\sum_{i=0}^{n}i\frac{u_i}{N} \qquad (6)$$

에서 가능도가 최댓값을 갖는다는 것을 알 수 있다. 만약 $\hat{u} := (u/N) \in \Delta^n$이 우리의 자료에 대응하는 점이면, 식 (6)은 $\hat{u}$에 적용된 예제 3의 정규화된 대수적 적률사상 $(1/n)\pi_{\mathcal{A}}$이다. 일반 원환다양체 $X^+_{\mathcal{A},\omega}$

$\subset \Delta^n$에 대하여, 가능도는 $\pi_{\mathcal{A}} \circ \beta_{\mathcal{A},\omega}(t) = \pi_{\mathcal{A}}(\hat{u})$을 만족하는 매개변수 t에서 최댓값을 갖는다. 정확히 $\pi_{\mathcal{A}}$와 $\beta_{\mathcal{A},\omega}$가 역함수일 때 가능도를 최대화하는 매개변수에 대한 대수식이 존재한다.

이전과 같이 u가 빈도수에 대한 벡터이고 모형은 $M \subset \Delta^n$이며 M에 있는 분포로부터 자료 u가 나왔다는 귀무가설(null hypothesis)을 검정하려고 한다고 가정해 보자. **피셔의 정확검정**(Fisher's exact test)은 점수함수 $\Delta^n \to \mathbb{R}_{\geq 0}$을 사용한다. 이 함수는 정확히 M에서만 0이고, 어떤 자료 v가 u와 동일한 확률분포로부터 생성되었을 때 u보다 v가 높은 점수를 가질 확률을 계산한다. 이 경우 그러한 v의 확률분포로부터 표본을 얻어야만 한다.

원환 모형 $X^+_{\mathcal{A},\omega}$에 대하여 이 확률분포는 같은 충분 통계량(sufficient statistics)

$$\mathcal{F}_u := \{v \mid \mathcal{A}u = \mathcal{A}v\}$$

를 갖는 가능한 자료들의 집합에서 정의된 확률분포이다. 매개변수 t에 대하여 이 분포는, $v, w \in \mathcal{F}_u$이면 $\mathcal{A}v = \mathcal{A}w$이므로

$$\begin{aligned} L(v|v \in \mathcal{F}_u, t) &= \frac{\binom{N}{v}\omega^v t^{\mathcal{A}v}}{\sum_{w \in \mathcal{F}_u}\binom{N}{w}\omega^w t^{\mathcal{A}w}} \\ &= \frac{\binom{N}{v}\omega^v}{\sum_{w \in \mathcal{F}_u}\binom{N}{w}\omega^w} \end{aligned} \tag{7}$$

이다.

이 표본 추출은 정상분포(stationary distribution) (7)을 갖는 올(fiber) $\mathcal{F}_u$위에서의 확률보행(random walk)을 통해 이루어질 수 있다. 이를 위해서는 $\mathcal{F}_u$에서의 연결그래프가 필요하다. 놀랍게도 원환다양체 $X_{\mathcal{A}}$의 아이디얼에 대한 모든 그뢰브너 기저는 그러한 그래프를 준다.

3.4 텐서 계수

$m \times n$ 행렬의 기본적인 불변량은 그것의 계수이다. 계수가 기껏해야 r인 모든 행렬의 집합은 $(r+1) \times (r+1)$ 부분행렬들의 행렬식이 모두 0이 되는 것으로 정의된다. 이런 관점에서 가장 간단한 행렬들은 계수가 1인 행렬이고, 행렬 A의 계수는 합해서 A가 되는 계수 1인 행렬들의 최소 개수이다.

$m \times n$ 행렬 계수는 선형사상 $V_2 = \mathbb{C}^n \to V_1 = \mathbb{C}^m$이다. 이것이 계수 1을 가지면 이것은 V_2에서의 사상 $v_2(v_2 \in V_2^*)$와 포함사상(inclusion map) $1 \mapsto v_1 \in V_1$의 합성

$$V_2 \xrightarrow{v_2} \mathbb{C} \xhookrightarrow{v_1} V_1$$

이다. 따라서 $A = v_1 \otimes v_2 \in V_1 \otimes V_2^*$가 된다. 왜냐하면 이 텐서 공간은 본질적으로 선형사상 $V_2 \to V_1$들의 공간이기 때문이다. $v_1 \otimes v_2$와 같은 형태의 텐서는 계수가 1이고, 계수 1인 텐서들의 집합은 예제 4의 세그레 다양체를 이룬다.

특잇값분해[II.32]는 행렬 A를 다음과 같이 계수 1 행렬들의 합

$$A = \sum_{i=1}^{\text{rank}(A)} \sigma_i v_{1,i} \otimes v_{2,i} \tag{8}$$

으로 나타낸다. 이때 $\{v_{1,i}\}$와 $\{v_{2,i}\}$는 정규직교(orthonormal)이고 $\sigma_1 \geq \cdots \geq \sigma_{\text{rank}(A)} > 0$은 A의 모든 특잇값이다. 보통 (8)에서 큰 특잇값을 갖는 상대적으로 소수의 항들만이 특별하고, 나머지는 잡음이

된다. A_{lr}을 큰 특잇값을 갖는 항들의 합이라고 하고 A_{noise}를 나머지들의 합이라고 하면, A는 낮은 계수의 행렬 A_{lr}와 잡음 A_{noise}의 합이다.

k-**원소텐서**(k-**원소표**, k-way table)는 텐서 공간 $V_1 \otimes \cdots \otimes V_k$의 원소로, 이때 각 V_i는 유한 차원 벡터공간이다. 계수 1 텐서는 $v_1 \otimes \cdots \otimes v_k$의 형태이다 ($v_i \in V_i$). 이런 텐서들은 원환다양체를 구성하고, 텐서 v의 계수는 합해서 v가 되는 계수 1 텐서들의 최소 개수이다.

계수 r인 텐서들의 집합(의 폐포)은 r**차 할선다양체**(rth secant variety)이다. $k = 2$(행렬들)일 때, 모든 $(r+1) \times (r+1)$ 부분행렬의 행렬식의 집합은 r차 할선다양체의 음함수화 문제를 해결해 준다. $k > 2$인 경우에는 r차 할선다양체에 대한 음함수화 문제의 해법은 없다.

텐서들은 행렬들보다 좀 더 복잡하다. 계수가 r보다 큰 몇몇 텐서들은 r차 할선다양체에 놓여 있고, 이들은 계수가 낮은 (계수 r인) 텐서들로 근사될 수 있다. 텐서 분해에 대한 알고리즘은 특잇값분해를 일반화한다. 보통 그것의 목표는 텐서 v를 낮은 계수의 텐서 v_{lr}와 잡음 v_{noise}의 합 $v = v_{lr} + v_{noise}$로 표현하는 것이다.

대수통계학에서 몇몇 복합모형은 할선다양체이다. 비동질 모집단(inhomogeneous population)을 생각해 보자. 이때 표본추출율(fraction) θ_i는 어떤 모형 M으로부터 나온 확률분포 $p^{(i)}$를 따른다고 하자. 그러면 이 모집단으로부터 수집된 자료의 분포는 M의 r차 할선다양체 위의 점인 볼록결합(convex combination)

$$\theta_1 p^{(1)} + \theta_2 p^{(2)} + \cdots + \theta_r p^{(r)}$$

과 같은 방식으로 행동한다.

복잡도에 있어 이론적이고 실질적인 문제는 특정한 텐서들의 계수를 밝히는 것으로 줄일 수 있다. 행렬의 곱은 이와 관련한 좋은 예를 준다.

$A = (a_{ij})$와 $B = (b_{ij})$를 2×2행렬이라 하자. 통상의 곱셈 알고리즘에서, $C = AB$는

$$c_{ij} = a_{i1}b_{1j} + a_{i2}b_{2j}, \qquad i, j = 1, 2 \tag{9}$$

이다. 이것은 8번의 곱셈을 포함한다. $n \times n$행렬에서 이 알고리즘은 n^3번의 곱셈을 사용한다.

슈트라센(Strassen)은 겨우 7번의 곱셈만을 필요로 하는 대체 방법을 발견하였다(**알고리즘들**[I.4 §4]의 식들을 보라). 만약 A와 B가 $k \times k$블록 a_{ij}와 b_{ij}를 가진 $2k \times 2k$행렬이라면 이 식들을 적용하여 $7k^3$번의 곱셈만으로 AB를 계산할 수 있다. 이 아이디어를 재귀적으로 적용하면 $n \times n$행렬들의 곱셈을 계산하는 데 오직 $n^{\log_2 7} \simeq n^{2.81}$번의 곱셈이면 충분하다. 이 방법은 실제로 큰 행렬의 곱셈에 사용되고 있다.

슈트라센의 알고리즘을 텐서 계수를 사용하여 해석해 보자. $C = AB$에 대한 식 (9)는 텐서 $\mu \in V \otimes V^* \otimes V^*$이다. 여기서 $V = M_{2 \times 2}(\mathbb{C})$이다. 각각의 곱셈은 계수 1 텐서이고, 식 (9)는 μ를 8개의 계수 1 텐서의 합으로 나타내고 있으므로, μ의 계수는 많아야 8이다. 슈트라센의 알고리즘은 μ의 계수가 기껏해야 7임을 보여 준다. 이제 $V \otimes V^* \otimes V^*$에 있는 임의의 텐서는 기껏해야 계수 7임을 알 수 있고, 이는 슈트라센의 알고리즘이 어떻게 예측될 수 있었는지를 보여 준다.

$n \times n$행렬 곱셈의 복잡도과 관련한 근본적인 미해결 문제는 곱셈 텐서의 계수 r_n을 결정하는 것이다. 현재로서는 r_n의 한계(bounds)만을 알고 있다. n^2항을 갖는 행렬에 대해서는 $r_n \geq o(n^2)$임을 알고 있고, 슈트라센의 알고리즘에 깔려 있는 아이디어를 개선하여 $r_n < O(n^{2.3728639})$임을 안다.

3.5 하디-바인베르크 평형

멘델의 유전학에 대한 간단한 응용을 끝으로 이 글을 마치려 한다.

두 개의 변종(대립형질) a와 b가 있는 모집단에서 한 유전자가 존재한다고 하자. 각 개체는 3가지의 **유전자형** aa, ab, bb 중 하나를 갖게 되고, 그것들의 분포 $p = (p_{aa}, p_{ab}, p_{bb})$는 확률 2-단체(probability 2-simplex)의 한 점이다. 멘델 유전학의 초창기에 근본적이고 원래 논란이 많았던 질문은 다음과 같다. (어떠한 자연선택(evolutionary press)도 없고, 성별 사이에서 대립형질이 등분포(equidistribution)되어 있다는 것 등을 가정할 때) 평형상태의 모집단에서 어떤 분포가 가능한 것인가?

모집단에서 대립형질 a와 b가 차지하는 비율 q_a와 q_b는

$$q_a = p_{aa} + \tfrac{1}{2}p_{ab}, \quad q_b = \tfrac{1}{2}p_{ab} + p_{bb} \qquad (10)$$

이고, 평형에 대한 가정은

$$p_{aa} = q_a^2, \quad p_{ab} = 2q_a q_b, \quad p_{bb} = q_b^2 \qquad (11)$$

과 동치이다. 만약

$$\mathcal{A} = \begin{pmatrix} 2 & 1 & 0 \\ 0 & 1 & 2 \end{pmatrix}$$

이고

$$\begin{pmatrix} 2 \\ 0 \end{pmatrix} \leftrightarrow aa, \quad \begin{pmatrix} 1 \\ 1 \end{pmatrix} \leftrightarrow ab, \quad \begin{pmatrix} 0 \\ 2 \end{pmatrix} \leftrightarrow bb$$

이면 식 (10)은 $(q_a, q_b) = \frac{1}{2}\pi_{\mathcal{A}}(p_{aa}, p_{ab}, p_{bb})$이고, 이것은 (p_{aa}, p_{ab}, p_{bb})에 적용된 예제 3과 5의 정규화된 대수적 적률사상이다. 비슷한 방법으로, 식 (11)의 대응 $q \to p$는 예제 3에서 베른슈타인 다항식으로 주어진 평행이동한 이차 적률곡선에 대한 매개화 β이다.

$\frac{1}{2}\pi_{\mathcal{A}} \circ \beta(q) = q$이므로, 모집단이 평형상태라는 것과 대립형질의 분포 (p_{aa}, p_{ab}, p_{bb})가 평행이동한 이차 적률곡선 위에 있다는 것은 동치이며, 곧 다음에 다시 그린 이항분포의 한 점이라는 것과 동치이다.

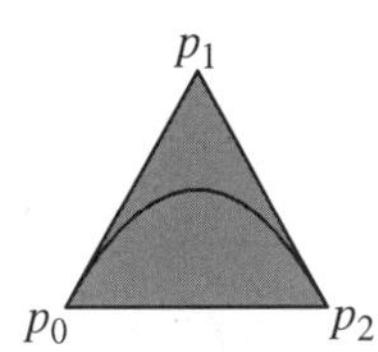

이것은 이 평형을 독립적으로 발견한 두 사람의 이름을 따서 **하디-바인베르크 평형**(Hardy-Weinberg equilibrium)이라 불린다.

글에 나오는 하디는 위대한 영국의 수학자 G. H. Hardy이다. 그는 응용수학에 대한 그의 멸시와 커리어 초창기였던 1908년에 그가 얻은 이에 대한 기여로 알려졌었다. 후에는 그가 순수함(purity)과 무용성(uselessness)으로 극찬을 아끼지 않았던 주제인 정수론에서 거둔 업적으로 더 유명해졌다. 암호학을 통한 금융 거래의 안정성에서부터, 당신이 이제 곧 읽기를 끝낼 이 글처럼 디지털화되어 전송되는 문서들의 무결성을 보장하기 위해 오류-교정부호

를 사용하는 것까지, 현대의 디지털 세상의 바탕을 이루는 정수론에 대한 하디의 마지막 관점은 틀렸다는 것을 우리 모두는 알고 있다.

더 읽을거리

Cox, D., J. Little, and D. O'shea. 2005. *Using Algebraic Geometry*, 2nd edn. Berlin: Springer.

———. 2007. *Ideals, Varieties, and Algorithms*, 3rd edn. Berlin: Springer.

Cox, D., J. Little, and H. Schenck. 2011. *Toric Varieties*. Providence, RI: American Mathematical Society.

Landsberg, J. M. 2012. *Tensors: Geometry and Applications*. Providence, RI: American Mathematical Society.

Sommese, A., and C. Wampler. 2005. *The Numerical Solution of Systems of Polynomials*. Singapore: World Scientific.

IV.40 일반상대론과 우주론

조지 엘리스 *George F. R. Ellis*

일반상대론은 현재 가장 좋은 고전적 중력이론이다. 일반상대론은 기하를 아인슈타인의 장방정식[III.10] (EFE)에 의해서 결정되는 동역학적 변수로 간주함으로써 응용수학에 중요한 새로운 주제를 도입하였다. 이 글에서는 일반상대론의 기본 개념과 구조에 관한 개요를 서술한 후에, 두 개의 주요 응용에서 EFE가 어떻게 적용되는지 보여 주어 특성을 예증하기로 한다. 여기서 말한 두 개의 응용은 블랙홀의 성질과 우주의 동적 관측 성질이다.

1 기본 구조: 동적 시공간에서 물리학

일반상대론은 두 개의 관련된 새로운 개념들을 도입함으로써 특수상대론(SR)을 확장한 것이다.

첫 번째 개념은 시공간이 동적일 수 있다는 것이다. 단지 시공간이 평평하지 않은 것(좌표계에서 자유로움을 고려하는 것은 분석에서 핵심적인 것이 되었다)뿐만 아니라, 시공간이 포함하고 있는 물질에 대응하여 식 (6)의 EFE에 의하여 휘어진다는 것이다. 결과적으로 시공간의 동역학뿐만 아니라 시공간의 경계도, 대역적 인과관계와 대역적 위상과 함께 주의 깊게 고려할 필요가 있다.

두 번째 개념은 중력이 다른 알려진 힘과 같지 않다는 것이다. 중력은 관성과 불가분적으로 연결되어 있고, 기준틀을 바꾸어서 0으로 변환시킬 수 있다. 그러므로 보통 말하는 기준틀에 무관한 중력은 없다. 중력의 핵심적인 특징은 시공간의 곡률에 암호화되어 있으면서 기조력과 상대운동을 일으킨다는 것이다.

1.1 리만 기하학과 물리학

일반상대론에서 사용하는 기하는 대칭적인 메트릭 텐서 $g_{ij}(x^k)$에 의해서 결정되는 사차원 리만 기하이다. 이 기하를 연구하는 데 필요한 기본적인 수학적 도구는 텐서 미적분학이다. 텐서 미적분학은 성분의 자유지표가 하나인 벡터장 $X^i(x^m)$을 다루는 벡터 미적분학을, 성분이 임의 개수의 지표를 가지는 유사한 것 $T^{i\cdots j}{}_{k\cdots l}(x^m)$으로 일반화한 것이다. 이때 어떤 지표는 '위'에 있고 어떤 지표는 '아래'에 있다. 일반상대론에서 지표 i, j, k는 0, 1, 2, 3에서 변한다(네 개의 차원이 있다).

일반적인 좌표변환이 허용되므로 물리적인 관계는 같은 종류의 지표들을 가진 텐서들의 관계를 주는 텐서방정식, 예를 들어 $T^{i\cdots j}{}_{k\cdots l}(x^m) = S^{i\cdots j}{}_{k\cdots l}(x^m)$을 통하여 가장 잘 나타난다. 좌표를 변환하면(프라임 부호가 있는 지표와 없는 지표로 구분), 텐서는 선형으로 변화한다. 즉, 적당한 역변환 행렬들 $\Lambda^{b'}{}_b$, $\Lambda^{c'}{}_c$에 대하여

$$T^{a'b'}{}_{c'd'} = T^{ab}{}_{cd}\Lambda^{a'}{}_a\Lambda^{b'}{}_b\Lambda^c{}_{c'}\Lambda^d{}_{d'} \qquad (1)$$

이다. 여기에서 아인슈타인 합규약이 사용되었다(즉, 반복된 지표는 모든 지표 값에 대하여 합한다). 이것이 **하나의 좌표계에서 성립하는 텐서방정식은 다른 어떤 좌표계에서도 성립한다**는 핵심적인 성질을 유도한다. 우리는 텐서의 일차결합, 곱, 축약을 만들 수 있고 모두 식 (1)의 변환에 대하여 불변이다(텐서의 더 자세한 내용과 그 조작에 대해서는 **텐서와 다양체**[II.33]에 서술되어 있다). 그러므로 지표의 대칭성을 정의할 수 있고, 지표는 대칭(둥근 괄호로 나타내는)이거나 반대칭(꺾쇠괄호로 나타내는)이거나 무대각합일 수 있다. 대칭성은 좌표를 변화시켜도 보존된다. 따라서 대칭성은 변수들의 물리학적으로 의미 있는 성질을 정의한다.

1.1.1 특수상대론은 각 점에서 국소적으로 적용된다.

사차원(일차원 시간과 삼차원 공간)의 각 점 근처에서 SR이 적용되는 방법은 메트릭 텐서 $g_{ab}(x^c) = g_{ba}(x^c)$에 의해서 결정된다. 이것은 기본적인 관계식

$$L = \int \sqrt{|ds^2|} = \int \sqrt{\left|g_{ab}\frac{dx^a}{d\lambda}\frac{dx^b}{d\lambda}\right|}dv$$

를 이용하여, 시공간에서 곡선 $x^a(\lambda)$를 따르는 거리를 결정한다. 여기에서 무한소 제곱거리 'ds^2'은 다음과 같이 양이 될 수도 있고 음이 될 수도 있다.

- $ds^2 < 0$은 시간 꼴 곡선을 의미한다(빛의 속도보다 느리게 운동하는 입자의 흔적으로 나타난다). 이 경우에 $ds^2 = -d\tau^2 < 0$은 이 곡선을 따라 완전시계로 측정된 **고유 시간*** τ를 결정한다.
- $ds^2 = 0$은 빛의 속도로 운동하는 것을 나타내는 영곡선을 의미한다.
- $ds^2 > 0$은 빛의 속도보다 큰 속도로 운동하는 것을 의미하므로, 이것은 가능한 입자의 경로가 아니다. 이 경우에 $ds^2 = +dl^2 > 0$은 그 곡선을 따르는 공간 거리 l을 결정한다.

이 메트릭 기하가 어떻게 작용하는지 알아보기 위하여 고려하는 점에서

$$g_{ab} = \text{diag}(-1, 1, 1, 1)$$

이고, 공간거리가 $dr^2 = dx^2 + dy^2 + dz^2$인 직각 꼴

* 우리는 빛의 속도가 $c = 1$인 단위를 사용한다.

국소 좌표

$$(x^0, x^1, x^2, x^3) = (t, x, y, z)$$

를 선택한다. 시간 꼴 곡선

$$x^a(\lambda) = (t(\lambda), x(\lambda), y(\lambda), z(\lambda))$$

를 따라서 이 좌표계에 대하여 속력 $v = \mathrm{d}r/\mathrm{d}t$로 움직이면

$$\mathrm{d}\tau^2 = -\,\mathrm{d}s^2 = \mathrm{d}t^2(1 - v^2) \Leftrightarrow \frac{\mathrm{d}t}{\mathrm{d}\tau} = \frac{1}{\sqrt{1 - v^2}}$$

인 SR의 표준 시간-팽창 인자를 얻는다. 곡선 매개변수를 λ를 τ로 놓으면, 4성분 속도는 $u^a = \mathrm{d}x^a/\mathrm{d}\tau \Rightarrow g_{ab}u^a u^b = -1$이다. x^1 방향으로 속력 v로 좌표를 바꾸는 것은 $\Lambda^{a'}{}_a = \cosh\beta\delta_0^{a'}\delta_a^0 + \sinh\beta\delta_1^{a'}\delta_a^1$이고, $\sinh\beta = v$인 공간 거리와 시간에 대한 표준 로런츠(Lorentz) 변환의 결과를 준다(이 분야에 대해서 더 알고 싶으면, **불변량과 보존법칙**[II.21]과 **텐서와 다양체**[II.33]를 보라).

시공간은 하나의 시간 차원($g_{00} = -1$)과 세 개의 공간차원($g_{11} = g_{22} = g_{33} = 1$)을 가진다. 시공간은 뉴턴 이론에서 개별적으로 정의된 것들을 사차원 실체로 통합하고, 상대운동이 나타났을 때 그것들이 어떻게 서로 연관되는지를 보여 준다. 예를 들면, 전기장과 자기장은 $E_a = F_{ab}u^b$, $H_a = \frac{1}{2}\eta_{adef}u^f F^{de}$인 꼬인 텐서 $F_{ab} = F_{[ab]}$로 통합된다. 여기에서 η_{abcd}는 완전 교대대칭인 부피 텐서이다. 상대운동이 나타났을 때, 이런 장들이 서로 연관되는 방법은 식 (1)의 텐서 변환 법칙에서 나온다. 그 역 메트릭 g^{mn}: $g^{mn}g_{nk} = \delta_k^m$은 지표들을 올릴 때 $T^{ab} = g^{ac}g^{bd}T_{cd}$로 사용되고, g_{ab}는 내릴 때 사용된다.

1.1.2 공변미분과 접속

핵심 질문은 다음과 같다. 서로 떨어져 있는 두 점 P와 Q에 있는 두 벡터가 서로 평행하다는 것을 어떻게 정의할 것인가? 휜 시공간에서는 이 질문이 절대적인 의미를 갖지 못한다. P와 Q를 연결하는 곡선을 따르는 **평행 운송**을 통해서만 정의할 수 있다. 평행 운송은 모든 텐서장에 작용하고 임의의 곡선에 대하여 공변미분(δ로 나타낸다)을 주는 공변미분 작용소(세미콜론으로 나타낸다)를 통하여 정의한다. $\mathrm{d}x^a/\mathrm{d}\lambda = X^a$이 곡선 $x^a(\lambda)$의 탄젠트 벡터이면, $\delta Y^a/\delta\lambda := Y^a{}_{;b}X^b$은 이 곡선을 따르는 벡터장 Y^a의 공변미분이다. 이것이 0이 될 필요충분조건은 Y^a이 $x^a(\lambda)$를 따라서 평행 운송인 것이다(즉, Y^a이 그 곡선을 따라 병진할 때, 각각의 무한소 단계에서 직전의 방향과 평행함을 유지하는 것이다). 평행 운송은 서로 이웃하는 점에서 어떤 벡터가 평행인지를 정해 주는 **접속** Γ라고 하는 기하학적 구조에 의해서 결정된다. 그 성분 $\Gamma^a{}_{bc}$는 c 기저벡터의 b 기저벡터 방향으로 공변미분의 a 성분을 나타낸다. 그러면 벡터장 Y^a에 대하여

$$Y^a{}_{;b} = Y^a{}_{,b} + \Gamma^a{}_{bc}Y^c \qquad (2)$$

이다. 여기에서 첫 번째 항 $Y^a{}_{,b} := \partial Y^a/\partial x^b$은 명백한 기저벡터에 대한 미분이고, 두 번째 항은 곡선을 따르는 기저벡터의 변화율 때문에 생긴 것이다.

특히 $\delta X^a/\delta\lambda := Y^a{}_{,b}X^b$이 0이 되기 위한 필요충분조건은 곡선의 방향이 곡선을 따라서 평행 운송인 것이다. 즉, 곡선의 방향이 변하지 않으므로 그 곡선은 **측지선**(휜 시공간에서 직선에 가장 가깝게 해당하는 것)이다. 관련된 곡선 변수 λ는 아핀 변환

$\lambda' = a\lambda + b(a, b$는 상수)까지 정의되므로 **아핀 매개변수**라고 한다. 측지선은 중력과 관성의 영향만 받는 물질의 이동(시간 꼴 곡선: $X^a X_a = -1$)과 광선의 경로(영곡선: $X^a X_a = 0$)를 나타낸다.

다음을 가정함으로써 공변미분은 임의의 텐서로 확장된다.

(a) 함수의 공변미분은 편미분 $f_{;c} = f_{,c} := \partial f / \partial x^c$이고

(b) 그것은 선형이며, 라이프니츠(Leibniz) 법칙을 만족하고, 축약에 대해 교환법칙이 성립한다.

모든 국소적인 물리학적 방정식은 공변미분으로 나타내야 한다. 예를 들면, 휜 시공간에서 맥스웰(Maxwell) 방정식은 $F_{[ab;c]} = 0$, $F^{ab}{}_{;b} = J^a$의 형태이다. 여기에서 J^a은 사차원 전류이다.

1.1.3 크리스토펠(Christoffel) 관계식

접속 Γ는 다음을 가정함으로써 결정된다. (i)뒤틀림이 없고, 즉 $\Gamma^a{}_{bc} = \Gamma^a{}_{cb}$이고 (ii)메트릭 텐서는 임의의 곡선을 따라서 평행하게 전파된다. 즉, $g_{ab;c} = 0$이고, 이것은 크기가 평행 전파에서 보존됨을 의미한다. 이 두 개의 조건이 접속을 유일하게 결정하고, 평행성과 메트릭 성질을 연결해 준다. 접속의 성분은 **크리스토펠 관계식**

$$\Gamma^m{}_{ab} = \tfrac{1}{2} g^{mn} (g_{an,b} + g_{bn,a} - g_{ab,n}) \qquad (3)$$

으로 주어진다. 그러므로 접속은 메트릭의 미분으로 정의된다.

이 관계식은 **측지선은 시공간에서 극적인 곡선**(즉, 측지선을 따라가면 곡선의 길이가 최대이거나 최소이다)이라는 핵심적인 결과를 준다.

1.2 시공간 곡률과 장방정식

공변미분은 일반적으로 교환법칙이 성립하지 않는다는 것이 시공간의 곡률 개념으로 이어진다. 임의의 벡터장 X^a에 대하여 리치(Ricci) 등식

$$X^a{}_{;bc} - X^a{}_{;cb} = R^a{}_{dbc} X^d \qquad (4)$$

은 이 비교환성을 결정한다. 여기에서 $R^a{}_{dbc}$는 리만(Riemann) 곡률 텐서이고, 대칭성

$$R_{abcd} = R_{[ab][cd]} = R_{cdab}, \quad R_{a[bcd]} = 0$$

을 가진다. 이것은 **홀로노미**로 이어진다. 즉, 폐곡선을 따라서 한 점 P에서 출발하여 P로 다시 돌아오는 평행 운송은 P에서 벡터를 변화시킨다(평행 전달은 크기를 보존하므로, 회전 혹은 로런츠 변환이다).

리치 텐서와 리치 스칼라는 이 텐서의 첫 번째와 두 번째 축약이고, 다음과 같이 정의된다.

$$R_{bf} = R_f{}^a{}_{ba} \Rightarrow R_{bf} = R_{fb}, \qquad R = g^{bc} R_{bf}$$

식 (4)와 식 (2)에 의하여 리치 텐서는 접속으로 다음과 같이 주어진다.

$$R_{bf} = \Gamma^a{}_{bf,a} - \Gamma^a{}_{af,b} + \Gamma^e{}_{bf} \Gamma^a{}_{ae} - \Gamma^e{}_{af} \Gamma^a{}_{be}$$

식 (3)의 크리스토펠 관계식을 이용하면 이것은 메트릭 텐서의 2계 미분 표현이다.

곡률 텐서는 중요한 적분 가능 조건, 즉 **비앙키 항등식**

$$R_{ab[cd;e]} = 0$$

을 만족하고(간단히 말하면, 곡률 텐서의 컬 연산자는 0이다), 두 번의 축약에 관한 핵심적인 발산 관계식

$$(R^a{}_b - \tfrac{1}{2} R g^a_b)_{;b} = 0 \tag{5}$$

을 준다.

1.2.1 장방정식

시공간에 존재하는 물질은 EFE

$$R_{ab} - \tfrac{1}{2} R g_{ab} + \Lambda g_{ab} = \kappa T_{ab} \Rightarrow T^{ab}{}_{;b} = 0 \tag{6}$$

을 통하여 시공간의 곡률을 결정한다. 여기에서 T_{ab}는 존재하는 모든 물질에 대한 에너지-운동량-변형력텐서, κ는 중력 상수, λ는 우주 상수이다. 식 (6)의 화살표로 나타낸 정리는 축약된 비앙키 항등식 (5)에서 나온 것이며, EFE가 만족되면 에너지와 운동량은 당연히 보존된다는 의미이다.

물질에 대한 적당한 상태방정식들이 주어지면 이 방정식들은 그 시공간의 동역학적 진화를 결정하고, 에너지-운동량 보존관계식을 통하여 그 안에 있는 물질의 진화를 결정한다. 보통 사용하는 모형은 '완전 유체'를 나타내는 $T_{ab} = (\rho + p)u_a u_b + p g_{ab}$이다. 여기에서 ρ는 에너지밀도이고, p는 압력이며, ρ와 p는 상태방정식 $p = p(\rho)$로 연관되어 있다. $p = 0$일 때 가장 간단한 경우이고 압력 없는 물질이다(예를 들어, '차가운 암흑 물질'). 이러한 관계식이 무엇이든지 일반적으로 다양한 에너지 조건들(예를 들어, $\rho > 0$, $(\rho + p) > 0$)을 만족한다고 가정한다. 추가적으로 소리의 등엔트로피 속력 $c_s = (p/\rho)_s$가 $0 \le c_s \le 1$을 만족한다고 가정하는데, 이러한 가정은 물질의 국소적 안정성(부등식의 하계)과 인과율(부등식의 상계)에 필요하다.

장방정식은 물질텐서를 원천으로 하는 메트릭 텐서에 관한 2계 쌍곡방정식이다. 일반적으로 사용되는 편리한 형태의 예를 들면, **수치상대론**[V.15 §2.3]에서 사용되는 것과 같은 ADM 형식으로(안니노스(Anninos)에 의해 나타난 것처럼) 주어진다(ADM 형식은 저자들의 이름 아노위트(Arnowitt), 데저(Deser), 미스너(Misner)에서 따온 것이다).

1.3 측지선 편차방정식과 기조력

측지선 편차방정식(GDE: Geodesic Deviation Equation)은 시간 꼴 측지선들의 합동과 연결된 편차벡터의 변화(위치벡터에 대한)를 결정한다. w를 매개변수로 하는 곡선들의 이러한 합동 $x^a(\tau, w)$에 대한 정규화된 탄젠트 벡터장 $V^a := \mathrm{d}x^a(\tau)/\mathrm{d}\tau$를 생각하자. 그러면 $V_a V^a = -1$이고, $\delta V^a/\delta\tau = V^a{}_{;b}V^b = 0$이다. 편차벡터 $\eta^a := \mathrm{d}x^a(w)/\mathrm{d}w$는 이 합동에서 이웃하는 두 측지선의 연결 고리로 생각할 수 있고, 이것은 V^a과 교환되므로 $\delta\eta^a/\delta\tau = V^a{}_{;b}\eta^b$이다. 편차벡터를 V^a에 수직으로 잡으면, 즉 $\eta_a V^a = 0$이면 식 (3)에 의해 GDE는

$$\frac{\delta^2 \eta^a}{\delta\tau^2} = -R^a{}_{bcd} V^b \eta^c V^d \tag{7}$$

의 형태가 되고, 곡률이 어떻게 물질의 상대 가속도, 즉 기조력이 나타나게 하는지를 보여 준다.

이 방정식에서 리치 텐서는 각 점마다 EFE를 통하여 결정된다. 그러나 그렇게 얻은 리치 텐서는 단

지 곡률 텐서의 일부일 뿐이다. 곡률 텐서의 나머지 부분은

$$C_{ijkl} := R_{ijkl} + \tfrac{1}{2}(R_{ik}g_{jl} + R_{jl}g_{ik} - R_{il}g_{jk} - R_{jk}g_{il}) - \tfrac{1}{6}R(g_{ik}g_{jl} - g_{il}g_{jk}) \quad (8)$$

로 정의되는 바일(Weyl) 텐서로 주어지며, 바일 텐서는 리만 텐서의 대칭성을 가지고 있지만 대각합도 0임을, 즉 $C^{a}{}_{bad} = 0$임을 보여 준다. 또한 바일 텐서는 자유 중력장을 나타낸다. 즉, 이것은 곡률의 일부이지만 각 점마다 정의되는 것은 아니다. 그래서 기조력이나 중력파 같은 비국소적 효과가 가능하다. 전자기장을 전기장과 자기장 부분으로, 즉 $E_{ac} = C_{abcd}u^b u^d, H_{ac} = \frac{1}{2}\eta_{abef}u^b C^{ef}{}_{cd}u^d$으로 분해할 수 있는 것처럼 GDE를 통하여 중력장은 물질의 상대운동에 영향을 미치고 조석 효과를 일으킨다. 곡률 텐서는 비앙키 항등식 때문에 맥스웰 방정식 같은 식을 만족하며, 결과적으로 중력파 존재성의 근본이 되는 어떤 파동 방정식으로 나타난다.

1.4 해의 형태와 포괄적인 성질

비록 EFE는 메트릭 텐서에 관한 복잡한 비선형방정식이지만 많은 완전해가 알려져 있다(스테파니(Stephani) 등이 쓴 책『아인슈타인 장방정식의 완전해』에 잘 기술되어 있다). EFE의 완전해는 보통 메트릭에 대칭성을 가정하고, 종종 쌍곡방정식을 상미분방정식으로 간단하게 변형하여 자유 메트릭 함수를 풀면 나온다. 그리고 대칭성은 킬링(Killing) 벡터장 $\xi^a(x^j)$들에 의해 생성된다. 킬링 벡터장은 킬링의 방정식

$$\xi_{a;b} + \xi_{b;a} = 0$$

을 만족하는 벡터장이다(그 벡터장의 적분곡선을 따라 이동해도 메트릭이 불변이다). 또한 킬링 벡터장은 관계식 $\xi_{b;cd} = \xi^a R_{abcd}$를 만족하는데, 어떤 점에서 이 벡터장의 초기 데이터가 $\xi_a|_0, (\xi_{[a;b]})|_0$이라는 의미이다. 그리고 킬링 벡터장은 시공간 대칭군을 생성하는 리대수를 이룬다. 다시 말해, 한 점 P의 등방성군은 $\xi_a|_0 = 0$(그 점을 고정하는)인 킬링 벡터들에 의해서 생성된다.

실제로 가장 중요한 대칭성은 구대칭과 공간 균질성으로 각각은 이 글의 다음 두 절의 기본 가정이 된다. 메트릭이 시간 꼴 킬링 벡터장을 가지면 정상 시공간이고, 이 벡터장이 추가적으로 비회전장, 즉 $\xi_{[a;b}\xi_{c]} = 0$이면 정적 시공간이다.

EFE의 완전해나 근사해를 찾는 것뿐만 아니라 레이차우두리(Raychaudhuri) 방정식 같은 중요한 포괄적인 관계식도 찾을 수 있다. 이 방정식은 포괄적인 특이성 정리의 근본이 된다. 또한 진공이거나 물질이 채워진 시공간에서 포괄적인 존재성이나 유일성 정리를 증명할 수도 있다. ADM 형식에 기반을 둔 EFE의 수치적인 해를 발견하는 것에도 매우 큰 발전이 있었다.

2 슈바르츠실트(Schwarzschild) 해와 블랙홀

태양이나 임의의 구형인 별의 외부 장을 모형화하기 위해서 우리는 다음과 같은 해를 찾는다.

(1) 진공해(즉, $T_{ab} = 0$), $R_{ab} = 0$이므로 곡률은 완

전히 바일 텐서 때문이다(이것은 태양계에서 중심인 별의 표면을 나타내는 어떤 반경 r_S의 외부를 이해하는 데 좋은 근사가 될 것이다).

(2) 태양계에서 잘 근사된다는 것이 알려진, 구형이고 대칭인 해(여기에서는 행성의 중력장뿐만 아니라 태양의 회전도 무시한다)

해를 찾기 위해 메트릭이

$$ds^2 = -A(r, t)\,dt^2 + B(r, t)\,dr^2 + r^2 d\Omega^2$$

인 좌표계를 선택한다. 여기에서 $d\Omega^2 = d\theta^2 + \sin^2\theta\, d\phi^2$은 2차원 단위구면의 메트릭이다. 장방정식을 풀기 위해서 다음을 해야 한다.

`(i) 이 메트릭에 의해 결정된 접속 성분을 계산하고,

(ii) 접속 성분으로부터 리치 텐서 성분을 결정하고,

(iii) 리치 텐서 성분을 0으로 놓고 $A(r, t)$와 $B(r, t)$를 구한다.

점근적으로 평평하다는 경계조건인 $\{r \Rightarrow \infty\} \Rightarrow \{A(r, t) \Rightarrow 1, B(r, t) \Rightarrow 1\}$을 이용하고, 질량 m인(물리 단위로 $\equiv MG/c^2$) 별에 대한 뉴턴 역학의 해와 비교하여 적분 상수를 결정하면

$$ds^2 = -\left(1 - \frac{2m}{r}\right)dt^2 + \left(1 - \frac{2m}{r}\right)^{-1} dr^2 + r^2 d\Omega^2 \tag{9}$$

을 얻는다. 이것이 **슈바르츠실트** 해이며, 이 해는 $r > r_S$에서 유효한 EFE의 **완전**해이다. 여기에서 r_S는 중심에 위치한 거대한 물체의 좌표 반지름이다. $r_S > 2m$이라고 가정해 보자. 여기에서 m은 그 물체의 **슈바르츠실트 반지름**이다. 이 반지름은 기하학적 단위로 나타낸 질량이다. 예를 들어 지구는 $m \approx 8.8$mm이고, 태양은 $m \approx 2.96$km이다.

위의 분석에는 아주 놀라운 결과가 숨어 있다. A와 B가 r만의 함수라는 것이다. 결과적으로 구형의 대칭성을 가지고 진공인 외부에 대한 해는 반드시 정적이다. 이것이 **버코프(Birkhoff)의 정리**이다.

대체로 버코프의 정리는 슈바르츠실트 해가 물체가 어떻게 진화하고 있는지 관계없이, 모든 구형 물체에 대하여 유효한 외부해라는 것을 보여 준다. 물체는 정적일 수도 있고, 붕괴될 수도 있으며, 확장될 수도 있고, 진동할 수도 있지만, 구형의 대칭성을 가지고 있기만 하면 외부해는 항상 슈바르츠실트 해이다. 이는 일반상대론이 홀극이나 쌍극 중력 복사를 허용하지 않기 때문에 구형 진동은 질량을 에너지로 복사할 수 없다는 것을 나타낸다.

입자 궤도(시간 꼴 측지선)의 성질은 슈바르츠실트 메트릭으로부터 나오고, $r = 3m$보다 큰 임의의 반지름을 가지는 원형 궤도가 허용된다. 이 메트릭은 또한 광선 경로도 결정해 준다. 식 (9)의 해에서 방사상으로 움직이지 않는 광선은 $ds^2 = 0 = d\theta^2 = d\phi^2$이고

$$\frac{dt}{dr} = \pm \frac{1}{1 - 2m/r} \Leftrightarrow t = \pm\, r^* + \text{const} \tag{10}$$

이다. 여기에서

$$dr^* = \frac{dr}{1 - 2m/r} \Leftrightarrow r^* = r + 2m \ln\left(\frac{r}{2m} - 1\right)$$

이다. 이것은 국소적 영원뿔의 방정식이고, 빛이 이 중력장에 의해서 어떻게 휘어지는지를 보여 주고

있다. 이에 추가하여 외부로 향하는 빛은 빛의 원천과 수신자의 위치를 나타내는 반지름 r_e와 r_0에 따라 적색편이를 경험하게 된다. 파장 λ_e의 빛을 방출하고, 파장 λ_0으로 관측된 물체의 적색편이 z는 $1+z:=\lambda_0/\lambda_e$로 나타난다. 파장 λ는 $\lambda=c\Delta\tau$이므로 주기 $\Delta\tau$와 관련이 있다. 여기에서 고유 시간 τ는 세계선 [r = 상수]를 따라 식 (9)의 메트릭으로 결정된다. 식 (10)의 영광선방정식으로부터 $\Delta t_0=\Delta t_e$이기 때문에 적색편이 z는

$$1+z:=\frac{\lambda_0}{\lambda_e}=\frac{\Delta\tau_0}{\Delta\tau_e}=\left(\frac{1-2m/r_0}{1-2m/r_e}\right)^{1/2} \qquad (11)$$

이다. 식 (11)은 중심에 위치한 질량으로 인한 퍼텐셜 우물을 광자가 벗어나면서 생긴 퍼텐셜 에너지의 변화에 의해 나타난 중력 적색편이이다.

2.1 $r=2m$에서 '특이성'

$r=2m$에서 메트릭이 무언가 잘못되고 있다. $r=2m$에서 어떤 일이 일어나고 있는가? 다음에 기술한 모든 것이 나타난다고 예상된다.

(1) **특이 메트릭.** 메트릭의 성분이 $r=2m$에서 특이하다.

(2) **반경 축소.** 실험 물체(정지질량이 0이 아닌)의 반경 축소는 $r=r_0>2m$에서 $r=2m$으로 축소하는 고유 시간이 유한하다. 그러나 좌표 시간은 $\mathrm{d}t/\mathrm{d}\tau=(1-2m/r_0)^{1/2}/(1-2m/r)$으로 주어지는데, $r\to 2m$이면 무한대로 발산한다. 이는 반지름이 그 값을 실제로는 취할 수 없다는 것을 의미한다. 반면에 실험 물체는 반지름 $2m$을 취하기까지 유한한 고유 시간으로 측정한다.

(3) **무한대의 적색편이.** 적색편이 공식 (11)은 $r_e\to 2m$일 때 $z\to\infty$임을 보여 주고 있다.

(4) **도달 불가능한 곡면.** 지름 방향 영측지선 식 (10)에서 $r\to 2m$이면 $\mathrm{d}t/\mathrm{d}r\to\pm\infty$이다. 따라서 외부 영역에서($r>2m$) 온 광선은 곡면 $r=2m$에 도달할 수 없다. 도달하지 않고 $r=2m$에 접근하면 점근적으로 가까워진다. 시간 꼴 측지선에 대해서도 같은 일이 나타난다.

(5) **측지선의 불완전성.** 이러한 시간 꼴 측지선과 영측지선은 불완전하다. 즉, 아핀 매개변수가 $2m<r<\infty$ 구간에서 임의의 큰 값으로 연장되지 못한다. 특히 시간 꼴 측지선의 경우 측지선을 따라 r_0에서 $2m$까지 가는 고유 시간은 유한하다. 이것은 t가 증가하면 내부로 움직이는 측지선은 아핀 매개변수(즉, 고유 시간)가 무한대인 쪽으로 연장될 수 없음을 보여 준다.

(6) **정적이지 않은 내부.** 내부($0<r<2m$)로 들어가면, 해는 정적인 것에서 **공간적으로 균질하지만 시간에 따라 변하는** 것으로 바뀐다. 이것은 메트릭이 좌표 r에 여전히 주로 영향을 받지만, 공간적인 거리를 측정하는 좌표에서 시간을 측정하는 좌표로 바뀌기 때문이다. 그러므로 시공간의 대칭성도 $r<2m$에서 완전히 바뀌게 된다.

(7) **물리적인 특이성?** $r=2m$에서 특이성이 물리학적 특이성인지 혹은 좌표적인 특이성인지를 알아보기 위해서, 곡률을 나타내는 수학적인 대상에서 얻은 스칼라(좌표에 독립적인

양이므로)를 조사한다. 그 해는 진공에서 해 ($R_{ab} = 0$)이므로, $R = R^a{}_a$와 $R^{ab}R_{ab}$는 모두 0이다. 가장 간단한 0이 아닌 스칼라는 크레치만(Kretschmann) 스칼라

$$R_{abcd}R^{abcd} = 48m^2/r^6$$

이다. 위의 크레치만 스칼라는 $r = 2m$에서 유한하지만 $r \to 0$이면 발산한다. 이는 $r = 2m$이 좌표적인 특이성을 가진다는 것을 시사한다(증명을 한 것은 아니다). 즉, 시공간에는 문제가 없고 그곳에서 좌표가 붕괴된 것이므로, 다른 좌표계를 선택함으로써 특이성을 제거할 수 있다는 것이다. 이러한 생각이 옳다는 것을 곡면 $r = 2m$을 가로질러 해를 확장함으로써 증명할 수 있다. 이 곡면을 가로지르는 시간꼴 측지선이나 영측지선에 좌표를 첨부하여 증명이 가능하다.

2.2 슈바르츠실트 영좌표계

좌표 v_+, v_-를 $v_\pm = t \pm r^*$으로 정의하면 $\mathrm{d}v_\pm = \mathrm{d} \pm \mathrm{d}r/(1 - 2m/r)$이다. 외부를 향하는 영측지선들은 $\{v_+ = \text{상수}\}$이고, 내부를 향하는 것은 $\{v_- = \text{상수}\}$이다. 좌표계를 (v, r, θ, ϕ)로 바꾼다. 이때 $v_+ = v$이고 메트릭은

$$\mathrm{d}s^2 = -\left(1 - \frac{2m}{r}\right)\mathrm{d}v^2 + 2\mathrm{d}v\mathrm{d}r + r^2\mathrm{d}\Omega^2 \tag{12}$$

이 된다. 식 (12)가 슈바르츠실트 메트릭의 에딩턴-핀켈스타인 형식이다. 이 변환은 $r = 2m$에서 특이성을 제거한다. 이러한 좌표변환($r = 2m$에서 특이적인)은 $2m < r < \infty$로 정의된(영역 I로 나타낸) 원래

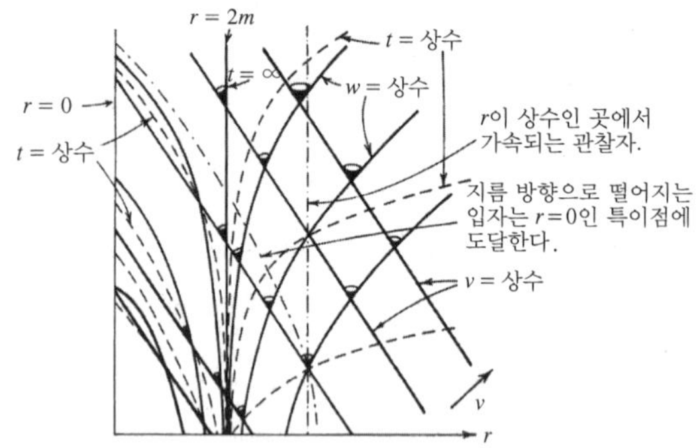

그림 1 에딩턴(Eddington)-핀켈스타인(Finkelstein) 좌표계에서 슈바르츠실트 해의 지름 방향 영측지선과 국소적 빛원뿔(Hawking and Ellis(1973)에서 승인을 받고 복제함).

시공간 영역에서 $0 < r < 2m$으로 정의된(영역 II로 나타낸) 새로운 시공간 영역으로 확장한다. 이 확장은 외부 영역 I에서 내부 영역 II로 곡면 $r = 2m$을 가로지르는 해석적 확장이다.

이 공간에서 국소적 영원뿔과 광선을 (t^*, r) 좌표로 그리면, 에딩턴-핀켈스타인 도형을 얻게 된다(그림 1). 그림 1에서 다음과 같은 특징을 관찰할 수 있다.

(1) 도형에서 r이 상수인 곡면은 수직인 직선이다. t가 상수인 곡면은 먼 곳에서는 거의 수평이지만, 가까운 곳에서는 아래로 휘어지고 절대로 곡면 $r = 2m$을 넘어가지 못한다. 사실은 이 곡면에서 t는 발산한다. 이러한 t좌표의 나쁜 성질이 $r = 2m$에서 좌표 특이성의 원인이 된다. 이 곡면을 가로질러 자유낙하를 하는 입자에 대한 좌표 시간이 발산하는 원인이다.

(2) 영원뿔은 기울어져 있다. 안쪽 선은 항상 45°로 안쪽을 향하지만 바깥 선은 $r > 2m$인 경우

에 바깥쪽을 향하고, $r = 2m$에서 수직이고, $r < 2m$인 경우에 안쪽을 향한다. 그러므로 곡면 $r = 2m$은 **영면**이다($r = 2m$에서 바깥쪽으로 발사된 광선은 중심으로부터 같은 거리에 영원히 머무른다). 이런 이유로 $r = 2m$은 **덫치기 곡면**이다. 입자가 떨어져서 이 곡면을 가로질러 외부 영역 I에서 내부 영역 II로 넘어오면 절대로 다시 빠져나갈 수 없다. 영역 II로 한 번 들어오면, 그것들의 미래는 특이점 $r = 0$ 근처의 발산하는 기조력에 의해 불가항력적으로 압축되어 붕괴된다.

(3) 역으로, $r = 2m$은 외부의 관찰자가 내부를 볼 수 없게 하는 **사건 지평선**이다. $r = r_1 > 2m$에서 정적인 관찰자를 생각해 보자. 관찰자의 세계선은 도형에서 수직인 직선이다. 그렇기 때문에 관찰자의 과거의 빛원뿔은 $r = 2m$의 내부에 절대로 이르지 못한다. 그러므로 그 영역에서 나오는 어떠한 신호도 관찰자에게 도착할 수 없다. 따라서 이 시공간을 **블랙홀**이라고 부르는 것은 타당하다. 내부 영역 II에서 발사된 어떠한 방사선도 외부 영역 I에 도착할 수 없기 때문이다.

(4) 외부의 관찰자가 중심으로 탐사선을 보내면 탐사선은 사건 지평선 $r = 2m$을 유한한 고유 시간 안에 건너지만, 사건 지평선에 도달하는 데 무한한 좌표 시간 t가 걸린다. 왜냐하면 t가 $r = 2m$에서 발산하기 때문이다. 만약 탐사선이 일정한 간격(예를 들어, 매초마다)으로 전파 신호를 보내면, 신호는 외부의 관찰자에게 점점 더 긴 시간 간격으로 수신된다. 따라서 만약 탐사선이 탐사선 내부의 시계로 12:00에 사건 지평선을 지나고, 바로 그 시각에 전파 신호를 보내면, 이 신호는 외부의 관찰자에게 절대로 도달하지 못한다. 전파 신호는 $r = 2m$에 영원히 머무르게 된다. 12:00보다 전에 보낸 모든 신호는 (결국에는) 외부 관찰자에게 도달하고, 그보다 후에 보낸 모든 신호는 중심의 특이점으로 떨어진다. 따라서 탐사선이 사건 지평선에 접근해 가면서 수신 신호가 무한대로 느려지는 것은 수신 신호의 적색편이가 $r_e \to 2m$일 때 발산하게 만들 것이다.

이러한 분석은 $r = 2m$이 원래 좌표가 잘못되는 영면(사건 지평선)이라는 것을 설득력 있게 보여 준다. 시공간은 새로운 좌표계로 바꿈으로써 이 영면을 가로질러 확장될 수 있다. 그러나 원래 해가 시간에 대해 대칭적이라는 것에 문제가 생긴다. 왜냐하면 그 확장은 에딩턴-핀켈스타인 도형에서 명백하게 알 수 있듯이 시간에 대칭적이지 않기 때문이다.

2.2.1 시간이 역전된 확장

시간의 다른 방향을 선택하는 영좌표를 사용함으로써, 다른 유사한 에딩턴-핀켈스타인 확장을 만들 수 있다.

더 정확하게 (t, r, θ, ϕ)에서 (w, r, θ, ϕ)로 바꾸면 $v_- = w$이고 메트릭은

$$ds^2 = -\left(1 - \frac{2m}{r}\right)dw^2 - 2dwdr + r^2 d\Omega^2$$

이며, 이것은 식 (12)에서 시간이 역전된 것이다. 위 식도 그 메트릭의 에딩턴-핀켈스타인 형식이고, $2m < r < \infty$로 정의된 원래 시공간 영역 I을 $0 < r < 2m$으로 정의된 또 다른 새로운 시공간 영역 II′로 확장한다. 이러한 확장은 국소적 빛원뿔의 시간이 역전된 에딩턴-핀켈스타인 그림으로 나타난다. 하지만 안으로 향하는 영측지선이 $r = 2m$에서 문제가 생긴다(밖으로 향하는 것은 아무런 문제없이 이 곡면을 지나간다). 곡면 $r = 2m$은 여전히 영원뿔이지만 이번에는 **화이트홀**을 둘러싼 지평선을 나타낸다. 신호가 그 지평선에서 나올 수는 있지만, 그곳으로 들어갈 수는 없다. 외부의 관찰자는 영역 II′에서 메시지를 받을 수는 있지만, 신호를 그곳으로 보내는 것은 절대로 할 수 없다. 곡면 $r = 2m$은 이제 $t = -\infty$와 같은 것이다. 이러한 발산 때문에 원래 메트릭이 곡면 $r = 2m$에서 문제가 생기는 것이다.

영역 II가 영역 II′와 다르다는 것을 어떻게 알 수 있는가? 원래 메트릭에서는 영역 I의 사건 q를 지나는 내부를 향하는 지름 방향의 과거와 미래의 영측지선은 모두 불완전하다. 첫 번째 확장은 내부를 향하는 미래 영측지선을 완전하게 하고, 과거 영측지선은 완전하게 하지 않는다. 두 번째 확장은 내부를 향하는 과거 영측지선을 완전하게 하고, 미래 영측지선은 완전하게 하지 않는다.

2.3 크러스컬(Kruskal)–세케레스(Szekeres) 좌표

이제 문제는 두 개의 확장을 동시에 할 수 있는지에 관한 것이다. 각각의 확장에서 나타난 시간에 대한 비대칭성은 각각의 경우에 하나의 영좌표만 사용했기 때문이다. 시간에 대칭적인 확장을 얻기 위해서는 두 개의 영좌표를 모두 사용해야만 한다. 실제로 우리가 (v, w, θ, ϕ) 좌표로 바꾸면, 메트릭의 이중 영형식

$$\mathrm{d}s^2 = -\left(1 - \frac{2m}{r}\right)\mathrm{d}v\,\mathrm{d}w + r^2\mathrm{d}\Omega^2$$

을 얻게 된다. 여기에서 $\frac{1}{2}(v - w) = r + 2m\ln((r/2m) - 1)$은 (두 개의 양이 모두 r^*인) $r(v, w)$와 $t = \frac{1}{2}(v + w)$를 정의한다. 위의 식은 시간에 대해 대칭인 이중 영형식이지만 $r = 2m$에서 특이적이다. 그러나 영좌표를 다시 설정하면 원하는 것을 얻을 수 있다. $V = \mathrm{e}^{v/4m}$, $W = -\mathrm{e}^{-w/4m}$이라고 정의하면 슈바르츠실트 해에 대한 새로운 이중 영좌표들을 얻게 된다. 이때 메트릭은

$$\mathrm{d}s^2 = -\frac{32m^3}{r}\mathrm{e}^{-r/2m}\mathrm{d}V\mathrm{d}W + r^2\mathrm{d}\Omega^2$$

이 된다. 이 메트릭 형식은 $r = 2m$에서 정칙이고, 우리가 원하는 확장을 준다. 빛원뿔들은 $V =$ 상수, $W =$ 상수 형태로 주어진다. 이때 관련된 시간과 지름 좌표 (t', x')를 $x' = \frac{1}{2}(V - W)$, $t' = \frac{1}{2}(V + W)$로 정의하는 것이 편리하다. 이것이 **크러스컬-세케레스 좌표**이고, $\pm 45°$에서 광선을 가진 슈바르츠실트 해의 완전하게 시간에 대칭인 확장을 나타내는 그림 2의 크러스컬 도형을 준다.

그림 2는 전체 시공간의 단면이라는 것을 기억해야 한다. 실제로 각각의 점은 전체 시공간에서 면적이 $4\pi r^2$인 2차원 구를 나타낸다(그림을 그리기 위해 (θ, ϕ) 좌표를 숨긴 것이다). 전체 해는 우리가 원했던 대로 시간에 대칭적이다. 가장 중요한 새로운 특징은 이미 언급했던 3개의 영역 I, II, II′에 추가하여, 새로운 영역 I′가 생긴 것이다. 왜 그런지 알아보

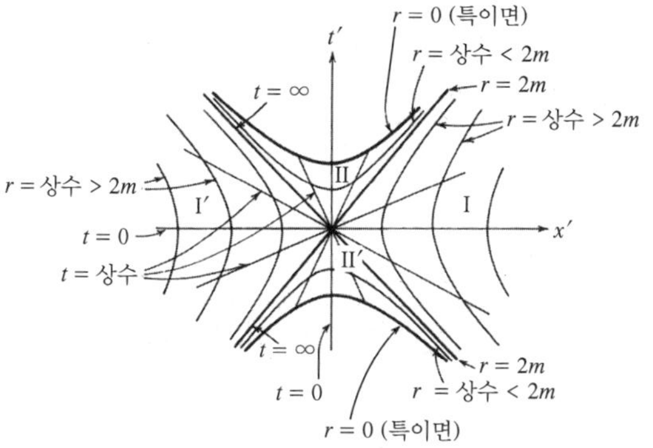

그림 2 공형적으로 평평한 좌표에서 슈바르츠실트 해의 최대 확장을 나타내는 크러스컬 도형(Hawking and Ellis(1973)에서 승인을 받고 복제함).

자.

이 도형에서 영역 I은 두 개의 에딩턴-핀켈스타인 도형에 있는 같은 영역 I에 대응한다. 영역 $t' > x'$($-45°$의 각으로 원점을 지나는 직선이 왼쪽 경계가 되는)은 미래로 들어가는 영측지선을 완전하게 하는 영역 II로의 첫 번째 확장에 대응한다. 크러스컬 도형의 이 부분의 각 점은 첫 번째 에딩턴-핀켈스타인 도형의 각 점에 대응한다. 특히 $r = 2m$에서 수직인 영측지선은 크러스컬 도형에서 $+45°$의 각으로 원점을 지나는 영측지선에 해당한다. 영역 $t' < x'$($+45°$의 각으로 원점을 지나는 직선이 왼쪽 경계가 되는)은 과거로 들어가는(미래로 들어가는 것과 반대 방향으로 움직이는) 영측지선을 완전하게 하는 영역 II′로의 두 번째 확장에 대응한다. 크러스컬 도형의 이 부분의 각 점은 시간이 역전된 에딩턴-핀켈스타인 도형의 각 점에 대응한다.

이제 영역 II의 한 점을 생각해 보자. 과거로 나가는(즉, 오른쪽으로 움직이는) 영측지선은 $r = 2m$을 넘어서 점근적으로 평평한 영역 I로 들어간다. 과거로 들어가는(즉, 왼쪽으로 움직이는) 영측지선은 이것과 완전히 대칭적이다. 다시 말해, $r = 2m$을 넘어서 영역 I과 동일한 점근적으로 평평한 영역 I′으로 들어간다. 이와 비슷하게 영역 II′의 점도 나가는 미래를 향하는 영측지선은 $r = 2m$을 넘어서 영역 I로 들어가고, 들어가는 미래를 향하는 영측지선은 $r = 2m$을 넘어서 동일한 영역 I″으로 들어간다. 하지만 영역 I″이 영역 I′과 같은 영역이라는 것은 매우 자명해 보이지는 않는다. 그림 2에서 다음과 같은 특징이 나타난다.

(1) r이 상수인 곡면들은 $x'^2 - t'^2 =$ 상수의 형태로 주어지므로, 평평한 시공간에서 원점으로부터의 거리가 상수인 쌍곡선에 대응된다. 즉, $0 < r < 2m$이면 공간 꼴이고, $r > 2m$이면 시간 꼴이다(각각의 r값에 대하여 두 개의 곡면이 나타난다). $r = 0$에는 두 개의 특이점이 대응된다. 두 특이점은 과거에($t' < 0$) 하나 있고, 미래에($t' > 0$) 하나 있다. 곡면 $r = 2m$은 원점을 지나는 두 개의 만나는 곡면들이다. t가 상수인 곡면은 원점을 지나는 직선이다. 이 좌표는 $r = 2m$인 두 개의 곡면에서 발산한다.

(2) 절단된 영곡면인 $\{r = 2m, t' > 0\}$(명백하게 빛의 속도로 운동하는 것을 나타내는)은 **덫치기 곡면**이다. 입자가 절단된 영곡면에 떨어져서, 두 개의 바깥 영역에서 이 곡면을 건넌 후 영역 II 속으로 들어가면 절대로 다시 빠져나갈 수 없다. 떨어진 입자는 불가항력적으로 무한대의 기조력에 의해 압축되는 미래 특이점 $\{r = 0, t' > 0\}$에 떨어지게 된다. 각각의 절단

면은 또한 외부의 관찰자로부터 그 내부를 숨기는 **사건 지평선**이다. 따라서 각각의 절단면은 발사된 어떤 빛이나 다른 방사선도 외부에 도달할 수 없는 시공간의 **블랙홀** 영역 II의 경계를 이룬다. 외부에서 탐사선을 보내면 이 도형에서도 위에서 언급했던 것과 같은 상세한 과정이 되풀이 된다. 그러므로 영역 II는 빛이 탈출할 수 없는, 사건 지평선이 경계를 이루는 (진공) 블랙홀이다.

(3) 과거에 하나, 미래에 하나 각각에 공간 꼴의 특성을 가진 두 개의 곡률 특이점이 있다. 완전해는 화이트홀 특이점과 블랙홀 특이점을 모두 가진다(전자는 입자와 방사선을 시공간으로 내보내고, 후자는 그것들을 받는다).
전자기나 뉴턴 중력의 경우와는 다르게, 슈바르츠실트 해의 중앙에 해를 생성하는 입자를 나타내는 특이한 시간 꼴 세계선이 **없다**는 것을 기억해야 한다. 왜냐하면 $r < 2m$에서의 강한 중력장이 처음에 기대했던 특이점의 특성을 완전히 바꿔 버렸기 때문이다.

(4) 잇달아 있는 두 개의 점근적으로 평평한 시공간이 웜홀이라고 하는 좁고 기다란 것으로 연결된 대역적 위상도 있다. 웜홀을 알아보기 위해 곡면 $\{t' = 0\}$을 생각해 보자. 사차원 구$\{r = \text{상수}\}$의 넓이는 $x' \to \infty$이면 발산하고, $x' = 0$에서 최솟값 $A_* = 4\pi(2m^2)$으로 줄어들며 $x' \to -\infty$이면 다시 발산한다. 그러나 웜홀을 통하여 두 개의 점근적으로 평평한 영역 사이의 통신은 불가능하다. 왜냐하면 공간 꼴 곡선만 지나갈 수 있기 때문이다.

(5) 곡면 $r = 2m$에서 시공간의 대칭성도 변한다. 정적인 우주에서 진화하는 우주(칸토프스키-색스(Kantowski-Sachs))로의 전이가 이곳에서 일어난다. 그러므로 이때 사건 지평선은 계속하여 한편으로는 공간 꼴이고, 다른 한편으로는 시간 꼴인 영 킬링 벡터에 의해 생성되는 **킬링 지평선**이다.

(6) 이 해는 초기의 슈바르츠실트 시공간의 진정한 최대 확장이다. 모든 측지선은 완전하거나 (즉, 무한대로 뻗어 가거나) 혹은 $r = 0$에 있는 특이점으로 들어간다. 그러므로 더 이상의 확장은 불가능하다(모든 곡선이 특이점에서 끝나거나 무한대로 나아간다).

2.4 블랙홀로의 중력 붕괴

최대의 슈바르츠실트 해를 상세하게 설명한 이유는 슈바르츠실트 해가 일반상대론의 매우 좋은 예이기 때문이다. 좌표와 극한의 절묘함, 시간 꼴과 영측지선의 해석, 대역적 위상의 조사가 모두 평범해 보이는 슈바르츠실트 메트릭 (9)에 숨어있는 복잡한 구조를 이해하는 데 개입되어 있다. 그러나 슈바르츠실트 해가 실제 우주와는 상관없는 단지 수학적인 슈바르츠실트 해인 것은 아닐까? 슈바르츠실트 해와 천체물리학은 어떤 연관이 있을까?

블랙홀은 고에너지 천체물리학에서 중요한 역할을 하고 있으며, 거대한 별의 일생에서 마지막에 나타난다. 블랙홀은 많은 은하의 중심에 위치하고, 응축원반*에 둘러싸여 있다. 즉, 블랙홀은 준항성체의 고에너지 과정의 발전소이다. 구형인 물체의 블랙홀로의 붕괴는 정칙인 시공간 영역에서 지평선 없이 시작된다. 이것은 물질이 합쳐지고, 중력장이 강력해지고, 미래를 향하는 광선이 가두어지면서 진행된다. 과거에는 특이점이 없었지만, 미래에는 특이점이 생겨서 사건 지평선에 숨어 버린다. 떨어지는 물질이 웜홀을 끊어버리기 때문에 다른 시공간 영역으로의 웜홀은 없다.

결과적으로 나타나는 시공간 도형은 Hawking and Ellis(1973)와 Ellis and Williams(2000)에 설명되어 있다. 회전은 상황을 상당히 복잡하게 만든다(슈바르츠실트 해 대신에 커(Kerr) 블랙홀을 얻는다). 천체물리학에서 블랙홀의 역할은 Begelman and Rees(2009)에 자세하게 설명되어 있다.

3 우주론

위에서 살펴본 예에서는 곡률이 순수한 바일 곡률이었다($R_{ab} = 0$이기 때문이다). 바일 곡률은 진공해이기 때문에 시공간은 물질의 성질에 영향을 받지 않는다. 이와 대조적으로, 다음에 살펴볼 예에는 순수한 리치 곡률만 있다. 리치 곡률에서 자유 중력장($C_{abcd} = 0$)은 존재하지 않으며, 시공간의 진화는 포함된 물질에 의해서 결정된다.

중력은 전체적으로 우주를 지배한다. 충분히 큰 규모에서 관찰된 우주는 공간적으로 균일하고(공간의 어떤 점도 다른 점보다 선호되지 않는다) 등방성인(어떤 방향도 다른 방향보다 선호되지 않는다) 로버트슨-워커(Robertson-Walker) 메트릭에 의해서 잘 설명된다. 서로 움직이는 좌표계를 잘 선택하면, 메트릭은

$$\begin{aligned} ds^2 &= -dt^2 + S^2(t)\,d\sigma^2, \\ u^a &= \delta^a{}_0 \quad (a = 0, 1, 2, 3) \end{aligned} \tag{13}$$

으로 나타난다. 여기에서 $S(t)$는 시간에 종속적인 비율계수이고, 접선벡터가 $u^a = dx^a/dt$인 세계선은 기본 관찰자의 경로를 나타낸다. $\{t = \text{상수}\}$인 공간 단면들은 균일하고 최대의 대칭성을 가지고 있다. 이러한 공간 단면은 상수곡률 $K = k/S^2(t)$를 가지는 3차원 공간이다. 여기에서 k는 K의 부호이다. 메트릭 $d\sigma^2$은 정규화된 상수곡률 k를 가지는 3차원 공간을 나타낸다. 좌표 (r, θ, ϕ)는

$$d\sigma^2 = dr^2 + f^2(r)(d\theta^2 + \sin^2\theta\, d\phi^2) \tag{14}$$

이 되도록 선택할 수 있다. 여기에서 $k = \{+1, 0, -1\}$ 각각에 대하여 $f(r) = \{\sin r, r, \sinh r\}$이다.

메트릭은 시간에 종속적이다. 모든 기본 관찰자 사이의 거리가 S(t)로 확대나 축소되고, 시간 t에서 확장 비율이 허블(Hubble) 매개변수 $H(t) = \dot{S}/S$로 나타난다. 메트릭의 시간에 대한 진화를 결정하기 위해, 메트릭 (13), (14)에 EFE를 적용한다. 국소적 등방성 때문에 물질텐서 T_{ab}는 필연적으로 접선벡터가 u^a인 선호된 세계선에 대하여 완전유체의 형태로 나타난다. EFE에 대한 적분 가능성의 식 (5)는 에너지-밀도 보존방정식이고

$$T^{ab}{}_{;b} = 0 \Leftrightarrow \dot{\rho} + (\rho + p)\,3\dot{S}/S = 0 \tag{15}$$

* 별 주변에 있는 가스·먼지들로 이루어진 원반.—옮긴이

으로 간단하게 나타난다. 압력 p와 에너지 밀도 ρ의 관계를 나타내는 적절한 상태방정식이 주어지면 식 (15)는 해결될 수 있다. 바리온(baryon)은 $p_b = 0$이고 방사선은 $p_r = \rho_r/3, \rho_r = aT_r^4$이다. 이는 식 (15)에 의하면 $\rho_b \propto S^{-3}, \rho_r \propto S^{-4}, T_r \propto S^{-1}$을 의미한다. 초기(고온의 대폭발 시기)에는 방사선이 지배적이고, 후기에는 물질이 지배적이다. 아주 초기(급팽창 시기)에는 스칼라장이 동역학적으로 지배적이었는지도 모른다.

비율계수 $S(t)$는 일반적으로 **레이차우두리 방정식**

$$3\ddot{S}/S = -\tfrac{1}{2}\kappa(\rho + 3p) + \Lambda \tag{16}$$

를 만족한다. 여기에서 κ는 중력 상수이고, Λ는 우주 상수이다. 식 (16)은 물질과 존재하는 장의 유효한 중력질량 밀도는 존재하는 모든 물질을 합하면 $\rho_{grav} := \rho + 3p$라는 것을 보여 준다. 보통의 물질에서 $\rho_{grav} := \rho + 3p$는 양수이다. 그러므로 보통의 물질은 우주가 감속하도록($\ddot{S} < 0$) 만든다. 독립적으로 양수인 우주 상수는 가속되는($\ddot{S} > 0$) 팽창을 일으킨다. 만약 물질과 우주 상수가 모두 존재하면, 어떤 효과가 지배적인지에 따라 두 가지 중에 어느 하나의 결과가 나타난다. $\ddot{S} \neq 0$일 때, 식 (15), (16)의 처음 적분은 **프리드만(Friedmann) 방정식**

$$\frac{\dot{S}^2}{S^2} = \frac{\kappa\rho}{3} + \frac{\Lambda}{3} - \frac{k}{S^2} \tag{17}$$

이다. 메트릭 (13), (14)로 나타나는 로버트슨-워커 기하와 식 (15), (16), (17)로 지배되는 동역학을 가진 모형을 **프리드만-르메트르(Lemaître)(FL) 우주**라고 한다.

가장 간단한 해는 평평한 공간 단면과 바리온 물질을 가지고 우주 상수가 없는 **아인슈타인-드 지터(de Sitter) 우주**이다. 그러면 해는

$$\{k = 0,\ p = 0,\ \Lambda = 0\} \Rightarrow S(t) = t^{2/3}$$

이다.

FL 모형은 현대 우주론의 표준 모형이고, 기하학적으로 매우 단순하기 때문에 놀라울 정도로 효과적이다. FL 모형의 매우 큰 장점 중의 하나는 물질과 방사선의 국소적인 중력 효과가 전체 우주의 진화를 결정하고, 이것이 다시 국소적 물리의(물질과 방사선 자신의 진화를 결정하는 것을 포함하는) 동역학적 배경이 되는 분명한 방법을 설명한다는 것이다.

3.1 초기 특이점?

우주는 현재도 팽창하고 있다. 과거에 우주는 훨씬 더 작았다. 우주론의 핵심적인 쟁점은 우주의 시작이 있었는지 혹은 없었는지에 관한 것이다. 레이차우두리 방정식 (16)은 직접적으로 다음 결과를 준다.

프리드만-르메트르 우주 특이점 정리. $\Lambda \leq 0$이고 항상 $\rho + 3p > 0$인 FL 우주에서는, $H_0 \equiv (\dot{S}/S)_0 > 0$인 임의의 t_0에서 유한한 시간 t_*이 존재하여 $t \to t_*$이면 $S(t) \to 0$이다. 이때 $t_0 - (1/H_0) < t_* < t_0$이다. 만약 $\rho + p > 0$이면, 우주는 그곳의 시공간 특이점에서 시작한다. 즉, $\{t \to t_*\} \Rightarrow \{\rho \to \infty\}$이다.

이 특이점은 단순히 물질의 시작이 아니다. 이것은 공간의 시작이자 시간의 시작이고 물리학 자체의 시작이다. 또한 이 특이점은 우주의 역사에서 가

장 극적인 사건이다. 즉, 모든 것의 존재의 시작이다. 그 근본이 되는 물리적 특징은 EFE의 비선형성이다. 과거로 돌아가면 우주는 더 축소되고, 유효 중력밀도는 더 높아져서 우주를 더욱더 축소시킨다. 이러한 붕괴를 피하는 데에 도움을 줄 것이라고 기대했을 압력 p는 상황을 더 악화시킨다. 왜냐하면 p는 에너지 밀도 ρ와 같은 부호로 레이차우두리 방정식 (16)에 대수적으로 들어가기 때문이다.

원칙적으로 이러한 결론은 우주 상수를 도입함으로써 피할 수 있지만, 실제로는 그 값이 너무 작기 때문에 이루어질 수 없다. 그러나 스칼라 장 같은 에너지에 위배되는 물질 성분이 초기에 충분히 지배적이었다면 이 결론을 피할 수 있다. 상수 밀도의 공간 꼴 곡면들과 하나의 스칼라 장 ϕ의 경우에, 곡면들에 수직인 u^a을 선택하면 변형력 텐서는 $\rho = \frac{1}{2}\dot{\phi}^2 + V(\phi)$, $p = \frac{1}{2}\dot{\phi}^2 - V(\phi)$인 완전유체의 형태를 갖는다. 그러므로 $\rho + 3p = 2\dot{\phi}^2 - 2V(\phi)$이다. 느리게 진행하는 경우는 $\dot{\phi}^2 \ll V(\phi)$이고, $\rho + p = 2\dot{\phi}^2 \backsimeq 0 \Rightarrow \rho + 3p \simeq -2\mu \ll 0$이다. 그러므로 원칙적으로 양자장은 우주에 시작이 있었다는 결론을 피할 수 있다. 이것이 사실인지 여부에 대한 논쟁은 아직 결론이 나지 않았다.

3.2 관측으로 얻은 관계식

실제 우주의 좋은 모형이 되기 위해서 우주 모형은 천문학적인 관측에서 옳은 결과를 예측해야만 한다. 로버트슨-워커 기하에서 빛의 전파를 결정하기 위해서는 지름 영측지선 $\{ds^2 = 0, d\theta = 0 = d\phi\}$만 고려하면 충분하다(모형의 대칭성 때문에 지름 영측지선이 일반적인 측지선과 동등하다). 로버트슨-워커 메트릭 (13)으로부터 시간 t_e에 발사되고, 시간 t_0에 받은 빛에 대하여 서로 움직이는 송신자와 수신자 사이의 서로 움직이는 지름좌표 거리 $u(t_0, t_e) := r_0 - r_e$는

$$u(t_0, t_\mathrm{e}) = \int_{t_\mathrm{e}}^{t_0} \frac{\mathrm{d}t}{S(t)} = \int_{S_\mathrm{e}}^{S_0} \frac{\mathrm{d}S}{S\dot{S}} \qquad (18)$$

로 주어진다. 여기에서 $\dot{S}$는 프리드만 방정식 (17)로 주어진 것이다. 그러므로 그 함수 $u(t_0, t_e)$는 공간 곡률과 시공간 물질 함유에 대한 정보를 모두 가지고 있다.

우주론적 관측과 관련하여 핵심이 되는 물리량은 적색편이, 면적 거리(혹은 겉보기 크기), 거리의 증가에 대응하는(숫자 계산으로 결정하는) 국소적 부피가 있다. 식 (18)에 의해서 우주론적 적색편이 z_c는

$$1 + z_c = \frac{S(t_0)}{S(t_\mathrm{e})} \qquad (19)$$

으로 주어진다. 발사된 빛에 대한 관측된 빛의 비율이 모든 파장에서 같다. 이 점은 적색편이의 핵심적인 특징이다.

적색편이가 z_c이고 선형 거리가 l인 물체의 겉보기 각의 크기 α는

$$l/\alpha = f(u)S(t_\mathrm{e}) = f(u)(1+z)S(t_0) \qquad (20)$$

으로 주어진다. 그러므로 적색편이의 함수로 겉보기 크기를 측정하고, 다루고 있는 것의 물리적 크기가 알려져 있다면 $f(u)$를 결정할 수 있다. 방사선을 등방으로 내보내는 광도가 L인 점광원으로부터 측정한 방사선 다발 F는 단위 시간당 광원에서 방출된 방사선 에너지에 대한 망원경에 도착한 비율로 주어진다(두 개의 적색편이 요인 중 첫 번째는 관찰

자와 광원 간의 시간 확장 때문이고, 두 번째는 광자의 적색편이에 의한 에너지 손실 때문이다).

$$F = \frac{L}{4\pi}\frac{1}{f^2(u)S^2(t_0)(1+z)^2} \tag{21}$$

그러므로 다루고 있는 것의 고유 광도가 알려져 있다면, 겉보기 광도 m을 적색편이의 함수로 측정하여 $f(u)$를 결정할 수 있다.

거리 증가 $\mathrm{d}u$에 대한(관측 가능한 양 z와 m에 대해 증가량 $\mathrm{d}z$, $\mathrm{d}m$으로 나타나는), 입체각 $\mathrm{d}\Omega$ 안에 있는 물체의 개수는

$$\mathrm{d}N = n(t_e)S^3(t_e)f(u)\,\mathrm{d}u\mathrm{d}\Omega \tag{22}$$

로 주어진다. 여기에서 $n(t_e)$는 방출시간에서 물체의 개수 밀도이다. 조사에서 측정된 물체의 총 개수 N은 관측자로부터 조사의 한계까지의 적분으로 주어진다. 광원의 지름 좌표(적색편이나 크기와 관련된)인 r_e로 나타내면, $N = \int_{r_0}^{r_e} \mathrm{d}N$이다. 만약 물체의 개수가 보존되면 $n(t_e) = n(t_0)(1+z)^3$이고, 식 (22)로부터

$$N(t_e) = n(t_0)\,\mathrm{d}\Omega \int_{r_0}^{r_e} f(u)\,\mathrm{d}u \tag{23}$$

임을 알 수 있다. 적색편이나 다른 거리 지표의 함수로 개수를 측정하면 물체의 개수 밀도를 결정할 수 있고, 물체의 개수 밀도는 물체의 질량과 관련되므로 물체의 에너지 밀도와 관련된다.

$f(u)$가 프리드만 방정식에 의해 결정되는 것처럼, 위의 방정식들은 임의의 특정한 우주 모형에 대하여 관측 가능한 변량 사이의 관측으로 얻어지는 관계식을 결정해 주므로 우주 모형에 대한 관측을 이용한 검사를 가능하게 한다.

3.3 원인과 가시 지평선

구조의 형성과 관측 환경에 영향을 주는 근본적인 성질 중 하나는 원인이 되는 영향이 빛의 속도보다 큰 속도로 전파되는 것이 불가능하기 때문에 나타나는 한계이다. 그러므로 우리에게 원인이 되는 영향을 줄 수 있는 영역은 과거 영원뿔에 의하여 경계가 만들어진다. 우주의 나이가 유한하다는 것과 같이 고려하면, 위의 한계는 인과적으로 연결이 가능한 우주 영역의 경계가 되는 입자 지평선의 존재성을 알려 준다.

정의에 의하면 **입자 지평선**은 가장 먼 물질의 극한 세계선(우리의 과거 영원뿔과 만나는)으로 구성되어 있다. 입자 지평선은 우주의 탄생 이래로 어떤 종류라도 인과적 연관을 가졌던 물질들의 한계이고, 식 (18)에 의하면 상호 움직이는 지름 좌표의 값

$$u_{\mathrm{ph}} = \int_0^{t_0} \frac{\mathrm{d}t}{S(t)} \tag{24}$$

로 나타난다. 그 지평선을 구성하고 있는 물질까지 현재의 물리학적 거리는

$$d_{\mathrm{ph}} = S(t_0)u_{\mathrm{ph}}$$

이다. 핵심적인 질문은 식 (24)의 적분이 $S \to 0$인 초기 특이점으로 접근할 때, 수렴하는지 혹은 발산하는지에 관한 것이다. **표준 FL 우주에서 보통의 물질과 방사선에 대하여 지평선은 존재한다.** 왜냐하면 이 경우에 u_{ph}는 유한하기 때문이다. 예를 들면, 아인슈타인-드 지터 우주에서 $u_{\mathrm{ph}} = 3t_0^{1/3}$, $d_{\mathrm{ph}} = 3t_0$이다. 만약 표준적인 단순 연결된 위상을 가진 우주에서는 사실이 아니지만 우리가 아주 작은, 공간적으로 콤팩트한 단면을 가진 우주에 살고 있어서 빛이 우

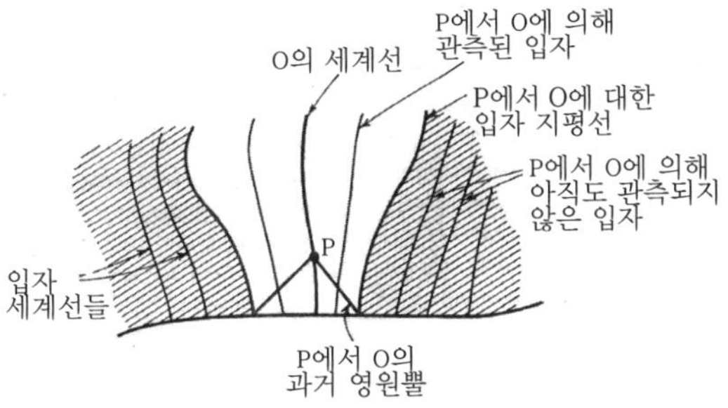

그림 3 세계 모형에서의 입자 지평선(Hawking and Ellis(1973)에서 승인을 받고 복제함). 'O'는 관찰자(원점에 위치), 아래의 수평선은 우주의 시작이다. 지금 이곳이 사건 'P'이다.

주의 탄생 이래로 전체 우주를 횡단할 시간을 가진 것이 아니라면, 우리는 존재하는 것의 일부만 본 것이다.

펜로즈(Penrose)의 공형 방법의 강력한 활용은 지평선의 성질에 관한 기하학적 그림을 매우 분명하게 보여 준다. 그 방법의 하나는 영원뿔이 ±45°의 각이 되는 좌표로 바꾸어 준다. 이때 초기 특이점(우주의 탄생)은 시공간의 경계로 나타난다. 이 경계가 공간 꼴 곡면이라면, 우리의 원인 지평선 너머에 존재하는 은하들이 있다. 이 은하들로부터 어떠한 신호도 받을 수 없다(그림 3).

지평선의 중요성은 두 가지이다. 지평선은 구조와 균일성의 근원과 관계되는 인과 한계성의 근본이 되고, 우주에서 실험할 수 있는 것의 절대적인 한계를 나타낸다. 우주의 초지평선 구조(예를 들어, 혼돈 팽창 이론)에 관한 현재의 많은 추측은 관측을 통하여 확인할 수 없다. 왜냐하면, 가시 지평선 너머에 있는 것과 관련된 어떠한 분명한 정보도 얻을 수 없기 때문이다. 이것이 우주 모형의 진실성을 확인하기 위한 시도에서 고려해야 할 주된 한계 중 하나이다.

3.4 구조 형성

우주론의 많은 연구는 구조 형성에 관한 것이다. 즉, 중력에 의한 인력이 태초의 섭동에 작용해서 은하가 존재하게 된 방법에 관한 것이다. 구조 형성에 관한 연구는 핵심적인 기술적 쟁점을 제기한다. 바로 섭동 게이지의 선택이다. 섭동 게이지의 선택 문제는 게이지 없는 혼동 형식에 의해서 가장 잘 해결되었다. 하지만 섭동이 비선형이 되었을 때, 구조 형성의 상세한 부분을 연구하기 위해서는 수치적인 시뮬레이션이 필요하다.

4 쟁점들

기하와 해석학과 물리학의 상호작용의 매력적인 연구인 이 글은 일반상대론에서 기하와 위상의 중요성을 강조하였다. 이 글에서 다루지 못한 주제들로, 일반상대론의 방정식에서 뉴턴 역학의 한계를 유도하는 것, 중력렌즈 현상, 중력파의 방출과 검출, 최근의 가속 우주와 관련된 우주론의 암흑 에너지의 성질에 관한 핵심 쟁점, 암흑 물질의 쟁점 등이 있다. 암흑 물질은 구조 형성과 은하단의 중력 동역학을 지배하는 바리온이 아닌 물질을 말한다. 핵심적으로 필요한 것은 모든 가능한 방법으로 EFE를 시험하고, 다른 중력 이론을 시도하여 아인슈타인의 이론보다 더 잘 맞는 것이 있는지 알아보는 것이다. 지금까지는 일반상대론이 이러한 시험들을 모두 통과했다. 즉, 일반상대론은 이용할 수 있는 가장 좋은 중력이론이다.

더 읽을거리

Anninos, P. 2001. Computational cosmology: from the early universe to the large scale structure. *Living Reviews* in Relativity 4:2.

Begelman, M., and M. Rees. 2009. *Gravity's Fatal Attraction: Black Holes in the Universe*. Cambridge: Cambridge University Press.

D'Inverno R. 1992. *Introducing Einstein's Relativity*. Oxford: Clarendon Press.

Ehlers, J. 1993. Contributions to the relativistic mechanics of continuous media. *General Relativity and Gravitation*(Golden Oldie) 25:1225-66(originally published in 1961).

Ellis, G. F. R. 2009. Relativistic cosmology. *General Relativity and Gravitation*(Golden Oldie) 41:581originally published in 1971).

Ellis, G. F. R., and R. M. Williams. 2000. *Flat and Curved Spacetimes*. Oxford: Oxford University Press.

Hawking, S. W., and G. F. R. Ellis. 1973. *The Large Scale Structure of Space-Time*. Cambridge: Cambridge University Press.

Maartens, R., and B. A. Hassett. 1998. *Gravito-electromagnetism*. Classical and Quantum Gravity 15:705s.

Stephani, H., D. Kramer, M. MacCallum, and C. Hoenselaers. 2003. *Exact Solutions of Einstein's Field Equations*. Cambridge: Cambridge University Press.

도판 1 (II.16). 힘에 기반을 둔 그래프 시각화. 플로리다대학 희박행렬 컬렉션에서 가져온 49개의 샘플. 색깔은 모서리의 길이에 의해 결정된다. 짧은 것은 빨강, 중간 길이의 모서리는 초록, 긴 모서리는 파랑.

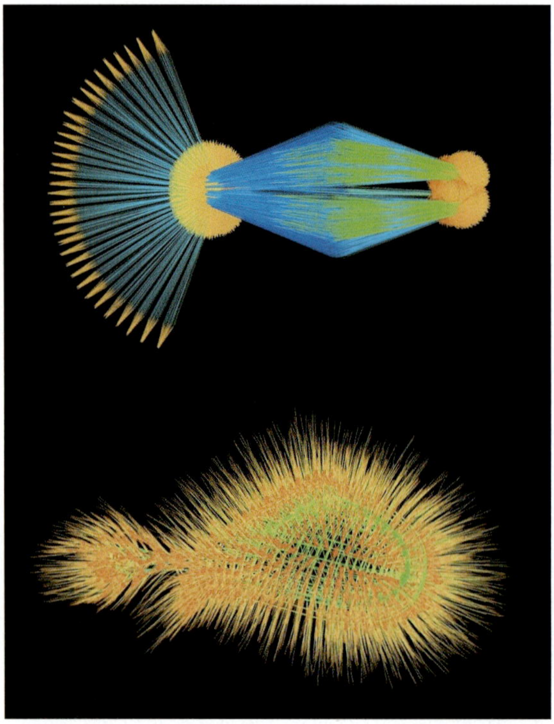

도판 2 (II.16). 위 그림은 선형 프로그래밍 문제의 상수행렬에서 가져온 그래프이고, 아래 그림은 주파수 영역 회로 시뮬레이션에서 가져온 그림인데, 이 그림들은 세우스 박사의 '빨간 물고기, 파란 물고기'처럼 보인다.

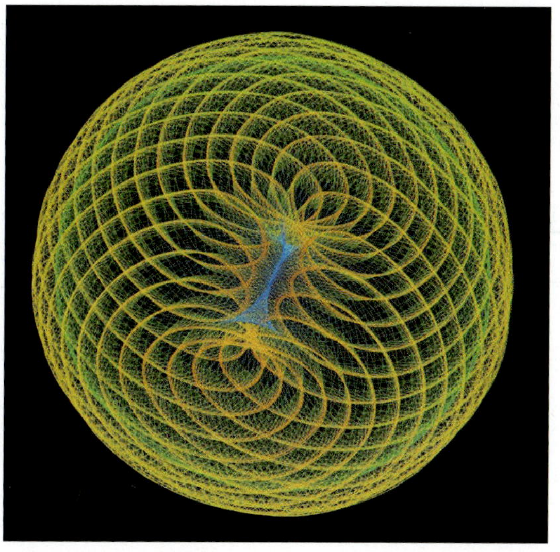

도판 3 (II.16). 볼록 2차 프로그래밍 문제에서 가져온 헤세 행렬의 그래프.

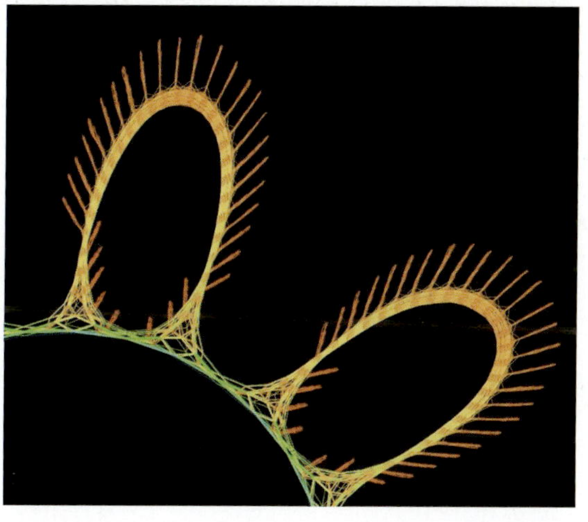

도판 4 (II.16). 금융 포트폴리오 최적화 문제에서 가져온 그래프를 확대한 모습.

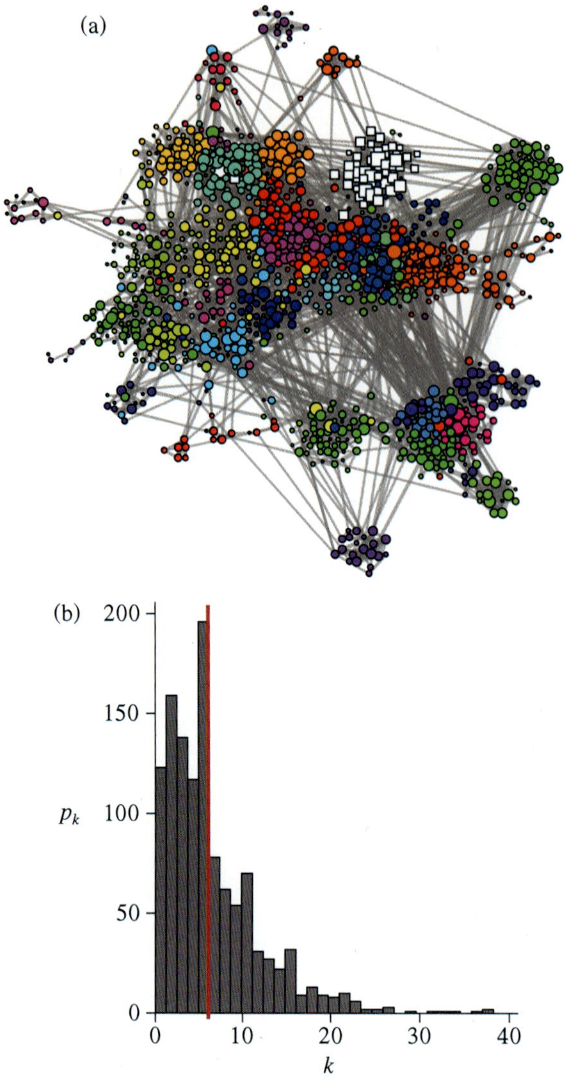

도판 5 (IV.18). 마드리드카를로스3세대학의 직원들 사이의 이메일 교환 네트워크. 그래프는 1178개의 노드와 3830개의 링크를 갖는다. 각 링크는 노드들 사이에 최소한 두 통의 이메일이 교환되었음을 뜻하고, 노드의 색깔은 기관 내의 부서에 따라 다르다. 노드의 크기와 링크의 두께는 각각 이들의 노드 차수와 가중치(교환된 이메일 수)의 로그값에 비례한다. 정사각형 모양의 흰색 노드는 수학과에 해당하는데, 전체 네트워크 내에서 조밀한 커뮤니티를 형성한다. 2차원적인 레이아웃은 힘 기반 그래프 그리기 알고리즘을 이용하여 얻었다. 네트워크는 평균 노드 차수 $\bar{k}=6.5$, 클러스터링 계수 $C=0.21$, 지름 $\ell=12$이다. (b)네트워크의 연결도 p_k 분포. 빨간 세로선이 $k=\bar{k}$를 나타낸다.

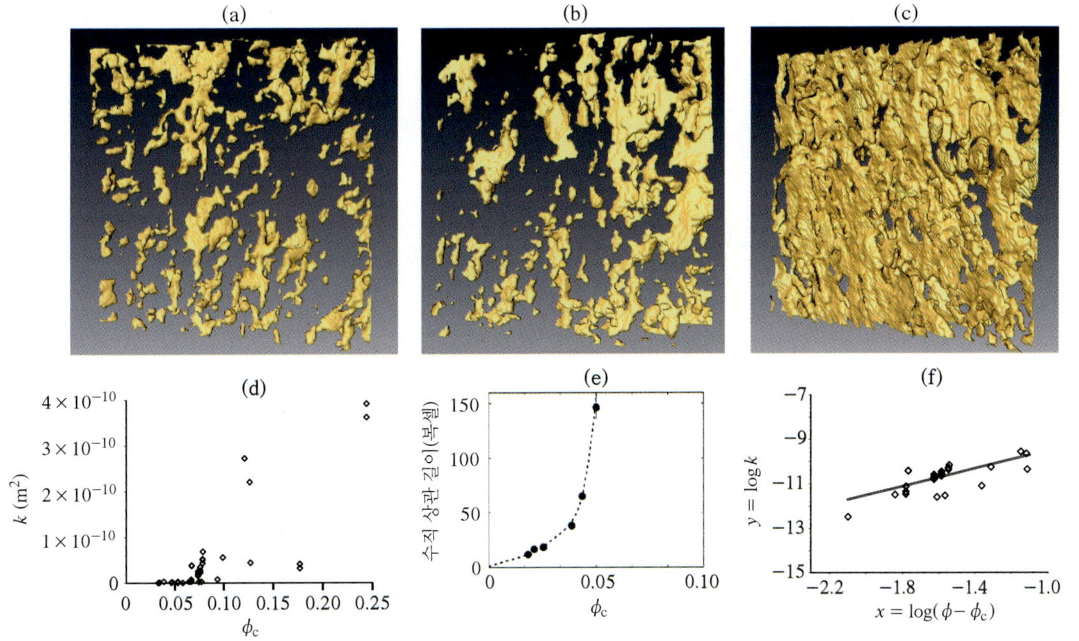

도판 6 (V.17). $S=9.3$ ppt를 갖는 실험실에서 키운 바다 얼음 단결정 내의 브라인 층의 X－선 CT 렌더링. (비동위치) 8mm × 8mm × 2mm 부분 부피 (a)~(c)는 미세규모 형태학에서의 명백한 변화와 (a)$T=-15$℃, $\phi=0.033$, (b)$T=-6$℃, $\phi=0.075$, (c)$T=-3$℃, $\phi=0.143$으로 데워지는 동안의 염수 함유물의 연결성을 나타낸다. (d)실제 북극해의 얼음에서 얻은 수직 유체흐름의 삼투성 k에 대한 데이터로, 선형 스케일로 그려짐. (e)여과 임곗값이 아래쪽으로부터 접근할 때 브라인 상관관계 길이의 수직 방향으로의 발산. (f)핵심 레짐(25개의 데이터 지점)에서 (7)의 여과 이론과 북극해 삼투성 데이터의 비교. $\phi_c=0.05$로 가정하여 로그 변수에서 예측된 직선의 방정식은 $y=2x-7.5$이고 데이터로부터 얻은 최적 회귀 직선은 $y=2.07x-7.45$이다. ((a)~(d)는 골든, 에이켄, 히톤, 마이너, 프링글, 주의 2007년도 논문인「북극해의 삼투성의 온도적 진화와 미세구조」, *Geophysical Research Letters* 34:L16501. Copyright 2005 미국 지구물리학회, John Wiley & Sons의 허가를 받아 재인쇄됨.)

도판 7 (V.17). 동쪽 남극 대륙 연안 남빙양에서의 광대한 영역의 팬케이크빙을 통한 대양의 전파 모습(사진: K. M. Golden). 이 긴 물결은 지름이 수십 센티미터 수준의 개별적인 부빙을 보여 주진 않는다. 대규모의 파도 전파 특성은 대체로 표면의 균질화된 성질이나 팬케이크/프러질 집합체의 효과적인 유동학적 성질에 의해 결정된다.

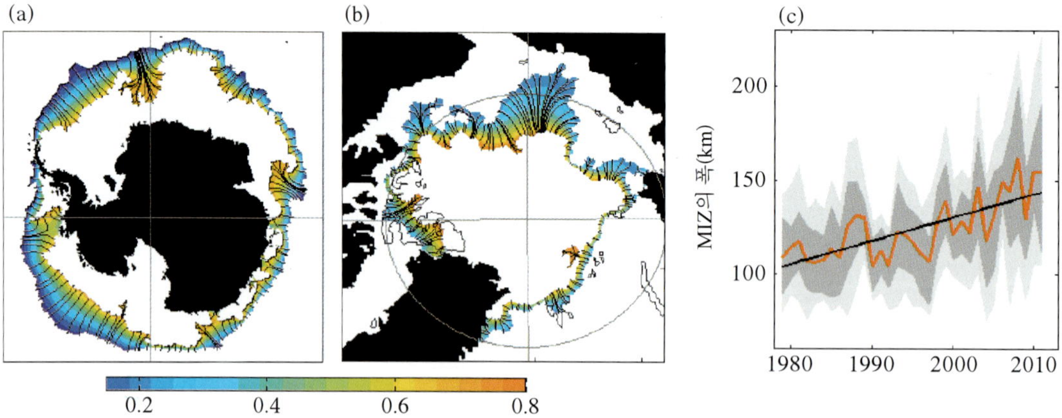

도판 8 (V.17). (a)음영은 2010년 8월 26일 남극 MIZ (ψ) 내에서 라플라스 방정식의 해를 보여 주고, 검은색 곡선은 ψ의 기울기를 따르는 MIZ 폭의 측정을 보여 준다(선명한 표시를 위해 일부 집합에 대해서만 보여 줌. 코트니 스트롱의 호의로 제공함). (b)2010년 8월 29일에 남극 MIZ에 대한 (a)와 같은 그림. (c)1979~2011년 7월~9월 MIZ의 폭(빨간선). 매일의 MIZ 폭의 백분위수를 나타내는 진한 회색(25~75)과 밝은 회색(10~90)의 음영. 결과는 미국의 국립빙설자료센터의 인공위성을 이용한 해빙 농도 분석에 기초함. ((b)와 (c)는 스트롱(Strong)과 리고르(Rigor)의 2013년도 논문인「여름에 넓어지고 겨울에 좁아지는 남극 주변의 얼음 영역」, Geophysical Research Letters 40(18):4864–68)

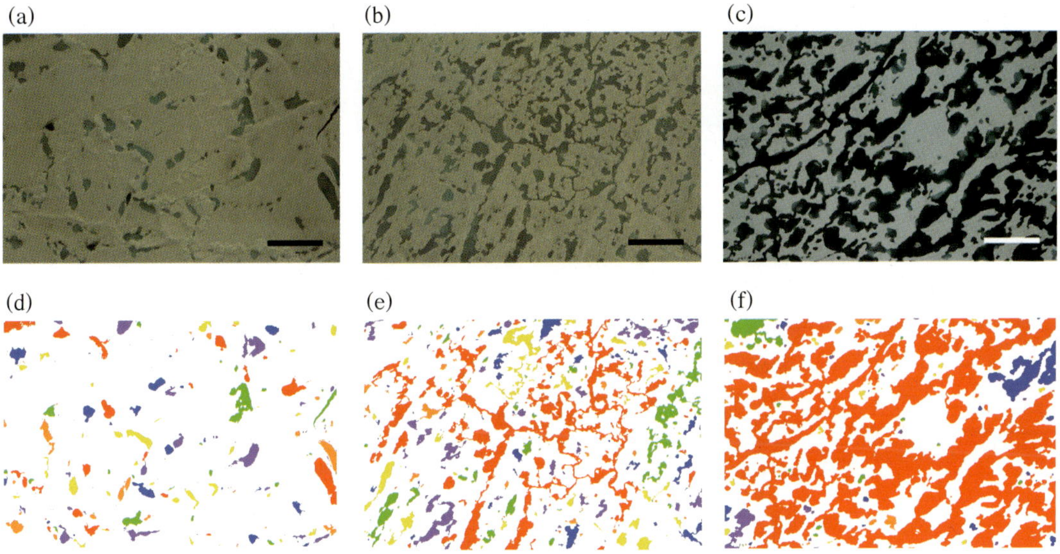

도판 9 (V.17). 북극 녹은 연못의 연결성 진화와 색을 입힌 연결된 부분들. (a)연결되지 않은 연못. (b)과도기의 연못. (c)완전히 연결된 녹은 연못. 아랫줄의 그림들은 위 이미지에 연결된 부분들에 색을 입힌 것이다. (d)어떠한 색도 이미지에 널리 퍼져있지 못하다. (e)빨간색이 이미지 전체에 퍼져 있다. (f)연결된 빨간색이 이미지를 지배한다. (a)와 (b)의 축척은 200m를, (c)의 축척은 35m를 나타낸다. (호헤네거, 알라리, 스테펜, 페로비치, 골든의 2012년도 논문인 「북극 녹은 연못의 프랙탈 기하의 전이」, The Cryosphere 6:1157–62(doi:10.5194/tc-6-1157-2012)에서 발췌.)

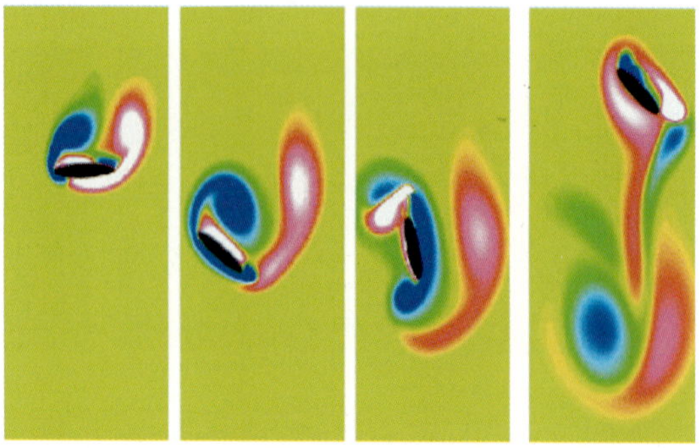

도판 10 (VI.5). 파리의 날개 움직임을 모방하는 2차원의 펄럭거리는 날개에 의해 생성된 흐름. 색깔들은 소용돌이 장을 나타내는데, 빨간색과 파란색은 각각 양과 음의 소용돌이를 나타낸다. 날개의 움직임은 서로 반대 방향의 소용돌이로 구성되는 아래 방향으로의 공기 흐름을 만들어 낸다. 각각의 소용돌이 짝은 삼차원에서 도넛 모양의 소용돌이 고리에서 절단면으로 볼 수 있다. (왕의 2010년도 논문인「곤충의 공중 정지를 위한 이차원적인 메커니즘」, *Physical Review Letters* 85(10):2216−19 에서 발췌.)

도판 11 (VI.5). 약 20번의 날갯짓 또는 80ms 동안에 120°의 급격한 회전을 하는 초파리. 날개 경첩은 마치 비틀리는 용수철과 같이 행동한다. 날개 움직임을 조정하기 위해 날개 경첩은 효과적인 비틀림 용수철의 평형 지점을 옮기고, 이것은 그 날개가 공격하는 각도를 약간 움직이게 만든다. 왼쪽과 오른쪽 날개의 비대칭성이 곤충이 회전할 수 있는 불균형을 만든다. 120°를 회전하기 위해 공격 날개각에서의 비대칭성은 약 5° 정도이다. (베르고우, 리스트로프, 구켄하이머, 코헨, 왕의 2010년도 논문인「초파리의 비행 중 방향 전환을 위한 수동적인 날개 피치 조절」, *Physical Review Letters* 104:148101.에서 발췌.)

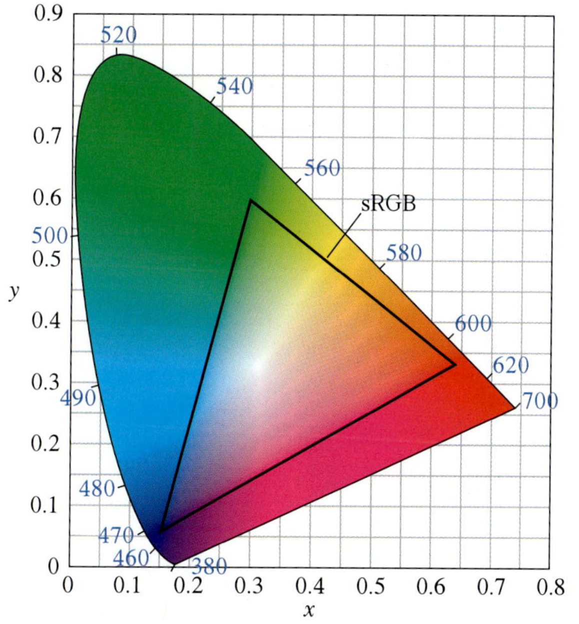

도판 12 (VII.7). sRGB 전체가 표시된 CIE 1931 색 공간 색도도. (파일은 위키미디어 공용에서 가져옴.)

(a)

(b)

도판 13 (VII.7). (a)원본 이미지. (b)LAB 공간에서 A 채널의 부호를 바꿈으로써((L, A, B)←(L, −A, B)) 변환된 이미지.

도판 14 (VII.8). 복원된 이미지. (부게우, 버탈미오, 카젤레스, 사피로의 허가를 받음.)

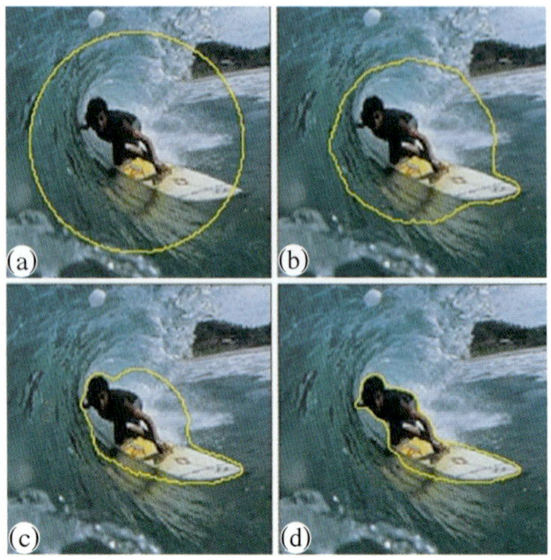

도판 15 (VII.8). 윤곽선(초록색)의 진화. (a)의 초기 위치에서 (d)로 세분화됨. 변형과정((b)와 (c)에 의해 보인 두 단계)은 기하학적 편미분방정식에 의해 지배받는다. (미카일로비치, 라티, 타넨바움의 허가를 받음.)

(a)

(b)

도판 16 (VII.8). 두 개의 예에서 각각의 윗줄은 세 장의 원본 프레임이고, 아랫줄은 (왼쪽에서 오른쪽으로) 두 장의 대응되는 흰색 배경 합성 이미지와 하나의 특수 효과 이미지이다. (a)의 특수 효과는 전경의 지연된 페이딩이고, (b)는 반전된 배경이다. (원본 동영상은 Artbeats(www.artbeats.com)와 Getty Images(www.gettyimages.com)의 허락하에 제공.)

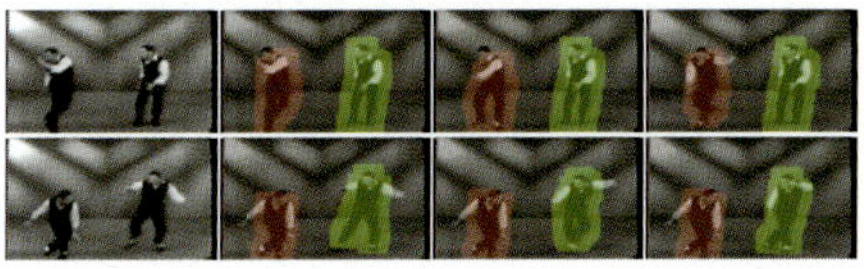

도판 17 (VII.8). 첫 번째 열은 흉내 내는 동영상에서 따온 두 개의 프레임이고, 이후의 열들에서는 추적/분할 마스크가 서로 다른 색으로 표시된다. 두 명의 댄서가 서로 다른 행동을 하는 것이 식별된다. (탱, 캐스트로대드, 테퍼, 사피로의 허락하에 제공.)

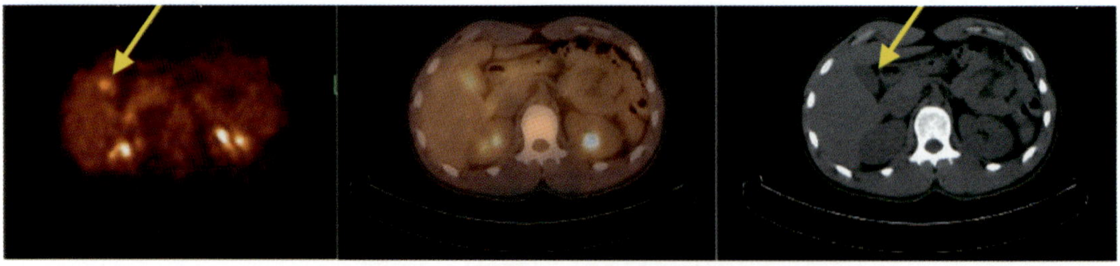

도판 18 (VII.9). (a)PET '열지도' 이미지. (b)(a)의 이미지와 (c)의 CT 스캔 이미지를 합성한 이미지. 합성한 이미지에서 노란색 화살표로 표시된 부분에 플루오로데옥시글루코스의 향상된 흡수가 쓸개 안에 있으며 창자 활동의 결과가 아님이 분명히 나타난다. (이미지는 펜실바니아대학병원의 조엘 카르프 박사의 허락하에 제공.)

(a)

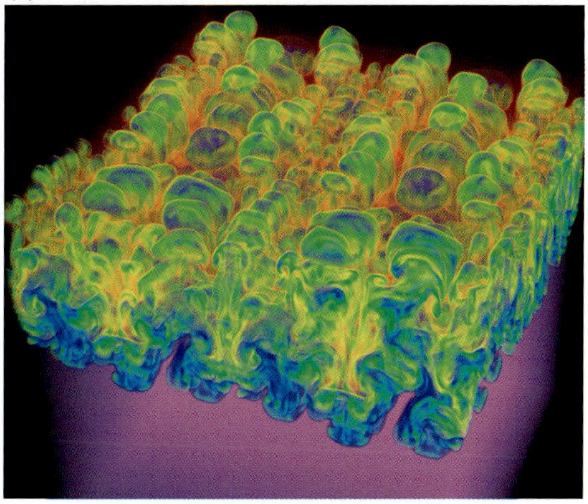

(b)

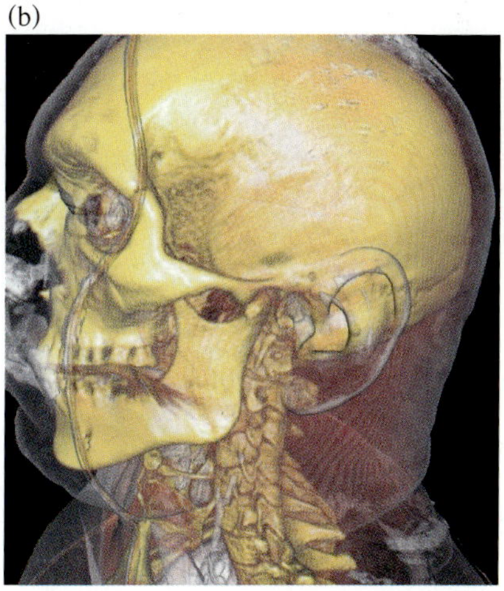

도판 19 (VII.13). (a)레일리-테일러 불안정성이라 불리는, 서로 다른 밀도를 갖는 두 유체 사이의 인터페이스의 불안정성을 나타내는 직접 볼륨 렌더링. (b)보이는 인간 데이터 집합을 시각화하는 데 사용되는 등가 면기법. (www.imagevis3D.org)

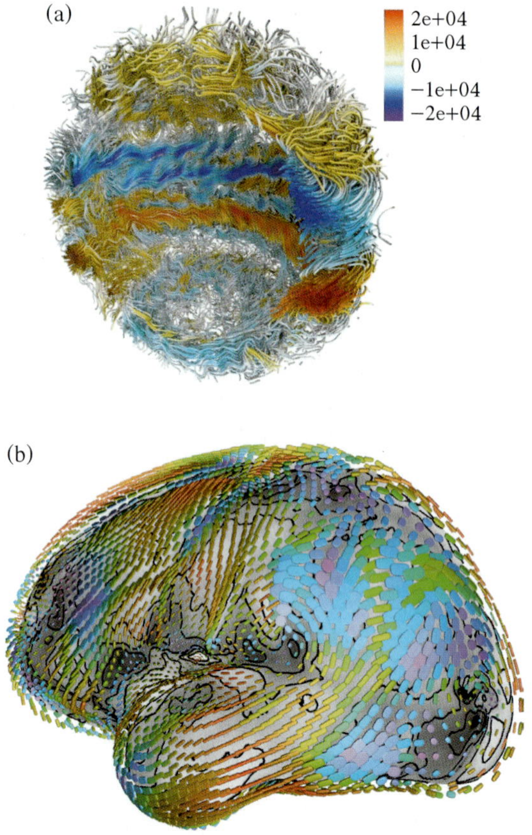

도판 20 (VII.13). (a)유선을 이용한 스텔라 자기장의 벡터 시각화(스콧 외, 2012). (b)해부학적인 공분산 텐서 장의 글리프 기반 텐서 시각화(킨들만 외, 2004).

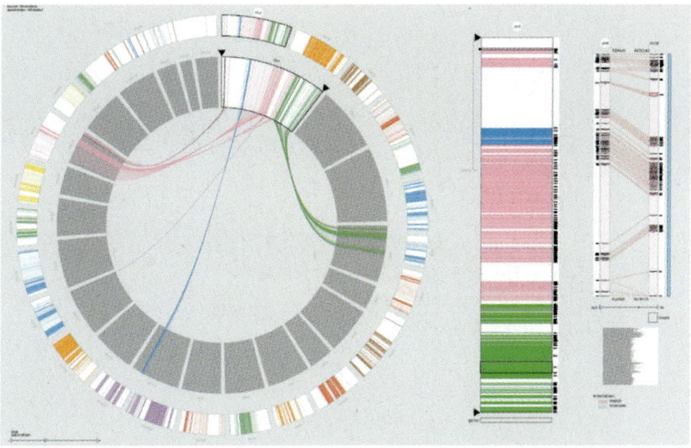

도판 21 (VII.13). MizBee. 비교 게놈 데이터를 연구하기 위한 다중 척도 신터니 브라우저.

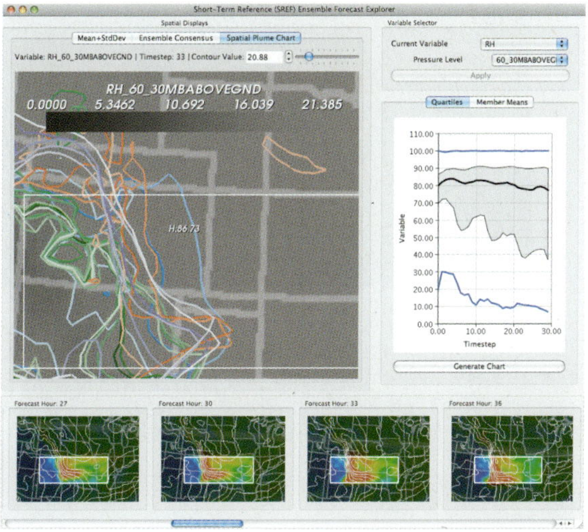

도판 22 (VII.13). EnsembleVis. 단기 일기예보를 연구하기 위해 설계된 프레임워(포터 외, 2009).

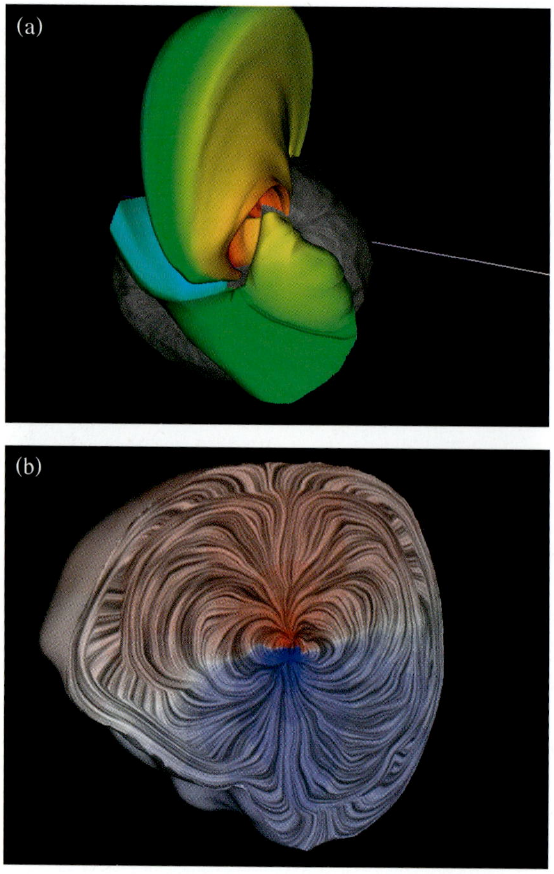

도판 23 (VII.13). 심장과 뇌의 생체 전기장 시각화(트리코치(Tricoche)와 쇼이어만(Scheuermann), 2003). (a)유면이 외심막 또는 심장의 바깥막 바로 근처의 생체 전기장을 보여 주고 있다. (b)절단면에 가로질러 적용된 무늬가 뇌에서 발생하는 전류를 상세히 나타내 주고 있으며 전류와 주변 조직의 상호작용을 보여 준다.